Gesamtverzeichnis des deutschsprachigen Schrifttums (GV) 1700 – 1910

Bearbeitet unter der Leitung von
Hilmar Schmuck und Willi Gorzny

Bibliographische und redaktionelle Beratung:
Hans Popst und Rainer Schöller

111

Pov - Pr

K · G · Saur München · New York · London · Paris 1984

CIP-Kurztitelaufnahme der Deutschen Bibliothek

Gesamtverzeichnis des deutschsprachigen Schrifttums :
(GV). – München, New York, London, Paris : Saur.
Bd. 1 – 6 bearb. unter d. Leitung von Peter Geils
u. Willi Gorzny.
ISBN 3-598-30000-X

1700 – 1910 / bearb. unter d. Leitung von Hilmar
Schmuck u. Willi Gorzny. Bibliograph. u. red.
Beratung: Hans Popst u. Rainer Schöller

NE: Schmuck, Hilmar [Bearb.]

111. Pov - Pr. 1984.

Techn. Realisierung und Druck: Norbert Gärtner, Mainz-Kastel
Binden: Karl Schaumann, Darmstadt
Printed in the Federal Republic of Germany
ISBN 3-598-30000-X (Gesamtwerk)

*Povaba na botrino katolškim misijonam pomagati. V Celovci, Leon, 1850. 16 S. (Verf.: Anton Martin Slomšek.)

Pövel, Al., Grischun. 12 pp. in-8. s. l. 1872.

Povelsen, Reise, s. Olaffen.

Povelsen, Sev. Ludov., emendationes locorum aliquot Homericorum. kl. 8. Hauniae 846. (Philippsen.) 1/2 ℔

Poeverlein, Ferdinand, approb. Arzt aus Regensburg: Aus d. Kgl. Universitäts-Frauenklinik, München. Ein Fall von Tuberkulose der Vulva. *Regensburg 1902: G. J. Manz.* (28 S.) 8°
München, Med. Diss. v. 1902

Poeverlein, Hermann, aus Regensburg: Die Aufbringung der Mittel im Reichsunfallversicherungsrecht. *München & Leipzig: G. Hirth 1900.* (74 S.) 8° [F.] ¶ Aus: Annalen d. Deutschen Reichs, 1900.
Erlangen, Jur. Diss. v. 10. Okt. 1898
(Nicht für den Austausch)

Die seit Prantls 'Exkursionsflora f. d. Kgr. Bayern' (1. Aufl. Stuttg. 1884) erschienene Literatur über Bayerns Phanerogamen- u. Gefässkryptogamenflora. Zsgest. von Dr. Hermann **Poeverlein**. Regensburg: (Kgl. bot.) Gesellsch. 1899. (27 S.) 8°
= **Denkschriften** d. Kgl. botan. Gesellschaft in Regensburg. N.F. Bd 1, Beil. 1 (07. 6176 2

Povestí, Drobne. V Celovcu. St. Hermagoras-Druck., 1910. 192 S.

Povinelli, Adolf H.

Povinelli, A. H., Ahasverus in Tyrol. Epische Dichtung aus düsterer Zeit. gr. 8. (V, 271 S.) Leipzig 890. Literar. Anstalt, Aug. Schulze. n. 3. 40; geb. n. 4. 60

Povinelli, Adf. H., Ahasverus in Tyrol. Poetische Erzählg. 2. (Titel-)Aufl. gr. 8. (III, 271 S.) Wien 892. C. Daberkow. n. 2. 60; geb. n. 3. 40; m. Goldschn. n. 4. 20

Povinelli, Adf. H., freie Liebe. Ein Lied in zwei Sonettenkränzen. 8. (48 S.) Dresden 895. E. Pierson. n. — 60

— Mönch u. Herzogin. Zeit- u. Sittengemälde aus dem 16. Jahrh. Mit 1 Titelbilde v. Alois Greil. 8. (IV, 179 S.) Leipzig 894. W. Friedrich. n. 3. —

Povinelli, Adf. H., Morgenwolken. Gedichte. 12. (XII, 116 S.) Innsbruck 883. Wagner. n. 1. 60

Povondra, Carolus Eberhardus *(geb. Kremsier in Mähr. 22. 10. 1786)*: De ischiade nervosa, adnexa morbi historia. Vratislaviae (1820). (40 S.) 8°
Breslau, Med. Diss. v. 22. Nov. 1820

Povše, Frz. S., Rinder der Karst- u. Küstenländer, s.: Rinder-Racen, die österreichischen.

Povšé, Franc. Umni kmetovalec. V Celovcu, St. Hermagoras-Druck., 1875—7. 3 Tle.

Powalatz Leopold: De personificationibus, quae in poesi Romanorum cum prisca tum aetatis Augusti inveniuntur.
H. 1910 PN 3043 Diss. Wien, Univ. 1675

Powalki, C., s. Powalky, Karl Rudolph

Powalky, Karl Rudolph

— Bestimmung der Sonnenparallaxe aus dem Verhältniss der Erd- zur Sonnenmasse. (Wahrscheinlich Astronom. Nachr., No. 1874.)

Powalky, C., logarithmisch-trigonometrische Dreiecksberechnungen. Eine Sammlung berechneter Beispiele für den Schulgebrauch. Ebene Trigonometrie. gr. 8. (XV und 43 S.) Berlin 858, Dümmler's Verlagsh. *

Powalky, s. **Foerster,** W., Sammlung von Hülfstafeln der Berliner Sternwarte.

— C., Ueber die verschiedenen Methoden zur Bestimmung der Sonnenparallaxe und die in neuerer Zeit nach denselben gefundenen Resultate. (Astronom. Nachr., Bd. 80. No. 1903—7.)

Powalky, Carolus Rudolphus, De transitu stellae Veneris ante discum solis anno 1769 peracto ad solis parallaxin accuratius determinandam novae disquisitiones. (Dissertatio inaug. astronomica.) Kiliae 1864.

Powalki, C. Neue Untersuchungen des Venusdurchganges von 1769. Kiel 1864. 4.

Powalsky, Gli. Bhrd., Gebete u. Wechselgesänge bei d. Einsegnung d. Jugend u. d. Genusse d. Abendmahls. 8. Thoren (Berl.) 805. Dyliuß. 4 gr

Poewe, Julius, aus Magdeburg: Sprache und Verskunst der Mystères inédits du XV. siècle (abgedr. von A. Jubinal, Paris 1837). *Halle a. S. 1900: C. A. Kaemmerer & Co.* (93 S.) 8°
Halle, Phil. Diss. v. 1900

Powel, Adalbert Abgekürzte Rechnung mit Decimalzahlen. (Umschlagtitel: Beiträge für den mathematischen Unterricht in der Schule. Abgekürzte . . . Dezimalzahlen. Theil I.) 4 (18 S.). Die Determinanten und ihre Anwendung in der Schule. (Umschlagtitel: Beiträge . . . Schule. Anwendung der Determinanten in der Schule. Teil II.) 4 (18 S.).
Progr. Rprg. Gumbinnen 1887 (23). 1888 (23).

Powell, Baden, Einige Versuche über die Mittheilung von Magnetismus an Eisen in verschiedenen Lagen. (Gilb. Ann. der Phys., B. 73, St. 3, J. 1823, St. 3.)

Powell, Burt, aus Iowa, United States of America: Die **Memoiren** von Barras über den 9. Thermidor. *Bonn 1899: C. Georgi.* (XVI, 53 S.) 8°
Bonn, Phil. Diss. v. 7. März 1899

Powell, E. P., Gott im Menschen. Vorlesungen üb. die Entwicklungslehre. Autoris. deutsche Ausg. gr. 8. (IX, 471 S.) Berlin 894. Bibliograph. Bureau. n. 7. 50

Powell, E. P., Gott im Menschen. Vorlesgn. üb. d. Entwickelungslehre. Autor. deutsche Ausg. (Neue [Titel-] Ausg.) gr. 8. (VIII, 471 S.) Berlin (894). E. Ebering. n. 7. 50; geb. n. 9. —

Powell, Elmer Elsworth

Powell, Elmer E., Spinozas Gottesbegriff, s. a. Abhandlungen zur Philosophie. 12. Hft.

Powell, Elmer Elsworth, aus Clayton, Illinois, Ver. Staaten v. Nordamerika: Über Spinoza's **Gottesbegriff.** *Bonn 1899: C. Georgi.* (2 Bl.) 8° ¶ [Nur Titelblatt, Vita u. Thesen.]
Bonn, Phil. Diss. v. 4. März 1899

Powell, Elmer Elsworth, aus Clayton, Illinois, Ver. Staaten v. Nordamerika: Über Spinozas **Gottesbegriff.** *Halle a. S. 1899: E. Karras.* (38 S.) 8° ¶ (Erschien vollst. als H. 12 d. Abhandlungen zur Philosophie u. ihrer Geschichte.) —
Bonn, Phil. Diss. v. 4. März 1899

Spinozas Gottesbegriff von Dr. Elmer E. Powell. *Halle: M. Niemeyer 1899.* (IX, 113 S.) 8°
= Abhandlungen z. Philosophie u. ihrer Geschichte. H. 12. (99. 9134 5

Powell, Wilfred, unter den Kannibalen v. Neu-Britannien. Drei Wanderjahre durch e. wildes Land, frei übertr. durch F. M. Schröter. Mit vielen Illustr., nach Zeichngn. d. Verf. u. 1 (lith.) Karte. gr. 8. (262 S.) Leipzig 884. Hirt & Sohn. n. 7. 50; geb. n. 9. —

Powels, Arthur, 2. Anstaltsarzt an d. Prov. Heil- u. Pflegeanstalt Kortau b. Allenstein: Aus d. Königl. psychiatr. Klinik zu Königsberg i. Pr. Chorea und Geistesstörung. Königsberg i. Pr. 1908: O. Kümmel. (28 S.) 8°
Königsberg, Med. Fak., Ref. Meyer, Diss. v. 22. Juli 1908
[Geb. 15. Okt. 77 Nordenthal, Kr. Gerdauen; Wohnort: Kortau b. Allenstein; Staatsangeh.: Preußen; Vorbildung: Gymn. Wehlau Reife O. 98; Studium: Königsberg 10 S.; Coll. 13. Juli 08; Approb. 17. Dez. 03.]

(Power.) Authentische Geschichte des Krieges wegen der pragmatischen Sanction in Dentschland und Italien. A. d. Frz. v. F. L. Bruns. 1. Th. 8. Berlin u. Leipzig 1799. 3,75.

(Power.) Tableau de la guerre de la Pragmatique-Sanction en Allemagne et en Italie, av. l'expédition du prince Charles Edouard en Écosse. 2 v. 8. av. pls. Berne 1784. 2,50. — Berlin 1800. 6,00.

Power, B., Trostbüchlein f. Kranke u. Leidtragende. Aus dem Engl. übers. v. Marie Morgenstern. 8. (VIII, 116 S.) Leipzig 884. Drescher. n. 1. 20; geb. n. 1. 80

Power, J. H., Abhandlung über häusliche Frömmigkeit. Aus dem Engl. übers. von Herm. Koch. 16. (151 S.) Cincinnati 856(57). (Bremen, Heyse's Verlag.) * *

Power, Mor., das Wesen der Form. Stunden des Nachdenkens über die Erscheinungen des Erdenlebens. 8. (III, 116 S.) Leipzig 880, Wartig's Verlag. *

Power, P. B., Nachtlichter aus Gottes Wort. Frei nach dem Engl. 12. (96 S.) Basel 881, Spittler. *

Powerer: Tableau de la guerre ..., s. Power

Powers, Ellen F., aus Boston, U. S. A.: Beitrag zur Kenntniss der Menstrualen Psychosen. Zür. Orell Füssli Cie Dr. 1883. 120 S. mit 2 Tab. 8°.
Zürich. Med. Diss. [v. 13. Dec. 1882].

Powers, *Joseph Horace* [aus Wisconsin '(Amerika)']: Kritische Bemerkungen zu Lotze's Seelenbegriff ... Göttingen, Druck d. Dieterich'schen Univ.-Buchdr., 1892; 49 S. 8.
Göttingen, Phil. Fak., Inaug.-Diss. v. [20. Aug.] 1892

Powers, I. H., kritische Bemerkgn. zu Lotze's Seelenbegriff. Diss. gr. 8. (49 S.) Göttingen 892. (Vandenhoeck & Ruprecht.) n. 1. —

Powiastki, powieści, i Komedyyki moralne, s. a. Biblioteczka nowa, Tom. II.

Powiastki, powieści i komedyjki moralne. Przez autorkę pamiątki po dobrej matce. 2. Wydanie. (Erzählungen und Possen für Kinder. Von der Verf. des „Andenken an die gute Mutter." 2. Aufl.) gr. 16. (III und 218 S. mit 6 Ill. Stnt.) Berlin 858, Schletter's Verlag.

Powjdatel, aneb Sbjrka rozmanitých pameti hodných pribehu, powjdacek, duwtipných napadu a prupowedj k poucenj a obweselenj. Sepsal Mateg Sychra, kuez cyrkewej. Tri swazky. 8. Brunn, Gastl. 816.

Powidzki, Mathias *(geb. Powidz in Pos. 30. 1. 1828)*: De metrorrhagiis inter partum accedentibus. Vratislaviae (1858). (48 S.) 8°
Breslau, Med. Diss. v. 6. Febr. 1858

Powieść Dobra Pani i Dobra Sluza ca. 16. (1⅞ B.) Kraków 845, Gieszkowski. (Friedlein.)

Powieści poetyczne Juliusza S(łowackiego). Żmija. Hugo. Mnich. 16. (118 S.) Leipzig 852, Gerhard. 1 ₰; in Engl. Einb. mit Goldschn. 1⅓ ₰

Powieści, prawdziwe dla dzieci i dorosłych. Napisane i wydane w celu zachęcenia do wstrzemięźliwości. Z niemieckego przełożył P. Guhra. 8. (III und 103 S.) Lissa 849, Günther.

Powieści i rozmowy, małe, dla dzieci. Przez autorkę wiązania Helenki. Nowe wydanie. (Erzählungen und Gespräche für kleine Kinder. Von der Verf. des „Geburtstagsgeschenk für Helene." Neue Aufl.) 16. (VI und 211 S. mit 4 ill. Stnt.) Berlin 859, Schletter's Verlag. Thlr.

Powis, Rich., der neueste englische Huf-Schmied, od. Prüfungen u. Erfahrungen über die Zweckmäßigkeit der neuesten, in England erfundenen u. daselbst üblichen Hufeisen. Aus d. Engl. Mit Kupf. 8. Pesth, Hartleben. 817.

— Der neueste englische Hufschmied ... nebst Beschreibung d. vorzüglichsten Krankheiten u. Fehler d. Pferdehufe ... Nebst 2 Zugaben ... nach R. Lawrence. Aus d. Engl. übers. Pesth 1817. (10) 148 S. 4 Tvl.

POWITON, Valentin (Münster): Zur Kenntnis der Acuten gelben Leberatrophie.- München: Ernst 1886. 40 S.
9,12.1886 - Chr 1886/87,11; Jv 1886/87,181
Diss. Ingolst.-Landsh.-Mchn.

Pownal, mémoire adressé aux Souverains de l'Europe. gr. 8. Leipz. W. Vogel. 781.

Powondra, Thomas Joseph

Powondra, (T. J.,) systema theologia pastoralis. VI Tomi. Vindob. 818 — 19, Geistinger, (Landshut, Krüll.) Rthlr.

Powondra, T. J., systema theologiae pastoralis. Vol. I — V. 8maj. Vien. Geistinger. (Lips. W. Vogel.) 818. 819.

Powondra, Thom. Jos., systema theologiae pastoralis. VI Tom. 8maj. Wien 818, 19. Gerold. 9 ₰ 10 gr Hbg. Pr. 4 ₰ 16 gr

Powstanie T. Kościuszki z. pism autentycznych sekretnych dotad drukim nieogłoszonych wydane. 16. (12⅜ B.) Poznan 846, księgarni Nowej J. Lukaszewicza. (Leipzig, Brockhaus et Avenarius.) *

Powstaniec Litewski. Obraz romantyczny z czasowrewolucyi w Polsce z 1831. R. Przez Pania T.....ska. 12. (Mit 1 Lithogr.) Lipsk 845, Michelsen. n. 1⅓ ₰

Powunden [Schlagwort]

Powunden, s.: Preussen. Messtischblätter.

Poyda, Fridericus Bernhardus: De nosocomiorum institutione et utilitate nonnulla. Halis Saxonum (1861): Gebauer-Schwetschke. 31 S. 8°
Halle-Wittenberg, Med. Diss. v. 9. Juli 1861
Geb. Görschen b. Naumburg a. d. S. 3. 1. 1837. V.

Durchbruch des Rhein-Stroms Physikalisch-geograph. Karte vom — durch das Schiefer- und vulkanische Gebirge zwischen Mainz und Bonn, gez. von H. v Poyda. Herausg. v. J. G. Cotta's geogr. Anstalt zu München 1:300,000. 2 Bl.

Poyda, J. F., Predigt am Bußtage 1806. 8. Lübben, Gotsch.

— Predigt bei d. Einweihung d. Orgel zu Priorau gehalten. gr. 8. Leipz. 822. Cnobloch. 3 gr

— Predigten u. Introductionsrede bei M. Martius Investitur. 8. Leipz. 810. Hinrichs. 4 gr

— Predigt u. Introductionsrede b. Matius Investur. 8. Lpz. Hinrichs. 810.

Poyda, J. F., s. Reinhard, Frz. B.: Auszüge ...

Poyda, J. F., Synodalpredigt, am 24. Sept. 1817 in Bitterfeld gehalten. gr. 8. Leipzig, Cnobloch. 819.

Poyenar, Aaron et Hill, s. Vocabulaires français-valaque.

Poynter, E. F., among the Hills, s. Collection of British Authors.

Poynter, E. F., Madame de Presnel, s.: Collection of British authors.

Poysel, J. A. Gedichte, s. Pfeifer, Martin.

Poyßl, Frh. v., Beleuchtung e. Artikels in Nr. 64. des heur. Jahrg. d. „Leipziger Theater-Chronik;" betitelt: „Königl. Hof- u. National-Theater zu München. Intend.: K. Th. Küstner." als abgedrung. Erwiederung auf viele in öffentl. Blättern erschien. Schmähungen d. vorig. Führung dies. Kgl. Kunstanstalt. gr. 8. (3½ B.) München 834, Jaquet.

Poyßl, Louis, das Büchlein v. der Prinzessin Gisela. Für das Volk geschrieben. gr. 8. (22 S.) Wien 875. Weiske & Co. n. — 50

Poyßl, Ludw. Frhr v., zwischen Donau u. Balkan. Roman aus d. Gegenwart. 8. (229 S.) Mannheim 896. J. Bensheimer's Verl. n. 3. —

Poyßl, Ludw. v. Der Hoheit Ehre. — Die Hausfreunde. Erzählgn. 8. (336 S.) Mannh. 892, Bensheimer's Verl. * 5 —; geb. 6 —

— Fürstin u Zigeuner. Roman aus d. Gegenwart. 8. (251 S.) Ebd. 897. n. 2. 50

RIGO, Zigeuner (Violin-Virtuose). — Poyssl, L. v., Fürstin (v. Chimay, geschieden) und Zigeuner (Rigo). Roman aus der Gegenwart. Mannheim. o. J. (c. 1900). 8°. (Mk. 3—.) (1 Mk. 50 Pfg. Max Jaeckel, Potsdam, 1902.)

Poyßl, Ludw. Frhr. v., Graf Hartenau. Roman. 8. (208 S. m. Bildnis.) Mannheim 894. J. Bensheimer's Verl. n. 3. —

— Prinz Paul. Roman aus d. modernen Gesellschaft. 2 Bde. 8. (211 u. 203 S.) Ebd. 895. n. 5. —

Poyßl, Ludw. Frhr. v., was zum Lachen, s. a. Bloch's, Eduard, Original-Deklamatorium. 47. Lfg.

Was zum Lachen. Humorist. Vers-G'schicht'ln von Ludwig Frh. v. Poyßl. *Berlin: E. Bloch [1903].* (27 S.) 8° [F.]
— Original-Deklamatorium, Eduard Blochs. Lfg 47. [04. 13825]

— der Zar. Roman. 8. (227 S.) Ebd. 895. n. 3. —; geb. 4. —

POYVRE ( ). Reisen eines Philosophen oder Bemerkungen über die Sitten und Künste der Einwohner von Afrika, Asien und Amerika. Aus dem Französischen des — . . . (von Johann Pezl). Mayr's sel. Erbin, Salzburg 1783.

POŽAR, Laurenz: Die Entwicklung der poetischen Literatur bei den Slowenen. — 1881. 90 S. Diss. Graz, Univ.

Požar, Laurenz: Hofrat Josef Šuman [† am 15. September 1908]. S. 75—76. 8. **Progr.** K. k. I. Staatsgymn. *Laibach* 1909.

Pozaryska, Felicie, aus Warschau, Polen: Über die Arteriosclerose der Aorta und der Coronar-Arterien. Zürich 1908. 23 S. 8°. [16. XII. 08.]
Zürich, Med. Diss. 1908/09

Pozaryska, Felicie. Über die Arteriosclerose der Aorta und der Coronar-Arterien. Diss. Med. Univ. Zürich. 23 S. 8. Zürich, J. J. Meier, 1908.

Pozdena, Rudolf F: Optische Messungen. München 1910

Pozdena, Rudolf: Versuche über Blondlots 'Emission pesante.' — 1905. S. 104 — 131. Aus: Annalen d. Physik. F. 4, Bd 17.
Diss. Wien, TH

Pozdena, Wilh., s.: Scheffel, J. V. v., Blätter d. Erinnerg. usw.

Požepny, F., die Wasserfälle des Niagara und ihre geologische Bedeutung. Vortrag, gehalten im Vereine zur Verbreitung naturwissenschaftl. Kenntnisse in Wien am 26. Febr. 1879. 8. (37 S.) Wien 879, Hölder. *

Pözile, eine Quartalschrift. Coburg 1800 ff. H: *Facius, Johann Friedrich.* (Ky) (MGT)

Pözile, e. Quartalschr. v. J. F. Facius, No. I—IV. 8. Cob. Sinner. 800.

Poezinger, Georg Wilhelm [Praes.], s. Nuzel, Johann: De natura quantitatis positivae ac negativae ad exercenda juventutis academicae ingenia exarata.

Propositiones aliquot staticae quas praes. *Georgio Wilhelmo Poezinger* Math. et Phil. Prof. P. O. Theol. Extraord. publice defendet *Paullus Ludovicus Malvieux* Medic. Cultor Erlanga-Baruthinus. Erlangae, ex typograph. Jo. Diet. Mich. Camerarii acad. Frideric. typogr. 4. 40 S. nebst einer Tafel mit Figuren. 1751.

Pözinger, Geo. Wlh., († d. 19. Jan. 1753.) s. Samml. v. Maschinen u. Instrumenten 2c.

Theorema *Harriotti* de numero radicum verarum et falsarum demonstrat *Fridericus Vilelmus Stöhner*, A. M. Barutho-Francus respond. *Georgio Vilelmo Poezinger*, iisdem Barutho-Franco, Lipsiae ex Officina Breitkopfiana. 4. 44. S. 1720. *

Pözl, Josef

—— Gesetz über die Ausübung und Ablösung des Weiderechts, s. Gesetzgebung, die, des Königr. Bayern.

v. **Pözl**, bayer. Gesetz betr. Ablösg. d. Lehenverbandes. Erlangen 854.

Pözl, J., Gesetz vom 26. Febr. 1850, } s. a. Gesetzgebung, die, des Königr. Bayern.

Pözl, Jos., Gesetz v. 26. Febr. 1850, die Versammlungen u. Vereine betreffend, erläutert. (Ausschn. aus: Gesetz-Samml. Th. II. Staats- u. Verwaltungsrecht Bd. IV. Heft 2, S. 425—545.) Gr. 8°. Hfrzbd.

— Dasselbe. 3. verm. u. verbess. Aufl. München 1871. 8°. Hfrzbd. XXII—(61 S., 1 S. Err. — Dabei Supplem.-Heft. Ib. 1874. VII—84 S. Hfz.

Pözl, J., das Gesetz die Grundentlastung betr. vom 28. April 1872. Eingeleitet u. erläut. gr. 8. (VIII, 124 S.) München 873. lit.-artist. Anstalt. n. 2. 40

—— Gesetz vom 4. Mai 1851, s. Gesetzgebung, Die, des Königreichs Bayern

Pözl, Jos., Gesetz vom 28. Mai 1852 über die Benützung der Wasser, s.a. Gesetzgebung, die, des Königr. Bayern.

J. Pözl, Gesetz vom 28. Mai 1852 die Benützung des Wassers betreffend. München 1852

— Gesetz, die Vermarkung der Grundstücke betr. s.: Gesetzgebung, die, d. Königr. Bayern.

— bayer. Gesetze betr. Versammlgn. u. üb. Einschreiten d. bewaffneten Macht. Erlangen 863.

— das bayerische Grundlasten-Ablösungs-Gesetz, s.a. Gesetzgebung, die, des Königr. Bayern.

v. Pözl, bayr. Grundlastenablösgsgesetz. Erlangen 852.

—— Grundriß zu Vorlesungen über Polizei. Mit besond. Rücksicht auf die neuern Polizeigesetzgebungen Bayerns. gr. 8. (XI und 179 S.) München 866, Literarisch-artistische Anstalt. *

Pözl, Jos.: Grundriss zu Vorlesungen über Polizei München: Cotta 1866.

Pözl, Jos., Grundriss zu Vorlesungen über bayer. Verwaltungsrecht. gr. 8. (30 S.) München 850, Kaiser. 1/6 ℛ

PÖZL, Joseph (Pechtnersreuth): Ist der Patron als solcher baupflichtig? Versuch einer Beantwortung dieser Frage nach den Grundsätzen des gemeinen und des bayerischen Rechtes.- München: Hübschmann 1843. 23 S.
26.11.1842 - Urk (Titel: Principia juris ecclesiastici communis et Bavarici de jure patronatus.); r 49 Diss. Ingolst.-Landsh.-Mchn.

Pözl, Jos., die Competenzfrage in dem gräflich Bentinck'schen Successionsstreite. Ein rechtl. Gutachten im Einverständnisse mit J. C. Bluntschli erstattet. gr. 8. (VIII und 164 S.) München 853, Franz. *

— Lehrbuch des Bayerischen Verfassungsrechts. gr. 8. (XVIII u. 488 S.) München 851, Literarisch-artistische Anstalt. n. 1 ℛ 24 ngr

—— Lehrbuch des bayerischen Verfassungsrechts. 2., verm. und verb. Aufl. gr. 8. (XXII und 547 S.) München 854, Literarisch-artistische Anstalt. *

— Lehrbuch des Bayerischen Verfassungsrechts. 3. verb. Aufl. München 860. Literar.-artist. Anstalt. gr. 8. (XXIV, 536 S.) n. 2 ℛ 4 ngr

—— Lehrbuch des bayerischen Verfassungsrechts. 4. verm. und verb. Aufl. gr. 8. (XXIV, 692 S.) München 870, Literarisch-artist. Anstalt. *

Pözl, Jos. v., Lehrbuch des bayerischen Verfassungsrechts. 5. Aufl., auf Grundlage des Reichsrechts bearb. gr. 8. (XXIII, 650 S.) München 877, Literarisch-artistische Anstalt. *

—— Lehrbuch des bayerischen Verwaltungsrechts. gr. 8. (XVI und 514 S.) München 856, Literarisch-artistische Anstalt. *

— —, Lehrbuch des bayerischen Verwaltungsrechts. 2. Auflage. München 1858. 8.

— Lehrbuch d. bayerischen Verwaltungsrechts. 3. verm. u. verb. Aufl. gr. 8. (XXI, 682 S.) München 871. Liter.-artist. Anstalt. n. 9. 40.

— dasselbe. Supplement zur 3. Aufl. gr. 8. (VII, 84 S.) Ebend. 874. n. 1. 60

Über den Rechtssinn. Rede zum Antritte des Rectorates an der Ludwig-Maximilians-Universität gehalten am 5. December 1868 von J[oseph] v. Pözl.

Rede zum Stiftungstage der Ludwig Maximilians Universität. Gehalten am 26. Juni 1860 von Joseph Pözl.

— s.a. Sammlung der bayerischen Verfassungs-Gesetze.

— —, Sammlung der bayerischen Verfassungsgesetze. München 1869. 8.

— — Sammlung der bayerischen Verfassungsgesetze. 2. revidirte u. ergänzte Aufl. München 1869. 8°.

— Bayerisches Staats-Verfassungs-Recht. Als Leitfaden f. akademische Vorlesungen u. zum Selbst-Unterricht bestimmt. gr. 8. (XVIII u. 357 S.) Würzburg 847, L. Stahel. 2 ℛ

— Studie im bayer. Hypothekenrecht. Erlangen 872.

Pözl, J. (Hrsg.), s. Überschau, Kritische, der deutschen Gesetzgebung und Rechtswissenschaft.

—— das bayerische Verfassungsrecht auf Grundlage des Kirchenrechtes. Suppl. zu der 4. Aufl. des Lehrbuchs des bayer. Verfassungsrechtes. gr. 8. (IX, 159 S.) München 872, Literarisch-artist. Anstalt. *

v. Pözl, bayerisches Verfassungsrecht. 5. Aufl. München 877.

– (Hrsg.), s. Vierteljahresschrift, Kritische, für Gesetzgebung.

—— die bayerischen Wassergesetze vom 28. Mai 1852, erläutert. Mit einem Anh. die Ordnung der Schiff- und Floßfahrt auf den bayer. Flüssen, Seen und Kanälen betr. Neue Ausg. Lex.-8. (464 S.) Erlangen 862, Palm und Enke. *
Aus: Gesetzgebung des Königr. Bayern, besonders abgedruckt.

— die bayerischen Wassergesetze vom 28. Mai 1852 erläutert. Mit einem Anh.: die Ordnung der Schiff- u. Floßfahrt auf den bayer. Flüssen, Seen u. Kanälen betr. 2., neu bearb. Aufl. gr. 8. (VII, 516 S.) Erlangen 880. Palm & Enke. n. 10. —

Poezl, Wenzesl., Anfangsgründe der darstellenden Geometrie, enth. die geradlinigen ebenen Gebilde, zum Schulgebrauche zusammengestellt. 2. Aufl. gr. 8. (VI, 58 S. m. Fig.) München 902. Th. Ackermann. n. 1. 20; geb. n. 1. 40

Pözl, Wenzesl. Elemente der darstellenden Geometrie, zum Schulgebrauche zusammengestellt. gr. 8. (VII, 107 S. m. Fig.) Münch. 890, Th. Ackermann's Verl. * 3 —

Pözl, Wenzeslaus, Elemente d. darstellenden Geometrie, zum Schulgebrauche zusammengest. I. Tl.: Geradlin. ebene Gebilde. Neue [Titel-] Ausg. gr. 8. (VI, 60 S. m. 81 Fig.) München (890) 897. Th. Ackermann. n. 1. 20

— Elemente der darstellenden Geometrie, f. höhere Lehranstalten zusammengestellt. 2 Tle. 2. Aufl. gr. 8. Ebd. 902. à n. 2. —; geb. à n. 2. 40
1. Geradlinige Gebilde. (VI, 112 S. m. Fig.)
2. Krummflächige Gebilde. (IV, 111 S. m. Fig.)

— Lehrbuch der Arithmetik, s.: Steck, F. X.

Pözl, W., u. G. Effert, Lehrbuch der allgemeinen Arithmetik u. Algebra (nebst Aufgabensammlg.) f. Gymnasien u. Realschulen. gr. 8. (III, 281 S.) München 893. J. Lindauer. n. 3. 20

— u. G. Effert, Lehrbuch d. allgem. Arithmetik u. Algebra (nebst Aufgabensammlg.) f. Gymnasien u. Realschulen. 2. u. 3. Aufl. gr. 8. (IV, 281 S.) München 896. J. Lindauer. n. 3. 20; geb. in Leinw. n. 3. 60

— u. G. Effert, Lehrbuch der allgemeinen Arithmetik u. Algebra (nebst Aufgabensammlung) f. Gymnasien u. Realschulen hrsg. 4. u. 5. Aufl. (VIII, 261 S.) gr. 8. Ebd. 904. n. 3. 20; geb. in Leinw. n. 3. 60

Pözl, W., u. G. Effert, Lehrbuch der allgem. Arithmetik u. Algebra nebst Aufgabensammlung, f. Gymnasien u. Realschulen. 6. Aufl. (IV, 207 S.) 8. München 910. J. Lindauer. Geb. 3. —

Pözl, W., Lehrbuch der analytischen Geometrie der Ebene, f. den Gebrauch an Mittelschulen u. zum Selbststudium zusammengestellt. (VII, 123 S. m. Fig.) gr. 8. München 904. J. Lindauer. n. 2. 40; geb. in Leinw. n. 2. 80

Poznan, Jolán: Das Frauengeschlecht bei den Balkan-Christen. Beitrag z. Cultur-Kunde. — Budapest: Márkus 1901. 48 S. 8° Phil. Diss.

Poznan, Jolán, das Frauen-Geschlecht bei den Balkan-Christen. Beitrag zur Cultur-Kunde. (48 S.) gr. 8. Budapest 901. (F. Kilián's Nachf.) n. 1. —

Poznanski, Adolf: Über die religionsphilosophischen Anschauungen des Flavius Josephus .... Halle a. d. Saale, *Th. Schatzky, Buch- u. Steindr. Breslau*, 1887; 1 Bl. + 41 + 1 S. 8°.
Halle, Phil. Fak., Inaug.-Diss. v. [2. Mai] 1887.

Poznanski, Adolf, über die religionsphilosophischen Anschauungen des Flavius Josephus. Diss. Halle 1887, Lippertsche Buchh. 8°. 41 S.

Poznanski, I. B., Violine u. Bogen. E. Abhandlg. m. vielen photograph. Aufnahmen nach d. Leben u. ergänzt durch verschied. Beispiele u. Orig.-Etüden. Fol. (23 u. 43 S.) Leipzig 896. Bosworth & Co. 6. —

POZNANSKI, KARL. Ueber die Einwirkung von Benzoylchlorid auf Anthracen, Fluoren, und Phenanthren bei Gegenwart von Aluminiumchlorid. Freiburg im Breisgau, 1883.

Poznański, Samuel, s.: Abû Zakarjâ Jaḥjâ (R. Jehûda) ibn Bal'âm, arabischer Commentar zum Buche der Richter.

Poznański, Sam., Beiträge zur Geschichte der hebr. Sprachwissenschaft. I. gr. 8. Berlin 894. S. Calvary & Co. n. 2. 20
Eine hebräische Grammatik aus dem XIII. Jahrh. Zum 1. Male hrsg., m. Einleitgn. u. Anmerkgn. versehen. (35 u. 23 S.)

— Dosa b. Saadja Gaon. (In hebr. Sprache.) (27 S.) gr. 8. Frankfurt a/M. 906. (J. Kauffmann.) n. — 80

— zur jüdisch-arabischen Litteratur. S.-A. der Besprechg. v. Moritz Steinschneider's „Die arab. Litteratur der Juden" erschienen in der Orientalist. Litteratur-Zeitg., Jahrg. VII, No. 7—9. (88 S.) 8. Berlin 904. W. Peiser. n. 1. 50

(8) **Poznański**, Sam., z. jüd.-arabischen Literatur. 904. (KBl. 34.) Jetzt: Leipzig, J. C. Hinrichs' Verl.

— Die karäische Literatur der letzten 30 Jahre 1878—1908. (27 S.) 8. Frankfurt a/M. 910. J. Kauffmann. 1.50
Sonderabdruck aus: „Ztschr. f. hebr. Bibliogr."

Poznański, Samuel [aus Lubraniec '(Kgr. Polen)']: Mose B. Samuel Hakkohen Ibn Chiquitilla nebst den erhaltenen Fragmenten seiner Schriften. E. Beitr. z. Geschichte d. Bibelexegese u. d. hebräischen Sprachwissenschaft im Mittelalter ... [Erschien vollst. 1895 bei J. C. Hinrichs in Leipzig.] Berlin, Druck v. H. Itzkowski, 1895; 1 Bl., 70 S., 1 Bl., 1 kl. Bl. 8. Heidelberg, Phil. Fak., Inaug.-Diss. v. [13. März] 1895

Poznański, Sam., Mose B. Samuel Hakkohen Ibn Chiquitilla, nebst d. Fragmenten s. Schriften. E. Beitrag zur Geschichte d. Bibelexegese u. der hebr. Sprachwissenschaft im Mittelalter. gr. 8. (VIII, 200 S.) Leipzig 895. J. C. Hinrichs' Verl. n. 7. —

— Schechters Saadyana. (23 S.) gr. 8. Frankfurt a/M. 904. J. Kauffmann. n. 1. 50
Sonderabdruck aus: „Ztschr. f. hebr. Bibliographie".

— Studien zur gaonäischen Epoche. 1. Heft. (In hebr. Sprache.) (70 S.) Lex. 8. Warschau 909. (Frankfurt a/M., J. Kauffmann.) 2. —

Pozo, Maria de los Dolores del, la joven católica en familia y en sociedad. (XIV, 184 S. m. Titelbild.) kl. 8. Freiburg i/B. (910). Herder. 1.48; geb. in Leinw. 2. —

Pozsony, A. O. von [d. i. Adolf Op. Jenheim]

— als Venedig unterging. Kriminalroman. (185 S.) 8. Gera (906). P. Stötzner. n. 1. —

Pozsony, A. O. v. (Adf. Op. Jenheim), der Fluch der Schönheit, s.: Bibliothek, interessante, Nr. 14.

— Leutnants a. D. Ein humorist. Militär-Roman. (221 S.) 8. Leipzig (905). Erfurt, F. Kirchner. n. 1. 50

— Franz Liszt u. Hans v. Bülow. Ein Künstler-Roman. (V, 431 S. m. 3 Bildnissen.) gr. 8. München (903). Leipzig, F. Rothbarth. n. 4. 20; geb. n.n. 5. 40

— Märtyrerinnen der Liebe. Kriminalroman. (203 S.) 8. Gera (906). P. Stötzner. n. 1. —

— Offiziers-Ehen. Roman. Neue Ster.-Aufl. (III, 293 S.) 8. Braunschweig 904. Leipzig, R. Sattler. n. 3. 50; geb. n. 4. 50

— der Roman Richard Wagners. Herzensgeschichten des Kompositeurs. (425 S.) gr. 8. Leipzig (903). Berlin, Verlag der „Frauen-Rundschau". n. 3. —

Pozzati, G. D.

—— rationelle Grammatik der italienischen Sprache. — Grammatica ragionata della lingua italiana. 2. Cursus. gr. 8. (XV und 216 S.) Leipzig 868, Brandstetter.
Der 1. Cursus erscheint später.

Pozzati, G. D., italienische Conversations-Grammatik. Für Handelsschulen bearb. Leipzig 867. Wengler's Nachf. gr. 8. (VIII, 144 S.) 15 ngr.

— erster Unterricht im Italienischen. Ein prakt. Lehrgang zur schnellen, leichten u. gründl. Erlernung der italien. Sprache für Schulen, wie zum Privat- u. Selbst-Unterricht. Leipzig 868. Roßberg. 8. (VIII, 154 S.) 15 ngr.

Pozzi, Fr., Gedichte. 8. Mannheim, Löffler. 805.

Pozzi, Samuel. Lehrbuch der klinischen u. operativen Gynäkologie. Autoris. deutsche Ausg. v. E. Ringier. Mit e. Vorworte v. P. Müller. 3 Bde. gr. 8. [1. Bd. (VIII, S. 1—371; 2. Bd. S. 373—722; 3. Bd. XX, S. 723—1193. Mit Abbildgn.)] Basel 892, Sallmann. à Bd. 10 —; 30 —

Pozzo, Andrea

— Mahler- und Bildhauer-Perspectiv. m. K. 2 Thle. Fol. Augsb. Walf. 706—19.

Pozzo, (od. Puteo,) Andr., Maler- u. Baumeister-Architectur u. Perspectiv 2c. Mit 225 Kpf. 2 Thle. Fol. Augsb. ... N. Aufl. 800. (v. Jenisch u. Stage.) 5 ₰ 8 gr (Joachim in Leipz.) 5 ₰

— Mahler und Baumeister-Perspectivkunst, m. 219 K. 2 Thle. Fol. Augsb. (Brann, auch Joachim in Leipzig.) 800.

Pozzo, Andrea. Perspectivae pictorum atque architectorum I. pars etc. Der Mahler und Baumeister Perspectiv erster Theil etc. Herausgeg. von J. Boxbarth. Augsburg 1706. 4°.

Pozzo, C. dal, Friese, s.: Meister, alte.

Pozzoli, R., parla italiano?, s.: Miniatur-Bibliothek.

Praag, Lionis Salom., Commentatio de machina Atwoodiana; victrici proxima declarata. 4maj. Lugd. Bat. (Lipsiae, Weidmann) 819.

Praebes, Georg Daniel (Nürnberg), De iniusta centenae extensione. Diss. [Altdorf] (J. W. Kohle) 20. II. 1722. 40 S. (4.75) 27096
Gew.: Gustav Georg Tezel, Jo. Christoph von Imhof.

Prabodha Chandrodaya Krishna Misri Comoedia. Sanscrite et lat. ed. Herm. Brockhaus. Lex.-8. (8 B.) Lipsiae 835, Brockhaus. *

Prabodha Chandrodaya Krishna Misri Comoedia. Edidit scholiisque instruxit Herm. Brockhaus. Fasc. posterior cont. scholia et scripturae varietatem. Lex.-8. (8¾ B.) Lipsiae 845, Brockhaus. *
Fasc. I. (Contin. text. sanscrit.) Ibid. 1835. * 1 Thlr.

Prabuckl, Jakob, Meletematum in Aeschyli Prometheum specimen. Commentatio de Prometheo Hesiodeo. Breslau (W. Th. Korn) 4. IV. 1835. Mit Biogr. (M.: C. Guzinska) u. 45 S. (3.25) 27095
Gew.: Franziskus Passovius.

Prabucki, J.: Antrittsworte bei der Einführung in sein Amt. (Deutsch und Polnisch). 21 S.
Posen, M. G., Progr. 1842

Prabutzki, Stephan v., approb. Arzt aus Gartschin W.-Pr.: Ueber das **Vorkommen** von Facialislähmung bei Polyneuritis. *Leipzig 1901: B. Georgi.* (28 S.) 8°
Leipzig, Med. Diss. v. (28. Mai) 1901

Praca codzienna, coroczna i całożywotna każdego chrześcianina katolickiego; albo: Książka modlitewna i kancyonał dla katolików z różnych książek modlitewnych i śpiewników zebrana. 2. wydanie z dodatkiem. (Alltägliche, jährliche und lebenslängliche Arbeit jedes römisch-katholischen Christen oder Gebetbuch und Gesangbuch für Katholiken. 2. Aufl.) 8. (XVI und 1056 S. mit 1 Holzschnt.) Teschen 858, Prochaska. geb.

Pracaṇḍa pâṇḍava. Ein Drama des Râjaçekhara. Zum ersten Male hrsg. von Carl Cappeller. gr. 8. (IX, 50 S.) Strassburg 885, Trübner. *

Prace litterackie, wydał. J. hr. Dunin-Borkowski. Tom. I. Zawiéra artykuły Aug. Bielowskiego, Magnuszewskiego, Alex. Dunina-Borkowskiego, Alex. Fredra, Goszczyńskiego, L. Siemińskiego, Wojcickiego etc. (Tom. II-gi w krótce ma wyjść.) 12. Lemberg 838. J. Millikowsky. 1⅓ ₰

Praecepta pastoralis didacticae seu regula christianae doctrinae e summo pastorali principio fideliter deducta neoclericis Tridentinae dioecesis. Brixen 1847-53. V: *Rigler, Peter.* (margr)

Praecepta pastoralis didacticae seu regula christianae doctrinae e summo past. principio fideliter deducta neoclericis Tridentinae dioecesis. 2 Partes. Brixiae 1847. Tridenti 1853. (Bozen, Promperger.) gr. 8. (XXX, 860 S.) n. 2 ₰ 20 ngr.

Praecepta pastoralis didacticae seu regula christianae doctrinae e summo past. principio fideliter deducta neoclericis Tridentinae dioecesis. 2 Partes. gr. 8. (XXX und 860 S.) Brixen 847. Trient 853(60). (Bozen, Promperger'sche Buchh.) * *

Praecepta et exempla recte faciendi, bene dicendi, e Cicerone ac quorund. poetar. carmin. desumta. 8. Berl. Rellstab. (Müller.) 785.
Schreibp.

Praecepta et exempla recte faciendi, bene dicendi, e Cicerone ac quorund. poëtar. carmin. desumta. 8. Berl. 783. Rellstab. (Stuhr). 9 gr, Schrbp. 12 gr

— max. necessaria theologiae dogmat. 8. Schlesw. Röhss. 796.

— maxime necessaria theologiae dogmat. e Mori epitome theolog. christ. in us. scholar. ed. H. P. C. Esmarch. 8. Schlesw. 796. (Hammerich in Alt.) 5 gr

Präceptores, Gymnasiorum Bavariae, Norimbergam Congregatos consalutant Collegae Norimbergenses. Norimberg 1899. V: *Gerathewohl, B.* (Hdschr. Mitth. von Friedrich Müller, München)

Praeceptores, Privati, unde? Helmestadj 1712. V: *Hardt, Hermann von der.* (Erman & Horn, Bibliogr. d. dtsch. Universitäten. 1. Leipz. u. Berl. 1904.)

Praeceptum amoris argumentum quinque meditationum quas congregatio latina major matris Propitiae B. V. Mariae ab Angelo salutatae . . . instituit Monachii . . . Monachii 1747. V: *Neumayr, Franz.* (so)

(F) Prachatitz. Ein Städtebild mit besonderer Berücksichtigung der noch erhaltenen Baudenkmäler von Josef Messner. 2. erweiterte Auflage mit einem Titelbilde und 10 Voll-Bildern in Platindruck. Im Anhange: Führer durch das Gebiet von Prachatitz nebst 2 Umgebungskarten von Edmund Kaltofen. Pilsen. 1899. Maasch's Buchh. 8°. VII, 181, 18 S. fl. 1.50

PRACHER, Alexander (Straubing): De rheumatismo acuto ejusque metastasibus.- Monachii: Giesser 1832. 15 S. Diss. Ingolst.-Landsh.-Mchn.
25.4.1832 - Urk; F 60

von Pracher, August [app. Arzt aus Regensburg]: Die in den Jahren 1884—1891 in der geburtshülflichen Abtheilung der Münchener Universitäts-Frauenklinik beobachteten Nabelschnurvorfälle ... München, Buchdr. v. J. Fuller, 1892; 22 S., 9 Tab. 8.
München, Med. Fak., Inaug.-Diss. v. [11. Febr.] 1892

Pracher, Beda

Pracher, B., Entwurf eines neuen Rituals f. katholische Geistliche, bei ihren Amtsverrichtungen. 2 Thle. 2te Aufl. gr. 8. Tübing. Osiander. 814.

Pracher, Beda, Gedanken über die Ursachen der gegenwärtigen Armuth und über die besten Mittel, derselben abzuhelfen. 8⁰. Tübingen, Osiander, 1817.

– s. Gesangbuch bei den Gottesverehrungen d. katholischen Kirche zu gebrauchen.

– s. Geschichte, Neue u. wunderbare, die sich mit dem frommen Pfarrer Gottl. Weißmann in Freikirch zugetragen hat, etc.

— — der katholische Gottesdienst, od. vollständiges Gebetbuch, in welchem Morgen-, Meß- u. Abendgebete, allerley Vesperandachten und Litaneyen, der erklärte Rosenkranz, der Kreuzweg, Gebete auf verschiedene Festtage ꝛc. enthalten sind. 2 Thle. gr. 8 Osiander. 819. Rthlr.

— Leitfaden z. christ-kathol. Religionsunterrichte. 12. Tübing. 808. N. A. 822 u. 832. Osiander. 2 ⅔.

Pracher, Beda, Leitfaden zum christkathol. Religionsunterr., in kurzen Sätzen. Neue, veränd. Aufl. 12. (4½ B.) Tübingen 812, Osiander.

– s. Liturgie, Neue, des Pfarrers M*** in K*** im Departement L***.

— Morgen- u. Nachtgebet sammt d. heil. Rosenkranz, in Form e. Litanei. 8. Leystetten 804.

Pracher, Beda, Sendschreiben an Hrn. Mercy. 8. Ulm, Wohler. 807.

– s. Über das Verhältniss der katholischen Religion.

Prachfeld, Franz: Ueber den Gehalt der Kuhmilch an den einzelnen Bestandteilen im Verlaufe der Laktation. Leipzig 1905: B. Georgi. (141 S.) 8°
Leipzig, Phil. Fak., Ref. Kirchner u. Beckmann, Diss. v. 2. März 1905
[Geb. 29. Apr. 78 Welkau, Böhmen; Wohnort: Welkau; Staatsangeh.: Österreich; Vorbildung: Landwirtsch. Mittelschule Raudnitz, Öst., Reife Juli 97; Studium: Halle 2, Leipzig 5 S.; Rig. 21. Juni 04.]

Prachiner-Kreis — Der — Ex Müllerianis aliisque subsidiis chorographice designatus etc. Editus curis Homannianorum Heredum. Norimberga. emend. 1807. 1 : 210,000. 1 Bl.

Prachow, Hadrian., antiquissima monumenta Xanthiaca. gr. Fol. (7 photolith. Taf. m. 1 Bl. Text.) St. Petersburg 871. (Wien, Gerold's Sohn.) n. 10. —

Pracht, Des Füchsleins, ein End bald macht; vorgestellt in Abstraffung des Fuchses, welcher Löuen und Bären rupfen dörffen . . . O. O. 1712. V: *Reutlinger, Johann Jacob.* (Cat. d. Stadtbibl. Zürich. Zürich 1864—97.)

Pracht, Adolf [aus Zweibrücken]: Die minimetrische Bestimmung des Kohlensäuregehaltes der Zimmerluft ... Erlangen, Druck v. A. Vollrath's k. b. Hofbuchdr., 1891; 32 S. 8.
Erlangen, Med. Fak., Inaug.-Diss. v. 1891

Pracht, C., und W. Endrulat, tabellarischer Leitfaden für den Unterricht in der Geschichte. Nebst einem Anh. genealog. Tabellen. Hamburg 858. G. W. Niemeyer. gr. 8. (IV, 79 S.) 9 ngr.

Pracht, C., u. W. Endrulat, tabellarischer Leitfaden für den Unterricht in der Geschichte. Nebst einem Anhang genealogischer Tabellen. 2. verm. Aufl. 860. — 3. Aufl. Hamburg 862. G. W. Niemeyer. gr. 8. (IV, 81 S.) 9 ngr.

Pracht, C., u. W. Endrulat, tabellarischer Leitfaden f. den Unterricht in der Geschichte m. e. Anh. genealog. Tabellen. 6. Aufl. Durchgesehen u. erweitert. v. C. Pracht. 8. (72 S.) Hamburg 874. Niemeyer. n. 1. —

Pracht, C., tabellarischer Leitfaden für den Unterricht in der Geschichte, mit einem Anhang genealog. Tabellen. 7. Aufl. des Leitfadens von C. Pracht und W. Endrulat. 8. (III, 88 S.) Hamburg 877, Niemeyer Nachf. cart. *

Pracht, C., tabellarischer Leitfaden f. den Unterricht in der Geschichte m. e. Anh. genealog. Tabellen. 9. Aufl. 8. (III, 90 S.) Hamburg 887. Niemeyer Nachf. cart. n. 1.—

Pracht, C., tabellarischer Leitfaden für den Unterricht in der Geschichte m. e. Anh. genealog. Tabellen. 10. Aufl. 8. (III, 73 S. m. 16 Tab.) Hamburg 894. G. W. Niemeyer Nachf. Kart. n. 1. —

Pracht, C., tabellariſcher Leitfaden f. den Unterricht in der Geſchichte, m. e. Anh. genealog. Tabellen. 13. Aufl. (III, 90 S.) 8. Hamburg 907. G. W. Niemeyer Nachf. Kart. 1.20

Pracht, Carl, s. P r a c h t , Karl

Pracht, Carl (wirkl. Name), s.a. B r a n d l e r , Carl Joseph (Pseud.)

Pracht, Chrn., das Pferd. Eine leicht faßl. u. anſchaul. Belehrg. über die Behandlg. u. Pflege des Pferdes im Stalle u. bei d. Arbeit, nebſt e. kurzen Abriß d. Kenntnis d. Pferdekörpers u. deſſen Muſterung beim Kaufe. gr. 8. (VI, 88 S.) Wiesbaden 890. Bechtold & Co. n. 1. —

— daſſelbe. 2., verm. Aufl. gr. 8. (VI, 68 S.) Ebd. 890. n. 1. —

Pracht, Jh. Jos., († d. 4. Juni 1811.) ſ. 1) *Desbillon.* 2) *Palingeni.* M., Zodiacus vitae. 3) *Phaedri*, Aesopicae fabulae.

Pracht, Karl

[P r a c h t ,] C[arl]. Der Spiritismus, seine wissenschaftliche und ethische Bedeutung von K[arl] J[oseph] B r a n d l e r ... in Basel. Im Anhange: Kritische Studie anlässlich des Sensations-Prozesses gegen das Blumenmedium Anna Rothe. 56 + 1 S. 8. Basel, Atlas, Verlagsanstalt, [1903]. (M. —. 50)
(2. [Titel-]Aufl.) 56 + 1 S. [1903.] (M. —. 50) —

Pracht, Viktor. Texas im Jahre 1848. Elberfeld, 1849.

Pracht, Wolfgang, Kammergerichtsreferendar: Feindliche Handlungen gegen befreundete Staaten nach Reichsstrafrecht. Borna-Leipzig 1907: R. Noske. (x, 60 S.) 8° [J.]
Leipzig, Jur. Fak., Diss. v. 25. Juli 1907
[Geb. 11. Sept. 80 Warmbrunn; Wohnort: Halensee b. Berlin; Staatsangeh.: Preußen; Vorbildung: Sophien-Gymn. Berlin Reife M. 01; Studium: Berlin 7 S.; Rig. 13. Mai 05.]

Pracht-ABC-Buch. Das ſchönſte Bilderbuch mit über 200 Bildern in Farbendr. ausgeführt. Verschen von W. v. B r e i t ſ c h w e r t. Stuttgart 868. K. Müller. gr. 4. (12 Chromolith.) 1 ℛ 12 ngr.

Pracht-ABC-Buch. Das ſchönſte Bilderbuch. Mit üb. 200 Bildern auf 12 Taf. (nebſt eingedr. Text.) In prachtvollem Farbendr. ausgeführt. Die Reime von W. v. B r e i t ſ c h w e r t. 4. Aufl. Imp.-4. Leipzig 876. Oehmigke. n. 3. —

Pracht-Album photograph. Aufnahmen der Berliner Gewerbe-Ausstellung 1896 u. d. Sehenswürdigkeiten Berlins u. d. Treptower Parks Alt-Berlin, Kolonial-Ausstellg., Kairo etc. Hrsg. auf Grund d. allein. Autotypie-Vervielfältigungsrechte sämmtlicher Photographieen d. Gewerbe-Ausstellg. Text v. Paul Lindenberg unt. Mitwirkg. v. H. Lichtenfelt, Ludw. Pietsch, C. Scheibler etc. gr. 4. (192 S.) Berlin 896. Werner-Verl. Geb. in Leinw. n. 6. —; ermäss. Preis geb. n. 4. —

Prachtalbum, I l l u s t r i e r t e s , [der] Bäder und Kurorte, s. A l b u m illustré de la Côte d'Azur.

Pracht-Album, illustriertes, der sächsischen Bäder u. Kurorte. Album illustré balnéaire. — Illustrated health-resorts. (34 S.) qu. gr. 4. Dresden (904). (E. Engelmann's Nachf.) 2. 50; erm. Pr. 1. 50

Pracht-Album, i l l u ſ t r i r t e s, der Weltausſtellung 1889. Unter künſtler. Mitwirkg. v. B i e r g e , B e r t e a u l t , A. M a r i e ꝛc. hrsg. v. E. H u b e r t. gr. Fol. (128 S. m. Illuſtr.) Paris 890. Le Soudier. n. 6. —

— daſſelbe. 3. Aufl. Fol. (128 S.) Paris 890. (Leipzig, Knaur.) geb. n. 8. 50

— n e u e s. Leporello-Album. qu. gr. 8. (16 farb. Taf. m. eingedr. Text auf Pappe.) Stuttgart 889. G. Weiſe. cart. n. 3. —

P r a c h t - A l b u m für Theater und Musik. Redig. von Ed. Maria Oettinger. 1. und 2. Bd. à Bd. 12 Hefte. Imp.-4. Leipzig 858—61, Payne. [1. Bd. (96 S. mit eingedr. Holzschn., 12 Stahlst., 48 S. Noten und in Stahl gest. Titel.) 2. (96 S. mit eingedr. Holzschn., 11 Stahlst., 1 Stnt., 96 S. Noten.)] à Heft * 10 Ngr. à Jahrg. *

Pracht-Andachtsbibel

—— f. chriſt-kathol. Familien (van Eß'ſche Ueberſetzung). (Ausg. Nr. 2.) In 30 Lfgn. Mit 30 Stahlſt. u. 1 Karte. Lfg. 1—18. gr. Lex.-8. (36 B.) Hildburghauſen 845, Bibliograph. Inſtitut. (Leipzig, Gebhardt u. Reisland.) à

P r a c h t - A n d a c h t s b i b e l f. chriſtl. Familien. (16 Lfgn.) gr. Lex.-8. (75 B., 24 Stahlſt. u. 1 Karte v. Paläſtina.) Hildburghauſen 845, Bibliograph. Inſtitut. (Leipzig, Gebhardt u. Reisland.) (à Lfg. * 6 Ngr.) * 3 Thlr. 9 Ngr. Ausg. Nr. II. mit 60 Stahlſt. (à Lfg. * 12 Ngr.) *

Pracht-Andachtsbibel für chriſtl. Familien. In 16 Liefg. mit 24 Stahlſt. und 1 Karte von Paläſtina. 1.—14. Liefg. Mit 22 Stahlſt. gr. Lex.-8. Hildburghauſen 845, Bibliograph. Inſtitut. (Leipzig, Weygand'ſche Buchh.) à n. 6 ngr Ausg. mit 60 Stahlſt. à n. 12 ngr

P r a c h t - B i b e l, die, od. d. ganze Heilige Schrift d. alt. u. neu. Teſtaments nach d. deutſchen Ueberſetzung D. Mart. Luthers, mit e. Vorr. v. Ludw. Hüffell. 1. Aufl. (14 Lfgn.) Imp.-8. (123 1/2 B. u. 28 Stahlſt.) Carlsruhe 836, Kunſt-Verlag. *
Ausg. m. chineſ. Abdr. *
Ausg. m. col. Stahlſt. *

—— dieſ., 2. Abdr. (12 Lfgn.) Lex.-8. (74 1/2 B. u. 28 Stahlſt.) Ebdſ. 837. *

P r a c h t - B i b e l, die, oder die ganze heil. Schrift des alten u. neuen Teſtaments nach der deutſchen Ueberſetzung Dr. Martin Luther's, Ausg. m. 28 Stahlſt. (14 Lfgn.) gr. Lex.-8. (61 1/2 B.) Karlsruhe 842, Kunſt-Verlag. (à Lfg. * 12 1/2 Ngr.) * 5 Thlr. 25 Ngr. Mit Stahlſt. auf chineſ. Papier (à Lfg. * 17 1/2 Ngr.) * 7 Thlr. Prachtvoll color. (à Lfg. * 1 Thlr.) *

—— dieſ. m. e. Vorrede v. Hüffell. (Neue wohlf. Ausg.) 1. Lfg. gr. Lex.-8. (6 B. u. 4 Stahlſt.) Ebdſ. 842. *

Pracht-Bibel, die, oder die ganze Heilige Schrift des alten u. neuen Teſtaments nach der deutſchen Ueberſetzung Dr. Mart. Luther's. Ausg. mit 28 Stahlſt. in 14 Liefg. gr. Lex.-8. Karlsruhe 842—44, Kunſt-Verl. (à n. 5/12 ℛ) n. 5 5/6 ℛ Mit den Stahlſt. auf chineſ. Papier (à n. 7/12 ℛ) 8 1/6 ℛ Prachtvoll colorirt (à n. 1 ℛ) 14 ℛ

P r a c h t - und H a u s b i b e l für chriſtliche Familien, ſ. H a u s - B i b e l.

Pracht-Bibel, illustrirte, oder die ganze Heilige Schrift des alten u. neuen Testaments nach der deutschen Uebersetzung Dr. Martin Luther's. Mit zahlreichen Illustr. u. erklärenden Anmerkgn. von Otto Delitsch. 2. Aufl. (In ca. 50 Heften). 1—14. Heft. Leipzig 864. Payne. Imp.-4. (S. 1—448 mit Holzschn.) Jede Liefg. mit 2 Holzschntaf. n. 5 ngr.

Vgl.: Payne's illustrirte Prachtbibel.

Pracht-Bibel, illustrirte, oder die ganze Heilige Schrift des alten u. neuen Testaments nach der deutschen Uebersetzg. Dr. Mart. Luther's. Mit zahlreichen Illustr. u. erklär. Anmerkungen von Otto Delitsch. 2. Aufl. 50 Hefte. Leipzig 865. Payne. Imp.-4. (XII, 1588 S. mit eingedr. Holzschn. u. 98 Holzschntaff.) n. 8 ₰ 10 ngr.; geb. n. 13 ₰

Pracht-Bibel, illustrirte, für Israeliten in dem masoretischen Text und neuer deutscher Uebersetzung von Jul. Fürst. 58 Hefte. Fol. Leipzig 868—72. Prag, Pascheles. à Lfg. 75 Pf. geb. mit Goldschn. *

Pracht-Bibel, illustrirte, für Israeliten in dem masoretischen Text und neuer deutscher Uebersetzung mit erläut. Bemerkungen von Jul. Fürst. In 58 Heften. Fol. Mit eingedr. Holzschn. und Holzschntaf. Leipzig 868—72, Payne. à Lfg. 75 Pf. geb. mit Goldschn. *

Prachtbibel, illustrirte, für Israeliten. In dem masoretischen Text, neuer deutscher Uebersetzung und mit erläut. Bemerkungen ethnograph., geschichtl., archäolog. und wissenschaftl. Inhaltes von Jul. Fürst. 2. Aufl. 58 Hefte. gr. 4. (1853 S. mit eingedr. Holzschn. und Holzschntaf.) [Leipzig 873—76, Payne.] Prag, Pascheles. à Heft 75 Pf.

—— dass. — 3. Aufl. 58 Hefte. gr. 4. (1853 S. mit eingedr. Holzschn. und Holzschntaf.) Prag 884, Pascheles. à Heft 70 Pf. geb. in 4 Leinwdbde. *

Pracht-, Kirchen- und Familien-Bibel. — Die Bibel oder die ganze heilige Schrift des alten und neuen Testaments, nach der deutschen Uebersetzung und mit den goldenen Vorreden Dr. M. Luthers. (17 Lfgn.) Fol. (Altes Test. 914 S. und neues Test. 310 S. mit Apocryphen 119 S.) Elberfeld 848. [Iserlohn,] Bädeker. (à Lfg. * 15 Ngr.) *

—— f. Confirmanden. 12 Lfgn. mit 12 Stahlst. Lex.-8. (64 B. u. 1 Karte.) Hildburghausen 845, Bibliograph. Institut. (Leipzig, Gebhardt u. Reisland.) à Lfg. * 5 Ngr. *

Pracht-Bibel f. Confirmanden. (Ausg. Nr. 2.) 14 Lfgn. mit 36 Stahlst. Lex.-8 (64 B. u. 1 Karte.) Hildburghausen 845, Bibliograph. Institut. (Leipzig, Gebhardt u. Reisland.) à Lfg. * 8 Ngr. Thlr. *

Pracht-Bilder aus fremden Zonen f. den Anschauungsunterricht. — Livre pompeuse d'images de toutes les zones. — Splendid picture-book of all zones. qu. Fol. (8 color. Steintaf. auf Pappe.) Stuttgart 873. Eger & Distler. geb. 3. 90

Pracht-Bilder-Buch, deutsches. Ein Jugendalbum nach Aquarellen von C. Offterdinger. Stuttgart 867. Thienemann. qu. Fol. (12 Chromolith. mit III, 24 S. Text.) geb. mit Goldschn. n. 4 ₰

Pracht-Bilder-Buch, deutsches. Ein Jugend-Album nach Aquarellen von C. Offterdinger. qu. Fol. (48 S. mit 12 lithogr. Blatt in Oeldr.) Stuttgart 869, Thienemann. cart.

Pracht-Bilder-Buch, deutsches. 2. Aufl. qu. gr. 4. Stuttgart 873. Gera, Griesbach's Verlag. cart.

Pracht-Bilderbuch, deutsches. Ein Jugendalbum. Nach Aquarellen v. C. Offterdinger. qu. gr. 4. (24 S. mit 12 Chromolith.) Stuttgart 873. Thienemann. 4. 50

Pracht-Bilder-Buch, deutsches. Ein Jugendalbum. Nach Aquarellen von C. Offterdinger. 3. Aufl. qu. gr. 4. (24 S. m. 12 Chromolith.) Stuttgart 880. Thienemann. geb. n. 6. —

—— von deutschen Künstlern für die Jugendwelt. Mit vielen Gedichten, Liedern, Erzählungen, Fabeln, Sprüchwörtern und Rätseln. qu. gr. 4. (16 S. mit 7 color. Stnt.) Mülheim 880, Bagel's Verlagsh. geb.

— militärisches. qu. Fol. (22 Chromolith.) Wien 880. Perles. cart. n. 7. 50

Prachtbilderbuch, militärisches. Bildlich dargestellt nach den neuesten Adjustirungsvorschriften d. k. k. österr.-ung. Armee. qu. Fol. (22 Chromolith.) Wien 886. Perles. cart. n. 9. —

Pracht-Bilderbuch, neues. Mit (eingedr.) Versen von M. Raimund. 4. (16 farb. Taf.) Stuttgart 889. G. Weise. n. 2. 50

Pracht-Bilder-Gallerie, beispiellos billige, zur Ausschmückung der Zimmer. Eine geschmackvolle Auswahl der schönsten, neuesten u. ansprechendsten Genre-Bilder französischer u. englischer Künstler, ausgeführt von den ausgezeichnetsten Lithographen Berlins: Mittag, Remy, Funke, l'Oeillot de Mars, W. A. Meyerheim, Beck u. a., jedes Blatt 25 Zoll hoch u. 18¾ Zoll breit. 1.—4. Liefg. à 3 Blätter. Danzig 842—44, Gerhard's Kunst-Verl. (à n. 1 ₰) n. 4 ₰

— dies. 2. 3. Bl. 1—6. Ebend. 845. n. 2 ₰

Pracht-Blumen nach Redouté. Für geübtere Zeichner u. Zeichnerinnen. 12 Blatt. 2. Aufl. gr. 4. Quedlinburg 842, Basse.

Pracht-Eifel-Album. 1.—8. Lfg. qu. Fol. (à 5 Lichtdr.-Taf.) Trier 896. (J. Lintz.) Subskr.-Pr. à n.n. 5. —

Praechter, C., s. Praechter, Karl

Verzeichniß der Sammlung von Gemälden älterer Meister aus d. Nachlaß d. verstorbenen Privatmannes Herrn Friedrich **Praechter**, welche ... in Frankfurt a. M. durch R. Bangel öffentl. versteigert werden. (Frankfurt a. M. 1894: C. Naumann.) (24 S.) 8°
(352. Katalog von R. Bangel.) [05. 10600

Praechter, Karl

— Bericht üb. die Litteratur zu den nacharistotel. Philosophen m. Ausschl. d. ältern Akademiker u. Peripatetiker u. von Lukrez, Cicero, Philon u. Plutarch.) für 1889—1895. S.-A. 1898. 106 S. —.75

Praechter, Karl, Cebetis tabula quanam aetate conscripta esse videatur. gr. 8. (130 S.) Marburgi 885. (Karlsruhe, Braun.) n. 2. —

Praechter, Karl, Grundriss der Geschichte der Philosophie, s.: Ueberweg, Frdr.

Praechter, Karl, Hierokles der Stoiker. gr. 8. (VIII, 159 S.) Leipzig 901. Dieterich. n. 5. —; geb. n.n. 6. 25

Praechter, Karl Die griechisch-römische Popularphilosophie und die Erziehung. 4 (40 S.). **Progr.** G. *Bruchsal* 1886 (553).

Prächter, K., Skeptisches bei Lukian. S.-A. 1892. 10 S.

Prachtfibel, die große, Festgeschenk für die lernlustige Jugend. Erst lerne, dann spiele! gr. 8. (9 ill. Kpfrtaf. u. ½ B. Text mit Einfass.) Leipzig, (Herm. Fritzsche.) *

Pracht-Gebet-Bibel f. christl. Familien. (16 Lfgn.) Mit 3 Stahlstichen. gr. Lex.-8. (... B. u. 32 Stahlst., nebst 1 Karte.) Hildburghausen 837, Bibliograph. Institut.

Pracht-Hausbibel für christl. Familien. (In 18 Lfgn.) Mit 21 meistens engl. Original-Stahlst. u. 1 Karte v. Palästina. 1. Lfg. gr. Lex.-8. (8 halbe B. u. 2 Stahlst.) Hildburghausen 846, Bibliograph. Institut. (Leipzig, Gebhardt u. Reisland.) *

—— dies. Ausg. Nr. 2. Mit 60 meistens engl. Origin.-Stahlst. u. 1 Karte v. Palästina. 1. Lfg. gr. Lex.-8. (8 halbe B. u. 4 Stahlst.) Ebds. 846. *

Pracht-Märchen-Bilderbuch. Zwölf der schönsten Märchen f. die Jugend. Mit 70 Farbendr.-Bildern nach Aquarellen v. C. Offterdinger, H. Leutemann u. G. Bartsch. 4. (VI, 64 S.) Stuttgart 883. Loewe. geb. 9. —

Prachtmöbel u. Rahmen, moderne, in reichster Bildhauerarbeit v. Carrando, Focà u. anderen italienischen Künstlern. 2 Serien à 15 (Lichtdr.-)Taf. Fol. Berlin 886. Claesen & Co. In Mappe. à n. 35. —

Pracht-Modelle-Album enth.: 24 Abbildungen der modernsten Damenhüte. Hrsg. von der Academie f. Damenkopfputz. Red.: Alvin Klaus. 8. (8 S. m. 24 Chromolith.) Berlin 878. Hohorst. 3. —

— hrsg. von der Akademie für Damen-Kopfputz, enth. 9 (lith.) Kunstblätter deutscher u. französ. Modell-Hüte. Frühjahrs-Saison 1879. Red.: Alvin Klaus. gr. 8. Ebend. 879. 1. 50

Pracht-Muster z. Blondiren od. Stopfen in Spitzengrund, so wie z. Sticken, nach d. neuesten Desseins rc. 1s Heft. 828. 2e A. 829. 3e A. u. 2s Heft. 829. 2e A. 830. Fol. Dresd. (u. Leipz.), Friese. (à 20 gl) 1 ₰ 16 gl

Pracht-Muster für die weiße Stickerei. 1s u. 2s Heft. Fol. Frankf. 831. Wesché. 16 gl

Pracht-Muster für die weiße Stickerei. 1s Heft 56, 2s Heft 43 Muster. Neue verb. Aufl. (12 Blätter.) Fol. Frankfurt 833. Wesché. 2 ₰

Pracht-Schul-Bibel. 1. Stereotyp-Ausg. 30 Liefg. Mit 30 Stahlst. gr. 8. Hildburghausen 845, Bibliograph. Institut. (Leipzig, Weygand'sche Buchh.) à n. 2 ngl

Pracht-Stahlstiche, zwölf, als Titelkpfr. zu Shakspeare's sämmtl. dramat. Werken in allen Ausgaben. 16. Leipzig 840. Georg Wigand. n. 2⅔ ₰ — In Lex.-8. n. [illegible] ₰

Präciosa's Orakelsprüche. 4 Lieferr. Mit illum. Kärtchen u. Erklär. 32. Leipz. 830—32. Magaz. f. Ind. (à 18 gl) 3 ₰

Präcisions-Nivellement der Unstrut von Sachsenburg bis zur Mündung... Berlin 1896. H: *Seibt, Wilh.* (Berl)

Prack, Fr., Predigt, vorgetragen nach d. großen Feuersbrunst am 4n Sonntage im Advent 1825 in d. Kirche zu Deutsch-Altenburg. 8. Wien 826. (Wimmer). 2 gl

Ladislav **Pračka**: Untersuchungen über den Lichtwechsel älterer veränderlicher Sterne. Nach d. Beobachtungen von Prof. Dr. Vojtěch Šafařik. Vol. 1. Prag: Böhm. Gesellsch. d. Wiss. 1910. 4° [illegible] 5514 9

Pračka, Ladislav, Untersuchungen üb. den Lichtwechsel älterer veränderlichen Sterne. Nach d. Beobachtgn. v. Vojtěch Šafařik. Vol. I. Sterne des A. G. Kataloges v. 0h—5h 6m A. R. (132 S.) 38×30 cm. Prag 910. F. Řivnáč. nn 12. —

Pracner, Johann: Kataloge über landwirtschaftliche Maschinen usw. (1909) ff. Raudnitz a. d. Elbe

Praecognita eruditionis generalia ad usum Gymnas. Bruchsalensis proprius accommodata. 8. Manheim 781. Löffler. 4 gl

Practica ex actis Eustathii Romani; ed. C. E. Zachariae a Lingenthal, s. **Jus graeco-romanum.**

Allgemeine Practica, oder Wetter-Spiegel. Wie man die Witterung eines jeden Jahrs ... erlernen ... mag. Jetzt wiederum aufs neue ... verm. ... Samt e. Bauren-Compaß ... Durch Henricum von Uri. — o. O. 1750. 18 [vielm. 96] S. 8° 1: Mz 22378. 13.1792

Practica Cancellariae Apostolicae saeculi XV. exeuntis. Ein Handbuch f. d. Verkehr mit d. päpstl. Kanzlei hrsg. von Dr. Ludwig Schmitz-Kallenberg, Privatd., Münster. Mit 8 Taf. *Münster, Westf.): Coppenrath 1904.* (XXII, 86 S.) 8° [illegible]

P r a c t i c a quaedam ad formulam scribendi et paradigmata informationum. Viennæ, 1856. Typis Congreg. Mechitharisticæ. (32 S. 8.)

Practica, des deutschen Landmanns. Wetter- u. Gesundheitsregeln in Reimen, Aberglaube in Sternen, Haus und Feld, Thiergeheimnisse, Bauerncompaß, Loostage des ganzen Jahres. Ein Beitrag zur deutschen Mythologie und Culturgeschichte vom Verf. des Jägerbreviers. (Von Joh. G. Thdr. Gräße.) Dresden 859. Meinhold u. Söhne. gr. 8. (IX, 197 S. mit Holzschn.) 1 ₰

Practicant, Der, Wetzlarische, s. P r a k t i k a n t.

Practicum des Criminalrechts. Kollegienheft des Leon. Jos. Schmitz. Bonn ca. 1850. V: *Mittermaier, Carl Joseph Anton.* (KGBerlin I, 1126)

* **SPITZBUBEN** U n d B e t r i e g e r, D e r A l t e n u n d N e u e n, B ö ß h a f f t e u n d G e w i s s e n - l o s e PRACTIQUEN, U n d a n d e r e v i e l e L i s t - u n d L u s t i g e W e l t - H ä n d e l. E r s t e r T h e i l. Beschrieben, nicht zur Nachfolge, sondern zur Ergetzlichkeit und Warnung, sich für dergleichen abgefäumten listigen Menschen zu hüten. Mit vielen unsign. (10, z. Th. drastischen) Kupffern der vornehmsten Geschichten geziehret. O. O. Gedruckt im Jahr 1700. 12°.

Rar! Tit. (roth u. schwarz), 11 unbez. Bll. Vorrede, 950 bez. S., 7 unbez. Bll. Reg.

* — — Dasselbe. 2 Thle. Mit 7 Kpfrn. u. 1 Portr.-Tableau. O. O. 1700. 12°. (War in Haydinger's Bibl.)

3 Alph. 13 Bog. u. 3 Bog. Kpfr. — Bibl. Ludovici nominalis curiosa. Vitemb. 1705.

Praecursor, D., Götzen-Gericht. Eine Anklage d. Naturwissenschaft. (VII, 101 S.) 8. Leipzig 907. M. Altmann. 1.50; geb. 2.20

— Das Unsichtbare. Die Wiedergeburt der Religion aus der Naturwissenschaft. (VII, 526 S.) 8. Ebd. 910. 5.—; geb. 6.—

Praed, C., affinities, s. Collection of British Authors.

Praed, Mrs. Campbell, Nyria, s.: Unwin's library. 23.

Praed, Mrs. C., Zéro, s. Collection of British Authors.

— Zéro, s.: Engelhorn's allgemeine Romanbibliothek.

Praeda, Ritter v., d. rechtl. Grundlage d. Dualismus. 8. (16 S.) Wien 895. (H. Kirsch.) n. —40

Pradatsch, Babette, s. Sieg der Natur.

SIEG, Der, der Natur, in dem Jahrhunderte, in dem wir leben. Wer hätte wohl so etwas geglaubt? (Roman in zahmen Briefen von *Babette Pradatsch.*) Mit orig. allegor. Titelvignette (unsign.). Prag und Leipzig, in v. Schönfeld-Meißnerischer Buchhandlung. 1790. 8°.
Titel, 3 Bll. Vorr., 131 S. Selten! — Anon.-Lex. IV. p. 83 (nach Kayser u. Meusel).

Die Behandlung der nationalen Minderheiten und die Lage des Deutschtums in Böhmen. Nach e. Rede d. Landtags- u. Reichstagsabgeordn. Heinrich **Prade**, geb. 1896 zu Wien. *München: J. F. Lehmann 1896.* (16 S.) 8° [?.]
— **Flug-Schriften** hrsg. vom All-Deutschen Verband. [3.]

Prade, Marie, Gedichte. (64 S. m. Bildnis.) 8. Teplitz (906). (A. Brader.) n. 1.—

(de Prade. R.) Leben der nordischen Helden Gustavi Adolphi und Caroli Gustavi (Carl X.), Könige in Schweden. A. d. Französ. 16. Hamburg 1707.

Prade, Rudolf, aus Reichenberg in Böhmen: I. Konstitution der Pyridinadditionen an Zinnhalogenide. II. Das Diaethylzinn. Zürich 1907. 65 S. 8°. [30. IX. 07.]
Zürich. Phil. Diss. II. S. 1907/08.

Pradel, Arturo Fernández, u. Benigno **Lara,** das Handelsrecht, Wechselrecht und Konkursrecht von Bolivien, s.: Handelsgesetze, die, des Erdballs.

— u. Jul. **Philippi,** das Handelsrecht, Wechselrecht, Konkursrecht u. Seerecht v. Chile, s.: Handelsgesetze, die, des Erdballs.

Pradel, E. Colomb -, s. Colomb - Pradel

Pradel, Eugène de

de Pradel, Eugen, die Kunst, sich die Liebe seines Gatten zu erhalten. 8. Leipz. 824. Zirges. 1 ₰ 8 ℊ

Pradel, Eugen de, die Kunst, sich die Liebe seines Gatten zu erhalten. Aus d. Franz. (vom Hofr. Eck). 2e unveränd. Ausg. 16. Leipzig 839. Melzer. 1 1/3 ₰

Pradel, Eugen de, die Kunst, sich d. Liebe seines Gatten zu erhalten. 2., unveränd. Ausg. 16. (13¾ B.) Leipzig 839. [Braunschweig, Westermann.]

Pradel, Fr. Andr., Andacht der 15 Dienstage zu Ehren des heiligen Dominikus. Aus dem Französ. Aachen 861. Hensen. 18. (XI, 96 S.) 3 ngr.

—— Rosenkranzbüchlein. Ein Unterricht über die Vorzuge dieser Andacht, die mit derselben verbundenen Ablässe, nebst einer Anleitung, den Rosenkranz gut zu beten. Aus dem Französ. von einem Priester der Diözese Trier. gr. 16. (VIII und 240 S.) Trier (861)62, Lintz' Verlag.

Pradel, F. Andr., Rosenkranzbüchlein. Ein Unterricht über die Vorzüge des Rosenkranzes, die demselben verliehenen Ablässe und die Weise, ihn gut zu beten. Aus dem Französischen von Ferd. Meurin. 2. Aufl., nach der neuesten Aufl. des Originals umgearb. gr. 16. (VIII, 254 S.) Trier 885, Lintz'sche Buchh. *

— die fünfzehn Samstage. Meditationen, Gebete, Geistesübungen u. Beispiele für jeden Samstag. Aus dem Französ. von Sebast. Brunner. Wien 861. Mayer & Co. 32. (112 S.) 7½ ngr.

Pradel, Fridericus, Aurimontanus (Silesius): De praepositionum in prisca latinitate vi atque usu. *Lipsiae 1901: B. G. Teubner.* (S. 465—505.) 8° (Aus: Jahrb. f. class. Philol., Suppl. Bd 26.)
Breslau, Phil. Diss. v. 6. Mai 1901

Pradel, Fritz, griechische u. süditalienische Gebete, Beschwörungen u. Rezepte des Mittelalters, s.a. Versuche u. Vorarbeiten, **religionsgeschichtliche. III, 3.**

Griechische und süditalienische Gebete, Beschwörungen und Rezepte des Mittelalters hrsg. u. erkl. von Dr. Fritz **Pradel,** Oberl. Giessen: A. Töpelmann 1907. (VIII, 151 S.) 8°
— **Versuche,** Religionsgeschichtl., u. Vorarbeiten. Bd 3, H. 3. [07. 10681]

Pradella: Entwickelung der Begriffe positiver und negativer Zahlen. 16 S. 8° – Brixen. Progr. 1854

Pradella, C[hristian], prakt. Arzt in Basel: Aus der Universitäts-Frauenklinik in Zürich. Zur Frage der künstlichen Unterbrechung der Schwangerschaft wegen Lungentuberkulose. Basel 1906. 87 S. 8°. [6. IX. 06.]
Zürich. Med. Diss. 1906/1907.

Pradels, M. D.: Emanuel Geibel und die französische Lyrik. Münster, Westf. [1904]: Westfäl. Vereinsdruckerei. (38 S.) 8°
Münster, Phil. Fak., Ref. Jostes, Diss. v. 15. Jan. 1905
[Geb. 27. Febr. 69 Sénergues, Dep. Aveyron; Wohnort: Schloß Havixbeck b. Münster i. W.; Staatsangeh.: Frankreich; Vorbildung: Realgymn. Rodez Reife 85; Studium: Münster 7 S.; Rig. 18. Nov. 04.]

Pradels, M. D., Emanuel Geibel u. die französische Lyrik. (VIII, 170 S.) gr. 8. Münster 905. H. Schöningh. n. 2.80

Pradez, ausgewählte Erzählungen, s.: Conteurs modernes.

Pradez, G., Appréciation de l'Oedipe-Roi, de Sophocle. Diss. 1888. 79 S.

Prädicant, Der, ein Lustspiel in drey Aufzügen. Wien 1770. V: *Gebler, Tobias Phil. Freih. v.* (ML) »Wien 1771« (Ky)

Prädicat, s. Prädikat

Praedicov, Johann Christian Gottfried: De Theophane Ceramico disputatio pars I: de Theophane interprete, s. Charitius, Carl Christian Ernst

Prädicow, Jh. Chr., s. *Horatii* Opera.

Pradier, der Kreuzweg Christi in 14 Stationen. Für das Stereoscop arrangirt auf 14 photogr. Cartons. Breslau 865. Priebatsch. qu. 8. (14 Blatt). In Carton. 3 ℛ

Prädikat, Das. Ein Lustspiel in drey Aufzügen. Wien 1770. Graz 1770. V: *Gebler, Tobias Philipp Freih. von.* (WBL 5/119) (GGr IV³/143, Nr. 15/1) (Catalog der Ausstellung culturhistor. Gegenstände. Graz 1883. S. 224) (BiblPort) S. a. III, 9431.

Prädicat, das; Lstspl. (v. T. Ph. v. Gebler). 8. Wien 771. Gheien. 4 gr

Prädikatsfrage, die. Eine Abhandlung aus dem Gebiete des deutschen Staatsrechts. gr. 8. Gießen 815, Heyer's Verl. 5/12 ℛ

Prädikow, Karl

— Skizzen. 8. Leipz. 791. Köhler. 12 gr

Prädikow, Karl, Versuch e. neuen Lesebuchs, z. Beförderung d. Nachdenkens etc. 8. Leipz. 791. Köhler. 12 gr

Prado, Graf M. V.
s. Prado, Graf V. M.

Prado, V. M. de, **Depeschenkaiser.** (146 S.) 8. Berlin (906). Fussinger. n. 2.—; geb. n. 3.—

Prado, Graf M. V., Erzählungen e. Kupplerin. Nach den Aufzeichngn. e. Zuchthausarztes. (126 S.) 8. Berlin 908. Herm. Walther. 2.—

Prado, V. M. de, Frankreichs Niedergang! (175 S.) 8. Zürich 907. A. Bürdeke. 3.—

Prado, V. M. de, Frankreichs Niedergang! (175 S.) 8. Zürich, Th. Schröter's Nachf. 1907 3.—

— **Russlands Todesweg! Enthüllungen aus russ. Hof- u. Staatskreisen.** (150 S.) 8. Zürich 907. Th. Schröter's Nachf. n. 2.50

Pradt, Dominique Dufour de

v. Pradt, Dom. Dufour, Actenstücke in Bezug auf St. Domingo u. Südamerika. Aus d. Französ. (v. J. G. Eck ll.) 8. Leipz. 819. Lauffer. 18 gr

• Pradt, de, Antidote au Congrès de Rastadt; ou Plan d'un nouvel Equilibre politique en Europe. 8. Leips. Sommer.

Pradt, de, l'Antidote au Congrès de Rastadt, ou Plan d'un nouvel équilibre politique en Europe. 8. Londres. (Tourneisen, Cassel.)

— — über Belgien in den Jahren 1789 bis 1794. A. d. Franz. 8. Altenburg, Hahn. 821.

— üb. Belgien in d. Jahren 1789—94. Aus d. Französ. 4. Altenb. 821. (Literat.-Compt.) 12 gr

— des Colonies et de la révolution actuelle de l'Amerique. II Voll. gr. 8. (Berl.) 817. Duncker u. H. 2 ℛ

— — Congrès de Carlsbad. II Parties. gr. 8. Paris. (Leipz. Brockhaus.) 819 et 820. (P. I. 16 Gr. P. II. 1 Thlr. 8 Gr.)

— — Congrès de Vienne, etc. II Vol. gr. in 8. à Paris, Deterville. (à Berlin, Haude et Spener en comm.) 816.

— — historische Denkwürdigkeiten der Revolution in Spanien. Aus d. Franz. übers. gr. 8. Karlsruhe, Braun. 816.

de Pradt, Europa u. Amerika im J. 1821. Aus d. Französ. ins Deutsche übers. 2 Thle. gr. 8. Gmünd 822, Ritter.

— Europa in seinen Verhältnissen zu Griechenland u. zu den Staatsveränderungen in der Türkei. Aus d. Französ. gr. 8. Leipz. 827. Hinrichs. 20 gr

— l'Europe après le Congrès d'Aix le Chapelle faisant suite au Congrès de Vienne. gr. 8. Brüssel 819. (Leipz., Fr. Fleischer). 1 ℛ 8 gr

— Geschichte d. Botschaft im Herzogthume Warschau im Jahre 1812. Aus d. Französ. v. J. A. Pilat. 2 Abthll. gr. 8. Wien 816. Schaumburg u. C. 1 ℛ 8 gr

— Griechenland in Beziehung auf Europa; aus d. Französ. v. W. J. F. v. Halem. 8. Leipz. 822. Gr. Fleischer. 12 gr

— Griechenland in seinen Verhältnissen zu Europa; frei nach d. Französ. mit Anmerkk. u. Zusätzen v. Fr. G. L. Lindner. gr. 8. Stuttg. 822. Metzler. 18 gr

— — Histoire de l'ambassade dans le grand duché de Varsovie en 1812. gr. in 8. à Paris, Pillet. (à Berlin, Haude et Spener en comm.) 815.

— — die Colonien Süd-Amerika's. Aus d. Franz. von Reinhold. 8. Hamburg, Herold. 818.

Pradt, Dominique Dufour de. Ueber den Wiener Congress. A. d. Franz.... Freyburg 1816. Ü: *Rotteck, Carl Wenzel von.* (MGT) (Ky)

— üb. den Wiener Congreß, aus d. Franz. übersetzt, mit Anmerkungen d. Uebersetzers. 2 Thle. 8. Deutschland. (Freib. Herder.) 816.

— Dass. übers. v. F. A. Nietzsche. A. u. d. T.: Ansicht d. Wiener Congresses u. d. polit. Begebenheiten etc. 2 Thle. gr. 8, Leipz. 816. Klein. 1 ℛ 8 gr

— Mémoires, s.a. mémoires.

— Mémoires historiques sur la révolution d'Espagne. 8. Leipz. 816. Brockhaus. 1 ℛ 12 gr

— — le même. gr. 8. Jena, Bran. 816.

— — le même. gr. 8. Paris. Francf. s. M., Brönner. 816.

— — über die letzten drey Monate des südlichen Amerika u. Brasiliens. A. d. Franz. 8. Jena, Schmid. 817.

— — recit historique sur la restauration de la Royauté en France le 31. Mars 1814. gr. in 8. Paris. (Francf. s. M. Brönner.) 816.

— — de la Révolution actuelle de l'Espagne et de ses Suites. gr. 8. Leipsic, Brockhaus. 820.

— die neueste Revolution in Spanien u. ihre Folgen. Aus dem Französ. gr. 8. Leipz. 820. Brockhaus. 1 ℔ 8 gr

Pradt, D. D. de. Ueber die Spanische Revolution a. d. Franz. . . . Leipz. 1820. Ü: *Lindau, Wilh. Adolph.* (MGT) (NN)

— Vergleichung d. Engl. u. Russ. Macht in Beziehung auf Europa. Uebersetzt v. J. F. A. Diedemann. 8. Schmalkald. 824. (Keyßner in Meining.) 15 gr

— Vergl. d. engl. u. russ. Macht in Beziehung auf Europa. Uebers. v. Dr. Diedemann. 8. Schmalkald. 824, Varnhagen.

Pradzynski, Jan. Licentiat der Naturwissenschaften aus Annolesie (Polen): Beitrag zur Kenntnis der geologischen und topographischen Verhältnisse im südwestlichen Teile des Brunnenmassivs. Mit 16 Textfiguren und 2 Tafeln. Freiburg (Schweiz) 1905. 45 S. 8°.

Freiburg i. Schw. Math.-naturw. Diss. 1904 1905

Pradzynski, Jan. Beitrag zur Kenntnis der geologischen und topographischen Verhältnisse im südwestlichen Teile des Brunnenmassivs (**Ausg. B:* Brunnen-M'). 8.

Ausg. A: Diss. Math.-Naturw. Freiburg in der Schweiz. (Mit 16 Textfiguren und 2 Tafeln. — Sonderabdruck aus den Mitteilungen der naturforschenden Gesellschaft in Freiburg ‹Schweiz›. Geologie und Geographie. Band 4, Heft 1.) 45 S. Freiburg ‹Schweiz›, Gebrüder Fragnière, 1905.

Ausg. B: [Mit 16 Figuren und 2 Tafeln.] II + 38 p. Fribourg ‹Suisse›, Fragnière Frères, 1905. fr. 2.50. — Mémoires de la Société fribourgeoise des Sciences naturelles.... Géologie et Géographie. V(ol). 4, F(asc). 1....

Pradzynski, X. Jul., Jubileusz pięćdziesięcioletni Biscupi w. Monasterze. gr. 12. Münster 845, Deiters. n. 1/4 ℔

Prądzyński, Witold von

Prądzyński, v., Sachbeschädigung u. Aneignung, s.a. Abhandlungen, strafrechtliche.

Sachbeschädigung und Aneignung. Von Dr. v. **Prądzyński**. Breslau: Schletter 1908. (54 S.) 8°
= **Abhandlungen**, Strafrechtliche. H. 88. 08. 11&4 4

Prądzyński, W(itold) von, Referendar in Frankfurt a. M.: Das Verhältnis der Sachbeschädigung zur Aneignung. Breslau: Schletter 1908. (3 Bl., 53 S.) 8°

Gießen, Jur. Fak., Ref. Mittermaier, Diss. v. 13. Aug. 1908

[Geb. 8. März 82 Siemianowo (Posen); Wohnort: Frankfurt a. M.; Staatsangeh.: Preußen; Vorbildung: Gymn. Gnesen Reife O. 01; Studium: Breslau 2, Greifswald 1, München 2, Berlin 3 S.; Rig. 15. Mai 07.]

Praël, Edmund [aus Lautenthal a. Harz]: Vergleichende Untersuchungen uber Schutz- und Kern-Holz der Laubbäume .... (Aus Pringsheim's Jahrb. f. wiss. Bot. Bd. XIX.) Berlin, Druck v. G. Bernstein, 1888; 2 Bl. + 81 S. u. 1 Taf. 8°

Rostock, Phil. Fak., Inaug.-Diss. v. 18. Jul. 1887

Friedrich Anton Praël

De mutua, quae capiti et animo cum organis genitalibus intercedit, Sympathia; de eiusque causis in universum, nonnulla exhibens. Gottingae 1818: Baier. 47 S. 8°

Göttingen, Med. Diss. v. 11. Sept. 1818

Präfcke, *Robert:* Leben und Lehre Simons des Magiers nach den pseudoclementinischen Homilieen. Leipzig, Druck v. B. G. Teubner, 1895; 23 S. 4.

Schönberg im Fürstent. Ratzeb., grossh. R, OP 1895 (690)

Praefecti Congregationis Marianae Heiligenstadiensis ab anno 1603 usque ad annum 1732 electi . . . Erfordiae 1760. V: *Degenhard, Georg.* (JES)

Präfectur, Die, in Blois. Tagebuch-Skizzen. Hamburg 1871. V *Langhans, E.* (CBH)

Präfectur, die, in Blois. Tagebuch-Skizzen. gr. 8. (64 S.) Hamburg 871. O. Meißner. n. 1. 20

Präferenzrecht, das, oder die Kaufleute von Aachen. Lstspl. in 3 A. (v. Konrad Lüdger). 8. Münster 778. Coppenrath. 8 gr

Präferenzrecht, das; od. die Kaufleute v. Aachen. Lustsp. 8. Münster, Coppenrath. 788.

Mecklenburgische Hagel- und Feuerversicherungs-Gesellschaft zu Neubrandenburg. Von ihrer Gründung am 2. III. 1797 bis zum 2. III. 1897, von *Praefke.* Neubrandenburg 1897: Z. 1897 12.

Prag [Schlagwort]

— s. a.: Europa. Liebenow.

— s. a.: Europa. Übersichtskarte.

— s. a. Radfahrerkarten.

— s. a.: Radfahrerkarten. Freytag. Strassenprofilkarte.

— s.a. Radfahrerkarten. Mittelbach.

— s. a. Westentaschen-Sammlung.

Prag-Berlin, s.: Automobilkarten. Mittelbach.

Prag-Breslau, s.: Automobilkarten. Automobil-Tourenkarte. Mittelbach.

Prag-Brünn, s.: Automobilkarten. Automobil-Tourenkarte.

Prag-Dresden, s.: Automobilkarten. Automobil-Tourenkarte. Pharus-Auto-Strecke.

Prag-Dresden, s.: Radfahrerkarten, Letoschek, E.

Prag-Linz, s.: Automobilkarten. Automobil-Tourenkarte.

Prag-München, s.: Automobilkarten. Mittelbach.

Prag-Nürnberg, s.: Automobilkarten. Automobil-Tourenkarte.

Prag-Wien, s.: Automobilkarten. Mittelbach. Pharus-Auto-Strecke.

Prag. Brož, Jos., neuester u. vollständigster Situationsplan der königl. Hauptstadt Prag, Karolinenthal, Smichov, Žižkov, königl. Weinberge, u. der nächsten Vorstädte. 1 : 12,000. 54,5×50,5 cm. Farbdr. Prag 899. A. Storch Sohn. n. — 60

Prag. Brož, Jos., neuester u. vollständiger Situationsplan der königl. Hauptstadt Prag, Karolinenthal, Smichow, Žižkov, königl. Weinberge u. der nächsten Vorstädte. 1 : 12,000. 2. ergänzte u. verm. Aufl. 51×50,5 cm. Farbdr. (Mit Text auf der Rückseite u. dem Umschlag.) Prag 904. A. Storch Sohn. — 60

Prag — Die Gegend um — oder der alte Prager Kreys, nebst den angränzenden Landschaften etc. Aus dem Müllerischen und andern Originalien genommen und an's Tagslicht gestellt von Homann's Erben. Anno 1742. 1 : 140,000. 1 Bl.

Prag — Neuester Grundrifs von — Prag 1825 bey A. Borrosch. 1 : 17,000. 1 Bl.

Prag. Hurtig, Alfr., vollständigster Plan v. Prag u. Umgebung. 1 : 10,000. Neueste Aufl. Chromolith. gr. Fol. Mit Strassenverzeichniss. 12. (8 S.) Prag 889. (Kytka.) n. — 60

Prag. Situationsplan der königl. Hauptstadt, sowie von Smichov. Karolinenthal, Kön. Weinberge, Žižkow u. Nusle. mit Angabe d. alten u. neuen Hausnummern. Vollst. in 9 Bl. (Qu.-Folio. Tonfarbendruck in 19 Farben.) Massstab 1 : 4000 Zusammengestellt v. Alfred Hurtig Prag. Fr Kytka. In Mappe 4 fl., aufgespannt 6 fl. 70 kr., mit Stäben u. Schnur 7 fl. S. 279

— — Derselbe in böhm. Sprache (Polohopisný Plán královského hlavního města Prahy.) Ebds. Ebenso. 1884. S. 279

Prag. Hurtig, Alfr., Situationsplan der königl. Hauptstadt Prag, sowie v. Smichow, Karolinenthal, königl. Weinberge, Žižkov u. Nusle, m. Angabe der alten u. neuen Hausnummern zusammengestellt. 1 : 4000. 9 Bl. 2., ergänzte Aufl. Farbendr. 34×46,5 cm. Prag 891. F. Kytka. n. 8. —

— — Situationsplan v. Prag u. den Vororten. 1 : 4000. 6 Blatt. Farbendr. Ebd. 891. n. 15. 60
1. Altstadt (I.), Unt. Neustadt (II.), Josephstadt (V.). 48×69 cm. n. 2. 40
2. Obere Neustadt (II.) u. Vyšehrad (VI.). 69×48,5 cm. n. 2. 40
3. Kleinseite u. Kgl. Hradschin. 53,5 × 79 cm. n. 2. 80
4. Smichow u. Koschiř. 57,5 × 74,5 cm. n. 2. 80
5. Karolinenthal u. Žižkow. 55,5 × 70,5 cm. n. 2. 40
6. Kgl. Weinberge, Nusle u. Vršovic. 72 × 69,5 cm. n. 2. 80

Prag mit den Vororten Karolinenthal, Smichow, königl. Weinberge und Žcžkow. Statist. Bericht über die wichtigsten demograph. Verhältnisse. Verfasst vom Prager städt. statist. Bureau. (Director: Josef Erben.) Lex.-8. (72 S.) Wien 887, Gerold's Sohn. *
Aus: Städtebuch, österreichisches, besonders abgedruckt.

Prag. Pharus-Plan der königl. Hauptstadt Prag. 1 : 11,500. 43×59,5 cm. Farbdr. Nebst: Verzeichnis der Strassen, Brücken u. Plätze in Prag (I—VII) u. v. Lieben. (Prag VIII) (in deutscher u. tschech. Sprache). (19 S.) 8. Berlin 910. Prag, F. Řivnáč. 1.—

Prag. Plan von. Prag, Gottlieb Haase Söhne. cartonnirt 42 kr. 1863.

Prag, Plan der königl. Hauptstadt, mit besonderer Berücksichtigung der industriellen Etablissements v. A. C. Hickmann. (Bl. XII. des industrie. Atlas von Böhmen.) kl. Fol. Prag, Heinrich Mercy's Verlag. Cart. in Umschlag in Qu. 1864. 1 fl. 50 kr.

Prag — Militärisch topographischer Plan von der Königl. Hauptstadt — nebst Umgebungen nach den neuesten richtigen Quellen. Gestochen von Benedickt le Roy, K. K. Major in der Armee. Wien bey Herrn Artaria et Comp. zu haben 1822. 1 : 12,000. 1 Bl.

Prag-Dresdner-Staatseisenbahn — Gebirgs-Uebersichts-Karte der Königl. — von Dresden bis zur böhmischen Grenze. Von A. Minarzik. 1851. 72,000. Gedr. Wien bei Rauh. 1 Bl.

Prag-Dresdner Staatseisenbahn — Gebirgs-Uebersichts-Karte der K. K. — bis zur sächs. Grenze. Von A. Minarzik 1850. 72,000. Wien bei Rauh 1850. 2 Bl.

— Plan

— — neuester Haase'scher, v. Prag u. der nächsten Umgebung. 1 : 11,725. Farbendr. 48,5×55 cm. Mit Strassenverzeichniss. 12. (3 S.) Prag 891. A. Haase. n. 1. 20

Prag. Plan, neuester, v. Prag u. d. Vororten. 1 : 14,400. 45,5×55 cm. Farbdr. Nebst Verzeichnis der Strassen u. Plätze in Prag, hrsg. vom deutschen Verein in Prag. (39 S.) kl. 8. Prag 904. C. Bellmann. n. — 60

— Plan v. Prag u. Umgebung. 1 : 10,000. 51,5×47,5 cm. Farbendr. Prag 894. F. Haerpfer. n. -- 50

— — Plán Prahy. Upravil K. Vl. Zap. Druhé vydání revidované r. 1870. (Plan v. Prag. Zusammengestellt v. K. Vl. Zap. Zweite im J. 1870 revidirte Auflage.) Grösstes 4. Prag. J. L. Kober. Gefalzt in Decke mit Golddruck. 1870. 40 kr.

Prag, Situationsplan der königl. Hauptstadt, mit Bezeichnung der Hausnummern, herausgegeben vom Vereine der Notare in Böhmen. Farbendruck. Grossfolio. Cartonnirt in kl. 8. Prag. H. Dominicus 1868. 1 fl. 80 kr.

— — Derselbe auf Leinwd. gespannt in Umschlag. 3 fl. 10 kr.

Prag. Situationsplan d. böhm. Nationaltheaters. Místa v Národním divadle v Praze. qu. 4. (1 Bl.) Prag, Fr. A. Urbánek. 20 kr. — Plan d. grossen Nationaltheat. in Prag. Mit Ang. d. Preise. kl. 8. Plan Velkého Národního divadla v Praze. 20 kr. 1883. S. 506

Prag. Neuester Situationsplan. Gross-Quart. Prag, C. H. Hunger, k. k. Hofbuchh. Cart. in 16. 1870. 50 kr.

— — Neuester Situationsplan von Prag und der nächsten Umgebung, zusammengestellt von F. Hozák, städtischen Baubeamten. Farbendruck. Q. Folio. Prag. Gottlieb Haase Söhne. In 12. gepresster Lwbd. Cart. 1870. 80 kr.

Prag. Situations-Plan von Prag. 28 × 41,5 cm. Farbendr. Prag 895. M. & M. Witžek. n. — 10

— Umgebung von, Specialkarte d. näheren, umfassend d. politisch. Bezirk d. kgl. Hauptst. Prag u. die k. k. Bezirkshauptmannsch. Karolinenthal u. Smichow. Deutsch u. böhm. Masst. 1 : 100,000. Tabor, K. Jenský. 1 fl. 1883. S. 367

— Umgebungs-Karte von Prag. 1 : 25,000. 4 Blatt à 40,5 × 63 cm. Photolith. Prag 896. G. Neubauer. n. 3. 50

— — dasselbe. 1 : 25,000. 4 Blatt à 40 × 62,5 cm. Farbdr. Ebd. (897). In Mappe n.n. 5. 50; auf Leinw. in Mappe od. in Taschenformat m. Schuber n.n. 8. 30

Prag [Sachliches OW]

Prag. Plan der Stadt nebst einem Führer für Fremde, } s. a. Brockhaus' Reise-Atlas.

Prag. Beiblätter zu „Ost u. West." Vollständige Berichte über Kunst, Industrie u. soziales Leben in Böhmen u. insbesondere über die Leistungen der Prager Bühne. Herausgr. u. Redakt.: Rud. Glaser. Jahrg. 842—45. à 208 Nrn. (¼ Bog.) gr. 8. Prag, Expedition von Ost u. West. à 3. *
Vrgl.: Ost u. West.

— — Der alte jüdische Friedhof. Lithographie von K. Nord. Quer-Fol. Wien. Herzfeld & Bauer. 1864. 80 kr.

Prag-Bodenbach. Führer für Reisende auf der Eisenbahn von Prag nach Bodenbach, } s. Brockhaus Reise-Atlas.

Prag — Bodenbach. Führer für Reisende auf der Eisenbahn von Prag nach Bodenbach. (3 S. Text in 8. mit 3 eingedr. Abbildungen in Stahlst. und 1 chromolithogr. Karte in qu. gr. 4.) Leipzig 856, Brockhaus. *
Bildet ein Kärtchen aus Brockhaus' Reise-Atlas.

Prag in seiner jetzigen Gestalt. Humoristisches Charaktergemälde. Meissen 1835. V: *Korn* (*Kohn*), *Felix Ad.* (GGr X, 630) (Zeitschr. f. Büch. N. F. 15, 1923, S. 119) (schm) (BGE VI², 269)

Prag in seiner jetzigen Gestalt. Humoristisches Charaktergemälde vom Verfass. des „Panorama von Pesth." 8. Meißen 835. Goedsche. 1¼ ₰ Velinp. 1½ ₰

Prag, Die königliche Hauptstadt, mit den Vororten Karolinenthal, Smichow . . . Prag 1891. V: *Srb, Jan.* (EB)

Prag, die königl. Hauptstadt m. den Vororten Karolinenthal, Smichow, Königl. Weinberge u. Žižkow nach den Ergebnissen der Volkszählg. vom 31. Dezbr. 1890. Hrsg. von der statist. Commission der königl. Hauptstadt Prag u. Vororte. [Aus: „Statist. Handbuch von Prag u. Vororten".] gr. 8. (IV, 51 S.) Prag 891. (F. Řivnáč.) n. — 60

Prag als deutsche Hochschulstadt. Hrsg. vom Ortsrat Prag des deutschen Volksrates f. Böhmen. (76 S. m. Abb. u. 4 Taf.) gr. 8. Prag 911. (C. Bellmann.) 1.—

—— im 19. Jahrhunderte. Eine Auswahl d. schönsten Ansichten, nach d. Natur gez. v. W. Morstadt, gest. v. F. Geisler in Nürnberg. Mit erklär. Texte. 1—6. Lfg. — A. u. d. T.: Prague au 19. siècle. Choix des plus belles vues, etc. 1—6. Livr. qu. Fol. (29 B. u. 13 Stahlst.) Prag 835—42, Borrosch u. André. à * 1⅓ Thlr., chin. Pap. *

Prag im neunzehnten Jahrhunderte. Eine Auswahl der schönsten Ansichten. 4.—10. (letzte) Liefg. — Prague au dix-neuvième siècle. Choix des plus belles vues. Livr. IV.—X. qu. Fol. (Mit 9 Stahlst.) Prag 841, 42, Borrosch u. André. (à n. 1⅓ ₰) I.—X. 13⅓ ₰ chines. Pap. (à 2 ₰) 20 ₰

Prag im XIX. Jahrhunderte. Eine Auswahl der schönsten nach der Natur aufgenommenen Ansichten in Stahlstich. Textheft. *Prag* 1858. *Karl André*. 30 Bl., 4°. Nicht berechnet, da es eine Beilage der früher erschienenen Ansichten bildet.

INHALT. I. Prag. Ansicht flussaufwärts. — II. Altstadt. Ansicht von West. — III. Hradschin u. Kleinseite. Ans. v. Südost. — IV. Hradschin. Ans. v. Militär-Oekonomiehofe. — V. Hradschin. Ans. v. neuen Wege. — VI. Dom zu St. Veit. Ans. v. Norden. — VII. Der obere Hirschgraben. — VIII. Der untere Hirschgraben. — IX. Dom zu St. Veit. Ans. v. Süden. — X. Das Theres. Damenstift. — XI. Das alte Ständehaus. — XII. Die Ständekanzlei (Landstube) — XIII. Das fürstl. Schwarzenbergische Majoratshaus. — XIV. Stephansplatz (Wälscher Platz). — XV. Kleinseitner Ring. — XVI. Kleinseitner Brückenthürme. — XVII. Altstädter Brückenthurm. — XVIII. Brückenplatz mit dem Karlsdenkmal. — XIX. Brückenplatz von Süden. — XX. Franzensdenkmal auf dem Quai. — XXI. Altstädter grosser Ring von Westen. — XXII. Altstädter grosser Ring von Osten. — XXIII. Der Pulverthurm. — XXIV. Der Rossmarkt. — XXV. Kettenbrücke von Osten. — XXVI. Obere Neustadt von Westen. — XXVII. Wyssehrad. — XXVIII. Der Baumgarten. — XXIX. Karlstein aus Nordost. — XXX. Karlstein aus Nordwest.

Prag an die deutschen Naturforscher und Aerzte. Im Jahre 1837. O. O. V: *Mikan, Johann Christian.* (GGr)

Prag-Olmütz-Krakau. Führer für Reisende auf den Eisenbahnen zwischen Prag, Olmütz und Krakau, } s. Brockhaus' Reise-Atlas.

— und die Prager. Aus den Papieren eines Lebendig-Todten. 8. Leipzig 845. Ph. Reclam jun. 1½ ₰

Prag und Umgebung. Prakt. Führer. 13. Aufl., neu bearb. von Dr. O. Klauber. Mit 2 Karten. Berlin: A. Goldschmidt 1905–06. (IV, 151 S.) 8°
= Reiseführer, Griebens. Bd 26. [06. 5319

Prag und seine Umgebung. III. Ausg. (21. Aufl. Mit e. Stadtpl., vollst. Strassen- u. Plätzeverzeichnis u. 10 Lichtdruckbild.) Prag: André 1904. VII, XVI, 63 S. 8° [10. 8617 4

Prag u. seine Umgebung. (21. Aufl. Mit e. grossen Stadtplan, vollständ. Strassen- u. Plätzeverzeichnis.) (VII, XVI, 63 S.) kl. 8. Prag 904. C. Bellmann. n. 1.20

Prag nebst Umgebung und geschäftlicher Wegweiser. Mit Plan der Stadt und Ausstellung 1891. Mit Plänen der deutschen Theater. 8. (68 S.) Prag: Haerpfer 1890. —.25

— u. Umgebungen, Wegweiser, s. a. Grieben's Reisebücher.

Prag und Umgebungen. Prakt. Wegweiser f. Reisende. 10. Aufl. Bearb. v. W. P. M. neuem, berichtigt. Pl. v. Prag . . . *Berlin: A. Goldschmidt 1896.* (IV, 152, 4 S., 1 Pl.) 1 Bd 8.
= Reisebücher, Griebens. Bd 26. [96. 6613

Prag und Umgebungen. Prakt. Wegweiser f. Reisende. 11. Aufl. Neu bearb. v. O. Klauber. M. neuem Pl. v. Prag. *Berlin: A. Goldschmidt 1899.* (IV, 158 S., 1 Pl.) 1 Bd 8.
= Reisebücher, Griebens. Bd 26. [99. 6473

Prag und Umgebungen. Prakt. Führer. 12. Aufl., bearb. von Dr. O. Klauber. Mit 1 Pl. *Berlin: A. Goldschmidt 1902.* (IV, 151 S.) 8° [J. u. Ant.]
= Reisebücher, Griebens. Bd 26. [02. 10505

—— und seine nächsten Umgebungen in maler. Original-Ansichten, n. d. Natur aufgen. v. Ludw. Lange, u. gest. v. Joh. Poppel. Begleitet mit e. histor.-topograph. Text. Nr. 1—8. Lex.-8. (21 Stahlst. u. 10 B.) Darmstadt 841, 42, Lange. *

— mit den Vororten. Statistischer Bericht über d. demograph. Verhältnisse. Wien 1887

Prag in der Westentasche. Ein Führer für Fremde u. Einheimische. Mit 1 (lith.) Plane von Prag (in qu. gr. 4.). Prag 869. Steinhauser. 16. (133 S.) n. 12 ngr.

Prag in der Westentasche. Kurzgef. Führer, nebst sonst. Verkehrs-Notizen. 64. (134 S.) Prag (891). M. & M. Witzek. n. — 10

— s.: Woerl's Reisehandbücher.

Prag [Verfasser]

Prag, Fr., Gemeinnütziger Wegweiser im Postwesen für die Herzogthümer Schleswig, Holstein und Lauenburg, enthaltend eine kurze Darstellung der bestehenden Postgesetze und Posteinrichtungen. Kiel (Oldenburg). 1831. (M. 1 Kort).

Der Freimaurerorden und seine Bedeutung für das deutsche Volk von Wilh. v. Prag. Prag: Selbstverl. 1885. 24 S. 8°
Überblick üb. die Gesch. der Frmrei in Deutschland u. Oesterreich.

Praga. Politisch-literarische Sonntagszeitung. Verantwortl. Redacteur: Dr. J. Rosenauer. 1865. 48 Nrn. 4. (à 1 Bg.) Prag, Steinhauser. 3 fl. 60 kr.
Mit Postzusendung 4 fl. 40 kr.
Prämie für ganzjährige Pränumeranten unter Zuzahlung von 5 kr.: „Oesterr. Reform-Kalender auf das Jahr 1865 von Ed. Rüffer.

Praga celeberrima et maxima totius Bohemiae Metropolis et Vniversitas florentissima ad Muldam Fl. Verfertigt und verlegt von Matth. Seutter in Augsburg. Ohne Maasstab. 1 Bl.

Praga illustrata, fornita di Vedute e Schiarimenti storici. Trad. dal Tedesco de Müller da Stef. Radam. Filippini. Pubbl. pei forestieri e nazionali qual Ricordo dell' An. d'Incoronazione delle L. L. M. M. l'Imperatore e Re Ferdinando, e sua Consorte Maria Anna Pia di Savoja dai Figli di Amadio Haase. qu. gr. 4. (24 Ansichten, Kpfrst. u. 27 Blätt. Text.) Praga 836, Figli d'Amadio Haase. 4⅔ Thlr., col. *

Praga, Marco, e. ideale Frau. Schauspiel in 3 Aufzügen. Deutsch von M. v. Borch. 8. (94 S.) Berlin 892. H. Steinitz' Verl. n. 2. —

Hinter den Kulissen [Storie di palcoscenico]. Heiteres u. ernstes aus d. Welt d. Schminke von Marco **Praga**. *Berlin: Vita [1903].* (222 S.) 8°
[03. 3163

Prágay, J. N., Leitfaden, in kürzester Zeit Ungarisch zu lernen. Hauptsächlich für den Selbstunterricht u. den Gebrauch des k. k. Militärs eingerichtet. 16. Wien 841, Mechitaristen-Congregat.-Buchh. 1/3 Thlr.

Pragel [Schlagwort]

Pragel, s.: Schweiz. Atlas.

Pragemann, Heinrich (Stade), De genuina notione servitutis praediorum urbanorum. Diss. jur. Präs. Nikolaus Pragemann. Jena (Werther) 28. VII. 1717. 40 S. (4.75) 27118

— — Dasselbe. Jena (Werther) 1717. 40 S. (4.75) 27119
Gew.: Conrad Platon von Schloen cognom. von Gehlen.

— De praesentia principis in actibus privatorum. Präs. Nikolaus Pragemann. Jena (Werther) 24. VIII. 1718. 45 S. (4.75) 27120

— — De praesentia principis in actibus privatorum Von nöthiger Gegenwart des Landes Herrn bey denen Handlungen seiner Unterthanen. Präs. Nikolaus Pragemann. Wittenberg Aug. 1718. Rec. 1740. 46 S. (4.75) 27121

Pragemann, Nikolaus [Praes.], s. Cotta, Johann Ernst: De patientia juridica.

Pragemann, Nikolaus [Praes.], s. Diez, Samuel: De jure epitaphiorum.

Pragemann, Nikolaus [Praes.], s. Elers, Albert: De condictionis sine causa fundamento et usu.

— — Commentatio de fide, quae medicis apud ictos est. Jena (Chr. D. Werther) 1720. 15 S. (4.—) 27124
Gew.: Johann Bertram Hugon.

Pragemann, Nicol., iurisprudentia natural. II Tmi. 4. Jen. Meyer. 720. 721. Rthlr.

— **Nikolai**, De meritis Germanorum in jurisprudentia in quo post diss. proemialem de philautia gentium nostratum merita tum in jurisprudentia in genere, tum in specie in studio juris naturalis et positivi divini exhibentur antehac in vicem dissertationis inaug. Specimen tractationis. Präs. Wilhelm Hieron. Bruckner. Jam auctius inprimis cum quaestione praejudiciali de existentia legum positivarum universalium et distinctione particularium publicatum. Jena (Werther) o. J. 54 S. (4.75) 27122

— — Dasselbe. Jena (Werther) 1718. 54 S. (4.75) 27123

Pragemann, Nikolaus [Praes.], s. Pragemann, Heinrich: De genuina notione servitutis praediorum urbanorum.

Pragemann, Nikolaus [Praes.], s. Pragemann, Heinrich: De praesentia principis in actibus privatorum.

Pragemann, Nikolaus [Praes.], s. Regler, Jakob Konrad: De processu liquidationis in antichresi Vom Liquidations-Proceße bey der Gegennutzung.

Pragenau s.: Landwehr v. Pragenau, Moritz

Prager, Albert [aus Thorn]: Beiträge zur Kenntniss der Naphtalinderivate .... Leipzig, Druck v. Hesse & Becker, 1887; 39 + 1 S. + 1 Bl. 8°
Leipzig, Phil. Fak., Inaug.-Diss. v. 3. Dez. 1887

Prager, A., Beiträge zur Kenntniss der Naphtalinderivate. gr. 8. (39 S.) Leipzig 887. Fock. n. — 75

Prager, Bernhard [aus Berlin]: Zur Kenntnis der Pseudoharnstoffe, einer neuen Reihe organischer Basen. ... Berlin, Druck v. Martin Oldenbourg, 1890; 39 + 1 S. + 1 Bl. 8°
Berlin, Phil. Fak., Inaug.-Diss. v. 18. März 1890

Prager, C., s. Prager, K. J.

Prager, C. H., Aufgaben für das Kopf- und Zifferrechnen in Oberclassen. 8. (VII, 151 S.) Stuttgart 877, Metzler'sche Buchh. *

Resultate (46 S.) *

Prager, C. J., s. Prager, K. J.

Prager, Emil, s. a. Militair-Musiker-Almanach f. das deutsche Reich.

Prager, E. Militär-Musiker-Almanach für das Deutsche Reich. Berlin 1895. 679 S.

Prager, Erich, s. a. Kolonialgesellschaft, die deutsche, 1882–1907.

Die deutsche Kolonialgesellschaft 1882–1907. Im Auftr. d. Ausschusses d. Deutschen Kolonialgesellsch. dargest. (Verf.: Erich Prager.) Berlin: D. Reimer 1908. 231 S. 4⁰ (8⁰)

Prager, Ernst, Lieder eines Frühverstorbenen. (V, 75 S.) 8. München 905. [C. Haushalter]. Verl. d. Süddtsch. Bauhütte. 2. —; geb. 3. —

Ⓑ Prager, Ernst, Lieder e. Frühverstorbenen. 905. (KVL 34.) Jetzt: München, H. Jaffe.

Prager, F. C., s. Prager, Jh. Chr.

Prager, Fel., Häuser-Verzeichniss von Frankfurt-Sachsenhausen u. Bornheim m. der in d. Transscriptions- u. Hypothekenbüchern eingetrag. amtl. Bezeichnung nach Litera u. Nummer u. Gewann u. Nummer. Nach amtl. Quellen angefertigt u. hrsg. Lex.-8. (VI, 170 S.) Frankfurt a/M. (890). (Gebr. Knauer.) n. 20. —

Prager, Fritz

Prager, F., die Bedeutung d. Massage u. Heilgymnastik f. d. Naturheilmethode, s. Licht, Luft, Wasser

— d. naturgemäße Behandlung d. Diphtherie u. d. Heilserum, s. Licht, Luft, Wasser

Prager, Fritz [aus Berlin]: Beitrag zur Makroglossie. . . . Marburg, Buchdr. Kahl & Schirling, 1888; 28 S. 8°
Jena, Med. Fak., Inaug.-Diss. v. 3. Dez. 1888

Prager, Fr., s.: Busen, der weibliche, in Kunst u. Natur.

Die Erkennung von Krankheiten ⟨Diagnosen⟩. Allgemeinverständl. Anleitung z. Krankheitserkennung f. Laien. Von Dr. med. F[ritz] Prager. Mit zahlr. Ill. u. 4 Farbendrucktaf. Oranienburg: Oraniaverlag [1904]. (158 S.) 8° [F.] [05. 2092 II

Ⓑ Prager, Fr., d. Erkennung v. Krankheiten. 904. (KVL 34.) Jetzt: Oranienburg, F. Koslowsky.

Prager, die sanitäre Erziehung erblich belasteter Kinder od. wie kräftigen wir kranke u. kränkliche Kinder. gr. 8. (43 S.) Leipzig (902). R. Roßberg. n. 1. —

Ⓑ — Die sanitäre Erziehung. 902. (KVL 32.) Jetzt: Leipzig, A. F. Krug.

— die Geschlechtskrankheiten. Syphilis u. Prostitution, deren Gefahren u. Bekämpfg. (Neue [Titel-] Ausg. v. „Syphilis u. Prostitution".) (45 S.) gr. 8. Wien [900] 904. Szelinski & Co. n. 1. —

— das Geschlechtsleben des Mannes als Ursache der Nervosität. Ein ernstes Wort an die Männerwelt. gr. 8. (III, 24 S.) Ebd. (902). n. 1. —

Ⓑ — Das Geschlechtsleben d. Mannes. 902. (KVL 32.) Jetzt: Leipzig, A. F. Krug.

Prager, Fr., das moderne Geschlechtsleben u. seine Gefahren vom Standpunkte der Ethik u. Hygiene. (34 S.) 8. Langensalza (905). Verlag Gesundes Leben. n. 1. —

Das moderne Geschlechtsleben und seine Gefahren vom Standpunkte der Ethik und Hygiene von Dr. med. [Fritz] Prager. Langensalza: Gesundes Leben [1900]. (34 S.) 8° [F.] [06. 8763 B

— s.: Hausbibliothek, naturärztliche.

— Kopfschmerz u. Schlaflosigkeit u. deren Selbstbehandlung. (50 S.) gr. 8. Oranienburg (903). Orania-Verlag. n. 1. —

Ⓑ — Kopfschmerz u. Schlaflosigkeit. 903. (KVL 31.) Jetzt: Oranienburg, F. Koslowsky.

— die Krankheiten des Ehelebens, s. a. Bibliothek des Seelen- u. Sexuallebens. I. 4.

Die Krankheiten des Ehelebens. Von Dr. med. F[ritz] Prager. Oranienburg: Orania [1904]. (32 S.) 8° [F.]
— Bibliothek d. Seelen- u. Sexuallebens. Ser. 1. H. 4. [04. 2054

— Männersünden u. Frauenleiden. Als Vortrag nur vor Herren geh. in Vereinen f. naturgemässe Gesundheitspflege u. Heilkunde. 2. verm. Aufl. gr. 8. (27 S.) Leipzig (902). E. Demme. n. 1 —

— Naturheilkunde u. Krankenkassen, s. Licht, Luft, Wasser

— zur Reform d. medizinischen Studiums durch Einführg. der Naturheilkunde an den Universitäten. [Aus: „Gesundheitsrat".] 8. (43 S.) Stuttgart 895. Augsburg, Buchh. d. Gesundheitsrat. n. — 80

— so werde u. bleibe ich gesund! Ein Ratgeber zur Erhaltg. u. Wiedererlangg. d. Gesundheit. (104 S) 8. Würzburg (906). W. Ott. n. 1. —; geb. in Leinw. n. 1. 60

— Syphilis u. Prostitution, deren Gefahren u. Bekämpfung. gr. 8. (45 S.) Leipzig 900. A. Strauch. n. 1. —

— Syphilis u. Prostitution, deren Gefahren u. Bekämpfung. (45 S.) gr. 8. Leipzig 903. A. J. Krug. — 75

Prager, die Vor- u. Nachtheile der Naturheilmethode. gr. 8. (29 S.) Leipzig 890. Braunschweig, Rauert & Rocco Nachf. n. — 60

— welche Mädchen dürfen heiraten u. welche nicht? (61 S.) 8. Leipzig (906). M. Spohr. n. 1. 20

— der Wert der physikalisch-diätetischen Heilweise. Durch Aphorismen erklärt. gr. 8. (29 S.) Leipzig 899. E. Demme. n. — 50

— wie das Wasser heilt! Ein Ratgeber zur Anwendg. aller Wasserkuren in gesunden u. kranken Tagen. (III, 140 S. m. 65 Abbildgn) gr. 8. Leipzig (903). Th. Grieben. n. 2. 40; geb. n. 3. —

Prager, das Wochenbett. Hygieinisches Verhalten vor, in u. nach demselben. Ein Ratgeber f. Mütter, wie die Entbindg. leicht u. möglichst schmerzlos zu gestalten ist. gr. 8. (103 S.) Leipzig (899). E. Demme. n. 1. 80

Prager, die Zuckerkrankheit [Diabetes mellitus], s.: Ergebnisse u. Fortschritte der Heilkunde.

Prager, Georg

Prager, G., Lehrbuch des gesammten Privatrechtes in geschichtlicher, dogmatischer und wirthschaftlicher Beziehung m. Rücksicht auf die einschlägigen Materien des öffentl. Rechtes. 3 Bde. gr. 8. Berlin 888. 889. Guttentag. n. 30. —; geb. n. 33. —
1. Allgemeine Lehren u. Sachenrecht. (XI, 530 S.) 888. n. 12. —; geb. n. 13. —
2. Obligationen-Recht m. e. Anhang über Wechsel-, Gewerbe-, Handels-, See- u. Urheber-Recht. (VI, 533 S.) 889. n. 10. —; geb. n. 11. —
3. Personen- u. Erbrecht. (IV, 318 S.) 890. n. 8. —; geb. n. 9. —

Prager, Hedwig: Hernia epigastrica und die praeperitonealen Lipome. München 1909: Kastner & Callwey. 50 S. 8°
München, Med. Diss. v. 28. Mai 1910, Ref. v. Angerer
[Geb. 24. Mai 79 Berlin; Wohnort: Berlin; Staatsangeh.: Preußen; Vorbildung: Realgymn. Charlottenburg Reife O. 04; Studium: Berlin 2, Heidelberg 1, Berlin 3, Freiburg i. B. 1, Berlin 1, München 2 S.; Coll. 28. Mai 10; Approb. 14. Mai 10.] [U 10. 3564

Prager, Heinr., eine staatliche Zwangsversicherung. Entwurf zur Schaffg. v. Altersrenten f. Jedermann. (Ein soziales Problem.) (IV, 52 S.) gr. 8. Wien 910. Manz. 1. —

Hermann **Prager.** Kettenlied. [Leipzig] o. J. 1 Bl. 8°. [Kopftit.]
„Sei gross in grosser Zeit! Nie hat die Not“ ...

Leipziger Kinder-Krüppelheim. [Unterz.:] Herm. Prager. [Leipzig 1908: Reusche.] 4 S. 8° [Kopftit.]
Als Beil. zu Brh. 5 (1908) Nr 6 erschienen. Üb. Gründung, Entwicklung u. Tätigkeit der von den Leipziger Frmrlogen gegründeten Anstalt.

Allgemeiner Club der vier Leipziger Logen am 23. Februar 1901. [Lied von Hermann Prager.] [Leipzig 1901.] 1 Bl. 8°. [Kopftit.]
„An trauter Stätte wohlgeborgen“ ...

[Lied.] 44. Jahresversammlung des Vereins deutscher Freimaurer. Leipzig [30. Sept.] 1906. [Unterz.:] Herm. **Prager.** [Leipzig 1906.] 16×36,2 cm. [Kopftit.]
Ohne Noten: „Wir grüssen uns vertraute Brüder, ...“

Stiftungsfest der Loge Balduin zur Linde [1906]. [Bei der Arbeit. Kantate v. Hermann Prager.] [Leipzig 1906: Zechel.] 1 Bl. 8°. [Kopftit.]
„Jenseits der Wolken silberumglänztem Saum ...“

Prager, Jh. Chr.

— s. C. J. Baumgarten, Vortrag d. Moral.

Prager, J. C., Betrachtungen üb. d. Sonntags-Epist. 8. Coburg, Ahl. 782.

— Betrachtt. üb. die Evangelien an d. Feier- u. Aposteltagen. 8. Coburg 785. (Riemann). 12 gr.

Prager, Jh. Chr., († ...) geistl. Betrachtt. üb. jede ordentl. Sonntags-Epistel zur Beförderung d. Hausandacht. 8. Coburg 782. (Riemann). 20 gr.

— kurze geistliche Betrachtt. über die Sonntags-Evangelien zur Beförderung der Hausandacht. 8. Coburg 781. (Riemann). 20 gr.

— Betrachtt. üb. die Leidensgeschichte Jesu Christi. 8. Cob. 786. (Riemann). 6 gr.

— Betrachtt. üb. die herrschende Mode, andern zu gefallen zu sündigen. 8. Cob. 764. Ahl. 4 gr.

— s. Cellarius, d. englische, u. setze hinzu: (v. Jh. Chr. Prager).

— engl. Grammatik. 8. Coburg, Ahl. 764.

— engl. Grammatik. 8. Cob. 764. (Riemann). 6 gr.

— christl. Hauspostille üb. Evang. 4. Hildburgh. Hanisch. 793.

Prager, Jh. Chr., christl. Hauspostille üb. Evangel. 8. Hildburgh. 793. (Leipz., Taubert). 1 Thlr 20 gr.

— geistl. Lieder, nach seinem Tode hrsgg. v. J. F. C. Oberländer. 8. Hildburgh. 801. (Ch. Fleischer in Leipz.) 10 gr.

Prager, J. C., geistl. Lieder, n. s. Tode herausg. v. J. F. C. Oberländer. 8. Hildburgh. Hanisch. 801.

— christl. Trostlehre. 2 Thle. 8. Coburg 787. (Riemann). 1 Thlr 8 gr.

— engl. Wörterbuch. 2 Thle. 8. Ebend. 758. 59.

— neu eingerichtetes engl. Wörterbuch. 2 Thle. 8. Coburg 758 u. 60. (Riemann). 1 Thlr

PRAGER, Joseph (Regensburg): Ueber Febris intermittens mit Cerebralsymptomen.- München: Mühlthaler 1869. 20 S.
27.7.1868 - Urk (Titel: De febri intermittente symptomatibus cerebralibus comitata.); F 72; Chr 1868/69,13
Diss. Ingolst.-Landsh.-Mchn.

Prager, Isaac *(geb. Lendzin in Schles. 7. 6. 1849)*: De veteris testamenti versione Syriaca quam Peschittho vocant quaestiones criticae. Part. 1. Gottingae 1875. (75 S.) 8° *[Im Buchhandel 1875 bei Dieterich in Göttingen.]*
Breslau, Phil. Diss. v. 29. Juli [vielmehr 4. Aug.] 1875

Prager, J., de veteris testamenti versione syriaca, quam Peschittho vocant, quaestiones criticae. Pars I. gr. 8. (76 S.) Göttingen 875. Dieterich's Verl. n. 1. 60

Prager, Isid. (geb. Barby a. E. 4. 11. 1834): De struma. Berolini (1857). (38 S.) 8°
Berlin, Med. Diss. v. 12. Aug. 1857

[F.] **Prager** Julius [Dr. jur., Rechtspraktikant in Fürth]: Zur Lehre vom fortgesetzten Verbrechen ... Erlangen, kgl. bayer. Hofbuchdr. v. A. Vollrath, 1890; 34 S. 8.
Erlangen, Jur. Fak., Inaug.-Diss. v. 1890

Prager, Jul., zur Lehre vom fortgesetzten Verbrechen. gr. 8. (34 S.) Fürth 896. G. Rosenberg. n. — 60

Prager, Jul., das Reichsgesetz üb. die privaten Versicherungs-Unternehmungen, s.: Müller, Ernst.

Prager, Dr. K. J. Das preuß. Militär-Medizinal-Wesen in seiner gegenwärtigen Gestalt. Berlin 1864. 1127 S.

Prager, C. J., das preussische Militär-Medicinal-Wesen in seiner gegenwärtigen Gestalt, systematisch dargestellt. Ergänzungs-Heft. Berlin 865. A. Hirschwald. Lex.-8. (XII, 255 S.) n. 1 ℛ 10 ngr.

Prager, C. J., das preussische Militär-Medicinal-Wesen in systemat. Darstellg. 2. völlig umgearb. Aufl. 2 Bde. gr. 8. (XXXV, 1163 u. XXV, 1185 S.) Berlin 875. Hirschwald. n. 44. —

Prager. Z. Mortalitätsstatistik d. I. Armee-Korps. 1861. (S.-A.) 4.

Prager, L., s.a. Prager, Robert L.

Prager, Ludwig

Prager, L., das Endziel der Völker- u. Weltgeschichte auf Grund d. hl. Schrift. Kurz dargestellt. (VI, 140 S.) gr. 8. Leipzig 906. A. Deichert Nachf. n. 2. –

Die Lehre von der Vollendung aller Dinge aus der heiligen Schrift begründet u. verteidigt von L[udwig] **Prager**. *Leipzig: A. Deichert 1904.* (VIII, 140 S.) 8° [03. 13407 3

Prager, Ludw., die Offenbarung Johannis, auf Grund der hl. Schrift eingehend erklärt. 1. u. 2. Bd. gr. 8. (VIII, 600 u. 528 S.) Leipzig 901. (A. Deichert Nachf.) à n. 7. —

— das tausendjährige Reich, sowie Christi sichtbare Wiederkunft zum Weltgericht u. zur Vollendung des Reiches Gottes. Ein Beitrag zur Lehre v. den letzten Dingen, nach der hl. Schrift dargestellt. gr. 8. (VII, 96 S.) Ebd. 903. n. 2. —

Prager, M., praktische Anleitung zur Bestimmung der Deviation. gr. 8. (56 S. m. 1 Taf.) Hamburg (902). Eckardt & Messtorff. n. 2. 80

Prager. M., Der Araber-Aufstand in Ost-Afrika. (Sonder-Abdr. aus der deutschen Marine-Zeitung.) Kiel 1898.

Die deutsche Dampfer-Expedition zum Nyassa-See. Von M. **Prager**, Kapitän. *Kiel: K. Jansen [1901].* (435 S.) 8° [F.]
Aus: Deutsche Marine-Zeitung. [01. 7701

Prager, M., Die Germanen i. röm. Kriegsheere u. ihr Einfluss auf d. sich vollziehende Geschick d. röm. Weltreiches. Pr. 1874. 27 S. 1.20

Prager, M., s. Jahres-Bericht des Arbeiter-Sekretariats München.

Prager, M., Reisen durch die Inselwelt der Südsee. Mit 1 kartographischen Skizze. Kiel [o. J.]

— Reisen durch die Inselwelt der Südsee. Mit e. kartograph. Skizze. gr. 8. (VII, 143 S.) Ebd. (900). 1. 50

Prager, M.: Flavius Stilicho und seine Zeit. 62 S. 8°
Anhang ‚Stilicho und Wallenstein' bis S. 68–Wien OR.R. Progr. 1867

Prager, M.: Ursprung, Form, Bedeutung und Gebrauch der Praepositionen Vor und Für. 10 S. 8°.– Wien R.Gp., Progr. 1859.

Prager: Versuch einer gedrängten, historischen Darstellung der Anfänge u. Entwickelung des deutschen Dramas im Mittelalter bis Ende des XV. Jhdts. 42 S. 8°
–Wien UR.G., Progr. 1860

Prager, M., die Wißmann-Expedition. 8. (92 S.) Leipzig 896. Berlin, Deutsche ev. Buch- u. Traktatgesellschaft. 1. 20

Die Wißmann-Expedition. Von M. **Prager**, Kapitän. Leipzig: Akad. Buchh. 1896. 92 S. 8° [11. 3615

Prager, Martin, s. Brandmüller, G., Vertheilung des Lehrstoffs in den ungetheilten Schulen.

Prager, Frau Mathilde, s.: Holm, Erich.

Prager, Max

Prager, M., Die amerikanische Gefahr. Vortrag, geh. in der Münchener Volkswirtschaftl. Gesellschaft am 16. I. 1902. gr. 8°. Berlin, L. Simion, 1902. (Mitteilungen d. Vereins z. Förderung d. Handelsfreiheit, 1902, Nr. 2.)

Prager, Max, die amerikan. Gefahr, s.a. Zeitfragen, volkswirthschaftliche. 191.

Die amerikanische Gefahr. Vortrag geh. in d. Münchener Volksw. Gesellschaft am 16. Jan. 1902 von Dr. M[ax] **Prager** (München). *Berlin: L. Simion 1902.* (33 S.) 8°
— Zeitfragen, Volkswirthschaftliche. H. 191. [02. 6030

Prager, Max, die Mittelstandsfrage, s.a. Zeitfragen, volkswirthschaftliche. 201. 202.

Die Mittelstandsfrage. Von Dr. Max **Prager**, München. *Berlin: L. Simion Nachf. 1904.* (56 S.) 8°
— Zeitfragen, Volkswirtschaftliche. H. 201/202. [04. 3386 3

— die Reichsbankidee in den Vereinigten Staaten v. Amerika, s.a. Zeitfragen, volkswirthschaftliche. 198. 199. Hft.

Die Reichsbankidee in den Vereinigten Staaten von Amerika. Von Dr. Max **Prager**. *Berlin: L. Simion 1903.* (64 S.) 8°
— Zeitfragen, Volkswirtschaftliche. H. 198/199. [03. 10277 3

Prager, Max, die Währungsfrage in d. Verein. Staaten v. Nordamerika, s.a. Studien, Münchener volkswirtschaftliche.

Die Währungsfrage in den Vereinigten Staaten v. Nordamerika. E. wirtschaftsgeschichtl. Studie v. Dr. jur. Max **Prager**. *Stuttgart: J. G. Cotta Nachf. 1897.* (XIV S., 1 Bl., 476 S., 1 Tab.) 1 Bd 8.
— Studien, Münchener Volkswirtschaftliche. Stück 23. [97. 3605

— die Währungs- u. Bankreform in den Vereinigten Staaten v. Amerika, s.a. Schriften des Vereins zum Schutze der deutschen Goldwährung. II.

Die **Währungs- und Bankreform** in den Vereinigten Staaten von Amerika. Im Auftr. d. Vereins z. Schutze d. deutschen Goldwährung von Dr. Max **Prager**. *Berlin: J. Guttentag 1900.* (VI, 144 S.) 8°
= **Schriften** d. Vereins z. Schutz d. deutschen Goldwährung. Bd 2. [01. 645

Prager, Michael [aus Fürth]: Casuistische Beiträge zur Kenntnis der Dystrophia muscularis progressiva.... Fürth, Druck v. A. Schröder 1891; 23 S. 8°
Erlangen, Med. Fak., Inaug.-Diss. v. 30. Nov. 1890

Prager, Paul: Ad Heliodori Aethiopica. *Leipzig 1897.*
in: **Beiträge,** Philologisch-histor., C. Wachsmuth z. 60. Geburtstage überreicht. [97. 3344

Prager, Richard: Untersuchungen über die Bahn des siebenten Saturnstrabanten Hyperion. (Berlin 1908: A. W. Schade.) 29 S. 4° (8°)
Berlin, Phil. Diss. v. 28. Dez. 1908, Ref. Struve
[Geb. 30. Nov. 83 Hannover; Wohnort: Berlin; Staatsangeh.: Preußen; Vorbildung: Friedrichs-Gymn. Cassel Reife O. 01; Studium: Marburg 1, Berlin 11, Göttingen 1 S.; Rig. 20. Juli 08.] [U 09. 252

Prager, Rich., Untersuchungen üb. die Bahn des siebenten Saturnstrabanten Hyperion. (29 S.) Lex. 8. Berlin 909. F. Dümmler's Verl. 2. —

Antiquariat und Antiquare. Vortrag geh. d. 26. März 1908 von R[obert] L[udwig] **Prager**. Berlin: R. L. Prager 1908. (36 S.) 8° [F.]
Aus: Börsenblatt f. d. Deutschen Buchhandel. [08. 13332

Prager, Rob. L., die „Ausschreitungen d. Buchhandels". Antwort auf die Denkschrift des akadem. Schutzvereins. (III, 142 S.) gr. 8. Berlin 903. R. L. Prager. n. 1. 20
Sonderabdruck aus: Börsenbl. f. d. deut. Buchh."

Prager, R. L., s.: Bericht üb. neue Erscheinungen u. Antiquaria aus dem Gesammtgebiete der Rechts- u. Staatswissenschaften.

— Bibliographie u. Bibliophilie. Vortrag, geh. in der Ortsgruppe Berlin der Allgemeinen Vereinigg. deutscher Buchhandlungs-Gehilfen, Donnerstag, den 28. 1. 1909. (32 S.) 8. Ebd. 909. 80
2 Sonderabdrucke aus: „Börsenbl. f. d. deut. Buchhandel".

Prager, R. L., s. Bibliotheca juridica et oeconomico-politica.

— bibliotheca juridico-oeconomico-politica. Verzeichniss e. Sammlg. v. Werken aus d. Gesammtgebiete der Rechts- u. Staatswissenschaften. (Antiquariats-Katalog Nr. 123—129 u. 136 in 1 Bde.) gr. 8. (VI, 615 S.) Berlin 895. R. L. Prager. Geb. in Leinw. n. 4. —; Ausg. auf feinem Pap. n. 6. —

Prager, Rob. L., s.: Bibliothek d. Volkswirtsch.-Lehre.

Bücher, Menschen, Dinge. Besprochen von Robert **Prager**. Berlin: R. L. Prager 1907. (116 S.) 8° [F.]
Aus: Börsenblatt f. d. Deutschen Buchhandel. [07. 5097

— dasselbe. Neue Folge. (IV, 188 S.) 8. Ebd. 909. 2. —

— Der deutsche Buchhandel, s. a. Handel, Industrie u. Verkehr. Bd. 11. 12.

Prager, R[obert] L . Der Deutsche Buchhandel. Seine Geschichte und seine Organisation. Nebst einer Einführung: Der Ursprung des Buches und seine Entwicklung. 2 Bände. 192 S. 8. Berlin, ⟨S. Simon⟩, (1907). [M. 2. —]
Band 1. Mit 5 Abbildungen. 71 S. — Band 2. Mit 5 [*d. i.* 2] Abb. S. 73–192.
Handel, Industrie und Verkehr in Einzeldarstellungen. Band 11/12...

Etliches für Bücherfreunde und -Händler. Aufsätze u. Besprechungen von R[obert] L. **Prager**. Berlin: Prager 1910. 75 S. 8°
Aus: Börsenblatt f. d. deutschen Buchhandel. [10. 8994

Die Organisation des Deutschen Buchhandels. Die Verleger-Erklärung u. d. Rechtsprechung. Wissenschaft u. Buchhandel. Von Robert **Prager**. Berlin: R. L. Prager 1905. (103 S.) 8° [F.]
Aus: Börsenblatt f. d. Deutschen Buchhandel. [05. 7361

— zum § 38 des neuen Handelsgesetzbuches u. zur Buchführg. überhaupt. [Aus: „Börsenblatt f. d. deutschen Buchhandel".] 8. (10 S.) Leipzig 898. Ebd. n. — 40

Eduard Quaas 1823. – 22. Okt. – 1903. Ein Freundesgruß z. Vollendung d. 80. Lebensjahres dargebracht von R[obert] L[udwig] **Prager**. *Berlin 1903: (Rumm & Seemann in Leipzig).* (8 S.) 8° [F.] [03. 13423

Das Recht am eigenen Bilde. Bibliotheken, Bibliothekare u. Buchhandel. Die Bibliothek d. Börsenvereins. Von Robert **Prager**. *Berlin: R. L. Prager 1903.* (44 S.) 8° [F.]
Aus: Börsenblatt f. d. Deutschen Buchhandel. [03. 15758

Das Recht der Handlungsgehilfen. 2 Vorträge geh. im Berliner Sortimenterverein von R[obert] L[udwig] **Prager**. Berlin: Berl. Sortimenterver. 1898. (17 S.) 8° [F.]
Aus: Börsenblatt f. d. deutschen Buchhandel. 1897. [16. 6645

Urheberrecht und Buchhandel in sozialistischer Beleuchtung. Kleinhandel, Warenhäuser, Rabatt. Studien von Robert **Prager**. *Berlin: R. L. Prager 1900.* (34 S.) 8° [F.]
Aus: Börsenblatt f. d. deutschen Buchhandel. [00. 8818

Warenhäuser und Buchhandel. Eine Osterbetrachtung von R[obert] L. **Prager**. *Berlin: R. L. Prager 1901.* (8 S.) 8° [F.]
Aus: Börsenblatt f. d. deutschen Buchhandel. [01. 9115 11

Prager W.: Zur Kenntnis der Quecksilberverbindungen des Nitroessigsäureäthylesters. S. 121. IIb. 911 . . . . vgr.
Separatabdruck

Prager, Walt., Rumänien's landwirtschaftliche Klimatographie. Ein Leitfaden zur Verbesserg. des landwirtschaftl. Betriebes in Rumänien durch Anpassg. an die besteh. od. korrigierten klimat. Verhältnisse. Mit 5 Taf., 2 graph. Darstellgn. u. 1 Klimakarte. (XVI, 204 S.) gr. 8. Halle 909. C. A. Kaemmerer & Co. 4. —

Prager, Walter, a. Bukarest ⟨Rumänien⟩: Die Landwirtschaft Rumäniens auf Grund seiner klimatischen Zustände oder Rumäniens landwirtschaftliche Klimatographie. Halle a. S. 1908: C. A. Kaemmerer & Co. (VI, 82 S.) 8° ¶ (Erscheint vollst. im gleichen Verlage.)
Halle, Phil. Fak., Ref. Wohltmann, Diss. v. 14. Juli 1908
[Geb. 10. Nov. 85 Bukarest; Wohnort: Bukarest; Staatsangeh.: Rumänien; Vorbildung: Lyzeum Lazăr Bukarest Reife M. 03; Studium: Halle 7 S.; Rig. 28. Nov. 07.]

Prager, Wilh., Gemeinde- od. Privatbetrieb. Ein Beitrag zur Münchener Trambahnfrage. (37 S.) gr. 8. München 905. L. Finsterlin. n. 1. —

Prager, Wolfg., Hauskirche oder Evangelienpostille. 4. Dresden, Gerlach. 709.

— geistl. Passionsschule, a. d. vier Evangelist. 4. Ebend. 733.

Praeger, Ferd., Wagner, wie ich ihn kannte. Aus dem Engl. übers. v. Verf. gr. 8. (XI, 366 S.) Leipzig 892. Breitkopf & Härtel. n. 5. —; geb. n. 6. —

Präger, (H. Al.,) Gradus ad Parnassum, s. Gradus.

Präger, H. Al., s. *Polyhymnia.*

Praeger, Hertha, Kinderspiel u. Kinderleben. 3 Tle. (à 6 Bl. m. aufgeklebten Photogr.) Lex. 8. Steglitz-Berlin (907). Neue Photograph. Gesellschaft. à 1. —

Kinderspiel und Kinderleben von Hertha **Praeger**. Steglitz-Berlin: Neue Photogr. Ges. [1908]. 4° [F.] [08. 8635

— **Johann Christoph** (Bielefeld), De contractu emphyteuticario. Diss. jur. Präs. Gebhard Christian Bastineller. Halle/Magdeburg (Chr. Henckel) Sept. 1711. 47 S. (5.—) 27098

Praeger, Johann Karl Gottfried

Praeger, Johann Carl Gottfried (Krichau/Thür.), In menorrhoeae pathologiam inquirens. Diss. med. Präs. Georg Rudolph Boehmer. Wittenberg (Tzschiedrich) 2. XI. 1801. 16 S. (3.75) 27097
Gew.: Friedrich Wilhelm Grahl.

Präger, M., Gebet- u. Erbauungsbuch für Israeliten, angeknüpft an die einzelnen Wochenabschnitte der Bibel. Nebst e. Rituale für alle Fälle der öffentl. u. häusl. Andacht. 1. Thl.: Die öffentl. Andacht. gr. 8. (VI u. 267 S.) Brilon 851. Leipzig, Hunger in Comm. 25 1/2 ngr

Präger, M., Gebet- u. Erbauungsbuch für Israeliten, angeknüpft an die einzelnen Wochenabschnitte der Bibel. Nebst einem Rituale für alle Fälle der öffentlichen u. häuslichen Andacht. 2 Theile. 2. durchaus umgearb. Aufl. Berlin 860. Friedländer. gr. 8. (VII, 272 S.) 1 ℛ

Präger, M., israelitisches Gebetbuch für die öffentliche und häusliche Andacht; zunächst für die israelitische Gemeinde in Mannheim. Geordnet und bearb. 1. Bd. Enthält den Gottesdienst für Werktage, Sabbathe und Festtage. gr. 8. (XIII und 416 S.) Mannheim 855, Bensheimer. **-

— **Predigt, die Bestimmung der Synagoge, Text 4. Mos. 24, 5. 6. gehalten bei der Einweihung der neuen Synagoge in Mannheim den 29. Juni 1855.** (Mannheim, Bensheimer.) gr. 8. (16 S.) n. 2 ngr

— Sabbathfeier. Eine Sammlung Predigten zur Befestigung des religiösen Sinnes. 1. Bd. (in 30 Liefgn. à 1 Bgn.) Mannheim 859. Bensheimer. gr. 8 n. 1 ℛ 14 ngr

Praeger, Otto, die Manöverbraut, s.: Trützschler, Hub. v.

Praeger, Otto, nur einer vom Militär od. der Strohwitwer, s.a. Theater-Album, militärisches. Nr. 108.

Nur einer vom Militär oder Der Strohwitwer. Schwank in 1 Akt von Otto **Praeger**. Landsberg a. W.: Volger & Klein [1904]. (16 S.) 8° [F.]
— **Theater-Album**, Militärisches. No 108. [07. 1770

— **die Schützenbrüder, s.a. Volger's Vereins-Bühne. Nr. 2.**

Die Schützenbrüder. Schwank in 1 Akt von Otto **Praeger**. Landsberg a. W.: Volger & Klein [1904]. (16 S.) 8° [F.]
= **Vereins-Bühne**, Volger's. No 2. [07. 1593

— **Der Strohwitwer od. Nur einer vom Militär, s.a. Liebhaber-Bühne, neue. Nr. 80.**

Der Strohwitwer oder Nur einer vom Militär. Schwank in 1 Akt von Otto **Praeger**. Landsberg a. W.: Volger & Klein [1904]. (16 S.) 8° [F.]
— **Liebhaber-Bühne**, Neue. No 80. [07. 1863

Prager-Jesukind-Büchlein. Geschichte d. wunderthät. Bildes zu Prag, nebst vollständ. Andachtsbuche zur Verehrg. d. göttl. Kindes. V. e. Priester d. Diözese Münster. 2. Aufl. 6.—10. Tausd. 16. (162 S. m. Titelbild.) Münster 896. Alphonsus-Buchh. Geb. in Leinw. n. — 50

— dasselbe, 5. Aufl., s.: Nottbeck, A.

Praeglitz, Fr., Was gewähren Rentenanstalten? Eine Darlegung ihrer Ergebnisse mit besond. Berücksichtigung der Statuten der Sächsischen Renten-Versicherungsanstalt. Nebst einem Anhange über die von C. F. V. Lorenz in Leipzig angeregte Idee: sich ein sorgenfreies Alter zu verschaffen. gr. 8°. Dresden u. Leipzig, Arnoldsche B., 1844.

Pragmatica doctorum catholicorum Tridentini circa Vulgatam decreti sensum, nec non licitum textus originalis usum testantium historia. Sulzbach, Seidel, 8°, 5 Bg., 1 Mk.

Pragmaticus, Karl, das päpstliche Breve am 25. März 1830, die gemischten Ehen betreffend, als Grundlage eines demnächstigen Vergleiches zwischen der Römischen Curie und der Königl. Preußischen Regierung und auf die ganze Preußische Monarchie ausgedehnt. Nebst allgemeinen Reflexionen übe die gemischten Ehen und das Verhältniß zwischen Staat und Kirche in der jetzigen Zeit. gr. 8. Leipzig 841, Bösenberg. 1 ℛ

Pragmaticus, Karl, das päpstl. Breve v. 25. März 1830, d. gemischten Ehen betreff., als Grundlage eines demnächstigen Vergleiches zwischen d. röm. Curie u. d. k. preuß. Regierung u. auf d. ganze preuß. Monarchie ausgedehnt. Nebst allgem. Reflexionen üb. d. gemischten Ehen u. d. Verhältniß zwischen Staat u. Kirche in d. jetzigen Zeit. gr. 8. (16 3/4 B.) Leipzig 841, [Verlags-Magazin.]

Pragmatik für den Unterricht in der Geographie an den k. k. Militär-Erziehungs- und Bildungs-Anstalten. 4. Wien 1878.

Pragmatik, üb. landesherrl. Veräußerungen u. Schuldenaufnahmen. 8. Karlsr. 817. Braun. 4 gr

Pragois, le. Journal littéraire. Edit.: Emmanuel Bozděch. 1re—7e année. 1878—1884. à Jahrg. 24 Nrn. (Bog.) Fol. Prag, (Grégr und Valečka.) à Jahrg. **

Pragois, le. Journal littéraire. Ed.: Jos. M. Hovorka. 3—5. année. 1880—1882. à 24 nrs. (B.) Fol. Prag, Gregr & Dattel in Comm. à Jahrg. n.n. 6. —

Prägravations-Frage, die, oder Rechnung und Gegenrechnung zwischen dem Königreich Dänemark und den Herzogthümern Schleswig und Holstein rc. Von IX. VI. Aus der Flensburger Zeitung Nr. 56—66 abgedruckt. 4. Flensburg 843. (Bünsow u. Kastrup.) 1/4 ℛ

Prag's gegenwärtiger Zustand, s. Zustand.

Prägungen, einzelne, zum Nachzeichnen, aus dem Blumengarten, Thiergarten und Vogelherd. 16. Carlsruhe 837. Artistisches Institut. Weiß à Blatt 1 1/2 gr — Ausgemalt à 1/6 ℛ

Praehauser, Ludwig

Praehauser, L., Das künstlerische Bild als pädagogisches Problem. Lex.-8°. (48 S.) K 1.20
Wien: Schulbücherverlag 1909.

Praehauser, Ludw., aus den Schatzhäusern der Kunst. Ein Beitrag zur Ausgestaltg. des erzieh. Unterrichts, m. e. Auswahl aus den Meisterbildern des Kunstwart f. österreich. Lehrerbildungsanstalten u. Bürgerschulen. (34 S. m. 6 Taf.) 8. München 907. G. D. W. Callwey. 1. —

Prahl, C. F., Einwohner-Verzeichniß der Stadt Heidelberg, s. Einwohner-Verzeichniß.

Prahl, Carl, s. Prahl, Karl

Prahl, Ernst, Marine-Unterarzt aus Lübeck: Zur Frage des durch ein Trauma bedingten Locus minoris resistentiae in Knochen und Gelenken. *Kiel 1902: Nord-Ostsee-Zeitung.* (26 S.) 8°
Kiel, Med. Diss. v. [6. Febr.] 1902

Prahl, Friedr., Fanny Campbell, der weibliche Pirat. Erzählung aus der amerikan. Revolution. Nach dem Engl. des Murray frei bearb. 12. (312 S.) Kiel 856(57,) Akademische Buchh. *

Prahl, Friedr., Chronica der Stadt Kiel nach den besten Quellen bearb. Kiel 856. Akadem. Buchhdlg. 4. (1 Bl., 116 S. u. 1 Lithogr.). n. 24 ngr
Neue Titelausgabe der vorhergehenden Schrift.

—— Chronica der Städte und Flecken in den Herzogthümern Schleswig und Holstein, nach den besten Quellen bearb., nebst einem historisch-humorist. Volks-Kalender. Monatsschrift für Jedermann. 1. Jahrg. Juli — Decbr. 1855. 6 Lfgn. (à 4 Bog.) 4. Mit Stnt. Preetz. (Altona, Lehmkuhl und Comp.) *
Hieraus wurde besonders abgedruckt:

Prahl, Fr., der Schnell-Reisende auf Dampfschiffen, Diligencen u. Extraposten durch Holstein, Schleswig u. Dänemark, über Hamburg, Kiel u. Kopenhagen, und über Hamburg, Aaroesund u. Kopenhagen. Mit Abbild. 16. Kiel 840. Baurmeister u. Comp. Verklebt n. $^{1}/_{3}$ ₰

Prahl, Friedr., der Schnell-Reisende auf Dampfschiffen, Diligencen u. Extraposten durch Holstein, Schleswig u. Dänemark, üb. Hamburg, Kiel u. Kopenhagen, u. üb. Hamburg, Aaroesund u. Kopenhagen. Ein unfehlbarer Rathgeber u. Wegweiser f. Reisende. 16. (4 Bl. u. Abbild.) Kiel 840. [Hamburg, Schuberth u. Comp.] Verklebt. *

Gemeinnütziger Wegweiser im Postwesen für die Herzogthümer Schleswig. Holstein und Lauenburg, enthaltend eine kurze Darstellung der bestehenden Postgesetze und Posteinrichtungen, mit Hinweisung auf die desfälligen Verordnungen. Von Friedrich **Prahl**. Kiel. 1831. 8°.

— Wegweiser im Postwesen d. Herzogth. Schleswig, Holstein u. Lauenburg. 8. Kiel 831. Bünsow. Mit Postkarte $^{7}/_{12}$ ₰

Prahl, H., Auszug aus d. Matutin f. geistl. Synoden, s.: Kaftan, Th.

Prahl, H., Matutin f. geistl. Synoden, s.: Kaftan, Th.

Prahl, Hans, appr. Arzt: Zwei Fälle von Harnblasenbruch. Hadersleben 1910: Schütze. 21 S. 8°
Berlin, Med. Diss. v. 19. Juli 1910, Ref. Hildebrand
[Geb. 20. Juli 81 Mögeltondern; Wohnort: Hadersleben; Staatsangeh.: Preußen; Vorbildung: Gymn. Hadersleben Reife O. 04; Studium: Kiel 1, München 2, Kiel 2, Berlin 5 S.; Coll. 29. Juni 10; Approb. 9. Juli 10.] [U 10. 83

Die neue Gottesdienstordnung für die evangelisch-lutherische Kirche der Provinz Schleswig-Holstein und ihre Einführung in die Kirchengemeinden. Vortrag v. [Hans Schlaikier] **Prahl**, bearb. u. hrgg. vom Provinzial-Verein zur Pflege kirchlicher Musik. (Sonderburg.) Flensburg. [1892?] 8°

Prahl, H. S., og **C. Heinebuch**, liturgiske Melodier til Brug ved den lutherske Hoimesse, ifolge flere Provstisynoders Autorisation samlede og udgivne. Lex.-8. (IV, 47 S.) Flensburg 889. Westphalen. n. 1. 80

Prahl, H. H., og **C. Heinebuch**, Melodier til evangelisk luthersk Psalmebog for de dansktalende Menigheder i Slesvig. Med et Tillaeg indeholdende Melodierne til den lutherske Oettesang, Aftensang og Bornesang. 8. (VI, 116 S.) Flensburg 892. A. Westphalen. Geb. n. — 80

— og **C. Heinebuch**, Melodier til evangelisk luthersk psalmebog for de dansktalende Menigheder i Slesvig. Udsatte for Orgel, Harmonium eller Pianoforte af C. Heinebuch. qu. gr. 4. (IV, 144 S.) Flensburg 895. A. Westphalen. n.n. 10. —

Prahl, Joh. Friedr., Index plantarum, quae circa Gustroviam sponte nascuntur, phanerogamarum. 8maj. (4½ B.) Gustroviae 837, [Opitz et Comp.]

—— das Konventikelwesen im Verhältniß z. Religion u. Sittlichkeit, z. Kirche u. zum Staat, geprüft. gr. 8. (6¾ B.) Güstrow 837, [Opitz u. Comp.]

Prahl, Karl

Prahl, Carl (Hrsg.), s. Arndt, Ernst Moritz: Katechismus f.d. deutschen Kriegs- u. Wehrmann.

Prahl, Karl, Referendar: Formwidrige Beschlüsse der Generalversammlung einer Gesellschaft m. b. H. Rostock 1910: Boldt. 79 S. 8°
Erlangen, Jur. Diss. v. 26. Mai 1910, Ref. Sehling
[Geb. 12. Okt. 85 Flensburg; Wohnort: Kiel; Staatsangeh.: Preußen; Vorbildung: Gymn. Kiel Reife O. 04; Studium: Heidelberg 3, Kiel 3 S.; Rig. 15. Febr. 10.] [U 10. 743

Prahl, [Karl]: Der Dialogus de oratoribus des Tazitus im Unterrichte der Prima. Prenzlau 1909: Mieck. S. 3—13. 4°
Prenzlau, G OP 1909 (97) [S 09. 369

Prahl, Carolus: Quaestiones metricae de Callimacho. Halae 1879: Brandenburg in Neustadt. 52 S. 8°
Halle-Wittenberg, Phil. Diss. v. Nov. [vielmehr: 15. Dez.] 1879
Geb. Ossecken (Kr. Lauenburg; Pommern) 7. 1. 1856. V.

[Umschlagt.:] **Prahl,** Carl [Dr.]: Die Zeitfolge der abhängigen Rede im Deutschen. Danzig, Druck v. E. Groening, 1897; 19 S. 4.
Danzig, st. G, OP 1897 (28)

Prahl, Karl [Dr.]: Philipp von Zesen. Ein Beitrag zur Geschichte der Sprachreinigung im Deutschen. Danzig, Druck v. E. Groening, 1890; S. 1—21; 4°
Danzig, st. G, OP 1890 (30)

Prahl, K., Philipp v. Zesen, e. Beitrag zur Geschichte d. Sprachreinigg. im Deutschen. gr. 4. (24 S.) Danzig 890. (Leipzig, Fock.) n. 1. —

Prahl, Karl Herm., unsere volkstümlichen Lieder, s.: Hoffmann v. Fallersleben.

— das deutsche Studentenlied, s. Bücherei, burschenschaftl.

Das deutsche Studentenlied. Von Dr. [K. H.] **Prahl**. ⟨Alemannia a. d. Pflug.⟩ *Berlin: C. Heymann 1900.* (54 S.) 8° [F.]
— Bücherei, Burschenschaftliche. Bd 1, H. 5. [0. 1900. 2

Prahl, Michael *(geb. Wusen in Ostpr. 24.9.1853)*: Zur Statistik der Luxationen der Gelenke. Breslau 1880. (26 S.) 8° *[Im Buchhandel 1880 bei Köhler in Breslau.]*

Breslau, Med. Diss. v. 24. Nov. 1880

Prahl, Mich., zur Statistik der Luxationen der Gelenke. Inaugural-Dissertation. gr. 8. (26 S.) Breslau 880, (Köhler.) *

Prahl, (P.,) Erzählungen f. Kinder bei ihren ersten Leseübungen. 3e Aufl. 8. Hamb. 824, Herold.

Prahl, P., neuer Kinderfreund, zunächst f. die dän. Staaten u. die Herzogth. Schleswig u. Holstein. 8. Hamb. 814. 3e A. 824. Herold jun. 6 gr (A. u. d. T.: Erzähl. f. Kinder bei ihren ersten Leseübungen).

Prahl, Peter: Anemone nemorosa var. coerulea DC, s. A s c h e r s o n , Paul

Prahl, P., die Bastarde Calamagrostis Hartmaniana Fr. u. C. acutiflora (Schrad.) DC., in Mecklenburg gefunden. gr. 8. (S. 170—176.) Güstrow 899. (Opitz & Co.) n. —20
Sonderabdruck aus: „Archiv d. Ver. d. Freunde d. Naturgeschichte in Mecklenburg".

Beiträge zur Flora von Schleswig. (1) u. 2. Von Peter **Prahl.** Separatabdruck aus den Verhandlungen des botan. Vereins für Brandenburg. 14. Berlin. 1872. und aus den Abhandlungen desselben Vereins. 18. Berlin. 1876. 8°.

[Entdeckung von Isoëtes lacustris L. im Hostruper See bei Apenrade durch Peter **Prahl.**] Separatabdruck aus den Sitzungsberichten des botan. Vereins der Provinz Brandenburg. 18. Berlin. 1876. 8°.

„Erklärung" v. Peter **Prahl**; enthält eine Richtigstellung der von Th. Holm 1877 und 78 gemachten Angaben über die Entdecker seltener Pflanzen im Herzogthum Schleswig. Separatabzug aus den Sitzungsberichten des botan. Vereins der Provinz Brandenburg. 22. Berlin. 1881. 8°.

Eine botanische Excursion durch das nordwestliche Schleswig nach der Insel Röm im Sommer 1874 v. Peter **Prahl.** Separatabdruck aus: Schriften des naturwissenschaftl. Vereins für Schleswig-Holstein. Bd. 2. Kiel. 1896. 8°.

Prahl, P., kritische Flora der Prov. Schleswig-Holstein, des angrenzenden Gebiets der Hansestädte Hamburg u. Lübeck u. des Fürstenth. Lübeck. Unter Mitwirkg. von R. v. Fischer-Benzon u. E. H. L. Krause hrsg. 1. u. 2. Thl. 8. Kiel, Universitäts-Buchhandlg. geb. n. 9. 80
1. **Schul- u. Exkursionsflora, bearb. v. P. Prahl. (LXVIII, 227 S.) 888.** n. 2. 80
2. I. **Kritische Aufzählung u. Besprechung der im Gebiete beobachteten od. aus demselben angegebenen Gefässpflanzen u. ihrer Formen. 1. Hft. (S. 1—128.) 889.** n. 2. —
2. II. **1. Geschichte der floristischen Erforschung d. Gebiets. — 2. Kritische Aufzählung u. Besprechung der im Gebiete beobachteten od. aus demselben angegebenen Gefässpflanzen u. ihrer Formen. 2. Hft. (IX, 64 S. u. S. 129—345.) 890.** n. 5. —

— **Flora der Prov. Schleswig-Holstein, des angrenzenden Gebietes der Hansestädte Hamburg u. Lübeck u. des Fürstent. Lübeck. 2. verm. u. verb. Aufl. des 1. Tls. der krit. Flora der Prov. Schleswig-Holstein etc. 8. (VI, 68 u. 260 S.) Kiel 900. Universitäts-Buchh. Geb. in Leinw. n. 3. 60**

Prahl, P., Flora der Prov. Schleswig-Holstein, des angrenzenden Gebietes der Hansestädte Hamburg u. Lübeck u. des Fürstent. Lübeck. 4. neubearb. u. verb. Aufl. des 1. Tls. der krit. Flora der Prov. Schleswig-Holstein etc. 4. u. 5. Taus. (VII, 336 S.) 8. Kiel 907. Universitäts-Buchh. Geb. in Leinw. 4. —

Ueber die Isoëtes-Standorte in Schleswig. Von Peter **Prahl.** Separatabdruck aus den Verhandlungen des botan. Vereins für Brandenburg. 14. Berlin. 1872. Bei demselben: Beiträge zur Flora von Schleswig. 1. 8°.

Schleswig'sche Laubmoose. Ein Beitrag zur Flora der Provinz v. Peter **Prahl.** Separatabdruck aus: Schriften des naturwissenschaftl. Vereins für Schleswig-Holstein. Bd. 2. Kiel. 1876. 8°.

Laubmoosflora von Schleswig-Holstein und den angrenzenden Gebieten v. Peter **Prahl.** Separatabdruck aus: Schriften des naturwissenschaftl. Vereins für Schleswig-Holstein. Bd. 10, Heft 2. Kiel. 1895. 8°.

Prahl, Peter (geb. Oster-Lügum in Schlesw.-Holst. 24. 3. 1843): Ueber die Perlgeschwülste mit besonderer Berücksichtigung ihres Vorkommens im Felsenbein. Berlin (1867). (32 S.) 8°
Berlin, Med. Diss. v. 6. Aug. 1867

Prahl, Sam., lectures et dictées françaises. Extraites de livres et de journaux français des 19. et 20. siècles. Nouvelle éd. revue. (IV, 118 S.) 8. Leipzig 909. F. Brandstetter. 1.60; geb. in Leinw. 2. —

Prahler ohne Geld, der; od. d. betrogene Betrüger. Lustsp. v. Stuz. 8. Nürnb. Monath. 761.

Prahler, Ernst, Referendar: Die Sonderrechte des Gesellschafters in einer Gesellschaft mit beschränkter Haftung. Gartz a. O. 1909: Fiebelkorn. 61 S. 8°
Rostock, Jur. Diss. v. 20. März 1909, Ref. Lehmann
[Geb. 6. März 82 Gartz a. O.; Wohnort: Stettin; Staatsangeh.: Preußen; Vorbildung: Gymn. Gartz Reife O. 01; Studium: Königsberg 2, Berlin 2, Greifswald 2 S.; Rig. 2. Febr. 09.] [U 09. 3683

Prahm, Heinrich Chr. Friedrich

Prahm, **H. C. F., de Grammaticae universalis fundamento ac ratione. Diss. 8. Kiel 826. (Hamb., Nestler). 4 gr**
44 S.

— Versuch üb. d. Wesen d. histor. Infinitivs in d. latein. Sprache. gr. 8. Altona 827. (Aue). 4 gr

Prahmer, Geo. Wlh., üb. die Berliner Charité. 8. Berl. 798. Braun. 2 gr

— Sendschreiben an die Herrn Armendeputirten, welche zur Abstellung der Mängel der Charité und zu einer zweckmässigen Einrichtung mit über diese Anstalt gesetzt sind. 8°. Berlin 1799.

Prahmer, W., s. P r a h m e r , Georg Wilhelm

Prahn, H., aus der Mappe e. Berliner Armenvorstehers. Ernstes u. Heiteres, erzählt. 1.—3. Taus. (III, 66 S.) 8. Berlin 910. Spree-Verlag. 1. —

Prahn, Herm., Pflanzennamen. Erklärg. d. botan. u. deutschen Namen d. in Deutschland wildwachs. u. angebauten Pflanzen, d. Ziersträucher, d. bekanntesten Garten- u. Zimmerpflanzen u. der ausländ. Kulturgewächse. 12. (IV, 172 S.) Buckau (Mark) 897. Rob. Müller. (Auslieferung durch R. Mickisch, Berlin.) Geb. in Leinw. n. 1. 50

Prahn, Herm., Pflanzennamen. Erklärung der latein. u. der deutschen Namen der in Deutschland wildwachs. u. angebauten Pflanzen, der Ziersträucher, der bekanntesten Garten- u. Zimmerpflanzen u. der ausländ. Kulturgewächse. 2. (wesentlich erweit.) Aufl. (IV, 176 S.) kl. 8. Berlin (909). Schnetter & Dr. Lindemeyer. Geb. in Leinw. 1. 60

Prahst, Albrecht, Referendar, Parchim: Das Wesen der Forderungsabtretung. *Rostock 1901: C. Hinstorff.* (47 S.) 8° [J.] Rostock, Jur. Diss. v. [22. März] 1901

Praindor, P., Histoire de l'ile de Skyros jusqu'en 1538. Gel. 1906. 88 S.

Prairie Blume. La Grange, Texas: Texas German Literary Society, 1857-61.

Prais, die Wahrheit in ihren Hauptzügen dargestellt. Leipzig 866. Findel. 8. (IX, 289 S.) n. 1 ℛ︎

Präjudicate des Rigaschen Raths betr. den Civil-Proceß. [1871—1881.] gr. 8. (IV, 524 S.) Riga 881. Kymmel. n. 12. —

Präjudicate des Rigaschen Raths betreffend den Civil-Proceß. 1. und 2. Bd. gr. 8. Riga, Kymmel's Verlag. [1. Bd. 1871—1881. (VI, 524 S.) 881. *ℳ 12.; 2. Bd. 1881—1883. (IV, 158 S.) 884. *ℳ 3,50.] *

Präjudicate d. Rigaschen Raths betr. den Civil-Proceß. 2. Bd. [1881—1883.] gr. 8. (IV, 158 S.) Riga 884. Kymmel's Verl. n. 3. 50 (1. u 2.: n. 15. —)

(**Praejudicia** des Königlichen Kammergerichts zu Berlin, concipirt von dem Kammergerichts-Rathe Carl Aug. v. Heidenreich.) [Hs.] 3 Bde fol.
[Enth. Präjudizien Nr 1—435; Präjudizien des 3. Senats 1765 ff. Nr 1—97; Reg. Hierzu 2 Abschriften, enth. die Präjudizien Nr 1—282 u. Reg.]

(**Praejudicia** des Königl. Preußischen Geheimen Ober-Tribunals zu Berlin concipirt von d. Geh. Ober-Trib.-Präs. Carl Ludw. v. Heidenreich. Vol. 1. 2. [Nebst] Repertorium.) [Orig.-Hs.] 3 Bde fol.

Präjudicien, entnommen den Erkenntnissen des strafrechtlichen Senates des obersten Gerichtshofes für das Königreich Bayern. Geordnet nach den einzelnen Straf-Gesetzen und deren Artikel-Folge. Bayreuth 854. Grau. gr. 8. (2 Bl., 60 S.) n. 8 ngr

Präjudicien, entnommen den in Strafsachen erlassenen Erkenntnissen des obersten Gerichtshofes für das Königr. Bayern. 1. Aufl. (IV und 60 S.) 1854. und 2. Aufl., umfassend die seit Einführung des öffentl. Strafverfahrens diesseits des Rheins bis Ende April 1856 ergangenen Entscheidungen. gr. 8. (IV und 82 S.) Bayreuth 856, Grausche Buchh. *

Präjudicien und Noten zum preußischen Strafrecht und Strafverfahren. Zusammengestellt und hrsg. von W. Lanz. gr. 8. (IX und 295 S.) Naumburg 850, (Garcke'sche Buchh.) Thlr. *

Präjudicienbuch des ehemaligen Herzoglich Nassauischen Ober-Appellations-Gerichts zu Wiesbaden aus den Jahren 1832 bis Anfang 1867. [Hs.] fol.

(**Präjudicienbücher** des Königlich Preußischen Oberlandes-Gerichts zu Frankfurt a. O.) [Orig.-Hs.] 4 Bde fol.
Bd 1. Präjudicien d. 1. Civil-Senats. 1841—48. 13 Bl.
Bd 2. Präjudicien d. 2. Civil-Senats. Civilia. 1838—72. [17 Bl.]
„ 3. „ d. 2. Civil-Senats. Criminalia. 1840—55. [8 Bl.]
„ 4. „ d. Hypotheken-Deputation. 1844—48. [3 Bl.]

Präjudizien, Braunschweigische. 1. Thl. Das protestant. Ehescheidungsrecht u. Verwandtes. Zusammenstellung neuer Entscheidgn. der Braunschweig. Obergerichte. Hrsg. von Adf. Dedekind. gr. 8. (XII, 348 S.) Braunschweig 872. Wreden. n. 5. 60

Präjudizien, die, des geh. Ober-Tribunals, seit ihrer Einführung im J. 1832 bis zum Schlusse des J. 1848, nach der Paragraphenfolge der Gesetzbücher geordnet, und mit einem alphabet. Sachregister versehen. Hrsg. von Seligo, Kuhlmeyer und Wilke I. gr. 8. (XX und 653 S.) Berlin 849, C. Heymann. *

Präjudizien, die, des Geh. Ober-Tribunals, seit ihrer Einführung im J. 1832 bis zum Schlusse des J. 1848, nach der Paragraphenfolge der Gesetzbücher geordnet, u. mit einem alphabet. Sachregister versehen. Hrsg. v. Seligo, Kuhlmeyer u. Wilke I. gr. 8. (XX u. 653 S.) Berlin 851, C. Heymann. n. 5 ℛ︎

— die, des Königl. Ober-Tribunals, seit ihrer Einführung im J. 1832 bis zum Schlusse des J. 1855, nach der Paragraphenfolge der Gesetzbücher geordnet, und mit einem alphabetischen Sachregister versehen, herausg. von den Redactoren der Entscheidungen. 1. Abth. 1832—1848. (Neue Titel-Ausg.) — 2. Abth. 1849—1855. Berlin 856. C. Heymann. gr. 8. (XX, 653; IV, 254 S.) n. 3 ℛ︎; 2. Abth. einzeln n. 1 ℛ︎.

Präjudizien, die, des königlichen Ober-Tribunals seit dem Schlusse des J. 1855 bis zum Anfange des J. 1876, nach der Paragraphenfolge der Gesetzbücher geordnet u. mit einem fortgesetzten Nummern-Verzeichnisse, sowie mit einem Sachregister versehen, hrsg. von den Redaktoren der Entscheidungen. gr. 8. (X, 197 S.) Berlin 877. C. Heymann's Verl. n. 3. — (1832—1876: n. 10. 50)

Praekelt, Mart., schmiedeeiserne Gitter, Thüren, Thore, Balkone, Treppen, Turmspitzen, Bekrönungen, Kreuze, Leuchter, Füllungen u. s. w. Muster-Vorlagen für Schlosser, Kunstschmiede-Werkstätten, Architekten, Fabriken für Eisenkonstruktionen, techn. und Fortbildungsschulen. Nebst Preiskurant. Fol. (46 lithogr. S. mit 4 S. Text.) Leipzig 888, (Scholtze.) *

Praekelt, M., Muster-Vorlagen f. Kunstschmiede-Arbeiten. gr. Fol. (132 S. m. z. Tl. farb. Abbildgn.) Mit Preisliste. gr. 8. (27 S.) Bunzlau (901). (G. Kreuschmer.) n.n. 7. 50; kleine Ausg. 4. (96 S.) u. Preisliste gr. 8. (12 S.) n. 3. —

Praekelt, M., Muster-Vorlagen f. Kunstschmiede-Arbeiten. (2. Aufl.) (130 S.) Fol. Mit Preisliste. (26 S.) 8. Bunzlau 904. (G. Kreuschmer.) n.n. 7. 50

Prakta, s.: Hiemann, R.

Prakta's, R., doppelte italienisch-amerikan. Buchführung f. Fabrikgeschäfte, unter besond. Berücksicht. der Verwaltung derselben. Lehr- u Nachschlagebuch in 3 Abtlgn. zum Selbstunterricht, sowie f. den Unterricht in Handels-, Handelshochschulen u. in techn. Lehranstalten. Mit Bücherabschluss, m. Inventarbüchern u. e. Anh. üb. Material- u. Werkzeugverwaltg., Allgemein-Wichtiges üb. Bilanzierg. usw. (VIII, 126 S. u. Doppels.) gr. 8. Leipzig 905. O. Regel. Geb. in Leinw. n. 5. —

Praktik d. Andacht, franz. und deutsch. 8. Kempten, Kösel. (Doll, Augsb.) 785.

Praktika, geheime, das ist eine Sammlung von 1025 der besten, bis jetzt meist geheimen Mittel aus dem Reiche der Natur, der Sympathie u. natürl. Magie für mancherlei Krankheiten an Menschen u. Vieh; nebst verschiedenen gewerbl. Geheimnissen, zunächst für die Haus- u. Landwirthschaft. Görlitz 867. (Köhler.) gr. 16. (268 S.) n. 15 ngr.

Praktikant

Practicant, Der Wetzlarische, oder Anweisung, wie ein auswärtiger Jurist sich den Reichskammergerichtlichen Process am leichtesten vorstellen könne . . . Frankfurt a. M. 1757. V: *Fleckenbühl gen. Bürgel, Johann Philipp Franz.* (ML) (Ky) (EngJ)

Praktikant, der Wetzlarische, od. Anweis., wie ein auswärtiger Jurist sich d. reichskammergerichtl. Proceß vorstellen könne, (v. J. Ph. F. v. Fleckenbühl). Mit e. Vorrede v. Jh. Ulr. Frhrn. v. Cramer. 4. Frankf. 757. Varrentrapp. 8 ℋ

Praktiken und Weldhandel, boshafte, d. alt. und neuen Spitzbuben und Betruger. 2 Thle. m. K. 12. 700.

Praktiker, der ärztliche. Zeitschrift f. d. wissenschaftlich-prakt. Interessen des Arztes. Red.: A. Seidel. 3. Jahrg. 1890. 26 Nrn. (B.) gr. 4. Hamburg. (Leipzig, C. A. Koch.) n. 8. —

Praktiker, der ärztliche. Wochenschrift f. die wissenschaftlich prakt. Interessen d. Arztes. Red.: A. Seidel. 4.—7. Jahrg. 1891—1894. à 52 Nrn. (à ca. 1 Bog.) gr. 4. Hamburg. Gebr. Lüdeking. à Jahrg. n. 12. —

Praktiker, der ärztliche. Wochenschrift f. d. wissenschaftlich-prakt. Interessen d. Arztes. Red.: A. Seidel. 8. u. 9. Jahrg. 1895—1896. à 24 Nrn. (à ca. 32 Sp.) Lex.-8. Hamburg. Leipzig, F. Leineweber. à Jahrg. n. 8. —
D. 4. Quartal d. 9. Jahrg. erschien in Dresden.

— (Die ärztl. Praxis.) dasselbe. Red.: Herm. Schlesinger. 10. Jahrg. 1897. 24 Nrn. (à ca. 32 Sp.) Lex.-8. Würzburg. Ebd. n. 8. —; einz. Nrn. n. — 50
Erschien bis Mitte Mai in Dresden.

— dasselbe, Fortsetzg., s: Praxis, die ärztliche.

— s.: Central-Anzeiger, ärztlicher.

Praktiker, Der, in Feld- und Gartenbau. Hrsg. von J. Funke. Erlangen: Junge 1889. 8°

Praktiker, der, im Feld- u. Gartenbau sowie in der Fischzucht. Red.: Heinr. Jünemann. 16. Jahrg. 1904. 24 Nrn. (à 4 S.) 4. Hannover. (Erlangen, F. Junge.)
Erscheint nicht mehr. 2. —

Praktiker. Der kleine P. Taschen-Stenographen-Kalender 1903 u. 1904. [Jahrg. 2 u. 3.] Hrg. von Hermann Bebie, Wetzikon bei Zürich.... 62 u. 64 S. kl.-8. Berlin, Druck F. Bartels. [*je* fr. —. 30]
[Jahrg. 1,] 1902 s. u. d. T.: Taschen-Stenographen-Kalender.

Praktiker, der kleine. Taschen-Stenographen-Kalender 1903. Hrsg. v. Herm. Bebie. 64. (55 S.) Wetzikon. (Leipzig, J. H. Robolsky.) n.n. — 25

Praktiker. Der kleine P. Taschen-Stenographen-Kalender 1905 u. 1906. [Jahrg. 4 u. 5.] Hrg. v. Hermann Bebie, Wetzikon bei Zürich.... *je* 64 S. kl.-8. Berlin, Druck F. Bartels. [*je* fr.—. 30]

— der kleine. Taschen-Stenographen-Kalender 1907. Hrsg. v. Herm. Bebie. (64 S.) 64. Wetzikon. (Leipzig, J. H. Robolsky.) n.n. — 25

Praktiker, der kleine. Taschen-Stenographen-Kalender 1910. Hrsg. v. Herm. Bebie. (63 S.) 7,7×5,9 cm. Wetzikon. (Leipzig, J. H. Robolsky.) nn — 25

— der stenographische. Monatsschrift. Red. von Albr. v. Kunowski. 1. u. 2. Jahrg. 1903 u. 1904. à 12 Nrn. (à Jhrg. 48 autogr. S.) gr. 8. Liegnitz, Dr. v. Kunowski. à Jhrg. n.n. 1. —

— dasselbe. 3. u. 4. Jahrg. 1905 u. 1906. à 12 Nrn. (à Jhrg. 96 autogr. S.) gr. 8. Ebd. à Jhrg. n.n. 1. 60; als Beilage des Nationalstenograph od. der Jugendwarte n.n. — 60

— der stenographische. Monatsschrift. Red. v. J. Baaken. 5.—8. Jahrg. 1907—1910. à 12 Nrn. (à Jahrg. 8 autogr. S.) gr. 8. Liegnitz, Dr. v. Kunowski. à Jahrg. 1.60; als Beilage des Nationalstenograph nn — 80

Physikalisches Praktikum für Chemiker, Mediziner und Pharmazeuten. Gießen [1906]: Brühl. (5 S.) 8° [Kopft.]
(Nicht für den Austausch)

Physikalisches Praktikum für Lehramts-Kandidaten. [Gießen 1906:] Brühl. (4 Bl.) 8°
(Nicht für den Austausch)

Praktikus, der. Handbuch f. Vereine, Wander-Redner, Fabrikations-Institute, Operateure u. Etablissements. Hrsg. v. der Zeitschrift Der Kinematograph, bearb. v. Herm. Lemke. (199 S. m. Fig.) kl. 8. Düsseldorf (908). E. Lintz. 2.20; f. Abonnenten v.: „Der Kinematograph." Kart. 1. —
Fortsetzg., s.: Kino-Praktikus, der.

Praktisches f. Dienst u. Musse. Eine Anleitg. zur Instandhaltg. u. Conservirg. der Montur-, Leder- u. Rüstungs-Sorten, Waffen u. Geräthe. Winke f. Stall- u. Zimmer-Ordng., f. Kanzlei-Einrichtg., Rathschläge f. Menagemeister u. Viktualien-Magazine, f. Vertilg. v. Ungeziefer etc., nebst e. Sammlg. v. gegen 160 leicht herzustell. Recepten als Hilfsmittel zu vorgenannten Zwecken. Nach eigener Erprobg. u. Erfahrg. zusammengestellt v. e. Offizier. 12. (VII, 79 S.) Teschen 883. Prochaska. geb. n. 1. 20

Prälat, der, v. Ittner. Calnhard's Reise ins Chamounythal, v. Groß; belohnte Theilnahme u. das Buch Papier, v. Kotzebue. 8. Aarau, Sauerländer. 812.

Prälaten, es leben die, Beobacht. auf e. Reise. 2 Stck. 8. Ulm, Stettin. 783.

Praelectiones academicae medicae

Praelectiones academicae medicae, sive tabulae XXVI novae pathologiae theoretico-practicae secundum recentissimam medendi methodum Stahlianam. 142 S., gbd.

Francofurti: Monath 1725

Praelectiones grammaticae germanicae et latinae pro infirma classe. 8. Münst. 783. Aschendorff. 10 gr

Praelectiones theologicae majores in Seminario Sancti Sulpitii habitae. De contractibus, opera et studio Jos. Carrière. Tom. I. 8maj. (21½ B.) Lovanii 846. (Bonn, Marcus.) *
Vgl. Carrière, J.

Präliminar-Allianz-Traktat zwischen den Höfen von Wien und London; geschlossen zu Töplitz am 3. October 1813.
4. Wien 1813.

Anonym: „Präliminarartikel zu einem ewigen Frieden zwischen dem französischen auteur des moyens d'arrêter la misère publique und seinem teutschen Anmerkungenmacher, von letzterem", o. O. 1773.

Praeliminaria de successione Hispanica, ex jure gentium, in illustri Accademia Hasso-Schaumburgica, etc. 4. Rinthelii 1701.

Präliminarien

Einstweilige Präliminarien zur vollkommenen Entzifferung der Preussischen Abfertigung und abgenöthigten Anzeigen dann überhaupt der schiefen Grundsätze und Maximen in der Reichslehnssache von Baiern. (Wien) 1779. 4. 28 S.

— z. Entzifferung d. Preuß. Abfertigung etc. 3 Hfte. 4. Münch. 779. Lentner. 6 gr

Präliminarien z. medicin. Frieden, in Betracht. Brown's. gr. 8. Leipz. 798. (Aue in Alt.) 16 gr

Präliminarien z. medicin. Frieden, in Betr. Brown's. gr. 8. Leipzig, Jacobäer. 798.

— eines neuen Landtags in Baiern. 1e—15e Liefrg. (v. F. v. Günter). gr. 8. Münch. 800 u. ff. 1e—4e Liefrg. Lindauer. 16 gr 9e Liefrg. Ebd. 801. 4 gr — Dass. 5 Lieferr. gr. 8. Landsh. 800—802. Krüll. 3 ƒ — Anh. z. 5n Liefrg. A. u. d. T.: Commentar üb. die Frage: ist das Kirchengeräth ein Theil d. Privat-Eigenthums d. Klöster u. Kirchen, (von B. Aschenbrenner.) 8. Straubing. 801.

Präliminarien eines neuen Landtages in Baiern. Siebente Lieferung. O. O. 1801. V: *Gönner, Nicolaus Thaddäus.* (Erman & Horn, Bibliogr. d. dtsch. Universitäten. 2. Leipz. u. Berl. 1904.)

Präliminarien eines neuen Landtages in Bayern. 15. Lfg. 1802. V: *Günter, Franz von.* (MGT) »München 1800—2« (Ky)

— z. neuen Organisation baier. Staatsmagistrate. 1e Liefrg. 8. Landsh. 802. Krüll. 3 gr

Präliminarien zu einer historisch-kritischen Untersuchung über die Rechte und Freyheiten der protestantischen Kirche in Ungarn . . . Gedruckt im protestantischen Deutschlande 1790. V: *Molnár, Joh.* (Pk)

Präliminarvortrag, die neue Einrichtung einer Kammermatrikel . . . betreffend . . . Wetzlar 1774. H: *Harpprecht, Johann Heinrich Freih. v.* (ML) (Holz)

Prall, A., s.: Schriften, pädagogische, des Wolfgang Ratichius u. seiner Anhänger.

Prall, A., der Schulmethodus des Herzogs Ernst des Frommen, s.: Schriften hervorragender Pädagogen. 4. Hft.

Chronik der Kirchengemeinde Heide vom Kirchenpropsten A[ugust] Prall. *Heide in Holstein (1901): F. Pauly Nachf.* (52 S.) 4° [AA] (02.6635) 8

Prall, Frdr., über Eier-Konservierung. (37 S.) Lex. 8. Berlin 907. J. Springer. 1. —
Sonderabdruck aus: „Ztschr. f. Untersuchg. d. Nahrungs- u. Genussmittel".

Prall, Friedrich [aus Heide in Holst.]: Über die Einwirkung von Monochloracetal auf sekundäre aliphatische Amine . . . Rostock, C. Hinstorffs Buchdr., 1897; 61 S. 8.
Rostock, Phil. Fak., Inaug.-Diss. v. [22. Mai] 1897

— Die Wertbestimmung v. Desinfektionsmitteln m. Staphylokokken, die bei der Temperatur der flüssigen Luft aufbewahrt wurden. s.: Paul, Thdr.

⊙ Beitrag zur Bestimmung des durch die Flüsse abgeführten Theiles der Niederschlagsmengen in den Flußgebieten v. **Pralle.** Mit 2 graphischen Darstellungen. Extra-Abdruck a. d. Zeitschrift des Architekten- u. Ingenieur-Vereins zu Hannover. Bd. 23 Jg. 1877. H. 1. (Hannover. 1877.) Fol. (Kopft.)

⊙ Beobachtungen über den Verlauf der Ostsee-Sturmfluth vom 13. November 1872 v. **Pralle.** Mit 2 graphischen Darstellungen. Extra-Abdruck a. d. Zeitschrift des Architekten- u. Ingenieur-Vereins zu Hannover. Bd. 21, Jg. 1875, H. 4. (Hannover. 1875.) 4°

Pralle, u. Geßner, Geschichte d. 4. Badischen Infanterie-Regiments Prinz Wilhelm Nr. 112. Im Auftr. des Regiments bearb. M. e. Bildniß Sr. großherzogl. Hoh. d. Prinzen Wilhelm v. Baden, sow. 6 Karten u. Plänen in Steindr. gr. 8. (VIII, 272 S.) Berlin 897. E. S. Mittler & Sohn. n. 6. 50; geb. in Leinw. n.n. 8. —

Pralle, A., zur Eröffnung d. neuen städtischen Kirchhofs in Oldenburg. Ein Gedenkblatt. gr. 8. (15 S.) Oldenburg 874. Schulze. n. — 40

Pralle, A., Lutherfest-Predigt, geh. am 11. Novbr. 1883. gr. 8. (14 S.) Oldenburg 883. Stalling's Verl. n.n. — 25

— Predigt am Friedensdankfeste, den 18. Juni 1871. gr. 8. (8 S.) Ebend. 871. n. — 20

— Predigt zur Nationalfeier am 2. Septbr. 1873 geh. 8. (14 S.) Ebend. 873. n. — 20

Pralle, [Georg]: Bericht über die Einweihungsfeier am 6. November 1909. Steglitz 1910: Werner. S. 28—41. 4°
Steglitz, Paulsen-RG OP 1910 (149) [S 10. 344

Pralle, Georg

Pralle, *Carl Heinrich* Georg [aus Peitz N/L.]: Die Frauenstrophen im ältesten deutschen Minnesang ... Halle a. S., Hofbuchdr. v. C. A. Kaemmerer & C., 1892; 38 S., 1 Bl. 8.
Halle, Phil. Fak., Inaug.-Diss. v. [20. Aug.] 1892

Pralle, Gustav [app. Arzt aus Cöln a/Rh.]: Ueber Aktinomycose unter bes. Berücks. d. Färbemethoden ... Freiburg i. B., Univ.-Buchdr. v. Chr. Lehmann, 1892; 49 S., 1 Bl. 8.
Freiburg i. B., Med. Fak., Inaug.-Diss. v. 1892

Pralle, Heinr., der Ledersohnitt als Kunsthandwork u. häusliche Kunst. gr. 8. (VIII, 59 S. m. 32 Abbildgn.) Halle 903. W. Knapp. n. 3. —

Pralle, Heinr., die Technik des Werk- u. Werkstattunterrichts. Praktische Winke f. Schule u. Haus. (IV, 88 S. m. 62 Abb.) kl. 8. Leipzig 910. B. G. Teubner. 1.60

Pralle, Karl Heinrich Georg, s. Pralle, Georg

Präludien-Buch zu evangel. Choral-Büchern. Herausgeg. unter Mitwirkung vieler Orgelcomponisten von Gotth. Wilh. Körner. 12 Lfgn. qu. Lex.-8. (23½ B.) Erfurt 843, 44, Körner. à Lfg. 7½ Ngr.

Pram, Christen

Pram, C., muntere Erzählungen, gesammelt u. hrsgg. v. C. L. Sander. 2 Thle. 8. Kopenh. 802 u. 3. Schubothe. 1 ℛ 12 gr

PRAM, C(hristen), Committirter d. kgl. Commerz-Collegii in Kopenhagen (1756—1821), Muntre (zieml. zahme) Erzählungen. Gesammelt u. aus d. Dänischen übersetzt von Lävinus Christian Sander, Prof. d. Pädagogik u. Methodik. 2 Bdchn. Kopenhagen u. Leipzig, 1802—3. 8⁰. Selten! (2 fl. 42 xr. Scheible, vor 1870; jetzt theurer!)
I: TKpf., 1 Bl. Vorr., 1 Bl. Inh. u. 218 S. 1. John Thral. Beytrag z. Geschichte d. Freyheit. 1787. 2. Hans Krauskpf. 1786. 3. Jürgen. Lebensbeschreibung e. Dummkopfes. 1786. — Laut Vorr. die Erzähl. meist früher schon in vermischten Sammlungen.
II: Tit., 1 Bl. Inh., 170 S. 1. Friedlef u. Hiarne, der Skalde: od. wahrhafte Historie, welchergestalt König Magnus, Sigurd des Pilgrims Sohn, sich langweilen thät. 1787. 2. Die Schminke. 1791. 3. Der Besenbinder u. der Cours 1789.
Von C. *Pram* folgende Originale in Berlin: Starkodder. Et Digt i femten Sange. Kjobenhavn 1785. 8⁰. (Zk 4910.) — *Christen Prams* udvalgte digteriske Arbeider samlede og udgivne af K. L. Rahbek. Bd. 1—5 og Supplbd. Kjobenhavn 1824—29. 8⁰. (Zk 4932. 6 voll.)

Pram, N., Vorschriften-Sammlung, s.: Wie baue ich mir selbst?

Pramann, Adolph (Heinrich Wilhelm Adolph) (Lippe), De puris indole et genesi. Diss. med. Berlin (A. Petsch) 30. VIII. 1828. 27 S. mit Biogr. (M.: Bontian). (3.—) 27126
Oppon.: J. Schlele, F. Rupp, A. Müller. — Seinem Vater gew.

Pramberg, Johann Bernhard [Praes.], s. Engstedt, Christian: De retroflexione uteri a retroversione distinguenda et dignoscenda.

Atlas zum Studium der Militär-Geographie von Mittel-Europa. Hrsg. v. Emil **Pramberger**, k. u. k. Hauptm. ... *Wien: E. Hölzel [1894].* (1 Bl., 11 Kt.) 1 Bd gr. 2. [96. 98]

Pramberger, Emil, Behelf zum Studium d. Militär-Geographie v. Mittel-Europa. M. 1 Karte d. nordöstl. Mittel-Europa. 2. Aufl. gr. 8. (X, 158 S.) Wien 896. L. W. Seidel & Sohn. n. 3. —

Pramberger, Emil, Behelf zum Studium der Militär-Geographie v. Mittel-Europa. Mit e. Karte des nordöstl. Mittel-Europa. 3. Aufl. gr. 8. (X, 166 S.) Wien 899. L. W. Seidel & Sohn. n. 3. 60; geb. in Leinw. n. 4. 40

Pramberger, Hugo, über fibrinöse Bronchitis. gr. 8. (68 S. mit 1 Holzschn.) Wien 881. (Graz, Leuschner und Lubensky.) *
Aus: Mittheilungen des Vereines der Aerzte in Steiermark, besonders abgedruckt.

Pramberger, Romuald, die Lambertuszelle, s. a. Volksbücherei.

(F) **Pramberger,** R., Die Lambertuszelle. Eine Erzählung aus dem VIII. Jahrhundert. [Volksbücherei Nr. 209—211.] 8⁰. (ill. 192 S.) geb. K 1.10
Graz: Styria 1908.

— Der Pfleger auf Stein, s. a. Volksbücherei.

(F) **Pramberger,** R., Der Pfleger auf Stein. Erzählung. [Volksbücherei. Nr. 176 177.] 8⁰. (ill. 114 S.) K —.40. geb. K —.90
Graz: Verlagsbuchh. „Styria" 1907.

PRAMBHOFER. R. D. Johannis, Simsonischer Honig-Fladen f. d. schleckige Adams-Kinder; Gesammlet aus den Honigfliessenden Blumen göttl. Schrifft HH. Vätern, dann anderer Geist- u. Sinnreichen Büchern; d. i., Uber Honig-süsses Wort GOttes,, wormit ein Christ-Catholisches Volck durch gegenwärtige einfältige, jedoch mit seltsamen Concepten, theils Trost-, theils Schreck-vollen Historien, annehmlichen Gedichten, Gleichnissen, u. Lehrreichen Sprüchen wohl gezierte Sonn- u. Feyertags-Predigten das Jahr hindurch kan geleitet u. gespeiset werden. Augspurg. Geo. Schlüter u. Mart. Happach. 4⁰.
So im Lpz. M. M. V. 1708. D 2a. — Nachahmer Abrahams à S. Clara, also viel Derbes und Drolliges.
— — Dasselbe. Mit Titelkpfrn. Ebd. 1716. 4⁰. (4 Mk. 50 Pfg., Paul Neubner, Cöln, 1892.)

* — — („Frey resignirter Pfarrer zu Pischlstorff, dermahl. Fürstl. Porzieischer Beneficiat in München"), Ungesaltzenes u. ungeschmaltzenes, doch wolgeschmackes Kirchtag-Süppel, bestehend in vier u. dreyßig köstlichen Speisen, u. so viel raren Beschau-Essen, gekocht u. vorgestellt denen gefräßigen, sterblichen Adams-Kindern, ewig zu leben. D. i. Vier u. dreyßig einfältige, aber mit Biblischen Concepten, sittlichen Lehren, theils Folg- theils Haßwürdigen Geschichten, lächerlichen Gedichten, schönen Gleichnussen reich gespickte Kirchweyh-Predigen (sic!). Ein mit sonderem Fleiß elaboriertes Werck, nicht allein denen Herren Pfarrern u. Predigern, sondern allen nach der Himmlischen Mahlzeit hungerigen Menschen zu nutzlichster Vertreibung der Langweil wohl bekommlich: Hervor gegeben .... von JOANNE PRAMBHOFER, —. Augspurg, in Verlegung Georg Schlüter u. Mart. Happach. Gedr. bey Joseph Gruber. 1710. 4⁰.
11 Bll. Vorst. (incl. Kpftit. u. roth u. schwarz gedr. Tit.), 884 S., 20 Bll. 5faches Reg. — Gewidm. dem Reichsgrafen Maximilian Carl zu Löwenstein-Wertheim, kais. wirkl. Geimer Rath etc., Administrator d. Bayer. Lande &c. &c. — Hier einige Predigt-Ueberschr.: No. 14. Von dem verführerischen Raben-Geschrey, cras, cras, morgen, morgen; no. 29. von dem Fraß u. Füllerey (S. 719—47); no. 32. Von dem schändlichen Laster deß (!) Geitzes. &c. &c.

* — — Wunderseltsame, wahrhaffte, beynebens Lächerliche Traum-Gesichter, von unterschiedlichen Stands- und Ambts-Theils Lob-Theils Schelt-würdigen Persohnen, mit Biblischen Concepten, sittlichen Lehren, Historien und Fabeln ausgeschmucket, wie auch mit schönen, curiosen Kupffern, zur Ergötzlichkeit der fürwitzigen Augen vermenget etc. Ebd. 1712. 4⁰. (In Berlin: Da 14110.) (1½ Rthl., Scheible, 1871; 5 Mk. J. Hess, Ellwangen, 1887.)
Titlkpfr., J. C. Steinberger sc., Titl. roth u. schwarz. Mit 12 symbol. Kpfrn., Gottfr. Rogg del.

Pramhofer, J., s. Prambhofer, Johann

Prämie, eine geistl., f. Feyertagschüler u. Schülerinnen rc. 8. Landsh. 807. Krüll. 9 kr

Prämien zum Anbau der Oehlpflanzen von der k. k. Ackerbau-Gesellschaft in Klgft. (Klgft., Leon), 1812. Quart. 9 S.

Prämien=Bibliothek f. d. liebe Jugend. Hrsg. v. P. J. Beumer. 1—7. Bdchn. 12. Wesel, Bagel. Thlr.
A. u. d. Ttln.:
Bdchn. 1. Kleine Erzählungen z. Veredlung d. Herzens u. Bildung d. Verstandes. (5 B. u. 4 Bild.) 838. 4 Gr.
= 2. Charakterzüge aus d. Leben edler Menschen. (5 B. u. 4 Bild.) 838. 4 Gr.
= 3. Schöne Mährchen, Legenden u. Sagen, z. angenehmen Unterhalt. f. brave Kinder. (5 B. u. 4 Bild.) 839. 4 Gr.
= 4. Geograph. Unterhaltungen, od.: kurze Beschreib. d. preuß. Staates; nebst e. Anh. üb. Deutschland, Europa u. die Erde im Allgemeinen. Ein Leseb. f. Preußen's Jugend. (6½ B. 2 Bild. u. 2 Kart.) 839. 6 Gr.
= 5. Des jungen Sängers Harfentöne. Eine Auswahl v. Liedern u. Gedichten, mit besond. Rücksicht f. Gedächtniß= u. Deklamations=Uebungen. (7½ B. u. 4 Bild.) 839. 6 Gr.
= 6. Das Preußenbüchlein, od.: die schönsten Erzähln. aus d. brandenburg.=preuß. Geschichte. Ein Leseb. f. Preußens Jugend. (8 B. u. 4 Bild.) 840. 6 Gr.
= 7. Vater Gottholb's Unterhaltungen mit seinen Kindern üb. d. Thierreich. (8 B. u. 5 Bild.) 840. 6 Gr.

—— salzburgische, e. Geschenk f. d. fleiß. u. sittl. Schul=Jugend, z. Belehr. u. Veredl. ihres Herzens. 1. Bdchn. — A. u. d. T.: Acht Erzähln. f. d. blüh. Jugend. Von Joh. Bapt. Weber. 12. (3½ B.) Salzburg 837, Mayr'sche Buchh.

Prämien-Buch für Schüler gehobener kathol. Volksschulen, s. Lesebuch, deutsches 2c.

Prämien=Buch für Schüler gehobener katholischer Volksschulen. A. u. d. T.: Deutsches Lesebuch für Oberklassen katholischer Haupt= und Stadtschulen. gr. 8. (VIII und 280 S.) Prag 857, (Credner's Verlags=Conto.) *
Erschien früher unter dem Titel: Lesebuch, deutsches, für Oberklassen 2c.

Prämienbuch für Schüler gehobener katholischer Volksschulen (früher unt. d. Titel: Lesebuch 2c.) 3. Aufl. (296 S.) Prag, Credner. in Comm. 1860. 84 kr.

Prämiengeschäft, das. E. Beitrag zur Lösg. d. Frage d. Preisversicherg. [Aus: „Hamburg. Börsen-Halle".] gr. 8. (32 S.) Hamburg 895. Verl. d. A.-G. Neue Börsenhalle. n. — 50

Prämien-Journal, illustrirtes. Red.: R. Hennings. 1. Jahrg. April—Decbr. 1857. 39 Nrn. (à 1 Bgn.) mit Holzschn. im Text. Leipzig, Hennings. Imp.-4. n. 1 ℳ. 15 ngr.

—— dass. — Hrsg. von Aug. Schrader. 2. Jahrg. 1858. 52 Nrn. (à 1—1½ Bog. mit eingedr. Holzschn.) Imp.-4. Ebendas. *
Mit Prämie *
Ist nicht fortgesetzt worden.

Prämien=Kalender, illustrirter, für's Haus und die Familie auf die J. 1869 und 1870. 1. und 2. Jahrg. 16. (à 176 S. mit eingedr. Holzschn.) Düsseldorf [Wiesbaden], Gestewitz. à Jahrg. *

Prämien=Kalender, illustrirter, fürs Haus und die Familie auf die J. 1880—1882. 12.—14. Jahrg. Illustr. nach Orig.-Zeichnungen Düsseldorfer Künstler. 16. (à Jahrg. ca. 200 S. mit eingedr. Holzschn.) Düsseldorf, A. Bagel's Verlag. à Jahrg.
—— dass. — Auf die J. 1883 und 1884. 15. und 16. Jahrg. 16. (à Jahrg. ca. 200 S. mit eingedr. Holzschn.) Düsseldorf, F. Bagel. à Jahrg.
Jahrg. 1885 u. d. T.: Hauskalender, rheinisch-westfälischer.

Illustrierter Prämien Kalender des Kansas Telegraph: 1888 ? Topeka, KS

Praemien-Karte von Deutschland und einem Theile der angrenzenden Länder mit Angabe sämmtlicher Eisenbahnen. Fol. Düsseldorf [Wiesbaden] 869, Gestewitz. *.

Prämien=Liederbuch. Eine reichhalt. Sammlung der beliebtesten u. bekanntesten deutschen Volkslieder, illustrirt von deutschen Künstlern. Düsseldorf 869. Gestewitz. 16. (334 S. mit eingedr. Holzschn. u. 7 Holzschntaf.) n. 8 ngr.

Prämien-Liste für Gruppe 26 (Landwirthschaft) der schweiz. Landesausstellung in Zürich 1883.

Prämien-Tarife der Krankengeld- u. Lebensversicherungs-Abtheilung des ersten allgemeinen Beamten-Vereines der österreichischen Monarchie. Wien 865. (Czermak.) gr. 8. (34 S.) n. 3 ngr.

Prämien=Taschenbuch, neues, für die studierende Jugend. Hrsg. von Heinr. Heskamp. 1. Jahrg. 16. (117 S.) Aachen 881, Barth. geb. *
Nicht weiter erschienen.

Prämien-Verzeichnis

Kleinviehschauen (des Kantons Bern) pro 1900 u. pro 1901 u. 1902. Prämien-Verzeichnis (*1900 u. 1901:* = Liste des primes). 39 u. 42 u. 36 S. 8. [1901 u. 1902 u. 1903.]

Rindviehschauen (des Kantons Bern) 1900 u. 1901 u. pro 1902. Prämien-Verzeichnis (*1902:* = Liste des primes). 117 u. 95 u. 100 S. 8. [1901 u. 1902 u. 1903.]

Prämierungsliste, Prämiierungsliste

Prämiierung. Die P' der Kaninchen. Ausführungsbestimmungen und Bewertungs-Skalen für diejenigen Kaninchenrassen, welche auf den Ausstellungen der Schweiz. Ornithologischen Gesellschaft und ihren Sektionen ausstellungsberechtigt sind. Angenommen in der Delegiertenversammlung der S. O. G. vom 24. und 25. Juni 1905 in Olten. [Illustriert. Aus der «Tierwelt» Jahrg. 15, Nr. 8—11 u. 28, zusammengestellt.] 24 S. 8. Aarau, Verlag der «Tierwelt», 1905.

Prämiierung, die, ganzer bäuerlicher Wirtschaftsbetriebe in den Hauptvereinsbezz. Bremervörde; Lüneburg; Osnabrück u. Arenberg-Meppen; Ostfriesland, s. a. Arbeiten der Landwirtschaftskammer f. die Prov. Hannover.

Die **Prämiierung** ganzer bäuerlicher Wirtschaftsbetriebe im Hauptvereinsbezirk Bremervörde. Hannover: Landwirtschaftskammer 1905. 28 S. 8°
(Arbeiten d. Landwirtschaftskammer f. d. Prov. Hannover. H. 11.) [09. 11432 7

Die **Prämiierung** ganzer bäuerlicher Wirtschaftsbetriebe im Kreise Lauenburg i. Pomm. im J. 1908. Stettin 1909: Pommersche Reichspost. 21 S. 4°.
(Arbeiten d. Landwirtschaftskammer f. d. Prov. Pommern. H. 11.) [09. 11973

Die **Prämiierung** ganzer bäuerlicher Wirtschaftsbetriebe im Hauptvereinsbezirk Lüneburg. 1906/07. Hannover: Landwirtschaftskammer 1907. 27 S. 8°
(Arbeiten d. Landwirtschaftskammer f. d. Prov. Hannover. H. 20.) [09. 11439 7

Die **Prämiierung** ganzer bäuerlicher Wirtschaftsbetriebe in den Hauptvereinsbezirken Osnabrück und Arenberg-Meppen. Hannover: Landwirtschaftskammer 1906. 35 S. 8°
(Arbeiten d. Landwirtschaftskammer f. d. Prov. Hannover. H. 14.) [09. 11434 7

Die **Prämiierung** ganzer bäuerlicher Wirtschaftsbetriebe im Hauptvereinsbezirk Ostfriesland 1908/09. Hannover: Landwirtschaftskammer 1909. 45 S. 4°(8°)
(Arbeiten d. Landwirtschaftskammer f. d. Prov. Hannover. H. 27.) [10. 816 7

Prämiirungs-Liste der Allgem. Ausstellung von Jagd- und Luxushunden in Kiel am 3. und 4. Juni 1899. Nebst Ergänzung. (Kiel. 1899.) 8°.

Prämierungsliste der II. Internationalen Hundeausstellung... in Basel am 19., 20. und 21. Oktober 1901, veranstaltet vom Verein für Hundesport und Jagd (Sitz in Basel). 36 S. 8. Basel, Buchdr. des Schweiz. Typographenbundes, 1901. fr. —.30

Landwirtschaftskammer f. d. Reg.Bez. Cassel. **Prämiierungs-Ordnung** für Pferdeschauen. Genehmigt durch Minist.-Erlaß v. 14. Aug. 1904. Beschlossen in d. 11. Vollversamml. d. Landwirtschaftskammer am 24. Jan. 1905. Cassel 1905: Weber & Weidemeyer. (12 S.) 8° [F.]
— **Amtsblatt** d. Landwirtschaftskammer f. d. Reg.Bez. Cassel. 1905, No 7, Beil. 103. 3475 4

Prämiirungsliste, s. P r ä m i i e r u n g s l i s t e

Prammer, Frz., Chorgesangschule, — Oesterreichischer Liederquell, } s.: **Brunner, Frz.**

Prammer, Ignaz

Prammer: Einzelne Bemerkungen zu Sophokles' Aias. 4 S. –Znaim, Progr. 1861

Prammer: Einzelne Bemerk. zu Soph. Aias und Elektra. 7 S.–Znaim, Progr. 1864

Prammer, Ign. **Einzelne Bemerkungen zu verschiedenen Ausgaben der Schriften des Tacitus.** 33 S. 8. G. VIII. Bez. *Wien* 1878. **Progr.**

Prammer, Ig.: Zu Tacitus Historien lib. III. IV. und V. 17 S. 8°.– Wien Jos. OG., Progr. 1871.

Prammer, Ign.: Über Dinters index nominum zu Caesars de bello Gallico. 9 S. – Wien VIII., Progr. 1887.

Prammer: Zur Kritik und Erklärung lateinischer Schriftsteller. 20 S. 8° (C a e s . b . g . 1, 26, 5. b.c. 2, 11, 1. –L i v. 1.10, 1. 23, 6. 27, 5. 37, 3. 40, 3. – T a c. Agr. 9, 6. 38, 4. H. I, 59, 85; II, 52, 65, 69; Ann. I, 5. 39, 44, 50. II, 6,10. XII, 47. XV, 50. 57).–Feldkirch, Progr. 1869

Prammer, Ign. Zur Lexikographie von Caesar de bello gallico. 30 S. 8. **Progr.** G. VIII B. *Wien* 1884.

Prammer, J., Zu Livius lib. I (ed. Weissenborn). Pr. 1861. 2 S. 4°.

Prammer, Ig.: Zu Livius lib. I. 2 S.–Znaim, Progr. 1861

Prammer, Ignaz **Sallustianische Miscellen.** 8 (S. 3—20). **Progr.** Staatsg. im VIII. Bezirk *Wien* 1887.

I. Sallustianische Miscellen (S. 3—11). II. Über Dinters index nominum zu Caesar de bello Gallico (S. 11—18). Anhang (S. 18—20). ⟨1. Verbesserungen zu des Verf. Schulwörterbuch zu Caesar de bello Gallico. 2. Nachträge zu des Verf. Recension der Heräus'schen Schulausgabe des 1. Bandes von Tac. hist.⟩

Prammer, J.: Taciteische Miscellen. 18 S. – Wien VIII., Progr. 1879.

Prammer, Ign., Schulwörterbuch zu Cäsars Commentarii de bello Gallico. Mit Fig. 8. (V, 218 S.) Prag 884. Tempsky. — Leipzig, Freytag. n. 1. 40; Einbd. n.n. — 20

Prammer's Schulwörterbuch zu Cäsars bellum gallicum. Bearb. v. Ant. Polaschek. 2. Aufl. Mit 61 Abbildgn. u. Karten. gr. 8. (VII, 237 S.) Leipzig 897. G. Freytag. Geb. in Leinw. n. 2. —

Prammer's Schulwörterbuch zu Cäsar's bellum gallicum. Bearb. v. Ant. Polaschek. 3. u. 4. Aufl. (à VII, 237 S. m. 61 Abbildgn. u. Karten.) 8. Wien 903. 906. F. Tempsky. — Leipzig, G. Freytag. Geb. n. 2. —

Prammers Schulwörterbuch zu **Cäsars Bellum Gallicum.** 5. Aufl. Gr.-8°. (ill. 176 S.) geb. K 2.40
Wien: Tempsky 1910.

P r a m m e r, J., Taciteisches. Znaim. **1867.**
Schul-/Univ.-Schrift

Prammer, Ig.: T a c i t e i s c h e s . (Stellen aus Agr. H. u. Ann.) 12 S. – Troppau, OG., Progr. 1870.

– (Hrsg.), s. T a c i t u s , P. Cornelius: Germania. 1889.

Prämonstratenser u. ihre Abtei zum heil. Vinzenz. 1r Thl. A. u. d. T.: Urkundliche Geschichte der Prämonstratenser u. ihrer Abtei zum heil. Vinzenz vor Breslau. Von Frz. Xav. Görlich. gr. 8. Breslau 836. Max u. Comp. 3/4 ℛ

Prams, H., d. Absolutorialaufgaben in Bayern. Aufgaben aus d. kaufmänn. Arithmetik, Buchführg. u. Handelskunde an d. bayr. Real- u. Handelsschulen. gr. 16. (64 S.) Nürnberg 895. C. Koch. Kart. n. — 70

Prana. Organ f. angewandte Geheimwissenschaften. Monatsschrift zur Förderg. der okkultist. Bewegg. Schriftleitung: Karl Brandler-Pracht. 1. u. 2. Jahrg. Oktbr. 1909—Septbr. 1911. à 12 Hefte. (à ca. 36 S.) gr. 8. Leipzig, Theosoph. Verlagshaus. à Jahrg. 5.—; halbj. 3.—; m. astrolog. Rundschau 7.—

Pranaitis, J. B., das Christenthum im Talmud der Juden od. die Geheimnisse der rabbin. Lehre üb. die Christen. Enthüllt v. P. Uebers. u. erweitert v. Jos. Deckert. gr. 8. (XV, 178 S.) Wien 894. (H. Kirsch.) n. 3. —

PRAND, Benedikt (Waging): Hat Christus eine Kirche gestiftet? Welche Merkmale hat sie? - München: Giel 1832. 2 Bl., 136 S., 1 Bl.
28.8.1827 - Urk (Titel: Num Christus constituit ecclesiam? Et quinam sunt veri characteres ejus?); F 43
Diss. Ingolst.-Landsh.-Mchn.

PRAND, Joseph Alois (Waging): Sind die Lehren der christlich geoffenbarten Religion perfektibel? Wie und durch wen? - Landshut: Storno 1825. 99 S.
31.8.1824 - Pe 405; F 43
Diss. Ingolst.-Landsh.-Mchn.

Prand, J., sind die Lehren d. christl. geoffenbarten Religion perfektibel? Wie u. durch wen? Eine gekr. Preisschr. gr. 8. Landsh. **825.** Storno. (Jaquet in Münch.) 12 gr

Prandau, Frz. v., krit. Gesch. Wiens, v. J. 8 bis 824. 1r Thl. Wien, Kraus. 789.

v. **Prandau, Frhrr.** Frz., († d. .. April 1811.) krit. Geschichte Wiens in genauer Verbindung mit der Geschichte des Landes Ober-Pannonien ꝛc. 1r Thl. Mit 1 Karte. 8. Wien 789. Krauß. 12 gr

Prändel, od. Prändtl, Ant., allerneuester hundertjähr. Kalender. (A. u. d. T.: Samml. v. Bauernregeln. Nebst einem sogenannt. Faullenzer.) 8. Regensb. 818. Daisenberger. 12 gr

Prändel, Sammlung von Bauerregeln ꝛc. 8. Regensburg, Daisenberger, 819.

Prändel, Johann Georg

Prändel, Jh. Geo., († d. 8. Jan. 1816.) Algebra, nebst ihrer literar. Geschichte. gr. 8. Münch. 795. Lentner. 1 ℛ 5 gr

— Dies. ins kurze gefaßt. gr. 8. Ebd. 800. 16 gr

— Anleitung Landcharten zu entwerfen, m. K. 8. Ebend. 810.

Joh. Georg Prändel, Anleitung zur Landwirthschaftskunde. München 1797
Verf. Repetitor der Mathematik und Physik auf dem churfürstl. Schulhause zu München.

— vollständ. Anleit. z. deutschen Versekunst. 8. München 797. Lentner. 12 xr

— mathemat. Anweis., Landcharten nach d. Gesetzen d. Sphäroidik anzulegen. Mit 1 Steindr. 4. Münch. 810, Lentner. 16 xr

— Arithmetik in weiterer Bedeutung od. Zahlen- u. Buchstabenrechnung in einem Lehrkurse. gr. 8. Münch. 815. Lentner. 1 fl 12 xr

— Arithmetik, nebst einer kleinen Globuslehre. gr. 8. Münch. 795. Lentner. 1 fl — Dies. ins kurze gefaßt. gr. 8. Ebd. 796. n. Tit. 810. 16 xr

— Arithmetik f. angehende Kaufleute u. Banquiers. 8. Münch. 815. Lentner. 1 fl 4 xr

Praendel, J. G. Die Ballistik oder Anwendung der Parabel-Lehre auf das Bombenwerfen. Mit Kpf. München 1801. 88 S. Lentner.

— s. Desbillons Fabeln

— Dichtungen in Nebenstunden. 8. Sulzbach, Seidel. 802.

— die Elementargeometrie u. ebne Trigonometrie, theoretisch u. praktisch abgehandelt. 2te Aufl. m. 22 Steindrücken. gr. 8. Ebend. 812.

— Erdbeschreibung d. gesammten Pfalzbaier. Besitzungen, mit Hinsicht auf Topographie, Geschichte rc. 2 Bde. gr. 8. Amberg 805, 6. Uhlmann. 3 fl 4 xr

— Erdglobuslehre im Verbande mit mathemat. Geographie. gr. 8. Amberg 804. Uhlmann. 8 xr N. Tit. Ebd. 811. 6 xr (a. Wagner in Freiburg). 9 xr

— Geographie d. sämmtl. Kurpfalzbaier. Erbstaaten, im Auszuge. 8. Amb. 806. Uhlmann. 21 xr

— Geometrie u. ebene Trigonometrie, nebst ihrer Ausübung auf d. Felde. Mit 9 Kpf. gr. 8. Münch. 793 Lentner 14 xr 2e A. unt. d. T.: die Elementargeometrie u. ebene Trigonometrie theoret. u. prakt. abgehandelt. Mit 22 Steintaf. gr. 8. Ebd. 813. 1 fl 16 xr 13 Bg., 9 Taf. -

— s. Mar. Imhof, Anleit. z. Naturlehre.

— Kugeldreieckslehre u. höhere Mathematik, sammt ihrer kleinen Geschichte. Mit 4 Kpftaf. gr. 8. München 793. Lentner. 16 xr

— Meßkunde f. die Jugend. Mit 2 Kpft. gr. 8. Münch. 798. Lentner. 6 xr

— die Rechenkunst, besond. die welsche Regel, in sehr interess. prakt. Beispielen. Nebst d. Decimalrechnung, d. Anfangsgründen d. Algebra u. d. Ausziehung d. Quadrat- u. Kubikwurzel. 8. Amberg 812. Uhlmann. 20 xr N. Aufl. Ebd. 817. 18 xr

— d. gemeinnützlichsten u. faßl. Sätze a. d. Naturlehre u. Scheidekunst. 3 Bdchen m. Fig. 8. München, Lindauer. 809.

— üb. das Sehen d. thierischen Körpers. 4. Münch. 799. Lentner. 4 xr

— Ueber das Sehen d. thierischen Körpers. 4. München, Lentner. 801.

— die Sphärik, analytisch vorgetragen u. mit Beispielen aus d. Erdglobuslehre erläutert. gr. 8. Münch. 815. Lentner. 9 xr

Prändel, Jh. Geo., Theorie d. unreinen cubischen Gleichungen. gr. 8. Münch. 809. Lindauer. 12 xr

— Uebersicht d. Mathematik u. Physik, wie sie auf d. Lyceum zu Amberg gegeben werden. 4. Münch. 804. Lentner. 12 xr

— das Wissenswürdigste aus d. Kosmologie u. Chronologie. 8. Münch. 814. Krüll in Landshut. 6 xr

Prändel, J. G., das Wissenswürdigste aus der Kosmologie u. Chronologie. 8. Landshut, Krüll. 816.

Prandmiller, Gotthard. S. Joannes Sahaguntinus a S. Facundo, ord. erem. S. Augustini. Clagenfurt, Khleinmayr, 1692. Quart. 14 S.

Maurerfreude. Von einem Bruder der Loge zur Wahrheit [in Wien, d. i. Martin Jos. Prandstetter]. Wien 1786. 4 Bl. 8°
Abgedr. in: Sammlung aller aus Gelegenheit d. k. k. Verordn. v. 16. Dez. 1785 z. Vorschein gekommenen Schriften d. Frmr. betr. 3 (1786) S. 215—222; WJ. 3, 1 (1786) S. 153 bis 156.
cf. FZ. (Wien) 4 (1877) S. 132—133 (G. Brabbée).
Kl. 477. Selten. Gedicht. Freude über die Beschützung der Frmrei durch Joseph II.

Prandtl, A., Tafel zur Berechnung der Waarenpreise nach neuem Gewichte aus den Preisen nach altem Gewichte, berechnet. Fol. (1 Bl.) München 862. Beck. (?) n. — 30

Prandtl, A., Tafel zur Berechnung der Waarenpreise nach neuem Gewichte aus den Preisen nach altem Gewichte berechnet. Fol. (1 Bl.) München 872, Beck. *

Prandtl, Antonin, die Einfühlung. (V, 121 S.) 8. Leipzig 910. J. A. Barth. 2. 40

Prandtl, Antoninus, Monacensis: Analecta critica ad Platonis de re publica libros. *München 1904: M. Ernst.* (30 S.) 8°
München, Phil. Diss. v. 1903

Prandtl, Hans, a. München: Die Konjugation von Didinium nasutum O. F. M. Jena: G. Fischer 1906. (29 S.) 8° ¶ [Aus: Archiv f. Protistenkunde Bd 7. 1906.]
München, Phil. Fak., Ref. Hertwig, Diss. v. 6. März 1906
[Geb. 19. Dez. 81 Hamburg; Wohnort: München; Staatsangeh.: Bayern; Vorbildung: Theresien-Gymn. München Reife Juli 01; Studium: München 9 S.; Rig. 6. März 06.]

Prandtl, Ludwig, geprüfter Maschinen-Ingenieur: Kipp-Erscheinungen. Ein Fall von instabilem elastischem Gleichgewicht. *Nürnberg: (V. Ebner in Komm.) [1901].* (75 S.) 8°
München, Phil. Diss. v. 1901

Prandtl, Ludw., Kipp-Erscheinungen. Ein Fall v. instabilem elast. Gleichgewicht. Diss. gr. 8. (75 S. m. Abb. u. 2 Taf.) Nürnberg (901). (v. Ebner.) n. 2.40

Prandtl, Wilh., die Literatur des Vanadins, 1804—1905. (117 S.) gr. 8. Hamburg 906. L. Voss. n. 4. —

Prandtl, Wilhelm A. A., aus München: Ueber einige neue Bestandteile des Euxenits. *München 1901: M. Ernst.* (40 S.) 8°
München, Phil. Diss. v. 1901

Prandtl, W., Sauerstoff, Ozon, Wasserstoff, Edelgase, s.: Gmelin u. Kraut's Handbuch der anorgan. Chemie.

— Tellur, Wismut-Vanadin, s.: Gmelin u. Kraut's Handbuch der anorgan. Chemie.

Prandtl, Wilhelm A. A., Dr. phil., a. München: Verbindungen höherer Ordnung zwischen den Oxyden RO_2 und R_2O_5. Ein Beitrag zur Systematik anorganischer Verbindungen. München 1906: M. Ernst. (53 S.) 8°
München, Phil. Fak., Hab.-Schr. v. 1906
(Nicht für den Austausch)

Praenestini, Missa aeterna Christi munera, } s. Musica divina.
—— octo motetta, }

Prang

— s.a. Über den Gebrauch v. Modellen.

Prang, über den Gebrauch von Modellen. Anleitung zur Verwendung der Prang'schen Modelle im Formenstudium und im Zeichenunterrichte an den Volksschulen. Deutsch von H Lukas. (228 S) Leipa 1898

Prang's Lehrgang f. die künstlerische Erziehung unter besond. Berücksicht. des Naturzeichnens. Ein Handbuch f. Schule u. Haus. Mit Genehmigg. der Prang Educational Co. zu Boston hrsg. v. Verein deutscher Zeichenlehrer. Im Auftrage des Vereins nach dem Engl. bearb. v. Rich. Bürckner u. Karl Elssner. 1. u. 2. Aufl. 4. (à 472 S. m. Abbildgn) Dresden 902. 903. A. Müller-Fröbelhaus. n. 10.—; geb. in Leinw. n. 11.—

Prang's Lehrgang f. die künstlerische Erziehung unter besond. Berücksicht. des Naturzeichnens. Ein Handbuch f. Schule u. Haus. Mit Genehmigg. der Prang Educational Co. zu Boston hrsg. vom Verein deutscher Zeichenlehrer. Im Auftrage des Vereins nach dem Engl. bearb. v. Rich. Bürckner u. Karl Elssner. 3. Aufl. (396 S. m. Abbildgn.) gr. 8. Dresden 905. A. Müller-Fröbelhaus. Geb. in Leinw. n. 8.—

Prang, kurzer Lehrgang im Formstudium, s. a. Clark, John S.

Prang's kurzer Lehrgang im Formstudium und Zeichnen. Ein Handbuch für den Lehrer. Von John S. Clark, Mary Dana Hicks, Walter S. Perry. Ins Deutsche übersetzt von Hermann Lukas. Einzig autorisirte Übersetzung für Deutschland und Oesterreich. Leipa. [1900.] Künstner. 8°. 217 S. K 3.50
Hierzu sind 5 Uebungshefte erschienen, welche in obigem Preise mit eingeschlossen sind.

Prang, Arthur, prakt. Arzt: Über alte Erstgebärende. *Greifswald 1901: J. Abel.* (28 S.) 8°
Greifswald, Med. Diss. v. 10. Dez. 1901

Prang, C., s. Prang, Karl

Prang, George, Rechtsanw.: Über die rechtliche Natur des Vertrages zwischen dem Rechtsanwalt und seinem Mandanten. Borna-Leipzig 1910: Noske. VI, 45 S. 8°
Leipzig, Jur. Diss. v. 27. Jan. 1910
[Geb. 22. Juni 75 Morren; Wohnort: Minden; Staatsangeh.: Preußen; Vorbildung: Friedrichs-Koll. Königsberg i. P. Reife M. 94; Studium: Königsberg 6 S.; Rig. 10. Mai 06.] [U 10. 2833

Prang, Gustav, prakt. Arzt: Aus d. Kgl. Universitäts-Frauenklinik. Dir. Prof. Dr. Winter. Ein Fall von Fibromyom, vom ligamentum rotundum uteri ausgehend. *Königsberg i. Pr. 1900: H. Jaeger.* (42 S.) 8°
Königsberg, Med. Diss. v. 3. Apr. 1900

Prang, Karl

Prang, C., Determinanten. I. Hauptsätze über Determinanten. II. Einleitg. in die analyt. Geometrie des Raumes unter Anwendg. der Determinanten. 2. Aufl. (VI, 65 S. m. Fig.) gr. 8. Berlin 908. Mayer & Müller. Kart. 2. —

Prang, C., Einführung in die Theorie u. den Gebrauch der Determinanten. gr. 8. (IV, 53 S. m. Fig.) Berlin 900. Mayer & Müller. Kart. n. 1. 40

Prang, Karl, Prof.: Untersuchung der Bewegung eines schweren Rotationskörpers, besonders unter der Voraussetzung, daß ein Punkt der Achse gezwungen ist, sich auf einer festen horizontalen Ebene zu bewegen, und daß die Rotationsgeschwindigkeit sehr groß ist. Charlottenburg 1905: B. G. Teubner. (15 S.) 4°
Charlottenburg, st. R P 1905 (144)

Prang's, Pet., Burlesken. Perlen Kölner Humors. Neue gesammelte Witze. 1.—3. Bd. 8. (Elberfeld, W. Grütte-fien.) à — 30
1. 2. (à 24 S. m. je 2 Bildnissen.) Bonn (909).
3. (22 S. m. 1 Bildnis.) Coblenz (909).

Prange, August Dietrich Gottlieb

Prange, A. Dt. Gli., vollst. Unterr. an Hebammen. 8. Hamb. Herold. (auch Günther in Glogau.) 768.

— Diss. de anthelmintica Camphorae virtute. 4. Göttingen 759.

Prange, Aug. Dtr. Gl., die wohlunterrichtete Wehmutter, durch Fragen u. Antworten. 8. Hamb. 768. J. G. Herold. (C. F. Günther in Glogau). 4 gr.

Prange, Christian Friedrich

– s. a. Beurtheilung d. Schönen in den zeichnenden Künsten . . .

— Beurtheilung des Schönen in den zeichnenden Künsten n. d. Grundsätzen d. Schönen u. Mengs, a. d. Ital. gr. 8. Ebend. 785.

Prange, C. F., s. Bouvier, Anweisung zur Oehlmahlerei.

— Entwurf einer Akademie d. bildenden Künste. 2 Thle. gr. 8. Halle 778, 79. Renger. 1 rthl. 16 gr.

Prange, Chr. Fr., Encyklopädie d. alten Geschichte, Götterlehre rc. Fabeln u. Allegorien f. Schullehrer rc. gr. 8. Halle 783. Hendel. 20 gr.

— Farbenlexicon. gr. 4. Halle 782. Hendel. 3 rthl. 12 gr. Mit 48 illum. Taf. u. 1 Landschaft. 16 rthl.

— Gedanken üb. die Nothwendigkeit e. öffentl. Zeichenschule rc. 1s Stück. gr. 8. Halle. 782. Hendel. 2 gr. 2s—5s Stck. (u. d. T.: Abhandl. üb. verschied. Gegenstände d. Kunst). gr. 8. Halle 782—85. Hendel. 10 gr.

— Magazin d. Alterthümer, oder Abbildd. der vornehmsten geschnitt. Steine, Büsten, Statuen ꝛc. 4 Hefte. Mit Kpf. Fol. Halle 780, 84. Hendel. 3 ℳ

– s. Mengs, Ant. Raph.: sämmtl. hinterlassene Werke.

— von d. Mitteln, die Unkosten beim Bauen zu erleichtern, durch Verfertigung richtiger Bauanschläge. gr. 8. Halle 780. Hendel. 12 ℳ

— v. d. Nothwendigk. e. öffentl. Zeichenschule ꝛc. 18 Stck. gr. 8. Ebend. 783.

— — dass. 28-56 Stck. (unt. d. Tit.: über verschiedene Gegenstände d. Kunst. gr. 8. Ebend. 783-85.

– s.a. Schule der Malerei.

— d. Schule d. Malerey, mit illum. K. u. e. Anh. gr. 8. Ebend. 782.

Prange, Ernst, die armen kleinen Dinger, s.a. Eckstein's Miniaturbibliothek.

Prange, Ernst, die armen kleinen Dinger. Novellen. 8. (127 S.) Frankfurt a/M. 901. F. Eisert. n. 2. 50

— die Schutzlosen, s.a. Eckstein's Miniaturbibliothek.

— die Schutzlosen. Novellen. 8. (130 S.) Ebd. 901. n. 2. 50

Prange, Friedr. Wilh., Auswahl v. Predigten f. seine Zuhörer. 1. Samml. gr. 8. (9 B.) Eisleben 839, (Reichardt.)

Prange, Friedr. Wilh., der Confirmandenunterricht. Predigt am Palmensonntage 1847 zu Eisleben gehalten. 8. (16 S.) Merseburg 847, Garcke. (Leipzig, Hebenstreit.) 1/12 ℳ

Prange, Fr. W., Predigt, gehalten am Reformations-Feste 1842 in der Kirche zu St. Petri u. Pauli in Eisleben. kl. 8. Eisleben 843. (Reichardt.) n. 1/12 ℳ

Prange, Fr. W., Predigten üb. d. Leidensgeschichte uns. Herrn. 1—3. Bdchn. 8. (22¼ B.) Halle 828, 30, 31, Grunert. à

Prange, F(riedr.) W(ilh.), geschichtliche Vorbereitung auf die 300jähr. Jubelfeier des augsburger Religionsfriedens den 25. Septbr. 1855, zum Gebrauch in den Schulen und zum Selbstunterricht mitgetheilt. gr. 8. (16 S.) Eisleben 855, Reichardt. *

Prange, J. F., d. General-Proviantmeister f. Marsch-Commissarien. gr. 8. Halberstadt, Groß. 794.

Prange, Otto, kritische Betrachtungen zu dem Entwurf e. Gesetzes üb. den Versicherungsvertrag, zugleich e. Darstellg. der herrsch. Feuerversicherungspraxis. (X, 342 S.) gr. 8. Leipzig 904. Rossberg'sche Verlagsbuchh. n. 5. —

— die Gesetzentwürfe üb. den Versicherungsvertrag. Regierungsentwurf u. Reichstagsvorlage. Text-Ausgaben m. Anmerkgn. unter Hervorhebg. der Verschiedenheiten beider Entwürfe. (51 S.) 4. Berlin (906). F. Weber. n. 2. —

Prange, Otto, das rote Gespenst. Sozialistische Gedanken e. Nicht-Sozialdemokraten. Ein Mahnruf an die Gebildeten u. Besitzenden d. deutschen Volkes. gr. 8. (127 S.) Stuttgart 894. R. Lutz. n. 1. 50

Prange, Otto, ist durch das Feuerversicherungskartell d. freie Konkurrenz ausgeschlossen? — Ist d. Statistik d. privaten Feuerversicherungs-Gesellschftn. brauchbar? Zwei Zeit- u. Streitfragen, beantwortet. (24 S.) 32×24,5 cm. Berlin (W. 15, Pariserstr. 4) 908. Dr. O. Prange. 1. —

Prange, O., Lehrbuch der Gleichungen d. 1. Grades m. mehreren Unbekannten. Sammlung v. 905 Zahlen-, Buchstaben- u. Textaufgaben, grossenteils in vollständig gelöster Form, erläutert durch 408 Erklärgn. u. 18 Anmerkgn. Nebst Resultaten der ungelösten Aufgaben. Für das Selbststudium und zum Gebrauch an Lehranstalten bearb. nach System Kleyer. gr. 8. (VIII, 331 S.) Stuttgart 889. Maier. n. 7. —

Prange, Otto, die Theorie des Versicherungswertes in der Feuerversicherg., s.a. Sammlung nationalökonom. u. statist. Abhandlungen. 33.

Die Theorie d. Versicherungswertes in d. Feuerversicherg., s.a. Sammlung nationalökonomischer u. statistischer Abhandlungen. 54. Bd.

Prange, Otto [aus Magdeburg]: Die Theorie des Versicherungswertes in der Feuerversicherung. Tl 1. Die Theorie in histor. Entwickelg ... [Erschien vollst. als Heft 1 d. 9. Bds von: Samml. nationalökon. u. statist. Abh. d. staatswiss. Sem. zu Halle a. d. S. hrsg. v. J. Conrad.] Halle a/S., 1895; VIII [vielm. VI], 143 S. 8.
Halle, Phil. Fak., Inaug.-Diss. v. [14. Okt.] 1895

Prange, Otto, Die Theorie des Versicherungswertes in der Feuerversicherung. Tl 1. 2. Jena 1895—1907. 8°.
1: D. Theorie in hist. Entwickl. 1895.
2: D. Praxis d. Versicherungswertermittel. Buch 1—3. 1902. 1907.
Buch 1: D. Ermittel. d. Versicherungswertes von Bauichkeiten. 1902.
Buch 2: D. Ermittl. d. Versicherungswertes von Waren. 1907.
Buch 3: D. Ermittl. d. Versicherungswerts von bewegl. Ertrags- u. Gebrauchsgegenständen. (Maschinen, Geräten u. häusl. Mobiliar.) 1907.
(Sammlung nationalökonom. u. statist. Abhandlungen. hrsg. von Joh. Conrad. Bd 9. H. 1. Bd 33. 54. 57.)

– (Hrsg.), s. Versicherungspraxis, Die.

Prange, W., Die Gletscher und die Naturwissenschaft.

Prange, Wilh., Natur u. Menschenleben als nothwendige Bildungs-Gegenstände der Jugend. Für gebild. Leser, besond. für Eltern, Lehrer u. Erzieher. 1. Abthl. Ueber bildende Naturbetrachtung. gr. 8. (5½ B.) Dresden 842, Naumann.

Prange, Wilh., Sammlung v. 125 Choralmelodieen mit untergelegten Urtexten. Zum Gebr. f. Schullehrer etc. im Merseburger Regierungsbezirk, nebst e. Anh. v. 22 Melodieen. qu. gr. 8. (6 lith. B.) Weissenfels 836. (Suess.)

Prange, Wilh., Sammlung von 172 Choralmelodien mit untergelegten Urtexten, Angabe der alten Kirchentonarten und zahlreichen Parallel-Melodien. Zum Gebrauche für Cantoren, Seminaristen und Schulpräparanden veranstaltet. 2., verm. und verb. Aufl. 8. (VIII und 88 S.) Eisleben 853, Kuhnt.

Prange, Wilh., Sammlung von 172 Choral-Melodien mit untergelegten Urtexten, Angabe der alten Kirchen-Tonarten und zahlreichen Parallel-Melodien, zum Gebrauche für Kantoren, Seminaristen und Schulpräparanden veranstaltet. 3. verb. Aufl. gr. 8. (VIII, 88 S.) Eisleben 882, Kuhnt'sche Buchh. *

—— der Unterricht in der Geschichte u. Geographie. Für strebsame Lehrer an Bürger- u. gehobenen Volksschulen, sowie für Seminaristen. gr. 8. (7 B.) Leipzig 846, [Brandstetter.]

Prange, Wilh., der Unterricht in der Geschichte und Geographie. Für strebsame Lehrer an Bürger- u. gehobenen Volksschulen, sowie für Seminaristen. gr. 8. Leipzig 846, Einhorn's Verl.-Exped. 9 ngl

PRANGEN, ERNST WILH., Kurtzer doch gründlicher Bericht, wie man sich gegen die gefährliche Seuche der Pest, durch Gottes Hülfe nicht nur öffters præserviren, sondern auch davon curiren könne insonderheit zu der Einwohner in Süder-Dithmarschen Nutzen entworffen. Hamburg. 1711. 4. P.

Prangen, Fried. Christian: De aequitate juridica, s.a. Hartmann, Johann Zacharias (Präs.)

Prangen, Friedrich Christian, De aequitate juridica. Diss. solemnis. Präs. Jo. Zacharias Hartmann. Kiel (N. Lüders) Juni 1730. Mit Biogr. (M.: U. M. Reimerdes). (4.75) 27127

Dissertatio juridica de arduo iudicantium officio, quam praeside Francisco Ernesto **Vogt** anno 1724. dextre judicantium disquisitioni submittit auctor Fridericus Christianus Prangen. Kiliae. (1724.) 4°k.

PRANGEN, FRID. CHR., Jurisprudentiæ criticæ specimen. Kiliæ. 1719. 4. P. [Præs. Jo. Burch. Maius].

Prangen, Johann Friedrich von

De intercessione feminarum secundum iura Slesvicensia et Holsatica praeside Adolpho Friderico Trendelenburg disputabit musis patriis vale dicturus Joannes Fridericus de **Prangen** Kiloniensis anno 1776. Kilonii Holsatorum. (1776.) 4°k.

Prangen, W. v., Studie üb. die Wiener Stadtbahnen m. Beziehung auf die Entwicklung der Stadt Wien, s.: Flattich, W. Ritter v.

Prangenau [Schlagwort]

Prangenau, s.: Geologische Karten. Preussen. 124.

Prangenau, s.: Preussen. Messtischblätter.

Liederbuch der Loge Balduin zur Linde [in Leipzig]. Hrsg. von Oskar Lehmann, Hermann Pranger u. a. Leipzig 1910: Sturm & Koppe. XIV, 136 S. 8°.

Pranghe, Johann (geb. am 3 Nov. 1853 in Köln): Ueber Diffusion von Gasen durch Flüssigkeitslamellen ... Bonn, Druck v. J. Trapp (1877). 38 S., 1 Bl. 8.
Bonn, Phil. Fak., Diss. v. 27 Apr. 1877

Pranghofer J.: Abhandlungen aus dem Gebiete der höheren Mathematik. 1. Einfacher Beweis des Gaußschen Kriteriums über die Konvergenz unendlicher Reihen. 2. Über eine bemerkenswerte Gattung von Flächen. 3. Bemerkenswerte Beziehungen der Gesamtresultante und der Momente der nach den Achsen der x, y, z wirkenden Seitenresultanten beliebiger auf einen freien Punkt wirkender Kräfte. S.53. II. 503. ver.
Separatabdruck

Pranghofer, J., Abhandlungen aus dem Gebiete der höheren Mathematik. Lex.-8. (13 S.) Wien 866, (Gerold's Sohn.) *
Aus: Sitzungsberichte der k. Akademie der Wissenschaften, besonders abgedruckt.

Pranghofer, J., Beiträge zu einer Abel'schen Gleichung und zu einem Satze von Parseval. Lex.-8. (16 S.) Wien 868, (Gerold's Sohn.)
Aus: Sitzungsberichte der k. Akademie der Wissenschaften, besonders abgedruckt.

Pranghofer: Über die trigonometrische Flächenbestimmung eines gradlienigen Polygons. 6 S. – Wien OR. Sch., Progr. 1857.

Pranghofer, J., Sammlung von Aufgaben u. Beispielen aus der Physik für höhere Lehranstalten u. zum Selbstunterrichte. (In 2 Thln.) 1. Thl.: Mechanische Naturlehre. Wien 868. Braumüller. gr. 8. (VIII, 196 S. mit 56 in den Text eingedr. Holzschn.) n. 1 ℛℬ

Prangner, E. Über Ennecodon Ungeri, ein neues Genus fossiler Saurier. Graetz 1830?

Prangner, P. Eng. Ueber Ennecodon Ungeri, ein neues Genus fossiler Saurier aus den Tertiär-Gebilden zu Wies im Marburger Kreise Steiermark's. (Aus d. steierm. Zeitschr.) 1845. 8.

Prankel, Gebr.: Preislisten über den Culturpflug »Phönix« und über Häckselschneidemaschinen. Groß-Strehlitz O. S. (1897?)

Prankl Johann: Die Tätigkeit des hl. Johannes von Capistrano in den Jahren 1451—1456.
1898 PN 1138 **Diss.** Wien, Univ. 815

Prantl, Karl v., Gedächtnisrede auf ihn, s.: Christ, W. v.

Prantl Elise, über d. Anfertigung u d. Erwerb v. Lehrmitteln. (12 S) (Innsbruck 1893)

Prantl, Karl

Prantl, K., s.: Arbeiten aus dem Königl. botanischen Garten zu Breslau.

Prantl, C. (Bearb.). s. Aristoteles: Vier Bücher über das Himmelsgebäude.

Prantl, Carl, s.: Aristoteles, über die Farben.

Prantl, Carl (Hrsg.). s. Aristoteles: Werke.

Prantl, Carl, die gegenwärtige Aufgabe der Philosophie. Festrede auszugsweise gelesen in der öffentl. Sitzung der k. Akademie der Wissenschaften zur Vorfeier ihres 93. Stiftungstages am 27. März 1852. gr. 4. (42 S.) München 852. (Franz.) n. 12 ngl

— die Bedeutung der Logik für den jetzigen Standpunkt der Philosophie. gr. 8. (IV u. 140 S.) München 849, Kaiser. 21 ngl

Prantl, Carl v., über die Berechtigung des Optimismus. Rede an die Studirenden, beim Antritte des Rektorats der Ludwig-Maximilians-Universität gehalten am 29. Novbr. 1879. gr. 8. (29 S.) München 880, Kaiser. *

— Betulaceae, Fagaceae. — Cycadaceae, Coniferae. — Magnoliaceae, Trochodendraceae, Anonaceae, Myristiaceae, Ranunculaceae, Lardizabalaceae, Berberidaceae, Monispermaceae, Calycanthaceae, Papaveraceae, Cruciferae, s.: Engler, A., u. K. Prantl, die natürlichen Pflanzenfamilien.

Prantl, C., De Horatii carmine I, 28. Gel. 1842. 28 S.

—— über die Entwicklung der Aristotelischen Logik aus der Platonischen Philosophie. gr. 4. (83 S.) München 853, (Franz.) * –
Aus: Abhandlungen der k. bayr. Akademie der Wissenschaften, 1. Classe, 7. Bd. 1. Abthl., besonders abgedruckt.

Prantl, K., Exkursionsflora f. das Königr. Bayern. Eine Anleitg. zum Bestimmen der in den bayr. Gebietstellen wildwachs., verwilderten u. häufig kultivierten Gefässpflanzen, nebst Angabe ihrer Verbreitg. 8. (XVI, 568 S.) Stuttgart 884. Ulmer. n. 4. 20; Einbd. n.n. — 80

— Exkursionsflora f. das Königr. Bayern. Eine Anleitg. zum Bestimmen der in den bayer. Gebietsteilen wildwachs., verwilderten u. häufig kultivierten Gefässpflanzen, nebst Angabe ihrer Verbreitg. 2. (Titel-) Ausg. 12. (XVI, 568 S.) Stuttgart 894. E. Ulmer. n. 3. 20; geb. in Leinw. n.n. 3. 80

—— Farbenlehre der Alten, s. Aristoteles.

Prantl, Karl v., Gedächtnissrede auf Friedrich Adolph Trendelenburg. Gelesen in der öffentl. Sitzg. d. k. bayer. Akad. d. Wiss. zu München zur Feier ihres 114. Stiftungstages am 28. März 1873. gr. 4. (11 S.) München 873. (Franz.) n. — 40

—— Geschichte der Logik im Abendlande. 1. Bd. gr. 8. (XII und 734 S.) Leipzig 855, Hirzel. *

Prantl, Carl, Geschichte der Logik im Abendlande. 2. Bd. gr. 8. (XII und 399 S.) Leipzig 861, Hirzel. *
1. Bd. Ebendas. 1855. * 4 Thlr.

Prantl, Carl, Geschichte der Logik im Abendlande. 3. Bd. gr. 8. (VIII und 426 S.) Leipzig 867, Hirzel. *
1. und 2. Bd. Ebendas. 1855,61. * 6 Thlr. 10 Ngr.

—— Geschichte der Logik im Abendlande. 4. Bd. gr. 8. (VIII, 305 S.) Leipzig 870, Hirzel. *
1.—3. Bd. Ebendas. 1855,61,67. * ℳ 27.

Prantl, Carl, Geschichte der Logik im Abendlande. 2. Bd. 2. Aufl. gr. 8. (VIII, 403 S.) Leipzig 885. Hirzel. n. 11. —

— Geschichte der Ludwig-Maximilians-Universität in Ingolstadt, Landshut, München, zur Festfeier ihres 400jähr. Betehens im Auftrage d. akadem. Senats verf. 2 Bde. Lex.-8. (VII, 758 u. VIII, 579 S.) München 872. Kaiser. n. 20. —

Prantl, K., das Inulin. Ein Beitrag zur Pflanzenphysiologie. Gekrönte Preisschrift. Mit einer (lith.) Taf. in Farbendr. München 870. Kaiser. gr. 8. (VII, 72 S.) n. 15 ngr.

— Die Keime der Alchemie bei den Alten. S.-A. 1856. 17 S.

Prantl, Carl, über die zwei ältesten Compendien der Logik in deutscher Sprache. Aus den Abhdlgn. d. k. bayer. Akad. d. W. München 856. Franz in Comm. gr. 4. (36 S.) n. 16 ngr.

Prantl, C., De Solonis legibus specimina. Diss. 1841. 31 S.

Prantl (K.). Lehrbuch der Botanik . . . Leipzig, 1874. 8°. Ed. 3. 1879.

— Lehrbuch der Botanik. Bearb. unter Zugrundelegg. d. Lehrbuches der Botanik v. Jul. Sachs. 8., verm. u. verb. Aufl. gr. 8. (VIII, 355 S. m. 326 Holzschn.) Leipzig 891. W. Engelmann. n. 4. —; geb. n.n. 5. 30

— dasselbe, hrsg. u. neu bearb. v. Ferd. Pax. 9., verm. u. verb. Aufl. gr. 8. (X, 365 S. m. 355 Holzschn.) Ebd. 894. n. 4. —; geb. n.n. 5. 30

Prantl's, K., Lehrbuch d. Botanik, hrsg. u. neu bearb. v. Ferd. Pax. 10., verb. u. verm. Aufl. gr. 8. (X, 406 S. m. 387 Fig. in Holzschn.) Leipzig 896. W. Engelmann. n. 4. —

Prantl's K., Lehrbuch der Botanik, hrsg. u. neu bearb. v. Ferd. Pax. 11., verb. u. verm. Aufl. gr. 8. (VIII, 455 S. m. 414 Fig. in Holzschn.) Leipzig 900. W. Engelmann. n. 4. 60; geb. n. 6. 10

Prantl's, K., Lehrbuch der Botanik. Hrsg. u. neu bearb. v. Ferd. Pax. 12., verb. u. verm. Aufl. (VIII, 479 S. m. 439 Fig.) gr. 8. Leipzig 904. W. Engelmann. Geb. in Leinw. n. 6. —

Prantl's, K., Lehrbuch d. Botanik. Hrsg. u. neu bearb. v. Ferd. Pax. 13. verb. u. verm. Aufl. (V, 498 S. m. 462 Fig.) gr. 8. Leipzig 909. W. Engelmann. Geb. in Leinw. 6. —

—— dass. — für mittlere und höhere Lehranstalten. 3. theilweise umgearb. Aufl. gr. 8. (VIII, 292 S. mit 275 eingedr. Fig. in Holzschn.) Ebendas. 879. *

—— Lehrbuch der Botanik für mittlere und höhere Lehranstalten. Bearb. unter Zugrundelegung des Lehrbuchs der Botanik von Jul. Sachs. Mit 295 (eingedr.) Fig. in Holzschn. 4. verm. und verb. Aufl. (VIII, 326 S.); 5. verm. und verb. Aufl. gr. 8. (VIII, 335 S.) Leipzig 881, Engelmann. *

Prantl, K., Lehrbuch der Botanik für mittlere und höhere Lehranstalten. Bearb. unter Zugrundelegung des Lehrbuchs der Botanik von Jul. Sachs. 6. verm. und verb. Aufl. (VIII, 339 S. mit 305 Fig. in Holzschn.) 886; 7. verm. und verb. Aufl. gr. 8. (VIII, 341 S. mit 309 Fig. in Holzschn.) Leipzig 888, Engelmann. * ℳ 4.—; geb. *

Prantl, K. Lehrbuch der Botanik für mittlere und höhere Lehranstalten. Bearb. unter Zugrundelegg. d. Lehrbuches der Botanik v. Jul. Sachs. 8. verm. u. verb. Aufl. gr. 8. (VIII, 355 S. m. 326 Holzschn.) Lpz. 891, W. Engelmann. * 4 —; geb. * * 5 30

Prantl, K., Lehrbuch der Botanik f. Mittelschulen. Bearb. unter Zugrundelegg. d. Lehrbuchs der Botanik v. Jul. Sachs. Mit 186 Fig. in Holzschn. gr. 8. (VIII, 240 S.) Leipzig 874. Engelmann. n. 3. —

Prantl, K., Lehrbuch der Botanik für Mittelschulen. Bearb. unter Zugrundelegung des Lehrbuchs der Botanik von Jul. Sachs. 2. ergänzte Aufl. gr. 8. (X, 261 S. mit 266 eingedr. Fig. in Holzschn.) Leipzig 876, Engelmann. *

Prantl, Car., de Aristotelis librorum ad historiam animalium pertinentium ordine atque dispositione. 8maj. Monachii 843, sumptibus Institut. liter.-artist. J. G. Cottae. n. 1/3 ₰

Prantl, Carol., de Aristotelis librorum ad historiam animalium pertinentium ordine atque dispositione. 8maj. (3⅛ B.) Monachii 843, Liter.-artist. Institut. *

—— die natürlichen Pflanzenfamilien nebst ihren Gattungen und wichtigeren Arten, s. Engler, A.

— die Philosophie in den Sprichwörtern. München 858. Kaiser. 4. (24 S.) n. 9 ngr

— Plan d. botanischen Gartens der k. Forstlehranstalt Aschaffenburg. Lith. Fol. Nebst einigen erläut. Bemerkgn. 8. (4 S.) Aschaffenburg 885. Krebs. n. — 40

— über die Probleme des Aristoteles. [Abgedr. aus den Abhandlungen der I. Cl. der k. Akad. der Wiss. VI. Bd. 2. Abth.] gr. 4. (41 S.) München 851. (Franz.) n. 12 ngr

Prantl, C., Michael Psellus und Petrus Hispanus. Eine Rechtfertigung. Leipzig. 22 p.
Schul-/Univ.-Schrift

—— Michael Psellus und Petrus Hispanus. Eine Rechtfertigung. gr. 8. (22 S.) Leipzig 867, Hirzel.

—— das Wittelsbach'sche Regenten-Haus und die Ludwig-Maximilians-Universität. Festrede, zur Vorfeier des Wittelsbach-Jubiläums gehalten am Stiftungstage der Universität 26. Juni 1880. gr. 8. (16 S.) Ebendas. 880. †

Prantl, C., Ueber die Sprachmittel der Verneinung im Griechischen, Latein. u. Deutsc. Ak 1869. 14 S.

— symbolae criticae in Aristotelis physicas auscultationes. 8maj. Berolini 843, Besser. n. 1/3 ₰

—— über die dianoetischen Tugenden in der Nicomachischen Ethik des Aristoteles. gr. 4. (19 S.) München 852, Kaiser. *

—— Uebersicht der griechisch-römischen Philosophie, s. Sammlung, neueste, ausgewählter griech. und röm. Classiker.

—— Untersuchungen zur Morphologie der Gefässkryptogamen. 1. Heft: Die Hymenophyllaceen. Die niedrigste Entwickelungsreihe der Farne. gr. 4. (VI, 73 S. mit 6 lithogr. Taf.) Ebendas. 875. *

—— Untersuchungen zur Morphologie der Gefässkryptogamen. 2. Heft: Die Schizaeaceen, morphologisch und systematisch bearb. gr. 4. (VI, 161 S. mit 8 lithogr. Taf. und 1 eingedr. Holzschn.) Ebendas. 881. *
1. Heft. Ebendas. 1875. * ℳ 10.

Prantl, Carl v., Verstehen und Beurtheilen. Festgabe zum Doctor-Jubiläum des Hrn. Leonh. v. Spengel. gr. 4. (IV, 37 S.) München 877, (Franz'sche Buchh.) *

—— Verzeichniss der im botanischen Garten der kgl. Forstlehranstalt Aschaffenburg cultivirten Pflanzen. Nebst 1 (lithogr.) Plan zur Orientirung der Studirenden. 8. (43 S.) Aschaffenburg 879, Krebs'sche Buchh. *

—— über die geschichtlichen Vorstufen der neueren Rechtsphilosophie. Rede in der öffentl. Sitzung der königl. Akademie der Wissenschaften am 27. März 1858. gr. 4. (24 S.) München 858, (Franz.) *

Prantner, Ferdinand

— — Wiener Federzeichnungen. Berlin 1872. 8⁰. (2 fl.) (70 xr. J. Eisenstein & Co., Wien, 1889; 1 Kr. 20 H. Carl Greif, Wien, 1908.)

Prantner, Ferdinand

Verlorene Seelen. Roman. Von Leo Wolfram [d.i. Ferdinand Prantner]. Berlin 1867.
In: Roman-Zeitung, Deutsche. Bd 1.

WOLFRAM, Leo (d. i. *Ferdinand Prantner*), Dissolving views (Nebelbilder). Romanfragmente. 2. Aufl. 3 Bde. Hamburg 1862. 8⁰. (5 Kr. A. H. Huber, Salzburg, 1909:)

PRANTNER, JOHANN PAUL ANTON: Höchst schmerzliche Trauer-Klage, welche über den frühzeitigen Hintritt Michaell Prantnerin weyland gewesten Kloster-Jungfrauen, so den 26. Jun. 1765. aber in dem 19. Jahr ihres Alters das zeitliche Leben geendet, wehmütigst führte und zum Zeichen inniglich zarten Liebe gegen seine Tochter selbst verfasset der Seligen höchst bestürzter Vater. Oedenburg (1765): Joh. Jos. Siess. 2 f. - 2⁰

PRÄNUMERANTEN-VERZEICHNIS des Vereins zur Vorbereitung guter katholischer Bücher. (Pest) 1838.

Pranz, Wilh., über Conservatorien für Musik. Mit besond. Rücksichtsnahme auf das königl. Conservatorium zu München. München 865. (Franz'sche Buchh.) gr. 8. (32 S.) n. 4 ngr

Taschenliederbuch für Freimaurer. Eine Sammlung maurerischer Gesänge für 4 Männerstimmen hrsg. von W. Pranz. Nürnberg: J. L. Schmidt 1861. IV, 92 S. 8⁰
Recens: Bh. 4 (1861) S. 262—263; FZ. 15 (1861) S. 306.
Tt. 2331.

Präparand, der. 3000 Fragen aus allen Unterrichtsfächern. Zugleich e. Wiederholungsbuch f. Seminaristen u. andere Schüler. Von e. Präparandenbildner. 8. (XII, 132 S.) Flensburg 889. Westphalen. n. 1. 25

Präparand, der. Vorbereitg. zur Aufnahmeprüfg. in ein Seminar. Methode Rustin. Selbst-Unterrichts-Briefe, hrsg. vom Rustinschen Lehrinstitut. Red. v. C. Ilzig. Bearb. v. Gust. Behrendt, Max Baumann, Frz. Bußler u. v. a. 1.—85. Lfg. Lex.-8. (2939 S. m. Abbildgn., 1 Tabelle, 12 farb. Karten u. 38 farb. Kartens. in gr. 4.) Potsdam (900—902). Bonneß & Hachfeld. Subskr.-Pr. à n. — 90; Einzelpr. à n. 1. 25

Präparand, der. Vorbereitung zur Aufnahmeprüfg. in e. Seminar. Methode Rustin. Selbstunterrichts-Briefe in Verbindg. m. eingeh. Fernunterricht. Hrsg. vom Rustinschen Lehrinstitut f. briefl. Unterricht. Red. v. C. Ilzig. Bearb. v. Gust. Behrendt, Max Baumann, Frz. Bußler u. v. a. 86.—170. Lfg. (2778 S. m. Abbildgn., 1 farb. Taf. u. 7 farb. Karten.) Lex.-8. Potsdam (903—906). Bonneß & Hachfeld. Subskr.-Preis à n. — 90; Einzelpr. à n. 1. 25

Präparand, der. Vorbereitung zur Aufnahmeprüfg. in e. Seminar. Methode Rustin. Selbstunterrichts-Briefe in Verbindg. m. eingeh. Fernunterricht. Hrsg. v. Rustinschen Lehrinstitut f. briefl. Unterricht. Red. v. C. Ilzig. Bearb. v. Gust. Behrendt, Max Baumann, Frz. Bußler u. v. a. 171.—177. Lfg. (236 S. m. 4 farb. Karten u. 5 Tab.) Lex. 8. Potsdam (907. 08). Bonneß & Hachfeld. Subskr.-Preis à — 90; Einzelpr. à 1. 25

Präparant, der kleine. 1e u. 2e Lfrg. „ Glogau 840. Prausnitz. à 1/4 ₰

Praeparata, Anatomische, Copenh. 1736. V: *Krüger, Simon*. (Collin, Anonymer. Kiobenh. 1869.)

Praeparatio et gratiarum actiones ante et post missam cum selectis quibusdam precibus ex operibus Joannis a Jesu Maria auctoris opusculi: Stimulus compunctionis. 32. (54 S.) Monasterii 856, Regensberg. **

Praeparatio ad missam, gratiarum actio post missam. 1 Bl. in gr. Fol. Wien 822. Wimmer. 6 ℛ N. Aufl. 827. (J. G. Schmitz in Cöln). 4 ℛ

Praeparatio ad Missam et gratiarum actio post Missam ad usum sacerdotum. 16. Passavii 844. (Ambrosi.) 3 ngl

Praeparatio ad missam.— Gratiarum actio post missam. Freising (858.) Datterer. (2 Bgn. in Fol.) n. 5 ngr

—— ad Missam — Gratiarum actio post Missam. qu. gr. Fol. Regensburg 869, Pustet.
Aufgezogen

Praeparatio ad Missam pro opportunitate sacerdotis facienda et gratiarum actio post Missam. Kempten 868. Kösel. qu. Fol. 4 ngr; aufgezogen 7 ngr

Praeparatio ad missam. Pro opportunitate sacerdotis. 2 Bl. qu. Fol. Augsburg 877, Kranzfelder'sche Buchh. *

Praeparatio ad missam pro opportunitate sacerdotis facienda. 3. Aufl. qu. Fol. (2 Bl.) Kempten 888. Kösel. — 30; auf Pappe n. — 50

Präparation zu Hoffmann's Historiae antiquae. Zum Gebrauch f. die Schule u. den Privatunterricht. 5 Hfte. 12. (395 S.) Leipzig 884. Violet. à n. — 50

Präparation zu Homers Ilias nach der gekürzten Ausgabe v. Bach. 2 Tle. kl. 8. Münster, Aschendorff. 1. 80
1. Gesang I—XII. (119 S.) 908. 1. —
2. Gesang XIII—XXIV. (83 S.) 908. — 80

Präparation zu Homers Odyssee nach der gekürzten Ausg. v. Bach. 2 Tle.: Gesang I—XII u. XIII—XXIV. (124 u. 111 S.) 8. Münster 906. Aschendorff. à n. 1. —

Präparationen zu Virgil's Aeneis. Von einem Schulmann. 1. Gesang. 32. (VIII, 167 S.) Düsseldorf 877, Schwann. *

— dasselbe. 2. u. 3. Gesang. 16. (149 u. 144 S.) Ebend. 880. 82. à n. — 50

— zu Vergils Aeneis. Von e. Schulmann. Gesang 8—12. 16. (100, 117, 140, 143 u. 156 S.) Ebend. 885. à n. — 50

Präparationen zu Homer's Ilias. Von einem Schulmann. 1.—3. Heft. gr. 8. [1. Heft: Gesang I—IV. (VI und S. 1—121.) 864., 2. Heft: Gesang V—VIII. (S. 122—260.) 864., 3. Heft: Gesang IX—XII. (S. 261—410.) 867.] Köln und Neuß, Schwann's Verlag. à Heft 15 Ngr.

—— zu Homer's Ilias. Von einem Schulmann. 4. und 5. (Schluß-)Heft. gr. 8. Ebendas. *
Inhalt:
Heft 4. Gesang XIII—XVI. (S. 417—528.) 869. *M 1,50.
„ 5. Gesang XVII—XXIV. (S. 529—662.) 879. *M 2,25.
1.—12. Gesang. Ebendas. 1864—67. à *M 1,50.

— dasselbe. 1. Hft. (Gesang I—IV.) 2. Aufl. gr. 8. (V, 112 S.) Ebend. 880. n. 1. 50

— dasselbe. Kleine Ausg. 1—4. Hft. 24. (414 S.) Ebend. 881. à n. — 50

Präparationen zu Homer's Ilias. Von einem Schulmann. Große Ausg. 1. und 2. Heft: 1.—8. Gesang. 2. Aufl. gr. 8. (S. 1—237.) Düsseldorf 880,83, Schwann'sche Verlagsh. à Heft *M 1,50. *

—— dass. — Kleine Ausg. 2. Aufl. 1.—10. Gesang. 24. (S. 1—887; 186; 133 S.) Ebendas. 881—84. à Gesang * 50 Pf. *

Präparationen zu Homer's Ilias. Von e. Schulmann. Kleine Ausg. 5—12. Gesang. 24. (à ca. 120 S.) Düsseldorf 883—86. Schwann. à n. — 50

— zu Ovid's Metamorphosen. Von e. Schulmann. 1—5. Gesang. 16. (141, 151, 123, 138 u. 122 S.) Ebend. 886. à n. — 50

Präparationen zu Homer's Odyssee. Von einem Schulmann. (In 4 Lfgn.) 1. und 2. Lfg. Gesang 1—11. gr. 8. (VIII und S. 1—288.) Köln und Neuß 860,61, Schwann'sche Verlagsh. à Lfg. 15 Ngr.

—— zu Homer's Odyssee. Von einem Schulmann. 3. und 4. Lfg. gr. 8. [3. Lfg.: Gesang 12—17. (S. 289—428.) 862., 4. Lfg.: Gesang 18—24.) (S. 429—598.) 863.] Köln und Neuß 862,63, Schwann's Verlag. à Lfg. 15 Ngr.
1. und 2. Lfg. Ebendas. 1860,61. 1 Thlr.

Praeparationen zu Homer's Odyssee von einem Schulmann. 1. und 2. Heft. Gesang 1—5. 1. und 2. verm. Aufl. gr. 8. Köln und Neuß 873, Schwann's Verlag. *
Inhalt:
Heft 1. Gesang 1—3. (99 S.) *M 1,20.
„ 2. Gesang 4 und 5. (82 S.) * 80 Pf.

Präparationen zu Homer's Odyssee. Von e. Schulmann. 1—5 Hft. Gesang. I—VIII. gr. 8. Köln u. Neuß 873—76. Schwann. 3. 20
1. Gesang I—III. 2. verm. Aufl. (99 S.) n. 1. 20
2. Gesang IV u. V. 2. verm. Aufl. (82 S.) n. — 80
3. VI. Gesang. (106 S.) n. — 40
4. VII. Gesang. (94 S.) n. — 40
5. VIII. Gesang. (116 S.) n. — 40

—— dass. — (Kleine Ausg.) 1.—5. Gesang. 32. (120; 112; 139; 191; 114 S.) Ebendas. 873. à * 40 Pf. *

—— dass. — (Kleine Ausg.) 6.—11. Gesang. 12. (106; 91; 116; 126; 138; 156 S.) Ebendas. 876. à Gesang * 50 Pf. *
1.—5. Gesang. Ebendas. 1872,73. à * 50 Pf.

—— dass. — Kleine Ausg. 12.—17. Gesang. 16. (112; 102; 109; 91; 113 S.) Ebendas. 880—83. à Gesang * 50 Pf. *

—— zu Homer's Odyssee. Von einem Schulmann. 3. und 4. Heft. 2. Aufl. gr. 8. Ebendas. *
Inhalt:
Heft 3. Gesang VI—VIII. (84 S.) 876. *M 1,20.
„ 4. Gesang IX—XI. (112 S.) 877. *M 1,50.
1.—5. und 12.—24. Gesang. Ebendas. 1862—73. *M 5,20.

— dasselbe. Große Ausg. 2—5. Hft. 2. Aufl. gr. 8. Ebend. n. 4. 70
2. Gesang VI—VIII. (83 S.) 876. n. 1. 20
3. Gesang IX—XI. (111 S.) 877. n. 1. 50
4. Gesang XII—XIV. (89 S.) 883. n. 1. —
5. Gesang XV—XVII. (91 S.) 883. n. 1. —

—— zu Homer's Odyssee. Von einem Schulmann. Große Ausg. 5. und 6. Heft: 12.—17. Gesang. 2. verm. Aufl. gr. 8. (89; 91 S.) Ebendas. 883. à Heft *M 1. *

— zu Homer's Odyssee. Von e. Schulmann. 1. 2. 5. 9. Gesang. 2. Aufl. u. 10—17. Gesang. 16. (à ca. 116 S.) Ebend. 884—86. à n. — 50

Präparationen f. die Schullektüre griechischer u. lateinischer Klassiker, Fortsetzung, s. a. Kraft u. Ranke, Präparationen.

Präparationen für die Schullektüre griech. u. latein. Klassiker. Begründ. v. Krafft u. Ranke. 1.—6., 9.—11., 15., 19.—31., 33., 35. u. 37. Hft. gr. 8. Hannover, Norddeutsche Verlagsanstalt O. Goedel. n. 14. 70

Inhaltsübersicht in alphabet. Ordnung:

Cäsars gallischer Krieg. Von Fritz u. Jul. Ranke. Buch I. 4. Aufl. (59 S.) 898. (Hft. 4.) n. — 75
— dasselbe. Buch II–IV. Wortkunde. 3. Aufl. (43 S.) 896. (Hft. 6.) n. — 60
— dasselbe. Buch V. Wortkunde. 2. Aufl. (52 S.) 896. (Hft. 10.) n. — 60
Ciceros Rede De imperio Cn. Pompei. Von A. Krause. (16 S.) 898. (Hft. 30.) n. — 30
Homers Ilias. Auswahl aus Gesang I—VI. Von H. Schmitt. (80 S.) 897. (Hft. 23.) n. — 80
— dasselbe. Auswahl aus Gesang VII—XII. (61 S.) 898. (Hft. 29.) n. — 75
— dasselbe. Gesang XIII—XVIII in Auswahl. (37 S.) 898. (Hft. 35.) n. — 60
— dasselbe. Gesang XIX—XXIV in Auswahl. (40 S.) 898. (Hft. 37.) n. — 65
— Odyssee. Buch I, 1—95. V, 1—493. Von Jul. Alb. Ranke. 5. Aufl. (36 S.) 898. (Hft. 1.) n. — 50
— dasselbe. Buch VI, 1—331. VII, 1—347. VIII, 1—265. 370—586. (Fortsetzg. v. Hft. 1.) Zur Einführg. in d. homer. Wortkunde u. Formenlehre. Von Jul. Alb. Ranke. 2., durchgesch. Aufl. (39 S.) 896. (Hft. 11.) n. — 50
— dasselbe. Buch IX, 1—566. Von Jul. Alb. Ranke. 3. Aufl. (32 S.) 897. (Hft. 3.) n. — 50
— dasselbe. Buch XIII—XVIII in Auswahl. Von H. Reiter. (II, 20 S.) 898. (Hft. 33.) n. — 50
Ovids Metamorphosen. Buch I, 89—162. 262—415. II, 1—328. (Die vier Weltalter. Die Giganten. Die Flut. Deukalion u. Pyrrha. Phaethon.) (Von Jul. Ranke.) 3. Aufl. (v. Th. Merklein). (32 S.) 897. (Hft. 2.) n. — 50
Platons Apologie d. Sokrates. Von H. Gaumitz. (59 S.) 897. (Hft. 25.) n. — 60
— Kriton. Von H. Gaumitz. (28 S.) 897. (Hft. 27.) n. — 50
Sophokles' Antigone. Von H. Schmitt. 2., verb. Aufl. (54 S.) 897. (Hft. 15.) n. — 60
— Elektra. Von H. Schmitt. (56 S.) 898. (Hft. 21.) n. — 60
— Oidipus Tyrannos. Von H. Schmitt. (72 S.) 898. (Hft. 19.) n. — 80
— Philoktetes. Von H. Schmitt. (39 S.) 898. (Hft. 31.) n. — 50
Tacitus' Annalen Buch I, 1—52, 55—72. Von E. Stange. (II, 18 S.) 898. (Hft. 26.) n. — 40
— Germania. Von E. Stange. (35 S.) 898. (Hft. 20.) n. — 50
Vergils Äneis Buch I, 1—656. II. Von Ph. Loewe. (40 S.) 898. (Hft. 22.) n. — 60
— dasselbe. Buch IV—V, VI, VII in Auswahl. (24 S.) 898. (Hft. 24.) n. — 40
— dasselbe. Buch VIII—XII in Auswahl. (19 S.) 898. (Hft. 28.) n. — 40
Xenophons Anabasis. Buch I. Wortkunde. Von Jul. Alb. Ranke. 3. Aufl. Neu bearb. v. Koehler. (37 S.) 898. (Hft. 5.) n. — 60
— dasselbe. Buch II—IV. Wortkunde. 2. Aufl. Neu bearb. v. Koehler. (40 S.) 899. (Hft. 9.) n. — 65

Präparationen f. die Schullektüre griechischer u. lateinischer Klassiker. Begründet v. Krafft u. Ranke. 1.—6., 8.—11., 13., 15., 17.—19., 22., 23., 25., 29., 30., 32.—36., 38. —78., 80., 82., 84., 86. u. 90. Hft. gr. 8. Hannover, Norddeutsche Verlagsanstalt O. Goedel. n. 42. 20

Inhaltsübersicht in alphabetischer Ordnung:

Cäsar's Bürgerkrieg in Auswahl. Von J. Simon. (31 S.) 902. (Hft. 82.) n. — 60
— Gallischer Krieg. Von Fritz Ranke u. Jul. Ranke. Buch I. 8. Aufl., neu bearb. v. Fr. Ranke. (44 S.) 902. (Hft. 4.) n. — 75
— Dasselbe. Buch II—IV. 6. Aufl. (43 S.) 901. (Hft. 6.) n. — 60
— Dasselbe. Buch V. 3. Aufl. (52 S.) 902. (Hft. 10.) n. — 60
— Dasselbe. Buch VI u. VII. 3. Aufl. (52 S.) 901. (Hft. 18.) n. — 60
Cicero's Briefe in Auswahl. Von E. Gurlitt. (49 S.) 902. (Hft. 72.) n. — 80
— Cato maior de senectute. Von J. Simon. (14 S.) 901. (Hft. 78.) n. — 30
— Reden f. den Dichter Archias u. f. L. Murena. Von A. Krause. (27 S.) 901. (Hft. 62.) n. — 50
— Reden gegen Catilina. Von A. Krause. I. III. IV. 2. Aufl. (17 S.) 902. (Hft. 36.) n. — 35
— Rede f. T. Annius Milo. Von A. Krause. (17 S.) 900. (Hft. 50.) n. — 30
— Rede De imperio Cn. Pompei. Von A. Krause. 2. Aufl. (16 S.) 902. (Hft. 30.) n. — 35
— Rede f. Publius Sestius. Von A. Krause. (25 S.) 900. (Hft. 58.) n. — 50
— Rede f. Sextus Roscius. Von A. Krause. (25 S.) 900. (Hft. 54.) n. — 50
— Rede gegen Verres. Von A. Krause. Buch IV. (28 S.) 899. (Hft. 44.) n. — 50
— dasselbe. Buch V. (27 S.) 901. (Hft. 80.) n. — 55
Curtius Rufus' Geschichte Alexanders des Großen. Von Wilh. Reeb. Buch III u. IV in Ausw. (27 S.) 902. (Hft. 84.) n. — 55
— dasselbe. Buch V—X in Ausw. (22 S.) 902. (Hft. 90.) n. — 55
Demosthenes' acht Reden gegen Philipp. Von J. Simon. (58 S.) 901. (Hft. 47.) n. — 90
Herodot. Von H. Reiter. Buch I—III in Auswahl. (20 S.) 901. (Hft. 53.) n. — 50
— Dasselbe. Von H. Schmitt. Buch V u. VI (Ausw.). (22 S.) 902. (Hft. 77.) n. — 55
— dasselbe. Buch VII in Ausw. (36 S.) 901. (Hft. 65.) n. — 70
— dasselbe. Buch VIII in Ausw. (26 S.) 902. (Hft. 67.) n. — 55
Homer's Ilias. Von H. Schmitt. Gesang I—VI in Ausw. 2. Aufl. (47 S.) 900. (Hft. 23.) n. — 80
— dasselbe. Gesang VII—XII. 2. Aufl. (42 S.) 902. (Hft. 29.) n. — 75
— dasselbe. Gesang XIII—XVIII. 2. Aufl. (52 S.) 902. (Hft. 35.) n. — 90
— Odyssee. Buch I u. V. Von Jul. Alb. Ranke. Neu bearb. v. Ranke u. Reiter. 7. Aufl. (31 S.) 901. (Hft. 1.) n. — 60
— dasselbe. Von Jul. Alb. Ranke. Buch VI, VII, VIII (Ausw.). 5. Aufl. (22 S.) 902. (Hft. 11.) n. — 55
— dasselbe. Buch IX. 5. Aufl. (32 S.) 901. (Hft. 3.) n. — 50
— dasselbe. Buch X; XI (Ausw.); XII. 3. Aufl. (51 S.) 901. (Hft. 13.) n. — 60
— dasselbe. Von H. Reiter. Buch XIII—XVIII in Ausw. 2. Aufl. (20 S.) 902. (Hft. 33.) n. — 50
— dasselbe. Buch XIX—XXIV in Ausw. (16 S.) 899. (Hft. 43.) n. — 40
Horaz' Briefe. Von A. Chambalu. (59 S.) 901. (Hft. 74.) n. — 90
Horaz' Epoden. Von A. Chambalu. (17 S.) 900. (Hft. 48.) n. — 40
— Oden. Von A. Chambalu. Buch I u. II. 2., verb. Aufl. (71 S.) 902. (Hft. 38.) n. 1. —
— dasselbe. Buch III u. IV nebst dem Säkularliede. (64 S.) 899. (Hft. 40.) n. — 90
— dasselbe. Buch I—IV in Ausw. nebst dem Jahrhundertlied. (122 S.) 902. (Hft. 88.) n. 1. 50
— Satiren. Von A. Chambalu. (45 S.) 901. (Hft. 66.) n. — 75
Livii Titi, ab urbe condita libri. Von W. Soltau. Buch I. (24 S.) 901. (Hft. 76.) n. — 55
— dasselbe. Buch II—IV in Ausw. (23 S.) 902. (Hft. 86.) n. — 55
— dasselbe. Buch V—X in Ausw. (46 S.) 901. (Hft. 64.) n. — 75
— dasselbe. Buch XXI. 2. Aufl. (38 S.) 901. (Hft. 32.) n. — 60
— dasselbe. Buch XXII. (28 S.) 899. (Hft. 34.) n. — 50
— dasselbe. Buch XXIII—XXVI in Ausw. (33 S.) 901. (Hft. 68.) n. — 60
— dasselbe. Buch XXVII—XXX in Ausw. (29 S.) 901. (Hft. 70.) n. — 55
Lucian's Traum u. Timon. Von H. Fritzsche. (26 S.) 902. (Hft. 75.) n. — 60
Lysias' ausgew. Reden. Von J. Simon. (15 S.) 902. (Hft. 73.) n. — 40
Ovid's Metamorphosen. Buch I u. II in Ausw. (Von Jul. Ranke.) 4. Aufl. (Bearb. v. Th. Merklein.) (32 S.) 901. (Hft. 2.) n. — 50
— dasselbe. Buch III—IX in Ausw. Von Th. Merklein. (47 S.) 901. (Hft. 60.) n. — 75
— dasselbe. Von Fritz Ranke u. Jul Ranke. Buch IV—XI in Ausw. 5. Aufl. (48 S.) 901. (Hft. 8.) n. — 60
Platon's Apologie des Sokrates. Von H. Gaumitz. 2., verb. Aufl. (32 S.) 901. (Hft. 25.) n. — 60
— Phaidon. Von H. Gaumitz. Kap. 1—34. 38—40. 57—67. (56 S.) 899. (Hft. 39.) n. — 60
— Protagoras. Von H. Gaumitz. (40 S.) 901. (Hft. 51.) n. n. — 70
Plutarch's Tib. u. G. Gracchus. Von H. Fritzsche. (32 S.) 902. (Hft. 69.) n. — 65
Sallusti Crispi, C., bellum Catilinae. Von K. Braun. (25 S.) 899. (Hft. 46.) n. — 50
— bellum Iugurthinum. Von K. Braun. (37 S.) 901. (Hft. 56.) n. — 65
Sophokles' Aias. Von H. Schmitt. 3. Aufl. (36 S.) 902. (Hft. 17.) n. — 75
— Antigone. Von H. Schmitt. 4. Aufl. (32 S.) 901. (Hft. 15.) n. — 60
— Oidipus auf Kolonos. Von H. Schmitt. (83 S.) 899. (Hft. 41.) n. — 60
— Oidipus Tyrannos. Von H. Schmitt. 3. Aufl. (41 S.) 902. (Hft. 19.) n. — 75
Tacitus' Annalen. Von E. Stange. Buch II u. III in Auswahl. (23 S.) 899. (Hft. 42.) n. — 40
— dasselbe. Buch IV—VI in Auswahl. (22 S.) 900. (Hft. 52.) n. — 40
Thukydides. Von H. Schmitt. Buch I u. II in Auswahl. (56 S.) 899. (Hft. 45.) n. — 90
— dasselbe. Buch III—V in Auswahl. (35 S.) 901. (Hft. 49.) n. — 60
— dasselbe. Buch VI. (32 S.) 901. (Hft. 57.) n. — 60
— dasselbe. Buch VII u. VIII, 1. (31 S.) 901. (Hft. 63.) n. — 60
Vergil's Aneis. Von Ph. Loewe. Buch I u. II. 2. Aufl. (39 S.) 900. (Hft. 22.) n. — 60
Xenophon's Anabasis. Von Jul. Alb. Ranke. Buch I. Wortkunde. 4. Aufl. Neu bearb. v. J. Simon. (31 S.) 901. (Hft. 5.) n. — 60
— dasselbe. Von J. Simon. Buch II—IV. 3. Aufl. (40 S.) 902. (Hft. 9.) n. — 65
— dasselbe. Buch V. (21 S.) 901. (Hft. 55.) n. — 50
— dasselbe. Buch VI u. VII. (32 S.) 901. (Hft. 59.) n. — 60
— Hellenika. Von K. Braun. Buch I u. II (Ausw.) (32 S.) 901. (Hft. 61.) n. — 60
— dasselbe. Buch III u. IV (Ausw.). (34 S.) 902. (Hft. 71.) n. — 65

Präparationen nebst Übersetzung (zu nachstehenden Schriftstellern). Von e. Schulmann. 16. Düsseldorf, L. Schwann. Jedes Bdchn. — 50

Aeschylus' Perser. 1. Tl. (Vers 1—531.) (85 S.) (910.)
Cicero's Rede f. den Dichter Archias. (80 S.) (906.)
— 2., 3. u. 4. Rede gegen Katilina. (71, 75 u. 77 S.) (907.)
— Rede f. Quintus Ligarius. (75 S.) (909.)
— Rede f. Marcus Marcellus. (70 S.) (909.)
— Rede f. T. Annius Milo. 1. u. 2. Tl. (96 u. 91 S.) (908. 09.)
— Rede f. Sextus Roscius. 2 Bdchn. (96 u. 108 S.) (909.)
— Tusculanen. 3. Buch. (123 S.) (909.)
Curtius Rufus, Q. Von den Taten Alexanders des Großen. V. u. VI. Buch. (114 u. 122 S.) (907.)
— dasselbe. VII.—X. Buch. à 2 Tle. (84, 84; 93, 93; 88, 53 u. 63 u. 60 S.) (907. 08.)
Demosthenes' Rede üb. die Angelegenheiten im Chersones. (82 S.) (910.)
— Rede üb. d. Frieden u. 2. Rede gegen Philipp. (78 S.) (909.)
— 1. Rede gegen Philipp. (71 S.) (909.)
— 3. olynthischer Rede u. Philipps Brief an die Athener. (79 S.) 910.
Livius. 1. Buch. 1. u. 2. Tl. 2. Buch. I.—III. Tl. u. 3.—5. Buch. (96, 83, 79, 76, 78, 88, 78 S.) (908. 09.)
Platon's Apologie. 1. u. 2. Tl. (88 u. 76 S.) (908.)
— Kriton. (77 S.) (907.)
Sallust's „Jugurthinischer Krieg". 3. Bdchn. (Kapitel 71—114.) (120 S.) (907.)
Sophokles' Ajax. 2 Tle. (99 u. 103 S.) 907.
— Antigone. 2 Tle. (95 u. 101 S.) (907.)
— Elektra. 1. Tl. (103 S.) (908.)
— König Ödipus. 1. u. 2. Tl. (115 u. 95 S.) (907. 08.)
— Ödipus auf Kolonos. 2 Tle. (114 u. 105 S.) (908.)
— Philoktetes. 2 Tle. (99 u. 96 S.) (908. 09.)
Sophokles' Trachinierinnen. 2 Tle. (89 u. 91 S.) (909.)
Tacitus' Annalen. II.—VI. u. XI.—XIV. Buch (14. Bdchn.) (105, 103, 99, 99, 103, 90, 92, 96, 100, 88, 88, 88, 87 u. 93 S.) 910.
— Gespräch üb. die Redner od. Von den Ursachen des Verfalls der Beredsamkeit. 1. u. 2. Bdchn. (83 u. 80 S.) (907.)
— Historien. I.—III. Buch. à 2 Tle. (96, 105, 99, 98, 112 u. 96 S.) (907. 08.)
— dasselbe. IV. Buch 3 Tle. u. V. Buch. (102, 87, 46 u. 64 S.) (909.)
Thukydides. 7. Buch. 1. Tl. (96 S.) (909.)
Xenophon's Memorabilien. Von e. Schulmann. 1.—4. Buch. Je 2 Tle. (92, 59, 73, 84, 91, 85; 80 u. 79 S.) (908.)

Präparationen nebst Übersetzung zu Tacitus Agricola. Von e. Schulmann. 16. (125 S.) Düsseldorf (902). L. Schwann. n. — 50

Präparationen nebst Übersetzung zu Xenophons Anabasis. Von e. Schulmann. Buch 1–4. [Mehr nicht erschienen.] Düsseldorf: L. Schwann 1890[–97]. 4 Bde 8° [F.]
1. 1890. 2. [1892.] 3. 4. [1897.] (05. 10424

— dasselbe zu Xenophon's Anabasis. Von e. Schulmann. 1. Buch. 16. (148 S.) Ebd. 890. n. — 50

— dasselbe zu Xenophons Anabasis. Von e. Schulmann. 2 Buch. 16. (103 S.) Ebd. 892. n. — 50 (1. 2.: n. 1.—)

— nebst Uebersetzung zu Xenophons Anabasis. Von e. Schulmann. 3. u. 4. Buch. 16. (94 u. 99 S.) Ebd. 897. à n. — 50

— — zu Xenophons Anabasis. Von e. Schulmann. 5. u. 6. Buch u. 7. Buch, 2 Tle. (108, 80, 84 u. 72 S.) 16. Ebd. (906). à n. — 50

— dasselbe zu Vergil's Aeneis. Von e. Schulmann. 1. u. 2. Gesang. 16. (152 u. 144 S.) Ebd. 887. à n. — 50

— — zu Tacitus' Annalen. Von e. Schulmann. Buch I. 1. u. 2. Tl. (114 u. 102 S.) 16. Ebd. (906). n. — 50

— nebst Uebersetzung zu Cäsars Bürgerkrieg. Von e. Schulmann. I.—V. Bdchn. 16. Düsseldorf, L. Schwann. à n. — 50
I. 1. Buch. 1. Tl. Kapitel 1—40. (92 S.) (905.) — II. 1. Buch. 2. Tl. Kapitel 41—Schluß. (93 S.) 906. — III. 2. Buch. (101 S.) 906. — IV. V. 3. Buch. 1. u. 2. Tl. (110 u. 116 S.) 906.

Präparationen nebst Übersetzung zu [Marcus Tullius] Ciceros Cato der Ältere oder Vom Greisenalter [Cato major]. Von e. Schulmann. Düsseldorf: L. Schwann [1904]. (112 S.) 8° [F.] |05. 1822

Präparationen nebst Übersetzung zu Plötz' Chrestomathie. Von e. Schulmann. 10 Sectionen in 8 Hftn. 32. (74, 156, 113, 64, 120, 87, 98 u. 75 S.) Düsseldorf 892. L. Schwann. à Hft. n. — 50

— — zu Q. Curtius Rufus. Von den Taten Alexanders des Großen. Von e. Schulmann. III. Buch u. IV. Buch, 2 Tle. (108, 84 u. 124 S.) 16. Ebd. (906). à n. — 50

Präparationen nebst Uebersetzung zu Horaz' Epoden in Auswahl u. zu der Epistel an die Pisonen. (Von der Dichtkunst.) Von e. Schulmann. (106 S.) 16. Düsseldorf (906.) L. Schwann. n. — 50

— — zu Phaedrus' Fabeln in Auswahl. Von e. Schulmann. (112 S.) 16. Ebd. (906). n. — 50

Präparationen nebst Übersetzung zu [Cornelius] Tacitus Germania. Von e. Schulmann. *Düsseldorf: L. Schwann [1903].* (106 S.) 8° [F.] (4. 10470

— — zu Xenophons Hellenika. Von e. Schulmann. 1.—7. Buch. (90, 96, 96, 120, 112, 119 u. 110 S.) 16. Ebd. 904. 906. à n. — 50

— — zu Herodot. In Auswahl nach den verbreitetsten Schulausgaben. Von e. Schulmann. Buch 1—6, Buch 7 u. 8 à 2 Tle. u. Buch 9, 1.—3. Tl. 16. Ebd. (900). à n. — 50
1. (129 S.) — 2. (51 S.) — 3. (106 S.) — 4. 5. (63 S.) — 6. (116 S.) — 7. I. (144 S.) — 7. II. (167 S.) — 8. I. (132 S.) — 8. II. (124 S.) — 9. I. (109 S.) — 9. II. (85 S.) — 9. III. (95 S.)

— dasselbe zu Homer's Ilias. Von e. Schulmann. Gesang 1, 3, 4, 6, 13—24. 16. (161, 88, 92, 92, 149, 91, 116, 124, 128, 99, 56, 66, 72, 60, 96 u. 75 S.) Ebd. 888. 889. à n. — 50

Präparationen nebst Übersetzung zu Cäsar's „Gallischer Krieg". Von e. Schulmaun. 7 Bücher (8 Hftchn.). 32. (148, 76, 68, 84, 131, 100, 106 u. 105 S.) Düsseldorf 888. Schwann. à Hft. n. — 50

— — zu Sallusts „Jugurthinischer Krieg". Von e. Schulmann. 1. u. 2. Bdchn. (Kapitel 1—27 u. 38—70.) (100 u. 127 S.) 16. Ebd. (903). à n. — 50

— — zu Ciceros Laelius od. Ueber die Freundschaft. Von e. Schulmann. (118 S.) 16. Ebd. (905). n. — 50

— — zu Livius. Von e. Schulmann. Buch 21 (I u. II) u. Buch 22 (I—III). 16. Ebd. à n. — 50
21. (I) Kap. 1—29. (103 S.) (900.) — 21. (II) Kap. 30—63. (119 S.) (901.) — 22. (I) Kap. 1—20. (77 S.) (901.) — 22. (II) Kap. 21—40. (80 S.) (901.) — 22. (III) Kav. 41—61. (87 S.) (90x.)

— dasselbe zu Ovid's Metamorphosen. Von e. Schulmann. 6.—15. Gesang. 16. (118, 140, 129, 120, 114, 116, 91, 128, 112, 127 S.) Ebd. 887. 888. à n. — 50

Präparationen nebst Uebersetzg. zu Cornelius Nepos. Von e. Schulmann. 1.—4. Bdchn. 16. (84, 72, 79 u. 82 S.) Düsseldorf 896. L. Schwann. à n. — 50

— — zu Cornelius Nepos. Von e. Schulmann. 5. u. 6. Bdchn. 16. (92 u. 84 S.) Ebd. (899). à n. — 50

Präparationen nebst Übersetzung zu Horaz' [Quintus Horatius Flaccus] Oden in Auswahl [Carmina, Ausz.]. Von e. Schulmann. Buch 1–4. Düsseldorf: L. Schwann [1905–06]. 4 Bde 8° [F.]
1. Buch 1. [1905.] 2. Buch 2. [1905.] 3. Buch 3. [1905.]
4. Buch 4 u. Säkulargesang. [1906.] [c6. 8748

— — zu Horaz' Oden in Auswahl. Von e. Schulmann. Buch 1—4 u. Säkulargesang. (116, 84, 104 u. 84 S.) 16. Ebd. (905. 906). à n. — 50

— dasselbe zu Homer's Odyssee. Von e. Schulmann. Gesang 9, 10, 12—14, 18—24. 16. (88, 137, 96, 90, 104, 97, 133, 87, 76, 92, 76 u. 98 S.) Ebd. 888. 889. à n. — 50

Präparationen nebst Übersetzung zu Ciceros Rede f. den Gesetzvorschlag des Manilius od. üb. das Imperium des Pompejus. (Geh. im Anfange des J. 66 v. Chr.) Von e. Schulmann. 16. (94 S.) Düsseldorf (902). L. Schwann. n. — 50

— — zu Ciceros erster Rede gegen Katilina. Von e. Schulmann. (70 S.) 16. Ebd. (903). n. — 50

— — zu Lysias' Rede gegen den Eratosthenes. Von e. Schulmann. (67 S.) 16. Ebd. (903). n. — 50

— — zu Horaz' Satiren in Auswahl. 1. Buch. Von e. Schulmann. (107 S.) 16. Ebd. (906). n. — 50

Präparationen nebst Übersetzung zu den Schulklassikern. Hrsg. von einem Schulmanne. [Ausg. in kleinem Taschenformat. Neuer Abdr.] 16. Düsseldorf 885—88, Schwann'sche Verlagsh. à Heft (Gesang) *

Inhalt:
Caesar, gallischer Krieg. Buch 1—7a und b. 8 Hefte. (148; 76; 70; 84; 132; 100; 100; 110 S.)
Homer, Ilias. 1.—24. Gesang. (135; 174; 106; 103; 228; 136; 113; 134; 186; 133; 198; 120; 149; 91; 116; 124; 128; 99; 56; 66; 72; 60; 96; 75 S.)
—— Odyssee. 1.—24. Gesang. (116; 108; 139; 191; 109; 102; 76; 116; 125; 137; 156; 112; 90; 119; 109; 91; 131; 97; 133; 87; 76; 92; 76; 98 S.)
Ovid, Metamorphosen. 1.—15. Gesang. (141; 151; 123; 138; 122; 118; 140; 129; 120; 114; 116; 91; 128; 112; 127 S.)
Vergil, Aeneis. 1.—12. Gesang. (152; 144; 144; 164; 164; 160; 118; 100; 117; 140; 143; 156 S.)

Praeparationen nebst Übersetzung zu Sallust die Verschwörung des Catilina [Gaius Sallustius Crispus: De coniuratione Catilinae]. Von e. Schulmann. (H. 1. 2.) *Düsseldorf: L. Schwann [1902–03]*. 2 Bde 8° [F.] [04. 13965

— — zu Sallust. Von e. Schulmann. 1. Hft. Die Verschwörg. des Catilina. Kapitel 1—33. 16. (80 S.) Ebd. (902). n. — 50

— — zu Sallust, die Verschwörung des Catilina. Von e. Schulmann. 2. Heft. Kapitel 34—61. (103 S.) 16. Ebd. (903). n. — 50

— f. den Unterricht in der gewerblichen Fortbildungsschule. Unter Mitwirkg. des Lehrerkollegiums der gewerbl. Fortbildungsschule zu Heide hrsg. v. H. Siercks u. Fr. Lembke. I.—IV. Bd. gr. 8. Kiel, Lipsius & Tischer. n. 12. —

I. II. Lokale Geschäfts- u. Bürgerkunde des Handwerkers. Präparationen f. die Klasse III (Unterstufe) der gewerbl. Fortbildungsschule. Von H. Siercks, u. Fr. Lembke. Mit e. Anh. üb. den Unterricht in der Vorstufe gewerbl. Fortbildungsschulen u. m. e. Sachregister üb. das ganze Werk. (201 u. 13 S.) 905. n. 5. —

III. Bürger- u. Rechtskunde des Handwerkers. Präparationen f. die Mittelstufe der gewerbl. Fortbildungsschule. Von Fr. Lembke. (133 S. m. 1 Tab. u. 1 Formular.) 904. n. 3 —

IV. Spezielle Geschäftskunde des Handwerkers. Präparationen f. die Klasse I (Oberstufe) der gewerbl. Fortbildungsschule. Von Fr. Lembke. (190 S.) 904. n. 4. —

Präparationen zum Unterrichte über Religions-wahrheiten . . . Neustadt a. d. O. 1833. H: *Günther, J. K. G.* (BrMm)

Präparationsbuch für einclassige Schulen. Gr.-4. (48 S.) Geb. —.80

— — für getheilte einclassige Volksschulen. 4. (54 S.) Geb. —.80

— — für die I. Classe einer zweiclassigen Volksschule. 4. (54 S.) Geb. —.80

— — für die II. Classe einer zweiclassigen Volksschule. 4. (54 S.) Geb. —.80

— — für die I. Classe einer dreiclassigen Volksschule. 4. (54 S.) Geb. —.80

— — für die II. Classe einer dreiclassigen Volksschule. 4. (54 S.) Geb. —.80

— — für die III. Classe einer dreiclassigen [illegible]schule. 4. (54 S.) Geb. [illegible]80

Pandit 891. (Znaim, Fournier & Haberler.)

Präpositionen, deutsche, in französischer u. italienischer Uebersetzung. gr. 8. Grätz, Tusch. 807.

Praepositura et praepositi S. Martini, alias ss. salvatoris de Posonio. . . . Posonii 1848. V: *Pogán, Adalb.* (Pk)

Prapotnik, Andrej

Praprotnik, A., kleines Schulwörterbuch der slovenischen u. deutschen Sprache. 4. bedeutend verm. u. verb. Aufl. gr. 8. (205 S.) Laibach 874. v. Kleinmayr & Bamberg. n. 2. —

Praprotnik, A., kleines Schulwörterbuch der slovenischen u. deutschen Sprache. 5. Aufl. Bedeutend verm. u. verb. gr. 8. (211 S.) Laibach 890. J. v. Kleinmayr & F. Bamberg. Kart. n. 1. 80

Praprotnik's kleines Schulwörterbuch der slovenischen u. deutschen Sprache. 6. Aufl. bedeutend verm. u. verb. v. Jak. Dimnik. gr. 8. (227 S.) Laibach 898. J. v. Kleinmayr & F. Bamberg. Kart. n.n. 2. —

Praprotnik, Andrej. Slovenski spisovnik. V Celovcu, St. Hermagoras-Druck., 1879. 374 S.

Praprotnik, Frz., neueste Hilfstafeln verfasst m. Zugrundelegg. d. Decimal-Systems zur Kubikinhalts-Berechng. runder, bezimmerter u. gesägter Hölzer nebst Holzgewichts- u. Preisberechnungstabellen sowie e. Nachweisg. der im Seearsenale v. Pola vorzüglich verwendeten Holzgattgn. — Tabelle recentissime compilate in base al sistema decimale pel calcolo del contenuto cubico etc. — Zum Gebrauche f. Holzhändler, Land- u. Schiffbauingenieure, Forstbeamte etc. Mit 25 (eingedr.) Holzschn. 8. (IX, 192 S.) Triest 872. Schimpff. n. 4. 80

Praerogativa episcoporum Transilvaniae in excelso regio gubernio. S. l. 1791. V: *Batthyány, Ign. Graf.* (Pk)

Prasad, G., Constitution of matter and analytical theories of heat, s. a. Abhandlungen der königl. Gesellschaft d. Wissenschaften zu Göttingen, Mathem.-phys. Klasse N. F. II, 4.

Constitution of Matter and Analytical Theories of Heat. An Essay in 4 P. By G(anesh) **Prasad**. *Berlin: Weidmann 1903.* (67 S.) 4°
— **Abhandlungen** d. Königl. Gesellschaft d. Wiss. zu Göttingen. Math.-Phys. Kl. N. F. Bd 2, No 4. [04. 248

Praesamle. 8. Strasb. (Tourneisen, Cassel.) 801.

Die **Elektrische** Beleuchtung der Eisenbahnzüge. Von **Adolf Prasch**, Ing. u. k. k. Reg.R. a. D. Mit 50 Abb. *Stuttgart: F. Enke 1901.* (S. 164–240.) 4°(8°)
= **Sammlung** Elektrotechn. Vorträge. Bd 3, H. 5. 6. [01. 11137

Das Elektrische **Blocksignal** System Křižik. Von **Adolf Prasch** in Wien. Mit 56 Abb. *Stuttgart: F. Enke 1901.* (S. 332–414.) 8°
= **Sammlung** Elektrotechnischer Vorträge. Bd 2, H. 9. 10. [01. 5245

— die elektrischen Einrichtungen der Eisenbahnen, s. a. Bauer, R.

Prasch, A., R. Bauer, O. Wehr, die elektrischen Einrichtungen der Eisenbahnen. Eine Anleitg. zum Selbststudium der Telegraphen-, Telephon- u. elektr. Signal-Einrichtgn. gr. 8. (XXIV, 455 S. m. 275 Abbildgn.) Wien 893. A. Hartleben. Geb. in Leinw. n. 6. —

Prasch, Adf., die Fortschritte auf dem Gebiete der drahtlosen Telegraphie. I—IV. gr. 8. Stuttgart, F Enke. n. 26. 40

I. (156 S. m. 148 Abbildgn.) 903	n. 4. 80
II. (136 S. m. 92 Abbildgn.) 904.	n. 4. 80
III. (III, 276 S. m. 227 Abbildgn.) 905.	n. 8. 40
IV. (V, 268 S. m 164 Abbildgn.) 906.	n. 8. 40

Sonderabdrucke aus: „Sammlg. elektrotechn. Vortr."

Prasch, A., Handbuch d. Telegraphendienstes der Eisenbahnen, s. a. Bibliothek d. Eisenbahnwesens.

Prasch, A., Handbuch des Telegraphendienstes der Eisenbahnen. (Bibliothek des Eisenbahnwesens. Band III.) 8. (XVI u. 160 S. mit 117 Abbildgn.) Wien, A. Hartleben Eleg. geb. 1 fl. 65 kr. 1889.

PRASCH, A.
Handbuch des Telegraphendienstes der Eisenbahnen. Von Ingenieur B. Prasch. Mit 144 Abbildungen. 2. vollständig umgearbeitete Auflage. [Bibliothek des Eisenbahnwesens. III. Bd.] Wien. Pest. Leipzig. 1900. Hartleben. Gr.-8°. XV, 207 S. geb. fl. 1.65

Prasch, Adf., u. Hugo Wietz, d. elektrotechnischen Maasse. Lehrbuch zum Selbststudium. Dargest. u. durch zahlr. Beispiele u. 38 in den Text gedr. Fig. erläut. gr. 8. (XI, 153 S.) Leipzig 895. O. Leiner. n. 3. —; geb. in Leinw. n. 3. 50

— die Telegraphie ohne Draht. gr. 8. (XV, 268 S. m. 202 Abb.) Ebd. 902. Geb. in Leinw. n. 5. —

— die drahtlose Telegraphie, s. a. Sammlung elektrotechn. Vorträge. II. 4. 5.

Die Drahtlose Telegraphie. Von Ingen. **Adolf Prasch**, k. k. Reg.R. Mit 61 Abb. *Stuttgart: F. Enke 1900.* (S. 113–200.) 8°
— **Sammlung** Elektrotechn. Vorträge. Bd 2, H. 4. 5. [00. 8090

Prasch, Aloys, Dornröschen. Zaubermärchen m. Gesang u. Tanz in 5 Bildern. 2. Aufl. 8. (84 S.) Berlin (902). H. Steinitz. — 30

Prasch, Aloys, das Fröschlein, das auf Reisen geht. Ein Märchen in 7 Gesängen. Mit 7 Vollbildern von Fritz v. der Benne. qu. 4. (7 S.) München 894. Brakl's Rubinverlag. Kart. 1. —

— Hohenzollern. Vaterländisches Festspiel in 1 Aufzug u. 12 leb. Bildern. gr. 8. (55 S.) Mannheim 894. (J. Bensheimer's Verl.) n. — 50

Prasch, Aloys, der Jägerwirth. Musik-Drama in 3 Aufzügen. [Mit freier Benutzg. der gleichnam. Erzählg. von Herm. v. Schmid, Musik v. Hans Steiner.] 8. (48 S.) München 885. Th. Ackermann's Verl. n. — 50

— Lieder e. Wandervogels. 12. (XV, 128 S.) Berlin 899. Freund & Jeckel. n. 2. —; geb. n. 3. —

Prasch, Aloys, Rotkäppchen Kindermärchen in 5 Bildern. (58 S. m. Abbildgn.) 8. Berlin (903). H. Steinitz. — 30

Prasch, Aloys, das tapfere Schneiderlein. Zaubermärchen in 5 Bild. u. e. Schlußapotheose. 16. (83 S.) München (898). Rubinverlag. n. 2. —

— Struwwelpeter. **Märchenspiel in 6 Bildern.** (Frei nach dem Struwwelpeterbuch. 8. (56 S.) **Berlin** (902). H. Steinitz. — 30

Prasch, Detl., (Degenh. Pott), vertrauliche Briefe üb. d. polit. u. moral. Zustand v. Leipzig. 8. London (Stendal) 787. (Franzen u. G.) 14 gr

Prasch, D., Briefe üb. d. Zustand von Leipzig. 8. London. (Franzen in Stendal.) 787.

Prasch, Johann Ludwig

— de Latinismis et Barbarismis commentariolus. Acc. principia stili e Rhetoricis ad Herennium. Item G. Scioppii quaedam. Ratisb. 688. 8. zu 14 gr. Cum praef. G. N. Kriegkii. Jenae 704. 12.

Prasch, Johann Ludwig.
Psyche Cretica; oder Geistlicher Roman, von der menschlichen Seelen . . . a. d. Lat. . . . Leipzig 1705. Ü: ***Eitelhuber, J. C.*** **(BrMm)**

Praschii, J. L., Rosetum seu Praecepta stili latini. Ratisb. 676. 8. Cum praef. G. N. Kriegkii. Jenae 702. 12.

PRASCH, Johann Nepomuk (Wiesent): De corporis humani post mortem mutationibus.- Monachii 1836. 22.11.1834 - Urk; F 61
Diss. Ingolst.-Landsh.-Mchn.

Prasch, Rolf, Kammergerichtsrefer. a. D.: Die Rechtsstellung der Ehefrau als Erbin eines Gesellschafters im Falle des § 130 HGB. Borna-Leipzig **1908**: Noske. VIII, 46 S. 8°
Heidelberg, Jur. Diss. v. 10. Dez. 1908, Ref. Schröder
[Geb. 18. Okt. 83 Karlsruhe i. B.; Wohnort: Zwickau i. S.; Staatsangeh: Baden, Preußen u. Österreich; Vorbildung: Gymn. z. grauen Kloster Berlin Reife M. 04; Studium: Freiburg i. B. 3, Berlin 3 S.; Rig. 23. Okt. 08.] [U 09. 1876

Prasch, Vinc., Handbuch der Statistik des österreichischen Kaiserstaates. 1. Aufl. (210 S.) 1852. und 2., durchaus umgearb. Aufl. gr. 8. (IV und 204 S.) Brünn 853, Buschak und Irrgang. *

Prasch, Vincenzo —. Manuale di Statistica dell' Impero d'Austria di — —. Tradotto dalla terza edizione dell' originale tedesco da Adolfo Senoner. Fasc. 1. (3 Bl. et 80 S.) 8. Brünn. Tipogr. Carlo Winiker. 1854.

— historische Uebersicht des Anwachses der österreich. Monarchie. gr. 8. (17 S.) Brünn 853, Buschak und Irrgang. *
Aus der 2. Aufl. des „Handbuch der Statistik des österreich. Kaiserstaates", besonders abgedruckt.

Ein Abriss über das Englische Arbitrations-'(Schiedsrichter)' Wesen m. e. Anhange über d. Konstituirung einiger der bedeutendsten Arbitrations-Kammern, deren Schiedsverträge u. die sowohl in England wie in einigen festländischen Staaten bestehenden, auf Schiedsgerichte bezüglichen Gesetzesbestimmungen. Von Maximilian **Praschkauer** ...London & Leipzig: A. Siegle 1894. (86 S.) 1 Bd. 8°

PRASCHL, Johannes: Quomodo celeberrima illa sententia: „Nihil magis diliget Deus in hoc mundo quam libertatem ecclesiae suae", Innocentii III. epistolis illustretur. — (1904) 149 S. 4° (Handschr.) Diss. 832
Diss. Wien, **Univ.**

Praschma, Hans Graf, das Kürassier-Regiment v. Driesen (westfälisches) Nr. 4. 1717—1900. gr. 8. (47 S.) Münster 901. H. Schöningh. n. —60; kart. n.n. —70; geb. n. 1.60

Prášek, Justin V.

— **Sanheribs Feldzüge gegen Juda, s.a. Mitteilungen der vorderasiatischen Gesellschaft. VIII, 4.**

Sanheribs Feldzüge gegen Juda. Von J[ustin] V. **Prášek**. 1. *Berlin: W. Peiser (1903).* 8°
— **Mitteilungen** d. Vorderasiat. Gesellschaft. 1903, 4.

Prášek, J. V., Forschungen zur Geschichte d. Alterthums. I. u. II. gr. 8. Leipzig, E. Pfeiffer. n. 9. —
I. Kambyses u. d. Überlieferg. d. Alterthums. (84 S.) 897. n. 6. —
II. Kadytis. — Sethos. — Ušû. (39 S.) 898. n. 3. —

Prášek, J. V., Forschungen zur Geschichte des Alterthums. III. Zur Chronologie des Kyros. Zur Behistûninschrift I. gr. 8. (38 S.) Leipzig 900. E. Pfeiffer. n. 3.—
I u. II Ebd. 897. 898. n. 9.—.

Prášek, Justin v., Geschichte der Meder u. Perser bis zur makedon. Eroberung, s.a. Handbücher der alten Geschichte.

Geschichte der Meder und Perser bis zur makedonischen Eroberung von Justin V. **Prášek**. Bd. 1. 2. Gotha: F. A. Perthes 1906–10. 8°
1. Geschichte d. Meder u. d. Reichs d. Länder. 1906.
2. Die Blütezeit u. d. Verfall d. Reiches d. Achämeniden. 1910.
(Handbücher d. alten Geschichte. Ser. 1. Abt. 5.)

— die ersten **Jahre Dareios'** des Hystaspiden u. der altpersische Kalender. Lex.-8. (25 S.) Leipzig (901). Dieterich. n. 1. 25
Sonderabdruck aus: „Beiträge z. alten Geschichte".

Prášek, J. V., Medien u. das Haus d. Kyaxares, s.a. **Studien, Berliner, f. classische Philologie u. Archaeologie.**

Medien und das Haus des Kyaxares. Von J[ustin] V. **Prášek**. Berlin: S. Calvary & Co. 1890. (110 S.) 8°
= **Studien**, Berliner, f. classische Philologie u. Archaeologie. Bd 11, H. 3.

— — Der ursprüngliche Name von Palaetyros. [Beilage zur Allgemeinen Zeitung 1894. Nr. 28. Beilage = Nummer 23.] München 1894.

Praesent, Henriette: Die staatliche Invalidenversicherung und ihre Vorteile f. alle Versicherten. Unter bes. Berücks. d. erwerbenden Frauen. -- Düsseldorf o. J. [um 1906]: Girardet. 31 S. 8°

Präsentationsrecht, von dem, durch Erlösch. des Wilhelmin. Mannsstammes eröffnet. evangel. 4. Mannheim, Schwan u. G. 781.

Präsentationsrecht, Das, bey Pfarrbesetzungen des Fürstenthums Schwerin ... Schwerin 1801. V: *Rudloff, Friedrich August.* (MGT) (Ky) (Schletter, Handb. d. jurist. Litt. Grimma 1843. S. 272.)

— **das,** bei Pfarrbesitzungen d. Fürstenthums Schwerin; e. Beitrag z. Mecklenburg. geistl. Rechte (v. F. A. Rudloff). Mit 40 Beilagen. 4. Schwerin 801. Stiller in Rostock. 12 gr

Präsentirt das Gewehr! Lustspiel in zwei Aufzügen. Wien 1775. V: *Müller (Schröter), Johann Heinrich Friedrich.* (GGr)

Präsentirt das Gewehr; ein Lstspl. in 2 Aufz. 8. Augsb. 776. v. Jenisch u. St. 3 gr (s. auch Jh. Hnr. Fr. Müller).

Präsentirt das Gewehr! Ein Lustspiel in zween Aufzügen. Wien 1775. O. O. [München] 1776. V: *Müller (= Schroeter), Joh. Hch. Fch.* (GGr V/312, Nr. 12/7) (WBL 19/385) (BiblPort)

— — dass. 8. Berlin, Himburg. (a. Stage in Augsb.) 777.

Präsentirt das Gewehr. Lustsp. v. Müller. 8. Lpz. Böhme. 777.

Präsentschiff, das. Geschichtlich-abentheuerliche Bilder aus den Seekriegen während der Fremdherrschaft in Teutschland. Aus dem Tagebuch eines Seefahrers vom Verf. der Tafel-Eiche im Oberwalde. 2 Bde. 8. Leipzig 845. (Thomas.) n. $1^{1}/_{3}$ ß

Präsenz-Liste. [Von der Hundertjahrfeier der Loge zur Freimütigkeit am Rhein in Frankenthal. 1908.] 1 Bl. Quer-4°. [Kopftit.]

Präsenz-Liste der Alten Herren-Commerse in Hamburg, Lübeck. ⟨84. 89.⟩ Kiel. ⟨86. 91.⟩ 1878—1891. o. O. u. J. Fol. [Kopft.]

***Marienbad:* Präsenzliste beim Brudermahl zur Feier des Johannisfestes 1876 in Marienbad. 1 Bl. 2°**

Präsenzliste zur Enthüllungsfeier d. Burschenschaftsdenkmals in Jena am 1., 2. u. 3. Aug. 1883. Nebst den Weiheworten, gesprochen bei der Enthüllungsfeier v. e. Festjungfrau. Nr. I–III. gr. 8. (19 S.) Jena 883. Neuenhahn. n. — 40

PRASERVATIV gegen die üble Laune oder Sammlung auserlesener Trinklieder und Gedichte, den fröhlichen Wasserfeinden gewidmet, 1 fl. 24 gr. (ca. 1810?).
So in Harpf's in Königsberg in P. Leihbibl.-Cat. no. 11773.

Präservativ gegen die üble Laune. 8. Wien, Gerold. 812. –

PRÄSERVATIV wider die Leichtsinnigkeit. Berlin 1753. 8°. Selten!

Präservativ wid. die Lotteriesucht. 8. Leipz. Crusius. (J. C. W. Vogel.) 778.

Präservative wider Revolutionen. Nebst einem schnell wirkenden, ganz neuen Mittel, jeden Gassentumult und Auflauf ohne Blutvergiessen zu stillen. kl. 8°. Leipzig, C. H. Reclam, 1831. (4½ B.)

Präservativmittel, welche gegen die Ansteckung bei Viehkrankheiten zu gebrauchen sind. 8. Straßb. 814. Levrault. 4 gr

Präsides-Korrespondenz. Neue Folge d. Kölner Korrespondenz. Unter Mitw. von Präsides hrsg. von Dr. Aug. Pieper. Jg. 14. Köln (1901): J. P. Bachem. 8° [J.] [14. 1969]

Präsidestag, der, in Innsbruck vom 28. bis 30. VIII. 1908. Die Verhandlgn. des 1. allgem. Präsidestages f. marian. Kongregationen, hrsg. v. Geo. Harrasser, S. J. (III, 80 S.) gr. 8. Wien 909. (Styria.) 1.50

Praesidia conservandi fructus poenitentiae, argumentum trium meditationum ... Monachii 1754. V: *Gachet, Franz Xaver.* (Jes) (SO)

Prášil, Frz., die Bestimmung der Kranzprofile u. der Schaufelformen f. Turbinen u. Kreiselpumpen. (11 S. m. Fig.) 32×24 cm. Zürich 907. Rascher & Co. — 80

Prášil, Frz., über Flüssigkeitsbewegungen in Rotationshohlräumen. (11 S. m. Fig.) gr. 4. Zürich 903. Rascher & Co. n. — 80

Prášil, F[ranz]. Ueber Flüssigkeitsbewegungen in Rotationshohlräumen. Sonder-Abdruck aus der «Schweiz. Bauzeitung» Bd. 41, Nr. 19, 21, 22, 25 und 26. [Mit 16 Figuren.] II + 11 S. 4. Zürich, Ed. Rascher, 1903. [fr. 1. —]

Prášil, Frz., die Turbinen u. deren Regulatoren auf d. schweizer. Landesausstellung in Genf 1896. [Vervollständ. Sonderabzug aus: „Schweizer. Bauzeitg."] gr. 4. (22 S. m. Fig.) Zürich 897. Ed. Rascher. n. 1.40

Prášil, Frz., die Turbinen u. deren Regulatoren auf d. schweizerischen Landesausstellung in Genf 1896. 2. Aufl. gr. 4. (22 S. m. Fig.) Zürich 899. E. Rascher's Erben. n. 1.40
Vervollständ. Sonderabdruck aus: „Schweizer. Bauzeitung".

Prášil, F(ranz). Die Turbinen und deren Regulatoren an der Weltausstellung in Paris 1900. Von F. Prášil, Professor ... in Zürich, Mitglied des internationalen Preisgerichtes. Sonder-Abdruck aus der «Schweiz. Bauzeitung» Bd. 36, Nr. 13 und Bd. 37, Nr. 6... [bis] 18. (Mit 79 Textfiguren.) II + 34 S. 4. Zürich, Ed. Rascher, 1901. (fr. 2. 50)

Prášil, Franz. Vergleichende Untersuchungen an Reaktions-Niederdruckturbinen. Sonderabdruck aus der Schweizerischen Bauzeitung, Band 45, Nr. 7, 8, 10, 12 und 13. Mit (36 Textbildern, und) zwei beigelegten Tafeln. II + 25 S. 4. Zürich, Ed. Raschers Erben, 1905. (fr. 2. 50)

— Wasserschlossprobleme. (16 S. m. 13 Abb.) 32×23,5 cm. Ebd. (908). nn 1.30
2 Sonderabdrucke aus: „Schweiz. Bauzeitg."

Prášil, W. W., Gleichenberg in seiner allmähligen Entwicklung zu einer Curanstalt mit histor. Notizen der Heilquellen. 8. (VI und 43 S.) Gräz 850, Kienreich's Verlags-Comptoir.

Prášil, W. W., der Curort Gleichenberg u. seine Umgebungen. Ein Führer für Curgäste. Wien 865. Braumüller. 8. (VIII, 370 S.) n. 1 Thlr 16 ngr

Praslow, J., der Staat Californien in medicinisch-geographischer Hinsicht. gr. 8. (V und 66 S.) Göttingen 857, Vandenhoeck und Ruprecht's Verlagsh. *

Prass, Adolph Gottfried (Meißen/Meißen), Historia jur. civilis de restitutionibus in integrum. Präs. Christian Gottlob Biener. Leipzig (Langenheim) 23. III. 1779. 48 S. (4.50) 27132
Widm. v.: Christian Gottlob Biener.

Prass, H.: Der deutsche Krieg 1870–1871, s. Prast, Hermann

Prass, Hermann

Praß, H., 27 Jahre im Schuldienst (1871—1898) des Reichslandes Elsaß-Lothringen. gr. 8. (IV, 78 S. m. Bildnis.) Straßburg 900. F. Bull. n. 1.80

Praß, Herm., d. Naturgeschichte in d. Elementarschule. gr. 8. (49 S.) Straßburg 896. F. Bull. n. — 80

Praß, Herm. Herbarts Pädagogik. Vortrag, geh. [teilweise] bei Gelegenheit d. XI. Unter-Elsäss. Lehrertags zu Straßburg am 16. Apr. 1890. gr. 8. (56 S.) Straßb. i. E. 890, Schmidt. * 1 —

Praessar, der Marienspudel im Bade Neuenahr. gr. 8. (VI und 103 S.) Bonn 861, Habicht. *

Praessar, das Mineralbad Neuenahr im Ahrthale. Ahrweiler 868. (Neuwied, Heuser.) 8. (84 S.) n. 10 ngr.

Praessar, Carolus, s. Praessar, Karl

Praessar, *Karl August* Emil [aus Wipperfürth]: Die in der Sammlung des mineralogisch-geologischen Instituts der Universität Erlangen enthaltenen Mineralien '(mit Ausnahme der Silicate)' ... München, kgl. Hof- u. Univ.-Buchdr. v. Dr. C. Wolf & Sohn, 1896; 2 Bl., 107 S. 8.
Erlangen, Phil. Fak., Inaug.-Diss. v. 27. Juni 1893

Praessar, Hugo, die Feier des Tages, s.: Reuter's Bibliothek f. Gabelsberger-Stenographen.

Praessar, Karl

Praessar, Carolus (geb 1804 in Düsseldorf): De polytrichosi ... Bonnae, typ. Büschlerianis (1826). 16 S., 2 Bl. 4
Bonn, Med. Fak., Diss. v. [hs. 14] März 1826

Prassberg [Schlagwort]

Prassberg a. d. S., s.: Geologische Karten. Spezialkarte. (Oesterreich-Ungarn.)

Prasse, Antonius *Fridericus* [Leerensis]: De Plutarchi quae feruntur vitis decem oratorum . . . Marburgi Cattorum, typ. O. Ehrhardti, 1891; 60 S., 1 Bl. 8°
Marburg, Phil. Fak., Inaug.-Diss. v. [11. März] 1891

Denkschrift zum 25. Verbandstage des Centralverbandes der städtischen Haus- u. Grundbesitzer-Vereine Deutschlands. Seinen am 1. Juli 1903 ihm angehörenden 209 deutschen Hausbesitzer-Vereinen ... dargebracht vom Allgem. Hausbesitzer-Verein zu Dresden. (Verf.: E. A. Prasse.) *[Dresden 1903]: R. Graßmann in Stettin.* (173 S.) 8° [F.] [c3. 1904]

Prasse, E. A., Erzgebirgs-Kammwegführer, s.: Brechensbauer, Jos.

Festschrift aus Veranlassung des fünfundzwanzigjährigen Bestehens des Zentralverbandes der städtischen Haus- und Grundbesitzer-Vereine Deutschlands. Verf. im Auftr. d. Vorstandes, hrsg. v. Haus- u. Grundbesitzer-Ver. zu Breslau als Festgabe z. 26. Verbandstage 1904. (Verf.: [E. A.] Prasse, Betriebs-Ing., Leipzig.) *(Breslau: Haus- u. Grundbesitzer-Ver. 1904.)* (VII, 171 S.) 8° [F.] [04. 1085] 9

Prasse, E. A., Wegweiser durch die sächsisch-böhm. Erzgebirge, s.: **Borlet, Bruno.**

Prasse, Fedor (Ernst Wilh.) (geb. Seidenberg in d. Oberlausitz 6. 12. 1860): Casuistischer Beitrag zum Harnröhrenschnitt. Berlin (1882). (40 S.) 8°
Berlin, Med. Diss. v. 14. Nov. 1882

Prasse, Friedrich

— — **Animadversionum forensium specimen.** Leipzig (Klaubarth) 24. I. 1782. 34 S. (4.—) 27134

— — Dasselbe. Leipzig (Klaubarth) 24. I. 1782. 34 S. (4.—) 27135
Gew.: Christian Gotthelf von Gutschmid.

Prasse, Friedrich (Meißen), De territorio subalterno superioritatis territorialis aemulo. Diss. jur. publ. Präs. Christian Gottlob Biener. Leipzig (Loeper) 6. V. 1779. 32 S. (4.25) 27133
Seinen Eltern gew. — Widm. v.: Christian Gottlob Biener.

Prasse, (Car.) Henr. (Guil.) (geb. Commerau bei Schweidnitz 23. 7. 1823): De tetano traumatico. Berolini (1847). (32 S.) 8°
Berlin, Med. Diss. v. 2. Aug. 1847

Prasse, Karl Heinrich Wilhelm, s. P r a s s e , Heinrich

Prasse, Ludwig

Prasse, L.: Grundriss d. gem. teutsch. u. sächs. bürgerl. Processes. Zum Gebrauche seiner Vorles. *Leipz.*, Reclam. 827. gr. 8. (15 Gr)

— **Ludwig** (Merseburg), De indole contumaciae in causis civilibus diss. Leipzig (Breitkopf-Haertel) 22. I. 1829. 100 S. (4.—) 27136
Gew.: Albert von Langenn.

P r a s s e, Ludov., de indole contumaciae in causis civilibus dissertat. 8 maj. (6½ B.) Lipsiae 829, (Reclam.)

Prasse, Moritz von

— — **Solemnia doctorum philosophiae et magistrorum indicit. — Praemissa est commentatio de aere alieno annuis reditibus dissolvendo.** Leipzig (Klaubarth) 4. III. 1813. 18 S. mit Namen. (3.50) 27144

v. Prasse, Mor., († d. 21. Jan. 1814.) commentationes mathemat. Fasc. I. 4. Leipz. 804. Rabenhorst. 20 gr. Fasc. II. 4. Leipz. 812. (Besson). 20 gr.

— — **De ellipseos evoluta et aequidistantibus earumque constructione.** Leipzig (C. Tauchnitz) 12. IX. 1798. 14 S. u. 1 Taf. (3.75) 27139

— — **Candidatis summorum ord. philos. honorum petitionis diem indicit. — Theorematis binomialis demonstratio elementaris.** (Leipzig 1. Advent) 1803. 16 S. (3.75) 27142

— — (Leipzig) u. (Respond.) **Toussaint von Charpentier** (Freiberg/Meißn. Adel), **Expositio quarundam formularum de centro gravitatis.** Leipzig (C. Tauchnitz) 21. VIII. 1799. 26 S. u. 1 Taf. (3.75) 27146

— — **Candidatis summorum ord. philos. honorum petitionis diem indicit. — De trinomialibus factoribus aequationum.** (Leipzig (Klaubarth) 1. Advent) 1811. 18 S. (3.75) 27143

— — Orationem quae in memoriam **Johann August** Ernesti hratebitur indicit et ad eam audiendam invitat. — Functiones logarithmicae et trigonometricae in series infinitas solutae. O. O. 12. IX. 1803. 14 S. (3.50) 27141

— **Moritz von** (Dresden), Juris publ. Saxonici specimen. Historiam et jura suffragii electoralis Saxonici et archimareschallatus S. R. I. ab anno 1355. usque ad interitum ascaniadarum in familia electorali Wittebergica complectens. Präs. Christian Gottlob Biener. Leipzig (Sommer) 24. XI. 1791. 52 S. (4.—) 27137
Widm. v.: Christian Gottlob Biener.

— — Dasselbe. Leipzig (Sommer) 24. XI. 1791. 52 S. (4.—) 27138
Gew.: Johann Moritz von Prasse (Vater). — Widm. v.: Christian Gottlob Biener.

— Institutiones analyticae. 4. Leipz. 813. (Fr. Fleischer). 5 rf 12 gr

— Institutiones analyticae. 4. Lips. Kühn. 813.

— — De reticulis crypto graphicis. Leipzig (C. Tauchnitz) 24. VIII. 1799. 14 S. u. 1 Taf. (3.75) 27140

— logarithmische Tafeln. 18. Leipzig, Besson. (Feinb.) 810.

Prasse, M. v., logarithmische Tafeln f. die Zahlen, Sinus u. Tangenten. Neu geordnet, revidirt u. verm. v. K. B. Mollweide. 12. Leipzig, Barth. 821.

v. Prasse, (M.) logarithmische Tafeln f. d. Zahlen, Sinus u. Tangenten, neu geordn. Revid. u. verm. v. K. B. Mollweide. 16. Leipz. 826, Barth.

Prasse, Mor. v., logarithm. Tafeln f. d. Zahlen, Sinus u. Tangenten. Revid. u. verm. v. Karl Brandan Mollweide. Verbess. u. erweit. v. Gust. Ad. Jahn. Stereotypenausg. 16. (9 B.) Leipzig 837, Barth.

— — (Dresden) u. (Soc.) Johann Carl Burckhardt (Leipzig), De usu logarithmorum infinitinomii in theoria aequationum. Diss. combinat.-analytica. Leipzig (Kramer) 20. II. 1796. 32 S. (4.50) 27145

Usus logarithmorum infinitinomii in theoria aequationum, auctore *Mauricio de Prasse*. Adjecta est tabula singularis. Lipsiae apud Christ. Theoph. Rabenhorst. 4. 46 S. 1796. *

Prasser, der reiche, u. der arme Lazarus. Eine evangel. Parabel erzählt zur Betrachtung für Jedermann von einem Weltpriester der Diözese St. Pölten. Innsbruck 864. Vereins-Buchhandlung. 8. (2 Bl., 138 S. u. 1 Lithogr.) 6 ngr.

Praßer, F. E., Chronik von Großröhrsdorf, Stadt und Dorf Pulsnitz, Friedersdorf rc., vornehmlich nach den Urkunden des k. sächs. Haupt-Staats-Archives, des Domstiftes Meißen, sowie der k. Gerichtsämter Pulsnitz, Radeberg, Stolpen und Bischofswerda bearb. gr. 8. (772 S.) Bischofswerda 869. (Dresden, Kaufmann.) **

Prassl, Jos., Tabellen f. Grundschätzgn. in abgerundeten Zahlen. Zur Umreçhng. des Flächenmasses sowie z. Ermittlg. des Wertes zusammengestellt. (III, 35 S.) kl. 8. Graz 908. U. Moser. — 90

Prassl, J., Tabellen für Grundschätzungen in abgerundeten Zahlen. 2. Aufl. 8°. (IV, 35 S.) 1908. K 1.—

Prassler, Christoph (Ruppertshofen), De ophthalmia Aegyptiaca. Diss. med.-chir. Präs. Leop. Socr. Riecke. Tübingen (G. Bähr) (12.) April 1835. 17 S. (3.25) 27148
Widm. v.: Leop. Socr. Riecke.

Prast, Carl, s. Prast, Karl

Prast, Hermann

Prass, H. Der deutsche Krieg 1870—1871. (127) 8. Neuwied 1871. 0.60.

Praſt, Herm., der Krieg d. J. 1870—1871. Dem deutschen Volke u. der deutschen Jugend erzählt. 8. (127 S.) Neuwied 871. Heuser. n. — 60

Prast, Karl

Prast, Carl (geb. Mühlberg a. E. 14. 2. 1855): Das Zittern bei Paralysis agitans und multipler Hirn- und Rückenmarkssklerose in diagnostischer Hinsicht. Berlin (1880). (32 S.) 8°
Berlin, Med. Diss. v. 17. Jan. 1880

Praſt, L., vivos voco. Ossa frango. Mortuos plango. Die Geburt e. Menschen, vom rein wissenschaftl. medizin. Standpunkte in origineller u. durchaus dezenter Weise geschildert frei nach Schillers Glocke. Aus den vergilbten Papieren e. alten Mediziners. (16 S.) 8. Frankfurt a/M. (Humboldtstr. 45) 910. L. Praſt. — 75

Praestantiora Opuscula illustrationi Pacis Westphalicae inservientia. Vol. I. *Erford.* 787. 8.

Praestantiora opuscula illustrationi pacis Westphalicae inservientia. fasc. I. 4. Erfurt. 788.

Praestinari, J. N.: „Handbuch der Cameralchemie . . .", wohlfeile Ausgabe in 6 Lieferungen, Heidelberg 1838 (Winter).

Prästolanz, Modestus

Prästolanz, M., s.: Klosterfrage, die badische, im Lichte der neuen Wahlen.

Prat, d. Ritters von, Abenteuer, a. d. Franz. 8. Böhme. 775.

Prat, G. F., législation sur l'affouage et autres émoluments communaux. Luxemburg 862. Brück. gr. 8. (522 S.) 3 ß

Prat, G. F., Législation sur l'affouage et autres émoluments communaux. gr. 8. (522 S.) Luxemburg 864, Brück.

Prat, J. M.

Prat, S. J., Bibel u. Geschichte, s.: Wissenschaft u. Religion.

Prat, J. M., Geschichte des heil. Irenäus, Kirchenlehrers, Martyrs und II. Bischofs von Lyon. Aus dem Französ. von J. N. Dischinger. 8. Regensburg 846, Manz. 5/6 ß

Prat, J. M., Leben u. Wirken des Peter de Ribadeneyra aus der Gesellschaft Jesu. [Eine Episode aus der Kirchengeschichte.] Aus dem Franz. übers. v. M. Gruber. gr. 8. (XII, 561 S.) Regensburg 885. Verlags-Anstalt. 7. —

Prat, P., Lebensgeschichte des sel. Martyrers Johannes Britto aus der Gesellschaft Jesu. Aus dem Französ. übers. und hrsg. von Frz. Bittner. gr. 8. (XXVIII und 432 S. mit 1 Stahlst.) Regensburg 854, Manz.

Pratel, de, principia linguae gallicae selectis historiae exemplis adornata, 8. Cöln, Rommerskirchen. 743.

Praetel, Armin. Meinhard. (geb. Müncheberg in d. Mark 1. 2. 1829): De neuralgia nervi quinti. Berolini (1855). (27 S.) 8°
Berlin, Med. Diss. v. 3. März 1855

Prätensio Brandenburgica elect. in Carnoviensem, Lignic. Brigensem et Wohlaviensem IV. Silesiae principatus adnexas. O. O. [Wien] 1758. V: *Bencsur, Joseph.* (széchenyi 1/99) (List 54/878) (WBL 1/259) (BiblPort)

Prater [Schlagwort]

Prater, s.a. Radfahrerkarten, Freytag, G.; Plan. — Wien.

Prater, Plan d. k. k., nach den neuesten Aufnahmen. Redig. und richtiggest. bis Febr. 1882. Gr.-Qu.-Fol. Farbendk. Cart. in Leinw. gr. 8. Wien, Hof- u. Staatsdruckerei. 60 kr. 1883 Ins. 1474

Prater [Verfasser]

Prater, F. A., Sechs vierstimmige Arien für Singchöre u. andere Liebhaber des Gesanges. 4. Neustadt, a. d. D., Wagner. 816.

Pratesi, Mario, Venezianische Erinnerungen. Autoris. Uebersetzg. aus dem Ital. v. E. Müller-Röder. (105 S.) 8. Berlin 905. Hüpeden & Merzyn. n. 1.80; geb. n. 2.80

Prati, G(iovanni), an Fanny Elßler. Eine Apotheose. Nach dem Ital. frei bearb. u. ergänzt v. C. Cerri. 8. (32 S.) Wien 851, Keck & Pierer. n. 1/3 ß

Prati, Giov., Torquato Tasso's letzte Stunden. Aus dem Italien. von J. C. Waldfreund mit Beifügung des Originaltextes. Innsbruck 860. (F. Rauch.) gr. 8. (23 S.) 6 ngr.

v. *Prati*, Joach., Breve Esposizione storica della Riforma avvenuta già trecent' anni nella Suizzera e nei Grigioni. Scritta nell' idioma Tedesco, ordine del ven. Consiglio ecclesiastico evangelico; da G.G. degli Orelli. 4. Chur 819.

Pratica di Amar Gesù Cristo. Opera utile a quelle anime che desiderano di accertare la salute eterna e di camminare per la strade della perfezione di S. Alfonso M. de' Liguori. Aggiuntevi le preghiere per la S. Messa e altre pie pratiche. Mit 5 Bildern. Gr. in-24°. 390 S. Einsiedeln, Benziger. 1883. — 75

Praticien français, od. der französ. Praktiker; aus d. Französ. d. Bavour u. Loiseau übersetzt von C. Eigner. 2 Thle. gr. 8. Helmst. 809, 10. Fleckeisen. 2 ℛ 16 gr 2e Aufl. gr. 8. Hannov. 811, 12. 3r—5r Thl. gr. 8. Ebd. 812, 13. Hahn. Alle 5 Thle. 6 ℛ

Pratje, Heinrich

Pratje, H., der Accusativ im Heliand, syntaktisch dargestellt. gr 8. (83 S.) Sobernheim 882. (Göttingen, Deuerlich.) n. 1. 20

Pratje, H., Dativ und Instrumentalis im Heliand, unter Berücksicht. der Ergebnisse der vergleichenden Sprachforschung syntaktisch dargestellt. gr. 8. (75 S.) Sobernheim 880. (Göttingen, Deuerlich'sche Buchh.) *

Pratje, Heinrich [stellvertret. Leiter Dr.]: Der altepische Kasus mit dem Suffixe ðl syntaktisch dargestellt. Göttingen, Druck v. L. Hofer, 1890; 12 S. 4°
Sobernheim, PG, P 1890

Pratje, Henr., quaestiones Sallustianae ad Lucium Septimium et Sulpicium Severum Gai Sallusti Crispi imitatores spectantes. Dissertatio inauguralis. gr. 8. (66 S.) Göttingen 874. Deuerlich. n. 1. 50

Pratje, Johann Heinrich

Pratje, J. H., brem.- u. verdische Abhandl. s. Abhandlungen, verm.

Pratje, Jh. Hnr. I., († d. 1. Febr. 1791.) Abhandl. von Bileam's Eselin. 8. Bremen 761.

— exegetisch-homilet. Abhandll. e. Stellen d. A. u. N. Testam. 2 Thle. gr. 8. Bremen 762—78. Förster. 2 ℛ 8 gr

– s. Altes aus dem Herzogth. Bremen u. Verden.

— Altes u. Neues, s. Altes.

Pratje, Joh. Heinr., Anleit. z. Anlegung, Wartung u. Erhaltung e. Obstgartens, aus eigenen Bemerk. u. Briefen; nebst e. Anh. vermischter ökonom. Abhandl. Mit 2 Kpf. 8. Göttingen, 1782. Dieterich. 384 S.

— kurze Apologie des priesterlichen Segens. 8. Bremen 783. Müller. 8 gr

— liturgisches Archiv. 8. Stade. (Förster in Bremen.) 785.

— liturg. Archiv. 1s—5s Fach. 8. Stade 785—88. Friedrich. 2 ℛ 12 gr

— Aufmunterungen z. redlichen Ausrichtung d. evangel. Predigtamtes, in einigen Einführungsreden. Drei Zehende. 8. Hamb. 762—66. Brand. 18 gr

Pratje, Jh. Hnr. II., († d. 5. Jun. 1789.) Beantwort. d. Frage: Ob unser Erdboden v. e. Kometen etwas zu befürchten habe? 8. Altona 770.

— Bremische u. Verdische Bemühungen, die Bekenner Jesu 2c. durch Predigten zu erbauen. 4 Versuche. 8. Hamb. 763—65. Brand. 2 ℛ 8 gr

– s. Bibliothek, Bremische u. Verdische.

— die Herzogthümer Bremen u. Verden, oder vermischte Abhandll. z. Erläuterung d. polit., Kirchen-, Gelehrten- u. Naturgeschichte 2c. 1r—6r Bd. 8. Bremen 757—62.

— neue Brem. u. Verdische Buß- u. Bettags-Liturgie. 4. Stade 784.

— Clericus unius uxoris maritus. 4. Stade 752.

— observationum sacrarum Decuria I. II. 4. Stade 759. 61.

— epistola pastoralis, additis cogitationibus exegeticis in verba Lucae Act. XIII, 48. 4. Stade. 775.

— epistolae pastorales tres de J. C. Edelmannii vita et scriptis. 4. Stade 749. 51.

— landwirthschaftl. Erfahrr. 1s — 3s Quartal. gr. 8. Altona 768, 69. Iversen. 1 ℛ 12 gr

Pratje, Johann Heinrich (Hrsg.), s.a. Erfahrungen, Landwirtschftliche, zum Besten des Landmanns

— landwirthschaftl. Erfahr. zum Besten des Landmanns. 3 Thle. gr. 8. Altona, Iversen. 769.

— Evangelium Matthäi nach d. Uebersetzung Lutheri; nebst e. Einleit. in dasselbe. 8. Hamb. 77[?]. (Brockhaus in Lpz.) 12 gr

— d. Evangel. Matthäi, n. Luthers Uebers. 8. Hamburg. (Gleditsch in Leipz.) 775.

— beruhigende Gedanken e. Mutter bei d. Tode ihrer Tochter. 4. Stade. 762.

– s. Gesangbuch, Brem- u. Verdisches, zum Behuf des öffentlichen Gottesdienstes etc.

— kl. Gesangbuch für die Schuljugend besond. auf d. Lande. 8. Stade 787.

— die Glückseligkeit d. Seelen, auf welchen d. Geist d. Herrlichkeit ruhet. 4. Stade 772.

– s. Hebopfer, Brem. u. Verdisches freiwilliges, zum Dienste der Wissenschaft u. d. Theologie insonderheit.

— Hirtenbrief üb. 2 Timoth. 2, 15. 4. Stade 770.

— historia litium Edelmannianarum. 4. Stade 75J.

Pratie, Johann Heinrich (Bremen), De judicio superratione morum in gentibus profanis caute ferendo. Diss. theol. Präs. Johann Christoph Doederlein. Jena (Goepferdt) 21. XI. 1789. 26 S. (4.75) 27149
Gew.: Gotth. Diederich von Ende, Nikolaus von Decken, Johann Georg von Uslar, Georg Arnold von Spilker, Johann Heinrich Pratie (Großvater), Julius Conrad von Schluter, Ferdin. Adolph von Ende.

— Bremische u. Verdische Katechismusgeschichte. 8. Stade 762. Brand in Hamb. 4 gl.

— kurzgefaßtes Lehrbuch d. christl. Religion für die zur Konfirmation heranreifende Jugend entworfen. 8. Stade 790.

Pratje, Johann Heinrich (Hrsg.), s. a. M a g a z i n , Allgemeines ökonomisches.

— allgem. öconom. Magazin. 3 Bde. 8. Hamb. 782—88. Matthiessen. 3 rthl.

— theolog. Magazin, worin brauchbare Abhandll. u. Anmerkk. z. Aufnahme d. Wissenschaften rc. gesammelt worden. 3 Bde. 8. Gotha 761—64. Mevius. 5 rthl. 12 gl. Neues theolog. Magazin. 4 Stcke. 4. Altona 766—68. Iversen. 1 rthl. 8 gl.

— Nachricht v. der Familie d. Herren v. Klenke. 4. Stade 776.

— histor. Nachrr. von J. C. Engelmanns Leben, Schriften u. Lehrbegriff. 8. Hamb. 753. 2e verm. Ausg. 755. Brand. 10 gl.

P r a t j e , Jh. Hnr., histor. Nachr. v. Ad. Helt's Leben, Schriften, Irrthümern u. Schicksal. 3 Stcke. 4. Stade 754—56.

— histor. Nachricht v. d. 1555 gestifteten Religionsfrieden. 4. Stade 755.

— Nachrichten von J. C. E d e l m a n n s Leben, Schriften u. Lehrbegr. 8. Ebend. 755.

— Nachrr. v. d. Leben, d. Schriften u. d. Familie d. Generalsuperint. J. H. Pratje zu Stade. 4. Hamb. 784.

— Nachrr. v. d. Jungfrauenkloster Neuenwalde, Herzogth. Bremen rc. 4. Stade 758.

— panis ex lapidibus. 4. Hamb. 753.

— Pastoralschreiben v. Eide u. Meineide. 4. Stade 784.

— pflichtmäßiges Pastoralschreiben über 2 Timoth. 2, 15. 4. Stade. 770.

– (Hrsg.), s. P o r t e f e u i l l e , Oekonomisches, zur Ausbreitung nützlicher Kenntnisse und Erfahrungen aus allen Theilen der Oekonomie.

– s. a. P r e d i g t e n für Landleute, über epistol. u. evangel. Texte.

— P r e d i g t e n f. Landleute, üb. epist. evang. u. a. Texte. 8. Hamb. Matthiesen. 783.

— P r e d i g t e n , nach d. Vorbilde d. heilſ. Lehre. 1r Bd. gr. 8. Bremen, Cramer. 776.

— heil. Reden, welche bei d. Einweihung zwoer Kirchen rc. gehalten, nebst einer histor. Nachricht von diesen Kirchen rc. 8. Stade 760.

— kurzgefaßte Religionsgeschichte d. Herzogth. Bremen u. Verden. 3 Abschn. in 6 Stcken. 4. Stade 776—81.

— Samml. verschied. Aufsätze z. Vortheil neuangehender Feldprediger. 2 Thle. 8. Hamb. 757, 58. Brand. 12 gl.

P r a t j e ' s , Joh. Heinr., vermischte historische Sammlungen (betreffend die Geschichte der Herzogthümer Bremen u. Verden.) Hrsg. unter Leitung des vaterländ. Vereins zu Stade. 1—3. Bd. 8. Stade, (Pockwitz.) [1. (38 B. u. Titvign.) 842., 2. (39½ B.) 44., 3. (41 B.) 45. à * 1 Thlr.] *

— Sendschreiben an d. Probst Hollmann, bei dessen Amtsjubiläum. 4. Stade 753.

— Sendschreiben an sn. Sohn: Ein Prediger muß seinem Amte Ehre machen. 4. Hamb. 762. Brand. 4 gl.

— Statuta Stadensia de A. 1279, e codice anthentico accurate descripta, cum introductione historica, lectionum variant. farragine et glossar. specimine. 4. Götting. 766.

P r a t j e , J. H., v. d. Uebereinstimmung Pauli mit d. Reden Christi bei Johannes. Stade 1787. 4.

— das sehnliche Verlangen Gottes nach d. Seligkeit d. Menschen. 4. Hamb. 775.

— Versuch z. erbaul. Aenderung einiger alten Kirchenlieder. 8. Bremen 769. Förster. 4 gl.

— kurzgefaßter Versuch einer Geschichte d. Schule u. d. Athenaei bei d. k. Dom zu Bremen. 3 Stcke. 4. Stade 771, 72.

— kurzgefaßter Versuch e. Stadischen Schulgeschichte. 4 Stücke. 4. Stade 766—69.

— Versuch e. Buxtehudischen Schulgeschichte. 4. Stade 765.

Pratje, Johann Hinrich.
Versuch einer Verdenschen Schulgeschichte. Stade 1764. V: *Rehboom, Christian Gustav.* (ADB 26, 512)

— Versuch e. Verdenschen Schulgeschichte. 4. Stade 764.

— bibl. Vorlesungen. 4. Stade 773.

— s. C. Th. W a l t h e r , ellipsis.

PRATJE, Joh. Heinr., V o m u n s e l i g e n Z u s t a n d e d e r e r , w e l c h e d i e e r s t e L i e b e v e r l a s s e n . Stade 1746. 8°. 3½ Bogen. Selten!
Cat. Meissner III. p. 594.

Prâtimokṣasûtra

— Die tibetische Version der N a i h s a r g i k a p r â y a ç c i t t i k a d h a r m â s . Buddhistische Sühnregeln aus dem Pratimokshasûtram. Mit kritischen Anmerkungen herausgegeben, übersetzt u. mit der Pâli- u. einer chinesischen Fassung, sowie mit dem Suttavibhaṅga verglichen von Georg H u t h . Strassburg 1891.

— efficaco pour bien vivre et pour bien mourir etc. 8. Vien. Rhem. 802.

— efficace pour bien vivre et pour bien mourir etc. 8. Wien 802. (Wimmer). 2 fl

Pratique de quelques Gallicismes et Métamorphoses. Halle 1773. V: *Choffin, David Steph.* (Ky)

Pratique de quelques Gallicismes et Métamorphoses (par D. E. Choffin). 8. Halle 773. Cart. (Laue in Berl.) 4 gr.

Pratique du polaristrobomètre de Wild . . . Berne 1872. V: *Wild, Hnr.* (Cat. d. Stadtbibl. Zürich. Zürich 1864—97.)

Prato, Giov. Napoleone Barone à, la Fillossera in Austria [dal suo primo apparire a tutto l'anno 1882]. Rapporto alla delegazione permanente del congresso antifillossorico internazionale di Sarragozza. gr. 8. (74 S.) Gorizia 883. (Wien, Frick.) n. 1. 60

Prato, Joh. Napoleon Baron à, der internationale Phylloxera-Congress zu Saragossa in Spanien. Beitrag zur Lösung der Phylloxera-Frage. gr. 8. (39 S.) Wien 881. Frick. n. 1. 20

Prato, Napoleone, Barone à, Piano modello di Construzioni rurali nel Goriziano. Casa colonica pella pianura della Provincia. Tavola I (mit 5 S. Text) gr. 8. geh. 30 kr.
Wien: Frick 1882.

Prato, Barone G. Napoleone à, Piano modello di Construzioni rurali nell' Istria. Fabbricato attinente ad una piccola possessione nell' interno della Provincia. Tavola I. In Umschlag geh. (mit 4 S. Text) 30 kr.
Wien: Frick 1882.

Prato, Giovanni Freiherr v., Preßhäuser und Weinkeller. Winke zur Anlage, Bau, Einrichtung, Verbesserung und Erhaltung derselben. Handbuch für Weinproducenten, Weinhändler, Kellermeister, Ingenieure und Baumeister. Auf Grund eigener Erfahrungen und Studien zusammengestellt. Mit 123 Abbildungen. Gr.-8. (VIII, 198 S.) 2.20
Gebunden (nur fest) **Wien 894. A. Hartleben.** 3.—

[F.] Die italienischen Weine. Führer durch Italiens Weinberge f. den Käufer italien. Weine. Nach eig. Studien u. Erfahrgn verf. v. Giovanni Baron a **Prato,** Oenolog. SA. aus d. 'Allg. Wein-Zeitg'. *Wien: H. H. Hitschmann; Commr. C. Gerold 1897.* (4 Bl., 204 S.) 1 Bd 8.
= **Archiv** f. Landwirthschaft. Beil. z. 'Wiener Landw. Zeitg'. [No] 29.
[97. 3463

Prato, Giovanni Freiherr v., Der Weinverschnitt oder die Coupage der Weine. Nebst einem Anhange über die bezüglichen gesetzlichen Bestimmungen verschiedener Länder. Praktische Anleitung zur Ausführung des Weinverschnittes, nach eigenen Studien und Erfahrungen verfaßt. Vom Circolo enofilo in Rom mit besonderem Ehren-Diplome ausgezeichnete Preisschrift. Frei in's Deutsche übertragen. Mit 37 Abbildungen. Gr.-8. (142 S.) **Wien 896. A. Hartleben.** 1.65

Dasselbe. Geb. (nur fest) 2.20

Prato, Johann Napoleon à, s. Prato, Giovanni Napoleone à

Prato, Johann Philipp Joseph von (Nienkerken/Westfalen), **De fatalibus appellationis ad cameram imperialem. Diss. jur. Gießen 31. III. 1735. Rec. 1746. 30 S. (5.—)** 27150

PRATO, Johannes Baptista: De potestate ecclesiae rectoria externa. — (1842) 108 S. 8° (Handschr.) Diss. 61
Diss. Wien, Univ.

Prato, Katharina (Edle v. Scheiger), Anleitung zu den häuslichen Geschäften. 2. Abtlg. der Haushaltungskunde. Fortgeführt von der Enkelin Viktorine v. Leitmaier. 8. verb. Aufl. (190 S.) 8. Graz 906. Styria.
Geb. in Leinw. n. 1. 80

Prato [Edle v. Scheiger], Katharina, die Haushaltungskunde. Ein Leitfaden für Frauen und Mädchen aller Stände. Mit Anwendung des metr. Maßes und Gewichtes. gr. 8. (IV, 348 S.) Graz 872, Hesse's Buchh. ℳ 2,40.; geb.

† Prato, Katharina [Edle v. Scheiger], die Haushaltungskunde. Ein Leitfaden für Frauen und Mädchen aller Stände. 2 Abthlgn. gr. 8. Graz 877, Hesse's Buchh. *

Inhalt:

Abthl. 1. Praktische Anleitung zur selbstständigen und sparsamen Führung des Haushaltes in der Stadt wie auf dem Lande. 2. verm. und verb. Aufl. (VI, 418 S.) *ℳ 3,60.

2. Anleitung zu den häuslichen Geschäften für Dienstmädchen. (V, 142 S.) *ℳ 1,20.

Prato, Katharina [Edle v. Scheiger], die Haushaltungskunde. Ein Leitfaden für Frauen und Mädchen aller Stände. 3 Abthlgn. gr. 8. Graz, Hesse's Buchh. *

Inhalt:

Abthl. 1. Anleitung zu den häuslichen Geschäften für Dienstmädchen. 2. verm. und verb. Aufl. (VIII, 156 S.) 882. *ℳ 1,20.

2. Anleitung zur Führung des Haushaltes. 3. verm. und verb. Aufl. (168 S.) 883. *ℳ 1,20.

3. Anleitung zur Führung der Wirthschaft auf dem Lande. 3. verm. und verb. Aufl. (256 S.) 883. *ℳ 2,40.

Prato, Katharina, Die Haushaltungskunde. Ein Leitfaden für Frauen u. Mädchen aller Stände. I. Abth. Anleitung zu den häuslichen Geschäften für Dienstmädchen. Dritte vermehrte und verbesserte Auflage. 8. (156 S.) **geh.** 60 **kr., geb.** 76 **kr.**
Graz: Hesse 1882.

† Prato, Katharina [Edle v. Scheiger], die Haushaltungskunde. Ein Leitfaden für Frauen und Mädchen aller Stände. 4. verm. und verb. Aufl. 3 Abthlgn. gr. 8. Graz, [Hesse's Buchh.] Styria. [*ℳ 4.80.] *ℳ 4.—.; geb. in 1 Bd. *

Inhalt:

Abthl. 1. Anleitung zu den häuslichen Geschäften. (XX, 144 S.) 886. [*ℳ 1.20.] *ℳ 1.—.; geb. *ℳ 1.30.

" 2. Anleitung zur Führung des Haushaltes. (160 S.) 886. [*ℳ 1.20.] *ℳ 1.—.; geb. *ℳ 1.30.

" 3. Anleitung zur Führung der Wirthschaft auf dem Lande. (293 S.) [*ℳ 2.40.] *ℳ 2.—.; geb. [*ℳ 2.80.] *ℳ 2.30.

Prato, Katharina (Edle v. Scheiger), d. Haushaltungskunde. E. Leitfaden f. Frauen u. Mädchen aller Stände. 3 Abthlgn. 5., verm. u. verb. Aufl. gr. 8. Graz 896. Styria. n. 4. —; geb. n.n. 5. —; in 1 Bde. n. 4. —; geb. n. 5. —

1. **Anleitg. zur Führg. d. Haushaltes. (175 S.) n. 1. —; geb. n.n. 1. 30**

2. **Anleitg. zu d. häusl. Geschäften. (196 S.) n. 1. —; geb. n.n. 1. 30**

3. **Anleitg. zur Führg. d. Wirtschaft auf d. Lande. (312 S.) n. 2. —; geb. n. 2. 40**

Prato, Katharina (Edle v. Scheiger), die Haushaltungskunde. Ein Leitfaden für Frauen u. Mädchen aller Stände. In 8 Abthlgn. gr. 8. Graz, Styria. n. 4. —; geb. in Leinw. n. 6. —; in 3 einz. Bdn. geb. n.n. 5. —
1. Anleitung zur Führung des Haushaltes. 6. m. d. 5. gleichlaut. Aufl. (XIII, 175 S.) 897. n.n. 1.30
2. Anleitg. zu d. häuslichen Geschäften. 7. verb. Aufl. (196 S.) 899. n.n. 1.30
3. Anleitung zur Führung der Wirtschaft auf dem Lande. 6. m. der 5. gleichlaut. Aufl. (312 S.) 899. n. 2.40

(F) Die Haushaltungskunde. Ein Leitfaden für Frauen und Mädchen aller Stände. In drei Abtheilungen. 1. Anleitung zur Führung des Haushaltes. 2. Anleitung zu den häuslichen Geschäften. 3. Anleitung zur Führung der Wirtschaft auf dem Lande. Von Katharina Prato (Edle von Schweiger), fortgeführt von deren Enkelin Victorine v. Leitmaier. 7., verbesserte Auflage. Graz. 1901. Styria Gr.-8°. XIII, 176, 196, 363 S. Geb. K 6.—

Prato, Katharina (Edle v. Scheiger), die Haushaltungskunde. Ein Leitfaden f. Frauen u. Mädchen aller Stände. In 3 Abtlgn. 1. Anleitung zur Führg. des Haushaltes. 2. Anleitung zu den häusl. Geschäften. 3. Anleitg. zur Führg. der Wirtschaft auf dem Lande. Fortgeführt von deren Enkelin Viktorine v. Leitmaier. 8. verb. u. erweit. Aufl. (XIII, 192, 190 u. 276 S.) 8. Graz 907. Styria. Geb. in Leinw. 5. —

Prato, Katharina, Kochbuch für Officiers-Menagen. Gratz 866. Hesse's Buchh. 8. (IV, 300 S.) n. 20 ngr.

Prato, Katharina, die süddeutsche Küche auf ihrem gegenwärtigen Standpunkte, mit Berücksicht. des jetzt so üblichen Thee's zum Gebrauche für Anfängerinnen, sowie für praktische Köchinnen zusammengestellt rc. Gratz 858. (Hesse.) gr. 8. (348 S.) n. 1 ℛ︀ℊ. 5 ngr.

Prato, Katharina, die süddeutsche Küche auf ihrem gegenwärtigen Standpunkte, mit Berücksichtigung des Thee's für Anfängerinnen sowie für praktische Köchinnen zusammengestellt. 2., bedeutend verm. u. verb. Aufl. 861. (VIII, 632 S.) — 3. Aufl. 862. (VIII, 623 S.) — 4. Aufl. 864. (VI, 664 S.) — 5. Aufl. Gratz 865. Hesse. 8. (VI, 680 S.) 1 ℛ︀ℊ 10 ngr.

— die süddeutsche Küche auf ihrem gegenwärtigen Standpunkte mit Berücksichtigung des Thee's u. einem Anh. über das moderne Serviren. Für Anfängerinnen, sowie für prakt. Köchinnen zusammengestellt. 6. u. 7. verb. Aufl. Ebend. 867. gr. 8. (IV, 643 S.) 1 ℛ︀ℊ 15 ngr.; geb. 1 ℛ︀ℊ 27 ngr.

— die süddeutsche Küche auf ihrem gegenwärtigen Standpunkte mit Berücksicht. des Thee's nebst Anleitung zur Umrechnung des alten in das metr. Maß und Gewicht. Für Anfängerinnen, sowie für prakt. Köchinnen zusammengestellt. 7.—10. verb. Aufl. gr. 8. (VIII, 648 S.) Ebendas. 869—74. *ℳ 4,50.; geb. *

— die süddeutsche Küche auf ihrem gegenwärtigen Standpunkte mit Berücksichtigung des Thee's und einem Anhang über das moderne Serviren, nach metr. Maß und Gewicht berechnet und für Anfängerinnen, sowie für prakt. Köchinnen zusammengestellt. 11. verb. Aufl. (VIII, 652 S.) 1876; 12. und 13. verb. Aufl. gr. 8. (VIII, 656 S.) Graz 878,79, Hesse's Buchh. * geb. *

— die süddeutsche Küche auf ihrem gegenwärtigen Standpunkte, mit Berücksicht. des Thee's und einem Anhang über das moderne Serviren. Nach metr. Maß und Gewicht berechnet und für Anfängerinnen sowie für prakt. Köchinnen zusammengestellt. 14.—17. verb. Aufl. gr. 8. (VIII, 656 S.) Ebendas. 881—84. *

— die süddeutsche Küche auf ihrem gegenwärtigen Standpunkte, m. Berücksicht. d. Thee's u. e. Anh. üb. das moderne Serviren, nach metr. Maß u. Gewicht berechnet u. f. Anfängerinnen sowie f. prakt. Köchinnen zusammengestellt. 18. Aufl. gr. 8. (VIII, 694 S.) Ebend. 885. n. 4. 50; geb. n. 6. —

— die süddeutsche Küche auf ihrem gegenwärtigen Standpunkte, m. Berücksicht. des Thee's u. e. Anh. über das moderne Serviren. 19., verm. Aufl. gr. 8. (VIII, 696 S.) Ebd. 887. n. 3. 75; geb. n. 5. —

Prato, Katharina, Die süddeutsche Küche auf ihrem gegenwärtigen Standpunkte mit Berücksichtigung des Thees und einem Anhange über das moderne Servieren, nach metrischem Maß und Gewicht berechnet für Anfängerinnen sowie für praktische Köchinnen. 20. neubearbeitete und vermehrte Auflage. 8. (704 S.) 2.25, geb. 3.—
Graz: Styria 1889.

Prato, Katharina [Edle v. Scheiger]. Die süddeutsche Küche auf ihrem gegenwärtigen Standpunkte m. Berücksicht. d. Thees u. einem Anh. üb. das moderne Servieren. 22. Aufl. 134.—143. Taus. gr. 8. (VIII, 712 S.) Graz 892, Styria. * 3 75; geb. * 5 —
21. Aufl. Ebd. 1890. — Italien. Ausg. Ebd. 892. geb. * 4 —.

Prato, Katharina, Die süddeutsche Küche, mit Berücksichtigung des Thees und einem Anhange über das Serviren für Anfängerinnen, sowie für praktische Köchinnen. 24. Aufl. Gr.-8. (712 S.)
Graz: Styria 1895.

Prato, Katharina (Edle von Scheiger), Die Süddeutsche Küche mit Berücksichtigung des Thees und einem Anhange über das Serviren für Anfängerinnen, sowie für praktische Köchinnen. 25. Auflage. Mit 3 Farbentafeln und 50 Textfiguren. Gr.-8. (759 S.) 2.40, geb. 3.
Graz: Styria 1896.

Prato, Katharina, Die süddeutsche Küche. 26. Auflage. Mit Abbildungen. Gr.-8. (VIII, 759 S.)
Graz: Styria 1897. 2.40, eleg. geb. 3.—

— die süddeutsche Küche m. Berücksicht. d. Thees u. e. Anh. üb. d. Servieren, f. Anfängerinnen, sow. f. prakt. Köchinnen zusammengestellt. 27. Aufl. gr. 8. (VIII, 759 S. m. 50 Abb., Bildn. u. 3 Farbdr.) Graz 898. Styria. n. 4. —; geb. in Leinw. n. 5. —

PRATO, Katharina
(F) Die süddeutsche Küche mit Berücksichtigung des Thees und mit einem Anhange über das Servieren für Anfängerinnen, sowie für praktische Köchinnen zusammengestellt von Katharina Prato (Edle von Scheiger). Ausgezeichnet mit ersten Preisen. 28. vermehrte und verbesserte Auflage. Mit 3 Farbendrucktafeln und 50 Textfiguren. Graz. 1899. Styria. Gr.-8°. VIII, 811 S. fl. 2.40, geb. fl. 3.—

PRATO (Edle von Schweiger), Katharina
(F) Die Süddeutsche Küche mit Berücksichtigung des Thees und mit einem Anhange über das Servieren für Anfängerinnen sowie für praktische Köchinnen zusammengestellt von Katharina Prato (Edle von Schweiger). Ausgezeichnet mit ersten Preisen. 29. Auflage. Mit 3 Farbentafeln und 50 Text-Figuren. Graz. 1900. Styria. VIII, 811 S. Geb. K 6.—

(F) Die Süddeutsche Küche. Mit einem Anhange über das Servieren für Anfängerinnen sowie für praktische Köchinnen zusammengestellt von Katharina Prato (Edle von Scheiger) bereichert und herausgegeben von deren Enkelin Victorine von Leitmaier. Ausgezeichnet mit ersten Preisen. 30. Auflage. Mit 3 Tafeln und 50 Text-Figuren. Graz. 1901. Styria. Gr.-8°. VIII, 811 S. K 4.80, geb. K 6.—

— die süddeutsche Küche. Für Anfängerinnen u. prakt. Köchinnen bearb. Bereichert u. hrsg. von deren Enkelin Victorine v. Leitmaier. 32., abermals verb. u. verm. Aufl. 214.—218. Tauf. gr. 8. (VIII, 839 S. m. 51 Abbildgn., Bildnis u. 3 Farbdr.) Ebd. 902. n. 4. —; geb. in Leinw. n. 5. —

Prato, K., Süddeutsche Küche. 34. Aufl. (ill. 839 S. mit 3 Tafeln) geb. K 4.-0
Graz: Styria 1903.

. (F) Prato, K., Die Süddeutsche Küche. Für Anfängerinnen und praktische Köchinnen. 36. Aufl. Gr.-8°. (ill. VIII, 800 S. mit 4 Tafeln) geb. K 6.—
Graz: Styria 1904.

— die süddeutsche Küche. Für Anfängerinnen u. prakt. Köchinnen zusammengestellt. Bereichert u. hrsg. von deren Enkelin Viktorine v. Leitmaier. 40., abermals verb. u. verm. Aufl. 257.—262. Tauf. (VIII, 800 S. m. 52 Abb. u. 4 farb. Taf.) 8. Ebd. 907. Geb. in Leinw. 5. —

(F) Prato, K., Die Süddeutsche Küche. 41. Aufl. Gr. 8°. (ill. VIII, 800 S. mit 4 Tafeln) geb. K 6.—
Graz: Styria 1907.

Prato, K., Die süddeutsche Küche. 44. Aufl. Gr.-8°. (ill. VIII, 835 S. mit 4 Farbentafeln) geb. * K 6.—
Graz: Styria 1909.

(F) Prato, K., Die süddeutsche Küche. 45. Aufl. Gr.-8°. (VIII, 835 S.) geb. K 6.—
Graz: Styria 1909.

Prato, K., Die süddeutsche Küche. 46. Aufl. Gr.-8°. (ill. VIII, 835 S. u. 4 Tafeln) geb. K 6.-
Graz: Styria 1910.

— Die süddeutsche Küche. Für Anfängerinnen u. prakt. Köchinnen zusammengestellt. Bereichert u. hrsg. v. deren Enkelin Viktorine v. Leitmaier. 47., abermals verb. u. verm. Aufl. 295.—300. Tauf. (VIII, 835 S. m. 51 Abb., Bildnis u. 4 farb. Taf.) 8. Ebd. 911. Geb. in Lw. 5. —

— das metrische Maaß u. Gewicht praktisch angewendet f. das häusl. u. bürgerl. Leben. gr. 16. (31 S.) Ebend. 874. — 30

— manuale di cucina per principianti e per cuoche già pratiche. Traduzione sulla 22. ed. tedesca. Riveduta dall' autrice. gr. 8. (VI, 674 S.) Ebd. 892. Geb. n. 4. —

Prato Caterina. Manuale di cucina per principianti e per cuoche già pratiche. Traducione sulla 25 edizione tedesca. 8. (VIII, 715 S.) 2.—, in Lnwd. geb. 2.50
Graz: Styria 1896.

Prato, Katharina (Edle v. Scheiger), Manuale di cucina per principianti e per cuoche già pratiche. Traduzione sulla 26. ed. tedesca. 3. ed. gr. 8. (IX, 715 S. m. 8 Farbdr.) Ebd. 898. n. 3. 50; geb. in Leinw. n. 4. 50

— Manuale di cucina per principianti e per cuoche già pratiche. 4. ed. italiana sulla 30. ed. tedesca. Riveduta ed accresciuta da Ottilia Aparnik. gr. 8. (VIII, 651 S. m. 50 Fig. u. 3 farb. Taf.) Ebd. 902. n. 4. —; geb. in Leinw. n. 5. —

— Manuale di cucina per principianti e per cuoche già pratiche. 6. ed. italiana. Riveduta ed accresciuta da Ottilia Visconti-Aparnik. (VIII, 617 S. m. 51 Abb. u. 3 farb. Taf.) 8. Ebd. 910. Geb. in Leinw. 5. —

Prato, Napoleone à, s. Prato, Giovanni Napoleone à

Prato, Stanislao

Prato, S., le novelle del Mambriano del Cieco da Ferrara, esposte ed illustrato da Giuseppe Rua. Recensione critica. [Aus: „Zeitschr. f. Volkskde."] gr. 8. (13 S.) Leipzig 889. Dörffel. n. 1. —

Pratobevera, C. J., s. Prato, Karl Josef

Pratobevera, Eduard

Pratobevera, Ed., die keltischen und römischen Antiken in Steiermark. (Abdr. aus dem „Aufmerksamen".) Grätz 856. (Hesse.) 8. (56 S. mit Holzschn. im Text.) n. 8 ngr.

Pratobevera, Eduard —. Die keltischen und römischen Antiken in Steiermark. Von — —. (Abdruck aus dem „Aufmerksamen," Jahrgang 1856.) Grätz. Druck und Papier von A. Leykam's Erben. (56 S. 8.)

Pratobevera, Eduard. Was hat Steiermark in den Türkenkriegen für Kroatien gethan? (1475—1594.) 8. Gratz 1848.

Pratobevera, J. C., s. Pratobevera, Karl Josef

Pratobevera, Karl Josef

— Diss. inaug. de jure imperat. circa bona sacra et ecclesiastica. 4. Wien 792.

Pratobevera, Karl Jos., Materialien f. Gesetzkunde u. Rechtspflege in d. österr. Erbstaaten. 8 Bde. gr. 8. Wien 814—23. Geistinger. (Gerold). 16 ℛ Hbg. Pr. 8 ℛ

Pratobevera, (C. J.,) Materialien f. Gesetzkunde u. Rechtspflege in den österr. Erbstaaten. 8 Bde. gr. 8. Wien 815—25, Geistinger, Landshut, Krüll.)

Pratobevera, J. C., Materialien für Gesetzkunde und Rechtspflege in den österr. Staaten. 3r u. 4r Bd. gr. 8. Wien. (Leipzig, W. Vogel in Com.) 818 u. 819. (3r Bd. 5 Thlr. 4r Bd. 2 Thlr.)

Capitain Detleff Pretorius, welchem zu Rendsburg der Kopff abgehauen 29/6 1725, weil selbiger den Graffen von Rantzau auff der Jagd erschossen. U. St. o. A. 4. P.

Prätorius, Hermann, s.: Zur Erinnerung.

Praetorius, Der homerische Gebrauch von ἤ (ἠέ) in Fragesätzen. Pr. 1873. 25 S. 4°. 2.—

Praetorius, Milch u. Milchuntersuchung. (18 S.) 8. Leipzig 905. F. Leineweber. n. — 50
Sonderabdruck aus: „Ztschr. f. Krankenanstalten".

Praetorius, Albert, prakt. Arzt a. Graudenz: Über die Häufigkeit des Stillens und die Gründe des Nichtstillens bei der ärmeren Bevölkerung Rostocks. Rostock 1908: C. Boldt. (29 S.) 8°
Rostock, Med. Fak., Ref. Brüning-Martius, Diss. v. 13. Juli 1908
[Geb. 21. Sept. 80 Konitz; Wohnort: Lasdehnen; Staatsangeh.: Preußen; Vorbildung: Gymn. Konitz Reife O. 00; Studium: Königsberg, Kiel, Rostock; Coll. 20. Nov. 07; Approb. 11. Nov. 07.]

Praetorius Artur: Kinetik der Verseifung des Benzolsulfosäuremethylesters. 1. Mitteilung (mit 1 Textfigur). S. 113. IIb. 941 . . . . . . vgr.
— — 2. Mitteilung. S. 115. IIb. 263 . . . . . . vgr.
Separatabdruck

— Über die alkoholische Verseifung der Benzolsulfosäureester. S. 116. IIb. 680 vgr.
Separatabdruck

Prätorius, C. G., s. Prätorius, Karl Gotthelf

Praetorius, Caspar, s. Praetorius, Kaspar

Praetorius, Caspar Heinrich, s. Praetorius, Kaspar Heinrich

— **Christ. Gottlieb (Bautzen/Lausitz),** Animadversa quaedam in demonstrationem existentiae Dei allatam a archiepiscopo Cameracensi. Präs. Christian August Hausen. Wittenberg/Sachsen (J. L. Fincel) 28. X. 1713. 32 S. (4.75) 27108

Prätorius, Christian Ludwig

Prätorius, Christian, Ludwig, Medicinal-Kalender für Oesterreich-Ungarn 1885. Taschenform. (206 S. mit Kalender-Notizen.) Wien, Bretzner & Cie Geb. 1 fl. 60 kr. N. b.

Prätorius, Christ. Ludw., Medicinalkalender f. Oesterr.-Ung. 1886. Taschenform. (208 S. u. Kalender-Notizen.) Wien, J. Bretzner u. Cie. (Moritz Lieber.) In Lwd. geb. 1 fl 60 kr.

Praetorius, Chr. Ludw., s. Medicinal-Schematismus, österr.

Praetorius, Chrn. Ludw., österreichischer Medicinal-Schematismus für 1885. Enthaltend sämmtl. graduirten und diplomirten Aerzte, Thierärzte und Apotheker der im Reichsrathe vertretenen Königreiche und Länder. Nach amtl. Quellen hrsg. Als Anhang: Sanitäts-Gesetze für Oesterreich-Ungarn. 12. (248; 235 S.) Wien 884, (Bretzner und Comp.) *

Prätorius, Chrn. Ludw., österreichischer Medicinal-Schematismus f. 1886. Enth. sämmtl. graduirten u. diplomirten Aerzte, Thierärzte u. Apotheker der im Reichsrathe vertretenen Königreiche u. Länder. Als Anh.: Sanitäts-Gesetze f. Oesterreich-Ungarn. gr. 16. (499 S.) Wien 885. (Bretzner & Co.) n. 3. —

Praetorius, Chr. L., österreichischer Medicinal-Schematismus f. 1888. Enth. sämmtl. graduirten u. diplomirten Aerzte, Thierärzte u. Apotheker der im Reichsrathe vertretenen Königreiche u. Länder. Nach amtl. Quellen hrsg. Als Anh.: Sanitäts-Gesetze f. Oesterreich-Ungarn. gr. 16. (XXXII, 344 u. 70 S.) Wien 887. Perles. n. 3. 20

Prätorius, Christian Ludwig, Medicinal-Schematismus, Oesterreichischer, für 1890 (als 2. Thl. des Taschenbuches für Civilärzte mit Recept-Taschenbuch). Enthaltend sämmtl. graduirten und diplomirten Aerzte, Thierärzte und Apotheker der im Reichsrathe vertretenen Königreiche u. Länder. Als Anhang „Sanitätsgesetze für Oesterreich-Ungarn". 8. (XXXII, 378, 128 S.) 1.60
Wien: Perles 1889.

Praetorius' österreichischer Medicinal-Schematismus f. 1893/94. Enth. sämmtliche graduirten u. diplomirten Aerzte, Thierärzte, Apotheker u. Hebammen der im Reichsrathe vertretenen Königreiche u. Länder, sowie das neueste alphabet. Verzeichnis der in Wien wohnhaften Sanitäts-Personen. (Juli 1893.) Nach amtl. Quellen auf Grund des hohen Erlasses des k. k. Ministeriums des Innern, Z. 7795, hrsg. u. red. v. Ed. Fischer. 12. (IV, 686 S.) Wien 894. W. Braumüller. Geb. in Leinw. n. 5. —

Praetorius' österreichischer Medicinal-Schematismus f. 1896. Enth. sämmtl. graduirten u. diplomirten Aerzte, Thierärzte u. Apotheker der im Reichsrathe vertretenen Königreiche u. Länder, sowie das neueste alphabet. Verzeichnis der in Wien wohnhaften Sanitäts-Personen. Nach amtl. Quellen auf Grund des hohen Erlasses d. k. k. Ministeriums des Innern, Z. 7795, hrsg. u. red. v. Ed. Fischer. 12. (II, 583 S.) Wien 896. W. Braumüller. Geb. in Leinw. n. 5. —

— **Christoph (Bischofswerda/Meißen), Historiae Saxonicae Specimen I. Präs. L. Adam Rechenberg. Leipzig** (J. Chr. Brandenburger) **16. VIII. 1693. (5.—)** 27109

PRÄTORIUS, DETTLEF, Die durch Busz und Glauben versüszte Todes-Bitterheit wollte für seiner Hinrichtung 1725 zu Rendsburg in folgenden beweisen [DETTLEF] P[RÄTORIUS]. U. St. o. A. P.

Prätorius, Ed., Gedichte u. poetische Erzählungen. 8. (VIII, 248 S.) Leipzig 880. Wartig's Verl. n. 4. —

Prätorius, Ed., Grundzüge der Kirchen-Geschichte. Für die Hand der evangel. Elementarschüler bearb. gr. 8. (35 S.) Dillenburg 859. Jacobi. gr. 8. (35 S.) n. 4 ngr.

Praetorius, Ephr., Athenae Gedanens. s. comment. de gymnasio dantiscano. 8. Lips. 713. -

— bibliotheca homiletica, od. homilet. Büchervorrath rc. 5 Thle. 4. Leipz. Gleditsch. 711-719.

— Casualpredigten. 8. Ebend. 718. -

— Danziger Lehrergedächtniß. 4. Danzig, Rüdiger. 760. -

Prätorius, Ephraim Heinrich

Prätorius, Ephr. Hnr., (✝ d. 6. März 1783.) Abhandll. vermischten Inhalts. 1e Lfrg. 8. Warschau 780. Gröll. 4 gr.

PRÄTORIUS, Ephraim Heinr., Ueber die Ehen. Ein ohnmassgeblicher Versuch. Göttingen 1781. 12°. (In Amsterdam, Bibl. Gerritsen.) (6 Mk. O. Rauthe, Berlin, 1910.)
Enthält: Von Brautwerben; Nothwendigkeit der Ehen; Von Ehescheidungen; ueber den Ehebruch usw.

— über die Ehen. 8. Götting. 781. Vandenhöck u. R. 16 gr.

Prätorius, Ephr. H. Versuch über die gesetzgebende Klugheit, Verbrechen ohne Strafe zu verhüten. 8. *Frankfurt und Leipzig. (Göttingen, Van den Höck.)* 1778.

—Versuch üb. die gesetzmäßige Klugheit, Verbrechen ohne Strafen zu verhüten. 8. Warschau 785. Gröll.

Praetorius, Ernst, pract. Arzt aus Cassel: Aus d. k. Universitäts-Kinderklinik u. d. Pathol. Institut zu München. Zur pathologischen **Anatomie** der Poliomyelitis anterior acuta infantum. *Berlin: S. Karger 1903.* (20 S.) 8° ¶ (Aus: Jahrbuch f. Kinderheilkunde. Bd 58 Erg.Heft.)
München, Med. Diss. v. 1903

Praetorius, Ernst [aus Halle a. S.]: Ein Fall von Adenoma malignum des unteren Gebärmutterabschnittes ... Halle a. d. S., Druck v. M. Kandler, 1896; 38 S., 2 Bl., 3 Taf. 8.
Halle, Med. Fak., Inaug.-Diss. v. 20. Juli 1896

Prätorius, Ernst. Haideblumen. Lyrische Erstlinge. 16. (XIII, 177 S.) Götting. 889, Dieterich's Sort. 2 25; geb. 3 –

Praetorius, Ernst, Dr.: Katalog der Musikalien-Sammlung der Königl. Gymnasialbibliothek in Flensburg. Flensburg 1905: L. P. H. Maass. (15 S.) 8°
Flensburg, k. G u. RG P 1906 (341)

Praetorivs, Ernestvs (geb. 1861 in Waren Meckl.): De legibvs Platonicis a Philippo Opvntio retractatis ... Bonnae, typ. C. Georgi (1884). 49 S. 8. ¶ In Komm. bei Behrendt in Bonn.
Bonn, Phil. Fak., Diss. v. 27 März 1884

Praetorius, Ernst, de legibus Platonicis a Philippo Opuntio retractatis. gr. 8. (46 S.) Bonn 884. (Behrendt.) n. 1. —

Praetorius, Ernst, die Mensuraltheorie des Franchinus Gafurius, s.a. Publikationen der internation. Musikgesellschaft Zürich.

Praetorius, Ernst, Berlin: Die Mensuraltheorie des Franchinus Gafurius und der folgenden Zeit bis zur Mitte des 16. Jahrhunderts. T. 1. (Leipzig 1905: Breitkopf & Härtel.) (55 S.) 8° ¶ (Erschien vollst. 1905 in: Publikationen der Internationalen Musikgesellschaft, Beihefte, Folge 2, H. 2.)
Berlin, Phil. Fak., Ref. Kretzschmar, Stumpf, Diss. v. 4. Febr. 1905
[Geb. 20. Sept. 80 Berlin; Heimatsort: Charlottenburg; Staatsangeh.: Preußen; Vorbildung: Staatsgymn. Halle a. S. Reife O. 99; Studium: Berlin 7 S.; Rig. 28. Juli 04.]

Die Mensuraltheorie des Franchinus Gafurius und der folgenden Zeit bis zur Mitte des 16. Jahrhunderts von Ernst **Praetorius,** Dr. phil. Leipzig: Breitkopf & Härtel 1905. (132 S.) 8°
= **Publikationen** d. Internat. Musikgesellschaft. Beiheft. Folge 2, 2. (05.4470)

Maurerische Rede zur Feier des St. Johannis Festes, der ger. und vollk. Loge, Constantia zur gekrönten Eintracht im Or. zu Elbing. Von F. K. P. L. Prätorius, gesprochen und gehalten von dem Verf. in geöfneter [!] Loge den 23. July 1815. Elbing [1815]: Hartmann. 16 S. 4° [Umschlagtit.]
Kl. 1187b. Üb. den Befreiungskrieg.

Prätorius, F. W., freie Uebertragung der Homerischen Gesänge. Odyssee. 1–3. Lfg. 1–18. Gesang. 8. (X S. u. S. 1–486.) Erfurt 847. 49, Hennings & Hopf. (à 1/4 ₰) 3/4 ₰.

Praetorius, Frz., üb. d. rückweichenden Accent im Hebräischen. gr. 8. (V, 69 S.) Halle 897. Buchh. d. Waisenhauses. n. 4. —

Praetorius, Frz., Beiträge zur Erklärung der himjarischen Inschriften. 1–3. Hft. gr. 8. (44, VII, 34 u. XII, 51 S.) Halle 872–74. Buchh. d. Waisenh. à n. 1. 50

— neue Beiträge zur Erklärung der Himjarischen Inschriften. gr. 8. (VII, 34 S.) Ebendas. 873. *
— dass. — 3. Heft. [Anh.: über eine palmyren. Inschrift.] gr. 8. (XII, 51 S.) Ebendas. 874. *

Praetorius, Franciscus: Fabula de regina Sabaea apud Aethiopes. Halis (1870): Orphanotropheum. X, 44 S. 8° (4°)
Halle-Wittenberg. Phil. Diss. v. 17. Jan. 1870
Geb. Berlin 22. 12. 1847. V.
Im Buchhandel Halle: Waisenhaus 1870. 4°
Verf. erlebte die Diplomerneuerung 1920 als Geheimer Regierungsrat, ordentlicher Professor der semitischen Philologie in Breslau,

— s.: Gesellschaft, die deutsche morgenländ.

Prätorius, F., } s. Porta linguarum orientalium.
— grammatica aethiopica, }

Praetorius, F., grammatica aethiopica cum paradigmatibus, literatura, chrestomathia et glossario. 8. (X, 153 u. 65 S.) Karlsruhe 886. Reuther. n. 6. —

— äthiopische Grammatik, s.a. Porta linguarum orientalium.

Praetorius, F., Äthiopische Grammatik mit Paradigmen, Litteratur, Chrestomathie und Glossar. [= Porta linguarum orientalium. Pars VII.] Karlsruhe und Leipzig 1886.

Praetorius, Frz., zur Grammatik der Gallasprache. gr. 8. (VIII, 310 S.) Berlin 893. [W. Peiser.] Reuther & Reichard. n. 22. —; erm. Pr. n. 16. —

— Grammatik der Tigriñasprache in Abessinien hauptsächlich in der Gegend von Aksum und Adoa. 2 Hälften. gr. 8. Ebendas. [1. Hälfte. (IV, S. 1–168, mit 1 Textbeilage.) 871. *M. 6.; 2. Hälfte. (IV, S. 169–368.) 872. *M. 7,50.] *

— über die Herkunft der hebräischen Accente. gr. 8. (V, 54 S.) Berlin 901. Reuther & Reichard. n. 4. —

— s. Mazhafa tomâr.

Praetorius, Frz., die amharische Sprache. 2 Hefte. gr. 4. (XIII, 523 S.) Halle 878,79, Buchh. des Waisenhauses. à Heft M. 15. *

— das Targum zum Buch der Richter in jemenischer Überlieferung. (Hebr.) gr. 8. (V, 61 S.) Ebd. 900. n. 4. —

— das Targum zu Josua in jemenischer Überlieferung. (In hebr. Sprache.) gr. 8. (XI, 47 S.) Ebd. 899. n. 3. —

— die Übernahme der früh-mittelgriechischen Neumen durch die Juden. Ein Nachwort zu meiner Schrift üb. die Herkunft der hebr. Accente. gr. 8. (22 S.) Ebd. 902. n. 1. 50

Praetorius, Frz., über den Ursprung des kanaanäischen Alphabets. (21 autogr. S.) 8. Berlin 906. Reuther & Reichard. n. 1. 60

— zum Verständnisse Sibawaihi's. gr. 8. (34 S.) Halle 895. Buchh. d. Waisenhauses. n. 1. 80

— s.: Zeitschrift d. deutschen morgenländ. Gesellschaft.

Praetorius, Frdr., das niedere Schulwesen Lübecks im 17. u. 18. Jahrh., s.a. Zeitschrift des Vereins f. lübeckische Geschichte und Altertumskunde. 11. Bd.

Praetorius, Friedrich: Das niedere Schulwesen Lübecks im 17. und 18. Jahrhundert. Nach urkundlichen Quellen dargestellt. Schönberg i. M. 1908: Lehmann & Bernhard. (XV, 213 S.) 8° [F.]
Leipzig, Phil. Fak., Ref. Volkelt-Seeliger, Diss. v. 19. Mai 1908
[Geb. 9. Jan. 80 Lübeck; Wohnort: Leipzig; Staatsangeh.: Lübeck; Vorbildung: Kgl. Realgymn. Leipzig Reife O. 00; Studium: Leipzig 8 S.]

Friedrich **Praetorius**, Das niedere Schulwesen Lübecks im 17. und 18. Jahrhundert. Lübeck: Lübcke & Nöhring 1909. XI, 213 S. 8° (Zeitschrift d. Vereins f. Lübeckische Geschichte u. Altertumskunde. Bd 11, H. 1 u. 2.) [10. 8618 5

Praetorius, Friedrich Christoph [Praes.], s. Ehrlich, Johann Gottlieb: De nubium fulminearum genesi.

Praetorius, Friedrich Christoph: De Scarificatione oculorum, s. Platner, Joh. Zach. [Praes.]

Praetorius, Georg, appr. Arzt a. Berlin: Aus der Poliklinik für Haut- und Geschlechtskrankheiten zu Rostock. ⟨Direktor: Prof. Dr. Wolters.⟩ Über Muskelgummen im Frühstadium der Syphilis. Rostock 1905: Adler. (42 S.) 8°
Rostock, Med. Fak., Ref. Wolters, Diss. v. 25. Aug. 1905
[Geb. 20. Okt. 78 Berlin; Wohnort: Rostock; Staatsangeh.: Preußen; Vorbildung: Landessch. Pforta Reife O. 97; Studium: Halle 1, München 1, Halle 2, Rostock 6 S.; Coll. 8. Juli 03; Approb. 29. Juni 03.]

PRAETORIUS, GEORG. Ueber die Salze der Chlorchromsäure. Tübingen, 1878.

Prátorius, Gotth., Hist. u. Recht. e. luther. Jubilái. 8. Jena. 717.

Praetorius, Gregor, der Universal-Wortgrübler. Neuestes, bequemes u. vollständ. Taschenwörterbuch enthalt. mehr als 14,000 Fremdwörter rc. 16. (172 S.) Wien 847, Wenedikt. n. 8 ngl — Neuestes, bequemes u. vollständ. Taschenwörterbuch enthalt. eine Sammlung u. genaue Erklärung von mehr als 18,000 Fremdwörtern, Redensarten u. Zeichen rc. Mit besond. Berücksichtigung der Aussprache, Abstammung u. Betonung eines jeden Wortes. 2. verm. Aufl. gr. 16. (266 S.) Ebd. 848. — 3. bedeut. verm. u. correkte Aufl. gr. 16. (VI u. 266 S.) Ebd. 849. — 5. bedeut. verm. u. correkte Aufl. gr. 16. (VI u. 266 S.) Ebd. 851. 1/4 ℔ — 6. bedeut. verm. u. correkte Aufl. gr. 16. (VI u. 563 S.) Ebd. 852. n. 8 ngl

Prátorius, Gregor, der Universal-Wortgrübler. Neuestes, bequemes und vollständ. Taschen-Wörterbuch, enth. eine Sammlung und genaue Erklärung von mehr als 20000 Fremdwörtern rc. Mit besond. Berücksicht. der Aussprache, Abstammung und Betonung eines jeden Wortes. 8. Aufl. (VI und 364 S.) 1854. und 9., bedeutend verm. und korrecte Aufl. gr. 16. (VI und 594 Sp.) Wien 856, Wenedikt. *

Prátorius, Gregor, der Universal-Wortgrübler. Neuestes bequemes und vollständ. Taschen-Wörterbuch, enthaltend eine Sammlung und genaue Erklärung von mehr als 20,000 Fremdwörtern, Redensarten und Zeichen rc. Nebst einem Anhang von nahe an 100 neugesammelten Fremdwörtern, wovon die Mehrzahl in keinem bisher erschienenen Fremdwörterbuche aufzufinden ist. Mit besond. Berücksicht. der Aussprache, Abstammung und Betonung eines jeden Wortes. 10., bedeutend verm. und korrecte Aufl. 16. (VI S. und 596 Sp.). Wien 858, Wenedikt. *

Prätorius, Gregor, der Universal-Wortgrübler, oder neuestes, bequemes u. vollständiges Taschen-Fremd-Wörterbuch, enth. eine Sammlung u. genaue Erklärung von mehr als 24000 Fremdwörtern, Redensarten u. Zeichen, die in der deutschen Schrift-, Umgangs- u. Amtssprache häufig vorkommen rc. Mit besonderer Berücksichtigung der Aussprache, Abstammung u. Betonung eines jeden Wortes. 11. bedeutend verm. u. correcte Aufl. Wien 862. Wenedikt. 16. (VIII, 302 S.) 9 ngr.

Prätorius, Greg., der Universal-Wortgrübler, oder neuestes, bequemes u. vollständ. Taschen-Fremd-Wörterbuch, enthltd. eine Sammlung u. genaue Erklärung von mehr als 24,000 Fremdwörtern rc. Mit besond. Berücksichtigg. der Aussprache, Abstammung u. Betonung eines jeden Wortes. 12. u. 13. bedeutend. verm. u. correcte Aufl. Wien 865,70. Wenedikt. 16. (VIII, 302 S.) 9 ngr.; cart. 12 ngr.

Prätorius, Gregor, der Universal-Wortgrübler, od. neuestes bequemes u. vollständ. Taschen-Fremd-Wörterbuch, enth. e. Sammlg. u. genaue Erklärg. v. mehr als 25,000 Fremdwörtern, Redensarten u. Zeichen, die in der deutschen Schrift-, Umgangs- u. Amtssprache häufig vorkommen u. noch immer f. unumgänglich nothwendig u. unersetzlich gehalten werden. Mit besond. Berücksicht. der Aussprache, Abstammg. u. Betong. e. jeden Wortes. 14., bedeutend verm. u. correcte Aufl. 16. (IV, 302 S.) Wien 872. Wenedikt. — 90

— der Wortgrübler. Neuestes, bequemes u. vollständ. Taschen-Fremd-Wörterbuch nebst allen Redensarten u. Zeichen, die in der deutschen Schrift- u. Umgangssprache häufig vorkommen und noch immer f. unersetzlich gehalten werden. Mit besond. Berücksicht. der Aussprache, Betong. u. Abstammg. e. jeden Wortes. 16. (302 S.) Wien 874. Wenedikt. 1. 20; cart. 1. 50

Prätorius, Gregor, der Wortgrübler. Neuestes, bequemes und vollständiges Taschen-Fremdwörterbuch. Sammlung und Erklärung von mehr als 25,500 fremden Wörtern. Nebst allen Redensarten und Zeichen, die in der deutschen Schrift-, Umgangs- und Amtssprache häufig vorkommen und noch immer für unumgänglich nothwendig und unersetzlich gehalten werden. Mit besond. Berücksicht. auf Aussprache, Abstammung und Betonung. 15.—17. Aufl. 16. (304 S.) [Wien 879.] Neutitschein, Enders. ℳ 1,20.; cart.

Prätorius, Greg., der Wortgrübler. Neuestes, bequemes und vollständ. Taschen-Fremdwörterbuch. Sammlung und Erklärung von mehr als 26,000 fremden Wörtern. Nebst allen Redensarten und Zeichen, die in der deutschen Schrift-, Umgangs- und Amtssprache häufig vorkommen und noch immer für unumgänglich nothwendig und unersetzlich gehalten werden. Mit besond. Berücksicht. auf Aussprache, Abstammung und Betonung. 18. Aufl., neu bearb. von Joh. Tuschina. 12. (VII, 313 S.) Wien 883, (Winkler.) *ℳ 1,20.; geb. * geb. in Leinw. *

Prätorius, Gregor. Prof. Dr., Der Wortgrübler. Neuestes, bequem. u. vollständ. Taschenfremdwörterbuch. 19. Aufl., neu bearb. von Director Joh. Tuschina. kl. 8. (V u. 313 S.) Wien, Hermann Winkler's Verlag. 60 kr., cart. 80 kr., in Leinwand geb 90 kr. 1883

— Prof. Dr. Gregor, Der Wortgrübler. Neuestes, bequemes u. vollständ. Taschen-Fremdwörterbuch. Sammlung und Erklärung von mehr als 26.000 fremdeu Wörtern. 20. Aufl. neu bearb. v. Direct. Joh. Tuschina. kl. 8. (313 S.) Wien, H. Winkler. Cart. 60 kr., in Leinwandrücken gebd. 60 kr., in Ganzleinen gebd. 90 kr. 1884.

Prätorius, G., der Wortgrübler. Neuestes, bequemes u. vollständ. Taschen-Fremdwörterbuch. 21., neu bearb. Aufl. 12. (VII, 313 S.) Wien 890. Daberkow. n. 1. —; cart. n. 1. 40; geb. n. 1. 40

Praetorius, Heinrich [aus Wiesbaden]: Die Blutung als Primärsymptom bei den Schusswunden der Extremitäten ... Potsdam, Krämer'sche Buchdr., 1897; 54, LXXIV S., 1 Bl. 8.
Berlin, Med. Fak., Inaug.-Diss. v. 16. Juli 1897

PRÄTORIUS, HEINRICH. Ueber die Nitrirungsproducte des Benzophenons. Tübingen, 1878.

Praetorius, Hermann

Prätorius, H., zur 100jähr. Gedächtnißfeier der deutschen Christenthumsgesellschaft, s. Riggenbach, Ch. J.

—— die Weltversöhnung der Grund der Weltmission. Missions-Predigt über 2. Corinther 5, 19, gehalten am 29. Septbr. 1880 in der St. Katharinen-Kirche zu Frankfurt a. M. 8. (15 S.) Basel 884, Missionsbuchhandlung. *

Prätorius, H. Die Weltversöhnung der Grund der Weltmission. Missionspredigt. In-8°. Basel, Missionsbuchhandlung. 1893.

Ausgewählte Werke von Hieronymus **Praetorius**. Hrsg. von Hugo Leichtentritt. Leipzig: Breitkopf & Härtel 1905. (XIII, 174 S.) 2° = **Denkmäler** deutscher Tonkunst. Folge 1. Bd 23. [c4. 2085

Praetorius, J. H., s. P r a e t o r i u s, Johann

Praetorius, Ignaz [Prof. Dr.]: Zur Flora von Konitz. Phanerogamen und Gefässcryptogamen. Conitz, Buchdr. v. Fr. W. Gebauer, 1889; S. 3–62; 4°
Conitz, k. G, OP 1889 (33)

Praetorius, Ignaz [Prof. Dr.]: Der Koordinatenbegriff und einige Grundlehren von den Kegelschnitten. Konitz, F. W. Gebauer Nachf., 1894; 3–25 S., 2 Taf. 4.
Konitz, k. G, P 1894 (33)

Praetorius, Ignatius (*geb. Rössel in Ostpr. 11. 9. 1836*): De motu corporis, quod duobus fixis centris secundum legem Newtonianam attrahitur. Vratislaviae (1863). (26 S.) 4°
Breslau, Phil. Diss. v. 22. Mai 1863

Praetorius, Ignaz [Prof. Dr.]: Die sphärische Trigonometrie auf dem Gymnasium. Konitz, F. W. Gebauer Nachf., 1895; 3–18 S. 4.
Konitz, k. G, P 1895 (33)

Praetorius, Johann

Prätorius, J. H., Abhandl. d. meist. Krankh. 8. Hamb. 717.

Breviarium Physiognomicum. Das ist: Eine kurtze und deutliche Vorstellung, wie man aus dem Angesichte, Gebährden und Gestalt, jemandes ... Zuneigungen erkennen ... kan ... Hamburg, zubekommen bey Christian Liebezeit, Buchhändl. in der St. Joh. Kirche, 1715.

Hayn 80. 17 cm. 8 leaves, 62 pages. Includes an essay on "vernünftige Education" which can prevent the development of "die angebohrnen Laster."

Brocken-Stammbuch ... in Gedichten und Prosa ... nebst einigen komischen Brokkengedichten aus einem alten Werke des D. Johannes Praetorii vom Jahr 1669 ... herausgegeben von dem Brockenwirthe C. E. Nehse. Sondershausen 1850.

Hayn 80. 20 cm. 479 pages. With frontispiece.

Johann Praetorius
1630 - 1680

Collegium curiosum privatissimum physiognom- chiromant- metoposcop- anthropologicum Joh[annis] Praetorii [Praetorius], oder Ein sehr nützliches Werck, darinnen... abgehandelt wird, was zur Physiognomie, Chiromantie, Metoposcopie u. Anthropologie gehöret. Franckfurt & Leipzig: Stock 1704. 128 S. 8°

Beigeb.: Schalitz, Christian: Die von Aberglauben Vanitaeten und Teuscherey gereinigte Chiromantia und Physiognomia. Leipzig 1703.

Praetorius (= Schulze), Joh. Collegium curiosum privatissimum physiognom-chiromant-metoscop-anthropologicum ... Oder Ein sehr nützliches Werck, Darinnen curieus und doch vollkömmlich abgehandelt wird, was zur Physiognomie, Chiromantie, Metoscopie und Anthropologie gehöret. Frankfurt & Leipzig, Ph. W. Stock, 1704. Kl.8°. 7 Bl. 128 S. *Mit 12, teilw. gefalteten Holzschnitt- oder Kupferstichtafeln und 3 Figuren im Text.* Neuerer Pbd. (Überzug 1 Blattfragm. d. 9. deutschen Bibel).

Selten. Graeße, Bibl. mag. p. (FdF. 776 zitiert eine Ausgabe von 1713 v. gleichen Drucker). Dies scheint die erste deutsche Ausgabe zu sein, eine offenbar noch von Praetorius selbst verfertigte deutsche Bearbeitung seiner früheren latein. Werke über diese Themen (1661 u. a.); die aber erst mehrere Jahre nach seinem Tode (1680) im Druck herauskam. Die Tafeln zeigen chiromantische Figuren, Horoskop etc.

Collegium Curiosum privatissimum Physiognom-Chiromant-Metoposcop-Anthropologicum, Joh. Praetorii, P. L. Caes. Oder Ein sehr nützliches Werck, Darinnen curieus und doch vollkömmlich abgehandelt wird, was zur Physiognomie, Chiromantie, Metoposcopie und Anthropologie gehöret. Franckfurt und Leipzig, Bey Philipp Wilhelm Stock, 1713.

17 cm. 7 leaves, 128; 61 pages. With twenty-eight plates, part folded. The second part begins with p. 3, without title page.

Praetorius, Jo., collegium curiosum privatissimum physiognom. — chiromant. — metoposcop. — anthropologicum. — Frkf. u. Leipz. 704. 8. ebd. 713. 8. ib. 729. 8.

— Cum Deo. Disputatio historico-physica, De CrotaListrIa tepIDI teMporIs hospIta. Oder von Des Storchs Winter-Quartier ... Publico & placido eruditorum examini exponit, respondente Francisco Romano Brunone. O. O. [= Leipzig], J. C. Brandenburger, 1702. Kl.4°. 48 S. Neuerer marmor. Pbd.

G. III, 237, 15, 1. FdF. 761: „A treatise with ponderous learned apparatus on the flights of migratory birds". Die letzte Ausgabe seiner Magisterdisputation, die 1656 als erstes gedrucktes Werk P's erschien und noch öfter aufgelegt wurde (erst in späteren Aufl. erhielt das lat. Werk den dt. Zusatz auf dem Titel). P. hielt seine Magisterdisputation im Sommersemester 1656 in Leipzig unter dem Decanat seines Lehrers Rappold, „in welcher er, von ... Aristoteles ... ausgehend, allen Ernstes die Ansicht vertritt, daß der Storch, wie die Schwalben, den Winter in Sümpfen und Klüften zubringe ..." (Zarncke in ADB).

Geschichten das sind warhafftige, und über alle Maßen possierliche oder anmuthige Fratzen, von dem wunderbarlichen, sehr alten u. weitbeschrienen Gespenste dem Rübezahl (Daemonologia Rubinzalii Silesii) ... denen Begierigen vormahls theilhafftig gemachet durch M. Johannem **Praetorium**. Nunmehro auffs Neue an Tag gegeben. (Hrsg.: Paul Ernst.) Leipzig: Insel-Verl. 1908. 123 S. 4° [10. 9780

Prätorius, Joh., Geschichten, das sind wahrhafftige, u. üb. alle Maßen possierliche od. anmuthige Fratzen, v. dem wunderbarlichen, sehr alten u. weitbeschrienen Gespenste, dem Rübezahl, welches sich auf den Gebürgen in Schlesien u. Böhmen zum öfftern in mannigfalt. Gestalt, u. mit seltsamen Verrichtgn. erzeiget; (nachdem sie aus sehr vieler, weitläufft., kostbarer, auch mühsamer Erkundigunge eingesamlet seyn), denen Begierigen vormahls theilhafftig gemacht durch P. Nunmehro aber f. den curiösen Liebhaber auffs Neue an Tag gegeben. (Holzschnitte aus dem im J. 1738 zu Hirschberg erschienenen Rübezahl-Buch.) (123 S.) gr. 8. Leipzig 908. Insel-Verlag.

In Pappbd. 10. —

Bekannte und unbekannte Historien von dem abentheuerlichen und Weltberuffenen Rieben-Zahl, Welche von Prätorio, Schwenkken, und andern bewehrten Scribenten mehr sind geschrieben worden. In Hirschberg gedruckt und zu bekommen bey Dietrich Krahn, 1738. Leipzig, zu finden bey Bernh. Christ. Breitkopff.

19½ cm. 6 leaves, 120 pages, 2 leaves. Title-woodcut and many woodcuts in the text. The work has become here a regular folkbook, and Praetorius' text has been considerably modified.

Prätorius, Jh., u. L. Küchler, Rechnungs-Tabellen z. Großherzogl. Hess. Zolltarif v. 13. Juni 1828. Amtlich bearb. 8. Darmst. 828. Leske. 12 gr.

Praetorius, Johann u. Lindner, Kaspar Gottlieb

JOHANNES PRAETORIUS
and CASPAR GOTTLIEB LINDNER

Vergnügte und Unvergnügte Reisen auf das Weltberuffene Schlesische Riesen-Gebirge, Welche von 1696.–1737. ... angestellet worden sind; Die sich denn zu einem beständigen Andenken in die ... Schneekoppen-Bücher ... in gebundener und ungebundener Rede eingeschrieben haben ... mit einigen bekannten und unbekannten Historien von dem abentheurlichen Rieben-Zahl vergesellschafftet ... Hirschberg druckt und verlegts Dietrich Krahn, 1736.

21/17 cm. 20 leaves, 350 pages; 1 leaf, 97, [3] pages. With folding plate. Second title: "Bekannte und unbekannte Historien von dem abentheuerlichen und Weltberuffenen Rieben-Zahl, Welche von Praetorio, Schwencken, und andern bewehrten Scribenten mehr sind geschrieben worden." With woodcuts in the text. Has special half title and separate paging.

— s. Tarif z. Erhebung ic.

— **Johann Christoph** (Neustadt ad oril./Vogtland), De probatione per testes levis notae macula laborantes. Diss. jur. Präs. Gottlob Thomasius. Leipzig (I. Titius) 14. VI. 1726. 24 S. (4.50) 27113
Gew.: Johann Florent. Rivinus.

Praetorius, Johann Gottfried [Praes.], s. Schmidt, Johann Friedrich: Ex theologia naturali demonstratio immortalitatis animae ab existentia et natura Dei derivata.

— **Johann Philipp**, De accessione maritima casus practicus. Präs. Val. Joh. Beselin. Rostock (N. Schwiegerov) 1. XI. 1721. 17 S. (4.50) 27114
Gew.: Peter Heinrich Tesdorp. — Widm. v.: Val. Joh. Beselin, A. Vogell.

Praetorius, Joh. Phil.: Assertio et vindicatio diplomatis Carolini, inclytissimae abbatiae S. Maximini, in suburbio Trevirensi, concessi, tribus dissertationibus adornata. (Augustae Trevir. 1745.)

Prätorius, J. Phil., v. d. Chur-Trier zustehend. Direktorialgerechtsamen. 4. Frankfurt. Brönner. 747.

Prätorius, von Usslarsche Familiengeschichte. Göttingen 1737. fol.

— primae lineae historiae imp. rom.-germ. 4. ibidem. 745.

Prätorius, J. Ph., Neuentdeckte Wahrheiten aus der Geschichte etc. Mit Stammtfln. d. Grafen v. Ulefeld. Frankfurt 1746.

SITTENFREUND, Hilarius (d. i. *Joh. Phil. Praetorius*), Zeitvertreib bei müssigen Stunden oder 11mal 11 lustige Gegenreden, Begebenheiten und Einfälle. 1. (einz.?) Theil. Freudenthal (Altenburg, Richter) 1743. 8°.
Jöcher; Weller, Lex. Ps. p. 527. — Sehr selten!

Praetorius, Karl

Praetorius, Car. (Henr.) (geb. Düsseldorf 1815): De chlorosi. Berolini (1840). (32 S.) 8°
Berlin, Med. Diss. v. 10. Sept. 1840

Prätorius, Karl Gotthelf

Prätorius, Karl Gthe., Thorner Ehrentempel, od. Verzeichniß d. Bürgermeister u. Rathmänner d. Stadt Thoren, v. d. frühesten Zeiten bis z. Gegenwart errichtet, u. mit geschichtl. Notizen versehen. Nach dess. Tode hrsg. z. 600jähr. Jubelfeier Thorns v. Wilh. Th. Lohde. 4. (11 B.) Berlin 832, Hold.

— Beantw. d. Preisfr.: Ist es vortheilhafter d. Bier von d. öffentl. Brauhäusern od. einzeln. Brauern brauen zu lassen? ic. 8. Berlin, Oehmigke. 791.

— Versuch einer Beantwort. d. Preißfrage: Ist es vortheilhafter, das Bier v. d. öffentl. Brauhäusern od. einzeln. Brauern brauen zu lassen? ic. 8. Berl. 791. (Stuhr). 5 gr.

Prätorius, Karl Gotth., Versuch über das Besteuerungswesen. 8. Königsberg 802. (Leipzig, Künzel.) ½ rf

Prätorius, K. G., Vers. üb. d. Besteurungswesen. 8. Königsb. Nicolovius. 802.

Prätorius, Karl Gtthlf., († ...) Versuch üb. d. Besteuerungswesen. 8. Königsb. 802. (L. Schumann in Leipz.) 13 gr. Hbg. Pr. 12 gr.

Prätorius, Karl Gotth., Versuche über die Culmische Handfeste, das älteste Grundverfassungsgesetz Preußens, unter der Regierung des teutschen Ordens. Nach dem Tode der Verfassers herausgeg. von Wlh. Theod. Lohde. (Neue Ausg.). gr. 12. Thorn 842, Lambeck. n. ⅓ rf

Praetorius, Kaspar

Praetorius, Casp., Carmina, quae extant sacra. 8. Brandenb. Halle. 769. -

Praetorius, Kaspar Heinrich

— **Caspar Heinrich,** De studio juris feliciter instituendo Schediasma propositum. Göttingen (J. Fr. Hager) (Dez. 1734). 16 S. (4.25) 27107
Gew.: Conrad Albert Hugon, Christoph Hugon, August Ludwig Hugon.

Prätorius, Ludw., die Geschichte der Deutschen. Für Schulen und für das Volk bearb. gr. 8. (VIII und 297 S.) Langensalza 855, Schulbuchhandlung des thüringer Lehrer-Vereins.

Prätorius, Matthäus

Prätorius, M., Aufruf zum religiösen Frieden an alle in Glaubenssachen von einander abweichenden Kirchen im Occident; oder theolog. Abhandlung über die Vereinigung der römischen u. protestantischen Kirchen rc. A. d. Latein. übersetzt von A. J. Binterim. Mit 1 Titelkupf. 8. Aachen, Mayer. 820.

Des Matthäus Prätorius aus Preußisch-Memel, der luther. Gemeinde zu Nibbudz Predigers, Aufruf zur Vereinigung an alle in Glaubenssachen im Occident voneinander abweichenden Kirchen. Aus dem Latein. übers., mit einer theol. Vorerinnerung u. mehrern Anmerkungen vermehrt durch A. J. Binterim, röm.-kath. Pfarrer in Bilk u. der Vorstadt Düsseldorf. Aachen, Mayer, 1820, 8°. — 2. Aufl.: 1826, 8°, VI, 197 S., 1,50 Mk.

Über den Ireniker u. Konvertiten Prätorius u. seine Schrift s. das Nähere bei Räß a. a. O., Bd. 8 S. 342—51, u. Kirchenlex. s. v. Über die deutsche Bearbeitung von Binterim Katholik 1822, Bd. 4 S. 45—57. Felders Littztg 1822, Bd. 3 S. 17—32. Tüb. Theol. Quartalschr. 1822, S. 300—11.

Prätorius, Math., Aufruf z. Vereinigung an alle in Glaubenssachen im Occident v. einander abweichenden Kirchen. Aus d. Latein. übers., mit e. theolog. Vorerinnerung u. Anmerkk. verm. v. A. J. Binterim. 8. Aachen 821. 1 ⁄β 2e wohlf. Ausg. 829. Mayer. 12 gl

Prätorius, Matth., Deliciae Prussicae od. preußische Schaubühne. In wörtl. Auszuge aus dem Mscr. hrsg. v. Will. Pierson. Mit 2 lith. Taf. (in qu. 4 u. qu. Fol.) 8. (XV, 152 S.) Berlin 871. Paetel. n. 3. —

Prätorius, Max, das Leben eines Kriegspferdes. Gezeichnet und radirt. In Worten wiedergegeben von Wilh. Hey. 1. Aufl. 1850. * 1 Thlr. und 2. Aufl. qu. 4. (8 Radirungen und 8 Bl. Text.) Gotha 852, J. Perthes. *

Prätorius, May, Galka, eine deutsche Ansiedlung an der Wolga. 94 S. Leipzig, philos. Dissert. Weida in Thüringen (Mundartliche Wörter, russ. Lehnwörter, Flurnamen . . .) UBT, STBM

Michael **Praetorius'** Syntagma (musicum). II. Teil von den Instrumenten. Wolfenbüttel 1618. Neuer Abdr. Berlin: T. Trautwein 1884. (VIII, 248, XLII S.) 8° [Umschlagt.]
= **Publikation** älterer prakt. u. theor. Musikwerke. Jg. 12. (Bd 13.) 107. 16879

Praetorii, Mich., syntagmatis musici tomus secundus de organographia, darinnen aller Musicalischen Alten vnd Newen | sowol Außländischen | Barbarischen | Bäwrischen vnd vnbekandten | als Einheimischen | Kunstreichen | Lieblichen vnd bekandten Instrumenten Nomenclatur, Intonation vnnd Eigenschafften | samt deroselben Justen Abriß vnd eigentlicher Conterfeyung: Dann auch der Alten vnnd Newen Orgeln gewisse Beschreibung | Manual- vnnd Pedal Clavier | Blaßbälge | Disposition vnd mancherley Art Stimmen | auch wie die Regal vnnd Clavicymbel | rein vnnd leicht zu stimmen: vnd was in vberliefferung einer Orgeln in acht zu nehmen sampt angehengten ausführlichen Register befindlichen: Nicht allein Organisten | Instrumentisten | Orgel- vnnd Instrumentmachern | sampt allen den Musis zugethanen gantz nützlich vnd nötig | sondern auch Philosophis, Philologis vnd Historicis sehr lustig vnnd anmütig zu lesen. Gedruckt zu Wolffenbüttel | bey Elias Holwein Fürstl. Braunsch. Buchtrucker vnnd Formschneider. M.DC. XVIII. Neuer Abdr. 13. Bd. der Publikation älterer prakt. u. theoret. Musikwerke, hrsg. v. der Gesellschaft f. Musikforschg. unter Protection Sr. Kgl. Hoh. d. Prinzen Georg v. Preussen. gr. 8. (VIII, 248 S. m. 42 Facsm.-Taf.) Berlin 884. Trautwein. n. 10. —

PRÆTORIUS, NIC. FRED. WILH., Diss. med. inaug. de saliva. Lugd. Bat. 1742. 4. P. [Præs. Adrian van Royen].

Praetorius, Numa, die Bibliographie der Homosexualität f. d. J. 1905. (S. 701 – 886.) 8. Leipzig 906. M. Spohr.
Sonderabdr. a.: „Jahrb. f. sex. Zwischenstufen". n. 3. —

Praetorius, Otto (geb. Waren in Meckl. 12. 11. 1859): Ueber Dipsomanie. Berlin (1882). (30 S.) 8°
Berlin, Med. Diss. v. 7. Aug. 1882

Über die Ausgestaltung der Einrichtungen für pathologische Anatomie und Bakteriologie an den städtischen Krankenanstalten Rigas. Vorträge geh. 1910 in Riga von D. Dr. P(aul) **Praetorius** u. A(rvid) Bertels. Als Ms. gedr. Riga 1910: Häcker. 20 S. 8°
(Hefte d. Gesellschaft f. kommunale Sozialpolitik in Riga. No 10.) A 12. 2620 10

Praetorius, Paul, Marinebaumeister: Die fortlaufende indikatorische Untersuchung von Rudermaschinen während der Rudermanöver. Eine Methode zur Feststellung der beim Manövrieren von Schraubenschiffen erzeugten Rudermomente bzw. Ruderdrücke. [1909.] 25 S., 3 Taf. 4° ¶ Ein Teil in: Schiffbau. Jg. 8. 1906/07.
Berlin, Dr.-Ing.-Diss. v. 12. 3. 1909

Praetorius, Paul: Organische Uranverbindungen. Halle a. S. 1909: Kaemmerer. IV, 98 S. 8°
Halle, Phil. Diss. v. 24. Dez. 1909, Ref. Vorländer
[Geb. 3. Juli 83 Breslau; Wohnort: Halle a. S.; Staatsangeh.: Preußen; Vorbildung: Gymn. Rudolstadt Reife M. 02; Studium: Halle 6, Berlin Techn. Hochsch. 1, Halle 1 S.; Rig. 24. Juni 09.] [U 10. 1786

Prätorius, Richard

Prätorius, schriftliche Arbeiten aus d. Geschäftsleben. Für ländl. Fortbildungsschulen m. 3 Jahrgängen. E. Hilfsbuch zu dem im gleichen Verlage erschien. Arbeitshefte f. einklass. Fortbildungsschulen. gr. 8. (II, 40 S.) Borna 897. O. Beit. n. — 50

Prätorius, Rich., schriftliche Arbeiten aus dem Geschäftsleben nebst Stoffverteilungsplan f. ländl. Fortbildungsschulen m. 3 Jahrgängen. Zugleich e. Hilfsbuch zu dem Arbeitshefte f. einklass. Fortbildungsschulen. 2. verm. Aufl. (44 S.) gr. 8. Borna 908. O. Beit. 1. —

Praetorius, Rudolf, gepr. cand. med.: Aus der Poliklinik für Haut- und Geschlechtskrankheiten. ⟨Direktor: Prof. Dr. Wolters.⟩ Über lupöse Verkrüppelungen der Finger. Rostock 1906: C. Boldt. (49 S.) 8°
Rostock, Med. Fak., Ref. Wolters, Diss. v. 30. April 1907
[Geb. 4. Apr. 81 Berlin; Wohnort: Berlin; Staatsangeh.: Preußen; Vorbildung: Prinz-Heinrich-Gymn. Berlin Reife O. 01; Studium: Jena 4, Heidelberg 1, Rostock 2, Berlin 2 S.; Coll. 2. Febr. 06; Approb. 23. Apr. 07.]

Praotorius, Steph., opuscula sacra selecta, s. lilium convallium, luscinia contatrix etc. 8. Soltw. 725. Rthlr.

Prätorius, St., s. a. Schatzkammer, geistliche, der Gläubigen.

Prätorius, ..., geistl. Schatzkammer d. Gläubigen ꝛc. 8. Basel ... 4e A. 807. Holdenecker. 10 gr.

Prätorius, Steph., geistliche Schatzkammer der Gläubigen, wieder hrsg. von Joh. Arndt, mit besond. Fleiß in richtige Ordnung gebracht von Mart. Statius, nach der Lüneburger Ausg. von 1636 neu aufgelegt, mit biograph., in dieser 2. Aufl. sehr verm., Notizen, besond. einem Sendschreiben an Geistliche und Winken über den rechten Gebrauch des Buches, begleitet von J. H. Staudt. 2. Aufl. gr. 8. (IV, 535 S.) Stuttgart 869, Belser's Verlag. *M. 2,40.; geb. *

— evangel. Schriften. 2 Thle. 8. Budissin, Richter. 720.

– **Theodor** (Coburg), Illustris gymnasii acad. dirigendi munus ac theol. linguarum que orientalium professionem auspicaturus lectiones publice privatim que habendas indicit de arctissimo theologiae cum literarum Hebraicarum connubio, exemplis quibusdam illustrato pauca praefatus. Coburg (Ahl) 1771. 23 S. (3.50) 27117

Prätorius, W. C., Beschr. d. Merkwürdigk. d. Stadt Altona u. d. angränz. dänisch. Gebiets, e. Grundr. 8. Hamburg, Gundermann. 792.

PRÄTORIUS, W. C., Geschichte der Insel Minorca, worinn die Begebenheiten in derselben, deren Zustand, Eintheilung, Regierungsverfassung, nebst den Sitten und Gebräuchen der Einwohner, nach des Capit. Armstrongs Beschreibung aber auch mit vielen merkwürdigen Zusätzen abgehandelt. Mit 5 Charten. Altona. 1781.

—Geschichte d. Insel Minorka. Mit 5 Karten u. e. Anhange. 8. Hamb. 781, 82. (Campe). 1 ß 16 gr.

— Geschichte d. Insel Minorka, m. Chart. 8. Hamburg, Hoffmann. 781.

Grund-Riss der Stadt Altona. Aufgenommen und chartirt durch W. C. Praetorius. Altona, den 29. Januarij 1780. Kupferstich. teilweise kol. 1 Bl. Imp.-Fol., 66,5 89 cm.

Mit einem Prospect des Altonaer Banco-Börsen- und Wachthauses und des Rathhauses.

Prätorius, W. C., († ...) Merkwürdigk. d. Stadt Altona. 8. Hamb. 780. Mit folg. n. Titelbl.: Beschreib. d. Merkwürdigk. d. Stadt Altona u. d. angränzenden Dän. Gebiete; nebst e. Grundriß. 8. Ebd. 792. Gundermann. 1 ß 4 gr.

Praetorius, Walter, aus Leipzig: **Nachweis intramolecularer Veränderungen durch Aenderung der Körperfarbe bei Nitrophenolen und Aldehydphenolen.** *Leipzig (1902): E. Stephan.* (54 S.) 8°
Würzburg, Phil. Diss. v. 1902

Praetorius v. Richthofen, Emil Frhr., Geschichte der Familie Praetorius v. Richthofen. Im Auftrage der Familie verf. [Hierzu e. Bd. Anlagen u. Stammtafeln.] gr. 8. (VII, 665 u. 185 S. m. 1 Chromolith. u. 17 Stammtaf.) Magdeburg 884. (E. Baensch jun.) n. 20. —; geb. n. 25. —

PRAETORIUS-SEIDLER, GUSTAV. Zur Kenntniss des Cyanamids. Leipzig, 1879.

Prats de Mollo, Exuperius, die Todesangst unseres Herrn u. Heilandes Jesu Christi am Ölberge. Aus dem Franz. übers. v. A. Rügemer. 12. (XVI, 175 S. m. Titelbild.) Regensburg 894. F. Pustet. n. — 80; geb. in Leinw. n. 1. 40

Pratsch, H., die Welt als Werkstatt. Sozialpolitische Ansichten d. Hrn. Wilh. Lehmann, Tischlermeister a. D. Niedergeschrieben v. H. P. 8. (IV, 96 S.) Berlin 893. A. Hofmann & Co. n. 1. —

Pratsch, Hugo, **Biographie des Troubadours Folquet von Marseille. Inaugural-Dissertation.** gr. 8. (58 S.) Berlin 878. (Göttingen, Vandenhoeck und Ruprecht's Verlag.) *

Offizier-Stammliste des Infanterie-Regiments Graf Barfuß (4. Westfäl.) No 17. Von d. Errichtung d. Regiments am 1. Juli 1813 bis z. 1. Okt. 1907. Zsgest. von (Theodor) **Pratsch**, Hauptm. Berlin: E. S. Mittler & Sohn 1908. (XII, 164 S.) 8° [F.] 08. 4713

Pratschker, Ludwig, s. Schulblatt, Schlesisches.

Pratt: Ährenlese, auf einer Reise ...

— — — d. Holland u. Westphal. 2 Thle. s. Länder- und Reisebeschr. 5n Bds 26, u. 6n Bds 16 Stck.

Pratt, ..., Aehrenlese auf e. Reise durch Wallis, s. Länder- u. Reisebeschreibb. 2r u. 6r Bd.

Pratt, Aehrenlese, a. e. Reise d. Wallis. 8. Leipz. Junius. (Linke.) 798.

Pratt, Henry Sherring [A. B. aus Toledo, Ohio, U. S. A.]: Beiträge zur Kenntnis der Pupiparen. '(Die Larve v. Melophagus Ovinus.)' ... M. e. Taf. (Aus: Arch. f. Naturgesch., 1893.) Berlin, Nicolai, 1893; 53 S., 1 Taf. 8.
Leipzig, Phil. Fak., Inaug.-Diss. v. [5. Mai] 1893

Pratt, Parley P., eine Stimme der Warnung und Belehrung für alle Völker; oder eine Einleitung zu dem Glauben und den Lehren der Kirche Jesu Christi, der Heiligen der letzten Tage. 1. Ausg. Aus dem Engl. übers. von Dan. Carn. Hamburg 853. (Nestler u. Melle.) 12. (XI, 124 S.) n. 15 ngr.

Pratt, Samuel Jackson. Der Freudenzögling a. d. Engl. . . . Leipz. 1790. Ü: *Kosegarten, Gotthard Ludw.* (Euph. I, 143)

PRATT (Samuel Johnson), Der Freudenzögling. Aus dem Engl. des Herrn — übersezt (!) von Ludwig Theobul Kosegarten. 2 Bdchn. (1 vol.) Leipzig, in der Gräff'schen Buchhdlg. 1790. 8°.

XIV—370 S. (fortlauf.). Lord Chesterfield's berühmte Briefe gaben Anlaß zu diesem Roman (ebenfalls in Briefen).

Im Anon.-Lex. III. p. 291 (nach Euphorion I, 143) zu streichen, da der volle Name des Uebersetzers auf dem Titel steht.

Orig.: *Melmoth, Courtney* (d. i. *Samuel Johnson Pratt*, geb. zu St. Ives in Huntingdonshire am 25. Dezbr. 1749, † zu Birmingham am 4. Octob. 1814), The Pupil of Pleasure: or, The New System Illustrated. Inscribed to Mrs. Eugenia Stanhope, editor of Lord Chesterfields Letters. By —. Versatile Ingenium. Vol. I (= 2 Thle., soviel ersch.). London, Printed for G. Robinson, and J. Bew, in Pater-Noster-Row. 1776. 12⁰. XV, 230+252 pp. (111 Briefe.) — Dasselbe (mit dem wirkl. Namen d. Vf.). A New Edition, Corrected. Mit 1 schönen Kpfr. (Dodd del., T. Cook sc.). 2 Bde. X, 234+252 pp. (110 Briefe, der 92. fehlt.) — Bloch, London III, 1903, S. 435.

Französ. Ueberstzg.: L'Elève du Plaisir, Par M. *Pratt.* Traduit de Anglois sur la quatrième Edition, Par

M. D. L. (i. e. A. J. Lemierre d'Argy). Première partie (2 vols., tout paru). A Amsterdam, Chez D. J. Changnion, Et se trouve A Paris, Chez Théophile Barrois le jeune, Libraire, quai des Augustins, no. 18, M. DCC. LXXXVII. (1787.) 12°. (1 Rthl. Scheible, c. 1872; jetzt theurer!) VIII, 158+142 S. (Nur 106 Briefe.) — Le même. 1788. (l. c.)

Pratt, der Freudenzögling; aus d. Engl. von L. Th. Kosegarten. 2 Bde. 8. Leipz. 790. (Wienbrack). 1 ß

WÜSTLING, Der, eine Geschichte aus Pyrmont. Nach d. Engl. (des *Samuel Johnson Pratt*) (von Joach. Chrp. Frdr. Schulz). Berlin. Reimer, 1788. 8°. (½ Rthl.) (4 Kr. Franz Malota. Wien. 1909.)

Der Wüstling. Aus d. Engl. übers. von J. Sporschil. 3 Thle. Leipzig, Lehnhold, 1829. 8°. (3⅔ Rthl.) (2 fl. Gilhofer & Ranschburg, Wien, c. 1888; 3 Mk., Gust. Fock, Lpz., 1905.)

Prattes, Marcus, Adam, wo bist du? Oder: Der Weg des Verderbens und der Weg des Heiles, betrachtend dargestellt in Adam und Christus. Sieben Fastenvorträge. gr. 8. (98 S.) Regensburg 882, Manz.

Prattes, Marcus. Der heil. Alphonsus als Wegweiser zur Heiligkeit. Ein Betrachtungsbuch üb. das Leben d. heil. Alphonsus m. entsprech. Gebeten u. Andachtsübgn. dieses Heiligen. 16. (260 S. m. 1 Bild.) Wien 889, Kirsch. * 1 20

Prattes, Marc., der Christ e. lebendiger Tempel Gottes. Conferenzen u. Predigten f. das Volk, besonders f. die Standesvereine. gr. 8. (VIII, 306 S.) Graz 895. U. Moser. n. 3. --

Prattes, Markus, Exercitien f. Priester. 8. (233 S.) Wien 885. Kirsch. n. 1. 80

Prattes, Markus, s.: Fastenprediger, der.

Prattes, Mark., C. Ss. R., die christliche Frau. Ein Unterrichts- u. Erbauungsbuch f. christl. Ehefrauen u. Mütter. gr. 16. (XVI, 413 S. m. Titelbild.) Graz (902). U. Moser. Geb. in Leinw. n. 1. 80

— Glaube u. Kirche. Zeitgemäße Predigten im Zusammenhange. gr. 8. (VII, 216 S.) Graz 893. U. Moser. n. 2. 40

— das große Gut d. Andacht zu Maria, d. jungfräulichen Gottesmutter. Mai-Betrachtgn. gr. 8. (187 S.) Wien 896. H. Kirsch. n. 2. 40

— die Herrlichkeiten des allerheiligsten Sakramentes. Ein zweifacher Predigtcyklus f. das 40stünd. Gebet. gr. 8. (127 S.) Regensburg 888. Verlags-Anstalt. 1. 65

— das göttliche Herz Jesu, die Schatzkammer gläubiger Seelen. Neun Predigten zu Ehren des göttl. Herzens Jesu. 12. (120 S.) Münster 900. Alphonsus-Buchh. n. 1.—

— der neue Herzenskalender. Conferenzen f. die Mitglieder d. III. Ordens d. heil. Franziskus. 8. (99 S.) Innsbruck 887. F. Rauch. n. — 60

Prattes, Markus, die christliche Jungfrau. Eine leicht faßliche, in Beispielen und Erzählungen anschaulich dargestellte Lebensanleitung für christliche Jungfrauen. Graz 854. Ferstl. 12. (X, 228 S. u. 1 Stahlst.) n. 12 ngr.

— die christliche Jungfrau. Ein Unterrichts- u. Erbauungsbuch f. christl. Jungfrauen. 4., verb. Aufl. 16. (XIV, 462 S. m. 1 Stahlst.) Graz 898. U. Moser. Geb in Leinw. n. 1. 80

— die christliche Jungfrau. Ein Unterrichts- u. Erbauungsbuch f. christl. Jungfrauen. 6. verb. Aufl. gr. 16. (XIV, 517 S. m. Titelbild.) Graz (902). U. Moser. Geb. in Leinw. n. 1, 80

— der christliche Jüngling. Eine leicht faßl., in Beispielen und Erzählungen anschaulich dargestellte Lebensanleitung für christl. Jünglinge. 12. (IV und 174 S.) Graz 852, Kienreich. (Leipzig, Haessel.)

Prattes, P. Markus. Der christliche Jüngling. Ein Unterrichts- und Erbauungsbuch für christliche Jünglinge. 2. vermehrte Auflage. (VII, 394 S.) Kl.-8. Geb. —.70
Graz: Moser 1895.

Prattes, P. Marcus, Der christliche Jüngling. Ein Unterrichts- und Erbauungsbuch für christliche Jünglinge. 3. vermehrte Auflage. 32. (VII, 394 S.) Geb. mit Goldschnitt —.70
Graz: Moser 1896.

— der christliche Jüngling. Ein Unterrichts- u. Erbauungsbuch f. christl. Jünglinge. 4., verm. Aufl. 16. (VII, 441 S. m. 1 Stahlst.) Ebd. 899. Geb. in Leinw. m. Goldschn. n. 1. 20

Prattes, Mark., C. Ss. R., der christliche Jüngling. Ein Unterrichts- u. Erbauungsbuch f. christliche Jünglinge. 6., verm. Aufl. (XII, 467 S. m. Titelbild.) 16. Graz 906. U. Moser. Geb. in Leinw. n. 1. 20; in Ldr. m. Goldschn. n. 1. 70

— die Liebe Jesu in ihrem Kampfe u. Siege auf Calvaria betrachtend dargestellt in den letzten Worten Jesu am Kreuze. 7 Fastenvorträge. gr. 8. (112 S.) Wien 884. Kirsch. n. 1. 50

Prattes, Mark., C. Ss. R., der christliche Mann als Haupt der christlichen Familie. Ein Unterrichts- u. Erbauungsbuch f. die Männerwelt. (XVI, 477 S. m. Titelbild.) 16. Graz 903. U. Moser. Geb. in Leinw. n. 1. 40

Prattes, P. Markus, Das Menschenherz. Conferenzen für katholische Mütter-Vereine. 8. (92 S.) —.50
Graz: Moser 1897.

— drei Meßandachten, s.: Blüten aus d. Himmelsgarten.

— nur im Kreuze ist Heil. Sieben Fastenvorträge. gr. 8. (90 S.) Regensburg 883. Verlags-Anstalt. 1. 20

— vermischte Predigten. I. Bd. gr. 8. (269 S.) Münster 898. Alphonsus-Buchh. n. 2. 50

— vermischte Predigten. II. Bd. gr. 8. (346 S.) Münster (899). Alphonsus-Buchh. n. 3. 50
1. Bd. Ebd. 898. n. 2. 50.

Der Priester in der Einsamkeit. Exerzitien f. Priester von P. Marcus Prattes. *Münster i. W.: Alphonsus-Buchh. 1901.* (VIII, 248 S.) 8° [F.] [01. 1098]

Prattes, Marcus. Die christlichen Standesbündnisse, deren Wesen u. Errichtung, Leitung u. Nutzen. gr. 8. (VII, 82 S.) Graz 891, Moser. * 1 —

—— Streiflichter üb. das bittere Leiden Jesu Christi. 7 Fastenvorträge. gr. 8. (IV, 88 S.) Regensb. 889, Verlags-Anstalt. 1 20

— Weltgeist u. Ordensgeist. Konferenzen für die Mitglieder d. 3. Ordens d. heil. Franziskus. gr. 8. (IV, 104 S.) Ebd. 889. 1. 50

Pratticche di pietà, raccolte et accommodate all' uso di ognun Christiano. 12. Augsb. 791. M. Rieger. 6 gr.

Präturen, unsere, und ihre Beamten. Ein Noth- und Klageruf, den Mitgliedern der Hamburger Bürgerschaft zur Beherzigung gewidmet von H. W. Ss. gr. 8. (11 S.) Hamburg 867, Wolters.

Prätzel, Karl Gottlieb

Prätzel, K. G., Ausflüge des Scherzes u. der Laune. 8. Leipz. 816. (Brockhaus). 20 gr.

Prätzel, K. G., Ausflüge d. Scherzes u. d. Laune. 8. Leipz. Gleditsch. 816.

Prätzel, Karl Gtl., Erzählungen. 2 Bde. 8. (43½ B.) Leipzig 832, Kollmann.

— Fabian u. Sebastian. Züge u. Schilderungen aus dem Leben. 8. Leipz. 824. Er. Fleischer. 2 Thlr 422 S.

— Feldherrnränke, ein kom. Gedicht in 6 Gesängen. gr. 8. Leipz. 815. (Brockhaus). 16 gr.

— Feldherrnränke, ein kom. Gedicht in 6 Gesängen. gr. 8. Leipz. Gleditsch. 815. —

— Feldrosen, in Erzählungen. 2 Bdchn. 8. Leipz. 819. Hinrichs. 2 Thlr 12 gr.

—— Festrosen. Taschenbuch auf d. J. 1831. 12. (7½ B. u. Ttlkpfr.) Hamburg, [Nestler u. Melle.]

Prätzel, K. G., Flammen-Bilder aus Hamburg. (Gedichte.) 8. (4⅛ B.) Hamburg 842, (Perthes-Besser u. Mauke) *

— s. Th. H. Friedrich, Phaläna.

—— Frühlingsgaben. Novellen u. Gedichte. 8. (14 B.) Hamburg 828, A. Campe.

Prätzel, K. G., der vierzigste Geburtstag. Lustspiel, s. A. v. Kotzebue, Almanach. 32r Jahrg.

Prätzel, K., Gedichte. 8. Hamburg, Nestler. 810.

Prätzel, K. G., Gedichte. 8. Leipzig, Hinrichs. geh. 820. Rthlr.

— vermischte Gedichte. 8. Hamb. 810. Nestler u. M. 20 gr.

— die Getäuschten. 2 Thle. 8. Leipz. 826, Hinrichs.

—— der Hausfreund, s. Hausfreund.

—— Hildrian, ein Sommermährchen in 6 Gesängen, u. die Bittschrift; zwei poet. Erzähln m. (6) Bild. 12. (7½ B.) Hamburg 831, Nestler u. Melle.

— Jugendfreund, Hamburgischer, s. Jugendfreund.

— Hamburgischer Jugendfreund. 2 Bde. 8. Hamb. 816. Perthes u. B. 2 Thlr

— Jugendphantasien, s. J. G. Petrik.

— Launen der Liebe. 2 Thle. 8. Leipz. 821. Hinrichs. 2 Thlr 8 gr.

Lied, gedichtet von K[arl] G[ottlieb] **Prätzel** im Jahre 1810. [Hamburg 1860: Nobiling.] 1 Bl. 8⁰ [Kopftit.]
Ohne Noten: „So Viele, die uns schon vorangegangen, . . .“

Maurer-Gedichte von K[arl] G[ottlieb] **Prätzel.** Hamburg 1829: Nestler. 174 S. 8⁰
[Dasselbe.] Neue [Tit.-]Ausg. Hamburg: Campe 1832. 174 S. 8⁰
Kl. 653.

—— neue Maurer-Gedichte. 12. (8⅓ B.) Hamburg 842, (Erie.)*

[N. Ausg. u. d. Tit.:]
Neue Maurer-Gedichte von K[arl] G[ottlieb] Prätzel. Hamburg 1842: Nestler & Melle. 188 S. 8⁰
Recens: L. 1 (1842) S. 347—348.
Kl. 687, Tt. 2367. Gedichte zur Johannis-, Schwestern- u. Trauer-Loge, Kantaten u. Festgedichte.

— Novellen und Erzählungen. 2 Bde. 8. Berlin 829. (A. Förstner.) 2½ Thlr

—— Novellen u. Erzählungen. 2 Bde. 8. (29 B.) Berlin 829, Schüppel.

—— gesammelte kleine Romane u. Erzählungen. Wohlf. Ausg. 8 Bdchn. M. 3 Kpfr. 8. (114 B.) Leipzig 833, Hinrichs.
Bdchn. 1. Der Diamantring. — Rosine. — Tannenwäldchen u. Schilderhaus.
" 2. Die Rache. — Der Bruderzwist. — Der Beruf zur Kunst.
" 3. Schwert u. Elle. — Eisenknapp u. Waldhorn. — Die väterliche Gewalt.
" 4. Das Häuschen im Walde. — Das Philippinchen. — Die Pudelmütze.
" 5. Der Muller v. Eschbach. — Die Walpurgisnacht. — Der Ehezwist. — Gott Kutka u. die Mäuse. — Der Freund in der Noth.
" 6. Der Blondkopf von Lübeck. — Der Ostermorgen. — Der schwarze Hahn. — Die Neujahrsnacht. — Vetter Paul. — Der Falschmünzer.
" 7. Der Herr Gevatter. — Die Johannisnächte. — Rorilia.
" 8. Der Mohr. — Das Waldschloß. — Wanderung u. Heimkehr.
Bei einzelnen Bdchn. gelten nur die früheren Preise.

Praetzel, Karl Gottlieb

Kleine Romane und Erzählungen. Bdchn 1-4. Leipzig: Hinrichs 1822-23. 8⁰

PRÄTZEL, K(arl) G(ottlieb), (1791—18**), Spiegelbilder. Skizzen u. Darstellungen nach dem Leben. 2 Thle. (1 vol.) Mit 1 Kpf. (unsign.) Hamburg, Aug. Campe, 1827. 8°. (2 Rthl.) Zahm.
I: 3 Bll., 322 S., 1 Bl. Inh.: 1. Der Heimathlose. 2. Die Schloßmamsell. 3. Der Todtenkopf. 4. Das Kegelspiel. 5. Die Taschenbücher.
II: 2 Bll., 244 S. 1 Bl. Inh.: 6. Der höchste Wurf. 7. Der Versucher. 8. Die Brautwahl. 9. Die Neujahrswünsche. 10. Der Schwedenkeller.

Prätzel, Karl Gottlieb: Maurerische Vorträge. Hamburg: Erie 1829. 8°
Kl. 654.

— Zeitklänge. gr. 8. Hamb. 815. Campe. 16 gr

v. Praun's, v. Martens u. Schmelzers Gedanken, üb. d. Zeitpunkt der Volljährigkeit des Braunschweig. Prinzen; hrsgg. v. Hurlebusch. gr. 8. Braunschw. 827. (Vieweg). 4 gr

Praun, E., Tafel zur Bestimmung der Sehschärfe mittelst der Uhr. qu. gr. Fol. Nebst Text. gr. 8. (2 S.) Wiesbaden 901. J. F. Bergmann. n. 1. 20

— die Verletzungen des Auges. Ein Handbuch für den Praktiker. gr. 8. (XXI, 530 S.) Ebd. 899. n. 12.—

Praun, E., wie erhält man seine Augen gesund u. leistungsfähig? (26 S.) gr. 8. Darmstadt 904. J. Waitz. — 20

Praun, E., wie erhält man seine Augen gesund u. leistungsfähig? 4. Aufl. 23.—25. Taus. (26 S.) gr. 8. Darmstadt 910. J. Waitz. — 20

Praun, Eduard [aus Bamberg]: Die Stirnbeinhöhleneiterung und deren Operativbehandlung. . . . Würzburg, Druck d. F. Röhrl'schen Buchdr., 1890; 46 S. 8°
Erlangen, Med. Fak., Inaug.-Diss. v. 1890

Praun, Eduard, über Verletzungen der aeusseren Genitalien während der Geburt mit Einschluss eines Falles von Spontanruptur der grossen Schamlippe. Diss. Marburg 1886. N. G. Elwertsche Univ.-Buchh. 8°. 27 S.

Praun, Frdr. v., alphabetisches Sachregister, s.: Zeitschrift f. Rechtspflege im Herzogth. Braunschweig.

Praun, Georg Septimus Andreas von

— s. Anmerkk. von d. Sigillis pedestribus, u. setze hinzu: (v. G. S. A. v. Praun).

Praun, G. S. A. de, Bibliotheca Brunsv. Lüneburg. contin. Scriptores rerum Brunsv. 8. Wolfenb. Albrecht. 744.

(Praun, G.S.A. von): „Vollständiges Braunschweig-Lüneburgisches Münz- und Medaillen-Cabinet", Helmstedt 1747. — Vorh.: Bibl. des Oberlandesgerichts Celle — Tc. 564.

Praun, Ge. Sept. Andr. von,] Gründliche Nachricht von dem Teutschen Münzwesen älterer und neuerer Zeiten, mit Joh. Dav. Köhlers Vorrede von Teutschem R. Münz-Gepräge. Göttingen 1739. 8. . . . . (D.)

v. Praun, Geo. Sept. Andr., († d. 1. Mai 1786.) gründl. Nachricht von d. deutschen Münzwesen älterer u. neuerer Zeiten; mit J. D. Köler's Vorrede. 8. Götting. 739. 2e A. 8. Helmst. 741. (Beide Aufl. anonym). 3e verb. Aufl. (v. Jh. Fr. Klotzsch). gr. 8. Leipz. 784. Weygand. 1 ℛ 12 gr

— Nachr. v. d. Münzwesen 2c. a. d. Schwed. gr. 8. Leipz. Weygand. 784.

— vollständ. Braunschweig.-Lüneburg. Siegelkabinett. 4. o. O. u. Jahr (779.) anonym. Neue Ausg. hrsgg. u. mit d. Leben des Verfass. u. Anmerkk. begl. von Jul. A. Remer. gr. 8. Braunschw. 789. Schulbuchh. 12 gr

— Verzeichniß der Reichs-Deputations- und Visitations-Handlungen, m. Suppl. 4. Wolfenbüttel, Albrecht.

Praun, Jak. de Marchia, achttäg. Wallfahrt auf d. heil. Kreuzwege. Mit Kpf. 8. Augsb. 785. Wolf. 5 gr

Praun, Johann [aus Bamberg]: Bemerkungen zur Syntax des Vitruv . . . . Bamberg, W. Gärtner's Buchdr. (G. Siebenkees), 1885; 108 S. 8°.
München. Phil. Fak., Inaug.-Diss. v. 1885.

Praun, Joh., Jagdbilder aus alter u. neuer Zeit. Aus dem Poln. bearb. (187 S.) kl. 4. Leipzig 902. Berlin, H. Seemann Nachf. n. 2.—; geb. n. 3.—

— dasselbe. Neue Folge. (205 S.) kl. 4. Ebd. 903. n. 2.—

Die Kaisergräber im Dome zu Speyer. Von J[ohann] Praun. *München 1903.* (51 S.) 8°
Aus: Zeitschrift f. d. Geschichte d. Oberrheins. 1899. [03. 13869

Otto Philipp Praun

Anleitung zu der Krebs-Cur ohne Schnitt, ... samt ein und andern Merckwürdigkeiten von Theophrasto Paracelso, vorgestellet durch Otto Philipp Praun. Ulm: Bartholomäi 1744. 104 S. 8°

Praun, Siegismund Ferdinand (Nürnberg), De beneficio emigrandi ob religionem, secundum manuductionem pac. rel. et instr. pac. Westph. Disput. inaug. Altdorf (M. D. Meyer) Mai 1714. 48 Seiten. (5.—) 27151
Widm. v.: C. G. Wölcker, M. C. Woelcker, Georg Siegism. Praun.

Praun, Sigm. v., Abbildung und Beschreibung europäischer Schmetterlinge in systematischer Reihenfolge. 1—11. Heft. Nürnberg 858. Bauer u. Raspe. 4. Jedes Heft von 4 lith. u. color. Taf. u. 4 Bl. Text n. 28 ngr

Praun, Sigm. v., Abbildung u. Beschreibung europäischer Schmetterlinge in systematischer Reihenfolge. 12—24. Heft. Nürnberg 859—63. Bauer & Raspe. 4. Jedes Heft (à 8 S. u. 4 lith. u. color. Taf.) n. 28 ngr

Praun, Sigm. v., Abbildung u. Beschreibung europäischer Schmetterlinge in systematischer Reihenfolge. 25—42. Heft. Nürnberg 865—70. Bauer & Raspe. gr. 4. (à 8 S. mit 4 color. Steintaff.) Jedes Heft n. 28 ngr

—— Abbildung und Beschreibung europäischer Schmetterlingsraupen in systemat. Reihenfolge zugleich als Ergänzung von dessen Abbildung und Beschreibuug europ. Schmetterlinge hrsg. von Ernst Hofmann. 1.—8. Heft. gr. 4. (270 S. mit 32 Chromolithogr.) Ebendas. 874,75. à Heft *ℳ 6. *

Praun's S. v., Abbildung und Beschreibung europäischer Schmetterlingsraupen in systematischer Reihenfolge, zugleich als Ergänzung von dessen Abbildung und Beschreibung europäischer Schmetterlinge hrsg. von Ernst Hofmann. 9. (Schluss-) Heft. gr. 4. (94 S. mit 3 color. Stnt.) Nürnberg 876, Bauer und Raspe. *
1.—8. Heft. Ebendas. 1874,75. à *ℳ 6.; compl. cart. *ℳ 60.

Praun, Theodor [aus Bamberg]: Quellenmäßige Darstellung der Servitut des Usus. . . . Bamberg, W. Gärtner's Buchdr. (D. Siebenkees), 1890; 88 S. 8°
Erlangen, Jur. Fak., Inaug.-Diss. v. 1890

von Praun, Walter [Dr. jur. derzeit Rechtspraktikant am kgl. Amtsger. Nürnberg]: Zur Lehre von der Gefahr beim Kauf nach gemeinem Rechte ... *Stuttgart, Druck d. Union,* 1891; 45 S. 8.
Erlangen, Jur. Fak., Inaug.-Diss. v. 1891

Praunsberger, Mar., Pegasus sonorus, s. XII partitae balleticae. fol. Augsb. 712.

Prause, Alfred: Aus d. Botan. Garten d. Univ. Breslau. Beiträge zur Blattanatomie der Cupressineen. Breslau 1909: Korn. 48 S. 8°
Breslau, Phil. Diss. v. 16. Juli 1909, Ref. Pax
[Geb. 22. Juli 80 Reichenstein, Kr. Frankenstein; Wohnort: Breslau; Staatsangeh.: Preußen; Vorbildung: Gymn. Patschkau Reife O. 02; Studium: Breslau 14 S.; Rig. 23. Juni 09.] [U 09. 619

Prause, Georg, a. Breslau: Über Amarin und Anisin sowie deren Reduktion. Erlangen 1907: Junge & Sohn. (47 S.) 8°
Erlangen, Phil. Fak., Ref. Fischer-Paal, Diss. v. 24. Juni 1907
[Geb. 15. April 79 Breslau; Wohnort: Hamburg; Staatsangeh.: Preußen; Vorbildung: Kgl. Matthiasgymn. Breslau Unterprima O. 96; Studium: Breslau 2, Erlangen 7 S.; Rig. 2. Mai 07.]

Prause, Hugo, aus Schönberg, Ob.-Lausitz: Über Verbindungen der Tellursäure mit Jodaten, Phosphaten und Arsenaten. *Leipzig 1901: Metzger & Wittig.* (30 S.) 8°
München, Phil. Diss. v. 1901

Prause, Oswaldus: De particulae πρίν usu tragico et Aristophaneo. Halis Saxonum (1876: Frommann in Jena). 40 S. 8°
Halle-Wittenberg, Phil. Diss. v. 29. Apr. 1876
Geb. [Skarboszewo] (Kr. Wreschen, Posen) 5. 2. 1852. V.

Prausek, Vinz., Buchstaben zum ersten Unterricht im Lesen. 3 Bog. in Imp.-Fol. Prag 859, Tempsky.

Prausek, Vincenz, Buchstabentäfelchen zum ersten Unterricht im Lesen. 8. Aufl. [141 kleine und große Buchstaben einzeln auf Pappendeckel gezogen und lackirt nebst Gebrauchsanweisung. 7. Aufl.] gr. 8. Prag 884, Tempsky. In Holzkästchen *

—— Gebrauchs-Anweisung dazu. gr. 8. (15 S.) Ebendas. 859.

Prausek, Vinc., über den Lautier-, den Schreiblese- u. den Buchstabier-Unterricht nebst einer Anleitung zum Gebrauche der Buchstabentäfelchen u. des Setzkastens. 4., mehrfach erweit. Aufl. Prag 866. Tempsky. gr. 8. (33 S.) n. 6 ngr.

Prausek, Vinc., über den Lautier-, den Schreiblese- und den Buchstabier-Unterricht, nebst einer Anleitung zum Gebrauche der Buchstabiertäfelchen und des Setzkastens. 5. Aufl. (34 S.) 1871. * 60 Pf.; 6. Aufl. (32 S.) 1874. * 40 Pf.; 7. Aufl. gr. 8. (30 S.) Prag 882, Tempsky. *

— über die verwendbarsten Lehrmittel zum ersten Unterrichte im Rechnen, nebst Andeutungen über die Anwendung derselben. Olmütz 864. Hölzel. gr. 8. (20 S. mit Holzschn.) n. 4 ngr.

Prausek, Vincenz — Alphabetisches Register, enthaltend eine Zusammenstellung über den Wirkungskreis der neuen Behörden nebst den wichtigsten im Geschäftsleben vorkommenden Bestimmungen des Reichsgesetz-, des böhmischen Landesgesetz- und Regierungs-Blattes und der von der k. k. Statthalterei Böhmens herausgegebenen Normalienbücher, für die Zeit vom Jahre 1849 bis 1. Februar 1855. Von — —. Prag, 1855. Druck der k. k. Hofbuchdruckerei von Gottlieb Haase Söhne. Verlag der J. G. Calve'schen Buchhandlung. (VIII. 344 S. 8.)

Prausek, Vinc., alphabetisches Register, enthaltend eine Zusammenstellung über den Wirkungskreis der neuen Behörden, nebst den wichtigsten im Geschäftsleben vorkommenden Bestimmungen des Reichsgesetz-, des böhm. Landesgesetz- u. Regierungsblattes und der von der k. k. Statthalterei Böhmens herausg. Normalienbücher, für die Zeit vom Jahre 1849 bis 1. Febr. 1855. Prag 855. Tempsky. gr. 8. (VIII, 344 S.) 2 ℛ.

(Prausek, Vincenz —). Sammlung der im Landesgesetz- und Regierungsblatte nicht enthaltenen Normalien, Instruktionen, Belehrungen, Weisungen u. s. w., welche die k. k. Statthalterei Böhmens in dem Zeitraume vom Jahre 1850 angefangen, bis Ende Jänner 1855 erlassen hat. Politische Abtheilung. Zusammengestellt und redigirt von — —. Prag, 1855. Druck der k. k. Hofbuchdruckerei von Gottlieb Haase Söhne. (XI. 650 S. Verzeich. verbot. Druckwerke: 40 S. 4.)

—— über Schulbänke, Schultische und Stühle. gr. 8. (23 S.) Wien 881, Pichler's Wwe. und Sohn. *

Prausek, Vincenz, über Schulbänke oder Schultische und Sessel. 2. umgearb. Aufl. gr. 8. (26 S. mit eingedr. Fig.) Wien 886, Hölzel. *

—— einige der wichtigsten Tagesfragen, betr. das österreichische Volksschulwesen. gr. 12. (VI und 108 S.) Prag 855, Haase Söhne.

— die Verbesserung der Volksschule mit besond. Berücksichtigung Oesterreichs. Wien 868. Sallmayer & Co. gr. 8. (IV, 454 S. mit 4 Steintaff. in 8., 4. u. Fol.) n. 2 ℛ 20 ngr.

—— schlesischer Volksschulenkalender, s. a. Volksschulenkalender, schlesischer.

Prausek, Vinzenz, *k. k. Landesschulrath u. s. w.* Schles. Volksschulenkalender für das Jahr 1859. Dritter Jahrgang. *Troppau* 1859. Verlag von *H. Kolk.* IV, 152 S, 4 Bl. 8°.
INHALT: Beschreibung einer guten Volksschule. — Bild einer guten Volksschule. — Quem dii odêre paedagogum fecêre. — Der Sprachunterricht in der Volksschule. — Ein Beitrag zur Ethnografie des österreichisch-schlesischen Heimatlandes. — Bitte an die Schulfreunde Schlesiens, betreffend die Begründung eines Präparanden-Konvikts (Pädagogiums) in Troppau. — Schematismus der schles. Volksschulen. — U. s. w.

—— Winke und Rathschläge für den praktischen Schulmann. (Eine theilweise mehrfach verm. Wiederaufl. des schles. Volksschulenkalenders vom J. 1859.) gr. 8. (IV und 128 S. mit 1 lithogr. Karte in qu. 4.) Troppau 860, Kolck. *

Prausnitz, Carl, s. Prausnitz, Karl

Prausnitz, Georg [app. Arzt aus Posen]: Aus d. Ambulatorium f. Hals- u. Nasenkrankheiten d. Hrn Dr. Seifert zu Würzburg. Über Fremdkörper in der Nase und Rhinolithen nebst e. neuen Falle v. Zahnentwicklg in d. Nase ... Würzburg, Druck d. Köhl & Hecker'schen Buchdr., 1895; 36 S. 8.
Würzburg, Med. Fak., Inaug.-Diss. v. 1895

Prausnitz, Karl

Prausnitz, Carl, Assist. am hygien. Inst. zu Hamburg: ⟨Aus d. staatl. hygien. Institut zu Hamburg.⟩ ⟨Director: Prof. Dr. Dunbar.⟩ Zum gegenwärtigen Stande der Choleradiagnose unter besonderer Berücksichtigung derjenigen Vibrionen, deren Unterscheidung vom Choleravibrio Schwierigkeiten bereitet. *Leipzig: Veit & Co. 1903.* (69 S.) 8° ¶ (Aus: Zeitschrift f. Hygiene u. Infectionskrankh., Bd 43.)
Breslau, Med. Diss. v. 14. Febr. 1903

Prausnitz, Meyer Simon (geb. Glogau 1808): Cholera Indica affectorum historiae quinque notatu dignae. Berolini (1832). (26 S.) 8
Berlin, Med. Diss. v. 7. Febr. 1832

Prausnitz, Otto (geb. Glogau 30. 4. 1840): De gangraena nosocomiali. Berolini 1867. (32 S.) 8°
Berlin, Med. Diss.
nachgeliefert v. dem am 9. Juni 1866 auf Grund gedruckter Thesen promov. Verf.

Prausnitz, W., über die Bereitung u. Beurtheilung von Most (Apfelwein) unter besond. Berücksicht. d. steirischen Verhältnisse. gr. 8. (24 S.) Graz 901. (Leuschner & Lubensky.) n. — 60

— über die Beschaffenheit der Kuhmilch in Graz, s.: Helle, Karl.

Prausnitz, Wilhelm

Prausnitz, W., neuere Bestrebgn. auf dem Gebiete d. öffentl. Gesundheitspflege, s.: Volksschriften der österr. Gesellschaft f. Gesundheitspflege.

Prausnitz, W., der Einfluss der Münchener Kanalisation auf die Isar etc., s.: Tagesfragen, hygienische.

Prausnitz, W., zur Einführung der Schwemmkanalisation in München. Offener Brief an Hrn. Prof. Alex. Müller in Berlin als Antwort auf dessen im Auftrage der deutschen Landwirthschafts-Gesellschaft abgegebenes Gutachten üb. den Einfluss der Münchener Spüljauche auf den Reinheitszustand der Isar. gr. 8. (18 S.) München 891. J. F. Lehmann's Verl. n. — 60

— General-Register, s.: Zeitschrift f. Biologie.

Prausnitz, Wilh. Grundzüge der Hygiene. Für Studirende an Universitäten u. techn. Hochschulen, Aerzte, Architekten u. Ingenieure. Mit 137 Orig.-Abbildgn. gr. 8. (X, 442 S.) Münch. 892, Lehmann's Verl. * 6 50; geb. * 7 50

Prausnitz, W., Grundzüge der Hygiene. Für Studirende an Universitäten u. techn. Hochschulen, Aerzte, Architekten u. Ingenieure. 2., erweit. u. verm. Aufl. gr. 8. (VIII, 473 u. X S. m. 192 Abbildgn.) München 895. J. F. Lehmann's Verl. n. 7. —; geb. in Leinw. n. 8. —

Prausnitz, W: Grundzüge der Hygiene. 3. Aufl. München 1897

— Grundzüge d. Hygiene unt. Berücksicht. d. Gesetzgebg. d. Deutschen Reichs u. Oesterreichs. Für Studierende an Universitäten u. techn. Hochschulen, Aerzte, Architekten, Ingenieure u. Verwaltungsbeamte. 4., erweit. u. verm. Aufl. gr. 8. (XVI, 524 S. m. 211 Abb.) München 899. J. F. Lehmann's Verl. n. 7. —; geb. n. 8. —

— Grundzüge der Hygiene unter besond. Berücksicht. der Gesetzgebung des Deutschen Reichs u. Oesterreichs. Für Studierende an Universitäten u. techn. Hochschulen, Aerzte, Architekten, Ingenieure u. Verwaltungsbeamte. 6. erweit. u. verm. Aufl. gr. 8. (XV, 545 S. m. 231 Abbildgn.) München 902. J. F. Lehmann's Verl. n. 8. —; geb. n. 9. —
5. Aufl. (XV, 533 S. m. 227 Abb.) 901. n. 7. —; geb. n. 8. —.

Prausnitz, W., Grundzüge der Hygiene unter Berücksicht. der Gesetzgebung des Deutschen Reichs u. Oesterreichs. Für Studierende an Universitäten u. techn. Hochschulen, Aerzte, Architekten, Ingenieure u. Verwaltungsbeamte. 7. erweit. u. verm. Aufl. (XV, 565 S. m. 234 Abbildgn.) gr. 8. München 905. J. F. Lehmann's Verl. n. 8. —; geb. in Leinw. n. 9. —

Prausnitz, (Wilh.), Grundzüge der Hygiene unter Berücksicht. der Gesetzgebg. des Deutschen Reichs u. Österreichs. Für Studierende an Universitäten und techn. Hochschulen, Ärzte, Architekten, Ingenieure u. Verwaltungsbeamte. 8. erweit. u. verm. Aufl. (IV, 592 S. m. 253 Abb.) gr. 8. München 908. J. F. Lehmann's Verl. 8.—; geb. in Leinw. 9. —

— s.: Lehmann's medizin. Atlanten. VIII. (Atlas u. Lehrbuch der Hygiene.)

Prausnitz, Wilhelm (approb. Arzt): Zur pathologischen Pigmentirung . . . . München, Akad. Buchdr. v. F. Straub, 1885; 21 S. u. 1 Taf. 8°.
München, Med. Fak., Inaug.-Diss. v. 1885.

Prausnitz, Wilhelm, zur pathologischen Pigmentirung. Diss. München 1885, A. Buchholz. 8°. 21 S. mit einer Taf.

Physiologische und sozial-hygienische Studien über Säuglings-Ernährung und Säuglings-Sterblichkeit. Von Dr. W[ilhelm] Prausnitz. Prof. in Graz. Mit mehr. Abb. u. Tab. *München: J. F. Lehmann 1902.* (120 S.) 8°

— s.: Wohnungsfrage u. Säuglingsfürsorge.

— s. Zeitschrift f. Biologie. General-Register.

Praust [Schlagwort]

Praust, s.: Geologische Karten. Preussen. 107.

Praust, s.: Preussen. Messtischblätter.

Praust [Verfasser]

Praust, Max [app. Arzt aus Königsberg i./Pr.]: Aus d. chirurg. Klinik zu Kiel. Ueber Laparotomie und Darmnaht bei Schuss- u. Stichverletzungen. . . . Kiel, Druck v. H. Fiencke, 1890; 16 S. + 2 Bl. 8°
Kiel, Med. Fak., Inaug.-Diss. v. 25. Jul. 1890

Pravdy, F., Zenské srdce, s. Velehrad.

Pravidla pravopisu 8. (58 S.) Ve Vidni. Tiskem L. Grunda. 1854. (Rechtschreibung.) Ztuha vázaná za 6 kr. stř.
Verlag der Schulbücher-Verschleiß-Administration

Pravidla pravopisu. Ve Vidni, 1855. Tiskem L. Grunda. (60 S. 8.) (Rechtschreibung.) (Böhm.)
Verlag der Schulbücher-Verschleiß-Administration

Pravidla, školni, pro obecné školy v cis. král. rakouských zemích. 8. (14 S.) Ve Vídni Tiskem L. Grunda 1852. (Schulgesetze für die Gemeindeschulen im k. k. österr. Staate.) Prodavaji se vazana v papiře za 2 kr. stř.
Verlag der Schulbücher-Verschleiß-Administration

[Russ.] **Pravila** biblioteki Imperatorskago S.-Peterburgskago Universiteta. S.-Peterburg 1904: B. Volf. (16 S.) 8°
[Satzungen d. Kais. Univ.-Bibliothek in St. Petersburg.] 1905. 1903

Praw da Russkaja, die, das älteste Rechtsbuch Rußlands, nach allen bisher entdeckten und herausgeg. Handschriften verglichen, verdeutscht und erläutert von E. S. Tobien. 1. Die Handschriften u. Ausgaben, das System u. der Text Praw da Russkaja. Mit 1 Facsim. gr. 4. Dorpat 845, Gläser. n. $1^1/_3$ ₰

Prawdomir, Józ., Przestrogi. Leipzig 866. (Kasprowicz.) 8. (40 S.) n. 8 ngr.

Prawdzieckiego, Pana, z Wymyslowa dziwne podróże i przygody na lądzie i na morzu przez niego samego w wesołem gronie przyjaciół opowiedziane, a przez jednego z tychże skrèślone. 8. (XII und 152 S. mit 7 Holzschn.) Breslau 847, Schletter. Thlr.

Prawida, Pane, was diente am Ganzlei. Deutsch-böhmisches Intermezzo mit Gesang. Wien [1890]. V: *Bartl, Hans.* (EB)

[F.] **Prawitz,** Adalbert [Prof.]: Uber [!] Geschichts-Unterricht. Friedeberg Nm., Druck v. E. Eisermann, *1895;* 13 S. 4.
Friedeberg Nm., k. G, P 1895 (76)

Prawitz, Eugen (geb. Sternberg in d. Neum. 19. 8. 1847): Zur Resection des Hüftgelenks wegen Caries. Berlin (1879). (30 S.) 8°
Berlin, Med. Diss. v. 5. Juli 1879

(**Prawoslawnju.**) Православный къ неправославному. Leipzig 861. Brockhaus. gr. 8. (IV, 37 S.) n. 10 ngr.

Православный къ неправославному. (Der Orthodoxe an einen Ungläubigen.) gr. 8. (IV und 37 S.) Leipzig 861, Brockhaus' Sortiment und Antiquarium. *

Praxede oder der französische Werther übersetzt. Berlin 1809. Ü: *Ascher, Saul.* (GGr)

Praxede, od. der französ. Werther; übers. von S. Ascher. 8. Berl. 809. Duncker u. H. 1 ₰ 8 ℊℊ

Praxede oder der französische Werther. Uebersetzt von Paul Ascher. Berlin 1809. V: *Lambert, Auguste.* (Appell) (GGr) (Heuer, Kat. d. Ausst. von Autogr. Druckw. zu Goethes Werther. Frankf. 1892)

Praxis, die. Zeitschrift f. d. prakt. Aerzte in kleinen Städten u. auf dem Lande. Red. v. Herm. Schlesinger. 1. Jahrg. 1896. 24 Nrn. (à ca. 2 Bog.) gr. 8. Göttingen. Leipzig, F. Leineweber. n. 12.—
— dasselbe. 2. Jahrg. 1897. 24 Nrn. (à ca. 32 Sp.) gr. 8. Würzburg. Ebd. n. 8.—; einz. Nrn. n. —60
Erschien bis Mitte Mai in Dresden.
D. Fortsetzg. erschien u. d. T.:
Die ärztliche Praxis. Jg. 11. 1898

Aus der Praxis. Neue Privatbaut. a. Deutschl. u Österr. I. (60 T) fol Wien (1903)

Praxis, die. Blätter zur Einführg. in die Redeschrift u. zur Fortbildg. in derselben, m. nach Silben abgezähltem Diktier- u. Uebertragungsstoff. Geleitet von Eduard Schaible. 1.—4. Jahrg. 1903—1906. à 12 Nrn. (328, 328, 318 u. 320 S.) 8. Wolfenbüttel, Heckner. à Jhrg. n.n. 2.—

Praxis, die. Blätter zur Einführg. in die Redeschrift u. zur Fortbildg. in derselben, m. nach Silben abgezähltem Diktier- u. Übertragungsstoff. Geleitet v. Eduard Schaible. 5.—8. Jahrg. 1907—1910. à 12 Nrn. (IV, 200; IV, 172; IV, 224 u. IV, 196 S.) 8. Wolfenbüttel, Heckner. à Jahrg. n nn 2.25

— die, der **Arbeitsschule.** Ein Sammelbuch f. pädagog. Erfahrungswissenschaft. Hrsg. v. Osw. Warmuth. 1. Bd. Oktbr. 1909—Septbr. 1910. 12 Hefte. (240 S. m. Abb.) 8. München, C. A. Seyfried & Co. 3.—; geb. n 3.80

— die ärztliche. (Früher „Der ärztl. Praktiker" u. „D. Praxis".) Zeitschrift f. d. wissenschaftl. u. prakt. Interessen des Arztes. Red.: Herm. Schlesinger. 11. Jahrg. 1898. 24 Nrn. (à ca. 2 Bog.) gr. 4. Ebd. n. 10.—; einz. Nrn. n. — 60

Praxis, die ärztliche. (Früher „Der ärztl. Praktiker" u. „Die Praxis".) Zoitschrift f. dio wissonschaftl. u. prakt. Intoresson des Arztos. Rod.: Herm. Schlosingor. 12. Jahrg. 1899. 24 Nrn. gr. 4. (à ca. 16 S.) Würzburg 899. Berlin, Vogel & Kreienbrink. n. 10.—

— dasselbe. Unter Mitwirkg. von Professoren, Spezialärzten u. Praktikern hrsg. v. Herm. Schlesinger. 13.—15. Jahrg. 1900—1902. à 24 Nrn. gr. 4. (à ca. 14 S.) Berlin, Vogel & Kreienbrink. à Jahrg. n. 10.—
Der 18. Jahrg. erschien in Leipzig.

— die **ärztliche.** Zeitschrift f. die wissenschaftl. u. prakt. Interessen des Arztes. Hrsg. von v. Noorden, Schleich, Nagel, Silex. Red.: Eduard Reichmann. 16.—19. Jahrg. 1903—1906. à 24 Nrn. (VII, 288; IX, 288; VIII, 288 u. XIV, 288 S.) Lex.-8. Berlin, Vogel & Kreienbrink. à Jhrg. n. 10.—

— die ärztliche. Zeitschrift f. die wissenschaftl. u. prakt. Interessen des Arztes. Hrsg. von v. Noorden, Schleich, Nagel, Silex. Red.: Eduard Reichmann. 20. Jahrg. 1907. 1. Halbj. 12 Nrn. (à ca. 12 S.) Lex. 8. Berlin, [Vogel & Kreienbrink]. Leer, D. H. Zopfs & Sohn. 5.—
Fortsetzg. s.: Zeitschrift f. ärztliche Praxis.

Praxis, Aurea, juris decimandi oder das Zehend-Recht . . . Nürnb. 1708. Augsp. 1719. 1735. Nürnb. 1758. V: *Schweser (Sueser), Christoph Heinrich.* (Fiker)

— die, des **Batterie-Chefs.** Praktische Rathschläge f. d. Uebernahme, den inneren u. äußeren Dienst der Batterie von e. Batterie-Chef. 12. (IV, 224 S.) Berlin 899. [Militär-Verlags-Anst.] W. Thoms. Geb. in Leinw. n. 3.50

— der Bienenzucht. Organ f. unabhäng. Bienenzucht. Red.: Osw. Junger. 1. u. 2. Jahrg. 1903 u. 1904. à 12 Nrn. (à ca. 16 S.) gr. 8. Berlin, E. Prager. à Jhrg. n. 3. —

Praxis Catechismi seu Catechismus in singulas anni dominicas distributus et evangeliis accomodatus, ita digesta, ut ad omnes editiones catechismi Romani carentes hac praxi catechismi, indiscriminatim adhiberi possit. Wien 869. Sartori. gr. 8. (20 S.) n. 2 ngr

Praxis, die chirurg., der bewährtesten Wundärzte uns. Zeit. systemat. dargest. — A. u. d. T.: Prakt. Handbuch d. clin. Chirurgie, nach d. neuesten Mittheiln. ausgezeichn. Wundärzte aller Länder systemat. bearb. 3 Bde. gr. 8. Berlin, Vossische Buchh. [1. od. 12 Lfg. ($59\frac{1}{2}$ B.) 840. 4 Thlr., 2. od. 12 Lfg. ($60\frac{3}{8}$ B.) 841. 4 Thlr., 3. 1. Abthl. od. 1—8. Lfg. ($41\frac{5}{8}$ B.) 841. $2\frac{2}{3}$ Thlr., 2. Abthl. od. 9—20. Lfg. ($66\frac{3}{8}$ B.) 842. $4\frac{1}{3}$ Thlr.]

Praxis, die chirurgische. In einer Reihe der ausgezeichnetsten Abhandlungen u. Vorlesungen der berühmtesten Wundärzte Englands u. Frankreichs. Hrsg. unt. Redaction v. Fr. J. Berend. (5 Lfgn.) 2 Bde. gr. 8. Leipzig 845—47, Kollmann. A. u. d. Tln.:

Bd. 1. Vorlesungen üb. wichtige Gegenstände der therapeut. u. operativen Chirurgie v. B. C. Brodie. A. d. Engl. ($26\frac{1}{4}$ B.) 1 Thlr. 20 Ngr.

„ 2. Vorlesungen üb. wichtige Gegenstände der therapeut. u. operativen Chirurgie v. C. Hawkins u. R. Liston. Aus d. Engl. (39 B.) 2 Thlr. 15 Ngr.

CLAUSELPETERS, weiland berühmten Advocatens, juristische Praxis in Schöpsenhausen. Von einem seiner Kollegen bekannt gemacht im J. 1803. Mit Titelkpfr. Leipzig, Graffé 1804. 8°. ($1\frac{1}{6}$ Rthl.)

— deutsche. Aerztl. Zeitschrift f. d. Ausland. Hrsg. unt. Mitwirkg. v. Klinikern u. hervorrag. Praktikern v. L. Jankau. 1. Bd. April—Decbr. 1898. 18 Nrn. (à ca. 40 S.) gr. 8. München, Seitz & Schauer. Postfrei n. 9. —
Kann auch vierteljährlich bezogen werden.

— deutsche. (2. Jahrg.) In Verbindg. m. d. Centralblatt „Medizinische Neuigkeiten". (49. Jahrg.) Hrsg. unter Mitwirkg. v. Klinikern u. hervorrag. Praktikern v. L. Jankau. Jahrg. 1899. 24 Nrn. gr. 8. (à ca. 32 u. 16 S.) München 899. Seitz & Schauer. n. 12. —

Praxis, deutsche. Zeitschrift für praktische Aerzte. Mit dem Beiblatt Medizinische Neuigkeiten. (50.—52. Jahrg.) Hrsg. u. red. unter Mitwirkg. v. Klinikern u. hervorrag. Praktikern v. A. Nobiling. 9.—11. Jahrg. 1900—1902. à 24 Nrn. gr. 8. (à ca. 32 u. 8 S.) München, Seitz & Schauer. à Jahrg. n. 12. —

— deutsche. Vereinigt m. Zeitschrift f. prakt. Aerzte u. medizin. Neuigkeiten. Hrsg. v. Frz. C. Müller u. Frdr. Siebert. 12.—15. Jahrg. 1903—1906. à 24 Nrn. (à ca. 32 S.) Lex.-8. München, Seitz & Schauer. 1903 u. 04 à n. 12. —; 1905 u. 06 à n. 8. —

— deutsche, Fortsetzg., s.: Monatsschrift, Leipziger medizinische.

Praxis der Erziehungsschule. Hrsg. v. K. Just. 1.—4. Jahrg. 1887—1890. à 6 Hfte. (à 2—$2\frac{1}{2}$ B.) gr. 8. Altenburg, Pierer. à Jahrg. n. 4. —

Praxis der Erziehungsschule. Hrsg. v. Karl Just. 5.—8. Bd. 1891—1894. à 6 Hfte. (à 2—$2\frac{1}{2}$ Bog.) gr. 8. Altenburg, H. A. Pierer. à Jahrg. n. 4. —

— der Erziehungsschule. Hrsg. v. Karl Just. 9.—12. Bd. 1895—1898. à 6 Hfte. (à ca. 3 Bog.) gr. 8. Altenburg, H. A. Pierer. à Jahrg. n. 4. —
Kann auch halbjährlich bezogen werden.

— der Erziehungsschule. Hrsg. v. Karl Just. 13.—16. Bd. 1899—1902. à 6 Hfte. gr. 8. (239, 240, 239 u. 240 S.) Altenburg, H. A. Pierer. à Bd. n. 4. —

— der Erziehungsschule. Hrsg. v. Karl Just. 17.—19. Bd. 1903—1905. à 6 Hefte. (IV, 240; IV, 240 u. IV, 248 S.) gr. 8. Altenburg, H. A. Pierer.
Erscheint nicht mehr. à Jhrg. n. 4. —

— die, d. Eskadron-Chefs. Prakt. Ratschläge f. d. Uebernahme, d. inneren u. äuß. Dienst d. Eskadron. Von e. früheren Eskadron-Chef. 12. (VI, 106 S.) Berlin 896. Militär-Verlagsanstalt. Geb. in Leinwand n. 2. 50

[S.] Die Praxis des Eskadron-Chefs. Prakt. Rathschläge f. d. Uebernahme, d. inneren u. äusseren Dienst d. Eskadron. Von e. früh. Eskadron-Chef. *Berlin: Militär-Verlagsanst. 1898.* (VI, 106 S.) 1 Bd 8. (98. 1050)

Praxis examinis particularis ... Oeniponti 1851. V: *Stratius, Jacob.* (Jes)

— exercitorum spiritualium S. Ignatii. Auctore P. Sebast. Izquierdo Alcaracense. 8. Münst. 808. Aschendorff. 6 gr

Praxis, Die gantze medicinische. Kurtz und gut abgefasst ... a. d. Holl. ... Franckf. u. Leipz. 1703. Ü: *Hundertmark, Heinrich Elias.* (BrMm)

Die Praxis des Obersten Gerichtshofs. Sammlung der oberstgerichtlichen Entscheidungen aus den Gebieten des bürgerlichen Rechts einschliesslich des Wechsel- und Handelsrechts, dann der freiwilligen Gerichtsbarkeit und des Civilprocessrechts. Herausgegeben von Dr. Leo Geller und Dr. Hermann Jolles. I. B. (1898 und 1899.) Mit Sach-Quellen und Chronologischem Register. Wien. 1900. Perles. Gr.-8°. 800 S. K 12.—, geb. K 14.—

Die Praxis des Obersten Gerichtshofes. Sammlung der oberstgerichtlichen Entscheidungen aus den Gebieten des bürgerlichen Rechtes einschließlich des Wechsel- und Handelsrechtes etc. 6. Bd. Gr.-8°. (VII, 575 S.) K 10.—, geb. K 12.—
Wien: Perles 1905.

Die Praxis des Obersten Gerichtshofes. 7. Bd. Gr.-8° (IV, 549 S.) K 10.—
Wien: Perles 1906.

Die Praxis des Obersten Gerichtshofes. VIII. Bd. Mit systematischer Inhaltsübersicht, alphabetischem Sachregister, Quellen- und chronologischem Verzeichnisse. Gr.-8°. (V, 644 S.) K 12.—
Wien: Perles 1907.

Die Praxis des Obersten Gerichtshofes. 9. Bd. Gr.-8°. (VI, 642 S.) K 12.—, geb. K 14.—
Wien: Perles 1908.

Praxis, die, des kaufmännischen Geschäfts, s. Schule, die, des Kaufmanns.

MEISSEN. — § Praxis, Die glückliche, Ehelicher Liebe, zu welcher sich accomodiret Annen Juliannen gebornen Petzschkin, Martin Heudorns Wittwen, Joh. Jak. Ehwald, der Medicin Dr., den 5. Dec. 1703. Meissen. Fol.
So im handschriftl. Cat. der Münchner Hof- und Staatsbibl.

— graphologische. Für die Mitglieder der deutschen grapholog. Gesellschaft. Red.: Hans H. Busse. 1.—6. Jahrg. 1901—1906. à 6 Nrn. (82, 82, 81, 82, 80 u. 80 S.) gr. 8. München, Expedition der grapholog. Monatshefte. (Nur direkt.) à Jhrg. n. 2. —

— graphologische. Für die Mitglieder d. deutschen grapholog. Gesellschaft. Red.: Hans H. Busse. 7. u. 8. Jahrg. 1907 u. 1908. à 6 Nrn. (à ca. 16 S.) gr. 8. München, Expedition der grapholog. Monatshefte. (Nur direkt.) à Jahrg. 2. —

Aus der **Praxis** der modernen Jugenderziehung. Skizzen aus d. Arbeit d. Mädchen-Mittelschule in Nordhausen a. H. Hrsg. unter Mitw. von Mitgliedern d. Lehrerkoll. von Rektor K[arl] Heine. *Nordhausen a. H.: C. Haacke 1904.* (75 S.) 8° [F.] [04. 13966

Praxis juridica, welche die applicat. juris ad factum in formirten Casibus, ausfürl. rechtl. Sätzen, darauf ertheilten Bescheiden u. s. w. kürzlich, doch deutl. u. nützl. zeiget. 2 Bde. *Frankfurt.* 715. 8.

Praxis, Die, der Carbonat-Verseifung (Verseifung der Fettsäuren mit kohlensauren Alkalien). Augsburg (1908)

Praxis. — Kaufmännische Praxis. Wochenschrift für Standesangelegenheiten. Jg. 1—8. Frankfurt a. M.: Mahlau u. Waldschmidt 1890-1897. 4°

— die kaufmännische. Handbuch der Kontorarbeiten. Hrsg. von Fachleuten. 5., verm. u. verb. Aufl. (VII, 192 S.) gr. 8. Berlin (906). R. Oesler. Geb. in Leinw. n. 3. —

1. Aufl. (200 S.) 906. Geb. n. 3. —.

Praxis, die, der katholischen Kirche in Betreff der gemischten Ehen, gegenüber den sogenannten protestant. „Nothwehr-Maßregeln," begründet u. vertheidigt gegen die maßlosen Angriffe d. v. „heiligem Zorn erfaßten u. v. gesundem, heil. Haß gegen das jesuit. Rom durchwehten" protestant. Pfarrers u. Schulinspectors Herrn J. M. Lohoff zu Aplerbeck. Von e. „jesuit. Römling." 8. (69 S.) Dortmund 873. Lensing. — 60

Aus der **Praxis** der Knaben- und Mädchen-Handarbeit. In Vierteljahrsheften hrsg. von Geh.Reg.R. Dr. L[udwig] Pallat. Schriftleiter: Chr. F. Morawe. Jg. 1, H. 1. Leipzig & Berlin: Teubner 1910. 8° [10. 11814

— kommunale. Zeitschrift f. Kommunalpolitik u. Gemeindesozialismus. Hrsg. u. Red.: Alb. Südekum. 1. u. 2. Jahrg. 1901 u. 1902. à 24 Nrn. hoch 4. (à ca. 1 Bog.) Dresden (Zwingerstr. 22), Kaden & Co. à Jahrg. n.n. 4. —

— kommunale. Zeitschrift f. Kommunalpolitik u. Gemeindesozialismus. Hrsg. u. Red.: Alb. Südekum. 3. Jahrg. 1903. 24 Nrn. (VI, 472 Sp.) hoch 4. Dresden [Kaden & Co.]. Berlin, Buchh. Vorwärts. n. 4. 50

— dasselbe. 4. Jahrg. 1904. 24 Nrn. (à ca. 20 Sp.) 4. Ebd. n. 6. —

— dasselbe. Nebst Beilage: Sächsische Gemeinde-Politik. Hrsg. vom Zentral-Komitee der sozialdemokrat. Partei Sachsens. Red.: Otto Pollender. 5. Jahrg. 1905. 24 Nrn. (XI, 1072 Sp.) 4. Ebd. n.n. 8. —

— dasselbe. Wochenschrift f. Kommunalpolitik u. Gemeindesozialismus. Hrsg. u. Red.: Alb. Südekum. 6. Jahrg. 1906. 52 Nrn. (à ca. 24 Sp.) 4. Ebd. n.n. 10. —

Praxis, kommunale. Wochenschrift f. Kommunalpolitik u. Gemeindesozialismus. Hrsg. u. Red.: A. Südekum. 7. Jahrg. 1907. 52 Nrn. (Nr. 1. 24 Sp.) Dresden. Berlin, Buchh. Vorwärts. Vierteljährlich 2. 50; einzelne Nrn. —. 30.

Praxis, kommunale. Wochenschrift f. Kommunalpolitik u. Gemeindesozialismus. Red.: A. Südekum. 8. Jahrg. 1908. 52 Nrn. (Nr. 1. 32 Sp.) Berlin, Buchh. Vorwärts. Vierteljährlich 3. —; einzelne Nrn. —. 30.

— kommunale. Wochenschrift f. Kommunalpolitik u. Gemeindesozialismus. Red.: Alb. Südekum. 10. Jahrg. 1910. 52 Nrn. (832 S.) 31×23,5 cm. Berlin, Buchh. Vorwärts. 12. —

Die Jahrgg. 1907—09 sind vergriffen.

[F.] Die **Praxis** des Kompagnie-Chefs. Prakt. Rathschläge f. d. Uebernahme, den inneren u. äusseren Dienst d. Kompagnie von e. früheren Kompagnie-Chef. *Berlin: Militär-Verlagsanst. 1897.* (3 Bl., 111 S.) 1 Bd 8. [97. 4318

— die, der Landschule. Monatsschrift f. Lehrer an Land- u. zweisprach. Schulen. Hrsg. unter Mitwirkg. namhafter Schulmänner v. Karl Haese. II. u. III. Jahrg. Juli 1893—Juni 1895. à 12 Hfte. (à ca. 2 Bog.) gr. 8. Osterburg, R. Danehl. à Jahrg. n. 6. —

Praxis, die, d. Landschule. Monatsschrift f. Lehrer an ein- u. mehrklass. Volksschulen. Hrsg. unt. Mitwirkg. namhafter Schulmänner von Karl Haese. IV.—VI. Jahrg. Juli 1895—Juni 1898. à 12 Hfte. (à ca. 4 Bog.) gr. 8. Osterburg, R. Danehl's Verl. à Jahrg. n. 6. —

— dasselbe. Mit der Gratisbeilage: Pädagog. Magazin, Sammlung von Lehrbeispielen aus d. Schule — f. die Schule. Hrsg. unt. Mitwirkg. namhafter Schulmänner v. Karl Haese. VII. Jahrg. Juli 1898—Juni 1899. 12 Hfte. (à 4 u. 1 Bog.) gr. 8. Ebd. n. 6. —; einz. Hfte. n. — 60

Kann auch vierteljährlich bezogen werden.

— die, der Landschule. (Ratgeber f. Volksschullehrer.) Monatsschrift f. Lehrer an ein- u. mehrklass. Volksschulen. Mit der Gratisbeilage: Pädagogisches Magazin. Hrsg. unter Mitwirkg. namhafter Schulmänner v. Karl Haese. VIII.—XI. Jahrg. Juli 1899—Juni 1903. à 12 Hfte. (à Jahrg. 1080 S.) gr. 8. Goslar, R. Danehl. à Jahrg. n. 6. —

— die, der Landschule. (Ratgeber für Volksschullehrer.) Monatsschrift f. Lehrer an ein- u. mehrklass. Volksschulen. Mit der Gratis-Beilage: Pädagogisches Magazin. Hrsg. unter Mitwirkg. namhafter Schulmänner v. Karl Haese. 12.—14. Jahrg. Juli 1903—Juni 1906. à 12 Hefte. (à ca. 64 u. 16 S.) gr. 8. Goslar, R. Danehl. à Jhrg. n. 6. —

— die, der Landschule. (Ratgeber f. Volksschullehrer.) Monatsschrift f. Lehrer an ein- u. mehrklass. Volksschulen. Mit der Gratis-Beilage: Pädagogisches Magazin. Hrsg. unter Mitwirkg. namhafter Schulmänner v. Karl Haese. 15.—19. Jahrg. Juli 1906—Juni 1911. à 12 Hefte. (à ca. 64 u. 16 S.) gr. 8. Goslar, R. Danehl. à Jahrg. 6. —

— die literarische. Fachzeitung u. Offertenblatt f. Journalisten, Schriftsteller, Zeichner u. Verleger. Hrsg. u. Red.: Hugo Rösch. 1. Jahrg. Oktbr.—Dezbr. 1900. 3 Nrn. gr. 4. (à ca. 14 S.) Leipzig. Berlin, Gerdes & Hödel. 1. —

— dasselbe. 2. Jahrg. 1901. 12 Nrn. hoch 4. (à ca. 16 S.) Erfurt [Ohlenroth'sche Buchdr.]. Berlin, Gerdes & Hödel. n. 4. —

— dasselbe. Wochenausg. Separatabzüge der Rubrik: „Angebot u. Nachfrage". Jahrg. 1901. 40 Nrn. hoch 4. (à 1—2 S.) Ebd. n.n. 4. —

Die Wochenausg. ist nicht durch den Buchhandel zu beziehen.

— dasselbe. (Nebst dem Beiblatt: „Das Recht der Feder".) Fachzeitung u. Offertenblatt f. Journalisten, Schriftsteller, Zeichner, Verleger. Offizielles Organ des „Deutschen Schriftstellerverbandes", des „Deutschen Schriftstellerinnenbundes", des „Vereins Berliner Journalisten" usw. Red.: Hugo Rösch. 3. Jahrg. 1902. 12 Nrn. hoch 4. (à ca. 20 S.) Ebd. n. 4.—

— die literarische. (Gesamtausg. der vereinigten Zeitschriften: „Das Recht der Feder", „Die literar. Praxis", „Der Autor".) Fachzeitung u. Offertenblatt f. Journalisten, Schriftsteller, Zeichner u. Verleger. Offizielles Organ des „Deutschen Schriftstellerverbandes", des „Deutschen Schriftstellerinnenbundes", des „Deutschen Lehrer-Schriftstellerbundes" usw. Hrsg. u. Red.: Hugo Rösch. 7. Jahrg. 1906. 36 Nrn. (288 S.) Lex.-8. Berlin-Friedenau, Verlag der „Literar. Praxis". n. 7.—

— die literarische. Deutsche Schriftsteller-Zeitg. (Gesamtausg. der vereinigten Zeitschriften: „Das Recht der Feder", „Die literar. Praxis", „Der Autor".) Fachzeitg. u. Offertenblatt f. Journalisten, Schriftsteller, Illustratoren u. Verleger. Publikationsorgan des Verbandes deutscher Journalisten- u. Schriftsteller-Vereine. Offiziell. Organ d. „Deutschen Schriftstellerverbandes", d. „Deutsch. Schriftstellerinnenbundes", des „Dtschn. Lehrer-Schriftstellerbundes" usw. Red.: Alex. Pfannenstiel. 8.—11. Jahrg. 1907—1910. à 36 Nrn. (à ca. 8 S.) 31×23,5 cm. Berlin (N.W. 52, Werftstr. 3), Verlag d. „Literar. Praxis". à Jahrg. 8.—
Hat am 1. IV. 1911 ihr Erscheinen eingestellt.

Praxis, Die medicinische, der bewährtesten Ärzte unserer Zeit . . . Berlin 1838—39. H: *Sobernheim, Joseph Friedrich.* (EngM)

—— die medicin., d. bewährtesten Aerzte uns. Zeit, system. dargest. (Hrsg. v. J. F. Sobernheim.) 2 Thle. od. 5 Abthln. gr. 8. Berlin, Veit u. Comp.
A. u. d. Ttln.:
Thl. 1. Handbuch d. speciellen Pathologie u. Therapie d. acuten Krankheiten etc. 2 Abthln. 1. Aufl. (62 B.) 838. 3 Thlr. 12 Gr., 2., umgearb. u. verm. Ausg. (96 B.) 840. 5 Thlr. 8 Gr.
- 2. Handbuch d. speciellen Pathologie u. Therapie d. chronischen Krankheiten etc. 2 Abthln. 1. Aufl. (129 B.) 838, 39. 7 Thlr. 12 Gr., 3 Abthln. 2., umgearb. u. verm. Ausg. (133¾ B.) 841. 7 Thlr. 8 Gr.

—— die medicinische, der bewährtesten Aerzte unserer Zeit, systematisch dargestellt. 3., neu bearb. Aufl. 5 Thle. gr. 8. (205¾ B.) Berlin, Veit u. Comp. à Bd. 2 Thlr. 15 Ngr.
A. u. d. Ttln.:
Thl. 1., 2. Handbuch der speciellen Pathologie u. Therapie der acuten Krankheiten. 3. Aufl. 2 Bde. 844. 5 Thlr.
- 3—6. Handbuch der speciellen Pathologie u. Therapie der chronischen Krankheiten. 3. Aufl. 3 Bde. 845. 7 Thlr. 15 Ngr.

PRAXIS MERETRICVM Italiæ, Galliæ, Angliæ, & aliorum locorum, Das ist: Arglistige Huren-Practic, oder entdeckte Courtisanin, und von glücklichen Heurathen. Reisenden Jungen Leuten zur Warnung. (Zierleiste.) Gedruckt Zu Warnemunde (!), Im Jahr 1660. 12°. (12 Mk., gutes Expl., Frdr. Klüber, München, 1897; jetzt viel theurer!)
Ungemein rar. 45 S. (incl. Tit. u. 1 Bl. Vorr.). Enth. 2 :a. d. Ital. des *Pietro Aretino* übersetzte) Gespräche: 1. Colloquium fratris Zoppini Ruffiani, & Ludovici amici sui (deutsch. S. 5—15); 2. Gespräch zwischen zweyen Venetianischen Huren, Antonina u. Nanna genannt (!), welche einander erzehlen. wie sie zur Hurerey gekommen, u. darin gehauset haben (S. 15—40). — Anhang: Ob der Ehe- od. Geistliche Stand besser sey (S. 40—45).

— — Dasselbe. Neue Aufl. 1716.
Weller, fing. Druckorte, ohne Formatsangabe.

Praxis, die, d. Mühlenbetriebes. Illustrirte Müllerbibliothek, red. v. K. W. Kunis. 1. u. 2. Bd. 8. Leipzig. M. Schäfer. n. 10.—
1. Die Reinigung d. Getreides u. die gegenwärtig dazu benutzten Maschinen u. Apparate. Von K. W. Kunis. Mit 18 Taf. Abbildgn. (152 S.) 884. n. 4.—
2. Die Einrichtungen zur Unfall-Verhütung in Mühlen u. Maschinenfabriken. Unter Berücksicht. der einschläg. Gesetze bearb. v. K. W. Kunis. Mit 15 Taf. Abbildgn. (269 S.) 885. n. 6.—

— neue stenographische. Monatsblatt f. Debattenschrift, System Stolze-Schrey. 1.—3. Jahrg. 1904—1906. à 12 Nrn. (à Jahrg. 96 autogr. S.) 8. Berlin, Frz. Schulze. à Jhrg. 1.50; f. Abnehmer v. „Schulze's illustr. Unterhaltungsblättern", „Merkur" u. „Flieg. Blättern" n. 1.—

— neue stenographische. Monatsblatt f. Debattenschrift, System Stolze-Schrey. 4.—7. Jahrg. 1907—1910. à 12 Nrn. (à Jahrg. IV, 96 autogr. S.) 8. Berlin, Frz. Schulze. à Jahrg. p 1.50; f. Abnehmer v. „Schulze's illustr. Unterhaltungsblättern", „Merkur" u. „Flieg. Blättern" 1.—

Praxis, Nürnbergische, Iudiciaria, wie solche . . . einem jungen Practico vor einigen Jahren fürgestellet, und von ihm . . . zu Papier gebracht worden . . . O. O. 1732. V: *Peller von Schoppershof, Johann Jobst.* (will) (Holz)

Praxis, die, des bayerischen Oberappellationsgerichtes in Betreff der Gränzen zwischen civilgerichtl. und administrativer Zuständigkeit nachgewiesen an 110 Erkenntnissen dieses Gerichtshofes. gr. 8. (30 S.) Nördlingen 853, Beck'sche Buchh.
Aus dem Beilagenheft zu den Blättern für administrat. Praxis, Jahrg. 1853, besonders abgedruckt.

— die, des aargauischen Obergerichts in Steuersachen. (S. 83—122.) gr. 8. Aarau 903. H. R. Sauerländer & Co. n. —80
Sonderabdruck aus: „Vierteljahrsschr. f. aarg. Rechtsprechung". Fortsetzg., s.: Spruchpraxis, die, des Obergerichts.

Praxis. Die Praxis des Aargauischen Obergerichts in Steuersachen. (Sonderabdruck aus der Vierteljahresschrift für aargauische Rechtsprechung, Jahrg. 3, 1903, Heft 2. [Aus andern Quellen ergänzt; mit] Register.) I S. + S. 84—122. 8. Aarau, H. R. Sauerländer & Co., [1903]. [fr. —. 80]
Sonderabdruck *aus genanntem* Heft *sind nur S. 84—109.*

Praxis, offizielle. Zeitschrift f. Börse, Handel, Industrie, Verkehr u. öffentl. Leben, vereinigt m. den Zeitschriften Die Patentwacht. Organ f. Industrierecht u. Urheberschutz. — Neuheiten-Anzeiger f. Chemie u. Technik, Bezugsquellenblatt f. Handel u. Industrie, Ratgeber auf dem Patentmarkt. Hrsg. u. red. v. O. Arendt. Novbr. 1906—Septbr. 1907. 12 Nrn. (Nr. 1. 14 S.) Lex.-8. Berlin, Dobberke & Schleiermacher. 1907. Vierteljährlich 1.—

Offizielle Praxis. Zeitschrift f. Börse, Handel, Industrie, Verkehr u. öffentl. Leben vereinigt mit d. Zeitschriften Die Patentwacht [u.] Neuheiten-Anzeiger. Hrsg.: Civ.-Ing. Oskar Arendt. Jg. [1.] 1908. Nr. 1—6. [Mehr nicht ersch.] Berlin: Lieck 1908. 4° [Kopft.]

— offizielle. Zeitschrift f. Börse, Handel, Industrie, Verkehr u. öffentl. Leben, vereinigt m. den Zeitschriften: Die Patentwacht. Organ f. Industrierecht u. Urheberschutz. — Neuheiten-Anzeiger f. Chemie u. Technik, Bezugsquellenblatt f. Handel u. Industrie, Ratgeber auf dem Patentmarkt. Hrsg. u. red. v. Osk. Arendt. Jahrg. 1908. 26 Nrn. (à ca. 16 S.) Lex. 8. Berlin, H. J. Lieck.
Erscheint nicht mehr. 6.—

Parlamentarische Praxis, Die, oder: Regeln ü die Verfahrungsweise und Debatte in beratenden Versammlungen, welche in den VS v A u in Eng Kraft u Geltung haben. V Luther Cushing. Aus d Eng übersetzt von Bernhard Rölker. Boston, n. d.

— pharmaceutische. Zeitschrift f. die wissenschaftl. u. prakt. Pharmacie der Gegenwart u. die verwandten Fächer. Unter Mitwirkg. hervorrag. Fachmänner hrsg. u. geleitet v. Jos. Longinovits. 1. Jahrg. April—Dezbr. 1902. 9 Hfte. Lex.-8. (332 S. m. Abbildgn.) Wien, F. Deuticke. n. 4. 50

Praxis, pharmazeutische. Zeitschrift f. die wissenschaftl. u. prakt. Pharmazie der Gegenwart u. die verwandten Fächer. Unter Mitwirkg. hervorrag. Fachmänner hrsg. u. geleitet v. Jos. Longinovits. 2.—5. Jahrg. 1903—1906. à 12 Hefte. (28, 416; 36, 520; 42, 542 u. 48, 528 S. m. Abbildgn.) Lex -8. Wien, F. Deuticke. 1903 n. 6. —; 1904. 05 à n. 10. —; 1906 n. 14. —

— pharmazeutische. Zeitschr. f. die wissenschaftl. u. prakt. Pharmazie der Gegenwart u. die verwandten Fächer. UnterMitwirkg. hervorrag. Fachmänner hrsg. u. geleitet v. Jos. Longinovits u. Hans Blau. 6.—8. Jahrg. Oktbr. 1907—Septbr. 1910. à 12 Hefte. (7. u. 8. Jahrg. VI, 456 u. VI, 536 S.) Lex. 8. Wien, F. Deuticke. à Jahrg. 14. —

Praxis des Privat-Versicherungsrechts. Eine Sammlung v. Gerichtsentscheidgn. Hrsg. im Auftrage d. Deutschen Vereins f. Versicherungs-Wissenschaft in Gemeinschaft m. zahlreichen Mitarbeitern v. Stephan Gerhard. 1. u. 2. Bd. (XII, 400 u. XIV, 337 S.) Lex. 8. Berlin 908. 09. E. S. Mittler & Sohn. à Bd. 7.50; geb. à 9. —

Die Praxis des Kaufmännischen Rechnens. E. Lehrb. f. kaufmänn. Lehranst. sowie z. Gebr. im Kontor. Bearb. v. Max Behm, Kaiserl. Reichsbank-Buchhalter, [&] Herm. Dageförde, Städt. Lehrer in Berlin. Hrsg. im Auftr. d. Kuratoriums d. 'Kaufmänn. Fortbildgsschulen zu Berlin' ... (In 3 Tln.) [M. Sondert.] *Berlin: H. Spamer (1895).* (VI S., 1 Bl., 80, VIII, 83—178, II S., 1 Bl., 185—348 S.) 1 Bd 8.
= Sammlung Kaufmännischer Fach- u. Lehrbücher. [No 6ᵃ.] (98. 3311

Die Praxis des Kaufmännischen Rechnens. Ein Lehrbuch f. kaufm. Lehranstalten sowie z. Gebr. im Kontor. Bearb. von Max Behm, Ober-Buchh., u. Herm. Dageförde, Lehrer in Berlin. 3. Aufl. (3: 2. Aufl.) T. 1—3. *Berlin: H. Spamer (1901).* 3 Bde 8°
= Sammlung Kaufmännischer Fach- u. Lehrbücher. No 10—12. (01. 8536

Die Praxis des kaufmännischen Rechnens. Ein Lehrbuch f. kaufm. Lehranst. ... Bearb. von Max Behm, Ober-Buchhalter, [&] Herm. Dageförde, Lehrer. T. 1—3 [nebst] Auflösungen. Berlin: H. Spamer (1901—02). 4 Bde 8°
1. 4. Aufl. (1902.) 2. 3. Aufl. (1901.) 3. 2. Aufl. [1901.]
Auflösungen f. d. 1.—3. T. (1902.) (02. 11760 11

Die Praxis des kaufmännischen Rechnens. Ein Lehrbuch f. kaufm. Lehranstalten, sowie z. Gebr. im Kontor. Bearb. von Max Behm, Ober-Buchhalter, [&] Herm. Dageförde, Lehrer in Berlin. T. 1—3 [nebst] Auflösungen. *Berlin: H. Spamer 1902—04.* 4 Bde 8°
1. 5. Aufl. 1903. 2. 5. Aufl. 1904. 3. 3. Aufl. 1903.
Auflösungen f. d. 1.—3. T. 1902. (04. 3557

Praxis des Rechts der Natur, zu Vorlesungen. Erlangen 1780. V: *Böll, Friedrich Philipp Carl.* (ML) (Ky)

Praxis regulae ss. patris Benedicti ... S. Blasii 1757. Ü: *Gerbert, Mart.* (AarK) (AarF)

Praxis regulae S. patris Benedicti e Gall. versa. 8. Bamb. Goebhard. 772.

Praxis regulae s. patris Benedicti e gall. versa. 8. Bamb. 772. (Wesché in Frkf. a. M.) 12 gr.

Praxis, Die, des Reichsgerichts in Zivilsachen. Bd. 1-23. Leipzig: F. A. Brockhaus 1886-98. 8°

— die, der modernen Reproductions-Verfahren, s.: Klimsch's graph. Bibliothek.

Praxis Ss. Rituum ac Ceremoniarum, quibus in Missae sacrificio ... Ecclesia utitur ... Guestphal. 1831. H: *Antony, Frdr. Jos.* (Th)

Praxis Ss. Rituum ac Ceremoniarum, quibus in augustiss. Missae Sacrificio caeterisque per Annum festivitatibus solemnioribus Ecclesia utitur, attendendo ad Ritum Roman. et Monasteriensem. Acced. Benedictio fontis in Vigiliis Paschae et Pentecostes, Commendatio animae in Exequiis solemnibus, Missa pro sponso et sponsa, nec non aliquae Cantiones sacrae, subjectis characteribus choralibus. Edid. notasque congruentes ex probatis author. adjec. J. Antony. 8 maj. (25½ B.) Monasterii 831, Coppenrath.

— d. Wiener Schiedsgerichte. Sammlung v. Entscheidgn. m. Motiven d. Schiedsgerichtes d. Börse f. landwirtschaftl. Produkte, d. Waarensection d. Wiener Börse u. d. Eisenbahn-Schiedsgerichtes. Hrsg. v. d. Administration des „Wiener Börsen-Courier u. Geschäfts-Bericht" (Eigenthümer Handelsmakl. N. Rechtnitz). gr. 8. (VI, 183 S.) Wien 897. M. Breitenstein. n. 4. 20; geb. n. 5. —

— die, des Schriftstellers, s.: Miniatur-Bibliothek.

— des Solo- u. d. l'Hombrespiels, mit steter Berücksichtigung d. Wahrscheinlichkeiten. Von J. H. 8. (5½ B.) Quedlinburg 830, Ernst.

— soziale. Centralblatt f. Sozialpolitik. Zugl. Organ d. Verbandes deutscher Gewerbegerichte. Neue Folge d. „Blätter f. soziale Praxis" u. d. „Sozialpolit. Centralblattes". Hrsg.: J. Jastrow. IV. Jahrg. Oktbr. 1894—Septbr. 1895. II. Sem. 26 Nrn. (à ca. 32 Sp.) gr. 4. Berlin. Leipzig, Duncker & Humblot. n. 5. —

— dasselbe. V. u. VI. Jahrg. Oktbr. 1895—Septbr. 1897. à 52 Nrn. (à ca. 32 Sp.) gr. 4. Ebd. à Jahrg. n. 10. —

— dasselbe. Centralblatt f. Sozialpolitik m. d. Monatsbeilage: Das Gewerbegericht. Hrsg.: Ernst Francke. VII. u. VIII. Jahrg. Oktbr. 1897—Septbr. 1899. à 52 Nrn. (à ca. 12 S.) gr. 4. Leipzig, Duncker & Humblot. à Jahrg. n. 10. —; einz. Nrn. n.n. — 30
Kann auch vierteljährlich bezogen werden.

— soziale. Centralblatt f. Sozialpolitik. Neue Folge der „Blätter für soziale Praxis" und des „Sozialpolitischen Centralblatts". Hrsg.: E. Francke. 9.—12. Jahrg. Oktbr. 1899—Septbr. 1903. à 52 Nrn. gr. 4. (1336, 1328, 1376 u. 1376 Sp.) Leipzig, Duncker & Humblot. à Jahrg. n. 10. —

— soziale. Zentralblatt f. Sozialpolitik. Neue Folge der „Blätter f. soziale Praxis" u. des „Sozialpolitischen Zentralblatts". Hrsg.: E. Francke. Red.: Waldem. Zimmermann. 13.—16. Jahrg. Oktbr. 1903—Septbr. 1907. à 52 Nrn. (XVI, 1376; XVI, 1376; XVIII, 1378 u. XIX, 1392 Sp.) gr. 4. Leipzig, Duncker & Humblot. 13.—15. Jhrg. à n. 10. —; 16. Jhrg. n. 12. —

— soziale, u. Archiv f. Volkswohlfahrt. Hrsg.: E. Francke. Red.: Waldem. Zimmermann. 17.—20. Jahrg. Oktbr. 1907—Septbr. 1911. à 52 Nrn. (17.—19. Jahrg. XVII, 1384; XVIII, 1408 u. XXVII, 1512 Sp.) 31,5×24 cm. Leipzig, Duncker & Humblot. à Jahrg. 12. —

— synodalis. Manuale synodi diocesanae ac provincialis celebrandae. Ed. emendata. 8. (96 S.) Einsiedeln 886. Benziger & Co. geb. n. 2. 50

— technische. 1—5. kl. 8. Wien, Druckerei u. Verlags-Aktiengesellschaft vorm. R. v. Waldheim. Geb. in Leinw. 20. 30

Fröde, F. W., das Konservieren der Baumaterialien sowie der alten u. neuen Bauwerke u. Monumente. (XII, 496 S. m. Abb.) 910. (5. Bd.) Geb. 6. —

Kagerer, Fel., das autogene Schweissen u. Schneiden m. Sauerstoff. Handbuch zum Studium, zur Einrichtg. u. zum Betriebe v. Sauerstoff-Metallbearbeitungs-Anlagen. Mit 58 Orig.-Textfig., 4 Einschaltebildern und 20 Tab. (168 S.) 909. (1. Bd.) Geb. 3. 50

— Moderne Werkzeugmaschinen. (231 S. m. 128 Fig. u. 16 Tab.) 910. (3. Bd.) Geb. 3. 50

Müller, Rud., Taschenlexikon technischer Notizen aus den Gebieten des Wasserleitungs- u. Wasserbaues, der Kanalisierungs- u. Gesundheitstechnik m. zugehörigen Motoren, Apparaten etc. Mit 97 Textfig. u. zahlreichen Tab. (220 S.) 910. (4. Bd). Geb. 3. 50

Setz, Max, die Grundzüge des modernen Krankenhausbaues. (204 S. m. 120 Abb. im Text u. auf Taf. u. Tab.) 910. (2. Bd.) Geb. 3. 80

— des stenographischen Unterrichts in Schule u. Verein. System Gabelsberger. Organ des deutschen Lehrerbundes Gabelsberger. Unter Mitwirkg. bewährter Kunstgenossen u. Mitarbeiter hrsg. von H. Joosten. Nebst Beilage: Stenographisches Unterhaltungs- u. Uebungsblatt. 1.—4. Jahrg. 1903—1906. à 12 Nrn. (à ca. 16, 8 u. 4 S.) gr. 8. Osterwieck [A. W. Zickfeldt]. Wolfenbüttel, Heckner. à Jhrg. n. 3. —

— des stenographischen Unterrichts in Schule u. Verein. System Gabelsberger. Organ des deutschen Lehrerbundes Gabelsberger. Unter Mitwirkg. bewährter Kunstgenossen u. Mitarbeiter hrsg. u. red. v. W. Röthig. Nebst Beilage: Stenograph. Unterhaltungs- u. Übungsblatt. 5.—8. Jahrg. 1907—1910. à 12 Hefte. (IV, 200; IV, 172; IV, 224 u. IV, 196 S.) 8. Wolfenbüttel, Heckner. à Jahrg. n. 3. —

— der Volksschule. Neue Monatshefte f. Lehrerfortbildg. u. Reformenpflege. Hrsg. v. Thdr. Krausbauer (Odo Twiehausen) in Verbindg. m. Achenbach, Baade, Baumann u. v. a. 1. u. 2. Jahrg. 1891. 1892. à 12 Hfte. (à ca. 3 Bog.) gr. 8. Halle a/S., H. Schroedel. à Jahrg. n.n. 5. 60; einzelne Hfte. à n.n. — 65

— dasselbe. 3. u. 4. Jahrg. 1893. 1894. à 12 Hfte. (à ca. 3 Bog.) gr. 8. à Jahrg. n.n. 6. —; einzelne Hfte. à n.n. — 65

— die, der Volksschule. Eine Gratisbeilage zum „Magazin f. Pädagogik". Jahrg. 1894. 10 Bog. gr. 8. Spaichingen, M. Kupferschmid. n. 1. 80

— der Volksschule. Neue Monatshefte f. Lehrerfortbildg. u. Reformenpflege. Hrsg. v. Thdr. Krausbauer [Odo Twiehausen]. 5. Jahrg. 1895. 12 Hfte. (à ca. 3 Bog.) gr. 8. Halle, H. Schroedel. n.n. 6. —; einz. Hfte. n.n. — 65

— die, d. Volksschule. E. Gratisbeilage z. „Magazin f. Pädagogik". Jahrg. 1895 - 1897. (à 10 Bog.) gr. 8. Spaichingen, M. Kupferschmid. à Jahrg. n. 1. 50

— dasselbe. Mit den Beilagen: „Pädagog. Klassiker" u. „Schrödels pädagog. Wegweiser". Hrsg. v. Thdr. Krausbauer [pseud. Odo Twiehausen]. 6. Jahrg. 1896. 12 Hfte. (à ca. 3 Bog.) gr. 8. Ebd. n. 5. 75

— dasselbe. 5. Jahrg. 1898. gr. 8. (10 Bog.) Ebd. 1. 20

— die, der Volksschule. Eine Gratisbeilage zum „Magazin f. Pädagogik". 6.—8. Jahrg. 1899—1901. gr. 8. (à Jahrg. 10 Bog.) Spaichingen, M. Kupferschmid. à Jahrg. 1. 20
Erscheint nicht mehr.

— dasselbe, Fortsetzg., s.: Schroedel.

— der kath. Volksschule. Blätter f. Methodik u. Magazin f. Lehr- u. Lernmittel. 1.—3. Jahrg. 1892—1894. à 24 Nrn. (à ca. 1½ Bog.) gr. 4. Breslau, F. Goerlich. à Jahrg. n. 3. —

— d. kath. Volksschule. Blätter f. Methodik u. Magazin f. Lehr- u. Lernmittel. 4.—7. Jahrg. 1895—1898. à 24 Nrn. (Bog.) gr. 4. M. d. Beilagen: „Jugendfreund". Illustr. Blätter zur Unterhaltg. u. Belehrg. 24 Nrn. (à ca. 12 S.) gr. 8., u. „Rundschau auf d. Gebiete d. Jugend-, Volks- u. Geschenk-Litteratur. 6 Nrn. Breslau, F. Goerlich. à Jahrg. n. 3. 40
Kann auch halbjährlich bezogen werden. — Die Beilage „Rundschau" hatte beim 7. Jahrg. d. „Praxis" nur 4 Nrn.

— der kath. Volksschule. Blätter f. Methodik u. Magazin f. Lehr- u. Lernmittel. 8. Jahrg. 1899. 24 Nrn. gr. 4. (à ca. 8 S.) Mit den Beilagen: „Jugendfreund." Illustr. Blätter zur Unterhaltg. u. Belehrg. Red.: Max Hübner. 9. Bd. 24 Nrn. gr. 8. (à ca. 12 S.) u. „Rundschau auf dem Gebiete der Jugend-, Volks- u. Geschenk-Litteratur". 4 Nrn. Breslau, F. Goerlich. n. 3. 40

— dasselbe. Blätter f. Methodik u. Magazin f. Lehr- u. Lernmittel. 9.—11. Jahrg. 1900—1902. à 24 Nrn. gr. 4. (à ca. 8 S.) Ebd. à Jahrg. n. 3. —

— der kathol. Volksschule. Blätter f. Methodik u. Magazin f. Lehr- u. Lernmittel. 12.—15. Jahrg. 1903—1906. à 24 Nrn. (IV, 192; IV, 192; IV, 196 u. IV, 198 S.) 4. Breslau, F. Goerlich. à Jhrg. n. 3. —

— der kath. Volksschule. Blätter f. Methodik u. Magazin f. Lehr- u. Lernmittel. 16.—19. Jahrg. 1907—1910. à 24 Nrn. (à Jahrg. 192 S.) 32×23 cm. Breslau, F. Goerlich. à Jahrg. 3. —

Praxis, die, der schweizerischen Volks- u. Mittelschule. Beiträge für spezielle Methodik u. Archiv für Unterrichtsmaterial. Hrsg. unter Mitwirkung vieler bedeut. Schulmänner v. J. Bühlmann. 1. u. 2. Jahrg. 1881 u. 1882. à 4 Hfte. (à 4—5 B) gr. 8. Zürich, Orell, Füssli & Co. à Jahrg. n. 5. —

— die, der schweizerischen Volks- u. Mittelschule. Beiträge f. spezielle Methodik u. Archiv f. Unterrichtsmaterial. Hrsg. unter Mitwirkg. vieler bedeut. Schulmänner v. J. Bühlmann. 3. Bd. Jahrg. 1883. 4 Hfte. (à 4—5 B.) gr. 8. Zürich 883. Orell Füssli & Co. n. 5. 75

— dasselbe. 4. u. 5. Bd. Jahrg. 1884—1886. à 4 Hfte. (à 4—5 B.) gr. 8. Ebend. à Jahrg. n. 5. —

— die, der schweizerischen Volks- und Mittelschule. Beiträge für specielle Methodik und Archiv für Unterrichtsmaterial. Hrsg. unter Mitwirkung vieler bedeutender Schulmänner von J. Bühlmann. 5. und 6. Bd. Jahrg. 1885 und 1886. à Jahrg. 4 Hefte. (à Heft 4—5 Bog.) gr. 8. Zürich, Orell, Füssli und Comp., Verlag. à Jahrg. *

— die, der schweizerischen Volks- u. Mittelschule. Beiträge f. spezielle Methodik u. Archiv f. Unterrichtsmaterial. Hrsg. unter Mitwirkg. vieler bedeut. Schulmänner v. J. Bühlmann. 7.—9. Bd. Jahrg. 1887—1889. à 6 Hfte. (à 3—4 B.) gr. 8. Zürich, Orell Füssli Verl. à Bd. n. 6.—

Die Praxis der schweizer. Volks- und Mittelschule. Beiträge für spezielle Methodik und Archiv für Unterrichtsmaterial. 10. Band. 1890. (6 Hefte.) Hrsg. von *J. Bühlmann*. Gr. in 8°. Zürich, Orell Füssli & Co. Jährlich 6 —

Praxis, die wundarztliche, auf dem Lande und in kleinen Städten. Ein vollständ. Handbuch der kleinen Chirurgie nebst Anatomie und Krankenwartung. Nach fremden und eigenen Erfahrungen bearb. von einem prakt. Wundarzt. Mit einem Vorwort von M. B. Lessing. 2. Aufl. 8. (XXXIV und 658 S. mit 10 lithogr. anatom. Taf. und 183 in den Text gedr. Holzschn.) Berlin 859. 60, Oehmigke's Verlag. Thlr.

Praxis, die wundärztliche auf dem Lande und in kleinen Städten. Ein vollständiges Handbuch der kleinen Chirurgie nebst Anatomie u. Krankenwartung. Nach fremden u. eigenen Erfahrungen bearb. von einem praktischen Wundarzt. Mit einem Vorwort von M. B. Lessing. Mit 10 lith. anatomischen Taf. u. 183 in den Text gedr. Holzschn. 2. Aufl. Berlin 860. Oehmigke's Verlag. 8. (XXXIV, 658 S.) 2 ß

Praxis, die, der Zuschneidekunst. Journal für den Zuschnitt der Frauen- und Kinderkleider und der Weiswaaren. Herausgegeben von Madame *Béchade* in Paris. 1. Jahrg. 1889. 24 Nrn. gr. in-8°. Neuchâtel, Gebrüder Attinger.
Jährlich 3 50
für Deutschland Mk. 4 —

Die Praxis der Zuschneidekunst. Journal für den Zuschnitt der Frauen- und Kinderkleider und der Weisswaaren. 2. Jahrg. 1890. (24 N°). Hrsg. von *Béchade*. N° 1. Gr. in-8°. 8 S. Neuchâtel, Gebr. Attinger. Jährlich 3 50
Für Deutschland Mk. 4 —

Praxmarer, Johann

Tägliche Andachten gesammelt in ein Handbüchlein für fromme Kinder. Von Dr. J[ohn]Praxmarer, Red. *Einsiedeln, Köln: Benziger & Co. 1901.* (240 S.) 8° [F.]

Die katholische Jungfrau. Gebet- u. Unterrichtsbuch im Geiste d. heiligen Kirche. Bearb. von Dr. J[ohn] Praxmarer, Religionsl. *Einsiedeln, Köln: Benziger & Co. [um 1902].* (448 S.) 8° [F.]

Praxmarer, Joh., zu Kampf und Sieg! Weckruf an die heranwachsende Jugend gerichtet von allen heil. Knaben und Jünglingen. Nach dem röm. Martyrologium bearb. 16. (XVI, 119 S. mit 7 eingedr. Holzschn.) Donauwörth 882, [Buchh. des kathol. Erziehungsvereins.] Auer. cart. *
geb. * M 1,35. und *

— zu Kampf u. Sieg. Weckruf, an die heranwachs. Jugend gerichtet v. allen hl. Knaben u. Jünglingen. Nach dem röm. Martyrologium bearb. 2., verm. Aufl. 16. (147 S. m. 9 Holzschn.) Donauwörth 892. L. Auer. Geb. in Leinw. n. 1. 35

Praxmarer, J., Lehr- u. Gebetbüchlein f. Kinder in den ersten Schuljahren. 32. (128 S. m. farb. Titelbild.) Einsiedeln 890. Benziger & Co. geb. m. Goldschn.
n. — 24

Praxmarer, J. Lehr- und Gebetbüchlein für katholische Schulkinder, welche noch nicht zur ersten hl. Communion gegangen. Mit 1 Farbendr. u. 9 Holzschn. In-64°. 128 S. Einsiedeln, Benziger & Co. 1890. Gebd. m. Goldschn. — 30

— e. Lehrmeister christlicher Erziehung. Lebensbild d. ehrwürd. P. Rem und seine Erziehungsgrundsätze. 16. (24 S. m. Bild.) Mainz 890. Haas. — 30

Praxmarer, Joh., neuer Mai-Monat, s.: Muzzarelli, Alphons.

Praxmarer, Joh., Maria vom guten Rath. Ein Büchlein üb. die Standeswahl. 16. (XII, 276 S. m. 1 Farbendr.) Innsbruck 886. Vereins-Buchh. u. Buchdruckerei.
n. 1. 20

— der hl. Nikolaus u. seine Verehrung. 8. (80 S. m. Titelbild.) Münster 894. A. Russell. n. 1. —; geb. in Leinw. n. 1. 50; m. Buntdr. n. 2. —

— Regeln u. Statuten für marianische Jünglingskongregationen. Mit einem Gebetbüchlein für Jünglinge überhaupt. Mit einer Einleitung von A. v. Doß S. J. 16. (VI, 280 S.) Ebend. 881. 1. 20

Praxmarer, Joh., St. Stanislaus. Ein Büchlein der Andacht u. Belehrg. f. Jünglinge jeglichen Standes. Mit e. Stahlst. 16. (XVI, 359 S.) Mainz 884. Kirchheim. n. 1. 50

Praxmarer, J. Johann, Savio Domenico. Lebensbild eines frommen Knaben aus dem Volke unserer Zeit. gr. 8. (34 S.) Innsbruck 886, Vereinsbuchhandlung und Buchdr. *

Praxmarer, Johs., s.: Stern d. Jugend.

— der Streiter Mariens. Handbuch f. marian. Sodalen, enth. Regeln u. Statuten f. marian. Jünglings-Kongregationen. Mit e. Gebetbüchlein f. Jünglinge. 2. Aufl. 16. (380 S. m. 1 farb. Bild.) Donauwörth 892. L. Auer. Geb. in Leinw. n. 1. 50

— Studenten-Gebetbüchlein. Auch andern jungen Leuten dienlich. 16. (352 S. m. farb. Titelbild.) Ebd. 894. Geb. in Leinw. n. 1. —

— Studenten-Gebetbüchlein. Auch andern jungen Leuten dienlich. 6. Aufl. (400 S. m. Titelbild.) 16. Donauwörth (905). L. Auer. Geb. in Leinw. n. 1. —

Praxmarer, Joh., Studenten-Gebetbüchlein. Auch andern jungen Leuten dienlich. 7. Aufl. (400 S. m. 1 Farbdr.) 11,5×7,4 cm. Donauwörth (907). L. Auer.
Geb. in Leinw. 1. —

Praxmarer, Joh., und dann? Etwas f. Erstkommunikanten zum Festhalten an den gemachten Vorsätzen, s.: Schutzengelbrief.

—— Was sollen wir sein? Ein Wort an die Mitglieder der Marian. Congregationen bei Anlaß der 400jähr. Jubelfeier dieser Vereine [5. Dezbr. 1884]. 8. (31 S.) Mainz 884, Frey.

Praxmarer, John, s. Praxmarer, Johannes

Praxmarer, Josef, Der Auswanderer aus dem Zillerthale. Charaktergemälde aus dem Tiroler Volksleben. Zweite von J. E. besorgte Auflage. (Bilder aus dem Tiroler Volksleben. I.) 8. (XXIX, 289 S.) --.80
Bozen: Auer 1895.

Praxmarer, Jos., Bilder aus dem Tiroler Volksleben. I. Der Auswanderer aus dem Zillerthale. 2., v. J. E. besorgte Aufl. gr. 8. (XXIX, 291 S.) Bozen 892. Jos. Egger. n. 1. 20

Praxmarer, Jos., Bilder aus dem Tiroler Volksleben. I—III. gr. 8. Bozen, A. Auer & Co. n. 6. —
I. Der Auswanderer aus dem Zillerthale. 2., v. J. E besorgte Aufl. Neue [Titel-] Ausg. (XXIX, 291 S.) (892) 897. n. 1. 60
II. Die Pestkapelle im Gaisthale. Orig.-Erzählg. 2., verb. Aufl. (405 S.) 895. n. 2. 40
III. Eine Dörcherfamilie. Die Wilderer. Das Heimweh. Drei Orig.-Erzählgn. (VII, 254 S. m. Bildn.) 897. n. 2. —

Praxmarer, Jos., Bilder aus dem Tiroler Volksleben. I u. IV. gr. 8. Bozen, A. Auer & Co. n. 4. —
I. Der Auswanderer aus dem Zillerthale. 3. durchgeseh. Aufl. (XXXII, 304 S.) 900. n. 2. —
IV. Der Deutschthümler. Eine Erzählg. aus dem Tiroler Volksleben, vom Verf. der „Flegel- in die Mannesjahre." 2., durchgeseh. Aufl. (316 S.) 901. n. 2. —; geb. n. 2. 50

Praxmarer, Jos., Bilder aus dem Tiroler Volksleben. II. u. V. 8. Bozen, A. Auer & Co. n. 4. 50; kart. 5. 50; geb. in Leinw. n. 6. 70
II. Die Pestkapelle im Gaistale. Original-Erzählung. 3. Aufl. (416 S.) 901. n. 2. 50; kart. n. 3. —; geb. n. 3. 50
V. Der Dorfschulmeister od. Harte Köpfe — weiche Herzen u. andere Erzählungen. (289 S.) 906. n. 2. —; kart. n. 2. 50; geb. n. 3. 20

— eine Dörcherfamilie. Orig.-Erzählg. aus dem Tiroler Volksleben. 2., verb. Aufl. [Aus: „P., Bilder a. d. Tiroler Volksleben".] gr. 8. (103 S.) Ebd. 896. n. — 80

(F) Praxmarer, J., Der Dorfschulmeister und andere Erzählungen. [Bilder aus dem Tiroler Volksleben. V. 8°. (237 S.) K 2.—, geb. Halbl. K 2.50, elegant geb. K 3.20
Bozen: Auer 1906.

Praxmarer, Josef, Aus den Flegeljahren in die Mannesjahre. Eine Erzählung aus dem tiroler Volksleben. 2. Aufl. 8. (VIII, 327 S.) In Comm.
Innsbruck: C. Rauch 1889. * 1.—

— aus den Flegeljahren in die Mannesjahre. Eine Erzählung aus dem Tiroler Volksleben, wahrheitsgetreu geschildert. 3. Aufl. (XII, 347 S.) 8. Innsbruck 902. H. Schwick. n. 1. 70; geb. in Halbleinw. n. 2. 50

Praxmarer, Jos., aus den Flegeljahren in die Mannesjahre. Eine Erzählg. aus dem Tiroler Volksleben, wahrheitsgetreu geschildert. 4. Aufl. (III, 382 S.) kl. 8. Innsbruck 911. H. Schwick. 2.—; geb. in Leinw. 3. —

— das Heimweh'. Orig.-Erzählg. aus d. Bergen Tirols. [Aus: „P., Bilder a. d. Tiroler Volksleben".] gr. 8. (VII, 88 S. m. Bildnis.) Ebd. 896. n. 1. —

Praxmarer, Josef, Die Pestkapelle im Gaisthale. Original-Erzählung aus dem Tiroler Volksleben. 2. verbesserte Auflage. (Bilder aus dem Tiroler Leben. II. Band.) 8. (401 S.) 1.20
Bozen: Auer 1895.

(F) Praxmarer, J., Die Pestkapelle im Gaistale. 3. Aufl. [Bilder aus dem Tiroler Volksleben. II.] 8°. (415 S.)
Bozen: Auer 1904. K 2.50, geb. K 3.—, elegant geb. K 3.50

— die Räuber am Glockenhofe. 2. durchgeseh. Aufl. — Gertraud Angerer, die Märtyrin der Unschuld. Im Anh.: Der Glückstraum des Mehrerbauern. 2. durchgeseh. Aufl. gr. 8. (III, 136 u. 84 S.) Innsbruck 900. Vereins-Buchh. u. Buchdr. n. 1. 50; geb. n. 2. —

Praxmarer, Jos., das selige Märtyrlein Andreas v. Rinn. 2. durchgeseh. Aufl. gr. 8. (233 S.) Innsbruck 902. Vereinsbuchh. u. Buchdr. n. 1. 50; geb. n. 2. —

— der Verbrecher der Hochstraße od. zwei Märtyrer aus Tirol. 4 Erzählgn. aus Tirols Vergangenheit. (1. Das sel. Märtyrlein Andreas v. Rinn. 2. Die Räuber am Glockenhofe. 3. Gertraud Angerer, die Märtyrin der Unschuld. 4. Der Glückstraum des Mehrerbauern.) 2. durchgeseh. Aufl. gr. 8. (VIII, 232, 136 u. 84 S.) Ebd. 902. n. 2. 60; geb. n. 3. 50

(F) Praxmarer, J., Die Verbrecher der Hochstrasse. Erzählungen aus Tirols Vergangenheit. Gr.-8°. (136, 84 S.)
Innsbruck: Vereinshandlung 1902. K 1.60, geb. K 2.—

— Die Verbrecher der Hochstraße u. zwei Märtyrer aus Tirol. 2. Bdchn. 3 Erzählgn. aus Tirols Vergangenheit. 1. Die Räuber am Glockenhofe. 2. Gertraud Angerer, das Heldenmädchen vom Tulferberg. 3. Der Glückstraum des Mehrerbauern. 3. erweit. Aufl. (VII, 153 u. 90 S.) 8. Innsbruck 909. Vereinsbuchh. u. Buchdr. Geb. in Leinw. 2. 40

— die Wilderer. Ein Charaktergemälde aus d. Tiroler Grenzgebirge. Orig.-Erzählg. 2., verb. Aufl. [Aus: „P., Bilder a. d. Tiroler Volksleben".] gr. 8. (64 S.) Bozen 896. A. Auer & Co. n. — 60

Pray, Comte de, Essai critique sur l'histoire de la Livonie suivi d'un tableau de l'état actuel de cette province. 3 Tomes. gr. 8. Dorpat. (Leipsic, Kummer.) 819.

Pray, Georg

— — Annales regnum hungariae, ab anno Christi 997 ad annum 1564. (5 Bde.) Fol. Vindobonae 1763.

Pray, Georg, Annales regum Hungariae. P. I. gr. fol. Vien. Beck. 764.

— — P. II. III. gr. fol. Vien. Trattner. (Tendler.) 764-767. (à 2 Rthlr.)

— — P. IV. V. gr. fol. Viennae. Beck. 767-70. (IV. 3 Rthlr. 8 gr. V. 5 Rthlr.)

Pray, G., Annales veteres Hunnorum, Avarorum et Hungarorum. Vindob. 761. f. Ibid. 775. f.

— supplementum ad Annales veter. Hunnorum. 8maj. Ofen 764. Typ. 4 gr.

— Dissertationes hist., crit. in Annales vet. Hunnorum, Avarum et Hungarorum. gr. fol. Viennae, Beck. 775.

— — eaed. gr. fol. Vien. Gerold.

— ad auctor. nullitatis animadversionum in Libellum 3 Ep. 8. Pest, Eggenberger. 791.

Pray, Geo., epistola responsoria ad Partem I. Dissertat. B. Cettonis. 8maj. Ofen 768. Typogr. 6 𝔤𝔯

— Epistolae Procerum Regni Hungariae ab anno 1490 usque 1511. III Tomi. 8. maj. Posoni. (Eggenberger, Pest.) 806.

— — idem lib. Tom. I. 4. Viennae. 805.

PRAY, GEORGIUS: Geschichte der Streitigkeiten über die chinesischen Gebräuche, worinn ihr Ursprung, Fortgang und Ende in drey Büchern dargestellet wird. Augsburg 1791: Bey Nic. Doll. - 8°
1. 1791. XLVI, 388 S.
2. 1791. 538 S.
3. 1791. 384 S.

— historia controversiar. de ritibus sinicis. 8maj. Pesth 789. 14 𝔤𝔯

— historia regum Hungariae. III Partes. 8maj. Ofen 801. Typogr. (Eggenberger in Pesth). 4 𝔣

— historia regum Hungariae stirpis Austr. 8. Budae, Typ. (Eggenberger, Pest.) 799.

— index rariorum libror. bibliothecae univ. Reg. Budensis. II Tomi. 8maj. Ofen 780, 81. (Eggenberger in Pesth). 2 𝔣 18 𝔤𝔯

— commentatio hist. d. vetere reginas Hung. coronandi more. 8. Pesth 792. Eggenberger. 4 𝔤𝔯

Pray, Georg, De prioratu auranae. In qua origo, progressus, et interitus, ex monumentis nondum editis, compendio. Diss. histor.-critica. Wien (J. Kurzböck) 1773. 120 S. (5.—) 27152

— Diss. hist.-crit. de s. dextra de Stephani I., Hung. regis etc., c. fig. 4maj. Wien 771. Trattner. 18 𝔤𝔯

Pray, Georg. Syntagma historicvm de Sigillis Regvm et Reginarum Hvngariae . . . Budae 1805. V (Vita): *Paintner, Michael Anton.* H: *Schönwisner, Stephan.* (Jes)

— Syntagma historicum de Sigillis Regum et Reginarum Hungariae, c. tab. aen. 4. Budae, Typ. 805.

— syntagma historicum de sigillis regum et reginarum Hungariae, cum XVI tab. aen. 4. Ofen 805. Typ. 2 𝔣

— Taurica, Inri russico a Catharina II. Aut. bello et pace asserta. 4. Pest, Eggenberger. 787.

— Taurunum auspiciis Jos. II. Aug. recuperatum. 4. Pesth 789. Eggenberger. 6 𝔤𝔯

Prayer, Walter, allgemeines deutsches Gesetz- und Rechtsbuch. Klare und gründl. Belehrung über die Rechte und Pflichten des deutschen Reichsbürgers. Eine ausführl. Darstellung des Wissenswertesten aus der deutschen Reichs-Verfassung und Gesetzgebung, insbesondere der Militär-, Ehe- und Justizgesetze, des Strafgesetzbuchs, des Konkursgesetzes, des Schuldklagwesens, des Mahnverfahrens, der Gewerbeordnung, des Unterstützungswohnsitz-, des Viehseuchengesetzes 2c. Unentbehrlich für jedermann. 8. (128 S.) Reutlingen 881, Enßlin und Laiblin's Verlagsh.

Prayer, Walter, das Schuldklagwesen [der Zahlungsbefehl] nach dem neuen Gerichtsverfahren oder wie gelangt man ohne Kosten schnell und billig zu seinem Guthaben? Eine prakt. und allgemein verständl. Darstellung des Mahnverfahrens nach der vom 1. Oktbr. 1879 an gültigen Civilprozeßordnung. Mit vielen im gewöhnl. Leben vorkommenden Beispielen und allen nöthigen Formularen, nebst einem Anhang über die neue Concursordnung [das Gantverfahren]. Für das Volk bearb. gr. 16. (32 S.) Reutlingen 879, Enßlin und Laiblin's Verlagsh.

Prayers, short, for little Catholics. 24. (190 S. mit 19 eingedr. Holzschn.) Einsiedeln 879, Gebr. Benziger.

Prayon, Joseph, Königl. Kreistierarzt in Call: Methoden zur Bestimmung des Kreatinins im Harne und Untersuchungen über Kreatininausscheidungen im Harne der Herbivoren. ⟨Aus dem physiologischen Institut der Tierärztlichen Hochschule zu Hannover.⟩ [Mit acht Tabellen im Text.] Bonn 1910. 46 S. und zwei Tafeln. 8°. [17. XII. 09.]
Bern. Vet.-med. Diss. 1909/10.

Pražak, Emil

Prazak, E., praktischer Ausrechner. Ein unentbehrl. Hilfsbuch beim Kaufe u. Verkaufe in österreich. Währung, berechnet von 1 bis 100 Stück zu 1 bis 99 kr. u. 1 bis 100 Gulden. Nebst der Stempelscala, Interessentab., dem Briefportotarif u. Distanzen-Angabe der Poststationen von Prag. 2., verm. Aufl. Prag 863. (Rziwnatz.) 32. (112 S.) geb. n. 8 𝔫𝔤𝔯
Ist auch in böhm. Sprache zu gleichem Preise erschienen.

Prazak, Emil, praktischer Ausrechner. Ein unentbehrl. Hilfsbuch beim Kaufe und Verkaufe in österreich. Währung, berechnet von 1 bis 100 Stück zu 1 bis 99 kr. und 1 bis 100 Gulden. Nebst den Interessentabellen, Stempelscala, Reduktions-Tabellen von Wiener- und Zoll-Gewicht, so wie auch der neuen Maße und Gewichte. 3.—6. Aufl. (110 S.) 1868—78. à 96 Pf.; 7. verb. Aufl. 16. (110 S.) Prag 883, (Rziwnatz.) cart. *

Pražák, Geo. Die principielle Abgrenzung der Competenz der Gerichte u. Verwaltungsbehörden. gr. 8. (IV, 73 S.) Freib. i. Br. 889, J. C. B. Mohr. * 1 60

Pražák, Geo., wasserrechtliche Competenzfragen, erörtert auf Grund d. österreich. Rechtes. gr. 8. (VIII, 110 S.) Prag 892. Bursik & Kohout. n. 3. 20

Pražák, Geo., das Recht der Enteignung in Oesterreich unter Berücksicht. der auswärt. Gesetzgebn. u. der einheim. Spruchpraxis systematisch dargestellt. gr. 8. (XIV, 252 S) Prag 877. Mercy. n. 6. —

Pražák, J. O., Česká čítanka těsnopisná pro střední školy. 4. Auflage. Prag 1895. Erster Prager Stenographen-Verein. (Min.-Erl. v. 28. Nov. 1895, Z. 25947.) Geb. 1.—

Prazák, J. P., über die Vergangenheit u. Gegenwart der Ornithologie in Böhmen, nebst e. „Bibliographia ornithologica bohemica". E. Beitrag zur Geschichte d. Zoologie in Böhmen. gr. 8. (III, 86 S.) Gera-Untermhaus 897. (F. E. Köhler.) n. 2. –

Pražak, Josef: Monumentum Anogranum.
Phil. Diss., Prag 1891/92.

Pražak, Josef: Versuch einer Monographie der palaearklischen Sumpfmeisen.
Diss., Prag 1894/95.

Präzedenz-Streit

Praecedentz-Streit Zwischen denen so genannten Fleder-Mäusen, und Postillions d'Amour, deren erste das galante Frauenzimmer auf dem Haupt, das andere aber auf der Brust tragen, samt einem von dem Cupido ertheilten Bescheid. Mit Poetischer Feder entworffen. o. O. 1731.
Tit. 3 Bl. 8°.
Hayn S. 202

Präzisions-Nivellement

Präcisions-Nivellement, das, ausgeführt von dem kgl. preuss. geodät. Institute. Bd. 1. Arbeiten i. d. J. 1867—75. Berlin 1876. 4.

Präcisions-Nivellement des Kaiser Wilhelm-Kanals. M. e. schematischen Darstellg. Büreau f. d. Haupt-Nivellements u. Wasserstandsbeobachtgn im Minist. d. öffentl. Arb. *Berlin: Dr. v. P. Stankiewicz 1897.* (IX, 12 S., 1 Tab.) 1 Bd 4. [97. 4758

Präcisions-Nivellement des **Klodnitz-Kanals** und der Lausitzer Neisse von der Mündung bis Guben. Mit e. schemat. Darstellung. Bureau f. d. Hauptnivellements u. Wasserstandsbeobachtungen im Minist. d. öffentl. Arb. *Berlin 1899: P. Stankiewicz.* (X, 24 S.) 4° [00. 9135

Präcisions-Nivellement des **Mains** von Kahl bis zur Mündung. Mit e. schemat. Darstellung. Bureau f. d. Hauptnivellements u. Wasserstandsbeobachtungen im Minist. d. öffentl. Arbeiten. *Berlin 1900: P. Stankiewicz.* (X, 15 S.) 4° [00. 10581

Präcisions-Nivellement der **Oder** von Nipperwiese abwärts einschliesslich ihres Mündungsgebietes. Mit e. schemat. Darst. Bureau f. d. Hauptnivellements u. Wasserstandsbeobachtungen im Minist. d. öffentl. Arbeiten. *Berlin 1901: P. Stankiewicz.* (XX, 44 S.) 4° [01. 10043

Präcisions-Nivellement des **Pissek**, der masurischen Seenplatte, des projectirten Kanals von Angerburg bis Allenburg, der Angerapp, des Pregels und der Alle. M. e. schemat. Darstellg. Bureau f. d. Hauptnivellements u. Wasserstandsbeobachtgn im Ministerium d. öffentl. Arbeiten. *Berlin: Dr. v. P. Stankiewicz 1898.* (XII, 45 S., 1 Taf.) 1 Bd 4. [98. 6617

Präzisions-Nivellement der **Saar** von Saargemünd bis zur Mündung und der Mosel von Sierck bis zur Mündung. Mit e. schemat. Darstellung. Bureau f. d. Hauptnivellements u. Wasserstandsbeob. im Minist. d. öffentl. Arbeiten. (Vorr.: Wilhelm Seibt.) *Berlin 1903: P. Stankiewicz.* (XII, 59 S.) 4° [03. 12276

Präcisions-Nivellement der **Unstrut** von Sachsenburg bis zur Mündung, der Saale v. Gr. Heringen bis zur Mündung und der Mulde von Bitterfeld bis zur Mündung. Bür. f. d. Hauptnivellements u. Wasserstandsbeobachtgn im Minist. d. öff. Arb. M. 3 schemat. Darstellgn. (Hrsg.: Prof. Wilhelm Seibt.) *Berlin: Dr. v. P. Stankiewicz 1896.* (XII, 62 S., 3 Taf.) 1 Bd 4. [95. 66..

Präcisions-Nivellement der **Wasserstrassen** im Gebiete d. oberen Havel. Mit e. schemat. Darstellung. Bureau für d. Hauptnivellements u. Wasserstandsbeobachtungen im Minist. d. öff. Arb. *Berlin 1902: P. Stankiewicz.* (XXII, 83 S.) 4° [02. 14967

Präcisions-Nivellement der **Wasserstrassen** im Gebiete der unteren Havel. Mit e. schemat. Darstellung. Bureau f. d. Hauptnivellements u. Wasserstandsbeobachtungen im Minist. d. öffentl. Arbeiten. *Berlin 1901: P. Stankiewicz.* (XXVIII, 120 S.) 4° [01. 10046

Präcisions-Nivellement der **Wasserstrassen** im Gebiete der Spree. Mit e. schemat. Darstellung. Bureau f. d. Hauptnivellements u. Wasserstandsbeobachtungen im Minist. d. öffentl. Arbeiten. *Berlin 1899: P. Stankiewicz.* (XVI, 60 S.) 4° [99. 9136

Präcisions-Nivellement der **Weser**. Mit e. schemat. Darstellung. Bureau f. d. Hauptnivellements u. Wasserstandsbeobachtungen im Minist. d. öff. Arb. *Berlin 1900: P. Stankiewicz.* (XIV, 56 S.) 4° [00. 10586

Präcisions-Nivellement in und um **Wien**. Ausgeführt in den Jahren 1876 und 1877 von der Triangulirungs-Calcul-Abtheilung des k. k. militärisch-geographischen Instituts. (Separat-Abdruck aus der Zeitschrift des „Oesterr. Ingenieur- und Architekten-Vereines". Hft. 6 und 7. Jahrg. 1878.) (Mit 1 Taf.) 4. Wien 1878.

Prażmowski, Adam, Untersuchungen über die Entwickelungsgeschichte und Fermentwirkung einiger Bacterien-Arten. gr. 8. (58 S. mit 2 Stnt.) Leipzig 880, H. Voigt. *

Pražský, J. F., Měřické rýsování ve škole měšťanské. Dle O. Goldbacha a O. Mayera zpracoval: Heft I für die I. Classe. Blatt 1 bis 60; Heft II für die II. Classe. Blatt 1 bis 60; Heft III für die III. Classe. Blatt 1 bis 60. Wien und Prag 1897. Verlag von F. Tempsky. Ein Heft —.60

Prchal, J. M., die Cholera, beobachtet in Galizien im J. 1831. gr. 8. (5½ B.) Prag, (Borrosch u. André.) Thlr.

—— Supplement-Hft. zu d. Beobachtungen üb. d. Cholera. gr. 8. (5½ B.) Prag 832, (Borrosch u. André.)

Prchalla, Emilius, Oskar Kuron. Eine Lehrertragödie. Dichtung u. Wahrheit. Roman. (319 S.) kl. 8. Leipzig 910. Verlag f. Literatur, Kunst u. Musik. 3.—

Pré, Johann Friedrich de, s.a. Du Pré

de **Pré**, Jo. Fr., Vom Brauch und Mißbrauch des Brandtweins. Frkf. u. Lpz. 4° 1723

—, resp. Dan. **Koch,** De hyporomesi casu, gravioribus symptomatibus stipata, cum subsequenti delirio. 26 pp. Erf. 1722. 4°.

de **Pré,** Jo. Fr., resp. P. **Stahl,** Pr. describit doloris genesin in genere. 5 l. Erf. 4°. 1723

—, Diss. de hemicrania periodica. Erf. 4°. 1723

Pre, Johann Friedrich de [Praes.], s. Rosenhayn, Christoph Ludwig: De vomitoriorum usu et abusu.

Pre, Johann Friedrich de [Praes.], s. Schepan, Martin: De acrimonia acuta magis accidentali universaliter resoluta.

Pre, Johann Friedrich de [Praes.], s. Schilling, David: Theses medicae inaugurales de perpetuo mobili maris rubri microcosmici seu de sanguine purpurato fluidorum principe.

Pre, Johann Friedrich de [Praes.], s. Seüberlich, Friedrich Günther: De quinta essentia regni vegetabilis, sive de melle, vom Honig.

Pre, Johann Friedrich de [Praes.], s. Stahl, Ivo Johann: Dissertatio inauguralis medica, tradens therapiam cephalalgiae.

Pre, Johann Friedrich de [Praes.], s. Starck, Martin Simeon: De diaeta nonnunquam salutariter neglecta et negligenda.

Pre, Johann Friedrich de [Praes.], s. Teutscher, Johann Christian: Theses medicae inaugurales, de usu et abusu amuletorum Von Brauch und Missbrauch der Anhängsel wider die Kranckheiten.

—, Diss. Therapia cephalalgiae. Erf. 4°. 1723

Pre, Johann Friedrich de: Des berühmten Erfurtischen Medici Herrn Johann Friedrichs de Pre Physicalische und Medicinische Untersuchung Vom Brauch und Mißbrauch des Brandteweins. Darinnen zugleich allerhand curieuse Fragen erörtert und entschieden werden. Allen Liebhabern zum Nutzen mitgetheilet. Franckfurt & Leipzig 1723. -- 5°.9
Dass. erschien auch u.d.T.: Pre: ... Physicalische und Medicinische Untersuchung Vom Brauch und Mißbrauch Des Weins und Brandteweins. 1737. -- s. Nr 5873.
Dass. erschien in lateinischer Sprache u.d.T.: Pre: De usu et abusu spiritus vini: Von Brauch und Mißbrauch des Brandteweins ... . 1720. -- s. Nr 5874.

--- Ders.: Eines berühmten Medici Physicalische und Medicinische Untersuchung Vom Brauch und Mißbrauch Des Weins und Brandteweins. ... Und auf vieler Verlangen vermehret hrsg. [Verf.: Johann Friedrich de Pre.] Francki urth & Leipzig 1737. -- 12°
Dass. erschien auch u.d.T.: Pre: ... Physicalische Untersuchung Vom Brauch und Mißbrauch des Brandteweins. 1723. -- s. Nr 5872.
Dass. erschien in lateinischer Sprache u.d.T.: Pre: De usu et abusu spiritus vini: Von Brauch und Mißbrauch des Brandteweins / .... 1720. -- s. Nr 5874.
Bibliotheca cenologica: Medizinische Untersuchung von Brauch u. Missbrauch des Weins .... -- Boehmer: Vom Brauch u. Missbrauch des Weins .... Thienemann: Untersuchung vom Brauch u. Mißbrauch des Weines .... -- Weber. Medicinische Untersuchung vom Brauch und Mißbrauch des Weins ....

--- Ders.: De usu et abusu spiritus vini, Von Brauch und Mißbrauch des Brandteweins / .... [Resp.:] Joannes Philippus Henckell. Erfordiae: Groschius 1720. 32 S. Erfurt, Med.Diss. 1720 -- 7*.14.15.21.24.27.63
Dass. erschien in deutscher Sprache u.d.T.: Pre: ... Physicalische und Medicinische Untersuchung Vom Brauch und Mißbrauch des Brandteweins. 1723. -- s. Nr 5872.
Dass. erschien in deutscher Sprache u.d.T.: Pre: ... Physicalische und Medicinische Untersuchung Vom Brauch und Mißbrauch Des Weins und Brandteweins. 1737. -- s. Nr 5873.

Pre, Johann Friedrich de [Praes.], s. Vogelmann, Johann: De machina microscosmica per motum animata.

Pre, Johann Friedrich de [Praes.], s. Warmbrunn, Georg Friedrich: De febri ephemera, ejusdemque existentia, essentia et therapia.

Pre, Johann Friedrich de [Praes.], s. Wertz, Bartholomaeus: De officio lactantium.

Pre, Johann Friedrich de [Praes.], s. Wolff, Johann Philipp: De vulneribus.

Pré, K., s. *Dupré*.

Prean, Alois (Hrsg.), s. Walhalla

(Prebendowski et Crozo.) Mémoires sur les dernières révolutions de la Pologne où l'on justifie le retour du roi Auguste. (299.) 8. Rotterdam 1710. — deutsch von J. E. Zschackwitz. 8. Leipzig 1710.

Prebois, R. de, e T. Barrière, una peccatrice, s. Emporeo drammatico.

Prébois, die Gräfin v. Somerive, s.: Theater, neues Wiener.

Prec, Rich., vier Abhandl.: 1) v. d. Versuch. 2) v. Gebet. 3) v. Vereinigung tugendhafter Menschen in d. himml. Zust. 4) v. d. Wichtigk. des Christenthums rc. 2 Thle. 8. Leipz. Hilscher. 774. —

Precatio pro universa ecclesia ex sacra liturgia S. J. Chrysostomi quinquaginta linguis exarata. Curavit Gregoris Kalemkiar. Ed. II. 4. (107 S.) Wien 893. (Gerold & Co.) n. 5. —; geb. n.n. 6. —

Precationes ante et post Missam dicendae. 12. Rom. (Pott, Lausanne.) 757. —

Přecechtěl, Rupert, die Kaiser aus dem Hause Habsburg-Lothringen mit ihren Orig.-Bildnissen. gr. 4. (XIII, 264 S. mit 23 chemityp. Porträts und 1 Stammtaf. in Fol.) Wien 879. (Hölder.) *

Préceptes du philosophie reflechissante. Fol. Augsb. 765. v. Jenisch u. St. 1 Rthl.

Preceptor, the Polite, or a Collection of entertaining and instructive essays. II Vol. 8. Oldenburg, Schulze.

Preèern, Frz., Lieder. Deutsch von A. Pace. Laibach 869. v. Kleinmayr & Bamberg. 16. (47 S.) n. 5 ngr.

Preces catholico-christianae ex Missali et Breviario romano desumtae. 16. (8 B. u. 1 Stahlst.) Tubingae 841, libr. Laupp.

Preces christianae, c. praef. Buddei. 8. Lipsiae. 728. —

Preces christianae ad excitandum ... renovationis, solidaeque pietatis, studium comparatae ... Lipsiae 1728. V: *Bel, Matth.* (Pk)

— ante et post missam juxta breviarium Romanum pro opportunitate sacerdotis dicendae. Kempten 868. Kösel 32. (48 S.) 2 ngr.

Preces ante et post missam juxta missale romanum a sacerdote dicendae. Cum nonnullis additamentis. Ed. IV., hujus formae I. 8. (32 S.) Kempten 881. Kösel. — 60; geb. m. Goldschn. n. 1. 50; Ausg. in 12. (24 S.) — 60; geb. m. Goldschn. n. 1. 30

Preces ante et post missam pro opportunitate sacerdotis dicendae. 32. (50 S.) Monasterii 853, Cazin.

—— ante et post missam pro opportunitate sacerdotis dicendae. Lex.-8. (24 S.) Augsburg 861, Schmid's Verlag.

Preces ante et post missam dicendae pro opportunitate sacerdotis. gr. 4. (15 S.) Regensburg 862, Pustet.

— ante et post missam pro opportunitate sacerdotis dicendae. Accedunt hymni, litaniae, aliaeque preces in frequentioribus publicis supplicationibus usitatae accommodataeque animadversiones rituales. Regensburg 867. Pustet. 16. (48 S.) 5 ngr.

— ante et post missam pro opportunitate sacerdotis dicendae. Accedunt hymni, litaniae, aliaeque preces in frequentioribus publicis supplicationibus usitatae. 8. (64 S.) Regensburg 877. Pustet. — 80

— ante et post missam pro opportunitate sacerdotis dicendae. gr. 8. (24 S.) Augsburg 883. Schmid's Verl. — 60

—— ante et post missam pro opportunitate sacerdotis dicendae. Fol. (III, 88 S.) Augsburg 884, [Literar. Institut von Dr. M. Huttler.] Haugg. *

— dasselbe pro opportunitate sacerdotis dicendae. 16. (48 S.) Trier 885. Paulinus-Druckerei. n.n. — 25; geb. n.n. 1. 10

— dasselbe et ritus administrandi infirmorum sacramenta juxta rituale romanum. 16. (48 u. 23 S.) Trier 885. Paulinus-Druckerei. — 25; geb. n.n. 1. 10

—— ante et post missam pro opportunitate sacerdotis dicendae. Accedunt hymni, litaniae, aliaeque preces in frequentioribus publicis supplicationibus usitatae. Edit. III. 12. (96 S.) Regensburg 886, Pustet. * geb. *M 1.80. und *

—— —— dass. — 32. (124 S.) Ebendas. 886. * geb. *M 1.40. und * In plano * 30 Pf.; aufgezogen *

—— ante et post missam pro opportunitate sacerdotis dicendae. gr. 16. (52 S.) Dülmen 892, A. Laumann. geb. * — 50

Preces ante et post **missam** pro opportunitate sacerdotis dicendae. Accedunt hymni, litaniae, aliaeque preces in frequentioribus publicis supplicationibus usitatae. Ed. VII. 16. (132 S.) Regensburg 896. F. Pustet. n. — 80; geb. in Leinw. m. Goldschn. n. 1.40; in Ldr. m. Goldschn. n. 1.80

Preces ante et post **missam** pro opportunitate sacerdotis dicendae. Accedunt hymni, litaniae, aliaeque preces in frequentioribus publicis supplicationibus usitatae. Ed. VIII. 8. (96 S.) Regensburg 899. F. Pustet. 1. —; geb. in Leinw. m. Goldschn. n. 1.80; in Ldr. m. Goldschn. n. 2.20

— dasselbe. Ed. IX. gr. 16. (136 S.) Ebd. 901. — 80; geb. in Leinw. m. Goldschn. n. 1.40; in Ldr. m. Goldschn. n. 1.80

— ante et post **missam** pro opportunitate sacerdotis dicendae. Accedunt hymni, litaniae, aliaeque preces in frequentioribus publicis supplicationibus usitatae. (In Rot- u. Schwarzdr.) Ed. X. (96 S.) 8. Regensburg 904, F. Pustet. n. 1. —; geb. in Leinw. m. Goldschn. n. 1.80; in Ldr. m. Goldschn. n. 2.20

Preces ante et post missam pro opportunitate sacerdotis dicendae. Accedunt hymni, litaniae, aliaeque preces in frequentioribus publicis supplicationibus usitatae. Ed. X. (131 S.) 16. Regensburg 908. F. Pustet. — 80; geb. in Leinw. m. Goldschn. 1.40; in Ldr. m. Goldschn. 1,80

Preces dicendæ post Missam privatam, ex decreto S. R. Congr. d. d. januarii 1884. Auf der Rückseite: Benedictio tempestatis ordinaria. In Roth- und Schwarzdruck, auf fein dick Carton. In-8°. Einsiedeln, Gebr. K. & N. Benziger. 1893 — 40

—— ante et post **missam** dicendae et ritus administrandi infirmorum sacramenta juxta rituale romanum. 16. (48, 23 S.) Trier 885, Paulinus-Druckerei. 25 Pf.; geb. **

— ante et post **missam** a sacerdote dicendae. Accedunt aliqua alia pia exercitia. Ed. III. 32. (64 S.) Kempten 888. Kösel. — 25; geb. m. Goldschn. n. — 50

Preces diurnae cum hymnis . . . Monast. 1856. V: *Piepmeier, F. Anton.* (Rass I, 253)

Preces diurnae cum hymnis et canticis. Monasterii 856. Coppenrath. 32. (IV, 396 S. u. 1 Stahlst.) 12 ngr

— in **fine** cuiusque **missae** sine cantu celebrato flexis genibus recitandae. (Lateinisch u. deutsch.) gr. 8. (2 Bl. auf 1 Pappe.) Würzburg 895. A. Göbel. n.n. — 25

Preces Gertrudianae sive vera et sincera medulla precum potissimum ex revelationibus BB. Gertrudis et Mechtildis excerptarum. Ed. nova, accurate recognita et emendata a monacho ordinis S. Benedicti congregationis Beuronensis. (XVIII, 275 S. m. Titelbild.) gr. 16. Freiburg i/B. 903. Herder. n. 1.40; geb. in Leinw. n. 2. —

Preces imperatae quibus additae sunt formulae benedictionum frequentius occurrentium, in usum cleri urbis et archidioeceseos Friburgensis dispositae. gr. 8. (32 S.) Freib. i. Br. 891, Herder. ** — 50 geb. ** 1 —

Preces matutinae et vespertinae in usum illustrissimi ephebei Salisburg. 12. Salzb. 787. Duyle. 2 ℛ

— et **meditationes** ante et post missam, precibus piisque exercitiis in usum sacerdotis quotidianum adiectis, collegit et ed. Joa. Evang. Goeser. 2. ed. 12. (XV, 486 S.) Tübingen 884. Laupp. n. 3. —

Preces et meditationes e Sanctis Patribus et ex probatissimis ecclesiae scriptoribus collectae . . . Friburgi Brisg. 1780. V: *Rassmann, Ernst.* (Rass)

Preces et meditationes e Sanctis Patribus et ex probatissimis ecclesiae scriptoribus collectae . . . Friburgi Brisgoviae 1870. V: *Rassmann, Ernst.* (Rass)

—— et **meditationes** e sanctis patribus et ex probatissimis ecclesiae scriptoribus collectae cum hymnis et canticis. Ad usum virorum eruditorum imprimis juvenum litterarum studiosorum. gr. 16. (XXXII, 648 S.) Freiburg i. Br. 870, Herder'sche Verlagsh.

Preces missae prout a sacerdote recitantur. 32. (56 S.) München 890. Literar. Institut v. Dr. M. Huttler. n. — 50; geb. in Leinw. n. — 75; in Ldr. n. 1. —

Preces ad missam. gr. 4. (2 S.) Speyer 869, Kleeberger. Aufgezogen

— ante et post **missam**. Accedunt tractatus asceticus de sacrificio missae auctore Joanne **Bona**, nec non hymni, litania, aliaeque preces in frequentioribus publicis supplicationibus usitatae, animadversiones rituales et liturgicae, cum appendice continente: Meditationes et pia suspiria ante et post missae celebrationem auctore S. Alphonso de **Liguorio** in lingua vernacula. gr. 8. (247 S.) St. Pölten 890. (Gregora.) n. 3. —

— ante et post **missam**, a celebrante pro opportunitate recitandae annexis orationibus quibusdam. Cum appendice complectente orationes in ss. missae sacrificio dicendas ex missali romano. Additis precibus in distributione ss. communionis. 12. (76 S.) Klagenfurt 894. (A. Raunecker.) n.n. — 25; geb. n.n. — 40; m. Goldschn. n.n. — 60; in Ldr. n.n. — 88

— ante et post missam ad usum Sacerdotum. 8. Mechlin. 819. (Mainz. Müller). 4 ℛ

Preces Niersis Clajensis Sederim Linguis Armenice literalis, Armenice vulgaris, graece literalis, vulgaris, Latine, Italice, Gallice, Hispanice, Germanice, Anglice, Hollandice, Illyrice, Serviane, Hungarice, Turcice et Tartarice armoniacis caracteribus in 24. Venetiis. Charta vel. c. ligatura. (Viennae, Volke.) 818.

Preces quotidianae, in usum Seminarii Archiepiscopalis Coloniensis; omniumque clericorum et sacerdotum. Collegit ac composuit Andr. Gau. 12maj. Cöln 839. Du Mont-Schauberg. 7/12 ℛ

Preces quotidianae. 64. (23 S.) Regensburg 893. (J. Habbel.) n. — 20

Preces iussu Papae Leonis XIII. in omnibus orbis ecclesiis post privatae missae celebrationum flexis genibus recitandae. 12. (2 S.) Kempten 886. Kösel. — 2; auf Pappe n. — 10

—— dass. — gr. 8. (1 S.) Regensburg 886, Pustet. * Aufgezogen *

— sacrae in usum stud. juventutis. Collegit et edid. J. M. Hauber. Mit 1 Kpf. 8. Münch. 827. (Landsh., Krüll). 7 gl.

Preces selectae in us. devotorum. Collegit et edid. Guil. Bolten. 12. (11 B.) Monasterii 831, Coppenrath. 10 Gr., Vlnp.

— selectae et Hymni in usum cumprimis juventutis studiosae. 8. Ofen 817. Typogr. 8 gl.

—— selectae in usum juventutis literarum studiosae pro anni temporibus atque festis distributae. 24. (X und 265 S.) Aachen 859, Hensen.

— selectae orationis animae christianae. 8. Presburg, Patzko. -

— — idem lib. 8. Posoni. (Eggenberger, Pest.) 787. -

— ad repellandam tempestatem. Der Wettersegen nach d. röm. Rituale. (Latein. u. deutsch.) Ins Deutsche übers. v. Joh. Mandl. (16 S.) kl. 8. Ebd. 906. n. — 15

Preces ad usum quotidianum alumnorum seminariorum clericalium. München 860. Lentner. 16. (IV, 105 S. u. 1 Stahlst.) 10 ngr.

— ad usum quotidianum alumnorum seminariorum clericalium. Ed. nova. 16. (IV, 105 S.) Stuttgart 892. Jos. Roth. n. 1. —

Preces ad usum quotidianum sacerdotum. 16. (288 S. m. 1 Stahlst.) Regensburg 872. Pustet. 1. 20

— ad usum quotidianum seminariorum clericalium. Ed. nova. gr. 16. (IV, 102 S.) Freising 900. J. G. Wölfle. Geb. in Leinw. n. 1. 50

— vocales ad usum quodidianum Clericorum etc. 8. Kempten, Kösel. 777. -

Préchac, de

§ GRIS-DE-LIN-FARBE Buhler, Der, oder die sich selbst betriegende Eyffersucht, in einer sehr angenehmen Historie. Aus d. Frantzös. (des Sieur *de Préchac*) übers. durch J. J. S. Cölln (Coburg, b. Paul Günther Pfotenhauer) 1700. 12°. 5 Bogen. Sehr selten!

O. M. 1700. Lpz., Gross. Bl. K 1 a sub libris serius exhibitis; Bibl. Ludov. I. p. 144; Bibl. Schwabii II.
Orig.: Le Gris-de-lin. Histoire galante. Paris 1681. pet. in-8°. (In Berlin: Xx 5868). (Ed. I. Lyon, Thom. Amaulry, 1680. pet.-in-12°.)

PRÉCHAC (hier „Brechac"), Sieur de. — L'HEROINE MOUSQUETAIRE, Oder Fräuleins CHRISTINEN, Baronesse de Meyrac, Lebens-, Liebes- Und Helden-Geschichte, Vormahls in Französischer (sic!) Sprache Durch Mr. BRECHAC Herausgegeben, Anietzo aber ins Teutsche übersetzet Von * * (Joh. Leonh. Rost-Meletaon ps.). Mit Titelkpfr. O. O. (Altenburg). M DCC XXVII. (1727.) 8°. Titel u. 500 S. Selten! (10 Mk. Adolf Weigel, c. 1908.)

Bei Goedeke III, 262, 61, 29 unter Meletaon verzeichnet.
Orig. (in Berlin: Xx 5820; auch in Wolfenb.): L'Héroine Mousquetaire, histoire veritable 4 pts. Amsterdam, Jaques le Jeune (Elzev.), 1677—78. 12°. 110 pp., 2 ff., 99 pp., 90 pp., 95 pp. — L'Héroine mousquetaire, ou Véritable histoire de Mlle. Christine, comtesse de Meyrac. 4 pts. Suivant la copie impr. à Paris (Holl., à la Sphère, Elzev.) 1677—78. 12°. — Paris, Claude Barbin, 1680. II. 12°. (⅔ Rthlr. Scheible, c. 1872.) — 4 pts. Ibid. 1681. (tome 2 de 1679, Expl. in Stuttgart, 1 vol.). — 4 pts. Amsterdam, Jaques le Jeune, 1692. 16°. (⅔ Rthlr. Scheible, c. 1872.) — Ibid. 1702. 16°. figg. — Ibid. 1712. 12°. figg. (18 Sgr. Scheible, c. 1872.) — Paris, Pierre Witte, 1722. 12°. Avec 4 figg. (In Wolfenb.) — Amsterdam 1723. 12°. Avec 12 figg. (14 Mk., bei expl., Conr. Skopnik, Berlin 1909.) — Ibid. 1744. 12°. figg. (⅔ Rthlr. Scheible, c. 1872; à présent plus cher.) — Dasselbe ist wohl: Les aventures de Christine de Meyrac. Amsterdam 1702. 12°. (Expl. in München.) S. auch Barbier II, 621; Gay IV, 15.

CARA MUSTAPHA. — Des Gros-Vezirs Cara Mustapha Historia. Worinnen kürtzlich enthalten desselben Erziehung Liebesgeschichte im Sarail, verschiedene Bedienungen, wahre Ursache warum er sich die Belägerung der Stadt Wien unternommen und wie bald darnach auch mit was Umbständen seines Lebens Ende erfolget. Aus dem im verwichenen Jahr zu Paris herausgegebenen Exemplar ins Teutsche übersetzt (aus d. Französ. des Sieur *de Préchac*). Hamburg, Georg Wolff, 1685. 12°. 190 S. (In Wien, Stadtbibl.)
— — Dasselbe (andere Uebersetzung), titulo: Cara Mustapha, eine türkische Geschichte. Aus d. Französ. Frankfurt und Leipzig 1755. 8°. 16½ Bog.

Cat. Meissner II; Bibl. J. J. Schwabii.

Precht, Aug., Abbildung u. Beschreibung einer verbesserten Brenn-Luft-Lampe. m. 1 K. 8. Leipzig, Gleditsch. 896. -

Precht, Frz., Grundzüge der Bauentwicklg. der Haustypen im Abendland. (131 S.) 8. Esslingen 910. P. Neff. 3. —

Precht, Friedr. Glob., das Unentbehrliche im Bezug auf deutsche Sprache und Rechtschreiben für die Unter- und Mittelklasse. Mit besond. Rücksicht auf Landschulen in 80 Aufgaben zusammengestellt, und mit den nöthigen Beispielen versehen. 8. (48 S.) Apolda 851, Teubner.

—— das Unentbehrliche im Bezug auf deutsche Sprache und Rechtschreiben für die Oberklasse, nebst einer Sammlung der gebräuchlichsten Fremdwörter. Ein Büchlein für die Hand der Kinder. Mit besond. Rücksicht auf Landschulen zusammengestellt, und mit 100 Aufgaben zur Selbstbeschäftigung der Kinder versehen. 8. (57 S.) Apolda 851, Teubner.

Precht, Heinrich

Precht, H., die norddeutsche Kaliindustrie. 6. u. 7. verm. Aufl., hrsg. v. R. Ehrhardt. Mit 2 Karten. (III, 62 bezw. III, 63 S.) gr. 8. Stassfurt 906. 907. R. Weicke. n. 2. 25

Precht, die Salz-Industrie von Stassfurt und Umgegend. gr. 8. (16 S. mit 1 color. Stnt.) Stassfurt 883, Foerster's Buchh. *

Precht, die Salz-Industrie v. Stassfurt u. Umgegend. 2. Aufl. gr. 8. (16 S. m. 1 Chromolith) Stassfurt 885. Foerster's Sort. n. 1. 20

Precht, die Salz-Industrie v. Stassfurt u. Umgegend. 3., verm. Aufl. gr. 8. (16 S. m. 1 color. Profil.) Stassfurt 889. Förster's Buchhandlg. n. 1. 20

Precht, H., Die Salzindustrie von Staßfurt und Umgegend. 4. Aufl. Staßfurt, 1889. 28 S. mit 2 Karten.

Precht, d. Salz-Industrie v. Stassfurt u. Umgegend. 5., verm. Aufl. gr. 8. (23 S. m. 1 Karte u. 1 kolor. Profil.) Stassfurt (891). R. Weicke. n. 1. 80

Precht, Heinr., Untersuchungen über Derivate des Acetessigäthers und der Dehydracetsäure. Inaugural-Dissertation. gr. 8. (39 S.) Hannover 877. (Göttingen, Vandenhoeck und Ruprecht's Verlag.) *

Einladung zur öffentlichen Probe-Vorlesung, welche Dr. phil. Julius **Precht** zur Erlangung der Venia legendi bei der naturwissenschaftlich-mathematischen Facultät der Ruprecht-Carls-Universität zu Heidelberg Samstag, d. 30. Jan. 1897 ... abhalten wird. Thema: Strahlende Energie und ihre Wandlungen. *Heidelberg*, Druck v. J. Hörning, *1897*; 1 Bl. 8.
(Nicht für den Austausch)

Precht, Julius [aus Bremen]: Absolute Messungen über das Ausströmen der Elektricität aus Spitzen ... Münster i. W., Druck d. Aschendorffschen Buchdr., 1893; 36 S., 1 Bl., 1 Taf. 8.
Bonn, Phil. Fak., Inaug.-Diss. v. 25. Febr. 1893

Precht, Julius [Dr. phil.]: Untersuchungen über Kathodenstrahlen ... Heidelberg, Druck v. C. Rembold, Heilbronn, 1897; 37 S., 2 Taf. 8.
Heidelberg, Naturw.-math. Fak., Hab.-Schr. v. [2. Febr.] 1897

Precht, J., über die magnetische Zerlegung der Radiumlinien, s.: Runge, C.

Precht, Maximilian

—— Abgedrungene Antwort auf das zweite Sendschreiben Dr. M. Luthers an den neuesten Herausgeber seiner Streitschrift: „Das Papstthum &c." Daf. 1818. 8°, 110 S.
Recens. a. a. O. 1818, Bd. 1 S. 81–93.

Precht, Vict., Beleuchtung der Vorschläge der Schul-Deputation über die künftige Organisation des Volksschulwesens vom 21. Jan. 1850. gr. 8. (12 S.) Bremen 850, Heyse. 1/12 ₰

Precht, Vict., **patriotische Gedichte. 2. Sammlung. gr. 16. (34 S.) Bremen 853, Geisler.** *

—— Grammatik der spanischen Sprache. 2 Thle. (in 1 Bd.) Lex.-8. Bremen 852, Geisler.
Inhalt:
Thl. 1. Die Formenlehre und Wortbildung, mit einer Einleitung über Geschichte und Charakter der span. Sprache nebst den Grundzügen des Romance castellano. (XLIV und 68 S.)
2. Spanische und deutsche Uebungsaufgaben, die Syntax und Correrendeng. (VIII und 248 S.)

Precht, Victor. Jacob Leisler; hist Trauerspiel in 5 Aufzügen. Berlin. n. d.

Precht, Victor: New York im Siebzehnten Jahrhundert. *Vortrag, gehalten vor dem Deutschen Gesellig-Wissenschaftlichen Verein von New York, am 19. März 1884. New York, N. Y.: Druck der Cherouny Printing and Publishing Co. 1884.*

— siehe: Zeitschrift des höhern Erziehungsinstituts in Bremen.

Precht, W., Untersuchungen üb. horizontale Gliederung, s. a. Zeitschrift f. wissenschaftliche Geographie.

Precht, Wilhelm: Untersuchungen über horizontale Gliederung. Weimar 1888. 55 S., 1 Tf.
= Ergänzungsheft zur Zeitschrift für wissenschaftliche Geographie. No. 1. 8°.

Prechtelsbauer, A., Radfahrer-Tourenbuch v. Nordbayern u. den angrenzenden Ländern. Mit e. kilometr. Straßenübersichtskarte. 2. Aufl. 6.–8. Tauf. 12. (XVI, 237 S.) Nürnberg 900. C. Koch. n. 1. 50

Prechtelsbauer, A., u. G. Habelt, Radfahr-Tourenbuch v. Mittelfranken u. d. angrenz. Hauptrouten. M. 1 kilometrierten Strassenübersichtskarte. 8. (53 S.) Nürnberg 898. (C. Koch.) n. — 80

Prechtl, Conrad Aloys, s. Prechtl, Konrad Aloys

Prechtl, Herm., am Brenner, s.: Taschenbibliothek, allgemeine.

PRECHTL, Johann (Schrobenhausen): Semestral-Bericht der chirurgischen Abtheilung des Militärspitals München vom 1. Januar bis 1. Juli 1872.- München: Kirschbaum & Schuh 1872. 16 S. 27.7.1872 - Urk (Titel: De morbis chirurgicis in nosocomio militari Monacensi per primum semestrum anni 1872 tractatis.); Chr 1871/72,21
Diss.Ingolst.-Landsh.-Mchn.

Prechtl, Joh. Bapt., Chronik der ehemals bischöfl. freisingischen Grafschaft Werdenfels in Oberbayern, mit ihren drei Untergerichten und Pfarreien: Garmisch, Partenkirchen und Mittenwald. gr. 16. (XII und 244 S. mit der lithogr. Ansicht der Ruine Werdenfels und 6 eingedr. Holzschn.) Augsburg **850**, Lampart und Comp. (Leipzig, Hübner.)

Prechtl, J. B., Entstehung der Wallfahrt u. Wallfahrtskirche Wies bei Freising. Geschichtl. dargestellt. 12. (32 S.) Freising 886. Datterer. n. 1. —

Prechtl, Dr. Joh. Bapt. (k. Pfarrer in Reichertshausen), **Geschichte der 4 Märkte *Au, Wolnzach, Mainburg* u. *Nandlstadt* in der Hallertau (zu Ober-Bayern gehörig). Mit der Ansicht d. Schlosses zu Au u. den 4 Märktewappen. Freising, Selbstverl. d. Vf., 1864. 8°. Hsrsb.**
3 Bll., IV—235 S. — Vergriffen!

Prechtl, Joh. Bapt., Geschichte der vier Märkte Au, Wolnzach, Mainburg und Nandlstadt in der Hallertau. gr. 8. (VIII und 235 S. mit der Ansicht des Schlosses zu Au und den 4 Märktewappen, in Holzschn.) Freising 864, (Wölfle'sche Buchh.)

Prechtl, Dr. J. B. (res. Pfarrer), **das Schloss Isareck bei Moosburg. Geschichtl. geschildert. München, Dr. C. Wolf & Sohn, 1881. Hoch-8°. Ppb.**
37 S., 1 Stammbaum der Grafen v. La Rosée.

—— **Massenhausen. Historischer Abriß über Dorf und Pfarrei. 16. (39 S.) Ebendas. 887.** *

— das Kanonikatstift St. Andre auf dem Domberge zu Freising, geschichtlich u. kurz dargestellt. [Zugleich 6. u. letzte Lfg. der Beiträge zur Geschichte der Stadt Freising.] 8. (III. 132 S.) Ebd. 888. 1. 50

Prechtl, J. B., **die freisingische Schützengesellschaft. Historische Skizze. 8. (15 S.) Freising 878, Datterer.**

Prechtl, Dr. J. B. (kgl. Pfarrer in Reichertshausen), u. *E. Geiss* (Beneficiat bei St. Peter zu München), **Urkunden aus dem Schloss-Archive zu *Au* in der Hallertau. In Auszügen mitgeth. Mit einer geschichtl. Einleit. üb. die Hallertau. (S.-A. aus Bd. XXII des oberbayer. Archivs.) München 1862. Royal-8°. 122 S. Ppb.**

—— **das Wissenswertheste über Langenpreising. 16. (34 S.) Ebendas. 886.** *

Prechtl, Johann Joseph von

Prechtl, Jh. Jos., Anleit. zur zweckmäß. Einrichtung der Apparate zur Beleuchtung mit Steinkohlengas. Mit 2 Steintaf. gr. 8. Wien 817. Gerold. 1 ₰

Prechtl, J. J., Anleitung zur zweckmäßigsten Einrichtung der Apparate zur Beleuchtung mit Steinkohlengas. Mit 2 Steintafeln. gr. 8 Wien, Gerold. 818.

Prechtl, J. J., **Ueber die wahre Beschaffenheit des magnetischen Zustandes des Schliessungsdrahtes in der Voltaischen Säule.**

Prechtl, Joh. Jos., prakt. Dioptrik, als vollständ. u. gemeinfaßl. Anleit. zur Verfertigung achromat. Fernröhre. Nach d. neuesten Verbesserungen u. Hülfsmitteln u. eigenen Erfahrn. M. 4 Kpfrt. gr. 8. (19¼ B.) Wien 828, Heubner.

Prechtl, Jos. Joh. R. v., technologische Encyklopadie, s. a. Encyklopädie, technologische.

—— technolog. Encyklopädie, od. alphab. Handb. d. Technologie, d. techn. Chemie u. d. Maschinenwesens. Zum Gebr. f. Kameralisten, Oekonomen, Künstler, Fabrikanten u. Gewerbtreibende jed. Art. 1—6. Bd. gr. 8. Stuttgart, Cotta. à

Bd. 1. Abdampfen — Baumwollenzeuge. (89½ B. u. Kpfr. 1—19. qu. gr. Fol.) 830.
„ 2. Beil — Bouillons. (40¼ B. u. Kpfrt. 20—38. qu. gr. Fol.) 830.
„ 3. Branntweinbrennerei — Dampfmaschine. (48½ B. u. Kpfrt. 39—57. qu. gr. Fol.) 831.
„ 4. Dampfschiff — Edelsteine. (34¾ B. u. Kpfrt. 58—85. qu. gr. Fol.) 833.
„ 5. Eisen — Feuerschwamm. (40 B. u. Kpfrt. 86—101. qu. gr. Fol.) 834.
„ 6. Feuerspritze — Glas. (41 B. u. Kpfrt. 102—125. qu. gr. Fol.) 835.

Prechtl, Joh. Jos., technolog. Encyclopädie, od. alphabet. Handb. d. Technologie, d. techn. Chemie u. d. Maschinenwesens. 7—12. Bd. gr. 8. Stuttgart, Cotta'sche Buchh. à

Bd. 7. Glasblasen — Hutmacherkunst. (39⅝ B. u. Kpfrt. 126—150. qu. gr. Fol.) 836.
„ 8. Hygrometer — Küferarbeiten. (40¼ B. u. Kpfrt. 151—177. qu. gr. Fol.) 837.
„ 9. Kupfer — Metalltechnische Chemie u. des Maschinenwesens. (41 B. u. Kpfrt. 178—202. qu. gr. Fol.) 838.
„ 10. Mühlen — Papierfabrikation. (41¼ B. u. Kpfrt. 203—230. qu. gr. Fol.) 840.
„ 11. Parfümeriewaaren — Riemer-Arbeiten. (39¾ B., 1 Tab. u. Kpfrt. 231—257. qu. gr. Fol.) 841.
„ 12. Röhren — Schlösser. (37 B. u. Kpfrt. 258—284. qu. gr. Fol.) 842.
1—6. Bd. Ebendas. 1830—35. à 3 Thlr. 12 Gr.

Prechtl, Joh. Jos., technologische Encyklopädie oder alphabet. Handbuch der Technologie, der technischen Chemie u. des Maschinenwesens. 13—15. Bd. gr. 8. Stuttgart, Cotta'sche Bh. à

Bd. 13. Schmieden — Schrauben. (36 B. u. Kpfrt. 285—321.) 843.
„ 14. Schraubenschlüssel — Seilerarbeiten. (41 B. u. Kpfrt. 322—352.) 846.
„ 15. Sensen — Stahl. (36¼ B. u. Kpfrt. 353—375.) 847.
1—12. Bd. Ebendas. 1830—42. à Bd. 3 Thlr. 15 Ngr.

Prechtl, Joh. Jos., technologische Encyklopädie, oder: Alphabetisches Handbuch der Technologie, der technischen Chemie und des Maschinenwesens. 16—18. Bd. Mit Kpfrt. in qu. Fol. gr. 8. Stuttgart, Cotta'sche Buchh. à Bd.

Bd. 16. Stampfwerke — Stereotypie und Schriftgießerei. (VI und 672 S. mit Kpfrt. 376—411.) 850.
„ 17. Stereotypie und Schriftgießerei. (IV und 629 S. mit Kpfrt. 412—436.) 851.
„ 18. Stereotypie — Tretrad. (IV und 526 S. mit Kpfrt. 437—[illegible]) 852.
Vgl. 10. Bd. 2. Abthl. S. 125.

Prechtl, Joh. Jos. R. v., technologische Encyklopädie oder alphabetisches Handbuch der Technologie, der technischen Chemie und des Maschinenwesens. Zum Gebrauche für Kameralisten, Oekonomen, Künstler, Fabrikanten und Gewerbtreibende jeder Art. 19. u. 20. Bd. Mit den Kpfrtaf. 460—534 (in Fol.). Stuttgart 853. gr. 8. Cotta. (IV, 632; X, 676 S.) Jeder Bd. Subscr.-Pr. n. 2 ß. 20 ngr. Ladenpr. 3 ß. 15 ngr.

— — Fortgesetzt von Karl Karmarsch. 21. Bd. oder 1. Supplementbd. A. u. d. T.: Supplemente zu J. J. R. v. Prechtl's Technolog. Encyklopädie. 1. Bd. (Aequivalente — Borax.) Im Verein mit J. A. Hülsse, J. Schneider, W. Stein u. C. Siemens herausg. von K. Karmarsch. Stuttgart 857. Cotta. gr. 8. (VIII, 611 S. u. 47 Kpfrtaf. in Fol.) Subscr.-Pr. n. 3 ß. 15 ngr.

(Prechtl.) — Technologische Encyklopädie oder alphabetisches Handbuch der Technologie, der technischen Chemie u. des Maschinenwesens. Begonnen von Jos. Joh. R. v. Prechtl. Fortgesetzt von Karl Karmarsch. 22. u. 23. Bd. oder 2. u. 3. Supplem.-Bd. A. u. d. T.: Supplemente zu J. J. R. v. Prechtl's technologischer Encyklopädie. 2. u. 3. Bd. Im Vereine mit J. A. Hülsse, F. Heeren, M. Rühlmann, W. Stein ꝛc. herausg. von Karl Karmarsch. Stuttgart 859, 61. Cotta. gr. 8. (VI, 717 S. mit Holzschn., 28 Kpfrtaf. in Fol. u. 2 Tab. in 4.; VI, 704 S., 36 Kpfrtaf. u. 3 Tab. in Fol.) Jeder Bd. n. 3 ß. 15 ngr.

Prechtl, Joh. Jos., üb. d. Fehler in d. Erziehung, vorzüglich in Hinsicht a. d. gesellschaftlichen Uebel. 8. Leipz. Rein. 803.

— üb. d. Fehler in der Erziehung, vorzügl. in Hinsicht auf d. gesellschaftl. Uebel. 8. Braunschw. 804. (Leipz., Rein). 2e Aufl. 8. Prag 812. (Calve). 1 ß

— Grundlehren der Chemie in technisch. Beziehung. 2 Bde. gr. 8. Wien 814, 15. 2e A. 2 Bde. Mit e. Register. gr. 8. Ebd. 817. Gerold. 6 ß 12 gr.

— — Grundlehren der Chemie in technischer Beziehung für Kammeralisten, Oekonomen, Techniker und Fabrikanten. 1r Band. 2te Aufl. gr. 8. Ebend. 817.

— — desselben 2r Bd. 2te und mit einem Register über beyde Bände versehene Ausgabe. gr. 8. Ebend. 819.

—— Jahrbücher d. k. k. polytechn. Instituts in Wien, s. a. Jahrbücher.

Prechtl, Dr. J., Jahrbücher d. k. k. polytechn. Instituts in Wien. Band 1—5. Wien 1819—24. Mit Kpfrn., dann Bd. 8 Wien 1826 u. Bd. 17 Wien 1832. 8°.

— — Dasselbe. Jahrg. 1819—37. 20 Bde. 8°.

Prechtl Johann Josef: Über Kristallisation aus dem glühenden Flusse. S. 1. [illegible] . . . ver. Separatabdruck

— — Rede bey Eröffnung der Vorlesungen am k. k. polytechn. Institute in Wien, den 1. Nov. 1815. gr. 8. Wien, Gerold.

—— Untersuchungen üb. den Flug der Vögel. gr. 8. (16⅝ B. u. 3 Kpfrt.) Wien 846, Gerold, Verl.

Prechtl, Josef [app. Arzt aus Sulzbürg]: Die Masernepidemie Münchens im Jahre 1893 ... München, Druck v. L. Schwarz, 1894; 26 S. 8.
München, Med. Fak., Inaug.-Diss. v. 1894

Prechtl, Konr. Aloys, († 1776.) Handbuch für Beamte, od. Anleit. zu dem Criminal- u. Civilproceß. 2 Thle. 8. Straub. 761. 2e A. 762. 3e A. 8. Lindau 770. Otto. 1 ß 4 gr. 4e Aufl. 8. Münch. 771.

— manuale juridicum, seu epitome omnium ac ion. exceptionum in jure exstantium. 8. Straubing. 765.

— manuale jurid. s. epitome omnium action. exceptionum. 8. Ulm. 765.

— Religionsgeschichte d. ganzen Welt, u. aller Zeiten. 3 Thle. gr. 8. München, Lentner. 773.

Prechtl, Maximilian

— — abgedrungene Antwort auf das zweyte Sendschreiben Dr. Martin Luthers an den neuesten Herausgeber seiner Zeitschrift: das Pabstthum zu Rom vom Teufel gestiftet. gr. 8. Sulzbach, Seidel. 818.

Prechtl, Maximil., Antwort auf das „Sendschreiben Dr. M. Luthers an den neuesten Herausgeber seiner Streitschrift: Das Papsttum zu Rom ꝛc." Sulzbach u. Wien, Seidel, 1817, 8°, 94 S.; 1818, 2. Aufl. das.

Vgl. (G. L. Trepel,) Sendschreiben Dr. M. Luthers an den neuesten Herausgeber seiner Streitschrift „Das Papsttum ꝛc." Deutschland 1817, 8°, 30 S. Zu Prechtls „Antwort" s. Felders Littztg 1817, Bd. 3 S. 7—30, 33—45, 49—62.

—— Beleuchtung der Dr. Tzichirnerichen Schrift: „Protestantismus u. Katholicismus aus dem Standpunkte der Politik betrachtet". (Leipzig, Baumgärtner, 1822.) Das. 1823, 8°, 160 S., 1,50 Mk. v. Seidel.
Recensi. Katholik 1823, Bd. 8 S. 364—69. Felders Littztg 1823, Bd. 4 S. 1—31. Vgl. auch: Prüfung der von Dr. Tzichirner herausgeg. Schrift „Protestantismus u. Katholicismus". Von einem Katholiken. Leipzig, Industrie Komptoir, 1823, gr. 8°. Dazu Katholik 1823, Bd. 9 S. 330—7. Die „Prüfung" soll jedoch nicht einen Katholiken, sondern G. H. Rosenmüller zum Verfasser haben, wie Kaysers Bücherlexikon dazu bemerkt.

— s. Friedensbenehmen.

Prechtl, Max, Friedensworte an die kath. u. protest. Kirche für ihre Wiedervereinigung. Sulzbach, v. Seidel, 1820, gr. 8°, XVI, 344 S., 2. verm. Aufl., 3 Mk.
1. Aufl. 1810, XVI, 360 S. Recensi. Bay' Theol. Zeitschr. Bd. 3 (1810), S. 415—59. Felders Littztg 1820, Bd. 4 S. 312—55.

– s. Geist u. Folgen der Reformation.

—s.a. Gutachten d. Helmstädtischen Universität.

Prechtl, Max, Gutachten der Helmstädter Universität bei der einer protest. Prinzeisin angesonnenen Annahme der kath. Religion. Salzburg, Mayr, 1815 (?).

—— Kritischer Rückblick auf J. Chr. Berberts kritische Beleuchtung des Seitenstückes zur Weisheit Dr. M. Luthers. Das. 1818, 8°, 190 S., 2 Mk.
Recensi. a. a. O. Bd. 3 S. 122—38. Vgl. Berbert, Kritische Beleuchtung der anonymen Schrift eines Katholiken u. d. T.: „Die Weisheit rc.", allen unbefangenen Protestanten u. Katholiken zur parteilosen Prüfung vorgelegt. Hildburghausen, 1817, 8°.

—— Rechtfertigender Rückblick auf die Beleuchtung der Dr. Tzichirnerichen Schrift: „Protestantismus rc." (s. o.). Als Antwort auf das Tzichirneriche Sendschreiben für u. an das Publikum. Das. 1823, 8°, 11½ Bogen, 1,50 Mk.
Tüb. Theol. Quartalschr. 1823, S. 439—50. Felders Littztg 1824, Bd. 2 S. 58—69. Vgl. auch: Sendschreiben an Herrn Abt Maxim. Prechtl von Dr. H. G. Tzschirner. Besonders abgedr. aus der 3. Aufl. der Schrift „Protestantismus u. Katholicismus rc." Leipzig, Baumgärtner, 1823, 8°, S. 58. Die Kritik des „Sendschreiben" s. Katholik 1823, Bd. 10 S. 240—8.

— rechtfertigender Rückblick auf die Beleuchtung der Tzschirnerischen Schrift: „Katholicismus u. Protestantismus" als Antwort auf das Tzschirnerische Sendschreiben. gr. 8. Sulzb. 824. v. Seidel. 12 gr.

Prechtl, Maximil., Seitenstück zur Weisheit Dr. Martin Luthers, aufgestellt von einem Katholiken. Zum Jubeljahre der Reformation Luthers in Deutschland. Regensburg, Rotermundt, 1817, 8°, 1. Aufl.; Sulzbach, v. Seidel, 1817, 8°, X, 436 S., 2. Aufl.; 1818, 8°, XVI, 350 S., 3. Aufl. Die 4. Aufl.: Sulzbach u. Wien, Gerold, 1818, 8°, XXVIII, 848 S., 4 Mk. Mit der Beigabe: Über das moralische (psychologische) Rätsel im Betragen Luthers.
Kritisch angezeigt in Felders Littztg f. k. Religionslehrer 1817, Bd. 2 S. 113—24, 129—31 (2. Aufl.); Bd. 3 S. 65—78, 81—8 (3. Aufl.); Bd. 3 S. 117 22 (4. Aufl.). 1818 Bd. 3 S. 385—97 u. 401—4

— Seitenstück zur Weisheit Dr. Martin Luthers zum Jubeljahre der luther. Reformation. gr. 8. Sulzb. 1e u. 2e Aufl 817. (anonym). 3e verm. A. gr. 8. Ebd. 818. v. Seidel. 1 rf 8 gr.

— Succincta series theologiae theoreticae. 8. Amberg 791.

— Trauerrede auf das Hinscheiden des Fürsten Karl Theodor, Großfürsten v. Baiern. Amberg 799.

PRECHTLEIN, Joh. Mart., Einige böse und gute Folgen mancher Priesterehen. Quedlinburg 1752. 8°. Selten!

Prechtlein, Wolfg. Fr. Gli., primae lineae tentaminis novi de ingenio. 4. Altorf 775.

Prechtlein, ..., Versamml. zu der Gemeine der Erstgebornen, die im Himmel angeschrieben sind. 2e Aufl. v. Jh. Mch. Schmidt herausgg. 8. Marktbreit 776.

Prechtler, Johann Otto, s. Prechtler, Otto

Prechtler, Maria, der Sieg des Glaubens. Eine Legende von der heil. Katharina. Linz 869. (Haslinger.) gr. 16. (56 S.) n. 4 ngr.

Prechtler, Otto, Accorde von der Gisela-Bahn. Neueste Gedichte. gr. 8. (68 S.) Linz 878. (Salzburg, Dieter.) *

Prechtler, Jh. Otto, Dichtungen. gr. 8. Wien 836. Wenedictsche Buchh. n. 5/6 rf

Prechtler, Otto —. Ein Eichenkranz zur fünf- und zwanzigjährigen Priesterfeier des hochwürdigen Herrn Anton Krotenthaller, Priester aus dem Orden der frommen Schulen, fürsterzbischöfl. Consistorialrath, Schuldistrikts-Aufseher, Provinzial-Assistent und Pfarrer zu Maria Treu in der Josefstadt rc., als Zeichen inniger Verehrung dargebracht von der dankbaren Gemeinde Josephstadt am 18ten April 1855. Wien, aus J. B. Wallishausser's k. k. Hoftheater-Druckerei. (3 Blätter. 4.) (Gedicht.) 1855.

Prechtler, Otto. — Ein Freudentag in Oesterreich. Gedicht von — —. Zur bevorstehenden, allbeglückenden Vermählung Sr. apostol. Majestät Franz Joseph I., Kaiser von Oesterreich, mit Ihrer königl. Hoheit der durchlauchtigsten Prinzessin Elisabeth, Herzogin in Baiern. gr. 4. 1 Bogen. (10 achtzeilige Strophen.) Wien. Druck und Verlag von Leopold Grund. (Reinertrag zur Unterstützung einer armen Waise.) 1854.

Prechtler, (Joh.) Otto, Gedichte. gr. 16. (18 B.) Wien 844, Klang. (Leipzig, Herbig.)

Prechtler, Otto: Johannes Guttenberg, s. Fuchs, Ferdinand C.

—— König Heinrich von Deutschland. Histor. Drama in 5 Akten. 8. (9 B.) Wien 846, Klang. *

Prechtler, Otto, ein Jahr in Liedern. Zeitstimmen aus dem Jahre 1848. gr. 8. (51 S.) Wien 849, Lechner in Comm. n. 8 ngr.

— — Otto, Das Kloster am Traunsee. Volkssage aus Oberösterreich in drei Gesängen. 2. Auflage. 16. 8. (64 S.) Gmunden, Habacher. 50 kr. 1369

Prechtler, Otto, das Paradies der Kronprinz Rudolfsbahn. Cyclus neuester Gedichte. gr. 8. (60 S.) Linz 874. Fink. n. 1. 20

Prechtler, Otto, Sommer u. Herbst. Neue Gedichte. 3. Sammlung. Stuttgart 870. Lindemann. 8. (191 S.) n. 24 ngr.

Prechtler, Otto. Die Tochter des Waldes. Original-Schauspiel in vier Akten. *Wien* 1858. Druck von *U. Klopf s. & Al. Eurich.* 62 S. 8°. Als Manuscript gedruckt.

— Zeit-Accorde. Ein Cyklus jüngster Gedichte. 8. (26 S.) Linz 873. (Danner.) n. — 50

Prechtler, Otto, Zeitlosen. Neue Gedichte. Wien 855. Grund. 16. (4 Bl., 204 S. u. lith. Portr.) n. 1 rf 4 ngr.

Prechtlin, Johann Martin

— — (Präs.) u. (Respond.) **Johann Sebastian Wittmann** (Kitzingen/Würzburg), De patronis et amicis comparandis et colendis cogitationes. Wittenberg (J. Chr. Tzschiederich) 14. V. 1738. 16 Seiten. (4.25) 27154
Gew.: Johann David Dieterich.

Prechtlin, Johann Martin (Kitzingen/Franken), **Gottlob Heinrich Richter** (Wittenberg/Sachsen), **Johann Friedrich Wolff** (Langenburg/Hohenlohe/Franken), De logica experientiae superstruenda pauca praefati. Wittenberg (J. W. Bossoegel) (7. X. 1739). (4.50) 27153
Gratulationsschrift für Gottlieb Wernsdorff.

Prechtlin, Johann Martin [Praes.], s. Wittmann, Johann Sebastian: De patronis et amicis comparandis et colendis cogitationes.

Preciosa. Ein Unterhaltungsb. f. Kinder gebild. Stände. Hrsg v. F. C. Claudius. 16. (11 1/4 B. u. 3 col. Kpfrt.) Wien 839, Müller

Preciöschen. Ein Abenteuer aus dem Leben eines Freundes: Rainolds Erinnerungen. 8. Bd. Wien u. Prag 1828. S. 62/94. V: *Spindler, Carl.* Wiederh. in dessen »Kettenglieder«. Stuttgart 1829. Bd. 1, S. 3 ff. (DARP)

Précis de la cause notable entre les Dames de Lerchenfeld et Lesprechting etc. gr. 8. Coblence, Pauli et Comp.

Précis de la conduite de Mad. de Genlis, depuis la révolution suivi d'une lettre à Mr. des Chartres et de reflexions critiques. 8. Hamb. 796. (Campe). 1 ℛ

— de la Conduite de Mad. de Genlis, depuis la révol. 8. Hamb. Hoffmann. 796.

Précis des évènemens militaires, ou Essai historique sur la guerre présente.... Paris... 1800–1801 s. a. [Dumas, Mathieu].

Précis des événemens militaires, ou essais historiques sur la guerre présente. Hambourg 1799—1800. V: *Dumas, Matthieu.* (Pr) (Ky)

— des événemens militaires, ou essai historique sur la guerre présente, avec chartes et plans (par Général Dumas). Tom. I—VII. X—XII. gr. 8. Hamb. 799—800. Perthes u. B. 6 ℛ 16 gℓ (Deutsch a. u. d. T.: Geschichte d. Feldzüge von der Aufhebung d. Congresses zu Rastadt an, bis zu Ende d. J. 1799. 2 Bde. gr. 8. Ebd. 799—800. Ebd. 8 ℛ) Vergl. Kriegsbegebenheiten.

Précis des événemens militaire de la guerre en Saxe, etc.; ist die Uebersetz. v. Uebersicht d. Begebenheiten etc., s. Uebersicht etc.

Precis Exact Et Historique Du Tumulte Populaire Occasione Par L'Ambassade Francaise à Vienne En Y Arborant un Drapeau Tricolor Le 13 Avril 1798. Par Un Temoin Oculaire. O. O. 1798. V: *Saurau, Franz Graf.* (Hdschr. Mitth. von Gustav Gugitz, Wien) (BiblPort)

Précis de l'histoire de L'Abbaye et du pélerinage de Notre-Dame des Hermites. Notre-Dame des Hermites. 1820 et 1827 s. a. [Poujol, P. Claudius].

— de l'histoire de l'Abbaye et du Pèlerinage de Notre-Dame des Ermites, depuis son origine jusqu'a présent, avec des considerations instructives et édifiantes sur cette dévotion et un recueil abrégé de diverses graces miraculeuses qui y ont été obtenues. 8. Einsiedeln 841, Gebr. Benziger. 1/6 ℛ — le même, sans considerations. 12. 2 ngℓ

— le même, avec 12 images; représentant: le couvent, de deux côtés, l'intérieur de l'Eglise, le choeur, la chapelle, etc. etc. Ebend. 841. 1/4 ℛ

Précis de l'histoire des missions chrétiennes dans l'empire Romain jusqu' à la chute de cet empire au V. siècle. 12. Strasbourg 843. Ve Levrault. 6 1/4 ngℓ

Précis de l'histoire naturelle à l'usage de la jeunesse, abregé de Buffon, de Goldsmith, de Mavor etc. orné de planches. 8. Copenhagen, Bonnier.

— de l'histoire philosophique et politique de l'Abbé Raynal. gr. 8. Mayence, Kupferberg. 782.

— de l'histoire de Russie depuis Turik jusqu'a la mort de l'Imperatrice Catharine II. par C. de Touvent. gr. 8. Brunsv. Pluchart. 814. broch.

Précis de l'histoire universelle. Dédié aux jeunes personnes par une institutrice. gr. 12. (IV und 296 S.) Vienne 849. (Hölzl.)

Précis de l'histoire universelle. Dédié aux jeunes personnes par une institutrice. gr. 12. (IV u. 296 S.) Vienne 849. (Rohrmann.) n. 26 2/3 ngℓ

Précis de l'histoire universelle. Dédié aux jeunes personnes par une institutrice. Nouvelle édit. Wien 868. (Gerold's Sohn.) 8. (IV, 223 S.) 24 ngℓ

Précis historique de l'Abbaye et du Pélerinage de Notre-Dame des Ermites. Einsideln 1856 et 1868 s. a. [Poujol, P. Claudius].

—— historique de l'abbaye et du pélerinage de Notre-Dame-des-Ermites depuis son origine jusqu'à nos jours. 16. (63 S. mit eingedr. Holzschn. und 9 Holzschntaf.) Einsiedeln 868, Gebr. Benziger.

Précis historique du 10 août 1792 et du monument érigé à Lucerne, aux Mânes des Gardes Suisses.... 8. Lucerne 1823.

Précis historique de l'établissement formé à Hambourg pour soulager les pauvres, prévenir l'indigence et abolir la mendicité. Publié par ordre exprès de Sa Majesté J. et R. A. gr. 8°. Vienne, Math. André Schmidt, 1802.

Précis historique de l'exécution du Traité de Lunéville.... Amiens, an X... s. [Müller von Friedberg, Carl].

Précis historique de la dernière révolution de Genève et en particulier de la réforme que le Souverain de cette République a faite dans les conseils administrateurs. 8. s. l. 1782.

— hist., de la Vie de la Comtesse du Barry. 8. Lond. (Varrentrapp, Francf.) 775.

— historique de la vie des hommes illustres de l'antiquité. 16. Cobl. 798. Hölscher. 6 gl.

— hist., de la Vie du Comte Nikita Iwanowitsch de Panin. gr. 8. Lond. (Sommer, Leipz.) 784.

Précis militaire de la Campagne de 1813 en Allemagne. Leipz. 1881. V: *York v. Wartenburg, Maximil. Graf v.* **(BrVV)**

Précis militaire de la campagne de 1813 en Allemagne. 8. (V, 229 S.) Leipzig 881. Brockhaus. n. 2. 50

Précis des notions historiques sur la formation du corps des lois Russes. Tiré des actes authentiques déposés dans les archives de la 2e section de la Chancellerie particulière de l'Empereur. Trad. du Russe. gr. in-8. Pétersbourg 833. (Brieff.) 1 ₰

— des Opérations de la Commission intermédiaire d'Alsace. 4. Strasb. Academ. 789.

Précis de la procédure instruite et des jugemens rendus contre François Duc et consorts, avec diverses pièces qui y sont relatives, publié par ordre du Conseil d'État de la Ville et République de Fribourg. 8. Fribourg en Suisse 1813.

— des Procès verbaux des administrations provinciales dep. 1779-788. 2 Vol. gr. 8. Strasb. Treuttel. (a. Levrault.) 791.

— des recherches historiques sur l'origine des Slaves ou Esclavons et des Sarmates et sur les époques de la conversion de ces peuples au Christianisme. gr. 4. St. Petersb. ... Ed. II. 826. (Leipz., Kummer). 2 ₰ 12 gl

— des Recherches sur la Poméranie, kurzgefaßter Bericht von historischer Untersuchung Pommern betr. 4. Leipzig, Böhme. 773.

— des recherches sur la Poméranie, kurzgefaßter Bericht von histor. Untersuchung, Pommern betreff. 4. Leipz. 773. (Snobloch). 4 gl

— de la Retraite de l'armée Saxonne, de son camp de Pirna etc. 4. Dresde, Walther. 756.

Précis de la retraite de l'armee saxonne de son camp de Pirna. 4. Francfort 1756. — 4. Dresde 1756.

Preckel, G: Gerüstleiter mit an den Holmen und aneinander verstellbar angeordneten Armen und Streben. Köln-Rodenkirchen (1905)

Preconi, Hector G. [Pseudon.] s. Weibel, Walther.

Preconi, Hect. G., italiänischer Sommer. Reiseschilderungen. 1. u. 2. Taus. (XXIII, 302 S. m. 16 Vollbild.) 8. Zürich 910. Rascher & Co. 5.—; geb. 6. —

Preczang, Ernst, die Glücksbude. Erzählung. (168 S.) 8. Leipzig 909. Haupt & Hammon. 2.—; geb. 2. 60

Preczang, Ernst, im Hinterhause. Drama in 4 Akten. (128 S.) 8. München (903). [Dr. J. Marchlewski & Co.) Etzold & Co. n. 1. 50

(B) — Im Hinterhause. 903. (KBL 34.) Jetzt: Leipzig, R. Lipinski.

— Sein Jubiläum, s. a. Theaterstücke, sozialistische.

[F.] Sein Jubiläum. E. Bild aus d. Handwerker-Leben in 1 Aufz. v. Ernst Preczang. *Berlin: 'Vorwärts' 1896.* (30 S.) 1 Bd 8. (Sozialistische Theaterstücke. [No 4.]) [96. 573

— Lieder eines Arbeitslosen. 2. Aufl. (81 S.) 8. Berlin (908). Osk. Koselowski. —20

— Die Polizei als Ehestifterin, s.: Theaterstücke, sozialistische.

— Der verlorene Sohn, s. a. Theaterstücke, sozialistische.

Der verlorene Sohn. In 1 Aufz. von Ernst Preczang. *Berlin: Vorwärts 1900.* (32 S.) 8° [F.]
= Theaterstücke, Sozialistische. [6.] [00. 13334

— Im Strom der Zeit. Gedichte. (164 S.) 8. Stuttgart 908. J. H. W. Dietz Nachf. Kart. 1.50; geb. 2. —

— Der Teufel in der Wahlurne, s.: Theaterstücke, sozialistische.

— Töchter der Arbeit, s. a. Theaterstücke, sozialistische.

[F.] Töchter der Arbeit. In 1 Aufz. v. Ernst Preczang. *Berlin: Vorwärts 1898.* (32 S.) 1 Bd 8. (Sozialistische Theaterstücke. [No 5.]) [98. 3010

Predari, (Cäsar), s.: Beiträge zur Erläuterung d. Deutschen Rechts.

Predari, C., die Grundbuchordnung, s. a. Kommentar zum bürgerl. Gesetzbuche u. seinen Nebengesetzen.

Die Grundbuchordnung von C[äsar] Predari. Th. 1. *Berlin: C. Heymann 1900.* 8°
= Kommentar z. Bürg. Gesetzbuche u. s. Nebenges. [II, 4.] [00. 1000] 3

Predari, C.: Die Grundbuchordnung vom 24. März 1897. Erl. Berlin 1907. (Kommentar z. BGB. u. s. Nebengesetzen. II, 4.)

Predari, Franc., Guida topografica, storica, artistica di Venezia ed isole circonvicine. Triest 867. Coen. 16. (XVI, 308 S. mit eingedr. Holzschn., 1 Holzschntaf. u. 1 lith. Karte in qu. 8.) n. 20 ngr; cart. n. 24 ngr.

Predari, Franz [aus Erfurt]: Zur Kenntnis der Azoopiansäure.... Freiburg i. B., Buchdr. v. Chr. Ströcker, 1889; 62 S. + 1 Bl. 8°
Freiburg i. B., Phil. Fak., Inaug.-Diss. v. 1889

Predari, Hermann [diplom. Techn. Chemiker aus Erfurt]: Ueber das Phenylparatolylarsenchlorür und einige Derivate desselben ... Rostock, C. Boldt'sche Hof-Buchdr., 1894; 56 S., 1 Bl. 8.
Rostock, Phil. Fak., Inaug.-Diss. v. [27. Juli] 1894

Predari, Robert Baehr-, s. Baehr-Predari, Robert

Predeek, Albert, a. Münster: Papst Gregor VII., König Heinrich IV. und die deutschen Fürsten im Investiturstreit. Münster 1907: Westf. Vereinsdruckerei. (XI, 104 S.) 8°
Münster, Phil. Fak., Ref. Erler, Diss. v. 18. März 1907
[Geb. 12. Aug. 83 Meinertshagen; Wohnort: Münster; Staatsangeh.: Preußen; Vorbildung: Realgymn. Münster Reife O. 02; Studium: Münster 3, München 1, Münster 4 S.; Rig. 14. Dez. 06.]

Predeek, Heinrich, Gerichtsrefer.: Vergleich zwischen dem Begriff des materiellen und des Prozeßvergleichs unter Berücksichtigung ihrer rechtlichen Natur. Bielefeld: Gundlach 1909. 89, IV S. 8°
Münster, Rechts- u. staatsw. Diss. v. 13. März 1909, Ref. Jacobi, Rosenfeld
[Geb. 31. März 83 Minden; Wohnort: Bielefeld; Staatsangeh.: Preußen; Vorbildung: Gymn. Minden Reife O. 04; Studium: Bonn 1, Berlin 1, München 1, Münster 3 S.; Rig. 30. Juli 08.] [U 09. 3561

Predel [Schlagwort]

Predel, s.: Preussen. Messtischblätter. — Sachsen. Karte. Messtischblätter.

Predescu, Stephan (geb. Baciu in Rumänien 25. 6. 1844): Von den fremden Körpern in der Speiseröhre. Berlin (1873). (32 S.) 8°
Berlin, Med. Diss. v. 31. Mai 1873

Predige das Wort! Entwürfe zu schriftgemäßen Predigten v. verschiedenen Predigern. Dargeboten v. J. Kaufmann. 1. Bd. 50 Entwürfe. (136 S.) 8. Bremen, Buchh. u. Verlag des Traktathauses. 1. —

Predigen, vom. 8. Bremen, Cramer. 766.

— über das, im herrnhutischen Geiste u. über herrnhutischgesinnte Prediger. N. A. 8. Basel 813. Neukirch. 1 gr.

Prediger

— für, s. H. A. Schott, u. H. W. Rehkopf.

Prediger, Der, erläutert . . . Memmingen 1723. V: *Wachter, Gg.* (Myl)

Prediger, Der. Frankf. und Leipzig 1764. V: *Ring, Friedrick Dominik.* (MGT)

PREDIGER, Der. (Satyre?) Mit interess. Titelvignette. Bregenz 1785. 8°. (80 cts. Hanke, Zürich, vor 1885.)

Für **Prediger.** Eine Zeitschrift zur Belebung der Religiosität durch das Predigtamt. Leipzig: Vogel 1811-13. 8°

Prediger, der, in allen seinen Amtsvorfällen, u. vollständ. Magazin f. geistl. Redner u. Religionslehrer ꝛc. 1r Bd. gr. 8. Leipz. 801. Linke. 1 Thlr. 16 gr.

Prediger, Der christliche, als Rationalist. Ein apologetischer Versuch. Leipzig 1828. V: *Bräunig, Carl Ferd.* (Zeitschr. f. d. hist. Theol. 1832. I. 1, S. 79.)

—— der christl., als Rationalist. Ein apologet. Versuch. Von e. jungen Prediger. Lex.-8. (9 B.) Leipzig 828, Teubner.

Prediger, Der Ebraeische, ein Ebräisches Wochenblatt. Berlin 1750. H: *Mendelssohn, Moses.* (ML)

Prediger, der evangelische, bei den Gräbern. Eine Sammlung von Leichenreden, in Verbindung mit mehr. evangel. Geistlichen hrsg. v. Ch. Ph. H. Brandt u. Chph. K. Hornung. 2. u. 3. Hft. gr. 8. Ansbach, Brügel, (Gummi.) [2. (28 B.) 842. * 1 Thlr. 20 Ngr., 3. (31 B.) 44. * 1 Thlr. 15 Ngr.] *
1. Hft. Ebendas. 1840. * 25 Ngr.

Prediger, der evangelische, bei den Gräbern. Practisches Handbuch, in Verbindung mit mehreren evangel. Geistlichen herausgeg. von Ch. Ph. H. Brandt u. Chph. K. Hornung. 2. u. 3. Heft. gr. 8. Ansbach 842, 44, Brügel. (Erlangen, Ferd. Enke.) (2. Hft. n. 1 1/3 Thlr. — 3. Hft. n. 1 1/2 Thlr.) 1.—3. Hft. n. 3 2/3 Thlr.

Prediger, Die nach der heilsamen Reformation in Schönau aufm Eigen gewesenen evangelischen, nebst andern Geschichten der Schönauischen Kirche. Löbau 1736. V: *Frenzel, Johann Gottlieb.* (ML) (Ky)

Prediger bey besond. Fällen, oder Ausw. d. zweckmäß. Predigten u. Reden ꝛc. 1r 2r. gr. 8. Leipz. Beer. (Graffé in Weißenf.) 789. Rthlr.

— — desselben 3r, welcher Festpredigten enthält. gr. 8. Ebend. 805.

— — 4r Thl. enth. Ludwigs prakt. Bearbeit. d. Festtagsevangelien. gr. 8. Ebend. 792.

— — dess. 5r od. Pred. in d. Passionszeit. gr. 8. Ebendas. 794.

— bei besondern Fällen, od. Auswahl d. zweckmäß. Predigten u. Reden ꝛc. 5 Thle. (1r—3r u. 5r Thl. von L. Chr. Glo. Schmid. 4r Thl. v. ... Ludwig). gr. 8. Lpz. 789—94. (Taubert). 5 Thlr. 4 gr. (5r Thl. A. u. d. T.: der Prediger in der Passionszeit. 1 Thlr. 8 gr.)

* **Prediger,** der, bei besond. Fällen, od. Auswahl d. zweckmäßigsten Predigten. 5 Bde; ist jetzt Verlag v. Franz in Leipzig.

— an christl. Festen ist d. vorherg. 3r Thl.

— an das göttliche Gericht. 4. Augsburg, J. Wolf.

—— der, im Hause. E. Samml. v. Predigten verschied. Kanzelredn. (Arndt, Bachmann, Bräuning, Couard, Dahms, Ehrenberg, Hoßbach, Kober, Kuntze, Lisco, Marheineke, Pauli, Roß, Schweder, Souchon, Strauß, Theremin ꝛc.) auf alle Sonn- u. Festtage. 12 Hfte. gr. 8. (52 B.) Berlin 844, (J. A. Wohlgemuth, Berl.)*

Prediger, der, im Hause. Eine Sammlung von Predigten ausgezeichneter Kanzelredner. Hrsg. v. Rud. Brandes. Wohlf. Ausg. gr. 8. (52 B.) Berlin 846, (J. A. Wohlgemuth, Berl.) Thlr. *

— der jämmerliche, od. noch etwas üb. d. Säcularisiren, besond. nach Grundsätzen d. Kantischen Philosophie. 8. Regensb. 798. (Köl. in Würzb.) 6 gr.

— der, a. der Kanzel, ist Magazin f. katholische Prediger.

Prediger und Katechet, der. Eine pract., kathol. Monatschrift besonders für Prediger und Katecheten auf dem Lande und in kleinern Städten. Unter Mitwirkung mehrerer kathol. Geistlichen hrsg. von Ludw. Mehler. Mit einer Zugabe: Blüthen der Vorzeit, oder Aussprüche, Sentenzen und Gleichnisse aus den heil. Vätern und andern berühmten Lehrern der Kirche zur christkathol. Dogmatik und Moral in alphabet. Ordnung. 1. und 2. Jahrg. 1851 und 1852. à Jahrg. 12 Hefte. gr. 8. Regensburg, Manz. à Jahrg.

Prediger und Katechet, der. Eine practische, katholische Monatschrift, besonders für Prediger und Katecheten auf dem Lande u. in kleinern Städten. Unter Mitwirkung mehrerer kathol. Geistlichen herausg. von Ludw. Mehler. Mit einer Zugabe: Blüthen der Vorzeit. 3—8. Jahrg. 1853—58. à 12 Hefte (à 6 Bgn.). Regensburg, Manz. gr. 8. Jeder Jahrg. 1 *ℛ*. $27\frac{1}{2}$ *ngr.*

—— dass. — 1. Jahrg. 2 Bde. 3., verb. Aufl. gr. 8. (1000 S. und Blüthen der Vorzeit IV und 96 S.) Ebds. 856. 1

Prediger und Katechet, der. Eine prakt., kathol. Monatschrift, besonders für Prediger und Katecheten auf dem Lande und in kleinern Städten. Unter Mitwirkung mehrerer kathol. Geistlichen hrsg. von Ludw. Mehler. Mit einer Zugabe: Blüthen der Neuzeit. 8—12. Jahrg. 1858—62. à Jahrg. 12 Hefte. gr. 8. (à Heft ca. 80—100 S.) Regensburg 858—62, Manz. à Jahrg. 1

—— dass. — Ausführliches Inhalts-Verzeichniß zum 1.—14. Jahrg. Zur leichteren Auffindung der in diesen Jahrgängen enthalt. Predigten, Frühlehren, Skizzen rc. zusammengestellt von Ludw. Mehler. gr. 8. (96 S.) Ebendas. 865.

Prediger und Katechet, der. Eine prakt., kathol. Monatschrift, besonders für Prediger und Katecheten auf dem Lande und in kleinern Städten. Unter Mitwirkung mehrerer kathol. Geistlichen hrsg. von Ludw. Mehler. Mit einer Zugabe: Blüthen der Neuzeit. 13.—18. Jahrg. 1863—68. à Jahrg. 12 Hefte. gr. 8. (à Heft ca. 86 S.) Regensburg, Manz. à Jahrg.

Prediger und Katechet, der. Eine prakt. kathol. Monatschrift, besonders für Prediger und Katecheten auf dem Lande und in kleineren Städten. Unter Mitwirkung mehrerer kathol. Geistlichen hrsg. von Ludw. Mehler. 18.—22. Jahrg. 1868—1872. à Jahrg. 12 Hefte. gr. 8. (à Heft 96—270 S.) Regensburg, Manz. à Jahrg.

—— dass. — hrsg. von Ludw. Mehler, fortgesetzt von Joh. Ev. Zollner. 23.—25. Jahrg. 1873—1875. à Jahrg. 12 Hefte. Mit einer Zugabe: Gelegenheitspredigten. gr. 8. (à Heft 96—112 S.) Ebendas. à Jahrg. *

Prediger und Katechet, der. Eine prakt., kathol. Monatsschrift, besonders für Prediger und Katecheten auf dem Lande und in kleineren Städten. Unter Mitwirkung mehrerer kathol. Geistlichen hrsg. von Ludw. Mehler, fortgesetzt von Joh. Ev. Zollner. 26.—30. Jahrg. 1876—1880. 12 Hefte. Mit einer Zugabe: Gelegenheitspredigten. gr. 8. (à Heft 96 S.) Regensburg, Manz. à Jahrg.

Prediger und Katechet, der. Eine prakt., kathol. Monatsschrift, besonders für Prediger und Katecheten auf dem Lande und in kleineren Städten. Unter Mitwirkung mehrerer kathol. Geistlichen hrsg. von Ludw. Mehler, fortgesetzt von Joh. Ev. Zollner und Jos. Ziegler. 31.—34. Jahrg. 1881—1884. à Jahrg. 12 Hefte. Mit einer Zugabe: Gelegenheitspredigten. gr. 8. (à Heft 96 S.) Regensburg, Manz. à Jahrg.

Prediger und Katechet, der. Eine prakt. kathol. Monatsschrift, besonders für Prediger und Katecheten auf dem Lande und in kleineren Städten. Unter Mitwirkung mehrerer kathol. Geistlichen hrsg. von Ludwig Mehler und Joh. Ev. Zollner, fortgesetzt von Jos. Ziegler. 35. und 36. Jahrg. 1885 und 1886. à Jahrg. 12 Hefte. Mit einer Zugabe: Gelegenheitspredigten. gr. 8. (à Heft 96 S.) Regensburg, [Manz.] Verlags-Anstalt. à Jahrg.

—— dass. — fortgesetzt von Jos. Ziegler und Frz. Klasen. 37. Jahrg. 1887. 12 Hefte. Mit einer Zugabe: Gelegenheitspredigten. gr. 8. (à Heft 96 S.) Regensburg, Verlags-Anstalt.

—— dass. — fortgesetzt von Frz. Klasen. 38. und 39. Jahrg. 1888 und 1889. à Jahrg. 12 Hefte. Mit einer Zugabe: Gelegenheitspredigten. gr. 8. (à Heft 96 S.) Ebendas. à Jahrg.

Prediger u. Katechet, der. Eine prakt. kathol. Monatschrift, besonders f. Prediger u. Katecheten auf dem Lande u. in kleineren Städten. Hrsg. v. Ludw. Mehler u. Joh. Ev. Zollner, fortgesetzt v. J. P. Brunner. 40.—43. Jahrg. 1890—1893. à Jahrg. 12 Hefte. Mit e. Zugabe: Gelegenheitspredigten. gr. 8. (à Heft 96 S.) Regensb., Verlags-Anstalt. à Jahrg. 5 75

— — Ausführliches Inhalts-Verzeichniß zum 29.—42. Jahrg. Zur leichteren Auffindg. der in diesen Jahrgängen enth. Predigten, Frühlehren, Skizzen, Katechesen, Katechismus-Predigten, Miscellen rc. zusammengestellt v. G. Müller. gr. 8. (262 S.) Ebd. 893. n. 3.—

Prediger u. Katechet, der. Eine prakt. kathol. Monatschrift, besonders f. Prediger u. Katecheten auf dem Lande u. in kleineren Städten. Unter Mitwirkg. mehrerer kathol. Geistlichen hrsg. v. Ludw. Mehler u. Joh. Ev. Zollner, fortgesetzt v. J. P. Brunner. 42.—45. Jahrg. 1892—1895. à 12 Hfte. Mit e. Zugabe: Gelegenheitspredigten. gr. 8. (à Hft. ca. 96 S.) Regensburg, Nationale Verlags-Anstalt. à Jahrg. 5. 75

Prediger u. Katechet, der. E. prakt. kathol. Monatschrift, bes. f. Prediger u. Katecheten auf d. Lande u. in kleineren Städten. Unt. Mitwirkg. mehr. kathol. Geistlichen hrsg. v. Ludw. Mehler u. Joh. Ev. Zollner, fortges. v. J. P. Brunner. 46.—49. Jahrg. 1896—1899. à 12 Hfte. (à ca. 6 Bog.) M. e. Zugabe: Gelegenheitspredigten. gr. 8. Regensburg, Verlagsanstalt, vorm. G. J. Manz. à Jahrg. 5. 75

Prediger u. Katechet, der. Eine prakt. kathol. Monatschrift, besonders f. Prediger u. Katecheten auf dem Lande und in kleineren Städten. Unter Mitwirkg. mehrerer kathol. Geistlichen hrsg. v. J. P. Brunner. 50.—53. Jahrg. 1899—1903. à 12 Hfte. Mit e. Zugabe: Gelegenheitsreden. gr. 8. (à 5—6 u. 1 Bog.) Regensburg, Verlagsanstalt vorm. G. J. Manz. à Jahrg. 5. 75

— u. Katechet, der. Eine prakt. kathol. Monatsschrift, besonders f. Prediger u. Katecheten auf dem Lande u. in kleineren Städten. Unter Mitwirkg. mehrerer kathol. Geistlichen hrsg. v. Frz. Xav. Aich. 54.—57. Jahrg. 1904 bis 1907. (Oktbr. 1903—Septbr. 1907.) à 12 Hefte. (54—56. XVI, 922; XXI, 966 u. XVI, 972 S.) gr. 8. Regensburg, Verlagsanstalt vorm. G. J. Manz. à Jhrg. n. 5. 75

— — dasselbe. Ausführliches Inhaltsverzeichnis zum XLIII. bis LIV. Jahrg. (1893—1904 inkl.). Zur leichteren Auffindg. der in diesen Jahrgängen enth. Predigten, Frühlehren, Skizzen, Katechesen, Katechismus-Predigten, Miszellen &c. zusammengestellt v. Frz. Xav. Aich. (227 S.) gr. 8. Ebd. 905. n. 1. 50

— u. Katechet, der. Eine prakt. kathol. Monatsschrift, besonders f. Prediger u. Katecheten auf dem Lande u. in kleineren Städten. Unter Mitwirkg. mehrerer kathol. Geistlichen hrsg. v. Frz. Xav. Aich. 58.—61. Jahrg. 1908—1911. (Oktbr. 1907—Septbr. 1911.) à 12 Hefte. Mit e. Zugabe: Gelegenheitsreden. (58.—60. Jahrg. 960, 984 u. 988 S.) gr. 8. Regensburg, Verlagsanstalt vorm. G. J. Manz. à Jahrg. 5. 75

Prediger, der kleine, stumme, der vollkommenen Reue. Ein Lehr- u. Trostbüchlein f. kathol. Christen, die ihr ewiges Heil sicher stellen wollen. Von e. Priester der Diözese Mainz. (IV, 95 S.) 16. Mainz 906. Druckerei Lehrlingshaus. n. — 50; geb. in Leinw. n. — 75

— der lutherische, in Absicht auf die symbol. Bücher. 8. Halle 781. Hendel. 3 gl

Prediger, Der populäre und praktische, in Beyspielen. Leipz. 1794. V: *Trinius, Johann Jacob Bernhard.* (Ky) (MGT)

— der populäre u. prakt., in Beispielen, (v. J. J. B. Trinius). gr. 8. Leipz. 794. (Aue in Altona). 1 f 4 gl

— d. populäre und praktische, in Beyspielen. gr. 8. Leipz. Jacobäer. 794.

Prediger, Der, für den Prediger. Ein Erweckungsbuch . . . Sulzbach 1830-31. H: *Brandt, Chn Philipp Hnr.* (zu) (Ky)

Prediger, der, für den Prediger. Ein Erweckungsb. f. evangel. Prediger. (Von Chr. Ph. H. Brandt.) 1. u. 2. Bdchn. gr. 12. Sulzbach, v. Seidel. [1. (11½ B.) 830. 12 Gr., 2. (21 B.) 831. 16 Gr.]

— über, u. den Predigerstand. gr. 8. Jena 792. Mauke. 16 gl

Prediger, an, 25 Provinzialblätter. gr. 8. Riga. (Hartknoch in Leipz.) 774.

Prediger, Der rechtschaffene. Leipzig 1771. V: *Franz, Johann Georg Friedrich.* (ML) (Ky)

— der rechtschaffene, (von Jh. Geo. Fr. Franz). 8. Leipz. 771. Büschel. 12 gl

Prediger, Der, im bunten Rocke. Ein Roman unserer Tage. 2 Theile. Berlin u. Leipzig 1786. V: *Keil, Johann Georg* (?). (BGE VI[3], 275)

Prediger, der, im bunten Rocke, ein Roman unserer Tage; 2 Theile, 8. Leipzig, 786. Wendler. 20 sgl.

Prediger, Der, Salomo von dem Verfasser des Phädon. A. d. Hebräischen übers. . . . Anspach 1771. Ü: *Mendelssohn, Moses.* (Mn) (Ky)

— d., von Seiten seines Charakters u. seiner Amtsführung. 8. Leipzig, Benj. Fleischer. 793.

Prediger, der sogenannte St. Georgener, aus der Freiburger u. der Karlsruher Handschrift, hrsg. v. Karl Rieder, s.: Texte, deutsche, des Mittelalters. X.

Prediger, Der, im Umgange; eine Monatsschrift. Mühlhausen 1782. H: *Thon, Johann Adam Christian.* (MGT) (Ky)

— der, im Umgange, e. Monatsschrift, (v. J. A. Chr. Thon). 1r Jahrg. 3 Quartale. 8. Mühlhaus. 782. Müller. 18 gl

— der, wie er seyn sollte, s. Kosegarten.

Prediger, Die, in Wien oder wöchentliche Berichtigung der wöchentlichen Wahrheiten. Wien 1782. V: *Strommer, J. N.* (wrztg 1782, Beil. bei Nr. 57) (wrztg 1782, Beil. bei Nr. 59) (Geissau, Verzeichnis, S. 48) (BIBLPORT)

Prediger, Die, nach ihrer Würde und ihren Werth. Nebst der ersten Bekanntmachung einer neu entstandenen Kirche für Freunde der Religion und Religiosität. Itzehoe 1818. V: *Schneider, Chn Jacob von.* (LS)

— der, in d. Wüste, od. d. Leiden eines Landgeistlichen; Glockentöne aus d. wirkl. Welt. 8. Reutling., Maken. 10 gl

Prediger, der, in der Wüste. Monats-Blatt. Eine Wächterstimme an alle Christen, zur Vorbereitg. auf d. Wiederkunft unseres HErrn Jesu Christi. Red.: H. Geyer. 1. Jahrg. 1887/88. 12 Nrn. (½ B.) gr. 8. Hamburg, Lehsten. n. 1.50
Mehr erschien nicht.

— d., an seine Zuhörer in ihren Verhältn. gr. 8. Götting. Vandenhök. 763.

Prediger, C. Geognostische Beobachtungen am südlichen Harze. (Aus dem Bericht über die 3. Generalversammlung des Clausthaler naturw. Vereins Maja 1852.) Halle. 1854. 8.

Prediger (C.), Ueber die Bewegung der Ocularröhren bei den astronomischen Fernröhren der Messwerkzeuge. Berlin 1872. 4. (Preuss. Zeitschr. Band 20.)

Prediger, C., die Elemente der analytischen Geometrie des Raumes. Zum Gebrauche bei Vorlesungen und zum Selbststudium. gr. 8. (XIV, 358 S. mit 26 lithogr. Taf.) Klausthal 878, Löwe's Buchh. *

Prediger, C., die Elemente der analytischen Geometrie d. Raumes. Zum Gebrauche bei Vorlesgn., sowie zum Selbststudium. 2. (Titel-)Aufl. Mit 26 lith. Taf. gr. 8. (XIV, 358 S.) Clausthal 887. Brauns. n. 6. —

Prediger, C., über die Genauigkeit barometrischer Höhenmessungen. Lex.-8. (40 S.) Clausthal 860, Grosse'sche Buchh. *

Prediger, C. Ueber lineare Gleichungen. Abdruck. Berlin. 1883.

Prediger, C. Geognostische Karte vom Harzgebirge. Blatt II: Wernigerode, III: Clausthal. Clausthal, 1859. 2 Ex.
dgl. neuere Bearbeitung. Blatt I, II, III. Ebend., 1878.

Prediger. C. Geognostische Karte vom Harzgebirge. Clausthal, 1862. Folio.

Prediger, C. Karte vom Harz-Gebirge. 1 : 300 000. Clausthal. 1 Bl. c. L.

Prediger, C. Karte des Harzgebirges. Clausthal, 1859.

Prediger, C. Karte vom Harzgebirge. Blatt III. Sektion Nordhausen. Clausthal. 1871.

Prediger, C., Karte vom nordwestlichen Harzgebirge. Nach den Forstvermessungskarten des Königl. Berg- u. Forstamtes zu Clausthal, der Herzogl. Cammer zu Braunschweig, sowie nach eigenen barometr. Messungen entw. Imp. Fol. Lith. Clausthal 851, Schweiger. n. 2/3 ℛ

Prediger, C. Compendium der analytischen Geometrie der Ebene. Clausthal, 1873.

Prediger, C., Compendium der analytischen Geometrie der Ebene. 2. Aufl. gr. 4. (229 autogr. S. m. Fig.) Clausthal 884. Uppenborn. n. 7. —; Einbd. n.n. 1. —

Prediger, C. Materialien für den constructiven Theil der praktischen Geometrie. Clausthal. 1879. 2 Ex.

Prediger, Chr. Ernst

Prediger, C. Ernst, wohl anweisender Buchbinder ꝛc. 4 Thle. m. K. 8. Anspach, Haueisen. (Gassert.) 772.

Prediger, Chr. E., der in allen vorkommenden Arbeiten woh anweis. u. accurate Buchbinder u. Futteralmacher. 4 Bde. 2. verb. u. verm. Aufl. M. Kpfrtafn. 8. (...) Ansbach .. [Erlangen, Heyder.]

Prediger, Chr. Er., d. in allen heut zu Tag übl. Arbeiten wohl anweisende, accurate Buchbinder u. Futteralmacher. 4 Thle. Mit Kpf. 8. Ansb. 772. (Gassert). 2 ℛ 16 gℊ

Prediger, E., Flora und Fauna von Harzburg, s.: Kampe, E.

Prediger, Hans, appr. Arzt: Aus d. Univ.-Augenklinik zu Marburg. Zur Genese der ekzematösen (skrophulösen) Augenerkrankungen. Marburg 1908: Koch. 37 S. 8°
Marburg, Med. Diss. v. 18. Aug. 1908, Ref. Bach
[Geb. 2. Aug. 81 Vlotho; Wohnort: Hessen-Oldendorf; Staatsangeh.: Preußen; Vorbildung: Gymn. Andreanum Hildesheim Reife M. 01; Studium: Marburg 5, Gießen 2, Marburg 5 S.; Coll. 25. Jan. 08; Approb. 5. Aug. 08.] [U 09. 3149

Prediger-Almanach, s. Schiller, J.

Prediger-Almanach. In Verbindung mit einigen Freunden herausgeg. v. Jh. Schiller. Mit 1 Portr. gr. 16. Frankfurt a/M. 846, Zimmer. n. 1 ℛ

Prediger-Anecdoten, Vermischte. Halle 1784. V: *Trinius, Joh. Anton.* (ML) (Ky)

Predigeranekdoten, vermischte. 8. Halle 784. Curt. 9 gℊ

Prediger-Arbeiten, Nassauische, herausgeg. von Karl Wilh. Schultz. 1s Jahresheft. gr. 8. Weilburg 835, Lanz. 1¼ ℛ

Prediger-Bibel, bearbeit. v. G. E. Fischer u. J. F. Th Wohlfarth. — A. u. d. T.: Die heil. Schrift alt. u. neu Testam., nach d. Standpuncte d. h. Wissenschaft u. d. Bedürfnissen uns. Zeit vollständig erklärt u. ausgelegt. Ein Haus u. Handb. f. Geistliche u. gebild. Bibelleser. Lex.-8. Neustadt a. d. O., Wagner.
Altes Testament v. Wohlfarth. 1—3. Bd. (à 6 Hfte.) u. 4. Bd 1—4. Hft. (170½ B.) 836—42. à H. * 8 Gr.
Neues Testament v. Fischer. 1. Bd. 1—4. Hft. u. 2. Bd. 1—4. Hft. (64½ B.) 836—42. à H. * 8 Gr.

Prediger-Bibel, bearbeitet von G. E. Fischer u. J. F. Th. Wohlfarth. — Auch u. d. Ttl.: Die heil. Schrift alt. u. neu. Testam., nach dem Standpuncte d. h. Wissenschaft u. den Bedürfnissen uns. Zeit vollständig erklärt u. ausgelegt. Ein Haus- u. Handbuch f. Geistliche u. gebild. Bibelleser. Lex.8. Neustadt a. d. O., Wagner. *
Altes Testament v. Wohlfarth. 4. Bd. 5. u. 6. Hft., 5. Bd. (6 Hfte.) u. 6. Bd. 1—9. Hft. (135 B.) 843—46. à Hft. * 10 Ngr.
1—3. Bd. (à 6 Hfte.) u. 4. Bd. 1—4. Hft. Ebendas. 1836—42. à * 10 Ngr. * 7 Thlr. 10 Ngr.
Neues Testament v. Fischer. 2. Bd. 5. u. 6. Hft. (15 B.) 843. * 18⅓ Ngr.
1. Bd. (4 Hfte.) u. 2. Bd. 1—4. Hft. Ebendas. 1836—42. à * 10 Ngr. * 2 Thlr. 20 Ngr.

—— s. Hülsmann, E.

— die, von Ed. Hülsmann nach ihrem wissenschaftl. und kirchl. Charakter. Aus Rheinwald's Repertorium. gr. 8. Berlin 837. Herbig. 1/12 ℛ

— ist die, von Fischer u. Wohlfarth wirklich ein zeitgemäßes Unternehmen? und entspricht sie dem Zwecke, den sie sich gesetzt hat? Von einem alten Geistlichen. Lex.-8. Neustadt ... Wagner. 1/12 ℛ

Predigerbibliothek, christkatholische, Sonn- und Festtags-, Fasten und andere Gelegenheitsreden. 12 Bde. gr. 8. Grätz, Ferstl. 820.

— kleine, enthalt. Predigten u. Predigt-Entwürfe über die sonn- u. festtägl. Evangelien d. ganzen Jahres, Fasten- u. Gelegenheitspredigten u. kurze Exhorten im Beichtstuhle u. am Krankenbette. 7 Thle. gr. 8. Prag 812—14. Krauß. 9 ℛ 8 gℊ

Prediger-Bibliothek, Kritische

— s. auch Predigt-Bibliothek.

— kritische, s. Röhr, J. F.

— kritische, v. J. F. Röhr. 1r—14r Bd. (1r—6r Bd. à 4 Hfte, 7r—14 Bd. à 6 Hfte). gr. 8. Neust. a. d. O. 820—33. Wagner. (1r—5r Bd. à 3 ℛ, 6r Bd. 3 ℛ 12 gℊ, 7r—14r Bd. à 5 ℛ 6 gℊ) 60 ℛ 12 gℊ

Prediger-Bibliothek, kritische, herausg. von Dr. Joh. Friedr. Röhr. 14r — 21r Bd. (à 6 Hfte.) (Jahrg. 1833 — 40.) gr. 8. Neustadt, Wagner. à 5¼ ℛ

Prediger-Bibliothek, kritische, herausgeg. von Jh. Fr. Röhr. 22.—27. Bd. (Jahrg. 1841—1846. à 6 Hefte.) gr. 8. Neustadt 841—46, Wagner. à Jahrg. 5¼ ℛ

Prediger-Bibliothek. Hrsg. von Joh. Frdr. Röhr. 28. Bd. 6 Hfte. 29. Bd. 2 Hfte. gr. 8. Neustadt a. d. Orla 847. 48, Wagner. 28. Bd. 5¼ ℛ 29. Bd. 1 u. 2. Hft. (à ⅞ ℛ) 1¾ ℛ

— dies. Begründet von Joh. Frdr. Röhr. Fortgesetzt von Lobegott Lange. Neue Folge. 1. Thl. 6 Hfte. u. 2. Thl. 1 u. 2. Hft. gr. 8. (I: XVI u. 902 S. II: S. 1—264.) Ebd. 848—51. (I. 1 u. 2: à 24 ngℊ 3: 18 ngℊ 4: 16 ngℊ 5: 18 ngℊ 6: 16 ngℊ I. cmplt. 3 ℛ 26 ngℊ — II. 1: 18 ngℊ 2: ½ ℛ) 4 ℛ 29 ngℊ

Predigerbibliothek, neue, d. Auszüge aus d. Predigten berühmter Männer. 24 Thle. 8. Danzig (Berl.) 762 — 775. Voß. 8 ℛ

—— neue, des In- und Auslandes. In Verbindung mit Fr. Jos. Schermer und Willib. Lauter ꝛc. hrsg. von Chrn. Glob. Wilke. 4—7. Jahrg. 1848—51. à Jahrg. 6 Lfgn. gr. 8. Würzburg, Stahel'sche Buchh. à Jahrg. *
Bildet die Fortsetzung der „Neuen Predigt-Bibliothek des Auslandes".

— vollständ., od. Samml. d. auserles. Predigten üb. alle Gegenstände der römisch-kathol. Kirche. 7 Thle. Mit Register. 8. Troppau 781—84. (J. G. Korn in Bresl.) 21 ₰

Prediger-Buch des Salomo, das von seinen Vorwürfen gerettete. gr. 8. Celle 779. Schulze. 6 gr.

Predigerbuch, Salomonis, von seinen Vorwürfen gerettet. Zelle 1779. V: *Jacobi, Joh. Frdr.* (Ky)

Predigerhalle des Auslandes. Eine Sammlung der vorzüglichsten engl., flammänd., französ., italien., span. u. portugies. Kanzelreden in deutscher Bearbeitung. Herausgeg. von einem Vereine kathol. Geistlichen. 1.—3. Bd. 8. Augsburg 844—46, Schlosser. à 8¾ ngr

Predigerjahre, Andreas Hartknopfs. Berlin 1790. V: *Moritz, Carl Philipp.* (EE) (JL) »1789« (Ky)

Prediger-Journal. Halle 1770—1823. 64 Thl. 127 Bde. 8.

Prediger-Journal, f. H. W. Rehkopf.

Prediger-Journal f. Sachsen, eine Monatsschr. 1r-3r Jahrg. herausg. v. H. W. Rehkopf. gr. 8. Wittenb. (Weigel, Leipzig.) 803—5. (1r 2 Rthlr. 16 gr. 2r 3r à 3 Rthlr.)

Prediger-Journal für Sachsen. Wittenberg 1803—10. H: *Rehkopf, Hnr. Wolrath & Andere.* (winer) 8°

Predigerkritik. Meissen 1784. V: *Eschke, Ernst Adolph.* (Ky)

— unter d. T.: krit. Bemerkk. üb. den religiösen Zustand der k. k. Staaten. 5 Bde. 8. Wien 785, 86. Hartl. 3 ₰ 8 gr.

— unter d. T.: über Gottesdienst u. Religionslehre. 7 Bde. 8. Wien 786—88. Hartl. 4 ₰ 16 gr.

Prediger-Lexicon, Allgemeines und neuestes, oder homiletisches Handbuch für katholische Seelsorger und Katecheten . . . Augsburg 1831—32. V: *König, Joh. Bapt.* (Ky) »1830—33« (schmal)

Prediger-Lexicon, allgem. u. neuestes, od. homilet. Handb. f. kathol. Seelsorger u. Katecheten. Auch zum Gebr. f. häusl. Erbauung. Von d. Verf. der „Gesänge Davids u. f. Geistesverwandten" (J. B. König). 1. Thl. 1—6. Bd. (18 B.) Augsburg 831, Schlosser. à Bd.

— allgemeines u. neuestes, oder homilet. Handbuch für kathol. Seelsorger und Katecheten. Auch zum Gebrauche für häusliche Erbauung. (Von J. B. König.) 1r Bd. ... Ebd. 838. 7/12 ₰

Predigerlexikon, exeget., 2 Thle. 4. Chemnitz, Stößel. 731. 32.

Prediger-Lexicon, Exegetisches, worinn die wichtigsten Sprüche . . . heil. Schrift erklärt werden. 2. Theil. Chemnitz 1732. V: *Gühling, Joh. Frdr.* (ML)

Prediger-Literatur

Prediger-Litteratur. Zeitz 1810—14. H: *Röhr, Johann Friedrich.* (MGT) (Ky) (winer)

Predigerliteratur, (hrsgg. v. Jh. Fr. Röhr). 1r—3r Bd. à 3 Stcke. 8. Zeitz 810—14. Webel. (à 12 gr.) 3 ₰ 12 gr.

Prediger-Litteratur, Neue. I. Bd. 1—3. Stück. Zeitz 1815. H: *Kupfer, Chn Ghelf.* (MGT)

— Neue Predigerliteratur. (Mit Chr. G. Kupfer). 4 Bde. 8. Ebd. 815—17. 4 ₰ — Neueste Predigerliteratur; hrsgg. v. Jh. Fr. Röhr. 1r u. 2r Bd. à 4 Stcke. 8. Ebd. 2 ₰ 16 gr.

Prediger-Magazin, evangel., in Verbindung mit mehr. evangel. Geistlichen hrsg. v. Chr. Ph. H. Brandt. 1. u. 2. Bd. à 2 Hfte. u. 3. Bd. 1. Hft. gr. 8. Sulzbach, v. Seidel. [1. 1. (25½ B.) 829. 1 Thlr., 2. (36 B.) 830. 1 Thlr. 8 Gr., 2. 1. (31 B.) 831. 1 Thlr. 4 Gr., 2. (34 B.) 833. 1 Thlr. 8 Gr., 3. 1. (46 B.) 835. 1 Thlr. 20 Gr.]

Prediger-Magazin, evangel., in Verbind. m. mehr. evangel Geistlichen hrsg. v. Christ. Phil. Heinr. Brandt. 3. Bd. 2. Hft gr. 8. (38½ B.) Sulzbach 837, v. Seidel'sche Buchh.

Ev.-luth. Predigerseminar und Brüderanstalt in Breklum. Breklum. o. J. 8°

Prediger- und Schulstand, Der, rücksichtlich ihres Verhältnisses zu einander . . . Frankf. a. M. 1820. V: *Voss, Joh. Heinr.* (winer)

Prediger- und Schulstand, der, rücksichtlich ihrer Verhältnisse zu einander, nach dem Umfange ihres Wirkens dargestellt ꝛc. 8. Frankfurt a. M., Bock. 820.

Prediger- u. Schulstand, der, rücksichtl. ihrer Verhältnisse zu einander, nach dem Umfange ihres Wirkens dargestellt ꝛc., v. Dr. J. H. V. 8. Frkf. a. M. 820. (Jm. Müller in Lpz.) 8 gr.

Predigerunterstützung, oder neu ausgearbeitete Entwürfe zu Predigten, Passionsbetrachtungen . . . Duisburg 1791—93. H: *Tewaag, Johann Daniel.* (MGT) »1791—95« (Ky)

Predigerunterstützung, od. neu ausgearb. Entwürfe zu Predigten, (v. J. D. Tewaag). 4 Bde. gr. 8. Duisb. 791—95. Bädecker. 5 ₰ 4 gr.

Predigerunterstützung, neue, od. Entw. z. Predigten. 4 Bde. gr. 8. Duisb. Bädecker u. K. (Helwing in Hannov.) 791—95. (1r 1 Rthlr. 4 gr. 2r 1 Rthlr. 12 gr. 3r 1 Rthlr. 8 gr. 4r 1 Rthlr. 12 gr.)

Predigerwahl, die letzte, in Wandsbeck. Im April 1832. 8. (2 B.) Lüneburg, Herold u. Wahlstab.

Predigerwahl, die, zu Schwelm, oder: Begründet der mit den symbolischen Schriften der evangel. Kirche nicht übereinstimm. Glaube eines Predigers einen rechtlichen Einspruch gegen seine gesetz- und ordnungsmäßig vollzogene Wahl? Eine Reihe von Aufsätzen Für u. Gegen aus dem Rheinisch-Westphäl. Anzeiger, gesammelt u. herausg. von Dr. H. Schulz. 1e Hft. 8. Hamm ... Schulz. 1/2 ₰

Predigerwahl, die, zu Schwelm, od.: Begründet der mit d. symbol. Schriften d. evangel. Kirche nicht übereinstimm. Glaube e. Predigers ein. rechtl. Einspruch geg. seine gesetz- u. ordnungsmäßig vollzogene Wahl? Eine Reihe von Aufsätzen Für u. Gegen aus d. rhein.-westphäl. Anzeiger, gesamm. u. hrsg. v. H. Schulz. 1. Hft. 8. (13 B.) Hamm 836, Schulzische Bh.

Prediger-Witwenkasse, die Stader. Ein Wort an ihre Interessenten von einem Interessenten. Hrsg. von der Redact. des Stader Sonntagsblattes. gr. 8. (8 S.) Stade 882, (Schaumburg.) **

Predigerzeitung, Allgemeine. Hrsg. von Johann Otto Thiess. Hamburg u. Leipzig. Jg. 1. 2. 1790–91 nebst Beilage.

Predigerzeitung, prakt., als Beibl. zur „Allgem. Kirchenzeitung." Hrsg. v. Friedr. Wilh. Lomler. 1—6. Jahrg. 1829—34. gr. 4. Hildburghausen, Kesselring. [829. Jul. — Dec. 53 Nrn. (½ Bog.) 2 Thlr., 30—32. à 156 Nrn. (½ Bog.), 33, 34. à 104 Nrn. (½ Bog.) à 4 Thlr.]

Predigerzeitung, praktische, Beiblatt zur allgem. Kirchenzeitung. Herausg. von Fr. W. Lomler. 5r — 10r Jahrg. 1833 —1838. à 104 Numm. gr. 4. Hildburghausen, Kesselring; 7r—10r J. Neustadt, Wagner. (à n. 4 ₰) 16 ₰

Predigt nach dem Absterben Herrn Joh. Rud. Freytags, Pfarrers an der St. Peterskirche. Zürich 1786. V: *Lavater, Johann Kaspar.* (schstr S. 122)

Predigt über Act. 14, 22. Wir müssen durch viel Trübsal ins Reich Gottes gehen. Hamb. 1837. V: *Lüders, Heinrich Wilhelm.* (schr)

Predigt bey Anlass der öffentlichen Abbitte des N. N. der sich an seinem Vatter und Schwieger-Vatter vergriffen. O. O. 1771. V: *Wyttenbach, Jac. Samuel.* (Cat. d. Stadtbibl. Zürich. Zürich 1864—97.)

Predigt bey Anlass der grossen Erderschütterungen in Sizilien und Calabrien. Gehalten den 30. Merz 1783. Zürich 1783. 2. Aufl. 1783. V: *Lavater, Johann Kaspar.* (schstr S. 120)

Predigt, gehalten am ... 5. April 1896 bei der Beerdigung unserer l. sel. Frau Emma Schmid-Henggeler, geb. den 10. Februar 1849, gest. den 2. April 1896. 8. Zürich.

P. D. H. G.: Predigt bey Gelegenheit der Aufsetzung des heil. Kreuzes auf den Thurm der Kirche der Wohlehrw. Conventual mindern Ordens-Brüder in . . . Arad. Nach der ungarischen Rede bearbeitet und vorgetragen im J. 1823 den 20. Heumonat von P. D. H. G. Arad 1823. Gedr. bei Anton Micheck. 18 S. - 8°

Predigt gehalten am 13. August 1871 bei der feierl. Primiz ... Franz Thanner ... Salzburg [1871]. V: *Koch, Callistus.* (Hr)

Predigt gehalten am 20. August 1871, bei der feierlichen Primiz ... Joh. Bapt. Wildauer ... Salzb. [1871]. V: *Pertl, Isidor.* (Hr)

Predigt den Bau des grossen Krankenhospitals betreffend ... O. O. [1796]. V: *Müller, Johann Conrad* [?]. (Kat. d. Druckschr. üb. Breslau. Breslau 1903. S. 219.)

Predigt (Leichenrede) bei der Beerdigung der entseelten Hülle des ... H. Albert Naguzaun ... Salzburg [1856]. V: *Rieder, Johann Baptist.* (Hr)

Predigt (Leichenrede) bei der Beerdigung der entseelten Hülle des Hochw. und Wohlgebornen Herrn Albert Nagnzaun, LXXIX. Abtes des Benediktinerstiftes St. Peter zu Salzburg, fürsterzbischöflichen geistl. Rathes ꝛc. ꝛc. abgehalten in der Stiftskirche St. Peter am 6. Oktober 1856 von J. B. R. (fürsterzbischöfl. geistl. Rathes.) Salzburg. Druck und Verlag der Duyle'schen Hofbuchdruckerei. (14 S. 8.)

— bei Gelegenheit der Beerdigung eines Selbstmörders. Mit Zugrundelegung von Dan. 9, 5. Erlangen 867. Deichert. gr. 8. (14 S.) 2 ngr.

Predigt über das Beichtwesen. 8. Nürnb. 785. Schneider u. W. 2 gl

Predigt u. Betrachtung, geh. am 800. Jahrestage d. Gründung u. Weihe d. Liebfrauenkirche Ueberwasser zu Münster am 29. Dec. 1840. 8. (2½ B.) Münster 841, Coppenrath'sche Bh. *

Predigt am außerordentlichen allgemeinen Bettage d. 27. Juli 1870 gehalten in der evangel. Hauptkirche zu Brieg. gr. 8. (8 S.) Brieg 870. Bänder in Comm. n.n. — 25

Predigt auf den ausserordentlichen gemeineids gen. allgemeinen Beth- und Danktag den 16. Merz 1794. Zürich 1794. V: *Lavater, Johann Kaspar.* (schstr S. 129)

Predigt am allgemeinen Buss- und Bettage, den 26. Jan. 1794 ... in Beziehung auf unsre Freyheit- und Gleichheitgierige Zeiten ... Stuttg. 1794. V: *Kohler, Friedrich Wilhelm.* (MGT) (Gradmann, Gel. Schwaben. 1802.)

Predigt, Christliche

— — am Dankfeste, wegen Befreyung des Pabst Pius VII. gehalten. gr. 8. Münster, Waldeck. 815.

— die christliche, in der evangelischen Kirche Deutschlands. (1. Bd.) Sammlung geistl. Reden üb. die Evangelien d. Kirchenjahres. hrsg. v. W. Stöckicht. Lex.-8. (VIII, 680 S.) Wiesbaden 876. Riedner. n. 8. —; geb. n.n. 10. — n.n. 11. —

Predigt, die christliche, in der evangelischen Kirche Deutschlands. (2. Bd.) Sammlung geistl. Reden über die Episteln des Kirchenjahres, hrsg. v. W. Stöckicht. gr. 8. (672 S.) Wiesbaden 878. Niedner. n. 8. —; geb. n. 10. — u. n.n. 11. —

— dasselbe. 3. Bd.: über freie Texte, geordnet nach dem Kirchenjahr. Lex.-8. (VIII, 663 S.) Ebend. 880. n. 8. —; geb. n.n. 10. — u. n.n. 11. — (I–III.: n. 24. —; geb. n.n. 30. — u. n.n. 33. —)

— christl., eines Laien, zur Feier des Krönungs- u. Ordensfestes. 2e Aufl. gr. 8. Berl. 819. Dümmler. 3 gr

Christliche und allen Menschen höchst nöthige Predigt, s. Denner, Jac. 1721.

Predigt, Christliche, Uber die Wort ... Petri I. Ep. Pet. cap. IV 14. St. Gallen 1713. V: *Erni, Heinrich.* (ZÜRKL)

Predigt am Dank- und Freudenfeste wegen des geschlossenen Friedens ... 1801 ... Ulm 1801. V: *Miller, Joh. Martin.* (GGr) (JL)

Predigt am Dankfest für die Wahl und Krönung Leopold des II. zum deutschen Kaiser. Hildburghausen u. Meiningen 1791. V: *Ernesti, Günther Gottlieb.* (KY 2/150 • Hildburghausen 1790 •) (Allg. Litteratur-Zeitung. Jena 1791. Int.-Bl., Sp. 905) (BiblPort)

—— die deutsche. Homiletische Zeitschrift vom Standpunkte des wissenschaftl. Protestantismus. Hrsg. von Johs. Marbach. 1. und 2. Jahrg. 1873 und 1874. à Jahrg. 6 Hefte. (à 4 Bog.) gr. 8. Berlin, Henschel. [Leipzig, Barth.] à Jahrg. *

Predigt, Eine, von dem Buss-Kampffe für uns gehalten ... 1741. [Büdingen 1741.] V: *Zinzendorf und Pottendorf, Nicolaus Ludwig von.* (BrMm) (Cat. d. Stadtbibl. Zürich. Zürich 1864—97.)

— eine, unsers Herrn u. Heilandes Jesus Christus. Mit engl. u. französ. Uebersetzung zur Seite. 4. Pyrmont 819. (Uslar). 4 gr

Predigt, Eine, nach der Mode. Oder: Die eheliche Liebe und Pflicht, in einer Rede über Ebräer am 13, v. 4 gehalten zu Dublin in der St. Annenkirche; mit einer Zuschrift an Lady Caroline Russel. Aus dem Englischen. Mit Titelvign. Berlin, bey Fried. Wilh. Birnstiel, priv. Buchdrucker. 1759. 8°. 80 S. (9 Mk. E. Frensdorff, 1908.)

Sehr seltenes, kurioses Buch. Rot, blau u. grün gedruckt. — Frühere Ausgabe ebd. 1749. 8°. (Bibl. J. J. Schwabii II. Lpz. 1785. S. 407.)

— e., in Reimen. Geh. am Fastnacht-Sonntag vom Kapuziner Antonius in der Kirche zu Dingsda. Hrsg. v. Mich. Sagsnur. 8. (4 S.) Grenchen (Ct. Solothurn) 899. A. Niederhäuser. — 25

Predigt, Eine, über Römer 1, 16 bey der Einseegnung der Armen-Kinder zu Frankfurt nebst einer Anrede an dieselben gehalten ... Frankfurt a. M. 1793. V: *Hoffmann, J. Ph.* (StBFrankf I, 24)

Predigt, Eine, für unsern Zeitgeist ... Landshut 1807. V: *Furthner, Ant.* (MGT) (Kn)

Predigt bei Gelegenheit einer Einkleidung ... [Salzb. 1877.] V: *Auer, Anton.* (Hr)

Predigt bei der feierlichen Einkleidung und Gelübdeablegung von 12 barmherzigen Schwestern in der Kirche des Mutterhauses zu München den 28. Novbr. 1844 gehalten von einem Mönche des Benediktiner-Ordens. gr. 8. München 844, Lentner. n. 1/12 ℛ

Predigt bei einer Einkleidung und Professablegung ... Salzb. 1873. V: *Peer, Anton.* (Hr)

Predigt bei der Einkleidung und Professablegung, gehalten im Mutterhause der barmherz. Schwestern ... Salzb. 1874. V: *Loinger, Veit.* (Hr)

Predigt b. d. Einw. d. protest. Bethauses in Mähren am Pfingstt. 1783. 8. Dessau, Gel. Buchh. 785.

Predigt über die Epistel am vierten Sonntage in den Fasten von J. D. Tondern 1819. V: *Decker, Jacob.* (LS)

— am Erndtefeste den 14. Sept. 1817 zu Reichenhall gehalten. 8. Salzb., Mayr. 2 gr

Predigt bey Eröffnung der Landgerichte des Herzogthums Ehstland d. 11. Jan. 1783. [Riga 1785.] V: *Moier, Philipp Chn.* (R-N)

Predigt bey Eröffnung der Landgerichte des Herzogthums Ehstland d. 12. Jan. 1782. [Riga 1785.] V: *Moier, Philipp Chn.* (R-N)

Predigt bey Eröffnung des ordentlichen Landtages der Ritterschaft des Herzogthums Ehstland d. 25. Jan. 1783. [Riga 1785.] V: *Moier, Philipp Chn.* (R-N)

—— über Evang. Luc. 5, 1—11. Aus den Papieren einer Dame. 1.—3. Aufl. 8. (11 S.) Nürnberg 883, (Raw'sche Buchh.) *

Predigt auf die Feyer des Dankfestes für die ... Wiederherstellung des ... Klosters ... zu Maria Loretto in Salzburg ... Salzburg [1819]. V: *Wichtlhuber, Johann B.* (Hr)

Predigt zur Feier des 25jährigen Dienstjubiläums ... Carl Haslauer ... Salzb. 1882. V: *Holaus, Blasius.* (Hr)

β. Predigt zur Feier des 350jährigen Jubiläums der Lateinschule Weissenburg am 1. August 1887, gehalten von dem ehemaligen Zögling derselben Ludwig Preu, K. Pfarrer und Senior zu Castell. — 1888, Weissenburg a. S., ebenda. S. 13 20.
Progr. Weissenburg a. Sand (Mittelfr.).
Kgl. isolierte Lateinschule

Predigt bei der Feier der ersten heil. Messe des H. P. Patritius Eder ... Salzburg 1874. V: *Freundlinger, Georg.* (Hr)

Predigt zur Feier des ersten heil. Messopfers ... Anton Haitzmann ... Salzburg 1878. V: *Auer, Anton.* (Hr)

Predigt auf das Fest des hl. Alphonsus. Der Kampf des h. Alphonsus gegen die Sünde. 12. (26 S.) Warnsdorf (902). A. Opitz. n. — 15

Predigt auf das Fest des heil. Bischofs Gebhardus auf dem St. Gebhardsberge bei Bregenz am 27. August 1884. Bregenz 1884. V: *Mathis, Martin.* (margr)

Predigt am Feste der Himmelfahrt Christi gehalten in der Kirche zur allerheiligsten Dreifaltigkeit zu Innsbruck im Jahre 1848. [Innsbruck 1848.] V: *Patiss, Georg.* (margr)

— am Feste des heil. Leopold, als Schutzpatron des Leopoldiner-Vereins, (von dem Pfarrer Hiller). gr. 8. Wien 830. (Wimmer). 3 ℛ

Predigt an dem Festtage des heiligen Antonius von Padua gehalten zu Laybach in Krain. 1782. V: *Ambschell, Anton von.* (wrztg 1782, Beil. zu Nr. 82) (biblport)

Predigt wider die Furcht vor Erderschütterungen über Psalm XLVI v. 2 bis 4. gehalten den 15. Jenner 1786. Zürich 1786. 2. Aufl. 1786. V: *Lavater, Johann Kaspar.* (schstr S. 121)

— eine, üb. Garten- u. Holzdiebereien. 8. Hannov. 803. Hahn. 3 ℛ

— wider einige Gebrechen der Zeit von einem Priester aus dem dritten Orden der Diözese Rottenburg. Sigmaringen 860. Tappen. 8. (14 S.) n. 2 ngr.

Predigt auf das Geburtsfest Sr. Majestät des Königs Karl von Württemberg den 6. März 1867 über den von Sr. Majestät selbst erwählten Text von C. G. Th. Tübingen 867. (Osiander'sche Buchh.) gr. 8. (12 S.) n. 2 ngr.

Predigt zum Gedächtniss Elisabeth Christinens, verwittweten Königin von Preussen. Stendal 1798. V: *Einem, Johann August Christoph von.* (Ky)

— zum Gedächtniß Elisabeth Christinens, verwittw. Königin v. Preußen, (v. J. A. C. v. Einem). gr. 8. Stendal 798. Franzen u. Gr. 3 ℛ

Predigt zum Gedächtnisse Sr. Erlaucht des Königl. Generalfeldzeugmeisters Karl Grafen und Herrn zu Pappenheim. Gehalten am 4. Septbr. 1853. Pappenheim. (Augsburg, Jaquet.) 8. (11 S.) 3 ngr.

PREDIGT über einige Gegenstände unsers Zeitalters, als über die Selbstbefleckung, die Ausschweifungen im Genusse der Wollust etc. Philadelphia 1795. 8°. Rar!
Bibl. Bülov. I. 2. p. 178; Weller, fing. Dr.

— über etliche Gegenst. uns. Zeitalters. 8. Hamburg. 796.

—— die, der Gegenwart für die evangelischen Geistlichen und Gemeinden. Eine homilet. Zeitschrift zur Belehrung und Erbauung. Unter Mitwirkung von Alt, Baurschmidt, Böbecker etc. hrsg. von einem Vereine Weimarischer Prediger. 1. Jahrg. 1864. 10 Hefte. (à 3—4 Bog.) gr. 8. Leipzig, G. Wigand.

— die, der Gegenwart für die evangelischen Geistlichen u. Gemeinden. Eine homilet. Zeitschrift zur Belehrung u. Erbauung. Unter Mitwirkung von Alt, Baurschmidt, Böbecker etc. hrsg. von einem Vereine Weimarischer Prediger. 2. Jahrg. 1865. 10 Hefte (à 3—4 Bgn.). Leipzig, G. Wigand. gr. 8. 2 Thlr 15 ngr.

— — Hrsg. von Billig, G. Steinacker u. Wendel. 3. u. 4. Jahrg. 1866 u. 67. à Jahrg. 10 Hefte (à 3—4 Bgn.). Ebend. gr. 8. Jeder Jahrg. 2 Thlr 15 ngr.

— — 5. u. 6. Jahrg. 1868 u. 69. à Jahrg. 10 Hefte (à 3—4 Bgn.). Halle, Verlag der Predigt der Gegenwart. gr. 8. Jeder Jahrg. n. 2 Thlr 15 ngr.

—— dass. — Hrsg. von denselben. 7. und 8. Jahrg. 1870 und 1871. à Jahrg. 10 Hefte. (à 3—4 Bog.) gr. 8. Leipzig, Fues's Verlag. à Jahrg. *

—— dass. — Unter Mitwirkung von Andreä, Bagge, Baumgarten etc. hrsg. von G. Steinacker und Wendel, redig. von G. Steinacker. 9. Jahrg. 1872. 10 Hefte. (à 3—4 Bog.) gr. 8. Ebendas. *

—— dass. — In Verbindung mit Graue hrsg. und redig. von Wendel. 10. Jahrg. 1873. 10 Hefte. (à 3—4 Bog.) gr. 8. Ebendas. *

— dasselbe. 11. u. 12. Jahrg. od. neue Folge. 1. u. 2. Jahrg. 1874 u. 1875 à 10 Hfte. (à 3—4 B.) gr. 8. Jena, Mauke. à Jahrg. n. 7. 50

—— dass. — Unter Mitwirkung von Andreä, Baumgarten, Bickel rc. hrsg. und redig. von Wendel. 13.—16. Jahrg. 1876—1879. à Jahrg. 10 Hefte. gr. 8. (à ca. 4 Bog.) [Erfurt, Stenger.] Apolda, Birkner. à Jahrg.

Predigt, die, der Gegenwart für die evangelischen Geistlichen und Gemeinden. Eine homiletische Zeitschrift zur Belehrung und Erbauung. Unter Mitwirkung von Andreä, Baumgarten, Bickel rc. hrsg. und redig. von Wendel. 17. Jahrg. 1880. 10 Hefte. gr. 8. (à Heft ca. 64 S.) Apolda, Birkner.

—— dass. — Unter Mitwirkung von Adreä, Bickel, Billig rc. Hrsg. und redig. von Wendel. 18. Jahrg. 1881. 10 Hefte. gr. 8. (à Heft ca. 64 S.) Leipzig, Barth. *

—— dass. — Unter Mitwirkung von Althaus, Bickel, Billig rc. Hrsg. und redig. von Wendel. 19. Jahrg. 1882. 10 Hefte. (à Heft 3—4 Bog.) gr. 8. Ebendas. *

—— dass. — Unter Mitwirkung von Althaus, Bickel, Böhringer rc. Hrsg. und redig. von Wendel. 20. und 21. Jahrg. 1883 und 1884. à Jahrg. 6 Hefte. (à Heft 5—6 Bog.) gr. 8. Ebendas. à Jahrg. *

—— dass. — Luther-Heft. gr. 8. (142 S.) Ebendas. 883.
Aus: 20. Jahrg. 5. und 6. Heft, besonders abgedruckt.

Predigt, die, der Gegenwart für die evangelischen Geistlichen und Gemeinden. Eine homilet. Zeitschrift zur Belehrung und Erbauung. Unter Mitwirkung von Althaus, Bickel, Böhringer rc. Redig. und hrsg. von Wendel. 22.—24. Jahrg. 1885—1887. à Jahrg. 6 Hefte. (à Heft 5—6 Bog.) gr. 8. Leipzig, Barth. à Jahrg. *

—— dass. — Unter Mitwirkung von Althaus, Bassermann, Bickel rc. Redig. und hrsg. von Wendel. 25. Jahrg. 1888. 6 Hefte. (à Heft 5—6 Bog.) gr. 8. Ebendas.

Die am 15. Sonntag nach Trinit. 1758 im Dom über Ps. 126. v. 3. wegen des Sieges über das Russische Kriegs-Heer gehaltene Predigt. Berlin. 8.

Predigt vom Geheimnuss der Religion, über Luc. 22, 44. Frankf. u. Basel 1740. V: *Zinzendorf und Pottendorf, Nic. Ludwig Graf v.* (Cat. d. Stadtbibl. Zürich. Zürich 1864—97.)

Predigt von der seligen Gemeinschaft der Kinder Gottes untereinander. Memmingen 1769. V: *Meuter, Joh. Mart.* (Cat. d. Stadtbibl. Zürich. Zürich 1864—97.)

— über die Gewissenhaftigkeit des heil. Johann v. Nepomuk am 19. Mai 1822 vorgetragen. 8. Rotweil 823. Herder. 2 gl

Predigt wider die sündliche Gewohnheit, hohe Fest- und Sonntage mit lermenden Ergötzlichkeiten zu beschliessen. Frankf. 1774. V: *Lampe, Johann.* (ML)

Predigt von der Grösse Mariens über das Evangelium an Mariä Verkündigung. Ansbach 1785. V: *Rabe, Gg Ludw.* (MGT)

—— auf dem Grunde der Schriftstelle Ev. Joh. 4, 14 gehalten im Badeort Zaizon am 27. Juli 1845. gr. 8. (2 B.) Kronstadt, (Németh.) *

Predigt von dem salzburgischen Hirtenbriefe dieses Jahres. Salzburg 1783. V: *Reichssiegel, Florian.* (Hr)

— v. d. Salzburg. Hirtenbriefe, so in d. Abtenau gehalten worden. 8. Salzb. 783. Duyle. 2 gl

Predigt, gehalten im Hof am 4. August 1861.... (Bern) s. [Hürner, Ludwig].

Predigt am Jahresfeste der Leipziger Rettungsschlacht vor dem Landsturme und der Besatzung der Freien Stadt Frankfurt im freien Felde gehalten. Frankfurt a. M. 1814. V: *Kirchner, Anton.* (stBFrankf I, 26)

Predigt am zweiten Jahrestage der Leipziger Rettungsschlacht vor dem Landsturme und der Besatzung der Freien Stadt Frankfurt im freien Felde gehalten. Frankfurt a. M. 1815. V: *Kirchner, Anton.* (stBFrankf I, 26)

Predigt über Johannes 21, 25—27. Bei Gelegenheit der am 26. März 1856 in Cassel vollzogenen Superintendenten-Wahl. Cassel 1856. V: *Grimmel, Joh.* (zu)

—— über Johannis 21, 15—17. Bei Gelegenheit der am 26. März 1856 in Cassel vollzogenen Superintendenten-Wahl. gr. 8. (24 S.) Cassel 856, Bohné'sche Buchh. **

Predigt auf das Jubelfest des fünfzigjährigen Priesterthums des hochw. Herrn Martin Stainer, reguli[e]rten Chorherrn des Stiftes Griess und würdigsten Pfarrer in Marling. O. O. 1814. V: *Schnitzer, Casimir.* (Margr)

Predigt auf das Jubelfest, welches in der Kirche der W. E. Kloster Frauen der heil. Elisabeth den 9. Juny 1794 feierlich begangen wurde. [Pressburg.] V: *Pöck, Conr.* (Pk 3/130) (BiblPort)

Predigt gehalten am 24. Juni 1866 . . . zu Hallein . . . Salzb. 1867. V: *Embacher, Augustin.* (Hr)

Predigt eines alten Kapuziners über die Aufhebung des Cölibats. Rottenburg, gedruckt mit H. Engelſchen Schriften, 1832. 8°.
[B. I, 642.]

PREDIGT eines alten Kapuziners über die Aufhebung des Cölibats. Ulm 1832. Mit amüsantem Titelkpfr. In der Ebner'schen Buchhdlg. 32 S. 8°.
Max Perl's Berliner Oct.-Auct. 1909, no. 185.
— — Dasselbe. Mit Titelvign. u. 1 Lithogr. O. O. 1832. 8°. Selten! (4 Mk. Frdr. Klüber, 1896; 7 Mk. 50 Pfg. C. G. Boerner, Lpz., 1907.)
Derbe Satire auf das Cölibat, in Versen, der „Kapuzinerpredigt in Wallensteins Lager nachgebildet.

—— ein. alten Kapuziners üb. Zeitgeist, Freiheitsschwindel, Landstände u. Preßfreiheit. (In Versen.) gr. 12. (2⅓ B.) Stuttgart 832, Scheible.

Predigt am Charfreitage. Flensburg 1779. V: *Købke, Joh.* (Collin, Anonymer. Kiobenh. 1869.)

Predigt u. Katechese, s. Monatsschrift, katechetische.

—— die, der Kirche. Klassikerbibliothek der christl. Predigtliteratur. Mit einleitenden Monographien. Hrsg. von Gust. Leonhardi. 1.—4. Bd. 8. Leipzig, Fr. Richter. geb. à Bd. *ℳ 1.60. *

Inhalt:

Bd. 1. Chrysostomus, Johannes, ausgewählte Predigten und Reden. Mit einer einleitenden Monographie hrsg. von Gust. Leonhardi. (XVIII, 173 S.) 888.

" 2. 3. Luther, Mart., ausgewählte Predigten und Casualreden. Mit einer einleitenden Monographie von Joh. Zimmermann. 1. und 2. Bd. (XXVIII, 161; 170 S.) 888.

" 4. Harms, Claus, ausgewählte Predigten. Mit einer einleitenden Monographie von W. v. Langsdorff. (XXIX, 179 S.) 889.

Predigt, die, der Kirche. Klassikerbibliothek der christl. Predigtliteratur. Mit einleit. Monographien. Hrsg. v. Gust. Leonhardi. 5.—27. Bd. 8. Lpz., Fr. Richter. geb. à Bd. * 1 60

5. Aurelius Augustinus. Ausgewählte Predigten. Monogr. v. Gust. Leonhardi. (XX, 137 S.) 889.
6. Bernhard v. Clairvaux. Ausgewählte Predigten. Monogr. v. Vict. Fernbacher. (XXIX, 153 S.) 889.
7. Friedr. Schleiermacher. Auswahl seiner Predigten, Homilien u. Reden. Monogr. v. Wilh. v. Langsdorff. (XXV, 172 S.) 889.
8. Meister Eckhart. Ausgewählte Predigten u. verwandte Schriftstücke. Monogr. v. Wilh. Schöpff. (XVII, 136 S.) 889.
9. Bernh. Dräseke. Ausgewählte Predigten. Monogr. v. Gust. Biehweger. (XXV, 173 S.) 890.
10. Gregorius v. Nazianz. Ausgewählte Reden. Monogr. in Übers. v. F. J. Winter. (XIX, 154 S.) 890.
11. Hieronymus Savonarola. Ausgewählte Predigten. Monogr. in Übers. v. Wilh. v. Langsdorff. (XXXII, 151 S.) 890.
12. Alex. Vinet. Ausgewählte Predigten u. Reden. Monogr. in Übers. v. Alexis Schumann. (XXIV, 145 S.) 890.
13. Heinrich Müller. Ausgewählte Predigten. Hrsg. v. Gust. Leonhardi. (XVIII, 160 S.) 891.
14. Thomas Chalmers. Ausgewählte Predigten u. Casualreden. Aus d. Engl. v. Arn. Rüegg. (XXVI, 130 S.) 891.
15. Frz. Volkmar Reinhard. Ausgewählte Predigten. Hrsg. v. Diegel. (XXIX, 182 S.) 891.
16. Johann Tauler. Ausgewählte Predigten. Hrsg. v. Wilh. v. Langsdorff. (XXVI, 140 S.) 892.
17. Valerius Herberger. Ausgew. Pred. Hrsg. v. Orphal. (XLVI, 125 S.) 892.
18. Ludw. Hofacker. Ausgewählte Predigten. Hrsg. v. Frz. Bemmann. (XXVIII, 164 S.) 892.
19. Basilius der Große. Ausgewählte Reden. In deutscher Uebersetzg. hrsg. v. F. J. Winter. (XXII, 151 S.) 892.
20. Ambrosius, Bischof v. Mailand. Ausgewählte Reden. Hrsg. v. Thdr. Köhler. (XXIII, 157 S.) 892.
21. Berthold v. Regensburg. Ausgewählte Predigten. Mit e. Einleitg. hrsg. v. Herm. Hering. (XXIX, 131 S.) 893.
22. Origenes u. die Predigt der drei ersten Jahrhunderte. Ausgewählte Reden. Mit e. Einleitg. in deutscher Uebersetzg. hrsg. v. F. J. Winter. (XLIII, 135 S.) 893.
23. Jacques Bénigne Bossuet. Ausgewählte Predigten u. Trauerreden. In deutscher Uebersetzg. hrsg. v. Heinr. Seyfarth. (XXIV, 167 S.) 893.
24. Johs. Brenz, Württembergs Reformator. Ausgewählte Predigten. Hrsg. v. P. Pressel. (XLII, 110 S.) 893.
25. Massillon, Bischof v. Clermont. Ausgewählte Predigten. In deutscher Uebersetzg. hrsg. v. Thdr. Köhler. (XXIII, 154 S.) 893.
26. Joh. Arndt. Ausgewählte Predigten. Hrsg. v. Fr. Hashagen. (LVI, 128 S.) 894.
27. Joh. Hus. Ausgewählte Predigten. Hrsg. v. Wilh. v. Langsdorff. (XXXI, 149 S.) 894.

Predigt, die, d. Kirche. Klassikerbibliothek d. christl. Predigtliteratur. M. einleit. Monographien. Begründ. v. G. Leonhardi, fortges. von Wilh. v. Langsdorff. 28.—31. Bd. 8. Leipzig, Fr. Richter. Geb. in Leinw. à n. 1. 60

28. Aug. Tholuck, ausgew. Predigten. M. e. Einleitg. hrsg. v. Herm. Hering. (XXIII, 158 S.) 896.
29. Gregorius v. Nyssa. Ausgewählte Reden. M. e. einleit. Monographie in deutscher Uebersetzg. hrsg. v. F. J. Winter. (XIX, 152 S.) 895.
30. Cäsarius v. Arelate. Predigten in deutscher Uebersetzg. m. e. einleit. Monographie hrsg. v. Carl Franklin Arnold. (XXXIV, 142 S.) 896.
31. Saurin, Jaques. Ausgew. Predigten. Mit e. einleit. Monographie hrsg. v. Johs. Quandt. (XIX, 160 S.) 896.

Predigt, die, der Kirche. Neue Folge. Die evangel. Predigt an der Schwelle des 20. Jahrh. Hrsg. von F. J. Winter. 1. u. 2. Bd. 8. Dresden (904). C. L. Ungelenk. à n. 1.—; geb. in Leinw. à n. 1. 50

1. Ausgewählte Predigten. Von Sam. Keller. Mit e. Vorwort „Unser Predigen". Hrsg. v. F. J. Winter. 5. Taus. (XVI, 138 S.)
2. Arbeiterpredigten. Mit Beiträgen von Dibelius, Coldiz, Meyer u. a. Hrsg. v. F. J. Winter. (XVI, 130 S. m. 1 Taf.)

— dasselbe. Abt. VI, 6 u. Abt. VII, 3. 8. Ebd. n 2. 50

VI, 6. Ausgewählte Predigten. Von John Wesley. Mit e. einleit. Monographie v. John C. Nuelsen. (XXXII, 141 S.) 905. n. 1.—

VII, 3. Prediger der Gegenwart. Apologetische Predigten. Mit Beiträgen v. Ackermann. Bachmann, Friedrich u. a. Hrsg. v. F. J. Winter. (XIX, 153 S.) (905.) Geb. in Leinw. n. 1. 50

Predigt, die, der Kirche. Bibliothek der christl. Predigtliteratur. Mit einleit. Monographien. Begründet v. Gust. Leonhardi. VII. Abtlg.: Prediger der Gegenwart. 4. Bd. 8. Dresden, C. L. Ungelenk. Geb. in Leinw. 1. 50

Akademische Predigten, m. e. Vorrede: Über die Aufgabe der Predigt in der Gegenwart. Von Frdr. Loofs. (XXIII, 139 S.) 908.

—— die, am Klavier. 5. Aufl. gr. 16. (8 S.) Barmen 874, Wiemann. *

—— die, des deutschen Krieges im J. 1870 dargestellt in Predigten, Zeitbetrachtungen und Reden namhafter Geistlichen des evangel. Deutschlands. 3 Hefte. gr. 8. Leipzig 870,71, Teubner. [1. Heft. (IV, 136 S.) *ℳ 1,80.; 2. Heft. (III, 86 S.) ℳ 1,50.; 3. Heft. (IV, 135 S.) ℳ 1,80.] *

Aus: Gesetz und Zeugniß, besonders abgedruckt.

Predigt eines Laienbruders zu Neujahr 1814. Lübeck 1814. V: *Claudius, Matthias.* (GGr)

— auf den Laudesbußtag 1867 von C. G. Th. Text: Hosea 10, 12. 13. Tübingen 867. (Osiander'sche Buchh.) gr. 8. (13 S.) n. 2 ngr.

Predigt, vor einer Landgemeinde gehalten am allgemeinen Buß- und Bettage 1835 über Evangel. Luc. 9, 51 — 56. Nebst einem Nachtrage. 8. Breslau, Graß, Barth u. Comp. 1/12 ℛ

Predigt über die falsche Lehre von ewigen Höllenstrafen. Berlin 1784. V: *Schulz, Johann Heinrich.* (MGT) (Ky) (ADB)

— über die falsche Lehre von ewigen Höllenstrafen, (von J. H. Schulz). gr. 8. Berl. 784. Unger. 6 gr

— über die neue Lehre und die Religion. Gehalten zu Anfang des Jahres 1834 im Kanton Zürich. gr. 8. Zürich 834. Orell u. Comp. 1½ gr

§ **PREDIGT** wider das Lesen der schlimmen Bücher. Trier 1776. 8°. (In München: Var. 614, 4.) Selten!

Predigt, Des Mag. Sebaldus Nothankers letzte. Wider den Garten- und Felddiebstahl. [Leipzig 1777.] V: *Seybold, David Chph.* (Schwinger, Nicolai's Seb. Nothanker. Weimar 1898. S. 243.)

Predigt von der Liebe Gottes, über I. Joh. IV. 19. Schaffhausen 1771. V: *Lavater, Johann Kaspar.* (schstr S. 97)

Predigt, Die lustige. O. O. 1767. V: *Lentner, Carl Friedrich.* (ML)

Predigt zu Maria Einsiedeln gehalten den 17. Weinmonat 1820 . . . Einsiedeln [1820]. V: *Widmer, Jos.* (AarK)

Predigt von dem christlichen Märtyrersinne . . . München 1784. V: *Fischer, Johann Nepomuk.* (MGT)

— von e. weltl. Minister über Prov. v. 12. Zürich 779. Ziegler u. S. 2 ℛ

— die moderne, s.: Bericht üb. die am 18. u. 19. Juni 1890 zu Nürnberg abgeh. 20. allgemeine Pastoralconferenz evangelisch-lutherischer Geistlicher Bayerns.

Predigt am Neujahrstage 1810. Regensburg 1814. V: *Silberhorn, Joh. Nep.*

— üb. den allgem. Nutzen der Kuhpockenimpfung. 8. Wien 802. Rehm. 4 ℛ

PREDIGT bei Gelegenheit einer zweiten Ordens Profess und Zwoer Einkleidungen gehalten in der Kirche der . . . Klosterfrauen der heiligen Elisabeth zu Preßburg. (Preßburg) 1797. Gedr. bey Johann Nep. Schauff. 14 S. - 4°

Predigt bey der Orgelweihe zu St. Petri in Esthland am 1. October 1822. Reval 1822. V: *Henning, Carl Matthias.* (R-N)

Predigt aus den Papieren eines verstorbenen schlesischen Geistlichen über 1. Cor. 13, 1—13. gr. 8. (14 S.) Schönebeck 854, Berger. Thlr. **

Predigt zur Paraphrase des N. T. Riga 1773. V: *Bahrdt, Carl Frdr.* (ML)

Predigt in der deutschen Petrikirche zu Kopenhagen am . . . 1. Dec. 1773 . . . O. O. V: *Münter, Balth.* (Bruun, Bibl. Danica III, 501.)

— von der christl. Pflicht der thätigen Theilnehmung an d. Feldzuge gegen die heutigen Weltbeglücker. 8. Augsburg 793. M. Rieger. 1/12 ℛ

— üb. die Pflicht, sich seines Viehes zu erbarmen, als eine der wichtigsten Menschen- u. Christenpflichten. 8. Nürnb. 799. Bauer u. R. 1½ ℛ

— über die allgem. Pflichten der Menschheit ꝛc. 2 Thle. gr. 8. Grätz 809. Tusch. 3 ℛ

Predigt über die Pflichten des christlichen Predigers zu der gegenwärtigen Zeit der Staatsumwälzung, gehalten Sonntags den 13. May 1798. Basel 1798. V: *Lavater, Johann Kaspar.* (schstr S. 132)

Predigt von der wahren und falschen Philosophie oder sogenannten Aufklärung . . . Pest [1794]. V: *Stummer, Marian.* (Pk)

Predigt vom Portiunkula-Ablass gehalten von einem Pfarrherrn der Passauer Diözese und herausgegeben von H—r. Wien u. Prag 1782. V: *Hoffmann, Leopold Alois.* (wrztg 1782, Beil. bei Nr. 70) (Gustav Bancalari, Bibliotheks-Katalog des Museum Francisco Carolinum in Linz a. d. D. Linz 1897. Nr. 310) (Auct. Kutschera 1185) (Feil 283b) (Fideicomiss-Bibliothek Wien 2/762) (Stadtbibliothek Wien) (BiblPort)

— eine, gegen Mecklenburgische Prediger. In specie gegen den Verf. von „Die Mecklenburgischen Landstände u. die Kirchenzucht." Vevey 863. (Lesser.) gr. 8. (15 S.) n. 4 ngr.

— u. Predigtfragmente. Gesäet dem Tage der Garben, (v. Jh. Nep. Häfeli). 1r, 2r u. 3r Bd, 1e u. 2e Abtheil. 8. Winterth. 778—83. Steiner. 3 ℛ

Predigt gehalten bei der feierlichen Primiz . . . Martin Jud. Salzburg [1890]. V: *Buchner, Peter.* (Hr)

Predigt bei der feierlichen Primiz . . . Peter Knapp . . . Salzburg 1869. V: *Hacksteiner, Johann.* (Hr)

Predigt gehalten bei der Primiz . . . Joh. Zingerle . . . Salzburg 1875. V: *Nussbaumer, Johann.* (Hr)

Predigt bei der Primiz-Feier . . . Jeglinger . . . Salzburg [1879]. V: *Auer, Anton.* (Hr)

Predigt gehalten bei der Primiz-Feier . . . Anton Keil . . . Salzburg 1876. V: *Auer, Anton.* (Hr)

Predigt zur Primiz-Feier . . . Franz Klaushofer . . . Salzburg 1879. V: *Gschleyer, Joh. Tob.* (Hr)

Predigt bei der Primiz-Feier . . . Peter Kogler . . . Salzb. 1880. V: *Fasching, Joseph.* (Hr)

Predigt zur Primiz-Feier ... Georg Pichler ... Salzb. 1879. V: *Kirchmayr, Ludwig.* (Hr)

Predigt bei der Primiz-Feier des neugeweihten Priesters P. Gregor Pichler ... gehalten ... zu Schwaz ... Innsbruck 1862. V: *Pockstaller, Pirmin.* (Margr)

Predigt bei der Primiz-Feier ... Pet. Schwarz ... Salzburg 1849. V: *Koller, Peter.* (Hr)

Predigt zur Primiz-Feier ... Johann Wernspacher ... Salzburg 1865. V: *Wernspacher, Joseph.* (Hr)

Predigt über Psalm 42, V. 8—12 ... Berlin 1824. V: *Crüger.* (Ky)

— über Psalm 42, v. 8—12. Die einbrechenden Fluthen sollen uns erinnern, daß Gott noch an uns denke! (vom Super. Crüger). gr. 8. Berl. 824. Oehmigke. 2 gr.

— und Reden, bei der Einweihung des neuen Gotteshauses zu Liebschütz bei Oschatz gehalten. Nebst kurzer Beschreibung der Feierlichkeiten am Weihetage, dem Feste der Himmelfahrt Christi (20. Mai) 1841. gr. 8. Oschatz 841. (Leipzig, Kollmann.) n. 1/8 Thlr.

— vom heil. Rosenkranze. gr. 8. Salzb. 827. Duyle. 3 gr.

Predigt mit Rücksicht auf den Kindermord ... Bayr. 1798. V: *Kiessling, Johann Georg Gottfried.* (Fiker) (MGT) (Ky)

— mit Rücksicht auf den Kindermord: die christl. gesinnte, würdige u. glückselige Mutter, (v. J. G. G. Kiessling). 8. Bayr. 798. Lübecks Erb.

Predigt St. Johannis. »Was blicket die Ros' in jungfräulicher Pracht.« Von Gr. Leipzig o. J. V: *Gartner.* (wolfstieg II, 842)

— die, in der Schenke. Die singende Missionarin. Ein Engel, doch nicht erkannt, s. a. Daheim u. Auswärts.

Die Predigt in der Schenke. Die singende Missionarin. Ein Engel, doch nicht erkannt. *Cassel: J. G. Oncken Nachf. [1902].* (32 S.) 8° [F.]
= Daheim u. Auswärts. II. 3. [03. 1396] 4

Predigt über Schlaf und Schlaflosigkeit. Zürich 1798. V: *Lavater, Johann Kaspar.* (schstr S. 132)

— üb. d. wahren Schmuck des christl. Hausstandes, nach 1. Petri 3, 1—7., am 3. Juli 1825 vor der evangel.-reform. Gemeinde gehalten. Mit Anmerkk. u. e. Anh. 8. Neuwied 826. Lichtfers u. Faust. 5 gr.

Predigt gehalten bei der Sekundizfeier ... Josef Kiefer ... Salzb. 1877. V: *Auer, Anton.* (Hr)

Predigt zur Sekundizfeier des hochw. Herrn P. Odilo Kopp, Capitularpriester des Stiftes Schotten am 8. Januar 1871. Wien 1871. V: *Helferstorfer, Othmar von.* (EB)

PREDIGT, gehalten in der Serviten-Kirche zu Pesth am letzten Sonntage des Jahres 1849. Ofen 1850. Gedr. mit M. Bagóischen Schriften. 16 S. - 8°

— — am 17. Sonntage nach Trinitatis, am 20. Sept. 1818, am Tage der Regierungsjubelfeyer des Königs von Sachsen. gr. 8. Leipzig, Hartmann. 819.

— die sonntägliche. Ein Wochenblatt f. die christl. Gemeinde. Hrsg. v. Haß [unter Mitbetheiligg. Anderer]. 1. Jahrg. 1882. [Epistelpredigten.] 59 Nrn. (1/2 B.) 8. Schönwald bei Königsberg i/Pr. 883. (Frankfurt a/M., Drescher.) n. 1. 60; auf feinem Pap. n. 2. —
Erscheint nicht mehr.

— die sonntägliche. Ein Wochenblatt für die christliche Gemeinde. Hrsg. v. Haß [unter Mitbetheiligung Anderer]. 2. Jahrg. 1883. [Katechismus-Predigten.] 52 Nrn. (1/2 B.) 8. Schönwalde bei Königsberg i/Pr. Leipzig, Drescher in Comm. n. 2. —

— die sonntägliche. 1.—8. Bd. Ein Jahrgang Volkspredigten aus d. Kirchenj. 1890/91—1897/98. Hrsg. v. Stöcker. gr. 8. (440; 440; 440; 440; 440; III, 448; III, 432 u. III, 432 S.) Berlin 891—898. Buchh. d. Berliner Stadtmission. à n. — 80; geb. à 1. 20

— die sonntägliche. (9. Bd.) Ein Jahrgang Volkspredigten aus dem Kirchenj. 1898/99. Hrsg. v. Stöcker. gr. 8. (III, 440 S.) Berlin, Vaterländ. Verlags- und Kunstanstalt. n. — 80; geb. n. 1. 20

— dasselbe. (10. Bd.) Ein Jahrgang Volkspredigten aus dem Kirchenj. 1899/1900. Hrsg. v. Stöcker. 54 Nrn. gr. 8. (à ca. 8 S.) Ebd. n. — 54

— dasselbe. (10. Bd.) Ein Jahrgang Volkspredigten aus dem Kirchenj. 1899/1900. Hrsg. v. Stöcker. gr. 8. (III, 440 S.) Ebd. 1. —; geb. 1. 50

— dasselbe. (11. Bd.) Ein Jahrgang Volkspredigten aus dem Kirchenj. 1900/1901. 55 Nrn. gr. 8. (à ca. 8 S.) Ebd. n. — 55

— dasselbe. Ein Jahrgang Volkspredigten aus dem Kirchenj. 1900/1901. (Freie Texte.) Hrsg. v. Stöcker. gr. 8. (III, 440 S.) Ebd. 901. 1. —; geb. 1. 50

— dasselbe aus dem Kirchenj. 1901/1902. Die alttestamentl. Texte nach der neuen Eisenacher Ordng. Hrsg. v. Stöcker. gr. 8. (III, 440 S.) Ebd. 902. 1. —; geb. 1. 50

— die sonntägliche. Ein Jahrgang Volkspredigten aus den Kirchenj. 1902/1903—1905/1906. Hrsg. u. Verantwortlich: Stöcker. gr. 8. Berlin, Vaterländ. Verlags- u. Kunstanstalt. à 1. —; geb. 1. 50
1902/03. Freie Texte nach der neuen Eisenacher Ordnung. (III, 440 S.) 903.
1903/04. Ueb. d. Evangelien (alte Perikopenreihe). (III, 440 S.) 904.
1904/05. Ueb. die Episteln (alte Perikopenreihe). (III, 440 S.) 905.
1905/06. Freie Texte. (III, 432 S.) 906.

— die sonntägliche. Ein Jahrgang Volkspredigten aus dem Kirchenj. 1906/07, 1907/08 u. 1908/09. Neue Episteln. Begründet v. Stoecker. Hrsg. v. der Berliner Stadtmission. Schriftleitung: Ernst Bunke. (à Jahrg. III, 440 S.) 8. Berlin 907—09. Vaterländ. Verlags- u. Kunstanstalt. à Jahrg. 1.—; geb. 1.50; in 55 Nrn. — 55

— die sonntägliche. (Ein Jahrgang Predigten üb. die 3., 4., 1. u. 2. Reihe des sächs. Perikopenbuches.) Hrsg. vom Verein zur Verbreitg. christl. Schriften im Kgr. Sachsen. 21.—24. Jahrg. 1907—1910. à ca. 58 Nrn. (à 8 S.) 8. Dresden, Niederlage des Vereins zur Verbreitg. christl. Schriften. — 80
Gebundene Jahrgänge s.: Sonntagstrost.

Predigt über Sprüchw. 22, 6.... Gehalten... den 30. Wintermonat 1845... [zu] Steinmaur. Veranlasst durch vorsätzliche Brandstiftung (in der benachbarten Gemeinde Oberwenigen) eines... Knaben. 8. Zürich.

Predigt von den ewigen Strafen der Sünden. Celle 1768. V: *Runge, Carl Heinr.* (Ky)

— von den ewigen Strafen d. Sünden, (v. K. H. Runge). gr. 8. Celle 768. Schulze. 4 gr

Predigt am Tage der feierlichen Beeidigung der Ritterschaft Ehstlands . . . d. 7. Oct. 1783. [Riga 1785.] V: *Moier, Philipp Christian.* (R-N)

Predigt am Tage der Eröffnung der Revalschen Statthalterschaft d. 10. Dec. 1783. [Riga 1785.] V: *Moier, Philipp Christian.* (R-N)

Predigt gehalten am Tage der Primiz . . . Josef Meichelbeck . . . Salzburg 1880. V: *Picker, Raimund.* (Hr)

Predigt für den Teufel. Wie sie P. Siegfried Winter am ersten Sonntag in den Fasten im Jahre 1786 hätte halten sollen. Allen Predigern zum Muster vorgestellt von Promovsky. O. O. 1786. 74 S. 8°. V: *Richter, Joseph.* (Hdschr. Mitth. von Gustav Gugitz, Wien) Dagegen: V: *Fast, Patritius* oder *Mathias Promovsky.* (S. Brunner, Die Mysterien der Aufklärung in Österreich. 1770—1780. Mainz 1869. S. 132) (Hans Viktor Pisk: Josef Richter. Diss. Wien 1927. S. 103)

—— über das Thema von einer Sekte, die sich deutsch-kathol. Kirche nennt. Für das kathol. Volk. 8. (1⅛ B.) Ulm 845. [Adorf, Müller.]

— über das Thema von einer Sekte, die sich deutsch-katholische Kirche nennt. Für das kathol. Volk. 8. Ulm 845, Seitz. 1/24 ℔

— bei der Todesfeier des hochw. Fürst-Bischofs Franz Egon, Frhrr. v. Fürstenberg, Bischofs zu Paderborn u. Hildesheim rc. am 25. Aug. 1825 im Dom zu Paderborn gehalten. gr. 8. Paderb. 825. Wesener. 3 gr

Predigt über Luthers Todtenfeier 18. Februar 1846. Magdeburg 1846. V: *Uhlich, L.* (zu) (Ky)

—— zu Luthers Todtenfeier, 18. Febr. 1846 (von Uhlich.) gr. 8. (1 B.) Magdeburg, Creutz'sche Buchh.

— für die kirchliche Trauerfeier aus Anlaß d. Ablebens Sr. Maj. d. Kaisers Wilhelm I. unter Zugrundelegg. d. Vorspruches: „Große, Richter u. Machthaber sind in Ehren; aber Keiner ist größer, als der, welcher Gott fürchtet!" Sir. 10, 27, geh. Donnerstag den 22. März 1888 v. e. Pfarrer der Erzdiöcese Köln. gr. 8. (18 S.) Bonn 888. Neußer. — 30

Predigt, anlässlich der Trockenheit und Dürre gehalten... Habelschwerdt 1904. V: *Reinelt, Paul.* (Berl)

— anläßlich der Trockenheit u. Dürre geh. v. e. Weltpriester. (20 S.) 8. Habelschwerdt 904. Franke. — 10
2. Aufl. s.: Reinelt, Paul.

— d., im Umgange, e. Monatsschr. 1r Jahrg. 3 Quart. 8. Mühlh. Müller. 782.

Predigt, gehalten in Unterseen, den 10ten August 1826.... Zürich 1826 s. S[chärer], R[udolf].

Predigt von den Unterthanspflichten gegen ihren Landesbeherrscher. Brünn. V: *Gall, Joseph Anton.* (Wiener Kirchenzeitung 1788, S. 461) (BiblPort)

Predigt von den Unterthanspflichten . . . vorgetragen in der Pfarrkirche zum heil. Petrus von Alkantara . . . Pesth 1796. V: *Stummer, Marian.* (Pk)

Predigt über den 13. Vers des XIV. Kapitels der Offenbahrung Johannes von der Seeligkeit entschlafener Christen. Gehalten den 16. Herbstmonat 1792. Nach Pfenningers Tod. Zürich 1792. V: *Lavater, Johann Kaspar.* (schstr S. 128)

—— und Vorträge, gehalten bei der 25jähr. Jubelfeier der Meißner Konferenz von Rüling, Fricke, Schmidt und Rud. Hofmann. 8. (IV, 108 S.) Leipzig 884, J. Lehmann.

— u. Vorträge, geh. bei der 25jährigen Jubelfeier der Meißner Konferenz v. Rüling, Fricke, Schmidt u. Rud. Hofmann. 8. (IV, 108 S.) Leipzig 884. Fr. Richter. n. 1. —

Predigt eines Layenbruders Fr. Sincerus Wahrmund über die Pflichten der Layenbrüder. Konstanz 1778. V: *Hahn, Modest.* (ML) (BB)

— über das Wetterläuten. 8. Landsh. 818. (Thomann). 2 gr

Predigt nach der Wiedererobe-rung von Mainz . . . 1793 gehalten . . . Erlangen 1793. V: *Erb, Georg Christoph Elias.* (MGT) (Fiker)

Predigt von dem ewigen und ernstlichen Willen Gottes uns seelig zu machen am 2. Pfingst-Feyertage in Rensburg gehalten. Copenh. 1740. V: *Conradi, Georg Frdr.* »Predigt am 2. Pfingst-Feyertage . . . V: *Reuss, Jerem. Frdr.*« (Bruun, Bibl. Danica I, 525. 486.)

Predigt-Auszüge. Zittau 1761. V: *Helwig, Carl Gotthelf.* (ML) (MGT) (OL) (Ky)

Predigt-Bibliothek

— israelitische, nebst Aufsätzen über Cultus-Angelegenheiten. Im Vereine mehr. israelit. Prediger u. Religionslehrer hrsg. v. S. L. Liepmannssohn. 1. Bd. 1. Hft. gr. 8. (6¼ B.) Lippstadt 842, Lange. *

Predigt-Bibliothek, moderne. 1. Serie. 4 Hfte. kl. 4. Leipzig, R. Wöpke. à n. 1. 20; f. die Serie v. 4 Hftn. 4. —
1. Aus Höhen u. Tiefen. Predigten. Von Paul Mehlhorn. (VII, 105 S.) 902.
2. Für die Wahrheit. Undogmatische Predigten. Von Herm. Schulze. (V, 75 S.) 902.
3. Fünf Brote zur Seelenspeise. Predigten. Von Ernst Ludwig (IX, 69 S.) 902.
4. Wahre Lebenskraft. 5 Predigten. Von Karl König. (V, 70 S.) 902.

Predigt-Bibliothek, moderne. II.—IV. Serie. à 4 Hefte. kl. 8. Göttingen, Vandenhoeck & Ruprecht. à Heft n. 1. 20; geb. n. 1. 80; f. die Serie v. 4 Heften n. 4. —; geb. n. 4. 80
Bassermann, Heinr., Gott. Akademische Predigten. (V, 88 S.) 906. (IV, 3.)
Bonhoff, Carl, Leben, Licht, Liebe. 5 Betrachtgn. (V, 95 S.) Leipzig 905. (IV, 1.)
Bornemann, W., bete u. arbeite! Predigten. (V, 104 S.) Leipzig 904. (III, 1.)
Frommel, Otto, vom Reich der Kraft. Predigten. (V, 96 S.) Leipzig 903. (II, 1.)
Gottschick, Johs., dein Glaube hat dir geholfen. Predigten. (V, 118 S.) Leipzig 904. (III, 2.)
Kirmß, Paul, die christlichen Hauptfeste. Predigten. (V, 102 S.) Leipzig 903. (II, 3.)
Köster, Arnold, neue Menschen. Predigten. (VIII, 164 S.) Leipzig 903. (II, 4.)
Kügelgen, Const. v., Aufklärung u. Verklärung. Metaphysikfreie Predigten. (IX, 83 S.) Leipzig 903. (II, 2.)
Meyer, Frdr., Kampf u. Sieg des Christen. Predigten. (V, 104 S.) Leipzig 904. (III, 3.)
Schian, Mart., Fragen der Zeit. Predigten. (VIII, 80 S.) Leipzig 905. (IV, 2.)
Schmitthenner, Adf., Herr, bist du's?) Predigten, geh. in der Heiliggeistkirche od. in der Christuskirche zu Heidelberg (V, 90 S.) 906. (IV, 4.)
Weingart, Herm., Suchen u. Finden. Predigten f. Kopf u. Herz. (VII, 111 S.) Leipzig 904. (III, 4.)
I. Serie. (4 Hefte.) Jetzt Ebd. 902.

Predigt-Bibliothek, moderne, hrsg. v. E. Rolffs. I. Reihe. 3. Heft; II. Reihe. 3. Heft; IV. Reihe. 4. Heft u. V.—VIII. Reihe. à 4 Hefte. 8. Göttingen, Vandenhoeck & Ruprecht. Für die Reihe v. 4 Heften 4.—; in 1 Bd. geb. n 4.80; einz. Hefte 1.20; geb. 1. 80
Dechent, H., die Religion im Leben der Gegenwart. Predigten. (IV, 126 S.) 910. (VII. Reihe 2. Heft.)
Foerster, Erich, das Evangelium in der Großstadt. Predigten üb. sittl. Fragen u. Aufgaben der Menschen v. heute. (86 S.) 909. (VII. Reihe 1. Heft.)
Häring, Thdr., unser Glaube an Christus im täglichen Leben. Predigten. (IV, 93 S.) 908. (V. Reihe 4. Heft.)
Herzog, Joh., durch Ernst zum Frieden. Predigten f. die Buß- u. Trauertage. (94 S.) 908. (VI. Reihe 2. Heft.)
Horn, F., deutsche Psalmen Paul Gerhardts u. seiner Zeit in Predigten. Dem Gedächtnis Paul Gerhardts gewidmet. Mit Paul Gerhardts Bildnis. (IV, 98 S.) 907. (V. Reihe 1. Heft.)
Kelle u. Schwert. 12 Predigten aus Gottesdiensten am Reformationsfeit u. Festen des Gustav-Adolf-Vereins u. des Evangel. Bundes v. Fr. Niebergall, J. Smend, Th. Häring, E. Rolffs, H. Scholz, Kahlwes, P. Klein u. Fr. Ulrich, hrsg. v. E. Rolffs. (III, 128 u. VI S.) 908. (VI. Reihe 4. Heft.)
Kirmß, Paul, die christlichen Hauptfeste. Predigten. 2. unveränd. Aufl. (IV, 102 S.) 909. (II. Reihe 3. Heft.)
Lasset die Kindlein zu mir kommen. Reden bei Taufen u. an Kindergräbern, hrsg. v. E. Rolffs. (96 S.) 909. (VIII. Reihe 2. Heft.)
Lehmann, Hugo, Gegenwartsglaube. Predigten. (IV, 89 S.) 910. (VII. Reihe 3. Heft.)
Ludwig, Ernst, Worte des Lebens. Predigten. 2. unveränd. Aufl. (1. Aufl. u. d. T.: Fünf Brote zur Seelenspeise.) (VI, 69 S.) 908. (I. Reihe 3. Heft.)
Rolffs, Ernst, was wir an der Bibel haben. 10 Predigten. (102 S.) 908. (V. Reihe 3. Heft.)
Schmitthenner, Adf., Herr, bist du's? Predigten, geh. in der Heiliggeistkirche od. in der Christuskirche zu Heidelberg. Mit e. Bilde des Verf. 2. unveränd. Aufl. (90 S.) 907. (IV. Reihe 4. Heft.)
Schullerus, Adf., Alltags-Christentum. Predigten, geh. in der ev. Pfarrkirche zu Hermannstadt (Siebenbürgen). (VI, 102 S.) 910. (VII. Reihe 4. Heft.)
Smend, Jul., zwölf Fest-Predigten u. -Ansprachen f. Weihnachten, Neujahr, Ostern, Himmelfahrt, Pfingsten u. Erntefest. (96 S.) 908. (VI. Reihe 1. Heft.)
Sterben wir, so sterben wir dem Herrn. Begräbnisreden, hrsg. v. Ernst Rolffs. (VI, 114 S.) 910. (VIII. Reihe 4. Heft.)
Sulze, Emil, Katechismuspredigten. Mit e. Bildnis des Verf. (IV, 104 S.) 907. (V. Reihe 2. Heft.)
Werde Licht! 11 Epiphanias- u. Missionsfest-Predigten v. Ad. Harnack, Fr. Rittelmeyer, H. Schultz †, J. Smend, F. Niebergall, J. Herzog, H. Bassermann, E. Sulze u. Th. Häring, hrsg. v. E. Rolffs. (IV, 108 S.) 908. (VI. Reihe 3. Heft.)
Wo du bleibst, da bleibe ich auch. Traureden, hrsg. v. Ernst Rolffs. (VI, 86 S.) 909. (VIII. Reihe 1. Heft.)
Wollt ihr auch weggehen? Konfirmationsreden, hrsg. v. Ernst Rolffs. (IV, 156 S.) 910. (VIII. Reihe 3. Heft.)

Predigt-Bibliothek, neue, des Auslandes. Eine vollständige Auswahl der vorzügl. Kanzelreden neuerer Zeit. Uebersetzt u. geordnet nach den Sonn- u. Festtagen d. kathol. Kirchenjahres für Curatpriester u. Layen. In Verbindung mit Jos. Schermer u. Willib. Lauter hrsg. von J. Rosentritt. 1—3. Jahrg. 1845—47. à J. 6 Lfgn. Lex.-8. Würzburg, Stahel'sche Buchh. (à Lfg. * 12 Ngr.) *

— neue, des In- u. Auslandes. In Verbindung mit Fr. Jos. Schermer u. Willib. Lauter hrsg. von Chrn. Glob. Wilke. IV u. V. Jahrg. 1847 u. 1848. — In Verbindung mit F. X. Himmelstein, F. J. Schermer, G. J. Saffenreuter, Joh. Em. Veith hrsg. von Chrn. Glob. Wilke. VI u. VII. Jahrg. 1849 u. 1850. à 6 Lfgn. gr. 8. Ebd. à Lfg. n. 12 ngr a Jahrg. n. 2 ℛ 12 ngr

Predigtbuch. Eine Sammlung von Predigten neuerer und älterer Kanzelredner auf alle Sonn- und Festtage im Jahre. Zu häuslicher Erbauung gewidmet Allen, die nach Gottes Wort verlangen. 1. Liefg. Freiberg (853.) Wolf. 4. (S. 1—64.) n. 5 ngr

Predigtbuch. Evangelien-Postille aus Luther, H. Müller, Scriver, Rieger, Brastberger u. H. Schubert zusammengestellt u. hersg. vom evangel. Bücher-Verein. Berlin 865. (Wigandt & Grieben.) gr. 4. (IV, 575 S.) n. 1 ℛ 10 ngr

Predigtbuch zur Beförderung der häuslichen Andacht. In Verbindung mit einigen evangel. Geistlichen herausgeg. von Ch. Ph. H. Brandt. 5. Aufl. gr. 4. Nürnberg 843, Raw'sche Buchh. n. 1½ ℛ

Predigtbuch zur Beförderung der häuslichen Andacht. In Verbindung mit einigen evangel. Geistlichen herausg. von Chrn. Phil. Heinr. Brandt. 6. Aufl. gr. 4. (XX u. 424 S.) Nürnberg 852, Raw. n. 1⅓ ß Velinp. n. 1⅔ ß

Predigtbuch, evangelisches, für alle Sonn- und Festtage des Jahres. Mustergültige zum Vorlesen besonders geeignete Predigten aus neuerer Zeit. Ausgewählt und zusammengestellt von G. Clauß. Mit einem Vorwort von E. B. Kohlschütter. 6 Lfgn. gr. 8. (XVI und 698 S.) Freiberg 861. 62, Craz und Gerlach. à Lfg. * 10 Ngr. *

Predigtbuch, Mildheimisches. 1r Bd. enthaltend die Predigten vom 1. Advent bis Exaudi. 8. Leipzig, Steinacker und Wagner. 817. Rthlr.

Predigtbuch, neues, üb. die Episteln. 4. Nürnb. 807. Milbrodt. 22 gl

—— das ist Sammlung eines ganzen Jahrgangs Predigten zumeist üb. die Evangelien. Als Beitrag z. vollständ. Wiedereinrichtung der abgebrannten u. neuerbauten Kirche zu Goldentraum, in Verein mit evangel. Geistlichen der Oberlausitz, hrsg. v. Friedr. Gust. Zürn. 2 Thle. gr. 8. Görlitz, (Heyn'sche Buchh.) [1. (33⅛ B.) 843., 2. (35½ B.) 44. à * 1 Thlr. 10 Ngr.] *

— das ist Sammlung eines ganzen Jahrgangs Predigten zumeist über die Evangelien. Als Beitrag zur vollständ. Wiedereinrichtung der abgebrannten u. neuerbauten Kirche zu Goldentraum, in Verein mit evangel. Geistlichen der Oberlausitz, herausgeg. von Fr. Gust. Zürn. 1. u. 2. Thl. gr. 8. Görlitz 843, 44. (Heyn'sche Buchh.) à n. 1⅓ ß

—— Eine Sammlung von Predigten neuerer und älterer Kanzelredner auf alle Sonn- und Festtage im Jahre. Zu häusl. Erbauung gewidmet Allen, die nach Gottes Wort verlangen. 1. Lfg. 4. (S. 1—64.) Freiberg 853, Wolf. *

Predigtbuch f. S. M. Schiffe. gr. 8. (VIII, 308 S.) Berlin 898. E. S. Mittler & Sohn. n. 4. —; geb. in Leinw. n.n. 5. 25

Predigtbuch über die Sonn- und Festtags-Evangelien zur Beförderung der häuslichen Andacht. In Verbindung mit einigen evangelischen Geistlichen herausg. von Chrn. Phil. Heinr. Brandt. Nach dem Tode des Herausgebers neu besorgt von Adph. Stählin. 7., mit dem Bildnisse u. Lebenslauf des seligen Herausgebers versehene Aufl. Nürnberg 861. Raw. gr. 8. (XVI, 816 S.) n. 1 ß 10 ngr.

Predigten. [Berlin] 1761. V: *Wöllner, Johann Christoph von.* (ML) (Ky)

Predigten. O. O. [178?]. V: *Graf, Beda.* (MGT) (Kn)

Predigten, Acht, nach dem Geiste unserer Zeit . . . Basel 1810. V: *Briegleb, Friedrich Ludwig.* (Ky) (HS)

— acht, nach dem Geiste unserer Zeit, denkenden Freunden d. Religions- und Sittenlehre Jesu geweiht. gr. 8. Basel, Hugo Holdenecker. 810. -

— acht, nach d. Geiste unserer Zeit, denkenden Freunden d. Religions- u. Sittenlehre Jesu geweiht, (von F. L. Briegleb). gr. 8. Basel 810. (Neukirch). 9 gl

— acht, bei der Jubelfeier des 1100jähr. Bestandes der Diöcese Regensburg, gehalten d. 6. — 13. Sept. 1840 in der Domkirche zu Regensburg von M. Diepenbrock, A. M. Rothfischer, J. B. Weigl, J. B. Lemberger, C. Weinzierl und Fr. Dirnberger. (Mit Titelvign.) gr. 8. Regensb. 840. (Manz.) n. ½ ß

— acht, bei der Jubelfeier des 100jährigen Bestandes der Diözese Regensburg, gehalten den 6—13. Sept. 1840 in der Domkirche zu Regensburg von M. Diepenbrock, A. M. Rothfischer, G. Rammoser, J. B. Weigl, J. B. Lemberger, C. Weinzierl und Fr. Dirnberger. gr. 8. Regensburg 841, Manz. n. ½ ß

— acht, gehalten zur 700jährigen Jubelfeier des Benedictiner-Stiftes „Unserer Lieben Frau" zu den Schotten in Wien, vom 1. bis 8. Mai 1858. Wien 858. (Beck.) gr. 8. (2 Bl., 159 S.) n. 21 ngr.

Predigten, acht — gehalten zur siebenhundertjährigen Jubelfeier des Benedictinerstiftes „Unserer Lieben Frau" zu den Schotten in Wien vom 1. bis 8. Mai 1858. *Wien* 1858. Druck von *C. Ueberreuter.* 157 S., 2 Bl., 8°.

Enthält Predigten von: P. Othmar Helferstorfer, P. L. Janauschek, Dr. F. Hasel, Dr. J. E. Veith, P. Bened. Gesell, Aegid. Dremel, Joh. Engel, Dr. A. Gruscha.

— acht, über das heilige Vater Unser gehalten in Schwabach im Sommer 1854. Schwabach 855. (Nürnberg, Raw.) 8. (100 S.) n. 6 ngr.

Enthltd. Predigten von Adph. Wunder, Ed. Engelhardt und J. W. Meinel.

—— acht, über das heil. Vater Unser gehalten in der Stadtpfarrkirche zu Schwabach im Sommer 1854. gr. 8. (100 S.) Schwabach 855(58). (Nürnberg, Raw'sche Buchh.) *

—— achtzehn, während der Zeit der Cholera in d. Kirchen Berlins gehalt. v. Bachmann, Bräunig, Couard, Deibel, Ehrenberg, Fournier, Hetzel, Hoßbach, Ideler, Kuntze, Lisco, Marheineke, Pischon, Sack, Schulze, Schweder. gr. 8. (18¼ B.) Berlin 832, Bechtold u. Hartje.

Predigten, altdeutsche. Hrsg. v. Ant. E. Schönbach. 1. Bd.: Texte. Lex.-8. (XIX, 531 S.) Graz 886. Styria. cart. n. 9. —

Predigten, altdeutsche. Hrsg. von A. E. Schönbach. 2. Bd.: Texte. Lex.-8. (XII, 328 S.) Graz 888. Styria. cart. n. 9. — (1. 2.: n. 18. —)

Predigten, altdeutsche. Hrsg. v. Ant. E. Schönbach. 3. Bd.: Texte. Lex.-8. (IX, 450 S.) Graz 891, Styria. cart. * 9 —
1. u. 2. Bd. Ebd. 1886, 88. à * 9 —.

— u. **Amtsreden** namhafter Kanzelredner der Gegenwart. Für die evangel. Geistlichen u. Gemeinden hersg. von Billig, G. Steinacker, Wendel. 1—4. Bd. Leipzig 865—68. G. Wigand. gr. 8. Jeder Bd. (ca. IV, 211 S.) 1 ß

— — 5. Sammlung. Halle 869. Knapp. gr. 8. (216 S.) n. 1 ß

— — 6. Sammlung. Leipzig 870. Fues. gr. 8. (III, 218 S.) n. 1 ß

— u. **Amtsreden** namhafter Kanzelredner der Gegenwart Für die evangel. Geistlichen u. Gemeinden hrsg. v. Billig, G. Steinacker u. Wendel. 7. Sammlg. gr. 8. (IV, 293 S.) Leipzig 871. Fues. n. 3. —

Predigten nebst einem Anhang von den guten Wirkungen des Krankenbettes. Berlin 1771—72. V: *Hähn, Joh. Friedrich.* (Ky)

Predigten u. Anreden bei der ersten Abendmahl-Feier d. Kinder am Weißen-Sonntage. Aus der katholischen Kanzelberedsamkeit Deutschlands gewählt u. herausg. von A. Hungari. gr. 8. (VIII u. 456 S.) Frankfurt a. M. 852, Sauerländer. 1 1/6 ₰

— für die Armen-Seelen-Bruderschaft, } s. Bruderschafts-Predigten.

Predigten über Armenversorgungs-Anstalten. Prag 1782. V: *Zippe, August.* (schmal)

Predigten eines Arztes über Themata des gesunden und kranken Daseins des Menschen. Hamb. 1848. V: *Grahl, Gustav Adolph (Dieterich Christian).* (schr)

Predigten zur Aufklärung der Volksreligion. Leipzig 1782—94. V: *Beyer, Johann Rudolph Gottlieb.* (MGT)

— auserl., z. Beförd. d. Religion Jesu, unter d. Heiden 2c. a. d. Engl. 8. Berl. 754. —

— auserlesene, z. Gebr. d. Landgeistlichen, auf alle Sonntage des Jahres, a. d. Franz. v. Dilg. 2 Thle. 8. Augsb. Rieger. 781.

Predigten, Auserlesene, auf alle Sonntage des Jahrs für das Landvolk, a. d. Franz. Augsburg 1778. Ü: *Dilg, Joh. Baptist.* (Ky) (MGT)

— ausgesuchte, über versch. Stellen heil. Schr. 8. Leipzig, Junius. (Enobloch) 758.

Predigten, ausgewählte. I. Origenes' Homilie X üb. den Propheten Jeremias. Hrsg. v. Erich Klostermann. (Kleine Texte f. theolog. Vorlesgn. u. Uebgn. Hrsg. v. Hans Lietzmann.) (16 S.) 8. Bonn 903. A. Marcus u. E. Weber. n. — 30

Predigten, ausgewählte, schwedischer Kanzelredner des 19. Jahrhund. A. d. Schwed. v. C. Genzken. I. Thl. Auswahl aus des Erzbischofs Wallin Predigten. gr. 8. (20 1/2 B.) Lüneburg 843, (Herold u. Wahlstab'sche Buchh.) *

Predigten oder Auszüge aus Predigten, gehalten im Jahr 1799. Zürich 1799 bis 1800. V: *Lavater, Johann Kaspar.* (schstr S. 134)

Predigten nach den Bedürfnissen des Landvolkes auf alle Sonn- und Festtage des ganzen Kirchenjahres. München 1791—93. V: *Mayr, Franz Xaver.* (AarK)

— n. d. Bedürfn. d. Landvolks a. alle Sonn- u. Festtage des ganzen Jahres. 4 Thle. gr. 8. München, Strobl. (Fleischmann.) 791—93.

Predigten nach den Bedürfnissen des gemeinen Mannes. Münch. 1786—87. V: *Mayr, Frz Xaver.* (MGT) »1786—89« (Ky)

— nach den Bedürfnissen des gemeinen Mannes, (v. Frz. Xav. Mayr). 4 Bde. gr. 8. Münch. 786—89. Strobl. 4 ₰

Predigten zur Beförderung des thätigen Christenthums . . . 2. Aufl. Zürich 1773—75. 3. A. 1793. V: *Ulrich, Joh. Rud.* (Cat. d. Stadtbibl. Zürich. Zürich 1864—97.)

— zur Beförder. d. thätigen Christenthums, v. einig. Schweizer. Gottesgelehrten. 2 Thle. 8. Zürich. 3e A. 793. Orell. 1 ₰ 8 gr.

— zur Beförder. e. freien Denkens in d. Religion, (v. J. W. Tolberg). 2 Thle. gr. 8. Halle 794. (Anton). 1 ₰

— z. Beförd. ein. freyen Denkens in d. Relig. 2 Thle. gr. 8. Halle, Franke. (a. Anton in Görlitz.) 794. (1r 3 gr. 2r 16 gr.)

Predigten zur Beförderung des vernünftigen Denkens in der Religion. Halle 1788. V: *Tolberg, Johann Wilhelm.* (MGT) »eines freien Denkens in Religion. Halle 1794« (Ky)

Predigten zur Beförderung edler Gesinnungen und Handlungen . . . Freyberg u. Annaberg 1790. V: *Liebe, Johann Christlieb Gottlob.* (MGT)

— z. Beförder. edl. Gesinn. u. Handl. 8. Freyb. Craz. 790. —

— z. Beförd. christl. Religionskenntn. u. Tugend. gr. 8. Memming. Seyler. 788. —

Predigten zur Beförderung christlicher Vaterlands- und Fürstenliebe. Wien 1799. V: *Gaheis, Franz Anton de Paula.* (Heinrich Güttenberger: Franz de Paula. Wien u. Leipzig 1927. S. 125) (BiblPort)

— üb. d. wichtigst. Beförderungsmittel d. Tugend (od. Predigten üb. d. g. christl. Pflichtlehre 8r.) gr. 8. Altona, Hammerich. 805.

— über die Begriffe, d. Eigenschaften, d. Gegenstände u. die Früchte des heil. Gebets. 8. Augsb. 805. Veith. 18 gr.

Predigten zur Belehrung und Beruhigung für Leidende, aus den Werken deutscher Kanzelredner gesammelt. Leipzig 1792—96. H: *Petsche, Gottlob Immanuel.* (Russell VII, 2, 1322)

— zur Belehrung u. Beruhigung f. Leidende; aus d. Werken deutscher Kanzelredner veranstaltet v. G. J. Petsche. 4 Bde. gr. 8. Leipz. 792—95. (W. Vogel). 4 ß

Predigten zum Besten der durch Ueberschwemmung verunglückt. Schlesier, dargeboten v. Bollert, Brescius, Couard, Deibel, Goßner, Hoßbach, Lisco, Marheinecke, Marot, Pischon, Roß, Sack, Schleiermacher, Schulz, Schweder, Strauß, Stüler, Sydow, Theremin, Wilmsen, Ziehe. Hrsg. v. Ad. Sydow. gr. 8. (25 B.) Berlin 829, (Plahn.) •

Predigten und Betrachtungen bei Eröffnung des päpstlichen Jubeljahres. Paderborn 1827. V: *Strieder, J.* (schmal)

Predigten und Betrachtungen über die gewöhnlichen Evangelien zum Privatgottesdienst und zur häuslichen Erbauung . . . Hof 1788. V: *Kiesling, Joh. Georg Friedrich.* (MGT)

Predigten, Biblische, auf alle Sonntage und mehrere Festtage des Jahres . . . 2. u. 3. Theil. Bregenz 1798—99. V: *Elbs, Vincenz.* (MGT)

—— des hochwürdigsten Bischofs von Mainz bei den letzten Firmungsreisen in Offenbach, Worms u. Alzey. Nebst e. Beschreibung der dabei stattgehabten Festlichkeiten u. sonst. Beilagen. gr. 8. (4½ B.) Mainz 846, Kirchheim, Schott u. Thielmann. Aus: der Katholik u. die kathol. Sonntagsblätter besond. abgedruckt.

Predigten an Bord S. M. Schiffe. (VII, 157 S.) Berlin 910. E. S. Mittler & Sohn. 3.—; geb. 4.—

Predigten, Zu Bremen gehaltene, am 2., 4. und 6. Julius 1786. Hintenan ein Lied für die bremischen Fischer. Bremen 1787. V: *Lavater, Johann Kaspar.* (schstr S. 123)

Predigten über den Brief des heiligen Paullus an den Phileemon. Santgallen 1785 bis 1786. V: *Lavater, Johann Kaspar.* (schstr S. 121)

Predigten und Broschüren. Trostbüchlein für Gefangene. Hamb. 1850. V: *Giese, Bernhard Martin.* (Kn) (Rass)

Predigten an meine Brüder. Leipz. 1775. V: *Behrisch, Henrich Wolfgang von.* (Behrisch, Die Wiener Autoren. 1784.) (Ky)

— an meine Brüder, od. Monologen d. Guten, (v. H. W. Behrisch). 8. Leipz. 775. Hertel. 8 gr.

Predigten aus der Brüdergemeine. I.—XI. gr. 8. Niesky 870,71. (Neusalz a. O., Lange.) [I. (8 S.) 6 Pf.; II. (10 S.) * 7 Pf.; III. (10 S.) * 7 Pf.; IV. (8 S.) 6 Pf.; V. (13 S.) * 7 Pf.; VI. (12 S.) * 7 Pf.; VII. (13 S.) * 7 Pf.; VIII. (18 S.) * 10 Pf.; IX. (11 S.) * 7 Pf.; X. (22 S.) * 10 Pf.; XI. (18 S.) * 10 Pf.] *

—— für die Bruderschaft des guten Todes, } s. Bruderschafts-Predigten.

— f. Bürger u. Bauern, a. alle Festt. 4 Thle. gr. 8. München, Lentner. 793. 94. (à 1 Rthlr.)

— für aufgeklärte Christen ꝛc. 8. Augsburg, Daisenberger. 809.

— über Demuth, Sanftmuth ꝛc. 8. Heidelb. 785. Pfähler. 8 gr.

Predigten gegen Despotismus, Aberglauben . . . Frankf. 1783. V: *Knigge, Adolph Franz Frdr. Ludw. Freih. v.* (EB)

— gegen Despotismus, Dummheit, Aberglauben ꝛc. 8. Frankf. Andreä. 785. -

Predigten, deutsche, des 13. Jahrhunderts zum erstenmal hrsg. von Frz. Carl Grieshaber 2 Abthlgn. Lex.-8. (XXVIII und 167, XLV und 156 S.) Stuttgart 844,46. (Rastatt, Hanemann.) Thlr. *

—— deütsche, d. XII. XIII. u. XIV. Jahrh., 1. u. 2. Thl., hrsg. v. Karl Roth u. Herm. Leyser, s. Bibliothek d. gesammt. National-Literatur, I. Abthl. II. Bd.

Predigten eines Dorfpfarrers auf alle Sonn- u. Festtage. 2 Jahrg. 6 Bde. gr. 8. Grätz 824. Kienreich. 3 ß

— drei, bei Gelegenheit, als die beiden reformirten Gemeinden zu Bockenheim ihren letzten u. in Frankfurt ihren ersten Gottesdienst feierten. 8. Frkf. a. M. 788. Gebhardt u. K. 8 gr.

Predigten, drei, geh. am Bußtage den 1. Decbr. 1876 in der Dom-Kirche zu Güstrow. 8. (42 S.) Güstrow 876. Opitz & Co. n. — 80

Predigten, Drey, auf das hohe Fest der heiligen Pfingstfeyertagen, welche vorzüglich den Herr und Predigterkritikern und Kirchenzeitungsschreibern . . . zum nützlichen Unterricht dienen mögen. Wien 1787. V: *Entner von Entnersfeld, Franz Fch.* (Wiener Kirchenzeitung 1788, S. 7)(BiblPort)

—— drei, an den 3 vaterländ. Festen: 1) zum Andenken an d. Schlacht bei Leipzig, 2) z. Andenken an d. Einnahme v. Paris, 3) z. Andenken an d. Schlacht v. Belle-Alliance. Von A. Pr. gr. 8. (2½ B.) Stendal 830, (Franzen u. Große.)

Predigten, Drei, über Festevangelien; zum Besten eines rechtschaffenen Vaters . . . Nürnberg 1792. V: *Schwarz, Johann Georg.* (Ky) (MGT)

— drei, über Festevangelien, zum Besten eines rechtschaff. Vaters u. seiner Familie, (v. Jh. Geo. Schwarz II.) 8. Nürnb. 792. Monath u. K. 4 gl

— drei, abgehalten in der Hauptpfarrkirche zu St. Leopold in d. Leopoldstadt, während d. Kirchweih am 14., 15. u. 21. Nov. 1824 von J. Plitz, F. S. Job u. J. Ruttenstock. gr. 8. Wien 825. (Wimmer). 12 gl

— drei, bei der 59. Hauptversammlung des evangel. Vereins der Gustav-Adolf-Stiftung in Jena am 17. u. 18. IX. 1907, geh. v. Pfeiffer, Jacobi, Kahl u. e. Katechese in dem Kindergottesdienst am 18. IX. 1907, geh. v. Zauleck. (39 S.) 8. Leipzig 907. (J. C. Hinrichs' Verl.) — 50

Predigten, Drei, gehalten in der Kirche Hinweil. Wetzikon 1876. V: *Wild, Theod., Joh. Casp. Schneller & Hnr. Näf.* (Zuwachsverz. der Bibliotheken in Zürich 1898 ff.)

—— drei, zu Ehren des heil. Nährvaters Joseph, Schutzpatron der kathol. Kirche. Frei bearb. nach F. Hunolt. 8. (36 S.) Münster 871, Nasse'sche Verlagsh. *

Predigten, Drei, auf die Pfingstfeiertage. O. O. 1787. V: *Entner von Entnersfeld, Friedrich Franz.* (Ky)

— drei, auf die Pfingstfeiertage, (von F. F. Entner v. Entnersfeld). ... 787.

— drei, vor der versammelten Rheinischen Provinzial-Synode im J. 1850, vor u. nach der Feier des heil. Abendmahles gehalten. gr. 8. (41 S.) Duisburg 851, Bagel in Comm. 3 ngl.

Predigten, drei, vor der versammelten rheinischen Provinzial-Synode im J. 1850, vor und nach der Feier des heil. Abendmahles gehalten. gr. 8. (41 S.) Duisburg 851, (Ewich.)

Predigten, Drey, welche nach der ... 1764 zu Königsberg entstandenen ... Feuersbrunst in der Reformirten Parochialkirche sind gehalten worden. Zweyte Aufl. Königsberg [1765?]. V: *Behr, David, Chn Coch & Ernst Dan. Andersch.* (BrMm)

Predigten, Drei, aus der Wüste. Reutlingen 1872. V: *Zahn, Leopold.* (Hauptkat. d. Univ.-Bibl. Tübingen. G, Nachtr. 13.)

Predigten, 3, 2 u. 3, bei der 53., 54. u. 55. Hauptversammlung des evangel. Vereins der Gustav-Adolf-Stiftung. gr. 8 Leipzig (J. C. Hinrichs' Verlag). n. 1.50
53. In Königsberg am 11. und 12. IX. 1900, geh. v. Haupt, Kawerau, v. Zimmermann, u. 2 Ansprachen in den Kindergottesdiensten am 12. IX. 1900, geh. v. Schawaller, Stengel. (48 S.) 900. — 50
54. In Köln am 1. u. 2. X. 1901, geh. v. Rogge, Beck u. e. Ansprache im Kindergottesdienst am 2. X. 1901, geh. v. Carl Röhrig. (38 S.) 901. n. — 50
55. In Cassel am 23. u. 24. IX. 1902 geh. von v. Weltbrecht, Lahusen u. Dibelius u. zwei Predigten in den Kindergottesdiensten am 24. IX. 1902, geh. v. Zauleck u. Werner. (50 S.) 902. n. — 50

— 30, für d. Mitglieder d. Brüdergemeinde. gr. 8. Gnadau ... 3e A. 829. (Kummer in Leipz.) 16 gl

—— dreissig, f. Mitglieder u. Freunde d. Brüdergemeine. 3. Aufl. gr. 8. (22½ B.) Gnadau 829. (Leipzig, Kummer.)

— 33, vorgetragen in der Kapelle des Kranken-Institutes für Handlungs-Commis in Wien, bei Gelegenheit des jährl. abgehaltenen Patronatsfestes dieses Institutes. Ferner 2 Predigten, gehalten bei der Feier des 100jähr. Jubiläums am 3. u. 10. Aug. 1845 nebst einer Geschichte der Entstehung u. Ausbreitung dieses im Jahre 1745 errichteten Kranken-Institutes, aus den Protokollen gezogen vom derzeit. Dir. J. N. Passy. Lex.-8. Wien 845. (Rohrmann.) n. 1⅔ nf

— über die Ehe; ein Geschenk f. junge Eheleute. 8. Quedlinb. ... 2e A. 799. Ernst. 9 gl

— geh. bei Einführung d. ersten Pfarrers der neubegründeten evangelisch-reformirten Gemeinde zu Osnabrück am 29. Septbr. 1889 in dem Hörsal der städtischen höheren Mädchenschule. Einführungs-Predigt von P. Bartels üb. Matth. 9, 36—38. — Antritts-Predigt v. Langen üb. Jes. 40, 6—11. — Mit e. kurzen geschichtl. Bericht üb. die Entwicklg. u. Gründg. der Gemeinde von J. J. Langen. gr. 8. (48 S.) Osnabrück 890. (Leipzig, Wallmann.) n. — 40

— einige, z. Erbauung. gr. 8. Stendal, Franzen. 784.

Predigten, Einige kurze. Riga 1794. V: *Bergesonn, Friedrich Wilhelm Reinhold.* (R-N)

— b. Einweihung d. wiedererbauten deutsch-reformirten Kirche zu Mannheim. gr. 8. Mannheim, Schwan. 801.

—— 11 ungedruckte, von D. Martin Luther, gehalten in der Trinitatiszeit 1539. Nach Zwickauer und Heidelberger Handschriften zum ersten Male veröffentlicht von Geo. Buchwald. 1. und 2. Abdr. gr. 8. (V, 116 S.) Werdau 888, Anz. * geb. *

Predigten, Pater Elisaeus; a. d. Franz. Köln 1786—89. Ü: *Pöttinger, Frdr.* (Ky)

—— gehalten zu Emden bei der kirchlichen Feier des 50jährigen Jubelfestes der Leipziger Völkerschlacht. Lex.-8. (60 S.) Emden 863, Haynel. *

— üb. d. Episteln durchs ganze Jahr. 2 Thle. 4. Erlang. Palm. 776.

— über die sonn- u. festtägl. Episteln u. Evangelien, aus d. besten Werken gesammelt von Just. B. Müller. 2 Thle. gr. 4. Gießen 770, 71. Krieger. 3 f

—— über d. sonn- u. festtägl. Episteln d. Jahres. Von mehr. protestant. Predigern Bayerns u. zum Besten d. evangel. Gemeinde in Aschaffenburg, in Verbind. mit C. Fr. Michahelles, C. Lösch u. Gh. Fr. Boeckh hrsg. v. G. C. Fr. Seil... 2 Thle. gr. 8. (77 B.) Nürnberg 830, Campe. 2 Thlr., Vlnp.

— üb. Epistol. u. andere Texte. 8. Wismar 768. Bödner. 10 gl

Predigten für häusliche Erbauung. Jeden Freitag eine Predigt-No. In-8°, 8 S. Basel, Ferd. Riehm. 1882. pro Quartal — 55

Predigten für häusliche Erbauung. 2. u. 3. Jahrg. gr. 8. Basel, Riehm. à Jahrg. n. 3.—
2. Riehm, J., Predigten über ausgewählte Psalmen für jeden Sonntag des Jahres. Aus dem Nachlaß hrsg. von H. Riehm. (XI, 418 S.) 886.
3. Predigten aus Scrivers Seelenschatz für jeden Sonntag des Jahres. Bearb. von H. Riehm. (VII, 416 S.) 887.

Predigten bei Eröffn. d. Päpstl.-Jubiläums, s. Strieder.

Predigten zur Eröffnung der 13. rheinischen Provinzial-Synode, gehalten in Neuwied am 19. u. 20. Septbr. 1868. Neuwied 868. Heuser. gr. 8. (20 S.) 3 ngr.

— gehalten bei Eröffnung der 14. rhein. Provinzial-Synode in Neuwied, am 16. u. 17. Septbr. 1871. gr. 8. (31 S.) Neuwied 871. Heuser. n. — 40

Predigten, gehalten bei Eröffnung der 15. rhein. Provinzial-synode am 19. und 20. Septbr. 1874 zu Neuwied. gr. 8. (29 S.) Neuwied 874, Heuser's Verlag.

— geh. bei Eröffnung der 16. Rheinischen Provinzial-synode am 15. u. 16. Septbr. 1877 zu Neuwied. gr. 8. (31 S.) Neuwied 877. Heuser's Verl. — 30

— geh. bei Eröffnung der XVIII. Rheinischen Provinzial-Synode in der evang. Kirche zu Neuwied am 6. u. 7. Septbr. 1884. gr. 8. (24 S.) Neuwied 884. (Heuser's Verl.) n. — 40

— geh. bei Eröffnung der XX. rheinischen Provinzialsynode in der evangel. Kirche zu Neuwied am 13. u. 14. Septbr. 1890. gr. 8. (31 S.) Neuwied 890, (Heuser's Verlag). * — 40

— geh. bei Eröffng. der XXII. Rhein. Provinzial-Synode in der evangel. Kirche zu Neuwied am 9. u. 10. Septbr. 1893. gr. 8. (27 S.) Neuwied 893. (Heuser's Verl.) n. — 40

— geh. bei Eröffnung d. XXIII. Rheinischen Prov.-Synode in der evang. Kirche zu Neuwied am 5. u. 6. Septbr. 1896. gr. 8. (28 S.) Neuwied 896. (L. Heuser.) n. — 40

— und Erzählungen für Kinder. 16. (IV und 294 S. mit eingedr. Holzschn.) Bremen 864, Verlag des Tractathauses. cart. *

— eucharistische, aus der katholischen Kanzelberedsamkeit. Gesammelt und hrsg. von A. Hungari. gr. 8. (VIII und 738 S.) Frankfurt a. M. 855, Sauerländer's Verlag.

— üb. die Evangelien auf alle Sonn-, Fest- u. Feiertage d. Jahres. 4. Augsb. 795. v. Jenisch u. St. 2 ℳ

— üb. die Evangelien auf die Sonn-, Fest- u. Feiertage d. ganzen Jahres f. den gemeinen Mann, von verschied. Verfassern. Gesammelt u. abgekürzt v. Th. Dürrschedel. 4. Nürnb. ... R. A. 796. (Eichhorn). 1 ℳ

Predigten üb. d. Evangel. auf alle Sonnt. u. Hauptfeste Mariä. 2 Thle. 8. Augsburg, Rieger. 796. Kuhlr.

— über die Evangelien sämmtl. Sonn- u. Festtage im Jahre, zum Vorlesen bei dem kirchl. Gottesdienste u. in den Stunden d. häuslichen Andacht. Von einem Jubilar. 8. Rathenow 836. Haase. (Berlin, Plahn'sche Buchh.; Nitze.) n. 1⅔ ℳ

— über die zweite Evangelienreihe von mehreren badischen Geistlichen. Herausg. von Karl Mühlhäußer und Frdr. Bechtel. Karlsruhe 859. Gutsch in Comm. gr. 8. (VIII, 580 S.) n. 1 ℳ

— evangelische. Hrsg. durch die Luthergesellschaft in Budapest. 8. Budapest 906. Szob, Feketehaz „Salem". — 20
Reformationspredigt. Aus dem literar. Nachlasse. Von E. A. Doleschall. In Druck gelegt v. Wilh. Majba. (15 S.)

— evangelische, s. Taubstumme, geh. v. H. Gocht, H. Schulz, A. Stock, Trautmann, Zobel u. B. Gesammelt u. hrsg. v. Hugo Dude. (191 S.) 8. Leipzig 905. H. Dude. Geb. in Leinw. n. 3. —

— evangelische, f. Taubstumme, geh. v. H. Gocht; H. Schulz; A. Stock; Trautmann; Zobel u. B. Gesammelt u. hrsg. v. Hugo Dude. 2. verb. Aufl. (191 S.) 8. Leipzig-R. 907. Leipzig, F. Jansa. Geb. in Leinw. 2. 50

Predigten über die Existenz des Teufels und seine Wirkungen . . . Frankf. u. Leipzig 1778—81. V: *Lavater, Johann Caspar.* (MGT) (Adel) (Ky) (JL) (Cat. d. Stadtbibl. Zürich. Zürich 1864—97.)

— üb. die Existenz des Teufels u. seine Wirkungen, nebst Erklär. d. Versuchungsgeschichte Jesu (v. J. K. Lavater). 2 Thlchen. 8. Frkf. u. Leipz. 778, 81. (1r Thl. 2e A. 788.) Keßler. 6 ℳ

— zur Feier d. 400jähr. Jubiläums d. Stadt-Pfarrkirche z. h. Martin u. Kastulus in Landshut, s. Hortig, J. N.

— zur Feier des 400jähr. Jubiläums der Stadt-Pfarrkirche zum heil. Martin u. Kastulus in Landshut. Gehalten von Jh. Nep. Hortig, Jh. Bapt. Zarbl, Val. Riedl und H. Haid. 8. Landshut 836. Thomann. 7 ℳ

— bei der kirchl. Feier des Regierungs-Jubelfestes Sr. K. H. Hrn. Karl Augusts, Großh. zu Sachsen ꝛc. am 3. u. 4. Sept. 1825 in der Haupt-Stadtkirche zu Neustadt a. d. O. gehalten von d. drei Predigern der Stadt u. hrsgg. v. J. F. H. Schrabe. gr. 8. Neust. a. d. O. 825. Wagner. 3 ℳ

— zur Feier der ersten heil. Kommunion, s. Sammlung von Predigten, von J. B. Hafen.

(F) Predigten auf die Feste des Herrn mit einem Anhange von Gelegenheitsreden. Herausgegeben von P. Paulus Schwillinsky, O. S. B. Mit Approbation des bischöflichen Ordinariates von St. Pölten und des Seckauer fürstbischöflichen Ordinariates zu Graz. Graz. 1901. Moser's Buchh. Gr.-8°. X, 564 S. K 5.—

Predigten auf die hohen Feste des Herrn, Mariens und der Heiligen. 2. Aufl. Augsb. 1807. V: *Franz, Gerhard.* (schmal)

— am Feste des heil. Leopold, Markgrafen und Landespatrons von Oesterreich, gehalten im 17., 18. und 19. Jahrh. in der Collegiat- und Stadtpfarrkirche B. M. V. des regul. later. Chorherrenstiftes des heil. Augustin zu Klosterneuburg. Hrsg. von Engelbert Fischer. gr. 8. (IV, 451 S.) Freiburg i. Br. 879, Herder'sche Verlagsh.

—— auf alle Feste der seligsten Jungfrau Maria. Hrsg. von Klem. Kunkel. 8. (IV und 230 S.) Regensburg 857, Manz. —

(F) Predigten auf die Feste Mariens und der Heiligen. Herausgegeben von P. Paulus Schwillinsky, O. S. B. Mit Approbation des bischöflichen Ordinariates von St Pölten und des Seckauer fürstbischöflichen Ordinariates zu Graz. Graz. 1901. Moser's Buchh. Gr.-8°. X, 525 S. K 5.—

—— auf verschiedene Feste des kathol. Kirchenjahres nebst Gelegenheitsreden. Gesammelt von G. A. Thiem. ... (à 16½ B.) Regensburg, Manz. à —
A. u. d. Titn.:
Bdchn. 1. Predigten auf das Kirchweihfest. ...
" 2. Predigten auf das Aerndte-Dankfest. 846.

—— auf verschiedene Feste des kathol. Kirchenjahres nebst Gelegenheitsreden. Gesammelt von G. A. Thiem. 3. Bdchn. A. u. d. T.: Predigten auf die Feste des heil. Herzens Jesu und der allersel. Jungfrau Maria. 8. (335 S.) Regensburg 847, Manz. —
1. und 2. Bdchn. Ebendas. 1845—46. 1 Thlr. 5 Ngr.

—— auf verschiedene Feste des katholischen Kirchenjahrs. 4. Bdchn. A. u. d. T.: Predigten auf das Fest der Heimsuchung Mariä. Mit einem Anhange von Predigtthematen auf dieses Fest. Gesammelt von einem Weltpriester. 8. (343 S.) Regensburg 853, Manz. —
1—3. Bdchn. Ebendas. 1845—47. 1 Thlr. 27½ Ngr.

— katholische Fest- und Gelegenheits-, 8. Bamberg, Göbhard. 809.

— a. d. hohen Festt. des Herrn, Mariens u. d. Heil. 4 Thle. gr. 8. Augsb. Rieger. 794.

— auf die hohen Festtage d. Herrn, Mariens u. d. Heiligen. 5 Bde. gr. 8. Wien ... 3e A. 805. Al. Doll. 2 ℛ 8 gℓ

— — — — 5 Bde. gr. 8. Wien, Aloys Doll. (Liebeskind in Leipz. in Commiss.) 803.

Predigten auf d. Festtage des kathol. Kirchenjahres. 5 Bde. 8. Bamb. 794. (Wesché in Frkf. a. M.) 3 ℛ

—— auf die Festtage der seligsten Jungfrau Maria im Laufe des katholischen Kirchenjahrs. Hrsg. von Fr. Jos. Heim. 1—3. Abthl. gr. 8. (S. I—XIX und S. 1—992.) Augsburg 855, Rieger'sche Buchh. à Abthl. 24 Ngr.

— auf die Festtage der seligsten Jungfrau Maria im Laufe des katholischen Kirchenjahres. Hersg. von Fr. Jos. Heim. 2 Bde. Neue (Titel-)Ausg. Augsburg (855) 866. Rieger'sche Buchh. gr. 8. (XIX, 992 S.) 1 ℛ 24 ngr

— v. e. Frauenzimmer verf. a. d. Engl. 2 Thle. 8. Lpz. Böhme. 774—76. (1r 12 gr. 2r 1 Rthlr. 4 gr.)

— von e. Frauenzimmer verfaßt; aus d. Engl. 2 Thle. 8. Lpz. 774—76. (Knobloch). 1 ℛ 16 gℓ

Predigten für verheyrathete Frauenzimmer. Leipzig 1774. 2. Aufl. 1776. V: *Franz, Joh. Gg Frdr.* (ML) »1774« (Ky)

— f. verheirathete Frauenzimmer, (von Jh. G. Fr. Franz). 8. Leipz. 774. 2e A. 776. (W. Nauck). 8 gℓ

— — — v. Franz. 2 Jahrg. gr. 8. Augsburg, Dalsenberger.

— f. verheirathete Frauenzimmer. 8. Leipzig, Sommer. 776.

— freimüth. u. erbaul. gr. 8. Frkf. a. M. 791. Hermann. 12 gℓ

Predigten in den Freitagskirchen während der Fasten im Jahre 1838 . . . Gotha 1839. V: *Rathgeber, Ph. A.* (Ky) (Winer)

— in den Freitagskirchen während der Fasten im Jahre 1838 vor einer Landgemeinde im Herzogth. Sachsen-Coburg-Gotha gehalten (v. Rathgeber). 8. Gotha 839. (Müller.) ¼ ℛ

Predigten für Freunde und Freundinnen häuslicher Andacht und Erbauung . . . Hannover 1830. H: *Beneken, Gg Wilhelm Frdr.* (zu) (Ky)

—— für Freunde u. Freundinnen häusl. Andacht u. Erbauung aus d. gebild. Mittel-Klasse. Verfaßt u. hrsg. v. Predigern d. Königr. Hannover. (Redig. v. W. Beneken.) 1. Bd. gr. 8. (19 B.) Hannover 830, Helwing.

—— von Freunden der Union. Hrsg. im Auftrage d. Comité's der Unionsvereine von Wilh. Müller. gr. 8. (VIII und 427 S.) Berlin 857, G. Reimer.

Predigten der häuslichen Frömmigkeit gewidmet. Berlin 1826. V: *Marheinecke, Phil. Conrad.* (AarK)

Predigten, Fünf. 3. Auflage. Wien 1800. V: *Gaheis, Franz Anton de Paula.* (Gaheis, Wanderungen Bd. 8, S. 256) (Bibl Port)

Predigten, Fünf, zur Beförderung christlicher Vaterlands- und Fürstenliebe . . . 3. Aufl. Wien 1800. V: *Gaheis, Franz Anton de Paula.* (GGr)

— fünf, bei der 61. Hauptversammlg. des evangel. Vereins der Gustav Adolf-Stiftung in Bielefeld am 28. u. 29. IX. 1909, geh. v. Herfurth, Hoffmann, Brandt, Haupt, Ihmels u. zwei Katechesen in den Kindergottesdiensten am 29. IX. 1909, geh. v. Zauleck u. Nelle. (58 S.) 8. Ebd. 909. — 60

— fünf, zu Ehren der Himmelskönigin an ihren Hauptfesten. gr. 8. (63 S.) Dülmen 888. Laumann. — 75

—— fünf, gehalten während des 12. deutschen evangelischen Kirchentages in den Pfarrkirchen der Kur- und Hauptstadt Brandenburg a/H. gr. 8. (IV und 60 S.) Brandenburg 862, Wiesike.

— fünf, bei dem 26. Kongreß für innere Mission zu Nürnberg vom 15.—18. Septbr. 1890 geh. von A. v. Stählin, E. Ostertag, Th. Herzog, J. Ruperti, Kreußler. gr. 8. (15, 9, 10, 15 u. 15 S.) Nürnberg 890. Raw. n. — 80

—fünf, als: C. G. L. Großmann's Predigt zur 4n Jahresfeier der Constitution, und desselben Predigt zum Erntefeste; A. L. G. Krehl's Rede zur 4n Jahresfeier der Constitution, u. desselb. Predigt am Jahresfeste des Missions-Hülfs-Vereines; C. B. Meißner's erste Predigt in der Kirche St. Thomä am 13. Sept. 1835. Lex.-8. Leipzig 835. Schreck. baar 1/3 ℛ

— fünf, zur Vorbereitung e. Pfarrgemeinde auf die Gnadenzeit der hl. Mission. Von e. Priester der Erzdiöcese Köln. 8. (III, 62 S.) Regensburg 900. Verlagsanstalt vorm. G. J. Manz. n. — 60

Predigten über das heilige Gebet. Augsb. 1805. V: *Kiepach*, *Stanislaus.* (schmal) (Th)

Predigten für Gebildete in der Gemeinde. Stuttg. 1835. V: *Grüneisen*, *Carl.* (zu) (Ky)

— für Gebildete in der Gemeinde (von K. Grüneisen). gr. 8. Stuttgart 835. Brodhag'sche Buchh. 5/8 ℛ

Predigten f. Gebildete in d. Gemeinde. (Von C. Grüneisen.) gr. 8. (14 B.) Stuttgart 835, [Scheible, Rieger u. Sattler.] Thlr.

—— über die Gebote Gottes und die Gebote der Kirche, sowie über die sieben Sacramente. Hrsg. von einem Priester der Diöcese Rottenburg. gr. 8. (VIII und 343 S.) Mainz 855, Kupferberg.

Predigten zum Gedächtniss .... Sr. Kgl. Majestät *Maximilian Joseph's*, Königs von Bayern; gehalten in der —, am 16., 23. u. 26. Okt. 1825; nebst den Personalien .... des Königs, u. den Gebeten, welche bei der Trauerfeierlichkeit gesprochen wurden. Hrsg. von Dr. *Heinr. Theod. Stiller* (k. b. Ober-Konsistorialrath, Dekan u. 1. protestant. Pfarrer zu München). Sulzbach, J. E. v. Seidel, o. J. (1825). 8⁰. Cart. *)
VI—64 S. Enth. Predigten von Dr. Joh. Ludw. Beck, Karl Frdr. Vogelgsang u. dem Herausgeber.

— zur 300jährigen Gedächtnißfeier des Todes Dr. Mart. Luthers gehalten am 18. Febr. 1846 in Eisleben. Mit einer Beschreibung der am 16. u. 17. Febr. 1846 in Eisleben Statt gehabten Feierlichkeiten. 8. Eisleben 846, Reichardt. 1/3 ℛ

— ub. versch. Gegenst. s. Oelrich.

— über verschied. Gegenstände, s. H. G. Oertel.

— üb. verschied. Gegenstände d. kathol. Glaubens- u. Sittenlehre. 3 Thle. 8. Wien 774—78. Kurzböck. 1 fl 10 gl

Predigten über wichtige Gegenstände aus der Offenbarung oder auf alle Feste, welche die Christen gemein haben ... Bregenz 1791. V: *Fäsi*, *Joh. Heinr.* (MGT)

— von d. heil. Geheimnissen des Altars. 8. Salzb. 793. Duyle. 8 gl

Predigten im Geiste des freien Christenthums. St. Gallen 1876. V: *Kambli*, *Konrad Wilhelm.* (zuwzür 12, 1908, II, S. 99)

Predigten im Geist des freien Christenthums. St. Gallen 1876. V: *Wirth*, *Zwingli.* (Ky)

Predigten im Geist d. freien Christenthums. (Von Z. Wirth.) gr. 8. (VII, 413 S.) St. Gallen 876. Altwegg-Weber. 3. 50

— nach dem Geiste unsers Zeitalters. gr. 8. Basel, Flick.

—— evangelischer Geistlichen in Bayern. Evangelien-Jahrg. in 12 Heften. Hrsg. von Wilh. Dittmar. gr. 8. (VIII und 1008 S.) Bayreuth 851—52, Grau'sche Buchh. (à Heft * 5 Ngr.) *

—— evangelischer Geistlichen in Bayern. Evangelien-Jahrgang. Hrsg. von W. Dittmar. 2. (Titel-)Aufl. gr. 8. (VIII und 1008 S.) Bayreuth (852)63, Grau'sche Buchh. *

— evangelischer Geistlichen in Bayern. Evangelien-Jahrg. Herausg. von W. Dittmar. 2. Aufl. Bayreuth 863. Grau. gr. 8. (VIII, 1008 S.) n. 1 ℛ 10 ngr

— bey verschiedenen Gelegenheiten vorgetragen ꝛc. gr. 8. Wien, Aloys Doll. (Liebeskind in Leipzig in Commission.) 795.

— in d. neuen luther. Gemeine zu Philadelphia gehalten. 8. Bern 795. Typogr. Soc. 6 gl

— gesammelte, aus d. ersten Aufl. d. theolog.-prakt. Linzer Monatsschrift. 8. Linz 812. Haslinger. 10 gl

— nach d. Geschmacke der 3 ersten Jahrh. d. Christenheit. gr. 8. Frkf. a. M. 772. (Brönner). 8 gl — Dass. mit e. Rede bei d. Begräbniß d. Hrn. Gerhard Tersteegen. 8. Crefeld 832. Schüller. 16 gl

— n. d. Geschmacke d. 3 ersten Jahrh. d. Christenh. gr. 8. Frankf. Garbe. (Hermann.) 772.

—— über die Gnadenvorzüge Mariens für die Festtage der allerseligsten Jungfrau und zur Feier des Monats Mai. Aus dem vläm. Orig. mit Autorisation des Verf. frei in's Deutsche übertr. von A. Jox. gr. 8. (XII, 510 S.) Trier 880, Groppe's Verlag.

— von protestant. Gottesgelehrten; (hrsgg. von Jh. Pet. Bamberger). 6 Samml. 8. Berl. 772—76. Mylius. 4 ℛ 12 gl Fortsetzung, s. Auswahl noch nie gedr. Predigten.

Predigten nach Kantischen Grundsätzen. Königsberg [Giessen] 1794. V: *Daub*, *Carl.* (wr) (Ky)

— nach Kantischen Grundsätzen, (von K. Daub). gr. 8. Gießen 794. Krieger in Cassel. 16 gl

— nach Kantsch. Grundsf. v. Daub. gr. 8. Marburg, Krieger. 794.

Predigten nach Grundsätzen der heiligen und heiligenden Kirche ... Frankf. 1805—12. V: *Forello*, *M. Chr.* (= *Frdr. Joh. Phil. Hofmann*). (HS) (schmal) (Ky) (MGT) (Th)

— nach Grundsätzen d. heiligen u. heiligenden Kirche, (v. Jh. Ph. Hofmann). 2 Thle. gr. 8. Frankf. a. M. 805, 12. Andreä. 2 ₰ 12 ℊ

Predigten über die ersten neunzehn Hauptstücke des Buches der Erschaffung . . . München 1805. V: *Selmar, Anton.* (MGT) (Ky)

— üb. d. ersten 19 Hauptst. d. Buches d. Erschaffung z. Beförd. bürgerl. Tug. 8. Münch. Lentner. 805.

— bei der 17. Hauptversammlung des Gustav-Adolf-Vereins in Ulm gehalten im Münster am 28., 29. und 30. August 1860. (Abdr. aus der „Sonntagsfeier.") Darmstadt 860. Zernin in Comm. gr. 8. (48 S.) n. 4 ngr

Predigten für Hausväter und Hausmütter. Leipzig 1775—76. V: *Wilmsen, Frdr. Ernst.* (Ky) (BrMm) (winer)

— für Hausväter u. Hausmütter. 2 Bde. 8. Leipz. 775, 76. Weidmann. 16 ℊ

— üb. den Himmel auf Erden, von Salzmann. gr. 8. Cöthen 801. Aue. 12 ℊ

Predigten mit Hinsicht auf herrschende Fehler und Bedürfnisse unseres Zeitalters. Leipzig 1797. V: *Frisch, Samuel Gottlob.* (winer)

— mit Hinsicht auf herrschende Fehler u. Bedürfnisse des Zeitalters. gr. 8. Leipz. 797. Göschen. 1 ₰

— in der Hofcapelle zu *** gehalten. 1e u. 2e Samml. gr. 8. Halle 781—84. Gebauer. 1 ₰

Predigten und Homilien, Einige, vor einer Stadt- und Landgemeinde gehalten. Zeitz 1838. V: *Kriebitzsch, Carl Theodor.* (Ky) (zu)

— und Homilien, einige, vor einer Stadt- und Landgemeinde gehalten (v. Past. Kriebitzsch). 8. Zeitz 838. (Schieferdecker.) 1/3 ₰

Predigten für Hypochondristen. Gotha 1778. V: *Salzmann, Chn Gotthilf.* (MGT) »1777« (Ky)

— für Hypochondristen, (von Chr. Ghlf. Salzmann). 8. Gotha 777. Neue verb. Ausg. mit sm. Namen 804. Ettinger. 8 ℊ

Predigten vom Jahre 1761: nebst einer merkwürdigen maurerischen Rede . . . Hamb. 1789. V: *Wöllner, Joh. Chph v.* (ML)

— vom Jahr 1761, nebst einer merkwürdigen Maurer-Rede ꝛc. 8. Lpz. Sommer. 789.

— über den 2n Jahrg. der in Würtemberg eingeführten evangelischen Abschnitte auf alle Sonn-, Fest- u. Feiertage. Herausg. von evangelischen Predigern. gr. 8. Stuttgart 834. (Belser.) 1 1/6 ₰

Predigten üb. d. 2. Jahrg. der in Würtemberg eingeführten evangel. Abschnitte auf alle Sonn-, Fest- u. Feiertage. Hrsg. v. evangel. Predigern Würtembergs. gr. 8. (58 1/4 B.) Stuttgart 831. (J. F. Steinkopf.) *

Predigten über den zweiten Jahrgang der Evangelien. Zum Besten d. württemberg. Pfarrwaisenvereins. Lex.-8. (48 B. u. 1 Stahlst.) Stuttgart 840, Belser'sche Buchh. Thlr. * 1

Predigten für unser Jahrzehend. Halle 1785. V: *Petersen, Georg Wilhelm.* (strl) (HS) (MGT) (Ky)

— für unser Jahrzehend, (v. G. W. Petersen). gr. 8. Halle 785. Gebauer. 21 ℊ

Predigten über die heilige Familie Jesus, Maria und Joseph unter Mitw. hervorrag. Prediger hrsg. von Prof. Jakob Hubert Schütz, Montigny-Metz. *Paderborn: Junfermann 1901.* (61 S.) 8° [F.] [illegible]

— üb. d. Inh. d. sonnt. Evangel. des g. Jahres. 4 Bde. gr. 8. Wien, Aloys Doll. (Liebeskind in Leipz. in Comm.) 796. 98.

— auf das heil. Jubiläum. 8. Augsb. 802. M. Rieger. 1/3 ₰

— f. Jünglinge in Klosterberg. geh. 8. Halle, Hemmerde u. Schw. 778.

— für Jünglinge in Kloster Berge gehalten. 8. Halle 778. Schwetschke u. S. 6 ℊ

—— gehalten am 5. Juni und 28. Juli 1878 in der evangel. Kirche zu Wüstegiersdorf. 8. (16 S.) Wüstegiersdorf 878. Jacob. *

—— von berliner Kanzel-Rednern. 4 Bdchn. Gesammelt, hrsg. u. verlegt durch E. S. Pomer. 8. Berlin, Stuhr'sche Buchh. à 1 Thlr.

Bdchn. 1. Beiträge von W. Ayerst, J. F. Bachmann, C. T. Couard, H. Th. Deber, J. Goßner, Hoßbach, G. Heydenreich, A. F. Ideler, Ch. Gtfr. Koppe, F. G. Lisco, L. Oberheim, Schultz u. G. Schweder. (15 B.) 835.

» 2. Beiträge von F. Arndt, Chr. Fr. Bellermann, Deibel, A. Eyssenhardt, A. F. Ideler, Ch. Gtfr. Köppe, A. A. Kober, K. L. St. Martin, Melcher, Pischon, Rolle, G. Schweder, E. Tollin u. C. Vogt. (14 1/4 B.) 836.

» 3. Beiträge von A. Bollert, K. G. Bräunig, Cosmar, Fr. Ehrenberg, A. Fournier, L. Frege, J. Goßner, Ch. Gtfr. Koppe, Melcher, L. Oberheim, R. Palmié, Roß, Fr. Sack, Fr. Strauß u. Ad. Sydow. (15 B.) 836.

» 4. Beiträge von J. F. Bachmann, Blume, C. L. Couard, J. Goßner, Heßbach, Kemre, C. Kuntze, Küster, Melcher, Pischon; nebst denen v. W. Bernhardi, Bischof Dr. Eylert, Grisson u. A. Müller. (13 1/4 B.) 837.

—— dass. — Nebst e. Anh., enth. Predigten von potsdamer Predigern, in Orig.-Msptn. gesamm., hrsg. u. verlegt durch E. S. Pomer. 4 Bdchn. (Neue wohlf. Ausg.) 8. (56 1/4 B.) Berlin 840, Stuhr'sche Buchh.

— katechetische, über d. ganze christliche Moral. 1r bis 4r Bd., ist einerley mit der großen Katechese 11r bis 14r Bd., s. a. Katechese, große.

Predigten, Katechetische, über die ganze christliche Moral . . . Augsburg 1806—09. V: *Menne, Edilbert.* (CLZür Forts. II)

Predigten, Katechetische, über die ganze christliche Sittenlehre, mit Hinsicht auf die Sonn- und Festtagsevangelien. München 1802—5. 1807—13. V: *Ackermann, Gottlieb.* (winer)

Predigten für Kinder. Berlin 1787. V: *Hainlin, Johann Ludwig Friedrich.* (MGT) (Ky)

— f. Kinder, (v. J. L. Fr. Hainlin). 8. Berl. 787. Decker. 9 gl.

* — f. Kinder von reiferm Alter, f. a. Sturm, C. C.

Predigten für Kinder von reifern Alter. Leipzig 1771—73. V: *Sturm, Chph Christian.* (Ky) (winer)

— f. Kinder v. reifern Alter, (v. Chr. C. Sturm). 2 Thle. 8. Leipz. 771—73. Weidmann. 16 gl.

Predigten für Kinder, zur Beförderung der häuslichen Andacht. Leipzig 1786. V: *Lauer, Chn Frdr.* (MGT) (Ky)

— f. Kinder, zur Beförder. d. häusl. Andacht, (von Chr. Fr. Lauer). 8. Leipz. 786. (Aue in Altona). 16 gl.

— f. Kinder, z. Beförd. d. häusl. And. 8. Leipz. Jacobäer. 786.

— f. Kinder, welche die Landschulen besuchen. gr. 8. Zürich 796 Ziegler u. S. 7 gl.

— außerhalb der Kirche, v. der Verf. v. John Halifax usw. (Mrs. Craik [Miß Dinah M. Mulock]). Übers. von v. B. gr. 8. (VI, 196 S.) Dresden 901. E. Pierson. n. 2. 50; geb. n. 3. 50

—— für d. Neue Kirche des HErrn. A. d. Engl. v. e. Gesellschaft. 1. Lfg. — A. u. d. T.: Predigten zu Beleuchtung v. Hauptlehren d. Neuen Kirche d. HErrn. Von M. B. Reche. gr. 8. (7 B.) Tübingen 832, Zu-Guttenberg.

— die, am Klavier. 5. Aufl. gr. 16. (8 S.) Barmen 874. Wiemann. n. — 8

[J.] Predigten gehalten bei dem XXVIII. Congress für innere Mission in Posen 23. bis 26. Sept. 1895 v. Gen.-Superint. D. [Johannes] Hesekiel ... Hrsg. v. d. Vorst. d. Provinzialver. f. inn. Miss. in d. Prov. Posen. (Vorr.: [Herm.] Polte.) *Posen: W. Decker & C. 1895.* (69 S.) 1 Bd 8. [96. 374

— die, des deutschen Krieges im J. 1870 dargestellt in Predigten, Zeitbetrachtgn. u. Reden nahmhafter Geistlichen d. evangel. Deutschlands. [Aus: „Gesetz u. Zeugniß."] 2. u. 3. Hft. gr. 8. Leipzig 870. 71. Teubner. 3. 30 (1—3.: n. 5. 10)
2. (III, 86 S.) n. 1. 50. — 3. (IV, 135 S.) n. 1. 80.

Predigten über Krieg, Empörung und Frieden. Kempten 1810. V: *Königsberger, Stephan.* (schmal) (Th)

Predigten über den Krieg und das Ende der Welt. Gehalten im Herbstmonat und Weinmonat 1798. Zürich 1799. 2. Aufl. 1799. V: *Lavater, Johann Kaspar.* (schstr S. 133)

Predigten an die Kunstrichter und Prediger. Leipzig 1771. V: *Hermes, Johann Timotheus.* (MGT) (Ky)

— an die Kunstrichter u. Prediger, (von J. Tim. Hermes). 8. Leipz. 771. (Brockhaus). 1 ₰ 4 gl.

— an d. Kunstrichter u. Prediger. 8. Leipzig, Junius. (Gleditsch.) 771.

— kurze, u. Anweis. zu Predigt. üb. d. Episteln auf alle Sonnt. d. Herrn, f. d. 4 kirchl. Jahreszeiten ꝛc. mit 1 Anh. 2 Predigt. gr. 8. Hadam. N. Gel. Buchh. 812.

— kurze, u. Anweisungen zu Predigten üb. die Episteln auf alle Sonntage des Herrn, f. die 4 kirchl. Jahreszeiten ꝛc. Mit 1 Anh. 2 Predigt. gr. 8. Hadam. 812. (Lanz in Weilb.) 12 gl.

Predigten, Kurze und fassliche, für Bürger und Landleute zur Beförderung guter Gesinnungen. Göttingen 1803. V: *Wohlers, Johann.* (Ky)

— kurze u. faßl., für Bürger u. Landleute zur Beförder. guter Gesinnungen, v. J. W(ohlers). 8. Götting. 803. Dieterich. 1 ₰

— kurze, üb. die vornehmst. Glaubenswahrheiten u. Sittenvorschriften üb. eigene Aussprüche Jesus. Nach u. mit Reinhard. A. u. d. T.: vollständ. Entwürfe zu Predigten üb. die f. 1817 im Königr. Sachsen angeordn. Texte. gr. 8. Leipz. 817. Cnobloch. 1 ₰ 8 gl.

— kurze, nach der heiligen Messe, z. Gebr. d. Landgeistl.; a. d. Franz. 2 Bde. 8. Bamberg, Göbhard. (M. Rieger in Augsb.) 783

— kurze, nach der heil. Messe, zum Gebr. der Landgeistlichen; aus d. Französ. 2 Bde. 8. Bamb. 783. (Wesché in Frankf. a. M.) 1 ₰

— etl. kurze, nebst Morg.- u. Abendandacht. gr. 8. Riga. (Hartknoch, Leipz.) 794.

Predigten, Kurze, über die gewöhnlichen Sonntagsevangelien eines katholischen Kirchenjahrs ... Erfurt 1805. V: *Wirschinger, Franz Ludwig.* (MGT)

§ **PREDIGTEN** zum Lachen in den Stunden der Langeweile. Auf alle Sonntage des ganzen Jahres vom Wiesenpater zu Issmaning (Dorf bei München), aus seinem Pulte entwendet etc. O. O. 1781. 8⁰. 22 S. (In München 2 Expll.: Hom. 1253; Var. 546, 6.) Rar!

Predigten eines Landgeistlichen für Leute vom Lande, über alle Sonn- und Festtags-Evangelien. Halle 1777. V: *Reiche, Carl Christoph.* (Ky)

—eines Landgeistlichen, f. Leute vom Lande, üb. alle Sonn- u. Festtags-Evangelien, (v. K. Eph. Reiche). gr. 8. Halle 777. Gebauer. 3 ₰

— f. Landleute üb. Epistol. u. Evangel., auch andere freie Texte; hrsgg. v. Jh. Hnr. Pratje I. 8. Hamb. 783. Matthiessen. 20 gr.

Predigten für das Landvolk. Leipzig 1776—84. V: *Miller, Joh. Martin.* (MGT) (BrMm) (Ky) (JL)

— fürs Landvolk, (v. Jh. Mt. Miller). 3 Bde. 8. Leipz. 776—84. Weygand. 2 ₰ 8 gr. (A. u. d. T.: Gelegenheitspredigten.)

— f. Landvolk, (v. Miller.) 3 Bde. 8. Leipzig, Weygand. 776-806.

— für dem Landvolke, 3 Thle. 8. Wien, Camesina. 778.

— dieselb. 3 Bde. 8. Wien, Tendler. 785.

Predigten vor dem Landvolk gehalten über die grössten Irrthümer desselben ... Nürnberg 1809. V: *Langenmayer, Joh. Bapt.* (schmal) (Th)

— vor d. Landvolk gehalten. 8. Nürnb. 809. Raw. 10 gr. Hbg. Pr. 4 gr.

Predigten über das häusliche Leben . . . Salzburg 1796. V: *Reiter, Matthäus.* (Hr)

Predigten über das Leben, Sitten und Gebräuche der ersten Christen. Münch. 1793. V: *Niedermayr, Franz Xaver.* (Ky)

— üb. Leben, Sitten u. Gebr. d. ersten Christen. gr. 8. München, Strobl. (Fleischmann.) 793.

Predigten aus Spiekers letzten Lebensjahren. Neustadt a. d. O. 1819. V: *Spieker, Johannes Frdr. & Emanuel Gross.* (Ky)

Predigten über die falsche Lehre von ewigen Höllenstrafen. Berl. 784. (2 Thle.) 8.

— üb. die wichtigsten Lehren u. Vorschriften des Christenthums an auserlesene Bibeltexte geknüpft u. fast ganz aus Reinhard's Vorträgen zusammengestellt. gr. 8. Leipz. 823. Cnobloch. 1 ₰ 12 gr. A. u. d. T.: Predigt-Entwürfe üb. die f. das J. 1823 in Sachsen verordn. Texte.

Predigten, Leichtfassliche, eines Dorfpfarrers an das Landvolk auf alle Sonn- und Festtage eingerichtet . . . Augsb. 1793—99. H: *Menne, Edilbert.* (Ky) (MGT) ›1794—97‹ (winer) (Th)

— leichtfaßl., e. Dorfpfarrers ans Landvolk auf alle Sonn- u. Festtage, (v. E. Menne). 3 Jahrgg. zu 2 Thlen. gr. 8. Augsb. 793—99. Doll. (à 2 ₰) 6 ₰ (Vergl. Katechese, große, 11r—16r Bd.)

— leicht-faßl. e. Dorfpfarrers ans Landvolk, auf alle Sonn- u. Festt. v. Verf. d. neubearb. Predigtentw. 2 Jahrgänge. zu 2 Thlen. gr. 8. Augsburg, Doll. 808. (à 2 Rthlr.)
(dies ist m. d. großen Katechese 11r u. 12r Bd. einerley Werk.)

— leichtfaßl., üb. die Stationen des heil. Kreuzweges. 8. Augsb. 802. Kranzfelder. 14 gr.

— für Leidende, s. Petsche.

— üb. die Leidensgeschichte Christi, a. d. Werken der. Verf. gr. 8. Gießen, Krieger. 778.

Predigten über die Leidensgeschichte Jesu Christi, aus den Werken verschiedener Verfasser gesammelt. Giessen 1783. H: *Müller, Justus Balthasar.* (Ky) (winer) (MGT)

— über die Leidensgeschichte Christi; aus d. Werken verschied. Verf. gezogen (von Just. B. Müller). 2 Thle. gr. 8. Gießen 783. Krieger. 2 ₰ 8 gr.

— über die Leidensgeschichte Jesu. gr. 8. Wien, Aloys Doll. (Liebeskind in Lpz. in Commission.) 794.

— üb. die epistolischen Lektionen f. die Sonn- u. Festtage des Kirchenjahrs. Hrsg. vom evangel. Verein zu Hannover. (IV, 456 S.) gr. 8. Hannover 903. (H. Feesche.) Geb. n n. 2. —

Predigten über die Lauretanische Litanei. St. Pölten 1860. V: *Binder, Matthäus.* (EB)

— über die Lauretanische Litanei. Bei der Mai-Andacht des Jahres 1854 in der bischöflichen Cathedrale St. Pölten gehalten von dem dortigen Stadtclerus. 2. Aufl. mit einem Anhang von zwei Predigten über die unbefleckte Empfängniß Mariä und vier vollständig entworfenen Skizzen zu Marianischen Predigtcyklen von je 32 Kanzelvorträgen bei Mai-Andachten. St. Pölten 860. Passy & Sydy. gr. 8. (IV, 326 S.) 1 ₰ 9 ngr.

—— über die Lauretanische Litanei. Mit einem Anhang: Zwei Predigten über die unbefleckte Empfängniß der seligsten Jungfrau Maria gehalten im bischöfl. Dome zu St. Pölten. 4. Aufl. gr. 8. (304 S.) Regensburg 878, Manz.
Die 3. Aufl. erschien u. d. T.: Litanei, die lauretanische. Vgl.: XIV. Bd. 2. Abthl. S. 49.

— mancherlei, s.: Schriften, kleine.

— für junge Mannspersonen, aus dem Engl. 2 Theile. 8. Hamb. (Gleditsch in Lpz.) 769.

—— auf alle Marienfeste. Hrsg. von einem emeritirten Priester. 1. Jahrg. A. u. d. T.: 16 Predigten auf alle Marienfeste. 8. (206 S.) Regensburg 849, Manz.

—— dass. — 2. Jahrg. A. u. d. T.: 16 Predigten auf alle Marienfeste. 8. (206 S.) Ebds. 851.

— über einige besond. interessante Materien. gr. 8. Bresl. 799. J. F. Korn. 1 ℛ

Predigten über einzelne Materien für diejenigen, die nach christlicher Weisheit und Tugend fragen . . . Duisburg 1791—95. V: *Reisig, Johann.* (MGT) (Ky)

— über einzelne Materien für diejenigen, die nach christl. Weisheit u. Tugend fragen, (von J. Reisig). 2 Thle. 8. Duisb. 791—95. Bädecker. 1 ℛ 18 gℊ

—— und Reden, merkwürdige, der alten Zeit. Zusammengestellt zu Nutz und Frommen der jetzigen Welt. Nach gedr. und ungedr. Quellen. 1. Bd. 8. (192 S.) Leipzig 860, Wengler.

— über die ganze christliche Moral. 6 Bde. gr. 8. Augsburg, Doll. 798.

— über die ganze christl. Moral f. katholische Christen. 6 Bde. gr. 8. Ebend. 792.

Predigten über die ganze christliche Moral für Katholiken eingerichtet. Augsburg 1795. 1810. V: *Menne, Edilbert.* (Ky) (Schmal) »1791—95« (Winer) »1798« (Th)

— üb. die ganze christl. Moral, f. Katholiken eingerichtet (v. E. Menne). 6 Bde. gr. 8. Augsb. 795. Doll. 5 ℛ (Vergl. Katechese, große.)

Predigten über die ganze christliche Moral, aus den Werken der besten teutschen Redner gesammelt. Giessen 1787—90. H: *Müller, Just. Balthasar.* (MGT) »1787—89« (Ky) »1787—91« (Winer)

— üb. die ganze christl. Moral, aus d. Werken d. besten Redner gesammelt (v. Just. B. Müller). 6 Thle. gr. 8. Marb. 787—89. 1r—5r Thl. 2e A. 788, 89. Krieger. 6 ℛ — Dies. f. kathol. Christen. 6 Bde. gr. 8. Ebd. 792. 6 ℛ

Predigten, Moralische, für gebildete Leser aller Stände über die evangelischen Texte des ganzen Jahres . . . Nürnberg 1800 ff. H: *Riedner, Adam Nicolaus.* »1810—11« (Ky) (GGr) (MGT)

— moralische, f. gebild. Leser aller Stände üb. die evangel. Texte d. ganz. Jahres, (v. Adm. Nikl. Riedner). 2 Thle. gr. 8. Nürnb. 810, 11. (Eichhorn). 2 ℛ 16 gℊ Lieder dazu. 8. Ebd. 811.

— moralische, f. gebildete Leser aller Stände, üb. die evangel. Texte, von den berühmtesten Religionslehrern. 2 Thle. gr. 8. Nürnb. Grattenauer. 811.

— e. deutschen Mutter f. ihre Kinder. gr. 8. (VI, 92 S.) Heidelberg 900. F. W. Rochow. Geb. in Leinw. n. 1. 50

— neue, üb. die kirchlichen Ehegesetze u. üb. die gemischten Ehen. Von e. Pfarrer der Diöcese Trier. gr. 8. (108 S.) Regensburg 871. Manz. 1. 50

— neue, auf alle Sonn- u. Festtage des Jahres, zur edlen Bildung des Geistes u. Herzens, von Backhaus, Götz, Hufnagel u. A. m. 2 Bde. gr. 8. Nürnb. 802—3. Winter. (Knobloch in Leipz.) 2 ℛ Bauer.

— neue, über gewählte Texte eines Feldpredigers. gr. 8. Frkf. a. M. 790. Andreä. 1 ℛ

Predigten, 9, bei der 50. Hauptversammlg. des Evangel. Vereins d. Gustav-Adolf-Stiftung am 28. u. 29. IX. 1897, geh. v. Köstlin, Döblin, Hackenberg, Lahusen, Braun, Kawerau, Pank, Witz, Gerbert. gr. 8. (84 S.) Leipzig 897. (J. C. Hinrichs' Sort.) n. — 50

[F.] Neun Predigten bei der 50. Hauptversammlung des Evangel. Vereins der Gustav-Adolf-Stiftung in Berlin am 28. u. 29. Sept. 1897 geh. v. . . . *Leipzig: Selbstv. d. Centralvorst. d. Ev. Ver. d. Gustav-Adolf-Stiftg; (Dr. v. G. Kreysing) 1897.* (84 S.) 8.

= Bericht über d. 50. Hauptversammlung d. Ev. Vereins d. Gustav-Adolf-Stiftg abgeh. in Berlin . . . 1897. Anhang. [98. 4865

—— (9) patriotische, aus Sachsen. Im J. 1830 gehalt. v. Chr. G. L. Großmann, M. F. Schmaltz, Fr. A. Wolf. gr. 8. ($15\frac{1}{2}$ B.) Leipzig 831, Fr. Fleischer.
Einzeln à 3 Gr.

Predigten, Neunzehn, über das Leiden, Sterben und Auferstehen unsers Herrn Jesu Christi . . . Hildburghausen 1850. V: *Kühner, Emil Heinrich Otto.* (Ky)

—— neunzehn, über das Leiden, Sterben und Auferstehen unsers Herrn Jesu Christi zur kirchl. und häusl. Erbauung. Texte: Die Passionslectionen und Pericopen auf Ostern. (Von Kühner.) gr. 8. (III und 186 S.) Hildburghausen 850, (Kesselring'sche Hofbuchh.) * —

Predigten des Herrn Magister Sebaldus Nothanker aus seinen Papieren gezogen. Leipz. 1774—77. V: *Seybold, Dav. Chph.* (Schwinger, Nicolai's »Sebaldus Nothanker«. Weimar 1898. S. 243.) (Cb) (MGT) (BrMm)

Predigten, Patriotische, zur Zeit der Wiederbefreiung Deutschlands gehalten. Darmstadt 1814. V: *Zimmermann, Ernst.* (Ky)

— patriotische, zur Zeit d. Wiederbefreiung Deutschlands gehalten. 8. Darmst. Heyer u. Leske. 814. -

—— über Perikopen sowie üb. freigewählte Texte d. heil. Schrift. Von e. Vereine evangel. Geistlichen Würtembergs z. Besten der flüchtigen Polen. Gesamm. u. hrsg. v. C. A. Märklin. gr. 8. ($12\frac{1}{2}$ B.) Stuttgart 832, [Beck u. Fränkel.]

— über Perikopen, so wie üb. freigewählte Texte d. heil. Schrift. Von e. Vereine evangel. Geistlichen Würtembergs zum Besten der flüchtigen Polen. Gesammelt u. hrsgg. vom Vikarius C. A. Märklin. gr. 8. Stuttg. 832. (Löflund u. S.) 22 gℊ

* — eines Pfarrers von d. alten Welt. 8. Hadam. Neue Gel. Buchh. 807. -

Predigten eines Pfarrers von d. alten Welt. 8. Hadam. 807. (Lanz in Weilb.) 5 gℊ

Predigten bey Gelegenheit von Pfarrvisitationen. Bamb. 1797. V: *Erthal, Franz Ludw. von.* (Schmal)

— über die allgemeinen Pflichten der Menschheit rc. 2 Thle. gr. 8. Grätz, Tusch. 809.

— üb. die Pflichten des Menschen in Rücksicht auf die vorzügl. bes. Verhältn. (oder Predigten üb. die christliche Pflichtlehre. 7r Bd.) gr. 8. Ebend. 804.

— über d. christl. Pflichtlehre rc. s. Funke und Olshausen.

Faber, G. (Herausgeber): „Politische Predigten, gehalten im Jahre 1843 auf verschiedenen Dächern der Hauptstadt", (Erste Predigt: „Leuchtkugeln, geworfen in die Nacht des deutschen Zollvereins", 1. Abschnitt: „Allgemeines über Entstehung und Richtung des deutschen Zollvereins", 2. Abschnitt: „Besonderes über Zweck, Mittel und Anwendung der Union"), Leipzig 1843. — Vorh.: Com. Bibl. Hamburg.

Predigten, politische, gehalten im Jahre 1843 auf verschiedenen Dächern der Hauptstadt ***. Herausgeg. von G. Faber. gr. 8. Leipzig 843, W. Engelmann. n. 3 ℛ

— auf den Portiunkulatag und die Meinung, mit welcher man das Ablaßgebet verrichten soll. 8. Augsburg 790. M. Rieger. 1/12 ℛ

— u. Predigt-Entwürfe auf die vorzügl. Feste Mariens zur sittl. Belehrung u. Erbauung, (von J. Thanner). 2 Bdchen. 8. Salzb. 801, 4.

— — Predigtentwürfe für kathol. Seelsorger rc. s. Repertorium für kathol. Seelsorger.

Predigten und Predigtentwürfe auf alle Sonn- und Festtage ... Salzburg 1800. V: *Reiter, Matthäus.* (Th)

— u. Predigtentwürfe auf alle Sonn- u. Festtage des Jahres rc. 2 Thle. gr. 8. Salzb. 800. Duyle. 1 ℛ 16 gr

— Predigtentwürfe u. Stoffe zu Predigten üb. die evangel. Perikopen an den 4 Sonntagen im Advente. Für kathol. Seelsorger rc. Von e. Landpfarrer d. Linzer Diöcese. 2 Thle. gr. 8. Linz 818. Akad. B. 1 ℛ 16 gr

— und Predigtfragmente, s. Häfeli.

Predigten und Predigtfragmente. Zürich 1778—82. V: *Häfeli, Joh. Casp.* (Cat. d. Stadtbibl. Zürich. Zürich 1864—97.) »1778—83« (Ky) (MGT) (BrMm) (Roterm)

— u. Reden, geh. bei der feierlichen Amtseinführung des livländischen Generalsuperintendenten Th. Gaethgens am 17. IX. 1906 in der St. Jakobi-Kirche zu Riga. (31 S.) 8. Riga 906. Jonck & Poliewsky. — 60

[F.] Zum 100jährigen Geburtstage Wilhelms des Grossen. Predigten, Reden u. Ansprachen z. Gedächtnisfeier. In Beiträgen namhafter Geistlicher hrsg. v. Lic. theol. Wilh. v. Langsdorff. *Leipzig: F. Richter 1897.* (147 S.) 1 Bd 8. 199. 1453

Predigten und Reden zum Besten der neu gegründeten evangelischen Gemeinde in Ingolstadt ... Nürnberg 1827. V: *Böckh, Chn Frdr., Joh. Erhard Faber, Lüsch & Gotthold Eman. Frdr. Seidel.* (Ky)

— u. Reden zum Besten der neu gegründ. evangel. Gemeinde in Ingolstadt, (von Boeckh, Faber, Lüsch, Seidel); hrsgg. v. B. K. Veillodter). gr. 8. Nürnb. 827. Riegel u. W. 1 ℛ

—— und Reden, bei d. Einweihung d. neuen Gotteshauses zu Liebschütz bei Oschatz gehalten. Nebst kurzer Beschreib. d. Feierlichkeiten am Weihetage, dem Feste d. Himmelfahrt Christi (20. Mai) 1811. gr. 8. (3 B.) Oschatz, Oldecop's Erben. *

—— und Reden zur Leipziger Kaiser-Feier am 22. März 1887, gehalten von Pank und v. Criegern, sowie von Wach und Richter, Georgi und Richter, Maurenbrecher und Götz, Fricke und Hagen. gr. 8. (86 S.) Leipzig 887, Duncker und Humblot. *

— u. Reden, von öffentl. Lehrern im Herzogth. Schleswig u. Holstein. 8. Flensb. 784. (Hammerich in Altona). 10 gr

— und Reden, von öffentlichen Lehrern im Herzogthum Schleswig und Holstein. 8. Flensburg. Korte. (Christiani.) 784.

— u. Reden bei öffentl. u. Privatconfirmationen, von verschied. Verfassern, gesammelt u. hrsgg. v. Geo. Fr. Götz. 8. Leipz. 794. W. Vogel. 16 gr

— u. Reden in deutscher Sprache bei d. dritten Säcularfeier der Reformation, in Erlangen gehalten. Mit e. Vorrede v. L. Bertholdt. Beigefügt sind Luthers Sätze gegen Tetzel, u. dessen Gegensätze rc. gr. 8. Erlang. 818. Palm u. E. 1 ℛ

Zum Gedächtnis an H[ermann] F[riedrich] Kohlbrügge, Dr. d. Theol., weil. Pastor d. niederl.-reform. Gemeine in Elberfeld, geb. d. 15. Aug. 1803. **Predigten** und Reden, geh. in d. Versammlungen d. niederl.-reform. Gemeine am 16. u. 17. Aug. 1903, zu Elberfeld u. Barmen. Elberfeld 1903: H. W. Kaufmann. (88 S.) 8° [F.] 1-4. 1846 B

—— und Reden, geh. bei Gelegenheit d. feierl. Wiedervereinigung beider reform. Gemeinen in Altona. Hrsg. z. Besten der Armen durch d. Consistorium d. evang.-reform. Gemeine. gr. 8. (4½ B.) Altona 831, Aue.

— von d. berühmten französ. Rednern. 8 Bde. gr. 8. Würzb. 774—76. (Wesché in Frkf. a. M.) 4 ℛ

— aus der Reformationszeit. Mit e. Einleitg. über das Predigtwesen in der Reformationszeit. Hrsg. von G. L. Schmidt. gr. 8. (V, 228 S.) Langensalza 888. Beyer & Söhne. n. 1. 80

— von der Religion u. heil. Schrift. 8. Halle 769. Kümmel. 6 gr

Predigten des Dieners Gottes, Franz Joseph Rudigier. 2. Bd. Gr.-8°. (256 S.) K 3.—
Linz-Urfahr: Verlag d. katholischen Pressvereins 1903.

—— für die St. Josephi-Bruderschaft, } s. Bruderschafts-Predigten.

Predigten für Schauspieler. Lübeck 1788. V: *Fischer, Johann Carl Chn.* (MGT) (Ky)

— für Schauspieler, (von Jh. K. Chr. Fischer). 8. Lübeck 788. Iversen. (Breckhaus in Leipz.) 6 gl.

— f. Schauspieler. 8. Lübeck, Iversen. (Gleditsch in Leipz.) 788.

Predigten, gehalten in der Schlosskirche zu Kiel. Hamburg 1781. V: *Wolters, Michael.* (MGT)

Predigten, schweizer. 6. Jahrg. 1899. 52 Nrn. 8°. Nr. 1. 8 S. St. Gallen, Buchhdlg. d. Evang. Gesellschaft. jährlich 1 —

Predigten, Sechs, zur Beförderung christlicher Religionskenntniss und Tugend. Memmingen, 1788. V: *Hänlein, Heinrich Carl Alexand.* (Ky) MGT)

— sechs, zur Beförder. d. christl. Religionskenntniß u. Tugend, (v. H. K. A. Hänlein). gr. 8. Memming. 788. Seyler. 9 gl.

— sechs, zur Beförderung christlicher Vaterlands- und Fürstenliebe, 8. Wien, Aloys Doll. (auch Liebeskind in Lpz. in Commission.) 800.

Predigten, Sechs christliche und erbauliche, gehalten ... 1721 in Altona ... [Hamb. 1722?] V: *Denner, Jac.* Ü: *Strandiger, Otto Lorentzen.* (Bruun, Bibl. Danica I, 488.) »1717—18« (Collin, Anonymer. Kiobenh. 1869.)

Predigten, Sechs, über Demuth, Sanftmuth, Seelenfrieden ... Heidelberg 1784. 2. Aufl. 1786. V: *Knigge, Adolph Franz Friedrich Ludw. Freih. v.* (Rotermund, Gel. Hannover. Bremen 1823.) (Roterm)

Predigten, Sechs, gegen Despotismus, Dummheit, Aberglauben ... Frankf. 1783. 2. Auflage 1785. V: *Knigge, Adolph Franz Frdr. Ludwig Freiherr von.* (ML) (Mn) (Ky) (BrMm) (Roterm) (Winer) (Rotermund, Gel. Hannover. Bremen 1823.)

Predigten, Sechs, herausgegeben zur Erbauung in christlicher Erkenntniss und gottseliger Freude, ... Solingen 1852. V: *Hüsgen, Friedrich.* (Zu)

— sechs, hrsg. zur Erbauung in christl. Erkenntniß und gottsel. Freude, gehalten von einem unbekannten und doch bekannten Prediger des Evangeliums. gr. 8. (III und 60 S.) Solingen 852, (Pfeiffer.)

Predigten, Sechs, über verschiedene Gegenstände. Dresden 1788. V: *Örtel, Heinrich Gotthelf.* (MGT)

— sechs, gehalten zu Leipzig am außerordentlichen Buß- u. Bettage den 3. Aug. 1870 in den Stadtkirchen u. in der Universitätskirche von Fr. Ahlfeld, G. A. L. Baur, Cl. Brockhaus, G. A. Fricke, G. V. Lechler u. J. M. Merbach. Leipzig 870. Hinrichs' Verl. gr. 8. (90 S.) n. 15 ngr.

Predigten, Sechs, über Trost im Leiden, Bezähmung der Leidenschaften, gute Werke ... Frankfurt a. M. 1788. V: *Knigge, Adolph Franz Friedrich Ludwig Freih. von.* (ML) (Ky) (Rotermund, Gel. Hannover. Bremen 1823.) (Roterm)

— sechs, über Trost im Leiden, Bezähmung der Leidenschaften, gute Werke rc.; (hrsgg. v. A. Frhrrn. v. Knigge). 8. Frankf. a. M. 788. Andreä. 12 gl.

— sechs vaterländische. 8. Wien, Rötzl. (Kaulfuß.) 797.

Predigten, Sechs, bey besondern Veranlassungen gehalten. Ulm 1795. V: *Miller, Johann Martin.* (GGr)

— 7 auserlesene, zum Nutzen des Seelsorgers auf dem Lande. 8. Wien, Wappler. 776.

— sieben, über die guten Engel, (von G. E. Waldau). gr. 8. Quedlinb. 786. Reußner. (Ernst). 5 gl.

Predigten, Sieben, über die Lehre von den guten Engeln. Leipz. u. Quedlinburg 1786. V: *Waldau, Gg Ernst.* (Ky) (MGT)

Sieben Predigten bei der 56. Hauptversammlung des Evangel. Vereins der Gustav Adolf-Stiftung in Hamburg 1904 geh. von Konsist.R. Prof. D. [Erich] **Haupt** aus Halle a. S., Pred. Prof. D. [Hermann] Scholz aus Berlin, Prof. D. [Julius] Kaftan aus Berlin, Pfarrer (Julius) Antonius aus Wien, Pastor prim. (Bernhard) Schenkel aus Bremen, Pfarrer [E.] Veesenmeyer aus Wiesbaden u. Oberhofpred. D. [Ernst] Dryander u. 2 Katechesen in d. Kindergottesdiensten geh. von Superint. [Wilh.] Nelle aus Hamm u. Superint. [Theodor] Meinhold aus Barth. Leipzig: Centralvorst. d. Ev. Ver. d. Gustav Adolf-Stiftung 1903. (96 S.) 8° [B.]

— **Bericht** über d. 56. Hauptversammlung d. Ev. Vereins d. Gustav Adolf-Stiftung. 1903. [Anh.] 1903

— sieben, vier u. drei, bei der 56.—58. Hauptversammlung des evangel. Vereins der Gustav-Adolf-Stiftung. gr. 8. Leipzig (J. C. Hinrichs' Verl.) n. 1.35

56. In Hamburg am 6. u. 7. X. 1903, geh. v. Haupt, Scholz, Kaftan, Antonius, Schenkel, Veesenmeyer u. Dryander u. zwei Katechesen in den Kindergottesdiensten am 8. X. 1903, geh. v. Nelle u. Meinhold. (96 S.) 903. n. — 60
57. In Heidelberg am 20. u. 21. IX. 1904, geh. von Drews, Keßler, Witz-Oberlin, Hagenau u. e. Katechese in dem Kindergottesdienst am 22. IX. 1904, geh. v. Zauleck. (52 S.) 904. n. — 50
58. In Augsburg am 25. u. 26. IX. 1906, geh. von Häring, Lembert, Kaftan u. e. Katechese in dem Kindergottesdienst am 26. IX. 1906, geh. v. Zauleck. (35 S.) 906. n. — 25

— u. Skizzen für alle Sonn- u. Festtage des Jahres. Unter Mitwirkung mehrerer Priester hersg. von Jos. Alverà. Brixen 864. Weger's Buchh. gr. 8. (563 S.) 1 rthl. 10 ngr.

— für alle Sonn- und Festtage. Beiträge zur häuslichen Erbauung, dargereicht von schweizerischen Predigern und in Verbindung mit Güder, Riggenbach, Wirth u. A. herausg. von J. U. Oschwald. 1—4. Jahrg. Bern 854—57. Wüterich-Gaudard. gr. 8. (IV, 512 S.; IV, 534 S.; 2. Bl., 569 S. u. 1 Stahlst.; 2 Bl., 575 S. u. 1 Stahlst.) Jeder Jahrg. n. 1 rthl. 10 ngr.

— auf alle Sonn- u. Festtage des ganzen Jahres zur Beförd. d. Anbetung Gottes. 2 Bde. gr. 4. Wunsiedel. 801.

— auf alle Sonn= u. Festtage des ganzen Jahres. Besonders für das Landvolk eingerichtet u. herausg. von einem Priester der Seckauer Diöcese. 3 Bde. gr. 8. Grätz 805. Kienreich. $2^2/_3$ ₰

—— auf alle Sonn= und Festtage des Jahres, nebst Gebeten auf jeden Tag der Woche und für verschied. Fälle des menschl. Lebens. Nach dem Engl. von H. C. Decker. Bevorw. von einem evangel. Geistlichen. 2. Aufl. gr. 8. (X und 543 S. mit 1 Stahlst.) Stuttgart 848, [Quack.]

— auf alle Sonn= u. Festtage des Jahres, nebst Gebeten auf jeden Tag der Woche u. für verschiedene Fälle des menschlichen Lebens. Nach d. Engl. von H. C. Decker. Bevorw. v. einem evang. Geistlichen. 2. Aufl. gr. 8. (X u. 543 S. m. 1 Stahlst.) Stuttgart 848, Rümelin. 1 ₰

— auf alle Sonn= u. Festtage des ganzen Jahres, besond. fürs Landvolk. 3 Bde. gr. 8. Grätz 797. Tusch. 2 ₰

— auf alle Sonn= u. Festtage des Kirchen=Jahres. Aus d. Schriften der Kirchenväter ausgewählt, übersetzt u. mit kurzen histor. und philolog. Anmerkk. erläutert von Joh. Christ. Wilh. Augusti. 1r u. 2r Bd., die 1e u. 2e Hälfte des Kirchen=Jahres enthalt. gr. 8. Leipzig 838, 39. Dyk'sche Buchh. (à 2 ₰) 4 ₰

—— auf alle Sonn= u. Festtage d. Kirchenjahrs. Zur Belehr., Erbau. u. z. Troste frommer Katholiken nach 30jähr. Wirken hrsg. von e. Curatgeistlichen. 3 Abthln. 8. ($40^1/_4$ B.) Warendorf 841. (Münster, Deiters.) *

—— auf alle Sonn= u. Festtage des Kirchenjahrs. Zur Belehrung, Erbauung u. zum Troste frommer Katholiken nach 30jähr. Wirken hrsg. v. e. kath. Curatgeistlichen. 3 Abthlgn. in 1 Bde. 2., unveränd. Aufl. 8. (41 B.) Warendorf 846, Schnell. (Münster, Deiters.) *

—— auf alle Sonn= und Festtage des Kirchenjahres von einem katholischen Geistlichen. Mit einer Vorrede von Joh. Ev. Zollner. 1. Bdchn. 8. (VIII, 207 S.) Regensburg 884, Manz.

—— auf alle Sonn= und Festtage des Kirchenjahres von einem katholischen Geistlichen. Mit einer Vorrede von Joh. Ev. Zollner. 2.—6. Bdchn. 8. (à Bdchn. 208 S.) Regensburg 885, [Manz.] Verlags-Anstalt. à Bdchn. ℳ 1.80.
1. Bdchn. Ebendas. 1884. ℳ 1.80.

Predigten auf alle Sonn= und Festtage des katholischen Kirchenjahres. Von einem kathol. Geistlichen. I—IV. gr. 8. Paderborn, F. Schöningh. *

Inhalt:
- I. Sonntagspredigten für die Advents=, Fasten= und Osterzeit. (IV, 139 S.) 888. *ℳ 1.20.
- II. Predigten für die Sonntage nach Pfingsten. (V, 170 S.) 888. *ℳ 1.40.
- III. Predigten auf die Feste des Herrn. (IV, 122 S.) 889. *ℳ 1.—.
- IV. Predigten auf die Feste der Mutter Gottes. (IV, 113 S.) 889. *ℳ 1.—.

— auf alle Sonn= u. Festtage d. katholischen Kirchenjahres. Von e. kathol. Geistlichen. Neue bill. Volks=(Titel=)Ausg. 4 Thle. in 1 Bde. gr. 8. (IV, 139; V, 170; IV, 122 u. IV, 113 S.) Paderborn 892. F. Schöningh. n. 3.—

— auf alle Sonntage d. Jahres für d. Landvolk; aus d. Französ. (von J. B. Dilg). 3 Thle. 8. Wien 778. (Heubner). 1 ₰ 10 𝔤

Predigten auf alle Sonntage für Zuhörer vom gemeinen Stande. Augsburg 1793. V: *Franz, Gerhard.* (MGT) (Ky)

— auf alle Sonntage f. Zuhörer vom gemeinen Stande, (v. G. Franz). 2 Thle. 8. Augsb. 793. Stvr. 1 ₰ 12 𝔤

Predigten auf einige Sonn- und Festtage des Jahres . . . Salzburg 1797. V: *Pauer, Joseph Valentin.* (MGT) (Ky)

— auf einige Sonn= u. Festtage des Jahres rc., von e. kathol. Landkaplan (Jos. Plauer). 8. Salzb. 797. Mayr. 8 𝔤

—— über alle Sonn= u. Festtags=Episteln des Kirchenjahres v. Henhöfer, Käß, Dietz, Mann, Ledderhose u. A. Hrsg. v. Carl Friedr. Ledderhose. gr. 8. ($29^1/_2$ B.) Heidelberg 845, K. Winter.*

— üb. d. Sonn= u. Festtags=Episteln, u. Liedern. 2 Thle. gr. 4. Gießen, Krieger. 771

— über die Sonn= und Festtags=Evangel. des ganzen Jahres. 4. Zwickau. 786.

— über die Sonn= u. Festtagsevangelien des ganzen Jahres, von jetzt lebenden Geistlichen. Gesammelt u. herausg. von Wilmsen u. Hanstein. 2 Bdchn. gr. 8. Berlin 821. Jetzt Heymann. $1^1/_3$ ₰

—— über die Sonn= und Festtags=Evangelien des Kirchenjahres. Von verschied. evangel. Geistlichen in Bayern mitgetheilt und hrsg. von Fr. Linde und Emil Wagner. 1. Aufl. (XXIV und 765 S.) und 2. Aufl. 2 Bde. gr. 8. (XX und 769 S.) Bayreuth 847, Buchner'sche Buchh. *

—— über die Sonn= und Festtags=Evangelien des Kirchenjahres. Von verschied. evangel. Geistlichen in Bayern mitgetheilt und zum Besten der protestant. Gemeinde Landshut hrsg. (von F. Linde und G. C. Adler.) 3., und mit einem Anhang von Passionspredigten verm. Aufl. Lex.=8. (XII und 570 S.) Bamberg 857, Buchner'sche Buchh. *

— über die Sonn= und Festtagsevangelien des Kirchenjahres. In Verbindung mit vielen Geistlichen des evangelischen Deutschlands, herausg. von Ch. H. Sixt, J. Schönniger, J. K. Kr. Heller. 861. (X, 702 S.) — 2., durch einen Anhang von Passionspredigten verm. Aufl. Mit 1 Stahlst. Nürnberg 863. Zeiser. gr. 8. (751 S.) 2 ₰

— üb. sämmtl. Sonn= u. Festtags=Evangelien des Jahres; eine Gabe christl. Liebe, der neuen evangel. Gemeinde in Mühlhausen dargebracht, von jetzt lebenden deutschen Predigern; hrsgg. v. E. Zimmermann. 2 Bde. 2e Ausg. gr. 8. Darmst. 826. Leske. 2 ₰ 8 𝔤, Schrbp. 3 ₰ 4 𝔤

— über Sprichwörter, s. J. Büttner.

—— für Stadt u. Land rc., s. Klein, G.

— für Stadt und Land über die gewöhnlichen Sonn= und Festtags=Evangelien d. ganzen Jahres. Herausg. von Klein, Munay u. Rumann. 2e, mit einem Register verseh. Aufl. 2 Bde. Halberstadt 829. (Pesth, Heckenast.) $2^1/_3$ ₰ — 3e Aufl. 2 Bde. gr. 8. Leipzig 835. Schreck. $1^1/_2$ ₰

— für Stadt u. Land über die gewöhnt. Sonn= u. Festtagsevangelien des ganzen Jahres, von Klein, Munay u. Rumann. 2 Bde. 2e mit e. Register verseh. Aufl. gr. 8. Halberst. 830. Brüggemann. 2 ₰ 8 𝔤

Predigten am ersten Tage des 19. Jahrhunderts in Braunschweig und Helmstädt gehalten. Helmstädt [1801]. V: *Wolf, Johann Wilh. Gg, Hnr. Phil. Conr. Henke, Ant. Aug. Hnr. Lichtenstein, Phil. Friedr. Werner Kroll & Andr. Friedrich Glieb Glaser.* (winer)

— am ersten Tage d. 19. Jahrh. gehalten v. Wolf, Henke, Lichtenstein rc. gr. 8. Helmst. 801. Fleckeisen. 14 𝔤

— üb. epistol. und andere Texte. 8. Wismar, Bödner. 769.

— — über d. evangel. Texte rc. s. Hanstein.

— üb. d. evangel. Texte d. ganzen Jahres der berühmtest. Gottesgel. 4 Thle. g . 8. Berlin, Lange 781–84.

— üb. die Evangel Texte. d. ganz. Jahres v. den berühmtest. Gottesgelehrten. 4 Thle. gr. 8. Berl. ... 2e A. 781—84. (Reimer). 2 ℛ 16 gℛ

— üb. die Evangel. Texte zur Beförder. d. Familienerbauung gesammelt u. herausgg. (von Just. B. Müller). 4 Thle. gr. 8. Marb. 790, 91. Krieger. 3 ℛ 4 gℛ

Predigten über die evangelischen Texte an Sonn- und Festtagen, zur Beförderung der Familien-Erbauung ... Giessen 1790—91. H: *Müller, Just. Balthasar.* (MGT) (Ky)

— über freie Texte. Evangelische Zeugnisse süddeutscher Prediger. (Fortsetzung der Zeit-Predigten.) Herausg. von (C. A.) Staudenmeyer. Jahrg. 1851. 4 Vierteljahr-Hfte. Lex.8. (IV u. 552 S.) Stuttgart. (Lubrecht & Co.) (à n. 6 ngℛ) n. 24 ngℛ

—— über freie Texte. Evangelische Zeugnisse süddeutscher Prediger. Hrsg. von Staudenmeyer. 2. Jahrg. 1851. 4 Hefte. Lex.-8. (IV und 552 S.) Stuttgart 851—52, (Lubrecht und Comp.) à Heft * 6 Ngr. *

—— dass. — 3. Jahrg. 1852. 12 Lfgn. Lex.-8. Ebds. 852.
Bildet die Fortsetzung der: Zeit-Predigten. Vgl. diese.

—— über freie Texte. Evangelische Zeugnisse süddeutscher und schweizer. Prediger. (4.) Jahrg. 1854. Hrsg. von Staudenmeyer. 1—8. Heft. gr. 8. (IV und S. 1—644.) Stuttgart, Scheitlin's Verlag. à Heft * 5 Ngr. *

— üb. gewählte Texte e. Feldpredigers. gr. 8. . Frankf. Andreä. 790.

— über sonn- und festtägliche Texte, nebst einem Anhang von Confirmat.- Feyertags- und Passionspredigten, v. W. F. Baur. 1e und 2e Sammlung. gr. 8. Tüb. Schramm. 810.

Predigten über verschiedene Texte und Evangelien, hauptsächlich für Stadtbewohner. Ulm 1790. V: *Miller, Johann Martin.* (GGr)

— am 300jähr. Todestage Melanchthons, s. a. Sixt.

—— am 300jähr. Todestage Phil. Melanchthons, den 19. April 1860 in Nürnberg gehalten von Ch. H. Sixt, J. Chr. E. Lösch, G. P. Dietelmair, J. Chr. G. Port und J. Ch. R. Kunel. gr. 8. (60 S.) Nürnberg 860, Raw'sche Buchh. *

PREDIGTEN zum Todtlachen. Allen Hypochondristen u. Grillenfängern zur Erheiterung empfohlen von einem lustigen Bruder. 2 Thle. Konstantinopel, auf Kosten des Türkisch-kaiserl. Oberkonsistoriums (Leipzig, Sommer). 1802—3. 8⁰. (4 Mk. 50 Pfg. Edm. Meyer, Berlin, 1907.) 2 Bl. 144 S.
Derb-komische Predigten von Abraham a. S. Clara, dem Wiesenpater u. A.

— — Dasselbe. 2 Bde. Ebd. 1803. 8⁰. (4 Mk. 25 Pfg., 164 S., ohne Theilesangabe, Hugo Streisand, Berlin, 1908.)

— — Dasselbe. 2 Bde. 3. Auflage. Ebd. 1808. 8⁰. (1 Rthl.) Tit., 164 u. 138 S.

* — — Dasselbe. 4. Aufl. 2 Bde. Ebd. 1813. 8⁰. (In Berlin: Yy 8472, 1 vol.)

— zum Todtlachen. Allen Hypochondristen u. Grillenfängern empfohlen. 2 Bde. 4te Aufl. 8. Leipzig, Sommer. 815.

— — zum Todlachen. Allen Hypochondristen und Grillenfängern empfohlen von einem lustigen Bruder. 2 Bde. 4te Aufl. 8. Leipzig, Sommer. 817.

— — Dasselbe. 4. (!) Aufl. 2 Thle. Leipzig 1821. 8⁰. (3 Mk. Paul Neubner, Cöln, 1892.)
Bibl. Mehnert. III. Suppl. p. 250.

— zum Todtlachen. 2 Bde. 8. Leipz. 808. ... 5e A. 821. (W. Nauck). 1 ℛ

—— und Unterweisungen, populäre, über liturg. Gegenstände, d. i.: über kirchl. Ceremonien, Gebräuche, Gebetweisen, Festzeiten und Einrichtungen. Gesammelt und theilweise bearb. von einem kathol. Priester. gr. 8. (IV und 163 S.) Innsbruck 848, (Wagner'sche Buchh.) *

— üb. d. Unzerstörbarkeit des Christenth. v. Müslin und Stephani. 8. Bern, A. Haller. 798.

Predigten von dem Verfasser des Christen in der Einsamkeit. Breslau 1759—61. N. A. 1769—70. V: *Crugot, Martin.* (ML) (Ky) »1770« (BrMm) (Roterm)

— von d. Verfasser des Christen in d. Einsamkeit (Mt. Crugot). 2 Thle. gr. 8. Bresl. 759, 61. 2e A. 769, 70. W. G. Korn. 1 ℛ 16 gℛ

Predigten von dem Verfasser des Hephästions. Königsberg 1775. V: *Starck, Johann August.* (Ky)

— von d. Verfasser des Hephästions (J. A. Starck). 8. Königsb. 775. Mit n. Titelbl. Mitau 776.

— von d. Verfasser der Prüfung philosoph. Predigten. 8. Zürich 777. Orell, Füßli u. C. 14 gℛ

—— verschämte. Schwarzbrod für's Christenvolk. Von Hiob Gradaus. 4 Thle. gr. 8. Regensburg, Manz. [1. Thl. (248 S.) 859., 2. (227 S.) 860., 3. (222 S.) 861., 4. (252 S.) 862. à Thl. 22½ Ngr.]

Predigten über die ersten Verse der Sonntagsevangelien. Die Eingänge erläutern die Geschichte Abrahams. Flensburg 1779. V: *Ingwersen, Broder.* (Bruun Suppl. 101)

Predigten über die Versuchung Christi in der Wüsten. Frankfurt und Leipzig 1781. V: *Lavater, Johann Kaspar.* (schstr S. 117)

Predigten, Vier. Leipz. 1775. V: *Cramer, Carl Friedrich.* (GGr)

Predigten, Vier. [Leipz. 1781.] V: *Ludwig, Johannes.* (MGT)

Predigten, Vier für die hl. Adventzeit ... Innsbruck 1863. V: *Graus, Georg.* (Margr)

Predigten, vier, für die heilige Adventzeit über die Vorbereitung zum heiligen Weihnachtsfeste. Herausg. von G. G. Innsbruck 863. Wagner. 8. (53 S.) n. 5 ngr.

Predigten, Vier, zur Beförderung edler Gesinnungen und Handlungen. Freyberg 1789. V: *Liebe, Johann Christlieb Gottlob.* (MGT) (NN) (Ky)

— vier, zur Beförder. edler Gesinnungen u. Handlungen, (von J. C. G. Liebe). 8. Freiberg 789. — Dieselb. mit noch 8 andern Predigten ꝛc. von denselben. Ebd. 790. Graz u. G. 6 gr.

Predigten, Vier, für Bürger und Bauern über die Klagen der Unterthanen gegen ihre Herren ... O. O. 1789. V: *Huber, Johann Ludwig.* (MGT)

Predigten. Vier P., gehalten am zweiten Gedächtnisstage des grossen Erdbebens... den 19. Oktober 1856, von I(mmanuel) Stockmeyer, S[imon] Laroche, S[amuel] Preiswerk, J[ohann] J[acob] Bischoff. 8. Basel [1856].

—— vier, gehalten am 2. Gedächtnißtage des großen Erdbebens, Sonnt. den 19. Oktbr. 1856 von J. Stockmeyer, S. Laroche, S. Preiswerk, J. J. Bischoff. gr. 8. (54 S.) Basel 856, Georg. *

— vier, vor verschied. Gemeinden gehalten. 8. Hamb. 798. Bohn. 8 gr.

vier, bei der 62. Hauptversammlg. des evangel. Vereins der Gustav Adolf-Stiftung in Stralsund am 20. u. 21. IX. 1910, geh. v. Roggo, E. Fuchs, Conrad, Rendtorff u. 2 Katechesen in den Kindergottesdiensten am 21. IX. 1910, geh. v. P. Zauleck, Meinhold. (55 S.) 8. Ebd. 910. -- 50

Predigten. Vier P., gehalten im Jahre 1871.... St. Gallen 1871 s. [Näf, Johann Baptist].

Predigten, Vier, auf der Landschaft gehalten. Zürich 1766. V: *Meister, Jac. Hnr.* (Zuwachsverz. d. Bibl. Zürich 1898 ff. 7.)

— vier, auf die Landschaft gehalten. 8. Zürich 766. Orell. 4 gr.

Predigten, Vier sonntägliche, vor der evangelischen Gemeine zu Regensburg in der Kirche zu St. Oswald... Regensburg 1783. H: *Grimm, Hieronymus David.* (MGT)

—— vier, gehalten zu Stuttgart im Dezbr. 1844 v. Chr. Dettinger, W. Hofacker, Alb. Knapp, Gust. Schwab. Mit e. Vorwort. gr. 8. (4 3/4 B.) Stuttgart 845, S. G. Liesching's Verl. *

— vier, welche von d. kurfürstl. Predigergesellschaft d. goldene Preismedaille erhalten haben. 8. Münch. 780. Grätz. (Lindauer). 10 gr.

Predigten, vierzehn, in harten Zeiten, s. Gelegenheitsreden f. Landv.

Predigten, Vierzehn, in harten Zeiten für das Landvolk. Salzb. 1794. V: *Reiter, Matthäus.* (Hr)

—— vierzig, auf die heil. Weihnachts- und Osterzeit. Eine Auswahl der vorzüglichsten neueren Kanzelreden des Auslandes für Curatpriester und Laien. (Titel-)Abdr. des I. Bds. der Predigt-Bibliothek, hrsg. von J. Rosentritt. gr. 8. (IV und 650 S.) Würzburg 855, Stahel'sche Buchh. *

— d. heil. Vincenz von Paula ꝛc., s. Vincenz.

—— des heil. Vincenz v. Paula und seiner Mitarbeiter und unmittelbaren Nachfolger bei den Missionen auf dem Lande. Zum erstenmale veröffentlicht von Jeanmaire. Aus dem Französ. 2 Bde. gr. 8. (XVII und 920 S.) Aachen 860, Hensen.

Predigten für das gemeine Volk, nebst einer Vorrede von sittlicher Bildung der Jugend... Münch. 1782—88. V: *Michl, Anton.* (MGT) (schmal)

— für das gemeine Volk. 3 Bde. 8. München, Lentner. 782.

— dem Herrn von Voltaire zur Erbauung gew. 8. Frft. u. Lpz. 774.

— über d. vorzügl. u. f. d. Menschh. wicht. Wahrheiten u. Angelegenh. 8. Gött. Brose. 816.

Predigten über wichtige Wahrheiten der christlichen Religion, zur Bildung guter Bürger und rechtschaffener Christen. Celle 1786. V: *Lindemann, Chph Friedrich Heinrich.* (Adel) (Ky) (MGT)

— über wichtige Wahrheiten d. christl. Religion, (v. Chph. F. H. Lindemann). 8. Celle 786. (W. Rauck in Leipz.) 18 gr.

Predigten zum 3ten Weihnachts- 3ten Oster-, 3ten Pfingstfesttage. [Reval 1779.] V: *Sabler, Thomas.* (R-N)

— welche bei dem fünfzigjähr. Jubelfeste der evangel. Gemeinde A. Conf. zu Pesth und Ofen in der evangel. Kirche zu Pesth im Jahre 1837 am 5., 11. u. 12. November in 3 Sprachen: slavisch, ungarisch und deutsch, gehalten wurden. Nebst einer kurzen Geschichte dieser Gemeinde, Beschreibung der Jubelfeier und der dabei gesungenen Cantaten. gr. 8. Pesth 837. Heckenast. 1/4 Thlr.

— welche in d. Kirche zum heil. Leopold in d. Leopoldstadt in Wien bei d. 100jähr. Jubelfeier des Gnadenbildes Maria die Trösterin d. Betrübten, v. F. Brauner, C. Lausch u. H. Oestreicher vorgetragen worden. gr. 8. Wien 827. (Wimmer). 8 gr.

Predigten über die Werke Gottes in der Natur. Halle 1774. V: *Sturm, Chph Christian.* (Ky)

— über die Werke Gottes in der Natur, (v. C. C. Sturm). 2 Samml. 8. Halle 774. Kümmel. 1 Thlr.

Predigten zur Wiederlegung und Vertilgung wichtiger praktischer Vorurtheile in Absicht auf Religion und Christenthum ... Frankf. a. M. 1796. V: *Kieselbach (Kiesselbach), Nicolaus.* (stri) (MGT) (Ky)

— zur Widerlegung u. Vertilgung von Vorurtheilen in der Religion. gr. 8. Frkf. a. M. 796. Varrentrapp. 1 Thlr. 8 gr.

— wöchentliche. Red. u. Hrsg.: Pingoud. Jahrg. 1888. 52 Nrn. (1/2 B.) gr. 8. St. Petersburg, (Eggers & Co.). n. 8. —

—— wöchentliche. Redact. u. Hrsgbr.: Pingoud. 2. Jahrg. 1889. 52 Nrn. (à Nr. 1/2 Bog.) gr. 8. St. Petersb., (Eggers u. Comp.). Nicht weiter erschienen. ** 7 —

— über die sieben Worte Christi am Kreuz. Von F. S. L. 8. Düsselthal 845. (Berlin, Wohlgemuth.) n. 1/3 ₰

—— über die 7 Worte Jesu, am Kreuze von Ihm gesprochen. 3. Aufl. br. 8. (VIII und 127 S.) Breslau 847, Hirt's Verlag.

Predigten, 10 estnische, aus der Mitte des 17. Jahrh., m. e. Einleitg. v. Wilh. Reiman, s.a. Verhandlungen der gelehrten estnischen Gesellschaft. XX. 1.

Zehn estnische **Predigten** aus der Mitte des 17. Jahrhunderts. Mit e. Einl. von Pastor Wilhelm Reiman. *(Dorpat; Leipzig: K. F. Koehler in Comm. 1890.)* (XVII, 77 S.) 8°
= **Verhandlungen** d. Gelehrten Estn. Gesellschaft. Bd 20, H. 1. (… 77)

Predigten, Zehn, zum Lobe des heil. Joseph, des Nährvaters Jesu Christi ... Augsburg 1792. V: *Kaiser, Stanislaus Alois.* (MGT) 2. Aufl. 1806. H: *Kolb, Cajetan Maria Fidelis v.* (MGT) (Ky)

— zehn, zum Lobe Josephs, Nährvaters J. Chr., (v. K. F. M. v. Kolb). 8. Augsb. 792. Doll. 9 ₰ 2e Aufl., s. v. Kolb.

— gehalten in d. glückl. Zeit d. Erlösung, von verschiedenen Verfass., als: Cappelle, Görz, Hiller zc. 8. Braunschweig, Lucius. 814.

— zwei: 1) Predigt am Erinnerungstage d. Todes Ihrer Maj. d. regier. Königin v. Preußen, Louise, gehalten am 12. Aug. 1810 v. T. Böhmer; 2) Gedächtnißpredigt auf Ihro Majest. d. Königin Louise v. Preußen, d. 12. Aug. 1810 gehalten von W. Neumann. gr. 8. Berl., (Mittler). 6 ₰

— 2, beim 50jährigen Amts-Jubiläum d. Hrn. Pfarrer Fr. Brunn den 18. Dezbr. 1892 geh. 12. (22 S.) Zwickau 893. J. Herrmann. — 15

— zwei, üb. die Bedürfnisse dieser Zeit, (v. Jh. Ldw. Grüner). 8. Regensb. 790.

Predigten, Zwo, für die Bedürfnisse der gegenwärtigen Zeit ... Regensburg 1790. V: *Grimm, Johann Ludwig.* (ML) »über« (Ky)

— zwei, in Beziehung auf die gegenwärt. Zeitumstände. 8. Königsb. 806. Nicolovius. 8 ₰

Predigten, Zwo, gehalten bei Einweihung des protestantischen Bethauses in Brünn ... 1783. Dessau 1784. V: *Riecke, Vict. Hnr.* (Hauptkat. d. Univ.-Bibl. Tübingen. G. S. 437.)

— zwei, bei d. Einweihung d. protestant. Bethauses in Brünn 1783. 8. Dessau 783. Gel. Buchh. 18 ₰

— zwei, bei d. Einweihung d. israelit. Betsaales zu Leipzig gehalten. 8. Leipz. 821. (Kollmann). 6 ₰

Predigten, Zwo erbauliche, von dem elenden Zustande eines Menschen, der in die Gewohnheit zu sündigen gekommen ist ... Copenh. 1730. V: *Hersleb, Ped.* (Bruun, Bibl. Danica I, 500.)

—— zwei, aus der Gegenwart. Nach stenograph. Aufzeichnungen. gr. 8. (18 S.) Kiel 864, Schwers'sche Buchh.

Predigten, Zwo, bei besonderen Gelegenheiten gehalten. Leipz. 1760. V: *Teller, Wilh. Abrah.* (JL)

Predigten, Zwey, die erste von der Glückseligkeit der Gerechten, die andere von dem Reichthum der Barmherzigkeit ... Flensb. 1777. V: *Greif, Georg Heinrich.* (Bruun, Bibl. Danica I, 495.)

— zwei, bei der 60. Hauptversammlg. des evangel. Vereins der Gustav-Adolf-Stiftung in Straßburg am 22. u. 23. IX. 1908, geh. v. Keeser u. Lahusen u. e. Katechese in dem Kindergottesdienst am 23. IX. 1908, geh. v. Zauleck. (27 S.) 8. Ebd. 908. — 50

—— zwei, gehalten von dem verlebten Pastor Hürter, früher zu Güls an der Mosel, zuletzt Cantonspfarrer zu St. Gangolph in Trier. gr. 8. (1 B.) Trier 844, Gall.

Predigten, Zwo, von dem geschlagenen und auferstandenen Hirten Jesu Christo ... Prenzlau 1794. V: *Grossmann, Daniel Heinrich.* (ML)

— zwei, in welchen zur Werthschätzung der Fruchtbäume ermuntert zc. wird. 8. 790. (Snobloch in Leipz.) 4 ₰

Predigten, Zwey, bey der dritten Jubelfeyer unserer Evangelischen Kirche. Stuttg. 1817. V: *Möricke, Joh. Chn Ldw.* (MGT)

— zwei, bei der dritten Jubelfeier unserer evangelisch. Kirche. 8. Stuttg. 818. Sattler. 4 ₰

— zwo, üb. den Betrüger Konrad. 8. Würzb. 786. Rienner. 3 ₰

— zwei, e. Landpfarrers an sein Pfarrvolk, üb. die abgeschafften Feiertage u. öffentl. Bettelei. 8. Münch. 802. Fleischmann. 3 ₰

— zwei, üb. die Pflicht der Aeltern in Erziehung ihrer Kinder. 8. Münch. 778. Crätz. 6 ₰

Predigten, Zwei, von einer Seele, die den Frieden Jesu geniesset. Leipz. 1764. V: *Bahrdt, Carl Frdr.* (ML)

Predigten, Zwei, gehalten in einer Strafanstalt ... Aschersleben 1861. V: *Schwencke.* (ZU)

— — zwei, gehalten in einer Strafanstalt von einem Strafanstaltsprediger. 8. (32 S.) Aschersleben 861, Carsted.

Predigten, Zwo, von der Taufe und Rechtfertigung. Nürnberg [ca. 1710]. V: *Hartmann, Johann Jacob.* (will)

Predigten, Zwei, bei Veranlassung der Besetzung der obern Stadtpfarrei Mannheim. Mannheim 1844. V: *Orbin, J. B. & Joh. Bapt. Beyhofer.* (Ky)

Predigten, zwei, bei Veranlassung der Besetzung der obern Stadtpfarrei Mannheim. (Gehalten von J. B. Orbin u. Jh. Bapt. Beyhofer.) gr. 8. Mannheim 844, Bensheimer. 1/8 ℛ

Predigten, Zwo, von den Wirkungen des heil. Geistes. Nürnberg 1707. V: *Hartmann, Johann Jacob.* (will)

— zwölf, für die Bruderschaft zur Erlangung eines guten Todes, siehe: Bruderschaftspredigten, 3. Bdchn.

— zwölf, für die Corporis Christi-Bruderschaft, siehe: Bruderschaftspredigten, 4. Bdchn.

— zwölf, für die heil. Dreifaltigkeits-Bruderschaft, siehe: Bruderschaftspredigten, 5. Bdchn.

Predigten, zwölf, gehalt. v. einigen Candidaten E. E. Hamb. Minist., Lehrern an den Hamburg. Sonntagsschulen. Mit e. Vorw. v. L. C. G. Strauch. gr. 8. (12½ B.) Altenburg 834, Hammerich. Thlr.

— zwölf, für die Rosenkranzbruderschaft, siehe: Bruderschaftspredigten, 1. Bdchn.

— zwölf, für die St. Michaelisbruderschaft, s. : Bruderschaftspredigten, 6. Bdchn.

Predigten, Zwölf, für die St. Michaelisbruderschaft. München 1852. V: *Richter, Jos. Seb.* (Ky)

— zwölf, f. die Scapulierbruderschaft, siehe: Bruderschaftspredigten, 2. Bdchn.

— zwölf, in der evangel. Stadtkirche zu München während des Kirchenjahres 1839/40 über freie Texte gehalten v. Böckh, Edelmann, Faber und Fuchs. gr. 8. München 841, Fleischmann. 2/3 ℛ

Predigtenkritik. Meissen 1784. V: *Eschke, Ernst Adph.* (MGT) S. a. Nr. 9502.

Über Predigtenkritik. Eine Wochenschrift. Herausgegeben von J. C. Hintzschius. Prag: Pruschin 1782. St. 1–6.

Predigtenkritik. – Berliner Predigtenkritik für's Jahr 1783. Herausgegeben von C. M. Plümicke. Berlin 1783. 8⁰ St. 1–12.

Predigtentwürfe. Herausg. von Dr. Räß u. Dr. Weis. 1r Bd. A. u. d. T.: Predigtentwürfe über d. zehn Gebote Gottes. gr. 8. Frankfurt 837. Andreä. 1⅓ ℛ — 2r Bd. A. u. d. T.: Predigtentwürfe über die 7 Sakramente. gr. 8. Ebd. 838. 2 ℛ

Predigtentwürfe üb. d. Abschnitte heil. Schrift, welche statt der gewöhnlichen Evangelien im Königr. Sachsen 1810 öffentlich erkl. werden sollen, v. K. H. Seltenreich, als Anh. z. s. Predigtentw. üb. d. gewöhnl. Sonn- Fest- und Apostelt.-Episteln und Evang. 3 Bde. 8. Leipzig, Benj. Fleischer. (1r 2r à 3 Stck. à 1 Rthlr. 3r 2 Stck. 16 gr.)

— — 2r Anhang, Predigtentwürfe üb. die biblischen Stellen, worüber im J. 1811 an Sonn- und Festtagen statt d. gewöhnlichen Evangelien in d. evangelischen Kirchen des Königreichs Sachsen gepredigt wird. 8. Leipzig, Benjamin Fleischer. 811.

— Anhang dazu, s. Predigtentwürfe üb. die Abschnitte heil. Schrift. für 1810.

— ausführl., über Luthers Katechismus, verbunden mit freien Texten, nebst e. Register, um die nachstehenden Entwürfe auch bei den gewöhnl. Sonntags-Perikopen zu benützen, als Hülfsmittel f. denkende Prediger. gr. 8. Liegn. 800. Mit n. Titel. Leipz. 822. Serig. 16 ℊ

Predigtentwürfe von e. Bauermädchen auf dem Lande. 16 Stück. 8. Mannh. 784. Löffler. 4 ℊ

Predigtentwürfe, Biblische, über die Glaubens- und Sittenlehren, auf alle Sonn- und Festtage . . . Augsb. 1794. V: *Menne, Edilbert.* (AarK) (Ky) (MGT)

— biblische, üb. d. kathol. Glaubens- und Sittenlehren a. a. Sonn- u. Festtage wie a. d. Fasten f. 5 Jahre. 2 Bde. gr. 8. Augsb. Doll. 794.

— über die gewöhnl. Episteln auf alle Sonn- u. Festtage des Jahres in Sturms Manier, (v. J. J. B. Trinius). 4 Jahrgg. od. 4 Bde. gr. 8. Leipz. 796—99. 2e A. 804. (Aue in Alt.) 3 ℛ

Predigtentwürfe über die gewöhnlichen Episteln auf alle Sonn- und Festtage des Jahres in Sturmischer Manier . . . Leipzig 1804. V: *Trinius, Johann Jacob Bernhard.* (winer)

— über die gewöhnlichen Episteln auf alle Sonn- und Festt. d. J. in Sturms Man. 4 Jahrg. od. 4 Bde. gr. 8. Leipzig, Jacobäer. 805. (à 1 Rthlr.)

Predigtentwürfe über die Episteln in Sturmischer Manier . . . Leipz. 1796-99. H: *Pölitz, Carl Hnr. Ldw.* (MGT)

Predigtentwürfe über die Evangelien und Episteln, im Geiste des protestantischen Lehrbegriffs . . . Leipzig 1804. V: *Pölitz, Carl Hnr. Ldw.* (MGT) (Ky)

— über die Evangelien u. Episteln im Geiste d. protestant. Lehrbegriffs, (v. K. H. L. Pölitz). 16 Hft. 8. Leipz. 804. (Märker). 16 ℊ

Predigtentwürfe über die gewöhnlichen Evangelien auf alle Sonn- und Festtage des Jahres, in Sturmischer Manier . . . Leipzig 1794—97. H: *Pölitz, Carl Heinrich Ludwig.* (Ky) (MGT) »1804« H: *Trinius, Joh. Jac. Bernh.* (winer)

Predigtentwürfe über die Evangelien in Sturmischer Manier ... O. O. 1794—1808 ff. H: *Pölitz, Carl Heinrich Ludwig.* (NN)

— über die Evangelien auf alle Sonn= u. Festtage d. Jahres ir Sturms Manier, (v. K. H. L. Pölitz). 4 Jahrgg. gr. 8. Leipz 794—97. N. A. 804. (Aue in Altona). 3 ₰

— üb. d. Evang. auf alle Sonn= u. Festtage d. J. in Sturms Man. 4 Jahrg. gr. 8. Lpz. Jacobaer. 805. (à 1 Rthlr.)

Predigtentwürfe, extemporirbare, nebst kurzen Dispositionen u. Hauptsätzen zu freien Vorträgen üb. d. Episteln an d. Sonn= u. Festtagen d. ganzen Jahres, so wie üb. d. neuen Perikopen in d. sächs. Agende u. üb. Texte aus d. Leidensgeschichte Jesu. 2 Bde. gr. 8. Leipzig, Barth.
Bd. 1. Vom Advent bis zum letzten Sonnt. nach Ostern. (39 1/2 B.) 828. 2 Thlr.
= 2. Vom 1. Pfingstfeiertage bis zum Schluß d. Kirchenjahres. (41 B.) 830. 2 Thlr.

—— extemporirbare, üb. d. Evangelien an d. Sonn= u. Festtagen d. ganzen Jahres, so wie üb. d. neuen Perikopen in d. sächs. Agende. 1. Bd. Vom Advent bis z. Pfingstfeste. 2., verb. u. verm. Ausg. gr. 8. (24 B.) Leipzig 838, Barth.
2. Bd. Ebendas. 1830. 2 Thlr.

Predigtentwürfe, extemporirbare, über die Evangelien an den Sonn= und Festtagen des ganzen Jahres, so wie über die neuen Perikopen in der sächs. Agende. 2. Bd.: Vom Trinitatisfeste bis zum Schluß des Kirchenjahrs. 2., verb. und verm. Aufl. gr. 8. (X und 403 S.) Leipzig 850, Barth.
1. Bd. (2. Aufl.) Ebendas. 1838. 1 Thlr. 22 1/2 Ngr.

Predigtentwürfe, extemporirbare, über freie Texte, nach der Ordnung des Kirchenjahres u. mit Rücksicht auf die evangel. Perikopen gewählt in 3 Jahrgängen. gr. 8. (XIV u. 570 S.) Leipzig 848, Barth. 2 1/2 ₰

Predigtentwürfe, extemporirbare, zu freyen Vorträgen über die Evangelien des ganzen Jahres, so wie über die neuen Perikopen in der sächs. Agenda. 1r und 2r Bd. gr. 8. Leipzig, Barth. 816 und 819. à 1 Rthlr. 16 Gr.

— a. alle Festtage 3 Jahrgänge. gr. 8. Augsb. F. A. Veith. 795–97. (1r 1 Rthlr. 2r 3r à 1 Rthlr. 12 gr)

— — — 4r 5r Jahrgang. gr. 8. Augsb. J. A. Rieger. 798. 99. (4r 1 Rthlr. 12 gr. 5r 1 Rthlr. 8 gr.)

— — — 6r Jahrg. 8. Augsb. Bolling. 804.

— über dogmat. u. moral. Gegenstände, frei bearb. rc. 1s Fünfzig. 8. Schlesw. 802. (Hammerich in Altona). 10 gr

— üb. dogmat. und moral. Gegenst., frey bearb. rc. 1s Funfzig. 8. Schleswig, Röhß. (Christiani). 803.

— im Geiste d. protestant. Lehrbegr. üb. d. Evang. u. Epist. 1r Jahrg. 1s Heft. gr. 8. Lpz. Märker. 804.

Predigtentwürfe, die christkatholische Glaubens- und Sittenlehre enthaltend. Wien 1835—44. V: *Feigerle, Ign.* (Kalemkian) V: *Wagner, Basil. von.* (Th) (schmal) (Ky) (winer)

—— die christkathol. Glaubens= u. Sittenlehre enth. (Von Wagner.) 3 Jahrge. 1. Aufl. (55 B.) 835., 2., verb. A. gr. 8. (56 B.) Wien 837, Mechitaristen=Congreg.=Buchh. à

Predigt=Entwürfe, die christkatholische Glaubens= u. Sitten=lehre enthaltend. 1–3. Jahrg. 3., verb. Aufl. gr. 8. (55 1/2 B.) Wien 844, Mechitaristen=Congreg.=Buchh.

Predigtenwürfe über Casualfälle ... Leipzig 1798. H: *Trinius, Joh. Jacob Bernhard.* (MGT)

— über Kasualfälle rc., (v. J. J. B. Trinius). 8. Leipz. 798.

— über Luthers Catechismus. gr. 8. Liegnitz, Siegert. 806.

Predigtentwürfe über Luther's ganzen kleinen Katechismus für Nachmittags- und Wochenprediger. Leipzig 1802. V: *Pölitz, Carl Hnr. Ldw.* (winer) (Ky) (MGT)

— üb. Luthers ganz. kl. Catechism. für Nachmitt. und Wochen=Predigten. gr. 8. Lpz. Feind. 802.

— über Luthers ganzen kl. Katechismus f. Nachmittags= u. Wochenpredigten, (v. K. H. L. Pölitz). gr. 8. Leipz. 802. (Taubert). 1 ₰ 12 gr

— katholische, über die Sonn= und Festtags=Evangelien. 2 Abtheil. gr. 8. Glogau, Günter. neue Buchhdl. 806–7. (à 18 gr.)

— üb. die acht neuen epistolischen Lehrtexte im Königr. Sachsen. Als Anhang zu den obigen. 8. Leipz. Benj. Fleischer 813.

Predigtentwürfe über die Leidensgeschichte, nach allen vier Evangelien, in Sturmischer Manier. Pirna 1804. V: *Pölitz, Carl Hnr. Ldw.* (winer) (Ky) (MGT)

— üb. die Leidensgeschichte nach den vier Evangel. in Sturm. Man. 8. Pirna, Friese. 810.

— in ausführl. u. abgekürzt. Form üb. die Leidensgeschichte Jesu nach Matthäus u. Markus, von K. Chr. Seltenreich. 8. Ebend. 812.

Predigtentwürfe in Sturmscher Manier über die neuen Perikopen, welche im Jahre 1810 ... in den Königl. Sächsischen Landen öffentlich erklärt werden sollen ... Leipz. 1810. V: *Pölitz, Carl Heinrich Ludwig.* (MGT) »im Jahre 1811 ... 1811« (MGT) (winer)

— in Sturmischer Manier, üb. d. neuen Perikopen. 2 Thle. gr. 8. Lpz. Hinrichs. 810.

Schreibp.
Velinp.

Predigtentwürfe über die ganze christliche Moral, in alphabetischer Ordnung. Liegnitz 1803—5. V: *Baur, Sam.* (Winer) (Ky)

— üb. d. ganze christliche Moral, in alphabetischer Ordnung. 3 Bde. gr. 8. Liegnitz, Siegert 803–5. (à 2 Rthlr.)

Predigtentwürfe üb. d. ganze christl. Moral, in alphabet. Ordnung. 3 Bde. Neue wohlf. Ausg. gr. 8. Leipz. 824, Taubert.

Predigtentwürfe, Neu bearbeitete, auf alle Festtage ... Augsburg 1796—99. V: *Menne, Edilbert.* (Ky) (MGT) ›Sonn- und Festtage des Jahres. 1791—1804‹ (Th)

— neu bearbeitete, auf alle Festtage, (v. E. Menne). 6 Jahrgg. (Bde). gr. 8. Augsb. 796—99. 1r—3r Jahrg. Veith. 4 ß 4 gr 4r u. 5r Jahrg. Rieger. 2 ß 14 gr, 6r Jahrg. 1802—4. Bolling. 1 ß 2 gr

Predigtentwürfe, neu bearbeitete, auf alle Sonntage. 1r–3r Jahrg. gr. 8. Augsb. F. A. Veith. 794–96. (1r 1 Rthlr. 2r 3r à 1 Rthlr. 14 gr.) Rthlr.

— — — 4r und 5r Jahrgang. gr. 8. Augsb. J. A. Rieger. 797. 98. (4r 1 Rthlr. 6 gr. 5r 1 Rthlr. 8 gr.)

— — — 6r Jahrg. gr. 8. Augsb. Bolling. 802.

— neu bearbeitete, auf alle Sonntage, (v. E. Menne). 6 Jahrgg. 6 Bde. 8. Augsb. 796—99. Veith; a. Bolling. 8 ß

— neu bearbeitete auf alle Sonn- und Festtage. 5 Jahrg. 8. Augsb. Veith. 791–94. (1r 2 Rthlr. 2r 1 Rthlr. 8 gr. 5r 3 Rthlr. 4 gr.)

Predigtentwürfe, Neue, über die gewöhnlichen Evangelien auf alle Sonn- und Festtage des Jahres in Sturm'scher Manier ... Görlitz 1807—8. V: *Pölitz, Carl Heinrich Ludwig.* (Winer) (Ky)

— neue, üb. die gewöhnlichen Evangelien, auf alle Sonn- und Festtage des Jahres in Sturmischer Manier ꝛc. 1r u. 2r Jahrg. gr. 8. Görlitz, Anton. 807–8. (à 1 Rthlr.)

Predigtentwürfe, Neue, in Sturmischer Manier über die Sonn- und Festtagsevangelien des ganzen Jahres. Görlitz 1806—8. V: *Pölitz, Carl Hnr. Ldw.* (MGT)

Predigtentwürfe, populäre, in Bildern u. Gleichnissen auf alle Sonn- u. Festtage, sowie auf die vorzügl. Bruderschafts- u. Patroziniums-Feste d. kathol. Kirchenjahres. Aus den besten Quellen geschöpft u. hrsg. v. e. ehemal. Prediger der Diözese Augsburg. Mit e. Vorworte v. Joh. Ev. Zollner. 1—3. Bd. gr. 8. Regensburg 873. Manz. 17. 40

1. Populäre Predigtentwürfe in Bildern u. Gleichnissen auf die Sonntage u. Festtage unsers Herrn u. Heilandes Jesu Christi im kathol. Kirchenjahre. (XII, 528 S.) 4. 80
2. Populäre Predigtentwürfe in Bildern u. Gleichnissen auf die Festtage unserer lieben Frau u. der Heiligen, sowie auf den Gedächtnißtag aller abgestorbenen Christgläubigen u. auch auf einige nichtgebotene Feste d. Heiligen. (508 S.) 4. 80
3. Populäre Predigtentwürfe in Bildern u. Gleichnissen auf die vorzügl. Bruderschafts- u. Patroziniums-Feste, sowie auf das Kirchweih- u. Ernte-Fest u. auf den Sylvesterabend. (579 S.) 7. 80

Predigtentwürfe, Psychologische. Ein Versuch. Leipzig 1795—98. H: *Tischer, Johann Friedrich Wilhelm.* (Russell VII, 2, 1322)

— psychol. v. J. F. W. Tischer. 4 Hefte. gr. 8. Lpz. Crusius. (F. C. W. Vogel.) 795. 98. (à 10 gr.)

— schriftgemäße, über die epistolischen Texte des Kirchenjahres 18$\frac{37}{38}$. Herausg. von drei befreundeten Geistlichen. 3 Hfte. 8. Leipzig 837, 38. Klinkhardt. (à n. 1/6 ß) 1/2 ß

—— schriftgemäße, üb. d. im Königr. Sachsen vorgeschrieb. epistolischen Texte d. Kirchenjahres 18$^{37}/_{38}$. Hrsg. von drei befreund. Geistlichen (Joh. Karl Fr. Kittan, Geo. Rob. Florey, A. S. Jaspis). 3 Hfte. 8. (11 B.) Leipzig, Klinkhardt. à * 1/6 Thlr. *

—— schriftgemäße, üb. d. im Königr. Sachsen vorgeschrieb. historischen Texte d. Kirchenjahres 18$^{38}/_{39}$. Hrsg. von drei befreund. Geistlichen (wie vorstehend). 2. Jahrg. 3 Hfte. 8. (11¼ B. u. 1 Tab.) Ebds. à * 1/6 Thlr. *

— schriftgemäße, über die im Königr. Sachsen vorgeschrieb. historisch-didactischen Texte des Kirchenjahres 18$\frac{39}{40}$. Herausg. von drei befreundeten Geistlichen. 3r Jahrg. Cyclus A., bearb. von Joh. Karl Friedr. Kittan. 3 Hfte. — B., von G. R. Florey. 3 Hfte. — C., von A. S. Jaspis. 3 Hfte. 8. Leipzig 839, 40. Klinkhardt. (à 1/6 ß) 1½ ß

Predigtentwürfe, schriftgemäße, über die im Königreiche Sachsen vorgeschriebenen historisch-didactischen Texte des Kirchenjahres 18$^{40}/_{41}$. Herausgeg. von drei befreundeten Geistlichen. 4. Jahrg. II. Heft. Vom 1. Osterfeiertag — 8. p. Trin. 20 Eingänge und 60 Dispositionen enthaltend. 8. Leipzig 841, Klinkhardt. (à) n. 1/6 ß

— dies. 4. Jahrg. III. Heft. Vom 9.—27. Sonntag nach Trinitatis. 21 Eingänge und 63 Dispositionen enthaltend. 8. Ebend. 841. (à) n. 1/6 ß

—— schriftgemäße, über Texte eines vollständigen Kirchenjahres. Bearb. von drei befreundeten Geistlichen, hrsg. v. G. R. Florey. 1—7. Bdchn. 8. Leipzig, Klinkhardt. 3

Bdchn. 1—3. Historisch-didactische Texte. Neues sächsisches Pericopenbuch. 4. Jahrg. Cyclus A B C. 2., neugeordnete, umgearb. u. verm. Aufl. (38¼ B.) 843. 1 Thlr. 15 Ngr.
" 4—6. Die evangel. Pericopen. Neues sächs. Pericopenbuch. 1. Jahrg. — Die epistolischen Pericopen. Neues sächs. Pericopenbuch. 2. Jahrg. — Historische Texte. Neues sächs. Pericopenbuch. 3. Jahrg. 2., neugeordn., umgearb. u. verm. Aufl. (40¾ B.) 844. 1 Thlr. 15 Ngr.
" 7. A. u. d. T.: Hirtenstimmen an die Gemeinde im Hause des Herrn. 1. Bdchn. 12 Advents-, 12 Fasten-, 6 Bußtags- u. 18 Wochenpredigtentwürfe enthaltend. (15 B.) 847. 22½ Ngr.

— schriftgemäße, über Texte eines vollständigen Kirchenjahres. Bearb. v. drei befreundeten Geistlichen, hrsg. v. G. R. Florey. 8. Bdchn. A. u. d. T.: Hirtenstimmen an die Gemeinde im Hause des Herrn. 2. Bdchn., 52 Festpredigtentwürfe enthaltend. 8. (VIII u. 204 S.) Leipzig 849, Klinkhardt. ¾ ß — (9. Bdchn.:) Hirtenstimmen an die Gemeinde im Hause d. Herrn. Eine Sammlung von Entwürfen zu Casualreden. 3. Bdchn., 60 Entwürfe enthaltend. A. u. d. T.: Hirtenstimmen bei den Wechselfällen des Lebens. Eine Sammlung von Entwürfen zu Tauf-, Confirmations-, Trau- u. andern im geistl. Amte vorkommenden Reden u. Predigten bei außergewöhnlichen Veranlassungen. 8. (VIII u. 280 S.) Ebd. 850. 27 ngr (Hirtenstimmen 3 Bdchn. 2 ß 12 ngr Predigtentwürfe 1—9: 5 ß 12 ngr)

Predigtentwürfe für alle Sonn- und Festtage eines ganzen Jahres. Von einem kathol. Seelsorger. 1. und 2. Jahrg. 8. Regensburg, Manz. [1. (304 S.) 849., 2. (408 S.) 850. à Jahrg. 25 Ngr.] Thlr.

Predigtentwürfe auf die meisten Sonn- und Festtage des Jahres, wie auch verschiedene Gelegenheitsreden . . . Bregenz 1806—7. V: *Bertsche, Fr. X.* (MGT) oder: *Rosenlächer, Franz Joseph.* (Ky)

— auf die meisten Sonn- u. Festtage des Jahres, wie auch verschied. Gelegenheitsreden. Für kathol. Prediger, (v. F. X. Bertsche od. Frz. Jos. Rosenlächer ?) 3 Bochen, 8. Bregenz 806, 7.

— über die Sonn- und Festtags-Episteln des ganzen Jahres. 8. Leipzig, Schneider. 792. -

— üb. die Sonn- und Festtags Evang. und einige Episteln. 8. Hof, Vierling. (Grau.) 788. -

— über die Sonn- u. Festtags-Evangelia. Genehmigt vom hochwürdigsten General-Vicariat-Amte zu Breslau. 2 Thle. 2e Aufl. gr. 8. Glogau 838. Flemming. $1\frac{1}{2}$ ₰

Predigtentwürfe über die gewöhnlichen Sonn- und Festtags-Evangelien und Episteln durchs ganze Jahr . . . Leipz. 1804—20. H: *Seltenreich, Carl Christian.* (MGT) »1804—13« (Winer) (StAt)

— üb. d. gew. Sonn- Fest- und Apostelt. Evang. und Epist. durchs ganze Jahr in ausführl. abgek. Dispost. v. K. H. Seltenreich. 7 Bde. zu 3 Hftn. 8. Lpz. Benj. Fleischer. 805–10. (à 8 gr.)

— üb. die gewöhnl. Sonn-, Fest- u. Aposteltags-Evangelien u. Episteln durchs ganze Jahr in ausführl. abgekürzt. Form, von K. Ch. Seltenreich. 8r—11r und letzter Bd. 8. Leipz. Benj. Fleischer. 811—13. (8r—10r à 1 Rthlr. 11r 1 Rthlr. 14 gr.) Rthlr.
Das ganze Werk von 11 Bden u. Anhang:

Predigt-Entwürfe über freie Texte. 8. (XII und 272 S.) Bremen 858, (Heyse's Verlag.) *

Predigt-Entwürfe über freie Texte von verschiedenen Predigern. 12. (VIII, 288 S.) Bremen 879, Verlag des Tractathauses. geb. *

Predigt-Entwürfe üb. freie Texte v. verschiedenen Predigern. Bearb. u. zusammengestellt v. H. Burkhardt. (388 S.) 8. Bremen (908). Buchh. u. Verlag des Traktathauses. 2.—; geb. 3. —

Predigtentwürfe für freye Texte auf alle Sonn- und Festtage des Jahres, für evangelische Prediger . . . Leipz. 1804. V: *Pölitz, Carl Heinrich Ludwig.* (MGT) (Ky)

— über freie Texte, auf alle Sonn- u. Festtage des Kirchenjahres 2c., (von K. H. L. Pölitz). 1r Bd, 1s u. 2s Hft. gr. 8. Leipz. 805. (Brockhaus). 18 ℛ

— über freye Texte, auf alle Sonn- und Festtage des Kirchenjahres 2c. 1r Bd. 1s–3s Heft. gr. 8. Lpz. Junius. (Gleditsch.) 805. (à 9 gr.)

— über die f. 1823 in Sachsen verordneten Texte, f. Predigten üb. die wicht. Lehren u. Vorschriften des Christenthums.

Predigt-Hausschatz, evangelischer. Nr. 1—39. 12. Halle, E. Strien. à n. — 10

Inhaltsübersicht in alphabetischer Ordnung:

Baumann, Eug., die Gemeine der Heiligen im Lichte der Gottesstadt. Jesaias 60, 1—6. Predigt, am Sonntag nach Epiphanias geh. (11 S.) 899. (Nr. 28.)
— die Gerechtigkeit, die vor Gott gilt. Römer 10, 1—10. Predigt am 1. Sonntag nach Trinitatis 1899. (12 S.) 899. (Nr. 35.)
— christliche Totenschau. Micha 2, 12 u. 13. Totenfestpredigt. (12 S.) 899. (Nr. 21.)
— Wundersucht — Wunderglaube — Wunderwirkung. Ev. Johannis 4, 47—54. Predigt. (11 S.) 899. (Nr. 17.)
Beyschlag, W., „Ich lebe, u. ihr sollt auch leben". Ev. Joh. 14, 19. Osterpredigt, geh. in der deutsch-evangel. Gastkapelle zu Lugano 17. IV. 1892. (16 S.) 899. (Nr. 11.)
Blau, P., von der christlichen Sorglosigkeit als dem schönsten Vorrecht der Kinder Gottes. Ev. Matth. 6, 24—31. Predigt. (12 S.) 899. (Nr. 29.)
Conrad, der Herr ist mein Hirte. Ev. Joh. 10, 23—30. Predigt, geh. in der St. Jacobkirche zu Berlin. (12 S.) (901.) (Nr. 36.)
Eckardt, R., der Christ in Zeit u. Ewigkeit. 1. Johannis 3, 2. Predigt, geh. in der St. Bartholomäikirche zu Altenburg. (12 S.) 899. (Nr. 19.)
— was bringt wohlbehalten durch die böse Welt? 1. Petri 5, 6—11. Predigt, geh. in der St. Bartholomäikirche zu Altenburg. (11 S.) 899. (Nr. 14.)
Eybisch, A., das neutestamentl. Hoheslied der Liebe. 1. Kor. 13, 1—13. Passionspredigt, geh. am Estomihi-Sonntage. (18 S.) 899. (Nr. 8.)
Falke, R., was die Evangelischen zur Sammlung veranlassen soll. Jeremias 29, 11—14. Festpredigt beim Jahresfest des evangel. Bundes am 10. V. 1898 in Aschersleben. (15 S.) 899. (Nr. 22.)
— die Gnade Gottes am deutschen Volke. 1. Kor. 15, 10. Kaisersgeburtstagspredigt. (12 S.) 899. (Nr. 7.)
Hackenschmidt, C., Lebensernst u. Lebensfreudigkeit. 1. Kön. 3, 5. Eine Neujahrspredigt. (11 S.) 899. (Nr. 5.)
Hermes, E., die Menschheitsfamilie. Weihnachtspredigt über 1. Johannis 3, 1—3. (11 S.) 899. (Nr. 32.)
— die Purpurkrämerin. Apostelgesch. 16, 12—15. Predigt am 12. Sonntage nach Trinitatis. (12 S.) 899. (Nr. 16.)
— der Wüstenprediger. Adventspredigt über Ev. Matthäi 3, 1—11. (12 S.) 899. (Nr. 33.)
Hoffmann, Geo., ein Feuer auf Erden! Pfingstpredigt über Ev. Lucä 12, 49. (18 S.) 899. (Nr. 13.)
Kayser, C., durch Kreuz zur Krone! Phil. 2, 5—11. Konfirmationspredigt am Palmsonntag, geh. in der St. Paulskirche zu Frankfurt a. M. (15 S.) 899. (Nr. 10.)
Koehler, P., hüte dich vor dem Betrug der Sünde! Matth. 27, 15—26. Predigt. (10 S.) 899. (Nr. 9.)
Müller, D. L., die ewige Erlösung. Predigt üb. Hebräer 9, 12, geh. in der österl. Zeit. (16 S.) 899. (Nr. 23.)
— die evangelische Heiligung. 1. Thessalonicher 5, 23. 24. Predigt. (20 S.) 899. (Nr. 24.)
— über e. Kleines! Predigt am Sonntage Jubilate üb. Joh. 16, 16—23. (16 S.) 899. (Nr. 12.)
Palmié, Frdr., das höchste Gut! Ev. Matth. 13, 45 u. 46. Predigt, geh. in der St. Nicolai-Kirche zu Osterburg. (11 S.) 899. (Nr. 15.)
Pink, Otto, wandelt wie die Kinder des Lichts! Epheser 5, 8—13. Predigt, am 1. Sonntage nach Epiphanias geh. (11 S.) 899. (Nr. 31.)
Quandt, Emil, wie wird das Herz fest? Ebräer 13, 9. Predigt. (12 S.) 899. (Nr. 18.)
Schmidt, Paul Vikt., wie sollen Christen an den Gräbern stehen? 1. Thessal. 4, 13. Predigt am Totenfeste. (15 S.) 899. (Nr. 25.)
— die rechte Weihnachtsfreude. Lucas 2, 1—14. Predigt am 1. Weihnachtsfeiertage. (12 S.) 899. (Nr. 3.)
Schreiber, Heinr., der rechte Erntedank. Psalm 107, 1. Predigt. (12 S.) 899. (Nr. 30.)
Seydewitz, Hans v., die Herrlichkeit Jesu in der Familie. Predigt über Ev. Johannes 2, 1—11, geh. am 2. Sonntage nach Epiphanias. (11 S.) 899. (Nr. 6.)
Siegmund-Schultze, F., welcher Geist soll in der christl. Gemeinde walten? 2. Tim. 1, 7. Gastpredigt, geh. in der Elisabethkirche zu Breslau am 18. XI. 1894. (19 S.) 899. (Nr. 1.)
Vorberg, M., die Stimme des Bußtags. 1. Mose 41, 9. Bußtags-Predigt, in der Apostel-Paulus-Kirche geh. (21 S.) 899. (Nr. 20.)
— die Weckstimmen des Advents. Römer 13, 11—14. Advents-Predigt. (14 S.) 899. (Nr. 2.)
Walkhoff, H., was wollen wir v. Jesu Christo erwarten? Ev. Matth. 11, 2—10. Predigt in der Adventszeit. (11 S.) 899. (Nr. 27.)
Weser, H., von der Allgegenwart Gottes in unserer Gedankenwelt. Psalm 139, 9—10. Predigt am 3. Sonntag nach Epiphanias. (10 S.) 899. (Nr. 26.)
— was bringt das Christkind dem einzelnen Herzen? 1. Joh. 4, 16. Predigt am 2. Weihnachtsfeiertag. (11 S.) 899. (Nr. 4.)
— neue Pfingsten f. unser Volk. Hesekiel 36, 26. Predigt am Pfingst-Montag. (10 S.) 899. (Nr. 34.)
Witte, Leop., von den Geheimnissen des Reiches Gottes. Matth. 11, 25—30. Geh. in der Laurentiuskirche zu Halle am XIV. Sonntag n. Trin. (12 S.) (901.) (Nr. 38.)
— Hus u. Savonarola. 2. Mos. 3, 1—8. Predigt, geh. in der Lutherwoche 1900 in der St. Matthäikirche zu Leipzig. (16 S.) (901.) (Nr. 37.)
— hast du die köstliche Perle? Matth. 13, 45. 46. Reformationsfestpredigt, geh. in der Laurentiuskirche zu Halle am 3. XI. 1901. (11 S.) (902) (Nr. 39.)

Predigt-Hausschatz, evangelischer. Nr. 40—47. 12. Halle, E. Strien. à n. — 10

Falke, R., Pfingstpredigt. Offenb. Joh. 3, 11. Unsere evang. Kirche im Lichte des Pfingstfestes. (11 S.) (903.) (Nr. 47.)

— die 4 Temperamente. Lukas 9, 52—62. Predigt. (11 S.) (906.) (Nr. 46.)

Friedrich, H., am Abend des Totenfestes. Hebr. 9, 27. (13 S.) (901.) (Nr. 45.)

Horn, F., niemals herzlos u. gedankenlos! Ev. Luca 10, 31—32. Predigt über den Gemeindegottesdienst am 13. Sonntag nach Trinitatis. (12 S.) (903.) (Nr. 44.)

— die Sonne, die mir lachet, ist mein Herr Jesus Christ. 2 Kor. 4. 6. Predigt über das christl. Kirchenjahr. (10 S.) (903.) (Nr. 40.)

Nickel, A. F., am fremden Joch. Jünger Jesu Christi? 2. Kor. 6, 14—?, 1. Predigt. (12 S.) (903.) (Nr. 43.)

Wächtler, A., das Evangelium von dem mitleidigen Hohenpriester. Ebr. 4, 15—16. Geh. in der St. Ulrichskirche zu Halle am Sonntag Invocavit 1903. (11 S.) (903.) (Nr. 41.)

— von dem Leben, das der Tod Christi in uns weckt. Ev. Luca 23. 44—49. Geh. in der St. Ulrichskirche zu Halle am Karfreitag 1903. (11 S.) (903.) (Nr. 42.)

Predigtkatechismus, oder Anweis. eine Predigt wohl zu behalten. 8. Wittenberg, Zimmermann. 753. -

Predigtklänge aus der evangelischen Sommer-Kapelle in Pargala. Eine Jubiläumsgabe 1855—1880. Mit 1 Holzschn. der Kirche. gr. 8. (107 S.) St. Petersburg 880, Röttger. '

Predigtkritiken. Prag 1782.
V: *Steinsberg, Fr. Guolfinger Ritt. von.* (Ky) (MGT)

Predigtkritiken, (vom Ritter v. Steinsberg). 8. Prag 782. Berl. 783.

Predigt-Lieder

ANDÄCHTIGE Predigt-, Meß- und andere Lieder und Gebete. Komorn o. J. o. Dr.

Predigt-, Meß- und Segenlieder sammt Vesperandacht zum katholischen Gottesdienste. Gesammelt von einem kathol. Seelsorger zunächst für die liebe Schuljugend, wie auch für Erwachsene. 8. (79 S.) Sternberg. Dr. Vincenz Joseph Niebner 1852.

Predigt-Magazin, herausg. von Frz. Ant. Heim u. Frz. Jos. Heim. 16. Bd. 2 Abthlgn. u. 17. Bd. 1. Abth. gr. 8. (XVI. 1: .. u. ... S. 2: .. u. ... S. XVII. 1: .. u. ... S.) — in Verbindung mit mehreren kathol. Gelehrten rc. hrsg. v. Frz. Jos. Heim. 17. Bd. 2. Abthlg. 18—21. Bd. à 2 Abthlgn. 22. Bd. 1. Abth. gr. 8. (XVII. 2: 248 S. XVIII. 1: VI u. 384 S. XVIII. 2: 76 u. LX S. XIX. 1: 8. 208 u. XXXII S. XIX. 2: S. 209—400 u. XXXIII—XLIV. XX. 1: 192 u. XXIV S. XX. 2: 258 u. XLVI S. XXI: 432 u. L S. XXII: XL u. 192 S.) Augsburg 847—52, Rieger. Die Abth. à n. $^5/_6$ rf (I—XXII. 1: n. 35$^5/_6$ rf)

— der Budweiser Diöcese. Herausg. von dem theologischen Professoren-Collegium. 1. u. 2. Bd. (à 4 Hefte.) Budweis 855, 56. (Prag, Credner.) gr. 8. (381; 386 S.) Jeder Band n. 1 rf. 10 ngr.

Predigt-Magazin in der budweiser Diöcese. Hrsg. von dem theolog. Professoren-Collegium. 2. Bd. (4 Hefte.) und 3. Bd. 1. Heft. gr. 8. Ebds. [2. Bd. (V und 386 S.) 3. Bd. 1. Heft. (S. 1—96.) 855,56. à Heft * 10 Ngr.] *

— — 3. Bd. (4 Hefte.) Budweis 857. Hansen in Comm. gr. 8. (VI, 392 S.) n. 1 rf. 10 ngr.

Predigt-Magazin der budweiser Diöcese. Hrsg. von dem theolog. Professoren-Collegium. 3. Bd. 2. Heft. gr. 8. (S. 97—192.) Prag 857, (Credner's Verlags-Conto.) *

—— dass. — 3. Bd. 3. und 4. Heft. gr. 8. (VI und S. 193—392.) Budweis 857, (Hansen.) à Heft * 10 Ngr. *
1. und 2. Jahrg. à 4 Hefte und 3. Jahrg. 1. Heft. Prag 1855,56. (Credner's Verlags-Conto.) * 3 Thlr.

Predigt-Magazin, Evangelisch-Katholisches. Herausg. von Johs. de Marle. 1. Bd. 3 Lfgn. 8. (336 S.) Schkeuditz 847. 48, de Marle's Selbstverlag. (à n. $^1/_3$ rf) n. 1 rf

Predigt-Magazin, israelitisches. Homiletische Monatsschrift in Verbindung mit gleichgesinnten Collegen hrsg. von M. Rahmer. 1. Jahrg. 1874. (12 Hefte.) 1. Heft. October. gr. 8. (32 S.) Leipzig, Friese. *

Predigt-Magazin, israelitisches. Homiletische Monatsschrift in Verbindung mit namhaften Predigern hrsg. von M. Rahmer. 2. Jahrg. Oct. 1875 — Septbr. 1876. 12 Hefte. gr. 8. (à Heft 32 S.) Leipzig, Friese. **

—— dass. — Homiletische Zeitschrift, in Verbindung mit namhaften Predigern hrsg. von M. Rahmer. 3. und 4. Jahrg. 1877 und 1878. à Jahrg. 12 Hefte. gr. 8. (à Heft ca. 80—90 S.) Ebendas. à Jahrg. **

—— dass. — 5. Jahrg. 1879. 4 Hefte. gr. 8. (à Heft 60—70 S.) Ebendas. *

— dasselbe. 6. Jahrg. 1880. 4 Hfte. gr. 8. (159 S.) Ebend. n. 4. —

Predigt- u. Schul-Magazin, israelit., hrsg. v. Ludw. Philippson. 1. u. 2. Bd. à 12 Hfte. (Jahrg. 1834 u. 35.) gr. 8. Magdeburg, (Creutz.) à J.

Predigt- u. Schul-Magazin, israelitisches, hrsg. v. Ludw. Philippson. 3. Bd. (od. Jahrg.) 1836. 12 Hfte. gr. 8. Magdeburg, (Creutz'sche Buchh.) *
Vgl. 8. Bd. 2. Abthl. S. 123.

Predigt-Magazin, in Verbind. mit mehreren kathol. Gelehrten, Predigern u. Seelsorgern hrsg. v. Frz. Ant. Heim. 1—9. Bd. à 2 Abthln. gr. 8. (à Bd. ca. 30 B.) Augsburg 838—42, Rieger'sche Buchh. à Abthl. *

Predigt-Magazin in Verbindung mit mehr. kathol. Gelehrten, Predigern u. Seelsorgern hrsg. v. Frz. Ant. Heim. 10—16. Bd. à 2 Abthl. gr. 8. (à Bd. ca. 30 B.) Augsburg 842—47, Rieger'sche Buchh. à Abthl. *
1—9. Bd. Ebendas. 1838—42. à Bd. * 1 Thlr. 20 Ngr.

—— dass. 1. Bd. 1. Abthl. 2. Aufl. gr. 8. (15½ B.) Ebds. 845. *

Predigtmagazin, in Verbindung mit mehreren kathol. Gelehrten, Predigern und Seelsorgern hrsg. von Frz. Jos. Heim. 17—21. Bd. à 2 Abthlgn. gr. 8. Augsburg 847—51, Rieger'sche Buchh. à Bd. * 1 Thlr. 20 Ngr. *
Vgl. 10. Bd. 2. Abthl. S. 126.

—— in Verbindung mit mehreren kathol. Gelehrten, Predigern und Seelsorgern hrsg. von Frz. Jos. Heim. 22. Bd. gr. 8. (XCVI und 400 S.) Augsburg 852—53, Rieger'sche Buchh. *

—— zu Vorlesungen in Kirchen u. z. häusl. Erbauung. Hrsg. v. Ferd. Fiedler. 1—10. Hft. 4. (à ca. 4 B.) Glogau 840—42, Flemming. à

—— zu Vorlesungen in Kirchen u. zur häusl. Erbauung. Hrsg. v. Ferd. Fiedler. 11—15. Hft. 4. (18½ B.) Glogau 843, Flemming. à
1—10. Hft. Ebendas. 1840—42. à 2½ Ngr.

Predigtmuster, drey, über den dritten Art. 8. Augsburg, Doll. 785.

Predigtsammlung, allgemeine, aus d. Werken d. vorzüglichsten Kanzelredner; zum Vorlesen in Landkirchen wie auch z. häusl. Erbauung. Hrsg. v. Eduin Bauer. 1. Bd. — A. u. d. T.: Evangelienpredigten auf alle Sonn- u. Festtage d. Jahres. Lex.-8. (51 B.) Leipzig 841, Brockhaus.

Predigtsammlung, allgemeine, aus den Werken der vorzügl. Kanzelredner zum Vorlesen in Landkirchen wie auch zur häusl. Erbauung. Hrsg. v. Eduin Bauer. 2. u. 3. Bd. gr. 8. Leipzig, Brockhaus. à 2 Thlr. Thlr.
A. u. d. Titln.:
Bd. 2. Epistelpredigten auf alle Sonn- u. Festtage des Jahres. (48 B.) 843.
„ 3. Predigten üb. freie Texte auf alle Sonn- u. Festtage des Jahres. (49½ B.) 844.
1. Bd. Ebendas. 1841. 2 Thlr.

—— neue, v. J. Sprißler, u. mehreren süddeutschen Geistlichen. 1. Jahrg. 12 Hfte. (à 4—6 B.) gr. 8. Hechingen 835, 36, [Egersdorff.] *

Predigtsammlung, neue, von J. Sprißler und mehreren süddeutschen Geistlichen. 1. Jahrg. 12 Hfte. gr. 8. Hechingen 835. 36. Ribler. n. 3 ℛ

Predigt-Skizzen rc., herausgeg. von Er. Stange. — Supplementheft zu der ersten Hälfte des Perikopenbuches für das Königr. Sachsen, d. i. Predigt-Skizzen rc. gr. 12. Grimma 841, Verlags-Compt. ¼ ℛ — Neueste Supplemente zu der 2. Hälfte des Perikopenbuchs rc. 12. Ebend. 843. ¼ ℛ

— über die alten und neu verordneten Episteln, in Verbind. mit dreien andern Geistlichen herausg. von Ernst Stange. 5 Hfte. gr. 12. Grimma 837, 38, Verlags-Compt. (1s—3s à ¼ ℛ, 4s u. 5s à ⅙ ℛ) n. 1 1/12 ℛ

— über die Evangelien, in Verbindung mit d. Pastor Uhlmann am Dom in Freiberg und mehreren andern Geistlichen herausg. von Ernst Stange. 6 Hfte. gr. 12. Ebd. 837. (I. ⅙ ℛ, II.—VI. à ¼ ℛ) n. 1 5/12 ℛ

—— über d. alten u. neu verordn. Evangelien, in Verbind. mit Uhlmann u. zweien and. Geistlichen hrsg. v. Ernst Stange. 6 Hfte. gr. 12. (39⅔ B.) Grimma 837, Verlags-Comptoir. [1. * ⅙ Thlr., 2—6. à * ¼ Thlr.] *

Predigtsammlung schweizerischer, evangelischer Geistlicher . . . Zürich 1839. H: *Pestalozzi, Joh. Heinr.* (NN)

—— schweizerischer evangel. Geistlicher. Hrsg. zu Gunsten d. evangel. Gemeinde zu Rappersweil. 2. Aufl. Breit gr. 8. (27 B.) Zürich [u. Frauenfeld] 839, Beyel. *

Predigt-Skizzen über die neuen Texte vom 1n Advent 1835 bis zum 35n Sonntag nach Trinitatis 1836. 1s—4s Hft. Von Er. Stange. gr. 12. Grimma 836. Verlags-Compt. n. ⅔ ℛ — dies. in erweiterter Form über die im Jahre 1835—36 ausgeschrieb. Lehrtexte. 5s (letzt.) Hft. gr. 12. Ebd. 836. n. ¼ ℛ

— über die im Königr. Sachsen neu verordneten histor. Texte für das Kirchenjahr 1838/39, herausg. in Verbindung mit einem andern Geistlichen von Ernst Stange. 1s—5s Hft. gr. 12. Ebd. 839. (1s—3s à ¼ ℛ, 4s u. 5s à 7 gr) 1⅓ ℛ

Predigt-Skizzen über die im Jahre 1843 neu verordneten histor. Texte rc. Hrsg. v. Ernst Stange. Neueste Supplemente zu der 2. Hälfte des Perikopenbuchs rc. 12. (4¾ B.) Grimma 843, Verlags-Compt.
Vgl.: 9. Bd. 2. Abthl. S. 140.

—— über d. neu vorgeschrieb. dreifachen histor. didact. Text-Cyclus zunächst f. d. Kirchenjahr 1839/40, in Verbind. mit Klemm u. Wolf hrsg. v. Ernst Stange. 6 Hfte. gr. 12. (36½ B.) Grimma 840, Verlags-Comptoir. [1—3. u. 6. à * ¼ Thlr., 4. u. 5. à ⅙ Thlr.] *

—— dass. — hrsg. v. dems. — Supplementhft. zu d. 1. Hälfte d. Perikopenbuches f. d. Königr. Sachsen, d. i. Predigt-Skizzen rc. gr. 12. (4¼ B.) Grimma 841, Verlags-Comptoir.

Predigt-Studien üb. alttestamentliche Texte im Anschluß an das Kirchenjahr. Ein homilet. Handbuch zunächst f. evangel. Prediger in Amerika. gr. 8. (XVI, 452 S.) Basel 872. Spittler. n. 3. —

Predigttexte, die bibl., in 2 Jahrgängen, nebst d. Leidens-Gesch. Jesu Christi, zum Gebr. d. evangel. Kirchen d. Königr. Württemberg. gr. 8. (16½ B.) Stuttgart 832, Metzler.

Predigt-Texte der weimarischen Landeskirche, zum Gebrauch für Kirche, Schule u. Haus tabellarisch geordnet. Weimar 869. Böhlau. gr. Fol. n. 2½ ngr.

Predigtversuche, meist über die Sonn- und Feyertagsepisteln. Ulm 1791. V: *Eben, Johann Phllipp.* (Ky) (MGT)

Predigtversuche, meist über Sonn- u. Festtags-Episteln. (v. Jh. Ph. Eben). 8. Ulm 791. Stettin. 12 g

Predigtversuche, meist über Sonn- und Festtags-Episteln. 8. Ulm, Stettin. 792. *

Predikanten-Ordnung, erneuerte, für d. Kirchendiener des Kantons Zürich. 4. Zürich 803. Orell. 12 gr

Predl, F. X. M. A. v., Erinnerungen aus Griechenland in d. J. 1833—34 u. 35. gr. 8. (17½ B. u. 1 Karte.) Würzburg 836, (Stahel'sche Buchh.) *

—— dass. (u. d. T.:) Erinnerungen aus Griechenland in d. J. 1832, 1833, 1834 u. 1835, nebst e. gedrängten Darstell. d. griech. Freiheitskampfes v. 1821—1833. 2., verm. Aufl. gr. 12. (22¾ B.) Würzburg 841, Voigt u. Mocker. *

Predöhl, August

Predöhl, A., die Geschichte der Tuberkulose. gr. 8. (XXXI, 502 S.) Hamburg 888. Voss. n. 12. —

Predöhl, Aug., zur Prophylaxe der Tuberculose, s.: **Festschrift zur Feier d. 80jähr. Stiftungsfestes d. ärztl. Vereins zu Hamburg.**

Predöhl, Max G[arlieb] A[ugust], Referendar: Die Entwicklung der Lotterie in Hamburg. Ein Beitr. z. Geschichte d. Lotterie. Hamburg 1908: Lütcke & Wulff. 72 S. 8° Heidelberg, Jur. Diss. v. 1908, Ref. Endemann
[Geb. 28. Mai 85 Hamburg; Wohnort: Hamburg; Staatsangeh.: Hamburg; Vorbildung: Gelehrtensch. d. Johanneums Hamburg Reife O. 04; Studium: Cambridge 1, Heidelberg 3, Berlin 2, Göttingen 1 S.; Rig. 17. Juli 08.]
[U 09. 1877

Predolin, Alb., d. function. Resultate d. conservier. u. operativen Behandlg. der tuberculösen Coxitis im Kindesalter. Diss. gr. 8. (66 S.) Aarau 895. (H. R. Sauerländer & Co.) n.n. 1. —

*Predpisma za slovenske učence. V kamen zrisal M. Wajcer. V Celovcu, Leon. 1849.

Předpisy o wywažení gruntů w Čechách. gr. 12. (70 S.) Prag 849, Calve. n. ⅙ ℛ

Preece, W. H., das Telephon u. dessen praktische Verwendung, s.: Maier, J.

v. Preen. Über Kreisversicherungsanstalten. Karlsruhe 1870.

Preen, B. v., „bitte erzähle uns Märchen". (V, 80 S. m. Abbildgn.) 8. München (908). A. Ackermann's Nachf. Kart. 2. 50

Preen, Joach. Dietr. von (Mecklenburg. Adel), De origine et incrementis jurium et privilegiorum nobilitatis Mecklenburgicae. Diss. histor. Präs. Johann David Koeler. Göttingen (Vandenhoeck) Aug. 1739. 50 S. (4.50) 27155
Widm. v.: Johann David Koeler.

Preetorius, A. [approb. Arzt aus Mainz]: Die Behandlung der Uraemie im Kindesalter mit pilocarpinum muriaticum. Leipzig, Druck von B. G. Teubner, 1880. 8. 37 S.

Preetorius, Emil, Exlibris-Werk. Mit e. Geleitwort v. Frz. Dülberg. (25 Taf. m. 7 u. 1 S. Text.) Lex. 8. Darmstadt 909. H. Hohmann. Geb. 15.—; Luxusausg. 27. 50

Preetorius, Emil, Referendar in Darmstadt: Die eheherrliche Vormundschaft und das bürgerliche Gesetzbuch. Gießen 1906: v. Münchow. (78 S.) 8° [F.]
Gießen, Jur. Fak., Ref. Schmidt, Diss. v. 20. Febr. 1907
[Geb. 21. Juni 83 Mainz; Wohnort: Darmstadt; Staatsangeh.: Hessen; Vorbildung: Ludwig-Georgs-Gymn. Darmstadt Reife M. 01; Studium: München 2, Berlin 1, Gießen 3 S.; Rig. 31. Juli 06.]

Preetorius, Emil, die eheherrliche Vormundschaft u. das bürgerliche Gesetzbuch. (Diss.) (78 S.) gr. 8. Berlin 907. Struppe & Winckler. 2. —

Pregel am Sanct Johannistage 1822 mit hochachtungsvoller Verehrung gewidmet von einem suchenden Prophanen. »Hochwürd'ger Meister, hör hier meine Gefühle!« Frankfurt a. M. 1822. V: *Wenzel sen.* (Wolfstieg I, 897)

Etwas für Freymäurer, besonders für Brüder im ersten Grad des eklektischen Systems. [Von Friedr. **Pregel.**] H. 1. Frankfurt a/M.: Andreä. 1787. 95 S. 8°
Kl. 604, Tt. 1787. Nicht mehr erschienen
Drei Briefe über das Geheimnis, den Begriff u. das Wesen der Frmrei.

Das Urtheil Christi über die Person des Täufers Johannes als den höchsten und wichtigsten Grund für Freymaurer, das Andenken Johannis jährlich zu feyern; in einer, bei der Johannis-Feyer in der g. u. v. □ im Or. zu Frankfurt am Main den 27. Junii 1824, gehaltenen Rede dargest. von [Friedr.] **Pregel.** Frankfurt a. M. [1824]: Brönner. 34 S. 8°
Abgedr. in: Bh. 45 (1902) S. 212—214, 221—223, 225—227.
Kl. 1231. Üb. Bruderliebe.

Warum feyern die Freymaurer das Andenken des Täufers Johannes, und welchen die Vernunft befriedigenden Grund haben sie dieses Fest noch jährlich zu wiederholen? Beantwortet in der g. u. v. □ zur Einigkeit im O. zu Frankfurt am Main bey der Johannisfeyer am 23. Junii 1822 von [Friedr.] **Pregel.** Frankfurt a. M. [1822]: Brönner. 32 S. 8°
[Umschlagtit.:] Rede, bei der Johannis-Feyer am 23. Juni 1822 gehalten in der g. u. v. □ zur Einigkeit im O. zu Frankfurt a. M.
Kl. 1226. Selten.

Pregel, Johann Friedrich (Frankfurt/Main), Observationes de testamentifactione publica Francofurtensi. Präs. Johann Daniel Hoffmann. Tübingen (Fues) März 1779. 48 S. (4.50) 27156
Praefatio memoriae Zachariae Conradi Petschil (Frankfurt.

— — De testamento rupto ad Reformat. Francof. P. IV. Tit. VII. Diss. jur. Gießen (J. J. Braun) Mai 1780. 36 S. (4.50) 27157
Gew.: Johann Justus Textor.

Pregél Th, Fräse- und Schleifmaschinen. Stuttgart 1892

Pregel, Th., neuere Werkzeugmaschinen f. die Metallbearbeitung, Fräse- u. Schleifmaschinen. Ein Handbuch f. Maschinenbauer, Gewerbtreibende, Techniker u. Studierende. gr. 8. (VIII, 260 S. m. 520 Abbildgn.) Stuttgart 892. J. G. Cotta Nachf. n. 6. —

Pregél, Th., neuere Werkzeugmaschinen f. die Metallbearbeitung. Drehbänke, sow. Maschinen zum Drehen, Bohren u. Gewindeschneiden. E. Handbuch für Maschinenbauer, Gewerbetreibende, Techniker u. Studierende. gr. 8. (X, 362 S. m. 820 Abb.) Stuttgart 898. A. Bergsträsser. n. 10. —

[Ant. u. F.] **Pregél,** Theodor [Prof.]: Die Technik im Alterthum. E. kulturgeschichtl. Skizze. Chemnitz, Druck v. J. C. F. Pickenhahn & Sohn, 1896; 3—54 S. 4.
Chemnitz, techn. Staatslehr-A, OP 1896**

Pregelj Johann: P. Rogerius Labacensis „Palmarium empyreum".
H. 1908 PN 2559 Diss. Wien. Univ. 2737

Preger, Ernst, die Bearbeitung der Metalle in Maschinenfabriken, sa Bibliothek der gesamten Technik.

Preger, Ernst: Die Bearbeitung der Metalle in Maschinenfabriken durch Giessen, Schmieden, Schweissen, Härten und Tempern. Von –. Mit 228 Abb. Hannover: Jänecke 1908. 311 S. 8°
(Bibliothek d. gesamten Technik. Bd. 103.)

Preger, Franz: Die Grundlagen der Ethik bei Gregor von Nyssa. *Würzburg 1897: H. Stürtz.* (55 S.) 8°
Leipzig, Phil. Diss. v. [11. Sept.] 1897

Preger, Frz., kleines Lehrbuch der evangel. Missionsgeschichte. (48 S.) 8. Ansbach 906. C. Brügel & Sohn. n. — 40

Preger, Frz., kleines Lehrbuch der evangelischen Missionsgeschichte. 2. durchgeseh. Aufl. (48 S.) 8. Ansbach 908. C. Brügel & Sohn. — 40

— Die Werkzeugmaschinen, s. Bibliothek der gesamten Technik.

Die Werkzeugmaschinen. Von Ernst Preger. Mit 235 Fig. Hannover: M. Jänecke 1907. (207 S.) 8°
= Bibliothek d. gesamten Technik. Bd 64.

Preger, Karl Friedrich

Preger, Carl Friedrich, approb. Arzt aus Stuttgart: Ueber traumatische Trommelfellperforationen und ihre ärztliche Begutachtung. *München 1902: C. Wolf & Sohn.* (42 S.) 8°
München, Med. Diss. v. 1902

[Umschlagt.:] **Preger,** Konrad [Rechtspraktikant]: Die Ordnungsstrafe im Reichsrecht ... (Aus: Arch. f. öffentl. Recht Bd VII, Heft 3.) Freiburg i. B., Druck v. C. A. Wagner, 1892; 62 S. 8.
Erlangen, Jur. Fak., Inaug.-Diss. v. 1892

Preger, Konr., Pankraz v. Freyberg auf Hohenaschau, e. bair. Edelmann aus der Reformationszeit, s.: Schriften des Vereins f. Reformationsgeschichte.

Preger, Theodor [Dr.]: Beiträge zur Textgeschichte der Πάτρια Κωνσταντινουπόλεως. München, Druck d. Akad. Buchdr. v. F. Straub, 1895; 51 S. 8.
München, k. Maximilians-G, P 1895*

Die Handschriften des Historischen Vereins für Mittelfranken. (Verf.: Dr. Th[eodor] Preger.) 1. Ansbach: F. Seybold in Komm. 1907. 8° [...]
— Jahresbericht d. historischen Vereins f. Mittelfranken. 54, Beil.

Preger, Thdr., s.: Inscriptiones graecae metricae.

Preger, Theodorus: De epigrammatis graecis meletemata selecta. Accedit Kyriaci Anconitani fragmentum. ... Monachii, ex offic. F. Straub acad. typogr., 1889; 2 Bl. + 60 S. + 1 Bl. 8°
München, Phil. Fak., Inaug.-Diss. v. 1889

Preger, Theodorus: Anonymi Byzantini Παραστάσεις σύντομοι χρονικαί edidit. *München 1898: F. Straub.* (50 S.) 8°
München, k. Maximilians-G, P 1898*

Preger, Thdr., s.: Scriptores originum Constantinopolitanarum.

Preger, Wilh., Abriß der bayerischen Geschichte. Ein Leitfaden f. den Unterricht an Latein- u. Gewerbeschulen. 2. Aufl. gr. 8. (IV, 58 S.) Erlangen 870. Deichert. n. — 50

Preger, Wilh., Abriß der bayerischen Geschichte. Ein Leitfaden für den ersten Unterricht an den Mittelschulen. 5. Aufl. gr. 8. (IV, 61 S.) Erlangen 879. Deichert. n. — 60

Preger, Wilh., Abriß der bayerischen Geschichte. Ein Leitfaden f. den ersten Unterricht an den Mittelschulen. 10. Aufl. gr. 8. (III, 67 S. m. 1 farb. Karte.) Leipzig 893. A. Deichert Nachf. n. — 60

Preger, Wilh., Abriß der bayerischen Geschichte. Ein Leitfaden f. den ersten Unterricht an d. Mittelschulen. 13. Aufl., besorgt v. Th. Preger. Mit 1 (farb.) Karte. (IV, 68 S.) gr. 8. Leipzig 904. A. Deichert Nachf. n. — 60

Preger: Albrecht v. Oesterreich u. Adolf v. Nassau. 34 S. 8°–München M., Progr. 1865

Preger, Wilh., Albrecht von Oesterreich u. Adolf von Nassau. 2. Aufl. Leipzig 869. Dörffling & Franke. gr. 8. (52 S.) 7½ ngr.

Preger, Wilh., über die Anfänge des kirchenpolitischen Kampfes unter Ludwig dem Baier. Mit Auszügen aus Urkunden des vatikan. Archivs von 1315—1324. gr. 4. (172 S.) München 882, (Franz'sche Buchh.) **

—— Beiträge und Erörterungen zur Geschichte des deutschen Reichs in den J. 1330—1334. gr. 4. (82 S.) (Ebendas.) 880. **
Vorstehende zwei Schriften sind aus: Abhandlungen der k. bayr. Akademie der Wissenschaften, besonders abgedruckt.

Preger, Wilh., Beiträge zur Geschichte der religiösen Bewegung in den Niederlanden in der 2. Hälfte des 14. Jahrh. [Aus: „Abhandlgn. d. k. b. Akad. d. Wiss."] gr. 4. (63 S.) München 894. (G. Franz' Verl.) n.n. 1. 90

— Beiträge zur Geschichte der Waldesier im Mittelalter. [Aus: „Abh. d. k. b. Akad. d. Wiss."] gr. 4. (72 S.) München 875. Franz. n.n. 2. 70

Preger, Wilh., die Briefe Heinrich Suso's nach einer Handschrift des XV. Jahrh. hrsg. 8. (VII und 93 S.) Leipzig 867, Dörffling und Franke.

— Meister Eckhart u. die Inquisition. [Aus den Abhandlungen der k. bayer. Akad. der Wiss.] München 869. (Franz.) gr. 4. (47 S.) n. 18 ngr.

— die Entfaltung der Idee des Menschen durch die Weltgeschichte. Vortrag in der k. Akad. der Wissenschaften am 28. März 1870 gehalten. Ebend. 870. gr. 4. (25 S.) n. 10 ngr.

— das evangelium aeternum u. Joachim v. Floris. [Aus: „Abh. d. k. b. Akad. d. Wiss."] gr. 4. (39 S.) Ebend. 874. n. 1. 50

Preger, Wilh., die Geschichte der Lehre vom geistlichen Amte auf Grund der Geschichte der Rechtfertigungslehre. gr. 8. (IV und 238 S.) Nördlingen 857, Beck'sche Buchh. *

— Geschichte der deutschen Mystik im Mittelalter. Nach den Quellen untersucht u. dargestellt. 1. Thl. Geschichte der deutschen Mystik bis zum Tode Meister Eckhardt's. gr. 8. (VIII, 488 S.) Leipzig 874. Dörffling & Franke. n. 9. —

—— Geschichte der deutschen Mystik im Mittelalter. Nach den Quellen untersucht und dargestellt. 2. Thl.: Aeltere und neuere Mystik in der ersten Hälfte des XIV. Jahrh. Heinrich Suso. gr. 8. (VI, 468 S.) Leipzig 881, Dörffling und Franke. *
1. Thl. Ebendas. 1874. *M 9.

— Geschichte der deutschen Mystik im Mittelalter. Nach den Quellen untersucht u. dargestellt. III. Tl.: Tauler. Der Gottesfreund vom Oberlande. Merswin. gr. 8. (VIII, 418 S. m. 1 Fksm.-Taf.) Leipzig 893. Dörffling & Franke. n. 9. — (1—3.: n. 27. —)

Preger, Wilh., der kirchenpolitische Kampf unter Ludwig dem Baier und sein Einfluss auf die öffentliche Meinung in Deutschland. gr. 4. (70 S.) München 877, (Franz'sche Buchh.) **
Aus: Abhandlungen der k. bayerischen Akademie der Wissenschaften, besonders abgedruckt.

—— Lehrbuch der bayerischen Geschichte. gr. 8. (IX und 102 S.) Erlangen 864, Deichert.

—— Lehrbuch der bairischen Geschichte. 3. Aufl. 1872, und 4. Aufl. gr. 8. (X, 136 S.) Erlangen 875, Deichert. *

— Lehrbuch der bairischen Geschichte. 5. Aufl. gr. (VIII, 135 S.) Erlangen 876. Deichert. n. 1. 60

Preger, W., Lehrbuch der bayerischen Geschichte. 11. Aufl. Mit 2 Karten. gr. 8. (VIII, 164 S.) Leipzig 888. Deichert Nachf. n. 1. 80

Preger, Wilh. Lehrbuch der bayerischen Geschichte. 12. Aufl. gr. 8. (VIII, 156 S. m. 3 farb. Karten.) Lpz. 891. Deichert Nachf. * 2 —

— Lehrbuch der bayerischen Geschichte. 13. Aufl. gr. 8. (VIII, 156 S. m. 3 farb. Karten.) Leipzig 895. A. Deichert Nachf. n. 2. —

— Lehrbuch der bayerischen Geschichte. 16. Aufl., besorgt v. Thdr. Preger. Mit 3 (farb.) Karten. (VIII, 160 S.) gr. 8. Ebd. 904. n. 2. —

— s.: Luther's Tischreden.

— Dante's Matelda. Ein akadem. Vortrag. [Aus: „Sitzungsber. d. k. b. Akad. d. Wiss."] gr. 8. (58 S.) Ebend. 873. n. 1. 20

Preger, Wilh., Matthias Flacius Illyricus und seine Zeit. 2 Hälften. gr. 8. Erlangen, Bläsing. [1. Hälfte. (VII und 436 S.) 859. * 1 Thlr. 18 Ngr., 2. (VII und 583 S.) 861. * 2 Thlr.]

Preger, Wilh., die Politik d. Papstes Johann XXII. in Bezug auf Italien u. Deutschland. 4. (95 S.) München 885. (Franz' Verl.) n.n. 2. 80

— Psalmbüchlein. Biblische Psalmen in deutschen Liederweisen. 16. (VI, 64 S.) Rothenburg o/T. 886. Peter. cart. n.n. — 40

— Stimmen aus dem Heiligtum. Biblische Psalmen in deutschen Liederweisen. 2. Aufl. 16. (VIII, 131 S. m. 1 Holzschntaf.) Gütersloh 888. Bertelsmann. cart. n. 1. —; geb. m. Goldschn. n. 1. 50

Preger, Wilh., eine noch unbekannte Schrift Susos. [Aus: „Abhandlgn. d. bayer. Akad. d. Wiss."] gr. 4. (47 S.) München 896. (G. Franz' Verl.) n. 1. 40

—— der Tractat des David von Augsburg über die Waldesier. gr. 4. (55 S.) München 878, (Franz'sche Buchh.) **
Aus: Abhandlungen der k. bayerischen Akademie der Wissenschaften, besonders abgedruckt.

— üb. die Verfassung der französischen Waldesier in der älteren Zeit. [Aus: „Abhandlgn. d. k. b. Akad. d. Wiss."] gr. 4. (73 S.) München 890. (Franz' Verl.) n.n. 2. 50

— üb. das Verhältnis der Taboriten zu den Waldesiern d. 14. Jahrh. [Aus: „Abhandlgn. d. k. b. Akad. d. Wiss."] gr. 4. (111 S.) Ebd. 887. n.n. 3. 30

Preger, Wilh., die Verträge Ludwigs des Baiern mit Friedrich dem Schönen in den J. 1325 und 1326. Mit J. H. Reinkens' Auszügen aus Urkunden des vatikan. Archivs von 1325—1334. gr. 4. (236 S.) München 883, (Franz'sche Buchh.) **
Aus: Abhandlungen der k. bayr. Akademie der Wissenschaften, besonders abgedruckt.

Preger, Willy, Medizinalpraktikant a. München: Aus d. pathol. Institut zu München. Ueber einen Fall von „Ecchondrosis physalifora spheno-occipitalis" s. „Chordom des Türkensattels". Mit e. Taf. München 1907: C. Wolf & Sohn. (69 S.) 8°
München, Med. Fak., Ref. v. Bollinger, Diss. v. 25. Mai 1908
[Geb. 22. Aug. 81 München; Wohnort: München; Staatsangeh.: Bayern; Vorbildung: Theresien-Gymn. München Reife Juli 00; Studium: München 2, Kiel 3, Berlin 3, München 2 S.; Coll. 25. Mai 08; Approb. 17. Mai 08.]

Preghiere e Meditazioni. (Mit 2 Kpfrn.) 32. Innsbruck 833. (Augsburg, Kollmann; Landshut, Manz.) 9 gl

Preghiere e Meditazioni. 3. Edit. 18. Innsbruck 845, Wagner. 1/3 ß

Pregitzer, Georg Konrad

Pregitzer, G. C., hist. geneal. Beschreib. d. Erzhauses Oesterreich. 8. Ulm. 708.

Pregitzer, Georg Conrad, Neues Denckmal // der Güte / Weißheit / Gerechtigkeit / All= //macht / Wahrheit und Allgegenwart des // Grossen GOttes /// Auff das Jahr 1721. // Oder // Fort=gesetzte GOtt=geheiligte // Poesie /// In sich begreiffend // Viele Merck=Würdigkeiten deß 1721. Jahres beson= //ders und andrer Zeiten insgemein / eine genaue Betrachtung // der Göttlichen Providenz und Vorsorge / eine fernere Beschreibung // der standhafften Märtyrer / eiffriger / sowohl alten als neuen / Kir= //chen=Lehrer / Geistreichen Poeten und in der letzten Todes= //Stund herrlich=siegender bewährter Christen /// Heilseme Erweckung zu dem innern Hertzens=Dienste und Lo= //be GOttes/ kurtze Erklärung wichtiger Stellen der H. Schrifft /// Summarische Paßions= Sonn= Pest= und Feyrtägliche Andachten /// ernstliche Vorbereitung zu dem Tod und der Ewigkeit /// Ausführliche Historie der von dem seeligen LUTHERO vor // 200. Jahren A. 1521. auff dem Reichs=Tag zu Worms abge= //legten vortrefflichen Glaubens Bekanntniß/ als ein Anhang zu // den Actis des zweyten Evangelischen JUBILAEI, // Samt einem Historischen Bericht von dem / was A. 1721. // besonders in Tübingen bey Löblicher Universität / Statt und Ge= //meinde bedencklliches geschehen / zu der Ehre GOttes und allge= //meiner Erbauung beschrieben // von // Georg Conrad Pregitzer / SS. Theol. // und Histor. Sacrae Prof. Hon. auch Predigern in Tübingen. // Allda gedruckt bey Joseph Sigmund. - 12 Blatt (nicht paginiert) Titelblatt, Widmung und Vorrede. - 544 S.

B. S. T. 8°.543/2.

Einer in das Buch desz Lebens zwar wohl-eingezeichneter, aber hier auff Erden noch sehr angefochtenen glaubigen Seelen Gelassenheit in Gott ... Als Der Wohl-Ehrnverste und Hochgeachte Herr, Johann Georg Cotta, weitberühmter Buchhändler und Civis Academicus allhier in Tübingen ... den 13. April 1712 ... sanfft entschlaffen ..., vorgestellt von M. Georg Conrag Pregnitzern, Diacono allda. Gedruckt bey Joh. Conrad Reisz.

— Gott geheiligte Poesie, darin die merkwürdigsten Begebenheiten des 1718–1735. J. enthalten. 8. Tübingen, Cotta, 735.

Pregitzer, Johann Ulrich

Pregitzer, J. U., Burkhardtische Genealogie, oder Stammtafel deren 3 Haupt-Familien, nemlich den Bardili-, Brotbeck- und Scheinemannschen. Stuttgart 1719.

Pregitzer, J. U., Genealogie oder Stammbaum der Schlossbergischen und deren davon abstammenden Familien. Esslingen 1723.

Pregitzer, Johann Ulrich. Teutscher Regierungs- und Ehren-Spiegel / Vorbildend Des Teutschen Reichs / und desselben Stände : ersten Anfang / Fortleitung / Hoheit / Macht / Recht / und Freyheit. Auch der Chur-Fürsten / Fürsten / Grafen und Herren / und derselben hohen Häuser / Besonders Des Hauses Honenzollern / Ursprung / Würde / und Herrlichkeiten: Durch Johann Ulrich Pregitzern ... Berlin / In Verlegung Johann Michael Rüdiger ... 1703.
Tit., 5 Bl., 234 S. m. 5 Holzschn., 4 Kupferst.: 37 Taf. in Kupferst. 4°.

Pregizer, J. Ulr., Regierung und Ehrenspiegel des deutschen Reichs, besonders Hohenzollern, m. K. Fol. Berl. Rüdiger. 714.

Pregizer, Johann Ulrich [Praes.], s. R o t b e r g , Leopold Melchior von: De disciplina notitiae sacri Romani imperii.

Pregizer, Johann Ulrich. Suevia et Wirtenbergia sacra ... Tubing. 1717. H: *Pregizer*, *Gg Conr.* (winer)

— Suevia et Wurtenberg. sacra. 4. ibid, 717.

— Würtenb. Cedernhayn, oder Genealogie d. Würtenbergischen Hauses. Fol. Stuttg. Metzler. 730.

Pregitzer, J. U. Wirtenbergischer Cedern-Baum oder vollständige Genealogie des hochfürstlichen Hauses Wirttemberg. Stuttgardt 1734. fol.

Pregizer, Christian Gottlob

– GLAUBENS- UND HOFFNUNGSBEKENNTNIS. – o.O. 1816.
– – 2. Aufl. – o.O. 1827.

– HAITERBACH! WAS IST GESCHEHEN? – Basel 1808.

– SCHRIFTGEMÄSSE LEHRE VON DEM HIMMEL und dem seligen Zustand derer, die im Himmel sind. Verfaßt von Christian Gottlob Pregizer. – Tübingen o.J.: Gulde. 72 S.

– LEHRE VON DER SELIGKEIT DES GLAUBIGEN CHRISTEN mit Pregizers eigenen Worten dargestellt und seinen Anhängern zur Beherzigung empfohlen von C.F. Nanz. – Nagold 1843: Vischer. 18 S.

– LIEDER UND EINZELNE VERSE VERSCHIEDENEN INHALTS. Von M. Pregizer, Stadtpfarrer in Haiterbach. – Tübingen: Fues 1817. 61 S.

– LIEDER-SAMMLUNG. – Böblingen 1821.

– LIEDER-SAMMLUNG. – Nagold 1827.
– – Ludwigsburg 1835.

– LIEDER-SAMMLUNG. Neue, durch eine Einleitung und vieler Lieder von Mathäus Schaible in Hornberg verb. Aufl. – Reutlingen: Hebsaker 1865. VI, 333 S.
– – Neue verb. Aufl. Mit Einleitung und vielen Liedern von Matthäus Schaible in Hornberg. Reutlingen: Enßlin & Laiblin 1907. 368 S.

[–] LIEDER-SAMMLUNG FÜR GLAUBIGE KINDER GOTTES. Zusammengetragen und zum Druck befördert worden von Solchen, die durch Jesum Christum, als ihren einzigen Erlöser, das ganze Heil und ihre Seligkeit suchen, ihm glauben, froh und selig darin leben. Nebst dem christlichen Glaubens- und Hoffnungs-Bekenntniß des weil. M. Christian Gottlob Pregizer. 2., verm. Aufl. – Backnang: Berthold 1849. 322, 9, IV S.

Pregizer, Christian Gottlob (Hrsg.), s. M a r p e r g e r , Bernhard Walther: Gute Gedanken von der bösen Zeit.

– PREDIGT AM 27. NACH TRINITATIS über Matthäus 25,1–13. posthum hrsg. – o.O. 1828.

[–] SAMMLUNG GEISTLICHER LIEDER zum Gebrauche für glaubige Kinder Gottes. Zusammen getragen von zerschiedenen Verfassern. – Ludwigsburg: Baumann 1821. 256 S. *(enthält Lieder verschiedener ungenannter Verfasser.)*

Pregizer

— Johann Eberhard (Württemberg), De domanio S. Romano-Germanici imperii. Diss. inaug. Präs. Gabriel Schweder. Tübingen (J.-C. Reis) 12. XI. 1703. (4.50) 27161

— — Dasselbe. Tübingen (J. C. Reis) 12. XI. 1703. 36 S. (4.50) 27162
Gew.: Johann Ulrich Pregizer, Georg Ludwig von Klein.

P r e g i z e r , L., Burgen und Klöster, sowie abgegangene Ortschaften im württembergischen Schwaben. Uebersichtl. zusammengestellt. Lex.-8. (59 S.) Stuttgart 881, Kohlhammer. *

Pregl Fritz, Dr.: Über die Azetylierung von beliebiger Stärke. S. 110. IIb. 881 . . . . . vgr.
Separatabdruck

Pregl, F., Ueber Isolierung von Desoxycholsäure und Cholalsäure aus frischer Rindergalle und über Oxydationsproducte dieser Säuren. [Aus: Sitzungsber. d. k. Akad. d. Wiss.] Gr.-8°. (48 S.) Wien: Gerold 1902. K —.90

Pregl, Fritz, über Isolierung von Desoxycholsäure u. Cholalsäure aus frischer Rindergalle u. üb. Oxydationsproducte dieser Säuren. (48 S.) gr. 8. Wien 902. (A. Hölder.) n. — 90
Sonderabdruck aus: „Sitzungsber. d. k. Akad. d. Wiss."

Pregler, Hans, Kreisarchivass.: Die rechtliche Natur der Grundstückszusammenlegung mit besonderer Berücksichtigung des Bayerischen Rechtes. Amberg: Pustet in Komm. 1910. 76 S. 8°
Erlangen, Jur. Diss. v. 26. Mai 1910, Ref. Oertmann
[Geb. 19. Febr. 79 München; Wohnort: Bamberg; Staatsangeh.: Bayern; Vorbildung: Gymn. Amberg Reife 97; Studium: München 8 S.; Rig. 8. Nov. 09.] [U 10. 744

Prehauser oder der Wienerische Hanswurst. Pintzkerthal. O. O. [1787]. Wien 1811. V: *Prehauser*, *Gottfried.* (H. Hayn, S. 447) (Hdschr. Mitth. von Gustav Gugitz, Wien) (BiblPort)

Prehauser oder der Wienerische Hannsswurst. Pintzkerthal [Wien ca. 1790]. V: *Stranitzky*, *J* *Ant.* (EB)

Prehauser, Gott., Hans Wurst, d. traurige Küchelbäcker, u. s. Freund in der Noth, sa Lustspiel-Abend, historischer, 8.

Prehauser, G., Hanswurst der traurige Küchelbäcker u. sein Freund in der Noth, sa Theater, neues Wiener.

Prehauser, Gottlieb
Hanswurst der traurige Küchelbäcker und sein Freund in der Noth. Wien 1876.
In: Sachs, Hans. Das heiß' Eysen.

Prehauser, der lustige Wienerische Hanswurst, nebst Reisebeschreibungen aus Salzburg in verschied. Länder. 8. Wien ... v. Mösle. 8 gr

Prehm. A, De adiectivorum verbalium,in — bundus exeuntium usque ad II. p C. saeculum usu. S-A. 1889. 26 S. 1.—

Prehm, J. Jac., von den Austrägen, insbes. von dem vortheilhaften Wege, einen Fürsten zu belangen. 8. Halle, Renger. 779.

— v. Verbindlichkeit d. Vasallen und Unterth. 4. Schwerin, Bödner. 793.

— — dass. 4. Lpz. Gräff. 793.

— üb. d. Widerspruch d. Mecklenb. Rittersch. der im Teschner Frieden versicherten Nichtberufungsfreyheit. 4. Ebend. 780.

Prehm, Rud., Lehrbuch der Prehmschrift. Einfache Stenographie (Prehmographie). (16 S.) 8. Leipzig (909). J. H. Robolsky. — 60

Prehm, Rud., Lehrbuch der Stenotachygraphie. (32 S.) gr. 8. Leipzig (906). J. H. Robolsky. n. 1. —

Bericht des Landcommissairs Etatsraths **Prehn** über die in den Herzogthümern Schleswig, Holstein und Lauenburg verbreitete Kartoffelkrankheit. (Kopenhagen. 1845.) 4° [Kopft.]

Prehn, à Ratzeburg, Remarques sur le calcul dont a fait usage Mr. A. L. Crelle dans son mémoire: „Sur les différentes manières de se servir de l'élasticité de l'air atmosphérique comme force motrice sur les chemins de fer". (Vol. 32 de l'an 1846.) [Extrait du Journal des Mathematiques pures et appliquées de Mr. A. L. Crelle, tome XL.] Berlin, Mai 1850.

Prehn, Alvinus [Saxo-Borussus]: Quaestiones Plautinae de pronominibus indefinitis .... Argentorati, apud Schultzium et sodales, 1887; 1 Bl. + 30 S. 8°.
Strassburg, Phil. Fak., Inaug.-Diss. v. 1887.

Prehn, Alw. De adiectivorum verbalium in — bundus exeuntium usque ad alterum p. chr. saeculum usu, s. Commentationes in honorem Guilelmi Studemund.

PREHN, ANDREAS CHRISTIAN. Untersuchungen über die aus der Citra- und Mesamonochlorbrenzweinsäure entstehende Crotonsäure. Tübingen. 1875.

Prehn, August, aus Wien: Die Bedeutung der Einbildungskraft bei Hume und Kant für die Erkenntnistheorie. *Halle a. S. 1901: Wischan & Wettengel.* (62 S.) 8°
Halle, Phil. Diss. v. 16. Dez. 1901

Prehn, August, Dr.: Agnes Bernauer in der deutschen Dichtung. Nordhausen 1907: F. Eberhardt. (27 S.) 4°
Nordhausen, k. G OP 1907 (302)

Prehn, A., Komposition u. Quellen der Rätsel d. Exeterbuches, sa Studien, neuphilologische.

Komposition und Quellen der Rätsel des Exeterbuches. Von Dr. August **Prehn**. Paderborn: F. Schöningh 1883. (S. 145–285.) 8° [Umschlagt.]
— Studien, Neuphilologische. H. 3. [07. 12784

Prehn, Aug. Rameri, Otto Borngräbers König Friedwahn. (Ein german. Trauerspiel.) Vortrag. Umschlagzeichnung von Hertha Garbe. (52 S.) gr. 8. Schkeuditz 905. W. Schäfer. n. 1. —

— die Jahreszeiten. Ein Leben in Stimmungen. Mit 6 Titelbildern, zahlreichen Vignetten u. Zierleisten von Hertha Garbe. (71 S.) gr. 8. Ebd. 905. n. 2. —; geb. n. 3. —

PREHN, B., Vindiciis genuinæ poëseos proludit et ad duas ejusdem argumenti declamationes scholasticas audiendas invitat. Flensburgi. U. A. 4. P. (U. B.).

Die Recursschrift der Grundbesitzer in Dietrichsdorf resp. auch in Neumühlen wider das Resolut der Königlichen Regierung in Schleswig betreffend die sogenannten stehenden Gefälle vom 27. November 1869. Hrgg. vom Ober-Appellations-Rath [Friedrich Christian] **Prehn**. Kiel. 1870. 8°.

Prehn, die Recursschrift der Grundbesitzer in Dietrichsdorf, resp. auch in Neumühlen wider das Resolut der königl. Regierung in Schleswig betr. die sogenannten stehenden Gefälle, vom 27. Novbr. 1869. Kiel 870. Schröder & Co. gr. 8. (35 S.) n. 7½ ngr.

Prehn, Hulda, sa Heiberg, Johanna Luise.

Prehn, H., drei Erzählungen. Aus dem Dän. (II, 297 S.) 16. Eisleben 903. Christl. Verein im nördl. Deutschland. Geb. — 90; in Leinw. 1. 25

[F.] Lebensbrot. E. Gebetssammlg f. kleine u. grosse Kinder v. H(ulda) **Prehn**. (Vorr.: [L.] Haupt, Geh. Reg.- u. Schulr. a. D.) 2. Aufl. [Kleine Ausg.] *Halle a. d. S.: H. Schroedel 1897.* (IV S., 1 Bl., 25 S.) 1 Bd 8. [97. 7012

[F.] Lebensbrot. E. Gebetssammlg f. kleine u. grosse Kinder v. H(ulda) **Prehn**. 2. durchges. Aufl. ... (Vorr.: [L.] Haupt, Geh. Reg.- u. Schulr. a. D.) *Halle a. d. S.: H. Schroedel 1898.* (XIII S., 1 Bl., 144 S.) 1 Bd 8. [98. 4866

Prehn, J.: Ein Fundort seltener Pflanzen (in Land Oldenburg). Von –. Ausschnitt aus: Schriften des naturwissenschaftl. Vereins für Schleswig-Holstein. Bd. 5. Heft 2. Kiel 1884. 8°

Prehn, J.: Die Laubmoore Land Oldenburgs. Von –. Separatabdruck aus: „Schriften des naturwissenschaftl. Vereins für Schleswig-Holstein". Bd. 9. Heft 2. Kiel. 1892. 8°

Prehn, J.: Über bei uns (in Land Oldenburg) eingewanderte Pflanzen. Von –. Separatabdruck aus: Schriften des naturwissenschaftl. Vereins für Schleswig-Holstein. Bd. 6, Heft 1. Kiel 1885. 8°

Prehn, J.: Einige Pflanzen Land Oldenburgs. Von –. Separatabdruck aus: Schriften des naturwissenschaftl. Vereins für Schleswig-Holstein. Bd. 6, Heft 2. Kiel 1886. 8°

Prehn, Johannes Henricus (Resp.), De consensu calculi cum haemorrhoidibus externis. s. Alberti, Michael (Praes.)

Prehn, Jh. Jak., († d. 23. Febr. 1802.) von den Austrägen, insbesond. v. dem vortheilhaftesten Wege, einen Fürsten zu belangen. 8 Halle 779. Renger. 8 gl

— s. Beitrr. zum Pütterschen Bedenken.

Prehn, Johann Jakob, Commentatio juris publici de cive ratione bonorum extra civitatis districtum sitorum collecti magistratus civibus indictis non obnoxio. Göttingen (Hager cur. E. D. Alberti) 1768. 30 S. (4.50) 27163

— — (Rostock), De cive intuitu bonorum extra urbis districtum sitorum juri collectandi magistratus non subiecto. Diss. inaug. Göttingen (Hager cur. E. D. Alberti) 20. VIII. 1768. 30 S. (4.50) 27164

— Untersuchung d. Frage: Ob die Legitimation außer d. Ehe geborner Kinder sich in einer römischen Erdichtung gründe? 4 Rostock 777.

Prehn, Jh. Jak., von Verbindlichkeit der Vasallen u. Unterthanen. 4. Schwerin 793. Bödner. 12 gl (Lpz., Wienbrack). 16 gl

— s.a. Widerspruch d. Mecklenburg. Ritterschaft.

PREHN, J. Jac.: Ueb. d. unstatthaften Widerspruch d. Mecklenb. Rittersch. in Anseh. der im Teschner Frieden dem Herz. Hause Mecklenburg versicherten Nichtberufungsfreiheit. *Halle*, Renger. 780. 4. (9 Gr.)

Prehn, Jh. Wlh., Beantwortung d. Frage: Können Schuldner Pupillen- u. Kindergelder mit völliger Sicherheit ohne vorhergegang. richterl. Dekret an den Vormund u. Vater zahlen? ... Rostock 801.

PREHN, LAUR. JAC. GUIL., De apoplexia diss. inaug. Kiliæ. 1830. 4. P.

Prehn, Mart., die Artillerie-Schießkunst aus preußischen gezogenen Geschützen für Lehrer von allen Waffen und für alle Freunde der Artillerie in populärer Form dargestellt. br. 8. (XI und 230 S. mit 100 eingedr. Holzschn. und 2 Stnt. in qu. 4.) Berlin 867, Voßische Buchh. *

—— die Ballistik der gezogenen Geschütze. In elementaren Formeln und Zeichnung ohne Tafeln dargestellt und an den Ergebnissen der königl. preuß. Präcisions-Waffe geprüft. gr. 8 (84 S. mit 2 Stnt. in gr. Fol.) Berlin 864, (Mittler und Sohn.) *

Prehn, Martin, üb. die bequemste Form d. Luftwiderstands-Gesetzes als Fortsetzg. der „Ballistik der gezogenen Geschütze 1864". gr. 8. (IV, 62 S.) Berlin 874. Mittler & Sohn. n. 2. 50

Prehn, M., Oberfeuerwerker in der Garde-Artill.-Brigade. Ueber das Schiessen aus gezogenen Feldgeschützen. kl. 8. Berlin 1866.

— — 2. verm. und verb. Auflage. kl. 8. Berlin 1867.

—— über das Schießen aus gezogenen Feldgeschützen. 1. und 2., verm. und verb. Aufl. 16. (36 S.) Berlin 867, Voßische Buchh. *

—— über das Schießen aus dem Feld-12Pder. 16. (22 S.) Berlin 866, Voßische Buchh.

-- Versuch über die Elemente der inneren Ballistik der gezogenen Geschütze preußischen Systems. Berlin 866. Mittler & Sohn. 8. (XI, 63 S. mit 1 lith. Fig.-Taf. in qu. 4.) n. 12 ngr.

Prehn, Wilhelm, Referendar in Güstrow: Die civilrechtliche Bedeutung der Rechtsgefährdung. Güstrow 1905: H. Müschen in Teterow. (VI, 84 S.) 8°
Rostock, Jur. Fak., Ref. Matthiass, Diss. v. 10. Juni 1905
[Geb. 29. Mai 79 Lübz i./M.; Wohnort: Güstrow i./M.; Staatsangeh.: Mecklenburg-Schw.; Vorbildung: Gymn. Güstrow Reife O. 00; Studium: Heidelberg, München, Berlin, Rostock; Rig. 18. März 05.]

Prejawa, Martha, Kochbüchlein f. die Haushaltungsschule. (48 S.) 8. Hersfeld 905. (Hoehl.) n. — 50

Kochbüchlein für die Haushaltungsschule. Von Martha Prejawa. Hersfeld: Selbstverl. 1905. (48 S.) 8° [F.] 05. 4

Preibisch, Ernst, Wetterlehre. Ein Hausschatz f. die gesamte Landwirtschaft Deutschlands u. der angrenz. Länder, auch f. die, welche an der Wetterkunde Interesse haben. (IV, 95 S. m. Abbildgn.) 8. Bautzen 905. (Weller.) Geb. in Leinw. n. 2. 40

Preibisch, Joannes: De sermonis cotidiani formulis quibusdam veterum Romanorum. Halis Sax. 1908: Karras. 46 S. 8°
Erlangen, Phil. Diss. v. 17. Nov. 1908, Ref. Heerdegen
[Geb. 5. Aug. 83 Ohlau; Wohnort: Magdeburg; Staatsangeh.: Preußen; Vorbildung: Gymn. Ohlau Reife O. 02; Studium: Halle 2, München 1, Berlin 1, Halle 4 S.; Rig. 23. Juli 08.] [U 09. 853

Preibisch, Karl

Preibisch, Carolus *(geb. [Schweidnitz] 26. 3. 1840)*: De comparativi cum comparata re conjuncti usu Thucydideo. Vratislaviae (1869). (69 S.) 8° *[Im Buchhandel 1869 bei Mälzer in Breslau.]*
Breslau, Phil. Diss. v. 12. Apr. 1869

Preibisch, Paul

Pontificiorum librorum fragmenta rec. Paul Preibisch. 22 S. G. *Tilsit* 1878.
Progr.

Preibisch, Paulus *(geb. Schweidnitz 16.3.1851)*: Quaestiones de libris pontificiis. Vratislaviae (1874). (47 S.) 8° *[Forts. 1878 unt. d. T.: „Fragmenta librorum pontificiorum" als Gymn.-Progr. v. Tilsit.]*
Breslau, Phil. Diss. v. 27. Aug. 1874

PREIBISCH, REINHARD. Ueber Nitrocarbol. . Leipzig, 1873.

Preibisch, Walther: Quellenstudien zu Mozarts 'Entführung aus dem Serail'. Ein Beitr. z. Geschichte d. Türkenoper. Halle a. S. 1908: Karras. 55 S. 8°
Halle, Phil. Diss. v. 21. Nov. 1908, Ref. Abert
[Geb. 9. Juli 86 Ohlau; Wohnort: Halle a. S.; Staatsangeh.: Preußen; Vorbildung: Gymn. Ohlau Reife O. 05; Studium: Freiburg i. B. 1, Halle 6 S.; Rig. 28. Juli 08.] [U 09. 1080

Preibisius

— **Johann Christoph** (Görlitz/Lausitz), De eo, quod ipso jure fit. Diss. jur. Präs. Johann Heinrich Meier. Erfurt (Grosch) 22. VI. 1707. (5.—) 27167

Preibisz, (Andr.) Joseph. (geb. Gembice in Posen 17. 11. 1835): De causis mortem foetus in utero afferentibus. Berolini (1857). (31 S.) 8°
Berlin, Med. Diss. v. 24. Aug. 1857

Preibsch, Gh., üb. Blitzstrahlableiter, deren Nutzbarkeit u. Anlegung. Zur Belehrung u. zum Unterricht f. den Bürger u. Landmann. Mit erläut. Abbild. 8. Zittau 825. 2e verb. A. 830. Schöps. 4 gr.

— Gesänge d. Jugend, Unschuld u. Freude f. gute Kinder u. andere Freunde des Gesanges. 8. Zittau 825. (Leipz., Centr.-Compt.) 4 gr.

Preibsch, Wolfgang *Theod. Joh.* [Wurzenensis]: Prolegomena in Demosthenis quae fertur orationem adversus Euergum et Mnesibulum ... Budissae, typ. E. M. Monsii, 1895; 41 S., 1 Bl. 8.
Leipzig, Phil. Fak., Inaug.-Diss. v. [27. Mai] 1895

Preicha, Amalie Ringenthal, od. Rache und Eifersucht aus Liebe. Trspl. 8. Prag 785. Schönfeld. 6 gr.

Preibel, Friedr., die evangelische Kirchengemeinde A. C. zu Wien in ihrer geschichtlichen Entwicklung von 1781—1881. gr. 8. (V, 108 S. mit 1 Holzschn.) Wien 881, (Gallmayer'sche Buchh.) *

Preil, Paul, Bäckermeister Knetschke in Kalamitäten od. Der verhängnisvolle Frack, s.: Vereinstheater.

Preil, Paul, neueste Sammlung Orig.-Couplets, Parodien u. Lieder. Mit e. Vorwort des Verf. (Umschlag: 2. Taus.) (24 S.) 8. Leipzig (906). P. Schirmer. n. — 50

— Varieté u. Cabaret. Neueste Sammlg. erprobter. u. wirkungsvoller Orig.-Couplets, Deklamationen, Parodien u. Soloszenen. (40 S.) 8. Leipzig (908). G. Richter. 1. —

Deutsch-französische Waffenbrüderschaft im Hinterlande von Togo und Dahomey. Tagebuchblätter d. verstorbenen K.S. Hauptmanns Wilhelm **Preil**. Hrsg. von Friedrich Preil. Mit 30 Bild. u. 1 Kt. Berlin: Schwetschke (1909). 229 S. 8° [10. 8460

Preil, Wilh., deutsch-französische Waffenbrüderschaft im Hinterlande v. Togo u. Dahomey. Tagebuchblätter des verstorbenen k. s. P. Hrsg. v. Frdr. Preil. Mit 30 Bildern nach Orig.-Aufnahmen u. 1 Karte. 2. Aufl. (230 S.) gr. 8. Leipzig (910). F. Engelmann. 3. —; geb. 4. —
1. Aufl. (230 S.) Berlin 909. 5.—; geb. 6. —.

Preiller

— s. a. **Preller.**

Preiller, Loth Friedrich (Dippmannsdorff / Sachsen), Do jure legatorum in diem vel sub conditione relictorum, occasione § 4. Tit. XLV. E. O. P. S. Diss. Präs. Carl Wilhelm Gaertner. Leipzig (G. Saalbach) 16. III. 1728. 22 S. (4.25) 27170
Gew.: Gottlob Hieronymus von Leipziger.

— — **(Preller)**, Dasselbe. Leipzig (G. Saalbach) 16. III. 1728. 20 S. (4.25) 27171
Gew.: Job Friedrich von Bomsdorff.

— — **(Preller)**, Dasselbe. Leipzig 16. III. 1728. Rec. 1745. 20 S. (4.25) 27172
Gew.: Job Friedrich von Bomsdorff.

Preime, A., De Lucani Pharsalia. Diss. 1859. 36 S.

Preime, August

Preime, s.: Adreßbuch v. Cassel.

Preime, Aug., Erklärung deutscher Redensarten. gr. 4. (18 S.) Kassel 875. Jungklaus in Comm. n. — 50

Preime, August, aus Cassel: Die Frau in den altfranzösischen Fabliaux. *Cassel 1901: L. Döll.* (171 S.) 8°
Göttingen, Phil. Diss. v. [7. Okt.] 1901

Preime, Aug., die Frau in den altfranzösischen Schwänken. Ein Beitrag zur Sittengeschichte des Mittelalters. gr. 8. (III, 171 S.) Cassel 901. Th. G. Fisher & Co. n. 2.—

Prein, Max, appr. Arzt a. Dors[t]feld: Ein Beitrag zur Ätiologie des plötzlichen Todes im Säuglingsalter. Kiel 1906: H. Fiencke. (15 S.) 8°
Kiel, Med. Fak., Ref. Heller, Diss. v. 5. Okt. 1906
[Geb. 2. März 77 Dorstfeld; Wohnort: Dorstfeld; Staatsangeh.: Preußen; Vorbildung: Gymn. Brilon Reife O. 96; Studium: Heidelberg 3, Berlin 1, Marburg 3, Würzburg 1, Kiel 4 S.; Coll. 7. Sept. 06; Approb. 24. Juli 04.]

Prein, Otto, Aliso bei Oberaden. Neue Forschgn. u. Vermutgn. (VII, 79 S. m. 1 Taf. u. 1 Karte.) gr. 8. Münster 906. Aschendorff. n. 1. 50

Prein, Otto, Aliso bei Oberaden. Neue Forschgn. u. Vermutgn. Nachtrag. (S. 79—110.) gr. 8. Münster (907). Aschendorff. — 50
Hauptwerk. Ebd. 906. 1. 50.

— Beiträge zur Schulgeschichte der Grafsch. Mark, veranschaulicht an der Schulgeschichte der Gemeinde Methler, s. Abhandlungen, pädagogische. 80. Heft.

Beiträge zur Schulgeschichte der Grafschaft Mark, veranschaulicht an d. Schulgeschichte d. Gemeinde Methler. Nach d. Quellen d. Pfarrarchivs bearb. von Otto **Prein**, Pfarrer zu Methler. *Bielefeld: A. Helmich [1904].* (34 S.) 8° [F.]
— **Abhandlungen**, Pädagogische. H. 80. [04. 7104

Prein, Rudolf, Apotheker a. Dorstfeld in Westf.: Ueber den Einfluss mechanischer Hemmungen auf die histologische Entwicklung der Wurzeln. Halle a. S. 1908: H. John. (33 S., 4 Taf.) 8°
Bonn, Phil. Fak., Ref. Strasburger, Diss. v. 11. März 1908
[Geb. 30. Okt. 78 Dorstfeld; Wohnort: Halle a. S.; Staatsangeb.: Preußen; Vorbildung: Realgymn. Dortmund Reife O. 97; Studium: Bonn 6 S.; Rig. 13. Nov. 07.]

Prein, Wilhelm: Puristische Strömungen im 16. Jahrhundert. Ein Beitr. z. engl. Sprachgeschichte. Eickel i. W. 1909: Baehr. 66 S. 4°
Münster, Phil. Diss. v. 6. Nov. 1909, Ref. Jiriczek
[Geb. 17. Juli 82 Kallenhardt; Wohnort: Wanne; Staatsangeh.: Preußen; Vorbildung: Gymn. Paulinum Münster Reife O. 01; Studium: Freiburg i. B. 1, Münster 6 S.; Rig. 10. Juli 09.] [U 10. 3795

Preindl, J., Gesangslehre. Fol. Wien 825. Steiner u. Cp.
1 ß 8 4

— Wiener Tonschule; od. Anweis. z. Generalbasse, z. Harmonie, z. Contrapunkte u. d. Fugenlehre. Geordnet u. herausgeg. v. J. v. Seyfried. 2 Thle. gr. 8. Wien 827, Haslinger.

v. *Preindl*, Jos., s. *Grammaire* Turque.

Preindlsberger, Jos. Die Bacterien des Unternagelraumes, s. Sammlung medicinischer Schriften.

Preindlsberger, Jos., die Behandlung der Gelenkstuberculose u. ihre Endresultate aus der Klinik Albert. Mit e. Vorrede v. E. Albert. gr. 8. (XI, 258 S.) Wien 894. J. Šafář. n. 6. 80

— zur Kenntniss der Bacterien d. Unternagelraumes u. zur Desinfection der Hände, s. Sammlung medicinischer Schriften.

Preindlsberger, Dr. Jos., Zur Kenntniss der Bakterien des Unternagelraumes und der Desinfection der Hände. (Sammlung medicinischer Schriften. Herausgegeben von der Wiener klinischen Wochenschrift. XXII.) 8. (34 S.) Wien: Hölder 1891. —.60

Preindlsberger, Jos., s. Mitteilungen aus d. chirurg. Abtheilung des bosn.-herceg. Landesspitales in Sarajevo.

— — Mittheilungen aus der chirurgischen Abtheilung des bosn.-herceg. Landes-Spitales in Sarajevo (1. Juli 1894 bis 31. December 1896). Mit 32 Abbildungen im Texte und einem Plane. Lex.-8. (260 S.) 3.—
Wien: Šafář 1898.

— zur Therapie d. Tetanus. Ein Fall v. Fistula colli congenita mediana. Beitrag zur Kenntnis der Endresultate nach Reclination, sa Aus der chirurg. Abtheilg. d. bosn.-herceg. Landesspitales in Sarajevo.

Preindlsberger, Dr. Josef, Aus der chirurgischen Abtheilung des bosn.-herceg. Landes-Spitales in Sarajevo. Inhalt: Zur Therapie des Tetanus. Ein Fall von fistula colli congenita mediana. (Mit einer Abbildung im Texte.) Beitrag zur Kenntniss der Endresultate und Reclination von Dr. Josef Preindlsberger. Status thymicus und Chloroformnarcose. Von Dr. Max Mader. Lex.-8. (28 S.) Wien: Šafář 1898. —.80

Preindlsberger-Mrazović, Milena, das Grabesfenster. Eine Sarajevoer Geschichte aus dem Beginn der Okkupation. Umschlag u. Vignetten v. Ewald Arndt. (128 S.) 8. Innsbruck 905. Deutsche Buchdruckerei. n. 1.50

Preindlsberger-Mrazović, Milena, die bosnische Ostbahn. Illustr. Führer auf den bosnisch-hercegovin. Staatsbahnlinien Sarajevo — Uvac u. Megjegje — Vardište. (VII, 177 S. m. 2 Karten.) 8. Wien 908. A. Hartleben. 3. —

Preindlsberger-Mrazović, Milena, bosnisches Skizzenbuch. Landschafts- u. Kultur-Bilder aus Bosnien u. der Hercegovina. Illustr. v. Ludw. Hans Fischer. gr. 8. (XVI, 338 S. m. 1 eingedr. Karte.) Dresden 900. E. Pierson. n. 6.—; geb. n. 7.—

— Bosnisches Skizzenbuch. Landschafts- u. Kultur-Bilder aus Bosnien u. der Hercegovina. Illustriert v. Ludw. Hans Fischer. Volks-[Titel-]Ausg. (XVI, 338 S. m. 1 eingedr. Karte.) gr. 8. Dresden [900] 909. [E. Pierson.] Berlin, Verlag Berlin-Wien. 2.50; geb. n 3.50

— bosnische Volksmärchen. Mit Illustr. v. Ewald Arndt. (XI, 132 S.) 8. Ebd. 905. n. 4.—; geb. n. 5.—

PREINE, August. Die Frau in den altfranzösischen Schwänken. Ein Beitrag zur Sittengeschichte des Mittelalters. Cassel 1901. 8°. 171 S.

Preinhelter, Eduard, aus Regensburg: Die Landwirtschaft im oberen bayerischen Wald. *Regensburg 1902: H. Schiele.* (89 S.) 8°
Jena, Phil. Diss. v. (2. März) 1901

Preinitzer, O. v., Manöver-Instruktion f. den Kavalleristen, s.: Kleist, v.

Preis dem Allerhöchsten! Gebet- u. Andachtsbuch f. kathol. Christen. Bearb. nach Wilh. Nakatenus u. a. 24. (334 S. m. 1 Stahlst.) Einsiedeln 885. Benziger & Co. 1. —

Preis d. Allerhöchsten! Gebet- u. Andachtsbuch f. kathol. Christen. Bearb. nach d. ehrw. P. Wilh. Nakatenus S. J. Ausg. I. 16. (334 S. m. farb. Titelb.) Einsiedeln 897. Verlagsanstalt Benziger & Co. Geb. in Leinw. m. Goldschn. n. — 95

Preis, der, der Arbeit im Staatsforstdienst. [Aus: „Aus dem Walde".] gr. 8. (31 S.) Tübingen 893. A. Moser. n. — 75

Preis, der, der Gerechtigkeit und Menschenliebe, von dem Verfasser der Henriade, aus dem Frz. 8. Lpz. Schneider. (Linke.) 778.

— der Gnade. 6 Blumenkarten m. Bibelsprüchen. 16. Leipzig 883. Böhme. — 90

— e. hoher. Erzählung von M. v. O. 1. u. 2. Aufl. (Je 66 S. m. Titelbild.) 8. Schwerin 907. F. Bahn. n. — 90; geb. n. 1.—

Preis, d., e. tugendh. Liebe, franz. u. deutsch. (u. dah. auch u. d. -aten Tit.: le Prix d'un amour vertueux.) 8. Zürich, Ziegler. 797. Schreibp.

Preis, mein erster. Zeichenbuch. (16 S. m. Abbildgn. u. Pausen.) 8. Hannover (901). A. Molling & Co. — 25

Preis 10 Pfennig | Die | großen Ereignisse | der Jahre 1883 und 1884 | prophezeit | von der französischen Kartenlegerin Marianne Lenormand. | (Fig.: *Die Kartenlegerin mit einem Zauberspiegel*, 68 × 79) | Druck und Verlag von Fr. Rodewald, Hannover.
o. J. (1882), 4 Bl. n. n., 185 × 115.
U/SB Göttingen Poet. Germ. IV. 7588(9.

***Schwesternlieder:* Preis den Schwestern. o. O. u. J. 1 Bl. 8°. [Kopftit.]**
„Seid gegrüsst, Ihr lieben Schwestern" . . . 21.

Preis, Bernardine, Feierklänge. Festwünsche f. Familie, Schule u. Vereine. (VI, 156 S.) 8. München 908. J. J. Lentner. 1. —

— Feuerflammen göttlicher Liebe, s.: Griesbacher, P.

— „Heil dir, heil'ger Vater du!", s.: Griesbacher, P.

— Die Seerose, s.: Griesbacher, P.

Preis, H. (Hrsg.), s. Anzeiger, Allgemeiner, f. d. Gesammt-Telegraphen-Verkehr im Dt. Reiche u. allen Ländern.

Preis, Herm.: Aristoteles' Stellung zur Platonischen Ideenlehre. — D 8. — Wriezen a. O. — H. B. — (90).

Preis, J., über Anbau, Pflege und Benutzung der Kürbisse, Sonnenblume, Topinambours, des Maises, der Puffbohne u. s. w. in jeder größeren und kleineren Haushaltung. 8. (VIII und 72 S.) Gleiwitz 858, Karfunkel. *

Preis, J., die beste Ausstattung für junge Damen. Brieg 870. Bräuer's Verl. 8. (VII, 363 S.) n. 1 ℛ 10 ngr.

—— die Licht- und Schattenseiten des preuß. und deutschen Schulwesens, von der Universität bis zur Volksschule herab, nebst den geeignetsten Mitteln, durch Beseitigung des Schattens das Licht zu verstärken. gr. 8. (XI und 243 S.) Lissa 819, Günther.

— die Licht- und Schattenseiten des preußischen und deutschen Schulwesens von der Universität bis zur Volksschule herab, nebst den geeignetsten Mitteln, durch Beiseitigung des Schattens das Licht zu verstärken. 2.. wohlfeilere u. verb. (Titel-)Ausg. Lissa 854. Günther. gr. 8. (XI, 244 S.) 15 ngr.

Preis, J., Jacotot's Universal-Unterricht als naturgemäß und nachahmungswerth dargestellt und erläutert. 2., vielfach verb. und verm. Abdr. 8. (80 S.) Lissa 847, Günther.

Preis M.: Ueber den Nutzen d. Buchführung. (1874). (3) S. (Udsnit). 4°.

Preis, M. Bernardine, Passionsblumen, s.: Griesbacher, P.

Preis, P. J., siehe: Erinnerungen aus der bohm. Schweiz.

Preis, P. J., Erinnerungen aus der böhm. Schweiz, s. Erinnerungen.

Preis, Willibald: Adiectivum utro ordine apud optimos Romanorum scriptores coniunctum sit cum substantivo quaeritur. Bayreuth, gedr. bei Th. Burger, 1889; 48 S. 8°
Bayreuth, l. StA, P 1889.

Preisabnandlungen, Zwei, von den Mitteln, den Werth der Grundstücke steigen zu machen. Cassel 1777. V: *Runde, Justus Friedr.* & *Joh. Aug. Schlettwein.* (Engj)

„Allgemeiner Preis-Anzeiger für das nördliche Deutschland, worin die Preise der vorzüglichsten Materialwaaren, Farbe- und Fettwaaren, Gewürze, Fabrikstoffe, Metalle, Saamen und Früchte etc. von den Haupthandelsplätzen des nördlichen Deutschlands, von Hamburg, Bremen, Berlin und Breslau wöchentlich, von andern Orten aber vorläufig mit Abwechselung, geliefert werden", wöchentlich 1 Stück, Leipzig 1805.

Preisarbeiten üb. die Frage: Durch welche Mittel läßt sich der genossenschaftliche Bezug v. landwirtschaftlichen Bedarfsartikeln seitens der Einzelgenossenschaften, insbesondere durch Vermittelung der Zentral-Ein- u. Verkaufsgenossenschaften steigern?, s. a Genossenschaftsbibliothek, deutsche landwirtschaftliche. 13. Bd.

Preisarbeiten über die Frage: Durch welche Mittel lässt sich der genossenschaftliche Bezug von landwirtschaftlichen Bedarfsartikeln seitens der Einzelgenossenschaften, insbesondere durch Vermittelung der Zentral-Ein- und Verkaufsgenossenschaften steigern? 8⁰. Darmstadt, Reichsverband d. deutschen landw. Genossensch., 1908. (Deutsche landwirtsch. Genossenschafts-Bibliothek, Bd. 13.)

— üb. die Frage: „Durch welche Mittel läßt sich die Belebung des Sparsinnes bei der ländlichen Bevölkerung u. die Förderung des Sparbetriebes unserer Spar- u. Darlehnskassen am zweckmäßigsten u. wirksamsten auszugestalten?, s. a Genossenschaftsbibliothek, deutsche landwirtschaftliche. 10. Bd.

Preisarbeiten über die Frage: Durch welche Mittel lässt sich die Belebung des Sparsinnes bei der ländlichen Bevölkerung und die Förderung des Sparbetriebes unserer Spar- und Darlehnskassen am zweckmässigsten und wirksamsten ausgestalten? Darmstadt: Verl. des Reichsverbandes der dt. landw. Genossenschaften 1906. = Deutsche landwirtschaftliche Genossenschaftsbibliothek. 10.

Preisarbeiten über die Frage: „Durch welche Mittel lässt sich die Belebung des Sparsinnes bei der ländlichen Bevölkerung und die Förderung des Sparbetriebes unserer Spar- und Darlehnskassen am zweckmässigsten und wirksamsten ausgestalten?" 8⁰. Darmstadt, Reichsverband d. deutschen landw. Genossenschaften, 1907. (Deutsche landwirtsch. Genossenschaftsbiblioth., Bd. 10.)

— üb. die Frage: Maßnahmen zur Liquiderhaltung der Einzel- u. Zentralgenossenschaften, s. a Genossenschaftsbibliothek, deutsche landwirtschaftliche. 18. Bd.

Preisarbeiten über die Frage: Massnahmen zur Liquiderhaltung der Einzel- und Zentralgenossenschaften. 8⁰. Darmstadt, Reichsverband d. deutsch. landwirtsch. Genossensch., 1910. (Deutsche landwirtsch. Genossenschafts-Bibliothek, Bd. 18.)

Preisarbeiten: Garten-Holz-Architektur. (100 T) 4° Berlin (1908)

Preisarbeiten. Schweizerischer Kaufmännischer Verein. Preisarbeiten pro 1899-1900. (1.) Direkte und indirekte Steuern (von Oskar Zürcher in St. Gallen). — (2.) Wie bleiben die ins Ausland gehenden Mitglieder dem Verein erhalten? (von Anton Zindel-Kressig in Schaffhausen.) — (3.) Das Informationswesen (von Jacques Benz in Zürich). — Anhang: Der Kaufmann in Gustav Freytags Roman «Soll und Haben». Vom Kaufmännischen Verein Zürich ([am] 24. April 1901) prämierte Sektions-Preisarbeit (von Alfred Wüterich in Zürich). IV + 120 S. 8. Zürich, Verlag des Schweiz. Kaufmännischen Vereins, 1901. [fr. 1. —]

Preisarbeiten. Schweizerischer Kaufmännischer Verein. Preisarbeiten pro 1902. (1.) Historische und dogmatische Darstellung des Münzwesens; Von Fritz Gygax, Berlin. — (2.) La situation de la Suisse dans l'Union monétaire latine et aperçu sur la question monétaire en général. Par Albert Favre, Berne. IV + 65 S. 8. Zürich, Verlag des Schweiz. Kaufmännischen Vereins, 1902. [fr. —. 70]

Preisarbeiten. Schweiz. Kaufmännischer Verein. Pr' 1907. 1. Die Auswüchse im Wechselverkehr. (... Preisarbeit von Fr[itz] Fuchs, Zürich.) — 2. Ursachen und Wirkungen der Konzentrationsbewegung im Bankwesen. (... Pr' von Fr[idolin] Studach, Altstätten....) — 3. Die Postulate der Handelsgehülfen zu einem schweizerischen Gewerbegesetz (* *Nachtitel:* Welche Anforderungen sind vom Standpunkte des Hand' aus an ein schweizerisches Gew' zu stellen?). (... Pr' von Fritz Beyli, Sektion Wohlen. Sonderabdruck aus dem «Schweiz. Kaufm. Centralblatt» 1907, Nrn. 29/34, 35/44, 46/51.) IV + 167 S. 8. Zürich, Verlag des Schweiz. Kaufmännischen Vereins, (1907). [fr. —. 75]

Zehn Preisarbeiten über die Entstehung und weitere Entwickelung landwirtschaftlicher Bezugs-Genossenschaften. Halle a.S.: Verl. der Zentralgenossenschaft zum Bezuge landw. Bedarfsartikel 1906.

Preisarbeiten, Zwei, geliefert auf dem Stiftungsfest des kaufmännischen Vereins Zürich 1892. Zürich [1892]. V: *Maag, Paul* & *Em. Lang.* (Cat. d. Stadtbibl. Zürich. Zürich 1864—97.)

Preisaufgabe eines Schlesischen Edelmanns, wie er seine Vorrechte am besten benutzen kann; nebst e. kl. Darstell. d. Verhältnisse d. Gutsbesitzer zu ihren sogen. Unterthanen. 8. Glogau 801. Neue Güntersche B. 8 gr.

Preisaufgabe für die entsprechendste Prüfung eines neuen Versuches zur empirischen Begründung der Cholera-Wissenschaft. Erweiterter Abdr. des Programmes in den medicin. Journalen. Prag 855. Tempsky. 8. (16 S.) n. 4 ngr.

„Preissaufgaben, so auf höchsten Befehl Ihro Churfürstl. Durchl. zu Sachssen zur Aufmunterung des Nahrungsstandes auf das gegenwärtige und die folgenden Jahre 1801—1805 ausgesetzt worden sind", Dresden 1800. — Vorh.: Bibl. des Kammergerichts Berlin

Preisaufgaben f. d. J. 1820—21 (die ersten der Univ. Bonn) s. im Königsgeb.-Progr. 1820

Die neuen **Preisaufgaben** s. im Königsgeb.-Progr. 1821

Die neuen **Preisaufgaben** s. im Königsgeb.-Progr. 1822

Die neuen **Preisaufgaben** s. im Königsgeb.-Progr. 1823

Die neuen **Preisaufgaben** s. im Königsgeb.-Progr. 1824 u. im Ind. prael. 1824—25

Die neuen **Preisaufgaben** s. im Königsgeb.-Progr. 1825 u. im Ind. prael. 1825—26

Die neuen **Preisaufgaben** s. im Königsgeb.-Progr. 1826 u. im Ind. prael. 1826—27

Die neuen **Preisaufgaben** s. im Königsgeb.-Progr. 1828 u. im Ind. prael. 1828—29

Die neuen **Preisaufgaben** s. im Königsgeb.-Progr. 1829 u. im Ind. prael. 1829—30

Die neuen **Preisaufgaben** s. im Königsgeb.-Progr. 1830 u. im Ind. prael. 1830—31

[Kopft.:] **Preisaufgaben** der **Rubenow-Stiftung.** [o. O.], *1896;* 1 Bl. 4.

Preis-Aufgaben zum Schinkelfeste 1861. Berlin (1859)

Preis-Aufgaben für die Studirenden der Kgl. Technischen Hochschule zu Berlin pro 1886-87. [1887/88. 1888/89 in: Urtheile über die Bearbeitungen ... der 1886 bzw. 1887 gestellten Preisaufgaben. Nr 309.]
Fortges. u. d. T.:
Kgl. Technische Hochschule zu Berlin. **Preisaufgaben** für das Jahr 1889-90—1912-13.

Kgl. Technische Hochschule (1893 u. 1894 ff.: in) Stuttgart. **Preisaufgaben** für ... ⟨veröff. am 25. 2. [des zuerst genannten Jahres]⟩. (1892 u. 1893.) 1893 u. 1894 [usw.]—1912 u. 1913.

Zu der am 18. Jan. 1893 ... stattfindenden Feier des Krönungstages laden hierdurch ein Rector und Senat der Albertus-Universität. [Enth.: **Preisaufgaben** für die Studirenden im Jahre 1893.] Königsberg i. Pr., Hartungsche Buchdr., 1893; 2 Bl. 4.

Preisaufgaben für die Studirenden im Jahre 1898. *(Königsberg i. Pr. 1898: Hartung.)* (2 Bl.) 4° [Kopft.]
Königsberg, Einladungsprogr. z. Krönungstage am 18. Jan. 1898

Preisaufgaben für die Studirenden im Jahre 1900. *Königsberg i. Pr. 1900: Hartung.* (2 Bl.) 4° [Kopft.]
Königsberg, Einladung zur Feier d. Krönungstages 1900

Preisaufgaben für die Studirenden im Jahre 1901. *Königsberg i. Pr. 1901: Hartung.* (2 Bl.) 4° [Kopft.]
Königsberg, Einladung zur 200j. Feier d. Krönungstages u. zur Feier d. Geburtstages d. Kaisers am 18. Jan. 1901

Preisaufgaben für die Studirenden im Jahre 1902. *Königsberg i. Pr. 1902: Hartung.* (2 Bl.) 4° [Kopft.]
Königsberg, Einladung zur Feier d. Krönungstages 1902

Preisaufgaben für die Studierenden im Jahre 1903. *Königsberg i. Pr. 1903: Hartung.* (2 Bl.) 4° [Kopft.]
Königsberg, Einladung zur Feier d. Krönungstages 1903

Preisaufgaben für die Studierenden im Jahre 1904. *Königsberg i. Pr. 1904: Hartung.* (2 Bl.) 4° [Kopft.]
Königsberg, Einladung zur Feier d. Krönungstages 1904

Preisaufgaben für die Studierenden im Jahre 1905. Königsberg i. Pr. 1905: Hartung. (2 Bl.) 4° [Kopft.]
Königsberg, Einladung zur Feier des Krönungstages 1905

Preisaufgaben für die Studierenden im Jahre 1906. Königsberg i. Pr. 1906: Hartung. (2 Bl.) 4° [Kopft.]
Königsberg, Einladung zur Feier des Krönungstages 1906 (Nicht für den Austausch)

Preisaufgaben für die Studierenden im Jahre 1907. Königsberg i. Pr. 1907: Hartung. (2 Bl.) 4° [Kopft.]
Königsberg, Einladung zur Feier des Krönungstages 1907 (Nicht für den Austausch)

Preisaufgaben für die Studierenden im Jahre 1908. Königsberg i. Pr. 1908: Hartung. (2 Bl.) 4° [Kopft.]
Königsberg, Einladung zur Feier des Krönungstages 1908 (Nicht für den Austausch)

Preisaufgaben für die Studierenden im Jahre 1909. Königsberg i. P. 1909: Hartung. 2 Bl. 4° [Kopft.]
Königsberg, Einladung zur Feier des Krönungstages 1909 (Nicht für den Austausch) [U 09. 2426

Preisaufgaben für die Studierenden im Jahre 1910. Königsberg i. P. 1910: Hartung. 2 Bl. 4° [Kopft.]
Königsberg, Einladung zur Feier des Krönungstages 1910 (Nicht für den Austausch) [U 10. 2634

Preisausschreiben, e. Künstler-Novelletten v. Hier. Lorm [preisgekrönt], P. Block, O. Baisch, E. Remin, Carl Edm. Edler, H. Rud. Schaefer, Clara Lauckner, Wilh. v. Wartenegg, Jenny Zink, R. Czerny [sämmtlich ehrenvoll erwähnt]. Hrsg. v. G. Ramberg. 8. (VII, 215 S.) Berlin 889. S. Fischer, Verl. n. 3. —

Preisausschreiben für den Bau von Ackerhöfen im Braunschweigischen. (Verein f. Heimatschutz im Herzogt. Braunschweig. Wolfenbüttel 1909: Angermann.) 8 S. 8° [Kopft.] [09. 12637 7

Preisausschreiben (für Böcklin-Rahmen. [Eröffnet durch die] Redaktion der »Dekorativen Kunst«. München, Februar 1901. [Illustriert.]) 2 S. 4.
Mit Beilagen: 2 S., *mimeographiert, und* Wettbewerb-Entscheidung (Juli 1901), *Ausschnitt.*

[Preisausschreiben des Vereins deutscher Freimaurer.]
1901, 1902, 1903, 1907. **21.**

Preisausschreiben-Revue, internationale. Hrsg. v. Eduard Riesen. Juli—Dezbr. 1910. 6 Nrn. (à ca. 36 S.) 8. Berlin. E. Riesen. à Nr. — 50

Preisberechnung für **Maler- u. Lackir-Arbeiten** nach Fuss- u. Metermaass, m. Anh., enth. Rezepte u. Tabellen. Hrsg. v. Verein d. Maler u. Lackirer v. 1865 in Hamburg. 2., gänzlich umgearb. Aufl. 8. (25 S.) Hamburg 895. Boysen & Maasch. n. 1. —

Preisberechnungs- u. Umwandlungstabelle f. böhmische Ellen in Meter. gr. 4. Prag 876. Verl. der Bohemia. — 10

—— —— für Wiener Ellen in Meter. gr. 4. Ebendas. 876.

—— —— für Wiener Lothe in Dekagramm. gr. 4. Ebendas. 876.

—— —— für Wiener Pfunde in Kilogramm. gr. 4. Ebendas. 876.

Preisberg, Hanns Ev., der Curort Radegund, seine Quellen u. der Schöckel mit seinen Klüften u. Sagen. Für Einheimische u. Fremde, Curgäste u. Touristen. Graz 866. (Wießner.) 8. (23 S.) n. 6 ngr.

Preisbestimmungen für Arzneien, Arbeiten und Gefässe, wie sie in Nachtrag I—X zur königl. sächs. Arzneientaxe vom 30. Octbr. 1847 enthalten sind. Dresden 857. Kuntze. 4. (15 S.) 7½ ngr.

Preisbewegung für Steinkohlen in den Jahren 1893 bis 1907. Hrsg. von der Handelskammer Essen. Essen-Ruhr, 1907. 8 Taf.

Preisbewerbung, die, um das National-Denkmal für Kaiser Wilhelm I. in Berlin. Imp.-4. (20 S. mit 7 Ansichten u. 9 Lageplänen.) Berlin 889. Ernst & Korn. n. 3.—

Preis-Bilderbücher. 1. und 2. Serie. à Serie 12 Nrn. 16. (à Nr. 5 S. mit 6 Chromolithogr.) Stuttgart 883,84, G. Weise. à Nr. 5 Pf.; à Serie

Preisbuch der wesentlichsten Gegenstände des k. k. Artillerie-Materials. 1873. (Lithogr.) Fol. Wien 1873.

Preisbuch üb. die wesentlichsten Gegenstände des k. u. k. Artillerie-Materials. 8. (XII, 188 S. Wien 894. (Hof- u. Staatsdruckerei.) n. 2. 40

Preisbuch über die wesentlichsten Gegenstände der k. u. k. Sanitätsmaterials. 8. (V, 68 S.) Wien 896. (Hof- u. Staatsdruckerei.) n. — 80

— dasselbe. 8. (V, 76 S.) Ebd. 898. n. — 60

Aktien-Gesellschaft der Holler'schen Carlshütte bei Rendsburg: Preis- und Musterbuch über Gußwaren. Rendsburg 1899—1904

Preische, Eug., Gewinnvortrag u. Tantièmeberechnung f. Vorstand u. Aufsichtsrat deutscher Aktiengesellschaften. gr. 8. (46 S.) Berlin 902. Haude & Spener. n. 1.—

Preischwitz, Peter, der Verräter Bautzens, s. Baumgärtel, Hermann

Basler Preiscourant v. Schweizerische National-Zeitung.

Preis-Courant über Gummi-Waaren und Artikel zur Krankenpflege der Leipziger Gummi-Waaren-Fabrik vorm. J. Marx, Heine & Co. 3. Aufl. Leipzig 1889

PREIS-COURANT der (Prostituirten) Louise Hebesack. 1 Bl., nur auf einer Seite bedruckt, gr. 8°.

Preiscourant illustr.. d. Fabrik v. Apparaten u. Utensilien z. Gesundheits- und Krankenpflege v. Fischer & Comp. in Heidelberg 1882. —.7?

Preis-Courant, illustrirter, der Fabrik landwirthschaftlicher Maschinen und Geräthe von Schneitler und Andree in Berlin. gr. 4. (12 S. mit eingedr. Holzschn.) Berlin 856, (Besser's Brlgsh.) **

Preis-Courant, illustrirter, der Fabrik landwirthschaftlicher Maschinen und Geräthe von Wilh. Hamm in Leipzig. gr. 4. (22 S. mit 2 Holzschnt. in qu. Fol.) Leipzig 857, Expedition der agronomischen Zeitung. *

Preis-Courant des mikroskopischen Instituts von C. Rodig. Hamburg [o. J.]

Preis-Courant von den Produkten der Kunst-Förmerei in der Königlichen Eisengiesserei bei Berlin. O. O. u. o. J.

Preis-Kourant über sämmtliche Requisiten zum Schreiben, Zeichnen und Malen von dem Kommissions- und Detail-Geschäft des F. Mayr. Wien, Mechitharisten-Buchdr. (O. A. d. J.) (32 S. 8.) 1857.

Preis-Courant der gangbarsten Stellmacher-Arbeiten. Aufgestellt von der vereinigten Stellmacher- u. Rademacher-Innung zu Berlin im J. 1899. gr. 8. (49 S.) Berlin 899. Laubsch & Everth. n. 1.—

Preis-Courant des österreichischen Vereins für chemische und metallurgische Produktion über Thonwaaren. Außig a. E. (Böhmen) (1893?)

Preis-Courant v. Waaren in Partieen. Mit Angabe d. üblichen Thara, d. Brutto-Gewichts, d. gebräuchl. Verpackungen u. d. gesetzmäß. Courtage jeder Waare. Anhang z. „Lehrb. d. kaufmänn. Rechnens, v. A. Melbola u. M. Hinrichsen." 2 Tab. gr. Fol. Hamburg 832, Hoffmann u. Campe.

Preis-Courant über die durch das Königl. Zeitungs-Comptoir in Berlin und die Post-Anstalten in Preußen zu beziehenden Zeitschriften. Berlin, Kgl. Geh. Ob.-Hofbuchdr. (v. Decker). Hoch 4. Erscheint alljährlich, hrsg. vom Post-Zeitungs-Comtoir.

Preis-Courant über die durch das Kgl. Zeitungs-Comtoir in Berlin u. die Postanstalten in Preussen zu beziehenden Zeitschriften. Berlin 1864—67. 4. . . . . (SPA.)

Preis-Courant der durch d. Post-Anstalten in Preussen zu bezieh. Zeitungen auf d. J. 1839. 4. (6 B.) Berlin, (Mittler, Vrlsh.) *

Preise, die antiquarischen, der Orig.-Ausgaben der deutschen Klassiker: Goethe, Lessing, Herder, Wieland. Nach den in den Jahren 1854—1867 erschienenen hauptsächlisten antiquar. Katalogen zusammengestellt. [Aus dem Archiv für Buchhändler.] Reudnitz 869. Pfeil. gr. 8. (7 S.) n.n. 5 ngr.

—— von Arzneimitteln, s. a. Laux, F. W., und A. Kobligk.
—— dass. — s. a. Schacht, J. E., und F. W. Laux.

Preise von Arzneimitteln, welche in der 6. Ausg. der preuss. Landes-Pharmacopoe nicht enthalten sind. Nach den Principien der k. preuss. Arznei-Taxe berechnet. gr. 8. (24 S.) Berlin 847, Amelangsche Sortimentsb. *

—— dass. — Für die Jahre 1851 und 1852, nach den Principien der königl. preuss. Arznei-Taxe für 1849. gr. 8. Ebds. [1851. (29 S.) 1852. (26 S.) à 5 Ngr.] *

—— von Arzneimitteln, welche in der 6. Aufl. der preussischen Landes-Pharmacopoe nicht enthalten sind. Für die J. 1853—55. nach den Principien der königl. preuss. Arznei-Taxe berechnet. Anhang zur amtl. Ausg. der königl. preuss. Arznei-Taxe für 1853—55. gr. 8. Berlin, Gaertner. [1853. (27 S.) * 5 Ngr., 1854. (63 S.) 1855. (64 S.) à * 10 Ngr.] *

—— dass. — Für das J. 1856 nach den Principien der königl. preuss. Arznei-Taxe berechnet. Anhang zur amtl. Ausg. der königl. preuss. Arznei-Taxe für 1856. gr. 8. (64 S.) Ebds. 856. *
Vgl. 11. Bd. 2. Abthl. S. 137.

Preise der Beredsamkeit, die während der Regierung Friedrich Wilhelm des II. . . . in das Fürstenthum Halberstadt . . . gekommen sind. [Halberstadt 1798.] V: *Fischer, Gottlob Nathanael.* (ML)

Preise, erste, der Architectur, s. Entwürfe, architectonische.

Preise verschiedener Illustrations-Methoden, nebst einigen andern für Buchdrucker, Lithographen und Verleger wissenswerthen Preisen. Mit einem ausführl. Inhaltsverzeichnisse und einigen Notizen über die Anwendbarkeit der verschiedenen Methoden. 8. (23 S.) Zürich 879, Orell, Füssli und Comp. *

Deutscher Arbeitgeberbund f. d. Baugewerbe. (E. V.) Die Preise wichtiger Lebensmittel und kleiner Wohnungen in 450 deutschen Orten. Berlin 1909: (Klokow). 30 S. quer-8°
(Zusammenstellung d. bei d. deutschen Arbeitgeber-Verbänden d. Baugewerbes bestehenden Arbeitsbedingungen u. Einrichtungen. Anl.) (n 6614

Preise, meine Seele, den Herrn! Zusammenstellung der am häufigsten vorkomm. liturg. Gesangtexte m. deutscher Übersetzung. 12. (56 S.) Münster i. W. 891, Aschendorff. * — 25

Preise, ortsübliche, f. Erd-, Maurer-, Steinhauer- u. Zimmerer-Arbeiten. Giltig in München vom 1. IV. 1908 bis 31. III. 1909. Festgesetzt am 15. V. 1908 in der außerordentl. Innungsversammlg. der Münchener Bau-, Maurer-, Steinmetz- u. Zimmermeister. (35 S.) 8. München 908. (L. Finsterlin.) 1. 50

Preise, ortsübliche, f. Maurer-, Zimmer- u. Schreinerarbeiten u. Materialien f. d. J. 1892. Hrsg. v. der Inng. der Bau-, Maurer-, Steinmetz- u. Zimmermeister in München. gr. 8. (17 S.) Münch. 892, (L. Finsterlin). * — 80

Preise, ortsübliche, f. Maurer-, Zimmerer- u. Schreinerarbeiten u. Materialien f. d. J. 1893. Hrsg. v. der Inng. der Bau-, Maurer-, Steinmetz- u. Zimmermeister in München. Festgesetzt in der ordentl. Innungsversammlg. am 18. Apr. 1893. gr. 8. (23 S.) München, (L. Finsterlin). n. 1. —

— ortsübliche, f. Maurer- u. Zimmerer-Arbeiten u. Materialien f. d. J. 1894. Hrsg. v. der Inng. der Bau-, Maurer-, Steinmetz- u. Zimmermeister in München. Festgesetzt in der ordentl. Innungsversammlg. vom 3. Apr. 1894. gr. 8. (17 S.) Ebd. 894. n. 1. —

Preise, ortsübliche, f. Maurer-, Steinmetz- u. Zimmerer-Arbeiten u. Materialien f. d. J. 1898. Hrsg. v. der Inng. d. Bau-, Maurer-, Steinmetz- u. Zimmermeister in München. Festgef. in d. ordentl. Innungsversammlg. vom 18. II. 1898. gr. 8. (28 S.) München 898, L. Finsterlin. n. 1. —

Preise, ortsübliche, f. Maurer-, Steinmetz- u. Zimmerer-Arbeiten u. Materialien f. d. J. 1902. Hrsg. von der Inng. der Bau-, Maurer-, Steinmetz- u. Zimmermeister in München. Festgesetzt in d. ordentl. Innungsversammlg. vom 5. II. 1902. gr. 8. (39 S.) München, L. Finsterlin. n. 1. —

Preise, ortsübliche, f. Maurer-, Steinmetz- u. Zimmerer-Arbeiten u. Materialien f. d. J. 1905. Hrsg. v. der Inng. der Bau-, Maurer-, Steinmetz- u. Zimmermeister in München. Festgesetzt in der ordentl. Innungsversammlg. vom 1. II. 1905. (30 S.) 8. München 905. L. Finsterlin. n. 1. —

Wirkliche und Mittelpreise der wichtigsten Lebensmittel für Menschen und Tiere in den bedeutendsten Marktorten der preußischen Monarchie während d. Kalenderjahres 1903 bezw. d. Erntejahres 1902/03. Auf Grund d. Marktberichte von 165 preuß. Marktorten bearb. v. Kgl. Statist. Bureau. Berlin 1904: W. Koebke. (IV, 84 S.) 4°
= Zeitschrift d. Kgl. Preuß. Statist. Bureaus. Jg. 44. Abt. 2, Bes. Beilage. [05. 7869

Wirkliche und Mittelpreise der wichtigsten Verpflegungsmittel für Menschen und Tiere in den bedeutendsten Marktorten der preussischen Monarchie während des Kalenderjahres 1907 bezw. des Erntejahres 1906/07. Auf Grund d. Marktberichte ... bearb. vom Kgl. Statist. Landesamt. Berlin: Kgl. Statist. Landesamt 1908. (IV, 84 S.) 4°
= Zeitschrift d. Kgl. Preuß. Statist. Landesamts. Jg. 48. Abt. 2. Bes. Beilage. [08. 13325

[Preise.] Wirkliche und Mittelpreise der wichtigsten Verpflegungsmittel für Menschen u. Tiere in d. bedeutendsten Marktorten d. preuss. Monarchie währ. d. Kalenderj. 1908 bezw. d. Erntej. 1907/08. Auf Grund d. Marktber. von 158 preuss. Marktorten bearb. vom Kgl. Stat. Landesamt. Berlin 1909. 4°.

Preise, wöchentliche, v. Twist u. Baumwolle in Manchester u. Liverpool, Angaben über Einfuhren u. Umsätze von Baumwolle, nebst Auszügen aus authentischen Marktberichten. gr. Imp.-½Fol. Barmen 846, Langewiesche. *

Preis-Einmachebuch, hervorgegangen aus e. Preisausschreiben des Verbandes deutscher Köche, E.V. Eine Sammlg. nur erprobter u. bewährter Rezepte u. Anweisgn. der Einmachekunst, geprüft vom Vorstande des Verbandes. Mit zahlr. wertvollen Beiträgen der hervorragendsten Fachleute. 295 Einmacherezepte. (V, XXI, 152 S. m. Abbildgn. u. 1 Tab.) 8. Berlin (907). Nordhausen, H. Killinger. Geb. in Leinw. 2. —

Preis-Einmachebuch, hervorgegangen aus e. Preisausschreiben d. Verbandes Deutscher Köche, E. V. Eine Sammlung nur erprobter u. bewährter Rezepte u. Anweisungen der Einmachekunst, geprüft v. Vorstande d. Verbandes. Mit zahlr. wertvollen Beiträgen d. hervorragendsten Fachleute. 295 Einmacherezepte. Berlin: Verband Deutscher Köche [1907]. (XIX, 152 S.) 8° [07. 18186

Preisendanz, C., De L. Annaei Senecae patris vestigiis in Senecae philosophi scri deprehendendis. Diss. 1908. 85 S

Preisendanz, Heinrich, approb. Arzt aus Weinsheim (Württemb.): Ein Fall von doppelseitigem multiloculärem Dermoid. *München 1901: C. Wolf & Sohn.* (46 S.) 8°
München, Med. Diss. v. 1901

Preisendanz, K., u. Frz. Hein, hellenische Sänger in deutschen Versen. Mit Zeichngn. v. Frz. Hein. (64 S.) 8. Heidelberg (904). C. Winter, Verl. n. 1. —

Preisendanz, Carolus, Ellmendingensis: De L. Annaei Senecae patris vestigiis in Senecae philosophi scriptis deprehendendis. Tübingen 1908: H. Laupp jr. (68—102 S.) 8° ¶ (Weiteres: Philologus Bd 67 S. 102—112.)
Heidelberg, Phil. Fak., Ref. Schoell, Diss. v. 17. Febr. 1908
[Geb. 22. Juli 83 Ellmendingen; Wohnort: Berghausen; Staatsangeh.: Baden; Vorbildung: Gymn. Karlsruhe Reife O. 02; Studium: Heidelberg 1, München 1, Heidelberg 5 S.; Rig. 18. Juli 06.]

Preisendanz, Karl: Zur griechischen Anthologie. Marc. 481 Paris. Suppl. Gr. 384 Palat. 23. 33 S., 2 Taf. 4.
Progr. Gr. Gymn. *Heidelberg* 1910 (841)

Preisendanz, Karl: Zur griechischen Anthologie. Marc. 481 Paris. Suppl. Gr. 384. Palat. 23. Leipzig 1910: Teubner. 33 S. 4°
Heidelberg, großh. G P 1910 (841) [S 10. 345

Preisentwickelung, allgemeine, für Hoch- und Kunstbauten. 8. (IX und 187 S. mit eingedr. Holzschn.) München 856 (60). (Grubert.) geb. * *

Preiser, Fachzeichnen für Tischler. Lehrgang der gewerblichen Fortbildungsschule zu Biberach. Handzeichnungen von Schülern. (24 T) fol (Biberach 1904)

Preiser, Fachzeichnen für Zimmerleute. Lehrgang der gewerblichen Fortbildungsschule zu Biberach. Handzeichnungen von Schülern. (13 T) fol (Biberach 1904)

— Lehrgang für Schreiner und Zimmerleute. Herausgegeben von der königlichen Kommission für die gewerblichen Fortbildungsschulen. (3 T) fol Stuttgart (1904)

— Preiser, Modelle für Tischler. (25 Stück). (Biberach 1904)

Modelle. Preiser, Modelle für Zimmerleute. (33 Stück). (Biberach 1904)

Preiser, Arminius) C. G. *(geb. Trebnitz in Schles. 26.11.1822)*: De morbis primae et secundae vertebrae colli. Vratislaviae (1846). (27 S., 1 Taf.) 8° *[Verf. erlebte die Diplomerneuerung 1896 als Arzt zu Trebnitz in Schles.]*
Breslau, Med. Diss. v. 16. Nov. 1846

Preiser, Erich: Weitere klinische Beobachtungen über die Therapie der Diphtherie mit Pyocyanase. Leipzig 1909: Lehmann. 46 S. 8°
Leipzig, Med. Diss. v. 5. Juli 1909, Ref. Curschmann
[Geb. 21. Jan. 84 Harzdorf; Wohnort: Dresden; Staatsangeh.: Preußen; Vorbildung: Gymn. Jauer Reife O. 02; Studium: Greifswald 5, Leipzig 2, Breslau 1, Würzburg 2 S.; Coll. 24. Juli 09; Approb. 25. Juli 08.] [U 09. 2845

Preiser, Friedrich *Leopold* [Kgl. Gerichts-Ref. in Hirschberg]: Die Vererblichkeit des Besitzes nach Preussischem Recht m. Berücks. d. Entwurfs e. bürgerl. Gesetzbuches f. d. Deutsche Reich ... *Hirschberg*, Hirschb. Tageblatt-Buchdr., *1892*; 48 S. 8.
Breslau, [illegible], Inaug.-Diss. v. 23. Juli 1892

Preiser, Frdr., die Vererblichkeit des Besitzes nach preussischem Recht m. Berücksicht. des Entwurfs e. bürgerlichen Gesetzbuches f. das Deutsche Reich. Diss gr. 8. (47 S.) Hirschberg 892. (Breslau, L. Köhler.) n. 1. —

Preiser, Geo., die Arthritis deformans coxae u. die Variationen der Hüftpfannenstellung. Zugleich e. Beitrag üb. den Wert der Roser-Nélaton'schen Linie u. die Bedeutg. des Trochanderhochstandes bei Hüftgesunden. (86 S. m. Abb.) gr. 8. Leipzig 907. F. C. W. Vogel. 2. —

Preiser, Georg, prakt. Arzt aus Fraustadt i. P.: Aus d. gynäkol. Abth. d. Krankenhauses d. Elisabethinerinnen in Breslau ⟨Prof. Pfannenstiel⟩. Ein Beitrag zur Lehre von den Tuboovarialcysten. *Berlin 1901: L. Schumacher.* (33 S.) 8°
¶ Aus: Archiv f. Gynäkol., Bd 64, H. 3.
Breslau, Med. Diss. v. 2. Nov. 1901

Preiser, R., Aufgaben zum Uebersetzen ins Lateinische, s. Wulff, J.

•Preiser, R[ichard]: [Lateinisches Gedicht.] S. 3. 4.
In: Festschrift zum 70. Geburtstage des reg. Fürsten Fürstl.
Progr. Gymn. Rutheneum *Gera* 1902.

•Preiser, Richard: Mensch und Tier in der Sprache des Gewerbes. S. 59—72. 4.
In: Festschrift zum 70. Geburtstage des reg. Fürsten Fürstl.
Progr. Gymn. Rutheneum *Gera* 1902.

Preiser, Richard, Dr.: Zum Torso von Belvedere. *Gera 1901: Th. Hofmann.* (20 S.) 4°
Gera, fürstl. G Rutheneum m. VS, OP 1901 (779)

Preisfrage: Ist die Durchbohrung der Hirnschaale bey Kopfverletzungen nothwendig oder nicht? Beantwortung v. Louvrier und Mursina. gr. 4. 800. Hat jetzt Wolke in Wien und der Preis

Preisfrage, die, des Königs beantwortet nach Vernunft und Wahrheit. Ein freies Wort jedem ehrlichen Deutschen insbesond. jedem Bayer gewidmet. gr. 8. (56 S.) München 849, Franz. *

Preisfrage über Schafhaltung neben der Kuhwirthschaft. (Eine Preisschrift, die nicht prämiirt ist.) gr. 8. (8 S.) Lübeck 864, v. Rohden'sche Buchh. *

Preisfragen, 100. 8. Deutschl. 787. Blumauer in Wien. 3 gr.

— 100, 8. Deutschl. Gräffer. 787.

Preisfragen, Zwei; 1) hat das gesetzwidrige Zusammenleben von Personen beiderlei Geschlechts nachtheilige Folgen für die Religion und die Gesellschaft? ... Stendal 1807. V: *Einem, Johann August Christoph von.* (Ky)

Preisfragen, zwey, 1) hat d. jetzige Zusammenleben von Personen beyderley Geschlechts nachtheilige Folgen f. die Religion und die Gesellschaft? rc. 2) ziemt es dem moralischen Menschen in gemischten Gesellschaften über Religion zu scherzen? aufgestellt v. d. Gesellschaft pro fide et christianismo in Stockholm, und beantwortet von der Gesellschaft für Tugend und Weisheit in Deutschland. gr. 8. Stendal, Franzen und G. (a. Mösle in Wien.) 807.

Preisgedicht, Das, zur Feyer des allerhöchsten Geburtsfestes ... Kaisers Franz I. [Wien 1825.] V: *Norbert, L.* (EB)

Preis-Humoresken, drei. [I. Die Denkmäler der Cimbern am Rhein von Frz. Woas. II. Im Dunkeln von Rich. Koß. III. Ein Leseabend von Alb. Roderich.] Mit (eingedr.) Illustr. von C. Roehling und H. Schlittgen. 8. (115 S.) Leipzig 881, Thiel. (*M* 1.) *
geb. (*M* 1,50.) *

Preisig, H[einrich]. Le noyau rouge et le Pédoncule cérébelleux supérieur. (Thèse) Méd. Lausanne. [Avec 3 planches.] Tirage à part du « Journal für Psychologie und Neurologie» ([Band] 3). *Kopftitel:* Laboratoire de psychiatrie de l'Université de Lausanne ⟨Professeur Dr. [Albert] Mahaim⟩. 20 p. gr.-8. (Leipzig, Spamer, 1904.)

Preisigke, Friedrich, Telegraphendir. am Kais. Stadt-Fernsprechamt 6 zu Berlin: Städtisches Beamtenwesen im römischen Ägypten. *Halle (Saale): M. Niemeyer 1903.* (VI, 75 S.) 8°
¶ (Enthält nur einen Teil der Arbeit; der Rest soll an anderer Stelle erscheinen.)
Halle, Phil. Diss. v. 1903

Preisigke, Frdr., Girowesen im griechischen Ägypten, enth. Korngiro, Geldgiro, Girobanknotariat m. Einschluss des Archivwesens. Ein Beitrag zur Geschichte des Verwaltungsdienstes im Altertume. (XVI, 575 S.) gr. 8. Strassburg 910. Schlesier & Schweikhardt. 20. —

Preisigke, Frdr., sa Papyrus, griechische, der kaiserl. Universitäts- u. Landesbibliothek zu Strassburg i. Elsass.

Griechische Papyrus der Kaiserlichen Universitäts- und Landesbibliothek zu Strassburg. Herausgegeben und erläutert von Dr. FRIEDRICH PREISIGKE [1]. Bd. I. Urkunden N. 1—80. Mit 14 Lichtdrucktafeln und 63 Schriftproben im Text. Leipzig 1912. J. C. Hinrichs'sche Buchhandlung. 4°.
[1] Griechische Papyrus ... wurde mit Mitteln und Unterstützung der Wissenschaftlichen Gesellschaft herausgegeben.

— (Hrsg.), s. Sammelbuch griechischer Urkunden aus Ägypten.

Preising, Augustus [Guestfalus]: De L. Annaei Senecae poëtae tragici casum [sic!] usu ratione potissimum habita Vergilii, Ovidii, Lucani. ... Monasterii Guestf., ex typogr. Aschendorffiana, 1891; 2 Bl., 51 S., 2 Bl. 8°
Münster, Phil. Fak., Inaug.-Diss. v. [7. März] 1891

Liederbüchlein für Schüler höherer Lehranstalten, zsgest. von Dr. August Preising, Oberl. zu Münster i. W. *Münster i. W.: Aschendorff [1900].* (64 S.) 8° [F.] [... 8177

Preising, Aug., Liederbüchlein f. Schüler höherer Lehranstalten. 2. Aufl. (64 S.) 16. Münster (905). Aschendorff. -- 20

Preising, H., Lieder u. Gedichte für Waldeck-Pyrmont u. Waldeck-Pyrmonter Vereine. Hrsg. v. P. (2. Aufl.) 12. (33 S. m. 2 Bildnissen.) Wildungen (899). C. Hundt. n. — 25

Preis-Katalog der zur londoner Industrie-Ausstellung aus dem deutschen Zollverein und Norddeutschland eingesandten Gegenstände, s. Verzeichniß.

Preis-Kompositionen, 8, f. vierstimm. Männerchor, gekrönt v. der Musik-Kommission d. eidgenöss. Sängervereins. 8. (20 S.) Zürich 895. Gebr. Hug & Co. n.—50

Preis-Kourant, s. Preis - Courant

Preisler, s. a. Preißler.

Preisler, die Invaliden, od. d. Triumph d. 2ten Aprils. Schspl. 8. Berl., Albanus. 8 gr

Preisler, Adolf, k. k. Hauptmann-Rechnungsführer. Systematisches Normalien-Handbuch über die noch ganz oder nur theilweise in Wirksamkeit bestehenden Reskripte, Erlässe und Verordnungen vom Jahre 1830 bis Ende 1882. Nach Materien geordnet und zusammengestellt. Nachtrag zum systematischen Normalien-Handbuche' über etc. vom Jahre 1882 bis Ende 1883. Als Anhang eine Sammlung der noch in Wirksamkeit bestehenden und öfter zur Anwendung gelangenden Zirkular-Verordnungen und Erlässe vom Jahre 1800 bis 1830. (2 Bde.) gr. 8. Wien 1883 u. 1884.

Preisler, J. J., Statuae insigniores. Sammlung vorzüglicher Meisterwerke der Bildhauerkunst, sowohl aus dem Alterthume als von neuern Künstlern. gr. Fol. Nürnberg, Stein. 821.

Preislied auf Danzig. [Leipzig 1897.] V: *Pietzcker, Eduard.* (Berl)

Preis-Liste über stationäre Accumulatoren der Accumulatoren-Fabrik Aktiengesellschaft Hagen i. W. Hagen i. W. 1894

Preis-Liste über »Alexanderwerk«-Copir-Pressen. 1890

Konsumverein Frauenfeld und Umgebung.... Preisliste vom 1. August 1902.... IV + 10 S. 8. [Frauenfeld,] Huber & Co.

Preis-Liste der Bau-Gewerbe in Württemberg. Hrsg. unter Mitwirkg. d. Kgl. Bez.-Bau-Inspektionen. gr. 8. (IV, 166 S.) Stuttgart 890. Wittwer's Verl. geb. n. 2. 80

Preis-Liste der Baugewerbe in Württemberg. (Neue Aufl.) Hrsg. v. Fr. Kerndter. (VII, 340 S.) 8. Stuttgart 904. K. Wittwer. Geb. in Leinw. n. 4. —

Preisliste der Baugewerbe in Württemberg. Herausgegeben von F Kerndter. (400 S) Stuttgart 1909

Müller'sche Dampfmolkerei. Allgäuer und französische Weichkäsefabrikation. Preisliste. Denklingen i. Allgäu (1908?)

Preisliste der Dillinger Hüttenwerke über Wellenbleche usw. Dillingen-Saar 1884. 1886

Illustrierte *Preis-Liste* üb. kleinere Geräthe etc. der Central-Ankaufstelle f. landw. Maschinen u. Geräthe d. Landwirtschaftskammer f. die Provinz Sachsen. (Halle 1899). 252 S. Fig.
— [Tit. lidt var.]. Sst. 1907. 391 S. Fig.

Preisliste, illustrirte, der Gypsmodelle für den Unterricht im Freihandzeichnen, Projectionszeichnen u. Modelliren, welche in der Modellir-Anstalt der k. W. Centralstelle für Gewerbe u. Handel in Stuttgart gefertigt u. von der k. Kommission für die gewerbl. Fortbildungsschulen als Lehrmittel empfohlen werden. Nr. I. u. II. Stuttgart 866,67. (Schaber.) gr. 4. (Nr. I. 15 Steintaff. u. Nr. II. 10 Steintaff.) Jede Nr. n. 20 ngr.

Preisliste, illustrirte, der Gypsmodelle f. den Unterricht im Freihandzeichnen, Projectionszeichnen u. Modelliren, welche in der Modellir-Anstalt der k. w. Centralstelle f. Gewerbe u. Handel gefertigt u. v. der k. Commission f. die gewerbl. Fortbildungsschulen als Lehrmittel empfohlen werden. Fol. (29 Steintaf.) Stuttgart 875. Wittwer. n. 2. —

Preisliste, illustrirte, der Gypsmodelle für den Unterricht im Freihandzeichnen, Projektionszeichnen und Modelliren, welche von der Königl. Kommission für die gewerbl. Fortbildungsschulen als Lehrmittel empfohlen werden. (Die Gegenstände sind in 10facher Verjüngung dargestellt.) kl. Fol. (66 Taf.) Stuttgart 888, Wittwer Verlag. *

Magazine zum Wilden Mann, Basel.... [Illustrierte Preisliste.]

= Magasins du Sauvage, Bâle: Special-Catalog für Confections. Sommer-Saison ... 1901. [16 S.] gr.-8. Basel, Kreis; — (Nouveautés für Kleider....) Winter-Saison ... 1901/1902. [24 S.] gr.-8. Basel, Kreis.
Frühjahr und Sommer 1902 u. Herbst- und Winter-Saison 1902/1903. *je* 16 S. 8.
= Magasins du Sauvage, Bâle. (Nouveautés für Kleider....) Frühjahr- und Sommer-Saison ... 1903 u. Winter-Saison ... 1903/04. [IV + 32 S.] 8. *u.* [40 S.] gr.-8. Basel, Kreis.

Preisliste, Jll., der Deutschen Wasserwerks-Gesellschaft, Fabrik und Gießerei in Höchst a. M., über die gebräuchlichsten Pumpen. Höchst a. Main (1890?)

Elektra. Gesellschaft f. Licht- u. Kraftanlagen m. b. H. Königsberg i. Pr. **Preisliste** für Installations-Material. (Königsberg i. Pr. 1904: Ostpr. Dr.) (24 S.) 8° [05. 1904 10

-- der Maler- u. Lackierer-Innung zu Hamburg. Ausgearb. u. zusammengestellt v. dem hierfür eingesetzten Ausschuss, unter Mitwirkg. des Innungsvorstandes u. der v. der Gewerbekammer bestellten Sachverständigen. (29 S.) kl. 8. Hamburg 905. (Boysen & Maasch.) Geb. in Leinw. n. 1. —

Preisliste der Maler- u. Lackierer-Innungen zu Hamburg-Altona-Wandsbek. Ausgearb. u. zusammengestellt v. dem hierfür eingesetzten Ausschuss, unter Mitwirkg. des Innungsvorstandes u. der v. der Gewerbekammer bestellten Sachverständigen. 2. verb. Aufl. (40 S.) kl. 8. Hamburg 907. (Boysen & Maasch.) Geb. in Leinw. 1. 50

Preisliste 1900 der Gesellschaft für Straßenbahnbedarf. Berlin 1899

Chr. Pfleiderer, ... Basel. Preisliste 1901 über Feld-, Gras- und Gemüse-Sämereien. [Illustriert.] 24 S. 8.

— für Verwertg. v. Briefmarken im Verkaufs- oder Tauschwege, nebst einschläg. Bedinggn. der Briefmarken-Handlg. Gebrüder Senf in Leipzig. 7. Aufl. 12. (55 S. m. Abb.) Leipzig 896. Gebr. Senf n. 1. —

Preis-Liste der Waaren-Verkaufsstellen des Allgemeinen Beamten-Vereins zu Kiel. Hrgg. Nov. 1894, 96 etc. Kiel. (1894, 96 etc.) 4°.

[Preisliste der Zeitungen.] Nachtrag 1. zu den Zeitungspreisverzeichnissen. — 1er Supplément aux Indicateurs du prix des journaux. Vom 21. Januar 1901. — Du 21 Janvier 1901. 15 S. 8. [Bern,] G[ebhardt,] R[ösch] & S[chatzmann], 1901.

[Preisliste der Zeitungen.] Nachtrag 2. zu den Zeitungspreisverzeichnissen. — 2e Supplément aux Indicateurs du prix des journaux. Vom 18. März 1901. — Du 18 mars 1901. 12 S. 8. [Bern,] G[ebbardt,] R[ösch] & S[chatzmann], 1901.

[Preisliste der Zeitungen.] Nachtrag 3. u. 4. zu den Zeitungspreisverzeichnissen. Vom 15. Juni u. 15. September 1901. — 3e et 4e Supplément aux Indicateurs du prix des journaux. Du 15 juin et 15 septembre 1901. 9 u. 7 S. 8. [Bern,] G[ebhardt,] R[ösch] & S[chatzmann], 1901.

[Preisliste der Zeitungen.] Nachtrag 5 zu den Zeitungspreisverzeichnissen. Vom 16. Dezember 1901. — 5e Supplément aux Indicateurs du prix des journaux. Du 16 décembre 1901. 18 S. 8. [Bern,] G[ebhardt], R[ösch] & S[chatzmann], 1901.

[Preisliste der Zeitungen.] Nachtrag 6 zu den Zeitungspreisverzeichnissen. Vom 15. März 1902. — 6e Supplément aux Indicateurs du prix des journaux. Du 15 mars 1902. 13 S. 8. [Bern,] G[ebhardt,] R[ösch] & S[chatzmann], III. 1902.

[Preisliste der Zeitungen.] Nachtrag 7 zu den Zeitungspreisverzeichnissen. Vom 15. Juni 1902. — 7e Supplément aux Indicateurs du prix des journaux. Du 15 juin 1902. 7 S. 8. [Bern,] R[ösch] & S[chatzmann], VI. 1902.

[Preisliste der Zeitungen.] Nachtrag 8 zu den Zeitungspreisverzeichnissen. Vom 16. September 1902. — 8e Supplément aux Indicateurs du prix des journaux. Du 16 septembre 1902. 6 S. 8. [Bern,] R[ösch] & S[chatzmann], IX. 1902.

[Preisliste der Zeitungen.] Nachtrag 9 u. 10 zu den Zeitungspreisverzeichnissen. Vom 15. Dezember 1902 u. Vom 15. Januar 1903 = 9e et 10e Supplément aux Indicateurs du prix des journaux. Du 15 décembre 1902 et Du 15 janvier 1903. je 11 S. 8. [Bern,] R[ösch] & S[chatzmann], XII. 1902 u. I. 1903.

[Preisliste der Zeitungen.] Nachtrag 11 u. 12 u. 13 zu den Zeitungspreisverzeichnissen = 11e et 12e et 13e Supplément aux Indicateurs du prix des journaux. Vom 17. März 1903 u. Vom 15. Juni 1903 u. Vom 15. September 1903 = Du ... 1903. 9 u. 6 u. 5 S. 8. [Bern,] R[ösch] & S[chatzmann], III. 1903 u. VI. 1903 u. IX. 1903.

[Preisliste der Zeitungen.] Nachtrag 14 zu den Zeitungspreisverzeichnissen. Vom 15. Dezember 1903 = 14e Supplément aux Indicateurs du prix des journaux. Du 15 décembre 1903. 11 S. 8. [Bern,] R[ösch] & S[chatzmann], XII. 1903.

[Preisliste der Zeitungen.] Nachtrag 15 zu den Zeitungspreisverzeichnissen = 15e Supplément aux Indicateurs du prix des journaux. Vom 15. Januar 1904.... 5 S. 8. [Bern,] R[ösch] & S[chatzmann], I. 1904.

[Preisliste der Zeitungen.] Nachtrag 16 u. 17 u. 18 zu den Zeitungspreisverzeichnissen. Vom 15. März 1904 u. Vom 20. Juni 1904 u. Vom 15. September 1904 = 16e et 17e et 18e Supplément aux Indicateurs du prix des journaux.... 10 u. 9 u. 8 S. 8. [Bern,] R[ösch] & S[chatzmann], III. u. VI. u. IX. 1904.

Preisliste der ausländischen Zeitungen [vom 1. Januar 1905]. Nachtrag 1—14 = Indicateur du prix des journaux étrangers. 1er—14e Supplément. 8. [Bern,] R[ösch] & S[chatzmann].
Nachtrag 1—5.... Vom 15. Januar ... u. Vom 20. März ... u. Vom 20. Juni ... u. Vom 15. September ... u. Vom 15. Dezember 1905. 8 u. 5 u. 5 u. 4 u. 11 S. I. u. III. u. VI. u. IX. u. XI. 1905.
Nachtrag 6—10.... Vom 10. Januar ... u. Vom 15. März ... u. Vom 15. Juni ... u. Vom 15. September ... u. Vom 5. Dezember 1906. 9 u. 6 u. 8 u. 3 u. 16 S. I. u. III. u. VI. u. IX. u. XII. 1906.
Nachtrag 11—14.... Vom 15. Januar ... u. Vom 15. März ... u. Vom 15. Juni ... u. Vom 20. September 1907. 9 u. 6 u. 6 u. 8 S. I. u. III. u. VI. u. IX. 1907.

Preisliste der ausländischen Zeitungen [vom 1. Januar 1908]. Nachtrag 1—14 = Indicateur du prix des journaux étrangers. 1er—14e Supplément (8 ff.: = Indicatore del prezzo dei giornali esteri. [1°—] 14° Supplemento). 8. [Bern,] St[ämpfli] & Cie. (*1: R[ösch] & S[chatzmann]).
Nachtrag 1—5.... Vom 15. Januar ... u. Vom 20. März ... u. Vom 20. Juni ... u. Vom 15. September ... u. Vom 5. Dezember 1908. 8 u. 6 u. 6 u. 4 u. 11 S. [19]08.
Nachtrag 6—10.... Vom 15. Januar ... u. Vom 20. März ... u. Vom 20. Juni ... u. Vom 20. September ... u. Vom 10. Dezember 1909. 7 u. 5 u. 6 u. 5 u. 13 S. [19]09.
Nachtrag 11—14.... Vom 20. Januar ... u. Vom 20. März ... u. Vom 20. Juni ... u. Vom 20. September 1910. 4 u. 4 u. 5 u. 6 S. [19]10.

Preisliste der durch das kais. Post-Zeitungsamt in Berlin und die kais. Postanstalten des Deutschen Reichs-Postgebiets im J. 1877—94 zu beziehenden Zeitungen, Zeitschriften etc. Berlin. Fol.

— der durch das Kaiserl. Post-Zeitungsamt in Berlin u. die Kaiserl. Postanstalten des Reichs-Postgebietes im J. 1890 zu beziehenden Zeitungen, Zeitschriften u. s. w. Mit Nachträgen. hoch 4. (VII, 306 u. 1. Nachtrag 10 S.) Berlin 890. (Leipzig, Expedition d. Zeitschriften-Adressbuchs.) cart. n.n. 3. —

—— desgl. — 1891. Mit Nachträgen. hoch 4. (VII, 331 S. u. 1. u. 2. Nachtrag 7, 8 S.) (Ebd.) 891. cart. ** 3 50

—— desgl. — 1892. Mit Nachträgen. Fol. (VII, 344 S. u. 1.—3. Nachtrag 6, 9 u. 10 S.) (Ebd.) 892. cart. ** 4 50

Preisliste der durch das kaiserl. Post-Zeitungsamt in Berlin u. die kaiserl. Postanstalten d. Reichs-Postgebiets im J. 1893 zu beziehenden Zeitungen, Zeitschriften u. s. w. Mit Nachträgen. Fol. (VII, 347 S.) Berlin. (Leipzig, Expod. d. Zeitschriften-Adressbuchs.) Kart. n. 4. 70

Preisliste der durch d. kaiserl. Post-Zeitungsamt in Berlin u. die kaiserl. Postanstalten d. Reichs-Postgebiets im J. 1899 zu bezieh. Zeitungen, Zeitschriften u. s. w. M. Nachträgen. Fol. (VII, 447 u. 1. u. 2. Nachtrag 15 u. 7 S.) Berlin 898. (Leipzig, G. Wittrin.) Kart. n. 6. —

— der durch das kaiserl. Postzeitungsamt in Berlin u. die kaiserl. Postanstalten des Reichs-Postgebiets im J. 1905 zu beziehenden Zeitungen, Zeitschriften u. s. w. Mit Nachträgen. (VII, 504 u. Nachtrag I, II, IIa u. III 16, 8, 20 u. 11 S.) 4. Berlin (Leipzig, G. Wittrin) Kart. n. 6. 80

— der durch das kaiserl. Postzeitungsamt in Berlin u. die kaiserl. Postanstalten des Reichs-Postgebiets im J. 1910 zu beziehenden Zeitungen, Zeitschriften usw. (VIII, 560 u. 1.—3. Nachtrag 8, 8 u. 8 S.) 31,5×19 cm. Berlin. (Leipzig, G. Wittrin.) nnn 5. —

Preisliste der Zeitungen und anderer periodischer Blätter der Schweiz und des Auslandes, auf welche die schweiz. Postbüreaux Abonnemente annehmen. 1871. Indicateur du prix des journaux et autres feuilles périodiques de la Suisse et de l'étranger auxquels les Bureaux de Poste suisses acceptent des abonnements. 88 pp. in 8. 1871

Preisliste der Zeitungen und anderer periodischer Blätter..., auf welche die schweizerischen rechnungspflichtigen Poststellen Abonnemente annehmen. Gültig vom 1. Januar 1901 an. [Hrg. durch die] Schweizerische Postverwaltung = Indicateur du prix des journaux et autres publications périodiques.... [2 Teile.] 8. (Bern, Gebhardt, Rösch & Schatzmann, X. u. XII. [19]00.)
[Teil 1:] ... Blätter der Schweiz ... = ... périodiques de la Suisse.... IV + 60 S. fr. —. 30
[Teil 2:] ... Blätter des Auslandes ... = ... périodiques de l'Etranger.... IV + 152 S. fr. 1. —

Preisliste der Zeitungen und anderer periodischer Blätter ..., auf welche die schweizerischen rechnungspflichtigen Poststellen Abonnemente annehmen. Gültig vom 1. Januar 1905 an. [Hrg. durch die] Schweizerische Postverwaltung = Indicateur du prix des journaux et autres publications périodiques.... [2 Teile.] 8. (Bern, Rösch & Schatzmann, X. u. XI. [19]04.)
[Teil 1:] ... Blätter der Schweiz ... = ... périodiques de la Suisse.... IV + 76 S. fr. —. 30
[Teil 2:] ... Blätter des Auslandes ... = ... périodiques de l'Etranger.... IV + 162 S. fr. 1. —

Preisliste der Zeitungen und anderer periodischer Blätter..., die bei den schweizerischen rechnungspflichtigen Poststellen abonniert werden können. Gültig vom 1. Januar 1908 an. [Hrg. durch die] Schweizerische Postverwaltung = Indicateur du prix des journaux et autres publications périodiques.... [2 Teile.] 8.
[Teil 1:] ... Blätter der Schweiz ... = ... périodiques de la Suisse.... IV + 76 S. (Bern, Rösch & Schatzmann, XI. [19]07.) fr. —. 30
[Teil 2:] ... Blätter des Auslandes ... = ... périodiques de l'Étranger.... II + IV + 174 S. [Bern,] St[ämpfli] & Cie., XII. [19]07. fr. 1. —

Preisliste der Zeitungen und anderer periodischer Blätter ..., die bei den schweizerischen rechnungspflichtigen Poststellen abonniert werden können. Gültig vom 1. Januar 1911 an. [Hrg. durch die] Schweizerische Postverwaltung - Indicateur du prix des journaux et autres publications périodiques ... = Prontuario dei prezzi dei giornali e delle altre pubblicazioni periodiche .... [2 Teile.] 8. [Bern,] R[ösch] & Sch[atzmann], XI. [19]10.
[Teil 1:] ... Blätter der Schweiz ... = ... périodiques de la Suisse ... = ... periodiche della Svizzera .... IV+80 S. fr. —. 30
[Teil 2:] ... Blätter des Auslandes ... = ... périodiques de l'Étranger ... = ... periodiche dall' Estero.... II+216 S. fr. 1. —

Preisliste der schweizerischen Zeitungen [vom 1. Januar 1905]. Nachtrag 1—14 = Indicateur du prix des journaux suisses. 1er—14e Supplément. 8. [Bern,] R[ösch] & S[chatzmann].
Nachtrag 1.... Vom 26. Dezember 1904. 3 S. XII. 1904.
Nachtrag 2—5.... Vom 15. März ... u. Vom 15. Juni ... u. Vom 15. September ... u. Vom 1. Dezember 1905. 5 u. 3 u. 4 u. 4 S. III. u. VI. u. IX. u. XI. [19]05.
Nachtrag 6—10.... Vom 10. Januar ... u. Vom 15. März ... u. Vom 15. Juni ... u. Vom 15. September ... u. Vom 5. Dezember 1906. 3 u. 5 u. 4 u. 3 u. 4 S. I. u. III. u. VI. u. IX. u. XII. [19]06.
Nachtrag 11—14.... Vom 10. Januar ... u. Vom 15. März ... u. Vom 15. Juni ... u. Vom 15. September 1907. 6 u. 4 u. 5 u. 3 S. I. u. III. u. VI. u. IX. [19]07.

Preisliste der schweizerischen Zeitungen (*1:* vom 1. Januar 1908). Nachtrag 1—14 = Indicateur du prix des journaux suisses (*1:* du 1er janvier 1908). 1er—14e Supplément (*8 ff.:* = Indicatore del prezzo dei giornali svizzeri. [1°—]14° Supplemento). 8. [Bern,] R[ösch] & S[chatzmann].
Nachtrag 1.... Vom 20. Dezember 1907.... 5 S. [19]07.
Nachtrag 2—5.... Vom 15. März ... u. Vom 15. Juni ... u. Vom 15. September ... u. Vom 5. Dezember 1908. 8 u. 4 u. 3 u. 4 S. [19]08.
Nachtrag 6—10.... Vom 10. Januar ... u. Vom 15. März ... u. Vom 10. Juni ... u. Vom 12. September ... u. Vom 6. Dezember 1909. 4 u. 5 u. 3 u. 4 u. 4 S. [19]09.
Nachtrag 11—14.... Vom 15. Januar ... u. Vom 15. März ... u. Vom 10. Juni ... u. Vom 10. September 1910. 5 u. 5 u. 3 u. 3 S. [19]10.

Preislisten der Baugewerbe in Württemberg. Herausgegeben von der königl. Zentralstelle für Gewerbe und Handel. 1. und 2. Aufl. Stuttgart 1872. 73

Siemens-Schuckert Werke G. m. b. H. **Preislisten** über Dynamos, Motoren, Transformatoren und Zubehör. (Berlin 1905: Gutenberg.) (Getr. Pag.) 8° [illegible] 6

Preispredigten, drei, über Galater 6, 7. 8. Herausgeg. zur Widerlegung eines die katholisch-theolog. Facultät in Tübingen verletzenden Gerüchtes. gr. 8. Tübigen 842, Laupp'sche Buchh. n. 1/4 ₰

Preispredigten von 1796—1801. 8. Götting., Dieterich. 1 ₰ 6 gr

Preisrichterbuch der Vereine f. Prüfung von Gebrauchshunden zur Jagd. Ausg. A f. 16 Hunde. 12. (10 u. 100 S.) Neudamm (899). J. Neumann.
Geb. in Leinw. n.n. 1. 50;
Ausg. B f. 25 Hunde, (10 u. 164 S.) n.n. 2. —

Preiss: Analyse der Begehrungen und deren Begriffsbestimmung. 16 S. 8°.– Görz, Progr. 1859.

Preiss: Analyse der Gefühle und deren Begriffsbestimmung mit kritischer Rücksicht auf die Ansichten der Herbart'schen Schuhle. 19 S. 8°.– Görz, Progr. 1854.

Preiss: Kritische Beiträge zur Analyse der Gefühle. 18 S. 8°– Görz, Progr. 1861.

Preiss, Neue Beiträge zur Geschichte Agis III (IV.) Königs von Sparta. Pr. 1882. 13 S. 4°. —.90

Preiss, die wesentlichen Bestimmungen des neuen Weingesetzes, s.: **Weingesetz.**

Preiß, der Feld-Kanonier, Fortsetzg., s**a.** Batsch-Zwenger, Leitfaden f. den Unterricht u. die Ausbildung der Kanoniere u. Fahrer der Feldartillerie.

Preiss. Der Feld-Kanonier. Hoffmann's Handbuch f. die Kanoniere der Feld-Artillerie. Auf Grund der neuesten Bestimmgn. bearb. 14. Aufl. 8. (XV, 285 S.) Berl. 892, Voßische Buchh. * 1 —

Preiss, der Feld-Kanonier. Hoffmann's Handbuch f. die Kanoniere der Feld-Artillerie. Auf Grund der neuesten Bestimmungen bearb. 16. Aufl. 8. (XV, 278 S. m. Bildnis u. 58 Holzschn.) Berlin 896. Vossische Buchh. n. 1. —

Preiss, d. Feld-Kanonier. Hoffmann's Handbuch f. d. Kanoniere d. Feld-Artillerie. Auf Grund d. neuesten Bestimmgn. bearb. 18. Aufl. 8. (XIV, 280 S. m. Bildn. u. 52 Holzschn.) Berlin-Wilmersdorf 897. Vossische Buchh. n. 1. —

— dasselbe. 19. Aufl. M. Portr. Sr. Maj. des Kaisers, 43 Holzschn. u. 8 Taf. in Buntdr. 8. (XII, 284, 16 u. 19 S.) Ebd. 898. Kart. n. — 85

Preiss: Das Verhältniss des deutschen Königthums zum sächsischen Herzogthume im zehnten Jahrhundert. — 24 S. — Pillau. — H. B.

Preiss, Arminius: De ethice Attica. Halae 1872: (Lange in Berlin). 36 S. 8°
Halle-Wittenberg, Phil. Diss. v. 18. Juni 1872
Geb. Berlin 19. 3. 1848. V.

Preiss, Balthasar

Preiss, B., Beobachtungen üb. d. Heilkraft d. Bäder zu Warmbrunn, als Beiträge z. Pathologie u. Balneotherapie, gesamm. währ. d. Brunnenzeit d. J. 1839 u. 40. gr. 8. (4 1/4 B.) Breslau, [Gosohorsky's Buchh.] [839. (12 1/4 B.) 840. 5/6 Thlr., 40. (4 1/4 B.) 841. 1/3 Thlr.]

— Beobachtungen über die Heilkraft der Bäder zu Warmbrunn, als Beiträge zur Pathologie und Balneotherapie, gesammelt während der Brunnenzeit des Jahres 1840. gr. 8. Ebend. 841. 1/3 ₰

Preiß, Balth., medicin.-chirurg. Erinnerungen u. Bemerkungen. 1s Bdchen. 8. Salzb. 802. Duyle. 6 gr

Preiß, Balth., die Kartoffelpflanze, ihre unterirdischen Organe, ihre nutzenbringende Cultur u. die sich dieser bisweilen entgegenstellenden Krankheiten für Landwirthe u. Freunde dieser Pflanze. 12. (3 5/8 B. u. 1 Taf. m. 13 ill. Abbild.) Leipzig 844, Jackowitz.

Preiss, B., die Krankheiten des Athmungs-Apparates, welche für die alkalisch-salinischen Schwefel-Thermen zu Warmbrunn geeignet sind, nebst Beobachtungen, als Beiträge zur Pathologie u. Balneotherapie, daselbst gesammelt während der Brunnenzeit des Jahres 841. gr. 8. (9 1/4 B.) Breslau 842, Gosohorsky's Buchh.

— Krankheitsgeschichte des Hrn. Jos. v. Schöpfer. 8. Salzb. 799. Mayr. 2 gr

— Kritik, Revision u. Beschreib. verschied. Wurzeln v. den Giftpflanzen im Salzburg. 1e Liefer. 8. Salzb. 806. Duyle. 8 gr.

— der Mensch u. se. phys. Erhaltung; e. Prüfungsgeschenk f. d. Jugend Salzburgs. 8. Salzb. 803. Duyle. 4 gr.

— die neuere Physiologie in ihrem Einflusse auf die nähere Kenntniss des Pfortadersystems im gesunden u. kranken Zustande. gr. 8. (10 B.) Breslau 814, Gosohorsky's Buchh.

— Rhizographie, oder Versuch e. Beschreib. u. Eintheilung der Wurzeln, Knollen u. Zwiebeln d. Pflanzen. gr. 8. Prag 824. (Krenberger u. W.) 1 Thlr. 8 gr.

— von d. Schädlichkeit der Kinderblattern, d. Nützlichkeit durch d. Impfung derselben u. d. Vorzüglichkeit d. Schutzblattern. 8. Salzb. 802. Mayr. 4 gr. (Duyle). 2 gr.

— die klimatischen Verhältnisse des Warmbrunner Thales u. deren Einfluss auf Gesundheit u. Krankheit. Lex.-8. (10½ B.) Breslau 843, Gosohorsky's Buchh.

Preiß, B., der Kurort Warmbrunn, seine warmen Schwefelquellen und die ihnen zugehörigen Heilanstalten. Ein Führer und Leitfaden für den Kurgast, mit besond. Rücksicht auf Diätetik. gr. 8. (XII und 259 S.) Breslau 850, Gosohorsky's Buchh. *

Preiß, B(althasar): Der Kurort Warmbrunn, seine warmen Schwefelquellen und die ihnen zugehörigen Heilanstalten. 261 S., gbd.

Breslau: Gosohorsky } 1850
Warmbrunn: Liebl

Preiss, Bernhard (Zulit./Schlesien), Nonnulla de praedispositione hereditaria. Diss. med.-pathol. Berlin (F. Nietack) 4. I. 1830. 24 S. u. Biogr. (M.: H. Stenzel). (3.—) 27173
Oppon.: J. Preiss, C. Grim, J. Wollheim. — Gew.: Ludwig Preiss (Vater).

Preiß, Chr. Fr., († d. 8. Dec. 1812.) die neutestamentl. Bibel, od. die heil. Urkunden d. Christusreligion. 2 Bde. Mit Anh. gr. 8. Leipz. 811. Barth. 3 Thlr. — Der Anh. apart, s. unten: die Vereinigung.

— der Brief an die Hebräer, als Versuch e. neuen u. zwar genauen u. unpartheiisch. Dolmetschung aller Bücher d. N. Test.: nebst kurzen Inhaltsanzeigen u. e. Vorbericht. 8. Stettin 804

— comment. de causa cladis Assyriorum ad 2 Reg. 18. 19 et Jes. 26, 37. 8. Götting. 776.

— s. Horaz, Werke.

— Ode auf den Tod d. Ritters Ant. Raph. Mengs, e. Erklär. der italien. Urschrift. gr. 8. Halle 785. Gebauer. 6 gr.

— s. Probe von d. bürgerl. u. kriegerisch. Grundsätzen d. Timur.

— Probe v. d. bürgerlichen und kriegerischen Grundsätzen d. Timur od. Tamerlan, s. Timur.

— s. Untersuchung d. Weissag. Daniels.

— die Vereinigung, od. vielmehr das beste Religions-Annäherungsmittel rc. gr. 8. Stettin 811. (Leipz., Barth). 8 gr.

Preiss, Ed., meine Entdeckungen und Erfahrungen im Gebiete der Wasserheilkunst. Für Aerzte und gebildete Nichtärzte. 1. Heft: Behandlung intermittirender Krankheiten, insbesondere des period. Krampfasthma (period. Brustkrampf). gr. 8. (38 S.) Berlin 854, Rücker und Püchler.

— dass. — 2. Heft. gr. 8. (39—122.) Ebds. 854.

Preiss, Ed., physiologische Untersuchungen über die Wirkungen des kalten Wassers im Bereiche des Nervensystems und über die Gesetze der Leitung in der peripher. sensitiven Nervensphäre. gr. 8. (XII und 240 S.) Berlin 858, Rücker und Püchler. Thlr.

Preiß, Edm. Carl, s.: Cuba unt. span. Regierung.

Preiss, Eduard [aus Georgenberg (Schlesien)]: Beitrag zur Lehre vom entzündlichen Exophthalmus . . . Würzburg, Paul Scheiner's Buchdr., 1888; 46 S. 8°
Würzburg, Med. Fak., Inaug.-Diss. v. 1888

Preiss, Eduard (geb. Zulz 17. 4. 1811) De natura spasmi. Berolini (1839). (25 S.) 8°
Berlin, Med. Diss. v. 9. Nov. 1839

Preiß, F. J., die Sauerbrunnen u. die Schlackenbäder in Karlsbrunn od. Hinnewieder. 12. Bresl. 807. J. F. Korn. 8 gr.

Preiss, Friedr. Neue Beiträge zur Geschichte Agis III. (IV.) Königs von Sparta. 13 S. **Progr.** *Pillau* 1882.

Preiss, Friedrich: Die chronologischen Systeme nach ihrem Wesen und ihrer Verwendung für die Universalgeschichte. (T. 1.) *Wehlau (1898): M. Schlamm.* (24 S.) 8° [Ant. u. F.]
Wehlau, k. G, OP 1898 (17)

Preiss, Frdr. Das Verhältnis des deutschen Königtums zum sächsischen Herzogtum im zehnten Jahrhundert. 24 S. **Progr.** *Pillau* 1878

Preiss, Gabriele, es fiel e. Stern ... Erzählungen. Autoris. Übersetzg. aus dem Böhm. v. Franziska Farář. 8. (203 S.) Prag 902. J. Otto. n. 2.—

Preiss, H.

Beiträge z. Lehre v. d. angeborenen Herzanomalien. S.-A. Jena 90. Fischer.

Über angeborene Herzfehler bei Haustieren. S. A. Ebd. 98.

Preisz, H., Aetiologische Studien über Schweinepest und Schweineseptikämie. S.-A. aus dem Centralblatt für Path., Bd. 8. Jena 97. Fischer.

Unter demselben Titel: S.-A. a. d. Z. f. Tiermed. Ebd. 98.

Preiß, Hnr., neues Berliner Kochbuch. 16. Berlin 846, Mecklenburg. 1/6 Thlr. — geb. 1/4 Thlr.

Preiss, Hermann

Preiß, H., neue testamentliche Bibel, s. Bibel.

Preiss, Herm. Gust. Siegfr. Pauli Brief an die Epheser, seine Empfänger, sein Verhältnis zum Brief an die Kolosser, seine Echtheit. 21 S. **Progr.** HB. *Königsberg Pr.* 1881.

Preiſs, Hermann [Oberl. Dr.]: Zum Deuteronomium. E. Beitr. z. Kritik d. Pentateuchs. Berlin, R. Gaertner, 1892; 28 S. 4.
Berlin, Friedrichs-Werdersches G, OP 1892 (55)

Preiss, Herm. Zwei Festreden. I. (Melanchthon) am 22. März 1882 zur Feier des Geburtstages Sr Maj. des Kaisers und Königs. S. 3—14. II. (Luther) am 10. Nov. 1883 zur Lutherfeier. S. 14—24. **Progr.** HB. *Königsberg Pr.* 1884.

Preiß, H., s.: Geschichts-Lexikon.

Preiss, Herm. G. S., Grundriss der Geschichte der Musik. Zum Gebrauch bei Vorlesgn. bearb. gr. 8. (VIII, 148 S.) Leipzig 884. Lincke'sche Buchh. n. 2. 40

—— Grundriss der allgemeinen Weltgeschichte. 1. Thl.: Grundriss der alten Geschichte mit besond. Berücksicht. der Griechen und Römer. Zum Gebrauch an höheren Lehranstalten bearb. Mit synopt. Tabellen der griechisch-röm. Geschichte und ausführl. Register. 8. (VIII, 247 S.) Berlin 880, Hempel. *
Nicht weiter erschienen.

Preiss, H., zum Buche Hiob, s.: Studien u. Skizzen, theologische, aus Ostpreussen.

Preiß, Herm., die Juden in Europa. Zwei Vorträge, gehalten im Handwerkerverein zu Königsberg i. Ostpr. am 5. März und 30. April 1888. gr. 8. (32 S.) Königsberg 888, (Braun und Weber.) *

—— Religionsgeschichte. Geschichte der Entwicklung des religiösen Bewusstseins in seinen einzelnen Erscheinungsformen, eine Geschichte des Menschengeistes. 4 Abtlgn. gr. 8. (V, 548 S.) Leipzig 887,88, Maeder und Wahl. à Abtl. * M 3.—. *

Preiß, Herm. G. S., Repetitorium des evangelischen Religionsunterrichts an höheren Lehranstalten. Mit ausführl. Register. gr. 8. (X, 272 S.) Berlin 879, Hempel. *

—— Repetitorium des evangelischen Religionsunterrichts. Mit ausführl. Register. 2. (Titel-)Ausg. gr. 8. (X, 272 S.) Ebendas. 882. *

Preiss, Herm. Des Aristoteles Stellung zur platonischen Ideenlehre. 25 S. Progr. Wriezen 1876.

Preiss, H. [Dr.]: Vorgeschichte des neutestamentlichen Kanons. Königsberg in Pr., Buchdr. v. R. Leupold, 1889; S. 3—32; 4°
Königsberg in Pr., Löbenichtsche HB, OP 1889 (24)

— Jakob (Zulit./Schlesien), Nonnulla de temperamentis morbisque ex iis oriundis. Diss. med. Berlin (Brüschcke) 10. VI. 1829. 39 S. mit Biogr. (M.: H. Fuchs). (3.—) 27174
Oppon.: C. Grimm, J. Koehler, B. Preiss. — Gew.: E. D. A. Bartels, Ludwig Preiss (Bruder).

Preiß, Joh., u. H. Heitger, katholisches Gesang- u. Gebetbuch f. Mittelschulen, 2. Aufl., s. König, Leo.

Preiß, Joh., u. H. Heitger, S. J., kathol. Gesang- u. Gebetbuch f. Mittelschulen. Im Auftrage des Vereines der kath. Religionslehrer an den Mittelschulen Oesterreichs hrsg. (VI, 248 S. m. Titelbild.) 16. Wien 906. Austria (F. Doll.) Geb. in Leinw. n.n. 1.—
Partitur. (141 S.) Lex.-8. Geb. n. 2.60

PREISS, Karl: Heinrichs von Mügeln Übersetzung der Psalmenpostille des Nikolaus von Lyra. — 1907. T. 1, 2. Diss. Graz, Univ.

PREISS, Kornelius: Die Basalt-Gesteine vom Plattensee verglichen mit denen Steiermarks. — 1907. 65 Bl. Diss. Graz, Univ.

Preiss, Lud., Enumeratio plantarum, s. Plantae Preissianae.

Preiss, Lud., Plantae Preissianae, s. Plantae.

Preiss, Ludovicus (geb. Zülz in Oberschles. 1799): Dissertatio ... de arsenici in carcinomate usu, exemplo rarissimo illustrata. Vratislaviae (1825). (31 S.) 8°
Breslau, Med. Diss. v. 6. Juli 1825

Preiß, M., die Bekämpfg. d. Unkrautes durch zweckentsprech. Fruchtfolge u. Cultur. 1. u. 2. Aufl. gr. 8. (22 S.) Neidenburg 895. P. Müller. — 75

Preiss, Meyer, aus Jeniseisk (Russl.): Zur Frage über die Beschaffenheit der sibirischen Kuhbutter vom chemisch-hygienischen Standpunkte. *Berlin: M. Günther 1901.* (29 S.) 8°
Berlin, Med. Diss. v. 9. Aug. 1901

Preiss, Otto

Preiss, O., die Massenmühle im Körnbachthal. E. Goethe-Gedenkblatt aus dem Thüringer Walde. 16. (59 S. m. 4 Fksms.) Berlin 897. R. Mosse. Geb. in Leinw. 1. 20

Preiss, Otto [aus Neisse]: Ueber Cerebrospinal-Meningitis. Neisse, Buchdruckerei F. Bär, vormals Rosenkranz u. Bär. (1873). 8. 44 S. u. 4 Tabellen.

Preiss, P(aul), aus Berlin: Beitrag zur Casuistik der neuropathischen Fracturen. *Heidelberg 1901: J. Hörning.* (49 S.) 8°
Heidelberg, Med. Diss. v. 1901

Preiss, Paul, Cetonidae. (Wissenschaftliche Resultate der Reise Carlo Freiherrn v. Erlanger's durch Süd-Schoa, Galla u. Somaliländer.) (S. 93—111 m. 1 farb. Taf.) gr. 8. Wiesbaden 902. J. F. Bergmann. n. 1. 20

— neue Cetoniden aus Deutsch-Ostafrika. (S. 15—28 m. 1 farb. Taf.) gr. 8. Ebd. 904. n. 1. 40

— Verzeichnis der v. Hauptmann Holz im J. 1899 auf Ost-Java gesammelten Cetoniden. (S. 86—97.) gr. 8. Ebd. 903. n. — 80
3 Sonderabdrucke aus: „Jahrbb. d. nass. Ver. f. Naturkde."

Preisschrift, wie können Fleischtaxen am sichersten bewirkt werden? 4. Hannover, Helwing. 788. Rthlr. -

Preisschriften

— und Abhandlungen der kaiserlichen freyen ökonomischen Gesellsch. zu St. Petersburg. 1r Thl. m. K. gr. 8. Hildesheim, Gerstenberg. 796.

— z. Gebrauche f. d. Administration d. Militär-Bauobjecte in ...., giltig f. d. Zeit v. 1. Jänner 18.. bis letzten Decbr. 18... Nebst Behelfe z. Beurtheilg. d. Baumaterialien u. Bauausführgn., sow. als Richtschnur f. d. Accordanten. Fol. (20 u. 10 S.) Ebd. 894. n. — 40

Preisschriften von Anwendbarkeit der Koppelwirthschaft in Brandenburg. Berl. 1793. V: *Hubert, Carl Aug.* (EngOec) (Ky)

Preisschriften, drei, d. Acad. d. Wissensch. zu Berlin. 1) Wie weit die moral. Schätzung e. Handlung bei d. Festsetzung od. Anwendung e. Strafgesetzes in Anschlag kommen darf, von J. Gebhardt. 8 gr.; 2) über dies. v. F. A. Boysen. 1 rf 3 gr. 3) wirkt die Elektricität auf Stoffe, die gähren, — u. wie? v. C. F. Werbe. 8 gr. gr. 8. Berl. 804. (Rücker) 1 rf 16 gr. Hbg. Pr. 1 rf

— drey, d. Akad. der Wissensch. zu Berl. 1) Wie weit d. moral. Schätz. e. Handl. b. Festsetz. od. Anwend. e. Strafgesetzes in Betr. kommen darf, von J. Gebhardt. 8 gr. 2) üb. dies. v. F. A. Boysen. 1 Rthlr. 3) wirkt d. Elektricität auf Stoffe, die gähren, — und wie? v. E. F. Wrede. 8 gr. gr. 8. Berl. Unger. 804.

Preisschriften, Drey, zu Beantwortung der ... Preisfrage, die den Urkunden und Büchern ... schädlichen Insekten betreffend. Hann. 1775. V: *Hermann, Joh.* & *Andere.* (AarK)

— drey, üb. die Frage: welches sind die besten ausführlichsten Mittel, den Kindermord abzuhelfen? gr. 8. Mannh. Schwan und G. 785. -

Preisschriften, Drei gekrönte, über die Frage: welches sind die besten ausführbarsten Mittel dem Kindermorde abzuhelfen ... Mannheim 1784. V: *Pfeil, Joh. Glob Benj., Philipp Engel Klipstein* & *Joh. Glieb Kreuzfeld.* (EngM) (Cat. d. Stadtbibl. Zürich. Zürich 1864—97.) »1785« (Ky)

— drei gekrönte, üb. die Frage: welches sind die besten ausführl. Mittel dem Kindermord abzuhelfen? (von Ph. E. Klipstein). gr. 8. Manh. 785. Schwan u. G. 12 gr

— drey, d. Schädlichk. d. Insekten in Büchern betr. 4. Hannover, Helwing. 775. -

— über den Dünger und dessen Stellvertreter b. Ackerbau. gr. 8. Berlin, Maurer. 801.

— über die Ermunterungsmittel zur Aufnahme des Ackerbaues. (ist d. neuen Schriften d. Leipz. ökon. Soc. 3r Thl.) gr. 8. Dresden, Walther. 805.

— üb. die Frage: Welche Fortschr. hat die Metaphysik s. Leibnitz und Wolfs Z. in Deutschl. gem.? v. J. C. Schwab, Reinhold und Abicht. gr. 8. Berlin, Maurer. 796.

Preisschriften üb. die Frage: Welches sind die bessten Ermunterungsmittel z. Aufnahme d. Ackerbaues? ... Herausg. v. d. churfürstlich-sächs. Leipz. ökonom. Societät. Dresd. 1805. 411 S.

(= Neuere u. grössere Schriften d. ch.-s. L. ö. S. Bd. 3). — (Sml. Hart og Hoffmann).

Preisschriften über die Frage: Wie können Fleischtaxen am sichersten bewirkt werden? Hannover 1788. V: *Reimarus, Joh. Albr. Heinr.* & *Joh. Friedrich Chph Weisser.* (Ky)

— üb. die Frage: Wie können Fleischtaxen am sichersten bewirkt werden? (3 Abhandll., von J. A. H. Reimarus u. J. F. C. Weisser). 4. Hannov. 788. Helwing. 6 gr

Preisschriften gekrönt und hrsg. von der fürstl. Jablonowski'schen Gesellschaft zu Leipzig. (Nr. I—III.) gr. Lex.-8. Leipzig, Hirzel. *

Inhalt:

(Nr.) I. Geometrische Analyse geknüpft an die von Leibniz erfundene geometr. Charakteristik. Von H. Grassmann. Mit einer erläut. Abhandlung von A. F. Möbius. (79 S.) 847. * 20 Ngr.

- II. Das Quadergebirge, oder: Die Kreideformation in Sachsen. mit besond. Berücksicht. der glaukonitreichen Schichten. Von Hanns Bruno Geinitz. (44 S. mit 1 ill. Stut. in Fol.) 850. * 16 Ngr.

- III. Astronomische Untersuchungen über die Mondfinsternisse des Almagest. Von Jul. Zech. (30 S.) 851. * 10 Ngr.

Preisschriften gekrönt und hrsg. von der fürstl. Jablonowski'schen Gesellschaft zu Leipzig. IV.: Astronomische Untersuchungen über die wichtigeren Finsternisse, welche von den Schriftstellern des class. Alterthums erwähnt werden. Von Jul. Zech. hoch 4. (63 S.) Leipzig 853, Hirzel. —

—— dass. — V.: Darstellung der Flora des hainichen-ebersdorfer und des floehner Kohlenbasins, im Vergleich zu der Flora des zwickauer Steinkohlengebirges. Gekrönte Preisschrift von Hanns Bruno Geinitz. hoch 4. (VII und 80 S. mit 14 Kpfrt. Lithochrom. und 2 Bl. Text in Imp.-Fol.) Ebds. 854. *

(Nr.) I—III. Ebendas. 1847—51. * 1 Thlr. 16 Ngr.

Preisschriften gekrönt und hrsg. von der fürstl. Jablonowski'schen Gesellschaft zu Leipzig. VI—X. hoch 4. Leipzig, Hirzel. *

Inhalt:

VI. Hirsch, Thdr., Danzigs Handels- und Gewerbsgeschichte unter der Herrschaft des deutschen Ordens. (XII und 344 S.) 858. * 2 Thlr. 20 Ngr.

VII. Wiskemann, Heinr., die antike Landwirthschaft und das v. Thünen'sche Gesetz. Aus den alten Schriftstellern dargelegt. (95 S.) 859. * 24 Ngr.

VIII. Werner, Carl, urkundliche Geschichte der iglauer Tuchmacher-Zunft. (VI und 137 S.) 861. * 1 Thlr.

IX. Böhmert, Vict., Beiträge zur Geschichte des Zunftwesens. (VIII und 144 S.) 862. * 1 Thlr. 10 Ngr.

X. Wiskemann, Heinr., Darstellung der in Deutschland zur Zeit der Reformation herrschenden nationalökonomischen Ansichten. (147 S.) 861. * 1 Thlr. 10 Ngr.

(Nr.) I—V. Ebendas. 1847—54. * 10 Thlr. 8½ Ngr.

Preisschriften gekrönt und hrsg. von der Fürstlich Jablonowski'schen Gesellschaft zu Leipzig. XI und XII. hoch 4. Leipzig, Hirzel. *

Inhalt:

XI. Laspeyres, Etienne, Geschichte der volkswirthschaftlichen Anschauungen der Niederländer und ihrer Litteratur zur Zeit der Republik. (XIV und 334 S.) 863. * 2 Thlr. 20 Ngr.

XII. Fikenscher, J., Untersuchung der metamorphischen Gesteine der Lunzenauer Schieferhalbinsel. Mit besond. Berücksichtigung des Garbenschiefers. Gekrönte Preisschrift. (VIII und 63 S.) 867. * 20 Ngr.

I—X. Ebendas. 1847—62. * 17 Thlr. 12½ Ngr.

Preisschriften gekrönt und hrsg. von der Fürstlich Jablonowski'schen Gesellschaft zu Leipzig. XIII.—XVII. hoch 4. Leipzig, Hirzel. *

Inhalt:

XIII. Falke, Johs., die Geschichte des Kurfürsten August von Sachsen in volkswirthschaftlicher Beziehung. (V, 352 S.) 868. * M 8.

XIV. Büchsenschütz, B., die Hauptstätten des Gewerbfleisses im klassischen Alterthume. (VII, 106 S.) 869. * M 2,80.

XV. Blümner, Hugo, die gewerbliche Thätigkeit der Völker des klass. Alterthums. (XIV, 154 S.) 869. * M 4.

XVI. Engelhardt, Herm., Flora der Braunkohlenformation im Königr. Sachsen. (VI, 69 S. mit 15 Stnt. in Fol. in Mappe.) 870. * M 12.

XVII. Zeissberg, Heinr., die polnische Geschichtsschreibung des Mittelalters. (X, 439 S.) 873. * M 12.

I.—XII. Ebendas. 1847—67. * M 62.

Preisschriften, gekrönt und hrsg. von der fürstl. Jablonowski'schen Gesellschaft zu Leipzig. XVIII—XXII. hoch 4. Leipzig, Hirzel. *

Inhalt:

XVIII. Wangerin, Alb., Reduction der Potentialgleichung für gewisse Rotationskörper auf eine gewöhnliche Differentialgleichung. (32 S. mit 1 Stnt.) 875. * M 1,20.

XIX. Leskien, A., die Declination im Slavisch-Litauischen und Germanischen. (XXIX, 158 S.) 876. * M 5.

XX. Hassencamp, R., über den Zusammenhang des lettoslavischen und germanischen Sprachstammes. (64 S.) 876. * M 3.

XXI. Pöhlmann, Rob., die Wirthschaftspolitik der Florentiner Renaissance und das Princip der Verkehrsfreiheit. (X, 158 S.) 878. * M 4,20.

XXII. Brückner, Alex., die slavischen Ansiedelungen in der Altmark und im Magdeburgischen. (VI, 94 S.) 879. * M 4,20.

I—XVII. Ebendas. 1847—67. * M 100,80.

Preisschriften, gekrönt und hrsg. von der fürstl. Jablonowski'schen Gesellschaft zu Leipzig. XXIII und XXIV. [Nr. XV und XVI der historisch-nationalökonom. Section.] Lex.-8. Leipzig, (Hirzel.) *

Inhalt:

XXIII. Weise, Fr. Osc., die griechischen Wörter im Latein. (VIII, 546 S.) 882. *ℳ 18.

XXIV. Pöhlmann, Rob., die Übervölkerung der antiken Grossstädte, im Zusammenhange mit der Gesammtentwicklung städt. Civilisation dargestellt. (VI, 169 S.) 884. *ℳ 4,20.

Preisschriften, gekrönt und hrsg. von der fürstl. Jablonowski'schen Gesellschaft zu Leipzig. Nr. XXV und XXVI. Lex.-8. Leipzig, (Hirzel.) *

Inhalt:

Nr. XXV. [Nr. XVII der historisch-nationalökonomischen Sektion.] Hasse, Ernst, Geschichte der Leipziger Messen. (VIII, 516 S.) 885. *ℳ 15.—.

» XXVI. Rohn, K., die Flächen 4. Ordnung hinsichtlich ihrer Knotenpunkte und ihrer Gestaltung. (58 S. mit 2 Taf.) 886. *ℳ 2.—.

Preisschriften, gekrönt u. hrsg. v. der fürstl. Jablonowski'schen Gesellschaft zu Leipzig. XXVII—XXIX. Lex.-8. Lpz., Hirzel. * 38 —

XXVII. Looss, A. Über Degenerations-Erscheinungen im Thierreich, besonders üb. die Reduction d. Froschlarvenschwanzes u. die im Verlaufe derselben auftretenden histolytischen Processe. (116 S. m. 4 farb. Steintaf.) 889. * 6 —.

XXVIII. Mucke, Karl Ernst. Historische u. vergleichende Laut- u. Formenlehre der niedersorbischen [niederlausitzisch-wendischen] Sprache. Mit besond. Berücksicht. der Grenzdialecte u. d. Obersorbischen. (XVIII, 615 S.) 891. * 20 —.

XXIX. Brauns. Rhard. Die optischen Anomalien der Krystalle. (XII, 370 S. m. 6 lithogr. Taf.) 891. * 12 —.

Preisschriften, gekrönt u. hrsg. v. der fürstl. Jablonowski'schen Gesellschaft zu Leipzig. XXX.—XXXIV. Lex.-8. Leipzig, B. G. Teubner. n. 53. —

XXX. Das erste Auftreten d. deutschen Sprache in d. Urkunden v. Max Vancsa. (IX, 138 S.) 895. n. 6. —

XXXI. Die säcularen Verändergn. d. Bahnen d. grossen Planeten v. Paul Harzer. (XXV, 280 S.) 895. n. 12 —

XXXII. Détermination des invariants ponctuels de l'équation différentielle ordinaire du second ordre y'' = ω x, y, y'' par M. A. Tresse. (87 S.) 896. n. 6. —

XXXIII. Die Kolonisierung u. Germanisierg. d. Gebiete zwischen Saale u. Elbe v. Ed. Otto Schulze. (XIV, 421 S.) 896. n. 20. —

XXXIV. D. griech. Vereinswesen v. Erich Ziebarth. (IX, 224 S.) 896. n. 10. —

Preisschriften, gekrönt u. hrsg. v. der fürstl. Jablonowski'schen Gesellschaft zu Leipzig. XXXV u. XXXVI. Lex.-8. Leipzig, B. G. Teubner. n. 13. 40

XXXV. Das afrikanische Gewerbe. Von Heinr. Schurtz. Mit 1 Taf. (IV, 146 S.) 900. n. 7. —

XXXVI. Studien üb. die Green'sche Abhandlung: Mathematical investigations concerning the laws of the equilibrium of fluids (1832). Von Frdr. Büttner. (V, 98 S.) 900. n. 6. 40

Preisschriften, gekrönt u. hrsg. v. der fürstl. Jablonowski'schen Gesellschaft zu Leipzig. (Nr. XV der mathematisch-naturwissenschaftl., u. Nr. XXIV der histor.-nationalökonom. Section.) XXXVII u. XXXIX. Lex.-8. Leipzig, B. G. Teubner. n. 26. —

XXXVII. Studien üb. die Methoden v. C. Neumann u. G. Robin zur Lösung der beiden Randwertaufgaben der Potentialtheorie. Gekrönte Preisschrift. Von Ernst Rich. Neumann. Mit 9 Fig. (XXIII, 194 S.) 905. n. 10. —

XXXIX. Geschichte der deutschen Kulturgeschichtsschreibung v. der Mitte des 18. Jahrh. bis zur Romantik im Zusammenhang m. der allgemeinen geistigen Entwicklung. Von Ernst Schaumkell. (320 S.) 905. n. 16. —

XXXVIII ist noch nicht erschienen.

Preisschriften, gekrönt u. hrsg. v. der fürstl. Jablonowski'schen Gesellschaft zu Leipzig. (Nr. XXIII der historisch-nationalökonom. Sektion.) XXXVIII. Lex.8. Leipzig 909. B. G. Teubner. 24. —

Geschichte des griechischen Vereinswesens. Von Frz. Poland. (VIII, 655 S.)

— d. Mevissen-Stiftung, gekrönt u. hrsg. v. d. Gesellschaft f. rhein. Geschichtskunde. I. gr. 8. Bonn 898. H. Behrendt. n. 8. —; geb. in Halbfrz. n. 9. 50

Entwicklg. d. kommunalen Verfassg. u. Verwaltg. d. Stadt Köln bis zum J. 1396. Von Frdr. Lau. (XVI, 408 S.)

PREIS-SCHRIFTEN DER MEVISSEN-STIFTUNG, gekrönt und herausgegeben von der Gesellschaft für Rheinische Geschichtskunde.

I. Bonn 1898. H. Behrendt. — A. u. d. T.: Entwicklung der kommunalen Verfassung und Verwaltung der Stadt Köln bis zum Jahre 1396. Von FRIEDRICH LAU. Gekrönte Preisschrift. ib. 1898. — 8°.

II. ib. 1910. P. Hansteins Verlag. — A. u. d. T.: Topographie der Stadt Köln im Mittelalter. Bd. 2. Von HERMANN KEUSSEN. (Mit Karten.) Gekrönte Preisschrift. ib. 1910. — 4°.

Preisschriften von Theod. Meyer-Merian, J. J. Balmer-Rinck, Bernh. Becker, Will. Baring, betreffend die Einrichtung guter u. gesunder Wohnungen, namentlich Arbeiterwohnungen. Gekrönt u. hrsg. von der Gesellschaft des Guten u. Gemeinnützigen in Basel. Basel 1860. 8.

— f. d. Militär-Baudienst. Fol. (279 S.) Wien 895. (Hof- u. Staatsdruckerei.) n. 6. —

— von der Probster zu Hirzenach, von e. Ungenannten. gr. 4. Münch. 792. (G. Franz). 5 gr

Preisschriften üb. die Rindviehpest u. ihre Cur. Herausg. v. d. churfürstl. sächs. Leipziger ökonom. Societät. Dresd. 1802. 281 S. (= Neuere u. grössere Schriften d. ch.-s. ök. Soc. Bd. 2). 374, og særsk.

Preisschriften über die Rindviehpest und ihre Cur ... Dresden 1803. V: *Frenzel, Joh. Theodor Glob, Kreysslitz, Bernhard Laubender.* (BV)

Preisschriften über die Rindviehpest und ihre Kur. (Von Frenzel, Kreysslitz u. Laubender.) Hrsg. von der Leipziger ökonomischen Gesellschaft. gr. 8. Dresden 08. Walther. M. 2.50

— üb. die Rindviehpest und ihre Cur. gr. 8. Dresden, Walther. 803. (ist d. neuen Schr. d. Leipz. ökon. Societät 2r Thl.)

— und **Sonderabdrücke** der deutschen landwirtschaftlichen Presse. Nr. 1—6. 8. Berlin 890. 891. Parey. à n. — 50

1. Feldmäßiger Spargelbau. Von R. Buerstenbinder. (36 S.)
2. Heubereitungsarten. Von Böhmer. (32 S.)
3. Schweineaufzucht bis zur Reife. Von H. Schmidt. (28 S.)
4. Futter u. Füttern d. Rindes. Nutzanwendung der Wolff'schen Fütterungs-Tabellen. Von H. Steffen. (32 S.)
5. Ueber Züchtung unserer Getreidearten und Mittel zu deren Förderung. Von O. Beseler. — Ertragserhöhung des Getreidebaues. Von Kurt Rümker-Göttingen. (40 S.)
6. Schlachten in der Gutswirtschaft. Von Frau Amtsrat F. (31 S.)

— u. **Sonderabdrücke** der Deutschen landwirtschaftlichen Presse. Nr. 7—13. 8. Berlin, P. Parey. à n. — 50

7. Die Düngungsfrage. Von H. Steffen. (31 S.) 891.
8. Was jeder Landwirt vom Verfahren in Rechtsangelegenheiten wissen muß. Von Loewenherz. (32 S.) 891.
9. Bekämpfung d. Unkrauts durch zweckentsprechende Fruchtfolge u. Kultur. Von Karbe. (23 S.) 892.
10. Die Kälbermast. Gekrönte Preisschrift v. H. Heine. (27 S.) 892.
11. Fünf Jahre viehlose Wirtschaft in Maulbeerwalde. Betriebsbericht d. Besitzers K. Wobarg. (23 S.) 893.
12. Betrachtungen u. kritische Bemerkungen üb. unsere Mästung. Von Edm. Schaaf. (24 S. m. 1 Tab.) 894.
13. Welche Einrichtungen der Besitzer sind geeignet, ländliche Arbeiter vom Zug nach der Stadt zurückzuhalten? Von W. Preuß. Gekrönte Preisschrift. (32 S.) 894.

— u. **Sonderabdrücke** d. Deutschen landwirtschaftlichen Presse. Nr. 14—17. 8. Berlin, P. Parey. à n. — 50

14. Wie vermeidet d. Landwirt unnötige Kosten in gerichtl. Angelegenheiten? Von M. Loewenherz. (30 S.) 896.
15. Rentable Hühnerzucht. Von Karoline Schultze. M. 2 Hühnerrassebildern. (40 S.) 897.
16. Körpermessgn. an Rindern u. Schweinen. Von Lydtin u. Junghanns. (30 S. m. 6 Abb.) 897.
17. Beschirrungs- u. Anspannungs-Grundsätze bei Pferden. Von Rich. Schoenbeck. (28 S. m. 11 Abb.) 898.

— u. **Sonderabdrücke** der Deutschen landwirtschaftl. Presse. Nr. 18. 8. Berlin, P. Parey. n. — 50

Die Wirkung der einzelnen Nährstoffe bei der Mast des erwachsenen Rindes. Von O. Kellner. (20 S.) 903.

— u. **Sonderabdrücke** der deutschen landwirtschaftlichen Presse. Nr. 19. 8. Berlin, P. Parey. p — 50

Charakteristik neuerer Methoden der geologisch-agronomischen Bodenkartierung. Von H. Gruner. (19 S. m. 1 eingedr. Kartenskizze.) 910.

Preisschriften u. Sonderabdrücke der „Landwirthschaftlichen Thierzucht". Nr. 1—5. [Bunzlau.] Berlin, F. Telge. n. 3. 75
1. Die Behandlung der Thierzucht resp. -Haltung in der Buchführung. Von A. Wegner. (36 S.) 891. n. — 50
2. Wie muß der größere Landwirth seine Buchführung einrichten, um dem neuen Steuer-Gesetz entsprechend sein Einkommen ermitteln u. einwandsfrei darlegen zu können? Von Adf. Kraemer. (76 S. m. Tab.) 892. n. — 75
3. Durch welche Futterpflanzen u. nach welchen Düngungs-Bearbeitungs-Grundsätzen sind auf nicht rothkleefähigem Sandboden die größten Erträge an Trockensubstanz u. Stickstoff zu erzielen? Von M. Fischer. (32 S.) 892. n. — 75
4. Warum bedürfen wir landwirthschaftlich-meteorologischer Stationen, u. wie sind dieselben am zweckmäßigsten einzurichten? Von Wohltmann. 892. n. 1. —
Nr. 4 ist vergriffen.
5. Anleitung zur zweckmäßigen Aufstellung v. Futtermischungen f. Milchkühe. Von Gust. Becker. (19 S. m. 1 Tab.) 892. n. — 75

— — der Illustrierten landwirthschaftlichen Zeitung. Nr. 6 u. 7. 8. Ebd. n. 1. 75
6. Das Kryptosporium leptostromiforme J. Kühn. Ein Kernpilz, der e. ernste Gefahr f. den Lupinenbau bedeutet. Von M. Fischer. (24 S. m. 1 Taf.) 893. n. — 75
7. Grundsätze e. rationellen Düngung der hauptsächlichsten Körnerfrüchte u. Futterpflanzen f. die verschiedenen Bodenverhältnisse, unter Berücksicht. der neuesten einschläg. wissenschaftl. Forschgn. u. prakt. Erfahrgn. Von Max Fischer. (83 S.) 893. n. 1. —

— — der Illustr. landwirtschaftl. Zeitung. Nr. 8—11. 8. Berlin-Schöneberg, F. Telge. 2. 75 (1—11: n. 8. 25)
8, 9. Zweckmäßigste Behandlg. u. Düngg. v. Wiesen u. Weiden mineral. wie Moorbodens, um dauernd d. quantitativ, wie qualitativ höchsten Erträge zu erzielen. 2 preisgekrönte Schriften v. Max Weiss u. Luedecke. (51 u. 62 S.) 895. 1. 50
10. Prakt. Fruchtfolgen f. d. wichtigsten Bodenarten, deren techn., wie wissenschaftl. Begründg., unt. Berücksicht. verschied. Absatzverhältnisse. Preisgekrönte Arbeit v. Gejelus. (55 S.) 896. — 75
11. Beste Verwertung d. Molkerei-Rückstände durch Aufzucht u. Mast v. Kälbern, Schweinen u. Geflügel, unt. bes. Berücksicht. d. Art u. Menge d. diesen Tieren zu reich. Futtermittel. Von Bruno Stalweit. Preisgekrönte Arbeit. (16 S.) 897. n. — 50

— u. **Sonderabdrücke** der Illustrierten landwirtschaftlichen Zeitung. Nr. 12. 8. Schöneberg-Berlin. [F. Telge.] Berlin, Deutsche Tageszeitung. n. 1. —
Welche Mittel dienen zur Hebung der deutschen Rindviehzucht? Von Bruno Stalweit. Preisgekrönte Arbeit. (66 S.) 899.

—die dän. Sprache betreffend, f. M. C. C. Werlauf.

Preisschriften üb. das Streurechen, herausg. v. der churfürstlich sächs. Leipziger ökonom. Societät. Dresd. 1801. 327 S. (= Neuere u. grössere Schriften d. ch. s. L. ö. S. Bd. 1). 731.

— d. deutschen Techniker-Verbandes. I. II. gr. 8. Halle a/S. L. Hofstetter. à n. 1. —
I. Wie soll sich der Bautechniker e. zweckentsprechende Ausbildung erwerben? Aus den preisgekrönten Arbeiten zusammengestellt u. hrsg. vom deutschen Techniker-Verband. (IV, 49 S.) 892.
II. Wie soll sich der Maschinentechniker eine zweckentsprechende Ausbildung erwerben? Aus den preisgekrönten Arbeiten zusammengestellt u. hrsg. vom deutschen Techniker Verband. (IV, 37 S.) 893.

—— —— der „Landwirthschaftlichen Thierzucht". Nr. 1—5. 8°. [Bunzl.] Berl., Verlag der „Landwirthschaftl. Thierzucht". * 2 75
1. Wegner, A. Die Behandlung der Thierzucht resp. -Haltung in der Buchführung. (36 S.) 891. * — 50.
2. Kraemer, Adf. Wie muß der größere Landwirth seine Buchführg. einrichten, um dem neuen Steuer-Gesetz entsprechend sein Einkommen ermitteln u. einwandsfrei darlegen zu können. (76 S. m. Tab.) 892. * — 75.
3. Fischer, M. Durch welche Futterpflanzen u. nach welchen Düngungs-Bearbeitungs-Grundsätzen sind auf nicht rothkleefähigem Sandboden die größten Erträge an Trockensubstanz u. Stickstoff zu erzielen? (32 S.) 892. * — 75.
4. Wohltmann. Warum bedürfen wir landwirthschaftlich-meteorologischer Stationen u. wie sind dieselben am zweckmäßigsten einzurichten? 892. * 1 —.
5. Becker, Gust. Anleitung zur zweckmäßigen Aufstellung v. Futtermischungen f. Milchkühe. (19 S. m. 1 Tab.) 892. * — 75.

— üb. d. Viehweiden. 8. Wien, Kurzböck. 773. -

Preisschriften über die beträchtlichen Vortheile, welche alle Nationen ... aus der Kenntniss ... des Zustandes der Wissenschaften bei den Alten ziehen können ... Berlin 1798. V: *Jenisch, Dan.* (Ky)

— üb. die beträchtl. Vortheile, welche alle Nationen des jetzigen Zeitalters aus d. Kenntniß u. histor. Untersuchung d. Zustandes d. Wissenschaften bei d. Alten ziehen können, (v. Dn. Jenisch; nebst e. Preisschrift v. Tiedemann). Hrsgg. v. d. kön. Acad. d. Wissenschaften. gr. 8. Berl. 798. Maurers B. 1 Thlr.

Preisschriften, wie die in Niederöstreich zu vertheilenden Viehweiden anzulegen. Wien 1773. V: *Gemberley, Ernst Ignaz.* (Ky)

— wie die in Niederöstreich zu vertheilenden Viehweiden anzulegen, (v. Er. Ign. Gemberley). 8. Wien 773. Kurzböck. 4 gr

Preisschriften, Zwey, ... von der Anwendbarkeit ... der Koppelwirthschaft... Berlin 1793. (III, 9705.) Lies: V: *Dreyer, Friedrich Wilhelm & Carl Aug. Hubert.* (DARP)

— zwei, von Anwendbarkeit der Koppelwirthschaft in Brandenburg, (v. K. A. Hubert). gr. 8. Berl. 793. (Reimer). 18 gr

— zwei, üb. die Beschaffenheit der erdigten Bestandtheile in d. inländ. Getreidearten, von J. C. K. Schrader u. J. S. B. Neumann. gr. 8. Berl. 800. Maurers B. 8 gr

(——) zwei gekrönte, über die Anlegung von Zwangsarbeits-Anstalten in den Herzogth. Schleswig und Holstein. Hrsg. von der Direction des gemeinschaftl. Fonds der schleswig-holstein. adeligen Klöster und Güter. I. A. u. d. T.: Abhandlung über Anlegung von Zwangsarbeits-Anstalten in Schleswig und Holstein. Von Ad. v. Sprewitz. gr. 8. (XV und 479 S.) Altona 846, (Lehmkuhl's Buchh.) *

Preisschriften, zwei gekrönte, über die Anlegung von Zwangsarbeits-Anstalten in den Herzogth. Schleswig u. Holstein, hrsg. von der Direction des gemeinschaftl. Fonds der Schleswig-Holstein. adel. Klöster u. Güter. I. A. u. d. Ttl.: Abhandlung 2c. Auf Grundlage der Erfahrungen u., in soweit sie Nachahmung oder doch Berücksichtigung verdienen, der Einrichtungen des Großh. mecklenburg-schwerinschen Landarbeitshauses zu Güstrow. Von Ad. v. Sprewitz. gr. 8. (31½ B.) Altona 846, (Lehmkuhl.) *

— diess. II. s. Bruhn, die Zwangsarbeits-Anstalten.

—— dass. II. A. u. d. Ttl.: Die Zwangsarbeits-Anstalten in Schleswig-Holstein. Von C. N. Bruhn. gr. 8. (5¾ B. u. 4 Stnt.) Ebds. 846. *

(Preißschriften,) zwei gekrönte, über die Anlegung von Zwangsarbeits-Anstalten in den Herzogth. Schleswig und Holstein 2c. II. A. u. d. T.: Die Zwangsarbeits-Anstalten in Schleswig-Holstein. Von C. N. Bruhn. gr. 8. (92 S. und 4 Abbild.) Altona 847, (Lehmkuhl's Buchh.) Thlr. *

— zwey, über die Pflichten d. Geistlichen. gr. 8. Bamb. Göbhard. 789. -

— zwei, üb. den Ursprung unserer Erkenntniß, f. L. Bendavid.

Preisschriften, zwei, üb. die Verbesserung d. öffentl. Töchterschule der Stadt St. Gallen. gr. 8. St. Gallen 791. Huber u. C. 8 gr.

Preißecker Franz: Über die Einwirkung organischer Magnesiumverbindungen auf 1. 2-Oxynaphtoesäuremethylester. S. 123. III. 84 . . . . vgr.
Separatabdruck

Preissecker, Rud., die Frau im Hause, s. a Frau, die. 12. Bd.

Preissecker, Rudolf: Die Frau im Hause. — Leipzig: Rothbarth 1906. 98 S. 8° (Die Frau. Ser. 2, Bd 12.)

Preissig, E., die Presskohlen-Industrie. Ein Handbuch der Steinkohlen- u. Braunkohlen-Briquettirg., mit e. Anh. üb. die sonstigen Brennstoffe in künstlich veränderter Form. gr. 8. (XV, 303 S.) Freiberg 887. Craz & Gerlach. n. 8. —

Preissig, Hnr., († 1788.) geistr. Betrachtt. f. die Fastenzeit üb. die tägl. Evangelien. 8. Augsb. 777. M. Rieger. 5 gr.

— Recollectio spiritus. 8. Bamb. Göbhard. 761.

— recollectio spiritus. 8. Bamb. 761. (Wesché in Frankf. a. M.) 5 gr.

Preissig, Sebastian. Pflichtmässige Vorschläge zu einer schweizerischen Staatsverfassung, hrg. und mit Anmerkungen begleitet von S' P'... im Augustmonate 1801. 8. Zürich 1801.

Preissig, Vojt., Ex libris. (15 z. Tl. farb. Taf. m. 12 S. Text in tschech., deutscher, französ. u. engl. Sprache.) 13×15,5 cm. Prag (910). (Leipzig, K. W. Hiersemann.) nn 4. —

— Zur Technik der farbigen Radierung u. des Farbenkupferstichs. 1. Tl. (Mit Zeichngn. u. Beilage v. V. Preissig.) (128 S. m. 1 farb. Taf.) 8. Leipzig 909. K. W. Hiersemann. 4. —

Preißler, Adalbert. Supplement zum alphabetischen Handbuche des allgemeinen Oesterreichischen Zolltarifs, enthaltend die nachträglichen hohen Zollbestimmungen vom Monate Jänner bis Ende Dezember 1852, zusammengestellt von —. 4 (8 S.) Prag, Druck Jar. Pospischil, in Kommission bei K. Andree, 1853.

Preißler, Adalb., Waaren-Lexikon über die gangbarsten, nach dem Zolltarif geordneten Handelsartikel. Zum Gebrauche f. Fabrikanten, Handels- u. Gewerbsleute, insbes. aber f. Gefällsbeamte u. alle jene, welche sich der Prüfung aus der Waarenkunde unterziehen wollen. 16. (12 B.) Prag 844, Borrosch u. André.

Preißler, Adalbert —. Waaren-Lexikon mit einer Uebersicht aller im österreichischen Staate bestehenden Zuckerraffinerien nach den neuesten und verläßlichsten Behelfen in alphabetischer Ordnung bearbeitet. 2. wesentlich geänderte und vermehrte Auflage. Verlag des Verfassers. kl 8. (332 S.) Prag. In Kommission Karl André. Druck von Frdr. Rohlicek 1854.

Preißler, Adalbert —. Vollständiges Waarenlexikon, enthaltend insbesondere auch alle Chemikalien, welche nach den neuesten Erfahrungen auf Künste und Gewerbe angewendet werden. Von — Dritte, mit der zweiten ganz übereinstimmende, durch einen Nachtrag vermehrte Ausgabe. Prag, 1856. Druck von Fr. Rohlicek im fürsterzbischöflichen Seminar. (406 S. 8.)

Preißler, A., allgemeiner vollständiger Zolltarif für Oesterreich, s. Zoll-Tarif.

Preißler, A., neuester Zoll-Tarif, s. a Zoll-Tarif.

Preissler A, neuester u vollständiger Zolltarif etc. im österr. Kaiserstaate. 4° Prag 1847

[5.] Grundzüge der naturgemässen Lebensweise und billigen fleischlosen Ernährung. Einfachstes Koch-, Brat- & Rohkostbüchlein vf. v. Antonie **Preissler**, Leiterin d. Natur-Heilanst. 'Gesundg' in Zittau i. S. . . . *Berlin: M. Richter 1898.* (80 S.) 1 Bd 8. [98. 13304

Preißler, Antonie, einfachstes Koch-, Brat- & Rohkostbüchlein. Grundzüge der naturgemäßen Lebensweise u. billigen fleischlosen Ernährg. 2. Aufl. 8. (67 S.) Berlin 898. M. Richter. n. — 50

Preissler, Daniel. Gründliche Anleitung, welcher man sich im Nachzeichnen schöner Landschafften oder Prospecten bedienen kan, den Liebhabern der Kunst mitgetheilet und eigenhändig in Kupfer gebracht. 4. Auflage. Nürnberg 1749. Fol.

Preißler, J., Noth- u. Hülfsbüchlein f. Fuhrleute zu Hause u. auf d. Reise. Nebst e. Anh., enthalt. das Nöthigste üb. Straßen-, Fuhrmanns- u. Frachtrecht. Mit 1 Kpf. 8. Ilmenau 825. Voigt. 10 gr.

Preißler, Johann Daniel

Preißler, J. D., Anweis. z. Anatomie d. Mahler. Fol. Petersb. Akademie. (Hartknoch in Leipz.)

— s. Cesio, Carlo.

Preißler, Jh. Dn., († d. 13. Oct. 1737.) die durch Theorie erfundene Praktik, od. Anleit. zu Zeichenwerken. 4 Thle. Fol. Nürnb. 754—63.

Preissler, Joh. Dan., die durch Theorie erfundene Praxis od. gründlich verfasste Regeln, deren man sich als e. Anleitg. zu Zeichen-Werken berühmter Künstler bestens bedienen kann. Neu red. v. Alb. Freytag. (Anatomie der Maler.) (98 Taf. m. VII, VI, IV u. IV S. Text.) Fol. Zürich (903). M. Kreutzmann. In Mappe n. 32. —

— Regeln d. Zeichenkunst. 5 Thle. Fol. Petersb. Akademie. (Hartknoch in Leipz.)

— theoret.-prakt. Unterricht im Zeichnen, od. Anatomie der Maler etc. N. A. 7 Thle. Mit Kpft. gr. Fol. Nürnb. 807—11. Stein. 5 Rthlr 17 gr 86 Hft. A. u. d. T.: Statuae insigniores in Italia. Fol. Ebd. 821. 2 Rthlr N. Ausg. besorgt von P. C. Geißler. 6 Bde oder 24 Hfte. Mit 118 Kpft. gr. Fol. Ebd. 831, 32. Subscr.-Pr. 10 Rthlr

Preissler, Joh. Dan., theoret.-prakt. Unterr. im Zeichnen. Neue Ausg., besorgt v. P. C. Geissler. VI Bde. (od. 24 Hfte.) gr. Fol. (118 Kpfrt. u. ... Text.) Nürnberg 833, Stein. Einzeln: I. u. II. Bd. à 1 Thlr. 4 Gr., III. 2 Thlr. 12 Gr., IV. u. V. à 1 Thlr. 4 Gr., VI. 4 Thlr.

Preissler, Joh. Dan., theoret.-pract. Unterricht im Zeichnen. 4. Ausg., besorgt von P. C. Geissler. 6 Bde. Roy.-Fol. (117 Kpfrtaf. u. 4½ B. Text.) Nürnberg 843, [Geiger.] *

Preißler, Jh. Dan., theoret.-pract. Unterricht im Zeichnen. 4. Ausg., besorgt von P. C. Geißler. 6 Bde. Roy.-Fol. (117 Kupfert.) Nürnberg 843, Stein. n. 8 ₰

— Zeichenbuch, 1s Heft. Figurenzeichnung, mit 19 Kupfern. gr. Fol. Ebend. 813.

Preißler, Johann Martin, s. Preisler.

Preißler, auch Preisler, Jh. Mart., († d. 17. Nov. 1794.) u. J. E. Ihle, gründl. Zeichenkunst f. junge Leute. Mit 18 Kpf. Fol. (Nürnb.) 794. N. A. 12 Hfte. Mit 72 Kpft. Fol. Nürnb. 796—804. Schneider u. W. 5 ₰ 10 gr

— und Ihle, Zeichnungskunst, m. K. 10 Hefte. Fol. Nürnb. Weigel. 796. (à 12 gr.)

— — 1r. u. 2r Nachtr. dazu od. 11s u. 12s Heft. m. K. Fol. Nürnb. Schneider. 802–804. (a. u. d. Titel: Originalzeichnungen.) (1s 2 Rthlr. 2s 12 gr.)

Preißler (J. M. u. D. u. J. E.,) Ihle, gründl. Zeichenkunst, 10r — 12r Thl. Blumen. 2 Hefte. Neue Aufl. gr. Fol. Nürnb. 822—23, Schneider u. W. à 10 gr.

Preißler, Josef Daniel

— Samml. christl. Lieder zum Gebrauch d. kathol. Schuljugend, nebst Gebeten. 8. Dresd. 798.

Preißler, Jos. Dn., Versuch e. Lesebuchs f. erwachsene Kinder d. Landleute. 8. Prag 822. Krauß. (Enobloch in Leipz.) 9 gr

— Verzeichniß böhm. Insekten. 1s Hundert. Mit Kpf. gr. 4. Prag 790. Neureutter. 22 gr

Preißler Dr. K.: Zur Geschichte des Agathokles von Syrakus. (46). Brünn LR. 90.
Progr.

Preißler Karl: Kaiser Julians Leben und Charakter. H. 1886 PN 422 Diss. Wien, Univ. 706

Preißler, Karl, deutsches Lesebuch f. kaufmännische Fortbildungsschulen, s.: Haymerle.

Preissler, Paul, Dresden u. die Sächsische Schweiz. Nach Orig.-Aquarellen. (16 farb. Bl.) qu. gr. 8. Leipzig (906). J. J. Weber. n. 2. —

Preißler Theodor: Christi Versuchung durch Satan bei John Bale, Giles Fletcher und John Milton. H. 1898 PN 1169 Diss. Wien, Univ. 1939

Preissnitzfest am 25. Sept. 1900. Zur Begrüssung der Anthropologen. [Halle 1900]. V: *Regel, Ernst.* (Berl)

Preis-Statistik v. Mailänder sublimer Organzin, 22/26 per Kilo in Gold comptant, hrsg. v. der Seiden- u. Halbseidenwaaren-Fabrik v. Meckel & Co., Elberfeld, mechan. Weberei Ohligs. 1 graph. Taf. in Farben-, Gold- u. Silberdr. qu. Fol. Elberfeld 890. (Baedeker.) Auf Pappe u. lackiert. n. 3. 60

Preis-Statut des Kgl. Polytechnikums in Stuttgart. Vom 11. 7. 1876.

Preis-Statut der Kgl. Technischen Hochschule Stuttgart. Vom 19. 1. 1892.

Preissteigerung, die, der Lebensbedürfnisse in Wien u. im österreich. Kaiserstaate, ihre Progression, Ursachen u. Heilmittel. Mit 8 authent. Quellen entnommenen Preis- u. andern Tabellen. br. 8. (95 S.) Wien 851, Greß. 14 ngr

Preissteigerung, Die, der Lebensbedürfnisse in Wien und im österreichischen Kaiserstaate, ihre Progression, Ursachen und Heilmittel. Wien 1854. V: *Friedmann, Otto Bernh.* (?). (EB)

Preis- und Gewichts-Umrechnungs-Tabelle von Wiener Pfund in Kilo und umgekehrt von 1—600. 82. (47 S.) Brünn 879, (Winkler's Buchh.) *

Preis- u. Gewichts-Umrechnungs-Tabelle v. Wiener Pfund in Kilo u. umgekehrt von 1—600. 3. Aufl. 64. (47 S.) Brünn 889. Winkler. n. — 24

Preis-Tabellen für den Einkauf aller Gegenstände, die einzeln nach bestimmten Sätzen verkauft werden. 8. (248 S.) Gütersloh 855, Bertelsmann. *

— für runde Hölzer nach Metermaß u. Reichswährung. gr. 8. (76 S.) München 875. Lindauer. n. 1. 10; cart. n. 1. 30

Preis-Tabellen f. runde Hölzer nach Metermaß u. Reichswährung. 3. Aufl. 8. (76 S.) München 883. Lindauer. n. 1. 10

Preis-Tabellen nach dem neuen Landesgewicht zum praktischen Gebrauch für den Detailverkauf. Herausg. vom Vorstande des kaufmännischen Vereins zu Breslau. Breslau (858.) Graß, Barth u. Co. Verlag. (1 Bgn. in gr. Fol.) n. 1⅓ ngr

Preis-Tabellen nach dem neuen Landesgewicht zum prakt. Gebrauch für den Detailverkauf. Hrsg. vom Vorstande des kaufmänn. Vereins zu Breslau. 1 Bog. in qu. Imp.-Fol. Breslau 858, [Ziegler.] *

Preis-Tabellen, neueste, für Getreide, Sämereien und Hülsenfrüchte. Praktisch bearb. und durchgesehen von mehreren Kaufleuten. 16. (16 S.) Falkenberg 872, Bartelt.

Preis-Tarif zum Gebrauche für die Administration der Militär-Bau-Objecte. Folio. (20 und 10 S.) Wien: Hof- und Staatsdruckerei 1895. --.20

Preis-Tarif. Nr. 1 über Fabrikate der Artillerie-Werkstätten. München 1876. 8.

Preis-Tarif üb. Fabrikate der Artillerie-Werkstätten. Gültig vom 1. Apr. 1886 ab. 8. (75 S.) Berlin 886. Mittler & Sohn. n.n. — 50

Preis-Tarif üb. Fabrikate der Artillerie-Werkstätten. Fortsetzung. 8. (22 S.) Berlin 886. Mittler & Sohn. n.n. — 15

— dasselbe. 2. Fortsetzung. 8. (26 S.) Ebd. 887. n.n. — 20 (Hauptwerk u. Fortsetzung 1 u. 2: n.n. — 85)

— über Fabrikate d. Feuerwehrs=Laboratoriums zu Spandau. Gültig vom 1. Apr. 1886 ab. gr. 8. (52 S.) Ebend. 886. n.n. — 40

Preis-Tarif, städtischer, der k. k. Reichshaupt- u. Residenzstadt Wien. 2 Tle. Giltig f. die v. der Gemeindeverwaltg. bestellten Arbeiten u. Liefergn. (Mit je 11 S. „Bedingnißen".) 4. Wien 904. (Gerlach & Wiedling.) Geb. à n.n. 25.—

I. Nr. 1—26. Baugewerbe. — II. Nr. 27—54. Verschiedene Arbeiten u. Lieferungen.

Hieraus einzeln:

1. Erd- u. Baumeister-Arbeiten. (47 S. m. Abb.) n.n. 6.—. — 2. Deichgräber-Arbeiten. (10 S.) n.n. 1.50 — 3. Stukkatur-Arbeiten. (4 S.) n.n. —50. — 4. Steinmetz-Arbeiten. (18 S.) n.n. 1.50. — 5. Zimmermanns-Arbeiten. (20 S.) n.n. 1.50. — 6. Bauspengler-Arbeiten. (9 S.) n.n. 1.50. — 7. Ziegeldecker-Arbeiten. (5 S.) n.n. 1.—. — 8. Schieferdecker-Arbeiten. (8 S.) n.n. 1.—. — 9. Kupferschmied-Arbeiten. (4 S.) n.n. —50. — 10. Bautischler-Arbeiten. (13 S.) n.n. 2.—. — 11. Schlosser-Arbeiten. (29 S.) n.n. 4.—. — 12. Anstreicher-Arbeiten. (6 S.) n.n. 1.—. — 13. Glaser-Arbeiten. (7 S.) n.n. 1.—. — 14. Tonöfen. (6 S.) n.n. 1.—. — 15. Asphaltierer-Arbeiten. (6 S.) n.n. 1.—. — 16. Zimmermaler-Arbeiten. (4 S.) n.n. —50. — 17. Tapezierer-Arbeiten. (8 S.) n.n. 1.—. — 18. Holzjalousien. (3 S.) n.n. —50. — 19. Holzstöckel-Pflasterungen. (7 S.) n.n. 1.—. — 20. Pflasterer-Arbeiten. (16 S.) n.n. 2.—. — 21. Tonwaren. (10 S.) n.n. 1.50. — 22. Brunnenmeister-Arbeiten. (8 S.) n.n. 1.—. — 23. Wasserleitungseinrichtungs- u. Anbohrungs-Arbeiten. (17 S.) n.n. 2.50. — 24. Gasrohrleitungs- u. Gaseinrichtungs-Arbeiten. (14 S.) n.n. 2.—. — 25. Schriftgießer-Arbeiten. (4 S.) n.n. —50. — 26. Schriftenmaler-Arbeiten. (4 S.) n.n. —50. — 27. Rauchfangkehrer-Arbeiten. (6 S.) n.n. 1.—. — 28. Zimmerputzer-Arbeiten. (4 S.) n.n. —50. — 29. Möbeltischler-Arbeiten. (25 S.) n.n. 3.50. — 30. Schultafeln. (4 S.) n.n. —50. — 31. Binder-Arbeiten. (7 S.) n.n. 1.—. — 32. Galanteriespengler-Arbeiten. (6 S.) n.n. 1.—. — 33. Wagner-Arbeiten. (15 S.) n.n. 2.—. — 34. Schmiede-Arbeiten. (25 S.) n.n. 3.—. — 35. Maschinenschlosser-Arbeiten f. die Straßenpflege. (10 S.) n.n. 1.50. — 36. Buchbinder-Arbeiten. (9 S.) n.n. 1.50. — 37. Bürstenbinder-Arbeiten. (4 S.) n.n. —50. — 38. Riemer-Arbeiten. (6 S.) n.n. 1.—. — 39. Taschner-Arbeiten. (3 S.) n.n. —50. — 40. Turnsaal-Einrichtungen u. zwar I. Tischlerarbeiten. II. Schlosserarbeiten. III. Seilerarbeiten. IV. Riemerarbeiten. V. Matratzen. VI. Jugendspielmittel. (19 S.) n.n. 2.50. — 41. Töpferwaren. (4 S.) n.n. —50. — 42. Eisenwaren. (13 S.) n.n. 2.—. — 43. Maschinisten-Arbeiten. (17 S. m. 1 Tab.) n.n. 3.—. — 44. Möbel aus gebogenem Holze. (4 S.) n.n. —50. — 45. Eisenmöbel. (4 S.) n.n. 1.—. — 46. Hölzerne Werkzeuge. (6 S.) n.n. 1.—. — 47. Wäscheerfordernisse. (3 S.) n.n. —50. — 48. Bettwaren. (4 S.) n.n. —50. — 49. Kotzen u. Pferdedecken. (3 S.) n.n. —50. — 50. Seiler-Arbeiten. (6 S.) n.n. 1.—. — 51. Schuhmacher-Arbeiten. (3 S.) n.n. —50. — 52. Buchdrucker-Arbeiten. (7 S.) n.n. 1.—. — 53. Lösch- u. Rettungsgeräte. (29 S.) n.n. 4.—. — 54. Stampiglien. (5 S.) n.n. 1.—.

— d. k. k. Train=Materials. 8. (35 S.) Wien 885. Hof= u. Staatsdruckerei. n. — 30

Preis-Tarif des k. u. k. Train-Materials. 3. Auflage des Preis-Tarifes vom Jahre 1885. (Zu Abth. 3, Nr. 1700 vom Jahre 1900. — Normal-Verordnungsblatt für das k. u. k. Heer, 26. Stück.) Wien. 1900. Hof- und Staatsdruckerei. 8°. 54 S. K —.40

— **des k. u. k. Trainmaterials.** (Zu Abt. 3, Nr. 3122 vom J. 1906. — Normalverordnungsblatt f. das k. u. k. Heer 28. Stück.) E—14. 4. Aufl. vom J. 1885. (Neudr.) (60 S.) 8. Wien 906. Hof- u. Staatsdruckerei. n. — 60

Preistarif des k. u. k. Trainmaterials. 5. Aufl. vom J. 1885. (64 S.) 8. Wien 909. (Hof- u. Staatsdruckerei.) — 70

Preisträger, die, bei der internationalen Pferde-Ausstellung vom 18—27. Septbr. 1873 der Weltausstellung in Wien. Fol. (63 S.) Wien 874. k. k. Hof- u. Staatsdruckerei. geb. n.n. 4. 40

Preisturnordnung für die Kreisturnen des Mittelrheinkreises (IX. Kr. d. Allgem. Dtsch. Turnverb.), beschl. 1. 3. 1868, Kreuznach, 14 S., 8°.

Preis- u. Gewichts-Umrechnung v. Wienerpfund in Kilo u. umgekehrt. Von 1 bis 1000. 16. (22 S.) Klagenfurt 886. Leon sen. cart. n. — 75

Preis- u. Gewichts-Umrechnung von Wienerpfund in Kilo u. umgekehrt. Von 1—1000. 16. (22 S.) Klagenfurt 895. J. Leon sen. Kart. n. — 80

Preis- und Gewichts-Umrechnungs-Tabelle von Wiener Pfund in Kilo u. umgekehrt von 1—600. (64.) 3. Auflage. (47 S.) Cart. —.12
Brünn: Winkler 1889.

Preis-Umwandlungs-Tabelle vom bayerischen Gewicht in metrisches [Zoll-]Gewicht. Tab. I. 16. (1 Bl. in qu. 4.) Würzburg 872. Stahel. — 10

— **dasselbe.** 16. (6 S.) Ebend. 872. — 10

Preisvergleichungs-Tabelle v. bad. Längen-, Quadrat- u. Cubikmaass in Metermaass, Mark u. Pfennige zum prakt. Gebrauch in übersichtl. Form zusammengestellt. 8. (18 S.) Donaueschingen 875. Pinne. — 30

Preissteigerung, die, der Lebensbedürfnisse in Wien und im österreich. Kaiserstaate, ihre Progression, Ursachen und Heilmittel. Mit 8 authent. Quellen entnommenen Preis- und andern Tabellen. br. 8. (95 S.) Wien 851, Greß.

Preisversuch, erster gekrönter, über die zeitlichen Segnungen einer zweckmäßigen Sonntagsfeyer, besonders für die ländliche u. gewerbtreibende Bevölkerung. Von einem Pförtner, der früher Gärtner gewesen. gr. 12. (VI u. 42 S.) Hamburg 850, Agentur des Rauhen Hauses. 3 ngl

Zu der am 27. Jan. 1893 ... stattfindenden Feier des Geburtstages Sr. Maj. des Kaisers und Königs laden hierdurch ein Rector und Senat der Albertus-Universität. [Enth.: Angabe der Studirenden, welche bei der am 18. Jan. 1893 erfolgten **Preisvertheilung** Preise erhalten haben.] Königsberg i. Pr., Hartungsche Buchdr., 1893; 2 Bl. 4.

Preis-Verzeichniss

—— nebst Abbildungen und Beschreibungen von landwirthschaftlichen Maschinen und Ackergeräthen aus der Maschinen= und Patent-Waagen=Fabrik von J. Pintus und Comp. in Brandenburg a. H. gr. 8. (32 S. mit eingedr. Holzschn.) (Berlin 858, Springer's Verlag.)

Preisverzeichniß der Actiengesellschaft für Cartonnagen-Industrie, Dresden. Dresden 1891

Preis-Verzeichniss chemischer, pharmaceutischer, physikalischer und mineralogischer Apparate und Geräthschaften von Marquar's Lager chemischer Utensilien (Inhaber C. Gerhardt.) Bonn 1874.

Preis-Verzeichniss selbstgefertigter physikalischer chemischer, pharmaceutischer, technischer etc. Apparate, Instrumente und Geräthschaften von Ferd. Ernecke. Berlin [o. J.]

Preisverzeichnis I der Artilleriewerkstätten f. Feldartillerie- u. Traingerät. Nachtrag I. D. E. V. Nr. 243. Septbr. 1909. (41 S.) 8. Berlin (909). (E. S. Mittler & Sohn.) — 20

— **II der Artilleriewerkstätten f. Fußartilleriegerät** (P. B II Atw.) vom 6. V. 1908. Giltig vom 1. VII. 1908 ab. (D. V. E. Nr. 244.) (256 S.) 8. Ebd. 908. 1.80; kart. 2. —

Preisverzeichniß für bauliche Ausbesserungs-Arbeiten. Lex.-8. (I, 239 S.) Berlin 898. E. S. Mittler & Sohn. Kart. n. 3. 60

-- über Fabrikate der Geschützgießerei zu Spandau u. der Geschoßfabrik zu Siegburg. D. V. E. Nr. 271. Nachtrag I. April 1909. (18 S.) 8. Ebd. (909). — 10

-- der Feuerwerks-Laboratorien Spandau u. Siegburg. Nachtrag I. D. V. E. Nr. 266. Oktbr. 1910. (15 S.) 8. Ebd. (910). — 30

[Deckelt.:] [S.] Preisverzeichniss für Geräthe-Ausbesserungs-Arbeiten. *Berlin: E. S. Mittler & Sohn 1898.* (75 S.) 1 Bd 4.(8.) (98. 1891

Porzellan-Manufaktur, Königliche: Preis-Verzeichniß über Geräthschaften zu chemischen und pharmaceutischen Zwecken. Berlin 1899

Preis-Verzeichniss der Glashüttenwerke Jemmlitz und Tschornow so wie chem., pharmaceut., physikal., meteorolog., medicin.-chirurg. Apparate, Instrumente, Geräthschaften etc. von Warmbrunn, Quilitz und Comp. in Berlin und London. 1. Thl. Mit vielen in den Text gedr. Holzschn. Lex.-8. (XIV und 198 S. mit 1 Holzschnt.) Berlin 860, (A. Hirschwald.) *

Illustrirtes Preis-Verzeichniss der Actien-Gesellschaft zur Fabrikation meteorologischer Instrumente und Glas-Präcisions-Apparate (vormals J. G. Greiner jr. & Geissler). Berlin 1875.

Preis-Verzeichniss, illustrirtes — der landwirthschaftlichen Maschinen-Fabrik von Borrosch und Eichmann in Prag. III. verm. Aufl. Ausgegeben im Mai 1858. *Prag* 1858. *Kath. Gerżabek.* 43 S. 4°. 1 fl.
Mit vielen Abbild. nach den Original-Zeichnungen der in dieser Fabrik gebauten Geräthe und Maschinen.

Preisverzeichniss, illustrirtes, der landwirthschaftl. Maschinenfabrik von Borrosch & Eichmann in Prag. 4., verm. Aufl. Ausgegeben im März 1864. Mit vielen Abbildungen nach den Originalzeichnungen der in dieser Fabrik gebauten Geräthe u. Maschinen. Prag 864. André'sche Buchh. 4. (56 S.) n. 20 ngr.

Preisverzeichniß, Jll., der Eisenwerke Gaggenau A.-G. Gaggenau (1891?)

Institut, Pomologisches. Jll. Preisverzeichniß über Gartengeräthe. Reutlingen (1897?)

Preisverzeichnis, illustriertes, der verkäuflichen Gipsabgüsse No. 1-175 der Grossherzoglich Badischen Kunstgewerbeschule zu Karlsruhe. gr 4° Karlsruhe

Preisverzeichniß, Jll., des Bochumer Vereins für Bergbau und Gußstahlfabrikation. (Bochum 1891?)

Preis-Verzeichniss chemischer, pharmaceutischer, physicalischer, meteorologischer, mineralogischer, medicinisch-chirurgischer Instrumente, Geräthschaften und Apparate sowie eine Abtheilung, enth. Utensilien etc. für den techn. und häusl. Gebrauch von W. J. Rohrbeck, Firma: J. F. Luhme und Comp. New-York. Berlin. Wien. gr. 8. (XIV und 187 S. mit 600 in den Text eingedr. Holzschn.) Berlin 856, (Gaertner.) Thlr. *

Preis-Verzeichniss der vom k. k. militär-geographischen Institute in Wien aufgelegten Kartenwerke und Druckschriften [Bücher, Instructionen etc.]. Lex.-8. (15 S. mit 62 lithogr. Uebersichts-Bl.) Wien 880, (Artaria und Comp.) *
—— dass. — Mit 16 Stück Beilagen. Lex.-8. (24 S.) Wien 883, (Lechner's Universitäts-Buchh.) **

Preis-Verzeichniss der v. k. k. milit.-geogr. Institut in Wien aufgelegten Kartenwerke u. Bücher, nebst Verlags-Katalog v. R. Lechner's H.- u. U.-B. in Wien. 1885.

— — der Kartenwerke und sonstigen Erzeugnisse des k. und k. militär-geographischen Institutes in Wien. Mit 7 Stück Beilagen. 8. (Wien) 1890.
— — Mit 61 Uebersichts-Blättern. 8. Wien 1893.

Preisverzeichniss der vom k. u. k. militär-geographischen Institute in Wien herausgegebenen Kartenwerke und sonstigen Erzeugnisse, nebst Verlags-Katalog von R. Lechner (Wilh. Müller), k. u. k. Hof- und Universitäts-Buchhändler, und einer Auswahl der empfehlenswerthesten Erscheinungen auf dem Gebiete der Kartographie. 6. vermehrte Auflage. Mit 5 Uebersichtsblättern und 5 Kartenbeilagen. Gr.-8. (96 S.) .30
Wien: Lechner 1898.

Preis-Verzeichnis für Maurer- und Zimmermanns-Arbeiten. Imst 1910. V: *Hadrich, Robert.* (Margr)

(F) **Preisverzeichnis** für Maurer- und Zimmermannsarbeiten. 8°. (14 S.) Imst: Grissemann 1910. K 1.—

Preis-Verzeichniss über Mikroskope, Spectral- und Polarisations-Apparate der optischen und mechanischen Werkstatt von Franz Schmidt & Haensch. Berlin [o. J.]

[Preisverzeichnis.] Handwerkskammer zu Berlin. Preisverzeichnis f. kleinere Neubauten, Umbauten u. Bau-Ausbesserungsarbeiten. Berlin 1910. 8°

Preis-Verzeichniss der Pflanzen des Haide-Kultur-Vereins für Schleswig-Holstein. 1891 ff. Wilster. (1891 ff.) Siehe in: Vereinsblatt des Haide-Kultur-Vereins. Jg. 19 ff. 8°.

Preis-Verzeichniß der k. k. priv. Prager Porzellan und Thonwaaren-Fabrik. Nr. 1. Kaffee- und Thee-Geschirre. (Ohne Ang. des Druckes.) (14 Bl. 8. Mit Kupfern.) 1857.

Preisverzeichniss für die den Gruben der Freyberger Bergamts-Revier angelieferten weichen Stammhölzer. Freyberg 1831.

Preisverzeichnis für chemische und physikalisch-chemische Untersuchungen in d. chem. Laboratorien d. techn. Institute d. Artillerie. Vom 10. Nov. 1910. Berlin: Mittler 1910. 39 S. 8°
(D. V. E. Nr 214.) (11. 5087

Preis-Verzeichniss der Werke und Modelle aus der Ackergeräthe-Fabrik des k. württemberg. land- und forstwirthschaftl. Instituts Hohenheim. Mit 105 Abbildungen. gr. 4. (31 S. mit eingedr. Holzschn.) Stuttgart 854, (Frz. Köhler.) **

Preis-Verzeichniss der Werkzeuge und Modelle aus der Ackergeräthe-Fabrik des k. württemb. land- und forstwirthschaftl. Instituts Hohenheim. gr. 8. (16 S. mit 122 eingedr. Abbild.) Stuttgart 847, Metzler'sche Buchh. *

Preis-Verzeichniss der Werkzeuge und Modelle aus der Ackergeräthe-Fabrik des K. Württ. land- und forstwirthschaftlichen Instituts Hohenheim. Mit 105 Abbildgn. (Holzschn. im Text). Stuttgart 854. Fr. Köhler in Comm. (Auc.) gr. 4. (31 S.) nn. 7½ ngr.

Gewerbe-Museum Winterthur. Unterrichts-Modelle für mechanisch-technisches Zeichnen an gewerblichen Fortbildungsschulen und höheren Lehranstalten. 1902. Preis-Verzeichnis. 7 S. 8.

Preis-Verzeichniß der ausländischen Zeitungen für das Jahr 1854. 4. (58 S.) Wien. Aus der k. k. Hof- und Staatsdruckerei. 1854.

Preis-Verzeichniss der in der österreichisch-ungarischen Monarchie und dem Auslande erscheinenden Zeitungen und periodischen Druckschriften für die J. 1877—1879, bearb. von der k. k. Postamts-Zeitungs-Expedition in Wien. Lex.-8. (à Jahrg. ca. 140—150 S.) Wien 877—79, v. Waldheim. à Jahrg. *

—— der in der österreichisch-ungarischen Monarchie und im Auslande erscheinenden Zeitungen und period. Druckschriften für die J. 1880—1884. Bearb. von der k. k. Postamts-Zeitungs-Expedition in Wien. Lex.-8. (à Jahrg. ca. 150—155 S.) Wien, v. Waldheim. à Jahrg. *

Nachtrag III zum Preisverzeichniss der in der österr.-ungar. Monarchie u. im Auslande erscheinenden Zeitungen und periodischen Druckschriften für das Jahr 1883. Wien, R. v. Waldheim. 6 kr.

Preis-Verzeichniss der in der österreichisch-ungarischen Monarchie und im Auslande erscheinenden Zeitungen und period. Druckschriften für das J. 1885. Bearb. von der k. k. Postamts-Zeitungs-Expedition in Wien. Lex.-8. (V, 163 S.) Wien, v. Waldheim. *

1. Nachtrag (12 S.)

—— dass. — für die J. 1886 und 1887. Bearb. von der k. k. Postamts-Zeitungs-Expedition I in Wien. Lex.-8. (V, 167; 175 S.) Ebendas. à Jahrg. *

—— dass. — für das J. 1888. Bearb. von der k. k. Postamts-Zeitungs-Expedition I in Wien. Lex.-8. (V, 179 S.) Ebendas. *

1 und 2. Nachtrag (16; 10 S.) à

Preis-Verzeichniss der in der österreichisch-ungarischen Monarchie u. im Auslande erscheinenden Zeitungen u. periodischen Druckschriften f. d. J. 1890. Bearb. von der k. k. Postamts-Zeitungs-Expedition I in Wien. Lex.-8. (VI, 191 S.) Wien, v. Waldheim. n. 1.—

Preis-Verzeichniss der in der österreichisch-ungarischen Monarchie u. im Auslande erscheinenden Zeitungen u. period. Druckschriften f. d. J. 1891 u. 1892. Nebst Anh.: enth. jene inländ. Druckschriften u. Sammelwerke, welche v. den Buchhandlgn. m. Zeitungsfrancomarken versendet werden können u. im Preis-Verzeichnisse selbst nicht aufgeführt erscheinen. Bearb. von der k. k. Postamts-Zeitungs-Expedition I in Wien. Lex.-8. (VI, 220; VIII, 229 S.) Wien, R. v. Waldheim. à Jahrg. * 1 — Jahrg. 1889 u. 1890, ohne Anhang. Ebd. à * 1 —.

Preisverzeichniss der in der österr.-ungar. Monarchie und im Auslande erscheinenden Zeitungen und periodischen Druckschriften für das Jahr 1894. Bearbeitet von dem Post-Zeitungsamte I in Wien. Gr.-4. (222 S.) 1.— Wien: v. Waldheim

Preis-Verzeichniss der in der österreichisch-ungarischen Monarchie u. im Auslande erscheinenden Zeitungen u. periodischen Druckschriften f. d. J. 1895. Nebst Anh.: enth. jene inländ. Druckschriften u. Sammelwerke, welche v. den Buchhandlgn. m. Zeitungs-Francomarken versendet werden können u. im Preis-Verzeichnisse selbst nicht aufgeführt erscheinen. Bearb. v. dem k. k. Post-Zeitungs-Amte I in Wien. gr. 4. (VII, 239 S.) Wien 895. R. v. Waldheim. n. 2.—

Preis-Verzeichniss der in der österreichisch-ungarischen Monarchie und im Auslande erscheinenden Zeitungen und periodischen Druckschriften für das Jahr 1896. Bearbeitet von der Post-Amtszeitungs-Expedition I in Wien. Lex.-8. (252 S.) Wien: Waldheim 1895.

Preis-Verzeichniss der in der österr.-ungar. Monarchie und im Auslande erscheinenden Zeitungen und periodischen Druckschriften für das Jahr 1897. Bearbeitet von dem k. k. Postzeitungsamte I in Wien. 4 (264 S.) 1.— Wien: v. Waldheim 1897.

— d. in d. österreichisch-ungar. Monarchie u. im Auslande erschein. Zeitungen u. period. Druckschriften f. d. J. 1898. Nebst Anh.: enth. jene inländ. Druckschriften u. Sammelwerke, welche nebst d. in diesem Zeitungsverzeichnisse enth. inländ. Zeitgn. u. period. Druckschriften v. d. Buchhandlgn. m. Zeitungsfrancomarken versendet werden können. Bearb. v. d. k. k. Post-Zeitungs-Amte I in Wien. Imp.-4. (VII, 273 S.) Wien 897. R. v. Waldheim. n. 2.—

Preis-Verzeichnis der in der Österreichisch-ungarischen Monarchie und im Auslande erscheinenden Zeitungen und periodischen Druckschriften für das Jahr 1900. Nebst Anhang: Enthaltend jene inländischen Druckschriften und Sammelwerke, welche nebst den in diesem Zeitungs-Preisverzeichnisse enthaltenen inländischen Zeitungen und periodischen Druckschriften von den Buchhandlungen mit Zeitungs-Francomarken versendet werden können. Bearbeitet von dem k. k. Post-Zeitungs-Amte I in Wien. Wien. 1900. Waldheim. 4°. 286 S. K 2.—

Preis-Verzeichniss der in der österreichisch-ungarischen Monarchie und im Auslande erscheinenden Zeitungen und periodischen Druckschriften für das Jahr 1901. Nebst Anhang. Bearbeitet von dem k. k. Post-Zeitungs-Amte I in Wien. Wien. 1901. Waldheim. 4°. 288 S. K 2.40

Preis-Verzeichnis der in der österr.-ungar. Monarchie und im Auslande erscheinenden Zeitungen und periodische Druckschriften f. d. Jahr 1902. 4°. (VII, 309 S.) Waldheim in Wien.

Preis-Verzeichniss der in der österreichisch-ungarisch. Monarchie u. im Auslande erscheinenden Zeitungen u. periodischen Druckschriften f. d. J. 1903. Nebst e. Tabelle üb. Versendungsgebühren, e. Übersicht jener österreich. Zeitschriften, Verordnungsblätter u. deren Beiblätter, auf welche Pränumerationen bei allen k. k. Postämtern angenommen werden können u. nebst e. Anh.: enth. jene inländ. Druckschriften u. Sammelwerke, welche nebst den in diesem Zeitungs-Preisverzeichnisse enth. inländ. Zeitungen u. period. Druckschriften v. den Buchhandlgn. m. Zeitungsfrancomarken versendet werden können. Bearb. v. dem k. k. Post-Zeitungs-Amte I. in Wien. gr. 4. (IX, 327 S.) Wien, R. v. Waldheim. n. 2. 40

Preis-Verzeichniss der in der österr.-ungar. Monarchie u. im Auslande erschein. Zeitungen u. period. Druckschriften f. d. J. 1904. Nebst e. Tabelle üb. Versendungsgebühren, e. Uebersicht jener österreich. Zeitschriften, Verordnungsblätter u. deren Beiblätter, auf welche Pränumerationen bei allen k. k. Postämtern angenommen werden können u. nebst e. Anh.: enth. jene inländ. Druckschriften u. Sammelwerke, welche nebst den in diesem Zeitungs-Preisverzeichnisse enth. inländ. Zeitgn. u. period. Druckschriften v. den Buchhandlgn. m. Zeitungsfrancomarken versendet werden können. Bearb. v. dem k. k. Post-Zeitungs-Amte I. in Wien. (IX, 347 S.) Fol. Wien, Druck- u. Verlags-Aktien-Ges. vorm. R. v. Waldheim. n. 2. 40

Preisverzeichnisse f. Fertigungsgegenstände, Instandsetzungen u. Untersuchungen d. Art.-Depots, Art.-Werkstätten, Feuerwerks-Laboratorien, Geschütz-Gießerei u. d. Gewehr-, Geschoß- u. Pulver-Fabriken. Berlin 1875—1894.

Preisverzeichnisse f. Fertigungsgegenstände u. Instandsetzungen d. Art.-Depots, d. Art.-Werkstätten, d. Geschütz-Gießerei u. Geschoß-Fabrik, d. Haupt-Laboratoriums u. d. Gewehr-Fabrik. München 1876—1902.

Preiswerck *s.* Preiswerk.

(Preiswerk, Adolph.) Zum Andenken an unsern Vater Philipp Andreae. geboren den 20. August 1801, gestorben den 10. Januar 1897. Personalien und Leichenrede, gehalten zu Basel, den 12. Januar 1897. 8. Bern und Basel 1897.

Preiswerk, Adolf. Ueber allgemeine Haemochromatose. Diss. Med. Basel. [Mit 1 Tafel.] *Kopftitel:* Aus der pathol.-anatom. Anstalt und aus der medizinischen Klinik der Universität Basel. 54 S. 8. Basel, Friedrich Reinhardt, 1905.

[Preiswerk, Eduard.] Ansprache, gehalten... den 18. September 1900 bei der Beerdigung von Herrn J(ohann) J(akob) Eberhard, geboren den 11. Januar 1822, gestorben den 16. September 1900. 8. Basel 1900.

Preiswerk, Eduard. Der Einfluss Aragons auf den Prozess des Basler Konzils gegen Papst Eugen IV. Diss. Phil. Basel. [Mit 5 Aktenstücken als Beilagen.] VIII + 99 S. 8. Basel, Basler Druck- und Verlags-Anstalt, 1902.

Preiswerk, Eduard, der Einfluss Aragons auf den Prozess des Basler Konzils gegen Papst Eugen IV. Diss. (VII, 99 S.) gr. 8. Basel 902. (Leipzig, K. Beck.) n. 1. 60

Preiswerk, Eduard. Personalien und Leichenrede, gehalten... [zu Basel] bei der Beerdigung des Herrn Pfarrer Theophil Stähelin-Frey den 15. Januar 1896 (**Umschlag:* Zur Erinnerung an H' Pf' Th' Stähelin-Frey...). [Mit Porträt-Tafel.] 8. Basel.

Preiswerk, Emanuel. Zur Erinnerung an Frau Pfarrer A(nna) Maria Burckhardt, geb. Preiswerk. Personalien und Leichenrede, gehalten den 10. Februar 1886... zu Basel. 8. (Basel.)

Preiswerk, Emanuel. Zur Erinnerung an Herrn Gottlieb Hunzigker von Aarau, gew. Pfarrer in Thalheim. geb. den 30. Juni 1803, gest. den 2. November 1874. Leichenrede, gehalten den 4. November 1874... zu Basel. 8. Liestal 1874.

Preiswerk, Emanuel. Erinnerungsworte bei der Beerdigung von Frau Elisabeth Socin-Werthemann den 27. August 1888... in Basel gesprochen. 8. Liestal 1888.

Preiswerk, Eman, d. Geschichte Simsons u. was wir daraus lernen können. 12. (24 S.) Basel 897. (Missionsbuchh.) n. — 15

— d. hl. Schrift v. Gottes Geist durchweht. E. brüderl. Wort, gesprochen im Verein christlicher Gemeinschaft d. 22. Jan. 1895. 8. (16 S.) Ebd. 895. n. — 20

Preiswerk, Eman., Ziele u. Aufgaben für Jünger Jesu. 3 Betrachtgn. 8. (61 S.) Basel 898. R. Reich. n. — 50

(Preiswerk, Ernst.) Aus den Briefen eines Missionskaufmanns auf der Goldküste. 8. Basel 1881 (**Umschlag:* 1882).

Preiswerk, Ernst. Über die Einwirkung aromatischer Amine und des Natriummalonesters auf dibromsubstituierte Säuren. Diss. Phil. Basel. 61 S. 8. Basel, Walz & Miéville, 1902.

Preiswerk, Gust., Beiträge z. Kenntnis d. Schmelzstructur bei Säugethieren m. bes. Berücksicht. der Ungulaten. M. Inhaltsverzeichniss, Tafelverzeichniss u. 9 Taf.) gr. 8. (156 S. m. 10 Abb.) Basel 895. Akadem. Buchh. C. F. Lendorff. n. 6. —

Preiswerk, Gust., Dr. phil., Basel: **Beiträge zur Corrosionsanatomie der pneumatischen Gesichtshöhlen.** *Wiesbaden: J. F. Bergmann 1899.* (44 S.) 8° ¶ (Aus: Zeitschrift f. Ohrenheilkunde, 35.)
Würzburg, Med. Diss. v. 1899

Preiswerk, Gust., Lehrbuch u. Atlas der zahnärztlichen Technik, sa Lehmann's medizin. Handatlanten. 28.

Preiswerk, Gustav. Lehrbuch und Atlas der Zahnärztlichen Technik von Dr. med. und phil. G' P', Lektor an der Universität Basel. Mit 21 vielfarbigen Tafeln und 362 schwarzen und farbigen Abbildungen [wovon 40 Tafeln]. XXIV + 442 S. 8. München, J. F. Lehmann, 1906. (geb. M. 14. —)
Lehmann's Medizin. Handatlanten. Band 33

— Lehrbuch u. Atlas der Zahnheilkunde m. Einschluss der Mundkrankheiten, sa Lehmann's medizin. Handatlanten. XXX.

Preiswerk, Gustav. Lehrbuch und Atlas der Zahnheilkunde, mit Einschluss der Mundkrankheiten, von Dr. med. und phil. Gustav Preiswerk, Lektor an der Universität Basel. Mit 44 farbigen Tafeln und 152 schwarzen Figuren ([wovon 12 Tafeln] nach Originalen von den Malern Joh[ann] Fink, M[ax] Oser, P Fiechter.) XX + 352 S. 8. München, J. F. Lehmann, 1903. (geb. M. 14. —)
Lehmann's Medizin. Handatlanten. Band 30.

Preiswerk, Gustav. Lehrbuch und Atlas der Zahnheilkunde, mit Einschluss der Mundkrankheiten, von Dr. med. und phil. G' P', Lektor an der Universität Basel. 2. verbesserte und vermehrte Aufl. Mit 50 [*d. i.* 51] vielfarbigen Tafeln und 141 Textabbildungen [wovon 5 Tafeln]. XX + 398 S. 8. München, J. F. Lehmann, 1908. (geb. M. 14. —)
Lehmann's Medizin. Handatlanten. Band 30.

Preiswerk, Gustav. Die Pulpa-Amputation, eine klinische, pathohistologische und bakteriologische Studie. Von Dr. ... G' P' in Basel. Mit zehn Tafeln [und 1 Figur im Text]. (Sonder-Abdruck aus der Öst.-ung. Vierteljahrsschrift für Zahnheilkunde, Jahrg. 17, [Heft] 2, 1901.) IV + 76 S. 8. Wien, Mechitharisten-Buchdr.; (Basel,) Verlag des Verfassers, 1901.

Preiswerk, Heinrich

Preiswerk, H., geolog. Beschreibung der Lepontinischen Alpen, s.: **Schmidt,** Carl.

Preiswerk, Heinrich. **Über Dunitserpentin am Geisspfadpass im Oberwallis. Diss. Phil. Basel. [Mit 4 Profilen.] 32 S. 8. Basel, Emil Birkhäuser, 1901.**

Die Grünschiefer in Jura und Trias des Simplongebietes von Dr. H[einrich] **Preiswerk.** Bern: A. Francke in Komm. 1907. (XVI, 42 S.) 4°
— Schmidt, Karl, Prof., Basel: Geol. Beschreib. d. Lepontin. Alpen. T. 1.
— Beiträge z. geolog. Karte d. Schweiz. Lfg 26. (07. 15733 2

Preiswerk, H[einri]ch. Malchite und Vintlite im »Strona«- und »Sesiagneiss« ⟨Piemont⟩. Von Hch. P', Basel. Sonder-Abdruck aus der Festschrift zum siebzigsten Geburtstage von Harry Rosenbusch gewidm. v. seinen Schülern. II S. + S. 322—334. 4. Stuttgart, E. Schweizerbart, 1906.

Preiswerk, H[einrich]. Der Sprachenwechsel im Buche Daniel. Diss. Phil. Bern. IV + 120 S. 8. Bern, Buchdr. Berner Tagblatt, 1902 (**Umschlag:* 1903).

Preiswerk, H[einrich]. Der Sprachenwechsel im Propheten Daniel. Teil 1. Beilage zum 33. Programm des freien Gymnasiums (in Bern). II + 41 S. 8. (Bern, Buchdr. des Berner Tagblatt, 1903.)

Preiswerk, H[einrich]. Der Sprachenwechsel im Propheten Daniel. Teil 2 und 3 [Schluss]. Beilage zum 34. Programm des freien Gymnasiums (in Bern). 80 S. 8. (Bern, Buchdr. des Berner Tagblatt, 1904.)

Preiswerk, Paul. Über das primäre Karzinom der männlichen Harnröhre, mit Beiträgen zur Kasuistik, vier Abbildungen und einer Tabelle. Diss. Med. Basel. [Sep.-Abdr. aus: Zeitschrift für Urologie.... Band 1, Heft 4.] *Kopftitel:* Aus der patholog.-anatom. Anstalt in Basel. Vorsteher: Prof. Dr. Ed[uard] Kaufmann. II S. + S. 273—301. 8. Leipzig, Georg Thieme, 1907.

Preiswerk, R., siehe: *Monats-Blatt.*

Preiswerk, R., die sozialistischen Zukunftshoffnungen unsrer Zeit im Lichte der göttlichen Offenbarung. gr. 8. (32 S.) Basel 893. A. Geering. n. — 50

Preiswerk, Rich., was e. Schweizer Pfarrer in England gesehen hat. 8. (III, 178 S.) Basel 895. R. Reich. n. 1. 60

Preiswerk, Rudolf. De inventione orationum Ciceronianarum. Diss. Phil. Basil. ... scripsit Rudolphus P' Basiliensis. II + 126 p. 8. Basel, Friedrich Reinhardt, 1905.

Preiswerk, S[amuel] *I* [1799–1871]. Abschiedspredigt, gehalten in der Kirche zu St. Leonhard [in Basel] den 27. März 1859. 8. Basel 1859.

Preiswerk, Sam., Amtsantritt, s. Amtsantritt.

(Preiswerk, Samuel *II* [geb. 1825].) Andenken an Frau Sally Speiser-Sarasin. Personalien und Leichenrede. 6. Januar 1882. 8. Basel.

Preiswerk, Samuel *II*. Ansprache, gehalten bei der Beerdigung von Herrn Em(manuel) Passavant-Bachofen... [zu Basel] am 11. Februar 1879. 8. Basel.

Preiswerk, S[amuel] *II*. Ansprache bei dem Begräbniss von Herrn Niklaus Bernoulli, gehalten durch Pfr. S. P' am 8. Juli 1876. 8. Basel 1876.

Preiswerk, S., Betrachtungen üb. das Buch Hiob Kap. 14—42. [Stenographiert nach Stolze'schem System.] gr. 8. (230 S.) Basel 873. Schneider. n. 4. 20

Preiswerk, Sam., David, s. Vorträge über die Propheten.

Preiswerk, Samuel *I* s. Einsegnung. Die E' des Herrn Samuel Preiswerk.... Basel

Preiswerk, S[amuel] *II*. Zur Erinnerung an Emanuel Bernoulli, geboren den 1. August 1833, gestorben den 6. Februar 1885. Leichenrede, gehalten den 9. Februar 1885. 8. Basel.

Preiswerk, S[amuel *II*, und] Kündig, J[acob]. Zur Erinnerung an Frau Marie Alioth-Le Grand. Personalien und Leichenrede, gehalten den 12. April 1887... zu Basel durch S. P'..., Gebet, gesprochen in Arlesheim durch J. K'.... 8. (Basel 1887.)

Preiswerk, S[amuel] *II*. Zur Erinnerung an Frau Marie Iselin-Christ. Personalien und Ansprache durch Herrn Pfr. S. P', am 20. Oktober 1897... [zu Basel]. 8. *o. O.*

Preiswerk, Samuel *II*. Zur Erinnerung an Anna Elisabeth Kündig geb. Niedecker. Leichenrede und Lebenslauf, vorgetragen bei der Beerdigung am 18. September 1880... zu Arlesheim. 8. Basel.

Preiswerk, S[amuel] *II*. Zur Erinnerung an Frau Anna Cath(arina) Streckeisen geb. Ehinger. Leichenrede und Personalien, gesprochen... den 21. December [1881]... in Basel. 8. Basel 1881.

(Preiswerk, S[amuel] *II*.) Zur Erinnerung an Herrn Johannes Sulger-Heusler, geboren den 2. Mai 1815, gestorben den 2. Februar 1881. (Ansprache bei der Beerdigung, den 5. Februar 1881.) 8. (Basel.)

Preiswerk, S., Festrede bei der Säcularfeier der Schlacht von St. Jacob, gehalten auf dem Schlachtfelde den 30. Juni 1844. gr. 8. Basel 844, Schweighauser'sche Buchh. 1 3/4 ngl

Preiswerk, Samuel *II*. Gebet und Personalien bei der Beerdigung von Herrn Christof Bischoff-Iselin, gehalten... den 8. August 1864... in Basel (°*Umschlag:* Zur Erinnerung an Herrn Chr' B'-I'). 8. Basel.

Preiswerk, S[amuel] *I*. Gebet und Personalien bei der Beerdigung von Herrn Ludwig Wilhelm Schweitzer, gehalten... den 9. Januar 1861... in Basel... (°*Umschlag:* Zur Erinnerung an Herrn L' W' Schw'). 8. Basel.

Preiswerk, Sam., d. Gesetz d. Fortschrittes im Reiche Gottes. Festrede, geh. an d. Jahresfeier d. Evang. Gesellschaft f. Stadtmission in Basel am 17. Febr. 1895. 8 (14 S.) Basel 895. Kober. n. — 08

—— Grammaire hébraïque précédée d'un précis historique sur la langue hébraïque. 2. édit. revue et corrigée. gr. 8. (LVI und 288 S.) Basel 864, Georg's Verlag. *

— grammaire hébraique précédée d'un précis historique sur la langue hébraique. 3. Ed. revue et corrigée. gr. 8. (L, 288 S.) Basel 871. Georg. n. 5. —

Preiswerk, S., grammaire hébraïque. 4. éd., refondue par S. Preiswork. Avec un tableau comparatif des alphabets. gr. 8. (LXVI, 402 S.) Basel 884. Georg. n. 6. —

— s. Grant, A., die Nestorianer oder die zehn Stämme.

—— Jona und Nahum, s. Vorträge über die Propheten.

– s. Kündig, Eucharius, und Preiswerk, Samuel *I* — Predigten. Vier P'.... Basel [1856] —

Preiswerk, Samuel *I*. Leichenrede bei der Beerdigung von Herrn Niklaus Brüderlin, gehalten... [zu Basel] den 12. Juli 1850 von S' Preiswerck.... 8. Basel.

Preiswerk, Samuel *I*. Leichenrede bei der Beerdigung des Herrn Johann Jakob von Brunn, Helfers zu St. Theodor in Basel, gehalten den 22. Februar 1861... [zu Basel]. 8. Basel.

Preiswerk, S[amuel] *I*. Leichenrede bei der Beerdigung von Herrn Rathsherrn Elias Burckhardt, gehalten... den 10. November 1857. 8. Basel.

Preiswerk, S[amuel] *II*. Leichenrede bei der Beerdigung von... Carl Felix Burckhardt, den 18. September 1885... [zu Basel], gehalten von S. P', Pfr. 8. [Basel.]

Preiswerk, S[amuel] *I*. Leichenrede bei der Beerdigung der Frau Louise Burckhardt, geb. Respinger, über Psalm 123, 3, gehalten... den 9. December 1851... [zu Basel]. 8. Basel.

Preiswerk, S[amuel] *I*. Leichenrede bei der Beerdigung von Herrn Eduard Geigy... den 15. Oktober 1855 gehalten... [zu Basel]. 8. Basel.

Preiswerk, S[amuel] *I*. Leichenrede bei der Beerdigung von Herrn Carl Geigy-Buxtorf, gehalten... [zu Basel]... den 29. Januar 1861. 8. Basel.

Preiswerk, S[amuel] *I*. Leichenrede bei der Beerdigung von Herrn Wilhelm Geigy-Lichtenhahn, gehalten... [zu Basel]... den 29. Oktober 1866. 8. Basel 1866.

Preiswerk, Samuel *I*. Leichenrede, gehalten bei der Beerdigung von Herrn Eduard Haas den 17. Januar 1853. und dessen Bruder. Herrn Wilhelm Haas den 23. Januar 1853... [zu Basel]. 8. [Basel.]

Preiswerk, S[amuel] *I*. Leichenrede bei der Beerdigung von Herrn Pfarrer Joh[ann] Jak(ob) Huber, gehalten... den 13. November 1857... [zu Basel]. 8. [Basel.]

Preiswerk, S[amuel] *I*. Leichenrede bei der Beerdigung von Frau Anna Katharina Merian-Merian, gehalten... den 9. Januar 1865... [zu Basel]. 8. Basel 1865.

Preiswerk, S[amuel] *I*. Leichenrede bei der Beerdigung von Herrn Samuel Merian-Merian, gehalten... den 7. September 1863... [zu Basel]. 8. Basel.

Preiswerk, Samuel *II*. Leichenrede bei der Beerdigung von Frau Elisabeth Charlotte Ringwald geb. Boelger, gehalten... den 25. April 1873... [zu Basel]. 8. Basel.

Preiswerk, Samuel *II*. Leichenrede bei der Beerdigung von Herrn Karl Sartorius-Burckhardt, weiland Pfarrer.... Gehalten... [zu Basel] den 28. April 1893 (**Umschlag:* Zur Erinnerung an Pfarrer K' S'). [Mit Porträt-Tafel.] 8. Basel.

Preiswerk, S[amuel] *II*. Leichenrede, gehalten bei der Beerdigung von Frau Margaretha Stehlin geb. Hagenbach, den 27. Januar 1878... [zu Basel] (**Umschlag:* Zur Erinnerung an Frau M' St'-H'...). 8. [Basel.]

Preiswerk, S[amuel] *II*. Leichenrede, gehalten bei der Beerdigung von Altbürgermeister Joh(ann) Jakob Stehlin-Hagenbach den 20. December 1879... [zu Basel] (**Umschlag:* Zur Erinnerung an Herrn... St'-H'...). 8. (Basel.)

Preiswerk, [Samuel *I*, und] Fornerod, [Constant]. Leichenrede bei der Beerdigung von Herrn Hans Wieland-Bischoff, eidg. Oberst,... den 26. März 1864... [zu Basel] gehalten durch Herrn Antistes Dr. P', sammt der Grabrede von Herrn Bundesrath F'. 8. Basel 1864.

Preiswerk, S[amuel] *II*. Leichenrede bei dem Begräbniss von Jungfrau Rosina Bölger den 15. Oktober 1873 gehalten. 8. Basel.

Preiswerk, S[amuel] *II*. Leichenrede, gehalten bei dem Begräbniss von Frau Sophia Elisabeth Iselin geb. Iselin, den 9. April 1875. 8. [Basel.]

Preiswerk, S[amuel] *II*. Leichenrede bei dem Begräbniss von Frau Pfarrer Elisabeth Oser geb. Hauser, gehalten den 15. März 1857... zu Waldenburg. 8. Basel.

Preiswerk, S[amuel] *II*. Leichenrede, gehalten bei dem Begräbniss von Herrn Joh[ann] Rudolf Raillard... [zu Basel] den 3. Mai 1866. 8. Basel.

Preiswerk, S[amuel] *I*. Leichenrede bei der Bestattung des Herrn Bürgermeister Felix Sarasin, gehalten... [zu Basel]... den 24. Januar 1862. 8. Basel.

Preiswerk, S[amuel] *II*. Leichenrede und Personalien bei der Beerdigung von Herrn Stadtrathspräsident Hieronymus Bischoff, gehalten... [zu Basel] den 26. November 1870. 8. Basel.

Preiswerk, S[amuel] *II*. Leichenrede und Personalien bei dem Begräbniss von Frau Dorothea Bischoff geb. Respinger den 13. Februar 1875 gehalten. 8. Basel.

Preiswerk, S., s. Morgenland, das.

Preiswerk, S., Predigt, s. Predigten, vier.

Preiswerk, Sam., Predigt aus Anlaß d. Unglücks an der Münchensteinerbrücke, geh. zu St. Alban, den 21. Juni 1891. 2. Aufl. 12. (15 S.) Basel 891. F. Riehm. n. — 35

Preiswerk, S[amuel] *I*. Rede bei der Beerdigung des... Dr. Wilhelm Roth (1837–1860), Docenten an der Universität Basel, gehalten durch Herrn Antistes S. P' (**Umschlag:* Zur Erinnerung an Dr. W' R'). 8. Basel.

Preiswerk, [Samuel *I*]. Rede bei der Beerdigung von Herrn Med. Dr. & Prof. C(arl) Streckeisen-Ehinger, gehalten... [zu Basel] den 29. August 1868. 8. (Basel 1868.)

— das tausendjährige Reich nach Offenbarung 20. 8. (24 S.) Basel 885. Spittler. n.n. — 25

— Samuel, s. Vorträge über die Propheten.

Preiswerk, Sam., drei Vorträge, gehalten im Vereinshaus zu Basel. [Das erziehende Nachgeben Gottes. Das mosaische Recht in Bezug auf das Eigenthum. Die Zeichen der Zeit.] 8. (63 S.) Basel 881, Spittler. * 60 Pf.; geb. *

— s. Wahlpredigt vor Erwählung eines Hauptpfarrers bei St. Peter.... Basel 1861.

— die 8 letzten Worte Jesu am Kreuze. Betrachtungen. 8. (87 S.) Basel 893. Jaeger & Kober. n. — 30

Preiswerk, Samuel *II*. Worte der (**Umschlag:* Zur) Erinnerung an Frau Adèle Burckhardt geb. Bischoff, geboren in Basel den 12. Juli 1832, gestorben den 18. April 1881. Ansprache und Gebet, gehalten bei der Leichenfeier... [zu Basel] am 21. April 1881. 8. [Basel.]

Preiswerk, Th., siehe: *Jugendthorheit.*

Preiswerk, W., Bilder aus dem Leben des chinesischen Volkes. 8. (24 S. m. Illustr.) Basel 890. Missionsbuchhandlg. n. — 10

Preiswerk, W., Bilder aus dem Leben d. chinesischen Volkes. 2. Aufl. 8. (24 S. m. Abbildgn.) Basel 892. Missionsbuchh. n. — 10

Preiswerk, W., Bilder aus d. Leben d. chinesischen Volkes. 3. Aufl. 8. (24 S. m. Abb.) Basel 895. Missionsbuchh. n. — 10

Preiswerk, W., Bilder aus dem Leben des chinesischen Volkes. 4. Aufl. 8. (24 S.) Basel 900. Missionsbuchh. n. — 10

Preiswerk, Walther Eduard, Rechtskand.: Die juristische Konstruktion der Reichsbank und ihre Zweckbestimmung. Borna-Leipzig 1910: Noske. VII, 60 S. 8°
Leipzig, Jur. Diss. v. 1. Aug. 1910
[Geb. 5. Juli 85 Basel; Wohnort: Umiken b. Brugg; Staatsangeh.: Schweiz; Vorbildung: Freies Gymn. Bern Reife M. 05; Studium: Basel 8, Leipzig 1 S.; Rig. 2. Juli 10.] [U 10. 2834

Preiszeitung, Allgemeine. Nürnberg 1850. 4.

Preis- u. Neuigkeiten-Zeitung, siehe: Adressen-, Preis- u. Neuigkeiten-Zeitung.

Baugewerkeverein Stuttgart. Preiszettel für die Maurer-, Steinhauer- und Gypser-Arbeiten. Taglöhne und Materialien. (15 S) 4° Stuttgart (1897)

— — für die Zimmer-Arbeiten. Taglöhne und Materialien. (8 S) 4° Stuttgart 1897

PREITER, Adolf (Kempten): Ueber Dammrisse.- München: Weiss 1867. 37 S.
7.7.1866 - Urk (Titel: De ruptura perinaei.); F 71
Diss. Ingolst.-Landsh.-Mchn.

Preitz, Frz., Grabgesänge, enthaltend Choräle, Lieder und Motetten zum Gebrauch bei Beerdigungen, Trauerfeierlichkeiten zusammengestellt und bearb. qu. gr. 8. (IV, 80 S.) Leipzig 880, Merseburger.

Preitz, Hans, appr. Arzt a. Zerbst (Anhalt): (Aus der gynäkologischen Klinik zu Jena.) (Direktor Prof. Dr. Franz.) Ein Beitrag zur Kenntnis der angeborenen Cystenniere. Langensalza 1905: J. Beltz. (39 S.) 8°
Jena, Med. Fak., Ref. Franz, Diss. v. 7. Aug. 1905
[Geb. 12. Juni 80 Zerbst; Wohnort: Zerbst; Staatsangeh.: Anhalt; Vorbildung: Gymn. Zerbst Reife M. 00; Studium: Leipzig 1, Marburg 3, Leipzig 2, Jena 3 S.; Coll. 7. Aug. 05; Approb. 3. Aug. 05.]

Preitz, Hans, ein Beitrag zur Kenntnis der angeborenen Cystenniere. (34 S.) gr. 8. Leipzig 906. B. Konegen. n. 1. —

Preitz, Max, Gottfried Kellers dramatische Bestrebungen, *sa* Beiträge zur deutschen Literaturwissenschaft. Nr. 12.

Preitz, Max: Gottfried Kellers dramatische Bestrebungen. Marburg 1908: Koch. 46 S. 8° ¶ (Ersch. vollst. als: Beiträge z. dtsch. Literaturwiss. Nr 12.) x)
Marburg, Phil. Diss. v. 20. Nov. 1908, Ref. Elster
[Geb. 20. Dez. 85 Zerbst; Wohnort: Marburg; Staatsangeh.: Anhalt; Vorbildung: Gymn. Zerbst Reife O. 04; Studium: Leipzig 2, München 2, Marburg 5 S.; Rig. 3. Juni 08.] [U 09. 3202

Preitz, Max. Gottfried Kellers Dramatische Bestrebungen. X+188 S. 8. Marburg, N. G. Elwert, 1909. [M. 4. 40]
Beiträge zur deutschen Literaturwissenschaft, hrg. von Dr. Ernst Elster.... Nr. 12....

Préjugé, le, á la Mode. Coméd. p. Chaussée. 8. Dresde, Walther. 765.

Préjugés et Fantaisies militaires . . . Kralovelhota 1780. V: *Ligne, Carl Jos. Fürst von Aremberg.* (Adel) (MGT)

Préjugés Militaires et Fantaisies Militaires par un officier autrichien. Dresden 1795. V: *Ligne, Charl. Jos. Prince de.* (Des Fürsten von Ligne Erinnerungen u. Briefe a. d. Franz. übers. u. hgbn von Victor von Klarwill. Wien 1920. S. 395) (BiblPort)

Préjugés Militaires par un officier autrichien à Kralovelhota (Beloeuil) 1783. 2 Thle. Dresden 1783. V: *Ligne, Charl. Jos. Prince de.* (Des Fürsten von Ligne Erinnerungen u. Briefe a. d. Franz. übers. u. hgbn. von Victor von Klarwill. Wien 1920. S. 395) (BiblPort)

Préjugés et phantaisies militaires p. un Officier autrichien. II Tom. 8. Dresd. Walther. 783.

Prel, Frhr. Carl du, s. a.: Du Prel.

Prel, Carl Frhr. du, philosophische Abhandlung üb. die Intelligenz d. Zufalles u. die Berechenbarkeit d. Glückes in 3 Artikeln. gr. 8. (28 S.) München 870. Franz in Comm. n. — 40

Prel, Carl du, die Entdeckung der Seele durch die Geheimwissenschaften. 2 Bde. Fernsehen u. Fernwirken. gr. 8. Leipzig 894. E. Günther. à n. 5. —
1. (VII, 258 S.) — 2. Fernsehen u. Fernwirken. (III, 282 S.)

— Die Entdeckung der Seele durch die Geheimwissenschaften. I. Bd. 2. Aufl. (VII, 272 S.) gr. 8. Leipzig 910. M. Altmann. 5.—; geb. 6. 25

Prel, Carl du, Entwicklungsgeschichte d. Weltalls, *sa* Schriften, Darwinistische.

Prel, Carl du, Entwicklungsgeschichte des Weltalls. Entwurf einer Philosophie der Astronomie. 3. verm. Aufl. der Schrift: Der Kampf ums Dasein am Himmel. gr. 8. (XVI, 378 S.) Leipzig 882, E. Günther's Verlag. *

Prel, Carl du, die vorgeburtliche Erziehung als Mittel zur Menschenzüchtung. Ein Beitrag zur Lösg. der socialen Frage. gr. 8. (V, 31 S.) Jena 899. Berlin, H. Costenoble. n. 1. —

(8) Die vorgeburtliche Erziehung. 899. — Die Magie als Naturwissenschaft. 899. — Der Tod. 901. (KBL 32.) Jetzt: Ebd.

Prel, C. du, das Gedankenlesen, s.: Bücherei, deutsche.

—— das zweite Gesicht, s. Bücherei, deutsche.

— **Hartmann contra Aksakow.** [Aus: „Psych. Studien".] gr. 8. (20 S.) Leipzig 891. O. Mutze. — 80

— der Kampf ums Dasein am Himmel. Die Darwin'sche Formel nachgewiesen in der Mechanik der Sternenwelt. 8. (IV, 109 S.) Berlin 874. Denicke. n. 1. 80

Prel, Karl Frhr. du, der Kampf um's Dasein am Himmel. Versuch einer Philosophie der Astronomie. 2. umgestaltete und verm. Aufl. gr. 8. (XVI, 359 S.) Berlin 876, Denicke's Verlag. *

— Justinus Kerner u. die Seherin v. Prevorst. Mit e. photogr. Aufnahme v. Justinus Kerner u. Zeichngn. aus dem Skizzenbuche v. Gabr. Max. gr. 8. (38 S.) Leipzig 886. Th. Grieben. n. 1. —

— Justinus Kerner u. d. Seherin v. Prevorst. M. e. photograph. Aufnahme v. Justinus Kerner u. Zeichngn. aus d. Skizzenbuche v. Gabr. Max. (Neue [Titel-] Ausg.) gr. 8. (38 S.) Leipzig (886) (893). E. Günther. n. 1. —

—— das weltliche Kloster. Eine Vision. gr. 8. (31 S.) Leipzig 887, E. Günther. *

— das Kreuz am Ferner. Ein hypnotisch-spiritist. Roman. 2 Bde. 8. (IV, 312 u. 236 S.) Stuttgart 891. J. G. Cotta Nachf. n. 7. —; in 1 Bd. geb. n. 8. —

— das Kreuz am Ferner. Ein hypnotisch-spiritist. Roman. 2. Aufl. 8. (VI, 547 S.) Stuttgart 897. J. G. Cotta Nachf. n. 5. —; geb. n. 6. —

Prel, Karl du, das Kreuz am Ferner. Ein hypnotisch-spiritist. Roman. 3. Aufl. (VI, 547 S.) 8. Stuttgart 905. J. G. Cotta Nachf. n. 5. —; geb. in Leinw. n. 6. —

— die Magie als Naturwissenschaft. 2 Tle. gr. 8. Ebd. 899. n. 15. —; geb. in Leinw. n.n. 18. —
1. Die magische Physik. (XII, 201 S.) n. 5. —; geb. n.n. 6.50
2. Die magische Psychologie. (VII, 340 S.) n. 10. —; geb. n.n. 11.50

— Prof. C. Mendel in Berlin u. der Hypnotismus, s.: Gerster, C.

— der gesunde Menschenverstand vor den Problemen der Wissenschaft. In Sachen J. C. Fischer contra Ed. v. Hartmann. gr. 8. (V, 135 S.) Berlin 872. C. Duncker's Verl. n. 2. —

— die Mystik der alten Griechen. [Tempelschlaf — Orakel — Mysterien — Dämon d. Sokrates.] gr. 8. (VIII, 170 S.) Leipzig 888. E. Günther. n. 3. —

— zur Mystik im Irrsinn. Erwiderung an Hrn. Dr. Gust. Specht. gr. 8. (15 S.) Leipzig 891. O. Mutze. — 30

— Okkultismus u. Sozialismus, s.: Unger, Frz., die Magie des Traumes.

—— Philosophie der Mystik, sa Schriften, Darwinistische, Folge II.

— die Philosophie der Mystik. gr. 8. (XII, 548 S.) Leipzig 885. E. Günther's Verl. n. 10. —

— Die Philosophie der Mystik. 2. Aufl. (XII, 573 S.) gr. 8. Leipzig 910. M. Altmann. 10.—; geb. 12. —

—— die Planetenbewohner und die Nebularhypothese, sa Schriften, Darwinistische, Folge I.

—— die Planetenbewohner und die Nebularhypothese. Neue Studien zur Entwicklungsgeschichte des Weltalls. gr. 8. (VI, 175 S.) Leipzig 880, E. Günther's Verlag. *

—— ein Problem für Taschenspieler, s. Bücherei, deutsche.
—— dass. — vgl.: Willmann, Carl, Taschenspieler contra Gelehrte.

—— Psychologie der Lyrik, sa Schriften, Darwinistische, Folge I.

—— Psychologie der Lyrik. Beiträge zur Analyse der dichterischen Phantasie. gr. 8. (VII, 165 S.) Ebendas. 880. *

— das Rätsel d. Menschen, s a Universal-Bibliothek.

— ausgewählte Schriften. 19 Bde. gr. 8. Leipzig, Charlottenburg, E. Günther. à n. 2. —
1. Wie ich Spiritist geworden bin. — Kants myst. Weltanschaug. Mit e. Bildnis des Verf. (24, LXIV, 96 S.) 900.
2. Die Mystik der alten Griechen. (VIII, 170 S.) 888.
3—7. Die Philosophie der Mystik. (548 S.) 885.
8. Psychologie der Lyrik. Beiträge zur Analyse der dichter. Phantasie. (V, 165 S.) 880.
9—11. Die monistische Seelenlehre. Ein Beitrag zu Lösung des Menschenrätsels. (VII, 378 S.) 888.
12. Das weltliche Kloster. Eine Vision. (31 S.) 887. Justinus Kerner u. die Seherin v. Prevorst. Mit e. photograph. Aufnahme von Justinus Kerner u. Zeichngn. aus dem Skizzenbuche von Gabr. Max. (II, 37 S.) (886.)
13. 14. Die Entdeckg. der Seele durch die Geheimwissenschaften. (VII, 258 S. m. 1 Taf.) 894.
15. 16. Dasselbe. 2. Bd. Fernsehen u. Fernwirken. (III, 282 S.) 895.
17. Die Planetenbewohner u. die Nebularhypothese. Neue Studien zur Entwicklungsgeschichte des Weltalls. (VII, 175 S.) 880.
18. 19. Entwicklungsgeschichte des Weltalls. Entwurf e. Philosophie der Astronomie. 3. verm. Aufl. der Schrift: Der Kampf ums Dasein am Himmel. (XVI, 378 S.) 882.

(B) **Prel, Carl du,** ausgew. Schriften. 19 Bde. (KBL 32) sowie die übrigen Werke aus E. Günther's Verl. Jetzt: Leipzig, M. Altmann.

— die monistische Seelenlehre. Ein Beitrag zur Lösg. d. Menschenrätsels. gr. 8. (VII, 378 S.) Leipzig 888. E. Günther. n. 6. —

– Sendschreiben an den Kgl. Advocaten Herrn Dr. Wisnet über den Kleinzehent. München 1841.

– Der Spiritismus, s.a. Universal-Bibliothek.

— das Sprechen in fremden Zungen. [Aus: „Psych. Studien".] gr. 8. (23 S.) Leipzig 892. O. Mutze. n. — 30

— Studien aus dem Gebiete der Geheimwissenschaften. 1. Tl. gr. 8. Leipzig 890. Friedrich. n. 4. —
Thatsachen u. Probleme. (VIII, 252 S.)

— Studien aus dem Gebiete der Geheimwissenschaften. 2. Tl. gr. 8. Leipzig 891. W. Friedrich. n. 4. —
(1. 2.: n. 8. —)
Experimentalpsychologie u. Experimentalmetaphysik. (VIII, 247 S. m. 2 Illustr.)

— Studien aus dem Gebiete der Geheimwissenschaften. 2. stark verm. Aufl. (Aus dem Nachlaß ergänzt.) 2 Bde. gr. 8. Leipzig 905. M. Altmann. à n. 4. —; geb. à n.n. 5.50
I. Tatsachen u. Probleme. (VIII, 278 S.)
II. Experimentalpsychologie u. Experimentalphysik. (VII, 292 S.)

— unter Tannen u. Pinien. Wanderungen in den Alpen, Italien, Dalmatien u. Montenegro. gr. 8. (VI, 312 S.) Berlin 875. Denicke. 6. —

— das Telegraphiren ohne Draht u. d. Telepathie. — Weit. Mittheilgn. üb. d. Telegraphiren ohne Draht u. die Telepathie. [Aus: „Uebersinnliche Welt".] gr. 8. (4 u. 10 S.) Berlin 898. (München, F. C. Mickl.) — 30
Bei d. Erscheinen d. gesammelten kleineren Aufsätze u. d. T.: „D. Magie als Wissenschaft" 1899 aus d. Handel gezogen, wird aber von Fall zu Fall noch geliefert.

— der Tod, das Jenseits, das Leben im Jenseits. gr. 8. (119 S.) München 899. [E. Mühlthaler's Hof-Buchdr.] Leipzig, W. Besser. n. 2. —

— dasselbe. 2. unveränd. Aufl. 8. (IX, 179 S.) Jena u. Berlin 901. H. Costenoble. n. 5. —; geb. n. 6. —

Prel, Carl du, der Tod. Das Jenseits. Das Leben im Jenseits. 3. Aufl. (XI, 177 S.) 8. Leipzig 910. M. Altmann. 3.—; geb. 4. —

de Prel, Max Frhr., s. Sammlung bayerischer Rechtsfälle.

Max Frhr. du Prel, Ueber die Verbindlichkeit zur Reichnis des kleinen Zehents in B. nach den Bestimmungen der Landesordnung vom Jahre 1553, des Landrechts vom Jahre 1616 und des Codex Maximil. civil.

— das hypnotische Verbrechen und seine Entdeckung. 8. (105 S.) München 889. Verlag der Akadem. Monatshefte. n. 1.50

Prel, Frhr. Max du, die deutsche Verwaltung in Elsaß-Lothringen 1870—1879. Denkschrift unter Benutzung amtl. Quellen bearb. (In 4 Lfgn.) 1. Lfg. gr. 8. (S. 1—128.) Straßburg 879, Trübner. *

— **Kant's mystische Weltanschauung,** s. in Bd. XXV: Kant, Imman., Vorlesungen üb. Psychologie.

PRELESNIK, Matthias: Religionis catholicae in Carnia reformatio facta per Thomam Chroen, episcopum et principem Labacensem (1597—1630). — (1900) 170 S. 4° (Handschr.) Diss. 686
Diss. Wien, Univ.

Prelicz, Victor: Geschichte der Stadt Sereth und ihre Altertümer. In: 2. Jahresbericht der k. k. Staats-Unterrealschule und Gewerblichen Fortbildungsschule in Sereth . . . 1885/86, S. 1–32. Sonderdruck: Sereth: Selbstverl. 1886.

PRELINGER, Fritz: Die vier Bearbeiter der Schachmoralisation des Jacobus de Ceßolis. Ein Beitrag zur Geschichte der deutschen Dichtung im XIV. Jahrhundert. — 1886. 173 S. Diss. Graz, Univ.

Prelinger, Fritz, s.: Beethoven's, Ludw. van, sämtliche Briefe u. Aufzeichnungen.

Prelinger, O.

— Zur Chemie des Mangans (mit 2 Textfiguren) S. 102. IIb. 345 . . . . vgr.
Separatabdruck

Prelinger O.: Die Pikrinsäure als allgemeines Reagens der Guanidine. S. 101. IIb. 112 . vgr.
Separatabdruck

— Über Stickstoffverbindungen des Mangans. S. 103. IIb. 315 . . . . vgr.
Separatabdruck

Prell, Herm., die Fresken im Rathaus zu Hildesheim, ausgeführt im Auftrag des Preussischen Staates. Aufnahmen v. F. O. Troitzsch in Berlin. 6 Blatt in Lichtdr. v. Römmler & Jonas in Dresden. qu. Fol. Hildesheim 894. A. Lax. In Halbleinw.-Mappe. n. 8. —; Ausg. in Cabinet. qu. 12. In Mappe. n. 2. —

Prell, Hermann. Fresken, Skulpturen u. Tafelbilder des Meisters. Mit Text v. Geo. Galland. (64 Taf. u. 41 S. Text m. 20 Abbildgn. u. 1 Bildnis.) gr. Fol. Charlottenburg (904). [Amelang'sche Buch- u. Kunsth.] Leipzig, Baumgärtner. In Ldr.-Mappe 250. —; erm. Pr. n. 100. —

Prell, Hermann. Fresken, Skulpturen u. Tafelbilder des Meisters. Enth. das Bildnis des Künstlers u. 64 Taf. in Kupferätzg. Mit Text v. Geo. Galland. (Neue [Titel-]Ausg.) (41 S. m. 20 Abbildgn.) 58×42,5 cm. Leipzig [904] (906). Baumgärtner. In Ldr.-Mappe 100. —

Prell, Herm., Fresken im Treppenhause d. schles. Museums der bildenden Künste zu Breslau. 9 Taf. in Photogravüre. Text v. Jul. Janitsch. gr. Fol. (10 S.) Berlin (W., Markgrafenstr. 57) 895. Vereinigg. d. Kunstfreunde f. amtl. Publikationen der kgl. National-Galerie. In Mappe n. 25. —

Prell, Herm., Wandgemälde in der Rathhaushalle zu Hildesheim, ausgeführt im Auftrage des preuss. Staates. Orig.-Aufnahmen des königl. Hof-Kunst-Institutes Otto Troitzsch in Berlin. Imp.-Fol. (13 Taf. in Lichtdr.) Berlin 893. (Hessling & Spielmeyer.) In Mappe. n. 40. —

Prell's, Herm., Wandgemälde im Thronsaale d. deutsch. Botschaft zu Rom, Palazzo Caffarelli, ausgeführt im Auftrage Sr. Maj. Kaiser Wilhelm II. 4 Heliograv. à 68×114 cm. Mit Text hrsg. u. erläutert von Frz. Herm. Meissner. gr. Fol. (47 S. m. Abb. u. 12 Taf.) Dresden (899). G. Kühtmann. In Mappe n. 200. —; einzelne Blatt à 100×125 cm. n. 50. —; Fürstenausg. 100. —; Textbd. allein n. 18. —; geb. in Leinw. m. Goldschn. n. 25. —; Luxusausg. n. 40. —

Prell, J. A., Darstell. der Unruhen weniger Tage in Hamburg. 4. Hamb. im Sept. 1830. (Perthes u. B.) 10 gr

Prell, Marianne, Erinnergn. aus d. Franzosenzeit in Hamburg von 1806—1814. Für Jung und Alt erzählt. 3. Aufl. Hrsg. v. H. F. Benecke. 8. (212 S.) Hamburg 898. Herold's Verl. Geb. in Leinw. n. 3. —

Prell, Marianne, Erinnerungen aus der Franzosenzeit in Hamburg 1806—1814. Hrsg. v. H. F. Benecke. 4. Aufl. 8. (IV, 124 S.) Hamburg 902. Herold.
Geb. in Leinw. n. 1.25; vollständ. Ausg. m. allen Vorworten u. Anhängen. (IV, 124 u. VIII S.) Geb. n. 2. —

Prell Marianne, Erinnerungen aus der Franzosenzeit in Hamburg 1806—1814. Hrsg. v. H. F. Benecke. 5. Aufl. (IV, 124 S.) 8. Hamburg 906. Herold. Geb. in Leinw. n. 1. 25

Prell's, R., heimatliches Wanderbuch v. Nürnberg, Fürth, Erlangen, sowie in die Hersbrucker-, Sulzbacher- u. fränk. Schweiz. Mit 1 Übersichtskarte. (VIII, 104 S. m. 1 Fig.) kl. 8. Nürnberg (908). C. Koch. — 90

Prell & Eberle, Buchhandlung und Antiquariat in Luzern (Schweiz). Antiquariats-Katalog: Helvetica ..., nebst Auswahl im Preise herabgesetzter Prachtwerke. IV + 92 S. 8. Luzern, H. Keller, [1901]. Bibl.

Prell-Erckens, E., s. Aeschylos. Die Oresteia. — Euripides. Ausgewählte Tragödien. — Aeschylos u. Euripides. Tragoedien.

Prellberg, Karl: Persien. Eine historische Landschaft. in: Mitteilungen des Vereins für Erdkunde zu Leipzig. 1890. S. 3–101. Leipzig 1891. 98 S., 1 Krt. 8°.

Prellberg, Karl *August Christian* [aus Hannover]: Persien eine historische Landschaft. . . . (Veröffentlicht vom Verein f. Erdkunde in Leipzig.) Leipzig, 1891; 101 S., 1 Bl., 1 Kart. 8°
Leipzig, Phil. Fak., Inaug.-Diss. v. [28. Febr.] 1891

PRELLE, ALBERT. Die Fettsäuren der Ziegenbutter. Erlangen, 1878.

Prelle, Heinr., le commerçant. Lehrbuch der französ. Sprache f. kaufmänn. Fortbildungsschulen u. Handelsschulen. (VIII, 129 S.) 8. Hannover 908. C. Meyer. Geb. 2. —

— dasselbe. Lehrbuch der französ. Sprache f. Handelsschulen u. zum Privatgebrauch f. junge Kaufleute. (2 Tle.) 2: Tl.: (Französische Orig.-Artikel u. Musterbriefe nebst entsprech. Übungsmaterial.) [Unter Mitarbeit v. A. Trémiot.] (IV, 65 S.) 8. Ebd. 910. Geb. 1. —

— Hilfsbuch der französischen Sprache f. Lektüre, Konversation u. Korrespondenz zum Gebrauch in kaufmänn. Fortbildungsschulen, Handelsschulen u. zur Weiterbildg. junger Kaufleute. Unter Mitwirkg. v. A. Trémiot. (IV, 65 S.) gr. 8. Ebd. 910. — 80

Prelle, Curt, Referendar: Die Sicherungsübereignung nach dem Bürgerlichen Gesetzbuch. Borna-Leipzig 1910: Noske. VIII, 51 S. 8°
Leipzig, Jur. Diss. v. 11. Febr. 1910
[Geb. 23. April 85 Kamburg; Wohnort: Kanis; Staatsangeb.: Preußen u. Sachsen-Meiningen; Vorbildung: Gymn. Jena Reife O. 05; Studium: Lausanne 1, Leipzig 1, Freiburg i. B. 1, Leipzig 1, Bonn 1, Jena 4 S.; Rig. 11. Dez. 09.] [U 10. 2835

Preller, Fritz; eine Geschichte, wie sich noch täglich welche unterm Monde zutragen. Eisenach 1782. V: *Otto, Johann Gottfried.* (MGT) »ein Liebesroman« (KY)

Preller, Fritz, ein Liebesroman, wie sich noch täglich unterm Mond welche zutragen, 8. Eisenach, 781. Krumbhaar. 5 gl.

Preller, Fritz; e. Liebesrom. wie sich täglich unt. d. Monde welche zutragen. 8. Eisenach, Wittekind. 782.

Preller, Fritz: e. Liebesroman (v. Jh. Gf. Otto). 8. Eisenach 782. Wittekind. N. Aufl. 8. Leipz. 805. (Rauck). 12 gr

Preller, Fritz. Ein Liebesroman. Nebst einigen andern Erzählungen. Neue Ausgabe. O. O. [Eisenach] 1805. V; *Otto, Johann Gottfried.* (BGE VI^{2}, 277)

— — dass., nebst einig. and. Erzähl. u. Aufsätzen, neue Ausg. 8. Lpz. Sommer. 805.

Preller

— s. a. **Prelller.**

Preller, Anleitung zum Gebrauch der Wasserkur u. der Kiefernadelbäder. 8. (40 S.) Ilmenau 884. Schröter. n. — 50

Preller, Thüringens Bäder, Kurorte u. Sommerfrischen. Im Auftrage d. Thüringer Bäder-Verbandes nach Mittheilgn. der Kurvorstände zusammengestellt u. bearb. 12. (VI, 74 S.) Weimar 886. Uschmann. n. — 75

— Thüringens Bäder, Kurorte und Sommerfrischen. Im Auftrage d. Thüringer Bäder-Verbandes nach Mittheilgn. der Kurvorstände zusammengestellt u. bearb. 2. Aufl., verb. u. durch e. Höhentaf., e. Witterungstaf. u. e. topograph. Karte verm. 12. (68 S.) Weimar 888. Uschmann. n. — 75

Preller, die Massage und verwandte Heilmethoden. Mit 78 in den Text gedr. Abbildgn. 8. (XVI, 231 S.) Leipzig 889. J. J. Weber. n. 3. —; geb. n.n. 4. —

Preller, die Massage, 2. Aufl. v. Ralf Wichmann, s.: Weber's illustr. Katechismen. 218. Bd.

Preller, A., Anweis. über den Gebrauch der Mittel, deren man sich zur Heilung der asiat. Cholera bedienen soll, in den Fällen, in welchen man ärztl. Hülfe entbehren muß. 8. Neustrel. 831. Dümmler. 2 gr

— Künstlerisches aus den Briefen Friedrich Prellers des Aelteren. Zu seinem 100. Geburtstage, den 25. IV. 1904 hrsg. v. Walth. Witting. Mit dem Atelier Prellers in Dreifarbendr. (X, 83 S.) gr. 8. Weimar 903. H. Böhlau's Nachf. n. 2. 40; geb. n. 3. 60

— Nordische Landschaften. Nach den Originalen hrsg. vom Kunstwart. (9 Taf. u. 3 S. Text m. 2 Abbildgn.) Fol. München (904). G. D. W. Callwey. n. 3. —

Preller, Alfred. Vergleichende experimentelle Untersuchungen über die Resorptionsfähigkeit der Haut für Salen und Salit. Arbeiten aus der medizinischen Veterinärklinik der Universität Giessen.... Diss. Vet.-Med. Bern. 44 S. 8. Kulmbach, Fr. Dachert, 1910.

Preller, Arthur. Ueber Diabetes mellitus beim Pferd. Diss. Vet.-Med. Bern. [Mit Figuren.] II + VIII + 56 S. 8. (Altenburg, Theodor Unger,) 1908.

Preller, August (Erdmann Gottlob August) (Halle), De partu praematuro arte effecto. Diss. med. Halle (Schimmelpfennig) Sept. 1822. IV, 41 S. u. Biogr. (M.: M. Conrad). (3.—) 27175

— Diss. inaug. med. de Partu Praematuro arte effecto. 8. Neubrandenb. 823. Dümmler. 6 gr

Preller, E., Anleitung zum Gebrauch der Wasserkur und der Kiefernadelbäder. 8. (40 S.) Ilmenau 884, Schröter's Verlag. *

Preller, E. Die Massage. — Die Wasserkur, s. a. Gesundheitsbücher, illustr.

Preller E, die Massage und verwandte Heilmethoden. (Gesundheitsbücher, Illustrierte 21) Leipzig 1889

Preller, E., die Wasserkur u. ihre Anwendungsweise. Mit 38 in den Text gedr. Abbildgn. u. 1 Tab. 12. (XVI, 248 S.) Leipzig 891. J. J. Weber. n. 3. —; geb. n. 4. —

Preller d. J., Frdr., Bilder zur Ilias. Nach den Orig.-Zeichngn. hrsg. vom Kunstwart. (12 Bl. m. III S. Text.) Fol. München (904). G. D. W. Callwey. n. 2. 50

Preller d. A., Frdr., Bilder zur Odyssee. Gemälde im Museum zu Weimar. Nach den farb. Kopien Frdr. Prellers d. J. hrsg. vom Kunstwart. (16 Bl. m. 4 S. Text.) Fol. München (904). G. D. W. Callwey. n. 3. —

Preller, Friedrich: Briefe und Studien aus Griechenland. Hrsg. v. E. Boden. (Vorr.: Paul Herrmann.) Dresden '07. 34 S., 13 Taf. 4°

Preller's, des Jüngeren, Frdr., Cartons zu den Wandgemälden altgriechischer Landschaften im Albertinum zu Dresden. Hrsg. u. beschrieben v. Ludw. Weniger. gr. Fol. (4 Lichtdr.-Taf. m. VII, 21 S. Text.) Berlin 895. E. Wasmuth. In Mappe n. 7. 50

—— landschaftliche und figürliche Darstellungen, Ansichten, Küstenbilder etc. aus Fr. Preller's Album, photogr. von Will. Kemlein. Blatt 1—53. 4. Weimar 864—67. (Leipzig, Hinrichs'sche Sortimentsbuchh.) à Blatt * 10 Ngr. *
Ausg. in 16. à Blatt * 7½ Ngr. * 1

Preller, (Friedr.), landschaftliche u. figürliche Darstellungen, Ansichten, Küstenbilder etc. aus Fr. Preller's Album, photogr. von Will. Kemlein. Blatt 1—54. Weimar 864—67. (Leipzig, Refelshöfer.) 4. Jedes Blatt n. 10 ngr.
Ausg. in 16. jedes Blatt n. 7½ ngr.
Blatt 1. 4. 14. 20. 27. 41. 43. 51. 53. Tirol. — 2. 8. 37. 38. 39. Rügen. — 11. 19. 32. 46. Helgoland. — 3. 5. 15. 24. 30. 40. Italien. — 7. 21. 42. 49. Riesengebirge. — 9. 10. 13. 16. 17. 18. 25. 26. 28. 31. 36. 48. 52. Norwegen. — 6. 34. 50. Thüringen. — 29. 44. Böhmen. — 22. Ostseeküste. — 35. Hessen. —

45. Holland. — 12. 33. 47. Park zu Weimar. — 23. Friedrich Preller in der Campagna zu Rom. — 54. Friedrich Preller's Portrait.

Preller's, Friedr., Figuren-Fries zur Odyssee. 16 Compositionen in 24 farb. Stntdrtaf. Mit erläut. Text aus der Odyssee, Vossische Uebersetzung. Hrsg. von Max Jordan. qu. gr. Fol. (VI, 4 S.) Leipzig 875, A. Dürr. geb. *
Vgl.: Homer's Odyssee. — Preis zu ändern: cart. *ℳ 30.; geb. mit Goldschn. *ℳ 36.

—— s. Homer's Ilias.

— s.: Homer's Odyssee.

Künstlerisches aus Briefen Friedrich **Prellers** des Älteren. Zu s. 100. Geburtstage, d. 25. April 1904 hrsg. von Walther Witting. Mit d. Atelier Prellers in Dreifarbendr. *Weimar: H. Böhlaus Nachf. 1903.* (X, 82 S.) 8° [J.] (04. 400

—— grössere Landschaften. Photographirt von Will. Kemlein. Blatt 1—6. gr. Fol. Leipzig 867, Hinrichs'sche Sortimentsh. à Blatt * 2 Thlr. *
Unaufgezogen à Blatt * 1 Thlr. 15 Ngr. *

— grössere Landschaften. Photogr. von Will. Kemlein. Blatt 1—12. Leipzig 867. Refelshöfer. gr. Fol. In Leinwandmappe. n. 20 ℛ;
Einzelne Blatt n. 2 ℛ;
Unaufgezogen jedes Blatt n. 1 ℛ 15 *ngr.*
1. Hünengrab auf Rügen. — 2. Landschaft mit Bären. — 3. Tiroler Felsen mit Geiern. — 4. Liboriuskapelle bei Kreuzburg. — 5. 6. 12. Norwegische Küstenlandschaften. — 7. Actäon. — 8. Elias wird von Raben gespeist. — 9. Eichen im Sturm auf Rügen. — 10. Aus dem bayrischen Hochgebirge. — 11. Centauren von der Jagd heimkehrend.

— neue Landschaften. Photographirt v. W. Kemlein. Fol. (14 Bl.) Weimar 870. (Leipzig, Refelshöfer.) à Bl. 3. —

Preller, Friedr., italienisches Landschaftsbuch. Zehn Orig.-Zeichnungen. In Holzschn. ausgeführt von H. Kaeseberg und K. Oertel. Mit erläut. Text von Max Jordan. qu. Fol. (10 S. und 10 Bl. Text.) Leipzig 878, A. Dürr. geb. *

Preller's, Frdr., Lebensbild, s.: Roquette, O.

Preller, Odyssee, s. Homer.

— Homer's Odyssee. 15 Cartonzeichnungen. Nach den Orig.-Zeichnungen photogr. von Laura Bette. Berlin 862. Bette. Fol. (15 Photogr.) In Carton. 10 ℛ
Einzelne Blatt 20 *ngr.*

—— Odyssee-Landschaften. (Von Rich. Schöne.) gr. 8. (III und 51 S. mit 1 Stnt. in qu. Fol. zur Übersicht über die künftige architekton. Anordnung der Bilder.) Leipzig 863, Breitkopf und Härtel.

—— Odyssee-Landschaften nach den Orig.-Cartons photographirt von Jos. Albert. gr. Fol. (10 Blatt.) München 864, Albert. 20 Thlr.; grosse Ausg.

— Odyssee-Landschaften nach den Orig.-Cartons photogr. von Jos. Albert. München 868. Albert. gr. Fol. 20 ℛ;
grosse Ausg. 45 ℛ

—— Odyssee-Landschaften. Ausg. in Aquarell-Farbendr., nach den im grossherzogl. Museum in Weimar befindl. Orig.-Gemälden. 5 Lfgn. Imp.-Fol. (16 Bl.) München 877—79, Bruckmann's Verlag. Subscr.-Pr. à Lfg. ℳ 60.

Preller, Frdr., Odyssee-Landschaften. Ausg. in Aquarell-Farbendr., nach den im grossherzogl. Museum in Weimar befindl. Original-Gemälden. 1—5. Lfg. Imp.-Fol. (16 Bl.) München 877—81. Verlagsanstalt f. Kunst- u. Wissenschaft. Subscr.-Pr. à 60. —

Preller's, Friedr., Odysee-Landschaften. In Holzschn. ausgeführt von R. Brend'amour. Mit einer Biographie des Künstlers. Fol. (III, 49 S. mit 16 Holzschntaf.) Leipzig 881, A. Dürr. geb. *

Preller, (Friedr.), — Photographien nach Fr. Preller's Handzeichnungen. 23 Blatt. Berlin 863. Bette. gr. 8. Jedes Blatt 20 *ngr.*

—— zwei grosse Photographien nach Kohlezeichnungen photogr. von Will. Kemlein. Imp.-Fol. Ebendas. 869. à *ℳ 7,50. *
Inhalt:
1. Eichen im Sturm auf Rügen.
2. Aus dem bayerischen Gebirge.

—— deutsches Skizzenbuch, enth. Baum-, Felsen- und Wasserstudien aus Deutschland. Photographirt von Will. Kemlein. Blatt 1—10. gr. 4. Leipzig 867, Hinrichs'sche Sortimentsh. à Blatt * 12 Ngr. *
Unaufgezogen à Blatt * 10 Ngr. *

— deutsches Skizzenbuch, enthltd. Baum-, Felsen- u. Wasserstudien aus Deutschland. Photogr. von Will. Kemlein. Blatt 1—10. Leipzig 867. Refelshöfer. gr. 4. 4 ℛ; Unaufgezogen jedes Blatt n. 10 *ngr.*

— kleines Skizzenbuch aus Italien. 1869. Photographirt v. W. Kemlein. 4. (10 Bl.) Ebend. 871. à Bl. 1. —

—— Skizzenbuch aus Neapel, Sorrento, Capri, Paestum etc. Photographirt von W. Kemlein. I. Serie. Neue Ausg. qu. Fol. (13 Bl.) Ebendas. 870. à Bl. ℳ 1,60.
—— dass. — II. Serie. (Bl. 19—40.) qu. Fol. Ebendas. 870. à Bl. ℳ 1,60.

— römisches Skizzenbuch. 1859—61 Photogr. von Will. Kemlein. 1. Serie. Blatt 1—19. Ebend. 867. qu. Fol. Blatt 1—9 à n. 20 *ngr.*;
Unaufgezogen in zwei Hälften à n. 18 *ngr.*;
Blatt 10—19 à n. 10 *ngr.*;
Unaufgezogen à n. 8 *ngr.*
Blatt 1. Valle di Ponseino. — 2. Vigna Barberini, orti Salustiani. — 3. Montagne d'Albano alla porta S. Giovanni. — 4. Porta S. Giovanni in Laterano. — 5. Foro romano. — 6. Campagna fuori porta S. Giovanni. — 7. Campagna. — 8. Pozzo di villa Malta. — 9. Convento S. Bonaventura. — 10. Sta. Croce in Gerusalemme. — 11. Orti Salustiani. — 12. Villa Pamfili. — 13. Villa Malta. — 14. Partita di Roma. — 15. Foro romano. — 16—19. Aloë-Studien.

— — 2. Serie. Blatt 1—18. Ebend. 867. qu. Fol. Jedes Blatt n. 20 *ngr.*;
Unaufgezogen in 2 Hälften jedes Blatt n. 18 *ngr.*
Blatt 1. 2. 5. 7. Campagna di Roma. — 4. 14. Aqua cettosa. — 6. Villa Borghese. — 3, 8. 9. 10. 13. Olevano. — 11. S. Lorenzo fuori le mure. — 12. Thal der Egeria. — 15. Torre de Schiavi. — 16. Fuligno. — 17. Grotte der Egeria. — 18. Cenaro.

— — 3. Serie. Blatt 1—32. Ebend. 867. kl. Fol. Jedes Blatt n. 10 *ngr.*; Unaufgezogen n. 8 *ngr.*
Blatt 1. 3. 14. 15. 16. 23. 25. 26. Olevano. — 2. 11. Rom. — 4. Florenz. — 5. 9. Trinita di monti. — 6. Villa Borghese. — 7. 21. Serpentara. — 8. Ponte Salaro. — 10. Palestrina. — 12. S. Rocco in Olevano. — 13. Monte Mario fuori Porta Angelica. — 17. 18. Studienköpfe. — 19. Campagna di Roma. — 20. Eine Römerin. — 22. Albano. — 24. Capri. — 27. Castel nuovo. — 28. 29. 30. Tivoli. — 31. Grotta ferrata. — 32. Civita Castellana.

— grosse **Skizzenbücher**. Photogr. von Will. Kemlein. Blatt 1—18. Ebend. 867,68. qu.-Imp.-Fol. Jedes Blatt n. 1 ₰ 25 ngr.; Unaufgezogen in zwei Hälften jedes Blatt n. 1 ₰ 20 ngr.
Blatt 1. 2. 3. Serpentara. — 4. Ponte Mamolo. — 5. Campagna di Roma fuori porta del popolo. — 6. Campagna di Roma fuori porta Salara. — 7. Campagna di Roma. — 8. Olevano verso Civitella. — 9. Al ponte Numentano. — 10. Ponte Numentano. — 11. Vicino a Olevano al Teberone. — 12. Olevano. — 13. Campagna di Roma fuori porta Pia. — 14. Campagna di Roma Fabrica Poussino la Crescenza. — 15. Olevano a Civitella. — 16. La solfatara, capo Misene etc. — 17. Olevano casino Baldi. — 18. Ponte Numentanc.

— **Skizzenbücher** aus Neapel, Sorrento, Capri, Paestum etc. Photogr. von Will. Kemlein. 1. Serie. Blatt 1—12. Ebend. 867, 68. qu. Fol. Jedes Blatt n. 1 ₰ 10 ngr.; Unaufgezogen in zwei Hälften jedes Blatt n. 1 ₰
Blatt 1. Muro rosso sotto Civitella. — 2. Capri. — 3. Capo Campanella. — 4. S. Francesco di Civitella. — 5. Neptuntempel in Paestum. — 6. Piazza in Sorrento. — 7. Serpentara. — 8. Sorrento. — 9. Capri. — 10. Sorrento. — 11. Capri. — 12. Terracina.

— — Neue Ausg. in Halbblättern. Ebend. Kl.-Fol. Jedes Blatt 16 ngr.; Unaufgezogen jedes Blatt 12 ngr.

Preller, (Friedr.), **Skizzenbücher** aus Neapel etc. 2. Serie. Blatt 1—44. Leipzig 867, 68. Refelshöfer. kl. Fol. Jedes Blatt n. 16 ngr.; Unaufgezogen jedes Blatt n. 12 ngr.
Blatt 1. 3. 11. 12. 14. 15. 17. 34. 41. 42. Sorrento. — 2. 8. 19. Serpentara. — 4. 6. 10. Capri. — 5. 13. 18. 23. 26. 30. 35. Olevano. — 7. Zwischen Olevano u. Genazzano. — 9. Ponte Numentano. — 16. Neptuntempel in Paestum. — 20. Von Olevano gegen Civitella gesehen. — 21. Vesuv. — 22. Trat-
Blatt 1a. 1b. Muro rosso sotto Civitella. — 2a, 9a. 9b. 11b. Capri. — 3a. Capo Campanella. — 4b. S. Francesco di Civitella. — 5b. Neptuntempel in Paestum. — 6b. Café Sirena in Sorrento. — 7b. Serpentara. — 8b. 10b. Sorrento. — 12b. Terracina.
toria Strada nuova. — 24. Albano. — 25. Termini verso l'Isola di Capri. — 27. Mare morto Capo Misene. — 28. 31. 33. Campagna di Roma. — 29. Capri. — 32. 37. Bajä. — 36. Cuma. — 38. Campagna di Roma Porte naturale. — 39. Bei Albano. — 40. Albano. — 43. Capo Misene a l'Eponea. — 44. S. Steffano o lo mamello rosso Centorano.

—— **Studien** und Landschaften aus Italien, nach den Zeichnungen photogr. von Will. Kemlein. Blatt 1—11, 11b, 12—27. Fol. Leipzig 864—67, Hinrichs'sche Sortimentsh. à Blatt * 1 Thlr. *
Unaufgezogen à Blatt * 25 Ngr. *

Preller, Friedrich: Tagebücher des Künstlers hrsg. u. biogr. vervollst. v. Max Jordan. Mchn-Kaufbeuren '04. 310 S.

Preller, Friedrich, der Jüngere. Tagebücher des Künstlers, hrsg. u. biographisch vervollständigt von Max Jordan. Mit 86 Abbildgn. in Lichtdr., Heliograv. u. Dreifarbendruck. (VIII, 311 S.) gr. 8. München 904. Vereinigte Kunstanstalten. Geb. in Leinw. n.n. 10.—

Preller, Glob., Keulen-Reigen f. Turnvereine, s.: Reigen f. das Turnen der Knaben usw. VII.

Preller, Johannes: Das Buch Jona. Ein apologet. Versuch. Stralsund 1910: Kgl. Regierungs-Buchdr. S. 197—236. 8°
Stralsund, G, in Festschr. z. Feier d. 350j. Bestehens, OP 1910 (214)** [S 10. 346

Preller, Karl, approb. Arzt aus Coburg: ⟨Aus d. Augen-Klinik d. Universität Jena.⟩ Ueber Keratoconus, besonders den pulsierenden. *Jena 1902: A. Kämpfe.* (35 S.) 8°
Jena, Med. Diss. v. (13. Mai) 1902

Preller, Karl Heinrich

Preller, Carl Heinr., Beiträge zu einem natürlichen System der Coleopteren. gr. 8. (46 S.) Jena 861, Frommann. *

— die Käfer von Hamburg und Umgegend. Ein Beitrag zur nordalbingischen Insektenfauna. Hamburg 862. O. Meissner. 8. (XII, 158 S.) 18 ngr.

Preller, C. H., die Käfer von Hamburg u. Umgegend. Ein Beitrag zur nordalbing. Insektenfauna. 2., durch Nachträge verm. Ausg. Hamburg 867. O. Meissner. 8. (XIII, 227 S.) 22½ ngr.

Preller Carl Heinr., Königgrätz. Episches Gedicht in 6 Gesängen. gr. 8. (48 S.) Berlin 871. C. Duncker. n. 1.—

Preller, Carl Heinr., neunzig Lieder und neun polemische Episteln. 8. (112 S.) Hamburg 854, Hoffmann und Campe.

Preller, C. H., römisches Reich u. Recht. Ein Versuch in der Geschichte beider. gr. 8. Hamb. 825. Campe. 1 ₰

Preller, C. H.: Offenes Schreiben an Dr. H. W. Buek, betr. den Tod eines Postbeamten in Hamburg. Hamburg 1827.

Preller, C. H., zum Verständniß der Zeit ihrer Noth und ihrer Aufgabe. Betrachtungen über das Wesen der Gesetze und Verfassungen; der Obrigkeiten und Revolutionen; der Ehe, der Familie, des Volkes und Volksobrigkeit; des Eigenthums und des Handels. gr. 8. (X und 86 S.) Hamburg 849, Perthes-Besser und Mauke. *

Preller, Ludw., ausgewählte Aufsätze aus dem Gebiete der classischen Alterthumswissenschaft. Hrsg. von Rhold. Köhler. gr. 8. (VII und 551 S.) Berlin 864, Weidmann'sche Buchh. *

Preller, Ldw., über die Bedeutung des schwarzen Meeres für den Handel und Verkehr der alten Welt. Rede, gehalten am Krönungs-Feste Sr. Kaiserl. Majestät am 22. Aug. 1842. gr. 8. Dorpat 842. (Gläser.) ¼ ₰

—— über die Bedeutung des schwarzen Meeres für den Handel u. Verkehr der alten Welt. Rede, gehalten am Krönungsfeste Sr. kaiserl. Majestät am 22. Aug. 1842. gr. 8. (3 B.) Dorpat. (Moskau, Severin's Verl.) -

Preller, Lud., Demeter u. Persephone, e. Cyclus mytholog. Untersuchungen. gr. 8. (27 B.) Hamburg 837, Perthes-Besser u. Mauke. Thlr.

Preller, Ludw., Festrede am Säcularfeste Goethe's den 28. Aug. 1849. Bei der Einweihung des neuen Anbaues der großherzogl. Bibliothek zu Weimar gehalten. gr. 8. (17 S.) Jena 849, Frommann.

Preller, Ludw., Eine Gedächtnissrede in der Freimr-Loge Amalia zu Weimar gehalten von Gottfr. Theod. Stichling. Weimar. Böhlau. 1863. 8. 26 S.

(——) de **Hellanico** Lesbio historico. 4maj. (7¼ B.) Dorpati 840, (Karow.) *

—de **Hellanico** Lesbio historico. 4maj. Dorpat 840. (Severin.) n. ⅔ ₰

—**Historia** Philosophiae Graeco-Roman., s. Hnr. Ritter.

Preller, L., Inschriften aus Chäronea. Ak. 1854. 14 S. u. 2 Taf.

Preller, L., Krisa und sein Verhältniss zu Kirrha und Delphi. Ak. 1854. 84 S.

Preller, L., ein fürstliches Leben. Zur Erinnerung an die verewigte Großherzogin zu Sachsen-Weimar-Eisenach Maria Paulowna Großfürstin von Rußland. 1. und 2. Aufl. gr. 8. (VII und 147 S.) Weimar 859, Böhlau. *

Preller, L., De locis aliquot Pausaniae disputatio. Acc. additamentum Polemonis. Pr. 1840. 6 S. 4°. —.90

Preller, L., Carl Otto v. Madai, zur Erinnerung an ihn für seine Freunde. gr. 8. (77 S.) Leipzig 849, Breitkopf & Härtel. 1/3 ₰

—, Carl Otto von Madai zur Erinnerung an ihn für seine Freunde. gr. 8. (77 S.) Leipzig 850, Breitkopf und Härtel.

Preller, L., griechische Mythologie. 2 Bde. (Theogonie und Götter. — Die Heroen.) gr. 8. (XIV und 893 S.) Leipzig 854. [Berlin,] Weidmannsche Buchh.

—— griechische Mythologie. 2. Aufl. 2 Bde. gr. 8. Berlin, Weidmann'sche Buchh. *
Inhalt:
Bd. 1. Theogonie und Götter. (XII und 673 S.) 860. * 1 Thlr. 14 Ngr.
» 2. Die Heroen. (X und 546 S.) 861. * 1 Thlr. 6 Ngr.

—— griechische Mythologie. 3. Aufl. von E. Plew. 2 Bde. gr. 8. Berlin, Weidmann'sche Buchh. *
Inhalt:
Bd. 1. Theogonie und Goetter. (XIV, 709 S. 872. *M 6.
» 2. Die Heroen. (V, 537 S.) 875. *M 5.

— griechische Mythologie. 4. Aufl. v. C. Robert. 1. Bd. 1. Hälfte. gr. 8. (428 S.) Berlin 887. Weidmann. n. 5.—

Preller, L., griechische Mythologie. 1. Bd. Theogonie u. Götter. 2. Hälfte. 4. Aufl., bearb. v. Carl Robert. gr. 8. (XVIII u. S. 429–964.) Berlin 894. Weidmann. n. 8.— (1. Bd. kplt.: n. 13.—)

—— römische Mythologie. gr. 8. (VIII und 822 S.) Berlin 858, Weidmann'sche Buchh. *

— römische Mythologie. 2. Aufl., revid. u. mit litterar. Zusätzen versehen von Rhold. Köhler. Berlin 865. Weidmann'sche Buchh. gr. 8. (X, 852 S.) n. 1 ₰ 25 ngr.

— römische Mythologie. 3. Aufl. von H. Jordan. 1. Bd. gr. 8. (XII, 455 S.) Berlin 881. Weidmann. n. 5.—

— römische Mythologie. 3. Aufl. v. H. Jordan. 2. Bd. gr. 8. (XI, 490 S.) Berlin 883. Weidmann. n. 5 —(1. u. 2.: n. 10.—)

— dasselbe. s. a Handbibliothek, philologische.

Preller, Notatio de Codice Ms. Hamburgensi, qui Odysseam cum scholiis continet, et scholiorum inde nunc primum editorum. Part. I. Pr. 1889. 40 S. 4°. 1.50

— notatio de codice manuscriptorum. 1. 2. Dorpat ... (Glaeser.) n. 1 ₰

Preller, L., Ueber Oropos und das Amphiaraeion. S.-A. 1852. 48 S.

— s. Polemonis Periegetae fragmenta.

Preller, Ludw., die Regionen der Stadt Rom. Nach den besten Handschriften berichtigt u. mit einleitenden Abhandlungen u. einem Commentare begleitet. gr. 8. (16½ B.) Jena 846, Hochhausen. Thlr. *

Preller, L., Ueber Rom und den Tiber. 3 Tle. S.-A. 1848–49. zus. 70 S.

— Scholiorum in Odysseam ex Codice Hamburgensi nunc primum editorum. Part. II. Pr. 1889. 42 S. 4°. 1.50

Preller, L., Studien zur römischen Mythologie. 1. Der Fluss Avens und die Goettin Vacuna. 2. Veiovis und Diiovis. S.-A. 1855. 24 S. 2.—

Preller, L., Zwei Vasenbilder aus Athen. Ak. 1855. 6 S. u. 2 bunte Taf. —.75

Preller, L., De via sacra Eleusinia disp. I. Pr. 1841. 15 S. 4°.

Preller, Maximil. (geb. Neu-Brandenburg 7. 4. 1835): De vaccinatione. Berolini (1859). (31 S.) 8"
Berlin, Med. Diss. v. 23. Febr. 1859
[Verf. wurde laut Diplom und Fakultäts-Album am 1. April promoviert]

Grossmutter erzählt ihren Enkeln ihre Jugendzeit. Toni Preller. Als Ms. f. d. Familie gedr. (Dresden [1906]: A. Arnold & Gröschel.) (70 S.) 8° [J.] [07. 279

Preller, Toni, der Vilm, die Maler-Insel. Studien von Frdr. Preller d. J. (25 S. m. Abbildgn.) gr. 8. Dresden 905. F. E. Boden. n. 1.50

Der Vilm, die Maler-Insel. Von Toni Preller. Studien von Friedrich Preller d. J. (Dresden-Blasewitz: F. E. Boden 1906.) (12 Bl.) 8° [07. 180

Preller, Wilhelm. Zur Kenntnis der Morphologie und postembryonalen Schädelmetamorphose von Hydrochoerus capybara im Vergleich mit den Schädeln der übrigen Caviiden und Beschreibung und Vergleichung zweier Schädel von Dinomys branickii. Diss. Phil. Bern. Hierzu 6 Tafeln. Separat-Abdruck aus dem Archiv für Naturgeschichte, Jahrg. 73, Berlin 1907. 50 S. 8. Berlin, Nicolai, 1907.

Prellerei über Prellerei oder hierin bespiegelt euch. Königsberg 1789. V: *Grüner, Christoph Sigmund.* (Ky) (GGr)

Prellerey über Prellerey; od. hierin bespiegelt euch! Familiengemälde. 8. Königsb. Hartung. (Unzer.) 789.

Prellwitz, Gertr., Michel Kohlhas. Ein Trauerspiel in 5 Akten. (130 S.) 8. Freiburg i/B. 905. F. E. Fehsenfeld. n. 2.—; geb. n. 3.—

— der religiöse Mensch u. die moderne Geistesentwicklung. 7 Vorträge. (VII, 147 S.) gr. 8. Berlin 905. C. A. Schwetschke & Sohn. n. 3.—; geb. n. 4.—

Prellwitz, Gertr., der religiöse Mensch u. die moderne Geistesentwicklung. Sieben Vorträge. 2. [Titel-] Ausg. (VI, 147 S.) gr. 8. Jena [905] 909. E. Diederichs. 2.50

Prellwitz, Gertrud, Oedipus od. d. Rätsel des Lebens. Tragödie in 5 Akten. 8. (139 S.) Freiburg i/B. 898. F. E. Fehsenfeld. n. 3.—; geb. in Leinw. n. 4.—

Prellwitz, Gertr., zwischen zwei Welten. Eine Weltanschaug. im dramat. Bilde. 5 Akte. gr. 8. (VI, 162 S.) Freiburg i/B. 901. F. E. Fehsenfeld. n. 3.—; geb. n. 4.—

— Weltfrömmigkeit u. Christentum. 8. (VI, 73 S.) Ebd. 901. n. —80

Gertrud Prellwitz. Vom Wunder des Lebens. Jena: Diederichs 1909. 40 S. 8° [09. 6965

— Vom **Wunder** des Lebens. 2. Aufl. (40 S.) 8. Ebd. 910. 1. 20
1. Aufl. (40 S.) 909. 1.—.

[F.] Lehrbuch für den Handarbeitsunterricht m. bes. Berücks. d. Arbeiten f. d. Handarbeitslehrerinnen-Examen nebst Gesch., Zsstellg d. versch. Methoden u. einigen Lehrproben. Bearb. v. **M(argarete) Prellwitz**, gepr. Handarbeitslehrerin [&] C(lara) Meineke, städt. Handarbeitslehrerin. M. 61 Abb. in Holzschn. u. 8 lith. Taf. ... (Vorr.: Klara Hessling.) *Berlin: L. Oehmigke 1898.* (140 S., 7 Taf.) 1 Bd 8. [98. 8618

Lehrbuch für den Handarbeitsunterricht mit besond. Berücks. d. Arbeiten f. d. Handarbeitslehrerinnen-Examen nebst Geschichte, Zusammenstellung d. verschied. Methoden u. einigen Lehrproben. Bearb. von M(argarete) **Prellwitz** [&] C(lara) Meineke. (Vorr.: Klara Heßling.) Mit 62 Abb. u. 11 Taf. 2. verb. u. verm. Aufl. Berlin: L. Oehmigke 1905. (VII, 152 S.) 8° [F.] [06. 1184

Prellwitz, Richard

Prellwitz, R., Kommet mit! Tägliche Andachten. (III, 391 S.) 8. Tilsit 903. (J. Reyländer & Sohn.) Geb. in Leinw. 3.—; erm. Pr. n.n. 2. 50

Prellwitz, R., Luther in Worms, dramatisches Gedicht in 4 Abteilgn. Ein Beitrag zur Lutherfeier am 10. Novbr. 1883. 8. (V, 75 S.) Königsberg 883. Gräfe & Unzer. n.n. 1. 50

Prellwitz, Rudolf [aus Tilsit]: ... Ueber die Oxydation der Maleïn- und der Fumarsäure durch Permanganat ... Königsberg in Pr., Buchdr. v. R. Leupold, 1897; 2 Bl., 67 S., 1 Bl. 8.
Königsberg, Phil. Fak., Inaug.-Diss. v. 5. Aug. 1897

Prellwitz, Walter

Prellwitz, W., s.: Beiträge zur kunde der indogermanischen sprachen.

Prellwitz, W., die deutschen **Bestandteile** in den lettischen Sprachen. Ein Beitrag zur Kenntniss der deutschen Volkssprache. 1. Hft. Die deutschen Lehnwörter im Preussischen u. Lautlehre der deutschen Lehnwörter im Litauischen. gr. 8. (XI, 64 S.) Göttingen 891. Vandenhoeck & Ruprecht's Verl. n. 2. 40

Prellwitz, Gualtharus [Tilsensis]: De dialecto Thessalica .... Gottingae, ex offic. acad. E. A. Huth, 1885; 4 + 64 S. 8°.
Königsberg, Phil. Fak., Inaug.-Diss. v. 9. (handschr. v. 8.) Okt. 1885.

Prellwitz, Walther, de dialecto thessalica. gr. 8. (63 S.) Göttingen 885. Vandenhoeck & Ruprecht's Verl. n. 1. 40

Prellwitz, Walther [Dr., Wiss. Hilfsl.]: Eine griechische und eine lateinische Etymologie. (Aus: Festschrift z. 50j. Doctorjub. Ludw. Friedlaender dargebr. v. s. Schülern. Leipzig 1895.) Bartenstein, gedr. bei Gebr. Kraemer, 1895; 2 Bl., 12 S. 4.
Bartenstein, k. G, OP 1895 (2)

—: [Die Feier der Umsiedelung in das neue Schulgebäude.] S. 16 bis 20. 4. Kgl. Herzog Albrechts-Schule *Rastenburg* 1908 (15).
Progr.

Prellwitz [Walter], Direktor Prof. Dr.: Zur Geschichte der Herzog Albrechts-Schule. Rastenburg 1907: O. Lauter. (S. 3—14 u. 1 Taf.) 4°
Rastenburg, k. Herzog-Albrechts-S P 1907 (15)

— die argivischen **Inschriften**, s.: **Sammlung** der griechischen Dialekt-Inschriften.

Prellwitz, Walth., etymologisches Wörterbuch der griechischen Sprache m. besond. Berücksicht. d. Neuhochdeutschen u. e. deutschen Wörterverzeichnis. gr. 8. (XVI, 382 S.) Göttingen 892. Vandenhoeck & Ruprecht. n. 8. —; geb. n. 9. 50

— etymologisches Wörterbuch der griechischen Sprache. 2. verb. Aufl. (XXIV, 524 S.) gr. 8. Göttingen 905. Vandenhoeck & Ruprecht. n. 10. —; geb. in Halbldr. n. 11. 60

Preis, Max, Juris utriusque Doctor u. anderes. Novellen u. Skizzen. (VII, 160 S.) 8. Dresden 905. E. Pierson. n. 2. —; geb. n. 3. —

(B) **Preis,** M., juris utriusque Doctor. 905. (KBL 34.) Jetzt: Berlin, Verlag Berlin-Wien.

Preis, Max, Jugend-Ernte. schmal 8. (62 S.) Eberswalde (901). Verlag Jung-Deutschland. n. 1. —

Prély, Stefan. König Koloman und Kaiser Josef. Nach dem ungar. Manuscripte des Ludwig von Benitzky. *Pest* 1858. *Emil Müller.* 200 S. 8°. 2 fl.

Prem: Wie könnte man das lat. Zeitwort in den beiden ersten Klassen behandeln? 31 S. 8°.– Leoben RG., Progr. 1873.

Prem, Simon M.

Prem, S. M., über **Berg** u. Thal. Schildereien aus Nordtirol. M. e. Kärtchen. 8. (III, 236 S.) München 899. J. Lindauer. n. 1. 80; geb. in Leinw. n. 2. 80

Prem, S. M., über Berg u. Thal. Schildereien aus Nordtirol. Neuausg. [Titelausg.] Mit e. Kärtchen. (III, 236 S.) 8. München [899.] 904. J. Lindauer n. 1. 80; geb. in Leinw. n. 2. 80

Prem, S. M., Goethe's Faust, s.: **Düntzer's**, Hein., Erläuterungen zu den Klassikern.

Prem Dr. S. M.: Der tirolische Freiheitskrieg 1809. 22. Marburg R. 96.
Progr.

Prem, S. M., Goethe. 8. (478 S. m. Abbildgn.) Leipzig 893. G. Fock. n. 5. —; geb. in Leinw. 6. —; in Halbfrz. 7. —

— dasselbe. 2. Aufl. 8. (474 S. m. 54 Abbildgn.) Ebd. 894. n. 5. —; geb. in Leinw. 6. —; in Halbfrz. 7. —

Prem, S. M., **Goethe.** 3. Aufl. Mit 116 Abbildgn. u. 4 Kunstblättern. gr. 8. (547 S.) Leipzig 900. Darmstadt, C. Wartig's Verl. n. 5. —; geb. n. 6. —

Prem, Simon M[arian]: Graz in den März- und Apriltagen 1848. S. 3—25. 8. **Progr.** K. k. zweites Staats-Gymn. *Graz* 1907.

— Martin Greif. Versuch zu e. Geschichte seines Lebens u. Dichtens m. besond. Rücksicht auf seine Dramen u. seine Stellg. in der deutschen Litteratur. gr. 8. (204 S. m. 1 Bildnis.) Leipzig 892. Renger. n. 3. —; geb. n. 4. —

— Martin Greif. Versuch zu e. Geschichte s. Lebens u. Dichtens m. bes. Rücksicht auf s. Dramen. 2., durchgesch. u. ergänzte Aufl. gr. 8. (219 S. m. Bildn. u. 2 Abb.) Leipzig 895. Wenger. n. 3. —

Prem, S. M., der Held v. Kalafart: Oberst Baron Spindler. Ein Lebensbild. Im Auftrage der k. k. Bez.-Schießstands Vorstehg. Kufstein entworfen. (11 S. m. Abbildgn.) kl. 8. Kufstein 904. (E. Lippott.) — 15

Ein Kampf der Geister in Tirol. Zum 100. Geburtstage Josef Streiters. Von Dr. S[imon] M. Prem. *Linz: Oberöst. Buchdr.- u. Verlagsges. (1904).* (24 S.) 8° [F.]
Aus: Deutsche Rundschau. Jg. 1, No 15. 16. [04 10569]

— s.: Kufstein.

— Adolf Pichlers Leben u. Schaffen, s.: Blätter, grüne, f. Kunst u. Volkstum. 12. Hft.

Lenau. Federstriche zu e. Charakteristik. Ein Vortrag zu Graz 1902 von Dr. S[imon] M. Prem. *Graz: Leykam 1902.* (23 S.) 8° [F.] [02 1736]

— Adolf Pichler, der Dichter u. Mensch. Mit dem Bildnisse Adolf Pichlers. Durchgeseh. Sonderabdr. aus den „Innsbr. Nachrichten". 8. (100 S.) Innsbruck 901. Wagner. n. 1. —

Prem, S. M., Schiller u. d. moderne Drama. Vortrag. gr. 8. (16 S.) Linz, *Ed. Kouiakowsky, vorm. S. Tagwerker. 1835.

— Josef v. Schnell, e. tirolischer Dichter u. Orientreisender. Nach Briefen u. Tagebüchern dargestellt. [Aus: „Bote f. Tirol u. Vorarlberg".] 12. (116 S.) Innsbruck 892. Wagner. n. — 80

Prem Sim.: Zu G. Sprachgebrauch im „Göts von Berlichingen." (37.) Wien R. Meixn. 85.
Progr.

Prem Sim.: Versuch einer Metrik für Gymnasien. 17. Ried 77.
Progr.

Prémaray, J. de, le Docteur Robin, s. Répertoire du Théâtre franç. 2. Série. No. 60.

Prémare, Jos.-Henr., S. J.: Notitia linguae sinicae. gr. 8. (255 S.) Hongkong 893. (Leipzig, O. Harrassowitz.) n.n. 10. —

Premarey, Doctor Robin, s.: Theater, das, des Auslandes. 15. Lfg.

Prémary M. J., Doktor Robin, s.: Universal-Bibliothek.

Premerstein, A. v., Die Anfänge der Provinz Moesien. S.-A. 1898. 50 S. 4°.

— Anicia Juliana im Wiener Dioskorides-Kodex, sa Jahrbuch der kunsthistor. Sammlungen des allerh. Kaiserhauses. 24. III.

Anicia Juliana im Wiener Dioskorides-Kodex. Von Anton v. Premerstein. Mit 1 Taf. u. 6 Textill. *Wien: F. Tempsky; Leipzig: G. Freytag 1903.* (S. 105–124.) 2°
— Jahrbuch d. kunsthist. Sammlungen d. Allerhöchsten Kaiserhauses. Bd 24, H. 3, [n.] [04. 680]

Premerstein, Ant. v., das Attentat der Konsulare auf Hadrian im J. 118 n. Chr., s.: Klio. 8. Beiheft.

Premerstein, A. v., Augustales. S.-A. s. a. 54 S.

— Bericht üb. e. Reise in Lydien u. der südlichen Aiolis, sa Denkschriften der k. Akad. d. Wissenschaften in Wien. Phil.-histor. Klasse. 53, II. (Keil, Jos.)

Premerstein Anton, Ritter von, Dr., und Keil Josef, Dr.: Bericht über eine Reise in Lydien und der südlichen Aiolis.
— — Bericht über eine zweite Reise in Lydien.
— — Bericht über eine dritte Reise in Lydien und den angrenzenden Gebieten Ioniens.
Siehe Keil Josef, Dr.

Premerstein, Ant. v., sa Dioscurides, codex Aniciae Iulianae.

— Carol. Wessely, Ios. Mantuani, De codicis Dioscuridei Aniciae Iulianae, nunc Vindobonensis Med. Gr. I historia, forma, scriptura, picturis. Moderante Ios. de Karabacek. (IV, 491 S. m. 6 Fig. u. 3 lith. Taf.) Lex.-8. Leiden 906. A. W. Sijthoff. n. 17. —

Premerstein, A v., Nemesis und ihre Bedeutung für die Agone. S.-A. 1894. 16 S.

Premerstein Anton Ritter von: Quaestionis, quae est de sexviris et sexviris Augustalibus et Augustalibus retractandae specimina.
H. 1891 PN 704 Diss.Wien, Univ. 1503

Premerstein, Ant. v., u. Simon Rutar, römische Strassen u. Befestigungen in Krain. Im Auftrage der k. k. Central-Commission zur Erforschg. u. Erhaltg. der Kunst- u. histor. Denkmale untersucht. Hrsg. v. der Central-Commission zur Erforschg. u. Erhaltg. d. Kunst- u. histor. Denkmale. Mit Karten u. Facsms. gr. 4. (48 S.) Wien 899. (W. Braumüller.) n.n. 7. —

Römische Strassen und Befestigungen in Krain. Im Auftr. d. K. K. Central-Comm. z. Erforschung u. Erhaltung d. Kunst- u. hist. Denkmale untersucht von Anton v. Premerstein u. Simon Rutar. Hrsg. von d. K. K. Central-Comm. ... Mit Karten u. Facs. *Wien 1899: Hof- u. Staatsdr.* (48 S.) 4° [00. 7734]

(8) — u. S. Rutar, röm. Strassen u. Befestiggn. in Krain. 899. (KBl. 32). Jetzt: Wien, A. Schroll & Co.

— Das Troiaspiel und die tribuni celerum. S.-A. 1899. 8 S. 4°.

Premerstein, A v., Eine Votivinschrift aus augusteischer Zeit. S.-A. 1890. 8 S.

Prémices, les, d'Annette. 18. Leipz. Ind. Comt.

Prémices de la jeunesse, ouvrage élémentaire en franç. et polonnois, av. grav. 8. Bresl. 804. W. G. Korn. 1 ℔

Prémices de la jeunesse. Neue Aufl. O. O. 1819. V: *Wybicki, Anton Joseph von.* (Ky)

Premlsser. Denkwürdigkeiten von Innsbruck. 2 Th. 12. Innsbruck 1816. 6,00.

Premlechner, Ih. Bapt., († d. 14. Jan. 1789.) Auszug der Oestreich. Geschichte von d. ersten Zeiten bis 1780. 8. Wien 789. (Heubner). 16 ℔

Premlechner, J. Bapt., Ausz. d. österr. Geschichte bis 1780. 8. Wien, Kurzbeck. (Camesina.) 789.

— e societate Jesu, carmina. 8maj. Wien 771. Beck. 6 ℔

— lucubrationes poeticae et oratoriae. 8. Wien 790. (Heubner). 1 ℔

Premlechner, J. B. Panegyricus principi Josepho Wenzeslao Liechtensteinio. 8. Viennae 1772.

— Prolusiones VIII. dictae, cum juventus litterarum studiosa praemiis publice donaretur ab a. 1762 usque 1765 incl. 4. Wien 766.

Premm, G., Italienische, deutsche und slowenische Gespräche. 7. Aufl. 8°. (308 S.) K 2.—
Görz: Paternolli 1910.

v. Prémontval, Andr. Pt. le Guay, († d. 3. Sept. 1764.) Cause bizarre; ou Pièces d'un Procès ecclesiastico-civil intenté contre un Academicien, et son epouse, pour un mot, qu'on suppose être échapé à cette Dame dans l'intérieur de son cabinet. 8. Berl. 755.

— le Diogène d'Alembert, ou Diogène décent, pensées libres sur l'homme. 12. Berl. 754. Ed. II. 755. 16 gl

— du hazard, sous l'empire de la Providence, contre la doctrine du fatalisme moderne. 8. Berl. 755. 10 gl

— la monogamie, ou l'unité dans le mariage. III Vols. 12. Haag 751. — Dass. ins Deutsche übers. von Dor. Auguste v. Windheim. 3 Thle. 8. Nürnb. 753. (Monath u. K.) 20 gl

Premontval, v., Monogamie. 3 Thle. 8. Nürnb. Monath. 753. Rthlr. -

— Panagiana Panurgica, ou le faux Evangéliste; Critique du Livre des Moers. 8. Haag 750.

— Pensées sur la liberté. 8. Berl. 754. Voss. 6 gl

— préservativ contre la corruption de la langue française. II Vols. à IV Cah. 8. Berl. u. Amsterd. (Königsb.) 759 —764. Kanter. 8 gl

— Préservatif contre la corruption de la Langue franç. 8. Königsb. Kanter. 762. -

— — le même. 8. Leips. Hartknoch. 761.

— vues philosophiques ou protestations et déclarations sur les principaux objets des connoissances humaines. II Toms. 8. Berl. 757, 58. Pauli. 2 ℔

— Vues philosophiques ou protestations et déclarations sur les princip. objets des connoissances humain. II Tom. 8. Berl. Pauli. 761.

Premru, Gius., Dialoghi italiani, todeschi e sloveni, raccolti ed elaborati, preceduti da una breve grammatica della lingua slovena. 5. ed., emendata ed ampliata. gr. 8. (V, 304 S.) Görz 900. G. Paternolli. n. 1.70

Premru, Gius., dialoghi italiani, tedeschi e sloveni, raccolti ed elaborati, preceduti da una breve grammatica della lingua slovena. 7. ed., nuovamente riveduta ed ampliata. (308 S.) 8. Görz 910. G. Paternolli. 2. —; geb. 2. 60

Premschitz, Raim. Ant., meine Erlebnisse als Fremdenlegionär in Algerien. Ein Warnungsruf an Wehrpflichtige. (181 S. m. Bildnis.) 8. Metz 904. P. Müller. n. 1.50; geb. n. 2.25

Prenau, Ferdinand, ein Trauerspiel in fünf Aufzügen. Leipzig 1787. V: *Dyk, Johann Gottfried.* (MGT)

Prenden [Schlagwort]

Prenden, s.: Mark.

Prenelouy, J. L., Prof., Lehrbuch der französischen Sprache und Handels-Correspondenz. Zum Selbst-Unterrichte und für Handelsschulen. Zweite unveränd. Aufl. gr. 8. (304 S.) geh. 1 fl. 80 kr.
Wien: Hölder 1882.

Prengel, C. B., Methode des Lese-, Schreib- und Sprachunterrichts in Elementarschulen, nebst einer übersichtl. Darstellung des Wichtigsten aus der deutschen Sprachlehre. 3 Thle. gr. 8. (VIII und 120 S.) Graudenz 862, G. Röthe. *

Prengel, C. B., der praktische Schreiblehrer. Ein Hilfsmittel für Lehrer deren Schüler die Anfänge des Schreibens bereits erlernt, wie für Alle, welche ohne Hülfe eines Lehrers in kurzer Zeit gut schreiben lernen wollen. 2. Aufl. 3 Hefte mit und ohne Vorwort. qu. 4. (VII und 93 lithogr. S.) Braunsberg 855, Beyer's Buchh. à Heft 3¾ Ngr. —

Prengel, Th., Beiträge z. Wahlprüfungsstatik d. Deutsch. Reichstages 1871—1890. gr. 8. (90 S.) München 892. [Hirth.] J. Schweitzer Sort. n. 1.50

Prengel, Th., Beiträge zur Wahlprüfungsstatistik d. Deutschen Reichstages 1871—1890. [Aus: „Annalen d. Deutschen Reichs".] gr. 8. (90 S.) München 892. G. Hirth's Verl. n. 1.50

— der Friedenskongreß u. die interparlamentarische Konferenz in Italien [Novbr. 1891] in ihrem Verhältnis zu Kant's philosophischem Entwurf zu ewigem Frieden. [Aus: „Reformblätter z. Förderg. freiheitl. Entwickelg. d. relig. Lebens".] gr. 8. (16 S.) Königsberg i/Pr. 891. Braun & Weber. n. — 50

— Wahlkatechismus f. die Wahlen zum Deutschen Reichstage. 8. (XI, 145 S.) Berlin 893. J. Guttentag. n. 1.50
Die zuerst ausgegebene Abth. B wurde aus dem Handel gezogen u. wird das Werk nur noch komplet geliefert.

Prenger, s.: Assanierung, die, v. Cöln.

Prenger, Alfred, aus Emsdetten, Prov. Westf.: Systematisch-anatomische Untersuchungen von Blatt und Achse bei den Podalyrieen-Gattungen der nördlichen Hemisphäre und des Kapgebietes, sowie bei den vier australischen Podalyrieen-Gattungen Brachysema, Oxylobium, Chorizema und Mirbelia. *Erlangen 1901: F. Junge.* (111 S.) 8°
Erlangen, Phil. Diss. v. 8. März 1901

Prenger, (Herm.) Anton. (geb. Emsdetten in Westf. 24. 4. 1831): De gastrodynia neuralgica. Berolini (1854). (20 S.) 8°
Berlin, Med. Diss. v. 19. Aug. 1854

Prenitzer, Leop., Handbuch der gutsherrl. Rechte u. gutsherrl. Gerichtsbarkeit in Bayern. gr. 8. (VIII u. 272 S.) Regensburg 847, Manz. 1½ ℔

Prenleloup, J. L., analytisch-praktisches Lehrbuch d. französischen Sprache u. Handelscorrespondenz. Zum Selbstunterricht u. f. Handelsschulen. gr. 8. (XVI, 304 S.) Wien 872. Hölder. n. 5. —

de Prenner, Antonio Josepho: Theatrum artis pictoriae, quo tabulae depictae quae in Caenarea Vindobonnensi Pinacotheca, servantur leviore caelatura aeri insculptae exhibentur etc. Viennae 1728-29. (80 Blätter.) Fol.

Prenner, Ant. Jos., theatr. artis pictoriae, od. das kaiserl. Gallerienwerk z. Wien. 3 Thle. Fol. Wien. 731.

Prenner, Aug., üb. die Venus v. Milo. Eine archaeolog. Untersuchg. auf Grund der Fundberichte. gr. 8. (48 S.) Greifswald 874. Bamberg. n. 1. 20

Prenner, Jak., sittl. Anwendung der Beispiele aus d. Leidensgeschichte Jesu Christi. 8. Grätz 804. Ferstl. 8 gr

Prenner, Jak., heilsame Ermahnung a. den Kranken, wie sich ders. in seiner Krankheit verhalten u. zu dem Tode bereiten müsse. 12. Grätz, Ferstl. 783.

— heilsame Ermahnung an den Kranken, wie sich derselbe in fr. Krankheit verhalten u. zu dem Tode bereiten müsse. 12. Grätz 784. Ferstl. 8 gr

— Leidensgeschichte Jesu, nebst sittl. Anwendung. 8. Grätz 810. Ferstl. 5 gr

— was d. Gläubige öfters betrachten soll, um glücklich zu sterben. 12. Grätz ... 2e A. ... Ferstl. 4 gr

Prenner, Johann Baptist

Prenner, J. B., der gewerbl. Arbeitsvertrag nach deutschem Recht. Ein Leitfaden vornehmlich f. Arbeitgeber u. Arbeitnehmer. 12. (X, 156 S.) München 902. C. H. Beck. Geb. in Leinw. n. 1. —

Prenner, J. B., der gewerbliche Arbeitsvertrag nach deutschem Recht. Ein Leitfaden vornehmlich f. Arbeitgeber u. Arbeitnehmer. 2. Aufl. (XII, 156 S.) 16. München 906. C. H. Beck. Geb. in Leinw. n. 1. —

Prenner, J. B., der kaufmännische Dienstvertrag nach deutschem Recht. Ein Leitfaden, vornehmlich f. Kaufleute u. Handelsangestellte. (XI, 137 S.) kl. 8. Nürnberg (907). U. E. Sebald. Geb. 1. 20

— Gesetz, betr. Kaufmannsgerichte, s.: Menzinger, Leop.

— Gesetz, betr. Kaufmannsgerichte vom 6. VII. 1904. Menzinger-Prenners Textausg. m. Einleitg., Anmerkgn. u. Sachregister in 3. Aufl., unter besond. Berücksicht. der Justiznovelle vom 1. VI. 1909 neu bearb. (XII, 202 S.) kl. 8. Ebd. 910. Geb. in Leinw. 2. —

— Gesetze über die direkten Steuern im Königr. Bayern, s.: Wolfram, Geo.

— Gewerbegerichtsgesetz, s.a Menzinger, Leop.

— Gewerbegerichtsgesetz vom 29. IX. 1901. Menzinger-Prenner's Textausg. m. Einleitg., Anmerkgn. u. Sachregister, in 3. Aufl. unter besond. Berücksicht. der Justiznovelle vom 1. VI. 1909 neu bearb. (XII, 224 S.) kl. 8. München 910. C. H. Beck. Geb. in Leinw. 2. 40

[F.] **Prenner,** Johann Baptist [Rechtspraktikant]: Die Vollstreckung der Geldstrafe in den Nachlass des Schuldigen. '(§ 30 R. St. G. B.)' ... München, Th. Ackermann, 1897; 1 Bl., IV, 68 S. 8.
München, Jur. Fak., Inaug.-Diss. v. 1897

PRENNER, Josef: S. Gregorii Nysseni de malo doctrina. Ex ejus operibus praecipuis elucidata ratione habita praeprimis idea ejus de omnium restitutione. — 1901. XII, 113 S. Diss. Graz, Univ.

Prenner, Jos., das Recht der Zelle, s.a Sammlung, Moser'sche, zeitgemäßer Broschüren. 13.

.27. (F) Prenner, J., Das Recht der Zelle. Gedanken über das beschauliche Leben. [Moser'sche Sammlung zeitgemässer Broschüren. Heft 13.] 16°. (IV, 48 S.) Graz: Moser 1902. K —.20

Prenner, Paul Christoph (Bayern), De portione filiali vitricorum vel novercarum, Quam Occasione l. hac edictali 6. pr. C. de Secund. nupt. et Reform. Nov. T. 28. L. 8. item T. 33. L. 6. 7. et 9. Diss. jur. Altdorf (H. Meyer) 15. IX. 1704. 72 S. (5.—) 27176

Prenner, Vincent [pract. Arzt aus Gangkofen]: Über die Gewichtsverhältnisse der Milz bei verschiedenen Krankheiten .... München, Kgl. Hof- u. Univ.-Buchdr. v. Dr. C. Wolf & Sohn, 1885; 81 S. 8°.
München, Med. Fak., Inaug.-Diss. v. 1885.

Prenninger, M. Frider., Disputatio de usuris. 4°. Tubingae, G. Gruppenbach, 1583.

Prenninger, Jh. Fr., Anweis. zur Kenntniß d. Menschen u. d. Natur überhaupt. gr. 8. Altona 793. Hammerich. 12 gr

— Anweis. zur menschl. Wohlfahrt. 8. Altona 792. Hammerich. 6 gr

— Beispiele der Tugend u. des Lasters, aus d. bibl. Geschichte d. N. Testam. 2 Thle. 8. Berl. 772, 73. (Reimer). 12 gr

— Belehrr. f. die Jugend. gr. 8. Altona 793. Hammerich. 10 gr

— **Beyspiele d. Tugend u. d. Lasters, a. d. bibl. Gesch. d. N. Test. 2 Thle. 8. Berl. Realschulbuchhandlung. 773.**

— — dies. 2 Thle. 8. Bern, Haller. 775.

— das Christenthum, nach Jesus Christus Lehre rc. 8. Berl. 799. Mylius. 4 gr

— s. Landschulbibliothek.

— prakt. Rathschläge f. Schullehrer u. Prediger. 18 Bdchen. 8. Brandenb. 800. Leich. 8 gr

Prenninger, Karl

Prenninger, Carl, der Bau der Arlberg-Bahn, besprochen in der Wochen-Versammlung des österreich. Ingenieur- und Architekten-Vereins am 12. Febr. 1880. gr. 8. (55 S. mit 8 Stnt.) Wien 880, [Lehmann und Wentzel.] Spielhagen und Schurich. *

Prenntzell, *Ernst* Wilhelm [aus Fronhausen '(Kr. Marburg)']: Ueber das 1-Methyl-2-3-diketopentachlortetrahydrobenzol und dessen Umwandlungsprodukte ... Marburg, Buchdr. v. J. Hamel. 1894; 66 S., 1 Bl. 8.
Marburg, Phil. Fak., Inaug.-Diss. v. [6. Nov.] 1894

Prentice, Bertram [B. Sc. aus Edinburgh Scotl.]: Über einige Derivate der Dimethylacrylsäure und Phenyldimethylpyrazolidon ... München, Druck v. V. Höfling, 1895; 40 S. 8.
München, Phil. Fak., Inaug.-Diss. v. 1895

Prentice, David, aus Glasgow ⟨Schottl.⟩: 1. Die Einwirkung gewisser saurer Oxyde auf Salze der Oxysäuren. 2. Beiträge zur Kenntnis der Friedel-Crafts'schen Reaktion. *Heidelberg 1901: K. Rössler.* (48 S.) 8°
Heidelberg, Naturw.-math. Diss. v. 1901

Prentice, W. P., the indicative and admonitive signs of Sextus Empiricus. A philosophical dissertation. gr. 8. (60 S.) Göttingen 858, (Vandenhoeck und Ruprecht's Verlagsh.) *

Prentice, William K(elly), Novoeboracensis: De Bacchylide Pindari artis socio et imitatore. *Halis Sax. 1900: (A. Littmann (Oldenburgensis).* (67 S.) 8°
Halle, Phil. Diss. v. 1900

Prentiß, E., Fritz u. Maria u. ich. Deutsche autoris. Ausg. v. Marie Morgenstern. 8. (64 S.) Itzehoe 874. Nusser. n. — 75

—— Himmelan. Deutsche autoris. Ausg. von Marie Morgenstern. 1. Aufl. 1872, und 2. Aufl. 8. (384 S.) Basel 875, Schneider. *

— **himmelan.** Deutsche autoris. Ausg. v. Marie Morgenstern. 3. Aufl. 8. (384 S.) Basel 877. Schneider. n. 3. —

Prentiß, E., Himmelan. Deutsche autoris. Ausg. von Marie Morgenstern. 4. Aufl. 8. (IX, 398 S.) Basel 881, Schneider. *

Prentiß, E., Himmelan. Deutsche autoris. Ausg. v. Marie Morgenstern. 5. Aufl. 8. (VIII, 391 S.) Basel 887. [Schneider.] Geering. n. 3. —; geb. n. 4. —

Prentiß, E., himmelan. Deutsche autoris. Ausg. v. Marie Morgenstern. 6. Aufl. 8. (VII, 391 S.) Basel 894. A. Geering. n. 3. —; geb. n. 4. —

Prentiß, E., Himmelan. Deutsche autoris. Ausg. v. Marie Morgenstern. 7. Aufl. 8. (IV, 391 S.) Basel 900. Basler Buch- u. Antiquariatshandlg. vorm. A. Geering. n. 3. —; geb. n. 4. —

— **die Familie Percy.** Deutsche autoris. Ausg. v. Marie Morgenstern. Mit dem (phototyp.) Bildniß der Verf. 8. (IV, 306 S.) Ebend. 876. n. 3. —

— **die Perle der Familie.** Eine Erzählg. aus dem häusl. Leben. Deutsche autoris. Ausg. v. Marie Morgenstern. 8. (VI, 349 S.) Ebend. 875. n. 3. —

Prentiß, E., d. Perle d. Familie. E. Erzählg. aus d. häusl. Leben. Deutsche autoris. Ausg. v. Marie Morgenstern. 2. Aufl. 8. (III, 339 S.) Basel 896. A. Geering. n. 3. —; geb. n. 4. —

—— Stepping Heavenward, s. Collection of British Authors.

— **little Susy's little servants, s.: Schulbibliothek, französische u. englische.**

Prentiß, E., was Lizzie erzählte. Gentleman Jim. Autoris. Übersetzg. v. Marie Morgenstern. 8. (47 u. 79 S.) Leipzig 884. Böhme. n. 1. 30; geb. n. 2. —

Prentiß, George L.

Prentiß, G. L., Elisabeth Prentiß, Verfasserin v. „Himmelan". Ihr Leben u. ihre Briefe. In teilweise verkürzter u. freier Uebertragg. v. Marie Morgenstern. Mit Portr. in Stahlst. gr. 8. (VI, 278 S.) Basel 888. [Schneider.] Geering. n. 4. 80; geb. n. 6. —

— dasselbe. Zweite billigere (Titel-)Ausg. gr. 8. (VI, 277 S.) Ebd. 891. n. 3. —; geb. n. 4. 20

Prentner, Marie, der moderne Pianist. Meine Erfahrgn. auf dem Gebiete der Klaviertechnik u. des Vortrages nach Prinzipien v. Theo. Leschetizky. 20 Handzeichngn. nach der Natur v. Anna Prentner u. Ernst Payer. 100 Notenbeispiele. 40 Beispiele aus der Klavierliteratur. Rev. v. M. Greenewalt. (Englisch u. deutsch.) English translation by M. de Kendler and A. Maddock. (IV, 87 S.) 31,5×24 cm. Philadelphia (903). Th. Presser. 6. 30

Prentzel, Christoph Gottlob (Laub./Lausitz), De actione Pauliana. Diss. jur. Präs. Gottfried Ludwig Mencken. Leipzig (Langenheim) 14. IX. 1747. 39 S. (4·25) 27177
Gew.: Gottfried Krug.

— **Friedrich August** (Bautzen/Lausitz), De citatione edictali in hereditatis absentium ob mortem praesumtam petitione jure Saxonico electorali praescripta. Diss. Präs. August Friedrich Schott. Leipzig (Klaubarth) 27. IX. 1791. 80 S. (4.75) 27178

— — Dasselbe. Leipzig (Klaubarth) 27. IX. 1791. 80 S. (4.75) 27179
Gew.: Friedrich Wilhelm von Ferber (Oheim), Johann Christoph Prentzel (Vater).

Prenzel, Adelbert, Beiträge zur Geschichte der Kriegsverfassung unter den Karolingern von der Mitte des achten bis zum Ende des neunten Jahrhunderts. Diss. Leipzig 1887, Gustav Fock. 8°. 96 S.

Prenzel, Adelbert: Beiträge zur Geschichte der Kriegsverfassung unter den Karolingern von der Mitte des achten bis zum Ende des neunten Jahrhunderts .... Leipzig, *Druck v. R. Mainz Nachf. in Bielefeld,* 1887; 4 Bl. + 96 S. + 1 Bl. 8°
Leipzig, Phil. Fak., Inaug.-Diss. v. 26. Okt. 1887

Prenzel, Karl Aug. Adelb., Beiträge zur Geschichte der Kriegsverfassung unter den Karolingern von der Mitte des 8. bis zum Ende des 9. Jahrhunderts. Leipzig 1887. 8.
Leipziger Inaug.-Diss. . . . . (D.)

Prenzel, Kurt: De Thucydidis libro octavo quaestiones. *Berolini 1903: E. Ebering.* (54 S.) 8°
Berlin, Phil. Diss. v. 9. Mai 1903

Prenzel, Theodor, Prof.: Die Apologetik in der Schule. Bemerkungen aus d. Praxis d. Unterrichts. *Mörs 1903: J. W. Spaarmann.* (47 S.) 8° [J.] [Umschlagt.]
Mörs, k. G Adolfinum, OP 1903 (525)

Prenzel, Th(eodor), Prof.: Bemerkungen zum evangelischen Religionsunterricht auf den höheren Schulen. Zur Abwehr u. Verständigung. *Mörs 1901: J. W. Spaarmann.* (36 S.) 4° [F.]
Mörs, k. G Adolfinum, OP 1901 (495)

[F.] Das Dienst- und Kriegsjahr eines Brandenburgischen Jägers. Persönl. Erinnergn, Briefe u. Tagebuchblätter aus d. deutsch-französ. Kriege v. Theodor **Prenzel,** Oberl. ... in Moers. *Rathenow: M. Babenzien 1893.* (4 Bl., 177 S.) 8.

– **Ruhmestage,** Deutschlands, 1870 71. [No 7.] [96. 5605

Prenzel, Theodor: [Direktor Dr. Friedrich Wilhelm Ernst Fehrs †.] S. 9—11. 4. **Progr.** Kgl. Gymn. *Wetzlar* 1909 (640)

Prenzel, Thdr., auf d. Cottbuser Gymnasium vor drei Jahrzehnten. Persönl. Erinnergn. an d. Stadt u. ihre Bewohner, an d. Schule u. ihre Persönlichkeiten, zugl. e. Gruß an alle einst. Mitschüler. gr. 8. (VII, 88 S.) Cottbus 895. (H. Differt.) n. 1. –

[F.] **Prenzel,** Theodor [Alumnatsinspektor]: Das Martinstift in Fild bei Moers. Die Geschichte seiner Begründg u. der ersten zehn Jahre seines Bestehens. Moers, Druck v. J. W. Spaarmann, 1895; 2 Bl., 74 S., 1 Bl. 8.
Mörs, k. G Adolfinum, OP 1895 (401)

Prenzel, *Theodor:* Aus der Praxis des deutschen Unterrichts der oberen Klassen. I. Die Schülervorträge. Mörs, Druck v. J. W. Spaarmann, 1896; 16—26 S. 4.
Mörs, k. G Adolfinum, Festschr. 1896

Prenzel, Willi, a. Wetzlar: Kritische Untersuchung und Würdigung von Sebastian Francks Chronicon Germaniae. Marburg 1908: Bär & Hermann, Leipzig.) 116 S. 8°
Marburg, Phil. Diss. v. 12. Nov. 1908, Ref. Varrentrapp
[Geb. 10. Jan. 84 Stendal; Wohnort: Cöln; Staatsangeh.: Preußen; Vorbildung: Gymn. Mörs Reife O. 02; Studium: Heidelberg 3, Berlin 2, Marburg 5 S.; Rig. 13. Nov. 07.] [U 09. 3203

Prenzlau [Schlagwort]

Prenzlau, s.: **Deutschland. Kürschner-Peip.**

Prenzlau, s.: **Deutschland. Uebersichtskarte.**

– s. **Geologische Karten. Preussen. 66.**

Prenzlau. Karte des Kreises Prenzlau, nach amtlichen Quellen bearb. u. hrsg. 1 : 100,000. Farbendr. 43,5 × 56,5 cm. Prenzlau 892. A. Mieck. 3. —

Prenzlau, Kreis, s.: **Potsdam, Reg.-Bez.**

Prenzlau [Verfasser]

†Prenzlau, Carl v. (Carl Zastrow), s. **Carl v. Prenzlau.**

Prenzlau, Karl v., s. a.: **Zastrow, Karl.**

Carl von Prenzlau [Carl Zastrow], Atolin der kühne Malaye. Erzählung für die reifere Jugend. gr. 8. (VI, 147 S. mit 8 Bildern in Oelfarbendruck nach Originalzeichnungen von J. B. Sonderland.) Wesel 870, Dums. geb.

—— s. **Diefenbach, Leonh., Prinz Carneval der Jüngere.**

— ein amerikanisches Duell, s.: **Stavenow, B., u. Eug. Mecheo,** das Gespenst im Kuraß.

Prenzlau, Karl v., e. modernes Duell; Graf Dufour. Zwei Tage aus e. Herrscherleben, s.: **Bibliothek interessanter Erzählungen.**

Prenzlau, K. v., e. modernes Duell; Graf Dufour; zwei Tage aus e. Herrscherleben, s.: **Erzählungen aus Heimat u. Ferne.**

Prenzlau, Karl v. (Karl Zastrow), ein modernes Duell, s.: **Lempsky, Eug. v.,** e. guter Rat.

—— Engländer und Indier, s. **Bibliothek interessanter Erzählungen.**

Prenzlau, K. v. (Karl Zastrow), Ernstes u. Heiteres aus d. Theaterwelt, s.: **Zastrow, Karl.**

Prenzlau, Carl v., der kühne Malaye. Erzählung für die reifere Jugend. Mit 8 Bildern in Oelfarbendr. nach Originalzeichnungen von J. B. Sonderland. Wesel 870. Düms. gr. 8. (VI, 147 S.) geb. 1 ℳ

Prenzlau, Karl v., zwei Märchen f. die Jugend bearb. 1. Brüderchen u. Schwesterchen. 2. Der Wundertrank. Mit (4) in Farbendruck ausgeführten Bildern nach Orig.-Zeichngn. v. W. Düms. gr. 8. (16 S.) Wesel 870. Düms. geb. 1. —

—— zwei **Märchen** für die Jugend bearb. 1. Brüderchen und Schwesterchen. 2. Der Wundertrank. gr. 8. (16 S. mit 4 in Farbendr. ausgeführten Bildern nach Originalzeichnungen von W. Düms.) **Wesel 871, Düms.** geb.

—— die **Rosenfee.** Ein Märchen für die Jugend. gr. 8. (16 S. mit 4 in Farbendr. ausgeführten Bildern nach Originalzeichnungen von W. Düms.) **Wesel 870, Düms.** geb.

—— **Wiconbera** der weiße Adler, s. **Bibliothek** interessanter Erzählungen.

Prèo, de, Erlebnisse e. Priesters und Soldaten unter den Negern in Afrika, s.: **Bibliothek f. die reifere christl. Jugend.**

Prèo, de, die Yulofi, &c., s. **De Prèo.**

Preobraschensky, S. S., üb. Fremdkörper in den Athmungswegen, s.: **Klinik, Wiener.**

Preradović's, Pet., ausgew. Gedichte. Deutsch v. Mauro Spicer. Mit biograph. Einleitg. u. dem Bildnisse des Dichters. 8. (95 S.) Leipzig 895. O. Wigand. 1.50

Prerauer, Oswald [aus Berlin]: Ueber die Messung des Selbstpotentials gerader Drähte ... M. 3 Textfig. Leipzig, J. A. Barth, 1894; 17 S. 8.
Würzburg, Phil. Fak., Inaug.-Diss. v. 1894

Prerauer, Walter, Referendar: Sind entmündigte Geisteskranke in lichten Zwischenräumen handlungsfähig? *Greifswald 1899: J. Abel.* (31 S.) 8°
Greifswald, Jur. Diss. v. 1899

Přerovsky Richard: Beiträge zur Lehrmittelfrage des botanischen und zoologischen Mittelschulunterrichtes. 25. Prag II. R. 08.
Progr.

Přerovsky Richard: Schulflora von Leipa und Umgebung. 59. Böhm.-Leipa R. 00.
Progr.

Presanella-Gruppe [Schlagwort]

Presanella-Gruppe, s.: Alpen. Artaria. Karte d. Adamellogruppe.

Presanella-Gruppe, s.: Alpen, Detailkarten.

Presber, Herm., Ein Anempfinder. Novelle. Leipzig 862. Thomas. 8. (316 S.) 1 ℛ 15 ngr.

Presber, Herm., Ideal und Kritik. Ein humoristisches Genrebild aus der Gegenwart. Frankfurt a. M. 856. Meidinger. 8. (3 Bl., 266 S.) 1 ℛ.

Presber, Herm., rheinische Novellen. 2. Aufl. 8. (V, 235 S.) Leipzig 882, Thomas. *ℳ 3.; geb. *
1. Aufl. erschien 1859 u. d. T.: Wolkenkukuksheim.

Presber, Herm., Rudolf. Novelle. 1. Aufl. (312 S.) 1876; 2. Aufl. 8. (V, 315 S.) Leipzig 879, Thomas. geb. *

Presber, Herm., Wolkenkukuksheim. Humoristisches Genrebild. 8. (V und 376 S.) Frankfurt a. M. 859. [Hamm, Grote'sche Buchh.] Ermäß. Preis *

KATALOG der im Wilhelmsturm ausgestellten Gegenstände des historischen Vereins zu Dillenburg. Aufgestellt von dem Conservator P. PRESBER. Dillenburg 1890. (Druck von E. Weidenbach.) 8°.

Presber, P., das Schloß u. die Stadt Dillenburg. Eine geschichtl. Zusammenstellung, nebst 1 (Lichtdr.-)Abbildg. nach Merian's Kupferstich aus dem 17. Jahrh. 12. (40 S.) Dillenburg 887. Seel. n. — 40

Presber, P., Wilhelm I., Prinz v. Nassau-Oranien, der Verschwiegene. 2 Vorträge, 1883 im Gewerbeverein zu Dillenburg geh. 12. (61 S.) Dillenburg 898. C. Seel's Nachf. n. — 50

Presber: Der Zeichenunterricht in Realschulen. Dillenburg 1864. 14 S. 4°
Schul-/Univ. Schrift

Presber, Rud.

— also sprach Shakespeare. Ein Brevier, gesammelt u. eingeleitet. (XVI, 168 S.) 8. Berlin (906). Concordia. n. 2. —; geb. n. 3. —

Presber, Rud., s.: Arena.

Presber, Rud., ein Auftakt zur Feier des 80. Geburtstages des Großherzogs Friedrich v. Baden. (Aufgeführt vom „Verein der Badener" zu Berlin, gelegentlich der Jubelfeier in der Philharmonie.) (41 S.) 8. Berlin (906). Concordia. n. — 50

— s.: Bücher, die, des deutschen Hauses.

Presber, Rudolf: Die Dame mit den Lilien. Phantast. Lustsp. in 3 Akten von — Berlin: Concordia (1907). 211 S. 8°

— Die Dame m. den Lilien. Phantastisches Lustspiel in 3 Akten. (Buchschmuck v. Walth. Caspari.) (211 S.) 8. Berlin (908). Concordia. 2. 50; geb. 3. 50

Rudolf **Presber**. Die Diva und andere Satiren. Mit Buchschmuck von Walther Caspari. *Berlin: 'Lustige Blätter' [1902].* (168 S.) 8° [F.] [03. 5168

Die Diva und Andere von Rudolf **Presber**. 5. verm. Aufl. Berlin: Concordia [1906]. (221 S.) 8° [F.] [07. 12095

— Dreiklang. Ein Buch Gedichte. Mit Buchschmuck v. Walth. Caspari. 1. u. 2. Aufl. (à VI, 210 S.) 8. Stuttgart 904. 905. J. G. Cotta Nachf. n. 3. —; geb. in Leinw. n. 4. —

— **Dreiklang. Ein Buch Gedichte. Mit Buchschmuck** v. Walth. Caspari. 3. Aufl. (VI, 210 S.) 8. Stuttgart 909. J. G. Cotta Nachf. 3. —; geb. 4. —

— das Eichhorn u. andere Satiren, s.: Universal-Bibliothek.

Presber, Rud., das Fellahmädchen u. and. Novellen. 8. (107 S.) Berlin 896. F. Fontane & Co. n. 1. —

Das Fellahmädchen u. andere Novellen von Rudolf **Presber**. 2. verm. Aufl. Berlin: E. Fleischel & Co. 1903. (188 S.) 8° [F.] [07. 12096

Presber, R., Festspiel zum 300jährigen Jubiläum d. Gymnasiums zu Karlsruhe am 28. Novbr. 1886. gr. 8. (16 S.) Karlsruhe 886. Braun. n. — 30

— **Freut euch des Lebens . . .! Ein Blütenstrauß deutscher Lyrik.** (VIII, 236 S.) 8. Stuttgart 910. Deutsche Verlags-Anstalt. Kart. 3. —

— Herbstzauber, s.: Theater-Bibliothek, bunte. 6.

Herbstzauber. Ein Mondscheinscenchen von Rudolf **Presber**. Zum erstenmale aufgeführt in Berlin 1901. 1. Aufl. *Berlin: Th. Mayhofer Nachf. [1902].* (32 S.) 8° [F.]
= **Theater-Bibliothek**, Bunte. H. 6. [03. 3009

— **Der Jünger. Das Versöhnungsfest. 2 Akte.** (185 S.) 8. Berlin 909. Concordia. 2. 50; geb. 3. 50

Rudolf **Presber**. Die sieben törichten Jungfrauen. 2. Aufl. Berlin: Concordia [1907]. (302 S.) 8° [F.] [07. 16860

— **Die sieben törichten Jungfrauen. 4. Aufl.** (302 S.) 8. Ebd. (907). 4. —; geb. 5. —

Rudolf **Presber**. Von Kindern und jungen Hunden. 1. Aufl. Berlin: Concordia [1905]. (263 S.) 8° [F.] [07. 12097

— von Kindern u. jungen Hunden. 2. Aufl. (V, 263 S.) 8. Berlin (906). Concordia. n. 3. 60; geb. n. 4. 50

— Der Knick im Ohr, s.: Concordia-Bibliothek, kleine.

Der Knick im Ohr. Skizzen von Rudolf **Presber**. 3. Taus. Berlin: Concordia [1907]. (117 S.) 8° [F.]
= **Concordia-Bibliothek**, Kleine. Bd 1. [07. 11873

— aus dem Lande der Liebe. Gedichte. Buchschmuck v. Walt. Caspari. 4. Aufl. gr. 8. (187 S.) Berlin 901. [Verlag der „Lust. Blätter".] Stuttgart, J. G. Cotta Nachf. 3. —; geb. in Leinw. 4. —

Aus dem Lande der Liebe. Gedichte von Rudolf **Presber**. Buchschmuck von Walter Caspari. *Berlin: Eysler & Co. 1901.* (187 S.) 8° [F.] [03. 5345

— aus dem Lande der Liebe. Gedichte. Buchschmuck von Walt. Caspari. 3. Aufl. (187 S.) gr. 8. Stuttgart 903. J. G. Cotta Nachf. n. 3. —; geb. in Leinw. n. 4. —

— Aus dem Lande der Liebe. Gedichte. 6.—8. Aufl. Buchschmuck v. Walth. Caspari. (187 S.) 8. Stuttgart 907/10. J. G. Cotta Nachf. 3. —; geb. in Leinw. 4. —

Presber, Rud., leben u. leben lassen. Ein Liederbuch. 12. (X, 160 S.) Frankfurt a/M. 893. C. Koenitzer's Verl. Geb. in Leinw. n. 3. —

Von Leutchen, die ich lieb gewann. Ein Skizzenbuch von Rudolf **Presber**. Berlin: Concordia [1905]. (258 S.) 8° [F.] [07. 12741 11

— von Leutchen, die ich lieb gewann. Ein Skizzenbuch. 12. Aufl. (249 S.) 8. Berlin (906). Concordia. n. 3. 50; geb. n.n. 4. 50
1. u. 2. Aufl. (258 S.) 905. 3.50; geb. 4.50.

— Von Leutchen, die ich lieb gewann. Ein Skizzenbuch. 19. Aufl. (249 S.) 8. Berlin (907). Concordia. 3. 50; geb. 4. 50

Von Leutchen, die ich lieb gewann. Von Rudolf **Presber**. 25. Aufl. Berlin: Concordia [1910]. 200 S. 8° [10. 7372 11

— Das Mädchen vom Nil u. andere Novellen. 3. verm. Aufl. (214 S.) 8. Ebd. (908). 2. 50; geb. 3. 50

Presber, Rudolf: Das Mädchen vom Nil u. andere Novellen. Von –. 6. Aufl. Berlin: Concordia [1908]. 214 S. 8°

Presber, Rudolf: Das Mädchen vom Nil und andere Novellen. Von –. 8. Aufl. Berlin: Concordia [nach 1909]. 214 S. 8°

— Unsere Magdalenen, s.: Esmann, Gust.

— **Media in vita.** Gedichte. 4. (187 S.) Stuttgart 902. J. G. Cotta Nachf. n. 2. 50; geb. in Leinw. n. 3. 50

— Media in vita. Gedichte. 2. u. 3. Aufl. Mit Buchschmuck v. Frz. Christophe. (187 S.) 8. Stuttgart 903. 906. J. G. Cotta Nachf. n. 2. 50; geb. in Leinw. n. 3. 50

— Media in vita. Gedichte. 4. Aufl. Mit Buchschmuck v. Frz. Christophe. (187 S.) 8. Stuttgart 908. J. G. Cotta Nachf. 2. 50; geb. 3. 50

— Poins. „Meine Verse". M. e. Vorwort. 8. (XV, 178 S.) Frankfurt a/M. 896. Gebr. Knauer. n. 2. —

— Poveretto u. andere Novellen. 8. (219 S.) Dresden 894. E. Pierson. n. 3. —; geb. n. 4. —

(B) — Poveretto. 894 (KVL 28). Jetzt: Berlin, Verlag Berlin-Wien.

Presber, Rudolf: Ein Scherzspiel zur Feier des 50jährigen Bestehens des Vereins Berliner Buchhändler. Von –. Mit Lichtbild. von W. A. Wellner. [Berlin: Verein d. Berliner Buchh. 1908.] 40 S. quer- 8°

Presber, Rudolf *Otto Hermann*: Arthur Schopenhauer als Aesthetiker verglichen mit Kant und Schiller ... Heidelberg, Universitätsbuchdr. v. J. Hörning, 1892; 2 Bl., 100 S. 8.
Heidelberg, Phil. Fak., Inaug.-Diss. v. [25. Nov.] 1892

— der Schuß. Schausp. in 3 Akten. 8. (159 S.) Stuttgart 896. J. G. Cotta Nachf. n. 2. —; geb. n. 3. —

— Späne. 1.—4. Aufl. (175 S.) 8. Berlin (910). Concordia. 2. —; geb. in Leinw. 3. —

— Spuren im Sande. Neue Gedichte. Mit Buchschmuck v. H. M. Glatz. (VIII, 222 S.) 8. Stuttgart 906. J. G. Cotta Nachf. n. 3. —; geb. in Leinw. n. 4. —

— Spuren im Sande. Neue Gedichte. Mit Buchschmuck v. H. M. Glatz. 2. Aufl. (VIII, 222 S.) 8. Stuttgart 907. J. G. Cotta Nachf. 3. —; geb. in Leinw. 4. —

— Theater. Ein Bündel Satiren. (147 S.) 8. Berlin (909). Concordia. 2. —; geb. 3. —

— vom Theater um die Jahrhundertwende. 12 Kapitel. gr. 8. (VIII, 230 S.) Stuttgart 901. Greiner & Pfeiffer. n. 3. —; geb. in Leinw. n. 4. —

— Von Torheit u. Freude. 2 Bde. (466 u. 620 S.) 8. Ebd. (910). Geb. in Ldr. 12. —

— Aus Traum u. Tanz. (Buchschmuck v. Lucian Bernhard.) 1. u. 2. Aufl. (VIII, 244 S.) kl. 8. Stuttgart 908. J. G. Cotta Nachf. Kart. 4. —; geb. in Leinw. 5. —

— Der Untermensch u. andere Satiren, s.: Reclam's Novellen Bibliothek.

— der Untermensch u. andere Satiren, s.: Universal-Bibliothek.

— Venus Anadyomene, s.: Universal-Bibliothek.

— Der Vetter aus Köln. Kleine Schwänke. 1. u. 2. Taus. (128 S.) kl. 8. Berlin (909). Concordia. 1. —; geb. in Leinw. 1. 80

— der Vicomte. Komödie in 3 Akten. 8. (178 S.) Ebd. 897. n. 2. —; geb. n. 3. —

Presberg [Schlagwort]

Presberg, s.: Preussen. Messtischblätter.

Presbeuta, de jure legationis statuum imperii. 8. Halae, Renger. 701.

PRESBEUTAE, Justini (Heinr. v. HENNIGES): Discursus de jure legationis statuum imperii. *Eleutherop.* 701. 8.

Presburg, s. Preßburg.

Presburger, L., [illegible]. Elementarbuch, od. gründl. grammatikal. Unterr. im Lesen u. in d. Flexion d. hebrä. Sprache. Als Hülfsb. neben d. fortschreit. Uebungen, f. Schulen u. Privatunterr., so wie auch f. Autodidakten. Mit e. Vorw. v. J. M. Jost. 8. (13¼ B.) Frankfurt a. M. 839, [Sauerländer's Verl.]

—— [illegible] Hebrä. Fibel, od.: Erster Unterr. im Hebräischlesen u. Uebersetzen, nach grammat. Grundsätzen bearb. Mit e. Vorw. v. M. Heß. 3., verb. u. verm. Aufl. 8. (4 B.) Frankfurt a. M. 839, [Sauerländer's Verl.]

Presbyter initiandus et initiatus. 8. Brixen, Weger. 782.

Presbyter, Johs., Dichtungen. Hrsg. von Johs. Klein. 16. (III und 164 S.) Neisse 863, Graveur.

Presbyter, Th., ascetische u. moralische Blumenlese, s. Bibliothek für innerliche Seelen.

Theophilus Presbyter, Schedula diversarum artium I. Übersetzt von A Ilg. (Quellenschriften für Kunstgeschichte 7) Wien 1874

Presbyterial-Kirchenordnungen, die älteren, der Länder Jülich, Berg, Cleve u. Mark, in Verbindung mit der neuen Kirchenordnung für die evangel. Gemeinen der Provinz Westphalen u. der Rheinprovinz. Hrsg. v. K. Snethlage. Mit einem Vorworte des Hrn. Gräber. 2. unveränd. (Titel-)Ausg. gr. 8. (VI u. 220 S.) Bielefeld (837) 850, Velhagen & Klasing. ¾ ₰

Presbyterial- u. Synodal-Ordnung f. die evangelischen Kirchengemeinschaften [die reformirte, die lutherische u. die unirte] im Bezirke d. Konsistoriums zu Cassel m. Allerhöchstem Erlaß vom 16. Decbr. 1885. gr. 8. (59 S.) Cassel 886. (Röttger.) n.n. — 60

Presbyterialstreit, über den, in Baiern, mit Rücksicht auf einen Aufsatz in No. 309. der Neckarzeitung v. J. 1822. 8. Sulzb. 823. v. Seidel. 4 gr

Der Presbyterianer: Jahrgang 1—81, no. 7. Oct. 1, 1867—Dec. 27, 1947.

Presbyterian. Monthly, 1867—69; bi-weekly, 1870—1901; weekly, 1902—35; semi-monthly, 1935—47. Organ of Die Deutsche Synode des Westens; later, Der Konvention der Deutschen Presbyterianischen Prediger und Aeltesten des Westens.

Place of publication varies: West Manchester, Pa., Oct. 1867—Feb. 1868; Allegheny, Pa., Mar.—Sept. 1869; Dubuque, Oct. 1869—Dec. 1947.

Circulation: 1880, 1200; 1890, 1050; 1910, 1580; 1920, 1800; 1930, 1600; 1940, 700; 1942, 612; 1947, 150; the YEARBOOK of 1943, reports that the number of subscribers was never large, possibly the largest number ever listed was between 1700 and 1800 during the years 1912—14. Edited by the Rev. John F. F. Schmidt von der Launitz, 1867—69, by the Rev. Johannes Bandy, 1869—87; other editors: the Rev. Jacob Conzett, 1890—1900; the Rev. J. Stark, the Rev. William Mundhenke, the Rev. A. W. Reinhard; the Rev. C. Bromeker, J. Hundeling (in 1883—84); the Rev. G. Moery & the Rev. A. Van der Lippe (in 1885); the Rev. D. Graeder; the Rev. K. J. Stratemeier (1932—39), the Rev. Albert Kinzler (Campbell, Nebr.), 1940—47; the Rev. William L. Kilpper, Business Manager to 1914. Published by the Verlag der Konvention Deutscher Presbyter des Westens, by John Smith, 1882—85; by Smith, Mathias Brothers & Co., 1886; by Dubuque Presbyterian Press, 1933—47. See YEARBOOK of the Synod of the West of the Presbyterian Church, 1943.

Dubuque, IA

Presch, therapeutisches Taschenbuch f. physiatr. Aerzte. M. besond. Berücksicht. d. Prophylaxe. 12. (XII, 344 S.) Leipzig 898. H. Hartung & Sohn. Geb. in Leinw. n. 4. —

Presch: Therapeutisches Taschenbuch für physiatrische Aerzte. Leipzig 1899

Presch, Bernh., die physikalisch-diätetische Therapie in der ärztlichen Praxis. (In etwa 6 Lfgn.) 1.—3. Lfg. gr. 8. (S. 1—288.) Würzburg 902. A. Stuber's Verl. Subskr.-Pr. à 2. —

Presch, Bernh., die physikalisch-diätetische Therapie in der ärztl. Praxis. 4.—6. Lfg. (VIII u. S. 289—646.) gr. 8. Würzburg 903. A. Stuber's Verl. Subskr.-Pr. à n. 2. — (Vollständig: n. 13. —; geb. in Halbfrz. n. 16. —)

Presch, Karl, Kammergerichtsreferendar in Berlin: Der Schutz des Firmenrechts. Borna-Leipzig 1905: R. Noske. (VIII, 49 S.) 8° [J.]
Rostock, Jur. Fak., Ref. Lehmann, Diss. v. 5. Febr. 1905
[Geb. 27. Jan. 81 Schwiebus; Wohnort: Berlin; Staatsangeh.: Preußen; Vorbildung: Gymn. Gartz a./O. Reife O. 99; Studium: Berlin 6 S.; Rig. 28. Okt. 04.]

Prescher, das Kastell Heidenheim. gr. 4. (11 S. m. Abbildgn. u. 3 Taf.) Heidelberg 900. O. Petters. n. 2. 40
Sonderabdruck aus: „Der obergerman.-raet. Limes d. Römerreiches".

Prescher, H., historische Blätter mannichfachen Inhalts. 1ste Lief. mit Abbild. 8. Stuttgart, Sattler. 818.

— — kleine bibl. Geschichte. Auszug aus dem größern Schmidtschen Werke. Mit 40 bildl. Darstell. 8. Gmünd, Ritter. 820.

Prescher, H., kleine bibl. Geschichte. Auszug aus d. größern Schmid'schen Werke. Zum Gebr. evangel. Schul-Jugend eingerichtet. 4. Aufl. M. 40 bildl. Darstell. (Holzschn.) 8. (10 B.) Ravensburg (831), Gebr. Dorn.

Prescher, Jeremias (Cassel/Hessen), De feudi per vasallum alienati praescriptione contra dominum directum. Diss. jur. [Präs.] Jakob Heinrich Zoll. Jena (J. B. Heller) 27. VI. 1710. 1746. 28 Seiten. (4.25) 27179a

Prescher, Jh. Ph. Hnr., Altgermanien, od. vergnügende u. belehrende Unterhaltungen üb. antiquarische Gegenstände rc. 1s u. 2s Heft. Mit Kpf. 8. Ellwangen 804 u. 5. (Ritter in Gmünd). 12 gr

— Barbarossa.

— histor. Blätter mannichfachen Inhalts. 1e Liefer. Mit Abbild. 8. Stuttg. 818. (Hoffmann). 16 gr

— Gesch. u. Beschreib. der zum Fränk. Kreise gehörigen Reichs-Grafschaft Limburg. 2 Bde. Mit Kpf. u. 1 Karte. gr. 8. Stuttg. 789, 90. Metzler. 3 ₰

— kleine bibl. Geschichte. Auszug aus d. größern Schmidt'schen Werke. Mit 40 bildl. Darstell. 8. Gmünd 820. Ritter. 4e A. 8. Ravensb. (831.) Gebr. Dorn. 4 gr

[Prescher J. P. H.]: Die angorische od. englische Kaninchenzucht in Teutschland ... Heilbronn a. N. 1803. 98 S. (anonym).
— — 2. rechtmässige Orig.-Ausg., m. Tit.: Die veredelte angorische u. englische Kaninchen od. Seiden-Hasen-Zucht in ihrem ganzen Umfange ... Sst. 1830. 98 S.

— d. angor. od. engl. Kaninchenzucht in Deutschland, zum Nutzen der Landleute hrsgg. 8. Heilbr. 804. Claß. 8 gr

— Leben des Diakonus Meichsners. 8. Halle 772.

— geprüfte Nachrr. zur Beleuchtung d. Geschichte des uralten Hauses d. Reichserbschenken u. Semperfreien zu Limburg u. ihrer zugehörigen Lande. 8. Frkf. u. Leipz. 775.

— s. Quinctilians Charakteristik.

— über Gottes Vorsehung, oder das Schlimmste, das Beste. 8. Schwäb. Hall 780. (Heilbr., Claß). 2 gr

— neue metrische Werke. 8. Schwabach 773.

— Würtemberg u. Limburg; e. histor. Versuch. Fol. Oering. 781.

Prescher, Johann

— u. Vikt. **Rabs**, Hilfsbuch f. das Apothekenlaboratorium. (VII, 160 S. m. 73 Abbildgn. u. 1 Tab.) gr. 8 Würzburg 904. A. Stuber's Verl. n. 3.60; geb. n. 4.20

Prescher, Joh., u. Vikt. **Rabs**, bakteriologisch-chemisches Praktikum. Die wichtigsten bakteriolog., klinisch-chem. u. nahrungsmittelchem. Untersuchungsmethoden f. Apotheker, Chemiker, Ärzte u. Studierende. 2., vollständig umgearb. u. erweit. Aufl. (VI, 314 S. m. 61 Abbildgn., 4 [3 farb.] Taf. u. 2 Tab.) 8. Würzburg 910. C. Kabitzsch. 5. 50; geb. n 6. 30

— — bakteriologisch-chemisches Praktikum f. Apotheker u. Studierende. Kurze Anleitg. zur Untersuchg. v. Harn, Blut, Magen- u. Darminhalt, Auswurf, Wasser, Milch, Butter u. Margarine. (VIII, 112 S. m. 14 Abbildgn., 3 Taf. u. 2 Tab.) gr. 8. Würzburg 903. A. Stuber's Verl. n. 2. 80; geb. u. durchsch. n. 3. 60

Prescher, Johannes, aus Gelnhausen: Borsäure in Nahrungsmitteln. *Würzburg 1904: C. J. Becker.* (26 S.) 8°
Würzburg, Phil. Diss. v. 1904

Prescher, Johs., die prakt. Methoden der Bestimmung u. des Nachweises der Borsäure nebst Anweisung zur Untersuchung auf verbotene Konservierungsmittel nach dem Fleischbeschaugesetz vom 3. VI. 1900. (56 S.) gr. 8. Lübeck (906). Ch. Coleman. n. 1. 50

Prescher, Rud., die Schleimorgane der Marchantieen. Lex.-8. (27 S. mit 2 lithogr. Taf.) Wien 882, (Gerold's Sohn.) *
Aus: Sitzungsberichte der k. Akademie der Wissenschaften, besonders abgedruckt.

Prescher, R., und Schilling, neueste Schrift-Vorlagen. Anleitung zur prakt. Eintheilung der Worte und Buchstaben für Maler, Lackirer, Architekten etc. qu. 4. (13 Stnt.) Dresden 881, (C. Weiss.) *

Prescher, R., u. Schilling. Neueste Schrift-Vorlagen. Anleitung zur prakt. Eintheilg. der Worte u. Buchstaben f. Maler, Lackirer, Architecten etc. gr. 4. (13 Bl.) Münch. 892, Callwey. * 1 50

Prescheru, Karl, Slovensko-nemški Abecednik za občne ljudske šole. Slovenisch-deutsche Fibel für allgemeine Volksschulen. Revidirter Text. Wien. K. k. Schulbücher-Verlag. (Min.-Erl. v. 21. März 1893, Z. 5616.) In Halbleinen-Einband —.35

PRESCHERN, MAX. Ueber den Schellack. Wien, 1873.

Prescott, Thomas H. Anisch-Dte Encyclopädie . . . aus dem Eng frei übersetzt. Columbus, O. 1865.

Prescott, Will. H., Geschichte der Eroberung von Mexiko mit einer einleitenden Uebersicht des frühern mexicanisch. Bildungszustandes u. dem Leben des Eroberers Hernando Cordez. Aus dem Engl. 2 Bde. gr. 8. Leipzig 845, Brockhaus. [1. (40½ B. u. 2 Stnt.) 2. 35½ B.)]

Prescott, William H., Geschichte der Eroberung von Peru m. einer einleit. Uebersicht d. Bildungszustandes unter den Inkas. Aus d. Engl. übers. 2 Bde. gr. 8. (1. Bd. XXXII u. 400 S. m. 1 lith. Karte von Peru. 2. Bd. XVIII u. 416 S.) Leipzig 848, Brockhaus. 5 ₰

Prescott, William, Geschichte Philipp's II. Deutsch von Johs. Scherr. 1—3. Thl. gr. 8. (XII und 813 S.) Leipzig 856, O. Wigand. à Thl. * 1 Thlr. *

Prescott, William (H.), Geschichte Philipp's II. Deutsch von Johs. Scherr. 4. und 5. Thl. gr. 8. Leipzig 859, O. Wigand. [4. Thl. (190 S.) 5. (IV und 188 S.) à Thl. * 1 Thlr.] *
1—3. Thl. Ebendas. 1856. * 3 Thlr.

Prescott, William H., Geschichte der Regierung Ferdinands u. Isabella's der Katholischen von Spanien. Aus dem Engl. übersetzt. 2 Bde. gr. 8. Leipzig 842, Brockhaus. 6 ₰

—— Histoire du règne de Philippe II. Traduite de l'anglais par G. Renson et P. Ithier. 5 Vols. gr. 8. Leipzig 860,61, A. Dürr. [Vol. 1 und 2. (717 S.) 3. (343 S.) 4. (329 S.) 5. (371 S.) à Vol. * 1 Thlr. 20 Ngr.] *

Prescott, William, History of the conquest of Mexico. Für den Schulgebrauch hrsg. v. Joh. Leitritz. 2 Bdc. 8. (VIII, 126 u. IV, 122 S.) Leipzig 903. G. Freytag. Geb. in Leinw. à n. 1. 50; Wörterbuch, bearb. v. F. Kloikamp. (60 S.) n. — 60

— dasselbe, hrsg. v. Gust. Adj. Stoll, s.: Klassiker-Bibliothek, französisch-englische. 35. Bdchn.

— history of the reign of Philip II., king of Spain, s. Dürr's Collection of standard American Authors.

—— das Klosterleben Karls V., s. Bergson-Sonenberg's Eisenbahnbücher.

— das Klosterleben Karls V., übers. von Seybt, s. Conversations- und Reisebibliothek.

Département militaire fédéral. Prescriptions.... 8.
[1.] Prescriptions sur le nettoyage des fusils. (1901 mars 12.) 6 p.
[2.] Prescriptions relatives à la remise de vêtements d'exercice..., d'armes et de munition pour l'instruction militaire préparatoire. (1902 janvier 30.) 7 p.

Prescriptions provisoires pour l'élaboration des projets, l'exécution et le contrôle des constructions en béton armé, dressées par la Société suisse des ingénieurs et architectes, suivies d'un rapport explicatif de M. le professeur (F[rançois]) Schüle.... Zurich, Août 1903. II + 18 p. 8. Zurich, F. Lohbauer.
[Publication de la] Société suisse des ingénieurs et architectes.

Prescrizioni concernenti l'assicurazione delle truppe contro gl'infortuni per opera della Confederazione durante l'anno 1901. (1901 gennajo 1°.) 8 p. 8. [Bern, Genossenschafts-Buchdr.]

Prescrizioni disciplinari e regolamento di servizio per la real guardia nobile del corpo lombardo-veneta. (Mit 5 Tabellen.) 4. Vienna 1840.

Presel, Georg (Hanau)
Ueber die Erziehung.
MS. 12 Bl. 4°
Diss. phil. Giessen 21.12.1820. vorh. Univ.-Archiv.

Presensky (Franz). Lawn-Tennis, sowie 10 der beliebtesten englischen Kugel- u. Ballspiele. 1907. Leipzig. 253 S. m. Abb. M. 3.50

Preser, Carl, d. Arminslied. 8. (VII, 204 S.) Großenhain 895. Baumert & Ronge. n. 2. —; geb. n. 3. —

Preser, Carl, das Arminslied. 2. rev. Aufl. (188 S.) 8. Leipzig-Gohlis 909. B. Volger. 3. —

Preser, Carl, König Authari u. seine Brautfahrt. Ein ep. Gedicht. 2. Aufl. br. 8. (III, 88 S.) Kassel 870. Hotop. 1. 50; geb. 2. —

Preser, Karl, König Authari und seine Brautfahrt. Ein episches Gedicht. 3. Aufl. 8. (87 S.) Eichstätt 879, Krüll'sche Buchh. *

Preser, Karl, König Authari u. seine Brautfahrt. Ein episches Gedicht. 3. Aufl. 8. (87 S.) Eichstätt 879. Stillkrauth. n. 1. 50

Preser, Carl, heimathliche Bilder u. Gestalten. gr. 8. (VIII, 196 S.) Marburg i/H. 892. O. Ehrhardt. n. 2. 50; geb. m. Goldschn. n. 3. 50

— Heimatliche Bilder. Balladen u. Romanzen. 2. Aufl. (VIII, 180 S. m. Bildnis.) 8. Marburg 909. N. G. Elwert's Verl. Geb. in Leinw. 2. 60

Preser, Carl, üb. den Einfluß entwaldeter Höhen auf die Bodencultur. Bericht d. Landesculturraths-Ausschusses an den Landesculturrath f. das Königr. Böhmen. 8. (35 S.) Prag 884. Calve. n. — 60

—— nicht Einigung, sondern grundsätzliche Spaltung Deutschlands durch Preußen. Aus histor. Quellen nachgewiesen. 3. unveränd. Aufl. gr. 8. (36 S.) Wien 870, Herzfeld und Bauer. [Brüder Winter.] *

— die Erhaltung d. Bauernstandes. 2. Aufl. gr. 8. (XV, 396 S.) Leipzig 884. O. Wigand. n. 6. —

Preser, Karl, Die Erhaltung des Bauernstandes und die Grundeigenthumsfrage. 1. u. 2. Aufl. gr. 8⁰. Prag, Calve, 1884. 3. (Titel-)Ausg. gr. 8⁰. Leipzig, O. Wigand, 1894.

— die Erhaltung des Bauernstandes. 3. (Titel-)Ausg. gr. 8. (XVII, 396 S.) Leipzig 894. O. Wigand. 4. 50

— welfische oder preußische Fälschungen? Ebend. 870. gr. 8. (23 S.) n. 5 ngr.

Gedichte von Carl Proser 5. Aufl. *Kassel: E. Hühn 1899.* (XIII, 304 S.) 8° [B.] [oo. 462 4

Preser, Carl, Gedichte. 16. (IV und 163 S.) Fulda 856, Maier.

Preser, Carl (II.), Gedichte. 2. Aufl. 8. (VII, 248 S.) Eichstätt 879, [Krüll'sche Buchh.] Stillkrauth. *

Preser, C., Gedichte. 4. Aufl. 12. (XIII, 291 S.) Cassel 890. Hühn. n. 3. —; geb. n. 4. —

Preser, Carl, Gedichte. 5. Aufl. 12. (XIII, 300 S.) Cassel 899. E. Hühn. Geb. in Leinw. m. Goldschn. n. 4.—

—— Ulrich v. Hutten. Heldengedicht. 12. (V, 187 S.) Ebd. 889. * 3 —; geb. * 4 —

[Preser, Carl]: Der Kurfürst von Hessen, seine Dynastie und seine Gegner. *Vom Verfasser der „Göttlichen Mission Preußens". Heft 1. Wien 1869. 16 S.*

— die göttliche Mission Preußens. Eine Zeitstudie. 4., unveränd. Aufl. Ebend. 870. gr. 8. (32 S.) n. 5 ngr.

Preser, Carl, üb. die Nothwendigkeit gesetzlicher Normirung kürzerer Klagverjährungsfristen in Oesterreich. 8. (31 S.) Prag 876. Dominicus. n. — 60

Preser, Carl (I.) Pacht, Pachtrecht und Pachtvertrag über grössere Landgüter in Oesterreich. gr. 8. (VII, 224 S.) Prag 880, (Calve'sche Universitäts-Buchh.) *

— der Soldatenhandel in Hessen. Versuch e. Abrechng. gr. 8. (VII, 98 S.) Marburg 900. N. G. Elwert's Verl. n. 1.—

— die Sterner. Historisches Drama in 5 Acten. Cassel 866. (Leipzig, E. Luckhardt.) 8. (III, 129 S.) n. 15 ngr.

— Waldesrauschen. Wald- u. Jagdlieder. gr. 8. (VII, 110 S.) Neudamm (899). J. Neumann. n. 2. —; geb. n. 3. —

Preser, C., über die Wiederherstellung der Ackerkrume auf den bei den letzten Ueberschwemmungen in Böhmen abgeschwemmten Feldern. gr. 8. (26 S) Prag 872, Dominicus. *

Prešeren, Frz., deutsche Gedichte. 8. (VI, 46 S.) Laibach 901. J. v. Kleinmayr & F. Bamberg. n. 1. —

— Poesien. In deutscher Übertragung gesammelt u. hrsg. v. Fr. Vidic. 12. (VII, 196 u. VI S.) Wien (901). (A. Hölder.) n. 2. —; auf Büttenpap. n. 3. —

Preſern, France, die Taufe an der Savica. Epos deutsch von Heinr. Penn. Laibach 866. Wagner. gr. 8. (21 S.) 6 ngr.

Preſern, Val., Commentar zum allgemeinen Grundbuchsgesetze vom 25. Juli 1871 u. der Grundbuchs-Instruction vom 12. Jan. 1872. Mit zahlreichen Beispielen v. Urkunden, Grundbuchseingaben, Bescheiden, Eintraggn. u. Bestätiggn. gr. 8. (VIII, 223 S.) Wien 875. Manz. n. 4. —

Préservatif contre l'ennui ou choix de bon-mots, naïvetés et contes badins à rire. Recueilli au temple du délassement par un amateur. 16. (5½ B.) Berlin 844, Hayn.

Presinger, Rup., Ascesis Benedictina. 4. Augsb. Wolf. 757.

— Gesch. u. Beschr. d. ꝛc. Grafschaft Lüneburg. 2. Bde. m. K. gr. 8. Stuttgart, Metzler. 789.

Presinsky, Frz., englische Kugel- u. Ballspiele, [a Weber's illustrierte Katechismen. 243. Bd.

Presinsky, Franz, Englische Kugel- und Ballspiele, m. Abb., Leipzig 1903, 254 S., 8°.

Presinsky, Lawn Tennis sowie zehn der beliebtesten englischen Kugel- u. Ballspiele. Ein Leitfaden f. die deutschen Spieler m. 105 in den Text gedr. Abbildgn. 2. Tauſ. (VIII, 254 S.) kl. 8. Leipzig 907. J. J. Weber. Geb. in Leinw. 3. 50

Preskowetz v.

— Der Branntweinschank am Sonntag, eine Lücke in der sozialen Gesetzgebung der Sonntagsruhe. Leipzig 1895. 7 S. Mk. —.20.

Preskowetz v. Giegl. Petition des Oesterreichischen Vereins gegen Trunksucht. Wien 1890. 4°.

PRESKOWETZ, Max Ritter v.: Führer durch die Land- und Forstwirthschaft Österreichs. Festgabe für die Mitglieder des Internationalen Land- und Forstwirthschaftlichen Congresses in Wien. - Wien 1890

Presl (Gitschin), Masern-, Scharlach-, Keuchhusten- und Diphtherie-Sterblichkeit in Oesterreich. (Prag (H. Mercy)). 13 S. (2.50) 27180
Sep.-Abdruck aus der „Prager Medicinischen Wochenschrift" 1887, Nr. 13. Prag (Tempsky).

Presl, A., s.: Verhandlungen des 1. öst.-ungar. Tischlertages in Wien.

Presl, Friedrich

Presl, F. Einige Bemerkgn üb. unsere ungünstigen Heeres-Ergänzgs-Resultate i. Hinblick auf die derzeit giltige Instrukt. zur ärztl. Untersuchg der Wehrpflichtigen. Wien 1886.

Presl, F., s. a. Gesetze u. Verordnungen üb. das österreichische Apotheker-Wesen u. den Medicamenten-, Mineralwasser- u. Gifthandel.

Presl, Friedr., Gesetze und Verordnungen über das österreichische Apotheker-Wesen und den Medicamenten-, Mineralwasser- und Gifthandel, mit Einbeziehung der neuen österreich. Arznei-Taxe vom 28. Octbr. 1876. Gesammelt und commentirt. Mit einem chronolog. und einem ausführl. alphabet. Sachregister. 8. (176 S.) Prag 877, Mercy. *

Presl, Friedr., Gesetze und Verordnungen über das österreichische Apothekerwesen und den Medicamenten-, Mineralwasser- und Gifthandel, mit Einbeziehung der neuesten österreich. Arznei-Taxe für das J. 1881 vom 10. Decbr. 1880. Gesammelt und commentirt. Mit einem chronolog. und einem ausführl. alphabet. Sachregister. 8. (176 S.) Prag 881, Mercy. *

—— dass. — für das J. 1882 vom 7. Decbr. 1881. Gesammelt und commentirt. Mit einem chronolog. und einem ausführl. alphabet. Sachregister. 8. (176 S.) Ebendas. 882. *

– s. Jičin. Statistischer Bericht.

—— die Prophylaxis der übertragbaren Infections-Krankheiten. Ein Handbuch für Aerzte, Sanitätsbeamte und Physikats-Candidaten. Mit besond. Berücksicht. der österreich. und deutschen Gesetzgebung. gr. 8. (V, 147 S.) Wien 881. Urban und Schwarzenberg. *

— die Schutzpocken-Impfung, ihre Leitung u. Durchführung. Eine Sammlung sämmtlicher Vorschriften darüber für die im Reichsrathe vertretenen Königreiche u. Länder, mit Berücksichtigung der betreffenden Gesetzgebung des deutschen Reiches. Als Handbuch für Sanitätsbeamte, Aerzte, Gemeinde- u. k. k. politische Behörden zusammengestellt u. commentirt. Mit mehreren Formularien u. einem alphabetischen Materien-Index. 8. (80 S.) Prag 878. Mercy. n. 1. 20

—— Todten-Beschau, Rettungsverfahren beim Scheintode und Beerdigungs-Wesen nach der österreichischen Gesetzgebung. Ein Handbuch für autonome und k. k. staatl. polit. und Gerichts-Behörden. Zusammengestellt und commentirt. Mit einem chronologischen und alphabet. Materien-Index. 8. (231 S.) Ebendas. 878. *

Presl, Johann Swatopluk

— Anleitung zum Selbststudium der Oryktognosie in techn. Beziehung. 1s Hft. Theoret. Oryktognosie. gr. 8. Ebd. 833. 7/12 ₰ — 2s Hft. Prakt. Oryktognosie. gr. 8. Ebd. 834. 1 1/6 ₰

Presl, Jh. Swat., et K. B., deliciae Pragenses, histor. naturalem spectantes. Vol. I. 8maj. Prag 822. Calve. 1 ₰ 8 gr.

PRESL, JOHANN SWATOPLUK.
Experimental-Chemie. Prag, 1828. 8vo.

— et Karl Bor., Flora czechia, indicatis medicinalibus, oecon.-technol. plantis. 8maj. Prag 819. (Calve). 1 ₰ 20 gr.

— Flora Sicula, exhibens plantas vasculosas in Sicilia aut sponte crescentes aut frequentissime cultas, sec. systema naturale digestas. Tom. I. 8maj. Prag 826. Borrosch u. A. 2 ₰

Presl, Jan Sw., († d. 6. April 1849), Počátkowé rostlinoslowí, siehe: Bibliotéka, nowočeská, číslo X.

Presl, Carol. Borziwog

Presl (K. B.), Anleitung zum Selbststudium der Oryktognosie in technischer Beziehung. Heft 1. Theoretische Oryktognosie. Prag 1833. 8.

Presl, K. Borz. Anleitung zum Selbststudium der Oryctognosie in technischer Beziehung. Prag. 1834. 8.

Presl, Karl Borziwog, Bemerkungen über d. Bau der Blumen der Balsaminen. Aus d. Abhandlungen der k. böhm. Gesellschaft der Wissensch. gr. 8. Prag 836. Haase Söhne. 1/3 ₰

Presl, Carl Borziwog, botanische Bemerkungen. gr. 4. (19 1/4 B.) Prag 844, (Haase Söhne Verl. Exped.)
Aus: Abhandlungen d. böhm. Gesellschaft d. Wissenschaften V. Folge. III. Bd. besond. abgedruckt.

Presl, Karl Bor., Cyperaceae et Gramineae Siculae. 8maj Prag 820. (Eggenberger). 8 gr.

Presl, C. B., Cyperaceae et Gramineae Siculae. 8. Prag, Hartmann. 820.

Presl, Carol. Bor., Epimeliae botanicae. Cum tab. 15 lith. (in gr. 4. u. Fol.) Mss. lectum in consessu sectionis historiae naturalis societatis regiae bohemicae scientiarum 2. Jun. 1847. gr. 4. (264 S.) Pragae 849. (Calve.) n. 5 ₰

Presl, (C. B.,) Flora Sicula, exhibens plantas vasculosas in Sicilia aut sponte crescentes aut frequentissime cultas, sec. systema naturale digestas. Tom. I. 8 maj. Pragae 826, Borrosch.

—— die Gefässbündel im Stipes der Farrn. I. Heft. gr. 4. (18 S. und 7 Stnt.) Prag 818, (Calve'sche Vrlgsh.) *
Aus: Abhandlungen der k. böhmischen Gesellschaft der Wissenschaften. 5. Folge 5. Bd., besonders abgedruckt.

—— Hymenophyllaceae. Eine botanische Abhandlung. gr. 4. (8 3/4 B. u. 12 Kpfrt.) Prag 843, Haase Söhne Verl.-Exped. *
Aus: Abhandlungen d. böhm. Gesellschaft d. Wissenschaften V. Folge. III. Bd. besond. abgedruckt.

—— Naturgeschichte des Thierreiches, s. Ramisch, F. X.

—— Prodromus monographiae Lobeliacearum. Ex actis regiae bohem. societ. scientiar. 8maj. (3 1/4 B.) Pragae 836, Haase fil.

— s. Ramisch, F. X., Naturgeschichte des Thierreichs.

—— Reliquiae Haenkeanae, s. Reliquiae.

—— Repertorium botanicae systematicae. Excerpta e scriptoribus botanicis, cont. dignoses generum et specier. novar. aut melius distinctar., indicationes iconum gener. et specier. jam cognitar. et adnotationes succinctas botan. systemat. spectantes, sistentia supplem. continuum prodromi systematis naturalis Candollei, systematis vegetab. Schultesii et Sprengelii. Fasc. I et II. 8 maj. (12 u. 13 B.) Pragae 833, 34, Haase fil. à

—— Symbolae botanicae, sive icones et descriptiones plantarum novarum vel minus cognitarum. Fasc. I — VII. Fol. maj. (25 B. u. 70 Kpfrt.) Pragae 830 — 33, Calve. à

Presl, Carl Borziwog, Symbolae botanicae sive descriptiones et icones plantarum novarum aut minus cognitarum. Fasc. VIII. gr. Fol. (III und 7 S. mit 10 Kpfrt.) Prag 858, Tempsky. Thlr. *
Fasc. I—VII. Ebendas. 1830—33. * 29 Thlr. 29 1/4 Ngr.

— Tentamen Pteridographiae, seu genera Filicacearum, praesertim juxta venar. decurs. et distributionem exposita. Ex actis regiae bohem. societ. scientiar. 8maj. (18¼ B., 11 Kpfr.- u. 1 Stnt.) Pragae 836, Haase fil.

— Supplementum Tentaminis Pteridographiae, continens genera et species ordinum dictorum Marattiaceae, Ophioglossaceae, Osmundaceae, Schizaeaceae et Lygodiaceae. gr. 4. (15 B.) Prag 845, Haase Söhne Verl.-Expedit.
Aus: Abhandlungen d. böhm. Gesellschaft d. Wissenschaften V. Folge. IV. Bd. besond. abgedruckt.

Presle, sa Lebegue.

Presle, Achille Guillaume Lebegue de. Abhandlung von der Gesundheit. A. d. Franz. Nürnberg 1766. Ü: *Haas, Johann Jacob.* (will)

— Zusätze zu D. Monro's Beschr. d. Krankheiten, welche in d. brittischen Feldlazarethen in Deutschland am häufigsten gewesen. 2 Thle. gr. 8. Altenburg. (Akadem. Bchhdl. in Jena.) 771. (1r 18 gr. 2r 1 Rthlr. 6 gr.)

Presler, K. W., u. W. **Völker,** Karte von Texas. Zusammengetragen nach den Aufnahmen der Land-Office von Texas. Imp. Fol. Lith. u. color. Wolfenbuttel 852, Holle. n. ⅓ ℛ

Presler, Otto, arithmetische Aufgaben, s.: **Bardey, E.**

- Aufgabensammlung, s.: **Bardey, Ernst.**

— **Leitfaden der Projektionslehre, s.: Müller, Carl Heinr.**

Presler-Flohr, Johanna, Gedichte. 8. (XI, 169 S.) Dresden 901. E. Pierson. n. 2. 50; geb. n. 3. 50

Presler-Flohr, Johanna, Ulrich v. Hutten. Drama in 5 Aufzügen. (204 S.) 8. Berlin (909). Marquardt & Co. 2. 50; geb. 3. 50

Présomption, la, punie; Comédie. 8. Vienne. 743.

Presper, Rudolf (Hrsg.), s. Arena

Press: United Press
⑤ 1907 (cont.) ⑥ 4° ⑦ täglich ⑧ Zürich ⑩ United Press Associations ⑭ Zh: Zentralbüro der UP ⑮ Die vervielfältigten, für die Presse bestimmten Dienste, tragen folgende Bezeichnungen: a) United Press-Nachrichtendienst-Service de Dépêches (für schweiz. Kunden deutsch oder französisch); b) United Press-Postdienst; c) United Press-Sportdienst; d) United Press-Wirtschafts- und Finanzdienst. 1907 kaufte E. W. Scripps die Nachrichtenagentur Publishers Press auf und verband sie mit den Nachrichtenagenturen Scripps-Mc Rae Press und Scripps News Association zu einer neuen Presseagentur. Ende 1955 wurden über 4500 Kunden bedient (in der Schweiz mit der Post oder über Telex). 2 Büros in der Schweiz, das eine in Genf (Korrespondenzbüro) und das Zentralbüro in Zürich, dessen Manager gleichzeitig als Chefkorrespondent für die Berichterstattung aus der Schweiz verantwortlich ist.

Preß, Ulrich: Über Neuronal und Proponal. Leipzig 1908: Hoffmann. 24 S. 8°
Rostock, Med. Diss. v. 23. Sept. 1908, Ref. Schuchardt
[Geb. 12. Dez. 81 Burow i. M.; Wohnort: Plauen; Staatsangeh.: Mecklenburg-Schwerin; Vorbildung: Gymn. Waren Reife M. 01; Studium: Rostock 1, Tübingen 2, Kiel 2, München 2, Rostock 3 S.; Coll. 2. Juli 07; Approb. 15. Sept. 08.] [U 09. 3722

Pressavin: Neue und gründliche Abhandlung von den Nerven-Krankheiten und den Dünsten, oder sogenannten Vapeurs, worinnen zugleich die rechte Art dieselben zu heilen, gelehret wird. (Nouveau Traité des vapeurs ou traité des maladies des nerfs, dans lequel on developpe les vrais principes des vapeurs. Dt.) 392 S., gbd.

Nürnberg: Schwarzkopf 1772

Pressavin, Abhandl. von d. Nervenkrankheiten u. Dünsten; aus d. Französ. 8. Nürnb. 772. Stein. 16 gl

Pressavin, Nouveau traité des vapeurs, ou traité des maladies des nerfs, dans lequel on développe les vrais principes des vapeurs. 351 pp. Lyon. 12°. Deutsch 392 S. Nürnb. 1772. 12°. Comm. Lps. Suppl. Dec. III, 54. *Haller,* Bibl. anat. II, 649.
1770

Preßberg [Schlagwort]

Pressberg, s.: **Geologische Karten. Preussen.** 111.

Preßburg [Sachliches OW]

PRESSBURG. Unverweicklicher Vergiß mein nit; Das ist: Morgen-, Tag- und Abend-Gebetter / Auch Gute Meinungen / In welchen sich gottseelig über Jene Kost-Fräulein Und Kost-Kinder / So sich in dem Löbl. Frauen-Kloster St. Ursulae Zu Preßburg befinden. Aufs Neue in Druck gegeben. Preßburg 1730. Johann Paul Royer. (4 l.) 136 S. - 105 mm

Das KATHOLISCHE Pressburg. Pressburg 1871.

Pressburg u. seine Umgebung. Pressburg 865. Wigand. gr. 8. (VIII, 449 S. mit einer chromolith. geolog. Karte in Fol. u. mehreren Abbildungen in eingedr. Holzschn., 3 Steintaff. u. 2 Stahlst.) n.n. 1 ℛ 10 ngr

Preßburg [Schlagwort]

Pressburg, sa Woerl's Reisehandbücher.

Posniensis — Comitatvs — Germanis Presburg dicti Delineatio Geographica etc. Curantibus Romannianis Heredibus. Norimbergae Anno 1757. 1 : 144,000. 2 Bl.

Pressburg. Feigler, Frz., Plan der kön. Freistadt Pressburg. 4., verb. Aufl. 29 × 34,5 cm. Farbendr. Mit Text am Rande. Pressburg 894. S. Steiner. n. — 40

Pressburg. Feigler, Frz, Plan der Stadt Pozsony (Pressburg), Karte der Umgebung u. des Comitates Pozsony (auf der Rückseite) in chromolithographischer Ausführung. 8. verb. Aufl. 1 : 10,800. 29,5 × 34,5 cm. Mit vollständ. alphabet. Strassenverzeichniss u. den wichtigsten Sehenswürdigkeiten (an den Seiten u. am Fusse). (Ungarisch u. deutsch.) Für Schule u. Verkehr gezeichnet. Pozsony (Pressburg) 905. S. Steiner. n. — 60

Pressburg. Feigler, Frz., Plan der Stadt, Karte der Umgebung u. des Comitats in chromolithogr. Ausführung. Für den Schulgebrauch gezeichnet. 2., verb. Aufl. (Ungar. u. deutscher Text.) Pressburg 888. Steiner, Verl. n. — 40

— — **Plan der Stadt** (1 : 10,800; 29,5 × 34 cm. m. deutschem u. ungar. Text an d. Seiten), Karte der Umgebg. (20,5 × 29 cm.) u. des Comitates (1 : 500,000; 27 × 21 cm.) in chromolith. Ausführung. Für den Schulgebrauch gezeichnet. 5., verb. Aufl. Ebd. 898. n. — 40

Pressburg. Plan der Stadt, Karte der Umgebung und des Komitats Preßburg. 8. Aufl. 56 × 38 cm Preßburg: Steiner 1904.

Pressburg. Stephanie, A., Karte der Umgebung der k. Freistadt Pressburg. 1 : 25,000. Photolith. u. Farbendr. 77,5×64 cm. Pressburg 892. S. Steiner. n. 3.—; m. Wegmarkirgn. n. 4.— u. m. vollständ. Kolorit n. 6.—

— — dasselbe. Kleine Ausg. 1 : 40,000. 48,5×40 cm. Ebd. 892. n. 2.—; m. Wegmarkirgn. n. 3.— u. m. vollständ. Kolorit n. 4.80

— — dasselbe. Zeichenerklärung. 26×28 cm. Ebd. 892. n. —40; m. vollständ. Kolorit n. —50

Preßburg [Verfasser]

Pressburg, J., europäische Münz-Vergleichungs-Tabelle, s. Münz-Vergleichungs-Tabelle.

Preßburg, J., Europäische Münz-Vergleichungs-Tabelle für Geschäftsleute aller Art. Fol. Ulm 847, Müller in Comm. 12 ngl

Pressburg, R. F.

Wie kann Oesterreich ein Einheitsstaat werden? Ein patriotischer Gedanke von R. F. Pressburg. Leipzig. [1899.] Heckenast. 8°. 15 S. fl. —.16

Die Presse : 1846?

Edited & published by E. S. Tappan. Information from Dr. Groen, who found it listed as a new

Columbus, OH

Presse, die. Red. und Herausgeber Aug. Zang, Verlag und Druck J. Ludwig, gr. Fol. 2spaltig. Erscheint täglich excl. Montag. 6 fl. jährlich. 1853

Wien.

Presse, Die —. (Mit einer feuilletonistischen Beilage und Abendbeilage.) Redakteur August Zang. Druck und Verlag von J. Ludwig und A. Zang. Fol. 2= und 3spaltig. Täglich excl. Montag. 1 fl. 30 kr. und 3 fl. 30 kr. vierteljährig. Wien 1854

Presse, die —. (8. Jahrgang.) Eigenthümer und Redakteur: Aug. Zang. Druck und Verlag von J. Ludwig und A. Zang. Fol. 2= und 3spaltig. Täglich, mit Ausnahme des Montags. 8 und 12 fl. jährlich. Wien 1855

Presse, Die —. (IX. Jahrg.) Eigenthümer und verantw. Redakteur: Aug. Zang. Druck und Verlag von J. Ludwig und A. Zang. Fol. 2spaltig. Erscheint täglich ein Morgen= und Abendblatt. 1856

Presse. Die —. X. Jahrg. Eigenthümer: A. Zang. Redakteur: Jos. Mitter. Druck und Verlag v. J. Ludwig und A. Zang in Wien. Erscheint täglich Fol. 3spaltig. 1857

Presse, die — XI. Jahrg. Eigenth. *A. Zang.* Verantw. Red. *Jos. Mitter.* Druck u. Verl. v. *J. Ludwig & A. Zang* in *Wien.*

Erscheint in **Wien.** tägl. mit Ausnahme der auf Sonn- und Feiertage folgenden Tage, in zwei Ausgaben (Morgen- und Abendbl.), 2 Bg. in Fol. 3-spalt. Pränu.-Pr. 1/4-jähr. 2 fl. 30 kr.; pr. Post 3 fl. 30 kr. Einzelne Nummern 3 kr.

Die Presse : 1873? –1874? Reading, PA

Daily, evening except Sunday. Edited & published by Emil Meister & Co.

Presse, Die. Salzburg 1878. V: *Hager, Edmund.* (Hr)

Die Presse : 1883?—1884?

Daily, morning except Sunday. For weekly edition, see DIE WÖCHENTLICHE PRESSE. For Sunday edition, see SONNTAGS-PRESSE. Edited by Eugene Seeger, & published by St. Paul Publishing Co.

St. Paul, MN

Die Presse : 1883? –1885?

Daily, morning. For weekly edition, see DIE WÖCHENTLICHE PRESSE. Edited by H. Saldern, & published by German Press Association.

Minneapolis, MN

Presse. – Die Presse. –
Thorn. – 1.I.1907 – 31.XII.1920.
Vorh. u.d.T.: Thorner Presse.

Presse. – Akademische Presse. Allgemeine Deutsche Studenten-Zeitung. Berlin: Selbstverlag 1884. 4°
Hrsgeg. v. Hermann Eisfeld.

PRESSE, Allgemeine belletristische — v. 25. April 1881, Nr. 4.
Verboten vom L.-G. Wien, 1881. § 516.

Presse. – Die Bayerische Presse. –
Würzburg. – 1.XII.1849 – 8.(?)II.1851.
Vorh. u.d.T.: Würzburger Journal.

Presse, Berliner. Bericht der Finanzcommission über die Unterstützungszwecke des Vereins . . . Berlin 1862. V: *Engel.* (cb)

Die Berliner Presse über das erste Auftreten der Japanischen Geisha in Berlin ... *Berlin: Kisák Tamai 1901.* (58 S.) 8° [Ant. u. Japan.]

Presse. – Berliner Presse. –
1880 – 17.III.1898.
Fortges. u.d.T.: Berliner Zeitung.

Presse. – Berliner Presse. –
19.III.1898 – 31.III.1898.
Vorh. u.d.T.: Berliner Zeitung.

Presse. – Berliner Freie Presse. –
1.I.1876 – 30.X.(?)1878.

Brooklyner Presse : Jan.? 1875–1876?

Independent daily, morning except Sunday; supported Tilden. For Sunday edition, see SONNTAGSBLATT DER BROOKLYNER PRESSE. Edited by Magnus Gross, & published by The German Press Society of New York.

Brooklyn, NY

Sonntagsblatt der Brooklyner Presse : 1875?—1876?

Sunday edition of BROOKLYNER PRESSE. Advertised in daily edition.

Brooklyn, NY

Brooklyner Freie Presse.: Jan.? 1864—1918?

Daily, evening except Sunday. Independent, 1873—80; Independent Republican, 1881—1901; Republican, 1902—18. Title varies: BROOKLYNER FREIE PRESSE UND LONG ISLÄNDER ANZEIGER. Absorbed LONG ISLÄNDER ANZEIGER. For Sunday edition, see DER LONG ISLÄNDER. Circulation: 1875, 3072; 1880, 4000; 1890, 8700; 1900, 14,760; 1905, 15,000; 1910, 12,500; 1915, 15,000. Edited & published by Heinrich Eduard Röhr, 1864—73?; edited by Wilhelm C. Loth, & published by Heinrich Eduard Röhr, 1873?—76; edited & published by Gustav Grieben, 1877—78; edited by E. H. M. Röhr, & published by Heinrich Eduard Röhr, 1879—96?; edited & published by Röhr Publishing Co., 1896—1918. Other editors: Dr. A. Wallner, 1876.

Brooklyn, NY

— **Buch. Papier.** Berliner graph. Lokal-Anzeiger. Wochenschrift f. Druck-, Buch- u. Papierindustrie, Lithographie, Stein- u. Lichtdruck, Schriftgiesserei, Maschinenfabrikation, Reproduktionstechnik, Buch-, Papier- u. Schreibwarenhandel, Buchbinderei. Organ der Vereinigg. befreundeter Kollegen der graph. Künste. Hrsg. u. Red.: Ernst Morgenstern. 1. Jahrg. April—Dezbr. 1900. 39 Nrn. Lex.-8. (à ca. 16 S.) Berlin, E. Morgenstern. n. 3. —

— — — dasselbe. Offizielles Organ der „Gesellschaft der Berliner Korrektoren" u. „Vereinigg. befreundeter Kollegen der graph. Künste". Hrsg. u. Red.: Ernst Morgenstern. 2. u. 3. Jahrg. 1901 u. 1902. à 52 Nrn. Lex.-8. (à ca. 8 S.) Ebd. à Jahrg. n. 4. —

— **Buch, Papier.** Berliner graph. Anzeiger. Wochenschrift f. Druck, Buch- u. Papier-Industrie, Lithographie, Stein- u. Lichtdruck, Schriftgiesserei, Maschinenfabrikation, Reproduktionstechnik, Buch-, Papier- u. Schreibwarenhandel, Buchbinderei. Offizielles Organ der „Vereinigg. befreundeter Kollegen der graph. Künste" in Berlin. Hrsg. u. Red.: Ernst Morgenstern. 4.—7. Jahrg. 1903—1906. à 52 Nrn. (564, 540, 564 u. 556 S. m. Abb. u. Taf.) Lex.-8. Berlin, E. Morgenstern. à Jhrg. n. 4. —

— **Buch. Papier.** Berliner graph. Anzeiger. Wochenschrift f. Druck-, Buch- u. Papierindustrie, Zeitungsverlag, Buch- u. Papierhandel, Reproduktionstechnik, Schriftgiesserei, Maschinenfabrikation. Offizielles Organ des Verbandes der Fachpresse Deutschlands (E. V.) u. der Vereinigg. befreundeter Kollegen der graph. Künste in Berlin. Hrsg. u. Red.: Ernst Morgenstern. 8.—11. Jahrg. 1907—1910. à 52 Nrn. (560, 540, 544 u. 552 S.) Lex. 8. Berlin, E. Morgenstern. à Jahrg. 4.—; geb. 6. —

Bündner Presse: Bündner Freie Presse
① Wochenblatt für Politik und Volkswirtschaft ⑤ 5. 1. 1896—28. 6. 1896 ⑥ 2° ⑦ Wochenblatt ⑧ Chur: Fiebig & Steinhilber ⑨ Illustriertes Unterhaltungsblatt ⑩ Fiebig & Steinhilber ⑪ Advokat Dr. Hilty ⑫ Interessen der Arbeiterschaft ⑭ Ch: K.

Presse. – C h e m n i t z e r Freie Presse. –
1.I.1871 – 20.X.1878.
Fortges. u.d.T.: Chemnitzer Beobachter.

Chicagoer Freie Presse : Jan. 1871 – 1921?
Weekly, Jan. 1871 - Jan. 1872; daily, evening except Sunday, Feb. 5, 1872--1883; daily, morning except Sunday, 1883 - 1921. Liberal Republican, 1871 - 72; Republican, 1872—90; Independent Republican, 1891 - 96; Independent, 1897 - 1914; Republican, 1915 --21; often Democratic in local elections; supported: Greeley; Hayes; Harrison; Bryan. Title varies: DIE FREIE PRESSE, 1871 - June 1874; CHICAGOER FREIE PRESSE, July 2 - Dec. 13, 1874; CHICAGOER NEUE FREIE PRESSE, Dec. 13, 1874 - Dec. 13, 1882; CHICAGOER FREIE PRESSE, Dec. 14, 1882—1921.
For noon and evening editions, see DIE ABEND PRESSE.
For weekly edition, see DIE FREIE PRESSE, WOCHENAUSGABE.
For Sunday edition, see CHICAGOER SONNTAGSBOTE; also, CHICAGOER FRAUEN ZEITUNG. From 1905, under same management as ILLINOIS STAATS-ZEITUNG, with which it merged in 1921. Circulation: 1875, 4500; 1880, 6282; 1900, 40,000; 1905, 24,360; 1915, 28,000.
Edited by Richard Michaelis, 1871 - 1905; by Walter R. Michaelis, 1905 --21; associated editors: Leopold Schenk, 1871 - 78?; Heinrich Ende, 1879 –?; Heinrich Binder, 1873. Published by Free Press Printing Co., 1871--76; by German-American Publishing Co., 1876 -Apr. 1905; by Illinois Publishing Co. [Walter R. Michaelis & H. R. Brand], 1905 --21.
Chicago, IL

Wochen Ausgabe : 1871 - 1898? Chicago, IL
Weekly ed. of CHICAGOER FREIE PRESSE.

Cincinnatier Freie Presse : Jg. 1– 86, No. 51, Aug. 25, 1874 - Dec. 26, 1954 | .
Daily, morning except Sunday, Aug. 25, 1874—Feb. 28, 1920; daily, evening except Sunday, Mar. 1, 1920 -Sept. 27? 1941; weekly, Sept. 28, 1941 - 1954. Republican, 1874— 1920; Independent, 1921 - 54. Title varies slightly: TÄGLICHE CINCINNATIER FREIE PRESSE. For weekly edition, see CINCINNATIER WÖCHENTLICHE FREIE PRESSE. For evening edition, see TÄGLICHE ABEND-PRESSE. For Sunday edition, see SONNTAGSBLATT DER CINCINNATIER FREIE PRESSE. Circulation: 1880, 4500; 1890, 12,500; 1900, 11,765; 1905, 12,210; 1910, 11,985; 1915, 18,000; 1920, 23,164; 1925, 22,342; 1930, 12,318; 1940, 14,849; 1950, 8735. Edited by Kaspar Alexander Honthumb, 1874 - 82; by Moritz Jacobi, 1882 - Dec. 1882; by Wolfgang Schönle, 1883; by E. H. Austerlitz, 1883 - 1903?; by Max Burgheim, 1904 - 18; by Friedrich Wilhelm Elven [pseud: Der Cincinnatr], Dec. 1919 - Jan.? 1941. Other editors: George F. Moser; Fritz M. Witte, Sept. 1, 1928—1941?; Emil Beinecke, 1889? - 1929?. Published by Alexander Torges & Co., 1874 —76; by Alexander Torges, 1872 - 1882; by Cincinnatier Freie Presse Kompagnie [Mrs. Torges & E. H. Austerlitz, 1882 - 85], 1883 - Jan. 1941. Edited & published by Max M. Haw, Jan. 1941 - -1946; by Frederick N. Dietrich, 1947 - 54.
Cincinnati, OH

Cincinnati Freie Presse. Volks-kalender. Cinci. 1896-1910.

Cincinnatier Wöchentliche Freie Presse : Oct. 4, 1876—1906?
Weekly edition of CINCINNATIER FREIE PRESSE. Title varies slightly. Circulation: 1880, 4000; 1890, 9800; 1895, 12,250; 1900, 11,875; 1905, 8215.
Cincinnati, OH

Demokratische Presse : May 1852—June 1854.
Democratic weekly. Continued as MISSOURI ZEITUNG. Edited by Christian Kribben, & published by Franz Andreas Heinrich Schneider.
St. Louis, MO

Demokratische Freye Presse : 1828--1829. Allentown, PA
Weekly. Edited by John D. Roney and Co. (probably Henry Mertz).

Deutschbrasilianische Presse: 1891 - 1894.
New title for Freie Presse, which see, when it became a daily. Editor: Josef Winiger, who went over to Germania and worked there for almost a decade. See: Freie Presse and Germania.
Sao Paulo

Deutsche Presse: 1881 - 1882. Pelotas
Semi-weekly.

Presse, die d e u t s c h e. Verzeichniss der im Deutschen Reiche erschein. Zeitgn. u. Zeitschriften. 1. u. 2. Bd. gr. 8. Forbach, Hupfer. à n. 1. —
1. Politische Zeitungen, Amts-, Local- u. Anzeigeblätter. 2. Aufl. (VIII, 289 S.) 886. — 2. Zeitschriften. (VIII, 152 S.) 885.

— die d e u t s c h e. Verzeichnis der im Deutschen Reiche erschein. Zeitgn. u. Zeitschriften. 1. u. 2. Bd. gr. 8. Forbach, Hupfer. n. 3. —; cart. n. 3. 50
1. Politische Zeitungen. Amts-, Lokal- und Anzeigeblätter. 4. Aufl. (IV, 199 S.) 890. n. 1. 50; cart. n. 1. 75
2. Zeitschriften. 2. Aufl. (IV, 140 S.) 887. n. 1. —; 3. Aufl. (IV, 120 S.) 890. n. 1. 50; cart. n. 1. 75

— die d e u t s c h e. Verzeichnis der im Deutschen Reiche erschein. Zeitgn. u. Zeitschriften. 1. Bd.: Amts-, Lokal- u. Anzeige-Blätter, polit. Zeitgn. 5. Aufl. gr. 8. (IV, 201 S.) Forbach 893. R. Hupfer. n. 1. 50

Presse, die d e u t s c h e. Verzeichnis d. im Deutschen Reiche erschein. Zeitgn. (Amts-, Lokal- u. Anzeige-Blätter, polit. Zeitgn.) 6. Aufl. gr. 8. (IV, 195 S.) Forbach 896. W. Albrecht. n. 1. 50; kart. n. 1. 75

Deutsche Presse : 1887? - 1888?
Independent daily, evening except Sunday. For weekly edition, see WÖCHENTLICHE DEUTSCHE PRESSE. Edited by John W. Hoffman, & published by The German Press Co.
Pekin, IL

Presse, d e u t s c h e. Organ d. deutschen Schriftsteller-Verbandes. Hrsg. vom geschäftsführ. Ausschuß. Red.: H. S t e i n i t z. 1. u. 2. Jahrg. 1888. 1889. à 52 Nrn. (B.) gr. 4. Berlin, Verlag der „Deutschen Presse" (A. Burmester). à Jahrg. n. 8. —

— dasselbe. 3. Jahrg. 1890. 52 Nrn. (B.) gr. 4. Leipzig, v. Biedermann. n. 8. —

Presse, d e u t s c h e. Organ d. deutschen Schriftsteller-Verbandes. Hrsg. vom geschäftsführ. Ausschuß. Red.: Ludw. Z i e m s s e n. 4. Jahrg. 1891. 1. Quartal. Jan.—März. 13 Nrn. (Bog.) gr. 4. Leipzig, v. Biedermann. 2. —

— dasselbe. Im amtl. Theil Organ d. deutschen Schriftsteller-Verbandes. Hrsg. vom geschäftsführ. Ausschuß. Red.: Adb. v. H a n s t e i n. 4. Jahrg. 1891. 2.—4. Quartal. April—Dezbr. 39 Nrn. (1½ Bog.) gr. 4. Berlin, R. Wilhelmi. n. 6. —

— dasselbe. Red.: Mor. B r a i c h. 5. Jahrg. 1892. 52 Nrn. (1½ Bog.) gr. 4. Ebd. n. 8. —

Deutsche Presse: Jan.? 1889–Dec. 31, 1891.

Daily, evening except Sunday, issued as a "Centblatt." Merged with CLEVELANDER ANZEIGER. For weekly edition, see WÖCHENTLICHE DEUTSCHE PRESSE. Edited & published by Deutsche Presse Publishing Co.

Cleveland, OH

Die Deutsche Presse: 1890–1917?

Liberal Democratic weekly. Circulation: 1895, 800; 1900, 950; 1910, 825; 1913, 750. Edited & published by Richard Horn, 1890–1917.

Marion, OH

Deutsche Presse: 1893–1894?

Weekly. Edited by W. L. Elterich & published by Perls, Brandes, Bauer & Co.

Washington, DC

Deutsche Presse: Jahrgang 1, 1900 ? Buenos Aires

Daily.

Deutsche Freie Presse: 1852?–1912?

Weekly, 1852–83?; daily, evening except Sunday, 1884?–1912. Democratic. Title varies: ALBANY FREIE BLÄTTER, which has supplement bearing same title. Edited & published by V. W. Fröhlich. Edited by J. A. Kaestner; Published by August Miggael. Edited & published by J. A. Kaestner.

Albany, NY

Presse. – Deutsche hippologische Presse. Illustrierte Wochenschrift für Pferdekunde. Jg. 1–13. Berlin: A. W. Hayn 1884–1897. 8°

Red.: R. Schoenbeck u. Schäfer.

— deutsche hippologische. Verein. Zeitschriften „D. Pferd" u. „D. Pferdefreund". Illustr. Wochenschrift f. Pferde-Kunde, -Zucht, -Gebrauch u. -Handel. Red.: Rich. Schoenbeck u. Schaefer. 12. Jahrg. 1896. 52 Nrn. (à ca. 12 S.) gr. 4. Berlin, A. W. Hayn's Erben. n. 12. —

— dasselbe. 13. Jahrg. Jan.—Septbr. 1897. 39 Nrn. (à ca. 12 S.) gr. 4. Ebd. n. 9. —

Mit „D. Pferdefreund" verschmolzen.

Presse, Deutsche landwirthschaftliche. Illustrirte Zeitung für die Interessen der Landwirthschaft, unter Hinzuziehung von Gartenbau, Forstwesen, Fischerei, Hauswirthschaft, Jagd u. Sport. Chef-Redact.: O. Hausburg. Jhg. 1—7. 1874—80. — Red.: Th. Kraus. Jhg. 8—18. 1881—92. Berlin. gr. Fol.

— deutsche landwirthschaftliche. Illustrirte Zeitg. f. die Interessen der Landwirthschaft, unter Hinzuziehg. v. Gartenbau, Forstwesen, Fischerei, Hauswirthschaft, Jagd u. Sport. Landwirthschaftliches Central-Annoncenblatt. Chef-Red.: Hausburg. 2. u. 3. Jahrg. 1875 u. 1876 à 104 Nrn. (à 1—2 B.) gr. Fol. Berlin, Wiegandt, Hempel & Parey. n. 20. —

Presse, deutsche landwirthschaftliche. Redact.: O. Hausburg. 4.—6. Jahrg. 1877—1879. à Jahrg. 104 Nrn. (à 1—2 Bog.) gr. Fol. Berlin. [Wiegandt, Hempel und Parey.] Parey. à Jahrg. *

—— deutsche landwirthschaftliche. Redact.: Thdr. Kraus. 7.—11. Jahrg. 1880—1884. à Jahrg. 104 Nrn. (à Nr. 1½—2 Bog.) Fol. Berlin, Parey. à Jahrg. *

—— deutsche landwirthschaftliche. Redact.: Thdr. Kraus. 12.—15. Jahrg. 1885—1888. à Jahrg. 104 Nrn. (à Nr. 1½—2 Bog.) Fol. Berlin, Parey. à Jahrg. *

— deutsche landwirtschaftliche. Red. v. Thdr. Kraus. 17.—19. Jahrg. 1891—1893. à 104 Nrn. (à ca. 2 Bog.) M. jährlich 12 farb. Tierbildern. Fol. Berlin, P. Parey. à Jahrg. n. 20. —

Weihnachtsnummer, s.: Auf dem Lande.

— dasselbe. Red. v. Otto H. Müller. 21. Jahrg. 1894. 104 Nrn. (à ca. 2 Bog.). M. 12 farb. Tierbildern. Fol. Ebd. n. 20. —

— deutsche landwirtschaftliche. Red.: Otto H. Müller. 22.—25. Jahrg. 1895—1898. à 104 Nrn. (à ca. 12 S. m. Abb. u. jährl. 12 farb. Tierbild.) Fol. Berlin, P. Parey. à Jahrg. n. 20. —

Kann auch vierteljährlich bezogen werden.

— deutsche landwirtschaftliche. Red.: Otto H. Müller. 26.—29. Jahrg. 1899—1902. à 104 Nrn. m. jährlich 12 Farbendr.-Taf. gr. Fol. (à ca. 10 u. 2 S. m. Abb.) Berlin, P. Parey. à Jahrg. n. 20. —

— deutsche landwirtschaftliche. Red.: Otto H. Müller. 30.—33. Jahrg. 1903—1906. 104 Nrn. m. jährlich 12 Farbendr.-Taf. (XVI, 806; XVI, 877; XVI, 864 u. XVI, 820 S. m. Abbildgn.) gr. Fol. Berlin, P. Parey. à Jhrg. n. 20. —

— deutsche landwirtschaftliche. Red.: Otto Müller. 34.—37. Jahrg. 1907—1910. à 104 Nrn. m. jährlich 12 Farbendr.-Taf. (XVI, 818; XVI, 1100; XVI, 1120 u. XVI, 1150 S. m. Abbildgn.) 46×33 cm. Berlin, P. Parey. à Jahrg. 20. —

— deutsche medicinische. Zeitschrift f. d. Gesammtgebiet d. Heilkunde m. bes. Berücksicht. d. wirthschaftl. u. Standes-Interessen d. Aerzte. Red.: Birnbaum. 1. Jahrg. April—Dezbr. 1897. 18 Nrn. (Bog.) gr. 4. Berlin, J. Goldschmidt. n. 3. —

— dasselbe. 2. Jahrgang. 1898. 24 Nrn. (Bog.) gr. 4. Ebd. n. 4. —

Kann auch vierteljährlich bezogen werden.

— deutsche medicinische. Zeitschrift f. das Gesammtgebiet der Heilkunde m. besond. Berücksicht. der wirthschaftl. u. Standes-Interessen der Aerzte. Red.: Karl Gumpertz. 3.—6. Jahrg. 1899—1902. à 24 Nrn. gr. 4. (à ca. 8 S.) Berlin, J. Goldschmidt. à Jahrg. n. 4. —

Die Jahrgge. 3 u. 4 sind v. Birnbaum hrsg.

— deutsche medizinische. Zeitschrift f. das Gesamtgebiet der Heilkunde m. besond. Berücksicht. der wirtschaftl. u. Standesinteressen der Aerzte. Red.: Karl Gumpertz. 7.—10. Jahrg. 1903—1906. à 24 Nrn. (à ca. 8. S.) gr. 4. Berlin, J. Goldschmidt. à Jhrg. n. 4. —

— deutsche medizinische. Zeitschrift f. das Gesamtgebiet der Heilkunde m. besond. Berücksicht. der wirtschaftl. u. Standesinteressen der Ärzte. Red.: Karl Gumpertz. 11.—14. Jahrg. 1907—1910. à 24 Nrn. (à ca. 8 S. m. Abbildgn.) 31,5×23,5 cm. Berlin, J. Goldschmidt. à Jahrg. 4. —

Die Deutsche Presse des Großen Westens: July 16–Oct.?, 1870.

Weekly. Edited & published by Augustin Knoflach.

Denver, CO

—— Dresdner landwirthschaftliche. Redact.: Wilh. Bruck. Mitredact.: J. v. Puttkamer. Jahrg. 1880 und 1881. à Jahrg. 52 Nrn. (à Nr. 1½ Bog.) gr. 4. Dresden, (Expedition.) à Jahrg. *

—— dass. — Jahrg. 1882 und 1883. à Jahrg. 52 Nrn. (à Nr. 1½ Bog.) gr. 4. Dresden, (Axt.) à Jahrg. *

—— dass. — Organ für die Gesammt-Interessen der Landwirthschaft. Redact.: J. v. Puttkamer. 5. Jahrg. 1884. 52 Nrn. (à Nr. 1½ Bog.) gr. 4. Dresden, W. Hoffmann. *

—— dresdner landwirthschaftliche. Organ für die gesammten Interessen der Landwirthschaft. 6.—9. Jahrg. 1885—1888. à Jahrg. 52 Nrn. (à Nr. 1½ Bog.) gr. 4. Dresden, Friese und v. Puttkammer. à Jahrg. *

— Dresdner landwirthschaftliche. Organ f. die Gesammt-Interessen der Landwirthschaft. Hrsgbr. u. Redact.: J. v. Puttkamer. 10.—13. Jahrg. 1889—1892. à Jahrg. 52 Nrn. (à Nr. 2 Bog. m. Illustr.) gr. 4. Dresd., Friese u. v. Puttkamer. à Jahrg. * 6 —

— dasselbe. 14. u. 15. Jahrg. 1893. 1894. à 52 Nrn. (2 Bog.) Nebst Beilage: Unsere lieben Frauen. 26 Nrn. (1/2 Bog.) gr. 4. Ebd. à Jahrg. n. 6. —
Seit 1. Octbr. 1894 Verlag der Dresdner landwirthschaftl. Presse, Ernst Meyer, in Dresden-Blasewitz, Forsthausstraße 4.

— Dresdner landwirthschaftliche. Organ f. d. Gesammt-Interessen d. Landwirthschaft. Red.: Platzmann-Saida. 16.—19. Jahrg. 1895—1898. à 52 Nrn. (à ca. 20 S.) gr. 4. Nebst Beilage: Unsern lieben Frauen. 26 Nrn. Dresden-Blasewitz, E. H. Meyer. à Jahrg. n. 6. —
Kann auch vierteljährlich bezogen werden.

— Dresdner landwirthschaftliche. Organ f. die Gesamt-Interessen der Landwirthschaft. Vereinsorgan des landwirthschaftl. Beamten-Vereins Dresden. Schriftleitung: Platzmann. 20.—23. Jahrg. 1899—1902. à 52 Nrn. (à ca. 16 S.) Nebst Beilage: Unsern lieben Frauen. 26 Nrn. gr. 4. (à ca. 4 S.) Dresden, E. H. Meyer. à Jahrg. 6. —

— Dresdner landwirtschaftliche. Organ f. die Gesamt-Interessen der Landwirtschaft. Vereinsorgan des landwirtschaftl. Beamten-Vereins Dresden. Schriftleitung: Platzmann. 24.—27. Jahrg. 1903—1906. à 52 Nrn. (786, 746, 832 u. 832 S. m. Abbildgn.) Nebst Beilage: Der sächs. Tierzüchter. 26 Nrn. (à ca. 4 S. m. Abbildgn.) gr. 4. Dresden, E. H. Meyer. à Jhrg. n. 6.—

— Dresdner landwirtschaftliche. Organ f. die Gesamt-Interessen der Landwirtschaft. Schriftleitung: Platzmann. 28. u. 29. Jahrg. 1907 u. 1908. à 52 Nrn. Mit den Beiblättern: Der sächs. Tierzüchter. Unsern lieben Frauen. Je 26 Nrn. (à Jahrg. VIII, 832, 104 u. 104 S. m. Abbildgn.) 32×24 cm. Dresden, E. H. Meyer. à Jahrg. 6. —
Fortsetzung u. d. T.:

Presse. – Frankfurter Presse. –
Frankfurt/Main. – 6.IX.1870 – 30.VI.1873.
Vorh. u.d.T.: Frankfurter Tageblatt.
Fortges. u.d.T.: Neue Frankfurter Presse.

Presse. – Frankfurter Presse. –
Frankfurt/Main. – 9.II.1880 – 31.XII.1881.
Vorh. u.d.T.: Neue Frankfurter Presse.

Presse. – Die Freie Presse. –
Nürnberg, sp. [ab 1830] München. –
13.VI.1827 – 31.(?)I.1831.

Freie Presse : early 1840.
Founded by Wilhelm Günther, continued by Erdmann. ALTE UND NEUE WELT on Nov. 21, 1840 reviews first issue and recommends it to readers.
Pittsburg, PA

Presse, Freie. O. O. [1848]. V: *Freiligrath, Ferdinand.* (Kat. d. Druckschr. üb. Breslau. Breslau 1903. S. 59.)

Presse (Die freie). Red. C. Henseler. Elberfeld 1848 — Juni 1849. Wöchentlich 4 mal.

Presse, die freie. Zeitschrift f. Unterhaltung, Staats- u. Volksleben. Red.: S. Hahndorf. 1. Jahrg. 1848. April—Dec. 117 Nrn. (2. Jahrg.) 1849. 156 Nrn. 4. (à 1/2 B.) Kassel. (Luckhardt.) 1. Jahrg. n. 2 1/4 ℳ 2. Jahrg. n. 3 ℳ

Freie Presse : 1850?—? Alton, IL
Jens Peter Stibolt was a co-editor. Radical abolitionist paper, weekly.

Presse. – Freie Presse. –
Hamburg-Altona. – 1.III.1851 – 4.(?)X.1851.
Vorh. u.d.T.: Norddeutsche Freie Presse.

Freie Presse : 1853? —1854?
Republican daily. Merged with CALIFORNIA DEMOKRAT. Edited & published by John A. Reichert & C. F. Becherer.
San Francisco, CA

Die Freie Presse : 1855—1861?
Republican weekly. Follows DAS VOLKSBLATT. Continued as DIE IOWA TRIBUNE. Edited by Leopold Mader, 1855—56; by Hermann C. Ohrt, 1855—56; by Franz F. Metschan & Heinrich Binder, 1856—58; by John Vanzelow, 1859—60; published by Weber & Wolf, 1855—60; edited & published by John A. Dalldorf & Theodor Gülich, 1861.
Burlington, IA

Die Freie Presse : 1855?—1869? Erie, PA
Edited & published by Carl Benson.

Presse: Freie Presse
⑤ 1857—1859 ⑦ wöchentlich 2× ⑧ Wohlen (Ag) ⑮ BGSZ 12 kennt eine solche Zeitung, doch handelt es sich wahrscheinlich um das Zeitungsblatt «Die freie Presse» in Reinach (Ag).

Die Freie Presse : 1858—1859.
Weekly. Edited & published by Dr. Canisius, later by Christian Schneider.
Alton, IL

Presse: Die freie Presse
① Korrespondenzblatt für Fortschritt und Humanität ③ Volksbote ④ Wynentaler-Blatt ⑤ 1859—1863 ⑥ 2° ⑦ wöchentlich 2× ⑧ Reinach (AG): Josef Konrad ⑩ J. Konrad ⑫ radikal-liberal ⑬ BGSZ: 941; Sondernummer «Wynentaler-Blatt», Dezember 1933.

Freie Presse : Sept. 1861—1909?
Weekly. An edition of CENTRAL WISCONSIN? Edited & published by Francis A. Hoffmann. Listed in Wis. (1), which records: CENTRAL WISCONSIN, an English language paper, was established Apr. 1857...[1861] purchased by Francis A. Hoffmann & Charles Hoeflinger; conducted by them six months; then by Hoffman till suspension, 1867. In Sept. 1861, Hoffman established the FREIE PRESSE in connection with CENTRAL WISCONSIN. Received it Oct. 1868 by Robert H. Johnson.
Wausau, WI

Die Freie Presse : 1865?—?
Edited & published by Heinrich Huhn. *Dunson* gives John Pohlmann as editor for 1865—1868.
Washinton, MO

Freie Presse : 1867?—1868? Pekin, IL
Edited & published by Julius Myer Pefer; by Luntz.

Freie Presse : 1868—1870?
Weekly. Issued as Democratic campaign paper, 1868; after the campaign, resumed as Democratic weekly. Place of publication varies: Belleville, Ill., 1869?—70. Established by William Caspers-Schultz; edited & published by Christian Müller, 1868; edited by A. C. Hehung, & published by Peter Baker, 1869—70.
Freeport, IL

Freie Presse : June 10, 1871—1905?
Semi-weekly, 1871—84, weekly, 1884—1905. Independent, 1872—88; Democratic, 1889—1905. Sub-title: Unabhängiges Organ für Newark, Elizabeth und Umgegend. Circulation: 1875, 1979; 1880, 800; 1890, 1370; 1900, *1460;* 1905, 1300. Edited by Charles Hermann Boppe, 1871—82 [with following as assistant editors: Franz Umbscheiden, 1871?—72; Dr. S. Herzberg, 1873; Frank J. Callmeyer, 1874]; published by Charles H. Schmidt, 1871—82 [as, Freie Presse Association, 1871—73?; in partnership with Schmieg, 1874?]; edited & published by Charles H. Schmidt, 1883—92; edited by Henry S. Altai, & published by Freie Presse Printing Assoc., 1893—1905.
Elizabeth, NJ

Die Freie Presse. Wochenausgabe : 1871?—1913?
Weekly edition of CHICAGOER FREIE PRESSE. Title varies: DIE FREIE PRESSE, 1871—June 1874; CHICAGOER FREIE PRESSE, July—Dec. 1874; CHICAGOER NEUE FREIE PRESSE, Dec. 14, 1874—Dec. 1882; CHICAGOER FREIE PRESSE, Jan. 1883—1898.
Circulation: 1875, 5000 (est.); 1880, 13,420; 1900, 30,000; 1910, 24,716.
Chicago, IL

Freie Presse : May 1873—1874? Eau Claire, WI
Published by Eau Claire Free Press.

Freie Presse : July? 1873–1875?
Independent weekly, but supported Tilden. Published in English and German. Edited & published by Franz Klein & Bodkin.
Ste. Genevieve

Freie Presse : 1874–1920?
Weekly. Democratic, 1874–79; Independent, 1880–82; Democratic, 1883–1901; Independent, 1905–20; supported Tilden. United with OMAHA TRIBUNE. Circulation: 1880, 600; 1895, 796; 1915, 3700. Edited & published by R. P. Riegel, 1874–79; by F. G. Pfeiffer, 1880–1901; by A. Becker, 1902–08; edited by C. C. Schaeffer, 1909; by Philipp Andres, 1910–20; published by Mrs. A. Becker, 1909–11; by Martin Volger, 1912–14; by Freie Presse Publishing Co., 1915–20.
Council Bluffs. IA

Die Freie Presse : 1879–May 1880.
Weekly. Circulation: 1880, 500. Edited & published by Hunt & Brintnall, 1879–80.
Monticello, IA

Die Freie Presse : 1879?–1883?
Independent weekly. Printed at the Office of the IOWA PRESSE (Cedar Rapids, Iowa). Circulation: 1881, 960. Edited & published by Eugene Hunt, 1879–80; edited by Robert Schiefelbein, & published by Eugene Hunt, 1881–83.
Vinton, IA

Freie Presse : 1880?–1882?
Weekly. Edited & published by Harry H. Francis, 1880–81; by J. Hunzicker, 1882; by Martin Krüger & Co., 1882.
Michigan City, IN

Freie Presse : 1880–1918?
Daily, morning except Sunday, 1880–94; daily, evening except Sunday, 1895–1904; semi-weekly, 1905; weekly, 1906–18. Independent. For monthly supplement, see NEW AMSTEL MAGAZINE. For weekly edition, see DER DELAWARE PIONIER. Title varies: LOKAL-ANZEIGER UND FREIE PRESSE, 1905–18. Absorbed LOKAL-ANZEIGER. Circulation: 1885, 920; 1890, 1500; 1900, 2200; 1905, 1250, 1910, 1100; 1918, 1000. Edited & published by Franz Scheu, 1880–87; by Nannette Scheu, 1888–90; edited by W. F. Kurtz, & published by Anfaenger & Kurtz, 1891; edited & published by Nannette Scheu, 1892; by A. J. Kooch, 1893–97; by Ferschke & Olteni, 1898; by Theodore Ferschke, 1899; by A. D. Jacobson, 1900–04; by Max Goetz, 1095; edited by William Woernle, 1906–10; by William J. Schnetter, 1911–18; published by Max Goetz, 1906–16; by Delmarvia Printing & Publishing Co., 1917–18.
Wilmington, DE

Freie Presse : 1882–1883? **Shawano, WI**
Weekly. Edited by August F. Klunder.

Presse. – F r e i e Presse. –
Wuppertal. – 1.XII.1885 – 16.III.1886.
28.III.1886 – 27.II.1933.

Freie Presse : Apr. 1885–1894?
Independent weekly. Circulation: 1890, 4000; 1893, 6000. Edited & published by Schmitz & Otterstedt, 1885–87; by Otterstedt & Sittig, 1888–89; by Bruno Sittig, 1890–91; by Curt von Otterstedt, 1892; by Bruno Sittig, 1893–94.
Portland, OR

Die Freie Presse : 1885–1896?
Independent weekly. Followed by DIE FREIE PRESSE UND NATIONAL ZEITUNG (Erie, Pa.). Circulation: 1890, 1450. Edited & published by Franz Milleisi, 1885–90; edited by J. H. Penske, & published by Presse Publishing Co., 1891–96.
Meadville, PA

Freie Presse : Jan. 1885–1903?
Independent weekly. Circulation: 1895, 840. Edited & published by Müller & Co., 1885–91; by Henry Gentz, 1892–1903.
Cleveland, OH

Freie Presse: Aug. 6, 1886–1887? **Kitchener, Ont.**
Weekly. Editor: Adolf Muller.

Die Freie Presse : 1888?–1908?
Weekly edition of DIE FORT WAYNE FREIE PRESSE, 1888–95; semi-weekly, 1895–1908. Title varies: INDIANA DEUTSCHE PRESSE, 1888–94. Circulation: 1890, 900; 1900, 2000.
Fort Wayne IL

Freie Presse: Jahrgang 1, 1889–1894.
Weekly. Published by Druck und Verlag von Heinrich Grobel & Co. Editor: H. Grobel. For supplement see: Familien-Blätter zur Freien Presse.
Sao Paulo

Die Freie Presse : 1889?–1917?
Weekly. Democratic, 1897–1912; Independent, 1913–17. English edition titled FREE PRESS. Circulation: 1890, 600 (est.); 1900, 750; 1910, 800; 1913, *1000*; 1917, *807*. Edited & published by J. P. Dahlborn, 1889–91; by Carl Völcker, 1893–1909; by C. Löcher Cach, 1910–12; by Joseph Müller, 1913–17.
Atlantik City, NJ

Freie Presse : Jahrgang 1, no. 1–27, Feb. 21–Sept. 21, 1890.
Non-partisan weekly, and not supported by any Religionsgesellschaft. Place of publication varies: Jansen, Nebr., no. 25–27, Aug. 29–Sept. 21, 1890.
Hillsboro, KS

Freie Presse : 1891? **Paulding, OH**
Weekly. Published by German Publishing Co.

Die Freie Presse : 1895?–1896?
Labor weekly. Edited by Jacob Hendricks, & published by Aurora Freie Presse Publishing Co., 1895–96.
Aurora, IL

Freie Presse : 1897?–1899?
Weekly. Circulation: 1899, 600. Edited & published by Roege & Weber, 1897–98; by J. F. Roege, 1899. *Rex* lists two papers with this title 1) FREIE PRESSE, weekly, 1887–91, ed. by Charles Haggenjos and in 1889 by Hildebrand. 2) FREIE PRESSE, weekly, 1897–99, ed. by Hogue, 1897, by Weber, 1898, and by Roege, 1898–99.
Pueblo, CO

Freie Presse : 1900?–1901? **Springfield, IL**
Independent weekly. Edited & published by H. Schlange.

Die Freie Presse : Jan. 1907?–Dec. 21, 1917.
Weekly. Republican, 1907; Independent Republican, 1908–12; Independent, 1913–17. Absorbed LOKAL-BEOBACHTER. Circulation: 1910, 600; 1915, 400. Edited & published by A. H. Maas, 1907; by Reinhold Kintzi, 1908–17.
Glencoe, MN

Presse. – F r e i e Deutsche Presse. –
Berlin. – 15.III.1904 – 30.VI.1906.
Vorh. u. fortges. u.d.T.: Freisinnige Zeitung.

Freie (Erste) Presse Cisleithaniens. Flugblatt, März, Mai u. Dec. 1883, 3 Nrn.

Freie Presse von Indiana : Sept. 1853–1866?
Democratic weekly. Sub-title: Ein unabhängiges demokratisches Volksblatt. Continued as TÄGLICHER TELEGRAPH. Edited by Carl Beyschlag, & published by Valentin Butsch, 1853; edited by Carl Beyschlag, & published by Richard Henninger, 1854–64; published by Aktien-Gesellschaft (Hermann Lieber, Post and Dr. Homburg), 1865–66.
Indianapolis, IN

Presse, die freie, gegen die Kontrerevolution vertheidigt durch die Advokat-Anwälte Aronheim und Lucius, vor dem Schwurgerichte in Braunschweig am 5. und 6. Juni 1851. Ein stenograph. Bericht von M. Wirth. gr. 16. (107 S.) Braunschweig 851, (J. H. Meyer.) *

Die Freie Presse und National Zeitung : 1897?–1899?
Independent weekly. Continued from DIE FREIE PRESSE (Meadville, Pa.). Continued as NATIONAL ZEITUNG, weekly edition of TAGEBLATT UND ZUSCHAUER. Circulation: 1898, 1450. Edited by J. H. Penske, & published by Presse Publishing Co., 1897–99.
Erie, PA

Freie-Presse Staats-Zeitung : 1888–Jan. 29, 1927.
Independent daily, evening except Sunday. For weekly edition, see DIE FREIE PRESSE. Title varies: DIE FORT WAYNE FREIE PRESSE, 1888–Sept. 1908. Absorbed INDIANA STAATS-ZEITUNG. Circulation: 1890, 1100 (est.); 1896, 1500; 1910, 4000; 1920, 3152. Edited & published by Otto Cummerow, 1888–95; edited by Hermann Mackwitz, & published by Fort Wayne Presse Co., 1895–1927.
Fort Wayne, IL

— freie stenographische (System Arends). Red. u. hrsg. v. Paul Hirsch u. Wilh. Engelbrecht. 1. Jahrg. 1894. 18 Nrn. (1/2 Bog.) gr. 8. Berlin, C. Hause. n. 2. —

— freie stenographische (System Arends). Red. u. hrsg. v. Paul Hirsch u. Wilh. Engelbrecht. 2. Jahrg. 1895. 12 Nrn. (à ca. 12 S.) gr. 8. Berlin, C. Hause. n. 2. —

Freie Presse für Texas : Jhg. 1– ?, Wochenblatt : June 15, 1865 – Oct. 28, 1945.
Weekly edition of FREIE PRESSE FÜR TEXAS.
Circulation: 1870, 2000 (est.); 1880, 3500; 1890, 9000; 1900, 7800; 1910, 7400; 1915, 9072; 1925, 12,000, 1930, 2360; 1940, 12,000.
Edited & published by August Siemering & H. Pollmar, June 15, 1865 – May 1867; edited by August Siemering, June 1867 – Aug. 16, 1876, and 1877 – 1883; by Robert Hanschke, Aug. 21, 1876 – 1906; by Hugo Moeller, 1905 – 20; by Robert Penniger, May 5, 1920 – June 1930; by G. F. Neuhäuser, July 1930 – Oct. 1945.
Associate editors: Dr. Hertzberg, 1868 – 72; Capt. Richarz, 1872 – 1873?; Theo. Hielscher, 1873 – 1874?; Hermann Schulz, 1874 – Oct. 31, 1883; Arthur Rochs, Nov. 1883 – 1906. Published much valuable historical material on Texas.
Published by A. Siemering & Co., June 1867 – 1883; by Freie Presse für Texas Publishing Co., 1883 [or, 1876] – 1945.
San Antonio, TX

Freie Presse für Texas : Wöchentlich Dreimal : Jhg. 1– ?, Dec. 8, 1866 – Oct. 30, 1875.
Tri-weekly edition. Circulation: 1870, 600 (est.).
San Antonio, TX

Freie Presse für Texas : Jahrgang 1– 51, no. 1351, Nov. 1, 1875 – Dec. 31, 1918.
Daily, evening except Sunday, Nov. 1, 1875 – Spring 1913; then suspended as a daily, and re-established August 1914. Republican when established, Independent Democratic, 1874 – 1918. Published in English and German during last months. For weekly edition, see FREIE PRESSE FÜR TEXAS: WOCHENBLATT. For tri-weekly edition, see FREIE PRESSE FÜR TEXAS: WÖCHENTLICH DREIMAL. Circulation: 1880, 500, 1890, 850; 1900, 800; 1910, 790. For editors and publishers, see weekly edition. Jubiläums-Ausgabe Jahrgang 51, no. 1, May 12, 1915. 80 p.
San Antonio, TX

Die Freie Presse und Wöchentliche Tribüne : Jahrgang 1 – 45, 1883? – Aug. 25, 1926.
Weekly edition of VOLKSZEITUNG-TRIBÜNE. Dated also at Council Bluffs, Iowa, 1920 – 26.
Absorbed: WESER NACHRICHTEN (Chicago), WESTLICHE RUNDSCHAU (Norfolk, Nebr.); DEMOKRAT (Carroll, Iowa), DIE WESTLICHE PRESSE (Omaha); WELTPOST (Lincoln, Nebr.).
Sub-title: Offizieles Organ des Nebraska Plattdütschen Bund und des Westlichen Kriegerbund. 1908 – 09.
Title varies: OMAHA TRIBÜNE, then NEBRASKA TRIBÜNE, 1883? – 1900;
2) OMAHA TRIBÜNE [as NEBRASKA TRIBÜNE UND WESTLICHE PRESSE, 1908 – May 6, 1909, with other slight variations], 1892? – 1919;
3) COUNCIL BLUFFS FREIE PRESSE UND WÖCHENTLICHE TRIBÜNE, Jan. 2, 1920 – Jan. 3, 1923;
4) DIE FREIE PRESSE UND WÖCHENTLICHE TRIBÜNE, Jan. 10, 1923 – Aug. 25, 1926.
Circulation: 1885, 1650, 1900, 11,225; 1915, 14,400; 1920, 8342; 1925, 12,435.
Published at Council Bluffs, July 27, 1917 – Nov. 18, 1921.
Issued Council Bluffs "Beilage," Jan. 25 – Mar. 22, 1923.
Numbering highly irregular, and in issue Nov. 3, 1921 dropped entirely.
Omaha, NE

Presse. – G ö t t i n g e r Freie Presse. –
1.X.1882 – 31.XII.1890(?).
Vorh. u. fortges. u.d.T.:Göttinger Anzeiger.

Presse. – Die g r a p h i s c h e Presse. Jg. 1–46.
Wurzen (sp. Schkeuditz): Konrad Müller u. a. 1888–1936. 8°

Grossmacht Presse, die. Ein Gespräch auf d. schweiz. Landesausstellung in Zürich. Aus dem Berner Sonntagsblatt. In-8°, 8 S. Basel, C. F. Spittler. 1893. — 05

— d., e. Großmacht d. XIX. Jahrh., s.: Moser's Sammlg. zeitgem. Broschüren, Hft. 9.

Presse. – H a g e n e r Freie Presse. –
1894 – 31.V.1899(?).

Presse. – H a m b u r g e r Freie Presse. –
19.XI.1892 – 31.III.1898.
Fortges. u.d.T.: Hamburger Neueste Nachrichten.

— illustrierte deutsche milchwirtschaftliche. Hrsg. v. Adf. Reitz. 1. Jahrg. 1907. 52 Nrn. Mit der Beilage: Der Genossenschafter. 26 Nrn. (à ca. 12 u. 4 S.) Lex. 8. Stuttgart (Gartenstr. 32), Verlag der illustr. deutschen milchwirtschaftl. Presse. nn 3. —
Nicht durch den Buchhandel zu beziehen.

Presse, internationale homöopathische. Ober-Red.: Clotar Müller. 1. Jahrg. 1872. 12 Hfte. gr. 8. (1. Hft. 80 S.) Leipzig, Schwabe. à Hft. n. 1. —

— dasselbe. 2. u. 3. Jahrg. 1873 u. 1874 à 12 Hfte. gr. 8. (à Hft. ca. 80 S.) Ebend. à Jahrg. n. 15. —

— dasselbe. 4. u. 5. Jahrg. 1875 u. 1876 à 12 Hfte. gr. 8. (à Hft. ca. 64 S. u. Beilage 16 S.) Ebend. à Jahrg. n. 18. —

Presse, internationale homöopathische. Ob.-Red.: Clotar Müller. 6. Jahrg. 1877. 12 Hfte. (4 B.) Leipzig, Schwabe. n. 18. —

—— die jüdische. Organ für die religiösen Interessen des Judenthums. Hrsg. von S. Enoch und J. Hollander. 1.—3. Jahrg. 1870—1872. à Jahrg. 52 Nrn. (Bog.) hoch 4. Berlin, Benzian. à Jahrg. *

—— die jüdische. Organ für die religiösen Interessen des Judenthums. Hrsg. von S. Enoch. 4.—8. Jahrg. 1873—1877. à Jahrg. 52 Nrn. (à 1½ Bog.) hoch 4. Berlin, Benzian. à Jahrg. *

—— dass. — Hrsg. von S. Meyer. 9. und 10. Jahrg. 1878 und 1879. à Jahrg. 52 Nrn. (à 1½ Bog.) hoch 4. Ebendas. à Jahrg. *

Presse, die jüdische. Organ für die religiösen Interessen des Judenthums. Hrsgbr.: H. Hildesheimer. 11.—15. Jahrg. 1880—1884. à Jahrg. 52 Nrn. (à Nr. 1½ Bog.) hoch 4. Berlin, Expedition. à Jahrg. *

—— die jüdische. Organ für die Gesammtinteressen des Judenthums. Hrsgbr.: H. Hildesheimer. 16.—19. Jahrg. 1885—1888. à Jahrg. 52 Nr. (à Nr. 2—3 Bog.) hoch 4. Berlin, Expedition. à Jahrg. *

—— die jüdische. Organ f. die Gesammtinteressen d. Judenthums. Mit den Beilagen: Israelit. Lehrer u. Cantor, u. Sabbat-Stunden. Illustrirte Feuilleton-Beilage. Hrsg. v. Hirsch Hildesheimer. 20.—23. Jahrg. 1889—1892. à Jahrg. 52 Nrn. (à Nr. 2 Bog.) 4. Berl. Expedition. à Jahrg. * 12 —

— die jüdische. Organ f. d. Gesammtinteressen d. Judenthums. Nebst illustr. Feuilleton-Beilage „Sabbat-Stunden". Hrsg. v. Hirsch Hildesheimer. 26.—29. Jahrg. 1895—1898. à 52 Nrn. (à ca. 20 S.) gr. 4. Berlin (E. Rosenstein). à Jahrg. n. 12. —
Kann auch vierteljährlich bezogen werden.

Presse, die jüdische. Organ f. die Gesammtinteressen des Judenthums. Hrsg. v. Hirsch Hildesheimer. Nebst illustr. Feuilleton-Beilage „Sabbat-Stunden" u. wissenschaftl. Beilage: Israelitische Monatsschrift, hrsg. v. Ed. Biberfeld. 30.—33. Jahrg. 1899—1902. à 52 Nrn. gr. 4. (à ca. 12 u. 4 S.) Berlin (E. Rosenstein). à Jahrg. n. 12. —

Presse, die jüdische. Organ f. die Gesamtinteressen des Judenthums. Nebst illustr. Feuilleton-Beilage „Sabbat-Stunden" u. wissenschaftl. Beilage: Israelitische Monatsschrift. Hrsg. u. red. v. Ed. Biberfeld u. seit 1905 v. Hirsch Hildesheimer. 34.—37. Jahrg. 1903—1906. à 52 Nrn. (à ca. 8 u. 4 S.) gr. 4. Berlin (E. Rosenstein). 1903—05 à n. 12. —; 1906 n. 8. —

Presse, die jüdische. Organ f. die Gesamtinteressen des Judentums. Nebst illustr. Feuilleton-Beilage „Sabbat-Stunden" u. wissenschaftl. Beilage: Israelitische Monatsschrift. Hrsg. u. red. v. Hirsch Hildesheimer. 38. Jahrg. 1907. 52 Nrn. (à ca. 12 u. 4 S.) 36×24 cm. Berlin (Auguststr. 69). Buchdruck. Idzkowski. nn 6. —
Nicht mehr im Buchhandel.

Presse, die katholische. Eine krit. Studie v. Pilatus (Vikt. Naumann). (38 S.) gr. 8. Wiesbaden 907. H. Rausch. — 50

Presse, Die katholische, Deutschlands. Freiburg i. Br. 1861. 3. Aufl. 1861. V: *Niedermayer, Andreas.* (Kat. Herder 1801—95.) (cb)

Presse, die katholische, Deutschlands. 1—3. Aufl. Freiburg im Br. 861. Herder. gr. 8. (74 S.) n. 5 ngr.

Presse, Die katholische, Deutschlands zu Neujahr 1875. Würzburg 1875. V: *Woerl, Leo.* (Russell XI, 823)

Presse, Die katholische, in Europa. Würzburg 1875. 2. Aufl. 1877. V: *Woerl, Leo.* (Ky) (Stadtbibl. Frankf. a. M. Kat. der Neueren Bestände.)

—— die katholische, in Europa zu Neujahr 1877. (Von Leo Woerl.) 1. Aufl. (V, 174 S.); 2. verm. Aufl. 8. (VII, 188 S.) Würzburg 877, Woerl. *

Presse, Die katholische, zu Neujahr 1878. Würzburg 1878. V: *Woerl, Leo.* (Russell XI, 823)

Die KATHOLISCHE Presse Österreich-Ungarns. Nebst einem Verzeichnisse der katholischen Blätter des Auslandes und der nichtkatholischen Parteiblätter Österreichs, einem Auszuge aus dem Pressgesetze und den Kolportage-Bestimmungen. Hg. vom Preßbureau des Piusvereines. Wien 1907. Verlag des Preßbureau des Piusvereines. 110 S. - 220 mm

— kaufmännische. Wochenschrift für Standesangelegenheiten. Hrsg. vom kaufmänn. Verein zu Frankfurt a/M., unter Mitwirkg. v. Max Quarck. Red.: Wilh. Koelle. 1. Jahrg. Juni 1890—Mai 1891. 52 Nrn. (³/₄ B.) gr. 4. Frankfurt a/M., Mahlau & Waldschmidt. n. 6. —

— kaufmännische. Wochenschrift f. Standesfragen. Organ d. Vereins f. kaufmänn. Angestellte zu Frankfurt a/M. Red. v. Max Quarck. 6.—8. Jahrg. 1895—1897. à 52 Nrn. (à ca. 6 S.) gr. 4. Frankfurt a/M. (Leipzig, C. F. Tiefenbach.) à Jahrg. n. 6. —
Der 8. Jahrg. war von Max N. Loeb redigiert. — Weiter nicht erschienen.

— kaufmännische. Organ d. deutschen Vortrags-Verbandes, d. deutschen Verbandes kaufmänn. Vereine u. d. Stellenvermittlungsbundes kaufmänn. Vereine. Wochenschrift f. Standesfragen, hrsg. vom kaufmänn. Verein zu Frankfurt a/M., red. v. Max Quarck. 2.—5. Jahrg. 1891—1894. à 52 Nrn. (³/₄ Bog.) gr. 4. Frankfurt a/M., (Mahlau & Waldschmidt). à Jahrg. n. 6. —

Presse. – K l e i n e Presse. –
Frankfurt / M. – 1.IV.1885 – 31.XII.1918.
Fortges. u.d.T.: Mittagsblatt.

Die kleinste christliche **Presse.** Mitteilungen z. Förderung d. ev. Gemeindeblattsache. In Gemeinschaft mit... hrsg. von W[ilhelm] Busch, Pfarrer, Gr.-Schwirsen. Jg. 1. (Rummelsburg i. P. 1906: O. Hasert.) 8°
[ed. 8744 9

Presse. – K ö l n e r Freie Presse. –
1.I.1877 – 2.XI.1878.

— die konservative. Von den konservativen Journalisten. gr. 8. (46 S.) Berlin 885. Puttkammer & Mühlbrecht. n. — 80

Landwirtschaftliche Presse: 1881–1883 Estrela
Monthly agricultural journal.

Presse. – L o n d o n e r freie Presse. Deutsches unabhängiges Organ für die Interessen der werkthätigen Klassen.
London: Expedition 1887–1890. 8°
Hrsgeg. v. Henry Detloff.

— militärische. 1. Beiheft. Lex. 8. Wien, (L. W. Seidel & Sohn). 2. —
Applikatorisches Beispiel üb. die flüchtige Verstärkung e. Gefechtsfeldes in der Abwehr. Von Karl Gerabek. Mit 7 Skizzen im Texte u. 2 Beilagen. (25 S.) 908.

Milwaukeeer Freie Presse: Feb. 1879—Jan. 1890.
Daily, morning except Sunday. Independent Republican. Title varies: 1) MILWAUKEEER FREIE PRESSE, Feb. 1879—May 1880; 2) MILWAUKEE FREIE PRESSE (früher BANNER UND VOLKSFREUND), May 1880—Sept. 18, 1881; 3) BANNER UND VOLKSFREUND UND MILWAUKEE FREIE PRESSE, Sept. 25, 1881—?; 4) MILWAUKEE FREIE PRESSE. Absorbed BANNER UND VOLKSFREUND, May 1880. Follows VORWÄRTS (MILWAUKEER SOCIALIST), and adopts its Jahrgang numbering. Followed by ABEND POST. For weekly edition, see WOCHENBLATT DER FREIEN PRESSE. For Sunday edition, see SONNTAGSBLATT DER FREIEN PRESSE. Edited & published by Richard Michaelis, Feb.—June 1879; by Richard Günther, July 1879—May 1880; edited by Hermann Sigel, & published by Banner & Volksfreund Co., May 1880—Jan. 1890.
Milwaukee, WI

Sonntagsblatt der Milwaukeer Freien Presse: 1879—? Milwaukee, WI

Presse. – M ü n c h n e r Freie Presse. –
16.IX.1895 – 15.(?)XII.1900.

Presse. – N e i s s e r Presse. –
[vor] 1899 – 1900.
Vorh. u.d.T.: Liberale Neisser Zeitung.

Presse. – N e u e Badische Presse. –
Karlsruhe. – 1885 – 23.VIII.1920.
Fortges. u.d.T.: Badische Presse.

Neue Deutsche Presse: 1891?—1896?
Independent weekly, 1891—95; Republican, 1896. Edited & published by Neue Presse Co., 1891—96.
Cleveland, OH

Neue Deutsche Presse: Sept. 1910—1918?
Independent weekly. Circulation: 1915, 12,000. Edited & published by Freie Presse Printing Co., 1910—17; edited by F. W. Sallet, and published by Freie Presse Printing Co., 1918.
Aberdeen, SD

Presse. – N e u e Frankfurter Presse. –
F.a.M. – 1.VII.1873 – 8.II.1880.
Vorh. u. fortges. u.d.T.: Frankfurter Presse.

Neue Freie Presse. Jg 1866. Wien. 2°.

Neue Freie Presse: 1876?—? Indianapolis, IN
Republican weekly. Edited & published by Theodor Hielscher.

Neue Freie Presse: 1887?—1889?
Republican daily, morning except Sunday. Follows PHILADELPHIA FREIE PRESSE? For weekly edition, see DER REPUBLIKANER. Edited & published by J. E. Metzger.
Philadelphia, PA

Presse, Neue Freie. 1890—1895. (Morgen- und Abendblatt vierteljährig gebunden.) (24 Bde.) Fol. Wien 1890—1895.

Neue Freie Presse: 1894—1899. Cleveland, OH

Presse, Neue Freie. (Fortsetzung.) 1896—1904. (Morgen- und Abendblatt vierteljährig gebunden.) (36 Bde.)
Fol. Wien 1896—1904.

— neue medicinische. Red.: M. Birnbaum. Unter Mitarbeiterschaft v. Lassar, Mendelsohn, J. Bloch u. v. A. Jahrg. 1901. 24 Nrn. hoch 4. (à ca. 12 S.) Berlin, E. Pilger Nachf. n. 6. —

— dasselbe. Unter Mitarbeiterschaft erster Autoritäten. 2. Jahrg. 1902. 24 Nrn. hoch 4. (à ca. 12 S.) Ebd. n. 6. —

— neue medicinische. Red.: M. Birnbaum. Unter Mitarbeiterschaft erster Autoritäten. 3. Jahrg. 1903. 24 Nrn. (à ca. 12 S.) hoch 4. Berlin, E. Pilger Nachf.
Erscheint nicht mehr. n. 6. —

Presse. Neue musikalische Presse. Zeitschrift für Musik, Theater und Kunst. Wien: Kratochwill 1892–(1900). 8° Hrsgeg. v. Karl Kratochwill.

— neue musikalische (vorm. Internationale Musik-Zeitung), enth. die Beilagen: Sänger- u. Vereins-Zeitg., Kirchenmusik-Zeitg., Musik-Instrumenten-Zeitg., nebst vielen Musikbeilagen. Hrsg.: Franz Wagner u. Carl Kratochwill. Red.: Carl Kratochwill.. 4. Jahrg. (1895. 52 Nrn. (à ca. 32 S. m. Abb.) gr. 4. Wien (M. Krämer's Nachf.) 12.—

Presse, neue musikalische. Zeitschrift f. Musik, Theater, Kunst, Sänger- u. Vereinswesen. Beiblatt: Musikinstrumentenzeitung — Musikbeilagen. Hrsg. u. Red.: Carl Kratochwill. 5.—7. Jahrg. 1896—1898. à 52 Nrn. (à ca. 12 S. m. Bildn.) gr. 4. Wien (xviii, 1. Währing-Weinhauserstr. 18), Administration. à Jahrg. 12.—
Kann auch halbjährlich bezogen werden.

— neue musikalische. Hrsg. u. Red.: Carl Kratochwill. 8.—11. Jahrg. 1899—1902. à 52 Nrn. gr. 8. (à ca. 16 S.) Wien, Bosworth & Co. à Jahrg. postfrei n. 16.—

— neue musikalische. Halbmonatszeitschrift f. Konzert, Oper, Unterrichtswesen u. Musik-Literatur. Red.: Vict. v. Lukáts. 12.—15. Jahrg. 1903—1906. à 24 Nrn. m. je 1 Musikbeilage. (à ca. 24 S.) Lex.-8. Leipzig, Bosworth & Co. à Jhrg. n. 6.—

— neue musikalische. Halbmonatsschrift f. Musik, Theater u. Literatur. 16. Jahrg. 1907. 24 Nrn. Mit Beiblatt: „Sängerwarte", Organ f. Chor- u. Gesang-Vereine. Mit vielen Notenbeilagen. 1. Jahrg. 12 Nrn. Red. K. Urhahn. (à ca. 8 u. 4 S. m. Abbildgn.) Lex. 8. Leipzig, Bosworth & Co. 7.—

— dasselbe. Monatsschrift f. Musik, Theater u. Literatur. 16. u. 18. Jahrg. 1908 u. 1909. 12 Nrn. Mit Beiblatt: „Sängerwarte", Organ f. Chor- u. Gesang-Vereine. Red.: Rud. Schmidt. (à ca. 8 S. m. Abbildgn.) Lex. 8. Mit Piano-Universum. 10 Albums. (à 16 S.) 31×23,5 cm. Ebd. 6.—
Erscheint nicht mehr.

New Yorker Presse: June 23, 1873—1876?
Roman Catholic daily. Democratic; supported Tilden. For weekly edition, see WOCHENBLATT DER NEW YORKER PRESSE. For Sunday edition, see SONNTAGSBLATT DER NEW YORKER PRESSE. Circulation: 1875, 2500. Edited & published by German Press Society of N.Y., 1873—74; edited by Magnus Gross, 1875; by Anton Schwenniger, 1876; published by German Press Society of N.Y., 1875—76.
New York, NY

Sonntagsblatt der New Yorker Presse: 1873—1876?
Sunday edition of NEW YORKER PRESSE. Circulation: 1876, 4000 (est.).
New York, NY

New Yorker Medizinische Presse: Band 1—6, Dec. 1885—Dec. 1888.
Monthly. Sub-title: Organ der deutsch-amerikanischen Aerzte. There is also a sub-title, Sept. 1887 - Dec. 1888: Ein Monats-Blatt gewidmet den Interessen der deutsch-amerikanischen Aerzte. Octavo, each issue 42 - 50 pages; illustrated, including diagrams. Edited by Dr. George W. Rachel, & published by the German American Medical Press Co., 1885—88. Printed by Cherouny Printing & Publishing Co.
New York, NY

Presse, New-Yorker medizinische. Organ der Vereine deutsch-amerikan. Aerzte. Red.: W. Rachel. 5. Bd. Jahrg. 1888. 1. Hft. gr. 8. (52 S.) New-York, (Westermann & Co.). n. 1.—

—— New-Yorker medizinische, Fortsetzg. s. Monatsschrift, New-Yorker medicinische.

Presse. – Norddeutsche Freie Presse. – Hamburg-Altona. – 1.IV.1849 – 28.II.1850.
Vorh. u.d.T.: Schleswig-Holsteinische Zeitung.
Fortges. u.d.T.: Freie Presse.

Norddeutsche Freie Presse. Red. v. Theodor Olshausen und Otto Fock, vom 1. Febr. an v. Magnussen u. a. Jg. 1851. Hamburg-Altona u. Wandsbek. Fol.
Erschien von: 1. März 1851 an u. d. T.:
Freie Presse und Hamburger Geschäftspost, vom 1. Juli an in Wandsbek als
Freie Presse, deren beide letzten Nummern vom 1. u. 5 Oct. den Zusatz erhielten:
Norddeutsches Organ für Politik und gemeinnützige Unterhaltung.

Presse. – Nürnberger Presse. – 6.I.1872 – 31.XII.1886.
Fortges. u.d.T.: Fränkischer Bund.

Presse. – Ostdeutsche Presse. – Bromberg. – 15.IX.1876 – 7.VI.1920.
Fortges. u.d.T.: Bromberger Presse.

—— die, in Oesterreich. Freie Gedanken in halb freier Zeit. gr. 8. (19 S.) Wien 862, Wallishauser'sche Buchh. *

—— pädagogische. Central-Organ des Unterrichts- und Erziehungswesens für Schule und Haus. 1. Jahrg. 1875. 52 Nrn. (à 1½—2 Bog.) gr. 4. Schwarzenbeck, Stüve.
Nicht weiter erschienen.

— pädagogische. Central-Organ des Unterrichts- u. Erziehungswesens für Schule u. Haus. 1. Jahrg. 1877. 52 Nrn. (à 1½—2 B.) gr. 4. Schwarzenbeck, Stüve. 8.—

Pekiner Freie Presse: Jahrgang 1—41, no. 39. June 1876—Apr. 25, 1918.
Independent weekly. Announcement that paper will cease publication in issue for Apr. 25, 1918. Has supplement, DER SONNTAGSGAST. Circulation: 1880, 1040; 1890, 1600; 1900, 2280; 1910, 2371; 1915, 2280. Edited & published by John W. Hoffman, 1876—84; by Albert Weiss, 1884—1914; by Jacob Schmidt, 1915—18.
Pekin, IL

—— die periodische, im Gebiete der Gewerbe- und Industrie-Ausstellung zu Halle a. S. 1881. 8. (IV, 151 S.) Magdeburg 881, Faber'sche Buchdruckerei. *

—— Pester medizinisch-chirurgische. Wochenschrift für prakt. Aerzte. Centralblatt zur Vermittlung der ungar. medizin. Forschung mit dem Auslande. Redact.: Sam. Löw. 16.—20. Jahrg. 1880—1884. à Jahrg. 52 Nrn. (à Nr. 1—1½ Bog.) gr. 4. Budapest, Zilahy. à Jahrg. *

—— Pester medicinisch-chirurgische. Wochenschrift für prakt. Aerzte. Centralblatt zur Vermittlung der ungar. medizin. Forschung mit dem Auslande. Redact.: Sam. Löw. 21.—23. Jahrg. 1885—1888. à Jahrg. 52 Nrn. (à Nr. 1—1½ Bog.) gr. 4. Budapest, Zilahy. à Jahrg. *

Presse. – Pfälzische Presse. – Kirchheimbolanden, sp. [ab 1884] Kaiserslautern. – 1.I.1879–27.II.1943.
Vorh. u.d.T.: Nordpfälzisches Wochenblatt.

— pharmaceutische. Zeitung für pract. Interessen mit Berücksichtigung der Technik, Industrie u. Naturwissenschaften. Red.: J. Krüger. 3. Jahrg. 1869. 52 Nrn. (½ Bgn.) Berlin, Conrad. Fol. n.n. 1 ℛ 20 ngr.
Vgl. Retorte, die.

— pharmaceutische. Wochenschrift f. Pharmacie, Chemie, Hygiene u. verwandte Fächer, zugleich wissenschaftl. u. praktische Rundschau. Hrsg. v. A. Brestowski. Red.: Karl Brenner. 1. Jahrg. Oktbr.—Dezbr. 1891. 13 Nrn. (Bog.) gr. 4. Wien, F. Deuticke. n. 3.—

— dasselbe. 2. Jahrg. Januar—März 1892. 13 Nrn. (Bog.) gr. 4. Ebd. n. 3. —

— pharmazeutische. Wochenschrift f. d. wissenschaftl. u. gewerbl. Interessen d. Pharmazie. Zentralorgan des Verbandes pharmazeut. Vereine Oesterreichs u. des Verbds. der Apothekenanwärter Oesterreichs. Gegründet 1896 als pharmazeut. Reformer. Hrsg.: Allg. österr. Pharmazeuten-Verein. Verwalter u. Hauptschriftleiter: Jos. Longinovits. 12.—15. Jahrg. 1907—1910. à 52 Nrn. (1910 404 S.) 34×25 cm. Wien, F. Deuticke. à Jahrg. 14. —

Republikanische Presse : Jahrgang 1—3, Feb. 15, 1827—Feb. 5, 1830.
Weekly. Title varies slightly: DIE REPUBLIKANISCHE PRESSE, Apr. 4, 1828 —Feb. 5, 1830. Edited & published by Jacob Weygandt, Jr., & Samuel Innes.
Easton, PA

— sächsische landwirtschaftliche. Organ f. die Gesamt-Interessen der Landwirtschaft. Schriftleitung: A. Endler. 30. u. 31. Jahrg. 1909 u. 1910. à 52 Nrn. Mit den Beiblättern: Der sächs. Tierzüchter. Unsern lieben Frauen. Je 26 Nrn. (VIII, 852, 104 u. 104 S. u. VIII, 838, 104 u. 104 S. m. Abbildgn.) 32×24 cm. Ebd. à Jahrg. 6. —

Presse, Die Schweizer. Herausgegeben vom Verein der schweizerischen Presse . . . Bern 1896. H: *Secretan, Edouard.* (Berl)

— die schweizer. Hrsg. vom Verein d. schweizer. Presse. — La presse suisse. Publié par la société de la presse suisse. gr. 8. (VIII, 523 S. m. Abb.) Bern 896. (P. Haller.) n. 10. —

Schweizer Presse: Schweizer Freie Presse
① Fremdenblatt der Schweiz. Kurorte. Täglicher Anzeiger der Stadt Baden (1886). - Freisinnig-demokratisches Organ und Täglicher Anzeiger. - Tägliches Anzeigeblatt der Stadt Baden. - Unabhängiges, bürgerliches Organ und Tägliches Anzeigeblatt der Stadt Baden. - Tageszeitung für Volkswirtschaft (1924). - Allgemein bürgerliche Tageszeitung und offizielles Organ der Aargauischen Bauern- und Bürgerpartei. Anzeigeblatt der Stadt Baden ④ Aargauische Bauern- und Bürgerzeitung ⑤ 19. 12. 1885—12. 11. 1938 ⑥ 2° ⑦ Tagblatt; wöchentlich 3× (seit 1937) ⑧ Baden: Josef Jäger (1886—1909), Manfred Jäger, sein Sohn (1910—1923), Schweizer Freie Presse AG (1924—1931), Boner & Co. (1937—1938); Brugg: Effingerhof AG (1932—1936) ⑨ Badener Sonntagsblatt (1896—1897). Illustriertes Sonntagsblatt (1898—1918). Illustriertes Unterhaltungsblatt (1922). Schweizerhaus (1924); zeitweise: wöchentlich 2× Fremdenliste der Bäder zu Baden und Schinznach (während der Sommersaison) ⑩ Jos. Jäger, Manfred Jäger, Schweizer Freie Presse AG ⑪ Nationalrat und Stadtammann Josef Jäger, Dr. Curt Wüest, A. F. Billo, Nationalrat J. Baumann, Dr. Feist ⑫ freisinnig-demokratisch; zuerst Hauptorgan der sogenannten Rheinkreispartei; später Bauern- und Bürgerpartei (offizielles Parteiorgan seit 1924) ⑬ BGSZ: 941; Hans Strahm: Von der «Schweizer Freie Presse» zu «Aargauische Bauern- und Bürgerzeitung». «Aargauische Bauern- und Bürgerzeitung» Nr. 136, 15. 11. 1938. Haberbosch: Badener Zeitungen (1950) ⑭ Baden: Stadtarchiv; Be: L (1895—1938).

— die sozialdemokratische, sa Zeitfragen. Hrsg. v. Vaterlandsverein.

Die socialdemokratische Presse. *Berlin: Vaterlandsver. 1896.* (93 S., 1 Bl.) 8.
— Zeitfragen. Hrsg. v. Vaterl.-Verein. (Bd 1.) H. 1. [96. 4737

Presse. – Stuttgarter Presse. –
24.X.1879 – 31.III.1882.
Vorh. u.d.T.: Das Vaterland.
Fortges. u.d.T.: Schwäbisches Wochenblatt.

Presse. – Süddeutsche Presse. –
München. – 1.X.1867 – 3.(?)VII.1887.

Syracuse Freie Presse : July 1875—May 1876.
Independent semi-weekly. Edited by Julius Jairen, & published by Joseph Penzer, 1875—76.
Syracuse, NY

Tägliche Presse : May 16—Sept. 2, 1898. New York, NY
Daily, Yiddish.

Presse. – Thorner Presse. –
1.IV.1883 – 31.XII.1906.
Fortges. u.d.T.: Die Presse.

Die Unabhängige Presse : 1840—?
Tri-weekly. Circulation: 1841, 250. Edited & published by Benjamin Boffinger.
Cincinnati, OH

Presse. – Ungarische medicinisch-chirurgische Presse.
Monatsschrift für die gesammte praktische Heilkunde. Jg. 1–15.
Pest: Mangold 1865–79. Fortges. u. d. T.: Pester medizinisch-chirurgische Presse. Budapest 1880 ff.
Hrsgeg. v. Heinr. Mangold.

— ungarische medicinisch-chirurgische Monatsschrift für die gesammte prakt. Heilkunde. Hersgbr. u. Redact.: Heinr. Mangold. 1—3. Jahrg. 1865—67. à Jahrg. 12 Nrn. (à 2—3 Bgn.) Mit Beilagen. Pest, Dr. Mangold. Lex.-8. Jeder Jahrg. n. 4 ₰

— ungarische medizinisch-chirurgische. Monatsschrift für die gesammte prakt. Heilkunde. Hrsgbr. und Redact.: Heinr. Mangold. 4.—15. Jahrg. 1868—1879. à Jahrg. 12 Nrn. (à Nr. 2—3 Bog.) Mit Beilagen. Lex.-8. Budapest, Administration. à Jahrg. *
Die Fortsetzung bildet:

— ungarische medizinische. Wochenschrift f. prakt. Aerzte. Centralblatt zur Vermittlg. d. ungar. medizin. Forschg. m. d. Auslande. Unt. Mitwirkg. d. hervorragendsten Universitäts-Professoren u. Spitalchefärzte Ungarns. Red.: Edm. Tuszkai. 1. Jahrg. Oktbr.—Decbr. 1896. 13 Nrn. (à ca. 28 Sp.) gr. 4. Budapest, Administration. n. 3. —

— dasselbe. 2. u. 3. Jahrg. 1897—1898. à 52 Nrn. (à ca. 24 Sp.) gr. 4. Ebd. à Jahrg. n. 12. —
Kann auch halbjährlich bezogen werden.

— ungarische medizinische. Wochenschrift f. prakt. Aerzte. Centralblatt zur Vermittlg. der ungar. medizin. Forschg. m. dem Auslande. Unter Mitwirkg. des Red.-Comité: N. Feuer, Jul. Frischmann, Géza Hainiss etc. Red. v. Ödön Tuszkai. 4.—6. Jahrg. 1899—1901. à 52 Nrn. gr. 4. (à ca. 32 Sp.) Budapest, Administration. à Jahrg. n. 10. —

— ungarische medizinische. Wochenschrift f. prakt. Aerzte. Centralblatt zur Vermittlg. der ungar. medizin. Forschg. m. dem Auslande. Unter Mitwirkg. des Red.-Comités: N. Berend, Z. Donogány, J. Fejér u. a. Red. v. Ödön Tuszkai. 8.—10. Jahrg. 1903—1905. (52, 52 u. 36 Nrn.) (à ca. 20 Sp.) gr. 4. Budapest (VII, Kerepesiút 34), Administration. à Jhrg. 10.—; halbjährlich n. 6. —

Unpartheyische Westliche Presse: 1821 ? Greensburg, PA

Presse. Die P' und die Deutsche Weltpolitik sa [Walz-Eidenbenz, Fritz].

— die, u. die deutsche Weltpolitik. Von einem Ausland-Deutschen. (IV, 88 S.) gr. 8. Zürich 906. [Zürcher & Furrer.] Leipzig, Thüring. Verlagsanstalt. n. 1. —

Presse. – Westfälische Freie Presse. –
Dortmund. – 30.VI.1875 – 24.X.1878.

Presse. – Westfälische Freie Presse. –
Dortmund. – 1.X.1890 – 30.IX. 1892.
Fortges. u.d.T.: Rheinisch-Westfälische Arbeiter-Zeitung.

Westliche Presse : Jan. 1871--1876?

Weekly. Supported Hayes. Circulation: 1875, 680. Edited & published Weidt & Baumbach, 1871–73; by Carl Weidt, 1873–76.
Cape Girardeau, MO

Westliche Presse : Aug. 11—Nov. 7, 1874.

Daily. United with QUINCY TRIBÜNE, to form TAGBLATT DER GERMANIA. Edited & published by Karl Petri.
Quincy, IL

Die Westliche Presse : 1900—June 21, 1907.

Independent weekly. Absorbed by OMAHA POST-TRIBÜNE. Circulation: 1905, 11,000. Edited & published by L. O. Simons, 1900–01?; by Otto Kinder, 1901?—1907; published by Westliche Presse Publishing Co., 1906—07.
Omaha, NE

Presse, Wiener medizinische. (Fortsetzung der Wiener Medizinal-Halle.) Wochenschrift für prakt. Aerzte. Redact.: Ph. Markbreiter u. Joh. Schnitzler. 6—9. Jahrg. 1865—68. à Jahrg. 52 Nrn. Mit: Allgemeine militärärztliche Zeitung. 52 Nrn. (à 1½—2½ Bgn.) Wien, (Czermak—Braumüller.) gr. 4. Jeder Jahrg. n. 6 ℳ

— — 10. Jahrg. 1869. 52 Nrn. (à 2—3 Bgn.) Mit: Allgemeine militärärztliche Zeitung. 52 Nrn. (à 1—1½ Bgn.) gr. 4. u. Monatsbeilage: Medizinisch-chirurgische Rundschau. 12 Hefte (à 6 Bgn.). Wien, Braumüller. gr. 8. n. 6 ℳ

Presse, Wiener medizinische. 11. Jahrg. 1870. 52 Nrn. (à 2—3 Bgn.) Mit: Allgemeine militärärztliche Zeitung. 52 Nrn. (à 1—1½ Bgn.) gr. 4. u. Blätter für Medizinal-Gesetzgebung u. öffentliche Gesundheitspflege. Ebend. gr. 4. n. 6 ℳ
Vgl. auch Rundschau, medicinisch-chirurgische.

Presse, Wiener medizinische. Organ f. prakt. Aerzte. Hrsg. u. Red.: Joh. Schnitzler. Mit: Allgemeine militärärztliche Blätter f. Medicinal-Gesetzgebung u. öffentliche Gesundheitspflege. 12. Jahrg. 1871. 52 Nrn. (à 2—3 B.) gr. 4. Wien, Braumüller. n. 18. —

— dasselbe. 13—15. Jahrg. 1872–1874 à 52 Nrn. (à 2—3 B.) gr. 4. Wien, Urban & Schwarzenberg. à Jahrg. n. 18. —

— dasselbe. 16. u. 17. Jahrg. 1875 u. 1876 à 52 Nrn. (à 2—3 B.) gr. 4. Mit Beiblatt: Wiener Klinik. Vorträge aus der gesammten prakt. Heilkunde. Monats-Hefte zur Wiener medicin. Presse. 1. u. 2. Jahrg. 1875 u. 1876 à 12 Hfte. gr. 8. (1. u. 2. Hft. 100 S.) Ebend. à Jahrg. n. 24. —; ohne Beiblatt n. 18. —; Beiblatt apart n. 8. —

— Wiener medicinische. Organ für prakt. Aerzte. Hrsg. u. Chef-Red.: Joh. Schnitzler. 18—23. Jahrg. 1877—1882. à 52 Nrn. (à 2—3 B.) gr. 4. Mit Beiblatt: Wiener Klinik. Vorträge aus der gesammten praktischen Heilkunde. 3—8. Jahrg. 1877—1882. à 12 Hfte. (à ca. 2 B.) gr. 8. Wien, Urban & Schwarzenberg. à Jahrg. n. 24. —; ohne Beiblatt n. 18. —; Beiblatt ap. n. 8. —

— Wiener medizinische. Organ f. prakt. Aerzte. Hrsg. u. Chef-Red.: Joh. Schnitzler. 24—27. Jahrg. 1883—1886. à 52 Nrn. (à 2—3 B.) gr. 4. Mit Beiblatt: Wiener Klinik. Vorträge aus der gesammten prakt. Heilkunde. 9—12. Jahrg. 1883—1886. à 12 Hfte. (à ca. 2 B.) gr. 8. Wien, Urban & Schwarzenberg. à Jahrg. n. 24. —; ohne Beiblatt n. 18. —; Beiblatt ap. n. 8. —

— Wiener medizinische. Organ für prakt. Aerzte. Red. v. A. Bum. 28.—31. Jahrg. 1887—1890. à 52 Nrn. (à 2—3 B.) gr. 4. Mit Beiblatt: Wiener Klinik. Vorträge aus der gesammten prakt. Heilkunde. Jahrg. 1887—1890. à 12 Hfte. (ca. 2 B.) gr. 8. Wien, Urban & Schwarzenberg. à Jahrg. n. 20. —; ohne Beiblatt n. 16. —; Beiblatt ap. n. 8. —

— Wiener medizinische. Organ f. prakt. Aerzte. Red. v. Ant. Bum. 32.—35. Jahrg. 1891—1894. à 52 Nrn. (à ca. 2½ Bog.) gr. 4. Mit Beiblatt: Wiener Klinik. Vorträge aus der gesammten prakt. Heilkunde. Jahrg. 1891—1894. à 12 Hfte. (à ca. 2 Bog.) gr. 8. Wien, Urban & Schwarzenberg. à Jahrg. n. 20. —; ohne Beiblatt n. 16. —; Beiblatt ap. n. 8. —

— Wiener medizinische. Organ f. prakt. Aerzte. Red. v. Ant. Bum. u. Alb. Barsis. 36.—39. Jahrg. 1895—1898. à 52 Nrn. (à ca. 20 S. m. Abb.) gr. 4. Mit Beiblatt: Wiener Klinik. Vorträge aus der ges. prakt. Heilkunde. Jahrg. 1895–1898. à 12 Hfte. gr. 8. Wien, Urban & Schwarzenberg. à Jahrg. n. 20. —; ohne Beiblatt n. 16. —; Beiblatt ap. n. 8. —

— Wiener medizinische. Organ f. prakt. Aerzte. Red. v. Ant. Bum. 40. Jahrg. 1899. 52 Nrn. gr. 4. (à ca. 48 Sp.) Mit Beiblatt: Wiener Klinik. Vorträge aus der gesammten prakt. Heilkunde. Jahrg. 1899. 12 Hfte. gr. 8. Wien, Urban & Schwarzenberg. n. 20. —; ohne Beiblatt n. 16. —; Beiblatt allein n. 8. —

— dasselbe. 41.—43. Jahrg. 1900—1902. à 52 Nrn. gr. 4. (à ca. 50 Sp.) Mit Beilagen: „Allgemeine militärärztl. Zeitg." u. „Wiener Klinik". Ebd. à Jahrg. n. 20. —; ohne Wiener Klinik n. 16. —; Wiener Klinik allein n. 8. —

— Wiener medizinische. Organ f. prakt. Aerzte. Red. v. Ant. Bum. 44.—47. Jahrg. 1903—1906. à 52 Nrn. (XII, 2588; XII, 2528; XII, 2620 u. XII, 2676 Sp. m. Fig.) gr. 4. Mit Beilagen: „Allgemeine militärärztl. Zeitg." (72, 80, 80 u. 96 Sp.) u. „Wiener Klinik". (364, 380, 350 u. 398 S.) Wien, Urban & Schwarzenberg. à Jhrg. n. 20. —; ohne Wiener Klinik n. 16.—; Wiener Klinik allein n. 8. —

— Wiener medizinische. Organ f. prakt. Ärzte. Red. v. Ant. Bum. 48. Jahrg. 1907. 52 Nrn. (XV, 1896 Sp. m. Abb.) 33,5×26 cm. Mit Beilagen: „Allgemeine militärärztl. Zeitg." u. „Wiener Klinik". Wien, Urban & Schwarzenberg. 20. —; ohne Wiener Klinik 16. —; Wiener Klinik allein 8. —
Fortsetzg., s.: Klinik, medizinische.

Die Wöchentliche Presse : 1883?--1884? St. Paul, MN
Weekly edition of DIE PRESSE.

Die Wöchentliche Presse : 1883?--1885? Minneapolis, MN
Weekly edition of DIE PRESSE.

Wöchentliche Deutsche Presse : 1887?--1888? Pekin, IL
Weekly edition of DEUTSCHE PRESSE.

Wöchentliche Deutsche Presse : 1890?—1891.
Weekly edition of DEUTSCHE PRESSE.
Cleveland, OH

Wöchentliche Freie Presse : 1872?--Nov. 1914.
Weekly edition of BUFFALO FREIE PRESSE. Circulation: 1875, 1641; 1885, 2400; 1905, 3300; 1912, 2250.
Buffalo, NY

Wöchentliche Freie Presse : 1888?—1890? Toledo, OH
Weekly edition of TOLEDO FREIE PRESSE. Circulation: 1890, 1950.

Presse. – Würzburger Presse. –
3.III.1875 – 30.VI.1889.

Zürcher Presse
④ Die Liminat ⑤ 5 Probe-Nummern 14. 12. 1871—30. 12. 1871; 1. 1. 1872—Juni 1875 ⑥ 2° ⑦ wöchentlich 6× ⑧ Zürich: Schiller & Co. ⑩ der Drucker ⑪ Traugott Koller, Friedrich Hirsbrunner ⑫ rechts-freisinnig ⑭ Zh: Z ⑮ Auf 1. Juli 1875 mit der Zeitung «Die Limmat» vereinigt.

Presseck [Schlagwort]

Presseck, s.: Bayern. Karte.

Pressel, Bahnen des württemb. Schwarzwaldes. Denkschrift. 4° Stuttgart 1864

Pressel [Rekt. Dr.]: Mitteilungen aus der Bibliothek des Heilbronner Gymnasiums. 1. Die Heilbronner St. Michaelskirche. Heilbronn, Druck v. C. Rembold's Buchdr., 1889; S. 22—26; 4°
Heilbronn, k. Karls-G, P 1889 (557)

Pressel, Conrad, s. Pressel, Konrad

Pressel, Friederike

– Bedeutung

—— die religiöse, der spanischen Frage. Von Fr. Pr. 8. (124 S.) Stuttgart 869, Schober.

Pressel, Friederike, Vermächtniß einer Mutter an ihre Tochter. Stuttgart 865. Belser's Verlag. 8. (419 S.) 24 ngr.

Pressel, Friederike. Vermächtniß e. Mutter an ihre Tochter. 2. Ausg. 8. (419 S.) Stuttgart 870. Belser's Verl. 2.40; geb. 2. 80; m. Goldschn. 3. —

Pressel, Friedr., tabellarischer Abriss der homerischen Formenlehre für den Schulgebrauch. gr. 8. (30 S.) Ulm 855, Stettin'sche Buchh.

Pressel, Fr., Johanna von Albret, s. Frauenspiegel.

Pressel, Frdr. v., aus Alt-Ulm, in Mitteilungen des Vereins f. Kunst u. Altertum in Ulm. Hft. 11/12.

⊙ Aus Alt-Ulm v. Friedrich **Pressel.** Ulm. 1905. 4°. = Mitteilungen des Vereins für Kunst etc. in Ulm und Oberschwaben, H. 12.

Pressel, *Friedrich* Der Eingang der Ilias. 4 (S. 5—26).
Progr. Karlsg. *Heilbronn* 1886 (541).

Pressel, F., das Evangelium in Frankreich, s.: Glaube, der evangelische, nach dem Zeugnis der Geschichte.

Pressel, Friedr., das Evangelium in Spanien, s. Bausteine zur Geschichte des Gustav-Adolph-Vereins.

Pressel, Frdr., Geschichte der Juden in Ulm. Festschrift zur Einweihg. der Synagoge 12. Septbr. 1873 hrsg. v. dem israelit. Leseverein in Ulm. gr. 8. (47 S.) Ulm 873. Nübling. n. 1. 20

— Viktor August Jäger. Lebensbild e. württemberg. Geistlichen. Stuttgart 868. Belser's Verl. 8. (164 S.) 15 ngr.

Pressel, Friedr., philologische Miscellen über das Evangelium Matthäi. Ein Beitrag zur neutestamentl. Hermeneutik. gr. 4. (10 S.) Ulm 865. (Tübingen, Fues'sche Sortimentsb.) *

— Pauline v. Montagu u. ihre Leidensgenossen, s. Frauenspiegel.

Pressel, F. (Hrsg.), s. Münsterblätter.

Pressel, das Pfarrhaus in Cleversulzbach vor 50 und mehr Jahren. 8. (32 S. mit 2 Abbild.) Stuttgart 885, Greiner und Pfeiffer.

— die Pflanzung d. Christenthums in Ulm. 4. (10 S.) Ulm 873. (Tübingen, Fues.) n. — 40

Pressel, Predigt am 19. Sonntag nach Trinitatis [den 18. Octbr.] 1868 gehalten in der Schloßkirche zu Schwerin. Schwerin 869. Stiller. gr. 8. (16 S.) n.n. 2½ ngr.

—— Psyche. Ein allegor. Märchen. Nach dem Latein. des Apulejus. 16. (58 S.) Ulm 864, Krick. cart. mit Goldschn.

Pressel, Frdr., Psyche. Ein allegorisches Märchen. Nach dem Lateinischen des Appulejus. 16. umgearb. Aufl. Braunschweig 864. Schwetschke & Sohn. 8. (VIII, 262 S.) n. 20 ngr.

[J.] **Pressel,** *Friedrich* [Rekt. Dr.]: Rede bei der Trauerfeier für König Karl 17. Okt. 1891. Heilbronn, Druck v. Brok & Feierabend, 1892; 1—4 S. 4.
Heilbronn, k. Karls-G, P 1892 (584)

Pressel, die Heilbronner St. Michaelskirche, s.: Einladungsschrift des königl. Karlsgymnasiums in Heilbronn.

—— Ulm und sein Münster. Festschrift zur Erinnerung an den 30. Juni 1877. Mit (eingedr.) Holzschn. und artist. Beilagen (1 Radirung) von Baldinger und Rieß und Maler Dirr. Lex.-8. (186 S.) Ulm 877, Ebner'sche Buchh. *

— s.: Urkundenbuch, Ulmisches.

Pressel, G., kurzgefaßte geschichtl. Darstellung der letzten polit. Ereignisse in der Stadt Hanau von ihrem ersten Entstehen bis zur Vollendung des großen Aktes am 12. März 1848. 8. (46 S.) Hanau 848, Edler'sche Buchh. Thlr. *

Pressel, J. F., Beitrr. zu J. G. Schneiders griech.-deutschem Wörterbuch. 3e Aufl., zusammengestellt aus einigen Schriftstellern des Alterthums, nebst e. Anh. üb. eine Frage in Keils u. Tzschirners Analecten. gr. 8. Tübing. 822. Laupp. 16 gl.

Pressel, Joh. Gfried.: Beiträge zur Erledigung der Schulfrage in Württemberg. Abt. 1: Art. 1--41 des Gesetzes-Entwurfs über die Volksschulen. Tübingen: Laupp 1836.

Pressel, Jh. Gf., s. Kr. Gli. **Bengel,** Opuscula; — dess. Reden über Religion.

Pressel, Johann Julius [Praes.], s. Früeauff, Joh. Fried.: De variis causarum figuris.

Pressel, Johann Julius [Praes.], s. Schweisguth, Johann: Jura citationum.

Pressel, Konrad

Pressel, C[onrad]. Bauarbeiten am Simplon-Tunnel. Von Dr. K. P'... in München. (Mit 1 Karte, 1 Tafel und 64 Textbildern.) Sonder-Abdruck aus der Schweizerischen Bauzeitung Band 47, Nr. 21, 22, 23, 25, 26. II + 23 S. 4. Zürich, Ed. Rascher & Cie., 1906. (fr. 2.50)

Pressel, Edw., Abendstunden. Erzählungen: Vater-Fluch. Meister Lucas u. sein Geselle. Der Verfertiger. 8. Ludwigsb. 833. (832.) Nast. (Leipz., Herbig). 1 gl.

Pressel, Ludw., Abendstunden. Enthalt.: Vaterfluch. — Meister Lucas u. sein Geselle. — Der Deserteur. 8. Ludwigsburg 833, jetzt Berendsohn in Hamburg. 1 ℛ

Pressel, Ldw., Heldenbilder. Historische Unterhaltungen für die Jugend. 8. Pforzheim 841, Dennig Finck u. Comp. (Stuttgart, Scheible, R. u. S.) 1 ℛ

Pressel. Heldenkämpfe aus alter und neuer Zeit. (24¾ B.) 8. Pforzheim 1839. 4,50.

— Helden-Kämpfe aus alter und neuer Zeit. Eine Gallerie von Großthaten aus dem Leben einzelner Männer und ganzer Völker. Zur Unterhaltung und Vermehrung histor. Kenntnisse für die heranwachsende Jugend. Mit 6 Bildern. 16. Pforzheim 840. Dennig, Finck u. Comp. 1⅓ ℛ

—— Helden-Kämpfe aus alter u. neuer Zeit. Eine Gallerie v. Großthaten aus d. Leben einzelner Männer u. ganzer Völker. Zur Unterhalt. u. Vermehr. histor. Kenntnisse f. d. heranwachs. Jugend. 16. (24¼ B. u. 6 Bild.) Pforzheim 840. [Stuttgart, Scheible, Rieger u. Sattler.]

—— die Hugenotten. Histor. Novelle aus d. 2. Hälfte d. 16. Jahrh. 8. (14 B.) Ludwigsburg 830, Nast.

— Nachtbilder. Erzählungen. 2 Thle. 8. Ludwigsburg 820, jetzt Berendsohn in Hamburg. 1⅔ ℛ

— Nachtbilder. Erzählungen. 2 Thle. 1r Thl. A. u. d. T.: der Rival. Die Geächteten. 2 Erzähll. 21 ℊ — 2r Thl. Die Fürstenbraut. Das Frühstück zu Rudolstadt. 2 Erzähll. 21 ℊ 8. Ludwigsb. 827. Nast. 1 ℛ 18 ℊ

PRESSEL, Ludwig. Nachtbilder. Erzählungen. 1stes Bändchen enthält: 1) Der Rival. 2) Die Geächteten. 2tes Bändchen: 1 Die Fürstenbraut. 2) Das Frühstück zu Rudolstadt. Ludwigsburg 828. 8°.
Gmähle's (München) Leihbibl.-Cat. no. 11403—4.

Pressel, Otto Richard, s. Pressel, Richard

Pressel, Paul, Johann Calvin. Ein evangelisches Lebensbild. Mit dem Portr. des Reformators in Stahlst. Elberfeld 864. Friderichs. gr. 8. (IV, 264 S.) 22½ ngr.

Pressel, Paul, Christoph, Herzog zu Württemberg, s.: Jugend- u. Volksbibliothek, deutsche.

—— die geistliche Dichtung von Luther bis Klopstock. (Einzelausg. der evangel. Volksbibliothek.) 2 Halbbde. gr. 8. Stuttgart 863,64, Becher. [1. Halbbd. (S. 1—480.) 1 Thlr. 12 Ngr., 2. Halbbd. (XV und S. 481—1023.) 1 Thlr. 3 Ngr.]

Pressel, P., 80 Konfirmations-Denksprüche [1 Bibelspruch und 1 Liedervers]. 16. Ulm 885, Ebner'sche Buchh.
Auf Chamoispap. mit Goldschn. *

Pressel, Paul, Luther. Von Eisleben bis Wittenberg. 1483—1517. Chronik und Stammbuch. gr. 8. (IV, 76 S.) Stuttgart 883, Greiner und Pfeiffer.

Pressel, Paul, Philipp Melanchthon. Ein evangel. Lebensbild für Alt und Jung. gr. 8. (176 S.) Stuttgart 860, Belser'sche Verlagsh. *

Pressel, Paul, Reimbuch zu den Nibelungen. gr. 8. (III und 28 S.) Tübingen 853, L. F. Fues Vrlgsh.

—— die religiöse Schulfrage. Ein Votum. 8. (20 S.) Ulm 869, Stettin's Buchh. *

Pressel, Paul, Franz v. Sickingen. Ein erzählendes Gedicht aus dem Reformationszeitalter. Leipzig 860. Engelmann. 8. (VII, 157 S.) 1 ℛ

Pressel, *Otto* Richard [aus Berlin]: Über den Tod durch Überfahrenwerden ... Berlin, Buchdr. v. G. Schade, *1895;* 31 S. 8.
Berlin, Med. Fak., Inaug.-Diss. v. 15. Aug. 1895

Pressel, Theodor

Pressel, Th., N. v. Amsdorf, C. Cruciger, M. Chemnitz, D. Chytraeus, P. Eber, J. Jonas, L. Spengler, P. Speratus, s. Leben und ausgewählte Schriften der Väter und Begründer der luther. Kirche.

— Ambrosius Blaurer, Joachim Vadian, s. Leben und ausgewählte Schriften der Väter u. Begründer der reformirten Kirche.

Pressel, Theodor. Ambrosius Blaurer (1492—1564). Nach handschriftlichen und gleichzeitigen Quellen. 8. Elberfeld 1861.
Leben und ausgewählte Schriften der Väter... der reformirten Kirche. (Supplement-)Theil 9.

Pressel, Thdr., Ambrosius Blaurer's, des schwäbischen Reformators, Leben und Schriften. Mit dem Bildnisse Blaurer's (in Stahlst.). Stuttgart 861. S. G. Liesching. gr. 8. (VII, 611 S.) n. 2 ℛ 24 ngr.

Pressel, Th. Caspar Cruziger. Elberfeld 1862.

Pressel, Thdr., das Leben Jesu Christi in seinem geschichtlichen Zusammenhang dargestellt und nach den Schriftforschungen protestant. Gottesgelehrten bearb. Ein Hülfsbuch für Lehrer in Kirche und Schule, ein Lesebuch für christl. Familien. gr. 8. (VIII und 592 S.) Reutlingen 856(57,) Bardtenschlager.

Pressel, Theodor. Joachim Vadian (1484—1551). Nach handschriftlichen und gleichzeitigen Quellen. 8. Elberfeld 1861.
Leben und ausgewählte Schriften der Väter... der reformirten Kirche. (Supplement-)Theil 9.

Pressel, Thdr., Zustände des Protestantismus in Frankreich. gr. 8. (IV u. 116 S.) Tübingen 848, Osiander. ½ ℛ

Pressel, W., und J. Kauffmann, der Bau des Hauenstein-Tunnels auf der schweizerischen Centralbahn. Imp.-Fol. (II und 19 S. mit 17 Stnt., wovon 1 ill.) Basel 860, Bahnmaier's Verlagsh. *

Pressel, W., die Fischzucht im Kleinbetrieb. Aus der Praxis f. die Praxis. 8. (VIII, 69 S. m. 11 Abbildgn.) Stuttgart 902. E. Ulmer. Kart. n. 1.—

Pressel, Wilhelm

—— s. Bausteine zur Geschichte des Gustav-Adolph-Vereins.

Pressel, Wilh., Bebenhausen. Ein Kranz v. Romanzen aus seiner ältesten Geschichte. 8. (194 S.) Tübingen 885. Osiander. n. 2.—

Pressel, Wilhelm von. Les Chemins de fer en Turquie d'Asie. Projet d'un réseau complet. Avec une carte coloriée. IV + 90 p. 8. Zurich, Art. Institut Orell Füssli, 1902. [fr. 2.50]

Pressel, Wilh., Geschichte u. Geographie der Urzeit von der Erschaffung der Welt bis auf Mose. Mit e. (chromolith.) Karte d. Orbis Mosaicus. 8. (VI, 338 S.) Nördlingen 883. Beck. n. 3.50

Pressel, Wilh., der Gustav-Adolph-Verein und das Volk Israel. Vortrag nebst Erläuterungen über die Geschichte und Statistik des Gustav-Adolph-Vereins, die heut. Lage und die Geschichte der Israelit. Diaspora, die Judenmission und das Verhältniss von Judenthum und Christenthum. gr. 8. (80 S.) Tübingen 879, Fues'sche Sortimentsh. *

Pressel, Wilh., Hexen und Hexenmeister. Oder vollständige und getreue Schilderung und Beurtheilung des Hexenwesens. 8. (IV und 102 S.) Stuttgart 860, Belser'sche Verlagsh.

Pressel, W., „in der Welt, doch nicht v. der Welt". Geleitsworte f. unsere Konfirmanden. (40 S.) 12. Stuttgart 903. M. Kielmann. n. — 30

—— Israel, seine gegenwärtige Lage und welthistorische Bedeutung. Referat bei der fünften Generalversammlung der evangel. Allianz am 19. Aug. 1867. gr. 8. (16 S.) Tübingen 868, Osiander'sche Buchh. [Heilbronn, Scheurlen's Verlag.] *

Pressel, Wilh., Commentar zu den Schriften der Propheten Haggai, Sacharja und Maleachi. gr. 8. Gotha 870. Leipzig, Lehmann. (* M 6.) *

Pressel, Wilh., Commentar zu den Schriften der Propheten Haggai, Sacharja u. Maleachi. Gotha 870. Schloessmann. gr. 8. (XII, 454 S.) n. 2 ₰

Pressel, Wilh., Priscilla an Sabina. Briefe einer Römerin an ihre Freundin aus dem J. 29 nach Chr. Geb. 8. (IV, 242 S.) Hamburg 874, Agentur des Rauhen Hauses. *
geb. *

—— dass. — aus den J. 30 und 31 n. Chr. Geb. 2. Serie. gr. 8. (261 S.) Ebendas. 874. * M 2,40.; geb. *

Pressel, W., Priscilla an Sabina. Briefe e. Römerin an ihre Freundin aus dem J. 29 nach Chr. Geb. 1. Serie. 2. Aufl. 8. (IV, 242 S.) Hamburg 876. Agentur d. Rauhen Hauses. n. 2. —; geb. n. 3. —

—— dass. — aus dem J. 29—33 n. Chr. Geb. 2. Serie: Aus den J. 30 und 31. 8. (IX, 268 S.) Ebendas. 876. *
geb. *

—— dass. — aus den J. 29—33 n. Chr. Geb. 3. (Schluß)Serie: Aus den J. 32 und 33. gr. 8. (VII, 312 S.) Ebendas. 876. *
geb. *

Pressel, Wilh., Priscilla an Sabina. Briefe einer Römerin an ihre Freundin aus den J. 29—33 n. Chr. Geburt. 3 Serien in 1 Bde. Wohlf. Ausg. gr. 8. Hamburg 883, Agentur des Rauhen Hauses. *
geb. in 1 Bd. *

Inhalt:

Serie 1. Aus dem J. 29. 3. Aufl. (VII, 240 S.) Einzelpr. * M 2.; geb. * M 3.
" 2. Aus dem J. 30 und 31. 2. Aufl. (IX, 268 S.) Einzelpr. * M 2,40.; geb. * M 3,60.
" 3. Aus den J. 32 und 33. 2. Aufl. (VII, 320 S.) Einzelpr. * M 3.; geb. * M 4.

—— Priscilla an Sabina. Briefe einer Römerin an ihre Freundin, aus den J. 29—33 nach Christi Geburt. III. Serie. 3. Aufl. 8. (320 S.) Hamburg 886, Agentur des Rauhen Hauses. * M 3.—.; geb. *
1. und 2. Serie. Ebendas. 1883. * M 2.—.; * M 2.40.; geb. * M 3.—.; * M 3.60.

Pressel, W., Priscilla an Sabina. Briefe e. Römerin an ihre Freundin aus den J. 29—33 n. Chr. Geb. 4. Aufl. 1. Serie. aus d. J. 29. 8. (VII, 232 S.) Hamburg 896. Agentur d. Rauhen Hauses. Kart. n. 1. 50

Pressel, W., Priscilla an Sabina. Briefe e. Römerin an ihre Freundin aus den J. 30—33 n. Chr. Geburt. Neue, umgearb. u. illustr. Geschenkausg. (VII, 408 S.) 8. Hamburg 905. Agentur des Rauhen Hauses. n. 4. —; geb. in Leinw. n. 4. 80

Pressel, Wilh. Die Stimmen der Völker üb. die Urgeschichte nach den 11 ersten Kapiteln der heil. Schrift u. den entsprechenden Überliefergn. der Heidenwelt. 8. (120 S.) Hamb. 890, Agentur d. Rauhen Hauses. * 1 50

Pressel, W. Strombauten an der Legrader Lehne (Südbahn). Wien 1868. In Mappe.

Pressel, W. Thalsperren zum Zwecke der Vereinfachung von Bahnanlagen im Gebirge. 1866. 4.

Pressel, Wilh., der Thalmud vor dem Schwurgericht am Ende d. XIX. Jahrh. Ein Zeugniß f. die Wahrheit. 8. (68 S.) Leipzig 893. Dörffling & Franke. n. 1. —

—— Vergesse ich dein, Jerusalem! Predigt über Psalm 137, 5. gehalten bei dem Jahresfest des rheinisch-westphäl. Vereins für Israel den 13. Aug. 1867 zu Elberfeld. gr. 8. (11 S.) Cöln 868, (Römke und Comp.) *

Pressel, W., welchen Gewinn bringt die Theilnahme an der Judenmission uns Christen? Vortrag geh. im Saale d. evangel. Presbyterium's zu Cöln a. Rh. am 18. Mai 1864. 2. Aufl. 8. (24 S.) Barmen 872. Klein. n. — 30

— die Zerstreuung d. Volkes Israel. 5 Hfte. gr. 8. [Heilbronn, Gebr. Henninger.] Berlin 887—889. Reuther. n. 6. —

Einzeln:

1. Der Charakter dieser Zerstreuung. (46 S.) n. — 80
2. Die Stufen dieser Zerstreuung. (127 S.) n. 2. —
3. Der Thalmud. (113 S.) n. 1. 80
4. 5. Midrasch, Kabbalah, Thargum, Septuaginta, Massora. Die Zukunft der Zerstreuung. (83 u. 68 S.) n. 2. 80

Pressen, Laur., De somno naturali et pomeridiano. Vienn. 4°. 1767

Pressensé, Élise de

Pressensé, Frau E. v., Arm u. doch reich. Eine Erzählg. f. das Volk. Nach dem Franz. Autoris. Bearbeitg. v. J. Severin. 2. Aufl. v. „Der arme Wilhelm". (III, 154 S.) gr. 8. Hermannsburg 903. Missionshandlg. n. 1. 50; geb. n. 2. —

Pressensé, Mme E. de, Augustin, s. Bibliothèque française, petite.

Pressensé, Mme. E. de, deux ans au lycée, s. Bibliothèque française à l'usage de la jeunesse.

Pressensé, Madame E. de, Geneviève. Deutsch v. Hedwig Kahl. 8. (320 S.) Reutlingen 898. Fleischhauer & Spohn. n. 3. —; geb. in Leinw. n. 4. —

— die Geschwister. Aus d. Franz. übers. v. M. Reichmann. 8. (248 S.) Berlin 897. Buchh. d. Berliner Stadtmission. n. 2. —; geb. n. 3. —

Pressensé, Frau v. Das weiße Haus. Eine Erzählg. f. Kinder. Autoris. Übersetzg. 8. (192 S.) Calw 889, Vereinsbuchh. cart. * 1 20

Pressensé, Frau E. de, zwei Jahre im Gymnasium. Autoris. Uebersetzg. von Emmy v. Feilitzsch. 8. (232 S.) Stuttgart 900. J. F. Steinkopf. n. 2. 60; geb. in Leinw. n. 3. 50

—— aus dem Kinderleben. Eine Erzählung für junge Mädchen von 12—16 Jahren. Nach dem Französ. Autoris. Uebersetzung. 8. (260 S.) Detmold 877, Schenk. * M 2,60.; cart. *

— e. armer Kleiner. Deutsch v. Clara v. Strantz. 8. (265 S.) Dresden 896. J. Naumann. Geb. in Leinw. n. 3. —; erm. Pr. n. 2. —

Pressensé, Mad. E. de, la maison blanche, s.: Bibliothèque française.

— le petit Marquis, hrsg. v. Emil Tournier, s.: Prosateurs français.

— Petite mère, hrsg. v. C. Th. Lion, s: Bibliothèque française.

— dasselbe hrsg. v. Lehnert, s.: Prosateurs francais.

— un petit monde d'enfants. Nouvelle éd. 8. (159 S.) Leipzig 880. Wilfferodt. n. 1. 40

—— Mütterchen. Autoris. Uebersetzung von M. Reineck-Godet. 8. (II, 244 S.) Hamburg 880, Agentur des Rauhen Hauses. * geb. *

Mutterchen von Madame [Élise] de Pressensé. Autor. Übers. von M. Reineck-Godet. 2. Aufl. Hamburg: Agentur d. Rauhen Hauses (1890). (248 S.) 8° [J.] 108. 7446

— Mütterchen. Autor. Uebersetzg. v. M. Reineck-Godet. 2. Aufl. 8. (248 S.) Hamburg 897. Agentur des Rauhen Hauses. n. 2. —; geb. in Leinw. n. 3. —

Pressensé, [Mme Edmond, née] E[lise DuPlessis]. Mütterchen. Autorisierte Übersetzung von M[arie] Reineck-Godet. (3. Aufl.) 7.—9. Tausend. Mit 1 Vollbild [Tafel] und vielen Textillustrationen [sowie illustriertem Umschlag] von Kunstmaler Ad Jöhnssen. 246 S. 8. Bielefeld, Verlagsh. der Anstalt Bethel, 1910. [geb. M. 3.—]

— Mutterseelenallein. Deutsch von Clara v. Strantz. gr. 8. (288 S.) Hamburg 894. Agentur des Rauhen Hauses. n. 2. —; geb. n. 3. —

— Mutterseelenallein. Eine Geschichte f. Mädchen v. 10—14 Jahren. 2. Aufl. Mit 4 Vollbildern v. Hans Kaufmann. (271 S.) 8. Ebd. 908. Geb. in Leinw. 3. —

— Une joyeuse nichée, s.: Alge, S., lectures et exercices.

— Rosa, hrsg. v. C. Th. Lion, sa Bibliothèque française, Bd. 26/27.

Pressensé, Mad. E. de, Rosa, sa Bibliothèque, petite, française.

— Rosa, bearb. v. E. Kluth, sa Schulbibliothek, französ. u. englische.

—— Rosa. Nach der 9. Aufl. des Orig. übertragen von F. E. Drechsler. 8. (261 S.) Leipzig 863, Wilfferodt. *

Pressensé, Mad. E. de, Rosa. Une histoire de jeune fille. Nouvelle édit., augmentée de notes grammaticales par Mad. P. Blanchard. 8. (350 S. mit 1 Holzschntaf.) Leipzig 864 Wilfferodt.

Pressensé, E. de, Rosa. Une histoire de jeune fille. Nouv. éd., augmentée de notes grammaticales par P. Blanchard. 8. (275 S. m. 1 Holzschntaf.) Leipzig 875. Wilfferodt. n. 1. 60

— dasselbe. Nach der 9. Aufl. des Originals übertr. v. F. E. Drechsler. Neue (Titel-)Ausg. 8. (261 S.) Braunschweig 894. H. Wollermann. Geb. in Leinw. 2. —

Pressensé, Edm. v., der Erlöser. Vorträge. Mit e. Vorrede d. Verf. gr. 8. (VII, 363 S.) Gotha 883. F. A. Perthes. n. 6. —

Pressensé, Edm. de, die christliche Familie. Aus dem Französ. 8. (VII und 190 S.) Leipzig 864, Bredt.

—— Geschichte der drei ersten Jahrhunderte der christlichen Kirche Von dem Verf. autoris. und mit einem Vorworte versehene deutsche Ausg. von Ed. Fabarius. (In 6 Thln.) 1.—4. Thl. gr. 8. Leipzig, Engelmann. à Thl. 1 Thlr. 15 Ngr.
Inhalt:
Thl. 1. Das erste Jahrhundert. I. (XVIII und 319 S.) 862.
» 2. —— dass. — II. (IV und 332 S.) 863.
» 3. Der große Kampf des Christenthums gegen das Heidenthum. Die Märtyrer und die Apologeten. I. (VIII und 332 S.) 863.
» 4. —— dass. — II. (IV und 340 S.) 865.

—— Geschichte der drei ersten Jahrhunderte der christlichen Kirche. Von dem Verf. autoris. und mit einem Vorwort versehene deutsche Ausg. von Ed. Fabarius. 5. Thl.: Die Geschichte des Dogmas. gr. 8. (VIII, 339 S.) Leipzig 870, Engelmann.
1.—4. Thl. Ebendas. 1862—65. M 18.

Pressensé, Edm. v., Geschichte der drei ersten Jahrhunderte der christlichen Kirche. Vom Verf. autoris. und mit einem Vorwort versehene deutsche Ausg. von Ed. Fabarius. 6. Thl.: Das kirchl., religiöse und sittl. Leben der Christen im 2. und 3. Jahrh. gr. 8. (VIII, 359 S.) Leipzig 877, Engelmann.
1.—5. Thl. Ebendas. 1862—70. M 22.50.

—— Jesus Christus. Seine Zeit, sein Leben und sein Werk. Autoris. deutsche Ausg. von Ed. Fabarius. gr. 8. (XVI und 504 S.) Halle 866, Buchh. des Waisenhauses.

Pressensé Edmund v., das vaticanische Concil. Seine Geschichte u. seine polit. u. religiösen Folgen. Autoris. deutsche Ausg. v. Ed. Fabarius. gr. 8. (XI, 327 S.) Nördlingen 872. Beck. n. 4. 80

Pressensé, Edm. de, das Leiden im Leben des Christen. Frei nach einer Rede. 12. (24 S.) Stuttgart 887, Buchh. der Evangel. Gesellschaft. *

Pressensé, M. v., kritische Studie über Renan's Leben Jesu. Aus dem Französ. nach „Choix de bonnes lectures." Nebst einer Lebensskizze Renan's, aus dem „Figaro" übers. von Thdr. Nißl. gr. 8. (26 S.) Augsburg 864, Kollmann'sche Buchh.
Aus: „Sion" besonders abgedruckt.

— evangelische Studien. Autorisirte deutsche Ausgabe von Ed. Fabarius. I. u. II. Halle 869. Pfeffer. 8. à n. 15 ngr.
I. Das Leiden im Lichte des Evangeliums. (V, 104 S.)
II. Betrachtungen u. Reden verschiedenen Inhalts. (IV, 127 S.)

— evangelische Studien. 2 Bdchn. Autoris. deutsche Ausg. v. Ed. Fabarius. 2. Ausg. 8. Halle 884. Pfeffer. à n. 1. —
1. Das Leiden im Lichte d. Evangeliums. (V, 104 S.)
2. Betrachtungen u. Reden verschiedenen Inhalts. (III, 127 S.)

— die Ursprünge. Zur Geschichte u. Lösg. d. Problems der Erkenntnis der Kosmologie, der Anthropologie u. d. Ursprungs der Moral u. der Religion. Autoris. deutsche Ausg. v. Ed. Fabarius. gr. 8. (XX, 446 S.) Ebend. 884. n. 6. 75

— dasselbe. 2. Ausg. gr. 8. (XX, 446 S.) Ebend. 887. n. 4. 50

— Therefen's Tagebuch. Mit Bewilligung des Verf. aus dem Französ. übers. von J. B. Hamburg 866. Agentur des Rauhen Hauses. 8. (351 S.) n. 24 ngr.

— das Weidenhäuschen. Autor. Uebersetzg. von E. v. Feilitzsch. 8. (256 S.) Hamburg 898. Agentur des Rauhen Hauses. Geb. in Leinw. n. 3. —

(B) — Das Weidenhäuschen. 898. (KBL 30.) Jetzt: Bielefeld, Verlagshandlg. der Anstalt Bethel.

— der arme Wilhelm. E. Erzählg. f. d. Volk. Nach dem Franz. Autoris. Bearbeitg. von J. Severin. 8. (IV, 278 S.) Berlin 897. Buchh. d. Berlin. Stadtmission. n. 2. —; geb. n. 3. —

Pressentin, Wilhelm v.: Geschichte und Stammtafeln der Glieder des Geschlechts von Pressentin (Prestin). Nach den Samml. d. Oberlanddrosten Karl v. Pressentin zu Dargun, bearb. von Wilhelm v. Pressentin, Lt. im Inf.-Reg. No 31. Schwerin 1899: Bärensprung. (172 S.) 8°

Pressentin, Botho von. Apokalypse. Ein Berliner Roman. 2 Bde. 8. (227; 240 S.) Berl. 889, Steinitz' Verlag. * 7 —
—— dass. — Neue (Titel-)Ausg. — Leidenschaften, s. Bibliothek, realistische, Bd. 6.

Pressentin, Botho v.: Die Geschichte der Balkanhalbinsel im 19. Jahrhundert. Von R. Rautter (Kopft.: B[otho v. Pressentin gen.] v. Rautter). Hirschberg: Schles. Verlagsanst. (1909). 20 S. 8°
[Umschlagt.]: Balkan. 1909 entscheidet? Die Geschichte ...

Pressentin-Rautter, B. v.. die deutsche Jagd, s.a. Für den deutschen Jäger. Bd. 6.7.

Pressentin-Rautter, Botho von: Die deutsche Jagd. Eine Anleitung z. prakt. Weidwerk. Von –. (1.) 2. Berlin-Schöneberg: Die Jagd (1906). 8°
(Für d. deutschen Jäger. 6. 7.)

Pressentin-Rautter (B. v.). Die deutsche Jagd. Anleitung z. prakt. Weidwerk. 2 Bde. (668 S.) (Für d. deutschen Jäger No. 6). Berlin. 1907. M. 8

Pressentin-Reutter, B. v., die Jagd m. Lockinstrumenten, s.: Bierl, Alb.

– Der Krieg von 1870/71, s. Tanera, K.

Pressentin, Botho v., gen. v. Rautter, die Kriegsausrüstung der Offiziere; Ueber die Ernährung im Biwak u. auf dem Schlachtfelde, s.: Sammlung militärwissenschaftlicher Vorträge u. Aufsätze.

— Leidenschaften. Berliner Roman. (Titel-Aufl. v. „Apokalypse".) 2 Thle. in 1 Bde. 8. (227 u. 240 S.) Berlin 891. Steinitz' Verl. n. 3. —

— dasselbe, s.a. Bibliothek, realistische.

—— Die Frau Marquise. Roman. 2 Bde. 8. (348 S.) Berl. 889, Steinitz Verlag. * 5 —
Neue (Titel-)Aufl., s. Bibliothek, realistische.

— die Frau Marquise. Roman. 3. (Titel-)Aufl. 8. (348 S.) Berlin 891. H. Steinitz' Verl. n. 3. —

— dasselbe, s.a. Bibliothek, realistische.

— Straßburg unser! — Bis ans Meer, s.: Krieg, der, v. 1870/71, dargestellt v. Mitkämpfern.

Pressentin-Rautter, Botho v., Ein Taugenichts, s.a. Goldschmidt's Bibliothek f. Haus u. Reise.

[F.] Ein Taugenichts. Roman v. Botho v. Prossentin-Rautter. *Berlin: A. Goldschmidt 1897.* (1 Bl., 220 S.) 1 Bd 8.
= Bibliothok, Goldschmidts, f. Haus u. Reise. Bd 50. [97. 4. 3]

— „Wenn u. Aber". Roman. 8. (332 S.) Berlin 891. O. Janke. n. 5. —

Presser, Eduard, ländliche Gedichte aus dem Hegau. (2. Lfg.) gr. 8. (IV, 68 S. m. Bildnis.) Engen 902. Engen, Th. Schneider. n. — 50

Presser, Ernst, die Radiumforschung in gemeinverständlicher Darstellung. (64 S.) gr. 8. Magdeburg (906). R. Zacharias. n. 1. 50

Die Radiumforschung in gemeinverständlicher Darstellung von Ernst Presser, Ingen. Magdeburg: R. Zacharias [1907]. (64 S.) 8° [07. 3914 3

Presser, S. G.

— Arthur; e. Monodrama. 8. Bresl. 786.

Presser, S. G., bald wäre aus d. Scherz Ernst geworden, oder: Mit d. Liebe ist nicht gut Scherzen; ein Lstspl. in 2 Aufz.; aus e. französ. Anekdote. 8. Bresl. 786. J. F. Korn. 9 gr

— Beiträge zum Theater. 8. Bresl. 786. J. F. Korn. 9 gr

— Colma. Monodrama. 8. Ebd. 786. 2 gr

– s. Flucht, oder d. Macht d. Liebe.

— die Folgen der Eifersucht. Origin.-Tripl. 8. Ebd. 786. 4 gr

Presser, S. G., s.a. Hannchen, od. das Kirchhofmädchen.

Presser, S. G., Hannchen, oder das Kirchhofmädchen. 8. Bresl. 786. J. F. Korn. 9 gr

— der Hauptmann. Lstspl. 8. Ebd. 785. 6 gr

— Monime. Monodrama. 8. o. O. 787.

– s. Nicht immer macht Erziehung ꝛc.

— s.a. Oko v. Okowsky.

* **OKO** von Okowski, oder über das menschliche Elend einer andern Gegend als der Salzmannschen (von *S. G. Presser*). Mit Titelvign. (Frentzel inv. & sc.). Breslau u. Hirschberg, 1791, bey Joh. Friedr. Korn, d. ältern . . . . 8°. (1 Rthl.)
Merkw. satyr.-moral. Roman in 39 Briefen, stellenweise mehr als derb. 349 S. (incl. Tit.). — Selten! Kayser p. 93 mit der unrichtigen Jahrz. „1790"; in Schlesinger's Berliner Leihbibl.-Cat. von 1827, S. 192, die Jahrz. „1792". (?)

— der Page. Lstspl. 8. Bresl. 786. J. F. Korn. 9 gr

– s.a. Sanguine cholericus.

SANGUINEOCHOLERIKUS, Der, oder: Laster und gutes Herz, in der Geschichte Emanuel Sündbergs, eines deutschen Jünglings. (Stellenw. stark frivoler Roman von *S. G. Presser*.) Mit TKpf. u. TVign. Breslau u. Leipzig, 1786. bey Joh. Fr. Korn d. Aelt., im Buchladen auf dem grossen Ringe nächst dem Königl. Ober-Accis- und Zoll-Amt in Breslau. 8°.
XIV—318 SS. u. 1 Bl. Druckf. Unter der Vorrede nennt sich Presser. Selten! (4 Mk., Leihbiblexpl., Lehmann u. Lutz, c. 1883; jetzt theurer!)

— Semiramis. Trspl. nach Voltaire. 8. Ebd. 786. 8 gr.

— Signe u. Habor, od. Liebe stärker als der Tod. Trspl. 8. Ebd. 785. 10 gr.

— Therne u. Siegberth. Melodrama. 8. Ebd. 786. 2 gr.

WERNHOLD und Carolina, oder der Zufall auf der Reise. Eine Geschichte in Briefen vom Verf. des Kirchhofmädchens (d. i. *S. G. Presser*). Mit TKpf. u. TVign. (Frentzel del & sc.). Breslau, 1785. bey Joh. Frdr. Korn d. Aeltern. 8°. (

Preßfrage, über die. Von einem österreich. Staatsmanne. gr. 8. (22 S.) Wien 849, Braumüller. n. 1/6 Thlr.

Pressfragen. I. Ueber den Gesetzentwurf des Hrn. Dr. Schellwitz in No. 11—14 der Allgem. Presszeitung 1842, die Sicherstellung des literarisch-artist. Eigenthums betreff. gr. 8. (3 B.) Leipzig 843, [Lorck.] *

Preßfragen. I. Ueber den Gesetzentwurf des Hrn. Dr. Schellwitz in No. 11—14 der Allgem. Preßzeitung 1842, die Sicherstellung des literarisch-artist. Eigenthums betreffend. gr. 8. Leipzig 843, J. J. Weber. n. 1/4 Thlr.

— II. Kritische Beleuchtung des Sächs. Gesetzentwurfs den Schutz der Rechte an literar. Erzeugnissen und Werken der Kunst betreffend. (Vom Jahre 1842.) gr. 8. Ebend. 843. n. 1/3 Thlr.

Preßfreiheit, üb. die. Ein Turn-Schreiben an die Verfechter des Preßzwanges, (v. W. Körte.) 8. Halberst. Büreau f. Liter. u. Kunst. 815.

— über die. Ein Turn-Schreiben an die Verfechter des Preßzwanges, (von W. Körte). 8. Halberst. 815. Vogler in Potsd. 4 gr.

Preßfreiheit, über. 8. Frkf. a. M. 816. Andreä. 3 gr.

Preßfreiheit od. Censur in Deutschland? Eine prakt. Frage. gr. 8. (4 B.) Frankfurt a. M. 839. [Leipzig, Kersten.]

Preßfreiheit oder Censur in Deutschland? Frage. gr. 8. Frankfurt a. M. 839. Schmerber. 5 gr.

Preßfreiheit. — Die Preßfreiheit. Sechs Kapitel vom Zeitungslesen. Von Dr. A. F. (Oesterreichische Volksschriften. 5. Heft.) Wien: Hummel's Verl. Expedition. 1868. 8°

— auch etwas über, u. ihre Gränzen rc., (v. J. F. A. Kinderling). 8. Quedlinb. 788. Reußner. 8 gr.

Pressfreiheit in Bayern. [Leipz. 1800—1]. V: *Baader, Clem. Alois.* (MGT)

Pressfreiheit, Die, in Teutschland unter französ. Einflusse. [Freyburg 1814.] V: *Pahl, Johann Gottfried.* (MGT)

Pressfreiheit, Die, in England. Berlin 1841. V: *Jouffroy, C. G.* (Russell XVI, I, 2, 1864)

Preßfreiheit, die, in England, mit besond. Bezugnahme auf das Libell. gr. 8. Berlin 841, Nicolai'sche Buchh. 1/3 Thlr.

— über, u. deren Gränzen, zur Beherzigung f. Regenten rc., (v. Karl Fr. Bahrdt). 8. Züllich. 787. Frommann in Jena. 10 gr.

PRESS-FREIHEIT, Die heutige, in Wien. 1781. 8°. (In Wien, Stadtbibl.)

Preßfreiheit, die, der Offiziere seit den Karlsbader Beschlüssen 1819. Von e. alten Studiosus Juris. (28 S.) gr. 8. Berlin 906. Herm. Walther. n. — 50

— Protestantismus, Revolution, Repräsentation u. Staat, über, in besond. Hinsicht auf Deutschland. gr. 8. Cob. 831. Sinner. 14 gr.

Pressfreiheit, Die, und die Regierungsvorlage eines neuen Pressgesetzes für Oesterreich. Wien 1861. V: *Lienbacher, Georg.* (Hr)

Preßfreiheit, die, und die Regierungsvorlage eines neuen Preßgesetzes für Oesterreich. Wien 861. F. Manz. gr. 8. (94 S.) 16 ngr.

— Satyre, Religionsedict, Aufklärung rc. 8. Berl. 789. Schöne. 4 gr.

— u. Cölibat, über. (Aus d. kathol. Kirchenzeitung abgedr.) gr. 8. Aschaffenb. 832. Pergay. 2 gr.

Pressfreund, X. Karola, Kazanie na Poświęcenie nowego Kościoła w Piekarach Niemieckich w dzień Narodzenia N. Maryi Panny r. 1846. 8. (1 B.) Wroclawiu, Fr. Aderholza. *

Preßgesetz rc., s. a. Universal-Bibliothek.

Preßgesetz f. das Großherzogth. Baden, nebst d. Begründung des Regierungsentwurfs u. den darüber erstatteten Berichten der I. u. II. Kammer der Badischen Stände des J. 1831. Aus dem Landtagsblatt abgedr. 8. Karlsr. 832. Groos. 12 gr.

Pressgesetz f. Bosnien u. die Hercegovina. (Genehmigt m. Allerh. Entschliessg. v. 13. I. 1907.) (43 S.) kl. 8. Sarajevo 907. D. A. Kajon. — 50

Preß-Gesetz, das, vom 28. Dezember 1831 mit seinen Vollzugsverordnungen u. Modifikationen systematisch mit steter Allegirung u. Einführung des betreff. Originaltextes zusammengestellt von J. Betz. gr. 8. Karlsruhe 840. Groos. 1/4 Thlr.

— vom 17. Decbr. 1862, s. a. Gesetze u. Verordnungen, österreichische.

— vom 17. Decbr. 1862 sammt den Gesetzen über das Verfahren in Preßsachen einschließlich des Gesetzes, betr. die Einführung von Schwurgerichten u. die Bildung der Geschwornenlisten. Wien 869. k. k. Hof- u. Staatsdruckerei. 8. (IV, 145 S.) n. 10 ngr.

Preßgesetz, das, nebst den Gesetzen über das Urheberrecht, den Musterschutz-, Markenschutz- und Patentrecht, s. a. Universal-Bibliothek Nr. 1704.

P . . . ., R. Das Pressgesetz. nebst den Gesetzen über das Urheberrecht, dem Musterschutz-, Markenschutz- und Patentgesetz. Textausgabe mit kurzen Anmerkungen und Sachregister. Dritte Auflage. Leipzig 1882. 8°.

Preß-Geſetz vom 7. Mai 1874, ſowie A. das Geſetz, betr. das Urheberrecht von Schriftwerken, Abbildungen, muſikal. Compoſitionen und dramat. Werken vom 11. Juni 1870, nebſt der Inſtruktion über die Zuſammenſetzung und den Geſchäftsbetrieb der Sachverſtändigen-Vereine vom 12. Dezbr. 1870 und die Geſetze: B. betr. das Urheberrecht an Werken der bildenden Künſte vom 9. Jan. 1876, C. betr. den Schutz der Photographieen gegen unbefugte Nachbildung vom 10. Jan. 1876, D. betr. das Urheberrecht an Muſtern und Modellen vom 11. Jan. 1876. Neue, durch Anmerkungen ergänzte Ausg. 12. (68 S.) Neuwied 881, Heuſer's Verlag. cart.

Preßgeſetz, das neue. Regierungsvorlage. 12. (40 S.) Wien 902. Manz. n. — 30

Preßgeſetz, öſterreichiſches, vom 17. Dezbr. 1862. Geſetz über das Strafverfahren in Preßſachen. Amtsinſtruction zu dieſen Geſetzen. Geſetz über Abänderungen und Zuſätze zum Strafgeſetze. 8. (III und 42 S.) Wien 863, Manz' Verlag.

—— oeſterreichiſches, vom 17. Decbr. 1862. Geſetz über das Strafverfahren in Preßſachen. Die Geſetze über die Schwurgerichte in Preßſachen. Amtsklaſſen. 3. umgearb. und verm. Aufl. gr. 8. (VIII, 155 S.) Köln 868, DuMont-Schauberg'ſche Buchh. *

Preßgeſetz, oeſterreichiſches, vom 17. Decbr. 1862. Geſetz über das Strafverfahren in Preßſachen. Die Geſetze über die Schwurgerichte in Preßſachen. Amtsinſtruction für die Staatsanwaltſchaft. 2. Aufl. Wien 869. Manz' Verl. 8. (III, 64 S.) n. 6 ngr.

Preßgeſetz, öſterreichiſches, vom 17. Decbr. 1862. Geſetz über das Strafverfahren in Preßſachen. Geſetz über die Schwurgerichte in Preßſachen. Amtsinſtruction für die Staatsanwaltſchaft. [2. Aufl. ergänzt bis 1877.] gr. 16. (III, 69 S.) Wien 877, Manz'ſche Hofbuchh. *

Preß- und Verſammlungsgeſetz, (preußiſches,) vom 29. und 30. Juni 1849, und Geſetz-Entwurf, die Einführung einer Einkommen- und Klaſſenſteuer betreffend. Nebſt einleitenden Motiven ꝛc. 12. (47 S.) Aachen 849. [Düſſeldorf,] Schulz.

— K. Preuß. octroyirtes, vom 30. Juni 1849. Verordnung, betreffend die Vervielfältigung u. Verbreitung von Schriften u. verſchiedene durch Wort, Schrift, Druck, Zeichen, bildliche oder andere Darſtellung begangene ſtrafbare Handlungen. gr. 8. (8 S.) Berlin 849, Laſſar. 1½ ngr.

Pressgesetz f. d. deut. Reich v. 7/5. 74.

Textausgaben:

Verlag v. Reclam in Leipzig. 2. Aufl. 884.
„ „ Decker in Berlin.

Mit Erläuterungen von:

Höinghaus. Berlin 874.	1	25	Marquardsen. Berlin 874.
Kah. Berlin 875.	5	—	Materialien z. Pressges. Berl. 874.
Kletke. 3. Aufl. Berl. 874.	1	—	Schwarze, 2. Aufl. Erlgn. 885.
Koller. Ndlgn. 888.	3	—	Thilo. Berlin 874.
v. Mangoldt. Lpzg. 886.	1	—	Zander. Lpzg. 880.

Pressgesetz f. d. deut. Reich v. 7. 5. 74.

Textausg. u. mit Erläuterungen von:

Born. Berlin 900.	1	50	Pannier. 6. Aufl. Leipzig 896.
Delius. Hannover 895.	4	50	Schwarze. 3. Auflage. Erlangen 896.
Klöppel. Leipzig 894.	11	50	
Mangoldt. Leipzig 886.	1	—	

—— das, ſammt Vorſchrift über das Verfahren in Preßübertretungsfällen für die öſterreich. Staaten. 8. (24 S.) Wien 849, Gerold, Verlag.

Pressgesetzgebung, die bayerische, nach d. Stande vom 1. Juli 1862. Nördlingen, C. H. Beck, 1862. 8°. Cart. *)
IV—18 S.

Preßgeſetzgebung, die bayeriſche, nach dem Stande vom 1. Juli 1862. gr. 8. (VIII und 18 S.) Nördlingen 863, Beck'ſche Buchh. *

—— Preußens, die jetzige. Syſtemat. Zuſammenſtellung der ſeit dem 24. Dezbr. 1841 ergangenen Cenſur- u. Preß-Geſetze, ſowie Miniſterial-Reſcripte. Zum Gebrauch für Schriftſteller, Buchhändler, Buchdrucker u. Cenſoren. 8. (4⅛ B.) Berlin 843, Deutſche Verlags-Buchhandlung.

Preßgeſetzgebung, die preußiſche. Vollſtänd. Sammlung aller jetzt gültigen Geſetze, Verordnungen u. Beſtimmungen. Für Schriftſteller, Buchdrucker, Buchhändler u. Cenſoren. gr. 8. (4½ B.) Berlin 843, Hermes. *

Preßgeſetzgebung, die preußiſche. Eine Zuſammenſtellung aller auf die Preſſe bezügl. Geſetze und Verordnungen, zunächſt zum Gebrauch für Buch- und Kunſthändler, Buch-, Stein- und Kupferdrucker, gleichzeitig als Leitfaden für alle Gehülfen dieſer Gewerbe behufs Vorbereitung zu der von ihnen zu beſtehenden Prüfung. Hrsg. von Oscar Helm. gr. 8. (83 S.) Halberſtadt 852, [Helm'ſche Buchh.] **

Preßinger, P. R., neuangehend Ordenskind d. heil. Vaters Benedict. 8. Salzburg, Mayr. 737.

Preßl, J., & Co.: Preislisten bezw. Abbildungen über Trieurs usw. Augsburg-Pfersee 1895. 1896

Pressl, Jos., 107 praktische Beispiele u. Übungsaufgaben zur allgem. Musiklehre, s.: Huber, Ant.

Pressl, Jos., Grundzüge der Theorie der Tonkunst, s. 1890 (in Bd. XXV): Huber, Ant.

— allgemeine Musiklehre, s.: Huber, Ant.

Pressl Josef: Das Orgelspiel an Lehrerbildungsanstalten. (23). St. Pölten LBA. 93.
Progr.

Pressler, Bruno: Die metaphysischen Anschauungen Heraklits von Ephesus. Im Anschl. an Diels 'Fragmente der Vorsokratiker'. (Magdeburg 1908: Baensch jun.) 16 S. 4°
Magdeburg, k. König-Wilhelms-G P 1908 (314) [S 08. 355

Preßler, Bruno, Parthenopolitanus: Quaestionum Ovidianarum capita duo. *Halis Sax. 1903: Wischan & Wettengel.* (62 S.) 8°
Halle, Phil. Diss. v. 1903

Pressler, Bruno, Quaestionum Ovidianarum capita duo. Diss. (62 S.) gr. 8. Halis Sax. 903. (Leipzig, Buchh. G. Fock.) n. 1.50

Pressler, Edmundus: De Plauti Aulularia. Leipzig 1908: Teubner. 56 S. 8° ¶(Ersch. auch in: Commentationes philol. Ienenses. Vol. 8, Fasc. 2.)
Jena, Phil. Diss. v. 28. Juli 1908, Ref. Götz
[Geb. 3. März 83 Mittelhausen; Wohnort: Mittelhausen; Staatsangeh.: Sachsen-Weimar; Vorbildung: Gymn. Weimar Reife O. 03; Studium: Jena 9 S.; Rig. 24. Febr. 08.] [U 09. 2212

Preßler, F. K., die Centraliſation der Dresdner Bahnhöfe. Zur Rechtfertigung eines verkannten u. angegriffenen Projects erläutert. Hierzu 1 (lith.) Ueberſichtsriß (in gr. Fol.) gr. 4. (IV u. 28 S.) Dresden 850. (Adler & Dietze.) n. ½ ngr

Pressler, Friedrich (Heinrich Friedrich) (Kindelbrück/Thüringen), De scrofulosi et tuberculosi nonnulla. Diss. med. Berlin (Natorff) 28. VIII. 1837. 32 S. u. Biogr. (M.: J. L. Herrmann). (3.25) 27183
Oppon.: C. Baum, L. Blankenburg, E. Benzler. — Gew.: J. P. Herrm. Berger, Paul Hollander, August Pressler (Vater).

Preßler, Friedrich Carl, bacc. iur.: Der Aufsichtsrat der Aktiengesellschaft. Borna-Leipzig 1908: Noske. VI, 44 S. 8°
Leipzig, Jur. Diss. v. 16. Okt. 1908
[Geb. 18. Juni 78 Dresden; Wohnort: Leipzig-Gohlis; Staatsangeh.: Sachsen; Vorbildung: Kreuz-Gymn. Dresden Reife M. 99; Studium: Leipzig 1, München 1, Leipzig 6 S.; Rig. 24. Juli 03.] [U 09. 2630

Pressler, H. Zur Kenntniss der Verwitterung. Zittau 1851.

Preßler, H. E., „Auch noch heute wandelt der Auferstandene mit seinen Jüngern," und: „Was der Mensch säet, das wird er ernten." Zwei Predigten. gr. 8. Quedlinburg 840. Basse. 5 ℋ

Pressler, Heinrich. Beiträge zur Kenntniss des Theobromins. (Jena) Halle a. S., 1881.

Pressler, Kurt: Beobachtungen und Versuche über den normalen und inversen situs viscerum et cordis bei Anurenlarven. Rostock 1911: (Breitkopf & Härtel, Leipzig). 35 S., 4 Taf. 8° ¶(Aus: Archiv f. Entwicklungsmechanik. Bd 32.)
Rostock, Phil. Diss. v. 21. März 1910, Ref. Spemann
[Geb. 3. Jan. 84 Frankfurt a. O.; Wohnort: Rostock; Staatsangeh.: Preußen; Vorbildung: Andreas-Realgymn. Berlin bis O. 02; Studium: Berlin Tierärztl. Hochsch. 7, Rostock 8 S.; Rig. 14. März 10.] [U 11. 4166

Pressler, Max. Rob., das mathematische Aschenbrödel in Schule, Werkstatt, Wald und Feld, oder der Ingenieur-Messknecht mit und ohne Verbindung seiner polytechn. Brieftasche als populäres Universal- und Taschen-Instrumentchen mathemat. Gymnastik und Praxis in 4. Aufl. für mittlere und höhere Lehranstalten und mess. und rechn. Stände aller Art, insbesond. für Gymnasien und Realschulen, wie für Militär und Marine, Forst- und Landwirthschaft, Handel und Fabrikwesen, Bau- und andere Technik. Zugleich ein Commentar und Leitfaden zur prakt. wie pädagog. Ausnutzung der elementarern Theile obgenannter Brieftasche. gr. 8. (IV, 160 S. mit eingedr. Holzschn., 1 Stnt., 1 aufgezogenen Taf. in 4. und 1 Lupe.) Leipzig 870, Baumgärtner's Buchh. [Liebeskind.] *

PRESSLER, Max Robert: Beiträge zur Forst- und Landwirthschafts-Mathematik. 1. Erfahrungen über forstliche Ausnutzung und Erträge, vom hannov. reit. Förster Sticke mit math. Zusätzen von Pressler. 2. Über die Fehler bei der Stärkemessung der Stämme und deren Correktion. 3. Über die wahre ... Ermittelung der Formzahlen der Bäume.- o. O. o. J. 66 S.

—— und Jul. Miklitz, Beleuchtung der Grundsätze und Regeln des rationellen Landwirthes. 8. (90 S.) Olmütz 860, (Hölzel.)

Pressler, Max Rob., mathematische Brieftasche mit Ingenieur-Messknecht zur Erleichterung, Belebung und Befruchtung der Wissenschaft, des Unterrichts und der Praxis. Als Vademecum für die Geschäftswelt wie auch als Leitfaden und Turnapparat für die mathemat. Erziehung und Gymnastik der Schule entworfen und bearb. gr. 8. (IV und 108 S. mit eingedr. Holzschn. und 1 Tab. in gr. 4.) Dresden 860, Türk. geb. * 2 Thlr.; in Leder geb. *

Pressler, Max. R., mathematische und polytechnische Brieftasche mit Ingenieur-Messknecht zur Erleichterung, Belebung und Befruchtung von Wissenschaft, Unterricht und Praxis für höhere und mittlere, humanist. wie gewerbl. Schulen und messungs-, schätzungs- und rechnungsbeflissene Stände aller Art entworfen und bearb. 3., bedeutend bereicherte Aufl. gr. 8. (XXVI und 184 S. mit eingedr. Holzschn.) Dresden 864. [Leipzig, Baumgärtner's Buchh.]
Mit Futteralen und Augenglas. In Leinen *
In Leder. *

—— mathematisch-polytechnische Brieftasche mit Ingenieur-Messknecht für Schule und Praxis. 4. vervollst. Aufl. gr. 8. (XVI, 187 S. mit eingedr. Holzschn.) Berlin 875, Wiegandt, Hempel und Parey. [Leipzig, Liebeskind.]
geb. * ℳ 7.; in Leder *

Pressler, M. R., mathematisch-polytechnische Brieftasche m. Ingenieur-Messknecht f. Schule u. Praxis. 4. verb. Aufl. gr. 8. (XVI, 187 S. m. eingedr. Holzschn.) Tharand 875. Pressler. geb. n. 7. —

Pressler, M. R., Ergänzung für Stämme und Stangen zu den ersten 4 Auflagen der im k. k. oesterreich., kgl. sächs., herzogl. altenburg., fürstl. reuss'schen etc. Forsthaushalte amtlich eingeführten metrischen Cubirungs-Tafeln. 2. vervollständ. Ster.-Ausg. gr. 8. (48 S.) Ebendas. 878. *

— forstliche Ertrags- u. Bonitirungs-Tafeln nach Cubicmeter pro Hectar mit Hülfen zur Erleichterung von Zuwachsbeobachtgn. Eine metr. Ergänzung zu den entsprech. Taff. des forstl. Hülfsbuchs u. dessen Taschenauszugs: Compend. Forsttaxator für deutsche Staats- u. Privat-Forsthaushalte. Ebend. 870. hoch 4. (12 S.) n. 8 ngr.

PRESSLER, Max Robert: Die Forstliche Finanzrechnung mit Anwendung auf Wald-Werthschätzung und -Wirthschaftsbetrieb als Hauptgrundlage einer jeden staats-, volks- und finanzwirthschaftlich rationellen Holzproduction möglichst populär und praktisch dargestellt. - Dresden 1859. XVI, 250 S., m. Taf. - (= Der Rationelle Waldwirth und sein Waldbau des höchsten Ertrags. Zweites (selbständiges) Buch). - 2. wes. verdichtete u. vervollst. Bearbeitung des "Forstlichen Hülfsbuch für Schule und Praxis" Abt. III. ebd. 1868/69. - 3. vervollst. Aufl. als IV. Abt. des "Forstlichen Hülfsbuchs". Zweiter Teil od. Textwerk. Leipzig 1871. XVI, 54 S., 8 Bl. Zins-u. Rententaf. m. Erl. - 4. vervollst. Aufl. zugleich als Leitfaden für den Unterricht wie als Handbuch für die Praxis u. d. T.: Forstliches Hülfsbuch für Schule und Praxis. Zweiter Teil od. Textwerk umfassend die Hauptlehren des Forstbetriebs u. sr. Einrichtung im Sinne eines forstwissenschaftlich und volkswirtschaftlich correcten Reinertragswaldbau IV. Abteilung oder Heft IV zur Forstfinanzrechnung und deren Anwendung auf Waldwirtschaftsbetrieb und Boden-, Baum-, Bestands- und Wald- und Servituten-Wertschätzung. - Tharand, Leipzig 1886. 12 S., 54 S., 8 Bl. Zins-u. Rententaf. m. Erl.

-- zur Forstbetriebseinrichtung mit Bezug auf einen nationalökonomisch u. technisch möglichst rationellen Waldbau höchsten Reinertrags. [Aus dem forstl. Hülfsbuch.] 2. vervollständ. Aufl. Specialausg. für Preußen u. das übrige [außeröster.] Deutschland. Dresden 868. Türk's Verl. gr. 8. (VI, 57 S. mit eingedr. Holzschn.) n. 20 ngr.

— der compendiose Forsttaxator, e. zum Werkplatz u. Waldgebrauch bestimmter Taschenauszug sämmtlicher Haupt- u. Nebentafeln des forstl. Hülfsbuchs für Schule u. Praxis. 4. unveränd. Aufl. Ebend. 869. gr. 8. (VII, 220 S. mit eingedr. Holzschn.) In engl. Einb. n. 2 ℛ 10 ngr.

— compendiöser Forsttaxator. Taschenauszug d. forstl. Hülfsbuchs. Nach zwölftheil. Maaß. Mit Meßknecht u. Loupe. 5. Aufl. gr. 8. (XXXIII, 258 S. m. eingedr. Holzschn. u. 1 Steintaf.) Berlin 872. Wiegandt, Hempel & Parey. geb. n. 7. —

—— der rationelle Forstwirth und dessen Reinertrags-Forstwirthschaft inner und außer dem Walde. Flugblatt Nr. 1.: Die Forstwirthschaft der 7 Thesen oder der forstlichen Reform- und Streitfragen Kernpunkt. Als Hauptantwort auf die Oppositionsschriften der Herren Oberforstrath Bose und Oberforstsekretär Braun den deutschen Staats-, Volks- und Forstwirthen und waldbautreibenden Grundbesitzern und Gemeinden zur Beachtung unterstellt. gr. 8. (72 S.) Dresden 865, Türk's Verlag.

Preßler, M. R., der rationelle Forstwirth und dessen Reinertrags-Forstwirthschaft inner und außer dem Walde. 4. und 5. Heft, einschließend Flugblatt Nr. 2. und 3. gr. 8. Dresden 865, Türk's Verlag. *
Inhalt:
Heft 4. Der Hochwaldbetrieb der höchsten Bodenkraft bei höchstem Massen- und Reinertrage, nebst dem Wortlaute von Verfassers angeblich kassen-, staats- und waldgefährl. Immediateingabe. Zur Beherzigung für Forst-, Staats- und Volkswirthe und waldbautreib. Grundbesitzer und Gemeinden, wie auch zur weitern Aufklärung für Jene, die sich durch die Schriften der Herren Bose, Jäger, Braun u. A. betreffs der forstl. Reinertragstheorie haben beirren lassen. (VIII und 99 S.) 15 Ngr.
" 5. Der Waldbau des Nationalökonomen als Begründer wahrer Einheit zwischen Land- und Forstwirthschaft und deren Schulen. Zugleich als Einleitung zur Discussion des 3. Thema's der Plenarberathungen der 25jähr. Versammlung der deutschen Land- und Forstwirthe zu Dresden. (87 S. mit eingedr. Holzschn.) * 12 Ngr.
1.—3. Heft. Ebendas. 1858,59. * 1 Thlr. 25 Ngr.

PRESSLER, Max Robert: Zur Forstzuwachskunde mit besonderer Beziehung auf den Zuwachsbohrer und dessen practische Bedeutung u. Anwendung in Sachen holzwirthschaftlicher Forschungs-, Schätzungs-, Pflege- u. Nutzungs-Technik zugleich als zweite wesentlich verbesserte Auflage des in Heft 5 des obgenannten Werkes behandelten Zuwachsbohrers älterer Construction für Forstbehörden, Forstpraktiker u. Waldbesitzer welche ihre Wirthschaft im Sinne höchster Reinertragsproduktion klären und vervollkommnen wollen. - Dresden 1868. Erste Hälfte. X, 110 S., m. Abb. u. Taf. - (=Selbständiges 7. Heft von V.'s Rationellen oder Reinertrags-Forstwirth)

—— zur Forstzuwachskunde mit besonderer Beziehung auf den Zuwachsbohrer und dessen pract. Bedeutung und Anwendung in Sachen holzwirthschaftlicher Forschungs-, Schätzungs-, Pflege- etc. Technik. [Selbständ. 7. Heft des rationellen oder Reinertrags-Forstwirths. Zugleich als 2. wesentlich verb. Aufl. des im 5. Heft des obgenannten Werkes behandelten Zuwachsbohrers älterer Construction.] Für Forstbehörden, Forstpractiker und Waldbesitzer. 1. Hälfe. gr. 8. (X, 110 S. mit eingedr. Holzschn.) Dresden 869, Türk. [Leipzig, Liebeskind.] *

—— das Gesetz der Stammbildung und dessen forstwirthschaftliche Bedeutung insbesond. für den Waldbau höchsten Reinertrags. Ein durch Erweiterungen vervollständ. Abdruck aus dem Tharander Jahrbuch von 1864 und zugleich ein Suppl. zu den bisher erschien. Heften von P's „rationeller Waldwirth" für Forstleute, Waldbesitzer, Landwirthe und Nationalökonomen. gr. 8. (XXIV und 153 S. mit zahlreichen eingedr. Holzschn.) Leipzig 865, Arnoldische Buchh.

PRESSLER, Max Robert: Die Hauptlehren des Forstbetriebs u. sr. Einrichtung im Sinne eines technisch u. volkswirthschaftlich rationellen Reinertragswaldbau's. - Zweite - selbständige Hälfte (Forstln. Hülfsbuchs: IV. Abth.). - Die Praxis der Forstfinanzrechnung mit Anwendung auf Waldwirthschaftsbetrieb und Boden-, Baum-, Bestands- u. Wald- u. Servituten-Werthschätzung. Für wirtschaftlich gebildete Waldbesitzer u. Waldfreunde techn. u. nichttechn. Art (Grundherren, Wirthschaftsräthe, Forstbeamten, Staats- u. Volkswirthe etc.). - Zugleich Vertheidigungs- u. Klärungsschrift gegenüber neueren Entstellungs- u. Negirungsversuchen. - Leipzig 1871. XVI, 54 S., m. Taf. u. Tab.

— die Hauptlehren d. Forstbetriebs u. seiner Einrichtung im Sinne e. technisch u. volkswirthschaftlich rationellen Reinertragswaldbau's. 1. selbständ. Hälfte. [Aus der 3. Abth. d. forstln. Hülfsbuchs. 2. Aufl.] Das Hochwaldsideal der höchsten Wald- bei höchster Boden-Rente m. Instruction zur Einrichtg. u. Bewirthschaftg. e. Reviers zwecks umsicht. Anbahng. seines örtlich-vortheilhaftesten Hoch- u. Mittelwaldbetriebes. Für wirthschaftlich gebild. Waldbesitzer u. Waldfreunde techn. nichttechn. Art. [Grundherren, Wirthschaftsräthe, Forstbeamte ꝛc.] 3. verm. Aufl. gr. 8. (VIII, 58 S.) Tharand 872. Preßler. n. 1. 50

— dasselbe. 2. — selbständ. — Hälfte. [Forstln.-Hülfsbuchs: 4. Abth.] Die Praxis der Forstfinanzrechnung m. Anwendg. auf Waldwirthschaftsbetrieb u. Boden-, Baum-, Bestands- u. Wald- u. Servituten-Werthschätzung. Für wirthschaftlich gebildete Waldbesitzer u. Waldfreunde techn u. nichttechn. Art. [Grundherrn, Wirthschafsräthe, Forstbeamten, Staats- u. Volkswirthe ꝛc. [Zugleich Vertheidigungs- u. Klärungsschrift gegenüber neueren Entstellungs- u. Negirungsversuchen.] gr. 8. (XVI, 70 S.) Tharand 871. Preßler. n. 2. —

—— „neue" forstl. Hülfen, s. Kotz, B. W.

— forstliches Hülfsbuch für Schule u. Praxis nach neuerem Stande der Wissenschaft u. Erfahrung in Tafeln u. Regeln zur Erleichterg. u. Vervollkommng. holzwirthschaftl. u. verwandter Rechnungs-, Messungs-, Schätzungs- u. Betriebs-Arbeiten mit besond. Rücksicht auf e. national-ökonomisch u. forsttechnisch möglichst rationellen Reinertragswaldbau. Zugleich als der neuen holzwirthschaftl. Taff. 2., gänzlich umgearb. Aufl. für Forstverwalter, Forsttaxatoren, Waldbesitzer ꝛc. Dresden 869. (Leipzig, Baumgärtner.) gr. 8. (XX, 280 S. mit eingedr. Holzschn.) n. 2 ℛ 20 ngr

—— forstliches Hülfsbuch für Schule und Praxis nach neuerem Stande der Wissenschaft und Erfahrung in Tafeln und Regeln zur Erleichterung und Vervollkommnung holzwirthschaftl. und verwandter Rechnungs-, Messungs-, Schätzungs- und Betriebs-Arbeiten mit besond. Rücksicht auf einen national-ökonomisch und forsttechnisch möglichst rationellen Reinertragswaldbau. Zugleich als der neuen holzwirthschaftl. Taf. 2. gänzlich umgearb. Aufl. für Forstverwalter, Forsttaxatoren, Waldbesitzer ꝛc. gr. 8. (XX, 280 S. mit eingedr. Holzschn.) Dresden 869, Türk's Verlag. *

—— dass. — Tabellen und Regeln zur Ausführung holzwirthschaftl. Rechnungs-, Messungs-, Schätzungs- und Betriebsarbeiten mit besond. Rücksicht auf einen national-ökonomisch und technisch rationellen Nachhaltswaldbau höchsten Reinertrags. 3.—5. Aufl. gr. 8. (XL, 256 S. mit eingedr. Holzschn. und 1 Stnt.) Berlin 872,73, Wiegandt, Hempel und Parey. cart. *

—— dass. — in Tafeln und Regeln zur Ausführung holzwirthschaftl. und technisch verwandter Messungs-, Schätzungs-, Rechnungs- und Betriebsarbeiten. Mit besond. Rücksicht auf einen volkswirthschaftlich und forsttechnisch rationellen Nachhaltswaldbau höchsten Reinertrags. 1. Thl.: Das Tafelwerk. 6. [metr.] Aufl. gr. 8. (232 S.) Ebendas. 874. [Leipzig, Liebeskind.] *

geb. mit Taschen *

geb. mit Suppl. I.: Allgem. Multiplications- und Divisions- und Preisvergleichungs- und Geldberechnungstafeln nach 100theiliger Währung (Deutschland, Oesterreich, Schweiz, Frankreich, Russland, Amerika etc.) 8. Ster.-Aufl. 1875. *

Supplement apart *

Pressler, Max R., forstliches Hülfsbuch für Schule und Praxis. 2. Tl. oder Textwerk, umfassend die Hauptlehren des Forstbetriebs und seiner Einrichtung im Sinne eines forstwissenschaftlich und volkswirtschaftlich correcten Reinertragswaldbau. 4. Abtl. oder Heft IV zur Forstfinanzrechnung und deren Anwendung auf Waldwirtschaftsbetrieb und Boden-, Baum-, Bestands- und Wald- und Servituten-Wertschätzung. Zugleich als Leitfaden für den Unterricht wie als Handbuch für die Praxis in 4. vervollständ. Aufl. Mit umfassenden Zins- und Rententafeln. gr. 8. (82 S.) Tharand 886, Verlag der Pressler'schen Werke. *

— forstliches Hülfsbuch f. Schule u. Praxis in Tafeln u. Regeln zur Ausführung holzwirthschaftl. u. technisch verwandter Messungs-, Schätzungs-, Rechnungs- u. Betriebsarbeiten. Mit besond. Rücksicht auf e. volkswirthschaftlich u. forsttechnisch rationellen Nachhaltswaldbau höchsten Reinertrags. 1. Thl.: Das Tafelwerk. 6. (metr.) Aufl. (3. Abdr.) schmal gr. 8. (16, 200 S. m. Abbildgn.) Ebd. 902. Geb. in Leinw. n. 8. —

— Hülfstafeln zur Baum- u. Wald-Massenschätzung m. Regeln u. Beispielen. [Aus: „Forstl. Hülfsbuch f. Schule u. Praxis" in 6. (metr.) Aufl.] gr. 8. (60 S.) Ebend. 876. n. 1. —

PRESSLER, Max Robert: Der Hochwaldbetrieb der höchsten Bodenkraft bei höchstem Massen- und Reinertrage, nebst dem Wortlaute von Verfassers angeblich kassen-, staats- und waldgefährlicher Immediateingabe. Zur Beherzigung für Forst-, Staats- und Volkswirthe und waldbautreibende Grundbesitzer und Gemeinden, wie auch zur weitern Aufklärung für Jene, die sich durch die Schriften der Herren Bose, Jäger, Braun und Anderer betreffs der forstlichen Reinertragstheorie haben beirren lassen. - Dresden 1865. VIII, 99 S. (= Der rationelle Forstwirth und dessen Reinertrags-Forstwirthschaft inner und außer dem Walde. 4. H., einschl. Flugbl. No. 2)

Pressler, Max Rob., compendiöser Holzcubirer für's Liegende und Stehende mit Anhängen zur Holztechnologie, Preisvergleichung und Werthsberechnung. Ein holzwirthschaftl. Taschenbuch für Forst- und Landwirthe, Waldbesitzer etc. 5. Aufl. Nach metr. Mas. gr. 8. (134 S.) Berlin 874, Wiegandt, Hempel und Parey. [Leipzig, Liebeskind.] Einfache Ausg. A. cart. *

Ausg. B., completirt durch Messknecht mit Glas und Ertrags-, Bonitirungs- und Zuwachstafeln. *

—— der practische Holzcubirer nach neuerem Stande forstlicher Wissenschaft und Erfahrung oder Tafeln und Regeln für Waldbau, Holz- und Baugewerbe zur sachverständ. Bemessung und Berechnung gefällter Hölzer nach Dimensionen, Form, Verschnitt etc. Als selbständ. 1. Abthl. des forstl. Hülfsbuch: „Neue holzwirthschaftl. Taf." in 2., bedeutend vervollkommn. Aufl. bearb. B. Ausg. für zwölftheil. Mas. gr. 8. (VI und 94 S.) Dresden 866, Türk's Verlag. *

—— dass. — B. Ausg. für zwölftheil. Mas. (Gesammt-Ausg.) gr. 8. (XII und 221 S. mit eingedr. Holzschn.) Ebendas. 866. geb. *

— umfassender Holzkubirer. Tabellen u. Regeln zur Berechng. u. Ausnutzg. d. Liegenden u. Stehenden m. Rücksicht auf Total- u. Sorten-Gehalt u. Werth, Formg. u. Verschnitt. Nach zwölftheil. Maaß. 4. Aufl. gr. 8. (VII, 190 S. m. eingedr. Holzschn. u. 1 Steintaf.) Ebend. 872. n. 6. —; geb. n. 7. —

Pressler, M. R., der umfassend-practische Holzcubirer für's Liegende u. Stehende nach neuerem Stande forstl. Wissenschaft u. Erfahrung in Tafeln u. Regeln zur Erleichterg. sachverständ. Bemessg. der Hölzer nach Dimensionen, Form, Verschnitt etc. nebst umfassenden Mas- u. Gewichts- u. Masreductions-Tabellen für Waldbesitzer, Forst- u. Landwirthe, Holzhändler etc. 3. mehrfach verb. u. vervollständ. Aufl. Allgem. Ausg. für Preussen-Deutschland nebst Bayern etc. etc. Leipzig 869. Baumgärtner. gr. 8. (XII, 110 S. mit eingedr. Holzschn.) n. 1 ₰ 12 ngr; mit Suppl. 2 u. 3.: n. 2 ₰; mit Suppl. 1—3.: n. 2 ₰ 8 ngr; in engl. Einb. mit Suppl. 1—3.: n. 2 ₰ 20 ngr

— der umfassend-practische Holzcubirer für's Liegende und Stehende nach neuerem Stande forstl. Wissenschaft und Erfahrung in Tafeln und Regeln zur Erleichterung sachverständ. Bemessung und Berechnung der Hölzer nach Dimensionen, Form, Verschnitt etc. nebst umfassenden Mas- und Gewichts- und Masreductions-Tabellen für Waldbesitzer, Forst- und Landwirthe, Holzhändler etc. 3. mehrfach verb. und vervollständ. Aufl. Allgem. Ausg. für Preussen-Deutschland nebst Bayern etc. etc. gr. 8. (XII, 110 S. mit eingedr. Holzschn.) Leipzig 870, Baumgärtner's Buchh. *
Mit Suppl. 2 und 3. *
Mit Suppl. 1—3. *
geb. mit Suppl. 1—3. *

— dass. — Bemessung und Berechnung der Hölzer nach Total- und Sorten-Gehalt und Werth, Formung und Verschnitt; Gewicht, Schwindung, Heizkraft u. dgl. für Forst- und Landwirthe, Waldbesitzer, Holzhändler und Baugewerken etc. 4. Aufl. Nach neu-deutschem oder metr. Mas. Selbständiges 1. Heft. Zur Cubirung etc. der Rundholzsorten: Stangen, Stämme, Klötzer — stehende Bäume und Bestände. gr. 8. (VIII, 52 S. mit 1 lithogr. Tab.) Ebendas. 870. *
Mit Hülfstaf. zur Geldberechnung. cart. *

— u. Max Kunze, die Holzmeßkunst in ihrem ganzen Umfange. Für Forst- und Landwirthschaft, Holzhandel, Fabrik- u. Bauwesen. 2 Bde. gr. 8. Berlin 872. 73. Wiegandt, Hempel & Parey. n. 14. —
I. Holzwirthschaftliche Tafeln nach metrischem Maaß v. M. R. Preßler. (435 S. m. eingedr. Holzschn.) n. 8. —
II. Lehrbuch der Holzmeßkunst v. Max Kunze. (XII, 245 S. m. eingedr. Holzschn.) n. 6. —

— der Ingenieur-Messknecht in seiner Anwendung auf Wald- u. Feld-, Zeit- u. Holz-Messkunst Mit Kreis- u. Kreisflächen-Multiplications-Tafel zur Erleichterg. bei Baum- u. Wald-Massenschätzgn. gr. 8. (76 S. m. eingedr. Holzschn.) Ebend. 876. n. 1. —

— der Ingenieur-Messknecht m. Textbuch zur Erläuterung sr. erzieherischen u. wirthschaftl. Anwendungen als Universal-Instrument mathemat. Gymnastik u. Praxis [„mathemat. Aschenbrödel"] in Schule u. Haus, Comptoir u. Werkstatt, Wald u. Feld. 5. vervollständ. Aufl. m. Messknecht feinern Stichs u. mittlere Stärke nebst Augenglas u. Extrafutteral zum Excursionsgebrauche. Ausg. B. f. Polytechnik, Forst- u. Landwirthschaft m. Anhängen zur Feld- u. Wald-, Zeit-, Holz- u. Vieh-Messkunst. gr. 8. (VI, 199 S.) Ebend. 876. cart. n. 6. —; ohne Messknecht n. 4. —

— forstliche Cubirungstafeln nach metrischem Maas zum Dienstgebrauche der königl. sächs. Forstverwaltung. Im Auftrage des königl. sächs. Finanz-Ministeriums entworfen und hrsg. Lex.-8. (VIII, 62 S.) Leipzig 871, Baumgärtner's Buchh. *ℳ 2.; geb. *

— dass. — Zum Dienstgebrauche der Staats-Forstverwaltung etc. im Auftrage des königl. sächs. Finanz-Ministeriums bearb. 2. verb. und vervollständ. Aufl. [Ster.-Ausg.] gr. 8. (VIII, 72 S.) Ebendas. 872. *ℳ 2,50.; geb. *

Pressler, Max Rob., forstliche Cubirungstafeln nach metrischem Maas etc. Mit Supplement. 2. verb. und vervollständ. Aufl. gr. 8. (VIII, 72; 48 S.) Leipzig 872, Baumgärtner's Buchh. geb. *

— dass. — Zum Dienstgebrauche beim Staats-, Forst-, Ingenieur- und Bauwesen im Auftrage des königl. sächs. Finanz-Ministeriums bearb. und hrsg. 4. Aufl. Sächsische und Oestreich. Ausg. gr. 8. (152 S. mit eingedr. Holzschn.) Berlin 873, Wiegandt, Hempel und Parey. [Leipzig, Liebeskind.] geb. à Ausg. *

— dass. — Allgemeine Ausg. für das deutsche Reich mit Geldberechnungstaf. nach Thaler-, Mark- und Guldenwährung und Reductionstaf. zur Maass-, Gewichts- und Preis-Uebersetzung aus dem Alten in's Neue und umgekehrt. gr. 8. (152 S. mit eingedr. Holzschn.) [Ebendas.] 873. *

Pressler, M. R., forstliche Cubirungstafeln nach metrischem Maas. Zum Dienstgebrauche beim Staats-Forst-, Ingenieur- und Bauwesen im Auftrage des königl. sächs. Finanz-Ministeriums bearb. und hrsg. Amtlicher Auszug für den engeren Dienst, umfassend Taf. 1—7 nebst meteorolog. Anhang. Aus der 4. Aufl. Ausg. A. Für Sachsen. gr. 8. (VIII, 68 S.) Tharand 876, Pressler. *
Ausg. B. Für Preussen und Norddeutschland (VIII, 82 S.) *
Ausg. C. Für Oesterreich (VIII, 60 S.) *

— Ergänzung zu den im königl. Forsthaushalte im J. 1871 amtlich eingeführten metrischen Cubirungs-Tafeln für Stämme und Stangen. gr. 8. (36 S.) Ebendas. 877. *

— dass. — 5. vervollständ. Ster.-Aufl., mit allgemeinen und metrischen Maas-, Gewichts- und Preisvergleichungs-Anhängen und trennbar eingefügtem Suppl. zur Geldberechnung nach 100thlr. Währung. Ausg. A. Für Sachsen etc. gr. 8. (VIII, 118, 48 S.) Tharand 878, Pressler. cart. *
Ausg. B. Für Preussen und Norddeutschland. (VIII, 132, 48 S.) *
Ausg. C. Für Oesterreich. (VIII, 110, 48 S.) *

Pressler, M. R., forstliche Cubirungstafeln. Im Auftrage d. königl. sächs. Finanzministeriums bearb. 7., umgearb. Aufl., hrsg. v. Max Neumeister. gr. 8. (VIII, 114 S.) Wien 890. Perles. cart. n. 5. —

Pressler, M. R., forstliche Cubirungstafeln. 7. Aufl. Anh. Bearb. u. hrsg. v. Max Neumeister. Lex.-8. (II u. S. 111—132.) Wien 892. M. Perles. n. 1. — (kplt. m. Anh.: n. 6. —)

— forstliche Cubirungstafeln. Im Auftrage des königl. sächs. Finanzministeriums bearb. 8., erweit. Aufl., hrsg. v. Max Neumeister. Lex.-8. (VIII, 132 S.) Ebd. 892. Kart. n. 5. —

Pressler, M. R., forstliche Cubirungstafeln. Im Auftr. d kgl. sächs. Finanzministeriums bearb. 10., erweit. Aufl., hrsg. von Max Neumeister. gr. 8. (VIII, 132 S.) Wien 898. M. Perles. Kart. n. 5. —

— dasselbe. 11., erweit. Aufl., hrsg. von Max Neumeister. Taschenausg. 8. (VIII, 132 S.) Ebd. 898. Kart. n. 3. 50

Pressler, Max R., forstliche Cubirungstafeln. Im Auftrage des königl. sächs. Finanzministeriums bearb. 11. erweit. Aufl., hrsg. v. Max Neumeister. gr. 8. (VIII, 132 S.) Wien 900. M. Perles. Kart. n. 5. —

Pressler, M. R., forstliche Cubirungstafeln. Im Auftrage des königl. sächs. Finanzministeriums bearb. 12. erweit. Aufl., hrsg. v. Max Neumeister. (VIII, 132 S.) schmal gr. 8. Wien 904. M. Perles. Kart. n. 5. —

Pressler, M. R., forstliche Cubirungstafeln. Im Auftr. des kgl. sächs. Finanzministeriums bearb. 14. verm. Aufl., hrsg. v. Max Neumeister. (VIII, 134 S.) gr. 8. Wien 909. M. Perles. Kart. 5. —

Pressler's, M. R., forstliche Cubirungstafeln zum Dienstgebrauche beim Staats-, Forst-, Ingenieur- u. Bauwesen. 6. Ster.-Ausg. m. entsprech. allgemeinen u. metr. Mas- u. Preis-Vergleichungs-Anhängen u. trennbar eingefügtem Suppl. zur Geldberechng, nach 100thl. Währg. [Mark à 100 pf., Gulden à 100 kr., Franken à 100 Cent., Rubel à 100 Kop. etc.]. Ausg. A. f. Sachsen etc. gr. 8. (VIII, 74; 16 u. 48 S.) Wien 883. Perles. cart. n. 5. —; Ausg. B. f. Preussen u. Norddeutschland (VIII, 74; 30 u. 48 S.) cart. n. 5. —; Ausg. C. f. Oesterreich-Ungarn (VIII, 74; 37 u. 48 S.) cart. n. 5. —

—— Kritik und Schule, und Hr. Oberforstrath Pfeil. Ein offener Brief an den Rezensenten des tharander Jahrbuchs in den krit. Blättern für Forst- und Jagdwissenschaft. gr. 12. (121 S.) Leipzig 847, Arnoldische Buchh.

— der Meßknecht, ein ungemein einfaches, gefuhrliches, billiges u. mannigfaltig anwendbares Meß- u. Berechnungsinstrumentchen für das Bedürfniß der Forstbeamten, Waldbesitzer, Landwirthe ꝛc. Zugleich m. Erläuterungen über den Gangloff'schen Holzberechnungsstock dargestellt. Mit 49 in den Text eingedr. Holzschn. u. einer besonderen auf Pappe u. Kattun aufgezogenen (lith.) Taf. in Futteral, das zum prakt. Gebrauche vollständig vorgerichtete Instrument darbietend. 8. (IV u. 109 S.) Braunschweig 852, Vieweg & Sohn. In Engl. Einb. n. 1 ₰

Preßler, Max. Rob., der Meßknecht als Mastknecht. Ein einfaches und überraschend sicheres Verfahren, das Lebend- wie das Schlachtgewicht der Thiere, namentlich des Rindviehs, aus dem gemessenen Umfange vollständiger und genauer als nach jeder der bisherigen Band- und Tabellen-Methoden aus der Tafel des landwirthschaftlichen Meßknechts nach jedem beliebigen landüblichen Maaße und Gewichte abzuleiten. Für Landwirthe, Viehmaster, Viehhändler, sowie zum Gebrauche für landwirthschaftliche Lehranstalten entworfen und beschrieben. Mit in den Text eingedr. Holzschnitten. Braunschweig 853. Vieweg. 12. (83 S. u. 1 lith. Taf.) n. 15 ngr.

Pressler, Max. Rob., der Messknecht und sein Praktikum. Ein populäres und universelles Mess- und Berechnungs-Brieftascheninstrument und Taschenhandbuch zur vereinfachten und selbständigen Erledigung der im bürgerl., techn. und wissenschaftl. Leben vorkommenden und ohne specifische Hülfsmittel schwer oder gar nicht ausführbaren Arbeiten der gesammten Mathematik. Für Gelehrt und Ungelehrt in allen Gebieten der Praxis etc. 2., umgearb. und bedeutend vervollkommnete Aufl. gr. 12. (XLVII und 755 S. mit 2 lithogr. Tab., 483 in den Text eingedr. Holzschn. und dem fertigen Messknechts-Instrumente.) Braunschweig 854, Vieweg und Sohn. *

—— der Meßknecht und sein Praktikum. Ein populäres Brieftascheninstrument und Handbüchlein zur möglichst einfachen und selbständ. Erledigung mannichfacher Messungs-, Schätzungs- und Rechnungsarbeiten. Für Schulen und Stände aller Art, insbesond. für die der Forst- und Landwirthschaft und des Baugewerbs-, Ingenieur-, Militair-, Maschinen- und Fabrikwesens, sowie zugleich als Vorschule für des Verf. „Mathematische Brieftasche mit großem (oder Ingenieur-) Meßknechte." 3., wesentlich verb. und theilweis gänzlich umgearb. Aufl. 8. (XIV und 459 S. mit 389 in den Text gedr. Holzst. und dem fertigen lithogr. Meßknechts-Instrumente.) Braunschweig 862, Vieweg und Sohn. geb. *

— Messknechts-Nachtrag. Nr. 1 u. 2. gr. 8. Ebend. 876. à n. 1. —
1. Der Ingenieur-Messknecht in seiner Anwendung auf Wald- u. Feld-, Zeit- u. Holz-Messkunst. Mit Kreis- u. Kreisflächen-Multiplications-Tafel zur Erleichterg. bei Baum- u. Wald-Massenschätzgn. (IV, 76 S.)
2. Der Ingenieur-Messknecht in seiner Anwendg. auf Viehmesskunst. Zugleich als 2. umgearb. Aufl. d. Werkes „Neue Viehmesskunst". (IV, 48 S.)

— forstliches Messknechts-Practicum als Leitfaden f. die mathematisch-practischen Übungen der Schule u. als Supplement zu den Werken: Forstliches Hülfsbuch u. Holzwirtschaftliche Tafeln. gr. 8. (VI, 64 S. m. lith. Tab.) Ebend. 883. n. 1. 60

— das Normalgymnasium, eine dem Boden der forst- u. landwirthschaftlichen Pädagogik entsprossene im Geiste rationeller Menschen- u. Berufsbildung entwickelte u. im Interesse aller höh. Fachschulen dargestellte Theorie einer zeitgemäßen Umgestaltung des humanist. Unterrichtswesens. 1. Buch: Ideen. (Mit Erweiterungen abgedr. aus d. forstl. Jahrb. der Tharander Akad.) gr. 8. (XX u. 164 S.) Leipzig 848, Arnold. 21 ngr.

—— die neuere Opposition gegen Einführung eines national-ökonomisch und forsttechnisch correcten Reinertragswaldbau, zugleich 2. revid. und ergänzte Aufl. der betr. 79r Klärungs-Artikel gegen die Standpunkte der Herren Borggreve, Heitz und Wagener etc. Für Staats- und Volkswirthe, Waldbesitzer und Forstbeflissene jeder Art etc. (Der rationelle Waldwirth und sein Nachhaltswaldbau höchsten Reinertrags. 8. Heft.) schmal gr. 8. (VIII, 176 S.) Tharand 880, Verlag der Pressler'schen Werke. *

—— s. Pfeil, W., die Forstwirthschaft.

—— metrischer Rechenknecht für Oesterreich-Ungarn zur Uebersetzung von Mas und Gewicht und Preis und Arbeit aus dem Alten in's Neue und umgekehrt für Schule und Haus, Comptoir und Werkstatt, Wald und Feld. gr. 16. (X, 90 S.) Prag 875, Calve'sche Universitäts-Buchh. cart. *

— preußischer Rechenknecht zur Maaß-, Gewichts- u. Preis-Uebersetzung aus dem Alten in's Neue u. umgekehrt. Für Schule u. Haus, Comptoir u. Werkstatt, Wald u. Feld. gr. 16. (63 S.) Berlin 872. Wiegandt, Hempel & Paren. n. 1. —

— sächsische Reductionstafeln zur Maas-, Gewichts- u. Preis-Uebersetzung aus dem Alten in's Neue u. umgekehrt f. Comptoir u. Werkstatt, Wald u. Feld. Zunächst als metrolog. Anh. der officiellen Cubirungstafeln zum Dienstgebrauche der Staats-Forstverwaltg. etc. im Auftrage d. königl. sächs. Finanz-Ministeriums bearb. 2. rev. u. vervollständ. Aufl. [Ster.-Ausg.] gr. 8. (16 S.) Tharandt 872. Pressler. n. 1. —

—— (dass.) — Reductionstafeln zur Maas-, Gewichts- und Preis-Uebersetzung aus dem Alten in's Neue und umgekehrt für Comptoir und Werkstatt, Wald und Feld. Zunächst als metrolog. Anhang der officiellen Cubirungstafeln zum Dienstgebrauche der Staats-Forstverwaltung etc. im Auftrage des königl. sächs. Finanz-Ministeriums bearb. 2. revid. und vervollständ. Aufl. [Ster.-Ausg.] gr. 8. (16 S.) Ebendas. 872. [Leipzig, Liebeskind.]
A. Sächsische. B. Preussische und allgemeine Ausg. à *

Preßler, Max. Rob., Deutschlands Schulreform vom Kindergarten bis zur Hochschule, mit besond. Beziehung auf Sachsen, in der Form einer Kritik zweier Artikel des neuen sächs. allgem. Schulgesetzentwurfes von 1849 und mit Rücksicht auf des deutschen Volkes nationale Einheit, Bildung und Oekonomie dargestellt. gr. 8. (IV und 300 S.) Leipzig 850, [Schlicke.] *

Preßler, Max. Rob., Deutschlands Schulreform vom Kindergarten bis zur Hochschule, mit besond. Beziehung auf Sachsen, in der Form einer Kritik zweier Artikel des neuen sächs. allgem. Schulgesetzentwurfes v. 1849 u. mit Rücksicht auf d. deutschen Volkes nationale Einheit, Bildung u. Oekonomie dargestellt. gr. 8. (IV u. 300 S.) Leipzig 850, G. Wigand. n. 1 ₰

—— s. Schuster, H. A., die Hauptlehren der rationellen Forstwissenschaft.

—— selbständige Supplemente zum forstlichen Hülfsbuch und dessen separaten Abtheilungen: Practischer Holzcubirer und compendiöser Forsttaxator. Gleichzeitig zum Gebrauche für das Duodez- und Dezimalmas. gr. 8. (131 S.) Dresden 867, Türk's Verlag. *

Pressler, M. R., selbstständige Supplemente zu Pressler's mathemat.-technischen u. forstlichen Werken. II. Geldberechnungstafel nach Thalern à 30 Groschen u. mittelbar zugleich nach deutschen Mark u. rhein. Gulden. 4. Aufl. der Ster.-Ausg. gr. 8. (IV, 48 S.) Tharand 872. Pressler. n. 1. —

—— forstliche Tafeln und Regeln für Waldbau, Holz- und Baugewerbe zur sachverständigen Bemessung und Berechnung des Liegenden und Stehenden in Bezug auf Total- und Sortengehalt, Verschnitt, Gewicht ꝛc. Bestands- und Wald-(Normal-)Ertrag und Zuwachs ingleichen zur Forstfinanz- und Waldwerths- wie auch gemeinen Geldrechnung. A. Für die Länder der Dezimalzolle. 2., durch die Ertrags- und Schätzungstaf. für Bayern, Würtemberg, Hessen ꝛc. vervollständ. Ausg. 8. (X und 240 S. mit eingedr. Holzschn.) Dresden 867, Türk's Verlag. geb. *

PRESSLER, Max Robert: Holzwirthschaftliche Tafeln nach metrischem Maaß:- Berlin 1873. 296 S., m. Geldberechnungsanh. 39 S. u. 49 S., 72 S. Erläut. u. Instructionen. (= 1. Bd. v. Pressler-Kunze: Die Holzmeßkunst in ihrem ganzen Umfange). - 3. verb. Aufl. u. d. T.: Holzwirtschaftliche Tafeln mit populären Erläuterungen zur Praxis der Holzmeßkunst in ihrem ganzen Umfange für Privatforstwirte, Wald- und Sägewerksbesitzer, Holzhändler und Baugewerken. Tharand, Leipzig 1881-1882. 2 Bd. - Bd. I: Für's Gefällte und dessen Ausbeutung im Rohen und Geschnittenen. 250 S., Suppl. 46 S. Taf. u. Erläut., 36 S. Erl. u. Instr. - Bd. II: Für's Stehende in absicht auf Massen, Sorten, Zuwachs u. Wert. VIII, S. 251-354

Pressler, Max Rob., holzwirtschaftliche Tafeln mit populären Erläuterungen zur Praxis der Holzmesskunst in ihrem ganzen Umfange, für Privatforstwirte, Wald- und Sägewerksbesitzer, Holzhändler und Baugewerken bearb. 3. verb. Aufl. 2 Bde. gr. 8. Ebendas. geb. *

Inhalt:

Bd. 1. Für's Gefällte und dessen Ausbeutung im Rohen und Geschnittenen. (S. 1—333.) 881. * ℳ 4,20.

» 2. Für's Stehende in absicht auf Massen, Sorten, Zuwachs und Wert. (VIII, S. 251—354.) 882. * ℳ 3.

—— neue holzwirthschaftliche Tafeln. Ein mit mehrfachen Erleichterungen und Vervollkommnungen verbundenes rein prakt. Taschenbuch für Forstleute, Waldbesitzer, Landwirthe, Holzhändler, Bauherrn ꝛc. Ausg. A.: Für das zehntheilige Mas oder die Länder der Decimalzolle. gr. 8. (X und 213 S. mit eingedr. Holzschn.) Dresden 857, Türk. geb. *

—— dass. — Ausg. B.: Für das zwölftheilige Mas oder die Länder der Duodecimalzolle. gr. 8. (X und 237 S.) Ebendas. 857. geb. *

—— zur Viehmesskunst. Zugleich als 2. wesentlich vervollkommnete Aufl. des Werkes: „Neue Viehmesskunst". 2. oder Tabellen-Heft. 8. (28 S.) Ebendas. 878. *

— zur Viehmesskunst. Selbständ. Hft. 2 zur Praxis. 4., f. d. einfachen, prakt. Landwirt popularisierte u. durch Krämers Formzahl-Erhebgn. üb. d. schweizer Braun- u. Grauvieh vervollständ. Aufl. gr. 8. (4 u. 26 S.) Ebd. 896. n. 1. 20

—— neue Viehmeßkunst. Ein Hülfsmittel zur einfachsten und sichersten Bemessung des Total- und Sortengewichts, sowie des Mastfortschrittes von Schlachtthieren aller Art ohne alle Rechnung und für jedwedes Mas und Gewicht. Für Landwirthe, Viehmaster, Viehhändler, Schlächter und für's Steuerwesen bearb. gr. 8. (VIII und 79 S. mit eingedr. Holzschn.) Dresden 856, Türk. —

—— neue Viehmesskunst. 2. wesentlich vervollkommnete Aufl. in 2 Heften. 2. oder Taf.-Heft. [Selbständ. Hauptheft für die Praxis.] 3. revid. und vervollständ. Abdr. gr. 8. (VI, S. 39—64.) Ebendas. 880. *

Pressler, Max R., neue Viehmesskunst. Selbständiges 2. Heft zur Praxis. 3. für den einfachen prakt. Landwirt popularisirte und durch Krämers Formzahl-Erhebungen über das schweizer Braun- und Grauvieh vervollständ. Aufl. gr. 8. (30 S.) Ebendas. 886. *

PRESSLER, Max Robert: Der Waldbau des Nationalökonomen als Begründer wahrer Einheit zwischen Land- und Forstwirthschaft und deren Schulen. Zugleich als Einleitung zur Discussion des dritten Themas der Plenarberathungen der 25jährigen Versammlung der deutschen Land- und Forstwirthe zu Dresden. - Dresden 1865. 87 S., 21 Fig. - (= Der rationelle Forstwirth und dessen Reinertrags-Forstwirthschaft inner und außer dem Walde. 5. Heft, einschließend Flugblatt No. 3)

—— der rationelle Waldwirth und sein Waldbau des höchsten Ertrags. Ein auf mehrfach neuen Grundsätzen und Methoden beruhender möglichst populär und praktisch gehaltener Rathgeber und Gehilfe zur Ein- und Durchführung einer richtigern und rentablern Holzproduction. Für Grundbesitzer groß und klein, Gemeinde-, Staats- und Forstwirthe ꝛc. (In ca. 6 Heften.) 1—3. Heft. gr. 8. Dresden 858. 59, Türk. *

Inhalt:

Heft 1. Des Waldbau's Zustande und Zwecke. Eine national-, staats- und privat-wirthschaftliche Kritik und Einleitung zur Begründung einer zeitgemäßen Reform der Forstwirthschaft. Nebst einem metrolog. Anhang für forst- und landwirthschaftl. Maskunde und Masreductionen. (XII und 60 S. mit Anhang 16 S.) * 15 Ngr.

» 2., 3. Die forstliche Finanzrechnung mit Anwendung auf Wald-Werthschätzung und Wirthschaftsbetrieb als Hauptgrundlage einer jeden staats-, volks- und finanzwirthschaftlich rationellen Holzproduction möglichst populär und praktisch dargestellt. (XVI und 250 S.) * 1 Thlr. 10 Ngr.

Pressler M. R.: Der rationelle Waldwirth . . . Selbständiges Supplementheft. Leipz. 1865. 153 S. Fig.
(= : Das Gesetz d. Stammbildung . . .).

— die beiden Weiserprocente als Grundlagen d. eigentlichen u. wissenschaftlichen Lichtungsbetriebes, wie der productivsten Bestandswirthschaft überhaupt. Zugleich als 2. vervollständ. Aufl. der gleichnam. Artikel im Tharander Jahrbuche v. 1881 f. Forstbehörden, Waldbesitzer u. Forstpraktiker, insbesondere Solche, welche ihren Wald u. Betrieb im Sinne nachhaltig höchster Rentabilität zu vervollkommnen wünschen. [Der rationelle Waldwirth u. sein Nachhaltswaldbau höchsten Reinertrags. 9. Hft.] gr. 8. (XVI, 32 S.) Ebend. 885. n. 1. —

—— der Zeitmessknecht oder der Messknecht als Normaluhr. Ein Brieftascheninstrument und Tabellenwerk zur leichten und bequemen Messung der Zeit und Stellung der Uhren nach der Sonne, sowie zur vereinfachten Ausführung mannigfalt. bürgerl., techn. und wissenschaftl. Messungs- und Rechnungs-Arbeiten. Für Forst- und Landwirthe, Pfarrer, Lehrer etc. Zugleich als selbstständiges Suppl. zu dem grösseren und allgemeineren Messknechtswerke: „der Messknecht und sein Praktikum." 1. Thl. Für Süd- und (Mittel-)Deutschland und alle Länder von gleicher Breitenlage. 8. (VII und 192 S. mit in den Text eingedr. Holzschn., 2 Stnt., 1 justirten Messknechtsinstrumente und 2 Schattenstiften.) Braunschweig 856, Vieweg und Sohn.

—— dass. — 2. Thl. Für Nord- (und Mittel-)Deutschland und alle Länder von gleicher Breitenlage. 8. (VII und 202 S. mit in den Text eingedr. Holzschn., 2 Stnt., 1 justirten Messknechtsinstrumente und 2 Schattenstiften.) Ebds. 856. *

Pressler, Max Rob., der Zeitmessknecht. Tabellen und Regeln zur Zeitbestimmung und Uhrenberichtigung nach gemessenen Sonnenhöhen mittels Messknecht oder Unger's immerwähr. Wandkalender. In 2 Thln. 1. oder südlicher Thl. für die geogr. Breiten von 45—51 Grad (Triest-Prag); 2. oder nördlicher Thl. für die Breiten von 50—56 Grad (Prag-Königsberg). Insbesondere für Forst- und Landwirthe, Fabrikbesitzer, Gemeindevorstände, Lehrer und Pfarrer populär bearb. 2. vervollständ. Ausg. gr. 16. (à Thl. IV, 192 S. mit eingedr. Holzschn.) Berlin 875, Wiegandt, Hempel und Parey. [Leipzig, Liebeskind.] — Prag, Calve'sche Universitäts-Buchh. geb. à Thl. * ℳ 2. *

— **Zins- u. Rententafeln** zur bequemen u. flotten Praxis bei Finanzrechnungen f. alle Zweige der Volkswirthschaft. [Wald- u. Landbau. Versicherungswesen, Handel u. Gewerbe.] [Aus: „Forstl. Hülfsbuch".] 3. Aufl. gr. 8. (18 S.) Ebend. 871. n. — 80

PRESSLER, Max Robert: Des Waldbaus Zustände und Zwecke. Eine national-, staats- und privat-wirthschaftliche Kritik und Einleitung zur Begründung einer zeitgemäßen Reform der Forstwirthschaft. Nebst einem metrologischen Anhange für forst- und landwirtschaftliche Maskunde und Masreductionen. - Dresden 1858. XII, 60 S., XVI S. Anh. - (= Der Rationelle Waldwirth und sein Waldbau des höchsten Ertrags. Erstes (selbständiges) Buch)

Pressler's, M. R., zum Zuwachsbohrer. Gebrauchsanweisung in Verbindg. m. den Zuwachs- u. Ertragstafeln 21—31 aus dem forstl. Hülfsbuch f. Schule u. Praxis. 3. verb. Aufl. m. Anleitg. zum doppeltproductiven Durchforstungs-, Vorhiebs- u. Vorverjüngungsbetrieb. gr. 8. (69 S.) Wien 883. Perles. n. 1. 50

— forstliche **Zuwachs-, Ertrags- und Bonitirungs-Tafeln** mit Regeln und Beispielen. Für Forst-Taxatoren, Forstverwalter und Waldbesitzer. Aus dem „Forstlichen Hülfsbuche für Schule und Praxis" in 6. [metrischer] Aufl. 2. [vervollständ.] Aufl. 8. (XXV, 72 S. und Anhang 16 S.) Ebendas. 878. *

Pressler, P., Die metaphysischen Anschauungen Heraklits von Ephesus. Im Anschlus an Diel's Fragmente der Vorsokratiker dargestellt. Pr. 1908. 16 S. 4°.

Pressnitz [Schlagwort]

Pressnitz, s.: Annaberg. Gaebler.

Preßordnung in bürgerlichen Rechtsstreitigkeiten f. das Königr. Bayern. 2. Bd. 5 Abthlgn. 8. (186 S.) Würzburg 871. Stahel. 2. 20 (cplt.: n. 4. 60)

— dasselbe. Nebst dem Einführungsgesetz sowie e. Inhaltsverzeichniß u. ausführl. Sachregister. 1. Bd. 2. Aufl. 8. (649 S.) Ebend. 871. 3. 90

— dasselbe. m. erläut. Anmerkgn. aus den Motiven zu den Gesetzentwürfen, den Referaten u. Verhandlgn. der Gesetzgebungsausschüsse beider Kammern. 2. Abth. Einführungsgesetz m. dem wörtl. Abdrucke aller durch dasselbe aufrecht erhalt. älteren Bestimmgn. nebst Einleitg., Inhaltsverzeichniß u. e. alphabet. Sachregister. Bearb. v. e. rhein. Juristen. 3—5. Lfg. 8. München 871. Franz. 3. 35

3. (S. 193—288.) 1. —. — 4. (S. 289—384.) 1. —. — 5. (III u. S. 385—516.) 1. 85.

Pressov, E., bibl. Jubelposaune, od. Lehrs. üb. d. Katechism. 8. Neuruppin. 719.

Pressprich, Georg [aus Grossenhain]: Ueber einige Derivate des Tetradecylaldehyds. . . . Rostock, Carl Boldt'sche Hof-Buchdr., 1890; 27 + 1 S. 8°

Rostock, Phil. Fak., Inaug.-Diss. v. 30. Jun. 1890

Preßproceß, s. Preßprozeß.

Pressprocess, Ein. Zur Beleuchtung der interconfessionellen Zustände in Österreich. Leipzig 1865. V: *Kolatschek, Julius.* (Bibl. d. ev. Landeskirche in Siebenb. Hermannst. 1889.)

Preßprozeß, ein. Zur Beleuchtung der interconfessionellen Zustände in Oesterreich. Leipzig 865. O. Wigand. 8. (VIII, 136 S.) n. 20 ngr.

— über die Anklage des Herrn Karl Kunz als Redakteurs der Feldkircher Zeitung und die vier Herren Abonnenten derselben: Dr. Herm. Mathis, Dr. Gebh. Beck, Dr. Jak. Ammau und Jos. Neyer wider die Redaktion des Bothen für Tirol und Vorarlberg, unter der Vertheidigung des Herrn Advokat Dr. Ant. Rautenkranz wegen Vergehens der Ehrenbeleidigung. Verhandelt vor dem k. k. Landesgerichte zu Innsbruck am 1. Juni 1864. Nach stenograph. Aufzeichnungen. Innsbruck 864. (Wagner.) gr. 8. (88 S.) n. 8 ngr.

Pressprozess, der, des Auswanderungsgeschäftes „Compagnie générale transatlantique" in Paris, bezw. des Herrn Charles Rudolf daselbst gegen die Redaktion des „Berner Stadtblatt" (Herrn P. v. Bingo) am 21. Febr. 1884 vor dem Schwurgericht in Bern. 1 Bl. In-fol. Bern, Haller-Goldschach. 1893. — 20

Preßproceß, der, des hochw. Herrn **Bischofes** von Linz vor dem Schwurgerichte am 12. Juli 1869. [Stenograph. Bericht aus dem Linzer Volksblatte nebst allen Aktenstücken.] gr. 16. (XVI, 118 S.) Linz 869, (Danner's Verlag.) *

Preßproceß Sebastian Brunner contra Ignaz Kuranda. Oeffentliche Verhandlung vor dem Landesgerichte in Wien am 10. Mai. Nach den stenographischen Aufzeichnungen. Wien 860. Gerold. gr. 8. (55 S.) n. 8 ngr.

— ein, in **Elberfeld.** Fol. (4 S.) Elberfeld 862, Bädeker'sche Buchh. *

— ein französischer. Marat und sein Herausgeber Hilbey. Als Beitrag zur Kenntniß der polit. Zustände Frankreichs. 8. (29 S.) Leipzig 847, Weller. *

Pressprocess, Ein gewonnener, der Wiener Kirchenzeitung . . Wien 1867. V: *Wiesinger, Albert.* (EB)

Preßproceß der „Gleichheit." Bericht üb. die Schluß-Verhandlgn. in der Klage-Angelegenheit d. Herrn H. Oberwinder gegen A. Scheu u. Rob. Wagner wegen Vergehens gegen die Sicherheit der Ehre, durchgeführt vor dem Kreisgericht als Preßgericht. Wn.-Neustadt, am 12. 13. u. 14. März 1874. Auszugsweise nach den Actenstücken u. stenograph. Aufzeichngn. hrsg. v. den Hrsg. der social-polit. Wochenschrift „Gleichheit". 8. (88 S.) Wien 874. Thiel. n. — 60

Preßprozeß, der, d. Landboten, mit e. kleinen Zugabe: „Das Auftreten d. neuen Gr. Rathes," u. „Welches Todes sind sie gestorben?" 8. ($4\frac{1}{2}$ B.) Winterthur 840. (Zürich, Fröbel u. Cp.)

Aus: Der Landbote, besond. abgedruckt.

Preßprozeß, der, des Landboten, mit einer kleinen Zugabe: „Das Auftreten des neuen Gr. Rathes." und „Welches Todes sind sie gestorben?" Aus dem Landboten abgedruckt. 8. Winterthur 840. (Literar. Comptoir.) $\frac{1}{4}$ ₰

— des Joh. **Ludwig,** Schweinehändler u. Industrieller in Preßburg, gegen Géza v. Kacziány, bis zum 1. März 1886 gewesener verantwortl. Redacteur d. in Preßburg erschein. Tageblattes „Westungarischer Grenzbote", wegen Ehrenbeleidigung, u. Preßklage d. vorgenannten Redacteurs Géza v. Kacziány gegen Johann Ludwig wegen Ehrenbeleidigung u. Verleumdung. Verhandelt vor dem Preßburger Schwurgerichte am 7. Apr. 1886. Sep.-Beilage der „Preßburger Zeitung". gr. 8. (79 S.) Preßburg 886. (Heckenast's Nachf.) gratis

— der, gegen J. F. **Martens.** Mit dem Gutachten des Herrn Geh. Rath. Prof. Mittermaier in Heidelberg. Eine aktenmäß. Darstellung. Hamburg 866. Grüning. 8. (85 S.) n. 10 ngr.

— der, „Metz-Fendt." Ein Beitrag zur Zeitgeschichte. Stenographischer u. aktenmäß. Bericht über die Verhandlungen vor großh. Bezirksstrafgericht Darmstadt am 6. u. 7. Aug.. nebst der Urtheilsverkündigg. vom 14. Aug. 1869. Frankfurt a. M. 869. Auffarth. gr. 8. (IV, 207 S.) n. 10 ngr

Pressprocess, Ein, vor dem akademischen Senate der Innsbrucker Universität. Aktenmässige Darstellung . . . Innsbruck 1851. V: *Wörz, Georg.* (Erman & Horn, Bibliogr. d. dtsch. Universitäten. 2. Leipz. u. Berl. 1904.)

— ein, vor dem akademischen Senate der Innsbrucker Universität. Aktenmäßige Darstellung desselben v. *** br. 8. (135 S.) Innsbruck 851, Witting. 18 ngr

—— der, vom 18. September 1863. Stenographischer Bericht über die Gerichtsverhandlungen gegen die sieben Berliner Zeitungs-Redakteure wegen deren Erklärung über die Preß-Verordnung vom 1. Juni 1863. gr. 8. (26 S.) Berlin 863, Springer's Verlag. *

Der Pressprozess des „Staatsanzeigers für Württemberg" gegen Ludwig Pfau. Stuttgart: Beobachter [1883].

Pressprocess. Pressproz' zwischen Dr. [Jacob] Robert Steiger und den drei flüchtigen Landjägern, Kaufmann, Birrer und Hoffmann, Kläger, und dem Verleger der „Stimme von der Limmat", J[oseph] Huwiler, Beklagten, vor Bezirksgericht Baden den 26. August 1845. 8. Baden 1845.

— gegen die „Tiroler Stimmen" u. die Herren Alois Oberer u. Joh. Häusler, Gemeinderäthe in Sterzing, am 30. Septbr. u. 1. Oktbr. 1864. Innsbruck 865. (Vereins-Buchh.) gr. 8. (127 S.) 6 ngr

Preßprozeß, der, gegen das „Siebenb.-Deutsche Tageblatt" am 29. Jan. 1878. [Nach stenograf. Aufzeichnungen.] 1. u. 2. Aufl. 8. (59 S.) Hermannstadt 878. Michaelis in Comm. — 60

Pressprocess, Der verunglückte, »Ultramontaner« gegen »Liberale« in Tirol. Dem Juristen zum Nachdenken und dem Volke zur Beurtheilung in aktenmäßiger Darstellung vorgelegt. Regensburg 1862. V: *Greuter, Joseph.* (Russell IX, 687)

—— der verunglückte, „Ultramontaner" gegen „Liberale" in Tirol. Dem Juristen zum Nachdenken, und dem Volke zur Beurtheilung in aktenmäß. Darstellung vorgelegt. (Von Jos. Greuter.) gr. 8. (70 S.) Regensburg 862, Manz.

Preßprozeß gegen die „Oesterreichische Volkszeitung" bezw. deren verantwortl. Redacteur u. Herausgeber Ambr. Opitz in Warnsdorf, angestrengt v. Anton Nittel, „altkathol. Pfarrer" in Warnsdorf, u. abgehandelt vor dem Schwurgerichte in Böhmisch-Leipa am 14. u. 15. XI. 1890. Nach d. Stenogrammen, Actenstücken u. anderweit. Aufzeichgn. gr. 8. (132 S.) Warnsdorf 891. A. Opitz. n. — 80

— der „Wiener medizinischen Wochenschrift." (Stenograph. Bericht.) [Aus: Wiener medizinische Wochenschrift.] Wien 864. (Seidel & Sohn.) gr. 4. (80 Sp.) n.n. 5 ngr

Preßprozeß, der, gegen die „Kronstädter Zeitung" am 22. April 1882. [Nach stenograph. Aufzeichnungen.] gr. 8. (30 S.) Hermannstadt 882, (Michaelis.) *

— ein, gegen die Westdeutsche Zeitung, verhandelt vor den Geschwornen zu Köln am Rhein, den 11. Oktbr. 1849. 2. Abdr. gr. 16. (22 S.) Köln 849, Eisen'sche Sort.-Buchhandlung in Comm. n. 1/12 ₰

Preß-Prozesse, die, gegen die Redakteure deutscher Zeitungen in Süd-Ungarn. (20 S.) gr. 8. Berlin 902. Herm. Walther. n. — 50

Pressprozesse (Zwei) gegen die „Süddeutsche Post". Verhandlungen des oberbayerischen Schwurgerichtes vom 4. Juli 1884 gegen Herrn L. Viereck und H. Chr. Michael. Nach dem stenographischen Berichte. 8°. München, Pollner (Viereck), 1884. (Sozialpolit. Zeit- u. Streitfragen, Heft 13.)

Presss timmen. Einige Pr' das Hotel La Margna in St. Moritz betreffend. Eröffnet im Sommer 1907. [Hrg. vom] ... Besitzer: Alfred Robbi. [Mit 1 Ansicht.] IV + 16 S. 8. (Samaden, Engadin Press Co., 1908.)

Pressstimmen und Prospekt über den Luft-Kurort Bad Blumenstein im Berner Oberland. Seine Quellen und seine Umgebung.... [Mit 1 Illustration.] 8. *o. O. u. J.* [1897/1900].

Pressstimmen über das am 4. August 1886 vom Landgericht zu Freiberg gefällte Urtheil wider die Angeklagten Auer, Bebel, Dietz, Frohme, Heinzel, Müller, Ulrich, Viereck und v. Vollmar. 8°. Nürnberg, Wörlein u. Co., s. a.

Der Deutsch-Amerikanische Press-Verein. Convention Report: 1901—1917. Later called Deutsch-Amerikanischer Pressverein von Iowa, Süd-Dakota und Nebraska. Iowa City, IA

Preßvereins-Kalender

— kleiner oberösterreichischer, auf d. J. 1898. Hrsg. v. kathol. Preßvereine der Diöcese Linz. Red. v. Frdr. J. Pesendorfer. 8. Jahrg. 8. (49 S. m. Abb.) Wels. Ebd. n. — 25

Kleiner oberösterreichischer Pressvereins-Kalender auf das Jahr 1900. Herausgegeben vom katholischen Pressvereine der Diöcese Linz. X. Jahrgang. Wels. Pressverein. 8°. 58 S. fl. —.15

(F) Kleiner oberösterreichischer Pressvereins-Kalender auf das Jahr 1901. Herausgegeben vom katholischen Pressvereine der Diöcese Linz. XI. Jahrgang. Wels. [Linz. Pressverein.] 8°. 56 S. K —.20

— kleiner oberösterreichischer, auf d. J. 1903. Hrsg. vom kathol. Preßvereine der Diöcese Linz. 13. Jahrg. 8. (64 S. m. Abbildgn.) Wels. Ebd. n. — 20

Kleiner oberösterr. Pressvereinskalender auf das Jahr 1904. 14. Jahrg. 8°. (61 S.) K —.20
Linz: Kath. Pressverein 1903.

(F) Kleiner oberösterr. Pressvereinskalender auf das Jahr 1905. 15. Jahrg. 8°. (56 S.) K —.80
Linz: Kath. Pressverein 1904.

— kleiner oberösterreichischer, auf d. J. 1907. Hrsg. vom kathol. Preßverein der Diöcese Linz. 17. Jahrg. (49 S. m. Abbildgn.) 8. Wels. (Linz, Preßverein.) n. — 20

(F) Kleiner oberösterreichischer Preßvereinskalender für das Jahr 1910. XX. Jahrg. 8°. (58 S) K —.30
Linz: Kath. Pressverein 1909.

— kleiner oberösterreichischer, auf d. J. 1911. Hrsg. v. kathol. Preßvereine der Diöcese Linz. 21. Jahrg. (51 S. m. Abb.) 8. Wels (Linz, Preßverein). —20

(F) Kleiner oberösterreichischer Preßvereinskalender für das Jahr 1911. XXI. Jahrg. 8°. (51 S.) K —

Preßvereins-Kalender, oberösterreichischer, 1898. 17. Jahrg. Hrsg. v. kathol. Preßverein. Red. v. Math. Hiegelsperger. gr. 8. (156 u. 49 S. m. Abb. u. 1 Bildn.) Linz-Urfahr, Verlag d. kathol. Preßvereins. n.n. —70

Preßvereins-Kalender, oberösterreichischer, 1903. 22. Jahrg. Hrsg. vom kathol. Preßverein. Red. v. Math. Hiegelsperger. gr. 8. (139 u. 49 S. m. Abbildgn.) Linz-Urfahr, Verlag des kathol. Preßvereines. n. — 70

Oberösterreichischer Pressvereinskalender. 1904. 23. Jahrg. Gr.-8°. (156, 49 S.) Linz: Kath. Pressverein 1903.

(F) Oberösterr. Pressvereinskalender 1905. 24. Jahrg. Gr.-8°. (151, 49 S.) Linz: Kath. Pressverein 1904. K —.80

Preßvereins-Kalender, oberösterreichischer, 1907. 26. Jahrg. Hrsg. vom kathol. Preßverein. Red. v. Mathias Hiegelsperger. (148 u. 50 S. m. Abbildgn.) gr. 8. Linz, Preßverein. n. —70

(F) Oberösterreichischer Preßvereinskalender 1910. XXIX. Jahrg. Gr.-8°. (244 S.) Linz: Kath. Pressverein 1909.

Preßvereins-Kalender, oberösterreichischer, 1911. 30. Jahrg. Hrsg. vom kathol. Preßverein. Red. v. Mathias Hiegelsperger. (IV, 206 S. m. Abbildgn.) gr. 8. Linz, Preßverein. —70

Presseverhältnisse, die, im Kgr. Bayern. (Die Publicistik der Gegenwart. Heft 4.) Würzburg, Leo Woerl, 1880. 12°. 153 S. Cart.

DAS PRESSWESEN DES BUNDES DER LANDWIRTE. Bestand und Organisationsplan. Als Manuskript gedruckt. (Berlin. Druck von Thormann & Goetsch.) 8°.

Preß-Zeitung, allgemeine, Blätter für Preß-Gesetzgebung und Rechtspflege, literarischen Verkehr u. Bücherkunde. Redigirt unter der Leitung von Jul. Ed. Hitzig. 1r Jahrg. 1840. Nebst Bibliographie und Recensionen-Verzeichniß. 208 Nummern. gr. Lex.-8. Leipzig, Weber. n. 8 ₰

Preß-Zeitung, allgemeine, Annalen der Presse, der Literatur und des Buchhandels. Redigirt unter der Leitung von Jul. Ed. Hitzig, der Zeit Vorsitzendem im literarischen Sachverständigen-Verein für die Preußischen Staaten in Berlin. Jahrg. 1840. — Alphabet. Sachregister u. Titel. gr. Lex.-8. Leipzig, Weber. n. 1/6 ₰ — Complet: n. 8 1/6 ₰

— dies. II.—V. Jahrg. 1841—1844. à 104 Numm. (1/4 Bog. Mit Einfassung.) gr. Lex.-8. 3. Jahrg. n. 4 ₰ 4., 5. Jahrg. à n. 5 1/3 ₰

— dies. 6. Jahrg. 1845. Redigirt von A. Berger. gr. Lex.-8. Leipzig, Brockhaus. n. 5 1/3 ₰

Prestavlanje ene latinske Pejsmi Imenovane Ribzhi tih ludy. V' Zelovzi, Leon, 1803. 8 S. (Deutsch u. sloven. — Übers. v. Japel.)

Prestel, Franz: Das Aoristsystem der lateinisch-keltischen Sprachen. Kaiserslautern, *Druck v. E. Th. Jacob in Erlangen*, 1892; 51 S. 8.
Kaiserslautern, k. Humanist. G, P 1892*

Prestel, Franz, Prof.: Zur Entwickelungsgeschichte der griechischen Sprache. *Münnerstadt 1899: (E. Th. Jacob in Erlangen).* (67 S.) 8°
Münnerstadt, k. Humanist. G, P 1899*

Prestel, Franz: Zur Entwicklungsgeschichte der griechischen Sprache. T. 2. Freising 1908: Datterer. 40 S. 8° ¶ [Forts. d. P-Beil. 1899.]
Freising, k. G P 1908* [S 08. 356

Prestel, J., s.: Auswahl v. Zierpflanzen.

Prestel, J., das Residenzschloss in Darmstadt nach s. geschichtl. Entwicklg. gr. 8. (31 S. m. 2 Abb.) Mainz 897. V. v. Zabern. n. — 75

Prestel, J., der Tempel der Athena Nike kunstkritisch beleuchtet. gr. 8. (VI, 65 S m. 3 Steintaf. in qu. gr. 4.) Mainz 873. v. Zabern in Comm. n. 2. --

Prestel, J. G., Album für Jagd- u. Pferde-Freunde. Mainz 867. (v. Zabern.) Imp.-Fol. (22 Photogr.) In Mappe. n. 25 ₰ 4 ngr.

Prestel, J. G., s.: Sándor-Album.

— des Marcus Vitruvius Pollio Basilika zu Fanum Fortunae, sa Zur Kunstgeschichte des Auslandes.

Des Marcus Vitruvius Pollio Basilika zu Fanum Fortunae von Dr. Jakob **Prestel**, Architekt. Mit 7 Taf. *Strassburg: J. H. E. Heitz 1900.* (57 S.) 4°(8°)
— **Kunstgeschichte**, Zur, d. Auslandes. H. 4. [01. 9178

Prestel, Jak., die Baugeschichte des jüdischen Heiligthums u. der Tempel Salomons, sa Zur Kunstgeschichte des Auslandes. VIII.

Prestel, Jakob: Die Baugeschichte des jüdischen Heiligthums und der Tempel Salomons von Dr. Jakob Prestel, Archit. Mit 7 Taf. Strassburg: J. H. E. Heitz 1902. (VIII, 56 S.) 4°(8°)
= Kunstgeschichte, Zur, d. Auslandes. H. 8.

Prestel, Jakob, stud. philos. (von Mainz): Der hellenische Kunstgedanke in seiner Entwicklung oder der griechische Tempel bis zur Zeit Alexanders des Grossen. Zür. F. Schulthess Dr. 1869. 86 S. 1 Bl. 8°.
[Zürich, Phil. Diss. v. 10. Aug. 1869].

Prestel, Jak., der hellenische Kunstgedanke in seiner Entwicklung, oder der griech. Tempel bis zur Zeit Alexanders des Großen. Mainz 869. v. Zabern. gr. 8. (88 S.) n. 15 ngr.

Das Residenzschloss in Darmstadt nach s. geschichtl. Entwicklg v. Dr. J[ac.] **Prestel**, Archit. *Mainz: V. v. Zabern 1897.* (31 S.) 1 Bd 8. [98. 399

Prestel, Jean Théophile. Dessins des meilleurs peintres des Païs-Bas, d'Allemagne et d'Italie; du cabinet de Mr G. J. Schmidt à Hambourg. Gravés d'après les originaux. 12 Blatt. Nürnberg 1779. Fol.

Prestel, Mich. Aug. Fr., A.-B.-C.-Buch der Zeichen-, Reiß- und Meßkunst oder Anleitung zu einem methodischen Lehren u. Lernen der Elemente des freien Handzeichnens, des Linearzeichnens und der Geometrie. Mit 3 Figurentaf. gr. 8. Emden 845, Rakebrand. n. 12 ngl

Prestel, M. A. F., die jährliche periodische Aenderung des atmosphärischen Ozons und die ozonoskopische Windrose als Ergebniss der Beobachtungen zu Emden von 1857 bis 1864. gr. 4. (13 S. mit 3 Fig. auf 2 Stnt., wovon 1 ill., in gr. 4. und qu. Fol.) Dresden 865. (Jena, Fr. Frommann.) *

Prestel, Mich. Aug. Friedr., Die Aenderung des Wasserstandes der Flüsse u. Ströme in der jährlichen Periode, als der jährlichen periodischen Zu- und Abnahme des atmosphärischen Niederschlags und der Verdunstung genau entsprechend, an Beobachtungen nachgewiesen. Hannover 1865. Fol.
Sep.-Abdr. aus: Zschr. d. Archit.- u. Ing.-Ver. f. d. Kgr. Hannover.

— Anleitung zur perspectivischen Entwerfung der Krystallformen. Für Mineralogen. Mit 8 Taf. in Steindr. gr. 8. Göttingen 833. Vandenhoeck u. Ruprecht. 2/3 ℛ

— Der Barometerstand an der Nordseeküste als Grundlage bei der Sturmprognose. (Sep.-Abdr. der Seiten 265—280 aus des Verfassers Werk „der Boden, das Klima und die Witterung von Ostfriesland." Emden 1872.) Emden.

— Der Barometerstand und die barometrische Windrose Ostfrieslands. Nach den in Emden angestellten Beobachtungen berechnet. (Kl. Schrift. d. Naturforsch. Gesellsch. in Emden. VI.) Emden 1860.

— Beiträge zur Kenntniss des Klima's von Ostfriesland. Enthaltend Beobachtungen über die in landwirthschaftlicher und medizinischer Beziehung so höchst wichtigen Faktoren der Witterung, Sonnenlicht und Feuchtigkeit, so wie über den Ozongehalt der Luft. (Kl. Schriften der Naturf. Ges. in Emden. V.) Emden 1858.

Prestel, M. A. F., Die nautisch-astronomischen Beobachtungen und Berechnungen, welche dem Seemanne bei Ausübung seines Berufes vorkommen, sowie das einfachste, leichteste und kürzeste Verfahren, mittelst gemessener Monddistanzen die Meereslänge zu bestimmen. Emden 1850.

Prestel, M. A. F., Beobachtungen über die mit der Höhe zunehmende Temperatur in der unmittelbar auf der Erdoberfläche ruhenden Region der Atmosphäre. Lex.-8. (19 S. mit 2 Stnt. in Lex.-8. und qu. Fol.) Wien 859, (Gerold's Sohn.) *
Aus: Sitzungsberichte der k. Akademie der Wissenschaften, Jahrg. 1859, besonders abgedruckt.

— der Boden der ostfriesischen Halbinsel nebst der Geschichte der Veränderg. des Bodens u. des Klimas der Nordseeküste seit der Eisenzeit. Ein Beitrag zur Geognosie u. Geologie von Nordwest-Europa. [Aus Ostfrieslands Boden, Klima u. Witterg.] Emden 870. (Haynel.) Lex.-8. (IV, 92 S.) n. 1 ℛ

Prestel, Mich. Aug. Frdr., Der Boden, das Klima und die Witterung von Ostfriesland wie der gesammten norddeutschen Tiefebene in Beziehung zu den land- und volkswirthschaftlichen Interessen, dem Seefahrtsbetriebe und den Gesundheitsverhältnissen. Mit 2 Isothermenkarten von Ostfriesland. Emden 1872. 8.

— Bildliche Darstellung des Ganges der Witterung vom 1. Dezemb. 1859 bis 30. November 1860 im Königreich Hannover. Nach den Beobachtungen der meteorolog. Stationen entworfen. Emden (1861) in-plano.

—— das astronomische Diagramm, ein Instrument mittelst dessen der Stand und Gang einer Uhr, das Azimuth terrestrischer Gegenstände, die Mittagslinie etc. bestimmt und andere Aufgaben der astronom. Geographie und naut. Astronomie schnell, sicher und bequem ohne Rechnung gelöst werden können. Für Seefahrer, reisende Geographen, Ingenieure, Feldmesser etc. gr. 8. (XXI und 404 S. mit 140 in den Text eingedr. Holzschn. und dem Instrumente [Diagramm nebst Maassstab] auf 2 Stnt. in qu. Imp.-Fol.) Braunschweig 859, Vieweg und Sohn. *

— Ergebnisse der Beobachtungen und Erfahrungen, betreffend die Sturmwarnungen und die Sturmsignale. Emden 1873.

Prostel, M. A. F., Ergebnisse der Witterungs-Beobachtungen, sa Schriften, kleine, der naturforsch. Gesellschaft zu Emden.

— Ergebnisse der Witterungs-Beobachtungen zu Emden in den Jahren 1860 und 1861, sowie Andeutungen über die Beziehung der Witterung zur Seefahrt, Landwirthschaft, dem Gesundheitszustande u. s. w. (Kl. Schr. der Naturforsch. Gesellsch. in Emden. IX.) Emden 1862.

— Dasselbe Werk f. 1862 u. 63. Mit 1 lith. Taf. XI. Emden 1864.

— Ergebnisse der Witterungs-Beobachtungen, welche in dem Decennium von 1864 bis 73 auf dem meteorologischen Observatorium zu Emden gemacht sind, nebst Erfahrungen, betreffend die Beziehung der Witterung zu dem Landwirthschafts- und Seefahrts-Betriebe, dem Gesundheitszustande u. s. w. (Kl. Schrift. der Naturf. Gesellsch. in Emden. XVII.) Hannover 1875.

Prestel, M. A. F., Das Gesetz der Winde, abgeleitet aus dem Auftreten derselben über Nordwest-Europa. (Kleine Schriften der Naturforschenden Gesellschaft in Emden, XIV). Emden 1869.

Prestel, Mich. Aug. Friedr., die Gestalten der Individuen der anorganischen Natur, als Glieder eines Ganzen, in ihrem gegenseit. Zusammenhange u. ihren Uebergängen, combinatorisch vollständig dargestellt. Ein unentbehrl. Hülfsmittel zur Erleichterung des Studiums der Mineralogie u. Krystallographie. 1. Lfg. Die ein-, zwei- u. dreifachen vollzähligen Kombinationen des isometrischen Systems. Imp.-Fol. (1 Stnt. u. 1 B. Text.) Emden 842, Rakebrand. Thlr. *

— Die Gewitter des Jahres 1856. Ein Beitrag zur Physiologie der Atmosphäre. Mit 1 Karte. (Kl. Schriften der Naturf. Ges. in Emden. IV.) Emden 1856.

——— Grundriss der bestimmenden und rechnenden Krystallographie. Tübingen 1873. 8.

—— Grundriß der Naturgeschichte f. d. Elementar-Unterricht gr. 4. (2½ B.) Emden 843, Rakebrand. *

Prestel, M. A. F., tabellarischer Grundriß der Experimental-Physik. Emden 855. (Noteboom.) Fol. (IV S. u. 22 Tab. m. Holzschn. im Text.) n. 1 ℛ.

Prestel, Mich. Aug. Friedr., tabellarischer Grundriß der Experimental-Physik. Fol. (IV S. und 22 Tab. mit eingedr. Holzschn.) Emden 856. (Leipzig, E. Fleischer.) *

— die geometrische Heuristik. Für die Schule bearb. 1. Buch: Die geometr. Oerter, nebst 128 Aufgaben zur Uebung. Mit 1 (lith.) Figurentaf. Emden 856. Noteboom in Comm. gr. 4. (32 S.) n. 12½ ngr

Prestel, M. A. F., Dr., Der gestirnte Himmel, bezogen auf den Horizont von Nordwest-Deutschland. Emden 1848.

— Jahresbericht der naturforsch. Gesellschaft zu Emden für 1853. Nebst 1 Tab.: Allgem. Uebers. der meteorol. Beobacht., angest. in Emden im Jahre 1863. Emden 1854.

Prestel: Die Kegelschnitte, in elementarer Darstellung für d. Schule. 42 S. u. 2 Fgt. – Emden, Progr. 1868.

Prestel, M. A. F., Lehrbuch der Arithmetik u. Algebra. Für höhere Lehranstalten. gr. 8. Emden 838. Rakebrand. n. 1⅓ ℛ

Prestel, M. A. F., methodisches, theoret.-pract. Lehrbuch der ebenen u. sphärischen Trigonometrie zum Schulgebrauch u. zur Selbstbelehrung insbesondere f. angehende Feldmesser, Markscheider, Architecten 2c. Mit 8 (lith.) Figurentaf. gr. 8. (188 S.) Weimar 848, Voigt. ⅚ ℛ

—— Lehrbuch d. Naturgeschichte. Für höh. Lehranstalten u. z. Hausgebr. 3 Thle. gr. 8. Emden, Rakebrand.
A. u. d. Ttln.:
Thl. 1. Das Mineralreich. (9 B., 1 Taf. u. 2 Tab.) 840. 15 Gr.
" 2. Das Pflanzenreich nach Oken. (17½ B.) 843. 21 Gr.
" 3. Das Thierreich nach Oken. (15½ B. u. 1 Taf.) 840. 21 Gr.

—— über Methode des anschaulichen Unterrichts gr. 4. (3½ B.) Emden 846, Rakebrand. *

Prestel (M. A. F.), Das Mineralreich. Emden 1840. 8.

— über das Moorbrennen in Ostfriesland, den Moorrauch, die weite Verbreitung des letztern über Europa u. seine vermeintlichen nachtheiligen Einflüsse; so wie über die Culturbarmachung des Moores. Mit 1 (chromolith.) Karte über die Verbreitung des Moorrauchs (in 4.). Göttingen 868. Deuerlich. gr. 8. (27 S.) n. 5 ngr.

—— 40 Netze zu Modellen von geometr. Körpern u. Krystallformen. Lex.-8. (⅛ B. u. 1 Stnt.) Emden 846, Rakebrand.

—— die jährliche und tägliche Periode in der Aenderung der Windesrichtungen über der deutschen Nordseeküste, sowie der Winde an den Küsten des rigaischen und finnischen Meerbusens und des Weissen Meeres. gr. 4. (46 S. mit 2 lithogr. Fig.) Dresden 864. (Jena, Fr. Frommann.) *
Vorstehende zwei Schriften des Verf. wurden aus: Verhandlungen der k. Leop.-Carol. deutschen Akademie der Naturforscher, besonders abgedruckt.

—— die Regenverhältnisse des Königr. Hannover, nebst ausführl. Darstellung aller den atmosphär. Niederschlag und die Verdunstung betr. Grössen, welche beim Wasserbau, sowie beim rationellen Betriebe der Landwirthschaft in Betracht kommen. gr. 4. (55 S. mit 1 chromolithogr. Regenkarte und 2 Stnt. in gr. 4. und Fol.) Emden 864, (Haynel.) cart. *

— das Regenwasser als Trinkwasser der Marschbewohner, sowie die Sterblichkeit als im umgekehrten Verhältniss stehend m. der jährl. Zu- u. Abnahme der Regenmenge. [Aus: „der Boden, das Klima u. die Witterg. v. Ostfriesland."] [Mit e. lith. Taf.] gr. 8. (10 S.) Emden 871. (Haynel.) n. 1. —

— Resultate aus den Beobachtungen, gerichtet auf Ermittelung der Temperatur-Differenzen in geringer Entfernung von der Erdoberfläche. Emden 1863.

— der Sturmwarner u. Wetteranzeiger, ein nach wissenschaftl. Grundsätzen ausgeführtes u. durch Beobachtg. u. Erfahrg. bewährtes Instrument zur Vorherbestimmung von Sturm u. Wetter. Mit 3 lith. Taff.: dem Diagramm u. 2 Karten (in gr. 8. u. qu. 4.). Emden 870. (Haynel.) gr. 8. (55 S.) n. 22½ ngr.

Prestel, M. A. F., Dr., Das geographische System der Winde über dem atlantischen Ocean in der vom Aequator nach den Angelpunkten der Erde gehenden Richtung, die Aenderung seiner Lage in der jährlichen Periode, sowie die Windgebiete in der Zone der veränderlichen Winde, auf der nördlichen Halbkugel. Emden 1863.

Prestel, M. A. F., Dr., Der Tangenten-Maassstab und die Komponenten-Tafel zur Bestimmung der mittleren Windrichtung nach der Lambert'schen Methode. Emden 1855.

Prestel, M. A. F., Dr., Die Temperatur von Emden, als Ergebniss der daselbst von 1814—53 auf den Stand des Thermometers gerichtet. Beobachtungen. (Festschrift.) 1855.

Prestel, M. A. F., die höchste u. niedrigste Temperatur, welche an jedem Tage von 1836 bis 1877 auf dem meteorologischen Observatorium in Emden an einem Rutherford'schen Thermograph beobachtet ist, sa Schriften, kleine, der naturforschenden Gesellschaft in Emden.

Prestel, M. A. F., Dr., Die höchste und niedrigste Temperatur, welche an jedem Tage von 1836 bis 1877 auf dem meteorologischen Observatorium in Emden an einem Rutherford'schen Thermograph beobachtet ist. Eine Ergänzung der Klimatographie von Ostfriesland, sowie ein Beitrag zur Geschichte der Witterung der letzten 42 Jahre. (Kl. Schrift. der Naturf. Gesellsch. zu Emden. XVIII.) Emden 1879.

—— die mit der Höhe zunehmende Temperatur als Function der Windesrichtung. gr. 4. (30 S. mit 3 lithogr. Fig. in gr. 4. und gr. Fol.) Jena 861, Frommann. *
Aus: Verhandlungen der k. Leop.-Carol. deutschen Akad., besonders abgedruckt.

— Temperatur-Kalender für Ostfriesland. Nach dreissigjährigen Beobachtungen auf dem meteorologischen Observatorium zu Emden berechnet von —. Emden 1871.

— die Temperatur-Verhältnisse in der untersten, die Erdoberfläche unmittelbar berührenden Schicht d. Luftmeeres, sa Schriften, kleine, d. naturforsch. Ges. zu Emden.

Prestel, M. A. F., Dr., Die Temperatur-Verhältnisse und die mit der Höhe zunehmende Temperatur in der Schicht des Luftmeeres, welche die Erdoberfläche unmittelbar berührt. Nach den Beobachtungen auf dem meteorologischan Observatorium zu Emden. (Kleine Schriften der Naturforschenden Gesellschaft in Emden, XV.) Emden 1871.

—— das Thermometer als Hülfswerkzeug f. Seefahrer u. die Meeresströmungen aus nautischen Gesichtspunkten. gr. 8. (2⅝ B. u. 1 Karte.) Emden 846, Rakebrand. * -

Emden, (Prestel, Dr.), Allgemeine Uebersicht der meteorologischen Beobachtungen im Jahre 1843—46, angestellt in Emden. (4 Tab. aus dem Jahresber. über die Verrichtungen und den Zustand der naturf. Ges. in Emden im Jahre 1846.) Emden 1847.

—— tabellarische Uebersicht des innern Baues der Erdrinde. gr. Fol. Emden 842, Rakebrand.
Aus: Dessen Naturgeschichte. 1 Thl. besond. abgedruckt.

Prestel, M. A. F., Dr., Meteorologische Untersuchungen, betreffend die Verbreitung des Moorrauchs in den Tagen vom 20. bis 26. Mai 1860, die isobarometrischen Linien am 22. Mai und die Gewitter am 20. und 26. Mai 1860. Mit 2 Tafeln in Steindruck. (Kl. Schriften der Naturforschenden Gesellschaft in Emden, VIII.) Emden 1861.

M. A. F. PRESTEL, Das Vaporimeter oder die Psychrometer-Skale, ein Instrument, um aus den Anzeigen des August'schen Psychrometers die Feuchtigkeit der Luft ohne Rechnung zu bestimmen. (Mit 1 Tafel.) ib. 1856. —

—— die jährliche Veränderung der Temperatur der Atmosphäre in Ostfriesland. Abgeleitet aus den in Emden angestellten Beobachtungen. gr. 4. (46 S. mit 1 chromolithogr. Taf. in qu. gr. Fol.) Jena 860, Frommann. *
Aus: Acta acad. Caes. Leop. Carol. naturae curiosorum, besonders abgedruckt.

— Die jährliche Veränderung der Temperatur der Atmosphäre in Ostfriesland. Abgeleitet aus den in Emden angestellten Beobachtungen. Mit 1 Tafel. (Nova Acta der Ksl. Leop.-Carol. Deutschen Akad. der Naturforsch. Bd. XXVII, No. 6.) [Jena 1861.]

— Die jährliche periodische Veränderung des Wasserstandes und des Grundwassers in den Marschen und Mooren im Flussgebiete der Ems. Ein Beitrag zur Beantwortung der Entwasserungs- und Kanalisationsfrage. Mit einem Diagramm: das Grundwasser und die Pegelstände. (Extra-Abdruck aus der Schrift: Der Boden, das Klima und die Witterung von Ostfriesland.) Emden 1872.

—— die periodischen und nicht periodischen Veränderungen des Barometerstandes, so wie die Stürme und das Wetter über der hannoverschen Nordseeküste, als Grundlage der Sturm- und Wetter-Prognose dargestellt. gr. 4. (IV und 150 S. mit 2 Taf. in Steindr. in qu. gr. Fol.) Emden 866, (Haynel.) *

—— die geographische Verbreitung der Gewitter in Mittel-Europa im J. 1856, so wie über die gegenseitige Beziehung zwischen den Auftreten der Gewitter, der Temperatur, der Windrichtung und dem Barometerstande. Lex.-8. (27 S. mit 3 Stnt. in qu. gr. 4.) Wien 858, (Gerold's Sohn.) **
Aus: Sitzungsberichte der k. Akademie der Wissenschaften, Jahrg. 1858, besonders abgedruckt.

—— Vorschule d. Geometrie. Für Gewerbs-Schulen, höh. Bürgerschulen u. d. mittl. Klassen d. Gymnasien. gr. 8. (8½ B. u. 6 Taf.) Emden 836, Rakebrand.

— Vorschule der Geometrie. 3. Aufl. Als Grundlage für einen method. Unterricht in der ebenen u. körperlichen Geometrie in den mittlern u. obern Klassen der Gymnasien u. Realschulen neu bearb. Leipzig 867. E. Fleischer. gr. 8. (VIII, 288 S. mit 319 in den Text gedr. Fig. in Holzschn.) 1 *ℛ* 15 *ngr.*

— Wetter-Beobachtungen. Aufgezeichnet in Emden von —. Vom 1. Dezbr. 1853 bis 30. Nov. 1854. 40. Jahresber. der Naturf. Ges. in Emden für 1854. Emden 1855.

Prestel, M. A. F., die Winde in ihrer Beziehung zur Salubrität und Morbilität, *sa* Schriften, kleine, der naturforschenden Gesellschaft zu Emden.

— Die Winde in ihrer Beziehung zur Salubrität und Morbilität. Ein Beitrag zur medizinischen Witterungs- und Klimakunde. Mit 1 Tafel in Steindruck. (Kleine Schriften der Naturforschenden Gesellschaft in Emden, XVI). Emden 1872. 2 Expl.

— Die Winde über der deutschen Nordseeküste und dem südlichen Theile der Nordsee, nach ihrer periodischen Veränderung im Laufe des Jahres dargestellt. Zugleich als Ergänzung der Seekarten der Nordseeküste. Mit 1 Windkarte. (Kl. Schrift. der Naturf. Gesellsch. in Emden. XIII.) Emden 1868.

— die mittlere Windrichtung an der Nordwestküste Deutschlands für jeden Tag im Jahre aus 19 Jahre umfassenden Beobachtungen in Emden, sowie auch für Hamburg berechnet, und numerisch und graphisch dargestellt. Ein Beitrag zur Lehre von der geograph. Verbreitung und der gesetzmässigen Drehung des Windes. Mit 2 (lith.) Taf. (in 4. u. Fol.). (Aus d. Acta Acad. Leop.-Carol.) Bonn 857. Weber. gr. 4. (73 S.) n. 2 *ℛ*. 20 *ngr.*

—— die thermische Windrose für Nordwest-Deutschland. gr. 4. (36 S. mit 4 lithogr. und chromolithogr. Figurentaf.) Jena 861, Frommann. *
Aus: Verhandlungen der k. Leop.-Carol. deutschen Akad., besonders abgedruckt.

Prestele, A., die Ausbildung d. landwirthschaftlichen Grundbesitzers u. dessen Verhältniß zum landwirthschaftl. Arbeiter. 8. (30 S.) Sigmaringen 873. Tappen. — 30

Prestele, A., üb. Beseitigung allgemeiner Hindernisse der Pflanzenkultur, Pflege u. Ernte der landwirthschaftlichen Kulturgewächse. 4. (25 S.) Sigmaringen 885. Tappen. n. — 60

Prestele, Christoph, s.: Kinderfreund, der.

PRESTELE, Ernst Karl (Augsburg): Von der Ecchymosis an und im menschlichen Auge.- Augsburg: Lauter 1847. 22 S.
22.8.1846 - Urk (Titel: De ecchymosi in oculo ejusque regione.); F 66
Diss. Ingolst.-Landsh.-Mchn.

PRESTELE, Guido (Thannhausen): Die Lehre vom Abschluss völkerrechtlicher Verträge durch das Deutsche Reich und die Einzelstaaten des Reiches.- München: 1882.
15.7.1882 - Urk (Titel: De perfectione pactorum cum aliis nationibus ab imperatore regni Germanici eiusque singulis civitatibus contrahendorum discipline.); Chr 1882/83,16
Diss.Ingolst.-Landsh.-Mchn.

Prestele, Jos., die wichtigsten Giftpflanzen Deutschlands in lebensgroßen Abbild. zur Warnung und Belehrung über die Gefahr, nach der Natur gemalt, ausgewählt und beschrieben von Carl Soldan. Mit 24 Steintaf. u. Text. gr. 8. Friedberg 843, Bindernagel. n. 2 *ℛ* — color. n. 4½ *ℛ*

Prestele, J., der Hopfenbau. Auf Grund vieljähr. Erfahrung dargestellt. 8. (19 S. mit Illustr. in eingedr. Holzschn.) Regensburg 861, Coppenrath.

Prestele, J.: Der Hopfenbau.
Verf. Gutsverwalter, berichtete auch auf der Wanderversammlung der Land- und Forstwirthe München 1844 über seine Erfahrungen.
Regensburg 1862

PRESTELE, Nicolaus (Grossaitingen): De circulatione pathologica.- Monaci: Wild (1855). 16 S.
24.7.1855 - F 62
Diss. Ingolst.-Landsh.-Mchn.

Prestele-Tanera, Maria, aus dem Leben einer Suchenden. Erzählung. (290 S.) 8. Dresden 910. C. Heinrich. 4.—; geb. 5.—

Prestien, Joh. Aug., das Ansiedlerleben in der Kolonie Blumenau. Eine Skizze. gr. 8. (IV und 34 S.) Leipzig 859, Wagner.

Prestinari, B. A., hat die katholische Kirche in Baden ein Recht an dem ihren Bedürfnissen gewidmeten Vermögen? Ein Beitrag zur Beurtheilung des den Ständekammern vorlieg. Entwurfes e. Stiftungsgesetzes. Freiburg i. Br. 870. Herder. gr. 8. (29 S.) n. 4 *ngr.*

Prestinari, Johann Nepomuk

— Handbuch d. Kameralchemie. 2 Bde. Mit 4 Steintaf. gr. 8. Heidelb. 827, 828. Winter. 6 *ℛ*

Prestinari, J. N., Handbuch d. Cameralchemie, zum Gebr. bei seinen Vorlesn. u. z. Selbstunterr. f. Cameralisten, Oekonomen rc. 2. Bd., die techn. Chemie. gr. 8. (30½ B., 1 Tab. u. 4 Stnt.) Heidelberg 828, Winter.
1. Bd., die theoret. Chemie. Ebendas. 827. 3 Thlr. 12 Gr.

Prestinari, J. N., Handbuch d. Cameralchemie, z. Gebr. bei Vorlesn. u. zum Selbstunterr. f. Cameralisten, Oekonomen Forstmänner, Fabrikanten u. Kaufleute. (Neue wohlf.) Ausg in 6 Lfgn. od. 2 Bdn. gr. 8. (95½ B. u. 4 Stnt.) Heidelberg 838, C. F. Winter. à L. * ½ Thlr. Thlr.
Bd. 1. Theoret. Chemie. 4 Lfgn.
: 2. Technische Chemie. 2 Lfgn.

Lehre (Die) von den Reagentien nach ihrem ganzen Umfang systematisch bearbeitet für Chemiker, Staatsärzte, Apotheker, Metallurgen, Mineralogen, Fabrikanten und Oekonomen. Heidelberg, 1823. pp. xiv–viii–478, 12mo.

Prestinari, J. N., die Lehre von den Reagentien nach ihrem Umfange systematisch bearb. 8. Heidelb. 824. Groos. 2 *ℛ*

Prestinary, Teodoro H., stud. med. aus Costa-Rica: **Statistisches** über Behandlung der Gonorrhoe. *Strassburg i. E. 1899: C. & J. Goeller.* (72 S.) 8°
Strassburg, Med. Diss. v. 1899

Maurers Müh und Lohn von Leo Sachse, compon. von Ad. **Presting.** o. O. 2 Bl. 4°. [Umschlagtit.] [Lith.]
Lied mit Noten: „Suchst Du's nicht, so wirst Du's finden" ... 21.

Presting, B.

Presting, die Bergpredigt, das Gesetz des Reiches Gottes, der Spiegel jedes Christen, kurz u. schulgemäß erklärt. gr. 8. (36 S.) Gotha 894. G. Schloeßmann. n. — 40

Presting, B., die Bergpredigt, das Gesetz des Reiches Gottes, der Spiegel jedes Christen, kurz u. schulgemäß erklärt. 2. [Titel-] Aufl. gr. 8. (36 S.) Gotha (894) 896. G. Schloeßmann. n. — 40

Presting, B., meine Gedanken üb. die beiden wichtigsten Zweige d. Religions-Unterrichts in der Volksschule, den biblischen Geschichts- u. Katechismus-Unterricht. Rede, geh. auf der Seminar-Conferenz zu Moers den 9. März d. J. gr. 8. (32 S.) Moers 876. Spaarmann. n. — 50

— die biblischen Geschichten des Neuen Testamentes in Bildern. gr. 8. (XI, 245 S.) Ebd. 893. n. 2. 80; geb. n. 3. 60

— die biblischen Geschichten d. Alten u. Neuen Testamentes in beschränkter Zahl, verkürzter Form u. neuer Anordng., nebst e. Anh. f. d. Hand d. Kinder. 8. (VIII, 186 S.) Ebd. 895. n. — 55; Kartonnage n.n.n. — 12

Presting, B., Gesetz, Glauben und Gebet in ihrer Herrlichkeit und Heiligkeit, im Anschluß an die Erklärungen Luthers dargestellt. gr. 8. (VII, 184 S.) Berlin 883, Wohlgemuth's Verlag. *

—— die Hindernisse und Bedingungen einer gesunden geistigen Volksbildung. Vortrag auf der ersten Volksschullehrerconferenz im Seminar zu Cöslin am 25. Oktbr. 1883. gr. 8. (24 S.) Cöslin 884, Hendeß. *

— der lutherische Katechismus, erläut. v. P. 1. Tl.: D. Gesetz Gottes in s. Heiligkeit u. Herrlichkeit. gr. 8 (III, 89 S.) Ebd. 899. n. 1. 20

Presting, B., der lutherische Katechismus. 2. u. 3. Tl. gr. 8. Gotha. Hamburg, G. Schloeßmann. n. 2. 40; (1—3 n. 3. 60; geb. in 1 Bd n. 4. 60)
2. Der christl. Glaube, wie ihn die drei Artikel bringen. (III, 105 S.) 899. n. 1. 40
3. Das Gebet des Herrn u. die beiden hl. Sakramente. (50 S.) 899. n. 1. —

— zur Methodik des Rechenunterrichts in der Volksschule. Altes im Lichte des Neuen, Neues auf dem Grunde des Alten. gr, 8. (16 S.) Moers 877. (Spaarmann.) — 80

— die Notwendigkeit e. bess. Erziehg. d. Jugend u. d. wichtigsten Mittel zu diesem Zwecke. Vorschläge. gr. 8. (28 S.) Berlin 899. L. Oehmigke's Verl. n. — 50

— das Pestalozzi-Jahr u. s. ernsten Forderg. an die Familien u. Gemeinden, an die Schule, Kirche u. Staat. gr. 8. (47 S.) Ebd. 896. n. — 80

— zur Reform der Volksschulen. gr. 8. (27 S.) Hamburg 902. G. Schloeßmann. n. — 60

— die Volksschule u. der Volksschaden od. die Lehrerbildung u. Lehrerarbeit. gr. 8. (19 S.) Graudenz 893. A. Gaebel. n. — 60

Presting, B., s.: Vorbereitungen u. Entwürfe aus dem gesamten Unterrichtsgebiete der deutschen Volksschule.

Prestl, üb. d. Missbrauch d. Aderlassens, Purgirens und Brechens. 8. Kempten, Dannhalmer. •

Prestl, Jos. Fidel

— Belehrungs- u. Trostgründe nach einem sehr schweren Hagelwetter. 8. Bregenz 794. Brentano.

Prestl, Joh. Fidel, Gebethe f. feyerliche u. öffentliche Gottesverehrung ꝛc. m. K. 8. Freyburg, Herder. •

Prestl, Jos. Fidel, († d. 7. Oct. 1807.) Samml. von Gebeten zur feierl. u. öffentl. Gottesverehrung. 8. Mersburg u. Rotweil 805. 2e A. ... Herder. 6 gl.

Presto sloveno. Piccola guida linguistica delle più ordinarie frasi della vita pratica. Il più presto metodo d'apprendere la conversazione slovena. (29 S.) gr. 8. Triest (908). M. Quidde. — 50

— tedesco. Piccola guida linguistica delle frasi le più comuni della vita pratica. Metodo il più celere per apprendere la pronuncia tedesca. (31 S.) 8. Ebd. (909). — 60

Preston, d. Bruders, Erläuter. d. Freimaurerei; aus d. Engl. v. Jh. H. Chr. Meyer. 8. Stendal 776. 2e verb. Aufl. 780. Franzen u. Gr. 9 gl.

Preston, Martin Oliver, Grundlage zu dem Lehrgebäude der englischen Sprache, ein Leitfaden für Lehrer u. Lernende bei Privat- u. Schulunterricht. 8. (9½ B.) Aachen 844, Mayer.

Préston, S. Tolver, e. dynamische Erklärung der Gravitation. Lex.-8 (11 S.) Wien 883. (Gerold's Sohn.) n.n. — 25

—— über die Möglichkeit, vergangene Wechsel im Universum durch die Wirkung der jetzt thätigen Naturgesetze — auch in Übereinstimmung mit der Existenz eines Wärmegleichgewichtes in vergrössertem Maasstabe — zu erklären. Lex.-8. (18 S.) (Ebendas.) 883. *
Vorstehende zwei Schriften sind aus: Sitzungsberichte der k. Akademie der Wissenschaften, besonders abgedruckt.

Preston, S. Tolver: Ueber das gegenseitige Verhältniss einiger zur dynamischen Erklärung der Gravitation aufgestellten Hypothesen ... Leipzig, J. A. Barth, 1894; 20 S. 8. München, Phil. Fak., Inaug.-Diss. v. 1894

Preston, S. Tolver, üb. das gegenseitige Verhältniss einiger zur dynamischen Erklärung der Gravitation aufgestellten Hypothesen. Diss. gr. 8. (20 S.) Leipzig 894. (G. Fock.) n. — 80

Preston. Will., Erläuterung der Freymäurerey. Aus dem Englischen übersetzt von J. H. C. Meyer. der Gesm. Loge der fr. u. angen. Maurer. zum goldnen Zirkel in Göttingen. 2. verm. Aufl. Stendal, Franzen u. Grosse. 1780. 8. 8 Bl. 1848. 1 Kpfr.

Presuhn, Aug., Panorama d. Schöckel bei Graz [4542']. Hrsg. aus Anlass der 48. Versammlg. deutscher Naturforscher u. Aerzte. Chromolith. qu. gr. Fol. Graz 875. Leuschner & Lubensky. n.n. 2. —

Presuhn, Emile, les décorations murales de Pompéi, à l'usage des artistes, des écoles industrielles et des amis de l'antiquité. Accompagnées de 24 planches, d'après les dessins originaux de Discanno, exécutées en chromolith. par Steeger, et suivies d'un plan topographique des peintures de Pompéi (en chromolith.). Traduit de l'allemand par A. Giraud-Teulon. Imp.-4. (51 S.) Leipzig 878. T. O. Weigel. n. 40. —; geb. m. Goldschn. n. 50. —; herabges. Preis n. 24. —; geb. n. 32. —

—. Pompeji. Die neuesten Ausgrabungen von 1874 bis 1881. Für Kunst- und Alterthumsfreunde illustrirt herausgegeben. Zweite verbesserte und sehr vermehrte Auflage. Leipzig. T. O. Weigel 1878—1882.
2 Abt. 2°.
1. Abt. 1—7. 1878: Tit., 78 S.; 39 Taf., 1 Plan.
2. Abt. 7 Forts. — 10. 1882: 41 S.; 26 Taf.
Die Taf. nach Aquarellen von G. Discanno und A. Butts.
Die 2. Hälfte erschien als Ergänzungsband zur 1. Aufl.

—— Pompeji. Die neuesten Ausgrabungen von 1874 bis 1878. Für Kunst- und Alterthumsfreunde illustrirt hrsg. 7 Abthlgn. Mit 60 Taf. nach Orig.-Zeichnungen von Discanno, in Chromolithogr. ausgeführt von Steeger. Imp.-4. (68 S.) Ebendas. 878. In Carton *

Presuhn, Emil, Pompeji. Die neuesten Ausgrabungen von 1874 bis 1881. Für Kunst- und Alterthumsfreunde illustrirt hrsg. Mit 80 Taf. in Chromolithogr. nach Aquarellen von G. Discanno und A. Butts. 2. verb. und sehr verm. Aufl. 10 Lfgn. Fol. (XII, 59 S.) Leipzig 881, T. O. Weigel.
Subscr.-Pr. à Lfg. *ℳ 8.; Ladenpr. *
geb. in Halb-Saffianbd. mit Goldschn. **

—— dass. — Ergänzungsbd. zur 1. Aufl. 4 Lfgn. Fol. (XII, 41 S. mit 26 Chromolithogr.) Ebendas. 881.
Subscr.-Pr. à Lfg. *
geb. in Halb-Saffianbd. mit Goldschn. *

—— s. Steeger, Vict., die schönsten Wände Pompeji's.

—— die pompejanischen Wanddecorationen. Für Künstler und Kunstgewerbeschulen, sowie Freunde des Alterthums hrsg. Mit 24 Taf. nach Orig.-Zeichnungen von Discanno, in Chromolithogr. ausgeführt von Steeger, nebst 1 (lithogr. und color.) Plan der Malereien Pompeji's. Imp.-4. (VI, 40 S.) Ebendas. 877. *
In Mappe *ℳ 45.; geb. *

—— die pompejanischen Wanddecorationen. Für Künstler und Kunstgewerbtreibende, sowie Freunde des Alterthums. Mit 25 Taf. nach Orig.-Kopien von Discanno, in Farbendr. ausgeführt von Steeger, nebst 1 Plan der Malereien Pompeji's. Neue wohlf. Ausg. 6 Lfgn. Fol. (VII, 40 S.) Ebendas. 882.
à Lfg. *ℳ 4. *
In Leinw.-Mappe *
geb. in Halb-Saffianbd. mit Goldschn. *

Presuhn, Viktor: Zur Frage der bakteriologischen Fleischbeschau. *Strassburg i. E.: J. Singer 1898.* (27 S.) 8°
Strassburg, Med. Diss. v. 1898

Pret, Charles, aus Mülhausen i. E.: Studien über die Darstellung von Chlor mittelst Salpetersäure. Zür. J. Schabelitz Dr. 1892. 59 S. m. 5 Taf. 8°.
Zürich, Phil. Diss. v. 12. Dec. 1892.

Pretendus, les; Op. en 1 Acte. 8. Brschw. Pluchart. 806.

Prétendus, les, Oper en 1 Acte. 8. Braunschw. 816. Pluchart. 6 gl

Prétentions et contestations actuelles entre les principes et puissances de l'Europe avec les moyens de terminer ces différens. 1744. V: *Spon, Jean François Baron.* (Preussische Staatsschriften. Berlin 1877. Bd. I. S. 459.)

Preti, Ldw., Samml. geistreicher Predigten. 8. Augsb. 769. M. Rieger. 13 gl

Pretia auctionis bibliothecae. 8. Halae, Kümmel. 746.

Pretia libror., praec. graecor. et lat. a J. F. Fischer collector. et auct. publ. 1800 divendit. Excudi cur. J. L. Schönemann. 8. Lpz. 802. Schönemann. 6 gl Hbg. Pr. 2 gl

Pretiosum a vili, sive de latinitate merito et immerito reprobata, 8, Augsb. I. Wolff. 720.

Pretis-Cagnodo, A. v., Bericht üb. e., im hohen Auftrage Sr. Exc. d. Hrn. Ackerbau-Ministers nach Frankreich unternommene Reise, zur Information üb. den Stand der Cultur der amerikanischen Reben, erstattet. gr. 8. (121 S. m. 2 Plänen.) Wien 889. (Frick.) n. 3. —

Pretius, Peter von, Vice Cancellarii Conradi IV Regis Romanorum et Siciliae adhortatio ad Henricum illustrem Landgravium Thuringiae et Marchionem Misniae In qua non solum Fatalem casum Conradini describit Sed et Margaretham Friderici II Imperatoris filiam Alberti Marchionis Misniae uxorem veram Conradini haeredem in Regno Siciliae ex testamento tam fratis quam nepotis institutam suisse testatur. Ex MSS. eruit Notisque Historicis passim illustravit Johann Hermann Schminck (Hessen) Curante Filio Friedrich Christoph Schminck. Leyden (S. Luchtmans u. Sohn) (6. VII.) 1745. 21 S. (5.50) 27184
Gew.: Johann Jakob Vitriarius, Tiberius Hemsterhuis, Abraham Wieling, Arnold Drakenborch, Johann van de Water. — Praefatio Cenevoli lectori Johann Hermann Schminck.

PRETNAR, Janko: Die aus dem Französischen stammenden Wörter in Mistrals Werken. — 1907. 90 S. Diss. Graz, Univ.

Pretočki, F. X. v. Z., über das Selbstbestimmungsrecht des Königr. Dalmatien, Croatien und Slavonien. gr. 8. (159 S.) Wien 864, (Braumüller und Sohn.) *

Pretoria [Schlagwort]

Pretoria, s.: Kriegsschauplatzkarten.

La **Prêtraille** romaine. Tableau historique du fanatisme et de la corruption dans l'église catholique romaine. Traduit de l'original allemand de Corvin. 14 livraisons in-8. Berne, impr. B. F. Haller. 1873. pr. livr. —. 60

Pretsch, P., Lebensbild, s.: Fritz, G., Festschrift etc.

Pretsch, B., De vitae Lysiae oratoris temporibus definiendis. Diss. 1881. 46 S.

Pretsch, Erich, aus Berlin: Das Notstandsrecht des Bürgerlichen Gesetzbuchs und seine Bedeutung für das Strafrecht. *Berlin 1899: H. Walter.* (51 S.) 8°
Rostock, Jur. Diss. v. [2. Aug.] 1899

Pretsch von Lerchenhorst Rudolf: Kartenprojectionen im allgemeinen und perspectivische Kartenprojectionen im besonderen. Je 29 u. 2 Tafeln. Elbogen R. 97. 98.
Progr.

Pretschistenskaja, Catharina. Über den Einfluss der Temperatur auf die Wirksamkeit des Vagus. Diss. Med. Bern ... von K' P' von Jaroslawe. [Mit Figuren. Sep.-Abdr. aus: Zeitschrift für Biologie.... Band 47. Neue Folge Band 29. Heft 1.] 42 S. 8. München, R. Oldenbourg, 1905.

Pretschker, Gustav: Die Dauerresultate der Alexander-Adamsschen Operationen. Breslau 1908: Breslauer Genossensch.-Buchdr. 31 S. 8°
Breslau, Med. Diss. v. 1. April 1909, Ref. Küstner
[Geb. 9. Juli 82 Hohen-Poseritz i. Schl.; Wohnort: Hohen-Poseritz; Staatsangeh.: Preußen; Vorbildung: Gymn. Schweidnitz Reife O. 02; Studium: Tübingen 1, Breslau 9 S.; Coll. 27. Juni 08; Approb. 14. Juli 08.] [U 09. 573

Prettenhofer, Emerich, welche d. beiden Parteien hat das Gericht im Falle des § 378 C. P. O. unt. Eid zu vernehmen? [Aus: „Allgem. österr. Gerichts-Zeitg.", nebst e. Einleitg.] gr. 8. (VIII, 40 S.) Wien 897. Manz. n. 1. 20

Prettenkofer, J. V. Die Schwestern am Burgerhofe. Erzählung. Villach, Muhr, 1897. 147 S.

Prettin [Schlagwort]

Prettin, s.: Preussen. Messtischblätter.

Prettin, Emil: Über multiple Exostosen. *Halle a. S. 1898: C. A. Kaemmerer & C.* (29 S.) 8°
Halle, Med. Diss. v. 8. Aug. 1898

Prettner, August, k. b. Leutnant a. D. (geb. zu Wien): Über trialkylierte Trimethylentriamine. *Erlangen 1903: E. Th. Jacob.* (73 S.) 8°
München, Phil. Diss. v. 1903

Prettner, Johann

Klagenfurt, (Prettner, J.), Meteorologische Beobachtungen zu Klagenfurt. December 1870 — September 1876. [o. O.] 1870—76.

Prettner, Joh., das Klima v. Kärnten nach an 42 Beobachtungsstationen angestellten Beobachtgn. dargestellt. [Aus dem Jahrb. d. Landesmuseum v. Kärnten.] gr. 8. (211 S. m. 2 Steintaf) Klagenfurt 878. Kleinmayr. n. 4. —

Pretty, John Rowlison, hülfreicher Beistand bei den Geburtswehen und Vorschriften über die Anwendung des Chloroforms bei der Niederkunft. Nebst Regeln über die Behandlung des Mutterkuchens, der Blutungen nach der Geburt und über das Verhalten im Wochenbette. Deutsch bearb. von Hugo Hartmann. 8. (XII und 146 S. mit 4 Abbild. auf 1 Stnt.) Weimar 857, Voigt.

Pretzel, C. Louis A.

Pretzel, C. L. A., M. v. Egidy, s.: **Egidy, M. v.,** Jugendblätter.

Pretzel, C. L. A., die litterarische Erziehung der Jugend in Schule u. Haus, s.: **Gegen die Schundlitteratur.**

— Schulaufsicht u. Schulleitung in den deutschen Staaten, s. Schriften der statist. Zentralstelle des deutschen Lehrervereins. I.

Pretzel, C. L[ouis] A.: Schulaufsicht und Schulleitung in den deutschen Staaten. Auf Grund gesetzl. u. behördl. Bestimmungen u. unter Benutzung d. Ergebnisse einer von d. Statist. Zentralstelle d. Deutschen Lehrervereins veranstalt. Umfrage bearb. von —. Leipzig: Klinkhardt 1909. VIII, 120 S. 8°
(Schriften d. Statist. Zentralstelle d. Deutschen Lehrervereins. 1.)

— die Simultanschule in Nassau, Hessen u. Baden, s.: **Köhne, Fr.**

Pretzel, C. L. A., A. Rupnow u. J. Tews, deutsches Sprachbuch f. Berliner Schulen. (In 7 Hftn.) Im Auftrage des Berliner Lehrervereins bearb. 1.—4. Hft. 8. Berlin 902 M. Schnetter. n. 1. 10
1. (40 S.) n. — 20. — 2. (62 S.) n. — 30.
3. (72 S.) n. — 30. — 4. (62 S.) n. — 30.

— **A. Rupnow u. J. Tews, deutsch. Sprachbuch.** (Ausg. B.) In 6 Heften. Nach den Bestimmgn. d. Grundlehrplans f. die Berliner Gemeindeschule im Auftrage des Berliner Lehrervereins bearb. (Neue Aufl.) 8. Berlin, Schnetter & Dr. Lindemeyer. nn 1.75
1. (7. Klasse.) (36 S.) (909.) nn — 20
2. (6. Klasse.) (48 S.) (909.) nn — 25
3. (5. Klasse.) (64 S.) (909.) nn — 30
4. (4. Klasse.) (64 S.) (909.) nn — 30
5. (3. Klasse.) (80 S.) (909.) nn — 30
6. 2. Aufl. (2. u. 1. Klasse.) (128 S.) (910.) nn — 40

— — — **dasselbe.** (Ausg. C.) Für Thüringen u. Sachsen bearb. v. Ernst Kornrumpf. (In 6 Heften.) 1. Heft. (2. Schulj.) (Neue Aufl.) (36 S.) 8. Ebd. (909). nn — 20

— **A. Rupnow u. J. Tews,** deutsches Sprachbuch f. Berlin u. Vororte. (In 7 Heften.) Im Auftrage des Berliner Lehrervereins bearb. 5.—7. Heft. (3.—1. Klasse.) 8. Berlin 903. Schnetter & Dr. Lindemeyer. n.n. 1.05
5. (96 S.) — 30. — 6. (108 S.) — 35. — 7. (128 S.) — 40.

— — — **deutsches Sprachbuch.** (Ausg. B.) In 6 Heften. Nach den Bestimmgn. des Grundlehrplans f. die Berliner Gemeindeschule im Auftrage des Berliner Lehrervereins bearb. 8. Ebd. 905. n.n. 1. 75
1. (7. Klasse.) (36 S.) — 20. — 2. (6. Klasse.) (48 S.) — 25.
3. (5. Klasse.) (64 S.) — 30. — 4. (4. Klasse.) (64 S.) — 30.
5. (3. Klasse.) (80 S.) — 30. — 6. (2. u. 1. Kl. (128 S.) — 40.

— — — **dasselbe.** (Ausg. C.) Für Thüringen u. Sachsen bearb. v. Ernst Kornrumpf. 6 Hefte. 8. Ebd. 905. n.n. 1.75
1. (2. Schulj.) (36 S.) — 20. — 2. (3. Schulj.) (48 S.) — 25.
3. (4. Schulj.) (64 S.) — 30. — 4. (5. Schulj.) (64 S.) — 30.
5. (6. Schulj.) (80 S.) — 30. — 6. (7. u. 8. Schulj.) (116 S.) — 40.

Pretzell, Carl, s. Pretzell, Karl

Vincere aut mori! Geschichte des Blücherhusaren-Regiments. In dienstl. Auftr. u. aus Anlaß d. 150jähr. Bestehens d. Reg. hrsg. von Gerhard **Pretzell**, Lt. Mit 8 Bildn., 40 Skizzen. [Nebst] Anh. Berlin: Mittler [usw.] 1909. 4°(8°)
Anh.: Die hauptsächlichsten Veränderungen der Uniformierung des Husaren-Regiments Fürst Blücher v. Wahlstatt ... von Constantin Kling. Weimar 1909. [10. 7063

Pretzell, Herm., s. **Ringer, Ferd.**

Pretzell, Herm., Gedichte. 2. Sammlung. 8. (IV, 120 S.) Eichstätt 877, Krüll'sche Buchh. *
1. Sammlung vgl.: †Ringer, Ferd.

Pretzell, Herm., Gedichte. 2. Sammlung. 8. (IV, 120 S.) Eichstätt 877. Stillkrauth. (a) n. 1. 60
Die erste Sammlung erschien 1875 unter dem Pseudonym Ferd. Ringer.

Pretzell, Karl

Pretzell, Carl, a. Bassenheim (Preußen): Zur Kenntnis der isomeren Säuren der Formel: $C_6H_6O_4$. Freiburg i. B.: Speyer & Kaerner 1904. (51 S.) 8°
Freiburg i. B., Phil. Fak., Ref. Gattermann, Diss. v. 13. Dez. 1904
[Geb. 6. Nov. 76 Bassenheim b. Coblenz; Wohnort: Freiburg; Staatsangeh.: Preußen; Vorbildung: Gymn. Barmen; Studium: Freiburg 8 S.; Rig. 20. Nov. 04.]

PRETZL, Karl Borromäus (Straubing): De cauteriis actualibus. (Titel nach der Urkunde)
6.4.1838 - Urk; F 64
Diss. Ingolst.-Landsh.-Mchn.

Pretzell, Leo, Rechtsverhältnisse beim Arznei- u. Heilmittelbezug der Krankenkassen. Vortrag, geh. zu Berlin am 6. IX. 1909 auf der 3. Hauptversammlung des Vereins zur Wahrg. der wirtschaftl. Interessen deutscher Apotheker. Mit zahlr. Anmerkgn. u. Erläutergn. (55 S.) 8. Eupen (Neustr. 16/18) 909. C. Braselmann. 1. —

Pretzell, L., Rechtsverhältnisse beim Arznei- u. Heilmittelbezug der Krankenkassen. Vortrag. Mit zahlreichen Anmerkgn. u. Erläutergn. (55 S.) 8. Eupen (Neustr. 16/18), C. Braselmann. 1910. 1. —

Pretzfelder, Max [aus Nürnberg]: Ein Tumor der Parotis. . . . Würzburg, k. Universitätsdr. v. H. Stürtz, 1891; 39 S. 8°
Würzburg, Med. Fak., Inaug.-Diss. v. 1891

Pretzsch [Schlagwort]

Pretzsch, s.: Preussen. Messtischblätter.

Pretzsch, August (geb. Zeitz 27. 12. 1859): Ueber Elephantiasis scroti und deren operative Behandlung (im Anschluss an einen Fall von Elephantiasis scroti et penis). Berlin (1884). (32 S.) 8°
Berlin, Med. Diss. v. 10. Nov. 1884

Pretzsch, Bernhard [Dr.]: Zur Stilistik des Cornelius Nepos. *Spandau, Hopf'sche Buchdr.* (1890); 47 S. 8°
Spandau, st. G u. VS, P 1890

Pretzsch, Bernardus: De vitae Lysiae oratoris temporibus definiendis. Halis Saxonum 1881: Ploetz. 46 S. 8°
Halle-Wittenberg, Phil. Diss. v. [25. März] 1881
Geb. Zeitz 6. 11. 1855. V.

Pretzsch, Edmund, appr. Arzt a. Dresden-Löbtau: Aus der Marburger geburtshilflichen Universitäts-Klinik. Erweitert sich das Becken in Folge vorausgegangener Geburten? Marburg 1905: Schulze-Triepel, Wohlau. (65 S.) 8°
Marburg, Med. Fak., Ref. Ahlfeld, Diss. v. 24. Nov. 1905
[Geb. 10. Juli 80 Löbtau; Wohnort: Marburg; Staatsangeh.: Sachsen; Vorbildung: Wettiner Gymn. Dresden Reife O. 99; Studium: Leipzig 1, Marburg 6, Leipzig 1, Marburg 3 S.; Coll. 22. Aug. 05; Approb. 1. Okt. 05.]

Pretzsch, Edm., politisch-statistisches Vademecum. Ein prakt. Führer in Kriegs- und Friedenszeit zur richtigen Kenntniß der polit., finanziellen, militär., maritimen, Cultur-, Verwaltungs- und Verfassungsverhältnisse aller europ. und civilisirten außereurop. Staaten. Nebst genealog. und sonst nothwend. Notizen. 8. (IV und 185 S.) Leipzig 864, Ruhl.

Pretzsch, Friedrich Robert (Kemnitz/Lausitz), Nonnulla de nodis haemorrhoidalibus, praecipue autem de eorum remediis. Diss. chir. Leipzig (C. W. Vollrath) 4. VI. 1861. 24 S. mit Biogr. (M.: F. R. Ludwig). (2.50) 27186
Advers.: E. Rolle, Th. Ose, E. Grüllich.

Pretzsch, Karl [aus Zeitz (Prov. Sachsen)]: Die Bedeutung der Häfen an der Westküste von Vorderindien in alter und neuer Zeit. Teil I. Die Hafenverhältnisse in der Zeit bis zur Ankunft der Portugiesen. . . . Halle a/S., Druck v. W. Drischmann, 1889; 68 S. + 1 Bl. 8°
Halle, Phil. Fak., Inaug.-Diss v. [26. Sept.] 1889

Pretzsch, K., die Einnahmen der wichtigsten Privateisenbahnen u. Verkehrsinstitute, nach Monaten, Dekaden, Wochen, auf Grund besonderer Mittoilgn. u. der regelmässigen Veröffentlichgn. der Direktionen zusammengestellt. Hrsg. v. M. Pretzsch. 12. (VII, 96 S.) Berlin 890. Pasch. In Leinw. cart. n. 1. 50

Pretzsch, Karl, u. Mor. Pretzsch. Taschenbuch f. die Einnahmen der wichtigsten europäischen u. amerikanischen Privat-Eisenbahnen u. Verkehrs-Institute. 3. Jahrg. 1892. 12. (VIII, 130 S.) Mit Beilage. 32. (32 S.) Berl., Haude u. Spener. geb. * 3 —
1. Jahrg. Berl. 1890, Pasch. * 1 50; 2. Jahrg. 1891. Berl., Haude u. Spener. * 2 —.

Pretzsch, Karl, u. Mor. Pretzsch, Taschenbuch f. die Einnahmen der wichtigsten europäischen u. amerikanischen Privat-Eisenbahnen u. Verkehrs-Institute. 4. Jahrg. 1893. 12. (VIII, 136 S.) Mit Beilage. 32. (32 S.) Berlin 893. Haude & Spener. In Leinw. kart. n. 3. —

— — Taschenbuch f. die Einnahmen der wichtigsten europäischen u. amerikanischen Privateisenbahnen u. deutschen Bergwerks-Gesellschaften. 5. Jahrg. 1894. 12. (80 S.) Mit Beilage. 32. (32 S.) Ebd. 894. In Leinw. kart. n. 3. —

Pretzsch, Karl, Verzeichnis der Breslauer Universitätsschriften 1811—1885. Mit e. Anh., enth. die ausserordentlichen u. Ehrenpromotionen sowie die Diplomerneuergn. Im Auftrage der königl. u. Universitäts-Bibliothek zu Breslau bearb. (XV, 387 S.) Lex.-8. Breslau 905. W. G. Korn. n.n. 22. 50

Pretzsch, Rob., Beleuchtung der beiden von J. F. Stahlknecht verfaßten Schriften, die Einführung e. Schulbibel betr. Leipzig 868. Klinkhardt. gr. 8. (16 S.) n. 2 ngr.

Pretzschner, Gust., d. naturgemäße Heilmethode, ihr Zweck u. ihr Wesen. gr. 8. (32 S. m. Bildn.) Dresden 897. Berlin, G. Schuhr. — 30

Preu, (Carolus Fridericus) Augustus (*geb. Kranzendorf bei Landeshut in Schles. 10. 8. 1838*): De fracturis humeri et earum cura. Vratislaviae (1860). (33 S., 1 Taf.) 8°
Breslau, Med. Diss. v. 26. [vielmehr 28.] Sept. 1860

Preu, F., s. Bella u. Fernando.

Preu, Friedrich, aus Bautzen: Beiträge zur Kenntnis der Bornylamine. *Leipzig: A. Warnecke 1902.* (73 S.) 8°
Leipzig, Phil. Diss. v. [2. Mai] 1902

Preu, Friedr. Glosperla auf Seid'nstramin. Gedichte in Schriftsprache u. in Nürnberger Mundart. 12. (VI, 76 S.) Erlangen 889, (Bläsing). * — 80; cart. * 1 —

Preu, G., Tabellen zur Umwandlung d. Preises f. württembergisches Maaß u. Geldwährung in das metrische System u. umgekehrt. 8. (163 S.) Leutkirch 875. Roth. geb. n. 1. 80

Preu, Geo. Mich., Licht ohne Schatten, wor. Ferlers Erklär. der tridentin. Profession gepr. w. 5 Thle. 8. Augsb. Lotter. 753.

Preu, Gerh., d. Herzen in d. Höhe! Schüler- u. Schulgebete. 8. (VII, 34 S.) Erlangen 898. Th. Blaesing. n. — 40

Preu, H. A., das System der Medicin des Theophrastus Paracelsus, aus dessen Schriften ausgezogen und dargestellt. Mit einer Vorrede u. einem Ueberblicke über die Geschichte der Medicin zur Beförderung des Verständnisses ihrer Reformation im 16n u. ihrer Aufgabe im 19n Jahrh., von Dr. J. M. Leupoldt. gr. 8. Berlin 838. Reimer. 1⅚ ₰

— die Theologie d. Theophrastus Paracelsus v. Hohenheim, in Auszügen aus seinen Schriften dargest. 8. (9½ B.) Berlin 839, L. Oehmigke.

Preu, J. B., kurze Anweis. zur prakt. Vermischungsrechnung nach allen mögl. Fällen u. ohne Anwendung der Algebra. gr. 8. Nürnb. 806. (Eichhorn). 3 gr

Preu, Jh. Chr., († d. 21. März 1806.) s. Grundlinien d. Reichshofrathspraxis.

Preu, Jh. Cph. Mt., nonnulla capita de suggestionibus in processu criminali obvenientibus. 4. Nürnb. 804. (v. Ebner). 4 gr Schrbp. 6 gr

— **Johann Christoph Mart.** (Nürnberg), Nonnulla capita de suggestionibus in processu criminali obvenientibus. Nürnberg (J. L. S. Lechner) 1804. 28 Seiten. (3.25) 27189

Preu, Johann Samuel

Preu, Jo. Samuel, Aram mercurii Weissenburgi Noricorum nuper admodum repertam civibus suis spectandam sistit. Weissenburg / Bayern (Meyer) 1768. 15 S. mit Titelvignette. (4.50) 27187
Gew.: Johann Georg Christoph Schnizlin.

— descriptio arae Mercurii Weissenburgii nuper repertae 4. Nürnb. 768. Felssecker. 2 gr.

— de nundinis consularibus. 4. Weissenb. 774.

Preu, Jh. Sam., († d. 17. Juli 1804.) Versuch e. Sismotheologie, od. physikal.-theolog. Betrachtt. üb. die Erdbeben. 8. Nördling. 772. Beck. 12 gr.

PREU, JULIUS. Ueber Lactimid und Schleimsäure Salze. Tübingen, 1864.

Preu, K., Text u. Noten, od. Sonnenklarer Beweis, daß Herr Rektor Joh. Adam Göz zu Nürnberg der wiedererstandene Judas Ischarioth ist. gr. 8. (2 B.) Nürnberg ..., (Winter.)

Preu, K., was haben wir v. d. Cholera morbus zu fürchten? Ein Versuch, die aufgeschreckten Völker zu beruhigen. M. 1 ill. Landchärtchen. gr. 12. (6 B.) Nürnberg 831, Bauer u. Raspe.

Car. Preu narratio succincta de vita et meritis Joach. Camerarii. Altorf. 1792. 4.

Preu, Karl Friedrich August, s. Preu, August

Preu, *Friedrich* Ludwig *August* [app. Arzt aus Neuguth b. Lüben]: Aus d. Breslauer chirurg. Klinik '(Geh. Medicinalr. Prof. Dr. Mikulicz)'. Über einen Fall von angeborenem Defect rechtsseitiger Brustmuskeln und Missbildung der Hand derselben Seite ... Breslau, Druck d. Bresl. Gen.-Buchdr., 1897; 29 S., 1 Bl., 2 Taf. 8.
Breslau, Med. Fak., Inaug.-Diss. v. 15. Apr. 1897

Preu, Paul Sigmund Karl

De Celeritate sanguinis in vasis minimis. Altdorfii (1758:) Hessel. 36 S. 8°
Altdorf, Med. Diss. v. 23. Juni 1758

Paul Sigmund Car. Preu diss. inaug. de interpretibus Hippocratis graecis. Altorf. 1795. 8.

Preu, Walther, aus Künzelsau (Württemberg): Das Abwasser von Erlangen und die Regnitz an der Einmündung des Hauptsiels. Erlangen 1905: Junge & Sohn. (56 S.) 8°
Erlangen, Phil. Fak., Ref. Solereder und Heim, Diss. v. 30. Juli 1904
[Geb. 3. Dez. 73 Künzelsau; Staatsangeh.: Württemberg; Vorbildung: Realgymnasium Gmünd Reife (für Unterprima) 89; Studium: Tübingen 2, Münster 3, Erlangen 3 S.; Rig. 30. Juli 04.]

Preuenhueber, Valentin. Annales Styrenses, samt dessen übrigen historisch- und genealogischen Schrifften (Historische kurtze Beschreibung, des uhralten Schloss oder Burg Steyer. Regenspurg 1631. — Alt Steyermarck das ist kurze Historische Erzehlung von Ankunfft, Leben und Tod, der längst abgestorbenen Graffen, Marggraffen etc. von Steyer. Wienn 1653. — Historischer Catalogus darinnen neben kurtzer Beschreibung Ueber das Ertz-Herzogthum Oesterreich ob der Ennss, desselben fürgesetzte geweste Landts-Hauptleuth, Verwalter, Vitzdomb, Anwäldt und Landt-Schreiber, von Anno 1204 bis auf gegenwärtige Zeit. Wien 1653. — Genealogia Polhaimiana, das ist: des uralten und Löblichen Herren-Geschlechtes der Freyherrn und Herrn von und zu Polhaim. Anno 1642.) Zur nöthigen Erläuterung der österreichischen, steyermärckischen und steyerischen Geschichten. Aus der Stadt Steyer uralten Archiv und andern glaubwürdigen Urkunden, Actis Publicis und bewährten Fontibus, mit besondern Fleiss verfasset. Fol. Nürnberg 1740.

Preuenhuber, Val., Annales Styrenses, s. dess. übr. Schr., z. Erläut. d. öster. steyermärk. Gesch. m. K. Fol. Nürnb. Monath u. K. 740.

Preuenhuber, V., Genealogia Polheimiana. 1740.

Preuer, Josef

— prakt. Anleit. zur Führung d. adel. u. gemeinen Richteramtssachen, einem Beamten d. östreich.-deutschen Erbländer obliegenden Geschäfte. 8. Wien 789.

Preuer, Jos., Anleit. zur prakt., in d. Gerichtshöfen der k. k. Erbländer übl. Rechtsgelehrsamkeit. 3 Thle. gr. 8. Wien 802. v. Mösle.

PREUER Josef. Praktische Anleitung zur Führung der in adelichen und gemeinen Richteramtssachen einem Beamten ... obliegenden Geschäfte ... von –. Feichtinger, Linz 1790.
1 vol. 4 Bl. + 366 S. + 5 Tab.

Preuer, Josef. Assertiones ex universa philosophia. Clagenfurti, Kleinmayer, 1774. Quart. 14 S.

— noch ein Versuch e. Auflös. d. Frage: Was ist d. Wucher, u. welches sind die besten Mittel, demselben ohne Strafgesetze Einhalt zu thun? 8. Wien 794.

— prakt. Rechtswissenschaft. 1r Thl. 8. Linz 799.

Preul, Franz, a. Meppen: Untersuchungen über den Einfluss verschieden hohen Wassergehaltes des Bodens in den einzelnen Vegetationsstadien bei verschiedenem Bodenreichtum auf die Entwickelung der Sommerweizenpflanze. Einbeck 1908: H. Rüttgerodt. (77 S., 3 Taf.) 8°
Göttingen, Phil. Fak., Ref. v. Seelhorst, Diss. v. 23. April 1908
[Geb. 24. Juli 79 Meppen; Wohnort: Meppen; Staatsangeh.: Preußen; Vorbildung: Gymn. Meppen Reife O. 00; Studium: Göttingen 10 S.; Rig. 13. Nov. 07.]

Preuner, A., Bericht üb. die Mythologie 1876—1885 u. üb. die Kunstarchäologie 1874—1885, s.: Jahresbericht üb. die Fortschritte der classischen Alterthumswissenschaft.

Preuner, A., Ueber die Restauration der Venus von Milo auf Grund der Fundberichte. Pr. 1873. 87 S.

Preuner, Aug., Hestia-Vesta. Ein Cyclus religionsgeschichtl. Forschungen. gr. 8. (X und 508 S.) Tübingen 864, Laupp'sche Buchh. *

Preuner, E.

— Datierungen griech. Inschriften d. II. Jahrh. v. Chr. S.-A. 1894. 26 S.

Preuner, E, Aus griech. Inschriften zu att Münzen. S.-A. 1894. 17 S.

Preuner, Erich, aus Greifswald: Ein delphisches Weihgeschenk. *Bonn 1899: C. Georgi.* (115 S.) 8°
Strassburg, Phil. Diss. v. 1899

Preuner, Erich, ein delphisches Weihgeschenk. gr. 8. (115 S.) Leipzig 900. B. G. Teubner. n. 3.20

Preuner, Gerhard, aus Greifswald: Ueber die **Bedeutung** colloidaler Salze für den Färbeprozess. *Heidelberg 1898: J. Hörning.* (47 S.) 8°
Heidelberg, Naturw.-math. Diss. v. [13. Jan.] 1900

Preuner, G[erhard]: Das **Gleichgewicht** zwischen Eisen, Eisenoxyduloxyd, Wasserstoff und Wasserdampf. Mit 24 Fig. im Text. *Leipzig: W. Engelmann 1904.* (35 S.) 8°
¶ Aus: Zeitschrift f. physikal. Chemie, Bd 47, H. 4.
Kiel, Phil. Hab.-Schr. v. [30. Juli] 1903

Preuner, J. P., Gewerbegerichtsgesetz, s. Menzinger.

Preuner, Wilhelm, a. Stuttgart: Über das 4-Benzylthiopyrin-, anilo- und -iminopyrin sowie deren Derivate. Rostock 1906: Adlers Erben. (69 S.) 8°
Rostock, Phil. Fak., Ref. Michaelis, Diss. v. 5. März 1906
[Geb. 21. Aug. 76 Stuttgart; Wohnort: Greifswald; Staatsangeh.: Preußen; Vorbildung: Kgl. Realgymn. Stuttgart Obersekunda-Reife M. 91; Studium: T.H. Stuttgart 6, Univ. Rostock 5 S.; Rig. 13. Febr. 06.]

PREUSCH, Georg Ernst, Daß ein katholischer Landesherr in Ehe- und Kirchensachen seiner evangelischen Unterthanen zu erkennen nicht befugt seye. Giessen 1753. in 4°.
Wiener Cat. (1774) verbotener Bücher.

Preuschen, v., Geschichte der französischen Revolution vom J. 1848, von ihrem Beginne bis zur Wiederherstellung des Kaiserthums. 8. (VII und 497 S.) Frankfurt a. M. 853, Auffarth. *

Preuschen, Frhr. v., Geschichte der französischen Revolution vom J. 1848, von ihrem Beginne bis zur Erwählung Louis Napoleon's zum Präsidenten der Republik. 2. Aufl. gr. 8. (VIII und 232 S.) Heidelberg 858, J. C. B. Mohr. *

PREUSCHEN: Die Spaltpflanzung mit dem Beile und dem Spaten, nach Erfahrungen in der Oberförsterei Ernsthofen. - Darmstadt 1866. 24 S.

PREUSCHEN, Adalbert G.: Die Avifauna des Großherzogthums Hessen. Versuch einer Zusammenstellung der im Großherzogthum Hessen und unmittelbaren Umgebung vorkommenden und bis jetzt beobachteten Vogelarten. - Wien 1892. 41 S.

Preuschen, Albert, Badische Geschichte, mit steter Beziehung auf die gemeinsame Geschichte der Teutschen. gr. 8. Karlsruhe 842, Groos. — Subscr.-Pr. n. 1⅔ ₰

Preuschen, Aug. Gli., († d. 24. März 1803.) moral. Arithmetik, nach biolog. Grundsätzen. 8. Karlsr. 797.

— polit. Armenökonomie. 8. Leipz. 783. Weygand. 8 gr.

— Beispiele glückl. vollendeter Größen 8. Karlsr. 770.
beider Schriften, s. Triumph d. christl. Religion.

— Denkmäler von alten phys. u. polit. Revolutionen in Deutschland, besond. in d. Rheingegenden. Mit Kpf. 8. Frkf. a. M. 787. Varrentrapp. 1 ₰ 8 gr.

— Ehrensäule in e. typometr. Karte der Landgrafschaft Sausenberg ꝛc. Karlsr. 783.

— essais prealables sur la typometrie, ou le moyen de dresser les cartes geographiques à la façon des imprimeurs. 8. Karlsr. 770.

— u. W. Haas, typometrische Geschichte sammt d. ersten Versuchen m. d. Canton Basel u. Sicilien. 8. Basel, Haas d. S.

— Lehren f. den Freidenker. 8. Basel 766. . . .

— merkwürd. Revolutionen in d. kathol. Kirche, in Bezug auf d. k. k. Staaten. 8. Leipz. 783. Weygand. 8 gr.

— geograph. Taschenbuch auf italien. Reisen, mit e. Theorie vom Erdbeben. 8. Heidelb. 789. Pfähler. 14 gr.

— geograph. Taschenbuch auf nordisch. Reisen. 8. Frkf. a. M. 792. Pfähler. (Braun). 8 gr.

— sa Theorie zur regelmäß. Beförderung.

— Theorie z. regelmäß. Beförderung im geistl. u. polit. Fache. gr. 8. Carlsr. Maclott. (a. Gebhardt u. K. in Frankfurt.) 796.

— gemeinnütz. Theorie v. Erdbeben bei gemeiner werdenden Ereignissen ꝛc. 8. Heidelb. 789. Pfähler. 5 gr.

— Uebersicht d. Hauptrevolutionen in Rheingegend. unt. Römern u. Deutschen. gr. 8. Frankf. Varrentrapp u. W. 788.

v. **Preuschen**, Frhr. Aug. Ldw., rechtl. Erörterung d. Frage: Ob Laienzehnten überhaupt u. insbesondere zu dem ehemaligen Kurfürstenth. Trier zu Reparatur u. Erbauung der Pfarrkirchen haftbar seyen? 8. Hadam. 816. (Lanz in Weilb.) 10 gr.

Preuschen, C. S., († ...) s. Gespräch zweier französ. Flüchtlinge.

Preuschen, Erwin

— die apokryphen gnostischen Adamschriften, s.: Festgruss, Bernhard Stade dargebracht.

Preuschen, Erwin, sa Analecta.

Preuschen, Erwin, Analecta. Kürzere Texte zur Geschichte der alten Kirche u. des Kanons, s.: Sammlung ausgewählter kirchen- u. dogmengeschichtlicher Quellenschriften.

Preuschen, Erwin (Hrsg.), s.a. Antilegomena.

Preuschen, Erwin, Antilegomena. Die Reste der ausserkanon. Evangelien u. urchristl. Ueberliefergn., hrsg. u. übers. gr. 8. (VIII, 175 S.) Giessen 901. J. Ricker. n. 3.—

Preuschen, Erwin, Antilegomena. Die Reste der ausserkanon. Evangelien u. urchristl. Ueberliefergn., hrsg. u. übers. 2. umgearb. u. erweit. Aufl. (VIII, 216 S.) 8. Giessen 905. A. Töpelmann. n. 4. 40

— Die philolog. Arbeit an den älteren Kirchenlehrern u. ihre Bedeutung f. die Theologie, sa Vorträge der theologischen Konferenz zu Gießen. 27.

Die philologische Arbeit an den älteren Kirchenlehrern und ihre Bedeutung für die Theologie. Ein Referat, erstattet von D. Erwin **Preuschen.** Für d. Druck mit Anm. versehen. Giessen: A. Töpelmann 1907. (48 S.) 8° [F.]
= **Vorträge** d. theol. Konferenz zu Giessen. Folge 27. [07. 15694]

[Ant. u. Hebr.] Preuschen, Erwin [Lic. theol.]: Die Bedeutung von Šûb šebût im alten Testamente. E. alte Controverse ... (Aus: Zeitschr. f. d. alttestamentl. Wiss. hrsg. v. B. Stade, 1895 Heft 1.) Giessen, W. Kellersche Druckerei, 1894; 1 Bl., 74 S. 8.
Giessen, Phil. Fak., Inaug.-Diss. v. 1894

Preuschen, Erwin, die Bedeutung von [illegible] im Alten Testamente. E. alte Controverse. Diss. [Aus: „Zeitschrift f. d. alttestamentl. Wiss."] gr. 8. (74 S.) Giessen 894. (J. Ricker.) n.n. 2. 50

Preuschen, Erwin, Darstellungen aus dem Nibelungenliede. Federzeichnungen. 5 Hefte. qu. gr. Fol. (30 Stnt.) Giessen 847—48, Ferber'sche Universitäts-Buchh. à Heft * 15 Ngr. *

— Deutschland im Spiegel der Geschichte. Ein Hausbuch f. die deutsche Familie. (458 S. m. Abb. u. 30 z. Tl. farb. Taf.) 33×24,5 cm. Reutlingen 910. Enßlin & Laiblin. Geb. in Leinw. 12. 80

Es werde Licht! Fest-Cantate zur Einweihung der ger.·. und vollk.·. ▭ zur Hoffnung (L'Espérance) im Or.·. von Echternach, am 17. Nov. 1850. [Unterz.·.] v. Preuschen. [Echternach: 1850.] 1 Bl. 8° [Kopftit.]
Tt. 2566. Ohne Noten: „Einst ward es auf dem Erdenrund . . ." 439.

— s.: Eusebius' Kirchengeschichte Buch VI u. VII.

— Geschichte der altchristlichen Litteratur bis Eusebius, s.: Harnack, Adf.

— Vollständ. griech.-deutsches Handwörterbuch zu den Schriften des Neuen Testaments u. d. übrigen urchristl. Literatur. (VIII S. u. 1184 Sp.) Lex. 8. Giessen 908—10. A. Töpelmann. 14.—; geb. in Leinw. n 15.—; auch in 7 Lfgn.

— zwei gnostische Hymnen, ausgelegt. Mit Text u. Uebersetzg. (80 S.) gr. 8. Ebd. 904. n. 3. —

— Kirchengeschichte f. die christliche Familie. Mit vielen Text- u. Vollbildern. (568 S.) 4. Reutlingen (905). Enßlin & Laiblin. Geb. in Leinw. n. 6. –

— Kirchengeschichte f. das christl. Haus. Mit vielen Text- u. Vollbildern. 11.—40. Taus. (452 S. m. 32 [1 farb.] Taf.) 33×23,5 cm. Reutlingen (909. 10). Enßlin & Laiblin. Geb. in Leinw. 12. 80; auch in 16 Lfgn. à — 50

Preuschen, Erwin, 24 (lithogr.) Confirmations-Gedenkscheine mit biblischen Denksprüchen und bildlichen Darstellungen aus der heil. Schrift. Neue Ausg. qu. 4. Friedberg 854, Bindernagel. *

— Leitfaden der biblischen Geographie. Mit 6 Ortsansichten in Tondr. (IV, 74 S.) gr. 8. Gießen 904. E. Roth. n. 1. –

Preuschen, Erwin, Lic. Dr.: Mönchtum und Sarapiskult. *Darmstadt 1899: C. F. Winter.* (S. 3—30.) 4° ¶ (Soll fortgesetzt werden.)
Darmstadt, grossh. Ludwig-Georgs-G u. VS, OP 1899 (672)

Mönchtum und Sarapiskult. Eine religionsgeschichtl. Abhandlung von Erwin Preuschen. 2. vielf. bericht. Ausg. *Giessen: J. Ricker 1903.* (67 S.) 8°
(Erschien zuerst als Progr. d. Ludwig-Georgs-Gymn. in Darmstadt 1899.) (03. 7937

— Mönchtum u. Sarapiskult. Eine religionsgeschichtl. Abhandlg. 2. vielfach bericht. Ausg. (68 S.) gr. 8. Giessen 903. A. Töpelmann. n. 1. 40

Palladius [ep. Helenopolitanus] und Rufinus [Tyrannius]. E. Beitr. z. Quellenkunde d. ältesten Mönchtums. Texte u. Untersuchgn v. Erwin Preuschen. *Giessen: J. Ricker 1897.* (VI S., 1 Bl., 268 S.) 1 Bd 8. (97. 6708

Preuschen, Erwin [cand. theol.]: Tertullians Schriften de paenitentia und de pudicitia mit Rücksicht auf die Bußdisziplin untersucht. . . . *Büdingen, A. Heller'sche Hofbuchdr.*, 1890; 49 S. 8°
Gießen, Ev.-theol. Fak., Inaug.-Diss. v. 1890

— ein Dutzend Umrisse zur Jobsiade. gr. 4. (12 lith. Bl.) Friedberg 847, Bindernagel. Subscr.-Pr. 1/2 ₰ Ladenpr. 2/3 ₰

Preuschen, Erwin, D. Dr.: Zur Vorgeschichte des Evangelienkanons. Darmstadt 1905: G. Otto. (S. 3—24.) 4°
Darmstadt, großh. Ludwig-Georgs-G OP 1905 (762)

— s.: Zeitschrift f. die neutestamentl. Wissenschaft.

Preuschen, F. v., Verletzungen des Kindes bei der Geburt als Ursache der Melaena neonatorum. Klinische Beobachtg. u. experimentelle Studie. [Aus: „Festschrift der Gesellsch. f. Geburtshilfe u. Gynäkol."] gr. 8. (63 S. m. 3 farb. Taf.) Wien 894. A. Hölder. n. 3. 80

Preuschen, Frz. v., die Allantois des Menschen. Eine entwickelungsgeschichtl. Studie auf Grund eigener Beobachtung. gr. 8. (VIII, 195 S. mit 10 Taf.) Wiesbaden 887, Bergmann. *

Preuschen, Friedr. v., Beiträge z. Kritik d. Entwurfs e. Strafgesetzbuchs f. d. Königr. Würtemberg, s. Annalen d. deutsch. u. ausländ. Criminal-Rechtspflege, Extra-Hft. zum 4. Bde.

v. Preuschen, Friedr. Frhr., Beiträge zur Lehre von dem strafbaren Betruge u. der Fälschung. gr. 8. Gießen 837. Heyer, Vater. 5/12 ₰

— die Gerechtigkeitstheorie, sowie eine Darstellung der übrigen Strafrechtstheorieen nebst d. daraus abgeleit. Grundsätzen u. Grundbegriffen. 2 Thle. gr. 8. Gießen 839. Heyer, Vater. 1 ₰

—— Kritik d. Entwurfs e. Strafgesetzbuchs f. d. Großhrzgth. Hessen. 8. (10½ B.) Gießen 839. [Heyer's Verl.]

— Versuch über d. Begründung des Strafrechts. 8. Darmstadt 835. Heyer's Hofbuchh., Jonghaus. n. 7/12 ₰

v. Preuschen, Geo. Er. Ldw., († d. 1. Sept. 1794.) Abhandl., daß e. katnol. Landesherr in Ehe- u. a. Kirchensachen fr. evangel. Unterthanen zu erkennen nicht befugt sey. 4. Gieß. 753. Krieger. 14 gr

— Abhandl. über Oeffentlichkeit d. gericht. Verfahrens. Mit e. Bemerkk neu herausgg. 8. Heidelb. 818. Winter. 4 gr

Preuschen, G. E. L., Abhandlung über Oeffentlichkeit d. gerichtl. Verfahrens. 8. Heidelberg, Mohr und W. 819.

— rechtl. Ausführr. von der Lehnsfolge d. Seitenverwandten. 4. Frkf. a. M. 752. Stock. 16 gr

Preuschen, G. E. L., Beweis, daß e. kathol. Landesherr in Ehe u. a. Kirchensachen f. evang. Unterthan. nicht erkennen möge. 2 Thle. 4. Gießen, Krieger. 753.

Preuschen, Georg Ernst Ludwig (J. U. L.)
Commentatio de foro caussarum ecclesiasticarum Augustanae confessioni addictorum qui domino catholico sunt subditi.
Gissae 16. Okt. 1752: E. H. Lammers. XVI S. 4°
pro facultate aperiendi in hac academia collegia.

— s. Gedanken von Einführung neuer Stimmen.

PREUSCHEN, Geo. Ernst C.: Gründe, warum ein kathol. Landesherr in Ehe- u. andern Kirchensachen seiner evangel. Unterthanen zu erkennen nicht befugt. *Giessen*, (Krieger's W. II. in *Cassel.*) 753. 4. (14 Gr.) — Th. II, *Ebend.* 754.

— Fortsetzung d. Gründe von Kirchen- u. Ehesachen. 4. Frkf. a. M. 754. Andreä. 8 gl.

FRAUENALB, Kloster, in Baden, Mittelrheinkreis, Amt Ettlingen. (Aufhebung d. Klosters wegen der lange Zeit in demselben verübten Uebelthaten, Unzucht u. andern Greueln, laut Geständnissen der Aebtissin u. Priorin d. Klosters.) — Klostergeständnisse einer Aebtissin. — Baden contra Kloster Frauenalb. Unterthänigste Replicae etc. in Sachen des regierenden Herrn Marggraven (!) zu Baden .... contra angemasste Aebtissin, Priorin und Convent des i. J. 1631 neugestifteten Klosters Frauenalb. (Verf.: *Georg Ernst Ludw. v. Preuschen.* — Herausg.: Carl Frdr. Gerstlacher.) Carlsruhe (Macklot) 1772. Fol. 132 S. Text u. 124 S. Beilagen. Gesucht und selten! (Besaß Regierungsrath Pfister in München.) (20 Mk. A. Bielefeld, Carlsruhe, c. 1885; jetzt theurer!)

— behauptete Landeshoheit d. markgräfl. Gesammthauses Baden überhaupt, wie auch d. Baden-Durlach. Linie insonderheit, üb. das Gotteshaus Schwarzach u. dessen Zubehörungen. Mit Urkunden 1—86, u. 1 Karte. Fol. ... 763.

— Nachrr. u. Anmerkk, von Charakter, Leben u. Schriften des Frhrrn. J. Ulrich v. Cramer. 4. Ulm 774. Wohler. 3 gl.

Preuschen, Georg Ernst Ludw., De litigantium studio judicis omniumque animos praeoccupandi eo praesertim quod collocatur in conscribendis atque offerendis praeoccupationis libellis ac deductionibus occasione capitis LXXXXVI. R. I. N. et § VIIII. decreti communis a Francisco I. P. F. A. anno 1746 promulgati. Diss. inaug. Marburg (Müller) Sept. 1752. 54 S. (5.25) 27191

Preuschen, Hermione von. Astartenlieder. [Mit Titelbild von] Richard Scholz. II + 58 S. 8. Zürich, Caesar Schmidt, 1902. [fr. 1. 90]

— Dunkelkammer, s.: Eckstein's Miniaturbibliothek.

Preuschen, Hermione v., Flammenmal. (164 S. m. 7 Taf. u. Bildnis.) gr. 8. Berlin (903). Verlag Continent. Geb. in Leinw. n. 4. —

Preuschen, Hermione v., durch Glut u. Geheimnis. Indische Impressionen (Ostindien, Birma, Ceylon). (V, 157 S.) kl. 8. Wolfenbüttel 909. Heckner. 1.80; geb. n 2.20

— Halbweiber, s. 1 Mark-Bibliothek „Continent". Nr. 7.

Halbweiber. Novellen von Hermione v. **Preuschen.** 1.–3. Taus. Berlin: Continent [1905]. (92 S.) 8° [F.]
— **'Continent'**, 1 Mark-Bibliothek. No 7. [07. 11865

— von „Ihm" u. „Ihr", s.: Telmann, Konr.

— Kreuz des Südens. Gedichte. (112 S.) 8. Berlin (907). Verlag Continent. 2.—; geb. 3.—

— Lebenssphinx, s.: Eckstein's Miniaturbibliothek.

— vom Mondberg. Erlebte Gedichte. schmal 8. (VI, 119 S. m. Bildnis.) Zürich 900. C. Schmidt. Kart. m. Goldschn. n. 3. -

— noch einmal „Mors Imperator": Ein Requiem f. Konrad Telmann. schmal 8. (V, 60 S. m. Bildn.) Dresden 897. C. Reissner. n. 1.50

Preuschen, Hermine v., Ninfa, s.: Boy-Ed, Ida.

Preuschen, Hermine v., Regina Vitae. Gedichte. 8. (V, 75 S. m. zinkogr. Bild.) Berlin 888. F. & P. Lehmann. n. 1. —

Preuschen, Hermine v., Tollkraut. Novelletten. 8. (VII, 246 S.) Leipzig 893. Dresden, E. Reißner. n. 3. —; kart. n. 4. —

— Via Passionis. Lebenslieder. schmal 8. (V, 172 S. m. Bildn. u. Fksm.) Ebd. 895. n. 3. —

Preuschen, Hermine v., u. D. Duncker. Stille Winkel. 10 Stillleben, Charakteristiken v. Storm, Heyse, Lenbach, Geibel, Menzel, Liszt, Ibsen, Boecklin, Ebers u. Wagner. Fol. (11 Chromotaf. u. 28 S. Text.) [Berl. 885, Hofmann u. Comp.] Hamb., Verlagsanstalt u. Druckerei. In Prachtbd. * 24 —

Preuschen, J., Palästina-Bilder. Anschauungsmittel f. den Unterricht in der bibl. Geschichte nach Orig.-Entwürfen, hrsg. v. Erwin Preuschen. 1. Serie. 6 farb. Taf. à 48×67 cm. Mit 6 Bl. Text in deutscher, französ. u. engl. Sprache. qu. schmal Fol. Giessen (903). E. Roth. In Mappe n. 7.50; auf Karton in Mappe n.n. 10. —

v. Preuschen-Liebenstein, Frdr. Aug. Frhr., Entwurf zu einem allgem. Deutschen Civilgesetzbuche nebst Motiven. gr. 8. (XII u. 488 S.) Leipzig 849, Brockhaus. n. 2 ℛ

Preuschoff, J., Volksthümliches aus dem grossen Marienburger Werder, s. Schriften der naturforschenden Gesellschaft in Danzig.

Preuschoff, Karl, Predigt, gehalten am 8. Septbr. 1846 zur Einweihung der Marien-Kirche zu Deutsch-Piekar. gr. 8. Breslau 846, Fr. Aderholz. n. 3 ngl

PREUSER, C. D., Chirurgus in Itzstein. Zufällige Und Schertzhaffte Gedancken, Bey dem SEYBERTISCH- Und HEIMBURGISCHEN Hochzeit-Festin, Welches ... 1725 ... In Rödelheim Mit allem Vergnügen begangen. Itzstein, E. A. Lyce, 1725. Folio. 2 Bl. *mit 2 großen Holzschnittornamenten.* In Umschlag.

Als Zacharias **Wolff** den 5. April 1726 seinen rühmlichen Lebens-Lauff beschlossen, wolte unsterbliches Ehren Gedächtniß mit leidtragenden Gemüthe entwerffen Jacob Friedrich Preuser. Kiel. (1726.) Fol.

Preuser, Paul [Praes.], s. Hering, Johann Gottfried: Narrationem de Trajano imperatore precibus Gregorii M. ex inferno liberato.

Preuser, P., de Trajano imp., precibus Gregorii M. ex inferno liberato. Lips. 1770. 4.

Preusinger, B., De diagnosi morborum capitis. 143 pp. Vienn. 8°. 1764

Preusser, Herm., Blumen und Früchte, s. Blumen und Früchte.

Preusker, Herm., Blumen und Früchte. Leichte, angenehme Uebungen für Elementarzeichner, zugleich als Vorschule für's Naturzeichnen. 3—5. Heft. Langensalza 862—64. Greßler. 4. Jedes Heft (à 12 lith. Bl.) 9 ngr.

Preusker, Herm., Blumen und Früchte. Leichte, angenehme Uebungen für Elementarzeichner, zugleich als Vorschule für's Naturzeichnen. 6. Heft. qu. 4. (12 Stnt.) Langensalza 868, Schulbuchh. von Greßler.
1. und 2. Heft à 75 Pf.; 3.—5. Heft à 90 Pf. Ebendas. 1854—64.
Vgl.: Blumen und Früchte, XIV. Bd. 1. Abthl. S. 154.

Preusker, Herm., das Blumenzeichnen. Leichte, angenehme Uebungen für Elementarzeichner zugleich als Vorschule für's Naturzeichnen. 1. Heft: Blätter und Knospen. 2. Heft: Blumen und Früchte. Langensalza (854.) Schulbuchhandlung. 4. Jedes Heft von 12 lith. Bl. 7½ ngr.

— Elementarschule für das Landschaftszeichnen. 2 Hefte. Ebend. 865. qu. 4. (à Heft 12 Steintaff.) (1. Heft 7½ ngr., 2. Heft 9 ngr.) 16½ ngr.

— die Elemente des Ornamentes mit Hilfe e. Netzes ausgeführt für Anfänger in der Zeichenkunst. Nach eigenen günst. Erfahrgn. zusammengestellt u. herSg. 1 u. 2. Heft. Ebend. 869. qu. 4. (à 12 Steintaff.) Jedes Heft 7½ ngr.

— — 3. u. 4. Heft. Ebend. 870. qu. 4. (à Heft 12 Steintaff.) Jedes Heft. 9 ngr.

— das Figurenzeichnen. Angenehme Uebungen für reifere Zeichenschüler. 1—5. Heft. (à 12 lith. Taf.) Ebend. 854—57. 4. 1 ₰. 13½ ngr.
1—3. Heft à 7½ ngr.; 4.: 9 ngr.; 5.: 12 ngr.

— das Figurenzeichnen. Angenehme Uebung für reifere Zeichenschüler. 6. Heft. Gewänder u. Faltenwurf. Ebend. 869. 4. (12 Steintaff.) 12 ngr.

— Genrebilder. Scenen aus dem Leben zum Nachbilden für geübtere Zeichner. 1. Heft. Ebend. 867. qu. 4. (12 Steintaff.) 12 ngr.

—— Geräthschaften. Leichte Uebungen für Elementar-Zeichner nach einem strenggestuften Gange. 1—3. Heft. qu. 4. (à 12 Stnt.) Langensalza 853, Schulbuchhandlung des thüringer Lehrer-Vereins.

—— Landschaften, methodisch geordnete und lückenlos fortschreitende Uebungen für junge Zeichner. 1. Heft. 1. und 2. Aufl., 2. 3. Heft. 1. Aufl. und 4. Heft. 2. Aufl. qu. 4. (64 Stnt.) Langensalza 852—53, Schulbuchhandlung des thüringer Lehrer-Vereins. *

—— Supplemente zu den Landschaften, methodisch geordnete und lückenlos fortschreitende Uebungen für junge Zeichner. Fol. (8 Stnt. in Tondr.) Langensalza 852, Schulbuchhandlung des thüringer Lehrer-Vereins.

—— Landschaften. Methodisch geordnete und lückenlos fortschreitende Uebungen für junge Zeichner. 5—7. Heft. qu. 4. (à Heft 12 lithogr. Bl.) Langensalza 857—61, Schulbuchhandlung von Greßler. à Heft 12 Ngr.
1—4. Heft. Ebendas. 1852.53. 1 Thlr. 12 Ngr.

—— Landschaften. Methodisch geordnete und lückenlos fortschreit. Uebungen für junge Zeichner. 8. und 9. Heft. qu. 4. (à Heft 12 Stnt.) Langensalza 863,65, Schulbuchh. von Greßler. à Heft 12 Ngr.
1.—7. Heft. Ebendas. 1852—61. 2 Thlr. 18 Ngr.

Preusker, H., das Landschaftszeichnen. In lückenloser Stufenfolge vom Leichteren zum Schwereren fortschreitende Uebungen für junge Zeichner. 1—4. Hft. qu. 4. (à 12 Steintaf.) Langensalza 880—82. Schulbuchh. à 1. 20

—— Thier-Studien. Fortschreitende und angenehme Uebungen aus allen Classen des Thierreichs für junge Zeichner. 1. und 2. Heft. qu. 4. (28 Stnt.) Langensalza 853—54, Schulbuchhandlung des thüringer Lehrer-Vereins. à Heft 9 Ngr.

—— Thier-Studien. Fortschreitende und angenehme Uebungen aus allen Klassen des Thierreichs für junge Zeichner. 3. Heft. qu. 4. (12 Stnt.) Langensalza 868, Schulbuchh. von Greßler.
1. und 2. Heft. Ebendas. 1854. 18 Ngr.

—— Vorlagen zum Baumschlagzeichnen nach guten Mustern und eigenen Naturstudien. 1. und 2. Heft. qu. 4. (12 Stnt.) Langensalza, Schulbuchhandlung von Greßler. [1. Heft. 857. 9 Ngr., 2. Heft. 861. 12 Ngr.]

— Vorlagen zum Baumschlagzeichnen nach guten Mustern u. eigenen Naturstudien. 3. Heft. Ebend. 869. qu. 4. (8 Steintaff.) 9 ngr.

—— Winke für den Zeichenunterricht mit besond. Beziehungen auf meine Zeichenvorlagen. 8. (24 S.) Langensalza 852, Schulbuchhandlung des thüringer Lehrer-Vereins.

—— Zeichenblätter für künftige Gewerbsleute in Bürger-, Gewerbe- und Sonntagsschulen. qu. 4. (12 Stnt. mit 12 S. Text.) Langensalza 858, Schulbuchhandlung von Greßler.

— Zeichen-Schule. 1. Abth.: Linearübungen. qu. 4. (16 lith. Bl.) Ebd. 852. 9 ngr.

— Zeichen-Schule. 1. Abth. Linearübungen. 2. Heft. Krumme Linien. Ebend. 853. 4. (16 lith. Taf.) 10 ngr.

—— Zeichen-Schule. 2 Hefte. qu. 4. (32 Stnt.) Langensalza 853, Schulbuchhandlung des thüringer Lehrer-Vereins.

— Zeichen-Vorlagen für Mädchenseminarien, Mädcheninstitute u. Mädchenschulen. Nach den Bedürfnissen unserer Tage geordnet und herausg. 1. u. 2. Heft. (à 12 lith. Taf.) Ebend. 855. 4. Jedes Heft 12 ngr.

—— Zeichen-Vorlagen für Mädchenseminarien, Mädcheninstitute und Mädchenschulen. Nach den Bedürfnissen unserer Tage geordnet und hrsg. 1. und 2. Heft. qu. 4. (à Heft 12 Stnt.) Langensalza 850, Schulbuchhandlung des thüringer Lehrer-Vereins. à Heft 12 Ngr.

Preusker, Karl Benjamin

Preusker, Karl Benj., Ober-Lausitz. Alterthümer. 1. Beitr. (Heidn. Epoche.) Nebst 3 Stnt. 8. (12½ B.) Görlitz 828. (Leipzig, Hinrichs.)

—— Andeutungen üb. Sonntags- u. Gewerbschulen, Vereine, Bibliotheken u. and. Förderungsmittel d. vaterländ. Gewerbfleißes u. d. Volksbildung im Allgem. 8. (13½ B.) Leipzig 834, Hartmann.

—— dass. (unt. d. etwas veränd. T.:) Andeutungen üb. Sonntags-, Real- u. Gewerbschulen, Cameralstudium, Bibliotheken, Vereine u. and. Förderungsmittel d. Gewerbfleißes u. allgem. Volksbildung. Handwerkern, Fabrikanten, Kaufleuten, Landwirthen u. a. Gewerbtreibenden, so wie Staats- u. Gemeinde-Beamten, Cameralisten, Schulmännern u. allen Freunden d. Gewerb- u. Volksbildung gewid. 2., verm. u. gänzl. umgearb. Aufl. 1—3. Thl. — A. u. d. T.: Bausteine. 1—3. Thl. gr. 8. Ebds. 835.
Thl. 1. Zur Ausbildung d. Jugend mittelst Real-, Gewerb- u. höherer Bürgerschulen (17½ B.) 18 Gr.
„ 2. Zur Ausbildung junger Oekonomen, Kaufleute, Fabrikanten u. Handwerker, Techniker u. Cameralisten, mittelst Lehranstalten u. Selbstbildung. (13¼ B.) 15 Gr.
„ 3. Zur Fortbildung d. Gewerbtreibenden mittelst Schriften, Sammlungen, ökonom. u. Gewerbvereine ꝛc. (13 B.) 15 Gr.

— Bausteine. 3 Thle. A. u. d. T.: Andeutungen über Sonntags-, Real- u. Gewerbschulen, Cameralstudium, Bibliotheken, Vereine und andere Förderungsmittel des Gewerbfleißes u. allgemeiner Volksbildung. Handwerkern, Fabrikanten, Kaufleuten, Landwirthen u. a. Gewerbtreibenden, so wie Staats- u. Gemeinde-Beamten, Cameralisten, Schulmännern und allen Freunden der Gewerb- u. Volksbildung gewidmet. 2e verm. u. gänzlich umgearb. Aufl. gr. 8. Leipzig 835. Hartmann, jetzt Klinkhardt. 2 Thlr.

Preusker, Karl Benj., Beschreibung einiger bei Radeberg im Königr. Sachsen aufgefund. Urnen mit unbekannt. Charakteren. Nebst Nachrichten v. einigen and. alterthüml. Gegenständen dasiger Gegend. M. 2 Stnt. 8. (4 B.) Halle 828, Ruff. (?) Thlr.

Aus „Kruse, F. C. H., deutsche Alterthümer, 2. Bd. 6. Hft." abgedruckt.

— Blicke in die vaterländische Vorzeit; Sitten, Sagen, Bauwerke und Geräthe, zur Erläuterung des öffentlichen und häuslichen Volkslebens im heidnischen Alterthume und christlichen Mittelalter der sächsischen und angränzenden Lande. Für gebildete Leser aller Stände. 1.—3. Bdchen. Mit 8 Steindrtaf. gr. 8. Leipzig 841—44, Hinrichs'sche B. 3 1/2 Thlr.

Preusker, Carl (Benj.), Bürger-Bibliotheken und andere, für besondere Leserklassen erforderl. Volks-Bibliotheken, so wie Gewerb-Museen, öffentl. Vorlesungen, Lese- und andere Bildungsvereine zur Wohlfahrt des Bürgerstandes, als dringendes Bedürfniß der Zeit, nach Gründung, Leitung, Bücherbedarf rc. geschildert. gr. 8. (II und 166 S.) Meißen 850, Klinkicht und Sohn. Thlr. *

Bildet auch das 3. Heft von Nachstehendem:

Preusker, Karl, Bürgerhalle. Anstalten u. Einrichtungen zur gewerblichen sowie allgem. Fortbildung des Bürgerstandes; für ältere u. jüngere Gewerbtreibende, städtische Behörden u. Lehrer, Vorstände gewerblicher Bildungsanstalten rc. geschildert. 1. Hft. A. u. d. T.: Ueber gewerbliche, sowie allgemeine Fortbildung des Bürgerstandes überhaupt, u. über Gründung u. Einrichtung von Sonntagsschulen u. andern Fortbildungsanstalten, für die jüngere gewerbtreibende Generation insbesondere, als dringendes Erforderniß der Zeit. gr. 8. (93 S.) Meißen 847, Klinkicht & Sohn. n. 1/3 Thlr.

— Darstell. d. Militär-Wirthschafts- Rechnungs- u. Kanzlei-Geschäfte, oder die schriftl. Dienstleistungen bei d. Kriegswesen rc. gr. Leipz. 821.

Preusker, Karl, die Dorf-Bibliothek. Lesezirkel, Gemeinde- oder Kirchspiel- und Wander-Bibliotheken, zur Verbreitung nützlicher Bücher auf dem Lande und in kleinen Städten, mit Bezug auf Sonntags-Schulen u. Unterhaltungs-Vereine rc. gr. 8. Leipzig 843, Hinrichs'sche Buchh. n. 1/6 Thlr.

— Förderungsmittel d. Volkswohlfahrt in Bezug auf Wissenschaft, Kunst u. Leben. Haus- u. Handb. f. Jeden, welcher f. sein u. Anderer Wohl zu wirken wünscht. Zugleich als Fortsetz. d. Bausteine; Andeutungen üb. Sonntags- u. Realschulen, Gewerbsbildung rc. 1. Bd. 1. u. 2. Abthl. 2. Aufl. gr. 8. Leipzig 836, Otto Wigand. [1. (16 B.) * 5/6 Thlr., 2. (10 1/4 B.) * 2/3 Thlr.] *

— der Gewerbgeist im hermetisch-verschlossenen Glase. Vortrag im Gewerb-Vereine zu Großenhayn, am 7. Decbr. 1838. Abdruck aus dem Gewerb-Blatte für Sachsen. gr. 8. Chemnitz 839, Expedition des Gewerbblattes. 1/12 Thlr.

— Gewerbvereine, Bürgervereine für bildende Unterhaltung und Gesellenlesevereine als dringendes Erforderniß der Zeit, nach Gründung und Einrichtung geschildert, mit Bücherangabe für Sonntagsschul-, Gewerb- und Gesellenvereins-Bibliotheken rc. gr. 8. (114 S.) Meißen 848, Klinkicht und Sohn. *

Bildet auch das 2. Heft von des Verf. Bürgerhalle.

— Gutenberg u. Franklin. Eine Festgabe zum vierten Jubiläum der Erfindung der Buchdruckerkunst; zugleich mit Antrag zur Gründung von Stadt- u. Dorf-Bibliotheken. gr. 8. Leipzig 840. Weinedel. n. 1/4 Thlr.

— der Herberolith. Mittheilung im Scherz u. Ernst für Natur- u. Gewerbsfreunde u. Solche, die es nicht sind. (Vorgetragen im Annaberger Gewerbverein.) gr. 8. Dresden 836. Wagner'sche Buchh. n. 1/8 Thlr.

— über Jugendbildung, zumal häusliche Erziehung, Unterrichtsanstalten, Berufswahl, Nacherziehung u. Nachschulen. 1s Hft. gr. 8. Leipzig 837. Hinrichs. n. 1/4 Thlr.

— dass. 2s Hft. A. u. d. T.: Ueber Erziehung im Hause d. Eltern, mit Rücksicht auf deren mustergebendes Leben u. auf Bücherwahl für eine Haus- u. Handbibliothek. gr. 8. Ebd. 837. 3/8 Thlr.

— dass. 3s Hft. gr. 8. Ebd. 838. 3/8 Thlr.

— dass. 4s Hft. A. u. d. T.: Ueber Erziehungs- u. Unterrichts-Anstalten, besond. Volks-, höhere Bürger- u. Realschulen, Kinder-Bewahr-, -Beschäftigungs- und -Besserungs-Anstalten. gr. 8. Ebd. 839. 5/12 Thlr. (1—4: 1 5/12 Thlr.)

Preusker, Karl, Lebensbild e. Volksbildungsfreundes. Selbstbiographie. 1786—1871. gr. 8. (IV, 304 S.) Leipzig 872. Hinrichs' Verl. 4. 50

Ueber Mittel und Zweck der vaterländischen Alterthumsforschung. Eine Andeutung. Der Oberlausitzischen Gesellschaft der Wissenschaften dargebracht v. Karl Benjamin Preusker. Leipzig. 1820. 8°.

— über Mittel u. Zweck d. vaterländ. Alterthumsforschung. Eine Andeutung. gr. 8. (5 1/2 B.) Leipzig 829, [Böhme.]

— üb. Mittel u. Zweck d. vaterländ. Alterthumsforschung. Eine Andeutung. gr. 8. Leipz. 829. Hartmann. 6 gGr.

— über Nacherziehung u. Nachschulen, in Bezug auf die bereits aus der Schule entlassene, gereiftere Jugend; einem noch zu wenig beachteten, f. das Volkswohl hochwichtigen Gegenstande. Eltern, Lehrern, Lehr- u. Dienstherrn rc. gewidmet. 2. Ausg. (Mit e. Nachtrage versehen u. zugleich als V. Hft. der Schrift: „Ueber Jugendbildung" geltend.) gr. 8. (11 1/4 B.) Leipzig 846, Hinrichs'sche Buchh.

— Nachricht v. d. Fortgange d. jetzigen Einrichtung d. Sonntagsschule zu Großenhayn, sowie von d. daselbst gebildeten Gewerbe-Vereine. gr. 8. Großenhayn 832. (Dresd. u. Leipz.) (Arnold). 3 gGr.

— Nachricht von der für Schul- u. Volksbildung gegründ. Stadtbibliothek zu Großenhayn. Zugleich als ein Nachtrag zu d. Nachricht von d. Sonntags-Schule u. dem Gewerbe-Vereine daselbst. gr. 8. Großenhayn 833. (Dresden u. Leipzig, Arnold.) 1/8 Thlr.

Preusker, Carl, Nachtrag zu der 5. Aufl. der Schrift: Die Stadt-Bibliothek in Großenhain, (die erste vaterländ. Bürger-Bibliothek) nach Gründung, Verwaltung und Besitzthum geschildert. gr. 8. (24 S.) Großenhain 860. (Leipzig, H. Fritzsche.) Thlr. *

— Rathschläge über zweckmäßige Anschaffung, Benutzung rc. von Dorf- u. Wanderbibliotheken, f. Volks- rc. Bibliothek.

Preusker K, Selbstbiographie. 1786-1871. Lebensbild eines Volksbildungsfreundes. Leipzig (1872)

—— der Sophien-Ducaten; oder des Tischlers Gustav Walthers Lehrjahre. Eine Erzählung. gr. 8. (14½ B.) Leipzig 845, Hinrichssche Buchh. *

—— die Stadt-Bibliothek in Großenhayn; in Hinsicht ihrer Verwalt. u. ihres jetzigen Besitzthums dargest., im Auftrage d. Bibliothek-Commission. 1. Aufl. (4½ B.) 836. * ⅙ Thlr., 2. A. ..., 3., vervollständ. Aufl. gr. 8. (4 B.) Großenhayn 841. (Leipzig. Hinrichssche Buchh.) Thlr *

—— die Stadt-Bibliothek in Großenhain (die erste vaterländ. Bürger-Bibliothek) nach Gründung, Verwaltung und Besitzthum geschildert. 4., vervollständ. Aufl. 8. (110 S.) Großenhain 847. Leipzig, Hinrichssche Buchh. *

Preusker, Karl, die Stadt-Bibliothek in Großenhain, (die erste vaterländische Bürger-Bibliothek) nach Gründung, Verwaltung u. Besitzthum geschildert. 5., vervollständ. Aufl. Großenhain 853. Bornemann. (Mohr.) gr. 8. (XIX, 70 S.) n. 4 ngr.

Preusker, Carl (Benj.), die Stadt-Bibliothek in Großenhain, (die erste vaterländ. Bürger-Bibliothek) nach Gründung, Verwaltung und Besitzthum geschildert. 5., vervollständ. Aufl. gr. 8. (XIX und 70 S.) Großenhain 853, [Pieper und Mohr.]

Preusker, Karl, die Stadt-Bibliothek in Großenhain, [die erste vaterländische Bürger-Bibliothek] nach Gründung, Verwaltung u. Besitzthum geschildert. 6., vervollständigte Aufl. Großenhain 864. (Leipzig, H. Fritzsche.) gr. 8. (91 S.) n. 5 ngr.

— — Nachtrag zur 5. Aufl. Ebend. 860. gr. 8. (24 S.) n. 1 ngr.

— Stadt- und Dorf-Jahrbücher (Orts-Chroniken) zur Förderung der Vaterlands-Geschichte und eines regen Sinnes für des Ortes Gedeihen, nach Nutzen und Einrichtung geschildert und Orts-Behörden ꝛc. zur nahen Beachtung empfohlen. gr. 8. Leipzig 846, Friedlein u. Hirsch. n. 1/8 ℛ

—— historischer Ueberblick der gewerblichen Sonntagsschule zu Großenhain. Gedenkblatt der Feier des 25jähr. Bestehens derselben am 27. Jan. 1855. gr. 8. (12 S.) Großenhain 855, [Pieper und Mohr.] *

— über öffentliche, Vereins- u. Privat-Bibliotheken u. Sammlungen, Lesezirkel u. verwandte Gegenstände, mit Rücksicht auf den Bürgerstand; Behörden, Bildungsanstalten ꝛc. gewidmet. 1s Hft. A. u. d. T.: Ueber Stadt-Bibliotheken für den Bürgerstand, deren Nützlichkeit, Gründungs- u. Aufstellungsart, damit zu verbindende Sammlung u. Orts-Jahrbücher. gr. 8. Leipzig 839. Hinrichs. 1/2 ℛ

— dass. 2s Hft. A. u. d. T.: Ueber Vereins-, Schul-, Dorf- und Privat-Bibliotheken, wissenschaftl. Sammlungen, Lesezirkel-Einrichtung u. verwandte Gegenstände. Mit 1 Tabelle. gr. 8. Ebd. 840. 5/8 ℛ

— s. Volks-, Dorf- und Wander-Bibliothek.

Preuss' Album-Collection Universum. I. qu. gr. 8. Berlin, Preuss' Institut Graphik. Geb. in Leinw. n. 6. — München u. Umgebung. 166 Photos. (126 S.) (904.)

Preuss' illustr. Wanderbuch der Central-Schweiz bis Ober-Italien. Spezial-Führer f. Touristen, Kurgäste u. Sommerfrischler. Bearb. v. Ed. Thomann. Mit ca. 500 Illustr., Panoramen, Karton u. Plänen. 12. (XXXVII, 618 S.) Zürich 890. Preuss. geb. n. 4. —

Preuss, A., Onkel Kaefermann, s. Bibliothek, neue, für das deutsche Theater.

Preuß, A., der Kopfhaar-Arzt. Eine Stimme aus dem Volke für Kopfhaar-Leidende zur Abwehr des Charlatanismus. Berlin 854. (Geelhaar.) 8. (30 S.) n. 5 ngr.

Preuß, A, Minister und Seidenhändler, s. Bühnen-Repertoir, Bd. X.

Preuß, Ad. Aemil. Leonh., über Evangelischen Kirchenbau. Ein Votum vom Standpunkte der theolog. Wissenschaft u. geistl. Praxis. Mit 3 Steindruckt. gr. 8. Breslau 837. Aderholz. 1/2 ℛ

Preuß, Alb., Lehrbuch des Flintenschießens. Nebst Anleitg. zur Herstellg. v. Flintenschießständen. Mit 147 Abbildgn. im Texte, 28 ganzseit. Bildern u. 4 doppelseit. Taf., sämtlich nach Orig.-Zeichngn. v. C. Schulze. (X, 804 S.) gr. 8. Neudamm 906. J. Neumann. Geb. in Leinw. n. 15. —

Preuss, Alfred: Die Metaphorische Kunst Vergils in der Aeneis. Graudenz, Druck v. G. Röthe's Buchdr., 1894; 1 Bl., 29 S. 4.
Graudenz, k. ev. G, OP 1894 (32)

Preuss, A[lfred], Professor: Syntaktische Prinzipien. Graudenz 1906: G. Röthe. (20 S.) 8°
Graudenz, k. G OP 1906 (36)

Preuß, Alfred, Prof.: Grammatische Schulung nach logischen und psychologischen Grundsätzen. Graudenz 1904: G. Röthe. (55 S.) 8°
Graudenz, k. G OP 1904 (35)

Scherz und Ernst. Deutsche und lat. Verse von [Andreas] Theodor **Preuss.** Tilsit: Reylaender [1898]. 32 S. 8° [illegible] 10

Preuß, Andr. Thdr., Ewald Friedrich Graf v. Hertzberg. (XII, 225 S. m. 1 Bildn.) Lex. 8. Berlin 909. Vossische Buchh. 8.—; geb. 10.—

Preuß, Ant., Hotelbuchführg. Darstellg. e. einmonatl. Geschäftsganges im prakt. Hotelbetriebe. (54 S.) 8. Wien 910. A. Hölder. Geb. 1.20

Preuss, Arnold, über Abdominaltyphus der Kinder. Inaugural-Dissertation. 8. (40 S.) Göttingen 877, (Vandenhoeck und Ruprecht's Verlag.) *

Preuss, Arthur: Schedae criticae. *Leipzig 1897.*
in: **Beiträge,** Philologisch-histor., C. Wachsmuth z. 60. Geburtstage überreicht. [97. 3344

A Study in american freemasonry. Based upon [Albert] Pike's „Morals and dogma of the ancient and accepted Scottish rite", „[Albert Gallatin] Mackey's Masonic Masonry", „The Encyclopaedia of freemasonry", and other American masonic standard works. Ed. by Arthur Preuss. 2 ed. St. Louis: Herder; Freiburg (Baden): Herder [usw.] 1908. XIV, 433 S. 8°

1. Aufl. ist nicht nachzuweisen. Von dieser Schrift sollte auch eine franz. Übers.: „La Maçonnerie américaine dévoilée" erscheinen. *[L. 31 (1908) S. 415.]*

Preuss, *Fridericus* Arthurus [Lipsiensis]: De versuum iambicorum in melicis partibus usu Aeschyleo ... Lipsiae, typ. Hessei & Beckeri, 1896; 119 S. 8.
Leipzig, Phil. Fak., Inaug.-Diss. v. [30. Dez.] 1896

Preuss, Arth., De versuum iambicorum in melicis partibus usu Aeschyleo. Diss. gr. 8. (118 S.) Leipzig 896. (E. Gräfe.) n. 2. —

Preuß, August Eduard

Preuß, A. E., Bemerkungen u. Winke f. den Lehrer zur Behandlung der biblischen Geschichte. [Bisheriger Anhang zu den bibl. Geschichten v. A. E. Preuß.] In neuer Bearbeitg. hrsg. v. Lackner u. Lettau. gr. 8. (244 S.) Königsberg 883. Bon's Verl. n 2. 50

Preuß, A. E., biblische Geschichten, s*a* Woike, C. L., 2×48 biblische Historien.

Preuß, A. E., biblische Geschichten, mit Berücksichtigung der Zeitfolge u. ihres inneren Zusammenhanges bearb., u. mit passenden Liederversen u. Sprüchen versehen, für Schulen u. Familien. Nebst e. Anhange, enthalt.: 1) Ausführl. Bemerkk. u. Winke für den Lehrer zur Behandlung der bibl. Geschichte; 2) ein alphabet. Verzeichniß der wichtigsten bibl. Namen; 3) eine Zeittafel zur bibl. Geschichte. 8. Königsberg 839. Bon. n. 5/6 ₰ — 2e Aufl. 8. Ebd. 840. Ohne Anhang 1/2 ₰ — Mit Anhang 3/4 ₰

Preuß, A. E., biblische Geschichten, mit Berücksichtigung der Zeitfolge und ihres inneren Zusammenhanges bearbeitet, und mit passenden Liederversen und Sprüchen versehen, für Schulen und Familien. Nebst einem Anhange. 2. durchgesehene u. verb. Aufl. 8. Königsberg 841, Bon. 2/3 ₰ — 3. verb. Aufl. 8. Ebend. 842. n. 5/6 ₰ Ohne Anh. 1/4 ₰ — 4. verb. Aufl. 844. — 5. verb. Aufl. mit Anh. 8. 845. n. 5/6 ₰ Ohne Anh. 1/4 ₰

Preuß, A. E., biblische Geschichten, mit Berücksichtigung der Zeitfolge u. ihres inneren Zusammenhanges bearb., u. mit passenden Liederversen u. Sprüchen versehen, f. Schulen u. Familien. Nebst einem Anh., enth.: 1. Ausführliche Bemerkungen u. Winke für den Lehrer zur Behandlung der biblischen Geschichte; 2. ein alphabet. Verzeichniß der wichtigsten biblischen Namen; 3. eine Zeittafel zur biblischen Geschichte. 7. durchgesehene u. verb. Aufl. 8. (XII u. 480 S.) Königsberg 849, Bon's Verl. n. 5/6 ₰; ohne Anh. n. 1/4 ₰

Preuß, A. E., biblische Geschichten mit Berücksichtigung der Zeitfolge u. ihres innern Zusammenhanges bearb. u. mit passenden Liederversen u. Sprüchen versehen, für Schulen u. Familien. 50—55., bericht. Aufl. Königsberg 867—70. Bon's Verlag. gr. 8. (VI, 276 S.) n. 7½ ngr. Mit Anhang für den Lehrer. n. 25 ngr.

Preuß, A. E., biblische Geschichten, mit Berücksicht. der Zeitfolge und ihres inneren Zusammenhanges bearb. und mit passenden Liederversen und Sprüchen versehen, für Schulen und Familien. Ausg. ohne Anhang 53.—64. bericht. Aufl. 8. (VI, 276 S.) Königsberg 868—75, Bon's Verlag. *

—— dass. — Ausg. für den Lehrer. Mit einem Anhang, enth.: 1. Ausführliche Bemerkungen und Winke für den Lehrer zur Behandlung der bibl. Geschichte; 2. ein alphabet. Verzeichniß der wichtigsten bibl. Namen; 3. eine Zeittafel zur bibl. Geschichte. 12. durchgeseh. und verb. Aufl. 8. (XII, 480 S.) Ebendas. 875. *

Preuß, A. E., biblische Geschichten, mit Berücksicht. der Zeitfolge und ihres inneren Zusammenhanges bearb., mit passenden Liederversen und Sprüchen versehen, für Schulen und Familien. Ausg. ohne Anhang. 65.—70. bericht. Aufl. gr. 8. (VI, 276 S.) Königsberg 876—79, Bon's Verlag. *

Preuß, A. E., biblische Geschichten, mit Berücksichtigung der Zeitfolge u. ihres inneren Zusammenhanges bearb. u. mit passenden Liederversen u. Sprüchen versehen, für Schulen u. Familien. Ausg. ohne Anhang. 70. bericht. Aufl. 8. (VI, 276 S.) Königsberg 879. Bon's Verl. n. — 75

—— biblische Geschichten, mit Berücksicht. der Zeitfolge und ihres inneren Zusammenhanges bearb. und mit passenden Liederversen und Sprüchen vers. für Schulen und Familien. 71.—77. bericht. [Ster.-]Aufl. 8. (VI, 276 S.) Ebendas. 880—84. * geb. *

—— dass. — Ausg. für den Lehrer. Mit einem Anhang: „Ausführliche Bemerkungen und Winke für den Lehrer zur Behandlung der bibl. Geschichte". 13. durchges. und verb. Aufl. gr. 8. (VI, 276, 244 S.) Ebendas. 883. * geb. *

—— dass. — Neue Bearbeitung mit einem kirchengeschichtl. Anhang. Hrsg. von R. Triebel. gr. 8. (VII, 216 S.) Ebendas. 884. * 80 Pf.; geb. *

Preuß, A. E., biblische Geschichten, mit Berücksicht. der Zeitfolge und ihres inneren Zusammenhanges bearb. und mit passenden Liederversen und Sprüchen versehen für Schulen und Familien. 80. und 81. berichtigte [Ster.-]Aufl. 8. (VI, 243 S.) Königsberg 887,88, Bon's Verlag. * 80 Pf.; geb. * Ausg. B. (mit 3 Karten) geb. *

—— dass. — Mit Anhang: Bemerkungen und Winke für den Lehrer zur Behandlung der bibl. Geschichte. In neuer Bearbeitung hrsg. von Lackner und Lettau. 2. verb. und verm. Aufl. 8. (VI, 243 und Anhang 292 S.) Ebendas. 887. geb. * Anhang allein * ℳ 2.50.; geb. *

Preuß, A. E., biblische Geschichten, m. Berücksicht. der Zeitfolge u. ihres inneren Zusammenhanges bearb. u. m. pass. Liederversen u. Sprüchen versehen f. Schulen u. Familien. 83., bericht. [Ster.-]Aufl. 8. (VI, 243 S.) Königsberg 889. Bon's Verl. n. — 80; geb. n.n. 1. —

Preuß, A. E., biblische Geschichten, m. Berücksicht. d. Zeitfolge u. ihres inn. Zusammenhanges bearb. u. m. pass. Liederversen u. Sprüchen vers. f. Schulen u. Familien. Alte unveränd. Ausg. 86., durchges. (Ster.-) Aufl. Mit 1 Karte d. Missionsreisen Pauli u. 2 Karten v. Palästina gr. 8. (243 S.) Königsberg 896. J. H. Bon's Verl. n. — 80; geb. n.n. 1. 05

Biblische Geschichten mit Berücks. d. Zeitfolge u. ihres inneren Zusammenhanges bearb. u. mit passenden Liederversen u. Sprüchen vers. f. Schulen u. Familien von A[ugust] E[duard] Preuß. weil. Kgl. Waisenh.- u. Semin.-Dir. Alte unveränd. Ausg. 88. durchges. (Ster.-) Aufl. Mit 1 Karte d. Missionsreisen Pauli u. 2 Karten von Palästina. *Königsberg i. Pr.: J. H. Bon 1899.* (243 S.) 8° [J.] [illegible] 10

Biblische Geschichten mit Berücks. d. Zeitfolge u. ihres inneren Zusammenhanges bearb. u. mit passenden Liederversen u. Sprüchen vers. f. Schulen u. Familien von A[ugust] E[duard] Preuß, weil. Kgl. Waisenh.- u. Semin.-Dir. Alte unveränd. Ausg. 89. durchges. (Ster.-) Aufl. Mit 1 Karte d. Missionsreisen Pauli u. 2 Karten von Palästina. *Königsberg i. Pr.: J. H. Bon 1901.* (243 S.) 8° [J.] [illegible] 10

Preuß, A. E., biblische Geschichten f. Schulen u. Familien. Neue Bearbeitg. m. e. kirchengeschichtl. Anh. Hrsg. v. R. Triebel. 3., durchgeseh. Aufl. Mit 1 Karte der Missionsreisen Pauli u. 2 Karten v. Palästina. gr. 8. (VIII, 216 S.) Königsberg i/Pr. 892. J. H. Bon's Verl. n. — 70; geb. n.n. — 90

— dasselbe f. Schulen u. Familien. Neue Bearbeitg. m. e. kirchengeschichtl. Anh. Hrsg. von R. Triebel. 4. Ster.-Aufl. M. e. Karte d. Missionsreisen Pauli u. 2 Karten v. Palästina. gr. 8. (VIII, 216 S.) Ebd. 896. n. — 70; geb. n. — 95

Biblische Geschichten für Schulen u. Familien von A[ugust] E[duard] **Preuß**, weil. Kgl. Waisenh.- u. Semin.-Dir. Neue Bearb. mit e. kirchengeschichtl. Anh. Hrsg. von R[obert] Triebel, Geh. Reg.- u. Schulrat. 5. Ster. Aufl. Mit 1 Karte d. Missionsreisen Pauli u. 2 Karten von Palästina. *Königsberg i. Pr.: J. H. Bon 1899.* (VIII, 216 S.) 8° [F.] (o. 8.) 10

Biblische Geschichten für Schulen u. Familien von A[ugust] E[duard] **Preuß**, weil. Kgl. Waisenh.- u. Semin.-Dir. Neue Bearb., mit e. kirchengeschichtl. Anh., hrsg. von R[obert] Triebel, Geh. Reg.- u. Schulrat. Mit Karten u. Bildern z. Gesch. d. Heiligen Landes. 6. Ster. Aufl. *Königsberg i. Pr.: J. H. Bon 1903.* (VIII, 232, VIII S.) 8° [F.] (o. 8.) 10

Preuß, A. E., biblische Geschichten f. Schulen u. Familien. Neue Bearbeitg., m. e. kirchengeschichtl. Anh., hrsg. v. R. Triebel. Mit Karten u. Bildern zur Geschichte des Hl. Landes. 7. Ster.-Aufl. (VIII, 232 u. VIII S.) 8. Königsberg 905. J. H. Bon's Verl. n. — 75; geb. n. 1.—

Preuß, A. E., biblische Geschichten f. Schulen u. Familien. Neue Bearbeitg., m. e. kirchengeschichtl. Anh., hrsg. v. R. Triebel. Mit Karten u. Bildern zur Geschichte des Hl. Landes. 9. Ster.-Aufl. (VIII, 232 u. VIII S.) 8. Königsberg 910. J. H. Bon's Verl. Geb. 1.—

— Gewerbvereine, Bürgervereine für bildende Unterhaltung u. Gesellenlesevereine als dringendes Erforderniß der Zeit, nach Gründung u. Einrichtung geschildert, mit Bücherangabe für Sonntagsschul-, Gewerb- u. Gesellenvereins-Bibliotheken rc. [Als Hft. 11. der Bürgerhalle.] gr. 8. (114 S.) Ebd. 848. n. 1/3 ℛ

— über Jugendbildung, zumal häusliche Erziehung, Unterrichtsanstalten, Berufswahl, Nacherziehung und Nachschulen. — Eltern, Lehrern, Lehr- und Dienst-Herren, so wie Ortsbehörden, Schulvorständen, Gewerb- und Wohlthätigkeits-Vereinen gewidmet. 5. (letztes) Heft. — A. u. d. T.: Ueber Nacherziehung und Nachschulen, in Bezug auf die bereits aus der Schule entlassene, gereiftere Jugend. (Ein in vollständiger Uebersicht noch wenig behandelter Gegenstand.) gr. 8. Leipzig 842, Hinrichs'sche Buchh. 5/12 ℛ — 2. Ausg. 846. 5/12 ℛ

— u. J. A. Vetter, Preußischer Kinderfreund. 2e verm. Aufl. 8. Königsberg 837. Bon. n. 5 gr geb. r. 7 gr — 3e verm. Aufl. 8. Ebd. 839. 11 gr — 6e Aufl. 840. 5½ gr

—— und J. A. Vetter, preuß. Kinderfreund. Ein Leseb. f. deutsche Volksschulen. 1—3., verm. Aufl. (à 19 B.) 837—39. 4—10. A...., 11., verb. u. verm. Aufl. (Mit Hinweglassung des d. Provinz Preußen spec. Betreffenden.) 8. (20 B.) Königsberg 842, Bon. à *

—— u. J. A. Vetter, preußischer Kinderfreund. Ein Lesebuch f. deutsche Volksschulen. 21.—24., bericht. Aufl. (Mit Hinweglassung des die Provinz Preußen speciell Betreffenden.) gr. 12. (24. Aufl. 13¾ B.) Königsberg 844, 45, Bon. à *

—— —— dass. 2. Thl. Für die Oberklasse der Volksschulen u. die mittleren Klassen höh. Lehranstalten, zusammengestellt v. J. A. Vetter. 2. u. 3., verm. Aufl. 8. (à 20 B.) Ebds. 843, 45. à *

— u. J. A. **Vetter**, Preußischer Kinderfreund. 33. Aufl. Mit einer Sammlung 2 u. 3stimmiger Lieder. 8. (VIII u. 328 S.) Königsberg 846, J. H. Bon. n. 6½ ngr

— und J. A. **Vetter**, preußischer Kinderfreund. Ein Lesebuch für Volksschulen, zusammengestellt. Neue umgearb. Ausg. 93., der neuen Ausg. 1. Aufl. Königsberg 857. J. H. Bon. 8. (XII, 420 S.) n. 7½ ngr

—— und J. A. Vetter, preußischer Kinderfreund. Ein Lesebuch für deutsche Volksschulen. (1. Thl.) 97., bericht. Aufl. Mit einer Sammlung zwei- und dreistimm. Lieder. 8. (VIII und 330 S.) Königsberg 858, Bon's Verlag. *

—— und J. A. Vetter, preußischer Kinderfreund. Ein Lesebuch für Volksschulen. 161.—170., der neuen umgearb. Ausg. 53.—61., bericht. Aufl. (1867 neu revidirt.) gr. 8. (X und 390 S. und Anh. 48 S.) Königsberg 867,68, Bon's Verlag. *
Der Anhang apart. *

—— und J. A. Vetter, preußischer Kinderfreund. Ein Lesebuch für Volksschulen. 171.—207., 209.—218., der neuen umgearb. Ausg. 62.—100. bericht. Aufl. Mit Gratiszugabe der Heimathskunde der betr. Provinz. gr. 8. (X, 390 S.) Königsberg 868—74, Bon's Verlag. * 80 Pf.; geb. *

—— —— dass. — 2. Thl. Für die Oberklassen der Volksschulen und die mittleren Klassen höherer Lehranstalten, zusammengestellt von J. A. Vetter. 12. bericht. Aufl. gr. 8. (VI, 314 S.) Ebendas. 870. * ℳ 1.; geb. *

—— —— dass. — 208. Aufl. Verm. mit einer vollständ. Sammlung ein- und mehrstimm. Lieder. gr. 8. (X, 310 S.) Ebendas. 874. *

—— —— s. Hartung und Strübing, neuer deutscher Kinderfreund.

—— und J. A. Vetter, preußischer Kinderfreund. Ein Lesebuch für Volksschulen. 214.—221., der neuen umgearb. Ausg. 101.—108. bericht. Aufl. [1867 neu revid.]. gr. 8. (X, 390 S.) Königsberg 876—78, Bon's Verlag. *
Spätere Ausg. s. Günther, Friedr. Joach., und Strübing.

—— und J. A. Vetter, preußischer Kinderfreund. Ein Lesebuch für Volksschulen. 222.—224., der neuen umgearb. Ausg. 111. revid. und bericht. Aufl. 8. (III, 396 S.) Königsberg 880—82, Bon's Verlag. *

—— —— dass. — 225.—227., der neuen Ausg. 112.—114. neu bearb. Aufl. Für evangel. Schulen. gr. 8. (VIII, 463 S. mit eingedr. Holzschn.-Abbild.) Ebendas. 882—85. * ℳ 1.; geb. *
Vgl.: Günther, Friedr. Joach., und Strübing.

—— und J. A. Vetter, Preußischer Kinderfreund. Ein Lesebuch für Volksschulen. 229. der neuen umgearb. Ausg. 116. revid. und bericht. Aufl. 8. (IV, 396 S.) Ebendas. 887. * geb. **

—— dass. — Verbesserte und erweit. Aufl. Für evangel. Schulen. 230. (der neuen Ausg. 117.) aufs neue durchges. Aufl. 8. (VIII, 464 S. mit Abbild.) Ebendas. 888. * geb. **

— u. J. A. **Vetter**, preußischer Kinderfreund. Ein Lesebuch f. Volksschulen, begründ. v. P. u. V. 232. (d. neuen Ausg. 119.), aufs neue durchges. Aufl. Ausg. m. Abb. Für evang. Schulen. M. Heimatkunde f. Westfalen. gr. 8. (VIII, 472 u. 32 S.) Ebd. 896. n. 1. —; Einbd. n.n.n. — 30

— Preußische Landes- u. Volkskunde, oder Beschreibung von Preußen. Ein Handbuch für die Volksschullehrer der Provinz Preußen, so wie für alle Freunde des Vaterlandes; in Verbindung mit dem Seminardirektor Herrn Kawerau herausgeg. gr. 8. Königsberg 835. Gebr. Bornträger. n. 1⅓ ℛ

—— prakt. Lehrgang f. d. deutschen Sprachunterr. in Volksschulen. Ein Leitfaden f. Lehrer. Nach dess. Tode hrsg. v. T. Kahle. 8. (15 B.) Königsberg 841, Bon.

– und J. A. Vetter

—— —— Przyjaciel dzieci, czyli książka do czytania. Dla katolickich szkół elementarnych przerobiana przez Xaw. F. A. E. Łukaszewskiego. 8. (VIII und 336 S.) Berlin 847, Mittler und Sohn. *

Preuss, A. E., i. J. A. Vetter, Przyjaciel dzieci, czyli książka do czytania, dla katolickich szkół elementarnych przerobiona przez Xaw. F. A. E. Łukaszewskiego. 2., poprawione wydanie. gr. 8. (VIII und 330 S.) Berlin 856(57,) Mittler und Sohn. *

—— Przyjaciel Dziezi Polsk. Ksiazka do czytania, z niemieckiego na polskie przetłomaczona według nakładu dziesiatego przyjaciela dzieci, wydana dla Szkoł początkowych Katolickich przez niektorych Katolickich Kaplanow na uzytek Szkoł Katolickich wypracowana. 8. (20 B.) Königsberg 845, Bon. *

—— Przyjaciel młodzieży. Ksiazka naukowa dla Szkoł narodowych. Z niemieckiego na język polski przełożona przez Mowiba. ꝛc. 8. (18 B.) Königsberg 845, Bon. *

— Rathschläge über zweckmäßige Anschaffung, Benutzung ꝛc. von Dorf- u. Wanderbibliotheken, s. Volks-Bibliothek.

— der Sophien-Ducaten; oder des Tischlers Gustav Walthers Lehrjahre. Eine Erzählung. gr. 8. Leipzig 845, Hinrichs'sche Buchh. 1/2 ℛ

— die Stadt-Bibliothek in Großenhayn; in Hinsicht ihrer Verwaltung und ihres jetzigen Besitzthums dargestellt, im Auftrage der Bibliothek-Commission. 3., vervollständigte Aufl. gr. 8. Großenhayn 841. (Leipzig, Hinrichs'sche Buchhandl.) n. 3 ngr

— gedrängte Uebersicht der Landes- u. Volkskunde von Preußen, als Hülfsbuch zur Erlernung derselben für Schüler. gr. 8. Königsberg 835. Gebr. Bornträger. n. 1/6 ℛ

— s. Unterricht, kurzer, in der Erdbeschreibung.

Preuß, A. E., kurzer Unterricht in der Erdbeschreibung nach einer stufenweisen Fortsetzung. 12. Aufl. 1857. und 13. Aufl. Aufs Neue berichtigt und verm. von Aug. Herm. Radike. 8. (106 S.) Königsberg 860, Unzer. *

Preuß, A. E., kurzer Unterricht in der Erdbeschreibung nach einer stufenweisen Fortsetzung. 13. Aufl. 861. — 14. Aufl. Aufs Neue berichtigt u. verm. von Aug. Herm. Radtke. Königsberg 863. Unzer. 8. (104 S.) n. 5 ngr

Preuß, A. E., kurzer Unterricht in der Erdbeschreibung nach einer stufenweisen Fortsetzung. 15. Aufl. Aufs Neue durchgesehen u. berichtigt von Lettau. Königsberg 867. Gräfe. 8. (VIII, 86 S.) n. 5 ngr

—— kurzer Unterricht in der Erdbeschreibung nach einer stufenweisen Fortsetzung. 16.—18. von Lettau durchgeseh. und verb. Aufl. 8. (VIII, 96 S.) Königsberg 869—75, Gräfe. *

— dasselbe. Ausg. f. den Lehrer. Mit e. Anh., enth.: 1. Ausführliche Bemerkgn. u. Winke f. den Lehrer zur Behandlg. der bibl. Geschichte; 2. e. alphabet. Verzeichniß der wichtigsten bibl. Namen; 3. e. Zeittafel zur bibl. Geschichte. 12. durchgeseh. u. verb. Aufl. 8. (XII, 480 S.) Ebend. 871. n. 2. 50

—— kurzer Unterricht in der Erdbeschreibung nach einer stufenweisen Fortsetzung. 19. Aufl., durchgesehen und verb. von Lettau. 8. (VIII, 96 S.) Königsberg 877, Gräfe. *

— kurzer Unterricht in der Erdbeschreibung nach einer stufenweisen Fortsetzung. 20. Aufl., durchgeseh. u. verb. von Lettau. 8. (VIII, 98 S.) Königsberg 882. Gräfe. n. — 50

— kurzer Unterricht in der Erdbeschreibung nach e. stufenweisen Fortsetzg. 21. Aufl., durchgesehen u. verb. v. A. Kurschat. gr. 8. (VIII, 96 S.) Leipzig 889. Reichardt. n. — 60; geb. n. — 80

—— der Volksschulfreund, s. Volksschulfreund.

Preuss, C.: De enunciatorum temporalium apud poet. tragicos Graecos usu ac ratione p. I. Greifswald 1864. 44 S.
Schul-/Univ.-Schrift

Preuß, C. G., die Pilze Deutschlands, siehe: Sturm's, J., Deutschlands Flora. III. Abth.

Preuß, E., das pastorale Amtsleben. Winke aus der Erfahrg. Mit e. Vorwort v. Jaspis. gr. 8. (V, 64 S.) Berlin 884. Rother. n. 1. 20

Preuss, E., Leitfaden f. Zuckerfabrikchemiker zur Untersuchung der in der Zuckerfabrikation vorkommenden Produkte u. Hilfsstoffe. gr. 8. (VIII, 120 S. m. 33 Abbildgn.) Berlin 892. J. Springer. Geb. in Leinw. n. 4. —

Preuß, E., Palmzweige aus dem deutschen Dichterhaine der Gegenwart. Zur Tröstung und Erbauung. 2 Bde. 8. St. Gallen 845, Scheitlin u. Zollikofer. 2/3 ℛ — In Leinwand geb. 1 ℛ

Preuß, Ed., an den Bischof von Paderborn Herrn Dr. Conrad Martin. Eine Erwiderung auf dessen „bischöfliches Wort" über die Controverspunkte. Berlin 864. Schlawitz. gr. 8. (48 S.) n. 10 ngr

Preuss, Ed., de senarii graeci caesuris dissertatio philologica. gr. 8. (V und 154 S.) Königsberg 859, Bon's Verlag.

— — s.a. Preuss, F. R. E.

— Dirschau's historische Denkwürdigkeiten. Für das 600jährige Jubelfest der Stadt [20. August 1860] bearb. Danzig 860. Kafemann. Lex.-8. (VII, 72 S.) n. 10 ngr

—— das Concil von Trident. Ein Vortrag gehalten im Auftrage des Evangel. Vereins in Berlin. gr. 8. (88 S.) Berlin 862, Schlawitz. *

— die römische Lehre von der unbefleckten Empfängniss aus den Quellen dargestellt u. aus Gottes Wort widerlegt. Ebend. 865. gr. 8. (VII, 264 S.) n. 1 ℛ

— die Rechtfertigung des Sünders vor Gott. Aus der heil. Schrift dargelegt. Ebend. 868. gr. 8. (XII, 205 S.) n. 1 ℛ

Preuss, Ed., die Rechtfertigung d. Sünders vor Gott. Aus der heil. Schrift dargelegt. 2. Aufl. gr. 8. (VIII, 207 S.) Leipzig 871. Hinrichs' Verl. n. 3. —

Preuß, Ed., Was lehren die neueren orthodox sein wollenden Theologen von der Inspiration? gr. 8. (48 S.) Dresden 871, Naumann. *
Aus: Lehre und Wehre, besonders abgedruckt.

Preuss, Eduard, die höheren Aufgaben des jungen Offiziers f. Armee u. Volk. (158 S.) gr. 8. München 906. Seitz & Schauer. n. 4. —; geb. n. 5. —

— Kolonialerziehung d. deutschen Volkes. Leitende Ideen u. Material. (76 S.) 8. Berlin 907. Weimar, A. Duncker Verl. 1. —

Preuss, Eduard, das geistige Leben in der Armee. (32 S.) gr. 8. München (907). Hans Sachs-Verl. 1.—

— Reform der militärischen Fabriken in Preussen. Mit Anh.: Ueber die Lohnordng. (27 S.) gr. 8. Berlin 904. R. Schröder. (Cöpenick, R. Schön.) —50

Preuß, Eduard, Die Zeitrechnung der Septuaginta vor dem 1. Jahr Salomos. Berlin, Dehmigke, 1859, IV, 83 S., 2 Mk.
Verfasser konvertierte 1872 zum Katholicismus, vgl. Rosenthal, Konvertitenbilder, Bd. 3 (1872), S. 507 ff.

Preuss, Emil [Prof. Dr., Rektor]: *Die im Kirchenjahre 1894/95 verstorbenen früheren Angehörigen der Anstalt.* Freiberg, Gerlachsche Buchdr., 1896; 4—5 S. 4.
Freiberg, G Albertinum, OP 1896 (548)

Preuss, Emil [Prof. Dr., Rektor]: *Die im Kirchenjahre 1895/96 verstorbenen früheren Angehörigen der Anstalt.* Freiberg, Gerlachsche Buchdr., 1897; 3—4 S. 4.
Freiberg, G Albertinum, OP 1897 (558)

Preuss, Emil: [Die im Kirchenjahre 1896,97 verstorbenen früheren Angehörigen der Anstalt.] *Freiberg 1898: Gerlach.* (3—4 S.) 4°
Freiberg, G Albertinum, OP 1898 (562)

Preuss, Emil, Prof. Dr., Rekt.: [Bericht über die Erinnerungsfeier an die vor 25 Jahren erfolgte Übersiedelung der Schule aus der sog. Thümerei in das neue Gebäude, nebst geschichtl. Rückblick.] *Freiberg 1901: Gerlach.* (S. 3—8.) 4°
Freiberg, G Albertinum, OP 1901 (584)

Preuß, Emil, meine Bienenzucht-Betriebsweise u. ihre Erfolge. Mit 17 Abbildgn. auf 4 Taf. 2. Aufl. gr. 8. (III, 104 S.) Potsdam 900. (Leipzig, Leipziger Bienenzeitg.) n. 2.—; kart. n. 2.30
1. Aufl. (III, 104 S.) 899. n. 2.50; kart. n. 2.80.

— Emil (Leipzig), Quaestiones Boeoticae. Leipzig (A. Edelmann) 27.—29. III. 1879. 40 S. u. Schulnachrichten des Nicolaigymnasiums in Leipzig 1878—1879. 30 S. mit Namen. (3.25) 27195

Preuss, E[rnst], Dr.-Ing.: Die Festigkeit von Nickelstahlnieten in Verbindung mit Flußeisenblechen unter besonderer Berücksichtigung des Gleitwiderstandes. Darmstadt: Herbert 1909. 79 S., 1 Taf. 8°
¶ Engl. in: Carnegie Scholarship Memoirs. Vol. 1; kurzer Ausz. in: Metallurgie. Jg. 6 u. in: Stahl u. Eisen. Jg. 29.
Darmstadt Te. H., Hab.-Schr. v. 1. 7. 1909

Preuss, Ernst: Die Geschwindigkeit der elastischen Durchbiegungen eines wagerechten, auf zwei Stützen frei aufliegenden Trägers. 1908. 50 S., 1 Taf. 8°
Darmstadt, Dr.-Ing.-Diss. v. 28. 7. 1908

Preuß, Ernst. Der völlige Mißerfolg d. Vereins f. Massen-Verbreitung guter Schriften. Was hat ihn veranlaßt u. was ist nun zu thun? Ein Appell an alle Freunde christlich-gesunder Volks-Litteratur. gr. 8. (19 S.) Berl. 890, (G. Nauck). * — 20

Preuss, Erwin, Notizen über die fremdländischen Gewehre im Vergleiche m. dem öst.-ung. 8 mm Rep.-Gew. M. 88/90. (Mit 1 Taf. üb. Rasanz-, Präcisions- u. Gewichts-Vergleiche.) gr. 8. (15 S.) Wien 902. (L. W. Seidel & Sohn.) n. — 60

Preuss, Eugen [aus Berlin]: Ueber die quantitative Bestimmung der Saccharose, des Invertzuckers und der Raffinose mittelst der Kupfermethode. . . . Halle a. S., Buchdr. d. „Post", Kayssler & Co., Berlin, 1888; 1 Bl. + 21 S. + 1 Bl. 8°
Halle, Phil. Fak., Inaug.-Diss. v. [17. Okt.] 1888

Preuss, Ewald Friedrich von Hertzberg's Antheil an der Politik nach der Theilung Polens bis zum Tode Friedrichs des Grossen. Progr. d. Gymnas. Insterburg 1861. 4.

Preuss, F. E., De ludis circensibus, amphitheatralibus, scenicis, qui fuerunt Neronis aetate et de Nerone ludorum fautore. Diss. 1872. 80 S. 1

Preuss, F. R. E., De senarii Graeci caesuris. Diss. 1858. 32 S.

— — s.a. Preuss, Ed.

Preuss, Fr. Die Abtretung Westpreufsens durch den Reichstag zu Warschau 1773. 43 S Progr. G. *Culm* 1879

Preuß, Fr., die Bruchrechnung. Aufgaben zum Kopfrechnen f. sächsische Volksschulen. 16. (31 S.) Grimma 850, Verlags-Comptoir. n. n. 1/12 ₰

Preuss, Friedrich [Dr., Dir.]: *Bericht über seine Einführung als Direktor der Anstalt.* Culm, C. Brandt's Buchdr., 1897; S. 9. 4.
Culm, k. kath. G, P 1897 (26)

Preuss, *Friedrich* [Dr., Dir.]: Die Feier des 25jährigen Jubiläums der Anstalt. Neumark, Druck v. J. Koepke, 1894; 7—11 S. 4.
Neumark W.-Pr., k. PG m. '(st.)' VS, P 1894 (37)

Preuss, [Friedrich], Direktor Dr.: Zwei Gedächtnisreden. Braunsberg 1905: Heyne. (S. 3—11.) 4°
Braunsberg, k. G P 1905 (3)

Preuss, Friedrich [Dr., Dir.]: Geschichte des Königlichen Progymnasiums zu Neumark Westpr. von seiner Entstehung bis auf die Gegenwart. Neumark, Druck v. J. Koepke, 1893; 42 S. 4.
Neumark Westpr., k. PG, P 1893 (37)

Preuss, Frdr. Die erste Theilung Polens u. d. Memoiren Friedrichs des Grossen. (15 B.) 8. Königsberg 1874—75.

Preuß, [Friedrich]: I. Kaiser Wilhelm I. Rede an der Centenarfeier im Kaiser Wilhelm-Schützenhause zu Culm Westpr. am 22. März 1897. S. 3—8. 4. 2. Kaiser Friedrich-Gedächtnisrede bei der Enthüllungsfeier des Kaiser Friedrich-Bildes im Kaiser Wilhelm-Schützenhause zu Culm Westpr. am 18. Oktober 1900. S. 8—11. 4. (Umschlagtitel: Zwei Gedächtnisreden.)
P.3gf. Kgl. Gymn. *Braunsberg* 1905 (3).

Preuss, Friedrich Arthur, s. Preuss, Arthur

Preuss, Friedrich Emil, s. Preuss, Emil

Preuss, Friedrich Wilhelm, s. Preuss, Wilhelm

Preuss, Frid. Reinhold. Eduard.: Theses theologicae. Berolini (1857). (2 Bl.) 4°
Berlin, Theol. Thes. v. 2. Nov. 1857

Preuß, G., die Leibzucht. Eine civilist. Studie. gr. 8. (50 S.) Hannover 862, Helwing'sche Hofbuchh. *

— Lüneburgisches Provinzialmeierrecht. Ebend. 862. gr. 8. (71 S.) n. 10 ngr.

—— Lüneburgisches Provinzialmeierrecht. gr. 8. (71 S.) Hannover 863, Helwing'sche Hofbuchh. *

Preuss, Geo., der Friede v. Füssen 1745, sa Abhandlungen, historische.

Preuss, Georg: Der Friede von Füssen 1745. [Erschien vollst. als Heft VI von: Histor. Abh. hrsg. v. Th. Heigel u. H. Grauert.] München, H. Lüneburg, 1894; 64 S. 8.
München, Phil. Fak., Inaug.-Diss. v. 1894

Preuss, *Georg* [Dr.]: Die preussische Mediation zwischen Bayern und Oesterreich. 1704. München, kgl. Hof- u. Univ.-Buchdr. v. Dr. C. Wolf & Sohn, 1897; 103 S. 8.
München, Phil. Fak., Hab.-Schr. v. 1897
(Nicht für den Austausch)

Preuss, Geo. Frdr., s.: Festgabe, Karl Thdr. Heigel gewidmet.

Preuss, Geo. Frdr., s.: Studien, Breslauer, z. Geschichte.

— s.: Untersuchungen, historische.

— Wilhelm III. v. England u. das Haus Wittelsbach im Zeitalter der spanischen Erbfolgefrage. 1. Halbbd. (XVI, 126 S. u. S. 35—315.) gr. 8. Breslau 904. Trewendt & Granier. n. 10.—

Preuß, Gustav [cand. theol.]: Die Profetie Joel's unter besonderer Rücksicht der Zeitfrage. . . . Halle a. S. (Buch- u. Steindr. Julius Abel, Greifswald) 1889; 3 Bl. + 134 S. 8°
Halle, Phil. Fak., Inaug.-Diss. v. [30. Nov.] 1889

Preuß, Hans, der Antichrist, sa Zeit- u. Streitfragen, biblische. V. 4.

Der Antichrist. Von Lic. Dr. Hans **Preuß**, Gymnasialoberl. in Leipzig. Gr.Lichterfelde-Berlin: Runge 1909. 46 S. 8°
(Biblische Zeit- u. Streitfragen. Ser. 5. H. 4.)

Preuss, Hans, die Entwicklung des Schriftprinzips bei Luther bis zur Leipziger Disputation. Im Zusammenhang m. der Stellg. zu den andern theolog. Autoritäten seiner Zeit dargestellt. gr. 8. (VII, 102 S.) Leipzig 901. Ch. H Tauchnitz. n. 3.—

Preuss, Hans, die Vegetationsverhältnisse der Frischen Nehrung westpreuss. Anteils. (VIII, 58 S. m. 18 Abbildgn. u. 1 Karte.) gr. 8. Danzig 906. (A. W. Kafemann.) n. 1.60

Preuss, Hans, die Vegetationsverhältnise der westpreuss. Ostseeküste. (119 S. m. 20 Abbild. u. 1 farb. Karte.) Lex. 8. Danzig 910. (A. W. Kafemann.) 2.—
Sonderabdr. aus: „33. Bericht d. westpreuss. botan.-zool. Ver."

Preuß, Hans, Dr. phil.: Die Vorstellungen vom Antichrist im späteren Mittelalter. Leipzig [1906]: Hartmann & Wolf. (63 S.) 8°
Leipzig, Theol. Fak., Ref. Kirn, Diss. v. 6. Mai 1906
[Geb. 3. Sept. 76 Leipzig; Wohnort: Leipzig; Staatsangeh.: Sachsen; Vorbildung: Gymn. Freiberg Reife O. 96; Studium: Leipzig 8 S.; Rig. 21. Nov. 05.]

Preuß, Hans, die Vorstellungen vom Antichrist im späteren Mittelalter, bei Luther u. in der konfessionellen Polemik. Ein Beitrag zur Theologie Luthers u. zur Geschichte d. christl. Frömmigkeit. Mit 5 Tafelbildern. (X, 296 S.) gr. 8. Leipzig 906. J. C. Hinrichs' Verl. n. 8.—; geb. n. 9.—

Preuss, H(enricus) C. R. *(geb. Breslau 11.1.1822)*: Analecta ad historiam facultatis medicae universitatis Francofurtensis. Vratislaviae (1847). (57 S.) 8°
Breslau, Med. Diss. v. 19. Mai 1847

Preuss, Heinrich *Friedrich* [aus Mühlhausen, Ostpr.]: Beiträge zur Kenntniss einiger Hydroxylaminverbindungen der Chinolinsäure und Überführung der letzteren in Amidopyridin... Königsberg, Buchdr. v. M. Liedtke, 1895; 2 Bl., 52 S., 2 Bl. 8.
Königsberg, Phil. Fak., Inaug.-Diss. v. 9. Aug. 1895

Preuß, Henricus, Insterburgensis: De fabulis apud Bacchylidem *Regimonti 1902: H. Jaeger.* (47 S.) 8°
Königsberg, Phil. Diss. v. 25. Okt. 1902

Preussische Helden. Lebensbilder von H. Laudien [d. i. Henriette **Preuss**]. *Mülheim a. d. Ruhr: J. Bagel [1897].* (79 S.) 8° [J.]

[Umschlagt.:] [J.] Tonwellen. Gesamm. Gedichte v. H[enriette] Laudien [d. i. **Preuss**]. *Berlin: G. Nauck 1896.* (212, IV S.) 1 Bd 8.

Marschall Vorwärts, der Vater Blücher. Erzählung von H. Laudien [d. i. Henriette **Preuss**]. Mit 4 Farbendruckbild. *Mülheim a. d. Ruhr: J. Bagel [1897].* (120 S.) 8°

Preuss, Hermann, approb. Arzt aus Stühlingen: Ueber Knochenabscesse. *Freiburg i. B.: Speyer & Kaerner 1901.* (34 S.) 8°
Freiburg i. B., Med. Diss. v. 1901

Preuß, Hugo, das städtische Amtsrecht in Preußen. gr. 8. (III, 501 S.) Berlin 902. G. Reimer. n. 10.—; geb. in Leinw. n. 11.—

Preuss, Hugo, die wirtschaftl. u. soziale Bedeutung der Stein-Hardenberg'schen Reform, sa Zeitfragen, volkswirtschaftliche.

Die wirtschaftliche und soziale Bedeutung der Stein-Hardenbergschen Reform. Von Prof. Dr. Hugo **Preuß**. Berlin: L. Simion Nachf. 1908. (31 S.) 8°
— **Zeitfragen,** Volkswirtschaftliche. H. 232.

Preuss, Hugo. Die Bodenbesitzreform als sociales Heilmittel, sa Zeitfragen, volkswirthschaftliche.

Preuss H.: Die Bodenbesitzreform als sociales Heilmittel. Berl. 1892. 93 S.
(Volkswirtschaftliche Zeitfragen. H. 109/11).

Preuß, Hugo, ein Bürger zweier Welten, s. Sammlung gemeinverständlicher wissenschaftlicher Vorträge.

—— Deutschland und sein Reichskanzler, gegenüber dem Geist unserer Zeit, sa Zeit- und Streit-Fragen, deutsche.

Preuss H. Deutschland und sein Reichskanzler gegenüber dem Geist unserer Zeit.
(Zeit- und Streitfragen deutsche 209) Berlin 1885

Preuss, Hugo, die Entwicklung d. deutschen Städtewesens. 1. Bd. Entwicklungsgeschichte d. deutschen Städteverfassg. (XII, 379 S.) gr. 8. Leipzig 906. B. G. Teubner. n. 4.80; geb. in Leinw. n. 6.—

Die Entwicklung des Deutschen Städtewesens von Hugo **Preuss.** Bd 1. Leipzig: B. G. Teubner 1906. 8°

—— Friedenspräsenz und Reichsverfassung. Eine staatsrechtl. Studie. 1. und 2. Aufl. gr. 8. (VII, 97 S.) Berlin 887, Rosenbaum und Hart. *

— Gemeinde, Staat, Reich als Gebietskörperschaften. Versuch e. deutschen Staatskonstruktion auf Grundlage der Genossenschaftstheorie. gr. 8. (XI, 419 S.) Berlin 889. Springer. n. 8.—

Preuß, Hugo, die Junkerfrage. [Aus: „Die Nation".] 8. (107 S.) Berlin 897. Rosenbaum u. Hart. n. 1.—

– Die Lehre Gierke's u. d. Problem d. preuss. Verwaltungsreform, sa Festgabe der Berliner juristischen Fakultät f. Otto Gierke.

Preuß, Hugo: Die Lehre Gierkes und das Problem der preussischen Verwaltungsreform. Breslau 1910.

— Franz Lieber, e. Bürger zweier Welten, s a Sammlung gemeinverständlicher wissenschaftlicher Vorträge.

Preuss H, Franz Lieber, ein Bürger zweier Welten. (Sammlung gemeinverständlicher wissenschaftlicher Vorträge N F I, 12) Hamburg 1886

— die Maßregelung jüdischer Lehrerinnen an d. Berliner Gemeindeschulen. Rede, geh. in d. Sitzg. der Stadtverordneten am 1. XII. 1898. (Stenograph. Bericht nebst e. orientir. Vorbemerkg.) gr. 8. (36 S.) Berlin 898. S. Cronbach. n. — 50

— das Recht der städtischen Schulverwaltung in Preussen. (99 S.) gr. 8. Berlin 905. R. L. Prager. n. 1.50

— Reichs- u. Landes-Finanzen, sa Zeitfragen, volkswirthschaftliche.

Preuss, Dr. Hugo. Reichs- und Landes-Finanzen. Volkswirtschaftl. Zeitfragen, 121.—122. Heft (16. Jahrg., 1. u. 2. Heft). gr. 8°. Berlin 1894.

– Selbstverwaltg., Gemeinde, Staat, Souveränität, s.: Abhandlungen, staatsrechtl., Festgabe f. Paul Laband.

— Staat u. Stadt, s.: Vorträge der Gehe-Stiftung zu Dresden.

Preuss, Steuerfragen, s. Schriften d. Ges. f. soz. Reform.

— kommunale Steuerfragen, s.: Wagner, A.

— Zur preussischen Verwaltungsreform. Denkschrift, verf. im Auftrage der Ältesten der Kaufmannschaft v. Berlin. (IV, 116 S.) gr. 8. Leipzig 910. B. G. Teubner. 3. —

—— Das Völkerrecht im Dienste d. Wirthschaftslebens, sa Zeitfragen, volkswirthschaftliche.

Preuss H. d. Völkerr. i. Dienste d. Wirtschaftslebens. (Zeitfr. Volksw. 99-100) Berlin 1891

— was uns fehlt. Politische Anreggn. gr. 8. (36 S.) Berlin 888. Rosenbaum & Hart. n. — 80

Preuss, J., vom Versehen der Schwangeren, s.: Klinik, Berliner.

Preuß, J. G., Worte der Ermunterung, die Ausbreitung des Wortes Gottes zu befördern. Predigt am 2n Weihnachtsfeiertage. gr. 8. Dresd. 821. Walther. 2 ℊ

Preuß, Johann Albert

Preuss, J. A. Siehe: *Condukteur.*

Preuss, J. A. Führer durch Europa (französ.-engl.-deutsch). Folio. Zürich, Orell Füssli & Cie. Geb. 1878

Preuss, J. A., guide de l'Europe. European guide. Führer durch Europa. Fol. (260 S. m. eingedr. Holzschn. u. Holzschn.-Taf.) Zürich 878. Orell, Füssli & Co. geb. m. Goldschn. 20. —

[Preuss, Johann Albert.] Guide de l'Europe = European Guide = Führer durch Europa. Curiosités de l'Europe, Villes et paysages renommés..., ainsi que les Sources Thermales, Bains, stations climatériques.... Encyclopédie européenne du Voyageur, avec des vues nombreuses, des cartes géographiques et des panoramas = Europa's Sehenswürdigkeiten.... Europäisches Reise-Lexikon... = The most remarkable... Countries, Towns, Districts in Europe.... Tourists European Lexicon.... 2me éd. = 2. Ausg. = 2d ed. 4. Zürich 1881.

Preuß, Johann David Erdmann

Preuß, J. D. E., Alemania, od. Samml. d. schönsten u. erhabensten Stellen aus d. Werken d. vorzüglichsten Schriftsteller Deutschlands z. Bildung u. Erhaltung edler Gefühle. 1r Thl. 8. Berl. 816. 2e A. 818. 3e A. 821. 4e A. 826. Amelang. 1 ℛ — 2r Thl. 819. 2e Aufl. u. 3r Thl. 8. Ebd. 826. (à 1 ℛ) 2 ℛ Alle 3 Thle mit 3 Kpf. 3 ℛ

Preuß, J. D. E., Alemannia, oder Sammlung der schönsten und erhabensten Stellen aus den Werken der vorzüglichsten Schriftsteller Deutschlands, zur Bildung u. Erhaltung edler Gefühle. Ein Handbuch auf alle Tage des Jahres für Gebildete. 1. Thl. 5. stark verm. u. verb. Aufl. (Mit Titelkupf.) gr. 12. Berlin 842, Amelang. 1 ℛ (1—3: 3 ℛ)

Preuß, J. D. E., die histor. Bedeutung des 1. Juni 1840, ausgesprochen bei d. Festmahle der Stadt Berlin zur Feier des 100jähr. Regierungs-Antritts Friedrich d. Großen. gr. 8. Berlin 840. Duncker u. Humblot. n. 1/12 ℛ

Preuß, J. D. E., Blüthen aus guten deutschen Schriften gesammelt zu Denksprüchen, auch als Stoff u. Anlaß zu weiterem Nachdenken. 1e—3e Samml. 8. Berl. ... 2e A. 812. (Mittler). 1 ℛ

Preuss, J. D. E., Erinnerungen an Friedrich den Grossen, in Bezug auf seine Armee. Am 24. Jan. 1854 in der Militärischen Gesellschaft vorgetragen. (Als Manuskript gedruckt.) Berlin 8.

— Friedrich d. Große. Eine Lebensgeschichte. 1r u. 2r Bd. Mit einem Urkundenbuche. 1r u. 2r Thl. gr. 8. Berl. 832, 33. Nauck. 7 ℛ 8 ℊ Schrbp. 10 ℛ Velinp. 11 ℛ 8 ℊ

— Friedrich der Große. Eine Lebensgeschichte. 4 Textbände u. 5 Urkundenbücher compl. gr. 8. Berlin 832—34. Nauck. n. 13 1/2 ℛ Schreibp. n. 18 ℛ Velinp. n. 21 ℛ — Einzelne Bände: 1r u. 2r Bd. à n. 3 2/3 ℛ, 3r Bd. n. 4 1/3 ℛ, 4r Bd. n. 4 ℛ, 5r Bd. n. 1 1/2 ℛ

Preuss, J. D. E., Friedrich der Grosse im siebenjährigen Kriege und in seinen späteren Regentensorgen. Eine historische Portrait-Skizze. Berlin 1855. 8.

——, Friedrich d. Gr. als Schriftsteller. Vorarbeit zu e. echten u. vollständ. Ausgabe seiner Werke; bei Annäherung d. großen preuß. Thronjubelfestes ehrerbietigst d. kgl. Akad. d. Wissensch. empfohlen. gr. 12. (15 2/3 B.) Berlin 837, Veit u. Cp.

—— dass. — Ergänzungshft. gr. 12. (5 2/3 B.) Ebds. 838.

— Friedrich der Große mit seinen Verwandten und Freunden. Eine historische Skizze. gr. 8. Berlin 838. Duncker u. Humblot. 2 1/4 ℛ

— Herzenserhebungen in Morgen u. Abendandachten d. vorzüglichsten deutschen Dichter. 8. Berl. 816. 2e A. 819. Amelang. 1 ℛ 12 ℊ 3e Aufl. s. unten: Siona.

— Ist Friedrich d. Zweite, König v. Preußen, irreligiös gewesen? Eine geschichtl. Abhandl. 2e verm. u. verb. Aufl. gr. 12. Berl. 832. Nauck. 8 ggr

— Friedrichs des Großen Jugend und Thronbesteigung. Eine Jubelschrift. gr. 8. Berlin 840. Duncker u. Humblot. 2¾ ℛ cart. 2⅞ ℛ

— der große Kurfürst u. Kurfürst Friedrich Eisenzahn. Historische Erinnerungen bei Gelegenheit ihrer Thronjubelfeier. gr. 8. Berlin 840. Duncker u. Humblot. n. 1/6 ℛ

— die Lebensgeschichte des großen Königs Friedrich von Preußen. 2 Thle. gr. 8. Berlin 834. Nauck. Subscr.-Pr. n. 3 ℛ — 2e wohlf. Ausg. gr. 8. Ebd. 837. 1½ ℛ

Preuss, J. D. E., Des motifs et du mode d'exécution de la nouvelle édition des oeuvres de Frédéric le Grand. Berlin 1846. 8.

— die schönen Redekünste in Deutschland v. ihrem ersten Anfange bis auf die neueste Zeit. 2 Thle. 8. Berl. 814, 16. Maurers B. (Heinemann in Stolp.) 3 ℛ

Preuss, J. D. E. Die militärische Richtung in Friedrichs Jugendleben. 8. Berlin 1856.

— Siona. Herzenserhebungen in Morgen- u. Abendandachten d. vorzügl. deutschen Dichter. 3e verm. u. verb. Aufl. Mit 1 Kpf. u. 1 Vign. gr. 12. Berl. 824. Amelang. 1 ℛ 12 ggr

—— gedrängte Uebersicht d. Landes- u. Volkskunde v. Preußen, als Hülfsb. z. Erlern. ders. f. Schüler. gr. 8. (7 B.) Königsberg 835, Gebr. Bornträger. *

Preuß, J(ohann) D(avid) E(rdmann): Das Königlich Preußische medizinisch-chirurgische Friedrich-Wilhelm's-Institut (ursprünglich chirurgische Pépinière) zu Berlin. Ein geschichtlicher Versuch zum 25ten Stiftungstage desselben, dem 2ten August 1819. 181 S., gbd.

Berlin: typ. Unger 1819

— Worte der Erinnerung am Sarge des Königl. Wirkl. Geh. Staatsministers rc. v. Beyme gesprochen. gr. 8. Berlin 838. Duncker u. Humblot. 1/8 ℛ

Preuss, Johannes, cand. theol.: **Die Entwicklung des Schriftprinzips bei Luther bis zur Leipziger Disputation. Im Zusammenhang mit d. Stellung Luthers zu d. andern theol. Autoritäten seiner Zeit dargest.** *Leipzig: Ch. H. Tauchnitz 1901.* (VI, 102 S.) 8°
Leipzig, Phil. Diss. v. [19. Nov.] 1901

Preuss, Julius: Kritisch-exegetische Beiträge zum VI. Buch des Thukydides. München 1905: Kastner & Callwey. (46 S.) 8°
München, Phil. Fak., Ref. v. Müller, Diss. v. 8. Mai 1905
[Geb. 1. Juli 80 Edenkoben, Pfalz; Wohnort: Fürth; Staatsangeh.: Bayern; Vorbildung: Wilhelmsgymn. München Reife Juli 99; Studium: München 8, Berlin 1, Erlangen 1 S.; Rig. 1. März 05.]

— **Julius** (Groß-Schönebeck / Mark), **Ueber die Syphilis als Aetiologie der Tabes dorsalis und der Dementia paralytica. Diss. med.-chir. Berlin** (H. Itzkowski) **6. II. 1886. 30 S. u. Biogr. (2.75) 27197**
Oppon.: M. Birnbaum, J. Lazarus, M. Caro. — Seinen Eltern gew.

Preuss, Julius. Ueber die Veränderungen der Zähne bei der Kieferrachitis des Schweines. Aus dem veterinärpathologischen Institut der Universität Bern.... Diss. Vet.-Med. Bern. Mit 15 Abbildungen auf Tafel I—IV. (Sonder-Abdruck aus dem Archiv f. wissensch. u. prakt. Tierheilkunde. Band 35. 1909.) 26 S. 8. Berlin, L. Schumacher, 1909.

Preuß, K. F., Ostmarkenbuch. Eine Sammlg. aufklär. Abhandlgn., Erzählgn. u. Schilderungn. aus dem gesamten Gebiete des deutschen Ostens.* I. Bd. Hrsg. m. Unterstützg. bewährter Freunde des Volkes. (III, 159 S. m. 26 Taf.) 8. Breslau 910. Priebatsch. 2.25; geb. in Leinw. 3. —

PREUSS, K. Th. Phallifche Fruchtbarkeits-Dämonen als Träger des altmexikanifchen Dramas. Ein Beitrag zur Urgefchichte des mimifchen Weltdramas. Mit 24 Abbildungen. Braunfchweig 1903. Gr. 4°.

Preuss, Karl

Preuss, K. Zum Sprachgebrauch der Oppiane. I. II. 31, 23 SS.
Progr. G. *Liegnitz* 1880. 1883.

Preuss, Karl Friedrich August [Cand. rev. min.]: Ad Maximi Confessoris de Deo hominisque deificatione doctrinam adnotationum pars I. Schneeberg, Druck v. C. M. Gärtner, 1894; 1 Bl., 23 S. 4.
Schneeberg, k. G, P 1894 (540)

Preuss, *Karl Friedrich August* Gebet. 4 (S. 12—13).
Kgl. G. mit Realkl. *Schneeberg* 1892 (540 statt 542).
Progr.

Preuss, *Karl Friedr. August* [Oberl.]: *Rede am Sedantage über die Entwickelung des deutschen Nationalbewusstseins.* Schneeberg, Druck v. C. M. Gärtner, 1891; S. 17 18; 4°.
Schneeberg, k. G m. Realkl., OP 1891 (540)

Preuss, Carl Ludwig (Dirschau/Westpreussen), **Tuberculorum pulmonis crudorum analysis chemica. Diss. chem.-pathol. Berlin** (Nietack) **22. VI. 1835. 42 S. u. Biogr. (M.: Fl. Wessel). (3.25) 27194**
Oppon.: V. Wichura, A. Burow, A. Wuerst. — Gew.: E. D. A. Bartels.

Preuss, Karl Theodor: Künstlerische D a r s t e l l u n g aus Kaiser-Wilhelms-Land in ihrer Bedeutung für die Ethnologie. Vorgelegt in der Sitzung der Berliner Anthropologischen Gesellschaft vom 20. März 1897. (Zeitschrift für Ethnologie. Bd. 29. Jahrg. 1897. S. 77–139.) Berlin 1897. 63 S. 8°

Preuss, Karl Theodor: Künstlerische D a r s t e l l u n g aus Kaiser-Wilhelms-Land. (Vorgelegt in den Sitzungen der Berliner Anthropologischen Gesellschaft vom 20. März und 26. October 1897. Fortsetzung von Zeitschrift 1897. Bd. 29. S. 139.) (Zeitschrift für Ethnologie. Bd. 30. Jahrg. 1898. S. 74–120.) Berlin 1898. 47 S. 8°

Preuss, Karl Theodor: Über einige O r n a m e n t e vom Kaiserin-Augusta-Fluss in Deutsch-Neu-Guinea. ([S.-A.] Internationales Archiv für Ethnographie. Bd. 11. 1898. S. 145–153.) (Leiden 1898.) 9 S., 1 Tf. 4°

Preuss, Konrad Theodor, s. P r e u s s , Theodor

Preuss, Leo [aus Wanglewe bei Winzig (Schlesien)]: **Beitrag zur Kenntnis der Metritis chronica und der Portioamputation als Radicaloperation derselben. . . .** Berlin, Buchdr. v. Gustav Schade (Otto Francke) (1889); 33 + 1 S. 8°
Berlin, Med. Fak., Inaug.-Diss. v. 23. Aug. 1889

Preuss Ludwig: Geschichte Lundenburgs bis zum Beginn des XIV. Jahrh. 37. 40. 4?. 78. Lundenburg 02—06.
Progr.

Preuß, Mart. Ed., deutsche Sprachlehre nach Doktor Becker's System, für Volksschulen und die untern Klassen höherer Lehranstalten. Mit vielen Aufgaben zur Beförderung eines sprachrichtigen Gedankenausdrucks. gr. 8. Minden 842, Eßmann. n. 5/12 ℛ

Preuss, Max: Ueber die Behandlung der äusseren Aneurysmen m. Veröffentlichg e. Falles ... München, k. Hof- u. Univ.-Buchdr. v. Dr. C. Wolf & Sohn, 1892; 35 S., 1 Taf. 8.
München, Med. Fak., Inaug.-Diss. v. [3. März] 1892

Preuss, Max: Die rechtliche Behandlung des Trunksüchtigen. *Hannover 1900: W. Jürgens.* (50 S.) 8°
Rostock, Jur. Diss. v. [5. Juli] 1900

Preuß, Otto, die baulichen Alterthümer d. Lippe'schen Landes. gr. 8. (III, 98 S.) Detmold 873. Meyer. n. 1. 50

Preuß, Otto, die baulichen Altertümer des Lippischen Landes. 2. verm. und verb. Aufl. gr. 8. (IV, 172 S.) Detmold 881, Meyer'sche Hofbuchh. *

Preuss, Otto. Beitrag zur pathologischen Anatomie der Geflügelcholera. Aus dem bakteriologischen Institut für Tierseuchen in Kiel.... Diss. Vet.-Med. Bern. 63 S. 8. Berlin, Emil Ebering, 1909.

Preuss, Otto, **Beitrag zur patholog. Anatomie der Geflügelcholera. (Diss.) (63 S.) gr. 8. Berlin 910. E. Ebering.** nn 1. 30

—— die Lippischen Familiennamen. gr. 8. (41 S.) Detmold 884, (Hinrichs'sche Hofbuchh.) *
Aus: Jahrbuch des Vereins für niederdeutsche Sprachforschung, besonders abgedruckt.

Preuß, Otto, die Lippischen Familiennamen mit Berücksicht. der Ortsnamen. 2. umgearb. und erweit. Aufl. gr. 8. (IV, 132 S.) Detmold 887, Meyer'sche Hofbuchh. *

Preuß, Otto, die Lippischen Flurnamen. gr. 8. (IV, 163 S.) Detmold 893. Meyer. n. 3. —

Preuß, O., und A. Falkmann, Lippische Regesten. Aus gedruckten und ungedruckten Quellen bearb. 1. Bd. Vom Jahre 783 bis zum Jahre 1300. Mit 18 (lith.) Siegelabbildgn. Lemgo 860. Meyer. gr. 8. (XII, 292 S.) n. 1 ℛ

— — 2. Bd. Vom Jahre 1301 bis zum Jahre 1400. Mit 43 Siegelabbildgn. (auf 27 lith. Taf.) u. 2 genealog. Tab. (in 4.) Ebend. 863. gr. 8. (XIV, 515 S.) n. 2 ℛ 20 ngr

Preuß, O., u. A. Falkmann, Lippische Regesten. Aus gedr. u. ungedr. Quellen bearb. 3. u. 4. Bd. Detmold, Meyer'sche Hofbuchh. gr. 8. Jeder Bd. n. 2 ℛ 10 ngr
3. Bd. Vom J. 1401 bis zum J. 1475 nebst Nachträgen zu den beiden ersten Bänden. (IV, 477 S. mit 34 Siegelabbild. auf 18 Steintaff. u. 1 genealog. Tab. in qu. 4.) 866.
4. Bd. Vom J. 1476 bis zum J. 1536 nebst Nachträgen zu den 3 ersten Bänden. (VIII, 528 S. mit 14 Siegelabbild. auf 8 Steintaff.) 868.

Preuss, Paul (Rud.) (geb. Thorn 12. 11. 1861): Die Beziehungen zwischen dem anatomischen Bau und der physiologischen Funktion der Blattstiele und Gelenkpolster. Berlin (1885). (30 S.) 8°
Berlin, Phil. Diss. v. 13. Aug. 1885

Kolonial-Wirtschaftl. Komitee. Expedition nach Central- und Südamerika. Dr. Paul **Preuss**. 1899/1900. Mit 20 Taf., 1 Pl. u. 78 Abb. *Berlin: Kol.-Wirtsch. Komitee 1901.* (XII, 452 S.) 8° [F.] [01. 8735

Preuss, Paul, Expedition nach Central- u. Südamerika. 1899/1900. Hrsg. vom kolonial-wirtschaftl. Komitee. Mit 20 Taf., 1 Plan u. 78 Abbildgn. im Text. gr. 8. (XII, 452 S.) Berlin 901. (E. S. Mittler & Sohn.) Geb. in Leinw. n. 20. —

Über Kakaobau und andere Plantagenkulturen auf Samoa. Von Prof. Dr. Paul **Preuß**. Mit 6 Abb. u. 4 Taf. Berlin: Tropenpflanzer 1907. (79 S.) 8°
= **Tropenpflanzer**, Der. Beihefte. Bd 8, No 1. [07. 18008

Über Kautschuk- und Guttaperchakultur in deutschen Kolonien. Von Prof. Dr. P[aul] **Preuß**. (Berlin 1905: E. S. Mittler & Sohn.) (11 S.) 8°
= **Kolonialblatt**, Deutsches. Jahrg. 16, No 13. Beil. 2. [05. 10743

Preuß, P., wie baut d. Landwirth zeitgemäß u. billig? Vortrag, geh. in der ökonom. Gesellschaft im Königr. Sachsen, Dresden am 10. Jan. 1896. gr. 8. (47 S.) Dresden 896. G. Schönfeld. n. — 80

Preuß, P., wie baut der Landwirt zeitgemäß u. billig? Vortrag, geh. am 10. I. 1896. (49 S.) gr. 8. Leipzig 908. Fritzsche & Schmidt. 1. —

Preuß, R., Nicolaus Lenau. (Eine Biographie.) 8. (LXXXVI S.) Berlin (902). A. Weichert. 1. —
Sonderabdruck aus: „Lenaus sämtl. Werke".

Preuss, Rich., Anleitung zur Erlernung der Gabelsberger'schen Redeschrift, s.: Reuter's Bibliothek. 44. Bd.

— dasselbe z. Erlerng. d. Gabelsberger-schen Satzkürzung, s.: **Reuter's Bibliothek f. Gabelsberger-Stenographen.**

— Anleitung zur kaufmänn. Korrespondenz nach Gabelsbergers System, s.: Reuter's Bibliothek. 45. Bd.

— theoretisch-prakt. Anleitung zur Gabelsberger'schen Satzkürzg., s.: Reuter's Bibliothek f. Gabelsberger-Stenographen.

Preuß, Rich., s.: **Carlyle's, Thom.,** Briefe an Varnhagen v. Ense.

— **praktisches Diktierbuch m. Wort- u. Silbenzählung,** s.: **Reuter's Bibliothek f. Gabelsberger Stenographen.**

Preuss, Richard [aus Tilsit]: Stilistische Forschungen über Gottfried von Strassburg. Strassburg, Karl J. Trübner, 1881. 8. 42 S.

Preuss, Richard, Referendar: Die Gegenleistungen des Vertragserben beim Erbvertrag. Breslau 1910: Schatzky. 65 S. 8°
Breslau, Jur. Diss. v. 22. Juli 1910, Ref. Meyer, Fischer
[Geb. 5. März 87 Glogau; Wohnort: Glogau; Staatsangeh.: Preußen; Vorbildung: Gymn. Glogau Reife O. 05; Studium: Freiburg i. B. 1, Berlin 3, Breslau 2 S.; Rig. 9. Juli 08.] [U 10. 520

— **Lese- u. Uebungsbuch bei Erlernung der Gabelsb. Satzkürzung,** s. Reuter's Bibliothek f. Gabelsberger Stenographen.

Preuss R, Lese- und Ubungsbuch zur Erlernung der Gabelsberger'schen Satzkürzung. (94 S) Dresden 1894

Preuss, R. Stilist. Untersuchungen über Gottfried v. Strassburg, s. XVIII. Bd. 2. Abthl. S. 663: Studien, Strassburger, 1. Bd.

[F.] Wie baut der Landwirth praktisch und billig? Anleitg z. Bau von Scheunen, Stallgn, Wohngebäuden jeder Art, nebst genauer Berechng d. Materialverbrauches u. der Kosten. M. 233 Abb. Von Rudolph **Preuss**, Maurer- u. Zimmermeister ... *Berlin: F. Telge 1895.* (595 S.) 1 Bd 8. [96. 1936

Preuß, Rud., wie baut der Landwirt praktisch u. billig? Handbuch f. Ausführg. u. Unterhaltg. landwirtschaftl. Bauwerke aller Art. 4 Bde. 2. Aufl. gr. 8. Berlin 907. Deutsche Tageszeitg. Geb. in Leinw. nn 15. —
I. 1. Tl.: Der Bau der Stallungen. 2. Tl.: Der Bau v. Düngerstätten. (XII, 251 S. m. Abb.) Einzelpr. 4. —
II. 1. Tl.: Der Scheunen- u. Speicherbau. 2. Tl.: Ziegelei als landwirtschaftl. Nebengewerbe. 3. Tl.: Der Bau v. Eishäusern u. Eismieten. (VIII, 321 S. m. Abb.) Einzelpr. 4. —
III. 1. Tl.: Der Bau v. Beamten- u. Herrschaftshäusern. 2. Tl.: Der Bau v. Arbeiterhäusern. (VIII, 340 S. m. Abb.) Einzelpr. 4. 50
IV. 1. Tl.: Unterhaltung landwirtschaftlicher Gebäude. 2. Tl.: Der Wege- u. Brückenbau. 3. Tl.: Brennerei-, Brauerei-, Molkerei-Anlagen u. -Geräte u. Wagenschuppen. (VIII, 340 S. m. Abb.) Einzelpr. 4. 50

— stenographisches Wörter-Verzeichnis nach d. Berliner u. Wiener Beschlüssen d. Gabelsberger-Systems. Unter Benützg. der vom k. k. Ministerium für Kultus u. Unterricht autoris. Ausg. d. neuen deutschen Rechtschreibg. bearb. 1.–6. Lfg. (S. 1.–203.) gr. 8. Teplitz-Schönau (904. 906). A. Becker. à n. — 50

— **der stenographische Zeitgeist**, s.: **Vorträge u. Abhandlungen zur Gabelsbergerschen Stenographie.**

Preuss, Siegmund

Preuss, S.: Xenophons Anabasis, s. Weidner, A.

Preuss, Siegm., index Demosthenicus. gr. 8. (IV, 330 S.) Leipzig 892. B. G. Teubner. n. 10. —

Preuss, S., index Aeschineus, s.: Aeschinis orationes.

Preuß, Siegmund: Index Isocrateus. Fürth 1904: L. Limpert. (96 S.) 8°
Fürth, k. humanist. G P 1904*

Preuss, Siegm., Index Isocrateus. (IV, 112 S.) gr. 8. Leipzig 904. B. G. Teubner. n. 8. —

Preuss, Siegm. Lexicon Caesarianum, s. Menge, Rud.

—— **vollständiges Lexikon zu den pseudo-cäsarianischen Schriftwerken.** I. Tl.: Bell. gall. 8. und Bell. Alex. II. Tl.: Bell. afr. und hisp. gr. 8. (433 S.) Erlangen 884, Deichert. *

Preuß, Siegm., Präparation zu Tacitus' Agricola, s.: Krafft u. Ranke's Präparationen f. die Schullektüre.

— dasselbe zu Tacitus, Dialogus de oratoribus, s.: Krafft u. Ranke's Präparationen f. die Schullektüre.

— lateinisches Übungsbuch, s.: Haas, Jak.

Preuß, Siegm., Übungsbuch zum Übersetzen aus dem Deutschen ins Griechische, s.: Bauer, Wolfg.

Preuss, Siegism., De bimembris dissoluti apud scriptores romanos usu sollemni. gr. 8. (123 S.) Edenkoben 881. (Tübingen, Heckenhauer'sche Buchh.) *

— Vorlagen zu griechischen Stilübungen f. Prima. gr. 8. (III, 140 S.) Bamberg 900. C. C. Buchner Verl. Geb. in Leinw. n. 1.80

(B) — Vorlagen zu griech. Stilübungen. 900. (KBL 32.) Erbr. Pr. 2. —

Preuss, Theodor, Verf. von: Scherz u. Ernst. 1893
s. **Preuss**, Andreas Theodor. (11. 1894) 10

Preuss, *Konrad* Theodor [Pr. Eylau]: ... Die Begräbnisarten der Amerikaner und Nordostasiaten ... Königsberg, Hartungsche Buchdr., *1894*; XVIII, 314 S., 1 Bl. 8.
Königsberg, Phil. Fak., Inaug.-Diss. v. 4. Okt. 1894

Preuss, Thdr., die Begräbnisarten der Amerikaner u. Nordostasiaten. Diss. gr. 8. (XVIII, 314 S.) Königsberg 894. (Braun & Weber.) n. 4. —

(B) **Preuss**, T., die Begräbnisarten d. Amerikaner u. Nordostasiaten. 894. (KBL 28.) Jetzt: Leipzig, K. W. Hiersemann.

Th. **Preuss**. Die Beurteilung des Kaisers Augustus durch seine Zeitgenossen. *Buenos Aires: G. v. Woerden & Co. in Komm. [um 1902]*. (23 S.) 8°
— **Veröffentlichungen** d. Deutschen Akademischen Vereinigung in Buenos Aires. Bd 1, H. 6. (03. 3160 9

Preuss, *Theodor* Carmen saeculare. 4 (S. 1—2).
In: Teil II der Festschrift zum 300jähr. Jubil. des
Progr. G. *Tilsit* 1886 (zu 17).
Prolog gesprochen beim Schulfest. 4 (S. 41—42). Rg. *Borna* 1889 (523).
Progr.

Preuss, Thdr., Kaiser Diocletian u. seine Zeit. Leipzig 869. Duncker & Humblot. gr. 8. (VIII, 182 S.) n. 28 *ngr.*

Preuss, Theodor [Prof.]: Die Franken und ihr Verhältnis zu Rom im letzten Jahrhundert des Reiches. Tilsit, gedr. bei J. Reylaender & Sohn, 1889; 1 Bl., 15 S. 4°
Tilsit, k. G. OP 1890 (17)

Preuß, Thdr., Graf Hertzberg als Gelehrter u. Schriftsteller, s. **Bausteine zur preuß. Geschichte.** II. 2.

Preuss, Theodor: Graf Hertzberg als Gelehrter und Schriftsteller. Von Prof. Dr. –. Berlin: H. Costenoble 1902. (42 S.) 8°
= Bausteine z. Preussischen Geschichte. Jg. 2, H. 2.

Preuss, Theodor: Litauen vor 300 Jahren. *Tilsit 1898: O. v. Mauderode.* (3—12 S.) 4° [ʒ.]
Tilsit, k. G, P 1898 (10)

Preuss, Konr. Thdr., Menschenopfer u. Selbstverstümmlg. bei d. Todtentrauer in Amerika, s.: **Festschrift f. Adolf Bastian.**

Preuss, *Theodor* Ueber Namen und Herkunft der Salier. 4 (S. 11—16).
In: Teil II der Festschrift zum 300jähr. Jubiläum des
Progr. G. *Tilsit* 1886 (zu 17).

Preuß, Wilhelm

Preuß, W. Liegt Sturm- oder Blitzschaden vor? Wien 1910.

Preuss, W., Schäden an Gebäuden namentl. an solchen auf dem Lande, deren Verhütg., Versicherg. u. Beseitigg. (Zum prakt. Gebrauch f. Landwirte, Bautechniker u. Versicherte.) (64 S. m. Fig.) 8. Danzig 906. (L. G. Homann.) n n. 1. 25

Schäden an Gebäuden namentlich an solchen auf dem Lande, deren Verhütung, Versicherung u. Beseitigung von W[ilh.] Preuß, Kataster-Revisor. Danzig: Selbstverl. 1906. (64 S.) 8° (06. 1447) 10

Preuß, W., welche Einrichtungen der Besitzer sind geeignet, ländliche Arbeiter vom Zug nach der Stadt zurückzuhalten, s. **Preisschriften u. Sonderabdrücke der Deutschen landwirtschaftlichen Presse.**

[F.] Welche Einrichtungen der Besitzer sind geeignet, ländliche Arbeiter vom Zug nach der Stadt zurückzuhalten. Von W. Preuss, Landwirt in Berlin. Gekr. Preisschr. *Berlin: P. Parey 1894.* (32 S.) 1 Bd 8.
— Preisschriften u. Sonderabdr. d. Deutschen Landw. Presse. No 13.
[96. 1104

Preuss, *Friedrich* Wilhelm [aus Darmstadt (Grossh. Hessen)]: Ueber die Altersbestimmung von Leichen ... Berlin, C. Vogts Buchdr., *1895;* 33 S., 1 Bl. 8.
Berlin, Med. Fak., Inaug.-Diss. v. 26. Juli 1895

Preuß, Wilh. H., nautische Aufgaben. 1. Heft: Breitenbestimmungen. Zugleich Fortsetzung der Sammlung von Formeln, Beispielen ꝛc. des Verf. 8. (112 S.) Oldenburg 878, Schulze'sche Hofbuchh. *

—— die materielle Bedeutung des Lebens im Universum. Ein gemeinverständl. Vortrag mit wissenschaftl. Anmerkungen. gr. 8. (43 S.) Ebendas. 878. *

— die psychische Bedeutung des Lebens im Universum. Resultate einer philosophischen Naturforschung über den kosm. Ursprung des Lebens, die Enstehung des Menschen u. der Arten im Thier- u. Pflanzenreiche. gr. 8. (IV, 54 S.) Ebend. 879. n. 1. —

Preuß, W. H., Elemente der Planimetrie. Repertorium derselben zum Gebrauch beim Unterricht. 8. (56 S.) Bremen 869, Kühtmann und Comp. *

— Geist u. Stoff. Erläuterungen des Verhältnisses zwischen Welt u. Mensch nach dem Zeugniß der Organismen. gr. 8. (IV, 277 S.) Ebend. 883. n. 4. —; geb. n. 5. —

Preuß, Wilh. H., Geist u. Stoff. Erläuterungen des Verhältnisses zwischen Welt u. Mensch nach dem Zeugniß der Organismen. 2., durch Nachträge verm. Aufl. gr. 8. (VII, 302 S.) Oldenburg 899. Schulze. n. 4. —

Preuß, Wilh. H., der vorgeschichtliche Mensch. Vortrag auf der 10. Jahres-Versammlung des oldenburger Alterthums-Vereins. gr. 8. (35 S.) Varel 886, Bültmann und Gerriets Nachf. *

—— Sammlung von Formeln, Beispielen und Aufgaben aus der rechnenden Nautik und deren Hülfswissenschaften. Zum Gebrauch für Navigations- und Marineschulen, sowie für Seeleute. 1. Thl. gr. 8. (VI, 136 S.) Ebendas. 877. *

Preuss, W. H., Sammlg. v. Formeln, Beispielen u. Aufgaben aus d. rechnenden Nautik u. deren Hülfswissenschaften. Zum Gebrauch f. Navigations- u. Marineschulen, sow. f. Seeleute. 2., durch Zusätze verm. Aufl. 8. (VI, 136 u. 3 S. m. Fig.) Oldenburg 899. Schulze. n. 2. —

Preuss, Wilh. H., die englische Staats-Verfassung. Eine gedrängte Darstellg. derselben zur Orientirg. f. Staatsmänner, Kaufleute, Schiffsrheder u. Zeitungsleser. gr. 8. (VIII, 111 S.) Oldenburg 894. Schulze. n. 1. 60

Der Preusse in Dänemark. Dem 10. Deutschen Armee-Corps gewidmet zur Erinnerung an Schleswig-Holstein. 1848. Lithographie v. Semmi Hertz, Hamburg. 1 Bl. Fol., 42,5/34 cm.

Der echte Preuße. Beiträge zur politischen Aufklärung des Volks. Von C. F. Berlin, Mylius 1848. 8 S. 8.

Preuße, der redliche, ein Kalender auf das Jahr 1833. Bearbeitet z. freundl. u. nützl. Gebrauch f. Jedermann. Durch das beigefügte Jahrmarktsverzeichniß vorzügl. brauchbar für die Bewohner d. Provinzen: Ost- u. Westpreußen, Litthauen, Posen, Schlesien, Brandenburg u. Pommern. 12. Mit Friedrich Wilhelm III. Bildn. Mohrungen 832. Schulbuchh. (Rautenberg). 6¼ gl Vergl. 1) der redliche Altpreuße. 2) Eichenblätter.

Preuße, der redliche, ein Kalender auf d. Jahre 1836 u. 1837. Bearbeitet zum freundlichen u. nützl. Gebrauch f. Jedermann. Durch d. beigefügte Jahrmarktsverzeichniß vorzüglich brauchbar für die Bewohner der Provinzen Ost- u. Westpreußen, Litthauen, Posen, Schlesien, Brandenburg und Pommern. Mit d. Stahlstiche: Louise, Königin v. Preußen. 12. Mohrungen 835, 36. Rautenberg. (1836. n. 7 gl 1837. n. 6½ gl) 13½ gl

Preuße, der redliche. Ein Kalender auf das Schalt-Jahr 1844. Bearb. von C. L. Rautenberg. No. 1. 8. (12¾ B. u. 4 Stahlst.) Mohrungen 843, Bücher-Magazin? *

—— ders. No. 2. 12. (7⅚ B. u. 1 Stahlst.) Ebds. *

—— ders. No. 3. 12. (3⅔ B.) Ebds. *

—— ders. Jahrg. 1845. Bearb. v. C. L. Rautenberg. 8. (12 B.) Ebds. 844. Ausg. No. 1. mit 4 Stahlst. * 10 Ngr. — Ausg. No. 2. mit 1 Stahlst. * 8 Ngr. — Ausg. No. 3. *

Preuße, der redliche. Ein Kalender auf das Jahr 1858 u. 59. Bearb. von C. L. Rautenberg. 27. u. 28. Jahrg. Mit Stahlst. u. Illustr. (Holzschn.) Mohrungen, Rautenberg. 8. Jeder Jahrg. n. 10 ngr; kleinere Ausg. n. 8 ngr

Preuße, der redliche. Ein Kalender auf das Jahr 1859—64. Bearb. zum freundlichen und nützlichen Gebrauche für Jedermann von C. L. Rautenberg. 29—33. Jahrg. Mit Stahlst. u. Illustr. (Holzschn.) Mohrungen, Rautenberg. 8. Jeder Jahrg. (à ca. 15 Bgn.) n. 10 ngr; kleine Ausg. à n. 8 ngr

Preuße, der redliche. Ein Kalender auf die J. 1865—70. Bearb. zum freundl. u. nützl. Gebrauche für Jedermann von C. L. Rautenberg. 34—39. Jahrg. (Nr. 1.) Mohrungen, Rautenberg. 8. Jeder Jahrg. (ca. LX, 220 S. mit 1 Stahlst. u. Illustr. in Holzschn.) n. 10 ngr Billigere Ausg. (Nr. 2.) 12. Jeder Jahrg. (ca. LX, 220 S. mit 1 Stahlst. u. Illustr. in Holzschn.) n. 8 ngr Kleinere Ausg. (Nr. 3.) 12. Jeder Jahrg. (ca. LVI, 66 S. mit Illustr. in Holzschn.) n.n. 5 ngr Kleinere Ausg. (Nr. 4.) 12. n. 4 ngr

— dasselbe auf d. J. 1871. Bearb. zum freundl. u. nützl. Gebrauche f. Jedermann v. C. L. Rautenberg. 40. Jahrg. Mit 2 Stahlst.-Prämien u. 33 Holzschnbildern. (auf 1 Taf u. eingedr.) 4. Aufl. 8. (LXIV, 215 S.) Mohrungen 871 (Leipzig, Opetz.) n. 1. —

Preuße, der redliche. Ein Kalender auf d. J. 1873. Bearb. zum freundl. u. nützl. Gebrauche f. Jedermann. v. C. L. Rautenberg. 42. Jahrg. Ausg. Nr. 1. Mit 6 Prämien-Bildern (Holzschntaf.) u. 25 andern (eingedr.) Holzschn. 2. Aufl. 8. (254 S.) Mohrungen, Rautenberg. n. 1. —

— dasselbe. Ausg. Nr. 2. Mit 8 Prämien-Bildern (Holzschntaf.) u. 31 andern (eingedr.) Holzschn. 8. (298 S.) Ebend. n. — 80

— dasselbe. Ausg. Nr. 3. Mit 19 (eingedr.) Holzschn. 8. (128 S.) Ebend. n.n. — 50

— dasselbe. Mit 2 Stahlst.-Prämien u. 3 Holzschnbildern (auf 1 Taf. u. eingedr.) 5. Aufl. 12. (XXXII, 254 S.) Ebend. 871. n. — 80

— dasselbe. 208. Aufl. Verm. m. e. vollständ. Sammlg. ein- u. mehrstimm. Lieder. gr. 8. (X, 310 S.) Ebend. 874. n. — 65

Preuße u. Deutsche, der redliche. Ein Kalender auf d. J. 1875. Bearb. zum freundl. u. nützl. Gebrauche f. Jedermann v. C. L. Rautenberg. [L. Born.] 24. Aufl. Nr. 1 Mit 7 Prämien-Bildern u. vielen anderen (eingedr.) Holzschn. 2. Aufl. 8. (LXXVI, 200 S.) Ebend. 874. n. 1. —

— — dasselbe. Nr. 2. Mit 8 Prämien-Bildern. 8. (LXXVI, 234 S.) Ebend. 874. n. — 80

— — dasselbe. Nr. 3. Mit vielen Holzschnittbildern. gr. 16. (LXXVI, 86 S.) Ebend. 874. n. — 50

Preuße und Deutsche, der redliche. Ein Kalender auf die J. 1876—1880 bearb. zum freundl. und nützl. Gebrauche für Jedermann von C. L. Rautenberg [L. Born]. 45.—49. Jahrg. Ausg. Nr. 1. 8. (à ca. 250—260 S. mit 7 Prämien-Bildern und vielen anderen eingedr. Holzschn.-Bildern.) Mohrungen, Rautenberg. à Jahrg.
—— dass. — Ausg. Nr. 2. gr. 16. (à ca. 280 S. mit 8 Prämienbildern und eingedr. Holzschn.) Ebendas. à Jahrg.
—— dass. — Ausg. Nr. 3. gr. 16. (à ca. 150 S. mit eingedr. Holzschn.) Ebendas. * Jahrg. *

—— und Deutsche, der redliche. Ein Kalender auf die J. 1881—1885. Bearb. zum freundl. und nützl. Gebrauche für Jedermann von C. L. Rautenberg. 50.—54. Jahrg. Ausg. Nr. 1. 8. (à Jahrg. ca. 270 S. mit 7 Prämienbildern in Holzschn. und vielen anderen eingedr. Holzschn.-Bildern.) Mohrungen, Rautenberg. à Jahrg.
Ausg. Nr. 2. 12. (à Jahrg. ca. 280 S. mit eingedr. Holzschn. und 8 Holzschntaf.) à Jahrg.
Ausg. Nr. 3. 12. (à Jahrg. ca. 130 S. mit eingedr. Holzschn. und 1 Holzschntaf.) à Jahrg.

Preuße und Deutsche, der redliche. Ein Kalender auf die J. 1886—1889. Bearb. zum freundl. und nützl. Gebrauche für Jedermann von C. L. Rautenberg. 55. Jahrg. Ausg. Nr. 1. 8. (à Jahrg. ca. 268 S. mit 7—8 Prämienbildern in Holzschn. und vielen anderen eingedr. Holzschn.-Bildern.) Mohrungen, Rautenberg. à Jahrg.
—— dass. — 1886—1889. Ausg. Nr. 2. 12. (à Jahrg. ca. 200 S. mit eingedr. Holzschn. und 8 Holzschntaf.) Ebendas. à Jahrg.
—— dass. — 1886—1889. Ausg. Nr. 3. 12. (à Jahrg. ca. 130 S. mit eingedr. Holzschn. und 2 Holzschntaf.) Ebendas. à Jahrg.

Preuße u. Deutsche, der redliche, f. 1893. Illustrirter Familien-Kalender. 62. Jahrg. Mit Abbildgn. u. 1 Wandkalender. Ausg. Nr. 1. gr. 8. (ca. 200 S.) Mohrungen 892, Rautenberg. — 75
Ausg. Nr. 2. 12°. (136 S.) — 40; Ausg. Nr. 3. 12°. (96 S.) — 30.

Preuße u. Deutsche, der redliche, f. 1894. Illustr. Familien-Kalender. 63. Jahrg. Mit Abbildgn. u. 1 Wandkalender. Ausg. Nr. 1. gr. 8. (II, LVI, 82 u. 121 S.) Mohrungen, C. L. Rautenberg. — 75; Ausg. Nr. 2. 12. (II, LVII, 39 u. 65 S.) — 40; Ausg. Nr. 3. 12. (II, XXXIII, 39 u. 41 S.) — 30

Preuße u. Deutsche, d. redliche, f. 1899. Illustr. Familien-Kalender. 68. Jahrg. Nr. 1. gr. 8. (58, 40 u. 139 S. m. Wandkal.) Mohrungen, C. L. Rautenberg. — 75; Nr. 2. 12. (59, 51 u. 67 S. m. Wandkal.) — 40; Nr. 3. 12. (35, 51 u. 43 S. m. Wandkal.) — 30

Preuße u. Deutsche, der redliche, f. 1903. Illustrirter Familien-Kalender. 72. Jahrg. Nr. 1. gr. 8. (58, 40 u. 221 S.) Mohrungen, C. L. Rautenberg. — 75; Nr. 2. 12. (253 S. m. Wandkalender.) — 40; Nr. 3. 12. (189 S. m. Wandkalender.) — 30

Preuße u. Deutsche, der redliche, für 1907. Illustrierter Familien-Kalender. 76. Jahrg. Nr. 1. (295 S. m. Wandkalender.) 8. Mohrungen, C. L. Rautenberg. — 75; Nr. 2. (253 S. m. Wandkalender) kl. 8. — 40. Nr. 3. (189 S. m. Wandkalender.) kl. 8. — 30

Preuße u. Deutsche, der redliche, f. 1908. Illustrierter Familien-Kalender. 77. Jahrg. Nr. 1. (261 S. m. Wandkalender.) 8. Mohrungen, C. L. Rautenberg. — 75; Nr. 2. (211 S. m. Wandkalender.) kl. 8. — 40; Nr. 3. (147 S. m. Wandkalender.) kl. 8. — 30

Preuße, der treue redliche, f. d. J. 1885 f. die Provinzen Brandenburg, Pommern, Ost- u. West-Preußen, Posen, Schlesien, Sachsen, nebst den angrenz. Landestheilen: Altenburg, Anhalt, Bremen, Hamburg, Koburg-Gotha, Lübeck, Mecklenburg rc. Mit 1 (chromolith.) Titelbilde u. zahlreichen Illustr. 8. (160 S.) Landsberg a/W. Volger & Klein. — 50

Ein Preusse in Venedig. Erinnerungen eines Soldaten der Schweizer-Compagnie a. d. J. 1848 u. 1849. (64.) 8. Berlin 1850. 1.00.

[Lied.] Zum hohen Geburtsfeste des Kaisers Wilhelm I. [Unterz.:] P[reusse. Rudolstadt 1878.] 1 Bl. 8° [Kopftit.]
Ohne Noten: „Heute füllt sel'ge Lust..."

Preuße, der Offizier d. Beurlaubtenstandes. Zusammenstellung v. Bestimmgn. zum Gebrauch f. Offiziere der Reserve u. der Landwehr, nebst e. Anleitg. zum Anfertigen v. Dienstbriefen. gr. 8. (24 S.) Bromberg 885. Johne. n. — 50

Preusse, Augustin (Krossen/Schlesien), De crimine et poenis perjurii vulgo Vom Meineyd quam occasione art. XIX. § 4. neo-const. criminal. Josephinae. In usum ditionum haereditariarum regni Bohemiae, Marchionatus Moraviae et ducatus Silesiae sancitae. Diss. jur. crimin. Präs. E. Gerhard. Jena (Muller) (22. III. 1703) März 1713. 44 S. (4.75) 27198
Widm. v.: E. Gerhard, Gottlieb Stolle (dtsch.), George Kuppermann (dtsch.), Ernst Gottfried Scultetus (Oppon.

Preusse, Christian. Frid. Guil. (geb. Hohendodeleben bei Magdeburg 23. 10. 1840): De tracheotomiae usu in laryngitide crouposa et diphtheritica. Berolini (1864). (32 S.) 8°
Berlin, Med. Diss. v. 10. Aug. 1864

Preuße, Fr. Wilh., der Franzosenspiegel. Eine Sammlg v. Dummheiten, Großmäuligkeiten u, Rohheiten der weiland großen Nation aus dem Kriege 1870. Zu Nutz u. Lehre, wie zu angenehmer Ergötzung f. das deutsche Volk gesammelt. 16. (104 S.) Berlin 871. Leipzig, Fest. — 75

Preusse, *Heinrich Emil* Franz [aus Braunschweig]: Die amitotische Kerntheilung in den Ovarien der Hemipteren ... M. 2 Taf. (Aus: Zeitschr. f. wiss. Zool., Bd. LIX Heft 2.) Marburg, *Druck v. Breitkopf & Härtel in Leipzig*, 1895; 49 S., 1 Bl., 2 Taf. 8.
Marburg, Phil. Fak., Inaug.-Diss. v. [1. Juni] 1895

Preuße, Gustav, s. Zeitung, Österreichische illustrirte.

Preuße, Hans, appr. Arzt: Aus dem pathol. Institut des Städt. Krankenhauses im Friedrichshain zu Berlin. ⟨Leiter Prosektor Privatd. Dr. L. Pick.⟩ Ueber einen Fall von Anthrax intestinalis beim Menschen. Leipzig 1907: B. Georgi. (26 S.) 8°
Leipzig, Med. Fak., Ref. Marchand, Diss. v. 30. Juni 1907
[Geb. 23. Mai 82 Berlin; Wohnort: Berlin; Staatsangeh.: Preußen; Vorbildung: Kgl. Ritterakad. Liegnitz Reife O. 00; Studium: Marburg 3, Heidelberg 2, München 3, Berlin 3 S.; Coll. 17. Juli 07; Approb. 1. Febr. 07.]

Preusse, Heinrich Emil Franz, s. Preusse, Franz

Preuße, Herm., Gedichte. (237 S.) kl. 8. Dresden 909. E. Pierson. 2.50; geb. n 3.50

Preusse, J. B., vollständ. Anleit. z. Schreiben, für die Landschulen. 36 Bl. qu. Fol. Braunschw. 797. 2 ℳ

Preusse, Max

Preuße, M., praktische Anleitung zur Trichinenschau, s.: Long, R.

— Thierarzneibuch, s.: Wagenfeld.

— Verordnungen u. Bekanntmachungen betr. die Schlachtvieh- u. Fleischbeschau für den Reg.-Bez. Danzig. Im amtl. Auftrage zusammengestellt. (55 S.) 8. Danzig (905). L. G. Homann. Kart. n. 1.—

— Zusammenstellg. d. in Bezug auf d. Untersuchung von Fleisch u. Fleischwaaren u. d. Verkehr m. denselben im Reg.-Bez. Danzig gilt. Polizeiverordngn. u. Regulative, sow. d. wichtigsten, hierher gehör. gesetzl. Bestimmgn., m. Erläutergn. vers. gr. 8. (40 S.) Danzig 896. R. Barth. Kart. n. —60

Preuße-Sperber, O., Wegweiser f. Argentinien zur Orientierung der Auswanderer u. Kapitalisten. 2. Aufl. (150 S.) 8. Flöha 905. A. Peitz & Sohn. Geb. n. 2.—

Preußen [Sachliches OW]

Preußen, oder Andeutungen über die polit. Richtung welche Preußen nothwend. nehmen muß. Von e. Preußen. 8. Nürnb. 831. Campe. 4 gr.

Preussen oder die Ausbildung einer verständigen Reform. Nach einem Aufsatze in Blackwoods Edinburgh Magazine Juli 1833. Berlin 1834. V: *Bulwer of Knebworth, Edward George Earl Bulwer Lytton Baronet.* (HHBD IX, 28)

—— oder d. Ausbildung e. verständ. Reform. Von e. Engländer. (Nach e. Aufsatze in Blackwood's Edinburgh Magazine, Juli 1833.) gr. 8. (3½ B.) Berlin 834, Eichler.

Preußen, oder die Ausbildung einer verständigen Reform. Von e. Engländer. (Nach e. Aufsatze in Blackwood's Edinburgh Magazine, Juli 1833.) gr. 8. Berlin 834. (Thome.) ⅓ Thlr.

Preußen! Thut die Augen auf . . . Wir stehen vor einer demokratischen Verschwörung. — Freund der Freiheit. Gedruckt bei J. Sittenfeld. 1 Bl. Fol.
Flugblatt. Berlin, 22. Sept. 1848.

Preußen. Geschichtliches Schul- und Volksbuch mit zahlreichen in den Text gedr. Abbildgn. (Holzschn.) der preuß. Könige, Helden, Schlösser, Denkmäler, Schlachtpläne und Orden. Langensalza 859. Greßler. 8. (VIII, 279 S. u. 4 color. Lithogr.) 24 ngr.

Preussen über Alles, wenn es will . . . Germanien [Leipzig u. Altenburg] 1817. V: *Reiche, Sam. Gottfried.* (Nowack, Schles. Schriftst.-Lex. Breslau 1836—43. IV, 127.) (NN) (BTVV)

— über Alles, wenn es will. gr. 8. Lpz. 817. Brockhaus. 20 gr.

Preußen, der Beamtenstaat, in seiner politischen Entwickelung und seinen social-ökonomischen Zuständen. Dargestellt durch Benj. Constant u. Sam. Laing. Bearb. von Ad. Heller. gr. 8. Mannheim 844, Bassermann. ¾ Thlr.

Preußen u. seine Bedeutung für Deutschland. 1. u. 2. Aufl. Hamburg 866. O. Meißner. gr. 8. (68 S.) n. 10 ngr.

Preussen, Das befreite. Breslau 1814. V: *Chlebus, Carl Wilh.* (KY)

— das befreite. (von K. W. Chlebus). 1s—3s Heft. 8. Oels. 814. (Bresl., Holäufer). 14 gr.

— Berlin u. die neue Revolution. Geschichte der neuesten Ereignisse in Preußen u. Berlin, mit Actenstücken u. andern Beilagen. 2 Hfte. Mit dem Umschlagstitel: „Von Gottes Gnaden" bis zur Octroyirung. Die Ereignisse in Preußen vom 12. Octbr. bis 5. Decbr. 1848. 8. (64 u. 31 S.) Mannheim 848, Grohe. (1: n. 6 ngr. 2: n. 4 ngr.) zusammen ¼ Thlr.

— u. der Bund. Privat-Brief eines deutschen Staatsmannes an einen preußischen Freund. [Abgedr. aus Nr. 289 [1850] des Norddeutschen Correspondenten.] 8. (14 S.) Bückeburg 850, Wolper in Comm. n. n. 1/12 Thlr.

—— und der Bund. Privat-Brief eines deutschen Staatsmannes an einen preuß. Freund. 8. (14 S.) Bückeburg 851, (Wolper's Buchh.) **

— und der deutsche Bund. Eine Mahnung. Leipzig 859. Kollmann. 8. (39 S.) n. 5 ngr.

—— und der deutsche Bund gegen Dänemark, s. Portfolio, skandinavisches.

Preussen, der Bund und der Frieden . . . Hann. 1859. V: *Pernice, Herbert Vict. Ant.* (JStBdH)

—— der Bund und der Frieden. Von einem Nicht-Gothaner. gr. 8. (20 S.) Hannover 859, Schmorl und v. Seefeld. *

— u. der norddeutsche Bund. Statistisch-geographische u. historisch-polit. Lebensbilder. 1—3. Aufl. Langensalza 867. Greßler. 8. (VIII, 208 S. mit chromolith. Karte des norddeutschen Bundesstaats in gr. Fol.) 18 ngr.

Preussen im Bunde mit Nord- und Süddeutschland. Langensalza 1867. V: *Gressler, F. G. L.* (Rothsch)

— im Bunde mit Nord- u. Süddeutschland.' Statistisch-geograph. u. histor.-polit. Lebensbilder. 4. Aufl. 1867. u. 5. Aufl. Ebend. 868. 8. (VIII, 219 S. mit chromolith. Karte von Deutschland, den Niederlanden, Belgien u. dem nordöstlichen Frankreich in gr. Fol.) 18 ngr.

— und die Bundes-Kriegsverfassung. Eine Mahnung an das deutsche Volk. (Abdr. aus dem Volksfreund für das mittlere Deutschland.) Frankfurt a. M. 861. (Auffarth.) gr. 8. (59 S.) n. 10 ngr.

—— und das österreichische Bundes-Reform-Projekt. gr. 8. (56 S.) Berlin 863, v. Decker'sche geheime Ober-Hofbuchdruckerei.

Preussen im Bundestage. Herausgegeben von Dr. Ritter von Poschinger. Leipzig 1882. V: *Bismarck, Otto Fürst v.* (Grisebach, Weltliteraturkatalog. Berlin 1898—1900, I. 294.)

— die, in Danzig, noch immer die alten braven rc. gr. 8. Berl. 808. (Mittler). 4 ℛ Nachtrag hierzu. (Auch u. d. T.: das belagerte Danzig rc.) gr. 8. Ebd. 808. 6 ℛ

Anonym: „Preußen und Teutschland. 3 Abhandlungen: I. Noten zum preussisch-rheinischen Mercur. II. Preussens Politik. III. Appellation an das Gleichgewichtssystem", o. O. 1814. — Vorh.: Preuß. Staatsbibl. Berlin.

— u. Deutschland. gr. 8. (24 S.) Berlin 848, Mittler & Sohn. 3 ngr

Preußen oder Deutschland? Entgegnung auf die unter dem Zeichen des preußischen Generalstabs-Chefs in der Geheimen Oberhofbuchdruckerei in Berlin gedruckten Schrift: „Die deutsche Centralgewalt und die preußische Armee". Frankfurt a. M., B. Krebs, Ende Juli 1848. 12 S. 8°.

—— und Deutschland. Sechs Aufsätze aus der frankfurter Handelszeitung. Lex.-8. (31 S.) Frankfurt a. M. 859, (Auffarth.) *

— und Deutschland 1859. München 859. Lentner. gr. 8. (14 S.) 1 ngr.

— u. Deutschland seit 1806. Ein Rahmen zum Selbstunterricht in Kriegs- u. Reichsgeschichte f. Kriegsschulen. Auf Veranlassg. der General-Inspektion d. Militair-Erziehungs- u. Bildungswesens ausgearb. gr. 8. (III, 131 S. m. 14 Skizzen u. 6 Plänen in besonderer Mappe.) Berlin 892. M. Pasch. Kart. n. 3. 50

Preussen und Deutschland, Politik und Abstraction. Geschrieben am 31. Juli und 1. August 1848. Coblenz [1848]. V: *Eichmann jun.* (wen S. 110)

— unter oberjunkerlicher Diktatur. London 866. (Zürich, Verlags-Magazin.) gr. 8. (48 S.) n. 6 ngr.

Preussen durch seine Aristokratie Deutschlands grösster Feind. Leipzig 1850. V: *Schlöffel, Friedrich Wilhelm.* (BMarsch 170)

— durch seine Aristokratie Deutschlands größter Feind. 8. (96 S.) Leipzig 850, O. Wigand. n. 12 ngr

Preussen und die deutsche Einheit. 8. Leipzig 1866.

— u. die deutsche Einheit. Leipzig 867. Roßberg'sche Buchh. 8. (64 S.) 7½ ngr.

-- England und Frankreich. Ein offener Brief an Geo. Frhrn. v. Vincke. Von H. v. B. Braunschweig 861. Wagner. gr. 8. (23 S.) n. 5 ngr.

Preussen, Das enthüllte. Winterthur 1845. V: *Scherr, Johannes.* (Kat. der ständ. Bibl. Stuttg. 1907. S. 222.)

Preussen, Erläutertes, oder auserlesene Anmerkungen über verschiedene zur Preussischen Kirchen-, Civil- und Gelehrten-Historie gehörige besondere Dinge... Königsberg 1723—42. V: *Lilienthal, Mich., Sigismund Gottlieb Bayer, Johann Jacob Rhode, Chn Volprecht, Daniel Heinrich Arnoldus, Georg Daniel Seyler.* (Myl) (BrMm)

Preußen, das erläuterte, od. Anmerk. üb. versch. z. Pr. Kirch.- u. Civilhist. geh. Dinge rc. 48 Stck. in 4 Thln. 8. Königsb. Haller. 724.

Preussen, Das erleuchtete, worinnen die Illumination wegen des bey dem Schluss des 1745sten Jahres von Sr. Königlichen Majestät in Preussen nach glorreichen Siegen gestifteten Friedens wie sie in Königsberg und einigen Preussischen Staaten zu sehen gewesen beschrieben worden. Königsberg i. Pr. V: *Lilienthal.* (Raabe 222/3124) (BiblPort)

Das erleuchtete Preussen, worinnen die Illumination wegen des bey dem Schluss des 1745ten Jahres von Sr. Königlichen Majestät in Preussen gestifteten Friedens, wie sie in Königsberg und einigen Preussischen Städten zu sehen gewesen, beschrieben worden. Königsberg in Pr. 1746. 8.

— das erleuchtete, wor. die Illumination wegen d. Frieden rc. gr. 8. Königsb. 753. Haller. 8 ℛ

Preußen, evangelische, rettet Euch vor Stöcker u. vor Euren Generalsuperintendenten zur hl. Schrift u. zur Reformation! gr. 8. (II, 81 S.) Leipzig 898. W. Friedrich. n. 1. —

Preussen und die italienische Frage. 1.—3. Aufl. Berlin 1859. V: *Rössler, Constantin.* (Rössler, Ausg. Aufsätze. Berlin 1902. S. IX.) (Scheffer, Die Preuss. Publizistik i. J. 1859. Berlin 1902 S. 50 f.) (UBTüb F, Nachtr.)

— und die italienische Frage. 1—3. Aufl. Berlin 859. J. Springer. gr. 8. (46 S.) 7½ ngr.

— -- 4. Aufl. Mit einem Nachwort an Heinr. v. Arnim. Ebend. 859. gr. 8. (61 S.) 7½ ngr.

— und die deutschen Fragen. Von einem Freunde der geschichtlichen Aufgabe Preußens. Jena 860. Doebereiner. gr. 8. (15 S.) 3 ngr.

— die, in Frankfurt. 1—4. Aufl. Berlin 866. (Hasselberg'sche Verlagsh.) gr. 8. (8 S.) 1½ ngr.

—— und Frankreich (v. D. Hansemann). 1. Aufl., s. a. Hansemann, D.

Preussen und Frankreich. Staatswirthschaftlich und politisch ... Leipzig 1833. V: *Hansemann, Dav.* (WFM)

Preußen und Frankreich. Staatswirthschaftlich und politisch unter vorzüglicher Berücksichtigung der Rheinprovinz. Mit 10 Tabellen. Lex.-8. Leipzig 833. Brüggemann. 3 ß

— u. Frankreich. Betrachtungen, angeregt durch Rundschreiben des Ministers Lavalette. Aus der Feder eines Nichtdeutschen. Cöln 867. Ahn's Verlagsh. gr. 8. (35 S.) n. 5 ngr.

—— oder Frankreich im Besitz Luxemburgs. gr. 8. (31 S. mit 1 lithogr. und ill. Operationskarte für das Terrain zwischen Rhein und Seine in gr. Fol.) Berlin 867, Schlesier.

Preussen, Die, in Frankreich 1792. Frankfurt 1796. V: *Leipziger, Aug. Wilh. von.* (Ky) (Pr)

— die, in Frankreich im Jahr 1792, (von A. W. v. Leipziger). gr. 8. Frankf. a. M. 796. (Schäfer). 4 gl

— u. Frankreich, zur Zeit der Julirevolution. Vertraute Briefe d. preuß. Generals v. Rochow an den preuß. Generalpostmeister v. Nagler. Hrsg. v. Ernst Kelchner u. Karl Mendelssohn-Bartholdy. gr. 8. (XLIX, 117 S.) Leipzig 871. Brockhaus. n. 2. 40

Preussen und der Friede von Villafranca. Ein Beitrag zur neuesten Geschichte. Berlin 1859. V: *Aegidi, Ludwig Carl James.* (Biogr. Jahrb. VI, 267) (Scheffer, Die Preuss. Publizistik i. J. 1859. Berlin 1902 S. 170.)

— und der Friede von Villafranca. Ein Beitrag zur neuesten deutschen Geschichte. Berlin 859. G. Reimer. gr. 8. (37 S.) n. 5 ngr.

Preussen, Das galante, oder Reisen eines jungen Franzosen nach Berlin. A. d. Franz. Leipz. 1802. V: *Dupin, Claude François Etienne.* (BGE) (GGr) »1801« (Imecourt)

— das galante, od. Reise e. jungen Franzosen; aus d. Französ. 8. Leipz. 803. Rein. 1 ß

PREUSSEN, Das galante, gegen das Ende des XVIII. Jahrhunderts im Spiegel der zeitgenössischen Satire und Pasquille. Sammlung kulturgeschichtlich wertvoller Teile aus selten gewordenen Pamphleten und Satiren. Ausgewählt und erklärt, sowie mit Einleitung und Bibliographie versehen von Arthur Schurig. Privatdruck auf imitirt. Büttenpap. Mit Portraits. Berlin, Verlagsgesellschaft (G. m. b. H.). (c. 1909.) Gr. 8⁰. (Subscr.-Pr. Ganzldrbd. Mk. 12—.) Ca. 400 S. Famose Publication!

— die, als Gäste zu St. Petersburg im Jahre 1834. (Mit Titelbild.) 8. Liegnitz 835. (Breslau, Aderholz.) n. 1/4 ß

Preußen in seinem Geiste und seiner Kraft. Ein Wort der Entgegnung auf die Angriffe gegen Preußens Politik. 8. (17 S.) Berlin 855, Rauh.

Preussen, Das Gelahrte, aus neuen und alten, gedruckten und ungedruckten großen und kleinen Schrifften. Thorn 1723. V: *Schulz, Gg Peter.* (Sabell, Litt. d. sog. Lehninschen Weissagungen. Heilbronn 1879. S. 69 f.)

— d. gelehrte, Ausz. a. allerh. Büch., n. gel. Männer Leben. 4 Thle. 8. Thorn. 725.

Preussen, Gelehrtes. Königsberg 1722. V: *Lilienthal, Mich. & Andere.* (Myl)

— das gepriesene, od. Beleuchtung d. gegenwärtigen Regierung. Parallelen, Anekdoten u. Erzähll. Alles actenmäß. Wahrheiten. 8. 801. 20 gl

§ **PREUSSEN**, Das gepriesene, oder Beleuchtung der gegenwärtigen Regierung. Parallelen, Anekdoten und Erzählungen. Alles aktenmässige Wahrheiten. Zu haben in den vorzüglichsten Buchhandlungen Deutschlands. 1802. 8⁰. (Auch in Rostock, Landesbibl.) (12 Mk. R. Hönisch, Lpzg., 1912.)

Die Preußen haben gesiegt! Die Dänen sind geschlagen! Einnahme Schleswigs durch die Bundes-Truppen. Berlin, L. Hirschfeld. 2 Bl. 8.
Flugblatt. Berlin, 25. April 1848.

Preußen u. Hannover. Bremen 866. (Celle, Schulze'sche Buchh.) gr. 8. (13 S.) 1½ ngr.

—— im Jahre 1831, oder Verfahren der preuß. Militärbehörden gegen die heimatlosen Polen. — Nebst e. Anhange. Darstellung der Nacht v. 15. z. 16. August 1831 in Warschau u. ihren Ursachen u. Folgen. Von J. Czczynski. Aus d. Poln. übersetzt. 8. (4½ B.) Fürth 832, [Schmidt.]

Preussen im Jahre 1850. Berlin 1851. V: *Jouffroy, C. G.* (Russell XVI, I, 2, 1864)

Preußen im Jahre 1850 u. seine Stellung zum Auslande. gr. 8. (37 S.) Berlin 851, Nicolai. 1/6 ß

Preussen in den Jahren 1806 und 1807. Ein Tagebuch . . . Mainz 1845. V: *Schladen, Frdr. Hnr. Leop. von.* (Dn)

— in den Jahren 1806 u. 1807. Ein Taschenbuch. Nebst einem Anhange verschiedener, in den J. 1807 bis 1809 verfaßter politischer Denkschriften. gr. 8. Mainz 845, v. Zabern. n. 2 ß

— in d. Jahren d. Leiden u. d. Erhebung. Abriß e. Geschichte d. Preußisch-Brandenburgischen Staats unter der Regierung Friedrich Wilhelms des Dritten. Mit 1 Kpfr. gr. 8. Berl. 817. Stuhr. 1 ß

— im Congreß. Vom Verfasser der Flugschrift: „Kaiser Napoleon III. und Preußen." Berlin 859. (Steinthal.) gr. 8. (20 S.) n. 5 ngr.

— und der künftige Congreß. Ein Mahnruf an das deutsche Volk. 1. u. 2. Aufl. Berlin 859. J. Springer. gr. 8. (24 S.) n. 5 ngr.

— das Königreich, in malerischen Original-Ansichten seiner interessantesten Gegenden, merkwürd. Städte, Badeorte, Kirchen, Burgen u. sonst. ausgezeichn. Baudenkmäler alter u. neuer Zeit. Nach der Natur aufgenommen von verschied. Künstlern, u. in Stahl gest. v. Jh. Poppel rc. Begleitet mit einem histor.-topograph. Text. Nr. 1—33. Mit à 4 Stahlst. Ler.-8. Darmstadt 842—46, Lange. à n. 1/4 ℛ

— das Königreich, in maler. Original-Ansichten seiner interessantesten Gegenden, merkwürd. Städte, Badeorte, Kirchen, Burgen u. sonst. ausgezeichn. Baudenkmäler alter u. neuer Zeit. Nach der Natur aufgenommen von verschied. Künstlern, u. in Stahl gest. von Joh. Poppel rc. Von einem historisch-topographischen Text begleitet. Nr. 34—37. Ler. 8. (Jede m. 3 Stahlst. u. Text.) Darmstadt 847—52, Lange. (à n. 1/4 ℛ) 1 ℛ

— das Königreich, in malerischen Original-Ansichten seiner interessantesten Gegenden, merkwürdigsten Städte rc. Nach der Natur aufgenommen von verschiedenen Künstlern und in Stahl gest. von Joh. Poppel rc. Von einem histor.-topograph. Text begleitet. Nr. (Heft) 38—85. Darmstadt 853—57. Lange. Jede Nr. mit 3 Stahlst. u. 8 S. Text n. 7½ ngr
Nr. 1—37. Ebend. 1842—52.

— das Königreich, in malerischen Original-Ansichten. Von einem historisch-topographischen Text begleitet. Nr. (Heft) 86—90. (Schluß.) Darmstadt 859. Lange. Ler.-8. (XII, 120 S., 14 Stahlst. u. 3 Titel in Stahlst.) Jede Nr. n. 7½ ngr

Preussen nach dem Landtage von 1862. Berlin 1862. V: *Rössler, Constantin.* (Singer, A., Bismarck in d. Literatur. Würzburg 1909. S. 9.)

— nach dem Landtag von 1862. gr. 8. (47 S.) Berlin 862, Springer's Verlag. *

— der, Lied. 8. (4 S.) Berlin 848. (Walter.) 1/2 ngr

— vor dem 18. März. Ein polit. Roman von ***. Mit einem Vorworte von Heinr. Simon. 2 Thle. 8. (IX und 504 S.) Leipzig 849, Weber. *

— als Militairstaat. Ueberblick seiner Heeres-Verfassung u. Nothwendigkeit der Vermehrung des Offizier-Corps, sowie des Unteroffizier-Standes, Verbesserung d. Gehalts-Competenzen, sowie des Avancements auf Grund des den hohen Kammern vorgelegten Budgets von XXXX. gr. 8. (56 S.) Berlin 852, Nauck'sche Buchhandlung. n. 1/3 ℛ

Preussen muss mediatisirt werden. Berlin 1851. V: *Frantz, Const.* (EB)

— muß mediatisirt werden! gr. 8. (15 S.) Berlin 851, Schneider & Co. — 2. Aufl. gr. 8. (15 S.) Ebd. 851, in Comm. n. 1/12 ℛ

— und Kaiser Napoleon III. Vom Verfasser der Flugschrift: „Kaiser Napoleon III. und Preußen." Berlin 859. Hasselberg. gr. 8. (23 S.) n. 5 ngr

— und der Nationalverein. Leipzig 863. Fries. 8. (46 S.) 6 ngr

— das neue. Ein täglich erscheinendes Blatt zur Besprechung d. Tagesfragen. Red.: M. Goldschmidt. 1. Jahrg. 1848. 22. Mai — 30. Juni. 30 Nrn. gr. 4. (1/2 B.) Berlin, Walter. n. 1/2 ℛ Einzelne Nrn. n. 1 ngr

Preußen. – Das neue Preußen. –
Berlin. – 22.X.1848 – 26.XII.1848.
Fortges. u.d.T.: Berliner Zeitung.

Preußen, das neue, u. seine Zukunft. 1. u. 2. Aufl. gr. 8. (28 S.) Saulgau 891. Kitz. n. — 50

— nach seiner Neugestaltung im J. 1866. Statistisch-geograph. Uebersicht. 1. Aufl. 1866. 12½ ngr u. 2., sehr verm. Aufl. Langensalza 867. Greßler. 8. (VIII, 160 S. mit chromolith. Karte des neuen Königthums in gr. 4.) 15 ngr

— an der Nordsee. Eine Tagesfrage. 1. und 2. Aufl. gr. 8. (38 S. mit 1 lithogr. Karte vom jader Meerbusen in gr. 4.) Oldenburg 854, Stalling.

Preussen oder Österreich. Von einem Deutschen. Cassel 1861. V: *Klopp, Onno.* (SWKl)

— oder Oesterreich? Von einem Deutschen. Göttingen 861. Wigand. 8. (30 S.) n. 5 ngr

— und Oesterreich und was ihr Gegensatz für Deutschland bedeutet. Berlin 859. Heinicke. gr. 8. (48 S.) n. 10 ngr

Die Preussen u. Oesterreicher in Dänemark. Hrsg. vom „Märzverein". (28.) 8. s. l. 1864.

Die Preußen und Oesterreicher in Dänemark. Ein Appell an die Völker Europas, hrsg. vom „Märzverein". Kopenhagen 1864. 271 S. 8.

— und Oesterreicher in Schleswig, s. a. Soldatenbilder, lustige.

Preussen und Oesterreicher in Schleswig. Berlin. [1864.] 8°

Preussen und die Paulskirche am Jahrestage der Eröffnung der deutschen Reichsversammlung. Frankfurt a. M. 1849. V: *Landfermann, Dietrich Wilhelm.* (wen S. 197)

— u. die Paulskirche am Jahrestage der Eröffnung der deutschen Reichsversammlung. Von D. W. L. 8. (58 S.) Frankfurt a. M. 849, Brönner. 6 ngr

— und Polen; e. Beleuchtung d. Verhältnisse beider in Bezug auf d. neueste poln. Revolution, mit vorzügl. Rücksicht auf die v. einigen Journalisten geg. Preußen gericht. Angriffe u. d. übergetret. poln. Truppen bei Elbing, Dirschau u. Marienburg. Nach d. zuverläss. Quellen u. eigener Wahrnehmung. Von e. Bewohner Westpreußens. 8. (3½ B.) Danzig 832, Gerhard.

Preußen, die, u. die preußische Politik. Philosoph.-krit. Betrachtgn. v. einem Altdeutschen. (104 S.) gr. 8. Leipzig 910. Leipz. Verlags- u. Kommissionsbuchh. 1.50; geb. n 2.50

— die Provinz. Geschichte ihrer Cultur und Beschreibung ihrer land- und forstwirthschaftl. Verhältnisse. Festgabe für die Mitglieder der 24. Versammlung deutscher Land- und Forstwirthe zu Königsberg in Pr. Ler.-8. (VII und 529 S. mit 5 Tab. und 6 Stnt. in Tondr. in Ler.-8. und qu. gr. Fol.) Berlin 864, Wiegandt und Hempel. *

Preussen und das deutsche Reich. ... [1875?] . . . . (Br. Mus.)

— die, vor Europens-Richterstuhl angeklagt von Zeugen u. Schlachtopfern ihres Einbruchs in Holland; aus d. Französ. 8. Cöln 790. (Severin in Weißenfels). 16 gr

—— und Rußland. gr. 8. (70 S.) Leipzig 854, Hirzel. *

Preussen und Sachsen. November 1814. Berlin. V: *Hoffmann, Joh. Gfr.* (GGr) (Nowack, Schles. Schriftst.-Lex. Breslau 1836—43 VI, 55.)

— u. Sachsen. gr. 8. Berl. 814. Duncker u. H. 8 gr

Preussen, Die, und die Sachsen. Ein Sühneversuch. Halle 1815. V: *Kähler, Ldw. Aug.* (ADB, 5, 566) (schr)

— die, u. die Sachsen in ihrem sittlich-bürgerl. Gegensatz geschichtlich dargest.; ein Sühnversuch zwischen beiden Völkern. 8. Halle 815. Rengers. 18 gr

Preußen, die, in Schleswig-Holstein. Bilder aus Preußens glorreicher Gegenwart. Von v. B. Coblenz 864. Hölscher in Comm. gr. 8. (16 S.) n. 3 ngr

Preussen und Schwaben. Von einem Anektirten. Köln 1866. V: *Jäger, Oscar.* (Kat. der ständ. Bibl. Stuttg. 1907 S. VIII.) (Hauptkat. d. Univ.-Bibl. Tübing. F. Nachtr. 7.)

— u. Schwaben. Von einem Annektirten. 1. u. 2. Aufl. Köln 866. Schmitz'sche Buchh. gr. 8. (28 S.) n. 4 ngr

—— an der Schwelle der Grossmachts-Politik. gr. 8. (50 S.) Berlin 863, Reichardt und Zander.

Preussen den constitutionellen Staaten Deutschlands gegenüber; oder: Bedarf Preussen einer Constitution. Von einem Nicht-Preussen. Breslau 1835. V: *Cunow, Martin.* (Nowack, Schles. Schriftsteller-Lexikon. Breslau 1836—43. IV, 13.)

— den constitutionellen Staaten Deutschlands gegenüber, oder: Bedarf Preußen einer Constitution? Von e. Neu-Preußen. gr. 8. Breslau 835. Berlin, Richter. 1/6 Thlr

Preussen in seiner gegenwärtigen Stellung im Innern und nach Aussen. ... Leipzig 1831. V: *Cunow, Martin.* (Nowack, Schles. Schriftst.-Lex. Breslau 1836—43. IV, 13.)

— in seiner gegenwärtigen Stellung im Innern u. nach Außen. Ein kurzer Ueberblick. 8. Dresd. u. Leipz. 831. Arnold. 4 gr

Preussen und seine politische Stellung zu Deutschland und den europäischen Staaten. Berlin 1849. V: *Bülow-Cummerow, Ernst Gottfried Georg von.* (wen S. 219)

Preussen und das System der Grossmächte. Politisches Gutachten eines Schleswig-Holsteiners. Berlin 1849. V: *Droysen, Johann Gustav.* (wen S. 218)

— u. das System der Großmächte. Politisches Gutachten eines Schleswig-Holsteiners. gr. 8. (21 S.) Berlin 849, Duncker & Humblot. n. 3 ngr

—— u. die Tagespresse. gr. 8. (1¾ B.) Berlin 846, Gropius'sche Buchh. *

— u. die Tagespresse. gr. 8. Berlin 846, Reimarus. n. 1/6 Thlr

— die tapfern, ihr Heldenmuth u. ihre Siege in den blutigen Kämpfen im Böhmen-Lande gegen Oesterreichs unter Feldzeugmeister Benedek fechtende große Nord-Armee. Herausg. vom Schles. Central-Enthaltsamkeits-Verein. 1—3. Aufl. Breslau 866. (Dülfer.) 12. (34 S.) n. 1 ngr

— — Ausg. B. 12—14. Aufl. Ebend. 866,67. 12. (60 S.) n. 1½ ngr

— — Ausg. C. Herausg. von K. W. Vetter. Mit einer Notenbeilage. Ebend. 866. 12. (146 S.) n. 3 ngr

— — Ausg. D. 3. Aufl. Ebend. 866. 12. (12 S.) n. ½ ngr

— die tapfern, u. ihre deutschen Waffenbrüder. Beider Heldenmuth u. Siege in den blutigen Kämpfen gegen Napoleon. 1. Heft. Vom Beginn des Krieges bis zur Schlacht bei Wörth. 2. Aufl. Ebend. 870. 8. (57 S.) n. 1½ ngr

Preußen, die tapferen, u. ihre deutschen Waffenbrüder. Beider Heldenmuth u. Siege in den blut. Kämpfen gegen Napoleon u. die Franzosen. 2—10. (Schluß-)Hft. 8. (S. 57—562.) Breslau 871. Dülfer in Comm. à n. — 15

Preußen, unser. Gedenkbuch zum 18. I. 1901 f. Heer u. Volk. gr. 8. (III, 156 S. m. Abbildgn. u. 1 farb. Bildnis.) Berlin (900). R. Schröder. n. 1.

— mein Vaterland, n. sein. Entstehen u. Aufblühen etc. m. 1 Karte. (a. unt. d. Titel: die Hohenzollerischen Regenten a. d. preuß. Thron etc.) gr. 8. Berl. Braunes.

— mein Vaterland, nach sein. Entstehen u. Aufblühen, mit 1 Charte, 2te Aufl. gr. 8. Berl. Rücker.

Preussen, Mein Vaterland. Berlin 1807. 2. Aufl. Berlin 1808. V: *Bratring, Frdr. Wilh. Aug.* (Ky) (Hitzig)

Preussen, Vertheidigtes, wider den vermeinten ... Anspruch des teutschen Ritterordens ... Mergentheim 1703. V: *Ludewig, Johann Peter von.* (Holz) (BrMm)

— und die Wiener Verträge. Aus dem Französ. Leipzig 861. Leiner in Comm. gr. 8. (52 S.) n. 5 ngr.

Preussen vor den Wahlen von 1861. Berlin 1861. V: *Rössler*, *Constantin*. (Rössler, Ausg. Aufsätze. Berlin 1902 S. IX.)

—— vor den Wahlen von 1861. gr. 8. (40 S.) Berlin 861, Lüderitz'sche Verlagsbuchh. *

— und seine Weltbedeutung im Jahre 1855. Denkschrift eines Deutschen Staatsmannes. Leipzig 855. Roßberg. gr. 8. (40 S.) 7½ ngr.

— die, in Wien. 1. u. 2. Aufl. Berlin 866. (Hasselberg'sche Verlagsb.) gr. 8. (8 S.) 1½ ngr.

—— und die deutsch-österreichische Zolleinigungsfrage. gr. 8. (78 S.) Berlin 852, Th. Enslin. *

Preußen [Schlagwort]

– s.a. Atlanten. Wendt, G.

– s.a. Deutschland. Karte d. Deutschen Reichs. Abthlg.: Königr. Preussen.

– s.a. Eisenbahnkarten.

– s.a. Forstkarten.

– s.a. Generalkarten. Flemming.

– s.a. Geologische Karten. Karte.

– s.a. Geschichtskarten. Sammlung.

– s.a. Handkarten.

– s.a. Hand- u. Reisekarten. 11. 12.

– s.a. Heimatskärtchen. 34.

– s.a. Ostpreussen.

– s.a. Schulwandkarten. Schwann.

– s.a. Seekarten.

– s.a. Unterrichtsanstalten.

– s.a. Westpreussen.

Preußen. Atlas des Königr. Preußen. 12 (farb.) Karten zur Heimatskunde (in qu. gr. 4.) u. Text. gr. 8. (7 S. m. 1 Bildnis.) Leipzig 898. G. Lang. n. — 25

Preussen — Topographischer Atlas der Provinz —. Vom K. Generalstab. 100.000. Im Erscheinen. Bisher 41 Bl.

Preussen. Baldamus, A., Schul-Wandkarte zur Geschichte des Preussischen Staates, gezeichnet v. Ed. Gaebler. I. Brandenburg-Preussen 1415—1806. II. Preussen seit 1806. 1 : 800,000. 2. Aufl. 6 Blatt à 66 × 80,5 cm. Farbendr. u. kolor. Leipzig 895. G. Lang. n. 15. —; auf Leinw. in Mappe od. m. Stäben in 1 Tl., n. 22. —: in 2 Tln. n. 25. —

— Bamberg, Karl, Schulwandkarte vom Königr. Preussen. 1 : 600,000. 138 × 192 cm. 16 Blatt. Farbendr. Berlin 891. C. Chun. 12. —; auf Leinw. in Mappe n. 16. 50; m. Stäben n. 18. —

— Bamberg's, Karl, Schulwandkarte vom Königr. Preussen. 1 : 600,000. 4., rev. Aufl. 16 Blatt à 36 × 49 cm. Farbdr. Berlin 898. C. Chun. 12. —; auf Leinw. in Mappe n. 16. 50; m. Stäben n. 18. —

Preussen. Bamberg's, Karl, Schulwandkarte vom Königr. Preussen. 1 : 600,000. 8. rev. Aufl. 16 Blatt à 36 × 49 cm. Farbdr. Berlin (901). C. Chun. n. 12. —; auf Leinw. in Mappe n. 16. 50; m. Stäben n. 18. —

Preussen. Bamberg's, Karl, Schulwandkarte vom Königr. Preussen. Bearb. v. Frz. Bamberg. 1 : 600,000. 10. verb. Aufl. 8 Blatt à 72,5 × 49,5 cm. Farbdr. Berlin (907). C. Chun. 12. —; auf Leinw. m. Stäben 18. —

Preussen. Brecher, A., Darstellung der territorialen Entwickelung d. brandenburgisch-preussischen Staates von 1415 bis jetzt, m. besond. Berücksicht. der deutschen Geschichte. 11., verb. Aufl. Chromolith. qu. gr. Fol. Berlin 888. D. Reimer. n. — 80

— Brecher, Adf., Darstellung der territorialen Entwickelung d. brandenburgisch-preussischen Staates von 1415 bis jetzt, m. besond. Berücksicht. der deutschen Geschichte. 12., verb. Aufl. Farbendr. 38 × 46 cm. Berlin 891. D. Reimer. n. — 80

Preussen. Brecher, A., Darstellung der territorialen Entwickelung des brandenburgisch-preussischen Staates von 1415 bis jetzt, m. besond. Berücksicht. der deutschen Geschichte. 16. verb. Aufl. 38,5 × 47 cm. Farbdr. Berlin 900. D. Reimer. n. — 80

— — historische Wandkarte v. Preussen zur Uebersicht der territorialen Entwickelung des Brandenburg-Preussischen Staates von 1415 bis zur Gegenwart. Mit Zugrundelegg. v. H. Kiepert's Wandkarte des Deutschen Reiches bearb. 1 : 750,000. 4., bericht. Aufl. 9 Blatt à 49 × 62 cm. Lith. u. kolor. Ebd. 894. n. 12. —; auf Leinw. in Mappe n. 20. —; m. Stäben n. 22. —

— — Historische Wandkarte von Preussen zur Uebersicht der territorialen Entwickelung des brandenburg-preussischen Staates von 1415 bis zur Gegenwart. Mit Zugrundelegung v. H. Kiepert's Wandkarte des Deutschen Reiches bearb. 5. bericht. Aufl. 1 : 750,000. 9 Blatt à 49 × 62 cm. Farbdr. Ebd. (902). n. 12. —

Preussen, Prov. Cunerth, O., Wandkarte der Prov. Preussen m. Berücksicht. der neuen Kreiseintheilung u. d. Nebenbahnnetzes. Für den Schulgebrauch u. z. Selbstunterricht entworfen u. gezeichnet. 1 : 200,000. 4 Blatt. Farbendr. qu. gr. Fol. Leipzig 890. E. H. Mayer. n. 10. —; auf Leinw. m. Stäben n. 14. —

— Döring, E., vergleichende Zeichen-Erklärung der Messtischblätter 1 : 25,000 u. der Karte des Deutschen Reiches 1 : 100,000 m. Erläuterung der Darstellung der Geländeformen in beiden Massstäben. Beilage zu: A. Kuhn, Aufnahme-Prüfg. zur Kriegs-Akademie. Ausg. 1902. 29,5 × 34 cm. Berlin, Liebel. n. — 60

— Engelhardt, F. B., Karte vom Preussischen Staate u. den angrenzenden Ländern östlich von Berlin. (23 Blätter.) Nr. 4, 9 u. 15. Rev. 1890. Kpfrst. u. color. qu. gr. Fol. Berlin 890. Schropp. à n. 2. —
4. Stralsund. — 9. Berlin. — 15. Posen.

— Fix, W., Übersichts-Karte zur Geschichte d. Preuss. Staates u. der übrigen Staaten d. Deutschen Reiches. 2., umgearb. Aufl. 1 : 4,500,000. Farbendr. qu. gr. Fol. Berlin 890. Schropp. n. 2.—

— **Freudenfeldt, H., Erwerbungen Preussens u. Deutschlands. Eine Karte in Farbendr. zum Gebrauch beim Unterricht in der vaterländ. Geschichte. 16., ergänzte Aufl. 29,5×36 cm. Berlin 892. O. Seehagen. n. —40**

— Freudenfeldt, H., Erwerbungen Preussens u. Deutschlands. Eine Karte z. Gebrauch beim Unterricht in d. vaterländ. Geschichte. 17. Aufl. 29,5×36 cm. Farbdr. Berlin 897. O. Seehagen. n. —40

— **— u. C. L. Ohmann, Karte d. preussischen Staates in seiner territorialen Entwickelung unter den Hohenzollern. Neue (10.) nach den letzten Erwerbgn. vollständig umgearb. Aufl. Farbendr. 37×48,5 cm. Berlin 892. Friedberg & Mode n. —80**

— Fuchs, H., Wachstum des brandenburgisch-preussischen Staates unter den Hohenzollern. (1 Bl. m. farb. graph. Darstellgn.) 92,5×70 cm. Leipzig (901). G. Lang. n.n. 1.50; auf Leinw. m. Stäben n. 3.—

⑧ — Fuchs, H., Wachstum d. brandenb.-preuss. Staates. 901. (KBL 82.) Erh. Pr. 3.50; aufgez. 5.—

— Gaebler, Ed., Handkarten v. Preussen: Historische Karte. 1 : 5,000,000. Politische Karte. 1 : 4,000,000. 1 Blatt. 19×52 cm. Farbendr. Leipzig 896. G. Lang. n. —20

— — **Handkarten vom Königr. Preussen (polit. Uebersicht, histor. Karte u. Kriegsschauplatz 1870/71). 4. (4 farb. Kartenseiten). Ebd. 898. —15**

— Gaebler, Ed., historische Karte von Preussen. 1 : 5,000,000. Farbendr. 4. Leipzig 890. Lang. n. —15

— — Schul-Wandkarte vom Preussischen Staat. 1 : 820,000. 14. Aufl. 8 Blatt à 51×42 cm. Farbendr. Ebd. (892). 8.—; auf Leinw. in Mappe n. 7.—; m. rohen Stäben n. 8.—; m. schwarz polierten Stäben n. 9.—

— Gaebler, Ed., Wandkarte vom Königr. Preussen, physikalisch, f. den Schulgebrauch bearb. u. gezeichnet. 1 : 600,000. 4 Blatt à 64×99,5 cm. Farbdr. Ebd. 899. n. 12.—; auf Leinw. in Mappe od. m. Stäben n. 18.—; politische Ausg. 3. Aufl. (902.) zu gleichen Preisen.

— Gaebler, Eduard, Wandkarte vom Königr. Preussen, politisch, f. den Schulgebrauch. 1 : 600,000. 4. Aufl. 4 Blatt à 64×99,5 cm. Farbdr. Leipzig (905). G. Lang. n. 12.—; auf Leinw. in Mappe od. m. Stäben n. 18.—

— Gaebler, Eduard, Wandkarte v. Königr. Preussen, physikalisch, f. den Schulgebrauch. 1 : 600,000. 2. Aufl. 4 Blatt à 64×99,5 cm. Farbdr. Leipzig (908). G. Lang. 18.—; auf Leinw. m. Stäben 18.—; politisch, 5. Aufl., zu gleichen Preisen.

Preussen — Generalkarte vom Königreich — nach astronomischen Ortsbestimmungen und geodaetischen Messungen mit Zuziehung der Sotzmännischen Karten entworfen von D. F. Sotzmann. Nürnberg in der K. K. privil. Schneider- und Weigelschen Kunst- und Buchhandlung 1804. 1: 1,200,000. 1 Bl.

Preussischen Staate — General-Karte von dem —, in seiner jetzigen Begrenzung etc. in 24 Blättern 1847 herausg. von F. B. Engelhardt. Halle, bei C. A. Kümmel. 600,000. (Vergl. „Deutschland", G. Sp. K.)

Preussen — Charte von dem Königreich — Nach seiner Hauptabtheilung in Ost-West-Süd- und Neu-Ost-Preussen und seinen Unterabtheilungen in Kreise. Neu entworfen von F. L. Güssefeld 1798. Nürnberg bey den Homann. Erben. 1: 1,200,000. 1 Bl.

Preussen — Charte vom Königreich — nebst dem Herzogthum Warschau. Aus den von Textor gemachten astronom. Ortsbestimmungen etc. entworfen von F. L. Güssefeld. Nürnberg bey Homanns Erben 1810. 1: 1,350,000. 1 Bl.

— Handtke, F., General-Karte vom Preussischen Staat. Ausg. 1887. Chromolith. Imp.-Fol. Glogau 887. Flemming. n. 1.—

— **Handtke, F., General-Karte vom Preussischen Staat. 1 : 825,000. 14. Aufl. Farbendr. 60,5×71,5 cm. Glogau 891. C. Flemming. n. 1.—**

— Handtke, F., General-Karte vom Preussischen Staat. 1 : 825,000. 16. Aufl. 60,5×71,5 cm. Farbendr. Glogau 894. C. Flemming. n. 1.—

Preussen — Neueste Karte von ganz — und dem Herzogthum Warschau mit dem größten Theil von Sachsen, das Herzogthum Meklenburg und Schwedisch Pommern nebst dem angrenzenden Oesterreichischen und Russischen Antheil von Polen. Nach den neuesten etc. eingerichtet. Wien bey Artaria und Comp. 1808. 1: 540,000. 12 Bl.

Preussen — Karte von dem Königreiche — Nach Suchodolez und Endersch neu verzeichnet herausgegeben von Franz Joh. Jos. von Reilly. Wien zu finden im von Reillyschen Verschleiß-Comptoir 1796. 1: 750,000. 1 Bl.

— Kiepert, H., historische Karte d. Brandenburgisch-Preuss. Staates nach seiner Territorial-Entwickelung unter den Hohenzollern. 7., verb. Aufl. Chromolith. qu. Fol. Berlin 889. Gebr. Paetel. n. —60

— **Kiepert, Rich., Schul-Wandkarte vom Königr. Preussen. 1 : 1,000,000. 4 Blatt à 54×68 cm. Farbendruck u. kolor. Berlin 894. D. Reimer. n. 5.—; auf Leinw. in Mappe n. 9.—; m. Stäben n. 11.—**

— **Leeder, E., Wandkarte des Preussischen Staates. Für den Schulgebrauch. 1 : 750,000. 4. Aufl., besorgt v. M. Leeder. 6 Blatt à 53×55 cm. Farbendr. u. kolor. Essen 894. G. D. Baedeker. n. 5.—; auf Leinw. in Mappe n. 12.—; m. Stäben n. 14.—**

— Leeder, E., Wandkarte des Preussischen Staates. 1 : 750,000. 4. Aufl., hrsg. v. M. Leeder. 6 Blatt à 56,5×55 cm. Farbdr. u. kolor. Essen 897. G. D. Baedeker. n. 5.—; auf Leinw. in Mappe n. 12.—; m. Stäben n. 14.—

Preussen. Messtischblätter. Döring, E., vergleichende Zeichen-Erklärung der Messtischblätter. 1 : 25,000 u. der Karte d. Deutschen Reiches 1 : 100,000, s. Döring, E.

— Messtischblätter des Preussischen Staates. Königl. preuss. Landesaufnahme. 1 : 25,000. Bl. 103, 105—108, 138—144, 177, 178, 179/225/275 a, 180—185, 223, 224, 226—231, 274—276, 278—282, 329—331, 391—395, 462—466, 539, 541, 543, 621, 622, 707, 710, 793, 796—798, 887—891, 985, 989, 1083, 1084, 1172—1174, 1263, 1274, 1348—1350, 1427—1431, 1438—1440, 1509—1511, 1582, 1583, 1584/1654 a, 1654, 1724, 1795/96, 1867, 2227—2229, 2231, 2232, 2300, 2302, 2303, 2357, 2361, 2374, 2376, 2378, 2379, 2430, 2432, 2447—2450, 2452, 2522, 2524, 2525, 2580, 2587—2591, 2596, 2661—2667, 2669, 2671, 2724, 2731—2737, 2739, 2740, 2789—2798, 2800—2803, 2810—2812, 2813/2876, 2844, 2852, 2854, 2856, 2858—2862, 2873—2875, 2877, 2902, 2909, 2917, 2919—2931, 2938—2941, 2947, 2971, 2981—2994, 3001—3004, 3007, 3043, 3045—3057, 3064—3066, 3067/3129, 3102—3104, 3107, 3108, 3111—3116, 3126—3128, 3163, 3170—3175, 3179, 3185, 3186, 3217—3221, 3226, 3227, 3229, 3232—3236, 3241, 3272—3276, 3280—3282, 3285, 3286, 3288, 3311—3313, 3318, 3322—3326, 3330—3332, 3335, 3337/3379, 3356—3358, 3362, 3367—3369, 3374, 3375, 3395, 3399—3401, 3405—3408, 3426, 3427, 3429—3436, 3454—3462, 3463/3484, 3477—3482, 3483/3500, 3493, 3495—3499, 3511—3515, 3524, 3525, 3527—3530, 3535, 3539—3548, 3559, 3569, 3571, 3573, 3582—3585, 3587, 3600, 3607, 3610, 3611, 3618, 3622, 3627, 3629, 3635, 3644, 3646, 3647, 3661, 3662, 3667—3670, 3676, 3678, 3682, 3685 u. 3687. à ca. 46×46 cm. Lith. Berlin 907—10. (R. Eisenschmidt). à Bl. nn 1.—; auf Leinw. nn 1. 50

3400. Alf. — 2737. Allendorf-Sooden. — 2724. Altena. — 2941. Altenburg. — 3332. Altengronau. — 3048. Alt-Hattendorf. — 2859. Altmorschen. — 3036. Amöneburg. — 2378. St. Andreasberg. — 2856. Armsfeld. — 2862. Arolsen. — 3627. Barr. — 3498. Baumholder. — 2452. Benneckenstein. — 3006. Berga a. d. Elster. — 2927. Berka. — 2852. Berleburg. — 3431. Bernkastel. — 3186. Bernsgrün. — 3478. Beuren. — 3375. Bieber. — 1429. Birglau. — 3497. Birkenfeld. (Ost.) — 3496. Birkenfeld. (West.) — 3280. Birstein. — 3610. Bischweiler. — 278. Bladiau. — 107. Bledau. — 3312. Bleialf. — 2877. Bocka. — 3454. Bollendorf. — 228. Brandenburg. — 3050. Breitenbach a. Herzberge. — 1427. Bromberg. — 2971. Brühl. — 2981. Buchenau. — 3356. Burg-Reuland. — 2844. Burscheid. — 2665. Cassel. (Ost.) — 2664. Cassel. (West.) — 1795/6. Chelmce. — 3362. Cochem. — 3662. Colmar im Elsass. — 2731. Corbach. — 106. Cranz. — 1263. Culm. — 1430. Culmsee. — 3635. Dambach. — 3687. Dammerkirch. — 391. Danzig. — 3647. Diebolsheim. — 3535. Diedenhofen. — 3582. Diemeringen. — 2669. Dingelstädt. — 2361. Drensteinfurt. — 2522. Duderstadt. — 2300. Einbeck. — 2929. Eisenach. (Ost.) — 2928. Eisenach. (West.) — 2938. Eisenberg. — 3235. Eisfeld. — 3051. Eiterfeld. — 2379. Elbingerode. — 2524. Ellrich. — 3406. Eltville. — 3678. Ensisheim. — 181. Fischhausen. — 3007. Flinsberg. — 1428. Fordon. — 2854. Frankenberg. — 3067/3129. Fraureuth. — 3514. Freisen. — 989. Freystadt in Westpr. — 2989. Friedewald. —Friedrichroda, s.: Waltershausen. — 2794. Fritzlar. — 2930. Fröttstädt. — 3172. Fulda. — 2792. Fürstenberg in Waldeck. — 2902. Gangelt. — 3609. Gebweiler. — 3241. Gefell. — 3052. Geisa. — 3330. Gelnhausen. — 3460. Gemünden. — 2920. Gemünden i. Hessen-Nassau. — 3002. Gera. — 140. Germau. — 3229. Gersfeld. — 2419. Gieboldehausen. — 2921. Gilserberg. — 2789. Girkhausen. — 3004. Gössnitz. — 2931. Gotha. — 3057. Gräfenroda. — 1511. Gramtschen. — 1174. Graudenz. — 3275. Grävenwiesbach. — 3128. Greiz. — 2736. Grossalmerode. — 276. Gr. Bruch. — 103. Gr. Dirschkeim. — 3171. Grossenlüder. — 2227. Gr. Freden. — 891. Gr. Krebs. — 541. Gr. Lichtenau. — 3543. Gr. Moyeuvre. — 798. Gr. Rohdau. — 1274. Gr. Schläfken. — 2803. Gr. Vargula. — 3499. Grumbach. — 2795. Gudensberg. — 3218. Hadamar. — 3233. Haïna. — 2790. Hallenberg. — 3399. Hasborn. — 2666. Hedemünden. — 179/225/275 a. Hela. — 3335. Heldburg. — 3175. Helmershausen. — 3104. Herborn. — 2862. Herleshausen. — 3495. Hermeskeil. — 2988. Hersfeld. — 3539. Heusweiler. — 3234. Hildburghausen. — 3174. Hilders. — 3646. Hilsenheim. — 3226. Hintersteinau. — 2947. Hirschberg in Schl. — 3408. Hochheim. — 2590. Hofgeismar. — 2811. Hohenmölsen. — 2858. Homberg. — 3326. Homburg v. d. Höhe. — 2926. Hönebach. — 3170. Hosenfeld. — 3459. Hottenbach. — 3113. Hünfeld. — 3324. Idstein. — 3540. Illingen. — 1440. Illowo. — 3054. Immelborn. — 466. Jungfer. — 3318. Kaifenheim. — 3524. Kattenhofen. — 3322. Katzenelnbogen. — 2940. Kayna. — 3323. Kettenbach. — 2671. Keula. — 274. Kielau. — 1431. Kielbasin. — 3433. Kirchberg. — 2983. Kirchhain i. Hessen-Nassau. — 3481. Kirn. — 3221. Kleeberg. — 3173. Kleinsassen. — 184. Königsberg i. Pr. (Ost.) — 183. Königsberg i. Pr. (West.) — 1439. Königshagen. — 3463/3484. Kreuznach. — 2739. Küllstedt. — 178. Kussfeld. — 2917. Laasphe. — 2228. Lamspringe. — 3429. Landscheid. — 2939. Langenberg. — 2802. Langensalza. — 3368. Langenschwalbach. — 3374. Langenselbold. — 3668. Lautenbach. — 2450. Bad Lauterberg am Harz. — 3528. Lebach. — 3357. Leidenborn. — 3053. Lengsfeld. — 1084. Lessen. — 2797. Hess. Lichtenau. — 2589. Liebenau. — 3273. Limburg a. d. Lahn. — 2448. Lindau. — 3049. Lingelbach. — 1350. Lissewo. — 180. Lochstädt. — 3511. Losheim. — 3185. Lössau. — 231. Löwenhagen. — 793. Lubichow. — 2924. Ludwigseck. — 230. Ludwigswalde. — 1724. Luisenfelde. — 2229. Lutter a. Barenberge. — 280. Mahnsfeld. — 2982. Marburg. — 3542. Ste. Marie-aux-Chênes. (Nord.) — 3102. Marienberg. — 890. Marienwerder. — 3644. Markirch. — 2430. Marl. — 2587. Marsberg. — 3682. Masmünster. — 2791. Medebach. — 182. Medenau. — 3483/3500. Meisenheim. — 2796. Melsungen. — 2580. Menden. — 2661. Mengeringhausen. — 3163. Merenberg. — 3426. Mettendorf. — 3217. Mendt. — 2875. Meuselwitz. — 3622. Molsheim. — 3458. Morbach. — 2374. Moringen. — 3479. Morscheid. — 3587. Mothern. — 2740. Mühlhausen in Thür. — 3685. Mülhausen (Ost) im Ober-Elsass. — 2909. Mülheim am Rhein. — 3001. Münchenbernsdorf. — 2591. Hann. Münden. — 889. Münsterwalde. — 3367. Nastätten. — 2733. Naumburg i. Hessen-Nassau. — 3395. Neuerburg. — 1654. Neugrabia. — 2986. Neukirchen i. Hessen-Nassau. — 105. Neukuhren. — 3457. Neumagen. — 3541. Neunkirchen. — 3288. Neustadt b. Coburg. — 2984. Neustadt in Hessen-Nassau. — 1438. Neu Zielun. — 393. Nickelswalde. — 2987. Niederaula. — 3584. Bad Niederbronn. — 3670. Niederenzen. — 3047. Niederklein. — 3045. Niederwalgern. — 2734. Ndr. Zwehren. — 3513. Nohfelden. — 3108. Nordeck. — 2525. Nordhausen. (Nord.) — 2447. Nörten. — 2801. Oberdorla. — 2735. Oberkaufungen. — 3325. Obr. Reifenberg. — 3043. Ober-Scheld. — 3480. Oberstein. — 3427. Oberweis. — 2994. Ohrdruf. — 3116. Oepfershausen. — 887. Ossiek. — 2873. Osterfeld. — 2376. Osterode a. Harz. — 2232. Osterwieck. — 3529. Ottweiler. — 275. Oxhöft. — 139. Palmnicken. — 1349. Papau. — 1509. Pensau. — 797. Pestlin. — 3477. Pfalzel. — 3401. Pferdsfeld. — 226. Pillau. — 707. Pinschin. — 3629. Plobsheim. — 141. Pobethen. — 1583. Podgorz. — 229. Ponarth. — 1867. Popowo. — 279. Pörschken. — 108. Postnicken. (West.) — 143. Powunden. — 462. Praust. — 2812. Predel. — 3405. Presberg. — 3313. Prüm. — 177. Putzig. 329. Quaschin. — 796. Rehhof. — 3527. Reimsbach. — 3103. Rennerod. — 3232. Rentwertshausen. — 223. 224. Rheda. — 985. Rinkowken. — 138. Rixhöft. — 3286. Rodach. — 1083. Roggenhausen. — 3569. Rohrbach. — 3285. Römhild. — 3227. Rommerz. — 3003. Ronneburg. — 2813/2876. Rositz. — 2925. Rotenburg a. d. Fulda. — 142. Rudau. — 3436. Rüdesheim. — 2992. Ruhla. — 3493. Saarburg. (Rheinland.) — 3583. Saareinsberg. — 3331. Salmünster. — 3112. Salzschlirf. — 3111. Bhf. Salzschlirf. — 2991. Salzungen. — 1173. Sartowitz. — 144. Schaaken. — 3272. Schaumburg. — 1584/1654 a. Schillno. — 3618. Schiltigheim. — 1582. Schirpitz. — 3282. Schlüchtern. — 3055. Schmalkalden. — 464. Schöneberg. — 621. Schöneck. — 3358. Schönecken. — 185. Schönwalde i. Ostpreussen. — 2985. Schrecksbach. — 2923. Schwarzenborn. — 3456. Schweich. — 1172. Schwetz. — 2302. Seesen. — 2860. Seifertshausen. — 3600. Selz. — 3107. Sichertshausen. — 3525. Sierck. — 3434. Simmern. — 888. Skurz. — 539. Sobbowitz. — 3482. Sobernheim. — 3432. Sohren. — 3337/3379. Sonnefeld. — 2861. Sontra. — 3114. Spahl. — 3611. Stattmatten. — 394. Steegen. — 3236. Steinach. — 3281. Steinau. — 2810. Stössen. — 3435. Stromberg. — 3571. Stürzelbronn. — 395. Stuttgart. — 622. Swaroschin. — 3056. Tambach. — 3115. Tann. — 3515. Thallichtenberg. — 3676. Thann. — 281. Tharau. — 1510. Thorn. — 465. Tiegenhof. — 2800. Treffurt. — 3127. Triebes. — 3064. Triptis. — 463. Trutenau. — 282. Uderwangen. — 1348. Unislaw. — 3179. Unterneubrunn. — 3276. Usingen. — 2990. Vacha. — 2231. Vienenburg. — 3274. Villmar. — 3311. St. Vith. — 3512. Wadern. — 3462. Waldböckelheim. — 2732. Waldeck. — 2798. Waldkappel. — 2993. Waltershausen. Friedrichroda. — 2432. Waltrop. — 2588. Warburg. — 3369. Wehen. — 392. Weichselmünde. — 3065. Weida. — 3219. Weilburg. — 3220. Weilmünster. — 3573. Weissenburg. — 3455. Welschbillig. — 3530. St. Wendel. — 710. Wernersdorf. — 2919. Wetter. — 3407. Wiesbaden. — 3667. Wildenstein. — 2793. Bad Wildungen. — 3661. Winzenheim. — 3480. Wittlich. — 2667. Witzenhausen. — 2663. Wolfhagen. — 3559. Wolmünster. — 2596. Worbis. — 3585. Wörth (an der Sauer). — 2357. Wulfen. — 3607. Zabern. — 2874. Zeitz. — 3401. Zell. — 2303. Zellerfeld. — 3126. Zeulenroda. — 543. Zeyer. — 2922. Ziegenhain. — 227. Zimmerbude. — 330. 331. Zoppot.

Vergl.: Sachsen. Karte, topographische. Messtischblätter. — Württemberg. Höhenkurvenkarte.

Preussen. Messtischblätter des preuss. Staates. 1:25,000. Nr. 134, 170—173, 215—218, 264—270, 317—319, 321, 322, 378—383, 447—451, 453, 454, 522—528, 600—605, 607—611, 772—780, 820—823, 825, 826, 828, 829, 866, 868, 870, 872, 873, 874, 889, 914, 915, 917—920, 922—926, 963—968, 1012—1022, 1059—1064, 1104, 1105, 1151—1156, 1195, 1196, 1242—1247, 1281, 1327—1332, 1408—1413, 1488—1493, 1558—1572, 1630—1643, 1699—1713, 1718, 1771—1785, 1840—1857, 1920, 1922—1927, 1991—1996, 2058—2063, 2126, 2128—2131, 2193—2198, 2263—2268, 2336, 2338—2341, 2350—2352, 2359—2361, 2411—2415, 2424—2434, 2483—2488, 2497—2507, 2556—2561, 2571—2576, 2578—2580, 2623, 2644—2649, 2651—2654, 2701, 2714—2718, 2720—2724, 2753, 2754, 2757, 2853, 2902, 2905, 2918, 2980, 2981, 3032, 3043, 3044, 3090, 3105, 3106, 3164, 3165, 3205, 3207. à ca. 46×45,5 cm. Lith. u. kolor. Berlin 891—894. (R. Eisenschmidt.) à Nr. n.n. 1.—

In alphabetischer Ordnung:

524. Alt-Belz. — 2724. Altena. — 1635. Altenfliess. — 378. Altenhagen. — 2264. Altkloster. — 454. Alt-Kolziglow. — 1846. Alt-Limmeritz. — 1708. Altsorge. — 527. Alt-Zowen. — 778. Arnhausen. — 1411. Arnswalde. — 2360. Ascheberg. — 3105. Ballersbach. — 823. Baltrum. — 2721. Barmen. — 1699. Bärwalde (Neumark). — 963. Basonthin. — 2853. Battenberg. — 524. Alt-Belz. — 2058. Bentschen. — 1563. Berlinchen. — 1493. Bernsee. — 1490. Bernstein. — 1922. Betsche. — 2918. Biedenkopf. — 1780. Birnbaum. — 1849. Biesen. — 2415. Bojanowo. — 693. Boissin. — 966. Gr. Borckenhagen. — 914. Insel Borkum. — 2059. Borui. — 2502. Bottrop. — 1022. Bramel. — 3164. Braunfels. — 1021. Bremerhaven. — 2981. Buchenau. — 1995. Buk. — 607. Bulgrin. — 2715. Burgwaldniel. — 3205. Bürnenville. — 1564. Büssow. — 2352. Calcar. — 2504. Castrop. — 218. Charbrow. — 2198. Choryn. — 2351. Cleve. — 1571. Czarnikau. — 2131. Czempin. — 1061. Daber. — 449. Damerow. — 267. Dammen. — 1776. Dechsel. — 522. Degow. — 2501. Dinslaken. — 1410. Dölitz. — 1996. Dombrowka. — 918. Dornum. — 2505. Dortmund. — 925. Dorum. — 2429. Dosten. — 1064. Dramburg. — 1569. Gr. Drensen. — 2361. Drensteinfurt. — 2488. Drevenack. — 1638. Driesen (Ost). — 1637. Driesen (West). — 383. Gr. Dübsow. — 2574. Duisburg. — 1926. Duschnik. — 2718. Düsseldorf. — 1019. Eckwarden. — 2980. Elbelshausen. — 1568. Eichberg. — 1060. Eichenwalde. — 2720. Elberfeld. — 2714. Elmpt. — 3207. Elsenborn. — 1196. Emden. — 919. Esens. — 2576. Essen. — 1633. Gr. Fahlenwerder. — 965. Farbezin. — 1640. Filehne. — 2338. Fraustadt. — 1164. Freienwalde (in Pommern). — 266. Freist. — 1636. Friedeberg (in der Neumark). — 1567. Friedrichsdorf. — 1413. Fürstenau. — 1700. Fürstenfelde. — 2902. Gangelt. — 2341. Garzyn. — 2498. Geldern. — 2503. Gelsenkirchen. — 1572. Gembitz. — 2560. Gimmel. — 3044. Gladenbach. — 2484. Glogau. — 217. Glowitz. — 2424. Goch. — 1850. Gollmütz. — 1707. Gottschimm. — 2356. Grafwegen. — 1491. Granow. — 2062. Granowo. — 2061. Grätz. — 688. Greifenberg (in Pommern). — 966. Gr. Borckenhagen. — 1569. Gr. Drensen. — 383. Gr. Dübsow. — 1633. Gr. Fahlenwerder. — 1927. Gr. Gay. — 604. Gr. Jestin. — 600. Gr. Justin. — 780. Gr. Krössin. — 2556. Gr. Logisch. — 1246. Gr. Melten. — 447. Gr. Möllen. — 868. Gr. Sabow. — 694. Gr. Tychow. — 318. Grupenhagen. — 2487. Guhrau. — 1641. Gulcz. — 772. Gülzow. — 603. Gützlaffshagen. — 917. Hage. — 2652. Hagen in Westf. — 2434. Hamm. — 2651. Hattingen. — 488a. Helgoland. — 3090. Herbesthal. — 2561. Herrnstadt. — 2653. Hohenlimburg. — 1703. Hohenwalde. — 826. 922. Hooksiel. — 2579. Hörde. — 2754. Horka. — 1245. Jakobshagen. — 604. Gr. Jestin. — 1017. Jever. — 2654. Iserlohn. — 2499. Issum. — 915. Juist (West). — 2905. Jülich. — 600. Gr. Justin. — 1852. Kähme. — 2648. Kaiserswerth. — 2645/46. Kaldenkirchen. — 2506. Kamen. — 889. Kanth. — 601. Karnitz. — 920. Karolinensiel. — 379. Karwitz. — 1562. Karzig. — 1856. Kasmierz. — 2646. Kempen. — 605. Kerstin. — 2649. Kettwig. — 2194. Kiebel. — 609. Klannin. — 1782. Klodzisko. — 2559. Köben. — 2126. Köbnitz. — 874. Kollatz. — 1328. Kollin. — 689. Kölpin. — 1775. Költschen. — 454. Alt-Kolziglow. — 1558. Königsberg (in d. Neumark). — 1848. Königswalde. — 2060. Konkolewo. — 2130. Konojad. — 2263. Kontopp. — 523. Kordeshagen. — 525. Köslin. — 2197. Kosten. — 526. Kösternitz. — 2647. Krefeld. — 1639. Kreuz. — 1847. Kriescht. — 780. Gr. Krössin. — 1242. Kublank. — 381. Kulsow. — 610. Kurow. — 1844. Küstrin. — 2411. Kuttlau. — 1853. Kwiltsch. — 968. Labenz. — 967. Labes. — 1704. Landsberg (an der Warthe). — 1281. Landschaftspolder. — 823. Langeroog (Ostende). — 923. Langwarden. — 270. Lauenburg (in Pommern). — 172. Leba. — 171. Lebasee. — 2267. Leipe. — 1771. Letschin. — 1923. Lewitz. — 2336. Liebenzig. — 1846. Alt-Limmeritz. — 2497. Lindenhof. — 1706. Lipke. — 1488. Lippehne. — 2340. Lissa. — 2556. Gr. Logisch. — 1105. Loppersum. — 1195. Loquard. — 1634. Lotzen. — 1642. Lubass. — 2701. Lüben. — 2723. Lüdenscheid. — 2359. Lüdinghausen. — 2433. Lünen. — 2266. Luschwitz. — 1244. Marienfliess. — 2430. Marl. — 1702. Massin. — 1152. Massow. — 1246. Gr. Melten. — 2580. Menden. — 1015. Middels. — 828. Midlum. — 447. Gr. Möllen. — 866. Moratz. — 2573. Mörs. — 2575. Mülheim a. d. Ruhr. — 1841. Müncheberg. — 964. Naugard. — 1710. Neubrück. — 1701. Neudamm. — 926. Neuenwalde. — 1925. Neustadt (bei Pinne). — 1992. Neutomischel. — 1332. Neuwedell. — 2753. Niesky. — 2572. Nieukerk. — 1013. Norden. — 820. 821. Norderney. — 1155. Nörenberg. — 3043. Ober-Scheld. — 1712. Obersitzko. — 1785. Obornik. — 1994. Opalenitza. — 1855. Ottorowo. — 319. Peest. — 776. Petershagen. — 1104. Pewsum. — 1854. Pinne. — 774. Plathe. — 1713. Polajewo. — 2557. Polkwitz. — 528. Pollnow. — 2196. Poln. Wilke. — 873. Polzin. — 2623. Priebus. — 1151. Priemhausen. — 1409. Prillwitz. — 2195. Priment. — 1851. Prittisch. — 1408. Pyritz. — 2483. Quaritz. — 1772. Quartschen. — 2722. Radevormwald. — 1247. Rahnwerder. — 2128. Rakwitz. — 691. Ramelow. — 382. Rathsdamnitz. — 2558. Raudten. — 1330. Ravenstein. — 2431. Recklinghausen. — 1331. Reetz. — 872. Reinfeld. — 2500. Rheinberg. — 3106. Rodheim (an der Bieber). — 1718. Rogowo. — 690. Roman. — 1631. Rosenthal. — 317. Rügenwalde. — 870. Rützenhagen. — 868. Gr. Sabow. — 322. Sageritz. — 264. Saleske. — 1784. Samter. — 134. 173. Sassin. — 1783. Scharfenort. — 3043. Ober-Scheld. — 1560. Schildberg. — 380. Schlawe. — 2412. Schlichtingsheim. — 924. Schmarrew. — 216. Schmolsin. — 1709. Schneidemühlchen. — 170. Scholpin. — 1153. Schönebeck. — 1559. Schönfliess. — 1489. Schönow. — 1643. Schrotthaus. — 269. Schurow. — 2486. Schüttlau. — 1492. Schwachenwalde. — 1773. Schwerin (an der Warthe). — 773. Schwessow. — 2339. Schwetzkau. — 686. Schwirsen. — 608. Seeger. — 1843. Seelow. — 2413. Seitsch. — 1412. Sellnow. — 2757. Siegersdorf. — 1062. Silligsdorf. — 1561. Soldin. — 1845. Sonnenburg. — 1059. Speck. — 1632. Staffelde. — 692. Standemin. — 1243. Stargard i/P. — 2063. Stenschewo. — 1570. Stieglitz. — 268. Stojentin. — 1020. Stollhamm. — 321. Stolp. — 265. Stolpmünde. — 777. Stolzenberg. — 2268. Storchnest. — 2571. Straelen. — 1840. Strausberg. — 687. Stuchow. — 611. Sydow. — 1773. Tamsel. — 1920. Tempel. — 1991. Tirschtiegel. — 1777. Trebisch. — 1842. Trebnitz. — 602. Treptow (an der Rega). — 2488. Triebusch. — 2414. Tschirnau. — 694. Gr. Tychow. — 2425. Üdem. — 2507. Unna. — 2193. Unruhstadt. — 3032. Vettweiss. — 2716. Viersen. — 1774. Vietz. — 1779. Waitze. — 2432. Waltrop. — 1063. Wangerin. — 825. Wangeroog. — 1857. Wargowo. — 1630. Wartenberg. — 2265. Weine. — 2485. Weisholz. — 1993. Wensowo. — 1327. Werben. — 2407. Wesel. — 1014. Westerhold. — 1012. Westermarsch. — 829. Westerwanna. — 3165. Wetzlar. — 2129. Wielichowo. — 1018. Wilhelmshaven. — 2196. Poln. Wilke. — 2717. Willich. — 2578. Witten. — 1016. Wittmund. — 775. Witzmitz. — 215. Wobesde. — 1566. Woldenberg. — 1711. Wronke. — 1565. Wugarten. — 451. Wussow. — 779. Wusterbarth. — 2426. Xanten. — 1329. Zachan. — 1156. Zamzow. — 448. Zanow. — 1705. Zantoch. — 1924. Zembowo. — 450. Zirchow. — 1781. Zirke. — 527. Alt-Zowen. — 453. Zuckers.

— Messtischblätter d. Preuss. Staates. 1:25,000. [Erscheinen seit d. Jahre 1875.] In den Jahren 1887—1890 erschienen: Nr. 214, 219, 258—263, 314—316, 320, 372—377, 439, 440, 445, 446, 452, 512—514, 518—521, 591—596, 598, 599, 606, 680—685, 766—771, 860—865, 867, 869, 871, 957—962, 1053, 1054, 1056—1058, 1145—1150, 1236—1241, 1321—1326, 1402—1407, 1482—1485, 1487, 1555—1557, 1573—1581, 1626—1628, 1644—1651, 1696—1698, 1714—1724, 1768—1770, 1786—1790, 1793—1796, 1858—1867, 1928—1937, 1997—2003, 2064—2066, 2068—2070, 2132—2137, 2199—2204, 2269—2275, 2342—2346, 2348, 2349, 2416—2423, 2489—2496, 2562—2570, 2614, 2615, 2618—2622, 2624—2630, 2632—2640, 2685, 2687—2700, 2702—2712, 2752, 2755, 2756, 2758—2760, 2762—2770, 2791, 2814—2818, 2820—2831, 2878—2880, 2882—2884, 2886—2890, 2892—2895, 2943, 3356—3363, 3391, 3394—3398, 3400, 3401, 3426—3432, 3454—3457, 3459, 3475—3477, 3492, 3493, 3509—3511, 3675—3678, 3683—3685, 3687—3690, 3692—3695, 3697, 3698. Lith. u. color. gr. Fol. Berlin, (Eisenschmidt). à Nr. n.n. 1.—

In alphabet. Ordnung:

2567. Adelnau. — 3400. Alf. — 1241. Alt-Damm. — 960. Althagen. — 3688. Altkirch. — 1483. Angermünde. — 2628. Armadebrunnen. — 2766. Auras. — 1406. Bahn. — 2634. Gr. Bargen. — 1650. Bartschin. — 377. Beelkow. — 606. Belgard. — 681. Benz. — 315. Bergen. — 3431. Berncastel. — 2688. Bernsdorf. — 2831. Bernstadt. — 1487. Beyersdorf. — 1321. Bietikow. — 3428. Bitburg. — 3454. Bollendorf. — 2271. Borek. — 2828. Breslau. — 2132. Brodnica. — 1721. Broniewice. — 1146. Brüssow. — 1644. Budsin. — 2642.

Bukowinca. — 2758. Bunzlau. — 3356. Burg Reuland. — 2636. Gr. Cainowe. -- 685. Cammin. -- 2890. Canth. — 786. Caseburg. — 2892. Cattern. — 1795|96. Cholmce. — 1150. Gr. Christinenberg. — 3362. Cochem. — 1239. Colbitzow. — 2614. Cröbeln. — 1404. Cunow. -- 2199. Dalewo. — 1241. Alt-Damm. — 3687. Dammerkirch. — 3394. Dasburg. — 3360. Daun. -- 771. Dobberphol. -- 2346. Dobrschytza. — 2270. Dolzig. -- 2490. Dubin. — 2765. Dyhernfurth. — 958. Eggesin. -- 439. Gr. Elmenhorst. — 1648. Elsenau. — 2615. Elsterwerda. -- 3678. Ensisheim. — 1576. Exin. — 1056. Falkenwalde. — 957. Ferdinandshof. -- 2708. Festenberg. — 1405. Fiddichow. — 1697. Freienwalde a/Oder. — 1723. Freitagsheim. -- 2624. Freiwaldau. -- 3510. Freudenburg. 3602. Friesen. — 599. Fritzow. — 1865. Gembitz. — 3361. Gillenfeld. -- 314. Gingst. — 2630. Gläsersdorf. -- 1862. Gnesen. -- 2821. Goldberg i|Schl. — 1575. Gollantsch. — 1058. Gollnow. — 1998. Gondek. — 1719. Gonsawa. — 2272. Gora. — 2815. Görlitz. — 1714. Gosciejewo. — 1791. Goscieszyn. — 2343. Gostyn. -- 2068. Gozdowo. -- 2569|70. Grabow a. d. Prosna. -- 1322. Gramzow. — 1324. Greifenhagen. — 2882. Greiffenberg a/Queis. — 1482. Greiffenberg i. d. Uckermark. — 593. Greifswald. — 592. Griebenow. — 512. Grimmen. — 2820. Gröditzberg. — 2275. Grodschisko. 2634. Gross-Bargen. — 2636. Gross-Cainowe. -- 1150. Gross-Christinenberg. — 439. Gross-Elmenhorst. — 2893. Gross-Nädlitz. — 591. Gross-Rakow. — 961. Gross-Stepenitz. — 2824. Gross-Tinz. -- 2565. Gross-Tschunkawe. — 1581. Gross-Wodek. — 2495. Gross-Wysotzko. — 1555. Gross-Ziethen. -- 2830. Gross-Zöllnig. — 1578. Grünhagen. — 1997. Gurtschin. — 2637. Katholisch-Hammer. — 3391. Hasborn. -- 594. Haushagen. — 2760. Haynau. — 2685. Hirschfeld. — 3693. Hirsingen. — 2618. Hohenbocka. — 1626. Hohenfinow. — 1238. Hohenholz. — 2640. Honig. — 513. Horst. -- 3459. Hottenbach. — 2619. Hoyerswerda. — 3695. Hüningen. -- 1788. Jabkowo. -- 1652. Jakschitz. — 1717. Janowitz. — 2273. Jarotschin. — 2887. Jauer. — 1722. Inowrazlaw. — 2491 Jutroschin. — 1720. Kaisersfelde. — 2759. Kaiserswaltau. — 2637. Katholisch-Hammer. — 3397. Kielburg. — 518. Kirchhagener Fichten. -- 3509. Kirf. — 2697. Kittlitztreben. — 1789. Kletzko. — 2696. Klitschdorf. — 2418. Kobylin. -- 2756. Kohlfurt. -- 521. Kolberg. — 2886. Kolbnitz. -- 2620. Weiss-Kolm. -- 1573. Kolma i/Posen. -- 598. 684. Kolzow. — 2562. Korsenz. — 2345. Koschmin. — 2631. Koslitz. — 2889. Kostenblut. -- 1999. Kostschin. — 2629. Kotzenau. — 2638. Kraschnitz. — 1148. Kreckow. — 2416. Kröben. — 2822. Kroitsch. — 2492. Krotoschin. — 1054. Krugsdorf. — 1577. Krulikowo. — 2888. Kuhnern. -- 2762. Kunitz. -- 2665. Kurnik. — 1793. Kwieciszewo. -- 1579. Labischin. — 2884. Lähn. -- 2895. Lampersdorf. -- 3429. Landscheid. — 3689. Landser. — 520. Langenhagen. — 263. Lanzig. — 2894. Laskowitz. — 680. Lassan. -- 445. Lassehne. — 2817. Lauban. — 769. Lebbin. — 3357. Leidenborn. -- 2700. Lerchenbronn. 2627. Ober-Leschen. — 860. Leupoldshagen. -- 2826. Leuthen. -- 1698. Neu-Lewin. -- 2883. Liebenthal. — 2791. Liegnitz. -- 2657. Lipta. -- 2827. Lissa. — 1147. Löcknitz. — 2690. Lohsa. -- 2626. Loos. -- 3511. Losheim. -- 2269. Lubin. 316. Lubkow. — 1801. Lubowo. — 1724. Luisenfelde. — 1786. Lukowo. — 3398. Manderscheid. — 1574. Margonin. — 3426. Mettendorf. -- 376. Middelhagen. -- 1716. Mietschisko. — 2712. Mikorzyn. -- 2564. Militsch. -- 683. Misdroy. -- 2568. Mixstadt. -- 2698. Modlau. — 1790. Modliszewko. — 1792. Mogilno. — 1769. Möglin. — 2004. Moschin -- 2692. Mücka. — 3685. Mülhausen, Ost. -- 3684. Mülhausen, West. -- 962. Münchendorf. — 3359. Mürlenbach. -- 1859. Murowana-Goslin. — 2893. Gr. Nädlitz. — 2816. Naumburg a/Queis. — 1145. Nechlin. -- 2000. Nekla. -- 3690. Neudorf. — 514. Neuenkirchen. — 3395. Neuerburg. — 2694. Neuhammer. — 1698. Neu-Lewin. — 3457. Neumagen. — 1326. Neumark. — 2825. Neumarkt i/Schl. — 2202. Neustadt a. d. Warthe. -- 214. Neu-Strand. — 1770. Neu-Treppin. -- 862,63. Neuwarp. -- 2878|79. Nickrisch. -- 2621. Nochten. — 2627. Ober-Leschen. -- 3427. Oberweis. — 1627. Oderberg. — 2496. Olobok. — 2769. Oels. — 3698. Oltingen. — 1936. Orchowo. — 2494. Ostrowo. -- 1858. Owinsk. — 1651. Pakosch. — 2763. Parchwitz. — 1053. Pasewalk. — 1403. Passow. -- 864. Paulsdorf. — 2417. Pempowo. -- 1580. Penchowo. — 1323. Pencun. — 2755. Penzig. — 2768. Perschütz. — 3477. Pfalzel. — 3697. Pfirt. — 2135. Pienschkowo. -- 1240. Podijuch. — 2136|37. Pogorschelitze. — 1057. Pölitz. — 2710. Poln. Wartenberg. — 1402. Polssen. — 1867. Popowo. -- 2344. Porgorschella. — 2702. Porschwitz. — 1929. Posen. — 1935. Powiels. — 2705. Prausnitz. — 1230. Prenzlau. — 865. Pribternow. — 1768. Prötzel. — 1931. Pudewitz. — 374. Putbus. — 2003. Radlowo. — 591. Gr. Rakow. — 259. Rappin. — 2421. Raschkow. — 2625. Rauscha. — 2489. Rawitsch. — 869. Regenwalde. — 2814. Reichenbach in d. Oberlausitz. — 2699. Reisicht. — 2764. Reknitz. — 3356. Burg Reuland. — 959. Rieth. — 2622. Rietschen. — 2204. Robakow. — 519. Robe. — 1715. Rogasen. — 2711. Rogaszyce. — 1718. Rogowo. — 2419. Rosatschin. — 2420. Rosdraschewo. — 2693. Rothenburg in d. Oberlausitz. — 2709. Rudelsdorf. — 1928. Sady. — 260. 261. Sagard. — 373. Samtens. — 2133. Santomischel. — 2707. Schauwoine. — 1937. Schidlimowo. 1933. Schidowo. — 2641. Schildberg. — 1866. Schirakowo. — 871. Schivelbein. — 1787. Schocken. — 3358. Schönecken. — 2200. Schrimm. — 2066. Schroda. — 1982. Schwarzenau. 1484. Schwedt. — 3456. Schweich. — 1930. Schwersenz. — 1407. Schwochow. — 2342. Seide. — 2880. 2943. Seidenberg. — 3677. Sennheim. — 3683. Sentheim. — 2829. Sibyllenort. — 2422. Sobotka. — 3432. Sohren. — 2069|70. Sokolnik. — 446. Sorenbohm. -- 440. Stahlbrode. — 2632. Steinau a|Oder. — 1647. Stempuchowo. — 961. Gr. Stepenitz. — 1149. Stettin. — 1556. Stolpe. — 2770. Stradam. — 372. Stralsund. — 214. Neu-Strand. — 1794. Strelno. — 2704. Stroppen. — 2134. Sulencin. -- 2493. Sulmirschütz. — 682. Swinemünde. — 2563. Szkaradowo. — 219. Tauenzien. — 3676. Thann. 2695. Tiefenfurt. — 2824. Gr. Tinz. — 2635. Trachenberg. -- 2706. Trebnitz. — 3363. Treis. — 1863. Tremessen. — 258. Trent. — 1770. Neu-Treppin. — 3475|76. Trier. — 1864. Tschemsal. — 2274. Tschermin. — 2639. Tscheschen. — 2565. Gr. Tschunkawe. — 2348|49. Tursko. — 1485. Uchtdorf. — 861. Ueckermünde. — 2691. Uhyst. — 3675. Urbis. — 766. Usedom. — 2566. Utschiechow. — 452. Varzin. — 375. Vilmnitz. — 262. Vitte. — 3694. Volkensberg. — 2823. Wahlstatt. — 1237. Wallmow. — 2710. Poln. Wartenberg. -- 3396. Waxweiler. — 2752. Weigersdorf. — 2620. Weiss-Kolm. — 1860. Welnau. — 3455. Welschbillig. — 2423. Wengry. — 2767. Wiese. — 3492. Wincheringen. — 2633. Winzig. — 1934. Witkowo. — 2689. Wittichenau. — 3430. Wittlich. — 1581. Gr. Wodek. — 2703. Wohlau. — 595. Wolgast. — 770. Wollin. — 1325. Woltien. — 1696. Wölsickendorf. — 1646. Wongrowitz. — 2001. Wreschen. — 2495. Gr. Wysotzko. — 2201. Xions. — 1557. Zachow. — 1628. Zehden. — 1645. Zellitz. — 3401. Zell. — 2203. Zerkow. — 867. Zickercke. — 1555. Gr. Ziethen. — 596. Zinnowitz. — 767. Zirchow. — 320. Zitzewitz. — 1649. Znin. — 2830. Gr. Zöllnig.

-- Messtischblätter des Preussischen Staates. Königl. preuss. Landes-Aufnahme. 1 : 25,000. Nr. 329, 390, 461, 538—541, 831, 832, 927—929, 1023—1025, 1081—1083, 1106, 1107, 1109—1120, 1173—1175, 1197—1211, 1282—1293, 1295—1299, 1301, 1302, 1362—1371, 1373, 1375—1383, 1443—1463, 1516—1529, 1531—1533, 1535, 1541, 1542, 1587—1608, 1610, 1613, 1657—1663, 1665—1668, 1670—1681, 1683, 1729—1740, 1742—1755, 1801—1813, 1815—1823, 1825—1827, 1890—1895, 1897, 1898, 1958—1963, 1965, 1966, 2025, 2026, 2028—2030, 2032, 2093—2098, 2100—2107, 2110, 2160, 2162—2166, 2169—2179, 2257—2259, 2330—2332, 2404—2408, 2477—2482, 2550—2555, 2584, 2585, 2658—2660, 2728—2730, 2914, 2916, 2977, 3037—3040, 3042, 3099, 3100, 3158, 3159, 3214, 3215, 3269, 3270 u. 3319—3321. à ca. 46×45,5 cm. Lith. u. kolor. Berlin 899—902. (R. Eisenschmidt.) à n.n. 1.—

In alphabetischer Ordnung:

1453. Achim. — 2660. Adorf. — 1454. Ahausen. — 1670. Ahlden. — 2585. Alme. — 2104. Alten-Grabow. — 3100. Altenkirchen im Westerwald. — 1382. Altenmedingen. — 1380. Amelinghausen. — 1284. Apen. — 3099. Asbach. — 1106. Aurich. — 1801. Backum. — 1118. Bargstedt. — 1365. Barssel. — 2093. Barum. — 2179. Baruth. — 1736. Barver. — 3269. Bassenheim. — 1595. Bassum. — 927. Bederkesa. — 1746. Beedenbostel. — 1679. Beetzendorf. — 1378. Behringen. — 2106. Belzig. — 1528. Bendingbostel. — 3215. Bendorf. — 1731. Berge. — 1602. Bergen bei Celle. — 1608. Bergen a. d. Dumme. — 1369. Berne. — 1804. Bersenbrück. — 3040. Betzdorf. — 1462. Bevensen. — 1117. Bevern. — 1114. Beverstedt. — 2101. Biederitz. — 1381. Bienenbüttel. — 1754. Bismark. (Prov. Sachsen.) — 1458. Bispingen. — 1302. Bleckede. — 2258. Bobersberg. -- 2728. Bödefeld. — 1607. Bodenteich. — 3320. Boppard. — 1517. Börger. — 1203. Brake. — 2026. Braunschweig. — 1459. Breloh. — 1451. Bremen. — 1116. Bremervörde. — 2407. Briesnitz. — 2659. Brilon. — 1818. Bröckel. — 1750. Brome. — 2107. Brück. — 1667. Bücken. — 1862 Bunde. — 1444. Burlage. — 1120. Buxtehude. — 831. Cadenberge. — 1963. Calvörde. — 1745. Celle. — 2406. Christianstadt. — 1591. Cloppenburg. — 3321. Dachsenhausen. — 1383. Dahlenburg. — 1806. Damme. — 1450. Delmenhorst. — 1610. Deutsch-Pretzier. — 1735. Diepholz. — 3159. Dierdorf. — 1678. Diesdorf. — 3042. Dillenburg. — 1733. Dinklage. — 1897. Dolle. — 1598. Dörverden. — 1522. Dötlingen. — 1024. Ebersdorf. — 1461. Ebstorf. — 1366. Edewecht. — 1821. Ehra. — 1533. Eimke. — 3037. Eitorf. — 1228 Elsfleth. — 2916 Erndtebrück. — 2030. Erxleben. — 1674. Eschede. — 1660. Essen i. Oldenbg. — 1379. Evendorf. — 2658. Eversberg. — 1210. Everstorf. — 1668. Eystrup. — 1892. Fallersleben. — 1601. Fallingbostel. — 1082. Feste Courbière. — 2977. Freudenberg. — 2408. Freystadt in Schlesien. — 1446. Frysoythe. — 1816. Fuhrberg. — 1803. Fürstenau i. Hann. — 1820. Gamsen. — 1825. Gardelegen. — 1298. Garlstorf. — 1520. Garrel. — 2405. Gassen. — 1891. Gifhorn. — 2730. Goddelsheim. — 2330. Göhren. — 1663. Goldenstedt. — 2105. Görzke. — 1174. Graudenz. — 1680. Gross-Apenburg. — 1521. Grossenkneten. — 1541. Gross-Garz. — 541. Gross-Lichtenau. — 1747. Gross-Osingen. — 538. Gross-Paglau. — 1295. Gross-Sittensen. — 1961. Gross-Twülpstedt. —

1204. Hagen im Bremischen. — 2552. Halbau. — 1205. Hambergen. — 832. Hamelwörden. — 2164. Hamersleben. — 1676. Hankensbüttel. — 1523. Harpstedt. — 1119. Harsefeld. — 2481. Hartau. — 1729. Haselünne. — 1960. Heiligendorf. — 2029. Helmstedt. — 1452. Hemmelingen. — 1603. Hermannsburg. — 2331. Hermswalde. — 1730. Herzlake. — 1198. Hesel. — 2162. Hessen. — 1209. Hesslingen. — 1463. Himbergen. — 929. Himmelpforten. — 2480. Hirschfeldau. — 1805. Holdorf. — 1211. Hollenstedt. — 1297. Holm. — 1658. Holte. — 1107. Holtrop. — 2097. Hötensleben. — 1597. Hoya. — 1812. Husum, Kr. Nienburg. — 1111. Jadebusen. — 1202. Jaderberg. — 1112. Jatens. — 1681. Jeetze. — 2163. Jerxheim. — Kadenberge, s.: Cadenberge. — 1753. Kalbe a. d. Milde. — 2257. Kanig. — 1599. Kirchboitzen. — 1299. Kirchgellersen. — 1449. Kirchhatten. — 1292. Kirchtimke. — 1455. Kirchwalsede. — 1115. Kirchwistedt. — 1657. Klein-Berssen. — 2173. Klepzig. — 1752. Klötze. (Ost.) — 1751. Klötze. (West.) — 1749. Knesebeck. — 3270. Koblenz. — 1965. Kolbitz. — 1023. Köhlen. — 1206. Kuhstedt. — 1823. Kunrau. — 928. Lamstedt. — 1282. Leer. — 2169. Leitzkau. — 1807. Lembruch. — 1802. Lengerich i. Hann. — 1371. Lesum. — 1739. Liebenau in Hann. — 2259. Liebthal. — 1372. Lilienthal. — 2170. Lindau. — 1826. Lindstedt. — 1447. Littel. — 2103. Loburg. — 1734. Lohne i. Oldenbg. — 1659. Löningen. — 1113. Loxstedt. — 2177. Luckenwalde. — 1827. Lüderitz — 2586. Madfeld. — 2100. Magdeburg. — 2553. Mallmitz. — 1519. Markhausen. — 1959. Meine. — 1890. Meinersen. — 1815. Mellendorf. — 1895. Mieste. — 2102. Möckern. — 1590. Molbergen. — 1819. Müden. — 540. Mühlbanz. — 1025. Mulsum. — 1532. Munster. — 3319. Münstermaifeld. — 2332. Naumburg a. Bober. — 2171. Nedlitz. — 1197. Neermoor. — 1301. Neetze. — 1518. Neu-Arenberg. — 1810. Neudorf. — 1200. Neuenburg i. Oldenbg. — 1457. Neuenkirchen i. Lüneburgischen. — 1813. Neustadt a. Rübenb. — 1109. Neustadt-Gödens. — 2482. Neustädtel. — 3214. Neuwied. — 2551. Nieder-Hartmannsdorf. — 2729. Niedersfeld. — 2174. Niemegk. — 1740. Nienburg a. d. W. — 1288. Nortmoor. — 1893. Öbisfelde. — 1672. Offen. — 1175. Okonin. — 1868. Oldenburg. — 2165. Oschersleben. — 1671. Ostenholz. — 1683. Osterburg. — 1290. Osterholz. — 1376. Ostervesede. — 1378. Ottersberg. — 1443. Papenburg. — 2178. Paplitz. — 461. Prangenau. — 2555. Primkenau. — 1732. Quakenbrück. — 829. Quaschin. — 1287. Rastede. — 1894. Rätzlingen. — 1199. Remels. — 1307. Rhade. — 1525. Riede. — 1966. Rogätz. — 1083. Roggenhausen. — 1875. Rotenburg i. H. — 2584. Rüthen. — 2479. Sagan. — 2160. Salzgitter. — 1173. Sartowitz. — 1445. Scharrel. — 1755. Schinne. — 1665. Schmalförden — 1377. Schneverdingen. — 2110. Schöneweide. — 2096. Schöningen. — 2095. Schöppenstedt — 1668. Schwaförden. — 1289. Schwanewede. — 1742. Schwarmstedt. — 1613. Seehausen in der Altmark. — 2098. Seehausen, Kr. Wanzleben. — 1208. Selsingen. — 1738. Siedenburg. — 539. Sobbowitz. — 1588. Sögel. — 1531. Soltau. — 2404. Sommerfeld. — 2478. Sorau. — 1675. Sprakensehl. — 2554. Sprottau. — 2172. Stackelitz. — 1822. Steimke. — 1110. Steinhausen. — 1811. Stolzenau. — 1809. Ströhen. — 1605. Suderburg. — 1737. Sulingen. — 1673. Sülze. — 2028. Süpplingen. — 1524. Syke — 1526. Thedinghausen. — 1743. Thören. — 1296. Tostedt. — 2175. Treuenbrietzen. — 1594. Twistringen. — 2477. Tzschecheln. — 1535. Uelzen — 1604. Unterlüss. — 1201. Varel. — 1898. Väthen. — 2025. Vechelde. — 1662. Vechta. — 1370. Vegesack. — 1527. Verden. — 1661. Vestrup. — 1596. Vilsen. — 1592. Visbek. — 1529. Visselhövede. — 1808. Wagenfeld. — 1587. Wahn in Hann. — 1748. Wahrenholz. — 3158. Waldbreitbach. — 1600. Walsrode. — 2166. Wanzleben. — 1448. Wardenberg. — 1081. Warlubien. — 1817. Wathlingen. — 1363. Weener. — 1962. Weferlingen. — 1958. Wendeburg. — 2914. Wenden. — 1589. Werlte. — 1285. Westerstede. — 1364. West-Rhauderfehn. — 3038. Weyerbusch. — 1286. Wiefelstede. — 1606. Wieren. — 1593. Wildeshausen. — 1744. Winsen a. d. Aller. — 1516. Wippingen. — 3039. Wissen. — 1542. Wittenberge. — 1677. Wittingen. — 1456. Wittorf. — 2032. Wolmirstedt. — 1291. Worpswede. — 1460. Wriedel. — 2094. Wolfenbüttel. — 1293. Zeven. — 2550. Zibelle. — 2176. Zinna. — 390. Zuckau. — 1367. Zwischenahn.

— **Messtischblätter** des Preussischen Staates. Königl. preuss. Landes-Aufnahme. 1 : 25,000. Nr. 624—626. 710—712. 796. 890. 986. 987. 1172. 1263—1266. 1347—1349. 1611. 1612. 1682. 1690. 1695. 1762—1767. 1824. 1834—1839. 1905—1913. 1973—1981. 2040 bis 2048. 2111—2116. 2180—2183. 2233—2256. 2306 bis 2329. 2381—2403. 2453—2476. 2526—2549. 2599 bis 2603. 2605—2613. 2673—2680. 2682—2684. 2743 bis 2751. 2804—2809. 2864. 2867—2872. 2932—2937. 2995—3000. 3058—3061. 3063. 3117—3125. 3176 bis 3184. 3216. 3225. 3230. 3237. 3238/3290. 3239. 3240/3292. 3271. 3283. 3284. 3287. 3289. 3291. 3327/3372. 3328. 3329. 3333. 3334. 3336. 3338/3380. 3364—3366. 3370. 3371. 3373. 3376. 3377. 3377 a b/3414 a b. 3378/79. 3402—3404. 3409—3411 u. 3413. à ca. 46×47 cm. Farbdr. Berlin 903—906. (R. Eisenschmidt.) à n.n. 1. —

2318. Aken. — 2602. Allstedt. — 2472. Alt-Döbern. — 1839. Alt-Landsberg. — 2114. Alt-Schadow. — 2871. Apolda. — 1611. Arendsee. — 2935. Arnstadt. — 2675. Artern. — 2383. Aschersleben. — 2387. Atzendorf. — 2382. Ballenstedt. — 2239. Barby. — 2040. Beelitz. — 1912. Beerfelde. — 2116. Beeskow. — 2612. Belgern. — 1837. Berlin. — 1766. Bernau. — 2385. Bernburg. — 1694. Biesenthal. — 2462. Bitterfeld. — 2461. Bitterfeld. (West.) — 1265. Blandau. — 3122. Blankenburg Schwarzatal. — 2993. Blankenhain. — 2245. Blönsdorf. — 2534. Brehna. — 1981. Briesen in der Mark. — 2468. Buckowien. — 2937. Bürgel. — 2325. Burg im Spreewald. — 2870. Buttelstedt. — 2807. Buttstädt. — 2872. Camburg. — 1836. Charlottenburg. — 3336. Coburg. — 2806. Cölleda. — 2394. Colochau. — 1909. Cöpenick. — 2315. Coswig. — 2386. Cöthen. — 1263. Culm. — 2321. Dahme. — 1835. Dallgow-Döberitz. — 2233. Dardesheim. — 2535. Delitzsch. — 2306. Derenburg. — 2314. Dessau. — 2606. Dieskau. — 2475. Döbern. — 3364. Dommershausen. — 2173. Drebkau. — 2536. Düben. — 2808. Eckartsberga. — 2236. Egeln. — 2609. Eilenburg. — 2530. Eisleben. — 3271. Ems. — 2603. Erdeborn. — 2933. Erfurt. — 2470. Finsterwalde. — 2402. Forst. — 2674. Frankenhausen — 3327/3372. Frankfurt am Main. — 2743. Freyburg a. d. Unstrut. — 2045. Friedersdorf. — 1833. Friedrichsfelde. — 1980. Fürstenwalde. — 2397. Fürstlich-Drehna. — 987. Garnsee. — 2804. Gebesee. — 3333/3330. Gestungshausen. — 624. Gnojau. — 3366. St. Goarshausen. — 2471. Göllnitz. — 2249. Golsen. — 2389. Gräfenhainichen. — 3181. Gräfenthal. — 2255. Grano. — 2743. Greussen. — 2235. Gröningen. — 1975. Gr. Beeren. — 3180. Grossbreitenbach. — 2751. Gr. Görschen. — 3411. Gr. Kotzenburg. — 2182. Gr. Leuthen. — 2048. Gr. Rietz. — 712. Gr. Waplitz. — 1695. Grünthal. (Reg.-Bez. Potsdam.) — 2256. Guben. — 3333. Güntershof. — 2384. Güsten. — 2307. Halberstadt. — 2532. Halle a. d. Saale. (Nord.) — 2605. Halle a. d. Saale (Süd). — 3373. Hanau. — 2454. Harzgerode. — 2453. Hasselfelde. — 1913. Heinersdorf. — 1764. Hennigsdorf. — 2599. Heringen. — 3377. Hermanns-Koppe. — 2047. Herzberg. — 2467. Herzberg a. d. Elster. — 1911. Herzfelde. — 2457. Hettstedt. — 3240/3292. Hirschberg a. d. Saale. — 3371. Höchst. — 2242. Hundeluft. — 3329. Hüttengesäss. — 2254. Jamlitz. — 2936. Jena. — 2392. Jessen. Kr. Schweinitz. — 2546. Jessen. Kr. Spremberg. — 2329. Jessnitz. — 3120. Ilmenau. — 2246. Jüterbog. — 2999. Kahla. — 2398. Kalau. — 2238. Kalbe a. d. Saale. — 3402. Kastellaun. — 3404. Kaub. — 2600. Kelbra. — 2390. Kemberg. — 3365. Kestert. — 1905. Ketzin. — 2169. Kirchhain. — 3403. Kisselbach. — 2543. Kl. Leipisch. — 2544. Klettwitz. — 2683. Klingenhain. — 3125. Knau. — 2309. Kochstedt. — 2474. Komptendorf. — 3377 a. b/3414 a. b. Königsberg in Franken. — 3121. Königsee. — 3370. Königstein a. Taunus. — 1977. Königs-Wusterhausen. — 2458. Könnern. — 2115. Kossenblatt. — 2401. Kottbus. (Ost.) — 2400. Kottbus. (West.) — 2997. Kranichfeld. — 1691. Kremmern. — 2533. Landsberg bei Halle. — 3238/3290. Lehesten. — 2456. Leimbach. — 1612. Leppin. — 3182. Leutenberg. — 3225. Lichenroth. — 1976. Lichtenrade. — 3183. Liebengrün. — 2541. Liebenwerda. — 2253. Lieberose. — 2319. Linda. — 1690. Linum. — 2459. Löbejün. — 3289. Lobenstein. — 3376. Lohrhaupten. — 2251. Lübben. — 2324. Lübbenau. — 2323. Luckau. — 2750. Lützen. — 2935. Magdala. — 2529. Mansfeld. — 625. Marienburg. — 890. Marienwerder. — 2996. Marlishausen. — 1763. Marwitz. — 3287. Meeder. — 3118. Mehlis. — 3176. Meiningen. — 3284. Mendhausen. — 2680. Merseburg (Ost). — 2679. Merseburg (West). — 1682. Messdorf — 2864. Mihla. — 2044. Mittenwalde. — 2537. Mockrehna. — 3216. Montabaur. — 2613. Mühlberg. — 2241. Mühlstedt. — 2549. Muskau. — 1762. Nauen. — 2809. Naumburg an der Saale. — 2747. Nebra. — 2932. Neudietendorf. — 936. Neuenburg i. Westpr. — 2869. Neumark in Thüringen. — 3063. Neustadt a. d. Orla. — 3409. Niederrad. — 2311. Nienburg a. d. Saale. — 2183. Niewisch. — 2745. Oberheldrungen. — 3283. Oberzell. — 2180. Oderin. — 2542. Oppelhain. — 1692. Oranienburg. — 2155. Pansfelde. — 1349. Papau. — 2682. Pehritzsch. — 2327. Peitz. — 2218. Petkus. — 2403. Pförten. — 3058. Plaue in Thüringen. — 626. Posilge. — 1906. Potsdam. (Nord.) — 1974. Potsdam. (Süd.) — 2465. Prettin. — 2391. Pretzsch. — 2381. Quedlinburg. — 2387. Quellendorf. — 2677. Querfurt. — 2358. Raguhn. — 1347. Rasmushausen. — 1266. Rehden. — 796. Rehhof. — 3334. Rieth. — 3000. Roda. — 3378/3379. Rossach. — 1910. Rüdersdorf. — 3061. Rudolstadt. — 3123. Saalfeld a. d. Saale. — 3410. Sachsenhausen. — 3413. Sail-Höhe. — 2601. Sangerhausen. — 2678. Schafstädt. — 2611. Schildau. — 2684. Schirmenitz. — 3184. Schleiz. — 2247. Schlenzer. — 2181. Schlepzig. — 3178. Schleusingen. — 2395. Schlieben. — 2464. Schmiedeberg. Bez. Halle. — 1908. Schöneberg. — 1765. Schönerlinde. — 2320. Schönewalde. — 2234. Schwanebeck. — 2393. Schweinitz. — 2537. Schwenda. — 1172. Schwetz. — 2545. Senftenberg. — 2318. Seyda. — 2463. Söllichau. — 1824. Solpke. — 2305. Sömmerda. — 2673. Sondershausen. — 3230. Sondheim. — 3289. Sonneberg. — 3237. Spechtsbrunn. — 2111. Sperenberg. — 1979. Spreenhagen. — 2517. Spremberg. — 3059. Stadtilm. — 3060. Stadtremda. — 2310. Stassfurt — 2526. Stolberg am Harz. — 2046. Storkow. — 2968. Stotternheim. — 2243. Straach. — 2252. Straupitz. — 2328. Strega. — 2610. Strelln. — 711. Stuhm. — 3119. Suhl. — 1907. Teltow. — 2112. Teupitz — 3177. Themar. — 3291. Titschendorf. — 2539. Torgau. (Ost.) — 2538. Torgau. (West.) — 2042. Trebbin. — 2476. Triebel. — 2540. Uebigau. — 2342. Uckro. — 1348. Unislaw. — 3179. Unterneubrunn — 2399. Vetschau. — 1264. Wabcz. — 2250. Waldow. — 2367. Walschleben. — 1693. Wandlitz — 2317. Wartenburg. — 3117. Wasungen. — 2308. Wegeleben. — 2931. Weimar. — 2749. Weissenfels. — 2744. Weissensee. — 2548. Weisswasser. — 2113. Wend. Buchholz. — 2396. Wendisch-Drehna. — 2326. Werben im Spreewald. — 1973. Werder. — 710. Wernersdorf. — 1767. Werneuchen. — 1978. Wernsdorf. — 2531. Wettin. — 2746. Wiehe. — 2041. Wildenbruch. — 3328. Windecken. — 2528. Wippra. — 2316. Wittenberg. (Prov. Sachsen.) — 2312. Wulfen. — 1831. Wustermark. — 2244. Zahna. — 2240. Zerbst. — 2676. Ziegelroda. — 3124. Ziegenrück. — 2460. Zörbig. — 2043. Zossen. — 2608. Zschortau. — 2466. Züllsdorf. — 2607. Zwochau.

Preussen. **Messtischblätter** des Preussischen Staates. Königl. preuss. Landes-Aufnahme. Nr. 2614, 2685, 2686, 2688—2691, 2752, 2314 u. 2379, s.: **Sachsen.** Karte, topographische, des Königr. Sachsen. Nr. 8, 9/18, 21—24, 39, 56 u. 73.

— **Messtischblätter** des preussischen Staates. 1 : 25,000. Nr. 1108, 1514, 1515, 1585, 1586, 1655, 1725—1728, 1797—1800, 1868, 1872, 1874—1876, 1878—1889, 1914, 1915, 1917, 1918, 1921, 1938—1943, 1945—1957, 1983—1990, 2004—2006, 2008—2024, 2049—2051, 2055—2057, 2071—2084, 2085/2152, 2086—2092, 2117, 2119—2122, 2124, 2138, 2139, 2141—2143, 2145, 2147, 2148, 2150, 2155, 2157—2159, 2184. 2185. 2187, 2188, 2191, 2192, 2205/2277, 2208—2210, 2212—2217, 2219, 2220, 2222/2295, 2223—2226, 2260, 2262, 2276, 2279, 2283—2291, 2293, 2294, 2296—2299, 2333, 2334, 2354, 2356—2358, 2362, 2363, 2365—2373, 2409, 2429, 2435, 2436, 2438—2446, 2508—2519, 2577, 2650, 2719, 2725—2727, 2775—2782, 2784—2788, 2837—2842, 2844—2848, 2850, 2851, 2903, 2904, 2906—2910, 2912, 2913, 2965—2974, 2976, 3028—3031, 3033—3035, 3091—3098, 3150—3157, 3206, 3208, 3210—3213, 3260—3268, 3311, 3313—3318. à ca. 46 × 45,5 cm. Lith. u. kolor. Berlin 895—898. (R. Eisenschmidt.) à n.n. 1. —

In alphabetischer Ordnung:

3028/29. Aachen. — 3266. Adenau. — 2362. Ahlen. — 3156. Ahrweiler. — 2226. Alfeld. — 2072. Alstätte. — 3155. Altenahr. — 2368. Altenbeken. — 2142. Altenberge. — 2787. Altenhunden. — 2279. Anholt. — 2510. Anröchte. — 3210. Aremberg. — 2153. Aerzen. — 2786. Attendorn. — 2051. Aurith. — 2121. Baudach. — 2363. Beckum. — 1938. Bentheim. — 2906. Bergheim. — 2409. Beuthen a/O. — 2122. Beutnitz. — 2008. Bevergern. — 2775. Birgelen. — 2577. Bochum. — 2158. Bockenem. — 2147. Bockhorst. — 2220. Bokel. — 3035. Bonn. — 2516. Borgenteich. — 2443. Borgholz. — 2080. Borgholzhausen. — 2219. Brackwede. — 2370. Brakel. — 1875. Bramsche. — 1990. Brätz. — 2050. Brieskow. — 2971. Brühl. — 2017. Bückeburg. — 2969. Buir. — 2285. Buldern. — 2512. Büren. — 3213. Burgbrohl. — 1888. Burgdorf. — 1887. Gr. Burgwedel. — 2075. Burgsteinfurt. — 2844. Burscheid. — 2299. Dassel. — 2366. Delbrück. — 1880. Diepenau. — 2354. Dingden. — 2091. Dingelbe. — 3265. Dollendorf. — 1514/15. Dörpen. — 2429. Dorsten. — 2519. Dransfeld. — 1984. Drenzig. — 2369. Driburg. — 2848. Drolshagen. — 1917. Drossen. — 2284. Dülmen. — 2968. Düren. — 2913. Eckenhagen. — 2511. Effeln. — 2088. Eldagsen. — 2205/2277. Elten. — 2089. Elze. — 1726. Emlichheim. — 2076. Emsdetten. — 2726. Endorf. — 2288. Enniger. — 2839. Erkelenz. — 3033. Erp. — 2225. Eschershausen. — 2967. Eschweiler. — 2727. Eslohe. — 2440. Etteln. — 3091. Eupen. — 3095. Euskirchen. — 1983. Frankfurt a/O. — 2907. Frechen. — 2119. Fürstenberg a/O. — 2513. Fürstenberg (in Westf.). — 1953. Gehrden. — 2903. Geilenkirchen. — 3314. Gerolstein. — 2439. Geseke. — 1868. Getelomoor. — 2777. Münch.-Gladbach. — 2004. Glanerbrücke. — 3097. Godesberg. — 2143. Greven. — 2841. Grevenbroich. — 2005. Gronau (i. Westf.). — 2260. Grünberg (West). — 2117. Grunow. — 2847. Gummersbach. — 2334. Günthersdorf. — 1956. Haimar. — 2148. Halle (i. Westf.). — 3263. Hallschlag. — 2358. Haltern. — 2087. Hameln. — 1954. Hannover. — 2446. Hardegsen. — 2217. Harsewinkel. — 1948. Hartum. — 2010. Hasbergen. — 1655. Hebelermeer. — 2838. Heinsberg. — 3208. Hellenthal. — 2083. Herford (Ost). — 2082. Herford (West). — 2785. Herscheid. — 2136. Herzfeld (i. Westf.). — 2965/66. Herzogenrath. — 1727. Hesepertwist. — 2780. Hilden. — 2090. Hildesheim. — 3315. Hillesheim. — 2023. Hohenhameln. — 2297. Holzminden. — 3211. Hönningen. — 1941. Hopsten. — 2141. Horstmar. — 2371. Höxter. — 2079. Iburg. — 2024. Gr.-Ilsede. — 1886. Isernhagen. — 1797. Itterbeck. — 1989. Jordan. — 3318. Kaifenheim. — 3317. Kaisersesch. — 2124. Kalzig. — 2444. Karlshafen. — 2018. Kathrinhagen. — 3316. Kelberg. — 3212. Kempenich. — 2970. Kerpen. — 2850. Kirchhundem. — 2154. Kirchohsen. — 2514. Kleinenberg. — 2210. Koesfeld (West). — 2908. Köln. — 3098. Königswinter. — 2188. Krossen a/O. — 2845. Kürten. — 1725. Laar. — 2077. Ladbergen. — 1987. Lagow. — 1586. Lathen. — 2019. Lauenau. — 2373. Lauenberg. — 1915. Lebus. — 1955. Lehrte. — 1878. Lemförde. — 3031. Lendersdorf. — 2092. Lesse. — 2078. Lengerich (i. Westf.). — 1946. Levern. — 1914. Libbenichen. — 2441. Lichtenau. — 1988. Liebenau. — 2846. Lindlar. — 1800. Lingen. — 2904. Linnich. — 3157. Linz. — 2438. Lippstadt. — 2150. Löhofe. — 1947. Lübbecke. — 3206. Malmedy. — 2365. Mastholte. — 3268. Mayen. — 3153. Mechernich. — 2784. Meinerzhagen. — 2013. Melle. — 1728. Meppen. — 2187. Merzwiese. — 1921. Meseritz. — 2074. Metelen. — 1942. Mettingen. — 2719. Mettmann. — 3262. Meyerode. — 2016. Minden. — 3151. Montjoie. — 2076. Morsbach. — 2184. Gr. Muckrow. — 2055. Mühlbock. — 2909. Mülheim a/R. — 2049. Müllrose. — 2213. Münster (i. Westf.). — 3154. Münstereifel. — 2081. Neuenkirchen (Kr. Melle). — 2779. Neuss. — 2185. Neuzelle. — 3093. Nideggen. — 2073. Nienborg. — 2212. Nottuln. — 2006. Ochtrup. — 2518. Oedelsheim. — 2208. Oeding. — 2289. Oelde. — 2086. Hess. Oldendorf. — 2011. Osnabrück. — 2145. Ostbevern. — 1945. Osterkappeln. — 2224. Ottenstein (i. Braunschw.). — 2139. Ottenstein (i. Westf.). — 2286. Ottmarsbocholt. — 2910. Overath. — 2015. Oeynhausen. — 2367. Paderborn. — 2021. Pattensen. — 2515. Peckelsheim. — 1957. Peine. — 1949. Petershagen. — 1872. Plantlünne. — 2725. Plettenberg. — 3313. Prüm. — 2223. Pyrmont. — 2014. Quernheim. — 1879. Rahden. — 2356. Raesfeld. — 3260/61. Recht. — 1883. Rehburg. — 2283. Gr. Reken. — 2782. Remscheid. — 1985. Reppen. — 3096. Rheinbach. — 2435. Rhynern. — 2291. Rietberg. — 2159. Ringelheim. — 2085/2152. Rinteln. — 1952. Rodenberg. — 3092. Rötgen. — 2974. Ruppichteroth. — 1585. Rütenbrock. — 2262. Saabor. — 1940. Salzbergen. — 2155. Salzhemmendorf. — 2294. Sandebeck. — 2022. Sarstedt. — 2216. Sassenberg. — 2012. Schledehausen. — 3152. Schleiden. — 1882. Schlüsselburg. — 2788. Schmallenberg. — 1939. Schüttorf. — 2296. Schwalenberg. — 2333. Schweinitz. — 2056. Schwiebus. — 3034. Sechtern. — 2287. Sendenhorst. — 2293. Senne. — 2157. Sibesse. — 2372. Sievershausen. — 2781. Solingen. — 2509. Soest. — 2020. Springe. — 1951. Stadthagen. — 3264. Stadtkyll. — 2209. Stadtlohn. — 2298. Stadtoldendorf. — 2222/2295. Steinheim. — 2057. Stentsch. — 1986. Sternberg. — 1885. Stöcken. — 3030. Stolberg. — 2842. Stommeln. — 2120. Tammendorf. — 2009. Tecklenburg. — 2214. Telgte. — 3150. Ternell. — 2840. Titz. — 2192. Trebschen. — 2517. Trendelburg. — 1881. Uchte. — 2445. Uslar. — 1889. Uetze. — 2650. Velbert. — 1798. Veldhausen. — 3311. St. Vieth. — 3267. Virneburg. — 2084. Vlotho. — 1874. Voltlage. — 1876. Vörden. — 2138. Vreden. — 2973. Wahlscheid. — 2972. Wahn. — 2837. Waldfeucht. — 2215. Warendorf. — 2776. Wegberg. — 2071. Wennewick. — 2508. Werl. — 1943. Westerkappeln. — 2778. Wevelinghoven. — 2209. Wiedenbrück. — 1950. Wiedensahl. — 2912. Wiehl. — 1108. Wiesede. — 1799. Wietmarschen. — 2442. Willebadessen. — 2851. Wingeshausen. — 2357. Wulfen. — 1884. Wunstorf. — 1918. Zielenzig. — 2191. Züllichau. — 3094. Zülpich. — 2276. Zyfflich.

Preussen. Messtischblätter d. preussischen Staates. 1 : 25,000. Zeichen-Erklärung. 36 × 38,5 cm. Kpfrst. u. Farbdr. Berlin 898. (R. Eisenschmidt.) n.n. — 60

Preussen. Messtischblätter d. Preussischen Staates. Zeichenerklärg. Hrsg. v. d. kartograph. Abtlg. der kgl. preuss. Landesaufnahme. (Neue Aufl.) (1 Bl.) 49,5 × 59,5 cm. Lith. Berlin (909). R. Eisenschmidt. nn — 25-

— **Ohmann**, C. L., Schulwandkarte d. Preussischen Staates. 9 Blatt, ca. 1 □m. Berlin, A. Wruck's Verl. 5. 50; auf Leinw. in Mappe od. m. Stäben 14. —

Preussen. Pawlowski, J. N., historisch-geographische Karte vom alten Preussen u. Pommerellen während der Herrschaft d. deutschen Ritterordens. Mit e. Uebersicht der allmähl. Vergrösserg. u. der Hauptbegebenheiten d. preuss. Staates bis auf unsere Zeit. Nach zuverlässigen Hilfsquellen entworfen u. gezeichnet. 1 : 865,000. 4., verb. Aufl. Farbendr. Mit 1 Blatt Text. qu. Fol. Graudenz 890. Gaebel. n. 1. 60

— **Porschke**, E., Schul-Wandkarte d. brandenburgisch-preussischen Geschichte. 1 : 700,000. 2., umgearb. Aufl. 4 Blatt. Lith. u. color. Imp.-Fol. Elberfeld 887. Ed. Löwenstein's Verl. n. 9. —; auf Leinw. m. Stäben n. 16. 50

— Porschke, E., Schulwandkarte der brandenburgisch-preussischen Geschichte. 3., verb. u. ergänzte Aufl. 1:700,000. 4 Blatt. Farbendr. 70×85 cm. Elberfeld 891. Loewenstein. n. 9. —; auf Leinw. m. Stäben n. 16. 50

— Porschke, E., Schul-Wandkarte der brandenburgisch-preuss. Geschichte. 4., verb. u. ergänzte Aufl. 1:700,000. 4 Blatt à 70 × 85 cm. Farbdr. Elberfeld 897. E. Loewenstein. n. 9. —; auf Leinw. m. Stäben n. 16.50

— Porschke, E., Schul-Wandkarte der brandenburgisch-preussischen Geschichte. 5. Aufl. 1:700,000. 4 Blatt. 70×85,5 cm. Farbdr. Elberfeld (904). [E. Loewenstein.] Düsseldorf, L. Schwann. n. 9. —; auf Leinw. m. Stäben n. 16. 50

Prov. Preußen. Ostpreuß. Provinzial-Recht. Berlin, 1801. Vgl. S. 9 (die Störe ein Regal in Ostpreußen).

Preußen insbesondere betr. Ad. Fr. Riedel, Der Brandenburgisch-Preuß Staatshaushalt in den beiden letzten Jahrhunderten. Berlin, 1866. (242 S. und 20 Beil.) gr. 8.

— Rieger, F., Darstellung der geschichtlichen Entwickelung Brandenburg-Preussens, f. den Schulgebrauch entworfen u. gezeichnet. 1:900,000. 4 Blatt. Farbendr. à 59,5×71 cm. Neisse 892. J. Graveur. n. 6. —; auf Leinw. m. Stäben n.n. 10. —

— Schwalm's Specialkarten des Preussischen Staates. 1:150,000. Nr. 1. Farbendr. Riesenburg 894. L. Schwalm. n. 1. —
Das Samland. Kreis Fischhausen, Stadtkreis Königsberg u. westl. Theil des Landkreises Königsberg. Prov. Ostpreussen. 47,5×47,5 cm. Mit Text. 8. (3 S.)

— Sohr, K., Wandkarte des Preussischen Staates. 1:600,000. 12 Blatt. à 43 × 47,5 cm. Farbendr. Glogau (893). C. Flemming. 4. 50; auf Leinw. in Mappe n. 9. —; m. rohen Stäben n. 11. —; m. schwarz polierten Stäben n. 12. 50

Preussen — Charte vom Königreiche — dem Herzogthume Warschau und dem neuen Danziger Gebiethe. Nach den zu Tilsit am 9. July 1807 geschlossenen Frieden entworfen von D. F. Sotzmann. Weimar im Verlage des geographischen Instituts berichtiget 1810. 1: 1,500,000. 1 Bl.

— Taschen-Atlas von Preußen in 16farbigen Spezialkarten mit 1 Stadtplan u. m. 40 Bildern charakteristischer Gebirge, Städte u. Landschaften. (12 Kartons. m. Text u. Abbildgn. auf der Rückseite u. IV S. Text.) 8. Leipzig (905). C. Ziegenhirt. Geb. in Leinw. n. — 80

— Uebersichtskarte v. den Waldungen Preussens, unter Zugrundelegg. der v. dem kartograph. Bureau im königl. Ministerium der öffentl. Arbeiten 1876 hrsg., im Eisenbahn- u. Wegenetz auf d. Gegenwart vervollständigten Verkehrskarte hergestellt v. dem Forsteinrichtungs-Bureau im königl. Ministerium f. Landwirthschaft, Domänen u. Forsten. 1:600,000. 8 Blatt. Chromolith. Imp.-Fol. Berlin 887. Springer. n. 20. —; auf Leinw., lackirt u. m. Stäben n.n. 30.—

— Ziemann u. Bokowski, Karte der königl. Schullehrer-Seminare u. Präparandenanstalten des Preuss. Staates. 18 × 23 cm. Lith. u. kolor. Breslau 895. F. Hirt. n.n. — 25

Preussen. Zusammenstellung der über die Ernte des Jahres 1859 u. 60 im preussischen Staate eingelaufenen Erdrutsch-Tabellen. 1860, 61.

Preußen [Verfasser]

v. Preußen, Ant., zwanzig krit. Paragraphen u. histor. Noten üb. d. Text d. Zeit. 8. Leipz. 814. Weygand. 5 gr.

Preussen-Album. 10 Portr. in Stahlst. mit biograph. Text. Leipzig 866. Dürr'sche Buchh. hoch 4. (15 S. Text.) In Carton 22½ ngr.

Preußen-Bote, der. Eine Monatsschrift für Stadt u. Land, zur Belehrung u. Unterhaltung. 1. u. 2. Heft. April. Mai. gr. 8. Wesel 844, Klönne. à $^1/_{12}$ ₰

Preußen-Buch, enthalt.: Gesänge, Lieder u. Gedichte f. ächte Preußen, — die ja immer ächte Deutsche sind, — besonders f. das stehende Heer, die Landwehr, die Mitglieder d. Treu-Bundes f. König u. Vaterland, auch f. die Veteranen aus den J. 18$^{13}/_{15}$. Gesammelt u. herausg. von Ferd. Kohlheim. 8. (VIII u. 120 S.) Berlin 849. (Brandis.) baar n. n. ¼ ₰

Preußen-Buch, enthaltend: Gesänge, Lieder und Gedichte für ächte Preußen, — die ja immer ächte Deutsche sind, — besonders für das stehende Heer, die Landwehr, die Veteranen aus den J. 1813/15 und für die Mitglieder des Treu-Bundes mit Gott für König und Vaterland rc. Gesammelt und hrsg. von Ferd. Kohlheim. 1. und 2. Sammlung. 5., verm. Aufl. und 3. Sammlung. 3. Aufl. Mit einer Abbildung des Standbildes Friedrichs des Gr. in Berlin (in Holzschn.) 8. (à VIII und 120 S.) Berlin 855. 56, (Th. Grieben.) à Sammlung * 7½ Ngr. Thlr. * -

Preußenbüchlein, das, s. Prämien-Bibliothek, 6. Bdchn.

Preussenbüchlein, das. (Gedichte.) 16. (IV und 64 S.) Weißenfels 854(56,) [Prange.]

Preußen-Deutschlands Kriege von der Zeit Friedrichs des Großen bis auf die Gegenwart. Militär-politische Geschichte, in Einzeldarstellgn. hrsg. von v. der Boeck. 1. 3. u. 4. Bd. Lex. 8. Berlin, Vossische Buchh. 30.—; geb. 36. —
Kriege, die, Friedrichs des Großen 1740—1763. 1. Bd. Der 1. u. 2. schles. Krieg. Auf Grund der beiderseit. Generalstabswerke m. Benutzg. der Akten des k. u. k. Kriegsarchivs bearb. von Ritter v. Hoen. Mit 12 Porträts der Fürsten u. bedeut. Heerführer, sowie e. kurzen Lebensbeschreibg. derselben. (XII, 362 S. m. 6 Karten.) (907.) (Bd. 1.) 10.—; geb. 12. —
Landmann, D. K. v., der Krieg v. 1806 u. 1807. Auf Grund urkundl. Materials sowie der neuesten Forschgn. u. Quellen bearb., m. 8 Porträts der Fürsten u. bedeutendsten Heerführer sowie 19 Kartenskizzen u. Schlachtplänen. (XV, 467 S.) 909. (Bd. 3.) 10.—; geb. 12. —
Voß, v., die Befreiungs-Kriege 1813—1815. Auf Grund der neuesten Quellen bearb., m. 13 Porträts der Fürsten u. bedeutendsten Heerführer, sowie e. kurzen Lebensbeschreibg. derselben. (XII, 255 S.) 908. (Bd. 4.) 10.—; geb. 12. —
Bd. 2 ist noch nicht erschienen.

Preussendorff, F(rid.) H(enr.) A(lexand.) Georg. (geb. Frankfurt a. O. Aug. 1819): De placenta praevia. Berolini (1842). (30 S.) 8°
Berlin, Med. Diss. v. 26. Aug. 1842

Preussendorff, Geo., kurze Darstellung der Heilung des Zahnschmerzes nach der neueren Heilmethode. Posen 868. Heine in Comm. 8. (48 S.) n. 5 ngr.

Preußen-Gedichte, 33, chronologisch geordnet für Jung u. Alt. Nebst 5 Zugaben. Nr. I. 2e Aufl. gr. 12. Meurs 840. Dolle. (Wesel, Prinz.) ¾ ₰

Preußen-Gedichte, 25, chronologisch geordnet. Nebst 4 Zugaben. No. II. gr. 12. Mörs (Meurs) 841, Dolle. (à) $^1/_{24}$ ₰

Preußenhaß, der. Beleuchtet von einem Süddeutschen. Leipzig 867. O. Wigand. 8. (63 S.) n. 8 ngr.

Preußenlieder No. 1. (53 Lieder.) 1—8. Aufl. gr. 16. (à 2 B.) Meurs 840—42. Dolle.

Preußen-Lieder. Nr. 1. 2e Aufl. 16. Meurs 840. Dolle. (Wesel, Prinz.) 3/4 gl

—— No. 2. (53 Lieder.) 1. u. 2. Aufl. gr. 16. (à 2 B.) Ebdf. 841, 42.

Preußen-Lieder. Neustadt-Eberswalde 866. Lemme. 8. (16 S.) n. 2½ ngr.

—— der Vaterlandsliebe u. Königstreue. Preußens Kriegern u. allen Vaterlandsfreunden z. Andenken gewid. Gesammelt u. hrsg. v. C. L. Rautenberg. 1—3. Lfg. 12. (à 1 B.) Mohrungen 835, 37, Rautenberg. (?)
Ausg. No. I. auf farb. Pap. m. 3 Portr.
" " II. m. 3 Portr.
" " III. ohne Portr.

Preußenritt, noch ein, in's deutsche Reich. Musikalisch-heroisches Quodlibet zur Aufführung in Kleinstaatl. Ressourcen beim illuminirten Wiedereinzuge der allerungnädigsten Landesherren. Von dem Verf. der „Preußischen Zündnadel-Lieder." Breslau 866. Grüson. 16. (31 S.) 1½ ngr.

Preußens Armee-Reorganisation und ihre Gegnerschaft im Jahre 1862. Eine [jedem wahren Preußen naheliegende] patriotische Betrachtung. Magdeburg 863. Heinrichshofen in Comm. gr. 8. (IV, 131 S.) 22½ ngr.

Preußens Aufgabe in Deutschland. Rechtsstaat wider Revolution. Vom Verf. der „Despoten als Revolutionäre." gr. 8. (V und 114 S.) Berlin 859. Haude und Spener'sche Buchh. *

Preußen's Aufgang in Deutschland u. Deutschlands Aufgang in Preußen. Beitrag zur großen Tagesfrage. gr. 8. (16 S.) Berlin 848, Decker. 1/12 rf

—— Beamtenthum und seine Finanzen. Drei Briefe von A. gr. 8. (39 S.) Berlin 857, Schneider's Verlag. *

Preußens Benehmen, nach seinem Separatfrieden mit Frankreich, verglichen mit d. Kaiserl. Hofdecrete v. 29. July 1795. 8. Frankf. d. M. 795. Grattenauer. 6 gl

— Beruf zum deutschen Kaiserthron, oder die Uebertragung der deutschen Kaiserwürde an Preußen, als nothwendiger Schluß der bisherigen Wanderung derselben durch die verschiedenen Gegenden Deutschland's u. als letztes Heilmittel der politischen Zerrissenheit deutscher Nation. Nebst Anhang: Die Entstehung und Entwickelung des Preuß. Staates. (Von Rud. Nagel.) Bonn 861. Rheinische Buchhdlg. 8. (VII, 121 S.) 10 ngr.

— Bluthochzeit. Genaue Beschreibung der neuesten Berliner Ereignisse u. die Leichenfeier der Gefallenen. 2. verm. Aufl. 8. (16 S.) Bautzen 848, Reichel. n. 2 ngr

— 5. December 1848. Enth.: Verlauf der 1. u. letzten beschlußfähigen Sitzung in Brandenburg. — Aufruf der Rechten an das Land. — Bericht des Staats-Ministeriums 2c. — Auflösung der National-Versammlung. — Verfassungs-Urkunde. — Einberufungs-Patent 2c. gr. 8. (48 S.) Erfurt 849, Bartholomäus. 3 ngr

— Ehrenspiegel. Eine Sammlung preußisch-vaterländischer Gedichte von den ältesten Zeiten bis zum J. 1840 mit einleitenden geschichtl. Anmerkungen von Adf. Müller. Hrsg. v. Demselben u. H. Kletke. Lex. 8. (XII u. 388 S.) Berlin 851, Gebauer. 1¾ rf; in Engl. Einb. n. 2 1/12 rf

—— Ehrenspiegel. Eine Sammlung preußisch-vaterländ. Gedichte von den ältesten Zeiten bis zum J. 1840 mit einleitenden geschichtl. Anmerkungen von Adf. Müller. Hrsg. von Demselben und H. Kletke. 2. Aufl. (In 8 Lfgn.) 1. Lfg. Lex.-8. (XI und S. 1—48.) Berlin 857, [Streerath und Comp.] *

Preußens Eisenbahn-Gesetzgebung. Eine Zusammenstellung der bisher erschienenen, die Eisenbahn-Unternehmungen betreff. Gesetze und Ministerial-Rescripte. gr. 8. Glogau 844, Flemming. ¼ rf

— Ende. 8. Hamb. 808. Horaczeck. 8 gl

Preußens Ermannung. Ein polit. Programm für 1865. Vom Verf. der Rundschauen. [Aus: Neue preußische Zeitung.] Berlin 865. Heinicke. 8. (40 S.) n. 5 ngr.

— große Errungenschaften in den blutigen Tagen des J. 1866. Eine Zusammenstellung sämmtl. Kriegsbegebenheiten in Holstein, Böhmen, Bayern 2c. Mit einem Anh.: Der feierliche Empfang Sr. Maj. des Königs in der Haupt- u. Residenzstadt Berlin. 1. u. 2. Aufl. Berlin 866. Humburg & Co. gr. 8. (80 S. mit eingedr. Holzschn.) 5 ngr.

— Feldzug 1866 vom militärischen Standpunkte. Nach den bis jetzt vorhand. Quellen von G. v. G. 1. u. 2. Aufl. n. 1 rf, u. 3., verm. Aufl. mit Berücksichtigung der neuesten Veröffentlichungen. 2., revid. Abdr. Berlin 866. Hempel. Lex.-8. (117 S. mit 6 lith. Karten u. Schlachtenplänen in Farbendr., sowie verschied. in den Text eingedr. Abbild. von Truppenstellungen 2c. in Holzschn.) n. 1 rf 10 ngr.

Preußens Friede mit Frankreich. 8. Basel 795. (Gera in Neuw.) 8 gl

—— Fürsten. Aus ihrem Leben. Ein Buch für Schule und Haus. 16. (62 S. mit 8 bunten lithogr. Bildern geschmückt.) Neu-Ruppin 859, Bergemann.

— u. Deutschlands Gegenwart u. Zukunft. gr. 8. (31 S.) Merseburg 850, Garcke. n. 4 ngr

—— und Deutschlands Gegenwart und Zukunft. gr. 8. (31 S.) Merseburg 850. [Leipzig, Hebenstreit.] *

— besserer Geist. Aus d. Erinnerungen eines preuß. Kriegers an die Befreiungszeit. 8. Leipz. 819. (Steinacker). 16 gl

— Geld-Haushalt u. neues Steuersystem, (von F. W. v. Reibnitz). gr. 8. Berl. 821. Flittner. (Sander). 20 gl

— u. Rußlands Genius. Eine Festgabe zur Feier des 1/13 Juli 1842. gr. Lex.-8. Berlin 842. (Asher u. Co.) n. ⅓ rf

— neueste Gesetze. Ein unentbehrliches Handbuch f. Jedermann, insbesondere f. Verwaltungs-Beamte, Gemeinde-Vorsteher u. Communal-Räthe. 1) die Gemeinde-Ordnung f. die Rheinprovinz mit den bezügl. Gesetzesstellen, als Anmerkungen versehen; 2) die Allgem. Gewerbe-Ordnung nebst dem Entschädigungs-Gesetz zu derselben; 3) die Gesinde-Ordnung f. die Rheinprovinz; 4) Gesetz über die Aufnahme neu anziehender Personen; 5) Gesetz über die Verpflichtung zur Armenpflege; 6) Gesetz über die Erwerbung u. den Verlust der Eigenschaft als Preußischer Unterthan, sowie über den Eintritt in fremde Staatsdienste; 7) Gesetz über die Verhältnisse der Juden; 8) Gesetz über die Entziehung oder Suspension ständischer Rechte wegen bescholtenen oder angefochtenen Rufes. 8. (136 S.) Neuwied 847, Lichtfers. n. ⅓ rf

—— Gesetzgebung seit 1806. Register zur Gesetzsammlung im System der Materien. (Bearb. von L. Eggert.) gr. 4. (IV und 168 S.) Berlin 860, Th. Grieben. *

—— Gesetzsammlung in einer Auswahl für prakt. Juristen zusammengestellt von Leop. Nikisch. I. (Abthl.) 1806 bis incl. 1844. gr. 8. (IV und 402 S.) Berlin 851, C. Heymann.

—— dass. — II. (Abthl.) 1845 bis incl. 1851. gr. 8. (412 S.) Ebds. 851.

—— dass. — Nachtrag, enth. die Gesetze des J. 1852 und das alphabet. Sachregister zum vollständ. Werke. Lex.-8. (63 S.) Ebds. 852.

Preußens Gesetzsammlung in einer Auswahl für prakt. Juristen hrsg. von Leop. Nikisch. II. (Bd.:) 1845 bis incl. 1854. Neu verm. und umgearb. Aufl. nebst einem Anhang, enthaltend die Provinzialgesetzgebung mit Einschluß der rheinischen. Lex.-8. (IV und 504 S.) Berlin 855, C. Heymann.

—— dass. — Supplement, enthaltend: Nachträge und Ergänzungen zu der 1. Aufl. dieses Werkes. Die Legislatur der J. 1853 und 1854. Einen Anhang: Die Provinzialgesetzgebung, mit Einschluß der rhein., von 1806—1854. Alphabetisches Sachregister. Lex.-8. (207 S.) Ebds. 855. *

—— dass. — Neue Folge. Eine chronolog. Zusammenstellung der in der Gesetzsammlung für die königl. preuß. Staaten für die J. 1806 bis 1854 enthaltenen, die Verfassung und Verwaltung des preuß. Staats betreffenden, noch geltenden Gesetze und Verordnungen, Kabinetsordres, Erlasse und Publikanda. Mit alphabet. Sach- und Materien-Register. (In 2 Bdn. oder 4 Abthlgn.) I. Abthl. Lex.-8. (1. Bd. S. 1—240.) Ebds. 855.

—— dass. — Supplement. 1855 und 1856. Lex.-8. (VII und 119 S.) Ebds. 856(57). *

1. und 2. Abthl. (1. Bd.) nebst Nachtrag. Ebendas. 1851—52. 3 Thlr. 24 Ngr.

—— Gesetzsammlung in einer Auswahl für praktische Juristen hrsg. von Leop. Nikisch. Neue verm. und umgearb. Aufl. nebst einem Anhang, enthaltend die Provinzial-Gesetzgebung mit Einschluß der rhein., und einem alphabet. Sachregister. 2 Bde. und Supplemente. Lex.-8. (XLIX, 999 und Suppl. 1857—1859. 50 S.) Berlin 857—60, C. Heymann's Verlag.
Suppl. apart

Wurde auch in 9 Lfgn. à 10 Ngr. ausgegeben.

Preussens Heer. Seine Laufbahn in historischer Skizze entrollt von Geo. Hiltl. Mit zahlreichen Illustrationen nach Skizzen von L. Burger, Menzel u. A. — Seine heut. Uniformirung und Bewaffnung gezeichnet von F. Schindler. Auf 50 lithogr. und mit der Hand sorgfältig color. Taf. Pracht-Ausg. 10 Lfgn. gr.-Fol. (ca. 100 S. Text.) Berlin 875,76, H. J. Meidinger. à Lfg. * ℳ 15. *

Preussens Heer. 50 chromogr. Taf., nach Zeichnungen von C. F. Schindler u. mit Text von Gg. Hiltl, illustr. von A. Burger, L. Menzel u. A. Quart-Ausg. 10 Lfgn. gr. 4. (IV, 98 S. mit eingedr. Holzschn. u. 50 Chromolith.) Berlin 881. H. J. Meidinger. à n. 4.—; cplt. in Leinw.-Mappe n. 20. —; geb. mit Goldschn. n. 30. —

— Heerführer in den glorreichen Feldzügen 1866 u. 1870/71. Ein Gedenkbuch f. das preuß. Volk. 1. Hft. 8. (55 S.) Altona 873. Verlags-Bureau. n. — 50

Preußens Helden. 4 Thle. gr. 12. Weimar. [Leipzig, Böhme.]
Thl. 1. Scharnhorst. (8 B., Titlkpfr. u. 2 Pläne.) 830. 1 Thlr. 8 Gr.
„ 2—4. Blücher. 3 Thle. (32⅓ B., Titlkpfr. u. 5 Pläne.) 830, 31. 4 Thlr.

—— Herrscher und Helden, s. Förster, G. v., Friedrich Wilhelm IV.

Preußens Hoffnung. Ansprache Sr. königl. Hoheit des Prinz-Regenten von Preußen an das neue Ministerium am 8. Novbr. 1858. gr. 8. (8 S.) Berlin 859, Verlags-Magazin. Thlr.

Preußen's Huldigung an den König Friedrich Wilhelm IV. 8. Leipzig 840. Lauffer. 5/12 ₰

—wahres Interesse, über, bei d. heutigen Lage der Dinge. Von e. Mitgliede d. deutschen Reichs. 8. Lpz. 796, (Kühn). 12 ℊ

— protestantische Kaiseridee u. Oesterreichs katholisch-politische Zukunft. gr. 8. (V, 42 S.) Wien 871. Mayer & Co. n. — 60

— Kämpfe mit Oesterreich u. dem deutschen Bunde im Jahre 1866, s. Volksbücher, preußische.

—— denkwürdigste Kirchen und interessanteste Schauplätze. 1. Bd. 12 Hefte. (à 2 Bog. und 2 Stnt. in Tondr.) gr. 4. Spremberg bei Bautzen 853, [Borndrück.] à Heft 5 Ngr.

— König — des Volkes Vater. Zum hundertjähr. Geburtsfest u. zur feierl. Enthüllung des Reiter-Standbildes Friedrich Wilhelm III. Das Leben des Guten u. Gerechten von der Wiege bis zum Grabe. Berlin 870. Gräbner. 4. (8 S.) 2½ ngr.

— König u. ein Wort der Erläuterung aus Berlin. 2. gänzlich umgearb. Aufl. 8. (16 S.) Erfurt 849, Müller'sche Sort.-Buchhandlung. 1 ngr

— Könige, üb., e. pragmat.-histor. Skizze. 8. Berl. 801. Braunes. (W. Nauck in Leipz.) 6 ℊ

— Krieg mit Hannover u. die Schlacht bei Langensalza am 27. Juni 1866. Nach Berichten von Augenzeugen. Celle 866. Schulze'sche Buchh. 8. (16 S.) n. 2½ ngr.

— Krieg u. Sieg 1866. Ein Gedenk-Album in 50 Photogr. Weissensee 866. Grossmann'sche Buchh. gr. 16. geb. mit Goldschn. u. in Carton 2 ₰ 25 ngr.

— Kriegsruf oder: Die Kunst, sich mit den Franzosen zu schlagen, ist nicht die, — sie zu schlagen. Französische Antwort auf: Eine militairische Denkschrift von P. F. C. Aus dem Französ. Naumburg 861. — Leipzig, Gerhard. 8. (32 S.) 6 ngr.

— Länderverlust u. Länderbestand nach d. Frieden vom 9. Juli 1807. gr. 8. Berl. 807. (Sander). 6 ℊ

— Landwehr. Eine geschichtl. Skizze über deren allmäl. Entwickelung zu einer richtigen Würdigung derselben. Von einem preuß. Officier. Berlin 865. Hempel. gr. 8. (186 S.) n. 25 ngr.

— Machtentfaltung und der Friede. Eine Denkschrift für das deutsche Volk. Leipzig 859. Lehmann. (Wolf.) gr. 8. (74 S.) n. 10 ngr.

— 's rheinische Mark, über, u. üb. Bundesfestungen. 8. Deutschland. 815.

— Neutralitätssystem, dessen Ursachen u. Folgen, sammt Nachtr. gr. 8. Hamb. 799, 800. (Campe). (6 ℊ Nachtr. 9 ℊ) 15 ℊ

— 15. October 1840. Vollständige Beschreibung aller bei der Huldigungsfeier Sr. Maj. unsers Allergnädigsten Königs Friedrich Wilhelm IV. stattgehabten Festlichkeiten in Berlin. (Mit des Königs Bildniß.) Imp.-Fol. Berlin 841, Schlesinger. 1/6 ₰

—— erbliche Pairschaft hervorgerufen durch die königliche Botschaft vom 7. Jan. 1850. gr. 8. (42 S.) Weimar 851, Hoffmann.

Preußen's auswärtige Politik 1850 bis 1858. Unveröffentlichte Dokumente aus dem Nachlasse des Ministerpräsidenten Otto Frhrn. v. Manteuffel. Hrsg. von Heinr. v. Poschinger. 3 Bde. gr. 8. Berlin, E. S. Mittler & Sohn. n. 34. — ; geb. in Halbfrz. n.n. 41. 50
1. Von Olmütz bis zur Errichtung des zweiten französischen Kaiserreichs. Vom 1. XI. 1850 bis zum 2. XII. 1852. (XIX, 474 S.) 902. n. 10. — ; geb. n.n. 12. 50
2. Die orientalische Frage bis zum Beginn des Krimkrieges. Vom 2. XII. 1852 bis zum 14. XII. 1854. (XIX, 591 S.) 902. n. 12. 50; geb. n.n. 15. —
3. Von der Beendigg. der orientai. Krisis bis zum Beginn der neuen Aera. Vom 15. XII. 1854 bis zum 6. XI. 1858. (XXIV, 514 S.) 902. n. 11. 60; geb. n.n. 14. —

— Politik in Bezug auf Deutschland. Eine histor. Skizze von einem Bayer. gr. 8. (48 S.) Augsburg 849, Schmid. — 2. unveränd. Aufl. gr. 8. (48 S.) Ebd. 849. 1/3 ℛ

—— altes **Recht** an Schleswig-Holstein. gr. 8. (IV und 210 S. mit 1 chromolithogr. Karte in gr. 4.) Berlin 865, v. Decker'sche geheime Ober-Hofbuchdruckerei.

Preußens Rechte auf die vereinigten Herzogthümer Schleswig u. Holstein für das deutsche Volk gemeinfaßlich dargelegt u. insbesond. auch in Beziehung auf den Gottorfer Antheil begründet durch einen preußischen Juristen. Berlin 865. (Akademische Buchh.) gr. 8. (26 S.) n. 5 ngr.

— **Rechts- u. Gerichts-Verfassung**, mit Vorschlägen für ihre Reform u. einer vorausgeschickten Einleitung für zeitgemäße Fortbildung der Gesetzgebung, nebst e. Anhange über die in d. Gerichtshöfen übliche Referirmethode ꝛc. gr. 8. Erfurt 843, Bartholomäus. 2 ℛ

—— Regenten aus dem Hause Hohenzollern. 16. (18 Photogr.) Berlin 878, (Bohne.) geb.

—— erster **Reichstag**, s. Reichstag.

—— **Reiter** bei Hainau am 26. Mai 1813. gr. 8. (30 S.) Berlin 853, Duncker und Humblot. *

— **Rettung**. 8. Königsb. (Michelsen in Leipz.) 4 gℛ

— **Ruhm und Ehre** unter dem Könige Friedrich Wilhelm III. Oder: Deutschland's Befreiungskampf von 1813—1815. Geschildert von deutschen Dichtern. Ein vaterländ. Erinnerungsbuch für Deutschland, besonders für Preußen. Chronologisch geordnet u. herausg. von Friedr. Ad. Beck. Mit d. Bildn. d. Königs. gr. 8. Kreuznach 834. Kehr. (Leipz., Köhler.) 5/6 ℛ

—— **Ruhmes- und Ehrenhalle**. Eine Darstellung der Geschichte und Entwickelung des preuß. Staates in Lebensbeschreibungen seiner gefeiertsten Fürsten, Helden, Staatsmänner, Gelehrten ꝛc. im Vereine mit mehreren preuß. Geschichtsfreunden hrsg. von Otto Forster. 1. Bd. 1—4. Lfg.: Uebersicht der Geschichte Preußens. Friedrich Wilhelm der Große, Churfürst von Brandenburg. (Mit [lithogr.] Portr. und Facs.) Friedrich I. König in Preußen mit Portr. br. 8. (S. 1—240.) Sondershausen 857, Neuse. à Lfg. ÷ 5 Ngr. *
Ist nicht fortgesetzt worden.

—— gerechte **Sache**. Ein Wort zur Verständigung von einem Süddeutschen. 8. (84 S.) Stuttgart 869, J. F. Steinkopf.

Preußen's Schwertadel 1871—1896. E. genealog. Handbuch. 12. (XII, 215 S.) Berlin 897. W. T. Bruer. Geb. in Leinw. n.n. 5. —

Preussens **See-Atlas**. Hrsg. von dem Ministerium des Handels. (22 in Kpfr. gest. Bl. in Imp.-Fol. und gr. Fol., und ein Heft in qu. Fol.) Berlin 840—44, (Schropp und Comp.) Thlr. **

—— neue **Staatseinrichtung**. Wie wird sie sein und was ist zu ihrer Ausbildung und Befestigung nöthig? Von M. C. 8. (22 S.) Breslau 848, (F. Aderholz.) *

—— **Staatsmänner**. I—IV. Lex.-8. Leipzig. [Berlin, Klemann.] à *
I. Stein. (2 B. u. Bildn., Stahlst.) 841.
II. Hardenberg. (2¼ B. u. Bildn., Stahlst.) 842.
III. Schön. (2 B. u. Bildn., Stahlst.) 842.
IV. Niebuhr. (2 B. u. Bildn., Stahlst.) 842.

—— **Staatsverträge**. Zusammengestellt durch Friedr. Wilh. v. Rohrscheidt. Lex.-8. (XII und 964 S.) Berlin 852, [Schneider.] *

— **Stammbaum**, od. Geschichte d. Preuß. Königshauses v. dessen Gründung bis Friedrich Wilhelm III. Mit d. Portr. des Königs. 8. Berl. 1e u. 2e A. 832. Fröhlich u. C. 6 gℛ

* — 's **Steigen** u. Sinken, ist Verlag d. Societäts-Buchhandl. in Berlin, u. d. Preis:

— **Steigen**, Sinken u. Verlust dieser Monarchie an d. Königr. Sachsen, Westphalen u. Holland ꝛc. 8. Deutschland 807. (Braunes in Berl.) 10 gℛ

— **Trauer** u. Glanz, eine histor. Uebersicht d. Zeitraums vom Congreß zu Wien bis zum Friedensschlusse 1815. 1r Thl. 2e Aufl. u. 2r Thl. 8. Berl. 816. (Mittler). 1 ℛ 10 gℛ

— **Trauer und Jubel**. Getreue Beschreibung der Trauer-Feierlichkeiten bei dem Leichenbegängniß König Friedrich Wilhelm III., so wie der Feierlichkeiten bei dem Einzuge des Königs Friedrich Wilhelm IV. und der Königin Elisabeth Louise am 21. Septbr. in Berlin, und der Huldigungs-Feierlichkeiten in Berlin. gr. 8. Berlin 840. Wolff u. Comp. 1/4 ℛ

— **Unberuf**. Eine aus dem Engl. übers. Kritik der von Ketteler'schen Schrift: Deutschland nach dem Kriege von 1866. München 867. Lentner'sche Buchh. 8. (42 S.) 5 ngr.

— u. seiner **Verbündeten glorreiche Siege** 1866. Berlin 866. (Liebrecht.) qu. 8. (7 Chromolith.) In Couvert. 15 ngr.

— gerichtl. **Verfahren** in Civil- u. Criminal-Sachen. Ein Auszug aus d. darüber bestehenden Gesetzen, insbesond. aus der allgem. Gerichtsordnung ꝛc. Nebst e. Einleit., das Studium angehender Juristen u. deren Laufbahn betreff. (v. P. W. A. v. Ladenberg). gr. 8. Cöln 825. Bachem. 2 ℛ 8 gℛ 2e verm. Aufl. gr. 8. Ebd. 833 (832.) 2 ℛ 12 gℛ

—— gerichtl. **Verfahren** in Civil- u. Kriminal-Sachen. Ein Auszug aus den darüber besteh. Gesetzen, insbesond. aus d. allgem. Gerichts-Ordnung, d. allgem. Deposital-Ordn., d. allgem. Hypotheken-Ordn., d. Kriminal-Ordn., dem Stempelgesetze ꝛc., nebst e. Einleit., d. Studium angeh. prakt. Juristen u. deren Laufbahn betreff. 2., verb. u. mit Rücksicht auf d. neueren Bestimmn. verm. Aufl. gr. 8. (36½ B.) Köln 833, Bachem.

Preußen's **gerichtliches Verfahren** in Civil- u. Kriminal-Sachen. Ein Auszug aus den darüber bestehenden Gesetzen ꝛc., nebst einer Einleitung, das Studium angehender pract. Juristen und deren Laufbahn betreffend. Zusätze, Anmerkungen u. Abänderungen zur 2n verb. u. mit Rücksicht auf die neueren Bestimmungen bis zu dem Schlusse des Jahres 1836 enthaltend. gr. 8. Köln 837. Bachem. 2/3 ℛ (Complet: 3 1/6 ℛ)

— gerichtliches Verfahren in Civil- u. Kriminal-Sachen. Ein Auszug aus den darüber bestehenden Gesetzen, insbesond. aus der allgem. Gerichts-Ordnung, der allgem. Depositial-Ordnung, der allgem. Hypotheken-Ordnung, der Kriminal-Ordnung, dem Stempelgesetze ꝛc., nebst einer Einleitung, das Studium angehender prakt. Juristen u. deren Laufbahn betreffend. 3. völlig umgearb., u. mit Rücksicht auf die neueren u. neuesten Bestimmungen ergänzte u. verm. Aufl. gr. 8. Köln 842, Bachem. 2¾ Thlr.

—— gerichtliches Verfahren in Civil- und Kriminal-Sachen. Ein Auszug aus den darüber bestehenden Gesetzen, insbesond. aus der allgem. Gerichtsordnung, der allgem. Depositial-Ordnung, der allgem. Hypotheken-Ordnung, der Kriminal-Ordnung, dem Stempelgesetze ꝛc., nebst einer Einleitung, das Studium angehender prakt. Juristen und deren Laufbahn betreff. 4., neu bearb. und verm. Aufl. gr. 8. (VII und 600 S.) Köln 847, Bachem.

Preußens Verfassung. Antwort auf die Flugschrift: Vier Fragen, beantwortet v. einem Ostpreußen. gr. 8. Berlin 841, Hirschwald. ¼ Thlr.

—— constitutionelle Verfassung (vom 5. Decbr. 1848) nach ihren Paragraphen verglichen mit bezügl. Stellen der Verfassungen Belgiens, Norwegens, Englands und den verein. Staaten von Nordamerika. qu. Imp.-4. (12 S.) Berlin 849, Eichler.

Preußens landwirthschaftliche Verwaltung in den Jahren 1881, 1882, 1883. Bericht des Ministers für Landwirthschaft, Domänen und Forsten an Se. Majestät den Kaiser und König. Lex.-8. (XVI, 851 S.) Berlin 885, Parey. *

—— dass. — in den J. 1884/87. Bericht des Ministers für Landwirtschaft, Domänen und Forsten an Se. Majestät den Kaiser und König. (472, 293 S. mit Tab.) Ebendas. 888. *

— Verwaltung seiner ehemal. poln. Provinzer, üb., ꝛc. 8. Berl. 808. (Reimer). 12 Gr.

—— Vorzeit, od. histor. Unterhaltungen, Gemälde u. Sagen aus d. Vorzeit von Städten, Burgen, Schlössern, Klöstern u. Dörfern; Biographieen berühmter vaterländ. Personen u. Züge aus d. Leben d. Fürsten, Herren, Ritter u. Bürger. Eine Lektüre z. Kenntniß d. vaterländ. Gesch. u. z. Belebung patriot. Sinnes. Im Verein mit mehr. Geschichtsfreunden hrsg. v. Fr. Reiche. 1—3. Jahrg. à 2 Bde. od. 6 Hfte. gr. 8. Glogau, [Berlin,] Heymann. [1. (38 B. u. 6 Stahlst.) 835, 36., 2. (38½ B. u. 6 Stahlst.) 836., 3. (39½ B. u. 5 Stahlst.) 836—38. à Hft. * ⅓ Thlr.] *

3. Jahrg. 4—6. Hft. a. u. d. T.:
Förster, Fr., statist.-topograph.-histor. Uebersicht d. preuß. Staats. 1—3. Hft.

—— dass. — 3. Jahrg. Supplem.-Hft. — A. u. d. T.: Statist.-topograph.-histor. Uebersicht d. preuß. Staats, v. Fr. Förster. 4. Hft. gr. 8. (10 B., Portr. Friedrich Wilh. III. u. 1 ill. Karte.) Ebds. 838. *

Vgl. Förster, Fr.

—— dass. — 1—24. Hft. 2. Ausg. Mit Stahlstn. u. Landkarten. gr. 8. (...) Ebds. 840—42. à *

—— Vorzeit. Historische Unterhaltungen, Gemälde u. Sagen der Vergangenheit. Hrsg. v. Fr. Reiche. 2. Aug. 25—30. Hft. (Schluß.) gr. 8. (18⅔ B., 4 Stahlst., 2 Karten u. 2 lith. Portr.) Berlin 843, 44, Heymann. à * 7½ Ngr. *

Hft. 1—24. Ebendas. 1840—42. * 6 Thlr.

—— Vorzeit. Historische Unterhaltungen, Gemälde und Sagen der Vergangenheit von Städten, Burgen, Schlössern und Klöstern, Biographieen und Züge aus dem Leben der Fürsten, Herren, Ritter und Bürger. Im Verein mit mehreren Geschichtsfreunden hrsg. von Friedr. Reiche. Neue wohlf. (Titel-) Ausg. gr. 8. (1446 S. mit 15 Stahlst.) Berlin 855, C. Heymann.

— Waffenruhm, in der Geschichte d. Feldzüge d. preuß. Heeres seit d. J. 1640 dargestellt. 16 Bdchn. (Aus d. Militair-Kalender abgedr.) 12. Erfurt 830. Müller. 8 Gr.

— Waffenruhm, in der Geschichte der Feldzüge des Preuß. Heeres seit dem Jahre 1640 für Preußens Heer und Volk dargestellt. 2. verb. Aufl. 1. Heft. Erfurt 854. (Bartholomäus.) 16. (48 S.) 3 ngr.

Preussens Waldungen. s.: Forstkarten.

—— Zukunft. Eine Warnungsstimme. gr. 8. (124 S.) Leipzig 860, [Hennings'sche Buchh.]

— Zukunft, an das Vaterland, v. H. B. (K. L. H. v. Bardeleben). 8. Frankf. a. O. 2e Aufl. 808. Akadem. B. 18 Gr.

— Zukunft, üb. u. wider dasselbe; auch von einem preuß. Patrioten. gr. 8. Borussia 808. (Schöne in Berl.) 16 Gr.

— innere Zustände u. Verfassungs-Krisen. Beleuchtet von einem Conservativen Süddeutschland's. April 1865. Augsburg 865. (Schmid's Verlag.) gr. 8. (36 S.) 6 ngr.

Preußenschule. Zeitschr. f. Lehrer u. Freunde d. Menschenbildung v. allen Confessionen. Hrsg. v. Schulmännern in Preußen. 1—3. Jahrg. 1833—35., u. Beibl. gr. 4. Mohrungen!, [Rautenberg.] [833, 34. à 52 Nrn. (Bog.) à 2 Thlr. 16 Gr., 35. 12 Hfte. 1 Thlr. 12 Gr.] Thlr.

Preußenschule. Zeitschr. f. Lehrer, Eltern u. Freunde d. Menschenbildung von allen Confessionen. Hrsg. unt. Mitwirk. d. vornehmsten Pädagogen v. H. W. Schuur. 3—5. Jahrg. 1836—38. à 104 Nrn. (½ Bog.) 4. Mohrungen, Rautenberg. (?) à J. Thlr.

Vgl. 8. Bd. 2. Abthl. S. 125.

Preußenthum, das enthüllte, oder: Deutschlands Zukunft unter preuß. Oberherrschaft, unter welcher Gestalt sie auch eintrete. Mit besond. Rücksicht auf die preuß. Circular-Note vom 23. Jan. 1849 von einem preuß. Staatsmanne. 8. (43 S.) Grimma 849. [Wurzen,] Verlags-Comptoir.

—— das, und die hohenzollernsche Politik. In vertrauten Briefen an einen Nordamerikaner. 1. und 2. Brief. gr. 8. Kassel 850, Raabé und Comp. à Brief 12 Ngr.

Inhalt:
Brief 1. Das Staatsoberhaupt und die Staatsgewalt. (IV und 64 S.)
» 2. Die Finanzverhältnisse. (64 S.)

Preussenwort, Ein, an alle Preussen. O. O. [1849]. V: *Merckel, Wilhelm von.* (wen S. 215)

Preusser, cavalleristische Betrachtungen! I. gr. 8. (17 S.) Berlin 896. W. Baensch. n. — 50

Preußer, neues vollständiges kritisches Wörterbuch der englischen u. deutschen Sprache, s: Thieme-Preußer.

Preußer, Wörterbuch der engl. u. deutschen Sprache, s.: Thieme.

Preusser, A. F. W., s. Seuffert's, J. A., Archiv für Entscheidungen.

PREUSSER, [ALEX. FRIEDR. WILH.], Vortrag gehalten bei der öffentl. Stiftungsfeier der Kieler Armenanstalt am 8. Junius 1834. Kiel. 1834. P.

Preußer, Annette

—— s. Krankheit als Prüfung und Segen.

Preußer, Annette, Krankheit als Prüfung u. Segen. Aus dem Englischen frei übertr. 2. Aufl. gr. 8. (VII, 191 S.) Leipzig 881. Dörffling & Franke. n. 2. 25

Preußer, Annette, Diaconissin Louise Rätze. Ein Charakterbild. gr. 8. (V, 238 S. mit Portr. in Stahlst.) Leipzig 882, Dörffling und Franke. *

Preußer, Ch., Frankfurter Lesebuch f. Fortbildungsschulen, s.: Neuschäfer, Herm.

Preußer, E., der Plauensche Grund. Eine topographisch-culturhistor. Skizze. [Aus der Denkschrift des Vereins zur Verbreitung gemein. Kenntn. im Plauenschen Grunde.] Potschappel 869. Engelmann. gr. 8. (71 S.) 7½ ngr.

Preußer, E., die im vormaligen Herzogth. Nassau neben dem Reichsstrafgesetzbuche geltenden Straf-Gesetze u. Verordnungen zusammengestellt. gr. 8. (VIII, 464 S.) Wiesbaden 876. Limbarth. n. 6. —

Preußer, E., die im vormaligen Herzogthum Nassau neben dem Reichsstrafgesetzbuche geltenden Straf-Gesetze u. Verordnungen. Ergänzungsbd. gr. 8. (VIII, 200 S.) Wiesbaden 881. Limbarth. n. 2. 50 (Hauptwerk u. Ergänzungsbd.: n. 8. 50)

Preußer, Ferdinand: Über sekundäre symmetrische Hydrazine der Fettreihe. Weida i. Th. 1909: Thomas & Hubert. 35 S. 8°
Jena, Phil. Diss. v. 27. März 1909, Ref. Knorr
[Geb. 11. März 78 Sötenich; Wohnort: Jena; Staatsangeh.: Preußen; Vorbildung: Städt. Gymn. Bonn Unterprima O. 98; Studium: Bonn 3, Jena 4 S.; Rig. 29. Febr. 08.] [U 09. 2213

Preusser, J. Über die Constitution des Dinitro- und Diamidohydrochinons und die Bildung der Nitranilsäure. Bochum 1887.

Preusser, J. G., Predigten am 18n Sonntage nach Trinitatis u. am Michaelstage 1823, nach e. Mordthat gehalten. 8. Lpz. Joachim. 3 gr.

Preußer, Louise, u. Gräfin **Olga zu Eulenburg**, nach Aegypten u. dem heiligen Land. Tagebuchblätter. Mit 24 Abbildgn. in Lichtdr. gr. 8. (IV, 205 S.) Dresden 884. J. Naumann. geb. n. 7. —

— — unter blühenden Blumen, gemalt v. L. P. u. Gr. O. zu E. Worte v. Similde Gerhard. 4. (68 S.) Leipzig 886. Meissner & Buch. geb. m. Goldschn. n. 10. —

Preusser, Louise, Kinder-Blumen, s. Eulenburg, O. zu.

Preusser, Ph., kurzer Unterricht im reinen Christenthum rc. 8. Frankf. a. M. 804. Gebhard u. K. 12 gr.

[P.] Cavalleristische Betrachtungen! [Von] [Volkmar Reinhard] Preusser, Generalm. z. D. [No] 1. *Berlin: W. Baensch 1896.* 8. [96. 8.25

Preusser, Wilhelm: Über die Abhängigkeit der magnetischen Eigenschaften Heuslerscher Aluminium-Manganbronzen von ihrer chemischen Zusammensetzung. Marburg 1908. 88 S. 8°
Marburg, Phil. Diss. v. 20. April 1909, Ref. Richarz
[Geb. 11. April 83 Freiendiez; Wohnort: Rostock; Staatsangeh.: Preußen; Vorbildung: Oberrealsch. Wiesbaden Reife O. 03; Studium: Marburg 2, München 1, Berlin 2, Marburg 8 S.; Rig. 17. Okt. 08.] [U 09. 3304

v. Preußing, Max Gr., auch ein Wort an d. Publikum. gr. 8. Münch. 802. J. Lindauer. 3 gr.

Preussisch oder deutsch? Von einem schleswig-holstein. Landmann. Kiel 865. Schröder & Co. gr. 8. (30 S.) n. 5 ngr.

Preussisch oder selbstständig. Altona 1864. V: *Bünger, Rudolph.* (A)

—— oder selbstständig? Ein Wort zur sogenannten Realpolitik. 8. (14 S.) Altona 864, Mentzel.

Die preußische National-Versammlung erkennt in Uneinigkeit Deutschlands Einigkeit an! Druck ebenda. 1 Bl. Fol.
Flugblatt. Berlin, 1. Juli 1848.

Die preußische National-Versammlung läßt sich verblüffen!! Druck von W. Fähndrich u. Comp. 1 Bl. Fol.
Flugblatt. Berlin, 1. Juli 1848.

Preußischen Haupt- u. Finanz-Etat für 1841, über den. gr. 8. Breslau 841, Graß, Barth u. Comp. ¼ rß

Preussisch-Eylau [Schlagwort]

Preuss.-Eylau, Kreis, s.: Königsberg, Reg.-Bez.

Preussisch Holland [Schlagwort]

Preuss. Holland, Kreis, s.: Königsberg, Reg.-Bez.

Preußlein, Hans Abraham, Auerstädt oder Königgrätz? Humoristisch-satir. Kommiß-Roman. (293 S.) 8. Dresden-Niedersedlitz (904). H. G. Münchmeyer. 2. —

Preußler, J. P. C., deutliche und ausführliche Auseinandersetzung der Schachspielgeheimnisse des Arabers Ph. Stamma, mit Anmerk. und Verbesserungen. 8. Berlin, Enslin. 818.

Preußler, J. P. C., deutliche u. ausführl. Auseinandersetzung der Schachspielgeheimnisse d. Arabers Phil. Stamma, mit vielen Bemerkk. u. Verbesserungen mehrerer Spiele für Anfänger. 2e wohlf. Aufl. Mit 1 Kpf. 8. Berl. 823. Th. Enslin. 10 gr.

Preussler, Oscar *(geb. Breslau 10. 6. 1842)*: Ueber die Syphilis der Eingeweide. Breslau (1867). (40 S.) 8°
Breslau, Med. Diss. v. 12. Nov. 1867

Preussler, R., s.: Thätigkeitsbericht d. Gewerkschafts-Kommission Oesterreichs.

Preussner, Karl Louis

Preussner, Carl Louis, über die geschlechtbestimmenden Ursachen. Inaugural-Dissertation. gr. 8. (31 S.) Göttingen 860, (Vandenhoeck und Ruprecht's Verlagsh.) *

Preussner, Oskar, Dr.: Étude sur les Poésies diverses de Jean Racine. *Stolp i. P. 1900: F. W. Feige.* (55 S.) 8°
Stolp, st. G, R u. VS, P 1900 (157)

Preussner, Osk. Rob. Mannyng of Brunne's Uebersetzung v. Pierre de Langtofts Chronicle u. ihr Verhältnis zum Originale. Diss. gr. 8. (70 S.) Bresl. 891, (L. Köhler). * 1 —

Preussner, Oskar [aus Breslau]: Robert Mannyng of Brunne's Uebersetzung von Pierre de Langtoft's Chronicle und ihr Verhältnis zum Originale. ... Breslau, Buchdr. A. Schreiber, 1891; 2 Bl., 70 S., 1 Bl. 8°
Breslau, Phil. Fak., Inaug.-Diss. v. 12. Jun. 1891

Preuves et Defense des droits du Roi sur le Port et le Péage de la Vistule. Berlin 1773. V: *Herzberg, Ewald Frdr. Graf v.* (Holz) (ML) (BrMm)

Preuves et défense des droits du Roi sur le port et péage de la Vistule. — Berlin 1773. (Daran: Pièces justificatives. — 8 Bl.) 4. 28 S.

Les preuves évidentes; réponse au mémoire raisonné de la cour de Berlin, au sujet de la conduite des cours de Vienne et de Dresde. (Mit Beilagen.) Varsovie. A la Haye 1757. 4.

Preuves incontestables que La Cour de Gottorp a donné tout sujet au Roi de Dannemarc, de se metre en possession Des Duches de Slesvic et de Holstein.

Unwiedersprechliche Proben und Beweiss, Dafs Der Hoff von Gottorp Dem Könige von Dännemarck, Alle Ursach und Gelegenheit gegeben, Der Hertzogthümer Schlesswig und Holstein sich zu bemächtigen. Cöln, bey Peter Marteau. 1716. 4° k.

PREUX, Marie Ange de, Entre Nous. Ringelreihen. Mit 10 Illustr. u. 1 Frontisp. in Lichtdruck v. Lucien Rubempré. Privatdruck. (30 Mk., Lux.-Ausg. 60 Mk.) Publ. d. Ges. Oesterr. Biblioph., Nr. XXI.
Die zehn Dialoge heissen: Die Geschiedene und die höhere Tochter. — Die höhere Tochter und die Diva. — Die Diva und die Gräfin. — Die Gräfin und die Masseuse. — Die Masseuse und die Nonne. — Die Nonne und die Braut. — Die Braut und das Stubenmädchen. — Das Stubenmädchen und die Cocotte. — Die Cocotte und die Geschiedene.

Stimme eines schweizerischen Bischofes über die unbefleckte Empfängniss der hl. Jungfrau und Gottesmutter Maria .... (von *Pierre Joseph de Preux*). Solothurn 1855.
Anon.-Lex. V. p. 278 (nach d. Bibliogr. d. Schweizerischen Landeskunde. Bern 1894 ff.).

Prevenhuber, Jh. Adalb., Versuch e. Abhandl. z. Erlangung mineralog. Kenntnisse f. junge Bergmänner auf Eisen. 8. Gräs. 788. Zaunrieth. 7 gr. (Mayr). 4 gr.

Prévinaire, P.J.B.: Abhandlung über die verschiedenen Arten des Scheintodes und über die Mittel, welche die Arzneikunde und Polizei anwenden können, um den gefährlichen Folgen allzufrüher Beerdigungen zuvorzukommen. Eine von der Akademie der Wissenschaften zu Brüssel gekrönte Preisschrift. (Mémoire sur la question suivante, proposée en 1784 par l'Académie Impériale et Royale des Sciences, Belles-Lettres et Arts de Bruxelles: Quels sont les moyens que la médecine et la police pourroient employer pour prévenir les erreurs dangereuses des enterremens précipités. Ouvrage qui a concouru pour le prix de l'année 1786. Dt.) Übers. und mit einigen Anmerkungen...vermehrt von Bernhard Gottlob Schreger. 373 S., gbd.
Leipzig: Weygand 1790

Previti, P. Luigi, d. Freiwillige Zumalacarreguys, s.: Das-bach's Novellenkranz. 5. Bdchn.

Prévost, Benedict, Einige Versuche über den Thau. (Im Auszug aus einer in der Societät der Wissensch. zu Montauban gehaltenen Vorlesung.)

Prévost, F., Zimmer- und Garten-Thiere. [Vögel, Fische, Hunde, Katzen.] Mit 51 Holzschn. im Text. Aus dem Französ. übers. Hannover 861. C. Rümpler. 16. (184 S.) n. 10 ngr.

Prévost, Hippol., musikalische Stenographie, oder die Kunst, die Musik so schnell zu schreiben, als sie ausgeführt wird. (Mit 2 Musikbeilagen.) 8. Mainz 834. Schott's Söhne. 1/2 ₰

Prevost, P. Karl, Lysias. Sarnen 1884.

Prévost, Marcel, Brautnacht u. andere Novellen. Einzige berecht. Uebersetzg. aus dem Franz. (V, 155 S.) 8. München 904. A. Langen. n. 2.—; geb. in Leinw. n. 3.—

Prévost, Marcel, Camilla (Mademoiselle Jaufre). Autor. Übersetzg. aus dem Franz. v F. Gräfin zu Reventlow. 8. (310 S.) München 898. A. Langen. n. 4.—

Marcel Prévost: Camilla. Roman. Übers. v. F[anny] Gräfin zu Reventlow. München. 1906. 8°

Prévost, Marcel, der gelbe Domino, s. Bibliothek Langen, kleine, Bd. 11.

— der gelbe Domino. Roman. Einzig berecht. Übersetzg. aus dem Franz. v. Hans Jürgens. Umschlagzeichnung u. Illustr. von F. Frhrn. v. Reznicek. 8. (174 S.) Ebd. 901. n. 3.—; geb. n. 4.—

— eine „glückliche Ehe". Einzig autoris. Übersetzg. aus dem Franz. v. F. Gräfin zu Reventlow. Umschlag-Zeichnung u. 25 Illustr. von F. v. Reznicek. 2 Bde. 8. (377 S.) München 900. A. Langen. n. 6.—; in 1 Bd. geb. n. 7.—

— eine Pariser Ehe. Autor. Uebersetzg. aus d. Franz. v. F. Gräfin zu Reventlow m. 15 Illustr. von F. Frhrn. v. Reznicek. 8. (181 S.) München 898. A. Langen. n. 3.50

— Eine Pariser Ehe. Berechtigte Übersetzg. aus dem Franz. v. F. Gräfin zu Reventlow, m. 15 Illustr. von F. Frhrn. v. Reznicek. 7. u. 8. Taus. (152 S.) 8. München 908. A. Langen. 2.—; geb. 3.—

— Pariser Ehemänner, s. Bibliothek Langen, kleine.

— Pariser Ehemänner. Autor. Uebers. aus d. Franz. v. F. Gräfin zu Reventlow m. 19 Illustr. v. Ed. Thöny. 8. (234 S.) Ebd. 898. n. 3.50

Prevost, Marcel: Pariser Ehemänner. Einzige berecht. Übers. aus d. Franz. von F. Gräfin zu Reventlow. München: Langen 1902. 171 S. 8°
(Kleine Bibliothek Langen. Bd. 32.)

— erblich belastet. (Le Scorpion.) Roman. Deutsch v. Ludw. Wechsler. 8. (436 S.) Berlin 899. [Neufeld & Henius.] Schreiter. 4.—

— Erblich belastet. Roman. Deutsch v. Ludw. Wechsler. 3. Aufl. (436 S.) 8. Leipzig (904). G. Fock Verl. 3.—; geb. in Leinw. 4.—

— Kamerad Eva. Autor. Uebersetzg. aus d. Franz. 8. (VIII, 301 S.) München 896. A. Langen. n. 4.—

— Fleurette, s.: Bibliothek Langen, kleine, Bd. 8.

— Flirt. Einzig autoris. Übersetzg. aus dem Französ. v. Donald Wedekind. Umschlag-Zeichng. u. 12 Illustr. von F. Frhrn. v. Reznicek. 8. (166 S.) München 900. A. Langen. n. 3.50; geb. n. 4.50

— Flirt. Einzig berecht. Uebersetzg. aus d. Franz. Umschlag-Zeichng. u. 12 Illustr. von F. Frhrn. v. Reznicek. (144 S.) 8. München 904. A. Langen. n. 2.—; geb. n. 3.—

— Französinnen. Novellen. Einzig berecht. Übersetzg. aus dem Franz. v. F. Gräfin zu Reventlow. (229 S.) 8. München (909). A. Langen. 3.—; geb. 4.—

Prévost, Marcel, Don Juans Frau (L'heureux ménage). Roman. Berechtigte Übersetzg. aus dem Franz. v. Gräfin zu Reventlow, m. 25 Illustr. von F. Frhrn. v. Reznicek. 4. u. 5. Taus. (326 S.) 8. München 908. A. Langen. 4.—; geb. 5.—

Marcel Prévost: Die junge Frau. Übers. v. F[anny] Gräfin zu Reventlow. München. o. J. 8°

— die moderne Frau. 1. Bd. Die Jungfrau. (Lettres à Françoise.) Einzig berecht. Übersetzg. aus dem Franz. 1.—3. u. 4.—6. Taus. 8. (à XIII, 316 S.) Ebd. 902. n. 3.50; geb. n. 4.50

— Die moderne Frau. 2. Bd. 8. Ebd. 909. 4.—; geb. 5. —
Die junge Frau. (Lettres à Françoise mariée.) Einzige berecht. Übersetzg. v. F. Gräfin zu Reventlow. (372 S.) 5. —

— starke Frauen. Roman. Einzig autoris. Übersetzung aus dem Franz. v. F. Gräfin zu Reventlow. 8. (397 S.) München 900. A. Langen. n. 5. —; geb. in Leinw. n. 6. —

Marcel Prévost: Starke Frauen. Roman. Übers. v. F[anny] Gräfin zu Reventlow. München. 1909. 8°

— die Fürstin v. Ermingen. Roman. Einzige berecht. Uebersetzg. aus dem Franz. v. F. Gräfin zu Reventlow. (250 S.) 8. Ebd. 905. n. 3.50; geb. n. 4.50

Marcel Prévost: Die Fürstin von Ermingen. Roman. Übers. v. F[anny] Gräfin zu Reventlow. München. 1910. 8°

— der verschlossene Garten. Roman. Autor. Uebersetzg. aus d. Franz. v. Hedwig Landsberger. 8. (266 S.) München 897. A. Langen. n. 3.50

[F.] Marcel Prévost. Julchens Heirat. E. Ehenovelle. Autoris. Übs. a. d. Französ. 3. Taus. *Paris, Leipzig, München: A. Langen 1897.* (135 S.) 1 Bd 8.
= Bibliothek Langen, Kleine. Bd 11. (98. 10193 Gr

— dasselbe, s. a. Bibliothek Langen, kleine, Bd. 2.

— Julchens Heirat. Autor. Uebersetzg. aus d. Franz. m. 12 (Text-) Illustr. von F. Frhrn. v. Reznicek. 8. (160 S.) Ebd. 898. n. 3.50

— Julchens Heirat. Autoris. Übersetzg. aus dem Franz. Mit 12 Illustr. v. F. Frhrn. v. Reznicek. (Neue Aufl.) 8. (160 S.) Ebd. 900. n. 3.50; geb. n. 4.50

— Julchens Heirat. Einzig berecht. Uebersetzg. aus dem Franz. Mit 12 Illustr. von F. Frhrn. v. Reznicek. (142 S.) 8. Ebd. 904. n. 2. —; geb. n. 3. —

Das Kind der Ehebrecherin. Roman von Marcel Prévost. Deutsch von Franz Wagenhofer. 8. Aufl. *Berlin: R. Eckstein Nachf. [1901].* (208 S.) 8° [F.] [03. 7300 11

Das Kind der Ehebrecherin. Roman von Marcel Prévost. Deutsch von Franz Wagenhofer. 11. (auf d. Umschl.: 12.) Aufl. *Berlin: R. Eckstein Nachf. [1903].* (208 S.) 8° [F.] [03. 7300

— das Kind der Ehebrecherin. Roman. Deutsch v. Frz. Wagenhofer. 8. Aufl. 8. (208 S.) Berlin (901). R. Eckstein Nachf. n. 2. —; geb. n. 3. —

(G) — Das Kind d. Ehebrecherin. 901. (KWL 32.) Jetzt: Berlin, H. Michel.

— der blinde Klavierstimmer. Roman. Einzig berecht. Uebersetzg. aus dem Franz. v. F. Gräfin zu Reventlow. (183 S.) 8. München 906. A. Langen. n. 2.50; geb. n. 3.50

— Cousine Laura. Roman aus d. Kulissenwelt. Autor. Uebersetzg. aus d. Franz. 8. (V, 278 S.) Ebd. 895. n. 3.50

— Lea. Roman. Einzig berecht. Übersetzg. aus dem Franz. v. F. Gräfin zu Reventlow. 8. (363 S.) München 901. A. Langen. n. 4. —; geb. n. 5. —

Marcel Prévost: Lea. Roman. Übers. v. F[anny] Gräfin zu Reventlow. München. 1909. 8°

— späte Liebe. Roman. Einzig autor. Uebersetzg. aus d. Franz. v. Hedwig Landsberger. 8. (282 S.) Ebd. 898. n. 3.50

— späte Liebe. Roman. Einzige berechtigte Übersetzg. v Hedw. Landsberger. 4. u. 5. Taus. 8. (282 S.) München 902. A. Langen. n. 3.50; geb. n. 4.50

— Liebesbeichte. Autor. Uebersetzg. aus d. Franz. v. F. Gräfin zu Reventlow. 8. (275 S.) Ebd. 898. n. 3.50

— Liebesgeschichten. Autor. Uebersetzg. aus d. Franz. v. F. Gräfin zu Reventlow. 8. (V, 328 S.) Ebd. 898. n. 4. —

— Liebeswahn. Roman. Deutsch v. Frz. Wagenhofen. gr. 8. (380 S.) Leipzig 899. Verl. modern. Belletristik. n. 3. —; geb. n. 4. —

— auf Liebeswogen, s. a. Bibliothek Langen, kleine. 21. Bd.

Marcel Prévost: Auf Liebeswogen. Übers. v. F[anny] Gräfin zu Reventlow. Paris. Leipzig. 1900. 8°

— unter uns Mädchen, s.: Bibliothek Langen, kleine.

Prévost, Marcel, Herr u. Frau Moloch. Roman. Einzige berecht. Übersetzg. aus d. Franz. v. F. P. Fischer. (422 S.) 8. München 908. A. Langen. 4.—; geb. 5. —

— Nimba, s: Bibliothek Langen, kleine, Bd. 14.

— Ophelia in der Provinz. Poupette. 2 Novellen. Einzige berecht. Übersetzg. aus dem Franz. v. F. Gräfin zu Reventlow. (187 S.) 8. Ebd. (910). 2.50; geb. 4. —

Prévost, Marcel, Pariserinnen. Autoris. Uebersetzg. aus dem Franz. v. A. L. 8. (259 S.) Paris u. Leipzig 895. A. Langen. n. 4. —

— Pariserinnen. Autor. Uebersetzg. aus d. Franz. v. A. L. 2. [Titel-] Aufl. 8. (XII, 59 S.) München (895) 896. A. Langen. n. 4. —

— neue Pariserinnen. Einzige berecht. Uebersetzg. v. Wolf Buttler. (316 S.) 8. München 906. A. Langen. n. 4. —; geb. n. 5. —

— Pierre u. Therese. Roman. Einzige berecht. Übersetzg. aus dem Franz. v. F. P. Fischer. (367 S.) 8. Ebd. (910). 4.—; geb. 5.50

— Plaudereien e. Pariserin üb. die Liebe. Einzige berecht. Uebersetzg. aus dem Franz. 1.—6. Taus. (220 S.) kl. 8. Ebd. 903. 905. n. 2.50; geb. n. 3.50

— Ratschläge f. Junggesellen u. Verlobte. Einzig autoris. Übersetzg. aus dem Franz. von Nelli Zurhellen. 12. (157 S.) München 900. A. Langen. n. 2. —; geb. n. 3. —

— Revanche, s.: Bibliothek Langen, kleine.

— der Skorpion. Roman. Einzige autoris. Übersetzung aus dem Franz. v. Martha Reichentrog. 8. (376 S.) München 899. A. Langen. n. 4. —; geb. n. 5.50

— die Sünde d. Mutter. (Chouchotte.) Autor. Uebersetzg. aus d. Franz. 8. (304 S.) Ebd. 898. n. 4. —

— halbe Unschuld (Demi-Vierges). Autor. Uebersetzg. aus d. Franz. 8. (XI, 394 S.) Ebd 895. n. 4. —

— halbe Unschuld. (Demi-vierges.) Einzig berecht. Übersetzg. aus dem Franz. (Neue Aufl.) 8. (XI, 394 S.) Ebd. 901. n. 4. —; geb. n. 5. —

— halbe Unschuld. (Demi-vierges.) Roman. Einzig berecht. Uebersetzg. aus dem Franz. 12. u. 13. Taus. (XI, 394 S.) 8. Ebd. 905. n. 4. —; geb. n. 5. —

— die kleine Venezolanerin u. andere Novellen, s.: Bibliothek Langen, kleine. 60. Bd.

Prévost, Marcel, was Frauen schreiben. Autor. Uebersetzg. v. Wolf Buttler. (Collection Wigand.) 8. (III, 266 S) Leipzig 897. M. Spohr. n. 4. —; geb. n. 5. —

— was Frauen schreiben. Einzig berecht. Uebersetzg v. W. Buttler. 8. (III, 266 S.) Leipzig 897. München, A. Langen. 4. —; geb. 5. —; erm. Pr. n. 2. —; geb. n. 3. —

Prévost, Peter

— de l'économie des anciens gouvernemens comparée à celle des gouvernem. modernes. gr. 8. Berl. 783. Rottmann. 12 ℊℊ

— Essai de Philosophie. gr. 8. Paris. (Hinrichs à Leip.) (a. Treuttel à Strasbourg.) 805.

Prévost, Pierre. État des finances d'Angleterre au commencement de la guerre d'Amérique, extrait des Observations de M. Price. 4°. Berlin, Decker, 1782.

— physisch-mechan. Untersuchung üb. die Wärme; aus d. Französ. v. D. L. Bourguet. Mit Kpft. gr. 8. Halle 798. Waisenhaus-B. 12 ℊℊ

Prevost, Pt., v. Ursprunge d. magnet. Kräfte. 1r Thl. Aus d. Französ. v. D. L. Bourguet. Mit e. Vorrede v. F. A. K. Gren. Mit Kpf. gr. 8. Halle 794. Waisenhaus-B. 12 ℊℊ

Prévost d'Exiles, Antoine François

Prevost, Contes, aventures. III Vol. 18. Leips. Sommer.

— Elemens de Politesse et de Bienséance, ou la Civilité, qui se pratique parmi les honnêtes gens etc. 8. Strasb. König. 766.

— — le même. IV Tom. av. fig. 8. Francf. Hermann. (Gebhardt et K.) 765.

Prévost, ..., essais de philosophie. Suivies de quelques opuscules de G. L. Lesage. II Vols. gr. 8. Genève 805. (Leipz., Hinrichs). 3 ℞

[Prevost d'Exiles, Abbé Antoine François]. Miraculoso Florisonti, in den gantz ungemeinen Begebenheiten einer Fürnehmen Standes-Person vorgestellet; aus dem Frantzösischen übersetzet anjetzo aufs neue übersehen und verbessert von Holtzbecher. [2 Bände in 1]. *Vignette*. Hamburg. bey Conrad König, 1740. Kl. 8°. Titel u. 528 S. — 5 (statt 6) Bl. 653 S. Mod. Pbd. m. Rsch. 240.—

Cf. H.-G. IV. 553 u. Fromm V. p. 187 und 188.

Erstausgabe der ersten deutschen Übersetzung von Prévosts berühmter „Histoire de Manon Lescaut et du Chevalier des Grieux“, welche den letzten Teil der „Mémoires et aventures d'un homme de qualité, qui s'est retiré du monde“ bilden, die hier als „Begebenheiten des Marquis de C***“ unter dem Übertitel ‚Miraculoso Florisonti' in deutscher Übersetzung vorliegen. H.-G. gibt als Übersetzer für Theil 1—4 v. *Birckenmeyer* und für Th. 5—7 *Holzbecher* an und datiert Hamburg 1730—40

Prévost d'Exiles, Ant. Franc., Geschichte der Manon Lescaut und des Chevalier Des Grieux, s. Bibliothek, ausgewählte, d. Classiker d. Auslandes, 11. Bd.

Prevost d'Exiles, A. F. Geschichte der Manon Lescaut und des Ritters des Grieux, a. d. Franz. Leipzig 1756. Ü: *Freytag, Friedrich Gotthilf.* (ML)

PREVOST d'Exiles (Abbé Antoine-François, né en 1697 à Hesdin en Artois, † en 1763). — Geschichte der Manon Lescaut und des Ritters des Grieux. 4 Thle. Aus d. Französ. des Herrn *Prevot* (sic!) *d'Exiles* übersetzt (von Friedr. Gotthilf Freytag). Leipzig 1756—63. 8°. $17^1/_2$ u. $16^1/_2$ Bogen.

Anon.-Lex. III. p. 299 (nach Meusel); Cat. Meissner II. Orig.: Les avantures du chevalier des Grieux et de Manon Lescaut. Par Monsieur *D.****. Amsterd. 1733. 8°. (8 Mk., demi-maroquin bleu, tr. dor., Calvary & Co., Berlin, 1898. (Ed. I. 1728, et souvent. — Mémoires et avantures d'un homme de qualité, qui s'est retiré du monde. 8 tom. Paris 1732 (tom I—IV 1738—39). 8°. (20 Mk., veau, les mêmes:) Vol. VIII contient l'histoire du chevalier des Grieux et de Manon Lascaut. (Gay, Bibl. de l'amour III, 165.) — Mémoires et aventures ... 7 tom. Amsterdam 1742. pet. in-8°. (30 Kr., veau, Halm & Goldmann, Wien, 1907:) Le 7e tome cont. Manon Lescaut. — Histoire de Manon Lescaut et du chevalier des Grieux. Préf. de Guy de Maupassant av. 212 compos. artist. p. Maurice Leloir, gravées s. bois p. J. Huvot, et 12 grav. impr. en couleurs, hors text. Paris 1889. 8°. (Mk. 15—.) (9 Mk. 50 Pfg. Wilh. Scholz, Brnschw., 1896.) Schöne Ausstattung: Jede Seite ist mit e. Kopfleiste versehen, die eine Episode aus dem daruntersteh. Text wiedergiebt. Ausserdem enthält d. Werk e. Titelbild u. 11 Farbendrucke in Blattgrösse, u. zahlr. Vignetten in bester Ausführung. — Même ouvrage. Préface de Guy de Maupassant. Illustré de 225 compositions de Maurice Leloir, dont 12 planches hors texte en couleurs, et 2 eaux-fortes. Paris 1898. Gr. in-8°. (10 Mk., demi-rel. mar., dos orné en long, tête dor., n. r., Adolf Weigel, 1906.)

— — Dasselbe, tit.: Geschichte der Manon Lescaut u. des Chevalier Des Grieux. Aus d. Französ. übersetzt von Ed. v. Bülow. Leipzig 1842. 8°. (1 Mk. 50 Pfg. Jul. Neumann, Magdeb., 1906.)

— — Dasselbe, tit.: Geschichte der Manon Lescaut und des Chevaliers des Grieux. Deutsche Übertrag. v. Julius Zeitler. Mit Titelzeichnung und 4 Vollbildern von Franz von Bayros auf Kaiserlichem Japan abgezogen, Leipzig, Insel-Verlag, 1905. 8°. Gedr. auf holländ. Bütten. (Br. Mk. 8—, Gandldr. 10—, Ganzprgt. 15—.) Nur in kleiner Auflage hergestellt. (7 Mk. 50 Pfg., Origldrbd., Bernh. Liebisch, 1909.)

„Diesen Roman, der ein ganzes Zeitalter beherrschte durch die wundervolle Wahrheit, die in den rührenden Schicksalen seiner Menschen liegt, in einer zierlichen und schönen Ausgabe aufs neue herauszugeben, erscheint uns als ein Entgegenkommen der Wünsche vieler.“ (Aus dem Prospekt.)

S. auch: Harrisse, H., Histoire du chevalier des Grieux et de Manon Lescaut, bibliographie et notes pour servir à l'histoire du livre 1728—1853. 1875. 8°. Titre rouge et noir, pap. de Holl. (10 fr., br., Claudin, Paris, en 1877.)

Prévost, die Geschichte der Manon Lescaut u. des Chevalier des Grieux. (2. Aufl. der von Jul. Zeitler besorgten Übertragg. Die [4 Voll-]Bilder zeichnete Frz. v. Bayros.) (289 S.) kl. 8. Leipzig 911. Insel-Verlag. 4.50; geb. in Halbldr. n 6.50; in Ldr. 7.50

Prevost d'Exiles, Ant. Franç. Geschichte der Margarete von Anjou, Königin von England. A. d. Französ. 8. Altenburg 1783.

Prevot, Abt, Geschichte d. Königin Margarethe von England aus d. Hause Anjou; aus d. Französ. übers. von Eph. v. Schmidt-Phiseldek. Mit einer Stammtafel. 8. Altenb. 783. (Hennings in Neisse). 1 ℞ 12 ℊℊ

Prevost, Geschichte e. Neugriechin, s. Meistererzähler, romanische. VI.

— — Dasselbe, tit.: Geschichte einer Neugriechin. Vom Abbé *Prévost*. Uebersetzt, eingeleitet und erklärt von K. Brand. (Auch m. d. Tit.: Romanische Meistererzählungen. Hrsg. von F. S. Krauss. Bd. VI.) Leipzig 1905. Gr. 8°. (Br. Mk. 4—; eleg. gebd. 5—; Ganzldr. 6—.) (6 Kr., Origbd., Halm & Goldmann, 1907; 4 Mk., br., O. Rauthe, 1909.)
„Die Geschichte einer Neugriechin erscheint Kennern als ein ebenbürtiges Gegenstück zu Manon Lescaut, aber auch schon durch die Originalität des Gegenstandes und die sorgfältige Studie der Charaktere scheint uns dieser Roman genügend großes Interesse darzubieten, um den Leser vom Anfang bis zum Ende zu fesseln." (Aus dem Prospekt.)

Geschichte einer Neugriechin (Histoire d'une Grecque moderne) vom Abbé (Antoine François) Prévost (d'Exiles.) Übers., eingeleitet u. erkl. von K. Brand. Leipzig: Deutsche Verlagsactienges. 1906. XVI, 220 S. 8°
(Romanische Meistererzähler. Bd 6.) [10. 5265

— — Die schöne Griechin, in einer Staats-Liebes- und Heldengeschichte, im Frantzös. beschrieben durch den Abt *Prevot* (so!), und ihrer Annehmlichkeiten wegen in das Deutsche übers. 2 Thle. Franckfurt und Leipzig, Knoch u. Eßlinger, 1749. 8°. 1 Alph. 5 Bog. Rar! (In Stuttgart.) (5 Mk. 50 Pfg. K. W. Hiersemann, Lpz., 1905.)
Zuerst erwähnt im O. M. V. 1748. F 3a.
Orig. (in Stuttgart): Histoire d'une Grecque moderne. Par l'Abbé *Prevost*. 2 pts. Amsterdam (Paris), Jean Catuffe, 1740. 8°. — Ibid. 1741. 12°. (In Wolfenbüttel.) (Vendu 7 fr.; 24 Sgr. Scheible, c. 1872; jetzt theurer!) — Gay IV. p. 49.

Prévost, histoire de Manon Lescaut et du chevalier des Grieux. Nouvelle édition, précédée d'une notice historique sur l'auteur par Jules Janin. 16. (XVI u. 256 S.) Leipzig 850, Avenarius & Mendelssohn. 1 ₰; in Engl. Einb. mit Goldschn. n. 1 1/3 ₰

— histoire de Marguerite d'Aujou, reine d'Angleterre. IV Parties. 12. Amsterd. (Varrentrapp et W. à Frankf.)

— Manon Lescaut, s**a** Bibliotheca romanica.

— Manon Lescaut, s.a. Bibliothek, Europäische, 789. Bd.

Prévost, Manon Lescaut, s**a** Collection Figaro.

— Manon de Lescant, u. die Ritter des Grieux. 4 Thle. 8. Leipz. 763. (Brockhaus). 16 ℊ

Prevost d'Exiles, A. F. Manon Lescaut. Ein Sittengemälde ... Berl. 1792. Ü: *Hagemeister, Joh. Gfr.* (GGr) (Ky)

— — Dasselbe, titulo: Manon Lescaut. Ein Sittengemälde v. *Prevot* (so!) (übers. v. J. G. Hagemeister). Mit color. Portr. Manon's (Brustbild, oval, Bolt sc.). (Motto aus Horaz.) Berlin, Maurer, 1792. 8°. (5/6 Rthl.) (18 Mk. Adolf Weigel, 1906.)
4 Bll. (2 Bücher), 254 S., 1 Bl. Err. — Der Nebentit. auf Bl. 3 lautet: „Schicksale der Manon Lescaut, erzählet vom Maltheserritter des Grieux." Vgl. Allg. Lit.-Ztg. 1793. Nr. 349. Sp. 573; Anon.-Lex. III. p. 299 (nach Goedeke u. Kayser).
Erst 15 Jahr alt, betrat Manon, diese berühmte Pariser Schönheit, die Bahn einer Lais, wofür sie in der „Salpetrière" körperl. Züchtigung unterworfen wurde. Michelet sagt, dass selbst junge Mädchen das Buch heimlich verschlungen hätten, ein Watteau nicht müde wurde sie zu malen.

— — Dasselbe. Deutsch von K. Görke. Berlin, o. J. 8°. Origbd.
Zinke's Dresdner Novbr.-Auction 1905, no. 948.

Prévost, Abbé, Manon Lescaut. Aus d. Franz. übersetzt von Friedr. Heinr. Feuerbach. (Mit einer Charakteristik Prévost's und seiner Romane.) 16. Erlangen 834. (Heyder.) 2 ₰

Prévost, Abbé, Manon Lescaut. Aus dem Französ. gr. 16. Berlin 846, Sacco. 1/2 ₰

— — Dasselbe, tit.: Manon Lescaut, übersetzt von Fort. Grimma 1852. 8°. (40 Pfg. Erras, Frf. a. M., vor 1885; jetzt theurer!)

[F.] Manon Lescaut von Abbé [Antoine François] Prévost. A. d. Franz. v. K. Görke. *Berlin & Leipzig: J. Gnadenfeld & C. [1892?].* (136 S.) 1 Bd 8.
= Collection Figaro. [Bd] 96. [94. 355

— **Manon Lescaut.** (190 S. m. Abbildgn.) schmal 8. Berlin (905). Norddeutsche Verlags-Anstalt L. Hohenstein & Co. n. 2.—

Prevost, Manon Lescaut und Chevalier Desprieux, s. Universal-Bibliothek Nr. 937 und 938.

Prevost d'Exiles, Antoine François. Der Mann vom Stande, interessante ... Scenen aus dem menschlichen Leben; [a. d. Franz.] ... Leipzig 1790-91. Ü: *Baur, Samuel.* (EE) (Ky) (MGT)

Prevost, der Mann von Stande, intereff. Scenen; aus d. Französ. (von Sam. Baur). 2 Thle. 8. Leipz. 790 u. 791. Linke. 1 ₰ 20 ℊ

— Dass. übers. (von J. G. Hagemeister). 8. Berl. 792. Maurers B. 20 ℊ

— memoires et aventures d'un honnête homme. 8. Dresd. 753. Walther. 1 ₰

Prévost, Memoiren u. Geschichte der Manon Lescaut. Deutsch v. J. Huber. Illustriert v. Th. Perl. 2 Bde. 12. (143 u. 109 S.) München (901). A. Schupp. Geb. in Leinw. n. 1. 60

— — Der Mensch oder Abbildung des Lebens, Geschichte der Leidenschaften, der Tugenden und der Begebenheiten in allen Lebensaltern. Aus den Schriften des (1763) verstorbenen Herrn Abbt *Prevost* (!). 6 Thle. Mit Kpf. Ulm 1765. 8°. (Th. 1—5, 1 vol., in Stuttgart.)
1 Alph. 17 Bog. Cat. Meissner II. p. 654; Bibl. J. J. Schwabii II. p. 321.
Orig. (in Stuttgart); Tableau de la Vie ou Histoire des Passions, des vertus et des évènemens de tous les ages. Par Mr. l'Abbé *Prevot* (sic!), Auteur des Mémoires d'un Homme de Qualité qui s'est retiré du monde. 2 tom. Avec figures. Augsbourg 1765. 8°. (2 Mk. 50 Pfg. Scheible, 1877.) — Francof. 1765. 8°. (6 livres en 1 vol.) (36 xr. Beck, Nördl., vor 1870.)

— s. Romane, illustrirte.

Prevot, Abt, tableau de la vie, ou histoire des Passions et des evénemens de tous les âges. II Tom. av. fig. 8. Augsb. 765. v. Jenisch u. St. 20 ℊ

(Prévost-Vieusseux, [Jacques, et] Constant d'Hermenches, de.) Rapport sur les désastres du Canton du Valais au Comité central de la Société helvétique d'Utilité publique établi à Zurich. (Pressy près Genève, le 5 novembre 1834.) fol. *s. l.*

Prévot, s.a. Prévôst.

Prévot, Andr., C. Ss. R., Liebe, Friede u. Freude im Herzen Jesu. 30 Betrachtgn. üb. die fruchtbringendste Art der Andacht zum göttl. Herzen aus den Schriften der hl. Gertrud m. e. Anh. v. Gebeten aus derselben Quelle. Deutsch v. Leonz Niderberger. gr. 16. (III, 352 S. m. 1 Farbdr.) Limburg (899). Kongregation der Pallottiner. Geb. in Leinw. n. 1. 50

Prévot, Andr., C. Ss. R., Liebe, Friede u. Freude im Herzen Jesu. 30 Betrachtgn. über die fruchtbringendste Art der Andacht zum göttl. Herzen aus den Schriften der hl. Gertrud m. e. Anh. von Gebeten aus derselben Quelle. Deutsch v. Leonz Niderberger. 10. u. 11. Taus. (III, 327 S. m. 1 Farbdr.) 16. Limburg 905. Kongregation der Pallottiner. Geb. in Leinw. n.n. 1.50

Prévot, Andr., S. J., Liebe, Friede u. Freude im Herzen Jesu. 30 Betrachtgn. üb. die fruchtbringendste Art der Andacht zum göttl. Herzen aus den Schriften der hl. Gertrud m. e. Anh. v. Gebeten aus derselben Quelle. Deutsch v. Leonz Niderberger. 4. Aufl. (III, 327 S. m. farb. Titelbild.) 16. Limburg 910. Kongregation der Pallottiner. Geb. in Leinw. 1.50; m. Goldschn. 2.—

Prévôt, Carl, s. Prévôt, Karl

Prevot, F., Cours pratique de l'art epistolaire à l'usage des Dames étrangères ou méthode facile pour se familiariser avec le style des lettres et la conversation française. 8. Berlin 845, Schultze. ⅔ ß

Prévot, Gabr., Motifs modernes. Stores, guipures et broderies d'art dans le style moderne. I.—III. série. gr. Fol. (à 20 Taf.) Plauen (900—902). Ch. Stoll. In Mappe à Serie n. 28.—

Prévot, Gabr., et Gaston **Devresse**, Motifs modernes IV. série. Dentelles et broderies d'art. (20 Lichtdr.-Taf.) gr. Fol. Plauen (905). Ch. Stoll. In Mappe n. 28.—

Prévôt, Heinr., Receptbuch. Ein unentbehrlicher Rathgeber für Haus-, Land- u. Gartenwirthschaft. 8. (96 S.) Neuhaldensleben 882. Eyraud. n. — 50

Prévôt, Heinr., Receptbuch. Ein unentbehrl. Rathgeber f. Haus-, Land- u. Gartenwirthschaft. 2., verm. Aufl. 12. (124 S.) Neuhaldensleben 890. C. A. Eyraud. n. — 50

Prévôt, J., grammatica elementar allemã adaptada á lingua portugueza. gr. 8. (VI, 210 S. m. 2 Schrifttaf.) Heidelberg 887. J. Groos. geb. n. 2.—

— grammatica elementar allemã, adaptada à lingua portugueza. (Methodo Gaspey-Otto-Sauer.) 2. ed. gr. 8. (IX, 210 S. m. 1 Karte u. 1 Plan.) Heidelberg 901. J. Groos. Geb. in Leinw. n. 2.—

Prévôt, José, Grammatica elementar da lingua allemã. 3. ed., completamente revista e augmentada de un vocabulario allemão-portuguez e portuguez-allemão por José Pereira Guimarães. (Methodo Gaspey-Otto-Sauer.) (VII S., 2 Bl. u. 196 S. m. 1 Plan u. 1 Karte.) 8. Heidelberg 905. J. Groos. Geb. in Leinw. n. 2.—

Prévôt, José, Nova grammatica allemã, sa Otto, Emil.

— nova grammatica allemã theorica e pratica contendo alem das principaes regras da lingua allemã, themas e exercicios de leitura e de conversação por E. Otto, adaptada ao uso dos Portuguezes. gr. 8. (VIII, 427 S. m. 2 Schrifttaf.) Ebd. 887. geb. n. 5.—; chave (IV, 84 S.) cart. n. 1.60

Prévôt, José, nova grammatica allemã theorica e pratica, contendo alem das principaes regras da lingua allemã, themas e exercicios de leitura e de conversação. (Methodo Gaspey-Otto-Sauer.) 3. ed. Corrigida e augmentada por A. Luisa Rodriguez de Freitas e Luisa Ey. (XII, 462 S. m. 2 Schrifttaf., 1 Karte u. 1 Plan.) 8. Heidelberg 907. J. Groos. Geb. in Leinw. 4.—; chave. (IV, 87 S.) kart. 1.60

Prévôt, Karl

Prévôt, C., Feld-Taschenbuch f. Truppen-Offiziere, sa Stransky, C. v.

Prévôt, Carl, und Carl v. Stransky, Feld-Taschenbuch für Truppen-Offiziere. 1. und 2. Aufl. (VI, 164 S. mit eingedr. Holzschn.) 1877; 3. wesentlich verm. Aufl. gr. 16. (VI, 182 S.) Teschen 878, Prochaska. *M 3,20.; geb. *

Prévôt, Carl, und Carl v. Stransky, Feld-Taschenbuch für Truppen-Offiziere. 4. Aufl. 12. (VI, 188 S.) Teschen 880, Prochaska. geb. *

Prevôt, Oscar. Livländer. Ein Beitrag zur Casuistik der Atresie des Uterus bicornis. Diss. Dorpat. 8°. 56 pp. mit einer lithographirten Tafel. 1864

Prévôt, René, elsassisch Blüet. Episode aus dem J. 1870; gefolgt v. Frejheit! Elsäss. Drama in 1 Akt (2 Bildern). 8. (58 S.) Strassburg 902. L. Beust. n. 1.50

Prévôt, René, das deutsch-französ. Kulturproblem im Elsass. (27 S.) Lex. 8. Berlin (907). W. Süsserott. — 50

Prévôt, René, d'Waldmühl, s.: Abel, Hans Karl.

Prévôt, René, die Wohlfahrtseinrichtungen d. Arbeitgeber in Deutschland u. Frankreich, s.: Günther, Adf.

PRÉVÔT, René(Moosch/Ober-Elsass): Wohlfahrtseinrichtungen der Arbeitgeber in Frankreich.- Leipzig: Duncker & Humblot 1905. 83 S.- S.-Abdr.aus: Schriften des Vereins für Sozialpolitik. 114. 24.7.1905 - Chr 1905/06,23; Jv 1905/06,458
Diss. Ingolst.-Landsh.-Mchn.

Prévôt, René: Wohlfartseinrichtungen der Arbeitgeber in Frankreich. (Leipzig: Duncker & Humblot 1905.) (83 S.) 8° [J.] ¶[Erschien 1905 gemeinsam mit A. Günther: Die Wohlfahrtseinrichtungen der Arbeitgeber in Deutschland = Münchener Diss. v. 1905, als: Schriften des Vereins für Sozialpolitik CXIV.]
München, Staatswirtsch. Fak., Brentano, Diss. v. 24. Juli 1905
[Geb. 14. Dez. 80 Moosch, Ober-Elsaß; Wohnort: Moosch; Staatsangeh.: Elsaß-Lothringen; Vorbildung: Gymn. Mülhausen i. E. Reife M. 99; Studium: Straßburg 5, München 6 S.; Rig. 24. Juli 05.]

Prévotois: Le Prévotois
① Feuille d'avis; plus tard: Feuille d'avis jurassienne; enfin: Feuille d'avis du district de Moutier ⑤ 1903—septembre 1914 ⑥ in-8° ⑦ hebdomadaire ⑧ Moutier: Cl. Garciaz ⑩ l'imprimeur ⑬ BGSZ: 962, 973 ⑭ Be: St ⑮ La feuille est distribuée gratuitement. La publication est suspendue en suite de la mobilisation, l'éditeur étant appelé en France au service militaire.

Prey, Adalbert

Prey, Adalb., über den Fall der Kommensurabilität vom Typus $\frac{1}{3}$ im System der kleinen Planeten. (38 S. m. 13 Fig.) gr. 8. Wien 909. A. Hölder. 1.50
Sonderabdr. a.: „Sitzungsber. d. k. Akad. d. Wiss."

— Über den Fall der Kommensurabilität vom Typus $\frac{1}{3}$ im System der kleinen Planeten (mit 13 Textfiguren). S. 118. IIa. 447 . . . . „ 1.50
Separatabdruck

Prey, Adb., üb. Gestalt u. Lage d. Milchstrasse. [Aus: „Denkschr. d. k. Akad. d. Wiss."] gr. 4. (24 S. m. 1 Taf.) Wien 896. (C. Gerold's Sohn.) n. 1.50

Prey Adalbert, Dr.: Über Gestalt und Lage der Milchstraße (mit 1 Taf.). D 63. 793 . . . „ 1.50
Separatabdruck

Prey, Adalb., Konvergenzuntersuchungen zum Gesetze der Amplitudenabnahme bei Pendelbeobachtungen. (24 S.) gr. 8. Wien 906. (A. Hölder). n. — 70

— Konvergenzuntersuchungen zum Gesetze der Amplitudenabnahme bei Pendelbeobachtungen. S. 115. IIa. 649 . . . . „ —.70
Separatabdruck

– Der Planet Mars, s.: Wissen f. Alle-Serie.

— **über die Reduktion der Schwerebeobachtungen auf das Meeresniveau.** (45 S. m. 7 Fig.) gr. 8. Ebd. 904. n. 1. —

— Über die Reduktion der Schwerebeobachtungen auf das Meeresniveau (mit 7 Textfiguren). S. 113. IIa. 124 . . . . 1.—
Separatabdruck

Prey, Adb., Untersuchgn. üb. die Bewegungsverhältnisse des Systems 70 Ophiuchi. gr. 4. (65 S.) Wien 901. (C. Gerold's Sohn.) n. 4. —
Sonderabdruck aus: „Denkschr. d. k. Akad. d. Wiss."

— Untersuchungen über die Bewegungsverhältnisse des Systems 70 Ophiuchi. D 72. 177 . 4.—
Separatabdruck

— Untersuchungen über die Isostasie in den Alpen auf Grund der Schweremessungen in Tirol (mit 6 Textfiguren). S. 121. IIa. 267 . . . . 1.70
— — 2. Mitteilung (mit 6 Textfiguren). S. 123. IIa. 875 . . . . 1.10
Separatabdruck

— **über e. Vorrichtung zur Vermeidung des Mitschwingens des Stativs beim Doppelpendel.** (8 S. m. 3 Fig.) gr. 8. Ebd. 905. — 20
3 Sonderabdrucke aus: „Sitzungsber. d. k. Akad. d. Wiss."

— Über eine Vorrichtung zur Vermeidung des Mitschwingens des Stativs beim Doppelpendel (mit 3 Textfiguren). S. 114. IIa. 93 . . . . —.20
Separatabdruck

Prey, *Alois* Ergebnisse der in den Jahren 1875—1886 an der meteorologischen Beobachtungs-Station Krems angestellten Beobachtungen. 8 (S. 3—22). K. k. Ober-G. *Krems* 1887.
Progr.

Prey, Johann Carl Friedr. (Greifenberg/Pommern), De auripigmenti et sandarachae indole atque usu medico. Inaug. specimen. Berlin (J. Fr. Starck) 25. XI. 1819. 30 S. mit Biogr. (4.—) 27199
Gew.: Theod. Fried. Baltz, Nettelbeck.

Prey, Otto: Die Dammrisse des Jahres 1896 in der Münchener Frauenklinik. *München 1898: Kastner & Lossen.* (28 S.) 8°
München, Med. Diss. v. 1898

Preybisch, E. G.: Alphabet. Lexikon von den Königl. Preuß. Post-Aemtern und Postwärtereien in Schlesien. Breslau 1768. 4°

Preyer, Lilien und Rosen. Eine Auswahl von 72 meist dreistimmigen Liedern für katholische obere Schulklassen u. Sonntags-Schulen. Ravensburg 862. Dorn. 8. (IV, 88 S.) n. 4 ngr.

Preyer, Axel, überseeische Aktiengesellschaften u. Grossbetriebe. Vergleiche der Rentabilität wirtschaftl. Unternehmgn. in warmen Ländern. Mit 1 (farb.) Weltverkehrskarte. (VIII, 284 S.) gr. 8. Leipzig 905. Th. Grieben. Geb. in Leinw. n. 8. —

Preyer, Axel: Über die Farben-Variationen der Samen einiger Trifoliumarten. *Berlin 1899: E. S. Mittler & Sohn.* (27 S.) 8°
Leipzig, Phil. Diss. v. [20. Nov.] 1899

Indo-Malayische Streifzüge. Beobachtungen u. Bilder aus Natur u. Wirtschaftsleben im tropischen Süd-Asien. Von Dr. Axel **Preyer.** Mit 50 Abb. *Leipzig: Th. Grieben 1903.* (VII, 287 S.) 8° [03. 8770

Preyer, Dietr., s.: Vererbung, die, des ländlichen Grundbesitzes im Königr. Preussen. IX. (Beneke, M.)

Preyer, E., der Millionär u. der Künstler, s. Giacometti, V.

Preyer G.: Wie ist die Tierproduktion in der deutschen Landwirtschaft unter den jetzigen Produktionsbedingungen zu organisieren? ... Diss. Jena 1904. 60 S. 1 Tab. P.

Preyer, J. N., des ungrischen Bauers früherer u. gegenwärtiger Zustand, nebst e. Darstell. der Folgen u. Wirkungen desselben. gr. 8. Pesth 838. Hartleben. (Leipzig, Frohberger.) ¾ ℳ

Preyer, Johann N.

Preyer, Joh. N., Canova. Dramatisches Gedicht in fünf Acten. Leipzig 853. Brockhaus. 8. (96 S.) n. 16 ngr

Preyer, Joh. N., Hannibal. Trauerspiel in 5 Aufzügen. 8. (VIII, 116 S.) Wien 882. Gerold's Sohn in Comm. n. 2. —

—— Hunyady Lászlo. Trauerspiel in 5 Aufzügen. 8. (94 S.) (Ebendas.) 882. *

—— Monographie der königl. Freistadt Temesvár. Lex.-8. (V und 186 S. mit 3 lithochrom. Plänen in Fol. und gr. Fol.) Temesvár 853, (Polatsek.) *

Preyer, Johann N. — Monographie der königlichen Freistadt Temeswar. Mit 3 Plänen. gr. 8. (IV und 186 S.) Temesvar. In Kommission bei Rösch und Komp. Schnellpressendruck von M. Hazay und S. W. 1853.

—— die Sulioten. Trauerspiel in fünf Acten. 8. (114 S.) Leipzig 854, Brockhaus. *

Preyer, Johann N., Ver sacrum. Dichtungen. (Als Manuscript.) *Gmunden* 1858. Gedruckt bei *Joh. Habacher.* 63 S. 8°.

Preyer, Otto E(rnest), Kammergerichtsreferendar u. Kaiserl. Dolmetschereleve zu Tsingtau: Die Rechtsverhältnisse am Grundeigentum im Schutzgebiete von Kiautschou. Bonn 1906: C. Georgi. (54 S.) 8°
Freiburg i. B., rechts- u. staatsw. Fak., Ref. Merkel, Diss. v. 1906
[Geb. 16. Jan. 81 Düsseldorf; Wohnort: Tsingtau; Staatsangeh.: Preußen; Vorbildung: Städt. Gymn. Düsseldorf Reife O. 00; Studium: Tübingen 4, Bonn 2 S.; Rig. 23. Nov. 03.]

Preyer, Thierry William, s. Preyer, William Thierry

Preyer, W., s. Preyer, William Thierry

Preyer, Wilhelm, s. Preyer, William Thierry

Preyer, Wilhelm Dietrich

Preyer, W. D[ietrich], Referendar: Das private Syndikat der russischen Zuckerindustrie und ihre staatliche Regulierung durch das Gesetz vom 20. November 1895. (Altenburg) 1908: (Pierer). 55 S. 8° ¶(Ersch. vollst. u. d. T.: Die russ. Zuckerindustrie, ein Beitr. z. Lehre v. d. Syndikaten, als: Staats- u. sozialwissenschaftl. Forschungen. H. 135.)
Königsberg, Phil. Diss. v. 29. Okt. 1908, Ref. Diehl, Gerlach
[Geb. 6. Mai 77 Düsseldorf; Wohnort: Berlin; Staatsangeh.: Preußen; Vorbildung: Gymn. Dessau Reife O. 95; Studium: Lausanne 1, Greifswald 3, Königsberg 1, Moskau 1 S.; Rig. 24. Juni 08.] [U 09. 2412

Preyer, W. D., Das private Syndikat der russischen Zuckerindustrie und ihre staatliche Regulierung durch das Gesetz vom 20. Nov. 1895. Diss. 8°. Altenburg, St. Geibel, 1909.

Preyer, W. D., die russ. Zuckerindustrie, s. a Forschungen staats- u. sozialwissenschaftliche. 135. Heft.

Die russische Zuckerindustrie. Ein Beitrag zur Lehre von den Syndikaten von Dr. W(ilhelm) D(ietrich) **Preyer.** Leipzig: Duncker & Humblot 1908. (XIV, 215 S.) 8°
— **Forschungen**, Staats- u. sozialwissenschaftl. H. 135. (08. 18019

Preyer, William Thierry

Preyer, W. (Hrsg.), s. Abhandlungen, Physiologische.

Preyer, W., über die Aufgabe der Naturwissenschaft. Ein Vortrag. gr. 8. (III, 45 S.) Jena 876, Dufft. * 1 80
—— dass. — 2. (Titel-)Ausg. gr. 8. (III, 45 S.) Jena 878, Fischer. * 1 50

Preyer, W., s.: Beiträge zur Psychologie u. Physiologie der Sinnesorgane.

Preyer, W., die Bewegungen der Seesterne. Mit 27 Holzschn. u. 1 Taf. [Aus: „Mittheilgn. aus der zoolog. Station zu Neapel".] gr. 8. (III, 144 S.) Berlin 887. Friedländer & Sohn. n. 7. —

Preyer, W., über die Bindung und Ausscheidung der Blutkohlensäure bei der Lungen- und Gewebeathmung. Lex.-8. (35 S. mit 1 eingedr. Holzschn.) Wien 864, (Gerold's Sohn.) * *
Aus: Sitzungsberichte der k. Akademie der Wissenschaften, besonders abgedruckt.

Preyer W.: Über die Bindung und Ausscheidung der Blutkohlensäure bei der Lungen- und Gewebeatmung (mit 1 Holzschnitt). S. 49. H. 27 . . . . vgr. Separatabdruck

Preyer, W., die Blausäure. Physiologisch untersucht. In 2 Thln. Bonn 868,70. Cohen & Sohn. gr. 8. (IV, 107 S. u. 175 S.) n. 2 ℛ

— die Blutkrystalle. Untersuchungen. Mit 3 farb. Taf. (in gr. 8. u. qu. 4.) gr. 8. (VIII, 263 S.) Ebend. 871. n. 8. —

— wissenschaftliche Briefe, s.: Fechner, Gust. Thdr.

— der Prozeß Czynski, s.: Grashey.

-- Darwin, s.a. Geisteshelden, Bd. 19.

Preyer, Wilhelm: Darwin. Sein Leben und Wirken. (Geisteshelden. (Führende Geister.) Herausgegeben von Anton Bettelheim. Bd. 19.) Berlin 1896. 208 S. 2 Tf. 8°.

—— Elemente der reinen Empfindungslehre, s. Sammlung physiologischer Abhandlungen.

— die organischen Elemente u. ihre Stellung im System. Ein Vortrag, geh. in der deutschen chem. Gesellschaft zu Berlin am 23. März 1891. gr. 8. (47 S.) Wiesbaden 891. J. F. Bergmann. n. 1.20

Preyer, W., Elemente der allgemeinen Physiologie. Kurz u. leichtfasslich dargestellt. gr. 8. (VII, 226 S.) Leipzig 883. Th. Grieben. n. 4. —

—— über Empfindungen, s.a. Sammlung gemeinverständl. wissenschaftl. Vorträge. 89. Heft.

Preyer W. über Empfindungen. (Slg wiss. Vortr. 39) Berlin 1867

—— die Entdeckung des Hypnotismus. Nebst einer ungedr. Orig.-Abhandlung von Braid in deutscher Uebersetzung. gr. 8. (VII, 96 S.) Berlin 881, Gebr. Paetel. *

Preyer, W., die geistige Entwickelung in der ersten Kindheit, nebst Anweisgn. f. Eltern, dieselbe zu beobachten. 8. (IX, 201 S.) Stuttgart 893. Union. Kart. n. 4. —

— über die Erforschung d. Lebens. gr. 8. (VII, 69 S.) Ebend. 873. n. 1. 80

— die Erklärung d. Gedankenlesens, nebst Beschreibg. e. neuen Verfahrens zum Nachweise unwillkürl. Beweggn. Mit 26 Orig.-Holzschn. im Text. gr. 8. (VII, 70 S.) Ebend. 886. n. 2. —

Preyer, W., e. merkwürdiger Fall v. Fascination. gr. 8. (VII, 55 S.) Stuttgart 895. F. Enke. n. 1. 20

—— über den Farben- und Temperatur-Sinn mit besond. Rücksicht auf Farbenblindheit. gr. 8. (72 S. mit 1 Taf. in Farbendr.) Bonn 881, Strauss. *
Aus: Archiv für die gesammte Physiologie des Menschen und der Thiere, besonders abgedruckt.

—— das myophysische Gesetz. Ueber elektrische Muskelreizung. gr. 8. (IX, 144 S.) Ebendas. 874. * 6 —

— über die Grenzen des Empfindungsvermögens u. des Willens. Bonn 868. A. Marcus. gr. 4. (16 S.) n. 10 ngr

—— über die Grenzen der Tonwahrnehmungen, s. Abhandlungen, physiologische.

—— s. Gurney, Edm., Telepathie.

— s.: Handschrift, die.

— der Hypnotismus. Vorlesungen, geh. an der k. Friedrich-Wilhelms-Universität zu Berlin. Nebst Anmerkgn. u. e. nachgelassenen Abhandlg. v. Braid aus dem J. 1845. Mit 9 Holzschn. gr. 8. (VI, 217 S.) Wien 890. Urban & Schwarzenberg. n. 6. —

Preyer, W., unser Kaiser u. die Schulreform, s.: Zur Pädagogik der Gegenwart. 5. Hft.

—— der Kampf um das Dasein. Ein populärer Vortrag. gr. 8. (48 S.) Bonn 868, Weber. * 1 —

— der Kampf um das Dasein. Ein populärer Vortrag. Bonn 869. Weber. gr. 8. (48 S.) n. 10 ngr

— die Kataplexie u. der thierische Hypnotismus, s.: Sammlung physiologischer Abhandlungen.

Preyer, W., die Concurrenz in der Natur, s.: Bücherei, deutsche.

—— s.a. Mayer, Rob. v. Ueber die Erhaltung der Energie.

Preyer (W.), Robert von Mayer über die Erhaltung der Energie. Briefe an W. Griesinger nebst Antwortschreiben. Berlin 1889. 8.

— Naturforschung u. Schule. gr. 8. (48 S.) Stuttgart 887. [Spemann.] Union. n. 1.50

— aus Natur- u. Menschenleben, s.a. Verein, allgemeiner, f. deutsche Litteratur.

— aus Natur- u. Menschenleben. 2. Aufl. 8. (V, 362 S.) Berlin 885. Allg. Verein f. deutsche Litteratur. n. 5. —; geb. n. 6. —
36*

Preyer, Gvilelmvs, phil. Dr. et priv. docens ⟨geb. am 4 Juli 1841 in Manchester⟩: De haemoglobino observationes et experimenta ... Bonnae, M. Cohen et filivs 1866. 30 S., 1 Bl. 8. ¶ *Praef.:* Opusculi huius summa ab ampliore petita est libro, quem in lucem prolaturus sum inscriptum: Inquisitiones in crystalla sanguinea *etc.* — Dies Buch erschien 1871 in Jena *u. d. T.:* Die Blutkrystalle.
Bonn, Med. Fak., Diss. v. 22 Nov. 1866

— de haemoglobino observationes et experimenta. Dissertatio. Bonn 867. Cohen & Sohn. gr. 8. (28 S.) n. 10 ngr.

— specielle Physiologie d. Embryo. Untersuchungen üb. die Lebenserscheingn. vor der Geburt. Mit chromolith. Taf. u. Holzschn. im Text. gr. 8. (XII, 644 S. m. Erklärgn.) Leipzig 883. 84. Th. Grieben. n. 16. —; geb. n. 19. —

— zur Psychologie d. Schreibens. M. bes. Rücksicht auf individuelle Verschiedenheiten d. Handschriften. M. mehr als 200 Schriftproben im Text, nebst 8 Diagrammen u. 9 Taf. gr. 8. (VIII, 230 S.) Hamburg 895. L. Voss n. 8. —

Preyer, Will., und Ferd. Zirkel, Reise nach Island im Sommer 1860. Mit wissenschaftlichen Anhängen. gr. 8. (VIII und 499 S. mit 6 Abbild. in Holzschn. und 1 lithogr. Karte in Fol.) Leipzig 862, Brockhaus. *

Preyer, W., eine neue deutsche Schule nach Hugo Göring, s.: Sammlung pädagogischer Vorträge.

—— die Seele des Kindes. Beobachtungen über die geistige Entwickelung des Menschen in den ersten Lebensjahren. gr. 8. (XII, 424 S.) Ebendas. 882. *

— die Seele d. Kindes. Beobachtungen üb. die geist. Entwickolg. d. Menschen in den ersten Lebensjahren. 2. Aufl. gr. 8. (XII, 487 S.) Ebend. 884. n. 9. —

— die Seele d. Kindes. Beobachtungen üb. die geistige Entwicklg. d. Menschen in den ersten Lebensjahren. 3., verm. Aufl. gr. 8. (XV, 539 S.) Leipzig 890. Grieben. n. 9. —; geb. n.n. 10. 50

— d. Seele d. Kindes. Beobachtgn. üb. d. geist. Entwicklg. d. Menschen in d. ersten Lebensjahren. 4. Aufl. gr. 8. (XV, 462 S.) Leipzig 895. Th. Grieben. n. 8. —; geb. n. 10. —

Preyer, W., die Seele des Kindes. Beobachtgn. üb. die geist. Entwicklg. des Menschen in den ersten Lebensjahren. 5. Aufl. Nach dem Tode des Verf. bearb. u. hrsg. von Karl L. Schaefer. gr. 8. (XVI, 448 S.) Leipzig 900. Th. Grieben. n. 8. —; geb. in Halbfrz. n. 10. —

Preyer, W., die Seele des Kindes. Beobachtungen üb. die geist. Entwicklung des Menschen in den ersten Lebensjahren. 6. Aufl. Nach dem Tode des Verf. bearb. u. hrsg. v. Karl L. Schaefer. Mit dem Portr. d. Verf. (XVI, 448 S.) gr. 8. Ebd. 905. n. 8. —; geb. n. 10. —

Preyer, W., die Seele des Kindes. Beobachtungen üb. die geist. Entwicklg. des Menschen in den ersten Lebensjahren. 7. Aufl. Nach dem Tode des Verf. bearb. u. hrsg. v. Karl L. Schaefer. (XVI, 424 S. m. Bildnis.) gr. 8. Leipzig 908. Th. Grieben. 8. —; geb. in Halbfrz. n 10. —

— die fünf Sinne des Menschen. Eine populäre Vorlesung gehalten im akadem. Rosensaal zu Jena am 9. Febr. 1870. Leipzig 870. Fues. gr. 8. (III, 75 S.) n. 16 ngr.

—— Stand und Ziele der Schulreform-Bewegung. Rede. gr. 8. (15 S.) [Berl. 889, A. Hofmann u. Comp.] Hamb., Verlagsanstalt u. Druckerei. * — 50

— das genetische System der chemischen Elemente. gr. 8. (V, 104 S. m. 1 Taf.) Berlin 893. R. Friedländer & Sohn. n. 4. —

—— naturwissenschaftliche Thatsachen und Probleme. Populäre Vorträge. gr. 8. (VIII, 340 S.) Berlin 880, Gebr. Paetel. *

— akustische Untersuchungen, s.: Sammlung physiologischer Abhandlungen.

— über die Ursache d. Schlafes. Ein Vortrag, geh. in der 1. allgemeinen Sitzg. der 49. Versammlg. deutscher Naturforscher u. Aerzte in Hamburg am 18. Septbr. 1876. gr. 8. (33 S.) Stuttgart 877. Enke. n. — 80

— über den Ursprung d. Zahlbegriffs aus dem Tonsinn u. üb. das Wesen der Primzahlen. [Aus: „Beiträge zur Psychologie u. Physiologie d. Sinnesorgane".] gr. 8. (36 S.) Hamburg 891. L. Voss. n. 1. 50

— biologische Zeitfragen. Schulreform — Lebenserforschung — Darwin — Hypnotismus. 2. Aufl. gr. 8. (V, 416 S.) Berlin 889. Verein f. deutsche Litteratur. n. 6. —; geb. n. 7. —

Preyscha, Franz, Beiträge zur Geschichte der Stadt Olmütz. 8. (XVI, 75 S.) —.60
Olmütz: Hölzel 1890.

Preysing, Hermann: Klinische Erfahrungen über otitische und rhinitische Sinuserkrankungen und Allgemeininfectionen, sowie über centrale Taubheit bei eitrigen Entzündungen in der Schädelhöhle. M. 8 Curvenzeichnungen. *Wiesbaden: J. F. Bergmann 1898.* (28 S.) 8°
Rostock, Med. Diss. v. [29. Jan.] 1898

Preysing, Herm., Otitis media der Säuglinge. Bakteriologische u. anatom. Studien. (V, 66 S. m. 40 Taf. u. 40 Bl. Erklärgn.) Lex.-8. Wiesbaden 904. J. F. Bergmann. In Mappe n. 27. —

Preysing, Warmund Graf, Lieder. (VII, 64 S.) 8. Dresden 903. E. Pierson. n. 1. 50; geb. n. 2. 50

Preysing-Lichtenegg, Max Graf v., Einiges üb. die Lage unserer bayerischen Landwirthschaft. gr. 8. (20 S.) Landsberg a/L. 884. Verza. n. — 30

Preysing-Lichtenegg, Max Graf v., zwei landwirthschaftliche Fragen. gr. 8. (25 S.) Landsberg a. L. 885, Verza. *

Bernhard Preysinger

Bernardus Preysinger: De Diagnosi morborum capitis. Viennae 1764: Trattner. 143 S. 8°
Wien, Med.Diss.v. 1764 ?

Preyss, v.: Mittheilungen aus dem chemischen Laboratorium. 18 S.– Pest C.OR., Progr. 1858.

Preyss, Adf., üb. den Einfluss der Verdünnung u. der künstlich erzeugten Disposition auf die Wirkung d. inhalirten tuberculösen Giftes, s.a. Abhandlungen, Münchener medicinische.

Preyss, Adolf [app. Arzt aus Düsseldorf]: Ueber den Einfluss der Verdünnung und der künstlich erzeugten Disposition auf die Wirkung des inhalirten tuberculösen Giftes.... (Aus d. Münch. Med. Wochenschr.) München, Verl. v. J. F. Lehmann, 1891; 18 S., 1 Tab. 8°
München, Med. Fak., Inaug.-Diss. v. 1891

Preyß, Georg (Übers.u.Bearb.):

s.: (Bull, Thomas): Die Mutter. Eine allgemein faßliche natürliche Darstellung aller sowohl auf die Erzielung einer glücklichen Entbindung, als auch auf die erste Pflege des Neugebornen einwirkenden Verhältnisse... (Hints to mothers, for the management of health during the period of pregnancy, and in the lying-in room... Dt.) Wien: 1839

–(Übers.), s. Mutter, Die.

Preyss, Geo., de Uroscopia. Dissert. 4maj. (3 B.) Vindobonae 834, [Braumüller et Seidel.]

Preyss, Georg: Würdigung des Bruchschnittes ohne Eröffnung des Bruchsackes. 75 S., gbd.

Wien: Mösle & Braumüller 1837

Preyss, Gust. Adolph. (geb. Kettwig im Rheinl. 30. 6. 1838): De rheumarthrosi acuta. Berolini (1861). (32 S.) 8°
Berlin, Med. Diss. v. 10. Aug. 1861

Preyss, Joan. (geb. Wanowitz in Schles. 1793): De cholera. Berolini (1817). (23 S.) 8°
Berlin, Med. Diss. v. 14. Jan. 1817

Preyss, Siegfried, approb. Arzt aus Düsseldorf a. Rh.: Über die Operation der diffusen Lipome des Halses. *Tübingen: H. Laupp 1898.* (18 S.) 8° ¶ (Aus: Beiträge zur klinischen Chirurgie, Bd 22, H. 2.)
Tübingen, Med. Diss. v. 1898

Preyssinger, C.: Neuer immerwährender Gregorianischer Kalender. Augsburg 1856.

Preyßinger, Ludwig, Kurze u. leichtfaßliche Betrachtung der wichtigsten Unterscheidungslehren für Katholiken u. Protestanten. Regensburg. Manz (jetzt Verlagsanst.), 1845, 8°, 3. verm. Aufl., 1 Mk.

— kurze u. leichtfaßliche Betrachtungen der wichtigsten Unterscheidungslehren d. Katholiken u. Protestanten. 3. verm. Aufl. 8. Regensburg 845, Manz. 1/3 ℳ

Preyssinger, Ludw., s. Bilder-Atlas, astronomischer.

Preyssinger, L., astronomischer Bilder-Atlas. 3. verb. Aufl., bearb. von C. Schmezer. 12 fein color. (lithogr.) Taf. mit Text-Heft. gr. 4. (40 S.) Stuttgart 876, Nitzschke.
In Mappe ** 10 50
Teft-Heft allein * 1 20

Preyßinger, Ludw., Ergänzungs-Text zum Astronomischen Bilderatlas. Schw. Hall (853.) (Stuttgart,) Nitzschke. gr. 8. (63 S.) n. 8 ngr

Preyßinger, Ludw., Grundzüge der Kegelschnittslehre. gr. 16. (VIII u. 86 S. m. 1 lith. Taf.) Augsburg 849, Rieger. 1/4 ℳ

Grundzüge aus der Lehre von den Kegelschnitten, zugleich kurze Darstellung der Harmonie der Formeln, der Proportionen, Gleichungen rc. der vorzüglichen Linien der zweiten Ordnung. Von P. Ludwig Preyßinger, O. S. B. P. der Math., der Phys. u. Chemie, u. der Naturgesch. am k. L.; u. Conserv. der Sternwarte in Augsburg. — 1849. Augsburg, Himmer. — S. III—XXVIII mit 1 Fig. Taf.
Progr. Augsburg

Preyßinger, Ldw., kurzgefaßte Lehre vom Ablasse, eine Predigt am Portiuncalafeste. 8. Regensburg 843, Manz. 1/12 ℳ

— Leitfaden zum Unterricht in der niederen, reinen und angewandten Arithmetik, zunächst für Schüler, welche für das Gymnasium vorbereitet werden. 2. verm. u. verb. Aufl. gr. 8. (Mit 1 Steindrucktaf.) Ulm 844, Heerbrandt u. Thämel. n. 3/4 ℳ

— und F. v. Gumppenberg-Pöttmes, Taschenbuch für bayerisches Militair, s. Gumppenberg.

Preyssinger, P. L.: Über electro-magnetische Telegraphie. Augsburg 1850.

— Unterscheidungslehren, s. Mission, die heilige.

— Vademecum für Freunde der Naturwissenschaft. (In 2 Bden.) 1. Bd. Naturlehre. 2 Abtheil. Mit lithogr. Taf. gr. 16. Augsburg 846, Fahrmbacher. 1 ℳ

— Vademecum für Freunde der Naturwissenschaft. 1. Bd. Naturlehre oder Physik im engern Sinne. 2 Abthlgn. Mit 5 lith. Taf. Abbild. (in qu. 4.) gr. 16. (VIII u. 470 S.) Augsburg 847, Fahrmbacher. 1 ℳ

— Versuch einer kurzen, leichtfaßlichen u. zugleich gründlichen Darstellung der elektro-galvan. Telegraphen [aus einem Mscr.] Mit 1 (lith.) Figurentaf. (in gr. 4.) 8. (40 S.) Augsburg 850, Wolff. (München, Finsterlin.) — 2. verb. u. verm. Aufl. 8. (52 S.) Ebd. 850. n. 1/6 ℳ

Versuch einer rationellen Erörterung der ersteren Fundamentalpuncte der Elementar-Mechanik. Von P. Ludwig Preyßinger, P. der hoh. Math., der Phys., Chemie, Astron. u. der allgem. Naturgesch. u. s. w. — 1858. Augsburg, J. P. Himmer. — S. 1 u. 1—24 mit 1 Fig. Taf.
Progr. Augsburg

Preyßler, s. Preißler; auch Preußler.

Preyssler's arithmetischer Blumenstrauss in 20 Karten. Dem geselligen Leben gewidmet. 32. Gratz 842, Kaiser.

Preysz, Kornol, d. Bäder am Plattensee, ihre Wirkg. u. ihr Gebrauch,
— Bäder, Curorte u. Mineralquellen Ungarns,
— Bäder, Kurorte u. Mineralquellen Ungarns, Salzbäder,
s.: Bibliothek, balneologische, Nr. 35, 33, 102.

Preysz, Corneille, les bains de Siófok sur le lac Balaton, s. l'Europe illustrée.

Preysz, Cornel. Les bains de Siófok sur le lac Balaton. Leurs propriétés et leur emploi. Par Le Dr. Corneille P'.... [Avec des illustrations et 1 carte.] (L'Europe illustrée. N° 178. 179.) 8. Zurich ([18]93).

— s.: Bibliothèque balnéologique.

Preysz, Cornelius, The effects of seabaths with a special view to lake balaton. (Braumüller's Collection. Nr. 105.) 8. (37 S.) —.30

— the effects of sea-baths with a special view to lake Balaton. 8. (39 S.) Wien 894. W. Braumüller. n. — 50

Fortschritte auf dem Gebiete des Badewesens in Ungarn in den Jahren 1876–1896 ... Von Dr. Cornel Preysz, Prof. in Klausenburg. *Budapest: Eggenberger [1897?].* (40 S.) 8°
— Bibliothek, Balneologische. No 112. [oo. 7974

– Bad Rajeczfürdö in d. hohen Karpathen, s. Bibliothek, Balneologische. Nr. 105.

Preysz, Kornel, s.: Rundschau, balneologische.

— die Seebäder, deren Wirkung u. Gebrauch. gr. 8. (80 S.) Budapest 894. Eggenberger. n. 2. —

— **Bad Siófok am Plattensee.** Seine Heilmittel u. seine Heilwirkg. 8. (48 S. m. 5 Ansichten.) Wien 893. W. Braumüller. n. — 70

— **Siófok** u. die Bäder Ungarns. Eine vergleichend-statist. Studie. gr. 8. (32 S.) Budapest 894. Eggenberger. n. 1. —

Preziosi, Souvenir du Caire. qu. gr. Fol. (20 Oelfarbendruckbilder mit Inhaltsverzeichniss.) Konstantinopel 862, (Weiss.) * *

Giuseppe **Prezzolini**. Wesen, Geschichte und Ziele des Modernismus. [Il cattolicismo rosso.] Übertr. von Otto Ekkehard. Jena: Diederichs 1909. XII, 314 S. 8° (10. 9963 9)

Priam, Leben und Zufälle eines Jockey, s. Bibliothek für Sport und Jagd.

PRIAPE, Die, und Phallus-Abbildungen des Altherthumes; und die Lingams- oder Singams des Orients. Nach antiken Monumenten, in Umristen dargestellt u. erklärt. A. 1821. Kl. 4°. **Handschrift** mit 72 obscönen Federzeichnungen nach antiken Vorlagen. 279 beziff. S. (In Wien, Stadtbibl.: Secr. J 522, Hfrzbd.)
Von den 279 SS. sind 64 leer, die übrigen weisen rechts zumeist den fortlaufenden Text, links die Federzeichnungen samt Erläuterungen. — Als Druckwerk nicht nachweisbar.

Priapeia sive diversorum poëtarum in Priapum lusus. Emendavit et explicavit. (Anton.) Lips. 781. 8. Sie steht an Antons Ausgabe des Petronius.

Priapeia s. diversorum veterum in Priapum lusus. Recensuit notasque Jos. Scaligeri, Frid. Lindenbruchii, Petri Burmanni et suas addidit Jul. Aem. Wernicke. Particula I. 8. (144 S.) Thoruni 853, Lambeck.

Pribam, s. Pribram

Pribbernow [Schlagwort]

Pribbernow, s.: Geologische Karten. Preussen. 98.

Příběhové, bibličtí, nového zákona. Pro školy uspořádáno od D. a S. 2. vydání. Prag 864. Stýblo. gr. 8. (IV, 237 S.) n. 18 ngr.

Pribel, Dr., ..., s. Sonntagsgast.

Příbik, Jan, obrázková čítanka. Prag 863. Kuranda. 8. (16 S. u. 8 color. Lithogr.) 6 ngr.

— obrazy přírodopisní. Ebend. 863. qu. 4. (23 S. u. 12 color. Lithogr.) 10 ngr.

— Rodina Whartonova, s. Biblioteka obrázkova pro mládež.

Příbil, Carl, die Schälung des Getreides u. deren Werth f. die Volksernährung. Broschüre f. Jedermann, dem es um die Ausnützg. der Nährstoffe im Brotgetreide, um die Herstellg. u. Fürwahl e. nahrhaften Brotes zu thun ist. gr. 8. (23 S. m. 4 Taf.) Wien 894. L. W. Seidel & Sohn. n. 1. —

Přibil, C., Unfallversicherung der Arbeiter. Kurzgefaßte Darstellg. d. Gesetzes vom 28. Dezbr. 1887, R. G. B. Nr. 1 vom J. 1888, sammt den einschläg. Verordgn., Erläutergn. u. Formularien. Ein Leitfaden f. die Unternehmer versicherungspflicht. Betriebe u. die in diesem beschäftigten Personen. 8. (VI, 50 S.) Brünn 889. Winiker. n. — 80

Příbil, Mart., böhmische Lieder. Für deutsche Freunde ausgewählt u. übers. Berlin 866. Příbil. 16. (16 S.) 2½ ngr.

Pribitzer, Frdr., der praktische Dorf-Schulgärtner. Ein Beitrag zur Schulgartenliteratur. gr. 8. (36 S. m. Abbildgn.) Mühlbach 891. (Leipzig, H. Voigt.) n. — 80

Příborský, Jul. — Landwirthschaftliche Notizen für den Besuch von Weltrus. Von — —. Prag, 1856. Druck der k. k. Hofbuchdruckerei von Gottlieb Haase Söhne. (16 S. 8.)

Pribram, s. a.: Przibram.

Pribram, der Silber- und Bleibergbau daselbst. Zur Feier der im Adalbert-Schacht erreichten Saigerteufe von 1000 m. Wien, 1875.

Přibram, Alfr., Beiträge zur Lehre vom Cruraldoppelton. [Aus: „Festschrift zur Centenualfeier d. k. k. allgem. Krankenhauses in Prag".] gr. 8. (24 S. m. 6 Abbildgn. im Texte u. e. lith. Taf.) Berlin 891. Fischer's medicin. Buchhandlg. n. 1. —

Přibram, Alfr., der acute Gelenkrheumatismus, s. a. Pathologie u. Therapie, specielle. V.

Der acute Gelenkrheumatismus (Rheumatismus articularis acutus). Von Dr. Alfred Přibram, ... Prof. ... in Prag. M. 3 Fig., 28 Tab. u. 4 Taf. *Wien: A. Hölder 1899.* (XI, 574 S.) 1 Bd 4.(8.)
= Pathologie, Specielle, u. Therapie. Bd V. Th. 1.

— chronischer Gelenkrheumatismus u. Osteoarthritis deformans, s. a. Pathologie u. Therapie, spec., VII. 5.

Chronischer Gelenkrheumatismus und Osteoarthritis deformans. Von Dr. Alfred Přibram. Prof in Prag. Mit 22 Abb. *Wien: A. Hölder 1902.* (VII, 218 S.) 8°
= Pathologie, Specielle, u. Therapie. Bd 7, H. 5.

Přibram Alfred: Zur Geschichte und Kritik der österreichisch-brandenburgischen Staatsverträge 1685 bis 1686.
1882 PN 234 **Diss.** Wien, Univ. 671

Přibram, Alfr., Grundzüge d. Therapie. Nach e. an d. Prager deutschen Universität abgeh. Conversatorium. gr. 8. (VII, 192 S.) Berlin 895. Fischer's medicin. Buchh. n. 3. 50

Grundzüge der Therapie. Von Prof. Dr. Alfred **Přibram**. 2. verm. u. veränd. Aufl. Berlin: Fischer's Med. Buchh. 1909. IX, 265 S. 8°

— s.: Krankheiten, die, des Blutes.

— s.: Mittheilungen üb. das Koch'sche Mittel aus den medicin. Kliniken der Prager deutschen Universität.

Přibram, Alfr.: Österreich und Brandenburg, s. Přibram, Alfred Francis

—— und Jos. Robitschek, Studien über Febris recurrens und deren Verhältniss zu verwandten Krankheitsformen nach Beobachtungen auf den medicin. Kliniken und Abtheilungen der Herren Prof. Halla und Jaksch. gr. 8. (316 S. mit 1 lithogr. Tab. in qu. Fol.) Prag 870, Reichenecker. [Leipzig, Hirschfeld.] * 4 —
Aus: Vierteljahrsschrift für praktische Heilkunde, besonders abgedruckt.

Přibram, Alfr., Studien zur Physiologie des Herzens und der Blutgefässe, s. Mayer, S.

Přibram, Alfr. Therapeutische Zeitfragen, s. Wander-Vorträge, medicinische.

Pribram, Alfr. Francis, Beitrag zur Geschichte des Rheinbundes von 1658. Lex.-8. (100 S.) Wien 888, (Tempsky.) *
Aus: Sitzungsberichte der k. Akademie der Wissenschaften, besonders abgedruckt.

— Beitrag zur Geschichte des Rheinbundes von 1658. S. 115. [illegible] 1.50
Separatabdruck

—— die Berichte des kaiserl. Gesandten Franz v. Lisola aus den J. 1655—1660. Mit einer Einleitung und Anmerkungen versehen. gr. 8. (571 S.) Ebendas. 887. *
Aus: Archiv für österreichische Geschichte, besonders abgedruckt.

Pribram, Alfred Francis, Dr.: Die Berichte des kaiserlichen Gesandten Franz von Lisola aus den Jahren 1655-1660. Ar.70.1.
Separatabdruck

Pribram, Alfr. Francis, s.: Depeschen, venetianische, vom Kaiserhofe.

Pribram, Alfr. Francis, die Heirat Kaiser Leopold I. m. Margaretha Theresia v. Spanien. [Aus: „Archiv f. österr. Geschichte".] Lex.-8. (57 S.) Wien 891. (F. Tempsky.) n. 1.20

— Die Heirat Kaiser Leopolds I. mit Margareta Theresia von Spanien. Ar. 77. 319 . . . . 1.20
Separatabdruck

Pribram, A. F., d. böhm. Commerzcollegium u. s. Thätigkeit, s.a. Beiträge zur Geschichte d. deutschen Industrie in Böhmen, VI.

Pribam, A. F.: Das böhmische Commerzcollegium und seine Thätigkeit. Ein Beitrag zur Geschichte des böhmischen Handels und der böhmischen Industrie ein Jahrhundert nach dem westfälischen Frieden . . . — Prag: Verl. des Vereins für Geschichte der Dtn in Böhmen 1898. 278 S. (Beiträge zur Geschichte der dt. Industrie in Böhmen. 6.)

Pribram, Alfr. Francis, s.: Leopold I., Kaiser, Privatbriefe an den Grafen F. E. Pötting.

— Franz Paul Freiherr v. Lisola — 1613—1674 — u. die Politik seiner Zeit. gr. 8. (VIII, 714 S. m. Bildnis.) Leipzig 894. Veit & Co. n. 18. —

Pribram, Alfr. Francis, Oesterreich u. Brandenburg. 1685—1686. gr. 8. (IV, 110 S.) Innsbruck 884. Wagner. n. 2. —

— dasselbe. 1688—1700. gr. 8. (VIII, 228 S.) Prag 885. Tempsky. — Leipzig, Freytag. n. 6. —

— s.: Staatsverträge, österreichische.

— s.: Urkunden u. Actenstücke zur Geschichte d. Kurfürsten Friedrich Wilhelm v. Brandenburg.

— österreichische Vermittelungs-Politik im polnisch-russischen Kriege 1654—1660. [Aus: „Archiv f. österr. Gesch."] Lex.-8. (66 S.) Wien 889. (Tempsky.) n. 1.30

— Österreichische Vermittlungspolitik im polnisch-russischen Kriege. 1654—1660. Ar. 75. 415 . . . . 1.30
Separatabdruck

—— **zur Wahl Leopold I. 1654—1658.** Lex.-8. (144 S.) Wien 888, (Tempsky.) *
Aus: Archiv für österreichische Geschichte, besonders abgedruckt.

— Zur Wahl Leopolds I. (1654—1658). Ar. 73. [illegible] 2.20
Separatabdruck

Pribram B. O., Dr.: Über eine Modifikation bei der Fischerschen Estermethode. S. 118. IIb. 723 . . . . vgr.
Separatabdruck

Přibram, Karl, Geschichte der österreichischen Gewerbepolitik von 1740 bis 1860. Auf Grund der Akten. 1. Bd. 1740 bis 1798. (XIX, 614 S.) gr. 8. Leipzig 907. Duncker & Humblot. 14. —

Přibram, Karl, der Lohnschutz des gewerbl. Arbeiters nach österr. Recht, s.a. Studien, Wiener staatswiss. V, 2.

Der Lohnschutz des gewerblichen Arbeiters nach österreichischem Recht. Von Dr. Karl **Přibram.** *Wien & Leipzig: F. Deuticke 1904.* (VI, 152 S.) 8°
— **Studien.** Wiener Staatswissenschaftliche. Bd 5, H. 2. [04. 1327

— der Normalarbeitstag in den gewerbl. Betrieben u. im Bergbaue Oesterreichs, s.a. Schriften der österr. Gesellschaft f. Arbeiterschutz. 7. Hft.

Der Normalarbeitstag in den gewerblichen Betrieben und im Bergbaue Österreichs. Bericht, erstattet der Internat. Vereinigung f. gesetzl. Arbeiterschutz von Dr. Karl **Přibram.** Wien: F. Deuticke 1906. (49 S.) 8°
— **Schriften** d. österr. Gesellschaft f. Arbeiterschutz. H. 7. [06. 8788

— Das 1. österreichische **Patentgesetz** vom 16. I. 1810. (Ein Beitrag zur Geschichte der österr. Gewerbepolitik.) (49 S.) 8. Wien 910. Manz. — 50

Pribram, Richard

— Über die durch inaktive Substanzen bewirkte Änderung der Rotation der Weinsäure und über Anwendung des Polaristrobometers bei der Analyse inaktiver Substanzen. S. 97. IIb. [illegible] . . . . vgr.
Separatabdruck

Pribram, R., und Newmann-Wender.
Anleitung zur Prüfung und Gehaltsbestimmung der Arzneistoffe für Apotheker, Chemiker, Aerzte und Sanitätsbeamte. Wien, 1892. 8vo. Ill.

Přibram, Rich., u. Neumann-Wender, Anleitung zur Prüfung u. Gehaltsbestimmung der Arzneistoffe f. Apotheker, Chemiker, Aerzte u. Sanitätsbeamte. gr. 8. (XI, 288 S. m. Abbildgn. u. Tab.) Wien 893. M. Perles. n. 7. —

— Über das Austrium. Vorläufige Mitteilung. S. [illegible] IIb. [illegible] . . . . vgr.
Separatabdruck

— Beobachtungen über das [illegible] weinsaurer Salze. S. 102. IIb. [illegible] . . vgr.
Separatabdruck

– u. Karl Glücksmann

— — Über die Bildung [illegible] S. 103. IIb. [illegible] . . . . vgr.
Separatabdruck

Pribram, Rich., s. Dressler, W., Beitrag.

— Über den Einfluß der Gegenwart inaktiver Substanzen auf die polaristrobometrische Bestimmung des Traubenzuckers. S. 97. IIb. [illegible] . . . . vgr.
Separatabdruck

— und **Franke** Adolf: Über Kondensationen durch ultraviolettes Licht. S. 121. IIb. [illegible] . vgr.
Separatabdruck

Přibram, Rich., über eine Methode zur Bestimmung des Siedepunktes, s. Handl, Alois

— und Glücksmann Karl: Über das Verhalten von Thiocarbonaten zu Phenolen. S. 101. IIb. 504 . . . . vgr.
Separatabdruck

— über Wasserstoffentwicklung in der Leber u. eine Methode der Darstellung von Gährungsbuttersäure. [Mit 2 (eingedr.) Holzschn.] [Aus: „Sitzungsber. d. k. Akad. d. Wiss."] Lex.-8. (8 S.) Wien 878. (Gerold's Sohn.) n. — 20

Přibram Richard: Über Wasserstoffentwicklung in der Leber und eine Methode der Darstellung von Gärungsbuttersäure (mit 2 Holzschnitten). S. 78. II. [illegible] . . . . K —.20
Separatabdruck

P[ribram], R[ichard]: Wesen und Ziele der Gewerbeschule und ihre Bedeutung für die Bukowina. [Czernowitz 1876].

— u. Al. Handl, über die specifische Zähigkeit der Flüssigkeiten u. ihre Beziehung zur chemischen Constitution. [Mit 3 (lith.) Taf.] [Aus: „Sitzungsber. d. k. Akad. d. Wiss."] Lex.-8. (52 S.) Ebend. 878. n. 1. 60

— — dasselbe. II. Abhandlung. [Mit 3 (lith.) Taf.] [Aus: „Sitzungsber. d. k. Akad. d. Wiss."] Lex.-8. (41 S.) Ebend. 878. n. 2. —

Přibram, Rich., und A. Handl, über die specifische Zähigkeit der Flüssigkeiten und ihre Beziehung zur chemischen Constitution. Dritte Abhandlung. Lex.-8. (73 S. mit 1 eingedr. Holzschn.) Wien 882, (Gerold's Sohn.) * 1 —
Aus: Sitzungsberichte der k. Akademie der Wissenschaften, besonders abgedruckt.
Erste und zweite Abhandlung. (Ebendas.) 1878,79. *.ℳ 3,60.

— und Handl Alois: Über die spezifische Zähigkeit der Flüssigkeiten und ihre Beziehung zur chemischen Konstitution. 1. Mitteilung (mit 3 Taf.). S. 78. II. 113. vgr.
— — — 2. Mitteilung (mit 3 Taf.). S. 80. II. 17. 1.—
— — — 3. Mitteilung (mit 1 Holzschnitt). S. 84. II. 717. 1.—
Separatabdruck

– u. Karl Glücksmann

— — Über den Zusammenhang zwischen Volumänderung und dem spezifischen Drehungsvermögen aktiver Lösungen. 1. Mitteilung (mit 1 Taf.). S. 106. IIb. 28. vgr.
— — 2. Mitteilung (mit 1 Textfigur). S. 106. IIb. 96. vgr.
— — — 3. Mitteilung (mit 2 Taf.). S. 107. IIb. 116. vgr.
— — — 4. Mitteilung (mit 1 Taf.). S. 107. IIb. 180. vgr.
— — 5. Mitteilung (mit 1 Taf.). S. 107. IIb. [illegible] vgr.
Separatabdruck

(Pribura.) — Прибуръ, М., Прочинок. Leipzig 859. (Kittler.) gr. 8. (24 S.) n. 12 ngr.

Přibyl, Leo., s. Přibyl, Leo. E.

Přibyl, Leo. E.

Přibyl, Leo, die Bedeutung d. Torfes in landwirthschaftlich-hygienischer u. volkswirthschaftlicher Hinsicht. gr. 8. (36 S.) Wien 891. (W. Frick.) n. 1. —

Přibyl, Leo, Bericht üb. die internationale Gespannpflug-Concurrenz verbunden m. e. Dampfpflugausstellung u. e. Dampfpflügen, welche auf der Besitzg. d. Hrn. H. Kuffner, Guts- u. Zuckerfabriksbesitzer zu Lundenburg in Mähren, am 11. u. 12. Septbr. 1882 vom Club der Land- u. Forstwirthe in Wien veranstaltet wurde. gr. 8. (IV, 89 S. m. eingedr. Holzschn. u. 1 lith. Plan.) Wien 883. (Frick.) n. 2. —

Přibyl, Dr. Leo E., Das Bettelunwesen u. die Acker-Colonien. (Aus: „Verhandlungen u. Mittheilungen der k. k. Landwirthschafts - Gesellschaft in Wien".) gr. 8°. Wien, Frick, 1884.

— das Bettelunwesen und die Ackerbau-Colonien. gr. 8. (23 S.) (Ebendas.) 884. * — 80
Aus: Verhandlungen und Mittheilungen der k. k. Landwirthschafts-Gesellschaft in Wien, besonders abgedruckt.

— s.: Buch, das goldene, der Land- u. Forstwirthschaft in Oesterreich-Ungarn.

Přibyl, Leo E., Martin Frisch, d. Recrut. E. Geschichte aus d. Volksleben. (Kaiser-Jubiläums-Publication des Vereins zur Verbreitg. landwirthschaftl. Kenntnisse in Wien.) 2. Tausd. 8. (III, XI, 140 S. m. Bildn. d. Verf. im Text u. 11 Vollbild.) Wien 898. (C. Konegen.) n. 1. 50

Přibyl's Geflügelzucht, bearb. v. E. Sabel, s. a. Thaer-Bibliothek. Bd. 38.

Pribyl L. E.: Die Geflügelzucht. Mit e. Vorw. v. W. v. Hamm. Berl. 1877. 203 S. Fig.
(Thaer-Bibliothek. Bd. 38).

— die Geflügelzucht. Mit e. Vorwort von Wilh. Ritter v. Hamm. 2., verb. u. verm. Aufl. Mit 13 in den Text gedr. Holzschn. 8. (XII, 228 S.) Berlin 884. Parey. geb. n. 2. 50

— die Geflügelzucht. 3., verb. Aufl. (VI, 224 S. m. Holzschn.) Berlin 893. P. Parey. Geb. in Leinw. n. 2. 50

(Leo E.) Pribyl's Geflügelzucht. 4. Aufl., unter besond. Berücks. d. Eier- und Fleischerzeugung vollständ. neubearb. v. E. Sabel, Oberstlt a. D. M. 39 Textabb. *Berlin: P. Parey 1899.* (VIII, 236 S.) 1 Bd 8.
= Thaer-Bibliothek. Bd 38. [illegible]

Pribyl's Geflügelzucht, 5. Aufl. v. E. Sabel, s. a. Thaer-Bibliothek. 38. Bd.

(Leo E.) Pribyl's Geflügelzucht. Unter besond. Berücks. d. Eier- u. Fleischerzeugung vollst. neubearb. von E[duard] Sabel, Oberstlt. a. D. 5. Aufl. Mit 43 Textabb. Berlin: P. Parey 1904. (VIII, 260 S.) 8° [J.]
= Thaer-Bibliothek. Bd 38. [illegible]

Přibyl, L. E., gründet Genossenschaften!, s. a. Schriften d. Vereins zur Verbreitung landwirthschaftl. Kenntnisse.

Přibyl, L.E.: Gründet Genossenschaften! Wien: Frick 1890.
= Schriften des Vereins zur Verbreitung landwirtschaftlicher Kenntnisse. 1.

— der Häusler-Franz. Eine Geschichte aus dem Dorfleben. 8. (VII, 240 S.) Ebd. 888. n. 3. —

— Jahresbericht, — bäuerliche Musterwirthschaften, } s.: Schriften d. Vereins zur Verbreitung landwirthschaftlicher Kenntnisse.

— Sollen wir Bauern versichern? Eine Dorfgeschichte. 8. (IV, 63 S.) Wien 879. [Faesy und Frick.] Faesy. *

— wie die Gutendorfer reich wurden. Eine Geschichte aus dem Volke. 8. (XI, 280 S.) Wien 887. (Frick.) n. 3. —

Pribytkoff, W. v., die Mediumschaft der Frau Elisabeth v. Pribytkoff. Memoiren. Autoris. Uebersetzg. aus dem Russ. u. m. Einleitg. v. Feilgenhauer. (X, 158 S. m. 1 Bildnis.) gr. 8. Leipzig 903. O. Mutze. n. 3. 60; geb. n. 4. 60

Pribytkow, W. v., d. mediumistischen Erscheinungen vor d. ärztl. Richterstuhl. Autor. Uebersetzg. aus dem Russ. m. e. Anh. v. Fritz Feilgenhauer. gr. 8. (36 S.) Leipzig 896. M. Spohr. n. — 60

— aufricht. Unterhaltgn. üb. d. Spiritismus u. andere Erscheingn. d. näml. Gebietes. Aus d. Russ. übertr. v. Fritz Feilgenhauer. gr. 8. (69 S.) Ebd. 895. n. 1. 50

Prica, Zora, aus Agram, Kroatien: Daniel Defoe's Robinson Crusoe und Robert Paltock's Peter Wilkins. Budapest 1909. IV + 61 S. 8°. [28. IV. 09.]
Zürich. Phil. Diss. I. S 1908/09.

Prica, Zora. Daniel Defoe's Robinson Crusoe und Robert Paltock's Peter Wilkins. Diss. Phil. I. Univ. Zürich. IV + 61 S. 8. Budapest, Serbische Buchdr., 1909.

Price, B., a treatise on infinitesimal calculus; containing differential and integral calculus, calculus of variations, applications to algebra and geometry, and analytical mechanics. Vol. I. Differential calculus. 8. (540 S. m. 5 lith. Taf.) Oxford 852, University-Press. (Akademische Buchdruckerei.) In Engl. Einb. n. 4⅚ ℳ

Price, Bonamy, Geld- u. Bankwesen. Aus dem Engl. v. Herm. Brefeld. gr. 8. (158 S.) Berlin 877. Springer's Verl. n. 2. 80

Price, Bonamy, Oesterreich und Ungarn. gr. 8. (IV und 45 S.) Wien 862, Lechner's Universitäts-Buchh. *

Price, E., Ende gut — Alles gut. Erfahrungen eines Seelenarztes am Krankenbette. Nach dem Engl. bearb. von R. v. B. München 863. (J. A. Finsterlin.) 8. (VIII, 391 S.) 15 ngr.

Price, E. L., siehe: *Familien-Bibliothek.*

Price's, Ed., Versehgänge aus dem Tagebuche eines Missionärs. Nach der New-Yorker Orig.-Aufl. übers. von Ign. Alf. Stelzig. Regensburg 858. Manz. 8. (VII, 263 S.) 18 ngr

Price, Geo., die Fabrikation der feuer- und diebessicheren Geld- und Dokumentenschränke, der Sicherheits-Schlösser und Schlüssel. Nach Price's „Treatise on Fire- and Thief-proof Depositories" von Hugo Wieck und Fr. Geo. Wieck. 7 Lfgn. gr. 8. (VIII und 304 S. mit 245 in den Text gedr. Abbild. in Holzschn.) Leipzig 858. 59, Weber. à Lfg. * 7 1/3 Ngr. *

Price, Georges, die drei Verschollenen v. „Sirius". (Seeroman.) M. 24 Illustr. v. Ed. Zier. Autor. 1. u. 2. Aufl. 8. (III, 290 S.) Stuttgart 897. Muth. n. 3. 20; geb. n. 4. 20

Price, Hereward T(himbleby), a. Ross ⟨Engl.⟩: A history of Ablaut in class I of the strong verbs from Caxton to the end of the Elizabethan period. Halle a. S. 1910: Karras. XV, 36 S. 8° ¶(Ersch. vollst. u. d. T.: Ablaut in the strong verbs from . . ., in: Bonner Stud. z. engl. Philol.)

Bonn, Phil. Diss. v. 23. Febr. 1910, Ref. Bülbring

[Geb. 23. April 80 Ambatolahinandrianisiahana, Madagaskar; Wohnort: Bonn; Staatsangeh.: Großbritannien; Vorbildung: Privatschulen; Studium: Oxford 99—03; Rig. 24. Dez. 09.] [U 10. 410

Price, H. T., a history of ablaut in the strong verbs from Caxton to the end of the Elizabethan period, s. a. Studien, Bonner, zur englischen Philologie. 3. Heft.

A History of Ablaut in the strong verbs from Caxton to the end of the Elizabethan period. By H[ereward] T. **Price.** Bonn: Hanstein 1910. XVI, 200 S. 8°

(Bonner Studien z. engl. Philologie. H. 3.) [II. 476

Price, J., Versuch mit Quecksilber, Silber u. Gold; nebst e. Auszug aus Bayle's Erzählt. von e. Degradation d. Goldes. 8. Leipz. 783. Barth. 4 gr.

Price, Ira Maurice, the great cylinder-inscriptions A & B of Gudea, s.: Bibliothek, assyriolog. XV.

Price, Ira Maurice [Chicago, U. S. A.]: Introduction into the inscriptions discovered by Mons. E. de Sarzec . . . . Munich, Akad. Buchdr. v. F. Straub, 1887; 1 Bl. + 32 S. 8°

Leipzig, Phil. Fak., Inaug.-Diss. v. 2. Sept. 1887

Price, Ira Maurice, introduction into the inscriptions discovered by Mons. E. de Sarzec. Diss. Leipzig 1887, Gustav Fock. 8°. 32 S.

Price, L., die verrückte Tante, s.: Familien-Bibliothek.

Price, *Milo* B.: Teutonic Antiquities in the generally acknowledged Cynewulfian Poetry . . . Leipzig, print. by E. Hedrich, 1896; 2 Bl., 65 S., 1 Bl. 8.

Leipzig, Phil. Fak., Inaug.-Diss. v. [2. Febr.] 1897

Price, Orlo Josiah, aus Newark, Ohio, U. S. A.: Martineau's Religionsphilosophie. Darstellung u. Kritik. *(Newark, Ohio [1902]: Express Printing Co.)* (103 S.) 8° [Ant. u. J.]

Leipzig, Phil. Diss. v. [8. März] 1902

Price, Rees

Price, R.

Charte über pharmaceutische Chemie, eine Angabe verschiedener Artikel der Pharmacopoe nebst Gegenüberstellung derer, mit welchen jene chemisch unverträglich sind, wodurch die Kunst, wissenschaftlich zu verschreiben, erleichtert und jene Decompositionen vermeiden werden sollen, welche in ihren medicinischen Wirkungen oft die Absichten des Arztes vereiteln. Aus dem englischen übertragen, vermehrt und berichtigt. Weimar, 1823. Fol. Ill.

Price, Rees, Karte üb. pharmaceut. Chemie; e. Angabe verschiedener Artikel d. Pharmacopoe &c. Aus d. Engl. übertragen, verm. u. berichtigt. 1 Tabelle. Imp.-Fol. Weimar 823. Industrie-Compt. 6 gr.

Price, Richard. Vier Abhandlungen, von der Vorsehung, vom Gebet . . . a. d. Engl. Leipzig 1774. Ü: *Rogler, Joh. Bartholomäus.* (Fiker) (ML) (Ky)

Price, R., vier Abhandll. v. d. Vorsehung, v. Gebet, v. den Gründen z. Glauben u. von d. Wichtigkeit d. Christenthums, übers. (von J. B. Rogler). 2 Abtheill. 8. Leipz. 774. Hilscher. 12 gr.

Price, Thomas Slater, B. Sc. ⟨Lond.⟩ aus Wednesbury ⟨England⟩: Die Reaktion zwischen Kaliumpersulfat und Jodkalium und Katalyse bei derselben. Mit 5 Fig. im Text. *Leipzig: W. Engelmann 1898.* (43 S.) 8° ¶(Aus: Zeitschrift f. physik. Chemie, Bd 27, H. 3.)

Leipzig, Phil. Diss. v. [16. Dez.] 1898

Price, U.

[—] Ueber den guten Geschmack bei ländlichen Kunst- u. Gärten-Anlagen u. bei Verbesserung wirklicher Landschaften . . . Aus dem Englischen. Leipz. 1798. (16) 240 S.

Pricelius, Ernestus Augustus: Theses controversae loco dissertationis mox edendae.

Halle-Wittenberg, Med. Thesen v. 9. April 1842

Geb. [Wolfenbüttel 21. 5. 1816].

Ein Exemplar nicht nachweisbar. Die Diss. ist nicht ersch.

Pricelius, J. L., Stamm-Tafel d. deutsch. Welfen-Hauses, mit Bemerkung d. wichtigst. Thaten u. Schicksale seiner Glieder, besond. d. Theilungen, Mehrungen u. Minderungen sein. Sächs. Erblande. 4 Bl. Roy.-Fol. Braunschweig 830, Vieweg.

Pricelius, J. L., Stammtafel d. deutschen Welfen-Hauses, mit Bemerk. d. wichtigsten Thaten u. Schicksale seiner Glieder, besonders d. Theilungen, Mehrungen u. Minderungen seiner sächs. Erblande. 4 Bl. Roy.-Fol. Braunschw. 831. Vieweg. 1 Thlr. 8 gr.

Prichard, Augustinus (geb. Bristol in Engl. 16. 7. 1818): De iritide. Berolini (1841). (32 S.) 8°

Berlin, Med. Diss. v. 7. Aug. 1841

Prichard, James Cowles, Darstellung d. aegypt. Mythologie, verbunden mit e. krit. Untersuch. d. Ueberbleibsel d. aegypt. Chronologie. Uebers. u. mit Anmerkn. begleitet v. L. Haymann. Nebst e. Vorr. von A. W. v. Schlegel. gr. 8. (36 B.) Bonn 837, Weber.

Prichard, James Cowles, the natural history of man; comprising inquiries into the modifying influence of physical and moral agencies on the different tribes of the human family. With 36 col. and 4 plain. illustr. engrav. on steel and 90 engravings on wood. Lex.-8. (36 1/4 B.) London 843. Leipsic, T. O. Weigel. *

—— Naturgeschichte d. Menschengeschlechts. N. d. 3. Aufl. d. engl. Orig. mit Anmerkn. u. Zusätzen hrsg. v. Rud. Wagner u. Friedr. Will. 1—3. Bd. 1. Abthl. gr. 8. Leipzig, Voß.
Bd. 1. Allgemeine Darstellung d. Naturgesch. d. Menschengeschl. (29½ B.) 840. 2 Thlr. 12 Gr.
: 2. Afrikanische Nationen. (26 B.) 840. 2 Thlr. 4 Gr.
: 3. Abthl. 1. Europäische Nationen. (36½ B.) 842. 3 Thlr.

—— Naturgeschichte des Menschengeschlechts. Nach der 3. Aufl. des engl. Originals m. Anmerkgn. u. Zusätzen hrsg. v. Rud. Wagner u. Friedr. Will. 3. Bd. 2. Abthl. Asiatische Nationen. gr. 8. (41½ B.) Leipzig 845, Voß.
Bd. 1. u. 2., u. 3. Bd. 1. Abthl. Ebendas. 1840—42. 7 Thlr. 20 Ngr.

Prichard, James Cowles, Naturgeschichte des Menschengeschlechts. Nach der 3. Aufl. des Engl. Originals mit Anmerkungen u. Zusätzen hrsg. v. Rud. Wagner u. J. G. Frdr. Will. 4. Bd.: Oceanische u. amerikan. Völker. gr. 8. (XVI u. 595 S.) Leipzig 848, Voß. 3 ₰ 6 ngr (cplt. 14 ₰ 11 ngr)

Prichard, K., and Hesketh **Prichard**, the new chronicles of Don Q., s.: Unwin's library. vol. 43.

(**Prichard. Sam.**,) Die zergliederte Freimaurerei, worin eine allgemeine u. richtige Beschreibung aller ihrer Aeste vom Anfang bis auf gegenwärtige Zeit enthalten, wie solche in den aufgerichteten regulmässigen Logen, sowohl in der Stadt als auf dem Lande nach den verschiedenen Stufen der Aufnehmung verordnet worden als ein unpartheyischer Bericht von ihrem regulmässigen Verfahren bey Einweihung ihrer neuen Glieder in allen drey Stufen der Freimaurerey nämlich 1. zum Lehrling. 2. zum Gesellen. 3. zum Meister. Durch einen Br. Freimr. Frankfurt und Leipzig 1788. 8. 79 S.
Vgl. Kloss 1840. — Uebersetzung von Prichard's Masonry dissected

Die Zunfft der freyen-Måurer, oder Allgemeine und aufrichtige Beschreibung aller derselben Gattungen von ihrem Ursprung bis auf ietzige Zeit; als ein unpartheyischer Bericht ihrer Handlungen bey Annehm- und Einweyhung ihrer neuen Glieder, und den III. unterschiedenen Stuffen derer Måurer: Ans Licht gegeben durch Sam. Prichard. Aus der 5ten engl. Aufl. übers. o. O. 1736. 30 S. 8°

[Dasselbe.] Aus der 5ten engl. Auffl [!] übers. o. J. 32 S. 8°
Kl. 1840.
[Andere deutsche Übers. u. d. Tit.:]
Die zergliederte Freymaurerey worin eine allgemeine und richtige Beschreibung aller ihrer Aeste vom Anfang bis auf gegenwärtige Zeit enthalten wie solche in den aufgerichteten, regulmässigen [!] Logen sowohl in der Stadt als auf dem Lande, nach den verschiedenen Stufen der Aufnehmung verordnet worden als ein unpartheyischer Bericht von ihrem regulmåssigen [!] Verfahren bey Einweyhung ihrer neuen Glieder in allen drey Stufen der Freymaurerey nemlich 1. Zum Lehrling. 2. Zum Gesellen. Und 3. zum Meister: Durch einen Br Freymaurer [d. i. Sam. Prichard]. Frankfurt u. Leipzig 1788. 79 S. 8°
[Darin:] [1.] [Clare, M.:] Vertheidigung d. Frmrey.
[2.] [Desaguliers, J. Th.:] Schreiben gegen unbefugte Lästerungen.
in: [Bonnville, N. de]: Einerleyheit d. vier Gelübde. 1788.
Auch in: Neues Constitutionen-Buch d. Fr-Mr. 1741 S. 323—382; 2. Aufl. 1743 S. 386 bis 412; Der sich selbst vertheidigende Frmr. 1744 S. 1—28; Neues Constitutionen-Buch d. Fr-Mr. 3. Aufl. 1762 S. 386—412; Des verb. Konstitutionenbuchs d. Frmr. 4. Aufl. 1 1783 S. 546—578.
Das Ritual der 3 Grade nebst Einl. in: Schwalbach, F. K.: Gesch. d. älteren mrischen Gebrauchtums. 1 (1889) S. 23—55.
cf. Frmr. Bibliothek. 1 (1778) S. 82—84; 2. Aufl. 1782 S. 82—84; 3. Aufl. 1792 S. 82 bis 84.
Kl. 1840, Tt. 1382.

Pricken, Fritz, Großh. Hess. Regierungsassessor in Mainz: Die rechtliche Natur des Schrankfach-⟨safe⟩Geschäftes. Mainz 1907: K. Theyer. (52 S.) 8°
Greifswald, Jur. Fak., Ref. Jung, Diss. v. 15. Aug. 1907
[Geb. 14. Febr. 80 Mainz; Wohnort: Mainz; Staatsangeh.: Hessen; Vorbildung: Gymn. Mainz Reife M. 98; Studium: München 2, Berlin 1, Gießen 3 S.; Rig. 16. Juli 07.]

Pricken, B., vom Wege. Gedichte. 8. (86, II S.) Dresden 897. E. Pierson. n. 2.—; geb. n. 3.—

Prickl, L., 2 Predigten am Namensfest Sr. Maj. d. Kaisers. 8. Grätz, Ferstl. 786.

Přídavek k obecnému občanskému zákonníku rakouskému. V němžto jsou uvedeny zákony a nařízení k témuž zákonníku se vztahující. (Supplement zum Allgemeinen österreichischen bürgerlichen Gesetzbuch.) 8. (VI u. 440 S.) Wien: Hof- und Staatsdruckerei 1904. * K 6.—

Prideaux, die Rauchverbrennung der Maschinen-Schornsteine, s. a. Rauchverbrennung.

(**Prideaux**.) Die Rauchverzehrung der Maschinen-Schornsteine und die damit verknüpfte bedeutende Ersparung an Brenn-Material durch den in jeder bestehenden Ofen-Anlage leicht einzuschaltenden Apparat des Mr. Prideaux. Aus dem Engl. des Erfinders von J. E. Heß. Mit 1 Kpfrtaf. Leipzig 855. Gebr. Baensch. (Gräbner.) 8. (36 S.) n. 10 ngr

Prideaux, Humphrey (Dechant zu Norwich), *Alt- u. Neues Testament in eine Connexion mit der Juden u. benachbarten Völcker Historie gebracht*, von Verfall der Reiche Israel u. Juda an, biss auf Christi Himmelfahrt, worinnen die biblische Geschichte durch die weltliche vortrefflich bestätiget . . . . Aus d. Engl. in's Hochteutsche übersetzt. . . . . 2 Thle. (in 1 Bde.). Mit 5 (z. Th. gefalt.) Kpftaf. Berlin, bei Joh. Andr. Rüdiger, privil. Buchhändler. Anno MDCCXXV. (1725.) 4°. (In Th. 2 fehlt 1 Kärtchen.) Ldrb., schönes Expl.
I: 15 Bll. Vorst. (incl. Kpftit. u. schwarz u. roth gedr. Titel), 568 S., 20 Bll. Reg. Vorr. dat. Norwich, d. 1. Aug. 1715. II: 8 Bll., 653 S., 1 S. Nachschr., 15 Bll. Reg. Vorr. dat. ibid., d. 1. Jan. 1717.—18. (sic).
Die interess. Kpftaf. bringen Ansichten von Babylon, dessen Schloss, Thurm u. hängenden Gärten; vom Tempel Salomonis u. a. bekannten Oertlichkeiten.
Das engl. Orig. hat den Titel: „The Old and New Testament connected in the history of the Jews and neighbouring nations · from the declension of the Kingdoms of Israel and Judah to the time of Christ. 2 vols. With maps. London 1719–20." Fol.
Französ. Uebers.: „Histoire des Juifs et des peuples voisins, depuis la décadence des royaumes d'Israël jusqu'à la mort de Jésus-Christ. 6 vols. Avec portr., front. gr., figg. et cartes. Paris, Guill. Cavellier, 1742." 12°.

Prideaux, Humphrey. Altes und Neues Testament in einen Zusammenhang mit den Juden . . . gebracht. Dresden 1771. H: *Walther*, *Conr. Sal.* (Kläbe, Neuestes Gel. Dresden. Leipz. 1796.) (MGT)

Prideaux, Humphrid, das Alte u. N. Testament in e. Zusammenhang mit d. Juden= u. benachbarten Völkerhistorie gebracht. 2 Thle. Mit Kpf. 4. Dresd. 771. Walther. 3 *ℬ* 12 *gℓ*

Prideaux-Selby, Esq., Naturgeschichte der Papageien, s. Jardine.

Prideaux-Selby, Naturgeschichte d. Tauben, s. Jardine, W., naturgeschichtl. Cabinet d. Thierr., VII. 4.

Pridige, Lavretanske. [Ponatisnjene iz „Slovenskega Prijatla."] Klagenfurt 863. (Leon.) gr. 8. (VII, 312 S.) n. 1 *ℬ*

Pridik, Alex., de Cei insulae rebus. gr. 8. (VIII, 179 S.) Berlin 892. Mayer & Müller. n. 3. 60

Pridik, Eug., de Alexandri Magni epistularum commercio. gr. 8. (VII, 166 S.) Berlin 893. Speyer & Peters. n. 3. —

Pridik, Eug., Nummi romani, s.: Tabulae, quibus antiquitates graecae et romanae illustrantur. III b.

Pridöhl, Karl, das A-B-C der täglichen Körperübgn. f. Jung u. Alt (aufgestellt auf Grund des Ministerial-Erlasses vom Septbr. 1907). Mit besond. Berücksicht. der Atmg. während u. nach jeder Übg. (33 S. m. 37 Abbildgn.) 18×22 cm. Friedenau-Berlin (909). Selbstverlag. 1. --

— Atmung u. Körperübung f. Jung u. Alt. (1 Taf. m. Abb.) 104,5×52,5 cm. Ebd. (909). 1. 50

Pridöhl, Karl, Atmung und Körperübung für jung und alt, m. Abb., B.-Friedenau, 33 S., 1 Taf., Quer-8°. 2 Bde.

Priebatsch, Felix

Priebatsch, F., s.a. Bilder aus Schlesien.

Bilder aus Schlesien für Erd- und Heimatkunde. In Verbindung mit B[runo] Clemenz, Liegnitz, u. R[obert] Urbanek, Gleiwitz, hrsg. von F[elix] **Priebatsch**. (No 1.) Breslau: Priebatsch [1907]. 8° [F.] [illegible]

Priebatsch, Fel., der märkische Handel am Ausgange des Mittelalters, s.: Schriften des Vereins f. die Geschichte Berlins. 36. Hft.

Priebatsch, Fel., polit. Correspondenz d. Kurfürsten Albrecht Achilles, s.: Publikationen aus d. k. preuß. Staatsarchiven.

— die deutschen Städte im Kampfe m. der Fürstengewalt. Untersuchungen zur Geschichte der Entwickelg. der fürstl. Landeshoheit. 1. Bd. Die Hohenzollern u. die Städte der Mark im 15. Jahrh. gr. 8. (VIII, 270 S.) Berlin 892. Weidmann. n. 6. -

Priebatsch, Felix [aus Breslau]: Die grosse Braunschweiger Stadtfehde 1492–1495. I. Teil. . . . Breslau, Druck d. Bresl. Gen.-Buchdr., E. G. (1889); 50 S. u. 1 Bl. 8°
Breslau, Phil. Fak., Inaug.-Diss. v. 9. Nov. 1889

Priebatsch, F., die grosse Braunschweiger Stadtfehde [1492—1495]. gr. 8. (III, 116 S.) Breslau 890. Priebatsch. n. 3. —

Priebatsch, Georg. Über die Grundwirkung des Quecksilbers. Aus dem medizinisch-chemischen und pharmakologischen Institute der Universität Bern. Diss. Vet.-Med. Bern. (Sonder-Abdruck aus Virchows Archiv Bd. 201.) 18 S. 8. Berlin, Georg Reimer, 1910.

Priebatsch, Curt [in Schöneberg-Berlin]: Ueber die Histiogenese der Aortenwand der Säugetiere mit besonderer Berücksichtigung der elastischen Fasern. (Mit 2 Tafeln.) Berlin 1903. 32 S. 8°. [30. X. 03.]
Bern. Phil. Diss. 1903/1904.

Priebatsch, Curt. Ueber die Histiogenese der Aortenwand der Säugetiere mit besonderer Berücksichtigung der elastischen Fasern. Diss. Phil. Bern ... von K' P' .... [Mit 1 Doppel-Tafel.] 32 S. 8. Berlin, Emil Streisand, 1903.

Priebatsch, Walter, approb. Arzt aus Hirschberg (Schl.): Ueber Pleuritis calculosa im Anschluss an zwei in der Freiburger chirurg. Universitätsklinik gemachte Beobachtungen. *Freiburg i. B.: Speyer & Kaerner 1901.* (42 S.) 8°
Freiburg i. B., Med. Diss. v. 1901

Priebe, Emil: Herbarts Vorschriften über die Pflege der Aufmerksamkeit durch Beispiele aus dem Unterricht in der Geschichte und Erdkunde erläutert. *Kreuzburg O.-S. 1899: E. Thielmann.* (S. 1--19.) 4° [Umschlagt.]
Kreuzburg O.-S., k. G, OP 1899 (201)

Priebe, Hermann

Priebe, Herm., Aus der Waldkirche. Predigten u. Ansprachen. (VIII, 249 S.) 8. Berlin 910. F. Fontane & Co. 3.—; geb. 4. —

Priebe, Karl De M. Cornelio Frontone imitationem prisci sermonis latini adfectante. Part. I. 18 S. **Progr.** St. G. *Stettin* 1885.

Priebe, Carl De M. Cornelio Frontone imitationem prisci sermonis Latini adfectante. Pars II. De imitatione. 4 (13 S.).
Progr. Stadtg. *Stettin* 1886 (129).

Priebe, Ulrich, a. Stettin: Altdeutsche Schwertmärchen. Stettin 1906: Herrcke & Lebeling. (85 S.) 8°
Kiel, Phil. Fak., Ref. Kauffmann, Diss. v. 29. Aug. 1906
[Geb. 26. Aug. 84 Stettin; Wohnort: Stettin; Staatsangeh.: Preußen; Vorbildung: Stadtgymn. Stettin Reife M. 03; Studium: Halle 3, Berlin 1, Kiel 4 S.; Rig. 14. Juli 06.]

Priebs, Bernhard: Die Condensation des Benzaldehyds mit Nitromethan und Nitroaethan. Halle a. S. 1884: Gebauer-Schwetschke. 43 S. 8°
Halle-Wittenberg, Phil. Diss. v. [30. Juli] 1884
Geb. Dresden 13. 6. 1860. V.
Aus: Zeitschrift f. Naturwissenschaften. Bd 57. Halle 1884. S. 291—333. Ersch. u. d. T.: Ueber die Einwirkung des Benzaldehyds auf ... auch in: J. Liebig's Annalen der Chemie. Bd 225. Leipzig & Heidelberg 1884. S. 319—364.

Priebsch, J., s.: Andrade Caminha, P. de, poesias ineditas.

PRIEBSCH, Josef: Ein Beitrag zu einem asturischen Lexicon. — 1890. 288 S. Diss. Graz, Univ.

Priebsch, Rob., diu vrône botschaft ze der christenheit, s.: Studien, Grazer, zur deutschen Philologie.

— deutsche Handschriften in England. 1. Bd. Ashburnham-Place, Cambridge, Cheltenham, Oxford, Wigan. M. e. Anh. ungedr. Stücke. gr. 4. (355 S.) Erlangen 896. F. Junge. n. 16. —

Priebsch, Rob., deutsche Handschriften in England. 2. Bd. Das British Museum. Mit e. Anh. üb. die Guildhall-Bibliothek. gr. 4. (VII, 349 S.) Erlangen 901. F. Junge. n. 16. —
Bd. I. Ebd. 896. n. 16. —.

Priebsch, Rob., s.: Regel, die hl., f. e. vollkommenes Leben.

Aus der Missionsarbeit in Ilembula (Deutsch-Ostafrika). Von Missionar **Priebusch**. Berlin: Berl. ev. Missionsgesellsch. [1906]. (16 S.) 8°
[Umschlagt. J.]
— Missionsschriften f. Kinder. No 55. [07. 461]

Priedemann, J., Symbolik, Orakel der Alten; die Römischen Sibyllen; der Alten Gottheiten und ihre Rangunterschiede. — Heroen (Halbgötter); Opfer der Alten. Pr. 1868. 14 S. 4°. 1.20

Priedemann, J., Uranus. Die mythologischen Dichtungen der alten Griechen und Römer. gr. 8. (XII und 344 S. mit eingedr. Holzschn. und 8 Holzschntaf.) Berlin 862, Kastner und Comp. cart.

Wie erzielt man großen Ton und ausdrucksvolles Spiel? Ein Beitrag z. Kunst d. Violinspiels von Alfred **Priedöhl**. Stettin: Mozart-Haus (1905). (13 S.) 8° [06. 16499

Priefer, Bruno [aus Sommerfeld in Brandenb.]: Ueber die Function der Schwimmblase ..., Berlin, Buchdr. v. G. Schade, *1892*; 29 S., 1 Bl. 8.
Berlin, Med. Fak., Inaug.-Diss. v. 17. Aug. 1892

Priegel, s. a. Prigi.

Priegel, F., wahret eure heiligsten Güter! Ein Weckruf an die evangel.-luth. Landeskirchen Deutschlands. (11 S.) gr. 8. Leipzig 903. G. Kreysing. n. — 15

Priegel, F(riedrich), Pfarrer in Thieschitz b. Gera: Die Christianisierung der Fürstentümer Reuß. (Königsbrück) [1908] A. Pabst. (46 S., 1 Karte.) 8° [J. u. Ant.]
Leipzig, Theol. Fak., Ref. Brieger, Diss. v. 26. Juli 1908
[Geb. 6. April 72 Schwedt; Wohnort: Thieschitz; Staatsangeh.: Reuß j. L.; Vorbildung: Gymn. Züllichau Reife M. 93; Studium: Breslau 2, Erlangen 2, Breslau 5 S.; Rig. 30. Jan. 08.]

Prieger, Guide of Kreuznach and the Valley of the Nahe, with a medical part. With 9 (wood-)engravings and 2 (lithogr.) maps. 12. (III, 47 S.) Kreuznach 881, Schmithals. cart. * 1 —

Prieger, allgemeine Lebensregeln für Kurgäste, vor u. nach dem Gebrauch der Kreuznacher Heilquellen. Kreuznach 867. Maurer. 8. (24 S.) n. 5 ngr.

Prieger, Erich (geb. Kreuznach [illegible]): Anregung und metaphysische Grundlagen der Aesthetik von Alexander Gottlieb Baumgarten. Berlin (1875). (55 S.) 8°
Berlin, Phil. Diss. v. 13. Aug. 1875

Prieger, E., echt od. unecht? Zur Lukas-Passion. [Aus: „Deutsche Musiker-Zeitg."] gr. 8. (28 S.) Berlin 889. Conrad's Buchh. n. — 80

Friedrich Kiel. Von Erich **Prieger**. Leipzig: Duncker & Humblot 1905. (8 S.) 8° [J.]
Aus: Allgem. Deutsche Biographie. Bd 51. [06. 8081

Zu Beethovens Leonore. (Verf.: Erich **Prieger**.) (Leipzig: Breitkopf & Härtel 1905.) (XXVIII S.) 8°
Vorrede aus: Beethoven, Ludwig van: Leonore. Klavierauszug. 1905. [06. 10440

Prieger, Erich, s. a. Rust, Friedrich Wilhelm. Ein Vorgänger Beethovens.

Friedrich Wilhelm Rust. Ein Vorgänger Beethoven's. (Verf.: [Dr.] Erich **Prieger**.) Köln: Tonger 1894. 32 S. 8° [10. 10350

Prieger, Henr. Guil. (geb. Kreuznach 1819): De febre intermittente. Berolini (1843). (20 S.) 8°
Berlin, Med. Diss. v. 13. Juli 1843

Prieger, (J. E. P.,) Kreuznach u. seine Heilquellen. Zur Belehrung u. Unterhaltung f. Badegäste. Mit 1 Abbildg. gr. 8. Mainz 827, Kupferberg.

Prieger, J. E. P., Kreuznach u. seine Brom- u. Jodehaltigen Heilquellen in ihren wichtigsten Beziehungen. Nach vieljähr. Erfahrn. f. Aerzte u. Curgäste mitgetheilt. gr. 8. (18¾ B. u. 3 lith. Bl.) Kreuznach 837, Kehr.

Prieger, J. E. P., observations pratiques sur les eaux minérales de Kreuznach, et particulièrement sur la source dite d'Elisabeth, remarquable par la quantité de Jode et de Brome qu'elle contient. 8. (VIII u. 91 S.) Frankfort s. M. 847, Jügel. n. ½ ℛ︎

Johann Erhard Peter Prieger

J[ohann] E[rhard] P[eter] Prieger: Über das Hypopium. Würzburg (1816:) Nitribitt. 54 S. 8°
Würzburg, Med. Diss. v. 26. März 1816

Prieger, Karl, Urtheile berühmter Dichter, Philosophen u. Musiker üb. Mozart. Gesammelt u. hrsg. gr. 8. (62 S.) Wiesbaden 885. Rodrian. n. 1. 50

— dasselbe. Anschließend: Hervorragende Musik-Schriftsteller üb. Mozart. — Gedichte. Gesammelt u. hrsg. 2. verm. Aufl. gr. 8. (288 S.) Ebend. 886. n. 4. —; geb. n. 5. —

Prieger, Osc. (geb. Kreuznach 5. 12. 1820): De scirrho ac tuberculo sese invicem excludentibus. Berolini (1843). (27 S.) 8°
Berlin, Med. Diss. v. 13. Juli 1843

Priegnitz, Karl, Festschrift zum 50jähr. Jubelfest des Männerturnvereins zu Schwerin in Mecklenburg, m. Abb., Schwerin in Meckl. 1909, 10 S., 4°.

Priehäußer, Max: Die Nickelmagnetkieslagerstätten von Varallo-Sesia, Provinz Novara. Berlin 1909: G. Schade. 15 S. 4° ¶(Aus: Zeitschr. f. prakt. Geol. Bd 17.)
München, Phil. Diss. v. 4. März 1909, Ref. v. Groth
[Geb. 14. Sept. 85 Landshut; Wohnort: Landshut; Staatsangeh.: Bayern; Vorbildung: Gymn. Landshut Reife Juli 05; Studium: München 7 S.; Rig. 4. März 09.] [U 09. 3501

Priel, J., Lesebuch f. obere Klassen kath. Stadt- u. Landschulen, s. a. Krahe, J.
A. a. O. steht Krahn, statt Krahe.

Priel, J., Lesebuch für obere Klassen kathol. Stadt- u. Landschulen zur Weckung eines religiös-sittlichen Lebens. 9. Aufl. Mit einer Vorschrift zum Schönschreiben. gr. 12. (VIII u. 304 S. mit 2 lith. Taf.) Köln 848, J. G. Schmitz. n. 8 ngr.

Priel, J., und J. Krahe, Lesebüchlein für Elementarschulen. 2e verb. u. verm. Aufl. gr. 12. Cöln 840. J. G. Schmitz. n. ⅛ ℛ︎

— u. J. Krahe, Lesebüchlein für Elementarschulen. 18. Aufl. 12. (108 S. mit 2 lith. Taf.) Ebd. 848. ⅛ ℛ︎

Prielmaier, J. B., neues schwäbisches Hausbuch. Ein erprobter, zuverlässiger Führer und Rathgeber für die Haus- und Landwirthschaft aller Stände. Nach eigenen langjähr. Erfahrungen und den besten haus- und landwirthschaftl. Schriften bearb. Neue Ausg. 2 Thle. gr. 8. (VII, 687; III, 472 S.) Lindau 868, Stettner. ℳ 2,70.; geb. * 3 60

Prielmayer, Frhr. v., das kgl. bayer. 1. Infanterie-Regiment „König" im Feldzuge gegen Frankreich 1870/71. Nach den Acten bearb. gr. 8. (IV, 192 S.) München 877. Fritsch. n. 4. —

— dasselbe. 2. Jubiläums-Ausg. gr. 8. (IV, 192 S.) Ebend. 881. n. 2. —

Prielmayer, Gust. v., der Krainer Hans. Eine Geschichte aus dem bayer. Walde. 8. (408 S.) Würzburg 884. Kreßner. n. 4. —

Prielmayer, Gust. v., Frhr. v. Priel, der Bauer auf dem Kreuzhofe. Erzählung aus dem Berchtesgadener Lande. 8. (III, 266 S.) Leipzig 891. Barth. 4. —; geb. 5. —

Priem, Adolf, Dr. iur., aus Posen, Referendar am Kgl. Landgericht in Bonn: **Giebt es eine Mittelstufe zwischen Nichtigkeit und Anfechtbarkeit?** ⟨Abhandlung aus d. gemeinen Civilrecht⟩. *Bonn 1899: K. Drobnig.* (61 S.) 8°
Erlangen, Jur. Diss. v. 21. März 1899

PRIEM, J. Maximilian (München): Monita quaedam, medicis junioribus comiter acclamata, ne a vero medendi tramite aberrent.- Monachii: Giesser 1837. 16 S.
16.7.1836 - Urk; P 63
Diss. Ingolst.-Landsh.-Mchn.

Priem, Johann (Paul)

Priem, J., dem Andenken des Nürnberger Volksdichters Konrad Grübel am Tage der Enthüllung des Grübelbrunnens, den 3. Juni 1881, gewidmet. gr. 8. (32 S.) Nürnberg 881, Heerdegen-Barbeck. — 75

— u. Chr. Braunstein, die Besetzung Nürnbergs durch die Preußen. Zur Erinnerung an die Tage vom 31. Juli bis 16. Septbr. 1866. Ebend. 866. 8. (82 S.) 7 ngr.

Priem, J., s.a. B i l d e r . – Lebende Bilder aus d. Gesch. Schleswig-Holsteins ...

Lebende Bilder aus der Geschichte Schleswig-Holsteins, dargestellt auf dem Stadttheater zu Nürnberg am 9. Febr. 1864. Erläuternder Text v. **J. Priem.** Nürnberg. (1864.) 8°.

Priem, Jh., Burgschmiet. Eine biographische Skizze. Am Tage der Enthüllung d. Dürer-Monuments. 21. Mai 1840. 8. Nürnberg 841. (Winter.) 1/8 ℛ

Priem, Joh. Paul, Geschichte der Reichsstadt Nürnberg von dem ersten urkundlichen Nachweis ihres Bestehens bis auf die neueste Zeit. 2. Aufl. Hrsg. v. Emil Reicke. Mit vielen Illustr. 25 Lfgn. gr. 8. (800 S.) Nürnberg 893. 894. J. Ph. Raw. à — 40 (kplt.: n. 10. —; geb. n. 12. —)

— Geschichte d. Reichsstadt Nürnberg v. d. ersten urkundl. Nachweis ihres Bestehens bis auf d. neueste Zeit. 2. Aufl. Hrsg. v. Emil Reicke. M. vielen Illustr. 26.—33. Lfg. gr. 8. (S. 801—992.) Nürnberg 895. J. Ph. Raw's Verlag. 2. 40 (kplt. ermäß. Pr.: n. 10. —)

— dasselbe, s. a.: Reicke, Emil.

Priem, Joh. Paul, Geschichte der Stadt Nürnberg von dem ersten urkundl. Nachweis ihres Bestehens bis auf die neueste Zeit. 15 Lfgn. gr. 8. (728 S. mit 1 Stnt. in qu. 4.) Nürnberg 873,74, Zeiser. à Lfg. 60 Pf. 9 —

— Konrad Grübel u. seine Nachfolger in der Nürnberger mundartl. Dichtg., s.a. Hausschatz, Nürnbergischer.

— Konrad Grübel u. seine Nachfolger in der nürnbergischen mundartlichen Dichtung. Eine Auswahl nürnberger Gedichte mit bibliographisch-biographischen Notizen über die Dichter. 2., veränd. u. verm. Aufl. 8. (XVI, 229 S.) Nürnberg 878. v. Ebner. cart. n. 2. 50

GRÜBEL, Konrad, und seine Nachfolger in der Nürnbergischen mundartlichen Dichtung. Eine Auswahl nürnbergischer Gedichte mit bibliographisch-biographischen Notizen über die Dichter. Hrsg. von Joh. Priem. Vierte Auflage. Nürnberg. Verlag von U. E. Sebald. 1891. 8⁰. 269 S. u. 1 Bl. (2 Mk. R. Bertling, 1892.)
Goedeke, I. c., 73, d: Die erste Aufl. erschien: 1873. 8⁰. 214 S.; 2. unveränd. u. verm. (sol) Aufl. 1878; 3. Aufl. 1882. 8⁰.
Die Sammlung enthält Proben von Grübel, Witschel, Stettner, Weikert, J. Rietsch, Marx, Wehefritz, J. F. Rietsch, Weiss, Priem.

Priem, Joh., Konrad Grübel u. seine Nachfolger in der Nürnbergischen mundartlichen Dichtung. Eine Auswahl nürnberg. Gedichte m. bibliographisch-biograph. Notizen üb. die Dichter. 6. Aufl. u. 7. [Titel-]Aufl. (Je 269 S.) kl. 8. Nürnberg [904] 907. U. E. Sebald. Kart. n. 1. 50; geb. in Leinw. n. 2. 25

Konrad Grübel und seine Nachfolger in der Nürnbergischen mundartlichen Dichtung. Eine Auswahl nürnberg. Gedichte mit bibliogr.-biogr. Notizen über d. Dichter. Hrsg. von Johann **Priem**. 7. Aufl. Nürnberg (& Leipzig): U. L. Sebald [1908]. (269 S.) 8° [F.]
[Umschlagt.:] Grübel. Gedichte in Nürnberger Mundart. 08. 12919

Priem, J., Nürnberg, s.: **Städtebilder u. Landschaften aus aller Welt.**

J. PRIEM, Prolog und erläuternder Text zu den lebenden Bildern aus Göthes Werken, welche bei der Göthefeier zu Nürnberg am 28. August 1849 von dem literarischen Verein daselbst auf dem grossen Rathhaussaale dargestellt wurden. Nürnberg, Druck der Sebald'schen Officin. 8⁰.

—— Nürnberger Sagen und Geschichten. 8. (VIII, 194 S.) Nürnberg 870, v. Ebner'sche Buchh. * 2 —

—— Nürnberger Sagen und Geschichten. 2. umgearb. und verm. Aufl. 8. (VIII, 257 S.) Ebendas. 877. *

Priem, Joh., Nürnberger Sagen u. Geschichten. 8. Aufl. 12. (VI, 256 S. m. 1 Titelbild.) Nürnberg 895. U. E. Sebald. Kart. n. 2. —; geb. n.n. 2. 60

Nürnberger Sagen und Geschichten. Gesammelt von Johann Priem. 4. Aufl. Nürnberg & Leipzig: Sebald [1907]. VI, 256 S. 8° 10.7.08 7

—— Sommer- und Winterfrüchte. Dramatische Spiele. 8. (III, 188 S.) Ebendas. 868. * 1 60

— festliche u. heitere Stunden. Dramatische Spiele u. Gedichte. Nürnberg 865. Zeh'sche Buchh. 8. (III, 155 S.) n. 16 ngr.

— Thaten u. Schicksale. Bilder u. Skizzen aus der deutschen Geschichte. Der Jugend gewidmet. Nürnberg 866. Koenecke. 8. (VI, 176 S. mit 6 fein color. lith. Bildern.) cart. 22½ ngr.

Priem, J., der Wettstreit d. Getränke, s.: Deigendesch, K.

Priem, Jos.

Priem, J., Die irrealen Bedingungssätze bei Cicero und Caesar. S.-A. s. a. 84 S

Prim, J., die realen Bedingungssätze bei Cicero und Caesar, s. Philologus. 5. Suppl.-Bd.

Priem, J., De hymno in Apollinem Delium Homerico. Diss. 1872. 65 S.

Priem, Jos. Der homerische Hymnus auf den delischen Apollo. 23 S. Progr. Mar. G. Posen 1878. 4⁰

Priem, Rudolph (Bearb.), s. V e r z e i c h n i s s der in der Büchersammlung . . . vorhandenen Werke.

Priemel, Curt, aus Görlitz in Schles.: Die Braunkohlenformation des Hügellandes der preussischen Oberlausitz. [Mit 6 Tafeln.] Berlin 1907. II + 72 S. 4°. S.-A. a. d. Zeitschrift f. d. Berg-, Hütten- u. Salinenwesen, Jahrg. 1907 (Bd. 55). [23. IV. 06.]
Bern. Phil. Diss. 1906/1907.

Priemel, Curt. Die Braunkohlenformation des Hügellandes der preussischen Oberlausitz. Diss. Phil. Bern ... von K' P'.... ([Mit Abbildungen, 5 Tafeln nebst Tafel-Legenden und 1 Karte. Sep.-Abdr. aus:] Zeitschr. f. d. Berg-, Hütten- u. Salinenwesen, Jahrg. 1907, Bd. 55.) II + 72 S. 4. Berlin, Wilhelm Ernst & Sohn, 1907.

PRIEMER, Franz: Die anatomischen Verhältnisse der Laubblätter der Ulmaceen (einschließlich Celticeen) und die Beziehungen zu ihrer Systematik. - Leipzig 1893. 60 S. - Diss. Univ. Basel 1893. - (Bot. Jb. Bd. 17)

Prien, Friedrich Über die hochdeutsche Reinke-Übersetzung vom Jahre 1544. 4 (S. 3—22).
Progr. Prg. u. Rprg. *Neumünster* 1887 (266).

[F.] Prien, *Friedrich* [Dr.]: Verzeichnisse und Statistisches. Neumünster, R. Hieronymus' Buchdr., 1896; 17—53 S. 4.
Neumünster, PG u. RPG, Festschr. 1896 (288)**

Prien, Carl, Beiträge zur Kritik von Aeschylos Sieben vor Theben v. 350—363. gr. 4. (42 S.) Lübeck 856, (v. Rohden'sche Buchh.) Thlr. *

Prien, Carl, Beiträge zur Kritik von Aeschylos Sieben vor Theben. Part. II. v. 78—162, 270—349. gr. 4 (60 S.) Lübeck 858, (v. Rohden'sche Buchh.) *

Prien, C., Des Aeschylos Oresteia von Johannes Franz, rec. S.-A. s. a. 21 S.

Prien, Carl, die Symmetrie u. Responsion der römischen Elegie. Lübeck 867. (Asschenfeldt. — v. Rohden'sche Buchh.) gr. 4. (86 S.) n. 20 ngr.

— die Symmetrie u. Responsion der Sapphischen u. Horazischen Ode. Lübeck 865. (Asschenfeldt.) gr. 4. (20 S.) n. 8 ngr.

*Prien, R. Transportversicherung. S. A. Tübingen 1894.

Prien, Rich., die sogenannte Strandungsklausel im Weltverkehr. Eine vergleich. Studie. gr. 8. (IV, 48 S.) Bremen 890. Silomon. n. 1. —

Der Zusammenstoss von Schiffen aus d. Gesichtspunkten der Schiffsbewegung, des Strassenrechts u. d. Haftpflicht aus Schiffskollisionen nach d. Gesetzgebgn d. Erdballs. E. naut.-jurist. Studie v. Dr. Richard Prien. *Berlin: J. Guttentag 1896.* (XVI, 1232 S., 10 Taf.) 1 Bd 8. (96. 6006

Prien, Rich., d. Zusammenstoss v. Schiffen aus d. Gesichtspunkten d. Schiffsbewegg., d. Strassenrechts u. d. Haftpflicht aus Schiffskollisionen nach d. Gesetzgebgn. d. Erdballs. E. nautisch-jurist. Studie. gr. 8. (XVI, 1232 S. m. 10 z. Tl. farb. Taf.) Berlin 896. O. Haering. n. 45. —; geb. n.n. 46. 50; erm. Preis n. 20. —

Prien, Rich., der Zusammenstoss v. Schiffen, aus den Gesichtspunkten der Schiffsbewegung, des Strassenrechts u. der Haftpflicht aus Schiffskollisionen nach den Gesetzgebgn. des Erdballs. Eine nautisch-jurist. Studie. 2. [Titel-]Ausg. gr. 8. (XVI, 1232 S. m. 10 z. Tl. farb. Taf.) Berlin (896.) 899. O. Haering. n. 20. —

Prières **choisies et div. Exercices de Piété etc. 8. Wien 762. N. A. Prag. 783. Schönfeld. 9 ℛ**

— choisies et pensées chretiennes etc. gr. 12. Wien 761. Trattner. 6 ℛ

— choisies à l'usage de S. M. J. 12. Wien 776. Trattner. 6 ℛ

Prières chrétiennes composées pour fene S. A. R. Madame la Princesse de Condé. Basle 1797. V: *Griffet, Henri.* (so)

Prières à l'usage des Enfants. Vienne 1798. V: *Gaheis, Franz Anton de Paula.* (Heinrich Güttenberger: Franz de Paula Gaheis. Wien und Leipzig 1927, S. 125) (BIBLPORT)

Prières pour la fête célébrée dans les églises du Canton de Neuchâtel, Le Dimanche 10 Septembre 1865, et à Neuchâtel, Le Mercredi 13 Septembre suivant, en mémoire de la Réformation opérée par Guillaume Farel. mort... le 13 Septembre 1565. Adoptées par le bureau du Synode. 4. *s. l.*

Prières et lectures pour le troisième jubilé de la Réformation de Neuchâtel en 1830. Approuvées par la Compagnie des Pasteurs et imprimées à l'usage de ses membres. 4. *s. l.* 1830.

Prières, Les meilleures, expliquées par Sa Sainteté le Pape Pie VI. Halle en Suabe 1784. V: *Herwig, Johann Justus.* (MGT)

— de la passion pour tous les jours de la semaine. 18. Wien 821. Wimmer. 4 ℛ

Prières de table et santés maçonniques, pour la Loge africaine françoise dite L'Académie. Berlin 1770: Decker. XVI S. 8°

Prieros [Schlagwort]

Prieros, s.: Mark.

Entwickelung der Landarbeiter-Wohnung (in Mecklenburg. Von Baurat [Friedrich] **Pries**). Erfahrungen beim Bau einer Häuslerei. (Von H. Seemann-Breesen). Erfahrungen bei den Ansiedelungen in Pommern. (Von Hauptm. a. D. [Moritz] Kray). Bevölkerungsabnahme der mecklenburgischen Domanial-Pachthöfe (1863–1905). Berlin: Parey 1909. 75 S. 8°
(Landarbeit u. Kleinbesitz. H. 7.) (10. 1009

Pries, H., die einfachen Tischlerarbeiten. 1. Tl. Ein Lehrgang f. das Fachzeichnen der Bautischler in gewerbl. Fortbildungsschulen. Mit e. Vorwort v. J. F. Ahrens. Fol. (20 phototyp. S. m. 2 S. Text.) Kiel 889. Lipsius & Tischer. n. 1. 20

— die einfachen Zimmerkonstruktionen. Ein Lehrgang f. das Fachzeichnen der Zimmerer in gewerblichen Fortbildungsschulen. Mit e. Vorwort von J. F. Ahrens. Fol. (18 phototyp. Taf. m. 2 S. Text.) Ebd. 888. n. 1. 20

Pries, J. F., Ideen z. Chronographie, od. z. Kunst d. Entwerfens finnl. Hülfsmittel histor. Zeitrechnung. 8. (3½ B. u. 2 Tab.) Rostock 827, (Stiller.)

Pries, J. H., modus confortationis angelicae illustratus. Rost. 1734. 4.

Pries, J. H., de numero paschatum Christi. Rost. 1789. 4.

Opfer innigster Verehrung bey der Anwesenheit des Br. Fürsten [Gebhard Leberecht] Blücher von Wahlstadt in den vereinten Logen zu den drey Sternen und zum Tempel der Wahrheit in Rostock den 18ten Aug. 1816 dargebracht durch [J. H.] **Pries.** Rostock [1816]: Adler. 7 S. 4⁰ [Umschlagtit.]
Abgedr. in: FZ. 10 (1856) S. 271—272.
Kl. 1194, Tt. 2567. Gedicht: Der Zeiten Nacht versank; von Schlachtgefilden . . ."

Pries, J. H., de (prophetis et) apostolis amanuensium opera in scribendo usis. Rost. 1757. 4.

Pries, J. H., sapientia redemtoris in apparitionibus post resurrectionem. Rost. 1780. 4.

Pries, J. A., Ideen z. Chronographie, oder z. Kunst d. Entwerfens sinnlicher Hülfsmittel histor. Zeitrechnung. 8. Rostock 827, (Stiller). 8 gr.

Pries, Johann Christian (Rostock), De discrimine bonorum uxoriorum jure Rostochiensi part. I. tit. V. § 1. sublato. Diss. jur. Präs. Carl Friedrich Walch. Jena (Strauss) 17. IV. 1773. 36 S. (4·75) 27202
Gew.: Peter Gerling. — Widm. v.: Carl Friedrich Walch, Jo. Bern. Christ. Eichmann, J. Boulet, A. D. Weber (Oppon.), Christian Heinrich Lange (Oppon.), Christian Ludwig Schroeder, J. C. Petersen, Christoph Richter, Georg Heinrich Roggenbau.

Pries, Jh. Fr.

— über Shakespeares Hamlet. 8. Rostock 825. (Leipz., Herbig). 12 gr.

Pries, Jh. Fr., Melpomene; ein Versuch üb. die Gründe des Wohlgefallens an tragischen Gegenständen. gr. 8. Rost. 805. Stiller. 12 gr.

— s. Miltons Paradies.

— Probe e. neuen Commentars üb. Miltons verlornes Paradies. Erklär. d. ersten Gesanges. gr. 8. Rostock 810. Stiller. 1 rh.

Pries, R., die Fehler der Kirche, welche f. e. rechte Abwertung der Gemeinschaftserscheinungen besonders in Frage kommen. (15 S.) 8. Rostock 906. H. Koch. n. — 40

Pries, R. Kandidat Hand. Gespräche Tübinger Studenten. 8. (91 S.) Waren i. M. 891, (Kaibel's Nachf.). * 1 50; geb. * 2 50

— Krippe, Kreuz, Krone. Geistliche Lieder zu den sonn- u. festtägl. Evangelien. 8. (VII, 215 S.) Gotha 893. F. A. Perthes. n. 2. 40

Pries, R., aus d. Papieren e. Landgeistlichen. Aphorismen aus Meditation, Leben u. Amt. 12. (176 S.) Waren 888. C. W. Kaibels Nachf. Kart. n. 2. —; geb. n. 3. —

Pries, Rob., Öl u. Wein. Lehre, Rat u. Trost f. Leidende. 8. (VII, 145 S.) Rostock 902. H. Koch. Kart. n. 2. —; geb. in Leinw. n. 2. 50

Pries, Rob., auf Urlaub. Gedichte aus der Sommerfrische. (184 S.) 8. Rostock 909. H. Koch. Geb. in Leinw. 4. —

Ueber die Gefahr, die den Thronen, den Staaten und dem Christenthume den gänzlichen Verfall drohet, durch das falsche Sistem der heutigen Aufklärung, und die kecken Anmassungen sogenannter Philosophen, geheimer Gesellschaften und Sekten. An die Grossen der Welt von einem Freunde der Fürsten und der wahren Aufklärung [d. i. **Friedr. v. Pries v. Löwenburg zu Homburg**]. Mit Datis und Urkunden belegt aus dem Archiv unsers Jahrhunderts. o. O. 1791. 106 S. 8⁰
cf. ⁰Neueste Religionsbegebenheiten. 1791 S. 338—361.
Kl. 3448. Greift auf S. 89—90 auch die Illuminaten an.

Priesack, August, approb. Arzt: Ein Fall von Alveolar-Echinococcus der Leber. *München 1902: Kastner & Lossen.* (14 S.) 8⁰
München, Med. Diss. v. 1902

Priesack, Julius *Jakob* [aus Elberfeld]: Die Reichspolitik des Erzbischofs ‚Balduin von Trier in den Jahren 1314 bis 1328. 1. Th. '(1314 bis 1322.)' . . . [Erschien vollst. 1894 im Verl. v. Vandenhoeck & Ruprecht in Göttingen.] Göttingen, Druck d. Univ.-Buchdr. v. E. A. Huth, 1893; 1 Bl., 58 S., 1 Bl. 8.
Göttingen, Phil. Fak., Inaug.-Diss. v. [29. Sept.] 1893

Priesack, Jul., die Reichspolitik des Erzbischofs Balduin v. Trier in den J. 1314 bis 1328. Ein Beitrag zur Geschichte Kaiser Ludwigs des Bayern. gr. 8. (V, 196 S.) Göttingen 894. Vandenhoeck & Ruprecht. n. 4. 80

Offizier-Stammliste des Grenadier-Regiments König Friedrich Wilhelm IV. (1. Pommerschen) Nr. 2. Auf Befehl d. Regts-Kommandeurs, Oberst Bock v. Wülfingen, zsgest. von [Wilhelm Werner Kurt] v. **Priesdorff,** Lt. Mit 5 Bildn. Berlin: E. S. Mittler & Sohn 1906. (XI, 745 S.) 4⁰(8⁰) [S.] [ill.]

Priese, Max: Aus d. 2. inn. Abth. d. Krankenhauses am Urban zu Berlin. Ueber die Einwirkung periodisch erzeugter Dyspnoe auf das Blut. Experimentelle Untersuchungen im Anschluss an Kuhn's Berichte über seine Lungensaugmaske. Berlin 1908: Schumacher. 19 S. 8⁰
¶ (Aus: Zeitschrift f. exp. Pathol. u. Therapie. Bd 5.)
Berlin, Med. Diss. v. 11. Dez. 1908, Ref. His
[Geb. 24. Jan. 83 Kemberg; Wohnort: Berlin; Staatsangeh.: Preußen; Vorbildung: Königstädt. Gymn. Berlin Reife O. 02; Studium: München 1, Berlin 9 S.; Coll. 3. Okt. 08; Approb. 16. Nov. 07.] [U 09. 85

Priese, Oscar: Die Sprache der Gesetze Aelfreds des Grossen und König Ines. Strassburg, Universitäts-Buchdruckerei von Johann Heinrich Eduard Heitz, 1883. 8. 55 S.

Priese, Osk., deutsch-gotisches Wörterbuch, nebst e. Anh., enth. e. sachlich geordnete Uebersicht d. got. Wortschatzes u. e. Sammlung v. Redensarten u. Sprüchen. gr. 8. (VI, 64 S.) Leipzig 890. (Voigtländer.) n. 1. 80

Priese, Osk., altdeutsche Wörterbücher. I.—III. 8. Halle, M. Niemeyer. 4. —
I. Wortschatz des Ulfilas. Deutsch-got. Wörterbuch, nebst e. Anh., enth. e. sachlich geordnete Übersicht des got. Wortschatzes u. e. Sammlg. v. Redensarten u. Sprüchen. 2. [Titel-] Ausg. (VI, 64 S.) [890.] 907. 1. 60
II. Wortschatz des Heliand. Ein deutsch-altniederdeutsches Wörterbuch. 2. [Titel-] Ausg. (IV, 44 S.) [899.] 907. 1. 20
III. Wortschatz des Otfrid. Ein deutsch-althochdeutsches Wörterbuch. (III, 50 S.) 907. 1. 20

Priese, Oskar, Dr.: Der Wortschatz des Hêliand, ein Deutsch-Altniederdeutsches Wörterbuch. *Saarbrücken 1899: Gebr. Hofer.* (IV, 44 S.) 8° [F. u. Ant.]
Saarbrücken, k. G u. VS, P 1899 (489)

Priese, Osk., der Wortschatz d. Hêliand, e. deutsch-altniederdeutsches Wörterbuch. 8. (IV, 44 S.) Saarbrücken 899. (Leipzig, R. Voigtländer.) n. 1.80

Wortschatz des Hêliand. Ein Deutsch-Altniederdeutsches Wörterbuch von Dr. Oscar **Priese**. 2. Ausg. Halle a. S.: M. Niemeyer 1907. (IV, 44 S.) 8° [F.]
= **Priese**: Altdeutsche Wörterbücher. 2. [07. 10006 3

Priese, Oskar, Prof. Dr.: Wortschatz des Otfrid. Ein Deutsch-althochdeutsches Wörterbuch. Halle a. S. 1907: Waisenhaus. (50 S.) 8° [F.]
Halle a. S., OR d. Franckeschen Stiftungen OP 1907 (329)

Wortschatz des Otfrid. Ein Deutsch-althochdeutsches Wörterbuch von Prof. Dr. Oskar **Priese**. Halle a. S.: M. Niemeyer 1907. (50 S.) 8° [F.]
= **Priese**: Altdeutsche Wörterbücher. 3. [07. 10007 3

Wortschatz des Ulfilas. Deutsch-Gotisches Wörterbuch von Dr. Oskar **Priese**. 2. Ausg. Halle a. S.: M. Niemeyer 1907. (VI, 64 S.) 8° [F.]
= **Priese**: Altdeutsche Wörterbücher. 1. [07. 10005 3

Prieser, Johann Heinrich (Ulm), Observationes de civitatibus imperialibus speciatim Ulma sub Rudolpho I. Rom. Rege exhibens. Diss. inaug. Helmstedt (F. D. Schnorr) 27. VIII. 1774. 86 S. (5.25)
27203

Prieß, Adolf, Referendar aus Langendreer: **Das Recht der Untermiete nach dem Bürgerlichen Gesetzbuche.** *Langendreer: F. A. Gimmerthal 1904.* (70 S.) 8° [F.]
Rostock, Jur. Diss. v. [20. Juni] 1904

Priess, Erich J(ustus): Das deutsche Reedereigeschäft nach Argentinien. Elmshorn 1909: Koch. 88 S. 8°
Erlangen, Phil. Diss. v. 22. Nov. 1909, Ref. v. Eheberg
[Geb. 19. März 84 Uk; Wohnort: Steglitz; Staatsangeh.: Preußen; Vorbildung: Gymn. Altona Reife O. 04; Studium: Berlin 7 S.; Rig. 26. Juli 09.] [U 10. 887

Prieß, H., Physik f. landwirtschaftliche Schulen, besonders f. Ackerbauschulen u. landwirtschaftliche Winterschulen. 3. Aufl. (IV, 95 S. m. Abbildgn.) 8. Hildesheim 910. (H. Olms.) Geb. nn 1.50

Prieß, Herm., Tierkunde m. e. Anh.: Die wichtigsten Pilzkrankheiten der Kulturpflanzen. Ein Lehrbuch f. niedere landwirtschaftl. Schulen. 2. Aufl. (VIII, 116 S. m. 80 Abb.) gr. 8. Hildesheim, Oberlehrer Prieß. Geb. n.n. 1.50

Priess, Hermann: Über den Unterricht in der Erdkunde an höheren Schulen. Geestemünde, Druck v. Remmler & v. Vangerow, 1893; 30 S. 8.
Geestemünde, R, OP 1893 (342)

Priess, Hubertus: Usum adverbii quatenus fugerint poetae latini quidam dactylici. Marpurgi Cattorum 1909: Koch. 96 S. 8°
Marburg, Phil. Diss. v. 28. Jan. 1910, Ref. Birt
[Geb. 20. März 86 Ahrensboek b. Lübeck; Wohnort: Marburg; Staatsangeh.: Oldenburg; Vorbildung: Gymn. Lübeck Reife O. 04; Studium: Marburg 4, München 1, Marburg 6 S.; Rig. 28. Juli 09.] [U 10. 3380

Priess, Max, a. Hamburg: Die Bedeutungen des abstrakten substantivierten Adjektivs und des entsprechenden abstrakten Substantivs bei Shakespeare. Halle a. S. 1906: E. Karras. (VIII, 57 S.) 8° ¶ [= Studien z. engl. Philologie H. 28. 1906.]
Göttingen, Phil. Fak., Ref. Morsbach, Diss. v. 1. Sept. 1906
[Geb. 20. Aug. 77 Neumünster, Holstein; Wohnort: Hamburg; Staatsangeh.: Preußen; Vorbildung: Gymn. Wandsbek Reife O. 02; Studium: Göttingen 2, Oxford 1, Göttingen 6 S.; Rig. 12. Juni 06.]

Priess, Max, die Bedeutungen des abstrakten substantivierten Adjektivs u. des entsprech. abstrakten Substantivs bei Shakespeare, s. a. Studien zur engl. Philologie. XXVIII.

Die Bedeutungen des abstrakten substantivierten Adjektivs und des entsprechenden abstrakten Substantivs bei Shakespeare von Max **Priess**. Halle: M. Niemeyer 1906. (X, 57 S.) 8°
— **Studien z. englischen Philologie.** H. 28. [06. 10994 3

Priess, Paul: Befreiungen und Vorrechte der deutschen Konsuln ohne Jurisdiktionsstellung. Mchn & Bln '10. 49 S. Jur. Diss. Würzburg. Aus: Annalen d. Dt. Reiches. 1910.

Prieß, Paul, Referendar: Die **Einwirkung des BGB. auf die Verjährung der vor seinem Inkrafttreten begründeten Ansprüche.** *Rostock 1904: C. Hinstorff.* (78 S.) 8°
Rostock, Jur. Diss. v. [15. Apr.] 1904

Prießnitz u. die Kurgäste zu Gräfenberg. [Abdr. der Breslauer Zeitung, Nr. 301, 302, 303 u. 333.] gr. 8. (18 S.) Breslau 851, Graß, Barth & Co. Verl. in Comm. 2 ngr

Priessnitz, Konrad, aus Schlesien: **Die Silbertherapie in der internen Medicin.** *Greifswald 1899: J. Abel.* (36 S.) 8°
Greifswald, Med. Diss. v. 24. März 1899

Priest, George Madison, a. Henderson (Kentucky, U. S. A.): Ebernand von Erfurt, zu seinem Leben und Wirken. Jena 1907: A. Kämpfe. (IX, 104 S.) 8°
Jena, Phil. Fak., Ref. Michels, Diss. v. 22. Juli 1907
[Geb. 25. Jan. 73 Henderson (Kentucky); Wohnort: Henderson; Staatsangeh.: Vereinigte Staaten; Vorbildung: Coll. of New Jersey; Studium: Berlin 2, Leipzig 1, Marburg 1, Jena 4 S.; Coll. 15. Juni 07.]

Priester, der, in der Betstunde, oder Betrachtungen, Gebete u. Litaneien für Betstunden, besonders bei den Maiandachten, in der Frohnleichnams-Oktav, der Fasten rc. Größtentheils nach den Schriften der Kirchenväter u. anderer Heiligen bearb. von einigen kathol. Geistlichen. 2 Hlftn. gr. 12. (VIII u. 598 S.) Ulm 851, Fr. Ebner. (à 24 ngr) 1 ℛ 18 ngr

Priester, d. v. Gott wieder ermunterte rc. 2 Thle. 8. Frankf. 734.

— d. exemplarische, 8. Dresd. Mieth. 728.

Priester, Jurist und Soldat. Ein Blick in die Zukunft. gr. 8. (27 S.) Berlin 851, Schneider und Comp. *

— d. moralisirende, od. moral. Hist. e. irrländ. Dekans, 8. Nürnb. 737.

— der, als Richter u. Seelenarzt bei der Verwaltung des heil. Bußsakramentes, oder Anleitung die Büßenden je nach ihren verschied. Ständen u. Lebenslagen segensreich zu leiten. Von einem ehemal. Prof. der Theologie von St. Sulpice. Deutsch mit Anmerkungen v. einem kathol. Geistlichen. 4 Lfgn. gr. 8. (XII u. 532 S.) Aachen 847, Cremer. 1⅔ ℛ

Priester, e. römischer, u. e. evangelischer Christ, s.: Streitschriften, freundschaftliche.

Priester, ein römischer, und ein evangelischer Pfarrer. Lohmann contra Thümmel. Eine Beleuchtung von Tertius Gaudens. 1.—7. Aufl. 8. (8 S.) Barmen 887, Wiemann.
Vgl.: Thümmel, W.

— der, u. der Soldat. Von einem Landmanne, einem ehemal. Soldaten. Aus dem Franz. übers. von F. v. W. gr. 12. (120 S.) Köln 851, Bachem. n. 12 ngr

Priester, der, und der Soldat. Von einem Landmanne, einem ehemaligen Soldaten. Aus dem Französ. übers. von F. v. W. gr. 12. (120 S.) Köln 852, Bachem. *

A. M. V. T.: Der Priester ohne Tadel im Reiche Gottes und der Welt. Eine Rede bey der Primizfeyer des Wohlehrwürdigen Herrn Franz Scholtz vorgetragen den 18. Jänner 1818 in der Pfarrkirche zu Igló in der Zips und auf Verlangen herausgegeben von A. M. v. T. am Z. L. Leutschau 1818: J. Werthmüller. 20 S. - 8°

— d. vergnügte, 8. Frankf. Süstermann. 710.

Priester, Der verkehrte, nunmehr aber beinahe bekehrte. O. O. 1709. V: *Goldmann, Joh. Hnr.* (Myl)

Priester u. Volk. Drei Predigten üb. den Priesterstand. u. die Pflichten d. christl. Volkes gegen den Priester. Eine zeitgemäße Betrachtg. f. alle Stände v. e. Priester der Diöcese Paderborn. 8. (46 S.) Paderborn 891. F. Schöningh. n. — 60

Priester, Der wahre, mit einer Vorrede von Schubart und einem Anhang von Lavater. Ulm 1776. V: *Ammermüller, Phil. Ludw.* (Ky) oder: *Hartmann, Gottlob Dav.* (R-N) (GGr) (Allg. Teutsche Bibl. 30 I, S. 164.)

Priester, d. wahre, (v. P. L. Ammermüller,) sammt einem Anhange v. Lavater u. e. Vorrede v. Schubart. 8. Ulm 776. Wohler. 8 gr Löffler in Manh, 6 gr

Priester und Seelsorger, Der wahre, in der Stadt und auf dem Lande ... Kempten 1791. V: *Brentano, Dominik von.* (MGT) (ML)

—d. wahre, in d. Stadt u. auf dem Lande. 8. Kempt. 791. Kösel. 3 gr

Priester und Welt. Eine Reihe von Betrachtungen zur Auffrischung u. Erneuerung des klerikalischen Geistes. Herausgeg. von einem kathol. Geistlichen. Mit 1 Stahlstich. 8. Regensburg 844. Manz. 11/12 ℔

Priester, Der, und die Welt ... Predigt. Salzburg 1872. V: *Hausbacher, Alois.* (Hr)

Priester, Der, wie man ihn wünschen mag und wie er nicht alle Tage zu haben ist ... [Grätz] 1793. V: *Edling, Wolfg. Anselm von.* (ML) (Ky) (GGr) (Schmal)

—der, wie man ihn wünschen mag ꝛc. (von W. A. v. Edling). 4 Bde. 8. Grätz 793. Ferstl. 1 ℔ 14. gr

— d. Gott wohlgefällige, 8. Dresd. 700.

— d. wohlgeplagte, m. schön. Hist. 8. Dresd. 709.

Priester, Aron (geb. Christburg in Westpr. 12. 2. 1849): Die Abtrennung des Scheidentheils während der Geburt. Berlin (1874). (30 S.) 8°
Berlin. Med. Diss. v. 24. Okt. 1874

Priester, Emil [app. Arzt aus Hamburg]: Aus d. Kgl. chirurg. Klinik zu Kiel. Ein Fall von Impftuberculose ... Kiel, Druck v. H. Fiencke, 1895; 14 S., 1 Bl., 1 Taf. 8.
Kiel, Med. Fak., Inaug.-Diss. v. [16. Nov.] 1895

Priester, H[ermann]: Distanzrelationen und Verwandtes. *Leipzig: G. Fock (1903).* (61 S.) 8°
Langenberg, RPG, OP 1903 (556)

Priester, Hermann: Die Oberflächengestalt und Lage Irlands und ihre verkehrsgeographische Ausnutzung durch den Menschen. Stuttgart 1908: Strecker & Schröder. VIII, 103 S. 8° ¶(Ersch. auch als: Geogr. Arbeiten. 2.)
Rostock, Phil. Diss. v. 27. Juli 1908, Ref. Ule
[Geb. 21. Mai 83 Hinter-Wendorf; Wohnort: Rostock; Staatsangeh.: Mecklenburg-Schwerin; Vorbildung: Gymn. Wismar Reife M. 03; Studium: Göttingen 1, Heidelberg 1, Berlin 3, Rostock 4 S.; Rig. 24. Juli 08.] [U 09. 3704

Priester, Herm., die Oberflächengestalt u. Lage Irlands u. ihre verkehrsgeographische Ausnutzung durch den Menschen, s. a. Arbeiten, geographische. II.

Die Oberflächengestalt und Lage Irlands und ihre verkehrsgeographische Ausnutzung durch den Menschen. Von Dr. Hermann Priester. Stuttgart: Strecker & Schröder 1909. VIII, 103 S. 8°
(Geographische Arbeiten. 2.) 109. 6376 9

Priester, Karl, Schreib- u. Lesefibel, zugleich Wörter- u. Sprachbuch für das 1. Schuljahr der Taubstummen-Lehranstalten, nebst dazu gehörigen, gleichlaut. Wandtabellen. Idstein 865. (Frankfurt a. M., Jäger'sche Buchh.) gr. 8. (VII, 64 S.) n. 12 ngr.

— Sprachformen mit Beispielen zur Uebung u. Fragen zur Anwendung für die Hand der Schüler (in Taubstummenlehranstalten) übersichtl. zusammengestellt. Ebend. 864. gr. 8. (VI, 67 S.) n. 7½ ngr.

Priester, Ludwig — Katholische Tugendschule. Dargestellt mittelst der Geschichte aller Jahrhunderte. Herausgegeben von — —. Wien, 1857. Dr. und Verlag von Leopold Grund. (3 Bl. 141 S. 1 Bl. 8.) (Mit einem Titelbilde.)

Priester, Osc., Arbeitsämter. I. Ein sozialpolit. Essay, nach e. Vortrag, geh. in der volkswirtschaftl. Sektion des freien deutschen Hochstifts zu Frankfurt a/M. gr. 8. (37 S.) Frankfurt a/M. 898. Gebr. Knauer. n. — 80

Priester, Osc., Arbeitsämter. Ein socialpolitischer Essay nach einem Vortrage. gr. 8⁰. Frankfurt a/M., Gebr. Knauer, 1899.

Priester, Osk., die Besoldung u. Erhöhungsbedürftigkeit der Gehälter der Bürgermeister, Amtmänner u. Gemeindevorsteher in Preussen. (55 S.) gr. 8. Köln 904. K. Fulde. n. 1. —

Priester, Oscar [kgl. preuss. Gerichts-Ref. aus Frankfurt a/M.]: Compensatio culpae ... Würzburg, Becker's Univ.-Buchdr., 1896; VI, 108 S. 8.
Erlangen, Jur. Fak., Inaug.-Diss. v. 1896

— die Deportation, e. modernes Strafmittel. gr. 8. (V, 102 S.) Berlin 899. F. Vahlen. n. 2. —

Die deutsche Frau im deutschen Recht von Assessor Dr. jur. Oskar Priester. *Köln a. Rh.: K. Fulde 1904.* (105 S.) 8° [04. 13238

— die Haftpflicht des Lehrers u. der Schulgemeinde nach dem bürgerlichen Gesetzbuche. (53 S.) gr. 8. Berlin (903). H. Walter. n. — 60

— die zivilrechtliche Haftpflicht des Rechtsanwalts u. Notars. (50 S.) gr. 8. Köln (904). K. Fulde. 2. —

Priester, Osk., ipso iure compensatur. Civilrechtl. Studie als Versuch endgült. Lösg. d. Ipso-Iure-Frage. gr. 8. (VIII, 68 S.) Frankfurt a/M. 897. (J. Baer & Co.) n. 1. 50

Ernste Lehren zur Vererbungsgefahr oder e. Vorschlag z. Erweiterung d. Rechts- wie Pflichtenkreises d. Standesbeamten von Assessor Dr. jur. Oskar Priestor. *Köln a. Rh.: K. Fulde 1904.* (29 S.) 8° [04. 13333

Priester, Osc., „Lie". Ein Lenzestraum vom Rhein. 8. (43 S.) Dresden 901. E. Pierson. n. 1. —; geb. n. 2. —

Die Rechte und Pflichten des Schutzmannes (Polizeibeamten) von Assessor Dr. jur. Oskar **Priester**. *Köln a. Rh.: K. Fulde 1904.* (39 S.) 8° [04. 13843

Sozialreform der Armee Für Deutschlands Größ' zu Land und See! Die Erhöhungsbedürftigkeit d. Offiziergehälter, die Besserstellung d. Unteroffiziere, e. ernster Appell an alle wahrhaft nationale Gesinnung von Dr. jur. Oskar **Priester**, Ass. *Köln a. Rh.: K. Fulde 1904.* (89 S.) 8° [04. 13242

-- wie ich abstinent ward. Ein Bekenntnis, e. Erkenntnis, e. Mahnruf zur sozialsten aller Fragen. gr. 8. (23 S.) Dresden 902. O. V. Böhmert. — 30

Priester, Wilhelm: Das Nachbarrecht des Bürgerlichen Gesetzbuchs im Verhältnis zum öffentlichen Recht ⟨insbesondere §§ 906, 907 BGB. und § 26 GewO.⟩. Borna-Leipzig 1910: Noske. IX, 42 S. 8°

Heidelberg, Jur. Diss. v. 3. Aug. 1910, Ref. Endemann

[Geb. 31. Jan. 84 Cöln; Wohnort: Cöln; Staatsangeh.: Preußen; Vorbildung: Gymn. Siegburg Reife O. 05; Studium: Tübingen 3, München 1, Heidelberg 4 S.; Rig. 1. Juli 10.] [U 10. 1978

Priesterbibliothek, homilet., in w. kürzl. disponirte Predigten dargestellt werden. 16 Thle. 8. Merseb. Schubert. 753-46.

Priesterbibliothek, Compendiöse. Jena 1711. V: *Schwindel, Joh. Georg.* (ML)

Priesterbibliothek, Compendieuse. . . . 3. Aufl. Jena 1722. V: *Schwindel, Georg Jac.* (Zuwachsverz. d. Bibl. Zürich 1898 ff. 7.)

— **kompendieuse.** 8. Jena, Baisler. 743.

§ **PRIESTER**-Ehe, Die, als Grundlage einer Verbesserung des catholischen Kirchenwesens und Priesterstandes. O. O. 1797. 8°. (In München: Jus can. p. 782.)

Priesterehe, die, als Grundlegung e. Verbesserung d. kathol. Kirchenwesens. 8. Frankf. a. M. 797. Varrentrapp. 12 Kr

Priesterehe u. Cölibat. Ein Gespräch zwischen e. Priester u. e. Weltmanne, veranlaßt durch d. Bruchstück e. Gespräches üb. d. Priesterehe ꝛc. 16. (1¾ B.) Coblenz 830, Hergt.

— u. Cölibat. Ein Gespräch zwischen e. Priester u. einem Weltmanne ꝛc. 16. Coblenz 831. Hergt. 1¾ Kr

PRIESTERFRAU, Die exemplarische, oder klarer Spiegel, darinn gezeigt wird, wie ein christliches Frauenzimmer leben soll. Frf. 1699. 8°.

So im Cat. d. Bibl. Mehnert. I. p. 136, wo p. 138 auch die folgende Ausgabe.

— — Dasselbe. Ebd. 1702. 8°.

Priestergebete vor und nach dem göttl. Meßopfer. 2e Aufl. 12. Augsburg 836. Vanoni jun. 1/12 ß, geb. 1/6 ß

Priestergebete vor u. nach d. göttl. Meßopfer. 2. Aufl. 12. (2½ B.) Augsburg 836, [Lampart u. Comp.]

Priesterin, e. alte, die erste Christin auf der Westküste v. Nias, s. a. Missions-Traktate, kleine. Nr. 35.

Eine alte **Priesterin** die erste Christin auf der Westküste von Nias. Barmen: Missionshaus 1901. (16 S.) 8°
= Missionstraktate, Kleine. No. 35.

PRIESTERINNEN, Die, der Freude. Nach d. Pariser Tagebuche Eduard's v. *W. v. A . . . . T . . . .* (Sotadisches Machwerk.) Boston. ca. 1875. 12°. (140 Seiten u. 4 Seit. Verlagsverzeichnis.) (5 Mk. 50 Pfg. B. Seligsberg, Bayreuth, 1911.)

PRIESTERINNEN, Die, der Freude. Nach dem Pariser Tagebuche Eduards von W. Von A.... T.... Motto: In der Abwechslung liegt das Vergnügen. Erster Theil. Zweiter Theil. Boston 1878. Kl. 8°. 127 + 106 S.
[E. VI, 299.]

PRIESTERINNEN, Die, der Freude. Nach dem Pariser Tagebuche eines Edelmanns. (Sotadisches Machwerk.) (2 Thle. Boston (188*). Kl. 8°. (8 Mk. Fischhaber, 10 Mk. Gust. Klötzsch, 1885.) Selten!

Priester-Jubiläum Sr. Heil. Leo XIII. Hrsg. vom Central-Comitó f. das Priester-Jubiläum. 1. Jahrg. 1886. 6 Nrn. (2 B.) gr. 8. Innsbruck, F. Rauch. n. 1. 20

Priesterlist über Alles, oder die Republikaner, Mechiavell u. des Papstes Sohn. 8. Leipzig 835. Literar. Mus. (Schreck.) 2 ß

Priesters, des, Kernsprüche, s. Kernsprüche.

Priesters, des, Kernsprüche zunächst in der Verwaltung des heil. Bußgeschäftes, zusammengetragen von einem Beichtvater. 8. (VI und 183 S. mit 1 Stahlst.) Klagenfurt 853, Leon'sche Buchh.

Priesters, d., Würde u. Bürde. Predigt bei der Primizfeier d. hochwürd. Hrn. Michael Wolfbauer in der Pfarrkirche zu Dingolfing am 3. Juli 1876. (Von Postner.) gr. 16. (28 S.) Dingolfing 876. Nussy. — 20

Priestersberg, Alexis

PRIESTERSBERG, A., Toiletten-Encyclopädie, Kunstgeheimnisse nicht zu altern und immer schön zu sein. Weimar 1837. 8°. 296 S. (1 Mk. W. Koebner, Breslau, 1882; jetzt höher!)

Priestersberg, Alexis, Toiletten-Encyclopädie oder Natur- und Kunstgeheimnisse, nicht vor der Zeit zu altern und immer schön zu sein. Ein Geschenk für Damen und Herren, welche froh und gesund ein hohes Alter zu erreichen ꝛc. wünschen. In 4 Abthll. nebst Anhang. gr. 12. Weimar 837. Voigt. 5/6 ß

Priestersberg, Alex., Toiletten-Encyclopädie od. Natur- u. Kunstgeheimnisse, nicht vor der Zeit zu altern u. immer schön zu sein. Nach d. besten Hilfsquellen italien., engl., franz. u. deutscher Kunstverständigen bearb. 4 Abthln. nebst Anh. 1. Aufl. 837. u. 2. Ausg. gr. 12. (à 13 B.) Weimar 841, Voigt.

PRIESTERSCHAFT, Die. Ein Auszug aus der Geschichte dieses Reiches, und ein Anhang zu der bekannten Broschüre: Was ist der Staat? Herausgegeben von G . . . Wien 1783. 8°. (In Wien, Stadtbibl.) Selten!

Priesterschaft, die deutsche hohe, u. Rom, s. a. Briefe, politische.

Die deutsche hohe **Priesterschaft** und Rom. Eine Erinnerung als Spiegel d. Zukunft. Braunschweig: A. Limbach 1893. (30 S.) 8°
= Briefe, Politische. 2.

Priesterschaft, Gesammte, der ungeaenderten Augsb. Confession zugethane, in dem Marggrafthum Oberlausitz. Lauban [1777]. V: *Dietmann, Carl Glob.* (MS)

Priesterschaft, Die, in Californien. Ein Auszug aus der Geschichte dieses Reichs und ein Anhang zu der Broschüre Was ist der Staat? Herausgegeben von G. Wien 1787. V: *Hoffmann, Leopold Alois.* ([Heinrich Wolfgang Behrisch] Die Wiener Autoren. Pressburg 1784. S. 79) (Realzeitung 1783, Nr. 28, S. 447) (BiblPort)

Priesterschaft, Die katholische, gegen die schmachvollen Anschuldigungen des Priesters Hasemann ... vertheidigt ... Paderborn 1862. V: *Rebbert, Joseph.* (Gla I/2 684)

Priesterschaft, die katholische, gegen die schmachvollen Anschuldigungen des Predigers Hasemann vor dem Gerichtshofe der Oeffentlichkeit vertheidigt v. „einem Römischen." Eine ruhige Verhandlung über die stürm. „Reformationspredigt gehalten vom Pfr. Hasemann zu Enneperstraße am 31. Oktbr. 1869 in der Kirche zu Haspe." Paderborn 869. Junfermann. 8. (64 S.) n. 4 ngr.

Priester-Seminar, Das, zu Köln unter den Erzbischöfen Ferdinand August Grafen Spiegel zu Desenberg und Canstein und Clemens August, Freiherrn von Droste-Vischering. Köln 1838. V: *Lentzen, Johann Heinrich.* (StBKöln I, 131)

Priester-Seminar, das, zu Köln unter den Erzbischöfen Ferdinand Aug., Grafen Spiegel zum Desenberg u. Canstein u. Clemens August, Freiherrn von Droste-Vischering. Mit einem Anhange von 53 neuen Urkunden. gr. 8. Köln 838. Eisen. 5/6 ℔

Priesterstand d. Römer u. ihre heil. Gebräuche, nach antiken Denkmalen. 45 Kpft. nebst kurzer Beschreib. gr. 4. Prag, Bohmanns Erb. 1 ℔ 16 gr in kl. Fol. Velinp. 4 ℔

Priester-Teufel, Anonymi Neun, d. i. ein Sendschreiben vom Jammer, Elend, Noth und Qual der armen Dorff-Pfarrer ... O. O. 1701. V: *Zeidler, Joh. Gottfried.* (Bz) (Myl) (Mp) (Ebert) (Jöcher)

Priesterthum, Das ewige. Primitzpredigt. Wien 1825. V: *Madlener, Joh.* (Schmal)

Priesterthum, das ewige. Predigt. gr. 8. Wien 835. Wallishauser. 1/8 ℔

Priesterthum, Das, ein Gegenstand der Verehrung und nicht der Verachtung .... Augsburg 1795. V: *Plersch, Robert.* (MGT) (Ky)

Priesterthum, das, ein Gegenstand d. Verehrung u. nicht d. Verachtung; in einer Rede vorgetragen, (v. R. Plersch). 8. Augsb. 795.

Priesterthum, Das von dem Hoechsten an Jahren und Ehren gesegnete, in einer ausführlichen Sammlung vieler getreuer Lehrer und Prediger ... Nürnb. 1736. V: *Gross, Johann Matthias.* (Fiker)

Priesterthum, das, dessen Vorstufen und Symbol. Ein Sonettenkranz als Jubiläumsgabe. *Wien. A. Pichler's W. & S.* 8 Bl. in 4°.
Zur Feier des 50-jähr. Priester-Jubiläums des St. Pöltner Prälaten Jos. Schmonn.

Priesterwandel, Unschuldiger, Ge. Caspar Zimmermanns ... gerettet. O. O. 1728. V: *Colmar, Joh.* (Holz)

PRIESTLEY, HENRY, AND BLACK.
* Auserlesene kleine Werke. Die Schwängerung des gemeinen Wassers mit fixer Luft, die Magnesia und Kalkerde, die fäulungswidrige Kraft gewisser Arztneyen und andere erhebliche Gegenstände betreffend. Kopenhagen und Leipzig, bey Johann Friedrich Heineck und Faber, 1774. pp. 152, 16mo. 1 Plate.

Priestley, Joseph

— Anleit. z. Religion, nach d. Vernunft u. Schrift; aus dem Engl. 3 Bde. 8. Frankf. a. M. 782. (Brönner.) (Gebhardt u. K.) 1 ℔ 4 gr

Priestley, Joseph. Anleitung zur Religion, nach Vernunft und Schrift; a. d. Engl. ... Frankfurt und Leipzig 1783. Ü: *Link, Johann Wolfgang Conrad.* (ML)

Auszüge a. (Jos.) **Priestley's** Schrift üb. d. Nothwendigk. d. Willens, u. üb. d. Vibrationen d. Gehirnnerven als d. materiellen Ursachen des Empfindens u. Denkens; nebst Betrachtt. über diese Gegenstände, u. e. Vergleich. d. Vibrationshypothese mit Hrn. Dr. *Gall's* Schädellehre. *Altona,* Hammerich. 806. gr 8° 18 gr

— Beobacht. u. Vers. üb. versch. Gattung. d. Luft. a. d. Engl. 3 Bde. gr. 8. Wien. (Kummer in Leipz.) 778-80.

— — dies. 6 Bde. m. K. 8. Leipz. Sommer.

Priestley, Jos., Briefe an die Juden, um sie z. Untersuchung d. Beweise f. das Christenthum einzuladen; aus d. Engl. 8. Frankf. a. M. 787. Guilhaumann. 9 gr

— Briefe an einen philosoph. Zweifler, in Beziehung auf Humes Gespräch rc.; aus d. Engl. 8. Leipz. 782. Weygand. 16 gr

— Auszüge aus Doctor Priestleys Schriften über die Nothwendigkeit des Willens und über die Vibrationen der Gehirnnerven, als den materiellen Ursachen des Empfindens und Denkens. Altona. 1806.

— histor.-summar. Darstellung d. Staatsveränderung. gr. 4. Wien 803. Degen. 3 ₰ 20 ℊ

— Dass. nach d. Engl. u. fortgesetzt bis auf die neuesten Zeiten v. K. P. Funke. 4. Leipz. 803. (Brockhaus). Mit e. großen Karte auf Leinwand. 3 ₰ 20 ℊ

Priestley, Jos., Geschichte der Electricität ꝛc. 260 S. Berl. 8°. 1772

— — Geschichte der Electricität. Aus dem Engl. Mit Kupf. gr. 4. Berlin. 773. Jetzt Reimer.

— — der Optik, a. d. Engl. v. Klügel. 2 Thle. gr. 8. Leipz. Junius. (Gleditsch.) 775.

— Geschichte d. Verfälschung d. Christenthums; aus d. Engl., (v. J. C. R. Eckermann). 2 Bde. gr. 8. Berl. 785. Hesse. 1 ₰ 18 ℊ

— — dass. in e. and. Uebers. m. Anmerk. 2 Bde. gr. 8. Hamb. Bohn. 785.

— Dass. in einer andern Uebersetz. mit Anmerkk. 2 Bde. gr. 8. Hamb. 785. (Campe). 1 ₰ 16 ℊ

Priestley, J. Geschichte der Verfälschungen des Christenthums... Hamb. und Kiel 1785. H: *Eckermann, Johann Christoph Rudolph.* (KY) (MGT)

Joseph Priestley
1733-1804

Joseph Priestley [History and present state of electricity. Deutsch:] Geschichte und gegenwärtiger Zustand der Elektricität, nebst eigenthümlichen Versuchen. Nach der 2.verm.u.verb. Ausg.aus d.Engl.übers. u.mit Anm.begleitet von Johann Georg Krünitz. Berlin & Stralsund:Lange 1772. XXXII,517 S. 4°

— Geschichte u. gegenwärtiger Zustand d. Electricität; aus dem Engl. mit Anmerkk. v. J. G. Krünitz. Mit Kpf. gr. 4. Berl. 772. (Reimer). 3 ₰ 12 ℊ

Priestley, Jos., Geschichte u. gegenwärtiger Zustand d. Optik; aus d. Engl. mit Anmerkk. u. Zusätzen v. G. S. Klügel. 2 Thle. gr. 8. Leipz. 775, 76. (Brockhaus). 3 ₰

Joseph Priestley
1733-1804

Joseph Priestleys [Priestley] (The History and present state of discoveries relating to vision, light and colours.[Deutsch:]) Geschichte und gegenwärtiger Zustand der Optik, vorzüglich in Absicht auf den physikalischen Theil dieser Wissenschaft. Aus d.Engl.übers. u.mit Anm.u.Zusätzen begleitet von Georg Simon Klügel. 2 Th. Th.1.2. Leipzig: Junius 1775-76. I Bd XIII,568 S. 8°

— Liturgie u. Gebetsformel z. öffentl. Gottesdienst; aus d. Engl. v. H. A. Pistorius. gr. 8. Berl. 786. Nicolai. 10 ℊ

— Schriften üb. d. Nothwendigkeit d. Willens u. von d. Vibrationen der Gehirnnerven ꝛc. in Auszügen ꝛc.; aus d. Engl. gr. 8. Altona 806. Hammerich. 10 ℊ

— Vergleichung d. Gesetze Mosis mit denen d. Hinduer; übers. v. J. W. H. Ziegenbein. gr. 8. Braunschw. 801. Reichard. 1 ₰ 18 ℊ

Priestley, J. Versuche und Beobachtungen über verschiedene Gattungen der Lust; a. d. Engl. Wien u. Leipz. 1778—80. Ü: *Ludwig, Christian.* (ML)

Priestley, Joseph: Versuche und Beobachtungen über verschiedene Gattungen der Luft. (Experiments and observations on different kinds of air. Dt.) Übersetzt von Christian (Friedrich) Ludwig. Th.1 - 3, gbd., Abb.

Wien u.Leipzig: Gräffer 1778 - 1780

— Versuche u. Beobachtt. üb. verschiedene Gattungen d. Luft; aus d. Engl. 3 Bde. Mit Kpf. gr. 8. Wien. 778—89. (Kummer in Leipz.: W. Nauck). 3 ₰

Priestley J.: Versuche u. Beobachtungen üb. verschiedene Theile d. Naturlehre; nebst festgesetzten Beobachtungen üb. die Luft. 3 Bd. Aus dem Englischen. Wien u. Leipz. 1780—87. 3 Tvl.

— Versuche u. Beobachtt. üb. verschied. Theile d. Naturlehre; aus d. Engl. v. C. G. Eschenbach. 3 Thle. Mit Kpf. gr. 8. Wien 780, 81. (Joachim; auch Kummer; a. W. Nauck in Leipz.) 3 ₰

— Vorlesungen üb. die Redekunst u. Kritik; aus d. Engl. v. J. J. Eschenburg. gr. 8. Leipz. 779. Schwickert. 20 ℊ

— Vorlesungen üb. schriftl. u. mündl. Vortrag; nach d. Engl. deutsch bearb. von A. J. L. v. Wackerbarth. 8. Berl. 797. (Rücker). 1 ₰

Ueber die Operationswuth in der Gynaekologie. Von Sir William O[verend] Priestley, M. D. . . . Vortr., geh. z. Eröffng d. Section f. Geburtshilfe u. Gynaekol. bei d. Jahres-Vers. d. Brit. Medical-Assoc. zu London . . . Autoris. Uebs. v. Dr. A[rthur] Berthold in Dresden. *Berlin: S. Karger 1896.* (v, 28 S.) 1 Bd 8. (96. 276)

Priestley, Sir William O., üb. d. Operationswuth in d. Gynaekologie. Vortrag, geh. zur Eröffng. d. Section f. Geburtshilfe u. Gynaekologie bei d. Jahres-Versammlg. d. Britisch. Medical-Association zu London, Juli—Aug. 1895. Autor. Uebersetzg. v. A. Berthold. gr. 8. (28 S.) Berlin 896. S. Karger. n. – 60

*Prieth, Kamillo: Einige Bemerkungen zu den parallelen Biographien Plutarchs mit besonderer Berücksichtigung der συγκρίσεις. 36 S. 8. **Progr.** Städt. Gymn. *Wels* 1908.

Prieth Kamillo: In Plutarchi vitas parallelas inquisitionum capita quattuor.
1905 PN 1861 **Diss.** Wien, Univ. 1593

Prietsch, G., die homöopathische Behandlung der Cholerine u. Cholera, nebst Angabe der sichersten Schutz- u. Heilmittel. Zur Belehrung für Laien. gr. 8. (8 S.) Dessau 850, Fritsche. n. n. 1/24 ₰

Prietsch, G., die homöopathische Behandlung der Cholerine und Cholera nebst Angabe der sichersten Schutz- und Heilmittel. Zur Belehrung für Laien. 2. Aufl. gr. 8. (8 S.) Dessau 855, Neubürger.

Prietsch, Hugo (Dessau), De aneurysmate in universum adiuncta narratione traumatici arteriae popliteae aneurysmatis. Diss med. Halle / Sachsen (Ploetz) 2. X. 1851. 34 S. u. Biogr. (M.: H. Mueller). (2.75) 27205
Advers. part. susceper.: O. Boye, W. Gaertner. — Gew.: Gottfried Prietsch (Vater., Ernst Blasius.

Prietze, A., Leppla, R. Müller u. M. Hohensee, das Saarbrücker Steinkohlengebirge, s.a. Steinkohlenbergbau, der, des Preuss. Staates in der Umgebung v. Saarbrücken. I.

Das Saarbrücker Steinkohlengebirge. Von A. **Prietze**, Geh. Bergrat, Dr. [August] Leppla, Landesgeologe, R[obert] Müller, Markscheider in Saarbrücken, u. M. Hohensee, Gasinsp. Mit 12 Textfig. u. 7 Taf. Berlin: J. Springer 1904. (98 S.). 4°(8°)
— **Steinkohlenbergbau**, Der, d. Preuß. Staates in d. Umgebung von Saarbrücken. T. 1.

Prietze, Andreas

Prietze, A., Aufgaben zum Unterricht im Rechnen auf Vorlegeblättern. Nebst einem Hand- und Hülfsbuche für Lehrer in Bürger- und Landschulen. (Auch unter dem Titel: Erster Unterricht im Rechnen auf Vorlegeblättern ꝛc.) 8. Quedlinburg, Basse. 819.

— Lehre d. franzöf. Participien, als Beitrag z. philosoph. Kenntniß d. französ. Sprache. gr. 8. Halberstadt 820. Vogler in Potsd. 8 gr.

Prietze, J[ohannes] A[ndreas]: *De methodo arithmetices in scholis docendae. 42 S. 4°
Halle-Wittenberg, Phil. Diss. v. 6. März 1818
Geb. [Wegeleben b. Halberstadt 13. 3. 1793]
Vom Verf. ersch.: Aufgaben z. Unterricht im Rechnen auf Vorlegeblättern. Nebst e. Hand- u. Hülfsbuche f. Lehrer in Bürger- und Landschulen. (Auch u. d. T.: Erster Unterricht im Rechnen auf Vorlegeblättern etc.) Quedlinburg: Basse 1819. 8°. Exemplar lag nicht vor.

Prietze, A., Rechenbuch für denkende Lehrer an Bürger- u. Landschulen, so wie zum Selbstunterricht für alle diejenigen, welche mit dem Geiste der Rechenkunst alle Vortheile bei derselben in systemat. Ordnung kennen lernen wollen. Nebst e. Exempelbuche. 8. Stendal 832. (Franzen u. Große.) 3/4 ₰

Prietze, Rudolf: Beiträge zur Erforschung von Sprache und Volksgeist in der Togo-Kolonie. ([S.-A.] Zeitschrift für afrikanische und oceanische Sprachen. Jahrg. 3. Heft 1. S. 17—64.) Berlin 1897. 48 S. 4°.

Prietze, Rud., Haussa-Sprichwörter u. Haussa-Lieder. Gesammelt u. hrsg. (85 S.) gr. 8. Kirchhain N.-L. 904. (Leipzig, O. Harrassowitz.) n. 2. 50

Haussa-Sprichwörter und Haussa-Lieder. Gesamm. u. hrsg. von Rudolf **Prietze**. *Kirchhain N.-L. 1904: M. Schmersow.* (85 S.) 8°

Prietze, Rudolf (Hrsg.), s.a. Haussa - Texte, Zwei.

Prietze, Rudolf: Zwei Haussa-Texte. ([S.-A.] Zeitschrift für afrikanische und oceanische Sprachen. Jahrg. 3. Heft 2.) Berlin 1897. 17 S. 8°.

Prietzel, Eugen, prakt. Arzt aus Verdun ⟨Frankreich⟩; **Kasuistische Beiträge zu den angeborenen Beweglichkeitsdefekten der Augen.** *Freiburg i. B. 1898: H. Epstein.* (65, n S.) 8°
Freiburg i. B., Med. Diss. v. 1898

Prietzel, Otto

Prietzel, Boëthius u. seine Stellung zum Christenthume. 4. (33 S.) Löbau 879. (Oliva.) n. — 85

Prieur, Adolf, Marine-Assistenzarzt aus Karmerau: Aus d. pathol. Institute zu Kiel. Ein Fall von Aneurysma traumaticum der Carotis cerebralis dextra. *Kiel 1900: H. Fiencke.* (17 S.) 8°
Kiel, Med. Diss. v. [9. März] 1900

Prieur-Fortuny, E. F., les douze mois. Amours. gr. 8. (12 farb. Taf.) Berlin 895. W. Schultz-Engelhard. n. 10. —

Prieur, C. A., Decimalrechnung u. ihre Anwendung auf die neuen Maaße u. Gewichte. 8. Andern. 799. Lassaulx. 3 gr.

Prieux, Decimalrechnung. 8. Andernach, Lassaulx. (Pauli u. Comp.) 799.

Priewasser Pius: Gebrauch der Praepositionen bei Kallimachus und Herondas, verglichen mit denen bei Bakchylides und dem bereits für Pindar gewonnenen Resultate. 48. 43. Hall 03. 04.
Progr.

Priewasser, Pius: Die Präpositionen bei Kallimachus und Herondas, verglichen mit denen bei Bacchylides und dem bereits für Pindar bekannten Resultate. V, 43 S. 8. Fortsetzung und Schluß (Innen: Schluß). 43 S. 8.
K. k. Franz Josef-Gymn. der Franziskaner *Hall* 1903. 1904.
Progr.

Priewe, Carl, Feststräußchen. Allerneuestes Gratulationsbuch für artige Kinder. 16. (VIII und 96 S.) Berlin 862, R. Kühn. * cart.

Priewe, Kurt, Kammergerichtsref., Berlin: Die **Haftung des Schuldners für seine Gehülfen nach dem Recht des Bürgerlichen Gesetzbuches** ⟨§ 278 BGB.⟩. *Rostock 1902: C. Hinstorff.* (93 S.) 8°
Rostock, Jur. Diss. v. [25. Dez.] 1902

Prifich: Zur Charakteristik des Perikles und Kleon. 16 S. – Progr. Brieg 1859.

Prigel, il, per la cardienscha e il salvamen. In-8°, 84 p. Disentis, Stamparia de Mustèr. 1881.

Prigelii, Conr., centum sermones d. SS. Rosario. III Ptes. 4. Augsb. 755. Wolf. 2 ₰

Priger, Bened., Predigten f. die studierende Jugend. kl. 8. Münch. 793.

Prigge, ..., Anweis. f. Frauenzimmer, wie sie sich während d. Schwangerschaft, Entbindung u. bei d. Pflege d. Kinder zu verhalten haben. Nebst Heilmitteln in Ermangelung eines Arztes. 2 Thle. 8. (Brem.) 802. Heyse. 12 gr. Hbg. Pr. 8 gr.

Prigge, C., Lösung mathematischer und naturwissenschaftlicher Streitfragen durch gründfeste Beweise, mit Ergründung des wahren Naturgesetzes der Fernsicht in Beziehung auf Weltkunde. 8. (44 S.) Magdeburg 850, (Quednow.)

Prigge, Eduard, s.: Lesebuch, deutsches, f. höh. Lehranstalten.

Prigge, Eduardus [Francofurtensis]: De Thesei rebus gestis quaestionum capita duo. . . . Marpurgi Cattorum, *typ. Fey fratrum, Francofurtensium,* 1891; 2 Bl., 52 S., 1 Bl. 8°
Marburg, Phil. Fak., Inaug.-Diss. v. [12. Aug.] 1891

Prigge, Ed., de Thesei rebus gestis quaestionum capita duo. Diss. gr. 8. (52 S.) Marpurgi Cattorum 891. (Leipzig, G. Fock.) n. — 75

Prigge, Ed., deutsche Satzlehre nebst Übungsbuch. gr. 8. (XIII, 125 S.) Frankfurt a/M. 900. Kesselring. Geb. in Leinw. n.n. 1. 80

— deutsche Satz- u. Formenlehre, nebst Übungsbuch. Ausg. B. 2. Aufl. gr. 8. (XI, 112 S.) Ebd. 902. Geb. in Leinw. n.n. 1. 80

— dasselbe. Ausg. C. (VIII, 99 S.) gr. 8. Ebd. 904. Geb. in Leinw. n.n. 1. 20

— Deutsche Satz- u. Formenlehre, nebst Uebungsbuch. Ausg. B. 3. Aufl. (XIII, 149 S.) gr. 8. Frankfurt a/M. 906. Kesselring. Geb. n.n. 1. 80

Prigge, Eduard, deutsche Satz- u. Formenlehre, nebst Übungsbuch. Ausg. B. 9. u. 10., unveränd. Aufl. (XII, 149 S.) gr. 8. Frankfurt a/M. 907. Kesselring. Geb. nn 1.80

Prigge, Franz, approb. Arzt aus Hildesheim: Über **Pyometra.** *Greifswald 1903: H. Adler.* (29 S.) 8°
Greifswald, Med. Diss. v. 23. Juli 1903

Prigge, Frid. (geb. Winterberg in Westf. 1815): De inflammatione arteriarum. Berolini (1840). (32 S.) 8°
Berlin, Med. Diss. v. 12. Okt. 1840

PRIGGE, FRID., Diss. med. inaug. sistens de ophthalmia atque de ulceribus chronicis annotationes quasdam nec non de dysenteria observationes nonnullas. Kiliæ. 1813. 4. P.

Prigge, Heinrich (geb. am 19 Aug. 1844 in Kirchen im Westerwald): Ueber Retroflexio uteri gravidi ... Bonn, gedr. bei J. F. Carthaus (1869). 27 S. 8.
Bonn, Med. Fak., Diss. v. 8 Juli 1869

Die Arbeitslöhne, die Arbeitszeit und die Arbeitsruhe der in den städtischen Betrieben beschäftigten Arbeiter und des sonstigen nicht beamteten Personals, sowie die städtischerseits vorhand. Wohlfahrts-Einrichtungen. Bearb. von Dr. Paul **Prigge.** Dortmund 1907: W. Crüwell. (25 S.) 4° [Umschlagt. F.]
= **Mitteilungen** d. Statistischen Amtes d. Stadt Dortmund. H. 9. (o8. 1223 9

Die Gemeindesteuern des Jahres 1905 in den Stadtkreisen, den übrigen Städten u. den Landgemeinden der Provinz Westfalen mit mehr als 10000 Einw. Bearb. von Dr. Paul **Prigge.** Dortmund 1906: Boden & Virchow. (23 S.) 8°
= **Mitteilungen** d. statist. Amtes d. Stadt Dortmund. H. 8. (o7. 301 4

Prigge, Paul, s.: Mitteilungen des deutschen Haftpflicht- u. Versicherungs-Schutzverbandes.

Prigge, Paul, aus Frankfurt a. M.: Die **Volksversicherung als** Zweig der Lebensversicherung. *o. O. [1901].* (61 S.) 8°
Rostock, Phil. Diss. v. [25. Juni] 1901

— die Volksversicherung als Zweig der Lebensversicherung. Lex.-8. (61 S.) Frankfurt a/M. 902. Dr. E. Schnapper. n. 1.60

Prigge-Brook, Marie

Prigge-Brook, M. (Frau Marie Brook), entehrt, s.: Collection Tiefenbach.

— spätes Glück, s.a. Welt, alle.

Spätes Glück. Novelle von Marie **Prigge**-Brook. Berlin: A. Weichert [1900]. (48 S.) 8°
= Welt, Alle. Bd. 32.

— um des Kindes willen. Roman. 8. (243 S.) Leipzig 901. H. Lautenschläger. n. 2.50; geb. n. 3.50

— ein verlorenes Leben, s.a. Eckstein's Reisebibliothek.

Ein verlornes Leben. Novelle von Marie **Prigge**-Brook. Berlin: R. Eckstein Nachf. [1900]. (135 S.) 8°
= Reisebibliothek, Eckstein's. No. 192.

— ihre Schuld, s.: Weichert's Criminal-Bibliothek 3. Bd.

Seine Tochter. Ihre Schuld. Zwei Novellen [von] Marie **Prigge**-Brook. 1.–5. Taus. Berlin: R. Eckstein Nachf. [1900]. (136 S.) 8°
= Reisebibliothek, Eckstein's. No 193.

– Dass., s.a. Eckstein's Reisebibliothek.

Prigge-Brook, M. (Frau Marie Brook), Familie Turbilius. Roman. (293 S.) 8. Mannheim (904). J. Bensheimer's Verl. n. 3.—

Prigl, H., Preblau, seine Heilfaktoren u. seine Indikationen, s.a. Braumüller's Badebibliothek.

Prigl, H.: Preblan, seine Heilfaktoren u. seine Indikationen. Wien: Braumüller 1910. 28 S. u. 1 Taf. 8°
(Braumüllers Badebibliothek Nr. 118.)

Prigl, Jakob

Prigl, Jac., ins Heilige Land. Erinnerungen an die Pilgerreise ins Heilige Land im J. 1893. 8. (92 S.) Wien 894. (Mayer & Co.) n. —80

Prigl, Matth., Predigten z. Empfehlung d. Blattern-Einimpfung. 8. Linz 817. Haslinger. 1 ½ 4 ℛ

Prignitz [Schlagwort]

Prignitz — Charte von der — neu entworfen im Jahr 1795 von F. L. Güssefeld. Nürnberg bey den Homännischen Erben. 1 : 230,000. 1 Bl.

Prignitzer, der. Illustrierter Familien-Kalender f. 1910. (80) u. 37 S.) gr. 8. Pritzwalk, A. Tienken. —25

Prignot, Eugène, l'architecture, la decoration, l'ameublement. 1—18. Livr. gr. Fol. (à 3 Photogr.) Lüttich u. Berlin 873. Claesen. à n. 6. —

Prignot, E., moderne Kunststickereien f. Applikation u. Plattstich im Style der Renaissance u. d. 18. Jahrh., sowie im japanischen Geschmack. 25 (lith.) Taf. Fol. Berlin 887. Claesen & Co. In Mappe. n. 25. —

Prignot, Eug., la marberie moderne. Suite de 25 planches de cheminées avec garnitures de pendules, feu foyers et lambris. 5 Lfgn. Fol. (1. Lfg. 5 Steintaf.) Lüttich 878. Claesen. à n. 5. —

— u. G. Remon, einfache Möbel. Entwürfe moderner Möbel in allen Stylarten. 1. Serie. 25 Taf. Fol. Ebd. 888. In Mappe. n. 20. —

Prignot, Eugène, moderne Sitzmöbel. 25 (lith.) Taf., ca. 60 Zeichngn. Sitzmöbel, alle Formen u. Stylarten umfassend. 5 Lfgn. Fol. (à 5 Taf.) Berlin 885. Claesen & Co. à n. 5. — (cplt. in Mappe: n. 25. —)

Prignot, Eug., Vorlagen für Tapezierer und Decorateure. (100 Bl.) 2. Aufl. (In 20 Lfgn.) 1. Lfg. Fol. (5 Stnt.) Berlin 884, Claesen und Comp. 5 —

— Vorlagen f. Tapezierer u. Decorateure. 100 (lith.) Taf. 2. Aufl. 1—20. Lfg. Fol. (à 5 Taf.) Ebend. 886. In Mappe. n. 5. — (cplt. in Mappe: n. 100. —)

Prigoschin, Riwa, aus Mariupol (Rußland): Ueber spastische Spinalparalyse bei Kindern. ⟨Aus dem Kinderspital Zürich (Innere Abteilung) des Prof. Wyß.⟩ Zürich, A. Schereschewsky, 1910. 36 S. 8°. [16. XII. 10.]
Zürich, Univ. Med. Diss. 1910/11.

Prigoschin, Riwa. Über Spastische Spinalparalyse bei Kindern. Aus dem Kinderspital Zürich. ⟨Innere Abteilung⟩ des Prof. Dr. O[scar] Wyss. Diss. Med. Univ. Zürich. 36 S. 8. Zürich, A. Schereschewsky, 1910.

Prihoda, Ed.: Leitfaden für den Unterricht ..., s. Muszynski, Carl

Prihoda, Ed.: Die Terrainlehre ... s. Muszynski, Carl.

Přihonsky, Fr., Atomenlehre des sel. Bolzano, insbesond. wie Bolzano die Schwierigkeiten, die dem Denker bei dieser Lehre begegnen, glücklich beseitigt hat. Dargestellt aus den Schriften desselben. gr. 8. (16 S.) Bautzen 857, (Weller.) * *

Přihonsky, F., neuer Anti-Kant, oder Prüfung der Kritik der reinen Vernunft nach den in Bolzano's Wissenschaftslehre niedergelegten Begriffen. 12. (XXIV u. 233 S.) Bautzen 850, Weller in Comm. 1/2 ℳ

Prijatel, slovenski. Časopis za cerkev. (Slowenenfreund, der. Kirchliche Zeitschrift.) V — VII. Tečaj. 1856 — 58. Založil in vredil Andrej Einšpieler. gr. 8. (V. Tečaj. IV und 452 S. m.: Slovenski prijatel. Časopis za šolo in dom. leto 1856 IV und 188 S., VI. Tečaj. VIII und 576 S. m. Slovenski prijatel, VII. Tečaj. VIII und 795 S.) Klagenfurt, (Leon's Buchh.) à Tečaj *

Prijatel, slovenski. Časopis za cerkev, šolo in dom. 8—11. Tečaj. Leto 1859—62. à 12 Nrn. (à 4 Bgn.) Vredil in založil Andr. Einšpieler. Klagenfurt, (Leon.) gr. 8. Jeder Jahrg. nn. 3 ℳ

Prijatel, Šolski. Časopis za šolo in dom. V Celovcu, Leon, St. Hermagoras-Druck.. 1852—83. 32 Jgg. (Von 1856 an: Slovenski Prijatel.)

Prijatelj Johann: Studien zur Geschichte der slovenischen Wiedergeburt.
1902 PN 1540 Diss. Wien, Univ. 2697

Přikryl Franz: De Xenophontis in narrandis Atheniensium societatis maritimae alterius rebus gestis fide auctoritate silentio.
1894 PN 868 Diss. Wien, Univ. 1522

Prileszky, Johann Baptist

— acta et scripta s. Cypriani Carthaginens. Archiepisc. et Africae totius Primatis, in summam redacta et proloquiis atque annotatt. illustrata. Fol. Ofen 761. Typograph. 1 ℳ 8 ℛ

Priletzki, Jh. Bapt., acta et scripta s. Theophili Patriarchae Antiocheni et M. Minutii Felicis, in summam redacta et proloquiis atque annotatt. illustrata. Fol. Ofen 764. Typogr. 1 ℳ 8 ℛ

Prileszky, Joann. Bapt., Annales compendiarii regum et rerum Syriae nummis veteribus illustrati, deducti ab obitu Alexandri Magni ad Cn. Pompeii in Syrium adventum, cum amplis prolegomenis. Wien, Kaliwoda, 1745, Fol. Mit Figuren.

— de Deo uno et trino. 4. Ofen 766. Typogr. 1 ℳ 8 ℛ

Prilesski, I. B., de Deo uno et trino, 4. Budae, Typ. 767. Ucbls.

— de poenitentia, extrema unctione, ordine et matrimonio. 4. Ofen 766. Typ. 1 ℳ 4 ℛ

— theologicorum prolegomenor. lib. II. in us. schol. theolog. 8maj. Wien 761. Trattner. 16 ℛ

— de sacramentis in genere et in specie de Baptismo, Confirmatione et Eucharistia. 4. Ofen 765. Typ. 1 ℳ 4 ℛ

Prillus, Leo, Glücksfee. Ein Gedicht. 8. (69 S.) Wien 882. Perles. n. 2. —; geb. n. 3. —

Prill, A., Inwiefern kann man mit Plato die Philosophie als die denkende Betrachtung des Todes bezeichnen? Pr. 1863. 11 S. 4°. 2.—

Prill: Inwieferne kann man mit Plato die Philosophie als die denkende Betrachtung d. Todes bezeichnen?
11 S.–Rössel, Progr. 1863.

Prill, A. F., De senatus Atheniensium epistatis et proedris. Diss. 1858. 41 S.

Prill, Emil, Führer durch die Flöten-Literatur. Grosser Katalog. enth. üb. 7500 Nummern. 8. (265 S.) Leipzig 899. J. H. Zimmermann. n. 3. —

Führer durch die Flöten-Literatur. Großer Katalog enth. über 7500 Nummern. Zsgest. von Emil Prill. [Neue Ausg.] Leipzig: J. H. Zimmermann [um 1904]. (265 S.) 8° [04. 7399]

Prill, Joseph

Prill, Jos., Einführung in die hebräische Sprache f. den Schulgebrauch. gr. 8. (X, 153 S.) Bonn 893. P. Hanstein. n. 2. —; geb. in Leinw. n. 2. 50

Prill, Jos., Einführung in die hebräische Sprache f. den Schulgebrauch. 2. Aufl. gr. 8. (XII, 159 S.) Bonn 902. P. Hanstein. n. 2. —; geb. n. 2. 50

Prill, Jos., Einführung in die hebräische Sprache für den Schulgebrauch. 3. verm. u. verb. Aufl. (XI, 179 S.) 8. Bonn 910. P. Hanstein. 2.—; geb. in Leinw. 2. 50

Prill, Jos., die Schloßkirche zu Wechselburg, dem ehemaligen Kloster Zschillen. Zur Erinnerg. an die 700jähr. Jubelfeier der Kirchweihe am 15. Aug. 1884 gezeichnet u. beschrieben. Fol. (III, 48 S. m. 12 Steint u. 1 Lichtdr.-Taf.) Leipzig 884. H. Lorenz. cart. n. 15. —; geb. n. 20. —

Prill, Otto, die Fehler des starren Systems u. die lenkbaren Luftschiffe der Zukunft. Eine öffentl. Aussprache m. dem Grafen v. Zeppelin. 1. Prills halbstarrer Lenkballon. D.R.P. angem. 2. Prills Vakuum-Luftschiff. D.R.P. angem. (29 einseitig bedr. S. m. 1 Fig. u. 5 Taf.) gr. 8. Hamburg 908. Verlagsanstalt u. Druckerei-Ges. 2. —

Prillmayr, Jos. Pet.

— Predigt am 500jähr. Jubelfeste d. Probsteikirche zum heil. Grabe Christi in der Vorstadt v. Reichenbach. gr. 8. Bresl. 796. J. F. Korn. 4 ℛ

Prillmayr, Jos. Pet., Predigten auf alle Festtage im kathol. Kirchenjahr. 8. Bresl. 792. J. F. Korn. 20 ℛ

Episoden aus den Befreiungskriegen, in Verbindung mit d. Jetztzeit. 2 Vorträge geh ... 1864 von J. E. Prillwitz. — (Köln): Selbstverl. (1864). 66 S. 8°

Prillwitz, Paul, hie Welf! Stimmen d. Rechts, f. Braunschweig u. Deutschland gesammelt. gr. 8. (89 S.) Ludwigslust 885. Hinstorff. n. — 90

Prillwitz, Paul Ernst Oskar (Eckartsberg), De epilepsia. Diss. med. Halle/Sachs. (Gebauer-Schwetschke) 10. III. 1856. 30 S. mit Biogr. (M.: G. Rätz). (—.—) 27206
Advers. part. susceper.: Heinrich Hoffmann, Emil Siegert.

Priloga, Slovenska, nemških Gospodarskih poročil za Koroško. V Celovcu, v. Kleinmayr, 1908—. Folio.

Prim, Christophorus (geb. am 6 Okt. 1798 in Bitburg): De physiognomia et physiologia oculi. Pars prior [unica] seu ophthalmognomia ... Bonnae, typ. C. F. Thormanni (1823). 2 Bl., 44 S., 2 Bl. 4.
¶ In Komm. bei Weber in Bonn.
Bonn, Med. Fak., Diss. v. 21 Aug. 1823

Prim, (C.,) de physiognomia et physiologia oculi. Pars I. seu Ophthalmognomia. 4 maj. Bonnae 824, Weber.

Prim, Frz., Maria, d. Mutter Jesu, s.: Jamar, C. H. T.

Prim, J., s.a. Priem, Jos.

Prim, J. v. (Josephine Maas), der Charakter seiner Zukünftigen, s.a. Dilettanten-Theater N. F. 7. Heft.

Der Charakter seiner Zukünftigen. Lustspiel in 1 Aufzug. Nach d. Franz. von J. v. Prim. Paderborn: F. Schöningh [1904]. (20 S.) 8° [J.]
— Dilettanten-Theater. N. F. 7. [05. 1065

Prima. Eine Hodegetik für die Schüler der obersten Gymnasial- u. Realschul-Klasse, enthltd. eine übersichtliche Wiederholung des höheren Gymnasial- u. Realschul-Unterrichts, zugleich als methodisch geordnete Vorbereitung für die Abiturientenprüfung. Redact.: Wilh. Freund. 1. u. 2. Jahrg. 1866 u. 1867. à Jahrg. 52 Nrn. (Bgn.) Leipzig, Violet. hoch 4. Jeder Jahrg. 4 ₰ 10 ngr.

Prima Donna, die, siehe: Lese-Cabinet, belletristisches, 482—485. Lfg.

Prima Donna, die falsche, Posse mit Gesang in 2 Akten von A. Bäuerle. gr. 8. Pesth, Hartleben. 820.

Prima Donna, die, in Hamburg. Besungen v. d. Dichter Tobias Sonnabend. 2 Hfte. 8. (1½ B.) Altona 830. (Hamburg, Hoffmann u. Campe.)

PRIMA VOTA pro Augusto Protectore Suo Serenissimo Principe ac Domino Domino Friderico, Duce Saxoniae, Iuliaci, ... solemni rationes nuncupanda indicit Societas Latina. Ienae (1751), litteris Schillianis. fol.

Primae lineae historiae juris romani, recitationibus publicis ductae. 8. Helmst. 795. Fleckeisen. 2 gr.

Primaner, Der. Eine Wochenschrift. Hamburg 1762. H: *Eschenburg, Johann Joachim.* (schr) (Jacoby, Moral. Wochenschr. Hamb. 1888.)

Primaner, unsere. Von Amicus Juventutis. gr. 8. (16 S.) Leipzig 894. G. Wimmer. n. — 50

Primaspiel, das, als sinnreiche Unterhaltung für die elegante Welt, in 50 bildlichen Darstellungen. Nürnberg, Campe. In Futteral. 819.

Primat, der, kurze Würdigung desselben v. e. Protestanten. gr. 8. (2 B.) Landshut 830, (Thomann.)

Primat, der, Petri u. seiner Nachfolger, s.a. Riffel.

Primat, Der, Petri und seiner Nachfolger ... Mainz 1845. V: *Riffel, Caspar.* (BrMm)

Primatt, Humphry, üb. Barmherzigkeit u. Grausamkeit gegen die thierische Schöpfung; aus d. Engl. gr. 8. Halle 778. Gebauer. 12 gr.

Primatu, de, romani pontificis. 8. maj. Lond. de Tournes. 770.

Primavera y flor de romances ó colleccion de los mas viejos y mas populares romances castellanos publicada con una introduccion y notas por Fernando José Wolf y Conrado Hofmann. 2 Tomos. gr. 8. (XCVII und 789 S.) Berlin 856, Asher und Comp. *

Primavesi, Albert [Referendar aus Cöln]: In wiefern umfasst die actio redhibitoria auch Ersatz von Schaden? ... Rheydt, Druck v. Th. Buresch, *1896*; 43 S. 8.
Erlangen, Jur. Fak., Inaug.-Diss. v. 1896

Primavesi, G., Ansichten aus d. Murgthale; mit erklärend. Text v. A. W. Schreiber. 1s u. 2s Hft. Fol. Heidelb. 808, 9.

Primavesi, G., die Burg Frankenstein, in 12 Abbildungen dargestellt. Nebst genealog. und histor. Nachrichten v. d. Burg u. Herrschaft Frankenstein aus Urkunden gesammelt v. E. Dahl. gr. 8. (Darmstadt, Heyer in Comm.) 819.

Primavesi, G., Der Rheinlauf, von den verschiedenen Quellen, bis zu seinem Ausfluss nach der Natur gez. u. geätzt; nebst einer Leitung bei dieser Reise, kurzen Erklärungen einzelner Darstellungen in deutscher u. französischer Sprache u. einer Specialkarte. II. 1. 2. Mit Kupfern u. Karten. Frankfurt a. M. 1818—19. qu.-Fol.
A. u. d. T.: Le cours du Rhin ... (D.)

—der Rheinlauf, von d. verschied. Quellen bis zu seinem Ausflusse. Nach d. Natur gezeichnet u. geätzt. Nebst einer Leitung bei dieser Reise, kurzen Erklärr. einzelner Darstellungen in deutscher u. franzöf. Sprache. Mit 24 Kpf. u. 4 Karten. gr. qu. 4. Frankf. a. M. 819. F. Wilmans. 7 ₰

Primavesi, Georg. XII Ansichten des Heidelberger Schlosses, geäzt und herausgegeben von Georg Primavesi. Mannheim. Fol.

Primavesi, Karl, Tabelle der Raumteile f. die Mischung d. allgem. Branntwein-Denaturierungsmittels. (F.M.E. vom 26. X. 1907, R.G.Bl. Nr. 245, V.Bl. Nr. 146.) (44 S.) kl. 8. Wien 908. (Hof- u. Staatsdruckerei.) Kart. —70

Primavesi, Louis, Bad Kreuth u. Umgebung. München 866. (Neuburger & Kolb.) 8. (71 S.) n. 10 ngr.

Primavesi, Louis, Bad Kreuth u. Umgebung. 2. Aufl. 8. (70 S.) München 872. J. A. Finsterlin. n. 1. —

Primbs, Die Herren von Camerstein; Beitrag zur Geschichte des erloschenen Adels im Frankenlande. 40. Mittelfränk. Jahresbericht. Ansbach 1880. 4.

Primbs, Ant.

—juridisches Taschenbuch. 8. Landsh. 799. Weber in München. 8 gr.

PRIMBS, ...: Vollständ. Uebersicht aller baier. Gesetze. 5 Bde. 798. 99. 8.

Primbs, Ant., vollständ. Uebersicht aller baier. Gesetzbücher. 5 Thle. 8. Landsh. 799. Weber in Münch. 2 ₰ 6 gr.

Catalog der von dem verstorbenen Herrn Appellationsgerichts-Rathe Benno von Primbs hinterlassenen bedeutenden Sammlung von Kupferstichen, Radierungen ... München 1854. H: *Aumüller, Jos.* (EB)

Primbs, K., Schloss Hohenaschau und seine Herren. Mit Stammtfln. der Preysing auf Hohenaschau. Oberbayer. Archiv. 45. Bd. München 1888. 8. S. 1—96. Auch S.-A.

Primbs, K., die *altbayerische Landschaft u. ihr Güterbesitz unter Herzog Albrecht IV. (V.) von Bayern, 1550—1579.* Ein Anhang zu *Apian's* Topographie von Bayern u. bayerischer Wappensammlung. (S.-A. aus den Monum. boic., vol. XLII.) München 1884. Kgl. Hof- u. Univers.-Buchdr. Dr. Wolf & Sohn. 8°. 73 S. Handschriftl. Widmung d. Hrn. Vf. an d. Hrn. Bibliotheks-Besitzer auf d. roth u. schwarz gedr. Umschl. (m. Bordüre). Cart.

PRIMBS, Carl (Pfaffenhofen): De diaeta convalescentium.- Monachii: Giesser 1837. 16 S.
4.8.1836 - Urk; r 63
Diss. Ingolst.-Landsh.-Mchn.

Sätze aus der Philoſophie und Mathematik, zur öffentlichen Prüfung aufgeſetzt von P. Amadeus *Primbs,* beantwortet von *F. Ol. Dummer.* Aldersbach. 4. 1790.

Primer in the Gä or Akra language, Gold Coast, W. Africa. 8. (VIII, 40 S.) Basel 883. Missionsbuchh. geb. n. — 60

Primer, in the Gä or Akra language, Gold Coast, W. Afrika. 12. (VIII, 48 S.) Basel 892. Missionsbuchh. Geb. n. — 80

—— in the Tshi [Chwee] language for the vernacular schools in the Gold Coast and inland countries, W. Africa. 3d edit. enlarged. 8. (IV, 100 S.) Ebendas. 882. geb. * — 80

— in the Tshi [Chweo] language for the first year in the vernacular schools in the Gold Coast and inland countries, W. Africa. Reduced from the 4. ed. of 1889. 12. (IV, 48 z. Tl. lith. S.) Ebd. 891. Geb. n. 1. 20

Primer in the Tshi language for the first year in the vernacular schools in the Gold Coast and inland countries, W. Africa. (5. ed.) Reduced from the 4. ed. of 1889. 12. (IV, 48 S.) Basel 897. Missionsbuchh. Geb. n. — 80

Fünfter Jahresbericht über die Realschule zu Krotoschin. Mit der Abhandlung von Primer: Ueber die Einführung der beschreibenden Geometrie als Unterrichtsgegenstand in die Realschulen und Berücksichtigung derselben in den Gymnasien. Krotoschin 1854. 4°.

Primer, F., Sammlung der für den Bezirk der Königlichen Polizei-Direktion zu Stettin gültigen Polizei-Vorſchriften. Stettin 860. (Saunier.) 8. (VIII, 392 S.). n. 20 ngr.

— Sammlung der für den Bezirk der Königl. Regierung zu Stettin gültigen Polizei-Vorſchriften. Ebend. 860. 8. (XXXIV, 700 S.) nn. 1 *rℬ* 10 ngr.

Primer, F., Sammlung der für den Bezirk der Königl. Regierung zu Stettin gültigen Polizei-Vorſchriften und der damit in Verbindung ſtehenden ſonſtigen Beſtimmungen. Fortſetzung der im J. 1860 erſchien. gleichart. Sammlung. 8. (XXVII und 163 S.) Stettin 863, (Saunier.) * *

Primer, F., Sammlung der für den Bezirk der königl. Regierung zu Stettin gültigen Polizei-Vorſchriften. 2. bis auf die neueſte Zeit bericht. Aufl. 8. (XXXII, 628 S.) Stettin 869, Dannenberg und Dühr. geb. * 6 —

Primer, Fred. W., Aaron. Ein amerikan. Sittenbild. 8. (176 S.) Dresden 902. E. Pierſon. n. 2.—; geb. n. 3.—

Primer, Fred. W., die Ausgeſtoßenen e. Großſtadt. Roman aus dem modernen amerikan. Leben. (237 S.) 8. Dresden (907). E. Pierſon. 2.50; geb. n 3. 50

Primer, Fred W., die Erde bebt! Roman aus den letzten Tagen v. San Franzisko. (265 S.) 8. Jena 906. H. Coſtenoble. n. 3. —; geb. n. 4. —

— Erzählungen aus dem amerikaniſchen Volksleben 1.—3. Bd. 8. Ebd. à n. 2. —
1. Das Prairiemädchen. Aus dem Jäger- u. Grenzerleben Amerikas. (333 S.) (904.)
2. Verſchollen. (295 S.) (905.)
3. Im Leuchtturm. (302 S.) (906.)

— die Grenze. Roman aus der amerikan. Geſellſchaft. 8. (241 S.) Ebd. 901. n. 3. —; geb. n. 4. —

— der Polizeidirektor. Bürgerl. Trauerſpiel in 5 Aufzügen. 8. (III, 59 S.) Ebd. 902. n. 1. 50

— der Pulsſchlag e. Großſtadt. Amerikaniſches Sittenbild. (166 S.) 8. Dresden 904. E. Pierſon. n. 2. —; geb. n. 3. —

Die Rückkehr. Ein Roman aus dem mexikan. Leben von Fred[erick] W[aldemar] **Primer.** Berlin: Steinitz [1908]. 199 S. 8°

Primer, Karl, appr. Arzt a. Frankfurt a. M.: Aus dem Physiologischen Institute zu Marburg. Ueber die Bedeutung der Selbstunterstützung des Muskels für die Summation. Marburg 1905: R. Baumbach, Frankfurt a. M. (21 S.) 8°
Marburg, Med. Fak., Ref. Schenck, Diss. v. 29. Jan. 1905
[Geb. 8. Juni 79 Weilburg a. d. L.; Wohnort: Frankfurt a. M.; Staatsangeh.: Preußen; Vorbildung: Kaiser Friedrich-Gymn. Frankfurt a. M. Reife O. 98; Studium: Heidelberg 1, Berlin 1, Marburg 7 S.; Coll. 4. Nov. 04; Approb. 18. Juni 04.]

Primer, Paulus *(geb. Wollstein in Pos. 27. 3. 1850)*: De Cupidine et Psyche. Vratislaviae (1875). (69 S.) 8°
Breslau, Phil. Diss. v. 5. Febr. 1875

Primer, Paul [Dr., Prof.]: Die Heilung des Orest in Goethes Iphigenie auf Tauris. Frankfurt a. M., Druck v. Enz & Rudolph, 1894; 3—20 S. 4.
Frankfurt a. M., k. Kaiser-Friedrichs-G, OP 1894 (387)

Primer, Paul Stimmen gegen die Überschätzung der Kunst. 4 (S. 3—38). **Progr.** G. *Weilburg* 1887 (371).

Primer, Paul, Prof. Dr.: Schillers Verhältnis zum klassischen Altertum. Ein Gedenkblatt zu Schillers hundertstem Todestage. Frankfurt a. M. 1905: R. Baumbach. (53 S.) 4°
Frankfurt a. M., k. Kaiser-Friedrichs-G OP 1905 (463)

Primer, R., Formen-Lehre in Verbindung mit dem Zeichnen für Lehrer und Schüler in Elementar-, Sonntags- und niederen Gewerbeſchulen, desgl. in den unteren Klaſſen der Realſchulen u. Gymnaſien, ſowie auch zum Selbſtunterrichte. Mit 2 Anhängen: über Decimalbrüche und Auszichung der Quadratwurzeln. Liſſa 852. Günther. 4. (106 S. mit Holzſchn. im Text u. 1 lith. Taf. in Fol.) 24 ngr.

Primer, R., Formen-Lehre in Verbindung mit dem Zeichnen für Lehrer und Schüler in Elementar-, Sonntags- und niederen Gewerbeſchulen ꝛc., ſowie auch zum Selbſtunterrichte. Mit 2 Anhängen über Decimalbrüche und Auszichung der Quadratwurzeln. 4. (106 S. mit eingedr. Holzſchn.) Liſſa 853, Günther.

Primer, R. Formen-Lehre in Verbindung mit dem Zeichnen. Mit 2 Anhängen: über Decimalbrüche und Ausziehung der Quadratwurzeln. Deutsch und polnisch. Je 1 Exemplar. Lissa 1853—1855. 4°.

—— **Nauka o formach połączona z rysunkami dla nauczycieli i uczniów w elementarnych, niedzielnych i niższych szkołach rzemieślniczych, tudzież w niższych klassach realnych i gimnazyalnych, jako też dla rzemieślników. Z dwoma dodatkami: o ułamkach dziesiętnych i wyciąganiu pierwiastków kwadratowych. gr. 4. (100 S. mit eingedr. Holzschn.) Lissa 855, Günther.**

Primer, Sylvester: Die consonantische Deklination in den germanischen Sprachen. I. Abtheilung: Die consonantische Deklination im Altnordischen. Strassburg, Karl J. Trübner, 1880. 8. 64 S.

Primerose, nach d. Französ. frey übersetzt. Leipzig u. Gera 1799. Leipz. u. Gera 1800. Nachdruck Hohenzollern [Wien] 1800. V: *Vindé, Morel de.* Ü: *Dominicus, Jacob.* (BGE VI², 300)

Primerose; nach d. Französ. frei übers. (von J. Dominikus). 8. Gera 801. Heinsius. 1 ℔

Primerose, ein Pendant zum Landpriester von Wakefield ... [Erfurt 1798.] V: *Dominikus, Jacob.* (MGT) »A. d. Franz. Hohenzollern [Wien] 1800.« (Wr) (Ky)

PRIMES, GEORG: Kurze Anrede, als Reichs-Graf Adamus Ludovicus von Stahrenberg etc. mit Eva verwittibten Gräfin von Herbesviller, gebohrnen Baronesse von Meskó, feyerlich getrauet worden in Oedenburg 1765. Oedenburg 1765. Gedruckt bey Johann Joseph Siess. 8 S. - 2°

PRIMES, GEORG: EHR- UND LOB-REDE da ihro Excellen der Hochgeborne Herr Julius Caesar Graf von Radicati, General Feldmarschall-Lieutenant und Obrister vor sein hochlöblich uraltes Curassier-Regiment die neue Estándärte hochfeyerlich eingeweyhen liesse. Vorgetragen in der königl. Freystadt Oedenburg 1754, den 26. Junii. Oedenburg 1754. Gedr. bey Joh. Jos. Siess. 16 S. - 2°

PRIMES, GEORGIUS: Leich- und Lob-Rede über den frühzeitigen Todt des Josephi de Wiebner, als dessen Leichnam in die . . . St. Michaelis Pfarr-Kirche beygesetzet worden. Vorgetragen von Georgius Primes. Oedenburg 1750: Siess.

PRIMES, GEORG: DIVinae gratiae MagnaLia et saCris Literis atqVe patribVs qVaesitam et in honorem divi archangeli Michaelis, angelorum principis, in regno coelorum maximi, Christi in terris ecclesiae militantis archistrategi, ac custodis semper gloriosi, e publico suggestu, festo eidem die, panegyrico celebrata. Das ist die grosse Gnad und Wunderthaten GOttes, durch welche Michael zu einem Gross-Fürsten deren Englischen Heerschaaren und grössten im Himmelreich erhoben wird. Gezogen auß Göttlicher Schrifft, und heil. Vättern. Auf dessen hohe Fest-Begängnuss in eine Lob-Rede verfasset in der groß- und Uralt-Catholischen Haupt- und sogenannten St. Michaelis-Pfarr-Kirchen der königlichen Freystadt Oedenburg vor einem hoch Adelich- und Zahlreichen Auditorio vorgetragen von Georg Primes, Abt von Segnia, Pfarrer in Oedenburg. Oedenburg 1739. Bey Johann Philipp Rennauer. 14 S. - 4°

PRIMES, GEORG: Der Sohn des Menschen an Statt Gottes durch priesterliche Würde erhoben aus zweyfacher Gewalt über den wahrhafft und sittlichen Leib Christi. Oder Göttliche Würde in der Hochwürdigen Priesterschaft geehret, sein erstes Meßopffer in der Pfarr-Kirchen des hochfürstlich Esterhasischen Markt Martersdorff hoch-feyerlich gehalten am 7. Tag Octobris anno 1742 vorgetragen. Oedenburg 1742: Bey Johann Philipp Rennauer. 28 S. - 200 mm

Primes, Geo. Trauer- und Trost-Rede über den Tod der Fürsten Paul Antal Eszterházy, Feldmarschalls, des Königreichs Ungarn Obrist-Kämmerers. fol. Oedenburg 1762.

PRIMES, GEORG: Trauer- und Trost-Rede über den Tränen-würdigen Tod da ihro Durchlaucht des Heil. Römischen Reichs Fürst Paulus Antonius Esterhazy de Galantha, der löbl. Oedenburger Gespannschaft Erb-Obergespann &c das Zeitliche gesegnet, und zu seinen glorreichen Vorvättern beygesetzet worden in Eisenstadt bey einer solennen Leich-Besingnuss den 21. Tag des Monaths Martii 1762 verfasset und vorgetragen. Oedenburg 1762. Gedr. bey Joh. Jos. Sieß. 25 S. - 2°

Primics, Geo., die Torflager der siebenbürgischen Landestheile, s.: Mittheilungen aus dem Jahrbuche der kön. ungarischen geologischen Anstalt.

Primics, Geo., die geologischen Verhältnisse der Fogarascher Alpen und des benachbarten rumänischen Gebirges. Lex.-8. (33 S. mit 1 geolog. color. Karte und 5 Durchschnitten.) Budapest 884. (Berlin, Friedländer und Sohn.) * 2 —
—— dass. — s. Mittheilungen aus dem Jahrbuche der kgl. ungar. geologischen Anstalt.

Primics, Dr. Georg, Die geologischen Verhältnisse d. Fogarascher Alpen u. des benachbarten rumänischen Gebirges. (Sep.-Abdr.) gr. 8. (S. 283—315, mit einer geolog. colorirt Karte u. 5 Durchschnitten.) Budapest, Friedr. Kilian 1 fl. 1884.

Primisser, Aloy., die k. k. Ambraser Samml. beschrieben. Mit 2 Steindruckbl. 8. Wien 819. Heubner. 1 ℔ 12 gl

Primisser, Alois. Die kaiserlich-königliche Ambraser-Sammlung. Wien, Selbstverlag 1819 X + 401 S. 8°.

— d. Heldenbuch, s. Gedichte, altdeutsche, d. Mittelalters.

— — der Heldenbuch. s. Heldenbuch.

— der Stammbaum d. Hauses Habsburg-Oesterreich, nach den Originalien d. k. k. Ambraser Samml. lithographirt u. mit histor. u. Kunst-Nachrr. begl. gr. Fol. Wien 820.

Primisser, Alois. Der Stammbaum des Allerdurchläuchtigsten Hauses Habsburg-Oesterreich. In einer Reihe von Bildnissen Habsburgischer Fürsten und Fürstinnen von Rudolf I. bis Philipp dem Schœnen nach dem in der k. k. Ambraser Sammlung befindlichen, auf Befehl Kaiser Maximilians I. verfertigten Originalgemæhlde zum Erstenmale herausgegeben durch das Lithographische Institut und mit kurzen historischen und Kunstnachrichten begleitet ... [Wien 1822.]
56 Taf. in kolor. Lithogr. gr 2°.
Der Stammbaum, wahrscheinlich gemalt von Anton Waiss und vollendet 1584 im Auftrage Erzherzog Ferdinands, jetzt im Kunsthistorischen Mus. in Wien. Er beruht auf einem verschollenen Original aus dem Anfang des 16. Jahrh.
Graesse V, 444 führt Ausg. von 1820 mit 66 Taf. an.

— Uebersicht d. k. k. Ambraser-Sammlung. Mit e. Anh. über e. ethnograph. Samml. d. Kleider u. Geräthschaften aus d. Südsee-Inseln u. aus Grönland. 2e Aufl. gr. 8. Wien 827. Wallishauser. 4 gl

Primisser, Gfr.

— Denkmäler d. Kunst u. d. Alterthums in d. Kirche zum heil. Kreuze zu Innsbruck. Mit 30 Kpf. gr. 12. Innsbruck 812. Wagner. 1 ℔

Primisser, Gfr., Denkwürdigkk. v. Innsbruck u. seinen Umgebungen. 2 Thle. Mit Kpf. gr. 12. Innsbr. ... 2e A. 815. Wagner. (Leipz., Barth). 2 ℔

Primisser, G., Denkwürdigkeiten von Innsbruck und seinen Umgebungen. 2 Thle. M. K. 2te Aufl. gr. 12. Innsbruck, Wagner. (Leipzig, Barth in Comm.) 816.

Primisser, Jh. Bapt., († d. 8. Febr. 1815.) Gedanken über Trendelenburgs System d. griech. Conjugation. 8. Leipz. 793. Barth. 5 gl

— kurze Nachricht von d. k. k. Raritätenkabinet zu Ambras in Tyrol, nebst 158 Lebensbeschreibb. derjen. Fürsten u. Feldherren, deren Waffen u. Rüstungen darinnen aufbehalten werden. 8. Innsbr. 777.

— difficillima pars grammaticae graecae de formatione verbi. 4. Innsbr. 794. Schiffner. 4 gl

— de Syntaxi graeca libellus. 8. Insbruck, Schiffner, 794.

— de syntaxi graeca libellus. 8. Innsbr. 796. Schiffner. 5 gl

Primisser, Jh. Fr., († 1812.) Friedrich mit der leeren Tasche. Schspl. ...

— s. Martin Sterzinger.

Primitiae Czernovicienses. Festgabe zur 50. Versammlg. deutscher Philologen u. Schulmänner in Graz 1909, hrsg. v. I. Hilberg u. J. Lüthner. (IV, 131 S.) gr. 8. Czernowitz 909. H. Pardini. 3.50

Primitiae Florae Holsatiae quas praeside D. Joh. Christiano Kerstens ... defendet auctor Fridericus Henricus Wiggers. Kiliae 1780. V: *Weber*, *Gg Hnr.* (schles)

Primitiae physico-medicae ab iis, qui in Polonia et extra eam, medicinam faciunt coll. ([Hrsg.:] Ernestus Jeremias Neifeld.) Vol.1-3. Lesnae:Presser (2 ff.: Züllichoviae: Orphanotropheum) 1750-1753. 3 Bde 8°
Vol.1.2: 1750.
Vol.3: 1753.

Primitiae pontificiae, theologorum neerlandicorum disputationes contra Lutherum, inde ab a. 1519 usque ad a. 1526 promulgatae. Collegit, denuo ed. commentariis praeviis necnon adnotationibus instruxit F. Pijper. (XI, 642 S.) Lex.-8. Haag 905. M. Nijhoff. n.n. 13.50

Primitien v. Julia-Virginia. (167 S.) 8. Berlin (903). Verlag Continent. Geb. in Leinw n. 3.—

Primitiva

—latina ex Cellarii lib. memorial. Ed. VI. 8. Leipz. (List in Berl.) 4 gr.

— latina et Cellario lib. memorial. 8. Lips. Sommer.

Primitiva lat. et gallica, ex lib. memor. Cellarii. 8. Braunschweig 761. Schröder. 3 gr.

—lat. linguae, germ. explic., gallicae accomm., od. latein.-deutsches u. französ. Wörterbuch rc. mit 1700 Figuren. gr. 8. Nürnb. 774. Monath u. K. 12 gr.

Primitz, J. N., neues slovenisch-deutsches, der Fassungskraft d. Kinder angemess. ABC, welches auserlesene u. belehrende Aufgaben u. Unterhaltungen enthält. gr. 8. Grätz 814. Miller. 10 gr.

—deutsch-slovenisches Lesebuch, enth. verschiedene Erzähll., Fabeln, in gebundener u. ungebundener Rede rc. gr. 8. Grätz 813. Miller. 12 gr.

Primke, H., Anleitg. zur prakt. Ausführg. d. landwirtschaftlichen Arbeiten. Für Verwalter, Lehrlinge, strebsame Arbeiter u. landwirtschaftl. Schüler hrsg. I. Die Hofverwaltg. (Neue [Titel-] Ausg.) 12. (IV, 68 S. m. 1 Tab.) Berlin (895) 898. P. Parey. n.n. —50

Primke, H., Anleitung zur praktischen Ausführung der landwirtschaftlichen Arbeiten. Für Verwalter, Lehrlinge, strebsame Arbeiter u. landwirtschaftl. Schüler hrsg. II—IV. 12. Berlin, P. Parey. à n. —50
II. Die Feldarbeiten. (III, 88 S.) 899.
III. Die Viehpflege. (III, 67 S.) 899.
IV. Die Meierei. (III, 86 S.) 901.

— Anleitg. f. d. prakt. Ausführg. d. landwirthschaftl. Hofarbeiten. (D. Hofverwaltg.) 12. (IV, 68 S. m. 1 Tab.) Berlin 895. (C. Roese & Co.) n. —50

Primkenau [Schlagwort]

Primkenau, s.: Preussen. Messtischblätter.

Primker, Fel., der Handelsvertrag vom 2. Aug. 1862 und das französische Fremdenrecht. Breslau 863. Trewendt. gr. 8. (24 S.) 6 ngr.

— die Kompetenz-Konflikte in Preußen. Berlin 861. Guttentag. gr. 8. (68 S.) n. 10 ngr.

Primon, Karl Friedrich. Authentische Geschichte des jetzigen Krieges zwischen Dänemark und England. 8. Kopenhagen und Leipzig 1801.

Primon, C. F., authentische Geschichte d. jetzigen Kriegs zwischen Dänemark u. England. 8. Kopenhagen 801. Schubothe. 12 gr.

PRIMOS, Isidorus: Ecclesia aquilejensis; eius historia, vicissitudines et controversiae. — (1904) 53 S. 4° (Handschr.) Diss. 787
Diss. Wien, Univ.

Primožič, Anton Über den Gebrauch und die Bedeutung des Wortes „Idee" bei den bedeutendsten Philosophen. 8 (S. 3—28). Progr. Staats-Oberg. *Iglau* 1887.

Primožič, Anton Zur Homerlectüre. (I. Theil.) 8 (S. 3—20). Progr. K. k. Staats-Oberg. *Iglau* 1892.

Primožič, Anton Über den Demosthenischen Periodenbau. 8 (S. 3—27). Progr. Staats-Oberg. *Iglau* 1890.

— Zur Privatlectüre in den klass. Sprachen. Gel. 1893. 20 S.

Primrose, Deb., u. Marg. N. Zepler, die Schönheit der Frauengestalt, wie sie zu erwerben u. zu erhalten ist auf Grund e. einfachen u. leichten Systems. (VIII, 152 S. m. Abbildgn.) kl. 8. Eßlingen (906). J. F. Schreiber. n. 2.—; geb. in Leinw. m. Goldschn. n. 3.—

Primrose, D., & M. N. Zepler: Die Schönheit der Frauengestalt, wie sie zu erwerben u. zu erhalten ist auf Grund eines einfachen u. leichten Systems. Eßlingen & München 1906. 152 S.
— — 2. Aufl. Um 1908.

Primula Vera, s.: Schlechteste, das, in der Welt.

Prinс . . . s.: Prinz . . .

Prince, the little lame, and his travelling cloak, by the author of „John Halifax, Gentleman", s.: Collection of brit. authors.

Prince, in d. Gefangenschaft d. Papuaneger, s.: Kruson, v., Jack, d. Bärenklaue.

— dasselbe, s.: Indianer- u. Volksbibliothek.

Prince, Charles, Etudes critiques et exégétiques sur les Perses d'Eschyle. Berlin 868. van Muyden. gr. 8. (XXXI, 183 S.) n. 1 rf 20 ngr.

Prince, Edmond, dipl. Chemiker E. P. aus Neuchâtel und St. Blaise: Beitrag zur Bestimmung des Jods in Jodoform und in Jodiden. [Mit zwei Figuren im Text.] Zürich, J. F. Kobold-Lüdi, 1910. 50 S. 8°. Zürich. Techn. Hochsch. Techn. Diss 1910 11

Prince, Edmond. Beitrag zur Bestimmung des Jods in Jodoform und in Jodiden. Promotionsarbeit Polyt. Zürich. [Mit 2 Figuren.] 49 S. 8. Zürich, J. F. Kobold-Lüdi, 1910.

Prince, Franciscus: De vino Neocomensi, ... Basel: Decker 1743. 21 S. Basel, Med. Diss. v. 11.10.1743 -- 29°

Prince, John Dyneley, the Abu Habba Cylinder of Nabuna'id, s.: Lau, Rob. J.

A critical commentary on the book of Daniel. Designed especially for students of the English bible by J. Dyneley Prince. Leipzig: J. C. Hinrichs 1899. (VIII, 269 S.) 8°

Prince, John Dyneley: Materials for a Sumerian lexicon with a grammatical introduction, s.a. Bibliothek, Assyriologische. XIX.

Materials for a Sumerian lexicon with a grammat. introd. by John Dyneley **Prince**. Letters A-Z. Followed by a reference-glossary of Assyrian words by W(illiam) Muss-Arnolt. (In 4 p.) Leipzig: C. Hinrichs 19(05–)08. XXXV,414 S. 4°
(Assyriolog. Bibliothek. Bd. 19.)

Eine deutsche Frau im Innern Deutsch-Ostafrikas. Nach Tagebuchblättern erzählt von Magdalene **Prince** geb. v. Massow. Mit 1 Titelb. u. 14 Abb. *Berlin: E. S. Mittler & Sohn 1903.* (VI, 208 S.) 8° [F.] 03. 11573

Prince, Magdalene, geb. v. Massow, eine deutsche Frau im Innern Deutsch-Ostafrikas. Nach Tagebuchblättern erzählt. 2. (durchgeseh.) Aufl. (X, 212 S. m. 14 Abbildgn., Titelbild u. 1 Karte.) 8. Berlin 905. E. S. Mittler & Sohn. n. 3. 50; geb. n. 4. 50
1. Aufl. (VI, 208 S.) 903. 3.50; geb. 4.50.

Prince, Magdalene, geb. v. Massow, eine deutsche Frau im Innern Deutsch-Ostafrikas. 11 Jahre, nach Tagebuchblättern erzählt. 3., verm. Aufl. Mit 1 Titelbilde, 22 Abbildgn. u. 1 Skizze. (XII, 239 S.) 8. Berlin 908. E. S. Mittler & Sohn. 4.—; geb. 5.—

Prince-Smith, John, über die weltpolitische Bedeutung der Handelsfreiheit. Rede auf dem dritten Congreß deutscher Volkswirthe zu Köln am 13. Septbr. 1860. Leipzig 860. Hübner. (Werl.) gr. 8. (12 S.) n. 2½ ngr.

Prince-Smith, John, Bemerkungen und Entwürfe behufs Errichtung von Aktien-Banken. gr. 8. Berlin 846, Springer. 4 ngl

— siehe: Bibliothek volkswirthschaftlicher Schriften.

Prince-Smith, John, über die breslauer Denkschrift für Differentialzölle, s. Verhandlungen im Freihandelsverein rc.

(Prince-Smith, John). Für und wider Differenzialzölle. Eine Berufung an das kritische Urtheil deutscher Volksvertreter. Berlin, F. Schneider u. Comp. 1848. 35 S. 4.

Prince-Smith, J.: „Ueber den politischen Fortschritt Preussens", Zürich und Winterthur 1844. — Vorh.: Com. Bibl. Hamburg.

Prince-Smith, J. Ueber die Frage: Wer trägt die Mahl- und Schlachtsteuer. gr. 8°. Elbing 1845.

Prince-Smith, John. Ueber die Frage: Wer trägt die Schlacht- und Mahlsteuer? Elbing, Levin 1845. 24 S. 8.

– s. Für u. Wider Schutz- u. Differenzialzölle.

Prince-Smith, John, ein Gespräch über Handel. gr. 8. (87 S.) Berlin 849. Schneider & Co. n. ⅙ ₰

Prince-Smith, John,
— Für volle Gewerbefreiheit. Commissionsbericht über den von L. Reichenheim verfassten „Entwurf eines allgemeinen Gewerbegesetzes für Preussen mit Motiven", erstattet in der Sitzung (des Vereins für volkswirthschaftl. Interessen) am 19. Febr. 1861. 8°. Berlin 1861.

— Ueber die volkswirthschaftlichen Grundsätze der Armenpflege. 8°. Leipzig 1861.

— über Handelsfeindseligkeit. gr. 8. Königsberg 843, Theile. ½ ₰

Volkswirthschaftlicher Congress. 3. Versammlung. 1860. — Der eiserne Hebel des Volkswohlstandes von JOHN PRINCE-SMITH. (Ohne bes. Titelblatt. — Druck und Verlag von Ernst Kühn in Berlin.) 4°.

Prince-Smith J, über den Kredit. (Berlin 1866)

Prince-Smith, John, Lehrbuch der englischen Sprache. 1. Kursus zur leichteren und gründlichen Erlernung der Aussprache besonders eingerichtet. 8. (VI, 250 und Schlüssel zur Aussprache rc. 86 S.) Berlin 855, Herbig. *

— über die Nachtheile für die Industrie durch Erhöhung der Einfuhrzölle. gr. 8. Elbing 845, Levin. n. ½ ₰

Prince-Smith, John. Petition um Schutz gegen Beschränkung des Verkehrs. An die deutsche National-Versammlung. Druck von W. Möser u. Kühn. 4 Bl. 4.
Flugblatt. Berlin, 12. Aug. 1848.

—— über die Quellen der Massenarmuth. Rede in der volkswirthschaftl. Gesellschaft für Ost- und Westpreußen gehalten zu Elbing am 5. Jan. 1861. gr. 8. (23 S.) Leipzig 861, Hübner. *

— Ueber die Quellen der Massenarmuth. Rede in der Volkswirthschaftlichen Gesellschaft für Ost- und Westpreussen, geh. zu Elbing am 5. Jan. 1861. gr. 8°. Leipzig, Hübner (Werl), 1861.

Prince-Smith, John. Rede zur Berichterstattung an seine Wähler in Stettin am 25. März 1862. Berlin, G. Jansen (1862). 14 S. 8.

Prince-Smith, John, Rede zur Berichterstattung an seine Wähler in Stettin am 11. Juni 1863. gr. 8. (14 S.) Berlin 863, Jansen.

Prince-Smith's gesammelte Schriften. 1—3. Bd. gr. 8. Berlin 877—80. Herbig. n. 24. 50
1. Zur Physiologie des Verkehrs. Staat u. Volkshaushalt. Ueber das Denken. Zur Münzreform. Zur Lohnfrage. Die Sozialdemokratie. Hrsg. von Otto Michaëlis. (VI, 429 S.) n. 8. 50
2. Ueber den polit. Fortschritt Preussens. Handelsfeindseligkeit u. Zollschutz. Ueber die engl. Tarifreform. Vermischte volkswirthschaftliche Schriften. Hrsg. von Karl Braun-Wiesbaden. (V, 388 S.) n. 8. —
3. Kommissionsbericht über das Gewerbegesetz vom 9. Febr. 1849. Der Handelsminister auf 6 Stunden. Grund- u. Kapitalrente. Vom volkswirthschaftl. Kongress [2 Vorträge]. Vermischte volkswirthschaftliche Schriften. Lebensskizze verf. von Otto Wolff. Hrsg. v. Karl Braun-Wiesbaden. Mit dem photogr. Bildnisse John Prince-Smith's. (338 S.) n. 8. —

—— Für und Wider Schutz- und Differenzialzölle, s.a. Für.

Für und Wider Schutz- und Differenzialzölle. Eine Berufung an das kritische Urtheil deutscher Volksvertreter. (Von **J. Prince-Smith.**) Berlin. 1848. 4°.

Prince-Smith, J., die Social-Demokratie auf d. Reichstage, s.a. Social-Demokratie.

— d. Soz.-Demokratie a. d. Reichstage nebst Rede v. **Braun.** Berl. 869.

Prince-Smith, John, der Staat u. der Volkshaushalt. Eine Skizze. gr. 8. (68 S.) Berlin 873. Springer's Verl. n. — 80

Prince-Smith, John. Ueber die englische Tarifreform und ihre materiellen, sozialen und politischen Folgen für Europa. Berlin, J. Springer 1846. VIII 108 S. 8.

— über die engl. Tarifreform u. ihre materiellen, socialen u. politischen Folgen für Europa. gr.8. Berlin 846, Springer. n. 2/3 ß

Vortrag des Herrn PRINCE-SMITH, gehalten am 27. März 1849 im Verein für Handelsfreiheit in Hamburg. (Ohne bes. Titelblatt.) 4°.

Prince-Smith, John. Ueber Censur. Königsberg, Boigt 1843. 23 S. 8.

Prince Smith, Joh. Jakobi's Ziel d. Arb.-Beweg. Berlin 870.

Princeps, s.a. Prinzeps

Princeps et conciliarius . . . adornatus. S. l. 1728. V: *Dehn*, *C. D.* (Collin, Anonymer. Kiobenh. 1869.)

Princeps, et consiliarius a famigeros. olim politico virtutis documentis adornatus. 4. Hamb. König. 728.

Princeps ad honores via in gentilitiis virtutum Lambergicarum gradibus demonstrata etc. Cum figuris. Passaviae 1723.

Princeps Maximus ex Studio Virtutis, Felicitatis, et Gloriae ad Bravium coeleste Evocatus . . . Bambergae 1757. V: *Helbling*, *Lorenz*. (Jes)

Princeps pastor, drama musicum . . . Monachii 1764. V: *Pemble*, *Joseph*. (Jes) (SO)

la Princesse de Babylone. 8. (Frankf.) 768. Esslinger. (Schäfer). 16 gl

Princesse, la, de Babylone. 8. Londres. (Esslinger in Frkft.) 768.

— Infortunée, ou hist. d'Aurélie. gr. 8. Neuchatel 785. (Ettinger in Gotha). 10 gl

— — la même. gr. 8. Leipz. Sommer.

Princesses, les, Malabares, ou le Célibat philosophique ouvrage intéressant et curieux, avec des notes historiques e critiques. 8. Tranquebar. (Vandenhök et R. in Götting.) 735.

Princessin, s. Prinzessin

Princeton Merkur: June 1876—1878? Princeton, WI
Weekly. Edited by Gustav Tesch.

Princeton Zeitung: 1903?—1907? Princeton, WI
Independent weekly. Circulation: 1905, 500. Published by German Publishing Co.

Princip, s. Prinzip

Principatus et archiepiscopatus Salisburgensis recenter elucubratus. Nürnberg. 1 Bl. c. K. v.

Principatus et archiepiscopatus, S. R. J., Salisburgensis . . . Norimbergae [174?]. V: *Gütrather*, *Odilo von*. (Hr)

Principauté, la, de Valachie sous le Hospodar Bibesko par B. A***. 2. Édit. gr. 8. (192 S.) Bruxelles 848, (Vogler.) *

les Principaux défauts de l'état militaire relevés et une reforme judiquée sur les enrollemens, la paye et les occupations de cette classe de peuple par Mr. M. (Jh. Cph. Mehlburg). 8. Götting. 792.

Principe, el, de la Paz und die Micheline. Puppenspiel in 3 Acten. 859. (66 S.) — 2., sehr erweiterte u. verstärkte Aufl. St. Gallen 859. Scheitlin & Zollikofer. 16. (71 S.) 9 ngr

Principe, Die, der Fichtischen Philosophie in ihrer Blösse. Am Fichtelberge [Gera] 1800. V: *Heynig*, *Johann Gottlob*. (Wr)

Principe, die, d. Fichtisch. Philosophie in ihrer Blöße dargest. (von J. G. Heynig). Am Fichtelberge 800. (Joachim in Leipz.) 4 gl

Principes

— de l'administration politique etc. III Vol. gr. 8. Bern, Haller.

— pour apprendre à dessiner le paysage d'après nature, voy. S. Weibel.

Principes de l'art de la guerre, extraits des meilleurs ouvrages des Anciens; par un officier général au service du roi de Prusse 3 v. 8. Berlin 1763 — 2 v. 8. Lyon 1763.

— de l'art de la guerre détaillés av. ordre, prouvés par une déscript. exacte de la discipline milit. des anciens Grecs et Rom. 8. Strassb. 764. (Schäfer). 1 ß N. Aufl. par Mr. Stirnemann, avec Pl. 8. Kopenh. ... Bonnier. 1 ß 4 gl

Principes de l'Art de la Guerre rélativement a la milice des anciens Grecs et Romains par M. Stiernemann, nouv. edit. av. pl. 8. Copenh. Bonnier.

Principes artis medicae, Hippocrates Aretaeus, Trallianus, Alex. Aurelian. etc. rec. Alb. de Haller. XI Tmi. 8. Basel, Flick. 769-74.

Principes artis medicae; Hippocrates, Aretaeus, Trallianus, Alex. Aurelian. etc. recens. Alb. de Haller. XI Tom. 8. Basel 769—74. (Neukirch). 11 ß

— — id. l. 8 maj. Laus. Pott. 787.

Principes de chirurgie. 280 S., gbd. (Handschrift von F. Billod.)

O.O.: o.J.

Principes de conchylologie, suivant la méthode de Linné. Berl. 18??. V: *Müller*, *Th.* Ü: *Murray*, *Adolphe*. (EBHN)

Principes du Droit naturel, à l'usage de l'Ecole militaire de Colmar. Colmar 1781. V: *Pfeffel, Conrad Glieb.* (MGT) (Adel) (Ky) (oa) (Schletter, Handb. d. jurist. Litt. Grimma 1843. S. 319.)

— du droit naturel, à l'usage de l'école milit. de Colmar. (par Konr. Gli. Pfeffel). 8. Colmar. 781. Garbe. 6 gr

— du droit politique mis en opposition etc. par C. F. de P***. 12. Lpz. Ind. Comt.

Principes du droit politique mis en opposition avec ceux de J. J. Rousseau sur son contrat social. 8°. Leipzig 1801.

DE P..., C. F.: Principes du droit politique mis en opposition avec ceux de J. J. ROUSSEAU sur le contrat social. *Leipz.* 803. 8.

— d'écriture russe et française. 4. ibid.

Principes généraux d'administration etc., voyez Liechtenstern.

Principes généraux des Protestans de la Confession d'Augsbourg ... Strasburg 1791. V: *Koch, Christoph Wilhelm.* (Adel) (Ky) (MGT)

— généraux des Protestans de la Confession d'Augsbourg etc. (par Cph. W. Koch). 8. Strassb. 791.

— de tout gouvernement, ou examen de causes de la Splendeur. II Vols. 8. Dresd. 767. Gröll. 22 gr

— de la grammaire française à l'usage des Allemands. St. Petersb., Briell. 8 Rubel.

Principes de la langue française, choisis de meilleurs grammaires ... Hamb. et Leipzig 1810. V: *Albert, Joh. Bapt.* (Ky)

— de la langue française, choisis de meilleurs grammaires et enrichis d'exemples sur tous les cas. (par J. B. Albert II.) 8. Hamb. u. Leipz. 810. Ed. II. 812. Cnobloch). 4 gr

— de lecture, mis à la Portée de l'enfance des deux sexes, avec des Notions sur la morale, la Géographie, la Physique et Histoire naturelle. gr. 12. Hamb. 825. Hoffmann u. Campe. 9 gr

— le même. Vme édition entierement refondue, et approuvée par les meilleurs grammairiens; par M. Arnauld. 8. Bresl. 820. W. G. Korn. 1 rf 12 gr

— de morale etc. s. Fr. Herrmann, Vernunftkatechismus.

— de morale pour les Enfans cont. des hist. ou des Leçons courtes etc. (p. Beaurains) franç. et allem. av. grav. enlum. 18. Lpz. Hinrichs. 801.

— de morale pour les enfans. Contenant des histoires ou des leçons courtes, faciles à concevoir, propres à leur inculquer les notions les plus essentielles de morale etc. avec le texte polonais en regard. 12. Bresl. ... N. Ed. 831. W. G. Korn. 16 gr

— de la philosophie naturelle. II Vol. gr. 8. Leipz. Sommer.

Principes, Les, de la science et des mathématiques. Dresde 1750. V: *Coste, Pierre.* (EB)

Principes de Stratégie, développés par l'histoire de la campagne de 1796 en Allmagne ... Vienne 1817. V: *Carl, Erzherzog v. Österreich.* (KA)

— de Strategie, développés par l'histoire de la Campagne de 1796 en Allemagne. III Toms. 8. avec Pl. Wien 818. Schaumburg u. C. 20 rf

Principes de l'Union maçonnique suisse. Zürich 1849: Orell, Füssli & Co. 4 Bl. 8°. [Umschlagtit.]

Principes, Les vrais, de la langue française, oder neue französische Grammatik für Deutsche. Berlin 1785. H: *La Veaux, Jean Charles Thiébault de.* (Ky)

— les vrais, de la langue franç. od. neue franz. Grammatik f. Deutsche, v. J. C. de la Veaux. 8. Berl. Himburg. (a. Hinrichs in Leipz.) 785.

— les vrais, de la langue franç., od. neue franzöf. Grammatik f. Deutsche, (hrsgg. v. J. C. de la Veaux). 8. Berl. 785. (Reimer); (a. Hinrichs in Leipz.) 9 gr

Principj di lingua francese ad uso dei studiosi di detta lingua, ossia raccolta di voci, frasi e dialoghi famigliari ed elementari ed una scelta di termini risguardanti la navigazione e le strade ferrate etc. gr. 16. (136 S.) Triest 861, Coen.

Principj, primi, della Grammatica turca. 4. Constantinop. (Kummer, Leipz.) 794.

Principi serenissimo [Karl II. Herzog von Braunschweig] die natali suo congratulantur Collegii Carolini cives. 1829. [Ode.] 2 Bl. 4° *Br*

Principia catholica de sacra scriptura. Ratisb. 1793. V: *Wittmann, Gg Michael.* (Schmal)

— christiano-politica. 12. Cölln, Haas d. S. (Fabricius.)

Principia adornando systemati rationis rei litterariae deservitura. Pestini 1791. V: *Fuker, Frdr. Jac.* (Barbier) (Pk)

— adorando system. rationis rei literar. deservitura. 8. Pest 791. Eggenberger. 3 gr

— od. Einleit. z. latein. Sprache. 8. Freiburg, Wagner. 5 gr

Principia juris ad formam exam. red., c. not. etc. 8. Frft. (Weidmann, Lips.) 791.

Principia juris civ. et judiciarii hodierni, ex leg. Rom. Germ. et Saxon. civilib. ducta tabulis synopt. exhib. II Tmi. 4. maj. Lips. Leupold. (Herzog.) 796. Rthlr.

Principia juris-civilis et judiciarii hodierni, ex leg. Rom., Germ. et Saxon. civilib. ducta. tabulis synopt. exhib. II Tom. 4maj. Leipz. 796. Leupold. (Klein). 1 ℛ

Principia jur. civ. et judiciarii hodierni tabb. synopticis exhibita. *E.* 797. 4.

Principia juris feudalis. Ingolstadii 1769. Monachii et Lipsiae 1776. V: *Schmidt, Benedict.* (Schletter, Handb. d. jurist. Litt. Grimma 1843. S. 86.)

Principia júris feudalis in us. acad. *Monach.* Grätz. 770. 8. (1 Thl.)

Ge. Beyeri, J. Glo. Heineccii, Jo. Rud. Engavii et Jo. Steph. Pütteri principia jur. Germ. in succinctis tabulis exhibita a Mich. H. Gl. Reinhardo. *Lips.* 752. 4.

Principia juris publici ecclesiastici catholicorum . . . in usum tironum. Francofurti ad M. 1746. V: *Neller, Georg Christoph.* (Schletter, Handb. d. jurist. Litt. Grimma 1843. S. 103.) (Ky) (Barbier) »1745« (ADB)

— juris publ. eccles. catholicor. ad stat. germ. accomm. in us. tironum (a G. C. Neller). Frankf. a. M. 746. N. A. 769. Esslinger. (Schäfer). 8 gr (Braun in Heidelb). 6 gr

Principia juris publ. germanici, in us. acad. *Monachii,* Grätz. 776. 8. (1 Thl. 8 Gr.)

Principia philosophiae naturalis, experimentis stabilita . . . Halae 1738. V: *Sellius, Gfr.* (Myl)

Principia processus iudicii imperialis aulici hodierni brevissime delineata . . . Francof. et Lips. 1744. V: *Neumann zu Wolffeld, Johann Frdr. Wilhelm von.* (ML) (MS) (Ky) (Fahnenberg, Litt. d. k. Reichskammerger. Wezlar 1792. S. 131.) (Pütter, Litt. d. Teutsch. Staatsr. Gött. 1773—91. III, 405.) (Schletter, Handb. d. jurist. Litt. Grimma 1843. S. 161.) (ADB)

Principia processus judicii imperialis aulici hodierni, cum differentiis processus cameralis. Nebst einem vollständigen Formular-Buch des heutigen Reichs-Processes bey den Höchsten Reichs-Gerichten . . . Francofurti et Lipsiae 1747. 2. Aufl. 1755. V: *Neumann de Wolfsfeld, Johann Friedrich Wilhelm von.* (KGBerlin I, 837)

Principia processus judicii imperialis aulici hodierni, brevissime delineata, indicatis simul differentiis processus cameralis. Francofurti et Lipsiae 1755. V: *Neumann de Wolfsfeld, Johann Friedrich Wilhelm von.* (KGBerlin I, 837) Vgl. III, 9787.

— processus judicii imperialis aulici hodierni brevissime delineata, indicatis simul differentiis processus cameralis a J. F. W. de N. de W. (Jh. Fr. W. v. Neumann). 4. Frkf. u. Leipz. 744. — Dass. nebst e. vollständ. Formularbuch d. heutigen Reichs-Processes rc. 747. 2e Ausg. 5 Thle. 4. Ebd. 755. (Schäfer). 1 ℛ 4 gr

Principia, De rationibus eloquentiae sacrae, selecta. Oeniponti 1861. V: *Jungmann, Josef.* (Margr)

— sive rudimenta grammaticae latinae etc. 8. Augsb. 792. Wolf. 4 gr

Principia sermonis Graeci, juxta methodum recentiorum . . . Tiguri 1736. V: *Hirzel, Joh. Hnr.* (Cat. d. Stadtbibl. Zürich. Zürich 1864—97.)

— sermonis graeci juxta method. recentior., q. vulgo Welleriana dicitur. In usum juventutis edita. Edit. nova et auctior. 8. Zürich 784. Gessner. 10 gr

— theologiae revel. disputationib. XX. 4. Magdeb. Hechtel. 768.

— religiosae vitae fratribus clericis Ord. Min. Reformator. Provinc. Antonianae, inchoantibus eandem vitam, porrecta. 24. Bresl. 794. J. F. Korn. 5 gr

Principien, s. Prinzipien

Principii e leggi generali di filosofia e medicina speculativa. Vienna 1817. V: *Ceresa, Carlo de.* (Call)

Principles of Kants critical Philosophy; comment. by J. S. Beck, and transl. from the Germ. by a Man of lettres. gr. 8. Hamb. 797. (Campe). 1 ℛ 16 gr

Pringal, Erich, a. Barmen: Über den wesentlichen Einfluss von Spuren nitroser Gase auf die Kondensation von Wasserdampf. Marburg 1908: R. Friedrich. (62 S.) 8°
Marburg, Phil. Fak., Ref. Richarz-Schaum, Diss. v. 19. Mai 1908
[Geb. 5. Febr. 82 Stuttgart; Wohnort: Potsdam; Staatsangeh.: Preußen; Vorbildung: Gymn. Heilbronn, Neues Gymn. Nürnberg Reife Juli 02; Studium: Berlin 5, Marburg 6 S.; Rig. 29. Jan. 08.]

Pringle, Johann, s. Pringle, John

Pringle, John, Sir: Beobachtungen über die Krankheiten einer Armee, so wohl im Felde, als in Garnison. In drey Theilen. Nebst einem Anhange, der einige Aufsätze von Versuchen enthält, die der Königlichen Gesellschaft bey verschiedenen Zusammenkünften vorgelesen worden. (Observations on the diseases of the army. Dt.) Th. 1-3. Übers. von Johann Ernst Greding. 488 S., gbd.

Altenburg: Richter 1754

Pringle, Jh., Beobachtt. üb, die Krankheiten einer Armee, so wohl im Felde als in Garnison; aus d. Engl. v. Jh. Er. Greding. 8. Altenb. 754. — Dass. aus d. Engl. von J. E. Brande. gr. 8. Altenb. 772. (Hennings in Neisse). 1 ℛ 6 ℊ

Pringle, John, Sir: Beobachtungen über die Krankheiten der Armee. (Observations on the diseases of the army. Seventh edition. Dt.) Übers.von A(ugust) E(berhard) Brande. (Th. 1 - 3), 591 S., gbd., Abb.

Altenburg: Richter 1772

Pringle, Johann Ritter Baronet. Mitglied der königl. Collegien der Aerzte zu London etc. Beobachtungen über die Krankheiten der Armee, enthaltend im 1. Theile Krankheitsberichte über die britischen Truppen in den Kriegen 1742—1748. Nach der neuesten Ausgabe übersetzt von A. E. Brande. 8. Wien 1787.

Pringle, John, Sir: Beobachtungen über die Krankheiten der Armee. (Observations on the diseases of the army. Seventh edition. Dt.) Übers.von A(ugust) E(berhard) Brande. (Th. 1 - 3), 591 S., gbd., Abb.

Wien: typ.v.Trattnern 1787

— üb. einige neuere Verbesserungen d. Mittel, die Gesundheit d. Seele zu erhalten; aus d. Engl. von J. E. Wichmann. 8. Götting. 777. Dieterich. 3 ℊ

Pringle, Th., südafrikanische Skizzen, s.a. Reisen u. Länderbeschreibungen, 9. Lfg.

Pringle, Thomas: Südafrikanische Skizzen. Aus dem Englischen übersetzt. Stuttgart u. Tübingen 1836. VIII, 317 S.
= Reisen und Länderbeschreibungen der älteren und neuesten Zeit. Lfg. 9. 8°.

Pringnitz, J. N., Gedanken üb. Disciplin u. Schulzucht. gr. 8. (21 S.) Berlin 893. M. C. Neve. Kart. — 60

Pringnitz, J. N., Handbuch f. evang. Schulkinder. gr. 8. (46 S.) Berlin 896. 97. Ad. W. Köllner. n.n. — 25

— Katechismus, Psalmen u. Sprüche f. d. pommerschen Volksschulen, auf Grund des Beschlusses der 7. pomm. Prov.-Synode im Einvernehmen m. d. kgl. Regierungen zu Stettin, Köslin u. Stralsund zusammengest. v. dem kgl. Konsistorium d. Prov. Pommern 1895. Hrsg. m. e. Anh., enth.: Gebete, Palästina, Pauli Missionsreisen, d. hl. Schrift, d. Katechismus, Verzeichnis d. bibl. Bücher, d. Reformation, Zeittafel zur bibl. Geschichte u. zur christl. Kirchengeschichte. 3. Aufl. gr. 8. (32 S.) Berlin 896. Ad. W. Köllner. n. — 15

Pringnitz. Katechismus, Psalmen u. Sprüche f. die pommerschen Volksschulen, auf Grund des Beschlusses der 7. pomm. Prov.-Synode im Einvernehmen m. den königl. Regiergn. zu Stettin, Köslin u. Stralsund zusammengestellt v. dem königl. Konsistorium der Prov. Pommern 1895. Hrsg. m. e. Anh., enth.: Gebete, Palästina, Pauli Missionsreisen, die hl. Schrift, der Katechismus, das christl. Kirchenjahr, Verzeichnis der bibl. Bücher, die Reformation, Zeittafel zur bibl. Geschichte u. zur christl. Kirchengeschichte. 6. Aufl. gr. 8. (32 S.) Berlin 899. H. Th. Hoffmann. n. — 15

Katechismus, Psalmen und Sprüche für die Pommerschen Volksschulen, auf Grund d. Beschlusses d. 7. Pomm. Prov.-Synode im Einvernehmen mit den Kgl. Reg. zu Stettin, Köslin u. Stralsund zsgest. von d. Kgl. Konsist. d. Prov. Pommern 1895. Hrsg. mit e. Anh. von [J. N.] Pringnitz. 7. Aufl. *Berlin: H. Th. Hoffmann 1901.* (32 S.) 8° [Umschlagt. F.]
[ca. 6370]

Pringnitz. Katechismus, Psalmen u. Sprüche f. die pommerschen Volksschulen, auf Grund des Beschlusses der 7. pommerschen Prov.-Synode im Einvernehmen m. den königl. Regiergn. zu Stettin, Köslin u. Stralsund zusammengestellt v. dem königl. Konsistorium der Prov. Pommern 1895. Hrsg. m. e. Anh., enth.: Gebete, Palästina, Pauli Missionsreisen, die hl. Schrift, die fünf Hauptstücke, das christl. Kirchenjahr, Verzeichnis der bibl. Bücher, die Reformation, Zeittafel zur bibl. Geschichte u. zur christl. Kirchengeschichte. 10. Aufl. (32 S.) 8. Neubrandenburg 906. C. Brünslow. n. — 15

Pringnitz, Katechismus, Psalmen u. Sprüche f. die pommerschen Volksschulen, auf Grund des Beschlusses der 7. pommerschen Prov.-Synode im Einvernehmen m. den königl. Regiergn. zu Stettin, Köslin u. Stralsund zusammengestellt v. dem königl. Konsistorium der Prov. Pommern 1895. Hrsg. m. e. Anh., enth.: Gebete, Palästina, Pauli Missionsreisen, die hl. Schrift, die fünf Hauptstücke, das christl. Kirchenjahr, Verzeichnis der bibl. Bücher, die Reformation, Zeittafel zur bibl. Geschichte u. zur christl. Kirchengeschichte. 12. Aufl. (32 S.) 8. Neubrandenburg 910. C. Brünslow. — 15

— Lernbüchlein f. den evangelischen Religionsunterricht. Nach dem Lehrplan f. die Berliner Gemeindeschulen zusammengestellt. 7. Aufl. gr. 8. (32 S.) Ebd. 894. n. — 10

— Lernbüchlein f. die evangelischen Schulen zu Berlin. Ausg. A. 23. Aufl. gr. 8. (32 S.) Ebd. 900. n.n. — 10

— dasselbe. Ausg. B. gr. 8. (52 S.) Ebd. 896. n. — 20

Pringnitz, J. N., deutsche Sprache, Geographie u. Geschichte f. d. Hand d. Schüler bearb. [Aus: „P., Handbuch f. evang. Schulkinder".] 2. Aufl. gr. 8. (24 S.) Ebd. 896. 97. n. — 15

Pringsheim, Alfr., über das Additions-Theorem der elliptischen Funktionen. (S. 415—423.) gr. 8. München 906. (G. Franz' Verl.) n. — 20

— über die Divergenz gewisser Potenzreihen an der Convergenzgrenze. gr. 8. (S. 505—524) Ebd. 902. n. — 40

— über e. Fundamentalsatz aus der Theorie der periodisch. Functionen. gr. 8. (S. 541—552.) Ebd. 901. n. — 20

— der Cauchy-Goursat'sche Integralsatz. u. seine Uebertragung auf reelle Kurven-Integrale. (S. 673—682.) gr. 8. Ebd. 904. n. — 40

Pringsheim, Alfr., über Konvergenz u. funktionentheoretischen Charakter gewisser limitär-periodischer Kettenbrüche, s.a. Sitzungsberichte der königl. bayer. Akademie der Wissenschaften. Mathem.-phys. Kl. 1910, VI.

Über Konvergenz und funktionentheoretischen Charakter gewisser limitär-periodischer Kettenbrüche. Von Alfred Pringsheim. München: Franz in Komm. 1910. 52 S. 8°
(Sitzungsberichte d. Kgl. Bayer. Akademie d. Wiss. Math.-phys. Kl. Jg. 1910, Abh. 6.)
[10. 9101]

Pringsheim, Alfr., über die Convergenz periodischer Kettenbrüche. gr. 8. (S. 463—488.) München 900. (G. Franz' Verl.) n. — 40

— über Konvergenz- u. Divergenz-Kriterien f. zwei- u. mehrfach unendliche Reihen m. positiven Gliedern. (S. 41—54.) 8. München 908. G. Franz' Verl. — 20
Sonderabdruck aus: „Sitzungsber. d. bayer. Akad. d. Wiss."

— über einige Konvergenz-Kriterien f. Kettenbrüche m. komplexen Gliedern. (S. 357—380.) gr. 8. Ebd. 905. n. — 40

— über den sogenannten zweiten Mittelwerthsatz f. endliche Summen u. Integrale. gr. 8. (S. 209—233.) Ebd. 900. n. — 40

— zur Theorie der ganzen transcendenten Funktion. gr. 8. (S. 163—192.) Ebd. 902. n. — 40

— dasselbe. (Nachtrag.) gr. 8. (S. 295—304.) Ebd. 902. n. — 20

— zur Theorie d. ganzen transcendenten Funktionen v. endlichem Range. (S. 101—130.) gr. 8. Ebd. 903. n. — 40
4 Sonderabdr. aus: „Sitzungsber. d. bayer. Akad. d. Wiss."

Pringsheim, Alfr., zur Theorie der hyperelliptischen Functionen insbesondere derjenigen 3ter Ordnung [ϱ=4.] Habilitations-Schrift. gr. 8. (43 S.) Leipzig 877. (Berlin, Mayer & Müller.) n. 1. 50

— zur Transformation zweiten Grades der hyperelliptischen Functionen erster Ordnung. [Aus: „Mathemat. Annalen".] gr. 8. (31 S.) Ebend. 876. n. 1. 20

— über das Verhalten v. Potenzreihen auf dem Convergenzkreise. gr. 8. (S. 37—100.) Ebd. 900. n. 1. 20
7 Sonderabdrucke a.: „Sitzungsber. d. k. bayer. Akad. d. Wiss."

Pringsheim, Alfr., Richard Wagner u. sein neuester Freund Eine Erwiderung auf Herrn Gotth. Häbler's „Freundesworte". 8. (55 S.) Leipzig 874. Fritzsch. n. — 60

Ueber Wert und angeblichen Unwert der Mathematik. Festrede geh. in d. öffentl. Sitzung d. K. B. Akad. d. Wiss. zu München z. Feier ihres 145. Stiftungstages ... 1904 von Alfred **Pringsheim.** München: K. B. Akad. 1904. (44 S.) 4° [05. 4163

— über Wert u. angeblichen Unwert der Mathematik. Festrede, geh. in der öffentl. Sitzg. der k. b. Akademie der Wissensch. zu München zur Feier ihres 145. Stiftungstages am 14. III. 1904. (44 S.) Lex.-8. Ebd. 904. n. 1. 20

Pringsheim, E., der französische Accent, s.: Schwann, Ed.

— Die Strahlung eines „schwarzen" Körpers ..., s. Summer, O.

Pringsheim, Ernst (geb. Breslau 11. 7. 1859): Ueber das Radiometer. Berlin (1882). (48 S.) 8°
Berlin, Phil. Diss. v. 3. Juli 1882

Pringsheim, Ernst, Dr.: Studien zur heliotropischen Stimmung und Präsentationszeit. Breslau (übergekl.: Halle a. S.) 1909: Nischkowsky. 64 S. 8° ¶ (Aus: Beiträge z. Biol. d. Pflanzen. Bd 9.)
Halle, Phil. Hab.-Schr. v. 16. Okt. 1909 [U 10. 1817

Pringsheim, (Ernst), Vorlesungen üb. die Physik der Sonne. (VIII, 435 S. m. 235 Abbildgn. u. 7 Fig.-Taf.) gr. 8. Leipzig 910. B. G. Teubner. 16.—; geb. in Leinw. 18.—

Pringsheim, Ernst, a. Breslau: Wasserbewegung und Turgorregulation in welkenden Pflanzen. Leipzig: Gebr. Borntraeger 1906. (56 S.) 8° ¶ [Aus: Jahrbücher für wissensch. Botanik Bd 43, H. 1.]
Leipzig, Phil. Fak., Ref. Pfeffer, Chun, Diss. v. 9. Juni 1906
[Geb. 26. Okt. 81 Breslau; Wohnort: Breslau; Staatsangeh.: Preußen; Vorbildung: Realgymn. am Zwinger Breslau Reife O. 02; Studium: München 3, Breslau 1, Leipzig 3 S.; Rig. 18. Dez. 05.]

Pringsheim, Fritz, Referendar in Falkenberg: Zur Lehre von der Abtretung und Pfändung des Erbteils. Borna-Leipzig 1906: R. Noske. (77 S.) 8° [F.]
Breslau, Jur. Fak., Ref. Leonhard-Fischer, Diss. v. 13. Sept. 1906
[Geb. 7. Okt. 82 Hünern, Kr. Trebnitz; Wohnort: Falkenberg; Staatsangeh.: Preußen; Vorbildung: Gymn. St. Maria-Magdalena Breslau Reife M. 02; Studium: München 1, Heidelberg 1, Breslau 1, Heidelberg 1, Breslau 2 S.; Rig. 21. Febr. 06.]

Pringsheim, Fritz, die Rechtsstellung des Erwerbers e. Erbteils, s.a. Studien zur Erläuterung des bürgerlichen Rechts. 32. Heft.

Die Rechtsstellung des Erwerbers eines Erbteils. ⟨Zur Auslegung von § 2033 Abs. 1 BGB.⟩ Von Dr. jur. Fritz **Pringsheim.** Breslau: Marcus 1910. 105 S. 8°
(Studien z. Erläuterung d. bürgerl. Rechts. H. 32.) [10. 6585

Pringsheim, Gustav: Über einige Eruptivgesteine aus der Umgegend von Liebenstein in Thüringen. Halle 1880: Starcke in Berlin. 72 S. 8°
Halle-Wittenberg, Phil. Diss. v. 7. Mai 1880
Geb. Breslau 2. 9. 1856. V.
Ersch. nebst Taf. 10—11 in: Zeitschrift der deutschen geologischen Gesellschaft. Bd 32. Berlin 1880. S. 111—182.

Pringsheim, Hans, aus Oppeln ⟨Pr. Schles.⟩: Ueber das Hydrazid der Pentamethylendicarbonsäure. *Heidelberg 1901: K. Rössler.* (33 S.) 8°
Heidelberg, Naturw.-math. Diss. v. 1901

Pringsheim, Hans, die Variabilität niederer Organismen. Eine deszendenztheoret. Studie. (VIII, 216 S.) gr. 8. Berlin 910. J. Springer. 7.—; geb. in Leinw. n 8.—

Pringsheim, H(einz) G(erhard), a. München: Archäologische Beiträge zur Geschichte des eleusinischen Kults. Mit 1 Doppeltaf. München 1905: C. Wolf & Sohn. (123 S.) 8°
Bonn, Phil. Fak., Ref. Löschcke, Diss. v. 16. Mai 1905
[Geb. 7 Apr. 82 München; Heimatsort: München; Staatsangeh.: Baiern; Vorbildung: Wilhelms-Gymn. München Reife M. 99; Studium: München 2, Göttingen 2, Bonn 6 S.; Rig. 14. Dez. 04.]

Pringsheim, Josef, Medizinalprakt.: Aus d. Laborat. d. Prof. G. Rosenfeld zu Breslau. Chemische Untersuchungen über das Wesen der Alkoholtoleranz. Berlin: Springer 1908. 52 S. 8° ¶ (Aus: Biochem. Zeitschr. Bd 12.)
Breslau, Med. Diss. v. 25. Sept. 1909, Ref. Filehne
[Geb. 30. Aug. 84 Breslau; Wohnort: Berlin; Staatsangeh.: Preußen; Vorbildung: König-Wilhelms-Gymn. Breslau Reife O. 03; Studium: Breslau 2, Freiburg i. B. 1, Breslau 7 S.; Coll. 16. Juni 08; Approb. 14. Juli 09.]
[U 10. 585

Pringsheim, K., über Richtung u. Erfolge der cryptogamischen Studien neuerer Zeit. Jena. 29 S. 1865.
Schul-/Univ.-Schrift

Gesammelte Abhandlungen v. N[athan] **Pringsheim.** Hrsg. v. s. Kindern. Bd 1—4. *Jena: G. Fischer 1895. 96.* 4 Bde 8.
1. 1895. [A. T.:] ... Befruchtg, Vermehrg u. Systematik d. Algen. M. 1 Bildn. d. Vfs u. 28 lithogr. Taf. ... (VI S., 1 Bl., 414 S., 1 Portr., 28 Taf.)
2. 1895. [A. T.:] ... Phycomyceten, Charen, Moose, Farne. M. 32 lithogr. Taf. ... (VI. 410 S., 32 Taf.)
3. 1896. [A. T.:] ... Zellenbau, Morphologisches, Historisches. M. 13 lithogr. Taf. ... (VI. 389 S., 13 Taf.)
4. 1896. [A. T.:] ... Chlorophyll, Assimilation, Lichtwirkg, Sauerstoffabgabe, Osmotische Versuche. M. 22 lithogr. Taf. u. 7 Abb. im Text. ... (VI. 596 S., 22 Taf.) 96. 9201

Pringsheim, N., über die Befruchtung und Keimung der Algen und das Wesen des Zeugungsactes. (Aus dem Monatsberichte der k. Akad. d. W.) Mit 1 (lith. u.) color. Taf. (in 4.). Berlin 855. A. Hirschwald in Comm. gr. 8. (2 Bl., 33 S.) n. 18 ngr

Pringsheim, N., Beiträge zur Morphologie der Meeres-Algen. (Aus den Abhdlgn. der k. Akad. der Wissensch. zu Berlin.) Mit 8 (lith.) Taf. Berlin 862. Dümmler's Verlag. — Hirschwald in Comm. gr. 4. (37 S.) n. 1 ₰ 10 ngr

PRINGSHEIM, N.
Ueber das Chlorophyll. Berlin, 1874–'76. 2 parts.

PRINGSHEIM (N.). Morphol. Differenzirung in der Sphacelarieen-Reihe. Berlin, 1873. 4°.

Pringsheim, N., die Entwicklungsgeschichte der Achlya prolifera. Mit 5 Steindrtaf. [Für die kais. Leopold.-Carol. Akad. d. Naturforscher.] gr. 4. (66 S.) Breslau u. Bonn 851, Weber. n. 1 1/3 ₰ (siehe auch: Actorum, novor., academiae caes. Leopold.-Carol. vol. XXIII, pars 1.)

Pringsheim, N., üb. den Gang der morphologischen Differenzirung in der Sphacelarien-Reihe. [Aus: „Abhandlungen d. k. Akad. der Wiss. zu Berlin."] Mit 11 (lith. u. chromolith. Taf.) gr. 4. (54 S.) Berlin 873. Dümmler's Verl. in Comm. geb. n. 6. —

PRINGSHEIM (N.). Ueber den Hypochlorin . . . . in der Pflanze. Berlin, 1879. 8°.

— s.: Jahrbücher f. wissenschaftl. Botanik.

—— Zur Kritik und Geschichte der Untersuchungen über das Algengeschlecht. 8. (IV und 75 S.) Berlin 856, A. Hirschwald. *

— Nachtrag zur Kritik und Geschichte der Untersuchungen über das Algengeschlecht.

PRINGSHEIM (N.). Ueber Lichtwirkung und Chlorophyll Function in die Pflanze. Berlin, 1879. 8°.

Pringsheim, Natan (geb. Wziesko in Schles. 1823): De forma et incremento stratorum crassiorum in plantarum cellula observationes quaedam novae. Halae (1848). (30 S.) 8° * Aus: Linnaea. Bd 21 1848.
Berlin, Phil. Diss. v. 19. Apr. 1848
[Verf. wurde laut Diplom am 29. Apr. promoviert.]

PRINGSHEIM (N.). Paarung von Schwaermsporen . . . Berlin, 1869. 8°.

PRINGSHEIM (N.). Pflanzen und der Schwaermsporen der Gattung Bryopsis. Berlin, 1871. 8°.

Pringsheim, N., über Richtung u. Erfolge der cryptogamischen Studien neuerer Zeit. Oeffentliche Rede zum Eintritt in die philosoph. Facultät der Universität Jena gehalten am 26. Octbr. 1864. Jena 865. Fr. Frommann. 8. (29 S.) 6 ngr

PRINGSHEIM (N.). Ueber vegetative Sprossung der Moosfruechte. Berlin, 1876. 8°.

PRINGSHEIM (N.). Unters. ueber das Chlorophyll. IV. Hypochlorin. Berlin, 1879. 8°.
The earlier numbers seem only to have appeared in Journals.

—— Untersuchungen über den Bau und die Bildung der Pflanzenzelle. I. Abthl.: Grundlinien einer Theorie der Pflanzenzelle. gr. 4. (VII und 91 S. mit 4 ill. Stnt.) Berlin 854, A. Hirschwald. *

Pringsheim, N., Untersuchungen über Lichtwirkung und Chlorophyllfunction in der Pflanze. gr. 8. (152 S. mit 16 lithogr. und color. Taf.) Leipzig 881, Engelmann. * 12 —
Aus: Jahrbücher für wissenschaftliche Botanik, besonders abgedruckt.

Pringsheim, Otto. Beiträge zur wirtschaftlichen Entwickelungsgeschichte der vereinigten Niederlande im 17. u. 18. Jahrh., s.a. Forschungen, staats- u. socialwissenschaftliche.

Pringsheim O. Beiträge zur wirtschaftlichen Entwicklungsgeschichte d. Verein. Niederlande im 17. und 18. Jahrh. (Forschungen, Staatsw. X, 3) Leipzig 1890

Pringsheim, Otto, Kultur u. Wirtschaft. Studie. (52 S.) gr. 8. Berlin 909. R. L. Prager. 1. 20

Pringsheim, Otto *(geb. Breslau 11.6.1860)*: Die Ricardo'sche Werththeorie im Zusammenhang mit den Lehren über Kapital- und Grundrente. Breslau (1883). (88 S.) 8° *[Im Buchhandel 1883 bei Köhler in Breslau.]*
Breslau, Phil. Diss. v. 1. [vielmehr 12.] Okt. 1883

Pringsheim, Otto, die Ricardo'sche Werththeorie im Zusammenhang m. den Lehren üb. Kapital- u. Grundrente. gr. 8. (VII, 88 S.) Breslau 883. (Köhler.) n. 1. —

Pringsheim, Peter: Versuche über das Minimumpotential von Spitzenentladungen und über den Einfluß erhöhter Temperaturen auf dasselbe. Leipzig: J. A. Barth 1907. (34 S.) 8°
München, Phil. Fak., Ref. Röntgen, Diss. v. 26. Juni 1906
[Geb. 19. März 81 München; Wohnort: München; Staatsangeh.: Bayern; Vorbildung: Wilhelms-Gymn. München Reife Juli 99; Studium: München 14 S.; Rig. 26. Juni 06.]

PRINGSHEIM (W.). Generationswechsel der Thallophyten. Berl. 1877. 8°.

Prinner, Fd., s. 1) Bruder, d. verlorne. 2) Ideal, das, &c.

Prinner, Fd., s. Thut der Kaiser recht?

Prinntz von Buchau, H., s. Printz von Buchau

Prins, Abraham Liepman [app. Arzt, aus Arnheim]: Ueber den Einfluss des Jodes auf die Schilddrüse, in Verband mit der Injectionstherapie des Kropfes ... Utrecht, P. H. Reyers, 1895; 3 Bl., 56 S., 2 Bl., 3 Taf. 8.
Freiburg i. B., Med. Fak., Inaug.-Diss. v. 1895

[F.] Freiheit und Soziale Pflichten. Von Adolf **Prins**, ... Prof a. d. Univ. Brüssel. Autoris. deutsche Ausg. v. Dr. jur. E[mil] Münsterberg. *Berlin: O. Liebmann 1897.* (VI, 164 S.) 1 Bd 8. [98. 8193

Prins, Adolphe. De l'Esprit du gouvernement démocratique. Essai de science polit. Bruxelles, Leipzig 1905. 8°.
(Umschlagt.: Institut Solvay. Travaux de l'Institut de sociologie. Études sociales.)

Prins, Carel *Cornelis* [Ingenieur, aus Schiedam '(Holland)']: Über die Stearolsäuredibromüre ... Leipzig, Druck v. Hesse & Becker, 1892; 27 S. 8.
Leipzig, Phil. Fak., Inaug.-Diss. v. [24. Juni] 1892

Prins, J. J., Oratio de institutione academica, ad futurum sacrorum antistitem formandum aptissima. 8maj. (48 S.) Lugduni Batav. 856, P. Engels. *

Prins, L. Ph., Seder Berachoth, s.: Ben Jedidja, Jechiel.

Prinshausen, Clemens Wichmann Carl (Hamburg). De actore contumace tam secundum jura communia quam statutarium Hamburgense specimen inaug. O. O. (Schulz) 11. VII. 1770. 28 S. (4.—) 27207
Gew.: Johann Jakob Faber.

Prinsterer, Groen van, Maurice et Barnevelt. Etude historique. gr. 8. (CCXXII, 272 S.) Utrecht 875. Kemink & Zoon geb. n. 12. —

Prinsterer, **Wlh. Groen van, f.** ***Van Groen.***

Printz, Abel Andreas, Lauterecken [Pfalz]. Dissertatio medica inauguralis de febre tertiana.
Basel, Med. Diss. 1719

Printz

— **August Friedrich** (Bautzen/Lausitz), De venatione turbata. Diss. jur. Präs. Johann Tobias Richter. Leipzig (Langenheim) 22. IX. 1746. 48 S. (4.50) 27209

— — Dasselbe. Leipzig (Langenheim) 22. IX. 1746. 48 S. (4.50) 27210
Gew.: Friedrich Caspar von Gersdorff, August Magnus Printz (Vetter).

Printz, Eduard

Printz, Ed., die Bau- u. Nutzhölzer od. das Holz als Rohmaterial f. techn. u. gewerbl. Zwecke, sowie als Handelsware. Nebst Beschreibg. v. üb. 200 europ. u. fremden Holzarten. Ein Hand- u. Nachschlagebuch f. Baumeister, Technologen, Holzhändler, Waldbesitzer, Forstbeamte etc. Mit 42 Abbildgn. gr. 8. (VI, 227 S.) Weimar 884. B. F. Voigt. 5. —

Printz, Eduard, die Bau- u. Nutzhölzer, umfassend das Holz als Rohmaterial f. gewerbl. Zwecke sowie als Handelsware. Ein Hand- u. Nachschlagebuch f. Baumeister, Holzhändler, Waldbesitzer, Forstbeamte u. sonst. Holzinteressenten. 2. vollständig neubearb. Aufl. (VIII, 244 S.) gr. 8. Leipzig 908. B. F. Voigt. 6.—; geb. 7.50

Printz, H. W., deutsches Lesebuch, f. Deus, F. D.

Printz, Hans, moderne figurale Entwürfe. Dekorative Malereien. I. Serie. 12 Taf. Fksm.-Aquarelle. 63,5 ×51 cm. Mit Text. (III S.) 42×34,5 cm. Wien (909). F. Wolfrum & Co. In Mappe 45.

Printz, Wilhelm: Bhaṣā-Wörter in Nilakaṇṭha's Bhārata-bhāvadipa und in anderen Sanskrit-Kommentaren. (Gütersloh 1910: Bertelsmann.) 44 S. 8° ¶(Aus: Zeitschrift f. vergl. Sprachforschung. Bd 44.)
Berlin, Phil. Diss. v. 1. Aug. 1910, Ref. Lüders
[Geb. 9. Aug. 87 Karlsruhe i. B.; Wohnort: Karlsruhe; Staatsangeh.: Baden; Vorbildung: Gymn Mannheim Reife Juli 05; Studium: Leipzig 3, Göttingen 1, Berlin 6 S.; Rig. 2. Juni 10.] [U 10. 228

Printz, Wolfgang Kaspar

— — Satyrischer Componist. Dresden, b. Joh. Nic. Gerlach. 8⁰.
M. M. V. 1744. E 1 b ohne Teilesangabe.

§ * — — MUSICUS CURIOSUS, Oder BATTALUS, Der Vorwitzige Musicant, In Einer sehr lustigen, anmuthigen, unertichteten, und mit schönen Moralien durchspickten Geschichte vorgestellet von MIMNERMO, des Battali guten Freunde. Freyburg (so!), Verlegt von Johann Christoph Miethen (in Dresden) 1691. (Nebst Kupfertitel.) 8⁰. (In Berlin 2 Expll.: Yu 9011; an Yu 9001; in München: P. o. germ. 991 x.)
333 S. incl. roth u. schwarz gedr. Titel u. 6 S. Vorst.

— — Dasselbe. Ebd. 8⁰.
Frf. u. Lpz. O. M. V. 1712. G 3b.

* — — Musicus vexatus, oder der wohlgeplagte, doch Nicht verzagte, sondern iederzeit lustige Musicus instrumentalis In einer anmuthigen Geschicht vor Augen gestellet von *Cotala*, dem Kunst-Pfeiffer-Gesellen. FREYBERG (Dresden, b. Joh. Chp. Mieth) 1690. 8⁰. (In Berlin: Yu 8991.)
O. M. V. 1693. H 2b. sub libris musicis. (War bereits im M. M. V. 1689, E 3a, angezeigt.)

* — — Dasselbe. Ebd. 1713. (Nebst Kupfertitel.) 8⁰. (In Berlin: Yu 9001, mit 2 Beibdn.)
204 S. incl. Tit. u. 3 S. „Nachrede".

— — Dasselbe. O. O. 1772. 8⁰.
Jacob Grimm zu Koch's Compendium II, 299: „166 Seiten. 41 Capitel. Die Lehrjahre Cap. 1—20 sind das beste, und manchmal in der Idee des Lazarillo. Sodann zeichnen sich Cap. 24—30 incl. aus. Die moral. Bemerkgn. sind am schlechtesten. Ungeachtet vieler Umständlichkeit der Details im Anfang doch keine wahre Selbstbiographie".
War auch in Brentano's Bibl. Berlin 1819. S. 89.

[—] Der wohlgeplagte, doch nicht verzagte Musicus Instrumentalis, von Cotala, dem Kunst-Pfeiffer-Gesellen, vorgestellet. O. O. 1772. 8⁰. Titel und 166 S. Alter Karton mit Papierschildchen.
H.-C. I. 679. Sehr selten. Neue Ausgabe dieses kulturhistorischen Curiosums; die erste erschien mit dem Haupttitel „Musicus vexatus" 1690 in Freiberg (cf. W. Baumkers Bibliographie in der ADB. 26 p. 596 Nr. 7; ferner M. f. M. X, 1632). Dieser kleine humorvolle Roman (Printzens Autorschaft ist nicht ganz sicher) schildert die Freuden und Leiden eines Stadtpfeiferlehrlings, strotzt von Derbheiten und Unflätigkeiten, gibt aber doch ein lebendiges, wohl mit manchem autobiographischen Material gezeichnetes Bild von den Zuständen in gewissen Musikantenkreisen zu Ende des 17. Jahrh.

* — — Der großmüthige Musicant PANCALUS, Oder MUSICUS MAGNANIMUS, In einer überaus lustigen, anmuthigen, und mit schönen Moralien gezierten Geschicht, vorgestellet von MINERMO, (sic) Des Pancali guten Freunde. FREYBURG, (Dresden) zu finden bey Joh. Cph. Miethen, 1714. (Nebst Kupfertitel.) 8⁰. (In Berlin: an Yu 9001.)
262 S. (incl. Titel). Zuerst gedr. ebd. 1691. 8⁰. (Bibl. Schwabii: O. M. V. 1691. H 1a.)
Dasselbe war mit d. Titel „Der großmüthige Kunst-Pfeiffer-Geselle Pancalis" (sic!) ib. ap. eund. auch im O. M. V. 1712. F 4b erwähnt.

Neuerfundene allerkürzeste und leichteste Practica Arithmetica von *Wolffgang Caspar Printz*. Dresd. 8. 8 Bog. 1716.

Gedanken über das Maurerthum. Zwei Skizzen von H. Frh. Printz v. Buchau. Danzig: Anhuth 1845. 32 S. 8⁰ [Umschlagtit.]
1. **Ueber eine Stelle in der Beckerschen Weltgeschichte. S. 7—17.**
2. **Der Absolute. S. 19—32.**
Die erste Skizze widerlegt eine Stelle in K. F. Beckers Weltgesch. gegen die Frmrei; die zweite behandelt die Frage: Welche Pflichterfüllung gewährt dem Menschen wohl die reinste Freude im Leben?

Printzen, Wilh., Marivaux. Sein Leben, seine Werke u. seine litterar. Bedeutg. gr. 8. (123 S.) Münster 885. (Leipzig, Fock.) n. 2. —

Prinz, Der, von Abyssinien; a. d. Engl. Zelle 1762. V: *Johnson, Samuel.* Ü: *Küster, Elieser Gottlieb.* (Ky) »Mainz 1786«. Ü: *Schiller, Joh. Frdr.* (Ky)

Prinz, der, von Abyssinien; aus d. Engl. (des Johnson, v. Eb. Gli. Küster). 8. Zelle 762. Gsellius. 8 gl.

— Dass. aus d. Engl. (v. Jh. Fr. Schiller). 8. Mainz 786. (Varrentrapp in Frankf.) 10 gl. — Dass. in englischer Sprache. 8. Ebd. 786. 20 gl — Dass. engl. u. deutsch. 8. Ebd. 786.

Prinz, der, v. Abyssinien, aus dem Engl. des S. Johnson. Neue Aufl. 8. Mainz, Kupferberg. 815.
Schreibp.

— — dasselbe Buch, englisch u. deutsch zusammen. Neue Aufl. 8. Ebend. 815.

— — dasselbe; englisch allein. 8. 815.

Prinz Carl, s. Carl.

Prinz, d. charakterisirte; in Versen mit Anmerkk. gr. 8. Frnkf. a. M. u. Leipz. 764. Otto. 5 gl.

§ **PRINZ**, Der zufälliger Weise Charakterisirte, in Versen, mit prosaischen Anmerkungen. Berlin (Ulm) 1764. 8°. (In München: P. o. germ. 1099.)
Weller, fing. Dr. I. p. 98. — Selten!

Prinz und Derwisch s. Barlaam und Josaphat.

— der, und der Dichter oder die Modekrankheiten, ein Roman unserer Zeiten, aus dem chinesischen, 8. Halle, 789. Heller. 12 sgl.

— d., u. d. Dichter, od. d. Modekrankheit; e. Roman unserer Zeit, a. d. Chines. 8. Halle, Heller. (Ruff.) 789.

— Formoso's Fidelbogen u. der Prinzessin Sanaclara Geige, od. des großen Königs Geschichte, (v. F. M. Klinger). 2 Thle. 8. Genf 780. (Serini in Basel). 1 Rthlr

Prinz, der, v. Gales. Sittenbilder vom Königshofe od. die Korruption in Hängland. 8. (229 S.) Paris 900. (Zürich, C. Schmidt.) n. 3. —

— d., aus d. Mond gefallene, od. Gesch. Alex Lunari. 8. Frkft.

— der, mit dem Glöckchen; eine kom. Geschichte, geschrieben in weiland Dr. Bahrdts Weinberg. 8. Leipz., Joachim. 12 gl.

PRINZ, Der, mit dem Glöckchen. Eine komische (frivole) Geschichte. Geschrieben in weiland Dr. Bahrdts Weinberge. O. O. Gedruckt im Jahre 1799. 8°. VIII S., 4 Bll. Inh. u. 168 S. (4 Mk., Tit. beschrieb., Frdr. Klüber, 1896; 20 Mk., unbeschn., Adolf Weigel. 1907.) (In Wien, Stadtbibl.: Secr. A 133.)
Das vertracte Glöckchen erschallt jedesmal sehr stark, wenn der Held den Gipfel seines Liebesglücks zu ersteigen sich anschickt, muss aber endlich in der Hochzeitnacht verstummen. Durchaus liederliches Produkt in Althing's (Chrn. Aug. Fischers) Geschmack, aber nicht identisch mit dessen Roman „Das Glöckchen". 1800.

Prinz Heinrich v. Preußen, krit. Gesch. s. Feldz., v. d. Verf. d. Geistes des neuen Kriegssyst. (v. H. v. Bülow.) 2 Thle. gr. 8. Berlin, Himburg. 805.

Prinz Hinz, s.: Hinz, Prinz.

— Incognito; od. die chinesischen Laternen. Fastnachtsspiel in 2 Aufz. vom Verfass. des Carlo u. der Natalia. (Fr. Kind.) 8. Züllichau, Darnmann. 802.

Prinz Issy. Eine Geschichte treu nach dem Leben erzählt von Tante Amanda. Wittenberg 869. Koelling. 16. (48 S. mit eingedr. Holzschn. u. 1 Holzschntaf.) n. 5 *ngr.*

—— dass. — Eine wunderliche und lehrreiche Erzählung für die Kinderwelt, als Weihnachtsgabe von Tante Amanda. 2. Aufl. gr. 16. (48 S. mit 1 lithogr. Titelbild in Farbendr.) Ebendas. 869. cart. *

Prinz, der corsarische,. Trauersp. von Scarron. 8. Berlin. 757.

Prinz Leo, s. Starklof, Ludwig

Prinz, der entlarvte, Leo Jacob von Armenien, Prinz von Korikosz, Prinz von Georgien, Fürst von Lusignan und Fürst von Gapan. In Berlin zu finden im Arbeitshause. Angebliche und wahre Biographie, so weit sich dieselbe bis jetzt hat ermitteln lassen. Eine moderne und complette Räubergeschichte rc. 1—3. Aufl. br. 8. (24 S.) Berlin 855, Literatur- und Kunst-Comptoir.

Prinz Leo Jacob von Armenien, der entlarvte, Prinz von Korikosz, Prinz von Georgien, Fürst von Lusignan und Fürst von Gapan. In Berlin zu finden im Arbeitshause. Kein Witz, sondern angebliche und wahre Biographie. Eine moderne u. complette Räubergeschichte aus neuester Zeit rc. 1—3. Aufl. Berlin 856. Literatur- u. Kunst-Comptoir. (Streerath u. Co.) 8. (23 S.) 2½ ngr

— Mond u. Dichter Ex Ex. Ein kom. Roman aus d. Höhen d. Libanon. 8. Hamb. 804. (Campe). 1 Rthlr 4 gl

— u. Page. Eine Erzählg. aus dem letzten Kreuzzuge f. die reifere Jugend. Aus dem Engl. d. Verf. v. „The Heir of Redcliffe". Übers. v. G. L. 8. (VII, 295 S.) Köln 891. (J. P. Bachem) n. 3. —;
geb. in Halbleinw. n. 3. 60

Prinz, der, von Preußen, s. a. Königshaus, unser. — Soldaten-Freund, der.

Der Prinz von Preußen. Darstellung seines Lebens bis zur Uebernahme der Regentschaft. 2 Hefte. Berlin, Hempel 1859. 128, 128 S. 8. (Aus: Unser Königshaus Heft 2, 3.)

Der Prinz von Preußen in Berlin. Ein Aufruf an die Berliner. Druck von E. Litfaß. 1 Bl. Fol.
Flugblatt. Berlin, 12. Mai 1848.

Der Prinz von Preußen und die Freiheit. — Ein Freund der Freiheit. Druck von E. Litfaß. 1 Bl. Fol.
Flugblatt. Berlin, 14. Mai 1848.

Prinz von Preußen, der, und die berliner Revolution. gr. 8. (8 S.) Berlin 848, [Grobe.]

Prinz v. Preußen, der, u. die Berliner Revolution. gr. 8. (8 S.) Berlin 848, L. Schlesinger. 1/12 Rthlr

— Seidenwurm, der Reformator rc. 8. Basel, Haas d. Sohne. 780.

— der unsichtbare. Ein Roman v. St. Schütze. 1r, 2r u. 3r Bd. 8. Leipz. Hartknoch. 812—13. (Schreibp. à 1 Rthlr. 18 gr. Velinp. à 3 Rthlr.)
Velinp.

Prinz, der verwunschene. Ein Märchen f. die Kinderstube. Mit 5 feinen Farbendr.-Bildern. gr. 4. (7 S.) Eßlingen 875. Schreiber. n. 1. 30

Prinz, Der verzauberte. [Nürnberg 1816.] V: *Stahl, Caroline geb. Dumpf.* (R-N)

Prinz, der verzauberte. 8. (6 S. m. 4 farb. Bildern.) Berlin 893. Friedrichs & Co. — 10

Der Prinz von Preußen muß zurückkommen. Druck von J. F. Starcke. 1 Bl. Fol.
Flugblatt. Berlin, 15. Mai 1848.

— der wohlunterwiesene. 8. Halle 759. Curt. (Laue in Berl.) 3 gr

Prinz: Die Farbenblindheit und ihre Beziehungen zum Dienst in der Marine, s. Beihefte zum Marineverordnungsblatt.

Prinz's Reisehandbuch Cuxhaven. Sorgfältige Beschreibg. von Cuxhaven, dem Nordsee-Bade u. dessen interessanten Umgebungen, als: Döse, Duhnen, Neuwerk, Brokeswalde, Altenwalde, Groden, Altenbruch, sowie der Stadt Otterndorf. [Aus: „Prinz's Reisehandbuch der Freien u. Hansa-Stadt Hamburg für 1878 u. 1879".] 16. (24 S.) Altona 878. Verlagsbureau. n. — 20

Prinz: Die Rindviehzucht in Russland m. Rücks. auf die Entstehung u. Verbreitung d. Rinderpest. (Dresd. 184*). 25 S. P.

Prinz, A., deutsche Liederhalle, s. Liederhalle.

Prinz, A. Vide: Republikaner (Der).

[Prinz, A.] Stand, Bildung u. Wesen des Buchhandels. Von dem Verf. der »Bausteine zur Geschichte des deutschen Buchhandels«. Altona 1856. 8. . . . . 0.1

Prinz, Andr., kurze Geschichte und Beschreibung des Wallfahrtsortes: Mariaschein bei Teplitz in Böhmen. 8. (96 S. mit 1 Lithochrom.) Meißen 855, Goedsche'sche Buchh.

Die Gicht von Dr. Arpad Prinz, Badearzt in Marienbad. (Falkenberg-Grünau b. Berlin: Chem. Fabrik Falkenberg [um 1905].) (11 S.) 8° [07.

Das Wesen und die rationelle Behandlung von Gicht, Nierengries, Steinleiden und Gelenk-Rheumatismus. Neu bearb. u. hrsg. von Dr. Arpad Prinz, Badearzt in Marienbad. 42. (auf d. Umschl.: 47.) Aufl. Berlin: C. M. L. Seeger [um 1905]. (123 S.) 8° [07.

Das moderne Decameron oder Wahre Geschichten aus dem Leben und Treiben der heutigen feinen und groben Welt. An's Licht befördert durch Jakob den Zweiten [d. i.: August Prinz]. Altona 1862. 8°.

Prinz, A., der russisch-türkische Krieg nach brieflichen Mittheilungen und Originalberichten. 2 Bde. Altona 854—56. Verlags-Büreau. 8. (2 Bl., 204 S.; 2 Bl., 260 S.)
1 ℛ 7½ ngr.

Prinz, Aug., der russisch-türkische Krieg nach brieflichen Mittheilungen und Originalberichten. 1. Bd.: Der Feldzug des J. 1853. 8. (204 S.) Altona 855, Verlags-Bureau. Thlr.

— dass. — 6—10. Heft. 8. (2. Bd. [Schluß.]: Der Feldzug des J. 1854. (III und S. 1—260.) Ebds. 856.

Prinz, Benj., manuale ecclesiast. d. priesterl. Amtsverricht. 8. Greifsw. 737.

Prinz, Berthold [pr. Arzt aus Strehlen (Schles.)]: Über congenitale Brustmuskeldefekte ... Würzburg, J. M. Richter's Buch- u. Kunstdr., 1894; 23 S. 8.
Würzburg, Med. Fak., Inaug.-Diss. v. 1894

Prinz, C., s.a. Prinz, Karl

Prinz, C. Üb. d. Entstehg d. Drehkrankht b. Schafen. Dresden 1829.

Prinz, C. G., s. Prinz, Karl Gottlob

Prinz, Ernst

Prinz, E., ausführliche Darstellung e. Lehrverfahrens zur Bildung des musikalischen Gehörs f. das Absingen v. Noten. 1.—3. Stufe. (47 S.) gr. 8. Essen 907. G. D. Baedeker. 1. 20

Prinz, E., Singen nach Noten. Ein Beitrag zur Methodik des Gesangunterrichts. (22 S.) 8. Berlin 905. Gerdes & Hödel. n. — 60

Prinz, F. L., das allgemeine Actionenrecht oder die Lehre vom Anspruche, auf der geschichtl. Unterlage des gemeinen u. preuß. Rechtes dogmatisch entwickelt, u. als leitendes Princip für jede Prozeßgesetzgebung begründet. Breslau 870. Kern's Verl. gr. 8. (XVI, 300 S.) n. 1 ℛ 5 ngr.

Prinz, F. L., der Einfluß der Hypothekenbuchsverfassung auf das Sachenrecht, insbesond. die Lehre von den Protestationen. Dargestellt nach preuß. Rechte. gr. 8. (XXVIII und 304 S.) Berlin 858, C. Heymann's Verlag. *

Prinz, Gustav, über den Bruch am unteren Ende des Radius. Inaugural-Abhandlung. gr. 8. (Mit 1 Steindrucktafel.) Erlangen 842. (Enke.) n. 1/3 ℛ

Prinz, Gyula, die Fauna der älteren Jurabildungen im nordöstlichen Bakony, s. a. Mitteilungen aus dem Jahrbuche der königl. ungar. geolog. Anstalt. XV, 1.

Prinz, Gyula, aus Budapest: Aus d. Geol. Institut d. Universität Breslau. Die Fauna der älteren Jurabildungen im nordöstlichen Bakony. *Budapest 1904: Franklin-Verein.* (32 S.) 4°(8°) ¶ (Aus Mitteil. aus d. Jahrbuche d. Kön. ung. geol. Anst., Bd 15, H. 1.)
Breslau, Phil. Diss. v. 9. Juli 1904

Prinz, H., Predigten f. fromme Israeliten. 1r Thl. 8. Halle 824. Anton. 12 gr

Prinz, Hugo, Dr. phil.: Astralsymbole im altbabylonischen Kulturkreise. (Leipzig 1910: Brandstetter.) 46 S. 4° ¶(Soll vollst. im Buchh. ersch.)
Breslau, Phil. Hab.-Schr. v. 25. Okt. 1910 [U 11. 763
(Nicht für den Austausch)

Prinz, Hugo, a. Stettin: Funde aus Naukratis. Beiträge zur Archäologie und Wirtschaftsgeschichte des VII. u. VI. Jahrh. v. Chr. Geb. Leipzig 1906: G. Kreysing. (99 S.) 4°
Freiburg i. B., Phil. Fak., Ref. Fabricius, Diss. v. 1906
[Geb. 8. Jan. 83 Stettin; Wohnort: Stettin; Staatsangeh.: Preußen; Vorbildung: Wilhelms-Gymn. Stettin Reife O. 01; Studium: Freiburg i. B. 3, Leipzig 2, Freiburg i. B. 2 S.; Rig. 1. Aug. 05.]

Prinz, Hugo, Funde aus Naukratis, s.a. Klio. 7. Beiheft.

Funde aus Naukratis. Beiträge z. Archäologie u. Wirtschaftsgeschichte d. 7. u. 6. Jhs v. Chr. Geb. Von Hugo **Prinz**. Mit 4 Taf. Leipzig: Dieterich 1908. (153 S.) 4°(8°)
— **Klio**. Beiträge z. alten Geschichte. Beih. 7.

Prinz, Jakob, Eine Brudergestalt (Joh. Scheib). Ein Lebensbild aus den deutschen Kolonien Südrußlands. Moskau: Typ. Liesner 1898

Prinz, J., die Kolonien der Brüdergemeinde. Ein Beitrag z. Geschichte d. deutschen Kolonien Südrußlands. gr. 8. (IV, 164 S.) Pjatigorsk 898. (Odessa, E. Berndt.) Postfrei n. 4.—

Prinz, J.: Die Kolonien der Brüdergemeinde. Ein Beitrag zur Geschichte der dt. Kolonien Südrußlands. — Pjatigorsk: Prinz 1898. 164 S.

Prinz, K.: De Solonis Plutarchei fontibus, s. Prinz, Rudolf

Prinz, Karl, lateinisches Lesebuch f. Gymnasien u. andere Lehranstalten m. Lateinunterricht. (2 Tle.) 1. Tl.: **Bruchstücke aus leichten Prosaikern.** (94 S. m. 4 farb. Karten u. 6 Plänen.) 8. Wien, F. Tempsky. — Leipzig 910. G. Freytag. Geb. 1.50

Prinz, Karl: Der Prolog zum dritten Buche von Phaedrus' Fabeln. 36 S. 8. Gymn. der k. k. Theresianischen Akademie *Wien* 1906. **Progr.**

Prinz Karl: Quaestiones de Theocriti carmine XXV. et Moschi IIII. Diss. Wien, Univ.
D: Selbstverlag, 1893.
1893 PN 802 1515

Prinz, C.. Quaestiones de Theocriti carmine XXV et Moschi carmine IV. Diss. 1895. 41 S. 1.50

— s.: Xenophon, Auswahl.

Prinz, Carl Gottlob: Praktische Abhandlung über die Wiedererzeugung der Schutzpockenlymphe durch Übertragung derselben auf Rinder und andere impffähige Hausthiere. Mit 2 buntgedr. Kupfertaf. Dresden 1839. VI, 42 S.

Prinz, Carl Gtlo., prakt. Abhandlung üb. d. Wiedererzeugung d. Schutzpockenlymphe durch Uebertragung derselben auf Rinder u. andere impffähige Hausthiere. gr. 4. (6½ B. u. 2 buntgedr. Kpfrt.) **Dresden 839.** [Walther'sche Buchh.]

[Prinz C. G.]: Anleitung z. Untersuchung kranker Thiere u. Fertigung v. Krankheitsgeschichten. Dresd. 1828. 12 S.

[Prinz C. G.]: Belehrung üb. die Eigenschaften d. Schlachtviehes u. d. Fleisches, welche das letztere z. Genusse untauglich od. schädlich machen. Dresd. 1837. 14 S. P.

[Prinz C. G.]: Belehrung üb. die Erkenntniss, Verhütung u. Behandlung d. hitzigen Maul- u. Klauenseuche bei den Rindern, Schafen u. Schweinen ... 2. bericht. u. verm. Aufl. Dresd. 1839. 24 S. P.

[Prinz C. G.]: Belehrung üb. die Perlsucht od. fälschlich sogenannte Franzosenkrankheit d. Rinder, u. üb. die Mittel z. Verhütung derselben. Dresd. 1837. 8 S. P.

[Prinz C. G.]: Belehrung üb. die Rinderpest, ihre Kennzeichen u. ihre Verhütung. Dresd. 1829. 14 S. P.

Prinz C. G.: Fernere Beobachtungen üb. die Wiedererzeugung d. Schutzpockenlymphe durch Rückimpfung derselben auf Kinder. Leipz. 1842. 15 S. (Sartr.). P.

— — **Bericht über die Tierheilanstalt bei der Königl. Tierarzneischule zu Dresden und ihre Leistungen im Jahre 1834 und 35. 2 Hefte. S.-A.**

Prinz: Ueber die angeborne Blindheit d. Lämmer u. die Unterscheidung derselben v. der wahren Drehkrankheit. (183*?). 11 S. [Sartr.]. P.

— — **Über die angeborene Blindheit der Lämmer und die Unterscheidung derselben von der wahren Drehkrankheit. S.-A. Ebd. 35.**

— — **Über die Egelsucht der Schafe durch das lanzettförmige Leberdoppelloch (Distoma lanceolatum) vermittelt.**

Prinz, [Carl Gottlob]: Das angeborne Glaucom bei Lämmern. Als Beitrag z. vergleichenden Ophthalmologie. Mit e. Kupfertaf. Dresden 1833. 39 S.

Aus: Ammons Zeitschrift für die Ophthalmologie. Bd 3, H. 3.

– Handbuch der speziellen Pathologie ..., s. Funke, Karl Friedrich Wilhelm

Prinz C. G.: Die Hoplometrie od. das Hufbeschlag-Maassnehmen m. besond. Berücks. d. v. Riquet hierzu empfohlenen Verfahrens. Nebst e. Anh.: Der Hufbeschlag ohne Nägel. Dresd. 1843. 62 S. 2 Tvl.
(=: Veterinär-Memorabilien ... II). 219.

Prinz C. G.: Allgemeine Krankheits- u. Heilungslehre d. Hausthiere od. generelle Veterinär-Pathologie u. Therapie. 4 Bdch. (1 Vol.). Dresd. 1830. (415) S.
— — Neue Ausg. 4 Bdch. (1 Vol.). Quedlinb. u. Leipz. 1843. (415) S.

Prinz, C. G., Allgem. Krankheits- u. Heilungslehre d. Hausthiere od. generelle Veterinär-Pathologie u. Therapie. 4 Bdchn. 8. Dresd. 830. Hilscher. 1 ℛ 12 gℊ (A. u. d. T.: Taschenbibliothek d. Naturwissenschaft. 244—276 Bdchn.)

Prinz, C. G., allgem. Krankheits- u. Heilungslehre d. Hausthiere, od. generelle Veterinär-Pathologie u. Therapie. 4 Bdchn. 8. (27½ B.) **Dresden 830.** [Zittau, Nauwerck.]
1 Thlr. 12 Gr., hrbgl. Pr.
Aus der „Taschenbibliothek d. Naturwissenschaften" besond. abgedr.

Prinz, Karl Glob., allgemeine Krankheits- und Heilungslehre der Hausthiere. 4 Bdchn. Dresden 830, jetzt Ernst in Quedlinburg. 1 ℛ

— allgem. Krankheits- u. Heilungslehre der Hausthiere oder generelle Veterinär-Pathologie u. Therapie. 1.—4. Bdchn. Neue Ausg. 8. Quedlinburg 843, Ernst. à ¼ ℛ

—— der Mensch u. die Thierwelt, s. Ammon, Christoph Friedr. v., u. C. G. Prinz.

— — De paralysi in animalibus domesticis observata. Diss. veterin.-med. Leipzig (G. Naumann) 4. VIII. 1826. 37 S. (3.50) 27216

Prinz, Carl Gottlob (Dresden), Quaedam de excolenda medicina veterinaria proponit et ad audiendam orationem pro rite adeundo munere professoris in academia chir.-med. Dresdensi invitat. Dresden (C. C. Meinhold u. Söhne) o. J. 24 S. (3.50) 27215

Prinz C. G.: Quaedam de excolenda medicina veterinaria. Akad.-Progr. Dresd. [1824]. 24 S. 4°.

— — Skizze einer vergleichenden Ophthalmologie. Ebd. 32.

Prinz C. G.: Der Stelzfuss d. Pferde u. der Sehnenschnitt z. Heilung desselben. Dresd. 1841. (6) 64 S. 4 Tvl.
(=: Veterinär-Memorabilien ... I). 219.

— — Der Tollwurm in der Zunge der Hunde als Muskelapparat dargestellt. S.-A.

Prinz C. G.: Das Verschneiden od. die Castration d. Milchkühe ... Leipz. 1836. 26 S. P.

— das Verschneiden oder die Castration der Milchkühe, eine landwirthschaftliche Operation für Oekonomen und Thierärzte. 8. Leipzig 836. Voß. 1/4 ß

Prinz C. G.: Veterinär-Memorabilien. Beiträge z. praktischen Thierheilkunde. I-II. Dresd. 1841-43. 64, 62 S.
(O. m. Særtit., specif., I. Der Stelzfuss ... se 309, II. Die Hoplometrie ... se 326).

—— Veterinär-Memorabilien. Beiträge z. prakt. Thierheilkunde. I. — A. u. d. T.: Der Stelzfuß d. Pferde u. d. Sehnenschnitt z. Heilung desselben. gr. 8. (4¾ B. u. 4 Stnt.) Dresden 841, Walther'sche Buchh.

Prinz, Carl Gtlo., Veterinär-Memorabilien. Beiträge zur praktischen Thierheilkunde. 2. Bd. A. u. d. Ttl.: Die Hoplometrie, od. das Hufbeschlag-Maaßnehmen. Nebst e. Anhange: Der Hufbeschlag ohne Nägel. gr. 8. (4½ B. u. 2 Stnt.) Dresden 843. [Stuttgart, Hoffmann'sche Vrlgsh.] Thlr.
1. Bd. Ebendas. 1841. 15 Ngr.

Prinz C. G.: Die Wuth d. Hunde als Seuche nach eignen Beobachtungen geschildert ... Leipz. 1832. 114 S. 1 kol. Tvl.

—— die Wuth d. Hunde als Seuche, nach eigenen Beobachtungen geschild., f. Aerzte, Thierärzte, Polizeibehörden, Jäger u. Hundeliebhaber. M. 1 col. Kpfrt. (gr. 4.) gr. 8. (8 B.) Leipzig 832, Voss.

Prins, Leopold, approb. Arzt aus Grossröhrsdorf i. S.: Ueber classischen Kaiserschnitt bei Eklampsie. *Leipzig 1901: B. Georgi.* (31 S.) 8°
Leipzig, Med. Diss. v. (2. Dez.) 1901

— **Ludwig** (Altena/Westfalen), De arteriitide. Diss. med. Berlin (Nietack) 6. XII. 1836. 29 S. u. Biogr. (M.: A. M. Grotensohn). (3.—) 27220
Oppon.: Fr. Mueser, Fr. Kipp, H. Hoening. — Seinen Eltern gew.

Prinz, Norbert. Zur Kenntniss der Azimide. (Basel) Wiesbaden, 1893.

Prinz, N. Zur Kenntnis der Azimide. In-8°. 36 S. Basel. Dissertat.

Prinz, Otto, die heilfähige Einathmung zerstäubter Medicamente bei Hals- und Lungenkrankheiten mittelst des Inhalations-Apparates. Eine für Jeden verständliche Darstellung dieser jetzt vielfältig mit großem Erfolge angewendeten Heilmethode. Dresden 864. Türk. gr. 8. (14 S.) n. 3 ngr.

Prinz, Otto: Landwirtschaftliche Gesellschaftsreise in Italien, s. Güntz, Max

Prinz, Otto (Hrsg.), s. Zeitung, Chemisch-technische.

Prinz, P., Markward v. Anweiler, Truchsess d. Reiches, Markgraf v. Ancona, Herzog der Romagna u. v. Ravenna, Graf v. Abruzzo u. Molise. gr. 8. (163 S.) Emden 875. (Göttingen, Peppmüller.) n. 2. 80

Prinz, P., Preußens geschichtlicher Beruf. Rede, geh. bei der Feier des Geburtstages Sr. Maj. des Kaisers u. Königs im Lehrerseminar zu Tuchel am 27. Jan. 1894. [Aus: „Kehr's pädagog. Blätter".] gr. 8. (12 S.) Gotha 894. E. F. Thienemann's Verl. n. — 20

— Quellenbuch zur brandenburgisch-preußischen Geschichte. 1. Bd. Von der ältesten Zeit bis zum Tode Joachims I. gr. 8. (XVI, 378 S.) Freiburg i. B. 892. Herder. n. 4. —; geb. in Halbldr. n.n. 4. 50

Prinz, P., Studien über das Verhältnis Frislands zu Kaiser und Reich, insbesondere über die frisischen Grafen im Mittelalter. gr. 8. (99 S.) Emden 884, Haynel. * 2 —
Aus: Jahrbuch der Gesellschaft für bildende Kunst und vaterländische Altertümer zu Emden, besonders abgedruckt.

Prins, Paul, approb. Arzt aus Weidenthal: Über schwere Contusionen des Abdomens. *Halle a. S. 1900: C. A. Kaemmerer & Co.* (32 S.) 8°
Halle, Med. Diss. v. 7. Juli 1900

— **Paul Otto** (Dresden), Nonnulla de trepanatione sterni. Diss. chir. Moder. Christian Adolph Wendler. Leipzig (L. Schnauss) 28. VIII. 1860. 22 S. u. Biogr. (M.: H. W. Opitz). (2.25) 27221
Oppon.: Unger, Zander, Meding.

Prinz, Peter

Prinz, P., d. allgemeinen Bestimmungen bezügl. d. preuß. Volksschulwesens, nebst der Prüfungsordnung f. Volksschullehrer, durch Hinweis auf einschläg. spät. Erlasse, Verfüggn. etc. f. d. Hand d. Seminarzöglinge u. Lehrer erläut. 8. (78 S.) Düsseldorf 896. L. Schwann. n. — 80

Prinz, Pet., deutscher Dichterhain. Eine Auslese deutscher Gedichte f. Schule u. Haus. Mit e. Nachtrage auf Grund des Seminar-Lehrplanes v. 1. VII. 1901. gr. 8. (XVI, 805 S.) Habelschwerdt 901. Franke. n. 8. —; geb. n.n. 8. 75; erm. Pr. n. 6. —; geb. n.n. 6. 75

— deutsches Lesebuch f. kathol. höh. Mädchenschulen. 1.—3. Tl. gr. 8. Paderborn, F. Schöningh. n. 4. —
1. 2. Schulj. VIII. Klasse. M. 1 Bildn. d. Kaiserin. (X, 174 S.) 897. n. 1. 20
2. 3. Schulj. VII. Klasse. Mit 1 Bildn. d. Kaiserin Friedrich. (VIII, 170 S.) 897. n. 1. 20
3. 4. Schulj. VI. Klasse. Mit e. Bildn. d. Kaiserin Augusta. (XVI, 227 S.) 898. n. 1. 60

— deutsches Lesebuch f. katholische höhere Mädchenschulen. 4.—6. Tl. gr. 8. Paderborn, F. Schöningh. n. 6. 60
4. 5. Schulj., V. Klasse. Mit e. Bildnisse der Königin Luise. (XII, 245 S.) 899. n. 1. 80
5. 6. Schulj., IV. Klasse. (XI, 272 S.) 899. n. 1. 80
6. 7. Schulj., III. Klasse. (XVI, 536 S. m. Titelbild.) 902. n. 3. —

Prinz, Pet., deutsche Prosa. Ein Lesebuch f. kathol. Lehrerseminare. 1. Tl. Unterkursus. gr. 8. (VIII, 346 S.) Habelschwerdt 902. Franke. n. 4 —; geb. n.n. 4. 60

Prinz, Pet., Deutsche Prosa. Ein Lesebuch f. kathol. Lehrerseminare. 2. Tl. Mittel- u. Oberkursus. (VIII, 452 S.) gr. 8. Habelschwerdt 904. Franke. n. 4. 50; geb. n.n. 5.10

Prinz, Rvdolfvs ‹geb. am 14 März 1847 in Hamm Westf.›: De Solonis Plvtarchei fontibvs ... Bonnae, form. C. Georgi 1867. 2 Bl., 42 S., 1 Bl. 8.

Bonn, Phil. Fak., Diss. v. 21 Dez. 1867

Prinz, R., Zur Kritik des Euripidis. S.-A. 1876. 14 S.

Prinz v. Buchau, Heinr. Frhr., heitere Bilder aus d. Offizierslcben. 8. (124 S.) Berlin 895. J. L. V. Laverrenz. n. 1. —

Prinz v. Buchau, Heinr. Frhr., heitere Bilder aus dem Offiziersleben. (Neue [Titel-]Ausg.) 8. (124 S.) Berlin [895.] (900). Thormann & Goetsch. 1. —

— Rothkäppchen. Erzählg. 8. (V, 176 S.) Dresden 896. E. Pierson. 2. —

Prinzen, d. armenischen; e. Erzähl. a. d. Franz. d. Hrn. v. Ussieur. 8. Wien, Ghelen. 778.

Prinzen, des, Bilderbuch. Neu-Ruppin 864. (Berlin, R. Kühn.) 4. (16 color. Lithogr.) n. 15 ngr

Prinzenlust, n. Grundregeln weisl. zu regieren. 8. Nrnb. Zieger. 703.

* PRINZENMORD aus Eifersucht. Ein psychologisches Gemälde. Quedlinburg. 1810. Bei Gottfried Basse. Kl. 8°.

184 S. (incl. Tit.), 1 Bl. Verlag d. Firma. Zahn.

Prinzenraub, Der sächsische,

oder Kunz von Kauffungen. Trauerspiel, a. d. Lat. Gera 1774. Ü: *Ilgener, Pet. Flor.* (Ky)

Prinzenraub, der sächsische; oder Kunz von Kauffungen. Trauersp. a. d. Lat. 8. Gera, Rothe. 774.

Prinzenraub, der sächsische, nach älteren u. neueren Quellen, nebst einer Beschreibung des zu dessen Erinnerung errichteten Denkmals u. des zu seinem Schutze erbauten Köhlerhauses am Fürstenberge bei Grünhain. Mit 3 Abbildd. 8. Annaberg 840. (Rudolph u. Dieterici.) n. 3/8 Thlr

Prinzenreise, e. Illustrirt v. J. Kleinmichel. Mit heiteren Reimen v. J. Lohmeyer u. Frida Schanz. qu. gr. 4. (40 S. m. eingedr. farb. Illustr.) New York 888. (Leipzig, Baldamus.) geb. n. 6. —

Prinzeps

Princeps, Der, und sein Hof...

Bern 1867. V: *Locher, Frdr.* (Ky)

Prinzeps, der, u. sein Hof. Vom Verf. der „Freiherrn v. Regensberg." (Frdr. Locher.) Bern 867. (Haller.) gr. 8. (56 S.) n. 4 ngr

Prinzessin, die, Lustspiel in 5 Akten, v. Gubitz. 8. Berl. Maurer. 816. Rthlr. — 20

Prinzessin, Die. Ein Lebensbild.

(Mundts) Freihafen. 2. Heft 1839, S. 45/114. V: *Wolff, Margarethe von.* Vgl. GGr X, 234, 155. 5. (DARP)

Prinzessin Aschenbrödel, s.a. Aschenbrödel.

Prinzessin Aschenbrödel. Ein Kindermährchen, neu erzählt v. J. G. Fels. 8. (1 1/4 B. m. eingedr. ill. Bild.) Chur 843, Grubenmann'sche Buchh.

Prinzessin, d., v. Babylon, a. d. Franz. d. Voltaire. 8. Wien, Kraus. (Sommer in Lpz.) 785.

— — dass. 8. Götting. Vossiegel. (Vandenhök u. R.) 769.

— d., v. Cleves, frey n. d. Franz. v. St. Mereau. m. K. 8. Mannh. (Pichler in Wien.) 799.

Prinzessin, die falsche, s. Roman-Bibliothek, neue.

* PRINCESSIN, Die G'scheide. Oder: Die Aufgestoßne G'fälle Der Liestig' u. (sic) Verschlagnen FINETTE. Neu Zugericht', Alte, Seltsame, Begebenheit. O. O. u. J. (c. 1700). Kl. 8°. (In Berlin: Yu 9951.)

Harmlose Erzählung. 83 S. (incl. 9 S. Vorst.). – Dasselbe ist wohl: „Die schlaue Prinzessin". O. O. u. J. 12°. (J. Ph. Krieger's in Marb. u. Giess. cat. univ. 1733.)

Prinzessin Ilse, s.: Ilse, Prinzessin.

Prinzessin, die von Ilsenstein im Harz, s. Ewald.

— Pumphia und Hanswurst Kulican, s. Curiosa et Jocosa.

Prinzessin Sirta; e. abentheuerl. Mährchen der grauen Vorzeit, (v. Gr. Müller). 8. Leipz. 793. Voß. 20 gr

Prinzessin, Die, von Wolfenbüttel.

Vom Verfasser des Alamontade. Zürich 1804. V: *Zschokke, Johann Heinrich Daniel.* (Bresl 31, S. 214)

—die, von Wolffenbüttel, (von H. Zschokke). 8. Zürich 810. Orell. 8 gr

Prinzessinnen, die, Roman, von L. v. Starklof. 2 Bde. 8. Aarau, Sauerländer. 818.

— Ebendass. Neue wohlfeilere Ausg. 8. Ebend. 820.

Prinzhausen, Frdr., Françoise von Foix. Historische Tragödie in 5 Akten. Berlin 860. Reymann. 16. (188 S.) 15 ngr

Prinzhausen, Frdr., der Schein-Krieg mit Dänemark im Jahre 1848. Ein Zeitbild. Deutschen Soldaten u. Diplomaten zum neuen Kriege gewidmet. 8. (VI u. 293 S.) Hamburg 849, Hoffmann & Campe. 1 1/2 Thlr

—— wie schreibt man richtig deutsch? Wörterbuch zum Nachschlagen in zweifelhaften Fällen für jedermann, der sich über Schreibung, Abstammung und Bedeutung schwieriger deutscher Wörter unterrichten will, nebst Regeln für deutsche Rechtschreibung. 16. (256 S.) Berlin (861)62, Reymann.

Prinz-Heinrich-Fahrt 1909. Hannover: Continental-Caoutchouc- u. Gutta-Percha-Co. (1910). 166 S. 8° [11. 1341]

Prinzhofer, August. Kärntner Trachten nach den ... Aquarellen von August Prinzhofer [Umschlagtit.] Klagenfurt, Verlag von Joh. Leon [1858].
9 farb. Taf. 4°.
S. auch Schmid u. Stieler, Wanderungen im bayrischen Gebirge und im Salzkammergut (um 1860).

Prinzhofer, August. Kärntner Trachten. Klgft., Leon (typ. Angerer & Göschl in Wien), (1859). 10 col. Bl.

Prinzhorn, Hans: Gottfried Sempers Aesthetische Grundanschauungen. Stuttgart 1909: Union. 59 S. 8° ¶(Aus: Zeitschr. f. Ästhetik. Bd 4.)
München, Phil. Diss. v. 6. Juli 1908, Ref. Lipps, Riehl
[Geb. 8. Juni 86 Hemer; Wohnort: Dresden-Blasewitz; Staatsangeh.: Preußen; Vorbildung: Realgymn. Iserlohn Reife O. 04; Studium: Tübingen 1, Leipzig 3, München 5 S.; Rig. 6. Juli 08.] [U 09. 3502

Prinzhorn, Hans. Gottfried Semper und die moderne Kunst. 8.

In: Süddeutsche Monatshefte. ... Hrg. von P(aul) N(ikolaus) Cossmann. Jahrg. 5, Heft 5. Mai 1908. München, Südd' Mon' G. m. b. H. (M. 1.50.) S. 541—547.

Prinzhorn, Herman

Prinzhorn, H., der Fermatsche Satz u. sein Beweis. (11 S.) Lex. 8. Magdeburg (909). K. Peters. 1. --

Prinzhorn, J., Abschiedspredigt üb. Apostelgeschichte 20, 32. Geh. am 26. Decbr. 1887 in der Kirche zu Bremen-Hastedt. gr. 8. (14 S.) Bremen 887. Morgenbesser. n. – 40

Prinzhorn, Karl, über die finanzielle Führung kaufmännischer Geschäfte u. Unternehmungen. (83 S.) 8. Berlin (903). H. Spamer. Geb. in Leinw. n. 1. 50

Prinzhorn, Clara, Deutschland, Deutschland über alles! Festdichtung zur Feier des Geburtstages des deutschen Kaisers u. anderer patriot. Gedenktage. (60 S.) 8. Wolfenbüttel 910. J. Zwißler. — 75

Prinzhorn, [Wilhelm], Dir. Dr.: [Bericht über seine Einführung als Direktor.] *Hameln 1903: C. W. Niemeyer.* (S. 24—31.) 4° [F.]
Hameln, st. G, RPG u. R i. d. E., OP 1903 (352)

Prinzhorn, Wilh., de libris Terentianis, quae ad recensionem Calliopianam redeunt. gr. 8. (38 S.) Göttingen 885. (Spielmeyer.) n. 1. —

Prinzhorn, [Wilhelm]: [Rede bei seiner Einführung als Direktor der Anstalt.] S. 27—29. 4.
Städt. Gymn., Realprogymn. u. i. d. E. begriffene Realschule
Progr. *Hameln* 1903 (352).

Prinzhorn, Wilhelmine, v. beiden Ufern des Atlantic, s.: Bibliothek der Gesamtlitteratur des In- u. Auslandes.

Prinzing, Alfred [app. Arzt aus Memmingen]: Aus d. Patholog. Institut zu München. Beiträge zur pathologischen Anatomie der Placenta. ... Jena, Gustav Fischer. 1889; 17 + 1 S. u. 1 Taf. 8°
München, Med. Fak., Inaug.-Diss. v. 1889

PRINZING, Friedrich (Ulm): Die Aufgaben der Ernährung des menschlichen Körpers in fieberhaften Zuständen.- München: Mühlthaler 1883. 20 S.
9.3.1883 - Urk (Titel: De nutritione corporis humani in conditionibus febrilibus.); Chr 1882/1883,18
Diss.Ingolst.-Landsh.-Mchn.

Prinzing, Frdr., Handbuch der medizinischen Statistik. (VII, 559 S.) Lex.-8. Jena 906. G. Fischer. n. 15. —; geb. n. 16 —

Prinzing, F., Trunksucht u. Selbstmord u. deren gegenseit. Beziehgn. Nebst e. statist. Anh. u. 2 Karten. gr. 8. (V, 94 S.) Leipzig 895. J. C. Hinrichs' Verl. n. 2. 50

Prinzing, Gust., das Gebet in der Schule. Eine Sammlg. von Gebeten zum Gebrauche in Volksschulen, Mittelschulen u. Erziehungsanstalten. Nördlingen 865. Beck'sche Buchh. gr. 8. (XIX, 148 S.) 21 ngr.

Prinzing, Gust., die Mission e. Werk des Geistes Gottes. Predigt üb. Sacharja 4, 6, geh., am Missionsfeste zu Nürnberg in der St. Lorenz-Kirche. gr. 8. (13 S.) Nürnberg 893. G. Löhe. n. — 20

Prinzinger der J., A., die Ansiedlung der Salzburger im Staate Georgien in Nordamerika. Vorgetragen in der Gesellschaft für Salzburger Landeskunde am 8. Juli 1880. Lex.-8. (36 S. mit 1 Lichtdr.) Salzburg 882, (Dieter.) ** 1 —
Aus: Mittheilungen der Gesellschaft für Salzburger Landeskunde, besonders abgedruckt.

Prinzinger d. J., A., Henry D. Thoreau, e. amerikan. Naturschilderer. (E. Vortrag in d. Section Salzburg d. D. u. Oe. Alpen-Vereines, 1891.) 8. (16 S.) Ebd. 895. n. — 50

Prinzinger, Aug., die Alterthümer der Stadt Salzburg. [Aus: „Mittheilgn. d. Ges. f. Salzb. Landeskunde."] gr. 8. (20 S.) Salzburg 876. (Dieter.) n. — 30

Prinzinger d. Ae., A., Altsalzburg (Ivavo). M. e. Anh. üb. d. Grundworte Au u. Gau, Ache u. Bach, üb. salzburg. Geographie u. Salzach-Ursprung. [Aus: „Mitth. d. Gesellsch. f. Salzb. Landeskde."] gr. 8. (21 S.) Salzburg 898. (H. Nägelsbach.) — 60

—Chiemsee, Chiemgau u. Chieming. Aus e. in d. Gesellschaft f. Salzburger Landeskunde geh. Vortrag. [Aus: „Mitth. d. Gesellsch. f. Salzb. Landeskde."] gr. 8. (9 S.) Ebd. (893). n. — 60

Prinzinger, A., die älteste Geschichte des baierisch-österreichischen Volksstammes. 1. Thl. gr. 8. (VII und 243 S.) Salzburg 856(57). (Grätz, Ferstl'sche Buchh.)

Prinzinger, Dr. August — Die älteste Geschichte des baierisch-österreichischen Volksstammes. Von — —. 1. Th. Salzburg, 1856. Zaunrith'sche Buchdr. Eigenthum des Verfassers. (241 S. 8)

Prinzinger, A., die Grundsäze der althochdeutschen Schriftsprache. Ein Gegensaz zur Lehre Jakob Grimm's u. seiner Schule. Salzburg 860. Mayr. gr. 8. (VIII, 176 S.) n. 24 ngr.

Prinzinger, A., die Höhen-Namen in der Umgebung von Salzburg u. Reichenhall. Ein Beitrag zur Orts-, Sprach- u. Volkskunde. Vorgetragen in den Monatsversammlungen des Vereins für Salzburger Landeskunde am 16. Jänner, 3. Febr. u. 3. März 1861. Salzburg 861. (Taube.) Lex.-8. (23 S.) n. 4 ngr.

Prinzinger der A., Aug., die Keltenfrage, deutsch beantwortet und theilweise zum Vortrage gebracht in der Versammlung der wiener anthropolog. Gesellschaft zu Salzburg am 12. Aug. 1881. gr. 8. (36 S.) Salzburg 881, (Dieter.) * — 80

—— die Markmannen-Baiern-Wanderungen. gr. 4. (13 S.) Wien 884. (Salzburg, Dieter.) * 1 —
Aus: Mittheilungen der anthropologischen Gesellschaft in Wien, besonders abgedruckt.

Prinzinger d. A., A., zur Namen- u. Volkskunde der Alpen. Zugleich e. Beitrag zur Geschichte Baiern-Österreichs. gr. 8. (VI, 71 S. m. 2 Taf.) München 890. Th. Ackermann's Verl. n. 1. 80

Prinzinger, Dr. A., Zur Namen- und Volkskunde der Alpen. Zugleich ein Beitrag zur Geschichte Baiern-Oesterreichs. Mit zwei Tafeln. Gr.-8. (71 S.) Salzburg: Nägelsbach 1898. —.60

— der vorchristl. Sonnendienst im deutschen Südosten. Ein Beitrag zur deutschen Mythe u. Volkskunde. Vorgetragen in d. Gesellschaft f. S. Landeskunde am 22. I. u. 26. II. 1880. [Aus: „Mitth. d. Gesellsch. f. Salzb. Landeskde."] gr. 8. (29 S.) Ebd. (880) 898. n. — 80

— die Tauern. Vortrag in den Sitzungen der Gesellschaft für salzburger Landeskunde vom März u. April 1866. [Aus: Mittheilungen für salzburger Landeskunde.] Ebend. 867. Lex.-8. (34 S.) n. 6 ngr.

— der Tuval im Streite zwischen dem Erzstifte Salzburg u. d. gefürst. Probstei Berchtesgaden. [Aus: „Mitth. d. Gesellsch. f. Salzb. Landeskde."] gr. 8. (10 S.) Ebd. 887. n. — 20

— die baierisch-österreichische Volkssprache u. die salzburger Mundarten. Vorgetragen in der Monatsversammlg. v. 2. III. 1882. [Aus: „Mitth. d. Gesellsch. f. Salzb. Landeskde."] gr. 8. (23 S.) Ebd. 882. n. — 60

Prinzinger. H. Geologische Notizen aus der Umgebung des Salzbergwerkes zu Hall in Tirol mit Anmerkungen von M. V. Lipold. (Aus d. Jahrb. d. k. k. geol. Reichsanst.) Wien. 1855. 4.

Prinzip

Princip, das, der Autorität, in wissenschaftl., polit. u. religiös. Hinsicht; aus d. Französ. mit Beill. v. F. Geiger. 8. Luzern 825. (Schmidt in Leipz.) 8 gr.

Prinzip, Das, der hellenischen und germanischen Bauweise hinsichtlich der Uebertragung in die Bauweise unserer Tage. Festrede am 13. März 1846. Berlin 1906. V: *Bötticher, Carl.* (Berlzu 1918, I, 392)

— über das, der französ. Brandschatzungsrepartition, s. Jh. Cph. Majer I.

Anonym: „Ueber das Princip der Albertschen landwirthschaftlichen Einrichtungen", Wien 1827 (Strauss).

Princip, Das, der Erblichkeit und die französische und englische Pairie. Berl. 1832. V: *Jouffroy, C. G.* (Russel XVI, I, 2, 1864)

— das, der Erblichkeit, u. die französische u. engl. Pairie; ein Beitrag z. Geschichte. gr. 8. Berl., Stettin u. Elbing 832. Nicolai. 18 gr.

Von d. Princip u. den rechtl. Folgen der Landschaft in Baiern. *Regensburg*, Manz. 802. 8. (4 Gr.)

— von dem, u. d. rechtl. Folgen d. Landstandschaften in Baiern. gr. 8. Landsh. 802. Krüll. 4 gr.

Princip, Ueber das, der Garantien für die Herzogthümer Holstein und Lauenburg nebst Schleswig. 8. Hamburg 1857.

Ueber das Princip, die Grenzen und den Umfang der Polizey. *Leipzig, Göschen. 1808.*

Princip, das constitutionelle, seine geschichtl. Entwickelung und seine Wechselwirkungen mit den polit. und socialen Verhältnissen der Staaten und Völker. Hrsg. von Aug. Frhrn. v. Harthausen. 2 Thle. gr. 8. Leipzig 864, Brockhaus. à Thl. * 1 Thlr. 15 Ngr. *

Inhalt:

Thl. 1. Die Repräsentativ-Verfassungen mit Volkswahlen. Dargestellt und geschichtlich entwickelt im Zusammenhang mit den polit. und socialen Zuständen der Völker von Karl Biedermann. (XVIII und 296 S.)

2. Vier Abhandlungen über das constitutionelle Princip von Jos. Held, Rud. Gneist, Geo. Waitz, Wilh. Kosegarten. (IV und 380 S.)

Französische Ausgaben vgl.: Biedermann, C., und Considérations.

Princip, über das, der Rechtgläubigkeit u. seine Consequenzen. Von einem Weltbürger. gr. 8. Breslau 845, G. P. Aderholz. 1/4 Thlr.

— über das, den Umfang u. die Grenzen der Polizey. 8. Leipz. 808. Göschen. 16 gr.

Prinzipal u. Angestellte nach d. neuen Handelsgesetzbuch, s.: Miniatur-Bibliothek.

Prinzipal, das, die höchste Vervollkommnung des bisherigen Tarok-Spieles. Genaueste Angabe d. Spielregeln sammt ausführl. Begründg. Ausgebaut nach den strengen Prinzipien der Logik u. Gerechtigkeit v. Fidelis Justus. 4. (IV, 40 S. u. 4 S. in gr. 8.) München (900). (J. J. Lentner.) — 80

Allgemeine Prinzipien zur öffentlichen u. besonders Militär-Erziehung. In einem Auszuge des Befehlprotokolls des k. k. Mil.-Kad.-Hauses. W. Neustadt 1787. 324 S.

Principien, Allgemeine, zu öffentlicher und besonders Militär-Erziehung. Wienerisch-Neustadt 1787. V: *Kinski, Franz Joseph Graf von.* (ErschDL)

Prinzipien der schweizer Freimaurerei. ca 1867.
cf. FZ. 58 (1904) S. 226.

Principien von Recht, über die höchsten, zur Begründung des Natur- oder Vernunft-Rechts, insbesondere des Criminalrechts. gr. 8. Frankfurt a/M. 841. (Leipzig, Kummer.) n. 1/2 Thlr.

Prinzipien des Königlichen Kammergerichts vom September 1849 bis Ende Dec. 1872. Berlin 1873. Prinzipien ... vom Jan. 1873 bis Ende März 1877. 1877. fol.

Principien, Katholische, von der heil. Schrift. A. d. Lat. Landshut 1833. V: *Wittmann, Georg Michael.* Ü: *Handwercher, Franz.* (Th)

Prinzipien der Kriegskunst. Vollständiges Handbuch der Kriegführg. der Gegenwart in ihrem ganzen Umfange in den Lehren der grössten Meister wie v. Clausewitz, Friedrich II., v. Jomini pp. dargestellt u. parallelisirt von v. S. Mit erläut. Abbildgn. 35 Lfgn. Lex.-8. (1. Bd. XXVIII, 528; 2. Bd. XI, 978 u. 3. Bd. VII, 416 S.) Leipzig 871–75. M. Schäfer. à n. 1. —

Principien der Kriegskunst; vollständiges Handbuch der Kriegsführung der Gegenwart . . . dargestellt und parallelisiert. Leipzig 1876. V: *Scherff, Wilhelm von.* (zuwzür 12, 1908, II, S. 225)

Principien der Organisation polytechnischer Schulen, aufgestellt und empfohlen vom Vereine deutscher Ingenieure. Berlin 1866.

Principien, Philosophische, einer allgemeinen Sprachlehre nach Kant und Sacy. Königsberg 1806. V: *Wannowsky, Stephan.* (Ky)

Principien, philosoph., e. allgem. Sprachlehre nach Kant u. Sacy. gr. 8. Königsb. 806. Nicolovius. 18 gr.

Prinzipien, die sieben, des Menschen, s.a. Handbücher, theosophische. II.

Die sieben **Prinzipien** des Menschen. Von e. Schüler d. Theosophie. Autor. Übers. Nürnberg: Heller (1907). VIII, 45 S. 8°
(Theosophische Handbücher [Theosophical Manuals]. 2.) [11. 6679]

Prinzipien der Social-Demokratie u. Lassalle'sche Lehren, kritisch-beleuchtet. gr. 8. (38 S.) Berlin 878. Angerstein. n. 1. —

Principien, die, des Braunschweigischen Strafprocesses. Drei gutachtliche Berichte, auf Veranlassung des Reichskanzleramts an das Herzogl. Braunschw. Staatsministerium erstattet von dem Plenum des Herzogl. Obergerichts zu Wolfenbüttel. gr. 8. (32 S.) Braunschweig 872, Wreden.

— üb. die, des Wissens, (von J. L. Holst). 8. Hamb. 790. (W. Nauck in Leipz.) 14 gr

Principien-Buch für das Plenum des Königlichen Kammergerichts zu Berlin. (1849—79.) [Orig.-Hs.] fol.

Principien-Buch für das Plenum des Civil-Senats des Kammergerichts. (1851—76.) [Orig.-Hs.] fol.

Principien-Fehler in unserer Beförderungs-Vorschrift. 8. Wien 1872.

Prinzipienfrage, die, in der Militärvorlage. Die Wehr d. Landes im Frieden u. im Kriege. Von ***. gr. 8. (32 S.) Berlin 892. F. Schneider & Co. n. — 60

Prinzipienfragen der romanischen Sprachwissenschaft, Wilhelm Meyer-Lübke gewidmet, s.: Zeitschrift f. romanische Philologie. 26. Beiheft.

Prinzipienlosigkeit, die politische, des Herrn S. J. v. Witte. Geheime Circulare u. Berichte. (In russ. Sprache.) 8. (128 S.) Berlin 903. H. Steinitz. n. 2. —

Prinzivalli, Alois., Resolutiones seu decreta authentica sacrae congregationis indulgentiis sacrisque reliquiis praepositae ab a. 1668 ad a. 1861 accurate collecta. gr. 8. (VIII und 855 S.) Rom 862, Spithöver.

Prinz'n, Berndin, vieruntwintig schöne Lere v. Rob. Burns'n, denn'n Schottlänner. Noah Coarl Bartsch'n sien hochdütsch Oewersettung in't möckelbörg'sch Plattdütsch oewerdroagen. Leipzig 869. Kollmann. 16. (VIII, 53 S.) n. 8 ngr.

Prinz-Regent, Preussens. 8. Aufl. Berlin 1901. V: *Wauer, Hugo.* (Berl)

Prinzregent, unser, u. sein Haus. 35 Momentbilder nach Aufnahmen v. B. Dittmar. gr. 4. München 901. Vereinigte Kunstanstalten. In Leinw.-Mappe n. 18. —

Prion, W., die Preisbildung an der Wertpapierbörse insbesondere auf dem Industrieaktienmarkt der Berliner Börse. (XII, 216 S. m. 5 [2 farb.] graph. Darstellgn.) gr. 8. Leipzig 910. Duncker & Humblot. 7.

— Das deutsche Wechseldiskontgeschäft, s.a. Forschungen, staats- u. sozialwissenschaftliche.

Das deutsche Wechseldiskontgeschäft. Mit besond. Berücks. d. berliner Geldmarktes. Von W. **Prion.** Leipzig: Duncker & Humblot 1907. (XIII, 208 S.) 8°
= **Forschungen,** Staats- u. sozialwissenschaftl. H. 127. [07. 17604]

Prion, Wilhelm: Die persönlichen Faktoren der Börsenpreisbildung. (Altenburg) 1910: (Pierer). IV, 75 S. 8° ¶ (Ersch. vollst. als Buch u. d. T.: Die Preisbildung an der Wertpapierbörse, insbesondere auf d. Industrieaktienmarkte d. Berl. Börse, b. Duncker & Humblot, Leipzig.)
Freiburg i. B., Rechts- u. staatsw. Diss. v. 1910, Ref. v. Schulze-Gävernitz
[Geb. 30. Nov. 79 Haspe; Wohnort: Berlin; Staatsangeh.: Preußen; Vorbildung: Oberrealsch. Hagen Reife 96; Studium: Leipzig Handelshochsch. 5, Berlin 6 S.; Rig. 16. Nov. 08.] [U 10. 945

Prion de la Tour. Plan der Vertheidigung von Algier. 1784.

Prior, der, der Dominicaner, s.a. Axur.

Prior, Der, der Dominicaner oder der Schreckensthurm am Xenil. Ein Roman von Axur. Weimar 1834. V: *Graebner, Carl.* (BGE I[3], 157)

Prior, Adolf, a. Schweinfurt i. Bayern: Beitrag zur Frage des posttraumatischen Diabetes unter besonderer Rücksicht auf die forensische Begutachtung solcher Fälle. Leipzig 1905: B. Georgi. (36 S.) 8°
Leipzig, Med. Fak., Ref. Hoffmann, Diss. v. 7. Juni 1905
[Geb. 14. Sept. 78 Schweinfurt; Wohnort: Leipzig; Staatsangeh.: Bayern; Vorbildung: Melanchthongymn. Nürnberg Reife M. 99; Studium: Erlangen 6, Leipzig 5 S.; Coll. 9. Juni 05; Approb. 2. Mai 05.]

PRIOR, EUGEN, und CHR. GREINEL.
See Bayerisches Brauer-Journal.

Prior, Eug., Chemie u. Physiologie des Malzes u. des Bieres, s.a. Bibliothek f. Nahrungsmittel-Chemiker.

Prior E. Chemie und Physiologie des Malzes und des Bieres. (597 S 5 Tabellen) (Bibliothek für Nahrungsmittel-Chemiker 5) Leipzig 1896

Prior, Eug., Denkschrift betr. die Verwendung der Salicylsäure in der bayerischen Bierbrauerei. gr. 8. (IV, 36 S.) Würzburg 886. Stuber's Verl. n. — 50

— Erlaubtes u. Verbotenes im bayerischen Brauereiwesen. Allgemein verständlich dargestellt u. kritisch erläutert f. Bierbrauer u. Juristen. gr. 8. (24 S.) Ebend. 885. n. — 50

PRIOR, E.

Vereinbarungen betreffs der Untersuchungen und Beurtheilung des Bieres, bearbeitet im Auftrage des geschäftsführenden Ausschusses der freien Vereinigung Bayrischer Vertreter der angewandten Chemie. Mit Vorwort von A. Hilger. München, 1898. 8vo.

Prior, Eug., Vereinbarungen betr. d. Untersuchg. u. Beurteilg. des Bieres. gr. 8. (41 S.) München 898. Stuttgart. F. Grub. 1.50; erm. Pr. n. 1. —

— Vereinbargn. betr. d. Untersuchg. u. Beurtheilg. d. Bieres. Bearb. im Auftrage d. geschäftsführ. Ausschusses d. freien Vereinigg. bayer. Vertreter d. angew. Chemie. gr. 8. (41 S.) München 898. Dr. E. Wolff. n.n. 1. 50

— s.: Vorträge aus dem Gebiete der Nahrungsmittel-Chemie.

Prior, J., Forschungen über Cholerabacterien, s. Centralblatt für Gesundheitspflege.

Prior, J., Forschungen üb. Cholerabacterien, s.: Finkler, D.

Prior, J., das Koch'sche Heilverfahren gegen Tuberculosis in seiner Einwirkung auf den gesammten Organismus u. den Sitz der Erkrankung. [Aus: „Münch. medicin. Wochenschr."] gr. 8. (67 S.) München 891. J. F. Lehmann's Verl. n. 1. 60

Prior, Jak., Beschreib. einer Reise in das indische Meer, von D. C. F. Leidenfrost, s. **Bibliothek**, neue, d. Reisebeschreibungen. 19r Bd.

Prior, J., Beschreibung einer Reise in das indische Meer, von D. C. F. Leidenfrost. s. Bibliothek, neue, der Reisen. 19r Bd.

— — Ebendasselbe. Aus d. Engl. (Aus d. ethnographischen Archiv bes. abgedruckt.) gr. 8. Jena, Bran. 820.

— Reise im indischen Meere; aus d. Engl. (Aus d. ethnograph. Archiv besond. abgedr.) gr. 8. Jena 820. Bran. 1 ℛ

— Reise nach d. Ostküste v. Afrika, s. **Reisen** nach der Ost- u. West-Küste v. Afrika.

Prior, Johannes (geb. am 1 Okt. 1855 in Köln): Aus d. med. Klinik. -- Ueber die Ernährung vermittelst Peptone ... Bonn, Univ.-Buchdr. v. C. Georgi 1879. 34 S., 1 Bl. 8.

Bonn, Med. Fak., Diss. v. 12 Aug. 1879 1935

Prior, M. Salomo, Gedicht üb. die Eitelkeit d. Welt; aus d. Engl. 8. Leipz. 773. Hertel. 6 𝒢

Prior, Matthew, Heinrich und Emma; a. d. Engl. Altenburg 1771. Ü: *Bertuch, Friedrich Justin.* (BrMm) (MGT) ›1772‹ (Ky)

—s.a. Heinrich u. Emma.

* **PRIOR,** Matthew (der englische Anakreon, Sohn eines Schreiners in London, geb. das. 1664, † 18. Dec. 1721 zu Wimpole in Cambridgeshire). -- Henrich und Emma. Ein Gedicht, aus dem Englischen des Herrn *Prior* übersetzet. Stralsund und Leipzig, bey J. J. Weitbrecht, 1753. 8⁰. 2 Bogen. (In Berlin: 2 Expll.: Za 8245; an Yk 6671.)

v. Maltzahn III. p. 441. no. 956. (an no. 955); Cat. Meissner III.

* — — PRIOR'S POEMS ON SEVERAL OCCASIONS. — *Priors* Gedichte bey verschiedenen Gelegenheiten mit Anmerkgn. begleitet, nebst beygefügtem Englischen Original. (Links.) (Kl. typ. Ornam.) Leipzig, bey Paul Gotthelf Kummer. 1783. 8⁰. (In Berlin: Za 8230; auch in Marburg, Univ.-Bibl.: XVI C 936.)

Tit., 1 Bl. Widm. d. Uebers. (der sich hier „der Verfasser" unterz.), 2 Bll. Vorr. desselb., 183 S. — Die Uebers. (rechts) ist in Prosa, aber mit Zeilenabsetzung gedruckt. — Selten! Darin die freie poet. Erzählg.: „Hans Carvel's Ring" (S. 167—177).

Orig.: Poems on several occasions. Ed. II. With engrav. (H. Howard inv., L. Du Guernier sc.) London 1709. 8⁰. Splendider Druck. (3 Mk. Stuber, Würzb.) (Ed. I. 170*.) — Glasgow 1751. 8⁰. (In München.) u. ö.

„Leben des Dichters *Matth. Prior*" siehe in: Charakterschilderungen vorzüglich interessanter Personen gegenwärtiger u. älterer Zeiten. 2 Bde. Berlin 1795—96. 8⁰. Bd. 2.

Prior, Pet., s.: Carneval, Kölner. 1896.

Prior, (S.,) sämmtl. Reisen um die Welt, s. a. Reisen.

Prior, Sam., sämmtl. Reisen um die Welt, von Magellan bis auf unsere Zeiten. Nach d. Engl. 3 Bdchn. 12. Jena 822, 23. Bran. 3 ℛ 18 𝒢

Priorat von Besançon, s. Wendelborn Fritz.

Priorato, Galeazzo Gualdo, s.a. Gualdo Priorato

Priorato, Galeazzo Gualdo, s. Histoire des dernières campagnes et négociations de Gustave Adolphe ...

Waldstein (Wallenstein), Albrecht, Herzog zu Meklenburg, Friedland und Sagan. — Priorato, Gualdo. Lebensgeschichte ...... kaiserlichen Generalissimus etc. Aus dem Italienischen übersetzt. (Mit Münzenabbild.) 8. Nürnberg 1769.

Priorato, Graf, Gal. Gualdo, Lebensgeschichte Albrechts v. Waldstein, Herzogs v. Friedland; aus d. Italien. (v. W. F. Link). Mit Münzen erläutert. 8. Nürnb. 769. Monath u. K. 10 𝒢

Priorin, Die. Frei nach d. Engl. der A. Radcliff . . . Braunschweig 1824. V: *Brancalio, Joh. Ernst.* (MGT) (Ky)

Pripovedi, Prijétne, sa otrôke. Is Némshkiga poslovénili mladi duhóvni v' Zelovshki duhovshnizi. 2. natisa. V' Zelovzi, Leon, 1836. 95 S. (1. Aufl. v.: Perpovedi. — Verf.: Christoph v. Schmid.)

***Pripovedke,** Slovenske, iz Motnika. Nabral in v izvirnem jeziku zapisal Podšavniški (Gašpar Križnik). V Celovcu, St. Hermagoras-Druck., 1874. 16 S.

Prisac, Wilhelm

Prisac, Wilh., die päpstlichen Legaten Commendone u. Cappacini in Berlin und ihre Aufgabe. gr. 8. Neuß 846, Schwann. 24 ngl

Prisac, W., Geschichte des deutschen Reichs und des deutschen Volkes von den ältesten Zeiten bis auf die Gegenwart. Ein Lehr- und Handbuch. 1. und 2. Lfg. gr. 8. (S. 1—160.) Regensburg 856(57,) Manz. à Lfg. 7⅓ Ngr.

Prisac, W(ilh.), Geschichte des deutschen Reichs und des deutschen Volkes von den ältesten Zeiten bis auf die Gegenwart. Ein Lehr- und Handbuch. 3—11. Lfg. (Schluß.) gr. 8. (XXIV und S. 161—856.) Regensburg 857, Manz. à Lfg. 7½ Ngr. 1. und 2. Lfg. (Ebendas. 1856. * 15 Ngr.

—— Pilgerreise in das heilige Land. 8. (IV und 378 S.) Münster 858, Coppenrath.

Prisac, Wilhelm. Die akatholische Tendenz der Kölnischen Zeitung. Coblenz, Hölscher 1844. 40 S. 8.

— die Zeichen der Zeit in acht illustrirten Zeitungsberichten. 1.—6. Hft. gr. 8. Neuß 845, 46, Schwann. à 6 ngl

Prisack, W., der Neußer Leben u. Treiben auf d. großen Gebiete d. Weltgeschichte u. im stillen Gehege christl. Sitte, Bildung u. Kunst. Eine vollständ. Gesch. d. Stadt Neuß, von ihrer Entsteh. bis in uns. Zeiten. gr. 8. (14½ B.) Düsseldorf 837. [Leipzig, Fr. Fleischer.] Thlr.

Prisack, W., der Neußer Leben und Treiben auf dem großen Gebiete der Weltgeschichte und im stillen Gehege christlicher Sitte, Bildung u. Kunst. Eine vollständ. Geschichte der Stadt Neuß, von ihrer Entstehung bis auf unsere Zeiten. gr. 8. Düsseldorf 837. Schreiner. n. 1 ß

Příruka a článková vojenšti, dani cisařsko-královské rakouské armádě zemské. 4. Ve Vidni 1855.

***Prisca* gena Thuisconis. Spec. interpretat. lat. in us. invent. supplem. et additam. adauctum ab A. C. Witschel. 8. Halle 800. Reinicke u. C. 22 K**

Prisching, Rudolf

*—: Ferdinand Raimunds Anfänge. S. 3—35. 8.
Progr. Kaiser Franz Josef I. Kommunal-Gymn. *Mährisch-Ostrau* 1902.
Der Barometermacher auf der Zauberinsel. 1823. Der Diamant des Geisterkönigs. 1824. (Erweiterungen zweier 1893 in der Zeitschrift „Alt-Wien" veröffentlichter Skizzen.)

*Prisching, Rudolf: Ferdinand Raimunds Mädchen aus der Feenwelt. (Eine Studie). 15 S. 8.
Progr. Kaiser Franz Josef I. Communal-Gymn. *Mähr.-Ostrau* 1901.

Prisching Rudolf: Ausgewählte Raimund Studien. 1895 PN 942 **Diss.** Wien, Univ. **72**

Prischl, F., Advocatur u. Anwaltschaft. Ihr Wesen, ihre Ziele u. ihr Verhältniß zu den rationellen Grundlagen d. Civilprozesses in vergleich. u. geschichtl. Darstellg. Mit e. Anh.: Die Pflichten d. Advocaten. Nach M. Mollot's: Abrégé des règles de la profession d'avocat. gr. 8. (VII, 496 S.) Berlin 888. Puttkammer & Mühlbrecht. n. 6. —

— der österreichische Friedensrichter. Praktisches Handbuch f. die Gemeinde-Vermittelungsämter in den Erzherzogthümern Österreich ob u. unter der Enns, in den Königreichen Böhmen, Galizien u. Dalmatien, in den Herzogthümern Kärnthen, Krain, Schlesien u. Bukowina u. in dem Lande Vorarlberg. 12. (XXXII, 339 S.) Linz 890. (Wels, Trauner.) cart. n. 4. —

Priscian der zweite und seine weisen Zwillingssöhne. Stendal 1782. V: *Leopold, Georg August Julius.* (Ky)

Priscian der Zweyte und seine weisen Zwillingssöhne, eine komische Geschichte aus echten Nachrichten, 8. Stendal, 782. Franzen. 12 sgl.

§ **PRISCIAN** der Zweite (ps.), Grammatik der Liebe für Hauben und Hüte. an's Licht gestellt von —. Rom, bey Guiseppe Falziola, o. J. (Leipzig, Linke, 1797.) 8⁰. (5 Mk. Völcker, 1890; 10 Mk. Leo Liepmannssohn, 1906.)

Gestoch. Titel, 1 Bl. poet. Zuschr. („Der zärtlichsten Haube unter dem Monde, zur Zeit Nannette genannt, ... mit abgezogenem Hute ihr Verehrer Priscian II."), 2 Bll. Inh., 83 S.

Veritables philologisch-erotisches Curiosum: Eine wirkliche Grammatik, in 9 Lektionen eingetheilt, worin die Liebe in witziger Weise erläutert wird. — Selten!

Priscianus Caesariensis

Prisciani de figuris numerorum, s. Grammatici latini.

Prisciani institutiones grammaticae, ex recensione M. Hertzii s. Grammatici latini.

Prisciani Grammatici de laude Imperatoris Anastasii, et de ponderibus et mensuris Carmina. Alterum nunc primum, alterum plenius edid. et illustr. St. Lad. Endlicher. 8 maj. (10⅓ B. u. 1 Stnt.) Vindobonae 828, [Rohrmann et Schweigerd.] 1 Thlr. 8 Gr., f. Pap.

***Prisciani*, Caesariens., Grammatici Opera. Ad vetustiss. Codicum, nunc primum collatorum, fidem recens., emaculavit, lect. variet. notavit et indices adj. A. Krehl. II. Voll. 8maj. Leipz. 819, 20. Weidmann. 5 ß 12 K Schrbpap. 6 ß 12 ß**

— — Opera minora, ed. J. Lindemanus. 8maj. Lugd. Bat. (Lipsiae, Weigel in comm.) 817.

— Grammat. Opera minora, ed. Fr. Lindemann. Acc. Gf. Hermanni epistola ad editorem. 8maj. Lugd. Bat. 818. (Leipz., Weigel). 3 ß Starkes Pap. 5 ß 12 K

Prisciani, Theodori, Euporiston libri III cum Physicorum fragmento et additamentis Pseudo-Theodoreis editi a Valentino Rose. Accedunt Vindiciani Afri quae feruntur reliquiae. 8. (XXVIII, 554 S.) Leipzig 894. B. G. Teubner. n. 5. —

Prisciani Lydi quae extant, s. a. Supplementum Aristotelicum.

Prisciani, Theodori, Archiatri, quae extant, Tom. I.; novum text. constituit, lectiones discrepantes adj. Jh. Mch. Bernhold. 8. Nürnb. 791. (Ansb., Haueisen).

Priscilla. Eine Erzählung aus Indien. 8. (16 S.) Berlin 875, Buchh. der Goßner'schen Mission.

Priscilla. E. Geschichte aus Indien. 4. Aufl. 12. (15 S.) Friedenau-Berlin 897. Buchh. d. Goßner'schen Mission. n.n. — 05

Priscilla. Eine Geschichte aus Indien. 5. Aufl. 12. (15 S.) Friedenau-Berlin (901). Buchh. d. Goßner'schen Mission. n.n. — 05

Priscilla's, the princess, fortnight, s.: Collection of British authors.

Priscillian, siehst Du Ihn krauchen in dem Busch? Ein flieg. Blatt f. Deutschlands Schulmeister. gr. 8. (7 S.) Bremen 888. (Diercksen & Wichlein.) n. — 20

— s.: Vaterunser-Büchlein, das.

Priscilliani quae supersunt, s.: Corpus scriptorum ecclesiasticorum latinorum.

Prise de Cordres, altfranzösisches Volksepos, s. Rohde, Max.

Prise, La, des annonciades epitre sur la révolution prospectus d'un journal en vaudevilles nouv. edition . . . 1796. Hambourg. V: *Bonnay, Franç. de.* (Milchs)

Prise, eine, attischen Salzes, zum Versuchen f. Jünglinge u. Jungfrauen. 8. Leipz. 784. Barth. 2 gr.

Prise, Eine, für Sie meine Herrn. O. O. [18??]. V: *Bispink, Friedrich Hnr.* (MGT) (Rass)

Prise de la ville de Dusseldorf dans le duché de Bergen par un corps des alliés aux ordres du général de Wangenheim le 8 Juillet 1758. 8. 6 S.

Prisen aus d. hörnernen Dose d. gesunden Menschenverstandes. (Briefe üb. das deutsche Theaterwesen). 8. Leipz. 801. (Wienbrack). 12 gr.

Prisen, Drey, guter Schnupf-Taback, welche bey einem Gespräch zwischen Treuherz Allfreunden und Zacharias Niesewurz . . . besagten Monsieur Niesewurz praesentirt worden. O. O. 1734. V: *Philippi, Johann Ernst.* (ML)

Prisen zum Frühstück. Ein Beitrag zu gesellschaftl. Erheiterungen von C. Scherzlieb. 8. Göttingen 834. Kübler. (Nordhausen, Rohland.) n. 1/4 Thlr. — 3e Aufl. 839. 1/2 Thlr.

PRISEN zum Frühstück. Anekdoten, Witzfunken, Bonmots etc. von *G. K.* 2. Serie. Ulm 1837. 8°.
Julius Neumann, Magdeb., Cat. 1. (1906.) no. 902, Beibd.

Prisen zum Frühstück. Ein Beitr. zu gesellschaftl. Erheiterungen v. C. Scherzlieb. 3., verb. Aufl. 1. Bdchn. 8. (8 1/2 B. Sangerhausen 838, Rohland. (?)

— zum Frühstück für jeden Tag im Jahre. Eine Sammlung der witzigsten u. scherzhaftesten Anekdoten, Witzfunken, Bonmots ꝛc. Herausg. von G. K. 1s Bdchn. 8. Ulm 836. Nübling. 7 gr. — 2e Serie. gr. 12. Ebd. 837. 7 gr.

Prisi, J., Leitfaden für den Unterricht in der Algebra an Mittelschulen mit ca. 1500 Aufgaben. Für die Hand der Schüler bearb. 1. Thl. gr. 8. (VII, 163 S.) Bern 870, Heuberger's Verlag.

Prisi, J., Schlüssel zum Leitfaden f. den Unterricht in der Algebra an Mittelschulen. 1. Thl. gr. 8. (44 S.) Bern 870. Heuberger's Verl. n. — 50

Prisi, J., Leitfaden für den Unterricht in der Algebra an Mittelschulen mit ca. 3000 Aufgaben. Für die Hand der Schüler bearb. 2. Thl. 1. Hft. gr. 8. (III, 199 S.) Bern 880. Wyss. n. 2. 10 (I. u. II, 1.: n. 3. 90)

Prisiani Lydi quae extant: Metaphrasis in Theophrastum et Solutionum ad Chosroem liber. Consilio et auctor. Acad. litt. Regiae Boruss. ed. I[ngram] Bywater. Berolini: G. Reimer 1886. XIII, 136 S. 4°(8°)
(Supplementum Aristotelicum. Vol. 1, P. 2.) [D. 1156]

Prisonniers de guerre, Les, français en Wurtemberg pendant la campagne 1870—71. Stuttg. 1871. V: *Chaulin, G. de.* (Heyd)

Prisse d'Avennes. histoire de l'art égyptien d'après les monuments depuis les temps les plus reculés jusqu'à la domination romaine. Texte par P Marchandon de la Faye. (445 S 4° 159 T) in 2 Bdn grfol Paris-Berlin 1879

Bekenntnisse eines Zwanzigjährigen (Sylvio Prister). Gerichtet an Alice Henriette Piringer in Wien. In ihrem Auftr. u. mit ihrer Hilfe hrsg. von Alice Fliegel. Berlin: Harmonie [1900]. 326 S. 8° [illegible]

Pristley, Geschichte und gegenwärtiger Zustand der Electricität. Aus dem Englischen übersetzt von J. G. Krünitz. Berlin und Stralsund 1772. 4.

——— Geschichte und gegenwärtiger Zustand der Optik. Aus dem Englischen übersetzt von G. S. Klügel. 2 Theile. Leipzig 1776. 4.

——— Versuche und Beobachtungen über verschiedene Theile der Naturlehre, nebst fortgesetzten Beobachtungen über die Luft. Aus dem Englischen. Leipzig 1780. 8.

Pristov, Janez. Presveto Srce Jezusovo, kralj in središče vseh src. Celovec, St. Hermagoras-Druck., 1908. 319 S.

Pristov, Janez. Vir življenja in svetosti. Molitvenik. Celovec, St. Hermagoras-Druck., 1908. 496 S.

Priszelius, Joh. Gottfried, s. Prizelius

Priszilla. gr. 16. (15 S.) Berlin 873. Buchh. d. Goßner'schen Mission. — 15

Priszilla. gr. 16. (15 S.) Berlin 873, Buchh. des Missions- und Frauen-Kranken-Vereins.

Priszilla, 3. Aufl. 12. (15 S. m. Bildern.) Friedenau-Berlin 884. Buchh. der Goßner'schen Mission. n. — 15

Dale Pritammasih Tiga oder Wie aus dem Sohne e. Zauberers e. christl. Katechist geworden ist. Von ihm selbst erzählt. ⟨Übers. von Missionar Ferdinand Hahn.⟩ (2. Aufl.) *(Friedenau-Berlin: Buchh. d. Gossner'schen Mission [1901].)* (11 S.) 8° [Umschlagt.] [F.] [09. 3038]

Pritani, Lamindi, de ingeniorum moderatione in religionis negotio. 8. Colon. Metternich. 716.

Pritchard, C., Sonne, Mond u. Sterne, s.: Giberne, Agnes.

Pritchard, G., der Missionar u. sein Lohn, s.: Besser, W. F.

Pritchard, Urban, s.: Zeitschrift f. Ohrenheilkunde u. f. die Krankheiten der Luftwege.

Pritchett, Henry S. [A. M. Prof. d. Astron. an d. Washington Univ., St. Louis]: Ueber die Verfinsterungen der Saturntrabanten ... München, akad. Buchdr. v. F. Straub, 1895; 33 S. 4.
München, Phil. Fak., Inaug.-Diss. v. 1895

Pritius, Johann Georg (Hrsg.), s. Arnd, Johann: De vero christianismo.

Pritius, J. G., wahres Christenthum, a. d. Evangel. vorgest. gr. 8. Leipz. (Hermann Frankf. a. Gebhardt und K.) 730.

Jo. Georgii Pritii, D. Gottselige Gemüthsübung, Bestehend In Zwey hundert Geistlichen Überschrifften. Zum dritten mahl gedruckt. Franckfurth am Mayn, Zu finden im Zunnerisch- und Jungischen Buchladen. Gedruckt bey Johann Philipp Andreae. 1717.

18 cm. 64 pages. Pritius' dedication reads: "Gott; dem Allmächtigen Schöpffer Himmels und der Erden."

Pritii, J. G., Introductio in lectionem N. T. Cum figuris. Lips. 737. 8. Ib. 763. 8. 1 rthlr. 16 gr.

Pritius, Jh. Geo., introduct. in lect. N. Testam., quam uberius digessit, auxit, novasque dissertatt. adj. Karl Gli. Hoffmann. 8maj. Leipz. 763. Gleditsch. 1 ℛ 16 gl.

— Communionbuch. 12. Frankf. 721.

PROBEN der Beredsamkeit. — *J. G. P(ritius)*. Proben der Beredsamkeit, darinnen allerhand Begräbniss-, Hochzeit- und andere vermischte Reden enthalten sind, Nebenst angehenckter Vertrauten Briefwechselung vornehmer ehelich sich verknüpffender Personen. Leipzig, In Verlag Joh. Ludwig Gleditschens. 1695. 8⁰.
Der *Anhang* enth. 12 Briefe in Versen zwischen 1) Ernsthaffte u. Leutholdin. 2) Calamander u. Evandra. 3) Philyrus u. Magdalena. 4) Haberreich u. Dorimene. 5) Crämereich u. Sophia. 6) Holdenreich u. Liebesbrandin. Näheres bei Gotthold Ernst, Die Heroide in der dtsch. Litt. (Diss.) Heidelb. 1901. 8⁰. S. 68—71.

— — Dasselbe (mit dem vollen Namen d. Vf.). Ebd. 1702. 8⁰. Beides ziemlich selten.

— Theologia germanica. 12. ibid. 730.

Pritius, J. G., de transitione in vitam aeternam sine transitu per mortem. Lips. 1701. 4.

— geistl. Tugend- und Sittenlehre. 8. Frankf. 721.

Pritius, Leo, Glücksfee. Ein Gedicht. 8. (70 S.) geh. 1 fl. geb. 1 fl. 50 kr. Wien: Moritz Perles 1881.

Pritsch, Kaplan, üb. die heil. Sakramente d. Buße, u. d. Altars. 4e Aufl. 8. (Leipz.) 826. (Fr. Fleischer). 8 gl.

Pritsch, (Kaplan,) über d. heil. Sacramente d. Buße u. d. Altars. 4e Aufl. 8. (Leipz., Fr. Fleischer.) 827.

Pritsch, Erich, Kammergerichtsreferendar: Die Voraussetzungen für den Verfall einer Vertragsstrafe nach gemeinem Recht und Bürgerlichem Gesetzbuch. Greifswald 1907: J. Abel. (75 S.) 8⁰. [F.]
Greifswald, Jur. Fak., Ref. Weismann, Diss. v. 21. Dez. 1907
[Geb. 2. Dez. 78 Pölitz b. Stettin, Kr. Randow; Wohnort: Berlin-Pankow; Staatsangeh.: Preußen; Vorbildung: Pädagogium Putbus Reife M. 99; Studium: Berlin 2, Leipzig 2, Greifswald 4 S.; Rig. 17. Juni 07.]

Pritsch, Jos., Pflichten der Vorgesetzten gegen Dienstboten, ihre Sittlichkeit betreffend, und umgekehrt, Pflichten der Dienstboten gegen ihre Vorgesetzten und Mitgenossen in dieser Beziehung. Für Vorgesetzte, Eltern und Dienstboten. 3., verb. Aufl. 1858. 3 Ngr. und 4. Aufl. 8. (88 S.) Sagan 860, [Grüsemann.]

Pritsche und Knute. Carnevals-Albumchen für 1851. Berlin 1851. V: *Glassbrenner, Adolph Georg Theodor*. (schr)

Pritsche u. Knute. Carnevals-Albumchen für 1851. Der Oeffentlichkeit preisgeg. v. Adf. Brennglas. Mit Illustr. (in Holzschn.) v. Th. Hosemann u. A. gr. 16. (100 S.) Berlin, Simion. ⅓ ℛ

Pritschenschläge, Johann Martin Spassers, Hofnarrn und Hofpoëten des Kaisers von Russland und des Königs von England. Petersburg, Stuttgart u. London [Stuttgart] 1799. V: ***Hübner, Eberhard Friedrich.*** (wr) (MGT)

Pritschmeister, Der Poetische, oder schwermende Poeta, in einer lustigen Comoedie, Wobey zugleich eine Critique über eines Anonymi Überschriften, Schäffer-Gedichten, und unverschämten Durchhechelung der Hofmans Waldauischen Schrifften. Cölln 1704. V: ***Hunold, Christian Friedrich.*** (BGE VII², 3)

Pritschow, Karl, Wanderlust. Spaziergänge in Halle an der Saale u. Ausflüge in die nähere u. weitere Umgebg. Zusammengestellt nach eigenen Wandergn. Mit e. Anh.: Wanderlieder. (VII, 96 S.) 8. Halle (907). K. Pritschow. — 75

Wanderlust. Spaziergänge in Halle an d. S. u. Ausflüge in d. nähere u. weitere Umgebung. Zsgest. nach eigenen Wanderungen von Karl **Pritschow**. Mit 2 Anh. ... (2. Aufl.) Mit 1 Stadtpl. u. 1 Pl. d. Halleschen Umgegend. Halle a. S.: Selbstverl. (1908). (XII, 144, 16 S.) 8⁰ [F.] [08.8637]

Prittwitz, E. v., Ernst u. Humor in Krieg u. Frieden. (VII, 223 S.) 8. Dresden (906). E. Pierson. n. 3. —; geb. n. 4. —

Prittwitz. Hedw. v., Humoresken. 8. (78 S.) Dresden 903. E. Pierson. n. 1.50; geb. n. 2.50

Prittwitz, K. v.

(Prittwitz, v.) Beiträge zur Geschichte des Jahres 1813. (Operationen des Corps unter General v. Bülow bis zum 15. August.) Von einem höheren Officier der preussischen Armee. (2 Bde.) 8. Potsdam 1843.

Prittwitz, Moritz von, s. Prittwitz und Gaffron

Prittwitz, Rob. v., das v. Prittwitz'sche Adels-Geschlecht. Aus den aufgesammelten Nachrichten zusammengestellt. gr. 8. (IV, 308 S.) Breslau 870. Korn. 6. —

Prittwitz, R. v., Das von Prittwitz'sche Adelsgeschlecht. Breslau 1870. 8. 1. Nachtrag. Oels 1875. 8.

Prittwitz-Gaffron, Chrn. Mor. v., von der Fortdauer des Menschen nach dem Tode. Vortrag, geh. in Gnadenfrei am 19. Februar 1879. gr. 8. (27 S.) Herrnhut 879. (Reichenbach i/Schl., Höfer.) n. — 50

Prittwitz Gaffron, Chrn. Mor. v., Christian Renatus Graf v. Zinzendorf, ein Sänger der Passion. Vortrag, gehalten in Gnadenfrei am 14. Febr. 1881. gr. 8. (32 S.) Reichenbach i. Schl. 881, Hoefer. * — 60

Prittwitz-Gaffron, Conrad von, s. Prittwitz - Gaffron, Konrad von

P(rittwitz) u. G(affron), E. v. Drei Tage in Paris. 1. bis 3. März 1871. Darmstadt 1882. (Aus: Allg. Milit. Zeitung.)

Prittwitz und Gaffron, Ferdinand v., Referendar in Hermsdorf u. K.: Die königlichen Hausgesetze in Preußen. Borna-Leipzig 1908: R. Noske. (XI, 06 S.) 8°
Breslau, Jur. Fak., Brie-Dahn, Diss. v. 23. Mai 1908
[Geb. 13. Dez. 84 Omechau, Kr. Kreuzburg; Wohnort: Hermsdorf u. K.; Staatsangeh.: Preußen; Vorbildung: Gymn. Oels Reife M. 03; Studium: Heidelberg 4, Breslau 2 S.; Rig. 13. Febr. 08.]

Prittwitz u. Gaffron, Friedrich Wilhelm von, bacc. iur., Referendar in Frankfurt a. M.: Die bewaffnete Neutralität, ihre theoretische und praktische Bedeutung. Borna-Leipzig 1907: R. Noske. (VIII, 45 S.) 8°
Leipzig, Jur. Fak., Diss. v. 16. Sept. 1907
[Geb. 1. Sept. 84 Stuttgart; Wohnort: Frankfurt a. M.; Staatsangeh.: Preußen; Vorbildung: Gymn. Baden-Baden Reife Juli 02; Studium: Bonn 5, Berlin 2 S.; Rig. 16. Juni 06.]

Prittwitz u. Gaffron, H. v., Die Sachs von Löwenheimbsche Familienstiftung. Mit 52 geneal. Tabellen. Oels 1870. 8. Nicht im Handel.

Prittwitz u. Gaffron, H. v., Personalbestand der Familie von Prittwitz am 1. Jan. 1867. Oels 1867. 8.

v. Prittwitz u. Gaffron, H. W.: Bellerophon in der antiken Kunst. München, akad. Buchdr. v. F. Straub, 1888; 2 Bl. + 72 S. 8°
München, Phil. Fak., Inaug.-Diss. v. 1888

Prittwitz und Gaffron, H. W. von. Bellerephon in der antiken Kunst. Diss. München 1888. A. Buchholz. 8°. 72 S.

Prittwitz u. Gaffron, Hans v., deutsche Personennamen. Vortrag, gehalten im Verein „Herold" in Berlin am 3. Novbr. 1880. [Aus: „Vierteljahrsschrift für Heraldik etc."] gr. 8. (31 S.) Berlin 881. (Mitscher & Röstell.) n. — 50

—— Verzeichniss gedruckter Familiengeschichten Deutschlands und der angrenzenden Länder und Landestheile. gr. 8. (161 S.) Berlin 882, (Stargardt.) * 2 —
Vorstehende zwei Schriften sind aus: Vierteljahrsschrift für Heraldik etc., besonders abgedruckt.

Prittwitz-Gaffron, Konrad von

Prittwitz-Gaffron, Conr. v., Joseph Freiherr v. Eichendorff. Vortrag, gehalten den 1. März 1881 zu Reichenbach in Schlesien. gr. 8. (42 S.) Reichenbach i/Schl. 881. Hoefer. n. 1. —

—— Emanuel Geibel. Vortrag, gehalten zu Gnadenfrei am 10. März 1880. gr. 8. (43 S.) Reichenbach i. Schl. 880, [Kuh.] Hoefer. * 1 —

Prittwitz-Gaffron, Conr. v., Lieder. Breslau 865. Trewendt. gr. 8. (VIII, 224 S.) 1 ₰ 7½ ngr

—— Lieder und Balladen. 8. (VII, 215 S.) Reichenbach i. Schl. 882, Hoefer. geb. mit Goldschn. * 6 —

Prittwitz-Gaffron, Conr. v., neue Lieder. gr. 8. (190 S.) Breslau 875. Trewendt. n. 4. —; geb. n. 6. —

— August Graf v. Platen. Vortrag, gehalten zu Gnadenfrei am 19. März 1879. gr. 8. (29 S.) Ebend. 881. n. — 80

Prittwitz-Gaffron, Leonh. v., Gedichte. 8. (VIII, 128 S.) Reichenbach i/Schl. 881. Hoefer. geb. m. Goldschn. n. 4. —

Prittwitz u. Gaffron, M. v. Beiträge zur angewandten Befestigungskunst, erläutert durch Beispiele aus den neuern preuß. Befestigungsanlagen. (Mit) Atl. Posen 1836. 8°.

Prittwitz und Gaffron, Moritz von

Prittwitz und Gaffron, M. v., Andeutungen über die künftigen Fortschritte und die Grenzen der Civilisation. 2., neu bearb. Aufl. Berlin 853. A. Duncker. gr. 8. (X, 333 S.) 1 ₰. 24 ngr

Prittwitz, M. v., Andeutungen über die künftigen Fortschritte und die Grenzen der Civilisation. 2., neu bearb. Aufl. gr. 8. (X und 333 S.) Berlin 855, A. Duncker.

Prittwitz, Mor. v., Andeutungen üb. d. Grenzen d. Civilisation, s. a. Nationalökonom, 39—42. Lfg.

Prittwitz, M. v., die Arbeiterfrage u. deren Lösung, s. a. Arbeiterfreund, der.

Prittwitz, M. v., Die Arbeiterfrage und deren Lösung. (Supplementheft zum „Arbeiterfreund".) gr.-8°. Berlin, L. Simion, 1873.

M. von PRITTWITZ, Die Arbeiterfrage und deren Lösung. Herausgegeben vom Central-Verein für das Wohl der arbeitenden Classen. Berlin. 1873. Leonhard Simion. 8°.*)

— die schwebende Eisenbahn bei Posen, und Project zu einer allgemeinen Eisenbahn durch den preuß. Staat. (Mit 1 Zeichn.) 8. Posen, (Berlin) 834. (Mittler.) n. ½ ₰

— die schwebende Eisenbahn bei Posen. Mit 3 (in Kpfr gest. u. lith.) Zeichngn. (in Fol.). Berlin 857. F. Riegel. Lex.-8. (16 S.) n. 10 ngr

— die schwebende Eisenbahn bei Posen. 2. Aufl. Lex.-8. (16 S. mit 3 in Kpfr. gest. und lithogr. Zeichnungen in qu. Fol.) Berlin 856(57,) Riegel's Verlag.

v. Prittwitz, Mor., vorläufiger Entwurf zu einer Eisenbahn zwischen Ulm u. Basel. [Nebst 1 (lith.) Karte.] 8. (20 S.) Ulm 849, Stettin'sche Sortiments-Buchhandlung in Comm. 6 ngl

Prittwitz, Moritz v.: Die Frauenwirtschaft. — Berlin: Herbig 1863. VI, 281 S. 8°

— kann zu viel produzirt werden? s. Nationalökonom 37. Lfg.

— die Kunst, reich zu werden, oder gemeinfaßl. Darstellung der Volkswirthschaft. gr. 8. Mannheim 840. Hoff. $1^{1}/_{2}$ ℔

— über allgemeine Landesbewaffnung, insbesond. in Beziehung auf Württemberg. gr. 8. (17 S.) Ulm 848, (Stettin'sche Buchh.)

Prittwitz u. Gaffron, M. v., Lehrbuch der Befestigungskunst u. des Festungskrieges. Für alle Waffen ganz neu bearb. (theilweise unter Benutzung von Fesca's Handbuch der Befestigungskunst). Berlin 865. Herbig. gr. 8. (XVI, 626 S. mit 25 Kpfrtaff. in qu. Fol.) n. 5 ℔

Prittwitz und Gaffron, M. v., über die Leitung großer Bauten mit besonderer Beziehung auf die Festungsbauten von Posen und Ulm. Berlin 860. Mittler's Sorthdlg (Bath.) gr. 8. (VI, 219 S.) n. 24 ngr

— der Nationalökonom, s. Nationalökonom.

Prittwitz und Gaffron, M. v. Repertorium für den Festungskrieg. Berlin 1856. 224 S.

(Prittwitz, v., General-Major und Ingenieur-Inspecteur.) Repertorium für den Festungskrieg. 8. Berlin 1856.

— — Nachtrag zu dem im Jahre 1856 erschienenen Repertorium für den Festungskrieg. (Als Manuscript ausschliesslich für Officiere der preuss. Armee gedruckt.) 8. Berlin 1860.

— die Schanzer in Ulm, ein Beitrag zur prakt. Volkswirthschaft. Nebst einer Abhandlung über die Noth der arbeitenden Classen u. deren Abhilfe. Lex. 8. (95 S.) Ulm 850, Stettin'sche Verlags-Buchhandlung. (Engel.) 12 ngl

v. Prittwitz, Mor., Theorie der Steuern und Zölle. Mit besond. Beziehung auf Preußen u. den deutschen Zollverein. gr. 8. Stuttgart u. Tübingen 842, Cotta'scher Verl. $2^{1}/_{3}$ ℔

v. Prittwitz, M., Untersuchungen üb. einige Curven, welche mit Hülfe ihrer Subtangenten rectificirt werden. Herausg. v. H. W. Brandes. Mit Kpf. 4. Leipz. 816. Göschen. 18 gl.

— über die Verwendung der Infanterie bei Vertheidigung der Festungen. gr. 8. (VI und 157 S. mit 1 lithogr. Plan in qu. gr. 4.) Berlin 858, Mittler's Sortimentsbuchh.

— die Volkswirthschafts-Lehre gemeinfaßlich dargest. 2. Ausg. 1. Hft. gr. 8. Ulm 846, Heerbrandt u. Th. $^{1}/_{6}$ ℔

— über d. zunehmende Wohlfeilheit d. Produkte, s. a. Nationalökonom, 38. Lfg.

Prittwitz, M. von: „Ueber die zunehmende Wohlfeilheit der Producte", Mannheim 1837 (Hoff).

Prittwitz u. Gaffron, Walter v., der deutsche Edelmann. Der Jugend gewidmet. 8. (III, 49 S.) Berlin 885. Liebel. cart. n. 2. —

— und Geo. v. Biebahn I., Geschichte des königl. preußischen Kaiser Alexander Garde-Grenadier-Regiments Nr. 1. und seiner Stammtruppen. gr. 16. (III und 188 S.) Berlin 864, v. Decker'sche geheime Ober-Hofbuchdruckerei.

Prittwitz u. Gaffron, Walt. v., Instruktion für den königlich preußischen Infanteristen. Bearb. mit Unterstützung mehrer Kameraden. Berlin 867. Hempel. 8. (VI, 110 S.) n. 3 ngr

Prittwitz u. Gaffron, Walter v., Instruktion f. den königl. preuß. Infanteristen. 1. Lehrstufe. Rekruten-Instruktion. 3. verb. Aufl. 8. (IV, 48 S.) Berlin 875. Hempel. n. — 30

Prittwitz und Gaffron, Walter v., Krieges-Recht und Krieges-Politik. gr. 8. (16 S.) Berlin 884, Liebel'sche Buchh.

— der Preuße. 1.—4. Aufl. 16. (16 S.) Ebendas. 880—82.

— der Preuße. Ein Katechismus f. Volksschulen, e. Instruktionsbuch f. die Armee. 5. Aufl. 16. (16 S.) Ebend. 884. n. — 10

— der Preuße. Ein Lehrbuch für Schule und Heer. 6.—8. verb. Aufl. 12. (16 S. mit dem Bildnisse Sr. Maj. des Kaisers Wilhelm, Königs von Preußen.) Ebendas. 887,88. *

Prittwitz u. Gaffron, Walt. v. Der Preuße. Ein Lehrbuch f. Schule u. Heer. 9.—11. verb. Aufl. 16. (16 S. m. 1 Bildnis.) Berl. 889—892, Liebel. ** — 10

Prittwitz u. Gaffron, Walt. v., der Preuße. Ein Lehrbuch f. Schule u. Heer. 12., verb. Aufl. gr. 16. (16 S. m. Bildnis.) Berlin 894. Liebel. n.n. — 10

[F.] ... Der Preusse. E. Lehrbuch f. Schule u. Heer v. Walter v. Prittwitz u. Gaffron, Generalmajor ... 13., verb. Aufl. *Berlin: Liebel 1896.* (16 S.) 1 Bd 8. [96. 4038

Prittwitz u. Gaffron, Walt. v., der Preuße. E. Lehrbuch f. Schule u. Heer. 14., verb. Aufl. 12. (16 S. m. 1 Bildn.) Berlin 898. Liebel. n.n. — 10

Prittwitz u. Gaffron, Walt. v., der Preuße. Ein Lehrbuch f. Schule u. Heer. 15. verb. Aufl. 12. (16 S. m. 1 Bildnis.) Berlin 901. Liebel. n.n. — 10

— unser deutsches Vaterland. 12. (32 S.) Leipzig 898. E. Ungleich. n. — 20

— wir, das deutsche Volk, s. a. Zeitfragen, hrsg. vom Vaterlands-Verein. 9. Hft.

Wir, das deutsche Volk. Von Walter v. Prittwitz u. Gaffron, Generallt. z. D. *Berlin: (Christl. Zeitschriftenver.) 1900.* (29 S.) 8° [Ant. u. F.] — Zeitfragen. Vaterlands-Verein. No 8 [vielm. 9]. [01. 9934

Pritwel, James. Durch Geschick zum Glück, s. Novellen, baltische.

Pritz, Franz Xaver

Pritz, Frz. Xav., ein Beitrag zur Geschichte der Lamberge von Steier, besonders in jüngerer Zeit. [Aus dem Archiv für Kunde österreich. Geschichtsquellen 1851 abgedr.] gr. 8. (17 S.) Wien 851. (Braumüller.) n. 4 ngl.

— Ein Beitrag zur Geschichte der Lamberge von Steier besonders in jüngerer Zeit. Ar. 7. 187 . . . . —.31

Separatabdruck

Pritz, Frz. Xav., ein Beitrag zur Geschichte der Lamberge von Steier, besonders in jüngerer Zeit. gr. 8. (17 S.) Wien 852, (Gerold's Sohn.)

Aus: Archiv für Kunde österreich. Geschichtsquellen 1851, besonders abgedruckt.

— Beiträge zur Geschichte von Munzbach und Windhaag in Oberösterreich im einstigen Machlandviertel. Ar. 15. 133 . . . . vgr.

Separatabdruck

— s. Beiträge zur Landeskunde für Oesterreich ob der Enns.

Pritz, Franz Xaver, reg. Chorherr zu St. Florian und Prof. am Lyceum in Linz. Beschreibung und Geschichte der Stadt Steyer und ihrer nächsten Umgebungen. Nebst mehreren Beilagen, betreffend die Geschichte der Eisengewerkschaft und der Klöster Garsten und Gleink. Mit 1 Ansicht der Stadt Steyer. 8. Linz 1837.

Pritz, Franz Xav., Beschreibung u. Geschichte der Stadt Steyer und ihrer nächsten Umgebungen. Nebst mehreren Beilagen, betreffend die Geschichte d. Eisenwerkschaft u. der Klöster Garsten und Gleink. Mit einer Ansicht der Stadt Steyer. gr. 8. Linz 837. Haslinger. 1 1/3 ₰

— Geschichte des aufgelassenen Zisterzienser-Klosters Baumgartenberg im Lande ob der Enns. 1141–1781. Ar. 12. 1 . . . . vgr.

Separatabdruck

Pritz, Frz. Xaver, Geschichte der ehemaligen Benediktiner-Klöster Garsten u. Gleink im Land ob der Enns, u. der dazu gehörigen Pfarren. gr. 8. Linz 841, Quirin Haslinger. 3/4 ₰

— Geschichte des einstigen Kollegiatstiftes weltlicher Chorherren zu Spital am Pyrn im Lande ob der Enns. Ar. 10. 21 . . . . vgr.

Separatabdruck

— Geschichte des Landes ob der Enns von der ältesten bis zur neuesten Zeit. 1.—8. Hft. gr. 8. Ebend. 846. à 1/4 ₰

— Geschichte des Landes ob der Enns von der ältesten bis zur neuesten Zeit. 9—15. Hft. gr. 8. (II. Bd. IV S. u. S. 193—743.) Linz 847, Haslinger. à 1/4 ₰ (cmplt. 2 Bde.: 3 3/4 ₰)

— Geschichte des Landes ob der Enns, kurz bearb. f. Schule u. Haus. gr. 8. (IV u. 233 S.) Ebd. 849. 2/3 ₰

— Geschichte des aufgelassenen Stiftes der regulierten Chorherren des heiligen Augustin zu Ranshofen in Oberösterreich. Ar. 17. 327.

Separatabdruck

—— Geschichte des aufgelassenen Stiftes der regulirten Chorherren des heil. Augustin zu Waldhausen im Lande ob der Enns. Lex.-8. (46 S.) Wien 853, (Gerold's Sohn.) *

Aus: Archiv für Kunde österreich. Geschichtsquellen, besonders abgedruckt.

— Geschichte des aufgelassenen Stiftes der regulierten Chorherren des heiligen Augustin zu Waldhausen im Lande ob der Enns. Ar. 9. 306 . . . . vgr.

Separatabdruck

Pritz Franz Xaver: Die Gründung des Kollegiatstiftes weltlicher Chorherren zu Matighofen. Ar. 5. 629 . . . . vgr.

Separatabdruck

PRITZ, FRANZ XAVER: Sammlungen sittlicher Grundsätze aus Selbsterfahrniß, und beßten Schriften. Zur Bildung des Herzens in jedem Alter für Aeltern, Erzieher, Vorsteher und Untergebene. Oedenburg: Anna Klara Sießin. - 165 mm
1. Bd. 1791. 24, 184 S.
2. Bd. 1791. 14, 170 S.

PRITZ, FRANZ XAVER, Priester, Hofmeister des Grafen Vincenz Pejacsevich: Stimme der Wahrheit für alle Menschen. Oedenburg 1792. Gedr. bey Anna Klara Sießin. 70 S. 170 mm

Pritz, Franz Xav. — Ueberbleibsel aus dem hohen Alterthume im Leben und Glauben der Bewohner des Landes ob der Enns. 2. Auflage. 8. (X und 94 S.) Linz. Herausgegeben vom Museum Francisco-Carolinum. Druck von Jos. Wimmer. 1854.

Pritzbuer, Adam von (Mecklenburg), De modis adquirendi jus in re et praesertim dominium secundum principia juris naturalis. Part. prima. De jure in re nostra et aliena cui praemittitur tractatio metaphysica de actionibus liberis. Diss. philos. Präs. Johann Ernst Gunner. Jena (J. Chr. Croeker) 21. I. 1747. 36 S. (4.75) 27227

Pritzbuer-Gamm, mecklenburgische Adelsgeschlechter. gr. 8. (II, 216 S.) Neustrelitz 882. (Görlitz, C. A. Starke.) Kart. n. 9. —

(Joachim v.) **Pritzbuer-** (Christoph Otto v.) Gamm. Mecklenburgische Adelsgeschlechter (Index concisus familiarum nobilium Ducatus Megalopolitani). 2. Aufl. *Neustrelitz: A. M. Gundlach 1894.* (216 S.) 8° [*et. 1171*

Pritze, Max, a. Berlin: Über die Komplexbildung selenhaltiger Anionen. (Berlin 1908: A. W. Schade.) (37 S.) 8°
Berlin, Phil. Fak., Ref. Nernst, Diss. v. 18. Juli 1908
[Geb. 11. April 85 Berlin; Wohnort: Berlin; Staatsangeh.: Preußen; Vorbildung: Luisenstädt. Gymn. Berlin Reife M. 03; Studium: Berlin 9 S.; Rig. 4. Juni 08.]

Pritzel, Alfred [aus Osnabrück]: Zur Pathologie und Therapie des parametritischen Exsudats ... Berlin, Buchdr. v. G. Schade, *1892;* 28 S., 2 Bl. 8.
Berlin, Med. Fak., Inaug.-Diss. v. 9. Jan. 1892

Pritzel, E., Lycopodiales, Lycopodiineae, Psilotineae, s.: Engler, A., u. K. Prantl, die natürl. Pflanzenfamilien I. 4.

Pritzel, **Ernst**: Vegetationsbilder aus dem mittleren und südlichen Griechenland. 37 S. 8.
Progr. Schillergymn. mit Realgymn. i. E. *Groß-Lichterfelde* 1908 (89).
Sonderabdruck aus: Botanische Jahrbücher für Systematik, Pflanzengeschichte und Pflanzengeographie 41 (1908) S. 180—214. Die zu der Abhandlung gehörigen 12 Tafeln fehlen im Progr.

Pritzel, Ernst: Vegetationsbilder aus dem mittleren und südlichen Griechenland. Leipzig: W. Engelmann 1908. 37 S. 8°
Aus: Engler's Botan. Jahrbüchern. Bd 41, H. 3.
Groß-Lichterfelde, Schiller-G m. RG i. E. OP 1908 (89) [S 08. 357

Pritzel, Ernst: Der systematische Wert der Samenanatomie, insbesondere des Endosperms bei den Parietales. *Leipzig: W. Engelmann 1897.* (51 S.) 8° ¶ (Aus: Engler's Botanische Jahrbücher, Bd 24.)
Berlin, Phil. Diss. v. 24. Nov. 1897

Pritzel, Ferdinand [pr. Arzt aus Rosenberg, Westpr.]: Über einen Fall von Tuberculose Ossis sacri ... Danzig, Druck v. A. W. Kafemann, 1895; 26 S. 8.
Leipzig, Med. Fak., Inaug.-Diss. v. 24. Sept. 1895

Pritzel, G., s. Pritzel, Georg August

Pritzel, Georg August

Pritzel, G. A., Iconum botanicarum index locupletissimus. Od. Abbild. sichtbar blühender Pflanzen u. Farnkräuter aus d. botan. u. Gartenliteratur d. XVIII. u. XIX. Jahrhunderts in alphabet. Folge zusammengestellt. hoch 4. Berlin, 1854. Nicolai. 7. —

Pritzel, G. A., iconum botanicarum index locupletissimus. — Die Abbildungen sichtbar blühender Pflanzen u. Farnkräuter aus der botanischen u. Gartenliteratur des 18. u. 19. Jahrh. in alphabet. Folge zusammengestellt. Berlin 855. Nicolai'sche Verlhdlg. 4. (XXXII, 1184 Sp.) n. 7 ₰.

Pritzel, G. A., Iconum botanicorum index locupletissimus. Die Abbildungen sichtbar blühender Pflanzen und Farnkräuter aus der botanischen und Gartenliteratur des XVIII. und XIX. Jahrhunderts in alphabet. Folge zusammengestellt. 2. (Titel-)Ausg. 4. (XXXII und 1184 Sp.) Berlin (854)61, Nicolai'sche Verlagsbuchh.

PRITZEL (G. A.). Iconum botanicarum Index. . . . Berlin, 1855. 4°. Ed. 2. 1865–6.
An edition dated 1861 is repudiated by the author; it is simply a reprint, with new title.

Pritzel, G. A., iconum botanicarum index locupletissimus. Verzeichniss der Abbildungen sichtbar blühender Pflanzen u. Farnkräuter aus der botan. u. Gartenliteratur des 18. u. 19. Jahrh. in alphabet. Folge zusammengestellt. 2 Thle. 2., bis zu Ende des J. 1865 fortgeführte Ausg. Berlin 866. Nicolai's Verl. hoch 4. (XXXIV. 1481 S.) n. 6 ₰

Pritzel, G. A., Anemonarum revisio. Acced. tabulae sex. 8maj. Lipsiae 842. (Voss.) n. 1½ ₰

Pritzel, Georg Aug., Thesaurus literat. botanicae omnium gentium inde a rerum botanicarum initiis ad nostra usque tempora, quindecim millia operum recensens. VII fascli. gr. 4. (VIII u. 517 S.) Lipsiae 847—51, Brockhaus. (à n. 2 ₰) n. 14 ₰ Auf Schreibvelin in Imp. 4. (à n. 3 ₰) n. 21 ₰

PRITZEL, Georg August: Thesaurus literaturae botanicae omnium gentium inde a rerum botanicarum initiis ad nostra usque tempora, quindecim millia operum recensens. - Leipzig 1851. VIII, 547 S. - Ed. nova reformata. Fasc. 1-4. ebd. 1872. III, 320 S. - Fasc. V-VII ebd. 1877. S. 321-577. - Additamenta ad Thesaurum literaturae botanicae. Halle 1859. 40 S.

Pritzel, Georg August (Magdeburg)
Thesaurus literaturae botanicae omnium gentium inde a rerum botanicarum initiis ad nostra usque tempora quindecim millia operum recensens.
Lipsiae 1851.
Dr. phil. Giessen 21.1.1851.

Pritzel, G. A., thesaurus literaturae botonicae omnium gentium inde a rerum botanicarum initiis ad nostra usque tempora, quindecim millia operum recensens. Ed. nova reformata. Fasc. 1—4. gr. 4. (III u. S. 1—320.) Leipzig 872. Brockhaus. à n. 6. —; Velinpap. à n. 9. —

Pritzel, G. A., thesaurus literaturae botanicae omnium gentium inde a rerum botanicarum initiis ad nostra usque tempora, quindecim millia operum recensens. Editio nova reformata. Fasc. V—VII (finis). gr. 4. (S. 321—577.) Leipzig 877. Brookhaus. n. 20. —; Velinpap. n. 30. — (cplt.: n. 44. —; Velinpap. n. 66. —)

— Thesaurus liter. botan., Additamenta, s. Zuchold.

Pritzel, G., u. C. Jessen, die deutschen Volksnamen der Pflanzen. Neuer Beitrag zum deutschen Sprachschatze. Aus allen Mundarten u. Zeiten zusammengestellt. 1. Hälfte. 8. (VIII, 448 S. mit Holzschn.-Titel.) Hannover 882. Cohen. n. 5. 75

Pritzel, G., u. C. Jessen, die deutschen Volksnamen der Pflanzen. Neuer Beitrag zum deutschen Sprachschatze. Aus allen Mundarten u. Zeiten zusammengestellt. 2. Hälfte. gr. 8. (S. 449—701.) Hannover 884. Cohen. à n. 5. 75 (cplt. geb.: n. 12. 75)

Pritzelwitz, Carl von. Morgenländische Trachten. Zeichnungen nebst ihrer Beschreibung entworfen von Carl von Pritzelwitz. Bujukdere 1819—1820.
2 Hefte in Aquarellmalerei. 8°.
[I] 1819: 16 Taf. (1 in Federzeichn., 15 in Aquarellmalerei). 14 Bl. Erklärungen.
[II] 1820: 12 Taf. in Aquarellmalerei. 10 Bl. Erklärungen.
21 Bl. türkisches Militär, meist Janitscharen.

Pritzerbe [Schlagwort]

Pritzerbe, s.: Deutschland, Kürschner-Peip.

Pritzker, Jacob, aus Belaja-Zerkow (Russland): Zur Kenntnis des Brasilins. [Mit 1 Tabelle.] Bern 1906. 40 S. 8°. [2. II. 06.]
Bern. Phil. Diss. 1905/1906.

Pritzker, Jacob. Zur Kenntnis des Brasilins. Diss. Phil. Bern ... von Jakob P'.... [Mit 2 Tabellen.] 39 S. 8. Bern, W. Wälchli, 1906.

Pritzker, Lyba, aus Biela-Zerkow, Russland: Über Placenta praevia. ⟨Aus der Universitäts-Frauenklinik Zürich. Direktor: Prof. Wyder.⟩ Zürich 1908. 67 S. 8°. [21. I. 09.]
Zürich. Med. Diss. 1908/09.

Pritzker, Lyba. Über Placenta praevia. Diss. Med. Univ. Zürich. *Kopftitel:* Aus der Universitäts-Frauenklinik Zürich. Direktor: ... Prof. Dr. Th[eodor] Wyder. 67 S. 8. Zürich, J. J. Meier, 1908.

Pritzkow, Arthur [aus Berlin]: Über einige Derivate des o-Tolylmethylpyrazolons ... Jena, Frommannsche Buchdr., 1891; 30 S., 1 Bl. 8.
Jena, Phil. Fak., Inaug.-Diss. v. 1891

Pritzkow, Wilhelm, aus Berlin: Ueber den a-Aminocampher und seine Umwandlungsprodukte. *Jena 1899: G. Neuenhahn.* (58 S.) 8°
Jena, Phil. Diss. v. (3. Dez.) 1898

Pritzkow, (Frid.) Guil. (geb. Berlin 11. 11. 1805): De nuce vomica. Berolini (1831). (45 S.) 8°
Berlin, Med. Diss. v. 28. März 1831

Prißl, W., Erinnerungen an die richtige Vorstellung v. d. Begräbnißplätzen. Eine Predigt gehalten bei d. Einweihung d. neuen Gottesackers zu München. 8. Münch. 818. Giel. 2 gl.

Pritzl, Joseph

Pritzl, Jos., Formularbuch f. das bayerische Notariat. Nach den neuesten Gesetzen u. Verordngn. bearb. gr. 8. (VIII, 107 S.) München 901. C. H. Beck. Kart. n. 2. —

Pritzl, J., Die Rechtsverhältnisse an Bienen nach dem bürgerlichen Gesetzbuche. (32 S.) kl. 8. Nürnberg, Heerdegen-Barbeck. 1907. —. 60.

Die Rechtsverhältnisse der Bienen oder Immen nach dem Bürgerlichen Gesetzbuch von Joseph Pritzl. 2., verb. u. erw. Aufl. Berlin: Pfenningstorff [1909]. 53 S. 8° [o). 13186

Prițl, Joſ., die Rechtsverhältniſſe der Bienen od. Immen nach dem bürgerlichen Geſetzbuch. 2., verb. u. erweit. Aufl. (53 S.) 8. Berlin (910). F. Pfenningſtorff. — 75

Pritzlaff, Johs., der Goldſchmied. Ein vollſtänd. und prakt. Hand- und Hülfsbuch für den Juwelier, Gold- und Silberſchmied, ſowie verwandte Zweige. Die wichtigſten und alle nur mögl. verſchiedenen in dieſem Fach vorkommenden chem. und techn. Operationen und Verrichtungen, mit den neueſten Verbeſſerungen, ſowie alles Wiſſenswerthe enthaltend, nebſt Legirungs- und Preis-Tabellen für Gold und Silber. 8. (VIII, 92 S.) Dresden 882. (Leipzig, Schlag.)

Pritzlaff, Johs., d. „Goldſchmied". E. prakt. Hand- u. Hilfsbuch f. d. Juwelier, Gold- u. Silberſchmied, ſowie verw. Gewerbe. Enth. die wichtigſten in dieſem Fache vorkomm. Verrichtgn., ſow. chem. u. techn. Operationen nach d. neueſten Verbeſſergn., nebſt Legirungs-Tabellen f. Gold u. Silber. 4., verb. u. verm. Aufl. 8. (VIII, 130 S.) Leipzig 896. H. Schlag Nachf. n. 2. 50; geb. in Leinw. n. 3. —

Pritzlaff, Johs., der Goldſchmied. Ein prakt. Hand- u. Hilfsbuch f. den Juwelier, Gold- u. Silberſchmied, ſowie verwandte Gewerbe. Enth. die wichtigſten in dieſem Fache vorkomm. Verrichtgn., ſowie chem. u. techn. Operationen nach den neueſten Verbeſſergn., nebſt Legierungs-Tabellen f. Gold u. Silber. 5., verb. u. verm. Aufl. (IV, 133 S.) 8. Leipzig 903. H. Schlag Nachf. Geb. in Leinw. 3. —

Pritzlaff, Paul, Weckſtimmen. Betrachtungen zur Beförderg. wahren Chriſtentums. 8. (X, 217 S.) Bremen 891. Verlag des Traktathauſes. Geb. in Leinw. n. 1. 80

Pritzſche, K., ſ.: Elementarkurs der Mikrologie.

Pritzsche, Siegfried, aus Hongkong, 2. Assistenzarzt am Landeshosp. Merxhausen: Aus d. Landeshospital Merxhausen. Fortgeschrittene Friedreich'sche Krankheit mit Idiotie bei zwei Geschwistern. *Marburg 1901: R. Friedrich.* (29 S.) 8°
Marburg, Med. Diss. v. 20. Febr. 1901

Privas, Xavier. Cantiques de Tendresse. Poésie et Musique de X' P'. ([Titre illustré, dessin de Théophile] Steinlen.) [10 Numéros.] à 4 p. Neuchâtel-Paris-Leipzig, Sandoz, Jobin & Cie, 1906.

Ed. A: [Pour une voix de femme avec accompagnement de piano.] 4. Neuch' ...: [Edition] № 783—792, 1906. [*à* fr. 1. 25]

Ed. B: [Pour une voix de femme, chant seul.] gr.-8. Neuch' ...: [Edition] № 793—802, 1906. [*à* fr. —. 35]

[1:] № 783 *resp.* № 793. Croyance. — [2:]... Croire est doux. — [3:]... Vie et bonheur. — [4:]... Espérance. — [5:]... Espérer, c'est chanter! — [6:]... Aimer. — [7:]... Si tu me fais pleurer. — [8:]... Pardonner. — [9:]... La douleur est douce. — [10:] 792 *resp.* 802. Contrition d'amour.

Privat-Deschanel, Paul. Introduction à l'étude géographique du Beaujolais. Tectonique et géologie. (Avec 5 planches.) 11 p. + p. 109—152. 8. Fribourg ⟨Suisse⟩, Fragnière Frères, 1902. [fr. 2. —]

Mémoires de la Société fribourgeoise des Sciences naturelles.... Géologie et géographie. (Vol.) 2, Fasc. 3.

Privatagende, kleine, ſ. J. C. Muhl.

***Espig, Gust. Wilh.*: Privat-Akten** des Br.·. Espig betreffend: Amtsniederlegung desselben als Meister vom Stuhl der Loge „An Erwin's Dom" im Or. Strassburg, Elsass. [Mülhausen i. E. 1884: Münch.] VIII, 43 S. 8⁰ [Zwischentit.]
Eingel. durch einen Rechtfertigungsbrief des Verf an sämtliche Brr.

Privatandacht, ſ. Sintenis.

Privatandachten unter freyem Himmel, für die, welche reines Herzens sind. Wittenberg u. Zerbst 1780. V: *Sintenis, Christian Friedrich.* (KY) (MGT)

Privatandachten unter freiem Himmel (v. Chr. Fr. Sintenis). 8. Wittenb. 780. Zimmermann. 18 gr

Privat-Anstalt, Die, zu Ober-Döbling, Wien, XIX. Bezirk, Hirschengasse 71. II. Bericht über die Leistungen der Anstalt vom 1. Juli 1875 bis 30. Juni 1891. Mit 12 Tafeln. Gr.-8. (191 S.) Wien: Franz Deuticke 1891. 3.60

Privat-Anzeiger des Bezirks Horgen
② Anzeiger von Horgen (1850). Anzeiger des Bezirkes Horgen (1869) ⑤ 6. 1. 1849 (Probe-Nummer vom 23. 12. 1848) (cont.) ⑥ 4°, dann 2° ⑦ Wochenblatt, dann wöchentlich 2× und 3× ⑧ Horgen: Karl Weiß (bis 1867), Heinrich Schläpfer (1869/70), H. Schläpfers Erben (1870/71), Joh. Jak. Schläpfer (1871/82), Joh. Hch. Schläpfer (1883/97), Luise Schläpfer (1897), Schläpfer & Co. (1898/1904), Th. O. Studer-Schläpfer (1904/39), Gebrüder Studer ⑨ Sonntagsgrüße (1914), Hagrosen (1917) ⑩ die Drucker ⑪ die Drucker; Fritz Billo (1906/07) ⑫ freisinnig ⑬ Anzeiger des Bezirkes Horgen 1950, Jubiläums-Nummer ⑭ Zh: Z.

Privatarzt, der heutige. Von einem schleswigschen Arzte. gr. 8. (IV und 133 S.) Husum 860. (Altona, Lehmkuhl und Comp.)

Privatbahnen oder Strassenbahnen? Ein offenes Wort an das Schweizervolk. Hrsg. v. Schweizer landw. Verein. In-8⁰. 23 S. Aarau, Emil Wirz. — 20
1898.

Privatbauten, praemiirte, auf den neuen Boulevards in Brüssel. Fol. (20 photogr. Taf.) Berlin 885. Claessen & Co. In Mappe. n. 50. —

Privatbeamte, der. Zentralorgan f. die Interessen der Angestellten in den kaufmänn. u. gewerbl. Betrieben Deutschlands, insbesondere f. die gesetzl. Regelg. der Pensions- u. Hinterbliebenen Versicherg. der Privatbeamten im Deutschen Reich. Red.: J. F. Schräer. 2. Jahrg. 1904. 36 Nrn. (Nr. 1—11. 94 S.) hoch 4. Kempten, Verlag der Zeitschrift „Der Privatbeamte". Vierteljährlich —. 80.

Privatbeamte, der. Zentralorgan für die Intereſſen der Angeſtellten aller Berufe, insbeſondere f. die geſetzliche Regelg. der Penſions- u. Hinterbliebenen-Verſicherg. der Privatbeamten im Deutſchen Reich. Red.: Alb. Kamecke. 2.—4. Jahrg. 1904—1906. à 36 Nrn. (à Jhrg. 288 S.) Lex.-8. Quedlinburg, Verlag des Privatbeamten. à Jhrg. n. 3. 20

Privatbeamte, der, Zentralorgan f. d. Interessen der Angestellten aller Berufe, insbesondere f. d. gesetzl. Regelg. der Pensions- u. Hinterbliebenen-Versicherg. der Privatbeamten im Deutschen Reich. Red.: A. Kamecke. 4/5. Jahrg. 1906/07. Je 36 Nrn. Lex.-8. Quedlinburg, H. Klöppel. 1907. Vierteljährlich —. 80.

Privatbeamte, der, Zentralorgan f. d. Interessen der Angestellten aller Berufe, insbesondere f. d. gesetzl. Regelg. der Pensions- u. Hinterbliebenen Versicherg. der Privatbeamten im Deutschen Reich. Red.: A. Kamecke. 6. Jahrg. 1908. 36 Nrn. Lex.-8. Quedlinburg, H. Klöppel. Vierteljährlich —. 80.

Privatbeamte, der, Zentralorgan f. d. Interessen der Angestellten aller Berufe, insbesondere f. d. gesetzl. Regelg. der Pensions- und Hinterbliebenen-Versicherg. der Privatbeamten im Deutschen Reich. Red.: A. Kamecke. 7. Jahrg. 1909. 36 Nrn. Lex.-8. Quedlinburg, H. Klöppel. Vierteljährlich —. 80.

Privat-Beamte, d. deutsche. Notiz- u. Taschenbuch auf d. J. 1895. Hrsg. m. Unterstützg. d. Directoriums d. deutschen Privat-Beamten-Vereins v. R. Jäger. 7. Jahrg. gr. 16. (207 S.) Dresden, R. Jäger. In Leinw. kart. — 75

Privatbeamten, die, u. die Versicherungsgesetzgebung v. Silbermann, A. Ennesch u. C. Eichler, s.a. Schriften der Gesellschaft f. soziale Reform.

Die Privatbeamten und die Versicherungsgesetzgebung. [Tl] 1—3. Jena 1908. 8°.
1: *Silbermann*, Krankenversicherung.
2: *Ennesch*, A(lfons), Invalidenversicherung.
3: *Eichler*, C., Unfallversicherung.
(Schriften d. Ges. f. Soz. Reform. H. 25.)

Privatbeamten-Pensionsversicherung. 3. Fassung e. Referenten-Entwurfes bearb. nach d. Beschlüssen des v. sozialpolit. Ausschusse d. österr. Abgeordnetenhauses 1905 eingesetzten ... Unterausschusses. Düsseldorf: Deutscher Werkmeister-Verb. (1905). (32 S.) 8° [F.] (05. 24370

Privatbeamten-Pensionsversicherung. 3. Fassung e. Referenten-Entwurfs, bearb. nach den Beschlüssen des vom sozialpolit. Ausschusse des österreich. Abgeordnetenhauses am 5. V. 1905 eingesetzten u. aus den Abgeordneten Albrecht, Elderscn, Fort (Referent), Marchet, Ryba, Graf Szeptycki u. Graf K. M. Zedtwitz (Obmann) bestehenden Unterausschusses. (32 S.) 8. Düsseldorf (905). (Berlin, R. L. Prager.) n. — 25

(F) **Die Privatbeamtenversicherung.** [Zeltners Volksausgabe der Gesetze. Heft IV.] 8°. (52 S.) K 1.—
Brünn: Karafiat & Sohn 1907.

Privat-Beamten-Zeitung, allgemeine österreichische. Organ zur Wahrung u. Förderung der Standesinteressen aller Privatangestellten. Hrsg. u. Red.: Jos. Seidel. 4. u. 5. Jahrg. 1899 u. 1900. 24 u. 26 Nrn. gr. 4. (à ca. 8 S.) Wien (VII/2, Neustiftgasse 3), J. Seidel. à Jahrg. n. 5. —

— dasselbe. Officielles Organ der Privatbeamten-Gruppe des I. allgem. Beamten-Vereines der österreichisch-ung. Monarchie, des Privatbeamten-Vereines Oberösterreichs, des Vereins der Fabrikbeamten in St. Pölten u. s. w. Red.: Rob. Pöltl. 8. (6.) Jahrg. 1902. 12 Nrn. Fol. (à ca. 4 S.) Linz (E. Mareis). n.n. 4. —

Privatbeamten-Zeitung, allgemeine österreichische. Offizielles Organ der Privatbeamten-Gruppe des I. allgemeinen Beamten-Vereins der österreichisch-ungar. Monarchie, des Privatbeamten-Vereins Oberösterreichs, des steiermärk. Privatbeamten-Landesverbandes usw. Red.: Rob. Pöltl. 4.—6. (7.—9.) Jahrg. 1903—1905. à 12 Nrn. (à ca. 4 S.) gr. 4. Linz a. D. (Altstadt 221), Administration. à Jhrg. n.n.n. 4. —
Nicht durch den Buchhandel zu beziehen.

Privatbeleidigungsprozeß, der, Ruhland contra Biermer. Nach stenograph. Aufzeichngn. (288 S.) 8. Gießen 909. E. Roth. 3. —

Privatbergregal, Das Tiele-Winckler'sche, in Oberschlesien. Urkundlich und kritisch dargestellt. Breslau, 1897. 232 S.

Privatbetrieb und Verstaatlichung. [Bern 188?] V: *Troxler.* (zuwzür 13, 1909, I, S. 117)

Die **Privat-Blinden-Anstalt** zu Kiel 1862—1875. 5. (Schluß-) Bericht, zugleich als Aufruf zur Fürsorge für die Blinden nach ihrem Austritt aus der Blindenanstalt. Mit 1 Ansicht u. 4 Plänen der Provinzial-Blindenanstalt. Kiel. 1877. 8°
Angeb.: Statuten, Rundschreiben und sonstige Drucksachen, die Blindenanstalt betreffend.

Altbabylonische **Privatbriefe,** transkr., übers. u. kommentiert, nebst e. Einl. u. 4 Reg. von P. Simon Landersdorfer, O. S. B. Paderborn: F. Schöningh 1908. (XII, 142 S.) 8°
— **Studien** z. Geschichte u. Kultur d. Altertums. Bd 2, H. 2. (08. 16334

Privatbriefe, deutsche, des Mittelalters, hrsg. v. Geo. Steinhausen, s.a. Denkmäler der deutschen Kulturgeschichte. I, 2.

[F.] Deutsche **Privatbriefe** des Mittelalters. M. Unterst. d. K. Preuss. Akad. d. Wiss. hrsg. v. Dr. Georg Steinhausen, Universitätsbibliothekar in Jena. Bd 1. *Berlin: R. Gaertner 1899.* 8.
= **Denkmäler** d. deutschen Kulturgeschichte. Abt. 1, Bd 1. (98. 11763

— jüdische, aus dem J. 1619, hrsg. v. Alfr. Landau u. Bernh. Wachstein, s.: Quellen u. Forschungen z. Geschichte der Juden in Deutsch-Österreich. III.

Privatbriefe von Paulus und Saulus ... Winterthur 1801. V: *Lavater, Johann Caspar.* (MGT) (JL)

Privat-Bühne. Offizielles Organ d. Verbandes der Privat-Theatervereine Deutschlands. Red.: Osc. Sauerwald. 1. u. 2. Jahrg. Mai 1893—Apr. 1895. à 11 Nrn. (Bog.) gr. 4. Berlin, Funcke & Naeter. à Jahrg. n. 6. —; für Mitglieder d. Verbandes der Privat-Theatervereine Deutschlands à Jahrg. n. 2. —

Privat-Bühne. Zeitschrift für Dilettanten, Freunde des Theater- u. Vortragswesens. Offiz. Organ d. Verbandes der Privat-Theater-Vereine Deutschlands. Red.: Herm. Schwenzler. 3. Jahrg. April 1895—März 1896. 12 Nrn. (Bog.) gr. 4. Berlin, R. F. Funcke. n. 2. —

— dasselbe. 4. Jahrg. Apr. 1896—März 1897. 6 Nrn. (Bog.) gr. 4. Ebd. n. 1. —

— dasselbe. 5. Jahrg. Mai 1897—April 1898. 6 Nrn. (à ca. 1 Bog.) gr. 4. Ebd. n.n. 1. —

— dasselbe. 6. Jahrg. 1898. 9 Nrn. (Bog.) gr. 4. Ebd. n.n. 1. —
Kann auch halbjährlich bezogen werden.

Privat-Bühne. Zeitschrift f. Dilettanten, Freunde d. Theater- u. Vortragswesens. Offizielles Organ des Verbandes d. Privat-Theatervereine Deutschlands. Red.: F. Hennig. 7.—11. Jahrg. 1899—1903. à 9 Nrn. hoch 4. (à ca. 8 S.) Berlin (R. F. Funcke). à Jahrg. n.n. 1. —

Privat-Bühne. Zeitschrift für Dilettanten, Freunde des Theater- u. Vortragswesens. Offizielles Organ des Verbandes der Privat-Theatervereine Deutschlands. Red.: Geo. Arnold. 15. Jahrg. Oktbr. 1906—Septbr. 1907. 10 Nrn. (96 S.) 4. Berlin (S.W. 29, Willibald Alexisstraße 11, II), Erich Hohmann. n. 1.50

Privat-Bühne. Zeitschrift für Dilettanten, Freunde des Theater- u. Vortragswesens. Offizielles Organ d. Verbandes der Privat-Theater-Vereine Deutschlands. Red.: Geo. Arnold. 18. Jahrg. Oktbr. 1909—Septbr. 1910. 12 Nrn. (à ca. 12 S.) Lex. 8. Berlin (S., Gitschinerstr. 81), Aug. Goldbach. nn 1.50

Privat-Detectiv, der, s.: Eckstein's Reisebibliothek.

Privatdozent, der, in harmlose Reimlein gebracht von Bonaventura Sauerampfer. Illustrirt von A. Oberländer. 8. (100 S. mit eingedr. Holzschn.) München 877. Bassermann. n. 2. —

Privateisenbahn-Beamte, der. Central-Organ f. die Interessen aller deutschen Privateisenbahn-Beamten. Publikationsorgan der freien Vereinigung deutscher Privateisenbahn-Beamten. Offizielles Organ d. Vereins ehemal. Privateisenbahn-Beamten. Red.: Ernst Pfort. 2. u. 3. Jahrg. 1900 u. 1901. à 24 Nrn. gr. 4. (à ca. 8 S.) Berlin, H. Klokow. à Jahrg. n. 4. —
Bis 16. VIII. 1900 v. Joh. Richter redigiert.

Privat-Erklärung, Letzte, für Pennsylvania, über Jemands Bericht, der sich nicht nur über eine unter seinem Namen ... gedruckte Schrift beschweret, sondern auch über die Gemeine des Herrn das Urtheil spricht. Philadelphia 1742. V: *Zinzendorf und Pottendorf, Nic. Ldw. Graf v.* (Seidensticker, German Printing in America. Philad. 1893.)

Privaterzieher, Der, in Familien, wie er sein soll. Leipzig 1803. V: *Heydenreich, Carl Heinrich.* (GGr V, 526]

Privaterziehung, üb. die, zu Frankfurt a. M. 8. Frankf. a. M. 798. Eichenberg. 4 gr

Der Privatgärtner. Red.: [August] Friedemann-Francke, Halle a. S. Jg. 1. 2, No 1–4. [Mehr nicht erschienen.] *Halle a. S.: Gebauer-Schwetschke 1902–03.* 2 Bde 4° [F.]

Privatgärtner, der. Red.: Friedemann-Francke. 1. Jahrg. Juli—Dezbr. 1902. 12 Nrn. Lex.-8. (à ca. 12 S. m. Abbildgn.) Halle, Gebauer-Schwetschke. n.n. 1. 30

Privatgärtner, der. Red.: Friedemann-Francke. 1. Jahrg. 2. Halbj. Jan.—Juni 1903. 12 Nrn. (à ca. 12 S. m. Abbildgn.) Lex.-8. Halle, Gebauer-Schwetschke. n.n. 1. 30
Erscheint nicht mehr.

Privat- u. Villengärtner, der. Zeitschrift f. den gesammten Gartenbau, Bienen- u. Geflügelzucht. 1. Jahrg. April—Dezbr. 1899. 18 Nrn. gr. 4. (à ca. 8 S. m. Abbildgn.) München. M. Ernst. 1. 50

— dasselbe. 2. Jahrg. 1900. 24 Nrn. gr. 4. (à ca. 8 S.) Ebd. 2. —

Privatgedanken. O. O. 1778. V: *Borie, Egid. Val. Felix Freih. v.* (Holz)

Privatgedanken über die Eintheilung der Senate bei dem kais. und Reichs-Cammergericht. [Stadt am Hof] 1788. V: *Lerchenfeld, Reichsgraf von.* (Pütter, Litt. d. Teutsch. Staatsr. Gött. 1773—94. IV, 394.)

— üb. die Eintheilung d. Senate bei d. Kaiserl. u. Reichskammergericht. Fol. Regensb. 788. Montag u. W. 10 gr

Privatgedanken über die staatsrechtliche Entschädigung des hochfürstl. Thurntaxischen Generalreichsposterblehens in dem Neufränkischen Belgien ... [Regensburg] 1797. V: *Rothammer, Franz Wilhelm.* (MGT) (ML)

Privatgedanken über die Erhöhung der Krankengebühren. Offenbach 1790. V: *Hoffmann, Anton.* (MGT) (HS) (Ky)

Privatgedanken üb. die Erhöhung d. Krankengebühren (v. Ant. Hoffmann). 8. Offenb. 790. Weiß. 4 gr

Privatgedanken über das staatsrechtliche Kirchenverhältniß recipirter Religionen im Lande nach Deutschlands Gesetzen gegen das Eindringen neuer Sekten, von dem Verf. der Abhandlung über die Jesuiten. gr. 8. Freiburg 846, Herder'sche Verlagsh. 1/6 Thlr

Privatgedanken über die neunte Kur. O. O. 1790. V: *Dalwigk, Carl Frdr. Aug. Phil. von.* (Pütter, Litt. d. Teutsch. Staatsr. Gött. 1773—91. IV, 174.)

Privatgedanken über den 4ten § der herzogl. Mecklenburgischen Declarations-Verordnung vom resp. 12. Februar und 10. März 1802 ... O. O. [1802]. V: *Winterfeld, Carl Wilhelm Detlef von.* (MGT)

Privatgedanken über das kaiserliche Ratificationsrecht, die Vergleiche der fränkischen und westphälischen Grafensache betreffend. Frankf. a. M. 1785. V: *Roth, Johann Richard von.* (Ky)

— üb. das kaiserl. Ratificationsrecht, die Vergl. d. fränkischen u. westphäl. Grafensache betr. (von J. R. v. Roth). 8. Frankf. a. M. 785. Brönner. 4 gr

— über Unsterblichk. s. Kebr.

Privatgesangbuch, Ein, zur gesellschaftlichen und nie anstößigen Erbauung auch für solche Christen, welche verschiedenes Glaubens sind. Berlin und Altona 1767. V: *Bernhard, Joh. Bernhard (= Joh. Bernhard Basedow).* (HHBD VI, 6)

Privatgesangbuch, ein, zur gesellschaftlichen und unanstössigen Erbauung auch für solche Christen, welche verschiedenes Glaubens sind (von JOH. BERNH. BASEDOW). Berlin und Altona. 1767.

DIE MEDICINISCHE PRIVATGESELLSCHAFT zu Stralsund während der dritten 25 Jahre ihres Bestehens. Stralsund, am 25. Februar 1848. 8°.

Privathandelsschulwesen, das, u. seine gesetzliche Regelung in den deutschen Bundesstaaten, s.a. Veröffentlichungen des deutschen Verbandes f. das kaufmänn. Unterrichtswesen. 21. Bd.

Das **Privathandelsschulwesen** und seine gesetzliche Regelung in den deutschen Bundesstaaten. Mit e. Anh.: Das Privathandelsschulwesen in d. wichtigsten Staaten d. Auslandes. *Leipzig: B. G. Teubner 1902.* (51 S.) 8°
— **Veröffentlichungen** d. Deutschen Verbandes f. d. kaufmänn. Unterrichtswesen. Bd 21. (03. 3459

Privatheilanstalt, die, f. Gemüths- u. Nervenkranke zu Ober-Döbling bei Wien seit ihrer Gründung [1819], nebst e. Berichte üb. ihre Leistgn. in der 15jähr. Periode vom 1. Juli 1860 bis 30. Juni 1875. Lex.-8. (VI, 104 S. m. 1 Holzschntaf. u. 1 chromolith. Plane in qu. gr. 4.) Wien 876. Czermak. n. 3. —

Privatheilanstalt, die, zu Ober-Döbling, Wien, XIX. Bezirk, Hirschengasse 71. II. Bericht üb. die Leistgn. der Anstalt vom 1. Juli 1875 bis 30. Juni 1891. Lex.-8. (VIII, 191 S. m. 12 Taf.) Wien 891. F. Deuticke. n. 6. —

Privat-Heilanstalten, Die, Privat-Kliniken u. Pflege-Anstalten Deutschlands, Oesterreichs u. d. Schweiz. Berlin 1859. 12.

Privat-Heilanstalten, die, Privat-Kliniken u. Pflege-Anstalten Deutschlands, Oesterreichs u. der Schweiz. 2. Aufl. 12. (XVII, 76 S.) Berlin 890. Alb. Goldschmidt. cart. n. 1. —

Privatier, Henri, des Mikado Träume zu Beginn des russisch-japanischen Krieges, wiedererzählt. (32 S.) 8. Dresden (905). H. L. Diegmann. — 50

Privat-Irrenanstalt, die, „Christophsbad" in Göppingen. 4. Bericht üb. deren Bestand u. Wirksamkeit in den J. 1888 bis 1893, hrsg. v. der Direction. gr. 8. (VII, 115 S.) Freiburg i/B. 894. J. C. B. Mohr. n. 2. —
Den 3. Bericht s. Landerer, Gust.

Privat-Irrenanstalt, die, „Christophsbad" in Göppingen. 5. Bericht üb. deren Bestand u. Wirksamkeit in den J. 1893 bis 1898, hrsg. v. der Direktion (G. Landerer). gr. 8. (VII, 93 S.) Freiburg i/B. 899. Tübingen, J. C. B. Mohr. n. 2. —

Privatissimum, ein, f. m. l. Chr., hrsg. bei Gelegenheit des Kirchenstreits von Kl. Chr. IV. Bremen 868. Tannen. gr. 16. (19 S.) 3 ngr.

Dorfmeister's, A. — vormals Mausberger's Privat-Geschäfts- und Auskunfts-Kalender für das Schaltjahr 1856. Vierundzwanzigster Jahrgang. Wien. Druck und Verlag von A. Dorfmeister. (222 S. 8 Bl. 4.)

Dorfmeister's A., vormals Mausberger's Privat-, Geschäfts- und Auskunftskalender für das Schaltjahr 1856. Nebst einem Anhange enthaltend: Oesterreichisches Volks-Jahrbuch. — Allgemeiner Kirchen-Kalender. — Populärer Gesundheits-Kalender. — Praktischer Haus- und Landwirthschafts-Kalender. — Der zuverlässige Haus-Advokat. — Allgemeiner Auskunfts-Kalender. — Vierundzwanzigster Jahrgang. Eigenthum der Verlagsbuchhandlung. Wien (o. A. d. J.). A. Dorfmeister's, vormals Mausberger's Verlagsbuchhandlung. (222 S. LXXXVIII. 8 Bl. 4.)

Privat-Geschäfts- und Auskunfts-Kalender, A. Dorfmeisters vormals Mausbergers — für das Jahr 1857. Nebst einem Anhange, enthaltend: Oesterreichisches Volksjahrbuch. Allgemeiner Kirchenkalender. Populärer Gesundheitskalender. Praktischer Haus- und Landwirthschaftskalender. Der zuverlässige Haus-Advokat. Allgemeiner Auskunftskalender. 25. Jahrg. Eigenthum der Verlagshandlung. Wien. A. Dorfmeisters, vormals Mausbergers Verlagsbuchhandlung. (248 S. 4.)

Privat-Komiker, der, im Familienkreise. Neueste Sammlung der beliebtesten, kernigsten, scherzhaftesten Vorträge, Scenen, Gedichte u. Couplets, in berliner, sächsischer, österreichischer, plattdeutscher u. jüdischer Mundart. Herausg. von einem bekannten Komiker. 1. Bdchn. Hamburg 860. (Altona, Verlagsbureau.) 12. (24 S.) 3 ngr.

Privatcorrespondenz D. Tellers u. J. A. de Luc's; aus d. Französ. gr. 8. Leipz. 805. (W. Vogel). 1 ℛ 12 gr

Privatcredit, vom. 8. Freiburg 780. Wagner. 5 gr

Privatlager-Regulativ. (Lager-Regulative für Lager unter Zollaufsicht. I.) gr. 8. (26 S.) Hamburg 887, Marquard und Schering.
Auf Schreibpap. mit breitem Rande

Privatlager-Regulativ nach den Bundesratsbeschlüssen vom 8. Juni 1887 u. 21. Juni 1888 ⟨§ 336 u. 375 d. Protokolle⟩ unter Berücks. d. inzwischen bis z. 1. Mai 1909 eingetretenen Aenderungen u. Erg. 2. Aufl. Berlin: Heymann 1909. 23 S. 4° (09. 12182

Privatlager-Regulativ u. Weinlager-Regulativ vom 21. Juni 1888. gr. 4. (37 S.) Berlin 888. C. Heymann's Verl. n. — 80

Privat-Land-Feuer-Societäts-Reglement, revidirtes, f. d. Herzogth. Schlesien u. d. Grafsch. Glatz. gr. 4. (2 B.) Breslau 832, Graß, Barth u. Comp.

Privatleben

— das, des Königs von Preußen, (Friedrichs II.) 8. Leipz. 784. Kummer. 9 gr

Privatleben, Das, der Königin von Frankreich Marien Antonien von Oesterreich. O. O. 1789. V: *Brissot de Warville, Jean Pierre* oder *Pierre Etienne Auguste Goupil* (?). (BGE IV[a], 415)

Privatleben Ludwigs XV.; aus d. Französ., s.a. Geschichte.

Privatleben Ludwigs XV., a. d. Franz. 4 Thle. 8. Lpz. Beer. (Graffs in Weißenfels.)

Privatleben der Königin Maria Antoinette von Frankreich. A. d. Franz. London 1789. V: *Brissot de Warville, P. S.* (WR)

das Privatleben des berühmten russischen Feldmarschalls Fürsten von Potemkin Tawrotschewskoy. 8. Grätz 1793.

—des Fürsten von Potemkin Tawrodschefskoy. 8. Grätz. 793. Ferstl. 8 gr.

Privatleben des Herzogs von Richelieu. Aus d. Französ. übersetzt und mit Anmerkungen versehen. Strassb. u. Baireuth 1791—1793. Hof 1796. V: *Faur, Louis Franç.* Ü (1—2): *Menzel, Joh. Friedrich Leonh.* (3): *Valett, Joh. Jac. Meno.* (BGE VI², 453/4)

Privatleben des Maximilian Robespierre. Aus d. Franz. Berlin: Nauck 1795. 8°

Privatlehrer, der. Zeitschrift f. das Privatlehrertum deutsch. Zunge u. f. Reformpädagogik. Hrsg.: A. Meyer-Wellentrup. 1. Jahrg. 1901. 12 Nrn. gr. 8. (à ca. 16 S.) München, Wenger. 3.60

Privatökonomie u. Sozialökonomie. 8. (72 S.) Zürich 886. Verlags-Magazin. n. 1. —

Privat-Postofficiant, der. Handbuch zum Gebrauch für das correspondirende und reisende Publikum. Uebersicht aller Taxen und Versendungs-Bedingungen bei dem Postverkehr zwischen Königl. Hannoverschen Postbüreaus u. sämmtlichen Postvereins-Postorten unter Berücksichtigung des für die Postorte Hamburg, Bremen, Bremerhaven, Vegesack und Ritzebüttel wegen der zollamtlichen Verhältnisse zu beobachtenden Verfahrens nebst einem Anhang die Extrapost- und Couriertaxe für das Königreich Hannover wie auch Vorschriften bei Versendung von Fahrpost-Gegenständen u. die Brieftaxe nach außerdeutschen Ländern enthltd. Herausg. von einem Postbeamten. Bremerhaven 858. v. Vangerow. gr. 8. (14 S.) n. 5 ngr.

Privatrecht, Bündnerisches. Chur 1862. (Civilgesetzbuch.)

[F.] Frankfurter **Privatrecht** im Auftr. d. Jurist. Sektion d. Freien Deutschen Hochstifts in Frankfurt a. M. hrsg. v. Dr. Paul Neumann, Rechtsanw., & Dr. Ernst Levi, Gerichtsass. *Frankfurt a. M.: J. Baer & C. 1897.* (10 Bl., 1 kl. Bl., XVI, 310 S.) 1 Bd 8.
= Schriften d. Freien Deutschen Hochstifts. [No] IX. [97. 5649]

Privatrecht, das in Deutschland geltende particulare. [Aus: „Encyclopädie der Rechtswissenschaft in systematischer Bearbeitung, hrsg. von F. v. Holtzendorff. 3. Aufl."] gr. 8. (155 S.) Leipzig 877. Duncker & Humblot. n. 4. —

Privatrecht, Jetzt geltendes Oldenburgisches, im systematischen Auszuge. Oldenburg 1804—6. H: *Siegen.* (MGT)

Privatrecht, Hamburg., s. Anderson.

Privatrecht, liv-, est- u. curlaendisches. Zusammengestellt auf Befehl d. Herrn u. Kaisers Alexander II. Lex.-8. (XL, 948 S.) St. Petersburg 864. (Berlin, Puttkammer & Mühlbrecht.) n. 10. —

Liv-, Est- u. Curländisches **Privatrecht.** (Svod graždanskich uzakonenij gubernij pribaltijskich, dt.) hrsg. v. H. v. Broecker. Nichtoff. Ausg. Jurjew ⟨Dorpat⟩ '02. L, 806 S. (Provinzialrecht d. Ostsee-Gouvernements. 3.)

Privat- u. Strafrechtspflege der Civil-Gerichte der im Reichsrathe vertretenen Königreiche u. Länder im J. 1872, s.: Jahrbuch, statitsisches.

Privat-Sammlung Ferdinand Günther-Prestel † Frankfurt a/M. Antiquitäten, Gemälde, Handzeichngn., Stiche, Bücher, namentlich viel Francofurtensia aus d. Besitze des verstorbenen Herrn Ferdinand Günther-Prestel. Auktion in Frankfurt a/M. unter Leitg. v. Hugo Helbing, München, Dienstag, den 22. u. Mittwoch, den 23. XI. 1910. (VIII, 51 S. m. 16 Taf.) 30,5×24 cm. München (910). H. Helbing. 3. —

DIE ANTHROPOLOGISCHEN PRIVAT-SAMMLUNGEN DEUTSCHLANDS. I. Catalog der im Anatomischen Institut der Universität Leipzig aufgestellten Craniologischen Sammlung des Herrn Emil Schmidt. Nach dem Bestande vom 1. April 1886 zusammengestellt von EMIL SCHMIDT. (O. O. o. J.) 4°.

Privatsammlungen, österreich. I. Bd. 31×22,5 cm. Wien 908. A. Schroll & Co. Geb. in Leinw. 20. —
Die Bronzen der Sammlung Guido v. Rhò in Wien. Von Edm. Wilh. Braun. Mit 51 Lichtdr.-Taf. u. 20 Abb. im Texte. (36 S.)

Privatschule, die deutsche. Zeitschrift f. das gesamte deutsche Privatschulwesen im In- u. Auslande, einschließlich der Pensionate. Organ des allgemeinen deutschen Privatschullehrervereins u. in dessen Auftrag hrsg. v. C. W. Debbe. Schriftleitg.: C. W. Debbe. 1.—3. Jahrg. Oktbr. 1900—Septbr. 1903. à 12 Hfte. gr. 8. (à ca. 16 S.) Leipzig, R. Voigtländer. à Jahrg. n. 4. —

Privatschule, die, nach dem Entwurfe d. Volksschulgesetzes. Ein Mahnwort e. Konservativen. gr. 8. (31 S.) Berlin 892 Reuther & Reichard. n. — 50

— dasselbe. 2. unveränd. Abdr. gr. 8. (31 S.) Ebd. 892. n. — 50

Privat-Seebadeanstalt bei Travemünde. 8. Lübeck. 803. (Niemann u. C.) 6 gr.

Privatspeculation, die, an der Börse. gr. 8. (VIII, 18 S.) Wien 871. (Fr. Beck.) — 30

Privatstiftungen, Die milden, zu Hamburg. Hg. auf Veranlassung des Vereins für Hamburgische Geschichte. Hamb. 1845. 2. Ausg. Hamb. 1870. V: *Lappenberg, Joh. Martin & Herm. Gries.* (KY) (SCHZ)

Privatstiftungen, die milden, zu Hamburg. Herausgeg. auf Veranlassung des Vereins für Hamburg. Geschichte (von J. M. Lappenberg). gr. 8. Hamburg 845, Perthes-Besser u. Mauke. n. 1½ ℛ

Privatstiftungen, die milden, zu Hamburg. Hrsg. auf Veranlassung des Vereins für Hamburg. Geschichte. 2., umgearb. u. veränd. Ausg. Hamburg 870. (Mauke Söhne.) gr. 8. (XLVIII, 231 S.) n. 21 ngr.

Privattheaterprobe, die,. Lustsp. v. Albrecht. 8. Berl. Schöne. 799.

Privatvermögen, das, in der Bilanz des Kaufmanns, s.a. Veröffentlichungen des deutschen Verbandes f. das kaufmännische Unterrichtswesen. 37. Bd.

Das **Privatvermögen** in der Bilanz des Kaufmanns. Ergebnis von Erhebungen veranstaltet im Bureau d. Deutschen Verbandes f. d. Kaufm. Unterrichtswesen. Leipzig: B. G. Teubner 1907. (63 S.) 8°
— **Veröffentlichungen** d. Deutschen Verbandes f. d. Kaufm. Unterrichtswesen. Bd 37. (07. 1833)

Privatversammlungen, v., 8. Frankfurt. 747.

•Die Privatversicherung und die Staatsaufsicht in Österreich. Ein Beitrag zur gesetzlichen Regelung des Privatversicherungswesens. Wien 1893.

Die deutschen Privatversicherungsgesellschaften im Jahre 1904. 11. Jahrg. Gr.-8°. (24 S.) *K 1.20
Wien: J. Eisenstein & Co. 1905.

Privatvorträge, fünf, über weibliche Erziehung auf dem Lande für Kirchen- und Schullehrer, verf. von einem emer. Priester der Erzdiöcese München-Freising. München 855. Franz. gr. 8. (91 S.) 15 ngr

„Ueber die württembergische allgemeine Privat-Wittwen- und Waisen-Pensionsanstalt; ihren neuesten Tarif und das Ergebniss der letzten Abstimmung", Stuttgart 1838. — Vorh.: Com. Bibl. Hamburg.

Privat-Wittwen- u. Waisen-Pensionsanstalt, über die würtembergische, ihren neuesten Tarif u. das Ergebniß ihrer letzten Abstimmung, nebst e. neuen Einigungsvorschlag, an sämmtl. Interessenten wohlmeinend gerichtet von einem Mitgliede, das mit der Minderzahl gestimmt hat. Mit dem Anhange: Einige Bedingungen, welche geeignet sein dürften, einer Trennung u. Auflösung erwähnter Anstalt vorzubeugen. gr. 8. Stuttgart 838. Weise u. Stoppani. n. 1/6 ℛ

Itzehoensis civitatis privilegia anno seculari quinto resoluit E. K. D. G. J. H. [ↄ: E. KLOPPENBURG]. Glückstadii. 1738. Fol. P.

Frauen

— —, Der, und Weiber Privilegia. Wir Föminarius Oberster Gubernator u. Schutzherr der Weiber, . . . thun kund, dass uns etliche Weibsbilder erbärmlich vorgetragen haben, wie dass sie soviel allerley Ungebühr erdulden müssen, und allzeit erlitten. Also haben sie uns um ein eifriges Privilegium ersuchet: . . . O. O. u. J. (c. 1780). Kl. 8°.
4 bedruckte Bll., unpaginirt.
Dr. Franz Schnitzer's Bibl. München 1902. Nr. 153.

§ **PRIVILEGIA,** Der Frauen u. Weiber —. O. O. u. J. (c. 1790). 8°. (75 Pfg. G. Priewe, 1895; jetzt viel theurer!)

Kayser- u. Königl. das Erb-Hertzogthum Schlesien concernirende **Privilegia,** statuta u. sanctiones pragmaticae mit allergnädigster Bewilligung, dem gemeinen Wesen zum besten zusammen getragen. [Nebst] Cont. = Th. 2—6 [u.] drey Haupt-Reg. Breßlau 1713—37. 7 Bde
[Sog. Brachvogelsche Sammlung.]
— [Neue Aufl.] [Nebst] Cont. = Th. 2—6 [u.] drey Haupt-Reg. Breßlau 1728—37. 7 Bde

Privilegia, leges generales et statuta, facultatum specialia academiae Marpurgensis a. 1653 promulgata. Ed. Julius Caesar. Marburg 868. Elwert. gr. 4. (67 S.) 20 ngr

— Ordn. und statuta der Stadt Leipzig. 4. Leipz. 701.

Privilegia und Pacta d. Reichsstadt Frankf. a. Mayn f. d. güldn. Bulle. Fol. Frankf. Brönner. 728.

Privilegia und Pacta der Schleswig-Holsteinischen Ritterschaft. Kiel 1797. H: *Hegewisch, Dietrich Hermann & Friedrich Christoph Jensen.* (Ky)

Privilegia u. Pacta d. Schlesw.-Holstein. Ritterschaft, (herausgg. v. D. H. Hegewisch u. F. C. Jensen). Mit 3 Kpftaf. gr. 4. Kiel 797. (Hesse). 3 ℛ 12 gℊ Schrbp. 5 ℛ (a. Wienbrack in Leipz.) 2 ℛ 20 gℊ

Privilegia serenissimorum regum Poloniae (ex annis 1454—1734) ordinibus terrarum Prussiae collata ex regni constitutionibus in gratiam Pruthenae nobilitatis excerpta. o. O. 1746.

— d. Schlesw. Holstein. Ritterschaft. gr. 4. Kiel, akadem. Buchhandl.

— statuta und Sanction. pragm., schlesische. 6 Thle. n. 3 Reg. 4. Breslau. 731.

— — dass. neue Samml. 2 Thle. 4. Ebend. 736.

— d. Stände des Herzogthums Preußen. Fol. Braunschw.

— statuta und sanctiones pragmat. d. fr. R. Reichsstadt Hildesheim. Fol. Hildesheim. 738.

Privilegien, Die, der k. k. landesf. Stadt Fürstenfeld mit einer historisch-topograpischen Skizze derselben. Graz 1857. V: *Hofrichter, Jos. Carl.* (JoanStyrA) (Co)

Privilegien, die — der k. k. landesf. Stadt Fürstenfeld mit einer historisch-topographischen Skizze derselben und des gleichnamigen Amtsbezirkes. Mit mehrern lithographischen Beigaben. Zum Besten des Krankenhauses daselbst herausgegeben. Gratz, 1857. Druck von C. Tanzer. In Fürstenfeld bei J. P. Buchner. In Gratz in Kommission der Fr. Ferstl'schen Buchhandl. (156 S. 8.)

Privilegien, die, der k. k. landesf. Stadt Fürstenfeld mit einer historisch-topographischen Skizze derselben und des gleichnamigen Amtsbezirkes. Mit mehreren lith. Beigaben. Graz 857. Ferstl in Comm. 8. (2 Bl., 156 S. u. 6 lith. Taf. in 8., 4. u. Fol.) n. 24 ngr.

[Sammelbd enth.:] **Privilegien** und Gesetze für die Länder Cleve und Berg, aus d. J. 1364 bis 1798. [Teils Originaldrucke, teils Originalurkunden und einfache Abschr.] fol.
[Inhalt:]
1. (Privilegium Engelbraechts Grafen v. d. Marck, für die Stadt Rodé v. J. 1364.)
2. (Privilegium Kaiser Ferdinands I. vom 20. 6. 1559 betr. Appellation in Güllch-Clevisch und Bergischen Jurisdictionssachen.)

[Kaiserliche **Privilegien** von Friedrich II. bis auf Karl VI. für den deutschen Orden.] (Attestirt Wetzlar den 6. Sept. 1731.) fol.

Privilegien, Die, der Parlaments-Mitglieder. Hamb. 1849. V: *Lappenberg, Johann Martin.* (CBH)

Privilegien, die, der Parlaments=Mitglieder. Andeutungen f. Befreundete in der Reichs= u. in den Stände=Versammlungen. gr. 8. (18 S.) Hamburg 849, Perthes=Besser & Mauke. 3 ngr.

Privilegien, Die, der k. k. landesfürstlichen Stadt Radkersburg in Untersteyer. Radkersburg 1842. V: *Hofrichter, Joseph Carl.* (EB)

Privilegien der Schlesw.-Holst. Ritterschaft, von den in der Privilegienlade befindlichen Originalien genau abgeschrieben . . . Kiel 1797. V (Vorrede): *Jensen, Friedrich Christoph.* (LS)

Privilegien der Schleswig-Holsteinischen Ritterschaft von den in der Privilegienlade befindlichen Originalien genau abgeschrieben und mit denselben verglichen auch demnächst zum Druck befördert von Friedrich Christoph Jensen und Dietrich Hermann Hegewisch. Kiel. 1797. 4°.

[Privilegien und Statuten der Universität Halle von 1693—97.] [Halle 1823.] 47 Bl. 4° (2°) [Lithogr.]

Darin:

1. [Auftrag zur Ausarbeitung *neuer Statuten* für die Universität Halle und ihre einzelnen Fakultäten durch ein Komitee, nebst Hauptgesichtspunkten.] Dat. Berlin, 5. Nov. 1824. (gez.) Altenstein, Ministerium der Geistlichen, Unterrichts- und Medicinal-Angelegenheiten. An den außerordentlichen Regierung-Bevollmächtigten v. Witzleben, Halle.
2. No. 361. Einladungsprogramm zur Eröffnung der Universität. 1698 [vielmehr: 1694].
3. No. 362. Kaiser Leopolds Privilegium für die Universität Halle, 19. Okt. 1693.
4. No. 363. Friedrichs III. Kurfürsten von Brandenburg Privilegium für die Friedrichs-Universität Halle, 4. Sept. 1697.
5. No. 364. dess. Statuta der Friedrichs-Universität Halle, 1. Juli 1694.

2—5 aus: Dreyhaupt, I. C. v.: Beschreibung des Saal-Creyses. Th. 2. Halle 1750. 2° S. 67—89.

2—5 wiederabgedr. bei I. F. W. Koch: Preuss. Universitäten. Bd 1. Berlin 1839. S. 451—91.

Der Stadt Stralsund fürnehmste landesherrliche **Privilegien**, Resolutionen u. bestätigte Grundgesetze u. Verträge. Von 1581 bis 1759. Stralsund 1766.

Privilegiengesetz, Marken= und Musterschutzgesetz, Hausirpatent, Vorschriften über Firmaprotocollirung, Vereinsgesetz, s.a. Gesetze, oesterreichische.

Privilegiengesetz, Marken= u. Musterschutzgesetz, Hausirpatent, Gesetz f. Handelsagenten, Handelskammern, Vorschriften üb. Firmaprotocollirung, Vereinsgesetz. Mit allen nachträglichen Verordnungen u. m. alphabet. Register. kl. 8. (IV u. 130 S.) Wien, F. Manz. 1860. 35 kr. (Taschen=Ausg. d. österr. Gesetze Nr. 2.)

Privilegiengesetz, Marken= u. Musterschutzgesetz, Hausirpatent, Gesetz für Handels=Agenten, Handelskammern, Vereinsgesetz. Mit allen nachträglichen Verordnungen u. alphabetischem Register. 3. Aufl. ergänzt bis Ende Septbr. 1865. (Manz'sche Gesetzes=Ausg.) Wien 866. Manz' Verl. 8. (IV, 115 S.) n. 8 ngr.

Privilegiengesetz, Marken= und Musterschutzgesetz, Hausirpatent, Gesetze über Handelsagenten, Handelskammern, über Vereine und Versammlungen. Mit allen nachträgl. Verordnungen und alphabet. Register. 4. Aufl. ergänzt bis Ende Septbr. 1870. gr. 8. (IV, 136 S.) Wien 870. Manz.

—— dass. — über Erwerbs= und Wirthschaftsgenossenschaften. Mit allen nachträgl. Verordnungen und alphabet. Register. 5. Aufl., ergänzt bis Ende Mai 1873. *ℳ 1,40., und 6. Aufl., ergänzt bis Ende Novbr. 1874. 8. (IV, 179 S.) Ebendas. 875.

Privilegiengesetz, Marken= und Musterschutzgesetz, Hausirpatent, Gesetze über Handelsagenten, Handelskammern, über Vereine und Versammlungen, dann über Erwerbs= und Wirthschaftsgenossenschaften. Mit allen nachträgl. Verordnungen und alphabet. und chronolog. Register. [7. ergänzte und verm. Aufl.] 8. (IV, 168 S.) Wien 878, Manz'sche Hofbuchh.

Privilegiengesetz, Marken= und Musterschutzgesetz, Hausirpatent, Gesetze über Handelsagenten, Handelskammern, über Vereine und Versammlungen, dann über Erwerbs= und Wirthschaftsgenossenschaften. Mit allen nachträgl. Verordnungen und alphabet. und chronolog. Register. [8. ergänzte und verm. Aufl.] 8. (IV, 172 S.) Wien 880, Manz'sche Hofverlagsb.

—— Marken= und Musterschutzgesetz, Hausirpatent, Gesetze über Handelsagenten, Handelskammern, über Vereine und Versammlungen, dann über Versicherungsanstalten, Erwerbs= und Wirthschaftsgenossenschaften. Mit allen nachträgl. Verordnungen und alphabet. und chronolog. Register. 9. ergänzte und verm. Aufl. 8. (IV, 196 S.) Ebendas. 882.

Privilegiengesetz, Marken= u. Musterschutzgesetz, Hausirpatent, Gesetze üb. Handelsagenten, Handelskammern, üb. Vereine u. Versammlungen, dann üb. Versicherungsanstalten, Erwerbs= u. Wirthschaftsgenossenschaften. Mit allen nachträgl. Verordngn., den Erkenntnissen des Verwaltungsgerichtshofes u. alphabet. u. chronolog. Register. 10., ergänzte u. verm. Aufl. Nebst Gesetz vom 6. Jänner 1890, Nr. 19 R.G.B., betr. den Markenschutz. 12. (IV, 243 u. VIII S.) Wien 884. Manz. n. 1. 80

Privilegium civitatum minorum Prussiae occidentalis comment. illustr. 4. Gedani, Knoch. 736.

Privilegium civitatum minorum Prussiae occidentalis commentariolo illustratum. Praemittitur de civitatibus minoribus introductio histor. Dantisci 1739.

PRIVILEGIUM, Ernstliches, und Verbot des Königs Fabularii aus Utopien, wieder (!) und über das Vexiren oder Außlachen. (Prosa.) Gegeben in unserer Stadt Sparrago auff der Beltz-Mühle, im Jahr darin man zehlte, ein tausend sechshundert neunundneuntzig, neugelegte zehen Pfunde Bauern-Eyer. — Sehr derbes (auch auf Cornuten oder Hahnreyen bezügl.) Jocosum aus dem 17. Jahrhundert. (Neudruck.) O. O. u. J. (Köln, Franz Teubner, 1890; *am Ende:* Druck von Elias Neuwald, Budapest.) Kl. 8°. (Mk. 1—.)

11 S. (incl. Tit. m. Bordüre). Auf Titelrücks. u. der letzten (unbez.) Seite Teubner'sche Verlagsanzeigen. — Vergriffen!

Frauen

— —, Der, u. Weiber Privilegium. Offenes Bl. in Fol. O. O. u. J. (c. 1780).

Haydinger's Bibl. I. 2. p. 47. — Sehr selten, wie die folgende Ausgabe:

Privilegium für die Hütten-Bediente und Arbeiter bey d. Königl. Chur-Märckschen, Pommerschen und Neumärckschen Eisen-Hütten- und Blech-Werken. [Dat.:] Berlin, den 1. Nov. 1768. **fol.**

Privilegium I. — für die a. pr. Kaiser Ferdinands-Nordbahn nebst den Flügelbahnen Brünn, Olmütz, Troppau und Bielitz sammt den hiezu gehörigen Nachträgen. — II. Koncessionen für die Flügelbahnen von Floridsdorf nach Stockerau, von Gänserndorf nach Marchegg und von Oderberg an die preußische Gränze. — III. Gesellschaftsstatuten. Wien. 1855. Druck von Karl Gerold und Sohn. (24 S. 4.) geh.

— d. Stadt Lahr. 8. Carlsruhe, Müller.

Privilegium, Ordnungen u. Gemeine Bescheide, das Königl. Preuß. Ober-Appellations-Gericht zu Cölln a. d. Spree betr. Aus d. J. 1702—34. [Sammelbd, Einzeldrucke u. Abschriften.] **fol.**

Privilegium und Reglement der Kaiserl. Academie der drey vornehmsten Künste, der Mahlerey, Bildhauerey und Baukunst, und der mit derselben verbundenen Erziehungs-Schule. Nebst Etat der Kaiserl. Academie der Künste und aller dazu gehörigen Departements. St. Petersburg 1764. 4°.

PRIVITZKY, Julius: Athanasius contra haereses. — (1909) 315 Bl. 4° (Handschr.) Diss. 648
Diss. Wien, Univ.

Privoznik, s. Priwoznik

Приваловскій, Юрій

(Priwalowski.) Поправка обстоятельствъ или женитьба маіора. Изданіе Юрія Приваловскаго. Leipzig 857. (Wagner.) 8. (1 Bl., 38 S.) 15 ngr

Приваловскій, Юрій, поправка обстоятельствъ или женитьба маіора. 2. изданіе. (Priwalowski, Verbesserung der Zustände oder die Hochzeit des Majors. 2. Aufl.) 8. (38 S.) Leipzig 861, Wagner.

— Губернаторская Ревизія, s. Библіотека (Bibliotheka) Русская.

Priwin, Richard, prakt. Arzt a. Schwerin a. Warthe: Über die Behandlung der Kniescheibenbrüche mittels Naht. Ein statist. Beitrag a. d. chirurg. Abteilung d. Posener Stadtkrankenhauses ⟨leitender Arzt: Prof. Dr. Jaffé⟩. Berlin (1907): G. Schade. (54 S.) 8°
Berlin, Med. Fak., Ref. Hildebrand, Diss. v. 7. Nov. 1907
[Geb. 8. März 82 Schwerin a. Warthe; Wohnort: Berlin; Staatsangeh.: Preußen; Vorbildung: Gymn. Graudenz Reife O. 00; Studium: Berlin 7, Breslau 3 S.; Coll. 5. Nov. 07; Approb. 26. Juni 05.]

Priwoznik, E.

Privoznik, E., e. Beitrag zur Bildung v. Schwefelmetallen. [Aus: „Sitzungsber. d. k. Akad. d. Wiss."] Lex.-8. (6 S.) Wien 872. (Gerold's Sohn.) — 15

— Ein Beitrag zur Bildung von Schwefelmetallen. S. 65. II. 87 . . . . —.10
Separatabdruck

— über die Veränderung e. Bronze durch langes Liegen in der Erde. [Aus: „Sitzungsber. d. k. Akad. d. Wiss."] Lex.-8. (6 S.) Ebend. 872. — 15

Priwoznik E.: Über die Veränderung einer Bronze durch langes Liegen in der Erde. S. 65. II. 81 . . . . —.10
Separatabdruck

— über e. durch schwefelhaltiges Mineralwasser bewirkte Veränderung v. Gusseisen. [Aus: „Sitzungsber. d. Akad. d. Wiss."] Lex.-8. (6 S.) Ebend. 873. — 15

— Über eine durch schwefelhaltiges Mineralwasser bewirkte Veränderung von Gußeisen. S. 67. II. 25 . . . . —.10
Separatabdruck

Přiwoznik, E., üb. Vorkommen v. Tellur u. dessen Gewinnung aus seinen Erzen nach verschiedenen Methoden, s. a. Monographien des Museums f. Geschichte der österr. Arbeit.

Přiwoznik, Dr. E., Ueber Vorkommen von Tellur und dessen Gewinnung aus seinen Erzen. Nach verschiedenen Methoden. (Monographien des Museums für Geschichte der österr. Arbeit. Heft II.) Gr.-8. (32 S.) —.40
Wien: Hölder 1893.

Přiwoznik, Ed., d. Berg- u. Hütten-Werk in Agordo, s. a. Monographien des Museums f. Geschichte der österr. Arbeit, Hft. 7.

Přiwoznik, Dr. Eduard, Das Berg- und Hüttenwerk in Agordo. Mit 2 Abbildungen. Gr.-8. (28 S.) Wien: Hölder 1896. —.36

Prix d'adjudication des articles de la bibliothèque de feu M. Serge Sobolewski [de Moscou.] gr. 8. (11 S.) Leipzig 873. List & Francke. n. — 80
cf.: Catalogue de la bibliothèque de feu M. Serge Sobolewski.

Prix d'un amour vertueux; conte moral, allemand et français à l'usage des jeunes gens, qui veulent s'appliquer à l'étude de l'une de deux langues. 8. Zürich 797. Ziegler u. S. 20 gl Schrbp. 1 ß

Prix, grands, d'Architecture et autres productions de cet art couronnées p. l'Instit. national de France, Cah. I—VIII. chac. à 6 feuilles. Weim. Ind. C.
H. P.
in chines. Tusche

Prix, A., Grundzüge der Geschichte d. Zeichenunterrichtes, s. a. Zeichenunterricht, der, u. seine Hilfswissenschaften.

Prix A, Grundzüge der Geschichte des Zeichenunterrichts. (Fellner und Steigel, Zeichenunterricht 5) Wien 1889

Prix, A., der Zeichenunterricht als gymnasialer Bildungsfactor. gr. 8. (31 S.) Wien 885. (Pichler's Wwe. & Sohn.) n. — 60

Prix, Ad. Hütet Euch vor den Weibern! Lustspiel in drei Akten. Nach „Les femmes terribles" des M. Dumanoir. *Wien* 1858. *M. Lell.* 40 S., 8°.
Als Manuscript gedruckt.

Prix, Adalbert —. Ehre und Geld. Lustspiel in 5 Aufzügen. Nach F. Ponsard, im Versmaß des Originals frei bearbeitet von — —. 8. (44 S.) Wien. Druck von M. Lell. 1853.

Prix, Adalbert — Charlotte von Montarcy. Schauspiel in 5 Aufzügen. Frei nach dem Französischen des Louis Bouilhet von — —. Als Manuskript gedruckt. Wien, 1857. Druck von M. Lell. (54 S. 8.)

Prix, Adalbert. Des Gatten Rückkehr. Schauspiel in vier Akten. Nach dem Französ. des Mario Uchard. *Wien* 1858. *M. Lell.* 55 S., 8°.
Als Manuscript gedruckt.

Prix Anton: Nachruf an den † Prof. Ignaz Ellminger. (6). Wien II. (Erzh. Rainer G.) 94.
Progr.

Prix, Ernst, Elemente der darstellenden Geometrie. 1. u. 2. Tl. Mit Fig. 8. Leipzig 883. Teubner. n. 3. 20
1. Darstellung v. Raumgebilden durch orthogonale Projectionen. (IV, 72 S.) n. 1. 20
2. Schnitte v. ebenen u. krummen Flächen. Schiefwinklige u. axonometr. Projectionen. Centralprojection. (IV, 120 S.) n. 2. —

Prix, Ernst Über singuläre Lösungen von Differentialgleichungen erster Ordnung. 25 S. Progr. *Annaberg* 1876.

Prix, Ernst, Untersuchung der Anziehung zweier m. Elektrizität geladener Kugeln. hoch 4. (27 S. m. eingedr. Holzschn.) Glauchau 872. (Burow.) n. 1. 50

Prix, Fr.: Sprachliche Untersuchungen zu Columella 50. Baden 83. Progr.

Prix, Franz: Athen. Begleitworte zu einer Reihe von Projektionsbildern. 20 S. 8. Gymn. der k. k. Theresianischen Akademie *Wien* 1905
Progr.

Prix, F., Athen. Begleitworte zu einer Reihe von Lichtbildern. [Lichtbildervortrag Nr. 2.] Gr.-8°. (24 S.) K 1.50
Wien: A. Pichler 1907.

Prix, Frz., Athen. Bilder z. Veranschaulichg. der topograph. Verhältnisse der alten Stadt u. ihrer hervorrag. Denkmäler. (III, 64 S.) gr. 8. Wien (907). A. Pichler's Wwe & Sohn. 1. 70

— dasselbe. s.a. Lichtbildervortrag.

—: Bilder vom alten Rom. Begleitworte zu einer Reihe von Projectionsbildern. 8 (24 S.).
Progr. G. der k. k. Theresianischen Akademie *Wien* 1900.

Prix, Franz Katalog der Theresianischen Münzensammlung. (Römische Münzen.) 8 (VIII, 50 S.). (Römische Münzen. II.) 8 (2 Bl., 74 S., 2 Taf.).
Progr. G. der k. k. Theresianischen Akademie *Wien* 1894. 1895.

Prix, Frz., Katalog d. Theresianischen Münzensammlung. (Röm. Münzen. I. u. II.) Programme. gr. 8. (VIII, IV, 124 S.) Wien 894 u. 95. (Leipzig, Buchh. G. Fock.) n. 3. —

Prix, Franz: Pompeji. Begleitworte zu einer Reihe von Projectionsbildern. (Umschlagtitel: Pompeji.) 8 (S. 15—36).
Progr. G. der k. k. Theresianischen Akademie *Wien* 1899.

Prix, R., praktischer Dampf-Briefsteller. 170 Orig.-Briefe für alle möglichen Verhältnisse des Lebens. Ein bequemer Faullenzer für Jedermann. 12. (III, 140 S.) Wien 880. Benedikt in Comm. — 90

Prix-Courant des instruments de physique et d'astronomie, appareils de démonstration et de recherches &c. exécutés par la Société genevoise pour la construction d'instruments de physique. Plainpalais, chemin Gourgas 5, à Genève. In-8°, 101 p. Genève et Bâle, Georg. 1878.

Société anonyme des Usines de Georges Fischer à Schaffhouse (Suisse). Prix-Courant B: Raccords à brides en acier coulé pour conduites à haute pression. Août 1902. [Illustré.] IV + 18 p. 4. [Schaffhouse, H. Meier & Cie.]

Prizelius, J. G., Stammtafel des deutschen Welfenhauses, mit Bemerkk. d. wichtigsten Thaten u. Schicksale seiner Glieder, besonders d. Theilungen, Mehrungen u. Minderungen seiner sächsischen Erblande. Imp.-Fol. Braunschweig 831. Vieweg 1 ₰ 8 gr

Prizelius, Johann Gottfried

Prizelius J. G.: Der Bereiter. Leipz. 1777. 262 S. 8 Tvl.

Prizelius, Jh. Gfr., († d. 5. Oct. 1784.) der Bereiter. Mit Kpf. 8. Braunschw. 779. Schulbuchh. 1 ₰ 4 gr N. Aufl. gr. 8. Leipz. 787. 3e Aufl. Mit 9 Kpf. 813. (Wienbrack). 1 ₰ 4 gr

Prizelius J. G.: Der Bereiter. Neue Aufl. Leipz. 1787. 216 S. 9 Tvl.

Prizelius, J. G., Bereiter, m. K. gr. 8. Leipz. Gräff. 787.

Prizelius, J. G., der Bereiter. Mit 9 K. 3te verb. Aufl. gr. 8. Leipz. Gräff. 813.

Prizelius J. G.: Beschreibung d. so bekanten Senner Gestütes in der Grafschaft Lippe. Lemgo 1771. 96 S.

—Beschreib. d. so bekannten Sennergestütes in d. Grafschaft Lippe. 8. Lemgo 771. Meyer. 4 gr

— Etwas f. Liebhaberinnen d. Reiterey. Leipz. 1777. 56 S. 1 Tvl. (Indb. m. foreg.).

— Etwas für Liebhaberinnen der Reiterei. (Mit 1 Kpf.) gr. 8. Leipz. 777. Weidmann. 8 gr

Prizelius: Handbuch d. Pferdewissenschaft zu Vorlesungen. Lemgo 1775. 160 S.

— Handbuch d. Pferdewissenschaft zum Vorlesen. gr. 8. Lemgo 775. Meyer. 6 gr

Prizelius, Johann Gottfried. Vollständige Pferdewissenschaft ... Leipzig, bey Weidmanns Erben und Reich 1777.
XXXII + 606 S., 9 Bl.; 51 Taf. in Kupferst. 4°.

Prnjavor [Schlagwort]

Prnjavor, s.: Serbien.

Pro celsissimo trident. Principe Diatriba in causa, quae contra illum agitur coram supremo imperii consilio [in nom]ine ordinis municipalis oppidi Rivae. O. O. 1801. V: *Barbacovi, Francesco Vigilio conte.* (MARGR Nr. 1212) (BIBLPORT)

Pro und Contra
v. Genossenschaftliches Volksblatt (I).

Pro u. Contra, ohne Grund u. Beweis, s. A. Moser.

Pro, Ein, ohne und ein Contra mit Grund und Beweis. Oder: Auch eine bittere Arznei für die Claus-Harnose. Zeitz 1819. V: *Moser, August.* (Ky)

Pro und Contra, ohne Grund und mit Beweis, oder: Auch eine bittere Arzeney für Claus-Harmse. 8. Zeitz, Webel. 819.

Pro Finlandia 1899. (Les adresses internationales à S. M. l'Empereur-Grand-Duc Nicolas II.) gr. Fol. (130 z. Tl. farb. Bl.) Berlin, O. Mertz.
Geb. in Leinw. 16. —

Pro Finlandia 1899. (Les adresses internationales à S. M. l'Emperour-Grand-Duo Nicolas II.) gr. Fol. (130 z. Tl. farb. Bl.) Stockholm 899. Helsingfors, Dr. J. Thurman.
Geb. in Leinw. n. 16. --

FRAUENZIMMERS, Des, Pro & Contra Alamodisches Lied. O. O. u. J. (c. 1747). 8°.
W. v. Maltzahn III. p. 535 (an no. 2273).

Pro memoria, s.a. Promemoria

Pro memoria. Notizen zum Unterricht in der bibl. Geschichte f. Präparandenschulen. gr. 8. (32 S.) Rothenburg o. d. Tbr. 884. Peter. n. — 35

Pro Memoria. Blätter zur Aufzeichng. denkwürd. Erlebnisse. Lex.-8. (VII, 368 S.) Bas. 889, [Spittler] Jaeger u. Kober. geb. * 4 80

Pro nihilo. Vorgeschichte des Arnim'schen Processes. Zürich 1876. V: *Eichhoff, Wilh.* (Cat. d. Stadtbibl. Zürich. Zürich 1864—97.)

Pro nihilo! Vorgeschichte d. Arnim'schen Processes. 1. Hft. gr. 8. (VII, 175 S.) Zürich 876. Verlagsmagazin.
n. 2. —

Pro novellis scholasticis, qui legere discunt. (Latein. kathol. Fibel.) 8. Elbingen ... Neumann-Hartmann. 1 ℳ

Pro status religiosi perfectione apologia. Germanshemii 1768. V: *Sexstetter, Ägid.* (Scriptores ord. s. Benedicti. Vindob. 1881.)

— **populo italico.** Replik auf Herrn Alfr. v. Reumont's Plaidoyer „Pro Romano pontifice." Im Anh. der Text d. italien. Garantiegesetzes. gr. 8. (44 S.) Berlin 871. G. Reimer. n. — 50

... **Pro** salvte Serenissimi atqve Clementissimi Domini Caroli Alexandri Magni Dvcis Saxoniae ... Celsissimae atqve Clementissimae Dominae Sophiae ... Magnae Dvcissae Saxoniae, qui per qvinqvaginta annos ivncti ... salvti civivm qvasi parentes semper prospexervnt ... a. d. VIII. id. Oct. a. D. 1892 vniversitas litterarvm Ienensis ... venerabiliter gratvlans vovit. *Ienae, 1892*; 1 Bl. 2.
(Nicht für den Austausch)

... **Pro** salvte Serenissimi et Celsissimi Domini Ernesti II ... dvcis Saxoniae Cobvrgensivm et Gothanorvm ... et Altissimae Dominae Alexandrinae ... vxoris dilectissimae ... a. d. V. nonas Maias nvptiarvm sacra semisaecvlaria ... celebrantivm vniversitas litterarvm Ienensis diem laetissimvm ex animo gratvlans ... vovit. Ienae, typ. G. Nevenhahni, 1892; 1 Bl. 2.
(Nicht für den Austausch)

Pro sanitate von Dr. Desiderius. gr. 8. (31 S.) Berlin 881. Bohne. n. — 60

Pro-Arkolay. Cassel 870. (Leipzig, Luckhardt'sche Verlagsh.) gr. 8. (32 S.) n. 10 *ngr.*

Probandt, Karl: Beiträge zur Geschichte der Pentekontaetie. Halle a. S. 1908: Nietschmann. 69 S. 8°
Halle, Phil. Diss. v. 27. Nov. 1908, Ref. Niese
[Geb. 24. Okt. 83 Varzin; Wohnort: Halle a. S.; Staatsangeh.: Preußen; Vorbildung: Gymn. Köslin Reife O. 04; Studium: Freiburg i. B. 1, Berlin 5, Halle 3 S.; Rig. 11. Juli 08.] [U 09. 1687

Compendiosa **Probatio** jurium imperii, et circuli Vestphalici super comitatum Schleidanum. Umbständliche Anzeig, und Vorstellung der über die Reichs-Immedietät der Graffschafft Schleyden obwaltender Rechts-Gründen, darüber ab anno 1713 biß 1723 vorgangener Handlungen. o. O. u. J. **fol.**

Ein **Pröbchen** maurerischer Wahrhaftigkeit. [Berlin 1893:] Berliner Buchdr.-Actien-Ges. 1 Bl. 8°. [Kopftit.]
Flugblatt aus der Grl. Kaiser Friedr. z. Bundestr. — Selten.

Probe, s.a. Proben

Probe, Die, ein Lustspiel in fünf Aufzügen. Berlin 1809. V: *Stein, Carl.* (MGT) »Amsterdam 1809« (Ky)

Probe, die; Lstspl. in 5 A. (v. Karl Stein). 8. Amsterd. 809. (Leipz., Brockhaus). 12 gr. (s. auch in Baillie, die Leidenschaften).

Probe, die,. Lustsp. in 5 Akten. 8. Amsterd. Kunst u. Ind. Compt. 809.

Probe, die. Lustspiel in 1 Akt v. C. F. (2. Aufl.) [Aus: „Theaterstücke f. kathol. Töchterschulen".] 16. (26 S.) Paderborn 888. J. Esser. n. — 40

Probe, die, s.a. Essers, J., Sammlg. leicht aufführbarer Theaterstücke.

[F.] Die **Probe.** Lustsp. in 1 Akt v. C. F. 2. Aufl. *Paderborn: J. Esser [1894].* (1 Bl., 167—190 S.) 8.
— **Sammlung, J. Esser's, leicht aufführb. Theaterstücke.** H. 18. (94. 1103

Probe einiger unparth. Anmerkungen über den gegenwärtigen Krieg, woboy zugleich verschiedene gemeine Vorurtheile bestritten werden. (Mit Anmerkungen.) 1758. 4.

Probe einer paraphrastischen Auslegung der Apostelgeschichte ... Bremen 1768—69. V: *Coners, Gerhard Julius.* (Ky) (ML)

Probe e. paraphrast. Auslegung d. Apostelgeschichte ꝛc. (v. G. J. Coners). 8. Bremen 768. Zweite Probe ꝛc. 8. Ebd. 769. 2e Aufl. s.a. G. J. **Coners**..

— die beyderseitige,. Lustsp. 8. Hamb. 749.

Probe, amerikanischer Beredsamkeit, als Beitrag z. vergleich. Homiletik, übersetzt u. mit Anmerkk. u. Beilagen herausgeg. v. Fr. Biallobloczky. gr. 8. Göttingen 827, Vandenhöck u. R.

– Dass., s.a. Proben

— beweisführende, für die Aechtheit d. evangel. Geschichte, s. Voisin.

Probe von der Charakteristik menschlicher Leidenschaften . . . Tübingen 1801. V: *Klein, Carl Christian.* (MGT) (Ky)

— der Charakteristik menschl. Leidenschaften in erhaben gearbeiteten Figuren (en haut relief) dargestellt, v. W. G. Haselmaier. Mit erklär. Texte versehen (von K. Chr. Klein). gr. 8. Tübing. 801. Haselmaier. 19 gr

Probe eines Entwurfs von der Staatsverfassung Livlands, nach achenwallischer Ordnung. Danzig 1755. V: *Gregorovius, Timotheus Gottlieb.* (R-N)

Probe, Eines abermahligen Versuchs zur Uebersetzung der . . . Bücher Neuen Testaments . . . erste. Büdingen 1737. Ü: *Zinzendorf und Pottendorf, Nic. Ludw. Graf v.* (Cat. d. Stadtbibl. Zürich. Zürich 1864—97.) »1739« (WINER)

Probe, Die, der Freyer. Ein Gemählde aus unserer Zeit in fünf Aufzügen . . . Augsburg 1805. V: *Destouches, Jos. Ant. von,* (GGr)

Probe von Gedichten. Marienwerder 1779. V: *Brahl, Johann.* (MGT)

— v. Gedichten (v. Jh. Prahl). 8. Marienwerder 779.

Probe, Gedoppelte, Einer Neuen Zeitung . . . O. O. 1764. H: *Oetter, Samuel Wilhelm.* (EB)

Probe, gedoppelte, einer Neuen Zeitung. Erstlich, *Beiträge zur Aufnahme u. Beförderung der freien Künste u. schönen Wissenschafften* überhaupts (!), wie zur *Historie* insonderheit. Zweitens, *Tägliche Neuigkeiten* für Neubegierige überhaupt u. für Gelehrte, Künstler, u. ihre Liebhaber insonderheit. *Verfertiget u. zusammengetragen von den Gliedern der Kaiserlich Franziszischen Academie freier Künste in Augsburg.* Wird verkaufft in der gemeinschafftl. Academischen Kunst- u. Buchhandlung, mit allergnädigsten Kaiserl. Freiheit 1764. Breit-8°. Gleichzeit. Ldrb. m. Goldschn., mit Gebrauchsspuren.

1: 12 Bll. Vorst., 14+255 S. Mit 30 Kpfrn. u. 10 figurirten Initialen (gez. von Jac. Balth. Lidel, Sigrist, Elias Ridinger, G. D. Heumann etc., gestoch. von Verschiedenen). Kaiser Franz I. gewidmet. Eine gedruckte Ankündigung erschien bereits 1750.

— die gegenseitige; Lstspl. s.a. **A. G. Meißner.**

Probe, Die gegenseitige; ein Lustspiel, nach le Grand. Leipzig 1777. V: *Meissner, August Gottlieb.* (Adel) (JL) (MGT)

— die gegenseitige,. Lustsp. 8. Lpz. Dyk. 777.

Probe, Die gegenseitige. Ein Lustspiel in einem Akte. Nach Le Grand. Wien 1779. V: *Meissner, August Gottlieb.* (GGr IV^{3}/600, Nr. 61/9) (BiblPort)

Probe einer verbesserten, vollständigern und richtigern Pfälzischen Geschichte . . . Frankf. u. Leipzig 1762. V: *Flad, Philipp Wilhelm Ludwig.* (ZP)

— die glückliche,. Drama von Epheu. 8. Hamburg, Neuß. 784.

— eine, von d. bürgerl. u. kriegerischen Grundsätzen d. Timur od. Tamerlan, nebst e. Beilagen; aus d. Engl. übers. v. Chr. Fr. Preiß. 8. Halle 781.

Probe Eines Heldengedichtes In acht Büchern Welches künftig alle vierzehn Tage gesangweise herausgegeben werden soll . . . Zwickau 1743. V: *Uhlich, Adam Gfr.* [?]. (Waniek, Gottsched. Leipz. 1897. S. 458f.)

Probe eines Heldengedichtes welches den Titel führt: Leben und Thaten der weltberühmten Frauen Friderica Carolina Neuberin geb. Weissenbornn. Zwikau 1743. V: *Meyer, Fr. Siegm.* (BGE^{3} V/366) (Boerner 7/2046) (Auction Kürschner 2136 u. 2137) (Bibl. Weissstein 2/8105) (BiblPort)

Probe einer verbesserten Heraldic an dem Hessisch- und Hanauischen, sodann Chur-Mayntzisch- wie auch Brandenburg-Anspachischen Wappen. Giessen 1728. V: *Estor, Joh. Gg.* (Hauptkat. d. Univ.-Bibl. Tübingen. F. S. 23.)

Probe, Hundert und einte, Des gemeinen Sprichworts: Du liegest, wie ein Jansenist. 3. Aufl. Cöllen 1732. V: *Chamillart, Pierre & René Jos. de Tournemine.* (EB)

Probe der Englischen Justitz. [Nürnberg 1798.] V: *Siebenkees, Johann Christian.* (MGT)

Probe, Eine kleine, zu dem Beweise, welchen Hr. M. J. G. S. von dem Verf. des Worts der Erinnerung fordert. Leipzig u. Görlitz 1745. V: *Knochenhauer, Matthias.* (OL)

Probe, eine, moderner Laien-Theologie, kritisch beleuchtet von einem alt-evang. Theologen. 8. (36 S.) Grünberg 847, Weiß. n. 1/6 ℛ

Probe, eine, moderner Laien-Theologie, kritisch beleuchtet von einem alt-evangel. Theologen. 8. (36 S.) Grünberg 848, Weiß.

Probe, e., auf Leben u. Tod, s.: Gabelsberger-Bibliothek.

Probe, neueste, einer Theologie der Jesuiten. Zur Beruhigung ihrer Freunde und Feinde aus Perrone's, Mitgliedes der Gesellschaft Jesu zu Rom, theolog. Vorlesungen dargestellt von einem Katholiken. gr. 8. Leipzig 839. Leich. (Bamberg, Literarisch-artist. Institut.) 4 1/2 ℛ

Probe einer Pandekten-Chrestomathie . . . Nürnberg 1796. V: *Koenig, Johann Christoph.* (WILL) (MGT) (ERSCHDL) (GI) (KY) (Schletter, Handb. d. jurist. Litt. Grimma 1843. S. 24.)

— einer Pandecten-Chrestomathie (v. J. Cph. König). 8. Nürnb. 796. Monath u. K. 7 ℊ

Probe des Rescripten-Styls zu Anfange des 18ten Jahrhunderts. [Leipzig 1800.] V: *Wolffram von Wolfframitz, Carl Johann Gottlieb Freiherr von.* (MGT)

Probe einer Revision der Lutherischen Bibelübersetzung enthaltend: 1. Mose 1—4; Psalm 18—25; Jesaja 7—12; Matthäus 1—7; Galater 1—6. Herausg. von der, durch die evangelische Conferenz der Schweiz niedergesetzten Commission. Basel 861. (Schneider.) gr. 8. (32 S.) n. 4 ngr.

Probe einer Sammlung von Nürnbergischen Provinzialwörtern. [Leipzig 1781.] V: *Häslein, Joh. Hnr.* (VATER) (WILL) (MZ)

— die seltsame,. Lustsp. von Wetzel. 8. Lpz. Dyk. 778.

Probe, Die seltsame. Ein Lustspiel in fünf Akten. Leipzig [1779]. V: *Wetzel, Joh. Carl.* (GGR IV³/923, Nr. 22/10) (BIBLPORT)

— die unglückliche,. Lustsp. 8. Lpz. Gleditsch. 777.

Probe, Eine, von den in neuen Gesangbüchern häufig vorkommenden Veränderungen guter Kirchenlieder. [Halle 1808.] V: *Marées, Johann Friedrich de.* (STAT I, 234)

Probe eines zum Druck bestimmten wissenschaftlichen Verzeichnisses der in der Königlichen Bibliothek vorhandenen Schriften über Preussische Geschichte. Historische Literatur von Pommern. Berlin 1837. V: *Pinder & Brandes.* (Schwenke, P., Adressbuch d. dtsch. Bibliotheken. Leipz. 1893. S. 28)

Probe einer wöchentlichen Wappenbelustigung an dem herzoglich-Sächsischen Wappen. Nürnb. 1756. V: *Oetter, Samuel Wilhelm.* (ML) (FIKER)

Probe alter Weisthümer für und von Nordhausen. [Nordhausen? 1833?] H: *Förstemann, Ernst Günther.* (BRMM)

PROBE, wie lustiger Schertz bey Gesprächen wohl anzubringen. Frf. 1710. 12°.
So in d. Bibl. Kielmanns-Egg I. p. 1138.

Probe eines Wochenblattes für das östliche Helvetien. St. Gallen 1799. V: *Steinmüller, Johann Rudolph.* (Cat. d. Stadtbibl. Zürich. Zürich 1864—97.)

Probe eines Wochenblattes für das östliche Helvetien
⑤ 19. 10. 1799—28. 12. 1799 ⑥ 8° ⑦ Wochenblatt ⑧ St. Gallen: Johannes Zollikofer (?) ⑩ Georg Leonhard Hartmann ⑬ BGSZ: 107, 1045—1048; Klages (Zeitschriften) Nr. 41 ⑭ SG: Va; Zh: Z; Be: L.

Probe eines griechisch-deutschen Wörterbuchs über Homer und die Homeriden. Kopenhagen 1806. V: *Koës, G. H. C.* (HOFF)

Probe, Zweyte, einer umständlichen paraphrastischen Auslegung und Anwendung der Apostelgeschichte . . . Bremen 1769. 2. Aufl. 1771. V: *Coners, Gerhard Julius.* (MGT) (Rotermund, Gel. Hannover. Bremen 1823.)

Probe-Arbeiten, die, der Baumeister-Prüfung. Ein neuer, fachlich u. wirthschaftlich-social bedeutsamer Gesichtspunkt für die Bearbeitung u. Materie derselben, nebst kurzer Erörterung der Vorbildungs- u. Diätenfrage. Anh.: Die neuen preuss. Vorschriften über die Ausbildung u. Prüfung für den Staatsdienst im Bau- u. Maschinenfach. gr. 8. (34 S.) Berlin 882. Bohne. n. 1. —

Probeblätter von geographischen Karten, Plänen etc. des Art. Institut Orell Füssli, kartograph. Anstalt, Zürich (Schweiz). (Spécimens de plans et cartes topographiques et géographiques.) gr. 4. (18 z. Tl. farb. Bl. u. 1 Bl. in gr. 8.) Zürich (901). Art. Institut Orell Füssli. n. 4. —

Probeck, Robert [cand. med. aus Limburg a. d. Lahn]: Ueber die Häufigkeit des Vorkommens der Tuberculose an den platten Knochen, insbesondere am Schädel im jugendlichen Alter . . . . Würzburg, Paul Scheiner's Buchdr., 1887; 35 + 1 S. 8°
Würzburg, Med. Fak., Inaug.-Diss. v. 1887

Probeck, Robert, über die Häufigkeit des Vorkommens der Tuberculose an den platten Knochen, insbesondere am Schädel im jugendlichen Alter. Diss. Würzburg 1887, Stahelsche Univ.-Buchh. 8°. 35 S.

Bibliographie der deutschen Freimaurerei. [**Probedruck** mit e. Vorw. von Aug. Wolfstieg.] [Berlin 1909: Denter & Nicolas.] 5 S. 2 Bl. 8° [Kopftit.]
Abgedr. in: DrL. 39 (1908—1909) S. 285—291. Ausz. in: L. 32 (1909) S. 135—136.

Probe-Fahrt, die, nach Löbau am 16. Decbr. 1846. (Gedicht.) 8. (4 S. m. 1 Lith. in kl. Fol.) Bautzen 847, Reichel. n. 1/6 ₰

Probefahrten. Erstlingsarbeiten aus dem deutschen Seminar in Leipzig. Hrsg. v. Alb. Köster. 1.—9. Bd. gr. 8. Leipzig, R. Voigtländer. n. 43. 40
Drescher, Max, die Quellen zu Hauffs „Lichtenstein". (VII, 146 S.) 905. (Bd. 8.) n. 4. 80
Höfer, Conr., die Rudolstädter Festspiele aus den J. 1665—67 u. ihr Dichter. Eine literarhistor. Studie. (XII, 215 S.) 904. (Bd. 1.) n. 6.—
Kaulfuß-Diesch, Carl Herm, die Inszenierung des deutschen Dramas an der Wende des 16. u. 17. Jahrh. Ein Beitrag zur älteren deutschen Bühnengeschichte. (VIII, 236 S. m. 2 Abbildgn.) 905. (Bd. 7.) n. 6.—
Merker, Paul, Studien zur neuhochdeutschen Legendendichtg. Ein Beitrag zur Geschichte des deutschen Geisteslebens. (VIII, 153 S.) 906. (Bd. 9.) n. 4. 80
Niemann, Gottfr., die Dialogliteratur der Reformationszeit nach ihrer Entstehg. u. Entwicklg. Eine literarhistor. Studie. (III, 92 S.) 905. (Bd. 5.) n. 3. 60
Pantenius, Walth., das Mittelalter in Leonhard Wächters (Veit Webers) Romanen. Ein Beitrag zur Kenntnis der beginnenden Wiederbelebung des deutschen Mittelalters in der Literatur des 18. Jahrh. (VII, 132 S.) 904. (Bd. 4.) n. 4. 80
Reclam, Ernst, Johann Benjamin Michaelis. Sein Leben u. seine Werke. (VIII, 160 S.) 904. (Bd. 3.) n. 4. 80
Schulze, Frdr., die Gräfin Dolores. Ein Beitrag zur Geschichte des deutschen Geisteslebens im Zeitalter der Romantik. (VII, 101 S.) 904. (Bd. 2.) n. 3. 60
Soergel, Alb., Ahasver-Dichtungen seit Goethe. (VIII, 172 S.) 905 (Bd. 6.) n. 4. 80

Probefahrten. Erstlingsarbeiten aus d. deutschen Seminar in Leipzig. Hrsg. v. Alb. Köster. 10.—16. Bd. gr. 8. Leipzig, R. Voigtländer. 34. 80
Beutler, Ernst, vom griechischen Epigramm im 18. Jahrh. (V, 132 S.) 909. (Bd. 15.) 4. 80
Buchwald, Rhard., Joachim Greff. Untersuchungen üb. die Anfänge des Renaissancedramas in Sachsen. (X, 89 S.) 907. (Bd. 11.) 3. 60
Eybisch, Hugo, Anton Reisers Untersuchungen zur Lebensgeschichte v. K. Ph. Moritz u. zur Kritik seiner Autobiographie. (VIII, 338 S.) 909. (Bd. 14.) 9. —
Friedrich, Thdr., die „Anmerkgn. übers Theater" d. Dichters Jakob Michael Reinhold Lenz. Nebst e. Anh.: Neudruck der „Anmerkgn. übers Theater" in verschiedenen Typen zur Veranschaulichg. ihrer Entstehg. (VIII, 145 S.) 908. (Bd. 13.) 4. 80
Hoffstaetter, Walth., das Deutsche Museum (1776—1788) u. das Neue deutsche Museum (1789—1791). Ein Beitrag z. Geschichte der deutschen Zeitschriften im 18. Jahrh. (IX, 237 S.) 908. (Bd. 12.) 6. —
Majing, Osk., serbische Trochäen. Eine Stiluntersuchg. (III, 50 S.) 907. (Bd. 10.) 1. 80
Riemann, Else, Nordfriesland in der erzählenden Dichtung seit Anfang des 19. Jahrh. (V, 154 S.) 910. (Bd. 16.) 4. 80
Bd. 1—9. Ebd. 904—06. 43.40.

PROBEJAHRE des Marquis von ***, oder der zum Meister gewordene Lehrling. (Aus d. Französ.) Cosmopoli (Berlin, Schütz) 1747. 8°. 188 S. (In Wien, Stadtbibl Secr. A 57.)
Orig.: Histoire du coeur humain, ou mémoires du marquis de***. 2 pts. La Haye (Paris) 1743. 8°. (Stockholmer Jan.-Auct. 1884.) — Rep. titulo: Le noviciat du marquis de***, ou l'apprenti devenu maitre. 2 pts. A Citer 1747, avec approbation de Vénus. 18°. (10 Mk. Scheible.) (In München.)

§ — — Dasselbe. Cosmopoli (ebd.) 1752. 8°.

Probejahre des Marquis von ***, od. d. z. Meister gewordene Lehrling. 8. Cosmopol. (Lange in Berl.) 752.

Probemelk-Register. Fol. (4 S.) Gießen 895. E. Roth. n.n. — 10

o. N., **Probemelkungen der Allgäuer Herdebuch-Gesellschaft 1894—1902.**
Spätere Aufl. mit Nachträgen. 1903 Memmingen

Probemelkungen d. Allgäuer Herdebuch-Gesellschaft 1894/1902. Memmingen 1903. 34 S. Fig. 4 Tvl. P.

Probemelkungen der Algäuer Herdbuch-Gesellschaft 1894 bis 1905. (24 S.) 8. Dessau (906). (Hannover, M. & H. Schaper.) n. — 80
Sonderabdruck aus: „Süddeut. landwirtschaftl. Tierzucht".

Probemelkungen der Algäuer Herdbuch-Gesellsch. Jetzt: Berlin, R. C. Schmidt & Co.

Proben, s.a. Probe

Proben der Anwendung lateinischer Schrift auf die ruthenische Sprache. *Wien* 1858. Mechitharisten-Congregations-Buchdruck. 15 S. gr. 8°.
Als Manuscript gedruckt zum amtlichen Gebrauche.
Enthält: A. Nach dem Grundsatze der Ersetzung cyrillischer Buchstaben durch lateinische (S. 2. 4. 6. 8. 10. 12. 14.) — B. Nach dem Grundsatze der Lautzeichnung (S. 3. 5. 7. 9. 11. 13. 15.)

Proben amerikan. Beredsamkeit, als Beitrag z. vergleich. Homiletik. Uebersetzt mit Anmerkk. v. Chr. H. F. von Biallobloczky. gr. 8. Götting. 827. Vandenhöck u. R. 12 gl

– Dass., s.a. Probe

Proben der Beredsamkeit, welche in einer Gesellschaft guter Freunde . . . sind abgelegt worden. Leipzig 1738. H: *Schwabe, Joh. Joach.* (Waniek, Gottsched. Leipzig 1897. S. 281.)

Proben d. Beredsamk., in Gesellschaft guter Fr. geh. 8. Leipzig, Breitkopf. 738.

Proben schottischer Beredsamkeit, als Beiträge z. vergleich. Homiletik übers. u. mit Anmerkn. hrsg. v. Chr. H. Fr. Biallobloczky. 1. Hft., welches Reden enthält v. Th. Chalmers, Edw. Irving, Walter Scott. 12. (5⅓ B.) Hannover 828. (Hahn.)

— zur ersten Bildung d. Geschmacks f. Zöglinge. 8. Cob. 781. Ahl. 3 gl

PROBEN, Erlesene, Moralischer und Satyrischer Schrifften. Stück 1. Bremen b. Jäger u. Müller. 8°.
M. M. V. 1746. D 3b.

Proben dramatischer Gedichte. Nürnberg 1767. V: *Rose, Johann Wilhelm.* (MGT) »1768« (Ky)

— dramat. Gedichte, (v. J. W. Rose). 8. Nürnb. 768. Felsecker. 6 gl

Proben, Die gefährlichen; Lustspiel in einem Akt. Wien 1806. V: *Kremer, L.* (Ky)

Proben, die gefährlichen,. Lustsp. in 1 Akt. 8. Wien, Wallishäußer. 806.

Proben weiblicher Handarbeiten mährisch-ländlicher Haus-Industrie. Herausgegeben vom Mähr. Gewerbemuseum in Brünn. Brünn, W. Burkart 1885.
Tit. 7 S.; 26 Taf. 2°.

Proben weiblicher Handarbeiten mährisch=ländlicher Haus=Industrie. Mit 8 Vorträgen üb. mähr. Hausindustrie v. Frl. Antonie Walter, Frau Franziska Kerschner u. Emilie Bach. Hrsg. vom mähr. Gewerbemuseum in Brünn. Fol. (26 Lichtdr.=Taf. m. 7 S. Text.) Brünn 885. Mähr. Gewerbemuseum. n.n. 20. —

Proben, 120, aus dem neuen hannov. Gesangbuchsentwurf, den Gemeinden zur Würdigung dargeboten. 8. (15 S.) Osnabrück 880. Lückerdt. n. — 10

— brittischer Kanzelberedsamkeit, als Beitrr. zu einer vergleich. Homiletik. Uebers. u. mit Anmerkk. hersgg. von Fr. Biallobloßky. gr. 8. Götting. 825. Deuerlich. 8 gr 2s Heft. gr. 8. Götting. 827. Vandenhöck u. R. 12 gr

Proben von den Leakischen fünf Klassen des Schrift-Neugriechischen. Gött. 1816. V: *Neidlinger.* (Cat. d. Stadtbibl. Zürich. Zürich 1864—97.)

Proben neuerer deutscher Lyrik, s. Was ihr wollt.

Proben aus dem für das schweizerdeutsche Idiotikon gesammelte Material. [Zürich 1874.] V: *Staub*, *Fritz* & *Ldw. Tobler.* (Mz)

Proben aus d. sogen. Mulomedicina Chironis, hrsg. v. Max Niedermann, s.a. Sammlung vulgärlatein. Texte. 3. Heft.

Chiron. **Proben aus der sogenannten Mulomedicina Chironis ⟨Buch II und III⟩, hrg. von Max Niedermann. X + 68 S. 8. Heidelberg, Carl Winter, 1910. (M. 1. 20)**
Sammlung vulgärlateinischer Texte.... Heft 3.

Proben, Genau nachgeahmte, der vier ersten Zeilen des Ausspruches der Aegyptischen Priester, . . ., entdeckt von den Franzosen in der Nähe von Rosette. . . . [Enthält auch den ganzen griechischen Text mit lateinischer Übersetzung.] = Allgemeine Literatur-Zeitung vom Jahre 1805. Zweyter Band. (Mit einem Titelkupfer.) p. I—VIII. Halle und Leipzig 1805.

Proben, Neue, der Beredsamkeit, welche in einer Gesellschaft guter Freunde . . . abgelegt worden . . . Leipzig 1749. H: *Hille, Joh. Traugott.* (Waniek, Gottsched. Leipzig 1897. S. 281.)

— neue, d. Beredsamkeit, d. in Gesellsch. gut. Freunde geh. worden. 8. Ebend. 749.

Neue Proben von der vertrauten Redens-Kunst, Das ist: Drey Theatralische Stücke. I. Von dem Spanischen Favoriten Olivarez. II. Von dem jungen Könige Wentzel in Böhmen. III. Von dem träumenden Bauer am Hofe Philippi Boni in Burgundien. Herausg. von **Christian Weisen**. Dreszden und Leipz. 1700. — *Vorgebunden:* Eine Auffmunterung Schöner Gemüther, Wie solche in einem kurtzen Schau-Spiel von betrübten und wiederum vergnügten **Nachbars-Kindern** 1699 etc. versuchet worden. 8o.
Gottsched I. S. 268. 270.

Proben, neue, d. engl. Schaubühne, in Deutschl. vorgestellt. 8. Hamburg. 754. Rthlr.

Proben, neueste, d. Preßfreiheit in Baiern. gr. 8. München 828. Finsterlin. 6 gr

Proben, Neueste, der engl. Schaubühne usw. [1754.]
(DARP)

Proben der französischen Novellistik des 16. Jahrh Texte u. Kommentar, hrsg. v. Jak. Ulrich. I. Texte. (IV, 268 S.) 8. Leipzig 906. Renger. n. 4. —

— der lateinischen Novellistik des Mittelalters. Ausgewählt u. m. Anmerkgn. versehen v. Jak. Ulrich. (IV, 217 S.) 8. Ebd. 906. n. 4. —

Proben der alten Schwäbischen Poesie des dreizehnten Jahrhunderts . . . Zürich 1748. V: *Bodmer, Johann Jacob & Johann Jacob Breitinger.* (ML) (BrMm) (Gi) (GGr) (Bächtold, Litt. d. Schweiz. Frauenf. 1892. S. 184.) (Cat. d. Stadtbibl. Zürich. Zürich 1864—97.)

§ * **PROBEN** der alten schwäbischen Poesie des Dreyzehnten Jahrhunderts. Aus der Manessischen Sammlung. (Herausg. von Jo. Jac. Bodmer.) Zürich, Bey Heidegger u. Comp. 1748. 8⁰. (In Berlin 3 Expll. Yf 7001; Yf 7002; an Yk 6691.) (20 Mk., Hprgt., Gust. Fock, Lpz., 1910.)
LVI, 296 S. Mit ausschlag. Kupfertaf.

— d. alt. schwäb. Poesie des 13ten Jahrh. m. K. 8. Zürich, Orell, Füßly und Comp. 748.

Proben neuhebräischer Poesie, s. Krafft, K. Th. G. J.

Proben. — Poetische Proben, s.a. Stücke, Sieben, poetischer Proben.

— poetische, 6 Stck. 8. 740.

Proben schleswig=holsteinischer Preßfreiheit od. die deutsche im Kampfe mit der dänischen Presse. gr. 12. (14 B.) Leipzig 843, Weidmann'sche Buchh.

—— dass. 2. Thl., s. Bewegung, die deutsche.

Proben Vaskischer Schreibart und Dichtung. [Königsberg 1811.] H: *Humboldt, Frdr. Wilhelm Chn Carl Ferd. von.* (MGT)

Proben einer Sentenzensammlung aus römischen Klassikern. 4 S.– Freistadt ROG., Progr. 1872.

Sammelband: Proben westafrikanischer Sprachen. [Katechismen, Hymnen und Bibeltexte.] No. 1—10. 1838—1848. 1 Bd. 8°.

Proben Jeremianischer Stadt=Prophetie, wie sie gegen Ende des 1. u. 2. Viertels dieses Jahrhunderts a. 1824 in dem transylvanischen u. a. 1849 in dem hercynischen evangelischen Sachsenlande practicirt wurde. Eine nachträgliche Zugabe zu der neuen Aufl. des Zinzendorfschen Jeremias mit commentirendem Anhang. Gnadau 864. (Leipzig, H. Schultze.) 16. (VIII, 59 S.) n. 4 ngr.

Proben aus Stella, einem Roman ... [Leipzig 1801.] V: *Lindau, Wilhelm Adolph.* (MGT) (NN)

— e. neuen Uebersetz. d. Plinius. 8. Görting. Boßiegel. 775.

Proben poetischer Uebersetzungen eines Frauenzimmers. Altona 1751. V: *Dilthey, Polyxena Christiane Auguste.* (GGr) (Adel) (Waniek, Gottsched. Leipzig 1897. S. 592.) »poetischer Übungen« (Mn)

Proben der Vaterhand Gottes. In einer Reihe moralisch-religiöser, interessanter u. wahrer Erzählungen zur Weckung u. Belebung eines christlichen Sinnes. Ein erbaulich unterhaltendes Lesebüchlein für Schulen u. Familien. (1. Bdchn.) 3. (Titel-)Ausg. Mit 2 Stahlst. Basel (840.) 853. Bahnmaier. 16. (VIII, 156 S.) 13⅓ ngr.

— — (2. Bdchn.) 2. (Titel-)Ausg. Mit 2 Stahlst. Ebend. (838.) 853. 16. (VIII, 191 S.) 13½ ngr.

— der Vaterhand Gottes. In einer Reihe moralisch-religiöser, interessanter u. wahrer Erzählungen zur Weckung u. Belebung eines christl. Sinnes. 3. Ausg. Mit 2 Stahlst. 8. Basel 844, Bahnmaier. geb. n. ½ ℛ

— der rettenden u. schützenden Vaterhand Gottes. In einer Reihe moralisch religiöser, interessanter u. wahrer Erzählungen; z. Weckung u. Belebung e. christl. Sinnes. Ein erbaulich unterhaltendes Lesebüchlein f. Schulen u. Familien. 8. Basel 831. Spittler. 12 gr.

Proben der rettenden u. schützenden Vaterhand Gottes. In einer Reihe moralisch-religiös., interessant. u. wahrer Erzählungen; zur Weckung u. Belebung eines christl. Sinnes. Ein erbaulich unterhalt. Lesebüchlein für Schulen u. Familien. (1s Bdchn.) 2e Aufl. kl. 8. Basel 840. Spittler u. Comp. ½ ℛ — 2s Bdchn. in 2 Abthll. gr. 12. Ebd. 838. (à) ½ ℛ

— altholländischer Volkslieder. Mit e. Anhange altschwedischer, englischer, schottischer, italienischer, madecassischer, brasilianischer u. altdeutscher Volkslieder. Gesammelt u. übersetzt von O. L. B. Wolff. 8. Greiz 832. Henning. 20 gr.

Proben der Volkslitteratur der türkischen Stämme Süd-Sibiriens [Theil V—VII ... der nördlichen türkischen Stämme], gesammelt und übersetzt von W. Radloff. Theil I—VII. VIII. Mundarten der Osmanen gesammelt und übersetzt von Ignaz Kúnos. Dazu Katanovъ, N. O., Алфавитный указатель собственныхъ именъ, встрѣчающихся въ I. II. томѣ Образцовъ народной литературы Тюркскихъ племенъ, собранныхъ В. В. Радловымъ. 12 voll. Санктпетербургъ 1866—1899.

— a. Hans Sachsens Werken, ausg. v. F. J. Bertuch. gr. 4 Weim. Ind. Comt. 778.

Probenächte, Acht, nebst einer Vorfeier und Hochzeitnacht ... Liebstädt [Hildburghausen] 1802. V: *Althing, Christian (= Christian August Fischer).* (Ky)

Probenächte, acht, n. e. Vorfeyer u. Hochzeitnacht; e. Seitenstück z. Hahn m. neun Hühnern, v. Christian Althing. 8. Hildburghausen, Hanisch. 802.

Probenächte, acht, nebst einer Vorfeier u. Hochzeitnacht, (v. Chr. Althing). 8. ... 802. (Krappe in Leipz.) 20 gr.

Probepredigt eines jungen Candidaten über das Evangel. vom Pharisäer u. Zöllner. 8. München 780. (J. Lindauer.) 1/12 ℛ

Probepredigten deutscher evangelischer Prediger gehalt. vor der deutsch-reformirten Gemeinde zu Frankfurt a. M. Nebst einem Anh. Predigten, von Darmstädter u. Frankfurter Geistlichen gehalten im J. 1850 u. 1852. gr. 8. (IV u. 164 S.) Frankfurt a. M. 852, Zimmer'sche Sortiments-Buchhandlung. (Völcker.) n. 16 ngr

— vier, gehalt. vor der deutsch-reformirten Gemeinde zu Frankfurt a. M. v. G. Baurschmidt, Fr. Schwabe, H. W. Seel, K. Sudhoff. gr. 8. (58 S.) Ebd. 852. n. ⅓ ℛ

Probepredigten, zehn, gehalten in der evangel. Kirche zu Grünberg im J. 1837. gr. 8. Grünberg 837. Levysohn u. S. ½ ℛ

Probe-Predigten, zehn, gehalt. in d. evangel. Kirche zu Grünberg im J. 1837. gr. 8. (7¾ B.) Grünberg, (neu. T. 840,) [Levysohn.]

Ueber **Proberelationen.** E. Mittheilung aus der Justizprüfungskommission. Berlin: Vahlen 1888.

— 2. Aufl. 1892.

— 3. Aufl. 1897.

Proberelationen. Ueber Proberelationen. Eine Mittheilg. aus der Justizprüfungskommission. 2., verm. Aufl. gr. 8. (96 S.) Berlin 892. F. Vahlen. n. 1. 60

[**Proberelationen**], 3. Aufl., s.: Ueber Proberelationen.

Ueber **Proberelationen.** Eine Mittheilung aus d. Justizprüfungskommission. 4. durchges. u. verm. Aufl. *Berlin: F. Vahlen 1902.* (101 S.) 8° [F.] [02. 3c66

Probescheren, das, v. Merinoschafen auf der Ausstellung zu Breslau 1888. Lex.-8. (103 S. m. eingedr. Holzschn. u. 1 Tab.) Berl. 889, Parey. * 2 —
Aus: Jahrb. der deutschen Landwirtschafts-Gesellsch. 3. Bd., besonders abgedruckt.

Probestück, Erstes, vermischter Untersuchungen, welche bei wiederholter Recension der Schrift: Antonii Roschmanni J. V. L. Veldidena urbs antiquissima ... angestellet werden. Regensburg 1749. V: *Popowitsch, Johann Sigismund Valentin.* (Margr Nr. 1215)

Probestücke, neue, d. engl. Schaubühne. 3 Thle. gr. 8. Basel u. Frankf. 759 (Fr. Fleischer in Leipz.) 1 ℛ 20 gr.

Probestücke von Predigten von einem Landprediger in Ungarn ... Grätz 1798. V: *Artner, Leopold Wilhelm.* (KU)

Probestücke v. Predigten v. einem Landprediger in Ungarn. 8. Grätz. 798. Tusch. 4 gr.

Probestücke von Predigten, von einem Landprediger in Ungarn. 8. Grätz 798, jetzt Kienreich. ⅙ ℛ

Probestücken aus d. theolog. prakt. Institute, s. Finelius.

Probi, A., reflexiones in duo verba cta. conditiones Stattler. 8. Münch. Leutner. 780.

H., G.
Neueröfnetes Probierbuch. Lübeck, 1744. 8vo.

— neueröffn., v. Zuricht. d. Erze. 8. Lübeck. 744.

Probierbuch, neues, d. Metalle. 12. Nürnb. Stein. 718.

— d. Wohls und Wehes d. heil. Christenheit. 8. Frankf. Brönner. 740.

Probier büchlein, auff Gold, Silber, Kupffer, vnd Bley, auch allerley Metall wie man die zu nutz arbayten vnn Probieren soll", o. O. u. J. — Vorh.: German. Nat. Mus. Nürnberg.

Probierkunst, m. e. Erkl. all. chemisch. Wört. u. Zeich. auch Bericht v. Salpetersieden. 12. Nürnb. Zieger. 718.

Probierstein, chymisch-philosophischer, erste Klasse. 8. Dresden 784. ...

Probierstein für ächte Freymaurer; ein Denkzettel für Rosenkreuzer, Jesuiten ... Kopenhagen 1786. V: *Eggers, Chn Ulrick Detlef Freih. von.* (Ky) (MGT) (Bruun, Bibl. Danica I, 86.) (Kordes, Schlesw.-holst. u. eutin. Schriftst. Schleswig 1797.)

Probierstein f. ächte Freimaurer, ein Denkzettel für Rosenkreuzer (v. C. U. D. v. Eggers). 2 Thle. 8. Kopenh. 786. (Brummer). 2 ℳ

Probierstein, Der, der wahren Kirche. O. O. 1725. V: *Gould.* Ü: *Nonnhart, Frans.* (Myl)

— d. polit. Klugheit. 8. Danzig. (Monath in Nrnb.) 731.

Anonym: „Probir-Stein der Politischen Klugheit ....", Danzig 1731 (bei Joh. Casp. Wohlgemuth). — Vorh.: StB Nürnberg.

Lanz: **Ain Fain Proebl** Boarischer Aufklärung undt Poeterey; oder Grabschrift auf der [!] vom Blitz erschlagenen Priester Lanz 1785. 4 Bl. 8°. [Umschlagtit.]
Äusserst selten. — „Steh Wanderer und lies" ... Abgedr. in: [Beyer, Bernh.:] Beiträge zur Bibliographie der freimaur. Literatur. [1916] S. 57. Gedicht.
Der Tod des genannten katholischen Priesters wird als Strafe Gottes hingestellt, weil er „Maurer und Philosoph gewesen".

Problem, das baltische, u. die Vorschläge zu seiner Lösg., v. Z. (30 S.) 8. Reval 906. F. Wassermann. n. — 80

Das *Problem* d. modernen Milchwirtschaft liegt im keimarmen Melken. Nutricia, Centrale f. Backhausmilch Berlin. Berl. u. A. (8) S. Fig. P.

Das Problem beweglicher Minen: Versuch über die Construction und Anwendung von Dampfbrandern. (Berlin 1859.) 4°.

— das österreichische. Von e. alten Soldaten. (112 S.) 8. Wien (IX/2, Alserstr. 26) 904. Buchdr. Industrie. n. 1. —

Problem, das sexuelle. Key, Ellen, Liebe u. Ethik. — Stöcker, Helene, Mutterschutz. — Hellpach, Willy, Prostitution u. Prostituierte. — Bloch, Iwan, die Perversen. (Gesamtausg. aus „Moderne Zeitfragen".) (41, 28, 42 u. 42 S.) gr. 8. Berlin 907. Pan-Verlag. Geb. in Leinw. 3. —

Problema de describendo circulo qui datos tres alios extrinsecus occurrendo tangat, pro diversitate casuum in plura problemata distributum et geometria ad regulas potissimum Francisci Vietae solutum. Hanniae 1793. V: *Wöldicke, J.* (StBFMath S. 68)

Problema geographicum de longitudine locorum terrae per Acum Nauticam indaganda exercitationis ... Ingolstadii 1723. V: *Grammatici, Nicaise & Joseph Schreier.* (Jes) (SO)

Problema juris gentium, Ob, u. auß welchem Grunde, denen Gesandten oder Ambassadeurs ... das freye exercitium Ihrer, oder Ihrer hohen Herren Principalen Religion in ihren Häuseren freystehe ... erwogen von C. B. D. & P. R. Teutoburgici 1708.

Problema theologicum, oder: Schriftmässige Untersuchung über den Gewissenszweifel, ob der Beruf eines evangelischen Lehrers ... renoviret werden könne, oder nicht? ... O. O. 1703. V: *Edzardi, Sebastian.* (Schr)

Problemata, dubia, objectiones contra et circa religionem christianam. Marb. 1754. V: *Duysing (Duising), Hnr. Otto.* (ML) (Stri) (Adel)

Problemata mathematica quadraturam circuli ... concernentia, s. Matheseophilus

Problematicus, s.: Schachkuriositäten. 150.

Probleme der Fürsorge. Untersuchungen im Auftrage der Centrale f. private Fürsorge in Frankfurt a. M. Hrsg. v. Chr. J. Klumker. 1. Bd. Lex.-8. Dresden, O. V. Böhmert. n. 3. 20

1. Der Arbeitsmarkt in der Presse zu Frankfurt a. M vom 1. X. 1900 bis zum 30. IX. 1901, nebst e. Erhebg. üb. die gleichzeit. Tätigkeit der privaten u. gemeinnütz Institute f. Arbeitsvermittlung. Von R. Neubauer. (VIII, 120 u. 67 S.) 905. n. 3. 20

— dasselbe. Abhandlungen der Centrale f. private Fürsorge in Frankfurt a. M. 2. u. 3. Bd. Lex.-8. Ebd. n. 6. 40

2. Untersuchungen über die uneheliche Bevölkerung in Frankfurt a. M. Unternommen im Auftrage der „Centrale für private Fürsorge". Von Othmar Spann. (IX, 179 S. m. 22 Tab.) 905. n. 4. 40
3. Die Kinder der in Fabriken arbeitenden Frauen u. ihre Verpflegung, m. besond. Berücksicht. der Crimmitschauer Arbeiterinnen. Von Wilh. Feld. (VIII, 87 S.) 906. n. 2. —

Probleme der Fürsorge. Abhandlungen der Centrale f. private Fürsorge in Frankfurt am Main. Hrsg. v. Klumker. 4. u. 5. Bd. Dresden, O. V. Böhmert. 7. 60

Feld, Wilh., d. Kinder-Armenpflege in Elsass-Lothringen u. Frankreich, geschichtl., rechtl. u. statist. dargest. (XII, 156 S.) gr. 8. 908. (Bd. 4.) 4. —
Spann, Othmar, die unehelichen Mündel d. Vormundschaftsgerichtes in Frankfurt am Main. Statistische Untersuchgn. üb. Vormundschaftsführg. u. üb. die persönl. Verhältnisse der unehel. Kinder, namentlich ihre Verpflegungsverhältnisse, im Auftrage der „Centrale f. private Fürsorge" unternommen. (VII, 112 S. m. 6 Tab.) Lex. 8. 909. (Bd. 5.) 3. 60
Bd. 1—3. Ebd. 905. 06. 9.60.

Probleme des Handels
v. Schweizerische Eisenbahn- und Handels-Zeitung.

Problème hist., qui des Jésuites, de Luther ou de Calvin, ont le plus nui à l'Église. II Vol. 12. Laus. Pott. 763.

Probleme, Die, der Hysterie und die Offenbarungen der Heiligen Therese. Leipzig 1906. V: *Hahn, G.* Ü: *Prina, Paul.* (Berl)

Probleme des Socialismus, s. Bernstein, Eduard: Zur Theorie und Geschichte des Socialismus.

Probleme d. Weltwirtschaft. Schriften d. Instituts f. Seeverkehr u. Weltwirtschaft an d. Universität Kiel. Hrsg. v. Bernh. Harms. I. Lex. 8. Jena 910. G. Fischer. 16. —

Die Stellung der Segelschiffahrt zur Weltwirtschaft u. Technik. Von William Scholz. (X, 295 S. m. 13 farb. Taf.)

Problems of mining economy, s.: Zeitfragen, bergwirtschaftliche.

Zur Problemstellung in der Frage der gerichtlichen Voruntersuchung Hofrath Prof. Dr. Alois Zucker (Prag): Soll die gerichtl. Voruntersuchung aufrecht erhalten bleiben? Dr. Edmund Benedikt & Dr. Wilh. Schneeberger: Die Parteienöffentlichkeit in d. Voruntersuchung. 3 Vorträge geh. zu Wien 1902. *Wien: Manz 1902.* (47 S.) 8° [F.]
= Mitteilungen d. culturpolitischen Gesellschaft. 1. [02. 6376

PROBOSCHT, Hugo: Beiträge zu petrographisch chemischen Untersuchungen aus dem oberen Fassa-Tale und Umgebung in Süd-Ost-Tirol. — 1906. 51 Bl., 2 Taf. Diss. Graz, Univ.

Der Herr Probst und seine Leute. Erinnerungen an d. Kloster U. L. Frauen zu Magdeburg aus d. 50er u. 60er Jahren d. 19. Jhs. Von e. alten Alumnus. *Magdeburg: Creutz 1903.* (109 S.) 8° [F.] [04. 1198 3

Probst, Rudolf, e. kathol. Mann. Vereins-Gabe d. Volksvereins f. das kathol. Deutschland an die württ. Vereinsmitglieder. gr. 8. (48 S. m. Bildnis.) Stuttgart 899. (Deutsches Volksblatt.) n. — 40

Rudolf Probst, ein katholischer Mann. Stuttgart: D. Volksblatt 1899. (Polit. Zeitfragen in Württemberg. 3.)

Probst, s.a. Propst

Probst, Anleitung f. bäuerliche Viehzüchter zur richtigen Fütterung unter besond. Berücksicht. d. Kraftfuttermittel. (38 S.) 8. Regensburg (908). Zentralstelle der bayer. Bauernvereine. (Nur direkt.) — 15

Probst. Karte des Regierungsbezirks Aurich (Ostfriesland). 1 : 150000. Glogau 1889. 1 Bl. c. L.

Probst. Karte d. Reg.-Bez. Aurich [Ostfriesland]. 1 : 150,000. Zusammengestellt 1889. Farbendr. Imp.-Fol. Aurich 890, Reents. * 2 80

[Umschlagt.:] Karte des Regierungsbezirks Aurich (Ostfriesland). Zsgest. 1889 durch Steuerrath Probst. Maassst. 1 : 150000. 2. verb. Aufl. *Aurich: D. Friemann (1894).* (1 Ktnbl.) 1 Bd 8. [98. 1635 Go

— — s.a. Probst, Jakob

— — s.a. Probst, Wilhelm

Probst, v., Mittheilungen aus der Rechtsprechung des Oberlandesgerichts. gr. 8. (66 S.) Tübingen 884, Fues.
Aus: Württembergisches Archiv für Recht und Rechtsverwaltung, besonders abgedruckt.

—— dass. — gr. 8. (80 S.) Ebendas. 884.

Probst, Die Stellung der b. Rinderzuchtverbände zum Kontrollvereinssystem und zur Zucht des Niederungsviehs in B. o.J. Dessau

Probst, A., der volle Busen des Mädchens und der Frau. Eine Anleitung, wie durch den einfachen äußerlichen und innerlichen Gebrauch des kalten Wassers der weibliche Busen auch bei der magersten Constitution zu üppiger Schönheit, Fülle und Festigkeit entwickelt, und als solcher bis in's vorgerückte Alter erhalten werden kann. Nebst dem Selbstgeständnisse einer jungen Dame und ein physiolog. Examen des Verfahrens. Zum Troste vieler Schönen hrsg. 32. (98 S.) Stuttgart 854, Scheible.

Probst. A., Die Liturgie nach d. Beschreibung des Eusebius von Cäsarea. S.-A. 1884. 46 S.

Probst, Albert, aus Kreiensen: Samuel Daniel's 'Civil Wars between the two Houses of Lancaster and York' und Michael Drayton's 'Barons' Wars'. Eine Quellenstudie. *Strassburg i. E. 1902: M. Du Mont-Schauberg.* (128 S.) 8°
Strassburg, Phil. Diss. v. 1901

Probst, Andreas [Dr., pr. Arzt in Wegscheid]: Ueber einen Fall von Gliom des rechten Frontallappens ... Wegscheid, Buchdr. v. M. Kürzl, 1896; 30 S., 1 Bl. 8.
Erlangen, Med. Fak., Inaug.-Diss. v. 13. Juli 1895

Probst, Ant.

— sechszehn Gelegenheits-Predigten. 8. Augsb. 792. Lotter. 12 gr.

Probst, Ant., (Ulr. Reiß,) Kern christl. Andachten, od. Gebetbuch. 8. Augsb. 774. N. A. 798. Rieger. 14 gr.

Probst, Ant., Kern christl. Andachten, od. Gebetbuch. 8. Augsb. Rieger. 797.

Probst, Ant., Kern christlicher Andachten. Ein katholisches Gebetbuch besond. für das liebe Landvolk. Auf's Neue herausgeg., verb. u. verm. von Xav. Scherer. Mit 1 Stahlst. gr. 12. Reutlingen 845, Mäcken Sohn. 5/12 ₰

Probst, Ant., Kern christl. Andachten. Ein kathol. Gebetbuch besonders für das liebe Landvolk. Auf's Neue hrsg., verb. u. verm. v. Xav. Scherer. Mit 1 Stahlst. 2. verm. Aufl. 8. (VIII u. 326 S.) Reutlingen 847, Fleischhauer & Spohn. 1/3 ₰

Probst, Arthur, s.a. Gutjahr - Probst, Emil Arthur

Probst, Arth., Beiträge zur lateinischen Grammatik. I. u. II. gr. 8. Leipzig 883. Zangenberg & Himly. n. 5. —
I. Zur Lehre vom Verbum. (104 S.) n. 3. —
II. Zur Lehre v. den Partikeln u. Konjunktionen. (S. 105—172.) n. 2. —

Probst, A., Beiträge zur lateinischen Grammatik. 3. Tl. 1. u. 2. Lfg. gr. 8. Leipzig 888. Zangenberg & Himly. à n. 1. 50 (I—III, 2.: n. 8. —)
Altgrammatisches u. Neugrammatisches zur lateinischen Syntax v. E. A. Gutjahr-Probst. A. u. d. T.: Der Gebrauch v. „ut" bei Terenz u. Verwandtes. 1. u. 2. Lfg. (XIV u. S. 175—325.)

Probst, Arth., Beiträge zur latein. Grammatik. 3. Tl. Altgrammatisches u. Neugrammatisches zur latein. Syntax v. E A. Gutjahr-Probst 2. Heft. Der Gebrauch v. ‚ut' bei Terenz u. Verwandtes. (S. 329–514) gr. 8. Leipzig 905. Alwin Schmidt. n. 4. — (I–III. 2: 10.50

Probst, Augustin, Fürstbischof Dr. Heinrich Förster's Leben u. Wirken. Ein Büchlein für das Volk zu seinem 25jähr. Bischofs-Jubiläum. Mit einem Anh. von Gebeten u. dem (Holzschn.-)Bildnisse des hochwürdigsten Herrn Jubilars. 8. (32 S.) Breslau 878. Goerlich. — 20

Propst, C. B. A., Anweis. z. Verfertigung aller Arten v. Zündapparaten, pneumat. u. chem. Feuerzeugen, Leuchtfläschchen ꝛc., sowie d. Platinschwammes, d. Zündröhrchen, Zündhölzchen ꝛc. Nach d. neuesten Erfindungen u. Verbessern. bearb. Mit Abbild. (auf 1 Stnt. qu. ½ Fol.) 8. (3 B.) Quedlinburg 834, Basse.

Probst, C. B. A., Anweisung zur Verfertigung u. Behandlung der Döbereiner'schen Platina-Zündmaschinen u. mehrer and. neuerfund. Zündapparate, als pneumat., elektrische u. chemische Feuerzeuge, Leuchtfläschchen ꝛc.; nebst faßl. Anleitung, überaus leicht zündende Platinaschwämme, so wie Zündröhrchen, Zündhölzchen und Feuerschwamm anzufertigen. 2e verb. Aufl. Mit 1 Tafel Abbildd. 8. Quedlinburg 836. Basse. 1/2 ₰

PROBST, C. B. A.
Anweisung zur Verfertigung und Behandlung der Döbereiner 'schen Platin- und Irid- Zündmaschinen, sowie mehrer älterer und neuerer Zünd-Apparate und Zünd-Waaren, als pneumatischer, elektropneumatischer, chemischer und Frictions-Feuerzeuge, Pyrophoren, Leuchtfläschchen, etc., nebst fasslicher Anleitung, gutzündende Platinschwämme, sowie Zündröhrchen, Zündhölzchen und Feuerschwamm anzufertigen. Für Verfertiger und Besitzer von dergleichen Zünd-Apparaten und Zündwaaren. Dritte verbesserte und vermehrte Auflage. Quedlinburg, 1841. 8vo.

Probst, C. B. A., Anweisung zur Verfertigung u. Behandlung der Döbereiner'schen Platin- u. Irid-Zündmaschinen, sowie mehrer älterer u. neuerer Zündapparate u. Zündwaaren ꝛc. 3. verb. u. verm. Aufl. Mit Abbild. 8. Quedlinburg 842, Basse. 1/2 ₰

Probst, Christianus Fridericus: De mutationibus, praecipue nervorum et vasorum, quae in trunco dissecto fiunt. Cum tabulis duabus lapidi incisis. Halis (1832): Baentsch. 22 S., 2 Taf. 8° (4°)
Halle-Wittenberg, Med. Diss., nachgeliefert von dem am 30. Juni 1832 auf Thesen promovierten Verf.
Geb. Lübeck 2.4.1806. V. Sprengel's Progr.

Probst, Christianus Fridericus: Theses, loco dissertationis de mutationibus, praecipue nervorum et vasorum, quae in trunco dissecto fiunt, propediem edendae. Halae (1832): Baentsch. 2 Bl. 8°
Halle-Wittenberg, Med. Thesen v. 30. Juni 1832

Probst, Chrysost., Dissertatio de epistola s. Jacobi apostoli. Würzburg, 1759.

Probst, Chrysost., De Jesu Christi secundum carnem genealogia. Bamberg, 1763, 8°.

Probst, Chrysost., De libris Machabaeorum. Würzburg, 1760.

Probst, Chrysost., De Davidis psalterio. Eger, 1762, 8°.

Probst, Chrysost., († d. 2. Mai 1801.) turnarius ecclesiar. Germaniae, s. historia turni ecclesiastici ad illustr. etc. 8. Bamb. 777. (Wesché in Frankf.) 12 ₰

Probst, Chrysostomus [Praes.], s. Weyermüller, Demetrius: Duo diplomatices ecclesiasticae de datis, et subscriptionibus, seu signaturis capita ...

Probst, E.

— Instruction sur l'escrime au sabre (contre-pointe) avec règlement sur les concours. 2e éd. In-8°. 51 p. Zürich, Orell Füssli & Co. 1 —
1883.

Probst, E., stenographisches Lesebuch, s.: Behrens, Wilhelm

Probst, E.: Seneca aus seinen Schriften. Basel 1879.

Probst, E., Wien u. Umgebung, s.: Grieben's Reiseführer. 8.

Probst, Em. Anleitung zum Säbelfechten [Stichsäbel] m. Reglement zum Preisfechten. 2. Aufl. 8. (52 S. m. Fig.) Zür. 889, Orell, Füssli u. Comp. Verlag. * 1 —
Französ. Ausg. zu gleichem Preise.

Probst, Emanuel. Bonifacius Amerbach (1495–1562). [Mit 1 Porträt-Tafel.] Njbl. Basel 1884. 4. Basel 1883.

Probst, Eman., Bonifacius Amerbach. 62. Neujahrsblatt, hrsg. v. der Gesellschaft zur Beförderg. d. Guten u. Gemeinnützigen. 1884. gr. 4. (28 S. m. 1 Lichtdr.-Portr.) Basel 883. (Detloff.) n. 1.35

Probst, Eman., Erzählungen zur Basler Bundesfeier. 1501, 13. VII., 1901. 8. (64 S.) Basel 901. Helbing & Lichtenhahn. n. — 80

Probst, Emanuel. Erzählungen zur Basler Bundesfeier. 1501, 13. Juli, 1901. [2. Aufl. — Illustriert.] 64 S. 8. Basel, R. Reich, 1901. [fr. 1. —]

Probst, Emanuel. Erzählungen zur Basler Bundesfeier 1501, 13. Juli, 1901. (Separatabdruck aus der «Volksstimme von Baselland».) II + 54 S. 8. Sissach, J. Schaub-Buser, 1901.

Probst, Emanuel. Gedichte. 48 S. 8. Basel, (Emil Birkhäuser.) 1908.

Probst, E[manuel]. Die öffentlichen Schulprüfungen. Referat von Herrn Dr. E. Probst. [Separat-Abdruck aus: Freiwillige Schulsynode von Basel-Stadt. 1. Jahresbericht. 1891—1900.] 13 S. 8. [Basel, Emil Birkhäuser, 1901.]

Probst, Eman. (Dr.) L. Annæus Seneca aus seinen Schriften. Einladungsschrift zu d. Prüfungen d. beiden Gymnasien und d. Realschule 1879 zu Basel. Basel, Schweighauser'sche Buchdruckerei. 1879.

P[robst], E[manuel]. 14 Tage Stromertum. Separatabdruck aus der «Volksstimme von Baselland» [Jahrg. 1903]. II + 43 S. 8. [Sissach, J. Schaub-Buser.]

Probst, Emanuel. Das Tonkünstlerfest in Basel. 12.—15. Juni 1903. Festbericht, im Namen und Auftrag des Organisations-Komite verfasst. 84 S. 8. Basel, Emil Birkhäuser, 1903.

Probst, Emil

Probst, (Emil) E., s.: Beton, armierter.

Probst, Emil, (Zivil-Ing.): Einfluß der Armatur und der Risse im Beton auf die Tragsicherheit. (Mit 77 Abb. im Text u. 9 Taf. Berlin: Springer 1907.) IV, 144 S., 9 Taf. 4°
¶ Mitteilungen aus d. Kgl. Materialprüfungsamt zu Groß-Lichterfelde West. 1907. Erg. H. 1.
Berlin, Dr.-Ing.-Diss. v. 26. 2. 1909

— Einfluß der Armatur u. d. Risse im Beton auf die Tragsicherheit, s. a. Mitteilungen aus d. königl. Materialprüfungsamt zu Groß-Lichterfelde. 1907. I. Erg.-Heft.

Einfluß der Armatur und der Risse im Beton auf die Tragsicherheit. Ergebnisse aus d. Untersuchungen d. Abt. 1 f. Metallprüfung mit armierten Betonbalken bearb. u. besprochen von E[mil] Probst, Zivil-Ing. Mit 77 Abb. u. 9 Taf. Berlin: Springer 1907. IV, 144 S. 4°
(Mitteilungen aus d. Kgl. Materialprüfungsamt. Erg. H. 1.) [09. 11044] 10

Probst, Emil, das Zusammenwirken v. Beton u. Eisen, s. a. Forscherarbeiten auf dem Gebiete des Eisenbetons.

Probst, Emil. Das Zusammenwirken von Beton und Eisen. Eine Abhandlung auf Grund von Laboratoriumsversuchen von Ingenieur E' P' (Zürich). Mit 20 Textabbildungen. VIII + 60 S. 4. Berlin, Wilhelm Ernst & Sohn, 1906. (M. 3. —)
(Forscherarbeiten auf dem Gebiete des Eisenbetons. Heft 6.)

Probst, Emil Arthur Gutjahr-
s. Gutjahr-Probst. [09. 4319]

Probst, Eug., Burgen u. Schlösser der Schweiz, s.: Küpfer, F.

Probst, Eugen. Zur Erhaltung der Burg Sargans. Vortrag gehalten in einer Versammlung zu Sargans am 29. April 1900. [SA.] 8. Buchs 1900.

Probst, Eug., Elisabeth Tarrakanow. Dramatische Dichtung in 4 Aufzügen. 12. (130 S.) Leipzig 882. Friedrich. n. 2. —

Probst, F.: Über Flächen mit isogonalen Systemen von geodätischen Kreisen. 1893. 8°
Diss. Würzburg.

Probst, F. W. Carl, d. Zuschneider u. Modelleur in d. Schäfte- u. Schuhbranche. I. Tl. D. Modellschneiden. 8 Hfte. gr. 8. (141 S. m. 28 z. Tl. farb. Taf.) Wippra 896. Gotha, Gebr. Probst. à Hft. — 50 (Kplt. geb.: 5. 50)

[F.] Der Zuschneider und Modelleur in der (Tl II: Schäfte- u.) Schuhbranche v. F. W. Carl Probst. Tl (I). II (in 1 Bde). *Wippra: E. Probst 1896.* 1 Bd 8.
I. (Das Modellschneiden.) (118 S., 28 Taf.)
II. D. Modelliren. (119—141 S., 4 Taf.) [97. 3130]

PROBST, Ferd.
Anleitung zur Handhabung von Lechner's Taschen-Camera. Verfasst von Ferd. Probst. [Wien. 1900.] R. Lechner (Wilh. Müller). 8°. 53 S. mit 32 Tafeln. K 2.—

Probst, Ferdinand [aus Mainz]: Beitrag zur Frage der Resorption amyloider Substanz . . . Berlin, Druck v. E. Ebering, *1897;* 34 S., 1 Bl. 8.
Berlin, Med. Fak., Inaug.-Diss. v. 7. Aug. 1897

Probst, Ferd., kirchliche Benediktionen und ihre Verwaltung. gr. 8. (VIII und 324 S.) Tübingen 857, Laupp'sche Buchh.

Probst, Ferd., Brevier und Breviergebet. gr. 8. (XIV und 314 S.) Tübingen 853, Laupp'sche Buchh.

— Brevier und Breviergebet. Tübingen 854. Laupp. gr. 8. (XIV, 314 S.) n. 28 ngr.

Probst, Ferd., Brevier u. Breviergebet. 2., verb. Aufl. Tübingen 868. Laupp. gr. 8. (XVI, 328 S.) n.n. 1 ₰ 3 ngr.

Probst, Ferd., kirchliche Disciplin in den drei ersten christlichen Jahrhunderten. gr. 8. (X, 414 S.) Tübingen 873. Laupp. n. 6. 80

—— Exequien. gr. 8. (VIII und 150 S.) Tübingen 856, Laupp'sche Buchh.

Probst, Ferd., Geschichte der katholischen Katechese. gr. 8. (IX, 192 S.) Breslau 886. Goerlich. 2. —

Probst, Ferd., die Gesellschaft Jesu. 1. und 2. Aufl. gr. 8. (52 S.) Tübingen 851, Laupp'sche Buchh.

Probst, F., katholische Glaubenslehre, s. a. Bibliothek, katholisch-theologische.

Probst, Fd., katholische Glaubenslehre. Ein Religionshandbuch für Laien. gr. 8. Mainz 845, Kunze. 1 1/6 ₰

Probst, Ferd., Katechese und Predigt vom Anfang des 4. bis zum Ende des 6. Jahrh. gr. 8. (XII, 312 S.) Breslau 884. Goerlich's Verlag.

— Lehre u. Gebet in den 3 ersten christlichen Jahrhunderten. gr. 8. (VIII, 371 S.) Ebend. 871. n. 5. —

— Lehre vom liturgischen Gebete. 8. (VIII, 184 S.) Breslau 885. Aderholz. n. 2. —

Probst, Ferd., Lehre vom liturgischen Gebete. 2. Aufl. 8. (VIII, 184 S.) Breslau 892. G. P. Aderholz. n. 2. —

–Liturgie des 4. Jahrh. u. deren Reform. gr. 8. (XIII, 472 S.) Münster i/W. 893. Aschendorff. n. 10. —

— Liturgie der drei ersten christlichen Jahrhunderte. Ebend. 870. gr. 8. (XII, 420 S.) n. 1 ₰ 25 ngr.

Probst, Ferd., d. abendländische Messe v. 5. bis zum 8. Jahrh. gr. 8. (XV, 444 S.) Münster 896. Aschendorff. n. 9. 50

— katholische Moraltheologie. 2 Bde. gr. 8. Tübingen, Laupp'sche Buchh. [1. (XVI und 848 S.) 848., 2. (XII und 801 S.) 850. à 3 Thlr. 4 Ngr.]

— katholische Moraltheologie. 2. (Titel-)Ausg. 2 Bde. Tübingen (850.) 853. Laupp. gr. 8. (XVI, 849; XII, 801 S.) 4 ₰. 12 ngr.

— kathol. Pastoraltheologie, 1. Hft. Verwaltg. d. kgl. Amtes. gr. 8. (VI, 72 S.) Ebd. 898. n. 1. 25

Probst, Ferd., Edgar Allan Poe, s.a. Grenzfragen der Literatur u. Medizin.

Edgar Allan Poe von Dr. Ferdinand Probst, München-Egling. München: E. Reinhardt 1908. (46 S.) 8°
— Grenzfragen d. Literatur u. Medizin in Einzeldarstellungen. H. 8. [07. 1806]

Probst, Ferd., Die sogen. Reformation u. die wirkliche Reformation. Ein Beitrag zur 300 jährigen Jubelfeier der allgemeinen Kirchenversammlung von Trient am 13. Dez. 1845. Nebst einem Anhange: Kurzer Überblick über die Unterscheidungslehren der Katholiken u. Protestanten. Mainz, Kunze, 1845, 8°, IV, 136 S.
Recens. Neue Sion 1845, Litblätt. Nr. 24.

— Receptarium f. Photographie, s.a. Lechner's photographische Bibliothek.

Probst, F., Receptarium für Photographie. 171 Blätter in Buch-Cassette Wien: Lechner 1902. * K 6.—

— die ältesten römischen Sacramentarien u. Ordines, erklärt. gr. 8. (XV, 412 S.) Ebd. 892. n. 9. —

— Sakramente u. Sakramentalien in den drei ersten christlichen Jahrhunderten. gr. 8. (X, 469 S.) Ebend. 872. n. 6. 80

—— Theorie der Seelsorge. 8. (VIII, 172 S.) Breslau 883, Aderholz' Buchh.

— Theorie der Seelsorge. 2. Aufl. 8. (VIII, 172 S.) Ebend. 885. n. 2. —

Probst, Ferdinand, cand. med. aus München: Ueber Urogenitaltuberkulose. *München 1899: C. Wolf & Sohn.* (48 S.) 8°
München, Med. Diss. v. 1899

Probst, Ferd., Verwaltung des hohenpriesterlichen Amtes. 8. (VII, 184 S.) Breslau 881. Aderholz. n. 2. —

Probst, Ferd., Verwaltung des hohenpriesterlichen Amtes. 2. Aufl. 8. (VII, 192 S.) Breslau 885, Aderholz' Buchh. * 2 —

Verwaltung des königlichen Amtes v. Prälat, Dompropst Dr. [Ferdinand] Probst, Prof. a. d. Univ. Breslau. *Münster i. W.: Aschendorff 1898.* (VI S., 1 Bl., 72 S.) 8.
— Pastoraltheologie, Katholische. H. 1. [98. 2481]

Probst, Ferd., Verwaltung der hochheiligen Eucharistie. Tübingen 853. Laupp. gr. 8. (XVI, 720 S.) 2 ₰. 15 ngr

—— Verwaltung der Eucharistie als Opfer. 2., verb. und verm. Aufl. gr. 8. (XVI und 446 S.) Tübingen 857, Laupp'sche Buchh.

—— Verwaltung der Eucharistie als Sakrament. 2., verb. Aufl. gr. 8. (XII und 236 S.) Tübingen 856(57,) Laupp'sche Buchh.

Probst, Ferd., der Fall Otto Weininger, s.a. Grenzfragen des Nerven- u. Seelenlebens. 31. Hft.

Probst, Ferdinand: Der Fall Otto Weininger. Eine psychiatrische Studie. — Wiesbaden: Bergmann 1904. 40 S. 8° (Grenzfragen d. Nerven- u. Seelenlebens. 31.)

Probst, Franziska, praktisches Linzer Kochbuch in 17 Abthlgn. Worin Beispiele von Fleisch- u. Fasten-Suppen, dann von Eyer-, Mehl-, Germ- u. Fleischspeisen; von Soßen rc. zu ersehen sind. 5. (Titel-) Aufl. 8. (XXXII u. 400 S.) Linz 850, Ebenhöch. 1 ₰

Probst, Friedrich

Probst, *Carl* Friedrich [aus Bernau]: Über Flächen mit isogonalen Systemen von geodätischen Kreisen ... Berlin, Druck v. P. Stankiewicz' Buchdr., 1893; 2 Bl., 46 S., 1 Bl. 8.
Würzburg, Phil. Fak., Inaug.-Diss. v. 1893

Probst, Friedr. (geb. Berlin 18. 10. 1844): Ueber syphilitische Mastdarmgeschwüre. Berlin (1868). (33 S.) 8°
Berlin, Med. Diss. v. 15. Aug. 1868

Probst, Friedrich: Die deutsche Porzellan- und Steingutindustrie, ihre technischen Grundlagen, ökonomische Entwicklung und heutige volkswirtschaftliche Bedeutung unter besonderer Berücksichtigung der Rentabilität der Aktiengesellschaften. (Kap. 1. 2.) Halle a. S. 1909: Kaemmerer. VIII, 47 S. 8° ¶(Ersch. vollst. in 5 Kap. ebd.)
Halle, Phil. Diss. v. 28. Juni 1909, Ref. Waentig
[Geb. 8. März 87 Hannover; Wohnort: Hannover; Staatsangeh.: Preußen; Vorbildung: Oberrealsch. I Hannover Reife O. 05; Studium: Berlin 7, Halle 1 S.; Rig. 23. Febr. 09.] [U 09. 1688

Probst, Frdr., die deutsche Porzellan- u. Steingutindustrie. Ihre techn. Grundlagen, ökonom. Entwicklg. u. heut. volkswirtschaftl. Bedeutg. unter besond. Berücksicht. der Rentabilität der Aktiengesellschaften. (VI, 130 S.) gr. 8. Halle 909. C. A. Kaemmerer & Co. 2. 40

Probst, Frdr., arabischer Sprachführer im ägyptischen Dialect. Ein Leitfaden der arab. Conversation f. Reisende, Kaufleute u. s. w. in Afrika [enth.: Grammatik, deutsch-arab. u. arabisch-deutsches Wörterbuch, Gespräche]. 8. (VIII, 280 S.) Giessen 892. J. Ricker. n. 4. 40; geb. n. 5. —

Arabischer Sprachführer in ägyptischem Dialekt. Ein Leitfaden d. arabischen Conversation f. Reisende, Kaufleute u.s.w. in Afrika ⟨enth.: Grammatik, deutsch-arab. u. arab.-deutsches Wörterbuch, Gespräche⟩ von Friedrich Probst. Neue Ausg. Giessen: Ricker 1898. VIII, 280 S. 8° [10. 7721

Ⓑ Probst, Frdr., arab. Sprachführer. 898. (KBL 30.) Giessen, A. Töpelmann. Erm.-Pr. 1.80; geb. 2. 50

Probst, Friedrich Paul von

v. Probst, F. P. Geschichte des kgl. preuss. 2 [brandenburgischen] Dragoner-Regiments. (166) 8. Schwedt 1829. — 2. Aufl., vervollständigt u. bis 1841 fortgesetzt. (12½ B.) 8. Berlin 1841. 4,00.

Probst, Friedrich Paul von. Geschichte des Königlich Preußischen Zweiten Dragoner-Regiments. Vervollständigt und bis zum Jahre 1841 fortgeführt ... Schwedt 1841. V: *Colmar, Ferd. v.* (Hirsch)

v. Probst's, F. P., Geschichte des Königl. Preuß. Zweiten Dragoner-Regiments. Vervollständigt und bis zum Jahre 1841 fortgesetzt durch den zeitigen Regiments-Adjutanten. Mit dem Bildniß Sr. Königl. Hoheit des Prinzen Wilhelm v. Preußen. gr. 8. Schwedt 841; Berlin, Gropius. n. 1 1/3 ₰

Probst, G., siehe: *Olten.*

Probst, Geo., s. a. Handbuch der gesamten Landwirtschaft.

Georg Probst, Handbuch der gesamten Landwirtschaft. Regensburg 1905.
Sammelwerk, u. a. m. Attinger, Heim, Hiltner, Henkel.

Probst, Georg [Distriktstierarzt in Heidenheim a. H., Bayern]: Probleme der modernen Viehzucht. München-Regensburg 1904. 102 S. 8°. [15. I. 04.]
Bern. Vet.-med. Diss. 1903/1904.

Probst, Georg. Probleme der modernen Viehzucht. Diss. Vet.-Med. Bern ... von G' P', Distriktstierarzt in Heidenheim a. H. ⟨Bayern⟩. 102 S. 8. München-Regensburg, G. J. Manz, 1904.

Probst, H.: Festbeschreibung und Festrede. Cleve 1867.
Schul-/Univ.-Schrift

Probst, H.: Geschichte des Gymnasiums zu Cleve von 1817–67. Cleve 1867.
Schul-/Univ.-Schrift

Probst, H.: Die 37. Ode Hor. I. B. Lat. deutsch u. Comm. 13 S.– Essen, Progr. 1871.

Probst, Hans, der kleine Dichter, s.: Bromberger, Otto.

Probst, Hans, aus Basel: Die Dissoziationskonstanten der zweibasischen, strukturisomeren, ungesättigten Säuren $C_7H_{10}O_4$. Basel 1909. 47 S. 8°. [21. V. 09.]
Basel, Phil. Diss 1908/09.

Probst, Hans. Die Dissoziationskonstanten der zweibasischen, strukturisomeren, ungesättigten Säuren $C_7H_{10}O_4$. Diss. Phil. Basel. 47 S. 8. Basel, Friedrich Reinhardt, 1909.

— Der Heinrichstag v. 1520. Festspiel f. die Altenburg bei Bamberg. (48 S.) 8. Bamberg (908). Handels-Druckerei u. Verlagsh. — 50

Probst, Hans, der junge Künstler. Ein Bilderbuch für kleine Maler. (48 S.) 4. München (903). Braun & Schneider. n. 1. 50

Probst, Hans, Lieder sind wir! 12. (VII, 100 S) Leipzig 896. Stuttgart, J. G. Cotta Nachf.
Geb. in Leinw. m. Goldschn. n. 3. —

Lieder sind wir! Von Hans Probst. *Leipzig: A. G. Liebeskind 1896.* (VII, 100 S.) 8°
[93. 4136

Probst, Hans, Prof.: Über den deutschen Märchenstil. *Bamberg 1901: W. Gärtner.* (28 S.) 8° [F.]
Bamberg, k. altes G, P 1901*

— die Mitschüler. Festspiel in 5 Aufzügen. (67 S. m. 1 Taf.) 8. Bamberg (905). (C. Hübscher.) n. 1. 20

Probst, Hans, deutsche Redelehre, s. a. Sammlung Göschen.

Deutsche Redelehre. Von Hans Probst. 3. verb. Aufl. Leipzig: Göschen 1905. 130 S. 8°
(Sammlung Göschen. 61.)
[05. 14901 II

— der Schnellmaler. Ein neues Bilderbuch. 4. (36 S. m. z. Tl. farb. Abbildgn.) Ebd. (901). n. 1. 50

— Die Madonna Sixtina. Ein Beitrag zur Lösg. e. alten Streitfrage. (43 S. m. 5 Abb. u. Titelbild.) 8. Bamberg 910. C. C. Buchner's Verl. 1. 50

Probst, Hans, wen soll ich malen? Ein Bilderbuch. 1. u. 2. Aufl. 4. (à 104 S. m. z. Tl. farb. Abb.) München (900). Braun & Schneider. Kart. n. 2. 50

Proust. *Wen soll ich malen?* 3. Aufl. München [c. 1905]. 4°. Farb. illustr. biegs. Orhlwd. 12.—

Probst, Heinrich, a. Hannover: Die Stellung der obliken Casus der Personalpronomina zum Verb, zu anderen Wörtern und unter einander im Französischen. Bonn 1908: S. Foppen. (XVIII, 81 S.) 8°
Göttingen, Phil. Fak., Ref. Stimming, Diss. v. 29. April 1908
[Geb. 17. April 84 Bockenheim b. Frankfurt a. M.; Wohnort: Bockenheim; Staatsangeh.: Preußen; Vorbildung: Oberrealsch. Hannover Reife O. 02, Ergänzungsprüfung in Latein M. 05; Studium: Göttingen 9 S.; Rig. 30. Okt. 07.]

Probst, Herm. De Hymno Homerico in Cererem. 16 S. .
Köln, Fr. W., Progr. 1850

Probst, Herm., französische Schulgrammatik, s.: Knebel, Heinr.

Probst, Herm., locutionum latinarum thesaurus oder latein. Phraseologie zum Gebrauch bei den latein. Stilübungen in den oberen Gymnasialklassen. 1. Aufl. 1864. und 2. Aufl. gr. 8. (VIII und 135 S.) Köln 865, DuMont-Schauberg'sche Buchh.

Probst, Herm., locutionum latinarum thesaurus oder latein. Phraseologie zum Gebrauch bei den latein. Stilübungen in den oberen Gymnasialklassen. 2. u. 3. Aufl. Köln 865, 68. Du Mont-Schauberg'sche Buchh. gr. 8. (VIII, 155 S.) n. 15 ngr.

Probst, Herm., Locutionum latinarum thesaurus oder Lateinische Phraseologie, zum Gebrauch bei den lateinischen Stilübungen in den oberen Gymnasialclassen. 4. Aufl. gr. 8. (VIII, 135 S.) Köln 874, DuMont-Schauberg'sche Buchh. * 1 80

Probst, Herm., locutionum latinarum thesaurus oder lateinische Phraseologie, zum Gebrauch bei den lateinischen Stilübungen in den oberen Gymnasialklassen. 5., verb. u. verm. Aufl. gr. 8. (VIII, 176 S.) Köln 878. Du Mont-Schauberg. n. 1. 80

— Uebungsbuch zum Uebersetzen aus dem Deutschen in's Französische für obere Gymnasial-Klassen. Mit besonderer Berücksicht. der französ. Schulgrammatik von Dr. H. Knebel herausg. Koblenz 853. Bädeker. Lex.-8. (2 Bl., 156 S.) 10 ngr.

Probst, Herm., Uebungsbuch zum Uebersetzen aus dem Deutschen in's Französische. Mit besonderer Berücksichtigung der französ. Schulgrammatik von Dr. H. Knebel herausg. 1. Thl. Für die mittleren Klassen der Gymnasien u. die Progymnasien. Koblenz 858. Bädeker. gr. 8. (128 S.) 7½ ngr.

— Uebungsbuch zum Uebersetzen aus dem Deutschen ins Französische. Mit besond. Berücksichtigung der Französ. Schulgrammatik von H. Knebel. 2 Thle. Coblenz, Baedeker. gr. 8. 17½ ngr.
1. Thl. Für die mittleren Klassen der Gymnasien u. Progymnasien 2., verb. Aufl. (128 S.) 865. 7½ ngr.
2. Thl. Für obere Gymnasial-Klassen. 3., verb. Aufl. (169 S.) 864. 10 ngr.

— Uebungsbuch zum Uebersetzen aus dem Deutschen ins Französische. Mit besond. Berücksicht. der französ. Schulgrammatik von H. Knebel. 2 Thle. gr. 8. Leipzig, Baedeker. 1 80
Inhalt:
Thl. 1. Für mittlere Gymnasial- und Realklassen. 3. Aufl. 1870. 75 Pf., und 4. verb. Aufl. (132 S.) 874. 80 Pf.
„ 2. Für obere Gymnasial- und Realklassen. 4. verb. Aufl. (169 S.) 870. ℳ 1.

— Uebungsbuch zum Uebersetzen aus dem Deutschen ins Französische. Mit besond. Berücksicht. der französ. Schulgrammatik von H. Knebel. 2 Thle. gr. 8. Leipzig, Bädeker.
Inhalt:
Thl. 1. Für mittlere Gymnasial- und Realklassen. 5. Aufl. (132 S.) 875. * 80 Pf.
2. Für obere Gymnasial- und Realklassen. 5. und 6. verb. und verm. Aufl. (VIII, 190 S.) 876,78. * ℳ 1,25.

Probst, Herm., Uebungsbuch zum Uebersetzen aus dem Deutschen ins Französische. Mit besond. Berücksicht. der französ. Schulgrammatik von H. Knebel. 2 Thle. gr. 8. Leipzig, Bädeker.
Inhalt:
Thl. 1. Für mittlere Gymnasial- und Realklassen. 6. und 7. verb. Aufl. (IV, 144 S.) 881,83. * ℳ 1.
„ 2. Für obere Gymnasial- und Realklassen. 7. verb. und verm. Aufl. (VI, 200 S.) 882. * ℳ 1,25.

Probst, Herm., Übungsbuch zum Übersetzen aus dem Deutschen ins Französische. Mit besond. Berücksicht. der französ. Schulgrammatik v. H. Knebel hrsg. 2 Tle. 8. Aufl. gr. 8. Leipzig 886. Bädeker. n. 2. 25; Einbd. n.n. — 45
1. Für mittlere Gymnasial- u. Realklassen. (IV, 150 S.) n. 1. —; Einbd. n.n. — 20
2. Für obere Klassen. (VI, 204 S.) n. 1. 25; Einbd. n.n. — 25

Probst, Herm., Übungsbuch zum Übersetzen aus dem Deutschen ins Französische. Mit besond. Berücksicht. der französ. Schulgrammatik v. H. Knebel. 1. Tl. Für mittlere Gymnasial- u. Realklassen. 9., verb. Aufl. gr. 8. (IV, 154 S.) Leipzig 890. K. Baedeker. n. 1. —; geb. n.n. 1. 20

— Uebungsbuch zum Übersetzen aus dem Deutschen ins Französische. Mit besond. Berücksicht. der französ. Schulgrammatik v. H. Knebel hrsg. 2. Tl. Für obere Klassen. 9., verb. Aufl. gr. 8. (VI, 210 S.) Leipzig 892. K. Baedeker. n. 1. 25; geb. n.n. 1. 50

— praktische Vorschule der französischen Sprache. Für die Quinta eines Gymnasiums. gr. 8. (IV und 110 S.) Koblenz 856, Bädeker.

— praktische Vorschule der Französischen Sprache. Für die Quinta von Gymnasien und Progymnasien. 3., verb. Aufl. gr. 8. (120 S.) Coblenz 868, Baedeker.

— praktische Vorschule der französischen Sprache. 4. verb. Aufl. gr. 8. (120 S.) Ebend. 876. n. — 80

— praktische Vorschule der französischen Sprache. 5. verb. und verm. Aufl. (IV, 197 S.) 1880; 6. Aufl. (VI, 199 S.) 1881; 7. Aufl. gr. 8. (IV, 204 S.) Ebendas. 884.

— praktische Vorschule der französischen Sprache. 8. verb. Aufl. gr. 8. (IV, 210 S.) Ebendas. 886. * 1 25

— praktische Vorschule der französischen Sprache. 9., verb. Aufl. gr. 8. (IV, 212 S.) Ebd. 890. n. 1. 25; geb. n.n. 1. 50

Probst, Herm., u. Arnold Krause, prakt. Vorschule der französ. Sprache. Elementar- u. Lesebuch f. d. Quarta u. Unter-Tertia d. Gymnasien u. Realgymnasien, nach d. „neuen Lehrplänen" bearb. 10. Aufl. gr. 8. (IV, 208 S.) Leipzig 895. K. Baedeker. n. 1. 25; Einbd. n.n.n. — 25

Probst, J. Beitrag zur Kenntniss der fossilen Fische aus der Molasse von Baltringen. 1874.

Probst, J. Beitrag zur Topographie der Gletscher-Landschaft im württembergischen Oberschwaben. 1874.

(Probst, J.,) Compendium grammaticae Hebraicae. Innsbruck, Wagner. 1829, 8°, 126 S., 1,80 Mk. oder 90 Kr.

— des Herzens Erhebung zu Gott. Ein vollständ. Gebet- u. Andachtsbuch f. kathol. Christen. 3. verb. u. verm. Aufl. 16. (383 S. m. 2 Steintaf.) Ebend. 874. — 75

Probst, J. Erörterungen über den Zusammenhang der climatischen Zustände der letzten drei Erdperioden. 1875.

Probst, J., Eusebia. Ernste Betrachtungen über tiefe Wahrheiten der christl. Religion. 2 Thle. 1. Aufl. 1864. 2 Thlr. und 2. Aufl. 8. (XXXVI und 1108 S.) Augsburg 868, Schlosser'sche Buchh. 1 Thlr. 18 Ngr.; geb.

Probst, J. Zur klimatischen Frage. 1881.

Probst, J., üb. einige Gegenstände aus dem Gebiete der Geophysik. [Aus: „Jahreshefte d. Vereins f. vaterländ. Naturkunde in Württemberg".] gr. 8. (III, 55 S.) Stuttgart 889. Schweizerbart. n. 1. —

Probst, J., Geist der Andacht. Gebet- u. Betrachtungs-Buch f. kathol. Christen. Mit Bildern (Holzschn.) 16. (480 S.) Einsiedeln 874. Eberle, Kälin u. Co. — 88

Probst, J. Zur Kenntniss der quartären Wirbelthiere in Oberschwaben. 1881.

Probst, J., Klima und Gestaltung der Erdoberfläche, in ihren Wechselwirkungen dargestellt. gr. 8. (X, 173 S.) Stuttgart 887, Schweizerbart'sche Verlagsh. * 5 —

Probst, J., Landfrieden. Fünfzig Gedichte. 86 S. 12. Basel, F. Schneider. 1876 1. 60

Probst, J. Das fossile Murmelthier und der Halsband-Lemming Oberschwabens. 1882.

Probst, J. Tertiäre Pflanzen von Heggbach bei Biberach. 1868.

— himmlische Segensquelle. Erbauungsbuch zur Beförderg. christl. Sinnes. Mit Bildern u. Ziertitel (Steintaf.) 16. (VIII, 480 S.) Ebend. 874. — 75

Probst, J., himmlische Segensquelle. Erbauungsbuch zur Beförderg. christl. Sinnes. (480 S. m. Titelbild.) 16. Einsiedeln (903). Eberle, Kälin & Co. Geb. in Leinw. n.n. — 96; m. Goldschn. n.n. 1. 12; in Ldr m. Goldschn. n.n 1. 60; in Kalbldr. m. Goldschn. u. Schloss n.n. 3. 20

Probst, J., natürliche Warmwasserheizung als Princip der climatischen Zustände der geologischen Formationen. gr. 4. (124 S.) Frankfurt a. M. 881, (Diesterweg.)
Aus: Abhandlungen hrsg. von der Senckenbergischen naturforschenden Gesellschaft, besonders abgedruckt.

Probst, J., wir stehen. Festrede bei der Gedächtnisfeier des Prot.-kirchl. Hülfsvereins im Großmünster zu Zürich, 10. Oktbr. 1893. gr. 8. (11 S.) Zürich 894. Fäsi & Beer. n. — 40

PROBST, J. E.: Hortulanus. Verzeichnis derer inn- und ausländischen Bäume, Stauden und Sommergewächse des Caspar Bosischen Gartens in Leipzig in 4 Ordnungen, wie solche sich im Jahr 1737 befinden. - Leipzig 1738. 144 S., m. Abb. - 2. Verzeichnis ebd. 1747. 140 S.

Probst (J. E.). Stauden und Sommergewaechse des Kaspar Bosischen Gartens . . . Leipzig, 1738. 8°.

Probst, J[acob]. Ansprache gehalten bei der Beerdigung des Herrn Prof. Chr[istian] Anderegg-Bion sel.... zu Horgen den 9. November 1886. 8. *o. O.*

Probst, J[acob]. Er lehrte sie. Ein biblisches Bild. 15 S. 8. Basel, Gasser & Cie, 1904.
(Dem Basler Vereine der Freundinnen junger Mädchen ein Zeichen ... des Dankes.)

Probst, Jac., Geschichte der Universität in Innsbruck seit ihrer Entstehung bis zum Jahre 1860. Mit Unterstützung der k. k. Akad. der Wiss. in Wien veröffentlicht. Innsbruck 869. Wagner. gr. 8. (XI, 412 S.) n. 3 ₰ 10 ngr.

Probst, Jacob. Hinaus in die Welt. Ein Wort an die Jungen von Jakob Probst, Pfarrer ... in Basel. (Ansprache am Bundesfeste der Elsäss.-lothr. Jünglings-Vereine, Mülhausen, Mai 1903.) 27 S. 8. Basel, Kober, 1903. [fr. —. 30]

[Umschlagt.:] Karte des Regierungsbezirks Aurich (Ostfriesland). Zsgest. 1889 durch Steuerrath (Jak.) **Probst**. Maassst.: 1:150000. 3. verb. Aufl. Nach Angabe d. Kgl. Reg. u. d. Landes-Bau-Inspection zu Aurich. *Aurich: D. Friemann; (Lith. v. C. Flemming, Glogau 1896).* (1 Ktnbl. 3) 1 Bd 8. [96. 6136

— — s.a. Probst

— — s.a. Probst, Wilhelm

Probst, J[acob]. Ethische Rückständigkeit. Vortrag gehalten vor der Pestalozzi-Gesellschaft in Basel. 15 S. 8. Basel, Helbing & Lichtenhahn, 1906. [fr. —. 35]

Probst, J[acob]. Sonntagsruhe und Sonntagsfreiheit. Ansprache am 27. Mai 1902 im Grossratssaale in Aarau. Separatabdruck aus dem «Aargauer Tagblatt» [Jahrg. 56, Nr. 275—277, 1902 Oktober 7—9]. 14 S. 8. [Aarau, Buchdr. des «A' T'».]

Probst, Johann, s.a. Probst, Josef

Probst, Joh., Ansichten über die protest. u. kath. Kirche, oder: Darstellung der Gründe, die einen Protestanten bewogen haben, zur kath. Kirche zurückzukehren. Mit dem Motto: Ubi unitas ibi perfectio. **Luzern, Anich, 1830, gr. 8°, XX, 550 S., 3 Mk.**
Recensi. a. a. O. 1831, Bd. 42 S. 112—8. Kath. Liltztg v. Kerz 1830, Bd. 4 S. 204—37; 1831, Bd. 1 S. 33—46. Über den Konvertiten Probst u. seine Schrift s. Rosenthal a. a. O. I, 1, 452—65.

Probst, Joh., Über Protestantismus u. Katholicismus, oder: Darlegung der Gründe, die einen Protestanten (i. e. den Verf.) bewogen haben, zur kath. Kirche zurückzukehren. In 3 Briefen. Speyer (Mainz, Kirchheim) 1827, gr. 8°, 2,25 Mk. (Vergriffen.)
Recens. Katholik 1827, Bd. 26 S. 91—102, u. Reflexionen, veranlaßt durch die Schrift (von J. Probst): „Über Protestantismus u. Katholicismus x." Katholik 1828, Bd. 27 S. 1—10. — In 2. gänzlich umgearb. u. verm. Aufl. erschien das Buch u. d. T.:

Probst, Jh. Gtthlf., s. Handwerksbarbarei.

HANDWERKSBARBAREI; ein Beytrag zur Erziehungsmethode teutscher Handwerker (von *Johann Gotthilf Probst*). Halle 1790. Rar!
Anon.-Lex. II. p. 262 (nach Meusel u. Kayser).

Probst, Joh. Maxim. Alex., das Apotheker-Taxwesen durch eine auf statistische Nachweisungen begründete Kritik des teutschen Apotheker-Institutes, beleuchtet in seinen nächsten Beziehungen zu Staat, Publikum u. prakt. Medicin. Mit Verbesserungs-Vorschlägen; insbesond. als ein von großherzogl. badischer Sanitäts-Commission veranlaßter Versuch zur Vorarbeit für die Revision der bad. Arzneitaxe. Mit 6 Tabb. gr. 8. Heidelberg 838. Mohr. 2/3 ₰

—— Beleuchtung d. Verhältnisse d. teutsch. Apotheken z. Staate, z. Gesetzgeb. u. zum Arzte. Gelegentl. d. Entwurfs e. neuen Medicinalordn. f. Baden, unt. Mitwirk. d. Ausschusses d. bad. Apothekervereins, im Auftrage d. Plenarversammlung d. Vereins verfaßt. gr. 8. (9¼ B.) Heidelberg 841, J. Ch. B. Mohr.

Probst, Joh. Maxim. Alex., die Zaisenhauser Schwefelquellen. In geschichtl., geognost. u. chem. Hinsicht beschrieben. gr. 8. (3½ B.) Heidelberg 836. [Mannheim, Bensheimer.] Thlr.

— die Zaisenhauser Schwefelquellen. In geschichtl., geognost. u. chem. Hinsicht beschrieben. gr. 8. Heidelb. 836. Oswald. ¼ ₰

Probst, Johann Michael

Nouvelle Carte de France, d'Allemagne, d'Italie, d'Angleterre, de Hollande, d'Espagne, Suisse etc. ou Carte de la Guerre présente. Verfertigt von J. M. Probst in Augsburg 1798. 1: 3,500,000. 1 Bl.

Probst, Joh. Michael, Neueste Post-Karte von Deutschland nebst angrenzenden Ländern. M. 1:2300000. Augsburg 1806.

Probst, Johann Nepomuk (Lehrer der Geometrie) „Ueber den Linearzeichnungs-Unterricht an technischen Schulen". pg. 3—8. 4°. Lauter. Augsburg. Progr. 1838/39

Probst, Johannes, Denkübungen, oder Materialien zur Förderung des prakt. Unterrichtes in der deutschen Sprache, für Real- und höhere Bürgerschulen. 8. Mainz 839. Kirchheim, Schott u. Thielmann. ½ ₰

— (Übers.), s. Exauvillez, M. B. v.: Der gute Dorfpfarrer.

— s. Rede, Akademische, über den Werth der Schriften des neuen Bundes.

Probst, Josef, s.a. Propst

Probst, Jos., Ansichten üb. d. protestant. u. kathol. Kirche, od. Darstellung d. Gründe, die e. Protestanten bewogen, zur kathol. Kirche zurückzukehren. 2., gänzl. umgearb. u. verm. Aufl. gr. 8. (23 B.) Luzern 830, Anich.
1. Aufl. vgl. dess. „üb. Protestantismus x."

— Dass., s.a. Probst, Johann

Probst, J., erster Bericht über die Kretinen-Heilanstalt zu Ecksberg, s. Baur, Jos.

— Blicke in die geistl. Entwickelungsweise d. Menschen. 12. Bern 825. Jenni. 8 ggr

Probst, Jos., Erzählungen zur Unterhalt. u. Belehrung f. d. reifere Jugend. 8. (18 B.) St. Gallen 844, Scheitlin u. Zollikofer.

— aufgefangene Geistesfunken. 12. Luzern 820. Anich. 12 ggr

Geschichte der Stadt und Festung Germersheim. Von Joseph **Probst**. *Speyer: (Selbstv.;) Dr. d. Dr. Jäger'schen Buchdr. 1898.* (XII S., 2 Bl., 585 S., 1 Taf., 4 Pl.) 1 Bd 8. [96. 6407

Probst, Jos., die wichtigeren pädagogischen Grundsätze von Heinr. Pestalozzi. Mit einigen Erläuterungen mitgetheilt zunächst für Lehrer in Volksschulen. 8. Liestal 846, Honegger. 3½ n$\mathcal{N}$

Probst, J., das elfenbein. Kreuz, oder: Der tugendhafte Jüngling. 8. Luzern 831. Meyer. (Leipzig, Schmidt.) n. ½ $\mathcal{R}$

— Leitfaden zum Unterrichte in der Elementar-Geometrie, für Lehrer an Elementar- u. Realschulen. Mit 8 Kpftaf. gr. 8. Stuttg. 826. Metzler. 20 $\mathcal{X}$

P r o b s t, J.: „Die Neudörfer; eine lehrreiche Geschichte für das liebe Landvolk", Luzern 1824 (Mayer), neue wohlfeile Ausgabe ebenda 1837.

— die Neundörfer, eine lehrreiche Geschichte für das liebe Landvolk. gr. 8. Luzern 824. Meyer. (Leipz., Schmidt). 10 $\mathcal{X}$

— die Neudörfer. Eine lehrreiche Geschichte für das liebe Landvolk. Neue wohlf. Ausg. gr. 8. Luzern 837. Meyer. ¼ $\mathcal{R}$

— Piso, od. die Religion tröstet die Frommen. 8. Luzern 818. Anich; (a. Schmidt in Leipz.) 14 $\mathcal{X}$

Probst, Jos., Piso, oder: Die Religion tröstet die Frommen. Luzern, Anich, 1821, 8°, 1 Mk.

—— über Protestantismus u. Katholicismus, od. Darlegung d. Gründe, die e. Protestanten bewogen, zur kathol. Kirche zurückzukehren. In 8 Briefen. gr. 8. (10 B.) Speyer 827. (Leipzig, Hinrichs.)

– Dass., s.a. P r o b s t, Johann

Probst, J., Überblick üb. d. Kunst-Geschichte der oberschwäb. Landschaft. gr. 8. (63 S.) Biberach 896. Dorn. n. 1. –

Probst, Karl Friedrich, s.a. P r o b s t, Friedrich

Probst, Car. Frid. (geb. Eisleben Dez. 1822): De strabismo. Berolini (1851). (30 S.) 8°
Berlin, Med. Diss. v. 24. März 1851

Probst, M., Gehirn u. Seele des Kindes, s.a. Sammlung v. Abhandlungen aus dem Gebiete der pädagogischen Psychologie u. Physiologie. VII, 2. 3.

Gehirn und Seele des Kindes. Von Dr. M. **Probst**. Mit 9 Abb. u. zahlr. Tab. *Berlin: Reuther & Reichard 1904.* (IV, 148 S.) 8°
— **Sammlung** von Abhandlungen aus d. Geb. d. pädag. Psychologie u. Physiologie. Bd 7, H. 2/3. (04. 667) 2

Probst, Moritz

Probst, Mor., zur Anatomie u. Physiologie des Kleinhirns. gr. 8. (86 S. m. 3 lith. Taf.) Berlin 902. A. Hirschwald. n. 4. —
Sonderabdr. aus: „Archiv f. Psychiatrie u. Nervenkrankh."

— zur Kenntnis der Grosshirnfaserung u. der cerebralen Hemiplegie. Mit Unterstützg. der kaiserl. Akademie der Wissenschaften in Wien. (102 S. m. 7 Taf.) gr. 8. Wien 903. (A. Hölder.) n. 3. 50

Probst Moritz, Dr.: Zur Kenntnis der Großhirnfaserung und der zerebralen Hemiplegie (mit 7 Taf.). S. 112. III. 551 . . . . 3.50
Separatabdruck

Probst, M., Zur Kenntnis der Großhirnfaserung und der zerebralen Hemiplegie. [Aus: Sitzungsber. d. k. Akad. d. Wiss., mathem.-naturw. Klasse.] Gr.-8°. (102 S. mit 7 Tafeln.) † K 3.50
Wien: Gerold 1904.

Probst, M., zur Kenntnis d. amyotrophischen Lateralsklerose in besond. Berücksicht. der klinischen u. pathologisch-anatomischen cerebralen Veränderungen, sowie Beiträge zur Kenntnis der progressiven Paralyse. Mit Unterstützung der kaiserl. Akademie der Wissenschaften in Wien. (142 S. m. 54 Fig.) gr. 8. Wien 903. (A. Hölder.) n. 3. 40

— Zur Kenntnis der amyotrophischen Lateralsklerose in besonderer Berücksichtigung der klinischen und pathologisch-anatomischen zerebralen Veränderungen, sowie Beiträge zur Kenntnis der progressiven Paralyse (mit 54 Textfiguren). S. 112. III. 683 . . . . 3.40
Separatabdruck

Probst, M., Zur Kenntnis der amyotrophischen Lateralsklerose in besonderer Berücksichtigung der klinischen und pathologisch-anatomischen zerebralen Veränderungen sowie Beiträge zur Kenntnis der progressiven Paralyse. [Aus: Sitzungsber. d. k. Akad. d. Wiss., mathem.-naturw. Klasse.] Gr.-8°. (ill. 142 S.) † Wien: Gerold 1904. K 3.40

— über die zentralen Sinnesbahnen u. die Sinneszentren des menschlichen Gehirns. Mit Unterstützg. der kaiserl. Akademie der Wissenschaften in Wien aus dem Wedl-Legate. (74 S. m. 5 Taf.) gr. 8. Ebd. 906. n. 3. 45

— Über die zentralen Sinnesbahnen und die Sinneszentren des menschlichen Gehirnes (mit 5 Taf.). S. 115. III. 98 . . . . 3.45
Separatabdruck

— weitere Untersuchungen üb. die Grosshirnfaserg. u. über Rindenreizversuche nach Ausschaltung verschiedener Leitungsbahnen. (140 S. m. 32 Fig.) gr. 8. Ebd. 905. n. 3. 20
4 Sonderabdrucke aus: „Sitzungsber. d. k. Akad. d. Wiss."

— Weitere Untersuchungen über die Großhirnfaserung und über Rindenreizversuche nach Ausschaltung verschiedener Leitungsbahnen (mit 32 Textfiguren). S. 114. III. 173 . . . . 3.20
Separatabdruck

Probst, O. F., u. Aug. **Müllegger**, Augsburg in Bild u. Wort. 70 Taf. (Text von Th. Ruess.) 10 Lfgn. Fol. (XIV S. Text.) Augsburg 897. 98. Lampart & Co. à Lfg. n. 2. 50

Probst, Oscar, pr. Arzt: Zur Kasuistik heterologer Darmkarzinome. Ein Adenocancroid des Colon sigmoideum. Würzburg 1909: Staudenraus. 28 S. 8°
Würzburg, Med. Diss. v. 28. Juni 1909, Ref. Borst
[Geb. 25. Jan. 77 Mühlberg a. E.; Wohnort: Wadgassen; Staatsangeh.: Preußen; Vorbildung: Gymn. Wurzen Reife O. 97; Studium: Leipzig 5, Greifswald 1, Leipzig 2, Würzburg 4 S.; Coll. 28. April 09; Approb. 18. Sept. 04.] [U 09. 4138

Probst, Oscar *Julius Peter:* Zur Kenntnis der dimolekularen Nitrile ... Leipzig-R., Druck v. O. Schmidt, 1894; 45 S., 1 Bl. 8.
Leipzig, Phil. Fak., Inaug.-Diss. v. [22. Juni] 1894

Probst, Oskar, Referendar in Braunschweig: Die Rechtsstellung der Handlungsagenten auf der Grundlage des Neuen Handelsgesetzbuches vom 10. Mai 1897 und des Bürgerlichen Gesetzbuches. *Borna-Leipzig 1902: R. Noske.* (IX, 101 S.) 8°
Leipzig, Jur. Diss. v. 1902

Probst, Otto: Celsus und Plinius in ihrem Verhältnis zum achten Buch der Encyklopädie Varros. München 1905: Kastner & Callwey. (17 S.) 8°
München, Phil. Fak., Ref. v. Müller, Diss. v. 19. Juli 1905
[Geb. 2. Okt. 79 Buchdorf, Bez.-Amt Donauwörth; Wohnort: Buchdorf; Staatsangeh.: Bayern; Vorbildung: Gymn. Eichstätt Reife Juli 99; Studium: München 10 S.; Rig. 19. Juli 05.]

Probst, Otto [Apotheker aus Bonn]: **Einfluss des Stickstoffs auf die Pflanzenentwicklung mit besonderer Berücksichtigung des Wurzelsystems. Bonn 1901. 58 S. 8°.**
Basel. Phil. Diss. 1901/1902.

Probst, Otto. Einfluss des Stickstoffs auf die Pflanzenentwicklung, mit besonderer Berücksichtigung des Wurzelsystems. Diss. Phil. Basel. 58 S. 8. Bonn, Karl Drobnig's Nachfl., 1901.

Breslaus malerische Architekturen. Aufgenommen u. hrsg. von Otto F. Probst, Oberl., Breslau. (In 10 Lfgn.) *[Breslau]: (Selbstverl.) [1899-] 1900; Zittau: J. Beyer.* (22 Spalten, 61 Taf.) 2° [00.7007 2

Breslaus malerische Architekturen. Aufgenommen u. hrsg. von Otto F. Probst, Oberl., Breslau. Begleit. Text von Hans Lutsch, Prov.-Konservator [vielm. vom Hrsg.]. (In 10 Lfgen.) *(Breslau): Verl. d. Hrsg. (1899-) 1900.* (22 Sp., 65 Taf.) gr. 2° [00. 1460

P(robst), P. v. Elementartaktik der Infanterie. Leipzig 1861. 8°. (Probst: Grundriß zur Neikologie. 1.)

Probst, P. v., Kaiser Friedrich II. Dramatie in 5 Aufzügen. (Den Bühnen gegenüber Mscr.) 8. (V und 290 S.) Berlin 861, Vogel und Comp. (Leipzig, Mittler.)

v. **Probst, P.** Aus dem Kriegerleben 1866; mit bes. Bezug auf die preuss. 19. Brig. (272) 8. Berlin 1868. 4.—

Probst, P. v., aus dem Kriegsleben 1866 mit besond. Bezug auf die preuß. 19. Brigade u. eine einheitl. Kriegswissenschaft. Berlin 868. Schlesier. gr. 8. (XVI, 272 S.) n. 1 ₰ 10 ngr.

Probst, P.: Weingesetz, Richter und Publikum. Tübingen: Laupp 1909. 51 S. -- 121*

Probst, P., Weingesetz, Richter u. Publikum. Eine Kritik aus der Praxis. (51 S.) gr. 8. Tübingen 909. J. C. B. Mohr. 1.—

Probst, Paul: Die rechtliche Behandlung des casus bei der locatio conductio operis nach Gemeinem Recht und nach dem neuen Bürgerlichen Gesetzbuch. *Erlangen 1897: F. Junge.* (60 S.) 8°
Erlangen, Jur. Diss. v. 23. Okt. 1897

Probst, Paul, das Vielliebchen, s.: Vereinstheater.

Probst, Petrus, Radices linguae Hebraicae in textu biblico frequentius occurrentes et incipientibus magis necessariae. Wien, 1748, 12°.

Probst, Petrus, Tabulae grammaticales linguae Hebraicae. Wien (?), gegen 1750, 4°.

Probst, Pet., dramatische Werke, s. a. Neudrucke deutscher Litteraturwerke.

Die dramatischen Werke des Peter **Probst** ‹1553-1556›. Eingeleitet u. hrsg. von Dr. Emil Kreisler. Halle a. S.: M. Niemeyer 1907. (XVIII, 141 S.) 8°
— Neudrucke deutscher Litteraturwerke d. 16. u. 17. Jhs. No 219-221. [07. 13963 4

Probst, R., über das Erforderniß der gerichtlichen Kognition bei Errichtung ritterschaftlicher Familienstatute. gr. 8. (12 S.) Tübingen 884, Fues.
Aus: Württembergisches Archiv für Recht und Rechtsverwaltung, besonders abgedruckt.

Probst, René, Bern: Die Spezialisation der Puccinia Hieracii. [Mit zwei Abbilduugen im Text.] Jena 1909. IV + 44 S. 8°. S.-A. aus dem Centralblatt für Bakteriologie. Abt. 2. Bd. 22. Nr. 24/25. [10. VII. 08.]
Bern. Phil. Diss. 1908/09.

Probst, René. Die Spezialisation der Puccinia Hieracii. Diss. Phil. Bern. [Mit Figuren.] (Abdruck aus dem Centralblatt f. Bakteriologie, Parasitenkunde u. Infektionskrankheiten. Abteilung II.... Band 22. 1909. No. 24/25.) IV + 44 S. 8. Jena, Gustav Fischer, 1909.

Probst, Rud., die Convention der Württembergischen Regierung mit dem päpstlichen Stuhle. Bericht, für die staatsrechtliche Commission der Kammer der Abgeordneten verfaßt u. eingeleitet. Stuttgart 860. Metzler. gr. 8. (110 S.) n. 12 ngr.

Probst, Rud., zur Wiedergeburt der Strafrechtspflege. Gedanken u. Vorschläge. gr. 8. (46 S.) Eßlingen 849, Dannheimer. 1/4 ₰

Probst, Rud., zur Wiedergeburt der Strafrechtspflege. Gedanken und Vorschläge. gr. 8. (46 S.) Eßlingen 849, [Weychardt.]

Probst, S., s. Anfangsgründe d. Linearzeichnung.

Probst, S[amuel]. La cathédrale de Berne et ses curiosités, avec la description des tapis de Bourgogne, des monumens, des peintures sur verre, etc. Orné d'une lithographie [planche]. Traduit de l'allemand. 8. Berne 1839.

Probst, S[amuel]. Das Münster zu Bern und die darin befindlichen Merkwürdigkeiten, mit der Beschreibung der burgundischen und andern Teppiche, Denkmaehler, Glasscheiben, u. s. w. Nebst einer lithographirten Abbildung [Tafel]. 8. Bern 1839.

[Probst, Samuel.] Ritter Rudolf von Erlach und die Schlacht bei Laupen im Jahre 1339. [Mit 1 Tafel.] 8. Bern 1849.

Probst, Th. Recherches sur l'infection des plaies par armes à feu. (Diss.) Bern 1896

Probst, T. Recherches sur l'infection des plaies par armes à feu. Rôle de la lésion traumatique et de la virulence du microbe. In-8°. 32 p. Berne. Thèse. 1897.

Probst, Traugott. Die Beziehungen der schweizerischen Eidgenossenschaft zum deutschen Reiche (in den Jahren 1486–1499). ‹SA.› 8. [Zürich 1866.]

Probst, Udalr., aloysianische, od. sonntägl. zartest. Andachten. 12. Augsb. 806. Rieger. 3 kr

[S.] Gut-Tod-Büchlein od. Geistliches Sterben vor d. Sterben. Betrachtgn v. Udalrikus **Probst**, S. J., nach d. Exerzitiengange d. heil. Ignatius. Neu bearb. u. hrsg. v. e. Mitgl. d. Kapuzinerordens ... *Dülmen i. W.: A. Laumann (1893).* (XVI, 511 S.) 1 Bd 8. [93. 86..

Probst, Udalricus, Communion-Buch f. alle Verehrer d. heiligsten Altar-Sacramentes. Neubearb. nach der 3. Aufl. v. Conr. Sickinger. 8. (IV, 456 S. m. 1 Stahlst.) Dülmen 885. Laumann. 1. 50

[S.] Communion-Buch für alle Verehrer des heiligsten Altarssacramentes. Von P. Udalricus **Probst**, S. J., ehem. Festpred. ... zu Augsburg. Neu bearb. v. J. P. Toussaint, Pfarrer ... *Dülmen i. W.: A. Laumann 1898.* (V S., 1 Bl., 480 S., 1 Taf.) 1 Bd 8. [99. 2719

Probst, Ulr., das allerheil. Altarssakrament in 14 Betrachtungen, theils zur Entflammung des Willens theils zur Erleuchtung des Verstandes, zum Gebrauche bei dem Besuche u. Empfange des heil. Sakramentes. Nach d. 10. alten Ausg. bearb. u. mit Morgen-, Abend-, Meß-, Beicht- u. Communion-Gebeten verm. von einem kathol. Priester. Mit 1 Stahlst. gr. 12. (202 S.) Landshut 847, Thomann. 12 ngr

Probst, Ulr., Betrachtungen über das allerheiligste Sakrament des Altares für Priester und Laien. Neu hrsg. von Joh. Bapt. Buohler. Mit einem Anhang von den gewöhnlichen Andachtsübungen und besonders von Gebeten zum allerheiligsten Sakramente. 16. (VII und 372 S. mit 1 Stnt.) Schaffhausen 856, Hurter'sche Buchh.

Probst, Ulrich, Betrachtungen üb. das allerheiligste Sakrament d. Altars. Neue umgearb. Ausg. m. den gewöhnl. Andachtsübgn.: Morgen-, Abend-, Meß-, Beicht-, Kommunion- u. m. a. Gebeten. Mit e. Stahlst. 8. (400 S.) Regensburg 874. Manz. 1. 80

Probst, Ulrich, appr. Arzt: Zwei Fälle von Cirrhosis hepatis mit Diabetes mellitus. *München 1900: Kastner & Lossen.* (24 S.) 8°
München, Med. Diss. v. 1900

PROBST, Ulr., s. J. (1690—1748), Heilsame Gedanken von der Tugend der Keuschheit. Augsburg 1754. 8°.
Die meisten Schriften dieses Jesuiten, seit 1731 beliebter Prediger in Augsburg, kamen erst nach s. Tode heraus. Cfr. Baader's Lex. II. 1. p. 260.

Probst, Urban, med. prakt., von Solothurn: Gibt es ein traumatisches Aortenaneurysma? ⟨Aus der medizinischen Poliklinik der Universität Zürich. Direktion Prof. Müller, Zürich.⟩ Solothurn 1908. 43 S. 8°. [14. IV. 08.]
Zürich. Med. Diss. 1907/08.

Probst, Urban. Gibt es ein traumatisches Aortenaneurysma? Diss. Med. Univ. Zürich. *Kopftitel:* Aus der medizinischen Poliklinik der Universität Zürich. Direktion: ...Prof. Dr. Hermann Müller... . 43 S. 8. Solothurn, Union, 1908.

Probst, W., d. neuen Bahnen d. naturkundl. Unterrichts, s.: Partheil, G.

– Zur Konzentration der naturkundlichen Fächer, s. Partheil, G.

Probst, W., Lehrplanskizze e. Naturkunde nach Lebensgemeinschaften. Auf Grund der Naturkunde v. Partheil u. Probst bearb. gr. 8. (40 S.) Dessau 899. [Anhalt. Verlagsanstalt.] Berlin, Gerdes & Hödel. n. — 60

— Naturkunde, s.: Partheil, G.

– Partheil u. Probst contra Oberlehrer Terks, s. Partheil, G.

– Wider die Vertuschungsversuche des Herrn Oberlehrer Terks, s. Partheil, G.

Probst, Walther, med. pract. aus Basel: Beitrag zur Frage nach dem Zusammenhange zwischen Status lymphaticus und Morbus Addisonii. ⟨Aus dem patholog.-anatom. Institute der Universität Basel. Professor Hedinger.⟩ Basel 1909. 26 S. 8°.
Basel. Med. Diss. 1909/10.

Probst, Walther. Beitrag zur Frage nach dem Zusammenhange zwischen Status lymphaticus und Morbus Addisonii. Diss. Med. Basel. *Kopftitel:* Aus dem patholog.-anatom. Institute der Universität Basel.... 26 S. 8. Basel, Emil Birkhäuser, 1909.

Karte des Regierungsbezirks Aurich ⟨Ostfriesland⟩. Zsgest. durch Steuerrath [Wilhelm] **Probst**. Maßst. 1: 150,000. 3. verb. Aufl. (Gez. Jak. Probst. Nach Angabe d. Kgl. Regierung u. d. Landes-Bau-Inspection zu Aurich.) (Aurich: D. Friemann 1896; Lith. C. Flemming, Glogau.) (1 Kartenbl. 74×60 cm.) 8° [F. u. Ant.] [kol.] [cs. 6710

Karte des Reg.Bez. Aurich ⟨Ostfriesland⟩. Zsgest. durch Steuerrat [Wilh.] Probst. (Massst. 1:150,000.) IV., durch Nachträge erg. Aufl. (mit Ortsverz.) *Aurich: D. Friemann 1899.* (1 Kartenbl. 60×74 cm.) 8° [Umschlagt. J.] [09. 10318

– – s.a. Probst

– – s.a. Probst, Jakob

Probst, Wilh., Leitfaden zum praktischen Betriebe der landwirtschaftlichen Geflügelzucht in Bayern. Preisschrift. Hrsg. v. dem bayer. Landesgeflügelzucht-Verein in München. 8. (24 S.) München 892. R. Oldenbourg. n. — 20

Proebst, Rohstoff-, Magazin- u. Werk-Genossenschaften. Berlin 900.

Proebst, F. H., s. Proebst, Frz. Xav.

Pröbst, Frz. Xav., die Gebühren der königlich bayerischen Notare diesseits des Rheins in alphabet. Uebersicht für den Geschäftsgebrauch dargestellt mit 4 Tab. zur Berechnung der Procenttaxen. Nebst den allerh. königl. Verordnungen vom 19. Jan. 1862 „über die Notariatsgebühren“, und vom 29. Jan. 1862 „über die Notariatssitze“. gr. 8. (78 S.) Nördlingen 862, Beck'sche Buchh.

—— die Gebühren der königlich bayerischen Notare diesseits des Rheins. Eine alphabet. Uebersicht für den Geschäftsgebrauch mit 4 Tab. zur Berechnung der prozentablen Gebühren, den Allerhöchsten Verordnungen vom 19. Jan. 1862 und 7. Juni 1863 im Zusammenhange und einer Tabelle der Notariatssitze und Notare nach dem Stande vom 1. Juli 1863. 2., gänzlich umgearb. und verm. Aufl. gr. 8. (88 S.) Nördlingen 863, Beck'sche Buchh.

Pröbst, Frz. Xav., Gedenkbuch des mit der II. Säkularfeier der Erziehungsanstalt für Studirende in Neuburg an der Donau verbundenen Neuburger Studiengenossenfestes vom 25—27. Septbr. 1864. Neuburg a. D. 864. Prechter. gr. 8. (IV, 118 S.) 22½ ngr

Proebst, F.H.: Das Genossenschaftsgesetz vom 1.Mai 1889, Kommentar. Nördlingen 1889.

— die Gerichtsschreiberei im neuen bayerischen Civilprozesse nach den Gesetzen u. Auslegungsbehelfen dargestellt. München 870. Merhoff. gr. 8. (III, 364 S.) n. 1 ₰ 12 ngr

—— das neue Gewerbegesetz für das Königreich Bayern. Ein Beitrag zur Kenntniß und zum Vollzuge desselben für Beamte und Bürger, insbesond. für jeden Gewerbtreibenden. 6 Lfgn. gr. 8. (362 S.) Ebendas. 868,69.
1.—5. Lfg. à * 70 Pf.; 6. Lfg. * 35 Pf.

— das neue Gewerbegesetz für das Königr. Bayern. Ein Beitrag zur Kenntniß u. zum Vollzuge desselben für Beamte u. Bürger, insbesond. für jeden Gewerbtreibenden. 1. u. 2. Aufl., verm. durch den Abdr. der neuen Kaminkehrerordnung. Ebenb. 869. Lex.-8. (362 S.) n. 1 ₰ 10 ngr

Pröbst, Fr. X., die Grundlehren der deutschen Genossenschaften. Nach den Beschlüssen der allgemeinen Vereinstage systematisch dargestellt u. eingeleitet m. e. Skizze der Geschichte d. allgemeinen Vereinstages. gr. 8. (IV, 222 S.) München 875. A. Ackermann. n. 4. —

Pröbst, Fr. X., die Grundlehren der deutschen Genossenschaften. Nach den Beschlüssen der Allgemeinen Vereinstage sistematisch dargestellt u. eingeleitet m. e. Skizze der Geschichte d. Allgemeinen Vereinstages. 2. Bd. gr. 8. (IV, 196 S.) München 884. J. A. Ackermann. n. 3. — (cplt.: n. 4. —)

Pröbst, F. X., Handbuch zum praktischen Vollzuge des Tax-Regulativs für die nichtstreitige Rechtspflege, dann die innere, Finanz- und Polizei-Verwaltung vom 28. Mai 1852. gr. 8. (XXIV und 264 S.) Nördlingen 855(56,) Beck'sche Buchh.

Proebst, F. X., das Reichsgesetz vom 1. Mai 1889 üb. die Erwerbs- u. Wirtschaftsgenossenschaften, f. den prakt. Vollzug erläutert u. m. den Vollzugsvorschriften d. Bundesrats, sowie ausführl. Sachregister hrsg. gr. 8. (IV, 436 S.) München 889. Beck. n. 7. —

Pröbst, F. X., Tabelle zur Umwandlung der bisherigen Grundabgaben in Bodenzins-Kapitalien u. Jahresbodenzinse, nach Art. 23, 28 u. 29 des Grundentlastungs-Gesetzes v. 4. Juni 1848. gr. 8. (17 S.) Augsburg 851. (Nördlingen, Beck.) 1/6 ß

— die deutsche Wechselstempel-Steuer. Praktische Erläuterg. d. Gesetzes vom 10. Juni 1869 m. besond. Rücksicht auf die Länder m. süddeutscher Währung. gr. 8. (71 S.) Nördlingen 871. Beck. — 90

Proebst, Max. Das bayerische Gesetz üb. Heimat, Verehelichung u. Aufenthalt vom 16. Apr. 1868 m. den Novellen vom 23. Febr. 1872, 21. Apr. 1884 u. 17. März 1892. Handausg. m. Erläutergn. unter besond. Berücksicht. der Entscheidgn. d. Verwaltungsgerichtshofes. 8. (V, 152 S.) Münch. 892, Beck. cart. * 1 60

— d. bayer. Gesetz üb. Heimat, Verehelichg. u. Aufenthalt v. 16. Apr. 1868 in der Fassg. nach d. Novelle v. 17. Juni 1896. Handausg. m. Einleitg. u. Erläutergn. 2., durchaus neubearb. Aufl. 8. (V, 212 S.) München 896. C. H. Beck. Kart. n. 2. —

Proebst, Max, das bayerische Gesetz üb. Heimat, Verehelichg. u. Aufenthalt v. 16. IV. 1868 in der v. 1. I. 1900 ab geltenden Fassung. Handausg. m. Einleitg., Erläutergn., Vollzugsvorschriften u. einschläg. Reichsgesetzen. 4., durchaus neubearb. Aufl. 8. (XLVI, 180 S.) München 900. C. H. Beck. Geb. in Leinw. n. 2. 20

Proebst, Max, Commentar z. Gesetze üb. Heimat, Verehelichg. u. Aufenthalt, s.: Riedel, Frhr. v.

Proebst, Max, Commentar zum Polizeistrafgesetzbuch f. das Königr. Bayern, s.: Riedel, Frhr. v.

PRÖBST, Max (München): Die Lehre vom Abschlusse völkerrechtlicher Verträge durch das Deutsche Reich und die Einzelstaaten des Reiches.- München: Knorr & Hirth (1882). 2 Bl., 83 S.
9.11.1883 - Urk (Titel: Quomodo pacta cum aliis nationibus contrahantur ab imperatore Germaniae vel eius sociis.); Chr 1883/84,12
Diss. Ingolst.-Landsh.-Mchn.

– (Hrsg.), s. Riedel, Emil von: Commentar zum bayerischen Gesetze über Heimat, Verehelichung ...

Proebst, Max, die Verfassung d. Deutschen Reichs vom 16. April 1871, nebst verfassungsrechtl. Nebengesetzen, Verträgen 2c. Mit Anmerkgn. u. Sachregister. 16. (VI, 270 S.) Nördlingen 885. Beck. cart. n. 1. 80

— d. Verfassung d. Deutschen Reichs v. 16. Apr. 1871, nebst verfassungsrechtl. Nebengesetzen, Verträgen 2c. M. Anmerkgn. u. Sachreg. hrsg. 2., neubearb. Aufl. gr. 16. (VI, 264 S.) Ebd. 895. Kart. n. 1. 80

Proebst, Max v., die Verfassung des Deutschen Reichs vom 16. IV. 1871 in ihrer derzeit geltenden Gestalt nebst verfassungsrechtlichen Nebengesetzen, Verträgen 2c. Mit Anmerkgn. u. Sachregister. (Deutsche Reichsgesetze, Textausg. m. Anmerkgn. u. Register.) 3. neubearb. Aufl. (VI, 281 S.) kl. 8. München 905. C. H. Beck. Geb. in Leinw. n. 2. —

— s.: Zeitschrift d. kgl. bayer. statist. Bureau.

Proebst, Siegmund, a. München: Die Grundlagen unseres Depositen- und Scheckwesens. Halle a. S. 1908 (Naumburg a. S.: Lippert & Co.). (VI, 48 S.) 8° ¶(Erscheint vollst. als: Sammlung nationalökon. u. statist. Abhandlungen d. staatswiss. Sem. zu Halle Bd 59.)
Halle, Phil. Fak., Ref. Conrad, Diss. v. 11. Juli 1908
[Geb. 21. April 80 München; Wohnort: München; Staatsangeh.: Bayern; Vorbildung: Wilhelms-Gymn. München Reife S.-S. 99; Studium: Jura München 11, Nationalökon. München 1, Halle 3 S.; Rig. 4. März 08.]

Proebst, Siegm., die Grundlagen unseres Depositen- u. Scheckwesens, s.a. Sammlung nationalökonomischer u. statistischer Abhandlungen. 59. Bd.

Die Grundlagen unseres Depositen- und Scheckwesens. Von Dr. Siegmund Proebst. Jena: G. Fischer 1908. (VIII, 173 S.) 8°
[Ein T. erschien als Inaug.-Diss. Halle 1908.]
= Sammlung nationalökonom. u. statist. Abhandlungen d. staatswiss. Seminars zu Halle. Bd 59. [08. 13789]

Probsten, J. Ernst, Wörterbuch v. d. Gärtnerey. 8. Leipz. Hilscher. 747.

Pröbster, Edg., s.a. Ibn Ginni's Kitab al-Muqtasab.

Pröbster, Edgar, aus Neustadt ⟨Orla⟩: Ibn Ginnī's Kitāb al-Muqtaṣab. Arabischer Text mit einer Einleitung üb. d. Leben u. d. Werke seines Verf. *Leipzig 1903: A. Pries.* (XXII, 27 S.) 8° ¶(Erscheint mit Anm. als: Leipz. semitist. Studien, Bd 1, H. 3.)
Leipzig, Phil. Diss. v. [16. Juni] 1903

Pröbster, Jh. Hnr., kurzgefaßte Götter- od. Fabellehre d. alten Griechen u. Römer zum Unterricht d. Jugend. 8. Erfurt 803. Keyser. 10 gr

Probsthan: Ueber Veranlassung, Zweck und Inhalt der Epistel St. Pauli an die Römer. 16 S.–Stargard, Progr. 1858.

Probsthan, C. G., Gebete beim Anfange und Schlusse des täglichen Unterrichts in evangelisch-christlichen Schulen. 8. (IV und 61 S.) Colberg 853, Howe.

Probstin, Franziska, praktisches Urfahr Linzer Kochbuch in 17 Abthll. Eine Hülfe für jene, welche die Kochkunst erlernen wollen, auch Nachschlage-Buch für diese, welche die Kochkunst schon wirklich erlernt haben. 3e unveränd. Aufl. Mit Titelbild. 8. Linz 837. (Haslinger.) 5/6 ß

Probsting, Diss. de magisterio Bismuthi. Erl. 8°. 1796

Proebsting, mehr Verständnis f. Organisation!, s.: Reden, 4., geh. in den Volksversammlungen bei der 23. Tagung d. evangel. Bundes.

Proebsting*, Dr. (Wiesbaden.) Wie stellen sich in Deutschland die evangelischen Kirchenbehörden und kirchlichen Vertretungen zur Feuerbestattung? Wien 1895. Separatabdruck a. d. Wiener „Phoenix", Wien. J. B. Wallishausser's Druckerei.

PRÖBSTING, August (Greven): Ein Beitrag zur feineren Anatomie des Lides und der Conjunctiva des Menschen und Affen. Aus dem histologischen Laboratorium der Univ.-Augenklinik zu München.- Erlangen: Jacob 1886. 32 S.
26.6.1885 - Urk (Titel: De anatomia exactiori palpebrae et coniunctivae hominis ac simiae.); Chr 1884/85,22; Jv 1886/87,181
Diss. Ingolst.-Landsh.-Mchn.

Pröbsting, A., ein Beitrag zur feineren Anatomie des Lides und der Conjunctiva des Menschen und Affen. (Aus d. histiolog. Laboratorium d. Univ.-Augenklinik zu München.) Diss. München 1886, A. Buchholz. 8°. 32 S.

Was kann die Schule zur Verhütung der Kurzsichtigkeit tun? Von Prof. Dr. [August] Pröbsting, Cöln. Vortrag geh. 1909 zu Aachen. Bonn: Hager 1910. 12 S. 8° [II. 10425

Pröbsting, was kann die Schule zur Verhütung der Kurzsichtigkeit tun? Vortrag. (12 S.) gr. 8. Bonn 910. M. Hager. — 40
Sonderabdruck aus: „Centralbl. f. allg. Gesundh.-Pflege".

Geschichte der Stadt Camen und der Kirchspielsgemeinden von Camen von Fr[iedr.] Pröbsting, Pastor em. zu Camen. Mit 1 Ansicht. *Hamm: E. Griebsch in Komm. (1901).* (121 S.) 8° [F.] [oa. 1171

Proebsting, Frdr., Nachrichten üb. die Familie Proebsting. 2. Ausg., fortgeführt unter Mitwirkg. v. Max Heraeus. gr. 8. (IV, 124 S. m. 1 Stammtaf.) Berlin 892. G. Grote. n. 3.—

— s.: Schul-Gesangbuch, evangelisches.

Proebsting, Fritz, Referendar: Die Staatsaufsicht über die deutschen Börsen. Wiesbaden 1910: Ritter. VIII, 72 S. 8°
Würzburg, Jur. Diss. v. 16. Dez. 1910, Ref. Piloty
[Geb. 10. Juni 86 Wiesbaden; Wohnort: Wiesbaden; Staatsangeh.: Preußen; Vorbildung: Gymn. Wiesbaden Reife O. 05; Studium: Lausanne 1, Freiburg i. B. 1, Bonn 2, Marburg 2 S.; Rig. 2. Nov. 10.] [U 11. 4536

Pröbsting, J. Ch. K., einfache u. volksgebräuchl. Heilmittel d. Wurmkrankheit, als Versuch in d. natürl. Heilkunde nach d. Quellen dargestellt. gr. 8. (2 1/2 B.) Elberfeld 831, Büschler.

—— die jetzige Bergische Medicinal-Ordnung. De Dato Düsseldorf, d. 8. Juni 1773. Nebst and. Berg. Medicinal-Verordnungen. Zum nöthigen Handgebr. hrsg. 8. (5 B.) Elberfeld 831, (Büschler.)

— die jetzige Bergische Medicinal-Ordnung. De Dato Düsseldorf d. 8. Juni 1773. Nebst andern Berg. Medicinal-Verordnungen. 8. Elberf. 831. Löwenstein u. B. 12 gr

Proebsting, Johann (Greven/Münster/Westfalen), De natura typhi abdominalis. Diss. med. Berlin (Nietack) 13. VII. 1835. 27 S. u. Biogr. (M.: E. Schengber). (—.—) 27231
Oppon.: E. Wiedemann, Th. Jellinghaus, H. Ahrens. — Gew.: Franz u. Bernhard Proebsting (Brüder).

— Johann Christian Carl (Hagen / Westfalen), De mechanismo musculorum locomoventium. Diss. inaug. Berlin (J. Fr. Starck) Okt. 1827. XII, 55 S. mit Biogr. (M.: W. Cramer), 1 Taf. (3.25) 27282
Oppon.: Fr. Zernial, H. Quincke, P. J. Tosetti. — Gew.: C. A. Rudolphi, Ch. F. Harless, J. P. Brewer.

Pröbsting, I[ohannes] Ch[ristianus] Leonhardus Wilhelmus ⟨geb. am 20 Juli 1807 in Hamm Westf.⟩: Dissertatio ... De morborum cordis organicorum diagnosi generali ... Bonnae, lit. C. F. Thormanni 1829. 2 Bl., 29 S. 4.
Bonn, Med. Fak., Diss. v. 19 Sept. 1829

Pröbsting, W., der deutsche Hélie. Ein Beitrag zur Lehre von der Brachiotomie, als Erleichterungsmittel schwerer Geburten. 8. (X u. 131 S.) Hamm 847, Wickenkamp. 18 ngr

Probstmayr W.: *Trichina spiralis.* (Augsb.) 1864. (32) S. Fig. (Udsnit). P.

Probstmayr, W. (Hrsg.), s. Wochenschrift für Tierheilkunde und Viehzucht.

Probstmayr, Wilhelm

—— und E. Hering, amtlicher Bericht über die internationale thierärztliche Versammlung zu Hamburg, s. Hering, E.,

Probstmayr, Wilh., Die Darwinsche Lehre. Vortr. bei Gelegenh. d. Studienjahres 1868/69 an der kgl. Central-Tierarzneischule zu München gehalten.

Probstmayr, W., die Darwin'sche Lehre. München 1870. 8.

Probstmayr, W[ilhelm]: Der bayerische Veterinärbericht für das Jahr 1874. Mit 3 Kt. München 1877. 110 S. 4°

Probstmayr, Wilh., etymologisches Wörterbuch der Veterinär-Medicin und ihrer Hilfswissenschaften. 6 Lfgn. Lex.-8. (848 S.) München 863,64, Grubert. [1.—5. Lfg. à * 22 Ngr., 6. Lfg. * 1 Thlr. 6 Ngr.]

Probstmayr, Wilh., etymologisches Wörterbuch der Veterinär-Medicin u. ihrer Hilfswissenschaften. Neue Ausg. gr. 8. (848 S.) München 871. Gruber. n. 3. 40

Probus, s.: Rückblick auf Oesterreich im J. 2000.

Probus, Marcus Valerius

— Donati, Servii, de arte grammatica libri, ed. Keil, s. Grammatici latini.

Probi, M. Valerii, in Vergilii Bucolica et Georgica commentarius. Accedunt scholiorum Veronensium et Aspri quaestionum Vergilianarum fragmenta. Edid. Henr. Keil. gr. 8. (XVIII u. 123 S.) Halis 848, Anton. 3/4 ß

Probi Catholica instituta artium etc., ed. Keil, s. Grammatici latini.

PROCCI, Antonius: De indulgentiis. — (1844) 64 S. 4° (Handschr.) Diss. 65
Diss. Wien, Univ.

Procedur in Sachen der Herren Johannes Mani, Johann Regez und Johann Karlen. O. O. [1814]. V: *Schnell, Carl.* (AarK)

Procédure entre Sa Majesté le Roi de Prusse comme Prince Souverain de Neufchâtel et Valengin acteur, d'une part. Et la ville et bourgeoisie de N' deffenderesse, d'autre part. Instruite, par devant Leurs Excellences de Berne. fol. *s. l.* 1767.
Ed. A. M.DCC.LXVII. *Avec 2 notes à la page 14; etc.*
Ed. B. M. DCC. LXVII. *Avec 1 note à la page 14; etc.*

Procedure entre Sa Majesté le Roy de Prusse Comme Prince Souverain de Neuchatel & Valengin. D'une part, & la Ville et Bourgeoisie de N', D'autre part. Instruite par devant Leurs Excellences de Berne en l'Année 1767. 4. Berne 1767.

Proceedings and Addresses of the Pennsylvania-German Society: 1891—1954 † .
Title varies slightly, as does frequency. Octavo, each 132—299 pages; illustrated, including frontispiece; cumulative index, vol. 1—6 in vol. 8. Editors: E. W. S. Parthemore, J. Max Hark, Frank Ried Diffenderffer, Hiram Young, John S. Stahr. Published by the Society.
Lancaster, PA

Proceedings of the royal geographical society and monthly record geography. Published under the authority of concil, and edited by the assistant secretary, 1, Savile Row. New monthly series. Vol. I. (Mit 18 Tafeln.) Vol. II. (Mit 23 Tafeln.) (2 Bde.) 8. Berlin 1879—1880.

Proceedings of the Tailor's National Trade's Union: 1868? - ? New York, NY

Procella, Max, Irmgard. Novelle. gr. 8. (82 S.) Berlin 897. Verlag d. Akadem. Buchh. (E. Groß.) n. 1. 50; geb. in Leinw. n. 2. —

Procent ..., s. Prozent ...

Procès du comte et de la comtesse de Bocarmé, accusés du crime d'assassinat sur la personne de leur frère et beau-frère Gust.-Adphe.-Jos. Fougnies. [Procès célèbres No. 1.] 8. (332 S.) Leipzig 851, Brockhaus. 1 1/3 ℳ

Procès célèbres. No. 1.: Procès du comte et de la comtesse de Bocarmé, accusés du crime d'assassinat sur la personne de leur frère et beau-frère Gust.-Adphe.-Jos. Fougnies. 8. (332 S.) Leipzig 851, Brockhaus.

—— le même. — No. 2.: Procès du frère Léotade, accusé du double crime de viol et d'assassinat sur la personne de Cécile Combettes. 8. (368 S.) Le même 851.

—— en diffamation du prince Simon Worontzoff contre le prince Pierre Dolgoroukow. gr. 8. (67 S.) Leipzig 862, Gerhard.

Procès du prince Pierre Dolgoroukow contre le prince Worontsow. Plaidoiers et observations de M. Marie. 16. (248 S.) Paris und Leipzig 862, Franck.

Proces, Le, sans fin, ou l'histoire de John Bull, publiée sur un manuscrit trouvé dans le cabinet, du fameux sire Humfroy Polesworth en l'année 1712 par le docteur Swift. A Londres [Dresde] Chez J. Nours 1753. V: *Arbuthnoth.* V: *Velly.* (wr II, 136) (Hdschr. Mitth. von Friedrich Müller, München)

Procès, le, sans fin, ou l'histoire de Joh. Bull. trad. de l'anglais de J. Swift par Nelly. 8. Dresde, Walther. 754.

—— contre M. M. Garcia et Calzado accusés d'escroquerie au jeu devant la 6. chambre de la police correctionnelle et de la cour d'appel de Paris. gr. 8. (26 S.) Leipsig 863, Gerhard.

Procès d'Emma Goldmann. („Brandfackel", New York 1893, nov.) (Eine ungehaltene Rede.)

— du frère Léotade, accusé du double crime viol et d'assassinat sur la personne de Cécile Combettes. [Procès célèbres. No.2.] 8. (388 S.) Ebd. 851. 1 1/3 ℳ

Procès des derniers Ministres français du Roi Charles X. Mr. le Prince de Polignac, Mr. les Comtes de Peyronnet, de Guernon-Ranville, Mr. de Chantelauze. III Cah. gr. in-8. (22 B.) Hamburg 831, A. Campe.

Procès d'Olivone. Au haut Tribunal Fédéral, réplique de MM. Frasa e C. à l'appui du recours du 30 mars 1884 pour déni de justice, 13 juillet 1884. Gr. in-8°, 16 p. 1885.

Procès, Le, du Tsarévitch Alexis Pétrowitch . . . Leipzig 1860. V: *Ustrialov, Nikolas O.* (Ky)

Procès, le, du tsarévitch Alexis Pétrowitch. (Par N. O. Oustrialof.) Traduit du russe par Constant. de White. gr. 8. (VII und 546 S. mit 2 Portr. in Stahlst.) Leipzig 860, Gerhard.

— public du Général Moreau et de ses co-accusés, VI Cahs. 8. Leipz. 808. Fr. Fleischer. 2 ℳ — Dass. deutsch. 6 Hfte. 8. Ebd. 814. 2 ℳ

Procès des socialistes de Kiew le 5e mai 1879. In-8°, 16 p. Genève et Bâle, H. Georg. — 50
1879.

—— du prince Woronsow contre le prince Pierre Dolgoroukow et le Courier du Dimanche. Édit. autorisée. gr. 8. (266 S. mit 3 lithogr. Facs. in gr. 4.) Leipsig 862, Gerhard.

Procek, s.: Prozeß.

Processionale ritibus Romanae ecclesiae accommodatum, responsoria, hymnos, antiphonas aliaque in processionibus cantari solita complectens; Matthiae Hovii Archiep. Mechlin. jussu editum, nunc vero Archiep. Engelb. Card. Sterckx jubente, recensitum et auctum. Cum cantu emendato. 8. (XII u. 384 S.) Mechliniae 851. (Moguntiae, Kirchheim & Schott.) n. 1 1/6 ℳ

Processionale in usum dioecesis Monasteriensis iussu et auctor. Hermanni episcopi Monast. iterum editum. *Monasterii Guestf.: Regensberg 1900.* (130 S.) 8°
Jul. 1878

— pro Ecclesia ruralibus ritibus romanae accommodatum. 4. maj. Antv. (Göbhard, Bamb.) 753.

Processionale pro ecclesia, ruralibus ritibus romanae accommodatum. 4maj. Antw. 753. (Wesché in Frkf. a. M.) 1 ℳ

Processionale in usum ecclesiae cathedralis, et aliarum ecclesiarum dioecesis Trevirensis concinnatum et editum 8maj. (XVI und 106 S.) Treviris 852, libr. Lintz.

— ad usum sacri et canonici ordinis Praemonstratens. accommodatum. 4. Virduni. (Göbhard, Bamb.) 727.

Processionale sive ordo in processionibus cum sanctissimo sacramento servandus. Fol. (14 S. m. eingedr. Holzschn.) Köln 885. Boisserée. geb. m. Goldschn. n.n. 15. —

Processionale parvum. Augsb. Letter. 756.

Processionale romanum sive ordo sacrarum processionum e rituali romano depromptus additis quae similia in missali et pontificali romano habentur. Editio Ratisbonensis prima pro majori canentium praesertim commoditate apte disposita. gr. 8. (84 S.) Regensburg 873. Pustet. n. 1. 20

— Romanum ad usum ecclesiarum urbanarum et ruralium, continens responsoria, hymnos, antiphonas, psalmos, aliaque in processionibus dicenda. Additis sub finem laudibus vespertinis de sanctissimo sacramento, de beata Maria virgine, et vesperis dominicae et festorum. gr. 18. (240 S.) Leodii 843. Moguntiae, Kirchheim & Schott. n. 1 ℳ

Processionale Romanum, responsaria, hymnos, antiphonas, aliaque in Supplicationibus decantari solita complectens. Edit. locupl. et emend. 12maj. (28½ B.) Divione 827. (Mainz, Kirchheim, Schott et Thielmann.)

— Romanum, responsaria, hymnos, antiphonas, aliaque in Supplicationibus decantari solita complectens. Edit. locuplet. et emend. 12maj. Divione 827. (Müller in Mainz). 1 ℳ 20 ₰

—— romanum, Responsoria, Hymnos, Antiphonas, Lytanias aliaque in supplicationibus decantari solita complectens, oder die Responsorien, Hymnen, Antiphonen, Lytanien und andere Gesänge, die man bei den kirchlichen Prozessionen zu singen pflegt. Nebst einer Chorallehre für Geistliche, Cantoren, Seminaristen und Organisten. Hrsg. von Joh. Kupper. 8. (380 S.) Luzern 853, Gebr. Räber.

Processualis usus brevis, od. Unterricht v. Proceßgebrauch (v. Sal. Tob. Merkel). 8. (Schmalkalden) 769. Nachgedruckt unt. d. T.: der aufrichtige Advocat, od. Unterricht v. Proceßgebrauch. 8. Berl. 772. (Sander). 4 ℳ (Vergl. Advocat).

Processus anatomicus, darinne gewiesen wird, wie ein Medicus oder Chirurgus die Section eines menschlichen Cörpers, wenn er solchen, der Kunst nach, zerlegen will, am besten erlernen kan. Hrsg. von M. O. Leipzig: Lanckisch 1710. 64 S. 8°

Processus informat., s. de modo formandi processum informationum. 4. Colon. 701.

Processus juris civilis Cracoviensis a Consulibus civitatis A. D. MDXLIV Sigismundo I. regnante conscriptus. E cod. ms. ed. J.H.S.Rzesinski. 12maj. Cracoviae 840. (Lipsiae, Wuttig.) n. 1 ℳ

Procesura civile provisòrie pentru Ardealu schi pentru pyrcile impreunate ku dynsulu. — Provis. Civil-Process-Ordnung für das Grossfürst. Siebenbürgen und die damit vereinigten Theile. *Viena* 1858. Tipogr. *de kurte schi de statu (Wien. K.k. Hof- u. Staatsdr.)* 250 u. 250 S. 8°.
In romanischer und deutscher Sprache.

Banque de Dépôts et de Crédit. Société anonyme constituée suivant actes de... notaire à Genève, des 11 et 22 Mars 1902. 4. Genève, Impr. «Gutenberg», 1902.
Procès-verbal de l'Assemblée Générale Constitutive. (1902 Mars 22/25.) 5 p.
Statuts. [1902 Mars 11/22.] 13 p.

Bureau internat. permanent de la paix. Procès-verbal de L'assemblée générale des délégués des Sociétés de la paix. Turin 1898. *Berne 1898: Michel & Büchler.* (34 S.) 8° [Umschlagt.]

Fédération du Personnel des Entreprises suisses de transport (V.P.S.T.). Procès-verbal de l'assemblée générale du 18 novembre 1900 au Löwengarten, à Lucerne. (1901, janvier-mai.) 4 p. 4.

Société Foncière du Locle. Procès-verbal de l'Assemblée générale ordinaire du 20 Février 1901 et Bilan au 31 Décembre 1900. 2 p. 8.

Société Foncière du Locle. Procès-verbal de l'Assemblée générale ordinaire Du 25 Février 1902 et Bilan au 31 Décembre 1901. 2 p. 4.

Commission géodésique suisse. Procès-verbal. 8. Neuchâtel, Paul Attinger.
45e séance tenue à Berne le 11 mai 1901. II + 40 p. 1901.
46e séance tenue à Berne le 19 avril 1902. II + 45 p. 1902.

Koblenz: **Procès verbal** d'installation de la r.·. L.·. St.-Jean, sous le titre distinctif de L'Union désirée à l'O.·. de Coblence. A l'époque du 5e jour du 12e mois de l'an de la V.·. L.·. 5809. Mayence 1810: Pfeiffer. 40 S. 4°
cf. Erlenmeyer, A.: D. Gründung d. L. Friedr. z. Vaterlandsliebe, Coblenz. 1901 S. 11—16.
Kl. 5096. Reden von Pitou: Gang der Frmrei durch die Jahrhunderte, Rivet: Gelegenheitsworte.

(Bons Templiers.) Grande Loge Suisse I.O.G.T. Procès-verbal.... 8.
... de la 8e Séance à Bienne les 29, 30 Juin et 1er Juillet 1901.... 67 p. Bâle, Fr. Reinhardt, 1901.
... de la 9e Séance au Casino de Bâle les 4 et 5 juillet 1902. 19 p. Cossonay, Ernest Jacquemard, 1903.

Procès verbal des séances de l'assemblé provinciale d'Alsace. 4. Strasb. Acad. 788.

PROCÈS-VERBAL DE LA SOCIÉTÉ DES RECHERCHES UTILES DU DÉPARTEMENT DE LA SARRE, tenue à Trèves le 2 Septembre 1810.*) (Trèves, De l'imprimerie de Hetzrodt.) 8°.

Procès-verbaux de la conférence de Madrid de 1890 de l'Union pour la protection de la propriété industrielle. Berne 1892

Procès-verbaux de la conférence sanitaire internationale ouverte a Vienne le 1. Juillet 1874. gr. 4. (IX, 551 S.) Wien 874. k. k. Hof- u. Staatsdruckerei n. 14. —

Procès-verbaux des conférences relatives aux inondations qui ont eu lieu en Suisse en 1868. Berne 1869 *s.* Pièces concernant les inondations en automne 1868.... [1re partie.]

Procès-verbaux des délibérations de la commission chargée de l'étude d'une législation fédérale sur les eaux. Séances tenues ... à Berne les ... 9, ... 10 et ... 11 janvier 1907. 55 p. 8. [Berne, Lierow & Cie., 1907.]

Procès-verbaux des délibérations de la IIme conférence internationale reunie à Berne du 21 septbre. au 10 octbre. 1881 au sujet d'une convention en matière de transports par chemins de fer. 4. (211 S. m. 6 Formularen.) Bern 881. (Wyss.) n. 3. 20

Procès-verbaux des délibérations de la conférence internationale pour l'unité technique des chemins de fer. Octobre 1882. In-4°, 68 S. Bern, K. Wyss. 1882.

Société suisse des Officiers. Exercice 1899-1901. Assemblée Générale des 20, 21 et 22 juillet 1901 à Lausanne. Procès-verbaux et rapports. 182 p. 8. Lausanne, Corbaz & Cie, 1901.

Procès-verbaux des séances de l'académie impériale des sciences depuis sa fondation jusqu'à 1803. Tome I. 1725—1743. (Meist in deutscher Sprache.) gr. 8. (IV, 878 S.) St.-Pétersbourg 897. (Leipzig, Voss' Sort.) n. 20. —

Procès-Verbaux des séances de l'académie impériale des sciences depuis sa fondation jusqu'à 1803. Tome II. 1744—1770. (In latein. u. deutscher Sprache.) gr. 8. (886 S.) St. Petersburg 899. (Leipzig, Voss' Sort.) n. 20. —
Tome I. Ebd. 897. n. 20. —.

Petersburg, Académie Impériale des Sciences de.
— — Procès-verbaux des Séances de la Classe historico-philologique. [St. Pétersbourg 1859—62.] Fol.

Commission géodésique suisse. Procès-verbaux des 47e et 48e séances tenues ... à Berne le 21 février et le 2 mai 1903. II + 63 p. 8. Neuchâtel, Paul Attinger, 1903.

Das Lied vom Frauenherzen von M. G. Saphir. (Für Declamation mit Pianofortebegleitung von H. **Proch.**) Ein Andenken an das Schwesternfest am 22. Aug. 1875 von der Loge zur Harmonie in Chemnitz. [Chemnitz 1875: Geidel.] 5 S. 8° [Kopftit.]
Ohne Noten: „Fertig lag, im Feierkleide, ...“

Proch, Heinr., die Alpenhütte. Komische Oper in 1 Aufzuge nach Scribe u. Melesville. Musik v. Adf. Adam. 8. (31 S.) Wien 883. Künast. n. — 60

Proch, Heinrich, Die Alpenhütte. Komische Oper in 1 Aufz. nach Scribe & Melesville. Musik von Adolf Adam. 8. (31 S.) Wien, Wallishausser'sche Buchh. (A. W. Künast.) 30 kr. 1883.

Proch, Heinr., der Troubadour, s.: Verdi, Jos.

Prochaska, s.a. Prohaska

Prochaska, A., Die Firma Joh. Dav. Starck und ihre Berg-Mineralwerke und Fabriken. Pilsen, 1873. 207 S. mit 1 Karte.

Prochaska, August, med. pract. aus Zürich: Aus dem Züricher hygienischen Institut. (Director: Prof. Dr. O. Wyss.)'. Die Pseudodiphtheriebacillen des Rachens. (S.A. aus: Zeitschrift für Hygiene und Infectionskrankheiten, Bd 24 S. 373—395.) Leipz. Veit u. Cie 1897. 27 S. 8°.
Zürich, Med. Diss. [v. 19. Mai 1897].

Prochaska, A. [Dr., Secundararzt der medicinischen Klinik in Zürich]: Aus der medicinischen Klinik der Universität Zürich. (Director: Herr Prof. Dr. H. Eichhorst.) Untersuchungen über die Anwesenheit von Mikroorganismen im Blute bei den Pneumoniekranken. Naumburg a. S. 1901. 18 S. 8°.
Zürich. Med. Hab.-Schr. 1901/1902.

Prochaska, A[ugust]. Untersuchungen über die Anwesenheit von Mikroorganismen im Blute bei den Pneumoniekranken. Habilitationsschr. Med. Univ. Zürich. *Kopftitel:* Aus der medicinischen Klinik der Universität Zürich (Director: Herr Prof. Dr. H[ermann] Eichhorst.) 18 S. 8. Naumburg a. S., Lippert & Co., 1901.

Prochaska, (C. J.) dram. Dichtungen. 1r Bd. (Rosaura, die Montaldi, oder: der Liebe Kampf u. Größe. — Menschenplan u. Beihängniß. — Die Poetische Heirath.) 12. Prag 826, (Enders.)

Prochaska, C. J., dramat. Dichtungen. 2. Bd. gr. 12. (9 B.) Prag 826. (Leipzig, Central-Compt.)
Enth.: Anna v. Sachsen. Großes histor.-romant. Ritterschausp. in 5 Akt. — Die Walpurgisnacht. Lyrisch-romant. Oper in 3 Akt. 1. Bd. Ebendas. 1826. 16 Gr.

Prochaska, Carl, s. Prochaska, Karl

Prochaska, Franz Faust.

— de saecularibus liberalium artium in Boh. et Morav. fatis commentarius. 8. Prag 782. Ed. II. 789. Widtmann. (Heubner in Wien). 16 gr

Prochaska, Frz. Faust., († d. 22. Dec. 1809.) Miscellaneen der böhm. u. mähr. Literatur seltener Werke u. verschiedener Handschriften. 1r Bd. 1s—3s Stck. gr. 8. Prag 785. Widtmann. 1 fl

Prochaska, Frz. Jos., s.: Bach, Osk.

Prochaska, Geo., († d. 17. Juli 1820.) adnotationum acad. cont. observat. et descript. anat. III Fasc. c. tab. 8maj. Prag 780—84. Gerle. 1 fl 22 gr (a. W. Vogel in Lpz.) Fasc. II. et III. 781—84. 1 fl 10 gr

— Bemerkk. üb. d. Organismus d. menschl. Körpers u. üb. die denselben betreffenden arteriösen u. venösen Haargefäße etc. gr. 8. Wien 810. Beck 20 gr Hbg. Pr. 8 gr

— Beobachtt. üb. die in den Wasserblasen d. Thiere erzeugten Insekten; vorgelesen im Sale d. k. böhm. Gesellsch. d. W. am 25. Sept. 1791. 4. Prag 791.

Georg Prochaska

Georgii Prochaska, De Carne musculari tractatus anatomico-physiologicus. Viennae: Graeffer 1778. 136 S. 8°

— Disquisitio anatom.-physiologica organismi corporis humani ejusque processus vitalis. Mit 11 Kpf. 4maj. Wien 812. Beck. 2 fl 16 gr

Georg Prochaska

Disquisitio anatomico-physiologica organismi corporis humani ejusque processus vitalis. Auctore Georgio Prochaska. Viennae 1812: de Haykul. XVI, 182 S. 8°

Prochaska, G., Disquisitio anatom. physiologica organismi corporis humani etc. cum tabulis aeneis. 4maj. Viennae. 814. Jetzt Beck und der Preis

Prochaska, G., Disquisitio anatom. physiologica organismi corporis humani etc. c. tab. aen. 4maj. Viennae, Camesina et Comp. 814.

— Gedanken üb. die anziehenden Kräfte, welche bei d. chymischen Auflösungen u. den Erzeugungen d. sogenannten fixen Luft können in Betrachtung gezogen werden. 8. Prag 778.

Prochaska, Georg: Institutiones physiologiae humanae. Editio Latina. Vol.1 - 2, gbd.

Viennae: Wappler & Beck 1805 - 1806

— Lehrsätze aus der Physiologie d. Menschen. 2 Bde. gr. 8. Wien 797. 2e A. 802. 3e A. 810, 11. Beck. 3 fl Schreibp. 3 fl 16 gr. — Dass. Latein.: Institutiones physiologiae humanae in us. suarum praelect, conscriptae. II Voll. 8maj. ibid. 805, 6. 2 fl 8 gr

Georg Prochaska

Lehrsätze aus der Physiologie des Menschen. Von Georg Prochaska... Bd 1.2. Wien: Wappler 1797. 8°

Prochaska, Georg: Lehrsätze aus der Physiologie des Menschen. 2.verbess.u.verm.Aufl. Bd 1 - 2, gbd.

Wien: Wappler & Beck 1802

Prochaska, Georg: Lehrsätze aus der Physiologie des Menschen. 3.verm.u.verbess.Aufl. Bd 1 - 2, gbd.

Wien: Beck 1810 - 1811

— Miscellaneen d. böhm. mähr. Literat. seltn. Werke u. Handschr. 3 Abth. gr. 8. Ebend. 785.

Prochaska, Georg: Opera minora anatomici, physiologici et pathologici argumenti. Pars 1 - 2, gbd., Abb.

Viennae: Wappler & Beck 1800

— controversae quaestiones physiol., quae vires cordis et motum sanguinis per vasa animalia concern. 8maj. Wien 773. Blumauer. 10 gr

Prochaska, Georg: Physiologie oder Lehre von der Natur des Menschen. 608 S., gbd.

Wien: Beck 1820

Prochaska, Georg: Controversae questiones physiologicae, quae vires cordis et motum sanguinis per vasa animalia concernunt. 175 S., gbd., 2 Taf.

Viennae: Graeffer 1778

Prochaska, Georg: De structura nervorum. Tractatus anatomicus. 138 S., gbd., 7 Taf.

Vindobonae: Graeffer 1779

— de structura Nervorum, tract. anatomicus, tabb. aen. illustr. 8maj. Wien 780. Blumauer. 12 gr

Prochaska, Georg: De urinis. Diss. 31 S., gbd., 1 Taf.

Viennae: Gerold 1776

— Versuch e. empirischen Darstellung d. polarischen Naturgesetzes 2c. gr. 8. Ebend. 814.

— Versuch e. empirischen Darstell. d. polarischen Naturgesetzes 2c. gr. 8. Wien 815. Volke. 16 gr

Prochaska. Nekrolog des Freiherrn Johann v. . . . . ., kaiserlich österreichischen Feldmarschall-Lieutenants, k. k. wirklichen geheimen und Hofkriegsrathes, Chef des General-Quartiermeister-Stabes etc. Aus der „Oesterr. militärischen Zeitschrift“. 2. Heft. Wien 1824.

Prochaska, Jh. Andr., Handwörterbuch d. adel. Richteramtes, enthaltend die Verlassenschaftsabhandlung, dann Vormundschafts- u. Kuratelssachen in ihrem ganzen Umfange 2c. wie auch aller weiters auf diese nicht streitige Rechtsgeschäfte Bezug habenden, im österr. Kaiserreiche bis Ende d. J. 1816 erflossenen k. k. Gesetze u. Verordnn. gr. 8. Prag 818. Enders. 2 ₰ 16 gr

Prochaska, J. And.: Handwörterb. d. adelig. Richteramts, enth. d. Verlassensch.-Abhandll., dann Vormundschafts- u. Curatelsachen in ihrem ganzen Umfange. *Prag*, Enders. 820. 8. (2 Thle.)

Prochaska, J. And.: Handwörterb. d. streit. Richteramts; enthalt. d. allgem. bürgerl. Gerichtsordn., d. Conc.-Ordn., d. Jurisd.-Normen m. d. Ger.-Instruct. u. Tagsordn. in Streitsachen, m. Anwend. d. allgem. bürgerl. Gesetzb., d. Stempelpat. u. aller weiter Bezug habend. im österr. Kaiserr. f. d. deutschen Staaten bis zu Ende d. J. 1815 erfloss. K. K. Gess. u. Verordnu. *Prag*, Enders. 818—19. 2 Bde. gr. 8. (3 Thl.)

— Handwörterbuch d. strittigen Richteramts, enthalt.: die allgemeine bürgerl. Gerichtsordnung, die Konkursordnung, die Jurisdiktionsnorm 2c. u. alle im österr. Kaiserreiche für den deutschen Staat bis z. Ende d. J. 1814 erlass. k. k. Gesetze u. Verordnn. 2 Bde. gr. 8. Prag. 819. Enders. 4 ₰ 8 gr

— alphabet. Hauptrepertorium über die seit d. 17. Dec. 1780 bis Ende Febr. 1798 in Prag u. Wien in Fol. herausgg. Samml. im Justizsache unter d. röm. Kaisern Joseph II. Leopold II. u. Franz II. für Böhmen, Mähren, Schlesien, Gallizien, Oesterreich ob u. unter der Enns, Steyermark, Kärnthen, Krain, Görz, Gradiska, Triest, Tyrol, u. die Vorlande, mit Anführung d. Daten u. Nummern d. höchsten Hofdecrete, z. gemeinnützigen Gebrauch f. Richter, Advokaten u. Partheyen. gr. 8. Prag 819. Enders. 1 ₰ 8 gr

Prochaska, J. Andr.: Alphabet. Hauptrepertorium über die seit d. 17. Dec. 1780 bis Ende Febr. 1798 in *Prag* u. in *Wien* in der v. Schönfeld'schen k. k. Hofbuchdruckerei in Fol. herausg. Samml. der Gesetze u. Verfass. im Justizfache unter d. röm. Kaisern Joseph II., Leopold II. u. Franz II. für Böhmen, Mähren u. s. w. *Prag*, Enders. 819. gr. 8. (1 Thl. 8 Gr.)

— das Justizreferat, od. Bemerkk. üb. die Ausbreitung d. Aufsätze in rechtl. Geschäften 2c. 8. Prag 805. Widtmann. 6 gr

Prochaska, J. Andr.: Das Justizreferat, oder Bemerkk. üb. d. Ausarbeit. der Aufsätze in rechtl. Geschäften, besond. der Processe, zum künftigen Vortrage. *Prag*, Widtmann. 805. 8. (6 Gr.)

Prochaska, J. A., das Justizreferat. 8. Prag, Widtmann. 806.

Procháska, Joh. F., s. Procházka

Prochaska, Joan. Wenc., Tractatus de examine infantum aegrotantium. 8 maj. (5¼ B.) Pragae 833. (Enders.)

Procháska, Jos., deutsche u. böhmische Gespräche. — Německé a české rozmluvy. 2. Aufl. Neuhaus 862. Landfraß & Sohn. 8. (399 S.) " 18 ngr

Prochaska, Karl

Prochaska, Carl, praktische Anleitg. zur Durchführg. v. Gebiets-Vermessgn. u. Terrain-Aufnahmen bei Anwendg. e. tachymetr. Aufnahms-Verfahren. Mit 24 instruct. Fig.-Taf. gr. 8. (122 S.) Wien 900. Spielhagen & Schurich. Kart. n. 4. 40

Prochaska's „Armee-Bücher-Katalog“. Literarisches Auskunftsbuch der wichtigeren älteren und der neuesten Kriegswissenschaften, systematisch nach „Schlagworten“ geordnet. 8. (131 S.) * —.50
Teschen: Prochaska 1896.

Bibliothek Prochaska, Illustrirte. Bücher für Alle. (Sep.-Ausg. der illustrirten Monatsbände.) I. Serie. 6. Band. 8. (128 S.) In Lwd. geb.
Teschen: Prochaska 1893.

Prochaska's Illustrirte Bibliothek. Bücher f. Alle. Sep.-Ausgabe der illustr. Monatsbände. I. Serie. VII.—VIII. Band. 8. (246 S.) In Lwd. geb. —.30
Teschen: Prochaska 1893.

Bibliothek Prochaska, Illustrirte. Sep.-Ausg. der illustrirten Monats-Bände. I. Serie. XI. bis XII. Band. Inhalt: J. J. Kraszewski, Ohne Herz. Deutsch von Wilh. Goldbaum. II. Band. 8. (270 S.) In Lnwd. geb. à —.30
Teschen: Prochaska 1893.

Prochaska's neue Eisenbahnkarte v. Oesterr.-Ungarn. XVI. (1886) Jahrg. In 7 Farben. Mit mehreren Detail-Karten. Nach dem Stande vom Januar 1886 berichtigte Ausgabe. 54. Aufl. Teschen, Prochaska. In Carton fl. 1.—.

Prochaska's neue Eisenbahnkarte von Oesterreich-Ungarn. 17. Aufl. 1887er Jahrg. Massstab 1 : 1,500.000. 1 Blatt gefalzt mit mehreren Beikarten. Teschen, Prochaska. fl. 1.—.

Prochaska's neue Eisenbahn-Karte v. Oesterreich-Ungarn. 24. Jahrg. 1894. Vergrösserte 63. Auflage. Geh. in Carton 1.—
Teschen: Prochaska 1894.

Prochaska's Neue Eisenbahnkarte von Oesterreich-Ungarn. Mit einer Specialkarte von Böhmen und einer Uebersichtskarte der Eisenbahnen Ost-Europas. 27. Jahrg. 1897. Lithogr. in 10 Farben. Maßstab 1 : 1,500.000. Grösse 82×111 *cm*. Gefalzt in Carton 1.—
Teschen: Prochaska 1897.

Prochaska's Neue Eisenbahn-Karte von Oesterreich-Ungarn. In zehn Farben. Mit 1 Special-Karte von Böhmen und einer Uebersichts-Karte der Eisenbahnen Ost-Europas. XXIX Jahrgang. 1899. 68. Auflage. Wien und Teschen. 1899. Prochaska. 81×106 *cm*. fl. 1.—

Prochaska, Karl. Neue Eisenbahn-Karte von Österreich-Ungarn. 30 Jahrgang. In 10 Farben. Mit 1 Special-Karte von Böhmen und 1 Uebersichts-Karte der Eisenbahnen Ost-Europas.
8. Wien und Teschen 1900.

Prohaska's Neue Ausgabe. Eisenbahnkarte von Oesterreich-Ungarn 1901. 70. Neuauflage. [Teschen. Wien. Leipzig. Prochaska.] 79 × 108 *cm* in Umschlag K 2.40

Prochaska's neue Ausgabe Eisenbahn-Karte von Österreich-Ungarn 1903. 72. Auflage. Hiezu: Stationen-Verzeichnis des Post-, Eisenbahn-, Telegraphen-, Telephon- und Dampschiff-Verkehres in Oesterreich-Ungarn für das Jahr 1903. 32. Jahrgang. 37. nach amtlichen Quellen berichtigte und ergänzte Auflage von Albin Ellen von Manussi-Montesole. (2 Bde.)
8. Wien und Teschen 1903.

Prochaska's, Familien-Kalender f. d. J. 1896. 8. Jahrg. Mit Erzählgn., Anekdoten u. Scherzen, e. Roman als Anh., m. belehr. Aufsätzen v. hervorrag. Schriftstellern, e. vielseit. Auskunfts-Kalender u. zahlreichen, künstlerisch ausgeführten Illustr. Lex.-8. (177 S.) Teschen, K. Prochaska. n. 1. —; kart. n. 1. 30
Früher u. d. T.: Familien-Kalender, österreichisch-ungarischer.

Prochaska's Familienkalender für das Jahr 1897. Mit Erzählungen, Anekdoten und Scherzen, einem Roman als Anhang, mit belehrenden Aufsätzen von hervorragenden Schriftstellern, einem vielseitigen Auskunftskalender und zahlreichen künstlerisch ausgeführten Illustrationen. Lex.-8. (178 S.) —.50, cart. —.65
Teschen: Prochaska 1896.

Prochaska's Familienkalender für das Kaiser-Jubiläumsjahr 1898. Mit Erzählungen, Anekdoten und Scherzen, einem Roman als Anhang, mit belehrenden Aufsätzen von hervorragenden Schriftstellern, einem vielseitigen Auskunftkalender und zahlreichen künstlerisch ausgeführten Illustrationen. Lex.-8. (180 S.) —.50, cart. —.65
Teschen: Prochaska 1897.

Prochaska's, Karl, Familien-Kalender f. d. J. 1899. (12. Jahrg.) M. Erzählgn., Anekdoten u. Scherzen, m. belehr. Aufsätzen v. hervorrag. Schriftstellern, e. vielseit. Auskunfts-Kalender u. zahlr., künstler. ausgef. Illustr. Lex.-8. (177 S.) Teschen, K. Prochaska. n. —85; kart n. 1. 10

(F) **Prochaska's Familien-Kalender** für das Säcular-Jahr 1900. Mit Erzählungen, Anekdoten und Scherzen, belehrenden Aufsätzen, einem vielseitigen Auskunfts-Kalender und zahlreichen, künstlerisch ausgeführten Illustrationen. Wien und Teschen. Prochaska. 4°. 177 S. fl. —.50, cart. fl. —.65

(F) **Prochaska's Familien-Kalender** für das Säcular-Jahr 1902. Mit Erzählungen, Anekdoten und Scherzen, belehrenden Aufsätzen, einem vielseitigen Auskunfts-Kalender und zahlreichen, künstlerisch ausgeführten Illustrationen. Wien und Teschen. Prochaska. 4°. 196 S. Cart. K 1.—

Prochaska's, Karl, Familien-Kalender f. d. J. 1903. Mit Erzählungen, Anekdoten u. Scherzen, belehr. Aufsätzen, e. vielseit. Auskunfts-Kalender u. zahlr., künstlerisch ausgeführt. Illustr. Lex.-8. (189 S.) Teschen, K. Prochaska. Kart. n. — 85

Prochaska's Familien-Kalender f. das J. 1907. Mit Erzählgn., Anekdoten u. Scherzen, belehr. Aufsätzen, e. vielseit. Auskunfts-Kalender u. zahlr. künstlerisch ausgeführten Illustr. (190 S.) Lex.-8. Teschen. K. Prochaska. Kart. n. — 85

(F) **Prochaskas Familienkalender** für das Schaltjahr 1908. Lex.-8°. (ill. 198 S.) kart. K 1.—
Teschen: Karl Prochaska, K.u.K. Hofbuchh. 1907.

Prochaska's Familien-Kalender f. d. J. 1911. Mit Erzählgn., Anekdoten u. Scherzen, belehr. Aufsätzen, e. vielseit. Auskunfts-Kalender u. zahlreichen, künstlerisch ausgeführten Illustr. 24. Jahrg. (178 S.) Lex. 8. Teschen, K. Prochaska. Kart. — 85

— s.: Jahrbuch, illustr., der Erfindungen.

Prochaska, Carl, Liederbuch für den Kirchengebrauch an Volks- und Bürgerschulen. Erste und zweite Stimme. 2. verm. Aufl. 16. (47 S.) Brünn 884, Winkler's Buchh. * — 32
cart. * — 40
1. Aufl. erschien im Selbstverlage des Verfassers.

Prochaska's illustrirte Monatsbände. Zur Erholg. u. geist. Anregg. in Mußestunden. 1. u. 2. Jahrg. Aug. 1889—Juli 1891. à 12 Bde. 8. (à 200 S. m. eingedr. Holzschn.) Teschen, Prochaska. geb. à Bd. n. — 70

— illustrirte Monats-Bände. Zur Erholg. u. geist. Anregg. in Mußestunden. 3.—6. Jahrg. Aug. 1891—Juli 1895. à 12 Bde. (à ca. 208 S.) 12. Ebd. Geb. à Bd. n. — 70

— illustr. Monats-Bände. Zur Erholg. u. geist. Anregg. in Mußestunden. 7.—10. Jahrg. Aug. 1895—Juli 1899. à 12 Bde. (à ca. 200 S.) 12. Ebd. Geb. à Bd. — 70

Prochaska, Dr. Karl, Der Rathgeber in allen Militär-Angelegenheiten. Belehrung über die Dienstpflicht in der Armee, der Landwehr und dem Landsturm, die Verehelichung von Stellungspflichtigen und Militärpersonen, die Versorgungs-Ansprüche von Letzteren und deren Angehörigen, sowie über die Aufnahme in Militär-Bildungs- und -Erziehungs-Anstalten. Bearbeitet auf Grundlage der bestehenden Gesetzgebung zum Gebrauche in der österreichisch-ungarischen Monarchie. 8. (XX, 548 S.) Geb. Wien: Hartleben 1890. 2.50

Prochaska (Hrsg.), s.a. Stationsverzeichnis.

Prochaska's Stations-Verzeichniß des Post-, Telegraphen- und Dampfschiffverkehres in Oesterreich-Ungarn. 26. Jahrg., 1897. 31. vollständig berichtigte Auflage, von Albin Edlen von Manußi-Montesole. 8. (132 S.) —.60
Teschen: Prochaska 1897.

— Stationenverzeichnis des Post-, Eisenbahn-, Telegraphen-, Telephon- u. Dampfschiffverkehrs in Oesterreich-Ungarn. 27. Jahrg. 1898. 32., vollst. bericht. u. erweit. Aufl. v. Albin Edlen v. Manußi-Montesole. gr. 8. (164 S.) Ebd. n. 1.60

Prochaska's Stationenverzeichnis des Post-, Eisenbahn-, Telegraphen-, Telephon und Dampfschiffverkehres in Oesterreich-Ungarn. 1900. 29. Jahrgang. 34. vollständig berichtigte und erweiterte Auflage von Albin Edlen von Manussi-Montesole. 8. Wien und Teschen 1900.

(F) **Prochaska's** Stationen-Verzeichnis des Post-, Eisenbahn- Telegraphen-, Telephon- und Dampfschiff-Verkehrs in Oesterreich-Ungarn. XXX. Jahrgang. 1901. 35, vollständig berichtigte und erweiterte Auflage von Albin Edlen v. Manussi-Montesole. Wien und Teschen. [1901.] Prochaska. Gr.-8°. 178 S. K 1.60

— Stationen-Verzeichnis des Post-, Eisenbahn-, Telegraphen-, Telephon- u. Dampfschiff-Verkehrs in Oesterreich-Ungarn. 31. Jahrg. 1902. 36. nach amtl. Quellen bericht. u. ergänzte Aufl. von Albin Edlen v. Manußi-Montesole. gr. 8. (178 S.) Teschen, K. Prochaska. n. 1.35

— Stationen-Verzeichnis des Post-, Eisenbahn-, Telegraphen-, Telephon- u. Dampfschiff-Verkehrs in Oesterreich-Ungarn. 35. Jahrg. 1906. 40 nach amtl. Quellen bericht. u. ergänzte Aufl. von Albin Edl. v. Manußi-Montesole. (179 S.) 8. Ebd. n. 1.35

— Stationen-Verzeichnis des Post-, Eisenbahn-, Telegraphen-, Telephon- u. Dampfschiff-Verkehrs in Österreich-Ungarn. 39. Jahrg. 1910. 44. nach amtl. Quellen bericht. u. ergänzte Aufl. von Albin Edl. v. Manußi-Montesole. (208 S.) 8. Ebd. 1.70

Prochaska's Verzeichniss aller Stationen des Post-, Eisenbahn-, Telegraphen- und Dampfschiff-Verkehres in Oesterreich-Ungarn. XII. Jahrg. 1883. 8. (75 S.) Teschen. Karl Prochaska. 60 kr.

Prochaska's Verzeichniss aller Stationen des Post-, Eisenbahn-, Telegraphen- und Dampfschiffverkehres in Oesterreich-Ungarn. 13. Jahrg. 1884. 18., vollst. berichtigte Aufl. gr. 8. (79 S.) Teschen. Karl Prochaska's Hof-Buchhandlung. 60 kr.

Prochaska's Verzeichniss aller Stationen d. Post-, Eisenbahn-, Telegraphen- u. Dampfschiffverkehres in Oesterr.-Ungarn. XIV. (1885.) Jahrg. 19., vollst. bericht. Aufl. 8. (84 S.) Teschen, Karl Prochaska. 60 kr.

Prochaska's Verzeichniss aller Stationen des Post-, Eisenbahn-, Telegraphen-, und Dampfschiffverkehres in Oesterreich-Ungarn, XV. (1886) Jahrg. 20., vollständig berichtigte Auflage. 8°. (91 S.) Teschen, Prochaska. fl. —.60.

Prochaska's Verzeichniss aller Stationen des Post-, Eisenbahn-, Telegraphen- und Dampfschiffverkehres in Oesterreich-Ungarn. XVI. Jahrg. 1887. 21. vollständig berichtete Ausgage. 8°. (95 S.) Teschen, Prochaska. fl. — 60.

— Verzeichniß aller Post-, Eisenbahn-, Telegraphen- u. Dampfschiff-Stationen in Oesterreich-Ungarn. 21. Jahrg. 1892. 26. Aufl. gr. 8. (111 S.) Ebd. * 1 20

— Verzeichniß aller Stationen des Post-, Eisenbahn-, Telegraphen- und Dampfschiff-Verkehrs in Oesterreich-Ungarn. 23. Jahrgang. 1894. 8. (118 S.) Teschen: Prochaska 1894. .60

— Verzeichniß aller Post-, Eisenbahn-, Telegraphen- u. Dampfschiff-Stationen in Oesterreich-Ungarn. 23. Jahrg. 1894. 28., vollständig bericht. Aufl. gr. 8. (118 S.) Ebd. n. 1.20

Prochaska's, K., Wegweiser für den Post-, Eisenbahn- und Telegraphen-Verkehr in Oesterreich-Ungarn. Verzeichniss aller Post-, Eisenbahn- und Dampfschiffstationen von Oesterreich-Ungarn nebst praktischen Verkehrs-Notizen für Comptoir und Reise und vier die ganze Monarchie umfassenden Special-Karten. kl. 8. (78 S.) Teschen, Prochaska. cart. 1870. 1 fl. 50 kr.

— — Dasselbe mit grosser Eisenbahnkarte. Ebds. 2 fl.

Prochaska, Ldw., kurze u. leichtfaßl. Anleitung, Gleichungen des ersten u. zweiten Grades anzusetzen u. aufzulösen. Ein pract. Hülfsbuch für Studirende. 12. Wien 844, Mayer u. Comp. 1/3 ₰

Prochaska Edler v. Mühlkampf, Alois, Aufgaben aus der höheren Mathematik u. Mechanik, samt Auflösungen. Verf. als Studienbehelf f. die Aufnahmeprüfg. in die höheren techn. Militärfachkurse. 3. Aufl. (124 autogr. S. m. Fig.) 37,5×23,5 cm. Wien 909. L. W. Seidel & Sohn. In Mappe 5. 80

Prochaszka, A., XI Thesen an den Spiritismus und seine Anhänger, beantwortet. 1. Aufl. (36 S.) 1873. * 60 Pf.; 2. Aufl. gr. 8. (32 S.) Budapest 879, (Tettey und Comp.) * — 80

Procházka, Dr. F. X., Logika. 2., verbesserte Auflage. Prag 1906. F. Kytka. Geh. K 1.60, geb. K 2.—.

Procházka, Frdr., e. Beitrag zur Kinematik d. Ebene. [Aus: „Sitzungsber. d. k. Akad. d. Wiss."] Lex.-8. (18 S. m. 2 Taf.) Wien 895. (C. Gerold's Sohn.) n. — 60

Procházka, Friedrich, Ein Beitrag zur Kinematik der Ebene. Mit zwei Tafeln. Gr.-8. (17 S.) Wien: F. Tempsky 1895. —.30

Prochazka Friedrich: Ein Beitrag zur Kinematik der Ebene (mit 2 Taf.) S. 104. II a, 05 . „ —.60
Separatabdruck

— ein Beitrag zur Translations-Bewegung. [Aus: „Sitzungsber. d. k. böhm. Gesellsch. d. Wiss."] gr. 8. (13 S. m. 1 Taf.) Prag 895. (F. Řivnáč.) n. — 50

Prochazka, Ignaz Jos.

— s. Centralorgan für Literatur.

— neue Darstellung der empirischen Psychologie. Mit 1 lith. Uebersichtstab. gr. 8. Wien 841. (Leipzig, Fr. Fleischer.) n. 2 ℛ

Prochazka, Ign. Jos., die provisorische Gemeindeordnung für die Stadt Wien. Gemeinfaßlich dargestellt u. vom Standpunkte der inneren Freiheit der Gemeinde kritisch beleuchtet. 8. (X u. 134 S.) Wien 850, Sallmayer & Co. 12 ngr

Procházka, Ignaz Jos., Gesetzbuch für das Denken. Neu verfaßt. Ein Handbuch der Logik. gr. 8. Wien 842. (Gerold.) n. 1⅓ ℛ

—— Hülfstabellen z. Studium d. reinen Logik. 3 Bl. Roy.-Fol. Innsbruck 839. (Wien, Beck'sche Univ.-Buchh.)

— ein Konstituzionsentwurf. Oestreichs konstituirender Reichsversammlung gewidmet. 8. (30 S.) Wien 848, Jasper, Hügel & Manz. n. 4 ngr

— Lehrbuch der Logik [Denklehre]. Zum Gebrauche in Obergymnasien, Oberrealschulen, in Präparandenkursen u. Lehrerbildungsanstalten. 2. (Titel-) Ausg. gr. 8. (XX u. 224 S.) Wien 851. (Gerold.) n. ⅔ ℛ

— u. M. Pablasek, Lehrbuch der deutschen Sprache f. Realschulen, Gimnasien u. Lehrerbildungsanstalten. 1. Abth.: Vorbegriffe; allgem. Betrachtung der Wörter u. Wortformen; Elementarlehre. gr. 8. (108 S.) Wien 852, Sallmayer & Co. ½ ℛ

—— Psychologie (Seelenlehre) f. Damen. Unter Mitwirkung v. Frz. Müller verfaßt. 12. (7 B.) Wien 845, Pichler's seel. Witwe.

— Psychologie (Seelenlehre) für Damen. Unter Mitwirkung des P. Frz. Müller verfaßt. 12. Wien 847, Pichler's Witwe. ⅔ ℛ

— Psychologie [Seelenlehre]. Leitfaden f. den Unterricht in Volks-, Bürger- u. Realschulen, in Untergymnasien, in Präparandenkursen u. in höheren Töchterschulen. 2. Ausg. 12. (VI u. 159 S.) Wien 850, Pichler's Wwe. ⅔ ℛ — 3. (Titel-) Ausg. 8. (VI u. 158 S.) Ebd. 851. ⅓ ℛ

Procházka, J. J., Psychologie (Seelenlehre). Leitfaden für den Unterricht in Gymnasien, Realschulen, Militär-Akademien, Lehrerbildungsanstalten und höheren Töchterschulen. 4. Aufl. 8. (98 S.) Wien 860, Pichler's Wwe. und Sohn.

Procházka, J. J., Psychologie (Seelenlehre). Leitfaden für den Unterricht in Gymnasien, Realschulen, Militärakademien ꝛc. 5. (Titel-)Aufl. Wien (851) 869. Pichler's Wwe & Sohn. 8. (V, 102 S.) 10 ngr.

Procházka, J. J., Oesterreich's Rettung. gr. 8. (IV und 66 S. Wien 867, Pichler's Witwe und Sohn.

Procházka, Johann F.

Prochaska, Joh. F., Beamten-Schematismus des Grossgrundbesitzes im Königr. Böhmen. Adressen sämmtlicher bei der Oekonomie, Forstwirtschaft und Industrie angestellten Beamten, Pächter u. s. w. Auf Grund authent. Daten verf. und hrsg. hoch 4. (II, 418 S.) Prag 887, (Neugebauer.) * * 8 —

Procházka, Joh. F., Böhmens landtäflicher Grundbesitz. [Mit 1 graf. Tableau.] Anh. Resultate der Grundsteuerregelg. Im Königr. Böhmen m. Schluss d. J. 1885. [Mit 1 Karte.] Auf Grund authent. Daten bearb. u. hrsg. hoch 4. (IV, 109 S.) Prag 886. (Neugebauer.) n.n. 8.

Procházka, Joh. F., Böhmens land- und lehentäflicher Grundbesitz. Auf Grundlage authent. Daten zusammengestellt und hrsg. gr. 8. (IV, 89 S.) Prag 877, (Grégr und Dattel.) 5

Procházka, Joh. F., Böhmens land- u. lehentäflicher Grundbesitz. Auf Grundlage authentischer Daten zusammengestellt u. hrsg. gr. 8. (IV, 89 S.) Prag 877. (Grégr & Valecka.) n. 5. —

Procházka, Joh. F., Mährens und Schlesiens land- und lehentäflicher Grundbesitz. Auf Grundlage authent. Daten bearb. und hrsg. Lex.-8. (IV, 61 S.) Prag 881, (Grégr und Valečka.) 4 —

Procháska, Johann F., Mährens u. Schlesiens land- u. lehentäflicher Grundbesitz. Auf Grundlage authentischer Daten bearb. gr. 8. (57 S.) geh. 2 fl. Prag: Kosmack & Neugebauer 1881.

Procházka, Joh. F., s. a. Schematismus, topographisch-statist., d. Grossgrundbesitzes im Königr. Böhmen.

— topografisch-statistischer Schematismus des Grossgrundbesitzes im Königr. Böhmen, zugleich Adressenbuch sämmtl. bei demselben angestellten Beamten, des Forstpersonals etc. Auf Grund authent. Daten bearb. u. hrsg. gr. 8. (V, 532 S.) Ebend. 880. n. 10.

Procházka's, Joh. F., Topographisch-statistischer Schematismus des Grossgrundbesitzes im Königreiche Böhmen, zugleich Adressenbuch sämmtlicher bei demselben angestellten Beamten, des Forstpersonals etc. 2. vermehrte und verbesserte Ausgabe. Lex.-8. (786 S.) Prag: Gustav Neugebauer 1891. 6. —

Procházka, Joseph, diplomierter Chemiker aus Kosten in Böhmen: Untersuchung über Cumaranon und dessen Derivate. Zürich 1907. 36 S. 8°. [19. III. 08.] Zürich. Phil. Diss. II. S. 1907/08.

Procházka, Josef. Untersuchung über Cumaranon und dessen Derivate. Diss. Phil. [II.] Univ. Zürich. 36 S. 8. Zürich — Buchdr. der «Politik» in Prag — 1907.

Procházka Karl: Die meteorologischen Verhältnisse von Weidenau und Umgebung im Jahre 1901 und 02. je 4. Weidenau 02. 03.
Progr.

Procházka, Karl: Übersichtliche Zusammenstellung der meteorologischen Verhältnisse von Weidenau für die Jahresperiode vom 1. Jänner bis 31. December 1901. (Umschlagtitel: ... im Jahre 1901.) S. 12—15. 8. K. k. Staats-Gymn. *Weidenau* 1902. 1903.
Progr.

Procházka, Matěj, stručný životopis Stanislava II. Pavlovského, knížete biskupa Olomouckého. [Vyňatek z „Hlasu."] Brünn 861. (Nitsch.) S. (127 S.) n. 7½ *ngr.*

Procházka, Rudolph

Procházka, Rud. Frhr., Abriss der allgemeinen Musikgeschichte, s.: Kothe (Bernh.).

Procházka, Rud. Frhr., Arpeggien. Musikal. aus alten u. neuen Tagen. gr. 8. (XIII, 149 S.) Dresden 897. O. Damm. n. 3. —

Procházka, R. Frhr. [Leon Elms], Asteroïden. 12. (II, 63 S.) Prag 887. Höfer & Klouček. n. 2.

Procházka, Rud. Frhr. [† Leon Elms], Asteroïden. 12. (II, 63 S.) Prag 887, Mercy. 2 —

Procházka, Rud. Frhr., Christus. Das Mysterium seines Leidens. Geistliches Melodrama, nach Worten der Bibel. schmal gr. 8. (XIV, 64 S.) Prag 901. Kohlíček & Sievers. n. 1. —

Procházka, Rud. Frhr., Robert Franz, s. a. Universal-Bibliothek.

Procházka, Rud. Freiherr- Robert Franz. (Musiker-Biographien, Bd. 10.) Leipzig (1894).

— das Glück. Ein Tonmärchen. Dichtung v. Thdr. Kirchner nach d. Autors Orig.-Erzählg. Das „Allerbeste" in Nr. 21 d. „Jugend" Jahrg. 1897. 12. (31 S.) Prag 898. G. Neugebauer's Verlag. n. — 40

— das Glück. Ein Tonmärchen. Dichtung v. Thdr. Kirchner. 12. (31 S.) Prag 898. Berlin, Schlesinger'sche Buchh. — 40

Das Glück. Ein Tonmärchen. Dichtung in 1 Act von Dr. Theodor Kirchner. Musik von Rudolph F$^{rh.}$ **Procházka.** Klav.Ausz. mit Text (vom Komp.) *Berlin: Schlesinger 1900.* (95 S.) 4° [—. 6761

Das Glück. Ein Tonmärchen. Musik von Rudolph Frh. **Procházka.** Dichtung in 1 Akt von Dr. Theodor Kirchner. Nach d. Verf. Erzählung 'Das Allerbeste' in Nr 21 d. 'Jugend', Jg. 1897. [Textbuch.] Berlin: Schlesinger [1900]. 23 S. 8° [II. 11c35

— Mozart in Prag. Zum 100 jähr. Gedächtniß seines Todes. Mit 3 Beilagen u. 5 Abbildgn. gr. 8. (VIII, 236 u. V S.) Prag 892. H. Dominicus. n. 6. —; geb. in Leinw. n. n. 7. —

— Mozart in Prag. Zum 100jähr. Gedächtniß seines Todes. Neue bill. [Titel-]Ausg. Mit 3 Beilagen u. 5 Abbildgn. gr. 8. (VIII, 236 S.) Prag [892.] 899. G. Neugebauer. Geb. in Leinw. n. 3. 30

— Johann Strauss, s. a. Musiker, berühmte. 10.

Johann Strauss. Von Rudolf F$^{rh.}$ **Procházka.** *Berlin: Harmonie 1900.* (121 S.) 4°(8°)
= **Musiker.** Berühmte. 10. [—. 668

— Versuch e. Reform der deutschen Lyrik, s.: Büchersammlung, allgemeine, lebender Schriftsteller.

Procházka, Vlad. Jos., das ostböhm. Miocän, s. a. Archiv d. naturwissenschaftl. Landesdurchforschung v. Böhmen. X. 2.

Das ostböhmische **Miocaen.** Von Vlad. Jos. **Procházka.** (Mit Abb.) *Prag: Fr. Řivnáč in Comm. 1900.* (172 S.) 4°(8°)
= **Archiv** d. naturwiss. Landesdurchforschung Böhmens. Bd 10, No 2. [os. 1925

Procházka, Wilhelm, Hauptm. Geschichte des k. k. Inft.-Reg. Feldmarschall-Lieut. Wilhelm Freiherr v. Reinländer **Nr. 24.** Von dessen Errichtung bis auf die Gegenwart, nach Acten des k. k. Kriegs-Archivs, Aufzeichnungen im Reg. und sonstigen authentischen Quellen bearbeitet im Auftrage des Reg. Mit 14 Lichtdruck-Beilagen. 8. (Wien 1886.)

Proché, E. E. G., die Commassation oder Zusammenlegung der Grundstücke. Darlegung des bei Durchführung derselben in verschiedenen Staaten beobachteten Verfahrens mit specieller Berücksicht. von Oesterreich-Ungarn. Mit 6 Formularen und 1 Tab. gr. 8. (48 S.) Wien 879, Hartleben's Verlag. 1 50

Prochel, J. Chr., Friedrich Wilhelm der Dritte, das Bild seines Lebens und seines Todes. Gedächtnißpredigt, zunächst für seine liebe Gemeine zur bleibenden Erinnerung an den Unvergeßlichen. 8. Stolp 841, Fritsch. ⅙ *ℛ*

— Jubel-Predigt über 1 Corinth. 2, 1. 2. am 29. Oktbr. 1845, als dem Tage seiner 50jähr. Amtswirksamkeit gehalten. 8. Ebend. 846. 3 *ngr*

Prochiron auctum ed. Zachariae a Lingenthal, s. Jus graeco-romanum.

Prochiron, imperatorum Basilii, Constantini et Leonis. — *Ὁ Πρόχειρος Νόμος.* — Codd. Mss. ope nunc primum ed., prolegomenis, annotatt. et indd. instruxit C. E. Zachariae. I. U. Dr. Accedit Comment. de Biblioth. Bodlej. ejusque codd. ad jus Graeco-Romanum spectantibus. 8 maj. Heidelbergae 837. Mohr. 3½ *ℛ*

Prochlich, ..., der Perser Selim. 8. Straubing 800. Heigl. (Schorner). 8 *ℋ*

Prochnow, Gutsbesitzer, Beschreibung eines eigenthümlich dargestellten Hack- und Häufelpfluges zum Behacken und Behäufeln der Kartoffeln, Runkelrüben u. a. Früchte in Reihen, welcher, mit einem Pferde bespannt, in einem Tage mehr Land durchackert, als dreißig Leute vermögen ꝛc. Mit 6 lithogr. Abbildd. 8. Berlin 838. (Bade.) Versiegelt n. 3 *ℛ*

Prochnow, die schwefelsauren Eisenoxydul-Wässer mit besond. Berücksicht. der Eisenwässer zu Muskau. 8. (72 S. mit 1 Tab. und 1 Stnt.) Spremberg 878, Erbe's Buchh. * 1 60

Prochnow, Ich beschwöre euch bei dem Herrn, daß ihr diese Epistel lesen lasset alle heiligen Brüder. 1. Thess. 5, 27. Predigt, gehalten am fünften Sonntage nach Ostern, Rogate, beim vierten Jahresfeste der Deutschen Evangel. Buch- und Tractat-Gesellschaft am 29. April 1883 Abends 6 Uhr in der St. Lucas-Kirche zu Berlin. [Nach Aufzeichnungen eines Zuhörers.] 8. (8 S.) Berlin 883, Deutsche Evangel. Buch- und Tractat-Gesellschaft. * — 10

Prochnow, Dr. med. Muskau, seine Kur-Anstalten und Umgebungen. Mit 8 Ansichten und 1 Wegekarte des Parkes. 16. Muskau 1857.

Prochnow, Muskau, seine Kur-Anstalten und Umgebungen. gr. 16. (III und 68 S. mit 8 lithogr. Ansichten in Tondr., wovon 2 ill., und 1 lithogr. und ill. Wegekarte des Parkes in qu. 8.) Muskau 858. (Hoyerswerda, Erbe.) Thlr. *

Prochnow, Adolf: Beiträge zur Untersuchung des Kakaos und seiner Präparate. 1909. 70 S. 8° ¶ Ausz. in: Archiv d. Pharmazie. Bd 247. 248. 1909. 10.
Braunschweig, Dr.-Ing.-Diss. v. 16. 3. 1909

Prochnow, C. F., der Geist Jesu in bibl. Gemälden u. Liedern. 8. Berl. 827. (Plahn). 16 gGr Schrbp. 20 gGr Velinp. 1 Thlr 4 gGr

Prochnow, Aemilius (Eduard) Albert, (geb. Frankfurt a. O. Febr. 1819): Nonnulla de pathologia et physiologia tuberculorum. Berolini (1845). (20 S.) 8°
Berlin, Med. Diss. v. 7. Juni 1845

Prochnow, Frid. Eduard. Otto (geb. Storkow 27. 6. 1821): De lingua ut signo. Berolini (1845). (28 S.) 8°
Berlin, Med. Diss. v. 21. Apr. 1845

Prochnow, Georg, aus Landsberg a. W.: Mittelhochdeutsche Silvesterlegenden und ihre Quellen. *Marburg i. H. 1901: (Waisenhaus in Halle a. S.).* (86 S.) 8° ¶ (Aus: Ztschr. f. deutsche philol., jg. 33, heft 2.)
Marburg, Phil. Diss. v. [28. Aug.] 1901

Des dankbaren Peters Weihnachtsgeschenk von J. D. **Prochnow**. Berlin: Deutsche Sonntagsschul-Buchh. [1906]. (32 S.) 8° [Umschlagt. F.]
— **Kinderglocken.** II. 22. (c6. 5935

Prochnow, J. G., Anleitung zur Kunst, Wohnungen und Wirthschafts-Gebäude in sehr kurzer Zeit wohlfeil, Feuer- u. Wetterfest zu erbauen, aus reinem Sande u. sehr wenigem Kalk. Für Haus- u. Güterbesitzer, Bauherrn 2c. Mit 1 lith. Taf. 1842 und Nachtrag dazu. Mit 1 lith. Taf. gr. 8. Schwedt 846. (Berlin, Oehmigke's Buchh.) n. 3 Thlr

Prochnow, J. G., Anleitg. zur Kunst, Wohnungen u. Wirthschafts-Gebäude in sehr kurzer Zeit wohlfeil, feuer- u. wetterfest zu erbauen aus reinem Sande u. sehr wenigem Kalk. Für Haus- u. Güterbesitzer 2c. Nebst 2 Nachträgen. gr. 8. (68 S. mit 3 lith. Taf. in 4. u. qu. Fol.) Greifenhagen 847. Berlin, Springer in Comm. — 2. umgearb. u. verm. Ausg. Mit 1 lith. Taf. (in qu. Fol.) 8. (VI u. 39 S.) Ebd. 848. n. 3 Thlr

— Zusätze zur 2. Ausg. des Kalksandbaues, enth. die neuesten Erfahrungen in dieser Kunst, z. B. vermeiden der Risse u. Spalten der Mauern, verbessertes Mengen der Masse ohne alle Maschinen 2c. u. eine Anweisung zur Verfertigung dauerhafter Drain-Röhren zur Trockenlegung versumpfter Landungen aus Sand u. Kalk. Mit 1 lith. Taf. (in 4.) gr. 8. (19 S.) Ebd. 852. baar n. n. 1 Thlr

Prochnow, J(oh.) D(ettloff), Abendstunden. gr. 8. (64 S. Berlin 864, (Beck.)

Prochnow, Joh. Dettloff, Anfangsgründe einer Grammatik der Hindustanischen Sprache. br. 8. (34 S.) Berlin 852, W. Schultze in Comm. n. ⅓ Thlr

Prochnow, J(oh.) D(ettloff), der Bawa, s. Bawa, der.

Prochnow, J. D., Bibelwegweiser, oder Anweisung zu einem gesegneten Bibellesen für Familien u. Schulen. Berlin 870. Prochnow's Selbstverl. 8. (334 S.) 22½ ngr.

— Ebenezer. Denkstein einer 25jährigen Missionsthätigkeit. Aus gedruckten Berichten u. ungedruckten Briefen zusammengestellt. 1. Australien. Berlin 862. Beck in Comm. 8. (84 S.) 7¼ ngr.

—— Etwas für's Haus und für's Herz. gr. 8. (40 S.) Berlin 860, (Beck.)

— die deutschen Gemeinden in Bessarabien, in ihrem sittlichen und religiösen Zustande, nach Berichten eines Augenzeugen mit 1 Karte (in Holzschn.). (Abdr. aus dem „Christlichen Hausfreund.") Berlin 862. W. Schultze in Comm. 8. (64 S.) n. 5 ngr.

—— Johannes Goßner. Biographie aus Tagebüchern und Briefen. 2 Thle. 8. Berlin 874, Buchh. des Missions- und Frauen-Kranken-Vereins. [1. Thl. (386 S.) *M* 2,25.; 2. Thl. (64 S.) 40 Pf.]

—— Johannes Evangelist Goßner. Eine biographische Skizze nebst Uebersicht der Goßnerschen Missionsthätigkeit. 8. (110 S. mit Portr. in Holzschn.) Berlin 859, (W. Schultze.)

— hast du Gott lieber, als deine Pfeife? oder Schäfer Peters. Eine wahre Geschichte aus dem tägl. Leben zur Prüfung u. Beherzigung für Jedermann. 2., verm. Aufl. Ebend. 867. 8. (24 S.) n. 2½ ngr.

—— achtzehn Jahre in Ostindien. Vortrag, gehalten auf Veranlassung des evangel. Vereins am 17. Januar 1859. gr. 8. (20 S.) Berlin 859, (W. Schultze.)

— unter dem Kreuze. Drei mal sieben u. zwei Sonnette. Eine Passionsblume dargereicht zum Besten der Mission von O. S. Berlin 866. Buchh. des Missions-Vereins. 32. (24 S.) 3 ngr.

Prochnow, J. D., das Leben unseres Herrn nach den vier Evangelien. Vorbereitung für Sonntagsschul-Lehrer und Lehrerinnen über Abschnitte des Neuen Testaments, mit prakt. Anleitung zum Unterricht der Kinder in Frage und Antwort. 6 Lfgn. 8. (574 S. mit lithogr. Karte von Palästina.) Berlin 879, Prochnow jun. à Lfg. *M* 1.

—— Leben und Wirken von Johann Jakob Weitbrecht, weiland Missionar der engl. kirchlichen Missions-Gesellschaft zu Burdwan in Bengalen. 8. (IV und 220 S. mit Weitbrechts Bildniß in Stahlst., 20 eingedr. Holzschn. und Karte in Holzschn.) Berlin 861, (Beck.)

— ein treuer Lehrer, oder wie man das Böse todt lebt. Eine wahre Geschichte für Jung u. Alt. Berlin 868. Prochnow's Selbstverl. 16. (44 S.) 3 ngr.

—— Missionsgeschichten für Kinder. Zwölf Erzählungen aus der Heidenwelt. 4. (58 S. mit 12 Abbild. auf Holzschnt.) Berlin 861, Beck.

—— Missionsgeschichten für Kinder. 12 Erzählungen aus der Heidenwelt. 1. Bdchn. 2. Aufl. und 2. Bdchn. Mit je 12 Abbild. (in Holzschn.) 4. (62 S., 72 S.) Berlin 862, Beck. cart. à Bdchn. * 16 Ngr.
cart. à Bdchn. ill. * 20 Ngr.

Prochnow, J. D., s.: Sonntags-Schule, die.

—— Trostbüchlein für Leidende, Kranke und Sterbende. Für den Frauen-Kranken-Verein in Berlin. 3., mit Einleitung verm. und verb. Aufl. gr. 8. (IV und 144 S.) Berlin 863, (W. Schultze.)

—— der Weg zum Kreuz. Eine Passionsblume dargereicht von einem Freunde des Kreuzes Christi und zum Besten der Mission hrsg. 32. (30 S.) Berlin 866, Buchh. des Missions-Vereins.

— der Weg zum Kreuz. Eine Passionsblume dargereicht von einem Freunde des Kreuzes Christi u. zum Besten der Mission hersg. Berlin 868. Buchh. des Missions-Vereins. 32. (30 S.) 3 ngr.

— Weihnachts-Bilder für Junge u. Alte, Gesunde u. Kranke gesammelt, gewidmet u. dargereicht den lieben Kindern der Sonntagsschule in Deutschland u. der Schweiz. Berlin 868. Prochnow's Selbstverl. 16. (32 S. mit eingedr. Holzschn.) 3 ngr.

Prochnow, M(ax), pract. Arzt: Zur Klinik und pathologischen Anatomie der sulzigen Scleritis. *Greifswald 1902: J. Abel.* (36 S.) 8°
Greifswald, Med. Diss. v. 31. Juli 1902

Prochnow, Oskar, a. Wendisch-Buchholz: Die Abhängigkeit der Entwicklungs- und Reaktionsgeschwindigkeit bei Pflanzen und poikilothermen Tieren von der Temperatur. (Guben 1908: E. Fechner.) (39 S.) 8°
Berlin, Phil. Fak., Ref. F. E. Schulze, Diss. v. 15. April 1908
[Geb. 27. Nov. 84 Wendisch Buchholz; Wohnort: Wendisch Buchholz; Staatsangeh.: Preußen; Vorbildung: Friedrich-Wilhelms-Gymn. Kottbus Reife O. 04; Studium: Berlin 7 S.; Rig. 5. März 08.]

Der Erklärungswert des Darwinismus und Neo-Lamarckismus als Theorien der indirekten Zweckmässigkeitserzeugung. Von OSKAR PROCHNOW, Wendisch-Buchholz. Berliner Entomologische Zeitschrift Bd. LII, 1907. Beiheft. ib. 1907. 8°.

Prochnow, Osk., der Erklärungswert des Darwinismus u. Neu-Lamarckismus als Theorien der indirekten Zweckmässigkeitserzeugung. (Berl. entomol. Zeitschrift, Beiheft.) Selbstbericht u. Gegenkritik. (59 S.) 8. Berlin 909. W. Junk. 1. 50
Sonderabdruck aus: „Intern. entomol. Ztschr."

-- dasselbe, s. Zeitschrift, Berliner entomologische. Beiheft.

— Ueber die Färbung der Lepidoptera. Ein Beitrag zur Descendenz-Theorie. Einige Momente f. u. gegen Mimikry, Selektion, Descendenz. (262 S. m. Abb., 4 [2 farb.] Taf. u. 1 Tab.) 8. Guben (906). (Berlin, W. Junk.) 7. —
Sonderabdruck aus: „Entomolog. Zeitschr."

Prochnow, Osk., die Lautapparate der Insekten. Ein Beitrag zur Zoophysik u. Deszendenz-Theorie. (178 S. m. Abb.) gr. 8. Guben 907. (Berlin, W. Junk.) 5. —
Sonderabdruck aus: „Internat. entomolog. Ztschr."

Reactionen auf Temperatur-Reize. Von Dr. Oskar Prochnow. Berlin: W. Junk 1908. (63 S.) 8°
= Prochnow: Biophysikal.-deszendenzteoret. Studien. T. 1. [illegible]

— Biophysikalisch-deszendenztheoretische Studien. 1. Tl.: Reactionen auf Temperatur-Reize. (63 S.) gr. 8. Berlin 908. W. Junk. 2. 50

Die Theorien der aktiven Anpassung m. besond. Berücks. d. Deszendenztheorie Schopenhauers. Von Dr. Oskar Prochnow. Leipzig: Akad. Verl. Gesellsch. 1910. 72 S. 8°
(Annalen d. Naturphilosophie. Bd 10, Beih. 1.) [illegible]

— Vogelflug u. Flugmaschinen. Darstellung u. Kritik der Erfindg. des Kraftfluges durch Natur u. Technik. (101 S. m. 86 Abb.) 8. Leipzig (910). Th. Thomas. 1. —

L. PROCHOWNICK, Geburtshülfe und Cultur. Festrede zur Feier des fünfundzwanzigjährigen Bestehens der Geburtshülflichen Gesellschaft zu Hamburg am 7. October 1883. Leipzig. Druck von A. Th. Engelhardt. 8⁰.

Prochownick, W., s. Schirrmeister, G., Das bürgerl. Recht Englands.

Prochownick, Wilhelm, Referendar: Ueber die Unmöglichkeit der Leistung bei Vermächtnissen. *Göttingen 1901: Dieterich.* (64 S.) 8°
Göttingen, Jur. Diss. v. [12. Nov.] 1901

Prochownick, Wilh., über die Unmöglichkeit der Leistung bei Vermächtnissen. Diss. gr. 8. (64 S.) Göttingen 901. (Vandenhoeck & Ruprecht.) n. 1. 60

Prochownik, Berthold [Dr.]: Das angebliche Recht auf Arbeit. Eine histor.-krit. Untersuchg. Berlin, Puttkammer & Mühlbrecht, 1891; VI S., 1 Bl., 123 S. 8.
Heidelberg, Phil. Fak., Inaug.-Diss. v. [2. März] 1891

Prochownik, Berth., das angebliche Recht auf Arbeit. Eine histor.-krit. Untersuchg. gr. 8. (VII, 123 S.) Berlin 892. Puttkammer & Mühlbrecht. n. 1. 60

Prochownik, L.: Über die Auskratzung der Gebärmutter, s. Sammlung klinischer Vorträge.

Prochownik, L., d. Behandlg. d. ectopischen Schwangerschaft m. Morphiumeinspritzgn. nach v. Winckel, s.: Klinik, Berliner.

Prochownik, L., e. Beitrag zur Mechanik des Tubenaborts. [Aus: „Festschrift der Gesellsch. f. Geburtshilfe u. Gynäkol."] gr. 8. (31 S. m. 3 Lichtdr.-Taf.) Wien 894. A. Hölder. n. 3. 20

Prochownik, L., Massage in der Frauenheilkunde. gr. 8. (III, 176 S.) Hamburg 890. Voss. n. 4. —; geb. n. 5. —

Prochownik, L., üb. Pessarien, s.: Sammlung klinischer Vorträge.

Prochownik, Max: Aus d. dermatol. Klinik d. Univ. Leipzig. Dir.: Rille. Die Hautkrankheiten der Ohrmuschel. Borna-Leipzig 1910: Noske. 53 S. 8°
Leipzig, Med. Diss. v. 18. Juni 1910, Ref. Hoffmann
[Geb. 16. Okt. 84 Zirke; Wohnort: Leipzig; Staatsangeh.: Preußen; Vorbildung: Friedrich-Wilhelm-Gymn. Posen Reife O. 04; Studium: Leipzig 2, Freiburg i. B. 1, Leipzig 2, Berlin 1, Leipzig 4 S.; Coll. 29. Juni 10; Approb. 21. Mai 10.] [U 10. 3043

Prochownik, S(iegfried), appr. Arzt aus Posen: (Aus d. path.-anat. Abt. d. kgl. hygien. Instituts zu Posen. Vorstand: Prof. Dr. Lubarsch.) Ueber Widerstands- und Lebensfähigkeit epithelialer Zellen. *Jena: G. Fischer 1903.* (26 S.) 8°
Leipzig, Med. Diss. v. (26. Jan.) 1903

Prochownik, Wilh., das bürgerliche Recht Englands, s.: Schirrmeister, Gust.

Prock Eugen: Nietzsches Stellung zur Mitleids-Moral. Ein Beitrag zum Thema „Schopenhauer und Nietzsche".
II. 1901 PN 1444 Diss. Wien. Univ. 90

Proeckel, s. Proeckl

Prockesch, Louise, Methodik des Unterrichts in den weibl. Handarbeiten, s.: Handbuch der spec. Methodik. 13.

— 30 Tafeln zur Methodik des Unterrichts in den weiblichen Handarbeiten. 3. Aufl. qu. Fol. Wien 900, A. Pichler's Wwe. & Sohn. In Futteral n. 3. —

Prockl, Fr. Joseph „Beiträge zum Betriebe des Ackerbaues". pg. 1—9. 4°. M. J. Wailandt's Wittib und Sohn. Aschaffenburg. Progr. 1840/41

Pröckl, Vincenz: Eger und das Egerland. Historisch, statistisch und topographisch dargest. Bd 1. 2. — Prag: Kobrtsch & Gschihay; Haase in Komm. 1845. XIV, 335 S. mit 11 Abb. [Taf.]; 382 S. mit 11 Abb. [Taf.]

Pröckl, Vincenz. Eger und Das Egerland. Histcrisch, statistisch und topographisch dargestellt . . . Prag und Eger 1845. Gedruckt . . von C. W. Medau & Comp.
2 Bde. 8°.
I: Lithogr. Tit., XIV S., 1 Bl. 342 S.
II: Tit., 382 S., 1 Bl.
Zusammen m. 22 z. T. kol. Taf. in Lithogr.

Pröckl, Vinc., Geschichte der Stadt Königsberg an der Eger und ihre Umgebung, in dem Zeitalter 1812—1884. Nach Urkunden dargestellt. 8. (88 S. mit Illustr.) Tachau 885, Holub.

Proeckl, Vinc. Schloss Seeberg im Egerlande. Seine Geschichte. (36) 8. Eger 1871. 0,80.

Prockner, Franz Kajetan, theoretisch-prakt. Darstellung über das letztwillige Verfügungsrecht der Aeltern hinsichtlich ihrer, zu testiren unfähigen Kinder. Nach dem allgem. österreichischbürgerl. Gesetzbuche mit Hinsicht auf das römische Civil-Recht. gr. 8. Wien 840. Braumüller u. Seidel. ²⁄₃ *ℓ*

Procksch, A., Anleitg. z. Vorbereitg. auf C. Julius Cäsars gall. Krieg, 2. Aufl. v. J. Lange, s.: Schüler-Kommentare zu griech. u. latein. Klassikern.

Procksch, A., Die Bedeutung von θάνατος mit und ohne Artikel u. die Phrase θάνατός ἐστιν ἐν χρῄμα. S.-A. 1877. 18 S. —.90

Karl Christian Friedr. Krause. Ein Lebensbild nach seinen Briefen dargest. von A. Procksch. Mit Krauses Photogr. nach Hänels [!] Büste. Leipzig: Grunow. 1880. 99 S. 1 Bildn. 8°
Auszug in: L. 8 (1880) S. 156.
cf. Bh. 23 (1880) S. 169—171 (J. G. Findel).
Tt. 956.

[F.] **Procksch,** *August* [Prof. Dr., Dir.]: *Bericht über die Feier des 50jährigen Erinnerungstages an die Einweihung des Josephinums und Nachträge zu: Mor. Geyer, Verzeichn. d. Abiturienten . . .* Altenburg, Druck v. O. Bonde, *1892;* 5—7 S. 4.
Altenburg, Friedrichs-G, OP 1892 (682)

Bericht über die 200jährige Jubelfeier der Schule. 4 (S. 15—24).
Progr. Christiansg. *Eisenberg* 1889 (647).

(Procksch, A.) [Dir. Dr.]: Herzog Christian von Sachsen-Eisenberg. Ein Lebensbild. Altenburg, Druck d. Pierer'schen Hofbuchdr. Stephan Geibel & Co. (1888); S. 1–46; 8°
Eisenberg, herz. Christians-G, P 1889 (647)

Procksch, August Herzog Christian von Sachsen-Eisenberg. Ein Lebensbild. 8 (S. 1—46).
In: Festschrift zur 200jährigen Jubelfeier des
Progr. Christiansg. *Eisenberg* 1889 (647).

Procksch, A. Geschichte des Lyceums zu Eisenberg. I. 31 S. II. 36 S. **Progr.** *Eisenberg* 1877. 1878.

(Procksch, A.) [Dir. Dr.]: Geschichte des Lyceums zu Eisenberg. Altenburg, Druck d. Pierer'schen Hofbuchdr. Stephan Geibel & Co. (1888); S. 47–125; 8°
Eisenberg, Christians-G, P 1889 (647)

Procksch. August Geschichte des Lyceums zu Eisenberg. 8 (S. 47—125).
In: Festschr. z. 200jähr. Jubelfeier des Christiansg. *Eisenberg* 1889 (647).
Die Geschichte des Lyc. ist nur eine meist gekürzte Überarbeitung der Progr. von 1877 und 1878, doch bis zur Gegenwart fortgesetzt.
Progr.

Procksch, *August: Die Gründe des Rückganges der Schülerzahl an der Anstalt.* 4 (S. 1—3 d. Schuln.).
Progr. Friedrichs-G. *Altenburg* 1898

Procksch, A., Bernhard Aug. Frhr. v. Lindenau als Kunstfreund. Ein Beitrag zu seiner Biographie. Erweiterter Abdr. der Abhandlg. des Friedrichsgymnasiums v. Ostern 1899. 8. (V, 185 S. m. 1 Bildnis.) Altenburg 899. St. Geibel. n. 2. —; geb. n. 3. —

Procksch, [August], Schulrat Dr., Dir.: Freiherr Bernhard August von Lindenau als Kunstfreund. Ein Beitrag zu seiner Biographie. *(Altenburg 1899: Pierer.)* (59 S.) 4° [F.]
Altenburg, Friedrichs-G, OP 1899 (730)

Procksch, August, Direktor Dr.: **Rückblick. Altenburg 1907:** St. Geibel & Co. (20 S.) 4° [F.]
Altenburg, Friedrichs-G OP 1907 (859)

Procksch, Aug., griech. Schulgrammatik, s.: Uhle, Heinr.

Procksch, Otto: Über die **Blutrache** bei den vorislamischen Arabern und Mohammeds Stellung zu ihr. *Leipzig 1899: B. G. Teubner.* (42 S.) 8° • (Erschien vollst. in: Leipziger Studien aus d. Gebiete d. Geschichte. 5, 4.)
Leipzig, Phil. Diss. v. [10. Juli] 1899

Procksch, Otto, über die Blutrache bei den vorislamischen Arabern u. Mohammeds Stellung zu ihr, s.a. Studien, Leipziger, a. d. Gebiet d. Geschichte. V. 4.

Über die Blutrache bei den vorislamischen Arabern und Mohammeds Stellung zu ihr. Von Otto **Procksch.** Leipzig: B. G. Teubner 1899. (91 S.) 8°
(Studien, Leipziger, aus d. Geb. d. Geschichte. Bd. 5, H. 4.)

Procksch, Otto, Dr. phil.: Die **Geschichtsbetrachtung bei Amos, Hosea und Jesaia.** *Königsberg i. Pr. (1901): Hartung.* (44 S.) 8° ¶ (Teil einer gröss. Arbeit: Über d. Geschichtsbetrachtung u. d. geschichtl. Erinnerungen bei d. Profeten bis auf Hesekiel.)
Königsberg, Theol. Diss. v. 24. Juli 1901

— Geschichtsbetrachtung u. geschichtl. Überlieferung bei den vorexilischen Propheten. gr. 8. (VIII, 176 S.) Leipzig 902. J. C. Hinrichs' Verl. n. 5. 50; geb. in Leinw. n. 6. 50

Procksch, Otto, Johannes der Täufer, s.a. Zeit- u. Streitfragen, biblische. III, 5.

Johannes der Täufer. Von Lic. Dr. O[tto] **Procksch,** Prof. Gr.Lichterfelde-Berlin: E. Runge 1907. (45 S.) 8° [F.]
— Zeit- u. **Streitfragen,** Biblische. Ser. 3. H. 5. (07. 19974

Die Propheten. Von Dr. O[tto] **Procksch,** Prof. Leipzig: Hinrichs 1910. 134 S. 8°
(Procksch: Studien zur Geschichte der Septuaginta. [1.])
(Beiträge z. Wissenschaft vom Alten Testament. II. 7.) (10. 3251

Das nordhebräische Sagenbuch. Die Elohimquelle. Übers. u. untersucht von Lic. Dr. O[tto] **Procksch.** Leipzig: J.C. Hinrichs 1906. (394 S.) 8° (06. 8409

— Die kleinen prophetischen Schriften vor dem Exil, s.a. Erläuterungen zum Alten Testament. 3. Tl.

Die kleinen prophetischen Schriften vor dem Exil von D. Otto **Procksch,** Prof. Calw & Stuttgart: Vereinsbuchh. 1910. 175 S. 8°
(Erläuterungen z. Alten Testament. T. 3.) (10. 17349

-Studien zur Geschichte der Septuaginta. Die Propheten, s.a. Beiträge zur Wissenschaft v. Alten Testament. 7. Heft.

Studien zur Geschichte der Septuaginta. Von Dr. O[tto] Procksch, Prof. [1.] Leipzig: Hinrichs 1910. 8°
(Beiträge z. Wissenschaft vom Alten Testament. H. 7.)

Procksch, Ph. Aug., die Consecutio temporum bei Caesar. gr. 8. (36 S.) Leipzig 874, (Teubner.) * — 80

Procksch, Ph. Aug., Gebrauch der Nebensätze bei Caesar. I. Ein Beitrag zur latein. Grammatik. Bautzen 870. (Rühl.) 4. (40 S.) n. 10 ngr.

Königlich-Preussischen Feld-Kriegs-Directorii Proclama, de dato Torgau, den 14. Sept. 1756. 4. (4 S.)

Proclama d. Jülich-Bergisch evangel.-luther. Kirchensynode, mit Anmerkk. gr. 8. Frankf. a. M. 780. Garbe. (Hermann). 8 gr.

Proclamations de S. A. R. le Prince royale de Suède et Bulletins publ. au Quartier-Général de l'Armée combinée du Nord de l'Allemagne depuis le commencement des opérations jusqu'au 10. Nov. 1813. 8. Götting. 813. Dieterich. 12 gr. — Dass. deutsch. gr. 8. Ebd. 813. 12 gr.

Proclus Diadochus
(auch: Proclus Philosophus)

Procli Diadochi in Platonis Cratylum commentaria ed. Georgius Pasquali. Lipsiae: B. G. Teubner 1908. (XIII, 149 S.) 8°
(Bibliotheca script. graec. et rom. Teubneriana.)

Procli Diadochi in Platonis Timaeum commentaria ed. Ernestus Diehl. 1–3. Lipsiae: B. G. Teubner 1903–06. 3 Bde 8°
1. 1903. 2. 1904. 3. 1906.
(Bibliotheca script. graec. et rom. Teubneriana.)

Procli Diadochi in Platonis Timaeum commentaria. Ed. Ernest. Diehl. I—III. 8. Leipzig, B. G. Teubner. n. 30. — geb. n. 32. —
I. (LIV, 476 S.) 903. n. 10. —; geb. n. 10. 80
II. (VI, 334 S.) 904. n. 8. —; geb. n. 8 60
III. (XIV, 504 S.) 906. n. 12. —; geb. n. 12. 60

— — Successoris in Platonis Alcibiadem priorem commentarii, edidit Fr. Creuzer, s.a. Initia Philosophiae et Theologiae etc.

Procli Diadochi et Olympiodori in Platonis Alcibiadem commentarii, sive Initia philosophiae ac theologiae ex Platonicis fontibus ducta, Graece et lat. Ex codd. mss. nunc primum graece edidit, itemque ejusd. Procli institutionem theologicam integriorem emendatioremque adjecit Fr. Creuzer. Francof. 819–22. 3 P. 8. 7 rthl. 12 gr. (I. 1. 2. Procli in Platonis Alcibiadem I. commentarii. 2 rthl. 12 gr. II. Olympiodori in Platonis Alcibiadem I. commentarii. 2 rthl. III. Procli Institutio theologica. Gr. et lat. 3 rthl.) Der vierte Theil wird die lateinische Übersetzung des übrigen Proclus enthalten.

Procli Diadochi in primum Euclidis elementorum librum commentarii. Ex recognitione Godofr. Friedlein. 8. (VIII, 507 S.) Leipzig 873. Teubner. 6. 75

Procli Commentarius in Parmenidem. Emendatius ed. Godofr. Stallbaumius. 8 maj. Lipsiae 840 Lehnhold. 2 ₰

Procli Commentarius in Parmenidem. Emendatius ed. Godofr. Stallbaumius. 8maj. (34 B.) Lipsiae 840, [Wöller.]
Vgl. Platonis Parmenides.

Procli commentariorum in rempublicam Platonis partes ineditae, s. Anecdota varia graeca et latina.

Procli Diadochi in Platonis rem publicam commentarii. Ed. Guil. Kroll. Vol. I u. II. 8. Leipzig, B. G. Teubner. n. 18. —; Einbde. à n. — 60
I. (VII, 296 S.) 899. n. 5. —. II. (IX, 476 S.) 901. n. 8. —.
(Bibliotheca script. Graec. et Rom. Teubneriana.)

Procli Commentarius in Platonis Timaeum libri quinque. Graece recens. Car. Er. Cph. Schneider. 8maj. Vratislaviae (846) 847, Trewendt. 4½ ₰

Procli Platonici de conscribendis epistolis libellus. Denuo recens. ed. Ant. Westermann. Lipsiae 856. Dürr'sche Buchhdlg. 4. (22 S.) 4½ ngr.

— *Hymni*. Gr. et lat. ed, G. Olearius. Lips. 700. 8.

Procli Diadochi hypotyposis astronomicarum positionum. Una cum scholiis antiquis e libris manu scriptis ed., germanica interpretatione et commentariis instruxit Carol. Manitius. (XLVIII, 378 S. m. Fig.) kl. 8. Leipzig 909. B. G. Teubner. 8.—; geb. 8. 60
(Bibliotheca script. Graec. et Rom. Teubneriana.)

— institutio theologica, gr. et lat. ed. Fr. Creuzer, s. *Initia Philosophiae*.

Procli philosophi platonici Opera, e codd. Mss. Biblioth. Parisiensis tum primum edidit, lectionis varietate, versione latina, commentariis illustr. Victor Cousin. Tom. Is — IVus gr. in 8. Parisiis, Eberhart. (Strasb., Levrault.) 820 et 821.

Procli philosophi Platonici Opera, ed., lect. variet., vers. lat., comment. illustr. Vict. Cousin. VI Voll. gr. 8. Paris 820—27. Levrault. 19 ₰ 18 gr.

— id. lib., s. Initia.

— carminum graecorum reliquiae, s.a. Eudociae Augustae carminum graecorum reliquiae.

Procli Lycii carminum reliquiae ab Arth. Ludwich editae. Progr. gr. 4. (31 S.) Königsberg 895. (Akadem. Buchh. v. Schubert & Seidel.) n. — 20

— — scholia in Cratyl. Platonis etc. edidit Boissonade, s.a. Scholiorum graec. T. I.

Ex Procli scholiis in Cratylum Platonis excerpta, Graece. E codd. ed. J. Fr. Boissonade. Lips. 820. 8. 12gr.

— Scholia in Platon. Cratylum, ed. et not. adj. J. F. Boissonade. 8. Leipz. 823. Weigel. 12 gr.

Procop, Wilhelm, Dr., Prof.: Die Psalmen des Paulus Melissus in ihrem Verhältnisse zur französischen Psalmen-Uebersetzung des Marot-Beza und zur Vulgata. Eine sprachl. Untersuchung. *Rosenheim 1899: M. Niedermayr.* (21 S.) 8°
Rosenheim, k. humanist. G, P 1899*

Procop, Wilh., syntactische Studien zu Robert Garnier. Inaugural-Dissertation. gr. 8. (V, 150 S.) Eichstätt 885. (Stillkrauth.) n. 2. 40

Syntaktische Studien zu Robert Garnier. — Von Dr. Wilhelm Procop, Stdl. — 1886, Eichstätt, ebenda. — S. I—V und 1—150.
Progr. Eichstätt, K. Gymn.

Procop, Wilhelm [Dr., Prof.]: Ueber den Ursprung und die Entwickelung der französischen Sprache. Eine Ferienlektüre f. reifere Gymnasialschüler. Bamberg, F. Humann'sche Buchdr., 1895; 42 S. 8.
Bamberg, k. neues G, P 1895*

Procopio, Mich., Anfangsgr. der ital. Spr. gr. 8. Stuttg. Metzler. 785.

— — dies. 8. Triest. (Rabenhorst, Leipzig.) 791.

– (Übers.), s. Gessner, Sal.: Idyllen.

Procopio, Matth., italien. Grammatik. 8. (Stuttg.) 791. 18 gl

Procopius Caesariensis

Procopii Caesariensis, anecdota sive historia arcana graece. Annotat. crit. et histor. suasque animadvers. adj. Jo. Conr. Orellius. gr. 8. Leipz. 827, Hartmann.

Procopii, Caesariensis, anecdota, sive historia arcana, graece. Annotat. crit. et histor. suasque animadvers. adj. Jo. Konr. Orellius. Mit 2 Kpf. 8maj. Leipz. 827. Lehnhold. 2 ℛ 16 gl Schrbp. 3 ℛ 16 gl

— ex recens. Wlh. Dindorf. Vol. I. et II. 8maj. Bonn 833. (832.) Weber, Subscr.-Pr. 5 ℛ 12 gl Schrbp. 7 ℛ 8 gl Velinp. 9 ℛ (Auch d. Corpus Scriptor. Byzant. Pars II.)

Procopius. Geheime Geschichte; a. d. Griech. . . . Erlangen 1753. Ü: *Reinhard, Johann Paul.* (Ky)

— geheime Geschichte; aus dem Griech. übers. (v. J. P. Reinhard). 8. Erlang. 753. (Palm). 12 gl

Prokopius von Cäsarea, Des, Geschichte seiner Zeit. Uebersetzt und mit Erläuterungen versehen von Dr. Pet. Friedr. Kanngiesser, Prof. in Greifswalde. 1. Bd. enthaltend Persische Denkwürdigkeiten in 2 Büchern. 2. Bd. enthaltend Wandalische Denkwürdigkeiten in 2 Büchern. (1. und 2. Bd. in 1 Bd.) 3. und 4. Bd. enthaltend Gothische Denkwürdigkeiten in 4 Büchern. (2 Bde.) 8. Greifswalde 1827—1831.

Prokopius von Cäsarea, des, Geschichte seiner Zeit. 1r Bd. Persische Denkwürdigkeiten in 2 Büchern. Uebersetzt u. mit Erläut. versehen von Pet. Fr. Kanngießer. gr. 8. Greifswald 827, Akadem. B.

—— v. Cäsarea, des, Geschichte seiner Zeit. 2—4. (letzt.) Bd. Uebers. u. mit Erläutern. vers. v. Pet. Fr. Kanngießer. gr. 8. Greifswald, Koch.
Bd. 2. Wandalische Denkwürdigkeiten in 2 Büchern. (16¼ B.) 828. 1 Thlr. 10 Gr.
" 3., 4. Gothische Denkwürdigkeiten. [3. (20¼ B.) 829. 1 Thlr. 12 Gr., 4. (24 B.) 831. 1 Thlr. 20 Gr.] 3 Thlr. 8 Gr.
1. Bd. Persische Denkwürdigkeiten. Ebendas. 1827. 1 Thlr. 18 Gr.

Prokop, Gothenkrieg, s a Geschichtschreiber, die, der deutschen Vorzeit.

Procopius. Prokop, Gothenkrieg. Nebst Auszügen aus Agathias, sowie Fragmenten des Anonymus Valesianus und des Johannes von Antiochia. Übersetzt von Dr. D Coste. 8. Leipzig 1885.
Die Geschichtschreiber der deutschen Vorzeit .... VI. Jahrhundert. Band 3.

Prokop [**Procopius** Caesariensis] Gothenkrieg [De bello gothico]. Nebst Auszügen aus Agathias [Historiae] sowie Fragmenten des Anonymus Valesianus u. d. Johannes von Antiochia. Übers. von Dr. D[avid] Coste. 2. unveränd. Aufl. Leipzig: Dyck 1903. (VIII, 398 S.) 8° [G.] 08. 18030 3

Procopii Caesariensis historiarum temporis sui de bello gothico libri IV cum excerptis ex Agathiae historia Hug. Grotio interprete. Editio novissima. Cherii 854. (München, Franz.) 8. (2 Bl., 501 S.) n. 1 ℛ. 4 ngr.

Procopii Caesariensis opera omnia. Recognovit Jacob. Haury. Opus ab academia regia Bavarica praemio Zographico ornatum. Vol. I, II et III, 1. 8. Leipzig, B. G. Teubner. n. 27. 60; geb. n. 29 20
I. De bellis libri I—IV. (LXIV, 552 S.) 905. 12. —; geb. 13. 60
II. De bellis libri V—VIII. (II, 678 S.) 905. 12. —; geb. 13. 60
III, 1. Historia quae dicitur arcana. (XXXII, 18 · S.) 906. 3. 60; geb. 4. —
(Bibliotheca script. Graec. et Rom. Teubneriana.)

Procopius ex rec. Guil. Dindorfii, s. a. Corpus scriptor. hist. Byzant.

Procopius ex recens. Guil. Dindorfii. Vol. III. (Mit 4 lith. Taf.) 8maj. Bonnae 838. Weber. n. $3^{5}/_{6}$ ℛ, Schreibp. n. 5 ℛ (Ist ein neuer Band v. Corpus script. historiae Byzantinae.) — Vol. I. — III. 833—38. $12^{2}/_{3}$ ℛ, Subscr.-Pr. n. $9^{1}/_{3}$ ℛ, Schreibp. n. $12^{1}/_{3}$ ℛ, Velinp. n. 15 ℛ

Procopius. Prokop, Vandalenkrieg. Übersetzt von Dr. D Coste. 8. Leipzig 1885.
Die Geschichtschreiber der deutschen Vorzeit .... VI. Jahrhundert. Band 2.

Procopius, Geo. Dietr., vermischte Gedichte. 1r Thl. 8. Prenzl. 752. Ragoczy. 6 gl

Procopowicz, Theoph., christiana doctrina orthodoxa de gratuita peccatoris per Christum justificatione. II Fasc. 8. Bresl. 769. W. G. Korn. 4 gl

Procopowicz, Theoph., historia de ortu et profectu controversiae inter Graecos et Lat. de processione spiritus sancti. 8maj. Bresl. 767. W. G. Korn. 8 gl

— lucubrationes, s. orat. et poemata. 8. maj. ibid. 743.

— miscellanea sacra. 8. maj. ibid. 745.

— tract. de processione spiritus sancti. 8. maj. Gothae. (Vandenhök, Frcf.) 772.

— christ. orthodoxa theologia adorn. et proposita. V Tom. 8. Königsb. 774. Kanter. 2 ℛ

Procter, Adelheid Anna, ausgewählte Gedichte. Nach dem Engl. Hersg. von Chr. Schlüter u. H. Brinckmann. Cöln u. Neuß 867. Schwann'sche Verl. 16. (IV, 228 S.) n. 20 ngr.

Procter's, Adelheid Anna, ausgewählte Gedichte. Neue, sorgfältig durchgeseh. und um das Doppelte verm. Ausg. Mit einer Einleitung von Charles Dickens. Nach dem Engl. Hrsg. von H. Brinckmann. gr. 16. (340 S. mit Portr. der Verf. in Lichtdr.) Dülmen 879. (Paderborn, F. Schöningh.) geb. * M. 4,50.; geb. mit Goldschn.

Procter, Henry R.

Procter, H. R., Leitfaden f. gerbereichemische Untersuchungen. Deutsche Ausg., bearb. v. Johs. Paessler. gr. 8. (XVI, 292 S. m. 30 Fig.) Berlin 901. J. Springer. Geb. in Leinw. n. 8. —

Procter JR, die Verhältn. d. Einwanderer im Staat Kentucky. Kentucky 1880

Procter, Johs., s.: Lebensbeschreibungen, kurzgefaßte, der Heiligen u. Seligen des Dominicanerordens.

Proctor, Parker Rich., († d. 22. Febr. 1797.) engl. Sprachlehre. gr. 8. Mitau 778. Hinz. (W. Rauck in Leipz.) 16 gl

Proctor, R., A classified index to the Serapeum. 4. (VIII, 159 S.) London 897. (Leipzig, O. Harrassowitz.) n.n. 10. —
Index zu d. 1840—1870 im Verlage von T. O. Weigel (jetzt Chr. Herm. Tauchnitz) in Leipzig erschien. Zeitschrift „Serapeum".

Proctor, Rich. A., unser Standpunkt im Weltall. Autorisirte deutsche Ausg. von „Our place among infinities". Hrsg. und mit Anmerkungen versehen von Wilh. Schur. gr. 8. (VII, 219 S.) Heilbronn 877, Gebr. Henninger.

Procul, s. a. Aufsätze, zwei volkswirthschaftliche.

Procul. Zwei volkswirthschaftliche Aufsätze. Hamburg 1886.
1. Die Bimetallisten und die Waarenpreise.
2. Capital und Monopol.

Proculejus, Vernunft und Glaube. Eine Rechtfertigung für Herrn Pastor Prim. Mallet. Lex.-8. Bremen 842, Kaiser. 1/8 ß

Procureur arbitre; od. der Schiedsmann u. Advokat. Lustsp. 8. Frkft. u. Lpz. 749. Rthlr.

Procyk Andr.: Die wichtigsten Abweichungen des n. h. d. Consonantismus vom m. h. d. (31). Sanok 94.
Progr.

Procyk Andreas: Die Correspondenz Lessings mit Nicolai und Mendelssohn und ihre Bedeutung für Lessing. 26. Tarnopol R. 98.
Progr.

Prodanovič Nikolaus: Stefan Tortko II. Tortkovic, König von Bosnien.
H. 1907 PN 2313 **Diss.** Wien. Univ. 971

Hector Berlioz (1803–1869). Leben u. Werke nach unbekannten Urkunden u. d. neuesten Forschungen nebst e. Bibliographie a. musikal. u. literar. Werke, e. Ikonographie u. e. Genealogie d. Familie Hector Berlioz's seit d. 16. Jh. von J. G[abriel] **Prod'homme**. Vorr. von Alfred Bruneau. Autor. Übers. aus d. Franz., mit vielen Verbesserungen seitens d. Verf. sowie ... e. ausführl. Personen-, Sach- u. Ortsregister nebst e. Nachwort von Ludwig Frankenstein. Leipzig: Deutsche Verlagsactienges. 1906. (VIII, 394 S.) 8° [illegible]

Prod'homme, J. G., Hector Berlioz. Jetzt: Heilbronn, C. F. Schmidt.

Prodinger, K.: Was ich mit der Schulgemeinde will. Pola: Krmpotić 1909.

Prodinger, Karl, Jakob der Letzte. Ein Trauerspiel in 5 Aufzügen nach dem gleichnam. Roman Peter Roseggers. Hrsg. v. der Literatur-Anstalt Austria, Wien. (IV, 79 S.) 8. Wien 904. J. J. Plaschka. n. 2.—

Ⓑ Prodinger, Karl, Jakob d. Letzte. 904. (KVK 34.) Jetzt: Wien, G. Knepler. Erh. Pr. 2.40

PRODINGER, Karl: Die Menschen- und Götterepitheta bei Homer in ihrer Beziehung zu den hellenischen Personennamen. — 1900. 128 S.
Diss. Graz, Univ.

Prodinger Dr. K.: Die Menschen- und Götter-Epitheta bei Homer in ihrer Beziehung auf die hellenischen Personennamen. 18. 12. Kaaden 03. 04.
Progr.

Prodinger, Karl: Das Tribunat des C. Gracchus. 14 S. 8.
Progr. K. k. Staatsgymn. *Gottschee* 1908.

Verfassungsentwurf für eine Schulgemeinde an einer Anstalt mit Schülern verschiedener Nationalitäten. Von Dr. K[arl] Prodinger, Prof. Pola: [Schrinner in Komm.] 1910. 18 S. 8° [illegible]

Prodinger, Marie, das Peridem der Rosaceen in systematischer Beziehung. (55 S. m. 4 Taf. u. 4 Bl. Erklärgn.) 32×25 cm. Wien 908. A. Hölder. 5.80
Sonderabdruck aus: „Denkschr. d. k. Akad. d. Wiss."

Prodinger Marie: Das Periderm der Rosaceen in systematischer Beziehung (mit 4 Taf.). D 84. 329 . . . . 5.80
Separatabdruck

PRODINGER, Marie: Das Periderm der Rosaceen in systematischer Beziehung. — 1909. 55 S., IV Taf. Diss. Graz, Univ.

PRODINGER, Max
Über die Abhängigkeit des Temperaturcoefficienten eines Magnetes vom Momente von Max Prodinger. (Aus den Sitzungsberichten der kaiserl. Akademie der Wissenschaften in Wien. Mathem.-naturw. Classe; Bd. CIX. Abth. II. a. Mai 1900.) Wien. 1900. In Comm. Gerold's Sohn. Gr.-8°. 17 S.
K —.40

Prodinger Max: Über die Abhängigkeit des Temperaturkoeffizienten eines Magnetes vom Momente. S. 109. IIa. 388 . . . . —.40
Separatabdruck

Prodnigg, Heinrich

— Dr.: Goethes Ansichten über Grundfragen der Kunst und Aesthetik mit bes. Rücksicht auf die Zeit zwischen der italienischen Reise und den ersten Einflüssen der romantischen Schule. 25. Prag III. d. R. 99.
Progr.

Prodnigg, Heinrich Goethes Wilhelm Meister und die ästhetische Doctrin der älteren Romantik. 8 (31 S.)
Progr. Steierm. Landes-Oberrsch. *Graz* 1891.

PRODNIGG, Heinrich: Goethes Wilhelm Meister und die ältere Romantik. — 1889. 203 Bl. Diss. Graz, Univ.

—, Über Tiecks Sternbald und sein Verhältnis zu Goethes Wilhelm Meister. 8 (21 S.). Steierm. Landes-Oberrsch. *Graz* 1892.
Progr.

Prodromo della storia dell' Istria. 16. (71 S.) Triest 856(59), Schubart.

Prodromus, Biblioth. gr., contin. Claud. Aelian., Heracl. Pont., Nicol. Damas. Coray. 8maj. (Lpz., Weigel). 5 ß

Prodromus uberioris de Pauli Scalichii vita, scriptis ... Commentarii ... Ulmae 1803. V: *Veesenmeyer, Georg.* (MGT) (Barbier)

Prodromus, conspectum hermeneuticae juris, novo systemate tradendae exhibens. *Osnabr.* 781. 8.

Prodromus corporis juris civilis a Schradero, Clossio, Tafelio edendi. Inest totius operis conspectus, subsidiorum ad institut. crit. recens. et interpret. spect. enumeratio; editionis ipsius specimen. Cum 2 tab. 8maj. *Berolini*, Reimer. 823. (1 Thl. 20 Gr.)

Prodromus Diarii Herrnhuthiani, das ist Theologische Abhandlung von der wahren Weisheit eines Evangelischen Lehrers, mit denen Herrnhuthisch gesinnten Seelen gewissenhaft umzugehen. Erfurt 1747. V: *Thienemann, Heinrich Gottlieb.* (ML)

Prodromus diarii Herrnhutiani. 8. Erf. 747.

Prodromus Florae Argentoratensis. Argentorati 1766. V: *Spielmann, Johann Reinhold.* (BrMm)

— florae Argentoratens. 8. Strassb. 766. Treuttel u. W. 8 gr.

—sacrae Germaniae, s. collect. monumentor. res allemannicas illustr. Tom. I. 4maj. St. Blasii. 790. (Wohler in Ulm). 2 ß

Prodromus historiae Trevirensis ... Aug. Vindel. 1757. H: *Hontheim, Johann Nicolaus von.* (AarK) (Dn) (Cat. d. Stadtbibl. Zürich. Zürich 1864—97.)

Prodromus historiae Universitatis Coloniensis, quo exhibetur synopsis actorum et scriptorum a Facultate Theologica . . . Coloniae 1759. V: *Hartzheim, Joseph.* (JES)

Prodromus in librum cui titulus: Vanitas somniorum . . . S. l. [18??]. V: *Stipsics, Alois Eman.* (PK)

— principiorum rerum natural. s. novor, tentaminum chymiam et physicam explic. c. fig. 8. Amst. 728.

Prodromus vindiciarum gloriae et nominis Pomeranorum d. i. Vorläufige Rettung der Ehre und des Namens Pommerischer Nation . . . Rostock und Neubrandenburg 1721. V: *Quade, Michael Friedrich.* (ML)

Prodromus, s.: Theodorus Prodromus.

Producte der rothen Erde. Gesammelt von Mathilde Franziska, verehel. gew. v. Tabouillot, geb. Giesler. Dargebracht von Carl v. Brandenstein, Carl Coutelle, Freiin Annette v. Droste-Hülshoff, J. C. Diepenbrock 2c. 12. Münster 846, Coppenrath'sche Buchh. n. 1⅚ ₰ (A. u. d. T.: Westfälisches Jahrbuch.)

KOLONIALE PRODUKTE. Erläuterungen zu der Schulsammlung. Berlin 1910. Verlag: Kolonial-Wirtschaftliches Komitee. Wirtschaftlicher Ausschuss der Deutschen Kolonialgesellschaft. 8°.

Producte des Mineralreichs in den preuss. Staaten. Berlin 1786. V: *Heinitz, Friedrich Anton Freiherr von.* (LVS)

Producte genutzter Musestunden. O. O. [17??]. V: *Wächtler, Friedrich.* (MGT)

Pharmaceutische *Producte* d. Farbwerke vorm. Meister Lucius Brüning. Höchst a. M. 1903. (10) 352 S.

Produktenbuch der ländlichen Hausfrau. Ein Hilfsbuch zu jeder landwirthschaftl. Buchführg. schmal Fol. (104 S.) Weimar (897). H. Böhlau's Nachf. n. 1. —

Productengeschäft, das, der dänischen Monarchie in diesem Jahrhundert mit Hinblick auf Handel und Landwirthschaft. Hrsg. vom Vorstande des Handels- und Industrie-Verein in Kiel. gr. 4. (V und 165 S. mit 1 Stnt. in Buntdr. in gr. Fol.) Kiel 861, Akademische Buchh.

Produktentafel, kleine. Hrsg. von der trigonometr. Abtheilg. d. kgl. preuss. Landesaufnahme. schmal gr. 8. (4 S.) Berlin 897. (E. S. Mittler & Sohn.) n.n. — 15

Produktion der Bergwerke, Salinen und Hütten des Preußischen Staates. Jg. 1837—1880 u. 1901—1907. Berlin, 1838—1908.
[1881—1900 enth. in Zeitschrift f. d. Berg-, Hütten- u. Salinenwesen. Jg. 1882—1901.]

Production, Erste, des Männer-Gesang-Vereines zu Klgft. am 17. März 1848. Klgft., v. Kleinmayr, (1848). 8 S.

Produktion u. Konsum im Sozialstaat v. Atlanticus. (Umschlag: E. Blick in d. Zukunftsstaat.) M. e. Vorrede v. Karl Kautsky. 8. (XXIV, 104 S.) Stuttgart 898. J. H. W. Dietz Nachf. n. 1.50

Produktion, Consumtion und Cirkulation der mineralischen Brennstoffe in Preussen während des Jahres 1881. Karte nebst Erläuterungen. Berlin. 1883.

Production, Schmalische, seiner Gnadenconfession de an. 1684 mit Suppression der Substantial-Clauseln . . . O. O. [1756]. V: *Grupen, Christian Ulrich.* (ML) (Rotermund, Gel. Hannover. Bremen 1823.)

Productions- u. Fabrikationsbetriebe, über. gr. 4. Leipz. Steinacker. 815.

Productions- u. Fabrikationsbetriebe, über. gr. 4. Lpz. 825. Steinacker. 12 gr

Produktionsfähigkeit, die, der Maschinen der Baumwollspinnerei. Von H. E. (27 S.) gr. 8. Leipzig (909). Hausdorff & Co. — 60
Sonderabdruck aus: „Der Spinner u. Weber".

Forstliche **Produktionslehre** u. In Verbindung mit ... hrsg. von Hermann Stoetzer. Mit 16 Abb. *Tübingen: H. Laupp 1903.* (XI, 556 S.) 4°(8°) [F.]
— **Handbuch**, Lorey's, d. Forstwissenschaft. 2. Aufl. Bd 2. [03. 8998

Produktions- und Konsum-**Statistik** für Mehl und Kleie im Deutschen Reich. ⟨1878/79 bis 1907/08.⟩ Charlottenburg: Zeitungsgenossenschaft d. Ver. Deutscher Handelsmüller 1910. 25 S. 8°
Aus: Allg. Deutsche Mühlen-Zeitung. [10. 10337 11

Productions- u. Consumtionssteuer, üb., mit besonderer Beziehung auf das Großherzogthum Hessen. gr. 8. Darmst. 823. Leske. 6 gr

Productiv-Association, die erste socialistische, f. das Deutsche Reich. Von e. Socialdemokraten. gr. 8. (29 S.) Leipzig 890. Minde. n. — 50

Produktivität, die, der Volkswirtschaft, m. Referaten von E. v. Philippovich, O. Kammerer, C. Ballod, J. Eßlen u. Fr. Frhrn. v. Wieser, s.: Schriften des Vereins f. Socialpolitik. 132, III.

Die **Produktivkräfte** Russlands. Zsgest. im Kaiserl. Russ. Finanzminist. unt. d. Red. v. W. J. Kowalewski [Vladimir J. Kovalevskij] . . . Deutsche autoris. Ausg. v. E. Davidson. *Leipzig: O. Wigand 1898.* (x S., 1 Bl., 580 S.) 1 Bd 8. [97. 7850

[Russ. u. Ant | **Proëzšij.** Gospoda černosotency! Die Herren von d. 'Schwarzen Bande'. Berlin: Stuhr 1906. 31 S. 8°

Prof, Gf., s. Profe, Gottfried

Die städtische **Profanarchitektur** der Gothik, der Renaissance und des Barocco in Riga, Reval u. Narva. Hrsg. v. d. Ges. f. Gesch. u. Alterthumskunde der Ostseeprov. Russlands. 33 Taf. in Lichtdr. v. Johannes Nöhring. M. erläut. Text v. C. v. Löwis of Menar. *Lübeck: J. Nöhring 1892.* (4 Bl., 30 S., 33 Taf.) 1 Bd gr. 2. [96. 2770

Profanbau, der. Zeitschrift f. Geschäftshaus-, Industrie- u. Verkehrs-Bauten. Schriftleitung: Bernh. Haas. 1. Jahrg. Mai 1905—April 1906. 24 Nrn. (IV, 268 S. m. Abbildgn.) gr. 4. Leipzig, J. J. Arnd. n. 12. —

Profanbau, der. Zeitschrift f. Geschäftshaus-, Industrie- u. Verkehrs-Bauten. Mit 2 Beilagen. 1.: Neue Villen u. Wohnhäuser. 2.: Technischer Beirat. Schriftleitung: Rich. Landé. Für den techn. Beirat: A. Wunderlich. Jahrg. 1906. 24 Nrn. (IV, 372, 56 u. 62 S. m. Abb.) gr. 4. Leipzig, J. J. Arnd. n. 12. —

Profanbau, der. Zeitschrift f. Geschäftshaus-, Industrie- u. Verkehrs-Bauten, Wohnhäuser u. Villen, techn. Beirat u. innerer Ausbau. Mit 2 Beilagen. 1.: Techn. Beirat. 2.: Innerer Ausbau. Schriftleitung: Rich. Landé. Für den techn. Beirat: A. Wunderlich, den „Eisenbeton": Neubauer, den „Inneren Ausbau": Fr. Müller. Jahrg. 1907 u. 1908. à 24 Nrn. 39,5><25 cm. Leipzig, J. J. Arnd. à Jahrg. 16. —

— dasselbe. Sonder-Nr. f.: Der Wettbewerb f. das Empfangsgebäude auf dem neuen Hauptbahnhofe zu Leipzig. (32 S. m. Abb.) 39,5><25 cm. Ebd. (907). 3. —

— dasselbe. Hrsg.: Hugo Licht. Für den techn. Beirat: L. Wunderlich, den „Eisenbeton": Reissmüller, den „Inneren Ausbau": Fr. Müller. Jahrg. 1909 u. 1910. à 24 Nrn. (à ca. 32 u. 36 S. m. Abb.) 34><24 cm. Ebd. à Jahrg. 16. —

Profanbauten, alte Hildesheimer. Orig.-Aufnahmen u. Lichtdr. v. F. H. Bödeker. 1. u. 2. Heft. (Je 8 Taf.) Fol. Hildesheim (904). (A. Lax.) à n. 4. 50; einzelne Taf. n.n. — 70

Profanter, Paul

Profanter, P., die manuelle Behandlung d. Prolapsus uteri. Mit 4 Abbildgn. gr. 8. (28 S.) Wien 888. Braumüller. n. 1. 20

— die Massage in der Gynaekologie. Mit e. Vorrede v. B. S. Schultze. Mit 34 Abbildgn. gr. 8. (V, 91 S.) Ebd. 887. n. 2. 50

Profanter, Paul, üb. Tussis uterina u. Neurosen bei gynäkologischen Erkrankungen überhaupt. gr. 8. (56 S.) Wien 894. J. Šafář. n. 1. 60

Profé, Alice: Über die bei operativer Behandlung von Hirntumoren auftretenden Hirnhernien. *Stuttgart: E. Nägele 1903.* (9 S., 15 Tab.) 4° ¶ (Bibliotheca Medica Abt. DI, H. 7.) Straßburg, Med. Diss. v. 1903

Profé, Alice, über die bei operativer Behandlung v. Hirntumoren auftretenden Hirnhernien, s.a. Bibliotheca medica. Abt. D I.

Über die bei operativer Behandlung von Hirntumoren auftretenden Hirnhernien. Von Dr. Alice Profé. *Stuttgart: E. Nägele 1903.* (9 S., 15 Tab.) 4° — Bibliotheca medica. Abt. D.', H. 7.

— Lehrbuch der Gesundheitspflege. Zum Gebrauch in den oberen Klassen der Volksschule, in Fortbildungsschulen usw. (138 S. m. 4 Taf.) 8. Berlin 906. Schall & Rentel. Geb. in Leinw. n. 1. —

Profe, Gottfried

— De analysi ad physicam applicata diss. Altonæ. 1750. 4. P. (Skoleprogr.).

Profe, Gf., de analysi ad physicam applicata. 4. Hamb. 750.

PROFE, GOTFR., Anmerkungen über eine Stelle aus des Hrn. v. Montesquiou Buche von den Gesetzen. Altona. 1735. 4. P. (Skoleprogr.).

Prof, Gf., († d. 31. Mai 1770.) Anmerkk. üb. eine Stelle in Montesquieu's Buche von d. Gesetzen. 4. Altona u. Flensb. 755. 4 gl

— De attributis divinis diss. Altonæ. 1756. 4. P. (Skoleprogr.).

— Betrachtung üb. d. Beinamen Vater, welcher den Regenten gegeben wird. 4. Altona 758.

[—] De cometis magnarum calamitatum prænuntiis. Altonæ. 1744. 4. P. (Skoleprogr.).

PROFE, GOTFR., De divinatione politica, vulgo Staatsprophezeiung diss. philos. Altonæ. 1744. 4. P. [Resp. Jo. Joach. Behrens].

— De dubitatione exercitatio philosophica. Altonæ. 1770. 4. P. (Skoleprogr.).

— Von den Folgen, welche mit der Lehre von der Unsterblichkeit der Seele verbunden sind. Anmerkungen über eine Stelle aus Montesquious Buche von den Gesetzen. Altona und Flensburg. 1755. 4.

— De foro divino diss. philos. Altonæ. 1747. 4. P. (Skoleprogr.).

— (Progr.) philosoph. Gedanken v. d. Sprachfehlern. 4. Hamb. 760. Hoffmann. 3 gl

— zufällige Gedanken von d. Erziehung. 4. Hamb. 770. Hoffmann. 3 gl

— Gedanken v. d. Erziehung. 4. Hamburg, Hoffmann. 770.

— — v. d. Beynamen d. Glückliche. 4. Hamb. 753.

Profe, Gottfried [Praes.], s. Hoyoll, Johann Konrad Daniel: De affectibus. Demonstratio philos.

— De philosophiæ practicæ indole atque ambitu disqv. philos. Altonæ. 1741. 4. [Resp. Henr. Frid. Eggers].

Profe, Gf., institutiones philosophiae moralis. 8. Alt. Iversen. 756. Rthlr.

— Diss. moralis de propria laude. Altonæ. 1758. 4. P. [Resp. Mart. Bahnsen].

— De mathesi a philosophia imitanda diss. (Altonæ. 1740). 4.

Profe, Gottfried (Frankfurt), Mathesis philosophiae filia, non mater. Die Welt-Weißheit der Grund von der Mathematic. Halle/Magdeburg (Hendel) 6. V. 1738. 26 S. (4.75) 27237

Profe, G. De optima methodo linguas, imprimis Sanctam, discendi programma. Univ. Halle 1739. Progr.

— histor. mathemat. Nachr. v. d. Osterzeit. 4. Alt. Hellmann. 744.

Gottfried Profe

Historisch mathematische Nachricht von der Osterzeit nebst einigen nöthigen Beylagen...von Gottfried Profe. Altona & Flensburg: Korte 1744. 56 S. 8°

— De inveniendis numeris qvadratis et cubicis. Altonæ. 1756. 4. P. (Skoleprogr.).

— Ob die Electricität des Glases schon den Alten bekannt gewesen? wird bey Gelegenheit einer Stelle aus der Plinianischen Naturgeschichte untersuchet. Altona. U. A. [1748]. 4. P. (Skoleprogr.).

— De origine idearum exercitatio philosophica. I—IV. Altonæ. 1759—63. 4. (Skoleprogr.).

— De perfectione cognitionis exercitatio philosophica. Altonæ. 1767. 4. P. (Skoleprogr.).

— De præstantia methodi syllogisticæ præ dialogistica demonstratio mathematica. Altonæ. 1741. 4. P. (Skoleprogr.).

— Exercitatio philosophica de justo logicæ pretio. Altonæ. 1754. 4. P. (Skoleprogr.).

— De media proportionali ad quadraturam circuli viam monstrante exercitatio geometrica. Altonæ. 1748. 4. P. (M. 1 Tvl.).

— de medio proportionali ad quadraturam circulor. monstrante. c. fig. 4. Alt. Korte. 748.

— De prudentia circa veterum philosophorum dogmata breviter disserit. Altonæ. 1742. 4. P. (Skoleprogr.).

— Reden v. d. Beinamen d. Fromme, welcher e. Regenten beigelegt wird. 8. Hamb. 767.

— De religione externa exercitatio philosophica. Altonæ. 1750. 4. P. (Skoleprogr.).

— s. Repertorium Corporis Regio-Holsaticarum.

— Scholas iisdem semper legibus uti non posse breviter præfatus Godofr. Profe. Altonæ. 4. P. (Skoleprogr.).

— (Theses paradoxa quædam philosophica et nonnullas ex mathesi observationes complexæ). Altonæ. 1753. 4. P. (Skoleprogr.).

— Theses philosophico-ethicæ de labore et opibus. Altonæ. 1742. 4. P. (Skoleprogr.).

— Von der nöthigen Verbindung der allgemeinen Gründe in der Sittenlehre mit den Geschichten. Altona. 1744. P. (Skoleprogr.).

— De cognitionis et actionis vinculo disqv. philos. Altonæ. 1751. 4. P. (Skoleprogr.).

Profé, O., s.: Fortschritte der Veterinär-Hygiene.

Profé, O., Grundriss der Veterinär-Hygiene, s.: Niemann, F.

Profé, Oscar: Beiträge zur Ontogenie und Phylogenie der Mammarorgane. *Greifswald 1898.* (44 S.) 8°
Greifswald, Phil. Diss. v. 8. Aug. 1898

Profé, Oscar: Beiträge zur Ontogenie und Phylogenie der Mammarorgane. Mit 33 Abb. auf den Taf. XXI—XXVI u. 1 Abb. im Text. Wiesbaden 1898. S. 247—286.
Aus d. Anatomischen Heften, hrsg. von Fr. Merkel u. R. Bonnet.

Professeur, le, français. Illustrirte französische Unterrichtszeitung von M. Chauveau u. H. Lühr. Jahrg. 1867. Juli bis Decbr. 26 Nrn. (½ Bgn. mit eingedr. Holzschn.) Brüssel, (Kießling & Co.) gr. 4. n. 2 ℛ

Professionist, der. Ein Handbuch der auf den Handwerksstand, demnächst aber auch auf alle sonstigen Verhältnisse der Handwerker als Bürger, Haus- u. Grundbesitzer ꝛc. sich beziehende Gesetze und Verordnungen. gr. 8. Berlin ... Heymann. 1 ℛ

Der rechtschaffene Professionist, ein Taschenbuch für alle Handwerker. Neue Aufl. Th.1 - 2, gbd.

Meissen: Uz (1804)
enthält: Haus- und Reiseapotheke.

Professionist, der rechtschaffene, ein Taschenbuch f. alle Handwerker. 1r Theil enthält: ein Hand- u. Hülfsbuch mit allerlei zweckmäßigen Aufsätzen u. Tabellen. gr. 12. Meißen 804. Neue Aufl. 814 u. 819. Uz. (Gödsche). (Leipz., Mittler). 20 gl

— der, auf Reisen. 8. Berl., Litfas. 12 gl

Professions-Act, solenner, welchen in den strengen *Orden S. Clarae* .... Frau *Maria Anna Carolina, geb. Hertzogin in Bayrn*, etc. unter den Nahmen (sic) Sor. Emanuela Theresia Carolina de Corde Jesu, abgelegt im dem lobl. *Closter S. Jacob auf dem Anger* .... d. 29. Octob. 1720. (Munchen) Druckts u. verlegts (sic) Heinr. Theod. von Cölln, Churfl. Hof-Buchdr. u. Buchhandler. Fol. Cart. Gold-grünes schönes Orig.-Buntpap. m. Lwdr.
24 S. Rar! — Fehlt im Cat. Maillinger.

Professor, Der; eine Wochenschrift. Leipzig 1773—74. H: *Platner, Ernst.* (MGT) »Eine periodische Schrift. Leipzig 1775« (Ky)

Professor, der, e. periodische Schrift. 16 Stck. (v. Er. Platner). 8. Leipz. 775. Schwickert. 6 gl

Professor, der, aus Kalau auf der internationalen Kunstausstellung verbunden m. grosser Gartenbau-Ausstellung zu Düsseldorf 1904, in Knittelversen u. dito Prosa v. Graf Steno. Ohne Bildnis des Verf. (79 S.) kl. 8. Düsseldorf (904). (Schmitz & Olbertz.) n. — 60

Professoren, Göttinger. Ein Beitrag zur deutschen Cultur- und Literärgeschichte. Gotha 1872. V: *Unger(?), Frdr. Wilh.* (EB)

Professoren, Göttinger. Ein Beitrag zur deutschen Cultur- u. Literär-Geschichte in acht Vorträgen. gr. 8. (IX, 260 S.) Gotha 872. F. A. Perthes. n. 2. 80

Heidelberger Professoren aus dem 19. Jahrhundert. Festschrift d. Univ. z. Zentenarfeier ihrer Erneuerung durch Karl Friedrich. (Vorr.: Fritz Schöll.) Bd 1. 2. *Heidelberg: C. Winter 1903.* 2 Bde 4°(8°)

Professoren, Heidelberger, aus dem 19. Jahrh. Festschrift der Universität zur Zentenarfeier ihrer Erneuerg. durch Karl Friedrich. 2 Bde. (XVII, 405 u. IV, 479 S.) Lex.-8. Heidelberg 903. C. Winter. Verl.
Hieraus einzeln: n. 16.—
Bekker, E. Imman., Vier Pandektisten. (70 S.) n. 1.80
Cantor, Mor., Ferd. Schweins u. Otto Hesse. (22 S.) n. —60
Curtius, Thdr., Viktor Meyer. (30 S.) n. 1.—
Czerny, Vinc., Maximilian Joseph v. Chelius. Carl Otto Weber. Gustav Simon. (24 S.) n. —80
Erb, Wilh., Nikolaus Friedreich. (35 S.) n. 1.—
Fürbringer, Max, Friedrich Arnold. (110 S. m. 1 Bildnis.) n. 2.80
— Carl Gegenbaur. (78 S. m. 2 Bildnissen.) n. 2.—
Jellinek, Geo., die Staatsrechtslehre u. ihre Vertreter. (30 S.) n. 1.—
Kehrer, Ferd. Adf., F. A. May u. die beiden Naegele. (20 S.) n. —60
Leber, Thdr., die Gründung der (Heidelberger) Universitäts-Augenklinik u. ihre ersten Direktoren. (15 S.) n. —40
— Willy Kühne. (14 S.) n. —40
Lemme, Ludw., die Vertreter der systematischen Theologie. (57 S.) n. 1.60
Lilienthal, Karl v., Heidelberger Lehrer des Strafrechts im 19. Jahrh. (50 S.) n. 1.40
Marcks, Erich, Ludwig Häusser u. die politische Geschichtschreibung. (72 S.) n. 2.—
Merx, Adalb., die morgenländischen Studien u. Professuren an der Universität Heidelberg vor u. besonders im 19. Jahrh. (74 S.) n. 2.—
Pfitzer, Ernst, Wilhelm Hofmeister. (94 S.) n. 2.40
Pockels, Frdr., Gustav Robert Kirchhoff. (21 S.) n. —60

Professoren, Die sieben Göttinger, nach ihrem Leben und Wirken. Braunschweig 1838. V: *Schumacher, Georg Fch.* (Erman & Horn. Bibliogr. d. dtsch. Universitäten. 2. Leipz. u. Berl. 1904.)

Professoren, die sieben Göttinger, nach ihrem Leben u. Wirken. gr. 8. (4 B. u. 7 Portr. auf 1 Stnt.) Braunschweig 838. [Leipzig, Gebhardt u. Reisland.]

Die sieben göttinger Professoren nach ihrem Leben und Wirken. Mit Abbildungen. Braunschweig, Lucius 1838. 61 S. 8.

Professoren-Berufungen, die münchener und die Ultramontanen, s. Blätter, fliegende, aus Bayern.

Professoren-Kalender, Fromme's österreichischer, und Lehrer-Kalender, s. Professoren-Kalender, Österreichischer, und Lehrerkalender.

(F) **Oesterr. Professoren-Kalender** für das Jahr 1902/1903. 16°. (106 S.) Leipa: Künstner 1902. geb. K 1.20

(F) **Österreichischer Professorenkalender** für das Schuljahr 1905/1906. 4. Jahrg. 8°. (228 S.) geb. K 1.50
Böhmisch-Leipa: Johann Künstner 1905.

Österreichischer Professorenkalender für das Schuljahr 1907/1908. 6. Jahrg. 8°. (285 S.) geb. K 1.50
Leipa: Johann Künstner 1907.

Professoren- und Lehrer-Kalender, oesterreichischer, für die Studienj. 1875 und 1876. 7. und 8. Jahrg. des Dassenbacher'schen Jahrbuches. Redig. von Joh. E. Dassenbacher. gr. 16. (288; XII, 228, 106 S.) Wien, Fromme. Jahrg. 1875 geb. * ℳ 3,20.; Jahrg. 1876 geb.
Vgl. Dassenbacher, Joh. E., Kalendarium.

—— dass. — für die Studienj. 1877 und 1878. 9. und 10. Jahrg. Redig. von Joh. E. Dassenbacher. 16. (VIII, 212; 92, 197 S.) Ebendas. geb. in Leinw. à Jahrg. geb. in Leder à Jahrg.

—— dass. — für die Studienj. 1879 und 1879/80. 11. und 12. Jahrg. 16. (219; 222 S.) Ebendas. geb. à Jahrg.

Professoren- und Lehrer-Kalender, österreichischer, für das Studienj. 1880/81. 13. Jahrg. Redact.: Joh. E. Dassenbacher. 16. (239 S.) Wien, Fromme. geb.

—— Fromme's österreichischer, für die Studienj. 1881/82, 1882/83, 1883/84, 1884/85. 14.—17. Jahrg. Redact.: Joh. E. Dassenbacher. 16. (237; 249; 251; 241 S.) Ebendas. geb. à Jahrg.

Professoren- und Lehrer-Kalender, Fromme's österreichischer, für das Studienj. 1885/86. 18. Jahrg. Redig. von Joh. E. Dassenbacher. 16. (249 S.) Wien, Fromme. geb.

—— dass. — für die Studienj. 1886/87 und 1887/88. 19. und 20. Jahrg. Redig. von Joh. E. Dassenbacher. 16. (272; 223 S.) Ebendas. geb. in Leinw. à Jahrg. Brieftaschen-Ausg. à Jahrg.

Professoren- und Lehrer-Kalender, Fromme's österreichischer, für das Studienj. 1888/89. 21. Jahrg. Redig. von Joh. E. Dassenbacher. 16. (223, 96 S.) Wien, Fromme. geb. in Leinw. 3 20
Brieftaschen-Ausg. 4 40
Vgl.: Dassenbacher, Joh. E., Schematismus der österreichischen Mittelschulen etc.

Professoren- u. Lehrer-Kalender, Fromme's österreichischer, für d. Schulj. 1889/90—1892/93. 22.—25. Jahrg. Redig. v. Joh. E. Dassenbacher u. K. Kyovský. 16. (à Jahrg. 250—270 S. und Schreibkalender.) Wien, Fromme. à Jahrg. geb. in Leinw. * 3 20
Brieftaschen-Ausg. * 4 40

Professoren- und Lehrer-Kalender, Fromme's österr., für das Studienjahr 1893/94. 26. Jahrg. Mit Schematismus. Redigirt von Joh. E. Dassenbacher und Fr. Ed. Müller. (VIII, 161 S. u. Handkatalog.) In Lnwd. geb. 1.60
Derselbe. Brieftaschen-Ausgabe 2.20
Wien: Fromme

Professoren- u. Lehrer-Kalender, Fromme's österreichischer, f. d. Schulj. 1894/95. 27. Jahrg. Red. v. Joh. E. Dassenbacher u. Fr. Ed. Müller. 16. (VIII, 96, 163 S. u. Schreibkalender.) Wien, C. Fromme. Geb. in Leinw n. 3. 20;
Brieftaschen-Ausg. n. 4. 40

Professoren- und Lehrer-Kalender, Fromme's österr., für das Studienjahr 1895/96. 28. Jahrg. Mit Schematismus. Redigirt von Johann E. Dassenbacher und Fr. Ed. Müller. (VIII, 173 S. u. Handkatalog.) In Lnwd geb. 1.60
Wien: Carl Fromme 1895.

Professoren- und Lehrer-Kalender, Fromme's österreichischer, für das Studienjahr 1896/97. 29. Jahrg. Mit Schematismus. Redigirt von Joh. E. Dassenbacher. (I. Thl. 96 S. II. Thl. 189 S. III. Thl. Stundenpläne und Uebersichtstabellen.) In Lnwd. geb. 1.60
— — Brieftaschen-Ausgabe * 2.20
Wien: Fromme 1896.

Professoren- und Lehrer-Kalender, Fromme's österreichischer, für das Studienjahr 1897/98. 30. Jahrg. Mit Schematismus. Redigirt von Joh. E. Dassenbacher. (I. Thl. 94 S. II. Thl. 151 S. III. Thl. Stundenpläne und Uebersichtstabellen.) In Lnwd. geb. 1.60
Brieftaschen-Ausgabe * 2.20
Wien: Fromme 1897.

Professoren- und Lehrerkalender, Fromme's Oesterreichischer. Mit Schematismus der Mittelschulen. 30. Jahrgang. Für das Schuljahr 1898/99. 16. (295 S. mit Stundenplänen und Uebersichtstabellen.) In Lnwd. geb. 1.60
Derselbe. Brieftaschen-Ausgabe * 2.20
Derselbe. Ohne Schematismus der Mittelschulen. 16. (100 S. mit Stundenplänen und Uebersichtstabellen.) In Lnwd. geb. 1.20
Wien: Fromme 1898.

Professoren- u. Lehrer-Kalender, Fromme's österreichischer, f. d. Schulj. 1898/99. 31. Jahrg. Red. v. Joh. E. Dassenbacher. 16. (VI, 293 S. u. Schreibkalender.) Wien, C. Fromme.
Geb. in Leinw. n. 3. 20; Brieftaschen-Ausg. n. 4. 40

Fromme's Österreichischer Professoren- und Lehrer-Kalender für das Schuljahr 1899/1900. XXXII. Jahrgang. Redigirt von Joh. E. Dassenbacher. Wien. Fromme. 16°. IV, 260 S. mit Agenda. Geb. fl. 1.60
Brieftaschen Ausgabe fl. 2.20.

615 059

Professoren- u. Lehrer-Kalender, Fromme's österreich. f. d. Schulj. 1900/1901. 33. Jahrg. Red. v. Joh. E. Dassenbacher. gr. 16. (V, 269 S. u. Schreibkalender.) Wien, C. Fromme. Geb. in Leinw. n. 3. 20; Brieftaschen-Ausg. n. 4. 40
Erscheint nicht weiter.

Professoren-Stimmen üb. die geistigen Getränke. gr. 8. (4 S.) Barmen (902). Elim, Buchh. des Blauen Kreuzes. 100 Stück n. 1. —

Professor's Höllenfahrt. Humoristisches Epos von x+y. (14 S.) 8. Wien (904). (Th. Daberkow.) n. — 40

Profezeiungen, s. Prophezeiungen

Proff: Die Sinne des Menschen. 46 S. – Progr. Mülheim a.R. 1859.

Proff, Ernst: Ueber die Rückwärtsbeugung der schwangeren Gebärmutter. Halle 1883: Karras. 38 S. 8°
Halle-Wittenberg, Med. Diss. v. 29. Okt. 1883
Geb. Mülheim a. Rh. 4. 9. 1856. V.

v. Proff, H., Beitr. z. Beförderung u. Verbesser. d. Landes- u. Forstcultur. 2 Stck. 8. Düsseld. 802. Schreiner. 20 gr.

—neue Beitr. z. Beförder. u. Verbesser. d. Land- u. Forstcultur. 8. Düsseld. 804. Schreiner. 2 ₰ 16 gr.

—Ideen üb. Organisation einiger untern Staatsgewalten etc. 8. Düsseld. 803. Schreiner 14 gr.

— Ideen über Organisation einiger untern Staatsgewalten ic. 8. Ebend. 804.

v. Proff, Frhrr. Karl, kurze Bemerkk. üb. das Recht der Schiffahrt auf d. Rheine. 8. Düsseld. 801. Schreiner, 5 gr.

Proff, K. v., Bemerk. über das Recht der Schiffahrt auf dem Rheine. 8. Ebend. 802.

de Proff-Irnich, Car. Ludov. (Guielm. [!] Hubert.) liber baro (geb. Geistingen im Rheinl. 1816): De conditione ac vi juste attribuenda quaestionibus in civitate Borussorum ad lethalitatis gradum qui dicitur legitime definiendum praescriptis. Berolini (1840). (44 S.) 8°
Berlin, Med. Diss. v. 21. Aug. 1849

Proffen, A., russischer Kinderfreund. (Russisch und deutsch.) gr. 8. (VI, 59 S.) Reval 886, Kluge. cart. * 2 —

Proffin, A., russischer Kinderfreund. (Russisch u. deutsch.) gr. 8. (VI, 59 S.) Reval 886. Kluge. cart. n. 2. —

Profil durch Deutschland und die Alpen in der Linie des 10. Längengrades östl. v. Greenwich auf die meridionale Krümmung des Meeresniveau's aufgetragen im einheitl. Massverh. von 1:500 000. Nach Art von Lingg's Erdprofil dargestellt. Für den schulgeogr. Unterricht bearb. München, Piloty u. Löhle, 1858. gr. qu. Fol. (M. 3.)

Profil der vorherrschenden Gebirgsbildungen des Harzes. Meissner pp. Magdeburg. 1856.

Profil, geologisches. aus der Umgebung von Solothurn. 1869.

[Profilalbum der] Gutehoffnungshütte, Aktienverein für Bergbau und Hüttenbetrieb, Oberhausen 2, Rheinland. Ausg. 1906. Düsseldorf, 1906. 92 S. mit Abb. u. Taf.

Profile und Bauobjecte der Kaiser Ferdinand's Nordbahn zwischen Wien und Brünn. 2 lithogr. Blätt. qu. 8. Wien 840. Rohrmann (u. Schweigerd). 2/3 ₰

Geologische **Profile** und Ansichten der Felsen auf Helgoland. Lithogr. 1 Bl. Fol., 43.2/56 cm. Aufgez. a. Carton.
Tafel 1 aus K. W. M. Wiebel, Die Insel Helgoland. Hamburg. 1848.

Profile, Ideale, zur Erläuterung der Geologie der westlichen Schweizer-Alpen. Bern 1836. V: *Studer, Bernhard.* (EngG)

Profile zu den Sektionen Mengede. Hillen und Westerholt. Horst. Buer und Westerholt. Unna. Camen. Methler und Brechten. Sterkrade. Oberhausen und Mülheim. Gelsenkirchen. Herne. Kirchlinde und Langendreer. Dortmund. Aplerbeck und Asseln. Ruhrort. Duisburg und Mintard. Essen. Wattenscheid. Bochum. Bochum und Wattenscheid. Langendreer. Hoerde. Hoerde und Westhofen. Frohnhausen und Altendorf. Altendorf und Langenberg. Witten. Werden und Langenberg. Sprockhövel und Herzkamp. Herzkamp und Vollmarstein. Altendorf und Herbede.

Profile von der inneren Stadt nach den Vorstädten Wiens. Aus der *k. k. Hof- und Staatsdruckerei.*
4 Blätter. Höhe jedes Blattes 1' 9½". Breite 2' 6¼". Massstab für die Höhen 1" gleich 24 W. F., für die Längen 1 W. Z. gleich 40 Klft. Vergleichungsplan ist der Nullpunkt des Wr.-Donaukanales. Enthält folgende Profile: **Erstes Blatt.** I. Leopoldstadt (Taborstrasse). Ferdinandsbrücke. Kleines Rothenthurmthor. Stadt, (alter Fleischmarkt). — II. Weissgärber (Hauptstrasse). Radetzky-Brücke. Rothenthurm-Fahrthor, Stadt (Rothenthurmstrasse). — VI. Landstrasse (Waggasse) Karolinen-Wienfluss-Brücke. Karolinen-Thor. — VII. Wieden (Heugasse). Mondschein-Wienfluss-Brücke. Wasserkunst-Bastei. Stadt (Seilerstätte) — IX½. Mariahilf (Hauptstrasse). — X. K. K. Stallungen. Aeusseres Burgthor. Inneres Burgthor. — **Zweites Blatt.** III Strasse zur Radetzki Brücke. Leopoldstadt. — IV. K. K. Zollamtsgebäude. Franz-Josefs-Thor. — V. Landstrasse (Hauptstr.) Verbindungs-Eisenbahn. Stubenth.-Wienflussbrücke. Stubenthor. Stadt (Wollzeile). — VIII. Alte Wieden (Hauptstr.) Elisabeth-Brücke. Kärnthner-Thor. Stadt (Kärnthnerstr). — IX. Laimgrube (Kothgasse). K. K. Hofgarten. Inneres Burgthor. — XI. Spittlberg (Kapuzinergasse). K. K. Volksgarten. Inneres Burgthor. — XII. Josefstadt (Kaiserstr). Vor dem Franzensthor. — **Drittes Blatt.** XIII. Alservorstadt (Florianigasse). Franzensthor. — XIV. Alservorstadt (Hauptstrasse). Stadt (Teinfaltstr.) — XVII. Alservorstadt (Währingergasse). Stadtgrabengrethe am Ravelin des alten Arsenals. — XVIII. Rossau (weisse Hahngasse). — XX. Rossau beim Holzsetzeramt an der Donau. Fischerthor. Stadt. — **Viertes Blatt.** XV. Alservorstadt (Alsergasse.) Schottenthor-Damm. — XVI. Alservorstadt (Währingergasse). Schottenthor. Stadt (Schottengasse.) — XIX. Ravelin beim alten Arsenal. Stadt (Renngasse). Rossau (weisse Hahngasse). Neuthor. Stadt (Salzgries). — XXI. Leopoldstadt (neue Gasse). Augarten Brücke. Mitte der Esplanaden-Strasse. — XXII. Leopoldstadt (grosse Ankergasse). Kettensteg. Strassen mitte beim Fischerthor. — XXIII. Leopoldstadt (Lilienbrunngasse). Schanzelthor. Stadt (Rothenthurmberg). Die Karte wurde für die Konkurrenten zum Stadterweiterungsplane entworfen.

Profile von der inneren Stadt Wien.
1 Blatt. Höhe 1' 9½". Br. 2' 6½". Massstab für die Höhen 1 W.Z. gleich 24 W.F. d. Längen 1 W.Z. gleich 40 W. Kl. Vergleichungsplan ist der Nullpunkt des Wiener Donaukanals. Enthält folgende Profile: Renngasse. Hohe Brücke. Salzgries. — Hoher Markt. Ruprechtsstiege. Fischmarkt. — Salvatorgasse. Fischerstiege. Salzgries. Für die Konkurrenten zum Stadterweiterungsplane entworfen.

Profilkarte der Arlbergstrasse (Innsbruck-Bregenz) 200 *km* (im Strecken-Maßstab 1 : 200.000. In Umschlag —.30
Innsbruck: Wagner 1898.

Profil-Zeichnungen der Luxemburger Bergwerks- und Saarbrücker Eisenhütten-Actien-Gesellschaft Burbacher Hütte bei Saarbrücken.
Ausg. 1881. Aachen 1881
Ausg. 1888. Leipzig 1888

Profilzeichnungen der Lothringer Eisenwerke zu Ars a. d. Mosel. fol.

Profitlich, Wilhelm Otto, a. Bonn: Beiträge zur Kenntnis der Arylhydrazinverbindungen der Dioxobernsteinsäure und ihrer Ester. Bonn (1906): R. Schade. (74 S.) 8°
Bonn, Phil. Fak., Ref. Anschütz, Diss. v. 25. Juli 1906
[Geb. 15. Okt. 79 Essen; Wohnort: Bonn; Staatsangeh.: Preußen; Vorbildung: Oberralsch. Bonn Reife O. 00; Studium: Bonn 11 S.; Rig. 23. Mai 06.]

Profittlich, Joh. Pet., Deklamationsbuch. Eine Sammlung von ernsten und heitern Gedichten für Gesellenvereine und andere Jünglingsvereine. (233 S.) 1876; 2. verb. und verm. Aufl. 16. (X, 204 S.) Trier 882, Paulinus-Druckerei.

Profittlich, J. P., Deklamationsbuch. Eine Sammlg. v. Gedichten ernsten u. heitern Inhaltes f. Gesellenvereine u. andere Jünglingsvereine. 3. Aufl. gr. 16. (X, 204 S.) Trier 889. Paulinus-Druckerei. n. 1.—; cart. n. 1. 40

Profittlich, Joh. Pet., Deklamationsbuch. E. Sammlg. v. Gedichten ernsten u. heit. Inhaltes f. Gesellenvereine u. and. Jünglingsvereine. 3. u. 4. Aufl. gr. 16. (VIII, 215 S.) Trier 897. Paulinus-Druckerei.
Geb. in Leinw. n. 1.—

Profittlich, J. P., lateinische Kirchen-Gebete und Gesänge. Mit Anmerkungen und Erläuterungen für das Verständnis und die Übersetzung ins Deutsche beim liturg. Unterricht an kathol. Lehrerseminarien hrsg. 8. (VI, 59 S.) Paderborn 888, F. Schöningh.

—— das katholische Kirchenjahr. Kurze Unterweisungen über die Festzeiten und die sonn- und festtägl. Episteln und Evangelien des Kirchenjahres, nebst den bekanntesten Hymnen und Kirchenliedern. Für Schule und Haus bearb. 8. (VII, 296 S.) Trier 881, Groppe's Verlag.

—— das katholische Kirchenjahr. Kurze Unterweisungen über die Feste und Festzeiten und über die sonn- und festtägl. Evangelien, nebst mehreren Hymnen und Kirchenliedern. Für Lehrerseminarien und Volksschulen bearb. 2. Aufl. 8. (IV, 263 S.) Trier 886, Lintz'sche Buchh.

— Methodik d. Religionsunterrichtes in der katholischen Volksschule. 8. (32 S.) Trier 890. Paulinus-Druckerei.
n. —50

Profittlich, J. Pet., e. Sammlung sittlich-religiöser u. vaterländischer Gedichte f. katholische Gesellenvereine, s.: Gott segne das ehrbare Handwerk!

Profittlich, J. P., die Wallfahrt zum Gnadenbilde der seligsten Jungfrau zu Beurig, bei Saarburg. Nebst e. Kreuzwegandacht u. andern Gebeten zur heil. Jungfrau. gr. 16. (26 S. m. 1 Steintaf.) Luxemburg 875. Brück.
— 25

Profoll, Geologisches, der Schwarzwaldbahn von Zussenhausen nach Calw. Stuttgart 1876. V: *Fraas, Oscar.* (Kat. der ständ. Bibl. Stuttg. 1907 S. 608.)

Profost, the, of Bruges. A Tragedy, s. Theatre, the British, by Burckhardt, VI.

Proft, Aug., physiognomisch-mimische Studien. (12 Bl. m. je 4 Photogr.) Lex.-8. Leipzig (Zeitzerstr 2) (906). Georg Brokesch. In Mappe n. 12.—

Proft C.: Bestimmung der Krümmungslinien einiger Oberflächen. 39. Laibach R. 82.
Progr.

Proft, Ernst *Emil* [aus Leipzig-Gohlis]: Kammerbühl und Eisenbühl die Schicht-Vulkane des Egerer Beckens in Böhmen ... M. 8 Zinkotypien im Texte. (Aus: Jahrb. d. k. k. geol. Reichsanst., 1894 Bd. 44 Heft 1.) Wien, Ges.-Buchdr. Brüder Hollinek, 1894; 1 Bl., 25—85 S., 1 Bl. 8.
Leipzig, Phil. Fak., Inaug.-Diss. v. [5. Apr.] 1894

Progel, ..., s. Denkmal in Stereotypen.

PROGEL, Albrecht (München): Epilepsie und Hysterie in ihrer Aehnlichkeit und Verschiedenheit.- München: Rösl 1845. 16 S.
2.8.1843 - Urk; F 66
Diss. Ingolst.-Landsh.-Mchn.

Prögel's Praxis der Gemeindeschreiberei. Prakt. Anleitg. zur korrekten Anfertigung aller im Wirkungskreis der Bürgermeister, Gemeindeschreiber, Kassiere, Gemeinde-, Kirchen- u. Schulverwaltgn., Armenpflegschaftsräte, Standesbeamten, Lehrer etc. vorkomm. Schreibereien, sowie e. Hand- u. Nachschlagebuch f. alle Staats- u. Gemeindebürger Bayerns im Verkehr m. den Staats- u. Gemeindebehörden. In 2. Aufl. rev. v. e. kgl. Verwaltungsbeamten. 5 Bde. (XVIII, 735; XVIII, 782; XX, 827; XIII, 712 u. XVI, 762 S.) gr. 8. Ansbach 903. 904. M. Prögel. Geb. in Leinw. à n.n. 8. 50; auch in Lfgn. à n. 1.—

Prognosticon, Poetischer, betreffend Eine lang und beglückte Regierung Beider Hochgräflichen Excellenzen, als des ... Leopold des Heil. Röm. Reichsgrafen von und zu Daun ... und Dero Gemahlin Excellenz Mariae Josephae gebohrnen Gräfin von Fuchs etc. etc. Steyr 1755. V: *Österreicher, Johann Georg.* (BIBLPORT)

Prognosticum u. alte Bauern-Regeln, s. Schulz, C.

Prognostikon, Scherzhaftes, auf alle Monate. Ein Geschenk zum Geburtstagsfeste etc. für lustige junge Leute. 12. Berlin, Petri. 820.

Lietuvos Demokratų Partijos **programa.** Tilžėje 1906: (v. Mauderode). 15 S. 8°
[Programm d. litauischen Demokratenpartei.]
Aus: 'Varpas'. 10. 5137 10

Programas Lietuviškos Social-demokratiskos Partijos. *[o. O.] 1896.* (17 S.) 8°
[Programm d. litthauischen socialdemokrat. Partei.]

Programm. Gedruckt bei J. Petsch. 1 Bl. Fol.
Flugblatt. Berlin, Jan. 1849.

Programm. Die Unterzeichneten haben sich zu einem Wahlcomité vereinigt, — Caspar u. a. 2 Bl. 4.
Flugblatt. Berlin, 2. Jan. 1849.

Programm der Bezirksschule Aarau für 1871—72. Ausgegeben von dem Rektor J. Rey. 49 Stn. 8. Aarau, Druck von J. Christen. 1872.
Literarische Beigabe: Ueber den Unterricht in der Schweizergeschichte, von J. Börlin. 18 Stn. 8.

Programm der Bezirksschule Aarau f. d. Schuljahr 1872/73. Hsggb. vom Rektor J. Rey. 36 Stn. 8. Aarau, Druck v. J. J. Christen. 1873.
*** Beigabe: Sprache und Schrift, von J. Rey.

Programm d. Abend- u. Sonntags schule f. Maschinenbauer ..., s.a. Brahtz, Ernst

Programm der Abend- und Sonntagsschule für Maschinenbauer an der Königlichen Höheren Maschinenbauschule zu Stettin. Stettin 1904. V: *Brahtz, Ernst.* (Berl 1904, S. 664)

Braune, Karl: **[Lithogr.] [Programm.] Zum Abschieds-Br. Mhl [!] .·. des gel.·. Br. Braune; 9.·. 9.·. 82.·. [Strassburg 1882.] 3 S. 8⁰ [Kopftit.]**
Enth. Programm, Abschiedslied mit Noten, Widmung u. Gebet.

Programm der mathemat.-naturwissenschaftl. Abtheilung der philosoph. Facultät der Universität zu Basel für die Bildung von Lehramtscandidaten. 4 Stn. 4. 1871.

„Programm der Königlichen Ackerbauacademie zu Möglin", Berlin 1836 (Duncker & H.).

Programm der ungarischen Ackerbauarbeiter, Kleinhofbauern und Kleingewerbtreibenden, wonach dieselben streben, unter dem Titel: Unabhängige christliche Arbeiterpartei. 8⁰. Wien, J. Fazekas, 1902.

Programm, das, der Adelsreunion in Schlesien. Nebst einer Beleuchtung. Aus den Sächs. Vaterlandsblättern besonders abgedruckt. kl. 8. Leipzig 842, Friese. 6 ngl

Programm des Affentheaters. Unter der Direktion des C. Casanova. Druck von F. Friedrich in Wien. Zu haben im Lokale des Affentheaters. (14 S. 8. Mit Holzschnitten.) 1857.

Programm der durch die Hochw. Grosse Mutterloge des Eklektischen Freimaurerbundes im Namen der Ehrw. Grossen Loge von Hamburg vorzunehmenden Affiliation der ger.·. u.·. vollk.·. St.·. Johannis-Loge zum Frankfurter Adler im Or. von Frankfurt am Main. [Frankfurt a. M. 1848.] 1 Bl. 2⁰ [Kopftit.]

Programm d. königl. Akademie d. Landbaues zu Möglin. Berl. 1836. 26 S. P.

Programm der Königlichen Akademie des Landbaues zu Möglin. Leipzig 1836. V: *Thaer, Albrecht Philipp.* (Russell VII, I, 679)

Programm der k. Akademie d. Landbaues zu Möglin. gr. 8. (1¼ B.) Berlin 836, Duncker u. Humblot.

Programm der Königlichen land- und forstwirtschaftlichen Akademie zu Hohenheim. 1860. 62. 64. 81. Pilieningen 1860-64. 81

Albinus-Schule (v. 1877—82 vollberechtigte höhere Bürgerschule, v. 1883—92 Realprogymnasium, v. 1893—97 Realprogymnasium und Realschule, v. 1898 an Realschule) in (zu) Lauenburg a. d. Elbe. ... **Programm** (v. 1886 an: Jahresbericht). Zu der öffentlichen Prüfung etc. ladet ein Wilhelm Butz. 4⁰.
4.—19. Ostern 1877—92. Lauenburg a. d. Elbe. 1877—92.
Zu der öffentlichen Schlussfeier ... ladet ein Hermann Raydt.
20.—21. Ostern 1893—94. ebd. 1893—94.
Zu der öffentlichen Prüfung und Schlussfeier etc. ladet ein Carl Günther.
22. ff. Ostern 1895 ff. ebd. 1895 ff.

VII. Schweizerische **Ausstellung für Landwirtschaft, Forstwirtschaft und Gartenbau in Frauenfeld, vom 18.—27. September 1903. Allgemeines Programm. II + 64 S. 8. Frauenfeld, Huber & Co., (1903).**

Lütticher Welt- u. internationale Ausstellung v. 1905. Allgemeines Programm. Reglement-Klasseneintheilung. Freie Uebersetzung. Brüssel 1903. 20 S. 4°.

—— zur **Ankündigung** der Schulfeierlichkeit in Oldenburg, f. **Lübben**, A., über die Behandl.

Programm betreffend die Anlegung einer täglichen Personenpost-Verbindung vermittelst Dampfwagen auf der Chaussee von Hamburg-Altona nach Kiel . . . Kiel. 1836. 4⁰.

Programm der (1851-52—1865-66: **Anzeige** der Vorlesungen an der) Grossherzogl. Badischen Polytechnischen Schule (1885-86 ff.: Technischen Hochschule) zu Carlsruhe für das Jahr (1872-73 ff.: Studienj.) 1832-33—1901/1902. [1832]—1901.
Fortges. u. d. T.:
Fridericiana. Grossherzogl. Badische Technische Hochschule zu Karlsruhe. **Programm** für das Studienj. 1902/1903—1912/1913. 1902—12.

Programm der sozialdemokratischen Arbeiterpartei. Unterzeichnet vom Ausschuss der sozialdemokratischen Arbeiterpartei: Ed. Prey, Vorsitzender. Th. York, Secretär. 8⁰. s. l. s. a.

Programm der sozialistischen Arbeiterpartei Deutschlands. Flugblatt, enthaltend ausser dem Programm einen Aufruf mit der Ueberschrift: „Arbeiter!" und ein aus 12 Paragraphen bestehendes Statut mit der Ueberschrift: „Organisation der deutschen Sozialdemokraten in der Schweiz." 8⁰. s. l. s. a.

Programm der socialistischen Arbeiterpartei Deutschlands nebst einem Aufruf mit der Ueberschrift: „Arbeiter!" Flugblatt, s. l. s. a.

Programm der sozialistischen Arbeiterpartei Deutschlands mit einem Aufruf: „Arbeiter Deutschlands!" Unterzeichnet: „Der Vorstand der sozialistischen Arbeiterpartei Deutschlands (Hamburg)." 8°. Genoss.-Buchdr. in Leipzig, s. a.

Programm der sozialistischen Arbeiterpartei Deutschlands mit einem Aufruf: „An die Arbeiter Deutschlands!" Von dem verantwortl. Herausgeber C. Drossi. 8°. Hamburg, Genoss.-Druck., s. a.

Programm der sozialistischen Arbeiterpartei Deutschlands nebst einem Aufruf des Vorstandes der sozialistischen Arbeiterpartei Deutschlands an die „Arbeiter Deutschlands". 8°. Berlin, Allg. Deutsche Associat.-Buchdr., s. a.

Programm f. d. Arbeiterschutzkonferenz zu Berlin u. Beschlüsse ders., beurtheilt v. d. Verein zur Wahrg. d. wirthschaftl. Interessen. Berl. 890.

Programm des Archigymnasiums zu Soest. Inhalt: Zwei Reden bei verschiedenen Veranlassungen in der Schule gehalten von Alex. Kapp. Schulnachrichten von W. F. P. Patze. gr. 4. (33 S.) Soest 847. (Arnsberg, Ritter.) *

Programm für die Ausbildung der Kompagnie. Theoretischer Teil. 2. Aufl. Gr.-8°. (8 S.) † K —.75
Wien: Seidel 1906.

Programm für die Ausbildung der Kompagnie. Praktischer Teil. 2. Aufl. Gr.-8°. (16 S.) † K 1.—
Wien: Seidel 1906.

Programm, ausführliches, der Festlichkeiten u. Festakte der Jubel-Feier zur Erinnerung an das 600jährige Bestehen Düsseldorfs als Stadt vom 13.—16. Octbr. 1888. 12. (39 S. m. 1 Plan.) Düsseldorf 888. C. Kraus. n. — 50

Programm, ausführliches, des Technikums Frankenberg. Frankenberg 1874

Programm der Allgemeinen Ausstellung für Fussbekleidung. 7 Stn. 8. Bern, Direktion des Innern. Eidgenossenschaft 1876.

Bezirksschule Balsthal. Programm vom Jahre 1900—1901 *u.* 1901—1902. *je* 4 S. 4. (Balsthal, O. Baumann, 1901 *u.* 1902.)

Bezirksschule Balsthal. Programm vom Jahre 1902-1903. [4 S.] 4. (Balsthal, O. Baumann, 1903.)

o. N., Programm für Bau und Errichtung von Allgäuer Rundkäsereien. Kempten 1888. Aufgestellt vom Milchw. Verein im Allgäu, revidiert 1901.

Programm für den Bau eines neuen Schul-Gebäudes s. w. d. a. für das Real-Gymnasium zu Rendsburg. 1871. Rendsburg. 4°.

Programm d. grossh. bad. Baugewerkeschule in Karlsruhe 1907. 4° Karlsruhe 1907

Programm der Städtischen Baugewerkschule zu Eckernförde. (Direktor E. Wilda.) Eckernförde. 1872. 8° geb. in 4°.
Städtische Bauschule zu Eckernförde. (Direktor Dietrich.) **Programm** für das Schuljahr 1877/78. ebd. o. J. 1 Bl. Fol. geb. in 4°.
Bauschule der Stadt Eckernförde.
(1 undatiertes Programm, unterzeichnet: Bellot.) ebd. 4°.
(2 undatierte Programme, unterzeichnet: O. Spetzler.) ebd. 4°.
Programm für das Schuljahr ... nebst Schulnachrichten.
1884/85. 85/86, 87/88. 88/89. ebd. 1884. 85. 87. 88. 4°.
Fortges. u. d. T.:
Baugewerkschule zu Eckernförde. **Programm** für das Schuljahr etc.
1889/90—91/92. ebd. 1889—91. 4°.
—— **Programm** für das Schuljahr ... nebst Jahresbericht (und Lehrplan).
1893/94—95/96. ebd. 1893—95. 4°. Fortges. u. d. T.:
* **Programm** nebst Lehrplan und Jahresbericht der Königlich Preussischen Baugewerkschule Eckernförde.
Schuljahr 1897/98 ff. ebd. 1897 ff. 4°.

Bazar für das neue Jenner-Kinderspital in Bern vom 15.—17. April 1902. Programm. [Mit illustriertem Titel.] 16 S. 8. (Bern, A. Benteli.)

Programm für die Bearbeitung des Werkes: Oesterreichischer Erbfolgekrieg 1740—1748. Geschichte der Kämpfe Oesterreichs. Die Kriege unter der Regierung der Kaiserin-Königin Maria Theresia. K. u. k. Kriegs-Archiv-Direction. Als Manuscript gedruckt. 8. Wien 1892.

Programm der Beerdigungs- und Trauerfeier des Br.*. Joh. Friedr. Fiedler am 26. Sept. 5836. Frankfurt a. M. 1836. H: *Friederich, Gerhard.* (KL 1485) (Wolfstieg I, 766)

Programm für die Bekämpfung des Alkoholismus durch die Oekonomische und Gemeinnützige Gesellschaft des Kantons Bern. [Bern 1893.] V: *Marthaler, Harald.* (BSchwLk V, 9 j)

Programm des Benediktiner-Obergymnasiums zu Oedenburg am Schlusse des Schuljahrs 1851—1852. 4. Oedenburg, C. Rommwalter.

Programm der Kaiserlich-Königlichen Bergakademie in Leoben. Leoben, Lehrjahre 1875/76 bis 1879/80, 1885/86 bis zur Gegenwart.

Programm der K. K. Bergakademie in Leoben. Jg. 1888/89. 1890/91. 1891/92. 1893/94—1895/96. Wien, 1888—1896.

Programm der Kaiserlich-Königlichen Bergakademie zu Pribram. Pribram. Jgge. 1882/83, 1884/85, 1887/88, 1891/92 bis zur Gegenwart.

Programm der K. K. Berg-Akademie in Přibram. Jg. 1894/95—1903/04. Přibram, 1894—1903.

Programm der Königlichen Bergakademie in Berlin. Jg. 1905/06—1907/08. Berlin, 1905—1907.

Programm der Königlichen Bergakademie in Clausthal. Leipzig, Jgge. 1889/90 bis zur Gegenwart.

Programm der Kgl. Bergakademie zu Klausthal. Jg. 1891/92—1896/97 u. 1903/04—1904/05. Leipzig, 1891—1904.

Programm der Königlich Sächsischen Bergakademie zu Freiberg. Freiberg, Lehrjahre 1880/81 bis zur Gegenwart.

Programm der Kgl. Sächsischen Bergakademie zu Freiberg. 125.—139. Jg. (1890/91—1904/05. Freiberg, 1890—1904.

Thurgauische [C]Kantonsschule (in Frauenfeld). Programm [und] Bericht über das Schuljahr 1900/1901 ([Mit] Beilage.) II + 53 + *Beilage* VIII + 96 S. [u. 1 Tafel]. 4. Frauenfeld, Huber & Co, 1901.

Beilage: s. Keller, Emil.

Thurgauische Kantonsschule (in Frauenfeld). Programm [und] Bericht über das Schuljahr 1901/1902. ([Mit] Beilage [wozu 3 Tafeln].) II + 50 + *Beilage* II + 27 S. 4. Frauenfeld, Huber & Co., 1902.

Beilage s. Grossmann, Marcel.

Thurgauische Kantonsschule (in Frauenfeld). Programm [und] Bericht über das Schuljahr 1902/1903. II + 49 S. 4. Frauenfeld, Huber & Co., 1903.

Statt der Beilage erscheint eine besondere Jubiläumsschrift, s. Bühler, G(ustav). Festschrift....

Programm (das sind Bestimmungen für die Actienzeichner zur Eisenbahnanlage zwischen Rendsburg und Flensburg über Schleswig). Vom 10. Juni 1844. o. O. u. J. Fol.

Programm für den Besuch der Berliner Gewerbe-Ausstellung 1896. Vergnügen u. Belehrg. Grösste Bequemlichkeit. Billigste Preise. *Berlin: C. Stangen's Reise-Bureau [1895].* (7 Bl.) 1 Bd 4. [96. 1106

Programm zu loyaler Bundes-Entwickelung. München 866. Fritsch. 16. (32 S.) n. 2 *ngr.*

Basler Bundesfeier. 1501—1901. Begrüssung in Liestal 12. Juli 1901. Programm — Text des Begrüssungschors (von Paul Reber) — Text der Festkantate (von Dr. A[dolf] Vögtlin). II + 9 S. 8. (Liestal. Suter & Cie., 1901.)

Programm des 4. Ungarischen Bundesturnfestes in Ödenburg Pfingsten 1900, Ungar., Riabja 1900, 32 S., 16°.

Programm der höhern Bürgerschule in Hamburg. 1853. Hamburg 1853

1. **Programm** der höheren Bürgerschule zu Itzehoe, womit zu der am 12. März abzuhaltenden öffentlichen Prüfung einladet J. Rüter. Itzehoe. 1869. 4°.

Programm der höheren Bürgerschule zu Sonderburg für das Schuljahr . . . wodurch zu der Schulprüfung etc. einladet Paul Döring.
1872/73—1876/77. Sonderburg. 1873—77; 1881/82. ebd. 1882. 4°. Fortges. u. d. T.:
Programm des Realprogymnasiums zu Sonderburg für das Schuljahr . . . etc.
1882/83, 84/85, 86/87. ebd. 1883, 85, 87. 4°.
Fortges. u. d. T.:
Jahres-Bericht des Realprogymnasiums zu Sonderburg etc.
1888/89—92/93, 1894/95—98/99. ebd. 1889—93, 1895—99. 4°.
Fortges. u. d. T.:
* **Jahres-Bericht** (od. Bericht) der Realschule mit lateinischem Nebenunterricht zu Sonderburg etc.
1899/1900 ff. ebd. 1900 ff. 4°.

Programm des Königlichen Christianeums zu Altona etc., durch welches . . . einladet Georg Hess. 1885. ebd. 1885. 8°.

CHRISTLICHSOZIALES Programm. Budapest o. J.: Stephaneum. 16 S. - 8°

Programm und Chronik des Lehr- und Erziehungs-Institutes von Louise Bauer für Mädchen protestantischer Confession in München. Beigedruckt ist eine Schulrede, gehalten am 1. Mai 1861 von Prinzing. München 861. Giel. (Gummi.) gr. 8. (22 S. u. 1 Tab. in 4.) n. 4 *ngr.*

Programm des k. k. Gymnasiums Cilli (1905 ff.: Jahresbericht d. k. k. Staatsgymn.). 1853—1914/15. Cilli.

Westschweizerisches Technikum Biel. Programm für die Diplomprüfungen und Repetitorien. Frühjahr 1902. [7 S.] 4.

Westschweizerisches Technikum Biel. Programm für die Diplomprüfungen und Repetitorien. Frühjahr 1903. [8 S.] fol.

Programm der Domschule zu Schleswig. ebd. Michaelis 1852 u. Juli 1853 und 54. 8°.

Programm zur Durchführung der nationalen Autonomie in Oesterreich... Wien 1886. V: *Dobrjanskij, Adolf Ivanovič & Alexander Freih. von Bach.* (Mitth. Dr. H. Friedjung.)

Programm des (Gymnasiums) Eberhard-Ludwig-Gymnasiums in Stuttgart für 1868-69. 74-75. 78-80. 83-84. 4° Stuttgart 1868-83

Programm d. königl. preuss. Forstakademie Eberswalde. (Eberswalde 187*). 8 S. 4°.

Programm zu der am Stiftungstage der Loge zur heissen Quelle im Or. Hirschberg am 28. Oct. 1858 stattfindenden Einbringung des Lichts in den Tempel des neuen Logengebäudes und der damit verbundenen Fest- und Arbeits-□. [Hirschberg 1858]: Krahn. 4 Bl. 8° [Umschlagtit.]
Tt. 2569. Programm, Text einer Hymne u. einer Kantate.

Programm als Einladung zur öffentlichen Prüfung in der Girgensohnschen Privatlehranstalt, welche am 14., 15. und 16. Dec. u. am 18. Dec. . . . stattfinden wird. Dorpat [183?]. V: *Girgensohn, Carl Gustav.* (R-N)

Programm und Einladung zur Prüfung der Schülerinen an der Mädchen-Lehr-Anstalt auf der Wieden, Favoritenstraße Nr. 301 im Schuljahre 1856. Wien, 1856. Gedr. bei A. Pichlers Witwe und Sohn. (8 S. 8.)

Programm und Einladung zu der Versammlung des Vereins der deutschen Strafanstaltsbeamten in Stuttgart vom 1. bis 4. Juni 1903. *o. O. (1903).* (8 S.) 8° [Umschlagt.] 1903. 8:48 7

Programm und Einladungsschrift zu der . . . Gedächtnisfeier der . . . 1809 . . . erschossenen vierzehn Schill'schen Krieger, der . . . Beerdigung der . . . Gefallenen und der Einweihung . . . des . . . Denkmals. Braunschweig 1837. V: *Vechelde, Carl Friedrich v.* (Mitth. Dr. H. Bäsecke.)

Einrichtung eines zweijährigen Kursus für Handelswissenschaften, angelehnt an die Kgl. technische Hochschule zu Aachen. Programm für das Studienj. 1898/99. 1898.
Fortges. u. d. T.:
Lehrplan des „Zweijährigen Kursus für Handelswissenschaften" (1903/1904. 1904/1905: der Handelshochschule; 1905/1906—1907/1908: **Programm** der Handelshochschule), angelehnt an die Kgl. technische Hochschule zu Aachen für das Studienj. 1899/1900—1907/1908. 19[00]—07.

Programm zur Einweihung des neuen Arbeitssaales der Loge gen. Friedrich zur Tugend im Or. zu Brandenburg a. d. Havel am 8. Juni 1847. Brandenburg 1847: Wiesike. 12 S. 8⁰ [Umschlagtit.]
Programm u. 10 Gesänge ohne Noten.

Programm zur feierlichen Einweihung und Eröffnung der königlichen Thierarzneischule zu Dresden am 27. Septbr. 1861. Verfaßt von der Direction der königl. Thierarzneischule. Dresden 861. (Meinhold & Söhne.) gr. 4. (65 S. u. 2 Lithogr. in 4.) 15 ngr.

Programm Zur feyerlichen Einweihung Herrn Friedr. Lindemanns in das Amt des Direktors am Gymnasio zu Zittau . . . Zittau 1823. V: *Bergmann.* (MGT)

Programm zur festlichen Einweihung des neuen Tempels der Loge Libanon zu den 3 Cedern im Or. Erlangen am 15. Juni 1890. [Erlangen 1890]: Vollrath. 13 S. 8⁰ [Umschlagtit.]
Enth. das Ritual für die Feier.

Programm zur festlichen Einweihung des neuen Tempels der □ Socrates zur Standhaftigkeit im Or.·. von Frankfurt [a. M.] am 9. Sept. 5832. [Frankfurt a. M. 1832.] 11 S. 8⁰ [Kopftit.]
Enth. das Ritual der Feier.

Programm zur festlichen Einweihung des neuen Tempels der Loge Sokrates zur Standhaftigkeit im Or. Frankfurt a. M., am 1. Dec. 5889. [Frankfurt 1889.] 10 S. 8⁰ [Kopftit.]
Enth. das Ritual für die Feierlichkeit.

Programm zur Einweihung des neuen Hauses der Loge zu den 3 weissen Felsen. Or. Weissenfels 2. Febr. 1890. [Weissenfels a. S. 1890: Kell.] 16 S. 8⁰
Nebst 11 Liedertexten.

Programm zur Einweihung der restaurirten Kirche in Mänedorf... den 11. October 1863. 8. *o. O.*

Döbeln: **Programm zur Einweihung der Loge „zur Wahrhaftigkeit und Bruderliebe" Or. Döbeln am 25. Februar 1883. Döbeln [1883]: Lux. 1 Bl. 12 S., 8⁰. [Umschlagtit.]**
Enthält Programm und Lieder.

Programm zur Einweihung der Neumünsterkirche [in Zürich] und Text der Gesänge, welche bei dieser Feierlichkeit,... den 11ten August 1839, gesungen werden. 8. Zürich.

Programm für die Einweihung des neuen Tempels der St. Joh.-Loge Wilhelm zur nordischen Treue zu Flensburg am 7. u. 8. Juni 1874. [Flensburg 1874: Herzbruch.] 8 S. 8⁰ [Umschlagtit.]
7 Lieder ohne Noten.
Rekt. Kneisner, Hamburg.

Programm zu der Einweihungsfeier des neuen israelitischen Gotteshauses zu Pohrlitz in Mähren. Wien. Gedruckt bei J. Holzwarth. (8 S. 8.) 1856.

Programm zur Einweihungs-Feier des neu erbauten Logenhauses der Johannis-Loge Harpokrates im Or. Magdeburg, am 30. Mai 1875. [Magdeburg 1875: Wohlfeld.] 8 Bl. 8⁰ [Umschlagtit.]
Mit 8 Gesangstexten.

Stendal: **Programm zur Einweihungsfeier des neu erbauten Logenhauses der Johannisloge zur goldenen Krone im Or. Stendal am 2. Jan. 1877. 8 S.**

Programm für die am 25. Mai 1853 stattzufindende Einweihungsfeier des neuen israelitischen Bethauses zu Eibenschitz in Mähren. 8. (8 S.) Wien. Druck. Edl. v. Schmidbauer und Holzwarth. 1853.

— das ganze deutsche Publikum zu Vorlesungen üb. Hexerei, Zauberei u. Geisterseherei einzuladen. Von Beatus Lucifer, D. d. Philosophie rc. 8. Altenb. 828. Literat.-Compt. 2 g.

— zum neunten Elb-Musikfeste in Braunschweig, nebst e. Beschreibung der Stadt, zur Führung u. Erinnerung für auswärtige Theilnehmer. Im Juli 1836. Mit 3 Abbildd. gr. 4. Braunschweig 836. (G. C. E. Meyer sen.) n. 1/3 ₰

Programm für die Enthüllungs-Feier des Winkelrieddenkmales in Stans. Den 3. September 1865. 8. [Stans.]

Programm der Enthüllungsfeierlichkeiten des Pressburger Krönungshügel-Denkmales (mit Abbildung) im Beisein Sr. Majestät, am Sonntage den 16. Mai 1897, und kurze Beschreibung der Sehenswürdigkeiten Pressburgs. (Deutsch u. ungarisch.) Kl.-8. (64 S.) —.10
Pressburg: Heckenast 1897.

„Programm zur Eröffnung der Landwirthschafts- und Gewerbeschule zu Aschaffenburg am 21. December 1833", Aschaffenburg 1834 (Pergey).

Programm z. Eröffnung d. landwirthschaftl. u. Gewerbsschule zu Aschaffenburg am 27. Dec. 1833. gr. 4. (2 B.) Aschaffenburg 834, Pergay. Thlr.

Programm zur Eröffnung des jüdisch-theologischen Seminars zu Breslau „Fränckel-sche Stiftung". Breslau 1854.

Berliner Gewerbe-Ausstellung 1896. **Programm** für die Eröffnungsfeier am 1. Mai 1896. *(Berlin 1896.)* (5 Bl.) 1 Bd 4. 97. 7163

Programm betr. die Errichtung eines Musterlagers für Gewerbe und Industrie in Zürich. 7 Stn. — Bericht zum Entwurf eines Programms etc. 15 Stn. 8. Zürich, Fr. Schulthess 1874.

Programm über vaterländische Erziehung zum Jahresberichte der Erziehungsanstalt des Benediktiner-Stiftes Maria-Einsiedeln im Studienjahre 1852/53. V: *Tanner, Conrad.* (BSCHWL V, 10c, S. 120)

Programm für die Exkursion der deutschen Herren Landwirthe der 18. Versammlung in Prag nach der gräflich Albert Nostitz'schen Domaine Türnitz in Böhmen am 13. September 1856. (11 S. 4. Mit 2 Tabellen: A) Domaine Türnitz. Rohproduktions-Tabelle in Proportionalzahlen berechnet vom Jahre 1814 bis incl. 1855. B) Domaine Czernosek. Rohproduktions-Tabelle in Proportionalzahlen berechnet vom Jahre 1814 bis incl. 1855.)

Schweizerische Geologische Gesellschaft. Programm der Exkursionen nach der Jahresversammlung in Zofingen, vom 7.—10. August 1901, unter Führung von Dr. F[ritz] Mühlberg in Aarau. 23 S. 8. Aarau, H. R. Sauerländer & Co., 1901.

Programm der Fachschule für die Kleineisen- und Stahlwarenindustrie des Bergischen Landes zu Remscheid. 1887 u 1890-92. Remscheid, Elberfeld 1887-92

Programm der Fachschule für Metallindustrie zu Iserlohn. Iserlohn 1881

Programm der königlich Württembergischen Fachschule für Feinmechanik einschliessl. Uhrmacherei u Elektromechanik in Schwenningen. (29 S) (Stuttgart 1906)

Programm zu der . . . von der constitutionellen Bürger-Ressource veranstalteten Feier. O. O. 1854. V (Gedichte): *Wissowa, August.* V (Festspiel): *Gottschall, Rudolph v.* (Kat. d. Druckschr. üb. Breslau. Breslau 1903. S. 63.)

Programm zur Feier der Einweihung des neuen Freimaurer-Logenhauses im Or. von Hannover am 15. Jan. 1857. [Hannover 1857: Jänecke.] 2 Bl. 8⁰ [Kopftit.]

Zweites Programm zur Feier der am 12. September 1847 stattfindenden Einweihung des neuerbauten Logenhauses der St. Johannislogen Apollo und Balduin zur Linde im O. von Leipzig. [Leipzig 1847: Polz.] 1 Bl. 4⁰. [Kopftit.]
W. 11333 gibt Umschlagtit. an.

B. Zweites **Programm** zur Feier der am 12. Sept. 1847 stattfindenden Einweihung des neuerbauten Logenhauses der ger. und vollk. St. Johannislogen Apollo und Balduin zur Linde im O.·. von Leipzig. [Leipzig 1847: Polz.] 1 Bl. 4⁰ [Umschlagtit.]

Programm, mit welchem zur Feier tausendjähriger Erinnerung an Hrabanus Maurus, den Begründer des deutschen Schulwesens, einladet Carl Schwartz. gr. 4. (46 S.) Fulda 856, Müller'sche Buchh. *

Palmié, Joh. Mich.: **Programm** für die Feier des 50 jährigen Freimaurer-Jubiläums des Br. Joh. Mich. Palmié in der Gr. Landes-Loge am 21sten Jan. 1840. [Berlin 1840.] 2 Bl. 4⁰ [Kopftit.]

Programm zur Feier des Geburtsfestes Seiner Königlichen Hoheit des Durchlauchtigsten Prinzen von Preussen dem Hochw. Protektor sämmtlicher Freimaurer-Logen im preussischen Staate. Veranstaltet von der Loge zur heissen Quelle in Hirschberg am 22. März 1852. Hirschberg [1852]: Krahn. 10 S. 4⁰ [Umschlagtit.]
Nebst 6 Festgesängen ohne Noten.

Programm zur Feier der Grundsteinlegung des deutschen Maurer-Tempels in der Stadt New-York, am zweiten Juli 1879. [New-York 1879]: N.-Y. Bundespresse. 2 Bl. 8⁰ [Umschlagtit.]
Nebst Lied ohne Noten von H. Berger: „Zum Ruhm und Preis des Weltenmeisters tönte, . . .“

Programm für die Feier des 75jähr. Jubiläums der ehrw. Johannis-Loge „Boanerges zur Bruderliebe“. Sonnabend den 25. Mai 1907. [Hamburg: 1907.] 15 S. 8⁰
5 Lieder ohne Noten. Nr 3 von H. Gerndt, Nr 4 von Th. Necker.
Rekt. Kneisner, Hamburg.

[Lithogr.] **Programm** für die Feier des funfzigjährigen Jubilaeums der g. u. v. St. Joh. Loge Ernst zum Compass im Or. zu Gotha am 16ten Mai 1856. [Dat.:] Gotha 1856. 2 Bl. 2⁰ [Kopftit.]
Tt. 2155.

Programm zur Feier des hundertjähr. Jubiläums des Karl-Alexander-Gymnasiums. Vom Festcomité. — ½ Bog. in Fol.
Progr. Ansbach

Programm zu der in der □ z. g[oldnen] Mauer in Budissin am 18. Mai 1847 gehaltenen Feier des Geburtsfests Sr. Maj. des Königs von Sachsen. [Bautzen 1847.] 12 S. 8⁰ [Kopftit.]
Enth. das Ritual für die Feier.

Programm zur Feier des 18. März. — Doerk u. a. 1 Bl. Fol.
Flugblatt. Berlin, 8. März 1849.

Programm zur Feier des 75. Stiftungsfestes der ger.·. und vollk.·. Johannisloge Ernst für Wahrheit, Freundschaft und Recht im Or.·. Coburg. Coburg [1891]: Dietz. 2 Bl. 8⁰ [Umschlagtit.]
6 Liedertexte.

Programm zur Feier des 25jährigen Stiftungsfestes der Johannis-Loge zur goldenen Krone im Or. Stendal am 8. u. 9. Mai 1887. 9 S.

Programm zur Feier des 50jährigen Stiftungsfestes der Loge Archimedes zum ewigen Bunde in Gera den 29. Okt. 1854. [Gera 1854.] 3 S. 4⁰ [Kopftit.]

Loge zur Bruderkette. **Programm** zur Feier des Stiftungsfestes und verschiedener Jubiläen am Mittwoch, den 25. Febr. 1891. Or.·. Hamburg. Hamburg [1891]: Conrad. 2 Bl. 8⁰ [Umschlagtit.]

Gabelsberger Shorthand Soc (NY). Progr z Feier des 10-jhr Stiftungsfestes. NY, 1894.

Programm der Feier d Dten Tages zu Balt, am 6. Okt 1890. Zur Erinng an die Landung d ersten dten Pioniere an den Ufern d Delawares . . . 1683. Baltimore, 1890.

Programm z Feier d Dten Tages zu Balt, 1898. Baltimore, 1898.

Independent Citizens' Union of Md.
-Progr zur Feier d Dten Tages . . . 12. Sept 1901. Balt, 1901. [In German and English.]

Programm uber die Feyerlichkeiten bey Eröffnung der Stände-Versammlung. O. O. u. J. (München, dat. 2. Febr. 1819.) Fol. 2 Bog. Cart. m. Lwdr.

Programm zum Feste der Einweihung des neuen Logen-Lokals im Oriente zu Prenzlau am 18. Dezember 1840 und der darauf folgenden Fest-Tafel-Loge. Prenzlau o. J.: Vincent. 15 S. 8⁰.
Enthält Festordnung und Lieder.

Programm zum Feste der Einweihung des neuen Logen-Locals im Oriente zu Prenzlau am 5. Juni 1854 u. der darauf stattfolgenden Fest-Tafel-Loge. Prenzlau 1854: Vincent. 11 S. 8⁰.
Enthält Festordnung und Lieder.

Programm zu der, dem Br. Winkler bei seinem vollendeten siebenzigsten Lebensjahre, von den vereinten Logen zu den drei Schwertern und Asträa zur gr. Raute gewidmeten Festfeier am 9. Febr. 1845. Dresden [1845]: Ramming. 19 S. 8⁰ [Umschlagtit.]

Programm und Festgesänge zur Einweihung des neuen Bundestempels der Loge Alexius zur Beständigkeit in Bernburg am 18. Oct. 1852. [Bernburg 1852]: Gröning. 8 S. 8⁰ [Umschlagtit.]
Enth. 5 Liedertexte, darunter 2 von Friedr. Hoffmann, 1 von Franz Hoffmann.

Jubelfeier d. ev. Kirche in Bukarest. 1753.—1853.—1903. **Programm** des Festgottesdienstes am 7. (20.) Dezember 1903. (Bukarest '03.) 2 Bl. 4⁰

Programm für den zur Feier der Enthüllung des Bismarck-Denkmals am Mittwoch, d. 10. Nov. 1897. Abends 8½ Uhr in den „Deutschen Reichshallen" veranstalteten Fest-Commers. (Kiel. 1897.) 8⁰ m.

Programm für den Festkommers am 18. Januar 1896 zur Feier des 25jährigen Gedenktages der Wiederherstellung des Deutschen Reichs. Kiel. (1896.) 8⁰.

Programm über die Festlichkeiten bei der Feier der dreihundertjährigen Einweihung des Gymnasiums in Hof am 25. und 26. August 1846. — ½ Bog. — Ohne Druckort.
Progr. Hof

Programm der Festlichkeiten zur 700jähr. Jubiläumsfeier der Stadt München vom 25.—30. Septbr. 1858. München 1858. 8⁰. 24 S. Cart.

Programm und Festlieder zur Einweihung des neu erbauten Tempels der St. Johannis ☐ „Zum Hellen Licht" in Hamm am Sonntag den 23. Juli 1854. Hamm 1854: Grote 16 S. 8⁰ [Umschlagtit.]
Lieder ohne Noten.

Programm für die Festloge zur Feier des 75. Stiftungstages der ger.·. und vollk.·. Johannisloge Ernst für Wahrheit, Freundschaft und Recht im Or.·. Coburg am Sonntag, den 30. Aug. 1891. Coburg [1891]: Dietz. 1 Bl. 8⁰ [Umschlagtit.]
2 Liedertexte.

Programm bei Gelegenheit der feierlichen Festloge zur Installation der Loge Hercynia zur Brudertreue im O. von Clausthal und Zellerfeld am 25. Sept. 1851. Goslar 1851: Brückner. 16 S. 8⁰ [Umschlagtit.]
Nebst 8 Liedertexten.

Programm für die Fest-☐.·. zur Gedächtnissfeier des 25jährigen Bestehens und der Installation der ger.·. und vollk.·. ☐.·. Johannes der Evangelist zur Eintracht im Or.·. zu Darmstadt und der Feier des 50jährigen Maurer-Jubiläums des Br.·. Valentin Schnauber. [Darmstadt 1841: Kichler.] 8 S. 8⁰ [Umschlagtit.]
Kl. 3024. Enth. nebst Progr. ein Gebet, eine Kantate u. ein Lied ohne Noten.

Bluhm, George: **Programm** der Fest-Loge zur 50jährigen Jubelfeier des Br George Bluhm am 12. Mai 1878. [Hamburg 1878: Kümpel.] 2 Bl. 8⁰ [Umschlagtit.]
Choral u. Festkantate ohne Noten.
Rekt. Kneisner, Hamburg.

Programm zur Festloge am 28. Nov. 1864 bei Anwesenheit des Allerdurchlauchtigsten Ehrw. Grossmeisters Sr. Majestät des Königs Georg V. von Hannover in der Loge Georg zur gekrönten Säule im O.·. Clausthal und Zellerfeld. [Osterode 1864: Einschlägel.] 3 Bl. 8⁰ [Umschlagtit.]

[**Programm.**] Fest- und Tafelloge zur Feier der 33. Wiederkehr der Stiftung der Loge „Globus" im Or. Hamburg. Am Freitag, den 19. Nov. 1909. [Hamburg 1909: Schroeder.] 2 Bl. 4⁰ [Umschlagtit.]
Rekt. Kneisner, Hamburg.

Programm und Festschrift des zur Feier der Vollendung des Kölner Domes am 16. 10. 1880 veranstalteten historischen Zuges, hrsg. v. Komitee, Köln, 28 S., 8⁰.

Programm des Festspiels zur Feier des fünfundzwanzigjährigen Bestehens des Kunstgewerbemuseums zu Leipzig. Leipzig 1899.
8 Bl : 6 Taf. 4⁰
Die Figurinen von F. A. Kaulbach u. Ludw. Hofmann.

Programm des Festspiels zur Feier des fünfundzwanzigjährigen Bestehens des Kunstgewerbemuseums zu Leipzig. Leipzig 1899.
2 Bl. Tit., 7 Bl.; 6 farb. Taf. 4⁰.

[F.] **Programm** des Festzuges am 3 August 1868 ... Bonn, Druck v. C. Georgi [1868]. 1 Bl. 4.

— das, der Föderalisten. Mit einem Vorwort v. Geo. Schirges. 12. (64 S.) Darmstadt 849, Pabst. ⅙ ℛ

Programm, e. föderalistisches. Nebst erläut. Bemerkgn. v. e. Mitglied d. schweizer. Nationalraths. 8. (51 S.) Bern 873. Huber & Co. n. — 50

— — zur Formation u. Einrichtung einer Oberfeuerwerkerschule. München 1876. 24 S. 4⁰

Programm und Formulare der Münchener Jahres-Ausstellung von Kunstwerken aller Nationen im Königl. Glaspalaste. München 1890. 4⁰. Mehrere Exemplare.

Programm der k. k. Forst-Akademie (forstlichen Hochschule) in Mariabrunn für das Studienjahr 1873/74. - Wien 1873. 14 S.

Städtische Mädchenschule Bern, Oberabteilung. Programm der Fortbildungsklasse, der Handelsschule und des Lehrerinnen-Seminars. Vorsteher: Ed[uard] Balsiger. (1901 Januar 10.) ([Mit 1 Plan und 1 Ansichts-Tafel vom] Schulhaus Monbijou.) 41 S. 8. Bern, Gebhardt, Rösch & Schatzmann, 1902.

Mödling. **Programm** d. landwirtschaftlichen Lehranstalt »Francisco-Josephinum«. Mödling 1910. 32 S. 4⁰.

Programm für die Frauenarbeitsschule in Reutlingen für 1873 u 76. Reutlingen

Freimaurerbund zur aufgeh. Sonne: **Programm** des Freimaurerbundes „Zur Aufgehenden Sonne" (F. Z. A. S.) o. O. u. J. 1 Bl. 8⁰. 9.

Programm über Zeiller's Fuchs-Witterung. Ein geheimes Jagd-Kunststück aus der Vorzeit. 8. (16 S.) Korneuburg 878, Kühkopf. * — 80

Programm zur künftigen Führung des Breslauer Theaters. O. O. 1857. V: *Schwemer, Friedrich.* (Kat. d. Druckschr. üb. Breslau. Breslau 1903 S. 361.)

Programm des Gartenbauvereins in den Herzogthümern Schleswig, Holstein u. Lauenburg für die Ausstellung von Obst, Gemüse u. Blumen vom 5. bis 7. Oct. 1857 in Kiel. (Kiel. 1857.) 8⁰ [Kopft.]

Programm zur Gedächtnissfeier des in den e. O. eingegangenen Br. Aug. Gotthilf Taube, geb. den 3. Mai 1753, vollendet den 22. Febr. 1816. [Bautzen 1816.] 10 S. 8⁰ [Kopftit.]

'Ornis', Ver. f. Geflügel- u. Singvögelzucht zu Münster i. W. **Programm** der 3. Grossen, allgemeinen Geflügel-Ausstellung auf dem Westf. Zoolog. Garten 1902 zu Münster i. W. *Münster i./W. (1902): 'Der Westfale.'* (14 S.) 8⁰ [Umschlagt.] [03. 1869 6

Programm der Plöner Gelehrtenschule zu Ostern 1851. Kiel. 1851. 4⁰.

—— wodurch zu den ... Prüfungen einladet Johann Karl Gottfried Schütt.
(1852.) Ploen. 1852. 4⁰. (1853.) ebd. 1853. 8⁰.
... ad examen scholae Ploenensis ... invitat Jacob Bendixen (1854.) Ploenae. 1854. 4⁰.

Programm der Plöner Gelehrtenschule, wodurch zu den ... Prüfungen einladet [Jacob] Bendixen.
(1855—57, 60—62, 64, 66, 68—69.) Ploen. 1855—57, 60—62, 64, 66, 68—69. 4⁰.

Programm des Ploener Gymnasiums, durch welches zu der ... Prüfung einladet Christian Albrecht Klander.
(1870.) ebd. 1870. 4⁰.

Programm des Gymnasiums zu Ploen, durch welches zur Feier etc. einladet Albert Müller.
(1871—74.) ebd. 1871—74. 4⁰.

Programm des Königl. Gymnasiums zu Ploen, womit zu ... der Vorfeier des Geburtstages des Kaisers und Königs einladet Christian Heimreich.
1875. ebd. 1875.

Programm des Königl. Gymnasiums zu Ploen. Ostern. ... 1876—89. ebd. 1876—89. 4⁰.

* **Jahresbericht** des Königl. Gymnasiums zu Ploen. Ostern ... 1890 ff. ebd. 1890 ff. 4⁰.

Zweites Engemer Gemeindefest. Volksfest auf dem alten Bürgli. Tonhalle Zürich, Samstag, den 1. Februar 1902. (Programm, [nebst:] Festspiel ⟨die Vereine huldigen den Drei Königen⟩ von Ulrich Farner. [Mit illustriertem Umschlag.]) 16 S. 8. Zürich, Jean Frey.

Programm und Gesänge zur Feier des Frühlingsfestes, gehalten von den vier Freimaurer-Logen Augusta zum goldenen Zirkel in Göttingen, zum Tempel der Freundschaft in Heiligenstadt, Pythagoras zu den 3 Strömen in Münden, zur Eintracht und Standhaftigkeit in Kassel am 24. Mai 1868. o. O. [1868]: Döll & Schäffer. 10 S. 8⁰ [Umschlagtit.]
5 Liedertexte.

Programm und Gesänge für die Feier des fünfzigjährigen Jubiläums der St. Johannis-Loge Hermann zur deutschen Treue Or. Mühlhausen am 18. Aug. 1868. [Mühlhausen 1868]: Röbling. 14 S. 8⁰ [Umschlagtit.]
9 Gesänge ohne Noten.

Programm und Gesänge zur Feier des in der Loge zu den drei Bergen Or. Freiberg am 26. Aug. 1855 abzuhaltenden zweiten Verbrüderungsfestes der erzgebirgischen und voigtländischen Logen: Harmonie Or. Chemnitz, Verschwisterung der Menschheit Or. Glauchau, Pyramide Or. Plauen, Archimedes Or. Schneeberg, Zum Treuen Bruderherzen Or. Annaberg, Zu den 3 Bergen Or. Freiberg. [Freiberg 1855: Gerlach.] 4 Bl. 4⁰ [Umschlagtit.]

Programm und Gesänge für die Loge zu den drei Bergen zum Johannisfest 1861. Blätter der Erinnerung an das fünfzigjährige Maurerjubiläum des Br. [Joh. Friedr.] Helmert. [Freiberg 1861: Gerlach.] 8 Bl. 8⁰ [Umschlagtit.]
Tt. 2570. 14 Liedertexte.

PROGRAMM DER GESELLSCHAFT FÜR RHEINISCHE GESCHICHTSKUNDE. Köln, 1881. Druck von M. DuMont-Schauberg. 8⁰.

Programm der Gesellschaft des Augsburger Hofes. 7 S. 8⁰.

—— für die Carl Stangen'schen Gesellschaftsreisen pro 1881. gr. 8. (27 S.) Leipzig 880, A. Krüger. — 30

Programm der (1858-59: Großherzogl. Hessischen) höheren Gewerbschule zu Darmstadt für das Jahr [1858-1859.] 1859-1860. 1860-1861. 1858—[60].

Fortges. u. d. T.:

Programm der Großherzogl. Hessischen technischen Schule zu Darmstadt. Herbst 1864. 1865. 1864—65.

Fortges. u. d. T.:

Programm der Grossherzogl. Hessischen Polytechnischen Schule (1878-79ff.: Technischen Hochschule) zu Darmstadt (1909/10ff.: Grossherzogl. Technische Hochschule zu Darmstadt. Programm) für das Jahr (1873-74 ff.: Studienj.) 1869-1870—1912/13. 1869 — [1912].

1873-74—1875-76. [Nebst] Beil. Nachrichten über die Prüfungen, welche Seitens der polytechnischen Schule veranstaltet und über die Zeugnisse, welche von derselben ausgestellt werden.

1876/77. [Nebst] Anl. I. Nachrichten... II. Vorschriften über die Ausbildung und Prüfung für den Staatsdienst im Bau- und Maschinenfach im Königreich Preussen.

Programm der höhern Gewerbeschule (1853/54—1878-79: polytechnischen Schule; 1879-80 ff.: Kgl. Technischen Hochschule) zu Hannover (1853/54—1882-83: für das Jahr; 1883-84 ff.: für das Studienj.) 1834. 1853/54. 1857-58—1912-1913. 18[34]—1912.

1889-90—1912-13. Beil.: Zahl der Theilnehmer an den einzelnen Unterrichtsfächern im Studienj. 1888-89—1911-1912.

Programm der K. Höheren Gewerbeschule, Baugewerkeschule und Werkmeisterschule zu Chemnitz für 1862-81. 4° Chemnitz 1862-81

P..., A. G. Programm der Schrift: Grundzüge eines Systemes für Regeneration der unteren Volksklassen. Im März 1850. Berlin, C. G. Brandis 1850. 20 S. 8.

Programm der XVII. Gruppe für Heerwesen der Millenniums-Landes-Ausstellung. 1896. Fol. (Wien 1896).

Programm des evangel. Gymnasiums A. B. und der damit verbundenen Realschule, sowie der evangelischen Elementarschule A. B. zu Hermannstadt für das Schuljahr 1895/96, womit zur öffentlichen Prüfung der Schüler aller Classen etc. einladet Carl Albrich sen., Direktor. 4. Hermannstadt 1896.

Programm des evangelischen Gymnasiums (1870/71 ff.: d. ev. Obergymn. A. B. u. d. damit verbund. Lehranstalten) zu *Bistritz* in Siebenbürgen 1853—56. 58—1914/15. Kronstadt (1860 ff.: Bistritz).

Programm, Drittes — des evangelischen Gymnasiums zu Bistritz in Siebenbürgen. Herausgegeben am Schlusse des Schuljahres 1854. 3. Jahrgang. 4. (26 S.) Kronstadt. Gedruckt bei Johann Gött. 1854.
Inhalt: Ueber die Eintheilung der epischen Poesie. — Schulnachrichten.

Programm, siebentes, des evangel. Gymnasiums zu Bistritz in Siebenbürgen. *Kronstadt* 1858. Gedruckt u. im Verl. bei *Joh. Gött.* 57 S. 8⁰.
INHALT. Die Alliterationsperiode der deutschen Dichtung von Dr. *J. Im. Schneider* (S. 1—22).

Programm des evang. Gymnasiums A. C. zu Kesmark für das Schuljahr 1855/56, zugleich Ankündigungsschrift der am 30. Juli l. J. abzuhaltenden öffentlichen Prüfungen, zu welchen hiemit ergebenst einladet Professor Hugo Stenczel Rektor. Leutschau, gedruckt bei Johann Werthmüller und Sohn. (20 S. 4.)
Inhalt: Wozu Latein und Griechisch? von Prof. G. D. Forberger. — Schulnachrichten.

Programm des evangel. Gymnasiums A. C. zu Mediasch u. d. damit vereinigten Schulanstalten. 1856/57—1870/71. 1873/74—1900/01. 1902/03—1914/15. Hermannstadt (1875 ff.: Mediasch). 4⁰

Programm des evangelischen Gymnasiums in Kronstadt (1902/03 ff.: Honterus-Gymnasiums) u. d. damit verbund. Lehranstalten. 1855/56—1914/15. Kronstadt. 4⁰ u. 8⁰

Programm des evang. Gymnasiums in Schässburg u. d. damit verbund. Lehranstalten. 1854. 55. 57—1915. Kronstadt (1873 ff.: Hermannstadt). 4⁰ u. 8⁰

Programm des evangelischen Gymnasiums in Schässburg und der damit verbundenen Lehranstalten. Veröffentlicht vom Dir. G. D. Teutsch. *Kronstadt* 1858. Druck u. Verl. v. *Joh. Gött.* 121 S., 8°.
INHALT. Flora von Schässburg. Ein Beitrag zur Flora von Siebenbürgen. (p. 5—95.)

Freies Gymnasium in Bern. 31. Programm auf Mai 1901. [Darin:]... Wissenschaftliche Beilage. 68 + *Beilage* 60 S. 8. Bern, Buchdr. des Berner Tagblatt, 1901.
Wissenschaftliche Beilage s. Huber, Daniel.

Freies Gymnasium in Bern. 33. Programm auf Mai 1903. [Mit illustriertem Umschlag, 1 Tafel und]...Wissenschaftliche[r] Beilage. 78 + *Beilage* II + 41 S. 8. Bern, Buchdr. des Berner Tagblatt, 1903.
Beilage s. Preiswerk, H[einrich].

Programm des Gymnasiums zu Hadersleben für das Schuljahr . . . etc.
1874/75, 1876/77—80/81, 82/83—83/84. ebd. 1875, 77—81, 83—84. 4°.

Programm des k. k. akademischen Gymnasiums (1875 ff.: Jahresber. d. k. k. Staatsgymn.) in *Görz*. 1852—67. 69—72. 74—1913/14. Görz.

Programm des k. k. akademischen Gymnasiums in Görz, für das Schuljahr 1853. 8. (60 S.) Görz. Druck von J. B Seitz.

Programm des k. k. akademischen Gymnasiums in Görz für das Schuljahr 1854. 8. (64 S., 1 Tab. und 1 Tafel.) Görz. Druckerei und Lithographie des J. B. Seitz.
Inhalt: Die Analyse der Gefühle und deren Begriffsbestimmung mit einer kritischen Rücksicht auf die Ansichten der Herbart'schen Schule. — Bemerkungen über die geologischen Verhältnisse der Umgebung von Görz. — Schulnachrichten.

Programm des k. k. akademischen Gymnasiums in Gratz. Veröffentl. am Schlusse des Studienjahres 1853, durch den pr. Gymnasialdirektor Alex. Kaltenbrunner. 4. (34 S.) Gratz. Aus der C. Tanzer'schen Buchdruckerei.
Inhalt: Beiträge zur näheren Kenntniß von Mittel-Amerika, Yucatan. Von Carl B. Heller. — Schulnachrichten vom pr. Direktor.

Programm des k. k. academischen Gymnasiums (1900 ff.: Jahresbericht d. k. k. ersten Staatsgymn.) zu Laibach. 1852—1915.

Programm, sechstes — des k. k. Gymnasiums zu Bozen, veröffentlicht am Schluße des Schuljahres 1855/56. Bozen. Druck der Josef Eberle'schen Buchdruckerei. (51 S. 4 Bl. 8.)
Inhalt: Uebersicht des dreißigjährigen Krieges und seiner nächsten Folgen, von dem Katecheten und Lehrer der Geschichte, Johann Paul Ehrenberger. — Schulnachrichten, vom Direktor Vital Franzelin.

Programm, achtes, des k. k. Gymnasiums zu Bozen. *Bozen* 1858. Druck d. *J. Eberle'schen* Buchdr. 55 S., 8°.
INHALT. Die Ameisen Tirol's von *Vincenz M. Gredler*, Lehrer der Naturgeschichte. (S. 1—34).

Programm, Viertes — des k. k. Gymnasiums zu Brixen. Ausgegeben am Ende des Schuljahres 1854. 8. (14, 16 S. und 4 Blätter.) Brixen. Gedruckt mit Weger'schen Schriften.
Inhalt: Entwickelung der Begriffe positiver und negativer Zahlen. — Begriffe der Grundrechnungs-Arten. — Die Formel für $(a+b)^n$. — Zur Trigonometrie Gehöriges.

Programm, Fünftes — des k. k. Gymnasiums zu Brixen. Ausgegeben am Ende des Schuljahres 1855. Brixen, 1855. Gedruckt mit Weger'schen Schriften. (14 S. 8.)

Programm, sechstes — des k. k. Gymnasiums zu Brixen. Ausgegeben am Ende des Schuljahres 1856. Brixen. Gedr. mit Wagnerschen Schriften. (:3, 30 S. 5 Bl. 8.)

Programm des k. k. Gymnasiums (1879 ff.: d. ersten dt. k. k. Gymn.; 1909/10 ff.: Jahresbericht d. Staatsgymn. mit dt. Unterrichtssprache) in Brünn. 1851—72. 74. 75. 78 ff. Brünn. 4°

Programm, Fünftes — des k. k. Gymnasiums zu Brüx, veröffentlicht am Schlusse des Schuljahres 1855. Brüx. Druck von F. v. Schönfelds Witwe & Komp. (15 S. 4.)
Inhalt: Vermehrung der Lehrmittel im Schuljahre 1855. — Andere Schulnachrichten.

Programm des k. k. Gymnasiums in Gratz. *Gratz*. Druck und Papier von *Jos. A. Kienreich*. 37 S., 4°.
INHALT. Leben, Wissenschaft, Schule. Pädagogisch-didaktische Bemerkungen u. s. w. Von *Dominik Buswalt* (S. 1—16).

Programm, achtes, des k. k. Gymnasiums zu Iglau. *Iglau* 1858. Druck aus *Jos. Rippl's* artist. Anstalt. 26 S., 4°.
INHALT. Flexion der Verba im Böhmischen. Von *Franz Gotthard* (S. 1—10).

ERSTES(-Neuntes) Programm des k. k. kath. Gymnasiums zu Pressburg am Schluss des Schuljahres 1851(-1859). Pressburg 1851(-1859): C. F. Wigand. - 180 mm

Programm, sechstes — des k. k. katholischen Gymnasiums zu Preßburg am Schlusse des Schuljahres 1856. Veröffentlicht am 31. Juli l. J. durch den Direktor des Gymnasiums Doktor Antonin Alt. Preßburg. Schnellpressendruck von Karl Friedrich Wigand. (47 S. 4.)
Inhalt: Emendationes Venusinae Fragmentum Codicis Tentiani Posoniense. Scripsit Dr. Fr. Pauly. — Die Marmaroscher Diamanten von Dr. G. Lorinser. — Schulnachrichten.

Programm, achtes, des k. k. kath. Gymnasiums zu Pressburg. *Pressburg*. Schnellpressendruck von *Carl Friedrich Wigand*. 33 S., 4°.
INHALT. Einige Bemerkungen über Inhalt und Einrichtung eines lateinischen Uebungsbuches für die I. u. II. Gymnasial-Classe. Von *Jos. Ludw. Christ* (S. 3—10).

Programm, sechstes — des k. k. Gymnasiums zu Klagenfurt. Am Schluße des Studienjahres 1856. Klagenfurt, 1856. Druck von Johann Leon. (105 S. 8.)

Programm, achtes, des k. k. Gymnasiums zu Klagenfurt. *Klagenfurt*. Druck v. *Joh. Leon*. 80 S., 8°.
INHALT. Magnetismus, Fortsetzung und Schluss der Vibrations-Theorie der Elektrizität, von Prof. *Karl Robida*. (S. 1—60).

Programm des k. k. Gymnasiums (1911 ff.: k. k. dt. Staatsgymn.) auf der Kleinseite in Prag. 1851—60. 63—65. 67—76. 1878 ff. Prag. 4° u. 8°

Programm des k. k. Gymnasiums zu Kremsmünster für das Schuljahr 1856. Linz, 1856. Dr. von Josef Feichtingers sel. Erben. (31 S. 4.)
Inhalt: Marcus Antonius Flaminius poëta latinus saeculi XVI. — Schulnachrichten.

Programm des k. k. Gymnasiums zu Kremsmünster. *Linz* 1858. Druck von *Jos. Feichtinger's sel. Erben*. 25 S. 4°.
INHALT. Methode, nach welcher Kaiser Josef II. die italienische Sprache erlernte. Von *Marcus Holter* (p. 3—9), Il ritorno del crociato. Des Kreuzfahrers Heimkehr. Ein Gedicht in italienischer und deutscher Sprache (p. 10—12).

Programm des k. k. Gymnasiums zu Linz für das Schuljahr 1857-58. Aus der *Eurich'schen* Buchdruckerei in Linz. 1858. 44 S. 4°.
INHALT. Ueber das Erhabene, eine philosophische Abhandlung von Herrn Dr. *M. A. Drbal* (S. 5—24).

Programm des k. k. Gymnasiums in Meran. *Innsbruck* 1858. Druck der *Wagner'schen* Buchdr. 21 S., 4°.
INHALT. Proben aus der syrischen Chronik des Gregorius Barhebräus oder Abulpharag. Von *Pius Zingerle*. (S. 3—13).

Programm, siebentes, des k. k. Neuhauser Gymnasiums am Schlusse des Studienjahres 1858. *Neuhaus* 1858. Druck von *Alois Jos. Landfrass*. 24 S., 4°. 12 kr.
INHALT. Von den Vergnügungen des Menschen vor anderen Geschöpfen. Von *Jan Zdlko*.

Programm des k. k. Neustädter Gymnasiums zu Prag (1902 ff.: Jahresbericht d. k. k. Staats-Gymn. mit dt. Unterrichtssprache in Prag-Neustadt, Graben). 1851—65. 67—72. 74. 75. 1878 ff. Prag. 4° u. 8°

Programm des k. k. Gymnasiums zu Neustadtl. *Wien* 1858. Druck v. *C. Gerold's S.* 28 S. 4°.
INHALT. Ueber das aoristische Perfect in Folgesätzen nach einem Tempus hist. im Hauptsatze. Von P. *Ladislaus Hrovat* (S. 3—14).

Programm, sechstes — des k. k. Gymnasiums in Salzburg am Schlusse des Schuljahres 1856. Veröffentlicht am 31. Juli durch den Direktor des Gymnasiums Dr. Hermenegild Kottinger. Inhalt: 1. Studien für die Schule aus der Mathematik, und 2. Schulnachrichten, vom Direktor. Duyle'sche Hofbuchdruckerei in Salzburg. (59 S. 4. Mit 2 Tafeln Figuren.)

Programm, siebentes — des k. k. Gymnasiums in Salzburg am Schlusse des Schuljahres 1857. Veröffentlicht am 1. August durch den Direktor des Gymnasiums Dr. Hermenegild Kottinger. Salzburg, Duyle'sche Hofbuchdr. (62 S. 4.)
Enthält: Quaestiones Lucretianae criticae. Von Dr. Eduard Goebel.

Programm, achtes — des k. k. Gymnasiums in Salzburg. *Duyle'sche* Hofbuchdruckerei in Salzburg. 42 S., 4°.
INHALT. Ueber die Metamorphosen der Thiere, von *Jos. Nawratil*, k. k. Gymnasiallehrer (S. 1—17).

Programm des k. k. Sandezer Gymnasiums, am Schlusse des Schuljahres 1856, womit zu den öffentlichen Prüfungen und zu der mit der Prämienvertheilung verbundenen Feierlichkeit des Jahresschlusses P. T. Eltern und Vormünder der hier studierenden Gymnasialschüler, so wie alle Freunde und Gönner dieser Lehranstalt höflichst eingeladen werden. Neu-Sandez, 1856. Gedr. bei Josef Pisch. (36 S. 4.)

Programm des k. k. Gymnasiums (1899/1900 ff.: Jahresber. d. k. k. Staats-Gymn.) in Triest. 1851—1914. Triest. 4° u. 8°

Programm (1899 ff.: Jahresbericht) des k. k. vollständigen Gymnasiums zu Znaim. 1851/52. 53. 55. 57. 58. 61—64. 66 ff. Znaim. 4° u. 8°

ERSTES (-Achtes) Programm des katholischen Gymnasiums zu Temesvár (Temeswar) für das Schuljahr 1850-51 (1857-58). Temesvár (Temeswar) 1851 (-1858): Förk & Comp. 42 S. - 273 mm

Programm, sechstes — des katholischen Gymnasiums zu Temesvár, am Schlusse des Schuljahres 1856. Veröffentlicht vom Direktor des Gymnasiums Josef Karl Purgstaller. Temesvár. Buchdr. von Beichels Erben. (33 S. 4.)

Programm, siebentes — des kathol. Gymnasiums zu Temeswar für das Schuljahr 1856/57. Temeswar, 1857. Buchdr. von Beichel's Erben. (42 S. 4.)
Enthält: Psychologische Aehrenlese für Lehrer und Erzieher. Fortsetzung. Von dem Direktor des Gymnasiums Josef Karl Purgstaller.

Programm, achtes, des kath. Gymnasiums zu Temesvár. *Temesvár* 1858. Buchdruckerei von *Förk & C.* 42 S., 4°.
INHALT. Psychologische Aehrenlese. Von *Purgstaller* (S. 3—18).

Programm des Gymnasiums A. C. zu Hermannstadt, für das Schuljahr 1851/52. Veröffentl. vom Direktor des Gymnasiums Johann Göbbel. 4. (53 S.) Hermannstadt. Druck von Georg v. Closius, 1853.
Inhalt: Gründe, welche für die Beibehaltung der altklassischen Studien in unsern Gymnasien sprechen, von J. Göbbel. — Geisterstimmen. — Schulnachrichten.

Programm des Gymnasiums A. C. zu Hermannstadt für das Schuljahr $18^{52}/_{53}$. Veröffentlicht vom Direktor des Gymnasiums Göbbel. 8. (52 S.) Hermannstadt. Druck von Georg v. Closius. 1853.

Programm des Gymnasiums A. C. (1877 ff.: d. ev. Gymn. A. B.) zu Hermannstadt. 1853—1918. Hermannstadt. 4°

Programm des Gymnasiums A. C. zu Hermannstadt und der mit demselben verbundenen Lehranstalten. *Hermannstadt* 1858. Druck der *Diöcesan-Druckerei*. 92 S. 4°.
INHALT. Die Käfer Siebenbürgens, beschrieben von *Karl Fuss*. (Fortsetzung der im Schulprogramm für 1857 angefangenen Arbeit). (S. 3—65).

Programm des Königlichen Gymnasiums zu Glückstadt. Ostern 1895—97. Glückstadt. 1895—97 4°.

***Programm** des Königlichen Gymnasiums zu Hadersleben für das Schuljahr . . .
1894/95 ff. ebd. 1895 ff. 4°.

Programm des Königl. Gymnasiums zu Meldorf für das Schuljahr . . . , womit zur Feier etc. einladet Wilhelm Lorenz.
1877/78—1880/81. ebd. 1878—81. 4°.

Programm des (Königl.) Gymnasiums zu Ploen, s. Programm der Plöner Gelehrtenschule.

Programm des (Königl.) Gymnasiums und Real-Progymnasiums zu Hadersleben für das Schuljahr . . .
1884/85—95/86. 1887/88—93/94. ebd. 1885/86. 88—94. 4°.

Programm des lauenburgischen Gymnasiums. womit . . . einladet Hermann Petermann. ebd. 1870—72. 4°.

Programm des Ploener Gymnasiums, s. Programm der Plöner Gelehrtenschule.

Programm des Gymnasiums und Realgymnasiums zu Rendsburg, durch welches zu der ... Prüfung ... einladet [Christian Adolf] Wallichs. 1883, 85-89. Ebd. 1883, 85-89. 4°
Ab 1890 unt. d. T.: Jahresbericht d. Gymnasiums ... zu Rendsburg.

Programm des Gymnasiums und der Realschule 1. Ordnung zu Rendsburg, durch welches zu den ... Prüfungen einladet Georg Hess. 1871-76, 78-80, 82. Ebd. 1871-76, 78-80, 82. 4°

— des Gymnasiums und der Realschule zu Worms 1873. Worms 1873

Schaffhausen: Programm des Gymnasiums zu Schaffhausen, mit wissenschaftlicher Beilage: Etymologische Beiträge und die Aussprache des betonten russischen e, von Rector Dr. Friedrich Haag. In-8°, 83 S. Zürich, Druck von D. Bürkli. 1880.

Programm d. Gymnasiums in Schaffhausen, 1880/81. Mit einer Beilage: Die ältesten Lieder der Hebräer. Erste (stroph.) Textausgabe mit Uebersetzung u. Erläuterungen, von Prof. Aug. Palm. In-4°, 25 S. Schaffhausen, Druck von H. Meier. 1881.

Programm des siebenklassigen öffentlichen Gymnasiums in der k. Stadt Saaz (1903 ff.: Jahresbericht d. k. k. Kaiser Franz Joseph-Staats-Ober-Gymn. zu Saaz). 1852. 54. 55. 74. 75. 1877 ff. Saaz. 4° u. 8°

— des Gymnasiums in Ulm zum Schlusse des Schuljahrs 1860-61. 4° Ulm 1861

Programm der Handels-, Lehr- und Erziehungs-Anstalt des Nikolaus Röser zu Pesth. Pesth, 1856. Gedr. bei Emil Müller. In Kommission bei Lauffer & Stolp. (53 S. 8.)

Programm zur *Harbni-Familien-Unterhaltung*, am Samstag, d. 2. April 1837, im oberen Saale d. Orpheums. (Druck von Dr. C. Wolf & Sohn.) 8°. Cart.*)
2 Bll. (m. Bordüren) u. 1 Eintrittskarte m. d. Unterschr.: Pappenheimer.

Programm, erstes — der Pester israelitischen Haupt- und Unterrealschule. Für das Schuljahr 1856. (Mit einem Bauplan.) Pest, 1856 bei Joh. Herz. (54 S. 2 Bl. 8. u. eine Tabelle. Fol.)
Inhalt: Das Programm. Geschichtliche Skizzen der Pester israelitischen Haupt- und Unterrealschule. — Der deutsche und ungarische Sprachunterricht. — Naturwissenschaftliches. — Nutzen der Buchstabenrechnung in der Realschule. — Statistik der Schule. — Zahl der Schüler. — Inventar der Lehrmittel. — Wohlthäter der Schule. — Lehrgang, tabellarisch dargestellt. — Bauplan der Schule.

Programm der Haupt- und vollständigen Unter-Realschule (Bürgerschule) in der Vorstadt Wieden nach dem II. Semester des Schuljahres 1853. 8. (28 S. und 1 Taf.) Wien. Gedruckt bei A. Pichler's Witwe und Sohn.

Programm der Haupt- und Unterrealschule (Bürgerschule) in der Vorstadt Wieden etc. nach dem II. Semester des Schuljahres 1858. *Wien.* Gedruckt bei *A. Pichler's Wtw. & S.* 31 S., 8°.

— der latein. Hauptschule zu Halle für d. Schuljahr 1835 bis 1836. Inhalt: I. Observationes in oratt. Atticos, script. C. F. Scheibe. II. Nachrichten über das Schuljahr 1835 bis 1836. 4. Halle 836. Waisenhaus-Buchh. 1/3 ß

— für das Schuljahr 1836 bis 1837. Inhalt: I Grundlinien zur Geschichte des Verfalls der römischen Staatsreligion bis auf die Zeit des August. Von L. Krahner. II. Nachrichten über das Schuljahr 1836 bis 1837. 4. Ebd. 837. 1/3 ß

— für d. Schuljahr 1837 bis 1838. Inhalt: I. R. Geieri Commentatio de Ptolemaei Lagidae vita et commentariorum fragmentis. II. Nachricht über das Schuljahr 1837 bis 1838. 4. Ebd. 838. 1/3 ß

— für d. Schuljahr 1838 bis 1839. Inhalt: I. M. Schmidt Commentatio de Theophrasto rhetore. II. Nachricht über das Schuljahr 1838 bis 1839. 4. Ebd. 839. 1/2 ß

— für das Schuljahr 1839 bis 1840. Inhalt: I. Ueber religiöse Bildung im Vaterhause, von Manitius. II. Nachrichten über das Schuljahr 1839 bis 1840. 4. Halle 840. Waisenhaus-Buchhandl. 1/3 ß

—— der latein. Hauptschule im Waisenhause f. d. Schuljahr 1831—1832. Inh.: 1.) Briefe v. Phalaris, aus d. Samml. *φαλάριδος ἐπιστολαι* ausgewählt u. aus d. Griech. übers. v. Fr. Stäger. 2) Histor. Nachrichten v. d. Schule. Von J. G. Dick. 4. (6¾ B.) Halle 832, Buchh. d. Waisenhauses.

Programm der Haupt- und Realschule (Bürgerschule) in der Vorstadt Wieden, Favoritenstraße Nr. 333 und 320, nach dem 2ten Semester des Schuljahres 1855. Wien. Gedruckt bei A. Pichlers Witwe & Sohn. (43 S. 8.)

Programm d. eidg. technischen Hochschule f. 1905/06. 1911/12. Zür. 4°.

Programm der Grossherzoglichen Technischen Hochschule zu Darmstadt. Darmstadt, Lehrjahre 1883/84 bis zur Gegenwart.

Karlsruhe, Grossh. Technische Hochschule.
— — **Programm für 1899/1900. Karlsruhe** 1899. 8°.

Programm der Herzoglichen Technischen Hochschule zu Braunschweig. Braunschweig, Jgge. 1877/78 bis zur Gegenwart.

Programm der kaiserlichen und königlichen Tierärztlichen Hochschule in Wien für das Studienjahr 1909/10. Gr.-8°. (76 S.) K 1.20
Wien: Groák 1910.

Programm der k. k. Hochschule für Bodenkultur. - S. S. 1876 u. W. S. 1876/77. - Wien

Programm der K. K. Montanistischen Hochschule in Leoben. Jg. 1888/89. 1890/91. 1891/92. 1893/94—1895/96. 1897/98—1907/08. Leoben, 1888—1908.

Programm der Kaiserlich-Königlichen Technischen Hochschule zu Brünn. Brünn, Lehrjahre 1872/73, 1877/78 bis zur Gegenwart.

— der kgl. bayer. technischen Hochschule zu München f. d. J. 1877/78 ff.—1885/86 u. 1889/90 ff.—1912/13. München 1877—1912.

Programm der Kgl. Technischen Hochschule zu Aachen, s.a. Programm der Kgl. Rheinisch-Westphälischen Polytechnischen Schule.

Programm der Kgl. Technischen Hochschule zu Aachen. 1874/75, 1875/76, 1881/82—1904/05. Aachen, 1874—1904.

Kgl. Technische Hochschule zu Berlin **Programm** für das Studienj. 1879-80—1912-1913.

Programm der Königlichen Technischen Hochschule zu Berlin-Charlottenburg. Berlin, Jgge. 1880/81 bis zur Gegenwart.

Kgl. Technische Hochschule zu (1911/12 f.: in) Breslau. **Programm** für das Studienj. 1910-1911—1912-1913.

Kgl. Technische Hochschule zu Danzig. **Programm** für das Studienj. 1904/1905 — 1912-1913. 1904—12.
1904/05. [1. Aufl.] — 2. Aufl.—3. Aufl.

Programm der Königlichen technischen Hochschule zu Hannover für 1859/60. 62/64. 65/66-75/76. 77/78-97/98 und 99/1901. Hannover 1859-1900

Programm der Königlichen Technischen Hochschule zu Hannover. Hannover, Jgge. 1872/73 bis zur Gegenwart.

Programm der Königlich Technischen Hochschule zu Hannover. 1901-07.

Programme der Kgl. Technischen Hochschule zu Hannover. 1907/08-13 14. Hannover 1907-13

Karlsruhe, Technische Hochschule zu, Programm der — für das Schuljahr 1897/98, 98/99. Karlsruhe 1897, 98.

Programm der Technischen Hochschule in St. für das Studienjahr 1895/96, 1900/01, 1904/05, 1906/07 [bis] 1912/13. Stuttg. 1895—1912.

Programm der Kgl. württ. technischen Hochschule zu Stuttgart für 1865/66-99/1900. Stuttgart 1865-99

Programm d. K. Württ. Techn. Hochschule zu Stuttgart f. 1900-05. Stuttgart 1900-04

Programm der Königlich Württembergischen Technischen Hochschule in Stuttgart für das Studienjahr 1907/08. Stuttgart, 1907.

Programm für den Huldigung-Festzug in Wien zur Feier der silbernen Hochzeit Ihrer Majestäten des Kaisers und der Kaiserin. Herausgegeben von der Festkommission des Gemeinderathes ... Wien 1879. Selbstverlag der Festkommission.
32 S. 8°.

Programm [zu einer Huldigungsfeier für den Herzog Friedrich]. o. O. u. J. 1 Bl. 8°.

Programm und Jahresbericht der Kgl. Fachschule für Metallindustrie zu Iserlohn. Jg. 1883 u. 1900/01—1902/03. Iserlohn, 1883—1903.

Programm und Jahresbericht über das k. k. akad. Gymnasium in Görz am Schlusse des Schuljahres 1855. Görz, 1855. Druckerei und Lithographie des J. B. Seitz. (72 S. und 1 Tabelle 8.)

Programm und Jahresbericht des k. k. Josefstädter Gymnasiums in Wien für das Schuljahr 1856. Wien, 1856. Aus J. B. Wallishausser's k. k. Hoftheater-Druckerei. (37 S. 4.)
Inhalt: Hydrostatische Apparate im Thierreiche. Von Johann Czermak. — Ansprache, gehalten an die Schüler der ersten Gymnasialklasse bei Eröffnung der Schulen. Von Leopold Nagel. — Schulnachrichten.

Programm u. Jahresbericht d. k. k. höheren Lehranstalt f. Wein- u. Obstbau in Klosterneuburg. 1909/10, 1911/12. Wien 1910—12.
(1909/10: zugleich Jubiläumsschrift anlässlich ihres 50jährigen Bestandes).

Programm und Jahresbericht der Kgl. Preuß. Maschinenbau- und Hüttenschule in Duisburg [bis 1891 u. d. T.: „Bericht über die Rheinisch-westfälische Hüttenschule in Bochum"]. Jg. 1882/83—1891/92. 1897. 1900—1902. Duisburg, 1882—1902. [1893—1896. 1898 u. 1899 sind nicht erschienen.]

Programm u. Jahresbericht d. landwirtschaftlichen Mittelschule zu Kaaden in Böhmen. 1891/92. Kaaden 1892.

— und Jahresbericht der Baugewerkschule Nürnberg 1884/85. 4° Nürnberg 1884

Programm und Jahresbericht des k. k. Ober-Gymnasiums in Görz am Schlusse des Schuljahres 1856. Görz Gedr. bei J. B. Seitz. (109 S. 8.)
Inhalt: Gedicht zur glorreichen Feier der Geburt Sr. k. k. Majestät Franz Josef I. — Geschichte des k. k. Gymnasiums zu Görz seit seiner Entstehung bis zu seiner Vereinigung mit der philosophischen Lehranstalt. — Vorzüge der neugriechischen vor der Erasmischen Aussprache. — Schulnachrichten.

Programm und Jahresbericht des k. k. Obergymnasiums zu Laibach für das Schuljahr 1857. Laibach, 1857. Dr. von Ignaz v. Kleinmayr und Fedor Bamberg. (34 S. 4.)
Enthält: Abraham a Sancta Clara's „Redliche Red' für die krainerische Nation." Mitgetheilt von Alois Egger.

Programm und Jahresbericht des k. k. Obergymnasiums zu Laibach. *Laibach* 1858. Druck von *Ign. v. Kleinmayr & Fedor Bamberg*. 32 S. 4°.
INHALT. Beiträge zur Erklärung des Horaz. (Carm. Lib. I. 1.) Vom Gymnasial-Lehrer *Ad. Weichelmann* (S. 3—10).

Programm und Jahresbericht des k. k. akad. Staats-Gymnasiums in Wien am Schlusse des Schuljahres 1853. 4. (54 S.) Wien, Druck von K. Gerold und Sohn 1853.
Inhalt: 1) Ueber die Bestimmungen der Schwingungsdauer eines einfachen oder mathematischen Pendels. Von Aug. Gernerth; 2) Rückblicke auf das Wirken des verstorbenen Direktors W. Podlaha. Von J. Auer; 3) Schulnachrichten; 4) einige Worte über öffentliche Prüfungen. Von J. Auer.

PROGRAMM ZUR 10. JAHRESFESTFEIER des Hennebergischen alterthumsforschenden Vereins in Meiningen, am 14. November 1842. Vom Vereinsdirektor LUDWIG BECHSTEIN. (Mit 1 Tafel.) Meiningen. 4°.

Seminar Hofwyl. Programm für die Jahresprüfung ... 24. September 1901 *u.* ... 22. September 1902. *je* 8 S. 8.

Knaben-Primarschulen der Stadt Basel. Programm der Jahresprüfungen 1903. 14 S. 8. Basel, G. Krebs.

Mädchen-Primarschulen der Stadt Basel. Programm der Jahresprüfungen 1903. 15 S. 8. [Basel,] Franz Wittmer.

Primarschulen der Stadt Basel. Programm der Jahresprüfungen 1901 *u.* 1902. 21 *u.* 23 S. 8. Basel, G. Krebs.
Forts. s.: Knaben-Primarschulen *und:* Mädchen-Primarschulen.

Programm f. d. 1872 in Kaiserslautern stattfindende III. Pfälzische Industrie-Ausstellung. Kaiserslautern

Programm der Installation der ger. und vollk. St. Johannis-Loge Leopold zur Treue im Or. von Carlsruhe. [Karlsruhe 1847.] 1 Bl. 2° [Kopftit.]

[Lithogr.] **Programm** zur Installation des Ritus der ger.·. Prov.·. M.·. ⊠ .·. zur Sonne im Or.·. v.·. Bayreuth, in der ger.·. u. vollk.·. St.·. Joh.·. □.·. zur Freymüthigkeit am Rhein im Or.·. v.·. Frankenthal, am 25. Oct. 5819. Mannheim [1819]: Schlicht. 4 Bl. 8° [Umschlagtit.]
Kantate von F. W. Schultze, u. Lied ohne Noten. [Beide gedichtet von F. J. Razen?]

Programm des K. K. Deutschen Polytechnischen Institutes (1880 ff.: der K. K. Dt. Techn. Hochschule) in Prag f. d. Studienj. 1875/76 ff. Prag 1875 ff. 4°

Programm für die Johannisfestfeier [der Loge Harmonie] und das 50 jährige Maurerjubiläum des Br. [Herm. Heinr.] Eger am 20. Juni 1869. [Chemnitz 1869: Pickenhahn.] 4 Bl. 8° [Kopftit.]
[Beigedr.:]
1. Tafellieder z. Feier d. gold. Maurerjubiläums d. Br. H. H. Eger.
2. Jubelgruss dem Br. Eger z. s. gold. Maurerjubiläum.

Programm zur Johannisfest-Feier der Loge Harpokrates am 24. Juni 1862. [Magdeburg 1862: Wohlfeld.] 4 Bl. 8° [Kopftit.]
Nebst 8 Liedertexten.

Programm der Johannisfest-Feier 21. Juni 1880 Nachm. 4 Uhr der beiden eclectischen Bundes-Logen zur Brudertreue a. d. Elbe und zur Bruderkette in Hamburg unter Leitung der ersteren u. in Verbindung mit dem 50 jährigen Maurerjubiläum des Br.·. J[oh.] F[riedr.] Hoffmann. [Hamburg: 1880.] 1 Bl. 8° [Autogr.] [Kopftit.]
Rekt. Kneisner, Hamburg.

Programm für die Johannisfestfeier [der Loge zur Harmonie] und das 50 jährige Maurerjubiläum des Br. [Herm. Heinr.] Eger am 20. Juni 1869. [Chemnitz 1869.] 1 Bl. 8° [Kopftit.]

Programm der Johannisfest-Feier der beiden eklektischen Logen „Zur Brudertreue a. d. Elbe" und „Zur Bruderkette" unter Leitung der letzteren am Mittwoch, den 23. Juni 1897 im Logenhause Welckerstr. [Hamburg: 1897.] 2 Bl. 8° [Umschlagtit.]
3 Lieder ohne Noten.
Rekt. Kneisner, Hamburg.

Barthelmess, Adam: **Programm** für die 25 jährige Jubelfeier des Brs Adam Barthelmess als Meister vom Stuhl der Loge „Joseph zur Einigkeit" im Or. Nürnberg am 24. Mai 1891. [Nürnberg 1891: Stich.] 2 Bl. 8° [Umschlagtit.]
Nebst 2 Liedertexten.

Programm für die Jubelfest- und Rezeptionsloge zum Pelican. Den 17 ten Febr. 1849. [Hamburg 1849: Witt.] 2 Bl. 8° [Kopftit.]
3 Liedertexte.

Programm zu der am 10. Nov. 1842 zu Ehren des Br. Georg Phil. Holscher zu haltenden Jubelfest-Tafelloge, in Beziehung auf dessen 50. Geburtstag und den 25. Jahrestag seiner Aufnahme in den Maurerbund. [Hannover 1842: Jänecke.] 1 Bl. 4° [Kopftit.]

1851—1901. Goldenes Jubiläum der Hanselmann Loge No 208. f. & a. m. Scottish Rite Cathedral, Cin. O. den 21. u. 22. Oct. 1901. **Programm.**
[Nach hs. Katalog der Hanselmannloge, Cincinnati.]

Programm für de Juged-Umzug am Sechsilüte 1873. (Von Kilchsperger.) 8 Stn. gr. 8. Zürich, Druck v. J. Suremann.

Programm zum Jugend-Feste in Aarau, Freitag den 12. Juli 1872. 8 Stn. 8. Aarau, Druck v. H. R. Sauerländer.

Programm zum Jugend-Feste in Aarau, den 11. Juli 1873. 8 Stn. 8. Aarau, Druck v. H. R. Sauerländer.

Programm zum Jugendfeste in Aarau, Freitag den 10. Juli 1874. 8 Stn. 8. Aarau, Druck v. J. J. Christen.

Programm für das Jugendfest in Aarau, Freitag den 12. Juli 1901. II + 19 S. 8. Aarau, A. Villiger-Amsler. [fr. —. 20]

Programm für das Jugend-Fest in Aarau.... 8. Aarau....
... Freitag den 15. Juli 1904. II + 14 S. A', Typ. Aarg. Nachrichten. [fr. —. 25]
... Freitag den 14. Juli 1905. II + 18 S. A', G. Keller. [fr. —. 20]
(In den Jahren 1902 und 1903 erschien kein Programm.)

Programm für das Jugend-Fest in Aarau, Freitag den 13. Juli 1906. [Mit Vignetten.] II + 16 S. 8. ([Aarau,] Typ. Aarg. Tagbl.) [fr. —. 20]

Programm für das Jugendfest in Aarau, Freitag den 12. Juli 1907. II + 15 S. 8. Aarau, G. Keller. [fr. —. 20]

Programm für das Jugend-Fest in Aarau, Freitag den 10. Juli 1908. II + 14 S. 8. Aarau, A. Villiger-Amsler. [fr. —. 20]

Programm für das Aarauer Jugend-Fest, Freitag den 9. Juli 1909. II + 14 S. 8. Aarau, Buchdr. Aargauer Tagblatt.

Programm für das Jugend-Fest und die Enthüllungsfeier des Heinrich Zschokke-Denkmals in Aarau,... den 13. Juli 1894. 8. Aarau.

Programm des k. k. Kaiser Franz Joseph-Staatsgymnasiums in Mähr.-Ostrau. 1908/09ff. Mähr.-Ostrau.

Kantonsschule, Aargauische. Programm für das Schuljahr 1871. Aarau, Sauerländer'sche Druckerei. 44 S. 4. (Enthält als literar. Beigabe: Zur Erinnerung an Dr. P. A. Bolley von Fritz Mühlberg.

Programm der Aargauischen Kantonsschule. Ausgegeben von dem Rektor J. Hunziker, Prof. 28 u. 43 Stn. 4. Aarau, Druck v. H. R. Sauerländer. 1872. Literarische Beigabe: Schiller's Beziehungen zum Alterthum, von Fr. Ludwig Hirzel. 43 Stn. 4.

Programm der Aargauischen Kantonsschule. Ausgegeben von Rektor Prof. J. Hunziker. 40 Stn. 4. Aarau, Druck von H. R. Sauerländer. 1873.
*** Literarische Beigabe: Die Photographie als Unterrichtsgegenstand der Gewerbschule mit besonderer Berücksichtigung des Trockenverfahrens, behandelt und sachlich dargestellt von Dr. H. Krippendorf. 20 Stn. 4.

Programm der Aargauischen Kantonsschule. Als Einladung zu den vom 13. April an abzuhaltenden Schulprüfungen u. der öffentl. am 18. April 1874 stattfindenden Jahres-Censur. Ausgegeben von dem Rektor Prof. J. Hunziker. 35 u. 38 Stn. 4. Aarau, Druck von H. R. Sauerländer.
*** Literarische Beigabe: Ueber die Sprache des Dionysius von Harlikarnass in der römischen Archäologie.

Programm d. aarg. Kantonsschule f. 1875. Mit Beilage: Brefin, Beugungserscheinungen (s. Brefin) 30 Stn. 4. Aarau, H. R. Sauerländer.

Programm der aargauischen Kantonsschule. Herausgegeben von K. Maier, Rector. In-4°, 28 S. Aarau, H. R. Sauerländer. 1881.

Programm der aarg. Kantonsschule pro 1883—84. Ausgegeben von K. Maier, Rektor. — Beigabe: *Fröhlich, Franz* (Dr.). Einige Erweiterungen zur Programmarbeit von 1882 über die Gardetruppen der römischen Republik. In-4°, 44 S. Aarau, H. R. Sauerländer.

Programm der aarg. Kantonsschule pro 1884—1885, ausgegeben vom gegenwärtigen Rektor K. Maier, In-4°, 74 S. Aarau, Sauerländer. 1885.

Programm d. aargauischen Kantonsschule pro 1885—1886, ausgegeben von K. Maier, Rektor. — Beigabe: *Fröhlich, F.*, Dr. Stilistische und realistische Bemerkungen zur militärischen Phraseologie von Tacitus. Gr. in-4°, 46 S. Aarau, H. R. Sauerländer. 1886.

Programm der Aargauischen Kantonsschule pro 1886—87. Ausgegeben von K. Maier, Prof., d. Z. Rektor. Gr. in-4°, 30 S. Aarau, H. R. Sauerländer. 1887.

Aargau. Programm d. aarg. Kantonsschule pro 1887—88. Ausgegeben von *K. Meier*, Rektor. Hoch-4°, 32 S. Aarau, ebendas. 1888.

Programm der Aargauischen Kantonsschule für das Schuljahr 1895/96, ausgegeben von Dr *Aug. Tuchschmid*, Rektor. Gr. in-4°. 54 S. Aarau, H. R. Sauerländer & Co. 1896.

Programm der aargauischen Kantonsschule für das Schuljahr 1896/97 ausgegeben von Rektor Dr. *Aug. Tuchschmid*. Gr. in-4°. 56 S. Aarau, H. R. Sauerländer & Co. 1897.

Aargauische [C]Kantonsschule (in Aarau). Programm für das Schuljahr 1900/1901. Ausgegeben von ... Rektor ... Dr. Aug[ust] Tuchschmid, Prof. [Mit illustriertem Umschlag.] 67 S. 4. Aarau, H. R. Sauerländer & Co., 1901.
Darin S. 12—19: (Winteler, [Jost].) † Professor Dr. J(ohann) J(akob) Bäbler. [Necrolog.]

Aargauische Kantonsschule (in Aarau). Programm. Schuljahr 1902/1903. Ausgegeben von ... Rektor ... Dr. Aug[ust] Tuchschmid, Prof. [Mit 1 Ansicht, 1 Doppel-Tafel und] Beilage. 57 + *Beilage* II + 39 S. 4. Aarau, Sauerländer & Co., 1903.
Beilage s. Fröhlich, Fr[anz].

Programm der Berner Kantonsschule für das Jahr 1865 und 1874. Bern 1865. 74

Programm der Bündnerischen Kantonsschule, ausgegeben am Schlusse des Cursus 1883/84. In-4°, 49 S. (ohne wissenschaftl. Beilage).

Bündnerische [C]Kantonsschule (in Chur). Programm. Ausgegeben am Schlusse des Kurses 1900/1901. ([Mit] Beilage.) 52 + *Beilage* 38 S. kl.-4. Chur, Manatschal Ebner & Cie., 1901.
Beilage s. Nussberger, Gustav.

Bündnerische Kantonsschule (in Chur). Programm. Ausgegeben am Schlusse des Kurses 1901/1902. [Mit Beilage.] 58 + *Beilage* VIII + 109 S. kl.-4. Chur, Hermann Fiebig, 1902.
Darin S. 5—7: Prof. Jakob Pünchera. † (Nekrolog.) — *Beilage* s. Salzgeber, Johann.

Bündnerische Kantonsschule (in Chur). Programm. Ausgegeben am Schlusse des Kurses 1902/1903. [Mit 1 Ansichts-Tafel.] 58 S. kl.-4. Chur, Bischofberger & Hotzenköcherle, 1903.

St. Gallen: Programm der St. Gallischen Kantonsschule für das Schuljahr 1880-81. Wissenschaftl. Beilage: Sebastian Peregrin Zwyer von Evibach, von Prof. K. C. Amrein, II. Th. In-8⁰, 14 S. St. Gallen, Druck von M. Kälin. 1880.

Solothurn: Programm der Kantonsschule von Solothurn für das Schuljahr 1878-79, mit wissenschaftl. Beigabe: Geschichtliches über die Schule von Solothurn, von F. Fiala, Professor u. Domprobst, III. Das Jesuiten-Collegium im XVII. u. XVIII. Jahrhundert. In-4⁰, 38 u. 32 S. Solothurn, Druck von J. Gassmann Sohn. 1880.

Frauenfeld: Programm der Thurgauischen Kantonsschule für das Schuljahr 1879-80. Beigabe: Die drei Zelgen. Ein Beitrag zur Geschichte des alten Landbaues, von Johannes Meyer. In-4⁰, XXXVIII und 60 S. Frauenfeld, J. Huber. 1880.

—— der zürcherischen Kantonsschule 1842, s. Ettmüller, L., der Kreuzleich.

Programm der Kantonschule in Zürich. 1871. 24 u. 26 Stn. 4. Zürich, Druck v. Zürcher & Furrer.
Inhalt: Unterrichtsplan für 1871—72. Chronik und Statistik des Schuljahres 1870—71.
Dazu als wissenschaftliche Beilage:
Der französische Atlas zu Cäsar's gallischem Kriege (Belgischer Feldzug, Expedition ins Wallis, Seekrieg mit Venetien) besprochen von Professor K. Thomann. 26 Stn. 4.

Programm der Kantonsschule in Zürich 1874 52 Stn. 4. Zürich, Druck v. Zürcher & Furrer.
*** Wissenschaftl. Beigabe: „Der französische Atlas zu Cäsar's gallischem Kriege", in zweiter Fortsetzung besprochen von Prof. K. Thomann.

Programm der Kantonsschule in Zürich. 1875. 40 Stn. 4. Zürich, Druck von Zürcher und Furrer.

Programm der Kantonsschule in Zürich 1876. 23 Stn. 4. Zürich, Druck von Zürcher & Furrer.

Zürich: Programm der Kantonsschule in Zürich 1880. Mit wissenschaftlicher Beigabe: Zur Geschichte der französischen Aussprache, von Prof. P. Usteri. In-4⁰, 35 und 41 S. Zürich. Druck von Zürcher & Furrer.

Programm der Kantonsschule in Zürich, 1881. In-4⁰, 37 S. Zürich, Druck von Zürcher & Furrer.

Kantonsschule in Zürich. Programm.... [Mit] Beilage.... 4. Zürich, Zürcher & Furrer.
1901. 53 + *Beilage* 39 S. 1901. — Beilage s. Billeter, Gustav.
1902. 55 + *Beilage* 32 S. 1902. — *Darin S. 53 f.:* Nekrolog [von †] Stephan Wanner. [Von] H(ans) W(irz). — Beilage s. Egli, Carl.
1903. 54 S. + *Beilage* S. 33—80. 1903. — Beilage s. Egli, Carl.

— des Karlsgymnasiums in Stuttgart für 1883-84 und 84-85. Stuttgart 1883-84

Programm der Herzoglichen Technischen Hochschule Karolo-Wilhelmina zu Braunschweig. Jg. 1905/06—1907/08. Braunschweig, 1905—1907.

—— zu dem am 31. August 1862 zur Enthüllungs-Feier des Maria-Theresien-Monumentes in der Reitschule der Wiener-Neustädter Militär-Akademie stattfindenden Carousel. Entworfen und ausgeführt unter der Leitung des Herrn Oberst-Lieutenants Grafen Török der k. k. Arcieren-Leibgarde. 4. (4 S. mit ill. Abbild. auf 4 Tafeln.) Wien 862, Hof- und Staatsdruckerei. *

— u. **Katalog der Molkerei-Ausstellung** f. die Prov. Preußen, veranstaltet zu Danzig am 4. bis 6. Decbr. 1874 vom milchwirthschaftl. Verein. gr. 8. (66 S.) Danzig 874. Kafemann. n n. — 60

(I. Schweizerischer Katholikentag in Luzern 1903 September 26—29. Programm.) [8 S.] 4. Luzern, J. Schill.

Club der vereinigten Logen des Or. Frankfurt a. M. Loge zum Frankfurter Adler. Samstag, den 10. Mai 1879. Programm. [Frankfurt a. M. 1879: Frey.] 2 Bl. 8⁰ [Kopftit.]
Festgruss u. 3 Liedertexte.

Programm der Knaben- u. Mädchen-Bürgerschule in Klgft. Klgft., St. Hermagoras-Druck., v. Kleinmayr, St. Josefs-Druck., 1882—.

Programm der Commerzial-, Lehr- und Erziehungsanstalt des Johann Rotter, und der unter seiner Leitung stehenden Sonntagsschule des bürgerlichen privil. Handelsstandes zu Arad. Arad, 1857. Gedr. bei Heinr. Goldschrider. (10 S. 4.)
Enthält: Gründung der Anstalt.

Programm der selbständigen Communal-Unter-Realschule in Brünn. *Brünn.* Gedruckt bei *C. Winiker.* 30 S., 4⁰.
INHALT. Einfluss Indiens auf Europa. Von *V. Brandl.* (S. 3—26).

Programm, Erstes — der selbstständigen Wiener Kommunal-Unterrealschule in der Vorstadt Gumpendorf. Veröffentlicht am Schlusse des Schuljahres 1855. Wien. 1855. Gedruckt bei Anton Schweiger. (1 Bl. 148 S. 8.)
Inhalt: Dr. W. Teirich: Ueber die erziehende Thätigkeit an Realschulen. — L. Taubinger: Skizzen über den Zeichenunterricht in den Real- und Hauptschulen. — L. Bahr: Der Unterricht in der deutschen Sprache an der Gumpendorfer Unter-Realschule. — Alois Czedik: Vergleichende Uebersicht der österr. Flüsse nach ihrem ganzen Laufe. — Dr. Fr. Ragsky: Chemische Untersuchung eines neuen fossilen Harzes (Jaulingiti) aus der Jauling nächst St. Veit an der Triesting in Niederösterreich. — Nikol. Fialkowski: Das geometrische Zeichnen und der Gebrauch der Modelle bei dem Zeichnungsunterrichte nach der Anschauung in den Unterrealschulen. — Schulnachrichten.

Programm für die erste beratende Konferenz zur Bildung einer Genossenschaft sächsischer Fabrikanten und Großhändler zum Zweck der Feuervers. auf Gegenseitigkeit. Magdeburg 1870.

Programm für den 1. Internationalen Kongreß für das Rettungswesen zu Frankfurt a. M. vom 10.—14. Juni 1908. [Frankfurt a. M., 1908.] 104 S.

Programm zum 5. Internationalen Zahnärztlichen Kongress in Berlin am 23.–28. August 1909 im Reichstagsgebäude. (Berlin 1909.) 88 S. 8° A 12. 13394

[*Programm* etc. f.] 14. internat. Kongress f. Hygiene u. Demographie. Berlin, 23.—29. Sept. 1907. Berl. 1907. 4°.

Programm zu dem Concerte der Männergesang-Vereine von Leoben u. Klgft. Klgft., Bertschinger. (1870). 8 S.

Kreis-Gesangverein an der untern Emme. Kreisgesangfest in Burgdorf ... 12. Mai 1901 unter freundl. Mitwirkung ... des Orchestervereins von Burgdorf. Festmusik: Harmonie Burgdorf. (Programm.) II + 8 S. 8. (Burgdorf, P. Eggenweiler.)

Programm der Kunst-Ausstellung und Preis-Ertheilung der Königl. Akademie der bildenden Künste zu München für das Jahr 1814. Nebst 6 Umrissen. München. Fol. 2 Exempl.

Programm d. Kunstausstellung u. Preisertheilung d. Academie d. bildenden Künste, f. d. Jahr 1814. Fol. Münch. 814. Fleischmann. 9 gr

Programm d. Kunstgewerbeschule in Pforzh. f. 1884. 85. 87. 90-93. 95. Pforzheim 1884-95

Programm der Kunstgewerbeschule
— — in Stuttgart samt Statuten für das Wintersemester 1886-87. Stuttgart 1886

Programm der Kunstmühle und Maschinenfabrik zu Nagy-Sáros. Leutschau. Druck von Joh. Werthmüller & Sohn. (10 S. 8.) 1857.

Verein für fortbildende Vorträge zu Königsberg i. Pr. Programm des 1. [u.] 2. Kursus. Vereinsjahr [1]. ***Königsberg i. Pr. [1893]: E. Rautenberg.*** **8° [Kopft. F.]** 10

Programm

— Der Landes-Ober-Realschule in Kremsier, veröffentlicht am Schlusse des Schuljahres 1896/97. Inhalt: Astrognosie. I. Theil von Josef Frauwallner. II. Schulnachrichten vom Director. Gr.-8. (77 S.) —.60
Kremsier: Gusek 1897.

Programm des am 21.—23. 5. 1904 in Arad abgehaltenen 7. Landesturnfestes des Ungarischen Turnbundes, Ungar., 106 S., 1 Bl., 8°.

Hildesheim. **Landwirtschaftsschule u. landwirtschaftliche Lehranstalt. Programm. Hildesheim 1882. 16 S. P.**

Programm für das Landwirtschafts-Studium an der Universität Königsberg. Königsberg in Pr. 1897: R. Leupold. (36 S.) 8° [Umschlagt.] 10

Programm für das Landwirtschaftsstudium an der Universität Königsberg i. Pr. *Königsberg i. Pr. 1901: R. Leupold.* (32 S.) 8° [Umschlagt.] 10

Programm un Leeder tor sülwern Hochtid von 'n plattdütschen Vereen, fiert am 24. II. 1904. (1879. 1904.) 1. Kommersleeder. 2. Slingelleeder. (22 S.) gr. 16. Hannover (904). W. Otto. n. —20

Programm der Aargauischen landwirthschaftl. Lehranstalt in Muri auf Ende des Schuljahres 1870/71. Muri, Druck von J. B. Keller. 31 Stn. 4. 1871.
Enthält im 5. Abschnitt die Beschreibung einer Schüler-Excursion nach dem Gletscherpass Rothgrätli im Engelberg, und im 7. Abschn. wissenschaftliche Mittheilungen a. d. Gebiete der Agriculturchemie von Dr. Simler.

Programm der Lehr- und Erziehungsanstalt für Fräulein höherer Stände der Frau Clementine v. Catargi, geb. Niedermann v. Mayerfeld in Czernowitz. Programa institutului de crescere şi de învăţământ pentru domnişoare de'n stări mai nalte al Doamnei Clementina Catargiu, nascută Niedermann de Mayerfeld în Cernăuţi. Czernowitz: Eckhardt 1866.

Programm der Lehr- und Erziehungsanstalt des Stephan Alex. Marmak in Pesth. 4 (6 S.) Pesth. Gedruckt bei Alois Bucsánszky. 1853.

Programm der Lehr- und Erziehungs-Anstalt für israelitische Schüler der Haupt- und Unter-Realschule von F. Singer in Prag. *Prag* 1858. Druck v. *Fr. Rohlíček.* 20 S., 8°.
INHALT. Unterrichtssachen.

Programm der Nyitray'schen Lehr- und Erziehungsanstalt für Töchter, Landstraße, im Kunewalder'schen Hause Nr. 6. 1. Stock (Produktenhof) in Pesth, 1856. Druck von Joh. Herz. (4 S. 4.)

Programm, Siebentes, der k. k. Lehrerbildungsanstalt in Salzburg, 1895. Gr.-8. (83 S.) —.30
Salzburg: Herm. Kerber 1895.

Programm der k. k Lehrerbildungs-Anstalt in Trautenau, herausgegeben vom Lehrkörper, anlässlich des 25jährigen Bestandes der Anstalt. Gr.-8. (45 S.) —.25
Trautenau: Georg Lorenz 1895.

Programm der allgemeinen deutschen Lehrerversammlung (deutscher Lehrertag) zu Stuttgart 1894. (12 S) Stuttgart 1894

Programm für die 2. allgemeine sächsische Lehrerversammlung, auf den Grund der in der ersten angenommenen Hauptsätze: 1. Die gesammte Volkserziehung ist Staatssache; 2. Leitung des Volkserziehungswesens durch einen Erziehungsrath aus Sachverständigen, an dessen Spitze ein besond. Minister des öffentl. Unterrichts steht; entworfen von (G. A.) Fricke, (Jul.) Kell, (H.) Köchly, (Louis) Thomas und (Gust. Fr.) Zschetzsche. 8. (20 S.) Grimma 848. [Wurzen,] Verlags-Comptoir. Thlr. *

Programm und Lehrplan der Probsteier Ackerbauschule zu Schönberg in Holstein. (Schönberg.) 8°.
(1.) 1890; (9.) 1898; 11. 1900/01; 14. 1903/04.

Programm und Lehrplan des k. k. concessionirten Militär-Vorbereitungs-Cursos in Graz. 8. Graz 1870.

Programm, Lehrplan und **Schulordnung** der Königlichen Fachschule für Metallindustrie zu Iserlohn. *Iserlohn 1900: O. Beuther.* (8 Bl.) 8° [Umschlagt.] 6

Programm des Leichenzuges am 20. Oktober. Druck von Marquardt u. Steinthal. 1 Bl. 8.
Flugblatt. Berlin, 18. Okt. 1848.

Programm zur Lichteinbringung in der L. „Minerva zu den drei Lichtern" am 3. Okt. 1886.

Flöckher: **Programm** und [8] Lieder zur Feier des 50jährigen Maurer-Jubiläums des Br. Flöckher in der St. Joh.-Loge zum hellleuchtenden Stern im Or. von Celle am 20. Febr. 1858. Hannover 1858: Jänecke. 14 S. 8° [Umschlag tit.]

Johannis-Loge „Drei Lichter im Felde" i. O. Gross-Lichterfelde. [Programm und Lieder.] Zur feierlichen Einbringung des Lichtes am 19. Sept. 1897. o. O. [1897]. 4 Bl. 8° [Umschlagtit.]

[Programm und **Lieder.]** Zur Einweihung des neuen Hauses der Loge Minerva zu den drei Palmen. Leipzig, am 17. Oct. 1886. [Leipzig 1886: Naumann.] 4 Bl. 8⁰ [Umschlagtit.]
4 Lieder, davon 1 mit Noten (2 gedichtet von J. V. Carus, 1 von S. A. Mahlmann).

[Programm und **Lieder.]** Zur Einweihung des neuen Hauses der Loge Minerva zu den drei Palmen. Leipzig, am 17. Oct. 1886. [Leipzig 1886: Naumann.] 2 Bl. 8⁰ [Umschlagtit.]
2 Lieder ohne Noten: 1. Gebet, Text u. Musik von E. Elssig, 2. Festgesang, gedichtet von J. V. Carus, komp. von K. Reinecke.

[Programm und **Lieder.]** Zur Feier des 50sten Stiftungsfestes der St. Johannisloge Hercynia zum flammenden Stern im Or. von Goslar den 16. Nov. 1859. Goslar 1859: Brückner. 10 S. 8⁰ [Umschlagtit.]

[Programm und Lieder.] Zum Schwestern Fest. Chemnitz, 10. Sept. 1905. 14 S. 8⁰ [Umschlagtit.]
9 Liedertexte.

Programm [u. Lieder] für das Schwestern-Fest der Loge „Zur Goldenen Kugel" am Sonnabend, den 18. März 1899. [Hamburg 1899: Grimm.] 10 Bl. 8⁰
[Umschlagtit.] **Johannis-Loge „Zur Goldenen Kugel" in Hamburg. Schwesternfest 18. März 1899.**
3 Lieder ohne Noten.

[Lithogr.] [Programm und Lieder.] Zum ersten Stiftungsfeste der eklektischen Frmr-Loge An Erwin's Dom Or.·. Strassburg (Elsass) am 18. Febr. 1883. [Strassburg 1883.] 11 S. 8⁰ [Umschlagtit.]
4 Lieder mit Noten.

[Programm und Lieder.] Zum hundertjährigen Stiftungsfest der g.·. u.·. v.·. Loge Joseph zur Einigkeit im Or. Nürnberg am 30. Juni 1861. Nürnberg [1861]: Dietz. 15 S. 8⁰ [Umschlagtit.]
Tt. 2552. 6 Lieder ohne Noten von G. Arnold, 1 von Witschel; komp. von J. Grobe.

[Programm und **Lieder.]** Zu der Trauerfeier am 8. Jan. 1847 in der Loge Balduin zur Linde. Nur f. Brr. Leipzig [1847]: Andrä. 6 Bl. 8⁰
Programm nebst 2 Liedertexten u. einer von W. Fischer komp. Kantate ohne Noten.

Berner Liedertafel... in Bern. Konzert 28. Februar 1901. (Programm.) II + 14 S. 8. Bern, Haller.

[Programm und Liedertexte.] Zur Einweihung des neuen Tempels der g.·. u.·. v.·. Loge Sokrates zur Standhaftigkeit im Or. von Frankfurt a. M. Am 9. Sept. 5832. [Frankfurt a. M. 1832: Naumann.] 30 S. 8⁰
Kl. 3009. Programm mit Angabe des Rituals u. 11 Liedertexte.

Concert-Verein der Stadt St. Gallen. Fest-Aufführungen zur Feier seines 25-jährigen Bestehens 1877-1902. (Programm [und] Lieder-Texte.) II + 8 S. 8. St. Gallen, Zollikofer, 1902.

35. bernisches Kantonal-Gesangfest in Biel ... 6. und 7. Juli 1902. Festgebende Vereine: Liedertafel, Harmonie und Chorale.... Programm und Liedertexte. [Mit illustriertem Umschlag und 1 Doppel-Plan.] 72 S. 8. Biel, Schüler & Cie., 1902. [fr. 1. —]

Rheinfest des Lesezirkels Hottingen [Zürich] Samstag, den 8. März 1902. Gruppe Quellenland. Programm und Liedertexte. [Mit 1 Vignette.] 20 S. 8. (Zürich, Fritz Amberger, 1902.)

Mädchen- und Frauengruppen für soziale Hilfsarbeit zu Berlin. **Programm** 1897/98–1898/99. Jahresbericht und Programm 1900/01–1911/12. Davon vergr. 1899/1900, 1902/03, 1903/04, 1907/08. Berlin: [Selbstverl.] 8⁰

Programm der Städtischen Höheren Mädchenschule in Rendsburg. Nr. 1—21, Ostern 1890—1910. Rendsburg. 1890—1910. 4⁰
Fortges. u. d. T.:
Jahresbericht der Städtischen Höheren Mädchenschule (1911 ff.: Städtisches Lyzeum) für das Schuljahr 1910/11 ff. Rendsburg. 1911 ff. 4⁰

Programm der Königlichen Maschinenbauschule in Altona. Altona 1898. V: *Schulze*, *Richard*. (Berl)

Programm der Königlichen Maschinenbauschule in Altona. *(Altona 1899: H. W. Köbner & Co.)* (24 S.) 8⁰

Programm des Königlich evangelisch theologischen Seminars Maulbronn. 1859-71. 73-87. 96-99. Nebst Beilagen. 4⁰ Stuttgart, Tübingen 1859-99

Programm des Königlich Württembergischen Evangelisch-theologischen Seminars Maulbronn. 1901-05. 4⁰ Maulbronn 1903-05

Programm des K. Württ. evangelisch-theologischen Seminars Maulbronn. 1905-11. 4⁰ Maulbron 1907-11

Schweizerischer Ruderverband. Programm der Meisterschafts-Regatta auf dem Bielersee vor Vingelz, organisiert vom Seeclub Biel,... den 29. Juni 1902.... [Mit Illustrationen und 1 Plan.] II + 18 S. 8. fr. —. 30

Programm des behördlich autorisirten Militär-Vorbereitungs-Institutes in Pressburg Gr.-8. (12 S.) Pressburg: Heckenast's Nachfolger 1893. —.20

Programm des Militär-Vorbereitungs-Institutes in Preßburg. 8. (16 S.) Gratis.
Pressburg: Heckenast Nachf. 1889.

Programm der italien. Modernisten, s.a. Schriften, reform-katholische, II.

Programm der italienischen Modernisten. Eine Antwort auf d. Enzyklika Pascendi Dominici gregis. (Autoris. Ausg. mit e. deutschen Übertragung d. Enzyklika Pascendi Dominici gregis als Anh.) Jena: E. Diederichs 1908. (204 S.) 8° [F. u. Ant.]
= **Schriften**, Reformkatholische. 2. [08. 1464]

Musikalisches Programm zur Feier der Einweihung des Tempels im neuen Gebäude der Loge Karl zur Eintracht Or.·. Mannheim am Sonntag, den 21. Juni 1885. Mannheim [1885]: Beutel. 2 Bl. 8° [Umschlagtit.]
Festhymne u. 3 Lieder ohne Noten.

Programm des 3. Norddeutschen Musikfestes, welches in den Tagen vom 2. bis 8. Juli 1841 in Hamburg gefeiert werden wird (Hamburg. 1841.) Fol. Bei: Correspondenz-Blatt. Hrgg. v. Theodor Olshausen. Jg. 12. 1841. Kiel. 1841. 4°.

Das **Programm** der deutschen Nationalpartei. [Nebst] Erg. (Wachau b. Leipzig 1910.) 8°

Programm, das neue, der deutsch-conservativen Partei m. besond. Berücksicht. der Judenfrage. Im Auftrage des „Conservativen Vereins f. das obere Vogtland" hrsg. gr. 8. (47 S.) Oelsnitz i. V. 893. (H. Back.) — 30

—— neuestes vollständiges, über alle Festlichkeiten bei dem 3. allgemeinen deutschen Turnfeste in Leipzig. 16. (14 S.) Leipzig 863, Pönicke.

Programm und Normalbestimmungen zur Herstellung einer umfassenden Bibliographie der Landeskunde der Schweiz. (Mitteilung 1 der Centralkommission für schweiz. Landeskunde.) Bern 1890.

Programm, zweites, der Pester israelitischen Normal-Hauptschule. *Pest* 1858. Druck v. *J. Herz.* 66 S., 1 Tab., 8°.
INHALT. Zwei Schuljahre 1856—57 und 1857—58 von *Salomon Kohn*, dirig. Lehrer (p. 1). — Der Monotheismus in seiner praktischen Bedeutung, vom Religionslehrer Rabb. *V. Friedr. Mannheimer* (p. 18). — Der hebräische Sprach- u. Bibelunterricht in der jüdischen Volkssprache von *Ign. Reich* (p. 25). — Zur Kultur des Gefühlvermögens von *Lor. Marksi Bauer* (p. 40). — Die Pflanzenkunde in der Volksschule von *Max Flesch* (p. 45). — Die Mädchenschule von *J. Grossmann* (p. 51).

PROGRAMM des Benediktiner Obergymnasiums zu Oedenburg, veröffentlicht am Schlusse des Schuljahres 1850/51 (-1860/61). Oedenburg 1851 (-1861): Carl Romwalter. 35, 9, 3 S. - 290 mm

PROGRAMM des fürsterzbischöflichen Ober-Gymnasiums zu Tyrnau. Veröffentlicht am Schlusse des Schuljahres 1853/54 durch den Direktor des Gymnasiums Sigismund Szuppan (Auch 1854/55. Tanodévvégi Tudósitvány a Nagyszombati Érseki Nagy-Gymnasiumról 1853/54 évre. Nyilvaníta Dr. Szuppan Zsigmond, igazgató). Tyrnau 1854 (1855): Sigmund Winter. 44 (1) S. - 270 mm

Programm des fürsterzbischöflichen Ober-Gymnasiums zu Tyrnau. Veröffentlicht am Schlusse des Schuljahres 1855 durch den Direktor des Gymnasiums Dr. Sigismund Szuppan. Tyrnau. 1855. Druck von Sigmund Winter. (44 S. 8.)
Inhalt: Die Naturwissenschaften im Dienste der Religion, von Theodor Aschner. — Geschichtliche Skizzirung des Vorschreitens der Philosophie in unserem Vaterland. (Ungarisch.) Von Kornel Hidasy. — Schulnachrichten.

PROGRAMM des Graner Obergymnasiums des Martinsberger St. Benediktinerordens. Am Schlusse des Schuljahres 1857/58. Herausgegeben durch Jakob Ferenczy, Direktor (A pannonhegyi Szent Benedek-Rend Esztergomi Fő-Gymnásiumának programmja. Az 1857/58 tanév végén). Esztergom (Gran) 1858 (1859 für 1858/59): Ägydius Horák. 54, 1 (61, 1) S. - 240 mm

Programm des k. k. Obergymnasiums (1907 ff.: Jahresbericht d. Staats-Gymn.) zu *Böhm.-Leipa.* 1851. 55—72. 74 ff. Prag (1859 ff.: Böhm.-Leipa).

Programm des k. k. Obergymnasiums zu Böhmisch-Leippa am Schlusse des Schuljahres 1856. Prag, 1856. Druck der k. k. Hofbuchdruckerei von Gottlieb Haase Söhne. (54 S. 8.)

Programm des k. k. Ober-Gymnasiums zu Böhmisch-Leipa. *Prag* 1858. Druck der k. k. Hofbuchdruckerei v. *Gottl. Haase Söhne.* 63 S. 8°.
INHALT. Kurzgefasste Darstellung des Entwicklungsganges der Erde, besonders ihrer geschichteten Gebirge. Von Dr. *Caj. Watzel* (S. 5—30).

Programm des k. k. Obergymnasiums in Fiume. VII. Jahrgang. *Fiume* 1858. Buchdr. d. *Ercole Rezza.* 26 S., 1 Bl., 4°.
INHALT. Loci aliquot ex Taciti Agricola explicantur et emendantur a Prof. *Joanne Müller* (p. 3).

Programm des k. k. Obergymnasiums [1899/1900 ff.: des k. k. Staatsgymn.) zu Iglau. 1851. 54. 56. 59. 60. 62. 63. 65 ff. (Iglau.) 4°

Programm des k. k. Ober-Gymnasiums (1892 ff.: d. Kommunal-Obergymn.) in Komotau. 1857—59. 61—65. 67—71. 73—76. 78—1904. Prag (1873 ff.: Komotau). 4° u. 8°

Programm des k. k. Ober-Gymnasiums zu Komotau. *Prag* 1858. Druck der k. k. Hofbuchdr. von *Gottl. Haase S.* 23 S., 4°.
INHALT. Die Flora von Komotau. (Fortsetzung.) Von *K.* (S. 3—16).

Programm des k. k. Obergymnasiums zu Kremsier für das Schuljahr 1856. Kremsier. Druck und Papier von Franz Slawik. (26 S. 4.)

Programm des k. k. Ober-Gymnasiums (1880 ff.: Jahresbericht d. k. k. Staats-Obergymn.) zu Leitmeritz. 1851 ff. Leitmeritz. 4° u. 8°

Programm des k. k. Obergymnasiums zu Leitmeritz in Böhmen, am Schlusse des Schuljahres 1856, veröffentlicht durch die k. k. Gymnasial-Direktion. Gedr. bei Karl Wilhelm Medau in Leitmeritz. (38 S. 4.)
Inhalt: Die Protestantisirung und Rekatholisirung des böhmischen Niederlandes. Ein Beitrag zur Kirchengeschichte Böhmens von P. Anton Fried. — Schulnachrichten.

Programm, siebentes — des k. k. Obergymnasiums von Leitmeritz in Böhmen, am Schlusse des Schuljahres 1857. Veröffentlicht durch die k. k. Gymnasial-Direktion. Leitmeritz, gedruckt bei Karl Wilh. Medau. (36 S. 4.)
Enthält: Die Mittel zur Bestimmung der Inclination. Von Dr. Josef Parthe. (Mit einer Tabelle.)

Programm, achtes, des k. k. Ober-Gymnasiums zu Leitmeritz. *Leitmeritz, Carl Wilh. Medau.* 35 S. 4°.
INHALT. Beitrag zur Dialekt-Forschung in Nord-Böhmen. Von *Ignaz Petters* (S. 3—16).

— des k. k. Ober-Gymnasiums zu Meran. Veröffentlicht am Ende des Schuljahres 1885/86. Inh. Prof. Cöl. Stampfer, Chronik des k. k. Gymnasiums zu Meran bis zum Jahre 1850. Schulnachrichten v. dem Director. gr. 8°. (87 S.) Meran, Jandl. In Comm. netto fl. —.40. 1886.

Programm des k. k. Ober-Gymnasiums zu Wiener-Neustadt. *Wien* 1858. Druck von *C. Gerold's S.* 33 S. 4°.
INHALT. Analyse des logisch-rhetorischen Baues der zweiten philippischen Rede des Demosthenes. (S. 3—10). — Kurze Geschichte des Gymnasiums zu Wr. Neustadt von der Errichtung desselben bis zum Schuljahre 1818-19. S. 13—16.

Programm. Az egri kath. nagy - gymnasium vi-ik évi programmja. Az 1855/56. tanévre. VI. Programm des kathol. Obergymnasiums in Erlau für das Schuljahr 1855/56. Erlau, 1856. Dr. vom erzbischöfl. Lyceum. (30 S. 4)

PROGRAMM des katholischen Obergymnasiums zu Fünfkirchen für das Schuljahr 1851/52(-1866).

Tudósitvány a pesti kegyes tanitórendi nagy gymnasiumról 1856/57-dik tanévben. Programm des Pester Obergymnasiums für das Schuljahr 1856/57. Pest, 1857. Dr. von J. Beimel und Basilius Kozma. (35 S. 4.) (Deutsch und ungarisch zugleich.)

III. PROGRAMM des röm. kath. Ober-Gymnasiums zu Karlsburg. Kolozsvár (Klausenburg) 1859: Buchdruckerei. 23 S. - 4°

Programm der k. k. Oberrealschule in Brünn. Veröffentlicht am Schlusse des Schulj. 1858. *Brünn* 1858. Druck von *Rudolf Rohrer's Erben.* 27 S. 4°. 2 Taf.
INHALT. Ueber geometrische Orte. Von *Rudolf Schnedar* (p. 3). — Die technische Benützung des Säugethierkörpers. Von *Fr. Berr* (p. 13). — Pädagogisch-methodische Aphorismen. Von *Jos. Auspitz* (p. 15). — Jahresbericht (p. 17).

Programm, erstes, der k. k. deutschen Ober-Realschule in Prag. Veröffentlicht am Schlusse des Schuljahres 1857. gr. 8. (141 S. mit 2 Stnt. in qu. Fol.) Prag 857, (Dominicus.) *

Programm, 1., der k. k. deutschen Ober-Realschule in Prag. Veröffentlicht am Schlusse des Schuljahres 1857. Prag. (Dominicus.) gr. 8. (111 S. u. 2 lith. Taf. in Fol.) n. 18 ngr.

Programm, zweites, der k. k. deutschen Ober-Realschule in Prag. *Prag* 1858. Aus der *Statthalterei-Druckerei.* 97 S. 8°. Mit dem Plan des Hauses der k. k. deutschen Oberrealschule in Prag.)
INHALT. Gedrängter Ueberblick der Geschichte der Botanik mit besonderer Rücksicht auf die allmälige Ausbildung der Sistematik, von *Joh. Smita* (S. 3—15). — Anwendung des archimedischen Fundamentalsatzes auf die Auflösung einiger Gruppen von Aufgaben von *Franz Weyr.* (S. 16—34).

Programm der k. k. Oberrealschule zu Innsbruck für das Studienjahr 1855/56. Innsbruck, 1856. Gedruckt in der Wagner'schen Universitäts-Buchdr. (82 S. 4. Mit dem Plan der Schulanstalt. Lith. artist. Anstalt von C. A. Czichna in Innsbruck.)
Inhalt: Die Lehre von den unbestimmten Gleichungen des ersten und zweiten Grades mit zwei veränderlichen Größen. Systematisch dargestellt von Wenzel Korn. — Schulnachrichten.

Programm der k. k. Ober-Realschule zu Innsbruck. *Innsbruck* 1858. Druck der *Wagnerschen* Univ.-Buchdr. 36 S., 4°.
INHALT. Der Anwachs der gefürsteten Grafschaft Tirol. Eine historisch-geographische Skizze von *Joseph Durig.* (S. 3—14).

Programm, Drittes — der k. k. Oberrealschule in der Vorstadt Landstraße in Wien. 8. (152 S. und 2 Taf.) Wien. Druck von K. Gerold und Sohn. 1854.
Inhalt: Beiträge zur Methode des Unterrichtes an Realschulen. — Ueber Gewerbeschulen. — Das chemische Laboratorium der Landstraßer k. k. Oberrealschule. — Praktische Arbeiten der Schüler im chemischen Laboratorium. — Bemerkungen über die Methode des chemischen Unterrichtes. — Mittheilungen aus dem chemischen Laboratorium. — Schulnachrichten.

—— 3., der k. k. Ober-Realschule in der Vorstadt Landstraße in Wien. Lex.-8. (III und 152 S. mit 1 Stnt. in Fol.) Wien 854, (Seidel.)

Programm, Viertes — der k. k. Ober-Realschule in der Vorstadt Landstraße in Wien. Wien. 1855. Druck von Karl Gerold's Sohn. (1 Blatt, 164 S. 1 Abbildg. und 1 Taf. 8.)
Inhalt: Dr. J. Weiser: Zur Verständigung zwischen Schule und Haus. — Ferdinand Heißig: Ueber das geometrische Zeichnen an der k. k. Landstraßer Realschule. — Zeilner Franz: Einige Worte über das freie Zeichnen. — L. Conn: Ueber Wesen und Bedeutung der Stenographie nach dem Systeme Gabelsberger's. — E. Hornig: Mittheilungen aus dem chemischen Laboratorium. Schulnachrichten.

Programm, fünftes — der k. k. Oberrealschule in der Vorstadt Landstraße in Wien. Wien, 1856. Druck von Karl Gerolds Sohn. (185 S. 8.)

Programm, siebentes — der k. k. Ober-Realschule in der Vorstadt **Landstrasse** in Wien. *Wien* 1858. Druck von *C. Gerold's S.* 150 S., 8°. Mit 2 Karten und mehreren Holzschnitten.

INHALT. Kurzgefasste Heimatkunde von Niederösterreich, von *Warhanek* (S. 3—61). — Ueber drei charakteristische Eigenschaften der Kegelschnittslinien von Dr. *Zampieri* (S. 62—86).

— 7., der k. k. **Ober-Realschule** in der Vorstadt Landstrasse in **Wien**. Mit 2 (lith.) Karten (in 4.) u. mehreren Holzschn. (im Text.) Wien 858. (Wendelin.) gr. 8. (1 Bl., 151 S. u. 1 Tab. in Fol.) n. 1 ₰.
Inhalt: Kurzgefasste Heimatkunde von Niederösterreich. Zur Einführung in den ersten geografischen Unterricht bearb. von W. F. **Warhanek**. — Ueber drei karakteristische Eigenschaften der Kegelschnittslinien. Abhandlung von Jos. **Zampieri**.

Programm, sechstes — der öffentlichen Ober-Realschule der königl. Freistadt Preßburg. Preßburg, 1856. Schnellpressendruck von Karl Friedrich Wigand. (96 S. 4.)
Inhalt: Die deutsche Prosodie und Metrik aus den Grundgesetzen der deutschen Sprache entwickelt, von M. Pablasek. — Systematische Uebersicht der Vögel Ungarns.

Programm, zweites — der öffentlichen vereinigten Ober- und Unter-Realschule zu Reichenberg, wodurch zugleich zu den öffentlichen Prüfungen und der Schlußfeier des abgelaufenen Schuljahres im Namen des Lehrkörpers einladet Ervin Anton Weyrauch, Realschuldirektor. Juli 1853. 8. (20 und 36 S.) Reichenberg, Buch- und Steindruckerei von Ph. Gerzabek.
Inhalt: Flachsbaumwolle. Von Siard Kosak. — Schulnachrichten.

Programm der Oberrealschule zu Rakonitz für das Schuljahr 1854. Veröffentlicht am 7. August durch den Direktor der Realschule J. N. Dworák. 8. (44 S. und 1 Abbildung.) Prag. Hofbuchdruckerei von Gottlieb Haase Söhne. 1854.
Inhalt: Historische, statistische und anderweitige Notizen der Realschule, von J. N. Dworák. — Das Erheiternde naturhistorischer Kenntnisse, von Dr. R. Hnilička. — Nynější nová doba vyučováni mluvniho ve školách Rakouských, von J. Jedlicka. (Der gegenwärtige neue Zeitpunkt des grammatikalischen Unterrichtes in den österr. Schulen.) — Der bewährte Freund der Industrie und Landwirthschaft, von Karl Hackenberger.

Programm der Ober-Realschule zu **Rakonitz** für das Schuljahr 1858. (Direktor P. Michael Martinowsky.) *Prag* 1858. Druck v. *Friedr. Rohlíček*. im fürst-erzbisch. Seminar. 56 S., 8°.
INHALT. Einige Worte an die Freunde eines andachtsvollen Kirchengesanges (p. 4). — Mittheilungen über einige Beziehungen der Pflanzen und Thiere zum Menschen (p. 5—22).

Programm, zweites — der städtischen Oberrealschule in Pesth für das Schuljahr 1855/56. Pesth, 1856. Druck von J. Beimel und Basil Kozma. (67 S. 4.)

Programm, viertes, der städtischen Ober-Realschule in **Pest**. *Pest* 1858. Druck von *J. Beimel* und *Basil Kozma*. 82 S., 4°. Mit einem Plane.
INHALT. Legende der Jungfrau St. Ursula aus dem Neuhäusler Codex (1530—1). Von Dr. *Adolf Szabóky* (p. 5—18). — Die auf elementarem Wege entwickelte Theorie der Maxima und Minima von *Gustav Kondor*. (p. 19—49). — Mittheilungen aus dem chemischen Laboratorium von *Mor. Preyss* (p. 50—68).

Offizielles **Programm** während der Anwesenheit Seiner Majestät des Kaisers [u.] Ihrer Majestät der Kaiserin in Königsberg am 6. bis 9. Sept. 1901. Königsberg i. Pr.: Ostpr. Dr. u. Verlagsanst. (1901). (8 S.) 8° [F.]
10

Officielles **Programm** der **Gutenberg-Feier** und des Histor. Festzuges. Mainz 23.–26. Juni 1900. Als Ms. gedr. *Mainz: K. Theyer (1900)*. (24 S.) 4° [Umschlagt. F.]

Schützen-Ahrweiler: Offizielles Programm der 500jähr. Jubelfeier der St.-Sebastianus-Bürgerschützengesellschaft in Ahrweiler und des Historischen Festzuges am 6., 7., 8., 11. und 12. Juni 1903. Mit 10 Tafeln. Ahrweiler, 1903, qu 2° 6 S. 426

Schweizer. **Rennverein**, Sektion Bern. Offiz. Programm für das Pferde-Rennen ... 30. Juni 1901 ... auf dem Beundenfeld in Bern. [Illustriert.] 8 S. 4. (Bern, Buchdr. Berner Tagblatt.) fr. —. 30

Programm der Opposition. Nachtrag zu der 1. Aufl. (Abdr. aus der 2. Aufl.) der Schrift: „Ungarische Zustände." 12. (47 S.) Leipzig 847, Brockhaus. n. 4 ₰

Programm, Ein, der loyalen Opposition. Wien 1864. V: *Prochazka, Ignaz Joseph*. (WBL XXIII, 347)

Programm zur Ordnung der grossen Frohnleichnams-Prozession in Köln a. Rh. [Köln 1820.] V: *Wallraf, Ferdinand Franz*. (StBKöln I, 221)

Programm für den Ordnungs-Ausschuss, die Bundes-Vorstände. Fahnenträger u. Dirigenten der Corpscapellen während des II. deutschen Sänger-Bundes-Festes in München am 8.—11. Aug. 1874. Mit Plan. O. O. u. J. (München 1874.) 8°. 10 S. Cart.

— u. **Organisation** der socialdemokratischen Partei Deutschlands, beschlossen auf dem Parteitag zu Erfurt 1891. [Aus: „Protokoll üb. die Verhandlgn. d. Parteitages".] 8. (8 S.) Berlin 891. Buchh. d. „Vorwärts". n.n. — 5

Programm, Organisation. Statuten u. Geschäftsordnung des Märzvereins in München (gegr. d. 22. Dezbr. 1848). 8°. Cart. 8 S., dat. München, d. 5. Jan. 1849.

Programm u. Organisationsstatut d. Fortschrittlichen Volkspartei. Berlin 1910. 8°

Programm der hohen Orts autorisirten kaufmännischen Lehranstalt des J. Pazelt gm. J. Geyer in Wien, Stadt, Salvatorgasse Nr. 368 (zum großen Christoph). Wien, 1856. Gedruckt bei Josef Stöckholzer v. Hirschfeld in Wien. (XV. 8.)

Programm der hohen Orts autorisirten kaufmännischen Lehranstalt des J. Pazelt gm. J. Geyer in Wien. Wien. Gedr. bei Josef Stöckholzer v. Hirschfeld. (14 S. 8.) 1857.
(Enthält nur Unterrichtsdaten.)

Programm des Königl. Pädagogiums zu Halle für das Schuljahr 1836 bis 1837. Inhalt: I. Uebersetzungs- u. Erklärungs-Proben von M. Seyffert. II. Nachricht über d. Schuljahr 1836 bis 1837. 4. Ebd. 837. 1/3 ₰

— für das Schuljahr 1837 bis 1838. Inhalt: I. De Mythi imprimis graeci natura commentarii. Scrib. C. M. Fleischer. II. Nachr. über d. Schulj. 1837 bis 1838. 4. Ebd. 838. 1/3 ℳ

— für das Schuljahr 1838 bis 1839. Inhalt: I. Das pädagog. System des Comenius, von H. A. Daniel. II. Nachrichten über das Schuljahr 1838 bis 1839. 4. Ebd. 839. 1/3 ℳ

— ein, für die konservative Partei zu den bevorstehenden Wahlen. Von einem schlesischen, alten Konservativen. Berlin 870. van Muyden. gr. 8. (52 S.) n. 7½ ngr.

Programm der Sozialdemokratischen Partei Deutschlands, beschlossen auf dem Parteitag zu Erfurt 1891. — (Berlin: Vorwärts 1891.) 8 S. 8°

— der sozialdemokratischen Partei der Schweiz. (12 S.) 8. Zürich (907). (Buchh. d. schweiz. Grütlivereins.) — 10

Programm für die Pionierübungsreise 1888. München 1888. 3 S. 4°

Programm, politisches u. soziales, e. bejahrten Patrioten, als Testament dem deutschen Volk hinterlassen. (In 2 Hftn.) 1. Hft. gr. 8. (42 S.) Berlin (900). A. Winser, Buchdr. — 90

Programm, Politisches, der Technischen Stände im Geiste Friedrichs des Grossen. Sieg Deutschlands als Monarchie über Polen, Rote und Schwarze. 1. Religion ohne Wunder. 2. Masregeln zum Siege. Stettin 1908. V: *Born, Wilhelm.* (Berl 1908, S. 1341)

Programm des Polytechnikums zu Dresden. 1873/74-87/88. Nebst Ergänzungsheften. (Fortsetzung siehe Bericht) 4° Dresden 1874-88

Programm des Königlichen Polytechnikums zu Stuttgart. Stuttgart, Jgge. 1872/73 bis zur Gegenwart.

Programm des ev.-luth. Predigerseminars für Amerika in Kropp und Bericht über das 18. Studienjahr. Hrgg. zum Jahresfest der Kropper Anstalten am 28. und 29. Juli 1900 im Auftr. des Seminar-Kuratoriums. Kropp. 1900. 8°

Programm einer internationalen Preisbewerbung. Phebe Hearst Architectural Plan of the university of California. (37 S 42 T 1 Pl.) Berkeley 1897

Programm, Ein preussisches, in der deutschen Frage. Berlin 1862. V: *Goltz, Robert Graf von der.* (Klüpfel)

—— ein Preußisches, in der deutschen Frage. gr. 8. (16 S.) Berlin 862, Springer's Verlag.

Programm der Privat-Lehr- und Erziehungs-Anstalt höherer allgemeiner, theoretisch-praktischer Bildung für alle Stände, auf Grundlage der von dem hohen k. k. Unterrichtsministerium für Gymnasien und Realschulen gegebenen Anordnungen in Prag, am Schlusse des zweiten Semesters 1856. (14 S. 4.)

Programm der Privat-Lehr- und Erziehungs-Anstalt höherer allgemeiner, theoretisch-praktischer Bildung für alle Stände, auf Grundlage der von dem hohen k. k. Unterrichtsministerium für Gymnasien und Realschulen gegebenen Anordnungen in Prag, am Schlusse des zweiten Semesters 1857. Prag, Dr. der k. k. Hofbuchdr. von Gottl. Haase Söhne. (16 S. 4.)
Enthält: 1. Auch ein Wort zur land- und forstwirthschaftlichen Unterrichtsfrage. Von Johann Jungmann. — 2. Uvahy o vyvinování se tvarů živočišstva. (Kritik über die Entwicklung der phisiologischen Gebilde.) Von Med. Dr. Eduard Greger. — 3. Ueber die Formen, unter denen der Stickstoff von den Pflanzen aufgenommen wird. Von Dr. Julius Sachs.

Programm, erstes — der öffentlichen Privat-Haupt- und vollständigen Unter-Realschule in der Vorstadt Mariahilf Nr. 158. Am Schlusse des Schuljahres 1857-58. *Wien* 1858. Gedruckt bei *A. Pichler's Wtw. & S.* 35 S. 8°.
INHALT. Das Christenthum in seinen Wirkungen (S. 5—9). — Der Schreibunterricht. Von *Pohlhammer* (S. 10—14).

Programm des öffentlichen Privat-Obergymnasiums der Franciscaner in Bozen. Veröffentlicht am Schlusse des Schuljahres 1897—1898. 8. (76 S.) In Comm. * —.50
Bozen: Auer 1898.

Internationales Institut für Sozial-Bibliographie. E.V. Inst. internat. de bibliogr. sociale. Internat. Inst. of social bibliogr. **Programm** und Protokoll d. 1. Sitzung d. Organisations-Ausschusses. Hrsg. v. Vorstande d. Institutes. 1906. Deutsche ⟨A-⟩Ausg. Berlin 1906: (J. Pässler in Dresden). (VIII S.) 8° [Umschlagt.] [06. 6301]

Madrid, IX. Intern. Kongress für Hygiene und Demographie, Provisorisches Programm. Statuten. Ausstellung. Programm-Statuten. Madrid 1897, 98.

Programm der aus Anlaß der dogmatischen Entscheidung über die unbefleckte Empfängniß Mariä in der Metropolitankirche bei St. Stefan in Wien abzuhaltenden feierlichen Prozession. Wien, 1855. Gedruckt bei den Edlen v. Ghelen'schen Erben. (7 S. 8.)

Programm zur öffentlichen Prüfung in der lateinischen Schule des Waisenhauses, zu Ostern 1829. Halle 1829. V: *Manitius, H. F. & J. G. Diek.* (Ky)

—— zur öffentl. Prüfung in d. Latein. Schule d. Waisenhauses, zu Ostern 1829. 1) Von d. Mitteln neu versetzte, bisher getadelte Schüler f. den guten Ton d. höhern Classe zu gewinnen, v. H. F. Manitius. 2) Empfehlung d. Andenkens an A. H. Niemeyer, v. J. G. Diek. 3) Histor. Nachrichten v. d. Schule, v. dems. gr. 8. (3½ B.) Halle, Buchh. d. Waisenhauses.

Programm zur öffentlichen Prüfung der Schüler der Gremial-Handelsschule in Wien, welche am 15. August 1857 in dem Prüfungssaale der k. k. Normal-Haupt- und Unterrealschule zu St. Anna abgehalten wird. Wien, Druck und Papier von Leopold Sommer. (13 S. 1 Bl. 4.)
(Enthält nur Unterrichtsdaten.)

— zu der am 2. u. 3. April 1844 erfolgenden Prüfung der Schüler der Gewerb- und Baugewerkenschule zu Plauen. (1. Ueber Circular-Sägen von Fr. Kohl. 2. Jahresbericht von Chr. Gll. Pfretzschner.) gr. 8. (Mit 1 Steindrucktaf.) Plauen 844, Schmidt. n. 1/6 ₰

— zu der am 22. u. 23. April 1839 erfolgenden Prüfung d. Schüler der Königl. Gewerbschule zu Plauen. (Enthält u. a.: Abhandlung über Heizungsanlagen, von Friedr. Kohl u. G. F. W. Göbel.) Mit 8 Steint. gr. 8. Plauen 839. Schmidt. n. 1/3 ₰

— zu der am 14. u. 15. April 1840 erfolg. Prüfung der Schüler der Königl. Gewerbschule zu Plauen. Inhalt: 1. Ueber die Ertragsfähigkeit technischer Einrichtungen, von Friedr. Ed. Thieme. 2. Vierter Jahresbericht über die Königl. Gewerbschule zu Plauen, nebst Verzeichniß der Jahresprüfungen, von Christ. Glieb. Pfretzschner. gr. 8. Ebd. 840. n. 1/6 ₰

— zu den Prüfungen der Königlichen polytechnischen Schule und der Königlichen Baugewerkenschule zu Dresden. 1856 und 61. 4° Dresden 1856. 61

Programm zu den am . . . erfolgenden Prüfungen der Schüler der technischen Bildungsanstalt (1852 ff.: Kgl. polytechnischen Schule; 1838 ff.: und der Baugewerkschule) zu Dresden. Inh.: 1.) . . . [Wiss. Abhandlung.] 2.) Nachricht über die technische Bildungsanstalt (1836. 1837:, deren Organisation, Sammlungen, Lehrer und Schüler; 1838 ff.: und über die Baugewerkschule; 1836—1839: nebst Verzeichniß der Jahresprüfungen von Wilhelm Gotthelf Lohrmann, Ober-Insp., Vorsteher d. Anstalt; 1838. 1839: beider Anstalten). [1840 ff.: Titel mehrfach geändert.] 1836—1862.

Darin:

1836. Schubert, Johann Andreas: Andeutungen über Dampfschiffahrt auf der obern Elbe.

1837. Jähkel, Leopold Ferdinand: Ueber Blitzableiter, nebst Vorschlägen zur wohlfeilern Herstellung derselben.

1838. Jähkel, [Leopold] Ferdinand: Ueber die Behandlung der rohen Seide beim Entschälen und Bleichen.

1839. Schubert, Johann Andreas: Ueber die Anwendbarkeit des Flügel- oder Centrifugal-Gebläses.

1840. Geinitz, Hanns Bruno: Ueber Braunkohlen Sachsens.

1841. Jähkel, L[eopold] F[erdinand]: Ueber die Fabrikation der Stearinkerzen.

1842. Schubert, J[ohann] A[ndreas]: Versuch einer neuen Begründung der Grundlehren der Mechanik.

1843. Seebeck, A[ugust]: Ueber Zurückwerfung und Beugung des Schalles.

1844. Jähkel, L[eopold] F[erdinand]: Praktische Winke, die Fabrikation des Argentanblechs betreffend.

1845. Schubert, J[ohann] A[ndreas]: Ueber freie und vorgeschriebene Stützlinien und über die Fortpflanzung des Druckes durch feste Körper, als Einleitung zu einer Theorie der Wölbbögen.

1846. Seebeck, August: Ueber Schwingungen, mit besonderer Anwendung auf die Untersuchung der Elasticität fester Körper.

1847. Heine, G[ustav]: Mittheilungen über den Bau und die Einrichtung des neuen Gebäudes der technischen Bildungsanstalt in Dresden. — Nachricht über die Feier zur Eröffnung des neuen Anstaltsgebäudes mit der von Herrn Geh. Regierungsrath [Jacob Heinrich] Thieriot und der vom Director (A[ugust] Seebeck) bei dieser Gelegenheit gehaltenen Rede.

1848. Jähkel, [Leopold] F[erdinand]: 1. Statistische Notizen, die Erzeugung des lohgaren Leders in Sachsen betreffend. 2. Fabrikation des Reitzeugleders in England.

1849. Schubert, J[ohann] A[ndreas]: Theorie der Druckturbinen.

1850. Lösche, [Eduard]: Einige Bemerkungen über den Leitungswiderstand hydroelektrischer Ketten.

1851. Schlömilch, (Oscar): Die Reihenentwickelungen der Differenzial- und Integralrechnung. [Auch bei Schönfeld in Dresden.]

1852. Fort, O(smar): Die Theorie der Tangenten, nebst einem Anhange, einige Summenformeln enthaltend.

1853. Stein, W(ilhelm): Ueber ein neues Farbematerial aus China.

1854. Schubert, J[ohann] A[ndreas]: Ueber die Stützung und Construction der geraden, insbesondere der schiefen Wölbbogen.

1855. Schlömilch, Oskar: Theorie der Kettenbrückenlinien.

1856. Hülsse, Julius (Ambrosius): Ueber Kranken- und Versorgungscassen für die weniger bemittelten Bevölkerungsclassen.

1857. Schneider, J(ohann) B(ernhard): Ueber die von aussen beaufschlagten horizontalen Turbinen.

1858. Geinitz, Hanns Bruno: Die Leitpflanzen des Rothliegenden und des Zechsteingebirges oder der permischen Formation in Sachsen.

1859. Hülsse, (Julius Ambrosius): Ueber die Einrichtung und Berechnung von Knappschafts- und ähnlichen Unterstützungs-Cassen, welche Sicherheit und Nachhaltigkeit gewähren sollen.

1860. Schneider, (Johann Bernhard): Mittheilungen über die Untersuchungen der Leistungen des Kropfrades in der Schneidemühle des Mühlenbesitzers Herrn Hohlfeld zu Schandau, sowie über den Widerstand beim Schneiden des Holzes.

1861. Nagel, (August): Die Messung der Basis für die Triangulirung des Erzgebirgischen Kohlenbassins.

1862. Stein, W(ilhelm): Ueber das Pflanzengelb ⟨Phytomelin, Rutinsäure⟩ und einige ihm verwandte Körper. *Dr*

—— das ganze deutsche Publikum zu Vorlesungen üb. Hexerei, Zauberei u. Geisterseherei einzuladen. Von Beatus Lucifer (W. T. Krug), I. d. Phil. u. aller freien Künste Mag. aus u. in Leipzig. 8. (1 B.) Altenburg 828, [Pierer.]

Programm zum Großen Radrennen auf der Rennbahn Tiergarten in Königsberg i. Pr. (Hufen) d. 12. Juli 1903. *Königsberg i. Pr.: Haasenstein & Vogler (1903).* (20 S.) 8° [04. 1953 10

— des K. Realgymnasiums und der K. Ober-Realschule in Ulm. 1906/07-10/11. 4° Ulm 1907-11

— des Königlichen Realgymnasiums und der Königlichen Realanstalt in Ulm für 1877-81. 83/84-93/94. 95-1900. Nebst Beilagen. 4° Ulm 1877-1900

— des königlichen Realgymnasiums und der königlichen Realanstalt in Ulm. 1900-06. 4° Ulm 1900-06

Programm des Königlichen Realgymnasiums Stuttgart für 1873/74-94/95. 96-97 und 98-1900. 4° Stuttgart 1873-1900

Programm d. k. Realgymn. in Stuttg. 1900-06. 4° Stuttgart 1900-06

Programm des K. Realgymnasiums in Stuttgart. 1904/05-09/10. 4° Stuttgart 1905-10

Programm des Realprogymnasiums zu Sonderburg, s. Programm der höheren Bürgerschule zu Sonderburg.

Realschule der Albinus-Stiftung in Lauenburg a. d. Elbe. ... **Programm.** Zu der öffentlichen Prüfung ... ladet ein Wilhelm Butz 4°.

1. Michaelis 1873. Lauenburg a. d. Elbe. 1873.
2. Ostern 1875. Boizenburg a/Elbe. 1875.
3. Ostern 1876. Lauenburg a. d. Elbe. 1876.

— der höhern Realschule im Waisenhause zu Halle für das Schuljahr 1837 — 1838. Inhalt: I. Ueber den franz. Sprachunterricht in Realschulen. Abhandlung v. Inspector Ziemann. II. Schulnachrichten. 4. Halle 838. Waisenhaus-Buchh. 1/3 ß

— für das Schuljahr 1838 — 1839. Inhalt: I. Anfangsgründe der Differential-Rechnung. Abhandlung vom Collegen Dippe. II. Schulnachrichten. 4. Ebd. 839. 1/3 ß

— für das Schuljahr 1839 — 1840. Inhalt: I. Die Gesetze der Krystallelectricität, von Hankel. II. Schulnachrichten, von Ziemann. 4. Ebd. 840. 1/3 ß

Programm, Erstes — der königlich-städtischen Realschule zu Pesth 1855. Pesth. 1855. Gedruckt bei Trattner-Karolyi. (55 S. 4.)
Inhalt: Ueber den Zweck und Nutzen der Realschulen, von Stefan Stern, prov. Direktor — Das Wichtigste aus dem vom h. k. k. Ministerium aufgestellten Organisationsplane für Realschulen. — Aufgabe der Realschulen. (Ungarisch.) — Einiges über das Wesen und den Nutzen der Chemie. Von M. Preyß. — Der deutsche Sprachunterricht in Mittelschulen. Von J. Gebhart. — Ueber das geometrische Zeichnen an der Unter-Realschule. Von Ed. Walser. — Zu dem Freihandzeichnen. Von A. Brechler. — Statistik der Schule. Vom prov. Direktor Stef. Stern. — Beschreibung des Bauplanes. Von E. Walser.

— der Neuen Realschule zu Stuttgart. 1905/06-10/11. 4° Stuttgart 1906-11

Programm, Viertes — der öffentlichen vollständigen Realschule der königl. Freistadt Preßburg. 1854. 4. (74 S.) Preßburg. Schnellpressendruck von Karl Friedr. Wigand. 1154.
Inhalt: Erstes Heft eines deutschen Lesebuches für die oberen Klassen von Mittelschulen mitgetheilt von J. Schröer. — Die Umbelliferen des Preßburger Vegetations-Gebietes, aufgezihlt von Dr. G. A Kornhuber. — Ueber Anwendung des Zerlegens algebraischer Polynome in Faktoren, von J. Obermüller. — Schulnachrichten.

Berlin, Internationaler Statistischer Kongress.
— — Programm, nebst Rechenschaftsbericht der fünften Sitzungsperiode des — vom 4. bis 12. Sept. 1863. Berlin 1863, 65.

Programm für die Reform und den Ausbau der Arbeiterversicherung (in den im Reichsrate vertretenen Königreichen und Ländern der österr.-ungar. Monarchie.) Lex.-8°. Wien, Hof- u. Staatsdr., 1904. (Nicht im Handel.)

Programm für die Reform und den Ausbau der [österreichischen] Arbeiterversicherung. Wien, 1904. 261 S.

Programm für die Reformations-Jubel-Feier am 31. October und 1. November 1841. o. O. (1841). 1 Bl. 4° (2°) [Kopft.]
Halle-Wittenberg. 1 Bl.

Programm f. die achtwöchentliche Rekruten-Ausbildungs-Periode (für die k. u. k. Fusstruppen), zusammengestellt v. e. alten Landsknecht auf Basis d. neuesten Vorschriften m. e. Übersichtstabelle üb. d. in jede Ausbildungswoche fallenden Paragraphen u. Punkte der betreff. Reglements und Instructionen. 3. verb. Aufl. gr. 8. (26 S.) Wien-Hernals 891, Arming. F 1 10

Programm für die Rekruten- und Haupt-Uebungen der Artillerie-Regimenter. München 1864. 8.

„Programm von Rector und Senat der Universität Frankfurt a. d. O. P. P. Dominica XVII. Trinit. 1727, durch welches der Königl. Erlass betreffend die Errichtung einer Profession für Cameralia, Oeconomica und Policey-Sachen publicirt wird", in Justus Christoph Dithmar: „Einleitung in die Oeconomische- Policey- und Cameral-Wissenschafften", Frankfurt a. d. O. 1731, Anhang und in der neuen vermehrten Auflage, ebenda 1748. — Vorh.: UB Breslau. „Professionem rerum oeconomico-politic.-cameralium .... Friderici Wilhelmi .... auspiciis in academiis eius .... constitutam, atque in hac Viadrina .... mihi demandatam oratione publica .... die X. Oct. 1727 rite suscepturus .... acad. cives ... ut eam ... audiant ..... rogat Just. Christ. Dithmarus (über die Oeconomischen- Policey- und Cameralwissenschafften als Universitäts-Disciplin), Ebenda.

Programm für die Receptionsloge zur Aufnahme Sr. Majestät des Königs Georg V. in den Freimaurerbund, gehalten von der ger. und vollk. Loge zum schwarzen Bären im Or. von Hannover am 14. Jan. 1857. [Hannover 1857: Klindworth.] 8 S. 8° [Umschlagtit.]
Mit Text der Gesänge.

— der Ritter-Akademie zu Brandenburg, zur Feier des Geburtstags Sr. Maj. des Königs den 15. Octbr. 1847. Inhalt: 1. Formen u. gebrauch des satzartikels od. der conjunction daz bei Hartmann von Aue. Eine grammat. studie v. Hornig. 2. Jahresbericht. gr. 4. (52 S.) Brandenburg 847, Müller. 1/1 ß

Röntgen-Vereinigung zu Berlin, E. V. Programm für den Röntgen-Kongress und die Röntgen-Ausstellung 1905 in Berlin. Berlin 1905: Schumacher. 52 S. 8° III. 16336

Programm, worinn die Frage untersucht wird: Sagt denn die Vernunft so viel von Gott ... als die Bibel? Coburg 1784. V: *Briegleb, Joh. Chn.* (MGT)

Programm zur ersten Säkularfeier der Stiftung der Loge Archimedes z. d. 3 Reissbretern im O. v. Altenburg. [Altenburg 1842: Hofbuchdr.] 4 S. 4° [Kopftit.]

Programm f. d. Säcularfeier d. L. z. gekr. Säule i. Braunschw. 11—12. Febr. 1844 nebst Lieder -Beil.

Programm für das Säcular-Stiftungsfest der St. Johannis-Loge zum Füllhorn in Lübeck, den 15. Mai 1872 im Tivoli. [Lübeck 1872: Bock.] 13 S. 8° [Umschlagtit.]
11 Lieder ohne Noten.
Rekt. Kneisner, Hamburg.

— für das Salzburgfest, die eilfte Säcularfeier der Stiftung fränk., thüring. u. hessischer Bisthümer durch den heil. Bonifacius auf der Salzburg bei Neustadt an der Saale, begangen den 12. Juli 1841. (Mit einer geschichtl. Untersuchung von H. Müller.) gr. 4. Würzburg 841, Voigt u. Mocker. n. 1/4 ℬ

Programm f. das Sängerfest der Vereinigten norddeutschen Liedertafeln zu Celle am 20—22. Juli 1883. 12. (80 S. m. 1 chromolith. Plan.) Celle 883. (Schulze'sche Buchh.) n. — 60

Kreisverband Bern-Land. Sängertag in der Schosshalden (Bern) Sonntag, den 5. Juli 1903. Festgebender Verein: Männerchor Schosshalden. (Programm.) [Mit illustriertem Umschlag.] 24 S. 8. Bern, Karl Baumann, 1903. (fr. —. 20)

Programm u. Satzungen für die Candidaten d. königl. bayerischen Forstlehranstalt zu Aschaffenburg. (Augsb.) 1881. 29 S. P.

Programm und Satzungen für die Candidaten der Kgl. Bayerischen Central-Forstlehranstalt zu Aschaffenburg. - Aschaffenburg 1865. 43 S.

Programm u. Satzungen f. die kgl. bayerischen Waldbauschulen. (Münch. 1898). 17 S. P.

Schiller-Feier veranstaltet vom Deutschen Schulverein von Victoria zum Geburtstage des Dichters den 10. Nov. 1902 ... Programm. *(Melbourne [1902]: Mc Carron, Bird & Co.)* (7 S.) 8° [Kopft. F. u. Ant.]

Programm zu des Grafen Chr. E. Benzel Schillersfeier seinen Manen durch seinen Geist ... Riga 1811. V: *Streich, Benjamin Traugott.* (R-N) (GGr)

Bezirksschule Schönenwerd. Programm vom Jahr 1900—1901. 7 S. 4. Schönenwerd, Gebr. Widmer, (1901).

Bezirksschule Schönenwerd. Programm vom Jahr 1901—1902. 7 S. 4. Schönenwerd, Gebr. Widmer, (1902).

Bezirksschule Schönenwerd. Programm vom Jahr 1902-1903. 7 S. 4. Schönenwerd, J. Widmer-Roth, (1903).

— des Königlichen Seminars Schönthal, Kursus 1864-68. 4° Tübingen 1868

Programm der öffentlichen evangelischen Schulanstalten zu Oberschützen für das Schuljahr 1854—55. Wien 1855. Druck von Karl Gerold und Sohn. (61 S. 4.) Mit dem Titelkupfer: Die Schulanstalt zu Oberschützen. Artist. Anstalt von Reiffenstein und Rösch in Wien.
Inhalt: Ausführlicher Bericht über das hiesige Schullehrer-Seminar von Th. Besser, Fr. Rösch, K. Scheffer, W. Schubert. — — Die Stellung der Inseln zu den Continenten und die Bedeutung der Ersteren in geologischer und ethnologischer Hinsicht mit Anwendung auf die historisch-geographische Methode. Von Schubert. (Fortsetzung.)

Programm der öffentlichen evangelischen Schulanstalten zu Oberschützen für das Schuljahr 1855—1856. Wien, 1856. Druck von Karl Gerolds Sohn. (53 S. 4. Mit einer Lithographie: Die Schulanstalt zu Oberschützen.)

Programm der öffentl. evang. Schulanstalten zu Oberschützen. *Wien* 1858. Druck von *Carl Gerold's S.* 32 S, 33 S., 4°. Mit einer Lithographie: Die Schulanstalt zu Oberschützen.
INHALT. Ueber den mathematischen Unterricht, insbesondere in Realschulen, von *Carl Riedel* (S. 3—18). — Meteorologische Beobachtungen in Oberschützen im Jahre 1857, angestellt von *Carl Rothe* (S. 19—20). — Verzeichniss der Gefässpflanzen, welche in der Umgegend Oberschützens gefunden wurden (S. 21—32).

Programm der eidgen. polytechnischen Schule für das Sommersemester 1871. Zürich, Druck von Orell, Füssli & Co. 11 Stn. 4.

Programm der eidgen. polytechnischen Schule f. d. Schuljahr 1871/72. Zürich, Druck von Orell, Füssli & Co. XVIII u. 23 Stn. 4. 1871.
Inhalt: Beiträge zur Kenntniss des Stabmagnetismus. Von Dr. H. Schneebeli.

Programm der eidgenöss. polytechnischen Schule für das Sommersemester 1872. 13 Stn. 4. Zürich, Druck von Orell, Füssli & Co.

Programm der eidgen. polytechnischen Schule für das Schuljahr 1872/73. 24 Stn. 4. Zürich, Druck von Orell, Füssli & Co. 1872.

Programm der eidgen. polytechnischen Schule für das Sommersemester 1874. 13 Stn. 4. Zürich, Druck von Orell, Füssli & Co.

Programm der eidgen. polytechnischen Schule für das Schuljahr 1875/76 beziehungsweise das erste Halbjahr vom 11. Oktober 1875 bis 20. März 1876. 26 Stn. 4. Zürich, Druck von Orell Füssli & Co. 1875.

Programm der eidgen. polytechn. Schule für das Sommersemester 1877. Zürich, Druck von Orell Füssli & Co. 16 St. 4.

Programm der eidgen. polytechnischen Schule für das Schuljahr 1877/78 beziehungsweise das 1. Halbjahr vom 15. Okt. 1877 bis 30. März 1878. 27 S. gr. 4. Zürich, Druck von Orell Füssli & Co. 1877.

Programm der eidgenössischen polytechnischen Schule für das Wintersemester 1881/82. In-4°. 26 S. Zürich, Druck von Orell Füssli & Cie. 1881.

Eidgen. polytechnische Schule (in Zürich). Programm. 4. Zürich, Art. Institut Orell Füssli.
Studienjahr 1900/1901, beziehungsweise Halbjahr 1 vom 8. Oktober 1900 bis 23. März 1901. 42 S. 1900. — Sommersemester 1901. 15. April —1. August. 22 S. 1901.
Studienjahr 1901/1902, beziehungsweise Halbjahr 1 vom 7. Oktober 1901 bis 22. März 1902. 43 S. 1901. — Sommersemester 1902. 14. April —7. August. 22 S. 1902.
Studienjahr 1902/1903, beziehungsweise Halbjahr 1 vom 6. Oktober 1902 bis 21. März 1903. 42 S. 1902.

—— der Großhrzgl. Badischen polytechn. Schule zu Karlsruhe f. d. J. $18\frac{32}{33}$ u. $18\frac{33}{34}$. gr. 4. ... Karlsruhe 833, 34, Groos. à

— der Großherzogl. Badischen Polytechnischen Schule zu Karlsruhe für das Jahr 1844—1845. gr. 8. Karlsruhe 845, Groos. n. 1/6 ℔

Programm der Grossherzoglich Badischen Polytechnischen Schule zu Karlsruhe fün das Jahr 1845—1846. Karlsruhe. 8°.

— der grossherzogl. badischen polytechnischen Schule zu Carlsruhe für das Jahr 1869–70. Carlsrnhe 860. Bielefeld. Lex.-8. (38 S. mit 2 Tabb. in gr. Fol.) n.n. 7½ ngr.

Programm der Grossherzogl. Hessischen Polytechnischen Schule zu Darmstadt für das Studienj. 1873-1874. Erster Abschnitt nach dem Entwurfe des Lehrerraths der polytechn. Schule. *Da HofB*

Programm der kgl. bayerischen polytechnischen Schule zu München, s.a. Programm der polytechnischen Schule ...

Programm der kgl. bayer. polytechnischen Schule zu München f. d. J. 1875/76 u. 1876/77. München 1875—1876.

Programm der Königlichen polytechnischen Schule zu Aachen für 1870-71. 4° Aachen 1870

Programm der Königlichen polytechnischen Schule zu München. München 1833

— der Königl. polytechnischen Schule zu Stuttgart. 8. Stuttgart 840. (Neff.) n. 1/6 ℔

Programm der Kgl. Rheinisch-Westphälischen Polytechnischen Schule (1879/80: Technischen Hochschule) zu Aachen für den Cursus 1870/71—1879/80. 18[70]—79.

Fortges. u. d. T.:

Kgl. Technische Hochschule zu Aachen. Abgekürztes **Programm** für das Studienjahr 1880/81.

Fortges. u. d. T.:

Programm der Kgl. Technischen Hochschule zu Aachen (1899/1900—1902/03: mit angelehntem „zweijährigen Kursus für Handelswissenschaften"; 1903/1904—1907/1908: mit angelehnter Handelshochschule) für das Studienjahr 1881/1882—1912/1913. 1881—1912.

1870/71. Anl.: Special-Programme der ordentlichen Vorträge.

1871/72. Anl.: Allgemeine Rathschläge für diejenigen, welche ein Polytechnikum besuchen wollen (v. Juli 1871).

1872/73. Anl.: Allgemeine Rathschläge ... (v. Juni 1872).

1874/75. Anl.: Special-Programm der Vorträge und Uebungen.

1879/80. Anl.: Die Chemischen Laboratorien der kgl. rheinisch-westfälischen Technischen Hochschule zu Aachen. Mit 2 Bl. Zeichn. 1879.

1899/1900—1902/03. Anl.: Lehrplan des „Zweijährigen Kursus für Handelswissenschaften".

1903/04. 1904/05. 1906/07. 1907/08. Anl.: Lehrplan der Handelshochschule.

Programm der Kgl. Württembergischen Polytechnischen Schule (1877/78—1889/90: des Kgl. Württembergischen Polytechnikums; 1890/91 ff.: der Kgl. Württembergischen Technischen Hochschule) zu (1892/93 ff.: in) Stuttgart für das Jahr (1891/92 ff.: Studienj.) 1863 auf 1864—1912-1913. 1863—1912.

—— der Königl. Württembergischen polytechnischen Schule zu Stuttgart für die J. 1864—67. gr. 8. (28 S., 31 S., 34 S.) Stuttgart, (Metzler's Verlag.) à * 2 Ngr. *

—— dass. — für das J. 1867 auf 1868. gr. 8. (35 S.) (Ebendas.) *

—— der königl. württembergischen polytechnischen Schule zu Stuttgart für das J. 1869 auf 1870. 8. (35 S.) Stuttgart 869, Metzler's Verlag. *

Programm der lateinischen Schule zu Hadersleben für das Schuljahr ... Als Einladung zu der öffentlichen Prüfung etc. 1865/66—73/74. Hadersleben. 1866—74. 4°.

Programm der lateinischen Schule zu Hadersleben für das Schuljahr 1866/67. Hadersleben. 1867. 4°. 1870/71. 1872/73. 1873/74. ebd. 1871, 73 und 74. 4°.

Programm der Polytechnischen Schule zu Aachen. Aachen, Jggo. 1871/72, 1874/75, 1875/76, 1878/79, 1882/83 bis zur Gegenwart.

— der polytechnischen Schule zu München für 1868—69. München 868. (Palm.) gr. 8. (V, 32 S.) n. 5 ngr.

Programm der (1872-73 ff.: Kgl. Bayerischen) Polytechnischen Schule (1877-78 ff.: Kgl. Bayerischen Technischen Hochschule) zu (1910-11 ff.: in) München für (1872-73—1888-89: das Jahr; 1889-90 ff.: das Studienj.) 1868-69—1912-1913. 1868—1912.

1871-72. [1. Abdr.] — ⟨2., nach d. Stande v. 1. Dez. 1871 rev. Abdr.⟩

1872-73. [1. Aufl.] — 2. Aufl. verm. mit d. Stundenpl. für d. S.-S. 1873.

1893-94. [1. Aufl.] — 2. Aufl.

1894-95. [1. Ausg.] — 2. Ausg.

1899-1900. [1. Ausg.] — ⟨2. Ausg. April 1900.⟩

1901-02. [1. Ausg.] — ⟨2. Ausg. Dez. 1901.⟩

1902-03. [1. Ausg.] — ⟨2. Ausg. Jan. 1903.⟩

1903-04. [1. Ausg.] — 2. Ausg. Okt. 1903. — 3. Ausg. April 1904.

1904-05. [1. Ausg.] — 2. Ausg. Okt. 1904. — 3. Ausg. Nov. 1904. — 4. Ausg. März 1905.

1905-06. [1. Ausg.] — 2. Ausg. Nov. 1905. — 3. Ausg. April 1906.

1906-07. [1. Ausg.] — 2. Ausg. Sept. 1906. — 3. Ausg. März 1907.

1907-08. [1. Ausg.] — 2. Ausg. Nov. 1907. — 3. Ausg. April 1908.

1908-09. [1. Ausg. nebst] Beil. — 2. Ausg. Okt.

1908. — 3. Ausg. März 1909.
1909-10. [1. Ausg.] — 2. Ausg. Okt. 1909. — 3. Ausg. Nov. 1909. — 4. Ausg. März 1910.
1910-11. [1. Ausg.] — 2. Ausg. Okt. 1910.

Programm der städtischen Schulen zu Aarau. 45 Stn. 8. Aarau, Druck v. J. J. Christen. 1874.
*** Beigabe: Die Schweizer im russischen Feldzuge von 1812, von Joh. Zürcher, Bezirkschullehrer.

Programm der städtischen Schulen in Aarau. Schuljahr 1884/85. In-8⁰, 78 S. Aarau, Sauerländer. 1885.

— der städtischen Schulen von Aarau, Schuljahr 1885-86. In-8⁰, 108 S. Aarau, P. Wirz-Christen. 1886.

Programm der städtischen Schulen in Aarau. Schuljahr 1886/87. Ausgegeben von den Rektoren Schachtler und Rey. In 8⁰, 82 S. Aarau, H. R. Sauerländer. 1887.

— der Städtischen Schulen in Aarau für das Schuljahr 1896/97. Nebst Beigabe: Ein Beitrag zur Theorie der arithmetischen Reihen, von *U. Bigler*. In-8⁰. 76 S. Ebenda. 1897.

Programm der städtischen Schulen in Aarau. Ausgegeben im Auftrage der Schulpflege 1897/98 mit zwei wertvollen Beilagen: I. Ueber Blitzableiter von *C. Wuest*. II. Schützet die nützlichen Insekten von *S. Döbeli*. Aarau, Emil Wirz. 1898.

Städtische Schulen in Aarau. Programm. Schuljahr 1900/01. [Mit 1 Ansicht.] II + 57 + *Beilagen* 8 + 56 S. 8. Aarau, Emil Wirz, 1901.
Mit 2 Beilagen: [1.] Schmusiger, F[riedrich]. Die städtischen Schulen von Aarau und die Schularztfrage ...; *[2.]* s. Hirzel, A(rnold).

Städtische Schulen. Programm. Schuljahr 1901/02. [Mit 1 Ansicht und einer Beilage.] II + 64 + *Beilage* 36 S. 8. Aarau, Buchdr. des Aargauer Tagblatt, 1902.
Beilage s. Zimmerli, S(amuel).

Städtische Schulen in Aarau. Programm. Schuljahr 1902/03. ([Mit 1 Ansichts-Tafel und einer] Beilage.) II + 70 + *Beilage* II + 46 S. 8. Aarau, G. Keller, 1903.
Beilage s. Helbling, Alfred.

„Programm zu der aus Anlass des 50jährigen Bestandes der K. Real-, vormaligen Gewerbschule dahier . . . stattfindenden Schulfeier". pg. 31—44. 8". Tobias Dannheimer. Inhalt: Beer, J. „Prolog". Nicklas, A. „Ansprache". Horchler, A. (Bürgermeister) „Ansprache". Leichtle, A. (Architekt und Landtagsabgeordneter) „Rede".
Kempten, Progr. 1883/84

Programm der Schweine-Ausstellung des landwirtschaftlichen Provinzial-Vereins für Westfalen u. Lippe in Hamm. (23.–26. Sept. 1898.) *(Münster i. W. 1898: Der Westfale.)* (7 S.) 8° [Kopft. F.]

Loge Balduin zur Linde. Programm zum Schwesternfest, Mittwoch, 31. Okt. 1906. (Reformationsfest). [Leipzig 1906.] 1 Bl. 8⁰ [Kopftit.]

Programm zum Schwesternfeste der Loge Harmonie zu Chemnitz den 25. Aug. 1846. [Chemnitz 1846.] 2 Bl. 8⁰ [Kopftit.]

Programm zum Schwesternfeste der Loge Harmonie zu Chemnitz den 17. Aug. 1847. [Chemnitz 1847: Pickenhahn.] 2 Bl. 8⁰ [Kopftit.]

Programm zum Schwesternfeste der Loge „Zum Schwarzen Bär" in Hannover am 31. Jan. 1858. [Hannover 1858: Culemann.] 2 Bl. 8⁰ [Kopftit.]

Programm zu der am 22. Febr. 1853 stattfindenden Schwestern-Tafel-Loge der ger. u. vollk. Loge zur Ceder im Or. von Hannover. [Hannover 1853: Jänecke.] 1 Bl. 4⁰ [Kopftit.]

Programm zu der am 28. Nov. 1874 stattfindenden Schwestern-Tafel-Loge der Loge zur Ceder in Hannover. [Hannover 1874.] 2 Bl. 8⁰ [Kopftit.]

Programm des Sechseläuten-Zuges von 1875. [Zürich 1875.] V: *Steiner, Leonhard.* (Cat. d. Stadtbibl. Zürich. Zürich 1864—97.)

Programm d. Segel-Regatten d. kaiserl. Yacht-Clubs v. 23. bis 28. Juni 1895. 8. (106 S. m. farb. Abb., 1 eingedr. Plan u. 4 Karten.) Berlin 895. (Kiel, Lipsius & Tischer.) n. 1. 50

Stettiner Yacht-Club. **Programm** der Segelwettfahrt um den Wanderpreis Sr. Maj. des Kaisers von Swinemünde am 9. Juli 1899. *([Stettin] 1899: [L. Pasenow].)* (8 Bl.) 8° [Umschlagt. F.]

Programm der Segel-Wettfahrten in der August-Woche des Kaiserlichen Yacht-Clubs, des Flensburger Segelclubs und des Lübecker Yacht-Clubs vom 7. bis zum 14. August 1904. Berlin. (1904.) 8⁰.
Umschlag: August-Woche 1904.

Programm der Segel-Wettfahrten des Kaiserlichen Yacht-Clubs und des Norddeutschen Regatta-Vereins (und des Lübecker Yacht-Clubs). 1899—1902. 1904 ff. Berlin. 1899—1902. 1904 ff. 8⁰.
Umschlag: Programm der Kieler Woche 1899 ff.

— des vom Ober-Kirchen-Collegium der evang.-lutherischen Kirche in Preußen zu Breslau errichteten und unter dessen Aufsicht stehenden theologischen Seminars für lutherische Theologie-Studirende, welche die dortige Universität besuchen. Enthält amtl. Nachrichten über dessen Zweck, Einrichtung und Begründung. gr. 8. (33 S.) Cottbus 883, (Gotthold-Expedition.) — 30

[Internationaler] Marianischer Congress in Freiburg [1902]. Programm für die Sitzungen der verschiedenen Arbeitssektionen. [7 S.] 8. (Freiburg (Schweiz), Canisius-Druckerei. [1902].)

Programm der Sonntagsschule, gewerbliche Fortbildungsschule zu Altona. [Altona] 1898. V: *Stern, C. W.* (Berl)

Programm der Sonntagsschule, gewerbliche Fortbildungsschule, zu Altona. *Altona 1900: H. W. Kobner & Co.* (17 S.) 8° [F.]

Programm der Lehrsennerei Sonthofen. Memmingen 1907.

— das soziale, des deutschen Werkmeister-Verbandes, s.a. Schriften des deutschen Werkmeister-Verbandes. 9. Heft.

Das soziale Programm des Deutschen Werkmeister-Verbandes. (Düsseldorf: Werkmeister-Buchh. 1909.) 39 S. 8°
(Schriften d. deutschen Werkmeister-Verbandes. H. 9.) (og. 10601

Programm zum 1. Bayerischen Spielfest des Bayerischen Spielverbandes d. D. T., Würzburg, 24.—26. 9. 1910, Kl.-8°.

Programm der Kaiserlich Königlichen Staatsgewerbeschule in Bielitz für 1875 u 76. Bielitz 1875. 76

Programm der Staatsgewerbeschule in Prag für 1884-85. Prag 1884

Programm des **k. k. altstädter akademischen** Staats-Gymnasiums in Prag für das Schuljahr 1858. *Prag* 1858. Druck und Papier v. *Carl Bellmann*. 33 S., 4°.
INHALT. Quaestiones criticae de Acronis et Porphyrionis commentariis Horatianis. Scripsit Dr. *Fr. Pavly* (S. 1—16)

Programm (1899/1900 ff.: Jahresbericht) des k. k. Staatsgymnasiums in Bielitz. 1872/73 ff. Bielitz.

Programm des k. k. Staats-Gymnasiums in Cilli. Herausgegeben am Schlusse des Schuljahres 1885/86 von Director Peter Končnik. Inhalt: Kreipner, Präparationen zu Platon. Lex.-8°. (50 S.) Cilli, Drexel. baar fl. —.40. 1886.

Programm des k. k. Staatsgymnasiums in Cilli. Herausgegeben am Schlusse des Schuljahres 1886/87 von Peter Končnik. 8°. (44 S.) Cilli, Drexel. Baar fl. —.40. 1887.
Inhalt: Potocnik, Zur Methodik des deutschen Sprachunterrichtes an biglotten Untergymnasien.

Programm des k. k. Staats-Gymnasiums in Cilli. Herausgegeben am Schlusse des Schuljahres 1890/91 von Peter Končnik. 8. (72 S.)
Cilli: Th. Drexel 1891. —.60 netto.

Programm des k. k. deutschen Staats-Gymnasiums in Budweis. 1872—75. 77 ff.

Programm d. k. k. deutschen Staats-Gymnasiums in Kresier, veröffentlicht am Schlusse des Schuljahres 1896/97. Inhalt: I. Katalog der Lehrerbibliothek. Von Johann Jahn. II Schul-Nachrichten vom Director. Gr.-8. (68 S.) Kremsier: Gusek 1897. —.60

Programm, neuntes, des k. k. Staats-Gymnasiums zu Innsbruck. *Innsbruck* 1858. Druck der *Wagner'schen* Universitäts-Buchdruckerei. 47 S., 4°.
INHALT. Geschichte des Gymnasiums von der Zeit seiner Gründung bis zum Eintritte der bairischen Landeshoheit in Tirol und der sofortigen Reform der Lehranstalt. Vom Direktor (S. 3—29).

Programm des k. k. kathol. Staats-Gymnasiums in Kaschau. *Kaschau.* Gedruckt bei *Karl Werfer*, k. k. akad. Buchdrucker. 38 S., 4°.
INHALT. Die Stellung des Königthumes unter Koloman dem päpstlichen Stuhle und der ungarischen Verfassung gegenüber, mit einer kurzen Uebersicht der äussern politischen Stellung dieses Regenten als Einleitung. (Historische Skizze.) Von Dr. *Erasmus Schwab* (S. 3—24).

PROGRAMM des k. k. katholischen Staats-Gymnasiums in Kaschau für das Schuljahr 1854(-1860). Kaschau 1854(-1860): C. Werfer. 22, 4 S. - 4°

Programm des k. k. kathol. Staatsgymnasiums in Kaschau für das Schuljahr 1857. Kaschau, gedruckt bei C. Werfer, k. k. akademischen Buchdr. (28 S. 1 Bl. 8.)
Enthält: Hauptmomente in der Entwicklung der österr. Monarchie. III. Die Babenberger Leopold I. Heinrich I. und Adalbert, von J. Dragoni.

PROGRAMM des k. k. katholischen Staats-Gymnasiums zu Neusohl für das Schuljahr 1853(-1861). Neusohl 1853(-1861): Phil. Machold. 32 S. - 4°

Programm, viertes — des k. k. katholischen Staats-Gymnasiums zu Neusohl. Veröffentlicht am Schlusse des Schuljahres 1856. Neusohl. Druck von Philipp Machold. (42 S. 4.)

Programm, XXXIX., des k. k. Staats-Gymnasiums zu Klagenfurt. Herausgegeben am Schlusse des Studienjahres 1889 von dem k. k. Gymnasial-Director Dr. Franz Svoboda. 8. (55 S.) * —.60
Klagenfurt: v. Kleinmayr 1889.

Programm des k. k. Staatsgymnasiums zu Klagenfurt (1912 ff.: Jahresbericht d. k. k. Staats-Obergymn.). 1851—1914.

Programm des k. k. Staatsgymnasiums in *Mähr.-Weisskirchen* (1899/1900 ff.: Jahresbericht). 1880/81 ff. Mähr.-Weisskirchen.

Programm des k. k. Staats-Gymnasiums in *Pola.* 1891—1913/14. Pola (01 ff.: Triest).

Programm des k. k. Staatsgymnasiums in Salzburg. Veröffentlicht am Schlusse des Schuljahres 1895—1896. Gr.-8. (39 u. 11 S.) In Comm. Salzburg: Dieter 1896. * —.80

Programm des k. k. ⟨vereinigten⟩ Staats-Gymnasiums (1899 ff.: Albrecht-Gymnasiums) in Teschen. 1873/74 ff. Teschen.

Programm des k. k. vollständigen Staatsgymnasiums zu Brünn, für das Studienjahr 1858. *Brünn.* Druck v. *C. Winiker.* 30 S., 4°.
INHALT. Das Entwerfen geographischer Chartennetze in Verbindung mit dem mathematischen Unterrichte am Obergymnasium. Von Prof. *Vinc. Adam.* (p. 3—19). — Eine fragmentarische Uebersetzung aus dem Ajax des Sophokles ins Mährische. Von *Jos. Haníček.* (p. 20—24).

Programm (1899 ff.: Jahresbericht) des k. k. Staats-Gymnasiums in Weidenau. 1872—76. 79 ff. (Weidenau.)

Programm des Staats-Gymnasiums (1911 ff.: mit dt. Unterrichtssprache) in *Kremsier.* 1874 ff. Kremsier. 4°

Programm der Königlich technischen Staatslehranstalt zu Chemnitz. 1879-89. (Fortsetzung siehe Jahresbericht) 4° Chemnitz 1879-89

Programm der Technischen Staatslehranstalten zu Chemnitz. Chemnitz, Jgge. 1873, 1876, 1878, 1879, 1882, 1884—1887.

Programm des Staats-Ministeriums (vorgetragen durch den Minister-Präsidenten General v. Pfuel in der Sitzung der National-Versammlung am 22. Sept. 1848). Gedruckt bei Moeser und Kühn. 1 Bl. Fol.
Flugblatt. Berlin, 22. Sept. 1848.

Programm, fünftes, des k. k. kathol. Staats-Obergymnasiums zu Vinkovce in der kroatisch-slavonischen Militär-Grenze. *Wien* 1858. Gedruckt bei *A. Pichler's Wtw. & C.* 33 S., 4°. Mit 1 lithogr. Tafel.
INHALT. Physikalische Abhandlung. Ueber die Schwingungsrichtung des Lichtäthers im geradlinig polarisirten Lichte. Vom Gymnasiallehrer *Karl Seeberger* (S. 3—17).

Programm des k. k. Staats-Obergymnasiums zu Klgft. Klgft., Leon. St. Hermagoras-Druck., Röschnar, 1852—. (V. auch: „Juventus"; 1849—51 kein Bericht ersch.)

Programm, XLI., des Staats-Obergymnasiums zu Klagenfurt. (Herb. Spencer, Die Erziehung in geistiger, sittlicher und leiblicher Hinsicht. Von Karl Dürr.) 8. (54 S.) * —.60
Klagenfurt: Ferd. v. Kleinmayr 1891.

Programm, XLVI., des Staats-Obergymnasiums zu Klagenfurt. Herausgegeben am Schlusse des Studienjahres 1895/96 von dem k. k Gymnasial-Director Dr. Robert Latzel. Gr.-8. (54 S.) Klagenfurt: v. Kleinmayr 1896. * —.60

Programm des Staats-Obergymnasiums zu Klagenfurt. 1902/1903. Gr.-8°. (70 S.) † K 1.—
Klagenfurt: v. Kleinmayr 1903.

Programm der k. k. Staats-Realschule (1911 ff.: Jahresbericht d. k. k. Staats-Ober-Realgymnasiums) in Teschen. 1873/74 ff. Teschen.

Programm des k. k. Staats-Untergymnasiums zu Bochnia. Buchdruckerei v. *Karl Budweiser* in *Krakau.* 31 S., 4°.
INHALT. Prooemium (S. 3—4). — Horae Platonicae. Pars prima. Platonis de ideis doctrina. *Joseph L. M. Kraska* (S. 5—13).

Winterthur: Programm der höheren Stadtschulen in Winterthur 1879-80, mit Beigabe: Gymnasium und allgemeine Bildung. Ein Beitrag zur Mittelschulfrage, von Dr. J. J. Welti. In-4°, 54 S. Winterthur, Druck von Bleuler-Hausheer & Cie. 1880.

(**Programm** der neuen Stadtverordneten Berlins.) Ansprache an unsere Mitbürger von Berlin. — Die Stadtverordneten-Versammlung. Druck von A. W. Hayn. 1 Bl. Fol.
Flugblatt. Berlin, 10. Juni 1848.

PROGRAMM UND STATUT des historischen Vereins für Niedersachsen. 2. Aufl. Hannover 1846. 8°.

Programm und Statuten der socialdemokratischen Arbeiterpartei von Nordamerika, gemäss des Kongresses zu Philadelphia. 8°. New York 1876.

Programm und Statuten der Arbeiterpartei der Vereinigten Staaten. 8°. Philadelphia 1876.

DER DEUTSCHE HANDELSVEREIN IN BERLIN. Programm und Statuten. Bonn 1881. Univ.-Buchdr. von Carl Georgi. 8°.*)

—— und Statuten des Vereines zur Hebung der Pferdezucht in Mähren, nebst einer Anleitung zur zweckmäßigen Aufzucht von Pferden. gr. 8. (40 S. mit 1 Holzschnittaf.) Brünn 881. (Znaim, Fournier und Haberler.) 1 —

Programm und Statuten des österreich-ungarischen Vereins für Lederindustrie und Handel. Wien 1870

Program [!] für die einundsiebzigste Stiftungsfeier der Loge zur goldenen Kugel. Am 31. Aug. 1840. [Hamburg 1840.] 1 Bl. 4° [Kopftit.]

Programm zum funfzigjährigen Stiftungs-Feste der Loge Harpokrates im Or. Magdeburg, am 13. Febr. 1876. Magdeburg [1876]: Wohlfeld. 4 Bl. 8° [Umschlagtit.]
Mit 4 Liedertexten.

Programm zum Stiftungsfeste der Loge zu den fünf Thürmen am Salzquell im Or. von Halle a/S. Am Sonntag den 18. Oct. 1885. [Eisleben 1885: Schneider.] 8 Bl. 8° [Umschlagtit.]
9 Liedertexte.

Programm der Stiftungs- und Jubiläums-Fest-Loge der eklektischen Loge zur Brudertreue an der Elbe Sonntag, den 17. Sept. 1905. [Hamburg 1905: Preilipper.] 16 S. 8°
10 Gesänge ohne Noten.

Programm der Tafelloge beim Schwesternfeste der Loge „Zum Schwarzen Bär" in Hannover am 31. Jan. 1858. [Hannover 1858.] 2 Bl. 8° [Kopftit.]

Programm für das Technikum zu Göttingen. Göttingen. 1862.

Westschweizerisches Technikum in Biel. Programm 1901. (11. Jahresbericht des Westschweizerischen Technikums in Biel. 1901 Januar.) [Mit Kopf- und Randleisten.] II + 77 S. 4. (1901.)

Westschweizeriches Technikum in Biel. Programm 1902. (12. Jahresbericht. 1902 Januar.) [Mit 1 Ansicht, sowie Kopf- und Randleisten.] II + 78 S. 4. (1902.)

Programm des zürcherischen Technikums in Winterthur. 2. Jahresbericht pro 1875/76. 24 und 51 S. 4. Winterthur, Druck von Bleuler-Hausheer & Co. 1876.

Technikum des Kantons Zürich in Winterthur. 4. Winterthur, Geschwister Ziegler.
Programm (für das Schuljahr 1901/1902). 27. Jahres-Bericht. 1900/1901. 72 S. Im März 1901.
Programm (für das Schuljahr 1902/1903). 28. Jahres-Bericht. 1901/1902. (Mit Beilage [und] 6 Tafeln.) 76 S. + *Beilage* 16 S. Im März 1902. — *Beilage* s. Stiner, G[ottlieb].

Technikum des Kantons Zürich in Winterthur. Programm (für das Schuljahr 1903/1904). 29. Jahres-Bericht. 1902/1903. [Mit:] Litterarische Beigabe ... von Prof. Dr. (E[mil]) Lüdin. (Mit 5 Figuren.) 76 + *Beigabe* 11 S. 4. Winterthur, Geschwister Ziegler, im März 1903.

Feier der Einweihung der neuen Hochschule ... zu Bern. Hauptprobe zum Konzert ... 3. Juni 1903 u. Konzert ... 4. Juni 1903 ... im Münster. Programm [und] Text der Gesänge. *je* II + 10 S. 8. (Bern, Neukomm & Zimmermann.)

Programm und Text der Gesänge, welche zur Gedächtnissfeier des verewigten Herrn Hans Georg Nägeli von der allgemeinen Musikgesellschaft und dem Sängerverein ... in Zürich gesungen werden ... den 1. Juni 1837. 8. (Zürich 1837.)

Programm und Text für das 17. eidg. Sängerfest in Zürich. In-4^0, 79 S. Zürich, Schiller & Cie. 1880.

Sängerverein am Zürichsee. Programm & Text für das Sektions-Fest (Männer-, Frauen- u. Gem. Chöre) in Stäfa ... 5. Oktober 1902. 11 S. 8. Stäfa, Buchdr. Stäfa A.-G.

Berner Männerchor. Konzert Dienstag den 2. April 1901. (Programm [und Textbuch].) 23 S. 8. (Bern, Stalder & Sieber.)

Programm und Textbuch zur Produktion der Innsbrucker Liedertafel vom 26. Februar 1856. Wagner'sche Buchdruckerei. (12 S. 8.)

1852—1902. Jubiläum d. Bukarester Dt. Liedertafel. Programm und Texte. Bukarest '02. 19, 4, 13 S.

Programm u. Texte f. das 18. eidgenössische Sängerfest in St. Gallen 10. bis 12. Juli 1886. 8. (79 S.) St. Gallen 886. (F. B. Müller.) n. 1. —

III. Schweizerisches Tonkünstler-Fest in Aarau ... 28., und ... 29. Juni 1902. Kirchen-Aufführung ..., Matinée ... [und] Kammermusik-Aufführung ..., unter gefl. Mitwirkung des Cäcilien-Vereins Aarau. [Programm und Textheft. Nebst einer Beilage.] [II + 14 S.] + *Beilage* (IV + 26 S.) 4. Aarau, Emil Wirz. [Mit Beilage fr. —. 50]

Beilage u. d. T.: Offizielles Festblatt für das dritte Schweiz. Tonkünstlerfest in Aarau am 28. und 29. Juni 1902. Festnummer der Schweizerischen Musikzeitung und Sängerblatt. Jahrg. 42 No. 20, ausgegeben am 21. Juni 1902. [Illustriert.] Zürich, Gebr. Hug & Co. IV S. + S. 163—188.

Programm zum sechzehnten akademischen Theaterabend am 10. u. 11. Febr. 1902. Hrsg. von Ludwig Weber in Leipzig. (Leipzig 1902: Metzger & Wittig.) 15 S. 8°
[Umschlagt.:] Das goldene Vliess. [10. 2,34

Programm zum vierzehnten Theaterabend der 'Leipziger Finkenschaft'. 2. Aufl. Leipzig: L. Weber [1903]. 17 S. 8°
[Umschlagt.:] Judith. Finkenschaft Leipzig 13. Juni 1901.

Theater-Bazar in Bern (*Ausg. B:* Berner Theater-Bazar ... in Bern zu gunsten eines Fonds für Garderobe und Dekorationen des neuen Berner Stadttheaters). [1903.] (Programm.) *je* 16 S. 8.

Programm d. k. württ. Thierarzneischule in Stuttgart. 1880. 8 S. P.

Programm der höheren Töchterschule und des Lehrerinnen-Seminars in Zürich für das Schuljahr 1879—80. Begleitet von einem Rückblick auf die bisherige Entwicklung beider Anstalten. In-4^0, 44 S. Zürich, Druck von Fr. Schulthess.

— der höheren Töchterschule und des Lehrerinnen-Seminars in Zürich, 1880—81. Mit einer literarischen Beigabe: Ueber J. Georg Müller's Unterhaltungen mit Serena, von Fr. Zehender. In-8^0, 52 S. Zürich, Druck von Fr. Schulthess.

Programm zur Todtenfeier Ferdinand Lassalles, Sonntag den 19. Sept. 1869. 8^0. Chemnitz, Druck von C. A. Hager, s. a.

[Programm.] Bei der Todtenfeier unsers unvergesslichen Br. Joh. Friedr. Pierer am 22. Jan. 5833 in der Loge Archimedes zu den 3 Reissbretern [in Altenburg]. Altenburg [1833]: Hofbuchdr. 2 Bl. 8^0 [Umschlagtit.]
Kl. 1478 b. Text der Gesänge u. der am Grabe gesprochnen Sprüche.

Programm für die Trauer-Grossloge am 30. Dec. 1861. [Hannover 1861: Culemann.] 2 Bl. 4^0 [Kopftit.]
5 Liedertexte.

Programm für die Trauer-Grossloge am 30. Dec. 1863. [Hannover 1863: Göhmann.] 2 Bl. 4^0 [Kopftit.]
5 Liedertexte.

Programm für die Trauer-Grossloge am 29. Dec. 1865. [Hannover 1865: Culemann.] 2 Bl. 4^0 [Kopftit.]
5 Liedertexte.

Programm für die Trauerloge am 28. Dec. 1837. In der Grossen Loge des Königreichs Hannover gehalten nach dem Absterben Seiner Majestät Königs Wilhelms IV. und mehrerer vollendeten Brüder der drei Logen im Or. von Hannover. [Hannover 1837.] 2 Bl. 2^0 [Kopftit.]
Kl. 1488. Mit 4 Liedertexten.

Programm der am 12. Juli 1888, Abends 7½ Uhr im grossen Saal des Conventgarten in Hamburg zum Gedächtniss des Allerdurchlauchtigsten Protectors Kaiser Friedrich [III.] stattfindenden Trauerloge. [Hamburg 1888: J. H. Meyer.] 2 Bl. 8^0 [Umschlagtit.]
1 Choral u. 2 Gesänge komp. von A. Mehrkens enthaltend. Rekt. Kneisner, Hamburg.

Programm der am 30. März 1888 für sämmtliche Logen Hamburgs zum Gedächtniss des Allerdurchlauchtigsten Protectors Kaiser Wilhelm stattfindenden Trauerloge. [Hamburg 1888: J. H. Meyer.] 2 Bl. 8^0 [Kopftit.]
3 Gesänge ohne Noten.

Programm zur Trauerloge für den allerdurchlauchtigsten Bruder Sr. Majestät Kaiser Wilhelm I. gehalten in der Loge Eleusis zur Verschwiegenheit [in Bayreuth] am 5. April 1888. [Bayreuth 1888.] 1 Bl. 8^0. [Kopftit.]

Programm f. d. Eidgenöss. Turnfest in Luzern 1888, 6 S., 8°.

Programm für den 12. bayerischen Turntag und das 5. bayerische Turnfest in Straubing, 23.—26. 8. 1879, Straubing 1879, 24 S., 16°.

Programm des kostümirten Umzuges der Zunft zur »Weggen« 1878. [Zürich] 1878. V: *Steiner*, *Leonhard*. (Cat. d. Stadtbibl. Zürich. Zürich 1864—97.)

— der Leipz. Universität von d. D. Ernesti, übers. u. mit Anmerkk. versehen v. K. G. Küttner. gr. 8. Leipz. 782. Jacobäer. 4 ℛ

PROGRAMM des Benediktiner Unter-Gymnasiums zu Güns zu der am 30. Juli 1851 abgehaltenen öffentlichen Schlussprüfung. Güns 1851 (-1853): Ad. Reichard. 11 S. - 4°

Programm des evangel. Untergymnasiums in Mühlbach und der damit verbundenen Lehranstalten zum Schlusse des Schuljahres 1855/56. Veröffentlicht vom Direktor F. Wilh. Schuster. Inhalt: 1. Woden, ein Beitrag zur deutschen Mythologie. 2. Schulnachrichten (beides vom Director.) Hermannstadt, 1856. Buchdruckerei v. Josef Drotleff. (55 S. 4.)

PROGRAMM des römisch-katholischen Unter-Gymnasiums in Kronstadt für das Studienjahr 1858/59. Veröffentlichj vom Herrn Direktor Jakob Maroschan. Unter anderen Beiträgen: J. Maroschan, Geschichte des Kronstädter römisch-katholischen Unter-Gymnasiums. S. 27-34. Kronstadt 1859 (-1871): Johann Gött und Sohn Heinrich. 58 S. - 240 mm

Programm der evangelischen Unter-Realschule (1884/85 ff.: d. vierklass. ev. Gymn.) u. d. damit verbund. Lehranstalten in *Sächsisch-Regen*. 1864/65—1914/15. Hermannstadt. 4°

Programm, zweites, der k. k. Unter-Realschule in der k. freien Hauptbergstadt Kremnitz. *Neusohl* 1858. Gedruckt bei *Ph. Machold*. 59 S., 8°.
INHALT. Etwas über den Zweck der Realschule und über das Zeichnen in derselben. Von *Lor. Roboch* (S. 3—24).

Programm der öffentlichen und selbstständigen königl. städtischen Unterrealschule in Ungarisch-Hradisch. Veröffentlicht am Schlusse des Schuljahres 1856. Ungarisch-Hradisch, 1856. Gedruckt bei A. C. Zanner. (52 S. 4.)

Programm der öffentlichen und selbstständigen königl. städtischen Unterrealschule in Ungarisch-Hradisch. Veröffentlicht am Schlusse des Schuljahres 1857. Ungarisch-Hradisch, 1857. Gedr. von A. C. Zanner. (38 S. 4.)
Enthält: 1. Von dem Unterrichte im Freihandzeichnen an Realschulen, von Frz. Bsirsky. — 2. Worin soll alle Bildung basiren, von Thomas Hajek.

Programm der öffentl. u. selbstständigen k. städt. Unter-Realschule in Ungarisch-Hradisch. *Ung.-Hradisch* 1858. Gedruckt von *A. C. Zanner*. 48 S., 4°.
INHALT. Der Wiener Münz-Vertrag von *Kajetan Dittl* (S. 3—22).

Programm, Erstes — der öffentlichen Unter-Realschule der k. Freistadt Zombor am Schlusse des Schuljahres 1855. Veröffentlicht am 31. Juli durch den pr. Direktor der Unter-Realschule Karl Stark. Wien. 1855. Druck von Leopold Sommer. (70 S. 8.)
Inhalt: Josef Thun: Andeutungen über die Erziehung des Menschen durch Familie, Schule, Kirche und Staat. — Franz Jansa: Von der Verminderung der Pflanzungen schädlicher Thiere.

Programm, drittes — der vollständigen k. k. Unterrealschule zu St. Johann in der Jägerzeile in Wien. *Wien* 1858. Druck von *A. Schweiger*. 52 S. 8°.
INHALT. Ueber den Gebrauch der Zeiten und Zeitformen. (Ein Beitrag zum grammatischen Unterricht). Von *F. Wagner* (S. 3—16). — Das älterliche Haus. (Ein Beitrag zur Verständigung zwischen Schule und Haus.) Von *F. Wagner* (S. 17—30).

Programm, 3., der vollständigen k. k. Unterrealschule zu St. Johann in der Jägerzeile in Wien. Wien 858. (Wendelin.) gr. 8. (2 Bl., 52 S.) n. 7½ ngr.

Programm über den a. d. Oberfeuerwerkerschule abzuhaltenden Unterricht. München 1876. 21 S. 4°

Programm f. d. Unterricht u. d. übungen d. Eisenbahn-Komp. Ingolstadt 1881.

General-Verwalt. d. Konigl. Museen. Kunstgewerbe-Museum. **Programm** der Unterrichts-Anstalt. *Berlin 1897: J. Kerskes.* (19 S.) 8° (oo. 46) 11

Programm und Unterrichtsplan für die im Jahre 1883 errichtete k. k. Forstwartschule zu Bolechow in Galizien. - Wien 1883

Programm f. erstm. Unterweisung v. Uffzen u. Gefr. d. Inf. b. d. Feld-Art.-Truppen. als Führer d. Munit.-Fahrzeuge f. Inf. . . . München 1875.

Programm des königlich

— — evangel.-theolog. Seminars Urach. Kursus 1866-86. 4° Tübingen 1870-86

Programm der demokratisch-konstitutionellen Urwähler des 30. Stadt-Bezirks. Druck von J. Petsch. 1 Bl. Fol.
Flugblatt. Berlin, 13. Jan. 1849.

Programm des internationalen Verbandes der Impfgegner aller Länder und Welttheile. [Leipzig 1883]. V: *Oidtmann*, *Heinrich*. (EB)

Über **Programm** und **Verband** der Organisationen der Nichtinkorporierten Studenten des Deutschen Reiches. Referate d. Berliner Vertreter auf d. ersten Deutschen Finkenschaftstage zu Wittenberg am 9. Juni 1900. Hrsg. vom Präs. d. Berl. Finkenschaft. *Berlin 1900: Mosch ning & Kantorowicz.* (16 S.) 8° [Umschlagt. F.] (os. 8519

—— des demokratisch-sozialen Vereins zu Kassel. Im Namen des Komités aufgestellt und vorgelegt von G. Kellner und H. Heise. gr. 8. (24 S.) Kassel 848, (Appel.) *

(Programm des Vereins für Gesundheitspflege in Nordhausen. 1)
Fur 1908/9 Nordhausen: Verein 1908 8° (09. 1751

Programm des Vereins für sozialpolitische Reform. 8°. Berlin 1848.

Programm des Vereins zum Schutze des Eigenthums und zur Förderung des Wohlstandes aller Volksklassen. 8°. Berlin 1848.

Programm zu der am 1. und 2. Mai 1851 in Hildesheim zu haltenden Vereins-Loge. [Hildesheim 1851: Gerstenberg.] 1 Bl. 4° [Kopftit.]

Programm zu der am 2. Juni 1857 in der Freimaurerloge Pforte zum Tempel des Lichts in Hildesheim stattfindenden Vereins-Loge. Hildesheim [1857]: Gerstenberg. 14 S. 8° [Umschlagtit.]
Tt. 2568. Programm u. 12 Gesangstexte.

Programm zur Verfassung einer internationalen Statistik der Unterrichts-Anstalten ... Wien 1872. V: *Schimmer, Gust. Adolph.* (Kat. d. Statist. Amts. Berlin 1901.)

Programm für die Verhandlungen der vierten Versammlung des Westgalizischen Forstvereins zu Zakopana am 23., 24. und 25. August 1853. 4. (4 S.) S. l. typ. et an. ind.

Programm für die dritte Versammlung des internationalen Congresses für Statistik. Mit 2 Beilagen. 4. Wien 1857.

Programm der 3. internationalen thierärztlichen Versammlung in Zürich i. J. 1867. Zürich [1867]. 2 S. 4°
[Nebentit.:] Programme du troisième congrès international vétérinaire à Zürich en 1867.

Programm zur 11. Versammlung Deutscher Land- und Forstwirthe zu Kiel im September 1847. (Kiel. 1847.) 8°. Bei: Tageblatt der 11. Versammlung etc. Kiel. 1847. 4°.

Programm der Versammlung zur Gr. Loge und Jubelfeier des 150jährigen Bestehens der Grossloge „Zur Sonne" in Bayreuth am 1., 2. und 3. Mai 1891. [Bayreuth 1891.] 2 Bl. 8° [Umschlagtit.]

Programm für die vom 7. bis inclus. 13. September 1856 zu Prag stattfindende 18. Versammlung deutscher Land- und Forstwirthe. Prag, 1856. Druck von Fried. Rohlicek. (1 Quartblatt.)

Programm zur 24sten Versammlung Deutscher Naturforscher und Aerzte in Kiel. (Kiel. 1846.) Siehe in: Wochenschrift zum Besten der Armen in Kiel. (Jg. 54.) Kiel. 1846. 4°.

1. Internat. Kongress f. Rettungswesen zu Frankfurt a. M., 10.–14. Juni 1908. Programm und Verzeichnis der angemeldeten Vorträge und Demonstrationen. o. O. (1908). (31 S.) 8° [od. 11360 6

(Programm.) Vocal- und Instrumental-Concert der Zöglinge der Rheinischen Provinzial-Blindenanstalt zum Besten hülfsbedürftiger Entlassener den 8. Juli 1883 in der Aula und dem Garten der Anstalt. (Düren. 1883.) Siehe in: Der Blindenfreund. Jg. 3. 4°. in 8° geb.

Volkskonzert, veranstaltet vom Cäcilienverein, Berner Liedertafel, Musikgesellschaft und Orchesterverein... 9. März 1901... in... [Bern]. Programm. Eintritt 20 Cts. 7 S. 8. Bern, Gebrüder Fischer.

Vollständiges Programm des Festzuges der Württemberger, zur Feier der fünf und zwanzigjährigen Regierung Sr. Maj. des Königs Wilhelm, der am Dienstag, den 28. September 1841 stattfinden wird. Stuttgart, Ferd. Friedr. Autenrieth'sche Buchhandlung ... 16 S. 8°.

Programm, Vollständiges und richtiges — aller Fest- und Feierlichkeiten, welche bei der Allerhöchsten Vermählung Sr. Majestät des Kaisers, in Wien und dessen Umgebungen, vom 22. bis 30. April stattfinden. Nebst den offiziellen Ceremoniels und der neuen Volkshymne. 12. (16 S.) Wien. Druck von U. Klopf sen. und Alex. Eurich. Jasper's Witwe und Hügel. 1854.

—— der Vorarbeiten zu einem Lese-Verein für Freunde der Ordnung. 12. (24 S.) Passau 847, Ambrosi. *

Vorläufiges Programm für die Grosse Internationale Gartenbau-Ausstellung (Giga.) des Vereins zur Beförderung des Gartenbaues in d. Kgl. Preuß. Staaten 1909 ... in Berlin. Berlin 1908: (A. W. Hayns Erben in Potsdam). (04 S.) 8° [od. 6334

Programm, Vorläufiges — zur statutenmäßigen Gründung der ersten österr. Weinhandlungs-Gesellschaft in Wien nach der bewährten Geschäftsmethode der berühmten Weinhändler am Rhein und in Frankreich, durch welche Unternehmung für den bisher verkannten Weinreichthum unserer Gesammt-Monarchie der nöthige große Absatz im In- und Auslande und die Veredlungskultur desselben auf eine gemeinnützige, rentable Weise ins Leben gesetzt wird. 4. (8 S.) Wien. Gedruckt bei A. Pichler's Wwe. und Sohn. 1855.

Programm für die Vorlesungen, welche an den ständisch-technischen Lehranstalten zu Graz im Studienjahre $18^{53}/_{54}$ abgehalten werden. 4. (14 S.) Graz. Druck von Jos. A. Kienreich.

—— für die ordentl. und außerordentl. Vorlesungen, welche am k. k. polytechn. Institute zu Wien, im Studienjahre $18^{49}/_{50}$ Statt finden werden. Lex.-8. (16 S.) Wien 849, Braumüller. *

Programm für die ordentlichen und außerordentlichen Vorlesungen am k. k. politechnischen Institute in Wien im Studienjahre $18^{53}/_{54}$. 4. (18 S.) Wien. Gedruckt bei A. Pichler's Witwe und Sohn. 1853.

Programm für die ordentlichen und außerordentlichen Vorlesungen am k. k. polytechnischen Institute in Wien im Studienjahre 1855/56. Wien. 1855. Gedruckt bei A. Pichler's Witwe und Sohn. (15 S. 8.)

— der Vorlesungen an der Tierarzneischule zu Utrecht 95—96. Utrecht 95. Beijers.

— der Vorschule u. höheren Bürgerschule zu Oldenburg von Fr. Breier. (Ueber den Unterricht in der Geometrie von B. Becker. Schulnachrichten.) gr. 8. Oldenburg 845, Schulze'sche Buchh. n. $6^1/_4$ ngl

—— 4., der Vorschule und höheren Bürgerschule zu Oldenburg von Fr. Breier. 1. Schule und Haus. 2. Schulnachrichten. gr. 8. (41 S.) Oldenburg 847, Schulze'sche Buchh.

— fünftes, der Vorschule u. höh. Bürgerschule in Oldenburg v. Fr. Breier. [Inhalt: 1. Ueber die französ. Conjugation, v. Iken. 2. Schulnachrichten.] gr. 8. (43 S.) Oldenburg 848, Schulze. 1/4 ₰

— sechstes, der Vorschule u. höh. Bürgerschule zu Oldenburg v. Fr. Breier. Inhalt: Schulnachrichten. gr. 8. (40 S.) Ebd. 849. n. 1/6 ₰

— 7., der Vorschule u. höhern Bürgerschule zu Oldenburg von Fr. Breier. Inhalt: 1. Bemerkungen üb. method. Rechnen, v. Chrn. Harms. 2. Schulnachrichten. gr. 8. (51 S.) Ebd. 850. 1/4 ₰

Programm, 9., der Vorschule und höheren Bürgerschule zu Oldenburg von Fr. Breier. Inhalt: 1. Das Schulturnen nach Spieß. 2. Schulnachrichten. gr. 8. (56 S.) Oldenburg 852, Schulze'sche Buchh. Thlr.

—— dass. — 10. Programm von Demselben. Inhalt: 1. Die phonet. Schrift. 2. Schulnachrichten. gr. 8. (50 S.) Ebds. 853.

— 11—14., der Vorschule und höheren Bürgerschule zu Oldenburg. Oldenburg 854—57. Schulze. gr. 8.
- 11.: Bemerkungen über die Behandlung der neueren Sprachen, besonders der französischen, von Frz. Schmeding. (64 S.) 7½ ngr.
- 12.: Bemerkungen über die Bildungsmomente in fremden Sprachen, besonders den neueren, von Frz. Schmeding. (75 S.) 7½ ngr.
- 13.: Bemerkungen über das Darstellen in fremden Sprachen, besonders im Französischen, nach seinem Bildungsmomente. (Von Frz. Schmeding.) (Forts.) (63 S.) 7½ ngr.
- 14.: Die Kunst des deutschen Uebersetzers. (Von Tycho Mommsen.) (64 S.) 7½ ngr.

—— vierzehntes, der Vorschule und höheren Bürgerschule zu Oldenburg von Tycho Mommsen. Inhalt: 1. Die Kunst des deutschen Uebersetzers. 2. Schulnachrichten. gr. 8. (64 S.) Oldenburg 857, Schulze'sche Buchh.

—— der Vorträge über Strassen- und Eisenbahnbau und literarische Notizen zur Benützung beim Selbststudium des Eisenbahnwesens. (Von Sonne.) 4. (20 S.) Stuttgart 867, Metzler's Verlag. *

Programm für den freiwilligen militärischen Vorunterricht der III. Stufe, v. schweizerischen Militärdepartement genehmigt 28. 6. 1906 11 S., 16°.

Programm für den turnerischen Vorunterricht, hrsg. vom Technischen Aussch. d. eidgen. T.-V., Aarau 1910, 10 S., 16°.

Aargauisches Lehrerinnenseminar (zu Aarau). Programm für die Wahlfähigkeits-Prüfung im Frühling.... 8.
... 1901. 8 S. [Aarau,] A. Villiger-Amsler.
... 1902 *u.* ... 1903. *je* 8 S. Aarau, A. Villiger-Amsler.

Programm zur Weihe des neuen Tempels der Loge zu den drei Degen Or. Halle, 28. April 1889. [Halle a. S. 1889: Gebauer-Schwetschke.] 9 Bl. 8°
Programm u. 8 Liedertexte.

Altroßgärter Kirche. Liturgische Weihnachtsfeier, 4. Adventssonntag d. 21. Dez. 1902. Programm. *(Königsberg i. Pr. 1902: Ostpr. Dr. u. Verlagsanst.)* (8 S.) 8° [Kopft. F.] [illegible] 10

Mitteleurop. Motorwagen-Verein. Wettbewerb und Prüfungsfahrten für elektrisch betriebene Fahrzeuge in Berlin. Frühjahr 1900. (Unterz.: Martin Kallmann.) Programm. *(Berlin 1900.)* (8 S.) 4° [illegible]

Programm

—— 49.—52., zum Winckelmannsfeste der archaeologischen Gesellschaft zu Berlin. gr. 4. Berl., G. Reimer. * 20 80
49. Über die Bronzestatue d. sogenannten Idolino. Von Reinh. Kekulé. Mit 4 Taf. (22 S.) 889. * 2 80.
50. Homerische Becher von C. Robert. Ueber e. Vorbild neuattischer Reliefs von F. Winter. Eine argivische Bronce; Orpheus, attische Vase aus Gela v. A. Furtwängler. (III, 172 S. m. 5 Taf. u. 37 Textabbildgn.) 890. * 11 —.
51. Neandria. Von Rob. Koldewey. Mit 1 Plan u. 68 Textabbildgn. (53 S.) 891. * 4 —.
52. Ueber das Bildnis Alexanders d. Grossen. Von Friedr. Koepp. (34 S. m. 20 Textabbildgn. u. 3 Taf.) 892. * 3 —.

Die früheren Programme erschienen unter folgenden Einzeltiteln:
1. Gerhard, Ed. Festgedanken an Winckelmann. 841. * 1 60.
2. —— Phrixos der Herold. 842. * 2 —.
3. —— Die Heilung des Telephos. 843. * 1 —.
4. —— Die Schmückung der Helena. 844. * 1 —.
5. Panofka, Th. Antikenkranz. 845. * 1 50.
6. Gerhard, Ed. Das Orakel der Themis. 846. * 2 —.
7. Panofka, Th. Zeus Basileus u. Herakles Kallinikos. 847. * 1 50.
8. Gerhard, Ed. Zwei Minerven. 848. * 1 —.
9. Panofka, Th. Delphi u. Melaine. 849. * 1 50.
10. Gerhard, Ed. Mykenische Alterthümer. 850. * 1 50.
11. Panofka, Th. Atalante u. Atlas. 851. ** 4 50.
12. Curtius, Ernst. Heracles d. Satyr u. Dreifussräuber. 852. * 1 50.
13. Panofka, Thdr. Zur Erklärung des Plinius. 853. ** 2 —.
14. Gerhard, Ed. Danae, ein griechisches Vasenbild. 854. * 1 50.
15. Panofka, Th. Phocus u. Antiope. 855. * 1 50.
16. Gerhard, Ed. Winckelmann u. die Gegenwart. 856. * 1 50.
17. Panofka, Th. Poseidon Basileus u. Athene Sthenias. 857. ** 1 50.
18. Bötticher, Carl. Das Grab d. Dionysos a. d. Marmorbasis zu Dresden. 858. * 1 25.
19. —— Der Omphalos d. Zeus zu Delphi. 859. * 1 50.
20. Lohde, Ludw. Die Skene d. Alten. 860. * 1 50.
21. Friederichs, Carl. Apollon mit d. Lamm. 861. * 1 50.
22. Gerhard, Ed. Thetis u. Priumne. 862. * 1 —.
23. Friederichs, Carl. Der Doryphoros d. Polyklet. 863. * 1 50.
24. Boetticher, Carl. Dirke als Quelle u. Heroine. 864. * 1 50.
25. Jordan, H. Vesta u. d. Laren aus e. Pompejan. Wandgemälde. 865. * 1 50.
26. Hübner, Emil. Relief eines römischen Kriegers. 866. * 1 50.
27. Friederichs, Carl. Amor mit dem Bogen des Herkules. 867. * 1 —.
28. Hübner, Emil. Augustus, Marmorstatue d. Berl. Museums. 868. * 2 —.
29. Curtius, Ernst. Die knieenden Figuren d. altgriech. Kunst. 869. * 2 —.
30. Heydemann, Heinr. Humor. Vasenbilder a. Unter-Italien. 870. * 1 —.
31. Adler, Friedr. Das Pantheon zu Rom. 871. * 2 —.
32. Hirschfeld, Gust. Athena u. Marsyas. 872. * 1 50.
33. Hübner, Emil. Bildniss einer Römerin. (Clytia.) 873. * 3 —.
34. Adler, Friedr. Die Stoa d. Königs Attalos II. zu Athen. 874. * 8 —.
35. Treu, Georg. Griechische Thongefässe in Statuetten- u. Büstenform. 875. * 3 —.
36. Trendelenburg, Adf. Der Musenchor. 876. * 3 —.
37. Schillbach, Rich. Beitrag z. griechischen Gewichtskunde. 877. * 2 —.
38. Conze, A. Theseus u. Minotaurus. 878. * 1 —.
39. Robert, C. Thanatos. 879. * 3 —.
40. Furtwängler, A. Der Satyr aus Pergamon. 880. * 2 40.
41. Dörpfeld, W. u. a. Über die Verwendung v. Terrakotten am Geison u. Dache griech. Bauwerke. 881. * 2 40.
42. Milchhöfer, A. Die Befreiung d. Prometheus. 882. * 2 40.
43. Furtwängler, A. Der Goldfund v. Vettersfelde. 883. * 3 —.
44. Weil, R. Die Künstlerinschriften d. Sicil. Münzen. 884. * 2 40.
45. Richter, Otto. Über antike Steinmetzzeichen. 885. * 3 —.
46. Hülsen, Chr. Das Septizonium d. Septimius Severus. 886. * 3 60.
47. Puchstein, Otto. Das Jonische Capitell. 887. * 3 —.
48. Herrmann, P. Das Gräberfeld v. Marion auf Cypern. 888. * 4 —.

53. Die Proportionen des Gesichts in der griechischen Kunst. Von A. Kalkmann. (113 S. m. 12 Abbildgn. u. 4 Taf.) n. 7. —
54. Ueber e. bisher Marcellus genannten Kopf in den königl. Museen. Von Rhard. Kekulé. (19 S. m. 5 Abbildgn. u. 2 Taf.) 894. n. 2. —

— 55.—58., zum Winckelmannsfeste d. archäolog. Gesellschaft zu Berlin. gr. 4. Berlin, G. Reimer. n. 18. —
55. Eine attische Lekythos d. Berliner Museums. Von Frz. Winter. (18 S. m. 5 Abb. u. 1 farb. Taf.) 895. n. 3.
56. Griechisches Pferdegeschirr im Antiquarium d. kgl. Museen. Von Erich Pernice. (36 S. m. 23 Abb. u. 3 Taf.) 896. n. 4. —
57. Ueber Copien e. Frauenstatue aus d. Zeit d. Phidias. Von Rhard. Kekule v. Stradonitz. Mit 5 Taf. in Lichtdr. u. 10 Abb. im Text. (38 S.) 897. n. 6. —
58. Hellenist. Silbergefässe im Antiquarium d. kgl. Museen. Von Erich Pernice. M. 4 Taf. in Lichtdr. u. 9 Abb. im Text. (31 S.) 898. n. 5. —

— 59.—61., zum Winckelmannsfeste der archäologischen Gesellschaft zu Berlin. gr. 4. Berlin, G. Reimer. n. 15. —
59. Altgriechisches Bronzebecken aus Leontini. Von Herm. Winnefeld. (35 S. m. 15 Abbildgn. u. 2 Lichtdr.-Taf.) 899. n. 5. —
60. Über den Marmorkopf e. Negers in den königl. Museen. Von Hans Schrader. Mit 2 Taf. in Heliograv. und 21 Abbildgn. im Text. (38 S.) 900. n. 6. —
61. Über e. Bildnis des Perikles in den königl. Museen. Von Rhard. Kekule v. Stradonitz. Mit 3 Taf. u. einigen Abbildgn. im Text. (23 S.) 901. n. 4. —

— 62. u. 67.—70., zum **Winckelmannsfeste** der archäologischen Gesellschaft zu Berlin. Lex. 8. Berlin, G. Reimer. 24. 10

Brueckner, Alfr., Lebensregeln auf athenischen Hochzeitsgeschenken. Mit 2 Taf. u. 6 Textabb. (19 S.) 907. (62.) 3. 60

Kekule v. Stradonitz, Rhard., Bronzestatuette e. kämpfenden Galliers in den königl. Museen. Mit 3 Taf. u. 1 Textabb. (23 u. 6 S.) 909. (69.) 5. —

Schröder, Bruno, die Victoria v. Calvatone. Mit 3 Taf. u. 7 Textabb. (15 u. 6 S.) 907. (67.) 4. 50

Trendelenburg, Adf., Φαντασίαι. (45 u. 6 S. m. 17 Abb. u. 1 Taf.) 910. (70.) 6. —

Winnefeld, Herm., hellenistische Silberreliefs im Antiquarium der königl. Museen. Mit 3 Taf. u. 8 Textabb. (25 u. 6 S.) 908. (68.) 5. —

Programm, 63.—66., zum Winckelmannsfeste der archäologischen Gesellschaft zu Berlin. gr. 4. Berlin, G. Reimer. n. 25. —

63. Das Relief d. Archelaos v. Priene. Von Carl Watzinger. Mit 2 Taf. u. 9 Textabbildgn. (25 S.) 903. n. 5. —
64. Anakalypteria. Von Alfr. Brueckner. Mit 2 Taf. u. 8 Textabbildgn. (22 S.) 904. n. 4. —
65. Echelos u. Basile, attisches Relief aus Rhodos in den königl. Museen. Von Rhard. Kekulé v. Stradonitz. Mit e. Beitrage von Frdr. Frhr. Hiller v. Gaertringen. (23 S. m. Abbildgn. u. 3 Taf.) 905. n. 4. —
66. Terina. Von Kurt Regling. Mit 3 Taf. u. 2 Textabbildgn. (81 u. 4 S.) 906. n. 12. —

Das 62. Programm ist noch nicht erschienen.

PROGRAMME ZUM WINCKELMANNSFESTE.

1886: CHRISTIAN HÜLSEN, Das Septizonium des Septimius Severus. 46. Programm zum Winckelmannsfeste der archaeologischen Gesellschaft zu Berlin. Mit 4 Tafeln. Berlin 1886. Georg Reimer. 4°.

1887: OTTO PUCHSTEIN, Das Ionische Capitell. 47. Programm zum Winckelmannsfeste der archaeologischen Gesellschaft zu Berlin. ib. 1887. —

1888: PAUL HERRMANN, Das Gräberfeld von Marion auf Cypern. 48. Programm zum Winckelmannsfeste der archaeologischen Gesellschaft zu Berlin. Mit 3 Tafeln. ib. 1888. —

1889: REINHARD KEKULÉ, Über die Bronzestatue des sogenannten Idolino. 49. Programm zum Winckelmannsfeste der archaeologischen Gesellschaft zu Berlin. Mit 4 Tafeln. ib. 1889. —

1890: 50. Programm zum Winckelmannsfeste der archaeologischen Gesellschaft zu Berlin. Mit 5 Tafeln und 37 Textabbildungen. ib. 1890. —

1891: ROBERT KOLDEWEY, Neandria. 51. Programm zum Winckelmannsfeste der archaeologischen Gesellschaft zu Berlin. Mit einem Plan und 68 Textabbildungen. ib. 1891. —

1892: FRIEDRICH KOEPP, Über das Bildnis Alexanders des Großen. 52. Programm zum Winckelmannsfeste der archaeologischen Gesellschaft zu Berlin. Mit 3 Tafeln und 20 Abbildungen im Text. ib. 1892. —

1893: A. KALKMANN, Die Proportionen des Gesichts in der griechischen Kunst. 53. Programm zum Winckelmannsfeste der archaeologischen Gesellschaft zu Berlin. Mit 4 Tafeln und 12 Abbildungen im Text. ib. 1893. —

1894: REINHARD KEKULÉ, Ueber einen bisher Marcellus genannten Kopf in den Koeniglichen Museen. 54. Programm zum Winckelmannsfeste der archaeologischen Gesellschaft zu Berlin. Mit 2 Tafeln und 5 Abbildungen im Text. ib. 1894. —

1895: FRANZ WINTER, Eine attische Lekythos des Berliner Museums. 55. Programm zum Winckelmannsfeste der archaeologischen Gesellschaft zu Berlin. Mit 1 Tafel in Chromolithographie und 5 Abbildungen im Text. ib. 1895. —

1896: ERICH PERNICE, Griechisches Pferdegeschirr im Antiquarium der Königlichen Museen. 56. Programm zum Winckelmannsfeste der archaeologischen Gesellschaft zu Berlin. Mit 3 Tafeln und 23 Abbildungen im Text. ib. 1896. —

1897: REINHARD KEKULÉ von STRADONITZ, Über Copien einer Frauenstatue aus der Zeit des Phidias. 57. Programm zum Winckelmannsfeste der archaeologischen Gesellschaft zu Berlin. Mit 3 Tafeln in Lichtdruck und 10 Abbildungen im Text. ib. 1897. —

1898: ERICH PERNICE, Hellenistische Silbergefässe im Antiquarium der Königlichen Museen. 58. Programm zum Winckelmannsfeste der archaeologischen Gesellschaft zu Berlin. Mit 4 Tafeln in Lichtdruck und 9 Abbildungen im Text. ib. 1898. —

1899: HERMANN WINNEFELD, Altgriechisches Bronzebecken aus Leontini. 59. Programm zum Winckelmannsfeste der archaeologischen Gesellschaft zu Berlin. Mit 2 Tafeln in Lichtdruck und 15 Abbildungen im Text. ib. 1899. —

1900: HANS SCHRADER, Über den Marmorkopf eines Negers in den Königlichen Museen. 60. Programm zum Winckelmannsfeste der archaeologischen Gesellschaft zu Berlin. Mit 2 Tafeln in Heliogravüre und 21 Abbildungen im Text. ib. 1900. —

1901: REINHARD KEKULÉ von STRADONITZ, Über ein Bildnis des Perikles in den Königlichen Museen. 61. Programm zum Winckelmannsfeste der archaeologischen Gesellschaft zu Berlin. Mit 3 Tafeln und einigen Abbildungen im Text. ib. 1901. —

(1902:) ALFRED BRUECKNER, Lebensregeln auf athenischen Hochzeitsgeschenken. 62. Programm zum Winckelmannsfeste der archaeologischen Gesellschaft zu Berlin. Mit 2 Tafeln und 6 Textabbildungen. ib. 1907. —

1903: CARL WATZINGER, Das Relief des Archelaos von Priene. 63. Programm zum Winckelmannsfeste der archaeologischen Gesellschaft zu Berlin. Mit 2 Tafeln und 9 Textabbildungen. ib. 1903. —

1904: ALFRED BRUECKNER, Anakalypteria. 64. Programm zum Winckelmannsfeste der archaeologischen Gesellschaft zu Berlin. Mit 2 Tafeln und 8 Textabbildungen. ib. 1904. —

1905: REINHARD KEKULÉ von STRADONITZ, Echelos und Basile. Attisches Relief aus Rhodos in den Königlichen Museen. 65. Programm zum Winckelmannsfeste der archaeologischen Gesellschaft zu Berlin. Mit einem Beitrage von FRIEDRICH FREIHERR HILLER von GAERTRINGEN. Mit 3 Tafeln und einigen Abbildungen im Text. ib. 1905. —

1906: KURT REGLING, Terina. 66. Programm zum Winckelmannsfeste der archaeologischen Gesellschaft zu Berlin. Mit 3 Tafeln und 2 Textabbildungen. ib. 1906. —

1907: BRUNO SCHRÖDER, Die Victoria von Calvatone. 67. Programm zum Winckelmannsfeste der archaeologischen Gesellschaft zu Berlin. Mit 3 Tafeln und 7 Textabbildungen. ib. 1907. —

1908: HERMANN WINNEFELD. Hellenistische Silberreliefs im Antiquarium der Königlichen Museen. 68. Programm zum Winckelmannsfeste der Archäologischen Gesellschaft zu Berlin. Mit 3 Tafeln u. 3. Textabbildungen. ib. 1908. —

1909: REINHARD KEKULÉ von STRADONITZ, Bronzestatuette eines kämpfenden Galliers in den Königlichen Museen. 69. Programm zum Winckelmannsfeste der Archaeologischen Gesellschaft zu Berlin. Mit 3 Tafeln und 1 Textabbildung. ib. 1909. —

1910: ADOLF TRENDELENBURG, ΦΑΝΤΑΣΙΑΙ. 70. Programm zum Winckelmannsfeste der Archaeologischen Gesellschaft zu Berlin. Mit 1 Tafel und 17 Textabbildungen. ib. 1910. —

1911: FRIEDRICH FREIHERR HILLER von GAERTRINGEN und HEINRICH LATTERMANN, Hira und Andania. 71. Programm zum Winckelmannsfeste der Archaeologischen Gesellschaft zu Berlin. Mit 6 Tafeln und 12 Abbildungen im Text. ib. 1911. —

— s.: **Winckelmannsprogramm, Hallisches.**

Programm der grossen deutschen Winterblumen-Ausstellung, veranstaltet v. Verein z. Beförderg d. Gartenbaues in d. Preuss. Staaten Mitte Februar 1900 auf d. Dauer v. 7 Tagen in d. Räumen d. Zoolog. Gartens zu Berlin. *Berlin: Dr. v. W. Büxenstein 1899.* (10 S.) 1 Bd 8. (99. 5797

— das, der **Wohlfahrtspflege**, s.a. Schriften der Zentralstelle f. Volkswohlfahrt. 1. Heft.

Das **Programm** der Wohlfahrtspflege. Vorträge geh. auf d. 1. Konferenz d. Zentralstelle f. Volkswohlfahrt 1907. Berlin: C. Heymann 1908. (82 S.) 8° [F.]
= **Schriften** d. Zentralstelle f. Volkswohlfahrt. N. F. H. 1. (08. 19.05 9

Das **Programm** der Wohlfahrtspflege. Vorträge geh. auf d. 1. Konferenz d. Zentralstelle f. Volkswohlfahrt 1907. Berlin: Heymann 1908. 82 S. 8°
(Schriften d. Zentralstelle f. Volkswohlfahrt. H. 1.) (09. 5733

Schaffhauser Centenarfeier 1901. Programm. 4 S. 8. [Schaffhausen, H. Meier & Cie.]
[Abdr. 1:] (Beschlossen vom Organisations-Komite am 7. März 1901.)
[Abdr. 2:] Juli 1901.]

„Programm zu dem Central-Landwirthschaftsfeste in München", München 1821.

Programm des Centrums (der Nationalversammlung. Frankfurt a. M.) o. J. 4°.

Programm für den v. Internationalen Zoologen-Congress. Berlin, 12.–16. August 1901. *(Berlin 1901: W. Moeser.)* (18 S.) 8° (02. 733

— ein, der **Zukunft**. Akademische Studie über die heutige Lage Oesterreichs. Juni 1870. Leipzig 870. O. Wigand. 8. (46 S.) 6 ngr.

Programm der Altona-Lübecker **Zweigbahn**. Altona 1850. 4°

Programma animi vires, quibus belluas praestamus . . . proferendas esse. Baruthi 1771. V: *Purrucker, Johann.* (ML) (Fiker)

Programma, auditorum frequentiam ad fructus uberiores ex iuventutis scholasticae lustratione sperandos permultum conferre. Curiae 1780. V: *Kirsch von Kirschenstein, Georg Wilhelm.* (Fiker) V: *Kirsch von Kirschbaum, G. W.* (MGT)

Programma, Quaestionum Patristicarum biga. Vratislav. 1816. V: *Augusti, Joh. Chn Wilh.* (MGT)

Programma Decani Facultatis philosophicae in Academia Lips. de Socratis effato: quod supra nos, nihil ad nos. Lipsiae 1718. V: *Schmidius, J.* (Hoff)

Programma, cui inest descriptio codicis Digesti veteris, in bibliotheca acad. Erlangensi asservati. Hof 1791. V: *Pfeiffer, August Friedrich.* (MGT)

Programma. Inest Anonymi epistola, e Ms. Guelpherbytano descripta, de nova secta Quaerentium . . . Goett. 1814. V: *Planck, Heinrich.* (MGT)

Programma et cognitione veri et boni et exemplis teneram iuventutem instituendam esse. Baruthi 1755. V: *Braun, Johann Friedrich.* (ML)

Programma felicitatem ex itineribus Marggrauiorum Brandenburgensium in terras suas redundasse. Baruthi 1728. V: *Schmidt, Silvester Heinrich.* (Fiker)

Programma festivitatem semisaecularem Academiae Goettingens. indicens . . . Altorfi 1785. V: *Nagel, Joh. Andreas Michael.* (will) (ML)

Programma continens pacti et conventi formulam cum ill. Universitate Friderico Alexandrina. Altorfi 1775. V: *Nagel, Joh. Andreas Michael.* (will) (ML)

Programma frugi iuvenes in academiis tempus et pecuniam bene collocare. Baruthi 1770. V: *Purrucker, Joh.* (ML) (Fiker)

Programma funebre ad ultimum honorem Stellwagii. Jenae 1740. V: *Hallbauer, Friedrich Andreas.* (ML)

Programma funebre in memoriam J. A. M. Nagelli. Altorf 1788. V: *Jäger, Wolfgang.* Vgl. Oettinger, Bibliogr. biographique. Bruxelles 1854. 2, 1266. (DARP)

Programma funebre in obitum Joh. Gottlieb Musaei Prof. Jenae 1737. V: *Hallbauer, Friedrich Andreas.* (ML)

Programma funebre in obitum J. Burcardi Gotth. Struvii. Jenae 1738. V: *Hallbauer, Friedrich Andreas.* (ML)

Programma funebre in obitum J. J. Syrbii. Jenae 1738. V: *Hallbauer, Friedrich Andreas.* (ML)

Programma funebre in obitum J. F. Wuchereri Prof. Jenae 1737. V: *Hallbauer, Friedrich Andreas.* (ML)

Programma illustrandae geographiae sacrae de Crethaeis et Plethaeis. Coburg 1735. V: *Schwartz, Joh. Conrad.* (Hdschr. Mitth. von Friedrich Müller, München.)

Programma Graecos ac Romanos caeteras nationes virtute belli et rerum gestarum gloria antecessisse. Baruthi 1767. V: *Purrucker, Johann.* (ML) (Fiker)

Programma Hieronymi de Bosch Curae secundae in Horatii epistolam ad Pisones . . . nunc primum editae. Jenae 1812. V: *Eichstädt, Hnr. Carl Abrah.* (MGT)

Programma hominem vera in Christum fide praeditum de sua iustificatione certum esse. Jenae 1774. V: *Zickler, Frdr. Samuel.* (ML)

Programma, Imperii Romani ut mores, ita tempora fuerunt. Altonae 1748. V: *Henrici, Paul Christian.* (ML)

Programma in Gymnasiis litteras, quas dicunt superiores, docendas esse. Baruthi 1737. V: *Hagen, Gottlieb Friedrich.* (ML)

Programma in scholis non festinandum esse. Baruthi 1758. V: *Purrucker, Johann.* (ML) (Fiker)

Programma in stadio litterarum multas scientias atque disciplinas delibare . . . necesse est. Baruthi 1752. V: *Braun, Johann Friedrich.* (ML)

Programma inaugurationem Universitatis stuttgardiensis indicens. Altorfi 1782. V: *Nagel, Johann Andreas Michael.* (ML) (will)

Programma Jubilaeum Academiae Gryphiswaldensis . . . indicens et gratulans. Altorfi 1755. V: *Nagel, Johann Andreas Michael.* (will) (ML)

Programma Jubilaeum Academiae Jenensis indicens et gratulans. S. l. 1758. V: *Nagel, Johann Andreas Michael.* (will)

Programma Jubilaeum Universitatis Tubingensis indicens et congratulans. S. l. 1777. V: *Nagel, Johann Andreas Michael.* (will)

Programma Judaeos in assequenda quoque honestarum artium scientia operam suam collocasse. Baruthi 1727. V: *Pözinger, Michael.* (ML) (Fiker)

Programma iuvenes variis propaedeumatibus praecipue vero linguis erudiendos esse. Baruthi 1751. V: *Braun, Johann Friedrich.* (ML)

Programma litterarum studia a nobilitate non esse aliena. Baruthi 1728. V: *Seidel, Johann Christian.* (ML) (Fiker)

Programma memorabilia nonnulla ordinis philosophici Heidelbergensis exhibens. [Heidelbergae 1779.] V: *Wund, Car. Cas.* (ZP)

Programma nimio veterum amore quosdam adductos fuisse, ut nova licet praeclarissima contemnerent inventa . . . Baruthi 1757. V: *Purrucker, Johann.* (ML) (Fiker)

Programma non omnes doctores scholasticos absurditatis damnandos esse. Baruthi 1728. V: *Seidel, Joh. Chn.* (ML) (Fiker)

Programma C. J. nat. de Olnhausen, coniugis D. J. B. Bertholdi. Altorf. 1759. V: *Nagel, Joh. Andreas Michael.* (ML)

Programma Pentecostale de veris et fictis Christianorum Jubilaeis . . . Helmstadii 1717. V: *Schramm, Jon. Conr.* (Feuerlin, Bibl. symbol. Gott. 1752.)

Programma zur Philosophie (Kerns). 8. Götting. 802. Vandenhöck u. R. 14 gl.

Programma principes Brandenburgicos nullo tempore sumtibus pepercisse ad augendam rem Heilsbronnensem litterariam . . . Baruthi 1729. V: *Schmidt, Silvester Heinrich.* (Fiker)

Programma prorectoris et senatus Academiae Eberh. Carolinae de celebrando jubilaeo. Dat. 31. Aug. 1777. 1 Bl. 4° [fing. T].

Programma prudentia nos tuto carere numquam posse. Baruthi 1726. V: *Seidel, Johann Christian.* (Fiker)

Programma, quaedam in laudes Caroli Wilhelmi Friderici . . . [Baruthi 1730.] V: *Schmidt, Silvester Heinrich.* (Fiker)

Programma, quo absolvitur commentatio de rebus publicis Magnae Graeciae et Siciliae . . . Gottingae 1777. V: *Heyne, Christian Gottlob.* (MGT)

Programma, quo ad celebrationem secundi diei natalis sui invitat Societas Latina. Altorfi 1764. V: *Nagel, Johann Andreas Michael.* (will) (ML)

Programma, quo apostolorum Johannis et Pauli doctrinam de natura Christi . . . consentire demonstratur. Jenae 1802. V: *Schmid, Johann Wilhelm.* (winer)

Programma quo civium studiosorum in academia Halensi et Vitebergensi consociata libelli ad persolvendas quaestiones d. III. Aug. anni 1824 propositas exhibiti praemiisque augustissimi regis beneficio constitutis ornati recensentur novaque problemata scriptis ante d. III. Maii anni 1826 tradendis explicanda indicantur. [Verf.: Christian Gottfried Schütz.] Halae (1825): Hendel. VIII S. 8° (4°)

Enthält die Preisurteile v. 1825 und die neuen Preisaufgaben f. 1826.

Programma, quo Georgiae Augustae inaugurationis sacra anniversaria quinquagesima . . . celebranda . . . indixit. Gottingae 1787. V: *Heyne, Christian Gottlob.* (MGT)

Programma, quo gratulatur Academiae novum Curatorem de Behr. Gottingae 1771. V: *Heyne, Christian Gottlob.* (MGT)

Programma, quo indicat laudationem funebrem honori et memoriae Principis Fridericae Carolinae . . . Erlangae 1791. V: *Harles, Gottlieb Christoph.* (MGT)

Programma quo iure ac censu Fridericiana nuncupetur Academia. Baruthi 1743. V: *Ellrod, German August.* (ML)

Programma nomine Rectoris et Senatus ministrum academicum intactum ... esse oportere mandans. Altdorfii 1788. V: *Jäger, Wolfgang.* (BB) (ML) (will)

Programma Sacra saecularia Universitatis Heidelbergensis indicens ... Altorfi 1786. V: *Nagel, Johann Andreas Michael.* (will) (ML)

Programma Sacra saecularia Universitatis Wirceburgensis indicens ... Altorfi 1782. V: *Nagel, Johann Andreas Michael.* (will) (ML)

Programma de vera sententia et specie Legis LXXII de furt. Altona. 1742. 4. P. (Progr.).

Programma superdicta veterum Sinensium philosophi Tichang, ut litterarum studiosus ... ab omni malae notae doctrina abhorreat. Baruthi 1748. V: *Purrucker, Johann.* (ML)

Programma tempore Friderici I, Imperatoris, in Germania nullam sodalitatem poeticam floruisse. Erlangae 1760. V: *Reinhard, Johann Paul.* (ML)

Universitatis literariae Fridericianae Halis consociatae **programma** ad sacra Christi natalitia anni 1848 pie riteque celebranda scripsit ... Halis: Anton (1848). 44 S. 8° (4°)

Programma Virgilianum illud: in tenui labor at non tenuis gloria ad scholas adplicari posse. Baruthi 1752. V: *Stöhr, Nicolaus Friedrich.* (Fiker)

Programma vitae rationes, quaecumque sint, exigere laborem. Baruthi 1770. V: *Purrucker, Johann.* (Fiker) (ML)

Programma continens bona vota pro Principis et Universitatis salute. Erlangae 1769. V: *Reinhard, Joh. Paul.* (ML)

Programmata duo: Analectica critica de Hadriano VI. Jenae 1813. V: *Danz, Johann Traugott Lebrecht.* (Barbier)

Programmata duo, quibus foedera Carthaginiensium cum Romanis super navigatione et mercatura facta illustrantur. Gottingae 1780. V: *Heyne, Christian Gottlob.* (MGT)

Programmata Göttingensia. Götting. 736. 4. 1 rthlr.

Programmata paschalia annorum 1879. 1880. 1881 in universitate Fridericiana Halensi cum Vitebergensi consociata edita. Halis (1881): Orphanotropheum. 152 S. 8°

Der Serientitel steht unterhalb des Sondertitels.

Programmata ad recordationem annuam muneris magnifici a ... Christoph. Jacobo Trew ... Academiae Altorfinae dati, notas in Beniaminis Tudelensis itinerarium continentia. Altorfi 1774—87. V: *Nagel, Johann Andreas Michael.* (ML) (will)

Programmata tria, quibus recensentur numi familiarum Romanorum ... Gottingae 1777—78. V: *Heyne, Christian Gottlob.* (MGT)

Programmata varia, per octodecim annos Gymnasii Baruthini nomine edita. [Baruthi 1741.] V: *Flessa, Johann Adam.* (ML)

Haydn-Zentenarfeier verbunden mit d. 3. musikwiss. Kongr. d. Intern. Musik-Gesellsch. **Programmbuch** zu den Festaufführungen. (Wien '09.) 111 S.

Programm-Buch d. Sinfonie-Concerte d. kgl. musikal. Kapelle. Hrsg. im Auftr. d. kgl. Hofbuchdruckerei C. C. Meinhold & Söhne v. Frdr. Brandes. Winter 1897/98. Serie A. 1.—3. Concert. gr. 8. (15, 13 u. 20 S.) Dresden 897. C. C. Meinhold & Söhne. à n.n. — 25

— dasselbe d. General-Direction d. kgl. musikal. Kapelle u. d. Hoftheater. Hrsg. v. Frdr. Brandes. Winter 1897/98. Serie B. 1.—3. Concert. gr. 8. (17 S. m. 1 Bildn., 13 S. u. 13 S. m. 1 Bildn.) Ebd. 897. à n.n. — 25

Programme, s.a. Jahresberichte

[**Programme** der während der Konzertsaison 1827/28 im Leipziger Gewandhause stattgehabten Abonnementskonzerte.]

Programme einer Anzahl von technischen Schulen. Mannheim 1841, München 1833 u. 42, Hannover 1848, Karlsruhe 1843; dann Katalog der Maschinen und Geräthe des landwirthschaftlichen Vereins für Bayern, Nachricht über die Bergakademie zu Freiberg für Studirende und noch Jahresbericht für 1845 der schwedischen technischen Schulen in Gotheborg und Norrköping. Vorgebunden: Utzschneider's Kammerantrag zur Beförderung des Unterrichts. 1831. Zusammen 1 Bd. 8°.

— der in Leipzig stattgehabten Aufführungen des Riedel-Vereins vom Jahre 1855—1875.]

Programme f. d. Beschäftigungs-, Tages- u. Stunden-Eintheilg. d. Compagnie v. 1. Octbr. bis 20. Juni laut § 2, Punkt 9, d. Instruction f. d. Waffen-Übgn. Von T. gr. 16. (4 S. m. 5 Tab.) Wien 896. C. Graeser. n. 1. —

Concordia, Institution internationale, (Maison d'éducation et école préparatoire) pour jeunes gens (Zürich, Suisse). Direction: Dr. R[oland] & E[rwin] Bertsch. Programme. [Couverture illustrée.] II + 72 p. 8. Wallenstadt, Wildhaber Frères, 1903.

Programme des cours de l'école cantonale de Porrentruy. 52 pp. Porrentruy, V. Michel. 1873.

Programme des cours. Verzeichnis der Vorlesungen. Semestre d'été 1899. 18 Avril — 28 Juillet. Fribourg (Suisse) 1899. 24 p. 8°.
Freiburg. Univ.-Schr. 1898/99.

Programme des cours. Verzeichnis der Vorlesungen. Semestre d'hiver 1899/1900. 17 octobre 1899 au 30 mars 1900. Fribourg (Suisse) 1899. 24 p. 8°.
Freiburg. Univ.-Schr. 1898/99.

Université de Fribourg ⟨Suisse⟩. Programme des cours. Semestre d'été — Universität Freiburg i. d. Schweiz. Verzeichnis der Vorlesungen. Sommersemester 1901. [Avec 1 tableau.] IV + 32 p. 8. Fribourg ⟨Suisse⟩, Impr. et Libr. de l'Œuvre de Saint-Paul, 1901.

Université de Fribourg ⟨Suisse⟩. Programme des cours. Semestre d'hiver — Universität Freiburg i. d. Schweiz. Verzeichnis der Vorlesungen. Wintersemester 1901—1902. IV + 34 p. 8. Fribourg ⟨Suisse⟩, Impr. et Libr. de l'Œuvre de Saint-Paul, 1901.

Université de Fribourg ⟨Suisse⟩. Programme des cours = Universität Freiburg i. d. Schweiz. Verzeichnis der Vorlesungen. 8. Fribourg ⟨Suisse⟩, Impr. et Libr. de l'Œuvre de Saint-Paul, 1902.

Semestre d'été = Sommersemester 1902. IV + 32 p.
Semestre d'hiver = Wintersemester 1902-1903. IV + 33 p.

Université de Fribourg ⟨Suisse⟩ = Universität Freiburg i. d. Schweiz. Programme des cours = Verzeichnis der Vorlesungen. 8. Fribourg ⟨Suisse⟩, Impr. et Libr. de l'Œuvre de Saint-Paul, 1903.

Semestre d'été = Sommersemester 1903. IV + 34 p.
Semestre d'hiver = Wintersemester 1903-1904. IV + 32 p.

Programme des cours. Verzeichnis der Vorlesungen. Semestre d'été. — Sommersemester 1904. 19 avril — 22 juillet. Fribourg, Suisse. 1904. 34 p. 8°.
Freiburg i. Schw. Univ.-Schr. 1903/1904.

Programme des cours. Verzeichnis der Vorlesungen. Semestre d'hiver. — Wintersemester 1904—1905, 18 octobre—31 mars. Fribourg, Suisse 1904. 31 p. 8°.
Freiburg i. Schw Univ.-Schr. 1903/1904.

Université de Fribourg (Suisse). Universität Freiburg i. d. Schweiz. Programme des cours. Verzeichnis der Vorlesungen. Semestre d'été — Sommersemester 1909. 27 avril—25 juillet. 27. April—25. Juli. Fribourg (Suisse) 1909. 32 S. 8°.
Freiburg i. Schw. Univ.-Schr. 1908/09

Programme f. Dichterabende, s.: Flugschrift, 68., des Dürerbundes zur Ausdruckskultur.

Programme de l'Ecole cantonale de Porrentruy et ordre des promotions pour l'année scolaire 1873—74. 46 pp. in-8. Porrentruy, impr. de V. Michel. 1874.

Ecole normale des Instituteurs du Jura bernois à Porrentruy. Programme d'études. (1903 février 15.) II + 20 p. 8. Porrentruy, Impr. & Lithogr. du Jura, 1903.

Freiburg: Programme des études du Collége St-Michel pour l'année scolaire 1879-80. In-8°, 47 p. Fribourg, Impr. L. Fragnière. 1880.

Programme de l'examen pour le Baccalauréat ès lettres à l'Académie de Strasbourg. gr.-in-8 Strasbourg 837. Levrault. 1/4 ℳ

Programme pour les exercices volontaires de tir pour 1902. ([Arrêté par] le Département militaire fédéral. 1902 Janvier 10.) [Avec 1 planche.] II + 8 p. 8. ([Bern,] C. St[ur]z[enegger], I. 1902.)

Programme zur Feier des Geburtsfestes Sr. Majestät des Königs am 3. August 1838. 1839: am 15. October 1842, 1847, 1849 in öffentlicher Sitzung der Königlichen Akademie der Künste. Berlin. 4°.

Unabhäng. Bürgerverein v. Md.
--Programme. Feier d Dten Tages. Balt. 1900.

Programme der Fest- und Tafel-Loge und Text der Gesänge für die Schwestern-Loge am 20. Febr. 1884. Den verehrten Schwestern gewidmet von den Mitgliedern der Loge zur Brudertreue an der Elbe. [Hamburg 1884: Tohmfor.] 8 Bl. 8°
[Umschlagtit.:] Erinnerung an die Schwestern-Loge der ger. und vollk. Loge zur Brudertreue an der Elbe. Hamburg, den 20. Febr. 1884.
4 Liedertexte.

Programme der Fest- und Tafel-Loge und Text der Gesänge für die Schwestern-Loge am 17. Febr. 1892. Den verehrten Schwestern gewidmet von den Mitgliedern der Loge zur Brudertreue an der Elbe in Hamburg. [Hamburg 1892.] 5 Bl. 8° [Umschlagtit.]

Programme, Festordnungen, Lieder u. Zeitungsber. für u. üb. d. Enthüllungsf. d. Jahn-Denkmals auf d. Hasenheide in Berlin am 10. 8. 1872, 2°.

Programme, offizielle Festpostkarten usw. zum 9. Kreisturnfest des XIII. Kreises (Thüringen) der D. T. zu Halle a. S. 1910, 4°. 4 Bde.

VIIe Exposition suisse d'Agriculture, de Sylviculture et d'Horticulture à Frauenfeld, du 18 au 27 septembre 1903. Programme général. II + 64 p. 8. Frauenfeld, Huber & Co.

Harlem, Holländische Gesellschaft der Wissenschaften, Programme der —, von den Jahren 1821 und 22. 1822.

Programme der Königlichen Technischen Hochschule zu Berlin. 1878/79 f. 4°.

Programme des Internationalen Kongresses für historische Wissenschaften Berlin, 6.—12. Aug. 1908. [Berlin 1908.] 8°.

— verschiedener techn. Lehranstalten in Bayern von den Jahren 1838/39—57/58. 2 Bde. 8°.

Programme, Offizielle, und Publikationen, der Weltausstellung. Wien 1873. 4°

Programme, un, de paix européenne fondé sur le droit chrétien. En vue du congrès des souverains de l'Europe. gr. 8. (XIV und 80 S.) Leipzig 867, O. Wigand.

Soc. industrielle de Mulhouse. **Programme** des prix proposés en assemblée générale les 29 Mai et 26 Juin 1907 à décerner en 1908 ... Mulhouse 1907: Vve Bader & Cie. (60 S.) 8° 07. 1379

Programme und Rapporte über Versuche mit Batteriegeschützen bei der französischen Artillerie. (Fing. T.) Paris 1822. 38 S. 4°

Programme par lequel on propose aux savans . . . de réfoudre le Problème suivant . . . S. l. 1785. V: *Windisch-Grätz, Jos. Nicolaus Graf von.* (MGT)

Sociétés romandes de Berne. Représentation au profit de l'Asile des Billodes, Locle. Dimanche 21 avril 1901. (Programme. [Avec des poésies de MM.] Virgile Rossel, L'Allumeur de chandelles [et] Elie Ducommun [et 2 illustrations].) [8 p.] 8. Berne, Impr. coopérative.

Programme sämtlicher Spezial-Lehrkurse am technologischen Gewerbemuseum in Wien im Schuljahr 1884-85. Wien 1884

Programme der K. Techn. Hochschule Stuttgart. 1905 06-13 14. Stuttgart 1905-13

Union postale universelle. Concours pour l'érection d'un monument commémoratif de la fondation. (Programme. 1902 octobre 31. [Avec 3 Annexes: Plans et Coupes, et 1 planche.]) [4 p.] 4.

Programme zum Winckelmannsfeste ..., s. Programm

Programmenrevue oder Schul-Archiv. Eine Zeitschrift für Schule u. Wissenschaft. Jahrg. 1843. (In 4 Hften.) gr. 8. Dresden 845, 46, Adler u. Dietze. 1. u. 2. à n. 12 *ngl* 3. n. 16 *ngl* 4. n. 24 *ngl*

Programmenrevue. Eine Zeitschrift f. Schule u. Wissenschaft. Im Verein mit mehreren Gelehrten hrsg. v. A. R. Albani. 2. Bd. Programme u. Monographieen von 1844, 1845 u. 1846. 1. Hft. gr. 8. (XII u. 52 S.) Dresden 847, Adler & Dietze. n. 1/3 *rf*

Programmes des cours de l'Académie de Strasbourg. Année scolaire 1847—1848. gr. 4. (15 S.) Strasbourg, Ve. Levrault. 5 1/2 *ngl*

Programmschau. Beilage zur Zeitschrift „Die Realschule". Red. u. hrsg. v. Ed. Döll u. Mor. Kuhn. 1. Folge. Schuljahr 1870/71. Nr. 1. gr. 8. (16 S.) Wien 872. (Mayer & Co.) pro cplt. n. 6. —

Progredior, soziale Vervollkommnung. Ein Beitrag zur Lösg. der großen sozialen Aufgaben der Gegenwart, Vereinheitlichg. u. Verallgemeinerg. der Arbeiterversicherg., Durchführg. des Rechts auf Arbeit. gr. 8. (IV, 64 S.) Berlin 902. C. Heymann. n. 1. —

Progrès, le. Journal der Herren-Moden mit großen Pariser-Originalkpfrn. und vielen Zeichnungen in verjüngtem Maßstabe. Allen denjenigen gewidmet, welche der französ. Mode huldigen von der Redaktion des Panorama der Moden. 1. Jahrg. 12 Lfgn. (Bog. mit 1 ill. Modekpfr. und 2 lithogr. Mustertaf.) Fol. Basel 853, Bureau für techn. Literatur. *

Progrès: Le Progrès (Be I)
① Organe des libéraux du Jura ③ Le Patriote (Be) ④ Le Démocrate (Be) ⑤ numéro spécimen le 20. 12. 1865; 3. 1. 1866—1878 ⑥ in-2° ⑦ bihebdomadaire; puis: trihebdomadaire ⑧ Delémont: Imprimerie du Progrès (cité aussi J. Boéchat; Boéchat & Helg) ⑨ L'Alerte. Journal intermittent. Supplément au «Jura bernois». Selon BGSZ 962, p. 4 supplément au «Progrès», paraissait à St-Imier ⑩ les imprimeurs ⑪ Elie Ducommun; collaborateurs: Robert Caze, communiste et réfugié français; J.-B. Froidevaux, prof. ⑫ organe du clergé vieux-catholique ⑬ BGSZ: 1 (no. 6412), 962, 973 ⑭ Be: L, St

Progrès, le. Journal hebdomadaire pourvu d'interprétations allemandes. Réd.: I. Lederer et G. Huszár. 5. année 1898. 52 nrs. (Bog.) gr. 4. Budapest, C. Grill. — Wien, Hassenberger & Glass. n. 13 —
Kann auch vierteljährlich für n. 3. 40 bezogen werden.

Progrès: Le Progrès (Be II)
① Organe des intérêts de Tramelan, Breuleux, les Genevez et environs; quelque temps remplacé par: Organe des intérêts de Tramelan, Vallée de Tavannes, Genevez et environs (petites modifications plus tard) ② Le Progrès et l'Echo du Jura ⑤ 1906 (cont.) ⑥ in-2° ⑦ 2× par semaine; puis 3× par semaine ⑧ Tramelan: Boéchat & Cie., Imprimerie du Progrès S.A. (dès 1918), Choffat, Vuilleumier & Co. ⑩ Boéchat & Cie. ⑪ Fr. Veuve, A. Bourquin, Ch. Choffat, R. Anker ⑫ opinion politique radicale (Daucourt) ⑬ BGSZ: 1 (no. 6413), 962, 973 ⑭ Be: St ⑮ Selon BGSZ 18 et «Schweizerischer Zeitschriftenkalender» neutre en politique. Le journal s'est réuni à «l'Echo du Jura» (Be).

Progres. Revin internasional pro omni interesi de Idiom Neutral. Red. e editer: V. Rosenberger. 1.—3. anu. 1906—1908. à 6 Nrn. (Anu 1. 72 S.) 8. St. Petersburg (K. L. Ricker). à Jahrg. nn 2. —
Erscheint nicht mehr.

Progrès des Allemands dans les sciences et belles-lettres et les arts .... [Breslau] 1752. V: *Bielfeld, Jacob Frdr. Freih. von.* (BrMm) (Ky)

Progrès **des Allemands dans** les sciences et belles-lettres et **les arts,** particulièrem. dans la poësie et éloquence (par J. F. de Bielfeld). 8. Bresl. 752. 16 *gl*

Progrès, des, de la criminalité et de la démoralisation sous le régime radical en particulier dans le canton de Berne. Causes et remèdes. Esquisse politique dédiée à ses compatriotes par un homme du peuple. Bern 865. Huber & Co. gr. 8. (32 S.) n. 3 *ngr.*

Progrès: Le Progrès et l'Echo du Jura
v. L'Echo du Jura, Le Progrès (Be II).

Progrès, le, religieux. Journal des églises protestantes de l'Est. Réd.: Th. Gerold. 10. année. 1877. 52 nrs. (B.) hoch 4. Strassburg, Treuttel & Würtz. n.n. 6. 40

Progrès religieux, le. Journal des églises protestantes. Réd.: Th. Gerold. 18 et 19. année. 1885 et 1886. à 52 nrs. (B.) hoch 4. Strassburg, Heitz. à Jahrg. n. 5. 20

Progrès religieux, le. Journal des églises protestantes. Réd.: Th. Gerold. 20. — 22. année. 1887 — 1889. à 52 nrs. (B.) gr. 4. Strassburg, (Heitz). à Jahrg. n. 5. 20

— dasselbe. 23. année. 1890. 52 nrs. (B.) gr. 4. Ebd. n. 5. —

Progrès religieux, le. Journal des églises protestantes. Réd.: Th. Gerold. 24. année 1891. 52 nrs. (Bog.) gr. 4. Strassburg, (Heitz). n. 5. —
Erschien nicht weiter.

Progress: Il Progress (Der Fortschritt)
① Gazetta Populara. Organ ladin ⑤ 10. 1. 1871—1. 1. 1876; 7. 7. 1877—20. 10. 1877; 5. 4. 1879—26. 6. 1880; 6. 11. 1880—8. 4. 1882; 7. 10. 1882—18. 9. 1883 ⑥ 4° ⑦ Wochenblatt ⑧ Strada: Schiarplatz (1871—1880); Scuol: Schiarplatz (1880—1883) ⑪ Caderal, Caratsch, Rev. Guidon ⑫ liberal ⑬ BGSZ: 1002, 1019 ⑭ Ch: K; Be: L.

Progress: vol. 1—4, no. 5, Aug. 1882—Dec. 16, 1885.
Monthly. Published in English, German and Bohemian. Organ of Cigar Maker's Progressive Union of America. Edited & published by A. Lange, 1882—85.
New York, NY

Progress, the idlers. Illustrated in the life of a young German nobleman. Leipzig 859. (Mainz, Janitsch.) gr. 4. (38 S. m. color. Holzschn.) 24 *ngr.*

Progress of Man, s. neuer Engl. Orbis pictus.

[Russ. u. Ant.] **Progress** v Rossii i eja buduščee. Starye sovèty dlja novago razsmotrènija. ⟨Der Fortschritt in Russland u. s. Zukunft.⟩ Lejpcig: E. L. Kasprovič 1904. (191 S.) 8°
— **Biblioteka,** Meždunarodnaja. T. 34. 107. 11-99 11

Progress, the, of German shipbuilding, s.: Fortschritte, die, des deutschen Schiffbaues.

Progress-Kursbuch. Fahrplan f. die schweizer. Eisenbahnen, Dampfboote u. Postverbindgn. Verzeichnis der Hotels u. Pensionen. — Indicateur „Progrès". Sommer 1909. (461 S. m. eingedr. Plänen u. 1 Karte.) kl. 8. Genf, E. Bochsler. Kart. 1. —

Progressus facultatis philosophicae in alma et antiquissima universitate Heidelbergensi ab anno 1765 in 79 continuatus ... Heidelbergae 1779. V: *Kreussler, Ignaz.* (Erman & Horn, Bibliogr. d. dtsch. Universitäten. 2. Leipz. u. Berl. 1904.)

Progressus, Martis Austriaci felices ad Rhenum. Graecii 1744. V: *Heizler, Leopold.* (Jes)

Progressus rei botanicae. Fortschritte der Botanik. Progrès de la botanique. Progress of botany. Hrsg. v. der Association internationale des botanistes. Red. v. J. P. Lotsy. 1. Bd. (III, 612 S. m. 121 Abbildgn. u. 1 Taf.) gr. 8. Jena 907. G. Fischer. n. 18. —

Progressus rei botanicae. Fortschritte der Botanik. Progrès de la botanique. Progress of botany. Hrsg. v. der Association internationale des botanistes. Red. v. J. P. Lotsy. 2. u. 3. Bd. (558 S. m. 56 Abb. u. 544 S. m. 13 Abb.) gr. 8. Jena 908. 09. G. Fischer. à Bd. 18. - -

Programme, die, in Russland. (Nach offiziellen Dokumenten.) (In russ. Sprache.) (21, CCXV u. 458 S.) 8. Berlin, Bühnen- u. Buchverlag russ. Autoren, J. Ladyschnikow. 1908. 6. —

Progymnasium, das. Vorbereitung zur Aufnahme in die Obersekunda e. Gymnasiums od. zur Ablegg. der Abschlußprüfung an e. Progymnasium. Methode Rustin. Selbst-Unterrichts-Briefe, hrsg. vom Rustinschen Lehrinstitut. Red. v. C. Jlzig. Bearb. v. Gust. Behrendt, Max Baumann, Frz. Bußler u. v. a. 1.—104. Lfg. Lex.-8. (3619 S. m. Abbildgn., 1 Tabelle, 9 farb. Karten u. 38 farb. Kartens. in gr. 4.) Potsdam (900—902). Bonneß & Hachfeld. Subskr.-Pr. à n. — 90; Einzelpr. à n. 1. 25

Progymnasium, das. Vorbereitung zur Aufnahme in die Obersekunda e. Gymnasiums od. zur Ablegg. der Abschlußprüfg. an e. Progymnasium. Methode Rustin. Selbst-Unterrichts-Briefe in Verbindg. m. eingeh. Fernunterricht. Hrsg. v. Rustinschen Lehrinstitut f. briefl. Unterricht. Red. v. C. Jlzig. Bearb. v. Gust. Behrendt, Max Baumann, Frz. Bußler u. v. a. 105.—241. Lfg. (4600 S. m. Abbildgn., 1 Tab., 2 Taf. u. 9 farb. Karten.) Lex.-8. Potsdam (903—906). Bonneß & Hachfeld. Subskr.-Pr. à n. — 90; Einzelpr. à n. 1. 25

Progymnasium, das. Vorbereitung zur Aufnahme in die Obersekunda e. Gymnasiums od. zur Ablegg. der Abschlußprüfg. an e. Progymnasium. Methode Rustin. Selbst-Unterrichts-Briefe in Verbindg. m. eingeh. Fernunterricht. Hrsg. vom Rustinschen Lehrinstitut f. briefl. Unterricht. Red. v. C. Jlzig. Bearb. v. Gust. Behrendt, Max Baumann, Heinz Belling u. v. a. 242.—272. Lfg. (1013 S. m. Abb., 4 Karten u. 5 Tab.) Lex. 8. Potsdam (907—09). Bonneß & Hachfeld. Subskr.-Pr. à — 90; Einzelpr. à 1. 25

Progymnasmata, Rhetorische. Leipzig 1784. V: *Vollbeding, Johann Christoph.* (MGT) (Ky)

Progymnasmata, rhetorische, (von J. Cph. Vollbeding). 8. Leipz. 784. Schwickert. 8 gl

Prohasel, P., u. J. Wahner, Aufgaben aus der deutschen Prosalektüre der Prima. 1.—3. Bdchn. gr. 8. Leipzig, W. Engelmann. Kart. à n. 1. —
1. Aufgaben aus „Laokoon". Von Wahner. (X, 99 S.) 900.
2. Aufgaben a. Schillers Prosa. Von Wahner. (X, 84 S.) 901.
3. Aufgaben a. Goethes Prosa. Von Wahner. (VIII, 76 S.) 902.

Prohasel, P., u. J. Wahner, Aufgaben aus der deutschen Prosalektüre der Prima. 4. u. 5. Bdchn. 8. Leipzig, W. Engelmann. Kart. n. 2. 20
4. Aufgaben aus Lessings Hamburger Dramaturgie. Von P. Prohasel. 1. Tl.: Inhalt der Dramaturgie. (XIII, 120 S.) 906. Kart. n. 1 20
5. Dasselbe. 2. Tl.: Beispiele zur Dramaturgie. (VII, 113 S.) 906. Kart. n. 1. —

Prohasel, P., u. J. Wahner, Aufgaben aus der deutschen Prosalektüre der Prima. 1. u. 6. Bdchn. 8. Leipzig, W. Engelmann. Kart à 1. 20
1. Aufgaben aus Lessings „Laokoon". Von Wahner. 2., umgearb. u. verm. Aufl. (XIV, 110 S.) 907.
6. Aufgaben aus Lessings u. Herders kleinen Schriften. Von Wahner. (X, 117 S.) 907.

Prohasel, Paul: Beiträge zur Geschichte der Anstalt, s. Kruttge, Erich

Prohasel, [Paul], Prof.: [Bericht über die Feier des 25jährigen Bestehens des Gymnasiums.] *Königshütte O.-S. 1903: R. Giebler.* (S. 15—18.) 4°
Königshütte O.-S., k. G, OP 1903 (225)

Prohasel, Paul: Über vier Bruchstücke aus der Weltchronik des Rudolf von Ems. Glatz, Druck v. L. Schirmer, 1895; 33 S. 4.
Glatz, k. Kath. G, OP 1895 (185)

Prohasel, Paul: [Direktor a. D. Johann Peter Jungels, geb. am 1. Oktober 1842, gest. am 29. April 1907.] S. 15—16. 4.
Progr. Kgl. kath. St. Matthias-Gymn. *Breslau* 1908 (240).

Prohasel, Paul: Q. Curtii Rufi codicum memoriae emendandae leges et proponuntur et adhibentur. Sagan, Druck v. P. Mertsching, 1890; S. 3—22; 4°
Sagan, k. kath. G, OP 1890 (189 statt 198)

[F.] **Prohasel,** Paul: Das Schultheater am Gymnasium zu Glatz. ([And. Tit.:] Beiträge z. Geschichte d. Anstalt v. Erich Kruttge, Paul Prohasel, Wilhelm Schulte.) Glatz, Druck v. L. Schirmer, 1897; 27—73 S. 4.
Glatz, k. Kath. G, Festschr. 1897**

Prohaska, s. a. **Prochaska.**

Prohaska Dragutin: Zwei Jesuiten in der serbokroatischen Literatur des 18. Jahrhunderts.
1905 PN 1894 Diss. Wien, Univ. 2707

Prohaska, Karl

Prohaska, Carl, üb. den Basalt v. Kollnitz im Lavantthale u. dessen glasige cordieritführende Einschlüsse. [Mit 3 Holzschn.] Lex.-8. (13 S.) Wien 885. (Gerold's Sohn.) n. — 40

Prohaska, Carl, über den Basalt von Kollnitz im Lavantthale und dessen glasige cordieritführende Einschlüsse. Lex.-8. (13 S. mit 3 eingedr. Holzschn.) Wien 885, (Tempsky.) * — 40
Aus: Sitzungsberichte der k. Akademie der Wissenschaften, besonders abgedruckt.

Prohaska Karl: Über den Basalt von Kollnitz im Lavantthale und dessen glasige cordieritführende Einschlüsse (mit 3 Holzschnitten). 8. 92. I. 20 . . . . —.36
Separatabdruck

Prohaska, Karl: Beitrag zur Mikrolepidopteren-Fauna von Steiermark und Kärnten. 8. 3—29. 8. K. k. erstes Staatsgymn. *Graz* 1905.
Progr.

Prohaska, Karl Bemerkungen über Gewitter und deren Classification. 8 (S. 3—24). Progr. K. k. erstes Staats-G. *Graz* 1894.

Johannes Brahms. Quintett für Pianoforte, 2 Violinen, Viola u. Violoncell, op. 34. Erl. von Carl **Prohaska**. Berlin: Schlesinger [1908]. (12 S. 8°[F.]
— **Musikführer,** Der. No 293.
(Schlesingersche Musik-Bibliothek.) [08. 10918

Prohaska, Carl, Johannes Brahms' 1. u. 2. Violin-Sonate op. 78 u. 100 u. 3. Violin-Sonate op. 108, s. a. **Musikführer.**

Johannes Brahms. Erste und Zweite Violin-Sonate, op. 78 u. 100. Erl. von Carl **Prohaska**. Berlin: Schlesinger [1908]. (15 S.) 8° [F.]
— **Musikführer,** Der. No 298.
(Schlesingersche Musik-Bibliothek.) [08. 10919

Johannes Brahms. Dritte Violin-Sonate, op. 108. Erl. von Carl **Prohaska**. Berlin: Schlesinger [1908]. (11 S.) 8° [F.]
— **Musikführer,** Der. No 300.
(Schlesingersche Musik-Bibliothek.) [08. 10920

Prohaska, Karl, Geschäftsaufsätze u. allgemeine Gewerbevorschriften. Nach dem Lehrplane f. die allgem. gewerbl. Fortbildungsschulen bearb. (IV, 83 S.) gr. 8. Wien (905). (Sallmayer'sche Buchh.) 1. 20

Prohaska, Karl, Lehrbuch der Gabelsberger'schen Stenographie f. Fortbildungs-, Handels- u. Mittelschulen. 4. (IV, 79 u. 24 S.) Wien 899. (G. Freytag & Berndt.) n. 1. 40

Prohaska, Karl, Sigel u. Kürzgn. d. Gabelsberger-schen Stenographie. Auf Grund d. Beschlüsse des Wiener Stenographentages. v. 1895 zusammengestellt. gr. 8. (IV, 16 S.) Wien 898. G. Freytag & Berndt. n. — 35

Prohaska, Ludwig: Untersuchungen über die Bedeutung der physiologischen Blutbeschaffenheit ⟨Erythrocyten, Leukocyten, und Hämoglobin⟩ von Milchkühen. 1908. 92 S. 8⁰
München, Dr.-Ing.-Diss. v. 30. 12. 1907

Prohaska, O., die Herstellung der Gittermasten, s.: Handwerker-Bibliothek. 2. Bd.

*Prohaska, Rudolf: De „Moreti", carminis Vergiliani, inscriptione S. 3—11. 8.
Kaiser-Franz-Joseph-Gymn. (Landes-Unter- und Kommunal-Ober-Gymn.) *Mähr.-Schönberg* 1904.
Progr.

Prohászka, Ottok., die Liebe bis an's Ende. Gedanken üb. die hl. Eucharistie. (VI, 124 S. m. Titelbild.) kl. 8. Kempten 910. J. Kösel. Geb. in Leinw. 1. 20

— Christliche Moral u. andere Kultur, s. a. Volksaufklärung.

PROHASZKA, OTTOKAR: Christliche Moral und moderne Kultur. Volksaufklärung. Kleine Handbibliothek zur Lehr und Wehr für Freunde der Wahrheit. Nr. 137. Warnsdorf 1910. Hg. K. Herdach. Druck v. A. Opitz. 32 S.

Prohl, C. F., Einwohner-Verzeichniß der Stadt Heidelberg, s. Einwohner-Verzeichniß.

Prohl, Hedwig, Brauseköpfchen. Eine Erzählg. f. junge Mädchen. gr. 8. (99 S. m. 4 Chromolith.) Stuttgart 884. Hänselmann. geb. n. 3. —

Prohl, Hedwig, Brauseköpfchen. Eine Erzählg. f. junge Mädchen. M. 4 Farbdr.-Bild. nach Aquarellen v. F. Lipps. 3. Aufl. gr. 8. (126 S.) Stuttgart (894). Süddeutsches Verlags-Institut. Geb. n. 3. —

Prohl, Hedw., Brauseköpfchen. Eine Erzählg. für junge Mädchen. Mit 4 Farbdr.-Bildern nach Aquarellen von F. Lipps. 4. Aufl. gr. 8. (128 S.) Stuttgart (899). [Süddeutsches Verlags-Institut.] Berlin, Schreiter. Geb. 1. 50

— im trauten Daheim. Eine Erzählg. f. die Jugend. Mit 4 Farbendr.-Bildern nach Aquarellen v. M. Coester. gr. 8. (108 S.) Stuttgart 884. Thienemann. cart. n. 3. —

Prohl, H., im trauten Daheim. Eine Erzählung f. die Jugend. 2. Aufl. gr. 8. (108 S. m. 4 Farbendr.-Bildern nach Aquarellen v. W. Coester.) Stuttgart 888. Thienemann. cart. n. 3. —

Prohl, Hedw., Erfreue und nütze! Drei Erzählungen. Mit 6 bunten Illustr. von Louise Thalheim. Breslau 864. Trewendt. gr. 16. (2 Bl., 190 S.) 1 ₰

Prohl, Hedwig, gefunden. Eine Erzählg. f. erwachsene Mädchen. gr. 16. (199 S. m. e. lith. Titelbild.) Breslau 872. Trewendt. geb. 3. 75

Prohl, Hedwig, das Glückskind. Eine Erzählung. Mit e. (lith.) Titelbild. Breslau 871. Trewendt. br. 8. (207 S.) In engl. Einb. 1 ₰

—— das Glückskind. Eine Erzählung. 2. Aufl. 8. (235 S.) Breslau 885, Trewendt. geb. * 3 —

—— s. Hedwig's, Tante, Geschichten für kleine Kinder.

Prohl, Hedwig, rosige Jugendzeit. Gesammelte Erzählungen. Mit 6 Chromolithogr. nach Motiven von Luise Thalheim, gezeichnet von W. Schäfer. 8. (440 S.) Breslau 881, Trewendt. geb. 6 —

Prohl, Hedw., in Leid und Freud. Novellen. 8. (169 S.) Breslau 879, Schottländer. * ℳ 3.; geb. * 4 —

Prohl, Hedwig. Nur e. Tochter. Eine Erzählg. für junge Mädchen. Mit 8 Einschaltbildern von Paul Hey. 8. (295 S.) Stuttg. 891, Thienemann. geb. * 4 —

Prohl, Hedwig, Samenkörner für junge Herzen. Drei Erzählungen. br. 8. (III und 202 S. mit 6 lithogr. bunten Illustr. von Louise Thalheim.) Breslau (861)62, E. Trewendt. geb.

PROHL. *Samenkörner* für junge Herzen. Drei Erzählungen. Mit sechs bunten Illustrationen [handkolor. Lithogr.] von LOUISE THALHEIM. 2. Aufl. Breslau, Ed. Trewendt, [c. 1865]. 3 Bl. 205 S. 2 Bl. 8°. Blauer Orlwd. Name a. d. Vortitel. 17.—

— Samenkörner für junge Herzen. Drei Erzählungen. Mit 6 bunten (chromolithogr.) Illustr. von Louise Thalheim. 2. Aufl. 8. (205 S.) Breslau 877, Trewendt. geb. 4 60

— Sei willkommen! Drei Erzählungen. Ebend. 866. br. 8. (V, 263 S. mit 6 bunten chromolith. Illustr. von Louise Thalheim.) geb. 1 ₰ 7½ ngr.

—— ernster Sinn in bunten Bildern. Drei Erzählungen. br. 8. (III und 186 S. mit 6 lithogr. bunten Illustr. von Louise Thalheim.) Breslau 863, Trewendt. geb.

—— Stiefmütterchen. Eine Erzählung. gr. 16. (194 S.) Breslau 868, Trewendt. 24 Ngr.; cart.

—— Stiefmütterchen. Eine Erzählung. 2. Aufl. 8. (232 S.) Breslau 885, Trewendt. geb. * 3 —

—— Wo ist der Himmel? Eine Erzählung für die Jugend. Mit 4 Farbendr.-Bildern nach Aquarellen von M. Coester. gr. 8. (112 S.) Stuttgart 880, Thienemann's Verlag. geb. * 3 —

— wo ist der Himmel? Eine Erzählg. f. die Jugend. Mit 4 Farbendr.-Bildern. Nach Aquarellen v. M. Coester. 2. Aufl. gr. 8. (112 S.) Stuttgart 885. Thienemann. geb. n. 3. —

Prohl, Hugo, Blüthen des Lebens! Liedergrüße. Gedichte. gr. 8. (56 S.) Breslau 893. (C. Dülfer.) n. — 80

— Tropfen im Meer. Gedanken auf einsamen Wegen. gr. 8. (VII, 143 S.) Ebd. 891. n. 1. 20

Prohl, [Richard]: Antrittsrede des Direktors. S. 6—9. 4.
Progr. Gymn. i. E. *Lauenburg i. Po.* 1906 (176).

Prohl, Richard: Geschichte der Schule. Lauenburg i. Pom. 1910: Badengoth. S. 1—40, 1 Taf. 8°
Lauenburg i. Pom., G, Festschr. z. 50j. Jubelfeier 1910, P 1911 (205) [S 11. 372

Pröhl, Friedrich [aus Wernigerode]: Zur Casuistik der Geschwülste der Thränendrüse ... Berlin, C. Vogt's Buchdr., *1892*; 30 S., 1 Bl. 8.
Berlin, Med. Fak., Inaug.-Diss. v. 23. Juli 1892

Pröhl, Joh. Gottlieb: Chorlied. Hör' uns Vater. Zum Schwesternfest. [ca 1881?]
[Bh. 24 (1881) S. 383.]

Proehl, J[oh.] G[ottlieb]: Festgesang. Dem Ehrw. Mstr v. St. Br N. N. zum 25. Jahrestage seines Anschlusses an die Loge zur Harmonie [in Chemnitz]. o. O. [ca 1881?].
[Bh. 24 (1881) S. 383.]

Festgesang. Unserm Br. Friedr. Osc. Ancke zur Feier seines silbernen Maurerjubiläums in Liebe und dankbarer Verehrung gewidmet von der Loge zur Harmonie in Chemnitz am 5. Mai 1889. [Am Ende:] (Ged. und comp. v. [Joh. Gottlieb] **Pröhl.**) [Chemnitz 1889: Geidel.] 1 Bl. 8⁰ [Kopftit.]
Ohne Noten: „Fünf und zwanzig Jahre schwanden, . . ."

Stiftungsfest der Loge zur Harmonie im Or. Chemnitz den 30. Mai 1878. Fest-Cantate von S. Fehrenbach und G. Schell. Für kleines Orchester, mit Zufügung einer zweiten Bassstimme für die Loge zur Harmonie im Or. Chemnitz eingerichtet von J[oh.] G[ottlieb] **Pröhl.** [Freiburg i. B. 1878.] 1 Bl. 8⁰ [Kopftit.]
Ohne Noten: „Seid uns gegrüsst, geweihte Friedenshallen, . . ."

[Dasselbe u. d. Tit.:]
Zum 89. Stiftungsfeste der Loge zur Harmonie in Chemnitz am 10. Mai 1888. Fest-Cantate von S. Fehrenbach und G. Schell. Für kleines Orchester, mit Zufügung einer zweiten Bassstimme für die Loge zur Harmonie in Chemnitz eingerichtet von J[oh.] G[ottlieb] Pröhl. [Chemnitz 1888.] 1 Bl. 8⁰ [Kopftit.]

Des Maurers Freude. Von E[rnst] Rauschenbusch, comp. von J[oh.] G[ottlieb] **Pröhl** [und] Maurerlied. [Chemnitz o. J.: Pickenhahn.] 1 Bl. 8⁰ [Kopftit.]
Ohne Noten.

Loge zur Harmonie im Or. Chemnitz. Gesänge zum Johannis-Fest am 21. Juni 1896. [Chemnitz 1896: Tetzner & Zimmer.] 2 Bl. 8⁰ [Umschlagtit.]

Proehl, J. G.: Die 3 Hauptkennzeichen des Frmrs. Zum silbernen Mr. Jubiläum des ehrw. Mstrs. v. St. Br. N. N. [ca 1881?]
[Bh. 24 (1881) S. 383.]

Hymnus an die Maurerei. Johannisfest 1844. [Unterz.: G. H.] Wegener. [Komp. von Joh. Gottlieb **Pröhl.**] [Hannover 1844: Jänecke.] 2 Bl. 8⁰ [Kopftit.].
Abgedr. in: Jubelgruss dem Br [H. H.] Eger zu seinem goldn. Maurerjubil. 1869 Bl. 2. Ohne Noten: „Fest der Rosen! Fest der Sonne!"

Johannisfest in der Loge zur Harmonie in Chemnitz 1879. Hymnus an die Maurerei von G. H. Wegener, comp. von J[oh.] G[ottlieb] **Pröhl.** [Chemnitz 1879: Geidel.] 1 Bl. 8⁰ [Kopftit.]
Lied ohne Noten: „Fest der Rosen, Fest der Sonne!"

Proehl, J[oh.] G[ottlieb]: Joh.-Festlied von N. N. Bass, Solo und Chor. [ca 1881?]
[Bh. 24 (1881) S. 383.]

Bei der Arbeit. Cantate. Comp. von J[oh.] G[ottlieb] **Pröhl.** [Chemnitz] o. J.: [Pickenhahn.] 2 Bl. 8⁰
[Beigedr.:] Bei der Tafel. Schwesternlied!

Stiftungsfest der Loge zur Harmonie 1874. Bei der Arbeit. Cantate. Comp. von J[oh.] G[ottlieb] **Pröhl.** [Chemnitz 1874: Geidel.] 1 Bl. 8⁰ [Kopftit.]
Ohne Noten: „Dir dreimal grosser Weltenmeister, . . ."

Proehl, Joh. Gottlieb: Cantate. Dir, dreimal gr. W. Mstr. Stiftungsfest Cantate. Zum 25 jährigen Mr-Jubiläum des Mstrs v. St. Br N. N. o. O. [ca 1881?].
[Bh. 24 (1881) S. 383.]

Proehl, Joh. Gottlieb: Cantate. Ein freudiger Festgesang erschalle. Stiftungsfest. o. O. [ca 1881?].
[Bh. 24 (1881) S. 383.]

Proehl, J[oh.] G[ottlieb]: Cantate. Heil dem Mr-Bunde. Joh.-Fest-Cantate. o. O. [ca 1881?].
[Bh. 24 (1881) S. 383.]

Proehl, Joh. Gottlieb: Cantate. Hinauf zum gr. W. Mstr. Joh.-Fest-Cantate. o. O. [ca 1881?].
[Bh. 24 (1881) S. 383.]

Proehl, J[oh.] G[ottlieb]: Cantate. Hymnus an die Maurerei. Fest der Rosen, Fest der Sonne ... Johannesfest. (Zum goldenen Mr-Jubiläum des Ehrw. Mstrs v. St. N. N. aufgeführt.) [ca 1881?]
[Bh. 24 (1881) S. 383.]

Proehl, Joh. Gottlieb: Cantate. Des Mrs Osterfest. Brüder habt ihr's wohl gesehen auf den Bergen Osterlicht? Stiftungsfest. o. O. [ca 1881?].
[Bh. 24 (1881) S. 383.]

Proehl, Joh. Gottlieb: Cantate. Rauschet ihr Töne. Schwesternfest. o. O. [ca 1881?].
[Bh. 24 (1881) S. 383.]

Proehl, Joh. Gottlieb: Cantate. Seid uns gegrüsst. Für 3 Stimmen, Pianoforte und Physharmonika, 4 stimmig arr. zum Stiftungsfeste. o. O. [ca 1881?].
[Bh. 24 (1881) S. 383.]

Cantate zum Johannisfeste 1861. Text und Musik von J[oh.] G[ottlieb] **Pröhl.** [Chemnitz 1861: Pickenhahn.] 1 Bl. 8⁰ [Kopftit.]
Ohne Noten: „Hinauf zum grossen Weltenmeister, . . .“

Cantate zum Johannisfeste 1863. Comp. v. J[oh.] G[ottlieb] **Pröhl.** [Chemnitz 1863]: Pickenhahn. 1 Bl. 8⁰ [Kopftit.]
Ohne Noten: „Heil, Heil, Heil dem Maurerbunde, . . .“

[Dasselbe u. d. Tit.:]
Johannisfest der Loge zur Harmonie im Or. Chemnitz den 25. Juni 1876. Arbeits- und Festloge. Cantate zum Johannisfeste 1876. Text und Musik von J[oh.] G[ottlieb] Pröhl. [Chemnitz 1876.] 1 Bl. 8⁰ [Kopftit.]
Tt 2495. Ohne Noten.

[Dasselbe u. d. Tit.:]
Loge zur Harmonie im Or. Chemnitz. Johannisfest 1883. Cantate von J[oh.] G[ottlieb] Pröhl. [Chemnitz 1883: Geidel.] 1 Bl. 8⁰ [Kopftit.]
Ohne Noten.

Proehl, J[oh.] G[ottlieb]: Lied des Trostes. Für Solo und Chor. Den Brn N. N. in brdl. Liebe zugeeignet. o. O. [ca 1881?].
[Bh. 24 (1881) S. 383.]

Das Maurerwort. Cantate von Joh. Gottlieb **Pröhl.** [ca 1881?]
[Bh. 24 (1881) S. 383.]

Stiftungsfest der □ zur Harmonie 9. Mai 1872. Maurers Osterfest von H. G. Wegener, comp. für Solo, Chor und Orchester von J[oh.] G[ottlieb] **Pröhl.** [Chemnitz 1872: Pickenhahn.] 1 Bl. 8⁰ [Kopftit.]
Ohne Noten: „Brüder! Habt Ihr's wohl gesehen . . .“

[Dasselbe u. d. Tit.:]
Zum 87. Stiftungsfeste der Loge zur Harmonie im Or. Chemnitz am 3. Juni 1886. Maurers Osterfest von H. G. Wegener, comp. für Solo, Chor und Orchester von J[oh.] G[ottlieb] Pröhl. [Chemnitz 1886: Geidel.] 1 Bl. 8⁰ [Kopftit.]
Ohne Noten.

[Dasselbe u. d. Tit.:]
Zum 93. Stiftungsfest der Loge zur Harmonie im Or. Chemnitz am 26. Mai 1892. [Chemnitz 1892]: Geidel. 2 Bl. 8⁰ [Umschlagtit.]
Ohne Noten.

Stiftungsfest der Loge zur Harmonie Or. Chemnitz, den 3. Mai 1883. Vater, der du bist die Liebe! Gedicht von Joh. Rousseau, in Form einer Cantate für Solo, Chor und Orchester comp. von J[oh.] G[ottlieb] **Pröhl.** [Chemnitz 1883]: Geidel. 1 Bl. 8⁰ [Kopftit.]
Ohne Noten.

Proehl, Joh. Gottlieb: Würde der Frauen. Ehret die Frauen, sie flechten und weben. Zum Schwesternfeste. o. O. ca 1881.
[Bh. 24 (1881) S. 383.]

Pröhl, Walt., allerhand Leuten zu allerhand Zeiten! Dichtungen. (150 S.) 8. Leipzig 910. Modernes Verlagsbureau. 2.50

Pröhle, Heinrich

Pröhle, H., Abhandlungen über Goethe, Schiller, Bürger u. einige ihrer Freunde. Mit Knesebeck's Briefen an Gleim als Seitenstück zu Goethe's Campagne in Frankreich. gr. 8. (XII, 264 S.) Potsdam 889. Stein. n. 3. —

—— Berlin und Wien. Ein Skizzenbuch. 8. (X und 186 S.) Berlin 850, Besser's Vrlgsb.

— Brockensagen. Mit e. Abhandlg. üb. den Hexenzug nach dem Blocksberge. 12. (XVI, 70 S.) Harzburg 888. Stolle. n. — 60

— Gottfried August Bürger. Sein Leben und seine Dichtungen. Leipzig 856. G. Mayer. gr. 8. (XV, 184 S.) 18 ngr.

Pröhle, Heinrich, Patriotische Erinnerungen, Erzählungen u. Abhandl. a. d. Zeiten d. Kriege zwischen Deutschland u. Frankreich, Berlin 1873, XI u. 287 S., 8°.

Pröhle, Heinr., patriotische Erinnerungen. Erzählungen u. Abhandlgn. aus den Zeiten der Kriege zwischen Deutschland u. Frankreich. 8. (287 S.) Berlin 874. Weile. 4. 50

Pröhle, Heinr., Erzählungen aus dem Harzgebirge. Eine Volksschrift. 8. (XVIII und 137 S.) Berlin 862, Vogel und Comp.

Pröhle, Heinr., Feldgarben. Beiträge zur Kirchengeschichte, Literaturgeschichte und Culturgeschichte. gr. 8. (XX und 476 S.) Leipzig 859, Gräbner.

—— die Fremdherrschaft. Mittheilungen aus der Geschichte des ehemal. Königr. Westphalen. Vorgelesen am 13. Februar 1858 im Verein für wissenschaftl. Vorträge zu Berlin. gr. 8. (30 S.) Leipzig 858. [Altona, G. Mayer's Verlag.] *

Pröhle, Heinr., Friedrich der Große und die deutsche Literatur. Mit Benutzung handschriftl. Quellen. 2. (Titel-)Ausg. 8. (X, 303 S.) Berlin (872)78, Liebel'sche Buchh. * 4 —

Pröhle, Heinr., Gedichte. 16. (X und 133 S.) Leipzig 859, Gräbner. geb. Thlr. -

— Gleim auf der Schule. (Aus dem Programm der Louisenstädt. Realschule.) Berlin 857. Gebauer. gr. 4. (24 S.) 7½ ngr.

—— Gleim auf der Schule. 4. (24 S.) Berlin 858, [Streerath.] **
Aus: Programm der Louisenstädtischen Realschule, besonders abgedruckt.

Pröhle, Heinr. (Andr.), aus dem Harze. Skizzen und Sagen. 8. (VIII und 120 S.) Leipzig 851, Avenarius und Mendelssohn.

—— aus dem Harze. 2., verb. und verm. Aufl. 16. (XI und 132 S.) Leipzig 857, Mendelssohn. geb. *

— der Harz, s.a. Grieben's Reise-Bibliothek.

Pröhle, Heinrich: Der Harz. Illustrirter Wegweiser für 1869. Völlig neu bearbeitet. 10. Aufl. (Grieben's Reise-Bibliothek No. 2.) Berlin 1869. XII. 116 S., 1 Krt. 8°.

— Harz u. Kyffhäuser in Gedichten, Schilderungen u. Aufsätzen von Bürger, Goethe, Hölty rc. Mit e. literarhistor. Einleitung. Berlin 870. Moeser. 8. (XII, 166 S.) n. 15 ngr.

— Harz u. Kyffhäuser in Gedichten, Schilderungen u. Aufsätzen v. Andersen, Auerbach, Bechstein, Bürger, Freiligrath, Geibel, Goethe, Heine, Heyse, Hölty, Klopstock, Roquette, Rückert, Ernst Schulze, Gust. Schwab, Graf zu Stolberg, Tiedge, Zachariä u. Anderen. Mit e. literarhistor. Einleitg. hrsg. v. H. P. Neue [Titel-]Ausg. 8. (XII, 166 S.) Harzburg 888. Stolle. n. 1. 50

Pröhle, H., der Harz, drei Tage im Harz, s. Grieben's Reise-Bibliothek.

—— Harzbilder. Sitten und Gebräuche aus dem Harzgebirge. 8. (IV und 119 S.) Leipzig 855, Brockhaus. *
Aus: Brockhaus' Reise-Bibliothek.

—— Harzsagen. Gesammelt auf dem Oberharz und in der übrigen Gegend von Harzeburg und Goslar bis zur Grafschaft Hohenstein und bis Nordhausen. 8. (XXXVIII und 306 S.) Leipzig 854, [Mendelssohn.]

— Harzsagen. Gesammelt u. mit Anmerkungen herausg. Neue Ausg. 2 Bde. Leipzig 859. Mendelssohn. 8. 2 Thlr. 15 ngr.
1. Bd.: Sagen des Ober-Harzes und der Gegend von Harzburg und Goslar bis zur Grafschaft Hohenstein und bis Nordhausen. (XXXVIII, 306 S.) 1 Thlr. 15 ngr.
2. Bd.: Sagen des Unter-Harzes von der Grafschaft Wernigerode bis zur Grafschaft Stolberg und zur Roßtrappe. (XXIV, 235 S.) 1 Thlr.

Pröhle, Heinr., Harzsagen, zum Teil in der Mundart der Gebirgsbewohner, gesammelt u. hrsg. 2. Aufl. in 1 Bde. 8. (XLI, 279 S.) Leipzig 886. Mendelssohn. n. 5. —; geb. n. 6. —

— siehe: Hausbüchlein f. das Volk rc.

— Heinrich Heine u. der Harz. I. Heine's Bergidylle. II. Heine's Harzreise. 12. (44 S.) Ebd. 888. n. — 50

—— der Köhlermeister Hillebille, s. Hausfreund, Hamburger.

— aus dem Kaiserstaat. Schilderungen aus dem Volksleben in Ungarn, Böhmen, Mähren, Oberösterreich, Tyrol u. Wien. 8. (XVI u. 264 S.) Wien 849, Gerold. 1⅓ Thlr.

—— Kinder- und Volksmärchen. 8. (LIII und 254 S.) Leipzig 853, [Mendelssohn.]

— der Krieg 1866. Ein Gedicht. Berlin 866. Schweigger'sche Hofbuchh. 16. (24 S.) n. 5 ngr.

—— Kriegsdichter des siebenjährigen Krieges und der Freiheitskriege. Ein Vortrag. gr. 8. (31 S.) Leipzig 857. [Altona, G. Mayer's Verlag.]

—— Kriegsdichter des 7jährigen Krieges und der Freiheitskriege. Ein Vortrag. Jubelausg. zur Körnerfeier. gr. 8. (31 S.) Altona 863, [Haendcke und Lehmkuhl.]

—— das Leben des alten Köhlermeisters Hillebille. Eine Volksschrift. 12. (40 S.) Hamburg 859, Agentur des Rauhen Hauses.

Pröhle, H.: Friedrich Ludwig Jahns Leben. Nebst Mitteilungen aus seinem literarischen Nachlasse. Berlin 1855. 425 S.

— Friedrich Ludwig Jahn's Leben. Nebst Mittheilgn. aus seinem literar. Nachlasse. 2. Ausg. gr. 8. (XVI, 425 S. m. e. Steintaf.) Stuttgart 872. Krabbe. n. 3. —

— Friedrich Ludwig Jahn's Leben. Neu bearb. von Carl Euler. 1.—5. Lfg. 8. (S. 1—224 mit Holzschn.-Portr.) Stuttgart 878,79, Krabbe. à Lfg. * 50 Pf. * 2 50

—— Friedrich Ludw. Jahn's Leben. Neu bearb. von Carl Euler. 6.—13. (Schluß-)Lfg. 8. (XXII, S. 225—634.) Stuttgart 880,81, Krabbe. à Lfg. * 50 Pf. * 4 —
compl. * M 6,50.; geb. * 7 —
1.—5. Lfg. Ebendas. 1878,79. à * 50 Pf.

—— Lessing, Wieland, Heinse. Nach den handschriftl. Quellen in Gleims Nachlasse dargestellt. 1. Aufl. (XII, 324 S.) 1877. * M 6,75.; 2. (Titel-)Ausg. gr. 8. (XII, 324 S.) Berlin 879, Liebel'sche Buchh. * 4 —

— deutsche Lieder u. Oden aus dem Zeitraum zwischen dem Staatsstreiche Louis Napoleons u. der Gefangennahme desselben durch den König Wilhelm. 2. durchgeseh. Aufl. 16. (40 S.) Berlin 870. Lipperheide. — 50

— neue Lieder aus Wittenberg. Zur Saecular-Feier d. Domgymnasiums zu Merseburg am 29. u. 30. Juni 1875 hrsg. gr. 16. (35 S.) Wittenberg 876. Herrosé's Sort. — 60

— neue Lieder aus Wittenberg gegen Rom. 2. durchgeseh. u. verm. Aufl. 8. (88 S.) Ebend. 875. n. — 75

—— Märchen für die Jugend. Mit einer Abhandlung für Lehrer und Erzieher. 8. (XVI und 236 S.) Halle 854, Buchhandlung des Waisenhauses.

—— Märchenstrauß. Mit 4 Oeldr.-Bildern nach Aquarellen von C. A. Röhling. Imp.-4. (IV, 60 S.) Berlin 882, Neufeld. geb. 6 —

Proehle, Henricus (geb. am 4 Juni 1822 in Satuelle Rgbz. Magdeburg): De Bructeri nominibus et de fabulis quae ad eum montem pertinent ... Wernigerodae, B. Angerstein 1855. 47 S. 8.
Bonn, Phil. Fak., Diss. v. [23 Juli 1855]

Proehle, Henr., de Bructeri nominibus et de fabulis quae ad eum montem pertinent. Dissert. inaugur. Wernigerodae 855. (Magdeburg, Baensch.) 8. (48 S.) n. 7½ ngr.

— der Pfarrer v. Grünrode. Ein Lebensbild. 2 Thle. 8. (VI u. 327 S.) Leipzig 852, Avenarius & Mendelssohn. 1½ ℛ

— die Reformationssagen u. die Volksüberlieferung der Protestanten. Ein Vortrag. Berlin 867. Frank. gr. 8. (31 S.) n. 4 ngr.

—— das Riesengebirge, s. Grieben's Reise-Bibliothek.

—— deutsche Sagen. gr. 8. (XVI und 272 S. mit Illustr. in eingedr. Holzschn.) Berlin 863, Frank.

—— Anmerkungen und Sachregister dazu. gr. 8. (43 S.) Ebendas. 863.

— deutsche Sagen. Neue wohlf., durch Reformationssagen verm. Ausg. Ebend. 867. gr. 8. (XVI, 303 S. mit Illustr. in Holzschn.) n. 20 ngr.; geb. n. 25 ngr.

—— deutsche Sagen. 2. neu bearb. Aufl. gr. 8. (XVI, 333 S. mit Holzschn.-Illust.) Berlin 879, Friedberg und Mode. geb. in Leinw. ℳ 5.; geb. in Halbfranz 6 50 geb. in Liebhaberhalbfranz 8 —

— Rheinlands schönste Sagen u. Geschichten. Für die Jugend bearb. Mit 6 Lichtdr.-Bildern nach Originalen v. Louis H. E. Schmidt. gr. 8. (VIII, 248 S.) Berlin 886. Tonger & Greven. geb. 4. 50

Pröhle, Heinr., Rheinlands schönste Sagen u. Geschichten. M. 6 Lichtdr.-Bild. nach Originalen v. Louis H. E. Schmidt. 2., verb. Aufl. gr. 8. (VIII, 232 S.) Berlin (893). H. J. Meidinger. Geb. in Leinw. n. 3. —; erhöht. Pr. 3. 50

—— unterharzische Sagen. Mit Anmerkungen und Abhandlungen. 8. (XXIV und 235 S.) Aschersleben 855(56,) Fokke.

— der deutsche Unterricht in seinem Verhältnisse zur Nationalliteratur. Berlin 865. Moeser. gr. 8. (X, 102 S.) n. 15 ngr.

–(Hrsg.), s. Vaterland, Unser.

—— weltliche und geistliche Volkslieder und Volksschauspiele, s. Volkslieder und Volksschauspiele.

* PRÖHLE, Heinr., (125) Weltliche und geistliche Volkslieder und Volksschauspiele, Mit 1 Musikbeilage. Hrsg. von —. Aschersleben. Oskar Fokke. 1855. 8°. (1⅙ Rthl.) XLIV, 324 S. (Auch in der Berliner Magistratsbibl., sowie in Breslau, Kgl. u. Univ.-Bibl.: Lit. Teut. I 8° 135 l.) (1 Mk. 50 Pfg., Köhler, Lpz., 1875:)

—— weltliche und geistliche Volkslieder und Volksschauspiele. Mit einer Musikbeilage. 2. (Titel-)Ausg. 8. (XLIV und 324 S.) Stuttgart (855)63, Fischhaber. *

— Volks-Räthsel für die Jugend bearb. gr. 16. (40 S.) Berlin 876, [Weile.] Friedberg und Mode. cart. * — 50

— Walddrossel. Ein Lebensbild. 8. (IV u. 304 S.) Dessau 851, Katz. 1½ ℛ

— die Lehninische Weissagung. gr. 8. (VIII, 76 S.) Berlin 888. Nicolai's Verl. n. 1. 20

Pröhle, Heinrich Andreas, s.a. Pröhle, Heinrich

Pröhle, Heinr. Andr., Chronik von Hornhausen. Mit besond. Berücksicht. der dortigen zur Zeit des dreißigjähr. Krieges berühmten Gesundbrunnen. Ein Beitrag zur Niedersächs. Geschichtschreibung. 8. (X u. 214 S.) Oschersleben 850, Häniche. n. ⅔ ℛ

Pröhle, H(einr.) A(ndr.), liturgischer Festring, s. Festring, liturgischer.

Pröhle, Heinr. Andr., liturgischer Festring. Altar-Lektionen mit eingelegten Gesängen für Weihnacht, Fasten, Ostern, Himmelfahrt und Pfingsten. 1. Heft. Wernigerode 856. (Quedlinburg, Huch.) 8. (S. 1—16.) n. 1 ngr.

— Katechismus der evangelisch-christl. Glaubens- u. Tugendlehre. 8. Halberstadt 825, Brüggemann.

— Katechismus d. evangel.-christl. Glaubens- u. Tugendlehre. 8. Halberst. 825. Eyraud in Neuhaldensl. 4 gℛ

—— das halberstädtische Kirchen- und Haus-Gesangbuch in seiner erneuerten Gestalt. Ausführlich besprochen und allen sachverständigen Freunden des Kirchengesangs, insbesondere zunächst der geistliche Oberbehörde so ehrerbietig als mit Vertrauen ꝛc. vorgelegt. gr. 8. (63 S.) Oschersleben 856, Häniche.

—— Leitfaden bei dem Konfirmanden-Unterrichte, aus Bibeltexten entwickelt. Mit einem Vorworte von Claus Harms. 8. (XIII und 82 S.) Halberstadt 851, Frantz.

— Leitfäden bei dem Konfirmanden-Unterrichte, aus Bibeltexten entwickelt. Mit einem Vorworte v. Claus Harms. 8. (XIV u. 82 S.) Halberstadt 851, Frantz. ⅓ ℛ

Pröhle, Hnr. Andr., Materialien zu Homilien in katechetischer Form; oder Leitfäden des Confirmanden-Unterrichts üb. bibl. Texte. 1. Hft. 8. Halberstadt 846. (Helm.) n. ⅙ ℛ

—— Philipp Melanchthon. Rede, zu Melanchthons 300jähr. Todtenfeier am 19. April 1860 in der Louisenstädtischen Realschule zu Berlin gehalten. 8. (31 S.) Berlin 860, Vogel und Comp. (Leipzig, Mittler.) *

— Predigt am vierten Sonntage nach Trinitatis d. 30. Jun. 1822 gehalten. gr. 8. Magdeb. 823. Heinrichshofen. 4 gℛ

Pröhle, (H. A.) Predigten am vierten Sonntage nach Trinitatis d. 30. Jun. 1822 gehalten. gr. 8. Magdeburg 823, Heinrichshofen. Rthlr.

—— Predigt-Entwürfe über die Evangelien und Episteln des ganzen Kirchenjahres, sowie über freie Texte für perikopenlose Feiertage. Ein homilet. Handbuch. 8. (XVI und 140 S.) Wernigerode 856. (Quedlinburg, Huch.) *

Pröhle, Heinr. Andr., Predigt-Entwürfe über sämmtliche Sonn- und Festtags-Evangelien und Episteln, sowie über freie Texte für die Hagelfeier, den Bußtag, das Ernteweihe- und Erntedankfest und für die Todtenfeier. Ein homilet. Handbuch. 2. Aufl. gr. 8. (IV und 364 S.) Wernigerode 863. (Nordhausen, Förstemann's Verlag.) *

Pröhle, Heinr. Andr., Andreas Proles, Vikarius der Augustiner, ein Zeuge der Wahrheit kurz vor Luther. Eine Gabe zur 350jährigen Jubelfeier der Reformation. Gotha 867. F. A. Perthes. 8. (70 S.) 9 *ngr.*

Pröhle, Hnr. Andr., die körperl., christl. u. bürgerl. Schulerziehung. Ein Auszug aus einer entworfenen Dorfschulordnung. Nebst einer erläut. Beilage: Reden bei öffentl. Kindergottesdiensten. gr. 8. Magdeburg 846, Falckenberg u. Comp. n. 1/6 Thlr

Pröhle, Heinr. Andr., Schwert und Altar. Gedichte. (Mit einer Musik-Beilage.) 16. (XIII und 123 S.) Leipzig 859, Gräbner. geb. –

—— das Selbstcommuniciren der evangelischen Geistlichen. Synodal-Vortrag, am 26. Octbr. 1863 zu Oschersleben gehalten. gr. 8. (39 S.) Quedlinburg 864, Franke.

—— kirchliche Sitten. Ein Bild aus dem Leben evangelischer Gemeinen. gr. 8. (VII und 316 S.) Berlin 858, Hertz. *

Pröhle, H. A., Versuch e. prakt. Geschichte d. Zerstörung Jerusalems u. d. Untergangs d. jüdischen Volkes, mit 7 verschiedenen Einleitungen u. dazu gehör. Schlußanwendung z. kirchl. Gebrauch am 10n Sonntage nach Trinitatis. gr. 8. Halle 824. Fr. Ruff. 6 gr

—— Wogweiser durch den Harz. gr. 16. (XII und 131 S. mit 1 Uebersichts- und 1 Routenkarte in Stahlst. in 4. und Fol.) Hildburghausen 864, Bibliographisches Institut. geb.

Pröhle, Heinr. Andreas, Weihe Rede bei Wiedereröffnung der altberühmten Heilquellen in Hornhausen am 24. Juni 1874 geh. 8. (14 S.) Bielefeld 874. Gülcker & Co. — 30

Prohmann, F., Dampfkessel-Nietungen. 8. (8 S.) Hamburg 902. Boysen & Maasch. n. — 30

Projart, s. Provart.

Project, s.a. Projekt.

Project della Constitutiun Helvetica, dils 25. de May 1802. 8. Cuera.

Projekt

Project einer auf Öffentlichkeit und Mündlichkeit der Rechtspflege berechneten Advokaten-Ordnung. Straubing 1828. V: *Nibler, Johann Baptist.* (EngJ) (Ky)

—einer auf Oeffentlichkeit u. Mündlichkeit d. Rechtspflege berechneten Advocaten-Ordnung. (Von ... Niebler). 8. Straubing. 828. Schorner. 8 gr

Project zur Anlage eines Hafens für 270 Schiffe auf der Viehweide zu Breslau. Breslau [1842]. V: *Kopisch, Carl Gottlieb.* (Kat. d. Druckschr. üb. Breslau. Breslau 1903. S. 190.)

Projekt f. die Anlage e. Stadtbahn in Wien. Im Auftrage d. Gemeinderathes der k. k. Reichshaupt- u. Residenzstadt Wien verf. v. dem Stadtbauamte im Febr. 1883. Mit e. (lith.) Uebersichtsplane. gr. 4. (40 S.) Wien 883. (Spielhagen & Schurich.) cart. n. 2. —

Projekt zum Bau einer Turnhalle des T. V. Leipzig-Connewitz. 1 Bl.

Project e. neuen Befestigungsmanier, nebst Vorschl. z. Verbesserung der Kriegskunst. Mit Kpf. gr. 8. Berl. 776. Decker. 6 gr

Project f. e. Berieselungsanlage bei Zürich. Aktenstücke vorgelegt der am 8. Decbr. 1875 vom Grossen Stadtrath bestellten Kommission. gr. 8. (111 S.) Nebst Referat üb. die sanitar. Bedeutg. d. Projekts v. Hans v. Wyss. (43 S.) Zürich 876. (Schmidt.) n. 3. —

Project einer Regionalbahn Bern-Worb-Sumiswald-Huttwyl. [Bern 1891.] V: *Beyeler, Albin.* (BSchwLk V, 9 h)

—des Codicis Fridericiani, od. Preuß. Landrecht. 2 Bde. Fol. Halle 750, 51. 1 Thlr 2 gr

Project des Codicis Fridericiani ... Nebst dem Project einer Sportul-Ordnung u. eines Pupillen-Collegii. Königsberg 1761.

Project des Codicis Fridericiani Marchici oder eine ... Cammer-Gerichts-Ordnung, nach welcher alle Processe in einem Jahr ... zu Ende gebracht werden ... müssen. Berlin 1748. H: *Cocceji, Samuel Freiherr von.* (ML) (BrMm)

Project des Codicis Fridericiani Marchici, oder eine, nach Sr. Königl. Majestät von Preussen selbst vorgeschriebenem Plan entworffene Cammer-Gerichts-Ordnung ... Nebst d. Project einer Sportul-Ordnung und eines Pupillen Collegii. [Dat.:] Berlin, 3. April 1748. [Nebst] Vollst. Reg. Berlin 1748. fol.

Project des Codicis Fridericiani Marchici. ... Nebst d. Project einer Sportul- u. Tribunals-Ordnung, wie auch eines Pupillen-Collegii. Neue, verb. u. verm. Aufl. Berlin 1749.

Project des Codicis Fridericiani Marchici, ... nebst Project einer Sportul-Ordnung u. eines Pupillen-Collegii. Es ist auch derselben der Anhang ... beygefüget worden. Nebst e. Reg. Königsberg u. Mitau 1766.

—des Codicis Fridericiani marchici, nebst e. Sportelordnung, u. Pupillencollegii. gr. 8. Königsb. 767. Kanter. 2 Thlr 8 gr

Project eines Codicis Fridericani (Pomeranici) oder ... neue Processordnung, nach welcher alle Processe in einem Jahre ... zum Ende gebracht werden sollen. Stettin ... 1747. H: *Cocceji, Samuel Freiherr von.* (ML)

Project des Corporis juris Fridericiani das ist, Sr. Königl. Majestät in Preussen in der Vernunft u. Landes-Verfassungen gegründeten Land-Rechts, worinn das Röm. Recht in eine natürl. Ordnung ... gebracht ... wird. Th. 1. 2. Halle 1749. 51. 2 Bde fol.

— 2. Aufl. Th. 1. 2. 1750. 51. fol.

Project des Corporis Juris Fridericiani das ist: . . . Landrecht worinn das Römische Recht in eine natürliche Ordnung . . . gebracht . . . wird. Halle 1749—51. H: *Cocceji, Samuel Freih. von.* (ML) (BrMm)

Project des Corporis Juris Fridericiani, d. i. Sr. Königlichen Majestät in Preussen in der Vernunft und Landes-Verfassungen gegründetes Land-Recht, worinn das Römische Recht in eine natürliche Ordnung, und richtiges Systema, nach den dreyen Objectis Juris gebracht: die General-Principia, welche in der Vernunft gegründet sind, bei einem jeden Objecto festgesetzet ... : Alle Subtilitäten und Fictiones, nicht weniger was auf den Teutschen Statum nicht applicable ist, ausgelassen: Alle zweifelhafte Jura, welche in den Römischen Gesetzen vorkommen, oder von den Doctoribus gemacht worden, decidiret, und solchergestalt Ein Jus certum und universale in allen Dero Provintzen statuiret wird. - Halle 1750 u. 1751. 2 Tl.

PROJEKT für die Damen zur Vermehrung ihrer Reize. Wien, o. J. (1780). 8°. (1 fl. 50 xr. J. Eisenstein & Co., Wien, 1890.)
Höchst seltene Wiener Broschüre!

Project für die Einführung der elektrischen Beleuchtung in Zürich . . . Zürich 1890. V: *Burkhard-Streuli, Werner Glieb.* (Cat. d. Stadtbibl. Zürich. Zürich. 1864—97.)

— das, e. Eisenbahn von Arnstadt üb. Ilmenau u. Königsee nach Schwarza a. d. S. gr. 8. (16 S. m. e. lith. Karte in qu. 4.) Ilmenau 872. Tromsdorf. n. — 40

Project einer normalspurigen Eisenbahn St. Gallen-Rapperswyl-Zug. St. Gallen 1890. V: *Brunner, Adolph.* (Cat. d. Stadtbibl. Zürich. Zürich 1864—97.)

Project einer normalspurigen Eisenbahn St. Gallen-Rapperswyl-Zug. Im Auftrage des Initiativ-Comité hrsg. von *A. Brunner* und *L. Kürsteiner*. Mit Atlas von 12 Karten und Plänen. In-4°. 72 S. St. Gallen (Huber & Co.) 1890. 6 —

Project einer Eisenbahnverbindung zwischen dem Bodensee u. Lago Maggiore (mit Trajectsystem am Pizzo Pettano). Denkschrift mit 3 (lith.) Zeichnungsbeilagen (in Fol.). Nürnberg 869. Bieling. gr. 8. (68 S.) 15 ngr.

Ein Projekt betr. eines gegenseitigen Feuerversicherungs-Gesetzes für industrielle Risiken. Helsingfors 1902.

Ein Projekt in der Frage der Industrie-Feuerversicherung. 1908.

Project, Französisches, einer nützlichen, bewährten und neuen Einpfropfung . . . Thorn 1761. V: *Hamann, Johann Georg.* (R-N)

Project, Generelles, zur Regulierung der südlichen mecklenburgischen Wasserstrassen. Schwerin 1884. B: *Mensch, W. R.* (Bachmann, Mecklenburg. Güstrow 1889 S. 314.)

Project. Das Projekt eines Gewerbeschulgebäudes für die Stadt Zürich. Initiativ-Vorlage des Gewerbeschulvereins von Zürich und Umgebung an den Stadtrat Zürich. (Februar 1901.) [Mit Planskizzen.] 11 S. 8. Zürich, Zürcher & Furrer, 1901.

Projekt zur Gründung einer Aktiengesellschaft unter der Firma: Landwirtschaftliche Hypothekar-Lebensversicherungs-Bank. Berlin 1904.

Project einer Gürbethalbahn Bern-Belp-Thun. [Bern 1891]. V: *Beyeler, Albin.* (BSchwLk V, 9 h)

Project über Haftpflicht und Vorsorge bei Arbeitsunfähigkeit für alle lohnempfangenden Handarbeiter des deutschen Reiches ohne Staatshülfe. Berlin 1882. V: *Schlesing, Ferdinand.* (Cat. d. Stadtbibl. Zürich. Zürich 1864—97.)

Projekt über die Haftpflicht und Vorsorge bei Arbeitsunfähigkeit [Krankheit, Unfall, Invalidität und Alter] für alle lohnempfangenden Handarbeiter des Deutschen Reiches, ohne Staatshülfe. gr. 8. (15 S.) Berlin 882, Burmester und Stempell. *

Project, Das, der Jungfraubahn. Wissenschaftlich, technisch und finanziell beleuchtet. Zürich 1896. V: *Guyer-Zeller, Eduard.* (Berl)

Das Projekt der Jungfraubahn. (Offizielle Vorlage.) Wissenschaftlich, technisch u. finanziell behandelt. Mit Situationsplan 1 : 50000 von *A. Guyer-Zeller*, 8 Studienblättern u. 1 Panorama vom Gipfel der Jungfrau 4166m. Gr. in-4°. 85 S. Zürich, F. Schulthess. 1896. In Mappe 6 —

Projekt der Kanalisation, Abwasserreinigung u. Müllverbrennung f. die Stadt Königshütte, O. S. Erläuterungsbericht. Bearb. durch die allgemeine Städtereinigungs-Gesellschaft m. b. H., Wiesbaden. (28 Bl. m. 8 Taf.) Fol. Leipzig 904. F. Leineweber. n. 3. —

— das, einer paritätischen Kantonsschule d. Kantons St. Gallen. 8. St. Gallen 839. Scheitlin u. Zollikofer. 1/12 n$.

KLEIDUNGSORDNUNG. — Projekt einer neuen Kleidungsordnung in Wien, welche künftiges Jahr 1787 beobachtet werden soll. Nebst einer neuen Titularordnung. Wien 1786. 8°. (In Wien, Bibl. des Finanzministeriums.)
Karajan's Bibl. II. no. 4787.

Project einer Constitution für die Schweitzerische Republik Bern; abgefasst im März 1798 . . . Bern 1798. V: *Haller, Carl Ludwig von.* (MGT)

Projekt zur Korrektion der Unterweser. Leipzig 1882 Fol.

Zum Projekt der Korrektion d. Unterweser. Erwiderung d. Bremer Handelskammer auf d. Denkschrift d. Kommission zur Wahrg. d. Interessen d. Unterweserhäfen. Bremen 883.

Project zu einem deutschen Marine- und Handelskanal zwischen der Ostsee und der Elbe . . . Rendsburg 1848. V: *Christiansen, C. F.* & *H. Christiansen.* (Ky) (EngMt) *Christensen* (CBH)

Project zu einem deutschen Marine- u. Handelskanal zwischen der Ostsee u. der Elbe, wie auch zu einem Kriegshafen f. die deutsche Flotte (v. C. F. Christiansen u. H. Christiansen). gr. 8. (43 S. mit 1 lith. Karte in gr. Fol.) Rendsburg 848. (Hamburg, Perthes-Besser & Mauke.) n. 12 ngr

Project zu Masken für den Karneval des 1783. Jahres. Mit einem chinesischen Ball entlehnt. Pecking o. J. V: *Lozek.* ([A. Heinrich Wilhelm Behrisch] Die Wiener Autoren. Pressburg 1784. S. 132) (Realzeitung 1783, Nr. 3, S. 46/47) (BiblPort)

Projekt zum Neubau einer Turnhalle für den Hasteuer T.-V., 1 Bl.

Project, Ein neues, dem Mangel in Teutschland abzuhelfen. Berlin 1773. V: *Köster, Hnr. Mart. Gfr.* (MGT)

Project einer gedeckten Rothreitschule. Mit einem Plan u. einem Kostenvoranschlag. 1891. Folio —.40
Wien: Hof- und Staatsdruckerei 1892.

— d. Oekonomie. 4. Frankf.

— d. Oekonomie, wie es auf Akademien in Form einer Wissenschaft zu tractiren. 4. Halle, Renger. 716.

Project zur Organisirung des oesterreichischen Seewesens. Lacroma 1861. V: *Maximilian, Erzherzog v. Österreich.* (KA)

Project einer Pferdebahn vom Bahnhof durch die Stadt Zürich bis an den See. Zürich 1863. V: *Scharpe, Eduard.* (Cat. d. Stadtbibl. Zürich. Zürich 1864—97.)

Project für die Regulirung der Wien und den Bau der Stadtbahn. Herausgegeben von der „Internationalen Gesellschaft für öffentliche Bauten in Paris". Separatabdruck von Scheda's Umgebungskarte von Wien, nebst Textheft. 8°. Ebd. In Comm. In Umschlag fl. —.60. 1886

Projekt, das, e. Reichsgesetzes zur Abwehr der Menschenseuchen. Berlin 894. P. Heichen.
Angekündigt, wird aber nicht erscheinen.

Projekt der Bergbahn Rigi - Kaltbad - Scheidegg. Luzern, C. F. Prell. 1874 1. --

Project einer Schafmatt-Eisenbahn. Aarau 1886—88. V: *Zschokke, Olivier.* (Zuwachsverz. d. Bibl. in Zürich 1898 ff.)

Project für einen Sport- und Spielplatz in Kiel gez. E. Balzer. 1 : 2000. Hamburg, September 1903. 1 Bl. Groß-Fol. 75/58 cm.

Project, das, der Staatsbahn-Gesellschaft und die unmaßgeblichen Ansichten der Bevölkerung Znaims. 8. (22 S.) Znaim 861, Lenk.

Project zu besserm Stand und Auffnehmen der königlichen und churfürstlichen Bibliothec zu Dressden. Amsterdam 1714. V: *Wüsthoff, B. H.* (Bem I, 1, S. 4)

— das, e. Berliner Stadtbahn u. der Staat. Ein Beitrag zur Beleuchtg. u. Behandlg. der Berliner Stadtbahnfrage. gr. 8. (31 S.) Berlin 878. Weile. n. — 50

Projekt do statutu zawiązanego w wielkiém księstwie Poznańskiém dla posiadłości ziemskich towarzystwa kredytowego, f. Entwurf zum Statut ꝛc.

Project. **Projekt einer Elektrischen Strassenbahn Aesch-Reinach-Basel. [Karte.] Masstab 1: 100000. [Hrg. durch die] Schweizerische Landestopographie, Bern. Ueberdruck 1903. 243/167 mm.** 1 Bl. fol.

Project der neuen elektrischen Strassenbahnen auf Grund amtlicher Angaben eingezeichnet in den Plan der k. k. Reichshaupt- und Residenzstadt Wien, im Maße 1 : 25.000. Chromolithographie. Imperial - Gross - Folio. Gefalzt Wien: Lechner 1898. —.60

Projekt. – Das Projekt einer normalspurigen elektr. Thajatalbahn. Bericht über die 1907 in Frain abgehaltene Versammlung d. Interessenten u. Gemeindevertreters aus d. Thaja-Gebiete. Mit 1 Kt.-Skizze. Znaim: Fournier & Haberler 1907. 55 S. 8°
(Beiträge z. Heimatskunde von Znaim u. Umgebung. H. 5.)

—— einer **Theater-Reform der Gesellschaft zur Herstellung zeitgemässer Theater „Asphaleia". gr. 8. (30 S.)** Leipzig 882, Polytechn. Buchhandlung. *

Project zur Überbauung des Schlossgutes in Bümplitz bei Bern. Heimbaugesellschaft Bümpliz. Bümpliz [1910]. V: *Benteli, Albert.* (BBullschw 15, S. 195)

Project. **Projekt für den Umbau der linksufrigen Zürichseebahn vom Hauptbahnhof bis Wollishofen. März 1901. [Bearbeitet durch den] Zürcher Ingenieur- und Architekten-Verein.** *2 Theile.* fol. Zürich, Zürcher & Furrer, 1901. [tr. 3.—] V*
[Theil 1:] 2 Pläne für Tieflegung der linksufrigen Zürichseebahn: Laengenprofil. Masstab 1:5000 u. 1:500 *und* Situationsplan. Masstab 1:2500. *[Theil 2] u. d. T.:* Bericht (* *Umschlag:* Technischer Bericht und Voranschlag) über den Umbau — — Verein. Zürich 1901. 28 S.

Project für die Verbreiterung des Birsigviaducts der E. L. B. Mit 18 Abbildungen [wovon 1 Tafel] u. einem Plane. [Bearb. von der] Basler Baugesellschaft vorm. Rud. Linder. Dem Grossen Rate des Kantons Basel-Stadt vorgelegt am 6. April 1901. II + 22 S. 8. Basel, Wassermann & Schlubiin, April 1901.

— z. Vereinigung d. verschiedenen christlichen Gemeinden, v. Beaufort. 8. Duisb. Bädecker u. K. 808.

Project f. die Wienfluss-Regulirung in Verbindung mit d. Stadtbahnfrage. Im Auftrage d. Gemeinderathes d. k. k. Reichshaupt- u. Residenzstadt Wien, verfasst v. d. Stadtbauamte im September 1882. 4. (101 S. mit 6 Taf.) Wien, Spielhagen & Schurich. Geb. 2 fl. 1883

Projecte von Vereinigung der Maas und des Rheins durch einen Canal . . . O. O. 1764. V: *Bilistein, Charles Leop. Andreu de.* (Holz)

Projekt zum Weiterbau der Preßburg-Tirnauerbahn. Preßburg, 1856. Druck von Alois Schreiber. (3 Bl. 4.)

Project, das, der Wiener-Bochnia-Eisenbahn, in technischer, kommerzieller u. finanzieller Hinsicht betrachtet. Mit 1 illum. Uebersichtskarte. gr. 4. Wien 836. Gerold. n. 1/3 ₰

—— für die Wienfluß-Regulirung in Verbindung mit der Stadtbahnfrage. Im Auftrage des Gemeinderathes der k. k. Reichshaupt- und Residenzstadt Wien verf. von dem Stadtbauamte im Septbr. 1882. gr. 4. (101 S. mit 6 lithogr. und chromolithogr. Taf.) Wien 882, (Spielhagen und Schurich.) cart. *

Project, Das, einer Centralstation für elektrische Beleuchtung in Breslau. O. O. 1886. V: *Schneider, Valentin.* (Kat. d. Druckschr. üb. Breslau. Breslau 1903. S. 106.)

PROJECTANT, Der neue, von Freyburg, die Klosterfrauen betreffend. Sammt Klagelied des Teufels. Freyburg 1783. 8°. (2/3 Rthl., mit 3 Beibdn., Scheible, 1872; jetzt theurer!)
Weller, fing. Dr. — Selten!

Projectanten, die lächerlichen, Originalluftsp. in 3 Aufzügen, von Richter. 8. Wien, Rehm. 811.

Projecte, finanzielle, für Oesterreich. Eine Vorlage für den Reichsrath. Lex.-8. (43 S.) Breslau 861, Max und Comp.

Projecte, die, zur Lösung der Orientfrage. Eine krit. Studie auf positiven Grundlagen. gr. 8. (36 S.) Triest 876. Schimpff in Comm. n. — 80

Projecte d. Ungläubigen zur Aufhebung d. Religiösen, u. Einziehung d. geistl. Güter. Ins Licht gestellt aus den Werken Friedrichs d. Großen. 8. Augsb. 791. Pelling. 12 ℊ

Projectentwurf und Bericht für die zu erbauende Brünigbahn. Interlaken 1871. V: *La Nicca, Richard.* (BSchwLK V, 9 h) (Cat. d. Stadtbibl. Zürich. Zürich 1864—97.)

Projekt-Gesetz über die Organisation des Kirchenwesens im Kt. Bern. 26 Stn. 8. 1873

Projections-Kunst, Die. — Sciopticon und Nebelbilder-Apparat. Verbesserte Projections-Apparate für Schulen, Familien und für öffentliche Vorstellungen. Mit einer Anleitung zum Malen auf Glas, in Wasser- und Oelfarben und Beschreibung chemischer, optischer, electrischer und magnetischer Versuche. 5. Aufl. gr. 8. (53 S.) Düsseldorf 878. [Leipzig, Grieben's Verlag.] *

Projections-Kunst, die, f. Schulen, Familien u. öffentliche Vorstellungen, nebst e. Anleitg. zum Malen auf Glas u. Beschreibung opt., magnet., chem. u. electr. Versuche. 9. verm. Aufl. Mit 119 Abbildgn. 8. (IV, 283 S.) Düsseld. 889, Liesegang. * 5 —
Die früheren Auflagen erschienen mit dem Namen des Verfassers, Paul Ed. Liesegang.

Projections-Kunst, die, f. Schulen, Familien u. öffentl Vorstellgn.; nebst e. Anleitg. zum Malen auf Glas u. Beschreibg. opt., magnet., chem. u. electr. Versuche. 10., verm. Aufl. gr. 8. (IV, 293 S. m. 130 Abb.) Düsseldorf 896. E. Liesegang. n. 5. —; geb. n. 6. —

Projectionslehre an dem Gymnasium ... [München 1891.] V: *Brill, Alex.* (Zuwachsverz. d. Bibliotheken in Zürich 1898 ff.)

Projektionslehre an gewerblichen Unterrichtsanstalten. Anleitung zur Erteilg. des Unterrichts u. zur Aufstellg. v. Lehrgängen. Hrsg. vom großh. Landesgewerbeamt Abt. II in Karlsruhe. 3. Aufl. m. 45 eingedr. Abbildgn. u. 39 Taf. (18 S.) 33×21,5 cm. Karlsruhe 909. (A. Bielefeld.) 5. —

Projections-Vorträge. 1.—8. Hft. gr. 8. Ebd. 898. n. 9. —
1. Algerien u. Tunis. Vortrag zu e. Serie v. 42 Laternenbildern v. Jost. (47 S.) 897. n. 1. —
2. Gibraltar. Vortrag zu e. Serie v. 34 Laternenbildern v. Jost. (30 S.) 897. n. 1. —
3. Malta. Vortrag zu e. Serie v. 32 Laternenbildern v. Jost. (25 S.) 897. n. 1. —
4. Eine Fahrt längs d. Küsten d. Mittelmeeres. Vortrag zu e. Serie v. 74 Laternenbildern v. Jost. (87 S.) 897. n. 2. —
5. Reise durch d. Peloponnes. Vortrag zu 35 Projektionsbildern v. Seiler. (56 S.) 897. n. 1. —
6. Athen u. s. Denkmäler. Vortrag zu 20 Projektionsbildern v. Seiler. (44 S.) 897. n. 1. —
7. Marokko. Land u. Volk. Vortrag zu e. Serie v. 45 Laternenbildern v. Jost. (46 S.) 897. n. 1. —
8. Tripolis. Vortrag zu e. Serie v. 39 Laternenbildern v. Jost. (32 S.) 898. n. 1. —

Projections-Vorträge. Hft. 9—19, 19a u. 20—26. gr. 8. Düsseldorf, E. Liesegang. (Nur direkt.) 21 —
9. Die Gotthardbahn. Vortrag zu e. Serie v. 51 Laternenbildern. Von Jost. (39 S.) 898. 1. —
10. Eine Fahrt längs der italienischen Küste. Vortrag zu e. Serie v. 63 Laternenbildern. Von H. E. Walt. Jost. (56 S.) 898. 1. —
11. Die Alhambra. Vortrag zu e. Serie v. 26 Laternenbilder. Von Jost. (23 S.) 897. 1. —
12. Kreuz u. quer durch das alte Rom. Vortrag zu e. Serie v. 45 Laternenbildern. Von Walt. Jost. (47 S.) 898. 1. —
13. Eine Stunde in der Gräberstadt Pompeji. Vortrag zu e. Serie v. 64 Laternenbildern. Von H. E. Walt. Jost. (45 S.) 898. 1. —
14. Kreuz u. quer durch Venedig. Vortrag zu e. Serie von 40 Laternenbildern. Von H. E. Walt. Jost. (47 S.) 898. 1. —
15. Ein Yachtausflug rings um die Küsten Englands u. Schottlands. Vortrag zu e. Serie v. 50 Laternenbildern. Von Arete Gogarten. (58 S.) 898. 1. —
16. Im Fluge durch die Welt. Vortrag zu e. Serie v. 52 Laternenbildern. Von H. E. Walt. Jost. (113 S.) 898. 2. —
17. Paris. Vortrag zu e. Serie v. 50 bezw. 75 Projektionsbildern nach photograph. Aufnahmen. Von F. Walt. Jiges. (37 S.) 898. 1. —
18. Hawai, das Paradies des stillen Oceans. Vortrag zu e. Serie v. 56 Laternenbildern. Von H. E. Walt. Jost. (39 S.) 899. 1. —
19. 19a. Vulkane u. Geiser od. die feuerspeienden Berge u. heissen Springquellen. Vortrag zu e. Serie v. 70 Laternenbildern. (93 S.) 900. 2. —
20. Vierwaldstättersee, der, die Pilatus- u. Rigibahn. Vortrag zu e. Serie v. 60 Laternenbildern. (66 S.) 900. 1. —
21. Die Röntgen-Photographie. Vortrag zu e. Serie v. 40 Laternenbildern. Von L. Jankau. (21 S.) 898. 1. —
22. Palästina. Eine Reise durch das gelobte Land. Vortrag zu e. Serie v. 80 Laternenbildern. Von P. Behnke. (131 S. m. Abbildgn.) 898. 2. —
23. Auf dem hl. Nil. Eine Reise durch das Wunderland Aegypten. Vortrag zu e. Serie v. 70 Laternenbildern. (68 S.) 899. n. 1. —
24. Wanderungen durch London. Vortrag zu e. Serie von 71 Laternenbildern. Von Arete Gogarten. (67 S.) 900. 1. —
25. Durch China. Vortrag zu e. Serie v. 60 Laternenbildern. Von E. Kühne (m. Zusätzen v. G. Lettner). (47 S.) 900. 1. —
26. Ein Ausflug in die Umgebung Londons, in das Themsethal. Vortrag zu e. Serie v. 52 Laternenbildern. Von Arete Gogarten. (46 S.) 901. n. 1. -
Nicht mehr im Handel.

Projections-Vorträge. 27., 29., 30., 36., 38., 40., 44.—49., 51.—56., 61.—67. u. 69.—72. Heft. 8. Düsseldorf. (Leipzig, E. Liesegang.) 33. 50
Christ, C., Scenen aus der grossen französischen Revolution 1789. Lichtbilder-Vortrag zu 60 Laternbildern. (27 S.) 903. (Hft. 48.) 1. —
Ewald, Otto, für unsere lieben Kleinen. Märchen u. lust. Geschichten. (8 S.) 903. (Hft. 53.) — 50
Fegers, Jos., Nansens Nordpol-Expedition. Vortrag zu e. Serie v. 60 Lichtbildern. (28 S.) 903. (Hft. 52.) 2. —
Fott, W. A., unsere Kriegsflotte in Wort u. Bild. Vortrag zu e. Reihe v. 60 Lichtbildern (27 S.) 904. (Hft. 51.) 1. —
— auf der Spur des deutschen Kaisers im malerischen Norwegen. Vortrag zu e. Reihe v. 60 Lichtbildern. (II, 24 S.) 904. (Hft. 45.) 1. —

In der ewigen Stadt: Rom u. der Vatikan. Lichtbilder-Vortrag zu 60 Laternbildern. (51 S.) 902. (Hft. 30.) 1. —
Kauffmann, Osk., Bangkok, das Venedig des Ostens. Vortrag zu e. Serie v. 60 Lichtbildern. (20 S.) 904. (Hft. 61.) 1. —
Korea, das Land der Morgenröte. Vortrag zu e. Serie v. 60 Lichtbildern. (Von Osk. v. Pawlikowski. (23 S.) 904. (Hft. 63.) 1. —
Kramer, Rich., die deutsche Nordsee. Vortrag zu e. Serie v. 60 Lichtbildern. (31 S.) 901. (Hft. 56.) 1. —
Krause, Herm., eine Wanderung durch Siciliens Naturschönheiten u. Kunststätten. Vortrag zu einer Serie von 63 Lichtbildern. (24 S.) 905. (Hft. 65.) 1. —
Krieg, der deutsch-französische: Das glorreiche Jahr 1870/71. Vortrag zu 60 Lichtbildern. (48 S.) 903. (Hft. 40.) 2. —
Krupp u. sein Werk. Vortrag zu e. Reihe v. 50 Lichtbildern. Vom Direktor der Maschinenbauschule in B. (38 S.) 903. (Hft. 55.) 1. —
Löwe, Jos., Babylon u. Assyrien. Vortrag zu e. Serie von 70 Laternbildern. (38 S.) 903. (Hft. 49.) 2. —
Meyer, Jul., Tirol. Vortrag zu e. Serie v. 60 Lichtbildern. (34 S.) 903. (Hft. 54.) 1. —
Neapel u. Umgebung. Lichtbilder-Vortrag zu 60 Laternbildern. (52 S.) 902. (Hft. 38.) 1. —
Ostasien, nach. Eine Reise zu unserer Kolonie im fernen Osten. Vortrag zu e. Serie v. 60 Lichtbildern. (24 S.) 904. (Hft. 69.) 1. —
Pawlikowski, Osk. v., Napoleon I. Vortrag zu 60 Lichtbildern. (25 S.) 904. (Hft. 67.) 1. —
Polis, P., die Wettervorhersage. Vortrag zu e. Reihe von 57 Lichtbildern m. 26 Abbildgn. im Texte u. 1 Kartenbeilage. (37 S.) 905. (Hft 71.) 2. —
Reise, eine, durch Italien. Begleitender Text zu e. Serie v. 60 photogr. Natur-Aufnahmen. Mit einer Kunstbeilage. (19 S.) 897. (Hft. 44.) — 50
— eine, durch den Weltenraum. Vortrag zu einer Serie von 60 Lichtbildern. (73 S.) 903. (Hft. 27.) 2. —
Rheinreise, eine. Von Köln bis Mainz. Begleitender Text zu e. Serie v. 50 Projectionsbildern nach photograph. Aufnahmen. Mit Kunstbeilage. (20 S.) (Hft. 36.) — 50
Rossmann, W., Deutsch-Südwestafrika. Vortrag zu 60 Lichtbildern. (12 S.) 904. (Hft. 70.) 1. —
— Togo, Land, Bewohner u. wirtschaftl. Bedeutg. Vortrag zu e. Serie v. 60 Lichtbildern. (14 S.) 905. (Hft 66.) 1. —
Rumland, A., Japan. Vortrag zu e. Serie v. 70 Lichtbildern. (54 S.) 902. (Hft. 29.) 1. —
Seyffert, Rich., St. Petersburg u. Moskau. Zwei Städtebilder aus dem Zarenreiche. Vortrag zu 60 Lichtbildern. (21 S.) 901. (Hft. 64.) 1. —
Spanien, durch. Vortrag zu e. Serie v. 60 Lichtbildern. (43 S.) 903. (Hft. 46.) 2. —
Stiergefecht, ein, in Madrid. Vortrag zu 60 Lichtbildern. (28 S.) 903. (Hft. 47.) 1. —
Truppen, mit den deutschen, nach Paris 1870/71. Vortrag zu 60 Lichtbildern nach Orig.-Photographien, welche während des Kriegs genommen wurden. (25 S.) 904. (Hft. 72.) 1. —
Wolf, Max, die Photographie des Sternhimmels, erläutert an Königstuhl-Aufnahmen. (Vortrag, geh. in Karlsruhe im März 1903.) (26 S.) 904. (Hft. 62.) 1. —
Die fehlenden Hefte sind nicht im Handel.

— aus der Kunstgeschichte. 1.- 5. Hft. gr. 8. Ebd. n. 8. —

1. Albrecht Dürer. Vortrag zu e. Serie v. 39 Laternenbildern, nach Aufnahmen der Kunstanstalt Braun, Clément & Co. in Paris, New-York u. Dornach in Els. (m. Ausnahme v. Nr. 10 u. 39). Von Berth. Daun. (59 S.) 899. n. 2. —
2. Die franz. Malerei im 19. Jahrh. von David bis Millet. Vortrag zu e. Serie v. 36 Laternenbildern, nach Aufnahmen der Kunstanstalt Braun, Clément & Co. in Paris, New-York u. Dornach i. Els. Von Berth. Daun. (43 S.) 900. 2. —
3. Lionardo, Tizian, Correggio. Vortrag zu e. Serie von 45 Laternenbildern. Von Berth. Daun. (IV, 40 S.) 900. n. 1. —
4. Raffael's Werke. Vortrag zu e. Serie v. 67 Laternenbildern. Von Schubert. (38 S.) 900. n. 1. —
5. Der franz. Realismus, Impressionismus u. Idealismus in der modernen Malerei. Vortrag zu e. Serie v. 46 Skioptikonbildern. Von Berth. Daun. (46 S.) 901. n. 2. —

Nicht mehr im Handel.

Projections-Vorträge aus der Kunstgeschichte. 6. Heft. 8. Düsseldorf. (Leipzig, E. Liesegang) n. 1. —
Rembrandt. Vortrag zu e. Serie v. 60 Latern-Bildern nach Orig.-Aufnahmen der Kunstanstalt Braun, Clement & Cie., Dornach im Elsass u. Paris. Von Aug. Peters. (29 S.) 904.

Projektions-Vorträge m. Lichtbildern aus dem Werke: „Lebensbilder aus der Tierwelt, hrsg. v. H. Meerwarth u. K. Soffel". 1. u. 2. Heft. 8. Leipzig (910). R. Voigtländer. à 3. —
Bley, Fritz, Trauerspiele in der Tierwelt. Vortrag m. 73 Lichtbildern. (22 S.) (Heft 1.)
Braeß, Mart., aus der Kinderstube der Tiere. Vortrag m. 81 Lichtbildern. (30 S.) (Heft 2.)

Projektmacher der,. Lustsp. v. Weiße. 8. Lpz. Dyk.

Projet du chemin de fer de montagne sur l'Arlberg. Av. 3 pll. 24 pp. in-8. Aarau, H. R. Sauerländer. 1875

Projet d'un code général de police, pour l'o[rdre] des f[rancs-]m[açons], réunis et rectifiés. Comme Ms à l'usage des ff. [Braunschweig] 1783. V: *Kortum, Ernst Traugott von* (?). (wolfstieg II, 5)

Projet de Constitution de la République franç. 12. Lpz. Schmidt.

Projet du corps du Droit de Fréderic, ou Corps de Droit pour les Etats de Roi de Prusse . . . Halle 1750. H: *Cocceji, Samuel Freiherr v.* Ü: *Campagne, Alex. Aug. de.* (ML)

— du Corps de Droit Frédéric. II Part. 8. Halle, Waisenhaus. 750-52.

(Wörtl. Abdr. mit deutscher Uebers.) Gouv. impér. Ottoman. Projet de décret-annexe au decret du 28 Mouharrem 1299 (8/20 Déc. 1881). Berlin 1903: Liebheit & Thiesen. (22 S.) 4° (03. 9323)

Projet d'une loi russe sur les lettres de change. gr. 8. (45 S.) St.-Pétersbourg 882. (Berlin, Puttkammer und Mühlbrecht.) *

Projet sur les moyens à employer pour exterminer le culte greco-russe (catholique d'Orient) dans les provinces russes (occidentales) présenté aux états de Pologne vers la fin du XVIII. siècle par un P. Jésuite. Traduit par S. Sulima. gr. 8. (16 S.) Leipzig 863, Gerhard. *

Projet, Nouveau, de rêvetement d'une forteresse. Tubingue 1751. V: *Bilfinger, Gg Bernh.* (Kat. der ständ. Bibl. Stuttg. 1907. S. 390.)

Projet de Reglement sur l'Instruction à pied et à cheval dans les régimes d'artillerie. II Tomes. (Mit 6 Tabellen.) 32. Paris et Strasbourg 832. Levrault. 5/6 ℳ

Projet de la requisition adressée à Mr l'Ambassad. de France par le Corps Helvétique, au sujet des Priviléges de la Nation. 4. *s. l. n. d.* [1779 81].

Projet d'un nouveau système de l'Europe, préférable au système de l'Equilibre entre la maison de France et celle d'Autriche. *s. l.* 745. 4.

Projet D'un Traité d'Alliance entre Sa Majesté Britannique & les Louables Ligues Grises = Entwurff eines Allianz-Tractats zwüschen Ihro Königlichen Groß Britañischen Majestät, und denen Loblichen Grauen-Bündten. 4. *s. l. n. d.* [ca. 1745].

Projets anciens de hautes études catholiques en Suisse. Préliminaires de l'Université de Fribourg. Documents recueillis par *J. Schneuwly*, publiés avec préface par *J. J. Berthier*. Lex. in-8°. XVIII, 57 p. Fribourg, Impr. et Libr. de l'Oeuvre de Saint-Paul. 1894

Projets, les, de mariage; ou les deux militaires. Com. en 1 Acte p. Duval. 8. Brschw. Pluchart. 806.

Projets de statuts d'une caisse locale de secours en cas de maladie ainsi que d'une caisse de secours d'entreprises industrielles [Betriebs-(Fabrik-)Krankenkasse] d'après la loi de l'empire du 15 juin 1883. 2. éd. 4. (37 S.) Strassburg 884. Schultz & Co. Verl. n. 1. —

(**Prock, Baron,**) Der Compass der Weisen, von einem Mitverwandten der inneren Verfassung der ächten u. rechten Freymäurerey beschrieben; herausgegeben mit Anmerkungen, einer Zueignungsschrift u. Vorrede. in welcher die Geschichte dieses erlauchten Ordens, vom Anfang seiner Stiftung an, deutlich und treulich vorgetragen, und die Irrthümer einiger ausgearteter französischer Freimr-Logen entdeckt werden, von Ketmia Vere. 2. verb., mit Zusätzen u. Anmerk. verm. Ausg. von Adamah Booz (M. A. Birkholz). Berlin, Maurer. 1782. 8. 8 Bl. 429 S. 1 Kupfer.
Kloss 245. — Mit vielen handschriftlichen Anmerkungen. Die erste Aufl. erschien 1779.

Proker, Erhard, an der Sonnenseite. Gedichte. (32 S.) kl. 8. Linz (909). (Oberösterr. Buchdruckerei- u. Verlags-Gesellschaft.) — 50

Prokeš Hugo: Über die Normalenflächen der Flächen 2. Grades längs ebener zu einer Hauptebene dieser Flächen senkrechter Schnitte. 13 und 1 Figurent. Kremsier R. 01.
Progr.

Prokesch-Osten, Gräfin [Friederike Goßmann], Rosenlieder. gr. 16. (XXIII, 317 S.) Wien 875. Gerold's Sohn. n. 5. —; geb. n. 7. —

Prokesch von Osten, Anton Graf von

Prokesch-Osten, Graf, s. Aus dem Nachlasse.

— Über Pinders und Friedländers „Beiträge zur älteren Münzkunde". S. 7. 7,5 . . . . sgr.
Separatabdruck

Prokesch v. Osten, Ant. Graf, aus d. Briefen d. Grafen P. v. O., k. u. k. österr. Botschafters u. Feldzeugmeisters (1849—1855). gr. 8. (VII, 472 S.) Wien 896. C. Gerold's Sohn. n. 9. —

Prokesch-Osten, Graf, k. k. österreichischer Botschafter und Feldzeugmeister. Aus dem Nachlasse des ...... Briefwechsel mit Herrn v Gentz und Fürsten Metternich. (2 Bde.) 8. Wien 1881.

— s.: Briefwechsel zwischen Erzherzog Johann Baptist v. Oesterreich u. P.-O.

Prokesch v. Osten, Ritter, Denkwürdigkeiten u. Erinnerungen aus dem Orient. Aus Jul. Schneller's Nachlaß herausg. von Er. Münch. 3 Bde. gr. 12. Stuttg. 836, 37. Hallberger. $8^{1}/_{8}$ ℛ

Prokesch, Ritter v. Osten, Ant., Denkwürdigkk. aus d. Leben des Feldmarschalls Fürsten Karl zu Schwarzenberg. gr. 8. Wien 822. Schaumburg u. C. 2 ℛ

Prokesch, A., Denkwürdigkeiten aus dem Leben des Feldmarschalls Fürsten Carl zu Schwarzenberg. Neue (Titel-) Ausg. Mit einem einleitenden Vorworte des Verf., des jetzigen k. k. Feldmarschall-Lieut. Ant. Frhrn. v. Prokesch-Osten. gr. 8. (VII und 346 S. mit Portr. in Stahlst.) Wien (822)61, Braumüller's Verlags-Conto. *

— — Bei Enthüllung des Denkmals des Feldmarschalls Fürsten Karl zu Schwarzenberg. (Aus der „österr. Revue" 1867. Heft 9 besonders abgedruckt.) gr. 8. (7 S.) Ebds. 15 kr., mit Bildniß 35 kr.

Prokesch, Ant., Ritter v. Osten, Erinnerungen aus Aegypten u. Kleinasien (1826 u. 1827). 3 Bde. gr. 12. ($47^{1}/_{2}$ B., 5 lith. Schriftt. Fol. u. Titvign.) Wien 829, 31, (Gerold.) à 1 Thlr. 16 Gr.

Prokesch-Osten, A. Graf v. Der Feldzug in den Niederlanden 1793. Stuttgart 1842. 8°

— s. Geographen, die alten, 2. Hft.

Prokesch-Osten, Ant. Frhr. v., Geschichte des Abfalls der Griechen vom türkischen Reiche im J. 1821 u. der Gründung des hellenischen Königreiches. Aus diplomat. Standpunkte. 6 Bde. Wien 867. (Gerold's Sohn.) Lex.-8. (XI, 2411 S. mit 1 lith. u. color. Karte in gr. 4.) n. 12 ℛ

Prokesch-Osten [jun.], Ant. Graf, zur Geschichte der orientalischen Frage. Briefe aus dem Nachlasse Friedrichs v. Gentz 1823—1829. gr. 8. (X, 197 S.) Wien 877, (Braumüller.) *

Prokesch-Osten Anton Graf von: Die versteinerten Holzstämme im Hafen von Sigri auf der Insel Lesbos. S. 9. 855 . . . . vgr.
Separatabdruck

Prokesch-Osten, Ant. v., Inedita meiner Sammlung autonomer altgriechischer Münzen. gr. 4. (IV und 63 S. mit 4 Stnt.) Wien 854, (Gerold's Sohn.) *
Aus: Denkschriften der k. Akademie der Wissenschaften, besonders abgedruckt.

Prokesch-Osten, Ant. Frhr. v., Inedita meiner Sammlung autonomer altgriechischer Münzen. gr. 4. (35 S. mit 4 Stnt.) Wien 859, (Gerold's Sohn.) *
Aus: Denkschriften der k. Akademie der Wissenschaften, besonders abgedruckt.

v. Prokesch von Osten, Freih., zwölf Inedita (Griech. Münzen), s.a. Denkschriften der k. Akademie der Wissenschaften. Philosophisch-historische Classe. I. Bd.

Prokesch-Osten, Anton Freiherr von: Zwölf Inedita. D. 1. I. 331 ...
Separatabdruck

Prokesch. Ueber den Kosacken und dessen Brauchbarkeit im Felde. 8. Wien 1821.

Prokesch-Osten, A. Graf v. Krieg des Vizekönigs von Aegypten Mohammed Ali's gegen den Sultan 1831—33. Stuttgart 1844. 8°.

—— das Land zwischen den Katarakten des Nil. M. 1 Karte (u. Grundrissen d. Monumente. Lithogr. gr. Imp.-Fol.), astronomisch bestimmt u. aufgenommen im J. 1827. gr. 12. (8 B. u. 1 Tab. gr. 4.) Wien 831, (Gerold.)

Prokesch-Osten, [Ant.], Graf v., Mehmed-Ali, Vize-König von Aegypten. Aus meinem Tagebuche 1826—1841. gr. 8. (III, 173 S.) Wien 877, Braumüller. *

Prokesch, Louise, Methodik d. Unterrichts in d. weibl. Handarb. (Handbuch d. speciell. Methodik. Herausg. v. Rob. Niedergesäss. XIII. Thl.) 8. (143 S. mit 29 Taf. in Carton.) Wien, A. Pichler's Ww. & Sohn. 1 fl. 50 kr. 1885

Prokesch-Osten Sohn, Anton Graf, Nilfahrt bis zu den zweiten Katarakten. Ein Führer durch Aegypten u. Nubien. Mit Karten (in qu. 4.), Plänen Abbildgn. in Lith. u. Holzschn. 8. (XIV, 584 S.) Leipzig 874. Brockhaus. n. 12. —; geb. n. 13. 50

Prokesch-Osten, Frhr. v., Rede bei Enthüllung des Denkmals des Feldmarschalls Fürsten Karl zu Schwarzenberg. [Aus: Oesterreichische Revue.] Wien 867. Gerold's Sohn. Lex.-8. (7 S.) 3 ngr.; Velinp. mit 1 Steintaf. n.n. $7^{1}/_{2}$ ngr.

—— Reise ins heil. Land. Im J. 1829. gr. 12. (6 B.) Wien 831, Gerold.

(——) Schreiben an *** üb. d. Herzog v. Reichstadt, s. Schreiben.

Schreiben an *** über den Herzog von Reichstadt von einem seiner Freunde (d. i. *Anton Graf v. Prokesch-Osten*). Freiburg 1832. 8°. (5 Kr. Gilhofer & Ranschburg, 1911.)
Anon.-Lex. IV. p. 45 (nach Kayser u. der Allg. Dtsch. Biogr.).

v. Prokesch-Osten, Ritter Anton, kleine Schriften. Gesammelt von einem Freunde. 1.—3. Bd. (Militärisches.) gr. 8. (Mit 2 Tab. u. 3 Plänen.) Stuttgart 842, Hallberger'sche Verlagsh. 4½ ₰

— dass. 4. Bd. (Biographisches.) gr. 8. Ebend. 842. 1½ ₰

— dass. 5. Bd. (Kunst und Literarisches.) gr. 8. Ebend. 844. 2 ₰

— dass. 6. u. 7. Bd. A. u. d. T.: Gedichte. — Krieg des Vizekönigs von Aegypten Mohammed Ali's gegen den Sultan. In den Jahren 1831—1833. gr. 8. Ebend. 844. 3½ ₰

[Prokesch v. Osten.] Aus den Tagebüchern des Grafen Prokesch v. Osten, k. u. k. österr.-ungar. Botschafters u. Feldzeugmeisters, 1830—1834. (IV, 252 S. m. Bildnis.) 8. Wien 909. Ch. Reißer's Söhne. 4. 20

Prokesch-Osten, Graf, mein Verhältniß zum Herzog v. Reichstadt. Zwei Sendungen nach Italien. Selbstbiographische Aufsätze aus dem Nachlaß. gr. 8. (VII, 240 S.) Stuttgart 878. Spemann. n. 8. —

Prokesch-Osten, Anton Freiherr von: Über das Verhältnis des Phidias zur jonischen Kunst. S. 10. 4. ...
Separatabdruck

Prokić, Božidar: Die Zusätze in der Handschrift des Johannes Skylitzes codex Vindobonensis hist. graec. LXXIV. Ein Beitrag zur Geschichte des sogenannten westbulgarischen Reiches. München 1906: H. Kutzner. (54 S.) 8°
München, Phil. Fak., Ref. Krumbacher, Diss. v. 9. März 1906
[Geb. 11. Okt. 59 Zabojnica, Bez. Kragujevac; Wohnort: Belgrad; Staatsangeh.: Serbien; Vorbildung: Gymn. Kragujevac Reife M. 78; Studium: Belgrad 8, Paris 4, München 6 S.; Rig. 9. März 06.]

Prökl, Vinc., Franzensbad u. seine Heilmittel u. Kuranstalten m. Berücksicht. seiner Umgebg. 8. (IV, 92 S. m. 2 Steintaf. in gr. 4.) Franzensbad 871. Saemann. n. 2. —

— Geschichte der Eger u. d. Egerlandes, nebst e. vollständ. Darstellg. v. Herzog Waldsteins letzten Lebensjahren u. Tod in Eger. Historisch-statistisch u. topographisch dargestellt. 2. neu umgearb. bedeutend verm. u. verb. Aufl. (In ca 24 Lfgn.) 1. u. 2. Lfg. gr. 8. (96 S. m. 2 Steintaf.) Eger 876. (Prag, Gregr & Dattel.) à n. — 60

Prökl, Vinz., Geschichte der Stadt Eger u. des Egerlandes, nebst einer vollständigen Darstellung von Herzog Waldsteins letzten Lebensjahren u. Tod in Eger. Historisch-statistisch u. topographisch dargestellt. 2., neu umgearb., bedeutend verm. u. verb. Aufl. 3—24. Lfg. gr. 8. (1. Bd. S. 97—639 u. 2. Bd. S. 1—512 m. Steintaf.) Eger 877. (Prag, Grégr & Valecka.) à n. — 60

Prökl, Vinzenz: Geschichte der Stadt Elbogen. Historisch-statistisch-topographisch dargest. — (Eger:) Selbstverl. [1884]. 428 S. mit Abb., 1 Pl.

Prökl, Vinz., Geschichte der königl. Stadt Karlsbad, historisch, statistisch u. topographisch dargestellt. gr. 8. (X, 379 S. m. eingedr. Holzschn. u. Taf.) Karlsbad 883. (Feller.) n. 5. —

Prökl, V.: Geschichte der Stadt Königsberg und Umgebung. — Königsberg 1884.
[Weitere bibliogr. Angaben nicht feststellbar.]

—— Goethe in Eger. Nach seinem Tagebuche und Mittheilungen von Augenzeugen bearb. gr. 8. (16 S. mit 1 Holzschntaf.) Wien 879, Gerold und Comp. *

— Schloss Seeberg im Egerlande, seine Geschichte, seine Geschlechter, seine Kirche. gr. 8. (36 S. m. e. Steintaf.) Eger 870. Kobrtsch & Gschihay. n. — 80

—— Waldstein, Herzogs von Friedland letzte Lebensjahre und Tod in Eger. Nach Urkunden und den neuesten Forschungen. Mit 5 lithogr. Beilagen. gr. 8. (115 S.) Falkenau a. E. 876. (Leipzig, Brockhaus' Sortiment und Antiquarium.) *

Proclamation, s. Proklamation.

(Proklamation, den angeblichen Angriff der Dragoner betr.) Da das Gerücht verbreitet ist — von Neumann, General. Ebenda. 1 Bl. Fol.
Flugblatt. Berlin, 18. März 1848.

Proclamation an die Arbeiter der Vereinigten Staaten von Nord-Amerika. Pittsburg, 16. October 1883.

Proclamation. Prok' an die Bürger des Kantons Basel und Appellation an die gesammte freye Eidgenossenschaft von der ⟨durch [Stephan] Gutzwiller und J[ohann] H[einrich]) Plattner repräsentirten⟩ provisorischen ⟨das heisst: zehntägigen⟩ Regierung der Landschaft Basel. Getreulich abgedruckt und mit erläuternden Anmerkungen versehen. 8. Basel 1831.

Proclamation an die Bürger von Hamburg. Ein energisches Wort für freie Presse, intellectuelle Hebung der Regierung ... Hamburg 1842. V: *Christern, Johann Wilhelm.* (schr) (A)

Proclamation. Prok' an die Bürger der Landbezirke des Kant. Basel und Appellation an die gesammte freie Eidgenossenschaft von der provisorischen Regierung der Landschaft Basel. 8. Zürich 1831.

(Proklamation Frederik VII. an die) „Schleswiger! In einem ernsthaften Augenblick wendet Euer König sich an Euch etc." Christiansburg, d. 27. März 1848. (Kopenhagen.) 1 Bl. Fol.

Proklamation Friedrich Wilhelms III., Königs von Preußen, über die Einrichtung von Standgerichten, dat. Breslau, den 17. März 1813. Ein Bl. Schm.-Fol.

Proklamation des Kronprinzen Carl Johann von Schweden an die Sachsen, dat. Jütterbock, 10. Sept. 1813. 1 Bl. 4°. 10.—

(Proclamation des Königs.) An meine lieben Berliner! — Geschrieben in der Nacht vom 18.—19. März 1848. Friedrich Wilhelm. Ebenda. 1 Bl. Fol.
Dieselbe. Gedruckt in der Leffingschen Druckerei. 1 Bl. 4.
Flugblatt. Berlin, 18. März 1848.

(Proklamation des Königs.) An mein Volk! Unter dem Vorwande der deutschen Sache haben die Feinde — Charlottenburg, gez. Friedrich Wilhelm. Graf von Brandenburg. Deckersche Geheime Ober-Hofbuchdruckerei. 1 Bl. Fol.
Flugblatt. Berlin, 15. Mai 1849.

Proklamationen des Kronprinzen von Schweden und im Hauptquartier der vereinigten Armee von Nord-Deutschland bekannt gemachte Berichte vom Anfang der Kriegs-Operationen bis 10. November 1813. Göttingen 1813. 8°.
Dass. (nur bis zum 16. September 1813). Zerbst 1813.

Proclamation des Kronprinzen v. Schweden, u. im Hauptquartier d. vereinigten Armee von Norddeutschland bekannt gemachten Berichte. gr. 8. Göttingen, Dieterich. 814.

(Proclamation des Ministers des Innern, daß auf die Bürger nicht absichtlich geschossen sei.) Es hat sich das ... Gerücht verbreitet — Bodelschwingh. Ebenda. 1 Bl. Fol.
Flugblatt. Berlin, 18. März 1848.

Proclamation, Napoleons, an die Völker Europas vor seinem Abzuge auf die Insel Elba. Frankfurt 1814. V: *Görres, Johann Joseph von.* (GGr)

Pittsburger Proklamation, 16. Oct. 1883.

Proclamation (der gemeinsamen Regierung) an die Bewohner Alsens und Arroes, die durch den Waffenstillstand zu Malmoe am 26. August wieder mit Schleswig-Holstein vereinigt wurden. Gottorff, den 22. October 1848. 1 Bl. 4°.

Proclamation der gemeinsamen Regierung, betreffend die Proclamation des Königs von Dänemark vom 15. December und die dänischen Umtriebe in einem Theile des Herzogthums Schleswig. Gottorff, den 23. December 1848. 1 Bl. Fol.

Proklamation der österr. Regierung über die Einverleibung des Krakauschen Gebietes zu den österr. Staaten. gr. 8. (7 S.) Gleiwitz 847, Landberger. 1 ngr

(Proklamation der provisorischen Regierung beginnend mit den Worten:) „Mitbürger! Unser Herzog ist durch eine Volksbewegung in Kopenhagen gezwungen worden, seine bisherigen Rathgeber zu entlassen etc." Kiel, den 24. März 1848. 1 Bl. Fol.

—— in anderem Druck. Fol.

Proclamation der provisorischen Regierung bei Niederlegung ihres Amtes. Schleswig, den 22. October 1848. 1 Bl. Fol.

Proclamation der provisorischen Regierung bei ihrem Rücktritt. Schleswig, den 22. October 1848. 1 Bl. 4°.

— russische, u. verschiedene andere Actenstücke neuester Zeit. 8. Sondershausen, Voigt. 813.

[Proklamation an die Schleswig-Holsteiner nach Abzug der Dänen und Ankunft des Herzogs Friedrich], beginnend mit den Worten: Mitbürger! Wie ein Kranker, wenn der Krampf, der ihm die Brust zuschnürt, sich löst u. s. w. o. O. u. J. 1 Bl. Fol.

(Proklamation.) An die Schleswig-Holsteiner. „Es hat sich eine provisorische Regierung Namens des Königs in Kiel für die Herzogthümer Schleswig und Holstein gebildet etc." Rendsburg in der allgemeinen Bürgerversammlung den 24. März 1848. — Vormittags 10 Uhr. In Auftrag d. provis. Regierung: Friedrich Wilhelm Vendt. 1 Bl. Fol.

Proclamation der Statthalterschaft an die Schleswig-Holsteiner nach dem Frieden zu Berlin vom 2. Juli 1850. Kiel, den 8. Juli 1850. 1 Bl. Fol.

Proclamation des Reichs-Commissarius Stedmann an die Einwohner der Herzogthümer Schleswig-Holstein, betreffend die gemeinsame Regierung. Schleswig, den 22. October 1848. 1 Bl. Fol.

Proclamation der zur gemeinsamen Regierung Schleswig-Holsteins Verordneten. Schleswig, den 22. October 1848. 1 Bl. Fol.

—— deutsch und dänisch. 1 Bl. Fol.

Proklamation (an das ganze Volk). Der in meiner Haupt- und Residenzstadt Berlin seit geraumer Zeit herrschende gesetzlose Zustand, — Sanssouci, gez. Friedrich Wilhelm. Deckersche Geh. Ober-Hofbuchdruckerei. 1 Bl. Fol.
Flugblatt. Berlin, 11. Nov. 1848.

Proklamationen Sr. Maj. d. Kaisers Wilhelm II. an die Armee u. Marine u. „an mein Volk". 8. (4 S. m. Bild.) Berlin 888. v. Decker. —15

Proclamationen, russische, u. verschiedene andere Actenstücke neuester Zeit. 8. Sondersh. 813. Voigt in Ilmenau. 3 gr.

(Proklamationen, Verfügungen, Verordnungen etc. etc. der provisorischen Regierung vom 24. März bis zum 17. Oct. 1848.) Fol. u. 4°, geb. in Fol.

Proklamationen u. Versprechungen deutscher Fürsten. [1813 bis 1849.] Eine Neujahrsgabe f. das deutsche Volk. Mit einem einleitenden Wort v. Ed. Burckhardt. 8. (VIII u. 78 S.) Leipzig 851, Bibliopolische Anstalt. 8 ngr

Proklatec. Román od kněze *****. Z francouzského zčeštil Em. Vávra. Díl I. Seš. 1—5. — Díl II. Seš. 1—3. — Díl III. Seš. 1—4. Prag 864. Steinhauser. 8. (1. Bd.: 317 S.; 2. Bd.: S. 1—182; 3. Bd.: S. 1—216.) Jedes Heft n. 6 ngr.

Prokoj Simon, Dějiny církevní. Pro třetí třídu škol měšťanských. Přesně podle osnovy. Prag und Wien 1908. Schulbücherverlag. Geb. K 1.—.

Prokop, s. Procopius Caesariensis

Prokop, Adelb., die teutsche Flotte und Hannover, als Urquell und Hort einer künftigen teutschen Flotte. Mahnruf an das teutsche Volk. Cassel 862. Trömner & Dietrich. gr. 8. (50 S.) n. 6 ngr.

Prokop, Adelb., Wie bekommt man nur reiche Aernten? 8. (8 S.) Gotha 854, Klett. Thlr. **

Prokop, Adelbert, die Wuchertheuerung u. landwirthschaftl. Vereine in Teutschland. gr. 8. Leipzig 846, O. Wigand. 1/2 ngr

Prokop, Aug., über österreichische Alpen-Hotels m. bes. Berücksicht. Tirol's. M. 24 Taf. (Landschaftsbilder, zumeist nach Orig.-Aufnahmen v. B. Johannes in Meran, Würthle & Sohn in Salzburg etc.) u. 76 in d. Text gedr. Illustr. gr. 4. (IV, 32 S.) Wien 897. (Spielhagen & Schurich.) Kart. n. 6. —

— Ausbau u. Ausgestaltung d. k. k. technischen Hochschulen Oesterreichs. E. Parallele d. techn. Hochschulen Oesterreichs, Deutschlands etc. Aus d. Fest-Vortrage anlässlich d. feierl. Inauguration des Rektors d. k. k. techn. Hochschule in Wien am 17. Octbr. 1896. (M. 15 Tab. u. 13 Taf. [resp. 32 Fig.]) gr. 8. (46 S.) Wien 896. Lehmann & Wentzel. n. 1. —

Prokop, Aug., Bedeutung u. Entwicklung des landwirthschaftlichen Bauwesens, m. Literaturschau und Vorführg. v. Mustertypen. Aus e. Vortrag, geh. im „Cursus f. prakt. Landwirthe" am 23. II. 1900. gr. 4. (29 S. m. 52 Fig.) Wien 900. Volkswirtschaftl. Verlag A. Dorn. n. — 70
Sonderabdruck aus: „Wiener Bauindustrie-Zeitung".

Prokop, Aug., die Stadt Brünn in sanitärer, baulicher und wirthschaftlicher Beziehung. Vortrag im Gewerbe-Vereine am 15. Febr. 1883. gr. 8. (36 S.) Brünn 883, (Winkler's Buchh.) *

— Hochbau (Constructions- u. Gebäudelehre). Hrsg. vom Vereine „Der Bauconstructeur" an der k. k. tech. Hochschule in Wien unter der Leitg. des Constructeurs der Lehrkanzel f. Hochbau Herm. Daub. qu. gr. Fol. (276 Taf. m. IV S. Text.) Wien (899). F. Deuticke. In Leinw.-Mappe n.n. 52. —

Prokop, Aug., die Markgrafschaft Mähren in kunstgeschichtlicher Beziehg. Grundzüge e. Kunstgeschichte dieses Landes m. besond. Berücksicht. der Baukunst. Eine Studie. 4 Bde. m. 1 Karte, ca. 1660 Text- u. Voll-Illustr., genealog. Tabellen, chronolog. Baudaten etc. (LI, 1493 S.) 4. Wien 904. (A. Schroll & Co.) n.n. 170.—

Die Markgrafschaft Mähren in kunstgeschichtlicher Beziehung. Grundzüge e. Kunstgesch. dieses Landes mit besond. Berücks. d. Baukunst. Eine Studie von August **Prokop**, Wien. 4 Bde mit 1 Karte, ca 1660 Ill., genealog. Tab. etc. Bd 1—4. Wien: R. Spies & Co. in Komm. 1905. 4 Bde 4° [05. 6990

Prokop, Aug., die Sicherheit der Person im Theater, nebst einem Beitrag zur Theaterbau-Frage. Mit 4 (autogr.) Taf. [39 Fig. enth.]. [Aus: „Oesterreich. Verbands-Feuerwehr-Zeitung".] gr. 8. (V, 81 S.) Brünn 882. Rohrer. n. 1. —

Prokop, Aug., das Schloss Tratzberg in Tyrol (e. Edelsitz aus der Wende des Mittelalters). Vortrag, geh. am 18. Novbr. 1889 im Mähr. Gewerbe-Museum. Fol. (8 S. m. 6 Taf.) Brünn 889. Mähr. Gewerbe-Museum. n.n. 1. 70

– Vandalenkrieg, s. Geschichtsschreiber, Die, der deutschen Vorzeit

— üb. d. volksthümlich-künstler. Verwerthg. d. Geschichte Böhmens u. Mährens unter d. Luxemburgern, s.: Vorträge, geh. im mähr. Gewerbe-Museum.

Prokop, Karel Vojt., Dětská divadelní hra o třech jednáních Král času. Tiskem L. A. Riedla v Nové Paze. Nákladem místního odboru „Komenského" pro X. okres ve Vídni. (König der Zeit. Kinderspiel in 3 Akten.) 1904; 8. (48 S.) Wien 1905. *K —.60

Prokop Karl: Iphigenie in Delphi im Drama der deutschen Literatur.
II. 1908 PN 2437 Diss.Wien, Univ. 254

Prokopenko, Alexander P(etrowicz): Über das Verhalten der inneren Augenhäute bei einigen Fixierungsmethoden. Leipzig: W. Engelmann 1910. 32 S. 8° ¶(Aus: Albr. v. Graefe's Archiv f. Ophthalmol. Bd 75, H. 3.)
München, Med. Diss. v. 7. Juli 1910, Ref. Eversbusch
[Geb. 19. Mai 86 Charkow; Wohnort: Charkow; Staatsangeh.: Rußland; Vorbildung: III. Gymn. Charkow Reife Juni 04; Studium: Phil. Charkow 2, Med. Heidelberg 5, München 5 S.; Rig. 7. Juli 10.] [U 10. 3565

vorh. in 2 Ex.

Prokopezyc. Wichtigkeit der Sprache und des Sprachstudiums. Tarnopol, O. G., 1851. Progr.

Προκοπίου Βιβλίον καλούμενον Αὐλὸς ποιητικὸς, περιέχον ψυχωφελεῖς διδαχὰς ἐν πάσαις ἑορταῖς. Λειψία 780. 4. 2 rthl. 8 gr.

Prokopius, s. Procopius.

Prokopowicz, Theophan., Miscellanea sacra ... Accesserunt eiusdem poemata quaedam, quibus adiuncta sunt, I. Elegia ... Jaworskii iam iam morituri supra bibliothecam suam. II. Michaelis Malardi etiam poemata non nulla. Et III. Kreslingii epistola ad ... Raphaelem archiepiscopum metropolitam Kiioviensem. Wratislaviae 1714.

Prokopp Dr. K.: Gedächtnisrede auf Friedrich v. Schiller. Wien. Neustadt. Lehr. Sem. 05.
Progr.

Prokopp Dr. Karl: Der Menschenfeind. Beiträge zur Geschichte des Typus. 28. 10. 82. 27. Wiener-Neustadt Lehrer Sem. 01—04
Progr.

Prokosch, Eduard, a. Eger: Beiträge zur Lehre vom Demonstrativpronomen in den altgermanischen Dialekten. Halle a. S. 1906: E. Karras. (VIII, 94 S.) 8°
Leipzig, Phil. Fak., Ref. Brugmann, Sievers, Diss. v. 20. Juli 1906
[Geb. 15. Mai 76 Eger; Wohnort: Madison, Verein. Staaten, Nord-Amerika; Staatsangeh.: Vereinigte Staaten; Vorbildung: Staatsgymn. Eger Reife Juli 94; Studium: Prag 2, Wien 3, Chicago 8, Heidelberg 1, Leipzig 2 S.; Rig. 21. Juli 05.]

Prokov, F. W., die Ursachen der meisten Eisenbahnunglücke u. die Mittel zur Verhütung derselben. gr. 8. (8 S.) Charlottenburg 891. R. Isaac. n. — 40

Proksch, A., die Consecutio temporum bei Caesar. gr. 8. (36 S.) Leipzig 874, Teubner. *

Proksch, A. (Red.), s. Nachrichten, Trenchin-Neutraer.

Proksch, Adf., Geschichte der k. u. k. Artilleriekadettenschule in Wien. Im Auftrage des Schulkommandos verf. (IV, 95 S. m. 1 Bildnis.) gr. 8. Wien 907. C. W. Stern. 3. 60

Proksch, Dr. Franz, Die Grammatik als Gegenstand d. deutschen u. philosoph.-propädeutisch. Unterrichtes. Zugleich Commentar zu einzelnen Punkten d. neuen Instructionen f. d. Gymnasial-Unterricht. gr. 8. (70 S.) Wien, Alfred Hölder. 96 kr. 1885.

Proksch Franz: Grim, the Collier of Croydon.
1910 PN 3028 Diss. Innsbruck, Univ. 2005

Proksch, Frz. Jos. Al., biographische Notizen üb. das Leben u. Wirken. P. Robert Pöpl, Franziskaner-Ordenspriester, Spiritualadministrators d. Elisabethinerinnen-Klosters u. Gründers d. Waisenhauses zu Kaaden. Mit e. kurzen Geschichte u. den Statuten d. Waisenhauses. gr. 16. (64 S.) Kaaden 875. (Prag, Steinhauser.) n. — 40

Proksch, J. J. O., göttl. Tafel f. fromme Christen, d. i. nützliche Gebete vor u. nach d. Communion. 2 Thle. 8. Bamb. 778. (Wesché in Frankf. a. M.) 1 ₰

Proksch, Johann Karl

Proksch, J. K., der Antimercurialismus in der Syphilis-Therapie, literatur-histor. betrachtet. gr. 8. (VI, 189 S.) Stuttgart 874. Enke. n. 4. —

Proksch, J. K., Beiträge zur Geschichte der Syphilis. (54 S.) gr. 8. Bonn 904. P. Hanstein. n. 1. 50

Proksch, J. K., die Geschichte der venerischen Krankheiten. Eine Studie. (In 2 Thln.) 1. Thl.: Alterthum u. Mittelalter. gr. 8. (III, 424 S.) Bonn 895. P. Hanstein. n. 10. —

Proksch, J. K., d. Geschichte d. venerischen Krankheiten. E. Studie. 2. Thl. Neuzeit. gr. 8. (III, 892 S.) Bonn 895. P. Hanstein. n. 24. —;
(kplt.: n. 34. —)

PROKSCH, J. K. Die Geschichte der venerischen Krankheiten. Eine Studie. Theil I. Alterthum und Mittelalter. Bonn 1896. 8°. 424 S.

Proksch, J. K., die Litteratur üb. die venerischen Krankheiten, v. den ersten Schriften üb. Syphilis aus dem Ende d. 15. Jahrh. bis zum Jahre 1889, systematisch zusammengestellt. 3 Bde. gr. 8. Bonn, Hanstein. n. 48. —
I. Bd. Allgemeiner Theil. (IV, 492 S.) 889. Einzelpr. n. 14. —
II. Bd. Besonderer Theil, I.: Tripperformen u. lokale Helkosen. (IV, 460 S.) 890. Einzelpr. n. 14. —
III. Bd. Besonderer Theil, II.: Syphilis u. Hydrargyrose. (VI, 777 S.) 891. Einzelpr. n. 24. —

— die Litteratur üb. die venerischen Krankheiten von den ersten Schriften üb. Syphilis aus dem Ende d. 15. Jahrh. bis Ende 1889, systematisch zusammengestellt. Autorenregister. gr. 8. (207 S.) Ebd. 891. Einzelpr. n. 6. — (3 Bde. kplt. m. Register: n. 54. —)

Proksch, J. K., die Litteratur über die venerischen Krankheiten von den ersten Schriften über Syphilis aus dem Ende des 15. Jahrh. bis zum Beginn des J. 1899 systematisch zusammengestellt. 1. Suppl.-Bd. Enth. die Litteratur von 1889—99 u. Nachträge aus früherer Zeit. gr. 8. (VI, 885 S.) Bonn 900. P. Hanstein. n. 28. —;
(Hauptwerk m. Register u. 1 Suppl.-Bd. n. 82. —)

— die Nothwendigkeit des Geschichts-Studiums in der Medicin. Ein Mahnruf. gr. 8. (34 S.) Ebd. 901. n. 1. —

Proksch, J. K., Paracelsus über die venerischen Krankheiten und die Hydrargyrose. Eine literar-histor. Studie. gr. 8. (67 S.) Wien 882, (Toeplitz und Deuticke.) *
Aus: Medicinisch-chirurgisches Centralblatt, besonders abgedruckt.

— 3. Protest gegen Professor Isidor Neumann's Geschichtsschreiberei üb. Syphilis. gr. 8. (32 S.) Ebd. 896. n. — 60
Protest 1. u. 2. sind im Medicin.-chirurgischen Centralblatt 1879 bez. 1888 enthalten.

— die Quecksilbersublimatcuren gegen Syphilis. Eine literaturhistor. Studie. [Aus: „Med.-chir. Centralbl."] gr. 8. (115 S.) Wien 876. (Czermak.) n. 3. —

Ueber Venen-Syphilis. Von J[ohann] K[arl] Proksch in Wien. *Bonn: P. Hanstein 1898.* (114 S.) 1 Bd 8.

— die Vorbauung der venerischen Krankheiten vom sanitätspolizeil., pädagog. u. ärztl. Standpunkte aus betrachtet. Lex.-8. (VII, 70 S.) Ebend. 872. n. 2. —

Prokſch, Joſ., Aphorismen über katholiſche Kirchenmuſik nebſt einem geſchichtlichen Ueberblicke des Gregorianiſchen Choralgeſanges. Prag 858. Bellmann. gr. 8. (1 Bl., 87 S.) n. 20 ngr.

Prokſch, Joſ., Jahresbericht üb. die Muſikbildungs-Anſtalt in Prag. gr. 8. (19 S.) Prag 849, Ehrlich in Comm. n. 4 ngr.

—— allgemeine Muſiklehre in 2 Abtheilungen. Dargeſtellt nach pädagogiſchen Grundſätzen in Fragen und Antworten, ſowohl zum Privatſtudium als auch zum Vortrag in höhern Schulen und Lehranſtalten. 2 Abthlgn. gr. 8. Prag 857, Bellmann's Verlag. [1. Abthl. (IV und 92 S.) * 12 Ngr., 2. Abthl. (VIII und 148 S.) * 24 Ngr.)]

Proksch, M. F, die Landwirtschaft auf dem Hochlande des oberen Oranje (Oranje Freistaat u. Südtransvaal) auf naturwissenschaftlicher, historischer u. nationalökonom. Grundlage. (X, 133 S.) gr. 8. Wien 906. A. Hölder. n. 2. 20

Prokſch, Mars F., der Eremit v. Anilla. Novelle. 8. (95 S.) Leipzig 892. O. Wittrin. n. 1. 50

Proksch, Otto. Über die Blutrache bei den vorislamischen Arabern und Mohammeds Stellung zu ihr. (Aus:) „Leipziger Studien aus dem Gebiet der Geschichte." 5. Bd., 4. Heft. 8. Leipzig 1899.

Prokuplje [Schlagwort]

Prokuplje, s.: Serbien.

Prokuplje [Sachliches OW]

Prokuplje, Zone 33 col. 25. [Specialkarte von Serbien.] 1 : 75.000. 55 × 39 cm Wien: Lechner 1902.

Prokurationen, über die, d. Kirchenviſitatoren (v. K. J. H. Kolborn). gr. 8. Frankf. 785. Hermann. 5 gr.

Prola, Giuseppe Maria

TRAUTWEIN, GR. — PROLA, J. M., SJ. Der Murmurant und die Murmurantin in die Schule geführt. Vormals in die Welsche von Joseph Maria Prola S. J. itzt in die deutsche Schule von Gregorio Trautwein . . . Augspurg. Joh. Bapt. Burkart, 1760. 8°. *Allegor. Frontispiz (Heuchler und Heuchlerin) von J. M. Belling*, 24 Bl. 575 S. 1 Bl. Guter Ldbd. d. Z. m. kleiner Wurmspur im 2. Deckel.
De B.-S. VI. 1245, 7. Erste deutsche Ausgabe. Das ital. Original „Il mormoratore illuminato" des röm. Jesuiten Prola (1658—1732) war 1720 erschienen. Der Übersetzer T. war Decan des Michelsstiftes d. Regulierten Chorherren zun Wengen in Ulm. Den Murmuranten oder Murmelern, d. h. allen denen, die murren, heucheln, schmähen, lästern und anderen die Ehre abschneiden, werden (manchmal mit leichtem Humor) kräftig die Leviten gelesen. — Mit einigen hübschen Holzschnittvignetten, darunter (p. 575) eine Druckerpreise.

Prola, J. M., Tag d. wahren Lebens, gewidmet z. Vorbereitung zu einem heil. Tod. 8. Mainz. (Frankf. a. M.) 751. (Strena). 5 gr.

Prola, Joſ., entdeckte Laſter d. Ehrabſchneidung u. Verläumdung. 8. Augsb. 771. M. Rieger. 12 gr.

Proele, Immanuel [Praes.], s. Hamilton, Jakob Immanuel: Religio, hominis et boni civis naturalis, vindicata ab objectionibus & exceptionibus Bened. Spinosae & Th. Hobbesii.

Proele, Immanuel [Praes.], s. Kandler, Jo. Friedrich: Quid sit honeste vivere, secundum naturae praecepta.

Prolegomena z. Analyſis in d. Philoſophie. gr. 8. Gotha 804. Perthes; (a. Perthes u. B. in Hamb.) 12 gr.

Prolegomena et epilegomena ad vetus testamentum graecum ex auctoritate Sixti V. pont. max. a. 1587 Romae editum a Leandro van Ess, quoad textum accuratissime recusum, trecentis annis post editionem originalem novis curis iteratum. gr. 8. (34 S.) Leipzig 887. Bredt. n. 1. —

— üb. die Geſetze d. Natur. gr. 8. Berl. 794. Mylius. 6 gr.

Prolegomena juris positivi Compendio Institutionum Heineccii praemittenda. S. l. [17??]. V: *Weber, Adolph Dieterich.* (MGT)

Prolegomena zur praktischen Philosophie. Halle 1787. V: *Jakob, Ludwig Heinrich von.* (BrMm)

Prolegomena zu einer christlichen Religionslehre nach den Bedürfnissen und Forderungen des Zeitalters . . . Zerbst 1801. V: *Wachler, Johann Friedrich Ludw.* (stri) (Ky) (MGT) (NN) (Nowack, Schles. Schriftst.-Lex. Breslau 1836—43. II, 161.)

— zu einer chriſtl. Religionslehre, nach d. Bedürfniß u. Forderung d. Zeitalters, (v. J. F. L. Wachler). gr. 8. Zerbſt 801. Füchſel. (Kummer). 12 gr.

Prolegomenen zu e. künftigen Civilgesetzgebung im Königr. Sachsen. gr. 8. ($8\frac{1}{4}$ B.) Dresden 831. Arnold.

Proeleius, s.a. Pröleus

Proeleius, demonstratio de certitudine sensuum, rationis et fidei. 8. Lips. 714.

— ſummar. Grundſ. d. Rechts d. Natur. 8. Ebend. 719.

Proletár. Journ. Wien, 3. Febr.—1. April 1883. 3 nos.

Proletár. Journ. Reichenberg, 6. Febr. 1896 ff.

Proletariat! (An das deutsche) „Die Würfel sind gefallen" etc. Flugblatt. s. l. s. a.

Proletariat (Das) und die Gewerbefreiheit. 8°. Salzburg 1848.

Proletariat, das intelligente, in Oeſterreich; von E. Prag 864. (Kober.) 8. (15 S.) n. 3 ngr.

Proletariat, das, u. die Waldungen, mit besond. Berücksicht. der Bayer. Rhein-Pfalz. Ein Beitrag zur Beantwortung der Frage üb. die materielle Noth der unteren Volksklassen einerseits, u. die Sicherstellung des bedrohten Waldeigenthums anderseits. gr. 8. (93 S.) Kaiserslautern 851, Tascher. 5/12 ₰

Proletarieets (Proletarier)
⑤ 1903—? ⑧ Zürich ⑬ Bihlmans: Das Lettische Zeitungswesen. «Zeitungswissenschaft» 1932 ⑮ In lettischer Sprache.

Der Proletarier. Wien 1848. Vorh. u. d. T.: Der Ohnehose. Wien 1848.
Red.: H. Blumberg.

Der Proletarier : 1853 : Chicago, IL
Socialistic weekly. Edited & published by H. Rösch.

Der Proletarier. Sozialdemokratisches Organ. Wien: Administration 1879. 8°
Red.: W. Poppenberger.

Proletarier: Der Proletarier
① Organ des Verbandes der Lebens- und Genußmittelarbeiter der Schweiz ③ Korrespondenzblatt des Verbandes der Lebens- und Genußmittelarbeiter der Schweiz ④ Solidarität ⑤ 1. 7. 1909—19. 6. 1915 ⑥ 2° ⑦ halbamtlich ⑧ Bern: Unionsdruckerei ⑪ Jean Schifferstein. Beiträge von Wilh. Liebknecht. Herm. Greulich. Rob. Grimm ⑫ Verbandsorgan sozialistischer Färbung ⑬ BGSZ: 973 ⑭ Be: L.

Proletarier aller Länder, vereinigt Euch! Flugblatt. Sep.-Abdr. aus Nr. 22 des „Sozialdemokrat", 30. Mai 1880.

Proletarier, die vornehmen, s. **Novellen**, Hamburger.

Proletarierlied. 8°. Erfurt, Druck von Paul Rosenthal, s. a.

Proletarier-Liederbuch (Neuestes) von verschiedenen Arbeiterdichtern. Gesammelt von Joh. Most. 3. verb. Aufl. 8°. Chemnitz, Genoss.-Buchdr., 1873.

Proletarier-Liederbuch, oesterreichisches. Lieder f. das arbeit. Volk. gr. 16. (126 S.) Wien (899). Wiener Volksbuchh. Kart. n. — 25

Proletarier-Liederbuch, österreichisches. Lieder f. das arbeit. Volk. (Mit e. Portr. v. Josef Scheu.) 3. u. 4., umgearb. Aufl., besorgt durch Vikt. Stein. (127 S.) 16. Wien (905. 906). Wiener Volksbuchh. Kart. — 25

Proletarier's Jugendjahre. (Von Max Brockelmann.) Hrsg. v. Adf. Levenstein. (94 S.) 8 Berlin (909). E. Frowein. 1. 50

Pröleus, s.a. P r o e l e i u s

Prölеus, Imm.: Grundsätze d. Rechts d. Natur. *Leipz.* **709. 8.**

Proll, Karl

Proll, Carolus (Guil. Ferd.) *(geb. Kosten in Pos. 13. 1. 1833)*: De formis antiquis Lucretianis. Vratislaviae 1859. (60 S.) 8°
Breslau, Phil. Diss. v. 4. März 1859

Proll, Karl Wilhelm

Proll, Carl Wilhelm (Hofgeismar/Hessen), De jure mercipotus in contractibus vulgo vom Weinkauf· Diss. jur. German. priv. Präs. Philipp Friedrich Ulrich. Marburg (Müller) 23. XI. 1769. 30 S. (4·75) 27238
Gew.: Leonhard Heinrich Ludwig Georg von Canngießer.

Pröll, A[rthur], Dr.-Ing.: Beiträge zur Theorie der Schiffsschraube. 1909. S. 785—845. 4° ¶ Aus: Jahrbuch d. Schiffbautechn. Gesellschaft. Bd 11. 1910.
Danzig Te. H., Hab.-Schr. v. 25. 2. 1909

Pröll, Arthur: Kraft- und Festigkeits-Verhältnisse bei Schiffsmaschinen-Steuerungen. 1906. 16 S. 4° ¶ Aus: Schiffbau. Jg. 7. 1905/06.
Berlin, Dr.-Ing.-Diss. v. 11. 1. 1907

Pröll, Ferd., d. Stipendienstiftung d. Joachim Grafen v. u. zu Windhag, s.: Wöß, Frdr. v.

Proell, Friedrich, a. Roggenhausen i. Westp., Assistenzarzt im Inf.-Reg. Nr. 114 in Konstanz: Aus Dr. Bruggers Augenklinik in Konstanz. Über Sehstörungen nach Blutverlust. Hechingen 1907: Ribler. (29 S.) 8°
Freiburg i. B., Med. Fak., Ref. Axenfeld, Diss. v. 1908
[Geb. 14. Sept. 81 Roggenhausen (Kr. Graudenz); Wohnort: Konstanz; Staatsangeh.: Preußen; Vorbildung: Gymn. Graudenz Reife O. 01; Studium: Kaiser-Wilhelms-Akad. Berlin 9 S.; Coll. 26. Juli 07; Approb. 30. März 06.]

Pröll, Gust., Gastein. Erfahrungen u. Studien aus wissenschaftlichem Standpunkte. Mit 3 xylografischen Ansichten (in 8. u. 4.). Wien 862. Braumüller. 8. (VIII, 332 S. u. 1 Tab. in Fol.) n. 1 ₰ 10 ngr.

Pröll, Gust., Gastein. Thermal and climatic summer station. Salzburg 867. (Taube.) 8. (39 S. mit eingedr. Holzschn.) n. 14 ngr.

— Gastein. Station thermale et climatérique d'été. 2. édit. Ebend. 867. 8. (66 S. mit 1 Holzschntaf.) n. 18 ngr.

Pröll, Gust., Gastein. Erfahrungen u. Studien. 2. verb. Aufl. Mit 2 xylograf. Ansichten. gr. 8. (IX, 193 S.) Wien 873. Braumüller. n. 2. 40

Pröll, Dr. Gustav, Gastein, Erfahrungen und Studien. (Braumüller's Bade-Bibl. Nr. 5.) 3. Aufl. 8. (VII u. 242 S.) Mit 1 Plane, 1 Ansicht u. 1 Karte. geh. 1 fl. 50 kr.
Wien: Braumüller 1881.

Pröll, Gust., das Bad Gastein. Unentbehrlicher Rathgeber für Kranke, welche das Bad Gastein besuchen, sowie für Aerzte, welche Patienten dorthin senden wollen. 3. verb. Aufl. 8. (VII, 242 S. mit 1 Ansicht in Lichtdr., 1 lithogr. Plane und 1 lithogr. Kärtchen der Reise-Routen.) Wien 881, Braumüller. *

Pröll, G., Gastein. Unentbehrlicher Rathgeber f. Kranke, die Gastein besuchen — sowie f. Ärzte, welche Kranke dahin senden wollen. 4., verb. Aufl. Mit e. Situations-Plane u. e. Kärtchen der Reise-Routen. 8. (VI, 149 S.) Wien 888. Braumüller. n. 2. 40

Pröll, Gust., Gastein. Unentbehrlicher Rathgeber f. Kranke, die Gastein besuchen — sowie f. Ärzte, welche Kranke dahin senden wollen. 5., verb. Aufl. Mit e. Vollbilde, e. Situationsplane u. e. Kärtchen der Reiserouten. 8. (VI, 191 S.) Wien 893. W. Braumüller. In Leinw. kart. n. 2. —

— Gastein its springs a. climate. 2. ed. 16. (68 S. m. 2 Steintaf.) Ebend. 874. n. 1. —

Pröll, Gust., Gastein, its springs and climate. 3. ed. gr. 16. (VII, 79 S. m. 2 lith. Plänen.) Salzburg 877. (Glonner.) n. 1. —

Pröll, Gust., Gastein, its Springs and Climate. 4th edit. 8. (79 S. mit 1 lithogr. Plan und 1 lithogr. Karte.) Wien 880, Gerold's Sohn. *

— Gastein, its springs and climate. 5. ed., revised and improved. 12. (V, 82 S. m. 1 Karte.) Wien 891. C Gerold's Sohn. n. 2. —

—— Gastein, station thermale et climatérique d'été. 4e édit. 16. (VIII, 80 S. mit 2 lithogr. Plänen.) Wien 879, Gerold's Sohn. *
Die früheren Aufl. der engl. und französ. Ausg. erschienen im Selbstverlag.

Pröll, Gust., Gastein, station thermale d'été. 5. éd. 12. (V. 72 S. m. 1 Karte.) Wien 892. C. Gerold's Sohn. n. 1. 60

— Gebrauchs-Anweisung des versendeten Gasteiner Thermal-Wassers. Salzburg 865. Mayrische Buchh. 8. (8 S.) n. 4 ngr.

— — 2. Aufl. Salzburg 867. Taube. 8. (8 S.) n. 2 ngr.

— üb. die Gebrauchs-Methode d. versendeten Gasteiner Thermal-Wassers besonders bei Bädern. 12. (48 S.) Ebd. 892. n. — 80

Pröll, Ignatz

— Ein Blick in das Hauswesen eines österr. Landedelmannes aus dem ersten Viertel des 17. Jahrh. 45. 44. Wien VIII. 88. 89. Progr.

PRÖLL, Karl (Berlin, geb. 27. Mai 1840 in Graz), Aphrodite mit dem Schleier und andere moderne Erzählungen. (190*.) 8°. (Mk. 2—.)
Offerirte Alfons Grünfeld, Berlin, 1908.

Pröll, Karl, unter alldeutschem Banner. Nationale Weckrufe u. Klagen. 8. (IV, 75 S.) Berlin 895. Thormann & Goetsch. n. — 80

Pröll, Karl, unter alldeutschem Banner. Nationale Weckrufe u. Klagen. 2. [Titel-]Aufl. gr. 8. (IV, 75 S.) Berlin [895.] 899. Thormann & Goetsch. n. — 80

— deutsch-nationale Bergpredigten. 8. (64 S.) Ebd. 895. n. — 80

— deutsch-nationale Bergpredigten. 2. [Titel-]Aufl. gr. 8. (64 S.) Ebd. [895.] 899. n. — 80

Pröll, K., Bilderbuch e. Bummlers. 8. (111 S.) Berlin 888. [Landsberger.] Lüstenöder. n. 1. —

—— vergessene deutsche Brüder, s. Universal-Bibliothek Nr. 2308.

[Proell, Karl]: Das Deutschthum in Oesterreich und Ungarn einst von Treumund [d. i. Karl Pröll]. Berlin (1885). 8°

— das österreichische Deutschthum in Noth u. Gefahr. 8. (20 S.) Zürich 887. Schmidt. n. — 30

— die vier letzten Dinge in Oesterreich. Aus d. neuen Katechismus d. deutschen Volkes. gr. 8. (30 S.) München 897. J. F. Lehmann's Verl. n. — 60

Pröll, Karl, die Entwickelung Berlins, s.: Sammlung gemeinnütziger Vorträge.

— Berliner Federzeichnungen e. Deutsch-Oesterreichers. 3. Aufl. 8. (VII, 92 S.) Berlin 888. [Landsberger.] Lüstenöder. n. 1. —

— Friedrich der Große u. der deutsche Nationalstaat der Gegenwart. gr. 8. (14 S.) Ebd. 888. — 25

— s.: Geschichtenbuch, deutsch-nationales.

— Halt! Wer da? Lieder aus d. deutsch-österreich. Feldlager. gr. 8. (VI, 50 S.) Ebd. 897. n. 1. —

— das muntere Jahrhundert. Ein Humoresken-Strauß. 8. (VII, 230 S.) Berlin 892. R. Wilhelmi. n. 2. —

— s.: Kalender aller Deutschen.

— die Kämpfe der Deutschen in Oesterreich um ihre nationale Existenz. 8. (79 S.) Dresden 887. Pierson. n. — 75

—— Die Kämpfe der Deutschen in Oesterreich um ihre nationale Existenz. Geschichtlicher Rückblick. — Auf Vorposten. 3. verm. Aufl. 8. (149 S.) Berl. 890. Lüstenöder. * — 75

—— Kreuz und Quer. Wander- und Rasttage im Süden und Norden. 8. (VII, 178 S.) Berlin 888, Landsberger. *

— Kriegsvolk u. Radvolk. Heitere Geschichten. 8. (V, 99 S.) Ebd. 900. n. 1. —

Pröll, Karl, gesammelte Kurzgeschichten, s. Universal-Bibliothek.

Gesammelte Kurzgeschichten. Von Karl Pröll. Leipzig: Reclam (1910). 94 S. 8°
(Universal-Bibliothek. 5234.) [11. 148

Pröll, Karl. Deutsches Leben u. Weben. Nationale Erzählungen. Villach. Gitschthaler. 1895. 112 S.

— deutsches Leben u. Weben. Nationale Erzählgn. 12. (112 S.) Villach 895. (Klagenfurt, A. Raunecker.) n.n. 2. —

— auf Leben u. Tod. Deutsch-nationale Kämpfe. 2., verm. Aufl. gr. 8. (48 S.) Dresden 898. O. Damm. n. — 60

—— Leute v. heute, s. Bibliothek, realistische.

— deutschnationale Märchen f. die politische Kinderstube. Eine Weihnachtsgabe. 2. Aufl. 8. (IV, 142 S.) Dresden 893. [Verlag der Dresdner Wochenblätter.] Leipzig, H. Budor. n. 1. 20

— Nachfolge Bismarcks. Deutschösterreich. Zeitgedichte. 8. (VIII, 50 S.) Dresden 899. O. Damm. n. — 80

— deutsch-österreichische Passionsgeschichten. Nationale Erzählungen. 2. verm. Aufl. 8. (III, 100 S.) Berlin, Thormann & Goetsch. n. 1. —

Pröll, Karl: Deutsch-österreichische Passionsgeschichten. Nation. Erzählgn. 2. Aufl. Bln '00. 100 S.

— Josef Rank, der Erzähler d. Böhmerwaldes, s.: Sammlung gemeinnütziger Vorträge.

— sind die Reichsdeutschen berechtigt u. verpflichtet, das Deutschthum im Auslande zu stützen?, s.: Schriften, deutsche, f. nationales Leben.

— am Seelentelephon. Neue Kurzgeschichten. 8. (VII, 280 S.) Berlin 895. Leipzig, C. F. Tiefenbach, Sep.-Cto. n. 2. 50; geb. n. 3. 50

— am Seelentelephon. Neue Kurzgeschichten. (Bibl. Tiefenbach.) (Neue [Titel-]Ausg.) gr. 8. (VII, 280 S.) [895.] (899). C. F. Tiefenbach, Sep.-Cto. n. 3. —; geb. n. 4. —

— zerbrochenes Spielzeug (Strauch's Unterhaltungs-Bibliothek). (Neue [Titel-]Ausg.) 8. (VII, 369 S.) Leipzig [892.] (899). A. Strauch. 1. —

— Spreu im Winde. Lustiges u. Boshaftes. 1.—3. Aufl. 8. (IV, 206 S.) Berl. 889, [Landsberger]. Lüstenöder. * 2 —

— Adalbert Stifter, der Dichter d. deutschen Böhmerwaldes, s.: Sammlung gemeinnütziger Vorträge.

— Sturmvögel, s.: Sammlung deutscher Schriften.

— Sturmvögel. Deutsch-nationale Kämpfe. 8. (67 S.) Dresden 888. Pierson. n. — 60

— dasselbe. 60 deutsch-nationale Klage- und Zorn-Lieder. 2., verm. Aufl. 8. (163 S.) Berlin 890. Lüstenöder. n. — 75

— die Totengräber Oesterreichs. Kampfesworte u. Fehdelieder. gr. 8. (31 S.) München 899. J. F. Lehmann's Verl. n. — 80

— moderner Todtentanz. Kohlen-Skizzen. 8. (256 S.) Berlin 888, Landsberger. *

— dass. — 2. Sammlung. 2. Aufl. 8. (239 S.) Ebendas. 888. *

— moderner Todtentanz. Kohlen-Skizzen. 1.—3. Sammlung. 8. Ebd. n. 6. 50
1. 5., verm. Aufl. (VII, 296 S.) 891. n. 2. 50. — 2. 2. Aufl. (239 S.) 888. n. 2. —. — 3. 4. Aufl. (VIII, 294 S.) 889. n. 2. —.

— moderner Todtentanz. Kohlenskizzen. 4. Sammlg. 8. (IV, 302 S.) Berlin 891. H. Lüstenöder. n. 2. 50; geb. n. 3. 50 (1—4.: n. 9. —; geb. n. 13. —)

— moderner Totentanz. Kohlen-Skizzen. 6. umgeänd. Aufl. 8. (IV, 180 S.) Leipzig (902). Jaeger. n. 2. —; geb. n. 3. —

— deutsche Vermächtnisse u. deutsche Versäumnisse, s.: Sammlung deutscher Schriften.

— deutsche Vermächtnisse u. deutsche Versäumnisse. Gedenkblätter nationaler Stiefkinder. 4., umgeänd. Aufl. gr. 8. (131 S.) München 898. J. F. Lehmann's Verl. n. 2. —

Pröll, Karl. Vogelbeeren. Kleine Geschichten und Plaudereien. 8. (IV, 274 S.) Berl. 890, Lüstenöder. * 2 50

Pröll, K., s.: Volkskalender, kärntner.

— Volkskatechismus f. den allgemeinen deutschen Schulverein. 12. (16 S.) Braunschweig 892. Appelhans & Pfenningstorff. n. — 10

Volkskatechismus für den Allgemeinen deutschen Schulverein zum Schutze des Deutschtums im Auslande von Karl Pröll. 2. Aufl. *Berlin: P. Stankiewicz 1895.* (16 S.) 8° [Umschlagt. F.] [c3. 4140

— auf ferner Wacht. Heerrufe u. Heimgrüße. 8. (VII, 95 S.) Dessau 902. Anhalt. Verlagsanstalt. 1. 50

KARL PRÖLL. Wehrordnung für die Reichsdeutschen in den Ostmarken. Berlin. Deutscher Verlag (G. m. b. H.). 8°. Dasselbe. 3. Aufl. ib. —. 8°.

— nationale Wehrpflicht. 2. erweit. Aufl. (Sind die Reichsdeutschen berechtigt u. verpflichtet, das Deutschtum im Auslande zu stützen?) gr. 8. (22 S.) München (898). J. F. Lehmann's Verl. n. — 40

[F.] Kaiser Wilhelm der Grosse. E. Erinnerungsbl. v. Karl Pröll. '(6.—16. Taus.)' 2. umgearb. Aufl. . . . *Berlin: P. Stankiewicz 1897.* (16 S.) 1 Bd 8. [97. 1697

— s.: Zehnpfennig-Bibliothek Nr. 4.

Pröll, Laurenz

Pröll, Laurenz Ein Blick in das Hauswesen eines österreichischen Landedelmannes aus dem ersten Viertel des 17. Jahrhunderts. 8 (S. 3—47). (Schlufs.) 8 (S. 3—46).
Progr. Staatsg. im VIII Bezirk *Wien* 1888. 1889.

Pröll, Laurenz, d. Gegenreformation in d. l.-f. Stadt Bruck a. d. L., e. typ. Bild, nach d. Aufzeichnungen d. Stadtschreibers Georg Khirmair entworfen. gr. 8. (108 S.) Wien 897. Mayer & Co. n. 2. 20

Pröll, Laurenz, Geschichte des Prämonstratenserstiftes Schlägl im oberen Mühlviertel. gr. 8. (VIII, 356 S. mit 1 Stnt.) Linz 877, Ebenhöch'sche Buchh. *

Pröll, L.: Handwerksordnung der Schuhmacher zu Oberh. 2 S. — Oberhollabrunn, Progr.

Pröll, Laurenz Die Herren von Sonnberg. 93 S. 8.
Progr. *Oberhollabrunn* 1884. 1885.

Pröll, Laurenz, die Herren v. Sonnberg, nebst e. übersichtl. Geschichte der Nachfolger derselben im Besitze v. Sonnberg, Oberhollabrunn u. Raschala. Im Anh. das Marktprivilegium v. Oberhollabrunn vom J. 1574 u. die Ordng. f. das Schuhmacherhandwerk v. Oberhollabrunn vom J. 1624. gr. 8. (96 S.) Wien 885. (Pichler's Wwe. & Sohn.) n. 2. —

Pröll, L., Die Herren von Sonnberg nebst einer übersichtlichen Geschichte der Nachfolger derselben in Sonnberg etc. Wien 1886. 8.

— Marktprivilegium für Oberhollabrunn u. Handwerksordnung der Schuhmacher zu Oberhollabrunn. S. 93—96. 8.
Progr. *Oberhollabrunn* 1885.

. Pröll, L[aurenz]: Die Schulordnungen der Schola s. Petri. (Ein Beitrag zur Schulgeschichte Salzburgs. I.) S. 3—16. 8. (II. Schluß.) S. 3—12. 8. K. k. Staats-Gymn. *Salzburg* 1902. 1903
Progr.

Pröll, Laurenz, ein Triennium an der Salzburger Benediktiner-Universität (1658—1661), s.: Beiträge zur österreichischen Erziehungs- u. Schulgeschichte. 5. Hft.

Ein Triennium an der Salzburger Benediktiner-Universität ⟨1658–1661⟩. Von Dr. Laurenz Pröll, Gymn.Dir. in Salzburg. *(Wien & Leipzig: W. Braumüller 1904.)* (56 S.) 8°
= Beiträge z. Österr. Erziehungs- u. Schulgeschichte. H. 5, 1. [c4. 3...11

Pröll, Reinhold

Pröll, R.: Die Beschleunigung in der Schubstange eines Kurbelmechanismus u. Berechnung d. h. dies. hervorgerufenen Maximalbiegungsspannung. 1872. 4°
Diss. Rostock

Dr. R[einhold] Proell. (Beschreibung der neuen Präcisions-)Flachreglersteuerung ('Patent Proell'). (Beschreibung der beweglichen) Metallpackung ('Patent Proell'). Dresden: Dr. R. Proell, Ingenieurbureau [1910]. 24 S. 4° [Umschlagt.]

Proell, R., üb. Druckluftanlagen u. deren Bedeutung f. Städte. Ein Vortrag, geh. im Bezirksverein der Johannvorstadt u. im Bürgerverein der Pirnaischen Vorstadt am 10. bezw. 30. Octbr. 1890. gr. 8. (19 S.) Dresden 890. (C. Tittmann.) n. 1. —

Gebrauchsanweisung zur Thermodynamischen Rechentafel (für Dampfturbinen) von Dr.-Ing. Reinhold Proell. [Nebst] Rechentafel. Berlin: J. Springer 1904. (15 S.) 8°

Pröll, R., Hilfsanlagen für den Materialtransport und die Errichtung von Hochbauten, s. Handbuch der Ingenieurwissenschaften.

Proell, R., Project e. städtischen Druckluftanlage von 7500 indicirten Pferdestärken, hrsg. v. R. Proell u. O. L. Kummer & Co. in Dresden. Mit 7 lith. Taf. kl. Fol. (21 S.) Dresden 890. (Tittmann.) n. 3. —

Dr. R[einhold] Proell. Proell-Regler für Kolbenschiebermaschinen. Dresden: Dr. R. Proell, Ingenieurbureau [1910]. 8 S. 4° [Umschlagt.]

Proell's, Rhold., Rechentafel. gr. 16. (2 Bl.) Nebst Gebrauchsanweisg. (15 S.) Dresden (901). (Berlin, J. Springer). In Leinw.-Futteral n. 2. —; erh. Pr. n. 3. —

Proell's, Rhold., Rechentafel „System Proell". (Neue Aufl.) (2 Bl.) gr. 16. Nebst Gebrauchs-Anweisung. (15 S.) gr. 16. Dresden (908). (Berlin, J. Springer.) In Leinw.-Futteral n. 3. —

— Rechentafel f. Schraubenfedern. (1 Bl. m. Fig. auf Karton.) qu. 8. Ebd. 906. n.n. 1. —

— thermodynamische Rechentafel (f. Dampfturbinen). qu. gr. Fol. Nebst Gebrauchsanweisung. (15 S.) gr. 8. Ebd. 904. n.n. 2. 50

Proell, R., Versuch e. graphischen Dynamik. Mit e. Atlas v. 10 lith. Taf. (in qu. Fol.) gr. 8. (XII, 212 S.) Leipzig 874. Felix. n. 8. —

Proell, Reinhold: Über den hydraulischen Wirkungsgrad von Turbinen bei ihrer Verwendung als Kraftmaschinen und Pumpen. Berlin: (Springer) 1903. 28 S., 3 Taf. 8°
¶ Buchausg. 1904. [Vergriffen.]
Dresden, Dr.-Ing.-Diss. v. 24. 7. 1903

— über den hydraulischen Wirkungsgrad von Turbinen bei ihrer Verwendung als Kraftmaschinen u. Pumpen. (IV, 28 S. m. 8 Fig. u. 3 Taf.) gr. 8. Berlin 904. J. Springer. n. 1. 60

Pröll, Rud., zur Bühne. Eindrücke. 8. (27 S.) Frankfurt a/M. (902.) Kesselring. n. — 50

Proell, Wilh., praktische Beurteilung v. Regulatoren u. Regulierungsfragen. Gemeinverständliche Mitteilgn. aus der Praxis f. Maschineningenieure u. Elektrotechniker. gr. 8. (59 S.) Leipzig 902. Hachmeister & Thal. n. 2. —

Pröller. Einige Bemerkungen über Behandlung der lateinischen Formenlehre. 11 S.
Wesel, Progr. 1855

Pröller, Alw.: A. v. Bibran's Studien und Reisen. Nebst einigen (latein.) Briefen von Dresser, Gruter und Fr. Lindenbrog an ihn. 15 S. – Liegnitz, Ri. Ak., Progr. 1869.

Proeller, Bernh., Oberpfarrer u. Diakonus. Ein Wort zur Verständigg. üb. e. Reform im geistl. Amt der evangel. Kirche. gr. 8. (19 S.) Berlin 893. Vaterländ. Verlags- u. Kunstanstalt. n. — 20

Proeller, Otto, approb. Arzt aus Wetzlar a. L. (Rheinprovinz): Ein Beitrag zur Kenntnis der Varicellen. *Freiburg i. B. 1898: E. Kuttruff.* (43 S.) 8°
Freiburg i. B., Med. Diss. v. 1898

Prollius, A.v. (Red.), s. Armeeblatt, Deutsches.

Prollius, A. v., kurze Entwickelungsgeschichte d. preußisch-deutschen Heeres seit d. Anfang d. 19. Jahrh. 12. (31 S.) Leipzig 897. Verlagsanstalt Militär. Rundschau. n. — 60

— der türkisch-griechische Krieg im J. 1897. gr. 8. (60 S.) Ebd. 897. n. 1. 50

— s.: Militärisches.

— s.: Rundschau, militärische.

Prollius, F.

Prollius, die Aufbewahrung der Arzneimittel, s. Aufbewahrung.

Prollius, F., Lehrbuch der massanalytischen Methoden des deutschen Arzneibuches. Zum Gebrauch der Eleven der Pharmazie. 8. (VI, 125 S.) Göttingen 894. Vandenhoeck & Ruprecht. n. 2. 20; geb. n. 2. 80

Prollius, Frdr., Beobachtungen üb. die Diatomaceen der Umgebung v. Jena. gr. 8. (111 S.) Lüneburg 882. (Jena, Deistung.) n. 2. —

Prollius, Frdr., Miasmen, Sumpffieber u. Cholera. Betrachtungen aus dem Venetianer Lagunenstrich während des Cholera-Sommers 1849. gr. 8. (20 S.) Innsbruck 849. (Wagner.) 1/4 ₰

Prollius, Gustav, Referendar in Sarstedt: Die Erschöpfungseinrede des Erben nach §§ 1990—1991 B.G.B. Hamburg 1907: Berngruber & Henning. (XI, 114 S.) 8°
Leipzig, Jur. Fak., Diss. v. 18. Juli 1907
[Geb. 25. Jan. 83 Sarstedt; Wohnort: Sarstedt; Staatsangeh.: Preußen; Vorbildung: Kaiser-Wilhelm-Gymn. Hannover Reife O. 01; Studium: Marburg 3, Straßburg 1, Göttingen 3 S.; Rig. 8. Juli 05.]

Prollius, Max

—: Die Einweihung des neuen Hauses. S. 7—15 der Schuln. 4. Schillerschule (Realprogymn. mit Realschule u. Vorschule)
Progr. *Jüterbog* 1906 (156).

Prollius, Max, über den syntactischen Gebrauch des Conjunctivs in den Cynewulfschen Dichtungen Elene, Juliana und Crist. Diss. Marburg 1888, N. G. Elwertsche Univ.-Buchh. 8°. VI, 59 S.

Prollius, Max [aus Berlin]: Ueber den syntactischen Gebrauch des Conjunctivs in den Cynewulfschen Dichtungen Elene, Juliana und Crist . . . . Marburg a. d. Lahn, *Fr. Wagner'sche Buchdr. in Freiburg i. B.,* 1888; VI + 59 + 1 S. 8°
Marburg, Phil. Fak., Inaug.-Diss. v. [8. Aug.] 1888

Prollius, Max: Lehrpläne und Lehraufgaben für die Schillerschule zu Jüterbog. (Realsch. u. Realprogymn.) nach d. Entwürfen d. Lehrerkoll. T. 1. Religion, Deutsch, Geschichte, Erdkunde. Jüterbog 1908: Humboldt & Liese. 21 S. 4°
Jüterbog, Schiller-S, RPG m. R u. VS P 1908 (168) [S 08. 358

Prollius, (Max), Direktor Dr.: Der Neubau der Anstalt und seine innere Einrichtung. Jüterbog 1905: Humboldt & Liese. (S. 3—6.) 4°
Jüterbog, st. R. m. rg Nebenkursen u. VS P 1905 (148)

Proells, Johannes. Dolce far niente. Hochzeitsreisebriefe von Südwärts der Gotthardbahn. Stuttgart, Bonz & Cie. 1882. geb. 3 35

Prolog. Das Gedicht von Hiazint von Schulheim, gesprochen von Fräulein Dardenne, in der zur Feier der Genesung Ihrer Majestät, unserer allgeliebten Kaiserin Elisabeth, von dem katholischen Männervereine am 15. April d. J. zu Gratz veranstalteten Fest-Akademie. Gratz, 1855. Druck und Papier gratis von J. A. Kienreich. (7 S. 8.)

[**Prolog** zur Aufführung von Euripides' Κύκλωψ durch Primaner des Königl. Friedrichs-Kollegiums zu Königsberg. Gedicht in griech. Sprache, unterzeichnet: A. A.] *Königsberg Pr. 1900: Hartung.* (S. 18.) 4°
Königsberg Pr., k. Friedrichs-K, P 1900 (6)

Prolog bey der Benefizvorstellung für die Armen in Rostock. Rostock 1809. V: *Pries, Johann Friedrich.* (GGr)

— u. lebendes Bild f. Damen-Abteilungen, s.: Bilder, lebende, f. Turnvereine.

Prolog zu seinem Schauspiele Biondetta. Schwerin 1790. V: *Engel, Carl Christian.* (MGT)

Prolog, gesprochen zur Einweihung des neuen Gebäudes. (Von *einem Lehrer der Anstalt.*) 4 (S. 12 der Schuln.).
Progr. Städt. Rsch. *Meiderich* 1896

Prolog zum Empfange der Schweizerischen Naturforscher im Gletschergarten zu Luzern am 12. September 1905. Luzern [1905]. V: *Egli, Carl.* (BBullSchw. 5, 1905)

Marbach, Oswald: Prolog zur **Enthüllung der Marmorbüste Oswald Marbachs gelegentlich der Hundertjahrfeier seines Geburtstages am Stiftungsfeste der Loge Balduin zur Linde 13. März 1910. Verfasst von Hermann Prager, gesprochen von Oskar Lehmann. (Leipzig [1910]: Zechel.) 2 Bl. 8°.**
Mit Bildnis Marbachs.

Prolog und Epilog zum Festspiel: Die Huldigung der Künste ... Weimar 1855. V: *Schöll, Adolph.* (Ky)

Prolog und Epilog zum Festspiel: Die Huldigung der Künste. (Von Adf. Schöll.) Am 50jähr. Erinnerungsfeste des feierl. Einzugs I. kaiserl. Hoh. der Frau Grossherzogin-Grossfürstin Maria Paulowna. 9. Nov. 1854. Weimar 855. (Böhlau.) 4. (8 S.) n. 4 ngr.

Prolog bey der neuen Eröffnung der Bühne. Leipzig den 28. Dec. 1769. V: *Wäser, Maria Barbara.* (Börner 7/1718) (Auct. Kürschner 2325) (BiblPort)

Prolog zur Fahnenweihe in einem Turnverein, Autogr., Berlin, 1 S., 8°.

Prolog an die herzogliche Familie bey Wiedereröffnung des Theaters. Schwäb.-Gmünd 1795. V: *Schlotterbeck, Johann Friedrich.* (MGT)

Prolog, über den, zu Faust von Göthe. gr. 8. (27 S.) Berlin 850, Dümmler in Comm. n. 1/6 Thlr.

Prolog gesprochen am 14. Febr. 1824 zur Vorfeyer des 25. Reg.-Festes Maximilian Josephs von Bayern bey einem Concerte durch die Studierenden der Königlichen Universität Landshut. O. O. V: *Hölzl, Joh. Peter.* (Erman & Horn. Bibliogr. d. dtsch. Universitäten. 2. Leipz. u. Berl. 1904.)

***Prolog** zur Feier der Einweihung des neuen Schulgebäudes.* (Von e. Lehrer d. Anstalt.) Meiderich, Druck v. A. Marquard, 1896; S. 12. 4.
Meiderich, st. R, P 1896 (510a)

Prolog zur Feier des allerhöchsten Namensfestes Ihrer Majestät der Kaiserin Elisabeth von Österreich, gesprochen im Theater zu Bozen, am 19. November 1864. Bozen 1864. V: *Streiter, Josef.* (Margr)

Prolog zur Feier des Sieges bei Leipzig am 18. October 1813 . . . 1819. Prag. V: *Herbst, Johann.* (GGr)

Prolog u. Festrede zum Geburtstage Sr. Maj. des Kaisers, den 27. I. 1903. gr. 8. (4 S.) Landsberg a/W. (902). Volger & Klein. — 75

Prolog und Festrede zum Geburtstage Sr. Majestät des Kaisers, den 27. Jan. 1903. Landsberg a. W. 1903. V: *Volger, Adolf.* (Berl)

Prolog und Festrede zum Geburtstage Sr. Maj. d. Kaisers d. 27. Jan. 1903. *Landsberg a. W.: Volger & Klein (1903).* (2 Bl.) 8° [F.]

Prolog und Festrede zum Geburtstage Sr. Majestät des Kaisers am 27. Jan. 1904. Landsberg a. W. 1904. V: *Volger, Fritz.* (Berl)

Prolog u. Festrede zum Geburtstage Sr. Maj. des Kaisers, den 27. I. 1904 bezw. 1906. (à 4 S.) gr. 8. Landsberg a/W. (903. 905.) Volger & Klein. à — 75

Prolog und Festrede zur Geburtstagsfeier Sr. Maj. Kaiser Wilhelms II. zum 27. Januar 1900. Landsberg a. W. [1900]. 1901. Landsberg a. W. 1901. V: *Volger, Adolph.* (Berl)

Prolog und Festrede zur Geburtstagsfeier Sr. Maj. Kaiser Wilhelms II. zum 27. Jan. 1902. Landsberg a. W. 1902. V: *Volger, Adolph.* (Berl)

Prolog u. Festrede zur 49., 50. u. 51. Geburtstags-Feier Sr. Maj. des Kaisers am 27. I. 1908, 1909 u. 1910. (à 4 S.) gr. 8. Landsberg a/W. (907—09). Volger & Klein. à — 75

Prolog zur Fichte-Feier. Bonn 1862. V: *Wegener, Wilh.* (Russell III, 182)

PROLOG. – zu Weißens Freundschaft auf der Probe, als sie am Namenstage der besten Mutter von den hoffnungsvöllsten Kindern aufgeführt ward. Schönfeld, Prag 1786. 4 Bl.

Prolog zur Geburtsfeyer des Königs am 25. Sept. 1793. [Weimar 1793.] V: *Bertrand, Frdr. Ant. Franz.* (MGT)

Prolog dem hohen Geburtsfeste Sr. Hochfürstl. Durchlaucht des Herzogs geweihet . . . Mitau 1788. V: *Kütner, Carl August.* (R-N)

Prolog zur Gedächtnisfeier des 100jährigen Geburtstages Kaiser Wilhelm des Grossen 22. März 1897. Landsberg a. W. [1897]. V: *Volger, Adolph.* (Berl)

Prolog bei der Gegenwart Ihr. Kön. Majestäten . . . 1823 gesprochen. O. O. V: *Klausen, Gottl. Ernst.* (Bruun, Bibl. Danica III, 587 f.)

Prolog zur 25. Jahresfeier der Begründung des Deutschen Reiches . . . *Berlin: M. Böhm [1896].* 2 Bl. 8. [98. 8894

Prolog zu Goethes Iphigenie am 7. November 1825. Gesprochen von Madame Seidel, geb. Meyer. [1825.] V: *Müller, Friedrich von.* (Bresl 31, S. 88)

Prolog gesprochen bei dem Concerte zu Abertham am 24. Januar 1875. Wien [1875]. V: *Hansgirg, Carl Victor Ritter von.* (EB)

Prolog des Concertes des Männergesangvereines in Marienbad zum Besten der nothleidenden Weber im Erzgebirge bei Gelegenheit der Constitutionsfeyer am 26. Februar 1863. [Eger.] [. . . Seid uns gegrüsst, die willig Ihr gekommen Zum Fest der Freiheit und der Menschlichkeit . . . Nach innen frei, nach aussen stark und mächtig.] V: *Lucka (Lucca), Samuel Benedict.* Jüd. (Archiv [Wien] 1928 N. F. 12.)

Prolog gesprochen am Zofinger Concert der Section Basel den 8. März 1889 . . . Zürich 1889. V: *Bernoulli, Carl Albrecht.* (Erman & Horn, Bibliogr. d. dtsch. Univ. Leipz. u. Berl. 1904—1905. III, 313.)

Prolog zum Grossen Magen. Leipz. u. Altenburg 1815. V: *Wetzel, Carl Friedrich Gottlob.* (BrVV)

Prolog zum großen Magen. 8. Leipz. Brockhaus. 815.

— zum großen Moloch. 8. (12 S.) Berlin 850, Schartmann. n. 1/12 ℛ

Prolog zur höchsten Nahmens-Feier Ihrer königlichen Hoheit der Durchlauchtigsten Frau Frau Maria Elisabeth Erzherzogin zu Oesterreich . . . fol°. V: *Primisser, Joh. Fch.* (Zeitschr. d. Ferdinandeums, 3. Folge, 55. Heft, S. 482) (BiblPort)

Prolog am Namenstage des würdigsten Generals des geliebtesten Vaters gesprochen den 3ten Juli 1786. Prag. V: *Meissner, August Gottlieb.* (GGr VI/733, Nr. 33/2) (BiblPort)

Prolog zu den neuesten Offenbarungen Gottes verdeutscht durch Dr. Carl Friedrich Bahrdt. Giessen 1774. V: *Goethe, Johann Wolfgang von.* (Mn) (MGT)

Prolog zu Herrn Nicolais neuester Reisebeschreibung von Obermayer . . . Wien 1783. V: *Blumauer, Johann Alois.* (GGr) (ML)

-- zum Rekruten-Abschied, s.: Bilder, lebende, s. Turnvereine.

[Prolog, gesprochen bei der Schillergedächtnisfeier.] S. 2 des Berichtes. 4. Progr. Oberrealschule auf der Uhlenhorst *Hamburg* 1906 (914).

Prolog zum Turnfest, s.: Turner's Frohsinn.

Prolog gesprochen zur Vermählungsfeier Sr. k. k. Apost. Majestät unseres allergnädigsten Kaisers Franz Joseph I. mit Ihrer königl. Hoheit der durchlauchtigsten Herzogin Elisabeth in Baiern, in der vom Vereine zur Beförderung der Tonkunst in Galizien am 23. April 1854 veranstalteten musikalisch-deklamatorischen Akademie. 4. (2 Blätter.) Lemberg. 1854. Gedruckt bei Peter Piller und Sohn.

Prologe. 1.—7. Heft. 8. Mühlhausen i/Th., G. Danner. à n. — 60

1. Prologe f. Weihnachtsfeste, Armen- u. Christbescherungen. Weihnachtsgedichte f. Kinder. Vortragsgedichte f. die Nikolaustage. (904.) (32 S.)
2. Prologe f. Silvester u. Neujahr. (Scherzhafte Silvester-Depeschen u. scherzhafte Silvester-Aufführgn. u. Gedichte 2c.) (904.) (24 S.)

3. Prologe f. Wohltätigkeits-Veranstaltungen (Wohltätigkeits-konzerte u. Aufführungen zum Besten der Armen 2c.) (904.) (23 S.)
4. Prologe f. Veranstaltgn. der Dilettantenvereine. (Theater-prologe, Eröffnungsprologe 2c. 2c.) (904.) (24 S.)
5. Prologe f. Kaisers Geburtstag. (Festprologe zur Feier des Allerhöchsten Geburtstags S. M. des Kaisers.) (904.) (27 S.)
6. Prologe zu Stiftungsfesten (in Krieger-, Militär-, Turn-, Gesang-, Feuerwehr-, Radfahrer-, kaufmännischen, Gewerbe- 2c. 2c. Vereinen.) (904.) (52 S.)
7. Prologe zur Fahnenweihe. (56 S.) (905.)

— 8. u. 9. Heft. 8. Mühlhausen i/Th., G. Danner. à — 60
8. Prologe f. Karneval, Maskenfeste, Narren- u. Bockbier-Abende. (52 S.) (909.)
9. Prologe f. Jubiläen im Amt, Beruf, Verein u. f. Regiments-feste. (58 S.) (910.)

Prologe. 1.—5. Heft. 8. Berlin, R. Meißner. à — 75
Cassel, Henry, Festspiele u. Gedichte f. Weihnachten, Silvester u. Neujahr. (40 S.) (910.) (5. Heft.)
— Meinem Kaiser! Festprologe u. deklamator. Vorträge zur Feier des Geburtstages S. M. des deutschen Kaisers. (40 S.) (909.) (4. Heft.)
— Prologe zu Festlichkeiten im Gesang Vereine. (24 S.) (909). (3. Heft.)
— Prologe zu Festlichkeiten im Turn-Verein od. Feuerwehr-Verein. (31 S.) (909.) (2. Heft.)
Prologe u. deklamatorische Vorträge zu Festlichkeiten im Krieger- u. Militär-Verein. (47 S.) (909.) (1. Heft.)

Prologe und ein Epilog für das akademische Theater zu Giesen. [Gotha 1777.] V: *Schmid, Christian Hnr.* (ML)

Prologe zur Fahnenweihe. Mühlhausen i. Th.: G. Danner [1905]. (56 S.) 8° [F.]
— **Prologe**. H. 7. [07. 14759

Prologe z. Fahnenweihe u. z. 18. 1., d. Tage der Schilderhebung d. Dtsch. Kaisers, Berlin, 18 S., 8°.

Prologe u. Festgedichte. 1.—5. Hft. 8. Berlin, E. Bloch. à n. — 60
1. Prologe f. vaterländische Gedenktage. (31 S.) 897.
2. Prologe f. Dilettanten-Theater-Aufführungn. (43 S.) 897.
3. Prologe f. Weihnachten u. Neujahr. (32 S.) 897.
4. Prologe f. Wohlthätigkeits-Aufführgn. (32 S.) 898.
5. Prologe f. Fahnenweihen. (32 S.) 897.

— u. Festgedichte. 6.—12. Heft. 8. Berlin, E. Bloch. à — 60
6. Prologe f. Turnvereine. (27 S.) (907.)
7. Prologe u. Festgedichte f. Geselligkeitsvereine. (24 S.) (907.)
8. Prologe u. Festgedichte f. Jubiläen im Beruf, im Verein u. in der Familie. (46 S.) (907.)
9. Prologe u. Festgedichte f. Festlichkeiten zu Taufe, Konfirmation u. Einweihungen. (35 S.) (907.)
10. Prologe u. Festgedichte f. Karneval u. Maskenball. Von F. Fried. (32 S.) (907.)
11. Prologe f. Feuerwehrvereine. (27 S.) (907.)
12. Prologe u. Festgedichte f. Gesangvereine. (32 S.) (907.)

— u. **Festgedichte** für Arbeiter-Turnvereine. (56 S.) 8. Probstheida (902). Leipzig, Rauh & Pohle. n. 1. —

Prologe, fünf neue, zur Feier d. Geburtstages Sr. Maj. d. Kaisers Wilhelm II. Von H. 8. (14 S.) Köln 890. Warnitz & Co. — 30

Prologe zu Kaisers Geburtstag, sa Kühling, A., u. Güttner's Sammlung v. Prologen.

Prologe zu Kaisers Geburtstag. *Berlin: Kühling & Güttner [1894].* (15 S.) 8° [F.]
— Sammlung, Kühling & Güttner's, von Prologen. H. 1. [04. 13664

Prologe für Kaisers Geburtstag. (Festprologe z. Feier d. Allerh. Geburtstages S. M. d. Kaisers.) Mühlhausen i. Th.: G. Danner [1904]. (27 S.) 8° [F.]
— **Prologe**. H. 5. [07. 14757

Prologe zum Geburtstag Sr. Maj. des deutschen Kaisers, sa Bloch's, Ludw., Militär-Festmappe. 10. Hft.

Prologe z. Geburtstage Sr. Maj. d. Kaisers, Berlin, 18 S., 8°.

Prologe. — Monarchianische Prologe zu den vier Evangelien. E. Beitr. z. Gesch. d. Kanons v. Peter Corssen. Leipzig: J. C. Hinrichs 1896. (V, 138 S.) 8°
Texte u. Untersuchgn. z. Geschichte d. altchristl. Literatur. Bd 15. H. 1.

— neue, f. alle festlichen Gelegenheiten. (24 S.) kl. 8. Leipzig (906). C. Glaser. n. 1. 50

— u. **Reden** f. Turn-Vereine, sa Gut Heil!

Prologe und Reden für Turnvereine, Hamburg, 20 S., 8°.

Prologe z. Sedanfest, Berlin, 26 S., 8°.

Prologe für Silvester und Neujahr. (Scherzhafte Silvester-Depeschen u. scherzhafte Silvester-Aufführungen u. Gedichte etc.) Mühlhausen i. Th.: G. Danner [1904]. (24 S.) 8° [F.]
— **Prologe**. H. 2. [07. 14754

Prologe zu Stiftungsfesten (in Krieger-, Militär-, Turn-, Gesang- ... Vereinen). Mühlhausen i. Th.: G. Danner [1904]. (52 S.) 8° [F.]
— **Prologe**. H. 6. [07. 14758

Prologe für Turnvereine, Berlin, 27 S., 8°.

Prologe für Veranstaltungen der Dilettantenvereine. ⟨Theaterprologe, Eröffnungsprologe etc. etc.⟩ Mühlhausen i. Th.: G. Danner [1904]. (24 S.) 8° [F.]
— **Prologe**. H. 4. [07. 14756

Prologe für Weihnachtsfeste, Armen- und Christbescherungen. Weihnachtsgedichte f. Kinder. Vortragsgedichte f. d. Nikolaustage. Mühlhausen i. Th.: G. Danner [1904]. (32 S.) 8° [F.]
— **Prologe**. H. 1. [07. 14757

Prologe für Wohltätigkeits-Veranstaltungen (Wohltätigkeitskonzerte u. Aufführungen z. Besten d. Armen etc.). Mühlhausen i. Th.: G. Danner [1904]. (23 S.) 8° [F.]
— **Prologe**. H. 3. [07. 14755

Prologus comoediae, epilogus. Amberg 1740. V: *Wallbach, Joh. Ant.* (JES)

Prologus et Epilogus cum actione intermedia melodramatice proposita in dramate de Conradino, et Friderico. Bambergae 1746. V: *Pfister, Anton.* (JES)

Prologus Ocreati in Helceph ad Adelardum Batensem magistrum suum, s. Abhandlungen zur Geschichte der Mathematik.

Chemin de fer électrique ⟨en partie sur route⟩ de Samaden à Campocologno ⟨frontière⟩, avec embranchement de Pontresina à St-Moritz. Prolongation de délai. 8. [Berne, C.-J. Wyss,] 1901.

Message du Conseil fédéral. ⟨Du 18 mars 1901.⟩ 10 p.
Arrêté fédéral. ⟨Du 29 mars 1901.⟩ 2 p.

Pröls, Wilhelm, Apotheker u. appr. Nahrungsmittelchemiker: **Über kolloidale Lithium- Rubidium- und Caesium-Halogenide. ⟨Organosole und Gele⟩.** Erlangen 1910: Jacob. 81 S. 8°
Erlangen, Phil. Diss. v. 4. Aug. 1910, Ref. Paal
[Geb. 4. Sept. 81 München; Wohnort: Erlangen; Staatsangeh.: Bayern; Vorbildung: Gymn. Baden-Baden Reife M. 09; Studium: Erlangen 5, Karlsruhe Techn. Hochsch. 2, Erlangen 3 S.; Rig. 23. Juni 10.] [U 11. 985

Pröllss, A. K., s. **Montesquieu,** Considérations.

Prölß, Adolf, Kreuz u. Leier. Dichtungen. gr. 8. (13 B.) Leipzig 844, Hartung.

Prölß, Adolf Ed.

— s. Gesangbuch für höhere Bildungsanstalten.

Prölß, Adf. Ed., Gesangbuch für Schulen u. Erziehungsanstalten. 2. Ausg. Mit einer musikal. Beilage v. Anacker. 8. (VIII u. 208 S.) Freiberg 849, Craz & Gerlach. 12 ngr

Prölß, Ad. Ed., Kreuz u. Leier. Dichtungen. gr. 8. Leipzig 844, Hartung. 2/3 Thlr

— Schulaltar. Betrachtungen, Gebete u. Lieder f. Schulen u. Erziehungsanstalten. gr. 8. (VIII u. 226 S.) Ebd. 849. 26 ngr

Prölß, Adf. Ed., Schulaltar. Betrachtungen, Gebete und Lieder für evangel. Gymnasien, Seminarien, Schulen und Erziehungsanstalten. 2., mit Abendgebeten verm., Ausg. Freiberg 853. Craz u. Gerlach. gr. 8. (VI, 242 S.) 15 ngr

Proelss, Carl Friedrich, s. Proelss, Carl Friedrich

Prölss, Edwin, eine Erkrankung des Halssympathicus. Diss. Berlin 1886, Mayer & Müller. 8°. 32 S.

Proelss, Erich (Adolf) (geb. Stettin 4. 1. 1858): Ein Fall von Gallengangsruptur, ein Beitrag zur Diagnostik dieser Verletzung. Berlin (1881). (34 S.) 8°
Berlin, Med. Diss. v. 2. Juni 1881

Proelss, Frdr. Proelss-Album. 12 Photogr. nach Originalen des Künstlers. Kabinet-Ausg. 8. München 893. Verlags-Anstalt f. Kunst u. Wissenschaft. In Leinw.-Mappe. 12. —; Folio-Ausg. 30. —

Proelß, Fritz, Referendar a. D.: Zerstörung und Wesensänderung im Sinne des § 93 BGB. nebst einem Anhang über: Wesentlicher Bestandteil und der Eigentumsvorbehalt an Maschinen. Dresden 1908: Walther. 60 S. 8°
Erlangen, Jur. Diss. v. 2. Okt. 1908, Ref. Oertmann
[Geb. 25. Mai 84 Schweidnitz; Wohnort: Dresden; Staatsangeh.: Preußen; Vorbildung: Gymn. z. Heil. Kreuz Dresden Reife O. 03; Studium: Berlin 7 S.; Rig. 19. Mai 08.] [U 09. 717

Prölss, Gustav: Der Gerichtsstand der unerlaubten Handlung im Reichszivilprozessrecht unter Herrschaft des BGB. Nürnberg 1909: Volkhardt & Wilbert. 66 S. 8°
Erlangen, Jur. Diss. v. 14. Juni 1909, Ref. Oertmann
[Geb. 31. Juli 83 Nürnberg; Wohnort: Nürnberg; Staatsangeh.: Bayern; Vorbildung: Altes Gymn. Nürnberg Reife 01; Studium: München 3, Berlin 1, Heidelberg 1, Erlangen 3 S.; Rig. 2. März 09.] [U 10. 745

Proelss, H., u. E. Seel, die Dienstverhältnisse der deutschen Militärapotheker. Ein Unterrichts- u. Nachschlagebuch f. einjährig-freiwillige Militärapotheker, Apotheker des Beurlaubtenstandes, des Heeres u. der Marine. Nach den neuesten Bestimmungen unter Mitwirkg. v. Syrée, Varges, Milch bearb. (XVI, 396 S.) gr. 8. Stuttgart 903. F. Enke. n. 7. —; geb. in Leinw. n. 8. —

Proelss, Hans, aus Kohlberg, Oberpfalz: Beiträge zum Nachweis von Alkaloiden, Glycosiden und Bitterstoffen bei forensisch-chemischen Arbeiten. *Erlangen 1899: E. Th. Jacob.* (74 S.) 8°
München, Phil. Diss. v. 1900

Proelß, Johannes

Proelß, J., in der Alpenschutzhütte. Novellenkranz. (VIII, 210 S.) Leipzig 888. Keil's Nachf. 3. —; geb. n. 4. —

PROELSS, J. Der heilige Amor. (Erzählung.) Leipzig, Liebeskind, 1889. 12°.

Proelß, Johs., das Bild der Königin. Roman. (VIII, 240 S.) kl. 8. Stuttgart 904. A. Bonz & Co. n. 2. —; geb. in Leinw. n. 3. —

Proelß, Johs., Bilderstürmer! Roman aus d. Gegenwart. 8. (427 S.) Stuttgart 896. J. G. Cotta Nachf. n. 4. —; geb. in Leinw. n. 5. —

Proelss, Johannes

Bilderstürmer! Roman. Aus der Gegenwart. Von Johannes Proelß. 2. Aufl.
Stuttgart: Cotta 1896. 426 S. 8°

Proelß, Johs., Deutsch-Capri in Kunst, Dichtg., Leben. Historischer Rückblick u. poet. Blütenlese. Mit Abbildgn. der Fresken deutscher Künstler im Albergo Pagano. gr. 8. (VII, 188 S.) Oldenburg (901). Schulze. Geb. in Leinw. n. 3. —

Proelß, Johs., das junge Deutschland. Ein Buch deutscher Geistesgeschichte. Mit den Bildnissen v. Gutzkow u. Laube. gr. 8. (VII, 804 S.) Stuttgart 892. J. G. Cotta Nachf. n. 12. —; geb. n. 14. —

Proelß, Johs., Dolce far niente. Hochzeitsreisebriefe von Südwärts der Gotthardbahn. 12. (79 S.) Stuttgart 882, Bonz und Comp. geb. mit Goldschn. *

— Er soll dein Narr sein. Eine Buchdrucker- u. Ehestandsgeschichte aus alter Zeit. 12. (99 S.) Stuttgart 903. A. Bonz & Co. n. 2. —; geb. in Leinw. n. 3. —

— die schönste Frau. Novellen. (Mit Illustr. v. Wilh. Claudius.) (97 S.) 12. Ebd. 904. n. 1. 50; geb. in Leinw. n. 2. 50

Proelß, Johs., Katastrophen. Poetische Bilder aus unserer Zeit. 12. (XII, 99 S.) Stuttgart 883. Bonz & Co. geb. m. Goldschn. n. 3. —

Proelß, Johs., Scheffels Leben. Biographische Einführg. in die Werke des Dichters. (94 S.) 8. Stuttgart 907. A. Bonz & Co. 2. —

—— Scheffel's Leben und Dichten. Mit vielen Orig.-Briefen des Dichters. 8. (VIII, 678 S. mit 10 Abbild.) Berlin 887, Freund und Jeckel. geb. *

— am Meer. Seaside-Skizzen u. Nordsee-Bilder. 1. u. 2. Aufl. 8. (VI, 214 S.) Leipzig 878. Foltz. n. 3. —; geb. n. 4. —

— Modelle, s. a. Universal-Bibliothek.

— Modelle. Novellen. 8. (XI, 252 S.) Berlin 891. Freund & Jeckel. n. 3. —

—— emancipirte Novellen. [Die Gleichheitsbrüder. Die Studentin. Delila. Unsere liebe Frau von Köln. Ebbe und Fluth.] 8. (164 S.) Leipzig 881, Reißner. *

—— ein neuer Sängerkrieg auf der Wartburg. Festspiel, an dem vom Burgherrn der Wartburg den zu Weimar tagenden deutschen Schriftstellern am 27. Septbr. 1880 gegebenen Feste dargestellt im alten Sängersaal der Burg. Unter Mitwirkung von Vict. Blüthgen, Wilh. Henzen und Ernst v. Wolzogen verf. Mit einem Geleitwort des Verf. und einem Trinkspruch von Emil Rittershaus. 8. (30 S.) Ebendas. 880. *

— Scheffel. Ein Dichterleben. Volksausgabe. 12. (VII, 400 S. m. 1 Bildnis.) Ebd. 902. n. 2. 40; geb. n. 3. 60

Prölß, Johannes (Hrsg.), s. Scheffel, Joseph Victor: Nachgelassene Dichtungen.

—— ein lustig Spiel vom Gott Humor, s. Wallner, E., deutsche Festspielhalle.

— Friedrich Stoltze u. Frankfurt am Main. Ein Zeit- u. Lebensbild. (VII, 380 S. m. 2 Bildnissen u. 1 Fksm.) gr. 8. Frankfurt a/M. (905). Neuer Frankfurter Verlag. 4. —; geb. 5. —; erm. Pr. 2. 50; geb. 3. 25

(B) - - Friedrich Stoltze u. Frankf. a/M. 905. (KBL 31.) Ladenpr. aufgeh.

Proelß, Johs., trotz alledem! Gedichte. 8. (V, 218 S.) Frankfurt a/M. 886. Sauerländer. geb. n. 3. 50

— Weinphantasien aus Auerbachs Keller. Ein Stammbuch fröhlicher Zecher. 16. (XIV, 63 S.) Leipzig 877. Gebr. Senf. n. 1. —

— Weinphantasien aus Auerbach's Keller. Ein Stammbuch fröhl. Zecher. 2. (Titel-)Aufl. 16. (XIV, 63 S.) Leipzig 890. Reinboth. geb. n. 1. —

Proelss, Karl Friedrich

Proelss, Carl Friedrich, Originum juris publ. et feudal. Saxon. specimen de juris dictione clientelari. Präs. Christian Gottlob Biener. Leipzig (Klaubarth) 10. I. 1797. 40 S. (4.25) 27235

Prölß, O., Atlas der Mineralogie, s.: Stelzner, A.

Prölß, O., Erlebt u. Geglaubt. Worte an frag. junge Christen. (III, 99 S.) gr. 8. Stuttgart 903. M. Kielmann. Geb. in Leinw. n. 2. —

(B) Prölß, O., Erlebt u. Geglaubt. 903. (KBL 34.) Erm. Pr. 1. 20

Prölß, Osk., das bürgerliche Gesetzbuch in seiner Bedeutung f. die sächs. Verwaltungsbeamten, insbesondere f. die sächs. Gemeindevertreter. gr. 8. (96 S.) Leipzig 900. Veit & Co. n. 1. 40

Prölss, Paul (geb. Gerswalde in d. Mark 1. 5. 1847): Beiträge zur pathologischen Anatomie des Typhus recurrens. Berlin (1872). (30 S.) 8° Berlin, Med. Diss. v. 27. Juli 1872

Prölß, Robert

Prölß, Rob. Aesthetik, s. Weber's, J. J., illustr. Katechismen Nr. 11.

Prölss R, die Aesthetik. (Weber's illustrierte Katechismen 11) Leipzig 1878

Prölss, Rob., Beiträge zur Geschichte des Hoftheaters zu Dresden in actenmässiger Darstellung. Lex.-8. (XVI, 230 S.) Erfurt 879. Bartholomäus. 7. 50

Prölss R, Dramaturgie. (Weber's illustrierte Katechismen 77) Leipzig 1877

— von den ältesten Drucken der Dramen Shakespeares u. dem Einflusse, den die damaligen Londoner Theater u. ihre Einrichtungen auf diese Dramen ausgeübt haben. Eine Untersuchg. vom literar. u. dramaturg. Standpunkte. (IV, 141 S.) 8. Leipzig 905. F. A. Berger. n. 2. 25; geb. n. 3. —

Prölß, Rob., Erläuterungen zu den Klassikern, s. Düntzer.

—— Erläuterungen zu den ausländischen Klassikern. 6.—8. Bdchn. gr. 16. Leipzig 878, Wartig's Verlag. à Bdchn. * M 1. *

Inhalt:
Bdchn. 6. Shakespeare's Richard II. (155 S.)
" 7. 8. Shakespeare's Hamlet. (326 S.)

Vgl. XV. Bd. 1. Abthl. S. 439: Erläuterungen zu den ausländischen Klassikern.

Prölß, R., Erläuterungen zu den ausländischen Klassikern. 9. Bdchn. 12. Leipzig 889. Wartig's Verl. n. 1. — (1—9.: n. 9. —)
Shakespeare's Macbeth, erläutert. (153 S.)

Prölß, Rob., Erläuterungen zu d. ausländ. Klassikern. 3. u. 4. Bdchn. 12. Leipzig 896. E. Wartig's Verl. à n. 1. —
Shakespeare's Julius Cäsar. 2. Aufl. (228 S.)

Prölß, Rob., Erläuterungen zu den ausländischen Klassikern. 10. Bdchn. Shakespeare's Coriolan. 12. (III, 150 S.) Leipzig 899. Darmstadt, E. Wartig's Verl. n. 1.—

Prölß, Rob., Geschichte des neueren Dramas. 3 Bde. Lex.-8. Leipzig, [Schlicke.] Elischer. *

Inhalt:
Bd. 1. 1. Hälfte: Rückblick auf die Entwicklung des mittelalterl. Dramas. Das neuere Drama der Spanier. (XI, 412 S.) 880. * M 10.
" 1. 2. Hälfte: Das neuere Drama der Italiener. (423 S.) 881. * M 10.
" 2. 1. Hälfte: Das neuere Drama in Frankreich. (III, 498 S.) 881. * M 13,50.
" 2. 2. Hälfte: Das neuere Drama der Engländer. (III, 448 S.) 882. * M 13,50.
" 3. Geschichte der dramatischen Literatur und Kunst in Deutschland von der Reformation bis auf die Gegenwart. 2 Thle. (VII, 463; V, 465 S.) 883. * M 22,50.

— Geschichte des Hoftheaters zu Dresden. Von seinen Anfängen bis zum Jahre 1862. gr. 8. (XIII, 672 S.) Dresden 878. Baensch. n. 12. —

Prölß, Rob., Geschichte der dramatischen Literatur u. Kunst in Deutschland von der Reformation bis auf die Gegenwart. 2 Bde. [Geschichte d. neueren Drama's. 3. Bd. 2 Abthlgn.] gr. 8. (VII, 463 u. V, 465 S.) Leipzig 883. Elischer. n. 22. 50; geb. n. 27. 50

— kurzgefaßte Geschichte der deutschen Schauspielkunst von den Anfängen bis 1850 nach den Ergebnissen der heutigen Forschung. gr. 8. (XVI, 416 S.) Leipzig 900. F. A. Berger. n. 6. —; geb. n. 7. 50

— Heinrich Heine. Sein Lebensgang u. seine Schriften, nach den neuesten Quellen dargestellt. Mit Illustr. u. e. Handschrift-Fcsm. gr. 8. (394 S.) Stuttgart 886. Rieger. n. 4. 50; geb. n. 5. 60

—— das herzogl. Meiningen'sche Hoftheater und die Bühnenreform. 8. (77 S.) Erfurt 878, Bartholomäus.

—— das herzogl. Meiningen'sche Hoftheater und die Bühnenreform. 2. verb. Aufl. 8. (77 S.) Erfurt 882, Bartholomäus.

— das herzogl. Meiningen'sche Hoftheater, seine Entwickelung, seine Bestrebungen u. die Bedeutung seiner Gastspiele. Ein Führer durch das Repertoire der Meininger. gr. 8. (72 S.) Leipzig 887. Conrad. n. 1. 50

Prölß, R., Katharina Howard. Trauerspiel in 5 Acten. Dresden 864. Kuntze. 8. (160 S.) n. 20 ngr

— Shakespeare's Julius Cäsar, s.: Erläuterungen zu den Ausländ. Klassikern.

—— Katechismus der Aesthetik, s. Weber's, J. J., illustr. Katechismen.

— Katechismus der Aesthetik. Belehrung über die Wissenschaft vom Schönen u. der Kunst. 8. (XVI, 348 S.) Leipzig 878. Weber. cart. n. 2. 50

— Katechismus der Aesthetik. Belehrungen über die Wissenschaft vom Schönen u. der Kunst. 2., verb. Aufl. 8. (XVI, 371 S.) Leipzig 889. J. J. Weber. geb. n. 3. —

— Katechismus der Dramaturgie, s*a* Weber's illustr. Katechismen.

— Katechismus der Dramaturgie. 8 (XII, 333 S.) Ebend. 877. n. 2. 50

—— Michael Kohlhaas. Trauerspiel in 6 Acten. (Den Bühnen gegenüber Mscr.) 8. (144 S.) Dresden 863, Kuntze. *

Prölß, Rob., Königin Marie Antoinette. Bilder aus ihrem Leben. 8. (III, 244 S.) Leipzig 894. Dresden, C. Reißner. n. 4. —

Prölss, Rob., das Recht der Liebe. Lustspiel in 5 Akten. (Den Bühnen gegenüber als Manuscript gedruckt.) gr. 8. (176 S.) Dresden 847, Gottschalk. — 2. (Titel-) Ausg. 8. (177 S.) Erlangen 851, Bläsing. n. 2/3 ℳ

—— Shakespeares Romeo und Julia, s*a* Erläuterungen zu den ausländischen Klassikern.

Prölß, Rob., Romeo u. Julia, im Lichte der Philosophie d. Unbewußten. Anti Hartmann! 8. (55 S.) Dresden 874. v. Zahn. n. 1. —

—— Sophonisbe. Trauerspiel in 5 Akten. (Den Bühnen gegenüber Mscr.) 8. (112 S.) Dresden 862, Kuntze. *

—— altenglisches Theater, s. Bibliothek ausländischer Klassiker.

— vom Ursprung der menschlichen Erkenntniss. Eine psychologische Untersuchung. gr. 8. (XVI, 282 S.) Leipzig 879. Schlicke. n. 8. —

— das deutsche Volkstheater. Eine Frage der Zeit. 8. (64 S.) Dresden 889. Oehlmann's Verl. n. 1. —

Proelß, Sera, das Eheproblem u. die neue sexuelle Ethik. Vortrag, geh. am 14. I. 1906 im Verein „Frauenbildg. — Frauenstudium". (32 S.) gr. 8. Berlin 907. Herm. Walther. — 60

Proelß, Sera, u. Marie Raschke, d. Frau im neuen bürgerl. Gesetzbuch. E. Beleuchtg. u. Gegenüberstellg. d. Paragraphen d. Entwurfs e. bürgerl. Gesetzbuchs f. d. Deutsche Reich (2. Lesung.), nebst Vorschlägen zur Aenderg. derselben im Interesse d. Frauen. gr. 8. (III, 58 S.) Berlin 895. F. Dümmler's Verl. n. — 40

Prölß, Walter, approb. Arzt aus Cottbus: Aus d. Psychiatr. u. Nervenklinik zu Kiel. Ein Beitrag zur Lehre von der Syringobulbie und Syringomyelie. *Kiel 1903: H. Fiencke.* (26 S.) 8°
Kiel, Med. Diss. v. [10. Aug.] 1903

Prolusio lustrans copiam Medicorum quatenus inde subsidium sibi quandoque petat criticus . . . Kiliae 1801. V: *Baden, Forkel.* (LS I Nachtr. S. 765) (Call) (MGT)

Prolusio de vera felicitate. Graecii 1723. V: *Kirchvogl, Michael.* (Jes)

Prolusio historico-mineralogica, Quomodo corpora . . . pervenerunt in eas sedes, unde hodie . . . eruuntur? [Heidelb. 1791.] V: *Schwab, Johann.* (Gatterer, Repert. d. mineral. Litt. Giessen 1798—99. II, 344.)

Prolusio de lapsu decenii ad revocationem verbalem testamenti non necessario . . . Erlangae 1758. V: *Rudolph, Johann Christoph.* (ML) (BB)

Prolusio ad laudationem funebrem Friderici II, Regis Borussorum . . . Erlangae 1786. V: *Harles, Glieb Chph.* (MGT)

Prolusio oratoria ad felix auspicium extruendae domus sapientiae. Viennae Austriae 1707. H: *Schleicher, Alexius.* (EB)

Prolusio orthodoxa in annum iubilaeum ecclesiae romano-Catholicae . . . 1725 habendum. Ulmae 1724. V: *Melanchthon, Philipp.* (Myl)

Prolusio, qua auctor ipse philosophiae criticae a suspicione Atheismi vindicatur. Gottingae 1799. V: *Stäudlin, Carl Friedrich.* (MGT)

Prolusio de tempore schismatis ecclesiastici Judaeos inter et Samaritanos oborti. [Universitätsschrift]. Regiomonti 1828.

Prolusiones habitae ab Rhetoricae Alumnis in Caesareo Gymnasio . . . Vindobonae 1766. V: *Premlechner, Johann Bapt.* (Jes)

Prolusiones, Duae antiquitatum, I. Anonymi liber de mirabilibus Romae ex recensione Bernardi de Montfaucon . . . Altorfi 1747. II: *Götz (Göz), Andreas.* (ML)

Promber, A., des großen Kaiser Josefs II. Leben und Wirken, s. Sammlung gemeinnütziger Vorträge.

Promber, Margar., Klein-Miezchen u. andere Geschichten. (III, 74 S. m. 12 Farbdr.) Lex.-8. Stuttgart (906). Loewe. Geb. 3. —

Promber, Geschw. *Allerlei Kurzweil,* Schnurrpfeifereien und Kichererbsen. Ein Spiel- und Beschäftigungsbuch zur Unterhaltung, Belehrung sowie Belustigung ... mit ca. 80 Illustr. Volksausgabe. Stuttgart, Loewe [c. 1900]. 8°. Farb. Orhlwd. 9.—

— u. Otto Promber, allerlei Kurzweil, Schnurrpfeifereien u. Kichererbsen. Ein Spiel- u. Beschäftigungsbuch zur Unterhaltg., Belehrg. sowie Belustigg. f. Knaben- u. Mädchen. 178 Abhandlgn. m. 142 Illustr. zu Papier-, Holz-, Papp- u. Phantasie-Arbeiten, Spielen aller Art, Zauberexperimenten, botan. Versuchen u. anderem mehr. 2. Aufl. (VII, 184 S.) 8. Stuttgart (908). Loewe. Geb. in Leinw. 3. —

— — dasselbe. 96 Abhandlgn. m. ca. 80 Illustr. zu Papier-, Holz-, Papp- u. Phantasie-Arbeiten, Spielen aller Art, Zauberexperimenten, botan. Versuchen u. anderem mehr. Volksausg. (IV, 98 S.) 8. Ebd. 910. Kart. 1.20

— s.: **Mädchenbuch, neues.**

Promber, Otto, neue „Heine"-Lieder. Hrsg. zu Heinrich Heines Säkularfeier. 8. (XV, 92 S.) Leipzig (899). L. Hamann. n. 1.—; geb. in Leinw. m. Goldschn. n. 2.—

— s.: Knabenfreund.

— kreuz u. quer durch Steppe u. Meer. 4 Erzählgn. f. die Jugend. (IV, 155 S. m. 12 Farbdr.) 8. Stuttgart (906). Loewe. Geb. in Leinw. 3. —

— aus dem Märchenland der Tiere. Heitere Geschichten aus dem Tierleben. Mit 6 Farbdr.-Bildern, sowie 25 Textillustr. v. A. Holm. (III, 172 S.) 8. Ebd. (905). Geb. 3. —

— dasselbe. Mit 25 Textbildern v. A. Holm. Volksausg. (III, 172 S.) 8. Ebd. (905). Geb. 1. 80

Promber, Otto, was wir Männer v. d. Frauen sagen. Aussprüche v. Denkern u. Dichtern. 8. (III, 80 S.) Dresden 898. E. Pierson. n. 1.50

Promberg, J. B., qua ratione medicina empirica et rationalis ad disciplinae emolumentum optime conjungi possunt. 8maj. Lundae 817. (Bonnier in Kopenh.) 14 gr

Promberger, Emil

Promberger, E., Atlas zum Studium der Militär-Geographie von Mittel-Europa. 10 Bl. in Gross-Quer-Folio, gebrochen. Chromolith. Ein halber Lnwdbd. 4.80
Wien: Hölzel 1894.

Promberger, Emil, Behelfe zum Studium der Militärgeographie von Mittel-Europa. Mit einer Karte des nordöstlichen Mittel-Europa. 2. Auflage. Gr.-8. (X, 153 S.) 1.50, geb. 1.70
Wien: Seidel 1895.

Promberger's Führer durch Olmütz. 12. (23 S.) Olmütz 890. Promberger. n. — 40

Pro Memoria fol. 12 S. [Regensburg 4. October 1756]. V: *Podewils, Heinrich von.* B: *Warendorff.* H: *Plotho, Erich Christoph Freiherr von.* (Preußische Staatsschriften. III. Berlin 1892. S. 199.)

Pro Memoria. Regensburg, d. 15. Dec. 1779. fol.

Promemoria des A. H. V. für Württemberg und Hohenzollern. München 1894. V: *Stellter, Kurt.* (Erman & Horn, Bibliogr. d. dtsch. Universitäten. I. Leipz. u. Berl. 1904.)

Promemoria gegen den projectirten Anschluss des Grossherzogthums Posen an Deutschland, mit beweisenden Beilagen, an den völkerrechtlichen Ausschuss der deutschen National-Versammlung von dem unterschriebenen durch Vollmacht legitimirten Abgeordneten der polnischen National-Comite. Frankfurt a. M. 1848. (Die Beilagen fehlen!) 4°.

Pro-Memoria die Ansprüche des herzogl. Hauses Mecklenburg-Schwerin auf zwey Kanonikate des Domstifts zu Strasburg betreffend. Schwerin 1791. V: *Rudloff, Friedrich August.* Ü: *Kolbe, Georg Jacob.* (MGT)

Promemoria, die Ansprüche d. Herzogl. Mecklenburg. Hauses an 2 Canonicate zu Straßburg betreffend. (Von F. A. Rudloff). (Mit der gegenüberstehenden französ. Uebersetzung v. Hofr. Kolbe). 4. Schwerin 792. Bärensprung. 16 gr

Pro-Memoria in Sachen Baden-Durlach contra Würtenberg . . . O. O. 1731. V: *Stadelmann, v.* (Holz)

Pro-Memoria, Baden Durlachisches, . . . O. O. 1766. V: *Reinhard, Joh. Jac.* (Holz)

Promemoria über die Baumwollpflanzung in Polesina . . . Wien 1865. V: *Molin, Raffaele.* (EB)

Pro Memoria. Oder Sr. Königl. Majestät in Preussen gründliche Beantwortung des zu Regensburg von dem Kayserl. Reichs-Hof-Rath in Wien eingegebenen Commissions-Decrets. Berlin 1756. 4. 4 Bl.
— Dasselbe (anderer Druck. 8 Bl.). ibid. eod.
— Dasselbe (anderer Druck. 16 S.). ibid. eod.
— Dasselbe (anderer Druck. 6 Bl.). ibid. eod.
— Dasselbe. Berlin, den 9. October 1756. 4. (8 S.)

Pro-Memoria oder Sr Königl. Majestät in Preussen Beantwortung des zu Regensburg . . . eingegebenen Commissions-Decrets. O. O. 1757. V: *Plotho, Erich Christian Baron von.* (BrMm)

Promemoria betreff. die Beeinträchtigung der kathol. Kirche im Großherzogth. Posen seit der Königl. Preuß. Besitznahme. Fol. (IV u. 15 S.) Posen 848. (Stefański.) 1/3 ₰

Promemoria [wider die Beiseiteersetzung des Preuß. Condirectorii im Niederrhein. Westfäl. Kreise. Dat. Regensb. 15. Febr. 1758]. V: *Plotho, Erich Chph Frhr von.* (Kat. der ständ. Bibl. Stuttg. 1907. S. 437.)

Pro-Memoria zur Beleuchtung erstgedachter Vorstellung und Bitte. Wetzlar 1765. V: *Lang, Jacob Paul.* (ML)

Pro memoria von Seiten des Grafen Wilh. Friedr. Chr. v. Bentinck, rechtmässigen Nachfolgers in die Gräflich Aldenburgischen Familien-Fideicommiß-Herrschaften, Güter und Zubehörungen in Betr. der factischen Besitzergreifung ... durch den sobenannten Reichsgrafen Gust. Ad. Bentinck. Oldenburg 1836.

Pro memoria zur Benutzung bei den Berathungen über die von dem Königl. Staats-Ministerium beschlossene Revision der Verordnung vom 27. März 1836 (Gesetz-Sammlung S. 173 ff.) in Beziehung auf die für Rindvieh der Steppenrace (s. g. Podolisches Vieh) angeordnete Quarantäne. (Berlin 1853.) 48 S.

Pro Memoria und Beschwerungs-Schreiben des .... Freyherrn von Plotho, die durch den Frantzösischen General von Torey ... Ausschaffung des zu Cölln ... residirenden Königlich-Preuss. Residenten ... Herrn von Ammon betreffend. Mit Anlage I u. IV. 1759. 4. (16 S.)

Pro-Memoria in Sachen von Boineburg contra die Grafen von Stollberg uindicationis Wolffsbergs in specie das forum competens in hac causa betreffend. Wernigerode 1746. V: *Moser, Johann Jacob.* (Holz) (ML)

Pro-Memoria ad Brunsvicenses ... d. i. Andenken und Prognostikon für die Herrn Braunschweiger am Tage der grossen Illumination den 13. Nov. 1790 ... Wolfenbüttel 1790. V: *Cichin, Carl Joh. Anton von.* (ML)

Pro-Memoria ad causam Teutsch-Orden contra Nürnberg ... in specie der Forstgerichtlichen Befugniss, die in den Wald S. Laur. eingeforstete Teutsch-Ordenische Unterthanen in causis forestalibus ohne vorgängige Requisitio ... vorzuladen. O. O. 1763. V: *Hausfritz, Georg Lorenz.* (will) (Holz)

Pro-Memoria an die, welche den Hrn. Moses Mendelssohn durchaus zum Christen machen wollen ... Riga 1771. V: *Hupel, August Wilh.* (MGT)

Pro-Memoria, Dienstfreundliche, an die, welche den Herrn Moses Mendelsohn zum Christen machen wollen ... Riga 1771. V: *Hupel, Aug. Wilhelm.* (Ky)

—dienstfreundliche, an die, welche d. Hrn. Moses Mendelsohn z. Christen machen wollen rc. (Von A. W. Hupel). 8. Riga 771. Hartknoch in Leipz. 2 gl

Promemoria (betreffend die vom Kurmainz verweigerten Dictaturen. Regensb. 12. Januar 1757). V: *Plotho, Erich Chph Frhr von.* (Kat. der ständ. Bibl. Stuttg. 1907. S. 428.)

Promemoria der am 12. Aug. 1869 zu Wabern versammelt gewesenen Diöcesanvorstände, betr. die Einführung der Presbyterial- u. Synodalverfassung in die evangel. Gemeinden des Reg.-Bez. Kassel. Kassel 870. Jungklaus in Comm. 4. (11 S.) n.n. 2½ ngr.

Promemoria (betreffend die Preußischen Drangsale Kur-Sachsens. Dat. Regensburg, 6. Dec. 1756). V: *Ponickau, Joh. Gg von.* (Kat. der ständ. Bibliothek Stuttg. 1907. S. 426.)

Drittes u. abgenöthigtes **ProMemoria** ad causam Hohenloh ca. Hohenloh. [o. O. Sept. 1750.

Pro-Memoria Namens Sr. Hochfürstl. Durchl. des regierenden Hrn. Landgrafen zu Hessen-Darmstadt, als Grafen von Hanau-Lichtenberg, in Bezug auf die Schlüsse der französischen Nationalversammlung vom 4ten und s. f. August 1789 ... Darmstadt 1790. V: *Gatzert, Chn Hartmann Samuel Freih. von.* (MGT) (Pütter, Litt. d. Teutsch. Staatsr. Gött. 1773—91. III, 97.)

Pro-Memoria Namens Sr Hochfürstl. Durchl. des regierenden Herrn Landgrafen zu Hessen-Cassel in Bezug auf die ... in Sachen teutschen Ordens contra die Hofbeständer Jammer et Consorten ... unter dem 12. Dec. 1788 und 30. Juni 1789 ergangene Conclusa. Cassel 1791. V: *Ledderhose, Conrad Wilhelm.* (stri) (MGT)

Pro-Memoria und Entwurf einer gemeinschaftlichen Feuerkasse der Reichsstädte in Schwaben. O. O. 1754. V: *Moser, Johann Jacob.* (ML)

Promemoria Seiner Exzellenz dem Kaiserlich Königlichen Minister für Handel und Gewerbe, Anton Banhans. [Wien 1872.] V: *Kirchhof, Emil.* (EB)

Fernerweites **Promemoria** [wider die Waldenburger Memorialia ad causam Hohenloh ca. Hohenloh. [Regensburg, Anfang Juli 1750.

Pro-Memoria auf die Frage: Wie weit die Freyheit des Commerce und der Cultur der öffentlichen Strassen sich ... erstreckt. O. O. 1769. V: *Rosskampf, Gg Heinrich von.* (Holz)

Pro-Memoria Chur-Braunschweigischer Gesandtschaft die zwischen S. K. Majestät von Gross Brittanien ... und dem Domcapitel zu Ossnabrück entstandene Streitigkeiten betreffend. O. O. 1764. V: *Möser, Just.* (Holz) (ML)

Chur-Sächsischer Gesandtschaft Pro Memoria de dato Regensburg den 25. Sept. 1756. Nebst der Vorstellung des Freyherrn von Plotho. (Das Promemor. unterz.: Johann George v. Ponickau.) 8 S.

Promemoria [gegen das kurmainzische Gesandschaftsmemoriale de dict. 27 v. M. Erfurt betr. Dat. Regensburg 18. Sept. 1757]. V: *Plotho, Erich Chph Frhr v.* (Kat. der ständ. Bibl. Stuttg. 1907. S. 431.)

Pro-Memoria mit angefügter actenmässigen kurzen Geschichts-Erzählung auf die ... zu Worms im J. 1744 übergeben und ... zur öffentlichen Dictatur gebrachte beyde Memorialia ... O. O. 1750. V: *Moser, Joh. Jac.* (Holz)

Königl.-Grossbritann. u. Chur-Hannöv. Pro-Memoria, d. d. London d. 24. Aug. den Einmarsch der Französ. Armee in die Chur-Hannöv. Lande betr. Nebst darauf bezügl. französ.-deutsch. Artikeln u. der Gräfl. Bentheimschen Angelegenheit. Mit Anlagen. 1757. 4.

Pro-Memoria die Gründe enthaltend, nach welchen das K. Reichs-Cammer-Gericht berechtiget gewesen, das an den Pfenningmeister ... erlassene Decret abzufassen. O. O. 1760. V: *Emmerich, Val. Frdr. von.* (Holz)

Promemoria in Sachen des Hermesianismus, oder aktenmässige Darstellung der hermesischen Streitigkeiten in der Erzdiözese Cöln. Von einem Weltmanne. Mainz 1837. V: *Deyks* (?). (cramerBkde S. 63)

Promemoria in Sachen des Hermesianismus, oder aktenmäßige Darstellung der hermesischen Streitigkeiten in der Erzdiöceie Köln. Von einem Weltmanne aus der Erzdiöcese Köln. Mainz, Kirchheim, 1837, 8°, 58 S., 70 Pf.

Eine Rechtfertigung des päpstl. Verdammungsdekretes. Es werden in der kleinen Schrift manche merkwürdige Data über das Treiben der hermes. Partei beigebracht, welche den Charakter von einzelnen aus ihr in ein sehr zweifelhaftes Licht stellen. Vgl. Katholik 1839 Bd. 71. Dagegen Bonner Ztschr. f. Phil. u. k. Theol. Heft 29 (1839), S. 207—9.

Promemoria in Sachen d. Hermesianismus, oder aktenmäßige Darstellung der hermesischen Streitigkeiten in der Erzdiöcese Cöln. Von e. Weltmanne aus der Erzdiöcese Cöln. 8. Mainz 837. Kirchheim, Schott u. Thielmann. 1/4 ℔

Promemoria [über die angebliche Insinuation einer Achtserklärung am 14. v. M. Dat. Regensburg 29. Nov. 1757]. V: *Plotho, Erich Chph Frhr von.* (Kat. der ständ. Bibl. Stuttg. 1907. S. 432.)

Pro-Memoria in caussa Domini Joannis Friderici, ab Isendorn . . , contra viduam de Renesse et Fridericum. nunc Dom. Comitem Joan. Ludov. de Renesse. S. l. 1784. V: *Bostell (Bostel), Valentin Philipp Wilhelm von.* (Rotermund, Gel. Hannover. Bremen 1823.)

Pro Memoria des Königl. Pohln. und Chur-Sächßischen Residenten Herrn von Kauderbach in Haag vom 29. September 1756 und die Beantwortung des Königl. Preußischen Ministers Herrn von Hellen. V: *Hertzberg, Ewald Friedrich Graf von & Joh. Heinr. Kauderbach.* (Preuß. Staatsschriften. III. 1892. S. 223 ff.)

„Pro Memoria an E. Hochlöbliches Collegium der Herren Sechziger abseiten N. G. Lütkens. Mit Anlagen sub. Nr. 1, 2 et 3 et subadj. sub. lit. A et B", (Hamburg 1770). — Vorh.: Com. Bibl. Hamburg.

Promemoria [der kurbrandenburgischen Komitialgesandtschaft, ad aedes legatorum, betr. die Occupirung der preußischen Posten in Wesel u. a. a. O. durch Taxis. Dat. Regensburg 11. Juli 1757]. V: *Plotho, Erich Chrph Frh. von.* (Kat. der ständ. Bibl. Stuttg. 1907. S. 430.)

Promemoria [der kurbrandenburgischen Komitial-Gesandtschaft betr. die gewaltsame Entfernung der bei Cöln akkreditirten preuß. Gesandten u. a. österreichische u. französ. Anmassungen. Dat. Regensb. 19. April 1759]. V: *Plotho, Erich Chph Frhr von.* (Kat. der ständ. Bibl. Stuttg. 1907. S. 444.)

Pro Memoria der Chur-Brandenburgischen Comitial-Gesandtschaft das Kayserliche Commissions-Decret vom 5. Februar 1759, betreffend. 4. (20 S.)

Pro Memoria der Chur-Braunschweigischen Comitial-Gesandtschaft, das Kaiserliche Commissions-Decret vom 5. Febr. 1759 betreffend. 4. (31 S.)

Pro-Memoria der Churbraunschweigischen Comitial-Gesandtschaft, das . . . Reichsfriedensschlussmässige principium de jurisdictione supremorum Imperii tribunalium . . . betreffend. O. O. 1767. V: *Falcke, Johann Philipp Conrad.* (Holz) (MGT) (Pütter, Litt. d. Teutsch. Staatsr. Gött. 1773—91. III, 711.)

Pro-Memoria der Kur-Braunschweigischen Komitial-Gesandschaft, das Reichs-Hofraths-Conclusum vom 18. Jul. ... betreffend. O. O. 1760. V: *Strube, Julius Melchior.* (ML)

Pro-Memoria der Königl. Preuss. . . . Comitial-Gesandtschaft, zur Beantwortung derer . . . Beschwerden, so von der Chur-Sächsischen Comitial-Gesandtschaft unterm 23. Julii a. c. an den Reichs-Tag gebracht worden. 1757. 4. (32 S.)

Pro Memoria der Königl. Preuss. und Chur-Brandenburgischen Comitial-Gesandtschaft de dato Regenspurg den 15. Februarii 1758 die Ausschliessung des Clevischen Con-Directorii in der Gräflich-Osteinischen Moderations-Angelegenheit betreffend. 4. (2 Bl.)

Promemoria der Kgl. Preuß. Churbrandenburgischen Comitial-Gesandtschafft zur Beantwortung der vermeintlichen Beschwerden, so von der Chursächsischen Comitial-Gesandtschafft unterm 23. Juli a. c. an den Reichstag gebracht worden [Regensburg 1. Dez.] 1757. V: *Plotho, Erich Chph Frhr von.* (Kat. d. ständ. Bibl. Stuttg. 1907. S. 432.)

Pro Memoria der Königl.-Preussischen und Chur-Brandenburgischen Comitial-Gesandtschaft de dato Regenspurg den 28sten Februarii 1758 die Zurückhaltung einer Königl. Preussischen Depeche an den Herrn von Plotho betreffend. 4. (2 Bl.)

Pro Memoria der Königl. Preuss. . . Comitial-Gesandtschafft, die Nichtigkeit der Kayserlichen Avocatorien und das despotische Betragen des Wiener Hofes in Ansehung der denen Ständen des Reichs streitig gemacht worden wollenden Neutralität betreffend. Sub dato Regenspurg den 10. December 1756. Berlin. 4. (26 S.)

Pro Memoria der Königl. Preuss. Comitial-Gesandtschaft übergeben auf der Reichs-Versammlung zu Regenspurg den 14ten Dec. 1757 zur Beantwortung des Kayserl. Commissions-Decrets de dato 23. Nov. 1757. 4. (15 S.)

Promemoria der Kursächsischen Komitialgesandtschaft über das feindselige Verhalten Preussens. Dat. Regensburg 17. Nov. 1756. V: *Ponickau, Johann von.* (Kat. der ständ. Bibl. Stuttg. 1907. S. 426.)

Promemoria (betreffend das Kaiserl. Kommissions Dekret vom 5. Febr. 1759 gegen das Conclusum Corporis Evang. vom 29. Nov. 1758. Dat. Regensb. 15. März 1759). V: *Gemmingen, Ludw. Eberh. Frhr v.* (Kat. der ständ. Bibl. Stuttg. 1907. S. 443.)

Promemoria [gegen das Kaiserl. Komissionsdecret vom 5. Febr. d. J. S. in das Corporis Evangeli. Dat. Regensb. 26. März 1759.]. V: *Plotho, Erich Chph Fhr v.* (Kat. der ständ. Bibl. Stuttgart 1907. S. 443.)

Pro-Memoria an den Hochlöblichen Schwäbischen Kreiss-Convent, die ... über die Strassenreparation in der Grafschaft Öttingen entstandenen . . . Irrungen betreffend. Wallerstein 1776. V: *Schaden, Franz Mich. von.* (Holz) (ML)

Pro-Memoria, die Kriegskosten während des nun geendigten Französischen Kriegs betreffend. Kempten 1799. V: *Abele, Joh. Mart.* (MGT)

Promemoria [der G. Kasseler Kriminalgesandtschaft an den Reichstag betr. die Bedrückung des Reichshofrates i. S. des Johanniterordens. Dat. Regensb. 30. Aug. 1759]. V: *Wülcknitz, Aug. Ludw. von.* (Kat. d. ständ. Bibl. Stuttg. 1907. S. 444.)

Pro Memoria, Chur Brandenburgisches, die unumgänglich nöthige Vor-Berathschlagung verschiedener wichtigen Puncten vor wirklicher Angehung der Wahl eines künftigen Römischen Königs und Kaysers betreffend. Exhibitum Moguntino den 6. Aug. 1745. Communicatum per Eundem den 7. dito. Franckfurt a. M. 1745. V: *Pollmann, Adam Heinrich.* (Preußische Staatsschriften. I. Berlin 1877. 545.)

Pro-Memoria, Kurcölnisches bey dem Reichstage übergebenes, in der Nuntiatursache. O. O. 1788. V: *Waldenfels, Freih. von.* (MGT)

Pro-Memoria, Kurzgefasstes, in vierfacher Appellationssache der Herren Gebrüder von Alten zu Wilkenburg gegen die Herren Grafen von Wieser zu Mannheim ... O. O. 1786. V: *Schmidt, Friedrich Christian.* (will) (MGT)

Pro-Memoria, Kurzgefasstes, zur Belehrung des Publici. Die Holstein Schauenburgische Erbfolge betreffend. [Wien 1769.] V: *Burg, v.* (Bruun, Bibl. Danica III, 476.) (Holz)

Promemoria des Bukowiner Landesausschusses über die Durchführung des stabilen Katasters in der Bukowina. Czernowitz 1864.

— die Lehrfreiheit an der Universität Freiburg betreffend. Freiburg im Br. 860. Wagner. 4. (8 S.) n. 2 ngr.

Pro-Memoria, Herzoglich-Mecklenburg-Schwerinisches, wegen Verweigerung der Kammerzieler für die Stadt und Herrschaft Wismar. Schwerin 1794. V: *Rudloff, Friedrich August.* (MGT)

Promemoria an die öffentliche Meinung in der Sache, welche Herr Johannes Rösing vor ihren Richterstuhl gezogen. gr. 8. Bremen 845, Schünemann. n. 1/3 ₰

Promemoria [gegen das kursächsische Memorial vom 24. gl. M. Dat. Regensb. 27. Novbr 1758]. V: *Plotho, Erich Chph Frhr v.* (Kat. der ständ. Bibl. Stuttg. 1907. S. 438.)

Pro Memoria über die [am 10. u. 19. Juni 1750] beim Reichstag ad Dictaturam gebrachten Waldenburgischen Memorialien. [Regensburg Juli 1750. – –

GegenPromemoria. [Regensburg August 1750.

Merkwürdiges Pro Memoria und Gründliche Vertheidigung des englischen Gesandten Freyh. von Gemmingen Wegen Anfechtung des am 29. Nov. abgewichenen Jahrs abgefassten Concl. Corp Evangelicorum und Aufrechterhaltung des XX Art. Kayserl. Wahl-Capitulation. Mit Anlage derer Beschwerden Von Oberrheinischer Crayss-Versammlung wegen Bedruckung derer Französischen Völcker. Entgegen gesetzt dem Kayserl. Commissions Decret vom 5. Febr. 1759. 4. (datirt Regensburg d. 15 März 1759.) (24 S.)

Merckwürdiges Pro Memoria und Standhafte Vertheidigung des Kön. Preuss. Gesandten Freyherrn von Plotho, wegen des am 29. Nov. abgefassten Concl. Corp. Evangelicorum . . . . Entgegengesetzt dem Kays. Commissions-Decret vom 5. Febr. 1759 Anno 1759. 4. (19 S.)

—eines Mitgliedes d. unsichtbaren christl. Kirche, über die reine Religionsverbesserung. 4. Berl. 775. Maurers B. 3 gr

Promemoria des Abgeordneten zur verfassunggebenden deutschen Nationalversammlung, J. Münch aus Wetzlar, betreffend die Rückführung des künftigen höchsten Reichs- oder Bundesstaats-Gerichts in diese Stadt. 4 S. 8°.

Promemoria (betreffend Niederbrennung der Vorstadt Dresdens. Dat. Regensb. 24. Nov. 1758.) V: *Ponickau, Joh. Georg von.* (Kat. der ständ. Bibl. Stuttg. 1907. S. 438.)

Promemoria betreffend die Nothwendigkeit eines Neubaues der Anatomie in Würzburg. [Würzburg] 1877. V: *Kölliker, Albert von.* (Erman & Horn, Bibliogr. d. dtsch. Universitäten. 2. Leipz. u. Berl. 1904.)

Promemoria, offenes, an Se. Maj. den Kaiser von Oesterreich. Lex.-8. (15 S.) (London 860, Williams und Norgate.) *

Pro-Memoria, die Offenhaltung des Teutschen Handels mit Frankreich während des dermahligen Krieges . . . Frankfurt a. M. 1794. V: *Seeger, Carl Frdr.* (MGT)

— das v. Patow'sche, u. dessen Motive rechtlich beleuchtet vom permanenten Ausschusse des „Vereins zum Schutze des Eigenthums u. zur Förderung des Wohlstandes aller Volksklassen." gr. 8. (27 S.) Berlin 848, Veit & Co. in Comm. n. 1/6 ₰

Pro Memoria, Koenigl. Preußisches, auf das Kayserl. Hof Decret an Eine Hochlöbl. Reichs Versammlung zu Regenspurg de dato 14 Sept. 1756. V: *Podewils, Heinrich von.* B: *Warendorff.* (Preußische Staatsschriften. III. Berlin 1892. S. 199.)

Königlich Preussisches Chur-Brandenburgisches Beym allgemeinen Reichs-Convent übergebenes Pro Memoria. (Undatirt; 8 Bl.) Regensburg 1756. 4.

Königlich-Preussisches und Chur-Brandenburgisches Pro-Memoria, wegen der Ueberziehung Ihrer Lande von Französischen Kriegs-Völkern, auf dem Reichs-Tage übergeben den 30. April 1757. Berlin. 4. 18 S.

Königl.-Preuss. Pro Memoria wegen der Leipziger Münze. Torgau 1757. 4.

—— der protestantischen Professoren an der badischen Landesuniversität Freiburg, eine Bestimmung in der Schlußnote zu der zwischen der großherzogl. Regierung und dem päbstl. Stuhle abgeschlossenen Vereinbarung betreffend. gr. 8. (14 S.) Freiburg 860, Wagner'sche Buchh. **

Promemoria u. Anderweiteres Promemoria des Fürsten August v. Speier, die Einquartierung des Condé'schen Truppenkorps u. deren Excesse betr. 2 Thl. fol. Bruchsal 1795.

Promemoria [gegen das Promemoria Plothos vom 1. Dez. 1757 betr. die kursächsischen Beschwerden. Dat. Regensb. 31. Januar 1758]. V: *Ponickau, Joh. Georg von.* (Kat. der ständ. Bibl. Stuttg. 1907. S. 437.)

Pro Memoria (bezüglich auf das preuss. Pro Memoria vom 4. Octob. 1756 und das kais. Hof Decret vom 18. October). 4. (6 Bl. undatirt.)

Promemoria, die Reform der Zuckerbesteuerung im Zollverein betreffend. Der Duisburger Handelskammer eingereicht im April 1868. Duisburg 1868.

Pro Memoria der K. Preuß. Regierung üb. die Dänische Angelegenheit. Nebst den betreffenden Aktenstücken. Authentischer Abdr. Fol. (91 S.) Berlin 849, Moeser & Kühn. 1 ₰

Promemoria [wider das Reichsgutachten vom 17. d. M. Dat. Regensb. 24. Jan. 1757]. V: *Plotho, Erich Chph Frhr von.* (Kat. der ständ. Bibl. Stuttg. 1907. S. 428.)

Promemoria [gegen den Reichshofrath und gegen die Kaiserl. Commissions Decrete vom 11. Juni und 11. Juli d. J. Dat. Regensb. 4. Aug. 1757]. V: *Plotho, Erich Christoph Frhr von.* (Kat. der ständ. Bibl. Stuttg. 1907. S. 431.)

Promemoria — an einen hoh. k. k. Reichsrath in Wien, worin die Geistlichkeit der evangelischen Landeskirche A. C. in Siebenbürgen ihr Gesuch um baldige Entschädigung ihres Zehents aus dem Grundentlastungsfonde und um Bemessung derselben nach dem Schlüssel der verificirten neunjährigen Durchschnittsfassionen näher begründet. *Wien* 1857. Druck v. *J. B. Wallishausser.* 20 S. 4°.

Promemoria an die Reichsversammlung, betr. die Reichsritterschaftlichen Gravamina. Regensb. Juni 1750. V: *Rothkirch, Joh. Frh. v.* (Kat. der ständ. Bibl. Stuttg. 1907. S. 211.)

Pro-Memoria in Betreff eines vom kammergerichtl. Mandat an den Reichstag genommenen Rekurses. Salzburg 1782. V: *Kürsinger, Franz Anton Freih v.* (MGT) (ML)

Promemoria betreffend die Reorganisation des Studienplanes der k. k. Orient. Akademie 1898. [Wien 1898.] V: *Pidoll zu Quintenbach, Michael Freih. v.* (EB)

Pro Memoria (Wilhelm Heinrich **Rieffel** und seiner Tochter Amalie **Rieffel**). Dem Wohlwollen gewidmet. — (Hamburg o. J. [nach 1865]: Schlotke.) 54 S. 8°

Pro-Memoria, Fürstlich Sachsen Hildburghausisches, die zwischen Hn Herzog Ernst Ludwig zu Sachsen Meiningen . . . und Hn Herzog Ernst Friederich I. zu Sachsen Hildburghausen . . . errichtete Tausch-punctation . . . betreffend. O. O. 1752. V: *Radefeld, Johann Christoph.* (Holz)

Pro-Memoria, Sachsen Hildburghausisches, den Schalkauischen Umtausch betreffend. O. O. 1756. V: *Radefeld, Joh. Chph.* (Holz)

Pro-Memoria, Sachsen-Weimar- und Eisenachisches, so beym Corpore Evangelico übergeben worden . . . O. O. 1772. V: *Schnauss, Christian Friedrich.* (ML)

— Salzburgisches, d. dermal. Nuntiatur-Streitigkeiten betreff. 4. Salzb. 782. Duple. 6 ß

Pro-Memoria Eine von dem H. A. von Hallerischen Hause durch die . . . v. Marpergerische Hofraith neuerlich praetendirende Seruitutem cloacae betreffend . . . O. O. 1756. V: *Marperger, Paul Jac. von.* (Holz) (will)

— in Sachen d. Grafen Joh. von Spauer, Domherr zu Salzburg rc. Fol. Salzb. 782. Duple. 2 ß

— in Sachen d. Graf Joh. v. Spauer Domherr z. Salzb. rc Fol. Salzb. Waisenhaus. 782.

Promemoria des Gabelsbergerschen Stenographenvereins zu Berlin, betr. die Einführung des Stenographie-Unterrichts in die preußischen Lehranstalten. gr. 8. (25 S.) Berlin 864, Schroeder's Verlag. *

Pro-Memoria der Reichsstadt Aachen- Ulm- und Rothweilischen Subdelegationen das . . . in der Grafensache abgelegte Votum betreffend . . . Wetzlar 1775. V: *Wölckern auf Kalchreut, Lazarus Carl von.* (will) (Holz)

Promemoria, betreffend das Tonnenabfuhrwesen der Stadt Görlitz. Görlitz 1875

Promemoria. Das Treiben der deutschen Flüchtlinge und Arbeiter in dem westlichen Theile der Schweiz betreffend. 8°. s. l. s. a. (1849?)

Pro-Memoria die Uebermasse des Amtes Sonnefeld betreffend. Hildburghausen 1749. V: *Kobe von Koppenfels, Joh. Sebast.* (Holz)

Pro Memoria, Überzeugendes, über die Aufführung derer Wienerischen und Sächsischen Höfe, wie auch über dero gefährliche Absichten wider Ihro Majest. den König von Preussen, Nebst denen Original-Acten, welche derselben Beweis darstellen. Berlin 1756. V: *Hertzberg, Ewald Friedrich Graf von.* (Preuß. Staatsschriften. III. Berlin 1892. S. 342.)

Promemoria die zu errichtende Univ. für das katholische Deutschland betreffend. Münster [1857]. V: *Müller, Joh. Gg.* (Erman & Horn, Bibliogr. d. dtsch. Universitäten. Leipz. u. Berl. 1904—5. III.)

Pro Memoria, Anstatt der . . . Additional-Handlung unterthänigstes, in Sachen weiland Alexander und Veit von Stein zum Altenstein . . . Wezlar 1759. V: *Haas, Dam. Ferd.* (Holz)

Pro Memoria, Unterthänigstes, und in die Kürze gezogene Causales restitutionis in integrum In Sachen Hn Eman. Forensem spectat . . . Kiliae [1786]. V: *Kerstens, Joh. Chn.* (schles) V: *Christiani, Wilh. Ernst.* (Bruun, Bibl. Danica III, 786.)

Pro-Memoria, Unterthänigstes, in Extrajudicial-Sachen P. H. de Thier wider P. H. Biolley. Appelationis sexies denegatae. O. O. 1782. V: *Frech, Johann Sebastian.* (KGBerlin I, 798)

Promemoria [wider das Verfahren des Reichshofrates. Mit Beil. Dat. Regensb. 10. Dez. 1756]. V: *Plotho, Erich Chph Frhr von.* (Kat. der ständ. Bibl. Stuttg. 1907. S. 427.)

Promemoria [wider des Kays. Reichshofrates harte Verfügungen zur Abschneidung aller Zufuhr für die herzogl. Braunschw. Kriegsvölker. Dat. Regensb. 19. Jan. 1761]. V: 1) *Kniestedt, Chrn Frdr. von.* 2) *Wülknitz, Aug. Ludw. von.* (Kat. der ständ. Bibl. Stuttg. 1907. S. 446.)

Pro-Memoria in Vergleichssachen des R. Gräflichen Hauses Oettingen-Wallerstein, dann der Abtey des Convents zu Neresheim. Oettingen 1765. V: *Tröltsch, Johann Friedrich Reichsfreiherr von.* (ML)

Promemoria des von der am 23. November 1879 im Brünner Augartensaale abgehaltenen Versammlung von 1435 Gewerbetreibenden zur Wahrung der gewerblichen Interessen eingesetzten Comites betreffend den Bericht des Herrn Abgeordneten Heinrich Reschauer über ... die Revision der Gewerbeordnung vom 20. December 1859. Brünn 1880. V: *Fiegert, Gabriel.* (EB)

Pro-Memoria, Vorläufiges, die Kopfsteuer und die der Tafelstube vorenthaltenen öffentlichen Gelder... betreffend ... O. O. 1779. V: *Sieber, Jac. Glieb.* (ML)

Pro-Memoria loco Voti. S. l. 1768. V: *Rosskampf, Gg Hnr. v.* (Holz)

Wichtiges **Pro Memoria** an die weltlichen Regenten, welche der Römischen Glaubenslehre zugethan sind. Neue Aufl. Frankfurt a. M. 1781.

Pro-Memoria, Wichtiges, an die weltlichen Regenten, welche der Römischen Glaubenslehre zugethan sind ... Frankf. a. M. 1782. V: *Valotti, Gaudenzio.* (EB)

— wichtiges, an die weltlichen Regenten, welche d. röm. Glaubenslehre zugethan sind. Mit 2 Anh. 8. Frankf. 782. Hermann. 16 gl (a. Trattner in Wien) 785. 8 gl.

Wichtiges Pro Memoria über die Veränderung, so in dem deutschen politischen System seit dem Aachener Frieden vorgefallen. Lüttich 1757. 4. (20 S.)
Dasselbe ib. eod. (24 S.)

Promemoria [womit das von der Reichsdiktatur zurückgewiesene Schreiben des Königs vom 30. Oct. 1756 ad aedes insinuirt wird. Dat. Regensb. 23. Nov. 1756]. V: *Plotho, Erich Chph Frhr von.* (Kat. der ständ. Bibl. Stuttg. 1907. S. 426.)

Pro-Memoria Womit iene Unwahrheiten und Irrthümer, welche in denen ... bey der Reichsversammlung distribuirten Druckschriften enthalten sind, kürzlich bezeichnet ... werden. O. O. 1770. V: *Noel, Pet. Franz.* (Holz)

Pro-Memoria Worinn bewiesen wird, dass von dem Hochpreislich kaiserlichen Reichshofrath in Sachen Kur-Cöln ... wider den Herrn Fürst Bischofen ... zu Paderborn, die von Seiten Ihro Hochfürstl. Gnaden zu Paderborn ... vorgeschützte Einreden ... nicht verworfen werden können. O. O. 17?? V: *Meyer Johann Friedrich Anton.* (ML)

Pro-Memoria in Sachen des Hochstifts Worms, contra die Reichsstadt Worms, das bischöffliche Hofgericht betreffend. [Hanau] 1750. V: *Moser, Johann Jacob.* (ML)

Promenade, Ma, au delà des Alpes. Berne 1819. V: *Meister, Jacob Heinrich.* (MGT) (Ky) (Cat. d. Stadtbibl. Zürich. Zürich 1864—97.)

Promenade, ma, au delà des Alpes. (par Jak. H. Meister). 8. Bern 819. Burgdorfer. (Schmidt in Leipz.) 16 gl

Promenade, la, de Saint Cloud. II Part. 8. Lpz. Weidmann. 734.

Promenade durch die Schweiz, (von ... v. Braunschweiger). gr. 8. Hamb. 793. (Campe). 21 gl

Promenaden, Hamburgische. Erste Promenade. Die Wallgarten Nebst einem dabey passenden Gedicht. Hamb. 1809. V: *Marr, Joh. Wilh.* [?]. (GGr)

PROMENADEN, Die, bey Leipzig, in sechs Spaziergängen beschrieben. Frankfurt und Leipzig, 1781, bey T. G. Reinholden in Commission. 8°. Rar!

Promenaden in, um, unter u. oberhalb Paris, s. Paris.

Promenaden-Plan zum Führer in Karlsbad und der Umgebung. 6. Auflage. (Eine Karte in steifen Umschlag gebunden.) 16. Karlsbad, Gebr. Franieck, 1853.

Promenaden-Plan von Carlsbad zur König Otto's Quelle. *Carlsbad* 1857. Druck u. Verl. d. Gebr. *Franieck. J. Schüfler* lith. 1 Blatt. H. 1' ½". Br. 2' 1¼".

Die obere Hälfte der Karte nimmt ein lithogr. Panorama von Carlsbad, entsprechend der Ausdehnung des Planes, ein.

Promenadenplan, Karlsbader, mit Umgebung. Maßstab 1 : 15.000. Dreifarbige Lithographie (von der Kupferplatte) auf Lnwd. 48×67 *cm.* Gefalzt * 2.—
Karlsbad: Jacob 1897.

Promesses, Les, du roi de France au pretendant. Avec des reflexions, traduit de l'Anglois. kl. 8. Cologne 1712.

Prometeusz. Poema z pozostałych pism J. U. N. Wydanie J. N. Bobrowicza. Lipsk 854. Librairie étrangère. 16. (51 S.) 15 ngr.

Promethea, Carmen, in quo disputatur de optima eruditi vitae socia. Scripsit C. R. S. Peiper. Gel. 1864. 848 S. 4°. 2. –

Le **Prométhée.** Huit Causeries par Les prisonniers Français ... Spandau 1871. Editeur et imprimeur E. Hopf [Umschlagtit.].
16 Bl. m. 42 Abb. 2°.

Promethée, le. 8 causeries par les prisonniers français. Fol. (32 authogr S. m. Federzeichngn.) Spandau 871. (Jürgens.) n. 2. —

Prometheus, Trauerspiel des Aeschylos, übers. von Conz. s. Aeschylos.

— v. A. W. Schlegel zum Behuf der Declamation herausgeg. v. Solbrig. 8. Lpz. Herzog.

Prometheus, eine Samml. deutscher Originalaufsätze Berl. Gelehrten. herausg. v. Stoll. 2 Bde. m. K. u. Mus. gr. 8. Wien, Geistinger.
(diese Samml. ist a. d. Zeitschrift Prometheus abgedr.)

— ein Kind d. Witzes um Mitternacht empfangen, u. am Morgen geboren. 8. Quedlinb. 784. Ernst. 4 gr

Prometheus. Ein dramat. Gedicht in 5 Aufzügen, v. J. D. Falk. gr. 8. Tübing. Cotta. 803.

— eine Zeitschrift, der höhern Bildung d. Menschen gewidmet v. Leo v. Seckendorf u. Jos. Ldw. Stoll. 2 Bde. gr. 8. Wien 808. (Gerold). 2 ₰ Hbg. Pr. 1 ₰

— od. literar. Oppositionsblatt. Jahrg. 1823. (Herausgg. v. K. Panse). gr. 4. Naumb., Bürger. 4 ₰

— eine Zeitschrift f. die Jugend, z. Verbreitung histor.-geograph. u. naturhistor. Kenntnisse. Herausgg. v. H. Robolsky. 1831. Juli—Dec. 24 Nummern. Mit 24 Abbildd. 4. Neuhaldensl. 831. Eyraud. 1 ₰ 12 gr

Prometheus. Für Licht und Recht. Zeitschrift in zwanglosen Heften. Aarau 1832—33. H: *Zschokke, Johann Heinrich Daniel & Andere.* (Bibliogr. d. Schweiz. Landeskunde. Bern 1892 ff. I b.)

Prometheus (Ag)
① Für Licht und Recht ⑤ 1832 (2 Hefte), 1833 (1 Heft) ⑥ 8° ⑦ «in zwangslosen Heften» ⑧ Aarau: Heinrich Remigius Sauerländer ⑩ Heinrich Zschokke und seine Freunde ⑪ Heinrich Zschokke ⑬ BGSZ: 75 ⑭ Be: L; Lu: Z ⑮ Die Zeitschrift enthält u. a. folgende Artikel: Graf v. Schlabrendorf in Paris über Ereignisse und Personen seiner Zeit, K. E. Oeslner in Paris über Personen und Ereignisse seiner Zeit, Erinnerungen an Heinrich Pestalozzi (Heft 1); Erinnerungen an Karl v. Bonstetten (Heft 2); Deutschlands Gegensätze, Erinnerungen an Alois Reding, Der Geist des 18. Jahrhunderts (Heft 3).

Prometheus. Tragödie vom Verfasser des Abälard. Osnabrück 1836. V: *Wedekind, Ed.* (Literar. Ztg. 1839, 390 f.) (Zeitschr. f. Büch. N. F. 15, 1923, S. 119)

Prometheus. Tragödie vom Verfasser des Abälard. gr. 12. Osnabrück 836. Rackhorst. ⅙ ₰

Prometheus (AR)
① Organ zur sozialen Reform – Motto: Freiheit, Liebe, Gerechtigkeit! ⑤ (wahrscheinlich 4. Quartal) 1846 (Doppelheft I. II.) ⑥ 8° ⑧ Herisau: M. Schläpfer (?) ⑩ Selbstverlag des Herausgebers; Commission des Literarischen Institutes, Herisau ⑪ Hermann Püttmann, Kreuzlingen (Herausgeber) ⑫ links orientiert ⑬ BGSZ: 1128, p. 227 ⑭ Zh: Z ⑮ Aus der «Anzeige und Aufforderung» des Herausgebers, datiert Sept. 1846: «... Der Prometheus wird ohne Censur erscheinen, und die Wahrheit unverschleiert mittheilen ... Den hauptsächlichsten Inhalt des Prometheus bildet die Kritik der bestehenden Gesellschaft, und zwar nach allen ihren Richtungen aufgefaßt. Daß die unglückliche Lage der besitzlosen Klassen vorzugsweise berücksichtigt wird, versteht sich ...» Keller (BGSZ 1128) schreibt: «Das Buch scheint von M. Schläpfer in Herisau gedruckt worden zu sein.»

Prometheus. Hrsg. von Gangloff u. A. Leipzig 1850.

Prometheus. Illustrirte Wochenschrift über die Fortschritte der angewandten Naturwissenschaften, hrsg. v. Otto N. Witt. 1. u. 2. Jahrg. Octbr. 1889—Sept. 1891. à 52 Nrn. (2 B.) hoch 4. Berlin, Mückenberger. à Jahrg. n. 12. —; in 26 Hftn. à n. — 50; in 13 Hftn. à n. 1. —

Prometheus. Illustrirte Wochenschrift üb. die Fortschritte in Gewerbe, Industrie u. Wissenschaft, hrsg. v. Otto N. Witt. 3.—6. Jahrg. Oktbr. 1891—Septbr. 1895. à 52 Nrn. (2 Bog.) hoch 4. Berlin, R. Mückenberger. à Jahrg. n. 12. —; in 13 Hftn. à n. 1.

Prometheus. Illustr. Wochenschrift üb. d. Fortschritte in Gewerbe, Industrie u. Wissenschaft, hrsg. v. Otto N. Witt. 7.—10. Jahrg. Octbr. 1895—Septbr. 1899. à 52 Nrn. (à ca. 2 Bog.) hoch 4. Berlin, R. Mückenberger. à Jahrg. n. 12. —; einz. Nrn. n. — 40
Kann auch vierteljährlich u. in 13 Hftn. à n. 1. — bezogen werden.

Prometheus. Illustrierte Wochenschrift üb. die Fortschritte in Gewerbe, Industrie u. Wissenschaft, hrsg. v. Otto N. Witt. 11. u. 12. Jahrg. Oktbr. 1899–Septbr. 1901. à 52 Nrn. hoch 4. (à ca. 16 S.) Berlin, R. Mückenberger. à Jahrg. n. 12.—; geb. in Halbfrz. n.n. 16.—; auch in 13 Hftn. à n. 1.—

— dasselbe. 13. u. 14 Jahrg. Oktbr. 1901—Sept. 1903. à 52 Nrn. hoch 4. (à ca. 16 S.) Ebd. à Jahrg. n. 16.—; geb. in Halbfrz. n.n. 20. —; auch in 13 Hftn. à n. 1.25

Prometheus. Illustrirte Wochenschrift über die Fortschritte in Gewerbe, Industrie u. Wissenschaft, hrsg. v. Otto N. Witt. 15.—18. Jahrg. Oktbr. 1903—Septbr. 1907. à 52 Nrn. (VIII, 840; VIII, 841; VIII, 841 u. VIII, 842 S.) hoch 4. Berlin, R. Mückenbergor. à Jhrg. n. 16. —; geb. in Halbfrz. n.n. 20. —

Prometheus. Illustrierte Wochenschrift üb. die Fortschritte in Gewerbe, Industrie u. Wissenschaft, hrsg. u. red. v. Otto N. Witt. 19.—22. Jahrg. Oktbr. 1907—Septbr. 1911. 52 Nrn. (19.—21. Jahrg. VII, 842; VII, 844 u. VIII, 844 S.) Lex. 8. Berlin, R. Mückenberger. à Jahrg. 16.—; geb. nn 20.—; auch in 13 Heften à 1.25

Prometheus, Deukalion, und seine Recensenten ... Göttingen, Hamburg, Düsseldorf, Weimar, Berlin u. Leipz. [Frankfurt] 1775. V: *Wagner, Heinrich Leopold.* (ML) (Ky) (GGr) (ADB) (Arch. f. Litt. XI, 543.) (Cat. d. Stadtbibl. Zürich. Zürich 1864—97.)

— gefesselt, nach Aeschilus, frey bearbeitet f. d. Lesewelt. 8. Erfurt, Müller. 811.

Prometheusse, die gefesselten. Von Kákai Aranyos II. Autoris. Uebersetzung. gr. 8. (IV, 120 S.) Wien 881, Perles. *

Promis, Domenico, Monete del Piemonte inedite e rare pubblicate. I. II. hoch 4. I. (50 S. mit 2 Kpfrtaf.) II. Moneta della Zecca d'Asti. (46 S. mit 7 Kpfrtaf.) Torino 852. 53. Monsco, Franz. (I: n. n. 1 ₰ II: n. n. 1 1/6 ₰) n. n. 2 1/6 ₰

Prömmel, Daniel Gottlieb

Prömmel, Dn. Gli., vaterländ. Gedichte, gesammelt f. d. Unterricht u. die Uebung in d. Deklamation. 2 Thle. 8. Hamb. 817. 2e A. 822. (Campe). 1 ₰ 12 gr

Prömmel, G., vaterländische Gedichte. Gesammelt für den Unterricht u. die Uebung in der Declamation. 3. verb. u. verm. Aufl. 8. (XVIII u. 256 S.) Hamburg 849, A. Campe. (Leipzig, Brockhaus.) 24 ngr

— der heitere u. unterrichtete Hausfreund für edle Familien u. ihre Jugend. 8. Leipz. 814. Göschen. 20 gr geb. 1 ₰ (Auch u. d. T.: Weihnachtsgeschenk).

Prömmel, Gottl., der heitere u. unterrichtete Hausfreund f. edle Familien u. ihre Jugend. 8. Leipzig, Göschen. 815. geh.
Auch unter dem Titel:
Weihnachtsgeschenk. gebund.

Prömmel, Ernst, deutsche Grammatik nebst einem Anhang zum rechten Verständniß und Gebrauch derselben. Berlin 861. W. Schultze. gr. 8. (159 S.) n. 15 ngr

Prömmel, Gottl., s. Prömmel, Daniel Gottlieb

Prömmel, Jul., Anleitung zum Schiffbau und zum Entwurfe von Segel- und Dampfschiffen, von Holz und von Eisen zu Kriegs- und zu Handelszwecken. Theilweise mit Benutzung des schwed. Werkes über den Schiffbau des G. L. Uggla. 2., neu bearb. und verm. Aufl. gr. 8. (VIII und 199 S. mit vielen Tab. und 4 Stnt. Zeichnungen in qu. gr. Fol.) Hamburg 864, Mauke Söhne.

Prömmel, Jul., Benennung der hauptsächlichsten Theile, Rundhölzer, Segel u. des stehenden u. laufenden Tauwerks eines Schiffes, deutsch u. italienisch. Triest 864. (Schimpff.) qu. gr. Fol. (2 S. Text mit 7 Fig. auf 4 lith. Blatt.) n. 20 ngr

Prommer, E., die zwischen dem Reisenden u. seinem Hause sich ergeb. Korrespondenz, sowie die auf dieses Verhältnis bezügl. Verbuchungen, s.: Bibliothek mod. Buchhaltungswerke. II.

— Ueberlebens-Assoziationen. (33 S.) 8. Linz (906). (Zentraldruckerei vorm. E. Mareis.) n. 1. —

— Verbuchung e. Obligationen-Einlösung üb. pari. Für Lehrer der Handelsfächer u. Beamte der Hypotheken-Anstalten etc., Kaufleute u. Juristen. (12 S.) gr. 8. Ebd. 905. n. 1. —

Promnitz, Bruno. Untersuchungen über Lysoform. Diss. Vet.-Med. Bern. (... genehmigt ... 25. November 1904. Sonder-Abdruck aus: Fortschritte der Veterinär-Hygiene ... [Jahrg. 2, 1904-1905].. *Kopftitel:* Aus dem Veterinär-Institut der Universität Jena. II + 20 S. 4. (Berlin, Louis Marcus, [1905].)

Promnitz, Charl. Friederike v., Vertheidigung d. Vernunft u. Religion wider Kants Kritik. gr. 8. Berl. Maurer. 798.

Promnitz, Else, Gelegenheitsgedichte f. die Schule. (75 S.) kl. 8. Breslau (910). F. Goerlich. — 75

Promnitz, J., architektonische Entwürfe als Vorlagen für den Linear-Zeichenunterricht. Für techn. u. andere Schulen herasg. 1. Heft. Halle 867. Knapp. qu. gr. Fol. (6 Steintaff.) n. 1 ₰

Promnitz, J., s.: Entwürfe ausgeführter städt. Gebäude.

— die Fangdämme, Spundwände, Rammen u. Wasserschöpfmaschinen in ihrer Anwendung bei den Gründungen. Mit 125 (eingedr.) Holzschn. Ebend. 869. gr. 8. (III, 83 S.) n. 15 ngr

Promnitz, J., illustr. Handbuch der Zimmermannskunst. Eine prakt. Anleitg. zur Anfertigg. u. Kalkulation sämtl. Zimmermannsarbeiten, der Kontorarbeiten u. der Rechtskunde des Zimmermeisters. 6. völlig umgearb. u. verm. Aufl., bearb. v. Fritz Berghauer, G. Blohm, G. Ebe, Hans Locher, O. Schmidt. (VIII, 696 S. m. 989 Abbildgn. u. 20 farb. Taf.) gr. 8. Leipzig 903. [J. J. Arnd.] E. H. F. Reisner. Geb. in Leinw. n. 18. —
Die 5. Aufl. erschien u. d. T.:
Promnitz: Der praktische Zimmermann.

— der Hochbau, s.: Hochbaukunst, die gesammte.

Promnitz, Holzbau, s. a. Hochbaukunst, die gesamte.

Promnitz, J., der Holzbau [der praktische Zimmermann]. Handbuch für Architekten, Bauhandwerker u. Bauschüler. 3., gänzlich umgearb. Aufl. mit Zugrundelegung der neuen Orthogr. 1. Tl. Der „Gesammten Hochbaukunst" 2. Bd. gr. 8. (208 S. m. eingedr. Holzschn.) Leipzig 881. Knapp. n. 5. —

— dasselbe. 2. (Schluss-)Tl. Die Lehre von der Festigkeit der Materialien, gänzlich neu bearb. von Th. Sellin. Der „Gesammten Hochbaukunst" 1. Bd. gr. 8. (X u. S. 209—400 m. eingedr. Holzschn.) Leipzig 882. Knapp. n. 5. —

— s. Menzel, C. A., die Gründung der Gebäude.

— der praktische Zimmermann. Handbuch für Zimmermeister, Gesellen, Lehrlinge, Bauführer und Architekten. 9 Hefte. gr. 8. (VIII, 536 S. mit 1000 in den Text gedr. Holzschn.) Halle [Leipzig] 868—70, Knapp's Verlag. à Heft *ℳ 1. *

— der praktische Zimmermann. Handbuch f. Zimmermeister, Gesellen, Lehrlinge, Bauführer u. Architekten. 2. Aufl. f. das Metermaß bearb. v. G. Wanderley. Mit ca. 1000 (eingedr.) Hozschn. gr. 8. (XII, 571 S.) Leipzig 874. Knapp's Verl. n. 10. —

Promnitz, J., der praktische Zimmermann. Eine prakt. Anleitung zur Anfertigg. u. Kalkulation sämtl. Zimmermannsarbeiten, nebst e. Beispiel der einfachen Buchführg. 4. verb. u. verm. Aufl., bearb. v. H. Altendorff. gr. 8. (IV, 559 S. m. Abbildgn.) Nebst: Verschiedene Entwürfe zu e. Gebäude-Anlage neuester Construction. Zur Selbstbelehrg., sowie f. den Unterricht an techn. Schulen. Entworfen v. Kircher. gr. Fol. (3 Taf.) Dresden (900). Grunzig & Co. Geb. in Leinw. u. in Mappe 18.—
3. Aufl. u.d.T.: Promnitz: Der Holzbau.

— dasselbe. 5. verb u. verm. [Titel-]Aufl., bearb. von H. Altendorff. (In 30 Lfgn.) 1.—18. Lfg. gr. 8. (IV, S. 1—424 u. 561—565 m. Abbildgn. u. 10 Taf.) Leipzig [900.] 901. J. J. Arnd. à — 50

— der praktische Zimmermann. Eine prakt. Anleitg. zur Anfertigg. u. Kalkulation sämtl. Zimmermannsarbeiten, nebst e. Beispiel der einfachen Buchführg. 5. verb. u. verm. [Titel-]Aufl., bearb. v. H. Altendorff. 19.—30. (Schluß-)Lfg. (S. 425—552 m. Abbildgn., 25 Taf. u. 1 Modell) gr. 8. Leipzig [900] 903. J. J. Arnd. à — 50

Promnitz, Kurt, Bismarcks Eintritt in das Ministerium. s.a. Studien, historische. 60. Heft.

Promnitz, Kurt, a. Breslau: Bismarcks Eintritt in das Ministerium. ⟨T. 2, Abschnitt 1: Roons Vorgehen zur Herbeiführung d. Ernennung Bismarcks.⟩ (Berlin 1908: E. Ebering.) (103 S.) 8° ¶ (Erschien vollst. 1908 als „Historische Studien“ H. 60.)
Berlin, Phil. Fak., Ref. Lenz, Diss. v. 18. Jan. 1908
[Geb. 15. Sept. 85 Eulau-Wilhelmshütte b. Sprottau; Wohnort: Charlottenburg; Staatsangeh.: Preußen; Vorbildung: Friedrichs-Gymn. Breslau Reife O. 03; Studium: Breslau 4, Marburg 1, Berlin 4 S.; Rig. 19. Dez. 07.]

Promnitz, Otto, Aegidius. Phantastische Verse. (39 S.) 8. Hannover (910). Hedemünden bei Bremen, Dr. O. Promnitz. 1. —

Promnitz, Otto, aus Breslau: Über die Haftung des Kommanditisten nach deutschem Handelsgesetzbuch. *Breslau (1898): Grass, Barth & Co.* (47 S.) 8°
Erlangen, Jur. Diss. v. 9. Sept. 1898

Pro-Mono. Flugblätter zur Verbreitung des Mono-Systems. Hrg. von der Internationalen Mono-Gesellschaft. Zentralsitz: Winterthur; Zweigbureau Bern.... Geschäftsstelle für Deutschland: München, Kontorhaus; Komm.: C. Andelfinger & Cie., München.... Nr. 1. November 1906. 48 S. 8. [Winterthur, Internat. Mono-Ges'.]
(Erscheinen in ungezwungenen Zwischenräumen.)

Promontore [Schlagwort]

Promontore, Cap, s.: Adriatisches Meer.

Promotions-Bedingungen der juristischen Fakultät der Königl. Universität Breslau. *(Breslau [1903]: Bresl. Genoss.-Buchdr.)* (2 Bl.) 8° [Kopft.]
(Nicht für den Austausch)

Promotions-Bedingungen der medicinischen Facultät zu Halle. [Halle, Juli 1881: Plötz.] 1 Bl. 4° [Kopft.]

Promotions-Bedingungen der philosophischen Fakultät der Christian-Albrechts-Universität zu Kiel. [Kiel 1910.] 1 Bl. 4° [Kopft.] [U 10. 2405
(Nicht für den Austausch)

Medizinische Fakultät der Königlichen Friedrich-Wilhelms-Universität zu Berlin. Promotionsbestimmungen gültig seit 28. Februar 1905. o. O. (1905). (2 Bl.) 4° [Kopft.]
(Nicht für den Austausch)

Promotionsbestimmungen der Philosophischen Fakultät der Rheinischen Friedrich-Wilhelms-Universität zu Bonn. (Bonn: C. Georgi [1907].) (5 S.) 4° [Kopft.]
(Nicht für den Austausch)

Promotions-Bestimmungen der philosoph. Fakultät der Universität Göttingen. Auszug f. die Kandidaten. (9 S.) gr. 8. Göttingen 906. Vandenhoeck & Ruprecht. n. — 40

Promotions-Ordnung für die Ertheilung der Würde eines Doktor-Ingenieurs durch die Herzogl. Techn. Hochschule Carolo-Wilhelmina zu Braunschweig (v. 18. 10. 1900). 1900. — [Neudr.] 1907. 1909. 1912.

Grossherzogl. Technische Hochschule zu Darmstadt. Promotions-Ordnung für die Erteilung der Würde eines Doktor-Ingenieurs (v. 18. 6. 1900). [Nebst] Nachtrag (zu § 1 v. 20. 4. 1906 u. 8. 5. 1907) [u.] Zusatz-Bestimmung zu § 1, (v. 6. 4. 1909). ¶ Abgedr. in: Bestimmungen. S. 171 ff.

Promotions-Ordnung für die Ertheilung der Würde eines Doktor-Ingenieurs durch die Kgl. Technische Hochschule zu Hannover. *Hannover (1900): Klindworth.* (6 S.) 8° [Umschlagt.] [U0. 9757

Promotions-Ordnung für die Erteilung der Würde eines Doktor-Ingenieurs durch die Kgl. Technische Hochschule zu Stuttgart. Vom 7. 8. 1900. ¶ Abgedr. in: Regierungsblatt f. d. Kgr. Württemberg v. J. 1900. S. 645 ff.;

Promotions-Ordnung f. die Erteilung der Würde e. Doktor-Ingenieurs an der k. s. techn. Hochschule zu Dresden. 8. (9 S.) Dresden 900. (A. Drossel.) n. — 50

Promotions-Ordnung für die Ertheilung der Würde eines Doktor-Ingenieurs durch die Technischen Hochschulen Preussens. *(Berlin [1900]: Denter & Nicolas.)* (5 S.) 8° [Kopft. F.] [U0. 8812

— für die Ertheilung der Würde e. Doktor-Ingenieurs durch die technischen Hochschulen Preußens. gr. 8. (7 S.) Berlin 900. Polytechn. Buchh. A. Seydel. — 15
Sonderabdr. a.: „Deutscher Reichs- u. kgl. preuß. Staats-Anzeiger“.

Promotions-Ordnung für die Erteilung der Würde eines Doktor-Ingenieurs durch die Technischen Hochschulen Preussens (v. 10. Juni 1900). (Danzig [1905]: Schwital & Rohrbeck.) (5 S.) 8° [Kopft. F.] [U6. [illegible] 10

Promotionsordnung für die Erteilung der Würde eines Doktor-Jngenieurs durch die Technischen Hochschulen Preußens. (Berlin 1910)

Promotions-Ordnung für die Erteilung der Würde eines Doktor-Ingenieurs durch die Technische Hochschule Karlsruhe (v. 28. 6. 1900). — [Neudr.] (Mit Anm. zu § 1 nach Erlaß v. 9. 4. 1906.)

Promotions-Ordnung für die juristische Facultaet d. Universität Freiburg. (Freiburg i. B., Druck v. Chr. Lehmann, 1886); 4 S. 8°.
(Nicht für den Austausch.)

Promotionsordnung für die juristische Fakultät zu Gießen vom 10. August 1902: Änderung vom 25. Mai 1905. (1905.) (1 Bl.) 8° [Kopft.; F.]

Promotionsordnung der juristischen Fakultät. (Ergänzung der Statuten durch § 26a, die Bedingungen für Erteilung der Doktorwürde der Staatswissenschaften betreffend. Freiburg 1898. 1 Blatt.

Promotions-Ordnung der juristischen Fakultät der Ludwig-Maximilians-Universität zu München 1905. München (1905): Kastner & Callwey. (2 Bl.) 8°
(Nicht für den Austausch)

Promotions-Ordnung der juristischen Fakultät der Ludwig-Maximilians-Universität zu München. München 1910: Kastner & Callwey. 2 Bl. 8° [U 10. 3417
(Nicht für den Austausch)

Promotionsordnung der Katholisch-theologischen Fakultät der Rheinischen Friedrich-Wilhelms-Universität zu Bonn. An Stelle d. Abschnittes VIII d. Fakultätsstatuten. *(Bonn [1903]: C. Georgi.)* (2 Bl.) 4° [Kopft.]
(Nicht für den Austausch)

— f. die medizinische Fakultät der königl. Albertus-Universität zu Königsberg i. Pr. gr. 8. (11 S.) Königsberg 901. Gräfe & Unzer, Buchh. n. — 30

Promotions-Ordnung für die medizinische Fakultät der Königlichen Albertus-Universität zu Königsberg i. Pr. (v. 31. März 1905.) o. O. (8 S.) 8° [Kopft.]
(Nicht für den Austausch)

Promotionsordnung für die medizinische Fakultät im engeren Sinn zu Gießen ⟨Promotion zum Dr. med.⟩ vom 16. August 1902. Änderung vom 9. August 1905. [Gießen] 1905: [v. Münchow.] (2 Bl.) 8° [Kopft.] [F.] ¶ [Vgl. 1902/1903 Gießen No. 2.]

Promotions-Ordnung für die Medizinische Fakultät der Königlichen Universität zu Breslau (vom 30. September 1900). Breslau [1901]: Grass, Barth & Co. (11 S.) 8°
[Nachträglich eingegangen!]
(Nicht für den Austausch)

Promotionsordnung der medizinischen Fakultät zu Leipzig für die Promotion zum doctor medicinae veterinariae. (Leipzig 1907: A. Edelmann.) (9 S.) 8° [F.]
(Nicht für den Austausch)

Promotions-Ordnung der Naturwissenschaftlich-mathematischen Facultät zu Heidelberg. Heidelberg: Univ.-Buchdr. v. J. Hörning, 1890. 8 S. 8°
(Nicht für den Austausch)

Promotionsordnung für die Philosophische Fakultät der Königlichen Albertus-Universität zu Königsberg i. Pr. (v. 29. Juni 1905.) (Königsberg i. Pr. 1905: Hartung.) (5 S.) 8° [Kopft.]
(Nicht für den Austausch)

Promotionsordnung für die Philosophische Fakultät der Königlichen Friedrich-Wilhelms-Universität zu Berlin [nebst Anlage zu § 17 betr.:] Promotionsakt. *(Berlin 1903: G. Schade.)* (6 S., 1 Bl.) 4° [Kopft.]
(Nicht für den Austausch)

Promotionsordnung für die philosophische Fakultät zu Gießen vom 22. Mai 1902. Zusätze vom 4. Juli 1904. *[Gießen] 1904: [v. Münchow.]* (1 Bl.) 8° [Kopft.] [F.] ¶ [Vgl. 1902/1903 Gießen No 2.]

Promotionsordnung für die philosophische Fakultät zu Gießen. Anhang (vom 15. Dezember 1904). (1904.) (1 Bl.) 8° [Kopft.; F.]

Promotionsordnung für die philosophische Fakultät zu Gießen vom 22. Mai 1902: Änderung vom 25. Mai 1905. (1905.) (1 Bl.) 8° [Kopft.; F.]

Promotions-Ordnung für die Philosophische Fakultät der Königlichen Universität zu Breslau (vom 6. März 1905). (Breslau 1905: Graß, Barth & Co.) (4 S.) 4° [Kopft. F.]
(Nicht für den Austausch)

Promotions-Ordnung der philosophischen Facultaet der Universitaet Freiburg 1889. *Freiburg i. B., H. M. Poppen & Sohn* (1889); 2 Bl. 8°
(Nicht für den Austausch)

Promotionsordnung der Philosophischen Fakultät der Rheinischen Friedrich-Wilhelms-Universität zu Bonn. (Bonn: C. Georgi 1907). (6 S.) 4° [Kopft.]
(Nicht für den Austausch)

Promotionsordnung der philosophischen Fakultät der Universität Leipzig. ⟨Ausgabe f. d. Bewerber.⟩ *(Leipzig) [1904]: (A. Edelmann.)* (7 S.) 8° [Kopft.; F.]

Promotions-Ordnung der philosophischen Fakultät der Universität Marburg. Ausgegeben am 24. Juni 1905. (Marburg 1905: R. Friedrich.) (1 Bl.) 4° [Kopft.]
(Nicht für den Austausch)

Promotionsordnung der philosophischen Fakultät der Hochschule Zürich. 1861.

Promotionsordnung für die theologische Fakultät zu Gießen vom 16. August 1902: Zusatz vom 25. Mai 1905. (1905.) (1 Bl.) 8° [Kopft.; F.]

[Kopft.:] **Promotions-Ordnung** der theologischen Facultaet der Universitaet Freiburg i. B. *Freiburg i. B., 1891;* 4 S. 8.
(Nicht für den Austausch)

Promotionsordnung der theologischen Fakultät der Hochschule in Zürich. (Vom 13. Juni 1900.) 6 S. 8°.

Promotions-Ordnung der theologischen Fakultät der Kgl. Universität München. ⟨Genehmigt durch Ministerialentschliessung vom 8. Dezember 1905.⟩ (München [1905]: C. Wolf.) (4 S.) 8° [Kopft.]
(Nicht für den Austausch)

Promotions- und Habilitations-Ordnung der theologischen Fakultät der Universität Leipzig. *Leipzig 1904: (A. Edelmann.)* (10 S.) 8° [F.]

Promotions-Ordnungen für Juristen an den Universitäten Berlin, Bonn, Breslau ... 2. Ausg. München 1892. H: *Vestner*, G. (Ky) für Philosophen ... 2. Ausg. 1892. (Ky)

Promotions-Ordnungen f. Juristen an den Universitäten Berlin, Bonn, Breslau, Erlangen, Freiburg, Gießen, Göttingen, Greifswald, Halle, Heidelberg, Jena, Kiel, Königsberg, Leipzig, Marburg, München, Münster, Rostock, Straßburg, Tübingen, Würzburg. Nach amtl. Quellen bearb. u. hrsg. v. e. Universitätsbeamten (G. Vestner). (2. [Titel-]Ausg.) 8. (IV, 46 S.) München 892. Münchner Handelsdruckerei u. Verlagsanstalt M. Poeßl. Kart. n. 1. —

— dasselbe, f. Mediziner. (2. [Titel-]Ausg.) 8. (IV, 52 S.) Ebd. 892. Kart. n. 1. —

Promotions-Ordnungen f. Philosophen an den Universitäten Berlin, Bonn, Breslau, Erlangen, Freiburg, Gießen, Göttingen, Greifswald, Halle, Heidelberg, Jena, Kiel, Königsberg, Leipzig, Marburg, München, Münster, Rostock, Straßburg, Tübingen, Würzburg. Nach amtl. Quellen bearb. u. hrsg. v. e. Universitätsbeamten (G. Vestner). (2. [Titel-]Ausg.) 8. (IV, 70 S.) München 892. Münchner Handelsdruckerei u. Verlagsanstalt M. Poeßl. Kart. n. 1. —

— dasselbe, f. Theologen. (2. [Titel-]Ausg.) 8. (IV, 99 S.) Ebd. 892. Kart. n. 1. —
Die 1. Ausg. erschien unter dem Namen G. Vestner.

Promotionsordnungen an der K. Universität Tübingen. [Tübingen 1900 bis 1907. Fing. Tit.]

Promotoris Edlen Ritters von Orthopetra Gedanken von der Macht der Finsterniß. s. l. 704. 8.

Promotoris Edlen Ritters von Orthopetra, theosophischer Wundersaal. s. l. 704. 8.

Promovsky wider den Vertheidiger der Wiesserischen Lehre: Herrn Leopold Felber Schuhmacher in der Josephstadt und Theresia Zeschinn Köchin im kk. Militär-Invalidenhaus. Wien 1786. V: *Fast, Patritius.* (BiblPort)

PROMOVSKY, Predigt für den Teufel. Wie sie P. Siegfried Wiser am 1. Sonntage in der Fasten hätte halten sollen. O. O. 1788. 8°. (In Wien, Stadtbibl.)

Promptuarium zur Erleichterung des Studiums u. der prakt. Anwendung des neuen Strafgesetzbuchs für das Großherz. Hessen. gr. 8. (Mit 2 Tab.) Mainz 842, Kirchheim, Schott u. Thielmann. n. 2/3 ₰

Promptuarium, Fortgesetztes, juridicum, in welchem, die in den Schleswig-Holsteinischen Anzeigen von 1769 bis zu Ende 1788 enthaltene Schleswigsche, ... Verordnungen etc. zusammen getragen ... S. l. 1789. H: *Callisen, Chn.* (schles)

Promtuarium juris, oder systemat. Handbuch für Justiz-, Accis- u. Zollbediente, in Accise- u. Zollstrafsachen. *Berlin*, Schöne. 792. gr. 8. (12 Gr.)

Promtuarium juris, od. systemat. Handbuch f. Justiz-, Accis- u. Zollbediente, in Accise- u. Zollstrafsachen. gr. 8. Berl. 793. Schöne. 12 gr

Promptuarium iuris Bertochianum ad modum lexici juris pratici sive locorum communium ex recentiorum iurisconsultorum scriptis cura et studio Car. Ferd. Hommelii. Ed. nova. Lipsiae 1777. V: *Bertochius, Johann Georg.* (KGBerlin I, 147)

—— Juris civilis ad usum praelectionum recensuit Ed. Laboulaye. Et. s. t.: D. Justiniani institutionum libri IV. — Flores juris antejustinianei. 16. (41 B.) Parisiis 845. (Lipsiae, Michelsen.) *

Promptuarium Sacerdotis. Continens Orationes ante et post Missam, aliasque preces, varias Benedictionum formulas... Kevelaeriæ: Butzon & Bercker 1904. (203 S.) 8° [06. 443]

Promptuarum sacerdotis. Continens orationes ante et post missam aliasque preces, varias benedictionum formulas, ordinem administrandi sacramenta poenitentiae, communionis, extremae unctionis, ritum benedictionis apostolicae et commendationis animae. Ed. altera. (249 S.) 16. Kevelaer 905. Butzon & Bercker. Geb. in Leinw. 1.10; in Ldr. m. Goldschn. 1.40; in Booksaff. m. Goldschn. 2.25

Promptuarium sacerdotis. Continens orationes ante et post missam aliasque preces, varias benedictionum formulas, ordinem administrandi sacramenta poenitentiae, communionis, extremae unctionis, ritum benedictionis apostolicae et commendationis animae. Ed. III. (266 S. m. Titelbild.) 11,2×7,1 cm. Kevelaer 906. Butzon & Bercker. Geb. in Leinw. 1.20; in Ldr. m. Goldschn. 1.60; in Bocksaff. m. Goldschn. 2.25

—— od. Sammlung der mannigfalt. Verzierungen f. Künstler, Professionisten etc. 1. Hft. qu. gr. 4. (6 Stat.) Dresden 842, Rau.

Promus, C., die Entstehung des Christentums. Nach der modernen Forschg. f. weite Kreise voraussetzungslos dargestellt. (69 S.) 8. Jena 905. E. Diederichs. n. 1.—

Prónay, Gábriel Freiherr von

Prónay, Baron Gabr. de, Esquisses de la vie populaire en Hongrie d'après l'ouvrage de (lui-même) par F. A. Schwiedland. Avec une introduction de Xav. Marmier. Ouvrage illustré de 25 tableaux dessinés d'après nature par Barabas, Stério et Weber et lithographiés en couleurs. gr. Fol. (XIV und 136 S.) Pest 857, Geibel.

Pronay, Baron Gabriel. Jahrbuch des Pesther gymnastischen Vereins für 1852. (A' Pesti test gyakorló-egylet évkönyve — (Deutscher und Ungarischer Text.) kl. 8. (22 S.) Pesth, Emil Müller, 1853.

Prónay, Gabr. v., Skizzen aus dem Volksleben in Ungarn. Mit 25 (lithogr. und) gemalten bildlichen Darstellungen von Barabás, Sterio und Weber. gr. Fol. (VII und 106 S.) Pesth 854, Geibel. *

Prónay, Frhr. Gabr. v., über Tabaksteuern. gr. 8. (VII, 108 S.) Leipzig 880, Roßberg'sche Buchh. *

Pronberger's, L., Flächenornamente. Angewandte Motive aus dessen „Seltenen Naturformen". Praktische Entwürfe f. das Kunstgewerbe, insbesondere f. Musterzeichner der Textil-, Tapeten-, Lincrusta- u. Linoleum-Branche, f. Decorationsmaler etc. etc. (In 4 Lfgn.) 1. Lfg. gr. Fol. (10 Taf.) Dresden (902). G. Kühtmann. n. 12.50

Pronberger's Flächenornamente. Angewandte Motive aus dessen „Seltenen Naturformen". Praktische Entwürfe f. das Kunstgewerbe, insbesondere f. Musterzeichner der Textil-, Tapeten-, Lincrusta- u. Linoleum-Branche, Decorationsmaler etc. etc. 2.—4. Lfg. (30 Taf. m. 3 S. Text.) gr. Fol. Dresden (903. 904). G. Kühtmann. à n. 12.50 (Vollst. in Mappe n. 50.—)

Pronberger, L., seltene Naturformen. 8 Lfgn. gr. Fol. (à 5 farb. Taf. m. III S. Text.) Dresden 901. 902. G. Kühtmann. In Mappe n. 80.—; Subskr.-Pr. n. 48.—; einzelne Lfgn. n. 10.—

Pronce, Marc: Theses theologicae dogmatico-scholasticae de Deo Incarnato quas sub S. Crusis Vexillo in Auditorio majore Vici Tetradiani Treviris 1771. 12 Julii propugnabit ornatissimus, ac pereruditus dominus D. Marcus Pronce ex Sainte Marie SS. Litter. Theol. moral. et dogmatico-scholast. auditor. Opponent pereruditi et ornatissimi Domini ... totius SS. Theologiae auditores. Augustae Trevirorum [1771]. 12 S. 4°

Prondzynski, Ferd., Theorie des Krieges mit besond. Berücksichtigung des Standpunktes eines Subaltern-Officiers. 2. verm. u. verb. Aufl. gr. 8. (VIII u. 596 S.) Bielefeld 848, Velhagen & Klasing. $1\frac{1}{2}$ ß

Prondzynski, Ferd. v., Versuch e. Kriegs-Theorie aus d. Gesichtspunkte d. Subaltern-Officiers als Erfahrungs-Wissenschaft folgerecht dargest. Lex.-8. ($32\frac{3}{4}$ B.) Bielefeld 836, Velhagen u. Klasing.

—— (dass. unt. d. etwas veränd. T.:) Theorie d. Krieges, mit besond. Berücksichtig. d. Standpunktes e. Subaltern-Officiers. 2 Bde. (od. 8 Lfgn.) 2., verm. u. verb. Aufl. 8. (...) Ebds. 840.

Prönen, Wlh., kurzer Auszug d. kathol. Glaubenslehre f. die Jugend u. andere ihres Heils Beflissene. 12. Cöln, J. G. Schmitz. 2 gr

Pronier, H[enri]. But, principes et utilité des coopératives de consommation. ([Extrait du] Coopérateur suisse, ... 1902.) IV + 32 p. 8. Bâle, Union suisse des sociétés de consommation, 1902.

Prönnecke, Wilhelm, a. Magdeburg: Studien über das niederrheinische Marienlob. Göttingen 1904: Dieterich. (104 S.) 8°
Göttingen, Phil. Fak., Ref. Schröder, Diss. v. 13. Dez. 1905
[Geb. 7. Sept. 80 Magdeburg; Wohnort: Magdeburg; Staatsangeh.: Preußen; Vorbildung: Realgymn. Magdeburg Reife O. 99; Studium: Marburg 3, Berlin 3, Marburg 1, Göttingen 4 S.; Rig. 2. März 04.]

Prönnecke, Wilhelm: Zu Ernst Moritz Arndts 50jähr. Todestage. Kaisergeburtstagsrede, gehalten im Zeichensaale der städt. Realschule zu Magdeburg am 26. Januar 1910, nachm. 5 Uhr. S. 3—10. 4. **Progr.** Städt. Realschule *Magdeburg* 1910 (371).

Pronner, Christoph

Hasso-Darmstadiensis — Delineatio Geographica generalis, comprehendens VI Foliis Singulos Principatus, etc. omnes quotquot Imperio Serenissimi Principis Landgravii — subsunt, ex subsidiis Christoph. Pronneri Pictoris Accad. Giess. composita et exhibita studio Homannianorum Heredum. Noribergae 1754 u. 1803. 1: 180,000. 6 Bl.

Pro-Notitia über die Frage: wird Antwerpen im Handel wieder so bedeutend werden, als es ehemals war ... Hamburg 1802. V: *Nemnich, Philipp Andreas.* (Schr)

Pro-Notitia in Causa der Gemeinde Hemmendorf contra das Hochstift Bamberg ... O. O. 1767. V: *Heuschkel, Joh. Melch.* (Holz)

Pro-Notitia in Sachen Schwarzburg-Sondershausen regier. Hn Fürst contra den Hn Herzog zu Sachsen-Coburg Saalfeld ... O. O. 1776. V: *Heuschkel, Joh. Melch.* (Holz)

Pro-Notitia den zwischen dem Herrn Gr. zu Öttingen-Wallerstein und dem Closter Neresheim getroffenen Vergleich betreffend. Öttingen 1763. V: *Tröltsch, Joh. Frdr. Reichsfreih. von.* (Holz) (ML)

Pro-Notitia id est kurze Vorstellung des bisherigen Kammergerichtlichen modi procedendi in der zwischen dem hohen ritterl. deutschen Orden und der Hochgräfl. Oettingen-Oettingischen Linie obgeschwebten Mandats, modo Revisionssache ... Wetzlar 1767. V: *Lang, Jac. Paul.* (ML)

Pronouncing Dictionary, new London, of the most commonly used words in the English language, pointing out the erroneous and vulgar pronunciation of which some words are liable; the elegant and fashionable Manner of pronouncing others, and the most general and correct accentuation of those in which Lexicographers differ. (by G. Wolbrecht.) 8. (5½ B.) Leipsic 830, Baumgärtner.

Prontuario di conti fatti, per sconto e frutti di capitali da 1 a 10000 Fiorini in ragione per cento del 2, 2¼, 2½, 2¾, 3 etc. a 6. da un giorno fino ad un anno e modo di trovare brevemente qualunque altro frutto o sconto di maggior capitale e per più interesse. (Elaborata da Angelo Guernieri.) Trieste 854. (855.) Coen. 4. (87 S.) n. 20 ngr.

de Pronville, Bonnaire, législatif sous Charlemagne. gr. 8. Braunschw. 800. (Albrecht in Wolfenb.) 2 ß

Prony

— theoret.-prakt. Abhandl. üb. die Leitung d. Wassers in Kanälen u. Röhrenleitungen. Aus d. Französ. mit Anmerkk. u. Erläuterr. v. K. Chr. Langsdorf. Mit 3 Kpft. 4. Gießen 812. Heyer. 3 ß

Prony, ..., neue Architektura Hydraulika; aus d. Französ. v. K. Chr. Langsdorf. 1r Bd. 1r u. 2r Thl. u. 2r Bd. Mit 54 Kpft. gr. 4. Frankf. a. M. 794—800. Andreä. 14 ß 16 gr

Neue Architectura Hydraulica von Hrn. von *Prony.* Aus dem Französischen mit Anmerkungen von *Karl Christian Langsdorf.* Frankf. am Mayn in der Andräischen Buchhandl. gr. 4. 1795.
1 Th. 1 Band, welcher die Statik, die Dynamik, die Hydrostatik und die Hydrodynamik enthält. 466 S. nebst 15 Kupft.
1 Th. 2 Band, welcher die allgemeine Lehre von den Maschienen und den dabey anwendbaren Kräften, in Bezug auf die physischen Nebenumstände betrachtet, welche auf das Gleichgewicht und die Bewegung Einfluss haben, enthält. 652 S. 472 S. Taf.

Proömien, drei, unserem Freunde Wilhelm Gurlitt überreicht zum 7. III. 1904. (24 S.) 4. Graz (904). (Leuschner & Lubensky.) n. 1.40

Propach, Wilhelm, aus Cronenberg b. Elberfeld: Über die 1,3-Dibenzoylglutarsäurediäthylester, ihre Reduktions- und Verseifungsprodukte. *Leipzig 1902: Metzger & Wittig.* (32 S.) 8°
Leipzig, Phil. Diss. v. [15. März] 1902

Propädeutik d. Geschichte, s. Bibliothek d. Humanitätswissenschaften.

Die Propaganda: (1866—?)
Gegründet von Samuel Ludvigh im Monat August 1866, werden folgende Werke in 5 Serien herausgegeben: 1) Frisch und Frei; 2) Der gesunde Menschenverstand; 3) Alt und Neu; 4) Reden und Vorlesungen im Gebiet der Religion, Philosophie und Geschichte; 5) Der Priesterspiegel; 6) Der *Wahre* Glaube, gegründet auf Vernunft. Published by subscription to stocks bought by those interested. Appearance irregular.
Cincinnati, OH

Propaganda. Zeitschrift f. d. Reklame-, Inseraten-, Plakat-, Ausstellungs-, Offerten-, Adressen- u. Zeitungs-Wesen m. d. Beilagen: Internationale Plakat-Galerie. — Mitteilgn. üb. Insertionsmittel. Hrsg. v. Rob. Exner. 1. u. 2. Jahrg. Oktbr. 1897—Septbr. 1899. à 12 Hfte. hoch 4. (à Hft. ca. 64 S. m. Abb., farb. Plakaten u. 12 S. in gr. 8.) Berlin, C. Skopnik. à Jahrg. n. 24.—; ohne Beilagen n. 18.—; einzelne Hfte. n. 3.—

Propaganda. Zeitschrift f. das Reklame-, Inseraten-, Plakat-, Ausstellungs-, Offerten-, Adressen- u. Zeitungswesen. Ferner: Internationale Plakatgalerie. — Mitteilungen üb. Insertionsmittel. Organ des Bundes der Industriellen f. die Veröffentlichgn. der Zentralstelle zur Handhabg. des Gesetzes üb. den unlauteren Wettbewerb. Hrsg. v. Rob. Exner. 3. Jahrg. Oktbr. 1899—Septbr. 1900. 12 Hfte. hoch 4. (à ca. 36 u. 8 S. m. Abbildgn., farb. Plakaten u. Taf.) Berlin [C. Skopnik], Propaganda. n. 24.—; ohne Mitteilungen üb. Insertionsmittel n. 18.—

— dasselbe. Red.: Imman. Theurer. 4. Jahrg. Oktbr. 1900—Septbr. 1901. 12 Hfte. hoch 4. (à ca. 36 u. 8 S. m. Abbildgn. u. farb. Taf.) Berlin (W. 9, Köthenerstr. 41), Propaganda. n. 24.—

Propaganda des individualistischen Anarchismus in dtscher. Sprache. 1. u. 4.—7. Heft. Treptow-Berlin, B. Zack. à —10
Bouhélier, Saint-Georges de, die Tyrannei der Sozialdemokratie. Autoris. Uebersetzg. v. John Henry Mackay. 1.—5. Taus. (9 S.) 8. 909. (7. Heft.)
Tucker, Benj. R., sind Anarchisten Mörder? Mit e. Vorwort. Aus dem Engl. v. John Henry Mackay. 3.—5. Taus. (14 S.) gr. 8. Berlin-Baumschulenweg 907. (4. Heft.)
— Was ist Sozialismus? Eine Antwort u. eine Definition. Mit e. Einleitg. üb. „Unsere Ziele". Aus dem Engl. v. John Henry Mackay. 3.—5. Taus. (12 S.) gr. 8. Berlin-Baumschulenweg 908. (6. Heft.)
— Der Staat in seiner Beziehung zum Individuum. Ein Vortrag. Aus dem Engl. v. John Henry Mackay. 3.—5. Taus. (13 S.) 8. Berlin-Baumschulenweg 908. (5. Heft.)
— Staatssozialismus u. Anarchismus: in wieweit sie übereinstimmen u. worin sie sich unterscheiden. Aus dem Engl. v. Geo. Schumm. 4.—6. Taus. (14 S.) 8. Berlin-Baumschulenweg 908. (1. Heft.)
Heft 2 u. 3 u. d. T.: Yarros, Vict., u. Sarah E. Holmes, die Frauenfrage. Ebd. 809.

Propaganda, die anarchistische. Enthüllungen üb. den Anarchismus v. F. de B. . . . 2. Aufl. gr. 8. (20 S.) Wiesbaden, Jurany & Hensel's Nachf., 1894. n. — 60

Propaganda, die hierarchische, u. die Staaten, mit besond. Rücksicht auf die römische Allocution vom 22. Juli 1842. 8. (4 ¼ B.) Darmstadt 844, Ollweiler.

[F.] Die **Propaganda** einer guten Idee. Wie kann d. Kapitalist sein durch d. Conversionen verringertes Einkommen erhöhen? *Paris: Weiss & Schornstein 1891.* (23 S., 1 kl. Bl.) 1 Bd 8. 198. 1925

Propaganda, die plattdeutsche, und ihre Apostel. Ein Wort zu seiner Zeit von Freimund. Hamburg 860. Hoffmann & Campe. 8. (36 S.) 5 ngr.

Propaganda, die, Roms auf deutscher Erde. Eine Zusammenstellg. v. Thatsachen zur Mahng. u. Warng. f. alle Evangelischen. Von Amicus veritatis evangelicae et libertatis germanicae. 8. (82 S.) Bremen 889. Klein. n. 1. 20

Propaganda, Die roemisch-hierarchische, ihre Partei, Umtriebe, und Fortschritte in Deutschland . . . Leipz. 1838. V: *Steinmann, Frdr. Arnold.* (BrVV) V: *Müller, Alexander.* (Th)

Propaganda, die römisch-hierarchische, ihre Partei, Umtriebe und Fortschritte in Deutschland. Mit Rückblicken auf die Opposition des Erzbischofs v. Köln, nach unumstößlichen Thatsachen geschildert vom Verf. der Schrift: „Der Erzbischof von Köln, seine Principien u. Opposition." 8. Leipzig 838. Brockhaus. ⅓ ₰ (Vergl. Curie, die römische.)

Propaganda-Schriften, katholische. Sammlung illustr. Büchlein zur Belehrg. u. Erbaug. Frei nach dem Franz. 1.—11. Hft. 16. (à 32 S.) Straßburg, F. X. Le Roux & Co. à n. — 10
1. Monat d. hl. Joseph. Kurze Betrachtgn. u. Tugendübgn. auf jeden Tag im Monat März. Uebers. v. J. Chr. Joder. 892.
2. Kreuzwegandacht f. Kinder als Vorbereitung zur hl. Beicht. Uebers. v. J. Chr. Joder. 892.
3. Marienbüchlein zum Gebrauche f. den Maimonat. Uebers. v. J. Chr. Joder. 892.
4. Herz-Jesu-Monat. Uebers. v. J. Chr. Joder. 892.
5. Leben des hl. Aloysius, Vorbild u. Schutzpatron der christl. Jugend. Uebers. v. J. Chr. Joder. 892.
6. Die Vorbereitung auf den großen Tag des Lebens. Aus dem Franz. v. Xav. S . . . 894.
7. Der Vorabend des großen Tages. Uebers. v. J. Chr. Joder. 893.
8. Armen-Seelen-Monat. Aus dem Franz. v. J. Ledy. 894.
9. Leben des ehrw. Pater Claudius de la Colombière aus der Gesellschaft Jesu. Uebers. v. J. Chr. Joder. 893.
10. Unsere Liebe Frau v. Lourdes. Aus dem Franz v. Xav. S . . . 894.
11. Die wunderbare Medaille. 894.

Propaganda-Schriften, katholische. Sammlung illustr. Büchlein z. Belehrg. u. Erbaug. Frei nach d. Franz. Nr. 12—17. (à 32 S.) 16. Straßburg, F. X. Le Roux & Co. à Nr. n. — 10
12. Das wunderthät. Jesukind v. Prag. Frei nach d. Franz. v. E. G. 895.
13. Am Abend des großen Tages. Meine Vorsätze. Den Erstkommunikanten gewidmet v. J. Chr. Joder. 895.
14. Das bewunderungswürd. Leben d. hl. Vinzenz v. Paul. 895.
15. Das wunderthät. Leben d. hl. Antonius v. Padua. Aus d. Franz. v. E. G. 895.
16. Goldstrahlen d. wunderbaren Medaille. 896.
17. Das Leben d. hl. Franz v. Sales. Von Marquis de Ségur. 896.

Propaganda-Schriften, katholische. Sammlung illustr. Büchlein zur Belehrg. u. Erbaug. Frei nach dem Französ. Nr. 18—26. 16. (à 32 S.) Straßburg, F. X. Le Roux & Co. à n. — 10
18. Johanna v. Arc, die Jungfrau v. Orleans. (899.)
19. Leben des hl. Johann v. Gott u. Notizen üb. seinen Orden. Von Raph. Meyer. (899.)
20. Orden, der 3., des hl. Franziskus v. Assisi. (899.)
21. Das seraphische Leben des hl. Franziskus v. Assisi. Von Gräfin A. de Chabannes. (899.)
22. Andacht, neuntägige, zum Prager Jesuskindlein. (899.)
23. Leben, das, des hl. Franziskus-Xaverius aus der Gesellschaft Jesu, Apostel v. Indien. (1506–1552.) (899.)
24. Leben, das, des hl. Stanislaus Kostka aus der Gesellschaft Jesu, Patron der Jugend. (899.)
25. Kurze Geschichte der ehrw. Mutter Magdalena Sophie Barat, Stifterin der Genossenschaft des hl. Herzens Jesu. Von J. Chr. Joder. (900.)
26. Der hl. Johannes Berchmans, Jugendpatron, aus der Gesellschaft Jesu. Von J. Chr. Joder. (900.)

Propagande, Die plattdeutsche, und ihre Apostel. Ein Wort zu seiner Zeit . . . Hamb. 1860. V: *Wienbarg, Ludolph Christian.* (GGr)

Propagande, die römische, im Rhein- u. Mosellande, oder Abfertigung e. römisch-kathol. Geistlichen auf dessen schriftl. Aufforderung an einen evangel. Pfarrer in demselben z. Uebertritt in d. röm.-kathol. Kirche. Nebst Anhang. gr. 8. Frnkf. 823. Eichenberg. 6 K

Pro Patria-Bibliothek. 1.—14. Heft. 8. Egeln, Pro Patria-Verlag. à — 10
Döring, Ferdinand v. Schill. Ein militärisch-polit. Charakterbild. (64 S.) (910.) (Heft 10. 11.)
Eiselen, J., u. G. Eiselen, das Lützow'sche Freikorps. (80 S.) (910.) (Heft 12—14.)
Förster, Frdr., Kurd Christoph Graf Schwerin, königl. preuß. Feldmarschall, geb. den 26. X. 1684, gest. den 6. V. 1757. (32 S.) (910.) (Heft 4.)
— Jakob Keith, königl. preuß. Feldmarschall, geb. den 11. VI. 1696, gest. den 14. X. 1758. (32 S.) (910.) (Heft 5.)
— Prinz Heinrich v. Preußen. Geb. den 18. I. 1726, gest. den 3. VIII. 1802. (32 S.) (910.) (Heft 1.)
— Friedrich Wilhelm Frhr. v. Seydlitz, königl. preuß. General der Kavallerie. Geb. den 3. II. 1721, gest. den 7. XI. 1773. (32 S.) (910.) (Heft 3.)
— Hans Karl v. Winterfeldt, kgl. preuß. General-Lieutenant, geb. den 4. IV. 1707, gest. den 8. IX. 1757. (32 S.) (910.) (Heft 6.)
— Hans Joachim v. Zieten. (32 S.) (910.) (Heft 2.)
Varnhagen v. Ense, Freiherr Georg v. Derfflinger. (80 S.) (910.) (Heft 7—9.)

Propea, G., Tucidide ed il confine orientale del „Mare Siculo". Gel. 1898. 40 S. 4°.

Propedeutick d. Geschichte, s. Bibliothek d. Humanitätswissenschaften.

Propempticon Serenissimae Archiduci Austriae in Lusitaniam abeunti chronostice. Viennae 1708. V: *Stieff, Anton.* (Jes)

Propemticon Andreae Hadikio exercitum Pannonicum ducturo . . . 1789. V: *Alxinger, Joh. Christ.* (PK I/60) (Széchenyi IV/19) (BiblPort)

Propempticon Josepho II August. In Castra Discedenti. 8°. 2 Bl. O. O. u. J. V: *Wagner, Carl.* (BiblPort)

Propertius, s. Hoerle, Adolfus.

Propertius, Sextus Aurelius

Propertii, Sex. Aurelii, Carmina, s.a. Catullus.

— — c. I. Passeratii commentar. et I. Brockhusii not. sel. ex I. Ant. Vulpii rec. II Tom. 4. Lips. Gleditsch. 737.

— — C. J. Passeratii praelectt. sive commentariis, Jani Broukhusii Notis selectis et J. A. Vulpii anim. perpet. atq. indic. locuplet. Patav. 755. 2 Vol. 4. 8 rthl. Lips. 757. 2 Vol. 4. 7 rthl.

Propertius, Sext. Aurel., Carmina, variet. lectionis et perpetua adnotat. illustr. a Fr. Gli. Barthio. Acced. indd. rerum ac verbor. locupletissimi. 8maj. Leipz. 777. Schwickert. 1 ß 12 gr

— — rec. et illustr. C. Theoph. Kuinoel. 2 Tom. 8. maj. Lips. Fritsch. 804. 805.

— Carmina; rec. et illustr. Chr. Gli. Kuinoel. II Voll. 8maj. Leipz. 804, 5. (Hahn). 5 ß

— Carmina; emend. ad Cod. meliorum fidem et annotavit Carol. Lachmannus. 8maj. Lpz. 816. Er. Fleischer. 2 ß 8 gr Schrbp. 3 ß

Propertii, Sext. Aurel., Carmina, cum potiore scripturae discrepantia, praestantiss. VV. DD. conjecturis suisque observationib. criticis edid. H. Paldamus. 8maj. (23½ B.) Halae 827, [Schwetschke et fil.]

Propertii, Sext. Aurel., Carmina etc. brev. annotationum adj. Friedr. Jacobs. 8. Leipz. 827, Teubner. 12 gr. Engl. Pap.

— Carmina, cum potiore scripturae discrepantia, praestantiss. VV. DD. conjecturis suisque observationibus criticis edid. H. Paldamus. 8maj. Halle. 828. Schwetschke u. S. 1 ß 20 gr

Properti, Sexti, carmina recognovit brevique adnotatione critica instruxit Johs. S. Phillimore. (X, 159 S.) 8. Oxford (901). Clarendon Press. n.n. 2. 50

— s.: Collection Spemann.

— Cornelia, ein eleg. Gedicht v. Fr. K. v. Strombeck. gr. 4. Wolfenbüttel. 801. Albrecht. 6 gr

— Cynthiacum libro quarto elegiarum, qui Propertii nomine fertur. Editio novum in ordinem digesta recensente Dominico Carutti. Haag 869. Nijhoff. 8. (LIX, 242 S.) n. 1 ß 15 ngr

— ausgewählte Dichtungen, s.: Catullus.

— libri IV. elegia XI. Recensuit et illustravit P. Hofman Peerlkamp. Edidit et praefatus est J. C. G. Boot. Amstelodami 865. (Leipzig, Fr. Fleischer.) gr. 8. (64 S.) n. 12½ ngr

—— Elegiarum mit poln. Uebersetzung, s. Biblioteka klass. Łacińskich etc., Tom. IV.

— elegiarum libri IV. Cum commentario perpetuo etc. Burmanni secundi et multis doctor. notis ineditis. Opus Burmanni morte interruptum Laur. Santenius absolvit. 4maj. Utrecht 780. (Leipz., Joachim). 9 ß

— elegiarum libri IV. in us. scholar. suarum ad textum Burmanni Sec. ed. ejusque perpetuo in compend. redacto comment. illustr. J. Baden. 8. Kopenh. 798. Mit n. Tit. 804. Brummer. 1 ß

—— Elegiae ex recens. Car. Lachmanni. 8maj. (7¾ B.) Berolini 829, Reimer.

Propertii, Sex. Aurelii, elegiarum libri IV. Codicibus partim denuo collatis, partim nunc primum excussis recensuit, librorum Mss. Groningani, Guelferbytani, Hamburgensis, Dresdensis, Vossiani, Heinsiani, editionis Regiensis, excerptorum Puccii, exemplaris Perreiani discrepantias integras addidit, quaestionum Propertianarum libris tribus et commentariis illustr. Guil. Ad. B. Hertzberg. III Tom. (IV Part.) 8maj. (62½ B.) Halis, [Schmidt.] *

Tom. I. Quaestiones. 843.
II. Carmina cum discrepantia librorum mss. coht. 844. } * 2 Thlr.
III. Commentarios libri I—IV. cont. 2 Part. 845. * 3 Thlr.

Propertii, Sex., elegiae. Edidit Henr. Keil. 8. (IV u. 111 S.) Lipsiae 850, Teubner. 6 ngr

[Propertius, Sextus]: Sex[ti] Propertii elegiae. Ed. Henricus *Keil*. Lipsiae 1862 8°

— elegiae. Recensuit Lucian. Mueller. Leipzig 869. Teubner. 8. (138 S.) 6 ngr

—— Elegiae. Recensuit Lucianus Mueller. 8. (138 S.) Leipzig 870, Teubner.

Propertii, Sex., elegiarum libri IV. Rec. Aemilius Baehrens. gr. 8. (LIV, 198 S.) Leipzig 880, Teubner. *

Propertius, S. A., Elegien, s. Sammlung griechischer und römischer Classiker.

—— Elegieen, s. Universal-Bibliothek Nr. 1730.

— Elegien, s. Volksbibliothek, deutsche, der griech. u. röm. Classiker.

Propertius, S. A. Vier Bücher Elegien. A. d. lat. ... 1. Th. Erfurt 1786. Ü: *Hofmann, Joh. Adolph.* (Degen) *Hofmann, Carl Gottlieb.* (MGT) (Ky)

— 4 Bücher Elegien; aus d. Latein. mit Anmerkk. (von Karl Gli. Hoffmann). 1r Thl. 8. Erf. 786. Keyser. 5 gr

Propertius, S. A. Elegieen. Leipzig 1798. Ü: *Knebel, Carl Ludwig v.* (GGr) (MGT) (Ky) (ErschDL) (AarK) (Ebert) (Neuer dtsch. Bücherschatz [v. K. Biltz]. Berl. 1898. S. 215.)

— Elegien; übers. (v. K. L. v. Knebel). Mit 1 Kpf. 4. Leipz. 798. Göschen. 1 ß 12 gr Schrbp. 2 ß 4 gr

— Elegien; latein. u. deutsch. Mit erklär. Anmerkk. v. F. K. v. Strombeck. 1r Thl. gr. 8. Braunschw. 803. Culemann. 12 gr 2e verb. Ausg. übers. u. erklärt v. Demselb. gr. 8. Ebd. 822. Vieweg. 1 ß 12 gr

— einige Elegien des, metrisch übersetzt v. v. E. Zschimmer u. E. Breyther. 4 Sangerhausen 824. (Halle, Anton.)

—— Elegien, übers. v. Hertzberg, s. Dichter, röm.

— Elegien, im Versmaaß der Urschrift übersetzt von W. A. B. Hertzberg. 4 Bdchn. 16. Stuttg. 838. Metzler. (à ¼ ß) 1 ß

Propertius, Sextus, Elegien. Erklärt v. Max Rothstein. 2 Bde. gr. 8. Berlin 898. Weidmann. à n. 6.—
1. 1. u. 2. Buch. (XLVIII, 376 S.) — 2. 3. u. 4. Buch. (384 S.)

— Elegien. Deutsch im Versmaße der Urschrift v. Frdr. Jacob. Nach des Verf. Tode vollendet u. hrsg. v. Wilh. Binder. 1.—6. Lfg. 3., durchgeseh. Aufl. (S. 1—216.) kl. 8. Berlin-Schöneberg (908—10). Langenscheidt's Verl. à — 35

Properz, fünf Elegieen, übers. v. Ed. Kleber, s.: Horaz, Oden u. Epoden.

— s.: Elegiker, römische.

—— ausgewählte Gedichte, s. Classiker des Alterthums.

— elegische Gedichte, lat. u. deutsch m. Anm. v. Strombeck. 1r Thl. gr. 8. Brschw. Culemann (Sommer, Lpz.) 803.

— — dieselben. gr. 8. Brschw. Pluchart.

— — Dasselbe. Zweite sehr vermehrte und verbesserte Ausgabe. Braunschweig, gedruckt und verlegt von Friedrich Vieweg. 1822. Gr. 8⁰. XX, 332 S.
Enth. das vollständige 1., das unvollst. 2. Buch und Cornelia.

Propertius, übers. von Jacob und W. Binder, s. Bibliothek, Langenscheidt'sche, sämmtlicher griechischer und römischer Klassiker.

Propertius, Sex. Aurel., secundum ordinem et numerum restitutus, s. O. F. Gruppe, die römische Elegie.

Propertius, Sextus Aurelius. Der Aktische Sieg. [Tübingen 1796.] Ü: *Knebel, Carl Ludwig von.* (MGT)

— Trost am Grabe; eine Elegie; übers. u. erläut. v. K. Gentzken. 8. Rost. 817.

—— Werke, übers. v. J. H. Voss. gr. 8. (20 B.) Braunschweig 830, Vieweg.

Propf's, ..., Standrede auf Geißler. 8. Frankf. a. O. 787. Acad. B.

Propfe, Alexander, aus Mannheim: Ueber die Reduktion des p-Tolylazin. *Heidelberg 1900: K. Rössler.* (44 S.) 8°
Heidelberg, Naturw.-math. Diss. v. 1900

Prophet, der, od. Anleit. aus d. Karten wahrzusagen. Zur Unterhaltung in müßigen Stunden aufgesetzt u. in Verse gebracht v. Magicus. der Zauberei Doctor, Schüler Merlins, aller geheimen Wissenschaften Erfinder u. Verbreiter. 32. Bresl. 831. (Aderholz). 2 gr.

Prophet, der, od. Anleitung aus d. Karten wahrzusagen. Zur Unterhalt. in müßigen Stunden aufgesetzt u. in Verse gebracht v. Magicus ꝛc. 32. (½ B.) Breslau 832, (Aderholz.)

—— der, od. Anleit. a. d. Karten wahrzusagen. Zur Unterhalt. in müßigen Stunden aufgesetzt u. in Verse gebracht v. Magicus, d. Zauberei Dr. ꝛc. 3. Aufl. 32. (16 Seit.) Magdeburg 838, [Baensch.]

Prophet, der, oder Anleitung, aus den Karten wahrzusagen. Zur Unterhaltung in müßigen Stunden aufgesetzt und in Verse gebracht von Magicus, der Zau berei Dr. ꝛc. 3e Aufl. 32. Mag deburg 838. Richter. 1/8 Thlr.

— der, ein Sonntagsblatt für gebild. Männer u. Frauen. Unter Mitwirkung gleichgesinnter Freunde herausg. von Fr. Richter. 4 Quartale oder 52 Numm. (Bog.) Lex.-8. Breslau 834. (Berlin, Richter.) n. 3 Thlr. — 2r Jahrg. 12 Monatshefte. gr. 8. Ebd. 834, 35. n. 3 Thlr.

Prophet, der, eine Monatsschrift für die evangel. Kirche, herausgeg. von C. A. Suckow. (1. Jahrg.) 1842. Juli—December. 6 Hefte. gr. 8. Breslau, Max u. Co. 1½ Thlr.

— dass. 2.—7. Bd. à 6 Hfte. 1843—1845. Ebend. à Bd. 1½ Thlr.

Der Prophet. Wien: Bell 1848.
[Red.: M. Glaser u. Paul Körnbach.]

Prophet, der. Das große älteste egyptische Traumbuch vom J. 1204 sammt Glücks-Würfel-Tabellen u. cabalist. Berechnungen, dann bei 40,000 verschied. Traumauslegungen. Nach den Berechnungen eines alten Eremiten ꝛc. u. des J. G. 8. (132 S.) Wien 849. (Wenedikt.) n. ⅔ Thlr.

— der, od. Delphisches Orakel zum Amüsement ganzer Gesellschaften. Ein noch nicht existirendes Buch, worin man die Enthüllung zukünft. Dinge ꝛc. entschleiert findet. Zur Erweckung froher u. munterer Laune ꝛc. Von J. F. S—r. 2. (Titel-) Aufl. 8. (VIII u. 136 S.) Quedlinburg (846) 852, Ernst. 5/12 Thlr.

Prophet, der. Französische, deutsche u. englische Herrenmode. Technisches Organ der Berliner Mode-Akademie. Red.: H. Diete. 1. u. 2. Jahrg. 1863 u. 64. à 12 Nrn. (à 1 Bgn., 1 color. Modelpfr. u. 1 Schnittmuster.) Berlin, Haack. Fol. Jeder Jahrg. 3 Thlr.

— der. Zukunfts-Almanach für 1867 mit monatlichen Prophezeihungen. 1. Jahrg. München 867. Gummi. gr. 16. (72 S.) 5 ngr.

— der. Das große älteste egypt. Traumbuch vom J. 1204, sammt Glücks-Würfel-Tabellen u. cabalist. Berechngn., dann bei 40,000 verschiedenen Traumauslegngn. 5. unveränd. Aufl. (132 u. 15 S. m. Abbildgn.) Wels 880. J. Haas. n. — 40

Prophet, der. Vorzügliche Anleitg. zur Kunst des Wahrsagens. (21 S. m. Abb.) 8. Berlin (906). Dr. Kaplick. — 50

— der Egyptische, oder das Ganze der Wahrsagekunst [des Kartenlegers v. St. Pauli S..... d.] 1—4. (Hft.) 16. 1. Die Kunst Karten zu legen, nach einem ganz neuen, noch nie veröffentlichten Systeme. (48 S.) 2. Orientalische Chiromantie, od.: Die Kunst aus den Linien der Hand wahrzusagen. (32 S.) 3. Der egypt. Traumdeuter od. die Kunst Träume auszulegen nach egypt. Weise, mit Beifügung günstiger Lotterie-Nummern. (56 S.) 4. Die Punktirkunst, od. Geomantie. Nach einem alten morgenländ. Manuscripte. (24 S.) Hamburg 852, Heller. (1 u. 3: à 3 ngr. 2 u. 4: à 2 ngr.) ⅓ Thlr.

— der baierische, od. die d. frommen J. D. Wunder v. d. Engel Gabriel in d. Nacht v. 29. auf d. 30. Sept. 1831 ꝛc. übergebene Prophezeihung, welche in latein. Sprache ꝛc. geschrieben ist, u. von mir, J. Ph. Hirte, ins Deutsche übersetzt, u. alsdann d. heil. Vater zu Rom z. Aufbewahrung u. Anbetung in der heil. Kirche übersendet worden. 8. Hanau 831. (König). 2 gr.

—— der baier., od. die dem frommen J. D. Wunder von d. Engel Gabriel in d. Nacht v. 29. auf d. 30. Sept. 1831 ꝛc. übergeb. Prophezeihung, welche in latein. Sprache ꝛc. geschrieben ist, u. von mir J. Ph. Hirte ins Deutsche übers., u. alsdann d. heil. Vater zu Rom z. Aufbewahr. u. Anbetung in d. heil. Kirche übersendet worden. 8. (1 B.) Hanau 832, (König.) Thlr.

Der deutsche Prophet des 19. Jahrhunderts. Herausg. von ihm selbst. Berlin 1848. 4 S. 8.

— der, d. neuesten Ereignisse; in einem Kloster gefunden ꝛc. 8. Leipz. 814. Joachim. 2 gr.

Prophet, der, auf das J. 1858. I. Wetterprophezeiungen auf jeden Tag des Jahres. II. Politische Prophezeiungen der Weltereignisse. Hrsg. von einem Schüler A. v. Humboldt's. gr. 16. (30 S.) Stuttgart 858, H. Köhler.

Prophet, der, auf das Jahr 1839; oder Nachrichten von allen merkwürdigen Begebenheiten u. Ereignissen in der polit., moralischen u. physischen Welt. Nebst Witterungs-Berechnungen für die Jahre 1839—1842. Niedergeschrieben von dem Beduinen Abelcaduck. 8. (Ulm 839. Ebner.) 1/6 Thlr.

Prophet, Der kleine, Diess ist die Weissagung des Gabriel Johannes Nepomucenus, Franciscus de Paula Waldstorch, genannt Wáldstörchel . . . Prag 1753. V: *Grimm, Frdr. Melch. Baron v.* Ü: *Gottsched, Louise Adelg. Victorie geb. Kulmus.* (WT) (KY) (ML) (Minor, Weisse. Innsbr. 1880. S. 154 ff. 396 ff.) (Waniek, Gottsched. Leipz. 1897. S. 123.)

— d. kleine, in Böhmischbroda, oder Weissagungen des Gabriel Jh. Nepomucenus Franciscus de Paula Waldsterch, genannt Waldstörchel, (v. Louise Gottsched). 8. Praa 753.

— der lustige, in der Neujahrsnacht, sowie für alle Jahresfeste. Scherzhafte Sylvesterunterhaltung für große u. kleine Gesellschaften. Naumburg 860. Regel. 16. (IV. 32 S. u. 1 Tab.) n. 7½ ngr.

Prophet, der lustige, in der Neujahrsnacht, sowie für alle Jahresfeste. Scherzhafte Sylvesterunterhaltung für große u. kleine Gesellschaften. Naumburg 869. Regel. 16. (IV, 33 S.) n. 5 ngr.

Prophet, der, im Narrenhause zu Dömitz. Wunderbare Prophezeihungen e. Wahnsinnigen auf d. Zeit von 1810 bis 1870, welche zum Theil schon eingetroffen sind. Nebst (2) Prophezeihungen rc., welche auf d. gegenwärt. Zeit Bezug haben u. den Schleier d. Zukunft lüften. Hrsg. v. L. v. Alvensleben. 8. (6 B.) Ilmenau 831, [Weimar,] Voigt.

Prophet Sacharja, der, auf der Kanzel der evangelischen Hofkirche in Dresden, s.: Sacharja.

— der, von Tanna, s. K. A. Behr.

Prophet, der, von Tarna, oder Weissagungen und Religionsschwärmereyen J. E. Carls, Fleischhauers zu Tanna im Voigtlande. Neue Aufl. 8. (Leipzig, Central-Compt. in Comm.) 818.

Prophet, der, v. Tanna, oder Weissagungen u. Religionsschwärmereien von J. G. Carls, Fleischhauers zu Tanna. N. Aufl 8 Leipz. 824, Centr.-Compt.

— der verachtete, im Vaterlande. Ein Wort f. Wahrheitsfreunde. 3e A. 8. Würzb., (Stahel). 4 gr.

— der wahrhaftige Mekienburgische, f. alle Tage d. J. 1847 u. 1848. 1 u. 2. Jahrg. 8. (50 u. 64 S. mit eingedr. Holzschn.) Lübeck. (Parchim, Hinstorff.) 1847: 6¼ ngr 1848; n. 6¼ ngr

Prophet, Johann Daniel (Magdeburg), De sympathica glandularum inflammatione. Diss. med. Präs. Carl Heinrich Dzondi. Halle (Fr. Grunert) 12. XII. 1823. 32 S. (3·25) 27239
Gew.: Jo. Carl Teschner.

Vsih prorokov stumačenje hrvatsko. Veteris testamenti prophetarum interpretatio istro-croatica saeculi XVI. [Prophetae.] Adiuvante academiae litter. caesar. Vindobonensis liberalitate ed. V[atroslav] Jagić. *Vindobonae [&] Berolini: apud A. Holzhausen [&] Weidmannos 1897.* (VII, 315 S.) 1 Bd 4.(8.) [97. 3858

Prophetae chaldaice. Paulus de Legarde e fide codicis Reuchliniani ed. gr. 8. (LI, 493 S.) Leipzig 872. (Teubner.) n. 20. —

— duodecim, minores. תרי עשר In usum scholarum academicarum ex editione utriusque Testamenti Tauchnitiana separatim edendos curavit Car. Godofr. Guil. Theile. Editio stereot. gr. 8. (60 S.) Lipsiae 851, B. Tauchnitz. 6 ngr

Prophetae majores in dialecto linguae Aegyptiacae Memphitica seu Coptica. Edidit cum versione Latina Henr. Tattam. II tomi. gr. 8. (X u. 976 S.) Oxonii 852. (Parker.) n. n. 5⅔ ₰

Prophetae majores rec. etc. J. A. Dathe, s. a. Dathe.

Prophetae majores e recens. text. hebraei et versionum antiquarum latine versi notisque philologicis et crit. illustr. a J. A. Dathe. 8maj. Halle ... 2e A. 785. 3e A. 831. Waisenhaus-B. 2 ₰

— majores et minores, cum metaphrasi ex hebraicis, chaldaicis, et graecis fontibus, ab Ign. Weitenauer. 8. Augsburg 768.

— minores ex recens. text. hebr. et vers. antiquar. latine versi notisq. philolog. et crit. illustr. a Jh. A. Dathe. 8maj. Halle ... Ed. II. ... Ed. III. 790. Waisenhaus-B. 12 gr

—— minores, perpetua annotatione illustr. a P. F. Ackermann. 8maj. (50½ B.) Viennae 830, Volke.

[Aethiop.] Maṣaḥefta nabijät neüsän ba-lesäna Ge'ez [Bücher d. kleinen Propheten in d. Geezsprache]. [Ant.] Dodekapropheton Aethiopum [Prophetae minores] oder die zwölf kleinen Propheten d. aethiop. Bibelübers. nach hs. Quellen hrsg. u. mit textkrit. Anm. vers. v. Dr. Johannes Bachmann. Heft 1. 2. [Mehr nicht erschienen.] *Halle a. S.: M. Niemeyer 1892.* 2 Bde 8°
1. D. Prophet Obadia. 2. D. Prophet Maleachi. [92. 7947

Prophetae veteres pseudepigraphi partim ex abyssinico vel hebraico sermonibus lat. versi. Edente A. F. Gfroerer. 8maj. (28 B.) Stuttgardiae 840, Krabbe. *

Prophetarum minorum, duodecim, libros in lingua Aegyptiaca vulgo Coptica seu Memphitica, ex mspto. Paris descriptos et c. mspto. Johannis Lee, collatos, lat. ed. Henr. Tattam. 8maj. (15½ B.) Oxonii 836. (Lipsiae, T. O. Weigel.) *

Prophetarum posteriorum codex Babylonicus Petropolitanus ed. Herm. Strack. Editio bibliothecae publicae imperialis. gr. Fol. (VIII, 38 u. 8 S. u. 450 photolith. S.) Petropoli 876. (Leipzig, Hinrichs' Verl.) n. 150. —

Prophetarum vitae fabulosae indices apostolorum discipulorumque Domini Dorotheo, Epiphanio, Hippolyto aliisque vindicata. Inter quae nonnulla primum ed., recensuit schedis vir. cl. Henr. Gelzer usus prolegomenis, indicibus, testimoniis, apparatu critico instruxit Theod. Schermann. (LXXI, 255 S.) kl. 8. Leipzig 907. B. G. Teubner. 5.60; geb. in Leinw. 6. —

Propheten

— die, frei übers. mit Anmerkk. v. J. G. F. Leun. 1r Bd. 1e Abtheil. 8. Frankf. u. Leipz. 794.

— untrügl. wicht. Begebenheiten a. 1760. 2 Stck. 8. Breslau, Korn. 760.

Propheten, die, d. alten Bundes, erklärt v. Heinr. Ewald. 2 Bde. gr. 8. Stuttgart, Krabbe. [1. (26 B.) 840. * 2 Thlr., 2. (37 B.) 841. * 2⅓ Thlr.] *

Propheten, falsche! Beitrag zur Geschichte der russ. Parteiverhältnisse. Von e. Russen. (67 S.) gr. 8. Leipzig (907). J. Püttmann. — 30

Propheten, die großen, übersetzt u. erklärt von J. C. Vaupel. gr. 8. Dresd. 798—800. Dass. mit folg. n. T.: Die Bibel A. u. N. Testaments, übersetzt u. erklärt. gr. 8. Leipz. u. Osnabrück 800. (Beral. Vaupel).

— die großen, Jesaia, Jeremia, Hesekiel, Daniel, erbaulich ausgelegt aus den Schriften der Reformatoren. Herausg. vom Stadtpfarrer Heim u. Diac. W. Hoffmann. 4 Hfte. Lex.-8. Winnenden 839. (Stuttgart, Liesching.) n. 1 3/4 ℛ

Propheten, hebräische, übers. u. erläut. v. Fr. Rückert, s. Rückert.

— hebräische, übersetzt u. erläut. von Fr. Rückert. 1e Liefer. Uebersetzung v. Jesaias 40—66., Hosea, Joel, Amos, Obadiah, Micha, Nahum, Habakuk, Sephania, Haggai, Zacharia, Maleachi. gr. 8. Leipz. 831. Weidmann. 20 gℛ

— die hebräischen, s. J. G. Eichhorn.

— die, Hosea, Joel, Jonah, Obadjah u. Nahum, in metrisch-deutscher Uebersetzung von P. Philippson. 8. Halle 828. (Fr. Ruff). 10 gℛ

— die kleinen, Hoseas bis Malachias. Uebersetzt u. mit Commentarien erläutert v. Geo. Fr. Bauer. 2 Thle. gr. 8. Leipz. 786—90. Schwickert. 1 ℛ 6 gℛ

— Probe u. Abhandl. e. Uebersetzung d. kleinen Propheten. Mit Anmerkk. von J. N. Walther. 8. Stendal 788. Franzen u. Gr. 3 gℛ

Propheten, die kleinen. Uebers. u. erklärt von Pet. Schegg. 2 Thle. Regensburg 854. Manz. gr. 8. (VIII, 583; 571 S.) n. 5 ℛ.
Inhalt: 1. Thl. Osee — Michäas. — 2. Thl. Nahum — Malachias.

Propheten, die kleinen. [Aus der biblia hebraica ed. Hahn.] Leipzig 869. Bredt. gr. 8. (72 S.) 6 ngr

Die kleinen Propheten übs. u. erkl. v. D. W[ilhelm] Nowack, o. Prof. ...in Strassburg i. E. *Göttingen: Vandenhoeck & Ruprecht 1897.* (IV, 411 S.) 1 Bd 8.
= Handkommentar z. Alten Testament. Abth. III. Bd 4. 97. 5833

Die kleinen Propheten übs. u. erkl. v. J[ulius] Wellhausen. 3. Ausg. *Berlin: G. Reimer 1898.* (3 Bl., 222 S., 1 Bl.) 1 Bd 8. 98. 9366

Propheten, die kleinen. gr. 8. (S. 922—990.) Leipzig 899. E. Bredt. — 60
Sonderabdruck aus: „Biblia hebraica, ed. Hahn".

Die kleinen Propheten [Prophetae minores] übers. u. erkl. von D. W(ilhelm) Nowack, Prof., Straßburg. 2. Aufl. *Göttingen: Vandenhoeck & Ruprecht 1903.* (446 S.) 8°
= Handkommentar z. Alten Testament. Abt. 3, Bd 4. 04. 2667, 4

— die kleineren, übers. u. erläut. v. J. Fr. Schröder, s. Schröder.

— die kleinern, übers. u. erläutert v. J. Fr. Schröder. 1r Bd. A. u. d. T.: Die Propheten Hoschea, Joel u. Amos. gr. 8. Leipz. 829. W. Vogel. 1 ℛ 18 gℛ

Propheten, Die neuen, nebst einer Bittschrift an Döderlein. Leipz. 1776. V: *Hager, Joh. Georg.* (Ky)

— d. neuen, nebst e. Bittschrift an Döderlein, (v. J. G. Häger). 8. Leipz. 776. Müller. (Joachim). 6 gℛ

— — dieselben fortgesetzt in einem 2ten Sendschr. an Döderlein. 8. Ebend.

— üb. die neuen, u. deren Werth, (von Frz. G. Hartwig). 8. Pirna 799.

Die zwölf Propheten [Prophetae minores]. In d. Versmaßen d. Urschrift übers. von D. Bernhard Duhm. Tübingen: Mohr 1910. XXXIX, 143 S. 8°
(Die poet. u. prophet. Bücher d. Alten Testaments. 4.) 11. 1694

— die 12 kleinen, übers. v. J. M. A. Scholz, s. Schrift.

— die 12 kleinen, übers. u. erklärt v. J. A. Theiner, s. Theiner.

— die zwölf kleinern; in der Art u. Weise d. v. Brentano-Dereser'schen Bibelwerks übersetzt u. erklärt von J. A. Theiner. gr. 8. Leipz. 828. Teubner. 1 ℛ 9 gℛ

Prophetenbuch, scherzhaftes. (Auszug VI. aus dem „gemüthlichen Festleiter.") gr. 16. Crefeld 844. Klein. 3 ngℛ

Propheten-Harmonie oder Uebereinstimmung der Weissagungen des Holzhauser, Ricci, Herrmann v. Lehnin, Methodius, Malachius, Spiel-Bähn, Joh. v. Lilienthal, u. anderer bewährter Propheten in ihren Aussagen über das sechste Stadium der kathol. Kirche so wie üb. die Person des Monarchen u. die Zeit seines großen Auftretens, nachgewiesen von einem Weltpriester. 8. (32 S.) Paderborn 849. Schöningh. n. 1/12 ℛ
— 2. Aufl. 8. (50 S.) Ebd. 849. 3 ngℛ

Propheten-Kinder, die, s. Engelhorn's, J., illustrirte Volksbücher.

Propheten-Stimme, eine, an Deutschlands Volk u. Fürsten. gr. 8. (13 S.) Oldenburg 850. Schulze. 1/12 ℛ

Prophetenstimmen. Die zukünftigen Schicksale der Kirche Jesu Christi im Buche der Weissagungen des Herrn und seiner Heiligen. Regensb. 1849. V: *Honert, W. S.* (ABJP)

Prophetenstimmen. Die zukünftigen Schicksale der Kirche Christi im Lichte der Weissagungen des Herrn u. seiner Heiligen. Regensburg 869. Manz. 8. (VIII, 248 S.)

Prophetie zwanzigstem Jahrhundert . . . Stockholm 1887. V: *Wallis, Albert.* (EB)

[lat. u. deutsch] Mose Prophetie und Himmelfahrt. Eine Quelle für das Neue Testament, zum ersten Male deutsch hrsg., im Zusammenhang der Apokrypha und der Christologie überhaupt, von Gustav Volkmar. Hierbei der Codex nach neuer Collation nebst Facs. u. die Zeittafel. — Leipzig: Fues 1867. VIII,162 S. (Volkmar: Handbuch zu den Apogryphen. 3.)
1: Bo 12965-3. 12: Exeg. 1161 h-3. 300: 154.071-B. Bd 3. 3. 4. 5. 6. 7. 9. 10.
7.9783

Prophetien üb. unsere Zeit. [Nach der Civilta catholica.] 8. (28 S.) Regensburg 874. Manz. — 30

Prophéties du bienheureux Nicolas de Flue où il raconte le triste sort qui atteindra la Suisse et en particulier le canton de Lucerne dans les temps subséquents. [Traduit de l'allemand.] 8. *s. l. n. d.* [1860/70].

Prophetin, die untrügl., e. Noth- u. Hülfsbüchl. f. bedrängte Liebende, eifersücht. Eheleute 2c. Nebst e. Anh., e. gründl. Anweisung enthalt., wie man Liebesbriefe schreiben kann, die außer den beiden Liebenden Jedermann unleserlich sind. 12. (6 B.) Leipzig 829. [Krappe.]

Prophezeihkunst, s. Prophezeikunst

Prophezeihung, s. Prophezeiung

Prophezeihungen, s. Prophezeiungen

Prophezeikunst

Prophezeih- u. Hexekunst, allerneueste probate. D. i.: bewährte Weis' u. Manier durch Punctiren — nach den Sternen — durch die Karten 2c. die Zukunft zu erforschen 2c. sowie auch Träume zu deuten. Zusammengetragen durch Jamin Benar al Tamir. 3. verm. Aufl. 8. (46 S.) Crefeld 847, Klein. 3 ngr

Prophezei- und Hexekunst, allerneueste probate. Das ist: Bewährte Weis' u. Manier durch Punktiren — nach den Sternen — durch die Karten 2c. die Zukunft zu erforschen, u. unser künftiges Schicksal in dieser Welt kennen zu lernen, nebst der Kunst, einem zu sagen, wie alt er ist 2c. Mit großem Fleiße u. vieler Mühe zusammengetragen u. komponiret zu Nutzen u. Frommen u. zur Kurzweil für Alt u. Jung durch Jamin Benar al Tamir. 5. Aufl. Crefeld 859. Klein. 8. (48 S.) 3 ngr

Prophezeiung von 1889—2000. Aus dem Manuskript d. Einsiedlers am Berge Sinai Sorcalu Abareb. 8. (14 S.) Hamburg 888. Baader. n. — 30

Prophezeiung, aufgefundene, d. Einsiedlers „Bruder v. der blechernen Marder" im Nürnberger Reichswald † 1500 auf die 2. Jahreshälfte 1885 u. später. [2. Aufl.] gr. 8. (4 S.) Nürnberg 885. (Rüll.) n. — 10

Prophezeihung, außerordentliche, im J. 1855. Berlin 855. Literatur- u. Kunst-Comptoir. (Streerath u. Co.) 4. (8 S.) 2½ ngr

Prophezeihung, Die bisher gleichsam im Verborgenen gelegene grösseste, von Christo, oder unumstösslicher Beweis, dass in den Worten 1. Mos. 3, 22 . . . das erste Evangelium seinen Hauptsitz habe. Hamb. 1765. V: *Kohl, Johann Peter.* (Ml.) (Schr)

Prophezeiung, die, des blinden Jünglings, welche derselbe dem römischen Kaiser und König von Böhmen Karl IV. im Jahre 1362 über Böhmen vorhergesagt. (Ursprünglich in böhmischer Sprache.) 8. (23 S.) Raudnitz, Mares. 1847. 15 kr.

Prophezeihung, Des sel. Bruder Klausen, über die schwere Zukunft des Kantons Luzern. Worte des Ernstes und der Liebe an das Volk desselben. O. O. 1846. V: *Sigrist, Gg.* (Bibliogr. d. Schweiz. Landeskunde. Bern 1892 ff. V 10e.)

— des frommen Severiner-Mönches Leo, einstigen Pflegepriesters am heil. Grabe, üb. die Eroberung des Orients u. des heil. Landes. Aus e. alten latein. Manuscripte 2c. v. F. Gruber. 8. Augsb. 831. (Landsh., Krüll). 3 gr

Prophezeihung d. frommen Severiner-Mönches Leo, einstigen Pflegepriesters am heil. Grabe, üb. d. Eroberung d. Orients u. d. heil. Landes. Aus e. latein. Mspte. d. aufgehob. Severinerklosters zu Passau übers. u. mit e. Weihe-Gesang ausgestattet v. F. Gruber. 8. (2½ B.) Augsburg 831. (Regensburg, Manz.)

Prophezeihung, Merkwürdige. O. O. 1771. V: *Schmettau, Waldemar Hnr. Graf von.* (Collin, Anonymer. Kiobenh. 1869.)

Merkwürdige und besondere Prophezeyung, welche dem König von Preussen kurz vor Weyhnachten auf dem Wege nach Bresslau von einem alten Manne geschehen, nebst einem Berichte von einem Scharmützel, u. d. Uebergabe der Festung Harburg wie auch der Stadt Bresslau: Gedr. nach dem Bresl. Expl. 1758. 4.

— **merkwürdige, des Pater Guardian in einem Kloster in Polen von dem J. 1790 bis 2000. 8. (23 S.) Bremen 848, Geisler.** 1/12 ℛ

— **höchst merkwürdige, auf die J. 1848, 1850 bis auf das Jahr der Freude 1858. Von einem alten Eremiten. 4. Aufl. 24. (21 S.) Erfurt 848, Gebhardi. — 9. Aufl. 16. (21 S.) Ebd. 849.** 1/12 ℛ

— **höchst merkwürdige, einer thüring. Somnambule vom Jahre 1844 bis zum Jahre des Heils 1888. Hrsg. v. ihrem Schwager. 8. (15 S.) Arnstadt 848, Meinhardt. — 2. Aufl. 8. (15 S.) Ebd. 848. n. 2 ngr**

— höchst merkwürdige uralte vor 700 Jahren ausgesprochene, über den gegenwärtigen Papst Pius IX. und die letzten eilf Päpste vom Heiligen Malachias, Primas und Erzbischof von Irland. Wien 860. Mechitharisten-Congreg.-Buchhdlg. in Comm. gr. 8. (15 S.) n. 4 ngr

—— höchst merkwürdige, uralte vor 700 Jahren ausgesprochene, über den gegenwärtigen Papst Pius IX. und die letzten eilf Päpste vom heil. Malachias. 2. Aufl. 8. (20 S.) Wien 861, (Mechitharisten-Congregations-Buchh.) *

Prophezeihung, merkwürdige, auf die Jahre 1840—1850, mit Beziehung auf die noch schwebende orientalische Frage, von einem 1796 verstorb. Gelehrten. 3. Aufl. 12. Leipzig 841. (Künzel.) n. 1/12 ℛ

Prophezeiung, merkwürdige, des P. Joseph de Langle über die bevorstehenden wichtigen Ereignisse der Jahre 1862—1894 in allen Staaten und unter allen Völkern der Erde. Leipzig 862. Werl. 16. (15 S.) n. 2½ ngr

Merkwürdige Prophezeiung was sich in dem Jahre 1761 in der Kriegerischen Welt jeden Monat dieses Jahres zutragen wird. Aus wohl bedächtigen und begeisterten Nachdencken vorhergesagt von einem Propheten unserer Zeit. 1761. 4. 27 S.

—— merkwürdige, welche der Märtyrer Pater Babikoff, der durch podolische Schismatiker den Tod erlitt, im J. 1656 gethan hat. Auf's Neue an's Licht gebracht im J. 1854. 8. (8 S.) Hamburg 854. (Altona, Verlags-Bureau.) *

— merkwürdige, vom Welt-Kriege u. Welt-Untergange im J. des Herrn 1870 u. sequens. Aus e. alten Klosterarchive nach dem Urtexte des Pater Josephus, verdeutscht von Ant. Nöbelius. Ebenb. 870. 8. (7 S.) 1 ngr

Prophezeihung, die merkwürdigste, der Bibel für unsere Zeit, oder: Erinnerung an einige in unsern Tagen sehr beherzigungswerthe Aussprüche des Propheten Daniel. 8. Görlitz ..., 2e Aufl. 821. Zobel. 8 gr

Prophezeihung, die merkwürdigste u. nunmehr gänzlich in Erfüllung gegangene, auf gegenwärt. Zeiten, mit überzeugenden Beweisen, daß das Ende der Welt nahe sei, und man thöricht handele, noch Schätze zu sammeln. 8. München 788. (J. Lindauer.) 1/12 ℛ

— **nagelneue, am Ende d. Cölibats d. römisch-katholischen Geistlichkeit. 8. Basel, Thurneisen. 784.**

PROPHEZEYUNG, Nagelneue, vom Ende des Coelibats der röm.-katholischen Geistlichkeit. 2. Aufl. Augsburg 1786. 8°. 119 S. (1 Mk. 50 Pfg. Conr. Skopnik, Berlin, 1909.)

Prophezeihung, neueste, üb. den türkischen Krieg u. üb. die Schicksale aller Staaten, welche bei diesem Kriege mitwirken werden. Nach e. Traumgebilde d. Schäfer Thomas. gr. 8. (8 S.) München 876. Höpfner. — 10

— neueste, d. Schäfer Thomas d. Jüngeren auf die Jahre 1884 u. 1885. 8. (8 S.) Chemnitz 884. Hager. n. — 10

—— die neueste, des Schäfer Thomas auf die J. 1886 und 1887. 8. (8 S.) Chemnitz 885, Hager.

—— des Paters P., über die Zukunft der katholischen Kirche. Aus dem Französ. übertr. von Cyrillus. 1. und 2. Aufl. 8. (16 S.) Altona 853, Verlagsbureau. *

Prophezeiung des alten Pfarrers zu Neustadt auf das J. 1870 u. das Ende der Napoleonischen Herrschaft. Altona 870. Verlags-Bureau. 8. (8 S.) 1 ngr

Die Prophezeiung | von | dem Untergang der Welt, | am 13. Juni 1857. | Nebst einem | plattdeutschen Kometen-Liede. | Hamburg. | Druck und Verlag von J. Kahlbrock Wwe., | Grünersood No. 52.
o. J. (1856?), 4 Bl. n. n., 168 × 104.
Dt. Vl.-Arch. Freiburg V 1. 1135/1.

Prophezeihung und letzte Wahrsagung vom sel. Bruder Klaus von der Flüe, an einen frommen eidgenössischen Priester und seine hinterlassenen Freunde. Nach dem Zuger-Original vom Jahr 1712. 8. *o. O.* Neugedruckt 1840.

Prophezeiung und letzte Wahrsagung vom seligen Bruder Klaus von der Flüe an einen frommen eidgenössischen Priester und seine hinterlassenen Freunde. Gedruckt in diesem Jahr. 8. (Langnau) *o. J.* [1845/60].

Prophezeihung, Eine wunderbare. Bevor Christus erscheint, muss erst der Antichrist kommen ... Basel 1909. V: *Segesser, Friedrich.* (BBullschw 10, S. 396)

— unserer nächsten Zukunft 1848—1850. Bruchstück aus d. aufgefundenen schriftl. Nachlaß des Astrologen Severus unter d. Titel: „Die unendl. Sternenwelt u. ihre Beziehung auf die unendl. Entwickelung des Menschengeschlechts." 8. (8 S.) Löbau 848, Breyer in Comm. 1 ngr

Prophezeiungen

Prophezeihungen oder der Sibyllen Weissagungen. Eine Sammlung geoffenbarter Geheimnisse u. verborgener Dinge. Nebst einigen anderen alten Prophezeihungen. Aus einem uralten kostbaren Werke gezogen. Glatz 865. (Hirschberg'sche Buchh.) 8. (78 S. mit 12 Abbild. in eingedr. Holzschn.) n. 8 ngr

Prophezeiungen, ältere und neuere, die zunächst auf unsere Zeit Bezug haben. In chronolog. Zusammenstellung zum Drucke befördert von einem Weltpriester der Diöcese Basel. 3. und 4., verm. und verb. Aufl. gr. 8. (86 S.) Luzern 871, Gebr. Räber. *

Prophezeihungen, denkwürdige, aus der Schrift über Gegenwart und Zukunft. 16. (24 S.) Leipzig 855, Roßberg'sche Buchh. *

— die denkwürdigsten, der jungen Somnambüle Iphigenia Stradella auf die Jahre 1859—65, durch welche die Folgen des raschen Friedens enthüllt werden. Nach dem Italien. bearb. 1. u. 2. Aufl. Tübingen 859. Riecker. 16. (32 S.) 1 ngr

Prophezeihungen, drei biblische, merkwürdig f. unsere bedenkl. Zeiten, den Theologen zu ernstl. Erwägung ꝛc. von e. Verehrer der Bibel. 8. Dresd. 805. Arnold; (a. Brockhaus in Leipz.) 8 gr

— 31 merkwürdige Georgische. Ein wahrhafter und genauer Mondskalender für jeden Tag. Aus einem alten Georgischen Mscr., auf der Pariser Bibliothek befindlich. Erfurt 864. Körner'sche Buchhdlg. 16. (14 S.) 1 ngr

— Geschichte u. Religion, was rufen sie uns dermalen zu? Ein wohlgemeintes Wort zur leichtern Würdigung ersterer, zur ernsten Beherzigung beider letztern. 8. (48 S.) Augsburg 848, v. Jenisch & Stage in Comm. n. 4 ngr

Prophezeihungen, Die, Gottes. Eine nie wankende Grundlage des christlichen Glaubens — die Zeichen der jetzigen Zeit. Basel [1910]. V: *Segesser, Friedrich.* (BBull schw 12, S. 141)

Prophezeihungen, Hundert, über die Schicksale Preussens und seiner Regenten, welche im 13. Jahrh. vom Bruder Hermann im Kloster Lehnin niedergeschrieben worden . . . Berlin 1848. V: *Hesslein, Bernh.* (ABJP)

—— 100, über die Schicksale Preußens und seiner Regenten, welche im 13. Jahrh. vom Bruder Hermann im Kloster Lehnin niedergeschrieben worden und von denen 92, wie historisch nachgewiesen wird, wunderbarerweise eingetroffen sind ꝛc. 8. (38 S.) Berlin 848, Cohn und Comp.

Prophezeihungen für das neue Jahr 1841. 8. Wien 841, Wimmer. 1/12 sgr

— aus dem 12. Jahrh., üb. Frankreichs heutiges Schicksal. 8. Karlsr. 795. Macklot. (Gebhard u. K. in Frkf. a. M.) 6 gr

Prophezeihungen von Heinrich Jung, Pfarrer Schoudry, Charles Dufort u. anderen. 9 Stück. Sämmtlich aus d. J. 1848. 8.

Prophezeihungen u. Kalenderpraktik auf 1760—1860. 8. Lpz. 760.

— frommer Männer u. Seher. (1. Hft.) 1. Barth. Holzhauser's prophet. Auslegungen der Apokalypse mit besond. Beziehung auf unsere Tage u. in Verbindung mit prophet. Aussprüchen vom Fürsten Alex. v. Hohenlohe, des Bischofs Malachias u. Frater Hermann v. Lehnin. 2. Die Kirche Gottes od.: Blick in die Vergangenheit, Blick in die Zukunft. 8. (16 S.) Aachen 848, Kaatzer. (Leipzig. Wengler.) baar 1½ ngr

— dies. (2. Hft.) Spiegel der Zeit. Gesichte des Sehers von Jos. v. Görres. 8. (16 S.) Ebd. 848. baar 1½ ngr

Prophezeihungen, merkwürdige; od. Geschichte d. Welt von A—Z. Gefunden bei e. alten Eremiten in Polen. 8. Quedlinb. Ernst. 814.

— merkwürdige, d. Eremiten im Kyffhäuser f. d. J. 1872. 8. (8 S.) Altona 871. Verlags-Bureau. — 10

— merkwürd., eines Geistlichen. 8. Bremen ..., Müller. 4 gr

— höchst merkwürdige, d. alten Bernhard, genannt Spiel-Bähn auf unsere Zeit u. d. zukünftigen Geschlechter. Hrsg. u. erklärt von Jos. Burg. Nebst einem Anhang: Die Prophezeihungen des alten Jasper. gr. 16. (54 S.) Bonn 848, Wittmann. 1/8 sgr

Prophezeiungen, höchst merkwürdige, über die kommenden Ereignisse der Jahre 1859 und 1860. Aus den hinterlassenen Papieren eines längst Verstorbenen zusammengestellt. 1—5. Aufl. Dresden 859. Breyer in Comm. 8. (14 S.) 1 ngr

— höchst merkwürdige, des im J. 1821 verstorb. Maurers Joh. Frdr. Hauber, genannt „Schuhflickerle" in Rieden. 16. (15 S.) Schw. Hall 849. (Pfeiffer.) n. 2 ngr

—— höchst merkwürdige, auf die denkwürdigen Jahre 1848, 1849 bis 1856. Aus den Papieren des zu Periffe verstorb. Cardinals Laroche und einer Somnambüle in Würtemberg. 8. (12 S.) Zürich 849, Köhler'sche Buchdr.

— höchst merkwürdige, auf die ewig denkwürdigen Jahre 1848 bis 1868. Mitgeth. v. Nostradamus II. 8. (8 S.) Zürich 848, Industrie- u. Literatur-Comptoir. 1 ½ ngr

— höchst merkwürdige, auf die Jahre 1790—2000 von einem alten Mönch in Polen. 12. (11 S.) M. Gladbach 849. (Leipzig, Wengler.) baar 1 ½ ngr

— höchst merkwürdige, eines alten Mönches in Polen, welche vom J. 1790 bis zum Ende der Welt im J. 2000 in Erfüllung gehen sollen. Aufgefunden in einer alten Kloster-Chronik. 8. (15 S.) Leipzig 848, Koffka. — 6. Aufl. 8. (15 S.) Ebd. 848. 3 ngr

Prophezeihungen, höchst merkwürdige, einer Somnambule. Oder göttliche Offenbarungen eines 17jähr. Mädchens welches im Zustande des Hellsehens im J. 1847 die Zukunft der Religionen bis zum Ende des 19. Jahrh. klar u. deutlich sah u. berichtete. 8. (8 S.) Zürich 848, Industrie- u. Literatur-Comptoir. 1 ngr

Prophezeihungen, merkwürdige, auf die Jahre 1844—1850. Uebersetzt aus den Papieren des verstorbenen Cardinals Laroche. 8. Aufl. 12. (1 B.) Borken 845, Brunn. (Münster, Coppenrath'sche Buchh.)

Prophezeiungen, merkwürd., des ehrwürd., v. Gott erleucht. Mannes D. M. Luther, die zukünft. Verachtung u. Verfälsch. d. göttl. Worts, das Pabstthum, den Einfall d. Türken in Deutschland, die Zukunft Christi, den jüngsten Tag u. d. Herrlichkeit d. ewigen Lebens betreff. Mit e. Einleit. hrsg. v. e. Freunde göttl. Wahrheit. 8. (7 B.) Leipzig 829, Rein.

Prophezeihungen, Merkwürdige, des berühmten Doct. Theophrasti Paracelsi von dem Könige Stanislao . . . Teutschland 1747. V: *Helmond, Clarus Michael (= Gleichmann, Johann Zacharias).* (ML) (Wr)

— merkwürdige, des blinden Theobald, gestorben den 25. Dezbr. 1858 in seinem 97. Lebensjahre. München 859. (J. A. Finsterlin.) 8. (16 S.) 2 ngr

—— merkwürdige u. wunderbare ꝛc., s. Bouverot, L. de.

— die merkwürdigsten, aus d. christl. Jahrh., od. Geschichte d. Lehren u. Meinungen vom 1000jähr. Reiche. 3 Hfte. Mit Kpf. 8. Leipz., Magaz. f. Ind. 1 ℔ 12 ℊ

Prophezeyungen an die Königsmörderische Nation der Franzosen. Lemberg 1793. V: *Schwab, M.* (Oesterr. Merkur 1793. S. 312) (BiblPort)

Prophezeihungen, Neue, aus einer Handschrift des Nostradamus. Leipzig 1760. V: *Freiesleben, Gottfried Christian.* (ML) (Ky)

— neue, aus e. Handschrift des Nostradamus, (von G. Chr. Freiesleben). 8. Leipz. 760.

— neue politische, für 1867 u. Folge. Vom Herausgbr. der Profezeiungen eines jüngstverstorbenen Diplomaten. Ebend. 867. gr. 8. (8 S.) 1 ngr

Prophezeiungen, neueste, für das J. 1878. Nach den Papieren des berühmten Hellsehers Grafen von St. R—y. Aus dem Französ. frei übertragen von Munkus. 2. Folge. 16. (32 S.) Berlin 877, Hohorst.

Prophezeiungen, neueste, für das Jahr 1878. Nach den Papieren des berühmten Hellsehers Grafen v. St. R—y. Aus dem Franz. frei übertragen von Munkus. 2. Folge. 16. (32 S.) Berlin 878. Hohorst. — 10

— neueste, für das Jahr 1880. In Gemeinschaft mehrerer berühmter Hellseher aufgezeichnet u. hrsg. von Grübler. 8. (31 S.) Ebend. 879. — 10

—— des flüchtigen Paters, s. Pater.

— von heiligmäßigen Personen üb. die großartigen Ereignisse in der nächsten Zukunft. 3. Aufl. 8. (32 S.) Aachen 872. Jacobi & Co. — 30

Profezeiungen, politische, für 1866 und Folge. Aus dem Testamente eines jüngst verstorb. Diplomaten. gr. 8. (15 S.) Elberfeld 866, Bädeker'sche Buchh.

Prophezeyungen, religiöse, ein. großen Schweizers Albrecht Hallers, vor 100 Jahren. Mit Anmerkn. wieder an's Licht gestellt v. Karl Greg. Müglich. gr. 8. (5 B.) Schaffhausen 840, Hurter'sche Buchh.

Prophezeihungen, die, d. Hans Rischmann, berühmter Prophet im schlesischen Riesengebirge. 12. (16 S.) Warmbrunn (892). E. Gruhn. n. — 10

Profezeiungen, 6 bisher unbekannte höchst merkwürdige, auf unsere nächste Zukunft, verglichen mit den bekannten d. Frater Herrmann, Spiel-Bähn, Jasper u. Barth. Holzhauser. Gesammelt u. hrsg. von J. B. Kutscheit. 12. (22 S.) Bonn 848, Wittmann. ⅟₁₂ ℔

— a. d. gegenwärt. großen franz. Staatsrevolution. 8. Mannheim, Schwan u. G. 795.

Prophezeihungen, Untrügliche, wichtiger Begebenheiten auf jeden Monat des Jahrs 1760. Breslau 1760. V: *Belach, Andreas.* (ML)

Untrügliche Prophezeihungen auf das Jahr 1849, des berühmten Berliner Wahrsager Sohn. Verlag von L. Hirschfeld. 1 Bl. Fol.
Flugblatt. Berlin, 1848/49.

— einige wichtige, üb. das Königr. Frankreich, betreff. dessen Sturz u. Zerstörung d. Monarchie, vorausgesehen im J. 1653 ꝛc., (v. J. L. F. Richter). 8. Frkf. u. Leipz. 792.

Prophezeihungen, Einige wichtige und nachdenkliche, über das Königreich Frankreich, betreffend dessen Sturz und Zerstörung der Monarchie . . . Frankfurt u. Leipzig 1792. V: *Richter, Joh. Leonhard Friedrich.* (Kordes, Schlesw.-holst. u. eutin. Schriftst. Schleswig 1797.) (Ky)

— wunderbare und höchst interessante, des schwarzen Doctors, — eines abscheulich häßlichen Negers, — einer 90jährigen Zigeunerin, u. der hellsichtigen Somnambüle eines amerikanischen Geisterbeschwörers, in geheimen Unterredungen mit dem Kaiser Napoleon III. u. der Kaiserin Eugenie. Von einem aus Paris u. Frankreich Ausgewiesenen. Nach vertraulichen schriftlichen Mittheilungen. 1—3. Aufl. München 859. Fleischmann. gr. 8. (36 S.) n. 5 ngr

— höchst wunderbarliche vaterländische, auf das Jahr der Ungnade 1847. Ans Licht gezogen aus dem Nachlasse des sel. Verf. der „radicalen Jesuitenpredigt" von Jeremias Lachmund. (Gedichte.) gr. 16. (96 S.) Frauenfeld 847, Beyel.

Prophezeihungen aus alten und neuen Zeiten auf die gegenwärtige grosse französische Staatsrevolution. Paris [Mannheim] 1794. V: *Traiteur, Carl Theodor von.* (Wr) (MGT) »1795« (Ky)

Prophezeihungen aus alten u. neuen Zeiten auf die gegenwärtige große Staatsrevolution in Frankreich (von T—r). Paris 1794. 79 S.

— aus alten u. neuen Zeiten, auf die gegenwärt. große französ. Staatsrevolution, (v. K. Th. v. Traiteur). 8. Paris (Manh.) 795. Schwan u. G. 6 ℳ

— zwei merkwürdige, über die französische Staatsumwälzung. 16. (11 S.) Erfurt 864, Körner'sche Buchh.

Proportional-Wahlsystem. [Zürich 1903.] V: *Morf, Rudolf.* (BBullschw 3, 1903)

Proporz und Volkswohl
① Zwanglose Blätter zur eidg. Volksabstimmung über die Doppelinitiative vom 4. November 1900 ⑤ 6. 10. 1900—31. 10. 1900 (4 Nummern) ⑥ 4° ⑦ unregelmäßig ⑨ Herzogenbuchsee: U. Dürrenmatt ⑩ Zentralvorstand der bernischen Minderheitsparteien ⑪ für das Proporzwahlsystem ⑧ Be: L.

Proposal for the establishment of a central office of information in Berlin ... Berlin 1860. V: *Sturz, Joh. Jac.* (CBH)

Proposch, Wilhelm

Proposch, W., Humor u. Ernst aus dem Leben Kaiser Friedrich's. Eine Sammlg. v. Erinnerungen, Episoden, Anekdoten u. s. w. gr. 8. (88 S.) Berlin 889. R. Kühn. n. 1.—

Proposch, W., Humor u. Ernst aus dem Leben Kaiser Friedrichs. Eine Sammlg. v. Erinnergn., Episoden, Anekdoten usw. 2. Aufl. (147 S.) 8. Berlin 904. R. Kühn. n. 1. 50

— Phedora. Eine Erzählg. f. die Jugend. (VII, 120 S. m. 1 Bildnis.) kl. 8. Dresden (904). H. Jaenicke. Geb. n. 1.—

Propositio quaedam de caussis ac dissidiis summorum aliquot Europae Principum ... S. l. 1728. V: *Berger, Frdr. Ludwig von.* (Adel)

Proposition an die zu Baden versamblete Lobl. Eydgnossschafft d. 7. Julii 1701 abgelegt. O. O. [1701]. V: *Puyzieulx et Sillery, Roger Bruslard Marq. de.* (AarK)

(Proposition de la seconde minorité ‹Mr. Henri Druey› [de la Commission instituée au sujet] des couvens d'Argovie. Berne, le 27 Mars 1841) *s.* Commissionalbericht. K' an die hohe Tagsatzung, über die Angelegenheit der aargauischen Klöster....

Proposition von dem Venetianischen Herrn Residenten den ... 1706 in Chur versambten Herren Häuptern der Loblichen dreyen Pündten gethan. [Chur? 1706.] V: *Bianchi, Vendramino.* (BrMm)

Proposition von dem ... Venetianischen Residenten gethan an den Congress der ... dreyen Pündten so ... 1707 in Chur versamblet ware. [Chur? 1707.] V: *Bianchi, Vendramino.* (BrMm)

Proposition Welche von den Lobl. Evangelischen und Zugewandten Orthen Lobl. Eydtgnoßschafft Herren Ehren-Gesandten, Als Zürich, Bern, Glarus, Basel, Schaffhaußen und Biel, An Herren Landt-Aman und Rath Lobl. Stands Appenzell Ausser-Roden underm 19. Febr. 1733. in Herisau abgelegt worden. Betreffend Die in Loblichem Standt App' A'-R' obschwebende Unruhen. 4. *o. O.*

Propositionen. Königsberg i. Pr. (Verein f. Pferderennen u. Pferdeausstellungen in Preußen.) [1.] Für d. J. 1906. (Königsberg i. Pr. 1906: Ostpr. Dr.) 4° [Z.] 1906. 10

Propositionen über erzielbare bedeutende Ersparnisse und Verbesserungen im oesterreichischen Staats-Haus-Halte. [Königsaal bei Prag 1880.] V: *Haliř, Ant.* (WFM)

Propositionen z. e. reichsritterschaftl. Convent, d. Manen Götz v. Berlichingen gewidm. gr. 8. Nrnb. Felsecker. 788.

Propositionen, landesherrliche, für den am 13. Febr. 1854 zusammentretenden Landtag (des Fürstenth. Schwarzburg-Rudolstadt). 4. (79 S.) Rudolstadt 854, (Renovanz und Scheitz.)

Propositiones, oder Vorstellung, welche Mart. Luther rc. am 3ten Octbr. 1507, wider den Ablaß an der Thüre der Schloßkirche zu Wittenberg angeschlagen; aufs Neue verdeutscht und mit dem lateinischen Text und Anmerk. begleitet. 8. Eßlingen. (Joachim in Leipzig.) 817. Dithl.

Propositions du Comité central de secours pour la répartition du produit de la souscription faite en faveur des inondés. (Zurich, le 28 Février 1869.) 8. *s. l.*

Proposizione detta dal residente di Venetia nella dieta generale radunata in Coira li 6/17 Dec. 1706 ... O. O. [1706]. V: *Bianchi, Vendramino.* (Cat. d. Stadtbibl. Zürich. Zürich 1864—97.)

Propper, Emanuel Jirka

Propper, E. J., s.a. Bauschule, die, am Technikum Biel.

(Propper, E[manuel] J[irka].) Die Bauschule am Technikum Biel. 29 Tafeln Lichtdruck Format 30:40 cm. (Arbeiten des V. u. VI. Semesters.) II S. + 29 Tafeln. fol. Zürich, M. Kreutzmann, [1904.] in ... Mappe fr. 20.—

Propper, E[manuel] J[irka]. Das alte Biel und seine Umgebung. Von E. J. P', Architect. Text von Dr. H[einrich] Türler.... Unter Mitwirkung von Dr. E[mil] Lanz-Bloesch und Dr. A[rnold] Bähler. [Mit Illustrationen und 32 Tafeln.] 38 S. fol. Biel, Ernst Kuhn, 1902. [in Mappe fr. 25.—]

Pröpper, die verlornen Söhne. Schspl. 8. Offenb. 788. Brede. 4 ℳ

Pröpper, Lovica Edle von

Pröpper, Lodovica v., güldenes A B C für Herrschaften und Dienstboten. Nach langjähr. Erfahrung in einem großen Haushalte. 8. (111 S. mit Illustr. in eingedr. Holzschn.) Leipzig 875, Hirt und Sohn.

Pröpper, Lovica Edle v., das Buch d. Hausfrau. Eine prakt. Anleitg. f. junge Frauen u. Mädchen, d. Haushalt in vorteilhafter u. prakt. Weise einzurichten u. zu führen. Neue Ster.-Ausg. 12. (160 S.) Reutlingen 896. Enßlin & Laiblin. — 75

Pröpper, L. v., das Einmachen der Früchte in 300 erprobten Rezepten. 5. verb. Aufl. Hrsg. v. Marie Breithaupt (Tornow). (80 S.) gr. 8. Frankfurt a/O. 905. Trowitzsch & Sohn. Geb. n. 2. —

Pröpper, L. v. Das Einmachen der Früchte in erprobten Recepten. gr. 8. (VIII, 110 S.) Frankf. a. O. 892, Trowitzsch u. Sohn. geb. * 2 —

— das Einmachen der Früchte in erprobten Recepten. 3. Aufl. gr. 8. (VIII, 110 S.) Frankfurt a/O. 895. Trowitzsch & Sohn. Geb. in Leinw. n. 2. —

Pröpper, Lovica v., Fastenküche. Enth. an 1000 Recepte nebst Speisezetteln für alle Fast- u. Abstinenz-Tage des Jahres. 8. (VII, 345 S.) Paderb. 878. F. Schöningh. 2. —

Pröpper, L. v., gute Hausmannskost. Ein erfahrener Rathgeber f. Frauen u. Töchter zur prakt. Führg. e. sparsamen Haushalts insbesondere durch Bereitg. e. schmackhaften u. wohlfeilen Familien- u. Gesellschaftstische. gr. 8. (407 S.) Elberfeld 873. Püttmann. 2. 50; geb. n. 3. 50

Pröpper, L. Edle v., das Hauswesen. Guter Rat für junge Frauen u. Mädchen v. e. alten Hausfrau. Ster.-Ausg. 8. (160 S.) Reutlingen 887. Enßlin & Laiblin. cart. 1. 35

Pröpper, Lovica Edle v., eigner Herd. Guter Rath f. junge Hausfrauen u. solche, die es werden wollen. Leben u. Haushalt im Volke. 12. (87 S.) Frankfurt a/M. 896. Jaeger's Verl. Geb. n. 1. —

Pröpper, L. v., der Kaffee- und Theetisch, nebst Rezepten und Servierkarten. 16. (XI, 243 S.) Stuttgart 882, Engelhorn. geb. *

— praktisches Kaninchen-Kochbuch. Die Zubereitg. der Kaninchen in 130 erprobten Recepten, von den gewöhnlichsten bis zu den feinsten. 8. (59 S.) Berlin u. Leipzig 875. H. Voigt. n. 1. —

— einfaches Kochbuch f. Vegetarier. 660 erprobte Rezepte. 8. (IV, 144 S.) Frankfurt a/M. 893. Jaeger's Verl. Kart. n. 1. 60

Pröpper, L. v., s. Kochbuch, kleines, f. Alleinstehende

Pröpper, L. Edle v., kleines Kochbuch f. alleinstehende u. kleinere Haushalte. 100 einf., schnell zu bereit. Speisen. 2., verb. u. verm. Aufl. v. Emma Miller. (80 S.) kl. 8. Leipzig (908). Fritzsche & Schmidt. Geb. 1. —

— Kochbüchlein für die Puppen-Küche. 16. (200 S.) Erfurt 880. Bartholomäus. cart. 1. 50

Pröpper, Lovica v., häusliche Conditorei. 680 erprobte Recepte zur Bereitg. v. Torten, Kuchen u. Backwerk. gr. 8. (V, XI, 158 u. VII S.) Frankfurt a/O. 895. Trowitzsch & Sohn. Kart. n. 2. 40

— häusliche Konditorei. 325 erprobte Rezepte zur Herstellg. v. Torten, Kuchen u. Cakes, nebst Anweisg. zur Vorbereitg. f. dieselbe. Neu bearb. v. M(arie) Breithaupt. (IV, 107 S.) gr. 8. Ebd. 904. Geb. in Leinw. n. 2. —

— Häusliche Konditorei. 325 erprobte Rezepte z. Herstellg. v. Torten, Kuchen u. Cakes nebst Anweisg. zur Vorbereitg. f. dieselbe. Neu bearb. v. M. Breithaupt. 4. Aufl. (IV, 107 S.) gr. 8. Frankfurt a/O. 910. Trowitzsch & Sohn. Geb. in Leinw. 2. —

— sparsame Küche. Mit besond. Berücksicht. der Reste. Billig u. gut! 8. (VII, 271 S.) Salzburg 887. Pustet. n. 1. 60; cart. n. 1. 80; geb. n. 2. 40

— Noth- u. Hülfsbüchlein für die Küche u. den Haushalt auf dem Lande. Jungen Hausfrauen u. Solchen, die es werden wollen, gewidmet. 64. (151 S.) Leipzig 880. Lenz. — 75; geb. n. 1. 25

— d. Obst in d. Küche. 500 erprobte Rezepte zur Verwerthg. d. verschiedensten Obstsorten. gr. 8. (III, 144 S.) Frankfurt a/O. 895. Trowitzsch & Sohn. Geb. in Leinw. n. 2. —

— das Obst in der Küche. 520 erprobte Rezepte zur Verwertg. der verschiedensten Obstsorten. 2. verb. u. verm. Aufl., hrsg. v. Marie Breithaupt-Tornow. (156 S.) gr. 8. Ebd. 905. Geb. in Leinw. n. 2. —

—— Puppenmütterchen. Die Erziehung der Puppen, groß und klein, und der Haushalt in der Puppenstube. 16. (VIII, 88 S. mit 30 Text-Abbild. und 2 Buntbildern.) Leipzig 882, Spamer. cart. *

—— dass. — 2. wohlf. Ausg. 16. (VIII, 88 S. mit 30 Text-Abbild. und 2 Buntbildern.) Ebendas. 883. cart. *

—— Rath an junge Hausfrauen zur Führg. e. Haushalts m. bescheidenen Mitteln. 12. (VI, 126 S.) Düsseld. 891, Schwann. cart. * 1 50

— der erfahrene Rathgeber beim Einmachen von Früchten u. Gemüsen u. bei der Bereitung von Fruchtsäften, Gelées ꝛc. Eine Sammlung der bewährtesten Recepte f. den bürgerlichen u. feineren Haushalt. 8. (64 S.) Köln 879. Püttmann. n. — 50

—— der erfahrene Ratgeber beim Einmachen von Früchten und Gemüsen und bei der Bereitung von Fruchtsäften, Gelées ꝛc. Eine Sammlung der bewährtesten Rezepte für den bürgerl. und feineren Haushalt. 3. Aufl. 8. (64 S.) Köln 888, Püttmann. *

— der erfahrene Ratgeber beim Einmachen v. Früchten u. Gemüsen u. bei der Bereitung v. Fruchtsäften, Gelées ꝛc. Eine Sammlg. der bewährtesten Rezepte f. den bürgerl. u. feineren Haushalt. 5. Aufl. 12. (64 S.) Köln 893. J. Püttmann. n. — 50

— d. erfahr. Ratgeber beim Einmachen v. Früchten u. Gemüsen u. bei der Bereitg. v. Fruchtsäften, Gelées ꝛc. E. Sammlung d. bewährtesten Rezepte f. d. bürgerl. u. feineren Haushalt. 6. Aufl. 12. (64 S.) Köln 896. J. Püttmann. n. — 50

Pröpper, Lovica v., d. erfahrene Ratgeber beim Einmachen v. Früchten u. Gemüsen u. bei der Bereitung v. Fruchtsäften, Gelées ꝛc. Eine Sammlg. der bewährtesten Rezepte f. den bürgerl. u. feineren Haushalt. 7. Aufl. 12. (64 S.) Köln (900). J. Püttmann. n. — 50

— d. Reste u. ihre Verwertg. 12. (160 S.) Frankfurt a/M. 896. Jaeger's Verl. Geb. n. 1. 80

— Spezial-Kochbücher. I—III. 12. Ebd. 898. In Leinw. kart. à n. 1.—
I. Kartoffelküche in 230 erprobten Rezepten. (83 S.)
II. Fischküche in 212 selbsterprobten Rezepten. (88 S.)
III. Wildküche (Wild u. Wildgeflügel) in 212 selbsterprobten Rezepten. (88 S.)

— Spezial-Kochbücher. IV—VIII. Frankfurt a/M. Leipzig, Jaeger's Verl. In Leinw. kart. à. n 1.—
IV. Mehlspeisen in 295 ausgewählten Rezepten. (108 S.) 899.
V. Salatküche in 150 erprobten Rezepten. Von Anna Müller-Lubitz. (IV, 60 S.) (900.)
VI. Das Einmachen u. Konservieren v. Obst u. Gemüse in 212 erpr. Rezepten. Von Anna Müller-Lubitz. (150 S.) (900.)
VII. Alte Hof- u. Klosterküche. 225 auserwählte Rezepte aus dem reichen Schatze der berühmten mittelalterl. Kochkunst. Von Anna Müller-Lubitz. Mit 1 Abbildg. (92 S.) (901.)
VIII. Die Schlachtküche in 100 erprobten Rezepten. Von Anna Müller-Lubitz. Mit 8 Abbildgn. (IV, 95 S.) 902.

— gute u. billige Volksküche od. wie ist gute Hausmannskost leicht, billig u. auf vielerlei Weise zu bereiten? Neue Ster.-Ausg. 8. (96 S.) Reutlingen 886. Enßlin & Laiblin. — 30

—— s. Waidmanns-Küche.

—— Wie gute Hausmannskost leicht, billig und auf vielerlei Weise zu bereiten ist. 16. (XVI, 80 S.) Bremen 881, Norddeutscher Volksschriftenverlag. *

PRÖPPER, MAX. Ueber die Einwirkung von rauchender Salpetersäure auf Acetessigäther und dessen Chlorsubstitutionsproducte. (Leipzig) Giessen, 1883.

Propping (Hrsg.), s.a. Brandversicherungs-Anstalt, Die Nassauische.

Die Nassauische Brandversicherungsanstalt. Denkschrift hrsg. anläßlich d. 100j. Bestehens d. Nass. Brandversicherungsanstalt. Verf.: Landesrat Dr. Propping. Wiesbaden 1907: K. Schwab. (89 S.) 4° [F.] (07. 11406

Propping, Friedrich: Die künstlerische Laufbahn des Sebastiano del Piombo bis zum Tode Raffaels ... Leipzig-Reudnitz, Druck v. O. Schmidt, 1892; 72 S. 8.
Leipzig, Phil. Fak., Inaug.-Diss. v. [25. März] 1892

Propping, Georg, Festschrift zum 50jähr. Bestehen des Oldenburger Turnerbundes, Oldenburg 1909, 36 S., 8°.

Propping, Geo., der Oldenburger Turnerbund. Eine Festschrift zum 25. Stiftungsfeste d. Vereins. Mit e. Einleitg. üb. die Entwickelg. d. Turnwesens in der Stadt Oldenburg v. Herm. Dümeland. 8. (82 S.) Oldenburg 884. Schulze. — 75

PROPPING, Karl (Minden): Ueber die Häufigkeit der Puerperaleklampsie in Süddeutschland, speziell in Bayern.- München: Kastner & Callwey 1904. 57 S.
11.11.1904 - Chr 1904/05,13; Jv 1904/05,453 (Prom.-Datum 17.1.1905)
Diss.Ingolst.-Landsh.-Mchn.

le Propre du tems. 8. Wien 776. Trattner. 16 kr

Propriac

– Weltwunder, neue Hundert. Naturgeheimnisse u. außerordentl. Erscheinungen auf u. unter d. Erde. Mit Kupf. gr. 8. Kaschau 824, Wigand.

Propriac, die Wunderwerke der Welt, od. die schönsten Werke d. Natur d. Menschen. Nach d. Französ. bearb. von A. Kuhn. 2 Bde. mit 16 Kupf. 8. Berl. 822, Schlesinger.

Propriété industrielle, la. Organe officiel du bureau international de l'Union pour la protection de la propriété industrielle. 1. année. 1885. gr. 4. (Nr. 1: 1 Bl.) Bern 885. (Jent & Reinert.) n. 4.—

Propriété industrielle, la. Organe officiel du bureau international de l'Union pour la protection de la propriété industrielle. 6. année. 1890. 12 nrs. (2 B.) gr. 4. Bern 890. (Huber & Co.) n. 6. 70

Propriété industrielle, la. Organe officiel du bureau international de l'Union pour la protection de la propriété industrielle. 7. année. 1891. 12 nrs. (2 Bog.) gr. 4. Bern, [Huber & Co.]. H. Koerber. n. 6. 70

— dasselbe. 8.—10. année. 1892—1894. à 12 nrs. (2 Bog.) 4. Bern, (Jent & Reinert). à Jahrg. n.n. 5. 60

Propriété industrielle, la. Organe officiel du bureau international de l'Union pour la protection de la propriété industrielle. 11. u. 12. année. 1895—1896. à 12 nrs. (à ca. 28 S.) gr. 4. Bern (Leipzig, G. Hedeler). à Jahrg. n. 5. 35

— dasselbe. 13. u. 14. année. 1897—1898. à 12 nrs. (à ca. 24 S. m. Abb.) gr. 4. Ebd. à Jahrg. n. 5. 60

Propriété, la, industrielle. Organ mensuel du bureau international de l'Union pour la protection de la propriété industrielle. Avec un suppl.: Les marques internationales. Recueil des marques de fabrique enregistrées en vertu de l'arrangement du 14. IV. 1891. 15.—18. année 1899—1902. à 12 nrs. gr. 4. (à ca. 16 u. 4 S. m. Abbildgn.) Bern. (Leipzig, G. Hedeler.) à Jahrg. n. 5. 60

— dasselbe. Tables générales des matières 1885—1900. (X, 189 S.) gr. 8. Ebd. 902. n. 4. 80

Propriété, la, industrielle. Organ mensuel du bureau international de l'Union pour la protection de la propriété industrielle, à Berne. Avec un suppl.: Les marques internationales. Recueil des marques de fabrique enregistrées en vertu de l'arrangement du 14. IV. 1891. 19.—22. année. 1903—1906. à 12 nrs. (à ca. 16 u. 4 S. m. Abbildgn.) gr. 4. Bern. (Leipzig, G. Hedeler.) à Jhrg. n. 5.60

Propriété, la, industrielle. Organe mensuel du bureau international de l'Union pour la protection de la propriété industrielle, à Berne. Avec un suppl.: Les marques internationales. Recueil des marques de fabrique enregistrées en vertu de l'arrangement du 14. IV. 1891. 23.—26. année. 1907—1910. à 12 nrs. (à ca. 16 u. 8 S. m. Abb.) 31,5×24,5 cm. Bern. (Leipzig, G. Hedeler.) à Jahrg. 5. 60

Proprieté, La, litteraire défendue ou Mémoire abregé dans lequel on examine jusqu'à quel point la contrefacon peut être legitime. Goett. 1774. V: *Pütter, Johann Stephan.* (Pütter, Litt. d. Teutsch. Staatsr. Gött. 1773—91. III, 596.)

Proprium Augustanum, sive missae propriae sanctorum pro usu cleri ecclesiae et dioecesis Augustanae. Kempten 865. Koesel'sche Buchh. Fol. (31 S.) 14 ngr.

— Augustanum sive officia sanctorum pro usu cleri ecclesiae et dioecesis Augustanae. Ebend. 867. 16. (37 S.) n. 2½ ngr.

Proprium Augustanum sive officia propria sanctorum ad usum cleri ecclesiae et dioecesis Augustanae. Ed. novissima. 16. (46 S.) Kempten 882. Kösel. n. — 60

Proprium Augustanum sive officia propria sanctorum pro usu cleri ecclesiae et dioecesis Augustanae. 8. (190 S.) Kempten 888. Kösel. n. 1. 80
in 4 Bdn. (50, 69, 74 u. 60 S.) n. 2. 40

Proprium Augustanum sive missae propriae sanctorum pro usu cleri ecclesiae et dioecesis Augustanae. (Ed. novissima.) Fol. (38 S.) Kempten 897. (J. Kösel.) n. 1. 60

Proprium Curiense ad Breviarium. Curiae 1872. V: *Schneider, Joseph.* (Jes)

Proprium festorum archidioecesis Monacensis et Frisingensis pro horis diurnis Divini officii. 12. München 874, Stahl. *

Proprium festorum archidioecesis Monacensis et Frisingensis ad horas diurnas. Breviario romano accommodatum et festis novissimis auctum. Ed. II. 12. (50 S.) München 884. Stahl sen. n. 1. —

— festorum dioocesis Eystettensis. Jussu et auctoritate reverendissimi et illustrissimi domini domini Francisci Leopoldi, episcopi Eystettensis. 8. (396 S.) Eichstätt 877. (Stillkrauth.) n. 6. —

Proprium festor. dioeces. Frising. iussu Lud. Ios. Episc. etc. ad us. breviarii etc. dispos. 8. Münch. Lentner. 780.

— — — missali rom. accomodat. fol. ibid. 796.

Proprium festorum dioecesis Seccoviensis juxta rescriptum s. r. c. die 4. II. 1893. 16. (40 S. in Rot- u. Schwarzdr.) Graz 895. U. Moser. n. — 40

Proprium der Erzdiözese Freiburg. Die Messen an den besonderen Heiligenfesten der Erzdiözese Freiburg. Zur Ergänzg. des Meßbuchs v. Anselm Schott, O.S.B., bearb. v. Frz. Keller. (32 S.) 16. Freiburg i/B. 910. Literar. Anstalt. — 30

— Hiberniae et graduale romanum. (18 S.) gr. 8. Düsseldorf (910). L. Schwann. — 25

— missarum dioecesis et ecclesiae Linciensis. Regensburg 870. Pustet. Fol. (12 S.) 6 ngr.

Proprium missarum dioeceseos Passaviensis unacum missis festorum novorum, quae in missali Romano antiquiorum editionum desunt. Fol. (66 S.) Passau 861, Elsässer und Waldbauer. *

— missarum dioecesis Ratisbonensis. gr. 4. (12 S.) Ebendas. 869.

— missarum et festorum de sanctis exemtae cathedralis ecclesiae et dioeceseos Passaviensis etc. Fol. maj. Passau 787 u. 823. Ambrosi. 18 ℛ

— der Erzdiözese München-Freising. Die Messen zu Ehren der Heiligen, die in der Erzdiözese München-Freising besonders od. an besond. Tagen verehrt werden. Zur Ergänzg. des Meßbuchs v. Anselm Schott, O.S.B., übers. v. Alois Hartl. (39 S.) 16. München (910). Herder & Co. — 30

— officiorum dioecesis Trevirensis a s. sede apostolica adprobatum. 12. (XXX, 96; II, 96, II, 93 u. II, 86 S.) Trier 888. Paulinus-Druckerei. n. 2. 50

— officiorum atque missarum pro clero vicariatus apostolici Luxemburgensis. Luxemburg 865. Brück. 8. (XXIII, 298 S.) 28 ngr.

Proprium Poloniae et Sueciae

— — sive officia propria festorum et sanctorum patronorum regni Poloniae et Sueciae ex indulto summorum pontificum recitanda. Kempten 856. (Kösel.) 8. (IV, 128 S.) 14 ngr.

Proprium Poloniae et Sueciae, sive missae propriae festorum et sanctorum patronorum regni Poloniae et Sueciae, ad normam missalis romani accommodatae. Unacum missis propriis pro dioecesibus Leopoliensi et Tarnoviensi. Kempten 857. Kösel. Fol. (36 S.) 15 ngr.

— — s. officia propria festorum et sanctorum patronorum regni Poloniae et Sueciae. Kempten (858.) Kösel. 18. (48 S.) 5 ngr.

— Poloniae et Sueciae, sive missae propriae festorum et sanctorum patronorum regni Poloniae et Sueciae, item Russiae, magni ducatus Lithuaniae et ducatus Silesiae, ad normam missalis romani accommodatae. Kempten 865. Koesel'sche Buchh. Fol. (48 S.) 21 ngr.

— Poloniae et Sueciae sive officia propria festorum et sanctorum patronorum regni Poloniae et Sueciae. Accommodatum ad diurnale Romanum majoris editionis. 8. (58 S.) Kempten 869, Kösel'sche Buchh.

— Rottenburgense sive officia propria Sanctorum dioecesis Rottenburgensis unacum insertis recentiorum festorum officiis. Jussu et auctoritate Caroli Josephi, episcopi Rottenburgensis. 2 prts. 8. (144 u. 130 S.) Ebend. 872. n. 3. 60

Proprium Rottenburgense sive missae propriae sanctorum dioecesis Rottenburgensis unacum insertis recentiorum festorum missis. Jussu et auctoritate Caroli Josephi, episcopi Rottenburgensis. Fol. (II, 36 S.) Rottenburg 874. Bader. n. 2. 40

— Rottenburgense ad recentiora missalia Ratisbonensia accommodatum. Jussu et auctoritate Caroli Josephi, episcopi Rottenburgensis. Fol. (12 S.) Ebend. 874. n. — 80

— Rottenburgense sive missae propriae sanctorum dioecesis Rottenburgensis unacum insertis recentiorum festorum missis. Jussu et auctoritate reverendissimi ordinarii Caroli Josephi, episcopi Rottenburgensis. Fol. (52 S.) Rottenburg a/N. 884. Bader. n. 3. 40

— sanctorum archidioecesis Viennensis, auctoritate et jussu eminentissimi et reverendissimi domini domini Antonii Josephi s. r. e. cardinalis Gruscha, principis-archiepiscopi Viennensis editum. 8. (XXIV, 430 S.) Wien 896. (St. Norbertus.) n. 4. —; geb. in Ldr. n. 6. 40; in Ldr.-Enveloppe m. Klappe, in Leinenschuber, jeder Bogen einzeln, gefalzt mit Leinenrücken n. 7. —

Proprium Sanctorum pro Dioecesi Gurcensi. Clagenfurti, Leon, 1835. 164 S. — 1363.

Proprium Sanctorum pro Dioecesi Lavantina. Klgft., Leon, 1830.

Proprium Sanctorum Dioecesis Argentinensis. Auctoritate Rmi. D. D. Jo. Franc. Mariae le Pappe de Trevern, Episcopi Argentinensis, editum. 12 maj. Argentorati 838. Levrault. 7/8 ℔

— Sanctorum dioecesis Moguntinae. Ebend. 869. 16. (120 S.) 7½ ngr.

Proprium sanctorum exemtae ecclesiae et dioeceseos Passaviensis etc. 8. Passau, Ambrosi. 770.

— Sanctorum Metropolitanae ecclesiae et archidioecesis Salisburgensis. 8maj. Salzb. 775. Duyle. 9 ℛ

Proprium Sanctorum Metropolitanae ecclesiae et Archi-Dioec. Viennensis. 8. Wien 841, Libr. Mechitar. 1⅙ ℔

Proprium Sanctorum. Metropolitanae Ecclesiae et Archi-Dioecesis Viennensis. Authoritate et jussu Eminentissimi et Reverendissimi Principis Domini Domini Josephi Othmari S. R. E. Cardinalis Rauscher Archiepiscopi insignium ordinum etc. etc. Adjunctis festis novis tum pro Ecclesia universali tum pro Archidioecesi Viennensi concessis editum Viennae, 1856. Typis congregationis Mechitharisticae. (149 S., 162 S., 80 S., 189 S. 8)

— Sanctorum quorum officia in Hispaniarum regnis ex concessione apostolica recitantur, in IV partes divisum. Regensburg 867. Pustet. 16. (384 S.) 1 ₰

— Viennense, supplementum continens officia vel partes officiorum ecclesiae universalis inde ab a. 1880 edita (exceptis officiis votivis per annum). 8. (IV, 68 S.) Ebd. 896. n. 1. 20
(Hauptwerk u. Suppl.: n. 5. 20)

— Warmiense sive officia propria festorum dioecesis Warmiensis. 8. (11 S.) Kempten 872, Kösel'sche Buchh.
— dass. — 8. (16 S.) Ebendas. 873. *

Propst, s. Probst.

Propst, C. B. X., s. Probst.

Propst, Em. Der Prozess der Jungfrau von Orléans. In-4°. 19 S. Basel (Georg & Co.). 1 —
„ Wissenschaftliche Beilage zum Bericht über das Gymnasium. Schuljahr 1894—95.

Propst, Josef, s.a. Probst

Propst, (J.,) Blicke in die geistige Entwickelungsweise des Menschen. gr. 12. Bern 825, Jenni.

Propst, Jos., Gedanken eines Einsiedlers. gr. 16. (VI u. 65 S.) Basel 849, Schweighauser. n. 7 ngr

Propst, Jos., Gedichte. Ein herbstliches Kränzlein. 16. (XI und 108 S.) Zürich 860, Meyer und Zeller's Verlag. *

— Geistesfunken. 4., verb. und stark verm. Aufl. 16. (VII und 114 S.) St. Gallen 859, Scheitlin und Zollikofer.

Propst, J[oseph]. Die Geschichte der ersten Schwyzer, erzählt für das liebe Schweizervolk und seine Schulen. 8. Sursee 1831.

Propst, J., die Neudörfer. Eine lehrr. Geschichte f. d. liebe Landvolk. gr. 8. (12¼ B.) Luzern 829, Meyer.

Propst, J., die Neudörfer. Eine lehrr. Gesch. f. d. liebe Landvolk. Neue wohlf. Ausg. gr. 8. (12¼ B.) Luzern 837, Meyer.

Propst, J., die Nothwendigkeit des Christenthums in der Familie, der Schule u. im Staat. Zürich 867. Schultheß. gr. 8. (XIII, 59 S.) 9 ngr

Propst, Jos., Oskar oder die neuen Lichtfreunde. 16. (VIII und 104 S.) St. Gallen 855(56,) Scheitlin und Zollikofer.

— die Schweizergeschichte für das Schweizervolk und seine Schulen. Fortsetzung von 1840 bis 1850. gr. 8. (36 S.) Basel 850, Schweighauser'sche Vrlgsb.

— die Schweizer-Geschichte für das Schweizervolk und seine Schulen. 4., verb. und verm. Aufl. gr. 8. (IV und 256 S.) Baden 852, Zehnder.

— die Schweizer-Geschichte für das Schweizervolk und seine Schulen. 5. auf's Neue durchges., bis nach der Unabhängigkeit Neuenburgs von Preußen fortgesetzte Aufl. 1856. Zürich, Meyer & Zeller. gr. 8. (316 S.) n. 20 ngr

Propst, Jos., die deutsche Sprachlehre als Denklehre f. d. Volksschule. 1. Ausg. 842. 18¾ Ngr. u. 2. Ausg. gr. 8. (à 12¼ B.) Basel 846, Schweighauser'sche Buchh.

Propst, Jos., Winke für eine bessere Volkserziehung, oder: Geschichtliche Darstellung des Kampfes zwischen dem Erziehungsrath und dem gr. Rath der Republik Solothurn wegen der Mädchenschule in Dornek. 8. (44 S.) Basel 848, Schabelitz'sche Buchh. Thlr.

Propyläen, Münchener. Wochenschrift für Literatur, Theater, Musik u. bildende Kunst. Red.: J. Grosse u. Fr. Grandaur. 1. Jahrg. 1869. 52 Nrn. (à 1½ Bgn.) München, Wolf & Sohn. Lex.-8. n. 2 ₰ 10 ngr

Propylaeum Bibliothecae Academicae Graecensis . . . Graecii 1703. V: *Szöreny, Alexander.* (Jes) (Schlossar)

Prorealgymnasium, das, s.: Realprogymnasium, das.

Prorector, Der. Ein Lustspiel in zwey Aufzügen. Frankfurt 1794. V: *Textor, Friedrich Karl Ludwig.* (StBFrankf I, 214)

Prorector, der, ein Lustspiel in 2 Aufzügen. 2e, mit 1 Bign. u. einigen Zugaben verm. Ausg. 8. Frankf. 839. Körner. ¼ ₰

Prorector procancellarius et senatus academiae Kiliensis. Kiliae. 16. Octb. 1744. 1 Bl. 4°.

Prorector et Senatus Universitatis Georgiae Augustae Civitati Faventinae S. D. [zu Torricellis 300j. Geburtst.] [Göttingen 1908: Dieterich.] 2 Bl. 2° [U 09. 1437
(Nicht für den Austausch)

Prorector atque Senatus Universitatis Georgiae Augustae Gottingensis Procancellario et Universitati Cantabrigiensi S. D. P. [zu Darwins 100j. Geburtst.] [Göttingen 1909: Dieterich.] 2 Bl. 4° [U 09. 1438
(Nicht für den Austausch)

Prorector atque Senatus Universitatis Georgiae Augustae Gottingensis Rectori et Universitati Genevensi S. D. P. [zu Calvins 400j. Geburtst.] (Gottingae 1909): [Dieterich]. 1 Bl. 4° [U 09. 1439
(Nicht für den Austausch)

Prorector et senatus universitatis liter. Fridericianae Halis consociatae cives ad sacra Christi natalitia a. 1823. rite concelebranda publice invitant interprete Michaele Webero. Halis: Renger 1823. 71 S. 8°

Prorector et senatus universitatis liter. Fridericianae Halis consociatae cives ad sacra Christi paschalia a. 1823. rite concelebranda publice invitant interprete Michaele Webero. Halis: Renger 1823. 150 S. 8°

... Ad sacra paschalia pie celebranda prolusio. Halae: Orphanotropheum 1824. 34 S. 8° (4°)

Prorector et senatus universitatis liter. Fridericianae Halis consociatae cives ad sacra Christi pentecostalia a. 1823. rite concelebranda publice invitant interprete Michaele Webero. Halis: Renger 1823. 16 S. 8°

Prorector et senatus universitatis litterarum Ienensis rectori magnifico et illustri senatui universitatis litterarum Fridericianae Halensis cum Vitebergensi consociatae s. p. d. ... Datum Ienae kal. Aug. a. d. 1894. *Jena, 1894;* 1 Bl. 2.
(Nicht für den Austausch)

Prorector universitat. liter. Fridericianae utriusque Halis consociatae, cum cancellario, directore et senatu, bonorum literarum fautores civesque ad orationem latinam, quae beneficii Marpergeriani (bzw. Sigismundiani, Wolframsdorfiani, Marschalliani, Kornfailiani od. Thielemanniani) lege a ... d. ... 1824 (1825/28, 1832) recitabitur, benevole audiendam publice invitat interprete Michaele Webero. Halis: Ruff 1824; 1824/28, 1832: Baentsch, Gebauer, Ruff od. Schimmelpfennig. 17 Bde 8° (4°) Umfang zwischen 7 u. 32 S.

Für manche der angegebenen Jahre sind nicht alle diese Stipendien vertreten.

Prorector universitat. liter. Fridericianae utriusque Halis consociatae, cum (1827. 28: cancellario,) directore, et senatu cives ad sacra Christi pentecostalia a. 1823(—1833) rite concelebranda publice invitat interprete... Halis: Ruff 1823/26; 1827/33: Schimmelpfennig bzw. Ploetz. 9 Bde. 8° (4°) Umfang 16 bis 40 S.

Prorector universitat. liter. Fridericianae utriusque Halis consociatae, cum (33—42. 54. 57: directore et) senatu (64: et senatus). Inest ... (bzw. paschalia a. 1825. (28—34) rite concelebranda publice invitat interprete ... Halis: Ruff 1825; 1828/34: Schimmelpfennig bzw. Ploetz od. Gebauer. 8 Bde 8° (4°) Umfang 16 bis 32 S.

Prorector universitat. liter. Fridericianae utriusque Halis consociatae, cum cancellario, directore, et senatu, nomina civium academicorum, quorum scripta superiore anno (1825) d. 3. Aug. praemio cohonestata sunt regio, simulque problemata, honoris causa, quo artes proximo anno sint alendae, a singulis professorum ordinibus proposita, legentium attentioni commendat interprete Michaele Webero. Halis 1826: Schimmelpfennig. 8 S. 4° (2°)

Prorector universitat. liter. Fridericianae utriusque Halis consociatae, cum (1825. 1827: cancellario,) directore et senatu cives ad sacra Christi natalicia a. 1825. 26. (C. 1827—33) rite concelebranda publice invitat interprete ... Halis 1825, 26, 27/33: Ruff (bzw. Schimmelpfennig od. Ploetz). 9 Bde 8° (4°) Umfang 16 bis 56 S.

Prorector universit. (1834. 38: universitat.) liter. Fridericianae utriusque Halis consociatae cum directore et senatu judicia legitime lata de scriptis eorum qui in certamine literario in d. 3. (1834. 38: m.) Augusti a. 1830 (1834, 1838) solemnium regis augustissimi natalitiorum (1834. 38: nataliciorum) causa indicto praemio sunt ornati declarat nomina victorum pronunciat (1834. 38: pronuntiat) novaque (1838: novasque) simul problemata (1838: quaestiones) in annum proximum proposita (1838: propositas) commilitonum attentioni (1834. 38: studiis) commendat interprete Michaele Webero (1834. 38: Christiano Friderico Fritzschio bzw. Fritzsche). Halis (Saxonum) 1830: Ploetz. 1834. 38: Gebauer 3 Bde. 22 bzw. je 44 S. 8° (4°)

Prorectorwahl, Die. Ein Pendant zur maskirten Schlittenfahrt. O. O. (Halle, Hendel) 1789. 8°.
In Versen.

Proroctwí, sprawedliwé, Sibylly, králowny ze Sáby, ze zwláštním ohledem k naší České zemi. Wydělal F. W. Prag 861. Kober. gr. 8. (32 S.) n. 4 ngr.

Prorok, Artur, approb. Arzt aus Bromberg: **Oberschenkelbrüche vom Standpunkt der Unfallversicherung.** *Bonn 1903: E. Eisele.* (50 S.) 8°
Würzburg, Med. Diss. v. 1903

Gereon PROROK Resultate der anemometrischen Aufzeichnungen in Prag
Prag, Diss. 1909/10.

Prorók, Julian, Ketzereien. Keimzellen e. Philosophie. Den Umschlag zeichnete der Verf. (107 S.) 8. Dorpat (906). F. Schledt. Kart. n. 2.—

Prorók, Julian, Ketzereien. Keimzellen e. Philosophie. 2. Aufl. (107 S.) kl. 8. Leipzig 910. Xenien-Verlag. In Pappbd. 1.20

Pros, Elias, aus Warschau: Ueber die Einwirkung hydroxylhaltiger Verbindungen auf Zinnhalogenide. Zürich 1910. 75 S. 8°. [19. III. 10.].
Zürich. Univ. Phil. Diss. II. S. 1909/10.

Prosa, ausgewählte, d. XVII. u. XVIII., bezw. XVIII. u. XIX. Jahrh., s.: Sammlung französ. u. engl. Textausgaben.

Prosa, deutsche, hrsg. v. J. Wychgram u. Gust. Porger, s.: Velhagen & Klasing's Sammlung deutscher Schulausgaben.

Prosa, deutsche, ausgewählt u. erläutert v. H. Windel, s.: Velhagen & Klasing's Sammlung deutscher Schulausgaben.

Deutsche Prosa. Ein Lesebuch f. kath. Lehrerseminare hrsg. von Dr. Peter Prinz, Sem.Dir. T. 1. *Habelschwerdt: Franke 1902.* 8° [F.]

Prosa, englische, Lesebuch für höh. Schulen, s. Schottky.

Prosa, Gereimte, oder Blüthen und Blätter am Fusse des Helikon gesammelt ... Neisse u. Leipz. 1804. V: *Geckert, Franz Peter.* (GGr)

Prosaiker, die deutschen, des 19. Jahrh. Eine Hausbibliothek gesammelt aus den Werken unserer beliebtesten Schriftsteller in e. Auswahl ihrer Erzählungen, Novellen u. Romane. 1. Serie. (In 20 Liefgn.) 1—13. Liefg. Dresden 868,69. Helfer. gr. 16. Jede Liefg. 3 ngr.
1—4. Liefg. Ausgewählte Historien u. Phantasiestücke von C. Weisflog. (1. Thl. 139 S., 2. Thl. 119 S., 3. Thl. 123 S. u. 4. Thl. 95 S.)
5—13. Liefg. Ausgewählte Schriften von C. F. van der Velde. (1. Thl. 288 S., 2. Thl. 295 S. u. 3. Thl. 287 S.)

Prosaiker, Griechische, in neuen Uebersetzungen. Herausgegeben von G. L. F. Tafel, C. N. v. Osiander und G. Schwab. Aelianus, Claudius (2 Bde.), Aeschines (2 Bde.), Appian (6 Bde.), Appolodor (2 Bde.), Aristoteles (12 Bde.), Cassius (3 Bde.), Demosthenes (3 Bde.), Diodor (5 Bde.), Dionysius (3 Bde.), Herodian (2 Bde.), Herodot (2 Bde.), Hypereides und Lykurgos (1 Bd.), Josephus Flavius (2 Bde.), Isäus der Redner (2 Bde.), Longus und Heliodor (1 Bd.), Lucian (4 Bde.), Pausanias (6 Bde.), Philostratus, Flavius der Aeltere (2 Bde.), Platho (13 Bde.), Plutarch (13 Bde.), Polyaen (1 Bd.), Polybios (3 Bde.), Strabo (8 Bde.), Theophrast (1 Bd.), Thucydides (2 Bde.), Xenophon (4 Bde.). (105 Bde.) 8. Stuttgart 1827—1857.

Prosaiker, Griechische, in neuen Uebersetzn. Hrsg. v. G. L. F. Tafel, C. N. Osiander u. G. Schwab. 1—142. Bdchn. 8. (à ca. 7—10 B.) Stuttgart 826—35, Metzler. à

Bdchn.	1. Thucydides, 1. 1—3. Aufl.	Bdchn.	31. Plutarch, 3.
"	2. Plutarch, 1. 1., 2. Aufl.	"	32. Appian, 1.
"	3. Lucian, 1. 1., 2. Aufl.	"	33. Plutarch, 20.
"	4. Thucydides, 2. 1., 2. Aufl.	"	34. Herodot, 1.
"	5. Lucian, 2. 1., 2. Aufl.	"	35. Diodor, 2.
"	6. Thucydides, 3. 1., 2. Aufl.	"	36. Lucian, 8.
"	7., 8. Lucian, 3., 4. 2. Aufl.	"	37. Herodot, 2.
"	9. Dionysius v. Halikarnaß, 1.	"	38. Thucydides, 5.
		"	39. Pausanias, 3.
"	10., 11. Lucian, 5., 6.	"	40. Xenophon, 9.
"	12. Thucydides, 4.	"	41. Aeschines d. Redner,
"	13. Xenophon, 1.	"	42. Arrian, 1.
"	14. Plutarch, 2.	"	43. Plutarch, 21.
"	15., 16. Pausanias, 1., 2.	"	44. Thucydides, 6.
"	17. Dionysius v. Halikarnaß, 2.	"	45. Herodot, 3.
		"	46. Thucydides, 7.
"	18., 19. Xenophon, 2. 3.	"	47. Plutarch, 22.
"	20. Diodor, 1.	"	48. Philostratus d. A., 2.
"	21. Xenophon, 4.	"	49. Aeschines d. Redner,
"	22. Lucian, 7.	"	50. Lucian, 9.
"	23. Aeschines d. Sok. u. Cebes.	"	51. Plutarch, 23.
		"	52. Appian, 2.
"	24. Xenophon, 5.	"	53. Aeschines d. Redner,
"	25. Philostratus d. A., 1.	"	54. Arrian, 2.
"	26—28. Xenophon, 6—8.	"	55. Plutarch, 4.
"	29., 30. Apollodor, 1., 2.	"	56. Diodor, 3.

Prosaiker, Griechische, ꝛc.

Bdchn.	57. Pausanias, 4.	Bdchn.	102. Diodor, 7.
"	58. Lucian, 10.	"	103. Dio Cassius, 2.
"	59., 60. Herodot, 4., 5.	"	104. Plutarch, 27.
"	61. Diodor, 4.	"	105. Lucian, 13.
"	62. Appian, 3.	"	106. Philostratus d. A., 4.
"	63. Strabo, 1.	"	107. Lucian, 14.
"	64. Dionysius v. Halik., 3.	"	108. Dio Cassius, 3.
"	65. Plutarch, 24.	"	109., 10. Plutarch, 8., 28.
"	66. Philostratus d. A., 3.	"	111. Philostratus d. A., 5.
"	67. Plutarch, 5.	"	112. Herodot, 9.
"	68. Strabo, 2.	"	113. Dio Cassius, 4.
"	69. Xenophon, 10.	"	114. Lucian, 15.
"	70., 71. Isäus, 1., 2.	"	115., 16. Herodot, 10., 11.
"	72. Plutarch, 25.	"	117. Diodor, 8.
"	73. Herodian, 1.	"	118. Arrian, 4.

= 74. Appian, 4.	= 119. Appian, 10.
= 75. Herodian, 2.	= 120. Dionysius v. Halik, 4.
= 76. Lucian, 11.	= 121. Appian, 11.
= 77. Appian, 5.	= 122. Diodor, 9.
= 78. Herodot, 6.	= 123. Arrian, 5.
= 79. Appian, 6.	= 124. Diodor, 10.
= 80. Strabo, 3.	= 125. Longus.
= 81. Plutarch, 6.	= 126. Philostratus d. A. u. J., u. Kallistrat., 1.
= 82. Xenophon, 11.	= 127. Strabo, 6.
= 83. Strabo, 4.	= 128. Isokrates, 1.
= 84. Appian, 7.	= 129. Strabo, 7.
= 85. Plutarch, 7.	= 130., 31. Philostratus d. A. u. J., u. Kallistrat., 2., 3.
= 86. Lucian, 12.	= 132., 33. Aristoteles, 1., 2.
= 87. Strabo, 5.	= 134. Dio Cassius, 5.
= 88. Diodor, 5.	= 135. Polyän, 1.
= 89. Appian, 8.	= 136. Isokrates, 2.
= 90. Arrian, 3.	= 137. Appian, 12.
= 91. Plutarch, 26.	= 138. Isokrates, 3.
= 92. Dio Cassius, 1.	= 139. Arrian, 6.
= 93. Appian, 9.	= 140. Diodor, 11.
= 94—97. Xenophon, 12—15.	= 141., 42. Strabo, 8., 9.
= 98. Diodor, 6.	
= 99. Xenophon, 16.	
= 100., 1. Herodot, 7., 8.	

Alphabetische Zusammenstellung der in dieser Sammlung enthaltenen Schriftsteller.

[Alle mit * bezeichneten Autoren sind bereits vollständig erschienen. — Die in ( ) eingeschlossenen Zahlen deuten auf die Stellung der Bändchen in der ganzen Sammlung.]

*Apollodor, mythol. Bibliothek, übers. v. Chr. G. Moser. 2 Bdchn. (29, 30.)

*Appian, römische Geschichten, übers. v. F. L. J. Dillenius. 12 Bdchn.
Bdchn. 1—6. Römische Geschichten. 6 Bdchn. (32, 52, 62, 74, 77, 79.)
= 7—12. Bürgerkriege. 6 Bdchn. (84, 89, 93, 119, 121, 137.)

Aristoteles, Werke. 1. u. 2. Bdchn.
Bdchn. 1., 2. Schriften zur Rhetorik u. Poetik.
Bdchn. 1., 2. Rhetorik, übers. v. Karl Ludw. Roth. 1. u. 2. Bdchn. (132, 133.)

*Arrian, Werke, übers. v. Chr. Heinr. Dörner. 6 Bdchn.
Bdchn. 1—4. Taktik, u. Gesch. d. Feldzüge Alexanders. 4 Bdchn. (42, 54, 90, 118.)
= 5., 6. Indische Nachrichten, als Forts. u. Ergänz. d. Gesch. d. Feldzüge Alexanders. 2 Bdchn. (123, 139.)

*Aeschines d. Redner, übers. v. J. H. Bremi. 3 Bdchn.
Bdchn. 1. Rede gegen Timarches. (41.)
= 2., 3. Rede üb. die Truggesandtschaft. — Rede gegen Ktesiphon. 2 Bdchn. (49, 53.)

*Aeschines d. Sokratikers Gespräche u. *Cebes d. Thebaners Gemälde, übers. v. K. Pfaff. (23.)

Cebes, Gemälde, s. Aeschines d. Sokrat.

Dio Cassius, römische Geschichte, übers. v. Leonh. Tafel. 1—5. Bdchn. (92, 103, 108, 113, 134.)

*Diodor, histor. Bibliothek, übers. v. J. F. Wurm. 11 Bdchn. (20, 35, 56, 61, 88, 98, 102, 117, 122, 124, 140.)

Dionysius v. Halikarnaß, Werke, 1—4. Bdchn.
Bdchn. 1—4. Urgeschichte d. Römer, übers. v. G. J. Schaller. 4 Bdchn. (9, 17, 64, 120.)

*Herodian, Gesch. d. Kaiserthums, seit dem Tode d. Marcus, übers. v. C. N. Osiander. 2 Bdchn. (73, 75.)

*Herodot, Geschichte, übers. v. A. Schöll. 11 Bdchn. (34, 37, 45, 59, 60, 78, 100, 101, 112, 115, 116.)

*Isäus d. Redner, übers. v. G. F. Schömann. 2 Bdchn.
Bdchn. 1. Reden üb. d. Erbschaften d. Kleonymus, Menekles, Pyrrhus, Nikostratus u. Dikäogenes. (70.)
= 2. Reden üb. d. Erbschaften d. Philoktemon, Apollodorus, Ciron, Astyphilus, Aristarchus u. Hagnias. (71.)

Isokrates, Werke, übers. v. Ad. Heinr. Christian. 1—3. Bdchn.
Bdchn. 1. Demonikus. Nikokles. Evagoras. (128.)
= 2. Panegyrikus. Philippus. (136.)
= 3. Archidamus. Areopagiticus. (138.)

Kallistratus, Werke, s. Philostratus.

*Longus, Hirtengeschichten v. Daphnis u. Chloe in 4 Büchern. Uebers. v. Fr. Jacobs. (125.)

Prosaiker, Griechische, rc.

*Lucian, Werke, übers. v. Aug. Pauly. 15. Bdchn.
Bdchn. 1. Der Traum. Prometheus. Nigrinus. Timon. Der Eisvogel od. die Verwandlung. Prometheus od. der Kaukasus. (3.)
= 2. Göttergespräche. Meergöttergespräche. Todtengespräche. (5.)
= 3. Todtengespräche (Schluß). Menippus od. das Todtenorakel. Charon od. die Weltbeschauer. Die Opfer. Die Versteigerung der philosoph. Orden. Der Fischer od. die Auferstandenen. (7.)
= 4. Die Ueberfahrt od. der Tyrann. Die gedungenen Gelehrten. Schutzschrift f. die gedungenen Gelehrten. Ueber e. Versehen in d. Begrüßung. (8.)
= 5. Hermotimus od. von d. philosoph. Sekten. Herodot u. Aëtion. Zeuxis u. Antiochus. Harmonides. Der Scythe od. der Fremdling. (10.)
= 6. Wie soll man Geschichte schreiben? Die wahre Geschichte. Der Tyrannenmörder. (11.)
= 7. Der verstoßene Sohn. Der erste Phalaris. Der zweite Phalaris. Alexander od. der Lügenprophet. Ueber den mimischen Tanz. (22.)
= 8. Der Eunuch. Von d. Astrologie. Demónar. Die Bilder. Rechtfertigung d. Aufsatzes: „die Bilder.“ Toxaris od. die Freundschaft. (36.)
= 9. Lucius od. der Esel. Der überwiesene Jupiter. Der tragische Jupiter. Der Traum od. der Haushahn. (50.)
= 10. Anacharsis od. von d. Gymnastik. Icaromenippus od. die Luftreise. Der doppelt Angeklagte. Der Parasit od. Beweis, daß Schmarotzen eine Kunst sey. (58.)
= 11. Ueber das Trauern um die Verstorbenen. Die Rednerschule. Der Lügenfreund od. der Ungläubige. Hippias od. das Bad. Bacchus. Herkules. Der Bernstein od. die Schwäne am Po. Die Fliege. An einen Ignoranten. (76.)
= 12. Die Verläumdung. Apophras. Der Saal. Die Altgewordenen. Lob der Vaterstadt. Die Dipsaden. Ein kleiner Streit mit Hesiod. Das Schiff od. die Wünsche. (86.)
= 13. Hetärengespräche. Der Tod des Peregrinus. Die Entlaufenen. Die Saturnalien. Chronosolon. (105.)
= 14. Saturnalische Briefe. Das Gastmahl od. die Lapithen. Die Syrische Göttin. Lob des Demosthenes. (107.)
= 15. Die Götterversammlung. Der Cyniker. Philopatris. Charidemus od. üb. die Schönheit. Nero od. der Isthmuskanal. Tragopodagra. Sinngedichte. Register. (114.)

Pausanias, Beschreibung v. Griechenland, übers. v. C. G. Siebelis. 1—4. Bdchn.
Bdchn. 1. Buch 1 (Attika). (15.)
= 2. = 2 (Korinthiaka). (16.)
= 3. = 3 (Lakonika). (39).
= 4. = 4 (Messenika). (57).

Philostratus, Flav., d. Aelt. u. Jüng. u. Kallistratus Werke. 1—8. Bdchn.
*Bdchn. 1—5. Flav. Philostratus d. A. Werke, übers. v. Fr. Jacobs. 5 Bdchn.
Bdchn. 1. Heldengeschichten. (25.)
= 2—5. Leben d. Apollonius v. Tyana. 4 Bdchn. (48, 66, 106, 111.)
* = 6—8. Flav. Philostratus d. A. u. J., Gemälde. — Kallistratus, Standbilder, übers. v. Lindau. 3 Bdchn. (126, 130, 131.)

Plutarch, Werke, 1—8. u. 20—28. Bdchn.
Bdchn. 1—8. Vergleichende Lebensbeschreibungen, übers. v. J. G. Klaiber.
Bdchn. 1. Theseus. Romulus. Vergleichung Beider. (2.)
= 2. Lykurg. Numa. Vergleichung Lykurg's mit Numa. Solon. (14.)
= 3. Publicola. Vergleichung Solons mit Publicola. Themistokles. Camillus. (31.)
= 4. Perikles. Fabius Maximus. Vergleichung Beider. (55.)
= 5. Alcibiades. Caj. Marc. Coriolanus. Vergleichung Beider. (67.)
= 6. Timoleon. Aemilius Paulus. Vergleichung Beider. (81.)
= 7. Pelopidas. Marcellus. Vergleichung Beider. (85.)
= 8. Aristides. Marcus Cato d. Aeltere. Vergleichung Beider. (109.)
Bdchn. 20—28. Moralische Schriften, übers. v. J. Chr. F. Bähr.
Bdchn. 20. Ueber d. Erziehung der Kinder. Wie soll d. Jüngling die Dichter lesen.? Vom Hören. (38.)
= 21. Wie man den Schmeichler vom Freunde unterscheiden könne. Wie man seine Fortschritte in der Tugend bemerken könne. Wie man von seinen Feinden Nutzen ziehen könne. Ueber d. Menge der Freunde. (43.)
= 22. Vom Zufall. Ueber die Tugend u. das Laster. Trostschrift an Apollonius. Gesundheitsvorschriften. (47.)
= 23. Ehevorschriften. Das Gastmahl der sieben Weisen. Vom Aberglauben. Denksprüche v. Königen u. Feldherrn. (51.)
Bdchn. 24. Denksprüche v. Königen u. Feldherrn (Schluß). Denksprüche von Römern. Lakonische Denksprüche. (65.)
= 25. Lakonische Denksprüche (Schluß). Lakonische Gebräuche. Denksprüche von Spartanerinnen. Von den Tugenden der Weiber. (72.)
= 26. Fragen über Römische Gebräuche. Fragen über Griechische Gebräuche. (91.)
= 27. Parallelen Griech. u. Röm. Geschichten. Ueber das Glück der Römer. Von Alexanders d. Gr. Glück od. Tapferkeit. (104.)
= 28. Ob die Athener im Kriege od. in der Weisheit berühmter waren? Ueber Isis u. Osiris. (110.)

Polyän, Kriegslisten, übers. v. Wilh. Herm. Blume. 1. Bdchn (135.)

*Strabo, Geographie, übers. v. K. Kärcher. 9 Bdchn. (63, 68, 80, 83, 87, 127, 129, 141, 142.)

*Thucydides, Geschichte d. Peloponnesischen Kriegs, übers. v. C. N. Osiander. 7 Bdchn. (1, 4, 6, 12, 33, 44, 46.)

*Xenophon, Werke. 16 Bdchn.
Bdchn. 1—3. Cyropädie, übers. v. Chr. Walz. (13, 18, 19.)
= 4., 5. Erinnerungen an Sokrates, Vertheidigung d. Sokrates u. Gastmal, übers. v. Chr. Eb. Finckh. (21, 24.)
= 6—8. Feldzug d. jüngern Cyrus, übers. v. Leonh. Tafel. (26—28.)
= 9. Von d. Haushaltungskunst u. Hiero od. Herrscherleben, übers. v. A. H. Christian (40.)
= 10., 11. Lobrede auf Agesilaus Staatsverfassung d. Lacedämonier u. Staatsverfassung d. Athener. Von d. Reitkunst u. der Reiterei-Befehlshaber, übers. v. A. H. Christian. (69, 82.)
= 12. Von d. Jagd u. Briefe, übers. v. A. H. Christian. (94.)
= 13—16. Hellenische Geschichte, übers. v. C. N. Osiander. (95—97, 99.)

Prosaiker, Griechische, in neuen Uebersetzungen. Hrsg. v. G. L. F. Tafel, C. N. v. Osiander u. G. Schwab. 143—217. Bdchn. kl. 8. (à ca. 7—10 B.) Stuttgart 836—42, Metzler'sche Buchh. Bei Abnahme der ganzen Samml. à
Einzeln à

Bdchn. 143. Isokrates, 4.	Bdchn. 169. Diodor, 13.
= 144. Isokrates, 5.	= 170. Plutarch, 32.
= 145. Plutarch, 29.	= 171. Dionysius, 5.
= 146. Plutarch, 30.	= 172. Diodor, 14.
= 147. Strabo, 10.	= 173. Heliodor, 3.
= 148. Strabo, 11.	= 174. Plutarch, 10.
= 149. Plutarch, 9.	= 175. Dio Cassius, 8.
= 150. Strabo, 12.	= 176. Dio Cassius, 9.
= 151. Isokrates, 6.	= 177. Dio Cassius, 10.
= 152. Isokrates, 7.	= 178. Dio Cassius, 11.
= 153. Isokrates, 8.	= 179. Demosthenes, 1.

:	154. Aristoteles, 3.	:	180. Demosthenes, 2.
:	155. Aristoteles, 4.	:	181. Demosthenes, 3.
:	156. Parthenius u. Antonius Lib.	:	182. Aelian, 1.
:	157. Aristoteles, 5.	:	183. Diodor, 15.
:	158. Appian, 13.	:	184. Dio Cassius, 12.
:	159. Appian, 14.	:	185. Demosthenes, 4.
:	160. Appian, 15.	:	186. Aelian, 2.
:	161. Polyänus, 2.	:	187. Aelian, 3.
:	162. Heliodor, 1.	:	188. Diodor, 16.
:	163. Diodor, 12.	:	189. Aelian, 4.
:	164. Dio Cassius, 6.	:	190. Demosthenes, 5.
:	165. Aristoteles, 6.	:	191. Demosthenes, 6.
:	166. Plutarch, 31.	:	192. Dio Cassius, 13.
:	167. Dio Cassius, 7.	:	193. Diodor, 17.
:	168. Heliodor, 2.	:	195. Diodor, 19.

Prosaiker, Griechische, 2c.

Bdchn.	196. Aristoteles, 7.	Bdchn.	207. Demosthenes, 14
:	197. Demosthenes, 7.	:	208. Demosthenes, 15
:	198. Demosthenes, 8.	:	209. Demosthenes, 16
:	199. Demosthenes, 9.	:	210. Demosthenes, 17
:	200. Aelian, 5.	:	211. Demosthenes, 18.
:	201. Aristoteles, 8.	:	212. Aristoteles, 9.
:	202. Aelian, 6.	:	213. Aristoteles, 10.
:	203. Demosthenes, 10.	:	214. Aelian, 7.
:	204. Demosthenes, 11.	:	215. Aelian, 8.
:	205. Demosthenes, 12.	:	216. Demosthenes, 19.
:	206. Demosthenes, 13.	:	217. Aelian, 9.

1—142. Bdchn. Ebendas. 1826—35. In der Samml. à 3 Gr., einzeln à 4 Gr.

Alphabetische Zusammenstellung der in dieser Sammlung enthaltenen Schriftsteller (Fortsetzung).

[Alle mit * bemerkten Autoren sind bereits vollständig erschienen. — Die in ( ) eingeschlossenen Zahlen bezeichnen die Stellung der Bändchen in der ganzen Sammlung.]

*Aelianus, Claud., Werke. 9 Bdchn.
Bdchn. 1—3. Vermischte Nachrichten, übers. v. Wunderlich. (182, 186, 187.)
: 4—9. Thiergeschichte, übers. v. Friedr. Jacobs. (189, 200, 202, 214, 215, 217.)

Antoninus Liberalis, s. Parthenius.

*Appian, römische Geschichten, übers. v. F. L. J. Dillenius. 13—15. (letzt.) Bdchn.
Bdchn. 13. Bürgerkriege (Schluß). Römisch-parthische Geschichte. Sach- u. Personenregister (Anfang). (158.)
: 14., 15. Sach- u. Personenregister (Schluß). (159, 160.)

Aristoteles Werke. 3—10. Bdchn.
Bdchn. 3. Kategorien. Von d. Rede, als Ausdruck d. Gedanken, übers. v. Karl Zell. (154.)
: 4—6. Die ersten Analytika, übers. v. dems. (155, 157, 165.)
: 7. Die zweiten Analytika, übers. v. dems. (196.)
: 8. Rhetorik an Alexander, übers. v. Leonh. Sprengel, u. Poetik, übers. v. Chr. Walz. (201.)
: 9., 10. Topika, übers. v. Karl Zell. Buch 1—6. (212, 213.)

Demosthenes Werke, übers. v. Heinr. Aug. Pabst. 19 Bdchn.
Bdchn. 1. 1—3. olynthische Rede; 1. u. 2. Rede gegen Philippus; Rede üb. d. Frieden. (179.)
: 2. Rede üb. Halonesus; Rede üb. den Chersones; 3. u. 4. Rede geg. Philippus. (180.)
: 3. Rede üb. das Schreiben d. Philippus; Rede üb. d. Einrichtung d. Staats; Rede üb. d. Besteuerungsklassen; Rede üb. d. Freiheit d. Rhodier; Rede üb. d. Megalopoliter; Rede üb. d. Bündniß mit Alexander. (181.)
: 4. Rede f. d. Krone, 1. Hälfte. (185.)
: 5. Rede f. d. Krone, Schluß; Rede üb. d. Truggesandtschaft, 1. Hälfte. (190.)
: 6. Rede üb. d. Truggesandtschaft, Schluß. (191.)
: 7. Rede geg. Leptines; Rede geg. Midias, 1. Hälfte. (197.)
: 8. Rede geg. Midias, Schluß; Rede geg. Androtion. (198.)
: 9. Rede geg. Aristokrates. (199.)
: 10. Rede geg. Timokrates. (203.)
: 11. 1. u. 2. Rede geg. Aristogiton; 1—3. Rede geg. Aphobus. (204.)
: 12. 1. u. 2. Rede geg. Onetor; Rede geg. Zenothemis; Rede geg. Apaturius; Rede geg. Phormio; Rede geg. Lakritus. (205.)
: 13. Rede f. Phormio; Rede geg. Pantänetus; Rede geg. Nausimachus u. Xenopeithes; 1. u. 2. Rede geg. Böotus. (206.)
: 14. Rede geg. Spudias; Rede geg. Phänippus; Rede geg. Makartatus; Rede geg. Leochares. (207.)
: 15. 1. u. 2. Rede geg. Stephanus; Rede geg. Euergus u. Mnesibulus; Rede geg. Olympiodorus. (208.)
: 16. Rede geg. Timotheus; Rede geg. Polykles; Rede üb. d. trierarische Krone; Rede geg. Kallippus; Rede geg. Nikostratus; Rede geg. Konon. (209.)
: 17. Rede geg. Kallikles; Rede geg. Dionysodorus; Rede geg. Eubulides; Rede geg. Theokrines. (210.)
: 18. Rede geg. Neära; — Demosthenes Leichenrede; Lobrede auf Epikrates. (211.)
: 19. Exordien; Briefe. (216.)

Dio Cassius, römische Geschichte, übers. v. Leonh. Tafel. 6—13. Bdchn. (164, 167, 175, 176, 177, 178, 184, 192.)

*Diodor, histor. Bibliothek, übers. v. J. F. Wurm. 12—19. (letzt.) Bdchn. (163, 169, 172, 183, 188, 193, 194, 195.)

Dionysius v. Halikarnaß, Werke. 5. Bdchn.
Bdchn. 5. Urgeschichte d. Römer, übers. v. G. J. Schaller. (Fortsetz.) (171.)

*Heliodor, zehn Bücher äthiopischer Geschichten, übers. v. Friedr. Jacobs. 3 Bdchn. (162, 168, 173.)

*Isokrates Werke, übers. v. Ad. Heinr. Christian. 4—8. (letzt.) Bdchn.
Bdchn. 4. Vom Frieden. Lobrede auf Helena. Busiris. Gegen d. Sophisten. (143.)
: 5. Panathenaïcus. Plataïcus. (144.)
: 6. Vom Vermögenstausche. (151.)
: 7. Von d. Pferdegespann. Trapezitieus. Einrede gegen Kallimachus. Aeginetieus. (152.)
: 8. Gegen Lochites. Gegen Euthynus. Rhetorik. Briefe. (153.)

*Parthenius, des Nicäers, Liebesgeschichten, u. Antoninus Liberalis Sammlung v. Verwandlungen, übers. v. Friedr. Jacobs. (156.)

Plutarch, Werke. 9. 10. 29—32. Bdchn.
Bdchn. 9. u. 10. Vergleichende Lebensbeschreibungen, übers. v. J. G. Klaiber.
Bdchn. 9. Philopömen. T. Quintius Flaminius. Vergleichung Beider. (149.)
: 10. Caj. Marius. Lysander. (174.)
Bdchn. 29—32. Moralische Schriften, übers. v. J. Chr. Fr. Bähr.
Bdchn. 29. Ueber das Ey zu Delphi. Warum d. Pythia ihre Orakel nicht mehr in Versen ertheile. Ueber d. Verfall d. Orakel. (145.)
: 30. Daß d. Tugend gelehrt werden könne. Ueber d. moral. Tugend. Ueber d. Bezähmung d. Zorns. (146.)
: 31. Ueber d. Bruderliebe. Ueber d. Liebe zu d. Kindern. Ob d. Laster hinreichend sei 2c. Ob d. Leiden d. Seele 2c. Ueber d. Geschwätzigkeit. Von d. Neugierde. (166.)
: 32. Von d. Liebe zum Reichthum. Von d. falschen Schaam. Ueber Neid u. Haß. Wie man ohne anzustoßen, sich selbst loben kann. Ueber d. späten Vollzug d. göttl. Strafe. (170.)

Polyän, Kriegslisten, übers. v. Wilh. Herm. Blume. 2. Bdchn. (161.)

*Strabo, Geographie, übers. v. Karl Kärcher. 10—12. (letzt.) Bdchn. (147, 148, 150.)

Prosaiker, griechische, in neuen Uebersetzungen. Hrsg. v. G. L. F. Tafel, C. N. v. Osiander u. G. Schwab. 218—220. Bdchn. 16. (25¼ B.) Stuttgart 844, Metzler'sche Bh. Bei Abnahme der ganzen Sammlung à Bdchn. 3¾ Ngr. Einzeln à Thlr.

Inhalt:

Dio Cassius römische Geschichte, übers. v. Leonh. Tafel. 14—16. Bdchn. (Schluß.)

Vgl. 9. Bd. 2. Abthl. S. 144.

Prosaiker, griechische, in neuen Uebersetzungen. Hrsg. von C. N. v. Osiander und G. Schwab. 221—230. Bdchn. gr. 16. Stuttgart 847—50, Metzler'sche Buchh. à Bdchn. 3¾ Ngr. Einzelne Bdchn. à

Inhalt:

Dionysius von Halikarnaß Werke. (6—12. Bdchn.): Urgeschichte der Römer, übers. von Adph. Heinr. Christian. 6—12. Bdchn.

Aristoteles Werke. (11—13. Bdchn.) Schriften zur Naturphilosophie. 1—3. Bdchn. Uebers. von F. A. Kreuz.

Vgl. 10. Bd. 2. Abthl. S. 131.

Prosaiker, griechische, in neuen Uebersetzungen. Hrsg. von C. N. v. Osiander und G. Schwab. 231—275. Bdchn. 16. Stuttgart 853—56, Metzler'sche Buchh. à Bdchn. 3¾ Ngr. 5 Einzelne Bdchn. à

Inhalt:

Platon's Werke. 1. Gruppe: Gespräche zur Verherrlichung des Sokrates. 1. und 2. Bdchn.: Phaidros oder vom Schönen. Lysis oder von der Freundschaft. Uebers. von L. Georgii. (S. 1—252.) [231. und 232. Bdchn.]

Plutarch's Werke. 11. Bdchn.: Vergleichende Lebensbeschreibungen übers. von J. G. Klaiber. 11. Bdchn. (S. 1297—1402.) [233. Bdchn.]

Pausanias des Perlegeten Beschreibung von Griechenland, aus dem Griech. übers. von H. Reichardt. 5—9. Bdchn. (S. 527—1104. Schluß.) [234—236. 238. und 244. Bdchn.]

Flavius Philostratus, des Aeltern, Werke. 6. und 7. Bdchn. oder 3. Abthl.: Briefe des Apollonius; Lebensbeschreibungen der Sophisten; und kleine Schriften. Uebers. von Adph. Heinr. Christian. (S. 1095—1384.) [237. und 240. Bdchn.]

Plutarch's Werke. 12. Bdchn.: Vergleichende Lebensbeschreibungen. 12. Bdchn. übers. von C. Fuchs. (S. 1407—1549.) [239. Bdchn.]

Platon's Werke. 1. Gruppe: Gespräche zur Verherrlichung des Sokrates. 3. Bdchn.: Das Gastmahl. Uebers. von Fr. Susemihl; und 4. Bdchn.: Phaidon. Uebers. von L. Georgii. (S. 257—548.) [241. und 245. Bdchn.]

Polyän's Kriegslisten. Uebers. von Wilh. Herm. Blume und Carl Fuchs. 3. und 4. Bdchn. (S. 229—432. Schluß.) [242. und 243. Bdchn.]

Plutarch's Werke. 13. und 14. Bdchn.: Vergleichende Lebensbeschreibungen. 13. und 14. Bdchn., übers. von C. Fuchs. (S. 1555—1769.) [246. und 255. Bdchn.]

Platon's Werke. 4. Gruppe: Die Platonische Kosmik. 1. und 2. Bdchn.: Zehn Bücher vom Staate. 1. und 2. Bdchn. von Wilh. Sigm. Teuffel. (S. 1—259.) [247. und 248. Bdchn.]

Des Flavius Josephus Werke. 1.: Geschichte des jüdischen Krieges, übers. von Heinr. Paret. 1—3. Bdchn. (S. 1—492.) [249. 250. und 253. Bdchn.]

Platon's Werke. 3. Gruppe: Dialektische Gespräche, übers. von Jul. Deuschle. 1. Bdchn.: Kratylos. (S. 1—132.) [251. Bdchn.]

—— dass. — 1. Gruppe: Gespräche zur Verherrlichung des Sokrates. 5. Bdchn.: Menexenos und Hippias der größere, übers. von L. Georgii. (S. 551—668.) [254. Bdchn.]

Des Flavius Josephus Werke. 1. Geschichte des jüdischen Krieges, übers. von Heinr. Paret. 5. und 6. Bdchn. (S. 493—733. Schluß.) [256. und 257. Bdchn.]

Aristoteles Werke. III. Schriften zur Naturphilosophie. 4. Bdchn.: Thiergeschichte in 10 Büchern. Uebers. und erläutert von Ph. H. Külb. 1. Bdchn. (S. 373—495.) [258. Bdchn.]

Platons Werke. 4. Gruppe: (Die Platonische Kosmik. 3. Bdchn.; Zehn Bücher vom Staate. 3. Bdchn.); von Wilh. Wiegand. (S. 261—367.) [259. Bdchn.]

Des Kaisers Julianus Caesaren, übers. von C. N. v. Osiander und: Bartscind, übers. von H. Reichardt. (111 S.) [260. Bdchn.]

Plutarch's Werke. 33. Bdchn. (II. Moralische Schriften. 14. Bdchn.) übers. von H. Reichardt. (S. 1761—1870.) [261. Bdchn.]

Platon's Werke. 4. Gruppe: Die Platonische Kosmik. 4—6. Bdchn. (Zehn Bücher vom Staate. 4. und 5. Bdchn. von Wilh. Wiegand; und: Timaios übers. von Frz. Susemihl. 1. Bdchn.) (S. 388—756.) [262. 267. und 274. Bdchn.]

Aristoteles Werke. III.: Schriften zur Naturphilosophie. 5. Bdchn. Thiergeschichte in 10 Büchern. Uebers. und erläutert von Ph. H. Külb. 2. Bdchn. (S. 496—620.) [263. Bdchn.]

Platon's Werke. 2. Gruppe: Gespräche prakt. Inhalts. 1. und 2. Bdchn.: Protagoras. Uebers. von Fr. Susemihl. Hippias der Kleinere und Euthyphron, übers. von L. Georgii. (S. 1—237.) [264. und 275 Bdchn.]

Aristoteles Werke. VI.: Schriften zur prakt. Philosophie. 1—4. Bdchn. (Nikomachische Ethik, übers. von J. Rieckher; und Acht Bücher vom Staate, übers. von C. Fr. Schnitzer.) (S. 1—440.) [265. 268. 272. und 273. Bdchn.)

Plutarch's Werke. 34. und 35. Bdchn. (II. Moralische Schriften. 15. und 16. Bdchn.), übers. von H. Reichardt. (S. 1871—2066.) [266. und 271. Bdchn.]

Platon's Werke. 3. Gruppe: Dialektische Gespräche. Uebers. von Jul. Deuschle. 2. Bdchn.: Theaitetos. (S. 133—291.) [269. Bdchn.]

Plutarch's Werke. 15. Bdchn.: Vergleichende Lebensbeschreibungen. 15. Bdchn., übers. von C. Fuchs. (S. 1771—1896.) [270. Bdchn.]

Vgl. 11. Bd. 1. Abthl. S. 143.

Prosaiker, griechische, in neuen Uebersetzungen Hrsg. von C. N. v. Osiander und G. Schwab. 276—327. Bdchn. 16. Stuttgart 856—62, Metzler'sche Buchh. Verlags-Conto. à Bdchn. * 3¾ Ngr. *

Einzelne Bdchn.

Inhalt:

Bdchn. 276., 280. Aristoteles Werke. VI. Schriften zur praktischen Philosophie. 5. und 6. Bdchn.: Acht Bücher vom Staate übers. von C. Fr. Schnitzer. (S. 441—731.)

„ 277. Platon's Werke. 4. Gruppe: Die Platonische Kosmik. 7. Bdchn.: Timaios übers. von Frz. Susemihl. 2. Bdchn. (S. 757—883.)

„ 278. Des Flavius Josephus Werke. 7. Bdchn. (II. Ueber das hohe Alter des jüdischen Volkes, gegen Apion.) übers. von Heinr. Paret. (S. 735—861.)

279. Plutarch's Werke. 36. Bdchn. (II. Moralische Schriften. 17. Bdchn.) übers. von H. Reichardt. (S. 2087—2225.)

„ 281., 282. 285—287. Aristoteles Werke. III. Schriften zur Naturphilosophie. 6—10. Bdchn.: Thiergeschichte in zehn Büchern. 3—5. Bdchn. — Von den Theilen der Thiere. Vier Bücher. 1. und 2. Bdchn. Uebers. und erläutert von Ph. H. Kulb. (S. 621—1388.)

„ 283., 284. Platon's Werke. 4. Gruppe: Die Platonische Kosmik. 8. Bdchn.: Kritias, übers. von Frz. Susemihl. Mit einem Anhang: Timaios der Lokrer über die Weltseele. (S. 884—968.) und 1. Gruppe: Gespräche zur Verherrlichung des Sokrates. 6. Bdchn.: Apologie und Kriton übers. von L. Georgii. (S. 669—796.)

„ 288. Plutarch's Werke. 16. Bdchn.: Vergleichende Lebensbeschreibungen. 16. Bdchn., übers. von J. F. C. Campe. (S. 1897—2004.)

„ 289. Platon's Werke. 3. Gruppe: Dialektische Gespräche. übers. von Jul. Deuschle. 3. Bdchn.: Der Sophist (S. 292—419.)

„ 290. Plutarch's Werke 17. Bdchn.: Vergleichende Lebensbeschreibungen. 17. Bdchn., übers. von J. F. C. Campe. (S. 2005—2090.)

„ 291—293. —— dass. — 18., 19. und 37. Bdchn.: Vergleichende Lebensbeschreibungen. 18—20. Bdchn. übers. von Demselben. (S. 2091—2456.)

294. Aristoteles Werke. VI. Schriften zur praktischen Philosophie. 7. Bdchn.: Eudemische Ethik übers. von J. Rieckher. (S. 737—899.)

„ 295. Platon's Werke. 2. Gruppe: Gespräche praktischen Inhalts. 3. Bdchn.: Gorgias, übers. von Jul. Deuschle. (S. 238—405.)

„ 296. Aristoteles Werke. VI. Schriften zur praktischen Philosophie. 8. Bdchn.: Große Ethik, nebst der Schrift über die Tugenden und die Laster, übers von J. Rieckher. (S. 900—1027.)

„ 297—299. 302. Plutarch's Werke. 38—41. Bdchn.: Vergleichende Lebensbeschreibungen. 21—24. Bdchn.. übers. von J. F. C. Campe. (S. 2457—2911.)

„ 300. Teophrast's Charaktere. Uebers. von C. Fr. Schnitzer. (158 S.)

„ 301., 303. Platon's Werke. 5. Gruppe: Zweifelhaftes und Unächtes. 2 Bdchn.: Dreizehn Briefe zum ersten Male verdeutscht und durch Anmerkungen erläutert von Wilh. Wiegand. 2 Bdchn. (254 S.)

„ 304. Aristoteles Werke. VII. Geschichtliche und vermischte Schriften. 1. Bdchn. Uebers. von C. Fr. Schnitzer. (84 S.)

„ 305., 306. Plutarch's Werke. 42. und 43. Bdchn. II. Moralische Schriften. 18. Bdchn., übers. von Wilh. Rösch, und 19. Bdchn., übers. von C. Fr. Schnitzer. (S. 2226—2460.)

„ 307., 308. 311., 312. Aristoteles Werke. V. Schriften zur theoretischen Philosophie. 1—4. Bdchn.: Metaphysik, in 14 Büchern, übers. von J. Rieckher. 4 Bdchn. (430 S.)

„ 309., 310. Platon's Werke. 2. Gruppe: Gespräche praktischen Inhalts. 4. Bdchn.: Menon, und 5. Bdchn.: Laches und Charmides, übers. von L. Georgii. (S. 406—623.)

„ 313—317. 320., 322. Plutarch's Werke. 44—50. Bdchn. II. Moralische Schriften. 20—26. Bdchn., übers. von C. Fr. Schnitzer. (S. 2461—3318.)

„ 318., 319. 321. Polybios Geschichten, übers. von J. F. C. Campe. 1—3. Bdchn. (389 S.)

„ 323., 325. Platon's Werke. 3. Gruppe: Dialektische Gespräche, übers. von Jul. Deuschle. 4. Bdchn.: Der Staatsmann. (S. 425—544.) und 4. Gruppe: Die Platonische Kosmik. 9. Bdchn.: Die Gesetze. 12 Bücher, übers. von Frz. Susemihl. 1. Bdchn. (S. 973—1103.)

„ 324., 326. 327. Polybios Geschichten, übers. von J. F. C. Campe. 4—6. Bdchn. (S. 390—720.)

Alphabetische Uebersicht der in den vorstehenden Bändchen dieser Sammlung enthaltenen Schriftsteller.

Aristoteles. 276. 280—282. 285—287. 294. 296. 304. 307. 308. 311. 312. Bdchn.
Josephus, Flavius. 278. Bdchn.
Platon. 277. 283. 284. 289. 295. 301. 303. 309. 310. 323. 325. Bdchn.
Plutarch 279. 288. 290—293. 297—299. 302. 305. 306. 313—317. 320. 322. Bdchn.
Polybios. 318. 319. 321. 324. 326. 327. Bdchn.
Theophrast. 300. Bdchn.

Prosaiker, griechische, in neuen Uebersetzungen. Hrsg. von C. N. v. Osiander und G. Schwab. 328.—355. Bdchn. gr. 16. Stuttgart 862—69, Metzler's Verlag. à Bdchn. 3¾ Ngr.

Einzelne Bdchn. (5 Ngr.); ermäßigter Preis

Inhalt:

Bdchn. 328. Aristoteles Werke. Organon, oder Schriften zur Logik. Uebers. von Karl Zell. 8. Bdchn. (S. 905—1084.)

„ 329—331. 333. 335. 337. 339. 341. Polybios Geschichten, übers. von J. F. C. Campe. 7.—14. Bdchn. (XLIV und S. 721—1668.)

„ 332. 334. 336. 338. 340. 342. Platon's Werke. 4. Gruppe: Die Platonische Kosmik. 10.—15. Bdchn. Die Gesetze. 12 Bücher übers. von Frz. Susemihl. 2.—7. Bdchn. (S. 1101—1930.)

„ 343. 344. 346. 347. —— dass. — 5. Gruppe: Zweifelhaftes und Unächtes. Uebers. von Frz. Susemihl. 3.—6. Bdchn. (S. 259—733.)

„ 345. Hypereides erhaltene Reden, zum ersten Mal ins Deutsche übers. von W. S. Teuffel. Lykurgos Rede gegen Leokrates, übers. von Carl Holzer. (144 S.)

„ 348. 349. Platon's Werke. 3. Gruppe: Dialektische Gespräche. Uebers. von Frz. Susemihl. 5. und 6. Bdchn. (S. 545—842.)

„ 350—353. Die erhaltenen Reden des Lysias, übers., erläut. und mit Einleitung versehen von Ferd. Baur. 4 Bdchn. 2. Aufl. (488 S.)

„ 354. 355. Platon's Werke. 2. Gruppe: Gespräche praktischen Inhalts. 6. und 7. Bdchn.: Philebos, übers. von L. Georgii. 2 Bdchn. (S. 629—850.)

—— **griechische, in neuen Uebersetzungen.** Hrsg. von C. N. v. Osiander und G. Schwab. 4., 6., 13., 21., 26., 27., 44., 95., 96., 136., 179., 284. und 351. Bdchn. 16. Stuttgart, Metzler's Verlag. à Bdchn. (40 Pf.) *

Inhalt:

Bdchn. 4. 6. 44. Thucydides, Geschichte des peloponnesischen Krieges, übers. von C. N. v. Osiander. 2. Bdchn. 5. Aufl. (S. 141—244.); 3. Bdchn. 4. Aufl. (S. 245—356.); 6. Bdchn. 3. Aufl. (142 S.) 871.

„ 13. 21. Xenophon's von Athen Werke. 1. Bdchn. Kyropädie, übers. von Chrn. Walz. 1. Bdchn. 4. Aufl. (69 S.) 871; 4. Bdchn.: Erinnerungen an Sokrates, übers. von Chrph. Eberh. Finckh. 1. Bdchn. 4. Aufl. 1869, und 5. Aufl. (S. 347—548.) 873.

„ 26. 27. —— dass. — 6. und 7. Bdchn.: Feldzug des jüngern Cyrus, übers. von Leonh. Tafel. 1. Bdchn. 6. Aufl. (S. 711—820.); und 2. Bdchn. 5. Aufl. (823—907.) 871.

„ 95. 96. —— dass. — 13. und 14. Bdchn.: Hellenische Geschichte, übers. von C. N. v. Osiander. 1. Bdchn. 3. Aufl. (102 S.); 2. Bdchn. 2. Aufl. (S. 1675—1780.) 869.

„ 136. Isokrates' Werke, übers. von Adph. Heinr. Christian. 2. Bdchn. 3. Aufl. (S. 139—302.) 869.

„ 179. Demosthenes' Werke. 1. Bdchn. Uebersetzt von L. Döderlein. Mit einer Einleitung zu Demosthenes von R. Rauchenstein. 3. Aufl. (144 S.) 869.

„ 284. Platon's Werke. 1. Gruppe: Gespräche zur Verherrlichung des Sokrates. 6. Bdchn.: Apologie und Kriton übers. von L. Georgii. 3. Aufl. (S. 671—796.) 871.

„ 351. Die erhaltenen Reden des Lysias, übers., erläut. und mit Einleitungen versehen von Ferd. Baur. 2. Bdchn. 3. Aufl. (S. 137—252.) 872.

Die ganze Sammlung 1.—355. Bdchn. *M. 177,50.

Prosaiker, griechische, in neuen Uebersetzungen. Hrsg. von C. N. v. Osiander und G. Schwab. 1., 4., 6., 23., 31., 37., 38., 44., 45., 60., 78., 95.—97., 101., 109., 112., 115., 179., 180., 241., 275., 284., 295., 310., 345. und 351.—353. Bdchn. 16. Stuttgart, Metzler'sche Buchh. à Bdchn.

Inhalt:

Bdchn. 23. Aeschines', des Sokratikers, Gespräche, und Cebes', des Thebaners, Gemälde. Uebers. von Karl Pfaff. 2. Aufl. (107 S.) 883.

„ 179. 180. Demosthenes' Werke. 1. Bdchn.: Olynthische Rede; erste und zweite Rede gegen Philippus; Rede über den Frieden (peri Eirenes). Uebers. von. L. Döderlein. 5. Aufl. (S. 1—144.) 881. — 2. Bdchn.: Rede über Halonesus; Rede über den Chersones; dritte und vierte Rede gegen Philippus. Uebers. von H. A. Pabst. 4. Aufl. (S. 149—254.) 884.

„ 37. 45. 60. 78. 101. 112. 115. Herodot's von Halikarnaß Geschichte. Uebers. von Adf. Schöll. 2. Bdchn. 4. Aufl. (S. 165—283.) 884; 3. Bdchn. 3. Aufl. (S. 289—394.) 884; 5. Bdchn. 4. Aufl. (S. 503—631.) 878; 6. Bdchn. 6. Aufl. (S. 637—738.) 873; 8. Bdchn. 7. Aufl. (S. 847—949.) 884; 9. Bdchn. 5. Aufl. (S. 955—1041.) 876; 10. Bdchn. 6. Aufl. (S. 1151—1212.) 882.

„ 345. Hypereides' erhaltene Reden. Zum ersten Mal ins Deutsche übers. von W. S. Teuffel. — Lykurgos' Rede gegen Leokrates. Uebers. von Carl Holzer. 2. Aufl. (144 S.) 882.

„ 351—353. Lysias' Reden. Uebers., erläut. und mit Einleitung versehen von F. Baur. 2. Bdchn. 4. Aufl. (S. 137—252.) 883; 3. Bdchn. 3. Aufl. (S. 257—371.) 884; 4. Bdchn. 3. Aufl. (S. 377—488.) 884.

„ 241. 284. Platon's Werke. 1. Gruppe: Gespräche zur Verherrlichung des Sokrates. Uebers. von L. Georgii und F. Susemihl. 3. Bdchn.: Das Gastmahl. Uebers. von F. Susemihl. 2. Aufl. (S. 257—387.) 876. — 6. Bdchn.: Apologie und Kriton. Uebers. von L. Georgii. 5. Aufl. (S. 671—795.) 883.

„ 275. 295. 310. —— dass. — 2. Gruppe: Gespräche praktischen Inhalts. 2. Bdchn.: Protagoras, Schluß [Anmerkungen]. Uebers. von F. Susemihl. — Hippias der Kleinere und Euthyphron. Uebers. von L. Georgii. 2. Aufl. (S. 121—237.) 884. — 3. Bdchn.: Gorgias. Uebers. von Jul. Deuschle. 2. Aufl. (S. 245—405.) 878. — 5. Bdchn.: Laches und Charmides. Uebers. von L. Georgii. 2. Aufl. (S. 501—623.) 882.

„ 31. 109. Plutarch's Werke. 3. Bdchn.: Vergleichende Lebensbeschreibungen. Uebers. von J. G. Klaiber. 3. Bdchn. 3. Aufl. (S. 259—368.) 882; 8. Bdchn. 2. Aufl. (S. 871—969.) 882.

„ 1. 4. 6. 38. 44. Thucydides' Geschichte des Peloponnesischen Krieges. Uebers. von C. N. v. Osiander. 1. und 2. Bdchn. 6. Aufl. (S. 1—244.) 876; 3. Bdchn. 5. Aufl. (S. 247—343.) 883; 5. und 6. Bdchn. 4. Aufl. (S. 475—763.) 879,84.

Bdchn. 95—97. Xenophon's von Athen Werke. 13. Bdchn.: Hellenische Geschichte. Uebers. von C. N. v. Osiander. 1. Bdchn. 5. Aufl. (S. 1575—1661.) 884; 2. Bdchn. 3. Aufl. (S. 1677—1780.) 876; 3. Bdchn. 2. Aufl. (S. 1785—1867.) 882.

Prosaiker, griechische, in neuen Übersetzungen. Hrsg. von C. N. v. Osiander und G. Schwab. 1. Bdchn.: Thucydides, Geschichte des peloponnesischen Krieges, übers. von C. N. v. Osiander. 1. Bdchn. 7. Aufl. 16. (124 S.) Stuttgart 887, Metzler's Verlag.

Prosaiker, griechische, in neuen Uebersetzungen. Hrsg. von C. N. v. Osiander u. G. Schwab. 26., 112. u. 352. Bdchn. 16. [Stuttg., Metzler's Verlag.] Ulm, Kerler.
à Bdchn. — 50; in Halbbdchn. à — 25
26. Xenophon's v. Athen Werke. 6. Bdchn. Feldzug d. jüngern Cyrus, übers. v. Leonh. Tafel. 1. Bdchn. 7. Aufl. (S. 713—820.) 889.
112. Herodot's v. Halikarnaß Geschichte. übers. von Adf. Schöll. 9. Bdchn. 6. Aufl. (S. 955—1041.)
352. Die erhaltenen Reden d. Lysias, übers. von Ferd. Baur. 3. Bdchn. 4. Aufl. (S. 257—371.)

Prosaiker, griechische, in neuen Uebersetzungen. Hrsg. von C. N. v. Osiander u. G. Schwab. 136. Bdchn. gr. 16. Ulm 895. H. Kerler. — 50
Isokrates' Werke, übers. v. Adf. Heinr. Christian. 2. Bdchn. Panegyricus; Philippus. 4. Aufl. (S. 141—302.)

Prosaiker, griechische, in neuen Uebersetzungen. Hrsg. v. G. L. F. Tafel, C. N. v. Osiander u. G. Schwab. Bdchn. 138, 181, 351 A u. 352 B. 12. Ulm, H. Kerler.
à — 50; Halbbdchn. à — 25
138. Isokrates' Werke, übers. v. Adph. Heinr. Christian. 3. Bdchn. Archidamus. Areopagitikus. 2. Aufl. (S. 309—404.) 897.
181. Demosthenes' Werke. Uebers. v. Heinr. Aug. Pabst. 3. Bdchn. 2. Aufl. Rede üb. das Schreiben d. Philippus; Rede üb. d. Einrichtg. d. Staats; Rede üb. d. Besteuerungsklassen; Rede üb. d. Freiheit d. Rhodier; Rede f. d. Megalopoliter; Rede üb. d. Bündniß m. Alexander. (S. 265—396.) 896.
351 A. Lysias' erhalt. Reden, übers., erläut. u. m. Einleitgn. versehen v. Ferd. Baur. 2. Bdchn. 5. Aufl. Abth. A. Vertheidigg. wegen d. Oelbaumes; Klage gegen Genossen wegen übler Nachrede. Rede f. d. Soldaten; I. u. II. Rede gegen Theomnestos; Rede gegen Eratosthenes (Anfang). (S. 131—196.) 896.
352 B. Dasselbe. 3. Bdchn. Abth. B. 4. Aufl. Vertheidigungsrede f. Polystratos, angeklagt d. Umsturzes d. Volksherrschaft (Schluß); Vertheidigungsrede wegen Bestechg.; Gegen d. Getreidehändler; Rede gegen Pantleon; Vertheidigungsrede geg. e. Antrag (Eisangelie) auf Entziehg. d. e. Gebrechlichen bewill. Geldunterstützg.; Vertheidigungsrede gegen d. Anklage auf Umsturz d. Verfassg. (S. 317—371.) 896.

Prosaiker, griechische, in neuen Uebersetzgn. Hrsg. von G. L. F. Tafel, C. N. v. Osiander u. G. Schwab. Bdchn. 58, 178 u. 275 B. 12. Ulm, H. Kerler. 1.25
58. Lucian's Werke, übers. v. Aug. Pauly. 10. Bdchn. 2. Aufl. (S. 1185—1320.) 902. — 50
178. Dio Cassius, römische Geschichte, übers. v. Leonh. Tafel. 11. Bdchn. 2. Aufl. (S. 1313—1435.) 898. — 50
275 B. Platon, Werke. II. Gruppe. 2. Bdchn. Abth. B. Euthyphron. Uebers., m. Einleitg. u. erklär. Anmerkgn. von L. Georatt. 2. Aufl. (S. 193—238d.) 900. — 25

Prosaiker, griechische, in neuen Uebersetzgn. Begründet von C. N. v. Osiander u. Gust. Schwab. Neue Folge. 1.—9. Bdchn. 12. Ulm, H. Kerler. à n. — 50
Dion Chrysostomos aus Prusa, übers. von Karl Kraut. 9 Bdchn. (720 S.) 899—901.

— — Römische, in neuen Uebersetzungen. Herausgegeben von G. L. F. Tafel, C. N. v. Osiander und G. Schwab. Ammianus Marcellinus (2 Bde.), Aurelius Victor, Sextus (1 Bd.), Cicero, Marcus Tulius (48 Bde.), Conelius Nepos (2 Bde.), Corvinus (1 Bd.), Curtius (4 Bde.), Eutropius (1 Bd.), Florus (2 Bde.), Justinus (1 Bd.), Plinius, Cajus, Secundus (40 Bde.), Quintilianus (5 Bde.), Salustius, Cajus Crispus (1 Bd.), Seneca (5 Bde.), Suetonius Tranquillus (1 Bd.), Tacitus, Cajus Cornelius (2 Bde.), Valerius Maximus (1 Bd.), Vellejus Paterculus (1 Bd.). (118 Bde.) 8. Stuttgart 1827—1857.

— Römische, in neuen Uebersetzungen. Hrsg. v. G. L. F. Tafel, C. N. Osiander u. G. Schwab. 1—111. Bdchn. 8. (à ca. 7—10 B.) Stuttgart 826—35, Metzler. à Thl..

Bdchn. 1. Livius, 1. 1—4. Aufl.
„ 2. ——, 2. 1—3. Aufl.
„ 3—5. Cicero, 1—3. 1—3. Aufl.
„ 6. Livius, 3. 1., 2. Aufl.
„ 7., 8. Cicero, 4., 5. 1., 2. Aufl.
„ 9. Plinius d. J., 1.
„ 10. Livius, 4.
„ 11. Cicero, 6.
„ 12., 13. Cornelius Nepos, 1., 2.
„ 14. Livius, 5.
„ 15. Ammianus Marcellinus, 1.
„ 16., 17. Cicero, 7., 8.
„ 18. Livius, 6.
„ 19., 20. Seneca, 1., 2.
„ 21. Livius, 7.
„ 22., 23. Cicero, 9., 10.
„ 24. Plinius d. J., 2.
„ 25. Seneca, 3.
„ 26—28. Livius, 8—10.
„ 29. Cicero, 11.
„ 30., 31. Valerius Max., 1., 2.
„ 32. Plinius d. J., 3.
„ 33. Seneca, 4.
„ 34. Eutrop.
„ 35. Valerius Max., 3.
„ 36. Sallust, 1.
„ 37., 38. Livius, 11., 12.
„ 39., 40. Valerius Max., 4., 5.
„ 41. Seneca, 5.
„ 42. Livius, 13.
„ 43., 44. Cicero, 12., 13.
„ 45., 46. Seneca, 6., 7.
„ 47. Livius, 14.
„ 48. Plinius d. J., 4.
„ 49. Livius, 15.
„ 50. Seneca, 8.
„ 51. Tacitus, 1.
„ 52. Cicero, 14.
„ 53—55. Seneca, 9—11.
„ 56. Livius, 16.
Bdchn. 57. M. V. Messala Corvinus, A. Ampelius u. S. Rufus.
„ 58. Cicero, 15.
„ 59. Tacitus, 2.
„ 60—62. Livius, 17—19.
„ 63—65. Tacitus, 3—5.
„ 66. Cicero, 27.
„ 67. Seneca, 12.
„ 68. Livius, 20.
„ 69. Cicero, 28.
„ 70—72. Livius, 21—23.
„ 73. Seneca, 13.
„ 74. Cicero, 16.
„ 75., 76. Vellejus, 1., 2.
„ 77. Cicero, 17.
„ 78., 79. ——, 29., 30.
„ 80. ——, 18.
„ 81—83. ——, 31—33.
„ 84., 85. Livius, 24., 25.
„ 86. Tacitus, 6.
„ 87. Cicero, 34.
„ 88. ——, 19.
„ 89. Tacitus, 7.
„ 90. Sueton, 1.
„ 91. Cicero, 35.
„ 92. ——, 20.
„ 93. Sueton, 2.
„ 94., 95. Justin, 1., 2.
„ 96., 97. Livius, 26., 27.
„ 98. Justin, 3.
„ 99. Sueton, 3.
„ 100. Cicero, 36.
„ 101., 2. Florus, 1., 2.
„ 103. Cicero, 37.
„ 104. Cäsar, 1.
„ 105. Florus, 3.
„ 106—10. Cicero, 38., 51—53., 39
„ 111. Seneca, 14.

Alphabetische Zusammenstellung der in dieser Sammlung enthaltenen Schriftsteller.
[Alle mit * bezeichneten Autoren sind bereits vollständig erschienen. — Die in ( ) eingeschlossenen Zahlen deuten auf die Stellung der Bändchen in der ganzen Sammlung.]

Ammianus Marcellinus, Römische Geschichte, übers. v. Ludw. Troß. 1 Bdchn. (15.)
Ampelius, Lucius, s. Messala.
Cäsar, Caj. Jul., Werke, übers. v. A. Baumstark. 1. Bdchn.
Bdchn. 1. Denkwürdigkeiten d. Gallischen Kriegs. 1. Bdchn. (104.)
Cicero, Marc. Tull., Werke. 1—20., 27—39. u. 51—53. Bdchn.
Bdchn. 1— 3. Tusculanische Unterredungen, übers. v. F. H. Kern. 3 Bdchn. (3, 4, 5.)
„ 4. Brutus, od. v. den berühmten Rednern, übers. v. C. A. Mebold. (7.)
„ 5. Cato d. Aeltere od. vom Greisenalter; u. Lälius od. v. der Freundschaft, übers. v. W. M. Pahl. (8.)
„ 6. Der Redner u. von d. besten Rednergattung, übers. v. C. A. Mebold. (11.)
„ 7., 8. Von d. Weissagung, u. v. Schicksal, übers. v. G. H. Moser. 2 Bdchn. (16, 17.)
„ 9., 10. Vom Staat, übers. v. G. H. Moser. 2 Bdchn. (22, 23.)
„ 11. Ueber d. Gesetze, übers. v. K. A. F. Seeger. (29.)
„ 12., 13. Ueber d. Wesen der Gottheit, übers. v. G. H. Moser. 2 Bdchn. (43, 44.)
„ 14—16. Vom Redner, übers. v. J. F. K. Dilthey. 3 Bdchn. (62, 58, 74.)
„ 17., 18. Akademische Untersuchungen, übers. v. G. H. Moser. 2 Bdchn. (77, 80.)
„ 19., 20. Drei Bücher üb. d. Pflichten, übers. v. G. G. Uebelen. 2 Bdchn. (88, 92.)
„ 27—39. Reden, übers. v. C. N. Osiander, 1—13. Bdchn.
Bdchn. 1. Rede f. Publicus Quintius u. Sext. Roscius. (66.)
„ 2. Rede f. d. Schauspieler G. Roscius. Rede gegen Quint. Cäcilius. 1. Rede geg. Verres. (69.)
„ 3—7. 2. Rede gegen Verres. 5 Bdchn. (78, 79, 81—83.)
„ 8. Rede f. Marcus Tullius, M. Fontejus, Aulus Cäcina. (87.)
„ 9. Rede f. d. Manilische Bill. Für Aulus Cluentius Avitus. (91.)
„ 10. Reden f. Aul. Cluent. Avitus. Rede bei d. Bewerbung um d. Consulat. (100.)
„ 11. 1. Rede geg. Pub. Servil. Rullus. 2. Rede geg. Pub. Rullus f. Cajus Rabirius. (103.)
„ 12. Reden gegen Catilina. (106.)
„ 13. Rede f. Lucius Murena. Rede f. Lucius Flaccus. (110.)
„ 51—53. Briefe, übers. v. G. H. Moser. 1—3. Bdchn.
Bdchn. 1. Briefe an Quint. Cicero. 1—3. Buch. (107.)
„ 2. Briefe an Marcus Brutus. 1. u. 2. Buch. (108.)
„ 3. Quint. Cicero's Buch üb. d. Bewerbung um d. Consulat. (109.)
*Cornelius Nepos, Leben ausgezeichneter Feldherren, übers. v. J. Dehlinger. 2 Bdchn. (12, 13.)
*Eutropius, Abriß d. Römischen Geschichte, übers. v. Fr. Hoffmann. (34.)
Florus, Luc. Ann., Abriß d. Römischen Geschichte, übers. v. Wilh. Math. Pahl. 1—3. Bdchn. (101, 102, 105.)
Justinus Philippische Geschichte, übers. u. mit erläut. Anmerkn. begleitet v. Chr. Schwarz. 1—3. Bdchn. (94, 95, 98.)
*Livius, Tit., Römische Geschichte, übers. v. C. F. Klaiber. 27 Bdchn. (1, 2, 6, 10, 14, 18, 21, 26, 27, 28, 37, 38, 42, 47, 49, 56, 60—62, 68, 70—72, 84, 85, 96, 97.)
*Messala Corvinus, Marc. Val., Lucius Ampelius u. Sext. Rufus, übers. v. Fr. Hoffmann. (57.)
*Plinius Cäcil. Secund. d. J., Caj., Werke, übers. v. C. F. A. Schott. 4 Bdchn. (9, 24, 32, 48.)
Rufus, Sextus, s. Messala.
Sallustius Crispus, Caj., Werke, übers. v. Aug. v. Görtz. 1. Bdchn.
Bdchn. 1. Verschwörung d. Catilina. Zwei Sendschreiben an Jul. Cäsar üb. d. Staatsverwaltung. (36.)
Seneca, d. Philos., Luc. Ann., Werke, 1—14. Bdchn.
Bdchn. 1—11. Abhandlungen, übers. v. J. M. Moser.

Bdchn. 1. Ueber d. Zorn, Buch 1 u. 2. (19.)
" 2. Ueber d. Zorn, Buch 3. Trostschrift an seine Mutter Helvia. (20.)
" 3. Trostschrift an Polybius. Trostschrift an Marcia. Von d. göttl. Vorsehung. (25.)
" 4. Von d. Gemüthsruhe. Von d. Unerschütterlichkeit des Weisen. Von d. Muße des Weisen. Von d. Gnade, an den Kaiser Nero. (33.)
" 5. Von d. Kürze d. Lebens. Vom seligen Leben. Von d. Wohlthaten, Buch 1. (41.)
" 6. Von d. Wohlthaten, Buch 2—4. (45.)
" 7. Von d. Wohlthaten, Buch 5. u. 6. (46.)

Seneca, d. Phil., Luc. Ann., Werke.
Bdchn. 8. Von d. Wohlthaten, Buch 7. Epigramme aus d. Verbannung. Spottschrift üb. d. Tod d. Kaisers Claudius. (50.)
" 9. Naturbetrachtungen, Buch 1 u. 2. (53.)
" 10. Naturbetrachtungen, Buch 3—5. (54.)
" 11. Naturbetrachtungen, Buch 6 u. 7. Nachlese aus Schriften v. Seneca. Bruchstücke aus dess. verloren gegangenen Schriften. (55.)
Bdchn. 12—14. Briefe, übers. v. Aug. Pauly. 1—3. Bdchn. (67, 73, 111.)

Suetonius Tranq., Caj., Werke, übers. u. mit Anmerkn. begleitet v. Karl Andree. 1—3. Bdchn.
Bdchn. 1. Lebensbeschreibungen, Caj. Jul. Cäsar. Caj. Jul. Cäsar Augustus. Kap. 1—28. (90.)
" 2., 3. Cäs. Aug. Kap. 29—Ende. Tiberius Nero Cäsar. Caj. Cäsar Caligula. (93, 99.)

Tacitus, Caj. Cornel., Werke, übers. v. H. Gutmann. 1—7. Bdchn.
Bdchn. 1. Agricola's Leben. Germanien. (51.)
" 2. Gespräche üb. d. Redner. (59.)
" 3—5. Geschichtsbücher (Historien). 3 Bdchn. (63—65.)
" 6., 7. Jahrbücher (Annalen). 1. u 2. Bdchn. (86, 89.)

*Valerius Maximus, Sammlung merkwürd. Reden u. Thaten, übers. v. Fr. Hoffmann. 5 Bdchn. (30, 31, 35, 39, 40.)

*Vellejus Paterc., Caj., Römische Geschichte, übers. u. mit Anmerkn. begleitet v. Wilh. Götte. 2 Bdchn. (75, 76.)

—— Römische, in neuen Uebersetzungen. Hrsg. v. G. L. F. Tafel, C. N. v. Osiander u. G. Schwab. 112—170. Bdchn. kl. 8. (à ca. 7—10 B.) Stuttgart 836—42, Metzler'sche Bh. Bei Abnahme d. ganzen Samml. à Thlr. Einzeln à

Bdchn. 112. Cicero, 40.	Bdchn. 142. Cicero, 50.
" 113. Cicero, 41.	" 143. Cicero, 77.
" 114. Sallust, 2.	" 144. Cicero, 78.
" 115. Seneca, 15.	" 145. Cicero, 79.
" 116. Cäsar, 2.	" 146. Cäsar, 4.
" 117. Cicero, 42.	" 147. Cäsar, 5.
" 118. Cicero, 21.	" 148. Cäsar, 6.
" 119. Cicero, 22.	" 149. Tacitus, 10.
" 120. Cicero, 43.	" 150. Cäsar, 7.
" 121. Cicero, 44.	" 151. Cicero, 56.
" 122. Justin, 4.	" 152. Cäsar, 8.
" 123. Justin, 5.	" 153. Cicero, 57.
" 124. Tacitus, 8.	" 154. Cicero, 58.
" 125. Tacitus, 9.	" 155. Plinius, C., 1.
" 126. Justin, 6.	" 156. Plinius, C., 2.
" 127. Cicero, 23.	" 157. Plinius, C., 3.
" 128. Cicero, 24.	" 158. Plinius, C., 4.
" 129. Cicero, 45.	" 159. Plinius, C., 5.
" 130. Cicero, 46.	" 160. Cicero, 26.
" 131. Aurelius Victor, 1.	" 161. Cicero, 59.
" 132. Aurelius Victor, 2.	" 162. Cicero, 60.
" 133. Aurelius Victor, 3.	" 163. Cicero, 61.
" 134. Plinius, C. C., d. J., 5.	" 164. Cicero, 62.
" 135. Cicero, 47.	" 165. Cicero, 63.
" 136. Cicero, 48.	" 166. Cicero, 64.
" 137. Cicero, 25.	" 167. Plinius, C., 6.
" 138. Cicero, 54.	" 168. Cicero, 65.
" 139. Cicero, 55.	" 169. Cicero, 66.
" 140. Cicero, 49.	" 170. Cicero, 67.
" 141. Cäsar, 3.	

1—111. Bdchn. Ebendas. 1826—35. Bei Abnahme d. ganzen Samml. à 3 Gr., einzeln à 4 Gr.

Alphabetische Zusammenstellung der in dieser Sammlung enthaltenen Schriftsteller (Fortsetzung).

[Alle mit * bemerkten Autoren sind bereits vollständig erschienen. — Die in ( ) eingeschlossenen Zahlen bezeichnen die Stellung der Bändchen in der ganzen Sammlung.]

*Cäsar, Caj. Jul., Werke, übers. v. A. Baumstark. 2—8. (letzt.) Bdchn.
Bdchn. 2., 3. Denkwürdigkeiten d. gall. Kriegs. (116, 141.)
" 4—6. Dass. (Schluß. — Denkwürdigkeiten d. Bürgerkriegs. — Krieg in Alexandria. (146, 147, 148.)
" 7. Geschichte d. Kriegs in Afrika. (150.)
" 8. Spanischer Krieg. Bruchstücke aus Cäsars Briefen. Kurze Aeußerungen Cäsars. Register. (152.)

Cicero, Marc. Tull., Werke. 21—26., 40—50., 54—67. u. 77—79. Bdchn.
Bdchn. 21., 22. Vom höchsten Gut u. Uebel, übers. v. G. Chr. Kern. 2 Bdchn. (118, 119.)
" 23., 24. Rhetorik u. von d. rhetor. Erfindungskunst, übers. v. G. H. Moser. 2 Bdchn. (127, 128.)
" 25. Gespräch üb. d. rednerische Eintheilung u. Topik, übers. v. G. H. Moser. (137.)
" 26. Rhetorik an Herennius, übers. v. Chr. Walz. (160.)
" 40—50. (77—79.) Reden, übers. v. C. N. v. Osiander. 14—27. (letzt.) Bdchn.
Bdchn. 14. Rede f. Lucius Flaccus (Schluß). Rede f. Publius Sulla. (112.)
Bdchn. 15. Rede f. d. Dichter Archias; Rede geg. P. Clodius u. Curio; Rede nach d. Rückkehr, im Senat; Rede nach d. Rückkehr, an d. Volk. (113.)
" 16. Rede f. sein Haus. (117.)
" 17. Rede üb. d. Aussprüche d. Wahrsager; Rede f. Cnejus Plancius, Kap. 1—29. (120.)
" 18. Kap. 30. u. f.; Rede f. Publius Sextus. (121.)
" 19. Rede geg. Vatinius; Rede f. Marcus Aemil. Scaurus. (129.)
" 20. Rede f. Marcus Cölius; Rede üb. d. Consularprovinzen. (130.)
" 21. Rede f. Cornelius Balbus; Rede geg. Piso. (135.)
" 22. Rede f. Tit. Ann. Milo. (136.)
" 23. Rede f. Caj. Rabirius Postumus; Rede f. Marc. Marcellus; Rede f. Quint. Ligarius; Rede f. König Dejotarus. (140.)
" 24. 1. u. 2. Philippische Rede. (142.)
" 25. 3—6. Philippische Rede. (143.)
" 26. 7—11. Philippische Rede. (144.)
" 27. 12—14. Philippische Rede. (145.)
Bdchn. 54—67. Briefe, übers. v. G. H. Moser. 4—17. Bdchn.
Bdchn. 4—14. Briefe an Tit. Pompon. Atticus, übers. v. G. H. Moser. 1—11. Bdchn. (138, 139, 151, 153, 154, 161, 162, 163, 164, 165, 166.)
" 15—17. Vermischte Briefe, übers. v. Chr. H. Dörner. 1—3. Bdchn. (168, 169, 170.)
" 77—79. s. Reden, 25—27. Bdchn.

*Justinus Philippische Geschichte, übers. v. Chr. Schwarz. 4—6. (letzt.) Bdchn. (122, 123, 126.)

Plinius Secund., Caj., Naturgeschichte, übers. u. erläut. v. Ph. H. Külb. 1—6. Bdchn. (155, 156, 157, 158, 159, 167.)

*Plinius, Caj. Cäcil. Secund., d. Jüng., Werke, übers. v. C. F. A. Schott. 5. (letzt.) Bdchn.: Dankrede. (134.)

*Sallustius, Crisp. Caj., Werke, übers. v. Aug. v. Göritz. 2. (letzt.) Bdchn.: Krieg geg. Jugurtha. (114.)

Seneca, d. Philos. Luc. Ann., Werke, 15. Bdchn.: Briefe, übers. v. Aug. Pauly. 4. Bdchn. (115.)

*Tacitus, Caj. Cornel., Werke, übers. v. H. Gutmann. 8—10. (letzt.) Bdchn.
Bdchn. 8—10. Jahrbücher (Annalen). Forts. u. Schluß. 3—5. Bdchn. (124, 125, 149.)

*Victor, Sect. Aurel., übers. v. Aug. Closs. 3 Bdchn.
Bdchn. 1. Von d. Ursprung d. röm. Volks. Von d. berühmt. Männern Roms (Anfang). (131.)
" 2. Von d. berühmt. Männern Roms (Schluß). Kaisergeschichte. (Anfang). (132.)
" 3. Kaisergeschichte (Schluß). Auszug aus d. Kaisergeschichte. (133.)

—— römische, in neuen Uebersetzungen. Hrsg. v. G. L. F. Tafel, C. N. v. Osiander u. G. Schwab. 171. u. 172. Bdchn. 16. ($18\frac{3}{4}$ B.) Stuttgart 843, Metzler'sche Buchh. Bei Abnahme der ganzen Sammlung à Bdchn. $3\frac{3}{4}$ Ngr. Einzeln à

Inhalt:
Bdchn. 171. Cicero's Werke. 68. Bdchn.
" 172. Plinius, Naturgeschichte. 7. Bdchn.
Vgl. 9. Bd. 2. Abthl. S. 145.

—— römische, in neuen Uebersetzungen. Hrsg. von C. N. v. Osiander und G. Schwab. 173—215. Bdchn. 16. Stuttgart 853—56, Metzler'sche Buchh. à Bdchn. $3\frac{3}{4}$ Ngr. Thlr. 5 Einzelne Bdchn. à

Inhalt:
Ammianus Marcellinus, römische Geschichte, übers. von Carl Büchele. 2—5. Bdchn. (S. 123—631.) [173. 181. 182. und 184. Bdchn.]
C. Plinius Secundus, Naturgeschichte. Uebers. und erläutert von Ph. H. Külb. 8—14. Bdchn. (S. 889—1811.) [174. 177—180. 183. und 185. Bdchn.]
L. Annäus Seneca des Philosophen Werke. 16. und 17. Bdchn.: Briefe, übers. von A. Haakh. 5. und 6. Bdchn. (S. 1917—2136.) [175. und 176. Bdchn.]
Ammianus Marcellinus römische Geschichte, übers. von Carl Büchele. 6. Bdchn. (S. 633—776.) [186. Bdchn.]
C. Plinius Secundus Naturgeschichte. Uebers. und erläutert von Ph. H. Külb. 15—17. Bdchn. (S. 1813—2214.) [187. 188. und 190. Bdchn.]
Ammianus Marcellinus römische Geschichte, übers. von Carl Büchele. 7. und 8. Bdchn. (S. 777—1018.) [189. und 191. Bdchn.]
C. Plinius Secundus Naturgeschichte. Uebers. und erläutert von Ph. H. Külb. 18—21. Bdchn. (S. 2215—2720.) [192—194. und 196. Bdchn.]
Des Q. Curtius Rufus noch vorhandenen acht Bücher von den Thaten Alexander des Großen, Königs von Macedonien, übers. von Adph. Heinr. Christian. 1. und 2. Bdchn. (S. 1—278.) [195. und 197. Bdchn.]
C. Plinius Secundus Naturgeschichte. Uebers. und erläutert von Ph. H. Külb. 22—27. Bdchn. (S. 2725—3420.) [198—202. und 204. Bdchn.]
C. Suetonius Tranquillus Werke. 4. und 5. Bdchn., übers. von H. Reichardt. (S. 319—556.) [203. und 206. Bdchn.]
Des Q. Curtius Rufus noch vorhandene acht Bücher von den Thaten Alexander des Großen, Königs von Macedonien, übers. von Adph. Heinr. Christian. 3. Bdchn. (S. 279—414.) [205. Bdchn.]
C. Plinius Secundus Naturgeschichte. Uebers. und erläutert von Ph. H. Külb. 28. und 29. Bdchn. (S. 3421—3640.) [207. und 209. Bdchn.]
Des Q. Curtius Rufus noch vorhandene acht Bücher von den Thaten Alexander des Großen, Königs von Macedonien, übers. von Adph. Heinr. Christian. 4. (letztes) Bdchn. (S. 415—555.) [208 Bdchn.]
C. Plinius Secundus Naturgeschichte. Uebers. und erläutert von Ph. H. Külb. 30—35. Bdchn. (S. 3641—4380.) [210—215. Bdchn.]
Bdchn. 173. erschien zur Zeit noch nicht.

Prosaiker, römische, in neuen Uebersetzungen. Hrsg. von C. N. v. Osiander und G. Schwab. 216—229. Bdchn. 16. Stuttgart 856—61, Metzler'sche Buchh. Verlags-Conto. à Bdchn. 3¾ Ngr.
Thlr.
Einzelne Bdchn.

Inhalt:
Lfg. 216—221. Die Kaisergeschichte: der sechs Schriftsteller: Aelius Spartianus, Jul. Capitolinus, Aelius Lampridius, Vulcatius Gallicanus, Trebellius Pollio, Flavius Vopiscus, übers. und mit Anmerkungen begleitet von C. Aug. Closs. 1—6. Bdchn. (S. 1—766.)
" 222—229. Marc. Tull. Cicero's Werke. 69—76. Bdchn.: Briefe. 19—26. Bdchn.: Vermischte Briefe. Uebers. und durch Einleitungen und Anmerkungen erläutert. 5—12. Bdchn. (S. 2485—3231.)

Cicero's Werke 69. Bdchn. ist übersetzt von Chrn. Heinr. Dörner, 70. und 71. Bdchn. von Friedr. Rauchenstein, 72—76. Bdchn. von Ferd. Friedr. Baur.

—— römische, in neuen Uebersetzungen. Hrsg. von C. N. v. Osiander und G. Schwab. 230.—241. Bdchn. gr. 16. Stuttgart 863—66, Metzler's Verlag. à Bdchn. 3¾ Ngr.
Einzelne Bdchn. (5 Ngr.); ermäßigter Preis

Inhalt:
Bdchn. 230—238. Marc. Fabius Quintilianus 12 Bücher Anleitung zur Beredtsamkeit. Uebers. von F. Bossler und F. F. Baur. 9 Bdchn. (XXVII und 1104 S.)
" 239—241. Cajus Plinius Secundus Naturgeschichte. Uebers. und erläutert von Ph. H. Külb. 36.—38. Bdchn. Geographisches Register. I—III. (S. 4385—4752.)

Vgl. XIII. Bd. 2. Abthl. S. 226. — Der Preis sämmtlicher Bändchen der griechischen und römischen Prosaiker ist von 1869 ab auf à 4 Ngr. gestellt worden. — Vgl. Dichter, griechische und römische.

—— **römische, in neuen Uebersetzungen.** Hrsg. von C. N. v. Osiander und G. Schwab. 2.—4., 12., 13., 27.. 49., 51., 83., 91., 114., 116., 141., 147. und 195. Bdchn. 16. Ebendas.
à Bdchn. (40 Pf.)

Inhalt:
Bdchn. 2. 27. 49. Titus Livius' römische Geschichte, übers. von C. F. v. Klaiber. 2. Bdchn. 7. Aufl. (S. 105—227.); 9. Bdchn. 10. Aufl. (S. 1030—1144.); 15. Bdchn. 2. Aufl. (S. 1811—1950.) 869.
" 3. 4. Marcus Tullius Cicero's Werke. 1. und 2. Bdchn.: Tusculanische Unterredungen, übers. von Friedr. Heinr. Kern. 1. Bdchn. 6. Aufl. (S. 1—94.); 2. Bdchn. 5. Aufl. (S. 95—188.) 871.
" 83. 91. —— dass. — 33. und 35. Bdchn.: Reden, übers. von C. N. v. Osiander. 7. Bdchn. 2. Aufl. (S. 793—928.); 9. Bdchn. 4. Aufl. (86 S.) 870.
" 12. 13. Cornelius Nepos, Leben ausgezeichneter Feldherren, übers. von Joh. Oehlinger. 2 Bdchn. 5. Aufl. (288 S.) 873.
" 51. Cajus Cornel. Tacitus Werke. 1. Bdchn.: Agricola's Leben und Germanien, übers. von H. Gutmann. 4. Aufl. (120 S.) 869.
" 116. 141. C. Jul. Cäsar's Werke. 2. und 3. Bdchn.: Denkwürdigkeiten des gall. Krieges. Uebersetzt von Ant. Baumstark. 2. Bdchn. 6. Aufl. (118 S.); 3. Bdchn. 4. Aufl. (105 S.) 871.
" 147. —— dass. — 5. Bdchn.: Denkwürdigkeiten des Bürgerkrieges. Uebersetzt von Ant. Baumstark. 5. Bdchn. 3. verb. Aufl. (S. 451—542.) 875.
" 114. Cajus Salustius Crispus' Werke. Uebersetzt von Aug. v. Göriz. 2. Bdchn. 4. Aufl. (120 S.) 871.
" 195. Des Quintus Curtius Rufus noch vorhandene acht Bücher von den Thaten Alexander des Großen, Königs von Macedonien, übers. von Adph. Heinr. Christian. 1. Bdchn. 2. Aufl. (158 S.) 871.

Die ganze Sammlung 1.—241. Bdchn. *ℳ 120,50.
Vgl.: Dichter, griechische und römische.]

Prosaiker, römische, in neuen Uebersetzungen. Hrsg. von C. N. v. Osiander und G. Schwab. 242. Bdchn.: Cajus Plinius Secundus Naturgeschichte. Uebersetzt und erläutert von Ph. H. Külb. 39. Bdchn. Geographisches Register. IV. [Schluß.] 16. (S. 4753—4844.) Stuttgart 877, Metzler'sche Buchh.

—— **römische, in neuen Uebersetzungen** hrsg. von C. N. v. Osiander und G. Schwab. 3., 5.—7., 10., 18., 26.—28., 43., 49., 52., 58.—60., 63., 69., 82., 83., 86., 88., 91., 92., 104., 113., 114., 116., 121., 124., 125., 142., 195. und 197. Bdchn. 12. Stuttgart, Metzler'sche Buchh. à Bdchn.

Inhalt:
Bdchn. 104. 116. Caesar's, Cajus Julius, Werke. 1. und 2. Bdchn.: Denkwürdigkeiten des gallischen Krieges. Uebers. von Ant. Baumstark. 1. Bdchn. 6. Aufl. (S. 1—83.) 883; 2. Bdchn. 7. Aufl. (S. 89—204.) 883.
" 3. 5. Cicero's, Marcus Tullius, Werke. 1. und 3. Bdchn.: Tusculanische Unterredungen. Uebers. von F. H. Kern. 1. Bdchn. 7. Aufl. (S. 1—94.) 878; 3. Bdchn. 6. Aufl. (S. 195—303.) 880.
" 7. —— dass. — Brutus oder von den berühmten Rednern. Uebers. von C. A. Mebold. 4. Aufl. (S. 309—454.) 878.
" 43. —— dass. — 13. Bdchn.: Drei Bücher über das Wesen der Gottheit. Uebers. von Geo. Heinr. v. Moser. 1. Bdchn. 2. Aufl. (S. 1411—1492.) 881.
" 52. 58. —— dass. — 14. und 15. Bdchn.: Drei Bücher vom Redner. Auf Grundlage der Uebersetzung von J. F. K. Dilthey neu bearb. 1. Bdchn. 4. Aufl. (S. 1733—1854.) 881; 2. Bdchn. 3. Aufl. (S. 1857—2018.) 882.
" 69. —— dass. — 28. Bdchn.: Rede für den Schauspieler Quintus Roscius; Rede gegen Quintus Cäcilius (divinatio in Caecilium). Uebers. von C. N. v. Osiander. 3. Aufl. (S. 143—251.) 882.
" 82. —— dass. — 32. Bdchn.: Zweite Rede gegen Verres, 4. Abthl.: Von den Bildwerken (de signis). Kap. 1—51. Uebers. von C. N. v. Osiander. 4. Aufl. (S. 669—798.) 882.
" 83. —— dass. — 33. Bdchn.: Zweite Rede gegen Verres, 4. Abthl.: Von den Bildwerken (de signis) Schluß. 5. Abthl.: Von den Strafen (de suppliciis). Uebers. von C. N. v. Osiander. (S. 797—828.) 875.
" 88. 92. —— dass. — 19. und 20. Bdchn.: Von den Pflichten. Uebers. von G. G. Uebelen. 1. Bdchn. 5. Aufl. (S. 2275—2388.) 881; 2. Bdchn. 4. Aufl. (S. 2393—2535.) 879.
" 91. —— dass. — 35. Bdchn.: Rede für die Manilische Bill (de imperio Pompeji); Rede für Aulus Cluentius Avitus. Kap. 1—20. Uebers. von C. N. v. Osiander. 5. Aufl. (S. 1105—1188.) 884.
" 113. —— dass. — 41. Bdchn.: Rede für den Dichter Archias; Rede gegen P. Clodius und Curio; Rede nach der Rückkehr im Senat; Rede nach der Rückkehr an das Volk. Uebers. von C. N. v. Osiander. 3. Aufl. (S. 1785—1916.) 881.
" 121. —— dass. — 44. Bdchn.: Rede für Publius Sestius. Uebers. von C. N. v. Osiander. 3. Aufl. (S. 2179—2319.) 884.
" 142. —— dass. — 50. Bdchn.: Erste und zweite Philippische Rede. Uebers. von C. N. v. Osiander. 2. Aufl. (S. 2909—3027.) 880.
" 6. 10. 18. 26. 27. 28. 49. 60. Livius', Titus, römische Geschichte. Uebers. von C. F. v. Klaiber. 3. Bdchn. 5. Aufl. (S. 217—376.) 880; 4. Bdchn. 6. Aufl. (S. 381—515.) 878; 6. Bdchn. 4. Aufl. (S. 649—748.) 880; 8. Bdchn. 3. Aufl. (S. 847—936.) 883; 9. Bdchn. 11. Aufl. (S. 1029—1144.) 879; 10. Bdchn. 6. Aufl. (S. 1147—1261.) 881; 15. Bdchn. 3. Aufl. (S. 1815—1950.) 881; 17. Bdchn. 2. Aufl. (S. 2117—2208.) 884.
" 195. 197. Rufus, Quintus Curtius, des, noch vorhandene acht Bücher von den Thaten Alexanders des Großen, Königs von Macedonien. Uebers. von Adph. Heinr. Christian. 1. Bdchn. 4. Aufl. (S. 1—158.) 881; 2. Bdchn. 3. Aufl. (S. 163—278.) 882.
" 114. Sallustius Crispus', Cajus, Werke. Uebers. von Aug. v. Goeriz. 2. Bdchn.: Der Krieg gegen Jugurtha. 5. Aufl. (120 S.) 884.
" 59. 63. 86. 124. 125. Tacitus', Cajus Cornelius, Werke. 2. Bdchn.: Gespräch über die Redner. 2. Aufl. (S. 125—200.) 882. — 3. Bdchn.: Die Geschichtsbücher (Historien.) 1. Bdchn. 4. Aufl. (S. 241—354.) 881. — 6. Bdchn.: Die Jahrbücher (Annalen). 1. Bdchn. 6. Aufl. (S. 637—734.) 879. — 8. Bdchn.: Die Jahrbücher (Annalen). Uebers. von Strodtbeck und Bauer. 3. Bdchn. 3. Aufl. (S. 395—1033.) 884. — 9. Bdchn.: Die Jahrbücher (Annalen). Uebers. von H. Gutmann. 4. Bdchn. 2. Aufl. (S. 1039—1162.) 882.

—— **römische, in neuen Übersetzungen.** Hrsg. von C. N. v. Osiander und G. Schwab. 4., 27., 56., 83. und 106. Bdchn. gr. 16. Stuttgart 885,86, Metzler'sche Buchh., Verlag.
à Bdchn.
In Halbbdchn. à

Inhalt:
Bdchn. 4. Marcus Tullius Cicero's Werke. 2. Bdchn.: Tusculanische Unterredungen, übers. von Friedr. Heinr. Kern. 2. Bdchn. 6. Aufl. (S. 99—188.)
" 83. —— dass. — 33. Bdchn.: Reden, übers. von C. N. v. Osiander. 7. Bdchn. 4. Aufl. (1. Hälfte. S. 703—840.)
" 106. —— dass. — 38. Bdchn.: Reden, übers. von C. N. v. Osiander. 4. Bdchn. 6. Aufl. (S. 1471—1561.)
" 27. Livius, Titus, römische Geschichte, übers. von C. F. v. Klaiber. 9. Bdchn. 12. Aufl. (S. 1029—1144.)
" 56. —— dass. — 16. Bdchn. 2. Aufl. (S. 1987—2111.)

—— **römische, in neuen Uebersetzungen.** Hrsg. von C. N. v. Osiander u. G. Schwab. 13. u. 28. Bdchn. 16. Ebd. à Bdchn. — 50
In Halbbdchn. à — 25
13. Titus Livius, römische Geschichte. Uebers. von C. F. v. Klaiber. 13. Bdchn. 4. Aufl. (S. 1507—1614.)
28. —— dass. — 10. Bdchn. 7. Aufl. (S. 1149—1262.)

— **römische, in neuen Uebersetzungen.** Hrsg. von C. N. v. Osiander u. G. Schwab. 28. u. 42. Bdchn. 16. Ebd. à — 50; in Halbbdchn. à — 25
28. Titus Livius, römische Geschichte. Uebersetzt von C. F. v. Klaiber. 10. Bdchn. 7. Aufl. (S. 1149—1262.) 889.
42. — dasselbe. 13. Bdchn. 4. Aufl. (S. 1507—1614.) 890.

— **römische, in neuen Uebersetzungen.** Hrsg. von C. N. v. Osiander u. G. Schwab. 52. Bdchn. gr. 16. Ebd. 894. n. — 50
Marcus Tullius Cicero's Werke. 14. Bdchn. Drei Bücher vom Redner, übers. v. J. F. K. Dilthey. 1. Bdchn. 5. Aufl. (S. 1731—1854.)

— **römische, in neuen Uebersetzungen.** Hrsg. v. Tafel, Osiander u. Schwab. 15. Bdchn. 12. Ebd. 898. — 50
Ammianus Marcellinus, römische Geschichte, übers. v. Ludw. Troß. 1. Bdchn. 2. Aufl. (119 S.)

— **römische, in neuen Uebersetzungen.** Hrsg. v. G. L. F. Tafel, C. N. v. Osiander u. G. Schwab. 99. Bdchn. 12. Ebd. — 50
Suetonius Tranquillus, Cajus, Werke. Deutsch u. m. Anmerkgn. begleitet von Karl Andree. 3. Bdchn. 2. Aufl. (S. 213—317.) 898.

Prosaiker, römische, in neuen Uebersetzungen. Hrsg. von C. N. v. Osiander u. G. Schwab. 82. Bdchn. 12. Ulm, H. Kerler. — 50
Cicero's, Marcus Tullius, Werke. 32. Bdchn. Reden, übers. von C. N. v. Osiander. 6. Bdchn. 2. Rede gegen Verres. 3. u. 4. Abtlg. 5. Aufl. (S. 609—789.) 904.

Prosaiker, römische, in neuen Uebersetzungen. Hrsg. v. G. L. F. Tafel, C. N. Osiander u. G. Schwab. 53. Bdchn. 16. Ulm (908). H. Kerler. — 50
Seneca, des Philosophen Lucius Annäus, Werke. 9. Bdchn. Abhandlungen, übers. v. Geo. Heinr. Moser. 9. Bdchn. 2. Aufl. (118 S.)

Prosa-Leben, das angelsächsische, des hl. Guthlac, hrsg. v. Paul Gonser, s.: Forschungen, anglistische. 27.

Prosarium Lemovicense, hrsg. v. Drevos, s.: Analecta hymnica medii aevi.

Prosa-Schriftsteller, englische, aus dem 17., 18. u. 19. Jahrh., hrsg. v. H. Frdr. Haastert, s.a. Authors, English.

Englische Prosa-Schriftsteller aus dem XVII., XVIII. und XIX. Jahrhundert. Ausgewählte Abschnitte aus d. Kulturgeschichte d. engl. Volkes mit Anm. hrsg. von Prof. H. Friedr. Haastert, Oberl. zu Hagen. Bdch. 1–3 [nebst] Anhang 1–3 u. Wörterbuch 1–3. Bielefeld & Leipzig: Velhagen & Klasing 1904. 9 Bde 8°
2. Von 1600–1750. 3. Die Neuzeit seit 1750.
— Sammlung. Velhagen & Klasings, franz. u. engl. Schulausgaben. English authors. Lfg 97 B. 100 B. 101 B. [cs. 3365]

Prosateurs français. Mit Anmerkungen zum Schulgebrauch hrsg. 1—28. livr. 12. Bielefeld 880—82. Velhagen & Klasing. cart. 23. 10
1. Histoire d'un conscrit de 1813 par Erckmann-Chatrian. Im Auszuge. Hrsg. von K. Bandow. (192 S.) — 90
2. 3. Histoire de Charles XII par Voltaire. 2 Thle. Hrsg. von Otto Ritter. (186 u. 170 S.) à — 90
4. Fünf Erzählungen aus Au coin du feu par Émile Souvestre. Bearb. von P. Huot. (139 S.) — 75
5. Histoire de la seconde guerre punique par Charles Rollin. Nebst einem Anh.: Suite de l'histoire d'Annibal. Hrsg. von K. Bandow. (111 S.) — 60
6. Henri V roi d'Angleterre en France. Im Auszuge aus Barante's Geschichte der Herzöge von Burgund hrsg. von G. Jaep. (92 S.) — 50
7. La jeune Sibérienne par le comte Xavier de Maistre. Hrsg. v. Frdr. d'Hargues. (96 S.) — 50
8. Considérations sur les causes de la grandeur des Romains et de leur décadence. Par Montesquieu. Mit Anmerkungen zum Schulgebrauch hrsg. von K. Mayer. (244 S.) 1. 20
9. Jeanne d'Arc. In Auszügen aus der Geschichte der Herzöge von Burgund von Barante. Mit Anmerkungen zum Schulgebrauch bearb. von G. Jaep. (180 S.) — 90
10. Récits historiques, tirés de l'histoire de France, racontées à mes petits-enfants. Par Franç. Guizot. In Auszügen. Mit Anmerkungen zum Schulgebrauch hrsg. von K. Bandow. (110 S.) — 60
11. Le lépreux de la cité d'Aoste. Les prisonniers du Caucase. Par le comte Xavier de Maistre. Hrsg. von Frdr. d'Hargues. (84 S.) — 50
12. Campagne d'Italie en 1800. Marengo. Im Auszuge aus Histoire du consulat et de l'empire par A. Thiers. Hrsg. von F. Fischer. (156 S.) — 80
13. Récits historiques, tirés de l'histoire de France, racontées à mes petits-enfants. Par Franç. Guizot. In Auszügen. Hrsg. von K. Bandow. 2. Tl. (157 S.) — 80
14. Paul et Virginie. Par Bernardin de Saint-Pierre. Hrsg. von Otto Schaumann. (184 S.) — 90
15. Histoire de la guerre de sept ans par Frédéric le Grand. 1. Tl. Bis zum Beginn des Feldzugs von 1758. Hrsg. von F. Fischer. (196 S.) 1. —
16. Aventures de Télémaque par Fénelon. (In 3 Tln.) In Auszügen hrsg. von G. Jaep. 1. Tl. (168 S.) — 80
17. — dasselbe. 2. Tl. (152 S.) — 75
18. Itinéraire de Paris à Jérusalem par F. de Chateaubriand. In 2 Tln. In Auszügen mit Anmerkungen zum Schulgebrauch hrsg. von Otto Ritter. 1. Tl. Voyage à la Grèce, de l'Archipel, de l'Anatolie et de Constantinople. (187 S.) — 90
19. Un philosophe sous les toits ou journal d'un homme heureux, publié par Émile Souvestre. Ouvrage couronné par l'académie française. Mit Anmerkungen zum Schulgebrauch hrsg. von E. Schmidt. (237 S.) 1. 20
20. Histoire des croisades par Michaud. In 2 Tln. In Auszügen m. Anmerkungen zum Schulgebrauch hrsg. von E. Paetsch. 1. Tl. Première croisade. (224 S.) 1. —
21. 26. Histoire de la guerre de sept ans par Frédéric le Grand. 2. u. 3. Tl. Mit Anmerkungen zum Schulgebrauch hrsg. von F. Fischer. (228 u. 219 S.) à 1. 20
22. Voyage du jeune Anacharsis en Grèce dans le milieu du 4. siècle avant l'ère vulgaire par Barthélemy. I. In Auszügen m. Anmerkgn. zum Schulgebrauch hrsg. von O. Schulze. (155 S.) — 80
23. 6 Erzählungen aus Au coin du feu u. aus Les Clairières par Émile Souvestre. Mit Anmerkungen zum Schulgebrauch hrsg. von P. Huot. (118 S.) — 60
24. Sous la Tonnelle par Emile Souvestre. Auswahl von 4 Erzählungen. Mit Anmerkgn. zum Schulgebrauch bearb. von P. Huot. (101 S.) — 60
25. 4 Erzählungen aus Contes populaires u. Contes des bords du Rhin par Erckmann-Chatrian. Mit Anmerkungen zum Schul- u. Privatgebrauch hrsg. von K. Bandow. (123 S.) — 60
27. Histoire de la révolution française depuis 1789 jusqu'en 1814 par Mignet. In 2 Tln. In Auszügen mit Anmerkungen zum Schulgebrauch hrsg. von A. Seedorf. 1. Tl. (293 S.) 1. 20
28. Précis de l'histoire moderne par J. Michelet. In 2 Tln. In Auszügen mit Anmerkungen zum Schulgebrauch hrsg. von C. Th. Lion. 1. Tl. (116 S.) — 50

Prosateurs français à l'usage des écoles. 29—55. 60—63. livr. 16. Bielefeld 883—85. Velhagen & Klasing. cart. 29. 20
29. Histoire de Sindbad le marin [Mille et une nuits. Contes arabes] par Antoine Galland. Mit Anmerkgn. zum Schulgebrauch bearb. v. E. Schmid. (76 S.) — 50
30. Vie de Franklin par Mignet. Mit Anmerkgn. zum Schulgebrauch hrsg. von A. v. d. Velde. (175 S.) — 90
31. Histoire de Napoléon et de la grande armée en 1812 par le Comte de Ségur. In Auszügen m. Anmerkgn. zum Schulgebrauch hrsg. v. O. Schmager. 1. Tl. Mit e. (chromolith.) Übersichtskarte. (207 S.) 1. 20
32. Histoire de la revolution française depuis 1789 jusqu'en 1814. Par Mignet. In 2 Tln. In Auszügen m. Anmerkgn. zum Schulgebrauch hrsg. v. A. Seedorf. 2. Tl. (371 S.) 1. 80
33. Mes récapitulations. Par Jean-Nicolas Bouilly. Première époque 1774—1790. Mit Anmerkgn. zum Schulgebrauch hrsg. v. Frédéric d'Hargues. (140 S.) — 75
34. La campagne de Mayence en 1792/93. Récit historique tiré de l'histoire de la révolution française, racontée par un paysan, par Erckmann-Chatrian. Im Auszuge. Mit Anmerkgn. zum Schul- u. Privatgebrauch hrsg. v. K. Bandow. (218 S.) 1. 20
35. Quatre-Bras et Ligny par Thiers. Auszug aus Histoire du Consulat et de l'Empire. Mit Anmerkgn. zum Schulgebrauch hrsg. v. F. Fischer. (156 S.) — 80
36. Waterloo par Thiers. Auszug aus Histoire du Consulat et de l'Empire. Mit Anmerkgn. zum Schulgebrauch hrsg. v. F. Fischer. (187 S.) 1. —
37. Précis de l'histoire moderne par J. Michelet. In Auszügen m. Anmerkgn. zum Schulgebrauch hrsg. v. G. Th. Lion. 2. Tl. (152 S.) — 80
38. Aventures de Télémaque par Fénelon. In 3 Tln. In Auszügen m. Anmerkgn. zum Schulgebrauch hrsg. v. G. Jaep. 3. Tl. (180 S.) — 90; Wörterbuch zu allen 3 Tln. [16., 17. et 38. livr.] (66 S.) n. — 30

39. Histoire ancienne par M. le Comte de Ségur. 28 Geschichtsbilder. Mit Anmerkgn. zum Schulgebrauch hrsg. v. O. Schaumann. (219 S.) 1. 20; Wörterbuch (72 S.) n. — 30

40. Cinq semaines en ballon par Jules Verne. In Auszügen mit Anmerkgn. zum Schulgebrauch hrsg. v. W. Begemann. (196 S.) 1. —; Wörterbuch (88 S.) n. — 30

41. Le tour du monde en 80 jours par Jules Verne. In Auszügen m. Anmerkgn. zum Schulgebrauch bearb. v. K. Bandow. (235 S.) 1. 20; Wörterbuch (96 S.) n. — 30

42. Histoire de Charles I depuis son avènement jusqu' à sa mort. Par M. Guizot. Im Auszuge m. Anmerkgn. zum Schulgebrauch hrsg. v. K. Mayer. 1. Tl. (160 S.) — 80; Wörterbuch (36 S.) n. — 20

43. Voyage au centre de la terre. Par Jules Verne. In Auszügen m. Anmerkgn. zum Schulgebrauch hrsg. v. G. Opitz. (224 S.) 1. 20; Wörterbuch (87 S.) n. — 30

44. Itinéraire de Paris à Jérusalem par F. de Chateaubriand. In 2 Tln. In Auszügen m. Anmerkgn. zum Schulgebrauch hrsg. v. Otto Ritter. 2. Tl.: Voyage de Rhodes, de Jaffa, de Bethléem, de la Mer Morte et de Jérusalem. (178 S.) 1. —; Wörterbuch (57 S.) n. — 20

45. Histoire des croisades par Michaud. In 2 Tln. In Auszügen m. Anmerkgn. zum Schulgebrauch hrsg. v. E. Paetsch. 2. Tl. 3. croisade. Mit e. (lith.) Übersichtskarte. (183 S.) 1. —; Wörterbuch (40 S.) n. — 20

46. Histoire de Napoléon et de la grande-armée en 1812 par le Comte de Ségur. In Auszügen m. Anmerkgn. zum Schulgebrauch hrsg. v. O. Schmager. 2. Tl. Buch VIII u. XI. [Napoléon in Moskau u. Übergang üb. die Beresina.] Mit e. (chromolith.) Übersichtskarte. (204 S.) 1. 20

47. Louis XI par Franç. Guizot. In Auszügen aus Histoire de France raconté à mes petits-enfants. Mit Anmerkgn. zum Schulgebrauch hrsg. v. K. Bandow. (127 S.) — 75; Wörterbuch (31 S.) n. — 20

48. Jeunesse de Chateaubriand. Aus Mémoires d'outre-tombe par Chateaubriand. In Auszügen m. Anmerkgn. zum Schulgebrauch hrsg. v. Emil Grube. (190 S.) 1. —; Wörterbuch (61 S.) n. — 20

49. Voyage du jeune Anacharsis en Grèce dans le milieu du 4e siècle avant l'ère vulgaire par Barthélemy. II. Législation de Lycurgue. — Sur la nature et sur l'objet de la tragédie. Mit Anmerkgn. zum Schulgebrauch hrsg. v. O. Schulze. (136 S.) — 75; Wörterbuch (38 S.) n. — 20

50. L'invasion. Par Erckmann-Chatrian. In Auszügen. Mit Anmerkgn. zum Schul- u. Privatgebrauch hrsg. v. K. Bandow. (220 S.) 1. 20; Wörterbuch (67 S.) n. — 30

51. Zwei Erzählungen aus Les derniers paysans par Emile Souvestre. Mit Anmerkgn. zum Schulgebrauch hrsg. v. O. Hallbauer. (120 S.) — 60

52. Histoire de Charles Ier depuis son avènement jusqu' à sa mort. Par M. Guizot. Im Auszuge m. Anmerkgn. zum Schulgebrauch hrsg. v. K. Mayer. 2. Tl. (95 S.) — 50

53. Dasselbe. 3. Tl. Von der Schlacht bei Naseby bis zum Tode Karls I. (220 S.) 1. —

54. Histoire d'Ali Baba. Par Antoine Galland. Mit Anmerkgn. zum Schulgebrauch bearb. v. E. Schmid. (72 S.) — 50

55. La bibliothèque de mon oncle. Par Rodolphe Töpffer. Mit Anmerkgn. hrsg. v. Karl Bandow. (246 S.) 1. —

60. Voyage en Orient. Par A. de Lamartine. Im Auszuge m. Anmerkgn. zum Schulgebrauch hrsg. v. H. Lambeck. 1. Tl. Ausg. A. Mit Anmerkgn. unter dem Text. (206 S.) 1. —; Ausg. B. Mit Anmerkgn. in e. Anh. (160 u. 48 S.) 1. —

61. Napoléon à Sainte Hélène. Par Thiers. Auszug aus Histoire du Consulat et de l'Empire. Mit Anmerkgn. zum Schulgebrauch hrsg. v. Geo. Stern. Ausg. A. Mit Anmerkgn. unter dem Text. (172 S.) — 90; Ausg. B. Mit Anmerkgn. in e. Anh. (131 u. 46 S.) — 90

62. Biographies d'hommes célèbres de l'antiquité. Par Charles Rollin. Mit Anmerkgn. zum Schulgebrauch hrsg. v. Gerh. Franz. 1. Tl. Ausg. A. Mit Anmerkgn. unter dem Text. (141 S.) — 80

63. Expédition d'Egypte et campagne de Syrie. Par P. Lanfrey. Auszug aus Histoire de Napoléon Ier. Mit Anmerkgn. zum Schulgebrauch hrsg. v. E. Paetsch. Mit e. Uebersichtskarte. Ausg. A. Mit Anmerkgn. unter dem Text. (95 S.) — 75

Prosateurs français à l'usage des écoles. Wörterbuch zur 31., 33—35. livr. 12. Bielefeld 883. Velhagen & Klasing. n. — 90

31. 34. 35. (60, 47 u. 48 S.) à n. — 20. — 33. (69 S.) n. — 30

Prosateurs français. 2., 3., 23., 29., 31., 32., 56.—79. Lfg. 12. Bielefeld 885—890. Velhagen & Klasing. cart. 26. 60

Inhaltsübersicht in alphabet. Ordnung:

Cervantes, Don Quichotte de la Manche. Traduit par Florian. Im Auszuge m. Anmerkgn. zum Schulgebrauch hrsg. v. J. Wychgram. Ausg. A. Mit Anmerkgn. unter dem Text. (164 S.) Ausg. B. Mit Anmerkgn. in e. Anhange. (140 u. 26 S.) (71. Lfg.) à — 90

Daudet, A., neun Erzählungen aus Lettres de mon moulin u. Contes choisis. In Auszügen m. Anmerkgn. zum Schulgebrauch hrsg. v. J. Wychgram. Ausg. A. Mit Anmerkgn. unter dem Text. (VIII, 114 S.) (74. Lfg.) — 60

Dumas Père, A., et A. Dauzats, quinze jours au Sinaï. Auszug. Mit Anmerkgn. zum Schulgebrauch hrsg. v. Adf. Meyer. Ausg. B. Mit Anmerkgn. in e. Anhange. (134 u. 39 S.) (72. Lfg.) 1. —

Duruy, V., histoire grecque. In Auszügen m. Anmerkgn. zum Schulgebrauch hrsg. v. H. Lambeck. Ausg. A. Mit Anmerkgn. unter dem Text. (151 S.) Ausg. B. Mit Anmerkgn. in e. Anhang. (104 u. 48 S.) (73. Lfg.) à — 90

— histoire de France. 1. Bdchn. [bis zum J. 1431]. In Auszügen m. Anmerkgn. zum Schulgebrauch hrsg. v. Emil Grube. Ausg. A. (VI, 134 S.) Ausg. B. Mit Anmerkgn. in e. Anhange. (VI, 108 u. 27 S.) (76. Lfg.) à — 75

Galland, A., histoire d'Aladdin. Mit Anmerkgn. zum Schulgebrauch hrsg. v. E. Schmid. Ausg. A. Mit Anmerkgn. unter dem Text. (184 S.) (69. Lfg.) 1. 20

— histoire de Sindbad le Marin. [1001 nuits. Contes arabes.] Mit Anmerkgn. zum Schulgebrauch bearb. v. E. Schmid. (76 S.) (29. Lfg.) — 50

Lamartine, A. de, voyage en Orient. In Auszügen m. Anmerkgn. zum Schulgebrauch hrsg. v. H. Lambeck. 1. Tl. Ausg. A. Mit Anmerkgn. unter dem Text. (206 S.) (60. Lfg.) 1. —

— dasselbe. 2. Tl. Syrie — Galilée — Jérusalem. Ausg. A. Mit Anmerkgn. unter dem Text. (130 S.) (64. Lfg.) — 75

Lanfrey, P., expédition d'Égypte et campagne de Syrie. Auszug aus Histoire de Napoléon Ier. Mit Anmerkgn. zum Schulgebrauch hrsg. v. E. Paetsch. Mit 1 Übersichtskarte. Ausg. A. Mit Anmerkgn. unter dem Text. (XII, 95 S.) (63. Lfg.) — 75

Le Sage, histoire de Gil Blas de Santillane. In Auszügen m. Anmerkgn. zum Schulgebrauch hrsg. v. Louis Feller. 1. Tl. (186 S.) (59. Lfg.) 1. —

Mignet, histoire de la révolution française, depuis 1789 jusqu'en 1814. In 2 Tln. In Auszügen zum Schulgebrauch hrsg. v. A. Seedorf. 2. Tl. Ausg. B. Mit Anmerkgn. in e. Anhange. (280 u. 134 S.) (32. Lfg.) 1. 80

Mirabeau, discours choisis. Mit Anmerkgn. zum Schulgebrauch hrsg. v. Emil Grube. Ausg. A. Mit Anmerkgn. unter dem Text. (X, 163 S.) (65. Lfg.) — 90

Montesquieu, lettres persanes. Im Auszuge m. Anmerkgn. zum Schulgebrauch hrsg. v. Otto Josupeit. (VIII, 119 S.) (77. Lfg.) — 75

Rollin, Ch., biographies d'hommes célèbres de l'antiquité. Mit Anmerkgn. zum Schulgebrauch hrsg. v. Gerh. Franz. 1. Tl. Ausg. A. Mit Anmerkgn. unter dem Text. (VII, 141 S.) (62. Lfg.) — 80

— histoire d'Alexandre le Grand. Mit Anmerkgn. zum Schulgebrauch hrsg. v. Gerh. Franz. Ausg. A. Mit Anmerkgn. unter dem Text. (175 S.) (70. Lfg.) 1. —

Saintes, A. E. de, Thérèse, ou la petite soeur de charité. Im Auszuge m. Anmerkgn. zum Schulgebrauch hrsg. v. B. Klatt. (IV, 103 S.) (78. Lfg.) — 50

Ségur, histoire de Napoléon et de la grande-armée en 1812. In 2 Tln. In Auszügen m. Anmerkgn. zum Schulgebrauch hrsg. v. O. Schmager. 1. Tl. Ausg. A. Mit Anmerkgn. unter dem Texte. (208 S. m. 1 Karte.) (31. Lfg.) 1. 20

Souvestre, E., 6 Erzählungen aus Au coin du feu u. aus Les Clairières. Mit Anmerkgn. zum Schulgebrauch hrsg. v. P. Huot. (118 S.) (23. Lfg.) — 60

Staël, Mme. de, de l'Allemagne. Im Auszuge m. Anmerkgn. zum Schulgebrauch hrsg. v. Gerh. Franz. Ausg. A. Mit Anmerkgn. unter dem Text. (VI, 190 S.) Ausg. B. Mit Anmerkgn. in e. Anh. (VI, 153 u. 35 S.) (75. Lfg.) à 1. —

Thiers, expédition d'Egypte. Im Auszuge aus: Histoire du consulat et de l'empire. Mit Anmerkgn. zum Schulgebrauch hrsg. v. Emil Grube. Ausg. A. Mit Anmerkgn. unter dem Text. (IX, 157 S. m. 2 Karten.) (79. Lfg.) — 90

— Napoléon à Sainte-Hélène. Auszug aus Histoire du Consulat et de l'Empire. Mit Anmerkgn. zum Schulgebrauch hrsg. v. Geo. Stern. Ausg. A. Mit Anmerkgn. unter dem Text. (172 S.) (61. Lfg.) — 90

Töpffer, R., drei Erzählungen aus Nouvelles Genevoises. [Le Lac de Gers. Le Col d'Anterne. Le Grand Saint-Bernard.] Mit Anmerkgn. hrsg. v. K. Bandow. [Nouvelles Genevoises 2. Tl.] (104 S.) (56. Lfg.) — 60

— dasselbe. [L'héritage. La vallée de Trient. La peur.] [Nouvelles Genevoises 3. Tl.] (178 S.) (57. Lfg.) — 75

— dasselbe. [La traversée. Les deux Scheidegg. Élisa et Widmer.] [Nouvelles Genevoises 4. Tl.] (160 S.) (58. Lfg.) — 75

Voltaire, histoire de Charles XII. In 2 Tln. Mit Anmerkgn. zum Schulgebrauch hrsg. v. Otto Ritter. 1. Tl. Ausg. B. Mit Anmerkgn. in e. Anhange. (169 u. 47 S. m. 1 Karte.) (2. Lfg.) — 90

— dasselbe. 2. Tl. Ausg. A. Mit Anmerkgn. unter dem Text. (135 S. m. 1 Karte.) (3. Lfg.) — 60

— dasselbe. Auszug in 1 Bde. Mit Anmerkgn. zum Schulgebrauch hrsg. v. Otto Ritter. Mit 1 Übersichtskarte. Ausg. A. Mit Anmerkgn. unter dem Text. (184 S.) (64. Lfg.) — 90

— le siècle de Louis XIV. I. Vom Tode Mazarin's bis zum Frieden v. Ryswick. [Kap. VII—XVII.] Im Auszuge m. Anmerkgn. zum Schulgebrauch hrsg. v. Osk. Schmager. Ausg. A. Mit Anmerkgn. unter dem Text. (205 S.) Ausg. B. Mit Anmerkgn. in e. Anhang. (162 u. 47 S.) (66. Lfg.) à 1. 20

— dasselbe. II. Der span. Erbfolgekrieg. [Kap. XVII—XXIII.] Ausg. A. Mit Anmerkgn. unter dem Text. (176 S. m. 1 Tab.) (67. Lfg.) 1. 20

Prosateurs français. Wörterbuch zur 71.—78. Lfg. 12. Bielefeld 889. 890. Velhagen & Klasing. n. 2. —

71. 72. (62 u. 76 S.) à n. — 30. — 73. 74. (55 u. 48 S.) à n. — 20. — 75. 76. (66 u. 67 S.) à n. — 30. — 77. 78. (44 u. 42 S.) à n. — 20.

Prosateurs français. Ausg. A m. Anmerkgn. zum Schulgebrauch unter dem Text; Ausg. B m. Anmerkgn. in e. Anh. 1., 4., 5., 7.—12., 16., 18., 19., 23., 25., 27.—30., 34., 35., 38., 40., 41., 43., 46., 48., 51., 54.—57., 59., 61., 65., 68.—70., 74.—76., 79.—102. Lfg. 12. Bielefeld, Velhagen & Klasing. Kart. 66. 70

Inhaltsübersicht in alphabetischer Ordnung:

Barante, Jeanne d'Arc. In Auszügen aus der Geschichte der Herzöge v. Burgund. Bearb. v. G. Jaep. (180 S.) 892. (9. Lfg.) — 90; Wörterbuch dazu (38 S.) 893. — 20

Bawr, Mme. de, Michel, Perrin, — la pièce de cent sous, } s.: Recueil de contes.

La Belle et la bête, s.: Recueil de contes.

Berquin, la rente du chapeau, s.: Recueil de contes.

Berthoud, l'église du verre d'eau, s.: Recueil de contes.

Boissier, Gaston. Cicéron et ses amis, étude sur la société romaine du temps de César. Im Auszuge hrsg. v. Arnold Krause. (VI, 128 u. 72 S.) (102. Lfg.) 1. 20

Bruno, G., le tour de la France par deux enfants. Im Auszuge hrsg. v. W. Wüllenweber. (170 S.) 893. (97. Lfg.) — 90; Wörterbuch dazu v. W. Wüllenweber. (55 S.) — 20

Chateaubriand, F. de, itinéraire de Paris à Jérusalem. In 2 Tln. In Auszügen hrsg. v. Otto Ritter. 1. Tl. Voyage de la Grèce, de l'Archipel, de l'Anatolie et de Constantinople. (157 S.) 890. (18. Lfg.) — 90

— Jeunesse de Chateaubriand. Aus Mémoires d'outre-tombe par Chateaubriand. In Auszügen hrsg. v. Emil Grube. Ausg. A. (190 S.) 893. (48. Lfg.) 1. —

Choix de nouvelles modernes, s.: Wychgram, J.

Coppée, François, Pariser Skizzen u. Erzählungen aus Le vrais riches, contes en prose, u. Vingt contes nouveaux. In Auszügen hrsg. v. Arnold Krause. (IX, 100 u. Anh. 64 S.) 894. (99. Lfg.) — 90; Wörterbuch dazu. (76 S.) — 30

Daudet, Alph., le petit chose. Im Auszuge hrsg. v. Arnold Krause. Ausg. A. (X, 150 S.) 893; Ausg. B. (116 u. 35 S.) 893. (96. Lfg.) à Ausg. — 90; Wörterbuch dazu v. Emil Tournier. (50 S.) — 20

— neun Erzählungen aus Lettres de mon moulin u. Contes choisis. In Auszügen hrsg. v. J. Wychgram. Ausg. A. (Neuer Abdr.) (115 S.) 893. (74. Lfg.) — 60

Duruy, Vict., histoire de France. 1. Bdchn. (bis zum J. 1431). In Auszügen hrsg. v. Emil Grube. Ausg. A. (VI, 134 S.) 892. (76. Lfg.) — 75; Wörterbuch dazu v. Emil Tournier. (67 S.) — 30

— dasselbe. 2. Bdchn. (von 1515—1715). (Von Franz I. bis zum Tode Ludwigs XIV.) In Auszügen hrsg. v. Emil Grube. (VIII, 186 S.) 891. (83. Lfg.) 1. —; Wörterbuch dazu v. Emil Tournier. (75 S.) — 30

Erckmann-Chatrian, la campagne de Mayence en 1792/93. Récit historique tiré de l'histoire de la révolution française, racontée par un paysan. Im Auszuge hrsg. v. K. Bandow. (218 S.) 893. (34. Lfg.) 1. 20

— 4 Erzählungen aus Contes populaires u. Contes des bords du Rhin. Hrsg. v. K. Bandow. (123 S.) 893. (25. Lfg.) — 60

— l'ami Fritz. Im Auszuge hrsg. v. Arnold Krause. (XI, 100 u. Anh. 18 S.) 894. (98. Lfg.) — 75

— histoire d'un conscrit de 1813. Hrsg. v. K. Bandow. Ausg. A. (Neuer Abdr.) (210 S. m. 1 Kärtchen.) 893; Ausg. B. (169 u. 47 S. m. 1 Kärtchen.) 892. (1. Lfg.) à Ausg. — 90; Wörterbuch dazu (54 S.) — 20

— Waterloo. Suite du Conscrit de 1813. Im Auszuge hrsg v. Jul. Sahr. (VII, 115 u. 48 S.) 894. (85. Lfg.) 1. —

Fénelon, aventures de Télémaque. (In 3 Tln.) In Auszügen hrsg. v. G. Jaep. 1. Tl. (168 S.) 893. (16. Lfg.) — 80

— dasselbe. 3. Tl. (180 S.) 893. (38. Lfg.) — 90

Feuillet, Octave, le roman d'un jeune homme pauvre. Im Auszuge hrsg. v. Alb. Benecke. (VII, 131 u. Anh. 27 S.) 892. (86. Lfg.) — 90

Foa, Mme., l'abbé de l'Epée, — l'aveugle de Clermont, } s.: Recueil de contes.

Galland, Ant., histoire d'Aladdin. Hrsg. v. E. Schmid. Ausg. A. (184 S.) 893. (69. Lfg.) 1. 20

— histoire d'Ali Baba. Bearb. v. E. Schmid. (Neuer Abdr.) (72 S.) 893. (54. Lfg.) — 50

— histoire de Sindbad le marin (1001 nuits. Contes arabes). Bearb. v. E. Schmid. (76 S.) 893. (29. Lfg.) — 50

Girardin, J., la tante Dorothée, — le Savoyard et son ami, } s.: Recueil de contes.

Guizot, Mme., Cécile et Nanette, s.: Recueil de contes.

Guizot, Franc., récits historiques, tirés de l'histoire de France, racontés à mes petits-enfants. In 2 Tln. In Auszügen bearb. v. K. Bandow. 1. Tl. Ausg. B. (92 u. 28 S.) 896. (10. Lfg.) — 60

Halévy, Lud., l'invasion. Souvenirs et récits. In Auszügen hrsg. v. Emil Tournier. (VI, 128 u. 36 S.) 894. (101. Lfg.) — 90

Lamartine, procès et mort de Louis XVI. Im Auszuge aus histoire des Girondins. Hrsg. v. Paul Voelkel. (XII, 130 u. Anh. 40 S.) 892. (88. Lfg.) 1. —

Le Sage, histoire de Gil Blas de Santillane. In Auszügen hrsg. v. Louis Feller. (Neuer Abdr.) (186 S.) 893. (59. Lfg.) 1. —

Lucy, Mme. de, histoire d'une pièce d'or, s.: Recueil de contes.

Maistre, Xavier, le lepreux de la cité d'Aoste. — Les prisonniers du Caucase. Hrsg. v. Frdr. d'Hargues. (34 S.) 893. (11. Lfg.) — 50

— la jeune Sibérienne. Hrsg. v. Frdr. d'Hargues. (2. Abdr.) (96 S.) 892. (7. Lfg.) — 50; Wörterbuch dazu v. B. Klatt. (32 S.) — 20

Michelet, J., précis de l'histoire moderne. (In 2 Tln.) In Auszügen hrsg. v. C. Th. Lion. 1. Tl. (116 S.) 891. (28. Lfg.) — 50

Mignet, vie de Franklin. Hrsg. v. A. v. d. Velde. (175 S.) 892. (30. Lfg.) — 90; Wörterbuch dazu (64 S.) — 30

— histoire de la révolution française depuis 1789 jusqu'en 1814. (In 2 Tln.) In Auszügen hrsg. v. A. Seedorf. 1. Tl. Ausg. A. (293 S.) Ausg. B. (238 u. 130 S.) 890. (27. Lfg.) à Ausg. 1. 20

Mirabeau, discours choisis de Mirabeau. Hrsg. v. Emil Grube. Ausg. A. (X, 163 S.) 891. (65. Lfg.) — 90

Montesquieu, considérations sur les causes de la grandeur des Romains et de leur décadence. Hrsg. v. K. Mayer. Ausg. A. (244 S.) 890. (8. Lfg.) 1. 20

Paganel, jeunesse de Frédéric le Grand. Im Auszuge hrsg. v. Gerh. Franz. Ausg. B. (IV, 62 u. 19 S.) 892. (82. Lfg.) — 50; Wörterbuch dazu v. B. Klatt. (35 S.) — 20

— la guerre de sept ans. Im Auszuge hrsg. v. Gerh. Franz. (V, 117 u. 22 S.) 892. (94. Lfg.) — 75; Wörterbuch dazu v. Emil Tournier. (47 S.) — 20

Péan, J. B., le petit mathématicien, s.: Recueil de contes.

Perrault, la Barbe-Bleue, — Cendrillon, } s.: Recueil de contes.

Pressensé, Mme. de, le petit Marquis, s.: Recueil de contes.

Recueil de contes et récits pour la jeunesse. 1. Bdchn.: La pièce de cent sous, par Mme. de Bawr. — L'aveugle de Clermont, par Mme. Foa. — Le cousin, par Emile Souvestre. Für Mittelklassen hrsg. v. J. Wychgram. (IV, 129 S.) 892. (90. Lfg.) — 60

— dasselbe. 2. Bdchn. Michel Perrin, par Mme. de Bawr. — Le Savoyard et son ami, par J. Girardin. — La rente du chapeau, par Berquin. — La tante Dorothée, par J. Girardin. — Cendrillon, par Perrault. Zum Gebrauch in Mittelklassen hrsg. v. Emil Tournier. (IV, 74 S.) 893. (91. Lfg.) — 60; Wörterbuch dazu v. Hugo Bansemer. (40 S.) — 20

— dasselbe. 3. Bdchn.: Le petit Marquis, par Mme. de Pressensé. — L'abbé de l'Épée, par Mme. Foa. — L'Église du verre d'eau, par Berthoud. — La Barbe-Bleue, par Perrault. Zum Gebrauch in Mittelklassen hrsg. v. Emil Tournier. (IV, 88 S.) 893. (92. Lfg.) — 60; Wörterbuch dazu (34 S.) — 20

— dasselbe. 4. Bdchn.: Le petit mathématicien, par J. B. Péan. — La belle et la bête. Histoire d'une pièce d'or, par Mme. la Comtesse de Lucy. — Cécile et Nanette, ou la voiture versée, par Mme. Guizot. Zum Gebrauch in Mittelklassen hrsg. v. Walther Wüllenweber. (IV, 129 S.) 892. (93. Lfg.) — 60; Wörterbuch dazu. (56 S.) — 20

Rollin, Ch., histoire d'Alexandre le Grand. Hrsg. v. Gerhard Franz. Ausg. A. (175 S.) 891; Ausg. B. (Neuer Abdr.) (141 u. 35 S.) 893. (70. Lfg.) à Ausg. 1. —

— histoire de la seconde guerre punique. Nebst e. Anh.: Suite de l'histoire d'Annibal. Hrsg. v. K. Bandow. Ausg. B. (2. Abdr.) (96 u. 32 S.) 892. (5. Lfg.) — 60; Wörterbuch dazu. (37 S.) — 20

Sarcey, Franc., le siège de Paris. Im Auszuge hrsg. v. Arnold Krause. (Neuer Abdr.) (114 u. Anh. 49 S. m. 1 Karte.) 893. (89. Lfg.) 1. —

Ségur, de, histoire de Napoléon et de la grande armée en 1812. In Auszügen hrsg. v. O. Schmager. 2. Tl. Buch VIII u. XI. (Napoléon in Moskau u. Übergang üb. die Beresina.) Ausg. A. (204 S. m. 1 Karte); Ausg. B. (170 u. 56 S. m. 1 Karte.) 893. (46. Lfg.) à Ausg. 1. 20

Sevigné, Mme. de, lettres. Auswahl, hrsg. v. Otto Kabisch. (X, 97 u. Anh. 47 S.) 894. (100. Lfg.) — 90; Wörterbuch dazu. (29 S.) — 20

Souvestre, Emile, le cousin, s.: Recueil de contes.
— fünf Erzählungen aus Au coin du feu. Hrsg. v. P. Huot. Ausg. B. (124 u. 23 S.) 890. (4. Lfg.) — 75; Wörterbuch dazu. (44 S.) — 20
— sechs Erzählungen aus Au coin du feu u. aus Les Clairières. Hrsg. v. P. Huot. (118 S.) 893. (23. Lfg.) — 60; Wörterbuch dazu. (47 S.) — 20
— zwei Erzählungen aus Les derniers paysans. Hrsg. v. O. Hallbauer. Ausg. A. (120 S.) 891. (51. Lfg.) — 60
— un philosophe sous les toits ou journal d'un homme heureux. Hrsg. v. E. Schmid. Ausg. A. (2. Abdr.) (287 S.) 892. (19. Lfg.) 1. 20; Wörterbuch dazu. (52 S.) — 20
Staël, Mme. de, de l'Allemagne. Im Auszuge hrsg. v. Gerh. Franz. Ausg. A. (VI, 190 S.) 892. (75. Lfg.) 1. — Wörterbuch dazu v. Emil Tournier. (66 S.) — 30
Thierry, Amédée, histoire d'Attila et de ses successeurs. Im Auszuge hrsg. v. Fritz Bischoff. Ausg. A. (VI, IX, 214 S.) 890; Ausg. B. (VI, VII. 177 u. 37 S.) 891. (80. Lfg.) à Ausg. 1. 20
Thierry, Augustin, histoire de la conquête de l'Angleterre par les Normands (livres III et IV). Im Auszuge hrsg. v. Max Schmidt. (VIII, 113 S.) 894. (81. Lfg.) — 60
Thiers, A., campagne d'Italie en 1800. Marengo. Im Auszuge aus Histoire du consulat et de l'empire. Bearb. v. F. Fischer. Ausg. A. (155 S. m. 2 Karten.) 894. (12. Lfg.) — 80
— expédition d'Égypte. Im Auszuge aus Histoire de la révolution u. aus Histoire du consulat et de l'empire. Hrsg. v. Emil Grube. Ausg. A. (X, 157 S. m. 2 Karten.) 892; Ausg. B. (X, 124 u. 34 S. m. 2 Karten.) 893. (79. Lfg.) à Ausg. — 90; Wörterbuch dazu v. B. Klatt. (38 S.) — 20
— Napoléon à Sainte Hélène. Auszug aus Histoire du consulat et de l'empire. Hrsg. v. Geo. Stern. Ausg. A. (Neuer Abdr.) (172 S.) 893. (61. Lfg.) — 90
— Quatre-Bras et Ligny. Auszug aus Histoire du consulat et de l'empire. Hrsg. v. F. Fischer. (156 S.) 890. (35. Lfg.) — 80
Töpffer, Rodolphe, la bibliothèque de mon oncle. Hrsg. v. K. Bandow. (Nouvelles Genevoises 1. Tl.) (Neuer Abdr.) (246 S.) 893. (55. Lfg.) 1. —
— 3 Erzählungen aus Nouvelles genevoises. (Le lac de Gers. Le col d'Anterne. Le Grand Saint-Bernard.) Hrsg. v. K. Bandow. (Nouvelles genevoises 2. Tl.) (2. Abdr.) (VII, 104 S.) 892. (66. Lfg.) — 60
— 2 Erzählungen aus Nouvelles genevoises. (Le vallet de Trient. La peur.) Hrsg. v. K. Bandow. (Nouvelles genevoises 3. Tl.) (2. Abdr.) (VII, 73 S.) 892. (57. Lfg.) — 50; Wörterbuch zu Tl. I–IV. (100 S.) — 30
Verne, Jules, le tour du monde en 80 jours. In Auszügen bearb. v. K. Bandow. (Neuer Abdr.) (235 S.) 893. (41. Lfg.) 1. 20
— cinq semaines en ballon. In Auszügen hrsg. v. W. Begemann. (196 S.) 893. (40. Lfg.) 1. —
— voyage au centre de la terre. In Auszügen hrsg. v. G. Opitz. (224 S.) 891. (43. Lfg.) 1. 20
Voltaire, histoire de Charles XII. Auszug in 1 Bde. Hrsg. v. Otto Ritter. Ausg. A. (184 S. m. 1 farb. Karte.) 892. (68. Lfg.) — 90; Wörterbuch dazu. (79 S.) — 30
Wychgram, Choix de nouvelles modernes. Erzählungen zeitgenöss. französ. Schriftsteller. Ausgewählt u. hrsg. v. J. Wychgram. 1. Bdchn.: Alphonse Daudet. Henri de Bornier. André Theuriet. Guy de Maupassant. Paul Arène. (VI, 73 u. 16 S.) 893. (84. Lfg.) — 60; Wörterbuch dazu v. Hugo Bansemer. (45 S.) — 20
— dasselbe. 2. Bdchn.: Daudet. Theuriet. Legouvé. Ausg. B. (105 u. 22 S.) 892. (87. Lfg.) — 60; Wörterbuch dazu v. Emil Tournier. (54 S.) — 20
— dasselbe. 3. Bdchn.: About. Collas. Coppée. Féval. Gourdon de Genouillac. Moret. Mueller. Révillon. Richebourg. (111 u. 24 S.) 893. (95. Lfg.) — 60; Wörterbuch dazu. (61 S.) — 30

Prosateurs français. Ausg. A. m. Anmerkungen z. Schulgebrauch unter dem Text. Ausg. B. m. Anmerkgn. in ein. Anh. Lfg. 1, 2, 4, 7, 9—12, 14, 19, 20, 22—25, 29, 31, 40—43, 45, 48, 50, 55, 56, 60, 63, 65, 66, 68, 71, 76, 78, 82, 84, 86—99 u. 101. (Neudruck.) 12. Bielefeld, Velhagen & Klasing. Kart. n. 59. 25

Inhaltsübersicht in alphabet. Ordnung:

Barante, Histoire de Jeanne d'Arc. Im Auszuge hrsg. v. Arnold Krause. Ausg. B. (XII, 131 u. 39 S. m. 1 Karte.) 895. (Lfg. 9.) n. 1. —
Barthélemy, Voyage du jeune Anacharsis en Grèce dans le milieu du 4me siècle avant l'ère vulgaire. I. In Auszügen hrsg. v. O. Schulze. (155 S.) 896. (Lfg. 22.) — 90
Bawr, Mme de, la pièce de cent sous, — Michel Perrin, Belle, la, et la bête, Berquin, la rente du chapeau, Berthoud, l'église du verre d'eau, } s.: Recueil de contes.
Bruno, G., le tour de la France par deux enfants. Im Auszuge hrsg. v. W. Wüllenweber. Ausg. A. (V, 170 S.) Ausg. B. (V, 132 u. 41 S. m. 1 Karte.) 895. (Lfg. 97.) à n. 1. —
Cervantes, Don Quichotte de la Manche. Traduit par Florian. Im Auszuge hrsg. v. J. Wychgram. Ausg. A. (104 S.) 894. (Lfg. 71.) n. 1. —
Chateaubriand, Jeunesse de Chateaubriand. Aus Mémoires d'outre-tombe. In Auszügen hrsg. v. Emil Grube. Ausg. B. (151 u. 45 S.) 895. (Lfg. 48.) n. 1. 10
Choix de nouvelles modernes, s.: Wychgram.
Coppée, François, Pariser Skizzen u. Erzählgn. aus Les vrais riches, contes tout simples, u. Vingt contes nouveaux. In Auszügen hrsg. v. Arnold Krause. Ausg. B. (X, 101 u. 44 S.) 895. (Lfg. 9.) n. 1 —
Daudet, Alph., le petit chose. Im Auszuge hrsg. v. Arnold Krause. Ausg. A. (X, 150 S.) Ausg. B. (X, 116 u. 35 S.) 895. (Lfg. 96.) à n. 1. —
Duruy, Vict., Histoire de France. 1. Bdchn. (bis zum J. 1431). In Auszügen hrsg. v. Emil Grube. Ausg. B. (VI, 108 u. 27 S.) 895. (Lfg. 76.) — 90
Erckmann-Chatrian, 4 Erzählungen aus Contes populaires u. Contes des bords du Rhin. Hrsg. v. K. Bandow. Ausg. B. (VI, 93 u. 32 S.) 895. (Lfg. 25.) — 75
— Histoire d'un conscrit de 1813. In Auszgn. hrsg. v. K. Bandow. Ausg. B. (169 u. 46 S. m. 1 Karte.) 894. (Lfg. 1.) n. 1. —
— l'invasion. In Auszügen hrsg. v. K. Bandow. Ausg. A. (220 S. m. 1 Karte.) Ausg. B. (VIII, 157 u. 55 S) 895. (Lfg. 50.) à n. 1. 30
— l'ami Fritz. Im Auszuge hrsg. von Arnold Krause. Ausg. B. (XI, 100 u. 18 S.) 895. (Lfg. 98.) n. — 90
Feuillet, Octave, le roman d'un jeune homme pauvre. Im Auszuge hrsg. v. Alb. Benecke. Ausg. B. (VI, 131 u. 27 S.) 894. (Lfg. 86.) n. 1. —
Foa, Mme., l'abbé de l'Épée, — l'aveugle de Clermont, } s.: Recueil de contes.
Galland, Antoine, Histoire de Sindbad le marin (Mille et une nuits. Contes arabes). Hrsg. v. E. Schmid. Ausg. B. (IV, 60 u. 15 S.) 895. (Lfg. 29.) — 60
Girardin, J., le Savoyard et son ami, — la tante Dorothée, Guizot, Mme., Cécile et Nanette, } s.: Recueil de contes.
Guizot, François, récits historiques, tirées de l'histoire de France, racontée à mes petits-enfants. In Auszügen. Hrsg. v. K. Bandow. 1. Tl. Ausg. A. (110 S.) 894. (Lfg. 10.) — 75
Guizot, M., Histoire de Charles Ier depuis son avènement jusqu'à sa mort. Im Auszuge hrsg. v. K. Mayer. 1. Tl. Ausg. B. (128 u. 48 S.) 894. (Lfg. 42.) — 90
Halévy, Ludovic, L'invasion. Souvenirs et récits. In Auszügen hrsg. v. Emil Tournier. Ausg. B. (VI, 128 u. 36 S. m. 1 Karte.) 895. (Lfg. 101.) n. 1. —; Wörterbuch (53 S.) n. — 20
Lamartine, Procès et mort de Louis XVI. Im Auszuge aus Histoire des Girondins. Hrsg. v. Paul Voelkel. Mit 1 Plan v. Paris. Ausg. B. (XII, 130 u. 40 S.) 895. (Lfg. 83.) n. 1. 10
— Voyage en Orient. In Auszügen hrsg. v. H. Lambeck. 1. Tl. Ausg. A. (206 S.) 894. (Lfg. 60.) n. 1. 10
Lanfrey, P., Expédition d'Égypte et campagne de Syrie. Auszug aus Histoire de Napoléon Ier. Hrsg. v. E. Paetsch. Ausg. B. (84 u. 24 S. m. 1 Karte.) 896. (Lfg. 63.) — 90
Lucy, Mme. de, histoire d'une pièce d'or, s.: Recueil de contes.
Maistre, Xavier de, le lépreux de la cité d'Aoste. Les prisonniers du Caucase. Ausg. B. (VI, 67 u. 19 S.) 895. (Lfg. 11.) — 60
— la jeune Sibérienne. Hrsg. v. Frdr. d'Hargues. Ausg. A. (IV, 95 S.) 895; Ausg. B. (IV, 79 u. 16 S.) 895. (Lfg. 7.) à — 60
Michaud, Histoire des croisade. (In 2 Tln.) In Auszügen hrsg. v. Pätsch. 1. Tl. Première croisade. Ausg. A. (232 S. m. 1 Karte.) 895; Ausg. B. (194 u. 40 S.) 895. (Lfg. 20.) à n. 1. 10
— Dasselbe. 2. Tl. Troisième croisade. Ausg. A. (183 S. m. 1 Karte.) 895. (Lfg. 45.) n. 1. 10
Mirabeau, Discours choisis. Hrsg. von Emil Grube. Ausg. B. (138 u. 38 S.) 895. (Lfg. 65.) n. 1. —
Paganel, la guerre de sept ans. Im Auszuge hrsg. v. Gerh. Franz. Ausg. B. (V, 117 u. 22 S.) (Lfg. 94.) — 90
— Jeunesse de Frédéric le Grand. Im Auszuge hrsg. v. Gerh. Franz. (IV, 63 u. 19 S.) (Lfg. 82.) — 60
Péan, le petit mathématicien, Perrault, la Barbe-Bleue, — Cendrillon, } s.: Recueil de contes.
Pressensé, le petit Marquis, s.: Recueil de contes.
Recueil de contes et récits pour la jeunesse. 1. Bdchn. (La pièce de cent sous, par Mme. de Bawr. — L'aveugle de Clermont, par Mme. Foa. — Le cousin Pierre, par Emile Souvestre.) Mit Anmerkungen zum Gebrauch in Mittelklassen hrsg. v. J. Wychgram. Ausg. A. (IV, 129 S.) 895; Ausg. B. (IV, 109 u. 20 S.) 895. (Lfg. 90.) à — 75
— Dasselbe. 2. Bdchn. (Michel Perin, par Mme. de Bawr. — Le Savoyard et son ami, par J. Girardin. — La rente du chapeau, par Berquin. — La tante Dorothée, par J. Girardin. — Cendrillon, par Perrault. Hrsg. v. Emil Tournier. Ausg. B. (IV, 54 u. 18 S.) 895. (Lfg. 91.) — 75
— Dasselbe. 3. Bdchn. (Le petit Marquis, par Mme. de Pressensé. — L'abbé de l'Épée, par Mme. Foa. — L'église du verre d'eau, par Berthoud. — La Barbe-Bleue, par Perrault.) Hrsg. v. Emil Tournier. Ausg. B. (IV, 67 u. 19 S.) 895. (Lfg. 92.) — 75
— Dasselbe. 4. Bdchn. Le petit Mathématicien par J. B. Péan. — La Belle et la Bête. — Histoire d'une pièce d'or, par Mme. la comtesse de Lucy. — Cécile et Nanette, ou la voiture versée, par Mme. Guizot. Zum Gebrauch in Mittelklassen hrsg. v. Walth. Wüllenweber. Ausg. A. (IV, 129 S.) 895; Ausg. B. (IV, 98 u. 31 S.) 895. (Lfg. 93.) à — 75
Saintes, E.-A. de, Thérèse ou la petite soeur de charité. Im Auszuge hrsg. v. B. Klatt. Ausg. A. (IV, 103 S.) 894; Ausg. B. (IV, 82 u. 23 S.) 895. (Lfg. 78.) à — 60
Saint-Pierre, Bernardin de, Paul et Virginie. Hrsg. v. Otto Schaumann. Ausg. A. (184 S.) 894; Ausg. B. (VI, 137 u. 46 S.) (Lfg. 14.) à n. 1. —
Sarcey, Francisque, le siège de Paris. Im Auszuge hrsg. v.

Arnold Krause. Ausg. B. (VII, 114 u. 49 S. m. 1 Karte.) 895. (Lfg. 89.) n. 1. 10

Segur, le Comte de, Histoire de Napoléon et de la Grande-Armée en 1812. (In 2 Tln.) In Auszügen hrsg. von O. Schmager. 1. Tl. Ausg. A. (208 S. m. 1 Karte.) 895. (Lfg. 31.) n. 1. 30

Souvestre, E., le cousin Pierre, s.: Recueil de contes.

— Fünf Erzählungen aus Au coin du feu. Hrsg. v. P. Huot. Ausg. B. (124 u. 32 S.) 894. (Lfg. 4.) — 90

— Sechs Erzählungen aus Au coin du feu u. aus Les clairières. Hrsg. v. P. Huot. Ausg. B. (VI, 95 u. 28 S.) 895. (Lfg. 23.). — 75

— un philosophe sous les toits ou journal d'un homme heureux. Ouvrage couronné par l'académie française. Hrsg. v. Geo. Stern. Ausg. A. (VII, 213 S.) Ausg. B. (VII, 170 u. 44 S.) 895. (Lfg. 19.) à n. 1. 30

— sous la tonnelle. Auswahl v. 4 Erzählungen. Hrsg. v. P. Huot. Ausg. B. (VI, 79 u. 28 S.) 895. (Lfg. 24.) — 75

Thiers, A., Campagne d'Italie en 1800. Marengo. Aus Histoire du Consulat et de l'Empire. Im Auszuge hrsg. v. K. Bandow. Ausg. B. (142 u. 44 S. m. 2 Karten.) 894. (Lfg. 12.) — 90

Töpffer, Rodolphe, la bibliothèque de mon oncle. Hrsg. v. Karl Bandow. (Nouvelles genevoises, 1. Tl.) Ausg. B. (VI, 190 u. 51 S.) 895. (Lfg. 55.) n. 1. 10

— 3 Erzählungen aus Nouvelles genevoises. (Le lac de Gers. Le col d'Anterne. Le Grand Saint-Bernard.) Hrsg. v. K. Bandow. (Nouvelles genevoises, 2. Tl.) (VIII, 104 S.) 894; Ausg. B. (VI, 74 u. 30 S.) 894. (Lfg. 56.) à — 75

Verne, Jules, cinq semaines en ballon. In Auszügen hrsg. v. W. Begemann. Ausg. B. (VII, 161 u. 36 S.) 895. (Lfg. 40.) n. 1. 10

— le tour du monde en 80 jours. In Auszügen, bearb. v. K. Bandow. Ausg. A. (V, 242 S.) 895; Ausg. B. (V, 181 u. 58 S.) 895. (Lfg. 41.) à n. 1. 30

— voyage au centre de la terre. In Auszügen hrsg. v. G. Opitz. (221 S.) 895. (Lfg. 43.) n. 1. 30

Voltaire, Histoire de Charles XII. (In 2 Tln.) Hrsg. v. Otto Ritter. 1. Tl. Ausg. A. (220 S. m. 1 Karte.) 894. (Lfg. 2.) n. 1. —

— Dasselbe. Auszug in 1 Bde. Hrsg. von Otto Ritter. Ausg. B. (151 u. 35 S.) 895. (Lfg. 68.) n. 1. —

— le siècle de Louis XIV. I. Vom Tode Mazarins bis zum Frieden v. Ryswick. (Kap. VII—XVII.) Im Auszuge hrsg. v. Osk. Schmager. Ausg. B. (162 u. 47 S.) 895. (Lfg. 66.) n. 1. 30

Wychgram, J., choix de nouvelles modernes. Erzählgn. zeitgenöss. franz. Schriftsteller. 1. Bdchn. Alphonse Daudet. Henri de Bornier. André Theuriet. Guy de Maupassant. Paul Arène. Ausg. B. (VI, 73 u. 16 S.) 895. (Lfg. 84.) — 75

— Dasselbe. 2. Bdchn. Daudet. Theuriet. Legouvé. Ausg. B. (100 u. 22 S.) 895. (Lfg. 87.) — 75

— Dasselbe. 3. Bdchn. About. Collas. Coppée. Féval. Gourdon de Genouillac. Moret. Mueller. Révillon. Richebourg. Ausg. B. (II, 111 u. 24 S.) 895. (Lfg. 95.) — 75

Prosateurs français. Ausg. A m. Anmerkgn. f. den Schulgebrauch unter d. Text; Ausg. B m. Anmerkgn. in e. Anh. 103.—108. u. 110.—114. Lfg. 12. Bielefeld, Velhagen & Klasing. Kart. 10. 90

103. Confessions d'un ouvrier par Emile Souvestre. Im Ausz. hrsg. v. Alb. Benecke. (V, 133 u. 18 S.) 895. — 90
104. La science amusante. Expériences de physique et géométrie pratique. Von Arth. Good. Hrsg. v. Gust. Ramme. (VI, 86 u. 27 S.) 896. — 75
105. Biographies d'hommes célèbres des temps anciens et modernes par George Duruy. Im Ausz. hrsg. v. Gerh. Franz. Ausg. B. (VI, 95 u. 25 S.) 895. — 90; Wörterbuch v. W. Klatt. (61 S.) n. — 30
106. Sans famille par Hector Malot. Vitalis et Remi. In Auszügen hrsg. v. Max Benecke. Ausg. B. (V, 168 u 26 S.) 897. 1. 20
107. Francinet par G. Bruno. Im Auszug hrsg. von Walth. Wüllenweber. Ausg. B. (IV, 134 u. 38 S.) 896. n. 1. 10
108. Journal d'un officier d'ordonnance par Comte d'Hérisson. Im Auszuge hrsg. v. Arnold Krause. M. 2 Übersichtskarten. Ausg. B. (VIII, 134 u. 62 S.) 896. n. 1. 10
110. Biographies historiques par Dhombres et Monod. Hrsg. v. Eug. Wolter. Ausg. B. (V, 81 u. 44 S.) 897. — 90

    Die 109. Lfg. erscheint später.
111. A travers Paris par Arnold Krause. Aus Orig.-Texten zusammengest. M. 18 Abb. im Text, 1 Plan v. Paris u. 1 Übersichtskärtchen d. Umgebg. v. Paris. Ausg. B. (VI, 193 u. 77 S.) 897. n. 1. 30
112. Napoléon Bonaparte par H. Taine. In Auszügen hrsg. v. Jul. Sahr. Mit 1 Bildn. Ausg. B. (IX, 82 u. 79 S.) 897. n. 1. —
113. La roche aux mouettes (Der Möwenfels) par Jules Sandeau. Im Auszuge hrsg. v. Karl Strüver. Ausg. B. (VIII, 60 u. 25 S.) 897. — 75
114. Guerre de 1870/71. Récits mixtes. Par Chuquet, Hérisson, Bézier, Halévy, Mme. Boissonnas, Doussaint. In Auszügen hrsg. v. Arnold Krause. M. 1 Übersichtskärtchen. Ausg. B. (V, 118 u. 46 S.) 898. n. 1. —

Prosateurs français. Wörterbücher zur 102.—104. Lfg. 12. Bielefeld 896. Velhagen & Klasing. n. — 80

102. Cicéron et ses amis par Gaston Boissier. Von Hugo Bansemer. (64 S.) n. — 30
103. Confessions d'un ouvrier par Émile Souvestre. Von Hugo Bansemer. (76 S.) n. — 30
104. La science amusante par Arth. Good. Von W. Klatt. (41 S.) n. — 20

Prosateurs français. Ausg. A. m. Anmerkgn. zum Schulgebrauch unter dem Text. Ausg. B. m. Anmerkgn. in e. Anh. Wörterbuch zu Lfg. 108, 110—112 u. 114. 12. Bielefeld (898). Velhagen & Klasing. n. 1. 20

108. D'Hérisson, le comte, journal d'un officier d'ordonnance. Von W. Klatt. (76 S.) n. — 30
110. Dhombres et Monod, biographies historiques. Von Herm. Engelmann. (43 S.). n. — 20
111. A travers Paris. Von Arnold Krause. (62 S.) n. — 30
112. Taine, H., Napoléon Bonaparte. Von Herm. Engelmann. (53 S.) n. — 20
114. Guerre de 1870/71. Récits mixtes. Von Arnold Krause. (41 S.) n. — 20

Prosateurs français. Ausg. A. m. Anmerkgn. zum Schulgebrauch unter dem Text. Ausg. B. m. Anmerkgn. in e. Anh. 1.—4., 7.—9., 14.—16., 19., 20., 23., 25., 27., 29., 31., 34., 36., 40., 41., 45., 51., 54.—57., 59., 61.—63., 68., 71., 72., 74.—76., 78., 79., 81., 84.—87., 89., 90., 92., 95.—99., 101.—103., 105.—107., 113., 115.—135., 137. u. 138. Lfg. 12. Bielefeld, Velhagen & Klasing. Kart. n. 82. 55

Inhaltsübersicht in alphabetischer Ordnung:

Barante, histoire de Jeanne D'Arc. Im Auszuge hrsg. v. Arnold Krause. (Neudr.) Ausg. B. (XII, 131 u. 39 S.) 899. (Lfg. 9.) n. 1. —

Bawr, Mme. de, la pièce de cent sous, s.: Recueil de contes et récits. I.

Berthoud, l'église du verre d'eau, s.: Recueil de contes et récits. 3.

Boissier, Gaston, Cicéron et ses amis, étude sur la société romaine du temps de César. Im Auszuge hrsg. v. Arnold Krause. (Neudr.) Ausgabe B. (VI, 158 u. 72 S.) 899. (Lfg. 102.) n. 1. 30

Bruno, G., les enfants de Marcel. In Auszügen m. Anmerkgn. zum Schulgebrauch hrsg. von Hans Strohmeyer. Mit 18 Abb. Ausg. B. (176 u. 33 S.) 898. (Lfg. 116.) 1. 20

— Francinet. Zum Schulgebrauch im Auszug hrsg. v. Walth. Wüllenweber. (Neudr.) Ausg. B. (IV, 134 u. 38 S.) 897. (Lfg. 107.) n. 1. 10

— Livre de lecture et d'instruction pour l'adolescent. Im Auszuge hrsg. v. Fr. Auler. Mit 17 Abb. (Neudr.) Ausg. B. (IV, 123 u. 18 S.) 900. (Lfg. 115.) n. 1.

— le tour de la France par deux enfants. Im Auszuge m. Anmerkgn. zum Schulgebrauch hrsg. von Walth. Wüllenweber. Mit 1 Übersichtskarte. (Neudr.) Ausg. B. (V, 132 u. 41 S.) 898. (Lfg. 97.) n. 1. —

Cervantes, Don Quichotte de la Manche. Traduit par Florian. Im Auszuge hrsg. von J. Wychgram. (Neudr.) Ausg. B. (140 u. 26 S.) 900. (Lfg. 71.) n. 1. —

Chailley-Bert, Jos., Pierre, le jeune commerçant. Für den Gebrauch in den höh. Klassen der Realanstalten, Realgymnasien u. Handelslehranstalten im Auszuge hrsg. v. J. Kammerer. Ausg. B. (VI, 100 u. 36 S.) 902. (Lfg. 128.) — 80

Choix de nouvelles modernes. Erzählgn. zeitgenöss. französ. Schriftsteller. Ausgewählt u. hrsg. v. J. Wychgram. 1. Bdchn. Alphonse Daudet. Henri de Bornier. André Theuriet. Guy de Maupassant. Paul Arène. (Neudr.) Ausg. B. (VI, 73 u. 16 S.) 901. (Lfg. 84.) — 75

— dasselbe. 2. Bdchn. (Neudr.) Ausg. B. (II, 154 u. 34 S.) 901. (Lfg. 87.) n. 1. —; Wörterbuch. Neubearb. v. W. Klatt. (898.) n. — 30

— dasselbe. 3. Bdchn. About. Collas. Coppée. Féval. Gourdon de Genouillac. Moret. Mueller. Révillon. Richebourg. (Neudr.) Ausg. B. (II, 111 u. 24 S.) 897. (Lfg. 95.) — 75

— dasselbe. 4. Bdchn. Un voyage forcé v. Mme. Henriette François. Hrsg. v. Bertha Breest. Ausg. B. (IV, 133 u. 33 S.) 901. (Lfg. 123.) n. 1. —

— dasselbe. 5. Bdchn. Fantaisies et contes v. Mme Henriette François. Hrsg. v. Bertha Breest. Ausg. B. (IV, 59 u. 19 S.) 901. (Lfg. 124.) — 60

— dasselbe. Erzählgn. neuerer französ. Schriftsteller. Ausgewählt u. zum Schulgebrauch hrsg. v. Grube. VI. Bdchn. Mérimée, Prosper, la Vicomtesse du Peloux. Ausg. B. (VII, 76 u. 20 S.) 902. (Lfg. 125.) — 75

Coppée, Franç., Pariser Skizzen u. Erzählungen aus Les vrais riches, contes tout simples, u. Vingt contes nouveaux. In Auszügen m. Anmerkgn. zum Schulgebrauch hrsg. v. Arnold Krause. (Neudr.) Ausg. B. (X, 101 u. 44 S.) 897. (Lfg. 99.) n. 1. —

Daudet, Alphonse, le petit chose. Im Auszuge hrsg. v. Arnold Krause. (Neudr.) Ausg. B. (X, 116 u. 35 S.) 901. (Lfg. 96.) n. 1. —

— elf Erzählungen aus Lettres de mon moulin u. Contes du lundi. In Auszügen u. Anmerkungen zum Schulgebrauch hrsg. v. J. Wychgram. (Neudr.) Ausg. A. (115 S.) 897. (Lfg. 74.) — 75; Ausg. B. (VIII, 78 u. 34 S.) 899. — 75

— Tartarin de Tarascon. Ausgewählte Kapitel, zum Schulgebrauch hrsg. v. Gassmeyer. Ausg. B. (VIII, 95 u. 24 S.) 901. (Lfg. 122.) — 90

Diderot, morceaux choisis, s.: Voltaire.

Dumas (Père), Alex., la tulipe noire. Mit Anmerkgn. zum Schulgebrauch hrsg. v. E. Wentscher. Ausg. B. (IV, 116 u. 22 S.) 902. (Lfg. 127.) — 90

— et A. Dauzats, Quinze jours au Sinaï. Im Auszuge hrsg. v. Adf. Meyer. Neue Ausg., rev. von Hartmann. (Neudr.) Ausg. B. (VIII, 126 u. 36 S.) 901. (Lfg. 72.) n. 1. 10

Töpffer, Rodolphe, la bibliothèque de mon oncle. Mit Anmerkgn. hrsg. v. K. Bandow. (Nouvelles Genevoises I. Tl.) (Neudr.) Ausg. A. (VII, 246 S.) 897. (Lfg. 55.) n. 1.10; Ausg. B. (VI, 190 u. 51 S.) 900. n. 1.10

— zwei Erzählungen aus Nouvelles Genevoises. (La vallée de Trient. — La peur.) Hrsg. v. K. Bandow. (Nouvelles Genevoises. III. Tl.) (Neudr.) Ausg. A. (VIII, 73 S.) 900. (Lfg. 57.) — 60

— drei Erzählungen aus Nouvelles genevoises. (Le lac de Gers. — Le col d'Anterne. — Le grand Saint-Bernard.) Hrsg. v. K. Bandow. (Nouvelles genevoises II. Tl.) (Neudr.) Ausg. B. (VI, 74 u. 30 S.) 899. (Lfg. 56.) — 75

Verne, Jules, cinq semaines en ballon. In Auszügen m. Anmerkgn. zum Schulgebrauch hrsg. von W. Begemann. (Neudr.) Ausg. A. (196 S.) 897. (Lfg. 40.) n. 1.10

— le tour du monde en 80 jours. In Auszügen bearb. von K. Bandow. (Neudr.) Ausg. B. (V, 181 u. 58 S.) 901. (Lfg. 41.) n. 1.30

Voltaire, Histoire de Charles XII. In 2 Tln. Hrsg. von Otto Ritter. 1. Tl. Mit zahlr. Abbildgn., Schlachtplänen u. 1 Übersichtskarte. (Neudr.) Ausg. B. (X, 195 u. 83 S.) 901. (Lfg. 2.) n. 1.30

— dasselbe. 2. Tl. Mit 1 Übersichtskarte. (Neudr.) Ausg. B. (156 u. 39 S.) 900. (Lfg. 3.) n. 1.—

— dasselbe. Auszug in 1 Bde. Hrsg. v. Otto Ritter. Mit 1 Übersichtskarte. (Neudr.) Ausg. A. (184 S.) 900; Ausg. B. (151 u. 35 S.) 900. (Lfg. 65.) à n. 1.—

— Diderot, Rousseau, Morceaux choisis. Mit Anmerkgn. zum Schulgebrauch hrsg. v. Paul Voelkel. Ausg. B. (IV, 143 u. 40 S.) 902. (Lfg. 138.) 1.20

Prosateurs français. Ausg. A. m. Anmerkgn. zum Schulgebrauch unter dem Text. Ausg. B m. Anmerkgn. in e. Anh. 1. 2. 4. 7. 10. 12. 18.—20. 23.—25. 27. 29. 31. 41. 44.—46. 50. 54. 56. 59. 61. 63. 66.—69. 74.—79. 84.—93. 95.—100. 105—125. 127.—129. 132. 135. 136. u. 138.—166. Lfg. 12. Bielefeld, Velhagen & Klasing. Geb. in Leinw. u. kart.

Barrau, Théod. H., Histoire de la révolution française depuis 1789 jusqu'à la mort de Robespierre. Für d. Schulgebrauch ausgewählt u. erklärt v. Frz. Petzold. Mit 1 Karte von Frankreich, 1 Plane v. Paris u. e. Personenverzeichnisse. (Ausg. B.) (IV, 168 u. 39 S.) 906. (Lfg. 165.) n. 1.30

Bawr, Mme. de, Michel Perrin, s.: Recueil de contes 2.

— la pièce de cent sous, s.: Recueil de contes 1.

Berquin, la vente du chapeau, s.: Recueil de contes. 2.

Bertheud, L'Église du verre d'eau, s.: Recueil de contes.

Bourget, Paul, Monique. Hrsg. v. Arnold Krause. Veröffentlicht m. Erlaubnis der Buchhandlg. Plon-Nourrit et Cie in Paris. Ausg. B. (X, 124 u. 42 S.) 904. (Lfg. 144.) n. 1.20

Bruno, G., Les enfants de Marcel. In Auszügen hrsg. v. Hans Strohmeyer. Mit 18 Abbildgn. (Neudr.) Ausg. B. (IV, 176 u. 38 S.) 903. (Lfg. 116.) n. 1.30

— Francinet. Im Auszug hrsg. v. Walth. Wüllenweber. (Neudr.) Ausg. B. (IV, 134 u. 33 S.) 906. (Lfg. 107.) n. 1.20

— Livre de lecture et d'instruction pour l'adolescent. Im Auszuge hrsg. v. Fr. Auler. Mit 17 Abbildgn. (Neudr.) Ausg. B. (IV, 123 u. 18 S.) 905. (Lfg. 115.) n. 1.10

— Le tour de la France par deux enfants. Im Auszuge neu bearb. v. F. Hartmann. Mit 1 (farb.) Uebersichtskarte. (Neudr.) Ausg. A. (IV, 160 S.) 902; Ausg. B. (IV, 126 u. 33 S.) 905. (Lfg. 97.) n. 1.10

Canivet, Charles, Enfant de la mer. Hrsg. v. Paul Schlesinger. Ausg. B. (IV, 110 u. 42 S.) 903. (Lfg. 141.) n. 1.20

Chailley-Bert, Jos., Pierre, le jeune commerçant. Hrsg. v. J. Kammerer. (Neudr.) Ausg. B. (VI, 104 u. 52 S.) 906. (Lfg. 128.) n. 1.—

Chateaubriand, F. de, Itinéraire de Paris à Jérusalem. (In 2 Tln.) In Auszügen hrsg. v. Otto Ritter. I. Tl. Voyage de la Grèce, de l'Archipel, de l'Anatolie et de Constantinople. (Neudr.) Ausg. A. (187 S.) 901. (Lfg. 15.) Kart. n. 1.—

— dasselbe. II. Tl. Voyage de Rhodes, de Jaffa, de Bethléem, de la Mer Morte et de Jérusalem. (Neudr.) Ausg. A. (187 S.) 902. (Lfg. 44.) Kart. n. 1.10

Chatelain, A., Contes du soir. Zum Schulgebrauch ausgewählt u. erklärt v. K. Sachs. Alleinberechtigte Ausg. (Ausg. B.) (IV, 117 u. 16 S.) 906. (Lfg. 164.) n. 1.—

Choix de nouvelles modernes. Erzählungen zeitgenöss. französ. Schriftsteller. Ausgewählt u. hrsg. v. J. Wychgram. 1. Bdchn.: Alphonse Daudet. Henri de Bornier. André Theuriet. Guy de Maupassant. Paul Arène. (Neudr.) Ausg. B. (VI, 74 u. 16 S.) 905. (Lfg. 84.) n. — 80

— dasselbe. 2. Bdchn. (Neudr.) Ausg. B. (II, 152 u. 31 S.) 905. (Lfg. 87.) n. 1.10

— dasselbe 3. Bdchn.: About. Collas. Coppée. Féval. Gourdon de Genouillac. Moret. Mueller. Révillon. Richebourg. (Neudr.) Ausg. B. (II, 112 u. 24 S.) 906 (Lfg. 95.) n. — 80

— dasselbe. 4. Bdchn. François, Mme Henriette, Un voyage forcé. Hrsg. v. Bertha Breest. (Neudr.) Ausg. B. (IV, 133 u. 33 S.) 904. (Lfg. 123.) n. 1.10

— dasselbe. 5. Bdchn. François, Mme Henriette, Fantaisies et contes. Hrsg. v. Bertha Breest. (Neudr.) Ausg. B. (IV, 59 u. 19 S.) 904. (Lfg. 124.) n. — 75

— dasselbe. Ausgewählt u. hrsg. v. Grube. 6. Bdchn. Mérimée, Prosper, La Vicomtesse du Peloux. (Neudr.) Ausg. B. (VII, 76 u. 20 S.) 904. (Lfg. 125.) n. — 80

Coppée, Franç., Pariser Skizzen u. Erzählungen aus Les vrais riches, Contes tout simples, Contes en prose u. Vingt contes nouveaux. In Auszügen hrsg. v. Arnold Krause. (Neudr.) Ausg. B. (X, 101 u. 44 S.) 904. (Lfg. 99.) n. 1.10

Daudet, Alphonse, Le petit chose. Im Auszuge hrsg. v. Arnold Krause. (Neudr.) Ausg. A. (X, 150 S.) 905; Ausg. B. (X, 116 u. 35 S.) 905. (Lfg. 96.) n. 1.10

— 11 Erzählungen aus Lettres de mon moulin u. Contes du lundi. In Auszügen hrsg. v. J. Wychgram. (Neudr.) Ausg. A. (115 S.) 903. Ausg. B. (VIII, 78 u. 34 S.) 904. (Lfg. 74.) à n. — 90

— Tartarin de Tarascon. Ausgewählte Kapitel, hrsg. v. Gassmeyer. (Neudr.) Ausg. B. (VIII, 95 u. 26 S.) 905. (Lfg. 122.) n. 1.—

Dhombres et Monod, Biographies historiques. Hrsg. v. Eug. Wolter. (Neudr.) Ausg. B. (V, 81 u. 44 S.) 903. (Lfg. 110.) n. 1.—

Diderot, morceaux choisis, s.: Voltaire.

Dumas, Alex., la tulipe noire. Hrsg. v. E. Wentscher. (Neudr.) Ausg. B. (IV, 116 u. 22 S.) 905. (Lfg. 127.) n. 1.—

Duruy, George, Biographies d'hommes célèbres des temps anciens et modernes. Im Auszuge hrsg. v. Gerh. Franz. (Neudr.) Ausg. B. (VI, 95 u. 25 S.) 902. (Lfg. 105.) n. 1.10

Duruy, Vict., Histoire de France. Von den ersten Anfängen bis zum J. 1715. In Auszügen hrsg. v. Emil Grube. (Neudr.) Ausg. B. (VIII, 150 u. 50 S.) 905. (Lfg. 76.) n. 1.30

Erckmann-Chatrian, 4 Erzählungen aus Contes populaires u. Contes des bords du Rhin. Neu hrsg. v. G. Schmidt. (Neudr.) Ausg. B. (VI, 93 u. 12 S.) 906. (Lfg. 25.) n. — 80

— L'Ami Fritz. Im Auszuge hrsg. v. Arnold Krause. (Neudr.) Ausg. B. (XI, 100 u. 18 S.) 902. (Lfg. 93). n. 1.—

— Histoire d'un conscrit de 1813. In Auszügen hrsg. v. K. Bandow. Mit 1 Uebersichtskarte. (Neudr.) Ausg. A. (VI, 211 S.) 903. Ausg. B. (109 u. 46 S.) 904. (Lfg. 1.) à n. 1.10

— L'Invasion. In Auszügen. Hrsg. v. Karl Bandow. Mit 1 Uebersichtskarte. (Neudr.) Ausg. B. (VIII, 157 u. 55 S.) 903. (Lfg. 50.) n. 1.40

— Waterloo, suite du conscrit de 1813. Im Auszuge hrsg. v. Jul. Sahr. Mit 2 Uebersichtskarten. (Neudr.) Ausg. B. (VII, 115 u. 48 S.) 905. (Lfg. 85.) n. 1.20

Essais, ausgewählte, hervorragender französischer Schriftsteller des 19. Jahrh. Hrsg. u. erklärt v. M. Fuchs. Ausg. B. (X, 109 u. 32 S.) 904. (Lfg. 142.) n. 1.10

Feuillet, Octave, le roman d'un jeune homme pauvre. Im Auszuge hrsg. v. Alb. Benecke. Veröffentlicht m. Erlaubnis der Buchhandlg. Calmann Lévy, Eigentümerin der Werke v. O. Feuillet. (Neudr.) Ausg. B. (VI, 118 u. 26 S.) 904. (Lfg. 86.) n. 1.60

Foa, Mme., L'abbé de l'Epée, s.: Recueil de contes. 3.

— l'aveugle de Clermont, s.: Recueil de contes. 1.

France, A., le crime de Sylvestre Bonnard. Hrsg. v. Karl Schmidt. Veröffentlicht m. Erlaubnis der Buchhandlg. Calmann Lévy, Eigentümerin der Werke v. A. France. (Ausg. B.) (VI, 120 u. 21 S.) 904. (Lfg. 146.) n. 1.60

François, Mme. H., fantaisies et contes, s.: Choix de nouv. mod. 5.

— A travers les journaux français. (Ausg. B.) (VIII, 153 u. 49 S.) 904. (Lfg. 1:5.) n. 1.40

— un voyage forcé, s.: Choix de nouv. mod. 4.

Fuchs, Max., Anthologie des prosateurs français. Handbuch der französ. Prosa vom 17. Jahrh. bis auf die Gegenwart. Mit 12 Portr. (Ausg. B.) (X, 384 S.) 8. 904. (Lfg. 168.) n. 2.50; Ergänzungsbd. (94 S.) 905. n. 1.—

— Tableau de l'histoire de la littérature française, composé d'après les meilleurs auteurs français. Avec 29 illustr. Ausg. B. (VII, 228 u. 32 S.) 905. (Lfg. 150.) n. 1.60

Galland, Antoine, Histoire d'Aladdin. Hrsg. v. E. Schmid. (Neudr.) Ausg. B. (159 u. 24 S.) 901. (Lfg. 69.) n. 1.30

— Histoire d'Ali Baba. Bearb. v. E. Schmid. (Neudr.) Ausg. A. (72 S.) 904. (Lfg. 64.) n. — 70

— Histoire de Siudbad le marin. (Mille et une nuits. Contes arabes.) Bearb. v. E. Schmid. (Neudr.) Ausg. B. (IV, 60 u. 15 S.) 904. (Lfg. 29.) n. — 70

Gassmeyer, M., la révolution française. Morceaux tirés de Barrau, Lamartine, Lameth, Michelet, Mme. Roland, Thiers etc. Mit 1 (farb.) Uebersichtskarte. Ausg. B. (VIII, 126 u. 33 S.) 904. (Lfg. 147.) n. 1.20

Girardin, J., la tante Dorothée, s.: Recueil de contes. 2.

— le Savoyard et son ami, s.: Recueil de contes. 2.

Gréville, Henry, Dosia. Ouvrage couronné par l'académie française. Hrsg. v. Léon Wespy. (Neudr.) Ausg. B. (VII, 146 u. 24 S. m. Bildnis.) 904. (Lfg. 12.) n. 1.60

Guerre de 1870-71. Récits mixtes. Par Chuquet, Hérisson, Bézier, Halévy, Mme. Boissonnas, Doussault. In Auszügen hrsg. v. Arnold Krause. Mit 1 Uebersichtskärtchen. (Neudr.) Ausg. B. (V, 115 u. 46 S.) 904. (Lfg. 114.) n. 1.10

Guizot, Mme., Cécile et Nanette, s.: Recueil de contes. 4.

Guizot, François, Récits historiques tirés de l'histoire de France, racontés à mes petits-enfants. (In 2 Tln.) In Auszügen. Bearb. v. K. Bandow. I. Tl. (Neudr.) Ausg. B. (92 u. 28 S.) 905. (Lfg. 10.) n. — 80

Halévy, Ludov., L'Abbé Constantin. Hrsg. v. L. Wespy. (IV, 129 u. 26 S.) 903. (Lfg. 143.) n. 1.60

d'Hérisson, Comte, Journal d'un officier d'ordonnance. Im Auszuge hrsg. v. Arnold Krause. Mit 2 Uebersichtskarten. (Neudr.) Ausg. B. (VIII, 134 u. 62 S.) 904. (Lfg. 108.) n. 1.20

Krause, Arnold, A travers Paris. Aus Orig.-Texten zusammengestellt u. hrsg. Mit 18 Abbildgn. im Text, 1 Plan v. Paris u. 1 (farb.) Uebersichtskärtchen der Umgebg. v. Paris. (Neudr.) Ausg. B. (VI, 193 u. 77 S.) 904. (Lfg. 111.) n. 1.40

Kuttner, Max, Französische Lebensweisheit. Montaigne. Pascal. La Rochefoucauld. La Bruyère. Vauvenargues. Ausgewählt u. hrsg. (Ausg. B.) (VI, 124 u. 11 S.) 905. (Lfg. 162.) n. 1. —

Lamartine, Procès et mort de Louis XVI. Im Auszuge aus Histoire des girondins. Hrsg. v. Paul Voelkel. Mit 4 Abbildgn. u. 1 (farb.) Plan v. Paris. (Neudr.) Ausg. B. (XII, 130 u. 40 S.) 905. (Lfg. 88.) n. 1. 20

Lamé-Fleury, M., L'histoire de France. Racontée à la jeunesse. Im Auszuge m. Anmerkgn. zum Schulgebrauch hrsg. v. W. Coordts. (Ausg. B.) (III, 201 u. 18 S.) 906. (Lfg. 166) n. 1. 40

Lanfrey, P., Campagne de 1806—1807. Auszug aus Histoire de Napoléon Ier. Mit Anmerkgn. zum Schulgebrauch hrsg. u. erklärt v. Karl Beckmann. Mit 6 Uebersichtskärtchen. (Ausg. B.) (XI, 122 u. 47 S.) 905. (Lfg. 161.) n. 1. 30; Wörterbuch. (49 S.) n. — 20

— Expédition d'Égypte et campagne de Syrie. Auszug aus Histoire de Napoléon Ier. Hrsg. v. E. Paetsch. Mit 1 Uebersichtskarte. (Neudr.) Ausg. B. (84 u. 24 S.) 904. (Lfg. 63.) n. 1. —

Laurie, André, Mémoires d'un collégien. Im Auszuge hrsg. v. Eug. Wolter. (VI, 130 u. 83 S.) 903. (Lfg. 148.) n. 1. 40

Lectures pédagogiques. Ausgewählt u. hrsg. v. J. Wychgram. (XIV, 155 u. 30 S.) 901. (Lfg. 151.) n. 1. 30

Le Sage, Histoire de Gil Blas de Santillane. In Auszügen hrsg. v. Louis Feller. (Neudr.) Ausg. A. (156 S.) 905. (Lfg. 59.) n. 1. 20

Loti, Pierre, Pêcheur d'Islande. Hrsg. v. Herm. Engelmann. Veröffentlicht m. Erlaubnis der Buchhandlg. Calmann Lévy in Paris. (Neudr.) Ausg. B. (IX, 129 u. 33 S.) 904. (Lfg. 121.) n. 1. 60

Lucy, Mme. de, histoire d'une pièce d'or, s.: **Recueil** de contes. 4.

Maistre, Xavier de, la jeune Sibérienne. Neu hrsg. v. B. Klatt. (Neudr.) Ausg. B. (IV, 79 u. 12 S.) 906. (Lfg. 7.) n. — 70

Malot, Hect., Sans famille. Vitalis et Remi. In Auszügen neu hrsg. v. Gust. Herberich. (Neudr.) Ausg. B. (IV, 165 u. 32 S.) 906. (Lfg. 106.) n. 1. 30

Margueritte, Paul, et Victor **Margueritte**, Poum. Aventures d'un petit garçon. In Auszügen hrsg. v. A. Mühlan. Ausg. B. (76 u. 18 S.) 903. (Lfg. 139.) n. — 75

Memoiren der Revolutionszeit. In Auszügen m. Anmerkgn. f. den Schulgebrauch hrsg. v. G. Hanauer. Ausg. B. (V, 104 u. 14 S.) 904. (Lfg. 149.) n. — 90; Wörterbuch v. G. Hanauer. (37 S.) 903. n. — 20

Merimée, Prosper, Colomba. Im Auszuge hrsg. v. Thdr. Engwer. (Neudr.) Ausg. B. (VI, 158 u. 32 S.) 905. (Lfg. 109.) n. 1. 30

Merimée, Prosper, la Vicomtesse du Peloux, s.: **Choix** de nouvelles mod. 6.

Michaud, Histoire des croisades. (In 2 Tln.) In Auszügen hrsg. v. E. Paetsch. 1. Tl. Première croisade. Mit Uebersichtskarte. (Neudr.) Ausg. B. (194 u. 40 S.) 903. (Lfg. 20.) n. 1. 20

— dasselbe. 2. Tl. Troisième croisade. Mit e. Uebersichtskarte. (Neudr.) Ausg. B. (150 u. 39 S.) 904. (Lfg. 45.) n. 1. 20

Mignet, Histoire de la révolution française depuis 1789 jusqu'en 1793. Im Auszuge hrsg. v. Arnold Krause. Mit zahlr. authent. Abbildgn., sowie 2 Uebersichtskarten. (Neudr.) Ausg. B. (VII, 196 u. 84 S.) 904. (Lfg. 27.) n. 1. 60

Monod, Alb., Histoire de France (Ausg. B.) (VI, 224 S.) 905. (Lfg. 160.) n. 1. 40

Montesquieu, Lettres persanes. Im Auszuge hrsg. v. Otto Josupeit. (Neudr.) Ausg. A. (VIII, 119 S.) 903. (Lfg. 77.) n. 1. —

Musset, Alfr. de, Pages choisies. In Auszügen m. Anmerkgn. f. den Schulgebrauch hrsg. v. E. B. Russell. (Ausg. B.) (VI, 105 u. 29 S.) 905. (Lfg. 157.) n. 1. —; Wörterbuch. (26 S.) n. — 20

Paris sous la commune. Scènes et épisodes. Par Montrevel, Du Camp, É'vrard, de Lano, A. Daudet, d'Hérisson, Mendès, etc. In Auszügen hrsg. v. Arnold Krause. Mit 2 Uebersichtskärtchen v. Paris. (Neudr.) Ausg. B. (VI, 98 u. 42 S.) 903. (Lfg. 118.) n. 1. —

Péan, J.-B., le petit mathématicien, s.: **Recueil** de contes. 4.

Perrault, la Barbe-Bleue, s.: **Recueil** de contes. 3.

— Cendrillon, s.: **Recueil** de contes. 2.

Pressensé, Mme. de, le petit Marquis, s.: **Recueil** de contes. 3.

Rambaud, Histoire de la civilisation en France. 1. Bd.: Depuis les origines jusqu'à la fin du moyen âge. 7 ausgewählte kulturgeschichtl. Kapitel. In Auszügen hrsg. v. Herm. Müller. Mit 1 (farb.) Uebersichtskarte. (Neudr.) Ausg. B. (VII, 82 u. 78 S.) 904. (Lfg. 135.) n. 1. 30

— dasselbe. 2. Bd.: Depuis Louis XIV jusqu'à nos jours. 5 ausgewählte kulturgeschichtl. Kapitel. In Auszügen hrsg. v. Herm. Müller. Ausg. B. (VII, 52 u. 69 S. m. 1 farb. Plan u. 1 farb. Karte.) 902. (Lfg. 136.) n. 1. 20

Reclus, Élisée, la Belgique. Für den Schulgebrauch bearb. v. E. Vogel. Mit e. Uebersichtskarte v. Belgien u. 5 Abbildgn. im Text. Ausg. B. (VIII, 124 u. 55.) 904. (Lfg. 154.) n. 1. 40

Recueil de contes et récits pour la jeunesse. 1. Bdchn. (La pièce de cent sous, par Mme. de **Bawr**. — L'aveugle de Clermont, par Mme. **Foa**. — Le cousin Pierre, par Émile **Souvestre**.) Hrsg. v. J. Wychgram. (Neudr.) Ausg. A. (IV, 129 S.); Ausg. B. (IV, 109 u. 20 S.) 905. (Lfg. 90.) à n. — 90

— dasselbe. 2. Bdchn. (Michel Perrin, par Mme. de **Bawr**. — Le Savoyard et son ami, par J. **Girardin**. — La rente du chapeau, par **Berquin**. — La tante Dorothée, par J. **Girardin**. — Cendrillon, par **Perrault**.) Hrsg. v. Emil Tournier. (Neudr.) Ausg. B. (IV, 54 u. 13. S.) 904. (Lfg. 91.) n. — 90

— dasselbe. 3. Bdchn. (Le petit Marquis, par Mme. de **Pressensé**. — L'abbé de l'Épée, par Mme. **Foa**. — L'Église du verre d'eau, par **Berthoud**. — La Barbe-Bleue, par **Perrault**.) Hrsg. v. Emil Tournier. (Neudr.) Ausg. B. (IV, 67 u. 19 S.) 904. (Lfg. 92.) n. — 90

— dasselbe. 4. Bdchn. (Le petit mathématicien, par J.-B. **Péan**. — La Belle et la Bête. — Histoire d'une pièce d'or, par Mme. la comtesse de **Lucy**. — Cécile et Nanette, ou La voiture versée, par Mme. **Guizot**. Hrsg. v. Walth. Wüllenweber. (Neudr.) Ausg. B. (IV, 93 u. 31 S.) 904. (Lfg. 93.) n. — 90

Rousseau, Jean-Jacques, Morceaux choisis des oeuvres. Für den Schulgebrauch ausgewählt u. m. Anmerkgn. versehen v. Karl Rudolph. Mit 1 Portr. (Ausg. B.) (XIV, 128 u. 32 S.) 905. (Lfg. 159.) n. 1. 20; Wörterbuch. (17 S.) n. — 20

— dasselbe, s.: **Voltaire**.

Saintes, A.-E. de, Thérèse ou la petite soeur de charité. Im Auszuge hrsg. v. Berth. Klatt. (Neudr.) Ausg. B. (IV, 82 u. 23 S.) 905. (Lfg. 78.) n. — 70

Saint-Hilaire, M. Rosseuw de (J. de Vèze), La fille du braconnier. In Auszügen hrsg. v. Hans Strohmeyer. (Neudr.) Ausg. B. (IV, 108 u. 40 S.) 904. (Lfg. 117) n. 1. —

Sand, George, La petite fadette. Mit Anmerkgn. z. Schulgebrauch hrsg. v. Max Rosenthal. (Ausg. B.) (XI, 118 u. 37 S.) 906. (Lfg. 163.) n. 1. 10

Sandeau, Jules, Madeleine. Hrsg. v. Ziegler. (IV, 133 u. 21 S.) 903. (Lfg. 145.) n. 1. 20

— La roche aux mouettes. (Der Möwenfels.) Im Auszuge hrsg. v Karl Strüver. Ausg. A. (VI, 84 S.) 905; Ausg. B. (VI, 60 u. 25 S.) 904. (Lfg. 113.) n. — 80

Sarcey, Francisque, Le siège de Paris. Im Auszuge hrsg. v. Arnold Krause. Mit 1 Uebersichtskarte. (Neudr.) Ausg. B. (VII, 114 u. 49 S.) 905. (Lfg. 89.) n. 1. 20

Ségur, Comte de, Histoire de Napoléon et de la grande-armée pendant l'année 1812. In Auszügen hrsg. v. O. Schmager. Mit 1 Uebersichtskarte. (Neudr.) Ausg. B. (176 u. 59 S.) 904. (Lfg. 31.) n. 1. 40

— dasselbe. In Auszügen hrsg. v. O. Schmager. 2. Tl. Buch VIII u. XI. Mit 1 Uebersichtskarte. (Neudr.) Ausg. B. (170 u. 56 S.) 904. (Lfg. 46.) n. 1. 40

— Moscou u. Le passage de la Bérézina. Im Auszuge aus Histoire de Napoléon et de la grande armée. Hrsg. v. K. Strüver. Mit 1 Uebersichtskarte. (Neudr.) Ausg. B. (XIV, 114 u. 46 S.) 902. (Lfg. 120.) Kart. n. 1. 10

Sévigné, Mme. de, Lettres. Auswahl, hrsg. v. Otto Kabisch. (Neudr.) Ausg. B. (X, 97 u. 47 S.) 901. (Lfg. 100.) n. 1. —

Souvestre, Émile, Au bord du lac. 2 Erzählgn., hrsg v. P. Huot. Neue, verb. Aufl., besorgt v. Th. Engwer. (Neudr.) Ausg. B. (VI, 114 u. 27 S.) 904. (Lfg. 119.) n. 1. 10

— 5 Erzählungen aus Au coin du feu. Hrsg. v. P. Huot. (Neudr.) Ausg. A. (VI, 151 S.) 905; Ausg. B. (124 u. 32 S.) 904. (Lfg. 4.) à n. 1. —

— 6 Erzählungen aus Au coin du feu u. aus Les clairières. Hrsg. v. P. Huot. (Neudr.) Ausg. B. (VI, 95 u. 28 S.) 901. (Lfg. 23.) n. — 90

— Un philosophe sous les toits ou Journal d'un homme heureux. Ouvrage couronné par l'académie française. Hrsg. v. Geo. Stern. (Neudr.) Ausg. B. (VII, 170 u. 44 S.) 904. (Lfg. 19.) n. 1. 40

— Le cousin Pierre, s.: **Recueil** de contes. 2.

— Sous la tonnelle. Auswahl v. 4 Erzählgn. Hrsg. v. P. Huot. (Neudr.) Ausg. B. (VI, 79 u. 23 S.) 904. (Lfg. 24.) n. — 80

Staël, Mme. de, De l'Allemagne. Im Auszuge hrsg. v. Gerh. Franz. (Neudr.) Ausg. A. (VI, 190 S.) 903; Ausg. B. (VI, 153 u. 35 S.) (Lfg. 75.) à n. 1. 20

Stahl, P. J., Maroussia. D'après une légende de Markowovzok. Mit Anmerkgn. zum Schul- u. Privatgebrauch hrsg. v. Léon Wespy. Ausg. B. (V, 140 u. 14 S.) 904. (Lfg. 153.) n. 1. 10

Taine, H., Les origines de la France contemporaine. I. L'ancien régime. Mit Anmerkgn. zum Schulgebrauch hrsg. v. Aug. Sturmfels. (Ausg. B.) (XIV, 138 u. 64 S.) 901. (Lfg 156.) n. 1. 40; Wörterbuch. (55 S.) n. — 20

— dasselbe. III. Régime moderne. Napoléon Bonaparte. In Auszügen hrsg. v. Jul. Sahr. Mit 1 Bildnis. (Neudr.) Ausgabe B. (IX, 82 u. 79 S.) 904. (Lfg. 112.) n. 1. 20

Theuriet, André, ausgewählte Erzählgn. Hrsg v. K. Falck. (Neudr.) Ausg. B. (VI, 91 u. 39 S.) 903. (Lfg. 132.) n. 1. —

Thiers, A., Campagne d'Italie en 1800. Marengo. Aus Histoire du consulat et de l'empire. Im Auszuge hrsg v. K. Bandow. Mit 2 Uebersichtskarten. (Neudr.) Ausg. B. (142 u. 44 S.) 902. (Lfg. 12.) Kart. n. — 90

— Expédition d'Égypte. Im Auszuge aus Histoire de la révolution u. aus Histoire du consulat et de l'empire. Hrsg. v. Emil Grube. Mit 2 Uebersichtskarten. (Neudr.) Ausg. B (X, 124 u. 34 S.) 905. (Lfg. 79) n. 1. 10

— Napoléon à Sainte Hélène. Auszug aus Histoire du consulat et de l'empire. Hrsg. v. Geo. Stern. (Neudr.) Ausg. B (131 u. 48 S.) 901. (Lfg. 61.) n. 1. 10

Töpffer, Rodolphe, 3 Erzählgn. aus Nouvelles genevoises (Le Lac de Gers. — Le Col d'Anterne. — Le grand Saint-Bernard.) Hrsg. v. K. Bandow. (Nouvelles genevoises II. Tl.) (Neudr.) Ausg. A. (VIII, 104 S.) 904; Ausg. B (VI, 74 u. 30 S.) 903. (Lfg. 56.) à n. — 80

Verne, Jules, Le tour du monde en 80 jours. In Auszügen neu hrsg. v U. Cosack. (Neudr.) Ausg. B. (VII, 181 u. 55 S.) 906. (Lfg. 41.) n. 1. 40

Vigny, Alfr. de, zwei Erzählgn. aus Servitude et grandeur militaires. Für den Schulgebrauch ausgewählt u. bearb. v Berta Breest. Ausg. B. (VIII, 89 u. 24 S.) (Lfg. 152.) 904 n. — 80; Wörterbuch v. Berta Breest (11 S.) (903.) n. — 20

Voltaire, Histoire de Charles XII. (In 2 Tln.) Hrsg. v Otto Ritter. 1. Tl. Mit zahlr. Abbildgn., Schlachtplänen u. 1 (farb.) Uebersichtskarte. (Neudr.) Ausg. A. (X, 279 S.) 905; Ausg. B. (X, 195 u. 83 S.) 904. (Lfg. 2.) à n. 1. 40

— dasselbe. Auszug in 1 Bde. Hrsg. v. Otto Ritter. Mit 1 (farb.) Uebersichtskarte. (Neudr.) Ausg. B. (161 u. 35 S.) 904. (Lfg. 68.) n. 1. 10
— Le siècle de Louis XIV. I. Vom Tode Mazarins bis zum Frieden v. Ryswick. (Kap. VII—XVII.) Im Auszuge hrsg. v. Osk. Schmager. (Neudr.) Ausg. B. (162 u. 47 S.) 902. (Lfg. 66.) Geb. n. 1. 40
— dasselbe. II. Der span. Erbfolgekrieg. (Kap. XVII bis XXIII.) Im Auszuge hrsg. v. Osk. Schmager. (Neudr.) Ausg. B. (135 u. 44 S. m. 1 Tab.) 904. (Lfg. 67.) n. 1. 40
— Diderot, Rousseau, Morceaux choisis. Hrsg. v. Paul Voelkel. Ausg. B. (IV, 148 u. 40 S.) 904. (Lfg. 136.) n. 1. 30
Zola, Emile, La débâcle. In Auszügen hrsg. v. Léon Wespy. Mit 2 Uebersichtskarten. Ausg. B. (XIV, 138 u. 48 S.) 903. (Lfg. 140.) n. 1. 50

Prosateurs français. (Ausg. A m. Anmerkgn. z. Schulgebrauch unter dem Text. Ausg. B m. Anmerkgn. in e. Anh.) 1., 4., 9., 41., 65., 74., 79., 82., 85., 95., 100., 108., 150. u. 167.—183. Lfg. kl. 8. Bielefeld, Velhagen & Klasing. Geb. u. geh. 37. 75

Aulard, A., histoire politique de la révolution française. Mit Anmerkgn. zum Schulgebrauch hrsg. v. Wilh. Kalbfleisch. (Ausg. B.) (IV, 105 u. 35 S.) 910. (180. Lfg.) Geb. u. geh. 1. 30
Barante, histoire de Jeanne d'Arc. Im Auszuge hrsg. v. Arnold Krause. Ausg. B. (XII, 131 u. 39 S.) 907. (9. Lfg.) 1. 10
Boissonnas, Mme. B., une famille pendant la guerre 1870—71. Ouvrage couronné par l'académie (33. éd.) In Auszügen m. Anmerkgn. f. den Schulgebrauch hrsg. v. Wilh. Schaefer. Mit 3 Karten. Ausg. B. (VII, 140 u. 35 S.) 908. (175. Lfg.) Geb. 1. 30
Chailley-Bert, Jos., tu seras commerçant. Ausg. f. kaufmänn. Lehranstalten v. Ludw. Voigt. (Ausg. B.) (VII, 116 S.) 907. (167. Lfg.)
Geb. 1.—; Wörterbuch v. Vikt. Dalheimer. (36 S.) — 20
Chateaubriand, Napoleon. Aus: Mémoires d'outre-tombe. Im Auszug zum Schulgebrauch hrsg. v. Paul Schlesinger. (Ausg. B.) (XI, 142 u. 128 S.) 908. (174. Lfg.) Geb. u. geh. 1. 80
Choix de nouvelles modernes. Erzählungen zeitgenöss. französ. Schriftsteller. Hrsg. v. J. Wychgram. III. Bdchn.: About. Collas. Coppée. Féval. Gourdon de Genouillac. Moret. Mueller. Révillon. Richebourg. Ausg. B. (II, 112 u. 32 S.) 907. (95. Lfg.) — 80
Chuquet, Arth., la guerre de 1870—71. In Auszügen m. Anmerkgn. zum Schulgebrauch hrsg. v. Léon Wespy. Mit 1 Übersichtskarte. Autoris. Ausg. (Ausg. B.) (V, 148 u. 78 S.) 907. (169. Lfg.) Geb. u. geh. 1. 40;
Wörterbuch (70 S.) — 30
Daudet, Alphonse, 11 Erzählungen aus Lettres de mon moulin u. Contes du lundi. In Auszügen hrsg. v. J. Wychgram. Ausg. B. (VIII, 78 u. 45 S.) 907. (74. Lfg.) — 90
Demoulin, Mme. Gustave, français illustres. Im Auszuge m. Anmerkgn. zum Schulgebrauch hrsg. v. Frz. Schürmeyer. Veröffentlicht m. Erlaubnis der Buchh. Hachette & Cie. (IV, 172 u. 71 S. m. 6 Abb. u. 3 farb. Karten.) 910. (182. Lfg.) Geb. u. geh. 1. 60
Duruy, Vict., le siècle de Louis XIV. Ausgewählte Abschnitte aus V. Duruy's histoire de France, bearb. v. Vikt. Schliebitz. Autoris. Ausg. Ausg. B. (X, 137 u. 80 S.) 908. (173. Lfg.) Geb. 1. 50
Erckmann-Chatrian, histoire d'un conscrit de 1813. Im Auszuge neu hrsg. v. H. Merbach. Mit 1 Übersichtskarte. Ausg. B. (VIII, 162 u. 40 S.) 907. (1. Lfg.) 1. 10
— Waterloo, suite du conscrit de 1813. Im Auszuge neu hrsg. v. F. Ost. Mit 2 Übersichtskarten. Ausg. B. (V, 130 u. 46 S.) 907. (85. Lfg.) 1. 20
Fuchs, Max, tableau de l'histoire de la littérature française, composé d'après les meilleurs auteurs français. Avec 29 illustr. et un appendice: Morceaux choisis de la littérature du moyen âge. 3. éd. revue et corrigée. Ausg. B. (VII, 228 u. 32 S.) 907. (150. Lfg.) 1. 60
Gaspard, Emile, fêtes de famille et fêtes publiques en France. Mit Anmerkgn. zum Schulgebrauch hrsg. v. P. Fischmann. Mit 8 Abb. u. 1 Karte. (Ausg. B.) (VIII, 165 u. 71 S.) 909. (178. Lfg.) Geb. u. geh. 1. 60
— Les pays de France. I. vol. Plaines du Nord. Région parisienne. Normandie. Pays de la moyenne Loire. Bretagne. Champagne. Ardennes. Lorraine et Barrois. Im Auszuge m. Anmerkgn. u. zum Schulgebrauch hrsg. v. Frz. Petzold. Mit 7 Karten u. 10 Abb. Ausg. B. (VIII, 256 u. 41 S.) 907. (172. Lfg.) Geb. 1. 80;
Wörterbuch. (74 S.) — 30
Girault, P., tony à Paris. Mit Anmerkgn. zum Schulgebrauch hrsg. v. J. Niederländer. Mit 9 Illustr. und 1 Karte v. Paris. (Ausg. B.) (IV, 190 u. 72 S.) 907. (168. Lfg.) Geb. u. geh. 1. 80; Wörterbuch. (64 S.) — 30
Goncourt, Edmond de, et Jules de Goncourt, histoire de Marie-Antoinette. Für den Schulgebrauch hrsg. v. A. Meyer. Mit 5 Abb. (Ausg. B.) (X, 128 u. 87 S.) 909. (179. Lfg.) Geb. u. geh. 1. 20
— — Histoire de la société française pendant la révolution et le directoire. Mit Anmerkgn. zum Schulgebrauch hrsg. v. Wilh. Kalbfleisch. Mit 1 Übersichtskarte. Autoris. Ausg. (Ausg. B.) (IV, 107 u. 35 S.) 907. (171. Lfg.) Geb. u. geh. 1. 10; Wörterbuch. (27 S.) — 20
Guizot, F., histoire de la civilisation en Europe. Le peuple et le gouvernement. Auszug m. Anmerkgn. f. den Schulgebrauch, hrsg. v. Herm. Gröhler. (Ausg. B.) (VIII, 120 u. 74 S.) 907. (170. Lfg.) Geb. u. geh. 1. 20;
Wörterbuch. (32 S.) — 20
d'Hérisson, Comte, Journal d'un officier d'ordonnance. Im Auszuge neu hrsg. v. Wilh. Weisser. Mit 2 Übersichtskarten. Ausg. B. (VIII, 134 u. 46 S.) 907. (108. Lfg.) 1. 20
Marbot, Général Baron de, Mémoires. Im Auszug m. Anmerkgn. f. den Schulgebrauch hrsg. v. G. Hanauer. Autoris. Ausg. Mit 4 Übersichtskarten u. 5 Abbildgn. (Ausg. B.) (VI, 178 u. 34 S.) 909. (177. Lfg.)
Geb. u. geh. 1. 40
Mirabeau, discours choisis. Hrsg. v. Emil Grube. Ausg. B. (138 u. 30 S.) 906. (65. Lfg.) 1. 10
Monod, Gabr., Allemands et Français. Souvenirs de campagne. Texte revu et vérifié par l'auteur. Im Auszuge m. Anmerkgn. zum Schulgebrauch hrsg. v. O. Leichsenring. Mit 1 Karte. Ausg. B. (VI, 67 u. 24 S.) 908. (176. Lfg.) Geb. 1. 10
Paganel, jeunesse de Frédéric le Grand. Hrsg. v. Gerh. Franz. Ausg. B. (IV, 62 u. 19 S.) 906. (82. Lfg.) — 75
Pressensé, Mm. E. de, petite mère. Im Auszuge m. Anmerkgn. zum Schulgebrauch hrsg. v. Lehnert. Ausg. B. (V, 133 u. 15 S.) 910. (183. Lfg.)
Geb. u. geh. 1. 10; Wörterbuch. (38 S.) — 20
Rousset, L., histoire de la guerre franco-allemande. Extraits et épisodes. Im Auszuge m. Anmerkgn. zum Schulgebrauch hrsg. v. O. Leichsenring. Autoris. Ausg. (Ausg. B.) (VI, 122 u. 62 S. m. 6 Karten.) 910. (181. Lfg.) Geb. u. geh. 1. 20.
Sévigné, Mme. de, lettres. Auswahl, hrsg. v. Otto Kabisch. Ausg. B. (X, 97 u. 52 S.) 906. (100. Lfg.) 1. 10
Souvestre, Emile, 5 Erzählungen aus Au coin du feu. Neubearb. v. K. Bock. Ausg. B. (IV, 118 u. 34 S.) 906. (4. Lfg.) 1. —
Thiers, expédition d'Egypte. Im Auszuge aus Histoire de la révolution u. aus Histoire du consulat et de l'empire. Neu hrsg. v. Emil Grube. Mit 2 Übersichtskarten. Ausg. B. (X, 124 u. 42 S.) 907. (79. Lfg.) 1. 10
Verne, Jules, le tour du monde en 80 jours. In Auszügen bearb. v. K. Bandow. Ausg. A. (V, 242 S.) 906. (41. Lfg.) 1. 40

Prosateurs, modernes. 1.—6. Bd. 8. Wolfenbüttel, J. Zwissler. n. 4. 55

1. De Phalsbourg à Marseille. Aventures de deux enfants, bearb. nach G. Bruno's „Le Tour de la France“ v. H. Bretschneider. 2., verb. Aufl. (IV, 151 u. Wörterbuch 35 S. m. 1 Karte.) 893. Kart. n. 1. 20
2. Choix des meilleurs contes à ma fille par J. N. Bouilly. Bearb. v. H. Bretschneider. (III, 110 S.) 893. n. — 75; m. Wörterbuch (35 S.) n. — 90; kart. m. Wörterbuch n. 1. —
3. Récits et entretiens familiers sur l'histoire de France jusqu'en 1328, par Ernest Lavisse. Für den Schulgebrauch bearb. v. H. Bretschneider. (IV, 109 S. m. 1 Karte.) 893. n. — 60; kart. n. — 75
4. Contes modernes. A. Daudet, J. Lemaître, J. Simon, Ph. Gille, J. Claretie, P. Bonnetain, L. Halévy. Mit erklär. Anmerkgn. hrsg. v. Adf. Kressner. (IV, 153 S.) 893. n. — 80; kart. n. 1. —
5. La bouillie de la Comtesse Berthe par Alex. Dumas. Für den Schulgebrauch bearb. v. H. Bretschneider. (IV, 54 S.) 894. n. — 35
6. Gutenberg par A. de Lamartine. Für den Schulgebrauch erklärt v. H. Bretschneider. (38 S.) 894. n. — 25

— modernes. 1., 3. u. 7.—15. Bd. 8. Wolfenbüttel, J. Zwissler. n. 9. 10; kart. n. 11. 85

1. Aventures de deux enfants par G. Bruno. F. d. Schulgebrauch bearb. nach „La Tour de la France“ v. H. Bretschneider. Mit 1 Karte. 4., verb. Aufl. (IV, 124 u. 45 S.) 897. n. 1. —; kart. n. 1. 20
3. Récits et entretiens familiers sur l'histoire de France jusqu'en 1328 par Lavisse. F. d. Schulgebrauch bearb. v. H. Bretschneider. M. 1 Karte. 2. Aufl. (VII, 79 u. 31 S.) 896. n. — 60; kart. n. — 75
7. Lettres de famille, par Mme. Z. Carraud. F. d. Schulgebrauch bearb. v. H. Bretschneider. (126 u. Wörterbuch 35 S.) 895. n. 1. —; kart. n. 1. 20
8. Confidences d'un joueur de clarinette par Erckmann-Chatrian. In gekürzter Form f. d. Schulgebrauch bearb. v. H. Bretschneider. (IV, 90 S.) 895. n. — 60; kart. n. — 80
9. La France en zigzag par Eudoxie Dupuis. Im Auszug, m. Anmerkgn., e. Wörterbuch u. Kartenskizzen hrsg. v. H. Bretschneider. (IV, 269 u. 88 S.) 896. n. 1. 50; kart. n. 2. —
10. Jeanne d'Arc, libératrice de la France. Nach Jos. Fabre f. d. Schulgebrauch bearb. v. H. Bretschneider. (IV, 68 S. m. 1 Karte.) 896. n. — 50; kart. n. — 60
11. Quand j'étais petit. Histoire d'un enfant par Lucien Biart. Mit Anmerkgn., Wörterbuch u. e. Skizze v. Paris hrsg. v. H. Bretschneider. (IV, 93 u. 51 S.) 896. n. — 80; kart. n. 1. —
12. Récits d'auteurs modernes. Henri de Bornier. Philippe Deslys. Paul Bourget. Gustave Guiches. Charles Foley. L. Halévy. M. erklär. Anmerkgn. hrsg. v. Adf. Kressner. (IV, 179 S.) 896. n. 1. —; kart. n. 1. 20

13. Cinq-Mars ou une conjuration sous Louis XIII. par Alfr. de Vigny. Für den Schulgebrauch bearb. v. H. Bretschneider. (IV, 133 u. 19 S.) 898. n. — 80; kart. n. 1. —
14. Français illustres. Biographien von F. J. Wershoven. Für d. Schulgebrauch m. Anmerkgn. u. Wörterbuch hrsg. (IV, 99 u. 49 S.) 898. n. — 80; kart. n. 1. —
15. La belle-mère par May-Bartlett. F. d. Schulgebrauch m. Anmerkgn. u. e. Wörterbuch bearb. v. Günther. (III, 68 S.) 898. n. — 50; kart. n. — 60

— modernes. 16. u. 17. Bd. 8. Wolfenbüttel, J. Zwissler. n. 1. 40; kart. n. 1. 80
16. Un enfant gâté. Von Mlle. Zénaïde Fleuriot. Für den Schulgebrauch bearb. u. m. e. Wörterbuch u. Anmerkgn. hrsg. v. F. Meyer. Ed. autorisée. (IV, 116 u. 28 S.) 899. n. — 80; kart. n. 1. —
17. Épisodes de la guerre de 1870—71. Für den Schulgebrauch hrsg. v. F. J. Wershoven. (IV, 88 S.) 899. n. — 60; kart. n. — 80

Prosateurs, modernes. III. u. XX. Bd. 8. Wolfenbüttel, J. Zwissler. Kart. n. 1. 55
III. Récits et entretiens familiers sur l'histoire de France jusqu'en 1328. Par Ernest Lavisse. Für den Schulgebrauch bearb. v. H. Bretschneider. Mit 1 Karte. 3. Aufl. (80 u. 32 S.) 903. Kart. n. — 75
XX. L'histoire de France depuis 1328 jusqu'en 1871 par Ernest Lavisse, Aalard, Bruno, Blancnet, Dhombres et Monod, Ducoudray, Humbert Magnet, J. A. Fleury u. a. Für den Schulgebrauch bearb. Mit Karte v. Frankreich u. Plan v. Paris v. H. Bretschneider. (VII, 69 u. 66 S.) 905. n. — 60; kart. n. — 80

Prosawitz, Rudi, das IX. Gebot. Du sollst nicht begehren deines Nächsten Hausfrau. Ein Münchener Sittenbild. Moderne Ehebrecherinnen! (19 S.) 8. München 905. (O. Mütterlein.) n. — 30

Prosch, Peter, der kreuzfibele Tirolerbua, durchtriebene Spaßvogel u. lustige Hofnarr, erster Handschuhhändler aus Tirol. Eine durchaus wahre Geschichte voller Abenteuer aus der sogenannten guten alten Zeit vor 100 Jahren. München 865. L. Finsterlin. 8. (63 S.) 6 ngr.

Prosch, C. F. W., s. Prosch, Karl Friedrich Wilhelm

(Prosch, E.) Heinrich Max Im Hof (1798–1869). [Mit 3 Tafeln.] Njbl. Künstlerges. Zürich 1870. 4. [Zürich.]

Prosch, E., das Schloss zu Schwerin, s. Stüler, A.

—— plastische Werke der griechischen und römischen classischen Kunst nach ihrem Inhalt und ihrer künstler. Bedeutung erläutert. 2. Thl. 8. (IV, 137 S.) Ebendas. 875. cart. **

Prosch, E., die plastischen Werke der grossherzogl. Kunstsammlung zu Schwerin nach ihrem Inhalt und ihrer künstler. Bedeutung erläutert. 8. (III, 104 S.) Schwerin 872, (Stiller'sche Hofbuch.) geb. **

Prosch, (Ed.,) die Rechte d. Nachbarn, nach Grundsätzen des deutschen Privatrechts. Ein Versuch, gr. 8. Schwerin 826. (Leipz., Brockhaus.) Rthlr.

Prosch, Ed., Sphinx. Räthsel-Gedichte. 16. (IV und 169 S.) Berlin 856, A. Duncker. Thlr.

Prosch, Ed., Sphinx. Räthsel-Gedichte. Neue Folge. 16. (IV und 178 S. mit 1 ill. Holzschnt.) Berlin 861, A. Duncker. geb

Prosch, Ed., Sphinx. Räthsel-Gedichte. 1. Sammlung. 2. Aufl. Berlin 863. A. Duncker. 16. (IV, 173 S.) 27 ngr.

Prosch, Erich, Gerichtsassessor: Der Rücktritt vom Versuch in seiner Bedeutung für die Teilnahme. *Bremen 1904: H. Hoerking & Co.* (87 S.) 8°
Tübingen, Jur. Diss. v. 1904

Prosch, Franz

Prosch Fr.: Bemerkungen zum d. Unterrichte an der O.-R. 7. Kremsier R. 77.
Progr.

Prosch, Franz Blätter der Erinnerung an Franz Kargers Leben und Dichtungen. 8 (S. 18—35). Progr. Staats-G. *Weidenau* 1886.

Prosch, Franz: Dokumente zur Geschichte des k. k. Staats-Gymnasiums in Weidenau. I. Teil. Mit Erläuterungen veröffentlicht. (Umschlagtitel: ... Geschichte der Anstalt nebst Erläuterungen, I.) S. 16—32. 8. II. Teil ... II. Die Stiftungen für das Weidenauer Gymnasium. (Umschlagtitel: ..., II.) S. 3—22. 8. Fürsterzbischof Jakob Ernst Graf von Lichtenstein und seine Stiftungen für das Piaristenkollegium, das Piaristengymnasium und den Markt Weisswasser. (Als Vorgeschichte des Weidenauer Staatsgymnasiums.) Dokumente ..., III. Teil: ... Mit Erläuterungen veröffentlicht. II. Die Stiftungen für das Weidenauer Gymnasium. (Fortsetzung.) III. Die Gräflich Lichtensteinschen Fonde für Handstipendien, ärztliche Pflege und Prämien katholischer Schüler am k. k. Staatsg. i. W. (Umschlagtitel: ... Geschichte der Anstalt nebst Erläuterungen. III.) S. 3—24. 8. Dokumente ..., IV. Teil. Mit Erläuterungen veröffentlicht. II. Die Stiftungen ... III. Die Gräflich ... (Schluß.) (Umschlagtitel: ... Geschichte der Anstalt nebst Erläuterungen. IV.) S. 3—18. 8. A. Geschichte der Schülerlade des k. k. Staats-Gymnasiums in W. B. Dokumente zur Geschichte ..., V. Teil. Mit Erläuterungen veröffentlicht. II. Die Stiftungen ... (Schluß.) IV. Die Stiftungen für die Schülerlade des k. k. Staatsgymnasiums in W. (Umschlagtitel: ... B. Dokumente zur Geschichte der Anstalt nebst Erläuterungen.) S. 3—22. 8.
Progr. K. k. Staats-Gymn. *Weidenau* 1902—1906.

Prosch Dr. Franz: Das Fabelbuch Meyers von Knonau, in Auswahl herausgegeben und eingeleitet. (24). Wien IV. (Elisabeth G). 91.
Progr.

Prosch, Frz., Geschichte der deutschen Dichtung zum Gebrauche an österreichischen Lehranstalten u. f. das Selbststudium. 1.—3. Tl. gr. 8. Wien, K. Graeser & Co. Geb. in Leinw. n. 8. 60
1. Von der Urzeit bis zu Goethes Rückkehr aus Italien. 2. Aufl. (VII, 249 S.) 903. n. 2. 80
2. Schiller, Goethe u. Schillers Zusammenwirken, Romantik. 2. Aufl. (VII, 181 S.) 904. n. 2. 40
3. Von Schillers Tode bis zur Gegenwart. 2. völlig umgearb. u. erweit. Aufl. (VIII, 308 S.) 906. n. 3. 60

Prosch, Frz., die Grammatik als Gegenstand d. deutschen u. philosophisch-propädeutischen Unterrichtes. Zugleich Commentar zu einzelnen Punkten der neuen Instructionen f. den Gymnasialunterricht im Deutschen u. in der philosoph. Propädeutik. gr. 8. (IV, 70 S.) Wien 885. Hölder. n. 1. 92

Prosch Dr. Franz: Prof. Franz Graßl † und Prof. Josef Karassek †. 4. Weidenau 05.
Progr.

Prosch, Frz., s. a. Heldensage, die deutsche.

— u. Frz. Wiedenhofer, die deutsche Heldensage. Nach Darstellgn. v. Uhland, Vilmar, Scherer, Keck u. Khull. Mit Einleitg. u. Anmerkgn. versehen. 5. umgearb. u. erweit. Aufl. 15.—17. Taus. (Graesers Schulausgaben klass. Werke.) (XXI, 81 S.) 8. Leipzig (904). B. G. Teubner. — Wien, K. Graeser & Co. n. — 60

Prosch, Dr. Franz, Leitfaden der deutschen Literaturgeschichte für den Unterricht in den oberen Klassen österreichischer Mittelschulen. 1. Heft. Wien 1910. K. Graeser & Kie. Geh. K 1.20.

Prosch, F., Leitfaden f. den literar-historischen Unterricht an österreichischen Lehranstalten. 1. Hft. Von der Urzeit bis zu Lessing's Tode. [Zunächst f. die 5. u. 6. Gymnasialclasse.] gr. 8. (VII, 120 S.) Wien 889. Graeser. n. 1. 20

Prosch, Frz., Leitfaden f. den literar.-historischen Unterricht an österreichischen Lehranstalten u. f. das Selbststudium. 2. Hft. gr. 8. Wien 891. C. Graeser. n. 2. 40
(1 u. 2.: n. 3. 60)
Von Lessings bis zu Goethes Tode, nebst e. Darstellg. d. Entwicklungsganges der neueren deutschen Literatur in Österreich. [Zunächst als Hilfsbuch f. die 7. u. 8. Gymnasialclasse.] (VIII, 320 S.)

— — Deutsches Lesebuch für österreichische Gymnasien. I. Theil. (Für die fünfte Classe.) Gr.-8. (XIII, 430 S.) Geb. 1.60
— — II. Theil. (Für die sechste Classe.) Ausgabe A. Gr.-8. (V, 224 S.) Geb. 1.—
— — II. Theil. (Für die sechste Classe.) Ausgabe B. Gr.-8. (VII, 362 S.) Geb. 1.40
— — III. Theil. (Für die 7. und 8. Classe.) Gr.-8. (X, 508 S.) Geb. 1.80
Wien: Graeser 1896.

Prosch, Frz., deutsches Lesebuch f. Gymnasien u. Realgymnasien. I. Bd. (Für die 1. Klasse.) 6., gänzlich umgearb. Aufl. unter Mitwirkg. v. Ludw. Marcus. (XI, 313 S.) gr. 8. Wien 909. K. Graeser & Co. Geb. 1.80

Prosch, F., u. F. Wiedenhofer, deutsches Lesebuch f. österreichische Lehranstalten. I. Abth. f. Unter-Gymnasien u. verwandte Lehranstalten. 1. u. 2. Bd. gr. 8. Wien, Graeser. geb. à n. 2.—
1. Für die 1. Classe. 2. Aufl. (259 S.) 886.
2. Für die 2. Classe. (319 S.) 887.

— u. **Frz. Wiedenhofer,** deutsches Lesebuch f. österreichische Mittelschulen. 1. u. 2. Bd. gr. 8. Ebd. 892. Geb. à n. 2.—
1. Für die 1. Classe. 2. Aufl. (260 S.) — 2. Für die 2. Classe. (307 S.)

— — dasselbe f. österr. Mittelschulen. 1., 3. u. 4. Bd. gr. 8. Ebd. Geb. n. 7.20 (1.—4.: n. 9.20)
1. (F. d. 1. Classe.) 3. Aufl., unveränd. Abdr. der 2. Aufl. (260 S.) 896. n. 2.—
3. (F. d. 3. Classe.) (VIII, 323 S.) 894. n. 2.40
4. (F. d. 4. Classe.) (VII, 368 S.) 895. n. 2.80

— — deutsches Lesebuch f. österr. Mittelschulen. 1.—4. Bd. 8. Wien, K. Graeser & Co. Geb. in Leinw. n.n. 9.90
1. (Für die 1. Klasse.) 5., durchgeseh. Aufl. (260 S.) 903. 2.20
2. (Für die 2. Klasse.) 3., verb. Aufl. (VIII, 298 S.) 904. 2.40
3. (Für die 3. Klasse.) 2., durchgeseh. Aufl. (VIII, 324 S.) 903. 2.40
4. (Für die 4. Klasse.) 2., verb. Aufl. (VIII, 364 S.) 904. 2.90

—— —— deutsches Lesebuch für österreichische Obergymnasien. 1. Thl. gr. 8. (XI, 380 S.) Ebendas. 888. *

Prosch, Frz., u. Frz. Wiedenhofer, deutsches Lesebuch f. österr. Obergymnasien. 1. Thl., 2. Thl., Ausg. A. u. B., u. 3. Thl. gr. 8. Wien, C. Graeser. Geb. n. 11.60
1. (F. d. 5. Classe.) (XIII, 430 S.) 890. n. 3.20
2. (F. d. 6. Classe.) A. Im Anschl. an das mittelhochdeutsche Lesebuch. (VI, 224 S.) 893. n. 2.—. — B. Im Anh. Übersetzgn. aus mittelhochdeutschen Dichtgn. (VI, 362 S.) 893. n. 2.80
3. (F. d. 7. u. 8. Classe.) (X, 508 S.) 896. n. 3.60

— — deutsches Lesebuch f. österr. Obergymnasien. 1. Tl. (Für die 5. Klasse.) 2., nach den Instruktionen v. 1900 umgearb. Aufl. (XI, 424 S.) 8. Ebd. 906. Geb. 2 20

Prosch, Dr. Franz und Wiedenhofer, Dr. Franz, Deutsches Lesebuch für österreichische Obergymnasien. III. Teil (für die VII. Klasse). 2., gänzlich umgearbeitete Auflage. Wien 1908. K. Graeser & Kie. Geh. K 2.50, geb. K 3.—.

Prosch, Dr. Franz und Wiedenhofer, Dr. Franz, Deutsches Lesebuch für österreichische Obergymnasien. IV. Teil (für die VIII. Klasse). 2., gänzlich umgearbeitete Auflage. Wien 1908. Karl Graeser & Komp. Geb. K 3.50.

Prosch, Dr. Franz, und Müller Adolf, Deutsches Lesebuch für österreichische Obergymnasien und Realobergymnasien. I. Teil (für die V. Klasse). Ausgabe ohne mittelhochdeutsche Texte. 3. Auflage. 1910. K. Graeser & Kie. Geb. 2.40.

Prosch Dr. Franz, Deutsches Lesebuch für Realschulen und Reformrealgymnasien. I. Band. (Für die I. Klasse.) 6., gänzlich umgearbeitete Auflage. Unter Mitwirkung von Ludwig Marcus. Wien 1909. Karl Graeser & Kie. Geb. K 2.30.

Prosch, Dr. Franz und Dr. Franz Wiedenhofer, Mittelhochdeutsches Lesebuch für österreichische Gymnasien. 8. (168 S.) Geb. —.72
Wien: Graeser 1890.

Prosch, Dr. Franz, und Wiedenhofer, Dr. Franz, Mittelhochdeutsches Lesebuch für österreichische Mittelschulen. 2., im wesentlichen unveränderte, sonach gemäß Min.-Erl. vom 5. Dezember 1889, Z. 18483 ex 1888, allgemein zulässige Auflage. Wien 1906. K. Graeser. Geh. K 1.40, geb. K 1.70.

—— —— mittelhochdeutsches Lesebuch für österreichische Obergymnasien. gr. 8. (168 S.) Ebendas. 888. *

— Fürsterzbischof Jakob Ernst Graf von Lichtenstein und seine Stiftungen für das Piaristenkollegium, das Piaristengymnasium und den Markt Weißwasser. (Als Vorgeschichte des Weidenauer St. G). 13. ibd. 04. Weidenau
Progr.

Prosch, Franz: Nekrolog. Musikdirektor Moritz Ludwig. S. 29 bis 31. 8. Progr. K. k. Staats-Gymn. *Weidenau* 1907.

—: Nekrolog. Professor Julius Neugebauer. S. 56—57. 8. Progr. K. k. Gymn. *Weidenau* 1908.

– Über Klingers philosophische Romane. 84 S. Weidenau, Progr. 1882.

Prosch, Frz., F. M. Klinger's philosophische Romane. Eine literaturhistorische Studie. gr. 8. (86 S.) Wien 882. Hölder in Comm. n. 1.60

Prosch, Hermann

Prosch, H., medicinisch-chirurgische Encyklopädie, s. Encyklopädie.

Prosch, H(erm.), **Taschenbuch für operative Chirurgie.** Nach dem Französ. von J. A. Isnard frei bearb. und mit Erfahrungen und bewährten Methoden deutscher Chirurgen bereichert. Mit 245 erläut. Abbildungen. 32. (XIX und 420 S. mit 63 Stnt.) Leipzig 851(52.) Bethmann. *

Prosch, Julius Hermann (Leipzig), Nonnulla ad genealogiam aneurysmatum accedente historia aneurysmatis poplitaei methodo Hunteriana sanati. Diss. med. Leipzig (W. Staritz) 2. IX. 1845. 28 S. (2.75) 27240
Gew.: Carl Aenotheo Francke, Hermann Friedlaender.

Prosch, Karl Friedrich Wilhelm

Prosch, Competenz d. norddeutschen Bundes auf Artikel 78 d. Verfassung. Berlin 870

Prosch, C. F. W., offenes Sendschreiben an den Verf. der Schrift: „Einige Gedanken über die Fortbildung der mecklenburgischen Verfassung." Rostock 868. Leopold. gr. 8. (III, 124 S.) n. $17\frac{1}{2}$ ngr.

— Votum üb. d. Competenz d. norddeut Bundes zur Einwirkung auf d. Verfassg. d. Einzelstaaten. Rostock 868.

— Theodor (Düsseldorf), De physiologica morborum ratione ad diversas vitae periodos. Diss. med. Präs. Curt Sprengel. Halle (Schimmelpfennig) 24. X. 1821. 40 S. mit Biogr. (M.: Gehlen). (3.25) 27241
Gew.: J. Naegele, Johann Carl Becker, C. L. Barth.

Prosch, V., Handbuch der Lehre vom Ausseren d. Pferdes. Mit 80 (eingedr.) Holzschn. Nach der 3. Ausg. d. dän. Orig. u. m. Bewillig. d. Verf. ins Deutsche übertragen v. W. Braasch. gr. 8. (VIII, 248 S.) Neustadt in Holstein 872. Ehlers. 9. —

Prosch, V., Zucht u. Pflege des Rindviehes, dargestellt zunächst für Landwirthe u. Veterinärärzte. Mit Bewilligung des Verlegers u. Verf. nach der 3. Aufl. des dänischen Orig. übers. von Chrn. Jenssen. Mit 22 (eingedr.) Abbildungen in Holzschn., gezeichnet vom Thiermaler Madsen. gr. 8. (IV, 171 S.) Kiel 879. Universitäts-Buchhandlung. n.n. 4. —

Prosch, V., Zucht und Pflege des Rindviehes, dargestellt zunächst für Landwirthe und Veterinärärzte. Nach der 3. Aufl. des dän. Originals übers. von Chrn. Jenssen. 2. (Titel-)Ausg. gr. 8. (IV, 171 S. mit 22 Abbild. in Holzschn., gezeichnet von Madsen.) Hannover (880)88, Schmorl und v. Seefeld. *

Prosch, W. Critical essay on W. Scott's „Lady of the Lake". 16 S. Progr. *Offenbach* 1876.

Prosch, W., Englands Verbrechen an Transvaal u. M. Chamberlains Verleumdung der deutschen Kriegführung. gr. 8. (20 S.) Offenbach 902. J. P. Strauß. — 20

Proesch, B., Woran krankt die deutsche Gewerkschaftsbewegung? Ein zeitgemässes Wort mit Berücksichtigung der Arbeitslosenunterstützungsfrage. 8⁰. Berlin 1897.

Prösch, F. Über die Berechtigung des Privatunterrichts neben dem Schulunterricht. 18 S. Progr. *Blankenburg* 1878.

Prösch, Gustav, approb. Arzt in Doberan: **Beiträge zur Kasuistik und zur Lehre der ektopischen Schwangerschaft aus der Universitäts-Frauenklinik zu Rostock** (Schatz). *Rostock 1901: Adler's Erben.* (77 S.) 8°
Rostock, Med. Diss. v. [30. Mai] 1901

Proesch, Hermann (Hamburg), **De osteomalacia adultorum. Comment. inaug. Heidelberg (G. Reichard)** 1835. 30 S. (3.50) 27236
Gew.: Friedrich Tiedemann, Leopold Gmelin, Wilhelm Wagner.

Prösch, Richard, städt. Tierarzt in Krotoschin: **Chronische Veränderungen der Schafslunge.** Berlin: R. Schoetz 1906. (38 S.) 8°
Leipzig, Phil. Fak., Ref. Eber-Kirchner, Diss. v. 22. Dez. 1906
[Geb. 1. Aug. 75 Schwarzenbeck; Wohnort: Krotoschin; Staatsangeh.: Preußen; Vorbildung: Realgymn. Lüneburg Primareife O. 94; Studium: Hannover 7, Gießen 3, Leipzig 3 S.; Rig. 2. Nov. 06.]

Proschberger, H., s. Kramer, Ludw., ein Kinderleben in Bildern.

Proschberger, Johann Fünf Oden des Horaz [II 7. 14. 16. 20 IV 9] in moderner deutscher Übertragung. Mit Studien zu denselben und einem Vorwort. 8 (XXIII, 44 S.). Progr. Lyc. u. altes G. *Regensburg* 1886.

Proschek, Heinrich — Index über die in den Verordnungsblättern für Posten, Eisenbahnen und Telegraphen, dann in jenen für die Verwaltungszweige des hohen k. k. Handels-Ministeriums enthaltenen, das k. k. Staats-Telegraphenwesen betreffenden Vorschriften in alphabetischer und chronologischer Reihe zusammengestellt von — —. Preßburg, 1856. Druck von Alois Schreiber. (108 S. 8. Mit einem Rubriken-Schema des Hauptbuches für die k. k. Staats-Telegraphen-Kassen.)

Proschek, Jos., kurzgefaßte prakt. Böhmische Grammatik für Deutsche. gr. 8. Eger 840, Kobrtsch u. Gschihay. 3/4 ₰

Proschek, J.: System Proschek. (Übungssystem koordinierter Muskelgruppen.) Eingel. v. F. Hueppe. 3. Aufl. Prag 1906. 15 S. m. Abb.

Proschek, Jos., s. System Proschek.

Proschek, Jos., Uebungs-System koordinierter Muskelgruppen. (2. verb. Aufl.) (18 Taf. m. Abbildgn. u. 10 S. Text m. Bildnis.) gr. 8. Prag (906) (Leipzig, E. F. Steinacker.) In Leinw.-Mappe n. 5. —

Pröscher, Friedrich [aus Darmstadt]: **Ein Beitrag zur Erforschung der Constitution des Eiweissmoleküls.** Darmstadt 1899. 15 S. 8°.
Basel. Med. Diss. 1898/99.

Proschianz, P., Sako, s. Bibliothek, armenische.

Proschinger, Heinrich (Hrsg.), s. Erinnerungen, Unruhige . . .

Proschko, Adb., Gesangübgn. auf Grundlage des Notensystems, s.: Arnleitner, Fr.

Proschko, A., s. Liederquelle.

Proschko, Adalb., Liederquelle. Sammlung von passenden Liedern für die Volksschule. 1. Heft. a) Lieder für die Unterklasse. b) Lieder für das 2. und 3. Schuljahr. Ster.-Ausg. 4.—6. Aufl. 8. (24 S.) Linz 871—74, Ebenhöch'sche Buchh. *

—— dass. — 1.—4. Heft. Ster.-Ausg. 8. Linz 875, Quirein. *
Inhalt:
Heft 1. Lieder für das 1.—3. Schuljahr. 7. Aufl. (24 S.) * 20 Pf.
" 2. Lieder für das 4. und 5. Schuljahr. 5. Aufl. (24 S.) * 20 Pf.
" 3. Lieder für die Oberklasse der Volksschulen. 6. Aufl. (30 S.) * 20 Pf.
" 4. Lieder für die obersten Jahresstufen der Volks- und Bürgerschulen. 3. Aufl. (43 S.) * 24 Pf.

Proschko, Adb. und Frz. Pammer, Liederquelle. Ausgewählte Lieder für österreich. allgemeine Volksschulen. 4 Hefte. 8. Linz 888, Quirein. *
Inhalt:
Heft 1. 141. Aufl. (40 S.) * 20 Pf.
" 2. 152. Aufl. (48 S.) * 20 Pf.
" 3. 150. Aufl. Mit einem Anhang: Gesangübungen auf Grundlage des Notensystems. Von Fr. Arnleitner. [1. Thl.] (64 und Anhang 12 S.) * 24 Pf.
" 4. 100. Aufl. Mit einem Anhang: Gesangübungen rc. Von Fr. Arnleitner. [2. Thl.] (80 und Anhang 16 S.) * 30 Pf.

Proschko, A., Liederquelle. Ausgewählte Lieder, f. österreichische Bürgerschulen hrsg. Mit e. Anh.: Gesangübungen auf Grundlage d. Notensystems v. Fr. Achleitner u. v. A. Proschko. 12. (II, 94 u. 87 S.) Linz 889. Quirein. cart. n. — 72

— u. F. Pammer, Liederquelle. Ausgewählte Lieder f. österreich. allgemeine Volksschulen. 4 Hfte. 8. Ebd. 890. n. — 94
1. 146. Aufl. (40 S.) n. — 20
2. 157. Aufl. (48 S.) n. — 20
3. 157. Aufl. Mit e. Anh.: Gesangübungen auf Grundlage d. Notensystems. Von Fr. Achleitner. [1. Thl.] (64 u. Anh. 12 S.) n. — 24
4. 105. Aufl. Mit e. Anh.: Gesangübungen rc. Von Fr. Achleitner. [2. Thl.] (80 u. Anh. 16 S.) n. — 30

—— u. Frz. Pammer. Liederquelle. Ausgewählte Lieder f. österreich. allgemeine Volksschulen. 4 Hefte. 8. Ebd. 892. * — 94
1. 155. Aufl. (40 S.) * — 20.
2. 172. Aufl. (48 S.) * — 20.
3. 167. Aufl. Mit e. Anh.: Gesangübungen auf Grundlage d. Notensystems. Von Fr. Arnleitner. [1. Thl.] (64 u. Anh. 12 S.) * — 24.
4. 111. Aufl. Mit e. Anh.: Gesangübungen rc. Von Fr. Arnleitner. [2. Thl.] (80 u. Anh. 16 S.) * — 30.

— Liederquelle. Ausgew. Lieder f. österr. Bürgerschulen. Mit e. Anh.: Gesangübgn. auf Grundlage des Notensystems v. Fr. Arnleitner u. A. Proschko. 3., unveränd. Aufl. 12. (87 S.) Linz 893. M. Quirein. Kart. n. — 72

Proschko, Adb., u. Frz. **Pammer,** Liederquelle. Ausgew. Lieder f. österreich. allgemeine Volksschulen. 4 Hfte. 8. Linz 893. M. Quirein. n. — 94

1. Lieder f. d. 1. u. 2. Schulj. 157. Aufl. Unveränd. Abdr. d. 8. Aufl. (40 S.) n. — 20
2. Lieder f. d. 3. u. 4. Schulj. 176. Aufl. Unveränd. Abdr. d. 7. Aufl. (48 S.) n. — 20
3. Lieder f. d. 5. u. 6. Schulj. 170. Aufl. Unveränd. Abdr. d. 7. Aufl. M. e. Anh.: Gesangübgn. auf Grundlage d. Notensystems. Von Fr. Arnleitner. [1. Thl.] (64 u. Anh. 12 S.) n. — 24
4. Lieder f. d. 7. u. 8. Schulj. 113. Aufl. Unveränd. Abdr. d. 4. Aufl. M. e. Anh.: Gesangübungen rc. Von Fr. Arnleitner. [2. Thl.] (80 u. Anh. 16 S.) n. — 30

Proschko, Adalbert, Liederquelle. Ausgewählte Lieder für österreichische Bürgerschulen. Mit einem Anhange: Gesangübungen auf Grundlage des Notensystems von Fr. Arnleitner und von A. Proschko. 4. Aufl. Linz 1895. M. Quirein's Verlag. (Min.-Erl. v. 12. Juni 1895, Z. 12385.)

Proschko, Adalbert, und Pammer, Franz, Liederquelle. Ausgewählte Lieder für österreichische allgemeine Volksschulen. Linz 1895. M. Quirein. (Min.-Erl. vom 26. Mai 1895, Z. 9866.)

1. Heft. Lieder für das 1. und 2. Schuljahr. 158. Auflage —.10
2. Heft. Lieder für das 3. und 4. Schuljahr. 177. Auflage —.10
3. Heft. Lieder für das 5. und 6. Schuljahr. 171. Auflage —.12
4. Heft. Lieder für das 7. und 8. Schuljahr. 114. Auflage.

Proschko C.: **Desiderius und der Untergang des Langobardenreiches in Italien. 11. ibd. 80.**
Progr.

Proschko, Franz, aus Weyer, Österr. ob d. Enns: Zur **Kenntniss** des para-Aethylchinolins. *Freiburg i. B. 1900: Ch. Lehmann's Nachf.* (64 S.) 8°
Freiburg i. B., Phil. Diss. v. 1900

Proschko, Franz Isidor

Proschko, Frz. Isid., ein Admiral Napoleon's. Historische Erzählung aus der französ. Kaiserzeit. Graz 866. Moser. 8. (102 S.) n. 6 ngr.

Proschko, Frz. Isid., der erste Bauern-Krieg im Lande Oesterreich ob der Enns, nach den besten Quellen bearb. und gemeinfaßlich geschildert. gr. 8. (IV und 108 S. mit dem getreuen Bildnisse Steph. Fadinger's in Holzschn.) Linz 849. (Leipzig, Hübner.) *

Proschko, Isidor: Der große Bauernkrieg in Oberösterreich, s. Volks- und Jugendschriften, Österreichische.

Proschko, Frz. Isidor. Bilder aus Habsburgs Chronik, s. Jugendlaube.

—— Eichenblätter. Eine Sammlung histor. Original-Erzählungen. gr. 8. (III und 164 S.) Linz 850, Eurich und Sohn.

Proschko, Franz Isid., Erzählungen, s. Jugendbibliothek, neue deutsche.

— ausgewählte Erzählungen u. Gedichte f. die Jugend. 8. (273 S. m. 4 Chromolith.) Stuttgart 873. Hofmann & Hohl. 4. 50

Proschko, Isidor, ausgewählte Erzählungen aus der Geschichte für die Jugend. 2. Aufl. 8. (VI, 273 S. mit 4 Chromolith.) Eßlingen 880. Schreiber. geb. n. 2. —

—— historische Erzählungen und Sagen aus der Steiermark. Lex.-8. (208 S.) Graz 869, Pock. [Verlag Leykam-Josefsthal.] *

– Eugen von Savoyen, s. Volks- und Jugendschriften, Österreichische.

Proschko, Frz. Isidor, Feierstunden. Eine Sammlung von Gedichten, Fabeln und Erzählungen zur Lesung und zum Vortrage an den deutschen Lehranstalten. 2. Aufl. gr. 8. (VIII und 192 S. mit 1 Stlkpfr.) Linz 854. (Leipzig, Hübner.)

Proschko, F. Isidor, der Jugend Feierstunden. Illustrirte Bibliothek für das reifere Alter beiderlei Geschlechts. 2 Bde. Mit 4 Stahlst. u. 51 Illustr. in Holzschn. Prag 861, 62. Kober. (Hamburg, Richter.) gr. 8. (VI, 224 S.; VI, 224 S.) Jeder Bd. n. 24 ngr.

— Fels u. After. Dichtungen. 8. (IV u. 228 S.) Wien 849, Schmidt & Leo. n. 1 ℛß

—— der Förster in Kirnberg, oder die Hexenlinde. Vaterländische Erzählung aus dem Ende des 17. Jahrhunderts. 8. (111 S. mit 1 Stahlst.) Linz 855, [Huemer's Wwe. und Danner.]
Aus des Verf.: Der oberösterreichische Jugendfreund rc., besonders abgedruckt.

– Das Franz Josefs-Land, s. Volks- und Jugendschriften, Österreichische.

– Der Franzose in Wien, s. Volks- und Jugendschriften, Österreichische.

– Geschichte und Sage aus Mähren, s. Volks- und Jugendschriften, Österreichische.

– Geschichte und Sage aus Schlesien, s. Volks- und Jugendschriften, Österreichische.

Volks- und Jugendschriften zur Hebung der Vaterlandsliebe. 8. Nr. 19. Proschko, Dr. Isidor, Geschichtliches aus Ungarn. (160 S.) cart. 60 kr.
Wien: Manz 1881.

Proschko, F. J., Geschichtsbilder aus den Kronländern Oesterreich-Ungarns. 8. (VI, 199 S. m. Titelbild.) Wien 890. Leo Woerl's Agentur. geb. n. 1. 60

Proschko, Frz. Isidor, Geschichtsbilder aus den Kronländern Österreich-Ungarns. 8. (VI, 199 S. m. e. Portr.) Wien 891. Agentur v. L. Woerl. Geb. n. 1. 60

Proschko, Dr. Franz Isidor, Geschichtsbilder aus den Kronländern Oesterreich-Ungarns. 8. (199 S.) In Lwd. geb. —.80
Linz: Ebenhöch 1892.

Proschko, Dr. Fr. Isidor — Der alte gute Geselle. Original-Volks-Gedicht aus dem deutschen Handwerker-Leben von — —. 8. (14 S.) Linz. Druck von Joseph Wimmer. 1854.

— die Hexenlinde, dramatisiert, s.: Weislein, Carl.

— ein Hexenprozeß. Historischer Roman. Wien 866. Hartleben's Verl. 8. (VII, 213 S. mit dem lith. Jugend-Portr. Johs. Keppler's u. dessen erster Gattin in Tondr.) 1 ℛ

– Die Hochwarte der Steyermark, s. Volks- und Jugendschriften, Österreichische.

—— die Höllenmaschine, s. Album. Hrsg. von J. L. Kober.

— die Höllenmaschine, s. Passagier, der blinde.

— die Höllenmaschine. Historischer Roman aus der französ. Consular- u. Kaiserzeit. 2 Bde. 2. Aufl. Prag 858. Kober u. Markgraf. 8. (3 Bl., 230; 242 S.) 1 ℛ. 10 ngr.

-- Jahrbuch für die deutsche Jugend. Ebend. (857.) gr. 4. (IV, 120 S., lith. Titel, 1 Stahlst. u. 2 Lithogr.) n. 1 ℛ. 20 ngr.

—— Jahrbuch für die deutsche Jugend. gr. 4. (IV und 120 S. mit 1 Stahlst., 3 Chromolithogr. und lithogr. Titel in Tondr.) Prag 858. [Hamburg, Richter.] *

– der Jesuit, s. Album. Bibliothek deutscher Originalromane ꝛc.

—— der Jesuit. Historischer Roman aus dem Schwedenkriege in 2 Bdn. 16. (555 S.) Prag 857. [Wien, Markgraf.]

— der Jesuit. Geschichtlicher Roman aus der Zeit des 30jähr. Krieges. 2. Aufl. Wien 867. (Sartori.) 8. (357 S.) n. 1 ℛ

—— der oberösterreichische Jugendfreund, Lese- und Declamationsbuch, ein Festgeschenk für die Jugend. 8. (VIII und 248 S. mit 1 Stahlst.) Linz 855, [Huemer's Wwe. und Danner.]

– Erzherzog Karl, s. Volks- und Jugendschriften, Österreichische.

—— der Letzte der Rosenberge, oder: Der Bannfluch. Vaterländisch-geschichtliche Erzählung. 4 Lfgn. gr. 16. (VI und 253 S.) Wels 861,62, Haas. à Lfg. 7½ Ngr.

— der Letzte der Rosenberge, oder: der Bannfluch. Vaterländisch-geschichtliche Erzählung. Wels 863. Haas. 16. (VI, 254 S.) 1 ℛ

— Leuchtkäferchen. Eine Sammlung von Fabeln u. Parabeln. 8. (94 S.) Regensburg 849, Manz. ⅙ ℛ

— dass. mit böhm. Uebersetzung v. Joh. Kotzian. A. u. d. T.: Swětlušky. Zbírka bájek a podobenství přeloženim Jána Kociana. 8. (181 S.) Ebd. 849. $^{7}/_{12}$ ℛ

— Leuchtkäferchen. Eine Sammlung von Fabeln und Parabeln. 2. (Titel-)Ausg. Regensburg (849.) 857. Manz. 8. (94 S.) 7½ ngr.

— — Mit böhmischer Uebersetzung von Joh. Kotzian. A. u. d. T.: Swětlušky. Zbírka bájek a podobenství, přeloženim Jána Kociana. 2. wydáni. Ebend. (849.) 857. 8. (181 S.) 18 ngr.

– Aus Österreichs Lorbeerhain, s. Jugendlaube.

– Lorbeersträußchen, s. Jugendlaube.

— der schwarze Mann, s. Album. Bibliothek deutscher Originalromane.

Proschko, Franz Isidor

Der schwarze Mann. Geschichtlicher Roman. Th. 1-3. Wien: Markgraf 1863. 8°

(Album. Bibliothek dt. Originalromane. Jg. 14, Bd 13-15.)

Proschko. F. Isidor. Der schwarze Mann. Geschichtlicher Roman. 2 Thle. in 1 Bde. 16. (246 u. 150 S.) Wien 1863, Markgraf. 2 fl. 70 kr.

– Märchenstrauß, s. Jugendlaube.

Proschko, Isid., Maria Theresia, s. Volks- und Jugendschriften, österreichische.

—— der Meisterschuß, s. Familien-Bibliothek.

— der Meisterschuß. Historische Erzählung aus der Zeit des oberösterreich. Bauernkrieges. Graz 866. Moser. 8. (III, 87 S.) n. 5 ngr.

Proschka, Franz Isidor (Linz)
Monographie des Cisterzienser-Klosters Hohenfurth in Böhmen.
Linz 1850.
[Zur Promotion eingesandt.]
Dr. phil. Giessen 21.5.1851.

(F) Proschko, F. I., Der Murat von Mexiko. Historischer Roman. [Romane von Dr. F. I. Proschko. Nr. 3.] Gr.-8°. (192 S.) Linz: Pressverein 1908. K 1.50, geb. K 2.—

— die Nabel. Historischer Roman aus der französischen Geschichte. 2 Thle. Leipzig 858. Hübner. 16. (124; 115 S.) 20 ngr.

– Mein Österreich, s. Volks- und Jugendschriften, Österreichische.

— Perlen aus der Krone des letzten deutschen Kaisers. Wien 867. Sartori. br. 8. (VI, 155 S. mit 1 Stahlst.) 12 ngr.

— Perlen aus der österreichischen Vaterlands-Geschichte. Zum 40jähr. Regierungs-Jubiläum Sr. Maj. d. Kaisers Franz Joseph I. 8. (VIII, 165 S. m. 1 Bild.) Wien u. Würzburg 888. Woerl. geb. n. 1.60

Proschko, Frz. Isidor, Perlen aus d. österreichischen Vaterlands-Geschichte. 8. (X, 165 S. m. Titelbild.) Linz (892). F. J. Ebenhöch. Geb. in Leinw. n. 1.60

—— Peter in der Luft, s. Jugendbibliothek, neue deutsche.

— der Peter in der Luft. Eine vaterländische Erzählung für die reifere Jugend. Mit 1 (lith.) Titelbilde. Linz 863. Danner. 8. (74 S.) 6 ngr.

Proschko, F. Isid., Pugačew s. a. Album. Bibliothek deutscher Originalromane.

Proschko, Franz Isidor

Pugačew. Geschichtlicher Roman. Bd 1.2. Prag: Kober & Markgraf 1860. 8°

(Album. Bibliothek dt. Originalromane. Jg. 15, Bd 16. 17.)

— Feldmarschall Radetzky, s.: Volks- u. Jugendschriften, österreichische.

Proschko, Frz. Isidor, Romane. Nr. 1—3. 8. Linz, Preßverein. 3.20

1. Der Totenbruder v. St. Augustin od. Die drei Verfemten. Historischer Roman. (190 S.) 907. —90; geb. 1.30
2. „Die Nabel". Orig.-Roman. (158 S.) 908. 1.—
3. Der Murat v. Mexiko. Historischer Roman. (192 S.) 908. 1.30; geb. 1.80

– Salzburg, s. Volks-und Jugend schriften, Österreichische.

— ein deutsches Schneiderlein, s.a. Album. Bibliothek deutscher Originalromane 2c.

Proschko, Franz Isidor

Ein deutsches Schneiderlein. Hist. Roman. Bd 1.2.
Prag, Leipzig: Expedition des Albums 1856. 8°

(Album. Bibliothek dt. Originalromane. Jg. 11, Bd 17. 18.)

Proschko's, Frz. Isidor, gesammelte Schriften. Hrsg. von Hermine Proschko. Mit Orig.-Zeichngn. v. Emilie Proschko. 1. u. 2. Bd. Warnsdorf, A. Opitz. Kart. à n. 1.—
1. Für Volk u. Jugend. 12. (224 S. m. Bildnis.) 901.
2. Erzählungen u. Gedichte f. Jugend u. Volk. 8. (223 S.) 902.

Proschko's, Frz. Isidor, gesammelte Schriften. Hrsg. v. Hermine Proschko. Mit Orig.-Zeichngn. v. Emilie Proschko. 3. u. 4. Bd. Erzählgn. u. Gedichte f. Jugend u. Volk. (à 208 S. 8. Warnsdorf 902. 904. A Opitz Geb. à n. 1.—

PROSCHKO, Franz Isidor

(F) Dr. Franz Isidor Proschko's gesammelte Schriften. Herausgegeben von Hermine Proschko. Mit Originalzeichnungen von Emilie Proschko. Bd. I. Für Volk und Jugend. Warnsdorf und Wien. 1901. Opitz. 8°. 224 S. mit 1 Tafel. Cart. K 1.—

— der Schwede vor Prag, s.a. Volks- u. Jugendschriften, österreichische.

Volks- und Jugendschriften, Oesterreichische, zur Hebung d. Vaterlandsliebe. Nr. 5. Inh.: Dr. Franz Isidor Proschko, Der Schwede vor Prag. Historisches Gemälde vom Jahre 1648 mit Bildern aus der alten Königsstadt Prag. 3. Auflage. 8. (158 S.) Cart. —.40
Wien: Manz 1890.

— Strahlenfeste aus der Geschichte des hocherlauchten Hauses Habsburg. Eine Festgabe für Oesterreichs Volk u. Jugend zur 25jährigen Jubelfeier Ihrer Majestäten. 8. (64 S. mit 3 eingedr. Holzschn. u. 2 Holzschntaf.) Wien 879. Sintenis. n. 1. —; Ausg. B. mit 5 Orig.-Photogr. n. 8. —; Ausg. C. Prachtausg. geb. n. 10. —

—— Streifzüge im Gebiethe der österreichischen Geschichte und Sage. gr. 8. (III und 116 S.) Leipzig 854, Liebeskind.

—— Ein böhmischer Student. s.a. Album.

Proschko, Franz Isidor

Ein böhmischer Student. Geschichtlicher Roman. Bd 1. 2.
Wien: Markgraf 1861. 8°

(Album. Bibliothek dt. Originalromane. Jg. 16, Bd 10. 11.)

Proschko, F. Isid., Erasmus Tattenbach. Historischer Roman. 8. (510 S.) Graz 873. Vereins-Buchdruckerei. 2. 50

— Erasmus Tattenbach. Historischer Roman. Mit Einleitg. u. 6 Vollbildern. (VIII, 214 S.) kl. 8. Graz 905. Styria. Geb. in Leinw. n. 1. 20

— dasselbe, s.a. Volksbücherei.

– Aus dem treuen Tyrol, s. Volks-und Jugend schriften, Österreichische.

Proschko, F. J., Der Totenbruder von St. Augustin oder die drei Verfemten. Roman. [Romane von Dr. J. Proschko. Bd. 1.] 8°. (130 S.) K 1.—, geb. K 1.60
Linz: Pressverein 1907.

– Der Türke vor Wien, s. Volks-und Jugend schriften, Österreichische.

Proschko, Franz Isidor, *Dr.* Oesterreichischer, illustrirter katholischer Volkskalender. Mit dem wohlgetroffenen Porträt des hochwürdigsten Herrn Bischofs von Linz, Franz Josef Rudigier. Erster Jahrgang. *Linz* 1859. Druck und Verlag der *Eurich'schen* Buchdruckerei. 195 S. 8°.
36 kr. CM.

INHALT. Das neue Geld und seine Umwechslung. — Stand der Geistlichen und Schullehrer der Diözese Linz. — Franz Josef Rudigier, Bischof der Diöcese Linz. (Geb. am 6. April 1811 in Vorarlberg.) — Das bischöfl. Knaben-Seminar in Linz. — Der Katholikenverein. — Gedichte und Erzählungen.

—— Oesterreichischer katholischer Volkskalender für das gemeine Jahr 1862. 4. Jahrg. 8. (XXXII. 128 S.) Linz, Danner. 1861. 65 kr.

Proschko, J., s.a. Volks- u. Jugendschriften, österreichische, zur Hebung der Vaterlandsliebe.

— österreichische Volks- u. Jugendschriften, zur Hebung der Vaterlandsliebe. Nr. 4—21. Wien 877—81. Manz. cart. à n. 1. 20
4. Der Türke vor Wien. Geschichtsbilder von 1529 u. 1683. (162 S.)
5. Der Schwede vor Prag. Historisches Gemälde vom Jahre 1648 mit Bildern aus der alten Königsstadt Prag. (147 S.)
6. Der große Bauernkrieg in Oberösterreich mit Bildern aus dem Lande ob der Enns. (195 S.)
7. Eugen v. Savoyen. (188 S.)
8. Die Hochwarte der Steyermark mit Bildern aus der steyermärkischen Geschichte. (152 S.)
9. Geschichte u. Sage aus Mähren. (178 S.)
10. Erzherzog Karl. Ein Heldenbild aus der österreichischen Vaterlandsgeschichte. (186 S.)
11. Der Franzose in Wien. (144 S.)
12. Aus dem treuen Tirol. (181 S.)
13. Mein Oesterreich. Historische Erzählungen. (167 S.)
14. Salzburg. Ein Gang durch die Geschichtshalle des Salzkammergutes u. des Nachbarlandes ob der Enns. (171 S.)
15. Geschichte u. Sage aus Schlesien. (163 S.)
16. Ein Gang durch die Geschichtshalle Kärntens. (131 S.)
17. Bilder aus Krain. (194 S.)
18. Die Kaiserburg in Wien. Bilder aus der Geschichte derselben u. Alt-Wiens. (184 S.)
19. Geschichtliches aus Ungarn. (160 S.)
20. Ein Gang durch Böhmen. (158 S.)
21. Aus Oberösterreich. (168 S.)

— „Vomagledon". Lusag bömänik, pelovepolöl fa Rud. Gunert. (Frauenburg. Böhmische Sage, in Volapük übertragen.) 12. (11 S.) Wien 888. Kravani. n. — 30

Proschko, Hermine C.

Proschko, Hermine, du sollst nicht töten! Als die Sonntagsglocken klangen, s.: Volksschriften, Münchener. Nr. 36.

Proschko, Hermine, gesammelte Erzählungen u. Gedichte. Mit Bildern v. Emilie Proschko. 1.—3. Bd.: Jugendschriften. 8. (224 S. m. Bildnis; 208 u. 207 S.) Ebd. 901—902. Geb. à n. 1. —

— gesammelte Erzählungen u. Gedichte. Mit Bildern v. Emilie Proschko. 4. Bd.: Jugendschriften. (207 S.) 8. Warnsdorf 903. A. Opitz. Geb. n. 1. —

Proschko, Hermine, in Freud' u. Noth, s.: Jugendlaube.

— Glockenstimmen, s.: Familien-Bibliothek.

Proschko, Hermine: Gott lenkt, s. Jugendlaube.

Proschko, H., der Halbmond vor Wien, s.: Universal-Bibliothek für die Jugend.

Proschko, Hermine, aus der Heimat. Vaterländische Erzählgn. f. die Jugend. 8. (III, 182 S. m. 2 Lichtdr.) Wien 889. Woerl. geb. n. 1. 60

Proschko, Hermine, aus d. Heimat. Vaterländ. Erzählgn. f. d. Jugend. 8. (III, 182 S. m. 2 Abb.) Ebd. (892). Geb. in Leinw. n. 1. 60

Proschko, Hermine C., Heimatklänge aus Oesterreich. Gedichte zum Declamiren in Schulen. 1. Aufl. (80 S.) 1876; 2. verm. Aufl. gr. 16. (140 S.) Wien 879, Manz'sche Hofbuchh. *

Proschko, Hermine, ins Herz getroffen u. andere Erzählungen, s.: Jugendbücherei.

(F) Proschko, H., Ins Herz getroffen und andere Erzählungen. [Jugendbücherei. Nr. 34/35.] 8°. (ill. 106 S.)
Graz: Styria 1909. K —.60, geb. K 1.—

— Unseres Kaisers diamantenes Jubelfest, s.a. Jugendlaube.

(F) Proschko, H., Unseres Kaisers diamantenes Jubelfest. Jugendlaube. Bd. 18.] 8°. (ill. 111 S.) K —.70
Wien: Sankt Norbertus 1908.

Proschko, Hermine, Unseres Kaisers goldenes Jubelfest. Ein Festbüchlein für Oesterreichs Jugend zum glorreichen fünfzigjährigen Regierungs-Jubiläum Seiner Majestät des Kaisers Franz Josef I. (1848—1898.) Mit fünf Abbildungen nach Original-Photographien. 8. (112 S.) Lnwndbd. —.75
Wien: Sankt Norbertus 1898.

— s.a. Jugendheimat.

Proschko, Hermine, Jugendheimat. Jahrbuch für die Jugend zur Unterhaltung und Belehrung. Herausgegeben unter Mitwirkung vieler Jugendfreunde. Mit fünf colorirten und fünf schwarzen Original-Vollbildern und anderen Original-Zeichnungen von Emilie Proschko, Ernst Peßler und Georg Weinliß, sowie vielen in den Text gedruckten Illustrationen. IV. Jahrgang. Gr.-8. (396 S.) Geb. 3.—
Graz: Leykam 1889.

Proschko, Hermine, Jugendheimat. Jahrbuch für die Jugend zur Unterhaltung und Belehrung. Mit zahlreichen Original-Textillustrationen und und fünf Original-Farbenbildern von Emilie Proschko, Alois Greil und Ernst Peßler. XI. Bd. Jahrgang 1897. Gr.-8. (400 S.) Original-Leinenband mit Deckenbild von Alois Greil in Farbendruck 3.—
Wien: Sankt Norbertus 1896.

Proschko, Hermine, Jugendheimat. Jahrbuch für die Jugend zur Unterhaltung und Belehrung. Mit zahlreichen Original-Textillustrationen und fünf Original-Farbenbildern von Emilie Proschko, Alois Greil und Ernst Peßler. XII. Bd. Jahrgang 1898. Gr.-8. (412 S.) Original-Leinenband mit Deckenbild von Alois Greil in Farbendruck 3.—
Wien: Sankt Norbertus 1897.

— s.a. Jugendlaube.

Proschko, Hermine, Jugendlaube. Bibliothek für die Jugend. VIII. Bändchen. 12. (106 S.) Cart .35
Graz: Leykam 1893.

Proschko, Hermine, Jugendlaube. Bibliothek für die Jugend. IX. u. X. Bändchen. 12. (144 S.)
Graz: Leykam 1894. à —.35

Proschko, Hermine, Jugendlaube. Bibliothek für die Jugend. 15. Bändchen: Ein Held aus dem Volke, vaterländische Erzählung von Max Strebinger, Schulleiter. Mit Titelbild von Alois Greil. 12. (109 S.) Cartonnirt —.35
Wien: Sankt Norbertus 1897.

Proschko, Jugendlaube. 17. Bändchen. Inhalt: Unseres Kaisers goldenes Jubelfest. Ein Festbüchlein für Oesterreichs Jugend von Hermine Proschko. Mit vier Illustrationen nach Original-Photographien, und einem Titelbilde. (Kaiserbild von A. Greil.) 12. (112 S.) Cart. —.35
Wien: Sankt Norbertus 1898.

— — Jugendlaube, Kleine. Illustr. Bibliothek für die Jugend. 13., 14. (Doppel-) Bändchen. Mit Titelbild. 12. (168 S.) In illustrirtem Umschlage. Cartonnirt —.70
Wien: Sankt Norbertus 1896.

Proschko, Hermine C., Habsburgs Kaiser-Frauen u. Herzoginnen. Ein Festgeschenk f. Oesterreichs Volk u. Jugend. 2. Aufl. 8. (158 S.) Wien 882. Sintenis. cart. n. 2. 40

— Habsburgs Kaiser-Frauen u. Herzoginnen. Ein Festgeschenk f. Österreichs Volk u. Jugend. Mit Titelbild, nach e. Photographie u. 9 Portr., nach Orig.-Zeichngn. v. Emilie Proschko. 4. Aufl. 8. (216 S.) Ebd. 900. Kart. n. 1.—; geb. m. Goldschn. n. 2.—

— s.: Kind hüte Dich vor Feuer u. Licht!

— zwei Könige, s.: Familien-Bibliothek.

— Lueger-Büchlein f. Volk u. Jugend. (86 S. m. 8 Taf.) 8. Linz (910). Preßverein. — 25

Proschko, Hermine C., ein Mann v. Wort; „zu spät!", s.: Universal-Bibliothek f. die Jugend.

— Die Nachtigall u. andere Erzählungen, s.: Jugendschriften, Münchener.

— das Perlen-Concert, s.: Familien-Bibliothek.

— Rosenkönigin u. Dornenkönigin, s.: Familien-Bibliothek.

—— Kronprinz Rudolf von Oesterreich. Ein Festgeschenk für Oesterreichs Volk und Jugend. 8. (162 S. mit Portr. in Lichtdr.) Wien 881, Manz'sche Hofverlagsh. *

— Schneeweißchen. Ein Bild aus dem österreichischen Volksleben. — Eichener Hirtenstab — goldener Hirtenstab. Aus dem Leben eines großen Papstes. Zwei Erzählungen für das Volk u. für die liebe Jugend. 8. (105 S.) Salzburg 880. Mittermüller. geb. 1. 20

— s.: Schulvereins-Kalender, katholischer.

— unter Tannen u. Palmen. Historische Erzählungen. 8. (282 S.) Wien 880. Manz. n. 2. 40

— Dr. Hans Maria Truxa. Ein Lebensbild. Mit Portr., Initiale v. Emilie Proschko u. 3 Abbildgn. (V, 61 S.) gr. 8. Wien 907. H. Kirsch. — 80

— Die Weihnachtsglocken klingen!, s.a. Fest- u. Gelegenheitsgedichte.

(F) Proschko, H., Die Weihnachtsglocken klingen. [Fest- und Gelegenheitsgedichte. 21. Bd.] 8°. (111 S.) K 1.20
Linz: Pressverein 1910.

Proschko, Isidor, s. Proschko, Franz Isidor

Proschko K.: Biogr. des † Directors Dr. Franz Ragsky. 4. Wien R. VI. 76. Progr.

Proschko, P.: Über Platon's Dialog Menon. Gedankengang und Gliederung des Dialogs. 20 S. 4°. – Kremsmünster OG., Progr. 1872.

Proschko Paul: Kaiserin Elisabeth. †. 2. Kremsmünster 99. Progr.

Pröscholdt, Heinrich Ludwig

Pröscholdt, Heinr. Ludw., geographische Fragen mit ausführlichen Antworten zur Belebung des geographischen Unterrichts und zur Privatbeschäftigung. Saalfeld 859. Niese. 8. (VII, 510 S.) 1 ₰ 20 ngr.

— u. Johs. Stangenberger, Geographie u. Geschichte von Thüringen u. den thüring. Staaten: den ernestinisch-sächs., schwarzburg. u. reuß. Landen. Ein Anh. zu Lebensbilder III. Lesebuch f. Oberklassen deutscher Volksschulen von Berthelt, Jäkel, Petermann u. Thomas. gr. 8. (42 S.) Leipzig 851, Klinkhardt. 3 ngr.

Pröscholdt, H. L., kleine Rechenfibel für Elementarschüler zur Selbstbeschäftigung. 2. Aufl. (Die 1. Aufl. ist nicht in den Buchhandel gekommen.) ... Saalfeld 843, Niese. 2 ngr.

Pröscholdt, Heinr. Ludw., Schatzkästlein für Schulmeister. gr. 12. (XII und 400 S.) Saalfeld 848. [Halle,] Niese.

Proescholdt (Herm.), Beitrag zur näheren Kenntniss des untern Muschelkalkes in Franken und Thüringen. Meiningen 1879. 27 S. 4°
Meiningen, Realschule, P 1879 (592)

Proescholdt (H.), Geologische und petrographische Beiträge zur Kenntniss der „Langen Rhön". (M. 1 Taf.)
Aus: Jahrbuch der Kgl. Preuss. Geol. Landesanstalt f. 1884.

Proescholdt, H. Biographie des Hofrats Dr. Herm. Emmrich. S. 23—26. Progr. Rg. *Meiningen* 1880.

Proescholdt, H. Geschichte der Geologie in Thüringen. 30 S. Progr. Rg. *Meiningen* 1881.

Pröscholdt, Herm., der Thüringer Wald u. seine nächste Umgebung, s. Forschungen zur deutschen Landes- u. Volkskunde.

Pröscholdt, Hermann: Der Thüringer Wald und seine nächste Umgebung. Stuttgart 1891. 51 S.
= Forschungen zur deutschen Landes- und Volkskunde. Bd. 5. Heft 6. 8°.

Proescholdt, Ludwig

Proescholdt, L., s.: Comedy, the, of Mucedorus.

Festschrift zur Feier des 60jährigen Bestehens der Garnier'schen Lehr- und Erziehungs-Anstalt zu Friedrichsdorf '(Taunus)', 15. u. 16. Aug. 1896. Hrsg. v. d. Vorsteher Dr. Ludwig Proescholdt. *Homburg v. d. Höhe: J. G. Steinhäusser 1896.* (136 S., 1 Bl.) 1 Bd 8. [96. 2007]

Proescholdt, Ludwig: On the sources of Shakespeare's Midsummer Night's Dream. Halis Saxonum 1878: Karras. 34 S. 8°
Halle-Wittenberg, Phil. Diss. v. [21. Febr.] 1878
Geb. Salzungen (Sachs.-Mein.) 23. 2. 1854. V.

Pröscholdt, Oscar. Papilläres Akanthom auf der Innenfläche des Pferdeohres. Diss. Vet.-Med. Bern... von Oskar P'.... Mit 9 Figuren auf 3 Tafeln. (Sonderabdruck aus dem Archiv für wissensch. u. prakt. Tierheilkunde. Bd. 34.) *Kopftitel:* ⟨Aus der medizinischen Klinik der Königlichen Tierärztlichen Hochschule in Stuttgart. Vorstand: Prof. Dr. Klett.⟩ VI + 36 S. 8. Berlin, L. Schumacher, 1908.

Pröschwitzer, Frz., das Andenken des bittern Leidens u. Sterbens Jesu. 7 Fastenpredigten üb. d. Leidensgeschichte Jesu u. das allerheiligste Altarssacrament. 8. (VIII, 103 S.) Graz 897. Styria. 1. —

Pröschwitzer, Frz., katholisches Gesangbuch zum Gebrauche beim öffentlichen Gottesdienste f. die deutschen Kirchengemeinden Böhmens. 16. (XIV, 290 S. m. 1 Stahlst.) Prag 885. Cyrillo-Method'sche Buchh. geb. n. — 80

Pröschwitzer, Frz., der Katholik auf dem Leidensweg des Herrn. 6 Fastenpredigten nebst e. Karfreitagspredigt. (V, 94 S.) 8. Graz 905. Styria. n. 1. —

— das Leben der Christen in den ersten drei Jahrhunderten. 32 Katakombenbilder, dem kathol. Volke vorgeführt. 2. Aufl. Durchgeprüft u. nach dem Standpunkte der heut. Altertumsforschung verb. u. umgearb. v. Ant. de Waal. Mit üb. 150 Abbildgn. (VII, 312 S.) 8. Klagenfurt 902. Buch.- u. Kunsth. des St. Josef-Vereines. n. — 84

Proschwitzer, Franc., manuale rituum ad usum directorum chori provinciae Pragensis juxta missale, graduale et breviarium romanum nec non rituale ac processionale romano-bohemicum. gr. 8. (V, 491 S.) Teplitz 894. H. Dominicus Nachf. n. 8. —; geb. n. 10. —

Pröschwitzer, Frz., Maria u. das hl. Meßopfer. Eine Maiandacht in 32 Betrachtgn. (IV, 280 S.) kl. 8. Graz 910. „Styria". 1.80; geb. in Leinw. 2. 60

— Passionsblumen vom Leidenswege des Herrn. Sechs Kreuzwegandachten, dem kathol. Volke gewidmet. (219 S. m. Titelbild.) kl. 8. Regensburg 907. F. Pustet. — 60; geb. in Leinw. — 80

— Pfingstrosen. Andachtsübungen zur Verehrung des hl. Geistes, besonders f. das hohe Pfingstfest u. den Empfang der hl. Firmg. Dem kathol. Volke gewidmet. (II, 209 S. m. Abbildgn. u. Titelbild.) 16. Warnsdorf 904. A. Opitz. Geb. in Leinw. n. — 70

Pröschwitzer, J., Sammlung drei- u. vierstimmiger Lieder f. österreichische Bürgerschulen. Auf Grundlage der h. Ministerial-Verordnung v. 8. Juni 1883 zusammengestellt. gr. 8. (III, 74 S.) Prag 884. Tempsky. n. — 60

Prose, gereimte, od. Blüthen u. Blätter am Fuße d. Helikon gesammelt v. G—k—t. 16 Bdchen, enthalt. die Zauberflöte u. Streifereien im Riesengebirge. 8. Neisse. (Leipz., Andrä). 1 ℛ 8 ℊ

Prose et Poésies. II Vol. av. fig. 8. Amsterd. Hesse. 808.

Prosector poeticus. Zur Feier d. 37. Leipziger klin. Vogelschießens am 28. Juli 1888. Mit Illustr. v. F. Steub u. H. G. Ströhl. 2. Aufl. 8. (30 S.) Leipzig 888. Garte. n. — 75

Prosector, der, in der Westentasche. Strassburger Sektionstechnik in Versen v. Heinr. Imbecillus. 16. (43 S.) Strassburg 894. W. Heinrich. n. — 80

Der Proselyt oder Versuche über die wichtigsten Glaubenslehren der Römisch-Katholischen Kirche. Bd 1–3.
Leipzig 1768. 8°
Hrsg.: Ferd. Ambros. Fidler.

Proselyten, die; herausgg. v. .... 8. Stuttg. 826. (Brodhaa). 1 ℛ 21 ℊ

Proselyten, die, herausgegeben von † † † 8. Stuttg. 826, Franckh.

Proselyten, Die, [theologischer Roman in Briefen]. Stuttg. 1827. 2. Aufl. Leipzig 1830. V: *Hase, Carl Aug.* (GGr)

Proselyten, die, e. unbefang. Darstellung d. kathol. u. protestant. Kirche f. gebild. Christen. 2., verb. Aufl. 8. (22½ B.) Leipzig 830, [Böhme.] Thlr.

— die, eine unbefangene Darstell. der kathol. u. protestant. Kirche für gebild. Christen. 2e verb. Aufl. 8. Leipz. 830. Hartmann. 1 ℛ 8 ℊ

Proselytenmachen, das, kein Vorwurf, sondern heil. Pflicht e. christl. Confession. 8. (2 B.) Leipzig 828, Magazin f. Industrie.

Proselytenmacherei aus Aberglauben, eine aus Criminalakten vom Jahr 1788 gezogene Geschichte ... Tübingen 1791. V: *Abel, Jacob Friedrich.* (Ky)

Proselytenmacherei aus Aberglauben, eine aus Criminalakten vom J. 1788 gezogene Geschichte. Nebst philosoph. u. historisch. Untersuchungen üb. diesen Gegenstand, (von Jak. Fr. Abel). gr. 8. Tübing. 791. (Osiander). 8 ℊ

Proselytenmacherei verschiedener Religionspartheyen besonders der Römischen Kirche im Türkischen Reiche. [Leipzig 1787.] V: *Niebuhr, Carsten.* (MS)

Proselytentaufe in Lübz. Parchim 1823. V: *Schmidt, Jacob Frdr. Chn.* (Ky)

Prosen, liturgische, des Mittelalters (Sequentiae ineditae), hrsg. v. Henry Marriott Bannister, s.: Analecta hymnica medii aevi.

Prosen, die, der Abtei St. Martial zu Limoges, aus Troparieen d. 10., 11. u. 12. Jahrh. hrsg. v. Dreves, s.: Analecta hymnica medii aevi.

Prosenc, Franz: Eine vergleichende Darstellung der psychologischen Hauptlehren bei Herbart und Lotze. S. 3—29. 8.
Progr. K. k. Staatsgymn. *Mähr.-Weißkirchen* 1907.

*Prosenc, Franz: Herbart und Lotze. Eine vergleichende Darstellung ihres metaphysischen Denkens. S. 3—27. 8.
Progr. Kaiser Franz Joseph I. Kommunal-Gymn. *Mährisch-Ostrau* 1904.

Prosenc Franz: Quonam modo tragici Graeci Herculis mythum tractaverint.
H. 1895 PN 932 a Diss. Wien. Univ. 1531

Prosenc, Franz: Professor Heinrich Schaner †.
Nachruf. S. 35—42. 8. K. k. Staatsgymn. *Mähr.-Weißkirchen* 1910.
Progr.

Die // vom PLUTO // geraubte // PROSERPINA, // Wurde // An dem Höchst-erfreulichen // Hohen Nahmens-Fest /// Des // Durchlauchtigsten Fürsten und Herrn /// HERRN // Georg Wilhelms /// Marggrafens zu Brandenburg / in Preussen /// zu Magdeburg / Stettin / Pommern / der Cassuben und // Wenden / zu Mecklenburg / auch in Schlesien / zu Crossen Herzogens /// Burggrafens zu Nürnberg / Fürstens zu Halberstadt / Minden / Camin // Wenden / Schwerin / und Ratzeburg / Grafens zu Hohenzollern und Schwe- //rin / Herrens der Lande Rostock und Stargardt; Der Röm. Kayserl. und // des Königs in Pohlen Maj. Maj. auch des Heil. Röm. Reichs / dann des Löbl. // Fränckischen Crayses respectivè höchst-bestallten General Feld-Marschalls /// Generals des Cavallerie und Obristens über vier Regimenter // zu Roß und Fuß /// Welches den 23. April. 1717. glücklichst erschienen /// Auf gnädigsten Befehl /// Dero Hoch-geliebtesten Frauen Gemahlin / // Der // Durchlauchtigsten Fürstin und Frauen /// Frauen Sophien /// Marggräfin zu Brandenburg in Preussen / etc. // Hertzogin etc. etc. // In einer Musicalischen OPERA // Auf dem Theatro zu St. Georgen am See /// unterthänigst vorgestellet. // Bayreuth / gedrückt bey Joh. Lober / Hoch-Fürstl. Brandenb. Hof- und Cantzley-Buchdruck. - 2 Blatt (nicht paginiert) Titelblatt und Inhalt. - 30 Seiten.

B. S. T. Fol. 39.

Prosiegel, Theodor: The Book of the Gouernaunce of Kynges and of Prynces. Die von Lydgate u. einem Anonymus hinterlassene me. Bearbeitung d. Secretum Secretorum kritisch untersucht. *München 1903: C. Wolf & Sohn.* (84 S.) 8°
München, Phil. Diss. v. 1902

Prosiegel, Theodor, Dr.: Die Handschriften zu Lydgate's Book of the Gouernaunce of Kynges and of Prynces. ⟨Secreta Secretorum.⟩ Einleitende Kapitel zu e. textkritischen Untersuchung. *München 1903: Dr. C. Wolf & S.* (33 S.) 8°
München, k. Luitpold-Kreis-R, P 1903*

Prosinger, Alois [cand. med. aus Straubing]: Klinische Beiträge zur Pathologie der Polyarthritis rheumatica acuta und der verwandten Affektionen ... Erlangen, Druck d. Univ.-Buchdr. v. E. Th. Jacob, 1895; 31 S., 1 Taf. 8.
Erlangen, Med. Fak., Inaug.-Diss. v. März 1894

Prosit! Fiducit! Scherze aus dem Reiche der Alma Mater. Gesammelt von einem lustigen Bruder Studio. 8. (III, 113 S.) Leipzig 887, F. Freund. *

Prosit das neue Jahr; in einem Aufzuge. Lübeck 1784. V: *Hagemann, Frdr. Gustav.* (Rotermund, Gel. Hannover. Bremen 1823.) (MGT) (Ky)

Prosit das neue Jahr! Lstspl. in 1 A. (v. F. G. Hagemann). 8. Lübeck 784. Wucherer in Wien. 2 ℊ

Prosit das neue Jahr! Lustsp. 8. Wien, Wucherer. 785.

PROSIT das Neue Jahr. Glückwunsch einer Jungfrau an ihren Geliebten. Gedicht von 3 Strophen: Wie ward, Geliebter, nicht mein zärtlich Herz gerührt ... Im Lieben auch getreu. Einblattdruck. O. O. u. J. (ca. 1790). 4°. (5 Mk. Jacques Rosenthal, c. 1903.) Rar!

Prosit Neujahr! Ein Neujahrs-Gratulant, enth. e. reiche Auswahl v. Mustern zu Neujahrsbriefen u. Antworten auf solche, sowie e. Sammlg. v. Neujahrsgedichten. Hrsg. v. e. prakt. Schulmanne. 2. verm. Aufl. 16. (128 S.) Krefeld 876. Klein. — 40

Prosit Neujahr! Ein Neujahrs-Gratulant, enth. e. reiche Auswahl v. Mustern zu Neujahrsbriefen u. Antworten auf solche, sowie e. Sammlg. v. Neujahrsgedichten. Hrsg. v. e. prakt. Schulmanne. 3. Aufl. 16. (108 S.) Crefeld 889. Klein. n. — 40

Prosit Neujahr! Eine Sammlg. ausgew. Neujahrsglückwunsche u. -Gedichte. Nebst e. Anh. von Gedichten u. Aufführgn. f. Sylvester u. Neujahr. Neue Ster.-Ausg. (32 S.) kl. 8. Reutlingen (904). Enßlin & Laiblin. — 20

Proskau, die landwirthschaftliche Akademie, dargestellt von den Lehrern der Akademie. 3. Ausg. Berlin 869. Wiegandt & Hempel. gr. 8. (VIII, 64 S. mit 1 lith. Plan in qu. gr. 4.) n. 15 *ngr.*

Proskau, die landwirthschaftliche Akademie, dargestellt v. den Lehrern derselben. 4. Ausg. Lex.-8. (VIII, 137 S. m. 1 Steintaf. in qu. Fol.) Berlin 872. Wiegandt, Hempel & Parey. n. 3. —

Proskauer und Schüder: Weitere Versuche mit dem Ozon als Wassersterilisationsmittel im Wiesbadener Ozonwasserwerk. Leipzig 1903

Proskauer, Arthur, Arzt a. Charlottenburg-Berlin: Aus Prof. Dr. L. u. Dr. Th. Landaus Privatfrauenklinik, Berlin. Zur chirurgischen Behandlung des myomatösen Uterus in der Schwangerschaft, mit besonderer Berücksichtigung der abdominalen Totalexstirpation des graviden myomatösen Uterus. Berlin 1905: L. Schumacher. (48 S.) 8°

Leipzig, Med. Fak., Ref. Zweifel, Diss. v. 17. Febr. 1905

[Geb. 27. Febr. 80 Berlin; Wohnort: Charlottenburg; Staatsangeh.: Preußen; Vorbildung: Gymn. z. Gr. Kloster Berlin Reife M. 99; Studium: Berlin 1, Würzburg 1, Berlin 6, Halle 1 S.; Coll. 8. März 05; Approb. 31. Okt. 04.]

Proskauer B., Seligmann E. u. Croner F.: Ueber die Beschaffenheit d. in Berlin eingeführten dänischen Milch. Ein Beitrag z. hygienischen Milchkontrolle. Leipz. 1907. 75 S. (Særtr.).

Proskauer, B., s.: Encyklopädie der Hygiene.

— u. Fr. Croner, die Kläranlage f. die Kolonie u. Arbeitsstätten d. Berliner Maschinenbau Aktiengesellschaft vormals L. Schwartzkopf in Wildau bei Berlin, s.: Festschrift zum 60. Geburtstage v. Robert Koch.

Proskauer, der Stand der Städtereinigungsfrage, s.: Schmidtmann.

— u. M. Elsner, die neue Berliner Wohnungsdesinfektion, s.: Festschrift zum 60. Geburtstage v. Robert Koch.

Proskauer, Carola, s. Proskauer, Karola

Proskauer, Felix, a. Ratibor: Über musikalische Trugwahrnehmungen. Emmendingen: Druck- u. Verlags-Ges. vorm. Dölter 1907. (40 S.) 8°

Freiburg i. B., Med. Fak., Ref. Hoche, Diss. v. 1907

[Geb. 16. April 81 Ratibor; Wohnort: Ratibor; Staatsangeh.: Preußen; Vorbildung: Gymn. Ratibor Reife O. 00; Studium: Berlin 2, München 4, Breslau 3, Freiburg i. B. 3 S.; Coll. 21. Dez. 06; Approb. 27. Nov. 06.]

Proskauer, Karola

Proskauer, Carola: Das auslautende —s auf den lateinischen Inschriften. Straßburg: Trübner 1909. 99 S. 8° ¶ (Ersch. vollst. als Buch ebd. 1910.)

Freiburg i. B., Phil. Diss. v. 1909, Ref. Thurneysen

[Geb. 27. Okt. 84 Leipzig; Wohnort: Freiburg i. B.; Staatsangeh.: Preußen; Vorbildung: Gymn. Wertheim Reife Juni 04; Studium: Freiburg i. B. 9 S.; Rig. 16. Jan. 09.] [U 10. 1078

Proskauer, Carola, das auslautende —s auf den lateinischen Inschriften. (V, 208 S.) gr. 8. Strassburg 910. K. J. Trübner. 6. —

Proskauer, Mart., Leitfaden für den dienstlichen Schriftverkehr der Unterbeamten des Eisenbahnbewachungsdienstes. gr. 8. (VI, 63 S.) Beuthen O/S. 881. Freund. n. 1. —

Der Erfolg an der Börse und im Handel mit Werthpapieren. Unentbehrl. Rathgeber f. d. Publikum u. berufsmäss. Börsenspeculanten auf fünfundzwanzigj. Erfahrg gegründete Regeln v. Max **Proskauer**, Bankbeamter. *Berlin: Selbstverl. d. Vfs.; Exped. J. v. Groningen & C. (Dr. v. A. Seydel & C. 1893).* (33 S., 1 Bl.) 1 Bd 8. [96. 336

Proskauer, Max, der Erfolg an der Börse u. im Handel m. Werthpapieren. Unentbehrlicher Rathgeber f. das Publikum u. berufsmäss. Börsenspeculanten, auf 25jähr. Erfahrg. gegründete Regeln. 8. (35 S.) Berlin 893. (H. Steinitz' Verl.) n. 1. 50

Proskauer, Maur. (geb. Ratibor 5. 4. 1840): De tuberculosi miliari acuta exemplo memorabili adjecto. Berolini (1863). (32 S.) 8°

Berlin, Med. Diss. v. 19. Aug. 1863

Proskauer, Oskar, Referendar: Voraussetzungen, Art und Umfang des gewerblichen Fortbenutzungsrechtes im Deutschen Patentgesetz. Striegau 1910: Breyther. IX, 75 S. 8°

Breslau, Jur. Diss. v. 14. Juni 1910, Ref. Schott, Meyer

[Geb. 3. Aug. 79 Bauerwitz; Wohnort: Striegau; Staatsangeh.: Preußen; Vorbildung: Maria-Magdalena-Gymn. Breslau Reife M. 99; Studium: Breslau 6 S.; Rig. 3. Mai 10.] [U 10. 521

Proskauer, Salo [pr. Arzt aus Kosel (Ober-Schlesien)]: Mittheilungen über „schnellenden oder federnden Finger." (Doigt à ressort.) . . . Berlin, Buchdr. v. Gustav Schade (Otto Francke) (1889); 29 + 1 S. + 1 Bl. 8°

Berlin, Med. Fak., Inaug.-Diss. v. 28. Sept. 1889

Proske, Albert

Proske, Annotationes in poetas tragicos graecos. Gel. 1861. ? S. 4°.

Proske, Alb.: De attractionis apud Xenaphontem usu. P.I. 20 S. – Gr.-Strehlitz Joh., Progr. 1869.

Proske, Albertus *(geb. Neudorf in Oberschles. 7. 1. 1838)*: De enunciatorum finalium apud tragicos Graecos usu ac ratione. Vratislaviae (1861). (46 S.) 8°

Breslau. Phil. Diss. v. 20. Dez. 1861

Proske, Alfons, Referendar in Ratibor: Die Unterschiede zwischen einem gemeinschaftlichen Testament und einem Erbvertrage. Borna-Leipzig 1905: R. Noske. (VI, 66 S.) 8°

Breslau, Jur. Fak., Ref. Fischer, Diss. v. 13. Juli 1905

[Geb. 12. Jan. 81 Ratibor; Heimatsort: Ratibor; Staatsangeh.: Preußen; Vorbildung: Gymn. Ratibor Reife O. 00; Studium: München 1, Berlin 3, Breslau 8 S.; Rig. 17. Juli 03.]

Proske, Alfons, die Unterschiede zwischen e. gemeinschaftl. Testament u. e. Erbvertrage. Diss. (VI, 66 S.) 8. Berlin 905. Struppe & Winckler. n. 1. 60

Proske, Alfred [pract. Arzt aus Krappitz O./S.]: Ein Fall von Dermoidcyste des linken Ovariums . . . . Greifswald, Druck v. Julius Abel, 1887; 23 S. 8°.

Greifswald, Med. Fak., Inaug.-Diss. v. 5. Aug. 1887.

Proske, C., s. Proske, Karl

Proske, Felix Guilielmus (geb. Bauerwitz in Schles. 31. 1. 1819): De myotomia et tenotomia oculari. Vratislaviae (1841). (41 S., 1 Taf.) 8° [Im Buchhandel 1841 bei Gosohorsky in Breslau.]
Breslau, Med. Diss. v. 22. Dez. 1841

Proske, Heinrich, aus Lipine (Schlesien): I. Ueber Kondensationen der Alkylpyridine mit Aldehyden. II. Ueber die Reaktionsfähigkeit von ω-Bromstyrol und 1-Phenyl-3-brompropan gegen Magnesium und einige Kondensationsprodukte. Breslau, H. Fleischmann, 1910. 80 S. 8°. [13. VII. 10.]
Basel. Phil. Diss. 1910/11.

Proske, K., Rede am Schlußabend des J. 1848 gehalt. zu Regensburg. 8. (26 S.) Regensburg 849, Pustet. n. 2 ngl

Proske, Karl

Proske, C., Musica divina, s. Musica divina.

—— Selectus novus missarum, s. Selectus.

Karl Friedrich Proske

De Purpura idiopathica et symptomatica. Halae (1816:) Grunert. 30 S. 8°
Halle, Med. Diss. v. 1.Juni 1816

Proske, Ludwig

— Einrichtungen zur Sicherung d. durchgehenden Zugverkehres in Stationen. [Mit 4 Taf.] gr. 8. (56 S.) Wien 882. (Perles.) n. 2. 40

Proske, Ludw., ausgeführte Central-Sicherungs-Anlagen auf den k. k. österreichischen Staatsbahnen. Vortrag, geh. am 13. Jänner 1885 im Club österreich. Eisenbahn-Beamten. gr. 8. (36 S. m. 7 Taf.) Wien 885. (Gerold & Co.) n. 1. 50

Proskowetz, Emanuel Ritter von

Proskowetz, Em. v.: Bericht des volkswirtschaftlichen Ausschusses an den mährischen Landtag betr. Errichtung von Trinkerheilanstalten und Entmündigung von Gewohnheitstrinkern. 4°. 10 S. Brünn. 1894.

Proskowetz jun., Em. v., s.: Berichte, kurze, d. Vereins zur Förderung des landwirthschaftl. Versuchswesens in Oesterreich.

Proskowetz v. Proskow u. Marstorff sen., Eman. Ritter v., der Donau-Oder-Canal Kaiser Franz Josef-Schiffahrt-Canal. Beiträge zur Entwickelg. des Projectes. gr. 8. (471 S.) Wien 896. W. Frick. n. 6. —

— s.: Mitteilungen d. Vereines zur Förderg. d. landwirthschaftl. Versuchswesens in Oesterreich.

— die Sortenprüfg. bei Zuckerrüben, Futterrüben u. Kartoffeln, s. Berichte, kurze, d. Vereines zur Förderung d. landwirthschaftl. Versuchswesens in Oesterreich, Hft. 3.

Proskowetz, Em. v., jun., Die Sortenprüfung bei Zuckerrüben, Futterrüben und Kartoffeln. (Kurze Berichte des Vereines zur Förderung des landwirthschaftlichen Versuchswesens in Oesterreich. 3. Heft.) 8. (39 S.) —.40
Wien: Frick 1895.

Proskowetz jun., Eman. Ritter v., welche Bedeutung haben die sogenannten Correlationserscheinungen bei dem Weizen u. der Zuckerrübe f. die Theorie u. Praxis d. Pflanzenbaues, s.: Schindler, Frz.

— u. Frz. **Schindler,** welches Werthverhältniss besteht zwischen den Landrassen landwirthschaftlicher Culturpflanzen u. den sogenannten Züchtungsrassen? (Internationaler land- u. forstwirthschaftl. Congress zu Wien 1890, 13. Hft.) gr. 8. (24 S.) Wien 890. (Frick.) n. 1. 20

Proskowetz, Eman. Ritter v., die Züchtung der vier Hauptgetreidearten u. der Zuckerrüben, s.: Fruwirth, C.

Proskowetz, Max Ritter v., Bericht üb. die Verhandlungen u. Beschlüsse d. internationalen land- u. forstwirthschaftlichen Congresses Wien 1890. Im Auftrage d. Congress-Comités bearb. (Deutsch u. französisch.) gr. 8. (XXXV, 341 S.) Wien 891. (W. Frick.) n. 6. —

Proskowetz, Max Ritter v., Führer durch die Land- u. Forstwirthschaft Österreichs, im Auftrage d. Congress-Comités verf. (Deutsch u. französisch.) 16. (191 S. m. 1 Plan.) Wien 890. Fromme. geb. n. 1. 60

— der internationale landwirthschaftliche Congress im Haag, 7. bis 14. Septbr. 1891. gr. 8. (XII, 143 S.) Ebd. 891. n. 4. —

PROSKOWETZ, Max Ritter v.: Über die Verhandlungen und Beschlüsse des internationalen land- und forstwirthschaftlichen Congresses Wien 1890. Im Auftrage des Congress-Comités bearbeitet. (Deutsch u. franz.) - Wien 1890. XXXV, 342 S.

Proskowetz M. v.: Die Victoria-Baumschule d. Herrn Fr. Wannieck zu Schöllschitz in Mähren. Wien 1890. 23 S. 4°.
[Tysk og Fransk].

— vom Newastrand nach Samarkand. Durch Russland, auf neuen Geleisen nach Inner-Asien. Mit e. Einleitg. v. H. Vambéry. gr. 8. (XXV, 532 S. m. 53 Illustr., e. Notenbeilage u. 4 Karten.) Wien 889. Hölzel. n. 12. —

Proskowetz, Max Ritter v., Vortrag üb. s. Reise um die Erde, s.: Blätter vom deutschen Hause, Nr. 9.

Prosky, M. v., das herzogl. Hoftheater zu Dessau. In seinen Anfängen bis zur Gegenwart. gr. 8. (190 S.) Dessau 885. Baumann. n. 4. —; geb. n. 5. —

Das Herzogliche Hoftheater zu Dessau. In seinen Anfängen bis z. Gegenwart von M. v. Prosky. 2. verm. Aufl. Dessau: Baumann (1894). 221 S. 8° A 12.5732

Prosky, P. v., Anleit. z. Führung e. Rechnung üb. d. Privat-Haushalt. Zum Gebr. f. Jedermann, insbesond. aber f. Hauswirthe u. Hauswirthinnen bestimmt, die e. solche Rechnung selbst führen wollen; systemat., sammt den erforderl. Formularien, nach neuen Ansichten entworfen. Lex.-8. (13½ B. u. 2 Tab. Fol.) Wien 830, Gollinger.

Prosky, P. C., dissert. inaug. chym. med. de nitro. 8. maj. Vien. Trattner. 766.

Der Müller und sein Kind. Volksoper in 5 Aufz. nach Raupach von Karl Schreder u. Robert M. Prosl. Musik von Béla v. Ujj. (Textbuch.) Berlin: Bote & Bock (1910). 59 S. 8° [II. 11331

Prösler, Ernst

Prösler, E., der Luxushund, s.: Wörz, E.

Prösler, Ernst, mein Zwinger! Praktisches Zwingerbuch. (132 S.) gr. Fol. Frankfurt a/M. (903). Kern & Birner. Geb. n. 5. —

Prosnitz, Adolf, s. Prosniz, Adolf

Prosniz, Adf., Grundriß der allgemeinen Musiklehre für Musiker und Musik-Lehranstalten. 2 Hefte. gr. 8. Wien, Helf's Verlag. [1. Heft. (64 S.) 875. *M 1,50.; 2. Heft. (58 S. Text und 3 S. Notenbeilagen.) 878. *M 1,20.] *

Prosniz, Adf., Grundriß der allgemeinen Musiklehre f. Musiker u. Musik-Lehranstalten. 2 Hfte. 4. u. 3. Aufl. gr. 8. (52, X u. 60, XII S.) Wien 888. L. Doblinger. à n.n. 1.20

Prosniz, Adf., Handbuch der Clavier-Literatur. Historisch-krit. Übersicht. 1. Bd. gr. 8. (XXVI, 157 S.) Wien 884. Wetzler. n. 2.—

— Handbuch der Clavier-Literatur von 1450—1830. Historisch krit. Übersicht. gr. 8. (XXVI, 158 S.) Wien 887. Gerold's Sohn. n. 3.—

— dasselbe, 1830 bis 1904. Historisch-krit. Übersicht. (XLIV, 179 S.) gr. 8. Ebd. 907. 4.—

Prosniz, Adf., Handbuch der Klavier-Literatur 1450 bis 1830. Historisch-krit. Übersicht. 2., verb. u. verm. Aufl. (XXII, 167 S.) 8. Wien 908. L. Doblinger. 4.

Prosniz, A., Compendium der Musikgeschichte bis zum Ende d. 16. Jahrh. Für Schulen u. Conservatorien. gr. 8. (VI, 169 S. m. e. Beilage.) Wien 889. Wetzler. n. 2.50

Prosniz, Adf., Compendium der Musikgeschichte. 1. u. 2. Bd. gr. 8. Wien, A. Hölder. n. 8.10
1. Bis zum Ende des 16. Jahrh. (Vorgeschichte. Alte Geschichte.) Für Schulen u. Conversatorien. 2., verb. u. verm. Aufl. (VIII, 167 S.) 901. n. 3.10
2. 1600—1750. Für Schulen u. Conservatorien. (VIII, 303 S.) 900. n. 5.—

Prosodia in paucis copiosa tironum genio accommodata. 12. Würzb. 765. Stahel. 1½ *fl*

Prosodia seu de syllabarum dimensione versu breviore et lucidiore scripta ... Viennae 1784. V: *Regelsperger, Christoph.* (Jes) (ML) (So)

Prosopographia attica. Ed. Ioa. Kirchner. Vol. I. gr. 8. (VIII, 603 S. m. 2 Tab.) Berlin 901. G. Reimer. n. 24.—

Prosopographia attica. Ed. Ioa. Kirchner. Vol. II. (VII, 660 S.) gr. 8. Berlin 903. G. Reimer. n. 28.—
Vol. I. Ebd. 901. n. 24.—.

Prosopographia imperii romani saec. I. II. III edita consilio et auctoritate academiae scientiarum regiae borussicae. (In 4 partibus.) Pars I.—III. Lex.-8. Berlin, G. Reimer. n. 69.—
I. Edidit Elimar. Klebs. (IX, 480 S.) 897. n. 24.—
II. Edidit Herm. Dessau. (V, 443 S.) 897. n. 20.—
III. Ediderunt Paul. de Rohden et Herm. Dessau. (V, 502 S.) 898. n. 25.—

Prosopopoeia illustrium Styriae heroum. Graecii 1747. V: *Bendel, Franz Xav.* (Feil)

Prosopopoeiae Biblicae ... Graecii 1751. V: *Redlhamer, Ign.* (Jes) (So)

Prospect, s. Prospekt

Prospecte, s. Prospekte

Prospectus, Allgemeiner, für das gesammte Sparkassen- und Versicherungswesen ... in Deutschland. Weimar 1848. V: *Fenneberg, Jul. Frdr. Wilh. v.* (Kat. d. stat. Bureaus. Dresden 1890.)

Prospectus, allgem., f. das gesammte Sparkassen- u. Versicherungswesen, insbesond. Zweck, Einrichtung u. Benutzung aller in Deutschland besteh. Lebensversicherungs- u. Versorgungs-Anstalten. Zugleich mit einer größeren Sammlung practischer Beispiele über die Nutzbarkeit der Lebensversicherung etc. u. 6 Tab. (in gr. 4.) Weimar 848, Landes-Industrie-Comptoir. n. 1⅓ *Rthlr*

Prospectus über Apothekereinrichtung der Handlung W. Batka, Prag in Böhmen. Prag, 1856. Druck von Joh. Spurny. (11 S. 8.)

Société suisse d'Assurances générales sur la vie humaine à Zurich, précédemment Caisse de rentes suisse. Prospectus des assurances en cas de décès (*Umschlag:* sur la vie). II + 72 p. 8. Zurich, Art. Institut Orell Füssli, 1901.

Prospectus der Hofrath Dr. *J. Steinbacher*'schen Natur-Heilanstalt Brunnthal in München, mit einer physiologischen Skizze des Steinbacher'schen Naturheilverfahrens etc. München 1876. 12⁰. 44 S., 1 Bl. Inh. Cart. ⁶;

Prospectus of the Clausthal royal-academy of mines. Leipzig. 1893.

Prospectus betr. die Flensburg-Husumer Eisenbahn, dargelegt von der zur Förderung der Eisenbahn-Anlage erwählten Comité in Flensburg. (Mit 2 Tab. u. 2 Karten.) Flensburg. 1841. 4°.

Prospectus über die Gründung eines Israelitischen Sanatoriums in Davos .... [Illustriert.] 8. Chur 1896.

„Practische Handlungs-Academie: 1. Prospectus der practischen Handlungs-Academie (1836); 2. Regulativ (1835)" (Hamburg). — Vorh.: Com. Bibl. Hamburg.

Prospectus über die Idioten-Anstalt in Kiel. Kiel. 1862. 1868. 8°
Angeb. an: Bericht über die Idioten-Anstalt in Kiel. 1862—97.

Établissement hydrothérapique de Mammern, canton de Thurgovie (Suisse). Ouvert du 1er Avril au 15 Novembre. (Prospectus [illustré, avec 1 planche].) 20 p. 8. Zurich, Art. Institut Orell Füssli, 1901.

Prospectus der Medical, Invalid and General Life Assurance Society. Frankfurt 1846.

Prospectus der Mineralwasser-Anstalt zu Hannover. Mit einem Vorwort von H. Angerstein. gr. 8. Hannover 846, Hahn'sche Hofb. n. ⅙ *Rthlr*

Académie internationale de commerce Zurich. Prospectus et Programme. 27 p. 8. Zurich, Art. Institut Orell Füssli, 1901.

—— zum deutschen Volksfreund u. Plan einer auch dem Aermsten zugänglichen Versicherungs-Anstalt eines sorgenfreien Alters etc. 8. (2 B.) Leipzig 844, Expedition der Handelsschule. *

Prospectus der Wasserheilanstalt am Geltschberg zwischen Leitmeritz und Auscha im Mittelgebirge Böhmens, Bezirk Auscha. gr. 8. (12 S. mit 1 Stnt.) Prag 855, [Credner.] *

Prospectus Wasserheilanstalt Geltschberg
Prospectus der Wasserheilanstalt am Geltschberg zwischen Leitmeritz und Auscha im Mittelgebirge Böhmens auf der hochfürstl. Ferdin(and) von Lobkowitz'schen Herrschaft Liebeschütz. 20 S., gbd., Abb.

Prag: Borrosch & André 1848

Prospekt

Prospect der Abtheilung für Thonmodelliren und Musterzeichnen in der kgl. polytechnischen Schule zu Dresden (v. 30. 6. 1855). *Dr**

Elektrische Bahn Brunnen-Morschach-Axenfels und Axenstein. Prospekt über 1000 Aktien (à Fr. 500. —). (Morschach, den 25. Juli 1903.) [4 S.] fol.

Prospect über den Bau und Betrieb einer Locomotiv-Eisenbahn von Pilsen über Carlsbad nach Schwarzenberg in Sachsen. Wien 1870. V: *Schierl, Carl.* (EB)

Prospect für den Bau einer Eisenbahn von Passau über Kuschwarda-Strakonitz-Postelberg-Lobositz . . . nach Liebenau. Wien 1872. V: *Weiss, Adolph.* (EB)

Prospekt und allgemeine Bestimmungen der Lehr- und Erziehungs-Anstalt für Knaben, Realschule mit Progymnasium zu Dresden-Friedrichstadt. Dresden 1888: Ramming. 20 S. 4° [Umschlagtit.]

[Dasselbe.] Ebendas. 1889. 20 S. 4°

[N. Ausg. u. d. Tit.:]
Prospekt und allgemeine Bestimmungen der Realschule (Freimaurerinstitut), Lehr- und Erziehungs-Anstalt für Knaben, zu Dresden-Friedrichstadt. Dresden 1896: Ramming. 13 S. 4° [Umschlagtit.]

Gesellschaft für Zugsicherung und Patente der Stahl- und Eisenindustrie: Prospekt über selbsttätigen Zugsicherungsapparat System van Braam. Berlin o. J. (um 1909?)

Prospect der Lehranstalt Concordia Zürich betreffend Vorkurs für das Eidg. Polytechnikum. 1881.

Aktiengesellschaft Kuretablissement Grimmialp mit Sitz in Bern. Prospekt für die Erhöhung des Aktienkapitales. (1902 November 15.) 5 S. 4.

Prospect betreffend die Errichtung eines Solbades in Mils bei Hall in Tirol. [Innsbruck] 1906. V: *Kölner, Otto.* (MARGR)

«Rätisches Volkshaus» im alten «Steinbock» in Chur. Prospekt für die Errichtung eines «Rätischen Volkshauses». [1901.] [4 S.] 4.

Prospect von Europa im J. 1819, welcher enthält: die Namen der Staaten, Flächengehalt, Volkszahl, Einkünfte, Kriegsmacht, Regierungsform, Universitäten, Namen u. Alter der Regenten u. Thronfolgers. Fol. Lpz. 819. Baumgärtner. 3 gl

Prospect der Fachklasse für Bau- und Maschinen-Techniker an der höheren Gewerbeschule zu Halberstadt. Halberstadt. 1880.

Prospekt der höheren Fachschule für Spinnerei, Weberei und Wirkerei in Reutlingen. (30 S 1 T) 4° Reutlingen 1902

Prospekt der Fachschule für Spinnerei, Weberei, Wirkerei u Färberei im chemischen Laboratorium in Reutlingen. 4° Reutlingen 1891

Elektrizitätswerk Kubel in Herisau. Prospekt über Franken 2,500,000.— zu $4^1/_4$% verzinsliches Anleihen.... (1902 Dezember 9.) [8 S.] fol.

Prospect des Technikum Frankenberg, Sachsen. ca. 1870.

Prospect und Führer. Die Perle des Samlandes. Ostseebad Rauschen . . . 1904. V: *Kühn, Karl.* (Berl 1909, S. 687)

Prospekt und Praktischer Führer für den Luftkurort Adelboden. Mit 24 Illustrationen und einem Panorama. (Hrg. von der Buchdruckerei Gilg. Maurer, Spiez.) II + 40 S. 8. Spiez, G. Maurer, (1904). [fr. —. 50]

Prospekt für das Göttinger Wach- und Schliess-Institut Göttingen. Göttingen [1906]: L. Hofer. (2 Bl.) 8° [Kopft. F.] [04. 4433 7

Prospect, Grundriss und Gegent der Königl. Schwed. Vestung Stralsund, wie solche den 15. Juli Anno 1715 von den Hohen Allijrten ist belagert worden. Von Herrn Daniel Herr, Königl. Poln. und Churf. Sax. Ingenieur-Major abgezeichnet, und von Joh. Bapt. Homann etc., Geographo in Nürnberg herausgegeben. O. M. 1 Bl.

Schweiz. Gesellschaft für Lokalbahnen. Prospect für Gründung einer solchen. 11 Stn. 4. 1872.

Prospect betreffs Gründung einer Gewerkschaft zwecks Verwertung von Weinrückständen. Trier 1909: Schaar & Dathe. 13 S. -- 121*

St. Galler Handelsbank in St. Gallen. Prospekt. 4.
[1.] Emission von 10,000 Aktien Serie A (von nom. Fr. 500. —. 1902 Januar 21). [5 S.]
[2.] Subskription auf die 10,000 Aktien Serie B zu Fr. 500. —. (1903 März 14.) [7 S.]

Prospekt der Haushaltungs- und Industrieschule verbunden mit Pensionat u. staatlich konzessioniertem Seminar z. Ausbildung von Lehrerinnen in Königsberg i. Pr., Vorderroßgarten 55. *Königsberg 1904: E. Rautenberg.* (12 S.) 8° [04. 7717 10

Prospect der Insull **Hellgeland.** Hamburg. (1713.)
Lithogr. Nachbildung des S. 439 genannten Blattes: „Die Insel Hellgeland im Prospekt" v. Charles Fuchs. Hamburg. o. J. 1 Bl. Fol., 58/41 cm.

Prospect der Insull **Hellgeland.** Hamburg. (1814?)
Lithogr. Nachbildung v. Charles Fuchs. Hamburg. o. J. 1 Bl. Fol., 58/41 cm.

Prospect des Pestalozzischen Instituts zu München-Buchsee . . . Leipzig 1805. V: *Niederer, Joh.* (ERSCHDI.)

— des Pestalozzischen Instituts zu Münchenbuchsee in Verbindung mit den Erziehungs-Anlagen zu Hofwyl. gr. 8. Leipz. 805. (Wienbrack). 4 gl

Prospekt der Stadt Cöln am Rhein im 16. Jahrh. in 9 (lithogr.) Blättern nach dem berühmten Originalholzschn. des Anton von Worms aus dem J. 1531 in gleicher Grösse getreu wiedergegeben von D. Levi-Elkan. Imp.-Fol. (1 Bl. Text.) Cöln 851, (Heberle.) *

Prospekt der Hanseatischen Kolonisations-Gesellschaft, von der Reichsregierung konzessioniert am 13. November 1898. Ansiedlung im Staate Santa Catharina, Südbrasilien, Kolonie 'Hansa'. (Hamburg [1898]: Persiehl.) 47 S. 8° [Umschlagt.] (o. 7498 3

Prospekt des Ostseebades Laboe an der Kieler Föhrde. o. O. u. J. [1909?] 8°

Schweizerische Lebensversicherungs- und Rentenanstalt in Zürich. Vormals: Schweizerische Rentenanstalt. Prospekt für Lebensversicherung. II + 71 S. 8. Zürich, Art. Institut Orell Füssli, 1901.

Freies Gymnasium (Gymnasial- und Real-Abteilung) in Zürich. Prospekt und Lehrplan. (1901 Januar.) 23 S. 8. Zürich, Berichthaus, 1901.

Bremen, Verein für die Deutsche Nordpolarfahrt

— — Prospekt zu dem Werke „Die zweite Deutsche Nordpolarfahrt in den Jahren 1869 und 1870 unter Führung des Kapitän Karl Koldewey." Herausgeg. von dem —. In 2 Bänden Bremen u. Leipzig 1873.

Prospect über Plan und Einrichtung einer Gärtner-Lehr-Anstalt zu Erfurt, welche zu Ostern 1853 eröffnet werden wird (veröffentlicht durch Alfr. Topf). Erfurt 853. (Körner.) gr. 8. (16 S.) 1⅓ ngr.

Providentia. Verein zur gegenseitigen Sicherung vor dem Anborgen durch Zahlungsunfähige, Prospekt. 4 Stn. 8. Zürich, Druck v. J. Herzog. 1872.

Prospekt des Karlsruher Rheinschiffahrts-Vereins. Karlsruhe (186?)

Prospect der Naturheilanstalt »Schlachtensee« bei Berlin . . . [Berlin 1895?] V: *Canitz, Max.* (Berl)

Prospect der kgl. Schule für Modelliren, Ornamenten- und Musterzeichnen zu Dresden (v. 13. 5. 1872). *Dr ÖffB*

Prospect der Kgl. polytechnischen Schule zu Dresden (v. 30. 6. 1855). — [Veränderte Fassungen] (v. Dec. 1858; 18. 2. 1862; Oct. 1862). *Dr**

Prospect der Kgl. polytechnischen Schule zu Dresden (v. Oct. 1862).

Prospect der Dresdner Societäts-Bäckerei mit Mühlen-Betrieb. Dresden [1861]. V: *Kleemann, Jos.* (Kat. d. stat. Bureaus. Dresden 1890.)

Prospect und Statut des Kupferbergwerks Mürtschenalp. Zürich 1858.

Schweizerische Sterbe- und Alterskasse, auf Gegenseitigkeit gegründet 1881 unter Mitwirkung gemeinnütziger Gesellschaften. Prospekt. 12. Ausgabe. Sitz der Verwaltung in Basel .... 24 S. 8. Altstätten, A. Vetter, (1902).

Prospekt, betreffend den Verkauf der Bauplätze in dem von der Schweiz. Nordostbahngesellschaft und der Schweiz. Kreditanstalt gemeinsam anzulegenden Villenquartier in Enge. 14 Stn. 8. 1875.

Prospect zum Verkaufe von Parzeilen des neueingedeichten Kaiser Wilhelm Koogs (bisher Maxqueller genannt), im Kreis Süderdithmarschen [!]. (Schleswig. 1873.) 8°.

Prospekt über die Vorschule zum Maschinenzeichnen von E Brahtz, B Kirsch, H Kracht. Dortmund (1903)

Prospekt mit Wohnungs-Verzeichnis von Schreiberhau im Riesengebirge. Hrsg. v. Orts-Verein z. Hebung d. Fremdenverkehrs. 17., verb. Aufl. Schreiberhau (1906): J. Kulesiewicz. (80 S.) 8° [Umschlagt.:] Schreiberhau i. Riesengebirge. Sommerfrische u. klimat. Kurort. 1906. (07. 3015 2

Private Irren-Heil- und Pflegeanstalt Wyss in Münchenbuchsee (Kt. Bern). Gegründet 1847. Prospekt. [4 S.] 8. Bern, Jent & Co., [1901].

Prospect (und Zeichnungsschein) betreffend die Errichtung einer Glückstädter Fischerei-Actiengesellschaft in Glückstadt. (Glückstadt. 1893.) Bei: Statut der Glückstädter Fischerei-Actiengesellschaft in Glückstadt. 4°.

Prospekt der Stadt Zürich, von der Morgen Seiten ab dem Bürgli anzusehen, 1783. Gezeichnet v. *Jac. Koller*, gestoch. von *J. R. Holzhalb*. Nach dem Stiche in Lichtdruck 20½ und 37½ Cm. Zürich, Hofer & Burger. 1887

Prospekte

Prospecte der Residenzstadt Dresden, nebst kurzer Beschreib. 3 Hfte. Mit ill. Kpf. 4. Dresd., Hilscher. 4 ℔ 12 gr.

Prospecte des Hartzwalds nebst accurater Vorstellung der auf selbigem gebräuchlichen Bergwerks-Maschinen-, Ertz- und Präge-Arbeiten . . . Nürnberg o. J. V: *Böse, Chr.* (Braunschw. Bibliographie. Braunschweig 1897.)

Prospecte — Verschiedene — der vornemsten Städten in Persien samt vorderst einer unfern dem Caspischen Meer, dem Russischen Reich zugehörig, gelegenen Stadt, zu mehrerem Liecht und Erleuterung der neu verfertigten Persianischen Land-Charten herausg. v. J. B. Homann in Nürnberg 1712? Ohne M. Perspektiv-Ansichten. 1 Bl.

Prospecte und Verzeichnisse des stenographischen Verlages von Bermann & Altmann in Wien, I., Johannisgasse Nro. 2 gratis.
Wien: Bermann & Altmann 1891.

— neue Wiener, od. Ansichten der vornehmsten merkwürd. Plätze ꝛc. d. Stadt Wien. 4 Hfte. 8. Wien 795, 96. Sammer. 3 ℔ 4 gr — Dass. in 4. 4 ℔ 19 gr

Prospektus, s. Prospectus

Prosper Felix, der Damengünstling, oder das Geheimniß glücklich zu werden. Nach dem Französ. 8. Leipzig, Liter. Central-Ctr. 817.

Prosperi de gratia adversus Semipelagianos opuscula selecta, — de gratia opuscula selecta, } s.: Patrum, sanctorum, opuscula selecta.

Prosper, der Heilige, üb. das beschaul. Leben. Ein Erbauungsbuch f. Priester u. Laien, sammt e. Ausz. aus d. Leben, u. e. Anh. von lehrreichen Sprüchen des heil. Lehrers. Aus d. Latein. v. J. G. Pfister. 8. Würzb. 826. Etlinger. 16 Gr.

Prosperi a S. Iosepho Conciones. II Part. fol. Augsburg, J. Wolf. 735.

Prosper, E., Schloß Ahnsberg. (174 S.) 8. Graz (909). Styria. 1.80; geb. 2.50

— Was ich in Plaskowitsch erlebt. Ein Zeitroman. (254 S.) kl. 8. Ebd. (909). 2.50; geb. in Leinw. 3.60

Prosper, P. L., Handbuch d. Lichtziehers, u. neue auf Chemie gegründete, leicht-faßl. Anweis., d. Talg zu raffiniren, d. Lichter vollkommen u. ökonomisch zu verfertigen rc.; aus d. Französ. Mit Kpf. gr. 12. Straßb. 826. Levrault. 1 Thlr.

Prosper-Brard, C., Traité des pierres précieuses, des porphyres, des granits, marbres etc. II Vol. 8. Paris, Schöll. 808.

Prosperi, Carola, eine Prophezeiung u. andere Novellen. Uebers. v. Elisab. Klein. (IV, 268 S.) 8. Bern 911. Neukomm & Zimmermann. 3.60

Prosperi, P., moderne Grabsteine u. Grabdenkmale in einf. Ausführung. Orig.-Entwürfe zum prakt. Gebrauche f. Bildhauer u. Steinmetzen. 96 Tafeln. hoch 4. Düsseldorf 896. F. Wolfrum. In Mappe 12.50
Erschien in 12 Lfgn. à n. 1.—.

Prosperity of England midst the Clamors of Ruin, by a merchant of London. 8. Hamb. . . . (Herold jun.) 20 Gr.

Prosperity of England midst the Clamors of Ruin, by a Merchant of London. 8. Hamb. Vollmer.

Prospetto delle bandiere che inalberano i bastimenti da guerra e mercantili delle varie potenze marittime. Lithogr. u. color. Imp.-Fol. Trieste 845, Favarger. n. 2 Thlr. — Prachtausg. n. $2^2/_3$ Thlr.

Prospetto degli Oggetti non ammessi o amm' condizionatamente all' importazione nei diversi Stati esteri. Del 1° agosto 1909. Pubblicato dalla Direzione generale delle poste svizzere. 84 p. kl.-4. [Berna,] R[ösch] & Sch[atzmann], [19]09. [cart.] fr. 1. —
Amministrazione delle poste svizzere.

Proß, C., deutsches Liederbuch. Eine Sammlg. ein-, zwei- u. dreistimm. Lieder f. Volks- u. Mittelschulen, v. dem Lehrercollegium der evangel. Volksschule in Hamm ausgewählt. 2 Hfte. 8. Berlin 874. Grote. 1. —
1. (70 S.) n. — 40. — 2. (107 S.) n. — 60.

Pross, Carl Maria Bernhard, s. Pross, Karl Maria Bernhard

Proß, Friedrich

Pross, Fr. Abhandlung über das einfache und vollständige Viereck. Stuttgart 1850.

Proß, (Fr.), Anfangsgründe der theoret. u. pract. Geometrie. Mit vielen Abbildd. (auf 14 Steintaf. u. dem Anhange: Das Höhenmessen mit d. Barometer.) gr. 8. Biberach 833; Stuttgart, Köhler. n. 3 Thlr. — 2e unveränd. Aufl. 836. $2^1/_2$ Thlr.

Proß, Anfangsgründe d. theoret. u. pract. Geometrie. Mit vielen Abbildn. (auf 14 Stnt. qu. Fol. u. d. Anh.: Das Höhenmessen mit d. Barometer.) gr. 8. ($29^1/_2$ B.) Biberach 833. (Ulm, Ebner.)

— die prakt. Geometrie ohne Instrumente. Mit einem Anh., enthaltend: Kreisbogen- u. Segmenten-Tabellen nebst einer Aufgabe aus der Markscheidekunst. Ein nützl. Taschenbuch für praktische Geometer. Mit 5 Figurentaf. gr. 8. Ebend. 844. $^5/_6$ Thlr.

Proß, Frdr., die praktische Geometrie ohne Instrumente. Mit einem Anh., enth. Kreisbogen- u. Segmenten-Tabellen nebst einer Aufgabe aus der Markscheidekunst. Ein nützl. Taschenbuch f. prakt. Geometer. Mit 5 (lith.) Figurentaf. (in qu. gr. 4.) 2. (Titel-) Aufl. gr. 8. (VIII u. 100 S.) Stuttgart (844) 850, H. Köhler. $^5/_6$ Thlr.

Proß, Friedrich, a. Hamm i. W.: Hat der Miteigentümer die dinglichen Klagen gegen die anderen Miteigentümer und gegen Dritte? Nach Römischem Rechte und B.G.B. Borna-Leipzig 1907: R. Noske. (VI, 48 S.) 8°
Heidelberg, Jur. Fak., Ref. Bekker, Diss. v. 11. April 1907
[Geb. 5. Juni 78 Hamm i. Westf.; Wohnort: Hamm; Staatsangeh.: Preußen; Vorbildung: Kgl. Gymn. Hamm, Fürstl. Gymn. Lemgo (Lippe) Reife O. 00; Studium: München 3, Berlin 1, Kiel 3, Münster 1 S.; Rig. 22. Febr. 07.]

—— Lehrbuch der Geometrie, enthalt. die ebene Geometrie u. die Stereometrie nebst Anwendung der Algebra auf dieselben. gr. 8. ($33^1/_2$ B. u. 9 Figrntaf.) Stuttgart 842, Köhler.

— Lehrbuch der Geometrie, enth. die ebene Geometrie u. die Stereometrie nebst Anwendung d. Algebra auf dieselben. Mit 9 (lith.) Figurentaf. (in qu. Fol.) 2. (Titel-) Aufl. gr. 8. (VIII u. 528 S.) Ebd. (842) 850. 2 Thlr.

—— Lehrbuch d. prakt. Geometrie. gr. 8. ($31^3/_4$ B. u. 10 Figtaf.) Stuttgart 838, Beck u. Fränkel.

—— Lehrbuch d. ebenen Trigonometrie u. Polygonometrie. gr. 8. (20 B. u. 2 Figtaf.) Stuttgart 840, Neff.

PROSS, G.: Anleitung zur Torfwirthschaft. - Karlsruhe 1859. 30, 16 S.

Pross, Karl Maria Bernhard

Pross, Carl Maria Bernhard (Münster / Westfalen), De dysenteria. Diss. med. Berlin (Nietack) 6. VIII. 1838. 27 S. u. Biogr. (M.: E. Wegehausen.) (—.—) 27242
Oppon.: A. Stegehaus, W. Juetting, H. von Fuerth. — Gew.: Michael Wegehausen (Oheim), seinen Eltern (V.: Joseph Pross.

Proß, O., auf der Eisenbahn, s. Hausbücher.

Proessdorf, Curt, physikalisch-photometrische Untersuchungen der in Deutschland gegenw. hauptsächlich gehandelten gewöhnl. Leucht-Petroleumarten auf den gegenw. in Deutschland gebräuchl. Petroleum-Brennern (184 S.) gr. 8. Altenburg 905. O. Bonde. n. 3.—

Prößdorf, R. Die Landes-Brandversicherungs-Anstalt für das Königreich Sachsen. Nossen 1910.

Prosse, de la, Lomellina, s. Fröhlich, C. F.

Prössel, B., s. †Tenax, B. P.

Prössel, Ferd., Erhebung der Seele zu Gott. Nach Napoléon Roussel. Braunschweig 865. Schwetschke & Sohn. 8. (184 S.) 15 ngr.

Prössel, Fd., s. Shelley, Dichtungen.

Prössel, Ferd., s. P. B. Shalley, gesammelte Schriften.

Proessel, W., De Horatii itinere Brundisino. Pr. 1858. 21 S.

Proessel, W., Das Land und dessen Einfluss auf die Bewohner, mit besonderer Berücksichtigung des alten Griechenlands; nebst Bemerkungen über hellenische und neuere Gymnastik. Pr. 1864. 20 S. 4⁰. 1.20

PROSSINGER A( ) An den . . . Hofrath Franz Anton Edlen v. Raab, der durch Aufhebung der Leibeigenschaft . . . sich so sehr . . . verdient gemacht hat. Von –. Schönfeld, Wien 1783.
1 vol. 4 Bl.

Proßl, Ad. Ed., Gesangbuch f. höhere Bildungsanstalten. Mit 1 Musikbeilage. gr. 8. (13¼ B.) Freiberg 846, Craz u. Gerlach.

Prößl, J. B., Normalwörterfibel nach phonetischen Grundsätzen. (75 S. m. Abbildgn.) gr. 8. München (908). R. Oldenbourg. Kart. n.n. — 60

Prössl, Josef: Die Beschwerden der bischöflich bambergischen Unterthanen im Bauernkriege 1525. *Bamberg 1901: Handels-Druckerei.* (41 S.) 8° [F.] ¶ (Teil d. eingereichten Abhandl.)
München, Phil. Diss. v. 1902

Prößl, Frau Therese, s.: Wilhelm, Th.

Prossnitz [Schlagwort]

Prossnitz, s.: Geologische Karten. Spezialkarte. (Oesterr.-Ung.)

Prossnitz [Verfasser]

Proßnitz, M. (M. Nörenberg), Funken unter der Asche. Roman. (316 S.) 8. Dresden (906). E. Pierson. n. 3. 50; geb. n. 4. 50

Proßnitz Moriz: Ueber eine jemenische Handschrift von Abraham ben Salomo's Kommentar zu den Ersten Propheten.
H. 1894 PN 855 Diss. Wien, Univ. 2857

Prossnitz, Mor. Emil, Fest-Predigten, geh. in Mähr.-Schönberg. (34 S.) gr. 8. Wien 906. (Frankfurt a/M., J. Kauffmann.) n. – 85

Prost Neujahr! Ein Neujahrs-Gratulant, bestehend in einer reichen Auswahl von Mustern zu Neujahrsbriefen und Antworten auf solche, sowie in einer Sammlung von Gedichten und Neujahrssprüchen. Herausg. von einem prakt. Schulmanne. Crefeld (855.) Klein. 18. (72 S.) 3 ngr

Prost Neujahr! oder: Der Onkel schläft. Posse in 1 Akt bearb. nach L. Angely. 2. Aufl. Berlin: E. Bloch (1900). (26 S.) 8° [F.]
— **Theater-Gartenlaube,** Eduard Blochs. No 21. 107. 7773

Prost, Johann: Die Sage vom ewigen Juden in der neueren deutschen Literatur. Leipzig 1904: J. B. Hirschfeld. (32 S.) 8° ¶ (Erschien vollst. 1905 bei G. Wigand, Leipzig.)
München, Phil. Fak., Ref. Muncker, Diss. v. 3. Sept. 1904
[Geb. 1. Okt. 80 Marseille; Wohnort: Paris; Staatsangeh.: Frankreich; Vorbildung: Stanislasgymn. Paris Reife Juli 01; Studium: Paris, München 2 S.; Rig. 28. Mai 03.]

Prost, Joh., die Sage vom ewigen Juden in d. neueren deutschen Literatur. (VII, 167 S.) gr. 8. Leipzig 905. G. Wigand. n. 3. —

Prost, Yvette, denen, die da einsam sind. Autoris. Übersetzg. v. C. Roll. (292 S.) 8. München 909. Verlagsgesellschaft München. 3.50; geb. in Leinw. 5. —

Prostituirten, die, in Berlin, deren Helfershelfer als Louis, Kupplerinnen, Lehnefrauen u. ihr schädlicher Einfluß auf die Sittenzustände der Gegenwart. 12. (22 S.) Berlin 872. M. Marcus. n. — 30

PROSTITUIRTEN, Die, Münchens u. ihre Beschützer. (Großer roher Holzschnitt: „Das Ergebnis einer Razzia".) Verlag Th. Thaller, München, Thal I. („9—10 Tausend." — „Preis 10 Pfg.") Gr. 8⁰.
14 S., 1 Bl. Verlags-Anz.

PROSTITUTION, Die. Motivirte Vorschläge zur Unterdrückung und Ausrottung der überhand genommenen Sittenlosigkeit, von *C. Pz.* Landsberg a. d. W. 1873. 8⁰. (In Dresden, Bibl. d. Gehestiftg.)

PROSTITUTION, Die, in Berlin. Berlin (1852). 8⁰. (In Dresden, Kgl. Öffentl. Bibl.)

Prostitution in Berlin, die, deren Helfershelfer als Louis, Kupplerinnen, Lehnefrauen, u. ihr schädlicher Einfluss auf die Sittenzustände der Gegenwart. Berlin. Max Marcus, o. J. (c. 1850). 8⁰. 22 S. Cart. ?)

Prostitution, Die, in Berlin und die Mittel, dieselbe zu beseitigen . . . Berlin 1856. V: *Bade, Th.* (StadtBiblBerlin XII, S. 193)

Prostitution, die, in Berlin und die Mittel, dieselbe zu beseitigen, beziehungsweise in ihre wenigstgefährlichen Schranken zurückzuweisen. 8. (31 S.) Berlin 856, Literatur- und Kunst-Comptoir.

Prostitution, Die, in Berlin und ihre Opfer. Nach amtlichen Quellen und Erfahrungen. In histor., sittlicher, medizinischer und polizeilicher Beziehung beleuchtet. Berlin 1846. 2. Auflage 1846. V: *Stieber, Wilhelm Johann Carl Eduard.* (BGE I³, 305)

Prostitution, die, in Berlin und ihre Opfer. Nach amtlichen Quellen u. Erfahrungen. In histor., sittl., medizin. u. polizeilicher Beziehung beleuchtet. 2. Aufl. gr. 8. Berlin 846, Hofmann u. Comp. 1 ß

Prostitution, die, in Berlin u. ihre Opfer. Nach amtlichen Quellen u. Erfahrungen. In histor. sittl. medizin. u. polizeilicher Beziehung beleuchtet. 2. Aufl. gr. 8. (13½ B.) Berlin 846, [Leipzig, Rocca.] 1 Thlr. Hrbgef. Pr. *

Prostitution, Berliner, u. Zuhälterthum. Von X. gr. 8. (32 S.) Leipzig 892. (P. Ehrlich.) n. 1. —

— — **Dasselbe.** 2. Aufl. 1896. 8⁰. (50 Pfg. L. Meder, Heidelberg, c. 1900.)

— **die, u. ihre Gefahr** für die Gesellschaft läßt sich nicht völlig beseitigen, jedoch beschränken. Ernster Zuruf einer warnenden Stimme an die königl. Staatsregierung u. die Vertreter des Volkes, sowie an Polizei- u. Sanitäts-Beamte u. Philanthropen. Von einem Arzte. Augsburg 867. v. Jenisch & Stage'sche Buchh. 8. (16 S.) 3 ngr

PROSTITUTION, Die, ihre Geschichte und ihre Beziehungen zum Verbrechen, von *W.* Stuttgart. o. J. 8⁰. (Mk. 3,50.) (2 Mk. Otto, Lpz., 1906.)

— die, vor dem Gesetz. Ein Appell an's deutsche Volk u. seine Vertreter v. Veritas. gr. 8. (36 S.) Leipzig 893. R. Claußner. — 50

— **die, in Hamburg.** Eine Denkschrift von dem Verf. der über diesen Gegenstand in der „Reform" erschienenen Aufsätze. Hamburg 858. (Altona, Verlags-Bureau.) gr. 8. (VI, 67 S.) n. 10 ngr

Prostitution, die hamburger, oder die Geheimnisse des Dammthorwalles und der Schwiegerstraße. (In ca. 6 Lfgn.) 1—3. Lfg. 8. (VI und S. 1—400.) Altona 858, Heilbutt. à Lfg. * 15 Ngr. *

—— dass. — 1. und 2. Lfg. 2., vielfach ergänzte und durch Zusätze verm. Aufl. 8. (X und 272 S.) Ebendas. 859. à Lfg. * 15 Ngr. *

PROSTITUTION, Die, in Leipzig. Leipzig 1854. 8°. Vergriffen u. selten!

Prostitution, Männliche. Leipzig o. J. [190*]. V: *Ostwald, H.* (BGE VI², 311)

§ **PROSTITUTION**, Die, in München. Ein Beitrag zur Beleuchtung unserer Zustände von *O. C.* München, J. M. Bauer, 1876. 8°. 13 SS.

Prostitution, die, ob zügellos allgemein oder polizeilich überwacht u. geregelt in Toleranzhäusern. Ein Mahnruf an die k. Staatsregierung u. die Kammern des Landtages. 2. Aufl. München 867. Franz'sche Buchh. gr. 8. (8 S.) 1½ ngr.

Prostitution und deren Regulirung in Wien. Wien 1863. V: *Nusser, Eduard.* (Mitth. Dr. Ignaz Schwarz-Wien.)

Prostitution, die, und deren Regulirung in Wien. Von einem praktischen Arzte. Wien 863. Bartelmus in Comm. gr. 8. (71 S.) n. 20 ngr.

PROSTITUTION, Die, unter den Völkern der alten u. neuen Welt, geschichtlich und staatsrechtlich dargestellt. Stuttgart 1874. 8°. 256 S. (3 Mk. Scheible. 1895.)

Prostitution, Die, in Wien und deren Regulierung. Von einem praktischen Arzte. Wien 1863. V: *Nusser, Eduard.* (BGE VIII², 487)

Zur Prostitutionsfrage. Aus d. Verhandlungen d. 56. Generalvers. d. Rhein.-Westfäl. Gefängnis-Gesellschaft am 9. Oct. 1884 in Düsseldorf. — Düsseldorf: Rhein.-Westfäl. Gefängnis-Ges. 1884. 84 S. 8°

ZUR Proftitutionsfrage. Aus den Verhandlungen der 56. General-Verfammlung der Rheinifch-Weftfälifchen Gefängnis-Gefellfchaft. 2. Auflage. Düffeldorf 1885. 8°. 84 S.

PROSTITUTIONSMARKTE. Der Prostitutionsverkehr in der gesamten Oeffentlichkeit. (190*.) 8°. (1 Mk. 50 Pfg. O. Rauthe, ohne Orts- u. Jahrsangabe.)

Aus dem Inhalt: Strassen, Plätze, Parkanlagen usw. Konzertlokale und Volksfeste. Tingeltangel, Theater und Variété. Konditoreien und Kaffeehäuser. Bars und Kasinos. Zeitungen, Vereine etc.

Proestler, Mich., das Börsenspiel u. das davon abgeleitete Wirtschaftsbild der Gegenwart u. Zukunft. Prakt. Winke für Jedermann in allen Finanz-, Handels-, Sozial- u. Wirtschaftsfragen, wissenschaftlich bearb. m. e. graph. Darstellg. der Bewegungstheorie. Nebst: Epochemachende Entdeckg.! Die Lösg. des Problems der Preisbeweggn. an den Produkten- u. Effektenbörsen. (54 u. 24 S.) gr. 8. Würzburg 905. 906. Kaufmann Proestler. n. 2. —

Protarchos, Ein Rhetor. [Berlin 1875.] V: *Hirzel, Rud.* (Cat. d. Stadtbibl. Zürich. Zürich 1864—97.)

Protat, Louis

EXAMEN, bestanden durch Mademoiselle Flora, um ihr Diplom als Hure zu erhalten u. zugelassen zu werden zum Bordell der Mme. Lebrun, 61 bis, rue de Richelieu, à Paris. (Aus d. Französ. des *Louis Protat.*) Europäische Pippelgesellschaft. 1891. 8°.

8 Bll. Sotadischer Dialog in Reimen. Lat. Lett.

Orig.: Examen subi par Mlle. Flora à l'effet d'obtenir son brevet (autre éd. „diplome") de putain et d'être admise au bordel de Mme. Lebrun, par M. *L. P. (Louis Protat).* Milan 1885. 18°. Papier vergé. Avec frontisp., gravé à l'eau-forte par Félicien Rops. (2 frcs. van Crombrugghe. Amsterd.: „Ouvrage fort bien écrit; c'est un code complet du langage, des qualités et des roueries indispensables dans les maisons de joie.") (3 Mk. 50 Pfg. L. M. Glogau. Sohn, Hamburg, 1888.)

— — Dasselbe. Dritte, völlig umgearb. Ausgabe. (Kl. Vign. m. 2 Vögeln.) Milano 1892, Simonetti Figli, Libraj. 8°.

16 S. (incl. Tit., auf dessen Rücks. Verlagsbücher-Anzeige ähnl. Art). Lat. Lett.

Protection: 1884? Newark, NJ

Bi-weekly organ of the Knights of Labor.

SUR la Protection des Dames. Rosalia, Apollonia, Guercina. Oder: der Teufel in den Leihbibliotheken, unter den Recensenten, Buchhändlern u. Schriftstellern. Eine Prise für Jedermann, für Alle die lieber lächeln u. lachen als sich belachen u. belächeln lassen. Mannigfaltigen Inhalts, Aushänge-Schild über Schriftstellerei und Schauspielkunst; über Wieland, Göthe, Schiller, Thümmel u. Schlegel; über Kotzebue, Ifland (!), Schilling, Lafontaine u. Jean Paul Richter u. a. m. Dann über Leipzig u. Leipziger Messe u. Opitz; über Impertinenzien u. Eyerstöcke; und über die Geschlechtsunterhaltung des Fräuleins auf Ihrer Reise nach Sachsen. Auf unverwerflichen Einlaß in die Kais. Königl. u. Churf. Bayrische Staaten mit berechnet. O. O. 1801. 8°. (In Lpz.: Börsenvereinsbibl.)

Sehr interess. u. rar!

Protest. Was ist Preußens National-Eigenthum? Druck von E. Litfaß. 1 Bl. Fol.
Flugblatt. Berlin, 15. Mai 1848.

Protest. In Erwägung, daß die Revolution das Prinzip der demokratischen Constitution festgestellt, — Posen, der demokratisch-constitutionelle Verein. 1 Bl. Fol.
Flugblatt. Berlin, 11. Nov. 1848.

Protest der constitutionell-monarchisch gesinnten Abgeordneten, die von Sr. Majestät dem König ausgesprochene Verlegung der National-Versammlung betreffend. 1 Bl. Fol.
Flugblatt. Berlin, 9. Nov. 1848.

Protest — an Statt eines Antrags — in der „Holsteinischen" Frage. An die Generalversammlung des Nationalvereins zu Koburg von dem Herausgeber des „Holsteinischen" Portfolio. (Hamburg. 1860.) 8°.

(**Protest** gegen die Auflösung der Bürgerwehr.) An das Staats-Ministerium. — Das 5. und 14. Bataillon der Bürgerwehr. Druck von F. Reichardt u. Co. 1 Bl. Fol.
Flugblatt. Berlin, 14. Nov. 1848.

(**Protest** gegen die Behauptung, daß die Rheinlande den Prinzen von Preußen nicht zurückwünschen.) Landsleute! Wie wir hören —
Flugblatt. Berlin, 14. Mai 1848.

Protest einiger Tausend Breslauer Bürger gegen die Bestrebungen des Ministeriums Eichhorn. 8. (15 S.) Leipzig 848, Blum & Co. 2 ngr.

(**Protest** gegen das Bürgerwehr-Gesetz.) Hohe National-Versammlung! Volk und Regierung schlossen einen Frieden — Der Rheinländer- und Westphalen-Verein. Druck von F. Reichardt. 1 Bl. Fol.
Flugblatt. Berlin, 28. Sept. 1848.

Protest, der, der Deutschen gegen die englische Barbarei im Burenkriege, enth. die Verurteilgn. des engl. Vergehens gegen die Buren durch ca. 160 Professoren deutscher Universitäten im deutschen Reich, Österreich u. der Schweiz, Abgeordnete des deutschen Reichstags, des österreichischen Reichsrats, deutscher Landtage ꝛc. gr. 8. (69 S.) München 902. F. Hachl. n. — 60

Protest des Doktorenkollegiums der theologischen Fakultät zu Wien gegen den Eintritt eines Nichtkatholiken in das Universitätskonsistorium. Wien 1851. V: *Häusle, Johann Michael.* (Strakosch-Grassmann, Bibliogr. zur Gesch. d. österr. Unterrichtswesens. Wien 1092 II, 49)

— des Doctorencollegiums der theologischen Facultät zu Wien gegen den Eintritt eines Nichtkatholiken in das Universitätsconsistorium. Mit einigen nachträgl. Anmerkungen u. Zugaben vom geschichtlich-rechtl. Standpunkte. [Aus der „Zeitschrift f. die gesammte kathol. Theologie" abgedr.] gr. 8. (76 S.) Wien 851, Braumüller. n. 1/3 ₰

Protest gegen die Erklärung der vereinigten Landwehrmänner Berlins. Druck von Gebr. Unger. 1 Bl. Fol.
Flugblatt. Berlin, 16. Juni 1848.

(Protest gegen die Erklärung des Ministeriums.) An die Hohe National-Versammlung hier. Hohe Versammlung! Das preußische Volk hat — Der Bürgerwehr-Club. Druck von Horth u. Schultze. 1 Bl. Fol.
Flugblatt. Berlin, 5. Sept. 1848.

Protest, Der, von 1529 oder: warum heissen wir und sind Protestanten? Ein offenes Sendschreiben . . . Worms 1860. V: *Lehmann.* (zu)

Protest, der, von 1529, oder: warum heißen wir und sind Protestanten? Ein offenes Sendschreiben an Diejenigen, welche Protestanten sind, oder werden wollen; von *r. Worms 860. (Heidelberg, Weiß.) 8. (35 S.) n. 5 ngr.

Protest gegen die beschlossenen Gebühren und Beiträge zur Kanalisation. *(Marburg 1894: J. Hamel.)* (1 Bl.) 2° [Kopft. F.] [illegible]

Protest [der Brr. Gruber, Hohendahl, L. Kannengiesser, J. Sellerbeck, Fuhse, Kannegiesser, F. Middendorff, W. Sellerbeck, Hen ici, C. Kannengiesser, Növermann, Wunder, Daber]! [Dat.:] Mühlheim a. d. R. den 24. August 1882. 2 Bl. 4°. [Kopftit.]
Gegen ihren Ausschluss aus der Loge „Broich z. verklärten Luise".

Protest der Handelskammer in Mannheim (an die deutsche konstituirende Reichs-Versammlung) gegen den Entwurf zu einem Zolltarife für das vereinte Deutschland. (Mannheim. 1848.) 8°.

(Protest gegen die Haussuchung nach Munition.) Der Handwerker-Verein Johannis-Straße Nr. 4 hat in Folge unbekannt gebliebener Denuncianten — Druck von F. Reichardt u. Co. 1 Bl. Fol.
(Desgl.) Das fliegende Corps der jungen Kaufmannschaft sieht sich veranlaßt, — Druck von F. Reichardt u. Co. 1 Bl. Fol.
Flugblatt. Berlin, 27. Aug. 1848.

[**Protest** der Loge Karl zum aufgehenden Licht in Frankfurt a. M. gegen ihre Entlassung aus dem eklektischen Bund. Dat.:] Frankfurt a. M. den 5. Juli 1844. 2 Bl. 2°

Protest wider das Kirchen-Christentum, geschrieben zur Verständigg. üb. den preuß. Volksschulgesetz-Entwurf. Für alle wahrheitslieb. deutschen Protestanten! gr. 8. (18 S.) Berlin 892. Fussinger. n. — 60

Protest, der, gegen das vatikanische Concil erhobene, vorurtheilsfrei geprüft von einem kathol. Seelsorger. (2. Aufl.) Emmerich 870. Romen. gr. 8. (16 S.) 1½ ngr.

— preußischer Landtags-Abgeordneter gegen das Patent vom 3. Febr. 1847. gr. 8. (16 S.) Mannheim 847, Hoff. 2 ngr.

— Leipziger, gegen die orthodoxe luth. Kirche u. Dr. Harleß. gr. 8. (25 S.) Altenburg 847, Helbig. n. 4 ngr.

Protest: Der Protest gegen Lüge und Schein
① Organ der Volksbewegung im Kanton Zürich ⑤ 28. 3. 1905—28. 12. 1905 —? ⑥ 2° ⑦ Monatsblatt ⑧ Zürich (?) ⑩ Ulrich Ehrismann, Zürich-Wipkingen ⑪ der Herausgeber ⑭ Be: L (1905).

— der Nachwelt den Jesuiten am Concile. Upsala 869. Lundequist. gr. 8. (XII, 67 S.) n. 15 ngr.

Offener **Protest** der Freimaurerloge Apollo im Orient Leipzig gegen den Umsturz der alten Grundgesetze der Freimaurerbrüderschaft von Seiten des Grand Orient de Belgique. — Leipzig 30. Oktober 1854. 6 S. 4°. [Kopftit.]

Offener **Protest** der Freimaurerloge Apollo im Or. Leipzig gegen den Umsturz der alten Grundgesetze der Freimaurerbrüderschaft von Seiten des Grand Orient de Belgique. [Leipzig 1854: Andrä.] 6 S. 2° [Kopftit.]
Abgedr. in: FZ. 8 (1854) S. 361—368.
cf. FZ. 9 (1855) S. 6—7, 36, 61—62, 70, 95, 100, 252.
Die Grloge von Belgien hat den Grundsatz, dass sich der Frmrbund nicht mit Politik u. Religion zu befassen habe, fallen lassen.

Protest und Petition (schlesischer Weber). O. O. u. Datum. 11 S. 4.

Protest gegen die neue Reichs-Orthographie aus Anlass der: „Geschichte u. Gesetze der deutschen Rechtschreibung von Hans v. Wolzogen" von Einem aus dem Volke. gr. 8. (30 S.) Bremen 880. Kühtmann & Co. n. — 60

(Protest gegen die Rückkehr des Prinzen.) Hohes Ministerium! — Der constitutionelle Club. Druck von E. Litfaß. 1 Bl. Fol.
Flugblatt. Berlin, 12. Mai 1848.

— ein, gegen das allgemeine Stimmrecht. 8. (56 S.) Berlin 878. Dümmler's Verl. n. 1. —

Protest gegen die Theorie des dänischen Gesammt-Staats . . . Mannheim 1852. V: *Gagern, Hnr. v.* (Hauptkat. d. Univ.-Bibl. Tübingen. F S. 193.)

— gegen die Theorie des Dänischen Gesammt-Staats u. den Versuch zu deren Verwirklichung durch den Londoner Vertrag vom 8. Mai 1852. gr. 8. (IV u. 100 S.) Mannheim 849, Bassermann. n. 12 ngr.

Protest des Schleswigschen Vereins gegen die sogenannte Verwahrungsacte der Holsteinischen Ständeversammlung vom 20. Decbr. 1844 ... Flesb. 1845. II: *Nissen, Hans.* (Schles)

Protest gegen das Verfahren des provisorischen Comités des Berliner Lokal-Vereins für die arbeitenden Classen. (Von Jul. Loewenberg.) gr. 8. Berlin 845, Schepeler. 1/12 ₰

(Protest gegen den Verfassungs-Entwurf.) Die unterzeichneten Urwähler — Das Comité des Rosenthaler Thor-Bezirks. Gedruckt bei C. Lindow. 1 Bl. Fol.
Flugblatt. Berlin, 24. Mai 1848.

Protest und rechtliche Verwahrung Sr. Kgl. Hoheit des Kurf. Friedr. Wilhelm von Hessen gegen das ... »Gesetz über die Beschlagnahme des Vermögens des ehemaligen Kurfürsten von Hessen«. Prag 1869. V: *Pernice, Herbert Ldw. Ant.* (EB)

— u. rechtliche Verwahrung Sr. königl. Hoheit des Kurfürsten Friedrich Wilhelm I. von Hessen gegen das am 15. Febr. 1869 von der königl. preußischen Regierung publicirte sogen. „Gesetz über die Beschlagnahme des Vermögens des ehemal. Kurfürsten von Hessen." Prag 869. Hunger. Imp.-4. (37 S.) n. 5 ngr.
Erschien zu gleichem Preise in französischer Sprache.

Protest (gegen den Waffenstillstand von Malmö). — Der demokratische Landwehrverein. Druck von Harth u. Schultze. 1 Bl. Fol.
Flugblatt. Berlin, 13. Sept. 1848.

Protest gegen die Wahl des Dr. Wladyslaw Dulemba. Ein Bild d. Terrors u. d. Verbrechen, die zu Gunsten d. Dr. Wladyslaw Dulemba anlässl. d. Wahl in d. österr. Reichsrat im 29. Wahlkreise d. Städtebez. Brzeżany ... verübt wurden. Zugleich e. Appell an d. zivilis. Europa. Hrsg. von d. verein. ruth.(ukrain.)-sozialdemokrat., ruth.(ukrain.) Stadt- u. jüd.-nat. Wahlkomitees in Brzeżany. Verl. d. Hrsg. Wien (1907): R. Thimm's Erben. (XIII, 66 S.) 8° [07. 16461]

(Protest gegen das Wahlgesetz.) National-Eigenthum. Wer diesen Zettel abreißt, begeht an der Nation das Verbrechen des Diebstahls und der Censur. — Der politische Club. Druck von B. Schlesinger. 1 Bl. Fol.
Flugblatt. Berlin, 15. April 1848.

Protest (gegen die Wirksamkeit der National-Versammlung). Die Versammlung zur Vereinbarung der preußischen Verfassung — Der Verein zur Wahrung der Rechte und Interessen der Provinzen. Gedruckt bei J. Sittenfeld. 1 Bl. Fol.
Flugblatt. Berlin, 9. Sept. 1848.

— aus dem Odenwälder Zweigverein gegen Dr. Rupp. Abdruck aus Nr. 9 des Odenwälders. 8. (12 S.) Michelstadt 847. (Frankfurt a. M., Zimmer.) 2 ngr

Protestant, der, s. Friederich, G.

Protestant, der, Zeitschrift für evangel. Christenthum, zur Erbauung und Belehrung Gebildeter, von Friedrich. Frankf. 1827—30. 7 Bde. 8.

Protestant, der, Zeitschr. f. evangel. Christenthum, z. Erbauung u. geschichtl. Belehr. Gebildeter, hrsg. v. G. Friederich. 2. Jahrg. 1828. 12 Hfte. gr. 8. Frankfurt a. M., Sauerländer.

—— dass. Im Verein mit mehr. ev.-prot. Gottesgelehrten hrsg. v. Chr. E. Grafen v. Bentzel-Sternau u. G. Friederich. 3. u. 4. Jahrg. 1829 u. 30. à 12 Hfte. gr. 8. Stuttgart, Metzler. à J. (1) Jahrg. 1827. od. 2 Bde. à 3 Hfte. Frankfurt a. M., Sauerländer. à Bd. 1 Thlr. 16 Gr.

Der Protestant: 1837 ?
Sub-title: Eine evangelisch-lutherische Stimme im Westen. Herausgegeben von A. Henkel und G. Walker.
Cincinnati, OH

Protestant, der. 1. Numm. — Erwiederung auf Hrn. Pf. Landmessers Beleuchtung der „Lästerungen des katholischen Wochenblattes auf die evangel. Kirche" von K. A. O. Tornwald. — 2. Numm. (Schluß.) gr. 8. Danzig 845, Kabus. à n. 6 ngr

Protestant, der. Ein Kirchenblatt f. das evangel. Volk. Hrsg. im Auftrage des Unionsvereins v. H. Krause. 1. Jahrg. Octbr.—Dezbr. 1851. 13 Nrn. (2.) Jahrg. 1852. 52 Nrn. gr. 4. (½ Bog.) Potsdam, Riegelsche Buchhandlung. 1851: n. ¼ ₰ 1852: n. 1 ₰

Protestant, der. Ein Kirchenblatt für das evangel. Volk. Herausg. im Auftrage des Unionsvereins von H. Krause. 3. Jahrg. 1853. 52 Nrn. (à ½ Bgn.). Potsdam, Riegel'sche Buchhdlg. in Comm. gr. 4. n. 1 ₰. 10 ngr

„— der", e. Organ konfessioneller Verhetzung. Separatabdr. aus der „Ostschweiz", samt e. Artikelserie üb. freie Forschg. u. Autorität aus dems. Blatte. (Von Augustinus Egger.) 8. (61 S.) St. Gallen 890. (A. & J. Köppel.) n. — 40

Protestant, der. Evangelischer Volkskalender f. d. J. 1891, 1.—3. Aufl., 1892 u. 1893. Hrsg. im Auftrag d. Bureaus d. deutschen Protestanten-Vereins v. C. Werckshagen. Mit zahlr. Abbildgn. gr. 8. (à Jahrg. ca. 150 S.) Berl., Haack. à Jahrg. * — 50

Protestant, der. Evangelischer Volkskalender f. d. J. 1891. Hrsg. im Auftrage d. Bureaus d. deutschen Protestanten-Vereins v. C. Werckshagen. Mit Titelbild u. Abbildgn. im Text. gr. 8. (128, 32 u. 12 S.) Berlin 890. Haack. n. — 50

Protestant, der. Evangelischer Volkskalender f. d. J. 1895. Hrsg. im Auftrag des Bureaus des deutschen Protestanten-Vereins v. C. Werckshagen. gr. 8. (134 u. 16 S. m. Abbildgn. u. Titelbild.) Berlin, K. G. Wiegandt. n. — 50

— der. Evang. Volkskalender f. d. J. 1897. Hrsg. im Auftr. d. deutschen Protestanten-Vereins v. C. Werckshagen. 8. (144 u. 6 S. m. Abb. u. Titelbild.) Berlin-Carlshorst, H. Friedrich. n. — 50

— dasselbe, Fortsetzg., s.: Wegweiser.

Protestant, der. Evang. Gemeindeblatt. Red.: W. Staerk. 1. u. 2. Jahrg. 1897—1898. à 52 Nrn. (à ca. 16 Sp.) gr. 4. Berlin, G. Reimer. à Jahrg. n. 8. —
Kann auch vierteljährlich bezogen werden.

Protestant, der. Evangelisches Gemeindeblatt. Red.: Willy Staerk. 3.—5. Jahrg. 1899—1901 à 52 Nrn. gr. 4. (à ca. 16 Sp.) Berlin, G. Reimer. à Jahrg. n. 6. —
Fortsetzung. s.: Protestantenblatt.

Protestant, Der; Organ für Wahrung und Pflege protestantischen Sinnes. Jg. 1. Zürich 1897. Red: *Schönholzer, Gfr., Adolph Ritter, Jul. Ganz & Gust. v. Schulthess-Rechberg.* (Zuwachsverz. d. Bibliotheken in Zürich 1898 ff.)

Protestant: Der Protestant
① Organ für Wahrung und Pflege protestantischen Sinnes (1897—1941). Für die Freiheit hat uns Christus frei gemacht, darum stehet fest und lasset euch nicht wieder unter ein Joch der Knechtschaft bringen! ⑤ 25. 11. 1897 (cont.) ⑥ 4° ⑦ alle 14 Tage ⑧ Zürich: J. Rüegg (25. 11. 1897—9. 12. 1920), J. Rüegg Söhne (23. 12. 1920—22. 12. 1932); Wald (Zh): W. Heß (4. 1. 1933 cont.) ⑨ Pfr. Gottfried Schönholzer, Pfr. Dr. Hans Hauri, Pfr. Dekan Max Boller, Pfr. Dr. Fritz Lichtenhahn, Pfr. Hans Oeschger ⑬ 50 Jahre »Protestant«. »Protestant« Nr. 24 v. 20. 11. 1947 ⑱ Be: L

Der aufrichtige Protestant. (Ein kath. Traktätchen.) Paderborn, Bonif.-Dr., 1877. 12°. (Bonif.-Broch. Jahrg. 8, Nr. 7 u. 8.)

Protestant, Der dankbare, gegen seinen duldenden Kaiser Joseph II. Toleranz. Wien 1781. Pressburg o. J. V: *Wieland, Joh. Andreas.* (PK 3/150) (Széchenyi 2/207) (Biblport) »Wien 1782« [Mannheim]. (WR 120)

Protestant, Der aus seinem Gefängniss entwischte. Coppenhagen 1734. V: *Boltzen, Emanuel.* (Myl)

Protestant, der jesuitische, als Verkündiger am heil. Geiste, in den Stunden der Andacht entlarvt von e. Freunde des christl. Logos. Ein Beitr. zur Religionsgeschichte unserer Zeit u. zur Verketzerungsgeschichte der Hallischen Theologen Dr. Gesenius u. Dr. Wegscheider. 8. Meißen 831. Goedsche. 6 gr

— der jesuit., als Verkündiger am heil. Geiste, in den Stunden d. Andacht entlarvt v. e. Freunde d. christl. Logos. Ein Beitr. z. Religionsgeschichte uns. Zeit u. z. Verketzerungsgesch. d. Hall. Theologen D. Gesenius u. D. Wegscheider. 8. (4½ B.) Meißen 831. [Leipzig, Rostosky.]

Protestant, der österreichische. Hrsg.: R. Beyer. Red.: Geo. Burgstaller. 1. Jahrg. Mai—Dezbr. 1876. 16 Nrn. (B.) Lex.-8. Klagenfurt, Bertschinger & Heyn. n. 4. —

Vorh. u.d.T.: Der steiermärkische Protestant. Jg. 1. 2. 1875. 1876.

Protestant, der österreichische. Hrsg.: R. Beyer. Red.: Geo. Burgstaller. 2—7. Jahrg. 1877—1882. à 24 Nrn. (B.) Lex.-8. Klagenfurt, Heyn. à Jahrg. n. 6. —

— dasselbe. Festnummer zum 13. Octbr. 1881. gr. 8. (20 S.) Ebend. 881. n. — 20

Protestant, der österreichische. Red.: Geo. Burgstaller. 8—11. Jahrg. 1883—1886. à 24 Nrn. (à 1—2 B.) 4. Klagenfurt, Heyn. à Jahrg. n. 6. —

— der österreichische. Red.: G. Burgstaller. 12.—14. Jahrg. 1887—1889. à 24 Nrn. (à 1—2 B.) 4. Klagenfurt, Heyn. à Jahrg. n. 6. —

— dasselbe. Red.: R. Bertschinger jun. 15. Jahrg. 1890. 24 Nrn. hoch 4. (Nr. 1: 16 S.) Ebd. n. 6. —

— der österreichische. Red.: Rud. Bertschinger. 16.—19. Jahrg. 1891—1894. à 24 Nrn. (2 Bog.) gr. 4. Klagenfurt. (Leipzig, Literar. Anstalt A. Schulze.) à Jahrg. n. 6. —

Protestant, der österreichische. Red.: Rud. Bertschinger. 20. Jahrg. 1895. 24 Nrn. (à ca. 16 S.) gr. 4. Klagenfurt (J. Heyn). n. 6. —

— dasselbe. 21.—23. Jahrg. 1896—1898. à 24 Nrn. (à ca 2 Bog.) Nebst Beilage: Evangel. Schulbote. Organ d. evang. Lehrervereine Oesterreichs. Hrsg. u. Schriftleiter: Johs. Wachowski. 2.—4. Jahrg. 1896—1898. à 12 Nrn. (Bog.) gr. 4. Ebd. à Jahrg. n. 6.—

— der österreichische. Red.: Rud. Bertschinger. 24. Jahrg. 1899. 24 Nrn. Nebst Beilage: Evangelischer Schulbote. Organ der evangel. Lehrervereine Österreichs. Hrsg. u. Schriftleiter: Johs. Wachowski. 5. Jahrg. 1899. 24 Nrn. gr. 8. (à ca. 20 u. 8 S.) Klagenfurt (J. Heyn.) n. 6.—

— dasselbe. 25. Jahrg. 1900. 24. Nrn. gr. 4. (à ca. 20 S.) Ebd. n. 6. —

— dasselbe. Eine Monatsschrift f. die evangel. Kirche Oesterreichs. Hrsg. v. Rob. Johne u. Mart. Modl. Schriftleiter: Rud. Bertschinger. 26. u. 27. Jahrg. 1901 u. 1902. à 12 Nrn. gr. 8. (à ca. 32 S.) Ebd. à Jahrg. n. 4. —

Protestant, der österreichische. Eine Monatsschrift für die evangel. Kirche Oesterreichs. Hrsg. v. Rob. Johne u. Mart. Modl. Schriftleiter: Adam Klingendraht. 28. bis 30. Jahrg. 1903—1905. à 12 Nrn. (à ca. 32 S.) gr. 8. St. Veit an der Glan. (Klagenfurt, J. Heyn.) à Jhrg. 4. —

— dasselbe. 31. Jahrg. 1906. 42 Nrn. (96 u. 354 S.) Nr. 1—3 in gr. 8; Nr. 4—42 in 4. Ebd. n. 4. —
Erscheint seit 1. April 1906 wöchentlich.

Protestant, der österreichische. Eine Wochenschrift f. die evangel. Kirche in Österreich. Hrsg.: Rob. Johne und Mart. Modl. Schriftleiter: Adam Klingendraht. 32.—34. Jahrg. 1907—1909. à 52 Nrn. (à 8 S.) Lex. 8. St. Veit an der Glan. (Klagenfurt, J. Heyn.) à Jahrg. 5. —
Erscheint nicht mehr.

— der steiermärkische. Hrsgbr.: Rud. Beyer. 1. Jahrg. Mai—Decbr. 1875. 16 Nrn. (à ½—¾ Bog.) Lex.-8. (Ebendas.) *
— dass. — 2. Jahrg. Januar—April 1876. 8 Nrn. (Bog.) Lex.-8. (Ebendas.) *
Die Fortsetzung bildet: Der oesterreich. Protestant.

— der wahre. In zwanglosen Hftn. Hrsg. v. Marriott. 1. u. 2. Hft. gr. 8. (1. Bd. S. 1—160.) Basel 852, Bahnmaier. (à n. 9 ngr) n. 18 ngr

— der wahre. In zwanglosen Heften herausg. von Marriott. 1. Bd. 3—5. Heft. u. 2—6. Bd. à 5 Hefte (à 6 Bgn.). Basel 853—57. Bahnmaier. gr. 8. Jedes Heft n. 9 ngr

— der wahre. Monatsschrift f. christl. Volksbildg. u. zur Wahrg. der deutsch-protestant. Interessen. 6.—8. Jahrg. 1888/89, 1889/90, 1890/91. à 12 Hfte. (2½ B.) gr. 8. Barmen, Wiemann. à Jahrg. n. 3. —
Fortsetzung von: Monatsschrift f. christl. Volksbildung.

— der wahre. Monatsschrift f. christl. Volksbildg. u. zur Wahrg. der deutsch-protestant. Interessen. 9.—11. Jahrg. 1891/92, 1892/93, 1893/94. à 12 Hfte (à ca. 2 Bog.) gr. 8. Barmen, D. B. Wiemann. à Jahrg. n. 3. —

— der wahre. Monatsschrift f. christl. Volksbildg. u. zur Wahrg. d. deutsch-protestant. Interessen. 12. Jahrg. Aug. 1895—Juli 1896. 12 Hfte. (à ca. 2 Bog.) gr. 8. Barmen, D. B. Wiemann. n. 3. —

— dasselbe. 13. Jahrg. 12 Hfte. (à ca. 3 Bog.) gr. 8. Ebd. 898. n. 3. —

— der wahre. Monatsschrift f. christl. Volksbildg. u. zur Wahrg. der deutsch-protestant. Interessen. 14. Jahrg. 12 Hfte. gr. 8. (à ca. 32 S.) Barmen 899. D. B. Wiemann. n. 3. —

Protestanten, der deutschen, große Noth u. Rettung im J. 1630. Ein tröstendes Beispiel d. göttl. Weltregierung, aus d. Geschichte. Von d. Verf. der kurzen Gesch. des Reichstages zu Augsburg im J. 1530. Mit 1 Steindr. 8. Meiß. 831. Klinkicht. 3 gr

Protestanten, die, — doch unsittlicher!? Vom Verfasser der Konfessionellen Bilanz. Resultate e. Kontroverse m. Jesuitenpater v. Hammerstein. gr. 8. (14 S.) Marburg 893. O. Ehrhardt. — 30

Protestanten, Die, und Katholiken in Württemberg. Tübingen 1842. V: *Jaeger, Vict. August.* (Kat. d. ständ. Bibl. Stuttg. 1907. S. 89.)

Protestanten, die, sind Katholiken. Ein Wort an alle Herzen. Wien 861. (Mayer & Co.) gr. 8. (95 S.) 12 ngr

Protestanten, Ultramontanismus und Deutsch-Katholiken, oder: Wer sind die Angegriffenen? Ein Blick in die Gegenwart u. letzte Vergangenheit veranlaßt durch den Angriff der „Fliegende Blätter für (d. h. gegen) die Deutsch-Katholiken u. ihre Freunde." gr. 8. Darmstadt 845, Ollweiler. 1/6 ₰

Protestanten-Bibel neuen Testamentes. Unter Mitwirkung von Bruch, Hilgenfeld, Holstein rc. hrsg. von Paul Wilh. Schmidt und Frz. v. Holtzendorff. 1. Aufl. 2 Hälften. gr. 8. Leipzig, Barth. [1. Hälfte. (XXXI, S. 1—488.) 872. *ℳ 5.; 2. Hälfte. (S. 489—1051.) 873. *ℳ 6.] *

—— dass. — 2. revid. Aufl. gr. 8. (XXXI, 1051 S.) Ebendas. 874. *ℳ 11.; geb. *

Protestanten-Bibel Neuen Testamentes. Unter Mitwirkung von Bruch, Hilgenfeld, Holsten, Holtzmann, Krenkel, Lang, Lipsius, Pfleiderer, Späth, Ziegler hrsg. von Paul Wilh. Schmidt und Frz. v. Holtzendorff. 3. völlig neu durchgeseh. Aufl. Mit einer Beigabe: Wie lesen wir die Protestantenbibel? 11 Lfgn. gr. 8. (XXXIX, 1055 S.) Leipzig 879, Barth. à Lfg. 75 Pf. geb. in Halbfrzbd. *

Protestantenblatt. Wochenschrift f. den deutschen Protestantismus. 35. Jahrg. des „Deutschen Protestantenblattes". 6. Jahrg. des „Protestant". Unter Mitwirkg. v. Gesinnungsgenossen hrsg. durch R. Emde u. J. Schmeidler 1902. 52 Nrn. gr. 4. (à ca. 8 S.) Bremen, C. Schünemann. n. 6.—
Vergl.: Protestant., der, u. Protestantenblatt, deutsches.

Protestantenblatt. Wochenschrift f. d. deutschen Protestantismus. Unter Mitwirkg. v. Gesinnungsgenossen hrsg. durch R. Emde u. M. Fischer. Verantwortlich: Emde. 36.—38. Jahrg. 1903—1905. à 52 Nrn. (VI, 438; VIII, 634 u. VIII, 640 S.) gr. 4. Bremen, C. Schünemann. à Jhrg. n. 6. —

— dasselbe. 39. Jahrg. 1906. 1. Halbj. 26 Nrn. (626 Sp.) gr. 4. Ebd. n. 3. —

— dasselbe. 39. Jahrg. 1906. 2. Halbj. 26 Nrn. (à ca. 24 Sp.) gr. 4. Schöneberg-Berlin, Centralstelle des deutschen Protestantenvereins. n. 3. —

Protestantenblatt. Wochenschrift für den deutschen Protestantismus. Unter Mitwirkg. v. Gesinnungsgenossen hrsg. v. R. Emde u. M. Fischer. Verantwortlich: Emde. 40.—43. Jahrg. 1907—1910. à 52 Nrn. (1248, 1250, 1356 u. 1370 Sp.) 32,5×26 cm. Schöneberg-Berlin, Protestant. Schriftenvertrieb. à Jahrg. 6. —

Basler Protestantenblatt
② Schweizerisches Protestantenblatt (seit 12. 7. 1879) ④ Schweizerisches Reformiertes Volksblatt (Fusion mit »Religiöses Volksblatt«) ⑤ 5. 10. 1878—1. 7. 1939 ⑥ 8° ⑦ Wochenblatt ⑧ Basel: Vereinsbuchdruckerei (1878—1881), J. Frehner (1882—1931). Hans Brodbeck-Frehner (1932—1939) ⑨ Missionsblatt des allgemeinen evangelisch-protestantischen Missionsvereins (1885—1939 ?); Schweizerisches illustriertes Sonntagsblatt (1888. 4°. Hg. Friedrich Meile) ⑩ Pfr. Alfred Altherr (1878—1918). Pfr. Emanuel Linder (1878—1895). Pfr. Hans Andres (1887—1918). Pfr. August Steiger (1895—1921). Pfr. D. Hans Baur (1927—1937). Pfr. Willy Wuhrmann (1919—1932). Pfr. Hans Wegmann (1933—1939) u. a. ⑪ die Herausgeber ⑫ freisinnig ⑬ der 50. Jahrgang (1927) enthält Biographien der wichtigsten Herausgeber und Redaktoren (Nr. 1—5. 46—52) ⑮ Bs: U (Beilagen unvollständig).

Protestantenblatt, deutsches. Unter Mitwirkg. v. Gesinnungsgenossen hrsg. v. C. Manchot. 5—9. Jahrg. 1872—1876. à 53 Nrn. (B.) gr. 4. Bremen, Bruns in Comm. à Jahrg. n. 8. —
Jahrg. 1872 erschien u. d. T.: Protestantenblatt, norddeutsches.

Protestantenblatt, deutsches. Unter Mitwirkung von Gesinnungsgenossen hrsg. von C. Manchot. 10—15. Jahrg. 1877—1882. à 52 Nrn. (B.) gr. 4. Bremen, Roussell in Comm. à Jahrg. n. 8. —

Protestantenblatt, deutsches. Hrsg. unter Mitwirkg. von Gesinnungsgenossen durch H. Frickhöffer, J. Kradolfer, A. Lammers, C. Manchot, R. Schramm, W. Sonntag u. J. Cropp, A. Glitza, J. R. Hanne, L. Klapp. 16—19. Jahrg. 1883—1886. à 52 Nrn. (B.) gr. 4. Bremen. (Roussell.) à Jahrg. n. 8. —

Protestantenblatt, deutsches. Hrsg. durch A. Lammers, R. Schramm, W. Sonntag. 20. Jahrg. 1887. 52 Nrn. (B.) gr. 4. Bremen, [Meierdierks]. M. Rößler. n. 8. —

— dasselbe. 21. u. 22. Jahrg. 1888. 1889. à 52 Nrn. (B.) gr. 4. Ebd. à Jahrg. n. 6. —

Protestantenblatt, deutsches. Unter Mitwirkg. v. Gesinnungsgenossen hrsg. durch W. Sonntag. 24.—27. Jahrg. 1891—1894. à 52 Nrn. (à ca. 1 Bog.) gr. 4. Bremen, (M. Rößler). à Jahrg. n. 6. —

Protestantenblatt, deutsches. Unter Mitwirkg. von Gesinnungsgenossen hrsg. durch W. Sonntag. 28. Jahrg. 1895. 52 Nrn. (à ca. 8 S.) gr. 4. Bremen, C. Schünemann. n. 6. —

— dasselbe. Unter Mitwirkg. v. Gesinnungsgenossen hrsg. durch Otto Veeck u. (seit 1. X. 1898) R. Emde. 29.—31. Jahrg. 1896—1898. à 52 Nrn. (Bog.) gr. 4. Ebd. à Jahrg. 6. —; einz. Nrn. n. — 20
Kann auch vierteljährlich bezogen werden.

— deutsches. Unter Mitwirkg. v. Gesinnungsgenossen hrsg. durch O. Veeck u. R. Emde. 32.—34. Jahrg. 1899—1901 à 52 Nrn. gr. 8. (à ca. 8 S.) Ebd. à Jahrg. 6. —
Fortsetzung, s.: Protestantenblatt.

Protestantenblatt, norddeutsches. Unter Mitwirkung von Gesinnungsgenossen hrsg. von C. Manchot. 1.—5. Jahrg. 1868—1872. à Jahrg. 52 Nrn. (Bog.) gr. 4. Bremen, Heyse. à Jahrg. *
Jg. 6ff u. d. T.: Deutsches Protestantenblatt; Jg. 35ff: Protestantenblatt. Wochenschrift für den deutschen Protestantismus.

—— schlesisches. Hrsg. von Decke, Lorenz, Schmeidler, Treblin. 1.—3. Jahrg. 1871—1873. à Jahrg. 52 Nrn. (à 1/2 Bog.) gr. 4. Breslau, Maruschke und Berendt. à Jahrg. *

—— dass. — 4. Jahrg. 1874. 52 Nrn. (à 1/2 Bog.) gr. 4. Breslau, Trewendt und Granier. *

—— schlesisches. Hrsg. von Decke, Lorenz, Schmeidler, Treblin. 5. Jahrg. 1875. 52 Nrn. (à 1/2 Bog.) gr. 4. Breslau, Trewendt und Granier. *
—— dass. — Hrsg. von Decke, Schmeidler, Treblin, Ziegler. 6. Jahrg. 1876. 52 Nrn. (à 1/2 Bog.) gr. 4. Ebendas. *
Fortsetzung s. Kirchenzeitung, schlesische.

Protestantenblatt, schweizer., hrsg. von Pfr. A. Altherr u. E. Linder in Basel, Pfr. Bion u. Fr. Meili in Zürich. 7. Jhrg. In-8°. Basel, J. Frehner. 1884 halbjährlich 2 —
Jg. 1, 1878/79 u. d. T.: Basler Protestantenblatt.

— **Protestantenblatt,** hrsg. v. *A. Altherr, E. Linder, W. Bion* u. *Fr. Meili.* 9. Jahrg. 1886. (52 Nrn.) In-8°. Basel, Frehner & Rudin. 2 —

Protestantenblatt, schweizerisches. Herausgeber: *A. Altherr*, Pfr. *Andres*, *W. Bion*, Pfr. *Hemmann*, *E. Linder*. X. Jahrg., 1887. 52 Nrn. gr. in-8°. Basel, Druck u. Expedition v. Frehner & Rudin. Jährlich 4 —

Protestantenblatt, schweizerisches. Herausgeber: Pfr. *A. Altherr*, Pfr. *Andres*, Pfr. *W. Bion*, Pfr. *Hemmann*, Pfr. *E. Linder*. 11. Jahrg., 1888. 52 Nrn. in-8°. Basel, Frehner & Rudin. Jährl. 4 —

Protestantenblatt, schweizerisches. Herausgeber: Pfr. *A. Altherr*, in Basel, Pfr. *Andres* in Münchenbuchsee, Pfr. *W. Bion* in Zürich, Pfr. *Hemmann* in Herrliberg, Pfr. *E. Linder* in Basel. 12. Jahrg. 1889. 52 Nrn. in-8°. Basel, Frehner & Rudin. 1889 Jährlich 4 —

Protestantenblatt, Schweizer. Hrsg. von *A. Altherr*, Pfr. *Andres*, *W. Bion*, Pfr. *Hemmann*, *E. Linder*. 13. Jahrg. 1890. (52 N°). N° 1. Gr. in-8°. 8 S. Basel, Frehner & Rudin. Jährlich 4 —

— schweizerisches. Hrsg.: A. Altherr, H. Andres, W. Bion, O. Brändli, Fr. Hemmann, E. Linder. 14.—17. Jahrg. 1891—1894. à 52 Nrn. (à ca. 1 Bog.) gr. 8. Basel. (Bern, H. Körber.) à Jahrg. n. 5.35

— schweizerisches. Hrsg.: A. Altherr, H. Andres, W. Bion, O Brändli, Fr. Hemmann, E. Linder, A. Steiger. 18.—21. Jahrg. 1895—1898. à 52 Nrn. (à ca. 8 S.) gr. 8. Basel. (Bern, H. Körber.) à Jahrg. n. 5.35

— schweizerisches. Hrsg.: A. Altherr, H. Andres, W. Bion, O. Brändli. 22.—25. Jahrg. 1899—1902 à 52 Nrn. gr. 8. (à ca 8 S.) Basel. (Bern, H. Körber.) à Jahrg. n. 5.40

— schweizerisches. Hrsg.: A. Altherr, H. Andres, W. Bion, J. G. Birnstiel, O. Brändli. 26.—29. Jahrg. 1903—1906. à 52 Nrn. (à ca. 8 S.) gr. 8. Basel. (Bern, H. Körber.) à Jhrg. n. 5.40

— schweizerisches. Hrsg.: A. Altherr, H. Andres, H. Baur, J. G. Birnstiel, Johs. Diem. 30.—33. Jahrg. 1907—1910. à 52 Nrn. (à ca. 8 S.) gr. 8. Basel. (Bern, Raillard & Co.) à Jahrg. 5.40

Protestantenfrage, Die, in Ungarn und die Politik Oesterreichs. Von einem ungar. Protestanten. Hamb. 1860. V: *Ballagi (= Bloch), Moriz.* (KU) (Pk)

Protestantenfrage, die, in Ungarn und die Politik Oesterreichs. Von einem ungarischen Protestanten. 2 Hefte. Hamburg 860. Hoffmann & Campe. 8. (103; 84 S.) 1.: 10 ngr.; 2.: 7½ ngr.

Protestantenfresser, Der. Stuttgart 1845. V: *Lommel, Georg.* (Th)

Protestanten-Gesangbuch, enth. die gebräuchlichsten deutschen Kirchenlieder in zeitgemäßer Bearbeitg., sowie e. Anzahl geistl. Dichtgn. der Neuzeit. Hrsg. v. Ernst Lüdemann. 8. (XVI, 640 S.) Bremen 886. Roussell. geb. n.n. 1.20

Protestanten-Gesetz. Das kaiserl. Patent vom 8. April 1861, die Verfassung der evangel. Kirche vom 6. Jänner 1866 u. die Motive der Ablehnung einzelner Punkte der Verfassungsvorlage der Generalsynoden. Wien 866. Manz' Verl. 8. (VIII, 74 S.) n. 8 ngr.

Protestanten-Gesetz. Das kaiserl. Patent vom 8. April 1861, die Verfassg. der evangel. Kirche vom 6. Jänner 1866 u. die Motive der Ablehng. einzelner Punkte der Verfassungsvorlage der General-Synoden. (Neuer Abdr.) gr. 16. (VIII, 72 S.) Wien 876. Manz. n. — 80

Protestanten-Kirche, die, in Salzburg. Eine Festgabe zur Erinnerung an die Einweihungs-Feier am 8. September 1867. 2. Auflage. 8. (7 S.) Salzburg, Taube in Comm. 1867. netto baar 10 kr.

Protestantentag, der erste deutsche, gehalten zu Eisenach am 7. u. 8. Juni 1865. Im Auftrag des Ausschusses redigirter Bericht. 1. u. 2. Aufl. Elberfeld 865. Friderichs. gr. 8. (III, 100 S.) 12 ngr.

— der zweite deutsche, gehalten zu Neustadt a. d. Hardt am 26. u. 27. Septbr. 1867. Ebend. 867. gr. 8. (III, 102 S.) 12 ngr.

— der dritte deutsche, gehalten zu Bremen am 3. u. 4. Juni 1868. Ebend. 868. gr. 8. (III, 118 S.) 12 ngr.

— der vierte deutsche, gehalten zu Berlin am 6. u. 7. Oktbr. 1869. Im Auftrage des geschäftsführ. Ausschusses redig. vom Schriftführer des Vereins. Ebend. 869. gr. 8. (III, 127 S.) n. 10 ngr.

Protestantentag, der 5. deutsche, geh. zu Darmstadt am 4. u. 5. Octbr. 1871. Im Auftrag d. geschäftsführ. Ausschusses red. vom Schriftführer d. Vereins. gr. 8. (III, 128 S.) Elberfeld 871. Friderichs. n. 1. —

Protestantenverein, Der, Seine Statuten, die Ansprachen seines engern und weitern Ausschusses und die Thesen seiner bisherigen Hauptversammlungen in übersichtlicher Zusammenstellung. Für Freunde und Gegner. Dessau 1874. V: *Ahrendts, Heinrich.* (HHBD IV, 104)

Protestantenverein, der. Seine Statuten, die Ansprachen seines engern u. weiteren Ausschusses u. die Thesen seiner bisher. Hauptversammlgn. in übersichtl. Zusammenstellg. Für Freunde u. Gegner. gr. 8. (52 S.) Dessau 874. Barth. n. — 75

Protestantenverein, der allgemeine deutsche, in seinen Statuten, den Ansprachen seines engern, weitern u. geschäftsführenden Ausschusses u. den Thesen seiner Hauptversammlungen 1865—1882. Für den 14. allgemeinen deutschen Protestantentag zu Neustadt a. H. am 16. u. 17. Mai 1883 zusammengestellt vom Bureau d. Vereines. gr. 8. (101 S.) Berlin 883. Haack. n. 1. —

Protestantenverein, der allgemeine deutsche, in seinen Statuten, den Ansprachen seines engern, weitern u. geschäftsführenden Ausschusses u. den Thesen seiner Hauptversammlungen 1865—1888. Zusammengestellt vom ständ. Bureau d. Protestantenvereins. 2. Aufl. gr. 8. (IV, 116 S.) Berlin 889. Haack. n. 1.50

Protestantenverein, der deutsche, und die nassauische evangelische Landeskirche. Nebst den sämmtl. Urkunden der im J. 1817 in Nassau vollzogenen Union der evangel. Kirchen. 8. (VIII, 121 S.) Wiesbaden 871, Rodrian und Röhr. *

Protestanten-Verein, der, u. die moderne Cultur. Erwägungen eines der Kirche Entfremdeten. Mannheim 866. Schneider. gr. 8. (86 S.) 10 ngr.

— der, u. das geistl. Ministerium zu Rostock. Eine luther. Antwort auf e. „protestant. Nothwehr". 8. (23 S.) Schwerin 873. Stiller. n. — 50

— der ungarische, seine Entstehung u. seine Wirksamkeit. 8. (81 S.) Leipzig 874. Haessel. 1. 20

Protestantische Kirche, s. die, u. deren Geistlichkeit, s. Miscellen s. protestant. Christenthum.

— über den. 8. Deſſau 782. Gel. Buchh. 6 ℊ

Proteſtantismus, der. Sein Urſprung, ſein Charakter, ſein Weſen, ſeine Vorzüge, ſeine Weltſtellung, ſeine Zukunft. Für Jedermann, für ſeine Bekenner, wie für ſeine Gegner. gr. 8. (IV u. 28 S.) Brandenburg 852, Wieſike. 3 ℊ

Proteſtantismus, der, in ſeinen Beziehungen z. Staate, z. Philoſophie u. z. Chriſtenthum. Verſuch e. Beitr. z. Vermittel. d. Gegenſätze deſſelb. aus d. Standpunkt d. Laien als Weltbürgers. gr. 12. (7¾ B.) Hamm 839, Schulziſche Buchh.

Protestantismus, Der deutsche, seine Vergangenheit und seine heutigen Lebensfragen im Zusammenhange der gesammten Nationalentwicklung beleuchtet . . . Frankfurt a. M. 1846. 2. Abdr. 1847. 3. Aufl. 1850. V: *Hundeshagen, Carl Bernhard.* (ZU) (ADB) (Schz) (BrMm)

Proteſtantismus, der deutſche, ſeine Vergangenheit u. ſeine heutigen Lebensfragen, im Zuſammenhange der geſammten Nationalentwickelung beleuchtet von e. deutſchen Theologen. gr. 8. Frankfurt a/M. 846, Brönner. 2 ℊ

— der deutſche, ſeine Vergangenheit u. ſeine heutigen Lebensfragen im Zuſammenhang der geſammten Nationalentwicklung beleuchtet v. einem deutſchen Theologen (Karl Bernh. Hundeshagen). gr. 8. (VIII u. 539 S.) Frankfurt a. M. 847, Brönner. n. 2 ℊ — 2. Abdr. gr. 8. (VIII u. 529 S.) Ebd. 847. n. 2 ℊ — 3. verb. u. verm. Aufl. gr. 8. (LXIV u. 616 S.) Ebd. 850. n. 2 ℊ 8 ℊ

Deutscher Protestantismus und 'Kölnische Zeitung.' Von e. deutschen Protestanten. Halle a. S. [1908]: Nietschmann. 46 S. 8°

Protestantismus, Der, am Ende des neunzehnten Jahrhunderts in Wort und Bild. Lfg. 1. Berlin [1901]. H: *Werckshagen, Carl.* (Berl)

— der, am Ende des 19. Jahrhunderts in Wort u. Bild. Hrsg.: C. Werckshagen. Auswahl der Illustr. v. Jul. Kurth. Buchschmuck v. Hans Schulze. 2 Bde. gr. 4. (XII, 672 u. VIII, 1221 S. m. 13 Taf.) Berlin (900—902). Verlag Wartburg. n. 50. —; geb. in Leinw. n. 60. —; auch in 50 Lfgn. à 1. —

Proteſtantismus, der enthüllte, oder: Katholicismus u. Proteſtantismus in vergleichender Zuſammenſtellung. Aus dem Franzöſ. überſ. v. Michael Sintzel. 8. (18½ B.) Straubing 844, Schorner.

Proteſtantismus, der enthüllte. Oder: Katholicismus und Proteſtantismus in vergleichender Zuſammenſtellung. Aus dem Franzöſ. überſ. von Mich. Sintzel. Neue (Titel-)Ausg. 8. (288 S.) Straubing 854, Schorner.

Proteſtantismus, der, in der Gegenwart. Geſchildert v. e. Proteſtanten. (Krogh-Tonning.) Aus dem Norweg. überſ. v. P. P. 2. Aufl. gr. 8. (80 S.) Berlin 901. Germania. n. 1. —

Proteſtantismus, für, u. proteſtant. Geiſtlichkeit; e. Zeitſchrift. 3 Hfte. gr. 8. Leipz. 809, 810. (Wienbrack). 2 ℊ 6 ℊ

Proteſtantismus, der, in ſeiner Geſamtgeſchichte bis zur Gegenwart in Wort u. Bild. Hrsg.: C. Werckshagen. Auswahl der Illuſtr. v. Jul. Kurth. Buchſchmuck v. Hans Schulze. 2. verb. Aufl. 2 Bde. (X, VI, 1222 S. m. Taf.) 34×26 cm. Caſſel (909). R. Ph. Krausbauer. — Reutlingen, Enßlin & Laiblin. Geb. in Leinw. 40. —

— u. Hierarchismus, über, in Beziehung auf die Schrift: Theobuls Gaſtmahl. 8. Berl. 819. Dümmler. 8 ℊ

— über, Katholicismus, geheime Geſellſchaften u. den Religionseid d. Proteſtanten, (v. J. M. Konſt. Tarnow). 8. Frankf. a. M. 793. Mit n. Titel. 8. German. 798. Hermann. 10 ℊ

— über, Katholicismus, Papismus u. Jeſuitismus, geheime Geſellſchaften, das Verhältniß zwiſchen Staats- u. Religionsgeſellſchaften ꝛc. 4e Aufl. 8. Roſtock 817. Stiller. 8 ℊ

Protestantismus, Der, und die evangelische Kirche des Grossherzogthums Hessen. Allen Evangelischen Hessens gewidmet . . . Mainz 1860. V: *Schröder.* (ZU)

Proteſtantismus, der, und die evangeliſche Kirche des Großherzogthums Heſſen. Allen Evangeliſchen Heſſen's gewidmet von einem evangeliſchen Chriſten. Mainz 860. (Faber.) gr. 8. (55 S.) n. 4 ngr.

Proteſtantismus, der, gegenüber der katholiſchen Kirche nach der Darſtellung eines proteſtantiſchen Regierungsrates. gr. 8. (12 S.) Braunsberg 881. (Huye.) n.n. — 25

Protestantismus und Kirchenglaube . . . Glogau 1843. V: *Grävell, Max Carl Friedrich Wilhelm.* (ZU)

—— u. Kirchenglaube. Bedenken eines Layen an die proteſtantiſchen Freunde. 2 Hfte. gr. 8. (16¾ B.) Glogau 843, Flemming. à 18¾ Ngr.

—— u. Pietismus. Zur Charakteriſtik der kirchl. Verhältniſſe unſerer Zeit, namentl. in Württemberg. Ein freies Wort an Geiſtliche u. Nichtgeiſtliche v. ein. württemberg. Theologen. 8. (4 B.) Baden 846, Zehnder.

—— der, als politiſches Princip. Eine kathol. Beantwortung der gleichbetitelten Dr. Friedr. Jul. Stahl'ſchen Schrift. gr. 8. (16 S.) Regensburg 853, Manz.

— bei Gelegenheit der neuern Reform in der großen Joſephs-Epoche. 8. Leipz. 783. Barth. 6 ℊ

Protestantismus, Der, in seiner Selbstauflösung . . . Schaffhausen 1843. V: *Binder, Wilhelm Christian.* (WBL) (Th)

Protestantismus, Der, in seiner Selbstauflösung . . . Schaffhausen 1843. V: *Hauber, Hermann.* (GlaI, 2, 670 f.) (Zeitschr. f. Büch. N. F. 15, 1923, S. 119)

—— der, in ſeiner Selbſtauflöſung. Eine theologiſch-polit. Denkſchrift in Briefen von e. Proteſtanten. 2 Bde. 8. (42½ B.) Schaffhauſen 843, Hurter'ſche Buchh.

Der Proteſtantismus in ſeiner Selbſtauflöſung. Eine theol.-politiſche Denkſchrift in Briefen von einem Proteſtanten. Schaffh., Hurter (jetzt Regensburg, Verlagsanſt.). 1843, 8°, 2 Bde; 2. durchgeſ. Aufl. 1846, 6,75 Mk.

— über den wahren u. falſchen. Ein Beitrag zu den Verhandll. üb. die Halliſche Streitſache, mit beſond. Beziehung auf das theolog. Bedenken des Dr. Ullmann. Von e. evangel. Geiſtlichen (... Gödel, Pfarrer in Leitzkau). 8. Zerbſt 830. Kummer. 16 ℊ

Protestantismus, der, als Weltmacht. E. Begleitwort zur Palästinafahrt d. deutschen Kaisers von Saulus. 8. (24 S.) Pressburg 898. G. Heckenast's Nachf. n. — 40

Protest-Antrag der freien protestant. Gemeinde zu Nordhausen, in Bezug auf das Religions-Patent vom 30. März 1847. gr. 8. (16 S.) Sondershausen 847, Eupel. 3 ngr

Protestation deutscher Bürger. Hanau 1832. V: *Reinganum, Max.* (Ky)

Protestation deutscher Bürger für Pressfreiheit in Deutschland. Hanau 1832. V: *Sauerwein, W.* (J. St. Goar, Frankfurt a. M., Katalog Nr. 119, p. 18)

Protestation deutscher Bürger f. Preßfreiheit in Deutschland. gr. 8. (10 Seit.) Hanau 832, König.

Protestation Einer gesambten ehrenden Burgerschafft der Statt Lucern in dem so genanten Udligeschwiler Handel. 4. Lucern 1726.

Protestation gegen des Hrn. Pastor Eisen Christenthum nach der gesunden Vernunft ... O. O. 1778. V: *Lang, Georg Heinrich.* (Adel) (Ky) (MGT)

— gegen Eisens Christenthum nach d. gesunden Vernunft u. d. Bibel, (v. G. H. Lang). 8. Frkf. a. M. 778. Grattenauer. 6 gl

Protestation und Entlassung, Die, der sieben Göttinger Professoren. Leipz. 1838. V: *Albrecht, Wilhelm Eduard.* H: *Dahlmann, Frdr. Christoph.* (ABJP) (Ky) (EngG) (CBH) (JStBbH)

Protestation d. Hn. Jo. Siegfr. Maury, Erzbisch. v. Nicaea u. päbstl. ausserord. Nuncius an d. zur neuesten Kaiserwahl zu Frankf. versamm. kurf. Collegium, a. d. Lat. m. Beill. *Stuttg.*, in Com. Metzler. 792. 4.

— des Hrn. v. Montbel, ehemal. Minister d. Königs v. Frankreich, gegen das v. den zum Gerichtshofe versamm. Pairs geg. ihn beobacht. Verfahren, u. Auseinandersetzung sein. Betragens vor u. während d. Ereignisse im Juli 1830. A. d. Franz. 8. (2¼ B.) Leipzig 831, Allgem. Niederländ. Buchh.

Königl. Preuss. Protestation Wegen des ohne Concurrenz des Clevischen Con-Directorii und Crayss.-Mit-Ausschreib-Amts auf den 18. Aug. 1757 . . . convocirten Nieder-Rheinisch-Westphälischen Crayss-Tages. 4. (7 S.)

Königl. Preuss. ... vorläufige Protestation und Verwahrung so gegen das am 17. Januarii 1757 bey der Reichs-Versammlung zu Regenspurg gemacht werden wollende Conclusum von ... Comitial-Gesandtschaft am 24. hujus alldort übergeben worden. Berlin. 4. (4 Bl.)

Protestation eines Protestanten gegen protestant. Geistlichkeit. 8. (2½ B.) Quedlinburg 845, (Franke.) Thlr. *

Protestation und Reservation Wie dieselbe Nahmens des Herrn Georg Hinrich Freyherrn von Göertz Wegen dessen an das adeliche Guth Geltingen habenden Foderung Von dem Herrn Otto Friederich Freyherrn von Göertz Bey der Ad licitationem erwehnten adelichen Guths verordneten Commission eingesandt und an die Geltingische HHn. Concreditores communiciret worden. Zu männiglichen Nachricht zum Druck befördert. (Haag den 16. December 1716.) o. O. u. J. 4° k.

STUDENTINNEN, Der Hoch- und Wohlgebohrnen, Hoch- und Viel-Ehr- und Tugend-belobten Fräulein und Mademoisellen—, Protestation und Declaration, wider die ihnen, von dem Patrioten nulliter und gantz unvernünfftiger weise, offerirte Narren-Kappe. (c. 1725.) ½ Bog. (Format?)
Aeusserst seltenes Pamphlet gegen den „Hamburgischen Patrioten" (1724 ff.). — Citirt in: „Hamburgische Auszüge aus neuen Büchern" .... Th. 2. Hamb. 1728. 8°. S. 138.

Protestation der Universität aller der A. C. und einiger der helv. Confession zugethanen Geistlichen in Siebenbürgen wider die ... beschlossene Abschaffung des Zehntens. 1848. O. O. V: *Binder, Georg Paul.* (Trausch)

Protestation der sechs östlichen Zehnen von Wallis, wider die Promulgation des von den Gesandten der sieben westlichen Zehnen bearbeiteten Verfassungs-Entwurfes. 8. [Sitten] 1839.

Proteste, kritische, e. germanischen Christen gegen die neueste Bleichröder- u. Judenhetze v. Kaberlin. gr. 8. (30 S.) Berlin 891. C. Küchenmeister. n. — 50

Proteste wider das Verfahren des grossen Kongresses des Jahrs 1795. [Chur 1795.] V: *Caderas, M. A., Gaudenz von Planta, A. Boner & Jac. Ulr. v. Sprecher.* (BrMm)

Protest-Erklärung, dem Königl. Consistorium der Provinz Sachsen am 9. Juli 1847 mit 800 Unterschriften der angesehensten u. ehrenwerthesten Bürger Magdeburgs versehen, überreicht. gr. 8. (7 S.) Leipzig 847, Jurany (jetzt: Kittler). 1½ ngr

— dies. 8. (4 S.) Wolfenbüttel 847, Holle. 1 ngr

Protest-Erklärungen, drei, und Lossagung vom Symbolzwange, von 109 Mitgliedern der evangel. deutsch-reform. Gemeine erlassen an das Kirchencollegium d. evangel. deutsch-reform. Kirche zu Königsberg in Preußen. gr. 8. Leipzig 846, O. Wigand. n. 1/12 ℛ

Protest-Erklärungen, drei, u. Lossagung vom Symbolzwange, von 109 Mitgliedern der evangel.-deutsch-reform. Gemeine erlassen an d. Kirchenkollegium d. evangel.-deutsch-reform. Kirche zu Königsberg in Preußen. gr. 8. (15 S.) Leipzig 847, O. Wigand. n. 1/12 ℛ

Protest-Gemeinde, die evangelisch-lutherische, innerhalb der Landeskirche Augsburger Confession von Elsaß-Lothringen. Nr. 1 und 2. gr. 8. (30; 29 S.) (Straßburg 885, Vomhoff.) à Nr. * 40 Pf. *

— die evangelisch-lutherische, innerhalb der Landeskirche. Nr. 3: Die Repressiv-Maßregeln des Liberalismus gegen evangelische Protestgemeinden. gr. 8. (36 S.) (Ebendas. 885.) *

Z. Leuchte: **[Protestschreiben der Johann Lobenwein, Wilh. König, Franz Wadé, Joh. Wachinger, Josef Holfeld an die Landesloge „Zur Leuchte" in München. Dat.:] München am 11. Dez. 1903. 1 Bl. 4°.**
Austritt der Genannten und innere Zustände der Loge.

Protest-Versammlung, die, zu Gunsten der Juden in Rußland, abgehalten zu London am 10. Dezbr. 1890. Nach den engl. Berichten hrsg. u. übers. v. M. R. Levy. 8. (24 S.) Mainz 890. Jos. Wirth'sche Hofbuchdr. n. — 25

Die **Protestversammlung** gegen die Reichszuwachssteuer am 26. Nov. 1910 im Zirkus Schumann zu Berlin. Spandau 1910: Grassmann in Stettin. 58 S. 8°
(Schriften d. Zentralverbandes d. Haus- u. Grundbesitzer-Vereine. N. F. Bd 15, H. 6.) [II. 1408 9]

Protestversammlungen, die Rixdorfer, u. die evangelische Bewegung in Österreich, m. e. Vortrag v. Bräunlich, s. a. Flugschriften des Evangel. Bundes.

Die Rixdorfer Protestversammlungen und die evangelische Bewegung in Österreich. Vom Pressausschuss d. Brandenb. Hauptvereins d. Evang. Bundes. Mit e. Vortrag von Pfarrer Lic. [Paul] Bräunlich. *Leipzig: C. Braun 1902.* (30 S.) 8° [S.]
= Flugschriften d. Evangel. Bundes. 197.

Proteus. Eine Wochenschrift. Wien 1785. 8°

Proteus oder das Reich der Bilder . . . Regensburg 1806. V: *Benzel-Sternau, Carl Christian Ernst Graf v.* (MGT) (HS) »1800« (Ky)

— od. d. Reich d. Bilder, a. d. kaiserl. Archiv, v. Verf. d. goldenen Kalbes. 8. Regensb. Montag u. W. 806.

Proteus, od. Mannichfaltigkeiten aus d. Gebiete der Literatur, Kunst, Natur u. des Lebens. 1r u. 2r Jahrg. Mit Kpf. u. Musik. gr. 8. Stuttg. 816. Sattler. 6 ℛ

Proteus. Zeitschr. f. Geschichte d. gesammt. Naturlehre, bearb. in Verbind. mit mehr. Gelehrten u. hrsg. v. K. W. G. Kastner. 1. Bd. 1. u. 2. Hft. gr. 8. (27 B.) Erlangen 828, Palm'sche Vrlsh. à H. Thlr.

Proteus. Auswahl der vorzüglichsten Romane und Novellen des Auslandes. Erster Band. Leipzig 1831. V: *Balbo, Cesare Graf.* (BGE V², 406)

Proteus. Auswahl d. vorzüglichsten Romane u. Novellen d. Auslandes. 1. Bd. — A. u. d. T.: Vier Novellen, erzählt v. e. Schulmeister. A. d. Italien. 8. (10½ B.) Leipzig 831, Barth.

—— dass. 2—4. Bd. — A. u. d. T.: Die Edelnonne v. Monza. Eine Geschichte aus d. 17. Jahrh. A. d. Italien. v. Giov. Rosini. 3 Bde. 8. (50¼ B.) Ebds. 831.

Der Proteus. Betrachtungen über Politik, Literatur und Kunst. Frankfurt a. M.: Meidinger 1832.

Proteus. Eine Lectüre f. Ernst u. Scherz. Aus den Papieren eines Sammlers. Nr. 1.: Faschings-Predigt gehalt. vom Pater Abraham a Sancta Clara II. 8. (8 S.) Lützen 849. (Leipzig, Joachim.) 1 ngr

Proteus, der kleine, oder komische Verwandlungen. — Le petit Protée, ou les transformations comiques. Lex.-8. Wien 839. Müller. In verzierten Etui 1⅔ ℛ

Proteus, Der neue. Oder der Abentheuerliche Mönch. Denkwürdige Geschichte Geschrieben von dem Verfasser De La Nouvelle Marianne. Aus dem Französischen ins Teutsche übersetzt. Cöln 1741. V: *Lambert, Chr. Fr. Abbé.* (BGE VI², 312)

Proteus, Der neue. Lustspiel in vier Aufzügen. Berlin 1808. V: *Stein, Carl.* (GGr)

Proteus, der neue. Originallustsp. in 4 Akten, v. G. Lindau. 8. Berl. Kunst u. Ind. Compt.

Proteus, der neue, Lustspiel von Leiden. 8. Berlin. 808. Ist jetzt Verlag von Schlesinger.

Proteus, Peregrinus, geheime Geschichte, von C. M. Wieland, 2 Theile mit Kupf. 8. Leipzig, 791. Göschen. Holländisch Papier 2 Rthl. 20 sgl. Dasselbe ordinair Papier 2 Rthl. 15 sgl.

—— der Vielgestaltete. Blätter für Ernst, Scherz und Spott. Aus den Papieren eines Sammlers. Nr. 2.: Letzte prophet. Worte eines sterbenden Greises. Prophezeihungen auf die denkwürd. Jahre 1849, 1850 und folgende. 8. (16 S.) Lützen 849. (Leipzig, Joachim.)

—— dass. — Nr. 3.: Proteus und seine Familie. Peter, oder: Das Glück der Dummheit. Was mir zuwider ist. 8. (8 S.) Ebds. 850.

Protevangelium Jacobi ex cod. Ms. Venetiano descripsit prolegom., variet. lection., notis crit. instr. ed. Car. Ad. Suckow. 8maj. (6¾ B.) Vratislaviae 841, Grass, Barth et Soc. *

Das Protevangelium Jacobi, zwei Evangelien der Kindheit Jesu und die Akten des Pilatus oder das Evangelium Nicodemi, aus der Sammlung neutestamentlicher Apokryphen von Fabrizius, ins Deutsche übersetzt von E. C. J. Lützelberger. Nürnberg 1842. VIII 84 S. 8.

Protheus historicus, s. decades VI. historiae univ. et polit. 8. Colon. 725.

Prothomatie, Schwedische, s. A. L. Schlözer.

Protić, Geo., Beitrag zur Kenntniss der Kieselalgen (Diatomaceen) Bosniens u. der Hercegovina, s. a. Mittheilungen, wissenschaftl., a. Bosnien u. d. Hercegovina.

PROTIĆ, Georg
Beitrag zur Kenntnis der Kieselalgen (Diatomaceen) Bosniens und der Hercegovina. Von Dr. Georg Protić. (Separat-Abdruck aus Wissenschaftliche Mittheilungen aus Bosnien und der Hercegovina. VI. Bd. 1899.) Wien. 1899. In Comm. Gerold's Sohn. Lex.-8°. 12 S. fl. —.10

— zur Kenntnis der Flora der Umgebung v. Vareš in Bosnien, s. a. Mitteilungen, wissenschaftl., aus Bosnien u. der Hercegovina. VII.

PROTIĆ, Georg
Zur Kenntniss der Flora der Umgebung von Vareš in Bosnien. Von Dr. Georg Protić. (Separat-Abdruck aus „Wissenschaftliche Mittheilungen aus Bosnien und der Hercegovina", VII. Bd. 1900) Wien. 1900. In Comm. Gerold's Sohn. Lex.-8°. 149 S. K —.80

Protits, G., vergleichend anatomische Untersuchungen üb. die Vegetationsorgane der Kerrieen, Spiraeen u. Potentilleen. [Aus: „Sitzungsber. d. k. Akad. d. Wiss."] Lex.-8. (32 S. m. 1 Taf.) Wien 891. (F. Tempsky.) n. — 70

Protits, G., s. Protić, Georg

Protitsch, Georg, a. Belgrad: Stearinsäureanilidverbindungen als Salbengrundlage. Berlin (1905): G. Schade. (33 S.) 8°
Berlin, Med. Fak., Ref. Liebreich, Diss. v. 20. März 1905
[Geb. 23. Apr. 79 Belgrad, Serbien; Heimatsort: Belgrad; Staatsangeh.: Serbien; Vorbildung: Gymn. Belgrad Reife Juni 98; Studium: Belgrad 2, Berlin 9 S.; Rig. 1. März 04.]

Protivenski, Frz., Grundzüge der Daktyloskopie. (15 S. m. Abbildgn. u. 3 Taf.) Lex.-8. Prag (904). (J. G. Calve). n. 1. —

Protiwinsky, F. F., praktische Anleitung zur Ueberwachung der sämmtl. verzehrungs-steuerpflichtigen Gewerbe, nebst einer ausführl. Darstellung des technischen Verfahrens dieser Gewerbe, in so weit dasselbe zur Erleichterung der Ueberwachung u. Verständigung der Gesetzstellen nothwendig ist. gr. 8. (15¼ B., 2 Stnt. u. 4 Tab.) Wien 841, Braumüller u. Seidel.

Protiwinsky Hans: Ludwig der Fromme und die Päpste. 10. Wien V. R. 05. Progr.

Protkhe, Jh., der Bartholomäusmarkt, oder auf Linz will ich ewig denken; ein Lstspl. in 2 Aufz. 8. Linz 784.

— der Rechtschaffene darf nicht immer darben, oder wenn d. Fürst nur weiß, er hilft gewiß; in 3 Aufz. 8. Lemb. 785.

Proto, Alph., commentarium in caeremoniale episcoporum ex decretis authenticis sacr. rituum congregationis collectum. gr. 8. (75 S.) Regensburg 876. Pustet. n. — 80

Proto, Alph., commentarium in pontificale romanum, ex decretis authenticis sacr. rituum congregationis collectum. gr. 8. (48 S.) Regensburg 882. Pustet. n. — 60

Protocole joint à la Convention conclue entre la Prusse et la Russie le 22/10 Mai 1819 relativement aux liquidations entre la Prusse et le Royaume de Pologne, et les affaires analogues. [Franz. u. deutsch.] o. O. u. J.

Protocoles et Acte General de la Conference de Berlin 1884—1885. [Berlin 1885.] 436 S., 1 Krt. 4º.

Protocoll, s. Protokoll

Protocolle, s. Protokolle

Protocollum et acta in peinlicher Sachen fiscalis in criminalibus ex officio inquirentis u. Anklägers contra Chr. Krumbholtz. Hamburg 1711.

Protocollum comitiale d. d. Malchin d. 25. Nov. 1794. Schwerin 1796. H: *Winterfeld, Georg Adolph von.* (MGT)

Protocollum comitiale de dato Melchin d. 25. Novbr. seq. Lips. Gräff.

Protocollum commissionis, die Vernehmung des Herrn Renat. Leopold Freyherrn von Senkenberg, wegen der sogenannten Albertinischen Renunciationsurkunde betreffend. (Mit Beylagen.) (Wien 1779) 4.

Protocollum Regnicolaris deputationis juridicae. Fol. Ofen 807. Typ. 2 fl 16 kr — Extractualis feries Actorum ejusd. Protoc. Fol. Ofen, Typ. 3 kr

Protodicos, Joa., de aedibus homericis. Dissertatio inauguralis. (In griech. Sprache.) gr. 8. (74 S. mit 1 Stnt.) Leipzig 877, (Matthes.) *

Πρωτόδικος, I., Ἰδιωτικὰ τῆς νεωτέρας Ἑλληνικῆς γλώσσης. Ἐν Σμύρνῃ. (Athen 866. Wilberg.) gr. 8. (96 S.) n. 28 *ngr.*

Protogaea. Autore G. G. L. S. l. [17??]. V: *Leibniz, Gottfried Wilh. Baron v.* (Plas)

Protokar, Moritz Graf von, das Leben eines Geistersehers. Meissen 1799. V: *Bornschein, Joh. Ernst Dan.* (NN)

Protokoll

Protocoll der Abgeordneten der schweizerischen gemeinnützigen Gesellschaft wegen der Steuerangelegenheiten für die durch Gewitter heimgesuchten Kantone Uri, Graubünden, Tessin & Wallis. 21. & 22. October 1834. *Lithographiert.* 4. *o. O.*

Protokoll der 8. Abgeordneten-Versammlung des Verbandes deutscher Architekten- und Ingenieur-Vereine. Berlin 1879.

Protocoll, Achtes vollständiges, des kurfürstl. hohen Wahlconvents zu Frankfurt im J. 1790 ... Frankf. u. Leipzig 1791. V: *Roth, Johann Richard von.* (HS) (Ky) (EngJ) (MGT) (ADB) (CBH) (Schletter, Handb. d. jurist. Litt. Grimma 1843. S. 149.)

Protocoll, über alle an meine Advocaten, od. Agenten eingelaufene u. von denselben beendigt. Geschäfte, in Regal-Tabellen. Insbr., Wagner. 2 fl

PROTOKOLL DER ALTERTHUMSSECTION der naturforschenden Gesellschaft zu Görlitz. 1845. (Ohne bes. Titelblatt.) 8º.

Amtliches Protokoll über die I. ordentliche Mitgliederversammlung des Alumnatvereins in den Räumen der Loge „Zur Harmonie" in Chemnitz, Freitag, 2. Sept. 1910. o. O. [1910]. 2 Bl. 2º [Kopftit.]
Enth. die Satzungen des Alumnatvereins.

Protocoll zum Andenken an das Säcularfest der Loge Joseph zur Einigkeit in Nürnberg am 30. Juni 1861. [Leipzig 1861: Vollrath.] 4 Bl. 2º [Kopftit.]
Abgedr. in: FZ. 5 (1861) Beil. zu No 33, 34.
Rede von G. Arnold: Grundzüge eines Programms für das zukünftige Wirken der Loge.

Protocoll zum Andenken an das Säcularfest der Loge Joseph zur Einigkeit in Nürnberg am 30. Juni 1861. [Leipzig 1861: Vollrath.] 5 Bl. 4º. [Kopftit.]
W. 11832 gibt 4 Bl. an und 2º.

Protokoll, das, der deutschen Anwalt-Versammlung in Dresden am 27., 28. u. 29. Aug. 1848. [Abdr. aus der „Anwaltzeitung."] gr. 8. (23 S.) Darmstadt 849, Jonghaus. 1/6 Thlr

Protokoll des 1. allgem. schweizer. Arbeiterbundes zu Olten am 1., 2. und 3. Juni 1873. Hrsg. vom Bureau des Kongresses. 8º. Zürich, Druck der „Tagwacht", 1873.
— des 2. . . . zu Winterthur am 24., 25. und 26. Mai 1874. Nebst einem Bericht über den Züricher Rathhausspectakel. 8º. Ibid. 1874.
— des 3. . . . zu Basel am 16., 17. und 18. Mai 1875. 8º. Zürich, Volksbuchhdlg., 1875.

— des 4. . . . zu Bern am 4., 5., 6. und 7. Juni 1876. 8⁰. Ibid. 1876.

— des 5. . . . zu Neuenburg am 19., 20., 21. und 22. Mai 1877. 8⁰. Ibid. 1877.

— des 6. . . . zu St. Gallen am 31. Mai, 1., 2., 3. Juni 1879. 8⁰. Ibid. 1879.

— des 7. . . . zu Olten am 6., 7., 8. Nov. 1880. 8⁰. Zürich, Schweizer. Vereinsdr., 1880.

Protokoll des internationalen Arbeiterkongresses zu Brüssel. 1891.

Protokoll d. internationalen Arbeiter-Congresses zu Paris. Abgeh. v. 14. bis 20. Juli 1889. Deutsche Uebersetzung. Mit e. Vorwort v. Wilhelm Liebknecht. gr. 8. (V, 133 S.) Nürnberg 890. Berlin, Buchh. d. Vorwärts. n. — 25

Protokoll des internationalen sozialistischen Arbeiterkongresses in der Tonhalle Zürich vom 6. bis 12. Aug. 1893. Hrsg. vom Organisationskomitó. gr. 8. (VIII, 65 S.) Zürich 894. Buchh. d. Schweiz. Grütlivereins. n. — 50

Preußischer Vertretertag der Nationalliberalen Partei am 25. u. 26. April 1908 in Magdeburg. **Protokoll** auf Grund stenogr. Aufzeichnungen. Berlin: Nationallib. Partei (1908). (102 S.) 8° [F.] 08. 8638

Protokoll auf Grund stenographischer Aufzeichnungen über den 10. Allgemeinen Vertretertag der Nationalliberalen Partei am 5. und 6. Oktober 1907 in Wiesbaden. Berlin, [1907.] 152 S.

Protokoll des geschäftsführenden Ausschusses der Victoria-Stiftung [in Dahme]. Verhandelt zu Berlin im Bundeshause der Gr. National-Mutterloge „Zu den 3 Weltkugeln". [Berlin 1899: Stankiewicz, 1900: Denter & Nicolas.] 2⁰ [Kopftit.]

. . . am 18. April 1899. 9 S.
. . . am 24. März 1900. 6 Bl.

[Forts. u. d. Tit.:]
Geschäftsführender Ausschuss der Victoria-Stiftung. Verhandelt zu Berlin im Bundeshause der Gr. National-Mutterloge zu den drei Weltkugeln . . . [Berlin 1901 ff.: Denter & Nicolas.] 8⁰ 1901, 1903.] 2⁰ [Kopftit.]

. . . am 23. März 1901. 6 Bl.
. . . am 7. Mai 1902. 8 Bl.
. . . am 17. April 1903. 8 Bl.
. . . am 7. April 1904. 7 Bl.
. . . am 3. April 1905. 16 S.
. . . am 6. Febr. 1906. 18 S.
. . . am 3. April 1907. 18 S.
. . . am 23. Sept. 1907 [Berlin 1907: M. Krause]. 19 S.
. . . am 30. März 1908. 20 S.
. . . am 26. April 1909. 27 S.
. . . am 2. April 1910. 21 S.

Protokoll der Ausschußsitzung des Hauptverbandes deutscher gewerblicher Genossenschaften zu Berlin am 3. Dez. 1904. (Berlin: Hauptverband 1904.) (11 S.) 8° [Kopft. J.] 07. 3815

Protokoll 1900 der von der k. k. Landesregierung in Czernowitz abgehaltenen Auswanderungs-Konferenzen. Czernowitz: Verl. d. Landesregierung 1901.

Protokoll (Authentisches stenographisches) der am 26. Nov. 1893 in der Volkshalle des neuen Rathhauses in Wien stattgefundenen Versammlung von Handel- und Gewerbetreibenden gegen die Consumvereine. 8⁰. Wien 1893.

Protokoll des 1. österreichischen Bäckerarbeitertages in Wien. 8⁰. Wien 1891.

— des 2. österr.-ungar. Bäckertages in Wien vom 2.—4. April 1893. 8⁰. Wien 1893.

— des 3. österr.-ungar. Bäckertages in Wien vom 1.—3. Jänner 1898. 8⁰. Wien 1898.

Protokoll des 1. österreichischen Bauarbeiter-Kongresses, abgeh. in Wien, den 28. u. 29. Juni 1891. 8. (89 S.) Wien 891. (1. Wiener Volksbuchh., J. Brand.) n. — 30

Protokoll der Bauarbeiterschutz-Konferenz für Schlesien und Posen, am 22. Aug. 1909 im Gewerkschaftshaus zu Breslau. 8⁰. Breslau, O. Bachmann, 1909.

Protokoll über die am 19. Juli 5880 im Or. zu Kaiserslautern abgehaltene Beamten-Conferenz der Loge Barbarossa zur deutschen Treue. 1 Bl. 4⁰. [Kopftit.]

Protokoll über die politische Begehung, Enteignungs-Verhandlung u. Feststellung der feuersicheren Herstellungen, betreffend die Lokalbahn von der Station Feldkirchen nach Himmelberg. Klgft., v. Kleinmayr, 1908. Folio. 23 S.

Protokoll, aufgenommen am 20. Dezember 1910 über die politische Begehung u. Enteignungsverhandlung bezüglich des Taggenbrunn-Viaduktes bei Goggerwenig. Klgft., v. Kleinmayr, 1910. Folio. 6 S.

Protokoll über die politische Begehung u. Enteignungsverhandlung rücksichtlich der Tauernbahnstrecke vom *km* 39—74. (Klgft., Röschnar, 1905.) Folio. 45 S.

Protokoll über die politische Begehung bezüglich des Projektes für die Lokalbahn Weizelsdorf—Oberferlach. Klgft., Röschnar, 1906. Folio. 8 S.

Protokoll, aufgenommen anläßlich der politischen Begehung und Enteignungsverhandlungen, sowie der Verhandlungen über die feuersicheren Herstellungen der Lokalbahnen Hatna – Kimpolung. Czernowitz: Czopp 1886.

Protokoll, betreffend die politische Begehungs- u. Enteignungsverhandlung für die schmalspurige Lokalbahn Kühnsdorf—Eisenkappel. Klgft., Leon, 1897. Folio. 15 S.

(Protocoll. Protok' des ausserordentlichen Beitags, 1796, den 7ten–12. Juli; [mit] Beilagen. Gegeben, den 1./12. Juli. 1796 [durch]... Die Häupter und einige zugezogene Råthe gemeiner 3. Bûnden. an ausserordentlichem Beitag versammelt.) fol. *o. O.*

Protokoll über die Berathung des Rheincorrectionsprojektes (internationale Experten-Conferenz in Konstanz, Juni 1867). Bern 1867.

Protokoll über die im Mai 1900 zu Wien abgehaltene Berathung der Secretäre der Handels- und Gewerbekammern, betreffend die Modalitäten der Mitwirkung dieser Kammern bei der Durchführung der an die bevorstehende Volkszählung anzugliedernden allgemeinen Betriebszählung. Wien. 1900. Hof- und Staatsdruckerei. Gr.-8°. 55 S. K 1.—

Protocoll. Protok' der Beratung der Ständeratskommission über den Entwurf eines Bundesgesetzes über den Versicherungsvertrag. Montreux ... 16. bis 22. Oktober 1904 ([und] Zürich ... 8. bis 14. Januar 1905, [sowie] II. Session ... Bern ... 21. bis 25. Februar 1905. [Mit] Anhang: Eingabe[n]). 80 S. 4. [Bern,] O[tt] & B[olliger], III. [19]05.

— der im k. k. Ackerbau-Ministerium vom 12. bis incl. 16. Decbr. 1881 abgehaltenen commissionellen Berathungen in Angelegenheit der Einrichtungen des Wiener Schlachtviehmarktes. [Als Mscr. gedr.] gr. 4. (IV, 98 S.) Wien 882. (Hof- u. Staatsdruckerei.) n. 2. —

Protokoll der ... 1862 in Berlin abgehaltenen Berathungen über das Project einer Mitteleuropäischen Gradmessung. (Lith.)
—— —— 2. (gedruckte) Aufl. Berlin 1882. Betheiligt: Preussen. Oesterreich. Sachsen.

Protokoll der am 24., 25., 26. April 1862 in Berlin abgehaltenen vorläufigen Berathungen über das Projekt einer Mitteleuropäischen Gradmessung. Unveränderter Abdruck des ursprünglich lithographirten Protokolls. (Berlin 1862.) Berlin 1882. 4 S. 4°.

Protokoll über die im October 1898 in Triest abgehaltenen Berathungen der Secretäre der Handels- und Gewerbekammern der im Reichsrathe vertretenen Königreiche und Länder, betreffend die Gewerbecataster, den nächsten statistischen Quinquennalbericht dieser Kammern und die Genossenschaftsstatistik. Wien. 1899. Hof- und Staatsdruckerei. 4°. III, 122 S. fl. —.60

Protokoll über die Berathungen des Verwaltungsrathes der Pfälzischen Ludwigs Eisenbahngesellschaft. Speyer 14. Mai 1845. 4.

Protokoll des 2. Bergarbeiter-Delegiertentages für Preußen (einberufen von der Siebener-Kommission), abgehalten den 11. und 12. Februar 1906 zu Essen. Bochum, 1906. 113 S.

Protokoll des 1. Deutschen Berg- und Hüttenarbeiter-Kongresses, Dortmund 1898. Bochum, 1898. 47 S.

Protokoll des 1. und 7. Internationalen Bergarbeiter-Kongresses (1. Jolimont, 1890; 7. Aachen, 1896). o. O., 1890—1896.

Protokoll des internationalen Bergarbeiter-Congresses zu Aachen. Abgeh. vom 25.—28. Mai 1896. Mit einem Vorwort von Heinrich Möller-Weitmar. 8°. Bochum, Brangenberg, 1896.

Protokoll über die von der Handelskammer für die westliche Niederlausitz in Cottbus einberufene Besprechung, betr. die Bemängelung von Tuchwaren. Cottbus 1900.

Protokoll über die Besprechung der Grundlagen für eine einfache Waldbestandsrevision im Regentriftkomplexe, begreifend die Staatswaldungen der Forstämter Zwiesel-Ost, Zwiesel-West und Rabenstein. - Zwiesel 1904. 22 S.

Deutscher Apotheker-Verein. — PROTOCOLL über die am 21., 22. und 23. April 1879 zu Berlin ... stattgefundenen Besprechungen behufs Revision der Pharmacopoea Germanica (Ohne bes. Titelblatt. — Druck von Adler's Erben in Rostock.) fol

Protokoll der ordentlichen Bezirkssynode der Inspektion Hannover I. 1. Hannover 1910: Harzig & Möller. 8° [10. 18014

Protokoll der Bezirkssynode der Inspektion Hannover II. 1. Hannover 1910: Stephansstift. 8° [10. 18015

Protokoll der Bezirkssynode der Inspektion Hannover III. 1. Hannover 1910: Stephansstift. 8° [10. 18016

Protokoll der ... ordentlichen Bezirkssynode der Inspektion Linden. 1. Hannover 1910: Buchdr. d. Stephansstifts. 8° [10. 12956

Schweizerischer Brauereiarbeiter-Verband. Protokoll....

Protokoll über die am 18. November 1899 in Hannover stattgefundenen Brennversuche, betreffend »Feuersichere Ummantelungen eiserner Säulen« unter Anwendung der feuerbeständigen Sinter-Ummantelung »Feuertrotz« (D. R. P. Nr 103 180 u. 103 534 der Firma Rheinhold u. Co., Vereinigte Norddeutsche und Dessauer Kieselguhr-Gesellschaft) im Vergleich mit Rabitz- und Monier-Ummantelungen. Hannover (1899)

Protokoll der Internationalen Buchdrucker-Konferenz abgehalten am 14. und 15. April 1903 ... zu Strassburg i. Elsass = Procès-verbal de la Conférence typographique internationale tenue les 14 et 15 avril 1903 à ... Strasbourg ⟨Alsace⟩. 87 S. 8. Basel, Buchdr. des Schweiz. Typographenbundes, 1903.

S. 3—44 deutsch mit deutschem, S. 45—87 franz. mit franz. Zwischentitel.

Protokoll des 4. Internationalen Buchdrucker-Kongresses in Luzern vom 8. bis 10. August 1901. — Procès-verbal du 4e Congrès typographique international à Lucerne du 8 au 10 août 1901. II + 103 S. 8. Basel, Buchdr. des Schweiz. Typographenbundes, 1901.

S. 1—52 deutsch mit deutschem Titelblatt; S. 53—103 franz. mit franz. Titelblatt: ... Bâle, Impr. de la Soc. typographique de la Suisse allemande, 1901.

Protokoll des außerordentlichen Bundestages der technisch-industriellen Beamten am 15. u. 16. August 1908 in Berlin. Als Ms. gedr. Berlin: Bund d. techn.-industr. Beamten 1908. 156 S. 8°
[Umschlagt.:] Bericht über d. außerordentl. Bundestag ...
(Schriften d. Bundes d. techn.-industr. Beamten. Nr. 13.)

Protokoll der am 13. Dec. 1834 von der Gr. Landes-Loge von Sachsen im Vereine mit den gesammten unter ihrer Leitung arbeitenden g. u. v. St. Joh. □ □ gehaltenen Bundes-Trauerloge. Hs. f. Frmr. Dresden [1834]: Rösch. 64 S. 8° [Umschlagtit.]
Kl. 1480. Rede von A. v. Nostitz u. Jänckendorf: Üb. den geschichtl. Ursprung der mrischen Trauerlogen u. Zweck u. Bedeutung dieser Feier.

Protokoll der 7. Bezirkssynode Celle 1881. gr. 8. (31 S.) Celle 882. (Schulze'sche Buchh.) n. — 30

— der 8. Bezirkssynode Celle 1883. gr. 8. (23 S.) Celle 884. (Schulze'sche Buchh.) — 30

Protokoll der 10. Bezirkssynode Celle 1887. 8. (25 S.) Celle 888. (Hannover und Celle, Schulbuchhandlung.)

Zusammenkunft der vier Logen des Kantons Bern am 9. Okt. 1898 im Or.·. von Bern. Protokoll der Delegiertenkonferenz. Bern 1898: Michel & Büchler. 15 S. 8° [Umschlagtit.]
Die Konferenz beriet üb. die Frage: In welcher Weise kann u. soll die Fürsorge für die Hinterlassenen verstorbener Brr verbessert werden? Wie können die Zusammenkünfte der Berner Logen fruchtbringender gestaltet werden?

Protokoll der am 13. und 14. September 1894 in Frankfurt a. M. abgehaltenen Delegirten-Versammlung der photographischen Fachvereine Deutschlands und Oesterreichs. Wien und Leipzig 1895

Eidgenössischer Unteroffiziersverein = Société fédérale des sous-officiers. Zentralfest in Bern 11., 12. und 13. Juli 1903. (Protokoll der Delegiertenversammlung ... [und] ... der Generalversammlung..., [nebst] Verzeichnis der Delegierten = Procès-verbal... .) 15 S. 4.

-- der Delegierten-Versammlung d. schweizer. Grütlivereins. kl. 8. Zürich, (Buchh. d. schweiz. Grütlivereins).

à — 30

1908. Samstag den 18. VII. im Kantonsratssaal in Zürich. (64 S.) (908.)

1909. Samstag den 23. X., vormittags 8 Uhr in der „Linde" in Baden. (59 S.) 909.

— der 30. Delegierten- u. Ingenieur-Versammlung des international. Verbandes der Dampfkessel-Ueberwachungs-Vereine zu Graz am 27. u. 28. VI. 1901. gr. 8. (IV, 137 u. X S. m. Abbildgn.) Barmen 901. (Berlin, Polytechn. Buchh. A. Seydel.) n. 3. —

— der 31. Delegierten- u. Ingenieur-Versammlung des internationalen Verbandes d. Dampfkessel-Ueberwachungs-Vereine zu Zürich am 7. u. 8. VII. 1902. (IV, 198 u. XIII S. m. Abbildgn. u. 5 Taf.) gr. 8. Barmen (903). (Berlin, Polytechn. Buchh. A. Seydel. n. 3. --

— dasselbe, der 32. bis 35. Delegierten- u. Ingenieur-Versammlung. gr. 8. (Hamburg, Boysen & Maasch.) n. 12. —

32. Zu Stockholm am 12. u. 13. VI. 1903. (IV, 164, III, 12 u. 12 S.) Barmen (903). n. 3. —
33. Zu Barmen-Elberfeld am 27. u. 28. VII. 1904. (IV, 295 u. III S. m. Abbildgn., 11 Taf. u. 2 Tab.) Wien (905). n. 4. —
34. (ausserordentliche) Zu Amsterdam am 17. u. 18. II. 1905. (136, 21 u 21 S. m. Abbildgn.) Wien (905). 2. —
35. Zu Cassel am 23. u. 24. VI. 1905. (III, 240 u. III S. m. Abbildgn., 3 Taf. u. 1 Tab.) Wien (906). n. 3. —

-- der 36.—39. Delegierten- u. Ingenieur-Versammlung des internationalen Verbandes der Dampfkessel-Überwachungs-Vereine. gr. 8. (Hamburg, Boysen & Maasch.) 18. --

36. Zu Mailand am 17., 18. u. 19. IX. 1906. (III, 179 u. III S. m. Abbildgn. u. 1 Tab.) (906.) 3. —
37. Zu Danzig am 26. u. 27. VI. 1907. (III, 164 u. V S. m. Abbildgn.) (907.) 3. —
38. Zu Wiesbaden am 8. u. 9. IX. 1908. (IV, 275 S. m. Abbildgn. u. 15 Taf.) Hannover (908). 5. --
39. Zu Lille vom 24.—27. VI. 1909. (III, 453 S. m. Abbildgn. u. 13 Taf.) Hannover (910). 7. --

Protokoll der 7. Delegiertenversammlung des Verbandes schweizerischer Konsumvereine in Solothurn, den 19. u. 20. Juni 1897. Solothurn 1897.

Protokoll der 20. ordentlichen Delegiertenversammlung des Verbandes schweizer. Konsumvereine, abgeh. d. 12. u. 13. Juni 1909 in Zürich. 8⁰. Zürich, Schweiz. Konsumverein, 1909.

Protokoll der 21. ordentlichen Delegiertenversammlung des Verbandes schweizer. Konsumvereine, abgehalten den 28. Mai 1910 in Lugano. Beilage z. Schweizer. Konsumverein, Nr. 27, 1910. 4⁰.

Schweizer. Genossenschaftsbund. Protokoll der Delegiertenversammlung schweizerischer Wirtschaftsgenossenschaften in Zürich 1896. Nebst Anh.: Schlaglichter auf die Besteuerung. Basel 1898.

Protocoll. Protokoll der Diözesan-Konferenz des Bistums Basel, abgehalten zu Solothurn.... 8. Solothurn, Zepfel.

... abg' zu S' den 3. und 4. Juli 1906, insbesondere zur Mitwirkung bei der Bischofswahl. 55 S. 1906.

... abg' zu S' den 30. September 1906, insbesondere zur Beeidigung des neugewählten Bischofs. 34 S. [1906.]

(*Zuletzt vorangegangen ist* die Diöz'-Konf' vom 26. November 1896.)

Protokoll des am 28., 29. und 30. Oktober 1856 in der k. k. Freistadt Trentschin abgehaltenen Distriktual-Konventes der evangel. Superintendenz A. C. diesseits der Donau. Preßburg, 1856. Schnellpressendruck von Alois Schreiber. (17 S. 4.)

Protocoll. betreffend die Einführung der gemeinsamen Regierung der Herzogthümer Schleswig-Holstein. Gottorff, den 22. October 1848. Schleswig. 1848. 2 Bl. 4⁰.

Protokoll der Einsetzung und Verhandlungen der Sitzung des Ordens der Hermanns-Söhne: no. 1, 1907.

Organ of Orden der Hermanns-Söhne. Published by the Gross-Loge Florida & Georgia. 12 mo. Jacksonville, FL

— über die Einvernahme ärztlicher Auskunftspersonen betr. die Reform u. den Ausbau der Arbeiterversicherung. Durchgeführt in der VI. Sitzg. des vom ständ. Arbeitsbeirate eingesetzt. Arbeiterversicherungs-Ausschusses. (Hrsg. im arbeitsstatist. Amt im k. k. Handelsministerium.) (104 S.) Lex.-8. Wien 906. A. Hölder. n. 1. 80

Protokoll der Elbschifffahrts-Besprechungen von Delegirten der betheiligten Handelsvorstände und Schifffahrts-Gesellschaften am 28. und 29. Oct. 1864, betreffend Verbesserung der Fahrbahn der Elbe, Strompolizei u. a. (Als Ms. gedr.) Hamburg Fol. . . . .

Protokoll über die Enquete betr. die Arbeitszeit im Bäckergewerbe, abgehalten am 14., 15. u. 16. Juni 1910. Hrsg. vom k. k. arbeitsstatistischen Amt. — Nebst: Statistische Daten über die Bäcker Oesterreichs und Vorschriften für Bäckereien in Oesterreich, Deutschland, Italien, Schweiz, England, Dänemark, Norwegen und Finnland. Zusammengestellt vom k. k. arbeitsstatistischen Amte im Handelsministerium. Lex.-8⁰. Wien, A. Hölder, 1910.

Protokoll der am 23. Okt. 1899 abgehaltenen Enquête für die Hilfsaktion im Interesse der notleidenden Hausweber in Mähren. 8⁰. Brünn, W. Burkart's Buchdr., 1900.

— der Enquête üb. Personalkredit u. Wucher. Vorsitzender: Karl v. Pelser-Fürnberg. (Mitteilungen der kulturpolit. Gesellschaft in Wien.) (29, 20, 24, 26, 23, 31, 22, 28 u. 20 S.) gr. 8. Wien 904. (M. Perles.) n. 9. —

-- über die Enquete, betr. die Sozialversicherung der Seeleute, abgeh. in Triest in der Zeit v. 11. - 13. X. 1909. (XXXVII, 161 S.) Lex. 8. Wien 910. A. Hölder. 1. 80

Protocoll der Entomologen-Versammlung zu Dresden, vom 22.—24. Mai 1858. s. l. & a. 8⁰.

„Protokoll, den Entwurf einer Wechselordnung betreffend", Berlin 1845. — Vorh.: Bibl. des Reichsbankdirektoriums Berlin.

Protokoll der von der Gr. Landes-Loge von Sachsen im Vereine mit den g. u. v. St. Joh. □□ Dresdner Orients am 4. April 1833 gehaltenen brüderlichen Erinnerungsfeier. Hs. f. Frmr. Dresden 1833: Gärtner. 72 S. 8⁰ [Umschlagtit.]
Kl. 1478c. Bericht üb. die Trauerloge.

Seyffert, Ernst Wilh.: **Protokoll** der von der Grossen Landes-Loge von Sachsen im Vereine mit den g. u. v. St. Joh. □ □ Dresdner Orients am 4. April 1833 gehaltenen brüderlichen Erinnerungsfeier. Hs. f. Frmr. Dresden 1833: Gärtner 72 S. 8⁰ [Umschlagtit.]
Enth. den Bericht üb. eine Trauerfeier für E. W. Seyffert, mit Angabe der dabei gesprochenen Gedichte u. Reden.

— üb. die Expertise, betr. das Arbeitsverhältnis der Automobilführer, abgeh. am 2. u. 3. XII. 1909 im k. k. Handelsministerium. Hrsg. v. k. k. arbeitsstatist. Amt im Handelsministerium. (VIII, 112 S.) Lex. 8. Wien 910. A. Hölder. 1. 80

Ludwig I., Grossherzog von Hessen: **Protokoll** der Feier-Loge, gehalten am 14ten Tag des 4ten Mths. d.·. w.·. L.·. 5817 dem hohen Geburtstage unseres Allerdurchlauchtigsten Landesvaters und Hochw.·. O.·. B.·. Grossherzogs von Hessen und bei Rhein Ludewig. Mainz [1817]: v. Zabern. 45 S. 8⁰
Abgedr. in: Razen, F. J.: Mrischer Blüthenkranz. 3 (1830) S. 3—42; 2. Aufl. 1841.

Protokoll der am Sonntag den 21. März 1886 im Or. Darmstadt abgehaltenen Festarbeit der Gr. Freimaurerloge „Zur Eintracht" Darmstadt 1886: Herbert. 20 S. 8⁰ [Umschlagtit.]
(Protokoll d. ordentl. Versamml. d. Gr. Frmrl. „Zur Eintracht", Darmstadt. 98.)
Bericht üb. die Feier des 90. Geburtstages Kaiser Wilhelm I. u. des 40jähr. Bestehens der Grloge.

Protokoll der Fest-Tafel, anlässlich des Johannistages am 24. Juni 1896 im „Hotel Casino" in Marienbad. [Marienbad 1896.] 4 S. 4⁰ [Kopftit.]
In Versen. Nebst Trinkspruch, ebenfalls in gebundener Rede.

Protokoll über die akademische Forstreise (der Akademie Tharand) in den Harz im Jahre 1864. - Dresden 1864. 76 S.

Protocoll, Geheimes, welches 1575 auf dem Churfürstl. Collegial-Tage zu Regensburg, bey damahlig vorgewesener Königswahl Rudolphi II. gehalten worden . . . O. O. 1711. V: *Weber, Immanuel.* (stri)

Protokoll der ersten General-Synode der Deutsch Reformirten Kirche in Nord Amerika . . .; *seit 1866:* Verhandlungen . . . Kirche in den Vereinigten Staaten Nord-Amerikas . . .; *seit 1869:* . . . der Reformirten Kirche in den Vereinigten Staaten . . . *Alle drei Jahre 1863ff.*

Protokoll der ersten General-Synode der Deutsch Reformirten Kirche in Nord-Amerika, gehalten in der Gnaden-Kirche in Pittsburg, Pa., von Mittwoch den 18. Oct. bis zum Mittwoch den 25. Oct. 1863. *[Statt Oktober müßte November stehen, vgl. S. 3.] Amtlicher Deutscher Abdruck. Cleveland, O.: Druckerei des Evangelist. 1863. pp. 24.*

Protokoll der General Synode der Ev. Luth. Kirche in den V. Staaten.
Gedruckt bey J. Schnee.
MoSCHi has copies.
Lancaster, PA

Protokoll der am 8. Mai 1853 abgehaltenen 19ten Generalversammlung der Aktionäre der ersten ungarischen Preßburg-Tyrnauer-Eisenbahn. 4. (16 S.) Sine loci et anni typ. indic.

Protokoll der am 23. Mai 1854 abgehaltenen zwanzigsten General-Versammlung der Aktionäre der ersten ungarischen Preßburg-Tyrnauer Eisenbahn. 4. (38 S.) Preßburg. Schnellpressendruck von C. F. Wigand.

Protokoll der am 10. September 1854 abgehaltenen außerordentlichen General-Versammlung der Aktionäre der ersten ungarischen Preßburg-Tyrnauer Eisenbahn. 4. (10 S.) Preßburg. Schnellpressendruck von C. F. Wigand.

Protocoll der . . . General-Versammlung der Actionäre der Altona-Kieler Eisenbahn-Gesellschaft.
4. 1844: 11.—12. 1850; 25.—27. 1858—59: 35. 1866: 50. 1877. Altona. 1844—77. 4⁰.

Protocoll der . . . General-Versammlung der Actionaire der Altona-Kieler Eisenbahn-Gesellschaft
der 13., 18.—20., 22., 23., 39. 1851, 53, 54, 56, 57, 68. Altona 1851, 53, 54, 56, 57, 68.
Bei: Statut der Altona-Kieler Eisenbahn-Gesellschaft. Altona 1843. 4⁰.

Protokoll der am 20. Juli 1856 abgehaltenen regelmäßigen Generalversammlung der Aktionäre der k. k. privil. Preßburger Mühlthal-Gesellschaft. Preßburg, 1856. Schnellpressendruck von Alois Schreiber. (7 S. 4.)

Protokoll der am 20. Februar 1853 abgehaltenen Generalversammlung der Aktionäre der Preßburger Sparkassa. 4. (7 Bl.) Preßburg, Dr. von C. F. Wigand, 1853.

Protokoll der am 26. Februar 1854 abgehaltenen General Versammlung der Aktionäre der Preßburger Sparkasse. 4. (7 Blätter.) Schnellpressendruck von C. F. Wigand.

Protokoll der am 25. Februar 1855 abgehaltenen General-Versammlung der Aktionäre der Preßburger Sparkasse. Preßburg. Schnellpressendruck von C. F. Wigand. (7 Bl. 4.)

Protokoll der am 24. Februar 1856 abgehaltenen Generalversammlung der Aktionäre der Preßburger Sparkassa. Schnellpressendruck von C. F. Wigand in Preßburg. (7 Bl. 4.)

Protokoll der am 23. Februar 1856 in Gegenwart des k. k. landesfürstlichen Kommissärs, Herrn k. k. Ministerial-Sekretär Alois Moser abgehaltenen dritten ordentlichen Generalversammlung der stimmfähigen Aktionäre der niederösterr. Eskompte-Gesellschaft. Wien. Druck von L. C. Zamarski. (14 S. 4.)

Protokoll der am 21. Februar 1857 in Gegenwart des k. k. landesfürstl. Kommissärs, Herrn k. k. Ministerial-Sekretärs Alois Moser abgehaltenen vierten ordentlichen Generalversammlung der stimmfähigen Aktionäre der n. ö. Eskomte-Gesellschaft. Wien, bei L. C. Zamarski. (16 S. 4.)

Protokoll der Generalversammlung des Allgem. Deutschen Arbeiter-Vereins zu *Berlin*, vom 5. Jan. 1870 ab. 8°. 52 S. Cart.

Protokoll der Generalversammlung des Allgem. deutschen Arbeitervereins zu Berlin vom 19.—25. Mai 1871. 8°. Berlin 1871.

— vom 22.—25. Mai 1872. 8°. Berlin, Druck von C. Ihring, s. a.

— vom 18.—24. Mai 1873. 8°. Berlin, Druck von C. Ihring, s. a.

Protocoll der . . Generalversammlung der Rendsburg-Neumünsterschen Eisenbahn-Gesellschaft nebst den Berichten der Gesellschaftsbehörden. Der 2te. Rendsburg. 1846. 4°.

Zürcher Feuerbestattungsverein. Generalversammlung vom 18. April 1902. (Protokoll. — Separatabdruck aus der Neuen Zürcher Zeitung.) 8 S. 8. [Zürich, Druckerei der Neuen Zürcher Zeitung.]

Protokoll der General-Versammlung des Frauen-Vereines zur Erziehung verwaister mittelloser Töchter k. k. Officiere. Abgehalten in Oedenburg am 16. April 1857. Nebst Rechenschafts-Bericht für das Jahr 1856. 4. Wien 1857.

Protokoll der XIV. Generalversammlung der Gesellschaft ehemaliger Polytechniker am 8. October 1882 im Grossrathsaale in Bellinzona. In-8°, 20 S. Zürich, Schiller & Cie.
*** Bildet das XXIV. Bulletin der Gesellschaft ehemaliger Polytechniker, Sept. 1883.

Protokoll über die Generalversammlung der Gewerkschaft der Schuhmacher, abgeh. zu Cassel vom 5.—8. Juni 1876. 8°. Augsburg, Genoss.-Buchdr., 1876.

— der 2. Generalversammlung d. deutschen Hugenotten-Vereins vom 11.—13. Oktbr. 1892 zu Berlin. [Aus: „Die französ. Colonie".] Lex.-8. (16 S.) Berlin 893. (E. S. Mittler & Sohn.) n. — 60

— dasselbe der 3. Generalversammlg. vom 23.—25. Septbr. 1894 zu Maulbronn. [Aus: „Die französ. Colonie".] 4. (8 S.) Ebd. 894. n. — 40

Zentralverband der Kranken-Unterstützungs-Vereine der schweiz. Stickerei-Industrie. Protokoll über die Generalversammlung, abgehalten... 2. Juni 1901... in Rorschach ([und] Jahresbericht des Zentralpräsidenten [pro] 1900). 11 S. kl.-4.

Protokoll der am 25. Juli 1852 abgehaltenen regelmäßigen General-Versammlung der Preßburger Mühlthal-Actionäre. 4. (10 S.) Preßburg. Druck von C. F. Wigand.

Protokoll der am 24. Juli 1853 abgehaltenen regelmäßigen General-Versammlung der Preßburger Mühlthal-Aktionäre. 4. (4 Blätter.) Preßburg. Druck von C. F. Wigand.

Protokoll der am 30. Juli 1854 abgehaltenen regelmäßigen General-Versammlung der Preßburger Mühlthal-Aktionäre. 4. (14 S.) Preßburg. Schnellpressendruck von C. F. Wigand.

Protokoll der am 15. Juli 1855 abgehaltenen regelmäßigen Generalversammlung der Preßburger Mühlthal-Aktionäre. Preßburg, 1855. Druck von Alois Schreiber. (7 S. 4.)

— für die 20. ordentliche General-Versammlung des Vereins deutscher Fabriken feuerfester Produkte, Mittwoch, den 21. II. 1900, im Saale B des Architektenhauses zu Berlin. (57 S.) gr. 8. Berlin 900. Tonindustrie-Zeitg. 3. —
Fortsetzung, s.: Bericht.

Protokoll für die ordentliche Generalversammlung des Vereins deutscher Fabriken feuerfester Produkte Berlin 1901-1914.

Protokoll der ordentlichen Generalversammlung der Aktionäre der Bank für Handel und Industrie in Darmstadt 1861 u 62. 4° Darmstadt 1861; 62

Protokoll der II. u. III. ordentlichen Generalversammlg. des deutschen Arbeiter-Abstinenten-Bundes, nebst Bericht an die Delegierten. 8. Berlin, Deutscher Arbeiter-Abstinenten-Bund. — 95
II. Stattgefunden in Hamburg (Gewerkschaftshaus) Pfingsten 1907. (64 S.) (907.) — 25
III. Stattgefunden in Hannover-Linden (Lindenhof) Pfingsten 1909. (88 S.) (909.) — 70

Protokoll der ordentlichen Generalversammlung des Deutschen Metallarbeiter Verbandes. Hamburg: Expedition u. a. 1891–1932. 8°

Protokoll über die Generalversammlung des Provinzialvereins vom Roten Kreuz für Ostpreußen am 10. Februar 1907. Königsberg i. Pr. 1907: Ostpr. Dr. (40 S.) 8° [F.] [07. 7407 10

Protokoll der Generalversammlung des Schleswig-Holsteinischen Provinzialvereins zur Bekämpfung des Mißbrauchs geistiger Getränke. Kiel. 1895. 8°

Alice-Frauenverein f. d. Krankenpflege i. Großherzogt. Hessen. Protokoll üb. d. Generalversammlg am 12. 3. 1872 nebst Rechenschaftsbericht üb. d. Tätigk. v. 1869—71. Darmst. 1872.

Protokoll der Generalversammlung am 12. März 1857, sammt dem Rechenschaftsberichte der Central-Direktion des Vereines für das in Hall in Oberösterreich befindliche Elisabeth-Kinder-Hospital und einem Vorworte. Mechitharisten-Buchdruckerei in Wien. (16 S. 4.)

Schweizerischer Städteverband. Protokoll der Generalversammlung,... 28. September 1901 ... in Bern. 38 S. 8. (Bern, W. Wälchli.)

Schweizerischer Städteverband. Protokoll der Generalversammlung, ... 27. September 1902 ... im Schlosse Neuenburg. 39 S. 8. (Neuenburg, Paul Attinger.)

PROTOCOLL DER 4. GENERAL-VERSAMMLUNG des Thüringerwald-Vereins zu Waltershausen, am 4. und 5. August 1883. (Ohne bes. Titelblatt. Buchdruckerei der »Eisenacher Tagespost«.) 4⁰.

Protokoll der 16. u. 17. Generalversammlung des Verbandes der Bergarbeiter Deutschlands. Bochum, 1905—1907.
16. Berlin. 10.–15. Juni 1905. 1905. 428 S.
17. Dortmund. 5.–9. Mai 1907. 1907. 418 S.

— der III. General-Versammlung des Verbandes der Klempner (Spängler) u. verwandten Berufsgenossen. Abgehalten zu *Hannover*, vom 4.–7. Juni 1876. Hamburg 1876. Gr. 8⁰. 31 S. Cart.

Protokoll über die 2. Generalversammlung d. schweiz. Vereins für freies Christenthum 1874. 32 Stn. 8. Zürich, J. Herzog.

Protokoll über die fünfte Generalversammlung des Vereins für freies Christenthum (24. u. 25. Mai 1880) in Bern. In-8⁰, 56 S. Bern, Druck von E. W. Krebs. 1881.

Schweiz. Verein für freies Christentum. Protokoll über die 15. Generalversammlung 26. und 27. Mai 1902 in Zürich, samt Präsidialbericht (vom 29. Mai 1899 bis 25. Mai 1902) und Jahres-Rechnungen (über die Jahre 1899/1901). 48 S. 8. Zürich-Selnau, Gebr. Leemann & Co., 1902.

Protokoll der Generalversammlung des Vereins Kurhessischer Thierärzte.

PROTOKOLL DER ... VERSAMMLUNG KURHESSISCHER THIERÄRZTE.
I., am 5. September 1864 zu Treysa. (Ohne bes. Titelblatt.) 8⁰.

PROTOKOLL, auch: PROTOCOLL DER ... GENERAL-VERSAMMLUNG auch: GENERALVERSAMMLUNG DES VEREINS KURHESSISCHER THIERÄRZTE.
II., abgehalten zu Cassel am 17. Juli 1865. (Ohne bes. Titelblatt.) 8⁰.
III., abgehalten zu Cassel am 18. Februar 1867. (Ohne bes. Titelblatt.)
IV., abgehalten zu Cassel am 29. April 1868. (Ohne bes. Titelblatt.)
V., abgehalten zu Cassel am 16. August 1869. (Nebst) Anlage zu dem Protokolle der V. Generalversammlung ... (Ohne bes. Titelblatt.)
VI., abgehalten zu Marburg am 4. September 1871. (Ohne bes. Titelblatt.)
VII., abgehalten zu Cassel am 3. Juli 1872. (Ohne bes. Titelblatt.)
VIII., abgehalten zu Cassel am 6. September 1873. Niedergeschrieben von ... H. KAISER. s. l. & a.
IX., abgehalten zu Cassel am 5. September 1874. (Ohne bes. Titelblatt.)
X., abgehalten zu Cassel am 4. August 1875. (Ohne bes. Titelblatt.)
XI., abgehalten zu Cassel am 4. Mai 1877. (Ohne bes. Titelblatt.)
XII., abgehalten zu Cassel am 24. Juli 1878. (Ohne bes. Titelblatt.)
XIII., abgehalten zu Cassel am 27. August 1879. (Ohne bes. Titelblatt.)
XIV., abgehalten zu Cassel am 11. August 1880. (Ohne bes. Titelblatt.)
XV., abgehalten zu Cassel am 17. August 1881. (Ohne bes. Titelblatt.)
XVI., abgehalten zu Cassel am 9. August 1882. (Ohne bes. Titelblatt.)
XVII., abgehalten zu Cassel am 5 September 1883. (Ohne bes. Titelblatt.)

PROTOKOLL DER ... GENERAL-VERSAMMLUNG DES VEREINS KURHESSISCHER THIERÄRZTE.
XVIII. General-Versammlung ... abgehalten zu Cassel am 13. September 1884. (Ohne bes. Titelblatt. — Marburg. C. L. Pfeil'sche Univ.-Buchdruckerei.) 8⁰.
XIX. General-Versammlung ... abgehalten zu Cassel am 9. September 1885. (Ohne bes. Titelblatt. — ib. —)*)

Protocoll der Generalversammlung des Vereins deutscher Cement-fabrikanten. (Sep.-Abdr. a. d. Notizblatt d. deutschen Vereins für Fabrikation von Ziegeln, Thonwaaren, Kalk u. Cement.) Freiberg 1878. 8⁰. brosch. (68 S.)

Protokoll der zu Igló am 25. und 26. Juni 1857 abgehaltenen Generalversammlung der Oberungarischen Waldbürgerschaft des Schmöllnitzer Distrikts. Kaschau, 1857. Dr. von E. Werfer. (18 S. 4. Mit 3 Tabellen.)

Protokoll des 2.Genossenschaftskongresses u.d.T.: Jahresbericht von Vorstand und leitendem Ausschuss des schweizer. Genossenschaftsbundes für 1900.

Protokoll des 3.Genossenschaftskongresses, Zürich 1901. Zürich, Basel: Verband schweiz. Konsumvereine 1903.

— dasselbe. 4. ordentl. Gesammtverbands-Versammlung zu Berlin am 6. Mai 1896. gr. 8. (64 S.) Ebd. 896. n. — 75

— d. 8. ordentl. Gesammtverbands-Versammlg. des Verbandes deutscher Verpflegungsstationen (Wanderarbeitsstätten) zu Berlin am 5. März 1895. gr. 8. (51 S.) Bielefeld 895. Buchhandlg d. Anstalt Bethel. n. — 75

— dasselbe. 5. ordentl. Gesammtverbands-Versammlg. zu Berlin am 17. III. 1897. gr. 8. (55 S.) Ebd. 897. n. — 75

— d. kathol. südösterr. Gewerbe- u. Arbeitertages am 8., 9. u. 10. VIII. 1897 in Salzburg. Hrsg. vom vorbereit. Localcomité. 8. (168 S.) Salzburg 897. (A. Pustet.) n.n. 1. 10

Protokoll Gremium chirurgischen

Protokoll zum löbl.chirurgischen Gremium (in der l(andes)f(ürstlichen) Stadt Bruck an der Leytha). (Handschriften.)

(Bruck an der Leytha): 1803 - 1846
Bd 1: Verordnungen, 1803 - 1827
Bd 2: Namenverzeichnis der Herren Mitglieder... 1803 - 1846

Protokoll Gremium chirurgischen
Protokol des chirurgischen Gremii in der Kreisstadt Korneuburg. Ohne Seitenzählung, gbd. (Handschrift.)

Korneuburg: 1802 - 1889

Protokoll der Grossloge des Freimaurer-Bundes zur Eintracht No 55ff. [Darmstadt 1866]ff. 2⁰ u. 8⁰

Protokoll vom Grosslogentag [der Symbol. Grossloge des Schott. Ritus in Deutschland] in Hamburg am 31. Juli und 1. August 1909. o. O. [1919]. 15 S. 8⁰. [Kopftit.]

Protocoll des (3. u. 4.) Grossmeistertags Hamburg. 7. Juni 1870. Fol. 4 S. lithogr. Annahme der allgem. maur. Grundsätze. Frankfurt a M., 28. Mai 1871. Fol. 3 S.

Protokoll der 16.—21. ordentlichen Grossversammlung der symbolischen Grossloge von Ungarn. (Übers. aus d. Ungar.) Budapest 1901—1906: Markus. 4⁰ [Umschlagtit.]
16. am 24. und 25. März 1901. 28 S.
17. am 22. und 23. März 1902. 29 S.
18. am 28. und 29. März 1903. 31 S.
19. am 26. und 27. März 1904. 14 S.
°20.
21. am 7. und 8. April 1906. 26 S.
22. am 23. und 24. März 1907. 39 S.
23. am 28. und 29. März 1908. 19 S.

Schweizerischer Verein für freies Christentum.
Protokoll über die Gründungsversamml.
Frauenfeld: Huber 1871. 19 S. 8⁰

— des 1. Handwerkertages der Prov. Hannover zu Goslar am Harz. [Nach stenograph. Niederschrift.] gr. 8. (20 S.) Goslar 882. Meyer's Verl. — 30

Protokoll Haupt-Gremium Oberhollabrunner
Prothokoll des Oberhollabrunner Chirurgischen Haupt Gremium in V(iertel) U(nter dem) M(anharts-) B(erge). Verfaßt nach tabellarischen Inhalt auf Anordnung des Herrn Johann Franz Schöberl Landgrichts Chirurgo und Obervorsteher zu Leobersdorf. Ohne Seitenzählung, gbd. (Handschrift.)

(Oberhollabrunn): 1791 - 1861 (?)

PROTOKOLL später: PROTOCOLL ÜBER DIE ... HAUPTVERSAMMLUNG CASSELER GEOMETER-VEREINS.
1. am 30. Juni 1878. (Ohne bes. Titelblatt.) 8⁰.
2. am 6. Juli 1879. Cassel, Druck von C. Richartz.
3. am 4. Juli 1880. ib. —

Casseler Geometer-Verein. — PROTOKOLL ÜBER DIE 6. HAUPTVERSAMMLUNG am 29. Juli 1883. Cassel, Druck von C. Richartz. 8⁰.

Casseler Geometer-Verein. — PROTOKOLL ÜBER DIE 7. HAUPTVERSAMMLUNG am 27. Juli 1884. (Ohne bes. Titelblatt. Druck von C. Richartz in Cassel.) 8⁰.

PROTOKOLL ÜBER DIE 8. HAUPTVERSAMMLUNG DES CASSELER GEOMETER-VEREINS am 19. Juli 1885. Cassel, 1885. Druck von C. Richartz. 8⁰.

Protokoll über die am 22. Mai 1881 abgehaltene Hauptversammlung des Ost- und Westpreussischen Geometer-Vereins. Königsberg i. Pr. 1881. Druck von Emil Rautenberg. 8⁰.

Protokoll über die am 12ten August 1883 abgehaltenen Haupt-Versammlung des Ost- und Westpreussischen Geometer-Vereins. (Ohne bes. Titelblatt. Königsberg im September 1883. Autographirt.) fol.

PROTOKOLL DER HAUPTVERSAMMLUNG der naturforschenden Gesellschaft zu Görlitz. 1843—1848. (Ohne bes. Titelblatt.) 8⁰.

Protokoll der ... Hauptversammlung des Plenum des Preisrichter-Personals der Altonaer Industrie-Ausstellung 1869, am ... o. O. 1869. 8⁰ [Kopft.].
2. 1. Sept. 1869. 3. 20. Sept. 1869.

Protokoll der Hauptversammlung des akademischen Schutzvereins. Als Ms. gedr. 1. (*Leipzig 1903.*) 8° [F.]
= Schutzverein, Akademischer. No 2. (04. 3384 9

VEREIN DER INDUSTRIELLEN POMMERNS UND DER BENACHBARTEN GEBIETE. Stettin, den 7. März 1906. PROTOKOLL der am 26. Februar 1906 .... zu Stettin abgehaltenen Hauptversammlung des „Vereins der Industriellen Pommerns und der benachbarten Gebiete". (Stettin 1906.) (Ohne bes. Titelbl.) fol.

Verhandlungen des Vereins der Kalksandsteinfabriken (2 ff.: Verein d. Kalksandsteinfabriken. **Protokoll** d. Hauptversammlung.). [1.] In d. Sitzung 1900. Berlin: Thonindustrie-Zeitung 1901. 8° (08. 4340

-- der II.—VI. Hauptversammlung des Vereins der Kalksandsteinfabriken. 8. Berlin, Tonindustr.-Zeitg. à 3. —
II. Freitag, den 23. II., vormittags 10 Uhr im Architektenhause zu Berlin. (116 S.) 902.
III. Am 19. u. 20. II. 1903 im Architektenhause zu Berlin. (111 S. m. Abb. u. 1 Tab.) 903.
IV. Am Donnerstag den 18. II. 1904 im Hôtel Krebs zu Berlin. (86 S.) 904.
V. Am Donnerstag den 16. II. 1905 im Saale A des Architektenhauses zu Berlin. (107 S. m. Abb.) 905.
VI. Am Dienstag den 13. II. 1906 im Saale A des Architektenhauses zu Berlin. (127 S. m. Abb.) 906.
Fortsetzung s. T.: Bericht.

Protokoll, betreffend Herstellung des zweiten Gleises in der Teilstrecke Kärntner Landesgrenze bis zur Station Treibach-Althofen der Staatsbahnlinie Amstetten—Pontafel. Klgft., v. Kleinmayr, 1909. Folio. 16 S.

Protocoll. Geschehen Hildesheim den 17. April 1867 im Conferenzsaale der Loge „Pforte zum Tempel des Lichts". Fol. 4 S. u. 3 Bl. Anlagen.

Protokoll der Jahres-Konvention des National-Verband der Brauer der Vereinigten Staaten: 1 14?, 1886 1903?
Annual report of the Union.
Cincinnati, OH

Deutsch-Amerikanischer Staatsverband.
Protokoll der Jahres-Konvention. Nos. 1-11. NY, 1906-16.

Protokoll der Jahres-Versammlung des Deutschamerikaner Bürgerbund von Nebraska:
Number 1 and 2 never printed. Number 3, 1929, bears title: VON UNSERER ARBEIT UND VON UNSEREN ZIELEN: 1. Bericht. Quarto; illustrated, including portraits.
Omaha, NE

— über die Jahresversammlung der Diaspora-Konferenz, s. a. Jahrbuch der Diaspora-Konferenz.

Protokoll über die 1882—1888 abgehaltene Jahres-Versammlung der Diaspora-Konferenz. — Lpz. 1883—1889: Pöschel & Trepte; Rudolstadt: Müller in Komm.

— über die am 3. u. 4. Oktbr. 1888 zu Hannover abgehaltene Jahres-Versammlung der Diaspora-Konferenz. gr. 8. (VII, 144 S.) Rudolstadt 889. (Müller.) n. 1. 50

Protokoll der Jahresversammlung der Lettisch-Litterärischen Gesellschaft in Riga. 41—49. 51—53. 61. 63. 65—67. 69—71. 73—80. Mitau 1869—1910.

Protokoll der Jahres-Versammlung der Gr. Loge zur Sonne 1875—1900. [Bayreuth 1875—1878: Burger; 1899ff.: Mühl.] 2⁰ [Kopftit.] [1899ff.:] 8⁰ [Umschlagtit.]
am 8. Aug. 1875 in Bayreuth. 5 S.
am 13. Oct. 1878 in Mannheim. 4 S.
am 29. u. 30. April 1899 in Hof. 19 S.
am 28. u. 29. April 1900 in Stuttgart. 12 S.

Schweiz. Gewerbeverein. Protokoll der Ordentl. Jahresversammlung... 9. Juni 1901... in Basel. (1901 Juni 20.) 21 S. 8.

Protokoll des Allgemeinen Deutschen Innungs- und Handwerkertages zu Eisenach vom 18.—20. Aug. 1907. Berlin 1907. 8⁰.

Protokoll der Carl Aug. Böttiger in der Grossen Landesloge von Sachsen [in Dresden] am 8. Nov. 5831 gewidmeten Jubel-Fest-Feier. (Hs. f. Frmr.) [Dresden 1832]: Gärtner. 58 S. 1 Abb. 8⁰
Kl. 3006. Mit Angabe der gesprochenen Reden u. Gedichte. Mrischer Lebenslauf von Böttiger von L. Breuer, abgedr. in: Kalender f. d. Prov.-L. v. Mecklenburg. 9 (1838) S. 103—111.

(Protocoll. Protokoll des Kantonsrates [von Zürich für die Amtsperiode 1899—1902]. Sitzung 1—69, 1899 Mai 8—1902 März 24.) 824 S. 8. [Zürich, Buchdr. des Schweiz. Grütlivereins, 1899—1902.]
Kein Titelblatt. — *Mit Beilage:* Verzeichnis der Mitglieder des K'..., sowie Inhaltsverzeichnis zum Protokolle des K' für die A' 1899—1902. Juli 1902. II + 78 S. [Zürich, J. Rüegg.]

Protocoll. Protokoll des Kantonsrates [von Zürich] für die Amtsperiode 1902—1905 (Sitzung 1—96, 1902 Mai 20—1905 April 17), nebst Beilagen und Materienregister. VI + 1710 S. 8. Zürich, Buchdr. des Schweiz. Grütlivereins, [1902—]1905. (geb. an Mitglieder des K' fr. 7. 50, an *Andere* 10. —)

Protocoll. Protokoll des Kantonsrates ([von] Zürich) für die Amtsperiode 1905-1908 (Sitzung 1—81, 1905 Mai 29 — 1908 April 13), nebst Beilagen und Materienregister. IV + 1539 S. 8. [Zürich, Buchdr. des Schweiz. Grütlivereins, 1905—1908.] (geb. an Mitglieder des K' fr. 7. 50, an *Andere* 10. —)

Kirchensynode des Kantons Zürich. Protokoll. Zweite Amtsdauer. IV: Die Verhandlungen der ordentlichen Versammlung vom 13. November 1901 ([mit] Beilage: Jahresbericht und Rechnung über die Witwen- und Waisen-Stiftung für Geistliche und höhere Lehrer des Kantons Zürich 1900). 16 [+ *Beilage* 10] S. 8. Zürich, Zürcher & Furrer, 1901.

Kirchensynode des Kantons Zürich. Protokoll. Zweite Amtsdauer. V u. VI: Die Verhandlungen der ausserordentlichen Versammlung vom 8. Januar u. vom 30. April 1902. 6 u. 8 S. 8. Zürich, Zürcher & Furrer, 1902.

Kirchensynode des Kantons Zürich. Protokoll. Dritte Amtsdauer. 8. Zürich, Zürcher & Furrer, 1902.
I: Verhandlungen der konstituierenden Versammlung vom 20. August 1902. 6 S.
II: Die Verhandlungen der ordentlichen Versammlung vom 26. November 1902 ([mit] Beilage: Jahresbericht und Rechnung über die Witwen- und Waisen-Stiftung für Geistliche und höhere Lehrer des Kantons Zürich 1901). 18 [+ *Beilage* 10] S.

— des v. Sr. Maj. eingesetzten Komités zur Regelung der Angelegenheiten zwischen der russischen Regierung u. dem römischen Hof, s.: Bibliothek, russische.

Protocoll der Commission für Vorberathung eines Verfassungsentwurfes. Gr. in-4⁰, 17 Bogen. Aarau, H. R. Sauerländer. 1833.

Protokoll der Konferenz der Arbeiterbeisitzer zu Jena. 8⁰. Dresden, Selbstverlag der Kommission der Gewerbegerichtsbeisitzer Deutschlands, 1908.

Protocoll. Protokoll der [1.] Konferenz schweizerischer Arbeitsämter, in Verbindung mit der Kommission des Schweizerischen Städteverbandes [abgehalten] Sonntag den 5. Juli 1903 in Zürich. 16 S. 4. Zürich, Conzett & Wirz, 1903.

Protokoll üb. die am 27. u. 28. VI. abgeh. Conferenz, betr. die Ausgestaltung der Arbeitsvermittlungs-Statistik u. das Project der Angliederung d. Wohnungs- u. Werkstätten-Vermittlung an die allgemeinen Arbeitsnachweis-Anstalten. Hrsg. vom k. k. arbeitsstatist. Amt im Handelsministerium. Lex.-8. (135 S.) Wien 901. A. Hölder. n. 1. —

Protocoll. Protok' der am 9., 10. und 11. Dezember 1845 in Luzern abgehaltenen Konferenz *s.* Sammlung. In den Archiven... zu Sitten befindliche S' auf den Sonderbund bezüglicher Akten,... abgeschrieben... 1848.... Nr. 3.

Protocoll. Protok' der durch den eidgenössischen Vorort zum Zweck der Festsetzung des Vertheilungs- und Verwendungsmodus der zu Gunsten der Wasserbeschädigten mehrerer schweizerischer Kantone eingesammelten Liebesgaben einberufenen Konferenz von Standesabgeordneten. (17. & 18. Hornung 1840.) 4. *o. O.*

Protokoll der Konferenz betr. die Frage des allgemeinen Befähigungsnachweises in Erfurt 1905. (47 S) Hamburg 1905

Protocoll der Conferenz am 25. Juni 1838, zwischen den Freimaurern, Abgeordneten der verschiedenen am St. Joh.-Feste in Bern repräsentirt gewesenen schweizerischen F. M. Logen. o. O. [1838]. 5 S. 2⁰
Kl. 3162.

Protokoll der Konferenz der socialdemokratischen Gemeindevertreter der Provinz Brandenburg und Berlin am 27. Dez. 1898.
— der 2. Konferenz etc. am 27. und 28. Dez. 1900. 8⁰. Berlin 1900.

Protocoll. Protok' der Konferenz der Gesandtschaften... in Luzern, den 10. und 17. August 1844. 〈Aargauer Klöster〉... *s.* Sammlung. In den Archiven... zu Sitten befindliche S' auf den Sonderbund bezüglicher Akten, — abgeschrieben... 1848.... Nr. 1.

— der Konferenz der Gewerbe- u. Kaufmannsgerichtsbeisitzer (Arbeitnehmer) Deutschlands, abgeh. am 13. u. 14. IX. 1910 im Volkshause zu Cöln. (59 S.) 8. Berlin 910. (Buchh. Vorwärts.) — 50

Protokoll der internationalen Conferenz zur Erhaltung und Ausbesserung alter Handschriften abgeh. am 30. Sept. u. 1. Okt. 1898 in St. Gallen. Procès-verbal de la Conférence internat. pour la conservation d. anciens ms. ... *[St. Gallen 1898.]* (25 S.) 1 Bd 8. 98. 10809

Protokoll der internationalen Konferenz in St. Gallen am 30. Sept. u. 1. Okt. 1898 zur Beratung über die Erhaltung und Ausbesserung alter Handschriften. (In: Centralblatt für Bibliothekswesen. 1899. No. 1–2. Leipzig: Otto Harrassowitz.)

Protokoll über die ... Konferenz der Krankenkassen-Vorstände der Provinz Brandenburg. (1.) 1904. Berlin: Zentral-Komm. d. Krankenkassen Berlins u. d. Vororte (1904). 8° [F.] 05. 17405

Protokoll der Konferenz des XI. Kreises des Verbandes schweizer. Konsumvereine vom Sonntag den 25. April 1909 in Langnau a. A. 8⁰. Zürich, Buchdr. d. „Volksrecht", 1909.

Protocoll. Protok' der ersten Konferenz der Jüdisch-Territorialistischen Organisation ⟨J. T. O.⟩ Abgehalten zu Basel ... 30. Juli bis 1. August 1905. Mit einer Vorrede von Israel Zangwill. 36 S. 8. Bern, Gustav Grunau, 1905. [fr. —. 70]

Protocoll. Protok' der ersten Konferenz des katholischen Sonderbundes. Bern 1846 *s.* Herzog, Carl.

Protocoll. Protok' der Konferenz der Sonderbunds-Stände in Luzern am 6., 7. und 8. Oktober 1847 *s.* Sammlung. In den Archiven ... zu Sitten befindliche S' auf den Sonderbund bezüglicher Akten, – abgeschrieben ... 1848 .... Nr. 9.

Verband d. Steinsetzer, Pflasterer u. Berufsgenossen Deutschlands. **Protokoll** der ... Konferenz der in Regiebetrieben beschäftigten Steinsetzer, Pflasterer, Rammer, Steinhauer etc. ... Hrsg. v. Verbandsvorstand. 1. (Berlin 1907: G. Eichler.) 8° [F.] 07. 12748

Stuhlmeistertage: [Autogr.] **Protokoll** über die Conferenz württb. u. bad. Stuhlmeister in Ludwigsburg am 8. März 1891. [Ludwigsburg 1891.] 27 S. 8⁰ [Umschlagtit.]

Protocoll. Protokoll der 28. Konferenz württembergischer und badischer und der 10. Konf' schweizerischer Taubstummenlehrer am 9., 10. und 11. September 1901 in Zürich. ([Sep.-Ausg. von:] Organ [der Taubstummen-Anstalten ...] 1902, Heft 1.) II + 81 S. 8. Zürich (Buchdr. Carl Bindernagel in Friedberg ⟨Hessen⟩) 1902.

Verband schweizerischer Sekundärbahnen = Union de chemins de fer secondaires suisses. Protokoll der 6.—10. Konferenz des Unfallversicherungsverbandes ... = Procès-verbal de la 6e—10e conférence de l'union pour l'assurance mutuelle contre les accidents.... gr.-8.

... 6. Konferenz ... am 20. September 1901. 4 S.
... 7. *u.* 8. Konferenz ... am 23. Mai ... *u.* am 24. September 1902. 9 *u.* 8 S.
... 9. *u.* 10. Konferenz ... am 6. Mai ... *u.* am 11. September 1903. *je* 5 S.

Böhmen: **Protokoll aufgenommen in der Konferenz der Brr. Vorsitzenden der Br[uder].-Kr[änzchen]. Böhmens mit dem M. v. St. der L. „Hiram zu den drei Sternen" Or. Prag-Pressburg am 28. Mai 1910 im Klublokal der „Kette" in Saaz.** 4 Bl. 4⁰. [Umschlagtit.]

Zentralverbände d. Maurer u. Bauhilfsarbeiter Deutschlands. **Protokoll** der ersten Konferenz der Zementierer. Abgehalten 1909 zu Berlin. Hamburg: Bömelburg & Behrendt 1909. 8° 10. 6350

Protocoll. Protok der Conferenz des Central-Comité der Schweizerischen Gemeinnützigen Gesellschaft mit den Abgeordneten der durch die Ueberschwemmungen des 27. August 1834 heimgesuchten Kantone in Zürich, Anfangs Februar 1835. 4. *o. O.*

Protokoll des ... Kongreß Deutscher Agenten. 1. Berlin 1902. Berlin (1902): Deutscher Verl. 8°

Protokoll des Kongresses aller nichtgewerblichen Arbeiter Deutschlands. Abgehalten 1890 in Hannover. Hannover 1909: Meister. 19 S. 8° 11. 4877

— über den 2. Kongreß d. Schweizerischen Arbeiterbundes zu Winterthur am 24., 25. u. 26. Mai 1874. Nebst e. Bericht üb. den zürch. Rathhausspektakel. Hrsg. vom Büreau d. Kongresses. gr. 8. (80 S.) Zürich 874. Bleuler-Hausheer & Co. Sort. n. — 80

— über den 3. Kongreß d. schweizerischen Arbeiterbundes zu Basel am 16., 17. u. 18. Mai 1875. Hrsg. vom Büreau d. Kongresses. 8. (56 S.) Zürich 875. Volksbuchh. in Comm. n. — 40

Protokoll üb. den 4. Kongreß d. schweizerischen Arbeiterbundes zu Bern am 4., 5., 6. u. 7. Juni 1876. Hrsg. vom Büreau d. Kongresses. 8. (64 S.) Zürich 876. Volksbuchh. in Komm. *n. — 40

Protokoll über den 5. Kongreß des schweizerischen Arbeiterbundes zu Neuenburg. Hrsg. vom Büreau des Kongresses. 8. (106 S.) Zürich 877, (Volksbuchhandlung.) *

—— über den 6. Kongreß des schweizerischen Arbeiterbundes zu St. Gallen. 8. (38 S.) (Ebendas.) 879. *

—— über den 7. Kongreß des schweizerischen Arbeiterbundes zu Olten. 8. (16 S.) (Ebendas.) 880. *
Nicht weiter erschienen.

— über den 1. Kongress der social-demokrat. Arbeiterpartei zu *Stuttgart*, am 4.—7. Juni 1870. Leipzig, F. Thiele, 1870. Kl. 8⁰. Cart.
1 Bl., 56 S. u. 1 Bl. (Vers. sozialist. Schriften, zu beziehen durch d. Exped. d. „Volksstaat" in Leipzig).

— über den 2. Congress der sozial-demokrat. Arbeiterpartei, abgehalten zu *Dresden*, am 12.—15. Aug. 1871. Leipzig, Verlag des „Volksstaat", 1872. 8⁰. Cart.
1 Bl., 112 S., 2 Bl.

— über den 3. Congress der sozial-demokrat. Arbeiter-Partei, abgehalten zu *Mainz*, am 7.—11. Septbr. 1872. Braunschweig, W. Bracke jr. Kl. 8⁰. 56 S. Gebr. u. Titel beschrieb. Cart.

— über den 5. Congress der sozial-demokrat. Arbeiterpartei, abgehalten in *Eisenach*, am 23.—27. Aug. 1873. Leipzig, Genossenschaftsbuchdr., 1873. Kl. 8⁰. Cart.
XV—80 S.

Protokoll über den 6. Congress der sozial-demokrat. Arbeiterpartei, abgehalten zu *Coburg*, am 18.—21. Juli 1874. Leipzig, Genossenschaftsbuchdr., 1874. Kl. 8⁰. Cart.
104 S. — Verboten von d. k. sächs. Kreishptmsch. Leipzig, d. 10. Dezbr. 1878.

— des am 21. VI. 1905 in München abgehaltenen Kongresses zur Bekämpfung der Farben- u. Malmaterialien-Fälschungen. (78 S.) Lex.-8. München 905. (E. Reinhardt.) n. 1. 50

Protokoll vom 30. Jänner 5870 des von der Mutterloge „Zur Einigkeit im Vaterlande" im Oriente von Pest behufs Constituierung der Gross □ von Ungarn einberufenen Congresses der Vertreter sämmtlicher gegenwärtig im Lande bestehender 7 St. Johannis □□. o. O. u. J. 14 S. 8⁰. [Kopftit.]

— des am 27., 28., 29. u. 30. Septbr. 1898 stattgehabten I. Kongresses der deutschen Gesellschaft zur Beförderung rationeller Malverfahren (a. V.) München. Lex.-8. (118 S.) München 898. (Leipzig, K. Scholtze.) Kart. n. 3. —

Protokoll über den Kongreß der eingeschriebenen sowie auf Grund landesrechtlicher Vorschriften errichteten Hilfskassen, abgehalten in Berlin am 16. u. 17. Januar 1906. Hamburg, 1906. 56 S.

— des V. internationalen Kongresses christlicher Textilarbeiterorganisationen. Veranstaltet am 28., 29., 30. u. 31. III. 1910 zu Mailand. Hrsg. v. der Leitung der internationalen Vereinigung christl. Textilarbeiterorganisationen. (C. M. Schiffer-Düsseldorf.) (96 S.) 8. Cöln 910. Gewerkschafts-Verlag. — 50

Protokoll des Congresses der Metallarbeiter Deutschlands im Dec. 1884 zu Gera. kl. 8°. Mannheim 1885.

— d. Kongresses d. deutschen Sozialdemokratie. Abgehalten auf Schloß Weyden in der Schweiz v. 20. bis 23. Aug. 1880. 8. (51 S.) Zürich 880. Berlin, Buchh. Vorwärts. n. -- 20

Protokoll des Kongresses der deutschen Socialdemokratie. Abgehalten auf Schloss Wyden in der Schweiz vom 20.—23. Aug. 1880. kl.-8°. Zürich. Herter, 1880.

— in Kopenhagen, abgeh. vom 29. März — 2. April 1883. 8°. Hottingen-Zürich, Schweiz. Genoss.-Buchdr., 1883.

— in St. Gallen, abgeh. vom 2.—6. Oct. 1887. 8°. Hottingen-Zürich, Schweiz. Genoss.-Buchdr., 1887.

Protokoll des Wydener Kongresses der deutschen Socialdemokratie. (Dokumente des Socialismus, 1904.)

Protokoll d ersten anisch-dten Conv in Pittsb v 18. bis 26. Okt, 1837.

Der Deutsch-Amerikanische National-Bund der USA.
Protokoll der Konvention ... Philadelphia, 1901–11.

Socialist Labor Party.
Protokoll der nationalen Konvention der Sozialistischen Arbeiter-Partei, abgeh. v. 21. Dezember 1879 bis z. 1. Januar 1880, in Allegheny City, Pa. Cincinnati, 1880.

Deutsch-Amerikanischer Staatsverband von Ohio.
Protokoll der Konvention ...
Cincinnati, 1908, 1910–11, 1914.

Deutsch-Amerikanischer Staats-Verband von Pennsylvania.
Protokoll der Konvention. 1899–1916. 17 nos. Philadelphia, 1900–16. The title varies to include reports of the Deutsch-Amerikanischer Nationalbund and the Deutsch-Amerikanischer Zentralbund.

Protokoll der Konvention des Staatsverbandes Deutscher Vereine von Indiana:
1903–1907?
Indianapolis, IN

— d. ersten österr. Krankenkassentages. 28., 29. u. 30. Juni 1896. gr. 4. (60 S.) Wien 896. (Wiener Volksbuchh.) n. — 75

Protokoll (Verhandlungsniederschrift) der ... Lauenburgischen Kreissynode ... in der Kirche zu Ratzeburg. Ratzeburg. 8°
9 ff., 1887 ff.

Protocoll. Protok' des Kriegsrathes der Kantone Luzern, Uri, Schwyz, Ob- und Nidwalden, Zug, Freiburg und Wallis von 1847. Auf Beschluss einer Conferenz jener Kantone vom 5. April 1859 behufs Benützung in der Abrechnungsfrage in Druck gegeben. 8. Schwyz 1859.

Protokoll, (Kurzgefaßtes). der [1. ff.] Arbeitsnachweis-Konferenz. Red. von Oscar *Martens*, (2.—4. von W[ilhelm] Frhr v. *Reiswitz*). Hamburg 1900 ff. 8°
1. zu Dresden (20. Okt. 1900). 1900.
2. zu Magdeburg (11. u. 12. Okt. 1901). 1901.
3. zu Nürnberg (24. Sept. 1902). 1902.
4. zu Hamburg d. 22. Aug. 1903. 1903.
5. zu Wernigerode d. 17. Sept. 1904. 1904.
7. zu Eisenach am 24. Aug. 1906. 1906.
[Fortges. u. d. Tit.:]
Die Verhandlungen der 9. Arbeitsnachweis-Konferenz des Vereins Deutscher Arbeitgeberverbände zu München am 4. Sept. 1908. Berlin 1908. 8°
[Fortges. u. d. Tit.:]
Bericht über die [1.] gemeinsame Arbeitsnachweis-Konferenz der Geschäftsführer des Vereins Deutscher Arbeitgeberverbände und der Hauptstelle Deutscher Arbeitgeberverbände am 26. u. 27. Okt. 1909 in Hamburg. Berlin 1909. 8°

— d. III. sächsischen Lagerhaltertages, abgehalten am 15. April 1895 in Zwickau. gr. 8. (48 S.) Leipzig 895. (Buchdruckerei u. Verlagsanstalt d. Leipziger Volkszeitg.) n. -- 65

— der Landesversammlung d. württ. Krankenkassenverbandes. gr. 8. Stuttgart, (W. Kohlhammer). à — 30
1907. Abgeh. in Tuttlingen am Montag, den 10. VI. in der städt. Turnhalle von vormittags $8^{1}/_{4}$ bis nachmittags $12^{1}/_{2}$ Uhr. (31 S.) 907.
1908. Abgeh. in Ulm am Montag, den 15. VI. im Saalbau von vormittags $8^{1}/_{4}$ bis nachmittags $12^{1}/_{2}$ Uhr. (37 S.) 908.
1909. Abgeh. in Jsny am Montag, den 7. VI. von vormittags 8 bis nachmittags $12^{1}/_{4}$ Uhr. (47 S.) 909.

— — der Herzogl. Nassauischen Landstände vom Jahre 1818 und 1819. Folio. Wiesbaden, Schellenberg. 819. (1r od. Jahrg. 818. 1 Rthlr. 18 Gr. 2r 819. 3 Rthlr. 12 Gr.)

Protokoll des gemeinsamen Logentages der Grosslogen von Hamburg, Bayreuth, Frankfurt a. M. zu Eisenach am 11. und 12. Mai 1901. Hamburg [1901]: Rademacher. 39 S. 8° [Umschlagtit.]
cf. Bst. 10 (1901) S. 146—159; Bk. 20 (1901) No 69 (J. Fritz); L. 24 (1901) S. 107—108. 193.

Ruprecht z. d. 5 Rosen: **Protokoll** des Maurerischen Maifestes am 16. und 17. Mai 1857 zu Heidelberg den gel. Br. Br. aller Logen, vor allem aber Denjenigen, welche bei demselben anwesend waren zur Erinnerung überreicht von der St. Johannis-Loge „Ruprecht zu den 5 Rosen“ im Orient zu Heidelberg. Heidelberg [1857]: Groos. 19 S. 8°. [Umschlagtit.]

Protokoll und Materialien der Enquete betr. die Einführung der Achtstundenschicht und Verlängerung der Sonntagsruhe im Bergbau und die Regelung der Lohnzahlung im Bergbau in Oesterreich. Wien, 1908. 289 S.

Protocoll über die fünfzigjährige Maurer-Jubel-Feier des ehrw. Br. Carl Gottfried Theodor Winkler, Großmeisters der Großen Landes-Loge von Sachsen und Meisters vom Stuhl der vereinten Loge zu den drei Schwertern und Asträa zur grünenden Raute im Orient Dresden, und über die von demselben eigenhändig vollzogene Aufnahme seines Sohnes Eugen Winkler in den Maurerbund am 21. Febr. 1854. gr. Lex.-8. (56 S. mit 1 Stnt.) Dresden 855, (am Ende.) **

Protokoll über die am 3., 4. u. 5. Mai 1897 im Kultus-Ministerium stattgehabte Medizinal-Konferenz. (Berlin 1897: L. Schumacher.) (128 S.) 4° [F.] 107. 13206 2

— des österreichischen Metallarbeiter-Congresses in Brünn vom 26., 27. u. 28. Decbr. 1890. Hrsg. v. Ludw. Exner. 8. (IV, 84 S.) Wien 891. (1. Wiener Volksbuchh., J. Brand.) n. — 30

Protokoll der Militärcommission der teutschen Bundesversammlung. Loco dictaturae. 1832—46. — Frankfurt a. M. (1832—46)· Bundes-Präsidial-Druckerei. 4°

Protocoll. Protok' der Militär-Konferenz vom 16., 17. und 18. Dezember 1844 ‹in Luzern›... s. Sammlung. In den Archiven... zu Sitten befindliche S' auf den Sonderbund bezüglicher Akten, – abgeschrieben... 1848.... Nr. 2.

Schulschiff-Verein. Protokoll der Mitglieder-versammlung 1910 zu Stuttgart. Bremen 1910. 30 S. 4°

Protokoll Mittel löblichen

Protokoll eines löblichen Mittels der Bürgerlichen Wund-Arzten in Neustadt. Anno 1807. 78 Bl., gbd. (Handschrift.)

(Wiener-Neustadt): 1807 - 1855

Protokoll der Schweizerischen Musik-Gesellschaft. (Protocolle de la Société helvétique de Musique.) Luzern gedr. bei Meyer. (Zürich: gedr. bei Bürkli. Schafhausen: gedr. bei Johann Ulrich Schwarz. [u. a.]) 1808–1856, 1809–1857.

— officielles, der Commissionssitzungen der drei Burschenschaften zu Jena, die Einigung derselben betr. Jena 865. (Doebereiner.) 4. (12 S.) 5 ngr.

Offizielles Protokoll der National-Konvention der Sozial-Arbeiter-Partei von Nord-Amerika: 188?
Octavo, Published by National Executive Committee of the Socialistic Labor Party.
New York, NY

Offizielles Protokoll der Tagsatzung des Nordamerikanischen Turnerbundes, abgehalten in:
1. Washington 3. 4. 1865.
3. Boston 3.—6. 5. 1868.
4. Pittsburg 29. 5.—1. 6. 1870.
5. Louisville 19.—22. 5. 1872.
8. Cleveland, Ohio 26.—29. 5. 1878.
10. Newark N. J. 4.—7. 6. 1882.
11. Davenport, Iowa 1.—4. 6. 1884.
12. Boston, Mass. 13.—17. 6. 1886. 4°.
13. Chicago, Ill. 20.—23. 5. 1888.
22. Newark, N. Y. 8.—10. 7. 1906.
24. St. Louis 26.—29. 6. 1910.
25. Indianapolis 23.—26. 6. 1912.
26. San Francisco, Cal. 27.—29. 7. 1915. 8°. 6 Bde.

— officielles, des Zionisten-Congresses in Basel (29., 30. u. 31. VIII. 1897). gr. 8. (200 S.) Wien (II, Rembrandtstr. 11) 898. Verein „Erez Israel" (Bureau d. Zionisten-Congresses). n. 1. —

PROTOKOLL DER OEKONOMIE-SECTION der naturforschenden Gesellschaft. 1844—1848. (Ohne bes. Titelblatt.)

[Protokoll] Verhandelt im Ordenshause der Grossen Landesloge der Freimaurer von Deutschland zu Berlin am 18. März 1883. Allgemeine Grosse Festloge behufs feierlicher Enthüllung des Ölgemäldes des verklärten Ordens- und Landes-Grossmeisters Br.s [Gust. Adolf] von Ziegler. [Berlin 1883.] 1 Bl. 4°. [Kopftit.]

[Protokoll.] Verhandelt im Ordenshause der Grossen National-Mutterloge der Freimaurer in den preuss. Staaten, gen.: Zu den drei Weltkugeln im Or. Berlin, am 22. März 1862. [Berlin 1862: C. Schultze.] 2 Bl. 2° [Kopftit.]
Festrede von E. Schüller: Üb. die Bedeutung der Kaisergeburtstagsfeier für die Frmr und die daraus entstehenden Pflichten.

(F) Protokoll des Parteitages. Verhandlungen der deutschen sozialdemokratischen Arbeiterpartei in Österreich, abgehalten in Reichenberg vom 19.—24. September 1909. Gr-8°. (322 S.) K 1.20
Wien: Brand 1909.

Protokoll des Parteitages der Sozialdemokratie Ungarns in Budapest vom 7. u. 8. Dec. 1890. Hrsg. von Jakob Kürschner und Paul Engelmann. 8°. Budapest, Buchdr. u. Verlagsanst., 1891.

Protokoll der Plenar-Versammlung der Privat-Eisengewerkschaft Achthal und Hammerau. Gehalten zu Hamerau den 25., 26. und 27. Mai 1857. Salzburg. Zaunrith'sche Buchdr. (27 S. Halbf.) (Ohne A. des Dr.)

Protokoll der ... Plenarversammlung der Landwirtschaftskammer f. d. Prov. Schleswig-Holstein.
7., 8., 10., 12 ff. Kiel. 1898. 99. 1900. 1901 ff. 4°.

Protokoll der 68. Prediger-Synode des St. Petersburgischen ev.-luth. Konsistorialbezirkes, gehalten in St. Petersburg vom 15.—17. 2. 1905. 52 S. A. F. Marks 1905 IfA

Protokoll der Prediger-Versammlung der Presbyterianischen Kirche:
1859–1911.
Organ der Konvention der Deutschen Presbyterianischen Prediger und Aeltesten des Westens.
Dubuque, IA

— der im J. 1818 zu Wittenberg gehaltenen Provinzialsynode, dem theilnehmenden Publikum eröffnet im J. 1819. gr. 8. Leipz. 820. Reclam. 12 gr.

Protocoll d. ausserordentl. Reichsdeputat. zu Regensburg 1803. *Regensburg*. Neubauer. 803. 2 Bde. nebst 4 Bdn. Beil. 4.

— der Reichsfriedensdeputation zu Rastadt, sammt allen Beilagen; hrsgg. u. mit Anmerkk. begl. v. Frhrrn. H. v. Münch-Bellinghausen. 6 Hfte u. 3 Hfte Beilagen. 4. Rastadt 798.

Protokoll zur Säcular-Feier der St. Johannis-Loge „Zu den drei Seraphim" am 4. Oct. 1874. Berlin [1874]: Büxenstein. 7 S. 8⁰ [Umschlagtit.]
Abgedr. in: MitthW. 6 (1874—1875) S. 88—94.

[**Protokoll.**] St. Johannis-Fest-Loge der Loge zur Ceder am 24. Juni 1839 auf dem Garten des Br. Ochsenkopf vor Hannover. [Hannover 1839]: Jänecke. 16 S. 8⁰ [Umschlagtit.]
Bericht üb. Überreichung eines Ehren-Pokals an G. Ph. Holscher u. 2 Gedichte.

[**Protokoll.**] Verhandelt in der ger. und vollk. St. Johannis-Loge zur Verschwiegenheit im Or. zu Berlin am 6. Juli 1855. [Berlin 1855: Sittenfeld.] 8 S. 2⁰ [Kopftit.]
Protokoll üb. die Feier des 50jährigen Jubil. von S. Marot als hammerführender Mstr. Festrede von E. Schüller: Marot, ein echter Mr. u. Mensch, auch abgedr. in: A. 18 (1855) S. 326—333; Normann, H.: Frmrische Reden u. Toaste. 2 (1881) S. 15 bis 23; 2. Aufl. 1883.

Protokoll des Ersten alpenländischen Schneider-Genossenschafts-Kongresses in Klgft. Klgft., Leon, 1907. 108 S.

Protokoll der ärztlichen Section der naturforschenden Gesellschaft zu Görlitz. 1847. (Ohne bes. Titelblatt) 8⁰

Protokoll der IV. Session der National-Synode der christkathol. Kirche der Schweiz. Sitzung v. 25. Juni 1878, gehalten in Aarau. In-8⁰, 42 S. Olten. 1878.

Protokoll der sechsten Session der National-Synode der christkatholischen Kirche der Schweiz. Sitzung vom 20. Mai 1880, gehalten im Grossrathssaal zu Genf. In-8⁰, 44 S. Basel, Druck von Schweighausor. 1830.

National-Synode der Christkatholischen Kirche der Schweiz. Protokoll über die 27. Session. Sitzung vom 26. September 1901 ... zu Bern. [Mit 1 Tabelle.] 58 S. 8. Olten, Buchdr. des «Oltner Tagblatt», 1902.

Gesellschaft, schweizerische, für Erhaltung historischer Kunstdenkmäler. Protokoll der allgemeinen Sitzung vom 13. September 1888 im Gemeinderathssaale zu Murten. In-4⁰, 16 S. Genève, Imprimerie B. Soullier.

Gesellschaft, schweizer., für Erhaltung vaterländischer Kunstdenkmäler. Protokoll der allgemeinen Sitzung Sonntag d. 30. Juli 1882, im Rathhause zu Zofingen. In-4⁰, 20 S.

Gesellschaft, schweiz., für Erhaltung vaterländischer Kunstdenkmäler. Protokoll der allgem. Sitzung Sonntag den 20. Juni 1886 im Rathhause in Zofingen. In-4⁰, 13 S.

Protokoll über die Sitzung des Ausschusses (der Handelskammer) für besondere Angelegenheiten der Edelmetallwaaren-Industrie d. 3. Jan. 1902. (Hanau 1902: G. Heydt Nachf.) (2 Bl.) 4⁰ [Kopft. F.]

Protokoll (2. ff.: **Niederschrift**) über die ... Sitzung des für den Bezirk der Königlichen Eisenbahn-Direktionen Berlin und Stettin eingesetzten Bezirks-Eisenbahnraths zu Berlin. 1. Berlin 1895: H. S. Hermann. 4⁰ [F.] 107. 14730

Protokoll der Sitzung des Bundesrathes der Grossloge zur Sonne in Bayreuth. 1874ff. 2⁰ u. 8⁰
Unvollst. vorgelegen.

Herbeck: **Protokoll** der Sitzung des Ehrenrates der Loge „Zur Leuchte". Or. München. Verhandelt am 18. Dezember 1903 im Meisterzimmer der Loge. 2 Bl. 4⁰. [Kopftit.]
Verhandlung über die gegen den M. v. St. Herbeck vorgebrachten Beschuldigungen.

Protokoll, geführt an der gemeinsamen Sitzung der Direktionen der Ausschank- und Detailverkaufsgesellschaften in den Städten Finnlands in Helsingfors 1901. 96. 8⁰. Ausschanksgesellschaft in Helsingfors. 1901.

Protokoll über die am 15. Februar 1880 zu Königsberg in Pr. abgehaltene Sitzung des Ost- und Westpreussischen Geometer-Vereins. (Ohne bes. Titelblatt.) 8⁰.

Protokoll der Sitzung des Studentenausschusses Greifswald vom 5. Mai 1905. Greifswald: J. Abel (1905). (15 S.) 8⁰ [F.] 106. 1571 9

Protokoll der fünften (ordentlichen) Sitzung der Handels- und Gewerbekammer in Kronstadt im Jahre 1856 am 5. März. Gedr. bei Joh. Gött in Kronstadt. (35—43 S. 8.)

Protokoll über die Sitzung der 5. Hauptversammlung des evang. Vereins der Gustav-Adolf-Stiftung am 7. September 1846. Nebst dem Jahresberichte des Centralvorstandes. gr. 4. (6½ B.) Leipzig 846, (Vogel.) *

Handelsvertragsverein. — PROTOKOLL der Sitzung der Interessenten am Export nach Schweden am 13. Dezember 1903 im Saale der Ressource von 1794, Berlin. (o. O. o. Dr. Ohne bes. Titelbl.) 4⁰.

Handelsvertragsverein. Verband zur Förderung des deutschen Aussenhandels. ...
PROTOKOLL der vom Handelsvertragsverein vorbereiteten Sitzung von Interessenten am Geschäftsverkehr mit Deutsch-Ostafrika am 5. Juli 1907. Berlin 1907. Druck von Liebheit & Thiesen. 8⁰.

— der I. u. II. Sitzung der Kommission zur Bekämpfung v. Misständen in der Herstellung, im Handel u. in der Verarbeitung der Farben u. Malmaterialien. Hrsg. v. der deutschen Gesellschaft zur Beförderg. rationeller Malverfahren e. V. in München. (36 S.) Lex. 8. München, (E. Reinhardt). 2. —
I. Am 29. VI. 1906 in Nürnberg abgeh. (36 S.) 906. — 50
II. Am 2. IX. 1907 in Hannover abgeh. (67 S.) 908. 1. 50

Protokoll der 1.—27. Sitzung der XX. Kommission über den Gesetzentwurf betreffend die Herstellung und den Ausbau von Wasserstraßen [Kanalkommission von 1904]. Berlin, 1904. 27 H.

Protokoll, aufgenommen bei der im A. Voigt'schen Gewerkenhause in Ferlach abgehaltenen Sitzung des Consortiums der Bahn „Klgft.—Unterloibl". Klgft., Bertschinger, 1901—02. Folio. 2 Hefte.

Protokoll der constituirenden Sitzung (zff: Generalversammlung) des 'Verbandes Ostpreußischer Aerzte'. [1.] 1896. *(Königsberg i. Pr. 1896: M. Liedtke.)* 8° [Kopft.] [04. 10

— über die Sitzung d. aerztlichen Bezirks-Vereins München am 24. März 1874. Schmal-Fol. (8 S.) München 874. J. A. Finsterlin. n. — 50

Protokoll der 149ten Sitzung der Grossen National-Mutterloge „Zu den drei Weltkugeln" am 27. Januar 1889, zur Feier des Geburtstages Seiner Majestät des Kaisers. [Berlin 1889.] 7 S. 4°. [Kopftit.]

Schweiz. National-Synode (der christkatholischen Kirche der Schweiz). Protokoll über die 28. Sitzung gehalten ... zu Grenchen den 30. Juni 1902. [Mit 1 Tabelle.] 42 S. 8. Olten, Buchdr. des «Oltner Tagblatt», 1903.

Verein der Aerzte des Regierungs-Bezirks Magdeburg. PROTOCOLL DER SITZUNG Vom (Am) 19. October 1875; 19. Mai 1876; 3. November 1876; 1. Juni 1877; 2. November 1877; 16. Mai 1878; 31. October 1878; 9. Februar 1879; 24. Mai 1879; 30. October 1879; 22. Mai 1880; 17. October 1880; 15. December 1881; 9. Juni 1882; 30. October 1882; 5. Mai 1883. (Ohne bes. Titelblatt.) 8°.

Verein der Aerzte des Regierungs-Bezirks Magdeburg. PROTOCOL DER SITZUNG vom 20. November 1885; 28. Mai 1886 (Druck: Pansa'sche Buchdruckerei (H. Otto) in Magdeburg.). (Ohne bes. Titelblatt.) 8°.

Protokoll d. Sitzung d. ärztl. Zentr.-Aussch. im Großherzogt. Hessen am 20. Nov. 1882. (Über d. hygien. Schutz der Sehkraft d. Schüler u. Schülerinnen.) Darmstadt 1883. 4.

— der Sitzung des ärztlichen Centralausschusses im Großherzogth. Hessen vom 28. VI. 1900. Nebst: Entwurf e. Gesetzes, die Standesordnung u. die Ehrengerichte f. die Aerzte des Großherzogthums betr. gr. 4. (XX u. 6 S.) Darmstadt (900). (G. Jonghaus.) n. 1. —

— dasselbe vom 24. VI. 1901. gr. 4. (XVII S.) Ebd. (901). n. 1. —

— dasselbe am 23. VI. 1902. gr. 4. (XIV S.) Ebd. (902). n. 1. —

— über die Sitzung des ärztlichen Zentralausschusses im Großherzogt. Hessen am 17. XII. 1903. (11, 6, 4, 5 u. 3 S.) gr. 4. Darmstadt (904). (G. Jonghaus). n. 1. —

— der Sitzung d. Zentral-Ausschusses der königl. Landwirtschafts-Gesellschaft am 12. Febr. 1894. gr. 8. (15 S.) Hannover 894. (Celle, Schulze.) n. — 50

— d. Sitzung d. Zentral-Ausschusses d. kgl. Landwirtschafts-Gesellschaft zu Hannover am 4. Juli 1895 in Göttingen. gr. 8. (28 S.) Hannover 895. (Celle, Schulze.) n. — 80

— dasselbe, s. a. Protokolle.

—— der 12. und 13. Sitzung der Central-Moor-Commission. 14.—20. Septbr., 9.—11. Decbr. 1879. gr. 4. (101 S. nebst 5 Anlagen [lithogr. Karten].) Berlin 880, Wiegandt, Hempel und Parey. *

s.a. Protokolle

Protokoll der 14. Sitzung der Central-Moor-Commission. 24. und 25. März 1881. gr. 4. (III, 194 S.) Berlin 881, Parey. *

—— der 15. und 16. Sitzung der Central-Moor-Commission. 11., 12. und 13. Oktbr., 13., 14. und 15. Dezbr. 1881. gr. 4. (IV, 64; 87 S.) Ebendas. 882. *

— der 17. Sitzung der Central-Moor-Commission. 12—14. Dezbr. 1882. Anbei (2 lith.) Karten. gr. 8. (IV, 45; 64 u. 82 S. m. 1 Steint.) Berlin 883. Parey. n. 8. —

—— der 18. Sitzung der Central-Moor-Commission. 18.—19. Dezbr. 1883. Anbei 1 (lithogr.) Karte, bestehend aus 3 Bl. gr. 8. (IV, 59; 108 S.) Ebendas. 884. *

— dasselbe. 12., 13. u. 15. Dezbr. 1884. Anbei 2 (lith.) Karten. gr. 8. (IV, 176 S.) Ebend. 884. n. 8. —

—— der 20. Sitzung der Central-Moor-Commission am 27. und 28. Novbr. 1885 zu Bremen. gr. 8. (IV, 79, 216 S.) Ebendas. 886. *

— der 21. u. 22. Sitzung der Central-Moor-Commission. 31. Aug. bis 6. Septbr., sowie 15. Dezbr. 1887. Anbei 1 Taf. gr. 8. (III, 50 S.) Berlin 888. Parey. n. 3. —

— dasselbe. 23. Sitzung, 17. u. 18. Decbr. 1888. Anbei 1 Karte. gr. 8. (III, 77 S.) Ebd. 889. n. 3. —

— dasselbe. 24. Sitzung, 4., 5. u. 6. Febr. 1890. Lex.-8. (IV, 125 S. m. 7 Karten.) Ebd. 890. n. 8. —

— der 25. u. 26. Sitzung der Central-Moor-Commission. 11. bis 15. Juli, sowie 12. u. 13. Dezbr. 1890. Lex.-8. (III, 91 S. m. 8 Taf.) Berlin 891. P. Parey. n. 8. —

— der 27. Sitzung der Central-Moor-Commission. 11. u. 12. Febr. 1892. Lex.-8. (III, 153 S. m. 2 Tab. u. 10 Taf.) Berlin 892. P. Parey. n. 8. —

— dasselbe der 28. Sitzung. 27. Juni bis 1. Juli 1892. Lex.-8. (37 S.) Ebd. 893. n. 2. —

— dasselbe der 29. Sitzung. 24. u. 25. März 1893. Lex.-8. (III, 143 S. m. 4 Karten.) Ebd. 893. n. 8. —

— dasselbe der 30. Sitzung. 12. bis 15. Juli 1893. Lex.-8. (44 S.) Ebd. 893. n. 2. —

— dasselbe der 31. Sitzung. 18. u. 19. Dezbr. 1893. Lex.-8. (III, 69 S. m. 1 Karte.) Ebd. 894. n. 4. —

— dasselbe der 32. Sitzung. 25. bis 28. Juni 1894. Lex.-8. (III, 144 S. m. 5 Karten.) Ebd. 894. n. 8. —

— d. 33. Sitzung der Central-Moor-Commission 25. u. 26. März 1895. Lex.-8. (III, 101 S. m. 8 Karten.) Berlin 895. P. Parey. n. 8. —

— dasselbe. 34. Sitzung. 12. bis 14. Juni 1895. Anbei 8 Karten. Lex.-8. (III, 83 S.) Ebd. 895. n. 6. —

— dasselbe. 35. Sitzung. 10., 11. u. 12. Dezbr. 1895. Anbei 7 Karten. Lex.-8. (IV, 202 S.) Ebd. 896. n. 10. —

— dasselbe. 36. Sitzung. 7. bis 10. VII. 1896. Anbei 7 Anlagen. Lex.-8. (III, 21 S.) Ebd. 896. n. 3. —

— dasselbe. 37. Sitzung. 15. bis 17. XII. 1896. Anbei 7 Taf. Lex.=8. (IV, 216 S.) Ebd. 896. n. 10. —

— dasselbe. 38. Sitzung. 22. bis 26. VI. 1897. Anbei 6 Taf. Lex.=8. (III, 24 S.) Ebd. 897. n. 6. —

— dasselbe. 39. Sitzung. 14. bis 16. XII. 1897. Anbei 5 Taf. Lex.=8. (IV, 275 S.) Ebd. 898. n. 10. —

— dasselbe. 40. Sitzung. 20. bis 23. VI. 1898. Anbei 19 Karten. Lex.=8. (III, 84 S.) Ebd. 898. n. 8. —

— der Central=Moor=Commission. Inhalts=Verzeichniß der 1.—40. Sitzg. Im Auftrage der Central=Moor=Commission zusammengestellt von M. Jablonsky. Lex.=8. (70 S.) Berlin 899. P. Parey. n. 3. —

— der 41.—48. Sitzung der Central=Moor=Commission. Lex.=8. Berlin, P. Parey. n. 55. —
41. 12. bis 14. XII. 1898. Anbei 8 Taf. (IV, 216, 38 u. 31 S.) 899. n. 10. —
42. (Gemeinschaftliche Sitzung der Central=Moor=Commission u. des Landes=Oekonomie=Kollegiums.) 28. 11. 1899. Anh.: Die Haidebäden Westfalens. 11. Hft. Darstellg. v. Bodenprofilen in 3 Taf. (108 S. u. S. 33—72.) 899. n. 6. —
43. 26. bis 29. VI. 1899. (II, 29 S.) 899. n. 2. —
44. 11. bis 13. XII. 1899. (IV, 191 S. m. 2 Karten u. 5 Taf.) 900. n. 10. —
45. 11. bis 13. VI. 1900. (III, 36 S. m. 3 Karten.) 900. n. 3. —
46. 10. bis 12. XII. 1900. (IV, 204 S. m. 8 Taf. u. S. 75—111 m. 2 Taf. u. 2 Karten.) 901. n. 12. —
47. 24 bis 28. VI. 1901. (III, 39 S.) 902. n. 2. —
48. 13., 14. u. 16. XII. 1901. (IV, 221 S. m. 11 Taf.) 902. n. 10. —

Protokoll der 49.—57. Sitzung der Central=Moor=Commission. gr. 8. Berlin, P. Parey. n. 98. —
49. Vom 7. bis 11. VII. 1902. (III, 18 S. m. 1 Karte.) 902. n. 2. —. — 50. Vom 16. bis 18. XII. 1902. (IV, 268 u. 300 S. m. 9 Taf.) 903. n. 15. —. — 51. Vom 20. bis 25. VI. 1903. (III, 9 S. u. S. 115—172 m. 41 Taf. u. 1 Karte.) 901. n. 12. —. — 52. Vom 15. bis 17. XII. 1903. (IV, 328 S. m. 16 Taf.) 904. n. 20. —; Anh. dazu (45 S. m. 7 Taf.) n. 4. —. — 53. Vom 1. bis 4. VII. 1904 (III, 23 S. m. 4 Taf.) 905. n. 4. —. — 54. Vom 7. bis 9. XII. 1904. (IV, 338 S. m. 6 Taf.) 905. n. 20. —. — 55. Vom 17. bis 20. VI. 1905. (IV, 60 S. m. 4 Taf.) 905. n. 5. —. — 56. Vom 18 bis 20. XII. 1905. (IV, 252 S. m. 3 Taf.) 906. n. 10. —. — 57. Vom 4. bis 7. VII. 1906. (III, 61 S. m. 6 Taf.) 906. n. 6. —.

— der 58.—64. Sitzung der Central-Moor-Commission. Lex. 8. Berlin, P. Parey. 68. —
58. Vom 13. bis 15. XII. 1906. (IV, 389 S. u. S. 175—245 m. 4 Taf.) 907. 20. —
59. Vom 25. bis 28. VI. 1907. (III, 37 u. 27 S. m. Abbildgn. u. 7 Taf.) 908. 6. —
60. Vom 9.—11. X. 1907. (IV, 235 S. m. 2 Taf.) 908. 10. —
61. Vom 6.—8. VII. 1908. (III, 33 S. m. 8 Taf.) 908. 5. —
62. Vom 10.—12. XII. 1908. (IV, 213 S. m. 8 Taf.) 909. 10. —
63. Vom 7.—10. VII. 1909. (III, 63 S. m. 3 Taf.) 910. 5. —
64. Vom 28. II. bis 2. III. 1910. (IV, 282 S. m. Abbildgn. u. 7 Taf.) 910. 12. —

o. N., Protokoll über die Sitzungen der bezüglich der Zustände im Donaumoos gebildeten Berathungskommission.
1876 Augsburg

— über die Sitzungen des Gewerkschafts-Kongresses zu *Erfurt*, den 15.—17. Juni 1872. Braunschweig, W. Bracke jr., o. J. Kl. 8°. 24 S. Titel beschrieb. Cart.

—— der Sitzungen der Permanenten Commission der Mitteleuropäischen Gradmessung ... 1865 in Leipzig. (Lith.) — 2. Aufl. Berlin 1862.

Protocoll der Sitzungen der Permanenten Commission der Mitteleuropäischen Gradmessung in Wien vom 25. bis 30. April 1867. Wien 1867. 25 S. Fol.

Protokoll der Sitzungen der Permanenten Commission der Mitteleuropäischen Gradmessung in Leipzig, vom 3. und 4. September 1865. Unveränderter Abdruck des ursprünglich lithographirten Protokolls. (1865.) Berlin 1882. 7 S. 4°.

Protokoll der Sitzungen der Permanenten Commission der Mitteleuropäischen Gradmessung in Neuenburg vom 6. bis 10. April 1866. Unveränderter Abdruck des ursprünglich lithographirten Protokolls. (1866.) Berlin 1882. 19 S. 4°.

Protokoll der Sitzungen der Permanenten Commission der Mitteleuropäischen Gradmessung in Wien, vom 25. bis 30. April 1867. Unveränderter Abdruck des ursprünglich lithographirten Protokolls. (1867.) Berlin 1882. 19 S. 4°.

Protocoll. Protok' der Sitzungen des siebenörtigen Kriegsraths (**Nr. 4:* Kriegsrathes) in Schwyz... September 1846. [Mit 1] Plan... *u.* in Luzern vom... Oktober 1846 *u.* in L' vom... Jänner 1847 *u.* in L' vom... Februar 1847 *s.* Sammlung. In den Archiven... zu Sitten befindliche S' auf den Sonderbund bezüglicher Akten, — abgeschrieben... 1848.... Nr. 4-7.

<u>Protokoll</u> <u>Skizzen</u> <u>vorgelegten</u>
Protocoll über die im Examine rigoroso denen Candidaten vorgelegten Skizzen. Ohne Seitenzählung, gbd. (Handschrift.)

Wien: 1798 - 1804

— des <u>Socialisten-Congresses</u> zu *Gotha*, vom 19.—23. Aug. 1876. Berlin, allg. deutsche Assoc.-Buchdr., 1876. Kl. 8°. Cart.
109 S. — Verboten vom k. Polizei-Präsidium in Berlin, d. 23. Octob. 1878.

Protokoll des <u>Socialisten-Congresses</u> zu *Gotha*, vom 27.—29. Mai 1877. Hamburg, Genossenschaftsbuchdr., 1877. Kl. 8°. Cart.
92 S. — Verboten von d. kgl. preuss. Reg. zu Schleswig, d. 2. Novbr. 1878.

Protokoll der Special-Conferenz der Evangelisch-Lutherischen Lehrer im Staat Virginien: 1805- ?
New Market, VA

Staats-Verband Dter Vereine v Ind. Protokoll d Staats-Konvention, 3. Aug 1907. Indpls, 1907.

Protokoll der Staats-Konvention des Deutsch-Amerikanischen Zentralbundes von Pennsylvanien: 1900?
Philadelphia, PA

Protokoll des Internationalen Steinarbeiter-Kongresses, abgehalten vom 31. Mai bis 2. Juni 1903 in Zürich. Zu beziehen durch das internationale Steinarbeitersekretariat ..., Zürich. 32 S. 8. *Aufdruck:* Zürich, Verlag der Grütli-Buchh. (Buchdr. Kirsten & Zeisberg). fr. —. 25

Protokoll, stenographisches, des 9. bayerischen Anwaltstages in Nürnberg am 6. Dezbr. 1868: Referat über die Freigabe der Advocatur von S. Haenle. gr. 8. (58 S.) Nürnberg 869, (Soldan.) *

Protokoll, stenographisches, der im Arbeiterkammer=ausschusse abgehaltenen Enquête betr. die Errichtung v. Arbeiterkammern. [1.—4. Sitzg.] gr. 8. (248 S.) Wien 889. Hof= u. Staatsdruckerei. n. 2. —

— stenographisches, der am 13. u. 14. Mai 1889 im volkswirthschaftlichen Ausschusse d. Abgeordnetenhauses abgehaltenen Enquête betr. die Erlassung e. Gesetzes zur Hintanhaltung der Trunkenheit. gr. 8. (125 S.) Ebd. 889. n. 1. 20

Protokoll, Stenographisches, über die am 5. bis inclusive 7. April 1897 im großen Sitzungssaale der k. k. n.=ö. Statthalterei abgehaltenen Enquête zum Zwecke der Berathung der gesetzlichen Regelung des Radfahrwesens in Niederösterreich. Lex.=8. (51 S.) Geh. —.20
Wien: Hof- u. Staatsdruckerei 1897.

Stenographisches Protokoll. Delegation des Reichsrathes. XXXV. Session. [Wien. 1899. Hof- und Staatsdruckerei.] Gr.-8°. erscheint nach Bedarf pro 100 Bogen K 8.—, mit Postzusendung K 10.— einzelne Sitzungen pro Bogen K —.8

32. Stenographisches Protokoll. Delegation des Reichsrates. 38. Session. 1. (Eröffnungs-)Sitzung. Gr.-8°. (12 S.) K —.08
Wien: Hof- u. Staatsdruckerei 1902.

Protokoll, stenographisches, des 7. Delegiertentages der österreichischen Handels- und Gewerbekammern. 1906. (208 S) 4° Reichenberg 1906

Protokoll, stenographisches, des 7. Delegiertentages der österreichischen Handels- und Gewerbekammern 1907. Nachtrag. (48 S) 4° Wien 1907

— stenographisches, d. durch d. Gewerkschaften Wiens einberuf. gewerbl. Enquête. Abgeh. v. 18. Dezbr. 1892 bis Jänner 1893. gr. 8. (III, 234 S.) Wien 895. Wiener Volksbuchh. n. 2. —

Protokoll, stenograph., d. v. k. k. Finanzministerium abgehaltenen Enquête üb. die Einführung e. Warenumsatzsteuer. Lex.-8. (IV, 71 S.) Wien 896. (Hof- u. Staatsdruckerei.) n. 1. 20

Protokoll (Stenogr.) über die am 30. April bis 8. Mai im Gewerbeausschusse des Abgeordneten-Hauses stattgehabte Enquête über die Arbeitergesetzgebung. 4°. Wien 1883.

Protokoll, stenographisches, der 1905 von der Prager Handels- und Gewerbekammer veranstalteten Enquête betr. die Frage der Kanalisierung oder Regulierung der Elbe von Wegstädtl bis Aussig etc. (74 S) Prag 1905

— stenograph., der vom k. k. Handelsministerium durchgeführten Enquête üb. das kleingewerbliche Creditwesen. gr. 4. (XV, 264 S.) Wien 900. A. Hölder. n. 2. —

Protokoll, stenographisches, der Enquête, betreffend Kanalisierung oder Regulierung der Elbe von Wegstädtl bis Aussig. (74 S) Prag 1905

— stenograph., der Enquete üb. die Landesfinanzen. 7. bis 12. III. 1908. (XXXI, 291 S.) Lex. 8. Wien 908. (Hof- u. Staatsdruckerei.) 3. —

— stenographisches, üb. die im k. k. Ministerium des Innern am 18., 19., 20. u. 21. IV. 1900 abgeh. pharmaceutischen Enquête. gr. 8. (92 S.) Wien 900. A. Hölder. n. 1. —
Sonderabdruck aus: „Das österreich. Sanitätswesen".

— stenograph., d. v. k. k. Ministerium d. Innern veranst., in d. Zeit v. 19. III. bis 21. V. 1897 abgehalt. Enquête üb. d. Reform d. Krankenversicherungsgesetzes. Lex.-8. (XIX, 477 S.) Wien 897. (Hof- u. Staatsdruckerei.) n. 5.

Protokoll, stenographisches, der Enquete üb. d. Pressgesetzentwurf (eingebracht in der Sitzung des Abgeordnetenhauses am 11. VI. 1902), veranstaltet vom Journalisten- u. Schriftstellerverein „Concordia". (IV, 129 S.) gr. 8. Wien 903. (Manz.) n. 1. 60

(F) **Stenographisches Protokoll** der Enquête über die Reform der Gebäudesteuer November-Dezember 1903. 4°. (XXIX, 773 S.)
Wien: Hof- u. Staatsdruckerei 1904.

Protokoll, stenogr., üb. die Enquête, betr. die Reform des börsemäßigen Terminhandels m. landwirtschaftl. Producten. 3 Bde. m. Register. Lex.-8. (XXX, 648; 675, 784 u. IV, 56 S. m. 12 Diagrammen.) Wien 901. (W. Frick.) n. 20. —

— stenographisches, der Enquete in Angelegenheit des Spirituskontingents, abgeh. am 26., 27. u. 28. III. 1908 im Parlamentsgebäude. (IX, 104 S.) Lex. 8. Wien 902. (Hof- u. Staatsdruckerei.) — 50

— stenographisches, der vom Subcomitó des socialpolitischen Ausschusses veranstalteten Enquête, betr. die Verkürzung der Arbeitszeit im Bergbaue. Abgeh. am 5., 6. u. 8. III. 1900. Fol. (189 S.) Wien 899. (Hof- u. Staatsdruckerei.) n. 1. —

Protokoll, Stenographisches, über die in der Zeit vom 14. bis 19. März 1898, abgeführten Verhandlungen der von der Prager Handels- und Gewerbekammer veranstalteten Enquête behufs Feststellung der Ursachen des Niederganges unserer Industrie und das Mittel zur Abhilfe. Gr.-8. (XV, 326 S.) In Comm. * 1.20
Prag: Rivnac 1898.

Protokoll, Stenographisches, der am 13., 15. und 19. Januar 1897 im landwirthschaftlichen Ausschusse des Abgeordnetenhauses stattgehabten Expertise über den Terminhandel in Getreide. Lex.-8. (64 S.) —.20
Wien: Hof- u. Staatsdruckerei 1897.

Protokoll (Stenographisches) der im Gewerbe-Ausschuss des Abgeordneten-Hauses am 12., 14. u. 15. Dec. 1891 stattgehabten Expertise über die Lage des Schuhmachergewerbes. 8°. Wien 1892.

— stenographisches, der Expertise üb. die Grundzüge e. neuen Weingesetzes. Veranstaltet vom Weinkulturausschusse am 29., 30. u. 31. III. 1905. (IX, 135 S.) Lex.-8. Wien 905. (Hof- u. Staatsdruckerei.) n. 1. —

Stenographisches Protokoll der am 11. April 1888 im Subkomitee des Branntweinsteuer-Ausschusses (des österr. Abgeordnetenhauses) stattgehabten Expertise. Einberufen zur Aufklärung über die Fragen der Likörfabrikation, der Preßhefeerzeugung, des Exportes etc. Gr. 4°. 37 S. 1888.

— stenographisches, der Gewerbe-Enquête im österreichischen Abgeordnetenhause, sammt geschichtl. Einleitg. u. Anh. Zusammengestellt v. Alfr. Ebenhoch u. Engelbert Pernerstorfer. Lex.-8. (X, 1204 S.) Wien 893. (Hof- u. Staatsdruckerei.) n. 6. 40

Protokoll, Stenographisches Haus der Abgeordneten. XIII. Session. 1. (Eröffnungs-Sitzung, am 23. September 1897. Lex.-8. (61 S.) Pro 100 Bogen 3.—, mit Postzusendung 4.—
Wien: Hof- u. Staatsdruckerei 1897.

Protokoll. Stenographisches. Haus der Abgeordneten. XV. Session, sammt Beilagen. Lex.-8. Pro 100 Bog. 3.— no., mit Postzus. 4.— no.
Wien: Hof- u. Staatsdruckerei 1898.

— stenographisches, der am 31. X. 1905 vor dem k. k. Schwurgerichtshofe zu Wien durchgeführten Hauptverhandlg. üb. die Privatklage des Adalbert Grafen Sternberg gegen Fritz Austerlitz wegen Vergehens der Ehrenbeleidigung. (201 S.) gr. 8. Berlin 906. Herm. Walther. n. 2. —

— — Herrenhaus. XV. Session, sammt Beilagen. Lex. 8. Pro 100 Bogen 3.— no, mit Postzusendung 4.— no.
Wien: Hof- u. Staatsdruckerei 1898.

(F) Stenographisches Protokoll. Herrenhaus. XVI. Session. Wien. Hof- und Staatsdruckerei. 4°. Erscheint nach jeder Sitzung. Pro 100 Bogen fl. 3.—, mit Postzusendung fl. 4.—. Einzelne Sitzungen pro Bogen fl. —.03

Protokoll (Stenographisches) über den Kongress der Arbeiter in den Lebensmittelbranchen Oesterreichs am 5.—6. April (Ostern) 1896 in Wien. Nebst Anhang. 8⁰. Wien, „Zeitgeist", 1896.

(F) Stenographisches Protokoll des Landtages für das Erzherzogthum Österreich unter der Enns. IV. Session der VIII. Wahlperiode. 1899. [Wien. 1900. Hof- und Staatsdruckerei.] Gr.-8°. erscheint nach Bedarf.
K —.08, pro 100 Bogen K 8.—, mit Postzusendung K 10.—

—— stenographisches, des 5. allgemeinen österreichischen Lehrertages in Klagenfurt 1872. gr. 8. (79 S.) Klagenfurt 873, Bertschinger und Heyn. *

— stenografisches, der in Troppau abgehaltenen schlesischen Lehrerversammlung am 9. Juli 1868. Teschen 868. Prochaska. gr. 16. (43 S.) 6 *ngr.*

— stenographisches, u. Materialien der Enquete betr. die Einführung der Achtstundenschicht u. die Verlängerung der Sonntagsruhe im Bergbau u. die Regelung der Lohnzahlung beim Bergbau. Abgeh. vom Unterausschusse des sozialpolit. Ausschusses in der Zeit vom 26. bis 29. X. 1908. (XX, 269 S.) Lex. 8. Wien 909. Hof- u. Staatsdruckerei. 1.40

— stenographisches, der Plenarversammlung der Zentralstelle der vereinigten Handels- u. Gewerbekammern u. des Zentralverbandes der Industriellen Oesterreichs zur Vorbereitung der Handelsverträge, s.: Mitteilungen der Zentralstelle usw. zur Vorbereitung der Handelsverträge. Nr. 21.

Protokoll (Stenographisches) des 1. Tages d. österreichischen Handelsangestellten in Wien am 7.—8. Sept. 1890. 8⁰. Wien, Verlag des Vereins österr. Handelsangestellter, 1890.

— stenographisches, der Verhandlungen des II. österr.-ungar. Bäckertages in Wien vom 2. bis 4. April 1893. 8. (124 S.) Wien 893. (1. Wiener Volksbuchh., J. Brand.) n. 40

Protokoll, stenograph., üb. d. in d. Zeit v. 14. bis 19. III. 1898 abgeführten Verhandlgn. d. v. d. Prager Handels- u. Gewerbekammer veranst. Enquête behufs Feststellg. d. Ursachen d. Niederganges uns. Industrie u. d. Mittel zur Abhilfe. gr. 8. (XLI, 326 S.) Prag 898. (F. Řivnáč.) n. 2.40

Protokoll, Stenographisches, über die Verhandlungen der am 17., 18. und 19 Februar 1896 beim K. K. Ackerbauministerium abgehaltenen Expertise, betreffend die Kollisionen zwischen Bergbau und Grundbesitz mit spezieller Berücksichtigung der Verhältnisse im Brüx-Teplitzer Braunkohlen-Reviere. Wien, 1896. 123 S.

Protokoll, Stenographisches, über die Verhandlungen des ersten österreichisch-ungarischen Feuerwehrtages zu Klgft. Klgft., Leon, 1869. 16 S.

— stenographisches, üb. die Verhandlungen des unter dem höchsten Protektorate Sr. k. u. k. Hoh. d. durchlauchtigsten Hrn. Erzherzogs Franz Ferdinand u. dem Ehrenpräsidium Sr. Exz. des Hrn. Ackerbauministers Ferdinand Grafen Buquoy-Longueval abgeh. internat. Fischerei-Kongresses Wien 1905. (412 S. m. Abbildgn. u. 1 farb. Taf.) gr. 8. Wien 906. (C. Fromme.) n. 4.25

Protokoll, Stenographisches, über die Verhandlungen des I. kärnt. Ortsgruppentages des Deutschen Schulvereines in Klgft. am 11 Dec. 1887. Klgft., Leon, 1888. 32 S.

Protokoll, Stenographisches, über die Verhandlungen des zweiten deutsch-österreichischen Städtetages in Villach. Villach, Bertschinger in Klgft., 1903. Quart. 106 S.

— stenographisches, der Verhandlungen des II.—IV. Zionisten-Congresses. gr. 8. Wien (IX., Türkenstr. 9), Verein „Erez Israel". à n. — 70
II. Geh. zu Basel vom 28.—31. VIII. 1898. (257 S.) 898.
III. Geh. zu Basel, 15.—18. VIII. 1899 (262 S.) 899.
IV. Geh. in London 13., 14., 15. u. 16. VIII. 1900. (302 S.) 900.

— dasselbe V. in Basel, 26., 27., 28., 29. u. 30. XII. 1901. gr. 8. (469 S.) Wien (901). (Brünn, Krautmarkt 11, Jüd. Buch- u. Kunstverlag.) n. 2.40

Protocoll. Stenographisches Protokoll der Verhandlungen des 6. Zionisten-Kongresses in Basel 23., 24., 25., 26., 27. und 28. August 1903. [Mit illustriertem Umschlag.] 368 S. 8. Wien, Buchdr. «Industrie», Verlag des Vereines «Erez Israel», 1903.

- stenographisches, der Verhandlungen des VIII. u. IX. Zionisten-Kongresses. gr. 8. Köln. Berlin, Jüdischer Verlag. à 1.—
VIII. Im Haag vom 14.—inkl. 21. VIII. 1907. (438 S.)
IX. In Hamburg vom 26.—inkl. 30. XII. 1909.

— stenographisches, der im k. k. arbeitsstatistischen Amte durchgeführten Vernehmung von Auskunftspersonen üb. d. Arbeitszeit in Banken, Kredit- u. Versicherungsanstalten. (IX S. u. 46 Sp.) 4. Ebd. 905. n. — 50

— dasselbe in Fabriksniederlagen. (VIII S. u. 34 Sp.) 4. Ebd. 905. n. — 50

— dasselbe im Speditionsgewerbe. (XV S. u. 140 Sp.) 4. Ebd. 905. n. 1. —

— stenograph., der im k. k. arbeitsstatist. Amte durchgeführten Vernehmung v. Auskunftspersonen üb. die Verhältnisse in der Kleider- u. Wäscheconfection. gr. 4. (XXII S., 734 Sp. u. 34 Sp.) Wien 899 A. Hölder. n. 4.80

— stenographisches, der im k. k. arbeitsstatistischen Amte durchgeführten Vernehmung v. Auskunftspersonen üb die Verhältnisse im Schuhmachergewerbe. (XXIV S., 1296 Sp. u. 68 S.) Lex.-8. Wien 904. A. Hölder. n. 6.—

Protokoll, Stenographisches, der am 10. August 1883 in Villach zusammengetretenen freien Versammlung von Forstwirthen der Alpenländer. Klgft., Bertschinger, (1883). 87 S.

Allgemeiner Wassertag veranstaltet von d. Alpenländischen Sektionen d. Bundes Österreichischer Industrieller. Salzburg, 25. u. 26. März 1909. Stenographisches **Protokoll**. Wien: Manz (1909). 308 S. 4°(8°) [illegible]

Protocoll der am 21. Januar 1866 stattgehabten 125jährigen Stiftungsfeier der Gr. Mutter-Loge der Freimaurer gen. Zur Sonne im Or. von Bayreuth. [Bayreuth 1866: Burger.] 18 S. 2⁰ [Kopftit.]
Tt. 153. Vortrag von F. v. Feustel: Wesen u. Wert der Frmrei, Festrede von K. Kolb: Mahnung z. Milde im Urteil, Bescheidenheit, Demut, Liebe u. Dankbarkeit, u. Gesch. der Loge v. A. Redlich.

Protokoll über das 130. Stiftungsfest der Grossloge zur Sonne im Or. von Bayreuth. Bayreuth 1871: Burger. 63 S. 8⁰ [Umschlagtit.]
Tt. 2159. Reden von F. v. Feustel, F. Redlich, K. Kolb.

Protocoll des Stiftungsfest-Jubiläums der Loge „Zur Bruderkette" in Hamburg, Sonntag den 15. Dec. 1872. [Hamburg 1872.] 8 S. 8⁰ [Kopftit.]
Tt. 2161.

[Protokoll über den bayerischen Stuhlmeistertag.]
7. Juli 1896 in Nürnberg. 9 S. 8°.
28. November 1909 in Bayreuth. 8 S. 4°.

[Protokoll der Württ. Stuhlmeisterversammlung.]
14. Oktober 1906 in Reutlingen. 2 Bl. 2°.
14. Mai 1908 in Ludwigsburg. 3 Bl. 4°.
29. Oktober 1911 in Stuttgart. 2 Bl. 2°.
10. März 1914 in Ulm. 5 S. 8°.
5. April 1914 in Heilbronn. 11 S. 8°.
28. März 1915 in Ludwigsburg. 7 S. 8°.
30. Januar 1916 in Reutlingen. 16 S. 8°.
28. Oktober 1917 in Ulm. 10 S. 8°.
10. November 1918 in Stuttgart. 11 S. 8°.

Protokoll der 5. Superintendential-Versammlung der evangelischen Wiener Superintendenz A. C. zu Klgft. 1877. Klgft., Bertschinger & Heyn, 1878. Quart. 27 S.

Protokoll der 6. Superintendential-Versammlung der evangelischen Wiener Superintendenz A. C. zu Graz 1880. Klgft., Bertschinger & Heyn, 1881. Quart. 16 S.

Protokoll der 10. Superintendential-Versammlung der Wiener evangelischen Superintendenz A. B. in Wien 1892. Klgft., Bertschinger, 1893. Quart. 61 S.

63. **Protokoll** der Synode der Zürcher. Geistlichkeit. Die Verhandlungen d. ordentlichen Versammlung vom 5. u. 6. November 1878. In-8⁰, 60 S. Zürich, Zürcher & Furrer. 1878.

Protokoll der 64. Synode der Zürcher Geistlichkeit. In-16⁰, 104 S. Zürich, Druck von Zürcher & Furrer. 1880.

Protokoll (66.) der Synode der Zürcher Geistlichkeit. In-16⁰. 26 S. Druck von Zürcher & Furrer. 1881.

Protokoll der Synode der zürcherischen Geistlichkeit. LXX. Die Verhandlungen d. ausserordentlichen Versammlung vom 10. Juni 1884. In-8⁰, 62 S. Zürich, Druck von Zürcher & Furrer.

Protokoll der Synode der zürcherischen Geistlichkeit, LXXI. Die Verhandlungen d. ordentlichen Versammlung vom 4. Nov. 1884. In-8⁰, 171 S. Zürich, Druck von Zürcher & Furrer. 1885.

Protokoll der Synode der Zürch. Geistlichkeit. 72. Die Verhandlungen der ord. Versammlg. vom 3. November 1885. In-8⁰, 133 S. Druck v. Zürcher & Furrer. 1886.

Protokoll (Verhandlungs-Protokoll) der . . . ordentlichen Synode der Propstei Nordtondern. Tondern. 8°
1 ff., 1879 ff.

Protokoll (Verhandlungsbericht) der . . . ordentlichen Synode der Propstei Plön. Schönberg. 8°
22 ff., 1903 ff.

Protokoll des Tabakarbeiterkongresses, nebst Ergebnissen über Lohn- und Arbeitsverhältnisse, abgehalten zu Berlin vom 29.—31. Januar 1906. Hrsg. von der Zentralkommission der Tabakarbeiter Deutschlands. 8⁰. Berlin, Karl Butry, 1906.

Protocoll am Tage der Installations-Feier der unabhängigen Grossloge des Königreichs Hannover. Geschehen im Or. von Hannover, am 1sten Nov. 1828. [Hannover 1828.] 10 Bl. 4⁰
Festrede von W. Blumenhagen: Üb. die Frmrei im Or. Hannover.

Verband d. Maler, Lackierer, Anstreicher, Tüncher u. Weißbinder Deutschlands. **Protokoll** der Tarifverhandlungen im Malergewerbe. [1] ... (u. der Ausserordentlichen ⟨XIII.⟩ Generalversammlung ...). Hamburg: Tobler 1910. 8°
[Umschlagt.:] Protokolle der Tarifverhandlungen im Malergewerbe ... (u. d. Außerordentlichen ⟨XIII.⟩ Generalversammlung ...) (to. 11816

— des VI. allgemeinen deutschen Taubstummen-Kongresses zu Leipzig im Saale des Krystallpalastes. Pfingsten 1905. (58 S.) 8. Leipzig (905). (H. Dude.) n. 1.50

Protokoll des Ersten österreichischen Textilarbeitertages in Brünn. 8⁰. Reichenberg i. B., 1891.

Protokoll, aufgenommen vom 11. bis 14. Oktober 1910 über die Trassenrevision, politische Begehung u. Enteignungsverhandlung bezüglich des Projektes einer Hauptbahn von Launsdorf über Goggerwenig nach St. Veit a. d. Glan. Klgft., v. Kleinmayr, 1910. Folio. 20 S.

Protokoll über die Trassenrevision, politische Begehung u. Enteignungsverhandlung bezüglich des Projektes der Stadtgemeinde Klgft. für eine elektrische Straßenbahn in Klgft. u. von da zum Wörthersee. Klgft., v. Kleinmayr, 1909. Folio. 26 S.

Protokoll über die Trassenrevision, politische Begehung u. Enteignungsverhandlung bezüglich des Variantenprojektes für die Teilstrecke von *km* 3·0 bis zum Endpunkte der elektrischen Kleinbahn vom Vorplatze des Hauptbahnhofes in Klgft. bis zur Militär-Schwimmschule am Wörthersee. Klgft., v. Kleinmayr, 1910. Folio. 19 S.

Protokoll über die Trassen-Revision, betreffend die Localbahn Klgft.—Unterloibl. Klgft., Bertschinger, 1899. Quart. 33 S.

Protokoll über die Trassenrevision der projektierten normalspurigen Lokalbahn von der Station Feldkirchen der Linie Amstetten—Pontafel nach Himmelberg. Klgft., Röschnar, 1906. Folio. 8 S.

Protokoll über die Trassenrevision der projektierten Schmalspurbahn Spittal a. d. Drau nach Gmünd. Klgft., Röschnar, 1906. Folio. 11 S.

Protokoll über die Trassenrevision u. Stationskommission, betreffend das Projekt für eine doppelgleisige Hauptbahn von Treibach-Althofen nach Stadt St. Veit a. d. Glan. Klgft., v. Kleinmayr, 1908. Folio. 16 S.

Protokoll über die Trassenrevision u. Stationskommission, betreffend das Projekt für eine schmalspurige Lokalbahn mit elektrischem Betriebe von Spittal a. d. Dr. nach Gmünd. Klgft., v. Kleinmayr, 1908. Folio. 17 S.

Protokoll über die Trassenrevision u. Stationskommission für die projektierte Lokalbahn Radenthein—Pusarnitz. Klgft., v. Kleinmayr, 1910. Folio. 14 S.

Protokoll, betreffend die Trassenrevision u. Stationskommission der Linie Völkermarkt-Kühnsdorf nach Völkermarkt. Klgft., v. Kleinmayr, 1908. Folio. 19 S.

Puschkin, Alex.: **Protokoll der am 8. Juni unter dem Vorsitze des stellv. Grossmeisters Feustel stattgehabten Trauerarbeit [für Alexander Puschkin]. Bayreuth [1881?]: Burger. 5 S. 4°.** 21.

Protokoll der Trauerfeier für den verewigten Br. Feod. Löwe. Bayreuth, am 27. Juli 1890. [Bayreuth 1890]: Mühl. 17 S. 8°
Gedächtnisrede von A. Seyfferth.

Protokoll rücksichtlich der Uebergabe und Uebernahme der Waaren in den Grenzstationen und der Haftung für Abgänge und Beschädigung der Waaren-Kollien auf der nördlichen und südöstlichen k. k. Staatseisenbahn im Verkehr mit der a. p. Kaiser Ferdinands-Nordbahn. 8. (12 S.) Aus der k. k. Hofbuchdruckerei von Gottlieb Haase Söhne. 1854.

Protokoll d. 3. Verbandstages d. württ. Bäckerverbandes in Ulm 1883. Stuttgart 1883

Protokoll vom Verbandstag der württembergischen Gewerbevereine. 36. 37. 39-47. 4° Stuttgart. Göppingen 1894-05

Protokoll des ... ordentlichen Verbandstages des Deutschen Holzarbeiter-Verbandes. 1. Stuttgart 1895: Dietz. 8° [io. 17173

Protokoll des ordentl. Verbandstages des Verbandes der Fabrik-, Land- und gewerbl. Hilfsarbeiter Deutschlands. 1. Hannover: Brey (1892). 8° [io. 12957

Protokoll des Verbandstages des Verbandes der auf der Grundlage des gemeinschaftlichen Eigentums stehenden deutschen Baugenossenschaften. 3,1899 - 6,1902. 9,1905 - 18,1914. Berlin 1900-14. 96K

Protokoll des Verbandstages des Verbandes der Bureauangestellten und der Verwaltungsbeamten der Krankenkassen und Berufsgenossenschaften Deutschlands sowie d. voraufgegangenen 7. Verbandstages d. Verbandes d. Verwaltungsbeamten d. Krankenkassen u. Berufsgenossenschaften Deutschlands u. d. 3 Generalversamml. d. Zentralver. d. Bureauangestellten Deutschlands. Berlin (1908). 8°.

Protokoll vom Verbandstag des Verbands der württ. Gewerbevereine. 48-54. 4° Göppingen 1906-12

Protocoll. Protokoll der Verbandsversammlung schweizerischer Arbeitsämter und der 2. Konferenz betr. öffentliche Arbeitsvermittlung den 1. und 2. September 1906 im Stadthaus Zürich. 30 S. 4. Zürich, Conzett & Cie., 1906.

— der 3. **Verbandsversammlung schweizer. Arbeitsämter Sonntag, den 24. X. 1909, vorm. 9 Uhr im Grossratssaale in Freiburg. (67 S.) gr. 8. Zürich 910. (Buchh. des schweiz. Grütlivereins.) — 60**

Protokoll des bayer. Vereins zur Pflege u. Unterstützung im Felde verwundeter u. erkrankter Krieger. München 1870. 78 S.

(14: Verein schweizer. Eisenbahn- und Dampfschiff-Angestellter.) Protokoll.... 4.
... über die 13. Abgeordneten-Versammlung am 8. und 9. Juni 1901 in Baden.... 11 S.
... über die 14. Abgeordneten-Versammlung am 26. und 27. April 1902 in St. Gallen.... 8 S.

Protocoll d. landwirths. Vereins f. *Süd-Schleswig*, gehalten am 7. Juli 1864 in Eckernförde. U. St. [1864]. 8 S. P.

— des Vereinigungs-Congresses der Sozialdemokraten Deutschlands, abgehalten zu *Gotha*, vom 22.—27. Mai 1875. Leipzig, Genossenschaftsbuchdr., 1875. Kl. 8°. 109 S. Cart.

— nach stenograph. Aufzeichnungen verfasstes, d. am 3., 4., 5., 6., 7. Oktbr. 1885 in Budapest abgeh. internationalen landwirthschaftlichen Congresses. Hrsg. durch das Executiv-Comité. gr. 8. (XX, 275 S.) Budapest 886. (Wien, Frick.) n. 4. —

— über die v. 15. VI. bis inkl. 4. VII. 1908 vorgenomm. Verhandlung über das Projekt des Ignaz Rüsch, Maschinenfabrikant, u. Leopold Rhomberg, Ingenieur in Dornberg, betr. das Millstätter Seewerk u. die Wasserversorgung der Marktgemeinde Spittal. Hrsg. v. der k. k. Landesregierg. f. Kärnten. (196 S.) 33,5×21 cm. Klagenfurt 908. (F. v. Kleinmayr.) 4. —

Protokoll über die Verhandlungen der Abgeordneten von 7 Weinbau treibenden Ständen. Bern 1866.

Protokoll über die Verhandlungen der Abgeordneten deutscher Turnvereine auf dem Turntage zu Eisenach, 26.—27. 8. 1849, 16 S., 8°.
(Tar.): Statuten d. Allgem. Dtsch. Turnerbundes, S. 14—15, Braunschweig 1849, 16 S., 8°.

— über die Verhandlungen des Allg. Deutschen sozial-demokrat. Arbeiterkongresses zu *Eisenach*, am 7.—9. Aug. 1869. Stenogr. niedergeschr. von *H. Roller* in Berlin. Bearb. u. redig. von der Redakt.-Kommiss. d. Kongresses, Dr. *Walster* in Dresden. *W. Liebknecht*, *A. Bebel* u. *E. Werner* in Leipzig. Leipzig, F. Thiele, 1869. 8°. Cart.
1 Bl. u. 32 S.

Protokoll der Verhandlungen des deutschen Arbeiterkongresses. Abgeh. am 25. u. 26. X. 1903 in Frankfurt a. M. (83 S.) gr. 8. Cöln (903). Verlag des Generalsekretariates der christl. Gewerkschaften. n. — 50

— der Verhandlungen des deutschen Arbeiterkongresses, Fortsetzg., s.: Bericht üb. die Verhandlungen des deutschen Arbeiterkongresses.

Protokoll über die Verhandlungen der Arbeiter-, Kranken- und Invaliden-Unterstützungs-Vereine Oesterreich-Ungarns. 8°. Wien 1882.

— über die Verhandlungen deutscher Bahnärzte, Fortsetzg., s.: Bericht üb. d. Verhandlungen d. Verbandstages deutscher Bahnärzte.

Protokoll der Verhandlungen des zweiten deutschen Bauarbeiterschutz-Kongresses. Abgeh. zu Berlin im „Gewerkschaftshause" vom 29.—31. III. 1903. 8°. Hamburg, M. Josephson, 1903.

— der Verhandlungen des 2. deutschen Bauarbeiterschutz-Kongresses. Abgeh. zu Berlin im „Gewerkschaftshause" vom 29. bis 31. III. 1903. (Einbandtitel: Bauarbeiterschutz.) (266 S.) 8. Hamburg (6) (903). Zentralkommission f. Bauarbeiterschutz G. Heinke. Geb. in Leinw. n. 1. 50

Protokoll über die Verhandlungen des Bergarbeiterdelegiertentages für Preussen (einberufen von der Siebenerkommission), abgehalten von Dienstag den 28. März bis Donnerstag den 31. März 1905 im Gewerkschaftshause. 8°. Berlin, Bochum-Essen, Verlag der Siebener-Kommission, 1905.

Protocoll der Verhandlungen der Bevollmächtigten der Könige von Preussen und von Dänemark, um die Grundlagen eines endlichen Friedens festzustellen. Berlin, 10. Juli 1849 mit Wortlaut der Waffenstillstands-Convention von demselben Datum und Schreiben an die Statthalterschaft vom 12. Juli 1849.) Fol.

Protokoll der Verhandlungen des Bundesturntages (D. Arbeiter-Turnbundes) v. 19.—21. 5. 1907 in Stuttgart, Leipzig 1907, 80 S., 8°.

Protokoll der Verhandlungen der Kreissynode Crossen a. O. II. [1.] Am 14. Mai 1907 in Bobersberg. Crossen a. O. (1907): Zeidler. 8°

Protocoll. Protokoll der Verhandlungen zwischen den Delegierten des Kantons Zürich und denjenigen des Kantons Schaffhausen über die Ausführung des bundesgerichtlichen Urteils vom 9. November 1897, betreffend die Hoheitsrechte am Rhein. Abgehalten den 11. Januar 1901 ... in Schaffhausen. (*Mit:* Staatsvertrag... *vom* 11. Januar 1901 *und* Schreiben An den Hohen Grossen Rat *von* Schaffhausen *vom* 4. März 1901.) 13 S. 8. [Schaffhausen, H. Meier & Cie.]

—— über die Verhandlungen des Delegirten-Congresses rheinischer und süddeutscher Handelskammern und Vereine am 10. Juli 1880 in Mannheim. gr. 4. (13 S.) Mannheim 880, (Hermann's Buchh.)

Protokoll über die Verhandlungen des I. Delegirten-tages des bayer. Handwerkerbundes zu München am 8. Oktob. 1883. 4°. 10 S. Cart.

Protokoll über die Verhandlungen des... Delegirten-Tages der Hoteldiener-Vereine Deutschlands. 1. *Berlin: R. Diesing 1903.* 8° [F.]

Protocoll. Protokoll über die Verhandlungen der Expertenkommission für die Bundesgesetzgebung über die Wasserkräfte, abgehalten ... in Bern ... den 9., ... 10. und 11. ... Januar 1907. 57 S. 8. [Bern, R. Suter, 1907.]

Protokoll über die Verhandlungen des ersten Allgemeinen Fachkongresses der Gastwirthsgehilfen Deutschlands. Abgeh. zu Berlin vom 6. bis zum 9. März 1900. [Mehr nicht erschienen.] Berlin: Kongreß-Ausschuß 1900. (128 S.) 8° [F.]

Protokoll über die Verhandlungen der Kreissynode Friedrichswerder II. [1.] Schöneberg 1902: Senß. 8°

Protokoll der Verhandlgn. d. ersten Gehilfentages d. Buch-, Kunst- u. Musikalienhandels in Oesterreich. Abgeh. in der „Ressource" zu Wien, am 7. IX. 1902. gr. 8. (12 S.) Wien 902. (Wiener Volksbuchh.) n. — 40

Protokoll über die Verhandlungen der am 30. April 1856 abgehaltenen achtundzwanzigsten General-Versammlung der Aktionäre der ausschl. privil. Kaiser Ferdinands Nordbahn. Gedr. bei den Edlen von Ghelen'schen Erben. (89 S. 4. Mit fünf Uebersichtstabellen.)

Protokoll über die Verhandlungen der am 27. Oktober 1856 abgehaltenen 29. (außerordentlichen) Generalversammlung der Aktionäre der ausschließlich privil. Kaiser Ferdinands Nordbahn. Gedruckt bei den Edlen v. Ghelen'schen Erben. (16 S. 4.)

Protokoll über die Verhandlungen der am 20. Mai 1857 abgehaltenen 30. Generalversammlung der Aktionäre der ausschl. priv. Kaiser Ferdinands Nordbahn, Gedruckt bei den Edlen v. Ghelen'schen Erben. (95 S. 4 Bl. 4.) (Mit 5 Tabellen.)

— der Verhandlungen der II. Generalversammlung der Gewerkschaft d. Tabakarbeiterinnen u. -Arbeiter Oesterreichs, abgeh. am 19. u. 20. V. 1907 im Verbandshause der Buchdrucker in Wien, VII. Bezirk, Seidengasse Nr. 17. (71 S. m. 1 Taf.) gr. 8. Wien 907. (Wiener Volksbuchh.) 1. —

Protokoll über die Verhandlungen der Generalversammlung des Industrie-Vereins des Kts. Zürich, 17. Okt. 1863.

Protokoll über die Verhandlungen der 11. General-Versammlung des Verbandes der katholischen Studenten-Vereine Deutschlands, gehalten vom 27. Juli bis 1. August 1878 zu München. Als Mspt. gedruckt. München 1878. 8°. 52 S. Cart.

— über die Verhandlungen des konstituirenden I. Genossenschaftskongresses in Olten, den 19. II. 1899. Hrsg. vom leit. Ausschuss des schweiz. Genossenschaftsbundes. 8. (104 S.) Zürich (899). (Buchh. des schweiz. Grütlivereins.) n. 1. —
Fortsetzung s.: Jahresbericht, z., vom Vorstand u. leitenden Ausschuss des schweizer. Genossenschaftsbundes.

— über die Verhandlungen des Gesammtparteitages der sozialdemokratischen Arbeiterpartei in Oesterreich. Abgeh. zu Wien vom 2. bis 6. XI. 1901. gr. 8. (204 S.) Wien 901. Wiener Volksbuchh. n. 1. —

— dasselbe. Abgeh. zu Aussig vom 15. bis 18. VIII. 1902. gr. 8. (140 S.) Ebd. 902. n. 1. —

— über die Verhandlungen des Gesamtparteitages der sozialdemokratischen Arbeiterpartei in Oesterreich. (Samt Anh., enth. das Protokoll üb. die Verhandlgn. der 2. sozialdemokrat. Frauenkonferenz.) Abgeh. zu Wien vom 9.—13. XI. 1903. (237 S.) gr. 8. Wien 903. Wiener Volksbuchh. n. 1. —

— dasselbe. Abgeh. zu Wien vom 30. X. bis zum 2. XI. 1905. (148 S.) gr. 8. Ebd. 905. n. 1. —

Protokoll über die Verhandlungen des christlichen Gewerkschaftskongresses zu München, 29. Juni bis 2. Juli 1902. 8°. M.-Gladbach, J. Giesberts, 1902.

— über die Verhandlungen des Württ. Handelskammertages. 1902. Stuttgart 1902

— üb. d. Verhandlgn. d. VIII. allgem. deutschen Handwerkertages u. d. X. Delegirtentages d. allgemeinen deutschen Handwerkerbundes zu Halle a. S. 21., 22., 23. u. 24. Apr. 1895. gr. 8. (241 S.) München 895. (J. Lindauer.) n. 1. —

Protokoll über die Verhandlungen der außerordentlichen Hauptversammlung des Allgemeinen Turnvereins zu Leipzig, 3. 9. 1864, Leipzig 1864, 20 S., 8°.

— der Verhandlungen des 1. allgem. Heimarbeiterschutz-Kongresses. Abgeh. zu Berlin im Gewerkschaftshaus am 7., 8. u. 9. III. 1904. (XVI, 228 S. m. 1 Tab.) 8. Berlin 904. Generalkommission der Gewerkschaften Deutschlands. n. — 60

Protokoll der Verhandlungen des 1. allgem. Heimarbeiterschutz-Kongresses. Abgeh. zu Berlin im Gewerkschaftshaus a. 7., 8. u. 9. März 1904. — Berlin: Legien 1904. XVI, 228 S. 8°

Protokoll über die Verhandlungen des deutschen Innungs- u. allg. Handwerkertages am 9. u. 10. April 1894 in Berlin. 8°. Berlin, Pionierbuchdr., 1894.

Protocoll. Protokoll über die Verhandlungen der Jury für Beurteilung der Entwürfe zu einer Rütligruppe im neuen Parlamentagebäude in Bern ... den 1. und 2. Mai 1905 (= Procès-verbal des délibérations du jury chargé de l'examen des projets présentés pour l'érection d'un groupe du Grutli au nouveau Palais du Parlement. Séances du ... 1er et du ... 2 mai 1905). [Mit 20 Photographien der Entwürfe auf 5 Tafeln.] 16 + 16 S. 4. ([Bern, Stämpfli & Cie.,] 1905.)

— über die Verhandlungen des 1. österreichischen Kinderschutzkongresses in Wien, s.a. Schriften des 1. österreichischen Kinderschutzkongresses Wien.

Protokoll über die Verhandlungen des ersten österr. Kinderschutzkongresses in Wien. 18. bis 20. März 1907. (Schriften des ersten österr. Kinderschutzkongresses Wien 1907. 3. Bd.) Gr.-8°. (XLVIII, 317 S.) Wien: Manz 1907.

Deutsch-Ev Kirchenverein d Westens. Protokoll d Verhandlungen d Dt-Ev Kirchen Vereins des Westens in seiner Jahres-conferenz im Juni 1857 in d Zionskirche in Evansville, Ind. Indianapolis, 1857.

— üb. die Verhandlungen der Kommission f. Arbeiterstatistik, s.a. Drucksachen der Kommission f. Arbeiterstatistik.

Protokoll über die Verhandlung der Kommission für Arbeiterstatistik. 1) Vom 23.—25. Juni 1892. 2) Dasselbe vom 3.—10. Febr. 1893. 3) Dasselbe vom 30. Juni — 3. Juli 1893. (Drucksachen der Kommission f. Arbeiterstatistik, Verhandlungen Nr. 1—3.) fol. Berlin 1893.

s.a. Protokolle

[F.] **Protokoll** über die Verhandlungen der Kommission für Arbeiterstatistik v. 14. Febr. bis 20. Febr. 1894 u. d. Vernehmung v. Auskunftspersonen üb. d. Arbeitszeit in Bäckereien u. Konditoreien. *Berlin: C. Heymanns 1894.* (1 Bl., 122 S.) 1 Bd 4.
— **Drucksachen** d. Kommission f. Arbeiterstatistik. Verhandlgn No 4.
[97. 1501

[F.] **Protokoll** über die Verhandlungen d. Kommission für Arbeiterstatistik v. 9. Nov. bis 20. Nov. 1894 u. d. Vernehmung v. Auskunftspersonen üb. d. Arbeitszeit, Kündigungsfristen u. Lehrlingsverhältnisse im Handelsgewerbe. *Berlin: C. Heymanns 1895.* (1 Bl., 29, 201 S.) 1 Bd 4.
— **Drucksachen** d. Kommission f. Arbeiterstatistik. Verhandlgn No 7.
[97. 1502

[F.] **Protokoll** über die Verhandlungen der Kommission für Arbeiterstatistik vom 10. u. 11. Dez. 1895. *Berlin: C. Heymanns 1896.* (2 Bl., 60 S.) 1 Bd 4.
— **Drucksachen** d. Kommission f. Arbeiterstatistik. Verhandlgn No 8a.
[96. 6813

[F.] **Protokoll** über die Verhandlungen der Kommission für Arbeiterstatistik v. 13. u. 14. März 1890. *Berlin: C. Heymanns 1896.* (1 Bl., 25 S.) 1 Bd 4.
— **Drucksachen** d. Kommission f. Arbeiterstatistik. Verhandlgn No 9.
[96. 6812

[F.] **Protokoll** über die Verhandlungen der Kommission für Arbeiterstatistik v. 14. bis 17. u. 20. bis 21. April 1896 u. die Vernehmg v. Auskunftspersonen üb. d. Verhältnisse in d. Kleiderkonfektion. *Berlin: C. Heymanns 1896.* (2 Bl., 208 S.) 1 Bd 4.
— **Drucksachen** d. Kommission f. Arbeiterstatistik. Verhandlgn No 10.
[96. 6810

[F.] **Protokoll** über die Verhandlungen der Kommission für Arbeiterstatistik v. 28. bis 30. April 1896 u. die Vernehmg v. Auskunftspersonen üb. d. Verhältnisse in der Wäschekonfektion. *Berlin: C. Heymanns 1896.* (1 Bl., 67 S.) 1 Bd 4.
— **Drucksachen** d. Kommission f. Arbeiterstatistik. Verhandlgn No 11.
[96. 6811

[F.] **Protokoll** über die Verhandlungen der Kommission für Arbeiterstatistik v. 9. u. 11. Jan. 1897. *Berlin: C. Heymanns 1897.* (1 Bl., 32 S.) 1 Bd 4.
— **Drucksachen** d. Kommission f. Arbeiterstatistik. Verhandlungen No 12.
[97. 7304

[F.] **Protokoll** über die Verhandlungen der Kommission für Arbeiterstatistik v. 29. Nov. bis 1. Dez. 1897 u. d. Vernehmg v. Auskunftspersonen über d. Arbeitszeit in Getreidemühlen. *Berlin: C. Heymanns 1898.* (1 Bl., 72 S.) 1 Bd 4.
— **Drucksachen** d. Kommission f. Arbeiterstatistik. Verhandlgn No 14.
[98. 6918

Protokoll über die Verhandlungen der Kommission für Arbeiterstatistik vom 17.—21. November 1898. Über die Verhältnisse der in Gasthaus und Schankwirtschaften beschäftigten Personen. 4°. 94 S. Berlin. 1899.

Protokoll üb. d. Verhandlgn d. Kommission z. Auswahl eines Petroleum-Probers. Berlin 1881. 4.

Protocoll. Protok' der Verhandlungen der nationalrätlichen Kommission betreffend Traktandum No. 40: Arbeitsnachweis und Schutz gegen Arbeitslosigkeit, in Zürich ... 6. Februar 1905.... 21 S. 4. [Bern, K. J. Wyss.]

Protokoll über die Verhandlungen der im Juli 1870 mit Vorberathung der Revision der Bundesverfassung vom 12. September 1848 beauftragten Kommission des schweizer. Nationalraths. XX, 298 Stn. u. 53 Stn. Beilagen.

Protokoll über die Verhandlungen der am 17. Juli 1873 mit Vorberathung der Revision der Bundesverfassung vom 12. Sept. 1848 beauftragten Kommission des schweiz. Nationalrathes. 150 Stn. 4.

Protokoll über die Verhandlungen der im Juli 1870 mit Vorberathung der Revision der Bundesverfassung vom 12. Septbr. 1848 beauftragten Kommission des schweizer. Ständeraths. 188 Stn. 4.

Protokoll über die Verhandlungen der am 18. Juli 1873 mit Vorberathung der Revision der Bundesverfassung vom 12. Sept. 1848 beauftragten Kommission des schweiz. Ständerathes. 96 Stn. 4.

Protocoll über die Verhandlungen der am 30. u. 31. August 1848 zu Leipzig gehalt. Conferenz. Nebst Beilagen. II. Mittheilung. gr. 8. (52 S.) Leipzig 849, Dörffling & Franke. 6 ngr (I., siehe: Abdruck.)

Protokoll über die Verhandlungen der Konferenz zur Beratung des Entwurfs eines Generaltarif-Vertrages für das Stukkateur- und Gipsergewerbe in Cassel. Abgehalten 1908. Hamburg: Selbstverl. d. beteiligten Organisationen 1908. 36 S. 8⁰

Zentralverband d. Maurer Deutschlands. **Protokoll** über die Verhandlungen der ersten Konferenz der im Zentralverband der Maurer Deutschlands organisierten Fliesenleger abgehalten 1907 in Hamburg ... Hamburg: Bömelburg 1908. 8° (10. 6251

— über die Verhandlungen der Konferenz der sozialdemokratischen Gemeindevertreter der Prov. Brandenburg. Abgeh. zu Berlin am 27. XII. 1898. 8. (46 S.) Berlin 899. Buchh. Vorwärts. n — 50

Protokoll über die Verhandlungen der in Sachen der Juragewässerkorrektion in Bern versammelten Konferenz. 2.—4. Nov. 1857.

Protokoll der Verhandlungen von der ... Konferenz des deutschen Krankenpflege-, Massage- u. Badepersonals. 1. (Berlin): Verband der in Gemeinde- u. Staatsbetrieben beschäft. Arbeiter. (1906). 8⁰

* **Protokoll** über die Verhandlungen der Konferenz der Landesdirektoren zu Hannover. 1891; Cassel. 1893; Merseburg. 1895; Berlin. 1898; Stettin (Heringsdorf). 1900: Posen, 1901: Düsseldorf. 1902: Danzig. 1903: Kiel, 1904: Hannover. 1905. Fol.

Protokoll über die Verhandlungen der Konferenz der Landesdirektoren in Cassel am 18. u. 19. Juni 1907. Cassel 1907: Gebr. Schönhoven. (V, 57 S.) 4°(2°) [F.] (07. 18190 3

Zentralverband aller in der Schmiederei beschäftigten Personen. **Protokoll** der Verhandlungen der 1. Konferenz der Sensen-Arbeiter Deutschlands nebst Bericht an die Konferenz. Abgehalten Dez. 1909 zu Frankfurt a. M. Hamburg: Vorstand d. Zentralverbandes 1910. 8° (10. 5556

-- über die Verhandlungen der 3. Konferenz sozialdemokratischer Stadtverordneten u. Gemeindevertreter der Prov. Brandenburg, abgeh. am 14. u. 15. II. 1909. (78 S.) gr. 8. Berlin 909. Buchh. Vorwärts. 1.—

— über die Verhandlungen der Konferenz der sozialdemokratischen Stadtverordneten u. Gemeindevertreter Groß-Berlins, abgeh. zu Berlin am 6. V. 1906. (61 S.) gr. 8. Berlin 906. Buchh. Vorwärts. n. 1.—

Protokoll der Verhandlungen des ersten Kongresses aller Angestellten im Gastwirthsgewerbe Deutschlands. Abgeh. zu Berlin v. 13. bis 16. März 1894. Versehen mit statist. Anh., sowie e. Nachw. d. Verf. (Hugo **Pötzsch**). [Mehr nicht erschienen.] Berlin: Agitations-Komm. d. Angestellten (1894). (64 S.) 8° [F.] (06. 10005

Protokoll der Verhandlungen des Kongresses des internationalen Genossenschafts-Bundes. 7,1907 - 8,1910. London: King; Berlin: Puttkammer & Muhlbrecht 1908-11.
Bisher u.d.T.: Mitteilungen uber den Kongress der internationalen Genossenschaftsallianz.

Protokoll der Verhandlungen des 7. Kongresses des internationalen Genossenschafts-Bundes in Cremona am 22. bis 25. IX. 1907. (VIII, 238 S.) gr. 8. London 908. (Berlin, Puttkammer & Mühlbrecht.) 3.—

— über die Verhandlungen des IV. u. V. Kongresses der christlichen Gewerkschaften Deutschlands. 8. Cöln, Verlag des Generalsekretariats der christl. Gewerkschaften. à n. — 50

IV. Abgeh. vom 29. VI.—2. VII. 1903 in München. (112 S.) München (903). — V. Abgeh. vom 17.—20. VII. 1904 in Essen-Ruhr. (175 S.) (904.)

— dasselbe, VI. Kongreß, s.u. Schriften usw. der christlichen Gewerkschaften Deutschlands.

Protokoll der Verhandlungen des 6. Kongresses der christlichen Gewerkschaften Deutschlands. Abgehalten vom 22.—24. Juli 1906 zu Breslau. 8⁰. Cöln 1906. (Schriften des Gesamtverbandes der christl. Gewerkschaften Deutschlands, Nr. 7.)

Protokoll der Verhandlungen des 7. Kongresses der christlichen Gewerkschaften Deutschlands. Cöln 1909. 8⁰.
7: in Cöln vom 18.—21. Juli 1909.
(Schriften d. Gesamtverbandes d. christl. Gewerkschaften Deutschlands.)

-- d. Verhandlgn. d. 1. Kongresses d. Gewerkschaften Deutschlands. Abgeh. zu Halberstadt am 14. bis 18. III. 1892 8. (95 S.) Hamburg 892. Generalkommission der Gewerkschaften Deutschlands, C. Legien. n. — 20

— dasselbe. 2. Kongreß. Abgeh. zu Berlin v. 4. bis 8. V. 1896. 8. (140 S.) Ebd. (896.) — 30

— der Verhandlungen des 3. Kongresses der Gewerkschaften Deutschlands. Abgeh. zu Frankfurt a. M.-Bockenheim v. 8. bis 13. V. 1899. 8. (232 S.) Hamburg (899). Generalkommission d. Gewerkschaften Deutschlands (C. Legien). 1.—

— der Verhandlungen des 4. Kongresses der Gewerkschaften Deutschlands. Abgeh. zu Stuttgart im Gewerkschaftshause vom 16. bis 21. VI. 1902. (XVI, 288 S. m. 1 Tab.) 8. Hamburg (902). Generalkommission der Gewerkschaften Deutschlands (C. Legien). n. 1.—

— der Verhandlungen des 5. u. 6. Kongresses der Gewerkschaften Deutschlands. Protokoll der Verhandlungen der 1. u. 2. Konferenz der Arbeitersekretäre. 8. Ebd. à 1.—

5. (1.) Abgeh. zu Köln a. Rh. vom 22.—27. V. 1905 bezw. 29. u. 30. V. 1905. (294 S.) (905.)
6. (2.) Abgeh. zu Hamburg vom 22.—27. VI. 1908 bezw. 21. u. 22. VI. 1908. (368 S.) 908.

--- dasselbe des außerordentlichen (7.) Kongresses, abgeh. zu Berlin am 25. u. 26. IV. 1910. (128 S.) 8. Ebd. 910. — 75

Vergl.: Schriften des Gesamtverbandes der christlichen Gewerkschaften Deutschlands.

-- der Verhandlungen des Congresses der Holzarbeiter u. der 4. Generalversammlung der Gewerkschaft der Holzarbeiter, abgehalten in *Nürnberg*, vom 4.—8. Oktob. 1873. Leipzig, Genossenschaftsbuchdr. Kl. 8°. 64 S. Cart.

Protokoll über die Verhandlungen den 1. internationalen Kongresses der Lithographen, Steindrucker und Berufsgenossen, mit einem Anhang des internationalen Federations-Entwurfes. Abgehalten in London am 3., 4. u. 5. Aug. 1896. 8⁰. Berlin, O. Sillier, s. a. (1897).

— der Verhandlungen d. Kongresses der Deutschen Rechtspartei. Abgeh. zu Frankfurt a. M. am 27. u. 28. Septbr. 1893. 8. (158 S.) Leipzig 894. Verlag der Akadem. Buchh. (W. Faber). n. 1.—

Protokoll über die Verhandlungen vom 7. Kongress der freien Vereinigung deutscher Gewerkschaften. Abgehalten vom 16.—18. April 1906 zu Berlin im Moabiter Gesellschaftshaus. 8°. Berlin, Franz Kater, 1906.

— der Verhandlungen des am 7., 8. u. 9. Octbr. in Leipzig stattgehabten Congresses von Vertretern u. Freunden der Grundsätze naturgemäßer Lebens- u. Heilweise. Im Auftrage des daselbst gegründeten Centralvereins hrsg. von dessen Vorstande Boruttau, L. Zeller, W. Meinert ꝛc. Leipzig 869. Priber. gr. 8. (VIII, 67 S.) n. 10 ngr.

— über die Verhandlungen des 2. österreich. Krankenkassentages. Abgeh. zu Wien im Saale des Hotel Savoy vom 27.—29. VI. 1904. (XXII, 175 S.) gr. 8. Wien 904. (Wiener Volksbuchh.) n.n. 2.—

— über die Verhandlungen des 3. österreichischen Krankenkassentages. Abgeh. zu Wien in Weigls altdeutschem Saal vom 13. bis 15. VIII. 1905. (XVII, 141 S.) gr. 8. Wien 905. (Wiener Volksbuchh.) 2.—

Protocoll. Protok' der Verhandlungen des siebenörtigen Kriegsraths, Sitzung vom 21. Juni 1847 in Brunnen *s.* Sammlung. In den Archiven ... zu Sitten befindliche S' auf den Sonderbund bezüglicher Akten, – abgeschrieben ... 1848 .... Nr. 8.

Schweizer. Kunstverein. Protokoll der Verhandlungen v. J. 1870/71. 63 Stn. 8. St. Gallen, Druck v. Zollikofer.

Protocoll der Verhandlungen des schweiz. Kunstvereins von den Jahren 1877—1879. In-8°, 72 S. Aarau, Druck von H. R. Sauerländer. 1879.

Protokoll über die Verhandlungen des schweiz. Nationalrathes betreffend Revision der Bundesverfassung. 1871/72. XXX, 677 und 185 Seiten. 4.

Protokoll üb. die Verhandlungen des Parteitages der deutschen sozialdemokratischen Arbeiterpartei in Oesterreich. Abgeh. zu Aussig vom 15. bis 18. VIII. 1902. (140 S.) gr. 8. Wien, Wiener Volksbuchh. 1902. 1.—

— über die Verhandlungen des Parteitages der deutschen sozialdemokratischen Arbeiterpartei in Oesterreich. Abgeh zu Salzburg vom 26.—29. IX. 1904. (184 S.) gr 8. Ebd. 904. n. 1.—

Protokoll über d. Verhandlungen d. Parteitages d. deutschen sozialdemokratischen Arbeiterpartei in Oesterreich. 1907 u. 1909. gr. 8. Wien, Wiener Volksbuchh. à 1.—
1907. Abgeh. in Wien vom 30. IX. bis zum 4. X. (239 S.) 907.
1909. Abgeh. in Reichenberg vom 19.—24. IX. Nebst Protokoll der 1. Reichskonferenz sozialdemokrat. Gemeindevertreter. Abgeh. am 25. IX. 1909 im Schützenhause zu Reichenberg. (321 S.) 909.

Protokoll über die Verhandlungen des Parteitages der schweizerischen sozialdemokratischen Partei.

— dasselbe der schweizerischen sozialdemokratischen Partei. 1904 u. 1905. 8. Zürich 905. (Buchh. des schweiz. Grütlivereins.) n. 1.40
1904. Abgeh. in der Tonhalle in Zürich am 20. u. 21. XI. Nebst: Prinzipienerklärung u. Arbeitsprogramm der sozialdemokr. Partei der Schweiz. (88 S.) 905. n. —60
1905. Vom 5. VIII. 1905, abgeh. im Großrats-Saale in Lausanne (58 S.) 905. n. —60

— über die Verhandlungen d. Parteitages der schweizer. sozialdemokratischen Partei. Zürich 1907—1909. (Buchh. des schweiz. Grütlivereins.) 1.70
1907. Außerordentlicher. Abgeh. am 22. IX. in Zug. (32 S.) 908. — 40
1908. Vom 28. u. 29. XI., abgeh. im Konzertsaal in Olten-Hammer. (70 S.) 909. — 80
1909. Am 23. u. 24. X., abgeh. im Saale zur „Linde" in Baden. (98 S.) Kl. 8. 910. — 50

Protokoll über die Verhandlungen d. Parteitages der sozialdemokratischen Partei Deutschlands. Abgeh. zu Halle a. S. vom 12. bis 18. Oktbr. 1890. 8. (320 S.) Berlin 891. Buchh. d. „Vorwärts". n. — 50

— dasselbe d. Parteitages abgeh. zu Erfurt vom 14. bis 20. Oktbr. 1891. 8. (368 S.) Ebd. 891. n. — 50

— dasselbe d. Parteitages abgeh. zu Berlin vom 14. bis 21. Novbr. 1892. 8. (304 S.) Ebd. 892. n. — 50

— dasselbe d. Parteitages abgeh. zu Köln a. Rh. vom 22. bis 28. Oktbr. 1893. 8. (287 S.) Ebd. 893. n. — 40

— dasselbe d. Parteitages abgeh. zu Frankfurt a. M. vom 21. bis 27. Oktbr. 1894. gr. 8. (192 S.) Ebd. 894. n. — 25

— über d. Verhandlungen d. Parteitages der sozialdemokratischen Partei Deutschlands. Abgehalten zu Breslau v. 6. bis 12. Oktbr. 1895. gr. 8. (223 S.) Berlin 896. Buchh. Vorwärts. n. — 30

— dasselbe. Abgeh. zu Gotha v. 11. bis 16. Oktbr. 1896. gr. 8. (192 S.) Ebd. 896. n. — 30; geb. n. — 50

— dasselbe. Abgeh. zu Hamburg v. 3. bis 9. X. 1897. gr. 8. (231 S.) Ebd. 897. n. — 35; geb. n. — 60

— dasselbe. Abgeh. zu Stuttgart v. 3. bis 8. X. 1898. gr. 8. (239 S.) Ebd. 898. n. — 35

— über die Verhandlungen des Parteitages der sozialdemokratischen Partei Deutschlands. (1899—1902.) gr. 8. Berlin, Buchh. Vorwärts. n. 2.20
1899. Abgeh. zu Hannover vom 9.—14. X. 1899. (304 S.) n. — 50
1900. Abgeh. zu Mainz vom 17.—21. IX. 1900. Mit e. Nachtrag: Bericht üb. die Frauenkonferenz am 16. u. 17. IX. in Mainz. (264 S.) n. — 50; geb. n. — 75
1901. Abgeh. zu Lübeck vom 22.—28. IX. 1901. (319 S.) n. — 60
1902. Abgeh. zu München vom 14.—20. IX. 1902. Mit e. Anh.: Bericht üb. die 2. Frauenkonferenz am 13. u. 14. IX. in München. (312 S.) n. — 60

— über die Verhandlungen des Parteitages der sozialdemokratischen Partei Deutschlands. 1903—1906. gr. 8. Berlin, Buchh. Vorwärts. n. 3.15
1903. Abgeh. zu Dresden vom 13.—20. IX. (448 S.) 903. n. — 75; geb. n. 1.—
1904. Abgeh. zu Bremen vom 18.—24. IX. (384 S.) 904. n. — 70
1905. Abgeh. zu Jena vom 17.—23. IX. (380 S.) 905. n. — 70; kart. n. 1.—
1906. Abgeh. zu Mannheim vom 23.—29. IX., sowie Bericht üb. die 4 Frauenkonferenz am 22. u. 23. IX. 1906 in Mannheim. (488 S.) 906. n. 1.—; kart. n. 1.25; geb. n. 1.50

— über die Verhandlungen des Parteitages der sozialdemokratischen Partei Deutschlands. 1907—1910. gr. 8. Berlin, Buchh. Vorwärts. 6.—; geb. 8.50
1907. Abgeh. zu Essen vom 15. bis 21. IX. 1907. (413 S.) 907. 1.—; kart. 1.25; geb. 1.50
1908. Abgeh. zu Nürnberg vom 13. bis 19. IX., sowie Bericht üb. die 5. Frauenkonferenz am 11. u. 12. IX. 1908 in Nürnberg. (568 S.) 908. 1.25; geb. 1.75
1909. Abgeh. zu Leipzig vom 12.—18. IX. (534 S.) 909. 1.25; geb. in Leinw. 1.75; Ausg. f. Bibliotheken, gr. 8. 2.50; geb. 3.50
1910. Abgeh. in Magdeburg vom 18.—24. IX. (507 S.) 911. 2.50; geb. 3.50

— dasselbe der sozialdemokratischen Partei Preußens Abgehalten zu Berlin vom 28.—31. XII. 1904. (136 S.) 8. Ebd. 905. n. — 30

-- üb. die Verhandlungen des Parteitages der sozialdemokratischen Partei Preußens. 1907 u. 1910. gr. 8. Ebd. à 2.—
1907. Abgeh. zu Berlin vom 21. bis 23. XI. (165 S.) 907.
1910. Abgeh. in Berlin vom 3.—5. I. (285 S.) 910.

PROTOKOLL über die Verhandlungen der Plenarversammlung des Ausschusses für das Studium der Errichtung einer gewerblich-technischen Reichsbehörde am Mittwoch, den 17. Mai 1905, mittags 12 Uhr, im Russischen Hof, Berlin, (o. O. o. Dr., ohne bes. Titelbl.) 8°.

Stadt Bern. Protokoll über die Verhandlungen des Preisgerichts für die Plankonkurrenz des projektierten Knabensekundarschulhauses auf dem Spitalacker. (1901 März 28/29.) [5 S.] 4.

Protokoll über die Verhandlungen der . . . ordentlichen Rendsburger Propstei-Synode. Hanerau. 8°
12, 1890. 24 ff., 1907 ff.

Protokoll über die Verhandlungen der . . . ordentlichen Propsteisynode für Südangeln.
4 u. 5. 1882 u. 1883. o. O. u. J. 4° geb. in 8°.
—— nebst dem in derselben erstatteten Bericht des Synodalausschusses über die kirchlichen und sittlichen Zustände des Bezirks.
6.—8. 1884—86. Kappeln. 1884—86. 8°.
Fortges. u. d. T.:
Verhandlungen der . . . ordentlichen Synode der Propstei Südangeln in Süderbrarup.
9 ff. Kappeln. 1887 ff. 8°.

Protokoll über die Verhandlungen der Redaktions-Kommission des aargauischen Verfassungsrathes, vom 28. März 1885 In-fol., 16 S. Aarau, Sauerländer.

— über die Verhandlungen des IV. österr. Schuhmacher-Tages der Gehilfen, abgeh. am 7. u. 8. Septbr. 1890 in Wien. Hrsg. v. Jul. Popp. 8. (65 S.) Wien 890. (1. Wiener Volksbuchh., J. Brand.) n. — 40

Protokoll der Verhandlungen vom Allgemeinen Schutzkongress für alle in der Schiffahrt und im Schiffbau beschäftigten Arbeiter. 1. 1906. Hamburg: P. Müller (1906). 8° [F.] [oG. 3080]

-- der Verhandlungen vom I. allgemeinen Schutzkongreß f. alle in der Schiffahrt u. im Schiffbau beschäftigten Arbeiter. Abgeh. in Berlin vom 19. bis 21. III. 1906, im Gewerkschaftshaus, Engelufer 15. (157 S.) 8. Hamburg (907). (Leipzig, Leipziger Buchdruckerei.) 1. 50

Protokoll über die Verhandlungen der socialdemokratischen Stadtverordneten und Gemeindevertreter Gross-Berlins, abgehalten zu Berlin am 6. Mai 1906. gr. 8°. Berlin, Buchh. Vorwärts, 1906.

Protokoll der Verhandlungen des 6.—7. oberrhein. Stuhlmeistertages zu Strassburg i. Elsass. Strassburg i. E.: Strassburger Neuest. Nachrichten [1909 bis 1910]. 8° [Umschlagtit.]
6. am 7. Febr. 1909. 14 S.
7. am 13. Febr. 1910. 14 S.

Protokoll über die Verhandlungen der Kreissynode Tangermünde. [1.] 1893 in Stendal. Tangermünde (1893): Lutzack. 8°

Protokoll über die Verhandlungen des Verbandstages des württembergischen Genossenschaftsverbandes. 1895. 97. Ulm 1895. 97

Deutscher Bauarbeiterverband. Protokoll über die Verhandlungen des konstituirenden Verbandstages. Abgeh. v. 10. bis 12. Febr. 1910 in Leipzig. Hamburg: Böinelburg 1910. 231 S. 8° [10. 12613]

Protokoll über die Verhandlungen des Verbandstages des Revisions-Verbandes der württemb. Kreditgenossenschaften. 1899. 1900. 02. 04. 06. Ulm 1899-1906

Protokoll über die Verhandlungen des ... Verbandstages des Verbandes deutscher Gastwirthsgehilfen. 1. Berlin: Verband 1900. 8° [F.] [oG. 10006]

(Zentralverband d. Stukkateure Deutschlands.)
Protokoll über die Verhandlungen des 1. Verbandstages des Zentralverbandes der deutschen Stuckateure, Gipser und verwandten Berufsgenossen (Sitz Köln). Abgehalten 1893 in Cassel. Hamburg: Sittenfeld [1896]. 8°

— üb. d. Verhandlgn. d. nationalsozialen Vereins (2. Delegiertentag) zu Erfurt v. 26.—29. IX. 1897. 8. (VIII, 148 S.) Berlin 897. E. Kundt. n. — 60

— über die Verhandlungen des nationalsozialen Vereins (3.—5. Vertretertags). 8. Berlin-Schöneberg, Verlag der „Hilfe". à n. — 60
3. zu Darmstadt vom 25.—28. IX. 1898. (119 S.) 899.
4. zu Göttingen vom 1.—4. X. 1899. (128 S.) 899.
5. zu Leipzig vom 30. IX. bis 3. X. 1900. (160 S.) (900.)

— der Verhandlungen d. Vereins deutscher Portland-Cement-Fabrikanten u. der Section f. Cement d. deutschen Vereins f. Fabrikation v. Ziegeln, Thonwaaren, Kalk u. Cement am 26. u. 27. Febr. 1892. gr. 8. (133 S. m. Abbildgn.) Berlin 892. (W. H. Kühl.) n.n. 5. —
Vorh. u. d. T.: Protokoll der Verhandlungen des Vereins deutscher Cement-Fabrikanten.

— dasselbe der Verhandlungen am 3. u. 4. März 1893. gr. 8. (130 S. m. Abbildgn.) Ebd. 893. n.n. 4. 50

— dasselbe der Verhandlungen am 23. u. 24. Febr. 1895. gr. 8. (187 S. m. Abbildgn., 2 Taf. u. 1 Tab.) Ebd. 894. n.n. 4. 50
s.: Protokoll der Verhandlungen d. Vereins deutscher Cement-Fabrikanten.

— d. Verhandlgn. d. Vereins deutscher Portland-Cement-Fabrikanten u. d. Section f. Cement d. deutschen Vereins f. Fabrikation v. Ziegeln, Thonwaaren, Kalk u. Cement am 26. u. 27. Febr. 1895. gr. 8. (204 S. m. Abb.) Berlin 895. (W. H. Kühl.) n. 6. 50

— dasselbe am 26. u. 27. II. 1896, resp. 24. u. 25. II. 1897 u. 23. u. 24. II. 1898. gr. 8. (144 u. 47 S. m. Abb. u. 1 Taf., 226 S. m. 2 Taf u. 1 Tab. u. 181 S. m. Abb.) Ebd. 896—898. à n.n. 5. —

— der Verhandlungen des Vereins deutscher Portland-Cement-Fabrikanten u. der Sektion f. Cement des deutschen Vereins f. Fabrikation v. Ziegeln, Thonwaaren, Kalk u. Cement am 22. u. 23. II. 1899. gr. 8. (192 S. m. Abb. u. 8 Taf.) Berlin (W. H. Kühl). n.n. 5.—

— dasselbe am 19. u. 20. II. 1900. gr. 8. (243 S. m. Abbildgn. u. Tab.) Ebd. n. 6. —

-- der Verhandlungen des Vereins deutscher Portland-Zement-Fabrikanten. (Eingetrag. Verein.) 1907—1910. gr. 8. Berlin, Tonindustrie-Zeitung. à 3. —
1907. Am 20. u. 21. II. (332 S. m. 2 Tab.) 907.
1908. Am 26. bis 28. II. (452 S. m. Abb. u. 6 Taf.) 908.
1909. Am 8. bis 10. III. (480 S. m. Abb., 2 Taf. u. 2 Tab.) 909.
1910. Am 21., 22. u. 23. II. (381 S. m. Abb., 1 Taf. u. 1 Tab.) 910.

—— der Verhandlungen des Vereins deutscher Cement-Fabrikanten und der Section für Cement des deutschen Vereins für Fabrikation von Ziegeln, Thonwaaren, Kalk und Cement am 26. und 27. Febr. 1886. gr. 8. (106 S.) Berlin 886, (Kühl.) **

— der Verhandlungen d. Vereins deutscher Cement-Fabrikanten u. der Section f. Cement d. Deutschen Vereins für Fabrikation v. Ziegeln, Thonwaaren, Kalk u. Cement am 25. u. 26. Febr. 1887. gr. 8. (88 S.) Berlin 887. (Kühl.) n. 6. —

— dasselbe, am 24. u. 25. Febr. 1888. gr. 8. (75 S.) Ebd. 888. n. 6. —

— dasselbe, am 22. u. 23. Febr. 1889. gr. 8. (106 S.) Ebd. 889. n.n. 5. —

— dasselbe, am 28. Febr. u. 1. März 1890. gr. 8. (95 S.) Ebd. 890. n.n. 5. —

— der Verhandlungen d. Vereins deutscher Cement-Fabrikanten u. der Sektion f. Cement d. deutschen Vereins f. Fabrikation v. Ziegeln, Thonwaaren, Kalk u. Cement am 27. u. 28. Febr. 1891. gr. 8. (136 S. m. Abbildgn.) Berlin 891. (W. H. Kühl.) n.n. 5. —
Fortsetzung, s.: Protokoll der Verhandlungen d. Vereins deutscher Portland-Cement-Fabrikanten.

— der Verhandlungen der Versammlg. deutscher Bahnärzte zu Baden-Baden am 23. u. 24. VI. 1900. gr. 8. (45 S.) Nürnberg (900). [F. Weigel.] A. Riedrich. n. — 40

Protokoll über die Verhandlungen einer Versammlung von Erziehungsdirectoren und Schulmännern verschiedener schweizer. Kantone zur Berathung eines Planes über ein gemeinschaftliches Zusammenwirken zu Erstellung gemeinsamer Lehrmittel für die Volksschule. Abgehalten Freit. 30. Jan. 1874 im kanton. Rathhause zu Bern. 7 Stn. 4. Bern. 1874.

Protokoll (Niederschrift über die Verhandlungen) der . . . ordentlichen Versammlung der Propsteisynode Husum-Bredstedt. Husum. 8°
3—4, 1881—82. 6 ff., 1884 ff.

Protokoll (über die Verhandlungen) der . . . ordentlichen Versammlung der Propstei-Synode Münsterdorf. Krempe (später Itzehoe.) 8°
2 ff. 1880 ff.

— über d. in d. Zeit v. 24. Novbr. bis 5. Decbr. 1895 abgeführten Verhandlungen d. durch Experte verstärkten Versicherungsbeirathes, betr. angeregte Abändergn. d. Arbeiter-Unfallversicherungsgesetzes. (17. Sitzg. d. im Grunde d. § 49 d. Gesetzes v. 28. Decbr. 1887, R.G.Bl. Nr. 1 ex 1888, betr. d. Unfallversicherg. d. Arbeiter, bei dem k. k. Ministerium d. Innern gebild. Versicherungsbeirathes.) [Zusammengest. nach stenogr. Aufzeichngn. im Ministerium d. Innern.] Lex.-8. (XIV, 272 S.) Wien 896. (Hof- u. Staatsdruckerei.) n. 4. —

— der Verhandlungen des Wahlvereins der Liberalen zu Berlin am 11. u. 12. II. 1905. (61 S.) 8. Berlin-Schöneberg (905). Verlag der „Hilfe". n. — 50

Protokoll betreffend die Verlängerung des für die Jahre 1846-48 erlassenen Vereinszolltarifs. fol Frankfurt a. M. 1848

— d. k. k. landesfürstl. Verordnn. u. Gesetze in publico-ecclesiasticis v. 1770—87. 7 Bde. Fol. Grätz 789. Miller. 3 ℳ 16 ℛ

Schweizer. Thierschutzverein. Protokoll der am 30. April 1872 in Genf abgehaltenen 7. Versammlung von Abgeordneten der Schweiz. Thierschutzvereine. (In deutscher u. franz. Sprache.) 24 Stn. 8. Zürich, Druck v. J. Herzog. 1873

Schweizer. Thierschutzverein. Protokoll der am 26. März 1874 in Bern abgehaltenen VIII. Versammlung von Abgeordneten d. schweiz. Thierschutzvereine. 19 Stn. 8° Zürich, Druck v. J. Herzog 1874

Protokoll der Versammlung der schweizerischen Aktionäre der schweiz. Südostbahn 3.—4. Sept. 1855. Nebst der Convention vom 29. Aug. 1855 und dem Bericht über den finanziellen Stand des Unternehmens. Chur 1855.

Protokoll der 10. allgemeinen Versammlung des Vereins zur Beförderung und Ermunterung der Industrie und Gewerbe in Steiermark am 22. April 1852. 4. Gratz, C. Tanzer's Druck.

Protokoll der eilften allgemeinen Versammlung des Vereines zur Beförderung und Ermunterung der Industrie und der Gewerbe im Herzogthume Steiermark, abgehalten in Grätz am 7. April 1853, unter dem Vorsitze des durchlauchtigsten Direktors Sr. k. k. Hoheit des Herrn Erzherzogs Johann Baptist rc. 4. (18 S.) Grätz. Aus der C. Tanzer'schen Buchdruckerei.

Protokoll der zwölften allgemeinen Versammlung des Vereines zur Beförderung und Ermunterung der Industrie und der Gewerbe im Herzogthume Steiermark, abgehalten in Grätz am 17. Februar 1854, unter dem Vorsitze des durchlauchtigsten Direktors Sr. k. k. Hoheit des Herrn Erzherzogs Johann Baptists rc. rc. 4. (10 S.) Grätz. Aus der C. Tanzer'schen Buchdruckerei,

— der am 28. Septbr. 1891 zu Halle a. S. in der „Stadt Hamburg" abgeh. Versammlg. zur Beratg. der Vorschläge üb. die Behandlg. jugendlicher Verbrecher, ausgearb. v. e. Kommission der internationalen-kriminalist. Vereinigg., deutsche Landesgruppe. [Aus: „Jahrb. d. Gefängnis-Gesellschaft f. d. Prov. Sachsen".] gr. 8. (32 S.) Halle a/S. 892. (J. Fricke's Sort.) n. — 25

— der am 3. 4. 5. 6. 7. Juni 1867 in Soest gehaltenen 16. Versammlung der Direktoren der westfälischen Gymnasien u. Realschulen. Paderborn 869. Schöningh. Fol. (177 S.) n. 1 ℳ 10 ngr.

— der am 19. 20. 21. 22. 23. Juni 1871 in Soest geh. 17. Versammlg. v. Direktoren der Westphälischen Gymnasien u. Realschulen. Fol. (148 S.) Paderborn 872. Schöningh. n. 4. —

—— der am 13.—17. Octbr. 1873 in Soest gehaltenen 18. Versammlung der Direktoren der westfälischen Gymnasien und Realschulen. Fol. (168 S.) Ebendas. 874. *

— der am 13—17. Oktbr. 1873 in Soest geh. 18. Versammlung der Direktoren der westfälischen Gymnasien u. Realschulen. Fol. (168 S.) Ebend. 875. n. 4. —

—— der am 22., 23., 24. und 25. Oktbr. 1877 in Soest abgehaltenen 19. Versammlung der Direktoren der westfälischen Gymnasien und Realschulen. gr. 8. (165 S.) Paderborn 878, F. Schöningh. *

Protokoll über die Versammlung der Direktoren der Geologischen Landesanstalten der deutschen Bundesstaaten. [Tagung 1.] o. O. (1904). 4° A 12.135

Protocoll der ... Versammlung Hessischer Forstwirthe. - 1. -6. Vers. 1868-1877.
Forts. s.: Verh. üb. d. Vers. d. Hess. Forstver.

Strassburg, Internationale Aeronautische Kommission, Protokoll über die erste Versammlung in Strassburg vom 31. März bis 4. April 1898. Strassburg 1898. gr. 8°.

Protocoll über die vom ... bis ... stattgefundene ... Versammlung der Forstwirthe aus Thüringen (ab 11. Versammlung ... Thüringischer Forstwirthe). - 4. -24. Vers. 1853-1894.
Forts. s.: Ber. üb. d. Vers. d. Thür. Forstwirte

— über die vom 11. bis 13. Septbr. 1853 stattgefundene 4. Versammlung der Forstwirthe aus Thüringen. gr. 8. (40 S.) Sondershausen 853, Eupel's Verlag.

— über die vom 3. bis 6. Septbr. 1854 stattgefundene 5. Versammlung der Forstwirthe aus Thüringen. Abgehalten in Eisfeld, Herzogthum Meiningen. Sondershausen 854. (Eupel.) gr. 8. (54 S.) 5 ngr.

— über die vom 2. bis 5. Septbr. 1855 stattgefundene 6. Versammlung der Forstwirthe aus Thüringen. Abgehalten in Reinhardsbrunn, Herzogthum Sachsen-Gotha. Sondershausen 856. (Eupel.) gr. 8. (3 Bl., 70 S.) 6 ngr.

— über die vom 14. bis 17. Septbr. 1856 stattgehabte 7. Versammlung der Forstwirthe aus Thüringen. Abgehalten in Coburg, Herzogthum Coburg-Gotha. Sondershausen 857. (Eupel.) gr. 8. (71 S. u. 3 Tab. in 4. u. Fol.) 6 ngr.

Protocoll über die vom 8. bis 11. August 1858 stattgehabte achte Versammlung der Forstwirthe aus Thüringen. Abgehalten in Eisenach, Großherzogthum Sachsen-Weimar. Gotha 859. (Thienemann.) gr. 8. (62 S. u. 3 Tab. in Fol.) n. 10 ngr.

— über die vom 22. bis 24. Juli 1867 stattgehabte 12. Versammlung der Forstwirthe aus Thüringen. Abgehalten in Amt Gehren, Fürstenth. Schwarzburg-Sondershausen. Sondershausen 868. Eupel. gr. 8. (72 S. mit 2 Tabb. in Fol.) 6 ngr.

— der constituirenden Versammlung d. Gesammtverbandes deutscher Verpflegungsstationen (Wanderarbeitsstätten) zu Cassel am 12. u. 13. Jan. 1892. gr. 8. (63 u. Wanderbuch in 12. 24 S.) Bielefeld 892. Schriften-Niederlage der Anstalt Bethel. — 75

— dasselbe der 1. ordentlichen Versammlung zu Berlin am 8. März 1893. gr. 8. (90 S.) Ebd. 893. n. — 75

— dasselbe der 2. ordentlichen Gesammtverbands-Versammlung zu Berlin am 22. Febr. 1894. gr. 8. (62 S.) Ebd. 894. n. — 75

Grossmeisterverein: **Protokoll** der Versammlung der deutschen Grossmeister [1]ff. o. O. [1868]ff. 2° [Kopftit.]
°[1.]
°[2.] Dresden abgedr. in: MitthW. 1 (1869 bis 1870) S. 16—19.
[3.] Hamburg, d. 7. Juni 1870. 3 S.
[4.] Frankfurt a. M., d. 28. Mai 1871. 1 Bl.
[Dasselbe.] 3 S., abgedr. in: MitthW. 2 (1870-1871) S. 177—180.
[5.] Berlin, den 19. Mai 1872. 1 Bl.
Tt. 728.

Protokoll der am 26. November 1893 in der Volkshalle des neuen Rathauses in Wien stattgefundenen Versammlung von Handels- und Gewerbetreibenden gegen die Konsumvereine. Wien 1893.

Protocoll der Versammlung zu Heilbronn den 10. Jan. 1778. O. O. 1778. H:

— über die vom 20.—25. V. 1902 zu Berlin abgeh. 3. Versammlung der internationalen Kommission f. wissenschaftliche Luftschiffahrt. (157 S.) gr. 8. Strassburg 903. (K. J. Trübner.) n. 4.—

Protokoll der konstituierenden Versammlung des Verbandes der auf der Grundlage des gemeinschaftlichen Eigentums stehenden deutschen Baugenossenschaften, Berlin, 27. u. 28.11.1897. Dessau 1897. DGK

PROTOCOLL DER CONSTITUIRENDEN VERSAMMLUNG DES VEREINS PFÄLZISCHER AERZTE ZU KAISERSLAUTERN am 13. October 1839. Gedruckt zur Feier des 25jährigen Jubiläums des Vereins, am 13. October 1864 zu Kaiserslautern. Kaiserslautern. Buchdruckerei von J. Kayser. 4°.

Protokoll üb. die 1. ordentliche Versammlung der Mitglieder d. Central-Vorstandes deutscher Arbeiter-Colonien. gr. 8. (44 S.) Berlin 884. C. Heymann's Verl. n. — 60

— Ueber die 2. ordentl. Versammlg. etc. gr. 8°. Berlin 1885.

Protokoll über die ... ordentliche Versammlung der Propstei-synode Sonderburg. Sonderburg. 8°
5 ff.. 1883 ff.

— der 11. u. 12. ordentl. Versammlung der Bezirkssynode Celle. 1889 u. 1891. 8°. (31; 38 S.) Celle 890,91, (Schulbuchh.). à — 30

— der 12. u. 13. ordentlichen Versammlung der Bezirkssynode Celle 1891. 1893. 8. (à 38 S.) Celle. (Hannover u. Celle, Schulbuchh.) à — 30

— d. 14. ordentl. Versammlg. d. Bezirkssynode Celle. 1895. gr. 8. (32 S.) Celle 895. (Hannover u. Celle, Schulbuchh.) — 30

Protokoll der 1. ordentlichen Versammlung des Gesammtverbands deutscher Verpflegsstationen (Wanderarbeitsstätten) zu Berlin am 8. März 1893. gr. 8°. Bielefeld, Schriften-Niederlage d. Anst. Bethel, 1893.

Protokoll der 3.—24. ordentlichen Versammlung der Propstei-Synode Hütten 1881—1907. Eckernförde. 1881—1907. 8°
Fortges. u. d. T.:
(Niederschrift über die) Verhandlungen der ... ordentlichen Versammlung der Propstei-Synode Hütten ... Eckernförde. 8°
25 ff., 1909 ff.

Protokoll der ... ordentlichen Versammlung der Propstei-Synode Kiel.
1. ff. Kiel. 1879 ff. 8°.

Protokoll der ... ordentlichen Versammlung der Propstei-Synode Kiel. 8°.
2. Kiel. 1880; 10.—13. ebd. 1888—91; 15. ebd. 1893; 17. ebd. 1895.

— der ordentlichen Versammlung der zweiten Landes-Synode der evangelisch-lutherischen Kirche Hannovers vom 2. Decbr. 1875 bis 23. Mai 1876. gr. 8. (XVI, 772 S.) Hannover 876, Helwing'sche Verlagsh. *

Protokoll der ... ordentlichen Versammlung der Propstei-Synode Oldenburg.
1. Kiel. 1879. 2. Burg a. F. 1880. 3. Neustadt i. H. (1881.) 8
Fortges. u. d. T.:
... ordentliche Versammlung der Propstei-Synode Oldenburg.
4. ff. Neustadt i. H. 1882 ff.

Protokoll der ... ordentlichen Versammlung der Neumünsterschen Propstei-Synode. Neumünster. 8°
18 ff., 1896 ff.
Protokoll 1—17 nicht gedruckt.

Protokoll der ... ordentlichen Versammlung der Propstei-Synode Schleswig. Schleswig.
20 ff., 1899 ff. 8°

Protokoll über die dritte Versammlung der Badisch. Stuhlmeister in der Loge: Zur edlen Aussicht im Or. Freiburg i. B., 23. März 1890. 6 Bl. 4°. [Umschlag-tit.] [Lith.]

[Dasselbe] über die vierte Versammlung der Badischen Stuhlmeister in der Loge Leopold zur Treue i. O. Karlsruhe. 22. Febr. 1891. 8 S. 4°. [Umschlag-tit.]

Protokoll der ... Versammlung Kurhessischer Thierärzte, s. Protokoll der ... Generalversammlung des Vereins kurhessischer Tierärzte.

PROTOKOLL ÜBER DIE ... VERSAMMLUNG DES THIERÄRZTLICHEN VEREINS DER PROVINZ BRANDENBURG.
7.*) am 28. October 1873 ... (zu Berlin.) ib. 1873.

Deutscher Flotten-Verein. **Protokoll** der Versammlung der Vertrauensmänner, welche zum 30. April 1898 von Sr. Durchlaucht dem Fürsten zu Wied nach Berlin geladen worden waren, um die Frage, ob ein 'Deutscher Flotten-Verein' gegründet werden solle, zu erörtern u. zu entscheiden. (Berlin 1898: Die Post.) (8 S.) 8° [Kopft. F.]

Protokoll der Versammlung von Vertretern deutscher Logen-Gauverbände und Meistervereinigungen. 1895. 1896. 8° [Kopftit.]
1895 in Berlin. [Köstritz 1895: Seifert.] 10 S.
1896 in Hamburg. [Gera 1896: Buhr & Draeger.] 19 S.

Protokoll über die Versammlungen der Direktoren der Geologischen Landesanstalten der Deutschen Bundesstaaten. Jg. 1905 u. 1906. Eisenach, 1905—1906.

Protokoll über die Vertreter-Versammlung aller National-Sozialen in Erfurt v. 23. bis 25. Nov. 1896. *Berlin: Verl. d. 'Zeit' [1896?].* (83 S.) 8° [F.] [oo. 464 11

Protokoll der Vorversammlung der Vertreter der Tochterlogen der Gr. Loge von Hamburg zu Eisenach am 11. Mai 1901 im Hause der Loge „Carl zur Wartburg" unter Vorsitz des Br. [Karl] Wiebe. [Unterz.:] Wilh. Schwanck. [Eisenach 1901.] 2 Bl. 8° [Kopftit.]

— d. kurfürstl. Wahlconvents zu Frankfurt 1790. Mit Anmerkk. u. Register (v. J. R. v. Roth). 2 Bde. gr. 8. Frankf. a. M. 791, 92. Fischer. 5 ₰ 16 gl — Dass. f. 1792. gr. 4. Ebd. 782. Andreä. 1 ₰ 8 gl

— — dasselbe. 15 Hefte in 2 Bdn. gr. 8. Leipz. Gräff.

Protokoll über die XX. Internationale Wanderversammlung der Bohringenieure und Bohrtechniker und XII. ordentliche Generalversammlung des „Verein der Bohrtechniker" in Nürnberg vom 9. bis 12. September 1906. Mit Beilage: „Sorge, R., Das Spülbohren nach Erdöl". Hrsg. vom „Verein der Bohrtechniker". Wien, 1906. 57 S. mit 1 Karte.

Protokoll der von den hohen Elbuferstaaten in eine Kommission vereinigten Wasserbauverständigen. Mit Karten. Dresden 1842. Fol. . . . . (He.)

„Protocoll, welches mit der in Betreff der Forderungen zwischen Preussen und dem Königreich Polen und der damit verwandten Angelegenheiten zwischen Preussen und Russland am 22./10. May 1819 geschlossenen Convention in Verbindung gesetzt worden", (deutsch und französisch) (Berlin 1819). — Vorh.: Büch. des Reichsbankdirektoriums Berlin.

Protokoll Wundärzte welche
Protocole Nro.2, deren Herren Wundärzte, welche seit dem Jahre 1830 dem Chyrurgischen Gremium zu Klosterneuburg einverleibt wurden, so wie deren seit dem Jahre 1834 aufgedungenen und freigesprochenen Lehrjungen. Klosterneuburg: 1830 - 1843
s.: Gremialbuch des Chyrurgischen Gremii zu Klosterneuburg. No.2.

Zürcher-Yacht-Club. ([Gegründet] 1901/2.) Protokoll über die Jahre 1901 und 1902. 12 S. 8. (Zürich, Gebrüder Fretz, 1903.)

Grosser Stadtrat Zürich. [Protokoll. Band 3.] Sitzung 1—99. 1898 Mai 21 — 1901 Juni 19. 930 S. 8.

Protocoll. Protokoll des Grossen Stadtrates Zürich. ([Band 4:] Amtsdauer) 1901/1904. (Sitzung 1—79, 1901 Juli 6—1904 April 16.) II + 46 + 634 S. 8. Zürich, Buchdr. des Schweiz. Grütlivereins, (1901—)1904.
Band 3, 1898—1901 s. Grosser Stadtrat Zürich: *Bulletin 1903, S. 77.*

Protocoll. Protokoll des Grossen Stadtrates Zürich. ([Band 5:] Amtsdauer) 1904/1907. (Sitzung 1—93, 1904 Mai 7 — 1907 Juni 26.) II + 74 + 788 S. 8. Zürich, Buchdr. des Schweiz. Grütlivereins, (1904—)1907.

Protocoll. Protokoll des Grossen Stadtrates Zürich. ([Band 6:] Amtsdauer) 1907/1910. (Sitzung 1—63, 1907 Juli 13 — 1910 April 16.) II + 88 + 643 S. 8. Zürich, Buchdr. des Schweiz. Grütlivereins, (1907—)1910.

Protokoll-Auszug der Feierloge, gehalten an dem Doppelfest St. Johannis des Täufers und des hohen Geburtstages unsers Allerdurchlauchtigsten Landesvaters Hochw.·. O.·. B.·. Grossherzogs von Hessen und bei Rhein Ludewig. Mainz 1818: v. Zabern. 20 S. 8°
Reden von P. H. Hadamar: Würdigung des Fürsten J. Neeb: Üb. die Religion der Frmrei.

Protokoll-Auszüge u. Verhandlungen der Gartenbaugesellschaft Flora zu Frankfurt a. M. 1—3. Jahrg. 1848—1850. gr. 8. (IV u. 192 S. mit 1 lith. Taf.) Frankfurt a. M. 852, Hermann. n. 1 ₰

Protokoll-Auszüge und Verhandlungen der Gartenbaugesellschaft Flora zu Frankfurt a. M. 4—8. Jahrg. 1851—55. Frankfurt a. M. 853—56. (Hermann.) gr. 8. (4.: 96 S.; 5.: 88 S.; 6.: 80 S.; 7.: 72 S.; 8.: 88 S.) Jeder Jahrg. n. 14 ngr.

Protokollauszüge und Verhandlungen der Gartenbaugesellschaft Flora zu Frankfurt a. M. 9—15. Jahrg. 1856—62. Frankfurt a. M., Keller. gr. 8. Jeder Jahrg. (à 6—12 Bgn.) n. 13 ngr.

Protokollauszüge u. Verhandlungen der Gartenbaugesellschaft Flora zu Frankfurt a. M. 16. u. 17. Jahrg. 1863 u. 64. Frankfurt a. M. 865. Keller. gr. 8. (V, 191 S.) n. 20 ngr.

General German Labor Association. Protokoll-Buch des Allgemeinen Deutschen Arbeiter-Vereins. New York. 1867-71. TIL

Protokollbuch des Deutsch-Evangelischen Kirchenvereins des Westens: 1840 1856?
Organ of Deutsch-Evangelischer Kirchenverein des Westens. I. 1840 1851; II. 1852 1856.
St. Louis, MO

Protokollbuch der Allgemeinen Evangelischen Kirchenversammlung der deutschen Kongregationalisten: 1883
Carlinville, IL

Deutscher Lehrer Verein, Evansville, Ind. Protokoll-Buch. 2. Sept 1877-28. Sept 1896. Ms Evansville, 1887-96. Dep in the NYPL. Ms dept.

_______. Protokoll-Buch des Verwaltung-Raths der Arbeiter-Zeitung. New York: 1872-74. TIL

General Labor Union. Protokoll-Buch des Centralvereins des Allgemeinen Arbeiter-Bundes. New York, 1853-55. TIL

Protokolle

— u. **Aktenstücke** der außerordentlichen Landessynode der evangelisch-lutherischen Kirche Hannovers im J. 1884. gr. 8. (IV, 148 u. IV, 57 S.) Hannover 884. Helwing's Verl. n. 2.—

—— u. Aktenstücke der zweiten Rabbiner-Versammlung abgehalt. zu Frankfurt a. M. v. 15—28. Juli 1845. gr. 8. (24⅝ B.) Frankfurt a. M. 845, Ullmann'sche Buchh. *

— **amtliche** des Anhalt-Bernburgischen Landtags. 1848. Fol. (94 S.) Bernburg 848, Gröning. 2½ ℳ

Protocolle, amtliche, des anhalt-bernburgischen Landtags. 1848. Fol. (94 S.) Bernburg 849, Gröning'sche Buchh.

Amtliche **Protocolle** des 1. schleswig-holsteinischen Provinzial-Landtags. Nebst Anlagen. (11. October bis 17. November 1868.) Rendsburg. 1868. Fol.
Fortges. u. d. T.: * Verhandlungen des ... schleswig-holsteinischen Provinzial-Landtags. Nebst Anlagen.
2. (20. Juni bis 15. Juli 1871.) Rendsburg. 1871. Fol.
3. (27. December bis 30. December 1871. ebd. 1871. Fol.
4. (29. September bis 24. October 1872.) ebd. 1872. Fol.
5. (5. October bis 16. October 1873.) ebd. 1873. Fol.
6. (6. December bis 19. December 1874.) Kiel. 1875. Fol.
7. (3. October bis 4. November 1875.) ebd. 1876. Fol.
8. (5. November bis incl. 25. November 1876.) ebd. 1876. 4°
9. (2. September bis incl. 11. September 1877.) ebd. 1877. 4°
10. (4. August bis incl. 23. August 1878.) ebd. 1878. 4°
11. und 12. 29. Mai und 23. November bis incl. 13. December 1879. ebd. 1880. (11. ebd. 1879; 12. ebd. 1880.) 4°
13. 31. October bis incl. 18. November 1880. ebd. 1881. 4°
14. und 15. 14. Februar 1881 und vom 19. Februar 1882 bis 16. März selbigen Jahres. Schleswig. 1882. 4°
16. Vom 18. Februar bis 8. März 1883. ebd. 1883. 4°
17. Vom 16. bis 29. Februar 1884. ebd. 1884. 4°
18. Vom 22. Februar bis 3. März 1885. ebd. 1885. 4°
19. Vom 14. bis 20. Februar 1886. ebd. 1886. 4°
20. Vom 27. Februar bis 5. März 1887. ebd. 1887. 4°
21. Vom 19. bis 25. Februar 1888. ebd. 1888. 4°
22. Vom 10. bis 16. März 1889. ebd. 1889. 4°
23. Vom 16. bis 19. Juni 1889. ebd. 1889. 4°
24. Vom 9. bis 15. Februar 1890. ebd. 1890. 4°
25. Vom 1. bis 7. März 1891. ebd. 1891. 4°
26. Vom 28. Februar bis 10. März 1892. ebd. 1892. 4°
27. Vom 5. bis 11. März 1893. ebd. 1893. 4°
28. Vom 11. bis 17. Februar 1894. ebd. 1894. 4°
29. Vom 20. bis 26. Januar 1895. ebd. 1895. 4°
30. Vom 23. bis 29. Februar 1896. ebd. 1896. 4°
31. Vom 16. bis 20. Mai 1897. ebd. 1897. 4°

— amtliche, des ersten schleswig-holsteinischen Provinzial-Landtags. Nebst Anlagen. (11. Oktbr. bis 17. Novbr. 1868.) Rendsburg 869. Ehlers. Fol. (42 S. u. 59 S. Anlagen.) n. 24 ngr.

—— der Anwalts-Versammlung zu Hamburg am 6., 7. und 8. Aug. 1846. Nebst einleit. Vorwort von Freudentheil. gr. 8. (102 S.) Hamburg 847, (Meßler und Melle.) *

Protokolle, die, der internationalen Arbeiterschutzkonferenz. Im amtl. Auftrag. gr. 8. (VI, 227 S.) Leipzig 890. Duncker & Humblot. n. 5.—

Protokolle betr. Arbeiterstatistik, siehe Drucksachen d. Kommission.

(Protokolle.) Centralverein für Hebung der deutschen Fluss- und Kanalschiffahrt. Protokolle der Ausschusssitzungen ... 1872—...87. Berlin. 4. . . . . (LHK.)

— d. Beirats f. Arbeiterstatistik, s. Drucksachen d. Beirats.

Protokolle über die Berathung des Entwurfs zur Bildung eines deutschen Gross-Logen-Bundes und des deutschen Cirkel-Bundes. Berlin 1871: Ihring. 25 S. 8° [Umschlagtit.]
Tt. 1052.

—— zur Berathung eines allgemeinen deutschen Handelsgesetzbuches. Im Auftrag dieser Kommission hrsg. von J. Lutz. 1. und 2. Bd. à 2 Hefte. 3. Bd. 3 Hefte, Beilagenbd. 1—3. Heft und Register zum Handelsrecht. Lex.-8. (1—3. Bd. VIII und S. 1—1472., Beilagenbd. S. 1—276 und Register 123 S.) Würzburg 858, Stahel'sche Buchh. *

—— dass. — 4—7. und 9. Bd. und Beilagenbd. 4—7. Heft. Lex.-8. Ebendas. [4—6. Bd. (S. 1473—2973.) 860—62. à Bd. * 2 Thlr., 7. Bd. (S. 2974—3692.) 862. * 2 Thlr. 24 Ngr., 9. Bd. (S. 4493—5152. und Zusammenstellung der Erinnerungen, welche von den hohen Regierungen gegen den Entwurf der vier ersten Bücher des Handelsgesetzbuches [zweiter Lesung] erhoben worden sind 96 S.) 861. * 2 Thlr., Beilagenbd. 4—7. Heft. (S. 277—295.) 4. Heft. 861. * 24 Ngr., 5. Heft. 861. * 18 Ngr., 6. Heft in 2 Thln. 862. * 8 Ngr., 7. Heft. 862. * 8 Ngr.] *

Bd. 8 und das Generalregister über Handels- und Seerecht sind noch nicht erschienen.

— der zur Berathung der Medicinalreform auf Veranlassung Sr. Exc. des Hrn. Ministers v. Ladenberg vom 1. bis 22. Juni 1849 in Berlin versammelten ärztlichen Conferenz. [Mit dem Umschlagstitel: Verhandlungen über die Reorganisation des Medicinalwesens.] Amtliche Ausg. Lex. 8. (276 S.) Berlin 849, A. Hirschwald. n. 1⅓ ℳ

— der zur Berathung einer allgem. Deutschen Wechsel-Ordnung in der Zeit vom 20. Octbr. bis zum 9. Decbr. 1847 in Leipzig abgehalt. Conferenz nebst dem Entwurfe einer Wechsel-Ordnung für die Preuß. Staaten, den Motiven zu dens. u. dem aus den Beschlüssen der Conferenz hervorgegang. Entwurfe. 4. (LXXVIII u. 288 S.) Leipzig 848, Hirschfeld. 1 ℳ

— über die Berathungen des provisor. nieder österreichischen ständischen Ausschusses. 1—4. Heft. (1—15. Sitzung.) gr. 4. (171 S.) Wien 848, (Gerold, Verlag.) *

Protokolle u. stenograph. Berichte üb. d. v. d. Kommission f. Ordng d. Apothekerwesens gehalten. Sitzgn. Berlin 1874. 4.

Protokolle und Stenographische Berichte über die Verhandlungen, betr. die Enquête über die Differentialtarife der Eisenbahnen. Berlin : v. Decker 1872.

— u. Berichte der Verhandlungen der deutschen verfassunggebenden Reichsversammlung in Frankfurt a. M. 1. Lfg. [Protokolle. Bog. 1—5. u. Berichte. Bog. 1—5.] gr.4. Frankfurt a. M. 848, Wilmans. pro Bog. 1—50 n. 4 ₰

[Protokolle und Berichte über Versammlungen und Festlichkeiten der Grossen Loge von Preussen gen. Royal York zur Freundschaft.] 1842/43 bis 1883/84. 2°.

Protokolle über die einheitliche Bezeichnung mathematisch-technischer Grössen. Berlin, 1880.

[**Protokolle** der verstärkten Budgetkommission des Hauses der Abgeordneten betr. Besoldungsordnung. 1908/09.] Berlin 1908—1909. 4°.

Protocolle der deutschen Bundesversammlung. 1r—19r Thl. (1r—11r, 13r, 14r u. 16r à 3 Stcke, 12r 4 Stcke, 15r 6 Stcke, 17r—19r à 2 Stcke). 4. Frkf. a. M. 817—31. Andrck. 40 ₰ 12 ℊ Schrbp. 57 ₰ 16 ℊ Register über alle Bände. Ebd. 10 ℊ

— nachträgl. Actenstücke, s. Actenstücke.

Protokolle der Deutschen Bundesversammlung (nebst den loco dictaturae gedr. Beilagen). — Frankfurt a. M. 1819—65: Bundes-Präsidial-Buchdr. 4°
Bd. 8. 1819.
1825—1848.
1851—1865.
Alph. Reg. vom 1. Oct. 1816—1823. Von Adolph Frh. v. Holzhausen. o. J.
Alph. Reg. vom 1. Oct. 1816—1836. Von Johann Daniel Leutheußer. o. J.

Protokolle der deutschen Bundesversammlung vom J. 1860. 1—5. Abonnement. à Abonn. 50 Bog. 4. Frankfurt a. M. 860—62, (Jaeger'sche Buchh.) à Abonn. * * 1 Thlr. 18 Ngr. *

Protokolle der deutschen Bundesversammlung. 6.—8. Abonnement à 50 Bog. und 9.—12. Abonnement à 100 Bog. Fol. Frankfurt a. M. 863—66, Jäger'sche Buchh. à Jahrg. * *

Schweiz. Grütliverein. Protokolle der Delegiertenversammlungen und Generalversammlungen der Genossenschaft Grütli-Buchdruckerei den 6./7. Oktober 1900 in Basel und den 21. September 1901 in Solothurn, und des Allgemeinen Kongresses der Schweiz. Socialdemokratie vom 22. September 1901 in Solothurn. (Anhang: Statuten der Socialdem. Partei der Schweiz vom 6. November 1901.) 75 S. 8. Zürich, Buchdr. des Schweiz. Grütlivereins, 1902 (* *Umschlag:* 1901).

— der Delegierten- u. Ingenieur-Versammlungen des internationalen Verbandes der Dampfkessel-Überwachungs-Vereine. Inhalts-Verzeichnis vom J. 1875 bis 1906. (56 S.) gr. 8. Wien 907. (Hamburg, Boysen & Maasch.) 2. —

Protokolle der ordentlichen Delegierten-Versammlungen der Allg. Arbeiter-Kranken- u. Unterstützungscasse für Kärnten. Klgft., Leon, v. Kleinmayr, Bertschinger, Röschnar, 1883—.

Protokolle der zweiten badischen Directoren-Conferenz 9—11. Juni 1879. gr. 8. (III, 106 S.) Karlsruhe 880. (Braun.) n.n. 1. 25

Protokolle der Europäischen Donau-Schifffahrts-Commission. Nr. 1—356. (1856—1880) nebst Anlagen. Galatz. (MöA.)

Protokolle und Drucksachen des Bundesrats. Sachregister 1867-90. Berlin 1891

Protokolle [und] Drucksachen des Brandenburgischen Provinzial-Landtags.
[1910 ff. fortges. u. d. Tit.:]
Verhandlungen des Brandenburgischen Provinzial-Landtags. Tag. 37. 1910 ff. Berlin 1910 ff. 4°

Protokolle der allg. öffentl. Enquête über die Lage des Kleingewerbes in N.-Oesterreich, abgehalten von der Handels- u. Gewerbekammer in Wien 1873—74. 1. Bd. Mündl. u. schriftl. Expertise. kl. 4°. Wien, N.-Oe. Handels- und Gewerbekammer, 1874.

Protokolle der Enquete über Personalkredit und Wucher. Gr.-8°. (29. 20, 24, 26, 28, 31, 22, 28, 20 S.) † K 9.—
Wien: Perles 1904.

— der Enquete betr. die Reform des österreichischen Eherechts (vom 27. I.—24. II. 1905) unter dem Vorsitz des Hofrat Dr. Karl v. Pelser-Fürnberg. (Mitteilungen der kulturpolit. Gesellschaft.) (XI, 256 S.) gr. 8. Wien 905. (Manz.) n. 3. —

(Verband d. Maler, Lackierer, Anstreicher, Tüncher u. Weissbinder Deutschlands.) **Protokolle** und Entscheidungen in bezug auf den Normaltarif im Malergewerbe. Hrsg. v. Vorstand d. Verb. d. Maler, Lackierer ... (Hamburg) 1909: (F. Meyer). 102 S. 8°

[Protokolle über gemeinsame Festlogen der drei altpreussischen Grosslogen zur Feier des Geburtstages des Prinzen resp. Königs Wilhelm von Preussen.]
15. Okt. 1849; 1852; 1855; 1858.
Vgl. W. 19348.

— der ersten lutherischen General-Kirchen-Visitation im Erzstifte Magdeburg anno 1562—1564. 3 Hefte. gr. 8. Magdeburg 864, (Heinrichshofen'sche Buchh.) * *
Inhalt:
Heft 1. Städte im Holzkreise. Mit einem Vorwort des Königl. Hochwürd. Consistorii zu Mageburg. Hrsg. von Fr. H. O. Danneil. (XVIII und 53 S.) * 17 Ngr.
„ 2. Die Flecken und Dörfer im Holzkreise. Hrsg. von Fr. H. O. Danneil. (XL und 153 S.) * * 1 Thlr.
„ 3. Die Städte und Dörfer im Lande Jerichow. Hrsg. von Fr. H. O. Danneil. (LXVIII und 123 S.) * * 1 Thlr.

— der Generalversammlung d. Gesammtvereins der deutschen Geschichts- u. Alterthumsvereine zu Hildesheim. [Aus: „Korrespondenzbl. d. Gesammtvereins der deutschen Geschichts- u. Alterthumsvereine".] 8. (61 S.) Berlin 886. (Mittler & Sohn.) n. — 75

— der Generalversammlung des Gesammtvereins der deutschen Geschichts- und Alterthumsvereine zu Posen. 8. (91 S.) (Ebendas.) 888. *
Vorstehende zwei Schriften sind aus: Korrespondenzblatt des Gesammtvereins der deutschen Geschichts- und Alterthumsvereine, besonders abgedruckt.

PROTOKOLLE DER GENERALVERSAMMLUNG DES GESAMMTVEREINS DER DEUTSCHEN GESCHICHTS- UND ALTERTHUMSVEREINE
zu Posen. Berlin 1888. Gedruckt in der Königlichen Hofbuchdruckerei von E. S. Mittler und Sohn. 8°.
zu Metz. ib. 1890. —
zu Konstanz 1895. ib. 1896. —
zu Blankenburg a. H. 1896. ib. 1897. —
zu Dürkheim (Pfalz) 1897. ib. 1898. —
zu Münster in Westfalen 1898. ib. 1899. —
zu Danzig 1904. ib. 1905. —
zu Wien 1906. ib. 1907. (Berlin, E. S. Mittler & Sohn, Königliche Hofbuchdruckerei.)
zu Mannheim. ib. 1908. (—.)
zu Lübeck 1908. ib. 1909. —

— der Generalversammlung d. Gesammtvereins der deutschen Geschichts- u. Alterthumsvereine zu Schwerin 1890. [Aus: „Korrespondenzbl. d. Gesammtver. rc."] 8. (IV, 206 S. m. Abbildgn.) Berlin 891. (E. S. Mittler & Sohn.) n. 1. —

— dasselbe der Generalversammlung zu Sigmaringen 1891. 8. (IV, 175 S. m. Abbildgn.) Ebd. 891. n. 1. —

— d. Generalversammlg. d. Gesammtvereins d. deutschen Geschichts- u. Alterthumsvereine zu Blankenburg a. H. 1896. [Aus: „Korrespondenzbl. d. Gesammtvereins d. deutschen Geschichts- u. Alterthumsvereine".] 8. (144 S. m. Fig. u. 2 Taf.) Berlin 897. (E. S. Mittler & Sohn.) n. 1. —

— der Generalversammlg. des Gesammtvereins der deutschen Geschichts- u. Alterthumsvereine zu Straßburg i. E. 1899. 8. (IV, 276 S. m. Abbildgn. u. 1 eingedr. Karte.) Berlin 900. (E. S. Mittler & Sohn.) n. 1. —
Sonderabdruck aus: „Korrespondenzbl. d. Gesammtvereins der deutschen Geschichts- u. Altertumsvereine".

— dasselbe, s. a.: Bericht üb. d. Generalversammlg. u. s. w.

Protokolle der 7. Generalversammlung d. Vereins der Wiener Handels-Akademie. 4° Wien 1865

Protokolle der 6.—35. ordentlichen Generalversammlung des Vereins für die berg- und hüttenmännischen Interessen im Aachener Bezirk. Aachen, 1875—1904.

Protokolle d. Gen.-Vers. d. Preuß. Vereins zur Pflege i. Felde verwund. u. erkr. Krieger. Berlin 1867 u. 68.

Protokolle der Generalversammlungen des Schleswig-Holsteinischen Provinzialvereins zur Bekämpfung des Missbrauchs geistiger Getränke vom 19. Januar 1885 und vom 16. Juni 1886. Kiel 1885 und 1887. Je 8 S.

— der Gesamtsitzungen der Landwirtschaftskammer f. die Prov. Hannover. 1.—4. Hft. gr. 8. Ebd. n. 8. 80
1. Protokoll vom 5. u. 6. VI. 1899. (59 S.) 899. n. — 80
2. Protokoll vom 16., 17. u. 18. I. 1900. (172 S.) 900. n. 2. 50
3. Protokoll vom 22., 23. u. 24. I. 1901. (160 S.) 901. n. 2. 50
4. Protokoll vom 21., 22. u. 23. I. 1902. (204 S.) 902. n. 3. —

Protocolle der Grossloge des Freimaurer-Bundes zur Eintracht. Darmstadt, Druck von Kichler (bis Nr. 70) u. Herbert. 1866—1882. Fol. (bis Nr. 64) und 8. Nr. 56—65, 67—75, 77, 78, 81, 83—90.
Die Protocolle sind abgefasst von den Grosssecretairen Hauser und Dr. Hügel.

[Protokolle der Grloge von Hamburg vom 4. Mai 1844 bis 4. Nov. 1876.] 2°

[Protokolle der Grossloge des Königreichs Hannover vom 14. Jan. 1857 bis 7. Sept. 1867.] 2°

[Protokolle vom Grosslogentag des Matthäilogenbundes]. 1902, 1903.

[Protokolle der Grosslogenversammlungen der Symbolischen Grossloge von Ungarn.]
19. Febr. 1871; 20. Sept. 1871.

PROTOKOLLE DER HAUPTVERSAMMLUNG DES GESAMTVEREINS DER DEUTSCHEN GESCHICHTS- UND ALTERTUMSVEREINE
in Posen 1910. (Mit 1 Tafel.) ib. 1911. —

Protokolle des Baltischen Historikertages. 1. Zu Riga. 1908. Riga '08.

Protokolle über die goldene Jubelfeier des ehrw. Mstrs. v. St. Br. von Broke. Loge Archimedes z. d. 3 Reissbretern in Altenburg am 22. October 1871. 4. 8 S. — Enthält das Festritual u. die Reden.

Loge Archimedes z. d. drei Reissbretern im Or. v. Altenburg 1871. Die über die goldene Jubelfeier des Br. v. Broke aufgenommenen und genehmigten Protokolle werden hiermit laut Logenbeschlusses vom 14. Dez. d. J. als brüderliches Rundschreiben versendet. [Altenburg 1871: Pierer.] 8 S. 4° [Kopftit.]
Tt. 2160.

Protokolle der Justiz-Kommission des Deutschen Reichstags, betr. die Berathung des Gerichtsverfassungsgesetzes u. des Einführungsgesetzes. (Drucksachen 2. Leg.-Per. 2. Sess. 1874 Nr 4, 4. Sess. 1876 Nr 5.) Berlin: Sittenfeld 1876.

— betr. die Berathung der Civilprozeßordnung und des Einführungsgesetzes. (Drucksachen 2. Leg.-Per. 2. Sess. 1874, 4. Sess. 1876 Nr 6.) 1876.

— betr. die Berathung der Strafprozeßordnung und des Einführungsgesetzes. (Drucksachen 2. Leg.-Per. 2. Sess. 1874 Nr 5, 4. Sess. 1876 Nr 7.) 1876.

Protokolle der deutschen evangelischen Kirchen-Conferenz im August 1875. gr. 8. (116 S.) Stuttgart 875, Cotta'sche Buchh. *

Protokolle der 28. deutschen evangelischen Kirchen-Konferenz vom 14.—18. VI. 1906. Mit Anlagen A—R. (138 S.) gr. 8. Stuttgart 906. (C. Grüninger) n. 2. —

Protokolle der XXIX. u. XXX. deutschen evangelischen Kirchen-Konferenz. gr. 8. Stuttgart, (C. Grüninger). à 2. —
XXX. Vom 18. bis 24. VI. 1908. Mit Anlagen A bis O. (IV, 251 S.) 908.
XXX. Vom 20. V. bis 1. VI. 1910. Mit Anlagen A bis P. (V, 290 S.) 910.

Protokolle der Kommission zur Ausarbeitung des Entwurfes eines Gesetzes zum Schutze des Urheberrechts an Werken der Litteratur u Kunst. fol Frankfurt a. M. 1863

Protokolle der Kommission zur Ausarbeitung des Entwurfs einer Civilprozeßordnung für die Staaten des Norddeutschen Bundes. (Als Ms. gedr.) Berlin: Decker. [2 Ex.] 6 + 3 Bde

[Bd 1.]	Prot.	1—85.	Seite	1—522.	1868.
[„ 2.]	„	86—183.	„	523—1053.	1869.
[„ 3.]	„	184—254.	„	1055—1563.	1869.
[„ 4.]	„	255—344.	„	1565—2183.	1870.

[Bd 5.] Prot. 345—399. Seite 2185—2682 [u.] Reg. zu den Prot. 1870.

[„ 6.] Sachreg. zu d. Entw. e. Civilprozeßordnung. 1871.

[in Bd 3:] **Entwurf einer Prozeßordnung in bürgerl. Rechtsstreitigkeiten f. den Norddeutschen Bund. (§§ 1—738.)**

[„ „ 5:] **Entwurf einer Civilprozeßordnung für den Norddeutschen Bund. (§§ 1—1178 u. Einf.-Ges.)**

Protokolle der Kommission zur Ausarbeitung eines Gutachtens über Einführung gleichen Masses und Gewichtes in den deutschen Bundesstaaten. fol Frankfurt 1860

Protocolle der Commission zur Ausarbeitung eines Allgemeinen Deutschen Obligationenrechtes. Dresden. 11 Bde fol.

Bd 1. Sitz. 1—62. 7. 1.—14. 7. 1863. S. 1—852. 1863.

„ 2. „ 63—120. 7. 9. 1863—4. 2. 1864. S. 853—1686. 1864.

„ 3. „ 121—171. 11. 2.—23. 9. 1864. S. 1687—2481. 1864.

„ 4. „ 172—232. 24. 9. 1864—14. 3. 1865. S. 2483—3385. 1865.

„ 5. „ 233—259. 18. 3.—16. 6. 1865. S. 3387—3778. 1865.

„ 6. „ 264—324. 6. 10.—9. 6. 1866. S. 3779—4063. Tabelle zur Vergleichung der Artikel des Entw. in 1. u. 2. Lesung mit denen der Vorl. des vorbereitenden Ausschusses (Anl. B.) u. bez. den bei den Berathungen in 1. u. 2. Lesung gestellten Anträgen. 1866. [Anl. B fehlt.]

[„ 7.] Entwurf eines f. d. Deutschen Bundesstaaten gemeinsamen Gesetzes über Schuldverhältnisse. (Nach den in 1. Lesung festgestellten Beschlüssen.) (Art. 1—127.) 1864.

[„ 8.] [Desgl.] (Nach den in 1. Lesung festgest. Beschlüssen.) (Art. 1—1112.) 1865.

[„ 9. 10.] Beilagen zu den Protocollen ... Anl. F. Red. Beschlüsse. (Unter Einschaltung der nachträgl. Zusätze.)

[„ 11.] Entwurf eines f. d. Deutschen Bundesstaaten gemeinsamen Gesetzes über Schuldverhältnisse. (Nach der Schlußred. in 2. Lesung.) 1866.

[**Protokolle** der Kommission zur Beratung der Berggesetze.] Berlin 1901/05. 4°.

Protokolle der Kommision über die erste Berathung des Entwurfs eines bürgerlichen Gesetzbuches, eines Einführungsgesetzes zum bürgerlichen Gesetzbuche, einer Grundbuchordnung und eines Zwangsvollstreckungsgesetzes. Berlin. [Autogr.] 30 Bde

[1. Systematische Einteilung:]

Bd 1. **Verzeichnis d. Mitgl. d. Komm. Geschäftsordnung. Allgem. Teil. Obligationenrecht Nr 8. 9.**

„ 2—6. **Obligationenrecht.**

„ 7. **Allgem. Teil: Juristische Personen. Collectivgesellschaften. Gesellschaftsvertrag. Einteilung, System u. Redaktion d. Allgem. Teils u. Obligationenrechts.**

„ 8—12. **Sachenrecht.**

„ 13—17. **Familienrecht.**

„ 18—22. **Erbrecht.**

„ 23. **Internat. Privatrecht. Zweite Beratung d. Allgem. Teils, Rechts d. Schuldverhältnisse, Sachenrechts.**

„ 24. **Zweite Beratung d. Familienrechts, Erbrechts u. internat. Privatrechts. Revision d. Familienrechts.**

„ 25. 26. **Einführungsgesetz z. BGB.**

„ 27. **Grundbuchordnung.**

„ 28. 29. **Gesetz, betr. d. Zwangsvollstreckung in d. unbewegl. Vermögen.**

„ 30. Alphab. Register.

[2. Einteilung nach Kommissionssitzungen:]

Sitzung	1—61	=	Seite	[1]—464	= Bd	1.
„	62—109	=	„	465—978	= „	2.
„	110—154	=	„	979—1484	= „	3.
„	155—198	=	„	1485—2018	= „	4.
„	199—234	=	„	2019—2504	= „	5.
„	235—275	=	„	2505—3086	= „	6.
„	276—287	=	„	3087—3296	= „	7.
„	288—298, T. 1	=	„	3297—3456	= „	8.
„	298, „ 2	=	„	3457—3484	= „	7.
„	299—302	=	„	3485—3546	= „	8.
„	303—304, „ 1	=	„	3547—3564	= „	7.
„	304, T. 2. —326	=	„	3565—3986	= „	8.
„	327—358	=	„	3987—4498	= „	9.
„	359—379	=	„	4499—4890	= „	10.
„	380—410	=	„	4891—5490	= „	11.
„	411—426	=	„	5491—5828	= „	12.
„	427—430	=	„	5829—5906	= „	13.
„	431, T. 1	=	„	5907—5908	= „	12.
„	431, „ 2.-442, T. 1	=	„	5909—6134	= „	13.
„	442, „ 2.-446	=	„	6135—6206	= „	7.
„	447—452	=	„	6207—6276	= „	12.
„	453—470	=	„	6277—6606	= „	13.
Sitzung	**471—494**	=	**Seite**	**6607—7272**	= **Bd**	**14.**
„	**495—517**	=	„	**7273—7842**	= „	**15.**
„	**518—539**	=	„	**7843—8458**	= „	**16.**
„	**540—555, T. 1**	=	„	**8459—8874**	= „	**17.**
„	**555, T. 2. —578**	=	„	**8875—9330**	= „	**18.**
„	**579—607**	=	„	**9331—9916**	= „	**19.**
„	**608—634**	=	„	**9917—10438**	= „	**20.**
„	**635—664**	=	„	**10439—11006**	= „	**21.**
„	**665—690**	=	„	**11007—11476**	= „	**22.**
„	**691—722**	=	„	**11477—12024**	= „	**23.**
„	**723—734**	=	„	**12025—12314**	= „	**24.**
„	**735—765**	=	„	**12315—12912**	= „	**25.**
„	**766—785**	=	„	**12913—13300**	= „	**26.**
„	**786—809**	=	„	**13301—13650**	= „	**27.**
„	**810—842**	=	„	**13651—14230**	= „	**28.**
„	**843—873**	=	„	**14231—14764**	= „	**29.**
Register		zu	„	**1—14764**	= „	**30.**

Protokolle der Commission zur Berathung eines allgemeinen Deutschen Handelsgesetz-Buches. Nürnberg [bezw.] Hamburg. 15 Bde

[Bd 1.]	Protokoll	1— 45,	S.	1— 404.	1857.
[„ 2.]	„	46— 98,	„	405— 875.	1867.
[„ 3.]	„	99—176,	„	877—1471.	1858.
[„ 4.]	„	177—243,	„	1473—2037.	1858.
[„ 5.]	„	244—299,	„	2039—2536.	1858. 59.
[„ 6.]	„	300—346,	„	2537—2973.	1859.
[„ 7.]	„	347—421,	„	2975—3692.	1859.
[„ 8.]	„	422—547,	„	3693—4491.	1860.
[„ 9.]	„	548—589,	„	4493—5152.	1861.

(Bd 1 u. 2 enth. die erste, Bd 3 die zweite, Bd 9 die dritte Lesung des Handelsrechts, Bd 4—7 die erste, Bd 8 die zweite Lesung des Seerechts.)

Beilage zu den Protokollen. Entwurf des allgem. Deutschen Handelsgesetzbuchs, von der Red.-Commission auf Grundlage der in 1. Lesung gefaßten Beschlüsse bearb. S. 1—76. [In Bd 2.]

Beilagenband.

[1.] **Nürnberg 1858.**

Entwurf eines österreich. Handelsrechts. (Ministerieller Entwurf.)

Entwurf eines österreich. Handelsrechts. (Revidirter Entwurf.)

Entwurf eines Handelsgesetzbuches für die Preuß. Staaten.

Entwurf eines allgem. deutschen Handelsgesetzbuches. (Nach den Beschlüssen der zweiten Lesung.)

[2.] **Zu den Protokollen 177—421. Hamburg 1859.**

Entwurf eines österreich. Privatseerechtes. S. 1—58.

Entwurf eines Handelsgesetzbuches für die Preuß. Staaten Buch 3, Titel 6 u. 7, Buch 4. S. 1—76.

Entwurf eines allgem. Deutschen Handelsgesetzbuches. 5. Buch. (Nach d. Beschlüssen der ersten Lesung.) S. 1—96.

[3.] **zu den Protokollen 422—547. Hamburg 1860.**

Entwurf eines allgem. deutschen Handelsgesetzbuches. 5. Buch. (Nach den Beschlüssen der zweiten Lesung.) S. 1—118.

[4. 5.] **zu den Protokollen 548—589. Nürnberg 1861.**

[4.] **Zusammenstellung der Erinnerungen gegen den Entwurf aus 2. Lesung. S. 1—106.**

[5.] (Entwurf aus 3. Lesung.) Entwurf eines allgem. deutschen Handelsgesetz-Buches. (Bücher 1–4: 3. Lesung, Buch 5: 2. Lesung. Auth. Text des HGB.)

— Register zu Prot. 1—176. Würzburg 1858.

Protokolle der Kommission zur Berathung eines allgemeinen deutschen Handelsgesetzbuches. Im Auftrage dieser Kommission herausg. von J. Lutz. (1. Thl. 2 Hefte. — 2. Thl. 2 Hefte. — 3. Thl. 3 Hefte. — Beilagenband. 3 Hefte, u. Registerband.) Würzburg 858. Stahel. gr. 8. (1. Thl.: VIII, 404; 2. Thl.: S. 405—875; 3. Thl.: S. 877—1471; Beilagenbd.: 276 S.; Registerbd.: 123 S.) n. 12 ₰.

— der Kommission zur Berathung eines allgemeinen deutschen Handelsgesetzbuches. Im Auftrage dieser Kommission herausg. von J. Lutz. 4—9. Thl. u. Beilagenbd. 4—7. Heft. Würzburg 860—63. Stahel. gr. 8. (S. 1473—5152; Beilagenbd. 691 S. u. Nachtrag 96 S.) n. 18 ₰ 6 ngr.

— der Kommission zur Berathung eines allgemeinen deutschen Handelsgesetzbuches. Im Auftrage dieser Kommission hrsg. von J. Lutz. 8. Thl. und Beilagenbd. 8. (Schluß-)Heft. gr. 8. Würzburg, Stahel'sche Buchh. [8. Thl. (S. 3693—4491.) 863. * 3 Thlr. 6 Ngr., Beilagenbd. 8. Heft. (XXIV und S. 219—494.) 867. * 1 Thlr. 10 Ngr.] *

Kommission zur Berathung eines verbesserten Sturmsignalsystems. Protokolle. Berlin 1873. Fol.

[Protokolle der Kommission zur Beratung der wasserwirtschaftlichen Vorlagen.] Berlin 1901. 4°.

Protocolle der Commission zur Berathung einer allgemeinen Civilproceßordnung für die deutschen Bundesstaaten. Hannover 1862—66. 21 Bde **fol.**

Bd 1—12 = 1. Lesung.

Bd	1.	Prot.	1—27.	Seite	1—338.
„	2.	„	28—50.	„	339—698.
„	3.	„	51—63.	„	699—992.
„	4.	„	64—87.	„	993—1350.
„	5.	„	88—109.	„	1351—1752.
„	6.	„	110—131.	„	1753—2108.
„	7.	„	132—156.	„	2109—2620.
„	8.	„	157—179.	„	2621—3096.
„	9.	„	180—196.	„	3097—3520.
„	10.	„	197—215.	„	3521—3924.
„	11.	„	216—233.	„	3925—4300.
„	12.	„	234—248.	„	4301—4551.

Anl. zu Prot. 1—248:

1. **Entwurf** einer allgemeinen deutschen Civilproceßordnung. Nach der Vorlage der Referenten. Anl. 1—23.
2. **Entwurf** einer allgemeinen deutschen Civilproceßordnung. Nach den bei der ersten Lesung gefaßten Beschlüssen, vorbehältlich der Schlußredaction.
3. **Entwurf** einer allgemeinen deutschen Civilproceßordnung. Nach den bei der ersten Lesung gefaßten Beschlüssen. 1864.

Reg. zu Prot. 1—248. 1864.

Bd 13—17 = 2. u. letzte Lesung.

Bd	13.	Prot.	249—274.	Seite	4553—4992.
„	14.	„	275—294.	„	4993—5400.
„	15.	„	295—318.	„	5401—5828.
„	16.	„	319—341.	„	5829—6296.
„	17.	„	342—374.	„	6297—6724.

Anl. zu Prot. 249—374:

Entwurf einer allgemeinen deutschen Civilproceßordnung. Nach den bei der zweiten u. letzten Lesung gefaßten Beschlüssen. 1866.

Reg. zu Prot. 1—374.

Bernischer Verein für Handel und Industrie. Protokolle der zur Erörterung der Frage eines erfolgreichen Vorgehens gegen Uebelstände im Eisenbahntransportwesen bestellten Commission. 15 Stn. 8. Druck v. B. F. Haller. 1873.

— d. Kommission f. d. zweite Lesg. d. Entwurfs d. bürgerlichen Gesetzbuchs. Im Auftr. d. Reichs-Justizamts bearb. v. Achilles, Gebhard, Spahn. gr. 8. Berlin, J. Guttentag. n.n. 14.85

— dasselbe. 1., 2. u. 4. Bd. gr. 8. Ebd. n.n. 12.45; geb. in Halbfrz. n.n. 18.45

1. Allgemeiner Theil u. Recht der Schuldverhältnisse Abschn. I, Abschn. II, Tit. I. (XVI, 803 S.) 897. n.n. 3.60; geb. n.n. 5.60
2. Recht d. Schuldverhältnisse. Abschn. II, Tit. 2—20, Abschn. III, IV. (814 S.) 898. n.n. 5.—; geb. n.n. 7.—
4. Familienrecht. (878 S.) 897. n.n. 3 85; geb. n.n. 5.85

— dasselbe. 3. u. 5.—7. Bd. gr. 8. Ebd. n.n. 12.55; geb. in Halbfrz. n.n. 20.55; (kplt. n.n. 25.—; geb. n.n. 39.—)

3. Sachenrecht. (III, 783 S.) 899. n.n. 3.50; geb. n.n. 5.50
5. Erbrecht. (III, 894 S.) 899. n.n. 5.—; geb. n.n. 7.—
6. Anwendung ausländischer Gesetze. — Entwurf II des bürgerlichen Gesetzbuchs; Revision. — Entwurf des Einführungsgesetzes. — Entwurf e. Gesetzes, betr. Aenderga. des Gerichtsverfassungsgesetzes &c. (IV, 804 S.) 899. n.n. 2.80; geb. n.n. 4.80
7. Register (angefertigt v. H. Jatzow). (III, 216 S.) 899. n.n. 1.25; geb. n.n. 3.25

— der Kommission f. die Reform des Strafprozesses. Hrsg. vom Reichs-Justizamte. 2 Bde. (IX, 518 u. V, 631 S.) gr. 8. Berlin 905. J. Guttentag. n. 7.30; geb. in Halbfrz. n.n. 10.30

Protokolle der Kommission zur Vorberatung des Entwurfs eines Berggesetzes für das Königreich Bayern über die Sitzungen vom 7. Januar bis 15. März 1867. München. 1867. Autogr.

Protokolle der zur Vorberathung der Konkursordnung u. des Einführungsgesetzes gewählten Kommission des Deutschen Reichstags. (Drucksachen 2. Leg.-Per. 2. Sess. 1874 Nr 200 u. 4. Sess. 1876 Nr 4.) 1876.

Communisten Club. Protocolle des Communisten Clubs. New York, 1857-58. TIL

— der Konferenz der Abgeordneten technischer Hochschulen behufs Berathung über einheitliche Bezeichnung mathematisch-technischer Grössen, auf Veranlassung der vom Verbande deutscher Architekten- u. Ingenieur-Vereine ergangenen Einladungen am 2. u. 3. April 1880. gr. 8. (47 S.) Berlin 880. Ernst & Korn. n. 1. —

— der zur Berathung üb. Lehrerbildung auf Veranlassung Sr. Exc. des Hrn. Ministers v. Ladenberg vom 15. bis 26. Jan. 1849 in Berlin versammelten Conferenz bearb. v. Karl Bormann. gr. 8. (82 S.) Berlin 849, Herm. Schultze. n. 1/3 ₰

— der zur Berathung der Medicinalreform auf Veranlassung Sr. Exc. des Hrn. Ministers v. Ladenberg vom 1. bis 22. Juni 1849 in Berlin versammelten ärztlichen Conferenz. Amtliche Ausg. Lex.-8. (276 S.) Berlin 849, A. Hirschwald, Vrlgsh. *

Wurde auch unter dem Umschlagstitel: Verhandlungen über die Reorganisation des Medicinalwesens etc., ausgegeben.

— der zur Berathung einer allgem. deutschen Wechsel-Ordnung in der Zeit vom 20. Octbr. bis zum 9. Decbr. 1847 in Leipzig abgehalt. Conferenz nebst dem Entwurfe einer Wechsel-Ordnung für die preuß. Staaten, den Motiven zu ders. und dem aus den Beschlüssen der Conferenz hervorgegang. Entwurfe. 4. (LXXVIII und 288 S.) Leipzig 848, Hirschfeld. Thlr.

— der zur Berathung einer allgem. deutschen Wechselordnung in der Zeit vom 20. Octbr. bis zum 9. Decbr. 1847 abgehalt. Conferenz nebst dem Gesetzentwurf. [Abdr. der Regierungsvorlage an die badischen Stände.] gr. 4. (VIII, 114 u. 25 S.) Mannheim 848, Bassermann. 1 ₰

Protokolle der zu Berlin am 27. u. 28. April 1870 stattgefundenen Conferenz der in Deutschland an der Verbreitung des Christenthums unter den Juden arbeitenden Missions-Gesellschaften u. ihrer Missionare. Berlin 870. (W. Schultze.) gr. 8. (XV, 124 S.) n.n. 12½ ngr.

— der Konferenz d. verbünd. Deutschen Regierungen in den zu Berlin stattgehabten Sitzungen am 10. bis 15. Mai 1850. [Abdr. aus dem Preuß. Staats-Anzeiger Nr. 140 v. 24. Mai 1850.] gr. 8. (56 S.) Berlin 850, Decker. 1/6 ℛ

— der im October 1873 im königl. preuß. Unterrichts-Ministerium üb. verschiedene Fragen d. höheren Schulwesens abgehaltenen Conferenz. gr. 8. (179 S.) Berlin 874. Hertz. n. 2. —

Protokolle über die Conferenzen der Militär-Commission der deutschen Bundes-Versammlung. (34 Bde.)
Fol. Frankfurt a. M. 1818—1866.

Wiebe, Herm.: **Protokolle** über die Conferenzen der Grossen National-Mutterloge „Zu den drei Weltkugeln" [in Berlin] vom 11. Mai, 14. Sept., 23. Nov. u. 7. Dec. 1871. Berlin [1871]: Ihring. 25 S. 8° [Umschlagtit.]
Tt. 1053. Betr. das Strafverfahren gegen H. Wiebe.

Protocolle. Protok' der Konferenzen in Sachen der schweiz. Wasserbeschädigten vom Jahr 1868 *s.* Schriftstücke. Schriftstüke betreffend die Wasserverheerungen vom Herbste 1868 .... (Bern 1869.)

Protokolle des 3. Congresses aller keramischen und verwandten Arbeiter von Oesterreich-Ungarn in Wien. Hrsg. von Rud. Heckl. 8°. Wien 1893.

Protokolle des Kongresses der deutschen Holzarbeiter, der 3. ordentlichen Generalversammlung der Vereinigung der Drechsler und Berufsgenossen Deutschlands und des 5. ordentlichen Verbandstages des deutschen Tischlerverbandes. Abgehalten zu Cassel am 3.— 7. April 1893. 8°. Stuttgart, Dietz, 1893.

Protokolle üb. die v. Mitgliedern u. Organen der k. k. Central-Commission für Kunst- u. histor. Denkmale unter Vorsitz d. Präsidenten dieser Commission am 17. u. 18. Septbr. 1888 in der Aula der Jagiellonischen Universität zu Krakau abgeh. IV. Conservatoren- u. Correspondenten-Conferenz. Hrsg. v. der k. k. Central-Commission zur Erforschg. u. Erhaltg. der Kunst- u. histor. Denkmale. gr. 8. (77 S.) Wien 889. (Kubasta & Voigt.) n. 1. 60

Protokolle der konstituirenden Konvention des Deutsch-Amerikanischen National-Bund der Vereinigten Staaten von Amerika: 1901-?
Biennial. Imprint varies: Philadelphia, 1901; Baltimore, 1903 (2d); Indianapolis, 1905 (3. Konvention); New York, 1907 (4. Konvention); Cincinnati, 1909 (5. Konvention); Washington, D.C. 1911 (6. Konvention).
Philadelphia, PA

Concilium Basiliense. Die **Protokolle** des Concils ... aus d. Manuale d. Notars Bruneti ... hrsg. von Johannes Haller. [1.] *Basel: R. Reich 1897.* 4°
= **Concilium Basiliense.** Studien u. Quellen z. Gesch. d. Concils von Basel. Bd 2. [04. 11636

Protokolle der im Jahre 1872 in den an der Wolga gelegenen Präposituren gehaltenen Kreis-Synoden.
43 S. Moskau: Buchdruckerei v. Th. Ries 1873 IfA

Protokolle über die Lage des Kleingewerbes in Niederösterreich. 4° Wien 1874

[Protokolle der Gr. Landesloge der Freimaurer von Deutschland in Berlin vom 24. Juni 1840 bis 24. Juni 1891. Berlin 1840—1891 [seit 1859]: Mittler & S.] 2°

— der 3. hannoverschen Landessynode. gr. 8. (Nr. 1. 8 S.) Hannover 881. Helwing's Verl. n.n. 2. 50

— der 4. ordentlichen Landessynode der evangelisch-lutherischen Kirche Hannovers im J. 1887. gr. 8. (XII, 513 S.) Hannover 888. Helwing's Verl. n. 5. —

— der 5. ordentlichen Landessynode der evangelisch-lutherischen Kirche Hannovers im J. 1893. gr. 8. (XVI, 551 S.) Hannover 893. Helwing's Verl. n. 2. 50

Protocolle der constituirenden Schleswig-Holsteinischen Landesversammlung. 4°.
1848. (Sitzung 1—57.) Kiel. (1848.)
Fortges. u. d. T.:
Verhandlungen der (constituirenden) Schleswig-Holsteinischen Landesversammlung.
(1848—1849.) Sitzung 58—192. (ebd. 1849.)
Fortges. u. d. T.:
Zeitung über die Verhandlungen der (constituirenden) Schleswig-Holsteinischen Landesversammlung.
1849(- 1850). Fortsetzung. (Sitzung 193—295.) ebd. (1850.)
Beilagenheft. (1848—49.) Nr. 1—91. (ebd. 1849.) [Titelbl. fehlt.]
Beilagenheft. 1849—50. (Nr. 1—57.) ebd. (1850.)

— d. constituir. Schleswig-Holstein. Landesversammlung 1848. Amtliche Ausg. 3 Lfgn. gr. 4. (116 S.) Kiel 848, Schwers in Comm. (à n. 1/3 ℛ) n. 1 ℛ

Protokolle der Landesversammlung der sächsischen Socialdemokratie 1899—1901. 8°. Leipzig 1899—1901.

Protokolle der Landräthe des Königreichs Bayern von 1867—76. 4.

— der herzogl. Nassauischen Landstände v. J. 1818—22. Fol. Wiesb., Schellenberg. 13 ℛ 12 ℊ

— Dass. d. Herren-Kammer 1818—22. Wiesb., Schellenberg. à 2 ℛ 6 ℊ

Protokolle des Siebenbürger Landtages 1837/1838 (in ungar. Sprache). gr. Fol. Wien ... v. Hochmeistersche Buchh. 12 ℛ

— der zweiten allgem. deutschen Lehrer-Versammlung in Nürnberg. [Den 27., 28. u. 29. Septbr. 1849.] gr. 16. (XXVIII u. 132 S.) Fürth 849, Schmidt. 1/3 ℛ

Protokolle der Liquidations-Commission zu Frankfurt a. M. vom Jahre 1866 und 1867. Sitzung 1—45.
Fol. Frankfurt a. M. 1866—1867.

— der deutschen Ministerial-Conferenzen, gehalten zu Wien in den Jahren 1819 und 1820. Herausg. von L. Fr. Ilse. Frankfurt a. M. 861. Auffarth. gr. 8. (438 S.) n. 1 ℛ 28 ngr

der allgem. Missionskonferenz für die Arbeit der evang. Kirche an Israel, s. a. Schriften des Institutum iudaicum in Berlin. Nr. 29.

Protokolle der in Köln a. Rh. vom 6. bis zum 9. Okt. 1900 abgehaltenen Allgemeinen **Missionskonferenz** für die Arbeit der evang. Kirche an Israel. *Leipzig: J. C. Hinrichs 1901.* (99 S.) 8° [F.]
= **Schriften** d. Institutum Judaicum zu Berlin. No 29. [04. 9369

— der **Mittelschulenquete der kulturpolitischen** Gesellschaft. hrsg. v. **Rob. Scheu, s. a. Aus der** Mittelschulenquete der **kulturpolitischen Gesellschaft. II.**

Protokolle der Mittelschulenquete der Kulturpolitischen Gesellschaft. (Vom 13. Nov. 1906 bis 18. Jänner 1907.) Hrsg. von Dr. Robert Scheu. Wien: M. Perles 1908. (XIV, 320 S.) 8°
= **Mittelschulenquete** d. Kulturpolitischen Gesellschaft. T. 2. [08. 1337

— der internationalen Münzkonferenz zu Paris im Jahre 1881. Deutsche Uebersetzung, hrsg. unter Mitwirkung v. M. Schraut. Lex.-8. (III, 511 S.) Berlin 882. C. Heymann's Verl. n. 20. —

[Protokolle der Gr. Nat.-Mutterloge zu den drei Weltkugeln in Berlin vom 1. März 1849 bis 24. Juni 1866.] 2⁰

—— die, des Mannheimer Nationaltheaters unter Dalberg, s. Martersteig, Max.

[Oeffentliche Protokolle der 17., 21. u. 25. Sitzung der Deutschen Bundesversammlung in Frankfurt a. M. vom 26. Juli 1838 bis 23. Dezember 1841 betr. die Auseinandersetzung d. Kurtrierschen Schuld zwischen den beteiligten Staaten und der Kgl. Preuß. Seehandlungs-Societät zu Berlin.] [Orig. Abdrücke.] fol.

Officielle Protokolle über die Verhandlungen deutscher Universitätslehrer zur Reform der deutschen Hochschulen in Jena vom 21.–24. September 1848. Jena. (1848.) 8⁰

Protokolle d. Parteitages der deut. Sozialdemokratie in Oesterreich, in Linz 1898. Wien 1898.

Protokolle d. Parteitages der deut. Sozialdemokratie zu Brün 1899. Wien 1899.

Protokolle der Parteitage der österreich. Sozialdemokratie.
Parteitag zu Heinfeld 1889. Wien.
Parteitag zu Wien 1891. Wien.
Parteitag zu Wien 1892. 1894. 1896. 1897.

Protokolle der socialdemokratischen Parteitage. Hrsg. v. „Vorwärts", Berlin.
Protokoll des Kongresses zu St. Gallen 1887.
Protokoll des Parteitages zu Halle 1890.
Protokoll des Parteitages zu Erfurt 1891.
Protokoll des Parteitages zu Berlin 1892.
Protokoll des Parteitages zu Köln 1893.
Protokoll des Parteitages zu Frankfurt a.M. 1894.
Protokoll des Parteitages zu Breslau 1895.
Protokoll des Parteitages zu Gotha-Siebleben 1896.
Protokoll des Parteitages zu Hamburg 1897.
Protokoll des Parteitages zu Stuttgart 1898.
Protokoll des Parteitages zu Hannover 1899.

Protokolle über die gehaltenen 13 Plenar-Sitzungen des 21. Sächsischen Provinzial-Landtages im Jahre 1873. Merseburg. (1873.) 4⁰

Protokolle über die Plenarsitzungen der Budapester Handels- und Gewerbekammer. 1875-88. Budapest 1875-88.

Protokolle der 3. internationalen Polar-Konferenz im Physikalischen Central-Observatorium in St. Petersburg, 1—6. August (20.—25. Juli) 1881. [Herausgegeben von H. Wild.] St. Petersburg 1881.

Protokolle des 11. – 19. Provinzial-Landtages der Mark Brandenburg und des Markgrafthums Niederlausitz. Berlin 1852-73. 2 Bde.

Protokolle des Brandenburgischen Provinziallandtags. 4⁰. 1. Sitzungsperiode ff. 1876 ff. Berlin. 1876 ff. Von der 13. Sitzungsperiode, 1887, an mit Drucksachen.

Protokolle des Westfälischen Provinzial-Landtages. 9–14. 1851–60. 2 Bde.

— der im Jahre 1844 in den östlichen Provinzen der Preuß. Monarchie abgehaltenen Provinzial-Synoden, nebst den dazu gehörigen Beilagen. Amtlicher Abdruck. 2 Hefte, enthaltend Vorwort nebst Anlagen, so wie die Protokolle der Provinzial-Synoden von Brandenburg, Pommern, Sachsen, Preußen, Posen, Schlesien. hoch Roy.-4. Berlin 845, Decker. n. 2½ ₰

Protocolle der (Quartal-) Conferenzen, Sitzungen und Jahresversammlungen der Grossen Mutterloge und des Bundesraths der Freimaurer, genannt zur Sonne im Or. von Bayreuth. 62 Hefte. Bayreuth, Druck v. Burger. 1856—1883. Fol. Nr. 22—54, 56—59, 62—69, 71, 74 u. 75: ferner ohne Nummer die Protocolle vom 20. Jan. u. 28. Aug. 1874, 16. Febr. u. 8. Aug. 1875, 13. Oct. u. 5. Nov. 1878, 28. Mai 1879. 27. April 1880, 19. Apr. 1881, 3. März, 20. Juli, 11. Aug. u. 19. Dec. 1882 und 16. Februar 1883.
Mit wenig Ausnahmen vom Grosssecretair Alb. Redlich abgefasst.

[Protokolle über Quartalsversammlungen der Grossen Loge von Preussen genannt Royal York zur Freundschaft.] 3. Sept. 1883; 3. Dez. 1883; 3. März 1884; 5. Mai 1884. 2⁰.

Letztere sind nicht numeriert und haben eine eigene Paginierung, während die vorhergehenden numeriert und fortlaufend paginiert sind.

Protokolle der ersten Rabbiner-Versammlung, abgehalten zu Braunschweig vom 12. bis 19. Juni 1844. gr. 8. (9⅛ B.) Braunschweig 844, Vieweg u. Sohn. *

Protocolle. Protokolle des Grossen Rates des Kantons Basel-Stadt. Jahrg. 1: 14. Mai 1908 bis 6. Mai 1909. II + 276 S. 8. [Basel, G. Krebs.]

Protocolle. Protokolle des Grossen Rates des Kantons Basel-Stadt. Jahrg. 2: 13. Mai 1909 bis 28. April 1910. II + 393 S. 8. [Basel, G. Krebs.]

— des Realschultages in Gera u. der Conferenzen im Minnisterium zu Berlin. [Aus dem „Central-Organ f. die Interessen d. Realschulwesens" hrsg. v. M. Strack.] gr. 8. (99 S.) Bielefeld 874. Gülker & Co. n. 1. 80

Protocolle d. Reichsfriedensdeputat. zu Rastadt sammt allen Beilagen, mit d. Orig. genau verglich. u. mit kurz. prakt. Anmerkk. *Rastadt* u. *Basel*. 798. B. I—IV. 4.

Protokolle über die Revision des Bergrechts in Folge der gutachtlichen Bemerkungen der Provinzialstände. Mai 1845 bis Dez. 1846. 4.

— der Senats-Commission f. die Prüfung der Arbeitsverhältnisse im Hamburger Hafen üb. d. Vernehmg. v. Arbeitgebern u. Arbeitnehmern. gr. 4. (III, 428 S.) Hamburg 898. L. Gräfe & Sillem. n. 3. –

Protokolle über die erste — siebente (und letzte) Sitzung der Gewerbekammer für die Provinz Schleswig-Holstein zu Schleswig. 1886—1892. Kiel. o. J. Fol.

— — der Sitzung der k. k. österreichischen Commission für die europäische Gradmessung am 28. April 1868. (Manuscript.) kl. Fol. Wien 1868.

Protokolle der ... Sitzung der Central-Moor-Commission, s. Protokoll ...

Protokolle der ausserordentlichen öffentlichen Sitzungen der Triester Handels- und Gewerbekammer von 1874. Triest 1874

— der geheimen Sitzungen der I. u. II. Kammer der badischen Ständeversammlung über den Anschluß des Großherz. Baden an dem großen deutschen Zollverein. Aus d. amtlich herausgeg. Protokollen bes. abgedr. gr. 4. Karlsruhe 835. Groos. 1½ ₰

Protokolle der Sitzungen der Reichenberger Handels- u. Gewerbekammer. 1899-05 Reichenberg 1900-05

Deutsche Seewarte, Hamburg. Protokolle der Sitzungen einer Konferenz der Vorstände deutscher meteorologischer Zentralstellen über Umfang und Form von Witterungs-Berichten für die Presse und im Interesse eines landwirthschaftlichen meteorologischen Dienstes für das Deutsche Reich. Abgehalten in Hamburg vom 2. – 4. April 1880.

[Protokolle der Sitzungen der Gr. Loge zur Sonne in Bayreuth. No. 22ff. Bayreuth 1856ff.] 2⁰
Tt. 726. Unvollst. vorgelegen.

Protokolle über die öffentlichen Sitzungen der Bukowiner Handels- und Gewerbekammer in Czernowitz ... Czernowitz: Selbstverl. d. Handelskammer 1878/1914. (Erschienen für die Jahre 1878–1914.)

Protokolle der ordentlichen Sitzungen der kärntnerischen Handels- u. Gewerbekammer. Klgft., v. Kleinmayr, Bertschinger, 1852—. Quart.

Protokolle für die ordentl. Sitzungen d. Handels- u Gewerbekammer Pilsen 1876-85. Pilsen 1876-85

— über die Sitzungen d. Vereins f. die Geschichte Göttingens im 1. Vereinsj. 1892—1893, geführt von Aug. Tecklenburg. gr. 8. (95 S.) Göttingen 893. (R. Peppmüller.) n.n. 1. —

— dasselbe üb. die Sitzungen im 2. Vereinsj. 1893—1894, geführt v. Aug. Tecklenburg. 8. (147 S.) Ebd. n.n. 1. 50

— üb. d. Sitzgn. d. Vereins f. d. Geschichte Göttingens im 3. Vereinsj. 1894—1895, geführt v. Aug. Tecklenburg. 8. (II, 122 S.) Göttingen 895. (R. Peppmüller.) n.n. 1. 50

— dasselbe. 4. Vereinsj. 1895—1896. 8. (220 S.) Ebd. 896. n.n. 2. —

— dasselbe. 5. Vereinsj. 1896—1897. 8. (120 S.) Ebd. 897. n.n. 1. 20

— dasselbe. 6. Vereinsj. 1897—1898. 2. Bd. 1. Hft. 8. (128 S.) Ebd. 898. n.n. 1. 50

— über die Sitzungen des Vereins f. die Geschichte Göttingens im 7.—9. Vereinsj. 8. Göttingen. (R. Peppmüller.) n.n. 5. 50
7. 1898—1899, geführt von Aug. Tecklenburg. 2. Bd. 2. Hft. (163 S. m. Abbildgn.) (899.) n.n. 2. —
8. 1899—1900, geführt v. Aug. Tecklenburg. (103 S. m. 2 Abbildgn.) 900. n. 1. 50
9. 1900—1901, geführt von Aug. Tecklenburg. (2. Bd. 4. Hft.) (216 S.) 901. n. 2.

— über die Sitzungen des Vereins f. die Geschichte Göttingens im 10.—13. Vereinsj. 8. Göttingen (R. Peppmüller). n. 5. 80
10. 1901—1902, geführt v. Aug. Tecklenburg. (2. Bd. 5. Heft.) (58 S.) 902. n. — 80
11. 1902—1903, geführt v. Aug. Tecklenburg. 3. Bd. 1. Heft. (109 S.) 903. n. 1. 50
12. 1903—1904, geführt v. Aug. Tecklenburg. 3. Bd. 2. Heft. (XII, 160 S. m. 5 Taf.) 904. n.n. 2. —
13. 1904—1905. geführt v. Aug. Tecklenburg. 3. Bd. 3. Heft. (121 S.) 905. n.n. 1. 50

— über die Sitzungen des Vereins f. d. Geschichte Göttingens im 14. u. 15. Vereinsj. 8. Göttingen, (R. Peppmüller). nn 4. 10
14. 1905—1906, geführt v. Aug. Tecklenburg. 3. Bd. 4. Heft. (134 S.) 906. nn 1. 60
15. 1906—1907, geführt v. Aug. Tecklenburg. 3. Bd. 5. Heft. (IV, 191 S. m. 1 farb. Taf.) 907. nn 2. 50

PROTOKOLLE der Sitzungen der konstituirenden Versammlung der Deutschen Meteorologischen Gesellschaft. Abgehalten in Hamburg am 17. und 18. November 1883. (Autographirt.) s. l. & a. fol.

Fortges. u. d. T.: Jahrbuch des Geschichtsvereins für Göttingen und Umgebung.

Protokolle über die vom 8. bis 17. März 1892 abgehaltenen Sitzungen der nach Wien einberufenen Währungs-Enquete-Commission. Lex. -8. (V, 298 S.) Wien: Hof- und Staatsdruckerei 1892.

—— der Sitzungen des Central-Ausschusses der Königl. Landwirthschafts-Gesellschaft zu Celle. 20.—24. Heft. gr. 8. (XIX und 594 S.) Celle 863—65, Schulze'sche Buchh. à Heft * 15 Ngr. *

— der Sitzungen d. Central-Ausschusses der königl. Landwirthschafts-Gesellschaft zu Celle. 37—44. Hft. gr. 8. Celle 872—76. Schulze'sche Buchh. n. 16. —
37. Protocolle vom 4—8. Juni 1872 nebst Bericht üb. die Umreise durch die Hannoverschen Elbmarschen u. e. Theil der Bremenschen Geest am 4—8. Juni 1872. (IV, 164 S.) n. 2. —
38. Protocolle vom 19—23. Novbr. 1872 nebst Jahresbericht d. Directors f. 1872. (IV, 400 S.) n. 3. —
39. Protocolle vom 27. u. 28. Mai 1873 nebst Bericht üb. die Umreisen u. Besichtiggn. d. Central-Ausschusses am 26. bis 30. Mai 1873. (IV, 88 S.) n. 1. 50
40. Protocolle vom 25. bis 29. Novbr. 1873. (IV, 167 S.) n. 1. 50
41. Protocolle vom 9. bis 12. Juni 1874 nebst Bericht üb. den Besuch d. Fürstenth. Osnabrück. (88 S.) n. 1. 50
42. Protocolle vom 10—13. Novbr. 1874, nebst Jahresbericht d. Directors f. 1874. (III, 216 S. m. Tab.) n. 2. —
43. Protocolle vom 1. u. 2. Juni 1875, nebst Bericht üb. die Ausstellgn. u. Besichtiggn. im Fürstenth. Göttingen-Grubenhagen am 1—4. Juni 1875. (II, 80 S.) n. 1. 50
44. Protocolle vom 23. bis 27. Novbr. 1875. (IV, 274 S.) n. 3. —

— der Sitzungen des Central-Ausschusses der königl. Landwirthschafts-Gesellschaft zu Celle. 45—54. Hft. gr. 8. Celle 877—81. Schulze'sche Buchh. n. 22. —
45. Protokolle vom 13. u. 15. Juni 1876, nebst Bericht über die Ausstellungen u. Besichtigungen. (78 S.) n. 1. 50
46. Protokolle vom 14. bis 18. Novbr., nebst Protokoll vom 14. Decbr. 1876. (IV, 144 S.) n. 2. —
47. Protokolle vom 12. bis 14. Juni 1877. (105 S.) n. 1. 50
48. Protokolle vom 27. bis 30. Novbr. 1877. (VI, 208 S.) n. 2. 50
49. Protokolle vom 2. bis 5. Juli 1878, nebst Beschreibung prämiirter Wirthschaften des Fürstenth. Hildesheim. (116 S.) n. 2. —
50. 51. (à 240 S.) à n. 2. 50
52. Protokolle vom 18. bis 21. Novbr. 1879. (VI, 182 S.) n. 2. 50
53. Protokolle vom 16. bis 19. Novbr. 1880. (VI, 237 S.) n. 2. 50
54. Protokoll vom 19. Juli 1881 u. Protokoll vom 6—8. Decbr. 1881. (IV, 26 u. 140 S.) n. 2. 50

Protokolle der Sitzungen d. Central-Ausschusses der königl. Landwirthschafts-Gesellschaft. zu Celle. 55—58. Hft. gr. 8. Celle, Schulze'sche Buchh. n. 10. 50
55. Protokolle vom 14—17. Novbr. 1882. (VIII, 233 S.) 883. n. 2. 50
56. Protokolle vom 20—23. Novbr. 1883. (VIII, 314 S.) 884. n. 3. —
57. Protokolle vom 18—21. Novbr. 1884. (IV, 243 S.) 885. n. 2. 50
58. Protokoll vom 3. Septbr. 1885 u. Protokoll vom 17—20. Novbr. 1885. (IV, 293 S.) 886. n. 2. 50

— der Sitzgn. d. Zentral-Ausschusses der königl. Landwirtschafts-Gesellschaft, Zentral-Verein f. die Prov. Hannover, zu Celle. 59. Hft. Protokoll vom 24. Juni 1886 u. Protokoll vom 16.—18. Novbr. 1886. gr. 8. (271 S.) Hannover 886. (Celle, Schulze'sche Buchh.) n. 2. 50

— dasselbe. 60. Hft. Protokoll vom 10.—13. Jan. 1888. gr. 8. (213 S.) Ebd. 888. n. 2. 50

— dasselbe. 61. Hft. Protokoll vom 18. Juli 1888 u. Protokoll vom 20.—23. Novbr. 1888. gr. 8. (220 S.) Ebd. 889. n. 2. 50

— dasselbe. 62. Hft. Protokoll vom 23. Juli 1889 u. Protokoll vom 19.—21. Novbr. 1889. gr. 8. (202 S.) Ebd. 890. n. 2. 50

— der Sitzungen d. Zentral-Ausschusses der königl. Landwirtschafts-Gesellschaft, Zentral-Verein f. die Prov. Hannover, zu Celle. 63. Hft. Protokolle vom 18. bis 20. Novbr. 1890. gr. 8. (146 S.) Hannover 891. (Celle, Schulze'sche Buchhandlg.) n. 2. 50

— dasselbe. 64. Hft. Protokolle vom 12. bis 14. Jan. 1892. gr. 8. (196 S.) Ebd. 892. n. 2. 50

— dasselbe. 66. Hft. Protokoll vom 17. Juli 1893. Protokoll vom 9. bis 11. Jan. 1894. gr. 8. (38 u. 194 S.) Ebd. n. 2. 50
Das 65. Hft. ist vergriffen. — s.: Protokoll.

— d. Sitzgn. d. Zentral-Ausschusses d. kgl. Landwirtschafts-Gesellschaft, Zentral-Verein f. die Provinz Hannover, zu Celle. 67.—71. Hft. gr. 8. Hannover. (Celle, Schulze.) n. 10. —
67. Protokoll v. 19. u. 20. Dezbr. 1894. (150 S.) 895. n. 2. 50
68. Protokoll v. 26. bis 28. Novbr. 1895. (162 S.) 896. n. 2. 50
69. 70. Protokoll v. 23. VII. 1896 u. Protokoll v. 24. bis 26. XI. 1896. (33 u. 184 S.) 897. n. 2. 50
71. Protokoll v. 18. bis 21. I. 1898. (208 S.) 898. n. 2. 50

— der Sitzungen des Zentral-Ausschusses der königl. Landwirtschafts-Gesellschaft, Zentral-Verein f. d. Prov. Hannover, zu Hannover. 72. u. 73. Hft. Protokoll vom 12.—14. VII. 1898 u. Protokoll vom 17.—19. I. 1899. gr. 8. (16 u. 216 S. m. 1 Tab.) Hannover 899. (Celle, Schulze.) n. 2. 50

— s. a.: Protokoll.

[Protokolle] Hannoverscher Städte-Verein. Protokolle des am 6. und 7. Juni 1910 in Hannover abgehaltenen 43. Städtetages. Hannover 1910.

Protokolle, stenographische, des 9. österreichischen Advocatentages, abgeh. am 5., 6. u. 7. Octbr. 1891 zu Wien. [Aus: „Allgem. Juristen-Zeitg."] gr. 4. (IV, 72 S.) Wien 892. M. Breitenstein. n. 1. 60

Protokolle, stenographische, der Delegation des Reichsrathes. I. Session. Wien, k. k. Hof- und Staatsdruckerei. Preis eines Bogens in Ver. 3. 4 kr. 1868.

— stenogr., der Delegirten-Versammlungen der Landescultur-Vereine Böhmens am 22. Mai u. 22. Juni 1879 in Prag. gr. 8. (VI, 110 S.) Prag 879. Calve in Comm. n. 2. —

— stenographische, d. ersten internationalen Congresses der Land- u. Forstwirthe zur Weltausstellung in Wien 1873. gr. 8. (228 S.) Wien 874. Faesy & Frick. n. 4. —

Stenographische Protokolle des Bukowinaer Landtages . . . Czernowitz: Verl. d. Landesregierung 1863/1913.

— stenographische, des ersten Landtages für das Erzherzogth. Oesterreich unter der Enns. 1., 2. und 3. Sitzung. gr. 8. (60 S.) Wien 861, Hof- und Staatsdruckerei.

Protokolle, Stenographische, des kärntnerischen Landtages. Klgft., v. Kleinmayr, Bertschinger & Heyn. 1861—. Quart.

Protokolle, Stenographische, des niederösterreichischen Landtages. IV. Session VIII. Wahlperiode. Vom 29.—30. December 1899, vom 20.—24. Februar und vom 27. März bis 5. Mai 1900, 1.—25. Sitzung. (1 Bd.) Beilagen (Nr. 1—14 und 15—82. 2 Bde.) Im Ganzen 3 Bde.) gr. 8. Wien 1899—1900.

— stenographische, der Reichsraths-Sitzungen des Herren-Hauses u. des Hauses der Abgeordneten. 1. Session. 1861—1862. Wien 863. Hof- u. Staatsdruckerei. gr. 8. n. 12 ℛ 15 ngr.
Protokolle der 95 Sitzungen des Herrenhauses. (1438 u. Register 64 S.) n. 3 ℛ
Protokolle der 197 Sitzungen des Hauses der Abgeordneten. (4900 u. Register 164 S.) n. 9 ℛ 15 ngr.

— — 2. Session. 1863—1864. Ebend. 864. gr. 8. n. 6 ℛ 25 ngr.
Protokolle der 32 Sitzungen des Herrenhauses. (690 u. Register 37 S.) n. 1 ℛ 25 ngr.
Protokolle der 87 Sitzungen des Hauses der Abgeordneten. (2278 u Register 141 S.) n. 5 ℛ

— — 3. Session. 1864—1865. Ebend. 865. Lex.-8. n. 12 ℛ
Protokolle der 33 Sitzungen des Herrenhauses. (892 u. Register 42 S.) n. 3 ℛ
Protokolle der 91 Sitzungen des Hauses der Abgeordneten. (2798 u. 196 S.) n. 9 ℛ

Protokolle, Stenographische, über die Sitzung der I. Session der Delegation des Reichsrathes vom 19. Jänner bis 5. December 1868. Wien. Der II. Session der Delegation des Reichsrathes vom 11. Juli bis 30. August 1869. Wien. Der III. Session der Delegation des Reichsrathes vom 24. November 1870 bis 6. Februar 1871. Pest. Der IV. Session der Delegation des Reichsrathes vom 22. Mai bis 19. Juli 1871. Wien. (Fortsetzung siehe „Wiener Zeitung.") (4 Bde.) Wien: Pest 1868-1871. 8°

— —. Stenographische, über die Sitzungen des Hauses der Abgeordneten des Reichsrathes. IV. Session. (I. Session. 2. Wahlperiode, vom 20. Mai 1867 bis 15. Mai 1869.) Index. (7 Bde.) gr. 8. Wien 1869.

— —, Stenographische, über die Sitzungen des Hauses der Abgeordneten des österreichischen Reichsrathes. Verhandlungen des Hauses der Abgeordneten, enthaltend die Beilagen. V. Session. (Vom 11. December 1869 bis 8. April 1870.) Beilagenband I. (1—75), II. (76—132). VI. Session. (Vom 15. September 1870 bis 10. Juli 1871.) Bd. I. (1.—39. Sitzung), II. (40.—65. Sitzung.) Beilagenband I. (1—110), II. (111—132). VII. Session. (Vom 27. December 1871 bis 24. April 1873.) Bd. I. (1.—49. Sitzung.) II. (50.—87. Sitzung.) Beilagenband I. (1—102), II. (103—241). III. (242—357). VIII. Session 1873—1879. (Mit Beilagenbänden und Index: 26 Bde.) IX. Session. 1879—1885. (Mit Beilagenbänden und Index: 28 Bde.) X. Session. 1886—1891. (Mit Beilagenbänden und Index: 27 Bde.) XI. Session 1892—1895. (Mit Beilagenbänden. noch unvollständig: 24 Bde.) (Im Ganzen 98 Bde.) 8. Wien 1870—1895.

— — über die Sitzungen des Hauses der Abgeordneten des österreichischen Reichsrathes. Verhandlungen des Hauses der Abgeordneten, enthaltend die Beilagen. (Fortsetzung.) XI. Session 1892—1897. (Mit Beilagen und Index: 38 Bde.) XII. Session 1897. (Mit Beilagen und Index: 3 Bde.) XIII. Session 1897. (Mit Beilagen und Index: 4 Bde.) XIV. Session 1898. (Mit Beilagen und Index: 6 Bde.) XV. Session 1898—1899. (Mit Beilagen und Index: 6 Bde.) XVI. Session 1899—1900. (Mit Beilagen und Index: 9 Bde.) XVII. Session 1901—1903. (Mit Beilagen noch unvollständig: 39 Bde.) (Im Ganzen 105 Bde.) 8. Wien 1896—1903.

— stenograph., üb. d. v. 2. bis 6. Apr. 1895 in Wien abgehalt. Sitzgn. d. Rübenzucker-Enquête. gr. 4. (VIII, 245 S.) Wien 895. (Hof- u. Staatsdruckerei.) n. 2. —

Protocolle. Protokolle der Subkommission I der Gesetzessichtungs-Kommission niedergesetzt zur bezüglichen Vorprüfung der kantonalen Gesetzgebung von 1848 (*d. i.* 1804) bis 1851 (bestehend aus den Herren Staatsarchivar G[ottfried] Walter und Advokat H[ermann] Freuler. — 1902 Juni 15.) II + 69 S. 8. Schaffhausen, H. Meier & Cie., 1903.

Protokolle des (1. und der folgenden) ordentlichen Verbandstages der deutschen Berufsgenossenschaften. 8°. Berlin, Druck v. Jul. Sittenfeld, seit 1888 ff.

Protokolle des bayer. Vereins zur Pflege im Felde verwundeter Krieger. München 1870. 8.

Protokolle des St. Petersburger polytechnischen Vereins 1880—81.

— des Verfassungs-Ausschusses im österreichischen Reichstage 1848—1849. Hrsg. und eingeleitet von Ant. Springer. gr. 8. (L, 386 S.) Leipzig 885, Hirzel. *
geb. **

—— der von der Versammlung zur Vereinbarung der preuß. Verfassung ernannt gewes. Verfassungs-Kommission. Gesammelt und für den Handgebrauch zusammengestellt von K. G. Rauer. gr. 8. (IV und 150 S.) Berlin 849, C. Heymann.

Protokolle über die am 11. — 15. Januar 1869 stattgehabten Verhandlungen des von dem Vorstande des Börsenvereins der deutschen Buchhändler nach Leipzig einberufenen Ausschusses zur Berathung des vom Bundeskanzler-Amte vorgelegten Entwurfes eines Gesetzes für den Norddeutschen Bund, betreffend das Urheberrecht an Werken der Literatur und der Kunst, an geographischen, naturwissenschaftlichen, architektonischen und ähnlichen Abbildungen, sowie an photographischen Aufnahmen nach der Natur. Leipzig 1869. Druck von B. G. Teubner. fol.

Protokolle üb. die Verhandlungen d. Beiraths f. Arbeiterstatistik, s.a. Drucksachen d. Beiraths f. Arbeiterstatistik.

Protokolle über die Verhandlungen des Beiraths für Arbeiterstatistik vom 22. Okt. 1902. *Berlin: C. Heymann 1903.* (32 S.) 4° [F.]
— Drucksachen d. Beiraths f. Arbeiterstatistik. Verhandl. No 1.

Protokolle über die Verhandlungen des Beiraths für Arbeiterstatistik v. 13. Dez. 1902. *Berlin: C. Heymann 1903.* (30 S.) 4° [F.]
— Drucksachen d. Beiraths f. Arbeiterstatistik. Verhandl. No 2.

Protokolle über die Verhandlungen des 2. österreichischen Eisenbahnerkongresses, abgehalten zu Wien, am 7., 8. und 9. Dez. 1902 im Festsaale des „Arbeiterheims". 8°. Wien, Redaction des „Eisenbahner", 1903.

Protokolle über die Verhandlungen des Gesamt-Ausschusses für die Errichtung einer Reichshandelsstelle. Im Auftr. d. Ausschusses hrsg. von Dr. Wilhelm Wendlandt. Berlin: H. Klokow 1901. (38 S.) 8°
— Schriften d. Ausschusses f. d. Errichtung e. Reichshandelsstelle. No 6.

Wien, K. K. österreichischen Gradmessungs-Bureau, Verhandlungen der österreichischen Gradmessungs-Commission. Protokolle 1885/86 und 1887—89. Wien 1889.

Protocolle der Verhandlungen des Grosslogentages. Fol. 10 Hefte. 1. Bayreuth am 1. Juni 1873. 5 S. 2. Berlin am 24. Mai 1874. 12 S. 3. Darmstadt am 16. Mai 1875 — Fehlt —. 4. Berlin am 4. Juni 1876. 6 S. 5. Dresden am 20. Mai 1877. 9 S. 6. Hamburg am 9/10. Juni 1878. 11 S. 7. Frankfurt a/M. am 1. Juni 1879. 12 S. 8. Berlin am 16. Mai 1880. 6 S. 9. Bayreuth am 5. Juni 1881. 9 S. 10. Berlin am 28. Mai 1882. 7 S. 11. Darmstadt am 13. Mai 1883. 10 S.

Protokolle über die Verhandlungen des IV. allgemeinen deutschen Handwerkertags zu Kösen 1886. München 1886

—— der Verhandlungen des permanenten Comité's eingesetzt von dem ersten Meteorologen-Congress in Wien 1873. Sitzungen in Wien und Utrecht 1873 und 1874. 4. (92 S.) Leipzig 875, (Engelmann.) *
—— dass. — Sitzungen in London 1876. 4. (80 S.) (Ebendas.) 876. *
—— dass. — Sitzungen in Utrecht 1878. 4. (36 S.) (Ebendas.) 879. *

— üb. die Verhandlgn. d. Kommission f. Arbeiterstatistik, s.a. Drucksachen d. Kommission f. Arbeiterstatistik.

Protokolle über die Verhandlungen der Kommission für Arbeiterstatistik v.... 1893; 1894; 1898–1900 ... — Berlin: Heymann 1893–1900. 4° (Drucksachen der Kommission für Arbeiterstatistik. Verhandlungen. Nr. 3. 7. 16–18.)
s.a. Protokoll

Protokolle über die Verhandlungen der Kommission für Arbeiterstatistik vom 27. u. 28. Juni 1898 u. Bericht über die Erhebungen betreffend d. Arbeitszeit in Getreidemühlen. *Berlin: C. Heymann 1898.* (53 S.) 4° [F.]
— Drucksachen d. Kommission f. Arbeiterstatistik. No 15.

Protokolle über die Verhandlungen der Kommission für Arbeiterstatistik vom 17., 18., 19. u. 21. Nov. 1898 u. die Vernehmung von Auskunftspersonen über d. Verhältnisse der in Gast- u. Schankwirthschaften beschäftigten Personen. *Berlin: C. Heymann 1899.* (119 S.) 4°
— Drucksachen d. Kommission f. Arbeiterstatistik. Verhandlungen No 16.

Protokolle über die Verhandlungen der Kommission für Arbeiterstatistik vom 12., 13. u. 14. Dez. 1899 u. d. Vernehmung von Auskunftspersonen über d. Sonntagsruhe in Binnen-Schiffahrtsbetrieben d. Personenbeförderung u. in Fährbetrieben. *Berlin: C. Heymann 1900.* (98 S.) 2° [F.]
— Drucksachen d. Kommission f. Arbeiterstatistik. Verhandlungen No 17.

Protokolle über die Verhandlungen der Kommission für Arbeiterstatistik vom 13. Juni 1900 und Bericht über d. Erhebungen betr. d. Verhältnisse der in Gast- u. Schankwirthschaften beschäftigten Personen. *Berlin: C. Heymann 1900.* (31 S.) 4° [F.]
— Drucksachen d. Kommission f. Arbeiterstatistik. Verhandl. No 18.

Protokolle über die Verhandlungen vom 28. XI. 1900 und Bericht über die Erhebungen betr. die Sonntagsruhe bei der Binnenschiffahrt. Fol. Berlin, C. Heymann, 1901.

Protokolle über die Verhandlungen der Kommission für Arbeiterstatistik vom 24. April 1901, u. Bericht d. Komm. über d. Erhebungen betr. Sonntagsruhe bei d. Binnenschiffahrt. *Berlin: C. Heymann 1901.* (28 S.) 4°(2°) [F.]
— Drucksachen d. Kommission f. Arbeiterstatistik. Verhandlungen No 20.

Protokolle über die Verhandlungen der Kommission für Arbeiterstatistik vom 12. Dez. 1901. *Berlin: C. Heymann 1902.* (17 S.) 4° [F.]
— Drucksachen d. Kommission f. Arbeiterstatistik. Verhandlungen No 21.

Protokolle über die Verhandlungen der Kommission f. Arbeitsstatistik vom 13. III. 1902. Erhebungen betr. die Arbeitsverhältnisse im Fleischergewerbe und im Fuhrwerksgewerbe. Fol. Berlin, C. Heymann, 1902.

Protokolle über die am 4. — 6. September 1871 zu Heidelberg stattgehabten Verhandlungen der von dem Vorstande des Börsenvereins der deutschen Buchhändler einberufenen Commission zur Berathung des Entwurfes eines gemeinsamen Vertrages des Deutschen Reiches mit fremden Staaten zum gegenseitigen Schutze des Urheberrechtes an Schriftwerken, Abbildungen, musikalischen Compositionen, dramatischen Werken und Werken der bildenden Künste. Leipzig 1871. Druck von B. G. Teubner. fol.

Protokolle der Verhandlungen der Permanenten Commission ... 1867 in Berlin, ..., 1869 in Florenz, ... 1871 in Wien, ... 1873 in Wien, ... 1874 in Dresden, ... 1883 in Rom. Berlin 1868—75, 84. (Als Ms. gedr.)
A. u. d. T.: Procès-verbaux des séances de la Comm. permanente 1867, Comptes-r. d. séances de la Comm. perm. 1869 ff.

Protokolle über die Verhandlungen der Permanenten Commission der Europäischen Gradmessung, abgehalten am 19., 20 und 21. September und am 28. und 30. September 1871 in Wien. (Als Manuscript gedruckt.) Brelin 1872. 24 S. 4°.
— vom 16. bis 22. September 1873 in Wien. (Als Manuscript gedruckt.) Berlin 1874. 26 S. 4°.
— vom 21., 22., 28. und 29. September 1874 in Dresden. (Als Manuscript gedruckt.) Berlin 1875. 10 S. 4°.

Protocolle über die Verhandlungen des Communal-Landtags des Regierungsbezirks Wiesbaden für das Jahr 1872 und 73. Wiesbaden. 1872—73. 4°.

— über die Verhandlungen des I. Kommunaltages u. des ordentlichen Parteitages der schweizerischen sozialdemokratischen Partei, abgeh. am 23. u. 24. III. 1907 in St. Gallen. (71 S.) 8. Zürich 907. (Buchh. des schweiz. Grütlivereins.) —.60

Protokolle der Verhandlungen der Allgemeinen Conferenz der Mitteleuropäischen resp. Europäischen Gradmessung, abgehalten vom 30. September bis 7. October 1867 in Berlin. (Als Manuscript gedruckt.) Berlin 1867. 29 S. 4°

— über die Verhh. d. allg. Conferenz der Europäischen Gradmessung, abgehalten ... 1871 in Wien, ... der 4. allgem. Conferenz ... abgeh. ... 1874 zu Dresden. Berlin 1868—75. (Als Ms. gedr.)
A. u. d. T.: Procès-verbaux de la Conférence géodésique ...

Protokolle über die Verhandlungen der vierten Allgemeinen Conferenz der Europäischen Gradmessung, abgehalten vom 23. bis 28. September 1874 in Dresden. Redigirt von den Schriftführern der Permanenten Commission Dr. C. Bruhns u. Dr. A. Hirsch. (Als Manuscript gedruckt.) Berlin 1874. 20 S. 4°

— über die Verhandlungen der internationalen Conferenz betreffend technische Einheit im Eisenbahnwesen. Oktbr. 1882. gr. 4. (66 S.) (Ebendas.) 882.
In französ. Sprache zu gleichem Preise.

— über die Verhandlungen der vom 21. Septbr. bis 10. Octbr. 1881 in Bern stattgefundenen II. internationalen Conferenz betr. die Vereinbarung eines internationalen Eisenbahntransportrechtes. gr. 4. (162 u. Anlagen 47 S. m. 6 Formularen.) Bern 881. (Wyss.) n. 3. 20

— Commission für die Vorberathung der Beobachtung des Venus-Durchgangs von 1874, Protokolle der Verhandlungen der zweiten Conferenz der —. (Autographirt.) Berlin 1871.

Protokolle der Verhandlungen des Kongresses der Gewerkschaften Deutschlands.
Hamburg: Expedition 1892–1926. 8°

— der Verhandlungen der Schleswig-Holsteinischen Landesversammlung. (1850.) Bog. 1—6. Und Actenstücke dazu. Bog. 1—7. gr. 4. Kiel 850. (Schwers.) pro 1. Abonnement v. 24 Bog. n. 24 ngr

Protokolle (1910 ff.:) **Verhandlungen** des 1.—39. Brandenburgischen Provinzial-Landtags. Berlin, (1907 ff.:) Strausberg 1876—1912. 8 Bde fol.

Protokolle über die Verhandlungen der eidg. Räthe betreffend Revision der Bundesverfassung. 1873/74. 395 S. 4. Bern, Druck von Stämpfli. Anhang dazu. 391 S. 4.

Protokolle der im Essener Rathause am 26. u. 28. Juli, am 23., 24. und am 31. August 1905 gepflogenen Verhandlungen zur Herbeiführung einer Einigung im Baugewerbe des rheinisch-westfälischen Industriebezirkes. Essen-Ruhr, 1905. 84 S.

— über die im Juni 1872 im königl. preußischen Unterrichts-Ministerium gepflogenen, das Volksschulwesen betreffenden Verhandlungen. gr. 8. (71 S.) Ebend. 872. n. 1. —

Protokolle über die im August 1873 im königl. Preußischen Unterrichts-Ministerium gepflogenen, das mittlere u. höhere Mädchenschulwesen betreff. Verhandlgn. Nebst e. Begleitberichte. gr. 8. (68 S.) Berlin 873. Hertz. n. 1. —

— über Verhandlungen und Vorträge im Dresdener Gewerbe-Verein Geschäfts-Periode 1862/63. Als Mscr. gedr., zunächst als Festgabe an die Theilnehmer beim Stiftungsfeste 1864. Dresden 864. (Schoepff.) gr. 8. (215 S. u. 1 Tab. in 4.) n. 10 ngr

Zentralverband d. Maurer Deutschlands. **Protokolle** über die zentralen Verhandlungen zur Feststellung eines Tarifmusters. Hamburg: Bömelburg 1910. 289 S. 8° [10. 12616

Protokolle über die Vernehmung der Sachverständigen durch die Eisen-Enquête-Kommission. — Bericht der letzteren. (Berlin 1879.) Fol.

— der außerordentlichen Versammlung der 1. Landessynode der evangelisch-luther. Kirche zu Hannover vom 29. Septbr. bis 17. Octbr. 1874. gr. 8. (131 S.) Hannover 874. Helwing's Verl. n. 1. 50

— der ordentlichen Versammlung der ersten Landessynode der evangelisch-lutherischen Kirche des vormaligen Königr. Hannover (vom 3. Novbr. bis 13. Decbr. 1869). Hannover 869, Helwing. gr. 8. (IV, 487 S.) 1 ℳ

— der ordentlichen Versammlung der 2. Landessynode der evangelisch-lutherischen Kirche Hannovers vom 2. Decbr. 1875 bis 23. Mai 1876. gr. 8. (XVI, 772 S.) Ebend. 876. n. 6. —

— der ordentlichen Versammlung der 3. Landes-Synode der evangelisch-lutherischen Kirche Hannovers vom 8. Novbr. 1881 bis 8. Febr. 1882. gr. 8. (468 S.) Hannover 882, Helwing'sche Verlagsh.

— der Versammlung deutsch. Philologen u. Schulmänner im J. 1839 in Mannheim. gr. 4. (...) Mannheim 840, Loeffler.

— der 3. Versammlung deutscher Rabbiner, abgeh. zu Breslau, vom 13. bis 24. Juli 1846. gr. 8. Breslau 846, Leuckart. Prän.-Pr. 5/6 ℳ — Ladenpr. n. 1 1/3 ℳ

— die, der vorberathenden Versammlung für Deutschlands Volksparlament. Ein Denkbuch deutscher Freiheitsbestrebungen und Wegweiser für die Abgeordneten der deutschen constituirenden Versammlung und ihrer Wähler. 8. (VI und 348 S.) Grimma 848. [Wurzen,] Verlags-Comptoir.

Protokolle der außerordentlichen Vertreter-Versammlung der Genossenschaft Deutscher Bühnen-Angehöriger zu Berlin 1909. Berlin 1909: Günther. 68 S. 8°

Protokolle des ständischen Verwaltungsausschusses der Provinz Ostpreussen. 1877—79. o. O. u. J. Fol. m.

— des Volkswirthschaftsraths. Session 1881. Besonderer Abdr. der amtl. Vorlage. gr. 8. (178 S.) Berlin 881, C. Heymann's Verlag.

Protocolle, Vollständige, des Köpeniker Kriegsgerichts. Berlin 1861. V: *Danneil, Frdr. Herm.* (ADB 15, 456)

Protocolle, vollständige, des Köpenicker Kriegsgerichts über Kronprinz Friedrich, Lieutenant v. Katte, v. Kait ꝛc. Aus dem Familien-Archiv derer von der Schulenburg. Berlin 861. v. Decker. gr. 8. (VIII, 36 S.) 10 ngr

Protokolle der 152.—263. Vorstandssitzung des Vereins für die berg- und hüttenmännischen Interessen im Aachener Bezirk. Aachen, 1887—1904.

—— der Vorsynode des Königr. Hannover. gr. 8. (711 S.) Hannover 863, Hahn'sche Hofbuchh. *

— u. Vorträge der ersten Bezirks-Synode der vier städtischen Kirchen zu Hannover. Hannover 869. Brandes. gr. 8. (95 S.) n.n. 6 ngr.

Protokolle über die Wanderversammlungen der württembergischen Gewerbevereine. 7-23. 25. 26. 28-35 und 38 in den Jahren 1858-96. 4° Stuttgart u a. Orte 1858-96

Allgemeines: **Protokolle** über die Weihe der neuen Maurerhalle und die hierauf stattgefundene Fest-Tafel-Loge im Orient Dresden am 27. X. 1838, nebst Beilagen. Dresden 1839: Gärtner. IV, 74 S. 8°.

— der Central-Commission d. 2. Kammer zur Prüfg. des Staatshaushalts-Etats pro 1849—50. gr. 4. (156 S.) Trier 848, Lintz. 1⅓ ℛ

Protokolle des Centralvereins für Hebung der deutschen Fluß- und Kanalschiffahrt. Berlin 1888—1890

Zwey Protokolle des Kurfürstl. Kollegio auf dem Reichstage zu Regensburg. Abgehandelt d. 30 März und 2. Aprilmonaths. Regensburg 1778. 8.

Protocoll-Extracte d. 1—6. Sitzung sämmtl. Aerzte Riga's, in Betreff der daselbst herrsch. Cholera-Epidemie v. 30. May bis 4. July 1831. gr. 8. (8 B.) Hamburg, Erié.

—— der 4 letzt. Sitzungen sämmtl. Aerzte Riga's in Betreff der daselbst herrsch. Cholera-Epidemie v. 11. July bis 1. Aug. 1831. gr. 8. (4 B.) Ebds.

PROTOCOLLIST, Der Frey-Raisonirende, welcher über den jetzigen verwirrten Zustand der Welt seine unvorgreifflichen Staatsgedanken unpartheyisch an Tag leget. Kayserswerth am Rhein. 1702. 4°. 7 Bogen. (In Zürich.)
Bibl. Ludov. Vitemb. 1705; Weller, fing. Dr. — Selten!

Protokolls-Auszug der am 25. Jänner 1857 abgehaltenen regelmäßigen 23. Generalversammlung der Aktionäre der ersten ungarischen Preßburg-Tyrnauer-Eisenbahn. Preßburg, 1857, bei Al. Schreiber. (17 S. 4.)

Protokolls-Auszug über die ordentliche Sitzung der kärnt. Handels- und Gewerbekammer am 2. Juli 1855. Gedr. bei v. Kleinmayr. (4 S. Protokoll-Auszug vom 6. Aug. 1855. 4 S. 4.)

Protomathie, Schwedische. Göttingen 1772. V: *Schlözer, August Ludwig.* (Russell IV, 829)

Protopopescu, Nicolaus: Die Rinderzuchtfrage in Rumänien. (Berlin 1909: Ebering.) 116 S. 8°
Berlin, Phil. Diss. v. 15. Dez. 1909, Ref. Orth
[Geb. 22. Juli 84 Bukarest; Wohnort: Berlin; Staatsangeh.: Rumänien; Vorbildung: Oberrealsch. Mihai-Viteazu Bukarest Reife 03; Studium: Berlin Landw. Hochsch. 4, Univ. 4 S.; Rig. 22. Juli 09.] [U 10. 229

Protopopoff, N., Zur Immunität für Tollwutgift bei Hunden. S.-A. Jena 88. Fischer.

Protopopow, Sergius v.- Die russische Kirchenmusik. I: Die Messe des hl. Johannes Chrisostomus. Wiesbaden (1891).

Protopopow, Serg. v., vom Reiche Gottes, das inwendig in uns sein soll. Predigten, bei den nach dem morgenländ. griechisch-kathol. Ritus in deutscher Sprache celebrirten Gottesdiensten geh. 12. (86 S.) Wiesbaden 891. R. Bechtold & Co. n. — 75

Protozoe Helvetica. Mittheilungen aus dem Berner Museum der Naturgeschichte über merkwürd. Thier- u. Pflanzenreste der schweizer. Vorwelt. Hersg. von W.-A. Ooster u. C. v. Fischer-Ooster. 1. Bd. 1869. 2 Abthlgn. Basel 869. (Georg.) gr. 4. (43 S. mit 13 Steintaff. in gr. 4. u. qu. Fol. u. 1 lith. Karte.) n.n. 6 ℛ 22 ngr.

Protozoe Helvetica. Mittheilungen aus dem Berner Museum der Naturgeschichte üb. merkwürd. Thier- u. Pflanzenreste der schweizer. Vorwelt. Hrsg. v. W. A. Ooster u. C. v. Fischer-Ooster. 2. Bd. 1870. 3 Abthlgn. gr. 4. (IV, 157 S. m. 20 Steintaf. in gr. 4. u. qu. Fol.) Basel 870. 71. Georg in Comm. n.n. 20. —

Prott, Jacques: Parzival und Liasse. Ein dramatisches Sittengemälde in einem Akt. Luxemburg: Pet. Brück 1875. 70 S. 8°

Prott, J., Rüdiger v. Bechlaren. Ein Trauerspiel. 12. (268 S.) Regensburg 880, Manz'sche Hofverlagsh.

de Prott, Ioannes *Theodorus Antonius* [Hannoveranus]: Fasti Graecorum sacri. Pars prior ... (Soll vollst. ersch.) Lipsiae, typ. B. G. Teubneri, 1893; 20 S., 1 Bl. 8.
Bonn, Phil. Fak., Inaug.-Diss. v. 10. Aug. 1893

Prott, H. v., Zur griech. Ikonographie. I. Die Statue des Aischylos im athen. Theater. S-A. 1902. 8 S. —.60

Prott, Ioa. de, s.: Leges Graecorum sacrae.

Prott, H. v., Ein *ἱερὸς νόμος* der Eleusinien. S-A. 1889. 26 S.

Prött, F., Leben des Johannes Brenz, s. Sonntags-Bibliothek, herausg. von Nische.

Prött, F., Leben Friedrich August Weihe's, s. Sonntags-Bibliothek.

Prött, Friedr., zweite pract. Gesangschule. Eine Sammlung ausgewählter Lieder von den besten Componisten alter u. neuer Zeit mit Pianoforte-Begleitung. Gesammelt u. in method. Folge, vom Leichten zum Schweren fortschreitend f. den 2. Curs. des Gesangunterrichts geordnet. qu. gr. 4. (42½ B.) Bielefeld 811, Velhagen u. Klasing.

Protyka, katholska, za Hornju Łužicu na lěto 1868. Bautzen, (Leipzig, Schmaler & Pech.) 4. (39 S.) n. 4 ngr.

— — na lěto 1869. Ebend. 4. (48 S.) n. 4 ngr.

Protz, Friedrich Wilhelm Gottfried (Ansbach), De delirii trementis natura et medela. Diss. med. Berlin (Friedlaender) 28. II. 1837. 40 S. mit Biogr. (M.: M. Hoffmann). (3.25) 27243
Oppon.: C. Helmuth, G. Hartmann, A. Meinhardt. — Gew.: C. L. Schwickart.

Protz, Ludwig: Abhängigkeit der kubischen Kompressibilität von der Temperatur für Kalium und Natrium. Mit 2 Fig.-Taf. Marburg ⟨Lahn⟩ 1909: Gätje, Frankfurt a. M. 61 S. 8°
Marburg, Phil. Diss. v. 20. Okt. 1909, Ref. Richarz
[Geb. 3. März 85 Frankfurt a. M.; Wohnort: Frankfurt; Staatsangeh.: Preußen; Vorbildung: Kaiser-Friedrichs-Gymn. Frankfurt Reife O. 04; Studium: Darmstadt Techn. Hochsch. 2, München 1, Marburg 8 S.; Rig. 21. Juli 09.]
[U 10. 3381

Protz, Wilh., Abendunterhaltungen gebildeter Landwirthe über die wichtigsten landwirthschaftlichen Zeitfragen. Nordhausen 858. Büchting. 8. (143 S.) 18¾ ngr.

Protz, W., der Ackerbau nach Naturgesetzen mit prakt. Blicken auf land- u. volkswirthschaftl. Zeitfragen. gr. 8. (VI u. 210 S.) Leipzig 850, Fest. 3/4 ₰

Protz, Wilh., der Boden, s. Bibliothek, landwirthschaftliche.

Protz, W., Ceres, s. Ceres.

Protz, W., s. Desaive, M., die Hausthiere in Betracht ihrer Züchtung ꝛc.

—— das Drainiren, s. Bibliothek, landwirthschaftliche.

Protz, W. — Erforschung der wahren Ursache des krankhaften Zustandes der Kartoffelpflanze und des nach Erkennung dieser Ursache nothwendig werdenden Kulturverfahrens, welches einzig und allein die radikale Beseitigung des Uebels in Aussicht stellen kann. Von — —. 8. (16 S.) Leipzig. Druck von E. Polz. 1853.

— landwirthschaftliche Groschenbibliothek, s. Groschenbibliothek.

—— landwirthschaftliche Groschenbibliothek. 3. Bd. (12 Hefte.) 16. (IV und 382 S.) Nordhausen 853, Büchting.
1. und 2. Bd. s. Beyer, Mor. und W. Protz. — Supplemente.

Protz, Wilh., und M. Beyer, landwirthschaftliche Hausbibliothek, s. Beyer, M.

– Der Landwirth der Gegenwart, s. Beyer, Mor.

Protz, Wilh., die Landwirthschaft nach den Erfahrungen eines alten Mannes. Eine Darlegung ihrer gegenwärtigen Zustände, ihrer Mängel, Fortschrittsmittel u. volkswirthschaftlichen Beziehungen nach wissenschaftlich-praktischen Grundsätzen. Leipzig 863. J. A. Barth. gr. 8. (VIII, 336 S.) 1 ₰ 12 ngr.

– die Natur der Kartoffelpflanze, die wahre Ursache ihres krankhaften Zustandes und die Mittel zur Beseitigung desselben durch ein naturgemäßeres Culturverfahren. Nordhausen 854. Büchting. 12. (40 S.) 7½ ngr.

—— belehrende Unterhaltungen über die wichtigsten landwirthschaftlichen Zeitfragen, zur prakt. Ausbildung des Landwirths. 12. (XII und 142 S. mit Illustr. auf 2 Holzschntaf.) Leipzig 863, Wilfferodt. *

Proetsch, Ernst, Kammergerichtsrefer.: Die elterliche Gewalt der Mutter nach dem Bürgerlichen Gesetzbuche für das Deutsche Reich. Borna-Leipzig 1909: Noske. VIII, 44 S. 8°
Jena, Jur. Diss. v. 27. April 1909, Ref. Danz
[Geb. 4. Juni 83 Potsdam; Wohnort: Potsdam; Staatsangeh.: Preußen; Vorbildung: Gymn. Potsdam Reife O. 02; Studium: Freiburg i. B. 1, Berlin 1, München 1, Berlin 4 S.; Rig. 23. Febr. 09.] [U 09. 2113

Protze, Carl, s. Protze, Karl

Protze, Hermann: Ein Beitrag zu den neuropathologischen Vorgängen im Bereich der obern Extremität. Halle (1873): Plötz. 29 S. 8°
Halle-Wittenberg, Med. Diss. v. 12. Aug. 1873
Geb. Elberfeld 28. 7. 1847. V.
Verf. erlebte die Diplomerneuerung 1923 als Geheimer Sanitätsrat in Elberfeld, vgl. Anh. Nr. 460.

Méthode pratique pour orgue-melodium ou cottage-orgue. Practical school for the harmonium or cottage-organ. Prakt. Schule f. Harmonium oder Haus-Orgel. Ausführl. Lehrgang von d. ersten Anfängen bis z. vollendeten Ausbildung ... von Hermann **Protze**. Op. 22. Anh. Leipzig: Protze copyr. 1898. XXIV, 180 S. quer-8°
A 18. 1384

Protze, Herm., Sammlung ausgewählter Choräle u. geistlicher Lieder f vierstimmigen gemischten Chor. (Neue Aufl.) (II, 50 S.) Lex.-8. Leipzig (903). Berlin, H. Protze. Geb. n. 1. 25

Protze, Karl

Protze, Carl, Referendar in Leipzig: Der kaufmännische Lehrvertrag nach den Bestimmungen des Handelsgesetzbuchs vom 10. Mai 1897. Borna-Leipzig 1907: R. Noske. (VI, 39 S.) 8° [F.]
Leipzig, Jur. Fak., Diss. v. 18. Dez. 1907
[Geb. 6. März 82 Leipzig; Wohnort: Leipzig; Staatsangeh.: Sachsen; Vorbildung: König-Albert-Gymn. Leipzig Reife O. 01; Studium: Leipzig 7 S.; Rig. 27. Juni 05.]

Protze, Valentin, Riegenbuch, Dresden 1892, 8°.

Protzek, Ernst Victor [aus Brieg]: Über extragenitale Primäraffekte und ihre Diagnose. . . . Breslau, Druck v. Th. Schatzky, 1891; 3 Bl., 88 S., 2 Bl. 8°
Breslau, Med. Fak., Inaug.-Diss. v. 16. März 1891

Protzek, Ernst Vict., üb. extragenitale Primäraffekte u. ihre Diagnose. Diss. gr. 8. (88 S.) Breslau 891. (L. Köhler.) n. 1. —

Prötzel [Schlagwort]

Prötzel, s.: Geologische Karten (Preussen).

Prötzel, s.: Mark.

Protzen, s. Fibel nach der analytisch-synthet. Methode.

Protzen, Carl, s. Protzen, Karl

Protzen, Carl Samuel, s. Protzen, Karl Samuel

Protzen, Ernest., de excerptis Tibullianis. Dissertatio inauguralis philologica. Greifswald 869. Bamberg. gr. 8. (III, 56 S.) n. 12 ngr.

Protzen, Karl

Protzen, Carl, Mathildis. E. rhein. Minnesang aus d. Zeit der Hohenstaufen. 12. (339 S.) Schleswig 896. J. Bergas. Geb. in Leinw. m. Goldschn. n. 4. 50

Protzen, Karl Sam., († d. 5. Juni 1817.) Beruhigungsgründe bei d. frühen Tod der Unsern. gr. 8. Berl. 804. Maurers B. 3 kr

— Ehrengedächtniß des sel. Dr. u. Prof. J. G. Töllner. 8. Frkf. a. d. O. 774. Strauß. 3 kr

— Feldandachten u. Predigten f. Kriegsleute. 8. Frkf. a. d. O. 778. Strauß. 14 kr

— Gedächtnißrede auf d. hochsel. König v. Preußen, Friedrich II. gr. 8. Züllich. 786. Frommann in Jena. 3 gr.

— Gedächtnißschriften u. Reden. gr. 8. Frankf. a. d. O. 774. Strauß. 8 gr.

— Gedanken über die Absichten Gottes beim Tode hoffnungsvoller Kinder. gr. 8. Frkf. a. d. O. 776.

— christl. Gesänge f. d. öffentl. Andacht d. Garnisongemeine zu Frkf. a. d. O. 8. Frkf. 777.

— s. Pastoralbriefe, od. Anleit. &c.

— Predigten bei sr. Amtsveränderung. 8. Züllich. 783. Frommann in Jena. 3 gr.

Protzen, Carl Samuel, Rede beim Sarge des Johann Jacob von Quickmann, K. Preuss. Hauptmanns. Frankfurt a/O. 1781. 8.

— Trauerrede auf d. Absterben d. Prinzen Ludwigs v. Preußen. 8. Frkf. a. d. O. 797. Akad. B. 1 gr.

Protzen, Otto, 30 Jahre auf dem Wasser, s. a. Yacht-Bibliothek. 4. Bd.

Dreissig Jahre auf dem Wasser. Aus d. Logbüchern u. d. Studien-Mappen von Otto **Protzen**. Mit 85 Federzeichn., 30 Vollbild. u. Ktskizzen. Berlin: Wedekind 1911. 284 S. 8°
(Yacht-Bibliothek. Bd 4.) [10. 17174

Protzen, O.: Eine Ostsee-Reise im Einskuller. Berlin 1894. 67 S. m. Abb.

Protzen, Otto, eine Studien-Fahrt. Drei Monate im Ruderboot auf Deutschlands Gewässern. gr. 4. (82 S. m. Abbildgn.) Stuttgart 900. Deutsche Verlagsanstalt. Geb. in Leinw. m. Goldschn. n. 10. —

— zu Wasser u. zu Lande. 12 Orig.-Radiergn. (nebst Titelblatt in Radierg.) qu. Fol. Berlin (899). E. H. Schroeder. In Leinw.-Mappe 36. —; einzelne Blatt 1–8 à 4. —; 9—12 à 3. —

Protzen, Rud., Grundriß der deutschen Grammatik. Ein Handbuch für die reifere Jugend. Langensalza 867. Schulbuchh. von Greßler. 8. (IV, 148 S.) 12 ngr.

Protzen, Rud. Was kann die Schule thun, um den sozialistischen u. communistischen Ideen der Umsturzparteien entgegen zu arbeiten, s. a. Sammlung pädagogischer Vorträge.

Protzen, Rud., Was kann die Schule thun, um den sozialistischen und communischen Ideen der Umsturzparteien entgegen zu arbeiten? (Sammlung pädagogischer Vorträge, Bd. 3, Heft 12.) gr. 8°. Bielefeld 1891.

Protzer, Ignat. Georg. (geb. Dirschel in Schles.): De pneumothorace. Berolini (1852). (29 S.) 8°
Berlin, Med. Diss. v. 6. Okt. 1852

Prötzner, Jos., die öftere u. tägliche Kommunion der Kinder, namentlich in geistl. Erziehungsanstalten u. an Klosterschulen. Eine seelsorgl. Studie. (72 S.) 8. Paderborn 910. Bonifacius-Druckerei. — 60

Proetzsch, C. Heinr., statistisches Lexikon des Deutschen Reiches. Universal-Handbuch der Geographie, Geschichte u. Topographie, Adreßbuch der Behörden, Industrie, des Handels u. der Landwirthschaft sämmtlicher Ortschaften, Ortstheile, Häusergruppen, Schlösser, Rittergüter, Güter, Mühlen &c. Mit (lith. u. color.) Special-Karten, (eingedr.) Plänen u. Ansichten (eingedr. Holzschn.). Nach amtl. u. authent. Quellen aufgenommen u. bearb. 1. Bd. Königr. Sachsen: Die Kreishauptmannschaften Dresden u. Bautzen. 1. u. 2. Lfg. gr. 8. (S. 1—160.) Leipzig 882. E. M. Starke. à n. 1. —

Proetzsch, Ernst: Die elterliche Gewalt der Mutter nach dem Bürgerlichen Gesetzbuche für das Deutsche Reich. — Borna-Leipzig 1909: Noske. VIII, 44 S. 8°
Jena, Jur. Diss. v. 27. April 1909.

Proetzsch, Otto: Zur chirurgischen Behandlung des Blasencatarrhs. Halle a. S. 1883: Plötz. 21 S. 8°
Halle-Wittenberg, Med. Diss. v. 19. Juli 1883
Geb. Mötzlich bei Halle 19. 4. 1858. V.
Verf. erlebte das goldene Dr.-Jubiläum 1933 als Sanitätsrat in Weimar.

Proudhon, Pierre Joseph

— **Beweis des Socialismus**, oder Revolution durch den Credit, hrsg. v. Opitz. 8°. Leipzig 1849.

Proudhon, P. J., die Börse, s. a. Börse, die.

Proudhon, P. J. Die Börse, die Börseoperationen und Täuschungen, frei nach Proudhon. Zürich 1857.

Proudhon, P. J., s. Diehl, Karl.

Proudhon, P. J., die französische Februar-Revolution, s. Revolution.

°**Proudhon**, P. J: Die Gerechtigkeit in der Revolution und in der Kirche. Neue Principien praktischer Philosophie. Uebers. von Ludw. Pfau. Vom Verf. autor. Ausg. Th. 1. 2. Hamburg: Meissner 1858—1860. 8°
1. XXXV, 580 S.; 2. 590 S.
[Heinsius: Bücher-Lexikon. 6 (1864) S. 227.]

Proudhon, P. J., Handbuch des Börsen-Speculanten. Nach der 4. Aufl. des Orig. bearb. gr. 8. (XXIII und 232 S.) Hannover 857, Meyer. Thlr. *

De la **Justice** dans la révolution et dans l'église, par P[ierre] J[os.] **Proudhon**. Nouv. éd., rev. corr. et augm. Bruxelles et Leipzig: Schnée 1860. 172 S. 8°
(Essais d'une philosophie populaire. 6.)
Zuerst erschienen [ohne Anmerk.] in: Proudhon, P. J.: De la Justice dans la révolution et dans l'église. 2 (1858) S. 139—268.

cf. Bh. 3 (1860) S. 358–359 (R. Seydel), 391; L. 21 (1862) S. 26—30 (Th. Merzdorf). Tt. 1740. Enth. S. 71 ff. eine kurze Besprechung der Frmrei vom Standpunkt der sozialistischen Philosophie. Selbstverständlich findet sich die Schrift auch in Proudhon: Oeuvres, die öfter zusammengestellt sind.

Proudhon, P. J., die literarischen Majorate. Prüfung des Plans zu einem Gesetze, welches die Schöpfung eines ewigen Monopols zum Besten der Erfinder, Schriftsteller u. Künstler bezweckt. Aus dem Französ. Leipzig 862. Weber. gr. 8. (XII, 126 S.) n. 20 ngr.

—— Manifest. Einleitung zu der von Proudhon redigirten Zeitschrift: Le Peuple. 8. (8 S.) Leipzig 849, Weller.

—— Philosophie der Staatsökonomie oder Nothwendigkeit des Elends. Deutsch bearb. von Carl Grün. 2 Bde. gr. 8. (939 S.) Darmstadt 847, Leske. à Bd. 1 Thlr. 20 Ngr.

—— das Recht auf Arbeit, das Eigenthumsrecht und die Lösung der sozialen Frage. 8. (VIII und 94 S.) Leipzig 849, Verlagsbureau.

— Das Recht auf Arbeit und das Recht des Eigenthums. Organisation des Kredits und der Circulation und Lösung der socialen Frage. Kapital und Rente. Uebers. von L. Darimon. 1851.

Proudhon, P. J., die sociale Revolution durch den Staatsstreich am 2. Decbr. erwiesen. Nach der 3. französ. Aufl. 8. (IX und 235 S.) Bremen 852, Kühtmann und Comp. *

Proudhon, P. J., die sociale Revolution durch den Staatsstreich vom 2. Decbr. 1851. Nach der 3. französ. Aufl. 2. (Titel-)Ausg. 8. (IX, 235 S.) Bremen 871. Kühtmann & Co. n. 2. —

Proudhon, P. J., die sociale Revolution durch den Staatsstreich vom 2. Decbr. 1851 erwiesen. Nach der 3. französ. Aufl. 3. (Titel-)Ausg. 8. (IX, 235 S.) Bremen (871)78, [Kühtmann und Comp.] Fischer. *

Proudhon, P. J., neueste Schrift. Theoretischer und prakt. Beweis des Sozialismus, oder: Revolution durch den Credit. Hrsg. von Thdr. Opitz. gr. 8. (84 S.) Leipzig 849, Fernau. Thlr. *

—— ausgewählte Schriften. 1. Bd. A. u. d. T.: Bekenntnisse eines Revolutionärs. Hrsg. von Arn. Ruge. 8. (VII und 328 S.) Leipzig 850, Verlagsbureau. *

—— dass. — 2. Bd. A. u. d. T.: Revolutionäre Ideen. Mit einem Vorworte von Alfr. Darimon. 8. (XXX und 274 S.) Ebds. 850. *

—— die Sonntagsfeier, betrachtet in Hinsicht auf öffentl. Gesundheit, Moral, Familien- und Bürgerleben. Aus dem Französ. 8. (VI und 84 S.) Ratibor 850, Jacobsohn.

—— die Sonntagsfeier aus dem Gesichtspunkte des öffentl. Gesundheitswesens, der Moral, der Familien- und bürgerlichen Verhältnisse betrachtet. Nach der 3. Orig.-Ausg. aus dem Französ. übers. von F. H. gr. 8. (VI und 78 S.) Cassel 850, Raabé und Comp.

—— die Volksbank. Eingeleitet, übers. und erläut. von Ludw. Bamberger. gr. 8. (42 S.) Frankfurt a. M. 849, literarische Anstalt.

— Was ist Eigenthum, oder Untersuchungen über den letzten Grund des Rechts und des Staats. Aus dem Franz. von Meyer. 8°. Bern 1844.

— Was ist Eigenthum? Erste Denkschrift. Untersuchungen über den Ursprung und die Grundlagen des Rechts und der Herrschaft. Aus dem Französischen zum 1. Male vollständig übersetzt und mit einem Vorworte von A. F. Cohn. 8°. Berlin, B. Zack, 1896.

Proudhon, P. J., die Widersprüche der National-Oekonomie, s. a. National-Oekonomen.

— Die Widersprüche der National-Oekonomie oder die Philosophie der Noth; deutsch von Jordan. (Aus: Nationalökonomen der Franzosen und Engländer.) 2 Bde. gr.-8°. Leipzig, O. Wigand, s. a. (1847). — Uebers. von K. Grün. 2 Bde. 1847.

Proudhon's Sonntags-Feier, über, von einem jüdischen Conservativen (Herz Sternberg). gr. 8. (33 S.) Berlin 851, Schnitzer. 1/6 ℛ︀

Prougeansky, Marie, aus Ekaterinoslaw [Russland]: Ueber die multiloculäre ulcerirende Echinococcus-Geschwulst in der Leber. Zür. Zürcher u. Furrer Dr. 1873. 2 Bl., 68 S., 1 Tab., 1 Tafel, 1 Bl. Thesen. 8°. Zürich, Med. Diss. [v. 22. Dec. 1873].

Proust. Ueber das Nickel. (Aus: Journ. de Physique, de Chimie et d'histoire naturelle. Fructidor 11. Tome LVII. Uebersetzt von Gehlen.) (Aus: Neues Allgem. Journ. der Chem., 2. Bd., 1. H. 4. Beiträge zur Kenntniss und Darstellung des reinen Nickels und Kobalts.)

Prout, Ebenezer, Elementar-Lehrbuch der Instrumentation. Autoris. deutsche Uebersetzung von Bernh. Bachur. gr. 8. (VII, 144 S.) Leipzig 880, Breitkopf und Härtel. *
geb. *

Prout, E., Elementar-Lehrbuch der Instrumentation. Autoris. deutsche Uebersetzg. v. B. Bachur. 2., unveränd. Aufl. gr. 8. (VII, 144 S.) Leipzig 888. Breitkopf & Härtel. n. 3. —; geb. n. 4. 20

Prout, Ebenezer, Elementar-Lehrbuch der Instrumentation. Autoris. deutsche Uebersetzg. v. Bernh. Bachur. 3 unveränd. Aufl. (VII, 144 S.) gr. 8. Leipzig 904. Breitkopf & Härtel. n. 3. —; geb. n. 4. —

Prout, Ebenezer, Some notes on Bach's churchcantatas. (32 S. m. 1 Bildnis.) 8. London 907. Leipzig, Breitkopf & Härtel. 1.—

— **das Orchester. I. Bd. Technik der Instrumente. Ins Deutsche übertr. v. Otto Nikitits. (XV, 365 S.) gr. 8. London (905). Augener Ltd.** n. 5. —

Prout, John, lohnender Ackerbau ohne Vieh. Beschreibung e. 20jähr. Betriebes. Aus dem Engl. nach der 3. Aufl. übertr. v. A. Küster. Mit 2 (eingedr.) Flurplänen. gr. 8. (64 S.) Berlin 884. Parey. n. 1. —

Prout, J., lohnender Ackerbau ohne Vieh. Beschreibung e. 20jähr. Betriebes. Aus dem Engl. nach der 3. Aufl. übertr. v. A. Küster. 2. Aufl. Mit 2 Flurplänen. gr. 8. (XV, 55 S.) Berlin 889. Parey. n. 1. —

Prout, John, lohnender Ackerbau ohne Vieh. Beschreibg. e. 20jähr. Betriebes. Aus dem Engl. nach der 3. Aufl. übertr. v. A. Küster. 3. Aufl. Mit Anh.: Über die Dauer d. viehlosen Betriebes. gr. 8. (VI, 66 S.) Berlin 893. P. Parey. n. 1. —

Prout, John, lohnender Ackerbau ohne Vieh. Beschreibung e. 20jähr. Betriebes. Aus dem Engl. nach der 3. Aufl. übertr. v. A. Küster. 4. Aufl. Mit Anh.: Über den Nutzvieh-losen Landwirtschaftsbetrieb im allgemeinen u. seine Dauer im besonderen. gr. 8. (VII, 84 S. m. 2 eingedr. Plänen.) Berlin 901. P. Parey. n. 1.50

Prout, John, Lohnender Ackerbau ohne Vieh. Beschreibung e. jetzt 49jähr. Betriebes. Aus dem Engl. nach der 3. Aufl. übertr. v. A. Küster. 5. Aufl. Mit Anh.: Über den nutzviehlosen Landwirtschaftsbetrieb im allgemeinen u. seine Dauer im besonderen, sowie üb. den gegenwärt. Stand dieser Frage. (VIII, 91 S. m. 2 eingedr. Plänen.) gr. 8. Berlin 910. P. Parey. 1.80

Prout, Will., Chemie, Meteorologie ꝛc., s. Natur, die, ihre Wunder ꝛc., 2. Bd.

Prout, William, Chemie, Metrorologie u. verwandte Gegenstände, als Zeugnisse für die Herrlichkeit des Schöpfers. Aus d. Engl, von Gust, Plieninger. Mit Abbildd, (auf 2 Taf.) gr. 8. Stuttgart 836. Neff. 2 ℛ Ist eine Abtheilung der „Bridgewater-Bücher."

William Prout

[Inquiry into the nature and treatment of gravel, calculus and other diseases of the urinary organs. Deutsch:] Untersuchung über das Wesen und die Behandlung des Harngrieses, Harnsteins und anderer Krankheiten, die mit einer gestörten Thätigkeit der Harnwerkzeuge zusammenhängen. Von William Prout. Aus d. Engl. Weimar: Verl. d. Landes- Industrie-Compt. 1823. X, 196 S. 8°

Prout, Will., über das Wesen u. die Behandlung der Krankheiten des Magens u. der Harnorgane s. Handbibliothek der vorzügl. neuern Werke des Auslandes.

Prout, Will., über das Wesen u. die Behandlung der Krankheiten des Magens und der Harnorgane. Nach der 3. sehr verm. Aufl. aus d. Engl. von Gust. Krupp. gr. 8. Leipzig 843, Kollmann. $2^1/_2$ ℛ

Provana de Collegno, Ritter Ldw., die Tröstungen der Religion bei d. Verluste unsrer theuern Hingeschiedenen. (1 Theil 4.) Ins Deutsche übersetzt nach der französ. Uebersetzung, welche zu Löwen 1823 erschienen ist. 8. Düsseldorf 832. Schreiner. $^7/_{12}$ ℛ

Provana de Collegno, Ludw., die Tröstungen d. Religion, bei d. Verluste uns theuerer Personen. A. d. Franz. übers. v. e. kathol. Geistlichen. gr. 8. ($10^3/_4$ B.) München 839, (Fleischmann.) Thlr. *

Prove, Osk., Leitfaden d. Unterricht in d. Landwirtschaft, s.: Grünewald, Ch.

Prove, Oscar, Micrococcus ochroleucus, eine neue chromogene Spaltpilzform. Diss. Freiburg i. B. 1887. 8°. S. 409—439 mit einer Taf.

Sonder-Abdruck aus: Beiträge zur Biologie der Pflanzen, hrsg. von Ferd. Cohn. IV. Band. Breslau 1887, J. U. Kern's Verlag.

Pröve, *Albert* [app. Arzt aus Kl. Lopke]: Mitteilungen aus der syphilitischen Abteilung der medicinischen Klinik zu Göttingen ... Göttingen, Druck d. Dieterich'schen Univ.-Buchdr., 1896; 32 S. 8.

Göttingen, Med. Fak., Inaug.-Diss. v. [11. Dez.] 1895

Pröve, A., Mitteilgn. aus d. syphilitischen Abteilg. d. medicin. Klinik zu Göttingen. Diss. gr. 8. (32 S.) Göttingen 896. (Vandenhoeck & Ruprecht.) n. —80

Provençal, Grammaire franç. 8. Jena, Cröcker. 741.

Provençal, Bern., Lectures franç. à l'us. de la Jeun. gr. 8. Magd. Keil. (Heinrichshofen) 804.

Provence, A. Jos. G.

— philosoph. Abhandl. üb. die wichtigst. Gegenstände der Gesetzgebung u. Moral. 8. Basel 794. Thurneisen. 12 gr.

— Biographie des Bischof Jos. Ant. Galls zu Linz. gr. 8. Linz 808. Akad. B. 4 gr.

Provence, A. Jos. G., klass. Fragmente aus d. röm. u. griech. Schriftstellern. 2 Thle. 8. Manh. 789. (Löffler; a. Schwan u. G.) (Frkf., B. Körner). 1 ℛ 14 gr.

— neues Gebetbuch, im Geiste d. Bibel ꝛc. m. K. 8.

— s. v. Montesquieu's Geist.

— philosoph. Verhältnisse d. wichtigsten Gegenstände. 8. Augsb. 796. Rieger. 16 gr.

Provence, Karoline, Margarethe. Der reiferen weibl. Jugend gewidmet. gr. 16. (247 S.) Stuttgart 876. Schmidt & Spring. geb. 4.50

Provensal, J. A., Gedanken von der Viehseuche, s.: Nigrisolus, F. M.

Proverbes dramatiques, deux, composés pour être représentés devant S. A. R. Msgr. le Prince Henry. gr. 8. Berl. 774. Rottmann. 5 gr.

Proverbia arabica, s. **Arabum** proverbia.

Proverbia e Regum Sapientissimi effatis selecta . . . Tyrnaviae 1752. V: *Gartner, Theodosius.* (SZMJ)

Proviantamts-Assistent, der. Vorbereitung zur Annahmeprüfg. als Anwärter u. zu weit. Fachexamina. Methode Rustin. Selbst-Unterrichts-Briefe, hrsg. vom Rustinschen Lehrinstitut. Red. v. C. Ilzig. Bearb. v. Gust. Behrendt, Max Baumann, Frz. Bußler u. v. a. 1.—57. Lfg. Lex.-8. (1997 S. m. 1 Tab., 12 farb. Karten u. 38 farb. Kartens. in gr. 4.) Potsdam (900—902.) Bonneß & Hachfeld. Subskr.-Pr. à n. —90; Einzelpr. à. n. 1.25

Proviantamts-Assistent, der. Vorbereitung zur Annahmeprüfg. als Anwärter u. zu weiteren Fachexamina. Methode Rustin. Selbst-Unterrichts-Briefe, hrsg. vom Rustinschen Lehrinstitut. Bearb. v. Gust. Behrendt, Max Baumann, Frz. Bußler u. v. a. 58.—106 Lfg. (1613 S. m. 7 farb. Karten.) Lex.-8 Potsdam (903—906). Bonneß & Hachfeld. Subskr.-Pr. à n. —90; Einzelpr à n. 1.25

Proviantamts-Assistent, der. Vorbereitung zur Annahmeprüfg. als Anwärter u. zu weiteren Fachexamina. Methode Rustin. Selbst-Unterrichts-Briefe, hrsg. vom Rustinschen Lehrinstitut. Bearb. v. Gust. Behrendt, Max Baumann, Frz. Bußler u. v. a. 107.—117. Lfg. (372 S. u. 5 Bl. m. 4 farb. Karten.) Lex. 8. Potsdam (909). Bonneß & Hachfeld. Subskr.-Pr. à —90; Einzelpr. à 1.25

Proviantamts-Ordnung. (Mit 1 Entw.) München 1893. 1897.

Proviantamts-Ordnung. (P. A. O.) 8. (XV, 691 S.) Berlin 897. E. S. Mittler & Sohn. n. 5.—; kart. n. 5.50

Proviant-Offizier, der, f. das k. k Heer in der Blousentasche. 16. (VII, 139 S.) Teschen 886. Prochaska. geb. n. 2.40

Providence Herold : Oct. 21, 1897—1899.

Independent weekly; then semi-weekly. Circulation: 1899, 500. Edited by Max Wyner, & published by German-American Publishing Co., 1897—99.
Providence, RI

Providentia oder das Walten der göttlichen Vorsehung auf Erden. Von Ant. Philalethes. Wien 867. Mechitharisten-Congregations-Buchh. 8. (VI, 344 S.) 16 *ngr.*

Providentia oder das Walten der göttlichen Vorsehung auf Erden ... Neue Aufl. Wien 1892. V: *Donin, Ludwig.* (EB)

Providentia
Ⓢ 1873 und 1880 Ⓑ Zürich Ⓓ BGSZ: 12. p. 100 Ⓢ Handelt es sich um politische Blätter?

Provincia Capucinorum Tirolensium mense Decembri 1852. 8. (16 S.) Oeniponti, tip. Feliciani Rauch 1852.

La provincia eclesiástica chilena, erección de sus obispados y división en parroquias. Publicación de la Soc. bibliogr. de Santiago. *Friburgo de Brisg. 1895: B. Herder.* (XV, 684 S.) 8° 1895. 9/9

Provincia fratrum Minorum S. P. Francisci Capucinorum Tirolis septentrionalis mense Novembri 1854. 8. (22 S.) Oeniponte. Typis Feliciani Rauch.

Provincia Fratrum Minorum S. P. Francisci Capucinorum Tirolis septentrionalis mense Decembri 1855. Oeniponte. Typis Feliciani Rauch. (22 S. 8.)

Provincial, un, à Paris pendant une partie de l'année 1798. 12. Strassb. 790. Levrault. 14 gr.

Provincial ..., s. Provinzial ...

Provine, John William [aus Mississippi, Nordamer.]: Ueber Cytisin ... Göttingen, Druck d. Univ.-Buchdr. v. E. A. Huth, 1892; 45 S. 8.
Göttingen, Phil. Fak., Inaug.-Diss. v. [8. Dez.] 1892

Provine, John William, üb. Cytisin. Diss. gr 8. (45 S.) Göttingen 892. (Vandenhoeck & Ruprecht.) n. — 80

Provins, Michel, Ehestunden. Novellen. Einzig berecht. Uebersetzg aus dem Franz. (v. Hedda u. Arth. Moeller-Bruck.) (199 S.) 8. Berlin 904. (Leipzig, G. Fock, Berl.) Kart. 3. —

Provins, Mich., der letzte Flirt, s.a. Bibliothek Bard. 1.

Michel Provins. Der letzte Flirt. Novellen. Einzig autor. Übers. aus d. Franz. (von Hedda u. Arthur Moeller-Bruck). *Berlin: J. Bard 1902.* (122 S.) 8° [Ant. u. J.]
= Bard. Bibliothek. Bd 1.

— Liebesbriefe, s.: Bibliothek Bard. 11.

— der Spezialarzt. Novellen. Einzig autoris Uebersetzg. aus dem Franz (v. Hedda u. Arth. Moeller-Bruck.) (142 S.) 8. Ebd. 904. Kart. 2. —

AUGUSTINERMÖNCHE. — Die österreichisch-ungarische Provinz der geschuhten Augustiner-Mönche (sol). Philadelphia 1784.
Weller, fing. Druckorte.

Provinzen, die baltischen, am Rubicon. Ein Sendschreiben an die Deutschen der Ostseeländer von einem Patrioten. gr. 8. (III, 50 S.) Berlin 869, van Muyden. * 1 —

Provinzen, Die Illyrischen, und ihre Einwohner. Wien 1812. V: *Woltersdorf, von.* (EB)

Provinzen, Die illyrischen, (Ober-Kärnten, Friaul, Krain, Istrien, Süd-Croatien, West-Dalmatien) und ihre Einwohner. 8. Wien 1812.

— die Illyrischen, u. ihre Einwohner. Mit ill. Kpf. gr. 8. Wien 812. (Heubner). 2 Rthlr 12 gr

Provinzen, die neuen, d. Brandenb. Preuß. Staats, od. Reise durch d. Entschädigungsländer König Friedrich Wilhelm III. 8. Berl. 804. Dieterici. (Mittler). 7 gr

Provinzen am Niederrhein — Karte von den Königl. Preussischen — grösstentheils nach geometrischen Vermessungs-Karten, Planen und andern vorzüglichen Hülfsmitteln von Professor J. M. F. Schmidt entworfen etc. Poststrassen etc. von Mathias Sen. Berlin bey Simon Schropp et Comp. 1811. 1 : 500,000. 4 :

Provinzenwechsel, Der neueste, als Folge der Friedensschlüsse zu Campo Formio und Lünneville ... Hof 1803. V: *Müller, Christian Adam.* (MGT) (Ky) (Fiker)

Provinzenwechsel, Der neueste, als Folge der Friedensschlüsse in Campo formio und Luneville, nach dem definitiven französisch-russischen Entschädigungsplan und dem Hauptschlusse der ausserordentlichen Reichs-Deputation, geographisch-statistisch dargestellt. 8. Hof 1803.

Provinzenwechsel, der neueste, als Folge d. Friedensschlusses zu Campe Formio u. Lüneville, (von Chr. Adm. Müller). 8. Hof 803. Grau. 16 gr

Provinzialadressbuch

Provincialadressbuch für die Kurmark und Neumark Brandenburg und Pommern Für das Jahr 1806. Berlin 1805. V: *Bratring, Frdr. Wilh. August.* (MGT) »1806« (Ky)

Provinzialaddreßbuch f. die älteren Preuß. Staaten, als Brandenb. Neumark u. Pommern f. d. J. 1806, (v. F. W. A. Bratring). 8. Berl. 806. Lange. 1 Rthlr

Provinzialaddreßhandbuch für die ältern Preußischen Staaten, als Brandenb. Neumark, Pomm. rc. f. Geschäftsmänner rc. 8. Berl. Lange. 802.

Provinzial-Adreß-Kalender f. die Regierungsbezirke Potsdam rc., s. Adreß-Kalender.

Provinzial-Aufforstung Jloo-Haide. 1 : 16000. Entw. u. gez. von W. Emeis. o. O. u. J. Handzeichnung auf Paus-Shirting. 1 Bl. 4°, 22,5 29,5 cm. In Buchdeckel. 4° k.

Niemann, Aug. Christ. Heinrich (Herausgeber): „Schleswig-Holsteinische Provinzialberichte", 11 Jahrgänge (in je 6 Stücken oder 2 Bänden) Altona 1788 bis 1798 (Hammerich). — Fortsetzung u. d. T.: „Blätter für Polizey und Cultur", Jahrgang 1 und 2: Kiel 1799, 1800; Jahrgang 3 und 4: Tübingen 1801, 1802 (v. Cotta). — Fortsetzung: „Neue Schleswig-Holsteinische Provinzialberichte", gesammelt von G. P. Petersen, 6 Jahrgänge: Kiel 1811 bis 1816.

—neue Schlesw.-Holsteinische. Jahrgg. 1811—18. à 6 Hfte. 8. Altona, (Hammerich). (à J. 3 Rthlr) 24 Rthlr

Neue Schleswig-Holsteinische **Provinzialberichte.** Gesam. von Georg Peter Petersen.
Jg. 1—6. 1811—16. Kiel. (1811—16.) 8°.
Alphabetisch-geordnetes Sach- und Namenregister über die sechs (ersten) Jahrgänge. Nebst einem allgemeinen Verzeichniss der darin beurtheilten Schriften. Eutin. 1816.

Provinzial-Berichte, neue Schleswig-Holstein-Lauenburgische. (3r) Jahrg. 1833. à 4 Hfte. Herausg. vom Diak. Hartw. Peters. 8. Altona (Aue.) à n. 3 ℛ (Die Jahrgänge 1829—32. Ebd. à n. 3 ℛ Vgl. Thl. IV. S. 407.)

Provincialberichte, Schleswig-Holsteinische. Altona 1787—98. H: *Niemann, August Christian Heinrich.* (wö) (schles) (Bruun, Bibl. Danica III, 651.)

Provinzialberichte, Schlesw.-Holsteinische, auf d. J. 1787 bis 98. 12 Jahrgg.; hrsg. v. A. Chr. H. Niemann. 8. Kiel, (Hammerich in Altona). (à 2 ℛ 8 gr) 28 ℛ — Forsetzung, s. Blätter f. Polizei.

— Schlesw.-Holsteinische; hrsgg. von G. P. Petersen. Jahrgg. 1823 u. 24. à 4 Hfte. 8. Lensahn 824. (Altona, Aue). (à 2 ℛ) 4 ℛ — Dieselb. f. 1825—30. . . . Dieselb. f. 1831 u. 32 unt. d. T.: neue Schlesw.-Holstein.-Lauenburgische rc.; hrsgg. v. H. Peters. 8. Ebd. (à Jahrg. 4 Hfte 3 ℛ) 6 ℛ

Provinzialberichte, (Schleswig-Holsteinische,) herausgg. von G P. Petersen. Jahrgg 823 u. 24. à 4 Hefte. 8. Lensahn 824. (Altona, Busch.) à 2 Rthl.

Schleswig-Holstein-Lauenburgische **Provinzialberichte.** 1817–23. Gesam. und hrgg. von Georg Peter Petersen. Der neuen Schl. Holst. Prov. Ber. Jg. 7—10. Kiel. 1817—21. und Jg. 11—12. Lubeck. Altona. 1822—23. 8°.

Schleswig-Holstein-Lauenburgische **Provinzialberichte.** Gesam. und hrgg. v. Georg Peter Petersen.
Jg. 13—14, für das Jahr 1824—25. Altona. (1824—25.) 8°.
Alphabetisch-geordnetes Namen- Sach- und Schriftenregister über die acht Jahrgänge vom Jahr 1817—1825. Geordnet v. Hans Schröder. Rendsburg. 1826.
Fortges. u. d. T.:
Schleswig-Holstein-Lauenburgische **Provinzialberichte,** eine Zeitschrift für Kirche und Staat. Gesam. und hrgg. v. Georg Peter Petersen. Der S. H. L. Provinzialberichte Jg. 15–19. für das Jahr 1826–30. Der Zeitschrift für Kirche und Staat Jg. 1—5. Altona. 1826. und Lübeck. 1827—30. 8°.
Fortges. u. d. T.:
Neue Schleswig-Holstein-Lauenburgische **Provinzial-Berichte.** Hrsg. v. Hartwig Peters. Jg. 1831—34. Altona. (1831—34.) 8°.

Provinzialblatt. –
Halberstadt. – III.(?)1814 – 3.V.1814.
Vorh. u.d.T.: Amtsblatt.
Fortges. u.d.T.: Intelligenz-Blatt.

Provinzial- u. Anzeigeblatt, Großh. Badensches. 4. Carlsruhe, Müller. 803 — 818.

Provinzialblatt, brandenburgisches. Redact.: Rich. Schaeffer. 1.—3. Jahrg. 1880—1882. à Jahrg. 52 Nrn. (Bog.) gr. 4. Landsberg a. d. W., Schäffer und Comp. à Jahrg. * 4 —
Nicht weiter erschienen.

Provincialblatt aus dem Hennebergischen. O. O. 1786. H: *Ackermann, Johann Anton & Chn Ernst Schenk.* (MGT)

Provincialblatt, Kurländisches. No. 1—27 . . . 1810—11 . . . Mitau. H: *Czarnewski (Zernewski), Johann Georg Martin Frdr. August.* (GGr) (R-N)

Provinzialblatt, Märkisches, Hrsg. A. Pischon, Band 1-2 Berlin: 1818

Provinzial-Blatt f. die k. preuß. Provinz Sachsen, Redact.: Friedr. Häßler. 1845. Juli — Decbr. 26 Nrn. (Bog.) gr. 4. Halle, Häßler. * —

Streit und Büsching (Herausg., seit Juli 1829: Sohr, W.): „Schlesisches Provinzialblatt", jährlich 12 Hefte, Breslau 1785 bis 1849. (W. G. Korn; ab 1845 Gebr. Nowak). — Vorh.: Bibliothek des statistischen Reichsamtes Berlin.

Provinzialblatt. – Voigtländisches Provinzialblatt. –
Plauen. – IV.1799 – 31.XII.1799.
Vorh. u.d.T.: Wochen-Blatt.
Fortges. u.d.T.: Intelligenz-Blatt.

Provinzialblätter

Provincialblätter. Dessau u. Görlitz 1781—83. H: *Anton, Conrad Gottlob & Andere.* (ErschDL)

Provinzialblätter. 6 Stcke. 8. Dessau 781, 82 u. 83. Gel. Buchh. 1 ℛ 18 gr

PROVINZIALBLÄTTER oder Samlungen zur Geschichte, Naturkunde, Moral und andern Wissenschaften, herausgegeben von der Oberlausizischen Geselschaft der Wissenschaften.
Bd. 1 (Stück 1—4.) mit 3 Kupfern. Leipzig und Dessau 1782. Bei der Buchhandlung der Gelehrten. 8°.
(Bd. 2.) Stück 5. 6. (Mit Tafeln und Tabellen. — Ohne bes. Titelblatt. ib. 1783.)

Provinzial-Blätter für Brandenburg u. das Herzogthum Sachsen. Redig. von D. Schnitzer. 1r Jahrg. 1834. 72 Numm. Mit Titelvign. 4. Berlin, Herbig. n. 3½ ℛ

— fränkische, Jahrg. 1802. 8. Bayr. Exp. d. P.

— gemeinnützige u. unterhaltende Rheinische, herausg. von Dr. K. G. Neumann. 2r Jahrg. 1833 od. 3r – 6r Bd. à 3 Hfte. 8. Aachen, Mayer. (Brüssel, Mayer u. Somerhausen.) n. 3 ℛ (1r u. 2r Bd. à 3 Hfte. bilden den 1n Jahrg. 1832. Vgl. Thl. IV. S. 407.) — Neue Folge von Jac. Nöggerath. 1r—4r Bd. à 3 Hfte. (Jahrg. 1834) u. 2r—4r Jahrg. 1835—1837. à 12 H. gr. 12. Köln, Bachem. (à n. 3 ℛ) 12 ℛ — 5r u. 6r Jahrg. 1838 u. 1839. Redakteur: J. P. Bachem. 104 Numm. Nebst Beiblatt u. Allgemeiner Anzeiger. gr. 8. Ebd. à n. 3⅓ ℛ

Provinzialblätter, Lausitzsche. Hrsg. August Örtel. Luckau: Entleutner 1833.

— neue Pommersche; hrsgg. v. L. Gießebrecht u. J. C. L. Haken. 1r—3r Jahrg. 1827 — 29. (jeder Bd. zu 4 Hften). Mit Abbildd. gr. 8. Stettin 827—29. Morin. (à 3 ℛ) 9 ℛ

—— neue Pommersche, hrsg. v. L. Giesebrecht u. J. C. L. Haken. 3. u. 4. Bd. (Jahrg. 1828.) 4 Hfte. gr. 8. Stettin, [Morin'sche Buchh.]
1. u. 2. Bd. (Jahrg. 1827.) Ebendas. 8 Thlr.

Provinzial-Blätter, neue Preußische. Herausg. von A. Hagen (fortges. von X. v. Hasenkamp). Jahrg. 1856—58. A. u. d. T.: Der neuen Preußischen Provinzial-Blätter 1—3. Folg. à 2 Bde. à 6 Hefte (à 5 Bgn.). Mit lith. Taf. Königsberg, Koch in Comm. gr. 8. Jeder Jahrgang nn. 2 ℛ. 20 ngr.

Provinzial-Blätter, neue Preußische. Herausg. von X. v. Hasenkamp. (61. 62. Bd.) Jahrg. 1859. A. u. d. T.: Der neuen Preußischen Provinzial-Blätter dritte Folge. 3. u. 4. Bd. à 6 Hefte (à 5 Bgn.). Mit lith. Taf. Königsberg, Theile in Comm. gr. 8. n. 3 ℛ

—— dass. — 3—8. Bd. (oder Jahrg. 1859 — 61.) à Jahrg. 12 Hefte. gr. 8. (1. und 2. Heft. 128 S. mit 3 Stnt. in gr. 8. und qu. Fol.) Königsberg, (Theile's Buchh.) à Jahrg. *

Provinzial-Blätter, neue preußische. 3. Folge. Hersg. v. X. v. Hasenkamp. 9—11. Bd. (Jahrg. 1864—66.) à Jahrg. 4 Hefte. (à 10 Bgn.) Königsberg, (Theile's Buchh.) [9. u. 10. Bd. à Bd. n. 3 ℛ, 11. Bd. n. 2 ℛ] n. 8 ℛ

Vgl. Monatsschrift, altpreußische.

— neue schlesische. Beiträge zu einer fortlaufenden Culturgeschichte unserer Provinz. Red. u. Herausg.: C. Doulin. In zwanglosen Heften. 1. Jahrg. 1. Heft. Breslau 861. (Leuckart.) gr. 8. (VIII, 88 S. u. 1 Tab. in Fol.) n. 7½ ngr.

Neue Schleswig-Holsteinische **Provinzialblätter.** (Von 1817 ab:) Schleswig-Holstein-Lauenburgische **Provinzialberichte.** (Jg. 1826—30 mit d. Zusatz:) Eine Zeitschrift für Kirche und Staat. Gesammelt von G. P. Petersen. Jg. 1—19. Altona u. Kiel 1811—30. 20 Bde

[Nebst] Suppl.H. 1—4 zu Jg. 1818. enth. die Chronik der Reformationsfeier am 3. Juli 1817.

Provinzialblätter. Pfalz-Neuburgische. Hrsg. von *Hans Adam v. Reisach* auf Kirchdorf, Grafen zu Steinberg etc. Bd. 1—2. Nürnberg, Lechner, 1800—3. Bd. 3. Hrsg. von den Gebr. Grafen v. *Reisach.* Nördlingen, in der Beck'schen, Nürnberg, in der Lechner'schen, u. Neuburg, in der Stöttner'schen Buchhdlg. 1805. (Mehr nicht erschienen.) 8º. Ppbde.

Reichhaltig u. geschätzt! Jeder Bd. besteht aus 6 Heften (zus. in 3 voll.).

I: 650 S., 6 Bll. Enth. u. a.: Baiern im 18. Jahrh.; über Pappenheim u. die Familie der regierenden Marschalken; Lebensbeschreibung des Pfalzgrafen Philipp (1503—48); Stammtafel der kurpfalzbair. Regenten-Familie; Materialien z. Gesch. d. ersten Regierungsjahre Ott-Hainrich's u. Philipp's, Pfalzgrafen etc.; kurze topogr. Beschreib. d. Landger. d. Grafschaft Graisbach. Beyträge zur Gesch. d. 30jähr. Krieges etc. etc. — Dieser erste Band erschien auch mit d. Titel: „Journal für Baiern".

II: 552 S., 2 Bll. Reg. Darin u. a.: Versuch e. chronolog. Gesch. d. Klosters Kaisersheim; Johannes Diazio, ein protestant. Märtirer zu Neuburg a. d. Donau. 1546; Testament Pfalzgrafen Wolfgang's, Herzogs zu Neuburg etc., v. 28. Aug. 1568; der Cölner-Spruch üb. Herzog Georg's Verlassenschaft 1515; Beschreibung der römischen u. deutschen Alterthümer im Herzogthum Neuburg (mit 2 blättgr. Abbild.); Verzeichniss was die Stadt Wemding v. 25. May 1621 bis 20. Octob. 1640 innerhalb 19 Jahren von Freund u. Feind Völkern (sic) für unterschiedl. Quartier . . . . gehabt u. ausgestanden hat. Nach einer Handschr. aus diesem Zeitraume abgedruckt etc.

III: 7 Bll., XVIII—664 S., 3 Bll. U. a.: Versuch e. Gesch. d. Herzogthums Neuburg; über Landschulwesen, Strassenbau, Provinzial-Wittwen- u. Waisen-Anstalt, dann über die Topogr. Neuburg's; Bibliotheca Neoburgica etc.

— Pfalz-Neuburgische. 1r u. 2r Bd, u. 3n Bdes 1s u. 2s Hft. 8. Nördl. 805. Beck. (1r Bd. 2 ℛ 16 ℊ, 2r Bd. 2 ℛ 16 ℊ, 3r Bd, 1s u. 2s Hft. à 10 ℊ) 6 ℛ 4 ℊ — Ders. 3n Bds 3s—6s Hft. von d. Gebrüder Grafen v. Reisach. 8. Münch. 810. (Fleischmann). (à 10 ℊ) 1 ℛ 16 ℊ

Provinzialblätter, Pommersche für Stadt und Land. Treptow: Selbstverlag 1820-1825

Hake, J. C. C. (Hersg.): „Pommersche Provinzialblätter für Stadt und Land", 1.—4. Band, Halle 1823—1826 (Renger in Kom.). Fortsetzung: Hake, J. C. L. und Giesebrecht L.: „Neue Pommersche Provinzialblätter . . .", 1. und 2. Band (je 4 Hefte), Stettin 1827 (Morin), 3. und 4. Band, Ebenda 1828, 1830.

Provincialblätter für das Grossherzogthum Posen. Lissa u. Gnesen 1846. H: *Czwalina.* (BrMm)

Provinzial-Blätter für das Großherzogth. Posen. Redakt.: Prof. Czwalina. (1. Jahrg.) 1846. 12 Hefte. ... Lissa, Günther. n. 2 ℛ

— preußische, s. Archiv für vaterländ. Interessen.

Provinzial-Blätter, preußische, f. Wissenschaft ꝛc.

—— Preußische, hrsg. v. d. Vereine z. Rettung verwahrlos. Kinder zu Königsberg, zum Besten d. Anstalt. 1—6. Bd. od. Jahrg. 1829—31. à 12 Hfte. 8. Königsberg, (Gebr. Bornträger.) à J.

Provinzial-Blätter, Preussische. Bd. 11—27. Königsberg 1834—42. 8.
Desgl. Neue Folge (auch: „Archiv für vaterländische Interessen"). Jahrgang 1842—45 (in 6 Bänden).

Provincialblätter an das Liv- und Ehstländische Publicum. Riga 1786. H: *Gadebusch, Friedrich Conrad.* (ML) H (1. Heft): *Jannau, Heinrich Johann von.* (MGT) (R-N) (Ky)

—an das Lief- u. Esthländ. Publikum. 1s Hft., (von H. J. v. Jannau). 8. Riga 786. Hartknoch. 6 ℊ

„Rheinische Provinzialblätter", 1. und 2. Jahrgang, hersg. von Dr. Neumann, Aachen 1832, 1833. Fortsetzung: „Rheinische unterhaltende und gemeinnützige Provinzialblätter", unter Mitwirkung vieler Gelehrten, Beamten, Künstler, Techniker, Fabrikanten, Berg- und Hüttenleute hersg. von Professor Dr. Nöggerath. Neue Folge 1.—4. Jahrgang (je 12 Hefte), Köln 1834—1837 (Böhme). Fortsetzung: „Rheinische gemeinnützige und unterhaltende Provinzialblätter für alle Stände, nebst Beiblatt und allgemeinem Anzeiger", hersg. von J. P. Bacherer, 5. und 6. Jahrgang, Köln 1838, 1839 (Becker).

—— rheinische, f. alle Stände. 5. u. 6. Jahrg. 1838 u. 39. Redakt.: J. P. Bachem. à 104 Nrn. (½ Bog.) Nebst Beibl. u. literar. Anzeiger. gr. 8. Ebds. à J. *
Vgl. 8. Bd. 2. Abthl. S. 129.

—— für d. Provinz Sachsen. Redact.: (Karl Ed.) Förstemann. 1. Jahrg. 1838. 308 Nrn. (½ Bog.) gr. 4. Halle. (Leipzig, Drobisch.) *

—— dass., hrsg. v. dems. 2. u. 3. Jahrg. 1839 u. 40. à 52 Nrn. (½ Bog.) gr. 4. Weißensee, Großmann. à J. *

—Sächsische, f. J. C. Müller IV.

Provincialblätter, Sächsische. Altenburg 1797—1800. H: *Beust, Friedrich Graf.* (GGr VIII, 13) H (1800—1804): *Rink.* (MGT XI, 71)

—Sächsische; hrsgg. v. Fr. Graf v. Beust. Jahrg. 1797, 98 u. 99. à 2 Bde. 8. Leipz., (Brockhaus). (à 3 ℛ) 9 ℛ Jahrg. 1800—4. jeder zu 2 Bden. 8. Altenb., Schnuphase. (à 3 ℛ) 15 ℛ Hbg. Pr. 7 ℛ 12 ℊ

Müller, J. C. IV (Herausgeber): „Sächsische Provinzialblätter für Stadt und Land", 1. und 2. Jahrgang (je 12 Hefte), Erfurt 1821, 1822 (Müller), 3. Jahrgang (25 Nummern), Ebenda 1823.

Provinzial-Blätter, Sächsische. Organ f. die Interessen des Vaterlandes im Allgemeinen u. der Communalgarden insbesondere. 1. Jahrg. 1848. Juli—Decbr. 52 Nrn. 4. (B.) Dippoldiswalde. (Dresden, Grimm.) n. 1 ℛ

Provinzial-Blätter, schlesische, s. Rübezahl.

—— Schlesische, s. Streit, C. C.

—Schlesische, f. 1785—1830; hrsgg. v. Streit. 1r—92r Bd. 8. Bresl., W. G. Korn. (à J. 3 ℛ u. 4 ℛ) 93r—96r Bd. od. Jahrg. 1831, 32. Fortges. v. W. Sohr, nebst e. literar. Beilage. (12 Hfte). 8. Ebd. (à 3 ℛ 16 ℊ) 7 ℛ 8 ℊ

— schlesische, f. 1785 in 12 Stck. 8. Bresl. Löwe.

— — f. 1786—97. à 12 Stck. 8. Ebend. (à 4 Thlr.)

— — f. 1798—810. zu 12 St. 8. Breslau, W. G. Korn. (à 4 Thlr.)

— Schlesische, herausgg. v. Reg. Rath Streit. Jahrgg. 1811—26. 8. Bresl., Verfass à Jahrgg. 4 Rthl.

— dies. fortgesetzt von Büsching. Jahrgg. 1827. 8. Breslau, Gräson u. C.

— Schlesische, fortgesetzt von Wilh. Sohr. Nebst Literaturblatt von u. für Schlesien. 97r—108r Bd. oder Jahrg. 1833—1838. 12 Stücke (Hfte.). 8. Breslau, W. G. Korn. à n. $3^1/_3$ ß Ohne Literaturblatt n. $2^1/_3$ ß (Das Literaturblatt ist auch einzeln für n $1^1/_3$ ß zu haben.)

Provincialblätter, Die schlesischen. (Zum 50jährigen Bestehen derselben.) [Breslau 1835.] V: *Sohr, Wilh. Heinrich.* (Nowack, Schles. Schriftst.-Lex. Bresl. 1836—43. I, 139.)

—— schlesische, fortges. v. Wilh. Sohr. Nebst Literaturblatt von u. für Schlesien. 101—16. Bd. od. Jahrg. 1835—42. à 12 Stücke. (Hfte.) 8. Breslau, W. G. Korn. à J. *
Ohne Literaturblatt à J. *
Das Literaturblatt apart à J. *

—— schlesische. Fortgeführt v. Wilh. Sohr. Jahrg. 1843—47. à 12 Hfte. (117—126. Bd.) 8. Breslau, Korn. à J. *

—— schlesische. Fortgeführt von Carl Gabr. Nowack. 127—130. Bd. oder Jahrg. 1848 und 1849. à Jahrg. 12 Hefte. gr. 12. Breslau, Korn. à Jahrg. *

—— schlesische. Hrsg. von Th. Oelsner. Neue Folge. 1.—3. Bd. Jahrg. 1862—64. à Jahrg. 12 Hefte. (à 4 Bog.) gr. 8. Glogau, Flemming. à Heft * 5 Ngr. à Jahrg. *

—— dass. — Hrsg. von Th. Oelsner. Neue Folge. 4.—6. Bd. Jahrg. 1865—67. à Jahrg. 12 Hefte. (à 4 Bog.) gr. 8. Breslau, Trewendt. Einzelne Hefte *
à Jahrg. *

Provincialblätter, Schwäbische, über Armenversorgung und Armenerziehung. Stuttg. 1796. H: *Kohler, Frdr. Wilhelm.* (MGT) »1796—98« (Ky)

— Schwäbische, über Armenversorgung, (v. F. W. Kohler). 3 Stcke. 8. Stuttg. 796—98. Metzler. (à 9 gr) 1 ß 3 gr

— Siebenbürgische (historisch-geograph.). 5 Bde. 8. Wien ... v. Hochmeistersche Buchh. $3^3/_4$ ß

Provincialblätter, Siebenbürgische. Hermannstadt 1804—13. H: *Eder, Joseph Carl & Joh. Filtsch.* (ErschDL)

Provinzialblätter, Siebenbürgische. Hrsg. Filtsch, Band 1-5. Hermannstadt: Hochmeister 1805-1824

WESTPHÄLISCHE PROVINZIAL-BLÄTTER. Verhandlungen der Westphälischen Gesellschaft für vaterländische Cultur.
Bd. 1. Heft 1. (Mit 1 meteorologischen Tabelle und Tafeln.) Minden, 1828. Gedruckt bei G. W. Essmann's Wittwe und Sohn. 8°.
Bd. 1. Heft 2. Enthaltend Beiträge zur vaterländischen Geschichte und Alterthumskunde, herausgegeben von der historischen Section der Westphäl. Gesellschaft für vaterl. Cultur in Minden. Heft 1. (Mit 1 Charte und Tafeln.) ib. 1828.
Bd. 1. Heft 3. (Mit 1 Tafel.) ib. 1828. Gedruckt bei Friedrich Wilhelm Heinrich Müller.
Bd. 1. Heft 4. Enthaltend Beiträge zur vaterländischen Geschichte und Alterthumskunde, herausgegeben von der historischen Section der Westphäl. Gesellschaft für vaterl. Cultur in Minden. Heft 2. (Mit Tafeln.) ib. 1830. —

WESTPHÄLISCHE PROVINZIAL-BLÄTTER. Verhandlungen der Westphälischen Gesellschaft zur Beförderung der vaterländischen Cultur.
Bd. 2. Heft 1—4. (Mit 1 Tafel und Tabellen.) ib. 1830—1839. —
Bd. 3. Heft 1—4. (Mit Tafeln.) ib. 1843—1846. Gedruckt bei J. C. C. Bruns.
Bd. 4. Heft 1. (Mit 1 Tafel.) ib. 1847. —

XXI. Schlesisches Provinzial-Bundesschießen in Liegnitz. Schlesische-Ztg., 1906, Nr. 474 u. 486.

Provincialcharakterzüge, oder Miscellaneen zur Sittengeschichte kleiner Städte in Teutschland. Dessau 1784. V: *Lodtmann, Carl Heinrich Ludw.* (MGT) (Ky)

Provinzialcharakterzüge, od. Miscellen, zur Sittengesch. kleiner Städte in Deutschland, (v. K. H. L. Lodtmann). 8. Dessau 784. Gel. Buchh. 10 gr Mit neuem folg. Titel: der Kleinstädter, od. Miscellaneen zur Sittengesch. kl. Staaten in Deutschland. 8. Leipz. 794. Barth. 8 gr

Provinzial

Prov. Fest-Loge am 27. Febr. 1836. [Hamburg 1836: Menck.] 1 Bl. 8° [Kopftit.]
3 Lieder ohne Noten.

Provinzial-Gartenbau-Ausstellung in Hannover vom 26. bis 29. September 1902 in Bella Vista. Veranst. vom Prov.-Gartenbau-Ver. Hannover gemeinschaftl. mit d. Gärtner-Ver. d. Stadt Hannover u. unter Beteiligung d. Aquarien- u. Terrarien-Vereine Linné u. Lotus. Offiz. Preisverteilung. Voraussichtl. Rechnungsabschluss. (Hannover 1902: Göhmann.) (20 S.) 4° [Umschlagt. F.] [illegible] 7

Schlesisches **Provinzial-Gesangbuch**. Nach d. Beschluss d. Prov.-Synode 1908 mit Genehmigung d. Evang. Ober-Kirchenrats hrsg. v. Kgl. Konsistorium. Entwurf. Breslau: W. G. Korn 1908. (VIII, 680 S.) 8° [F.] [illegible]2

Provinzial-Gesangbuch, schlesisches. Nach dem Beschluß der Prov.-Synode 1908 m. Genehmigg. des evangel. Ober-Kirchenrats hrsg. vom königl. Konsistorium. Ausg. A. (Neue Aufl.) (XVI, 543 S.) 8. Breslau 910. W. G. Korn. nn 1. 25; geb. von nn 1. 40 bis 6. —

— dasselbe. Zeichnungen v. Frz. Staffen. Ausg. B. (Taschenausg.) (Neue Aufl.) (XVI, 592 S.) kl. 8. Ebd. 910. nn 2. 50; geb. von nn 2. 75 bis 9. 50

— dasselbe. Ausg. C. (XVI, 427 S.) 8. Ebd. 910. nn 2. —; geb. von nn 2. 25 bis 7. —

— dasselbe. Entwurf. (VIII, 680 S.) kl. 8. Ebd. 908. Geb. in Leinw. 1. 50

Provinzial-Gesetz, Belgisches, vom 30. April 1836. 8. (31 S.) Berlin 848, Schroeder. 3 ngr

Provinzialgesetze, brandenburg. u. Statuten. N. Ausg. Berl.

Provinzial-Gesetze u. Observanzen der Provinz Schlesien. Ein Leitfaden in Rechts-Angelegenheiten f. die Bewohner Schlesiens, der Grafschaft Glatz u. des preuß. Markgrafthums Ober-Lausitz. gr. 8. ($7^3/_4$ B.) Berlin 844, Heymann.

Die Ost- und Westpreussischen **Provinzial-Gesetze** und Statuten. E. Leitfaden in Rechtsangelegenheiten für d. Bewohner der Provinz Preußen. Glogau u. Leipzig 1835.

Provinzial-Gesetze u. Statuten der Mark Brandenburg. Ein Leitfaden in Rechts-Angelegenheiten für die Bewohner der Mark. gr. 8. Berlin 842, Heymann. $^7/_{12}$ ß — Neue revid. Aufl. $^1/_2$ ß

Provinzial-Gesetze u. Statuten, die Ost- u. Westpreußischen, ein Leitfaden in Rechtsangelegenheiten für die Bewohner der Provinz Preußen. gr. 8. Glogau 835; Heymann in Berlin. $^{5}/_{6}$ ₰ (Ist auch ein Anhang zu Schmalz Haussekretair.)

—— —— die ost- u. westpreußischen. Ein Leitfaden in Rechts-Angelegenheiten f. die Bewohner der Provinz Preußen. 2., mit e. Nachtrag verm. Ausg. gr. 8. (11 B.) Berlin 843, Heymann.

—— —— der preuß. Provinz Sachsen. Ein Leitfaden in Rechts-Angelegenheiten f. die Bewohner der gen. Provinz. gr. 8. (6 B.) Berlin 843, Heymann.

—— —— der Provinz Pommern. Ein Leitfaden in Rechts-Angelegenheiten f. die Bewohner v. Alt-Vor- u. Hinter-Pommern u. Neu-Vor-Pommern. gr. 8. (8 B.) Berlin 843, Heymann.

— und Statuten der Provinz Pommern. Ein Leitfaden in Rechts-Angelegenheiten für die Bewohner von Alt-, Vor- u. Hinter-Pommern u. Neu-Vor-Pommern. gr. 8. Ebend. 843. $^{2}/_{3}$ ₰ — Neue Aufl. 12 ngl

—— —— der Provinz Westphalen. Ein Leitfaden in Rechts-Angelegenheiten f. die Bewohner der genannt. Provinz. gr. 8. (11½ B.) Berlin 843, Heymann.

Provinzial-Gesetze u. Local-Observanzen, Schlesiens wichtigste, s. Schlesiens ꝛc.

Schlesiens wichtigste Provinzial-Gesetze u. Local-Observanzen mit Berücksichtigung d. betreffenden Landrechtl. Bestimmungen, von einem chemal. Preuss. Justiz-Beamten. *Breslau*, Richtersche Buchh. 835. 4. (1 Thl.)

Provinzial-Gesetzsamml. d. Königr. Böhmen für das J. 1819—1837. Herausg. auf allerhöchst. Befehl unt. d. Aufsicht. d. k. k. böhm. Landesguberniums. 1r — 19r Bd. (2r 3r 7r u. 8r. 2e Aufl. 835. 37. 38.) *Prag*, Haase, Söhne. 820—38. gr. 8. (35 Thl. 20 Gr.)

Provinzial-Gesetzsammlung d. Königr. Böhmen f. d. J. 1833. Hrsg. auf allerhöchst. Befehl unter d. Aufsicht d. k. k. böhm. Landesguberniums. 15. Bd., welcher d. Verordnungen v. 1. Jän. bis letzt. Dez. 1833 enthält. gr. 8. (52½ B. u. 2½ B. Tab.) Prag 834, Haase Söhne.

1—14. Bd., Gesetze aus d. J. 1819—32 enthalt. 1820—33. 22 Thlr. 20 Gr. — Ergänz.-Bd., welcher die nachträgl. aufgenomm. Verordnungen v. 1819 u. 1820 enthält. 1822. 1 Thlr. 4 Gr. — General-Register üb. d. ersten 11 Bde. (1819—29.) Bearb. v. Kaj. Nadherny. 1830. 8 Thlr. 16 Gr. Ebendas. — [Da eine specielle Angabe der in den Jahren 1823—32 erschienenen Bde. mangelt, so konnten sie nur im Allgemeinen angeführt werden.]

Vgl. Sammlung, vollst., aller in d. J. 1816—18 in d. Königr. Böhmen kund gemachten Gesetze ꝛc., hrsg. v. K. Nadherny,

Provinzial-Gesetzsammlung d. Königr. Böhmen f. d. J. 1834—42. Hrsg. auf allerhöchsten Befehl, u. unt. d. Aufsicht d. k. k. böhm. Landesguberniums. 16—24. Bd., welcher d. Verordnn. v. 1. Jan. 1834 bis letzt. Dez. 1842 enth. gr. 8. Prag, Haase Söhne. [834. * 2 Thlr., 35. * 2¼ Thlr., 36. * 2½ Thlr., 37. * 1⅓ Thlr., 38. * $1^{11}/_{12}$ Thlr., 39. * 2¼ Thlr., 40. * $1^{19}/_{24}$ Thlr., 41. * $1^{19}/_{24}$ Thlr., 42. * 1¾ Thlr.] *

Vgl. 8. Bd. 2. Abthl. S. 129.

Provinzial-Gesetzsammlung des Königr. Böhmen f. das Jahr 1843—46. 25—28. Bd., welche die Verordnungen vom 1. Jänner 1843 bis letzten Dezbr. 1846 enthalten. gr. 8. Prag, Haase Söhne, Verlags-Expedition. [25. (52½ B.) 844, * 1 Thlr. 26 Ngr., 26. (62½ B., 2 Stnt. u. 2 Tab.) 45. * 2 Thlr., 27. (58 B. u. 2½ B. Tab.) 46. * 2 Thlr. 7½ Ngr., 28. (44¼ B. u. 2¼ B. Tab.) 47. * 2 Thlr.] Thlr. *

Vgl. 9. Bd. 2. Abthl. S. 146.

Provinzial-Gesetzsammlung des Königr. Böhmen (für die J. 1847 und 1848). Hrsg. auf allerhöchsten Befehl, und unter der Aufsicht des k. k. böhm. Landesguberniums. 29. und 30. Bd., welche die Verordnungen vom 1. Jänner 1847 bis letzten Dezbr. 1848 enthalten. gr. 8. Prag, Haase Söhne, Verlags-Expedition. [29. ** 1 Thlr. 7½ Ngr., 30. ** 15 Ngr.] **

Vgl. 10. Bd. 2. Abthl. S. 132.

Provincial-Gesetzsamml. d. K. Galizien u. Lodomerien. Herausg. auf allerhöchsten Befehl. *Lemberg*. 819. 8. (bis 1836 16 Bände.) — Nachtragsband (bis incl. 1826.) 1834. 8.

Provinzial-Gesetzsammlung des Königreiches Galizien und Lodomerien für das Jahr 1848, umfassend die Gesetze und Verordnungen vom 1sten Jänner bis 1. Dezember 1848. Herausgegeben auf Allerhöchsten Befehl unter Aufsicht des k. k. galizischen Landesguberniums. 30. Jahrgang. 8. (XXXI, 404 S. und 46 Blätter.) Lemberg. Aus der k. k. galizischen Provinzial-Staatsdruckerei. 1853.

—— für die westlichen Landestheile des preußischen Staates, die Provinz Westphalen und die Rheinprovinz, sowie die hohenzollernschen Lande und das Jadegebiet. Eine chronolog. Zusammenstellung der in der Gesetz-Sammlung für die königl. preuß. Staaten für die J. 1806 bis einschließl. 1856 enthaltenen noch geltenden, die gedachten Landestheile betreffenden Gesetze, Verordnungen, Kabinets-Ordres ꝛc. für Justiz- und Verwaltungs-Beamte. Mit einem alphabet. Sach-Register. (Zugleich eine Ergänzung der Gesetz-Sammlung für preuß. Juristen von L. Nikisch, und der Gesetz-Sammlung für die preuß. Verwaltungs-Beamten.) Lex.-8. (XXXVII und 388 S.) Berlin 857, C. Heymann's Verlag. *

Provinzial-Gesetzsammlung für das Herzogthum Steyermark. Bd. 1—20. *Grätz*, Leykam. 822 ff. 8.

—— von Tyrol u. Vorarlberg, s. Raccolta.

Provinzial-Gesetzsammlung von Tyrol u. Voralberg. Raccolta delle leggi etc. *Insbruck*, Rauch. 22 Bde. 8. — Repertorium dazu. *Ebend.* 828. 8.

Zweite preussische Provinzial-Gewerbe-Ausstellung. Königsberg i. Pr. 1879. 4.

Provinzial-Handbuch der Königreiche Galizien und Lodomerien für das Jahr 1852. 8. (648 S. u. 66 Blätt.) Lemberg, k. k. Galiz. Provinzial-Staatsdruckerei. 1853.

Provinzial-Handbuch der Königreiche Galizien und Lodomerien für das Jahr 1854. 8. (674 S. und 56 Blätter.) Lemberg. Aus der k. k. galizischen Provinzial-Staatsdruckerei.

Provinzial-Handbuch, galizisches, für das Jahr 1868. 8° (XXXIX u. 1094 S.) Lemberg, Wild in Comm. cart. 1868.

Provinzial-Handbuch, galizisches, für das Jahr 1869. (814 S.) gr. 8. Aerarial-Druckerei in Lemberg. Lemberg, Wild in Comm. 1 fl. 80 kr.

1869

Provinzial-Handbuch vom Erzherzogthume Oesterreich ob der Enns für das Jahr 1855. Herausgegeben vom Museum Francisko-Karolinum. Linz. Druck und Verlag von Josef Wimmer. (VIII, 330 u. 38 S. 8.)

Provinzial-Handbuch vom Erzherzogthume Oesterreich ob der Enns für das Jahr 1858. Herausg. vom Museum Francisco-Carolinum. *Linz.* Druck u. Verl. von *Josef Wimmer.* VII, 250 S., 8°. 1 fl.

Provinzial-Handbuch, rheinisches. I. Thl.: Personalien. II. Thl.: Organisation der Behörden, der polit. u. kirchl. Korporationen, übersichtlich dargestellt v. G. A. Grotefend. 1. Jahrg. 1884. gr. 8. (XIII, 292 u. 76 S.) Trier 884. Lintz. cart. n. 6. —

— dasselbe. II. Jahrg. 1886—87. [Abgeschlossen 1. Aug. 1886.] Nach den Mittheilgn. der Reichs-, Staats- u. Communalbehörden in der Rheinprovinz bearb. gr. 8. (XVI, 320 S.) Ebend. 886. cart. n. 5.—

—— für Schleswig-Holstein. Hrsg. mit amtl. Unterstützung der königl. Regierung. 4. Jahrg. 1880. gr. 8. (V, 552 S.) Kiel, Homann. *M 8.; geb. *

Provinzial-Handbuch f. Schleswig-Holstein. Hrsg. m. amtl. Unterstützg. des königl. Ober-Präsidium u. der königl. Regierg. 5. Jahrg. 1891. 1. Hälfte. gr. 8. (III, 301 S.) Kiel 891. Homann. n. 5.—

Provinzial-Handbuch f. Schleswig-Holstein. Hrsg. m. amtl. Unterstützg. d. königl. Ober-Präsidium u. der königl. Regierg 5. Jahrg. 1891. 2. Hälfte. gr. 8. (S. 305—702.) Kiel 891. [E. Homann.] H. Eckardt. n. 5.— (5. Jahrg. kplt.: n. 10.—)

Provinzial-Handbuch f. Schleswig-Holstein. Hrsg. m. amtl. Unterstützung der kgl. Oberpräsidiums u. der kgl. Regierg. 6. Jahrg. 1897. gr. 8. (V, 826 S. m. 2 Bildn. u. 1 Taf.) Kiel 897. H. Eckardt. Geb. n. 15.—

Provinzial-Handbuch für Schleswig-Holstein und das Herzogthum Lauenburg. Hrsg. mit amtl. Unterstützung des königl. Ober-Präsidium. 1. Jahrg. 1868. hoch 4. (XIV, 487 Sp.) Kiel, Homann. *

Provinzial-Handbuch f. Schleswig-Holstein u. das Herzogth. Lauenburg. Hrsg. m. amtl Unterstützg. der königl. Regierung. Lex.-8. (IV, 415 S.) Kiel 871. Homann. n. 5. —

— dasselbe. 3. Jahrg. 1875. Lex.-8. (530 S.) Ebend. 875. n. 8. —

Provinzial-Handbuch von Tirol u. Vorarlberg f. das Jahr 1844—47. 1—4. Jahrg. gr. 8. Innsbruck, Wagner'sche Buchh. [1. (30⅓ B.) 2. (31 B.) 3. (31½ B.) 4. (30½ B.) à Jahrg. * 1 Thlr. 10 Ngr.] *

Provinzial-Handbuch des Krakauer Verwaltungsgebietes für das Jahr 1856. Krakau. Gedr. bei Karl Budweiser. (410 S. 29 Bl. 8. geb.)

Provinzial-Handbuch des Krakauer Verwaltungsgebietes für das Jahr 1857. Krakau. Druck von Karl Budweiser und Komp. (410 S. 2 Bl. Inhalt und 4 Bogen alphabetisches Namens-Verzeichniß.)

Provinzial-Hebammen-Lehranstalt zu Cöln. Brauweiler [1909?]: Rhein. Prov.-Arbeitsanstalt. 39 S. quer-8°

Die Rheinische Provinzial-Hebammen-Lehranstalt zu Elberfeld. Eine Beschreibung d. Anst. mit e. Rückblick auf d. Entwicklung d. Heb.-Lehranstalten in d. Rheinprovinz. Brauweiler 1905: Rhein. Prov.-Arbeitsanst. 26 S. 4° 11

Die Rhein. Provinzial-Heil- und Pflege-Anstalten Grafenberg, Merzig und Andernach in ihrer Entwickelung, Entstehung u. Verfassung, dargest. auf Grund e. Beschlusses d. rhein. Provinzialausschusses v. 13./14. Okt. 1903. Düsseldorf 1904: Arbeitsanst. Brauweiler. 163 S. 4° 6

Die preußischen Provinzial-Instruktionen für die Direktoren, Ordinarien und Oberlehrer der höheren Schulen (1856—1885). Neu hrsg. u. mit e. Sachreg. versehen von Dr. A[lexander] Matschoß. Bunzlau: Kreuschmer 1909. X, 189 S. 8° 2

Provinzial-Irren-, Blinden- u. Taubstummen-Anstalten, die, der Rheinprovinz in ihrer Entstehung, Entwickelung u. Verfassung, dargestellt auf Grund eines Beschlusses des 26. rhein. Provinzial-Landtages vom 8. Mai 1879. Mit 48 in den Text gedr. Holzschn. gr. 4. (XII, 275 S.) Düsseldorf 880. Voss & Co. n. n. 6. —

Provincialismen im Pinzgau. [Leipz. 1800.] V: *Spaur, Frdr. Graf.* (MZ)

Provinzial-Kalender, neuer und alter Siebenbürgischer — für d. J. 1853. Hermannstadt, v. Closius. kl. 8.

Provinzialkalender; neu und alter Siebenbürgischer — für das Jahr Christi 1858, welches ein Gemeinjahr von 365 Tagen ist. Hermannstadt, gedruckt bei Georg v. Closius. (32 Bl. 12.)

Provinzial-Kalender für Neu-Vor-Pommern und das Fürstenthum Rügen. Auf das Gemeinjahr 1825 [u.] 1855. Stralsund (1824. 54). 2 Bde

Provinzial-Kirchenblatt, preuß., hrsg. v. Joh. Aug. Ed. Oesterreich u. Joh. Carl Lehnerdt. 1—4. Jahrg. 1839—42. à 4 Hfte. gr. 8. Königsberg, (Bon.) à J. *

Provinzial-Kirchenblatt, preußisches, hrsg. von J. A. E. Oesterreich u. Joh. Carl Lehnerdt. 5. u. 6. Jahrg. 1843 u. 1844. à 4 Hfte. gr. 8. Königsberg, (Bon.) à J. *
1—4. Jahrg. 1839—42. Ebendas. à J. * 1 Thlr.

Provinzial-Landschaften, Die Hannoverischen. Berlin 1852. V: *Decken, C. v. d.* (Löwe, Bibl. d. Hann. u. Braunschw. Gesch. Hann. 1908. S. 153.)

Provinzial-Landschaften, die Hannoverschen. Ihre Stellung zur Gesammtverfassung des Königreichs, ihre Schicksale seit 1814 u. die neueste Wendung ihrer Angelegenheit. Ein polit. Votum. Julius 1852. 2. Abdr. gr. 8. (IV u. 89 S.) Berlin 852, Dümmler. baar ½ *

Provincial-Landtag, Der erste schlesische. [Breslau] 1827. V: *Sohr, Wilhelm Heinrich.* (Nowack, Schles. Schriftst.-Lex. Bresl. 1836—43. I, 138.)

Provinzial-Landtag, der Schlesische, im J. 1827. Zur Erinnerung bei Gelegenheit des im Febr. u. März 1830 in Breslau stattfindenden 3n Schles. Provinzial-Landtags. 8. Bresl. 830. Leuckart. 6 gr

Provinzial-Museum, das märkische, der Stadtgemeinde Berlin von 1874—1899. Mit e. Anh. betr. das Königsgrab v. Seddin, Kreis West-Prignitz. Festschrift zum 25jähr. Bestehen, m. Genehmigg. der städt. Behörden hrsg. v. der Museums-Direktion. gr. 4. (VII, 38 S. m. Abb. u. 21 Taf.) Berlin 901. P. Stankiewicz. n. 5.—

Provinzialnachrichten
Ⓐ 1794 Ⓑ 8° Ⓒ Wochenblatt Ⓓ Chur: Bernhard Otto Ⓔ Bernhard Otto Ⓕ BGSZ: 1000 Ⓖ Ch: K Ⓗ Anzeigeblatt, das auch als offizielles Publikationsorgan der außerordentlichen Standesversammlung 1794 benutzt wurde.

Provinzialnachrichten aus den kais. königl. Staaten und Erbländern. Historisch-statischen und gelehrten Inhaltes. Wien 1782—1789. H: *Schmidt, Joh. Fch.* (zenker S. 150, Nr. 219) (L. Rosenthal 103/1017, 1782—1785) (wieser 1/1316, Jg. 1783—1784) (Stadtbibliothek Wien) (BIBLPORT)

Der *Provinzial-Obstgarten* zu Diemitz-Halle a. S. Halle 1901. 5 S 1 Kt. P.

Provinzialordnung, die, f. die Prov. Hannover vom 7. Mai 1884. 2. unveränd. Aufl. gr. 8. (30 S.) Hannover 884. Meyer. n. — 50

Provinzial-, Kreis- und Landgemeinde-Ordnung, die, für Westfalen. Textausg. mit kurzen Anmerkungen und ausführl. Sachregister hrsg. von einem Richter und Landtags-Abgeordneten aus Westfalen. 8. (128 S.) Paderborn 886, F. Schöningh. *ℳ 1.60.; cart. *
2. Aufl., f. Detten, Geo. v.

Provinzialordnung für die Provinzen Ost- u. Westpreußen, Brandenburg, Pommern, Schlesien u. Sachsen vom 29. Juni 1875. In der Fassung vom 22. März 1881. gr. 8. (37 S.) Berlin 881. C. Heymann's Verl. n. — 50

— dasselbe m. den Abänderungen u. Ergänzungen der Novelle vom 22. März 1881. Mit ausführl. Sachregister. 12. (46 S.) Breslau 881. Kern's Verl. n. — 50

Provinzial-Ordnung f. die Provinzen Preußen, Brandenburg, Pommern, Schlesien u. Sachsen. Vom 29. Juni 1875. gr. 8. (48 S.) Berlin 875. v. Decker. — 60

— dasselbe. gr. 8. (24 S.) Berlin 875. C. Heymann's Verl. in Comm. n. — 20

— dasselbe. Mit ausführl. Sachregister. gr. 16. (46 S.) Breslau 875. Kern's Verl. n. — 50

— dasselbe u. Gesetz, betr. die Verfassg. der Verwaltungs-Gerichte u. das Verwaltungs-Streitverfahren. 16. (91 S.) Landsberg a. W. 875. Schaeffer & Co. n. — 60; cart. — 75

Preussische **Provinzial-Ordnung** für die Provinzen Preussen. Brandenburg. Pommern. Schlesien und Sachsen. Vom 29. Juni 1875 Berlin. 1875. = Die Gemeinde-Verfassungen Deutschland's und des Auslandes. hrgg. v. H. Stolp. Bd. 6. Nr. 1. 8°.

Provinzialpharmacopoe, f. *Pharmacopoea* Austriaco-provinc. etc. deutsch.

Provinzial-Prediger-Bibliothek, enthalt. e. Samml. v. Predigten u. geistl. Reden, eingesandt v. den evangel. Geistlichen d. Großh. Posen u. hrsg. v. C. A. W. Freymark. 1. Samml. gr. 8. (11¼ B.) Bromberg 832, [Hirschberg.]

Provinzial-Prediger-Bibliothek; enthalt. e. Samml. von Predigten u. geistl. Reden, eingesandt von den evangel. Geistlichen des Großherzogth. Posen u. hrsgg. vom Bischof, Ritter Dr. C. A. W. Freymark. 1e Samml. gr. 8. Bromberg 832. Müller. 18 Gr.

Provinzial-Recht, das, des Herzogthums Alt-, Vor- u. Hinter-Pommern, nach Ordnung des Allgemeinen Landrechts dargestellt. Aus amtl. Quellen bearbeit. gr. 8. Stettin 835. Nicolaische Buchh. 1 ß

Provinzial-Recht des Herzogthums Neu-Vorpommern u. des Fürstenthums Rügen. Im Auftrage des Königl. Justiz-Ministeriums für die Gesetz-Revision, nach der Ordnung des Allgem. Landrechts aus amtlichen Quellen bearbeitet. 1r Thl. in 4 Abthl. u. 2r — 6r Thl. *Greifsw.*, Koch. 836. 37. gr. 8. (7 Thl. 9 Gr.)
1r Thl. 1e Abthl. Enthalt. den Entwurf d. Prov.-Rechts zur Einleit. u. z. 1n Thle. d. Allgem. Landrechts. (836.)
2e Abthl. Enthalt. den Entwurf des Prov.-Rechts zum 2n Thle. d. Allgem. Landr. Tit. 1 — 10. (837.)
3e Abthl. Enthalt. den Entwurf d. Prov.-Rechts u. s. w. Tit. 11 u. 12. (837.)
4e Abthl. Enthalt. den Entwurf d. Prov.-Rechts, Tit. 13 — 19., den ersten Anh., Jagdcontraventionen; d. zweiten Anh., Forstfrevel u. deren Bestrafung; d. dritten Anh., Rechtsverhältnisse der Juden.
2r Thl. — Enthalt. den Vorbericht zum Prov.-Rechte u. d. Motive z. ersten Abthl. d. ersten Thls. des Prov.-Rechts. — Allgem. Landr., Einleit. u. Thl. I. (837.)
3r Thl. — Enthalt. die Motive zur 2n Abthl. d. ersten Thls. d. Prov.-Rechts. Allgem. Landr. Thl. II. Tit. 1—10. (837.)
4r Thl. — Enthalt. die Motive zur 3n Abthl. d. ersten Thls. d. Prov.-Rechts. Allgem. Landr. Thl. II. Tit. 11 — 12. (837.)
5r Thl. — Enthalt. die Motive zur 4n Abthl. d. ersten Thls. d. Prov.-Rechts. — Allgem. Landr. Thl. II. Tit. 13 — 19 u. zum ersten Anh., Jagdcontraventionen; zweit. Anh., Forstfrevel u. der. Bestraf.; dritten Anh., Rechtsverhältnisse der Juden; nebst einem vierten Anh., Tertialrecht.
6r Thl. — Enthalt. das Statutar-Recht der Städte.

Das **Provinzial-Recht** des Markgrafthums Niederlausitz. Red. nach den Berathungen u. Beschlüssen des ... 1842 versammelt gewesenen Kommunal-Landtages. [Nebst] Motive. Berlin 1843.

Provinzialrecht, das, von Niederschlesien, histor.-krit. erläut. von dem Ober-Amts-Regierungsrath Stylo. Nebst e. Uebersicht des Oberschlesisch. Provinzialrechts von dem Ober-Amts-Regierungsrath Westarp. 8. Bresl. 830. Leuckart. 1 ß 12 Gr.

Provincialrecht der Preußischen Ober-Lausitz. In genauen Abdrücken aller im Collect.-Werke enthaltenen noch gültigen Verordnungen. Breslau 1837. H: *Hahn, Carl Wilhelm.* (Russell III, 1274)

— der Preußischen Ober-Lausitz. In genauen Abdrücken aller im Collectionswerke enthaltenen, noch gültigen Verordnungen, nach der Materienfolge des Landrechts. Mit Bemerkungen. gr. 8. Breslau 837. Aderholz. $1\frac{1}{3}$ ß

— Ostpreußisches. gr. 8. Berl. 802. Nauck. 14 Gr.

Provinzialrecht der Ostseegouvernements. 2 Thle. Nach dem russ. Originale übers. gr. Lex.-8. (31⅝ B.) St. Petersburg 845. (Leipzig, Voß.) **

Provinzialrecht der Ostsee-Gouvernements. III. Thl. Zusammengestellt auf Befehl des Herrn u. Kaisers Alexander II. (Nichtoffizielle Ausg.) gr. 8. Jurjow (Dorpat). (J. G. Krüger.) n. 4.50
Liv-, est- u. curländisches Privatrecht, nach der Ausg. von 1864 u. der Fortsetzg. v. 1890 hrsg. Von H. v. Broecker. (LI, 806 S.) 902.

Das **Provinzialrecht** der Grafschaft Wernigerode. Im Auftr. des Königl. Justiz-Ministeriums für die Gesetz-Revision entworfen von der Gräfl. Stolbergschen Regierung zu Wernigerode. Berlin 1836.

Provinzialrechte rc., f. v. Strombeck.

Provinzial-Rechte aller zum Preuss. Staat gehör. Länder u. Landestheile, in so weit in denselben d. Allgem. Landrecht Gesetzeskraft hat, verf. u. nach dems. Plane ausgearb. von mehr. Rechtsgelehrten. Herausgeg. v. F. H. v. Strombeck. 1r Thl. 1r Bd., 2r u. 3r Thl. à 3 Bde. *Leipzig*, Brockhaus. 827 — 32. gr. 8. [12 Thl. 16 Gr.]
1r Thl. 1r Bd. Prov.-Recht d. Provinz Sachsen, d. Fürstenthums Halberstadt u. der zu demselben gehörigen Graf- u. Herrschaften Hohenstein, Regenstein u. Derenburg von *L. A. W. Lentze*. Herausgeg. v. F. H. v. Strombeck. 827. [1 Thl. 12 Gr.]
2r Thl. Prov.-Recht der Provinz Westphalen, v. *Cl. A. Schlüter*. 3 Bde. 1r Bd. Prov.-Recht d. Fürstenth. Münster u. d. ehemals z. Hochstift Münster gehör. Besitzungen d. Standesherrn, ingleichen der Grafschaft Steinfurt u. der Herrschaften Anholt u. Gehmen. (Nebst 1 Tab.) 829. (1 Thl. 20 Gr.)

2r Bd. Prov.-Recht d. Grafsch. Tecklenburg u. d. Obergrafsch. Lingen. 830. (20 Gr.)
3r Bd. Prov.-Recht d. ehem. kurköln. Grafsch. Recklingshausen. 833. (1 Thl.)
3r Thl. Prov.-Recht d. Provinz Westpreussen, v. *Leman*. 3 Bde. 1r, 2r Bd. Prov.-Recht der Districte d. preuss. Landr. v. 1721. 2 Abthl, 830. 32. (5 Thl.)
3r Bd. Die Statutarrechte der Stadt Danzig. 832. (2 Thl. 12 Gr.)

Provinzial-Sanitäts-Bericht d. k. Medic.-Colleg. zu Königsberg. Für 1834 u. 35. à 2 Semest. gr. 4. Königsberg, Gebr. Bornträger. [834. 1. (8 B.), 2. (7 B.) 836. à * ½ Thlr., 35. 1. (9¼ B.) 836., 2. (9 B.) 837. à * ½ Thlr.] *

—— dass. für 1836—41. à 2 Semest. gr. 4. Königsberg, Gräfe u. Unzer. [836. 1. (10 B.) 837. ½ Thlr., 2. (9 B.) 838. 5/12 Thlr., 37. 1. (4 B.) 838. ¼ Thlr., 2. (12 B.) 839. ½ Thlr., 38. 1. (5 B.) 839. ¼ Thlr., 2. (5½ B.) 840. ⅓ Thlr., 39. 1. u. 2. (15 B.) 841. ⅚ Thlr., 40. 1. u. 2. (15 B.) 842. ⅔ Thlr., 41. 1. (12 B.) 842. * ⅓ Thlr., 2. (11¾ B.) 843. * ½ Thlr.]

Provinzial-Sanitäts-Bericht des k. Medic.-Collegiums zu Königsberg. 1841. 1. u. 2. Sem. u. 1842. 1. Sem. gr. 4. Königsberg, Gräfe u. Unzer. [1841. 1. (12 B.) 842. * 10 Ngr., 2. (11¾ B.) 43. * 15 Ngr., 1842. (10 B.) 41. * 15 Ngr.] *

Provinzial-Sanitäts-Bericht d. K. Mediz.-Kollegiums v. Pommern für d. J. 1832—37. Stettin 1833—38. 2 Bde.

Provinzial-Sanitätsbericht d. K. Mediz.-Kolleg. v. Westphalen f. d. J. 1830 bis 32 u. 38—45. Münster 1832—47. 5 Bde.

Provinzial-Schützenfest, das, zu Anclam. Vom 7—10. Juni 1860. Anclam 860. Dietze. gr. 8. (12 S.) 1½ ngr.

Die **preußischen** Provinzialstände im Angesicht der wilden und gezähmten Revolution in und seit den Märztagen. Zur Begrüßung insbesondere der gegenwärtig hier versammelten Stände der Kurmark. Von C. W. v. L. Berlin, im Juni 1850. 62 S. 8.

Die Holsteinische **Provinzial-Ständeversammlung** gegen den Minister! Der Minister aber für das Volk! Eine Stimme aus dem Volk zum Volke! Preetz. 1856. 8°.

Die GRANER **Provinzialsynode** im Jahre 1858. In: Der kath. Christ. Jg. 11. 1858. Nr. 18 v. 23. IX. 1858, S. 102 f. Nr. 14 v. 30. IX. 1858, S. 111. Nr. 15 v. 7. X. 1858, S. 120 f. Nr. 16 v. 14. X. 1858, S. 127 ff.

Provinzial-Synode in der preußischen evangelischen Landes-Kirche. Ein Wort der Erwiederung für den Berliner Unions-Verein von einem treuen Freunde der Union. Berlin 869. Rauh. 8. (56 S.) n. 6 ngr.

5. Preußischer **Provinzial-Turntag**, Verhandlg. z. Dirschau, 21. 10. 1866, 24 S., 8°.

Provinzialverband schlesischer landwirtschaftlicher Genossenschaften e.V., Breslau. Zehn Jahre genossenschaftlicher Arbeit. Breslau: Selbstverl. des Verbandes 1905.

Die Preußischen **Provinzialverbände** und die Kleinbahnen. Denkschrift d. Preuß. Landesdirektoren, festgestellt in d. Jahreskonferenz 1900. Düsseldorf: Voß 1900. 34 S. 4° [Umschlagt.]

Der Land- und Forstwirthschaftliche **Provinzial-Verein** für das Fürstenthum Lüneburg. Festschrift zur 50jährigen Stiftungsfeier des Provinzial-Vereins zu Uelzen am 9. Juni 1880. - Soltau 1880. 250 S., m. Kt.

Provinzial-Verein, d. westfälische, f. Wissenschaft u. Kunst während der ersten 25 Jahre s. Bestehens. 1872—1896. gr. 8. (108 S.) Münster 897. (Regensberg.) n. 1. —

Die projektierte livländische **Provinzialverfassung** nebst Erläuterungen. Gedr. auf Verfügen d. Resid. Landrats. Riga 1905: F. W. Häcker. (24 S.) 4°(8°)

Provinzialverfassung, die projektierte livländische, nebst Erläuterungen. (24 S.) Lex.-8. Riga 905. (N. Kymmel's Buchh.) n. — 80

[J.] Von der achten **Provinzialversammlung** des Rheinischen Hauptvereins des Evangelischen Bundes ... *Trarbach a. d. Mosel: G. Balmer 1895.* (20 S.) 1 Bd 8.

Provinzial-Vorstand, der, der christkathol. Gemeinden Schlesiens den deutschen Mitbürgern. 8. (16 S.) Breslau 849, Schuhmann in Comm. n. 2 ngr

Provinzial-Wörterbuch, s. Versuch e. deutschen Provinzial-Wörterbuchs.

Provincialwörterbuch, Deutsches. Frankf. u. Leipz. 1792. V: *Klein, Anton von.* (Ba) (ABJP) (Vater)

Provinzialzeitung, s. Zeitung.

Provinzial-Zeitung. –
Wuppertal. – 1.(?)I.1808 – 30.VI.1834.
Vorh. u.d.T.: Großherzoglich Bergische Provinzial-Zeitung.
Fortges. u.d.T.: Elberfelder Zeitung.

Provinzialzeitung. – Königlich - Baierische privilegirte Herzoglich-Bergische Provinzialzeitung. –
Wuppertal. – 20.(?)II.1806 – 30.(?)III.1806.
Vorh. u.d.T.: Königlich-privilegirte Herzoglich-Bergische Provinzial-Zeitung.
Fortges. u.d.T.: Großherzogl. Bergische Provinzial-Zeitung.

Provinzial-Zeitung. – Großherzogl. Bergische Provinzial-Zeitung. –
Wuppertal. – 31.(?)III.1806 – 22.(?)IX.1806.
Vorh. u.d.T.: Königlich-Baierische privilegirte Herzoglich-Bergische Provinzialzeitung.
Fortges. u.d.T.: Großherzoglich Bergische Provinzial-Zeitung.

Provinzial-Zeitung. – Großherzoglich Bergische Provinzial-Zeitung. –
Wuppertal. – 23.(?)IX.1806 – 31.(?)XII.1807.
Vorh. u.d.T.: Großherzogl. Bergische Provinzial-Zeitung.
Fortges. u.d.T.: Provinzial-Zeitung.

Provinzial-Zeitung. – Churfürstlich privilegirte Herzoglich-Bergische Provinzial-Zeitung. –
Wuppertal. – 11.VII.(?)1800 – 5.(?)II.1806.
Vorh. u.d.T.: Churfürstlich privilegirte Elberfelder Zeitung.
Fortges. u.d.T.: Königlich-privilegirte Herzoglich-Bergische Provinzial-Zeitung.

Provinzial-Zeitung. – Königlich privilegirte Herzoglich-Bergische Provinzial-Zeitung. –
Wuppertal. – 6.(?)II.1806 – 19.(?)II.1806.
Vorh. u.d.T.: Churfürstlich privilegirte Herzoglich-Bergische Provinzial-Zeitung.
Fortges. u.d.T.: Königlich-Baierische privilegirte Herzoglich-Bergische Provinzialzeitung.

Provinzial-Zeitung. – Allergnädigst privilegirte Hildesheimsche Provinzial-Zeitung. –
29.VII.1807 – 22.III.1808.
Vorh. u.d.T.: Allergnädigst privilegirte Hildesheimsche Zeitung.
Fortges. u.d.T.: Zeitungs-Blatt.

Provinzial-Zeitung. – Sächsische Provinzial-Zeitung. –
Zeitz. – 2.I.1873 – 30.XII.1900.

Provinzial-Zeitung. – Westphälische Provinzial-Zeitung. –
Kleve. – 2.IV.1794 – 26.(?)VI.1808.
Fortges. u.d.T.: Der Niederrheinische Correspondent.

Provinzial-Zustände Böhmens auf dem Schachbrette der Oeffentlichkeit. Vom Verf. der Schrift »Oesterreich und seine Staatsmänner«. V: *Schirndinger von Schirnding, Ferd. Leop. Graf* (?). (Kat. Hugo Thimig, F. 131)

Provincial-Zustände, Böhmens, auf dem Schachbrete der Öffentlichkeit . . . Leipz. 1843. V: *Schirnding, Ferd. Leop. Graf.* (WFM)

Provinz-Kalender, neuer österreichisch-ungarischer, für das J. 1878 von 365 Tagen. Ein Familien-Handbuch zur Unterhaltung, Belehrung und Orientirung des Staatsbürgers, Geschäftsmannes und Oekonomen, sowie für Handel und Industrie. Hrsg. von Vinc. Hrdlička. gr. 8. (62 S.) Wien 877, (Steckler's Buchh.) *
Nicht weiter erschienen.

Provinzki, Gerichts-Kosten, Gebühren der Rechtsanwalte und Notare nebst Stempel-Tarif. Nach amtlichen Quellen tabellarisch ausgearb. Gleiwitz 860. Karfunkel. (2 Bgn. in Fol.) 10 ngr.

Provisional-Vergleichung zwischen den Churfürsten und Herrn Ferdinanden Ertz-Bischoffen zu Cölln u. Herrn Wolffgang Wilhelmen Pfaltzgraven bey Rhein . . . wie es mit der geistl. Jurisdiction in den Gülischen Fürstenthumben u. Landen biß zur hauptsächl. u. endtlichen Abh. zu halten. Bonn 1621. fol.
— [Desgl.] o. O. 1621.
— [Desgl.] nach dem Exemplar Anno 1621. Düsseldorff 1735.
— [Desgl.] 1753.

Provisionsansprüche, Die, der Grundstücksvermittler . . . Berlin 1895. V: *Reuling, Wilh.* (Berl)

[F.] Die **Provisionsansprüche** der Grundstücksvermittler u. Zur Auslegg der §§ 150, 165 I. 5 A. L. R. M. e. Anh.: Z. Kritik d. heutigen Vertrags-theorieen. E. civilist. Studie . . . Als Ms. gedr. Berlin: Dr. v: W. Gronau 1895. (108 S.) 1 Bd. 8° '/. 5587

Provisorium, über das bevorstehende, von Rathständen in Schlesw.-Holstein. 8. Hamb. 831. Hoffmann u. Campe. 3 gr.

Altrip. Eine kulturhist. Studie von Hermann **Provo**. Schwetzingen: Selbstverl. 1907–10. 35 S. 8°
Erw. aus: General-Anzeiger, Mannheim. (11. 7354

[F.] Mensch und Hund. E. Beitr. z. Tierseelenfrage. Vortr. v. Hermann **Provo**, Schwetzingen. (Entgegng).' *Karlsruhe: Buchdr. E. Stiess 1898.* (82 S.) 1 Bd 8. (98. 11671

Provo, Herm., die Musik als Sprache. Musikalische Betrachtgn. (99 S.) kl. 8. Leipzig 906. Verlag f. Literatur, Kunst u. Musik. n. 1. 50

Provocation, Widerlegte, welche die Hrn Gebrüdere Wilhelm und Wenzel, so sich Grafen von Leiningen genannt . . . 1771 gegen den regierenden Hrn Grafen zu Leiningen-Dachsburg-Hartenburg angestellt . . . O. O. [1773]. V: *Rühl, Philipp Jacob.* (ML)

[Russ. u. Ant.] Russkij **provodnik** v Germanii. Russischer Wegweiser in Deutschland. Literaturno-polit., spravočnaja, eženedělnaja gazeta. Red. K. E. Aft, Berlin. [God 1.] 1900. Berlin: (E. Schulz) 1906. gr. 2° fol. 1336

Provost, the, of Bruges, a Tragédy, v. Theatre, British, No. 6.

Provot, Mauritius: De Hermogenis Tarsensis dicendi genere. Lipsiae 1910: Noske, Borna. VI, 81 S. 8°
Straßburg, Phil. Diss. v. 1. Aug. 1908, Ref. Keil
[Geb. 3. Aug. 83 Montigny; Wohnort: Montigny; Staatsangeh.: Elsaß-Lothringen; Vorbildung: Gymn. Montigny Reife O. 02; Studium: Straßburg 2, München 2, Straßburg 5 S.] [U 10. 4090

Prowazek, S. v., s. a. **Laner, S. P.**

Prowazek, S. v., s.: Archiv f. Protistenkunde.

— s.: **Bericht üb. die wissenschaftlichen Leistungen in der Naturgeschichte der niederen Thiere.**

— Einführung in die Physiologie der Einzelligen (Protozoen), s. a. Naturwissenschaft u. Technik.

Prowazek, S. von: Einführung in die Physiologie der Einzelligen (Protozoen) von Dr. S. v. Prowazek in Hamburg. Mit 51 Abb. Leipzig & Berlin: Teubner 1910. 172 S. 8°
(Naturwissenschaft u. Technik in Lehre u. Forschung. [3.])

— **die Entwicklung von Herpetomonas, e. m. den Trypanosomen verwandten Flagellaten.** (Vorläufige Mitteilg.) (S. 444–452 m. 7 Abbildgn.) Lex.-8. Berlin 904. J. Springer. n. 1. —

Prowazek, S., zur positiven Naturanschauung. Betrachtungen. gr. 8. (39 S.) Halle 901. Gebauer-Schwetschke. n. — 75

— **Studien** üb. Säugetiertrypanosomen. I. (45 S. m. Abbildgn. u. 6 farb. Taf.) Lex.-8. Ebd 905. n. 7. —
2 Sonderabdr. a.: „Arbeiten a. d. kaiserl. Gesundheitsamte".

— Taschenbuch der mikroskopischen Technik der Protistenuntersuchung. 2. umgearb. Aufl. (87 S.) kl. 8. Leipzig 909. J. A. Barth.
Geb. in Leinw. u. durchsch. 2. 50
1. Aufl. (66 S.) 907. Geb. 2. —

Prowe, Leopold. Eine Gedächtnisrede, s. Curtze, Maximilian.

Prowe, Adolf

—— Abriß der Geschichte des Thorner Gymnasiums seit Anfang der Johannisschule bis 1867. 8. (55 S.) Thorn 868, Lambeck. — 75

— das Thorner Blutgericht. Eine Erzählung. Ebend. 866. 12. (271 S. mit einem lith. Titelbld. „Das Thorner Rathhaus.") cart. 12 ngr.

Prowe, A., John Osawatomie Brown, der Negerheiland. Festschrift zur 1. Säkularfeier der Vereinigten Staaten v. Nord-Amerika. gr. 8. (148 S.) Braunschweig 876. Bracke jr. n. 2. —

Prowe, Adf., u. Mart. Schultze, d. Edelknecht. Histor. Volksschauspiel m. Gesang in 5 Akten od. 8 Bildern. (Textbuch.) 8. (IV, 48 S.) Bremen 896. Praeger & Meier. n. 1. —

Prowe, Adf., Bogumil Goltz, s. Mittheilungen des Coppernicus-Vereins für Wissenschaft und Kunst zu Thorn.

Die ersten sechszehn Jahre des Copernicus-Vereins in Thorn. Rechenschafts-Bericht zusammengestellt aus den Akten des Vereins von A PROWE. [Separat-Abdruck aus der Altpreuss. Monatsschrift Bd. VII. Hft. 1.] Königsberg. 1870. Gedruckt in der Albert Rosbach'schen Buchdruckerei. 8°.

Prowe, A.: „K l e i n d e u t s c h l a n d, – Beitrag zur leichteren Lesung Jean Paul's. Thorn 1864. 32 S. 4°
Schul-/Univ.-Schrift

Prowe, Adf., Copernicus. Ein dramat. Gedicht. Festspiel zur 4. Säcularfeier der Geburt von Nicol. Copernicus aufgeführt im Stadttheater zu Thorn. gr. 8. (111 S.) Berlin 874, Weidmann'sche Buchh. * 2 -

— Copernicus u. sein Jugendfreund. Eine Erzählung. Ebend. 865. 12. (IV, 248 S. mit 1 lith. Titelbild in Tondr. „Das Copernicushaus in Thorn.") cart. 12 ngr.

— Nicolaus Copernicus in seinen Beziehungen zu dem Herzoge Albrecht von Preussen. Vortrag gehalten in der öffentlichen Sitzung des Copernicus-Vereins für Wissenschaft und Kunst am 19. Febr. 1855. (Festschrift zur 600jähr. Jubelfeier der Stadt Königsberg.) Herausg. von dem Copernicus-Verein etc. zu Thorn.) Thorn 855. Lambeck. gr. 8. (41 S.) n. 16 ngr.

Gullivers Reisen. Märchenspiel mit Gesang in 5 Akten v. Dr. Adolf **Prowe** u. Dr. Martin Schultze. Bremen: Praeger & Meier 1898. (46 S.) 8° [F.]
(Edition Praeger & Meier. No 3224.) [07. 13390]

* Prowe, A., Norddeutschlands Töchterschulen. Tl. rn. 1867.
Schul-/Univ.-Schrift

Prowe, A. (Hrsg.), s. V i e r t e l j a h r e s c h r i f t für Töchterschulen und Frauenbildung.

—— die Wacht an der Weichsel. Drei Erzählungen aus der Geschichte Thorn's. 3 Bde. gr. 16. Ebendas. 872. cart. à Bd. M 1. 3 —
Inhalt:
Bd. 1. Bischof Christian, der Schöpfer Preußens. Eine histor. Erzählung. Mit einem Titelbild (Stnt.): „Ansicht der Stadt Thorn". (VIII, 232 S.)
• 2. Copernicus und sein Jugendfreund. Eine Erzählung. Mit einem Titelbild (Stnt.): „Das Copernicushaus in Thorn". 2. Aufl. (IV, 248 S.)
• 3. Das Thorner Blutgericht. Mit einem Titelbild (Stnt.): „Das Thorner Rathhaus". 2. Aufl. (272 S.)

— Westpreussen in seiner geschichtlichen Stellung zu Deutschland u. Polen. [Aus dem Saecular-Programm des Gymnasiums zu Thorn.] Ebend. 868. Lex.-8. (64 S.) n. 18 ngr.

Prowe, Franz [aus Thorn]: Die Finanzverwaltung am Hofe Heinrichs VII. während des Römerzuges. Nach den Rechnungsberichten bei Bonaini acta Henrici VII. I, p. 286—346 .... *Würzburg, Paul Scheiner's Buchdr.* (1888); 2 Bl. + 97 S. + 1 Bl. 8°
Berlin, Phil. Fak., Inaug.-Diss. v. 24. Jul. 1888

Prowe, F., die Finanzverwaltung am Hofe Heinrich's VII. während d. Römerzuges. Nach den Rechnungsberichten bei Bonaini. [Acta Heinrici VII. I. p. 286—346.] gr. 8. (97 S.) Berlin 888. Siemenroth & Worms. n. 2. —

Prowe, Hermann: Deutschlands V e r t r e t u n g in Central-Amerika. Geschild. an d. Schicksalen e. Beschwerde von Dr. —. (Leipzig 1894: C. G. Naumann.) (25 S.) 8°

Prowe, Herm., Deutschlands Vertretung in Central-Amerika. Geschildert an den Schicksalen e. Beschwerde. I. u. II. gr. 8. Leipzig 895. (Th. Stauffer.) Unentgeltlich.
I. (25 S.) — II. D. Wahrheit u. d. Reichs-Anzeiger. Weitere Klagen. D. Fall Matthies. D. Deutschen in Salvador u. Ezeta. Wehrordnung u. Bureaukratie. Ein Handelsvertrag II. Klasse. Hoffngn. Erklärg. (35 S.)

Prowe, Leopold.

Prowe, L., über die Abhängigkeit des Copernicus von den Gedanken griechischer Philosophen u. Astronomen. Vortrag gehalten in der öffentlichen Sitzung des Copernicus-Vereins für Wissenschaft u. Kunst zu Thorn am 19. Febr. 1863. [Aus: Provinzial-Blatt.] Thorn 865. Lambeck. gr. 8. (46 S.) n. 8 ngr.

Prowe, L. Das Andenken des Copernicus bei der dankbaren Nachwelt. Thorn 1870.

Prowe, L.: Zur Biographie von Nicolaus Copernikus. 1. Ueber die Thorner Familien Koppernigk und Watzelrode. 11. Ueber die Zeit der Geburt und des Todes von Nicolaus Copernikus. Festschrift des Königlichen Gymnasiums zu Thorn zur Feier der Enthüllung des Copernikus-Denkmals. 58 S. – Progr. Thorn 1853.

Prowe, L., zur Biographie von Nicolaus Copernicus. I. Ueber die Thorner Familien Koppernigk und Watzelrode. II. Ueber die Zeit der Geburt und des Todes von Nicolaus Copernicus. Festschrift d. kgl. Gymnasiums zu Thorn zur Feier der Enthüllung des Copernicus-Denkmals. Thorn 853. Lambeck. gr. 4. (58 S.) n. 1 ₰.

Prowe, Leop., Festrede zur 4. Säcular-Feier des Geburtstages von Nicolaus Copernicus gehalten im Saale des Rathhauses zu Thorn am 19. Febr. 1873. gr. 8. (42 S.) Berlin 873, Weidmann'sche Buchh. (* M 1,50.) * 1 60

Prowe, L. Hat Copernicus Wasserleitungen angelegt?

—— Coppernicus als Arzt. gr. 4. (25 S.) Halle 881. (Leipzig, Engelmann.) * 1 50
Aus: Leopoldina, besonders abgedruckt.

Prowe, Leop., Nicolaus Coppernicus. 1. Bd.: Das Leben. 2 Thle. gr. 8. (XXVIII, 413 u. 576 S. m. 2 Lichtdr. u. 1 lith. color. Karte.) Berlin 883. Weidmann. n. 24. —

— dasselbe. 2. Bd. Urkunden. gr. 8. (VI, 552 S. m. 5 Fcsm.-Taf.) Ebend. 884. n. 15. —

L. PROWE. Nicolaus Copernicus in seinen Beziehungen zu dem Herzoge Albrecht von Preussen. Vortrag gehalten in der öffentlichen Sitzung des Copernicus-Vereins für Wissenschaft und Kunst am 19. Februar 1855. Thorn. 1855. Gedruckt in der Rathsbuchdruckerei [Ernst Lambeck.] — Umschlagtitel: L. PROWE. Nicolaus Copernicus in seinen Beziehungen zu dem Herzoge Albrecht von Preussen. (Festschrift zur sechshundertjährigen Jubelfeier der Stadt Königsberg. Herausgegeben von dem Copernicus-Verein für Wissenschaft und Kunst zu Thorn.) Thorn. 1855. Ernst Lambeck. 8°.

Prowe, L. Nicolaus Copernicus auf der Universität zu Krakau. Thorn 1874. 4.

—— Mittheilungen aus schwedischen Archiven und Bibliotheken. Bericht an Se. Exc. den Hrn. Minister der geistl., Unterrichts- und Medicinal-Angelegenheiten Hrn. v. Raumer. gr. 4. (V und 64 S. mit 2 lithogr. Bl.) Berlin 853, Deckersche geheime Ober-Hofbuchdr.

— monumenta Copernicana. Festgabe zum 19. Febr. 1873. gr. 8. (VIII, 164 S.) 873. Berlin n 4. —

Prowe, L.: De Nicolai Copernici patria. 21 S. – Progr. Thorn 1860.

Prowe, L., de Nicolai Copernici patria. Thorn 860. (Lambeck.) 4. (33 S.) n. 20 ngr.; Prachtausg. n. 1 ₰

Prowe, L. Über den Sterbeort und die Grabstätte von Copernicus. 1853?

Prowe, L. Zum Streit über die Nationalität des Copernicus. 1872.

Prowe: Westpreussen in seiner geschichtlichen Stellung zu Deutschland und Polen. 39 S.–Thorn, Progr. 1868

—— Westpreussen in seiner geschichtlichen Stellung zu Deutschland und Polen. Lex.-8. (64 S.) Thorn 868, Lambeck. * 1 80
Aus: Saecular-Programm des Gymnasiums zu Thorn, besonders abgedruckt.

Pröwig, Fr. Karl August

Pröwig, F. C. A., Lehrbuch der reinen Mathematik zum Selbstunterrichte mittelst Anwendung e. neuen Exponentialrechnung. 2 Bde. Mit 3 Figurentaf. gr. 8. Leipzig 829. (Künzel.) 1½ ₰

Proewig, F. E. A., Lehrbuch d. reinen Mathematik z. Selbstunterr. mittelst Anwend. e. neuen Exponentialrechnung, gründl. bearb. 2 Bde. Zahlenrechnung u. Algebra, Geometrie u. ebene Trigonometrie. M. 3 Figtaf. (qu. Fol.) gr. 8. (22½ B.) Leipzig 829, [Schumann.] 1 Thlr. 12 Gr., Blnp.

Pröwig, Fr. Karl Aug., Versuch e. neuen Exponentialrechnung u. Anwendung derselben auf Arithmetik u. Geometrie. Mit Kpf. gr. 8. Dresd. 819. Walther. 16 gl.

Prox, Rückblicke e. schlesischen Geistlichen auf seine 43 jähr. Amtszeit. (VII, 99 S.) 8. Halle 904. R. Mühlmann's Verl. n. 1. 60

Prox, Albertine, e. Dorfschulmeister. Dramatisches Märchen in 4 Aufzügen. 8. (64 S.) Bielefeld 892. Velhagen & Klasing. n. 1. —

POETAE erotici. — Prox, J. H. De poetis Alsatiae eroticis medii aevi vulgo von den Elsäſſer Minneſängern. Argent. 1786. 4°.

Proyart, Liévain Bonaventure

— Geschichte, s. Geschichte v. Loango.

— Leben d. Dauphin, Vater Ludwigs XVI.; aus d. Französ. 8. Augsb. 779. Doll. 8 gl.

Proyart, Abbé, Leben der Prinzessin Louise v. Frankreich, Tochter Ludwig XV., Karmeliterin unter dem Namen Therese vom h. Augustinus. Nach d. Franz. bearb. v. e. Klosterfrau. 8. (VII, 431 S.) Münster 871. Russel. 4. —

— d. tugendhaft. Schülers Lebensbeschreibung; aus d. Französ. 8. Augsb. 796. Veith. 9 gl.

Louis XVI détrôné avant d'être roi, ou Tableau des causes nécessitantes de la révolution française, et de l'ébranlement de tous les trônes; faisant partie intégrante d'une vie de Louis XVI qui suivra. Par [Liévain Bonaventure] Proyart. Londres 1800. 531 S. 8°

°[Dasselbe.] Manheim: Fontaine 1800. 8°

— Louis détrôné avant d'être roi, ou tableau des causes etc. gr. 8. Offenbach 814. Brede. 1 rthl. 16 gl.

[Deutsche Übers. u. d. Tit.:]
°Der entthronte Ludwig XVI., ehe er König war, oder, Entwurf der Ursachen der franz. Staatsumwälzung und der Erschütterung aller Throne, von [Liévain Bonaventure] Proyart. Nach der neuesten Ausg. ins Deutsche übers. Washington 1804. XXIV, 165, 176, 165 S. 8°

[Dasselbe.] 2. Ausg. Ebendas. 1805. XXIV, 165, 176, 165 S. 8°
Kl. 3519.

Proyart, Abt H., d. entthronte Ludwig XVI. ehe er König war, od. Entwurf d. Ursachen d. französ. Staatsumwälzung u. die Erschütterung aller Throne. Ins Deutsche übersetzt. 8. Washington 804. (Joachim in Leipz.) 1 rthl. 8 gl. N. A. 3 Bde. Ebd. 815. 2 rthl.

— d. entthronte Ludwig XVI. ehe er König war, od. Entw. d. Ursachen d. franz. Staatsumwälz. rc. Lpz. Joachim. 805.

— Sousi, od. d. Muster junger Leute; aus d. Französ. mit Anmerk. v. P. H. S. 8. Münch. 797. Lentner. 9 gl.

Prozatjmnj zákon obecnj od. 17. Března 1849. Srozumitedlně wyswětlen od E. B. — Přidáno gest ponč enj o wekegném gednánj wýborů. 8. (52 S.) Prag 849, Calve. n. ⅙ rthl.

Prozell, Hildegard, einige Bilder aus der Frauenmissionsarbeit in Madura, s.: Lotosblumen, indische. Nr. 2.

Prozell, W., kurze Anleitung zum Singen nach Zahlnoten in Volksschulen, nebst Uebungsstücken in Sprüchen, Liedern u. Canons. Neubrandenburg 855. Brünslow. 8. (76 S.) 3 ngr.

Prozeltner; (E. Z.) der Schutzheilige. Eine Erzählung aus dem 17ten Jahrhundert. 2 Bdchn. 8. Magdeburg 826, Creutz.

Prozent

Procent, fünfzig, Gewinn im täglichen Leben. Mittheilung des Neuesten, Brauchbarsten und Nützlichsten für Haus- und Landwirthschaft, Gewerbe, Industrie und Verkehr. 1. Sammlung. 16. (VIII und 120 S.) Leipzig 857, Ruhl. *
Ist nicht fortgesetzt worden.

Procent-Berechnung zur leichten u. genauen Ausrechnung der Communalsteuer-Rollen, nebst e. Anh., enth. Zwölftel-Berechng. der zu zahl. Steuern u. Zinsen-Berechng. zu 1, 3, 3½, 4, 4½, 5 u. 6%. 4. (161 S.) Köln u. Neuß 875. Schwann. n. 4. —

— in Reichswährung calculirt m. 5, 10, 15, 20, 25, 30, 40. 50 Procent Avance f. Fabrikanten, Kaufleute u. jeden Geschäftsmann. gr. 8. (26 S.) Hagen 875. Hammerschmidt. n. 1. —; cart. n. 1. 25

Procentberechnung in Tabellen rc. v. J. F. Mitlacher. gr. 4. Eisleb. (Hemmerde u. S. in Halle.) 804.

Prozentrechnung, die, des Kaufmanns, s.: Miniatur-Bibliothek.

Procent-Tabelle in Reichswährung calculirt mit 5, 10, 15, 20, 25, 30, 40, 50 Procent Avance für Fabrikanten, Kaufleute und jeden Geschäfsmann. gr. 8. (26 S.) Hagen 875, Hammerschmidt. *M. 1.; cart. *

Procent-Zinsen- u. Sconto-Berechnungs-Tabellen zu 1, 2, 3, 4, 5, 6, 10 u. 3½ Procent. Von 1 Pfennig bis zu 1 Million Thaler. 4. (20 S.) Jülich 845, Schirmer. (Neuß, Schwann.) n. ⅓ rthl.

Process, Der, ein Scherzgedicht im Jahre 1740 seiner theuersten Freundin L. A. V. Gottsched gewidmet . . . Frankf. 1774. V: *Gottsched, Joh. Chph.* (Waniek, Gottsched. Leipzig 1894. S. 429.)

Proceß, der, ein Scherzgedicht. 8. Weimar 774. Hoffmann. 3 gl.

Process, Der. Ein Schauspiel in vier Akten . . . Frankf. a. M. 1792. V: *Hesler, Ernst Friedrich.* (MGT) (Ky) (GGr)

Prozeß, der; Schspl. (von E. F. Hesler). 8. Frankf. 792. Diez. 8 gl.

— der,. Lustsp. v. Soden. 8. Berlin, Maurer. 793.

— der; od. Verlegenheit aus Irrthum. Lustsp. v. Herklots. 8. Ebend. 794.

Prozeß, der. Gemeinfaßliche Darstellung für Jedermann nach den neuen Reichsjustizgesetzen. 16. (39 S.) Pinneberg 879, Beig's Verlags-Anstalt.

— — Nach stenographischen Aufzeichnungen erschöpfend dargestellt. Mit vielen Illustrationen. 8. (62 S. Wien, Carl Fritz. 20 kr. 1884

— Isak u. Rosa Abeles. Verhandelt beim k. k. Kreisgericht in Reichenberg am 23., 24. u. 25. Febr. 1877. Stenographischer Bericht. 16. (132 S.) Reichenberg 877. Schöpfer. — 50

—— der, gegen die 42 steuerverweigernden Abgeordneten der preuß. National-Versammlung. Authentische Berichte über die Verhandlungen dieses Prozesses. Mit einer einleitenden Geschichte der Untersuchung von E. Dorn. gr. 8. (XXIV und 188 S.) Berlin 850, [Grobe.] *

Prozess Ahlwardt, s. a. Ahlwardt.

Prozess Ahlwardt, der. Ein Zeichen der Zeit u. eine lehrreiche Studie. Von *** e. Deutsch-Nationalen. gr. 8. (56 S.) Berl. 892. Heichen. * — 50

—— —— der zweite, wegen Beleidigung d. Magistrats u. anderer Personen. Nach stenograph. Berichten üb. die Verhandlungen vor der II. Strafkammer beim kgl. Landgericht I. zu Berlin, vom 16. bis 22. Febr. 1892. gr. 8. (41 S.) Berl. 892, Dewald. — 30

Proceß Arnim, der, dargestellt von einem alten Juristen. Mit 11 Beilagen, enth. diplomat. Korrespondenzen. gr. 8. (94 S.) [Heidelberg 877.] München, Bassermann'sche Verlagsh. *

—— des Legationsraths a. D. Grafen Hermann v. Arnim vor dem Kammergericht am 2. Novbr. 1877 wegen mittels der Presse begangener Beleidigung des Fürsten Bismarck. Nach stenograph. Aufzeichnungen von Gust. Meyer. 8. (92 S.) Berlin 877, Staude. *

Proceß, der Arnim'sche, in erster Instanz verhandelt vor dem königl. preuß. Stadtgerichte zu Berlin am 21. Febr. 1852. Mit belegenden Aktenstücken. gr. 8. (106 S.) Braunschweig 852, J. H. Meyer. —

Prozeß, der Arnim'sche. Stenographische Berichte üb. die vor dem königl. Stadtgerichte in Berlin in der Untersuchg. wider den Grafen Harry v. Arnim, kaiserl. deutschem Botschafter z. D. geführten Verhandlgn. Mit Aktenstücken. gr. 8. (488 S.) Berlin 874. Puttkammer & Mühlbrecht. 3. —

PROZESS. Leipziger wirtschaftlicher Aerzteverband gegen Gottlieb, Präsident des Zentralverband für Parität der Heilmethoden, Bund für freie Heilkunst E. V. Heidelberg. Klage, Schriftsätze, Eröffnungsbeschluss, Verhandlung und Urteil mit Kommentar. (Heidelberg. Druck von Rössler & Herbert.) 8°.

Prozess, der, gegen d. *Ausschuss d. socialdemokrat. Arbeiterpartei*: 1. den Kfm. *W. Bracke jun.* zu Braunschw., 2. den Techniker *Leonh. v. Bonhorst* aus Caub, 3. den früheren Lehrer zu Wolfenb., *Sam. Spier*, jetzt zu Frankfurt a. M., 4. den Schneidergesellen *J. A. C. Kühn* aus Leipzig. Verhandelt vor d. herzogl. Kreisgericht Braunschweig, am 23.—25. Novbr. 1871. Actenmäss. dargest. von *C. Koch*, herzogl. Brnschw. Staatsanwalt. Braunschweig 1871. Gr. 8°. Ppb.
109 S., 1 Bl. Inh.

Prozess, d. Neu-Stolzeaners Max Bäcklor-Berlin gegen d. Gabelsbergerianer Roderich Lautenhammer-München, s.: Sammlung von Vorträgen aus dem Gebiete der Stenographie.

Process (Der) der Juni-Insurgenten Barthelemi und Racari. 8°. Köln 1849.

Prozeß, der, von Baumbach. Denkschrift nebst stenographischem Berichte über die schwurgerichtliche Verhandlung. Von R. v. F. Carlsruhe 861. Bielefeld. gr. 8. (285 S.) n. 27 ngr.

Proceß Bazaine, der. gr. 8. (52 S.) Berlin 874. Mittler & Sohn. n. 1. 20

— dasselbe, aus den authentischsten Documenten gezogen u. im Auszuge mitgetheilt v. e. ehemal. Militär. Mit e. Portrait Bazaine's u. e. Grundriß d. Sitzungssaals in Trianon. 8. (91 S.) Leipzig 874. Matthes. n. 1. —

Prozess (Der) Bebel-Liebknecht und die officielle Volkswirtschaft. gr. 8°. Breslau 1872.

— Becher u. Genossen, verhandelt vor dem Schwurgerichtshof in Ludwigsburg, der die letzte Epoche der deutschen National-Versammlung, die Verhältnisse der bad. Revolution u. des pfälzischen Aufstandes umfaßt. 1. Abth. 1 u. 2. Lfg. Fol. (S. 1—94.) Stuttgart 850, Bach in Comm. (à n. 1/4 ℛ) n. 1/2 ℛ

—— Becher und Genossen, verhandelt vor dem Schwurgerichtshof in Ludwigsburg, der die letzte Epoche der deutschen National-Versammlung, die Verhältnisse der bad. Revolution und des pfälz. Aufstandes umfaßt. 1. Abthl. 1. und 2. Lfg. Fol. (94 S.) Stuttgart 851, (Bach.) à Lfg. * 7½ Ngr. *

Proceß Oskar Becker, der, verhandelt vor dem Schwurgerichte zu Bruchsal am 23. Septbr. 1861. Heidelberg 861. Bangel & Schmitt. gr. 8. (52 S.) 5 ngr.

Prozeß, der Bentinck'sche, und die oldenburger Zeitung. Beitrag zur Charakteristik der öffentl. Rechtszustände Deutschlands. gr. 8. (32 S.) Oldenburg 854, (Schulze'sche Buchh.) *
Wiederabdruck aus der in Oldenburg erscheinenden Volkszeitung.

— der Anstalt Bethel gegen Paßler (Kaduar). (Bote v. Bethel Nr. 14.) 12. (58 S.) Bielefeld 898. Buchh. d. Anstalt Bethel. n. — 10

Prozeß des Prinzen Ludwig Napoleon Bonaparte u. seiner Mitangeklagten vor dem Pairshofe. Aus dem Französ. von Eugen Huhn. (Mit dem Bildniß d. Prinzen.) gr. 8. Karlsruhe 841, Macklot. 1/8 ℛ

— des Grafen Brandis. gr. 8. Kopenh. 772. (Bonnier).

(Enevoldt) Brandts Proceß als eine Fortsetzung d. Schriften, die in Sachen d. chemal. Grafen Joh[ann] Friedrich Struensee bey d. kgl. Inquisitions-Commission zu Copenhagen wider u. für ihn übergeben sind. — o. O. 1773. 48 S. 8°

Prozeß, der Brodock'sche. Aktenmäß. Darstellung der Verhandlungen vor dem Schwurgerichte zu Schweidnitz am 27., 28., 29., 31. März u. 1. April 1851 wider den des Doppelraubmordes Angeklagten Karl Brodock u. dessen Genossen. Tachygraphirt u. herausg. von A. Keller. gr. 8. (IV u. 91 S.) Schweidnitz 851, Heege. n. 6 ngr.

— de Buck, der, und die Anklagen gegen die Jesuiten. Ein Vortrag von einem praktischen Juristen. Münster 864. Aschendorff. gr. 8. (32 S.) n. 2½ ngr.

Prozeß de Buck, der, in Brüssel (13. bis 16. Mai 1864) vor dem Richterstuhle der Wahrheit. 1. u. 2. Aufl. Freiburg im Br. 865. Herder'sche Verlagsh. gr. 8. (IV, 107 S.) n. 7 ngr.

—— Buschhof. Der Xantener Knabenmord vor dem Schwurgericht zu Cleve vom 4. bis 14. Juli 1892. Mit Situationsplänen u. nach stenograph. Aufzeichngn. gr. 8. (112 S.) Hagen i. W. 892, L. Wriedner (Litterar. Bureau). * — 70

Proceß, der, Caumartin-Sirey-Heinefetter. Von einem Augenzeugen. 8. (7 B.) Leipzig 843, Herbig.
Aus: Die Grenzboten 2c., besond. abgedruckt.
Vgl.: Prozeß.

— gegen Gust. Chorinsky wegen Theilnahme an einem Giftmorde u. gegen Julie Ebergenyi wegen Giftmordes nach den Verhandlungen vor dem Schwurgerichtshofe zu München u. dem Landesgerichte zu Wien. München 868. Franz. gr. 8. (76 S.) n. 5 ngr.

Proceß, der, Chorinsky-Ebergenyi. Ausführliche Darstellung des Thatbestandes, der Proceß-Verhandlungen u. des Vorlebens der Betheiligten. Zusammengestellt nach den öffentl. Aktenstücken u. Privatmittheilungen. Mit 3 Holzschn. Wien 868. v. Waldheim. 8. (80 S.) n. 10 ngr.

Prozeß, der, Dasbach gegen Haubrich. Bericht über die Gerichts-Verhandlgn. v. 20.–23. IV. 1900, nebst dem Urtheil v. 30. IV. gr. 8. (199 S.) Trier 900. Paulinus-Druckerei. — 50

—— der, gegen den Friseur Ernst Eduard Dombrowsky zu Wolfenbüttel wegen Gattenmordes (durch Vergiftung) verhandelt vor herzogl. Schwurgerichte zu Wolfenbüttel am 28. Juli und den folgenden Tagen 1853. gr. 8. (100 S.) Wolfenbüttel 853, Holle.

— der Ehrenberg-Krackrügge'sche. Vom Anfang bis zum Ende dargestellt, nebst den darauf Bezug habenden höchst interessanten Zeugenaussagen. Nebst einem Anhang: Krackrügge's Triumphzug. 8. (32 S.) Erfurt 848, Körner in Comm. 1/12 ℛ︀

Der erste politische Prozeß vor den Geschworenen Berlins; betreffend die Anklage des Ober-Staatsanwalts Sethe wider den Literaten Robert Springer wegen Majestätsbeleidigung. Nach stenographischen Berichten dargestellt vom Vertheidiger des Angeklagten W. Stieber. Berlin, A. Hofmann u. Comp. 16 S. 8.

— erster politischer, vor dem Geschwornen-Gerichte. Der Dichter Ferd. Freiligrath, angeklagt, durch sein Gedicht: „Die Todten an die Lebenden" die Bürger aufgereizt zu haben, sich gegen die landesherrliche Macht zu bewaffnen, auch die bestehende Verfassung umzustürzen. Verbrechen gegen §§. 102 u. 87 des Strafgesetzbuches. Nach den am 3. Oktbr. 1848 zu Düsseldorf stattgehabten Assisenverhandlungen ausführl. mitgetheilt v. J. K. H. Nebst einem Anhang, eine kurze Mittheilung des polit. Prozesses gegen den Notariatskandidaten Jul. Wulff, auch wegen Aufreizung der Bürger zum Umsturz der bestehenden Verfassung. gr. 8. (II u. 56 S.) Düsseldorf 848, Schaub in Comm. 6 ngr.

Prozeß Fenner, der, nach den Akten dargestellt u. beleuchtet. 12. (69 S.) Marburg 888. Verlag d. „Reichsherold". — 50

— fiskalischer, u. in seiner Art einziger, gegen d. Landarzt Dennler zu Langenthal im Kanton Bern, veranlaßt durch 4 Fensterläden mit satyrischen Bildern, mit d. Abbildung. 4. Freiburg 810. Herder. 6 gr.

[Prozess d. Königl. Preußischen Fiskus, Klägers wider die Krone **Preußen**, Verklagte, die Herrschaften Schwedt, Vierraden und Wildenbruch betr. Sammelband 1. 2.]

[Inhalt von Bd 1:]

1. Rechtfertigung der Appellation gegen das von dem Königl. Geh. Justiz-Rathe zu Berlin am 31. Dez. 1862 gesprochene Erkenntniß in der Prozeßsache des Königl. Preuß. Fiskus Klägers, wider die Krone **Preußen** Verklagte [usw.]. (Als Ms. gedr.) (Berlin) o. J.
2. Beantwortung der Appellation in der Prozeßsache des Königl. Preuß. Fiskus, Klägers, . . . wider die Krone **Preußen**, Verklagte [usw.]. (Als Ms. gedr.) (Berlin 1866.)
3. Entgegnung auf die Beantwortung der Appellation in der Prozeßsache des Königl. Preuß. Fiskus ... wider die Krone **Preußen** [usw.]. (Als Ms. gedr.) (Berlin 1866.)
4. Erklärung auf die Entgegnung des Königl. Fiskus vom Dec. 1866 in der Prozeßsache . . . wider die Krone **Preußen** [usw.]. (Als Ms. gedr.) Berlin 1867.

[Bd 2.] [Urtheil des Ersten Senats des Königl. Ober-Tribunals vom 24./28. Juni 1872, in Sachen des Fiscus, vertreten durch die Königl. Regierung zu Stettin, Klägers u. Imploranten, wider die Krone **Preussen**, vertreten durch das Ministerium des Königl. Hauses, Verklagte [usw.]. (Berlin 1872.)

—— Fröhlich-Dorer, der, vor Schwurgericht in Pfäffikon, den 10. Juli 1879. 8. (27 S.) Zürich 879, (Schmidt.) *

Aus: Züricher Nachrichten, besonders abgedruckt.

— der, der Familie Gabe in Hamburg. Ein Beitrag zur richtigen Beurtheilung d. Schrift: „Eine Mutter im Irrenhause." gr. 8. (VIII u. 68 S.) Bremen 851, Schlodtmann. 1/4 ℛ︀

—— der, der freien Gemeinde in Magdeburg vom 4. Jan. 1855 bis zum 29. Mai 1856, hrsg. von Uhlich. 8. (71 S.) Magdeburg 856, (Fabricius.) *

Proceß Gervinus, der, s. Beseler.

—— der, Gervinus. Verhandlungen vor dem großherzogl. bad. Oberamt Heidelberg und dem großherzogl. Hofgericht des Unterrhein-Kreises zu Mannheim nebst dem Rechtsgutachten der Juristen-Facultät der Universität Göttingen und dem hofgerichtl. Urtheil vom 8. März. Mitgetheilt von Wilh. Beseler. gr. 8. (IV und 223 S.) Braunschweig 853, Schwetschke und Sohn. *

—— dass. — 2. Thl. Verhandlungen vor dem großherzogl. badischen Oberhofgericht zu Mannheim. Mitgetheilt von Wilh. Beseler. gr. 8. (12 S.) Ebds. 853. *

—— gegen Maria Barbara Gerwig v. Maugenhardt, angeklagt wegen Giftmords. Verhandelt den 13., 14. und 15. Dezbr. 1852 vor dem Schwurgerichtshofe des Oberrheinkreises. Hrsg. von Ph. J. Wernert. gr. 16. (36 S.) Freiburg im Br. 853, (Wangler.)

Process zwischen dem P. Girard, Societ. Jesu, Rectoris des Seminarii de la Marine zu Toulon, und der Jungfer Cadiere. Aus d. Frantzös. Original ins Teutsche übersetzet. 2 Thle. Mit 2 Kpfrn. (Portraits der beiden Genannten). Cölln am Rhein (Frankfurt a. M., Franz Varrentrapp) 1731—32. 8⁰. Ca. 1000 Seiten. Selten! (10 Mk. Scheible, 1883; 10 Mk. Völcker, 1897.)

O. M. V. 1732, G 2a, nennt wirklichen Verlagsort.

Die französ. Prozess-Akten erschienen mit folgenden Titeln:

Procédure sur laquelle le Père Jean-Bapt. Girard Jésuite, Catherine Cadiere, le Père Est.-Thomas Cadière Dominicain, Mr. François Cadière prêtre et le Père Nicolas de S. Joseph Carme Dechaussé ont été jugez par arrêt du parlement de Provence du 10. Oct. 1731. Divisée par des nombres pour la facilité des citations, avec les pièces, lettres et mémoires joints à cette procédure. Aix 1733. — Motifs des juges du parlement de Provence qui ont été d'avis de condamner le Père Jean-Bapt. Girard envoyez à M. le Cancelier le 31. Dec. 1731. — Motifs des juges qui ont mis le Père Jean.-Bapt. Girard, hors de cours et de procès. — Extrait des registres du parlement d'Aix. Aix, chez Jos. David 1733. Fol. Selten so cplt.! (Zus. 30 Mk., Expl. in Ldrbd., Paul Neubner, Cöln, 189..) — Recueil général des Pièces, concernant le procès entre la Demoiselle Cadière de Toulon et le Père Girard Jesuite. Edition originale. Aix, Marseille etc. 1731. Fol. (Expl. in Zürich.) — Recueil général des pièces contenues au procez du P. J. B. Girard, jésuite . . ., et de Demoiselle Cadière, quérellante. 6 tomes. Avec gravures. Sur l'imprimé à Aix, chez Joseph David, 1731. 8⁰. (6 Rthlr. Scheible, 1873; 40 Mk. Derselbe, 1880.) — Le même. 8 tomes. Ibid. eod. anno. 8⁰. (In Zürich.) — Le même. 8 tomes. La Haye, Swart, 1731. 12⁰. (20 Mk. Scheible, 1870.)

Prozeß Graef, verhandelt vom 29. Septbr. bis 7. Octbr. 1885 vor dem Geschwornengericht zu Berlin. Nebst den Portraits der Hauptangeklagten, Prof. Graef u. Bertha Rother. gr. 8. (IV, 74 S.) Berlin 885. (Leipzig, Milde.) — 50

Prozeß Graef und die Mängel unseres Gerichtsverfahrens nach den Original-Berichten der Berliner Volks-Zeitung, nebst mehreren Leitartikeln derselben als Beilage. 1. und 2. unveränd. Aufl. gr. 8. (110 S.) Leipzig 885, F. Duncker. *

— der große, gegen die Juden in Damaskus wegen der Ermordung des P. Thomas und seines Dieners daselbst. 8. Augsburg 841, Schlosser. 1/4 ℛ︀

Der Prozeß gegen die Gründer der Sudenburger Maschinenfabrik Levy u. Gen., 1875—77. Enth. die Erkenntnisse sämmtl. Instanzen u. die Schriftsätze. (Als Ms. gedr.) Berlin (1877).

Process, Ein, gegen die schweizerische Hagel-Versicherungs-Gesellschaft. [Zürich 1898.] V: *Schramm, Carl.* (Zuwachsverz. d. Bibliotheken in Zürich 1898 ff.)

— der, d. Frhrn. v. Hammerstein vor d. k. Landgericht I zu Berlin am 22. Apr. 1896. M. d. Porträts d. Frhrn. v. Hammerstein u. d. Fräuleins Flora Gaß. 8. (16 S.) Chemnitz 896. C. A. Hager. —10

— gegen d. Freiherrn v. Hammerstein. Verhand. vor der ersten Strafkammer des Landgerichts zu Berlin am 22. Apr. 1896. 8. (44 S. m. Bildn.) Leipzig 896. O. Gracklauer. n. — 50

Process gegen Ernst Harmening wegen Beleidigung des Herzogs von Coburg-Gotha. Leipzig: Findel 1890. IV, 127 S. 8°

Betr. das infolge der Broschüre „Wer da?" gegen Harmening angestrengte Strafverfahren.

— der, gegen den Kaufmann Otto Bernhard Hartung zu Magdeburg wegen zwiefachen Mordes (durch Vergiftung) verhandelt vor dem königl. Schwurgerichte daselbst am 3. und 4. März 1853. Von einem Juristen, welcher der Verhandlung beigewohnt hat. 1. und 2., verb. und verm. Aufl. gr. 8. (48 S.) Magdeburg 853, Fabricius. *

Prozeß, der, Hilger-Krämer vor der Strafkammer Trier. Verhandlungstage: 15., 16., 17., 18., 19., 20., 22., 23., 25. V. Urteilsverkündigung: 27. V. 1905. (242 u. V S.) 8. Trier 905. (Paulinus-Druckerei.) n. — 50

— u. Hinrichtung Karls I. v. England, u. Maria Stuart von Schottland, s. Erzählung des Verhörs 2c.

— Ullrich von Hochwächter, Hausstallmeister des Herzogs von Sachsen-Gotha. (Abdr. aus der Rheinischen Gerichts-Zeitung „der Publicist.") 1—4. Aufl. Burtscheid 863. (Cöln, Expedit. des „Publicist.") 8. (39 S.) n. 7⅓ *ngr.*

— Hugstetten. Verhandlungen d. Landgerichts Freiburg wegen d. Eisenbahn-Unglücks vom 3. Septbr. 1882. Nach den Veröffentlichgn. d. Frankfurter Journals. 8. (162 S.) Frankfurt a/M. 883. Neumann. n. — 40

— gegen den unterm 5. Februar 1862 wegen Vergiftung seiner Ehefrau zum Tode verurtheilten Geo. Heinr. Jacoby, Hofbuchdrucker u. vormals Redakteur des Hessischen Anzeigers zu Darmstadt. Mit Jacoby's Bildniß nach einer Photographie in Stahlst. 1. u. 2. verm. Aufl. Darmstadt 862. Lange. 16. (80 S.) 5 *ngr.*

Process der k. k. privil. Kaiser Franz Josef-Bahn über die Klage des gemeinsamen Curators der Prioritäten-Besitzer wegen Einlösung der Prioritäten-Coupons in Paris mit je 12 Francs 50 Cent. in effect. französ. Währung. Ein Beitrag zur Währungsfrage. Hrsg. von Carl Frhr. v. Haerdtl, Carl Wolfg. Tremel und Adf. Weiss. gr. 8. (168 S.) Wien 878, (Braumüller.) *

— der, der Königin Karoline v. England vor dem engl. Parlamente im Jahr 1820; aus d. Engl. übersetzt. 8 Hefte. gr. 8. Bremen 821, 22. Schünemann. 2 ₰ 12 ℊ

Prozeß des Herrn v. Kaufmann wider die Rumänischen Eisenbahnen-Actien-Gesellschaft nebst einer Einleitung (deutsche Uebersetzung) bearb. von der Fürstl. Direction in Berlin. Berlin (1880).

([Process. Der P des] Kilian Kesselring.) Njbl. s. [Hottinger, Johann Jacob *III*].

— Kirchenheim. Bericht üb. d. Verhandlg. vor d. Strafkammer in Mannheim am 5. Juni 1896 gegen d. a. o. Universitäts-Professor Dr. jur. A. v. Kirchenheim. 12. (32 S.) Barmen 896. D. B. Wiemann. n. — 50

— der Kohlrausch-Hornsche, u. die in dieser Sache erschienenen Streitschriften, gewürdiget v. e. Arzte. 8. Braunschw. 819. Meyer. 3 ℊ

Process des k. k. Commissarius Grafen Philipp Kolowrat-Krakowsky bei Gelegenheit der Nonnenaufhebung zu Doxan. Nebst Vertheidigung. [Prag] 1782. V: *Steinsberg, Carl Guolfinger Ritter von.* (Deutsche Arbeit. II. Jg., 530.)

Process dreier Könige a. d. Franz. O. O. 1782. Ü: *Schmidt, Anton Wilh.* (will)

Process, Der, auf dem Lande. Nürnberg 1781. V: *Braun, Johann Adam.* (MGT) »Halle« (Ky)

Prozeß, der, auf dem Lande, oder das glückliche Bauermädchen, eine Geschichte, 8. Frankfurt (Nürnberg) 781. (Zeh) 5 sgl.

—— der, gegen den Giftmischer de la Pommerais 2c., s. Anders, N. J., sociale Gebrechen.

Prozess, der, wider *Ferd. Lassalle*, d. 27. Juni 1864 zu Düsseldorf. Frankfurt a. M. 1866. 8°. 31 S. Beibd.

Lassalle. Der Process Ferd. Lassalle's vor der correctionellen Appellkammer zu Düsseldorf am 27. Juni 1864. (Sep.-Abdr. aus der Düsseldorfer Zeitung, Nr. 176, 177 und 178.) 1. Abdr. Frankfurt a. M. 1866. 5. Aufl. 8°. Leipzig, J. Röthing, 1875.

— der, wider Ferdinand Lassalle vor der korrektionellen Appellkammer zu Düsseldorf am 27. Juni 1864. [Aus: „Düsseldorfer Zeitg."] 8. (24 S.) Berlin 877. Buchh. d. Vorwärts. n. — 10

— der, des Pater La Valette oder die Lehren der Jesuiten vor Gericht. Vom Verf. der Jesuitenmoral. Bremen 863. Geisler. 8. (16 S.) 3 *ngr.*

— der, Leckert-Lützow. Verhand. vor d. Landgericht I zu Berlin v. 2. bis 7. XII. 1896. Nach d. amtl. stenograph. Aufnahme in Verbindg. m. and. Berichten. [Aus: „Norddeutsche Allg. Zeitg."] gr. 8. (147 S.) Berlin-Friedrichshagen 896. Verlagshaus f. Volkslitteratur C. Teistler & Co. 1. 20

Erschien auch in 5 Hftn. à — 25.

Process, Der, des Levoz wider die Eigenthümer der Redoute und Vauxhall zu Spaa. O. O. 1785. V: *Hofmann, Carl Friedrich.* (MGT)

Der Prozeß gegen Moritz Lewy ⟨Konitz, 13.–16. Februar 1901⟩ nach stenogr. Aufnahme. Berlin: Hermann 1901. 434 S. 8° (og. 18208

Process des Herrn Gustav Franz von der Leyen mit seinen 4 Geschwistern. Crefeld 1835. 8.

Prozess Liebknecht (Der). Verhandlung wegen Majestätsbeleidigung vor dem Landgericht zu Breslau am Donnerstag den 14. Nov. 1895. Mit einem Vor- und Nachwort von W. Liebknecht. 8°. Berlin, „Vorwärts", 1895.

— der, gegen Dr. Wilh. Bruno Lindner vormal. außerordentlichen Professor der Theologie an der Universität Leipzig wegen Diebstahls. Nach den Ergebnissen der vor dem königl. Bezirksgericht zu Leipzig vom 27. bis 29. Febr. 1860 stattgefundenen öffentlichen Hauptverhandlung zusammengestellt. Nebst den vollständigen Reden der Königl. Staatsanwaltschaft u. der Vertheidigung nach stenographischer Aufzeichnung. Leipzig 860. (Roßberg.) gr. 8. (69 S.) n. 5 ngr.

— der dem Könige Louis Philipp durch das „Journal la France" zugeschriebenen Briefe. Aus d. Französ. übersetzt. gr. 12. Trier 841, Lintz'sche Buchh. 1/4 ℛ

Proceß, der, der Mai-Gefangenen vor dem Kriegsgericht. Berlin, den 23. Juni 1849. Stenographischer Bericht. hoch 4. (49 S.) Berlin 849, Simion. n. 5/12 ℛ

— u die Mängel unseres Gerichtsverfahrens. 2. Aufl. Leipzig 885.

Prozeß, Der Marpinger, vor dem Richterstuhle der Vernunft. Von einem Unparteiischen. gr. 8. (50 S.) geh. 15 kr.
Wien: Heinrich Kirsch 1881.

Der Prozeß gegen (Bernhard) Maßloff (vielmehr: Masloff) und Genossen ⟨Konitz, 25. Oktober–10. November 1900⟩ nach stenogr. Aufnahme. Berlin: Hermann 1900. 1074 S. 8° (og. 18209

Process, Des Juden Mayer, gegen Bamberger Fürstbischöfe. O. O. u. J. V: *Looshorn, Johann.* (BMarsch 1177)

— Mendelssohn, der. Nach der Kölnischen Zeitung. 8. (42 S.) Düsseldorf 848, Kampmann. n. 1/6 ℛ

Process, Merkwürdiger, des Emil Clemens von La Roncière Lieutenants im 1sten französischen Ulanen-Regiment angeklagt wegen eines versuchten nächtlichen Ueberfalles auf die Person des Fräulein Marie von Morell. Nach den authentischen gerichtlichen Verhandlungen u. Beweisschriften dargestellt. Quedlinb. 1836. V: *Berryer, Pierre Antoine.* (BGE VI⁸, 101)

— merkwürdiger, des Emil Clemens von La Roncière, Lieut. im 1n franz. Ulanen-Regiment, angeklagt wegen eines versuchten nächtlichen Ueberfalles auf die Person des Fräuleins Marie von Morell. Nach den authent. gerichtl. Verhandlungen u. Beweisschriften dargest. 2 Bde. (Mit 1 Steindruck.) gr. 12. Quedlinburg 836. Basse. 2 1/3 ℛ

PROZESS, Merkwürdiger, eines Herrn Pfarrers mit seinem Herrn Kappelan in puncto injuriarium re- et verbalium wegen der Jungfer Köchinn etc. O. O. 1787. 8°. (1 Mk. 50 Pfg., Völcker, 1876; 3 Mk. 80 Pfg., A. Bielefeld, vor 1885.)
— — Dasselbe. O. O. 1790. 8°. (1 Rthl. Eman. Mai, Berlin, 1854.)

Proceß, merkwürdiger, und Verurtheilung des Mörders Fieschi und seiner Mitangeklagten vor dem Pairshofe von Paris. Aus authent. Quellen gesammelt und getreu nach der Wahrheit dargestellt. (Mit Fieschi's Bildn.) gr. 8. Berl. 836. Lewent. 5/12 ℛ

—— der letzten Minister Karls X., s. Geschichte uns. Tage, 2. Jahrg. 1831, Suppl.-Hft. Nro. I.

Process der letzten Minister Karl X. Leipzig u. Darmstadt 1830—31. V: *Heldmann, Friedrich.* (HS)

Proceß der letzten Minister Karls X. Enthalt.: Die Entwickelungen d. Vorschlags Eusebe Salverte's, d. Berichte u. d. Discussion in der Kammer d. Deputirten, d. Debatten u. vollständ. Plaidoyers in der Kammer d. Pairs. 4 Hfte. gr. 12. (21 B.) Darmstadt 831, Leske. 1 Thlr. 16 Gr., hrbaf. Pr.

— der, gegen die Mitglieder des National-Vereins zu Rostock. Mit Actenstücken befassend den Proceß; die Annullirung des freisprech. Erkenntnisses u. Fällung eines Strafurtheiles durch die großherzogl. Regierung; die wegen Hemmung des Rechtslaufs an die Bundesversammlung gerichtete Beschwerde. Frankfurt a. M. 865. (Boselli'sche Buchh.) gr. 8. (III, 58 S.) n. 10 ngr.
Proceß s. Prozeß.

Der Prozeß gegen den Fuhrmann Adolf Möhlmann aus Detern, Mörder der Frau Snater zu Holtgast, und gegen den Wirth Dierk Meentzen Snater, als Teilnehmer des Mordes an seiner Frau. Motto: Laß Gott in allen Dingen dein. Den Anfang und das Ende sein: So wirst du auf der Tugendbahn Wandelnd nicht dem Laster nah'n: Und auch nicht ein Opfer werden Dann durch Laster dem Verderben. Nach dem Acten-Berichte dargestellt. Oldenburg. Schnellpressendruck von Büttner & Winter.
o. J., 4 Bl. n. n., 170 115.
LBO Bänkelsängerlit. II, 27.
Der Inhalt eines anderen Druckes mit identischem Titel (ebenda II, 28) ist mit diesem Text nicht identisch. –

Process, Moreau's. Aus den französischen Acten. Hamburg 1804. V: *Gosch, Josias Ludwig.* (Schr)

Process, Der neue Schwedter, oder Rechtfertigungsschrift . . . gegen den in der Schwedter Successionsangelegenheit . . . gefällten am 10. April 1794 eröffneten schiedsrichterlichen Ausspruch . . . Rostock 1794. V: *Mecklenburg, Hermann Ludwig von.* (Adel) (MGT)

Process zwischen Hrn. Fr. Nicolai an einem, dann denen 797 Pränumeranten . . . andern Theils, welcher zu Wien in Realzeitungs-Comtoir . . . verführet wird . . . Leipzig [Wien] 1783—84. V: *Blumauer, Joh. Alois.* (ML) (Ky) (Cb) (GGr)

—zwischen Friedr. Nicolai u. d. 797 Pränumeranten auf seine Reise (v. Al. Blumener). 2 Thle. 8. Prag 783, 84. Schönfeld. 7 ʄ

— Niederheiser. Verhandlungen vor dem Schwurgerichte in Mannheim am 18., 19., 20. u. 21. Dezbr. 1882. gr. 8. (75 S.) Mannheim 882. (Bensheimer's Verl.) — 50

— Rulandt. Darstellung der öffentlichen Hauptverhandlung gegen den Bankpräsidenten Rulandt wegen Betrugs. Nach der stenographischen Aufnahme durch Dr. K. Albrecht. Leipzig 861. Matthes. gr. 8. (40 S.) 5 ngr.

— Rulandt-Lieberoth, der, actenmäßig dargestellt. Ein Beitrag zur Lehre vom strafbaren Betrug. gr. 8. (V und 50 S.) Leipzig 863, (Fries.) *

— Oberwinder. (Eine Beleuchtg. d. Falles Buschoff.) Stenographischer Bericht. gr. 8. (96 S.) Berlin 892. Vaterländ. Verlags-Anstalt. n. — 60

— Ofenheim. Vernehmung d. Sachverständigen im Eisenbahn-Baufach Wilh Hellwag. Aus den stenograph. Protokollen der 36. u. 37. Schwurgerichts-Sitzg. am 11. u. 12. Febr. 1875 wortgetreu wiedergegeben. gr. 8. (IV, 80 S.) Wien 875. Lehmann & Wentzel. n. 1. 20

— Ofenheim, der, im Reflexe auf die Buschtěhrader Eisenbahn. gr 8. (24 S. Prag 875. (Urbanek.) n. 1. 25

— gegen William Palmer, Dr. med. zu Rugeley in England wegen wiederholter Giftmischerei. Verhandelt vor dem Central-Gerichtshofe zu London, den 14. bis 27. Mai 1856. Mit dem Portr. Palmer's (in Holzschn.). Berlin (856.) Gebauer. (Streerath u. Co.) 16. (52 S.) n. 5 ngr

— — 2. Aufl. mit dem Bericht über den Tod Palmer's. Ebend. (856.) 16. (56 S.) n. 5 ngr

— Dr. Pattai contra „Deutsches Volksblatt". Rede des Vertheidigers K. G. Kummer aus Graz. 26. April 1890. gr. 8. (10 S.) Wien 890. (Kubasta & Voigt.) — 30

— Patzke und Genossen, der. Schwurgerichts-Verhandlung gegen den Polizei-Obersten Patzke, den Polizei-Lieutnant Schmidt u. den Schutzmannswachtmeister Köhler u. Genossen vom 19—25. Novbr. 1861. (Abdr. aus der Allgemeinen Gerichtszeitung. Herausg. von R. Gensch.) Berlin 861. (Leipzig, Fernau.) 8. (80 S. u. 1 Holzschnitt.) n. 5 ngr

— gegen Kaufmann Peters und Genossen wegen betrüglicher Aufnahme von Lebensversicherungen verhandelt vor dem Schwurgerichtshof zu Hildesheim. Hildesheim 854. Gerstenberg. Lex.-8. (97 S.) n. 15 ngr

— der, der Herren de Potter, Tielemans, Barthels, de Nève, Coché-Mommens u. van der Straeten. In d. Kürze dargest. u. mit Anmerkn. vers. gr. 8. (7 B.) Haag 830. [Rotterdam, Hartmann jun.]
Aus der „Aletheia, v. Münch" besond. abgedruckt.

Process, Der Preussische, ohne die ihm zum Vorwurf gemachten Mängel und unter Aufnahme der Oeffentlichkeit der Rechtspflege . . . Jena 1819. V: *Neugebauer (Neigebaur), Johann Daniel Ferdinand.* (Engj) (Nowack, Schles. Schriftst.-Lex. Breslau 1836—43. III, 98.)

— der Preußische, ohne die ihm z. Vorwurf gemachten Mängel u. unter Aufnahme d. Oeffentlichkeit d. Rechtspflege. Auf Ersuchen mit e. Vorrede begl. von Arn. Mallinkrodt. gr. 8. Jena 819. Frommann. 1 ₰

— des Generals Ramorino. Aus d. Ital. übers. gr. 8. (VI u. 90 S.) Zürich 849, Schultheß. 11 ngr

— der allgemeinen Rentenanstalt in Stuttgart oder Erkenntniß u. Entscheidungsgründe des K. Stadtgerichts in Stuttgart in dieser Proceßsache gegen die allgem. Renten-Anstalt. 8. Stuttgart 843, Becher. 9 ngl

— Reschauer. Nach stenographischen Aufzeichnungen. Lex. 8. (55 S.) Wien. Leo Wörl. 60 kr. 1884.

— der resumirte, u. Finalausspruch üb. die Besoldung d. Geistlichkeit in Baiern, od. Apologie d. künftigen Pfarrer Baierns. 8. (Landsh.) 805. (Thomann). 18 gr

— Richter, der, nach amtlichen Aktenstücken und stenograph. Aufzeichnungen bearb. von einem Fachmann. 6 Hefte. 8. (VI und 557 S.) Wien 860, Sommer. (F. Klemm.) à Heft * 8 Ngr. *

Proceß, Der, über die Ringtheater-Katastrophe vor dem k. k. Landesgerichte in Wien als Erkenntnißgericht. Nach stenograph. Aufnahme v. Alex. Zeiß. gr. 8. Heft 1—2. (S. 1—144) geh. à 30 kr. Wien: Perles 1882.

Proceß, Der, über die Ringtheater-Katastrophe vor dem k. k. Landesgerichte in Wien als Erkenntnißgericht. Nach stenograph. Aufnahme v. Alex. Zeiß. gr. 8. Heft 3 u. 4. (S. 145—304) geh. à 30 kr. Wien: Perles 1882.

Proceß, Der, über die Ringtheater-Katastrophe vor dem k. k. Landesgerichte in Wien als Erkenntnißgericht. Nach stenograph. Aufnahme v. Alex. Zeiß. gr. 8. Heft 5 u. 6. (S. 305—464) geh. à 30 kr. Wien: Perles 1882.

Proceß, Der, über die Ringtheater-Katastrophe vor dem k. k. Landesgerichte in Wien als Erkenntnißgericht. Nach stenograph. Aufnahme v. Alex. Zeiß. gr. 8. Heft 7. (Schluß.) (S. 467—540) geh. 80 kr. Wien: Perles 1882.

— der, gegen den Pfarrer Ritter in actenmäßiger Darstellung seiner Entwickelung durch die drei Instanzen des Verfahrens. Von einem Juristen. (Abdr. aus der Allgem. Kirchenzeitung.) Darmstadt 859. Zernin. gr. 8. (56 S.) n. 5 ngr

Prozeß zwischen dem Herzoge von Rovigo u. dem königl. preußischen Fiskus. Paris. [um 1823.]

— der, gegen den Prediger Sachse u. den Lehrer Banse zu Magdeburg, am 25. Jan. 1850. Nach stenograph. Aufzeichnungen. gr. 8. (95 S.) Magdeburg 850, Creutz. 6 ngr

— der, Sartorius. Stenographischer Bericht üb. die neuntäg. Gerichtsverhandlg. gegen Otto Sartorius-Mussbach, Gutsbesitzer u. Weinhändler, ehem. Mitglied des Reichstags, der Handelskammer, führ. Mitglied des Bundes südwest-deutscher Weinhändler-Vereine, Mitglied des Vorstands des deutschen Weinbauvereins etc. vom 19.—31. XII. 1905 zu Frankenthal. Anh.: Aus der Vergangenheit. Stimmen der Presse. Die Weinprozesse gegen Emil Koppel, Theo Schneider u. Deutsch-Krämer. (260 S.) Lex.-8. Neustadt a/H. (906). D. Meininger. n. 3. —

Proceß des Mädchenmörders Hugo Schenk und seiner Genossen, verhandelt im März 1884 vor dem Ausnahmsgerichte. Nach authent. Berichten bearb. 1.—11. Aufl. 8. (128 S. mit 20 Illustr.) Wien 884, Hartleben's Verlag. *

— wider den Dr. jur. Eduard Schmidt (von Danzig), Privat-Docenten an der Universität zu Berlin und seine Ehegattin wegen wissentlich falscher Denunciation. Berlin (856.) Gebauer. (Streerath u. Co.) 16. (48 S.) n. 5 ngr
Vgl. auch: Prozeß.

— J. Schneider verhandelt vor der Strafkammer des Gr. Kreis- u. Hof-Gerichts Mannheim am 21. April 1868. Nach stenogr. Aufzeichnungen der neuen bad. Landes-Zeitung [Mannheimer Anzeiger] abgr. Mannheim 868. Schneider. 16. (64 S.) 4 ngr

— Schönerer-Neues Wiener Tagblatt. Unverkürzte stenograph. Aufnahme. gr. 8. (176 S.) Wien 888. Amonesta. n. — 60

(—) — Des Raubmörders Joseph Schönfelder, welcher den Kaufmannslehrling Blechschmidt zu Dresden ermordete, Proceß, Verurtheilung u. Hinrichtung durch die Guillotine am 28. Juli 1864. Nebst dem (lith.) Portr. Schönfelders, sowie Beschreibung der am 19. Juli zu Bautzen erfolgen Hinrichtung des Mörders Thonig. Leipzig 864. (Pönicke.) 8. (8 S.) 2 ngr.

—— der, des Schulzen Schuknecht aus Berchen wider den königl. Landrath v. Puttkammer zu Demmin. Ein Beitrag zum Gebahren der Reaction in Preußen. gr. 8. (22 S.) Coburg 864, Streit's Verlag.
Vgl.: Prozeß.

— der, gegen Ernst Schüler von Biel, dargestellt in der Anklage-Akte, den beidinstanzlichen Vertheidigungen u. d. obergerichtl. Urtheile vom 8n Herbstmonat 1837. Aus der Zeitschrift für vaterländ. Recht besond. abgedr. gr. 8. Bern 837. Fischer. n 1/2 rf

Process, Der seltene. [In zwei Theilen.] Wien 1802—9. V: *Gewey, Franz Carl.* (GGr)

— der seltsame,. Schausp. in 5 A. nach e. wahren Anekdote. 8. Lpz. Joachim:

— der seltsame; Schspl. in 3 A., nach e. wahren Anekdote. 8. Wien, Wallishausser. 8 gr. 2r Thl. in 3 A. 8. Ebd. 802. 12 gr.

Onderdonk (Bischof Benjamin). — Ein scandalöser Prozeß! Bischof Benjamin Onderdonk v. Newyork u. seine Verurtheilung v. d. dortigen Bischofshofe wegen gewaltsamer Verletzung weiblicher Ehre. Mit einem Auszug des Zeugenverhörs. Nach amerikan. Blättern etc. Hamburg 1845. 8°. 16 S. (In Hamburg, Bibl. d. „Harmonie".) (1 Mk. Taussig, Prag, 1904; 75 Pfg., Jul. Neumann, Magdeb., 1908.)

Prozeß, ein scandalöser! Bischof Benjamin Onderdonk von Newyork u. seine Verurtheilung vor dem dortigen Bischofshofe, wegen gewaltsamer Verletzung weiblicher Ehre. 8. (1 B.) Hamburg 845, (Berendsohn.) *

Prozess des Kaufmanns Bruno Sparig in Leipzig gegen die „Fränkische Tagespost" in Nürnberg. Ein Sittenbild aus der Denunziations-Aera. Verbot der „Süddeutschen Post". (Sozialpolit. Zeit- u. Streitfragen. Heft 2.) München, Geo. Pollner, 1883. Kl. 8°. 15 S. Cart.

— gegen Joh. Leonh. Stadelmann v. Wöhrd bei Nürnberg u. Karl Thdr. Heinrich von Karlsruhe wegen Vergiftung der Anna Elisabeth Stadelmann geb. Knecht von Mannheim, verhandelt vor dem Schwurgericht zu Mannheim. [Abgedr. aus den Annalen.] gr. 8. (86 S.) Mannheim 852, Bensheimer. 9 ngr.

Process gegen den Anarchisten Hermann Stellmacher, den Mörder des Detectives Blöch u. des Wechselstubenbesitzers Heinr. Eisert. Nebst einer kurzen Darstellung der anarchistischen Bewegung in Wien und Budapest, des vorangegangenen Processes gegen F. Schaffhauser und Joh. Ondra. Verhandelt vor dem Wiener Ausnahmsgerichtshofe. Nach stenograph. getreuen Aufzeichnungen und mit Benutzung von authentischen Gerichtsakten bearb. von Fachjournalisten. 8°. Berlin, Wien u. Leipzig, Hugo Engel, s. a. (1884).

— der, der Steuerverweigerer, s.: Steuerverweigerungs-Prozeß, der.

— wider den Oberarzt des städtischen Lazareths zu Danzig Herrn Dr. Ernst Adph. Stich. Verhandelt vor dem Kriminalgerichtshof zu Danzig am 4., 5. u. 6. Juli 1861. (Abdr. aus der Danziger Zeitung.) Danzig 861. Kafemann. gr. 8. (32 S.) n. 5 ngr.

— der Stieber'sche, sowie die öffentlichen Aeußerungen der Betheiligten über denselben und die öffentliche Meinung. Berlin 860. Falkenberg. gr. 8. (111 S.) n. 10 ngr.

— Stieber-Tichy, der. Ein Bild aus der 10jährigen Reactionsepoche im preußischen Staat. Amtlich enthüllt durch die vor dem königl. Stadtgericht zu Berlin am 14., 15., 16. u. 18. Mai u. vor dem königl. Kammergericht am 20. Novbr. 1860 stattgehabten Kriminalverhandlungen ꝛc. Altona 861. Verlagsbureau. 8. (86 S.) n. 5 ngr.
Vgl. auch: Proceß.

— Stöcker wider die „Freie Zeitung". Nach stenograph. Aufzeichngn. vervollständigt. 8. (95 S.) Berlin 885. (Schildberger.) n. — 30

— gegen Johannes Stork, genannt „Schnellaufer". Verhandelt zu Hanau vom 20. April bis 2. Mai 1865. Hanau 865. König's Sortiment. 8. (32 S. mit lith. Portr.) n. 3½ ngr.
Prozeß s. Proceß.

— von Tausch u. v. Lützow, verhandelt in Moabit vom 24. V. bis 4. VI. 1897. Schwurgerichtsverhandlg. nach stenograph. Aufnahme. [Aus: „Norddeutsche Allgemeine Zeitg."] gr. 8. (531 S.) Berlin 897. (H. Steinitz.) n. 4. —

Proceß gegen Dr. Hippolyt Tauschinsky und 31 Genossen wegen Religionsstörung und geheimen social-demokrat. Verbindungen. Nach stenograph. Aufzeichnungen. gr. 8. (179 S.) Graz 874, (Ferstl'sche Buchh.) *

—— der, Teste-Cubières vor der Kammer der Pairs, dessen Entstehung, öffentl. Verhandlungen, Ausgang und Folgen. Ein Beitrag zur Sittengeschichte unserer ꝛc. Zeit. gr. 16. (150 S.) Grimma 847. [Wurzen,] Verlags-Comptoir.

— der, Thümmel-Wiemann vor der Strafkammer zu Bochum am 18. Juni 1888. 8. (100 S.) Barmen 888. Wiemann. — 60

— dasselbe. Prozeß-Verhandlungen gegen Fr. Wilh. Thümmel, Pfarrer in Remscheid, u. Diedr. Bruno Wiemann, Buchdruckereibesitzer u. Verlagsbuchhändler in Barmen, vor der Strafkammer zu Elberfeld am 6., 10., 13. u. 15. Juni 1887. Genaue stenograph. Aufnahme der „Westdeutschen Zeitung". 1. u. 2. Aufl. 8. (VII, 313 S.) Ebd. 887. 1. 50

— dasselbe, vor dem Reichsgericht zu Leipzig am 18. Oktbr. 1887. Nach stenograph. Aufnahmen. 8. (59 S.) Düsseldorf 887. F. Bagel. n. — 50

— dasselbe. Genaue stenograph. Aufnahme der „Westdeutschen Zeitung". 1.—6. Tausend. 8. (66 S.) Barmen 887. Wiemann. n. — 50

— Tins, durchgeführt vor dem Schwurgerichte zu Reichenberg am 8. Febr. 1894. Ein zeitgemäßer Beitrag zur antisemit. Bewegg. Nach genauen stenograph. Aufzeichngn. gr. 8. (31 S.) Zittau 894. W. Sunder (durch Pahl). — 25

— der, v. Tisza-Eszlar. [Verhandelt in Nyiregyhaza im J. 1883.] Eine genaue Darstellg. der Anklage, der Zeugenverhöre, der Vertheidigg. u. d. Urtheils. Nach authent. Berichten bearb. Mit 20 Illustr. 10. Aufl. 8. (96 S.) Wien 883. Hartleben. — 60

— gegen die Herren Caplan Tiß u. Dr. Ursey Klage d. öffentl. Ministeriums wegen Beleidigg. d. Fabrikanten Hrn. L. F. Seyffardt. Verhandelt vor der Strafkammer zu Crefeld am 11., 12. u. 14. Juni 1883. Nach stenograph. Aufzeichngn. verf. v. A. Mann u. W. Emmert zu Crefeld. 8. (VIII, 286 S.) Crefeld 883. (Klein.) — 60

— der, gegen die aus Rußland auf Preuß. Gebiet übergetretenen Tscherkessen wegen thätlichen Widerstandes gegen die bewaffnete Macht als Abgeordnete der Obrigkeit. Verhandelt vor dem Schwurgerichte zu Bromberg am 20. Jan. 1851. 8. (36 S.) Bromberg 851, Levit. n. 1/6 ₰

— d. Buchdruckers Unger geg. Zöllner, s. Joh. Fr. Unger.

Process des Buchdruckers Unger gegen Zöllner in Censurangelegenheiten. Berlin 1791. V: *Amelang, Carl Ludwig.* (MGT) (cb) (EngJ) (Ky) (Schletter, Handb. d. jurist. Litt. Grimma 1843. S. 215.)

— des Buchdruckers Unger gegen Zöllner in Censurangelegenheiten (v. K. L. Amelang). 8. Berl. 791. Unger. 12 Gr

Process über den Verdacht des heimlichen Katholicismus zwischen [Joh. Aug. Frh. v.] Star[c]k als Kläger, und den Hrsgn der Berlinischen Monatsschrift [Friedr.] Gedike und [Joh. Erich] Biester, als Beklagten, vollständig nebst der Sentenz aus den Akten hrsg. von den lossgesprochenen Beklagten. Berlin: Unger 1787. XX, 280 S. 8⁰
Auszug aus der Vorr. in: Berlinische Monatsschrift. 10 (1787) S. 365—376 (F. Gedike). cf. D. neuesten Religionsbegebenheiten. 9 (1786) S. 896—900; 10 (1787) S. 829—860.

Process, Der, um Verginia nach Livius und Dionysius. Feldkirch 1862. V: *Cornely, Rudolph.* (BSCE)

Proceß wegen Verraths telegraph. Depeschen und deren Ausbeutung zu Börsenspeculationen gegen die Telegraphenbeamten Janck und Eichmann, den Banquier Louis Meyer und Genossen rc. Verhandelt beim Stadtschwurgericht zu Berlin vom 28. Oktbr. bis 10. Novbr. 1855. 8. (62 S.) Berlin 855, Falckenberg und Comp.
Vgl.: Prozeß.

—— wegen Verraths telegraphischer Depeschen gegen die Telegraphenbeamten Janck und Eichmann, die Banquiers Louis Meyer und Goldberg und die Buchhalter Gebr. Julius und Isidor Reichenheim. 1. und 2. Aufl. 8. (77 S. mit 1 Holzschnt.) Berlin 855, Gebauer'sche Buchh. *

— u. Vertheidigung d. Grafen Philipp (v. Kolowrat) Krakowsky, als ein Beitr. zu d. Prälatenkniffen in Oesterreich, (von Ritter v. Steinsberg). 8. Amsterd. 783. (Maurers B. in Berl.) 14 Gr

—— und Vertheidigungsrede des Legationsraths a. D. Grafen Hermann v. Arnim vor dem Kammergericht am 2. Novbr. 1877 wegen mittels der Presse begangener Beleidigung des Fürsten Bismarck. Nach stenograph. Aufzeichnungen von Gust. Meyer. 2. Aufl. 8. (92 S.) Ebendas. 878. *

Process, Vollständiger, und Vertheidigung des Grafen Phil. [von Kolowrat] Krakowsky . . . Amsterdam [Berlin] 1783. V: *Steinsberg, Fr. Guolfinger von.* (WR) (EngJ) (Ky) (MGT) *Steinsberger.* (ADB 16, 488)

Prozess, der, Wahrmund. (Darstellung der am 26. III. 1908 vor dem k. k. Landesgerichte in Strafsachen Wien als Pressgericht durchgeführten öffentl. Einspruchsverhandlg. nach dem stenograph. Protokoll.) (67 S.) gr. 8. Wien 908. (Mor. Stern.) — 60

— der Waldeck'sche. Authentischer Bericht über die öffentl. Verhandlungen des Berliner Schwurgerichts in der Waldeck'schen Untersuchungssache, nach den vollständ. stenographischen Aufzeichnungen u. Mittheilgn. betheiligter Personen. gr. 16. (287 S.) Berlin 849, Hempel. n. 6 ngr — 2. Aufl. gr. 16. (311 S.) Ebd. 849. n. 1/4 ₰

— d. Kaufmann Carl Weigandt, Privatklägers, vertreten durch Rechtsanw. Alfr. Lehmann, u. Rechtsanw. Ackermann, Anschlußklägers, vertreten durch Rechtsanw. Ernst Krause, gegen Redakteur Osw. Zimmermann u. Baumstr. Gust. Emil Leberecht Hartwig, beide Angeklagte, in Dresden. gr. 8. (30 S.) Dresden 888. (Leipzig, Roßberg.) n.n. — 50

[Friedr. Aug. Wilh.] Weinel's fiscalischer Prozeß ad denunciationem des Post-Amts Genthin, von ihm selbst hrsg. Magdeburg 1824.

— der, Weingart in seinen Hauptaktenstücken m Beilagen. gr. 8. (IV, 100 S.) Osnabrück 900. Rackhorst. n. — 50

Process der Gemeindevertretung Wien gegen Dr. Hermann Fünkh und Baumeister Carl Ziegelwanger, Gemeinderäthe zu Penzing, nach den stenogr. Protokollen bearbeitet. (Sep.-Abdruck aus dem „Oesterreichischen Reformer. 4⁰. (15 S.) Wien, Vetter. fl. —.10. 1886.

[F.] Prozess Witte-Stöcker. Bericht üb. d. Verhandlgn vor d. Kgl. Schöffengericht zu Berlin am 12. Nov. 1896. Hrsg. u. m. Anm. begl. v. Carl Witte, Pfarrer. *Berlin: F. Fontane & C. 1897.* (90 S.) 1 Bd 8. (97. 678

— Wodtke-Busch. der, s. Kanngießer.

— der, Wodtke-Busch. Verhandelt vor dem Königl. Kreisgericht zu Demmin am 27. Septbr. 1852 u. den folgenden Tagen. 1. Hft. gr. 8. (64 S.) Demmin 852. (Leipzig, C. F. Schmidt.) n. 1/4 ₰

—— der, Wodtke-Busch. Verhandelt vor dem königl. Kreisgericht zu Demmin am 27. Septbr. 1852 und den folgenden Tagen. gr. 8. (VII und 316 S.) Demmin 854. (Leipzig, C. F. Schmidt.) *

Process. Der Prozess Wölfling gegen Akeret ... s. [Schurter, Jacob].

Process, Der, Wölfling gegen Akeret vor dem Zürcher Schwurgericht, 17. November 1909. [Zürich 1909.] V: *Schurter, Jacob.* (BBullschw 11, S. 218)

Würzer's Prozeß vor dem Königl. Kammergerichte zu Berlin, nebst desselbigen Appellation an das aufgeklärte Publikum. Von ihm selbst hrsg. Altona 1793.

Процессъ кн. Воронцова противъ кн. Долгорукова. Рѣчь Г. Матьё произнесенная въ засѣданіи первой палаты гражданскаго суда въ Парижѣ, 15. ноября 1861 года. Переводъ съ французскаго. (Process des Fürsten Woronzow gegen den Fürsten Dolgorukow.) 8. (VI und 93 S. mit 2 Stnt. in 8. und gr. 4.) Berlin 862, Behr's Buchh. *

Prozess Zander in München. — Der *Herzog von Koburg* u. die *Schlacht von Langensalza*, in der Schwurgerichtsverhandlung vom 23. Juli 1868 gegen den Redakteur des Volksboten *Ernst Zander*. Nach den stenogr. Berichten. München, Exped. d. Volksboten, 1868. Gr. 8⁰. Cart.

Tit., 1 Bl. Verw., 65 S. — Zander, getaufter Jude, wurde wegen Verleumdung u. Ehrenbeleidigung des Herzogs, begangen durch einen Artikel in seinem berüchtigten Schund- u. Hetz-Blatte, zu 6 Monaten Gefängniss und Tragung sämmtlicher Kosten verurtheilt.

ZASTROW, Proceß. — Der Prozeß gegen den Maler und Lieutenant a. D. v. Zastrow. Ausführlicher Bericht der Verhandlungen des hiesigen Schwurgerichts von einem Geschworenen. Berlin, o. J. (1864.) 8⁰. (Bibl. d. Vereins f. d. Geschichte Berlins.)

— Ziethen. Die gesammten Verhandlgn. [28. Jan. bis 2. Febr. 1884] vor dem königl. Landgericht zu Elberfeld gegen Albert Ziethen u. August Wilhelm. Beide angeklagt, im Octbr. 1883 zu Elberfeld gemeinschaftlich die Ehefrau Albert Ziethen, geb. Marie Hertel, vorsätzlich getödtet u. diese Tödtg. m. Ueberlegg. ausgeführt zu haben. Stenographische Aufnahme. 8. (128 S.) Elberfeld 887. Lucas. n. — 50

— der, gegen die des Mordes angeklagten Barbier u. Wirth Albert Ziethen u. dessen Lehrling Karl August Wilhelm zu Elberfeld. Verhandelt vor dem königl. Schwurgericht zu Elberfeld am 28., 29., 30. u. 31. I. u. 1. u. 2. II. 1884, nach stenograph. Aufnahme. 3. Aufl. 8. (192 S.) Elberfeld 899. F. H. Born. 1. —

— gegen den Abgeordneten zur Deutschen National-Versammlung, Bürgermeister zu Spandau, Dr. jur. E. W. E. Zimmermann wegen Hochverraths, u. gegen denselben u. Buchhändler Martens wegen Landes-Verraths, Aufreizung d. Militärs zum Verrath u. Majestäts-Beleidigung, verhandelt vor dem Schwurgericht zu Branderburg a/H. am 14. u. 15. März 1850. 8. (74 S.) Brandenburg 850, Müller. 1/4 ℛ

— Zola. Getreue Darstellg. d. Prozesses gegen Emil Zola u. dessen Vorgeschichte Dreyfus-Esterhazy. gr. 8. (144 S.) Leipzig 898. O. Gracklauer. — 75

Process-Acten in Sachen der Herren Administratoren des Gräflich Rantzau-Obbendorffer Fideicommisses, Reconvenienten, wider den Landsassen J. J. Kühl auf Obbendorff, Reconventen,
in peto reconventionis wegen zu erkennenden Concurses über Obbendorff und Schönhorst.
o. O. (1818.) Fol.

Process-Acten in Sachen des Landsassen J. J. Kühl auf Obbendorff, Klägers, wider die Herren Administratoren des Gräflich Rantzau-Obbendorffer Fideicommisses, Beklagte,
in peto schuldiger Annahme gewisser Zinsen und Kosten, gegen Wiederablieferung der Güter Obbendorff und Schönhorst, s. w. d. a.
o. O. (1818.) Fol.

Proceßacten in der geg. d. Prof. David angelegten Rechtssache. Hrsg. v. C. N. David. 1. u. 2. Lfg. gr. 8. (12 B.) Kopenhagen 835, Reitzel.

Prozessaussagen, die, der Jungfrau v. Orleans üb. ihr Leben, hrsg. v. Fr. Zurbonsen, s. a. Sammlung, Schwann'sche, geschichtlicher Quellenschriften f. den Unterricht.

Die **Prozessaussagen** der Jungfrau von Orleans über ihr Leben. Übers. aus d. Prozessakten von 1431. Mit 1 Abb. u. 1 Kt. Hrsg. von Fr[iedrich] Zurbonsen. Düsseldorf: Schwann 1910. XIV, 110 S. 8⁰
(Schwann'sche Sammlung geschichtl. Quellenschriften f. d. Unterricht. H. 4.) [10. 86₄] 5

Prozeßbeschleunigung ohne Gesetzesänderung. Ein Vorschlag aus der Praxis f. die Praxis. Von Celerius. (47 S.) gr. 8. Hannover 904. Helwing. n. 1. —

Processe, grönländische, oder satyr. Skizzen, s. Jean Paul Fr. Richter.

Processe, grönländische, oder satyrische Skizzen, 2 Theile, 8. Berlin, 783. Voß. 1 Rthl. 10 ſgl.

Processe, Grönländische, oder histor. Skizzen (von J. P. Fr. Richter). 2 Bde. 2te Aufl. 8. Berlin, Voß. 821.

Processe, Grönländische, oder Satirische Skizzen. Berlin 1783. 2. Aufl. 1822. V: *Richter, Jean Paul Frdr.* (BrMm) (Mn) (MGT) (Grisebach, Weltlitteraturkat. Berlin 1898—1900. I, 255.) (Cat. d. Stadtbibl. Zürich. Zürich 1864—97.) »1783—85« (Ky) (Fiker)

Processe über den Kryptocatholicismus zwischen Stark, Gedicke u. Biester. *Berlin*, Unger. 787. gr. 8. (16 Gr.)

Processe, merkwürd., verschied. Länder. 1. Hft., Garnets, Superiors der Jesuiten in England, u. sein. Mitschuldigen Proceß. Pulver-Verschwörung 1605. 8. (6 B.) Jena 828, Bran.

— die, gegen Jodocus Temme. gr. 8. (114 S.) Braunschweig 851, Jeger. 1/2 ℛ

— üb. den Verdacht des Kryptokatholicism. zw. Stark, Gedicke und Biester. gr. 8. Berlin, Unger. 787.

— u. Vertheid. d. Graf. Philipp (v. Kolowrat) Kratowsky. als ein Beytr. zu den Prälatenkniffen in Oesterr. 8. Amst. (Maurer, Berlin.) 783.

Prozesse, zwei politische. Verhandelt vor den Februar-Assisen in Köln. I. Der erste Preßprozeß der Neuen Rhein. Zeitung. II. Prozeß d. Kreis-Ausschusses der rhein. Demokraten. gr. 16. (72 S.) Köln 849. (Eisen'sche Sort.-Buchh.) 1/6 ℛ

Processe, Zwei, in der Grossloge Royal York in Berlin. Eine Zeichnung des Zustandes dieser Loge im letzten Viertel dieses Jahrhunderts . . . Berlin 1885. V: *Bleich.* (Tt)

[F.] Die **Prozessgebühren-Gesetze** für das Deutsche Reich in der Neutextirung v. 20. Mai 1898, umfassend: das Gerichtskostenges., d. Gebührenordng f. Zeugen u. Sachverständ., d. Gebührenordng f. Gerichtsvollzieher, d. Gebührenordng f. Rechtsanwälte. Handausg. m. Erl., Tab. u. ausführl. Sachreg. v. Karl Wochinger, k. Amtsgerichtssekr. *München: J. Schweitzer 1899.* (2 Bl., VII, 205 S.) 1 Bd 8. [99. 3297]

Processgeschichte, Actenmässige, in Sachen der Freyhn von Dürckheim wider gemeinschaftliche Sponheimische Regierung zu Trarbach . . . O. O. 1778. V: *Fürstenau, Johann Gottlieb.* (Holz)

Processgeschichte in Sachen Namkar contra Mean. O. O. 1783. V: *Hofmann, Carl Friedrich.* (MGT)

Proceßgeschichte, Verfolgung u. Tod Ludwigs XVI. 8. Wien 793. Schönfeld. 8 gr.

Neuste baiersche Process-Gesetze. *Nürnberg,* Riegel u. Wiessner. 827. gr. 8. (6 Gr.)

— neueste, vom Jahre 1819 u. 1837, nebst dem Gesetze über Präjudicien und Militär-Gerichtsbarkeit. Aus dem Anhange der von Dr. Moritz mit Königl. Allerhöchst. Privilegium herausg. neuesten Sammlung von Novellen zur Bayer. Gerichts-Ordnung besonders abgedr. gr. 8. München 838. Franz. 1/3 ℛ

Proceßgesetze, die neuesten Sächs., mit den aus den ständischen Berathungen sich ergebenden Erläuterungen. Nebst einem alphabet. Sachregister. 1s Hft. gr. 8. Leipzig 839. Boltt. 1/4 ℛ

— dass. 2s Hft. Das Gesetz, das gerichtl. Verfahren in Streitigkeiten über ganz geringe Civilansprüche betreff., vom 19. Mai 1839, nebst d. dazu gehörigen Verordnung von demselben Tage. gr. 8. Ebd. 839. 1/4 ℛ

Processhansl, Der. Posse in zwei Aufzügen für Kindertheater bearbeitet. Wien ca. 1890. V: *Molitor, Caroline v.* (EB)

Processhansl, Der. Posse in zwei Aufzügen ... Wien [ca. 1890]. V: *Molitor, T.* (EB)

Prozession, die große, in Münster. (Gedicht.) 8. (14 S.) Münster 848, Deiters in Comm. 1/12 ℛ

TÄGLICHE Prozession, welche von den P.P. Franziskanern in der Kirche des allerheiligsten und glorreichsten Grabes unseres Herrn Jesu Christi in Jerusalem gefeiert wird. Pest 1864: A. Bucsánszky. 56 S. - kl. 8°

Prozessionen, die, in der katholischen Kirche, s. Broschüren-Cyclus.

Prozessions-Büchlein für die Stadt Münster. Zum Gebr. bei d. grossen Prozession, d. Wallfahrt nach Telgte ... 9. Aufl. *Münster: Regensberg 1900.* (128, 40 S.) 8° [F.] [82. 442. 0]

Processionsfeier, die, des heil. Fronleichnams. 2e Aufl. 12. Landsh. 849. Storno. 1 ngr

Processionslieder nebst Litaneien und Gebeten für Stadt und Landgemeinden. 4. Aufl. Crefeld 1863. H: *Ruland, Johann Nep.* (RASS)

Prozeßkreuz, das. Ein kleines Handbüchel für den Bürger u. Landmann. In 24 Exempeln. 2. Aufl. 12. (31 S.) Augsburg 848, Schmid. 1/8 ℛ

Proceßnoth, die, in Württemberg. Mit Vorschlägen zur Abhülfe (von W. Daniel). 8. (55 S.) Ellwangen 848, Brandegger. 9 ngr

Prozeßordnung

— allgem. bürgerl., für das Königr. Hannover. Unter besond. Berücksicht. der Regierungs- u. ständischen Motive zum prakt. Gebrauch hrsg. v. Adph. Leonhardt. gr. 8. (XII u. 275 S.) Hannover 848, Helwing. n. 5/6 ℛ

Proceßordnung, allgem. bürgerl., für das Königr. Hannover. Mit Erläuterungen für Juristen u. Nichtjuristen. gr. 8. (VIII u. 147 S.) Hannover 848, Bockwitz. 5/12 ℛ — Hannover, vom 8. November 1850. 2. Aufl. 16. (XVI u. 320 S.) Ebd. 851. 1/2 ℛ

— allgemeine bürgerliche, für das Königr. Hannover u. Gesetz die Uebergangsbestimmungen in das neue Prozeßverfahren betreffend. Unter vollständ. Mittheilung der Regierungsmotive u. der ständischen Beschlüsse u. Anmerkungen zum prakt. Gebrauche u. einem umfassenden Inhaltsverzeichnisse versehen v. Heinr. Albert Oppermann. gr. 8. (IV u. 342 S.) Göttingen 852, Dieterich. n. 1 ℛ

Proceß-Ordnung, allgemeine bürgerliche, für das Königr. Hannover vom 8. Novbr. 1850, mit den Abänderungen der das bürgerliche Proceßverfahren betreffenden Gesetze vom 31. März 1859 und Bekanntmachung des königl. Justiz-Ministeriums, betreffend Ausführung des §. 3 des Gesetzes vom 31. März 1859 rc. gr. 8. (XII und 198 S.) Stade 860, Steudel. *

Processordnung, Augsburgische. Augsburg 1770. H: *Tröltsch, Johann Friedrich Reichsfreiherr von.* (ML) (BB) (KY)

Proceßordnung, Augsburgische, (von J. Fr. v. Tröltsch). 4. Augsb. 770.

—— die bürgerliche, und deren Nebengesetze (für das Königr. Hannover). Hrsg. von A. Leonhardt, s. Justizgesetzgebung, die, des Königr. Hannover.

Prozeß-Ordnung, bürgerliche, f. den eidgenössischen Kanton Thurgau. 16. (5 1/2 B.) Belle-Vue 843, Verlags- u. Sortim.-Bh.

— bürgerl., für Westphalen. Supplement-Band. Französ. u. deutsch. gr. 8. Hannov. 811. Hahn. 2 ℛ Hbg. Pr. 1 ℛ

Die erläuterte u. verb. churf. sächs. Process- u. Gerichtsordnung, nebst Reg. u. Taxordnung. *Dresden,* (Hahn in *Leipzig.*) 724. 4. (1 Thl. 4 Gr.)

— für das Großherzogthum Frankfurt. gr. 8. Frankf. 812. Eichenberg. 2 ℛ

Friderichs Königs in Preussen u. Souverainen Herzogs in Nieder-Schlesien Neue **Process Ordnung**, wornach sowol in denen Erb- als Mediat-Fürstenthümern u. Standes-Herrschafften, auch allen andern Gerichten künftig verfahren werden soll. Breßlau: Korn 1742. fol.

Process-Ordnung, Die neue, der Liebe aufs neue revidirt und herausgegeben von der Königin Venus und Cupido secretarius. Gedruckt zu Liebenburg o. J. [1724]. V: *Henrici, Christian Friedrich.* (BGE III, 303)

Proceßordnung, neue rc. in Niederschlesien. 4. Breslau. 744. Ditblr.

Prozeß-Ordnung in bürgerlichen Rechtsstreitigkeiten für das Großherzogth. Baden, s. Justizgesetze, die neuen.

Proceßordnung in bürgerl. Rechtsstreitigkeiten f. d. Großh. Baden. Officielle Ausg. gr. 8. ... Karlsruhe 832, Groos.
Vgl. Weiler, G. Frh. v.

Proceßordnung in bürgerl. Rechtsstreitigkeiten f. d. Großh. Baden. — Nachtrag dazu. gr. 8. (...) Karlsruhe 837, Groos.
Hauptwerk. Ebendas. 1832. 1 Thlr. 8 Gr.

— in bürgerlichen Rechtsstreitigkeiten f. das Großherzogthum Baden. Amtl. Ausg. gr. 8. (XXVI u. 322 S.) Karlsruhe 851, Müller. 24 ngr — Quartausg. n. 1 ℛ 18 ngr

— dies. Mit Anführung der bezügl. Gesetze, Verordnungen u. Belehrungen, sowie der vergleichenden Stellen u. mit Hinweisung auf die allgem., wie besondere bad. Literatur, u. auf das französ. Proceßrecht. gr. 16. (XXX u. 332 S.) Ebd. 852. In Engl. Einb. n. n. 1 ℛ

Proceßordnung in bürgerlichen Rechtsstreitigkeiten für das Königr. Bayern vom 29. April 1869. 8 Lfgn. 8. (XLVI, 619 S.) Bamberg 869,70, Buchner'sche Buchh. *

Prozeßordnung in bürgerlichen Rechtsstreitigkeiten für das Königr. Bayern. Amtliche Ausg. Lex.-8. (1. Lfg. XVI, 350 S.) München 869, (Kaiser. — Ackermann.) *

Prozeßordnung in bürgerlichen Rechtsstreitigkeiten für das Königr. Bayern. Nebst dem Einführungsgesetz sowie einem Inhaltsverzeichniß und ausführl. Sachregister. 1. Bd. 3 Abthlgn. 1. Aufl. 1869, und 2. Aufl. 8. (640 S.) Würzburg 871, Stahel'sche Buchh.

— in bürgerlichen Rechtsstreitigkeiten für das Königreich Bayern vom 29. April 1869 mit erläut. Anmerkungen aus den Motiven zu den Gesetzentwürfen, den Referaten u. Verhandlungen der Gesetzgebungsausschüsse beider Kammern unter Anschluß eines vollständ. Sachregisters bearb. von einem rhein. Juristen. München 870. Franz. 8. (XVI, 1114 S.) 4 ℳ

—— dass. — Mit Erläuterungen zumeist aus den Quellen von A. Vierling. gr. 8. Nördlingen 870, Beck'sche Buchh. * Hierzu: Einführungsgesetz vom 29. April 1869. Mit Erläuterungen von demselben. gr. 8. (66 S.)

—— dass. — 2. Abthl.: Einführungsgesetz mit dem wörtl. Abdrucke aller durch dasselbe aufrecht erhaltenen älteren Bestimmungen. 5 Lfgn. 8. (III, 516 S.) Ebendas. 870,71. 1.—4. Lfg. à ℳ 1.; 5. Lfg. ℳ 1,35.

Proceßordnung, die, in bürgerlichen Rechtsstreitigkeiten nebst dem Gesetze vom 29. April 1869, die Einführg. e. Proceßordng. in bürgerl. Rechtsstreitigkeiten f. das Königr. Bayern. 2. Abth. [Gesetze, Verordngn. u. Entschließgn. zu der Proceßordng. u. ihrem Einführungsgesetz enth.] 5. Lfg. 8. (XVIII, u. S. 325—388.) Bamberg 871. Buchner. n. 1. —

Prozeßordnung in bürgerlichen Rechtsstreitigkeiten f. das Königr. Bayern. 2. Bd. 6—8. Abth. 8. (S. 187—266.) Würzburg 873—76. Stahel. 1. 7 (I—II, 8.: 5. 67)

Prozeßordnung in bürgerlichen Rechtsstreitigkeiten. 2. Bd. 7.—9. (Schluß-)Abthl. 8. Würzburg, Stahel'sche Buchh. [7. Abthl. (S. 219—258.) 876. 52 Pf.; 8. Abthl. (S. 259—266.) 876. 15 Pf.; 9. Abthl. (S. 267—290.) 878. 30 Pf.]
1. Bd. und 2. Bd. 1.—6. Abthl. Ebendas. 1871—73. *ℳ 6,50.

— und Gerichtsordnung, sächsische. 4. Dresden, Walther. (a. Fritsch, Leipzig.) 724.

Proceß-Ordnung und Sporteln-Taxe für die Unter-Gerichte im Königreiche Hannover. Hannover 1827.

—— und Sporteln-Taxe f. d. Unter-Gerichte im Königr. Hannover, mit e. vollständ. alphabet. Sachregister. gr. 8. (10¾ B. u. 2½ B. 8.) Celle 833, Schulze.

—— dies., mit erläut. Anmerkn. u. den einschlag. neuesten Ministerial-Rescripten begl. gr. 8. (16 B.) Ebds. 833.

—— für d. Untergerichte d. Königr. Hannover v. 5. Oct. 1827; mit vollst. Register. Nebst d. Sporteltaxe u. dem Gesetze: die Beschränkung der bei d. Untergerichten zu verhandelnden geringern Schuldsachen betreff.; vom 13. Dec. 1834. 2., verm. Ausg. gr. 8. (...) Celle 835, Schulze'sche Buchh.

—— dass. — mit Anmerkn. u. den einschlagend. Ministerial-Rescripten versehen. 2. Ausg. gr. 8. (...) Ebds. 835. *

Proceß-Ordnung f. die Untergerichte des Königr. Hannover v. 5. Octbr. 1827. Nebst der Sporteln-Taxe, dem Gesetze, die Beschränkung der bei den Untergerichten zu verhandelnden geringeren Schuldsachen betreff.; v. 13. Dec. 1834, u. dem Gesetze über die Eidesleistungen der Juden vom 24. Febr. 1845. 3., verm. Ausg. gr. 8. (9½ B.) Celle 845, Schulze. *

—— dass. Mit erläut. Anmerkungen u. den einschlagenden neuesten Ministerial-Rescripten begleitet v. Ernst Schlüter. 3., verm. Ausg. gr. 8. (18¼ B.) Ebds. 845. *

Processrecht, Meiningen'sches. Zusammenstellung der sämmtlichen für den bürgerlichen Prozess gültigen Landesgesetze des Herzogthums S. Meinigen. Meiningen 1862. H: *Rückert, Ed.* (BMarsch 834)

Proceß-Reglement, Hrzgl.-Oldenburgisches. Breit gr. 8. (7 B.) Oldenburg 824, (Schulze.)

Process-Richter, Der, nach amtlichen Aktenstücken und stenographischen Aufzeichnungen bearbeitet ... Wien 1860. V: *Pollak, Heinrich.* (EB)

Processschrift das Brockdorff'sche Fideicommiss betreffend. (Unvollständig!) Fol.

Prozeßschriften über die Sukzessionsstreitigkeiten wegen des sog. Markgräfl. **Schwedter** alten Allodiums aus dem Jahre 1789—94. In Mappe.]

1. Beurtheilung der zu Berlin erschienenen Abh. über die Frage: Ob der weiblichen Nachkommenschaft der beyden Gebrüdern Markgrafen Friedrich und Markgrafen Heinrich zu Brandenburg-Schwedt. die aus der Herrschaft Schwedt herauszuzahlenden Gelder zu gleichen Theilen zustehen mussen? Dessau 1789.
2. Bemerkungen über die Ausführung der Gerechtsame der Frau Prinzessinnen Töchter des Marggrafen Friedrich Heinrich zu Brandenburg-Schwedt. Berlin 1789.
3. [Friedel]: Beleuchtung der Bemerkungen über die Ausführung der Gerechtsame der Frauen Prinzeßinnen Töchter des Markgrafen. Friedrich Heinrich zu Brandenburg-Schwedt. Dessau 1790.
4. Wiederlegung der i. J. 1790 zu Dessau herausgekommenen Beleuchtung in der Streitsache zwischen Ihro Kgl. Hoh. den Markgräfl. Friedrichschen Prinzessinnen u. Ihro Kgl. Hoh. den Markgräfl. Heinrichschen Prinzessinnen wegen der Schwedtschen Reluitions-. Kauf- u. Meliorations-Gelder. Berlin [um 1792].
5. Ausführung u. Vertheidigung der Ansprüche Ihrer Herzogl. Durchl. d. verw. Frau Herzogin zu Mecklenburg, etc., geb. Herzogin zu Wirtemberg etc. an die von dem Kurhause Brandenburg jetzt nach Abgang des Mannsstammes der Markgrafen von Brandenburg zu Schwedt der Markgräfl. weiblichen Linie zu erstattenden Reluitions Kauf u. Meliorations Gelder. Schwerin. o. J.
6. Erzählung u. Beurtheilung der über den Gerichtsstand in der Schwedter Successions-Angelegenheit entstandenen Streitigkeiten. Geschrieben zu Berlin im Dec. 1790. Berlin 1790.
7. Rechtfertigung der ergriff. Appellation wider das in der Schwedter Succeßions-Angelegenheit am 16. Juni 1791 publicirte schiedsrichterliche Erkenntniß 1. Inst. von Seiten Sr. Herzogl. Durchl. des regierenden Hr. Herzogs Friedrich Franz zu Mecklenburg etc. Rostock 1792.
8. Weitere Darstellung d. Gerechtsame der Markgräfl. Friedrichschen Prinzessinnen Kgl. Hoh. in der Markgräfl. Schwedtschen Sache zur 2. Inst. gegen das Erkenntniß vom 16. Juni 1791. Berlin 1792.
9. Erklärung der Markgräfl. Friedrichschen Prinzessinnen Kgl. Hoh. über die Ausführung u. Vertheidigung der Ansprüche der verw. Frau Herzogin zu Meklenburg Durchl. an die von dem Kgl. Churhause Brandenburg der Markgräfl. weiblichen Linie zu erstattenden Reluitions-Kauf- u. Meliorationsgelder wegen der Herrschaften Schwedt, Wildenbruch und Pertinenzien. Berlin [1792].

[Beigedr.:]

Erklärung im Höchsten Nahmen der Markgräfl. Friedrichschen Prinzessinnen Kgl. Hoh. über die von Seiten des regierenden Hr. Herzogs zu Meklenburg Durchl. als Testaments-Erben der hochseel. verw. Frau Herzogin Louise Friederike zu Meklenburg geb. Herzogin zu Würtemberg am 28. Febr. 1792 eingegebenen Rechtfertigung der ergriffenen Appellation wider das am 16. Juni 1791 publicirte schiedsrichterliche Erkenntniß 1. Inst. Berlin 1792.

10. Gegendeduction der Gerechtsame der Markgräfl. Heinrichschen Prinzeßinnen, Kgl. Hoh., Appellatinnen, zur Widerlegung der weitern Darst. der Gerechtsame der Markgräfl. Friedrichschen Prinzeßinnen, Kgl. Hoh., Appellantinnen, in der Markgräfl. Schwedtschen Successions-Angelegenheit. Dessau 1792.

11. Der neue Schwedter Prozeß oder Rechtfertigungsschrift nach Berufung auf die 2. Inst. gegen den in der Schwedter Successionsangelegenheit bes. über den Legitimationspunkt von dem Instruktionssenat des Kgl. Kammergerichts zu Berlin gefällten am 10. April 1794 eröfneten schiedsrichterlichen Ausspruch von Seiten Sr. Herzogl. Durchl. des Herrn Friedrich Franz regierenden Herzogs zu Mecklenburg etc. wider Ihre Kgl. Hoh. die 5 Frauen Prinzessinnen Töchter des Hochsel. Hr. Markgrafen Friedrich Wilhelm u. Friedrich Heinrich zu Brandenburg-Schwedt etc. nebst 25 Anl. Rostock 1794.

[Beigedr.:]

1. Gegenausführung der Gerechtsame der Frauen Prinzeßinnen Töchter des Hochsel. Hr. Markgrafen Friedrich Heinrich zu Brandenburg-Schwedt, Kgl. Hoh., Appellatinnen, gegen Se. Herzogl. Durchl., den regierenden Hr. Herzog zu Mecklenburg-Schwerin, Appellanten. Dessau 1792.

2. Ueber das Gutachten des Hr. Geh. Legationsrath v. Steck vom 31. May 1790 in der Markgräfl. Schwedtschen Successions-Angelegenheit. 1792.

Processual-Lexicon, Königlich Preussisch Allgemeines, oder möglichst vollständiges Repertorium aller ... Constitutionen, Edicten und General-Rescripten, so den Process reguliren. Halle 1749—50. V: *Hempel, Christ. Friedrich.* (KGBerlin I, 1578)

Processus judicialis Contra fures temporis Institutus ... 1735. [Aug. Vind. et Ingolst. 1760.] V: *Neumayr, Franz.* (Jes)

Prozeß-Verfahren, das alt-preußische. Breslau 861. Kern in Comm. gr. 8. (15 S.) 3 ngr.

Prozeßverfahren, das neue, vor dem Amtsrichter. Praktische Anleitung für Jedermann, ohne Anwalt vor allen Amtsgerichten des deutschen Reichs in bürgerlichen Rechtssachen als Kläger oder Beklagter aufzutreten. Mit zahlreichen Mustereingaben von einem Juristen. 16. (151 S.) Karlsruhe 880. Bielefeld's Verl. cart. — 60

Processverhandlung des Kammerherrn G. von Blücher, Rittern ... wegen der im Jahre 1796 gedruckten Clementinischen Acten. Kopenh. 1799. V: *Blücher, Gustav Gotth. von.* (Bruun, Bibl. Danica I, 740.)

Proceßverhandlung des Grafen v. Blücher, wegen der im J. 17:6. gedruckten Clementinisch. Acten. gr. 8. Kopenh. 799. Schubothe. 12 gr.

Prozess-Verhandlung, öffentliche, des Grossherzogl. Bezirksgerichts in Sachen gegen *Christoph Warburg.* Betreffend: Die Schrift „Schwester Adolphe". Mainz, J. Gottsleben, o. J. (1864). Gr. 8°. Cart.

70 S. — Die inkriminirte Broschüre Warburg's hat d. Tit.: „Schwester Adolphe, od. die Geheimnisse der inneren Verwaltung des bürgerl. Invalidenhauses in Mainz, geleitet von den barmherzigen Schwestern. Frankf. a. M. 1863." 8°. Mitangeklagte waren der Frankf. Buchhändler Isaak Jourdan u. d. Buchdrucker H. F. A. R. Baist.

Prozeß-Verhandlungen des Assisen-Hofes der untern Seine (Rouen) in Sachen des Duells zwischen den Journalisten Dujarier u. v. Beauvallon zu Paris. Aus dem Französ. des Journals „die Presse" übers. 8. Berlin 846, Sacco. n. 1/4 ₰

Prozeß-Verhandlungen, die, gegen Ernst Dronke vor dem Zuchtpolizeigericht zu Koblenz am 10. April u. 6. Mai 1847. Zur Charakteristik der neuen Erscheinung eines Tendenz-Prozesses u. der Unterziehung eines Ausländers wegen im Auslande ausgeübter straflosen Handlungen unter die Strafbegriffe der preuß. Gesetze. Lex. 8. (72 S.) Leipzig 847, Jurany (jetzt: Kittler). 12 ngr

— **gegen Gottfr. Kinkel u. Genossen, zu Köln, 29. April bis 2. Mai 1850,** wegen angeblichen Attentats, Sturm des Siegburger Zeughauses u. Aufreizung zum Bürgerkriege. Hrsg. vom Bonner Komitee. gr. 8. (123 S.) Bonn 850, Sulzbach in Comm. n. 1/3 ₰

Prozeß-Verhandlungen vor der Strafkammer zu Trier am 19. Septbr. 1892 gegen W. Reichard aus Trier als Verfasser u. Buchdruckerei-Besitzer E. Sonnenburg aus Trier als Verleger der Broschüre: Die Rockfahrt nach Trier unter der Aera Korum. Nebst e. Einleitg. 8. (75 S.) Trier 892. A. Sonnenburg. n. — 50

Prozeß-Verhandlungen gegen Fr. Wilh. Thümmel, Pfarrer in Remscheid, u. Diedr. Bruno Wiemann, Buchdruckereibesitzer u. Verlagsbuchhändler in Barmen, vor der Strafkammer zu Cassel am 4., 5. u. 6. Jan. 1888. Genaue stenograph. Aufnahme der „Westdeutschen Zeitung" durch e. als vortrefflich bekannten Elberfelder Stenographen u. zweier Reichstagsstenographen. 8. (III, 317 S.) Barmen 888. Wiemann. n. 2. —

Prschewalski, Nikolai Michailowitsch

—— **Reise von Kuldscha über den Thian-Schan an den Lob-Nor und Altyn-Tag 1876 und 1877,** s. Mittheilungen aus Justus Perthes' geographischer Anstalt.

Prschewalski, N. v., Reisen in der Mongolei, im Gebiet der Tanguten und den Wüsten Nordtibets, s. Bibliothek geographischer Reisen und Entdeckungen.

Prschewalski, N. v., Reisen in der Mongolei, im Gebiet der Tanguten u. den Wüsten Nordtibets in den J. 1870 bis 1873. Autoris. Ausg. f. Deutschland. Aus dem Russ. u. m. Anmerkgn. versehen v. Albin Kohn. Mit 22 Illustr. (in eingedr. Holzschn. u. 10 Holzschntaf.) u. 1 (chromolith.) Karte (in qu. gr. Fol.) gr. 8. (XL, 538 S.) Jena 877. Costenoble. n. 12. —

Prschewalski, N. v., Reisen in Tibet u. am obern Lauf d. Gelben Flusses in den J. 1879 bis 1880. Aus dem Russ. frei in das Deutsche übertr. u. m. Anmerkgn. versehen v. Stein-Nordheim. Mit zahlreichen Illustr. u. 1 Karte in Farbendr. gr. 8. (XIV, 281 S.) Jena 884. Costenoble. n. 8. —

Prucha, Dr. Karl Franz —. Primiz und Sekundiz. Die Morgen- und Abendfeier des priesterlichen Tagewerkes. Eine Paränese an die Alumnen des Prager F. E. Klerikalseminars, vorgetragen am 6. November 1853 aus Veranlassung der in der Oktave des Allerheiligen-Festes abgehaltenen doppelten Primiz-Sekundizfeier in Prag von — —. 8. (32 S.) Prag. Druck von Friedrich Rohlicek. Verlag von Wenzel Heß. 1853.

Prucha, Karl Frz., die Versöhnung mit Gott durch die Generalbeicht. Ein Unterrichts- und Exercitienbuch. Prag 857. Credner. 12. (VII, 244 S.) n. 12 ngr.

Prucha, P., die österreichische Polizeipraxis, mit besonderer Beachtnahme auf jene der Wiener Polizei-Direktion. Mit einem Inhaltsverzeichniß und ausführl. Sach-Register. gr. 8. (XVI, 629 S.) Wien 877, Manz'sche Hofbuchh. *

Prucker, Carl, Träume vom Leben. Gedichte. (34 S.) kl. 8. Wien 909. H. Heller & Co. 1. —

Prückl, Anna, für den Glauben unser Leben, s.a. Schul- u. Vereinsbühne, christliche.

(F) **Prückl, A.**, Für den Glauben unser Leben. Trauerspiel. [Christliche Schul- und Vereinsbühne. Bd. 100.] 8°. (32 S.) Linz: Kath. Presseverein 1909. K —.40

— Das Rubinenkreuz, s.a. Schul- u. Vereinsbühne, christliche.

(F) **Prückl, A.**, Das Rubinenkreuz. Schauspiel. 2. Aufl. [Christliche Schul- und Vereinsbühne. 38. Bd.] 8°. (56 S.) K —.70 Linz: Pressverein, Verlagsbuchhandl. 1910.

Prückl, Anna, s.: Schul- u. Vereinsbühne, christliche.

— Sonnenwende, s.: Schul- u. Vereinsbühne, christliche.

— Drei Sonntagskinder, s.: Schul- u. Vereinsbühne, christliche.

Pruckmann, **F.**, opera juridica practica. II Voll. Fol. Frkf. a. M. 781. Brönner. 6 *rf*

Pruckner, Andr., Compend. ethicae. 8. Gothae. 702.

Pruckner, Karoline

Pruckner, Caroline, Theorie und Praxis der Gesangskunst. Handbuch für angehende Sänger und Sängerinnen. gr. 8. (VIII, 157 S. mit 22 lithogr. Notenbeisp. 66 S.) Wien 872, Czermak. *

Pruckner, Caroline, Theorie u. Praxis der Gesangskunst. Handbuch f. angeh. Sänger u. Sängerinnen. Mit 22 Noten-Beispielen. 2. Aufl. gr. 8. (VII, 112 u. Notenbeilagen 55 S.) Berlin 883. Schlesinger'sche Buchh. n. 4. —

Pruckner, Caroline, über Ton- u. Wortbildung in Fragen u. Antworten. gr. 8. (30 S.) Wien 897. (Pressburg, G. Heckenast's Nachf.) n. 1. 60

Pruckner, Karoline, über Ton- u. Wortbildg. in Fragen u. Antworten zum Selbstunterricht. 2. verb. Aufl. (32 S.) gr. 8. Breslau 904. J. Hainauer. n. 1. —

Pruckner, Caroline, Ueber Wort- und Tonbildung in Fragen und Antworten. Gr.-8. (30 S.) Pressburg: Heckenast (Drodtleff) 1897. —.80

Prückner, Christ. Phil.

Prückner, C. P. (Lehrer der Chemie) „Ueber den Einfluss der Chemie auf Gewerbe, Kunst und Wissenschaft in neuerer Zeit". pg. 3—16. 4°. Heinr. Mintzel. Hof, Progr. 1838/39

Prückner, C. P., die Fabrikation des Blausalzes etc., s. Höfflmayr, Mart.

Prückner, Chrst. Phil., die zweckmässigste u. vortheilhaft. Fabrication der Soda. Eine gekr. Preisschr. M. 1 Stndr. (gr. 4.) gr. 8. (1¼ B.) Halle 833, Anton. Aus dem „Neuen Jahrb. d. Chemie u. Physik, hrsg. v. F. W. Schweigger-Seidel" besond. abgedruckt.

Prude, la jeune; ou les femmes entre elles. Comed. en 1 Act. p. Dupaty. 8. Brschw. Pluchart.

Prude, A., eine kleine Garnison in Bildern. Nach berühmt. Muster. (38 Bl.) 8. Budapest 904. G. Grimm. n. 2. — 54*

Prudelwitz, Baron v., u. Baron v. Strudelwitz. Erlebnisse auf dem Kriegsschauplatz. Berlin 866. Humburg & Co. gr. 8. (32 S. mit vielen schönen Illustr. in Holzschn.) 5 ngr.

Prudence humaine, ou Moyens par lesquels on peut avancer sa fortune ... traduit de l'anglois ... 14. édition. Francfort s. M. 1744. V: *Britaine, William de.* (BrMm)

Prudens, Eugen

PRUDENS, E. (ps.), Enthüllungen aus dem Berliner Nachtleben. O. O. u. J. (c. 1900). 8°. (2 Mk. 20 Pfg. J. Taussig, Prag, c. 1902, zus. mit 1 andern Buche.)

Prudens, Eug., im Strudel d. Weltstadt Berlin. Der Roman e. Gefallenen. 8. (74 S.) Berlin 896. M. Marcus. n. 1. 50

Prudentia
Ⓠ Internationaler Anzeiger Ⓢ 1887—1888 Ⓩ wöchentlich 6X Ⓞ Zürich Ⓛ BGSZ: 12, p. 101 Ⓑ Von BGSZ 12 unter den politischen Zeitungen aufgezählt.

Prudentia von Albertsburg und Blasius von Windheim; eine lehrreiche Trauergeschichte ... Zittau 1797. V: *May, Christian Gottlieb.* (OL) (Ky) (MGT)

Prudentia humana. 8. maj. Presb. Patzko.

Prudentius, od. das Bild eines klugen Predigers. 8. Altona 813. (Hammerich). 12 *gr*

Prudentius, Aurelius Clemens

Prudentii, M. A. C., apotheosis, s.: Patrum, sanctorum, opuscula selecta.

Prudentii Clementis, Aurelii, Carmina. Recensuit et explicavit Theod. Obbarius. 8maj. (23⅓ B. u. 1 Stnt.) Tubingae 845, libr. Laupp. 1

Prudentii Clementis, Aurelii, quae exstant carmina ad vatice. aliorumque codicum et optimarum editionum fidem recensuit, lectionum varietate illustravit, notis explicavit Alb. Dressel. Leipzig 860. Mendelssohn. gr. 8. (LXVIII, 538 S.) 2 *rf* 15 ngr.; Velinp. 3 *rf* 15 ngr.

— Feiergesänge, heil. Kämpfe u. Siegeskronen metrisch übers. u. mit Noten begl. v. J. P. Silbert. gr. 8. Wien 820. Wallishauser. 1 *rf* 16 *gr*

— Die I. und IV. Hymne aus den Siegeskronen des Prudentius m. Anmerk., übers. J. G. Dölling. Pr. 1846. 18 S. 4°.

— *Hymn. de martyrio Laurentii.* Rec. var. lectt. suas aliorumq. notas adjecit Schier. Lips. 763. 8. Guelph. 764. 8. 8 gr.

Prudentii, Aurel. Clem., hymnus de martyrio S. Laurentii, c. varr. lectt. et notis ed. J. A. Schier. 8. Wolfenb. 764. Meissner. 8 gr.

Prudentius Clemens, Aurelius. Opera. Cum Notis Nic. Heinsii ... Col. 1701. H: *Müller, Dan.* (AArF) (AArK)

— Opera, c. not. varior. ed. Heinsii. 8. Frcf. Stössel. 701.

Prudentius, Aurel. Clem., quae exstant, rec. et annot. illustr. Cellarius. 8. Halae, Waisenh. 739.

Prudentii Clementis Aur. Psychomachia. Rerum et verborum copia explicata. Ed. Joan Bergmann. Hab. 1897. XLI, 78 S. 2.50

Specimen poeseos sacrae ex Prudentii Hymnis sacris depromptum. Curanto Stölzlin. Ulm. 714. 8.

Prudentius, Justus Chr.: „Unerschöpffte Gold-Grube oder Unbetrügliche gewisse und experimentirte Geldmacher Kunst, Wodurch nicht mit Worten, sondern in der That Allen Wittwen und Waysen, Hauss- und Bettel-Armen auch andern Nothleidenden Menschen aus ihrer Armuth und Noth, zugleich auch Kirchen, Schulen und Hospitalien . . . zu helffen, Allen Obrigkeiten zur Nachricht, Allen Armen zum besten mit mehren nützlichen Pagagen eröffnet", Nordhausen, Verlegts Joh. Dauderstadt, Buchhändler. Gedruckt i. J. Chr. 1708. — Vorh.: StB Nürnberg.

Prudentius, M. A. C., s. Prudentius, Aurelius Clemens

PRUDHOMME, Jos. (ps.), Die Lesbierinnen. Ein Dialog. Mit 9 (erotischen) Radierungen von Félicien Rops. Erste u. vollständige Uebertragung nach d. französ. Orig.-Ausg. v. Paul Marein. Lpzg. 1909. Gr. 8°. (In hocheleg. Halbpergamentband. Mk. 30—.)

Privatdruck in nur 350 handschriftl. numerierten Exemplaren in hervorragend schöner Ausstattung hergestellt u. bereits vergriffen. — Englische Antiqua-Type auf handgeschöpftem Hadernpapier, mit 2 Farben gedruckt.
Das Original wurde im Jahre 1864 in nur 130 Ex. veröffentlicht u. ist von ausserordentlicher Seltenheit.
Aus d. Prospekt: „Dieser ungemein kunstvoll geführte, harmlos beginnende, bis zur letzten wahnsinnigen, alles mit sich fortreißenden Ekstase raffiniert gesteigerte Dialog ist ein Meisterwerk französischer Sprachkunst, das an Witz, Geist und auch an — Lascivität kaum zu übertreffen ist und dem vielleicht nur die „Gespräche" des Pietro Aretino als ebenbürtig an die Seite gestellt werden können."
Confiscirt 1912, laut Ztschr. f. Bücherfr., N. F., Jahrg. III, 1912, Heft 11, S. 418.

Prudhomme, Louis Marie. Allgemeine und unpartheyische Geschichte der Irrthümer . . . welche im Laufe der Französischen Revolution sind begangen worden; a. d. Franz. Düsseldorf 1800—1. Ü: *Aschenberg, Johann Wilhelm.* (MGT)

Prudhomme, L. M. Geschichte der Vergehungen der französischen Königinnen vom Anfange der Monarchie bis auf unsere Zeiten. O. O. 1792. V: *Guinemont de Kéralio, Robert Louis Felix* (?). (BGE II³, 398)

Prudhomme, L., Irrthümer, Fehler u. Verbrechen der vier Legislaturen Frankreichs; nach d. Französ. bearb. v. W. Aschenberg. 2 Bde. gr. 8. Düsseld. 800. Dänzer. 2 rℓ

Prudhomme, L. M. Sündenregister der Königinnen von Frankreich von der Gründung der Monarchie bis auf Maria Antoinette. Aus d. Französ. Strassburg [Greiz] 1792. V: *Guinemont de Kéralio-Robert, Louis Felix* (?). (BGE II³, 398) Ü: *Hilscher, Johann Friedrich.* (BGE II³, 398)

— Sündenregister der Königinnen v. Frankreich, von Gründung d. Monarchie bis auf Marie Antoinette; nach d. Französ. (v. J. F. Hilscher u. Dünger). 8. Straßb. 792. Henning in Greiz. 1 rℓ

— Verbrechen d. deutschen Kaiser. 8. Hamb., (Herold jun.) 1 rℓ

— Verbrechen d. deutschen Kaiser. 8. Hamb. Vollmer.

PRUDHOMME (ps.), Verbrechen der deutschen Kaiser. Aus d. Französ. Mayland (fing.) 1798. 8°. 318 S. (5 Mk. Max Harrwitz, 1906:)

Schliesst mit Joseph II. († 1790), Leopold II. († 1792) u. Franz II. — Mit Bezugnahme auf Friedr. v. d. Trenck.

— Vergehungen d. französ. Königinnen. Mit Kpf. gr. 8. Leipz. 792. (Voß). 1 rℓ 6 gr

— Virgehungen d. Päpste vom heiligen Peter an. Mit Kpf. 8. Leipz. 794. (Voß). 1 rℓ 12 gr

Prudhomme's, Sully, Gedichte, in deutschen Versen v. J. Schnitzler, m. e. franz. Vorrede v. Sully Prudhomme. (99 S.) gr. 8. Berlin (903). P. Ollendorff. n. 2.—

Prudhon's, Pierre Paul, Biographie, s.: Schmarsow, A.

Prudhon, Apollo und die Musen, s. Meister, alte.

Prudlo

— Anfangsgründe d. Rechenkunst. (Anzusehen als d. 1e Thl. der gesammten niedern Arithmetik). gr. 8. Bresl. 824. (Graß, B. u. C. 14 gr

— Beispiele zur Einübung d. einfachen u. zusammengesetzten Proportionsrechnung u. mehrerer damit verwandten Rechnungsarten. 8. Bresl. 823. 2e A. ... 3e A. 827. Graß, B. u. C. 8 gr

Prudlo, ..., Bergaussichten, oder: was sieht man von den verschiedenen Bergen des schlesischen u. Glätzer Gebirges? Ein Handbuch für Freunde schöner Aussichten, namentlich für Reisende, Badegäste u. für angehende Pflanzensucher. 8. Breslau 834. Graß, Barth u. Comp. n ²⁄₃ rℓ

Prudlo, ..., Lehrbuch d. ebenen Geometrie. Mit 6 Figurentaf. gr. 8. Bresl. 823. Graß, B. u. C. 1 rℓ

— Lehrbuch d. körperl. Geometrie u. der Stereometrie, mit Rücksicht auf die Kaie'sche Modellen-Samml. Mit 6 Figurentaf. gr. 8. Bresl. 825. Graß, B. u. C. 1 rℓ

— Lehrbuch d. ebenen Trigonometrie, zum öffentl. Gebrauche u. zum Selbststudium, nebst einem zugehör. Anhange d. Theorie d. Logarithmen. Mit 1 Figurentaf. gr. 8. Bresl. 826. Graß B. u. C. 20 gr

— vollständ. Lehrbuch d. Arithmetik. 1r Bd. (Als 3r Thl. der gesammt. niedern Arithmetik). gr. 8. Bresl. 825. N. A. 827. Graß, B. u. C. 1 rℓ

Prudlo: Das Monochord oder der Einsaiter. 1ste Abth., enth. die Töne, wie sie die Theilung einer Saite nach den natürlichen Zahlen 1, 2, 3 u. s. w. angibt. 35 S. . . . .
Breslau, k.,Progr. 1834

Prudlo, ..., die bürgerl. Rechnungsarten. (Als 2r Thl. d. gesammten niedern Arithmetik). gr. 8. Bresl. 824. N. Aufl. 828. Graß, B. u. C. 10 gr.

Prudlo, F. Die vorhandenen Höhenmessungen in Schlesien. Breslau 1837. 8°.

Prudlo, Ludw., Katechismus f. Brautleute zur Vorbereitung auf das sogenannte Brautexamen. 16. (72 S. m. e. Stahlst.) Regensburg 871. Pustet. — 60

— das Manresa der Kinder. Beherzigungen u. Gebete f. die Zeit der Vorbereitg. auf den ersten Empfang der hl. Sacramente der Buße u. d. Altars. 2. verb. u. m. e. Anh. der nothwendigsten Gebete verm. Aufl. Mit e. Titelbild (in Stahlst.) 16. (352 S.) Ebend. 871. — 60

Pruer, Calcul décimal. 8. Coblenz 799. Pauli u. C. 12 gr.

Prüfe dein Gewicht. Von H. v. K. (Umschlag: Du bist auf d. Wage gewogen u. zu leicht erfunden.) 16. (16 S.) Dinglingen (897). (Frankfurt a/M., J. Schergens.) n.n. — 15

(Prüfe und wähle!) Eine ausgewählte Sammlung von Erzählungen, Gedichten, Fabeln, Parabeln und Aufsätzen aus der Geschichte, Geographie, Natur- und Vaterlandskunde, nebst Biographien berühmter ausgezeichneter Staatsmänner. Wien, 1855. Druck und Verlag von Leopold Grund. (119 S. 1 Bl. 8.) Mit Holzschnitten.

Prüfer, Arth., die gegenwärtigen Aufgaben d. Musikgeschichte. Vortrag, geh. in Leipzig am 29. Apr. 1895. [Aus: „Musikal. Wochenbl."] gr. 8. (20 S.) Leipzig 896. Buchh. G. Fock. n. — 30

Prüfer, Arth., Sebastian Bach u. die Tonkunst des 19. Jahrh. Antrittsvorlesung, geh. am 10. V. 1902 in der Aula der Universität zu Leipzig. Für den Druck an einigen Stellen geändert u. erweitert. gr. 8. (23 S.) Leipzig (902). (G. Schlomminger.) n. — 60

— s. a. Briefwechsel zwischen Carl v. Winterfeld u. Eduard Krüger.

Prüfer, Arthur. Briefwechsel zwischen Carl von Winterfeld und Eduard Krüger. Leipzig 1898.

— die Bühnenfestspiele in Bayreuth m. besond. Berücksicht. der Aufführungen v. 1899. 6 Vorträge. gr. 8. (XII, 228 S.) Leipzig 899. E. W. Fritzsch. n. 3. —

Prüfer, Arthur: Johan Herman Schein ... (Eingereicht m. e. Partiturausg. d. weltl. Werke Scheins.) Leipzig, Druck v. Breitkopf & Härtel, 1895; 2 Bl., VII—XXIV, 148 S. 8.
Leipzig, Phil. Fak., Hab.-Schr. v. 29. Apr. 1895

Johan Herman Schein von Arthur **Prüfer**. *Leipzig: Breitkopf & Härtel 1897.* (XXIV, 148 S.) 8°
[04. 4609]

Prüfer, Arth., Johann Hermann Schein u. das weltliche deutsche Lied des 17. Jahrh. m. e. Anh.: Schein's Stellg. zur Instrumentalmusik, s. a. Publikationen der internationalen Musikgesellschaft. II, 7.

Johann Hermann Schein und das weltliche deutsche Lied des 17. Jahrhunderts mit e. Anh.: Schein's Stellung z. Instrumentalmusik. Von Arthur **Prüfer**. Leipzig: Breitkopf & Härtel 1908. (VI, 96 S.) 8°
=**Publikationen** d. Internat. Musikgesellschaft. Beihefte. 2. Folge. 7. [08. 14378]

— (Hrsg.), s. Schein, Johann Hermann: Zwanzig ausgewählte weltliche Lieder.

Prüfer, *Hermann Bernhard* Arthur [Dr. jur. aus Leipzig]: Untersuchungen über den ausserkirchlichen Kunstgesang in den evangelischen Schulen des 16. Jahrhunderts. . . . Leipzig, Druck v. Pöschel & Trepte, 1890; 2 Bl., 67 S., 1 Bl., 235 S., 1 Bl. 8°
Leipzig, Phil. Fak., Inaug.-Diss. v. [24. Nov.] 1890

Prüfer, Arth., Untersuchungen über den ausserkirchlichen Kunstgesang in den evangelischen Schulen d. 16. Jahrh. gr. 8. (III, 67 u. 236 S.) Leipzig 890. (Fock.) n. 4. —

Prüfer, Arth., Richard Wagner in Bayreuth. Vortrag, geh. in der Goethe-Gesellschaft zu Leipzig am 10. III. 1908. (19 S.) gr. 8. Leipzig 910. J. Wörner. — 80

— Das Werk v. Bayreuth. Vollständig umgearb. u. stark verm. Aufl. der Vorträge üb. die Bühnenfestspiele in Bayreuth. (XIX, 421 S. m. 7 Taf.) gr. 8. Leipzig 909. C. F. W. Siegel. 6. —

Prüfer, C. E., s. Prüfer, Karl Ernst

Prüfer, Carl Ernst, s. Prüfer, Karl Ernst

Prüfer, Curt, s. Prüfer, Kurt

Prüfer, E., u. J. Popken, Fibel. Nach dem v. dem königl. Provinzial-Schulkollegium zu Hannover festgestellten Normal-Duktus. [1. Tl.] gr. 8. (75 S. m. Illustr.) Hannover 887. Norddeutsche Verlagsanstalt. geb. n.n. — 50

— — dasselbe. 2. Tl. Lesebuch f. die Unterstufe. gr. 8. (VII, 120 S.) Ebd. 888. geb. n. — 70

Prüfer, E., u. J. Popken, Fibel. 1. Tl. 2. Aufl. gr. 8. (80 S. m. Abbildgn.) Hannover 892. Norddeutsche Verlags-Anstalt. n. — 40; geb n.n. — 50

Prüfer, E., u. J. Popken, Fibel. 1. Tl. 3. Aufl. gr. 8. (80 S. m. Abb.) Hannover 897. Norddeutsche Verlagsanstalt O. Goedel. n. — 40; geb. n.n. — 50

— — dasselbe. 2. Tl. Lesebuch f. die Unterstufe. 2., durchgeseh. Aufl. gr. 8. (VII, 120 S.) Ebd. 898. Geb. n.n. — 70

Prüfer, E., u. J. Popken, Fibel. 2 Tle. gr. 8. Hannover, Norddeutsche Verlagsanstalt O. Goedel. Kart. n.n. 1. 20
1. 7. Aufl., nach der neuesten deutschen Rechtschreibg. hrsg. v. J. Popken. (80 S. m. Abbildgn.) 903. n.n. — 50
2. Lesebuch f. d. Unterstufe. 3. Aufl. (VII, 120 S.) 902. n.n. — 70

Prüfer, E., u. J. Popken, Fibel. 2 Tle. gr. 8. Hannover, Norddeutsche Verlagsanstalt O. Goedel. n.n. 1. 20
1. 9. Aufl., hrsg. v. J. Popken. (80 S. m. Abbildgn.) 906. Geb. n.n. — 50
2. Lesebuch der Unterstufe. 5. Aufl., hrsg. v. J. Popken. (VIII, 119 S.) 906. Kart. n.n. — 70

— — Wandfibel. 24 Blatt. qu. gr. Fol. Ebd. 888. n. 5. —; aufgezogen n. 11. —

Prüferus, Ernestus *[geb. Görlitz 27. 10. 1805]*: De μή et οὐ particulis epitome. Vratislaviae 1836. (55 S.) 8°
Breslau, Phil. Diss. v. 13. Aug. 1836

Prüfer, H., die Wollen- und Halbwollenstückfärberei, s. a. Angaryd, E. H.

Prüfer, H., die Wollen- und Halbwollen-Stückfärberei in ihrem ganzen Umfange. Ein vorzugsweise pract. Hülfs- und Lehrbuch für Färbereitechniker, Tuch- und Wollenfabrikanten und solche, die es werden wollen. 6 Lfgn. gr. 8. (372 S. mit mehreren eingedr. Holzschn. und ca. 180 gefärbten Proben.) Leipzig 876—78, G. Weigel. Subscr.-Pr. à Lfg. * ℳ 3.; compl. *

Prüfer, Johannes: Die pädagogischen Bestrebungen Friedrich Fröbels in den Jahren 1836—1842. Berlin 1909: Thormann & Goetsch. 64 S. 8° ¶(Aus: Mitteilungen d. Gesellsch. f. dtsch. Erziehungs- u. Schulgeschichte. Jg. 19, H. 2.)
Leipzig, Phil. Diss. v. 22. Juni 1909, Ref. Volkelt, M. Heinze
[Geb. 4. Sept. 82 Leipzig; Wohnort: Leipzig; Staatsangeh.: Sachsen; Vorbildung: Sem. Grimma bis 03. Wahlfähigkeitszeugn. Nov. 05; Studium: Leipzig 6 S.; Rig. 27. Febr. 09.] [U 09. 3044

Prüfer, Karl [aus Klein-Drebnitz Kgr. Sachsen]: Ein Fall von Haematocele funiculi spermatici ... Freiburg i. B., Buchdr. E. Kuttruff, 1896; 36 S. 8.
Freiburg i. B., Med. Fak., Inaug.-Diss. v. 1896

Prüfer, Karl, über die Krystallform des Lazuliths, s.a. Abhandlungen, naturwissenschaftl., hrsg. von W. Haidinger. I. Bd.

Prüfer, K.: Über die Krystallform des Lazuliths. (Aus den naturwissensch. Abhandl. von Haidinger.) Wien: 1847. 4⁰

Prüfer, Karl Ernst

Pruefer, C. E., de graeca atque latina declinatione quaestiones criticae. Fasc. I. 8maj. Leipz. 827. Köhler. 18 gr.

Prüfer, Carl Ernst, Kritik der hebräischen Grammatologie. gr. 8. (XXVI und 514 S.) Leipzig 847, Vogel. Thlr.

Prüfer, Kurt

Prüfer, Curt, a. Friedenau bei Berlin: Ein ägyptisches Schattenspiel. Erlangen 1906: E. Th. Jacob. (XXIII, 151 S.) 8°
Erlangen, Phil. Fak., Ref. Jacob, Diss. v. 27. Febr. 1906
[Geb. 26. Juli 81 Friedenau bei Berlin; Wohnort: Südende; Staatsangeh.: Preußen; Vorbildung: Askan. Gymn. Berlin Reife 01; Studium: Berlin 9 S.; Rig. 17. Jan. 06.]

Prüfer, Curt, ein ägyptisches Schattenspiel (XX, 151 S. m. Abbildgn.) gr. 8. Erlangen 906. M. Mencke. n. 2.40

Prüfer, S.

— die natürl. Dünger-Vermehrung, wodurch das Stroh zur Fütterung erspart wird u. die Wälder mehr geschont werden. Mit e. Anhange, enthaltend das theuer erkaufte Geheimniß, wie man von einem Scheffel Aussaat 12 bis 15 Scheffel einernten kann, u. ein untrügl. Mittel gegen Futtermangel in trocknen Jahren. 8. Bautzen 840. Reichel. n. 1/2 ₰

Prüfer, S., wie muß der Kartoffelbau betrieben werden, um eine reichliche Ernte davon zu erwarten? Nebst e. deutl. Anweisung der sichersten mehrjährig erprobten Methode, wie man in einem Sommer aus Kartoffel-Saamen-Körnern große genießbare u. zur Fortpflanzung vollkomm. Kartoffeln erziehen kann, mit einigen Bemerkk. über d. Benützung der Kartoffeln. 16. Camenz 839 (Dresden u. Leipzig, Arnold.) 1/4 ₰ — 2e Aufl. gr. 16. Bautzen 840. Reichel. n. 1/3 ₰

Prüfer, Thdr., der Todtentanz in der Marienkirche zu Berlin u. Geschichte u. Idee der Todtentanzbilder überhaupt. Ein Beitrag zur Archäologie u. Kunstgeschichte. Mit 6 photolith. Taf. (in qu. gr. Fol.) [Aus: „Schriften d. Vereins f. die Geschichte Berlins".] Fol. (20 S.) Berlin 876. v. Decker. 3. —

Prüfer, Theodor. Der Todtentanz in der Marien-Kirche zu Berlin und Geschichte und Idee der Todtentanz-Bilder überhaupt ... Berlin, Verlag von Theodor Prüfer 1883.
Tit., 36 S., 4 farb. Taf. 4°.
Entstehung wird mit der Pest von 1484 in Verbindung gebracht.

„Prüfet alles!" Ein Wort in letzter Stunde. Von den Verfassern des mit obigem Motto am 15. Juli cr. eingereichten, ausser Konkurrenz befindlichen Projektes zum vollständigen Neubau eines Ordenshauses für die vier vereinigten F.-Logen der Grossloge Royal York z. Fr. in Berlin. Modifizirter Abdr. des dem Entwurfe beigefügten Erläuterungs-Berichtes. [Berlin 1880: Langenscheidt.] 8 S. 8⁰ [Umschlagtit.]

Prüfet alles, behaltet das Beste! Freimütige Gedanken u. heilsame Anreggn. u. Aufklärgn. üb. allerlei Dinge u. Verhältnisse. (Aberglauben, Religion, wahre u. falsche Glücksgüter u. Lebenswerte, Erziehg. u. Unterricht, soziale Fragen, Staatsreformen, Krieg.) Ein Wegweiser zu wahrem Glück u. wahrer Sittlichkeit u. zur Hebg. der sozialen Not. Von e. Quellsucher. (180 S.) 8. Zürich 905. [C. Schmidt.] Schweizer Druck- u. Verlagshaus. 2. 40

Prüfet alles, das Gute behaltet!, s. Kanzelberedsamkeit, kathol., 5. u. 6. Bdchn.

Prüfet Alles, das Gute behaltet! ... Landshut 1833—37. V: *Blum, Georg.* (schmal) (Th)

Prüfet Alles u. das Beste behaltet! Auch eine Stimme über die jüngsten u. zu den bevorstehenden Kämpfen auf kirchl. Gebiet im Consistorialbezirk Wiesbaden. 1. Heft. Wiesbaden 870. Limbarth. gr. 8. (39 S.) n. 4 ngr.

Prüfet Alles und das Gute behaltet. Hundert edle Züge, Anekdoten, witzige Einfälle berühmter Menschen ... Wien 1830. V: *Ebersberg, Joseph Sigmund.* (Ky)

Prüfet Alles u. das Gute behaltet. Hundert edle Züge, Anekdoten, witzige Einfälle berühmter Menschen, zur Erweckung der Geisteskräfte, zur Förderung des Selbstdenkens u. Verbreitung edler Gesinnungen, aus d. Gebiet der Geschichte u. der Zeitereignisse, gesammelt f. die Jugend (von J. Ebersberg). gr. 12. Wien 830. Sollinger. 6 gr.

Prüfet die Geister, ob sie aus Gott sind. O. O. 1848. 3. Aufl. 1854. V: *Lutz, Johann Evang. Georg.* (ADB)

Prüfet die Geister, ob sie aus Gott sind! Ein Beitrag zum Verständnisse d. Fragen u. Bewegungen unserer Zeit. Von einem Geistlichen der Augsburger Diöcese. 8. (39 S.) Thannhausen 848. Augsburg, Kollmann in Comm. 1/6 ₰

Prüfet die Geister ob sie aus Gott sind! Ein Beitrag zum Verständnisse der Fragen und Bewegungen unserer Zeit. 3., verm. Aufl. gr. 8. (99 S.) Augsburg 854, Kollmann'sche Buchh.

Prüfet die Geister, ob sie von Gott sind. Rechtfertigung der protestantisch-evangel. Kirche gegen die neuesten Angriffe eines römisch-kathol. Geistlichen. Von e. protest.-evang. Geistlichen. 1. Aufl. 1843. u. 2. Aufl. gr. 12. (à 2 B.) Speyer 844, Reidhard's Buchh. h

Prüfet die Geister, ob sie von Gott sind. Von J. S. R. gr. 8. (VIII, 80 S.) Leipzig 899. O. Mutze. n. 1.50

Prüfet Euch! Zuruf an junge Christen . . . Hamburg 1840. V: *Detmer, Alexander.* (schr)

Prüssner, K., Dr. Martin Luthers Katechismus f. Taubstumme. (86 S.) kl. 8. Erfurt 906. H. Neumann. Kart. n. — 70

Prüfordnung f. elektrische Meßgeräthe u. Vorschriften f. die Ausrüstung der elektrischen Prüfämter nebst Erläuterungen. Hrsg. v. der physikal.-techn. Reichsanstalt. Amtl. Ausg. 8. (VI, 32 S.) Berlin 902. J. Springer. n. — 60

Prüfstein, der,. Ein Sittengemälde der Vorzeit in 5 Akten. (Fortsetzung des grauen Mannes.) 8. Grätz, Tusch. 799. -

Prüfstein, der, für Künstler, Schauspiel von Hagemeister. 8. Berlin, Schöne. 795. Ist jetzt Verlag von Nauck. -

Prüfstein der Nachfolger d. Heilandes J. C. in Sprüchen, 2 Thle. 8. Regensb. Montag. 744.

Prüfung, Die. Berlin 1793. V: *Meyer, Frdr. Ludw. Wilh.* (GGr) (MGT)

Prüfung, die; e. Geschichte für Vaterlandsfreunde. 8. Liegn. 803. Siegert. 12 kr

Prüfung am Abend. 8. Salzb., Duyle. 1 kr

Anonym: „Prüfung der in der berlinischen Monatsschrift von May 1787 befindlichen Abhandlung, den freyen Getraidehandel in den preussischen Staaten betreffend", Berlin 1787. — Vorh.: Preuß. Staatsbibliothek Berlin und Com. Bibl. Hamburg.

— der in d. Berliner Monatsschrift befindl. Abhandlung vom Getreidehandel. 8. Berl. 787. Himburg. 4 kr

Prüfung der Abschiedsrede des Herrn J. Ge. Kühner . . . Hamburg 1750. V: *Käuffelin, Johann Matthias.* (schr)

Prüfung, Aktenmässige, entgegengestellt vom Kämmerer und Rath der . . . Reichsstadt Regensburg, der von dem fürstl. Reichsstift St. Emmeram verbreiteten beurkundeten Geschichte der gegenseitigen Gerechtsamen . . . Regensburg 1784. V: *Gumpelzhaimer, Georg Gottlieb.* (Ky) (MGT)

— aktenmäßige, entgegengestellt, vom Kämmerer u. Rath d. k. freien Reichsst. Regensburg, der, von dem fürstl. Reichsstift St. Emmeran verbreit. beurkunt. Geschichte d. gegenseit. Gerechtsamen u. darüber entstand. Differenzen, (von Geo. Gli. Gumpelzhaimer). Mit Beil. No. 1—40. Fol. Regensb. 784.

Prüfung der Alleinherrschaft. [Weimar 1793.] V: *Erhard, Johann Benjamin.* (MGT)

Prüfung der Handmilchseparatoren Alfa Laval Viola I u. II u. Alfa Laval Colibri I u. II der Aktien-Gesellschaft Alfa-Separator in Wien. (Mitteilungen der Maschinen-Prüfungsstation der k. k. Hochschule f. Bodenkultur in Wien.) (12 S. m. Abbildgn.) gr. 8. Wien 906. C. Fromme. Sonderabdruck aus: „Oesterr. Molkerei-Ztg." n. — 45

Berlin, Physikalisch-technische Reichs-Anstalt, II. (technische) Abtheilung, Amtliche Prüfung von Thermometern. (Sonder-Abdr. aus der Zeitschr. für Instrumenten-Kunde, Jahrg. VIII, Jan. 1888.) Berlin 1888.

Prüfung. Amtliche, von Thermometern. Berlin 1888 (Mittheil. a. d. Physik.-Techn. Reichsanst.)

Anonym: „Prüfung der Anleitung zu richtigen Begriffen von der Leibeigenschaft in Holstein; von einem Holsteiner", Hamburg 1784 (Matthiessen).

Prüfung der Anleitung d. Freiherrn F. W. v. Wedel-Jarlsberg zu richtigen Begriffen v. der Eintheilung d. dänischen Landgüter . . . Von einem Holsteiner. Hamb. 1784. 87 S.

Prüfung der Ansichten des Hrn Professors von Baczko in dessen kleinen Schrift: Ueber die unglücklichen Verhältnisse in Ostpreussen . . . Königsb. 1814. V: *Manitius, Carl Ludwig.* (MGT) »1815« (Ky) (stam)

Prüfung der Ansichten des Herrn Prof. v. Baczko, in dessen kleiner Schrift, über die unglücklichen Verhältnisse der Grundeigenthümer in Ostpreussen. (Von K. L. Manitius.) gr. 8⁰. Königsberg, Nicolovius, 1815.

Prüfung der Ansprüche von Protestanten auf den Genuß der Studienstiftungen an der Universität Freiburg. Von der akadem. Stiftungskommission daselbst. 12. Freiburg 841, Herder. n. 1/6 ℛ

— ausführl., der von dem General-Comité des landwirthschaftl. Vereins in Baiern mit dem ersten Preise gekrönten Abhandl.

des Geometers Gebhard, über Güter-Arrondirung. 8. Münch. 818. (Finsterlin). 8 kr

Prüfung der Freiherrl. Sickingischen Actenmässigen Ausführung und wiederholte Bewährung der Statthaftigkeit desienigen Recurses, welchen Churpfalz und dero Sponheimische Fürstl. Agnaten . . . wegen der . . . Herrschaft Ebernburg . . . zu nehmen sind vermüssiget worden. O. O. 1771. V: *Preuschen, Georg Ernst Ludwig von.* (Holz)

Prüfung der Aeusserung Bonapartes über die aufgeklärtesten Nationen in Europa . . . Germanien [Frankfurt] 1800. V: *Scheppler, Franz Jos. Carl.* (MGT) (Wr) (HS) (Ky)

— der Aeußerung Buonaparte's üb. d. aufgeklärten Nationen in Europa, (v. F. J. K. Scheppler). 8. Frkf. a. M. 800. Guilhaumann. 6 kr

Prüfung und Beantwortung der vom Lehrer Hagen in Bayreuth erschienenen Schmähschrift gegen den Verf. der „Beleuchtung" des von Hagen bei einer Lehrer-Versammlung abgegebenen Referats über das im Central-Schulbücher-Verlage zu München erschienene „Lese- und Sprachbuch für Mittelklassen". Von dem „hochbewährten" Schulfreunde. gr. 8. (39 S.) Bamberg 873, Buchner'sche Buchh. *

Prüfung des kurtzen Bedenckens: ob es dem publico dienlich, dass die Kirchen-Historie den Theologis lediglich überlassen werde ... Jena 1725. V: *Buddeus, Joh. Franz.* (Myl)

Prüfung der bisher gewöhnlichen Begriffe von der Ehe und von der Menschheit . . . Magdeburg 1773. V: *Purgolt, Daniel Heinrich.* (ML) (Ky)

— der bisher gewöhnl. Begriffe von d. Ehe u. von d. Menschheit, wie auch des Satzes d. kanon. Rechts, daß d. Beischlaf ohne Absicht d. Schwängerung e. schändl. Handlung sey, (von Dn. H. Purgold). 8. Magdeb. 773.

Prüfung der Hobbes'schen und Kantischen Behauptung, daß unabhängige Staaten im Zustande des Krieges gegen einander seyen. Mit Anmerkungen. Berlin 1815. V: *Schwab, Johann Christoph.* (Russell XVI, I, 2, 1864)

— der Hobbesischen u. Kantischen Behauptung, daß unabhängige Staaten im Zustande des Krieges gegen einander seyn. Nebst Briefen üb. den Riesenplan der Neufranken im J. 1796. Mit Anmerkk. gr. 8. Berl. 815. Nicolai. 12 ℊ

Prüfung der gründlichen Beleuchtung des Aktenmässigen Verhalts ... O. O. 1771. V: *Lipowsky, Anton Johann.* (Holz) (ML)

— der Bemerkungen eines badischen Forstmannes über die Forstschule in Karlsruhe. Durch zwei Eleven dieser Anstalt. 8. Karlsruhe 833. Groos. 1/8 ℛ

— und Berichtigung der Krahmer'schen Schrift: Preußische Zustände. Von K. H. S. R***f. gr. 8. Berlin 841, Dümmler. 1/6 ℛ

Prüfung, Bescheidene, der Vertheidigung des Herrn Prof. Nöltings, den Schlosserschen Streit betreffend. Hamburg 1769. V: *Buchenröder, Joh. Nicolaus Carl* [?]. (Almanach der deutschen Musen 1770. 2. Aufl. S. 30.) (schr VI, 301)

Prüfung, Bescheidene, der Cirkularverordnung Sr. Königl. Majestät von Preussen, Friedrich Wilhelm des Dritten, an allerhöchst Dero sämtliche Regimenter und Bataillone ... Leipzig 1800. V: *Hahn, Johann Zacharias Hermann.* (Ky) (MGT) (ErschDl.)

J. Z. H. H. Bescheidene Prüfung der Circular-Verordnung Seiner königl. Majestät von Preussen, Friedrich Wilhelm III., an Allerhöchst dero sämmtliche Regimenter und Bataillons, den Unterricht in den Garnisons-Schulen betreffend. so wie der darin enthaltenen Grundsätze über Volksschulen und Volksunterricht überhaupt. 8. Leipzig 1800.

— bescheidene, der Circularverordnung Friedrich Wilhelms III. &c., den Unterricht in d. Garnisonschule betreff., v. J. Z. H. H. (Hahn). gr. 8. Leipz. 800. (W. Nauck). 12 ℊ

— bescheidene, d. Circularverordn. Friedr. Wilh. III. &c. d. Unterricht in d. Garnisonschule betr. gr. 8. Lpz. Sommer. 800.

Prüfung und Beurtheilung, Richtige, der von P. Franz Neumayer ... gehaltenen 4 Predigten über die evangelisch-lutherische Glaubenslehre. O. O. 1754. V: *Richter, Christoph Gottlieb.* (Jes) (ML)

— u. Beurtheilung des Rituals für das Erzbisthum Freiburg im Großherzogth. Baden. 8. Constanz 836. Glükher. 1/12 ℛ

— und Beurtheilung der Ludwig'schen Schrift: „Vollständ. prakt. Bearbeitung der 6 ersten Lebensverhältnisse nach Graser"; von einem königl. bayer. Local-Schul-Inspector. gr. 8. Hof 846, Grau. 6 nℊ

Prüfung der Beweggründe zur Tugend, nach dem Grundsatz der Selbstliebe; teutsch und französisch. Berlin 1770. V: *Steinbart, Gotthilf Samuel.* (Ky) (MGT)

— der Bewegungsgründe z. Tugend nach d. Selbstliebe, (v. G. S. Steinbart). 8. Berl. 770. Frommann in Jena. 3 ℊ — Französisch 4 ℊ

— der Schrift: Beweis, daß der Vorrang in Baiersch. Kreissachen d. Kurfürsten gebühre, (v. F. T. v. Kleinmayern). Fol. Regensb. 795. Montag u. W. 1 ℛ

— über die, die sich um eine Würtemberg. Kameralverwaltung melden. 8. Stuttg. 795. Metzler. 6 ℊ

Prüfung der Thomasischen Disputation und Gründe von Verzögerung der Justiz ... Leipzig 1726. V: *Benemann, Johann Christ.* [?]. (Adel)

Prüfung einer unlängst dem unpartheyischen Publikum zur Einsicht vorgelegten Drukschrift (!), u. d. Tit.: *Beweiss, dass der Vorrang in baierischen Kreissachen den Churfürsten u. Hersogen in Baiern vor den Erzbischöffen von Salzburg gebühre*, aus Geschichte u. Rechtsgründen geführt, samt Beylaagen (!) I—XXII. O. O. 1792. Fol. Beibd.

Tit., 86 S., 1 Bl. Err.

Prüfung einer unlängst dem unpartheyischen Publikum ... vorgelegten Druckschrift unter dem Titel: Beweis, dass der Vorrang in Bayerischen Kreissachen den Kurfürsten und Herzogen in Bayern vor den Erzbischöffen von Salzburg gebühre ... Regensburg 1793. V: *Kleimayrn, Franz Thaddäus.* (MGT) (Hr) »1795« (Ky)

— der Einleitung zu der Schrift: Neue Erde u. neuer Himmel, von G. Frey. gr. 8. Münch. 801. Lentner. 10 ℊ

— d. Einleitung z. d. Schrift: Neue Erde u. neuer Himmel, v. G. Frey. gr. 8. Lpz. Gräff. 802.

Prüfung der Einleitung zu der Schrift: Neue Erde, neuer Himmel. München 1810. V: *Sambuga, Joseph Anton.* (Th) (Schmal)

Prüfung der vornehmsten Einwürfe gegen die Vereinigung der beiden protestantischen Kirchen. Frankfurt 1818. 2. Aufl. 1819. V: *Scheibler, Max. Frdr.* (NN)

Prüfung des rechtlichen Erachtens von einem Rechtsbeflissenen . . . 1797. V: *Hennemann, Christian Ulrich Ludwig.* (MGT)

— des rechtl. Erachtens eines Mecklenburg. Rechtsgelehrten, üb d. den Grafen G. W. v. d. Schulenburg=Wolfsburg u. d. gemeinsamen Anwalde d. Gläubiger anhängig. Rechtssache ꝛc. Fol. Helmst. 796. Fleckeisen. 12 gr

— Melch. Götzens Erklär. d. Worte Assaphs. gr. 8. Hamb. Bohn. 770.

— der öffentl. Erklärung des Hofrichters v. Berlepsch, in Rücksicht zweier Verfügungen d. Besteuerung d. Fürstenth. Göttingen betreff. 8. Hannov. 803. Hahn. 8 gr

Prüfung der Tellerischen Erklärung über I Mos. 49, 10. O. O. 1768. V: *Niclas, Johann Nicolaus.* (Adel) (MGT)

— ernstliche, der Religionsmengerei, od. eines allen christl. Sectengemeinen von H. v. Loen vorgeschlag. Eintrachtstempels. 8. Frankf. 750. Hechtel. 6 gr

Prüfung, die erste juristische. Abändergn. d. Prüfungs- u. Studienordng. v. 3. XI. 1890 (J.-M.-Bl. Nr. 40) vom 18. I. 1897 (Deutscher Reichs- u. Preuß. Staats-Anzeiger Nr. 24 v. 1897) m. Erläutergn. 12. (18 S.) Berlin 897. R. v. Decker. Kart. — 30

Prüfung einiger in Umlauf gebrachten Forderungen . . . welche die landschaftliche Verfassung des Fürstenthums Lüneburg betreffen. Hannover 1794. V: *Jacobi, Andr. Ludolph.* (JStBbH)

Prüfung, Fortgesetzte umständliche und unparteyische, über Frantz Rotfirschers Fortsetzung der Nachricht von seinem Übergange . . . Innsprug 1753. V: *Strähler, Christian August Ernst.* (HThPP)

Prüfung der Frage: Ob in den lateinischen Schulen die ebräische Sprache auch gelehrt werden solle? . . . Flensburg 1781. V: *Strodtmann, Adolph Heinrich.* (NN) (MGT) (Kordes, Schlesw.-holst. u. eutin. Schriftst. Schleswig 1797.)

— der Frage: Von remediis revisionis et supplicationis. 4. Leipz. 751. Klaubart. 3 gr

Prüfung und Frauengeduld oder die Wiederverehelichung, Familiengemählde in 5 Aufzügen. Wien 1793. V: *Brockelmann, Joh. Hnr. Hieronymus.* (GGr) H: *Meyer, Frdr. Ludw. Wilh.* (Ky)

Prüfung und Frauengeduld. Familiengemälde. (Neue Aufl. von Marivaux, Versuchung ꝛc., v. Fr. L. W. Meyer.) 8. Wien 793. Wallishausser. 8 gr

— freimüthige aber bescheidene, der ergangenen Preuß. Verordnungen, betreff. die Verhütung u. Bestrafung der die öffentl. Ruhe störenden Excesse d. Studirenden. 8. Königsb. 798. Nicolovius. 6 gr Schrbp. 10 gr

Freymühtige **Prüfung** der Ehrenholdtischen und zufälligen Gedanken, wegen eines über die Adeliche Güther in Schlesswig und Holstein anzuordnenden und aufzurichtenden Schuld- und Pfand-Protocols, angestellet v. Lucas Friedebert. Carinopel in Nord-Albingien. 1735. 4° k.

Prüfung, Freimüthige, einer Schrift des . . . Joh. Melch. Goeze, welche den Titel hat: Richtige Erklärung der Worte Assaphs Ps. 79, 6 . . . Hamb. 1769. V: *Schlosser, Johann Ludwig.* (Schr)

Prüfung, Freimüthige, der Schrift des Prof. Rühs über die Ansprüche . . . 1816. V: *Hess, Matthias.* (Ky)

Prüfung, Eine freymüthige, des 175ten Theils der Teutschen Acta Eruditorum und der . . . Critic über Hrn Professors Philippi zu Halle, Versuch eines mathematischen Beweises von der Unmöglichkeit einer ewigen Welt . . . O. O. 1733. V: *Philippi, Johann Ernst.* (ML)

Fünfte öffentliche **Prüfung** der Zöglinge des Taubstummeninstituts, welche am 25ten September 1791 früh von 8 bis 1 Uhr auf der Neustadt in dem Prüfungs-Saale des Waisenhauses mehreren Raumes wegen über nachstehende Gegenstände wird vorgenommen werden. Seiner Kaiserlichen Königlichen Apostolischen Majestät Leopold II. in aller Unterthänigkeit gewidmet. Prag 1791: Diesbach. 11 Bl. 8°. [Umschlagtit.] Selten.

Prüfung der Gedanken des Herrn J. C. Fabricius über die Volksvermehrung . . . Altona 1782. V: *Bruyn, Georg.* (ML) (Call) (MGT) (Kordes, Schlesw.-holst. u. eutin. Schriftst. Schleswig 1797.)

— der Gedanken Fabricius, von der Volksvermehrung in Dänemark. 8. Altona 782. Bohn in Hamb. 12 ℋ

Prüfung der Gedanken über die Feldwirthschaften der Geistlichen als eine Antwort hierauf. Prag 1781. V: *Dobrowsky, Josef.* (Kalender der Heiligen 1782, S. 25) (Bespr. Fr. Prochazka, Miszellaneen, S. 241) (PK 1/544) (Geissau, Verzeichniss, S. 25) (HARTUNG S. 15) (BIBLPORT)

PRUEFUNG. – der Gedanken über d. Feldwirthschaften d. Landgeistlichen. Trattner, Wien 1781 82.

— der Gedanken J. J. Hertels von e. allgem. Pensionskasse für Wittwen u. Unmündige rc. gr. 4. Kopenh. 765. (Brummer). 4 ℋ

— der Gedanken des Hrn. W. L. Tralles von der Gegenwart Christi im heil. Abendmahl. Bresl., W. G. Korn. 2 ℋ

Prüfung, Die, der Gedanken eines Ungenannten von den Elementen der Körper. Leipzig 1747. V: *Formey, Joh. Heinrich Sam.* Ü: *Manteufel, Ernst Chph Graf von* [?]. (Waniek, Gottsched. Leipzig 1894. S. 391 f.)

Prüfung der unpartheiischen Gedanken e. deutschen Staatsrechtsgelehrten. gr. 8. Mainz 789. Sartorius. (Fr. Fleischer in Leipz.) 9 ℋ

Prüfung, Genaue, ob das Decret vom 20. Juni 1759 betreffend den schädlichen Lauf Reichssatzungswidriger Münzsorten ... mit oder ohne Fug erlassen worden? ... Regensp. 1760. V: *Emerich, Val. Frdr. v.* (HOLZ)

Prüfung aus der allgemeinen Gerichts- und Concursordnung ... Klagenfurt 1788. V: *Hubmerhofer, Joseph.* (WBL)

Prüfung der Geschichte von Baiern für die Jugend und das Volk. Frankf. u. Leipz. 1787. V: *Gemeiner, Carl Theod.* (Bücher-Samml. d. hist. Ver. v. u. f. Oberbayern. Münch. 1867.)

Prüfung der Geschichte von Baiern für die Jugend und das Volk ... Frankfurt u. Leipzig 1787. V: *Roschmann, Cassian Anton von.* (MARGR)

— der Geschichte von Baiern f. die Jugend u. das Volk. gr. 8. Frankf. 787. (Trattner in Wien). 6 ℋ

Prüfung, Geschicht- und rechtlich begründete, desienigen Pro Memoria so iüngsthin ... in comitiis und sonsten ausgetheilt worden. O. O. 1765. V: *Sündermahler, Joh. Jac. Jos.* (ML) (HOLZ)

Prüfung, Geschichts- und rechtmässige, der Gedanken eines Bayern über einige Stellen der ... Anmerkungen über das Absterben des kurfürstl. Hauses Bayern. Frankfurt u. Leipzig [Salzburg] 1778. V: *Stainhauser von Treuberg, Johann Philipp.* (HR) (ML) (MGT)

Prüfung des der Kammer der Abgeordneten vorgelegten Gesetzes Entwurfs betreffend das Gemeinde-Bürger- und Beisitz-Recht. Stuttg. 1828. V: *Zahn, Chn Jac.* (Kat. d. ständ. Bibl. Stuttg. 1907. S. 307.) (TÜBZ 25, 26)

Prüfung der Glaubens-Bekenntniß, So unter dem höchsten Nahmen Seiner Königlich-Preußischen Majestät Friedrichs des Zweyten, zu Schafhausen in der Schweitz durch öffentlichen Druck an das Tag-Licht gestellet worden, fürgenommen von einem Orthodoxo Theologo. Im Jahr 1759. *Ohne Ort und Jahr.* 8°.
Enthält den Abdruck des angeblichen Glaubens-Bekenntnisses Friedrichs.

Prüfung, Glimpfliche, des in P. Dufrene S. J. vorläufigen Antwort vom 6. Mai 1752 befindlichen sogenannten unwidersprechlichen Grundes zur Vertheidigung der in seinen Rudimentis historicis gebrauchten anzüglichen Schreibart. Regensburg 1752. V: *Schäffer, Jacob Christian.* (JES) (ML) (BB)

— der bejahenden Gründe: Soll man sich in d. abendländ. Kirche beim Gottesdienst d. latein. Sprache bedienen? 8. Frankf. a. M. 772. (Montag u. W. in Regensb.) 6 ℋ

Prüfung der bejahenden Gründe, welche die Gottesgelehrte anführen, über die Frage, soll man sich in der abendländischen Kirche ... der Lateinischen Sprache bedienen? Frankf. u. Leipz. 1777. V: *Mayr, Beda.* (ML) (BB)

Prüfung der Gründe, deren sich der Verfasser der ... Schrift: Ist ein allgemeiner Landeskatechismus nothwendig und nützlich? zur Bejahung dieser Frage bedient hat. Berlin 1791. V: *Gebhard, Johann Georg.* (MGT)

Prüfung der Gründe für und wider das Einheits-System und den Föderalismus in der Schweiz. 8. *o. O.* 1801.
Mutmasslicher Verfasser: Emanuel Rudolf Friedrich von Fischer.

— der neuen Gründe für die öffentl. Rechtspflege. 8. Berl. 818. 18 gr

Prüfung der sogenannten Gründe für die gänzliche Abschaffung der Schulsprache des theologischen Systems. Glogau 1775. V: *Frisch, Johann Leonhard.* (ML)

Prüfung der Gründe, wodurch eine anonyme Schrift, betitelt: Untersuchung der vermeinten Nothwendigkeit eines Collegii medici . . . dasselbe als verwerflich vorgestellet hat. Hamburg 1781. V: *Gerike (Gericke), Johann Ludwig.* (Schr) (Call)

— der Grundlagen eines gerechten u. zweckmäßigen Strafverfahrens, mit besond. Rücksicht auf den den Landständen vorgelegten Entwurf einer Strafproceß-Ordnung für das Königr. Württemberg. Allen verständigen Bürgern, insbesondere aber den Mitgliedern d. württemb. Abgeordneten-Kammer gewidmet von e. Rechtsgelehrten. gr. 12. Eßlingen 840, Dannheimer's Buchh. n. 5/12 Rthlr

Prüfung, Gründliche, des Schreibens, die deutsche und anderer Völker Münzverfassung betreffend. Berlin 1750. V: *Graumann, Johann Philipp.* (MS) (Schr) (ML)

Prüfung, Gründliche, des Schreibens, die Teutsche und anderer Völker Münzverfassung insonderheit die hochfürstl. BraunschweigischenMünzen betreffend. Leipz. 1750. V: *Strube, Julius Melchior.* (ML) (Ky) (BrMm)

Prüfung, Gründliche, und aufgedeckter Ungrund derer Sachsen-Coburgischen in Aula sacratissima überreichten Schreiben . . . O. O. 1754. V: *Heuschkel, Johann Melchior.* (ML) (Holz)

— d. v. Strengschwerd aufgest. Grundſ. e. deutsch. Publicisten. 8. Mannh. Kaufmann. 796.

— einiger theils falschen, theils mißverst. Grundſ. u. Lebensregeln in Religionssachen. 8. Winterth. Steiner (a. Thurneisen, Basel) 785.

Prüfung des Neumannischen Gutachtens über die in Schlesien betende Kinder. O. O. 1708. V: *Freylingshausen, Joachim Anastasius.* (Myl)

Prüfung des Strengschwerdischen rechtlichen Gutachtens, die Übergabe der Festung Mannheim an den Reichsfeind betreffend . . . Göttingen [Mannheim] 1796. V: *Aretin, Johann Christoph Anton Maria Freiherr von.* (Ky) (Mn) (Wr) (MGT)

— des v. Strengschwerd. Gutachtens, die Uebergabe d. Festung Manheim an den Reichsfeind betreff., (v. Jh. Ch. Ant. M. v. Aretin). 8. Götting. 796. Kaufmann in Manh. 8 gr

Prüfung, Historisch-kritische, des Porciunkula-Ablasses. Wien 1781. V: *Gmeiner, Franz Xaver.* (wrztg 1793, S.3225) (wrztg 1781 bei Nr. 68, Bücher-Verzeichniss Trattnern Nr. 13) (BiblPort)

Prüfung der grellen Irrthümer des Stadtgerichtsraths Simon in Breslau . . . Berlin 1844. V: *Kamptz, Carl Chph Albert Heinrich von.* (EngJ) (Ky)

Prüfung der grellen Irrthümer des Stadtgerichtsraths Simon in Breslau über 1. die Natur der Domainen des Königlichen Hauses, 2. die Stellung der Preussischen Richter nach den Gesetzen vom 29. 3. 1844 und 3. die Geschichte der demagogischen Umtriebe. Berlin 1845. V: *Kamptz, Karl Albert Christoph Heinrich von.* (KGBerlin I, 1683)

— die grellen Irrthümer des Stadtgerichtsraths Simon in Breslau über I. die Natur der Domainen d. Königl. Hauses. II. die Stellung der Preuß. Richter nach den Gesetzen vom 29. März 1844, und III. die Geschichte der demagogischen Umtriebe. (Von dem Geh. Staatsminister v. Kamptz. Abdr. aus dem 129. Hefte d. Jahrb. d. Preuß. Gesetzgeb.) gr. 8. Berlin 845, Schröder. n. 1/4 Rthlr

— krit., d. Beweise d. christl. Religion; aus d. Französ. 8. Prag 788. Widtmann. 1 Rthlr Hbg. Pr. 8 gr

— kritische, der Preuß. Pharmacopöe v. J. 1827 nach ihrem prakt. Werth f. Aerzte u. Apotheker. Mit e. Vorw. gr. 8. (3½ B.) Dessau 827, (Ackermann.)

Prüfung, Kurze, einer Abhandlung von der Dreieinigkeit. Heilbronn 1771. V: *Christmann, Chn Dan.* (Hauptkat. d. Univ.-Bibl. Tübingen. G. S. 181.)

— kurze, der vornehmst. Entwürfe gegen die Vereinigung d. beiden protestant. Kirchen. 8. Frkf. a. M. 818. Eichenberg. 6 gr

Prüfung, Kurze, der auf dem Landtage 1788 verlesenen Erachten . . . über den zwischen Ihro herzogl. Durchl. zu Mecklenburg-Schwerin und Höchst Ihro Stadt Rostock . . . 1788 abgeschlossenen . . . Erbvertrag. Butzow 1789. V: *Engelkern, Heinrich Askan.* (ML)

Kurze **Prüfung** der unpartheiischen Gedanken eines deutschen Staatsrechtsgelehrten über die dermaligen Nuntiaturstreitigkeiten in Deutschland. o. O. 1788.

Prüfung, Kurze, doch gründliche, der Frage: Ob die a statibus imperii versezte . . . Ämter . . . in des Eigenthums- oder Pfandherrns Matricular-Anschlag von Reichswegen gebracht worden. Nürnberg 1763. V: *Kayser, Joh. Eberh.* (Holz)

Prüfung, Kurze, des unterthänigsten Pro Memoria, die gebetenen Appellationsprocesse betreffend, in Sachen der Herrn Landräthe und Deputirten der Mecklenburgischen Ritter und Landschaft . . . O. O. 1775. V: *Engelkern, Hnr. Askan.* (ML)

Kurtze nach d. Regeln des Natur- u. Völcker-Rechts angestellte Prüfung einer Schrift, welche das Verhalten derer Soldaten und Unterthanen eines in Krieg verwickelten Staats in den gewöhnl. Fällen bestimmen soll. 1756. 4.

Prüfung, Kurze und unpartheyische, der vornehmsten und bekanntesten Einwürfe gegen die Vereinigung der beyden protestantischen Kirchen . . . Frankf. a. M. 1818. V: *Scheibler, Maximilian Friedrich Ritter von.* (MGT)

— über einen Landtag in Bayern, 8. München. Lindauer. 800.

— d. Lehre v. einfachen Dingen. 8. Lpz. Dyk. 747.

Prüfung der Lossagung eines Anhaltiners von des Hrn Prof. Basedow's Vermächtnisse für die Gewissen. Berlin 1776. V: *Ulrich, Joh. Heinrich Friedrich.* (ML) (Ky)

— eines Anhaltiners Lossagung von Basedow's Vermächtniß f. d. Gewissen. 8. Berl. 776. Lange. 3 gr

Prüfungen, Die, landwirthschaftlicher Maschinen und Geräte, veranstaltet von der Landwirtschaftskammer für die Provinz Schleswig-Holstein. H. 1. 2. Kiel 1897—1898

Prüfung des Materialismus. [Jena 1796.] V: *Forberg, Friedrich Carl.* (MGT)

— der Lavaterschen Meinung. s. Lavater.

Prüfung Mineralquelle Pfannischen

Prüfung der Pfannischen Mineralquelle zu Untermeidling nächst Schönbrunn nach ihren physischen und chemischen Eigenschaften; nebst Würdigung der bey ihrem Gebrauche bis jetzt beobachteten Heilwirkungen. 51 S., gbd., 1 Tab.

Wien: v.Haykul 1823

— d. Schrift: d. deutsche u. anderer Völker Münzverfassung betr. 4. 751.

— nähere, des Planes der allgem. Lebensversicherungs-Anstalt f. d. Königr. Hannover, von G. F. gr. 8. Götting. 830. Vandenhöck u. R. 3 gr

Neue scharfsinnige Prüfung des Protestantismus im Verhältnis zum Christentum. Sendschreiben eines in den Schoß der kath. Kirche zurückgekehrten protest. Predigers an seine vormalig. Religionsgenossen nebst beigelegtem kath. Glaubensbekenntnisse eines andern protest. Predigers u. präsidierenden Mitgliedes einer Konsistorialkirche. Aus dem Französ. Fluelen, Z'graggen, 1824, 8°, 52 S.

Felders Littztg 1824, Bd. 2 S. 167—90.

— neue scharfsinnige, des Protestantismus im Verhältniß zum Christenthum; aus d. Französ. 8. Fluelen 825. (Schmidt in Leipz.) 6 gr

— der Schrift: Preußens Neutralitätssystem rc. 8. Altona 799. Hammerich. 2 gr

— der drei, aus d. Quirinal erlassenen Noten, in welchem die römischen Klagpunkte gegen den Freiherrn v. Wessenberg enthalten sind. 1s Hft. 8. Frkf. a. M. 818. Sauerländer. 8 gr

Prüfung, N ö t i g e , der Zinzendorfischen Lehrart von d. hl. Dreyeinigkeit ..., s.a. B e c h e r e r , Johann Georg

— nöthige, d. Zinzendorf. Lehrart v. d. heil. Dreyeinigk. 8. Frankf. Andreä. 748.

Prüfung, Nothwendige, D. Joh. Ge. Estors . . . auserlesener kleiner Schriften III. Stücks Cap. 8 . . . O. O. 1733. V: *Frühauf, Joh. Frdr. von.* (Holz)

Prüfung, Öffentliche, der Eleven in der kurfürstl. Militärakademie. München 1790—1801. V: *Babo, Joseph Maria Johann Nepomuk.* (MGT)

Prüfung, Öffentliche, aus der Pastorallehre über die ökonomischen und gesellschaftlichen Pflichten eines Seelsorgers. [Luzern] 1788. V: *Braunstein, Joach.* (AarK)

Prüfung, Öffentliche, aus der Pastorallehre über die Pflichten des Lehramtes. Luzern 1789. V: *Braunstein, Joachim.* (AarK)

PRUEFUNG. Oeffentliche – aus der Vernunftlehre gehalten an dem . . . Lyceum zu Graz . . . Laykam, o. O. (Graz) 1786. 1 vol. 29 S.

Prüfung, pädagogische, bei der R e c r u t i r u n g. s.a. S t a t i s t i k, schweizerische.

Prüfung, pädagogische, bei der Recrutirung für das Jahr 1879. Hrsg. vom Eidg. statist. Bureau. In-4°, IV, 15 S. u. 2 Tfln. Zürich, Orell Füssli & Cie. 1879. 2 —

Prüfung. Pädagogische Prüfung bei der Rekrutierung im Herbste 1900. Hrg. vom Statistischen Bureau des eidgenössischen Departements des Innern. Ausgegeben den 2. September 1901. [Mit 1 Karte.] IV + 7 + 16 S. 4. Bern, Art. Institut Orell Füssli in Zürich, 1901. [fr. 2.—]
Schweizerische Statistik. Lieferung 129.

Prüfung. Pädagogische Prüfung bei der Rekrutierung im Herbste 1901. Hrg. vom Statistischen Bureau des eidgenössischen Departements des Innern. Ausgegeben den 29. August 1902. [Mit 1 Karte.] IV + 8 + 16 S. 4. Bern, Komm. A. Francke; Buchdr. «Effingerhof», Brugg, 1902. [fr. 1. 50]
Schweizerische Statistik. Lieferung 134.

Prüfung. Pädagogische Prüfung bei der Rekrutierung im Herbste 1902. Hrg. vom Statistischen Bureau des eidgenössischen Departements des Innern. Ausgegeben den 12. September 1903. [Mit 1 Karte.] IV+8+18 S. 4. Bern, Komm. A. Francke; Buchdr. «Effingerhof», Brugg, 1903. [fr. 1. 50]
Schweizerische Statistik. Liefg. 138.

Prüfung. Pädagogische P' bei der Rekrutierung im Herbste 1903. Hrg. vom Statistischen Bureau des eidgenössischen Departements des Innern. Ausgegeben den 22. September 1904. [Mit 1 Karte.] IV + 7 + 16 S. 4. Bern, Komm. A. Francke; Buchdr. «Effingerhof», Brugg, 1904. [fr. 1. 50]
Schweizerische Statistik. Liefg. 142.

Prüfung. Pädagogische P' bei der Rekrutierung im Herbste 1904. Hrg. vom Statistischen Bureau des eidgenössischen Departements des Innern. Ausgegeben den 20. November 1905. [Mit 1 Karte.] IV + 8* + 16 S. 4. Bern, Komm. A. Francke; Buchdr. «Effingerhof», Brugg, 1905. [fr. 1. 50]
Schweizerische Statistik. Liefg. 146.

Prüfung. Pädagogische P' bei der Rekrutierung im Herbste 1905. Hrg. vom Statistischen Bureau des eidgenössischen Departements des Innern. Ausgegeben den 20. Juli 1906. [Mit 1 Karte.] IV + 5* + 16 S. 4. Bern, Komm. A. Francke; Buchdr. «Effingerhof», Brugg, 1906. [fr. 1. 50]
Schweizerische Statistik. Liefg. 153.

Prüfung. Pädagogische P' bei der Rekrutierung im Herbste 1906. Hrg. vom Statistischen Bureau des eidgenössischen Departements des Innern. Ausgegeben den 5. August 1907. [Mit 2 Karten.] IV + 7* + 16 S. 4. Bern, Komm. A. Francke; Buchdr. «Effingerhof», Brugg, 1907. (fr. 1. 50)
Schweizerische Statistik. Liefg. 157.

Prüfung. Pädagogische Pr' bei der Rekrutierung im Herbste 1907. Hrg. vom Statistischen Bureau des eidgenössischen Departements des Innern. [Mit 2 Karten.] 14* + 19 S. 4. Bern, Komm. A. Francke; Buchdr. «Effingerhof», Brugg, 1908. (fr. 1.50)
Schweizerische Statistik. Liefg. 163.

Prüfung. Pädagogische Pr' bei der Rekrutierung im Herbste 1908. Hrg. vom Statistischen Bureau des eidgenössischen Departements des Innern. [Mit 2 Karten.] 13* + 17 S. 4. Bern, Komm. A. Francke; Buchdr. «Effingerhof», Brugg, 1909. (fr. 1.50)
Schweizerische Statistik. Liefg. 166.

Prüfung. Pädagogische Pr' bei der Rekrutierung im Herbste 1909. Hrg. vom Statistischen Bureau des eidgenössischen Departements des Innern. [Mit 2 Karten.] 13* + 17 S. 4. Bern, Komm. A. Francke; Buchdr. «Effingerhof», Brugg, 1910. (fr. 1. 50)
Schweizerische Statistik. Liefg. 171.

Prüfung der Knaustischen Perpendikelmaschine. Wien 1772. V: *Gerlach, Franz Wilhelm Anton.* (EB)

—— der Philosophie d. sel. Geo. Hermes, von e. Freunde d. Ansichten Bolzano's. gr. 8. (13½ B.) Sulzbach 840, v. Seidel'sche Buchh.

Prüfung des von Hrn Major Aster herausgegebenen Plans des Schlachtfeldes von Leipzig . . . Dresden 1818. V: *Beck, Carl August.* (MGT)

— d. Portiuncula-Ablasses. 8. Grätz 781. Ferstl. 5 gr

Prüfung der philosophischen und moralischen Predigten. [Zürich] 1767. V: *Hess, Johann Felix.* (ML) (Winer) (Ky) (Adel) (Cat. d. Stadtbibl. Zürich. Zürich 1864—97.)

— d. philosoph. u. moral. Predigten. 8. Berl. 767. Mylius. 12 gr

Prüfung der Preisschrift des Herrn le *Cat* v. d. Muskelbewegung. Lpz. 4°.
1755

— der Priester-Reformation. gr. 4. Landsh. 816. Weber in Münch. 4 gr

— prophet., od. Unters. d. Präf. Rönnebergs wid. Ehrenpfort. 8. Wahrheitsburg. 742.

Prüfung der von Dr. Tzschirner herausgegebenen Schrift: Protestantismus und Katholicismus . . . Leipzig 1823. V: *Rosenmüller, Georg Hieronymus.* (Ky)

— der von Dr. Tzschirner herausgg. Schrift: Protestantismus u. Katholicismus. Von e. Katholiken, (eine Lüge, es ist v. G. H. Rosenmüller). gr. 8. Leipz. 823. Ind.-Compt. 12 gr

Prüfung der Prüfung der drey aus dem Quirinal erlassenen Noten gegen den Freyherrn (I[gnaz] Heinrich) von Wessenberg. 1. [einziges] Heft. Von einem katholischen Geistlichen der Diözes Konstanz. 8. *o. O.* 1819.

— der Prüfung der drei aus dem Quirinal erlassenen Noten gegen den Freiherrn v. Wessenberg. 1s Heft. 8. Leipz. 820. (Schmidt). 12 gr

— üb. Schmaußens Recht d. Natur. 8. Dresd. 755. Gröll. 4 gr

„Rechtliche Prüfung derjenigen Gründe, vermöge welcher die von denen Herrn von Wallmoden hergebrachte Possessio vel quasi der Dienste, respectu einiger dem Colleqiat Stifft Sti. Mauritii vor Hildesheim gehörigen Höffe und Ländereyen . . . . entkräfftet und selbigen vor allen übrigen Eingesessenen und Unterthanen eine gäntzliche Dienst-Freyheit . . . . zugeschrieben werden wollen. Ab Seiten des Drosten zu Diepenau Adam Gottlieb von Wallmoden wieder das Collegiat Stifft Sti. Mauritii", Hildesheim o. J. — Vorh.: Bibl. des Oberlandesgerichts Celle — (2 an Fol. Qe. 1012).

— rechtl., der unter d. 8. u. 11. Aug. u. 2. Nov. vorig. Jahres von d. französ. Nationalversamml. erlass. Verfügung, von e. deutsch. Rechtskundigen. gr. 8. Frkf. a. M. 791. Hermann. 4 gr

— der in den Preuß. Gesetzen über die Ehescheidung unternommenen Reform. gr. 8. Berlin 845, Eyssenhardt'sche Buchh. n. 8 ngr

Prüfung, J. H. B. J. Cti et P. P. B. Reichsgesetzliche, der Frage: ob nicht den Remediis Revisionis et supplicationis ... heut zu Tage der Effectus suspensivus Ordnungsmässig zu vergönnen ... Leipzig 1751. V: *Bocris (Bockreuss), Johann Heinrich.* (ML) (Pütter, Litt. d. Teutsch. Staatsr. Gött. 1773—91. III, 511.)

Prüfung der Religion nach Schrift und Vernunft in Betrachtungen zu Erbauung seiner selbst ... Halle 1776—77. V: *Lutteroth, Christian Adolph.* (Ky) (MGT)

— der Religion, nach Schrift u. Vernunft, von e. Laien, (angeblich v. Cph. Ad. Lutterroth). 2 Thle. gr. 8. Halle 776, 77. Gebauer. 1 ℔

— d. Religionssystems f. junge Leute. 8. Leipz. Büschel. 772.

— des kathol. Religionsunterrichts, s. J. B. Graser.

Prüfung des katholisch-praktischen Religionsunterrichtes ... Leipzig 1800. V: *Graser, Johann Baptist.* (AarK) (Hr) (MGT)

Prüfung der vom wandsbeker Dichter Claudius recensirten zwei Recensionen in Sachen Mendelssohns u. Jacobi. Hamb. 1786. H: *Cranz, August Friedrich.* (Schr)

— e. ärgerl. u. gotteslästerl. Schrift e. Separatisten, d. höchstnöthige Separirung u. unparth. Religion. 8. Leipz. 751. Junius. 4 ℊ

Prüfung der Schrift des H. Pfarrer Behrends ... über den Ursprung, den Inhalt und die allgemeine Einführung der neuen Kirchenagende für die Hof- und Domkirche in Berlin. Leipzig 1823. V: *Fritzsche, Christian Frdr.* (CLZür Forts. I)

— der Schrift des Pfarrers Behrends über den Ursprung, den Inhalt u. die allgem. Einführung d. neuen Kirchenagende f. die Hof- u. Domkirche in Berlin; v. d. Verf. d. Worte e. protestant. Predigers üb. die Agende. 8. Leipz. 823. Hinrichs. 5 ℊ

Prüfung der jüngst in Mainz erschienenen Schrift von dem anmasslichen Rechte eines Reichsverwesers, Reichsvikariatskommissarien zu den deutschen Bischoffswahlen zu schicken. Frankf. a. M. 1790. 2. Aufl. 1791. V: *Zwackh, Franz Xaver v.* (MGT) (NN) (Ky) (ML) (EngJ) (Pütter, Litt. d. Teutsch. Staatsr. Gött. 1773—91. IV, 707.)

— der Schrift: Ist es besser Missethäter durch Geistliche vorbereiten u. zum Tode begleiten zu lassen? (v. A. C. Renthe). 8. Frkf. u. Leipz. 770. Hertel. 5 ℊ

— J. F. C. Löfflers Schrift üb. die kirchl. Genugthuungslehre. 1r Thl. 8. Hildburgh. 797. (Er. Fleischer in Leipz.) 14 ℊ

Prüfung der Schrift vom Recht eines bekehrten Juden über seine ... Kinder. O. O. 1753. V: *Schubart, Joh. Ernst.* (ML)

— der Schrift: Von dem anmaßl. Rechte e. Reichsverwesers, (v. F. X. Zwackh). 8. Frkf. a. M. 790. 2e A. 791. Brönner. 4 ℊ

Prüfung der von dem vormaligen Intendanten des kgl. Hoftheaters Herrn Stich vertheilten Schrift u. d. Tit.: Ueb. d. Administration d. k. Hoftheater-Intendanten Stich z. Beleuchtung der Gründe seiner Dienstentlassung. O. O. u. J. [München 1824]. V: *De la Motte.* (H. Hayn, Thesaurus librorum Ph. Pfister. München 1888) (Hdschr. Mitth. von Friedrich Müller, München)

— der Schrift: Was ist für u. was ist wider die General-Administration zu sagen? 8. Berl. 787. (Sander). 4 ℊ

Prüfung der Schrift, welche der herzogl. sächs. Gerichtsamtmann Hr. Dr. Hesse, u. d. T.: Forschungen die Steuerfreiheit der Rittergüter rc. betr., veröffentlicht hat, durch einen Rittergutsbesitzer. gr. 8. (27 S.) Altenburg 855, Schnuphase'sche Buchh.

Prüfung der Schrift, welche der Herzogl. Sächs. Gerichtsamtmann Hr. Dr. Hesse, u. d. T.: Forschungen die Steuerfreiheiten der Rittergüter rc. betr., veröffentlicht hat, durch einen Rittergutsbesitzer. Altenburg 856. Schnuphase. gr. 8. (1 Bl., 27 S.) 6 ngr.

Prüfung, Schriftmässige, des Römisch-Catholischen Glaubensbekenntnisses ... Frankfurt u. Leipzig 1724. V: *Fratzscher, Heinrich Wolfgang.* (ML)

Prüfung der Secte, die an allem zweifelt ... Göttingen 1751. V: *Formey, Joh. Hnr. Sam.* (Ky) (Cat. d. Stadtbibl. Zürich. Zürich 1864—97.)

— der Secte, die an allem zweifelt, mit Hallers Vorrede. 8. Götting. 751. (Vandenhöck u. R.) 10 ℊ

Prüfung des Sendschreibens Herrn Dr. Kaisers in Erlangen an die Bibelgesellschaft zu Nürnberg. Stuttgart 1817. V: *Kies, Jac. Imman.* (Hauptkat. d. Univ.-Bibl. Tübingen. G. S. 328.)

— des Sendschreibens Dr. Kaisers in Erlangen an die Bibelgesellsch. zu Nürnberg. Eine Apologie f. die Bibelanstalten überhaupt. 8. Stuttg. 817. Steinkopf. 12 ℊ

— die, f. den ärztlichen Staatsdienst u. die hiezu nötigen Vorbereitungen. Zusammengestellt v. J. F. Lehmann's mediz. Buchh. (Lehmann & Staedke) in München. 8. (19 S.) München 894. J. F. Lehmann's Sort. n. — 60

Prüfung, Staatsrechtliche,
des vereinigten preussischen Landtages nebst redlichem Rath an den König zur Behauptung seines guten Rechtes. Schaffhausen 1847. V: *Haller, Carl Ludwig von.* (GGr)

Prüfung des Hrn. Baron Phil. Karl von Staufenberg über seine Studien in der deutschen Geschichte ... Bamb. 1786. V: *Eck, Alois.* (MGT) »1787« (Ky)

— des Hrn. Ph. K. v. Stauffenberg über seine Studien in der Geschichte, in Fragen vorgelegt. Nebst e. Anh. v. Sätzen d. reinen Mathematik, (v. Al. Eck). 8. Bamb. 786.

Prüfung des Hrn. Ph. K. v. Stauffenberg üb. seine Studien in der deutschen Geschichte, (v. Al. Eck). 8. Bamb. 787.

Prüfung der Stellen, welche J. U. v. Cramer in seinen Wetzlarer Nebenstunden zum Nachtheil des Solms-Braunfelsischen Hauses hat einfliessen lassen. 1758. fol.

— der neuen Theorie de Lücs vom Regen; Preisschrift. gr. 8. Berl. 795. Maurers B. 8 gr

— der Treue; od. die Irrungen. Schausp. v. Lafontaine. 8. Görlitz, Anton. 806.

Prüfung, Unpartheyische,
derer ... Kurtz gefassten Anmerkungen über die Vertheidigung des Herrn Grafens von Wartensleben gegen die Hessen-Casselsche Beschuldigungen ... Cassel 1766. V: *Lennep, George.* (Stri) (ML)

— unpartheiische, des Antrags über e. Landtag in Baiern. 8. Münch. 800. J. Lindauer. 5 gr

Prüfung, Unpartheiische,
der staatsrechtlichen Bemerkungen über die neueste bischöfliche Konsistorialverordnung wider die unenthaltsamen Kleriker. O. O. 1796. V: *Mayer, Andr. Udalr.* (Ky)

— unpartheiische, d. Benehmens d. deutschen Mächte, welche sich bei dem gegenwärt. Kriege an Frankreich angeschlossen haben. gr. 8. Düsseld 806. Schreiner. 16 gr Ebner in Ulm. 18 gr

Prüfung, Unpartheyische,
des Entwurfs einer gründlichen Nachricht ... Wezlar 1742. V: *Struben, Dav. Gg.* (Holz)

Prüfung, Unpartheyische,
der sogenannten Erörterung der Frage: ob bey den ... gegen das Kammergericht ergriffenen recursibus statuum ... ein Bericht abzufordern sey? ... Frankfurt 1747. V: *Falcke, Johann Philipp Conrad.* (Rotermund, Gel. Hannover. Bremen 1823.)

Prüfung. – J. C. P. F. unpartheyische Prüfung der iüngsthin ... zum Vorschein gekommenen ... Erörterung der Frage: Ob bey denen Ad Comitia ...ergriffenen Recursibus Statuum ... ein Bericht abzufordern sey? ... Frankfurt 1747. V: Falcke, Joh. Phil. Conr.
(Holz) (MGT) (Stri) (Pütter, Litt. d. Teutsch. Staatsr. Gött. 1773-91. II,44.)

— unparth. d. Erörter. d. Fr.: v. recursu status. Fol. Frankfurt, Andreä. 757.

— unpartheiische, der Homöopathie, nebst vergleich. Darstellung der Principien der Allopathie u. Homöopathie. Zunächst für Laien. Von e. Arzte. 8. Meißen 838. Gödsche. 3/4 ngr

Unparth. Prüfung: Ob d. Kaiserin v. Russland durch d. Teschner Frieden d. Garantie d. Westph. Friedens übertragen erhalten habe u. in d. Eigenschaft als Garantin desselb. nun geg. Frankreich auftreten könne? *Frankf. u. Leipz.* 791. 8.

Prüfung, Unpartheiische,
des von Kurpfalz in der Reichsversammlung zu Regensburg und im teutschen Publikum ausgetheilten Promemoria, die gegenwärtige Nuntiaturstreitigkeiten betreffend, von Wittelsbach. O. O. [1790]. V: *Werner, Johann Ludwig von.* (MGT)

Unpartheiische **Prüfung** der Reflexionen sur les 73 articles du pro memoria présenté à la diète de l'empire touchant les nonciatures de la part de l'archevêque électeur de Cologne. o. O. 1789.

Unpartheiische **Prüfung** der Berlinischen Schrift: Ist es rathsam, Mißethäter durch Geistliche zum Tode vorbereiten ... zu lassen? Frankfurt u. Leipzig 1769.

Prüfung, Unpartheyische,
der Berlinischen Schrift: Ist es besser, Missethäter durch Geistliche vorbereiten ... zu lassen? Frankfurt u. Leipzig 1770. V: *Renthe, August Ernst.* (Ky) (ML)

Prüfung, Unpartheyische,
der jüngsten Pütterischen Schrift über das Präsentationswesen am Kammergerichte ... O. O. 1781. V: *Reuss, Johann August v.* (MGT) (Pütter, Litt. d. Teutsch. Staatsr. Gött. 1773—91. III, 421.)

Unpartheyische Prüfung der Schrifft, unter dem Titel: Erweiss, dass die Cronen Franckreich und Schweden auf das vollkommenste berechtiget sind, in dem gegenwärtigen teutschen Kriege die übernommene Garantie des Westphälischen Friedens in Wircklichkeit zu setzen. 1757. 4. (32 S.)
— Dasselbe. 1757. 4. (46 S.)

Prüfung, Unpartheyische, des von Herrn Johann Jacob Schmauss ... bekannt gemachten neuen Systematis des Rechts der Natur ... Frankf. u. Leipzig 1755. V: *Thenius, Joh. Glob.* (Ky) (ML)

Prüfung, Unpartheyische, der erschienenen Vorschläge in der Grafensache ... O. O. 1783. V: *Grimm, Frdr. Wernhard.* (MGT)

Prüfung, Unpartheyliche, der so betitelten Reflexion über die ... zu bestimmende Frage: Ob eine in dem Corps der Schleswig-Holsteinschen Noblesse vorzunehmende Reception ... nothwendig ... sey. S. l. [1774]. V: *Cossel, P. v.* (schles)

Prüfung, Eines Mannes in der Nähe unpartheyliche, des Antwort-Schreibens eines Edelmannes aus der Ferne an seinen Freund in Holstein, die Reception betreffend ... O. O. [1776]. V: *Cossel, P. von.* (schles)

Prüfung der Unterrichtsmethode der katholischen praktischen Religion, von dem Standpunkte der Zeitmässigkeit aus betrachtet. Landshut 1800. V: *Graser, Joh. Baptist.* (Ky)

— der vom Prof. Zimmermann hrsgg. Schrift: Philosoph. Untersuchung üb. den allgem. Verfall des menschl. Geschlechts. 8. Landsh. 811. Weber in Münch. 3 gr

Prüfung der Untreue. Lustspiel in drei Akten. Wien 1807. V: *Hassaureck, Jon. Christoph.* (Ky)

— der Untreue. Lustsp. in 3 Akt n. 8. Wien, Wallishäuser. 807.

Prüfung, Unvorgreifliche, dessen, wodurch Herr Etatsrath Zoëga dasjenige, was er von dem Plan der projektirten neuen Münzveränderung ... bekannt gemacht, hat rechtfertigen wollen. Altona 1787. V: *Finck, Otto Jacob.* (schles) (MGT) (Kordes, Schlesw.-holst. u. eutin. Schriftst. Schleswig 1797.)

Prüfung der Ursachen einer Assoziazion zur Erhaltung des Reichssystems welche in der Erklärung Seiner Königl. Majestät von Preussen an Dero hohe Reichsmitstände und andere Europäische Höfe sind vorgelegt worden. Wien 1785. V: *Spielmann, Anton Freiherr von* (?). (BiblPort) V: *Schmidt, Michael Ignatz.* (GGr VI/279, Nr. 2/5)

Prüfung u. Verantwortung der vom Lehrer Hagen in Bayreuth erschienenen Schmähschrift gegen den Verf. der „Beleuchtg." d. v. Hagen bei e. Lehrer-Versammlg. abgegebenen Referats üb. das im Central-Schulbücher-Verlage zu München erschienene „Lese- u. Sprachbuch f. Mittelklassen". Von dem „hochbewährten Schulfreunde." gr. 8. (39 S.) Bamberg 873. Buchner. — 20

Prüfung der beträchtlichsten Verbesserungsvorschläge zur Vermehrung der Glückseligkeit und Macht Teutschlands ... Frankf. u. Mainz 1786. V: *Pfeiffer, Johann Friedrich von.* (Ky) (ML)

— d. beträchtl. Verbesserungsvorschläge u. Vermehrung d. Glückseligkeit u. Macht Deutschlands rc., (von Jh. Fr. v. Pfeiffer). gr. 8. Frkf. a. M. 786. Varrentrapp. 8 gr

Prüfung der finanziellen Verhältnisse des Unterstützungs-Vereins für das Amts- und Kanzleipersonal in Bayern. München 1851. V: *Eilles.* (Bücher-Samml. d. hist. Ver. v. u. f. Oberbayern. Münch. 1867.)

— d. ergangn. K. Pr. Verordn., d. Verhütung u. Bestrafung d. Excesse d. Studirenden betr. 8. Königsb. Nicolovius. 798.

— der neuern Versuche zur Verbesserung der Religion. 2 Stcke. 8. Hamb. 774. Herold. 12 gr

Prüfung des Versuchs Christiani Thomasii. O. O. 1707. V: *Wagner, Gabriel.* (Myl)

Prüfung des Versuchs über die Zulässig- oder Unzulässigkeit landesherrlicher Bedienten bey landständischen Berathschlagungen. O. O. 1774. V: *Tadel, Heinrich Friedrich.* (Holz)

Prüfung u. Vorprüfung, die ärztliche, im Deutschen Reiche. Bekanntmachungen d. Reichskanzleramtes vom 2. Juni 1883. 8. (30 S.) Würzburg 883. Stahel. — 50

Prüfung des Vorschlages, alle Pfarrländereien ... zu veräussern ... Berlin 1819. V: *Brederlow, Goswin Freih. v.* (Ky) (MGT) (Winer) (Wa)

— — des Vorschlags: alle Pfarrländereyen, mit Ausschluß der Gärten und Naturalhebungen der Pfarrer, zu veräußern u. s. w. (von G. v. Brederlow.) 8. Berlin, Dümmler. 819.

Prüfung der ohnmassgeblichen Vorschläge, die Visitation und die Beförderung des Justitzwesens am k. u. R. C. G. O. O. 1772. V: *Falcke, Johann Philipp Conrad* [?]. (Pütter, Litt. d. Teutsch. Staatsr. Gött. 1773—91. II, 185.)

— d. ohnmaaßgebl. Vorschläge, d. Visitat. u. Verbess. d. Justizwes. rc. betr. m. Nachtr. Fol. Marb. Krieger. 773.

Prüfung der Vorschläge eines Ungenannten zur Verbesserung der Gemeindhuten und Flachszubereitung ... Bair. u. Leipz. 1786. V: *Trost, Georg Sam. Frdr.* (MGT) (EngOec) (Fiker) (Ky)

— d. Vorschläge eines Ungenannt., z. Verbess. d. Gemeinhutung u. Flachszubereit. 8. Bayr. Lübeck. 786.

Prüfung der vorzüglichen Vortheile inländischer Reisen, besonders für den Feldbau . . . Frankfurt 1788. V: *Böcklin von und zu Böcklins-Au, Franz Friedrich Siegmund August Freih.* (Ky) (MGT)

— der vorzügl. Vortheile inländ. Reisen, (von Frhrrn. Frz. Fr. S. A. v. Böcklin). 8. Frkf. a. M. 788. Hermann. 3 gr

Prüfung der Vortheile, welche die teutsche Forstwirthschaft durch den Anbau nordamerikanischer Holzarten zu erwarten hat. [Hannover 1797.] V: *Uslar, Johann Jacob von.* (MGT)

— der Wahrheit d. erst. Grundს. d. vorzügl. Wissenschaft. 5 Stck. gr. 8. Frankf. Franzen. 788.

Prüfung der Wahrscheinlichkeiten. Wien 1786. V: *Fezer, Joh. Jacob.* (Ky) (MGT)

— d. Wahrscheinlichkeiten. 8. Wien, Wucherer. 786.

— d. Reinwollisch. Widerleg. contra Edelmann. 8. Leipzig. 747.

Prüfung der gegenwärtigen Zeit nach der Offenbarung Johannis. Stuttgart 1786. V: *Roos, Magnus Friedrich.* (MGT) (Ky) (Gradmann, Gel. Schwaben. 1802.)

— der gegenwärt. Zeit nach d. Offenbar. Johannis, (v. M. F. Roos). 8. Stuttg. 786. Metzler. 18 gr

— d. gegenw. Zeiten, s. Roos.

Prüfung der apokalyptischen Zeitrechnung, mit näherer Berichtigung der Termine u. Deutung der Bilder aus der „erklärten Offenbarung" des Dr. J. A. Bengel. gr. 8. Stuttgart 840. J. F. Steinkopf'sche Buchh. 1/3 ß

Prüfungen, Edmund's, ein Roman . . . Görlitz 1810. V: *Lindau, Wilhelm Adolph.* (EE) (Ky) (MGT) (NN)

Prüfungen, die, landwirtschaftlicher Maschinen u. Geräte, veranst. v. d. Landwirtschaftskammer f. d. Prov. Schleswig-Holstein. 1. u. 2. Hft. gr. 8. Kiel, H. Eckardt. à n. — 80

1. Dauerversuche m. Schrotmühlen. Von C. Busley u. Wilhelm Biernatzky. (32 S. m. Fig. u. 1 Tab.) 897.
2. (48 S. m. Fig.) 898.

Prüfungen, die, bei der Reichs-Post- und Telegrahen-Verwaltung. Ein Handbuch zum Assistenten- und Secretair-Examen. Bearb. von mehreren Fachmännern. 13 Lfgn. gr. 8. (VII, 376; 299; X, 387 S. mit 87 in den Text gedr. Holzschn.) [Dresden.] Berlin 878,79, Baensch. à Lfg. * M 1. *

Prüfungen, die, bei der Reichs-Post- u. Telegraphen-Verwaltung. Ein Handbuch f. Posteleven, Postgehülfen, Post- u. Telegraphen-Anwärter, Post- u. Telegraphen-Assistenten zur Vorbereitg. auf die Assistenten- u. Secretär-Prüfg., zugleich e. Leitfaden f. Officiere behufs Vorbereitg. zu der Stellg. als Post-Director. Bearb. v. mehreren Fachmännern. 1—4. Bd. 2. Aufl. gr. 8. Berlin 884. L. R. Schwarz. 13. 50

1. (VII, 68 S.) 1. 50. — 2. (III, 244 S.) 4. —. — 3. Mit 126 in den Text gedr. Holzschn. (IV, 284 S.) 5. —. 4. (VI, 376 S.) 3. —

— die theologischen, enth. die Instruktion pro licentia concionandi et pro ministerio vom 12. Febr. 1799, nebst allen bis zur Gegenwart ergangenen Ergänzgn., die Bestimmgn. üb. die Beaufsichtigg. u. Fortbildg. der Kandidaten, insbesondere die provinziellen Kandidaten-Ordngn., u. die Vorschriften üb. die wissenschaftl. Staatsprüfg. der Theologen, insbesondere das Gesetz üb. die Vorbildg. u. Anstellg. der Geistlichen vom 11. Mai 1873. 3. Aufl. gr. 8. (VI, 90 S.) Berlin 883. C. Heymann's Verl. n. 1. 20

Prüfungen, die theologischen, enth. die Instruktion pro licentia concionandi et pro ministerio vom 12. Febr. 1799, nebst allen bis zur Gegenwort ergangenen Ergänzgn. 4., verb. Aufl. gr. 8. (VI, 81 S.) Berlin 889. C. Heymann's Verl. n. 1. 20

Prüfungs-Antworten für Kesselheizer, Maschinenwärter, Locomotivführer und Maschinisten, rücksichtlich der Bedienung und Ueberwachung der Dampfmaschinen und Dampfkessel. Klagenfurt 860. Leon. 8. (24 S.) n. 4 ngr.

Prüfungsaufgaben

— f. die I. u. II. **humanistische Dienstprüfung** der J. 1902—1906. (Sammlung v. Prüfungsaufgaben.) (4, 3, 2, 4 u. 3 S.) gr. 8. Stuttgart (907). W. Kohlhammer. — 80

Prüfungsaufgaben f. die I. u. II. realistische Dienstprüfung der J. 1901—1905. (Sammlung v. Prüfungsaufgaben.) (12, 4, 13, 4, 12, 4, 14, 4, 16 u. 4 S. m. Fig.) gr. 8. Stuttgart (906). W. Kohlhammer n. 2. —
Sonderabdr. a: „Korrespondenzbl. f. d. höh. Schulen Württ."

Prüfungs-Aufgaben, die, f. den bayerischen Finanzdienst. 1. Abth. Nachtrag: aus den J. 1886 u. 1889. gr. 8. (S. 121—204.) München 890. Schweitzer. n. 1. 60
(Hauptwerk u. Nachtrag 1: n. 4. —)

Prüfungs-Aufgaben, die, f. den niedereren Finanzdienst im Königr. Bayern. I. Abtlg.: aus den J. 1882, 1884 u. 1885 u. II. Abtlg.: aus den J. 1875, 1880 u. 1886. gr. 8. (120 S.) München 886. Schweitzer. n. 2. 40

Prüfungs-Aufgaben, 100. Bearb. f. Einjährig-Freiwillige u. Reserveoffizieraspiranten der Infanterie. 1. u. 2. Thl. 12. Stuttgart, Klemm & Beckmann. Geb. in Leinw. 5. —

1. Vorbereitung zur schriftlichen Reserveoffizieraspiranten- u. Reserveoffizierprüfg. 2. verb. Aufl. (XIII, 278 S.) 902. 3. —
2. Vorbereitung f. die praktische u. mündl. Offizier-Aspiranten- u. Reserveoffizier-Prüfung. (X, 118 S.) 902. 2. —

— 100, zur Reserveoffizieraspiranten- u. Reserveoffizierprüfung. Bearb. f. Einjährig-Freiwillige u. Reserveoffizieraspiranten der Infanterie. 12. (XIII, 286 S.) Ebd. 901. Geb. in Leinw. n. 2. —

— 100, f. die Reserveoffizieraspiranten- u. Reserveoffizierprüfung. 3. Aufl., s.: Klemm u. Beckmann.

— an den Lehrerbildungs-Anstalten Bayerns. 1. u. 2. Lfg. 8. Würzburg 884. Stahel. n. 1. 75
1. Aufgaben bei Aufnahmsprüfungen an Präparandenschulen u. bei Seminarprüfungen. Zur Vorbereitg. f. die Präparandenschule u. als Uebungsstoff f. Seminaristen zusammengestellt v. e. Lehrer. (88 S.) n. — 75
2. Aufgaben bei Anstellungsprüfungen. Als Uebungsstoff f. Schuldienst-Exspectanten zusammengestellt v. e. Lehrer. (96 S.) 884. n. 1. —

Prüfungs-Aufgaben f. die protestantischen Pfarramts-Kandidaten Bayerns. 1. Thl. 8. (69 S.) Nürnberg 891. F. Banckwitz. n. 1. 50

— für Präzeptors- u. Reallehrerstellen der J. 1902—1906. (Sammlung v. Prüfungsaufgaben.) (8, 10, 9, 9 u. 11 S.) gr. 8. Ebd. (907). 1. 20
2 Sonderabdrucke aus: „Korrespondenzbl. f. die höh. Schulen Württembergs".

— theologische, f. die Predigt- u. Pfarramtskandidaten der evangelisch-luther. Kirche Bayerns in den J. 1891—1901 in systemat. Zusammenstellung. Aufnahms- u. Anstellungsprüfg. gr. 8. (69 S.) Nürnberg 902. F. Banckwitz. n. 1. 20

Prüfungsaufgaben zum Übersetzen aus dem Deutschen in das Lateinische an den humanistischen Gymnasien Bayerns. (15 S.) 8. Bamberg 908. C. C. Buchner's Verl. — 10

— zum Übersetzen aus dem Griechischen in das Deutsche an den humanistischen Gymnasien Bayerns. 2. ergänzte Aufl. (18 S.) 8. Ebd. 910. — 20

Prüfungsbestimmungen f. Kandidaten der Theologie. Instruktion pro licentia concionandi et pro ministerio vom 12. Febr. 1799 nebst den Bestimmgn. üb. die speciellen Erforderniffe in Bezug auf Anmeldg. u. Zulassg. zu den Prüfgn., üb. Ableistg. der Militärpflicht, Beaufsichtg. u. Fortbildg. der Kandidaten, ihre Wahlfähigkeit, Dispensation vom kanon. Alter ꝛc. sowie Gesetz üb. die Vorbildg. u. Anstellg. der Geistlichen vom 11. Mai 1873, nebst Instruktion vom 26. Juli 1873. 2. verm. u. verb. Aufl. gr. 8. (64 S.) Berlin 874. C. Heymann's Verl. 1. —

Prüfungsbestimmungen der Physikalisch-Technischen Reichsanstalt. Berlin
Teil W 1. Thermometer 1909. (Aus: Zentralblatt f. d. Deutsche Reich. Jg. 57. Nr 18)
Teil A. Allgemeine Bestimmungen. 1910. (Aus: Zentralblatt f. d. Deutsche Reich Jg. 38. Nr 15)
Teil D. Instrumente für Druckmessungen. Barometer, Manometer und Vakuummeter, Indikatoren. 1913. (Aus: Zentralblatt f. d. Deutsche Reich Jg. 41. Nr 24)

Charlottenburg. Physikalisch-Technische Reichsanstalt. Prüfungs-Bestimmungen für Thermometer (gültig vom 1. April 1898 ab). [Sonder-Abdr. aus dem Centralblatt f. d. Deutsche Reich. Jahrg. XXVI, No. 6.] Berlin.

(Franz) Siemenroth's **Prüfungsbücher** für Eisenbahner. Bd 1. Berlin: F. Siemenroth 1908. 8° [F.] [08. 2883]

Prüfungsfragen für die Schüler der rechtswissenschaftlichen Vorlesungen am Hermannstädter Gymnasium A. C. [Hermannstadt 18??] V: *Albrich, Joh. Carl.* (Trausch)
Rücksicht zweier Verfügungen, die Besteuerung der Fürstenthümer Göttingen und Grubenhagen betreffend. O. O. 1803. V: *Zwicker, Ludwig Christian Wilhelm.* (NN) (MGT) (Ky)

Prüfungsgeschenk, Allerneuestes sehr zweckmässiges, für Normalschüler der k. k. Staaten. Von Schulmännern und Freunden des Schulwesens zusammen getragen. Grätz 1801. H: *Kunitsch (Kunits, Kunics), Michael von.* (GGr)

Prüfungsgeschenk, allerneuestes, für Normalschüler d. k. k. Staaten, von Schulmännern u. Freunden des Schulwesens zusammengetragen. 8. Grätz 801. (Eurich in Linz). 9 Ꝁ

— allerneuestes sehr zweckmäßiges, für Normalschüler der k. k. Staaten. Von Schulmännern u. Freunden. 2e Aufl. 8. Grätz 817. Kienreich. 1/3 ꝛß

Prüfungsgeschenk für fleißige u. brave Schüler. Enthält 301 Fragen u. Antworten, über merkwürd. Gegenstände aus der Länder-, Völker-, Natur- u. Menschenkunde ꝛc. Von e. Schul- u. Kinderfreunde. 8. Grätz 817. Kienreich. 1/4 ꝛß

Prüfungskandidat, der. I—VIII. kl. 8. Wien, M. Kuppitsch Wwe. à n. 1. 50
I. Prüfungsfragen u. Antworten aus dem Kirchenrecht. Unter Berücksicht. der Lehrbücher u. Vorlesgn. v. Gross, Mahl-Schedl, Schulte, Hinschius, Scherer, Zorn, Friedberg u. A. Systematisch geordnet. Von C. Putz. (160 S.) 903.
II. Prüfungsfragen u. Antworten aus der Verwaltungslehre u. dem österr. Verwaltungsrecht. Unter Berücksicht. der einschläg. Gesetze, sowie der Lehrbücher u. Vorlesgn. v. Bernatzik, Gumplowicz, Menzel u. And. Von Karl Hartl. (III, 144 S.) 904.
III. Prüfungsfragen u. Antworten aus dem Handelsrecht. Mit Berücksicht. des deutschen Handelsrechtes, sowie der Lehrbücher u. Vorlesgn. der Prof. Grünhut, Staub, Hahn, Thöl, Goldschmidt, Pollitzer, Endemann, Cosack, Burchard, Ehrenberg u. And. bearb. Von Geo. Edl. v. Schwarz. (IV, 160 S.) 904.
IV. Prüfungsfragen u. Antworten aus dem allgemeinen u. österreich. Staatsrecht. Unter Berücksicht. der einschläg. Gesetze, sowie der Lehrbücher u. Vorlesgn. v. Bernatzik, Gumplowicz, Menzel, Ulbrich, Bluntschli, Rehm u. A. Von Karl Hartl. (III, 140 S.) 905.
V. Prüfungsfragen u. Antworten aus der Volkswirtschaftslehre, Volkswirtschaftspolitik u. Finanzwissenschaft. Unter Berücksicht. der Lehrbücher u. Vorlesgn. v. Philippovich, Wieser, Menger u. A. Von Geo. Edler v. Schwarz. (IV, 168 S.) 905.
VI. Prüfungsfragen u. Antworten aus dem bürgerl. Recht. Von Geo. Edl. v. Schwarz. I. Mit Berücksicht. d. Lehrbücher der Proff. Pfaff, Krainz, Hofmann, v. Schey u. a. Allgemeiner Tl. u. Sachenrecht. (IV, 127 S.) 905.
VII. Dasselbe. II. Mit Berücksicht. der Lehrbücher u. Vorträge der Proff. E. Adler, K. Adler, Anders u. a. Obligationen-, Familien- u. Erbrecht. (184 S.) 905.
VIII. Prüfungsfragen u. Antworten aus dem österreich. Strafprocess. Mit Berücksicht. der Lehrbücher u. Vorlesgn. v. Brunnenmeister, Glaser, Hiller etc. Von Paul Stoss. 1. Thl. (140 S.) 907.

Prüfungskanditat, der. I.—V. IX.—XVI. XX. u. XXI. kl. 8. Wien, M. Kuppitsch Wwe. à 1.50
Diwald, Alfr., Prüfungsfragen u. Antworten aus der deutschen Rechtsgeschichte. Unter Berücksicht. der Lehrbücher u. Vorlesgn. v. Adler, Brunner, Heilfron u. a. (124 S.) 908. (XII. Bd.)
— dasselbe. II. Tl. Deutsches Privatrecht, deutsches Strafrecht u. deutscher Strafprozess. Unter Berücksicht. der Vorlesgn. u. Kompendien v. Adler, Beseler, Brunner u. a. (96 S.) 908. (XIV. Bd.)
Hartl, Karl, Prüfungsfragen u. Antworten aus dem allgemeinen u. österreichischen Staatsrecht. Unter Berücksicht. der einschläg. Gesetze, sowie der Lehrbücher u. Vorlesgn. v. Bernatzik, Gumplowicz, Menzel, Ulbrich, Bluntschli, Rehm u. a. 2., ergänzte Aufl. (152 S.) 909. (IV. Bd.)
— dasselbe. Aus der Verwaltungslehre u. dem österr. Verwaltungsrecht. Unter Berücksicht. der einschl. Gesetze, sowie der Lehrbücher u. Vorlesgn. v. Bernatzik, Gumplowicz, Menzel u. and. 2. m. dem Stande der Gesetzgebg. in Einklang gebrachte Aufl. (VIII, 148 S.) 908. (II. Bd.)
Putz, C., Prüfungsfragen u. Antworten aus dem römischen Institutionenrecht. I. Bdchn. Allgemeiner Tl., Sachenrecht, Obligationenrecht. Auf Grund der röm. Rechtsquellen u. m. Benützg. der hervorrag. übl. Institutionenwerke. 3. verm. u. verb. Aufl. (139 S.) 909. (XV. Bd.)
— dasselbe. II. Bdchn. Familienrecht, Erbrecht, Legisactionen u. Formularprozess. Auf Grund der röm. Rechtsquellen u. m. Benützg. der hervorrag. übl. Institutionenwerke. 3. verm. u. verb. Aufl. (176 S.) 910. (XVI. Bd.)

— Prüfungsfragen u. Antworten aus dem Kirchenrecht. Unter Berücksicht. der Lehrbücher u. Vorlesgn. v. Gross, Mohl-Schedl, Schulte u. a. 2. verm. u. verb. Aufl. Systematisch geordnet. (176 S.) 909. (I. Bd.)

Schwarz, Geo. Edl. v., Prüfungsfragen u. Antworten aus dem Handelsrecht. Mit Berücksicht. des deutschen Handelsrechtes, sowie der Lehrbücher u. Vorlesgn. der Prof. Grünhut, Staub, Adler u. a. 2. verm. u. verb. Aufl. (176 S.) 909. (III. Bd.)

— dasselbe. Aus dem österreichischen Strafrecht. Unter Berücksicht. der Lehrbücher u. Vorlesgn. der Professoren Finger, Gleispach, Gross, Lammasch, Lentner, Lenz, Löffler, Stooss u. Wahlberg bearb. (160 S.) 910. (XXI. Bd.)

— dasselbe. Aus dem Völkerrecht, nach dem neuesten Standpunkt. Mit e. Anh.: Rechtsphilosophie. Unter Berücksicht. der Vorlesgn. u. Kompendien v. Bornatzik, Strissower, Lentner, Lenz, Lammasch, Liszt, Martiz u. Ulbrich. (176 S.) 910. (XX. Bd.)

— dasselbe. Aus der Volkswirtschaftslehre. Unter Berücksicht. der Lehrbücher u. Vorlesgn. v. Philippoch (richtig: Philippowich), Wieser, Conrad u. a. m. 2. erweit. u. verb. Aufl. (136 S.) 908. (V. Bd.)

— dasselbe. Aus der Volkswirtschaftspolitik u. Finanzwissenschaft. Unter Berücksicht. der Lehrbücher u. Vorlesgn. v. Philippovich, Wieser, Conrad u. a. m. 2. erweit. u. verb. Aufl. (160 S.) 908. (XIII. Bd.)

— dasselbe. Aus dem österr. Zivilprozess m. Einschluss des Exekutionsrechtes. Mit Berücksicht. der Lehrbücher u. Vorlesgn. von v. Canstein, Czörnig, Demelius u. a. m. I. Bd. (144 S.) 908. (X. Bd.)

— dasselbe. II. Bd. (148 S.) 908. (XI. Bd.)

Stoss, Paul, Prüfungsfragen u. Anworten aus dem österr. Strafprozess. Mit Berücksicht. der Lehrbücher u. Vorlesgn. v. Brunnenmeister, Glaser, Hiller etc. 2. Tl. (135 S.) 907. (IX. Bd.)

(F) **Für „Prüfungsnöte"**. Drei Briefe an den Herausgeber der „Akademischen Blätter" in Angelegenheit der theologischen Kandidatenprüfung. 8°. (25 S.) K —.40
Hermannstadt: Krafft 1906.

Prüfungsordnung für die Abhaltung einer Prüfung für Tierzuchtinspektoren an der Großherzoglichen Landesuniversität vom 26. April 1905. (1905.) (5 S.) 8° [Kopft.; F.]
Gießen

Prüfungsordnung für die Abhaltung von Prüfungen in der Landwirtschaft an der großherzoglichen Landesuniversität. Gießen
Vom 12. August 1904. (1904.) (9 S.) 8° [Kopft.; F.] ¶ (Aus: Großherzogl. Hess. Regierungsblatt. Nr. 27 vom 23. Aug. 1904.)

Prüfungsordnung für die Abhaltung von Prüfungen in der Landwirtschaft an der Großherzoglichen Landesuniversität; hier Zusatzprüfung in Pflanzenzucht. Vom 14. November 1906. (1 Bl.) 8° [Kopft. F.] ¶ (Aus: Großherzogl. Hess. Regierungsblatt Nr. 26 [vom] 27. November 1906.)
(Nur in beschränkter Zahl für den Austausch)

Grossherzogl. Badische Technische Hochschule zu Karlsruhe. **Prüfungs-Ordnung** der Abteilung für Architektur. Vom 9. 4. 1896. *K*

Grossherzogl. Badische Technische Hochschule zu Karlsruhe. **Prüfungs-Ordnung** der Abteilung für Chemie. Vom 9. 4. 1896. 1896. *K*

Grossherzogl. Badische Technische Hochschule zu Karlsruhe. **Prüfungs-Ordnung** der Abteilung für Elektrotechnik. Vom 9. 4. 1896. *K*

Grossherzogl. Badische Technische Hochschule zu Karlsruhe. **Prüfungs-Ordnung** der Abteilung für Forstwesen. Vom 9. 4. 1896. *K*

Grossherzogl. Badische Technische Hochschule zu Karlsruhe. **Prüfungs-Ordnung** der Abteilung für Ingenieurwesen. (Vom 9. 4. 1896.) *K*

Grossherzogl. Badische Technische Hochschule zu Karlsruhe. **Prüfungs-Ordnung** der Abteilung für Maschinenwesen. Vom 9. 4. 1896. *K*

Prüfungs-Ordnung, die alte u. die neue, f. Aerzte u. Apotheker u. die Nothwendigkeit e. Aenderg. derselben. 8. (16 S.) Nördlingen 873. Beck. — 30

Anhang zu den Gesetzen der Grossherzogl. Badischen polytechnischen Schule zu Carlsruhe vom 25. 8. 1864. **Prüfungs-Ordnung.** *K*

Prüfungsordnung f. Apotheker. Amtliche Handausgabe. (23 S.) 8. Darmstadt 904. (G. Jonghaus.) n.n. — 30

— dasselbe vom 18. V. 1904. (12 S.) 8. Berlin (904). Selbstverlag d. deutschen Apotheker-Vereins. n. — 30

— dasselbe. Textausg. m. Anmerkgn. u. Sachregister. (V, 61 S.) kl. 8. Stuttgart 904. W. Kohlhammer. n. — 80

Prüfungsordnung f. Aerzte (vom 28. V. 1901), s.: Prüfungsordnungen f. Elsass-Lothringen. III.

Prüfungsordnung f. Aerzte. Vom 28. V. 1901. gr. 8. (32 S.) Darmstadt 902. G. Jonghaus. n.n. — 30

— dasselbe. Bekanntmachung, betr. die Prüfungsordng. f. Aerzte v. 28. V. 1901. gr. 4. (20 S.) Berlin (901). C. Heymann. n. — 60

— f. Aerzte f. das Deutsche Reich vom 28. V. 1901. 8. (45 S.) Tübingen 901. F. Pietzcker. — 60

— badische, f. das Lehramt an höheren Schulen vom 21. III. 1903 in der Fassung vom 16. VII. 1906. (20 S.) 8. Freiburg i/B. 909. Speyer & Kaerner. — 50

— für die Baugewerkschulen. hoch 4. (13 S.) Berlin (902). C. Heymann. n. — 50
Sonderabdruck aus: „Ministerialblatt d. Handels- u. Gewerbe-Verwaltung".

Prüfungsordnung f. die mittleren u. unteren Beamten der Staatseisenbahnverwaltung, nebst Bestimmgn. über die Annahme v. Zivilsupernumeraren f. den Staatseisenbahndienst. 3. Aufl. gr. 8. (66 S.) Berlin 887. C. Heymann's Verl. n. 1. —

— dasselbe. Vom 26. März 1887. 8. (IV, 64 S.) Berlin 887. Siemenroth & Worms. n. — 60

Prüfungsordnung f. die mittleren u. unteren Beamten der Staatseisenbahnverwaltung, nebst Bestimmgn. üb. die Annahme v. Zivilsupernumeraren f. den Staatseisenbahndienst. 4. Aufl. gr. 8. (73 S.) Berlin 894. C. Heymanns Verl. n. 1. —

Prüfungsordnung für Diplom-Ingenieure an der Kgl. Sächs. Technischen Hochschule zu Dresden (v. 12. 1. 1900). *M*

Prüfungsordnung für Diplom-Ingenieure an der Kgl. Sächs. Technischen Hochschule zu Dresden (v. 2. 8. 1901). — Neudr. 1908.

Prüfungsordnung für Diplom-Ingenieure an der Kgl. Sächs. Technischen Hochschule zu Dresden (v. 17. 2. 1904). [Folgt:] Bekanntmachung, die Erwerbung der Titel „Doktor-Ingenieur“ und „Diplom-Ingenieur“ betr.; v. 12. 1. 1900. [Nebst] Deckbl. Nr. 1 v. Aug. 1907. *Deckbl.: K*

Prüfungsordnung für Diplom-Ingenieure an der Kgl. Sächs. Technischen Hochschule zu Dresden (v. 23. 4. 1908 u. 19. 4. 1909). 1909. [Folgt:] Bekanntmachung, die Erwerbung der Titel „Doktor-Ingenieur“ und „Diplom-Ingenieur“ betr.; v. 12. 1. 1900.

— behufs Erlangung der Befähigung zur Anstellung als Kreisarzt vom 30. III. 1901. gr. 8. (11 S.) Berlin 901. A. Hirschwald.

— behufs Erlangg. der Befähigung zur Anstellung als Physikus v. 24. Jan. 1896. gr. 8. (10 S.) Berlin 896. A. Hirschwald. n. — 40

Prüfungsordnung für Feuerversicherungsingenieure in der Abteilung für allgemeine Wissenschaften der Kgl. Technischen Hochschule zu Aachen (v. 28. 7. 1910).

Prüfungsordnung für Handarbeitslehrerinnen für die Provinz Pommern. gr. 16. (4 S.) Stettin 878, Brandner.

Städtische Handels - Hochschule in Cöln. **Prüfungsordnung** für Handelslehrer. *o. O. (1902).* (7 S.) 8° [Kopft. F.]

— juristische. Vorschriften, die jurist. Prüfgn. u. die Vorbereitg. zum höheren Justizdienst betr., im Bezirke des gemeinschaftl. thüring. Oberlandesgerichts zu Jena, in der vom 1. VIII. 1908 ab gelt. Fassg., nebst Einführungsverordngn. Anh. Die Bedinggn. zur Erlangg. der Doktorwürde bei der Juristenfakultät der Universität Jena. 4. Aufl. (45 S.) kl. 8. Jena 909. Akadem. Buchh. Raßmann. 1. —

— f. die Kandidaten d. höheren Lehramts vom 5. Febr. 1887, nebst den Bestimmgn. üb. die prakt. Ausbildg. derselben vom 15. März 1890 u. dem Ministerial-Erlaß vom 21. Febr. 1867, betr. das colloquium pro rectoratu. gr. 8. (56 S.) Berlin 891. Weidmann. n. — 75

Prüfungsordnung f. d. Kandidaten d. höheren Lehramts v. 5. Febr. 1887, nebst d. Bestimmgn. üb. d. prakt. Ausbildg. derselben v. 15. März 1890 u. d. Ministerial-Erlaß v. 21. Febr. 1897, betr. d. colloquium pro rectoratu. Ordng. f. d. pädagog. Ausbildg. d. Kandidaten d. landwirtschaftl. Lehramts in Preußen v. 2. Juni 1891. 2., ergänzte Aufl. 8. (61 S.) Berlin 896. Weidmann. n. — 75

— dasselbe vom 5. II. 1887 u. 12. IX. 1898 ꝛc. 3. Aufl. 8. (84 S.) Ebd. 898. n. 1. —

— für die Kandidaten des höheren Lehramts in Preußen. — Ordnung der Prüfg. f. das Lehramt an höh. Schulen v. 5. II. 1887. Bemerkungen zu der Ordng. der Prüfg. f. das Lehramt an höh. Schulen. Ordnung der Prüfg. f. das Lehramt an höh. Schulen in Preußen v. 12. IX. 1898, m. den Ministerial-Erlassen v. 26 II. 1901. Ordnung der prakt. Ausbildg. der Kandidaten f. das Lehramt an höh. Schulen in Preußen v. 15. III. 1890. Ministerial-Erlaß betr. das colloquium pro rectoratu v. 21. II. 1867. Ordnung f. die pädagog. Ausbildung der Kandidaten des landwirthschaftl. Lehramts in Preußen v. 2. VI. 1901. Prüfungs-Ordng. f. Zeichenlehrer an höh. Schulen v. 23. IV. 1885. gr. 8. (85 S.) Halle 901. Buchh. des Waisenhauses. n. 1. —; kart. n. 1. 25

Prüfungs-Ordnung für die Kandidaten des höheren Lehramts in Preußen. Mit Sachreg. 2., durchges. u. bericht. Aufl. *Halle a. S.: Waisenhaus 1903.* (107 S.) 8° [F.] 3

Ordnung für die Prüfung, die praktische Ausbildung und die Anstellung [**Prüfungsordnung**] der Kandidaten des höheren Lehramts in Preußen. Mit Sachreg. 3. Aufl. Halle a. S.: Waisenhaus 1906. (100 S.) 8° [F.] 3

Prüfungs-Ordnung für Kandidaten des höheren Lehramtes der mathematisch-physikalischen und chemischen Richtung an der Kgl. Technischen Hochschule zu Dresden (v. 20. 10. 1899). ¶ Auch in: Gesetz- u. Verordnungsblatt f. d. Kgr. Sachsen v. J. 1899. S. 452 ff.

Prüfungsordnung für Candidaten des höhern Lehramtes der technischen und der mathematisch-physikalischen Richtung am Kgl. Polytechnikum Dresden (v. 14. 11. 1879). 1879. — [Anderer Druck. 1895.] ¶ Auch in: Gesetz- u. Verordnungsblatt f. d. Kgr. Sachsen v. J. 1879. S. 407 ff.

Prüfungsordnung f. die Candidaten d. philologischen Lehramts. gr. 8. (11 S.) Tübingen 883. (Fues.) n.n. — 50

— f. die Katasterbeamten. Vom 17. Dezbr. 1892. gr. 8. (7 S.) Berlin 893. R. v. Decker. n. — 20

— für Kreisärzte vom 24. VI. 1909. (12 S.) 8. Berlin 909. A. Hirschwald. — 30

Prüfungsordnung für das höhere Lehramt in den philosophisch-philologisch-historischen Fächern. Philosophische Fakultät der Universität Freiburg i. d. Schweiz. Zweite Ausgabe. Freiburg 1898. 19 p. 8°.

Prüfungsordnung für das höhere Lehramt im Großherzogtum Hessen. Vom 9. Dezember 1899. Gießen 1906: v. Münchow. (21 S.) 8° [F.]

Prüfungsordnung für das höhere Lehramt im Grossherzogtum Hessen. Vom 9. Dez. 1899. Giessen 1906: O. Kindt. (21 S.) 8° [F.] 4

Prüfungsordnung für das höhere Lehramt im Großherzogtum Hessen. Vom 10. Januar 1908. Gießen 1908: v. Münchow. (21 S.) 8° [F.]

— für das humanistische Lehramt — höhere Gymnasiallehrerprüfung — im Königr. Württemberg, s.: Sammlung v. Prüfungs-Ordnungen. Nr 4.

— für das realistische Lehramt — höhere realistische Lehramtsprüfung — im Königr. Württemberg, s.: Sammlung v. Prüfungsordnungen. Nr. 5.

— f. das Lehramt an höheren Schulen vom 4. III. 1899. gr. 4. (12 S.) Straßburg 899. Straßburger Druckerei & Verlagsanstalt. n. — 60

— dasselbe. Vom 12. IX. 1898. Ordnung der prakt. Ausbildg. der Kandidaten f. das Lehramt an höh. Schulen. Vom 15. III. 1890. Erlasse des Unterrichts-Ministers, betr. die Meldg., amtl. Verwendg. u. Besoldg. der Kandidaten des höh. Lehramts. 3. gänzlich umgearb. Aufl. gr. 8. (74 S.) Berlin 901. Weidmann. n. 1. —

— f. das Lehramt an höheren Schulen. Vom 12. IX. 1898. Ordnung der prakt. Ausbildg. der Kandidaten f. das Lehramt an höh. Schulen vom 15. III. 1890. Ordnung, betr. die Verhältnisse der anstellungsfäh. Kandidaten vom 15. V. 1905. Erlasse des Unterrichts-Ministers, betr. die Meldg., amtl. Verwendg. u. Besoldg. der Kandidaten des höh. Lehramts. 4. ergänzte Aufl. (85 S.) 8. Berlin 906. Weidmann. n. 1. 20

Prüfungsordnung f. das Lehramt an höheren Schulen v 4. III. 1899, nebst Verordnung, betr. Abänderung der Prüfungsordnung f. das Lehramt an höh. Schulen vom 8. IV. 1901. (13 S.) Lex.-8. Straßburg (906). Straßburger Druckerei u. Verlagsanstalt. n. 1. —

— die, f. das Lehramt an humanistischen u. technischen Unterrichtsanstalten. Verordnung vom 26. Mai 1873. 8. (17 S.) Würzburg 874. Stahel. — 25

—— für das Lehramt an humanistischen und technischen Unterrichtsanstalten im Königreich Bayern. 2. Abdr. 8. (33 S.) München 886, Rieger'sche Universitäts-Buchh. **

Die Prüfungsordnung für das Lehramt an humanistischen und technischen Unterrichtsanstalten. Königlich Allerh. Verordn. vom 21. Jan. 1895. München: Rieger 1895. 42 S. 8° [Umschlagt.] [10. 13776

— die, f. das Lehramt an humanistischen u. technischen Unterrichtsanstalten. Königl. Allerhöchste Verordng. vom 21. I. 1895. 2. Aufl. gr. 8. (42 S.) München 901. M. Rieger. n. — 60

— die, f. das Lehramt an humanistischen u. technischen Unterrichtsanstalten Bayerns. Königl. Allerhöchste Verordng. vom 21. I. 1895. 3. Abdr. (42 S.) gr. 8. München 904. M. Rieger. n. — 60

— die, f. das Lehramt an humanistischen u. technischen Unterrichtsanstalten Bayerns. Königl. Allerhöchste Verordng. vom 21. I. 1895 m. Nachtrag vom 23. VII. 1905. 5. Abdr. (43 S.) 8. München 910. M. Rieger. — 60

Prüfungsordnung, die, für das Lehramt an humanistischen und technischen Unterrichtsanstalten nach den ergänzenden Bestimmungen vom 19. Oktbr. 1880 und die Vollzugsinstruktion. Kgl. Allerh. Verordnung vom 26. Mai 1873 [enthaltend die Prüfungsordnung] und vom 19. Oktbr. 1880 [enthaltend die ergänzenden und abgeänderten Bestimmungen]. Vollzugsinstruktion vom 15. Septbr. 1875 zur Prüfungsordnung. gr. 8. (33 S.) München 881, Rieger'sche Universitäts-Buchh. **

—— für die höheren Lehranstalten des Herzogt. Anhalt. Amtl. Ausg. gr. 8. (46 S.) Dessau 886, (Baumann's Verlagsbuchh.) *

— f. die höheren Lehranstalten d. Herzogt. Anhalt. Amtliche Ausg. gr. 8. (64 S.) Dessau 892. P. Baumann. n. 1. —

— für die höheren Lehranstalten des Herzogt. Anhalt. Amtl. Ausg. gr. 8. (64 S.) Dessau 892. C. Dünnhaupt. n. 1. —

— für die höheren Lehranstalten des Großherzogt. Sachsen. 1903. (22 S.) gr. 8. Weimar 903. (H. Böhlau's Nachf.) — 50

— für Lehrer u. Lehrerinnen an Volksschulen im Königreich Sachsen, vom 1. Novbr. 1877. 8. (34 S.) Dresden 878. Meinhold & Söhne. n. — 40

— für Lehrerinnen der Musik an Fortbildungsschulen, höheren weiblichen Erziehungs- u. Unterrichtsanstalten. (6 S.) kl. 8. München (910). Piloty & Loehle. — 15

Prüfungs-Ordnung für Lehrerinnen und Schulvorsteherinnen. — Berlin: Wiegandt & Grieben 1874. 15 S. 8°
—— u. d. T.: Prüfungsordnungen

—— für Lehrerinnen und Schulvorsteherinnen. 2. wesentlich verm. Aufl. gr. 8. (43 S.) Berlin 877, Wiegandt und Grieben. *

Prüfungs-Ordnung für die im Büreau- und Kassendienst der Residenzstadt Cassel anzustellenden Mittelbeamten. *Cassel 1902: Weber & Weidemeyer.* (8 S.) 8° [F.] [03. 5872

Prüfungs-Ordnung für die im Bureau- und Kassendienst der Residenzstadt Cassel anzustellenden Mittelbeamten. Cassel 1904: Weber & Weidemeyer. (8 S.) 8° [F.] [05. 8435 4

— die neue, f. Aerzte vom 28. V. 1901. I. Aerztliche Vorprüfg. II. Aerztliche Prüfg. III. Praktisches Jahr. gr. 8. (32 S.) Freiburg i/B. 902. Speyer & Kaerner. n. — 60

Die neue **Prüfungsordnung** für Ärzte. Rostock 1906: Adlers Erben. (36 S.) 8° [07. 1994

Prüfungs-Ordnung, über die neue grossherz. hess., für Mediciner. Ein Beitrag zu dem Kapitel von den Studien- u. Prüfungs-Ordnungen überhaupt, von Dr. *. gr. 8. (58 S.) Nordhausen 847, Büchting. n. 1/3 ₰

— für Präzeptorats- u. Reallehrersstellen usw. im Königr. Württemberg, s.: Sammlung d. Prüfungs-Ordnungen. Nr. 6.

Grossherzogl. polytechnische Schule zu Darmstadt. Provisorische **Prüfungsordnung** (v. 25. 5. 1873). — [Anderer Dr. u. d. T.:] Grossherzogl. Polytechnikum Darmstadt . . . ¶ Abgedr. in: Programm 1872/73 [Nr 1089].

Kgl. Technische Hochschule zu München. Provisorische **Prüfungsordnung** für das Fach der technischen Physik (v. 30. 7. 1898). *M*

[F.] **Prüfungsordnung** für die mittleren und unteren Staatseisenbahnbeamten sowie Bestimmungen üb. d. Annahme v. Zivilsupernumeraren f. d. Staatseisenbahndienst nebst Ausführgs- u. Uebergangsbestimmgn z. Prüfgsordng. Gültig v. 1. April 1895. '(Eisenbahn-Verordngs-Bl. Nr 12. v. 29. März 1895, S. 255 ff.)' Text m. Anm. v. F. R. Engelhard. *Berlin: R. v. Decker 1896.* (VI, 69 S.) 1 Bd 8. [96. 8030

Prüfungsordnung für die mittleren und unteren Staatseisenbahnbeamten nebst Ausführungsbestimmungen sowie Bestimmungen über d. Annahme von Zivilsupernumeraren f. d. Staatseisenbahndienst. Gültig v. 1. Jan. 1900. *Berlin: C. Heymann 1900.* (64 S.) 4° [00. 4873

Prüfungs-Ordnung für die mittleren und unteren Staats-Eisenbahn-Beamten. Giltig vom 1. Mai 1909. (o. O. 1909)

Prüfungsordnung für die Studierenden der Pädagogik im Großherzogtum Hessen. Vom 29. August 1903. Gießen 1909: v. Münchow. 14 S. 8° [U 10. 1106

— f. Turnlehrer vom 22. Mai 1890. Prüfungsordnung f. Turnlehrerinnen vom 22. Mai 1890. gr. 8. (8 S.) Berlin 890. Hertz. n. — 20

Prüfungs- und Unterrichts-Ordnung der Realschulen, f. Unterrichts- und Prüfungs-Ordnung.

Prüfungsordnung für Vorturner des Turnvereins Fulnek 2. 2. 1897, Umdr., 2 Bl., 8°.

— f. Zahnärzte (vom 15. III. 1909), s. Prüfungsordnungen f. Elsass-Lothringen. II.

— für Zahnärzte nach dem Bundesratsbeschlusse vom 15. III. 1909. (21 S.) kl. 8. Berlin (910). Berlinische Verlagsanstalt. — 30

— die, f. Zahnärzte f. das Deutsche Reich vom 15. III. 1909. (28 S.) 8. Berlin 909. A. Hirschwald. — 40

Prüfungs-Ordnung f. Zeichenlehrer an höh. Schulen vom 31. I. 1902. Prüfungs-Ordnung f. Turnlehrer vom 15. V. 1894. Die Aufnahme in die Kandidatenliste u. Einberufg. zur dienstl. Verwendg. Anstellungsgrundsätze. Besondere Bestimmgn. f. Kandidaten u. Hilfslehrer. — Mit Sachregister. 2., durchgeseh. u. bericht. Aufl. (107 S.) gr. 8. Halle 903. Buchh. des Waisenhauses. n. 1. 20; kart. n.n. 1. 45

— für Zeichenlehrer u. Zeichenlehrerinnen in Preußen vom 31. I. 1902 m. den Ausführungsbestimmungen. gr. 8. (12 S.) Halle 902. Buchh. des Waisenhauses. — 15

— dasselbe, s.: Abhandlungen, pädagogische.

— für Zeichenlehrer u. Zeichenlehrerinnen im Königr. Württemberg, s.: Sammlung v. Prüfungs-Ordnungen. Nr. 7.

[Praefungs-Ordnungen.] Akademie für Sozial- und Handelswissenschaften Frankfurt a. M. Prüfungs-Ordnungen. Frankfurt a. M. (1909). 8°. *[Umschlagtit.]*

Prüfungsordnungen, die, f. die Bureaubeamten im königl. sächsischen Staatsdienste. 8. (IV, 48 S.) Leipzig 893. A. Berger. — 60

— dasselbe. Nachtrag. 8. (S. 49—67.) Ebd. 894. Unentgeltlich.

Prüfungsordnungen f. Elsass-Lothringen. Nr. 1—3. kl. 8. Strassburg, J. Singer. 1. 50

1. Regulativ üb. die juristischen Prüfungen u. die Vorbereitung zum höheren Justizdienst. (24 S.) 909. — 50
2. Prüfungsordnung f. Zahnärzte (vom 15. III. 1909). (30 S.) 909. — 50
3. Prüfungsordnung f. Aerzte (vom 28. V. 1901). (38 S.) 910. — 50

Prüfungs-Ordnungen, die im Großherzogth. Baden geltenden, für die einzelnen Berufsarten im Civildienste, nebst den weiteren einschlägigen Bestimmungen. Zum Gebrauch für Behörden, Schulanstalten, Studierende und Schüler, Eltern und Vormünder. 8. (VIII, 256 S.) Karlsruhe 882, Braun'sche Hofbuchh. *

Prüfungsordnungen, die in Preussen geltenden, f. Lehrerinnen, nebst e. Lehrplan f. e. höh. Mädchenschule. gr. 8. (49 S.) Bonn 898. A. Marcus & E. Weber. — 60

Die in Preußen geltenden Prüfungsordnungen für Lehrerinnen nebst e. Lehrplan f. e. höh. Mädchenschule. *Bonn: A. Marcus & E. Weber 1902.* (48 S.) 8° [04. 3808

Prüfungs-Ordnungen, juristische, f. die vereinigten Thüringischen Staaten. — Neues Regulativ, die jurist. Prüfungen u. die Vorbereitg. zum höheren Justizdienste betr., nebst den Einführungs-Verordngn. der zum Oberlandesgericht zu Jena vereinigten Thüring. Staaten. — Die Bedingn. zur Erlangg. der jurist. Doktorwürde bei der Juristen-Fakultät der Universität Jena. (2. Aufl.) (24 S.) gr. 8. Jena 904. O. Rassmann. n. 1. —

— f. Lehrerinnen u. Bestimmungen üb. das höhere Mädchenschulwesen in Preußen. 2., verm. Aufl. (136 S.) gr. 8. Halle 907. Buchh. des Waisenhauses. n. 1. 20; kart. n. 1. 45

— f. Lehrerinnen u. Bestimmungen üb. das höhere Mädchenschulwesen in Preußen. 2., verm. Aufl. (Neue Ausg. m. den Abändergn. u. Ergänzgn. vom 3. IV. 1909.) (136 u. 4 S.) gr. 8. Halle (909). Buchh. d. Waisenhauses. 1.20; kart. n 1. 45

Prüfungsordnungen f. Lehrerinnen in Preußen. Nebst den Bestimmgn. üb. die Lehrerinnenbildg. u. üb. das Mädchenschulwesen. Mit Sachregister. gr. 8. (107 S.) Halle 901. Buchh. des Waisenhauses. n. 1. 20

Prüfungsordnungen f. Lehrerinnen u. Schulvorsteherinnen. 3., verm. Aufl. gr. 8. (54 S.) Berlin 887. Wiegandt & Grieben. n. — 60

— u. Lehrpläne f. die höheren Lehranstalten des Großherzogt. Hessen, s. a. Schulwesen.

Prüfungsordnungen und Lehrpläne für die höheren Lehranstalten des Großherzogtums Hessen nebst einigen d. höhere Schulwesen betr. Bestimmungen. Amtl. Handausg. Darmstadt: Staatsverl. 1909. 100 S. 8°
(Schulwesen. H. 3.) A11.1937

— für die evangel. Theologen, Juristen (einschl. Notariat u. Forstverwaltung), Aerzte u. Zahnärzte, Lehrer an den höh. Schulen, Apotheker u. Nahrungsmittelchemiker in Elsaß-Lothringen. Nebst e. Anh., betr. Zulassg. an der Universität Straßburg, Aufnahme im Thomasstift, Stipendien u. Benutzg. der Universitäts- u. Landesbibliothek. 8. (VI, 214 S.) Straßburg (901). Straßburger Druckerei u. Verlagsanstalt. n. 2. 50

— f. Turnlehrer u. Turnlehrerinnen, nebst Bestimmgn. betr. die Aufnahme in die königl. Turnlehrer-Bildungsanstalt in Berlin. gr. 8. (15 S.) Berlin 894. Besser. — 30

— f. Volksschullehrer, Lehrer an Mittelschulen u. Rektoren, Lehrerinnen u. Schulvorsteherinnen, Taubstummenlehrer, technische Lehrer u. Lehrerinnen, nebst den Vorschriften üb. die Aufnahmeprüfg. an den königl. Schullehrer-Seminarien. gr. 8. (48 S.) Berlin 891. Weidmann. n. — 75

Prüfungsplan des Kortegarn'schen Handlungs-Instituts zu Bonn am Rhein, zugleich Studien-, Disciplinar-, Haus- u. Tages-Ordnung für die Zöglinge der Anstalt. gr. 8. Bonn 844, Marcus. n. 1/3 ℛ︎

Prüfungs-Reglement für die Kandidaten des höheren Schul-Amts pro facultate docendi, über die Colloquia pro rectorata und die Ableistung des Probejahres vom 12. Decbr. 1866, 21. Febr. und 30. März 1867, die Circular-Verfügung, die Prüfungs-Ordnung für Lehrer an Mittelschulen und Rektoren betr., vom 15. Octbr. 1872, Circular-Verfügung, die Aufnahme-Prüfung an den königl. Schullehrer-Seminarien betr., vom 15. Octbr. 1872, nebst Instruktion für die Prüfung der Zeichenlehrer an Gymnasien und Realschulen vom 2. Octbr. 1863. 1. Aufl. (86 S.) 1876; 2. Aufl. gr. 8. (IV, 96 S.) Neuwied 877, Heuser'sche Verlagsh. *

Prüfungs-Reglement für die Kandidaten des höheren Schulamtes pro facultate docendi, über die Colloquia pro rectorata und die Ableistung des Probejahrs vom 12. Dezbr. 1866, 21. Febr. und 30. März 1867, sowie die Circular-Verfügung, die Prüfungs-Ordnung für Lehrer an Mittelschulen und Rektoren betreffend, vom 15. Oktbr. 1872, Circular-Verfügung, die Aufnahme-Prüfung an den königl. Schullehrer-Seminarien betreffend, vom 15. Oktbr. 1872, nebst Instruktion für die Prüfung der Zeichenlehrer an Gymnasien und Realschulen. Ergänzt bis Ende 1880. 3. Aufl. 8. (IV, 109 S.) Neuwied 881, Heuser's Verlag. cart. *

Prüfungs-Reglement f. die Kandidaten d. höheren Schulamts pro facultate docendi, üb. die Colloquia pro rectoratu u. die Ableistung d. Probejahrs. Ergänzungs-Heft, d. J. 1880—85 umfassend. 8. (IV, 36 S.) Neuwied 885. Heuser's Verl. n. — 50 (Reglement u. Ergänzungsheft: n. 1. 70)

Prüfungsreglement f. d. mittleren u. niederen Staats-Eisenbahnbeamten. Berlin 880.

Prüfung-Reglement, Vorschriften über die Prüfung der Tierärzte für das Deutsche Reich. (19 S.) Berlin 89. Hirschwald. M. —.40

Prüfungs- etc. Reglement für Civil- und Militär-Anwärter im Postdienst. Berlin 872.

Prüfungsreglements. Berlin, Heymann.
1. **Reglement** betr. d. Prüfung d. deut. Apotheker u. Apothekergehilfen. 2. Aufl. 876.
2. — f. Aerzte, Zahnärzte u. Thierärzte u. s. w. 3. Aufl. 883.
3. **Vorschriften** üb. Prüfg. f. d. Staatsdienst im Baufache. 4. Aufl. 887.
4. — üb. Befähigg. zu d. techn. Aemtern bei d. preuss. Bergbehörden u. üb. Markscheider. 2. Aufl. 886.

Prüfungsreglements. Berlin, Heymann.
5. **Vorschriften** über Prüfung, Anstellg. d. preuss. Land- und Feldmesser. 2. Aufl. 886.
6. — üb. Ausbildg., Prüfung f. d. Förster- u. Forstverwaltungsdienst. 2. Aufl. 886.
7. **Gesetz** üb. d. jurist. Prüfgn. u. d. Vorbereitg. z. höh. preuss. Justizdienst. 4. Aufl. 883.
8. **Prüfungsvorschriften** f. d. Unterricht an höh. u. nied. preuss. Schulen. 7. Aufl. 887.
9. **Reglement** üb. Annahme, Prüfg. u. s. w. v. Civil- u. Militair-Anwärtern f. d. Postdienst. 872.
10. — üb. Nachweis d. Befähigg. als Seeschiffer u. Seesteuermann auf deut. Kauffahrteischiffen. 2. Aufl. 888.
11. **Prüfungen,** d. theolog., enth. d. Instrukt. pro lic. concion. et pro minist. 3. Ausg. 883.
12. **Herrfurth,** Gesetz, betr. d. Befähigg. f. d. höh. Verwaltgsdienst v. 11. 3. 79. 2. Aufl. 884.
13. **Hiersemenzel,** d. militär. Prüfgen. Zusammenstellg. d. bez. Bestimmgn. 876.
14. **Reglements** üb. Annahme u. Beförderg. d. Aspiranten f. d. K. Deut. Telegraphie. 873.
15. **Prüfungsordnung** f. d. mittl. u. unt. Beamten d. Staatseisenbahnverwltg. 3. Aufl. 887.
16. **Verfassungs-Statut,** provisor., d. techn. Hochschule zu Berlin. 880.
17. **Liebau,** wissensch. Befähigg. f. d. einj.-freiw. Dienst u. d. Vorbereitgsdienst in d. deut. Reichs- u. preuss. Staatsverwltg. 2. Aufl. 885.
18. **Vorschriften** üb. Vorbereitgsdienst u. s. w. d. preuss. Justizsubalternbeamten. 2. Aufl. 886.
19. **Grundsätze** f. Besetzg. d. Subalternbeamtenstellen m. Militairanwärtern. 2. Aufl. 886.
20. **Bekanntmachung** betr. Prüfg. d. Maschinisten auf Seedampfschiffen d. deut. Handelsflotte. 884.

Prüfungsreglements f. Aerzte, Heildiener u. s. w. Berlin 872.

Prüfungsreglements f. Aerzte, Zahnärzte, Thierärzte, Kreisphysici u. beamtete Thierärzte, sowie Heildiener, Chirurgengehülfen, Hebammen ꝛc. 4. Aufl. Neue vervollständ. Ausg. der 3. Aufl. gr. 8. (IV, 79 S.) Berl. 889, C. Heymann. * 1 20

Die 3. Aufl. erschien 1883 u. d. T.: Reglements üb. Prüfung, Approbation u. Ausübung des Gewerbes für Aerzte ꝛc.

Prüfungsreglements f. Aerzte ꝛc., 5. Aufl., s.: Prüfungsvorschriften f. Medizinalpersonen.

Prüfungsregulativ f. d. Forstdienst. Berlin 872.

Prüfungsscheine, Über private, für Thermometer. Berlin 1906 (Mittheil. a. d. Physik.-Techn. Reichsanst.)

Prüfungsschreiben, christl. wohlgemeintes, üb. d. Christenthum der gegenw. Tage. 8. Nürnb. Zeh. 771.

Prüfungsstunden, Von R****'s, oder interessante Skizzen nach dem Leben eines ehemaligen Stabs-Officiers gezeichnet. Freiburg i. Br. 1849. V: *Rango, Ludwig von.* (CLZür Forts. III)

Prüfungstafel u. Gebete f. Beicht- u. Abendmahlstage. 1. Aufl. 8. (5 B.) 837. ⅙ Thlr., 2. Aufl. — A. u. d. T.: Beicht- u. Communion-Büchlein f. evangel. Christen. gr. 8. (8¾ B.) Nürnberg 841, Raw'sche Buchh.

Prüfungsvorschrift f. Waffenmeister der Feldartillerie vom 30. VIII. 1910. (D. V. E. Nr. 274.) (IV, 18 S.) 8. Berlin 910. E. S. Mittler & Sohn. — 15; geb. — 30

Prüfungsvorschriften, die, f. Juristen in Bayern, enth. die kgl. Allerhöchste Verordng. v. 4. VII. 1899 u. die Ministerial-Bekanntmachg. v. 6. VII. 1899, die Prüfgn. f. den höh. Justiz- u. Verwaltungsdienst u. die Vorbereitg. f. diese Prüfgn. betr., samt den Ausführungsvorschriften, nebst Anh.: Die Promotionsordngn. der Juristen-Fakultäten der 3 Landesuniversitäten. 2. Aufl. Mit Einleitg., Anmerkgn. u. alphabet. Sachregister hrsg. v. e. prakt. Juristen. 8. (IV, 158 S.) München 899. J. Schweitzer Verl. Kart. n. 1. 50

Prüfungsvorschriften, die, f. Juristen u. der Vorbereitungsdienst zum Richteramte ꝛc. Sammlung der in Bayern gelt. Vorschriften. 8. (VII, 76 S.) Erlangen 888. (Blaesing.) cart. n.n. 1. 30

— dasselbe. Sammlung der in Preußen gelt. Vorschriften. 8. (48 S.) Ebd. 888. cart. n. 1. —

Prüfungsvorschriften, die, f. Juristen u. die Vorbereitung zum Justizdienste im bayerischen Staate, nebst Anleitg. zum Studium der Rechtswissenschaft, auch enth. Formular: Gesuch um Zulassg. zur theoret. Prüfg. u. zu e. Dispensationsgesuch, bearb. u. hrsg. v. e. Universitätsbeamten. 8., verm. u. verb. Aufl. 8. (VIII, 96 S.) München 892. Münchner Handelsdruckerei u. Verlagsanstalt M. Poeßl. n. 1. 50

— dasselbe im Preußischen Staate. 8. (52 S.) Ebd. 892. n. 1. —

Prüfungs-Vorschriften f. Kameralisten. Gesetzl. Bestimmgn. üb. die Finanzdienstprüfg. Königl. Verordng., betr. die Dienstprüfgn. im Departement der Finanzen. Vom 16. Juli 1892. gr. 8. (16 S.) Tübingen 895. H. Laupp. — 30

— f. Medizinalpersonen — Aerzte, Zahnärzte, Thierärzte, Kreisphysici —, nebst e. Anh., enth. Bestimmgn. f. Heildiener, Chirurgengehülfen, Hebammen, Hühneraugenoperateure, Bandagisten u. chirurg. Instrumentenmacher. 5. Aufl. gr. 8. (IV, 92 S.) Berlin 893. C. Heymanns Verl. n. 1. 50

Die 4. Aufl. erschien u. d. T.: Prüfungsreglements.

Prüfungsvorschriften, die neuen, f. Juristen in Bayern, enth. die kgl. Allerhöchste Verordng. vom 12. Juli 1893 u. Bekanntmachg. vom 14. Juli 1893, die Prüfgn. u. die Vorbereitg. zu den Prüfgn. f. den höheren Justiz- u. Verwaltungsdienst in Bayern, sammt den Ausführungs-Vorschriften hiezu betr., nebst e. Anh., die Bestimmgn. f. die Erwerbg. des Doktorgrades bei den Juristen-Fakultäten an den bayer. Landes-Universitäten: München, Würzburg u. Erlangen. 12. (98 S.) München 893. J. Schweitzer, Verl. n. 1. —

— für Regiminalisten. Gesetzl. Bestimmgn. über die Verwaltungsdienstprüfg. Kgl. Verordng., betr. die höh. Dienstprüfgn. im Departement d. Innern. V. 7. Novbr. 1885. gr. 8. (12 S.) Ebd. 895. — 30

—— die, für den Unterricht an höheren und niederen Schulen in Preußen. 7. verm. und verb. Aufl. gr. 8. (VII, 119 S.) Berlin 887, C. Heymanns Verlag. *

Prugawin, A. S., die Inquisition der russisch-orthodoxen Kirche. Die Klostergefängnisse. Mit e. Geleitwort von M. v. Reusner. (IX, 123 S.) 8. Berlin 905. F. Gottheiner. 2. —

Prügel, K.: Der Kartoffelbau. **Augsburg 1867**

Prügeley, die ästhetische; od. der Freymüthige im Faustkampf mit dem Eleganten. Zweyaktige Posse in gewogenen Versen von Angel. Cerberus, m. K. 8. Neu-Athen. 803. -

Prügelstrafe. Soll die Prügelstrafe f. jugendliche Verbrecher eingeführt werden? Eine Frage an das deutsche Volk. [Aus: „6. Jahrb. d. Gefängnis-Gesellsch. f. d. Prov. Sachsen u. d. Herzogt. Anhalt".] gr. 8. Halle a/S. 893. (A. Kegel.) n. — 25
Die Prügelstrafe, insbesondere e. Strafmittel f. Jugendliche, v. Lanz. (40 S.)

PRÜGELZUCHT, Die, in der Pension Knocker. Illustriert. (190*.) (Mk. 2—.)

Pruger, Ladisl., sonntägl. Predigten. 3 Thle. Fol. Augsb. Schlüter. 726.

Pruggberger, Marian., Dissertatio hist.-critica de profanis paganorum oraculis a daemonibus vindicatis una cum tractatu de angelis. Tegernsee 1764. 4°, 8 Bogen.
Gegen die vorstehende Dissertation erschien: Malleolus A., Ad D. Joachimum Schyrensem abbatem de profanis paganorum oraculis contra Marianum Pruggberger. Frankfurt 1765, in 4°.

Prugger, B., observationes practicae ad jus et consuetudines Bavariae etc. gr. 4. München, Lindauer. 762.

Prugger, Johann Joseph

— Diss. Jus et consuetudines Bavariae de jure faeminarum illustrium singulari. 4. Ingolst. 765.

Prugger, Jh. Jos., († d. 14. Dec. 1788.) observationes practicae ad jus et consuetudines Bavariae, privilegiis statum provincialem etc. 4maj. Münch. 762. Lindauer. 5 fl.

Prugger, Karl

— s. Conferenz, die Parteorfer, u. sene hinzu: (von K. Prugger v. Pr.)

Prugger v. Pruggheim, Karl, tugendhafte Gesinnungen u. Thaten von Heiden, Juden, Türken — in Erzählungen ꝛc. 2 Bdchen. 8. Münch. 802 u. 3. J. Lindauer. 1 rℓ

— s. Kunst, Freundschaften.

— Lehren Jesu in 14 Stationen, eingerichtet wie sein heil. Kreuzweg, f. die lieben Landleute. Mit 1 Kpf. kl. 8. Salzb. 789. Duyle. 4 gr.

PRUGGER, Karl v., Philoklerus inner dem Gebirge, oder Vorschläge zur Verbesserung der Weltgeistlichkeit. Augsburg, Stage, 1808. 8°. (½ Rthl.) Rar!

— Philoklerus, od. d. Verbesserung d. Weltgeistlichkeit. 8. Augsb. Stage. 810.

Prugger, K., Predigten. 8. München, Lindauer. 818.

— Rede am 27. Mai 1817, als am Einweihungstage d. Landwehrfahne v. Donauwörth. 8. Münch. 817. J. Lindauer. 2 gr.

— Religionsparth. f. Landleute. 8. Salzb. Mayr. 800.

— Versuch, die Heerstraße der Römer von Passau an bis Windisch in der Schweiz zu erklären. Mit 2 Karten u. 8 Abbildd. 4. Münch. (G. Franz). 1 rℓ

— s. Wort, ein, an d. Tyroler.

Prugger, Martin

— katholisches Lehr- und Exempelbuch. Ein Handbuch für Prediger und Katecheten u. ein Hausbuch für das kathol. Volk. Neu herausg. von Joh. Bapt. Buohler. 2 Bde. Schaffhausen 855, 56. Hurter. 8. (VIII, 580 S.; IV, 292 S.) 1 rℓ. 10 ngr.

Prugger, Martin, katholisches Lehr- u. Exempelbuch. Handbuch f. Prediger u. Katecheten, sowie Hausbuch f. das kathol. Volk. Neu hrsg. v. Joh. Baptist Buohler. Neue illustr. Aufl. (In 10 Hftn.) 1. Hft. 4. (VIII, 48 S. m. eingedr. Holzschn. u. 1 Stahlst.) Regensburg 886. Verlags-Anstalt. — 40

Prugger, M., katholisches Lehr- u. Exempelbuch. Handbuch f. Prediger u. Katecheten, sowie Hausbuch f. das kathol. Volk. Neu hrsg. v. J. B. Buohler. Neue illustr. Aufl. 2.—10. (Schluß-)Hft. 4. (VIII u. S. 49—471 m. eingedr. Holzschn. u. 1 Holzschn.-Taf.) Regensburg 887. Verlags-Anstalt. à — 40 (cplt.: 4. —)

— dasselbe. Neu hrsg. v. J. B. Buohler. Mit 1 Stahlst. 8. (XII, 1058 S.) Ebd. 887. 3. —

Prugger, Mart., Lehr-, Exempel- und Gebetbuch für Kranke und Sterbende. Neu bearb. und hrsg. von einem Seelsorger des Bisthums St. Gallen. 2 Thle. (Lehr- und Exempelbuch. — Gebetbuch.) 8. (VIII und 713 S. mit 8 Stnt.) Einsiedeln 854, Gebr. Benziger.

Prugger, Mart., Lehr- u. Exempelbuch, worin der völlige Katechismus der christkathol. Lehre mit Beibringung allerhand schöner Exempel vorgetragen wird. 4. Augsb. 790. Veith. 1 rℓ

Prugger, Mart., Lehr- u. Exempel-Buch, worin der vollständ. Katechismus, od. die christkathol. Lehre leichtfaßlich vorgetragen, sowie auch mit allerhand schönen Exempeln, Gleichnissen u. Sprüchen aus der heil. Schrift u. den HH. Vätern erkläret, bekräftiget u. ausgezieret ist, weßhalb es gar füglich als ein sehr nützliches Unterrichts- u. Hausbuch sowohl Denen, welche die Jugend ꝛc. zu unterweisen haben, wie auch dem gemeinen ungelehrten Volke ꝛc. wohl ersprießlich dienen mag. 18. durchaus verb. Aufl. 4. (XXXII u. 720 S. m. 1 Stahlst.) Augsburg 851, Rieger in Comm. 1⅓ rℓ

— Lehr- und Exempelbuch, worin der vollständige Katechismus, oder die christkathol. Lehre leichtfaßlich vorgetragen, sowie auch mit verschiedenen schönen Exempeln, Gleichnissen und Sprüchen aus der heil. Schrift und den HH. Vätern erklärt und bekräftiget ist, weshalb es als ein sehr nützliches Unterrichts- und Hausbuch ꝛc. heilsam werden kann. 19. durchaus verb. Aufl., herausg. von Sim. Buchfelner. Mit 1 Stahlst. u. 5 feinen Holzschn.-Bildern. 1—3. Liefg. Augsburg 855. Rieger. 4. (4 Bl., S. 1—360 u. 2 Holzschn.) Jede Liefg. 6 ngr.

Prugger von Pruggheim, Karl, s. Prugger

Pruggmayer, Anton, k. u. k. Major, 2. Stabsoffizier im Korpsartillerieregiment Nr. 1. Geschichte des k. u. k. Korpsartillerieregiments Nr. 1. Chronik der Ereignisse vom Jahre 1854—1904. Zusammengestellt anlässlich des 50jährigen Jubiläums der Errichtung des Regiments im Auftrage des Regimentskommandos. Mit 1 Titelbild, 3 Bildern von Regimentsinhaber, 12 beigebundenen Beilagen, 2 Übersichtskarten, 5 Plänen und 1 Skizze. 8. Krakau 1904.

Pruggmayer, Walther, bacc. iur., Referendar am Kgl. Amtsgericht Dresden: Die Begriffe Handelsgeschäft und Kaufmann nach altem und neuem Recht. Borna-Leipzig 1905: R. Noske. (IX, 122 S.) 8°
Leipzig, Jur. Fak., Diss. v. 1. Juli 1905
[Geb. 26. Okt. 81 Dresden; Wohnort: Dresden; Staatsangeh.: Sachsen; Vorbildung: Kreuzgymn. Dresden Reife O. 01; Studium: Leipzig 6 S.; Rig. 28. Juli 04.]

Prug(g)may(e)r, Martin Maximilian

Philosophische Untersuchung des wahrhaften Lebenselixieres oder des echten philosophischen Trinkgoldes, wodurch ehemals nicht nur alle Krankheiten des menschlichen Leibes geheilet, sondern auch die unreinen und aussätzigen Körper der Metallen zu ihrer vollkommenen Reinigkeit gebracht wurden. Aus dem lateinischen übersetzt und mit Anmerkungen versehen; mit einem hieroglyphischen Kupfer das ganze philosophische Werk vorstellend. Leipzig, bey Adam Friedrich Böhmen, 1790. pp. 312, 12mo. Plates.

Prugmayer, Mt. Mar., philosoph. Untersuchung des wahrhaft. Lebenselixirs; aus d. Latein. mit Anmerkk. 8. Leipz. 790. (Knobloch). 16 *K*

Der Bayerische und Böhmer-Wald gez. v. K. **Prühäußer.** Maßst. d. Detailkarten 1: 100,000. (In 9 Bl.) *Passau: M. Waldbauer [1903]; K. Stücker, München.* (9 Kartenbl. je 20 × 15 cm.) quer-8° [kol.]
1. Furth (Czerkov). 2. Kötzting (Hoher Bogen).
3. Eisenstein (Osser). 4. Bodenmais (Arbergebiet).
5. Großer Falkenstein. 6. Rachel-Lusen.
7. Kuschwarda-(Lusen). 8. Freyung-Grafenau.
9. Dreisessel.

Umgebungskarte von Passau. Masst. 1: 100,000. Gez. von K. **Prühäuser.** [Mit 2 Nebenkarten.] Passau: M. Waldbauer [1905]. (1 Kartenbl. 46 × 40 cm.) [lith.] [kol.]

Wege- und Routenkarte für den bayrischen Wald, entw. u. gez. von K. **Prühäusser.** Massst. 1: 200,000. Östlicher [&] westl. T. *Passau: M. Waldbauer (1902); K. Stücker's Kunstanst., München* (2 Kartenbl. 37 × 44 u. 35 × 47 cm.) 8° [kol.]

Pruhnz, G., der vollständigste Hausdoktor oder 600 der bewährtesten Hausarzneimittel gegen alle vorkommenden Krankheiten der Menschen. 1.—16. verm. und verb. Aufl. 8. (96 S.) Reutlingen 874—78, Enßlin und Laiblin's Verlagsb.

Prühss, Karl, Gerichtsref. aus Berlin: 'Das verletzte Schutzobject beim Diebstahl.' *Berlin 1902: H. Sieble.* (65 S.) 8° [F.] Freiburg i. B., Rechts- u. staatswiss. Diss. v. 1902

Pruis, de la cause notable entre les Dames etc. gr. 8. Cobl. Lassaulx et H. 806.

Prüll, Herm., der Anschauungs- u. Sprachunterricht im 2. u. 3. Schulj. Präparationen u. Konzentrationsdurchschnitte. gr. 8. (XVI, 162 S. m. 1 Tab.) Leipzig 901. E. Wunderlich. n. 2.—; geb. n. 2. 50

Prüll, Herm., der Anschauungs- u. Sprachunterricht f. die Unterstufe. Präparationen u. Konzentrationsdurchschnitte. 2. verm. Aufl. (XVI, 154 S. m. 1 Tab.) gr. 8. Leipzig 909. E. Wunderlich. 2.—; geb. 2. 50

— Skizzierte Aufsatzthemen aus dem Leben u. dem Unterricht. 1. u. 2. Tl. (135 u. 119 S.) gr. 8. Dresden 910. A. Huhle. à 1.50; geb. à 1. 80

Prüll, Herm., Deutschland in natürl. Landschaftsgebieten, aus Karten- u. Typenbildern dargest. u. unt. Berücksicht. d. bewährtesten Grundsätze d. Pädagogik bearb. gr. 8. (VIII, 114 S.) Leipzig 897. E. Wunderlich. n. 1. 60; geb. n. 2. —

Prüll, Herm., Deutschland in natürlichen Landschaftsgebieten, aus Karten- u. Typenbildern dargestellt u. unter Berücksicht. der bewährtesten Grundsätze der Pädagogik bearb. 2., verm. Aufl. (XVI, 196 S.) gr. 8. Leipzig 903. E. Wunderlich. n. 1. 60; geb. n. 2. —

— Deutschland in natürlichen Landschaftsgebieten, aus Karten- u. Typenbildern dargestellt u. unter Berücksicht. der bewährtesten Grundsätze d. Pädagogik bearb. 3., verm. Aufl. (XVI, 226 S.) gr. 8. Leipzig 909. E. Wunderlich. 2.—; geb. n 2. 50

— Der Deutsch-Unterricht auf Grund v. Fehlerstatistiken. Übungsstoffe aus dem Leben, aus dem Sach- u. Leseunterrichte f. alle sprachl. Fächer. I.—VII. Tl. 8. Leipzig, A. Hahn. 7.70; geb. n 10. 20
I. 2. Schulj. (44 S.) 907. — 70; geb. 1. —
II. 3. Schulj. (62 S.) 907. — 80; geb. 1. 10
III. 4. Schulj. (84 S.) 907. 1.—; geb. 1. 30
IV. 5. Schulj. (104 S.) 908. 1.20; geb. 1. 60
V. 6. Schulj. (127 S.) 908. 1.40; geb. 1. 80
VI. 7. Schulj. (112 S.) 909. 1.40; geb. n 1. 80
VII. 8. Schulj. (97 S.) 909. 1.20; geb. 1. 60

— Europa in natürl. Landschaftsgebieten. Aus Karten u. Typenbildern dargestellt u. unter Berücksicht. der ursächl. Zusammenhänge u. der Kulturverhältnisse bearb. 2., verb. u. verm. Aufl. (XV, 154 S.) gr. 8. Leipzig 907. E. Wunderlich. 2.—; geb. 2. 50

— Geschichte v. Chemnitz in 12 Einzelbild. als Anh. zur Heimatkunde. E. Beitrag zur Kulturgeschichte. gr. 8. (IV, 34 S. m. 7 lith. Taf.) Ebd. 897. n. — 40

Fünf Hauptfragen aus der Methodik der Geographie von H(ermann) Prüll. *Leipzig: E. Wunderlich 1903.* (71 S.) 8° [F.]

Prüll, H., Heimatkunde von Chemnitz u. Umgegend. (Ausg. B.) Schülerausg. gr. 8. (16 S. m. 12 Einzelkärtchen u. 1 Gesamtkarte.) Leipzig 890. Wunderlich. n.n. — 25

Prüll, H., die Heimatkunde als Grundlage f. die Realien auf allen Klassenstufen. Nach den Grundsätzen Herbart's u. Ritter's dargethan an der Stadt Chemnitz u. ihrer Umgebg. Ausgeführt in 18 Lektionen. (Ausg. A.) gr. 8. (IV, 72 S. m. 12 Einzelkärtchen u. 1 Gesamtkarte.) Leipzig 890. Wunderlich. n. 1. 20

— d. Heimatkunde als Grundlage f. d. Unterricht in d. Realien auf allen Klassenstufen. Nach d. Grundsätzen Herbarts u. Ritters, dargethan an d. Stadt Chemnitz u. ihrer Umgebg. Ausgef. in 18 Lektionen. M. 12 (lith.) Einzelkärtchen u. e. Gesamtkarte v. M. Kuhnert. Ausg. A. 2., veränd. u. verm. Aufl. gr. 8. (VII, 98 u. 34 S.) Ebd. 897. n. 1. 60; geb. n. 2. —

Prüll, Herm., die Heimatkunde als Grundlage für den Unterricht in den Realien auf allen Klassenstufen. Nach d. Grundsätzen Herbarts u. Ritters, dargetan an der Stadt Chemnitz u. ihrer Umgebg. Ausgeführt in 18 Lektionen. Mit 12 (lith.) Einzelkärtchen u. e. Gesamtkarte v. M. Kuhnert. Ausg. A. 3 veränd. u. verm. Aufl. gr. 8. (VIII, 109 S.) Leipzig 902. E. Wunderlich. n. 1.60; geb. n. 2.—

— die Heimatkunde als Grundlage f. den Unterricht in den Realien auf allen Klassenstufen. Nach den Grundsätzen Herbarts u. Ritters, dargetan an der Stadt Chemnitz u. ihrer Umgebg. Ausgeführt in 18 Lektionen. Mit 12 (lith.) Einzelkärtchen u. e. Gesamtkarte v. M. Kuhnert. Ausg. A. 4. erweit. u. verb. Aufl. (VIII, 113 S.) gr. 8. Ebd. 907. n. 1. 60; geb. n. 2. —

— aus der Himmels- u. Länderkunde. — Die Lichter am Himmel, ihre Zeichen u. Zeiten. Die außereurop. Erdteile. Nach wirtschaftl. Gesichtspunkten bearb. gr. 8. (VIII, 186 S.) Ebd. 900. n. 2. —; geb. n. 2. 40

— s.: Sprachunterricht, d. ges., in d. Volksschule.

Prüm [Schlagwort]

Prüm, s.a. Europa. Liebenow.

Prüm, s.a. Preussen. Messtischblätter. — Trier. Reg.-Bez.

Prüm. Wandkarte des Kreises Prüm, Reg.-Bez. Trier. Bearb. nach den neuen Messtischblättern der königl. preuss. Landesaufnahme. 1: 35,000. 2 Blatt. à 64,5 × 119,5 cm. Farbdr. Berlin (903). D. Reimer. n. 10. —

Prüm [Verfasser]

Prüm, O., Anleitung zur praktischen Anwendung der doppelten Buchführung auf die Geschäftsführung der Vorschuss-Vereine. Leipzig 867. (Berlin, Grieben.) gr. 8. (LXII, 368 S.) n. 1 ⁄ 10 ngr.

Prüm, Émile: A u f r u f betreffend eine Subskription zur Errichtung eines Denkmales zu Clerf an den Klöppelkrieg von 1798. [Luxemburg: St. Paul.- Ges. 1899]. 1 S. 4°

Prüm, Émile: A u f r u f behufs Subskription auf das Werk des Hrn. Pfarrers Wilhelm Zorn, betitelt „Der Luxemburger Klöppelkrieg", zu Gunsten der Errichtung zu Clerf eines Denkmales an den Klöppelkrieg. [Luxemburg: St. Paul.- Ges. 1899]. 2 S. 4°

Prüm, Émile: Herzliche B i t t e an die Leser des „Luxemburger Sonntagsblatt" (betreffend die Unterstützung des Missionswerkes des Luxemburger Missionars P. Weinandy, S. J. zu Dhurrumtallak in Ostindien). Luxemburg: St. Paul.- Druck. 2 S. 4°

Prüm, Émile: Das bei Clerf errichtete D e n k m a l zur Erinnerung an den Klöppelkrieg. Einweihung am 10. September 1899. (Beilage zur Obermosel-Zeitung.) [Grevenmacher: J. Esslen 1899]. 4 S. 4°

Prüm, Émile: N o t s c h r e i aus dem Mittelgebirge. Ein Beitrag zur Quebrachozollfrage. [1898.] 32 S. 8°

Prüm, Émile: S i t z u n g (des Schöffenkollegiums der Gemeinde Clerf), vom 23. März 1896. [Luxemburg: St. Paul.- Ges. 1896]. 2 S. 4°

Prumbs, Ant., die Stellung des Trienter Konzils zu der Frage nach dem Wesen der heiligmachenden Gnade, s. a. Forschungen zur christl. Literatur- u. Dogmengeschichte. IX, 4.

Prumbs, Anton, Priester der Erzdiöz. Gnesen-Posen: Die Stellung des Trienter Konzils zu der Frage nach dem Wesen der heiligmachenden Gnade. Eine dogmengeschichtl. Abhandlung. Paderborn 1909: Schöningh. 62 S. 8° ¶(Ersch. vollst. in: Forschungen z. christl. Liter. u. Dogmengesch.) *
Münster, Theol. Diss. v. 24. April 1909, Ref. Diekamp
[Geb. 11. Jan. 81 Pentkowo; Wohnort: Pentkowo; Staatsangeh.: Preußen; Vorbildung: Marien-Gymn. Posen Reife O. 02; Studium: Posen Leo-Sem., Gnesen Priestersem., Münster 7 S.; Rig. 5. März 09.] [U 09. 3555

Prumbs, Aurel, a. Kalau: Neue Versuche über den Nachweis von Arsen aus organischer Substanz. Würzburg 1904: F. Scheiner. (24 S.) 8°
Würzburg, Med. Fak., Ref. Kunkel, Diss. v. 31. Okt. 1904
[Geb. 3. Mai 76 Kalau; Wohnort: Kalau; Staatsangeh.: Preußen; Vorbildung: Gymn. Meseritz Reife O. 99; Studium: Würzburg 4, München 1, Berlin 2, Würzburg 2 S.; Coll. 27. Juli 04; Approb. 29. Febr. 04.]

Prümer, Karl, aus Altwestfalen. Volkskundliche u. kulturgeschichtl. Beiträge. (III, 131 S.) gr. 8. Leipzig 908. O. Lenz. 2.50; geb. n 3.50

Prümer, Karl, westfälische Charakterbilder. gr. 8. (IV, 228 S. m. 10 Abbildgn.) Dortmund 902. C. L. Krüger. n. 4.—; geb. n. 4.50

Prümer, Karl, dä Chronika van Düöpm (Dortmund). Ernste u. spassige Epistel met allerlei schäune Biller. (Chronika niederdeutscher Städte. 1. Bd.) 8. (VII, 144 S.) Leipzig 891. O. Lenz. n. 2.—; geb. n. 2.80

Prümer, Karl, auf roter Erde. Westfalen, s.: Wanderungen durch deutsche Gaue.

Prümer, K., Geschichten u. Gestalten ut Westfolen. Nebst Liederanhang. 8. (VII, 156 S.) Norden 889. Soltau. n. 2.—; geb. n. 3.—

— Gott segne das ehrbare Handwerk, s.: Kühling, A., u. Güttner's Sammlung v. lebenden Bildern.

Karl **Prümer**. Unsere Westfälische Heimat und ihre Nachbargebiete. Mit zahlr. Abb. aus alter u. neuer Zeit. Lfg 1. Leipzig: C. Ziegenhirt 1908. 4° [F.] [08. 16500 9

— Unsere westfälische Heimat u. ihre Nachbargebiete. Landschaftliche u. baul. Schönheiten, Landesgebiete, Städte u. Ortschaften, Volksseele, Sitten u. Gebräuche, Sagen, Landwirtschaft, Handel, Industrie. Mit 596 Abb. aus alter u. neuer Zeit. 1.—3. Taus. (XII, 464 S.) Lex. 8. Leipzig 909. [C. Ziegenhirt.] Bielefeld, E. Gundlach. Geb. in Leinw. n 15.—; Ldr. n 40.—; auch in 15 Lfgn. à — 80

De Westfölsche Husfrönd. Allerlei Spinnstuowengeschichten von Karl **Prümer**. [1. 2.] Leipzig: O. Lenz 1891—(92). 2 Bde 8° [F.]
= [**Bibliothek** niederdeutscher Werke. Bd 5. 6.] [07. 11213 9

— de westfölsche Husfrönd. Allerlei Spinnstuowengeschichten (2. Bd.) 1892. 8. (IV, 171 S. m. 1 Bild.) Leipzig 892. O. Lenz. n. 1.80; geb. n. 2.70 (1. 2.: n. 3.60; geb. n. 5.40)

De Westfölsche Husfrönd. Allerlei Spinnstuowengeschichten van Karl **Prümer**. 2. Aufl. Bd 1. Leipzig: O. Lenz 1904. 8° [F.]
= [**Bibliothek** niederdeutscher Werke. Bd 5.] [07. 11214 9

— Jan u. Jup auf der Kirmeß. E. lustige Jahrmarktgeschichte f. Jung u. Alt. M. (z. Tl. farb.) Bild. von Gust. Köhler. qu. 4. (64 S.) Stuttgart 897. G. Weise. Kart. 3.—

— die Kneippkur. Eine feuchtfröhl. Studie. Mit Bildern v. Gust. Köhler. 1. u. 2. Aufl. gr. 8. (80 S.) Stuttgart 892. Deutsche Verlags-Anstalt. n. 1.50

— unt. d. alten Linde. Deutsche Weisen. 8. (137 S. m. Bildn.) Bremen (902). C. Schünemann. n. 2.—; geb. n. 3.—

— Spund d. fidele Radler. Humoreske. M. vielen Bild. v. Gust. Köhler. gr. 8. (84 S.) Ebd. 898. n. 1.50

Prümer, Karl, dä westfölsche Ulenspeigel. Lustige Historien füör Unlustige. 1. Abthl. 8. (122 S.) Dortmund 880, Prümer.

—— dass. — 1. und 2. Bdchn. 2. Aufl. 8. (S. 1—232.) [Barmen 881,82, Moellenhoff.] Norden, Soltau's Verlag. à Bdchn. ℳ 1.

Prümer, Karl, de westfölsche Ulenspeigel. Lustige Historien för Unlustige. 3. Bdchn. 2. Aufl. 8. (VIII u. S. 233—332.) Norden 884. Soltau. n. 1.— (cplt.: n. 3.—; Einbd. n.n. — 40)

Prümer, Karl, de westfölsche Ulenspeigel. Lustige Historien för Unlustige. 3. Aufl. 8. (VIII, 332 S.) Norden 886, Soltau. In 3 Heften à *

— De westfölische Ulenspeigel. Lustige Historien füör Unlustige. 4. Aufl. (VIII, 275 S. m. Bildnis.) kl. 8. Leipzig (909). O. Lenz. 3.—

—— westfälische Volksweisheit. Plattdeutsche Sprichwörter, Redensarten, Volkslieder und Reime. 8. (VIII, 91 S.) [Barmen 881, Moellenhoff.] Norden, Soltau's Verlag.

— was sich das niederdeutsche Volk erzählt, s. a. Humor, Dortmunder. 2. Bdchn.

Was sich das niederdeutsche Volk erzählt. Hrsg. von Karl **Prümer**. *Dortmund: C. L. Krüger [1901]*. (79 S.) 8° [F.]
= **Humor**, Unser. Bdch. 2. [02. 2098

— Doctor Wittelquast. Humoreske aus der Redactionsstube. Mit 100 Bildern v. Gust. Köhler. gr. 8. (63 S.) Leipzig-R. 893. C. Schönert. n. 1. 50

— u. Gust. Köhler, Zappeltrudel. Lust. Bilderbuch f. Mädchen u. Knaben. gr. 4. (19 Bl. m. farb. Abb.) Ebd. 898. Kart. 3. —

Prümer, Wilh., die Lehrlings-Prüfung in ihrer jetzigen Bedeutung. Unentbehrl. Ratgeber f. alle die Lehrlings-Ordng. u. Prüfg. betr. Angelegenheiten. gr. 8. (8 S.) Elberfeld 901. Herm. Finkenwirth. (Nur direkt.) n. — 50

Prümers, Adf., 12 Kinderlieder, s.a. Magazin, pädagog.

Zwölf Kinderlieder. Eine analyt. Studie von Adolf **Prümers**. Langensalza: Beyer 1907. 18 S. 8°
(Pädagogisches Magazin. H. 313.) [09. 5373

— Die Prinzipien der Kinderlieder im Kunstlied, s.a. Magazin, pädagogisches.

Prümers, Adolf: Die Prinzipien der Kinderlieder im Kunstlied. Von –. Langensalza: Beyer 1908. 23 S. 8°
(Pädagogisches Magazin. H. 332.)

Prümers, Adolf. [Friedrich] Silcher oder [Friedrich] Hegar? Ein Wort über den deutschen Männergesang und seine Literatur. 15 S. 8. Leipzig, Hermann Seemann Nachfolger, 1903. (M. —.50)

— Philipp Friedrich Silcher, der Meister des deutschen Volkslieds. Zur 50jähr. Gedächtnisfeier seines Todes (26. VIII. 1910) dem deutschen Volke dargeboten. (96 S. m. 5 Vollbildern, 2 Fksms. u. 1 Stammtaf.) 8. Stuttgart (910). A. Auer's Verl. 1.40; geb. in Leinw. 2. —

— Berühmte Thomaskantoren u. ihre Schüler, s.a. Magazin, musikalisches.

Prümers, Adolf: Berühmte Thomaskantoren und ihre Schüler. Von –. Langensalza: Beyer 1908. 23 S. 8°
(Musikalisches Magazin. H. 20.)

Prümers, C., Predigt zur Gedächtnißfeier d. Todes Sr. Maj. d. Kaisers Wilhelm I., geh. am 22. März 1888 in der Großen Kirche der deutschreformirten Gemeinde zu Emden. gr. 8. (20 S.) Emden 888. Haynel. n. — 30

Prümers, Erwin, die Geschäftsordnung f. die Gerichtsschreibereien der preußischen Amtsgerichte, s.: **Peters**, Willib.

Prümers, Heinr. (geb. Burgsteinfurt in Westf. 20. 4. 1847): Ueber das Quecksilberäthylchlorid ⟨Aethylsublimat⟩ in physiologischer, chemischer und therapeutischer Beziehung. Berlin (1870). (28 S.) 8°
Berlin, Med. Diss. v. 14. Okt. 1870

Prümers, Rodgero, Albero v. Montreuil, Erzbischof v. Trier. 1132—1152. gr. 8. (100 S.) Göttingen 874. Peppmüller. n. 2. 40

Die Anfänge der Posener Loge. Von [Rodgero] **Prümers.** [Berlin: Denter & Nicolas 1901.] 18 S. 1 Taf. 8° [Kopftit.]
Aus: Bbl. 15 (1901) S. 451—461, 481—493.
Üb. die Logen: „Die Gekrönte Beständigkeit", „Der Weisse Adler", „Schule der Weisheit", „Friedrich Wilhelm zur Beglückenden Eintracht". „Les Frères polonais et français réunis", „Piast zu den drei Sarmatischen Säulen", „Zur Standhaftigkeit", „Zum Tempel der Eintracht".

Geschichte der Loge zu Posen. Von Rodgero **Prümers.** Posen 1909: Decker. 100 S. 1 Taf. 8°
cf. Bbl. 23 (1909) S. 360; L. 32 (1909) S. 143 (P. Fischer); BZC. 38 (1909) S. 326 (E. Naumann).
Enth. die Gesch. der Loge „Schule der Weisheit", „Friedrich Wilhelm zur Beglückenden Eintracht", „Vereinigte Franzosen u. Polen" u. deren Forts. „Zur Standhaftigkeit", „Piast zu den drei Sarmatischen Säulen" u. ihrer Vereinigung mit der Loge „Zur Standhaftigkeit" zur Loge „Zum Tempel der Eintracht". Die Taf. stellt die Logenzeichen dar.

Prümers, Rodgero, das Jahr 1793, s.: Sonder-Veröffentlichungen d. histor. Gesellschaft f. d. Prov. Posen.

(R. PRÜMERS und W. KÖNIG), Die Sammlungen des Vereins für Pommersche Geschichte und Alterthumskunde in Stettin. Stettin. 1886. Druck von F. Hessenland. 8°.

Prümers, Rodgero, s.: Urkundenbuch, pommersches.

R. PRÜMERS, Die angebliche Verpfändung des Landes Stavenhagen durch Herzog Bogislav 4. von Pommern an den Fürsten Nicolaus von Werle im Jahre 1282. (Dem Verein für meklenburgische Geschichte und Alterthumskunde zur Feier seines funfzigjährigen Bestehens am 24. April 1885 gewidmet von der Gesellschaft für pommersche Geschichte und Alterthumskunde.) Stettin. 1885. Herrcke & Lebeling. 8° *)

Verzeichnis der Büchersammlung der St. Johannis-Freimaurer-Loge zum Tempel der Eintracht im Or.·. Posen. [Zsgest. von Rodgero **Prümers.**] Posen 1900: Neumeyer. 40 S. 8°

— s.: Zeitschrift d. histor. Gesellschaft f. d. Prov. Posen.

Prümers, Walth., die Hirtenbriefe d. röm.-kathol. Bischöfe Deutschlands f. d. Fastenzeit 1902, s.a. Aktenstücke, kirchl.

Die Hirtenbriefe der römisch-katholischen Bischöfe Deutschlands für die Fastenzeit 1902. Im Auszug wiedergegeben u. mit Anm. vers. von Walther **Prümers**. *Leipzig: Er. Bund 1902.* (IV, 124 S.) 8° [F.]
= Aktenstücke, Kirchliche. No 13. 14. [02. 8851 9

Prümers, Walther, a. Coblenz: Spinozas Religionsbegriff. Halle a. d. S. 1906: E. Karras. (43 S.) 8° ¶ (Zweite Hälfte e. größeren Arbeit, ersch. vollst. als: Abhandlungen zur Philos. u. ihrer Gesch. Bd 23.)
Bonn, Phil. Fak., Ref. Erdmann, Diss. v. 21. Febr. 1906
[Geb. 18. Juni 76 Burgsteinfurt, Westf.; Wohnort: Coblenz; Staatsangeh.: Preußen; Vorbildung: Kaiserin Augusta-Gymn. Coblenz Reife O. 95; Studium: Erlangen 3, Halle 3, Bonn 5 S.; Rig. 10. Jan. 06.]

Prümers, Walth., Spinozas Religionsbegriff, s.a. Abhandlungen zur Philosophie, 23. Hft.

Spinozas Religionsbegriff. Von Walther **Prümers.** Halle a. d. S.: M. Niemeyer 1906. (73 S.) 8°
— **Abhandlungen** z. Philosophie u. ihrer Geschichte. 23. [06. 5534

Prumler, Raoul Eug., Maria vom Göll. Eine Mär aus der ehernen Mark. (Buchschmuck v. Marie Chalupek.) (206 S.) 8. Graz 908. Styria. 2.40; geb. 3. 40

Prümm, Erich: Eine Differential-Methode zur Messung magnetischer Felder. Braunschweig 1907: F. Vieweg u. Sohn. (31 S.) 8°
Tübingen, Naturw. Fak., Ref. Paschen, Diss. v. 13. Mai 1905
[Geb. 18. Apr. 72 Berlin; Wohnort: Braunschweig; Staatsangeh.: Preußen; Vorbildung: Wilhelms-Gymn. Hannover Reife 93; Studium: T.H. Hannover, Univ. Göttingen, zus. 13 S.; Coll. 13. Mai 05.]

Prümm, Hans: Sprachliche Untersuchungen zu Nithardi Historiarum libri quattuor. Greifswald 1910: Abel. XII, 207 S. 8°
Greifswald, Phil. Diss. v. 19. Febr. 1910, Ref. Bernheim
[Geb. 23. Okt. 85 Reblingen b. Saarlouis; Wohnort: Saarlouis-Roden; Staatsangeh.: Preußen; Vorbildung: Gymn. Saarlouis Reife O. 05; Studium: Münster 2, Innsbruck 1, Greifswald 4 S.; Rig. 5. März 09.] [U 10. 1633

Prümm, Johannes, approb. Arzt aus Coblenz-Neuendorf: Aus d. Universitäts-Augenklinik zu Giessen. Beiträge zur Pathologie und Therapie der Chorioretinitis disseminata. *Giessen 1900: v. Münchow.* (48 S.) 8°
Giessen, Med. Diss. v. 1900

Prummer, Bhrd. Ign., († d. 1. Sept. 1809.) Briefe an die siegreichen Soldaten, Armeen u. Helden, in Krieg u. Frieden rc. 8. Salzb. 795. (Duyle).

Prummer, Bhrd. Ign., Salz-Essenz, od. Erklärung, wie vielfältig das Salz den Menschen, Thieren u. Erdfrüchten nützl. sey. Aus einig. Stellen d. heil. Schrift bewiesen. 8. Salzb. 791.

— Stammenbaum der Menschen, von Erschaffung der Welt an. Aus der heil. Schrift erwiesen. 8. (Salzb.) 791.

Ius regularium speciale in usum scholarum ed. P. Fr. Dom[inik] M. **Prümmer** O. Pr. Friburgi Br.: Herder 1907. XXVIII, 357 S. 8°
(Prümmer: Manuale juris ecclesiastici. T. 2.) [09. 8899

Prümmer, Dom. M., O. Pr., **manuale iuris ecclesiastici. In usum clericorum, praesertim illorum, qui ad ordinis religiosos pertinent. Tom I et II. 8. Freiburg i/B., Herder. 10.80; geb. in Leinw. 12.40**
I. De personis et rebus ecclesiasticis in genere. In usum scholarum. (XXII, 505 S.) 909. 6.40; geb. 7.20
II. Ius regularium speciale in usum scholarum. (XXVIII, 357 S.) 907. 4.40; geb. 5.20

De p e r s o n i s et rebus ecclesiasticis in genere. In usum scholarum ed. P. Fr. Dom[inik] M. Prümmer O. Pr. Friburgi Brisg.: Herder 1909. XXII, 505 S. 8°
(Prümmer: Manuale iuris ecclesiastici. T. 1.)

Průmyslová škola. Vydávaná od učitelstva průmyslové školy Pražské řízením J a n a P u r k y n ě. Prag 858. Kober u. Markgraf. 8.
I. Přírodopis kovů a jejich rud od J a n a K r e j č í h o. (118 S.) n. 8 ngr
II. O zvířatech a látkách zvířecích v průmyslu a řemeslech upotřebenych. I. O kůži. Sepsal E d. G r e g e r. S 13 vyobrazeními (Holzschn. im Text). (112 S.) n. 8 ngr
III. IV. Chemie všeobecná. Díl I. O nekovech. Sepsal J a n S t a n ě k. S 51 vyobrazeními. (4 Bl., 180 S.) n. 13 ngr
V. Návod ku kreslení přímočárných obrazců průmyslových. Sestavil a mnohými cvičeními opatřil P e t r M u ž á k. S 10 tabulkami a několika dřevotisky. (4 Bl., 76 S.) n. 16 ngr

Průmyslová škola. Vydávaná od učitelstva průmyslové školy Pražské řízením J a n a P u r k y n ě. Prag 859—62. Kober. 8.
VI.: Chemie všeobecná. Díl 2. O kovech. Sepsal J a n S t a n ě k. (VII, 182 S. m. Holzschn.) n. 14 ngr
IX.: Všeobecný počtář pro školu i dům. Dle plánu prof. J. Baldy sepsal J o s. B a l c a r. (IV, 255 S.) n. 18 ngr
X.: Základové technologie. Sepsali J o s. B a l d a a M a r t. P o k o r n y. S 24 vyobrazeními. (IV, 272 S.) n. 22½ ngr
XI.: Počátkové mechaniky a strojnictví spořádal podle nejnovějších anglickych spisů A u g. Š v a r c e r. S 204 vyobrazeními. (VII, 175 S.) n. 21 ngr

Prunbauer, J., der Mensch in seinen Beziehungen zur Gottheit u. zum Staate. (43 S.) gr. 8. Leipzig 908. (O. Wigand.) -- 75

P r u n e l l e, M., des études du médecin, de leurs connexions et de leur méthodologie. 4. Paris. Levrault in Strasburg. 816.

Pruner, E., Wespen-Nester. Humoreske. 12. (48 S. m. Abbildgn.) München (901). A. Schupp. n. —. 50

Pruner, Franz

— die Weltseuche Cholera oder die Polizei der Natur. gr. 8. (115 S.) Erlangen 851, Palm & Enke. n. 16 ngr

Pruner, Franc., s. Er. de *Grossi*, Opera.

P r u n e r, F., ist denn d. Pest wirkl. e. ansteck. Uebel? gr. 8. (2¾ B.) München 839, Literar.-artist. Anstalt. *

—— die K r a n k h e i t e n des Orients vom Standpunkte der vergleichenden Nosologie betrachtet. Lex.-8. (VIII und 470 S. mit 1 Kpfrt.) Erlangen 847, Palm und Enke. 2

Pruner, F., Aegypten's Naturgeschichte u. Anthropologie als Einleitung zu des Verf. Krankheiten des Orient's. Lex. 8. (VIII u. 93 S.) Erlangen 848, Palm & Enke. ⅚ ß

— topographie médicale du Caire avec le plan de la ville et des environs (in Fol.). gr. 8. (118 S.) Munich 848. (Erlangen, Palm & Enke.) n. 1 ß

PRUNER, Franz (Pfreimdt): De morborum transitionibus.- Monachii: Hübschmann (1830). 16 S.
3.5.1830 - Urk; F 60
Diss.Ingolst.-Landsh.-Mchn.

Pruner, Frz., die Ueberbleibsel der altägyptischen Menschenrace. Eine Abhandlung gelesen am 24. August 1846. Mit 2 Taf. gr. 4. München 846. (Franz.) 12 ngr

Pruner, Johannes Evang.

Gnade und Sünde, nach des heil. Gregor des Großen Expositio in librum beati Job. Von Joh. Ev. Pruner, P. der Mor. Theol. u. Subreg. des bisch. Diözesan-Seminars. — 1865. Ebend. — S. 1—36.
Progr. Eichstätt

Pruner, Joh., Herz J e s u Bruderschafts- u. Ablaßbüchlein. 2. Aufl. Ingolstadt 865. (Krüll'sche Buchh.) 16. (152 S.) 6 ngr

— — 3. verm. Aufl. Ebend. 868. 16. (176 S. mit 1 Holzschntaf.) 5 ngr; geb. 9 ngr

P r u n e r, Johs., Herz Jesu Bruderschafts- und Ablaß-Büchlein zum Gebrauche für alle Herz-Jesu-Vereine und Mitglieder des Gebetsapostolates hrsg. 3. Aufl. 1870. 50 Pf., und 4. verm. Aufl. 16. (294 S. mit 1 Stahlst.) Eichstätt 874, Krüll'sche Buchh. *

Pruner, Johs., Herz-Jesu-Bruderschafts- u. Ablaßbüchlein zum Gebrauche für alle Herz-Jesu-Vereine u. Mitglieder des Gebetsapostolates. 5. Aufl. 16. (312 S. m. 1 Stahlst.) Eichstätt 881. Hornik. n. — 60

P r u n e r, Joannes Ev., de jurisdictione ecclesiae in foro interno ac de casuum reservatione. 4. (60 S.) Eichstätt 865. (Krüll'sche Buchh.) *

Pruner, Joh. Ev., Lehrbuch der katholischen Moraltheologie, s. Bibliothek, theologische.

Pruner, Joh. Evang., Lehrbuch der Pastoraltheologie, s.a. Handbibliothek, wissenschaftliche. XVIII. XIX.

Lehrbuch der Pastoraltheologie. Von Joh. Evang. **Pruner**, Prof. Bd 1. 2. Paderborn: F. Schöningh 1900–01. 2 Bde 8° [F.]
1. Das Priesteramt. Darbringung d. hl. Meßopfers u. Spendung u. Empfang der von Gott angeordn. Gnadenmittel. 1900.
2. Das Lehramt u. d. Hirtenamt d. kath. Priestertums. 1901.
= **Handbibliothek**, Wissenschaftliche. Reihe 1, 18. 19. 106. 434

Lehrbuch der Pastoraltheologie. Von Joh. Evang. **Pruner**, Prof. 2., verb. u. verm. Aufl. Bd 1. 2. Paderborn: F. Schöningh 1904–05. 2 Bde 8° [F.]
1. Das Priesteramt. Darbringung d. hl. Meßopfers u. Spendung u. Empfang der von Gott angeordn. Gnadenmittel. 1904.
2. Das Lehramt u. d. Hirtenamt d. kath. Priestertums. 1905.
= **Handbibliothek**, Wissenschaftliche. Reihe 1, 18. 19. 106. 435

Pruner, Joh. Ev., Lehre vom Rechte und von der Gerechtigkeit. Moraltheologische Abhandlung mit genauer Berücksichtigung des kirchl. u. bürgerl. Rechtes. 1. Bd. A. u. d. T.: Constitutive Gerechtigkeit oder Inhalt, Erwerbung u. Uebertragung der Rechte, nach den Grundsätzen der Moraltheologie mit vergleich. Darstellung des gemeinen Rechtes, des bayerischen, preuß. u. württemberg. Landrechtes etc. bearb. Regensburg 857. Manz. gr. 8. (XXIV, 639 S.) 2 *ℳ*. 6 *ngr*.

Pruner, Joh. Ev., Lehre vom Rechte u. von der Gerechtigkeit. Moraltheologische Abhandlung mit genauer Berücksichtigung des kirchl. u. bürgerl. Rechtes. 2. Bd. A. u. d. T.: Restitutive Gerechtigkeit u. die Gebote der Gerechtigkeit, nach den Grundsätzen der Moraltheologie, mit Bezugnahme auf das kirchliche und Vergleichung mit dem weltlichen Rechte bearb. Regensburg 858. Manz. gr. 8. (XV, 406 S.) 1 *ℳ*. 15 *ngr*.

— Maria, St. Thomas v. Aquin, St. Aloysius. Vollständiges kathol. Gebetbuch insbesond. für die Jugend. Mit Andachten für die Sonntage des heil. Aloysius u. heil. Thomas v. Aquin. Ebend. 865. 8. (408 S. mit 1 Stahlst.) 12 *ngr*.

— Maria, unser Vorbild u. unsere Mutter. Gebetbuch für alle getreuen Verehrer Mariä, besond. während des Maimonats. Ebend. 865. 16. (VIII, 339 S. mit 1 Stahlst.) n. 10 *ngr*; Velinp. mit color. Bilde. n. 14 *ngr*.

— Maria, unser Vorbild u. unsere Mutter. Gebetbuch f. alle getreuen Verehrer Mariä, besonders während d. Maimonates. 2. Aufl. gr. 16. (VIII, 339 S. m. 1 Stahlst.) Eichstätt 876. Krüll. n. 1. 20

Pruner, Joh. Ev., Maria, unser Vorbild und unsere Mutter. Andachtsbüchlein für alle getreuen Verehrer Mariä während des Maimonates. 2. Aufl. gr. 16. (96 S.) Eichstätt 877, Krüll'sche Buchh. *

— Maria, unser Vorbild u. unsere Mutter. Andachtsbüchlein für alle getreuen Verehrer Mariä während des Maimonates. 2. Aufl. gr. 16. (96 S.) Eichstätt 877. Stillkrauth. n. — 50

Pruner, Joh. Ev., Maria, uns. Vorbild u. uns. Mutter. Gebetbuch f. alle getreuen Verehrer Mariä, bes. während d. Maimonates. 4. Aufl. 16. (III, 290 S. m. 1 Stahlst.) Eichstätt 895. Ph. Brönner. Geb. in Leinw. n. 1. —

— katholische Moraltheologie. 3., neubearb. Aufl. (Theologische Bibliothek.) 1. Bd. gr. 8. (XVI, 596 S.) Freiburg i/B. 902. Herder. n. 7. 80; geb. in Halbfaff. n. n. 10. —

— katholische Moraltheologie. 3., neubearb. Aufl. (Theologische Bibliothek) 2. (Schluß-)Bd. (XV, 562 S.) gr. 8. Freiburg i/B. 903. Herder. n. 7. 80; geb in Halbfaff. n. n. 10. —

Pruner, Joh. Ev., Muß der kath. Christ dem römischen Konzil sich unbedingt unterwerfen? für das kath. Volk beantwortet. Eichstätt, Brönner, 1871, 8°, 16 S.
Widerlegt kurz u. treffend die Einwürfe gegen das Konzil u. seine Dekrete, bes. das über die lehramtl. Untrüglichkeit des Papstes. Bamberger Pastoralbl. 1871, S. 78.

Synopsis der dogmatisch-moraltheologischen Lehre von der Wirksamkeit des hl. Geistes zunächst nach dem hl. Thomas von Aquin. — Von Dr. Johann Ev. **Pruner**, Domdek. und L.-P. — 1891, Eichstätt, ebenda. — S. 1—97.
1892 und 1893 erschienen keine Programme.

Progr. Eichstätt, bischöfl. Lyzeum

—— die Theologie des heiligen Ambrosius. 4. (59 S.) Ebendas. 862. *

Pruner, J., Verwaltung d. hl. Bußsakramentes bei Missionen. 16. (89 S.) Augsburg 888. Literar. Institut v. Dr. M. Huttler. n. — 20

Pruner-Bey, s.a. Pruner, F.

Pruner-Bey, F., Der Mensch im Raume und in der Zeit (physisch, sprachlich, geschichtlich). Eine ethnographische Skizze. München 1859.

Prüner: Ueber die Einführung der beschreibenden Geometrie als Unterrichtsgegenstand in die Realschulen und Berücksichtigung derselben in dem Gymnasium. 16 S. und Figurent. – Krotoschin, Progr. 1854.

Prunerstein, Joseph Carl von (Graz / Steiermärk. Adel), De eo, quod jure publico universali et particulari imperii Romano-Germanici circa conclusa communia ex majori suffragiorum numero formanda juris est. Diss. I. Präs. Johann Adam Ickstatt. Würzburg (M. A. Engmann) 17. II. 1736. 100 S. (5.25) 27520

Prunhuber, Wilhelm [Dr., pract. Arzt aus Eschenbach]: Ueber Entbindung verstorbener Schwangerer mittelst des Kaiserschnittes. München, Kgl. Hof- und Universitätsbuchdruckerei von Dr. C. Wolf u. Sohn, 1875. 8. 43 S.

Prunler, E: Das natürliche Wasser. Seine Förderung aus den tieferen Ablagerungen und die Vervollkommnung seiner Vertheilung in Bezug auf Menge und Beschaffenheit. Deutsch von G. Voigt. Elberfeld 1867

Prunner, Choix de prières. 12. Gräts, Ferstl. 809. Schreibp.

PRUNNER, JOSEPH, Schüler der Grammatikschule: Lob- und Pflichtrede auf das höchste Geheimniß der allerheiligsten Dreyfaltigkeit, an dem hohen Titularfeste des Barfüsserordens und einer hochlöbl. englischen Erzbruderschaft der allerheiligsten Dreyfaltigkeit von Erlösung gefangener Christen bey Bestätigung der Würdenswahlen vor zahlreicher Anwesenheit . . . in dem löbl. Gotteshause zu Kleinmariazell nächst Altofen den 30. May 1779 vorgetragen. Ofen 1779. Gedr. bey Katharina Landerinn. 8 f. - kl. 4°

Prunner, Leonardo, de Lepidoptera pede Montana. 8maj. Augsb. 798. (Erlang., Heyder). 21 Kr

v. Prunner, Leonh. Jak., ein paar Worte gegen G. P. H. Norrmanns Werk: A. F. Büschings Vorbereitung zur europ. Länder- u. Staatenkunde. Mit 1 Kpft. 8. o. O. 804.

PRÜNYI, JOSEPH: Gesang zum Namens-Feste des Hochgebohrnen Hochwürdigsten Herrn Grafen Csáky von Keresztszeghy Erbgrafen von Zipsen, Probst von Csöbölö, der Metropolitankirche von Gran Cantor und Domherrn. Gewidmet von Joseph Prünyi, Doktor der Theologie und Studien Praefekten des Marian. Seminariums zu Tyrnau am 6-ten December 1818. Tyrnau 1818: Mit Jelinekischen Schriften. 6 S. - 8°

PRÜNYI, JOSEF: Predigt am Schluße der Jubel-Feyer, gehalten am 25ten Juny 1826. zur Lieben Frau. Skalitz 1826. Gedr. mit Franz Xaver Skarnitzlischen Schriften. 12 S. - 4°

Prúnyi, Jos., Systema theologiae dogmaticae christiano-catholicae. Tom. I. Dogmatica generalis. 8maj. Vindobonae 842, Car. Doll. — Tom. II—IV. Dogmatica specialis. Pars I—III. 8maj. ibid. 842. 4 Tomi kosten jetzt 4 ₰

Prus, Boleslaw, die kleine Angelika. Autoris. Uebersetzg. aus dem Poln. v. Paul Styczyński. 8. (290 S.) Breslau 893. Schles. Verlags-Anstalt. n. 4. —; geb. n. 5. —

Prus, Boleslaw, die kleine Angelika. Autor. Uebersetzg. aus d. Poln. v. Paul Styczyński. (Neue [Titel-]Ausg.) 8. (290 S.) Breslau (893) 898. Schles. Buchdruckerei ꝛc. n. 2. —

— sein eigener Doppelgänger, s.: Bibliothek der fremden Zungen.

— Novellen, s.: Maupassant, Guy de, verbannt.

Prus, Boleslaw, Stas und Jas. Zwei poln. Erzählungen. Deutsch von Wilh. Hendel. 12. (IX, 203 S.) München 887, Bassermann'sche Verlagsh. *ℳ 2.—.; geb. *

Prus, (Clovis) René: Neue Untersuchungen über die Natur und die Behandlung des Magenkrebses. (Recherches nouvelles sur la nature et le traitement du cancer de l'estomac. Dt.) Übers.mit Zusätzen von Fr(anz) A(nton) Balling. 163 S., gbd.

Würzburg: Strecker 1829

Prus-Kobierski, Rudolf Ritter von (Hrsg.), s. Haus und Hof.

Prus Kobierski, Rud. Ritter v., das Nutzgeflügel. Reich illustr. Anleitg. zur Verbesserg. u. Verwertg. unseres Wirtschaftsgeflügels. Im Auftrage der k. k. Landwirtschafts-Gesellschaft in Wien. Illustrationen, zumeist nach der Natur, von Julie v. Prus Kobierski. (III, 91 S.) gr. 8. Wien 902. (Korneuburg, J. Kühkopf.) Kart. n. 3.—

Pruscha, Joh. Bapt., Abhandlung üb. d. Melanose d. Augapfels. M. 1 Stnt. gr. 8. (2½ B.) Wien 831, (Beck.)

Pruschak, Eman., erfahrungsgemäße Andeutungen zum heimischen Kartoffel- u. Erbsenbau. Aus dessen noch inedirten „Oekon. Mittheilungen ꝛc.“ 8. Leitmeritz 844, Medau. 1/6 ₰

Pruschanski, N., ein Blatt aus der Chronik unserer Stadt. Roman. (818 S.) 8. Berlin 903. S. Cronbach. n. 4.—; geb. n. 5.—

Pruschanski, N., ein Blatt aus der Chronik unserer Stadt. Roman. 2., durchgeseh. Aufl. (318 S.) 8. Berlin 908. S. Cronbach. 4.—; geb. 5.—

Pruscheneccius, J. Geo., Erkl. d. 2ten Kap. an die Hebräer. 4. Frankfurt, Andreä. 706.

Prüschenk, O. v., s.: Handbuch f. die k. k. Artillerie.

Pruschinin, Hirsch, a. Bobruisk ⟨Gouv. Minsk, Rußland⟩: Ueber das Verhalten der Sensibilität im Trigeminusgebiet nach vollständiger Exstirpation des Ganglion Gasseri. Berlin 1906: W. Pilz. (42 S.) 8°

Berlin, Med. Fak., Ref. v. Leyden, Diss. v. 28. Juli 1906

[Geb. 20. April 76 Bobruisk; Wohnort: Bobruisk; Staatsangeh.: Rußland; Vorbildung: Gymn. Odessa Reife O. 01; Studium: Königsberg 4, Berlin 4 S.; Rig. 16. Juli 06.]

Pruschinsky, die Chausseo-Neubauten im Kreise Sagan. 3 Abthlgn. 4. (82 S. m. 3 Chromolith.) Sagan 881. (Leipzig, Scholtze.) n. 6. —

Das maurerische Festjahr. Eine Sammlung von Reden, gehalten von A[rnold] B[erthold] Pruschinsky im Or. zu Glatz. (Mit Genehmigung des Hochw. Bundes-Directorii als Hs. f. Brr. hrsg.) Glatz: Selbstverl. [1856]. II, 99 S. 8°
Recens: FZ. 11 (1857) S. 335—336.

Geschichte der St. Johannis-Loge zu den drei Triangeln i. O. zu Glatz. Zu der am 26. Mai 1866 bevorstehenden Säcular-Feier derselben zsgest. vom Br. A[rnold] B[erthold] **Pruschinsky.** Mit Genehmigung des Hochw. Bundes-Direktorii als Hs. f. Brr. hrsg. [Glatz 1866: Frommann.] 45 S. 8°
Nebst Verzeichn. der M. v. St. u. der Beamten für 1865—1866.

Geschichte der St. Johannis-Loge zu den drei Triangeln im Or. zu Glatz. Hrsg. zur Feier ihres 125jährigen Bestehens am 24. Mai 1891 von A[rnold] B[erthold] **Pruschinsky** und **J. Hoffmann.** Glatz 1891: Schirmer. 58 S. 1 Tab. 8°

[J.] Lebens- u. Leidensgeschichte zweier Missionsfrauen auf Sumatra. Nach Aufzeichngn v. H. **Prüse**, Rhein. Missionar. *Barmen: Missionshaus 1896.* (63 S.) 1 Bd 8.
— **Missions-Traktate**, Rheinische. No 74. 198. 9345

Prusik, Edm., die Gemeinde Iglau u. ihr Wirken in den J. 1865—1889. Eine Denkschrift, hrsg. vom Gemeinderathe anläßlich d. 25 jähr. Bestandes d. Gemeindestatutes. Lex.-8. (305 u. XV S.) Iglau 890. (A. Bayer.) n.n. 6.—

Prusik, Edmund, Die Gemeinde Iglau und ihr Wirken in den Jahren 1865—1890. Eine Denkschrift, herausgegeben vom Gemeinderathe anläßlich des 25jährigen Bestandes des Gemeindestatutes. Gr.-8. (XV, 305 S.) * 3.— mit 20%.
Iglau: Bayer 1892.

Prusik Franz: Wie sind die possessiven Adjektiva auf *-uj* und *-ovь* und die possessiven Pronomina *moj, troj, svoj* im Slawischen zu deuten? S. 83. 10: . . . . vgr.

Separatabdruck

Prusík, Fr., wie sind die possessiven Adjectiva auf — uj u. — ovь u. die possessiven Pronomina moj, troj, svoj, im Slavischen zu deuten? [Aus: „Sitzungsber. d. k. Akad. d. Wiss.“] Lex.-8. (14 S.) Wien 876. Gerold's Sohn in Comm. n.n. — 30

Prusinowski, Aleksi, Kazania i mowy żałobne. I. gr. 8. (382 S.) Lissa 853, Günther.

Prusinowski, Alexius v., Rede gehalten auf der elften General-Versammlung der katholischen Vereine Deutschlands zu Freiburg im Br. (Abdr. aus den Verhandlungen genannter Versammlung.) Freiburg 860. (Posen, Merzbach.) gr. 8. (16 S.) n. 10 ngr.

de Prusinowski, Alexius (geb. Gostyn in Posen 13. 7. 1819): [De] Erinyum religione apud Graecos. Berolini (1844). (73 S.) 8°
Berlin, Phil. Diss. v. 15. Aug. 1844

(Prüsker, Arthur, k. k. Oberlieut. der nichtactiven Landwehr.) Ueber die Ausbildung in der zerstreuten Fechtart Von einem österreichischen Officier. gr. 8. Hannover 1884.

Prüsker, A., Handbuch des militärischen Wissens für Offiziere d. n.-a. Landwehr u. des Landsturmes, gr. 8. (VII, 303 S.) Wien 888. Seidel & Sohn. n. 4. —; geb. n. 4. 80

Prüsker, Arth., Lexikon der bedeutenderen Schlachten, Belagerungen und Gefechte, von den ältesten Zeiten bis auf unsere Tage. gr. 8. (91 S.) Leipzig und Berlin 872, Luckhardt'sche Verlagsh. *

Prüsker, Arth., der Tangentometer. Seine Einrichtung, Rectification und Anwendung zum Höhenmessen und Nivelliren. gr. 8. (31 S. mit 5 eingedr. Holzschn. und 2 lithogr. Taf.) Wien 879, Lehmann und Wentzel. *

Prüsker, Arth., der Tangentometer. Seine Einrichtung, Rectification u. Anwendung zum Höhenmessen u. Nivelliren. Mit 5 (eingedr.) Holzschn. u. 2 (lith.) Taf. gr. 8. (31 S.) Wien 879. Spielhagen & Schurich. n. 1. 60

Pruskowski, Johann Emil **August:** De quaestione, quomodo vicaria possessio amittatur.
Halle-Wittenberg, Jur. Diss. v. 21. Juni 1851
Geb. [Berlin 21. 6. 1821]
Verf. wurde vom Druck dispensiert. Ms. fehlt. Rigorosum war am 11. 7. 1844.

Denkschrift über den Entwurf eines Rhein-Elbe-Kanals. Auf Grund der Vorarbeiten aufgestellt von Prüsmann. Berlin, 1. Januar 1899. Heft 1: Allgemeines und technische Erläuterung des Kanalentwurfs. Heft 2: Zeichnungen. Berlin 1899. 2 Hefte. 184 S., 9 Anlagen. 4°.

Denkschrift über den Entwurf eines Rhein-Elbe-Kanals. Auf Grund d. Vorarbeiten aufgest. Berlin. 1. Jan. 1899. **Prüsmann**, Kgl. Wasser-Bauinsp. H. 1. 2. *Berlin 1899: B. Giserius.* 2 Bde 4° [00. 12706

Der Ruhrorter Hafen, seine Entwicklung und Bedeutung. Bearb. durch den Wasser-Bauinsp. [Baurath **Prüsmann**] in Ruhrort. *(Düsseldorf 1902: L. Schwann).* (31 S.) 8° [03. 3814

Prüsmann, Vergleichung v. Schleusen u. mechanischen Hebewerken. (27 S. m. 2 Taf.) 4. Berlin 905. W. Ernst & Sohn. n. 3. —
Sonderabdrucke aus: „Ztschr. f. Bauwesen".

Prüsmann, A., die Construction der Locomotiv-Essen. Practische Untersuchungen über die Wirkungen des Blasrohrs. [Aus: Organ für den Fortschritt des Eisenbahnwesens in technischer Beziehung]. Wiesbaden 865. Kreidel's Verlag. 4. (78 S. mit 4 Steintaff. Abbild. in gr. 4. u. qu. Fol. u. 7 eingedr. Holzschn.) n. 1 Thlr 10 ngr.

Prüsmann, Dr. Fr., über Repartition der Communal-Lasten im Fürstenth. Osnabrück. gr. 8. Osnabrück 834, Rackhorst. 1/6 Thlr

Prüsmann, Fritz, approb. Arzt aus Eisenach: Die **Behandlung** des Geschwürs nach Galen. *Berlin (1900): G. Schade.* (28 S.) 8°
Berlin, Med. Diss. v. 10. Aug. 1900

Prüsmann, Richard: Über lineare Gravitationsprozesse. Mit 1 Taf. Berlin: Weidmann 1908. 60 S. 8°(4°)
Berlin, Leibniz-G OP 1908 (72) [S'08. 359

Prüsmann, Rich., der Organismus der leblosen Natur. Ein physikalischer Versuch. gr. 8. (112 S.) Hannover 879. Hahn. n. 1. 60

Prusz, Boleslaw, der kleine Anton. Aus dem Poln. in das Russische übers. v. F. W. Dombrowsky, aus dem Russ. ins Deutsche übers. v. Herm. Paul. Und Anderes. (96 S.) 8. Neuweißensee (905). E. Bartels. 2. —

Prüss, F., Versteinerungen und Muscheln: Ammoniten, Productus, Spirifer etc. Tabelle 1, 3—22. [o. O. u. J.] Fol.

Prüss, Hans, pract. Arzt aus Halle a. S.: Der **Processus** vermiformis im Bruchsack und seine Einklemmung. *Halle a. S. 1902: C. A. Kaemmerer & Co.* (38 S.) 8°
Halle, Med. Diss. v. 14. Mai 1902

Prussak, A., über künstlich erzeugte Blutungen per Diapedesin. [Aus: Sitzungsber. der k. Akad. d. Wiss.] Wien 867. (Gerold's Sohn.) Lex.-8. (11 S. mit 1 Steintaf. in 4.) n. 6 ngr

Prussak, A., über künstlich erzeugte Blutungen per Diapedesin. Lex.-8. (11 S. mit 1 Stnt. in 4.) Wien 887, (Gerold's Sohn.) *
Aus: Sitzungsberichte der k. Akademie der Wissenschaften, besonders abgedruckt.

Prusse, La, et sa Neutralité. Londres [Hamburg] 1800. V: *Pradt, Dominique Dufour de.* (BrMm)

Prusse, la, et le rétablissement de l'Empire d'Allemagne, s.: Sammlung französischer Lesestücke f. Gymnasien u. Realschulen.

Pruße, Andr. Benj., († d. 22. Aug. 1791.) Urtheile rechtschaff. Christen, vom Kriege, u. von den sichersten Mitteln ihn zu endigen. 8. Bresl. 761. Pietsch. 6 gr

Pruße, Joh. W., (eines braunschweigischen Damastwebers) dichterische Nebenstunden, als Pendant zu den poetischen Blüthen eines Naturdichters im Preuß. Staate. 8. Braunschweig, (Fleckeisen.) 818. —

Nordische Märchen von Ole Swendsen [d. i. Ruth **Prusse**]. Berlin-Leipzig: Wigand 1910. 74 S. 8° A 12. 10637

Prusse, Ulr., „Arminius". Trauerspiel in 5 Akten. 8. (78 S.) Leipzig 887, Mutze. *

—— Rolf Gernau. Familiendrama in 5 Akten. 8. (71 S.) Ebendas. 887. *

—— Kreuz und Halbmond. Ein Ritterschauspiel in 5 Aufzügen. 8. (90 S.) Ebendas. 887. *

—— „Mirjam". Trauerspiel in 5 Aufzügen. 8. (93 S.) Ebendas. 887. *

Prusse, Ulrich, Präventor. Elektrische Ausweichvorrichtung zur Verhütung von Zusammenstössen auf See. Petersdorf (o. J.)

—— Reineke in der Falle. Humoreske in 5 Akten. 8. (62 S.) Ebendas. 887. *

Prusse, Ulr., Rudolf v. Habsburg. Historisches Schauspiel in 5 Acten. Mit freier Benutzg. v. Joh. Lad. Pyrker's gleichnam. epischer Dichtg. gr. 8. (76 S.) Berlin 886. (Rentzel.) n. 1. 50

—— Stralsund. Volksschauspiel in 5 Akten mit einem Vor- und einem Nachspiele. 8. (93 S.) Leipzig 887, Mutze. *

Prüsse, Jh. Werner

— s. Beschäftigungen, poetische.

Prüße, Jh. Wern., (eines Braunschweig. Damastwebers) dichterische Nebenstunden, s. Nebenstunden, dichterische

Prußen, Andr. Benj., Urtheile v. Christen, v. Kriege, und von den Mitteln ihn zu endigen. 8. Bresl. Pietsch. 761.

Prüssen, Otto, aus Höxter i. W.: Aus d. Kgl. Universitäts-Kinder-Klinik zu München. Ueber einen Fall von primärer Tubentuberculose mit secundärer Tuberculose des Peritoneums im Kindesalter. *München 1899: Kastner & Lossen.* (28 S.) 8°
München, Med. Diss. v. 1899

Prussia. Eine Sammlung 3stimmiger Lieder, vaterländ. u. vermischten Inhalts für höhere Bürgerschulen, Gymnasien und Seminarien, auch kleinere Männer-Gesang-Vereine, herausgeg. von Hnr. Müller. 1. u. 2. Heft. gr. 4. Berlin 842, 43, C. G. Lüderitz. à 3/8 ℔

Altertums-Gesellschaft **Prussia.** 1844–1894. *[Königsberg i. Pr.: F. Beyer in Comm. 1894.]* (4 Bl.) 4° [Umschlagt. F.] [or. 366

Prussiade, La, poëme nouveau en 4 chants en vers comi héroiques. Cassel 1758. 8.

DAS PRUSSIA-MUSEUM im Nordflügel des Königlichen Schlosses zu Königsberg in Pr.
Die ausgestellten Altertümer der prähistorischen Zeit vor Christi Geburt.
Der Vorsitzende der Altertumsgesellschaft Prussia. Dr. phil. BUJACK.
Teil 1 des Katalogs Hälfte 1. Königsberg. 1884. Ostpreussische Zeitungs- und Verlags-Druckerei. 8°.
Die ausgestellten Altertümer der prähistorischen Zeit von Christi Geburt bis zum Beginn der historischen Zeit bis ca. 1800.
Der Vorsitzende der Altertumsgesellschaft Prussia. Dr. phil. BUJACK.
Teil 1 des Katalogs Hälfte 2. ib. 1885. —
Die ausgestellten Altertümer der historischen Zeit mit Einschluss der Burgwallfunde.
Der Vorsitzende der Altertumsgesellschaft Prussia. Dr. phil. BUJACK.
Teil 2 des Katalogs. 2. Auflage mit Zusätzen. ib. 1884. —

DAS PRUSSIA-MUSEUM im Nordflügel des Königlichen Schlosses zu Königsberg in Pr.
Die ausgestellten Altertümer der historischen Zeit mit Einschluss der Burgwallfunde. Teil 2 des Katalogs.***) Königsberg. 1888. Ostpreussische Zeitungs- und Verlags-Druckerei. 8°.

Prüssian, Alexander [Arzt aus Köln]: Ueber Allgemeinbehandlung von Frauenleiden mit besonderer Berücksichtigung der Hysterie. ... Köln, Druck v. Römer & Gau, *1891;* 43 S. 8°
Strassburg, Med. Fak., Inaug.-Diss. v. 1891

Prussing, Joach. (Waren / Meckl.), De concionibus artificiosis et alamodicis, vulgo Von Künstlichen und Galanten Predigten. Diss. theol. Präs. Zacharias Grape. Rostock (N. Schwiegerov) 12. VII. 1704. 56 S. (5.—) 27251

PRUSSING, J. (Warena-Mecl., auct. et resp.), praeses *Z. Grapius,* De concionibus artificiosis et alamodicis, von künstlichen und galanten Predigten. Diss. theol. Rostochii (1704). 4°. (2 Mk. 50 Pfg., Adolf Weigel, 1908.)

— — Idem. Ed. III. Ibid. 1724. (2 Mk. der Vorige, ohne Formatsangabe.)

Prüsing, Joach., heil. Erbauung. 2 Thle. 8. Leipzig, Crusius. (F. C. W. Vogel.) 729.

— Reden z. Besserung. 4 Thle. 8. Bresl. Pietsch. 751.

— zweymal 23 Reden zu Erb. im Cabinet 2c. 2 Thle. 8. Leipz. 747.

— Trau- und Bau-Reden. 8. Rost. Fritsch. 731.

Prüssing, Paul, üb. die Einwirkung v. Plenylcyanat auf aromatische Kohlenwasserstoffe. gr. 8. (34 S.) Göttingen 884. (Vandenhoeck & Ruprecht.) n, 1. —

Prüssmann. Denkschrift über den Entwurf eines Rhein-Elbe-Kanals. Auf Grund der Vorarbeiten aufgestellt. Berlin 1899.

Prutek, Georg — Gebet- und Gesangbuch für die katholische Schuljugend, herausgegeben von — —. Teschen, 1856. Druck und Verlag von Karl Prochaska. (212 S. 8 Mit einem Titelbild)

Prutek, die rationelle Kirche nebst e. Autobiographie d. Verf. Mit P. Prutek's Portrait (Holzschntaf.) gr. 8. (X, 67 S.) Teschen 874. Prochaska. n. 1. —

PRUTENOS, Palaiophilos (ps.), Wolfgang von Wallerfels. Eine Scene etc. 1828.
Weller, Lex. Ps. p. 461.

Prutenos, P., Wolfg. v. Wallenfels. Eine Scene aus d. letzt. Jahre d. 13jähr. Krieges in Preußen. 8. (21 B.) Leipzig 828, Rein.

Prutky, Ant. V., s.: Haec loquere et exhortase.

Prutz, Rob. Ed. Cassel 1854.
V: *Neumann, Wilh.* (EB)

Prutz, Robert Eduard, s. Klassiker, moderne.

Prutz, Robert, der große Pascha von Halle. Von einem Giaur. Leipzig 853. Remmelmann. (Kaiserslautern, Meuth.) 8. (31 S.) n. 5 ngr.

Prutz, E., s. Nachhall auf das Kölner Dombaulied.

... Regiae Academiae Albertinae ante hos trecentos qvinqvaginta annos conditae sacra sollemnia diebvs XXVI et XXVII m. Ivlii a. 1894 pie celebranda indicvnt Rector et Senatvs. — Inest: Hans **Prutz**: Die Koenigliche Albertus-Universitaet zu Koenigsberg i. Pr. im neunzehnten Jahrhundert. Regimontii Prvss., ex offic. Hartvngiana, *1894;* 4 Bl., 239 S. 4.

Prutz, Hans, die königl. Albertus-Universität zu Königsberg i. Pr. im 19. Jahrh. Zur Feier ihres 350jähr. Bestehens. gr. 8. (VII, 326 S.) Königsberg 894. Hartung. n. 4. —

Prutz, Hans, die Anfänge der Hospitaliter auf Rhodos 1310–1355, s.a. Sitzungsberichte der königl. bayer. Akademie der Wissenschaften. Philosoph.-philolog. Klasse 1908, I.

Die Anfänge der Hospitaliter auf Rhodos 1310–1355 von Hans **Prutz.** Vorgetragen 1908. München: G. Franz in Komm. 1908. (57 S.) 8°
= Sitzungsberichte d. Kgl. Bayer. Akademie d. Wiss. Philos.-philol. u. hist. Kl. Jg. 1908, Abh. 1. [08. 6333 3

Der Anteil der geistlichen Ritterorden an dem geistigen Leben ihrer Zeit. Festrede geh. in d. Kgl. Akad. d. Wiss. 1908 von Hans **Prutz.** München: Akad. 1908. 23 S. 4° [09. 10896 3

— Der Anteil der geistlichen Ritterorden an dem geistigen Leben ihrer Zeit. Festrede, geh. in der öffentl. Sitzg. der k. Akademie der Wissenschaften am 14. XI. 1908. (23 S.) Lex. 8. München 908. (G. Franz' Verl.) — 90

Die Autonomie des Templerordens. Von Hans Prutz. München: K. Akademie, G. Franz in Komm. 1905. S. 7—54. 8° [Umschlagtit.]
Aus: Sitzungsberichte d. philos.-philol. u. d. histor. Klasse d. Kgl. Bayer. Akademie d. Wissenschaften. 1905 H. 1.
Recens: Archiv f. kathol. Kirchenrecht. 1905 S. 806—807 (G. Allmang).

Prutz, Hans, die Besitzungen des Deutschen Ordens im Heiligen Lande. Ein Beitrag zur Culturgeschichte der Franken in Syrien. Mit einer (lith.) Uebersichtskarte. gr. 8. (VII, 82 S.) Leipzig 877. Brockhaus. n. 2. 80

Jacques Coeur's Beziehungen zur römischen Kurie, s. a. Sitzungsberichte der königl. bayerischen Akademie der Wissenschaften. Philos.-histor. Kl. 1910, II.

Jacques **Coeurs** Beziehungen zur römischen Kurie. Von Hans Prutz. — München: Kgl. Bayer. Akad. d. Wiss.; Franz i. Komm. 1910. 66 S. 8°
(Sitzungsberichte d. Kgl. Bayer. Akad. d. Wiss. Philos.-philolog. u. hist. Kl. Jg. 1910, Abh. 2.)

— **Bismarcks Bildung**, ihre Quellen u. ihre Aeußerungen. (IV, 247 S.) 8. Berlin 904. G. Reimer. n. 3. —; geb. in Leinw. n. 3. 80

Prutz, Hans, Brandenburg und Frankreich 1688, s. Taschenbuch, historisches.

Entwicklung und Untergang des Tempelherrenordens. Mit Benutzung bisher ungedr. Materialien von Hans Prutz. Berlin: Grote 1888. X, 368 S. 8°
Recens: Voss. Ztg. (Berlin) v. 17. März 1889 Beil. 1, abgedr. in: BZC. 18 (1889) S. 160 bis 161; L. 12 (1889) S. 75; Voss. Ztg. v. 2. April 1889 Beil. 1, abgedr. in: BZC. 18 (1889) S. 161—163; L. 12 (1889) S. 75—76; vgl. ferner: SL. 9 (1889) S. 64; Preuss. Jahrbücher. 65 (1890) S. 89—101 (B. Gebhardt).
Sucht den Beweis für die Schuld der Tempelherren zu führen; widerlegt die Ansicht von der Herkunft der Frmrei von dem templerischen Ordensklerikat. Nachweis der Unechtheit der von Merzdorf hrsg. Geheimstatuten des Tempelherrenordens.

—— **Forschungen** zur Geschichte des Tempelherrenordens. I. Die Templerregel. 8. (36 S.) Königsberg 887, Hübner und Matz. *
Aus: Königsberger Studien, besonders abgedruckt.

— **Radewin's Fortsetzung** der Gesta Friderici imperatoris d. Otto v. Freising, ihre Zusammensetzg. u. ihr Werth. Ein quellenkrit. Untersuchg. gr. 8. (70 S.) Ebend. 873. n. 2. —

Prutz, Hans, Kaiser Friedrich I. 3 Bde. gr. 8. Danzig, Kafemann. à Bd. *
Inhalt:
Bd. 1. 1152—1165. (XIV, 452 S.) 871.
„ 2. 1166—1177. (XIII, 384 S.) 871.
„ 3. 1177—1190. (XII, 400 S.) 874.

—— **Kaiser Friedrich I. Grabstätte.** Eine krit. Studie. gr. 8. (51 S.) Danzig 879, Gruihn. *

— **über d. Gautier v. Compiègne** „Otia de Machomete". Ein Beitrag zur Geschichte der Mohammedfabeln im Mittelalter u. zur Kulturgeschichte der Kreuzzüge. (S. 65—115.) gr. 8. München 903. (G. Franz' Verl.) n. 1. —
Sonderabdruck aus: „Sitzungsber. d. bayer. Akad. d. Wiss."

—— **Gedächtnißrede** auf weil. Se. Maj. Friedrich, deutschen Kaiser und König von Preußen, Rector magnificentissimus der Albertus-Universität zu Königsberg i. Pr., gehalten bei der akadem. Trauerfeier am 30. Juni 1888. gr. 8. (15 S.) Königsberg 888, Koch. *

Geheimlehre und Geheimstatuten des Tempelherren-Ordens. Eine krit. Untersuchung von Hans Prutz. Berlin: Mittler & S. 1879. IX, 183 S. 8°
Recens: BZC. 8 (1879) S. 271—293 (K. Schottmüller), Auszug hieraus in: L. 3 (1880) S. 5—8.
cf. L. 2 (1879) S. 169—172; Grenzboten. 38, 1 (1880) S. 161—170; Histor.-polit. Blätter f. d. kathol. Deutschland. 100 (1887) S. 944 bis 959.
Tt. 834.

— **Zur Genesis des Templerprozesses.** (S. 5—67.) gr. 8. München 907. G. Franz' Verl. 1. —
Sonderabdr. aus: „Sitzungsber. d. bayer. Akad. d. Wiss."

— **Germania**, s.: Scherr, Joh.

— **Geschichte d. Mittelalters**, s.: Weltgeschichte, allgemeine.

—— **Geschichte des Kreises Neustadt in Westpreußen.** gr. 8. (V, 239 S.) Danzig 869, (Kafemann.) *

— **Geschichte d. Kreises Neustadt in Westpreußen.** gr. 8. (V, 239 S.) Ebend. 872. n. 4. —

Preussische Geschichte von Hans **Prutz**. Bd 1—4. *Stuttgart* (4: *& Berlin*) *J. G. Cotta 1900—02.* 4 Bde 8° [F.]
1. Die Entstehung Brandenburg-Preussens ⟨von d. ersten Anfängen bis 1655⟩. 1900.
2. Die Gründung d. preuss. Staates ⟨1655—1740⟩. 1900.
3. Der Fridericianische Staat u. s. Untergang ⟨1740—1812⟩. 1901.
4. Preussens Aufsteigen z. deutschen Vormacht ⟨1812—1888⟩. 1902. (o3. 3097

Prutz, Hans, Heinrich der Löwe, Herzog von Bayern u. Sachsen. Ein Beitrag zur Geschichte des Zeitalters der Hohenstaufen. Leipzig 865. Hirzel. gr. 8. (X, 489 S.) n. 2 *ℛ* 20 *ngr.*

Gustav Hirschfeld. Gedächtnissrede, geh. in d. Königsberger Geogr. Gesellsch. 1895 von Hans **Prutz**. Königsberg in Pr. 1895: R. Leupold. (22 S.) 8°
Aus: Altpreuss. Monatsschrift. Bd 32, H. 3. 4. (o6. Bogs 10

Prutz, Johannes Georg (geb. Jena 20. 5. 1843): Historia Henrici Leonis Saxoniae Bavariaeque ducis inde ab a. 1176 usque ad a. 1182. Sedini 1863. (53 S.) 8°
Berlin, Phil. Diss. v. 1. Aug. 1863

—— **Historia Henrici Leonis Saxoniae Bavariaeque ducis inde ab a. 1176 usque ad a. 1182.** gr. 8. (53 S.) Sedini 863. (Berlin, Mittler und Sohn.)

Prutz, Hans, aus des Grossen Kurfürsten letzten Jahren. Zur Geschichte s. Hauses u. Hofes, s. Regierg. u. Politik. gr. 8. (XVI, 410 S.) Berlin 897. G. Reimer. n. 7. —

Prutz, Hans, Kulturgeschichte der Kreuzzüge. gr. 8. (XXXI, 642 S.) Berlin 883. Mittler & Sohn. n. 14. —

— u. Herm. **Schiller**, Leitfaden f. den geschichtl. Unterricht in den oberen Klassen höherer Lehranstalten. 3 Tle. gr. 8. Berlin 891. G. Grote. n. 5. 20; geb. n. 6. 40
1. Das Altertum. Von Herm. Schiller. (VI, 200 S.) n. 2. 20; geb. n. 2. 60
2. Das Mittelalter. Von Hans Prutz. (VIII, 174 S.) n. 1. 60; geb. n. 2. —
3. Die Neuzeit. Von Hans Prutz. (168 S.) n. 1. 40; geb. n. 1. 80

– Moritz von Sachsen, s. Plutarch, der neue.

— die finanziellen Operationen der Hospitaliter. (S. 9—47.) gr. 8. München 906. (G. Franz' Verl.) n. — 60

— aus Phönizien. Geographische Skizzen u. histor. Studien. Mit 4 lith. Kartenskizzen u. e. (lith.) Plan. gr. 8. (XXXIII, 418 S.) Leipzig 876. Brockhaus. n. 8. —

– Quellenbeiträge zur Geschichte der Kreuzzüge. 1. Hft. gr. 8. (XXXXI, 106 S.) Danzig 876. Kafemann. n. 3. —

— s.: Rechnungen üb. Heinrich v. Dorby's Preussenfahrten.

— Rede auf Gustav Adolf. Geh. am 9. Decbr. 1894 in der Festversammlg. des ostpreuß. Hauptvereins u. des Stadtvereins der Gustav-Adolf-Stiftg. zu Königsberg i. Pr. gr. 16. (16 S.) Königsberg 894. Hartung. n. — 20

Die geistlichen Ritterorden. Ihre Stellung zur kirchlichen, politischen, gesellschaftlichen und wirtschaftlichen Entwicklung des Mittelalters. Von Hans Prutz. Berlin: Mittler & S. 1908. XVIII, 549 S. 8°

cf. Bbl. 21 (1907) S. 695—696 (G. Diercks); ML. 36 (1907—1908) S. 132 (O. Henckel); SL. 28 (1908) S. 14—15 (H. Speck); ArSt. 5 (1908) S. 270—271 (R. Grosse); BZC. 37 (1908) S. 155—167 (O. Kuntzemüller).
Beschäftigt sich auch mit dem Templerorden.

—— Franz v. Sickingen, } s. Plutarch, der neue.

— Staatengeschichte d. Abendlandes im Mittelalter von Karl d. Gr. bis auf Maximilian, s.a. Geschichte, allgemeine, in Einzeldarstellungen.

Staatengeschichte des Abendlandes im Mittelalter von Karl dem Grossen bis auf Maximilian v. Hans Prutz. Mit Illustrationen, Beilagen und Karten. Bd. 1—2. Berlin. 1885 und 1887. = Allgemeine Geschichte in Einzeldarstellungen. hrgg. v. W. Oncken. Hauptabth. 2. Th. 6. 8°.

— die exemte Stellung des Hospitaliter-Ordens. Ihre Entwickelg., ihr Wesen u. ihre Wirkgn. (S. 95—187) gr. 8. Ebd. 904. n. 1. 20
s Sonderabdr. aus: „Sitzungsber. d. bayer. Akad. d. Wiss."

Prutz: Studien zur Geschichte Kaiser Friedrich's I.
40 S.–Danzig, Progr. 1868

— Studien zur Geschichte Kaiser Friedrich I. 1. (Abthl.) Friedrich I. Anfänge. 1152—1158. Berlin 868. Mittler & Sohn. gr. 4. (40 S.) n. 12 ngr

— Kritische Studien zur Geschichte Jacques Coeur's, des Kaufmanns v. Bourges, s.a. Sitzungsberichte der königl. bayerischen Akademie d. Wissenschaften. Philos.-philolog. u. histor. Klasse 1909, III.

Kritische Studien zur Geschichte Jacques Coeurs, des Kaufmanns von Bourges. Von Hans Prutz. — München: Kgl. Bayer. Akad. d. Wiss.; Franz in Komm. 1909. 76 S. 8°
(Sitzungsbericht d. Kgl. Bayer. Akad. d. Wiss. Philos.-philolog. u. hist. Kl. Jg. 1909, Abh. 3.)

— Malteser Urkunden u. Regesten zur Geschichte der Tempelherren u. der Johanniter. gr. 8. (IV, 128 S.) München 883. Th. Ackermann's Verl. n. 5. —

Prutz, Hs. Die Kölner Wahl u. Frankreichs Friedensbruch 1688, s. Taschenbuch, historisches.

– s.: Weltgeschichte, allgemeine.

Prutz, Johannes Georg, s. Prutz, Hans

Prutz, Robert Ed.

Prutz, R.: Karl Friedrich Bahrdt. Beitr. zur Geschichte seiner Zeit u. seines Lebens (1741—71). Leipzig 1850. S. 598—690. Aus: Raumers Histor. Taschenbuch.

Prutz, Rob. Ed., Beurtheilung des Commentar's zum 2n Thle. des Göthe'schen Faust, s. C. Löwe.

— Karl von Bourbon. Histor. Tragödie in 5 Akten. gr. 8. Hannover 845, Kius. n. 2/3 ₰

Prutz, Rob., Buch der Liebe u. andere ausgewählte Gedichte, s.a. Bibliothek der Gesamtlitteratur.

Prutz, Rob., Buch der Liebe. 1. und 2. Aufl. 1869,71. geb. ℳ 4,50., und 3. Aufl. gr. 16. (VIII, 280 S.) Leipzig 874, Keil. geb. mit Goldschn.

Prutz, Rob., Buch der Liebe. 4. und 5. Aufl. 16. (VIII, 280 S.) Leipzig 875,83, Keil's Nachf. geb. mit Goldschn. *

Buch der Liebe und andere Ausgewählte Gedichte von Robert Prutz. Mit e. Vorbemerkung von Hans Marshall u. d. Bilde d. Dichters. *Halle a. S.: O. Hendel (1903).* (190 S.) 8° [F.]
(Bibliothek d. Gesamtlitteratur d. In- u. Auslandes. No 1026.)

Prutz, Rob., deutsche Dichter der Gegenwart, s.a. Dichter, deutsche.

— deutsche Dichter der Gegenwart. Ein lyrisches Album. Prag 859. Kober & Markgraf. (Hamburg, Richter.) 16. (XV, 446 S.) n. 1 ₰ 15 ngr

— der Göttinger Dichterbund. Entwickelung der deutschen Literaturgeschichte von Klopstock bis Göthe. gr. 8. Leipzig 840. O. Wigand. 2 ₰

— der Göttinger Dichterbund. Zur Geschichte der deutschen Literatur. gr. 8. Leipzig 841, Otto Wigand. 2 ₰

Prutz, Robert

Das Engelchen. Roman. Th. 1-3.
Leipzig: Brockhaus 1851. 8°

— Felix. Roman. 2 Thle. gr. 12. (XIV u. 819 S.) Ebd. 851. n. 3 1/3 ₰

Prutz, Robertus Eduardus: De fontibus, quos in conscribendis rebus inde a Tiberio usque ad mortem Neronis gestis auctores veteres secuti videantur. Halae (1838): Ploetz. 50 S. 8°
Halle-Wittenberg, Phil. Diss. v. 24. März 1838
Geb. [Stettin 30. 5. 1816]
Im Buchhandel Halle: Anton 1838.

—— Gedichte. 8. (22 1/2 B.) Leipzig 841, Otto Wigand.

—— Gedichte. — Neue Sammlung. 2. Aufl. 16. (12 3/4 B.) u. 3. Aufl. 8. (13 B. u. P's. Bildn.) Zürich 846, Fröbel u. Comp., [Rethpletz.]

Prutz, Rob., Gedichte. 4., verb. und verm. Aufl. 16. (VIII und 557 S.) Leipzig 856(57,) Weber. *

— neue Gedichte. 2. Aufl. 8. (248 S.) Mannheim 849, Grohe. n. 1 1/3 ₰

—— Geschichte des deutschen Journalismus. Zum ersten Male vollständig aus den Quellen gearbeitet. 1. Thl. gr. 8. (27 1/4 B.) Hannover 845, Kius. *

— Goethe, s. Belehrungen, unterhaltende.

— aus der Heimat. Neue Gedichte. 8. (VIII und 345 S.) Leipzig 858, Brockhaus. * 2 Thlr.; geb. *

— Helene, s. Album. Hrsg. von J. L. Kober.

— Helene, s. Album. Bibliothek deutscher Originalromane.

Prutz, Robert

Helene. Ein Frauenleben. Roman. Bd 1-3. Prag, Leipzig: Expedition d. Albums 1856. 8°
(Album. Bibliothek dt. Originalromane. Jg. 11, Bd 8-10.)

— Herbstrosen. Neue Gedichte. 3. Aufl. München 867. Merhoff's Verlag. gr. 16. (VI, 218 S.) 22½ Ngr; geb. mit Goldschn. 1 Thlr

— Herbstrosen. Neue Gedichte. 4. Aufl. 1873, und 5. (Titel-)Aufl. 16. (VI, 218 S.) München 875, Merhoff's Verlag. geb. mit Goldschn.

Prutz, Rob., Herbstrosen. Neue Gedichte. 6. (Titel-)Aufl. gr. 16. (VI, 218 S.) München (1875) 879, Merhoff. n. 2. 25; geb. m. Goldschn. n. 3. —

— Ludwig Holberg, sein Leben und seine Schriften. Nebst einer Auswahl seiner Komödien. gr. 8. (XI und 613 S.) Stuttgart 857, Cotta'sche Buchh.

— zehn Jahre. 1840—1850. Geschichte d. neuesten Zeit. 1—7. Lfg. gr. 8. (1. Bd. XVIII u. 547 S.) Leipzig 848—50, Weber. (à n. ⅓ Thlr) n. 2⅓ Thlr (Die 1—6. Lfg. erschien u. d. T.: sieben Jahre, 1840—1847. Geschichte der neuesten Zeit.)

— zehn Jahre. Geschichte der neuesten Zeit. 1840—1850. 2. Bd. gr. 8. (XXVIII und 498 S.) Leipzig 856, Weber. *
1. Bd. Ebendas. 1850. * 2 Thlr. 10 Ngr. — Vgl. II. Bd. 2. Abthl. S. 146.

Prutz, Rob. E., Badens Zweiter Kammer. Drei Gedichte. Lex.-8. Zürich u. Winterthur 842, Literar. Compt. 5½ Ngr

Prutz, R. E., C. Löwe's „Commentar zum 2. Thle. d. Goethe'schen Faust" beurtheilt v. etc. gr. 8. ... Berlin 834, Krause.

— dem Könige von Preußen. Zum Kölner Dombaufest den 4. September 1842. Gedicht. 2. Aufl. gr. 8. Jena 842, Frommann. n. 2 Ngr

— die deutsche Literatur der Gegenwart. 1848—1858. 2 Bde. 1. Aufl. 1859. und 2. Aufl. gr. 8. (XVI und 596 S.) Leipzig 860, Voigt und Günther. *

— Ein Märchen. Gedicht. gr. 8. (4¼ B.) Leipzig 841, Otto Wigand.

— Menschen und Bücher. Biographische Beiträge zur deutschen Literatur- und Sittengeschichte des 18. Jahrhunderts. Leipzig 862. Wagner. 8. (X, 610 S.) n. 2 Thlr 20 Ngr

— Moritz von Sachsen. Ein Trauerspiel in 5 Akten. Mit Einleitung u. Anhang. 8. (13 B.) Zürich u. Winterthur 845. [Leipzig, Verlagsbureau.] *

— Moritz von Sachsen. Trauerspiel in 5 Akten. Mit Einleitung u. Anh. gr. 16. (XXXVI u. 171 S.) Leipzig 847, Verlagsbureau. n. ⅔ Thlr

Prutz, Robert

Der Musikantenthurm. Roman. Th 1-3. Leipzig: Brockhaus 1855. 8°

— Nachhall auf d. cölner Dombaulied, s. Nachhall.

— Oberndorf. Roman. 3 Thle. Leipzig 862. Brockhaus. 8. (XVIII, 678 S.) n. 4 Thlr

— politische Poesie der Deutschen. gr. 8. (13¼ B.) Leipzig 845, Otto Wigand.
Aus: Dess. literar.-historisches Taschenbuch, besond. abgedruckt.

— der Rhein. Gedicht. gr. 8. Leipzig 840. O. Wigand. 1 Ngr

— kleine Schriften. Zur Politik u. Literatur. 2 Bde. gr. 8. (367 u. 380 S.) Merseburg 847, Garcke. 3 Thlr — 2. (Titel-)Aufl. 2 Bde. 8. (VI. 367 u. 380 S.) Ebd. (847) 850, (jetzt: Leipzig, Hebenstreit). n. 1½ Thlr

— neue Schriften. Zur deutschen Literatur- und Kulturgeschichte. 2 Bde. 8. (X und 670 S.) Halle 854, G. Schwetschke. *
Vgl.: Klassiker, moderne.

— die Schwägerin. Novelle. 8. (IV u. 357 S.) Dessau 851, Katz. 1½ Thlr

— Stimmen der Liebe. Gezeichnet von Gustav van Drage. Berlin 868. Korn & Co. Fol. (16 Chromolith.) In Mappe n. 5 Thlr; in Callicot-Mappe n. 5 Thlr 15 Ngr u. n. 6 Thlr

— aus goldnen Tagen. Neue Gedichte. 16. (XII und 383 S.) Prag 861. [Hamburg, Richter.] * 1 Thlr. 18 Ngr.; geb. *

Prutz, Robert. Taschenbuch der neuesten Geschichte. Erster Jahrgang: Das Jahr 1849. Dessau, M. Katz 1851. 497 S. 8.

— s. Taschenbuch, literar-historisches.

PRUTZ, R., Das Volkslied in Deutschland. (In: —?—) 1854. 8°.

— Vorlesungen über die Geschichte des deutschen Theaters. gr. 8. (VIII u. 406 S.) Berlin 847, Duncker & Humblot. n. 2⅓ Thlr

— Vorlesungen über die deutsche Literatur der Gegenwart. 8. (LXXXVIII u. 350 S.) Leipzig 847, G. Mayer. 2 Thlr

— dramatische Werke. 1—4. Bd. 8. 1. Bd. Nach Leiden Lust. Komödie in 5 Akten. (XXXVIII u. 185 S.) 2. Bd. Karl von Bourbon. Schauspiel in 5 Akten. (XXXIV u. 208 S.) 3. Bd. Erich der Bauernkönig. Schauspiel in 5 Akten. (LXIV u. 173 S.) 4. Bd. Moritz von Sachsen. Trauerspiel in 5 Akten. (XVI u. 198 S.) Leipzig 847—49, Weber. (à n. 1⅓ Thlr) n. 5⅓ Thlr

— die politische Wochenstube. Eine Komödie. (1. u. 2. Aufl. ....? u.) 3., unveränd. Aufl. 8. (10 B.) Zürich 845, [Rothpletz.] -

Prutz, Wolfgang

Esmarch, Erwinus de, ord. med. h. t. decanus: Lectiones cursorias, quas ... Wolfgang Prutz Med. Dr. sub titulo 'Ueber die Grundsätze für die Behandlung der Peritonitis' ad docendi facultatem rite impetrandam die XIV. m. Novembris ... habebit, indicit. *Regimonti Bor. 1898: Liedtke.* (1 Bl.) 4°

Prutz, *Wolfgang* [pr. Arzt]: Über das anatomische Verhalten der Leber bei der puerperalen Eklampsie ... Königsberg i. Pr., Druck v. M. Liedtke, 1892; 2 Bl., 40 S., 2 Bl. 8.
Königsberg, Med. Fak., Inaug.-Diss. v. 11. März 1892

Prutz, W., üb. das anatomische Verhalten der Leber bei der puerperalen Eklampsie. Diss. gr. 8. (40 S.) Königsberg i/Pr. 892. (W. Koch.) n. — 80

Prütz, Franz *Hermann Louis Axel* [aus Meckl.-Strelitz pr. Arzt]: Beitrag zur Behandlung des Abortus ... Greifswald, Druck v. F. W. Kunike, *1894*; 24 S. 8.
Greifswald, Med. Fak., Inaug.-Diss. v. 29. Juni 1894

Prütz, Gust., die Arten der Haustaube. Nach den Bestimmungn. der Delegirten d. 1. deutschen Geflügel-Tages beschrieben u. hrsg. 2. verb. u. m. e. Anh.: „Die Krankheiten der Tauben" verm. Aufl. gr. 8. (X, 89 S.) Leipzig 874 C. A. Koch. n. 1. 50

Prütz, Gust., die Arten der Haustaube [Preisschrift]. Nach dem Entwurfe der Delegirten des 1. deutschen Geflügelzüchter-Tages beschrieben u. hrsg. 3., umgearb. u. mit einem Anhang: „Die Krankheiten der Tauben" verm. Aufl. gr. 8. (XIV, 136 S.) Leipzig 878. C. A. Koch. n. 2. —

Prütz, Gust., die Arten der Kropftauben (Col. strumosae), ihre Naturgeschichte, Züchtung u. Pflege. Mit 13 Taf. Abbildgn. der verschiedenen Kröpferarten v. Susenbeth. (VIII, 80 S.) gr. 8. Berlin (904). W. Werner. Geb. in Leinw. 3. 50; erm. Pr. n. 2. —

Prütz, Gust., baupolizeiliche Bestimmungen f. den Polizeibez. Kiel. [Aus: Sammlg. polizeil. Verordngn. f. d. Polizeibez. Kiel".] (IV, 108 S.) gr. 8. Kiel 905. W. G. Mühlau. Kart. n. 1. 20

Die Bestimmungen über die Tagegelder, Reise- und Umzugskosten für die preußischen Staatsbeamten der Verwaltung des Innern. Zsgest. von G[ustav] **Prütz**, Polizeisekr. Kiel: Selbstverl. 1905. (82 S.) 8° [J.] 05. 5. 10

Prütz, Gust., die Krankheiten der Haustauben und ihre Heilung. Nach 30jähr. eigenen Erfahrungen und den Beobachtungen hervorragender Autoritäten der Taubenzucht beschrieben. gr. 4. (VIII, 117 S.) Hamburg 886, [J. F. Richter.] Verlagsanstalt und Druckerei. *
Aus: Illustrirtes Mustertaubenbuch, besonders abgedruckt.

— die europäischen u. orientalischen Möventauben (Col. collares). Eine Monographie nach den H. Dietz'schen Grundlagen, ergänzt u. hrsg. (VIII, 53 S. m 16 Abb.) gr. 8. Leipzig 903. Expedition der „Geflügel-Börse". 1. 50

Prütz, Gust., illustrirtes Mustertauben-Buch. Enthaltend das Gesammte der Taubenzucht. Mit ca. 60 Pracht-Farbendr.-Blättern, direct nach der Natur aufgenommen von Chrn. Förster, und vielen Orig.-Text-Illustr. (In ca. 35 Lfgn.) 1.—9. Lfg. gr. 4. (S. 1—96.) Hamburg 884, J. F. Richter. à Lfg. *ℳ 1,20. *

—— illustrirtes Mustertauben-Buch. Enthaltend das Gesammte der Taubenzucht. 10.-40. (Schluß-)Lfg. gr. 4. (XV, S. 97—438 mit 81 Pracht-Farbendr.-Bildern, direkt nach der Natur aufgenommen von Chrn. Förster, und 40 Orig.-Text-Illustr.) Ebendas. 885,86. à Lfg. *ℳ 1.20.
1.—9. Lfg. Ebendas. 1884. à Lfg. *ℳ 1.20.; compl. *ℳ 48.—; geb. *ℳ 54.—.

Rede zum Gedächtniss Sr. Maj. des Allerdurchlauchtigsten Protektors der drei preussischen Grosslogen Friedrich, Deutscher Kaiser und König von Preussen, geh. von Gust. **Prütz.** Auf Wunsch der Brschaft als Ms. gedr. Stettin: Pasenow 1888. 14 S. 8° [Umschlagtit.]

Rede zum Gedächtniss Sr. Majestät des Allerdurchlauchtigsten Protektors der drei preussischen Grosslogen Wilhelm Deutscher Kaiser und König von Preussen, gehalten von Gust. **Prütz.** Auf Wunsch der Brschaft als Ms gedr. Stettin 1888: Rédei. 17 S. 8° [Umschlagtit.]

Tomëi, Alex.: Rede zum Gedächtniss des am 18. Jan. 1896 in den ew. O. eingegangenen Alex. Tomëi, gehalten in der Trauerloge am 25. Jan. 1896 von Gust. **Prütz.** Auf Wunsch der Bbrschaft als Ms. gedr. Cüstrin 1896: Nigmann 12 S. 8° [Umschlagtit.]

Zwei Reden, (Lichteinbringung—Trauerloge) gehalten von Gust. **Prütz.** Auf Wunsch der Bbrschaft als Ms. gedr. Stettin 1890: v. Rédei. 26 S. 8° [Umschlagtit.]
Rede 1 üb. das Thema: Die Loge, eine Heimat; der Neubau der Loge, ein Bild der Erneuerung des mrischen Geistes. Rede 2 üb. Schillers Wort: Die Zeit ist eine blühende Flur, ein grosses Lebendiges ist die Natur, und alles ist Frucht, und alles ist Samen.

Prütz, Gust., Sammlung der gebräuchlichsten landespolizeilichen Verordnungen f. Schleswig-Holstein, sämmtl. Local-Verordngn. f. den Stadtkreis Kiel, sowie sämmtl. polizeil. Verordngn. f. die Ortschaften Gaarden u. Ellerbek im Kreise Plön, Wellingdorf, Neumühlen, Dietrichsdorf, Gaarden u. Hassee im Landkreise Kiel, Holtenau, Pries, Friedrichsort u. „Canalfiscalischer Gutsbezirk bei Holtenau" im Kreise Eckernförde. Nach amtl. Quellen zusammengestellt u. nach amtl. Durchsicht hrsg. gr. 8. (IV, 560 S.) Kiel 1899. Universitäts-Buchh. Geb. in Leinw. n. 10.—

Sammlung der wichtigsten landespolizeilichen Verordnungen für Schleswig-Holstein u. sämtlicher ortspolizeilichen Verordnungen f. d. Polizeibezirk Kiel. Nach amtl. Quellen zsgest. u. nach amtl. Durchsicht hrsg. von Gustav **Prütz**. Kiel: W. G. Mühlau 1905. (XII, 394 S.) 8° [J.] 05. 10. 08

Prütz, Gust., die Tümmler- u. Purzlertauben, s.: Dietz, H.

Prütz, Max, a. Neubrandenburg: Zur Kenntnis des 1-Phenyl-3-methyl-4-dimethyl-5-pyrazolons. Rostock 1906: H. Winterberg. (69 S.) 8°
Rostock, Phil. Fak., Ref. Michaelis, Diss. v. 14. Febr. 1906
[Geb. 27. Dez. 76 Neu-Thymen (Uckermark); Wohnort: Schwerin; Staatsangeh.: Preußen; Vorbildung: Gymn. Neubrandenburg Obersekunda-Reife O. 95; Studium: Rostock 9 S.; Rig. 8. Febr. 06.]

Pruvost, Alex.

Pruvost, A., S. J., Lebensbild des heiligmäß. Jünglings Gustav Martini, s.: Gruber, M.

Pruvost, die 6 Sonntage zu Ehren d. heil. Aloysius v. Gonzaga, d. Patrons der Jugend. Aus dem Franz. 16. (55 S.) Luxemburg. 874. Brück. n. — 20

Pruvost, Alex., Vie du R. P. Philippe de Scouville de la compagnie de Jésus. Luxemburg 866. Brück. Lex.-8. (348 S. mit 1 Steintaf.) 1 ⅔ 15 ngr

Prüwer, Jul., Richard Strauss' Elektra, s.: Röse, Otto.

PRUX, FRANZ XAV. JOHANN, O. S. B.: Predigt gehalten am zweiten Tag der Bittwoche. Güns o. J.: Gedr. b. Carl Reichhardt. 14 S. - 8°

Pruys van der Hoeven, Cornelius

s.: Hoeven, Cornelis Pruys van der

Pryssenaere, Eugène de

Pruyssenaere's, E. de, Reisen und Forschungen im Gebiete des Weissen und Blauen Nils, s.a. Mittheilungen aus Justus Perthes' geographischer Anstalt.

Eugène Édouard Jacques Marie de **Pruyssenaere**'s Reisen und Forschungen im Gebiete des weissen und blauen Nil nach seinen hinterlassenen Aufzeichnungen bearb. und hrgg. v. K. Zöppritz. Mit 1 Specialkarte vom mittleren Ost-Sudan in 2 Blättern.
1. u. 2. Hälfte. Gotha. 1877. = Petermanns Mittheilungen aus Perthes geogr. Anst. Ergänzungsbd. 11, Nr. 50–51. Gotha. 1877. 4°.

Pruzsinsky, Joa. de, de Propertii carminibus in libros distribuendis. Dissertatio philologica-critica. gr. 8. (37 S.) Budapest 886. Kilián. n. 1. —

Pruzum, Adam Theobald [Pseud.], s.a. Althing, Christian August

§ **PRUZUM**, Adam Theobald (= *Chrn. Aug. Fischer*), („der Philos. Doktor, der freyen Künste Magister, der Akademie dello Culiseo, u. mehrerer gelehrten Gesellschaften Mitglied"), Ueber die Posteriora. Eine physiologisch-historisch-philosophisch-litterärische Abhandlung. Naturalia non sunt turpia. Buslar 1794. Gedr. auf Kosten eines Hypochondristen (Leipzig, Gräff). 1794. 8°. 48 S. (Auch in Darmstadt, Rostock [Landesbibl.] u. Wien, Stadtbibl. [Secr. A 29].) (6 Mk., mit der folg. Schrift. Scheible, vor 1885: 40 Mk. (so!), mit d. folg. Schrift. Scheible. 1907.)

Pruzum, A. T., (Chr. A. Fischer), üb. die Posteriora. 8. Leipz. 794. (Wienbrack). 4 gr

§ — — Ueber die Priora. Eine physiologisch-historisch-litterarische Abhandlung. Ein Gegenstück zur erstern Abhandlung von *Pruzum, dem Jüngern (Chrn. Aug. Fischer)*. Buslar, gedruckt auf Kosten eines Menschenfreundes (ebend.) 1795. 8°. 65 S. (Auch in Darmstadt, Rostock [Landesbibl.] u. Wien, Stadtbibl. [Secr. A 29, Beibd.) (1½ Rthl. Scheible, vor 1872; 40 Mk., mit der vorigen Schrift, Adolf Weigel, 1907.)
Beide scatolog. Abhandlungen sind Seltenheiten!

— — über die Priora; als Gegenstück zu Obigem. 8. Leipz 795. (Wienbrack). 4 gr

— — Dasselbe. Neudrucke (München 1908), tit.: Die Posteriora und die Priora. Physiologisch-historisch-philosophisch-literarische Abhandlungen. Vermehrt um des Herrn *Swift* Grand Misteré (so!) oder das große Geheimnis und die Kunst. Betrachtungen über den Abtritt anzustellen. Naturalia non sunt turpia. Buslar 1794. Gedruckt auf Kosten eines Hypochondristen. Kl. 8°. (Gebd. Mk. 10—, Luxusexpl. 20—.) (10 Mk., Orig.-Cart., Adolf Weigel, 1909; 6 Mk. Lipsius & Tischer, Kiel, 1909.)
Dieses Werk wurde in einer einmaligen Auflage von 325 in der Presse numerierten Exemplaren, davon Nr. 1 bis 10 auf van Geldern und in Ganzpergament, nur für Subskribenten gedruckt und kam nicht in den Handel.

Prva praktična slovnica njemačkoga jezika za opće pučke škole. Wien 1895. K. k. Schulbücher-Verlag. (Min.-Erl. vom 14. Juni 1895, Z. 14085.) Gebunden 1895 —.20

Prva praktična slovnica talijanskoga jezika za hrvatske pučke škole. Wien 1895. K. k. Schulbücherverlag. (Min.-Erl. v. 12. Febr. 1895, Z. 2012.) In Halbleinwand 1895. —.20

Prybila, Karl von

Prybila, Karl v.: Geschichte der Kriege der k. u. k. Wehrmacht von 1848-1898. Mit 6 Übersichtskarten. Von Karl Edler v. Prybila, Oberst. Graz: R. Brzezowaky & Söhne 1899. (602 S.) 4° (8°)

Prybila, Karl Edler v., Geschichte der Kriege der k. u. k. Wehrmacht von 1848–1898. Mit 6 Übersichtskarten. gr. 8. (IV, 602 S.) Graz 899. (F. Pechel.) n. 9.—

Prybila, Carl Edl. v., *Oberl. im Regim.* Geschichte des k. k. 27. Linien-Infanterie-Regiments Leopold I., König der Belgier. Im Auftrage ser. Regiments, nach den im Archiv vorhandenen Quellen. *Wien* 1858. *M. Auer*. 199 S. 1 Bl. 8°.

Prybila, Paul, Antheil Salzburgs an der Volkserhebung im J. 1809. Progr. gr. 8. (50 S.) Salzburg 894. (H. Kerber.) n. 1. —

— Österreich im Jahre 1791. Der Verlust Belgiens. 80. Wien III. R. 96. Progr.

— Politik Österreichs im Jahre 1793. Wien III. UR. (Rainer). 95. Progr.

Prybila, Dr. Paul. Politik Österreichs im Jahre 1793. (Aus:) „Jahresbericht der Unter-Realschule in Wien, III. Rasumofskygasse Nr. 21. Schuljahr 1894/95." 8. Wien 1895.

Prybila Peter: Universal historische Betrachtung Europas im ersten Halbjahr 1794 bis zur Schlacht von Fleurus.
1890 PN 646 Diss. Wien. Univ. 732

Přybyl, L.: Die Bedeutung des Torfes in landwirthschaftlich-hygienischer und volkswirthschaftlicher Hinsicht. Wien 1891

Pryce, Richard

— **Miss Maxwell's affections,** s. Collection of British authors.

Pryce, Rich., the quiet Mrs. Fleming, s.a. Collection of British authors.

The quiet Mrs. Fleming. By Richard **Pryce**. Copyright ed. Leipzig: Tauchnitz 1892. 271 S. 8°
(Collection of British authors. Tauchnitz Ed. Vol. 2799.) [II. 7866

— **time and the woman,** s.a. Collection of British authors.

Time and the woman. A novel. By Richard **Pryce**. Copyright ed. Leipzig: Tauchnitz 1893. 288 S. 8°
(Collection of British authors. Tauchnitz Ed. Vol. 2901.) [II. 7948

Prydz, Alvilde, Gunvor auf Haerö. Autor. Übersetzg. von Ernst Brausewetter. 8. (337 S.) Leipzig 897. Max Spohr. n. 4. —; geb. n. 5. —

Prydz, Alvilde, Gunvor auf Haerö. Autor. Uebers. v. E. Brausewetter. 8. (337 S.) Leipzig 897. [M. Spohr.] E. Fiedler. n. 4. —

Prydz, Alvilde, das gelobte Land. Roman. Allein berecht. deutsche Ausg. v. Heinr. Zschalig. (250 S.) 8. Dresden (906). H Minden. n. 3. —; geb. n. 4. —

Prydz, Alvilde, das gelobte Land. Roman. Allein berecht. deutsche Ausg. v. Heinr. Zschalig. 2. Aufl. (VIII, 254 S.) 8. Dresden (907). H. Minden. 3. —; geb. n 4. —

Pryl, Jos. Zdenko, Führer durch das böhmische Paradies. [Turnau, Waldstein, Gross-Skal, Trosky u. Bad Wartenberg sammt Umgebg.] Mit 2 Karten u. 10 Abbildgn. 16. (V, 73 S.) Turnau 890. (Smichow, Kapr & Kotek.) n. 1. 20

Prylewski, Franz, a. Thorn, I. Assistent an der Versuchsstation und Lehranstalt für Molkereiwesen zu Kleinhof-Tapiau: Untersuchungen über die Labung der Milch und Kälber-Fütterungsversuche. Leipzig: M. Heinsius Nachf. 1907. (35 S.) 8°

Königsberg, Phil. Fak., Ref. Albert, Diss. v. 15. März 1907

[Geb. 27. Juli 83 Thorn; Wohnort: Tapiau; Staatsangeh.: Preußen; Vorbildung: Realgymn. Thorn; Studium: Königsberg 8 S.; Rig. 16. Jan. 07.]

Prym, Eduard: Die Konkurrenz des Anspruchs aus dem Vertrage mit dem Anspruche aus unerlaubter Handlung nach dem Rechte des Bürgerlichen Gesetzbuchs für das Deutsche Reich. Naumburg a. S. 1905: Lippert & Co. (94 S.) 8°

Bonn, Jur. Fak., Diss. v. 1. Dez. 1905

[Geb. 17. Jan. 78 Bonn; Wohnort: Bonn; Staatsangeh.: Preußen; Vorbildung: Gymn. Bonn Reife O. 97; Studium: Würzburg 2, Leipzig 2, Berlin 1, Bonn 4 S.]

Prym, Eduard, die Konkurrenz des Anspruchs aus dem Vertrage mit dem Anspruche aus unerlaubter Handlung nach dem Rechte des bürgerlichen Gesetzbuchs f. das Deutsche Reich. (94 S.) gr. 8. Berlin 906. J. Guttentag. n. 2. —

Prym, Eug., u. Alb. Socin, der neu-aramaeische Dialekt des Ṭûr 'Abdîn. 2 Thle. Mit Unterstützung der königlichen Gesellschaft der Wissenschaften zu Göttingen. gr. 8. (XXX, 257 u. V, 420 S.) Göttingen 881. Vandenhoeck & Ruprecht's Verl. n. 16. —

Prym, Eug., de enuntiationibus relativis semiticis dissertatio linguistica. Pars 1. Praemisso Ibn Ja 'is' J in Zamachs'arii de pronominibus relativis locum commentario, de enuntiationibus relativis arabicis agens. Bonn 868. Habicht. gr. 8. (111 S.) n. 28 *ngr.*

Prym, E. [Recension der Schriften von Kautzsch & Socin und Ad. Koch über die moabit. Alterthümer aus der Jen. Literaturzeitung, Jahrgang 1876. No. 15.

Prym, E., u. A. Socin, kurdische Sammlungen. 1. Abteilg. Erzählungen u. Lieder im Dialekte d. Ṭûr 'Abdîn. Gesammelt, hrsg. u. übers. Hft. a u. b. Lex.-8. St. Petersburg 887. Leipzig, Voss' Sort. n. 2. 50
a. Die Texte. (XIII, 70 S.) n. 1. —
b. Übersetzung. (III, 98 S.) n. 1. 50

— — **dasselbe.** 2. Abteilg. Erzählungen u. Lieder im Dialekte v. Bohtan. Gesammelt, hrsg. u. übers. von A. Socin. Hft. a u. b. Lex.-8. Ebd. 890. n. 8. 60
(1. u. 2.: n. 11. 10)
a. Die Texte. (XV—LXIII u. S. 71—350.) n. 5. 60
b. Übersetzung. (S. 99—284.) n. 3. 60

Prym, Friedrich

Prym, Fr. Kurze Ableitung der Riemann'schen Thetaformel. 1882. 4.

Prym, Fr. Ein neuer Beweis für die Riemann'sche Thetaformel. 1882. Aut. 4.

Prym, Friedrich: Über die Entwickelung der griechischen Mathematik von ihren Anfängen bis zu ihrem Höhepunkte. ([Enthält ausserdem:] Chronik.) *Würzburg 1898: H. Stürtz.* (43 S.) 4°
Würzburg, Festrede z. Feier d. 316jähr. Bestehens d. Univ. am 11. Mai 1898

Prym, Frdr., neue Grundlagen e. Theorie der allgemeinen Thetafunctionen, s.: Krazer, A.

— über orthogonale, involutorische u. orthogonal-involutorische Substitutionen. [Aus: „Abhandlgn. d. k. Gesellsch. d. Wiss. zu Göttingen".] gr. 4. (42 S.) Göttingen 892. Dieterich's Verl. n. 2. 60

Prym, Frid. Aemil. (geb. Düren 28. 9. 1841). Theoria nova functionum ultraellipticarum. Pars prior. Berolini (1863). (30 S.) 4°
* Vollst. ersch. u. d. T.: Neue Theorie der ultraelliptischen Functionen. Wien (Bonn: Habicht) 1864.
Berlin, Phil. Diss. v. 21. Febr. 1863

Prym, Aem., theoria nova functionum ultraellipticarum. Pars I. Dissert. inaug. Accedit tab. (lith.). Berlin 863. (A. Duncker's Sorthdlg.) gr. 4. (40 S.) n. 15 *ngr.*

— zur Theorie der Functionen in einer zweiblättrigen Fläche. gr. 4. (III und 47 S. mit eingedr. Holzschn.) Zürich 866, (Schabelitz'sche Buchh.) *
Aus: Denkschriften der schweizerischen naturforschenden Gesellschaft, besonders abgedruckt.

Prym, Frid. Aem., zur Theorie der Functionen in einer zweiblättrigen Fläche. [Aus: Denkschriften der schweizer. naturforschenden Gesellschaft.] Zürich 868. (Schabelitz'sche Buchh.) gr. 4. (III, 47 S. mit eingedr. Holzschn.) n. 24 *ngr.*

Prym, Fr.: Neue Theorie der ultra-elliptischen Functionen. Wien 1864. 104 S. u. 3 Tafeln. 4°. Schul-/Univ.-Schrift 1865.

— neue Theorie der ultra-elliptischen Functionen. Wien 864. (Bonn, Habicht.) gr. 4. (104 S. mit 3 Steintaff.) n. 1 *ℛ* 20 *ngr.*

Prym, Friedr., neue Theorie der ultraelliptischen Functionen. 2. Ausg. gr. 4. (III, 117 S. mit nachträgl. Bemerkungen und 3 neuen Taf.) Berlin (869)885, Mayer und Müller. * 3 60

Prym, Frdr., neue Theorie der ultraelliptischen Functionen. 2. Ausg. Mit nachträgl. Bemerkgn. u. (3) neuen Taf. gr. 4. (III, 117 S.) Berlin 885. Mayer & Müller. n. 3. 60

Krazer, A. und Prym, F. Theorie der allgemeinen Thetafunctionen. Leipzig, 1892.

Prym, Fr.: Über die Riemann'sche Thetaformel und Charakteristikentheorie. Leipzig 1882. 4°

Prym, Frdr., Untersuchungen über die Riemann'sche Thetaformel u. die Riemann'sche Charakteristikentheorie. gr. 4. (VIII, 111 S.) Leipzig 882. Teubner. n. 6. —

Prym, Henricvs Evgenivs (geb. am 15 Dez. 1843 in Düren): De enventiationibvs relativis Semiticis ... Partis prioris, qvae praemisso Ibn Ja'iši in Zamachšarii de pronominibvs relativis locvm commentario de enventiationibvs relativis Arabicis agit, Part. prior ... Bonnae, typ. C. Georgi 1867. VIII, 39 S. 8. ¶ Pars I [un.] erschien vollständig 1868 bei Habicht in Bonn.
Bonn, Phil. Fak., Diss. v. 5 Aug. 1867

Prym, Oscar: Aus dem pathologischen Institut in Bonn. Centrales Endotheliom des Unterkiefers. Ein Beitrag zur Lehre centraler Kiefergeschwülste. *Bonn 1898: A. Henry.* (44 S. mit Taf.) 8°
Bonn, Med. Diss. v. [9. Juli] 1898

Prym, Paul, a. Bonn: Aus dem pathologischen Institut in Bonn. Über die Veränderungen der arteriellen Gefässe bei interstitieller Nephritis. Mit 1 Taf. Berlin 1904: G. Reimer. (27 S.) 8°

Bonn, Med. Fak., Ref. Fischer, Diss. v. 10. Okt. 1906

[Geb. 28. Nov. 81 Bonn; Wohnort: Bonn; Staatsangeh.: Preußen; Vorbildung: Städt. Gymn. Bonn Reife O. 00; Studium: Freiburg i. B. 1, Leipzig 1, Freiburg i. B. 2, München 1, Bonn 4 S.; Coll. 8. Febr. 05; Approb. 1. Okt. 06.]

Prytaneum sacrum oder Verhandlung der Streit-Frag betreffend den Richter in spänigen Glaubens-Sachen. O. O. 1700. V: *Heidegger, Ghard.* (Cat. d. Stadtbibl. Zürich. Zürich 1864—97.)

Prytek, Arthur: Die Behandlung der Placenta praevia an der Freiburger Universitäts-Frauenklinik in den Jahren 1904—1908. Potsdam 1909: Stein. 54 S. 8°
Freiburg i. B., Med. Diss. v. 1909, Ref. Krönig
[Geb. 23. Juni 84 Berlin; Wohnort: Berlin; Staatsangeh.: Preußen; Vorbildung: Wilhelms-Gymn. Berlin Reife O. 03; Studium: München 1, Berlin 7, Freiburg i. B. 2 S.; Coll. 23. Juli 09.] [U 09. 964

Prytek, Oskar, Kammergerichtsreferendar a. Berlin: Gegenseitiges gemeinschaftliches Testament und gegenseitiger Erbvertrag. Ein Vergleich. Borna-Leipzig 1906: R. Noske. (56 S.) 8°
Heidelberg, Jur. Fak., Ref. Endemann, Diss. v. 5. Okt. 1906
[Geb. 20. Okt. 82 Osnabrück; Wohnort: Kalkberge; Staatsangeh.: Preußen; Vorbildung: Sophien-Gymn. Berlin Reife M. 01; Studium: Berlin 1, München 1, Berlin 5 S.; Rig. 3. Aug. 06.]

Prytherch, F. H. M. D., Observations on the Mineralwaters of Homburg. 12. (3⅔ B. u. 1 Plan.) Homburg 845. (Frankfurt a. M., Varrentrapp's Sort.-Buchh.) * –

Prytherch, F. H., observations on the mineral waters of Homburg. 3. edit., revised. London 853. (Homburg, Schick.) 12. (95 S.) 1 ₰.

Prytz K.: Ein Verfahren z. Darstellung grösserer Mengen von Argon. Braunschw. 1903. (2) S. (Særtr.). P.

Prytz, (Laur. Joan,) florae fennicae breviar. dissertat. acad. absolvendum, quarum primam venia amplissimae facult. philos. Aboënsis. 4. Abo 819—21, Frenkel. (92 Seit.)

Przeciszewski, Frz., pharmakologische Untersuchungen über Ammoniacum, Sagapenum und Opoponax. Inaugural-Dissertation. gr. 8. (39 S.) Dorpat 861, (Gläser's Verlag.) *

Przedak, A. G., Geschichte des deutschen Zeitschriftenwesens in Böhmen. Hrsg. m. Unterstützung der Gesellschaft zur Förderung deutscher Wissenschaft, Kunst u. Literatur in Böhmen. (VIII, 248 S.) gr. 8. Heidelberg 904. C. Winter, Verl. n. 6.40

Przedborski, L., üb. e. Fall v. primärem hysterischen Krampf der Glottiserweiterer (Spasmus hystericus praecipue exspiratorius dilatatorium rimae glottidis). [Aus: „Monatsschr. f. Ohrenheilkde"] gr. 8. (8 S.) Berlin 894. O. Coblentz. n. 1.—

Przedborski, Ludw., linksseit. Kehlkopflähmung (Hemiplegia laryngis sin.) im Verlaufe e. acuten infectiösen Krankheit von unbestimmter Natur. [Aus: „Monatsschr. f. Ohrenheilkde."] gr. 8. (10 S.) Berlin 896. O. Coblentz. n. 1.—

— über Lähmgn. d. Kehlkopfmuskeln b. Unterleibs- u. Flecktyphus, s.a. Sammlung klin. Vorträge.

Über Lähmungen der Kehlkopfmuskeln beim Unterleibs- und Flecktyphus. Von Ludwik Przedborski, (Lodz). *Leipzig: Breitkopf & Härtel 1897.* (28 S.) 8.
— Sammlung Klinischer Vorträge. N. F. No 182. [97. 3464

Przedstawienie, pierwsze, Hamleta. Poemat dramatyczny w czterech częściach przez T. L. 8. (71 S.) Lemberg 847. (Stengel.) 4 ₰

Przegendza, Adolf, approb. Arzt aus Gurek: Beitrag zur Lehre von den Doppelmißbildungen (Dicephalus tripus mit Sacralcyste). *München 1902: C. Wolf & Sohn.* (15 S.) 8°
München, Med. Diss. v. 1902

Przegląd powszechny pismo naukowe literackie i artystyczne. Zeszyt 1—4. Dresden 866. L. Wolf's Buchh. gr. 8. (761 S.) Jeder Thl. 1 ₰ n. 4 ₰

Przeglad Poznanski pismo miesieczne Poszyt I et II. Lex.-8. Poznan 845, Stefanski. pro 7 Hefte 7 ₰

Przegląd Poznański. Pismo miesięczne. Red.: Szafarkiewicz. Tom. IV. V. 1847. 1848. à 12 Poczyt. hoch 4. Posen, Stefański. (à Bd. n. 6 ₰) n. 12 ₰ — Red.: A. Koczorowski. Rok 7. 1851. 4 Hfte. hoch 4. Ebd. 3 ₰

Przegląd robotniczy (Arbeiterrundschau)
① Organ S.D.K.i.L. ⑤ 1900—1905 (6 Nummern) ⑧ Zürich; Kraków ⑪ St. Gutt, St. Trusiewicz, Rosa Luxemburg ⑬ Zieliński: Bibljografja ⑮ In polnischer Sprache.

Przegląd socjaldemokratyczny (Sozialdemokratische Rundschau)
① Organ S.D.K.i.L. ⑤ 1902—1904 ⑦ Monatsblatt ⑧ Zürich ⑪ St. Gutt, Karol Radek, Rosa Luxemburg ⑬ Zieliński: Bibljografja ⑮ In polnischer Sprache.

Prźemisl, ein Nationalschauspiel in fünf Akten. Pilsen 1793. V: *Komareck, Joh. Nep.* (Ky)

Przemisl; dramat. Gesch. 8. Pilsen, Morgens. (Köhler, Lpz.) 793.

Przepis musztry i manewrów dla piechoty gwardyi narodowej (przez Hrabiego Lońa). Część 1—3. gr. 8. (67. 51 u. 104 S. m. 21 lith. Taf.) Lemberg 848. (Stengel.) (1: 18 ngr 2: ½ ₰ 3: 1 ₰ 12 ngr) 2½ ₰

Przeradzki, Vladimir. (geb. Opatowek bei Kalisch 23. 5. 1836): De situs lateralis commodis in applicando forcipe obstetricia. Berolini (1861). (32 S.) 8°
Berlin, Med. Diss. v. 24. Juli 1861

Przerwa-Tetmajer, Kazimierz, Melancholie. Deutsch von J. v. Immendorf. (Neue [Titel-]Ausg.) (248 S.) 8. München [904] (906). Etzold & Co. n. 2.—

Przerwa-Tetmajer, K. Melancholie. Deutsch von J. v. Immendorf. IV + 244 S. 8. München, Dr. J. Marchlewski & Co., 1904. [M. 3.—]
Darin S. 201—232: Ueber Arnold Böcklin.
J. v. Immendorf [Autorname] = Castell-Rüdenhausen, Philippine Gräfin zu.

Przerwa-Tetmajer, Kasimir, die Revolution. s.a. Aus Nord u. Ost. 2. Bd.

(F) **Przerwa-Tetmajer,** K., Die Revolution. [Aus Nord und Ost. Bd. II.] 8°. (185 S.) Wien: Ernst Stúlpnagel 1907. K 1.80

Przerwa-Tetmajer, Kazimierz, aus der Tatra, s.: Novellen-Bibliothek internationale. 2.

Przesmycki, Marian Adam von: Ueber parasitische Protozoen aus dem Inneren der Rotatorien. *(Cracovie) 1902: (Impr. de l'Univ. Jagellonne).* (S. 358—408.) 8° [Umschlagt.]
¶ (Aus: Bulletin de l'Acad. d. Sc. de Cracovie, Classe d. sc. math. et nat. — Ohne Taf.)
München, Phil. Diss. v. 1902

Przewalsky, Nikolai Michailowitsch von

Przewalskis Reise durch die Gobi-Wüste und den Kwen-Lun nach Tibet und zum Kuku-Nor 1879 und 1880. 1:3500000. Gotha 1883. 1 Bl. c. A. Sch.

Przewalsky, N. M., Reise von Kuldscha über den Thian-Schan an den Lob-Nor u. Altyn-Tag 1876 u. 1877, s. Petermann's, A., Mittheilungen aus Justus Perthes' geographischer Anstalt.

(von **Przewalsky**, Nikolai Michailowitsch): Reise des russischen Generalstabs-Obersten N. M. Przewalsky von Kuldscha über den Thian-Schan an den Lob-Nor und Altyn-Tag 1876 und 1877. Uebersetzung des an die K. Russ. Geographische Gesellschaft in St. Petersburg gerichteten offiziellen Berichtes von Przewalsky, d. d. Kuldscha 18. August 1877. Mit zwei Karten. Gotha 1878. IV, 32 S. = Ergänzungsheft zu Petermann's Geographischen Mittheilungen. No. 53. 8°.

Przewalski's, N. M., Reisen nach Central-Asien, s. Resultate, wissenschaftliche.

Przewalski, N. M., s. Resultate, wissenschaftliche, der von P. nach Central-Asien unternommenen Reisen.

Przewodnik torujący drogę do wieczności, czyli: zbiór modlitw i pieśni, tudzież: krotka pamiątka o najświętszéj familji i pierwszych rozszerzycieli wiary katolickiéj etc. (Führer in die Ewigkeit oder Sammlung der Gebete und Gesänge etc.) gr. 16. (348 S. mit eingedr. Holzschn.) Teschen 861, Prochaska. Thlr. **
Feine Ausg. **

Przewodnik dla kucia koni. (Anleitung zum Hufbeschlag.) 8. (67 S.) —.30
Wien: K. K. Hof- u. Staatsdruckerei 1891.

Przewodnik myśliwca, ulozony przez L. S. 8. (160 S.) Lissa 848, Günther. 5/6 ₰

Przewodnik, nowy, w rozmowach nowoczesnych w języka polskim, ruskim, niemieckim i francuskim, czyli rozmowy zwyczajne i poufałe atd. Do użytku podróżnych lub osób poświęcających się nauce jednego z tych języków. Przez Forstera, Boltza, Fischera i Bellengera. 12. (XVI und 472 S.) Berlin 854, Behr's Buchh.

Przewodnik do Roztrząśnienia Samenia. 8. (1 B.) Nysa 843, Müller.

von Przewoski, Joseph *Ignatz* [aus West-Preussen]: Zur Casuistik der Verschliessungen der Gallenwege. '(Ein Fall v. ductus hepaticus Verschluss)' ... Greifswald, Druck v. F. W. Kunike, *1892*; 22 S. 8.
Greifswald, Med. Fak., Inaug.-Diss. v. 23. Juli 1892

Przezer, Klem., kwestya reformy Żydów. Wydanie J. N. Bobrowicza. Lipsk 854. Librairie étrangère. 16. (2 Bl., 67 S.) 15 ngr.

Przibilla, Emanuel, Gerichtsreferendar a. Cöln a. Rh.: Erwerb und Verlust des mittelbaren Besitzes, unter Ausschluß des Erwerbs durch Stellvertreter. Bonn 1905: C. Georgi. (87 S.) 8°
Freiburg i. B., Rechts- u. staatsw. Fak., Ref. Merkel, Diss. v. 15. Jan. 1906
[Geb. 30. März 80 Puertollano bei Toledo; Wohnort: Cöln; Staatsangeh.: Preußen; Vorbildung: Apostelgymn. Cöln O. 99; Studium: Bonn 2, Straßburg 2, Bonn 3 S.; Rig. 8. Mai 05.]

[F.] Die Kalisalz-Industrie in Preussen. Authent. Enthüllgn üb. ihre Bedeutg u. Behandlg v. Em. **Przibilla**, Bergingenieur ... *Köln a. Rh.: Commr. v. Schmitz* (übergekl.: *Selbstr. d. Vfs; Dr. v. M. Du Mont-Schauberg*) *1895*. (1 Bl., III, 30 S., 1 Taf.) 1 Bd 8. [96. 4078

Przibilla, Franz

[F.] Theoretisch-praktische Anleitung zur Erteilung des deutschen Sprach- und Anschauungsunterrichts auf der Unterstufe zweisprachiger Schulen nach d. Grundsätzen e. naturgemässen Methode zsgest. v. F[ranz] **Przibilla**, Lehrer ... *Breslau: H. Handel 1895*. (VIII, 84 S.) 1 Bd 8. [96. 337

Theoretisch-praktische Anleitung zur Erteilung des deutschen Sprach- und Anschauungsunterrichts auf der Unterstufe zweisprachiger Schulen nach d. Grundsätzen e. naturgemässen Methode zsgest. von F[ranz] **Przibilla**. 2., verm. Aufl. *Breslau: H. Handel 1898*. (VIII, 95 S.) 8° [F.]
[99. 13339

Przibilla, F., theoret.-prakt. Anleitung zur Erteilung des deutschen Sprach- u. Anschauungsunterrichts auf d. Unterstufe zweisprach. Schulen. 3., verm. Aufl. (112 S.) 8. Groß-Strehlitz 909. A. Wilpert. 1.—

Przibilla, F., die biblischen Anschauungsbilder u. ihr Gebrauch in der Volksschule, nebst e. Anh. der bibl. Geographie. Für Seminare u. Volksschulen verf. (VI, 71 S. m. Abbildgn.) gr. 8. Lissa 903. F. Ebbecke. n. 1.20

Przibilla, F., s.: Archiv f. Volksschullehrer.

— Aufgaben u. Übungen aus der Sprachlehre. (40 S.) 8. Kattowitz 910. Gebr. Böhm. —25

Ein treuer Diener seines Herrn, s.: Aus d. deutsch. Osten. 7. Bd.

— Heimatkunde des Kreises Zabrze. Beilage zur Flemmingschen Schulkarte des Kreises Zabrze. Nach amtl. Quellen zusammengestellt. (19 S.) 8. Glogau (906). Berlin, C. Flemming. n. —10

Przibilla, F., Hilfsbuch zur Behandlung der biblischen Geschichte in der zweisprachigen Volksschule. Zum Gebrauche f. Seminaristen u. Lehrer bearb. gr. 8. (VIII, 263 S.) Lissa 902. F. Ebbecke. n. 2.50; geb. n. 3.—

Przibilla, F., der oberschlesische Industriebezirk. Eine Heimatkunde f. Schule u. Haus. 1.—3. Tl. 8. Breslau, Priebatsch. 2.30
1. 3. Aufl. (40 S. m. Abb., 1 Kartenskizze u. 1 farb. Karte.) 909. —70; Karte allein —20
2. (80 S. m. 1 Abb. u. 2 Taf.) (910.) —75
3. (114 S.) (910.) —85

Kaiser Geburtstags- und Sedan-Feier in den zweisprachigen Schulen. Von F[ranz] **Przibilla**, Rektor. *Lissa i. P.: F. Ebbecke 1903*. (80 S.) 8° [F.]
[04. 7370

— Kaiser Geburtstags- u. Sedan-Feier in den zweisprach. Volksschulen. 2. Aufl. (75 S.) 8. Lissa (908). O. Eulitz. 1.—

— Landeskunde der Prov. Schlesien. 1. Tl. (26 S. m. Abb.) 8. Breslau 908. F. Priebatsch. —25

— Prakt. Leitfaden f. d. Unterricht in d. Rechtschreibg. u. Sprachlehre in zweisprach. Volksschulen. 2 Tle. gr. 8. Groß-Strehlitz 897. A. Wilpert. n. 1.75
1. Mittelstufe. (77 S.) n. —75. — 2. Oberstufe. (124 S.) n. 1.—.

— praktischer Leitfaden f. den Unterricht in der Rechtschreibg. u. Sprachlehre m. besond. Berücksicht. der zweisprach. Volksschulen. 2. Aufl. 1. Tl.: Mittelstufe. (76 S.) 8. Groß-Strehlitz 904. A. Wilpert. n. —75

— ausgef. Lektionen f. d. deutschen Sprachunterricht auf d. Unterstufe zweisprach. Schulen. 8. (VIII, 104 S.) Breslau 896. H. Handel. n. 1.—

Ausgeführte Lektionen für den deutschen Sprachunterricht auf der Unterstufe zweisprachiger Schulen. Von F[ranz] **Przibilla**, Rektor. 2., verb., u. verm. Aufl. Groß-Strehlitz: A. Wilpert 1905. (119 S.) 8° [F.] [05. 19904

Erdkundliches Merk- und Wiederholungsbuch für zweisprachige Volksschullen (2: Schulen) von F[ranz] **Przibilla**, Rektor. T. 1. 2. Posen: Merzbach 1907. 2 Bde 8° [F.]
1. Das Königreich Preußen. Das Deutsche Reich.
2. Europa (außer Deutschland). Die fremden Erdteile. Mathem. Geogr. [07. 9095

— Geschichtliches Merk- u. Wiederholungsbuch f. zweisprach. Schulen. 2 Tle. 8. Posen 907. Merzbach. à — 20; erm. Pr. à — 15
I. Preußisch-deutsche Geschichte. (26 S.)
II. Brandenburgische u. deutsche Geschichte. (22 S.)

[Umschlagt.: [F.] Der deutsche Schreibleseunterricht auf der Unterstufe zweisprachiger Schulen. Von F. **Przibilla**, Lehrer ... *Breslau: H. Handel 1896.* (31 S.) 1 Bd 8. [97. 2088

— der gesamte deutsche Sprachunterricht in der zweisprachigen Volksschule. Vollständig in 3 Tln. gr. 8. Posen. [J. Jolowicz.] Lissa, F. Ebbecke. n. 3. 20
1. Unterstufe. (IV, 99 S.) 899. Kart. n. 1. 20
2. Mittelstufe. (IV, 79 S.) 900. n. 1. —
3. Oberstufe. (IV, 91 S.) 901. n. 1. —

— der gesamte deutsche Sprachunterricht in der zweisprachigen Volksschule. Vollständig in 3 Tln.: (Unter-, Mittel- u. Oberstufe.) 2. Aufl. (IV, 99; IV, 79 u. IV, 91 S.) 8. Lissa 904. F. Ebbecke.
Geb. in 1 Leinw.-Bd. n. 3. —

— Theorie u Praxis des Aufsatzunterrichtes in der Volksschule. (95 S.) 8. Groß-Strehlitz 903. A Wilpert. n. 1. —

Sprachliche Übungen für zweisprachige Volksschulen zur Erzielung eines richtigen Sprechens u. Schreibens von F[ranz] **Przibilla**. Lehrer. Ausg. A: Für zwei-, drei- u. vierklassige Schulen. T. 1-3. *Breslau: H. Handel 1897-1899.* 3 Bde 8° [Umschlagt. F.]
1. Mittelstufe. Schülerheft. 1897 2. Oberstufe. Schülerheft. 1897.
[3.] Lehrerheft. 1899. [00. 718- 2

— sprachliche Übungen f. zweisprachige Volksschulen zur Erzielung e. richtigen Sprechens u. Schreibens. Ausg. A. Lehrerheft. gr. 8. (24 S.) Breslau 899. H. Handel. n. — 25

— Unterrichtsstoffe aus dem praktischen Leben zum Gebrauch in Volksschulen. Auf Grund der Ministerial-Verfügg. vom März 1903 zusammengestellt. (VI, 108 S.) gr. 8. Lissa 905. F. Ebbecke. n. 1. 50

— Erdkundliches Wiederholungsbuch f. zweisprach. Schulen. 2 Tle. 8. Ebd. 907. à — 20; erm. Pr. à — 15
I. Das Königr. Preußen. Das Deutsche Reich. (31 S.)
II. Europa (außer Deutschland). Die fremden Erdteile. Mathematische Geographie. (32 S.)

Przibram, Gust., s.: **Walter**, Hans.

Przibram, Hans, Anwendg. elementarer Mathematik auf biolog. Probleme, s.a. Vorträge u. Aufsätze üb. Entwickelungsmechanik der Organismen. 8. Heft.

Anwendung elementarer Mathematik auf biologische Probleme. Nach Vorlesungen, geh. an d. Wiener Univ. 1907 von Hans **Przibram**. Mit 6 Fig. Leipzig: W. Engelmann 1908. (84 S.) 8°
— Vorträge u. Aufsätze über Entwickelungsmechanik d. Organismen. H. 3. [08. 10630 3

Przibram, Hans, Experimentelle Biologie der Echinodermen, s.: **Bronn's**, H. G., Klassen u. Ordnungen des Thier-Reichs. II. 3.

Einleitung in die Experimentelle Morphologie der Tiere von Dr. phil. Hans **Przibram**, Privatd. Leipzig & Wien: F. Deuticke 1904. (142 S.) 8° [04. 9918

Embryogenese. Eine Zusammenfassung der durch Versuche ermittelten Gesetzmäßigkeiten tierischer Ei-Entwicklung (Befruchtung, Furchung, Organbildung) von Dr. Hans **Przibram**, Privatd. Mit 16 Taf. Leipzig & Wien: F. Deuticke 1907. (125 S.) 4°(8°)
— **Przibram**: Experimental-Zoologie. 1. [07. 15145

— Experimental-Zoologie. Eine Zusammenfassg. der durch Versuche ermittelten Gesetzmässigkeiten tier. Formen u. Verrichtgn. I.—III. Lex. 8. Wien, F. Deuticke. 39. —
I. Embryogenese. Ei-Entwicklung. (Befruchtg., Furchg., Organbildg.) (8, 125 S. m. 16 lith. Taf. u. 16 Bl. Erklärungen.) 907. 7. —
II. Regeneration. Eine Zusammenfassg. der durch Versuche ermittelten Gesetzmässigkeiten tier. Wieder-Erzeugg. (Nachwachsen, Umformg., Missbildg.) (VIII, 338 S. m. 16 lith. Taf. u. 26 S. Erklärgn.) 909. 14. —
III. Phylogenese. Eine Zusammenfassung der durch Versuche ermittelten Gesetzmässigkeiten tier. Art-Bildg. (Arteigenheit, Artübertragg., Artwandlg.). (VIII, 315 S. m. 24 z. Tl. farb. Taf. u. 25 S. Erklärgn.) 910. 18. —

— Lebenskraft od. Lebensstoffe?, s.: Beilage, wissenschaftliche, zum 22. Jahresbericht der philosoph. Gesellschaft an der Universität zu Wien.

Phylogenese (inklusive Heredität). Eine Zusammenfassung der durch Versuche ermittelten Gesetzmäßigkeiten tierischer Artbildung (Arteigenheit, Artübertragung, Artwandlung). Von Dr. Hans **Przibram**, Privatd. Mit 24 Taf. Leipzig & Wien: Deuticke 1910. 8, 315 S. 4°(8°)
(Przibram: Experimental-Zoologie. 3.) [11. 3314 11

Przibram, H., Regeneration. Eine Zusammenfassung der durch Versuche ermittelten Gesetzmäßigkeiten tierischer Wiedererzeugung. [Experimentalzoologie. 2.] Gr.-8°. (VIII, 338 S. mit 16 Tafeln) Wien: Deuticke 1909. K 16.80

— Die biolog. Versuchsanstalt in Wien, s.: Zeitschrift f. biologische Technik u. Methodik.

Przibram, Karl, über die Beeinflussung d. Ionenbeweglichkeit in Luft durch Dämpfe. (20 S. m. 2 Fig.) gr. 8. Wien 909. A. Hölder. 1. 05

Przibram, Karl, Beiträge zur Kenntniss des verschiedenen Verhaltens der Anode u. Kathode bei der elektrischen Entladung. gr. 8. (11 S. m. 1 Doppeltaf.) Wien 899. (C. Gerold's Sohn.) n. — 80
Sonderabdruck aus: „Sitzungsber. d. k. Akad. d. Wiss."

— Eine direkte Bestimmung der Geschwindigkeitsverteilung in den Luftschichten, die einen in seiner Längsrichtung bewegten Draht umgeben (mit 1 Textfigur). S. 121. IIa. 883 . . . . . . —.40
Separatabdruck

— Über die Beweglichkeit der Ionen in Dämpfen und ihre Beziehung zur Kondensation. 1. Mitteilung (mit 4 Textfiguren). S. 117. IIa. 65 . . . . . . —.85
— — 2. Mitteilung (mit 5 Textfiguren). S. 118. IIa. 30 . . . . . . 1.10
Separatabdruck

— Über die Beweglichkeit der Ionen in Dämpfen u. ihre Beziehung zur Kondensation. (I. u. II. Mitteilg.) gr. 8. Ebd. Wien: Hölder 1. 95
I. (24 S. m. 4 Fig.) 908. — 85
II. (30 S. m. 5 Fig.) 909. 1. 10

— Über die Brownsche Bewegung nicht kugelförmiger Teilchen. 2. Mitteilung: Der Reibungswiderstand rotierender Stäbe in Flüssigkeiten (mit 7 Textfiguren). S. 122. IIa. 885 . . . . . . —.80
— — 3. Mitteilung: Der Einfluß der Gefäßwand (mit 6 Textfiguren). S. 123. IIa. 1205 . —.70
Separatabdruck

— Über die Büschelentladung (mit 1 Textfigur). S. 113. IIa. 1191 . . . . . . —.40
Separatabdruck

Przibram, K., Über die Büschelentladung [Aus: Sitzungsber. d. k. Akad. d. Wiss., mathem.-naturw. Klasse.] Gr.-8°. (17 S.) †
Wien: Carl Gerold's Sohn 1905.

Przibram, Karl, üb. die Büschelentladung. (17 S.) gr. 8. Wien 904. (A. Hölder.) n. — 40

— Die Büschelentladung in Chlor und die Beziehung zwischen Büschelentladung und Ionenbeweglichkeit (mit 2 Textfiguren). S. 121. IIa. 2063 . . . . . . —.50
Separatabdruck

— Büschel- und oszillierende Spitzenentladung in Helium, Argon und anderen Gasen (mit 5 Textfiguren). S. 116. IIa. 557 . . . . . . —.50
Separatabdruck

Przibram, K., Büschel- und oszillierende Spitzenentladung in Helium, Argon und anderen Gasen. [Aus: Sitzungsber. d. k. Akad. d. Wissensch., mathem.-naturw. Klasse.] Gr.-8°. (13 S.) †
Wien: Alfred Hölder, Akademie-Konto 1907. K —.50

— Über Elektrizitätsleitung und Entladung in schlechtleitenden Flüssigkeiten (mit 6 Textfiguren). S. 114. IIa. 1961 . . . . . . —.65
Separatabdruck

Przibram, K., Über Elektrizitätsleitung und Entladung in schlechtleitenden Flüssigkeiten. [Aus: Sitzungsber. d. k. Akad. d. Wiss., mathem.-naturw. Klasse. Bd. CXIV.] Gr.-8°. (ill. 16 S.) †
Wien: Hölder 1906. K —.65

— Über die disruptive Entladung in Flüssigkeiten (mit 2 Textfiguren). S. 113. IIa. 1303 . . . . . . —.40
Separatabdruck

Przibram, K., Über die disruptive Entladung in Flüssigkeiten. [Aus: Sitzungsber. d. k. Akad. d. Wiss., mathem.-naturw. Klasse.] Gr.-8°. (ill. 14 S.) †. Wien: Carl Gerold's Sohn 1905. K —.40

— Über die Kondensation von Dämpfen in ionisierter Luft (mit 1 Textfigur). S. 115. IIa. 33 . . . . . . —.25
Separatabdruck

Przibram, K., Über die Kondensation von Dämpfen in ionisierter Luft. [Aus: Sitzungsb. d. k. Akad. d. Wissensch., mathematisch-naturw. Klasse.] Gr.-8°. (6 S.) † K —.25
Wien: Hölder 1906.

— Ladungsbestimmungen an Nebelteilchen. Beiträge zur Frage des elektrischen Elementarquantums. 1. Mitteilung (mit 3 Taf.). S. 119. IIa. 869 . . . . . . 3.—
— — 2. Mitteilung (mit 6 Textfiguren). S. 119. IIa. 1719 . . . . . . 1.40
— — 3. Mitteilung (mit 5 Textfiguren). S. 120. IIa. 19 . . . . . . 1.05
— — 4. Mitteilung (mit 1 Textfigur). S. 120. IIa. 679 . . . . . . —.75
Separatabdruck

— Ladungsbestimmungen an Nebelteilchen. Beiträge zur Frage des elektrischen Elementarquantums. 5. Mitteilung (mit 2 Textfiguren). S. 121. IIa. 949 . . . . . . 1.15
Separatabdruck

— Ladungsbestimmungen an Nebelteilchen. Beiträge zur Frage d. elektr. Elementarquantums. (67 S. m. 3 Taf.) gr. 8. Ebd. 910. 3.—
5 Sonderabdr. aus: „Sitzungsber. d. k. Akad. d. Wiss.

— Über das Leuchten verdünnter Gase im Teslafeld (mit 15 Textfiguren). S. 113. IIa. 430 . . . . . . —.90
Separatabdruck

Przibram, K., Über das Leuchten verdünnter Gase im Teslafeld. [Aus: Sitzungsber. d. k. Akad. d. Wiss., mathem.-naturw. Klasse.] Gr.-8°. (ill. 30 S.) † K —.90
Wien: Gerold 1904.

Przibram Karl. Dr.: Vorläufige Mitteilung über die photographische Aufnahme der elektrischen Entladung auf rotierenden Films (mit 2 Textfiguren). S. 100. IIa. 882 K —.10
Separatabdruck

PRZIBRAM, Karl
Vorläufige Mittheilung über die photographische Aufnahme der elektrischen Entladung auf rotierenden Films von Karl Przibram. (Mit 2 Textfiguren.) (Aus den Sitzungsberichten der kaiserl. Akademie der Wissenschaften in Wien. Mathem.-naturw. Classe; CIX. Abth. II. a. Juli 1900.) [Wien. 1900. In Comm. Gerold's Sohn.] Gr.-8°. 8 S. K —.10

— [1]) Mitteilungen aus dem Institut für Radiumforschung. 12. Ein einfacher Versuch zur Demonstration der Reichweite (Range) der α-Strahlen (mit 1 Textfigur). S. 121. IIa. 221 . . . . . . —.50
— — [1]) 14. Über den Phosphorgehalt der Phosphornebelteilchen. S. 121. IIa. 247 . . —.40
Separatabdruck

— [2]) Mitteilungen aus dem Institut für Radiumforschung. 35. Über die Brownsche Bewegung nicht kugelförmiger Teilchen (mit 4 Textfiguren). S. 121. IIa. 2339 . . . —.70
Separatabdruck

— [3]) und Meyer Stephan. Dr.: Mitteilungen aus dem Institut für Radiumforschung. 58. Über die Verfärbung von Salzen durch Becquerelstrahlen und verwandte Erscheinungen. S. 123. IIa. 653 . . . . . . —.40
Separatabdruck

PRZIBRAM, Karl: Photographische Studien über die elektrische Entladung in Gasen. — 1901. 26 Bl., 14 Fotos. Diss. Graz, Univ.

— photographische Studien üb. die elektr. Entladung. gr. 8. (4 S.) Ebd. 901. n.n. — 10
3 Sonderabdrucke aus: „Sitzungsber. d. k. Akad. d. Wiss."

Przibram, K., Photographische Studien über die elektrische Entladung. [Aus: „Sitzungsber. d. k. Akad. d. Wiss."] Gr.-8°. (4 S.) †
Wien: Gerold's 1902. K —.10

Przibram, Ludw. Ritter v., Erinnerungen e. alten Oesterreichers. (411 S.) Lex. 8. Stuttgart 910. Deutsche Verlags-Anstalt. 8.—; geb. 10.—

Versuch einer Darstellung der Empfindungen. Von Walter Przibram. (Vorr.: Hans Przibram.) *Wien: In Comm. b. A. Hölder; ([Dr. v.] Ch. Reisser & M. Werthner) 1898.* (28 S., 5 Taf.) 1 Bd 8. [98. 5844

Przikling, Georg, Referendar: Das Anwachsungsrecht im bürgerlichen Recht und im Handelsrecht. München [1908]: Dreselly. II, 55 S. 8°
Heidelberg, Jur. Diss. v. 1908, Ref. Schröder
[Geb. 2. Sept. 84 Beuthen O.-S.; Wohnort: Beuthen; Staatsangeh.: Preußen; Vorbildung: Gymn. Beuthen Reife O. 04; Studium: München 2, Würzburg 2, Königsberg 2 S.; Rig. 1. Aug. 08.] [U 09. 1878

[F.] **Przikling,** Paul *Franz Bruno* [Referendar]: Die Erfordernisse der Novation ... Greifswald, Druck v. J. Abel, 1893; 32 S. 8.
Greifswald, Jur. Fak., Inaug.-Diss. v. 1893

Przistaupinsky, Alois, das k. k. Hof-Operntheater in Wien, s.: Weltner, Alb. Jos.

Przybilla, Carl, de praepositionum κατὰ et ἀνὰ usu Lucianeo. Pars I. Dissertatio inauguralis philologica. gr. 8. (47 S.) Königsberg 883, (Beyer's Verlag.) *

Przyborowski, W., die Fähnrichstochter, s. Universal-Bibliothek Nr. 2223 und 2224.

Przyborowski, Walery, die dunkle Stunde, s.a. Kürschner's, Jos., Bücherschatz.

Przyborowski, Walery: Die dunkle Stunde. Roman von — Autor. Übers. von Emilja Bett. Mit Ill. von W. Roegge. Berlin: Eisenach, Leipzig: H. Hillger [1899]. (127 S.) 8°
= Bücherschatz, Kürschners. No. 147.

Przybyllok, Erich

Przybyllok, E., der persönliche Fehler bei der Beobachtung v. Sternbedeckungen, s.a. Mitteilungen der grossh. Sternwarte zu Heidelberg. XIV.

Przybyllok, E.: Der persönliche Fehler bei der Beobachtung von Sternbedeckungen. Von —. Karlsruhe i. B.: Braun in Komm. 1909. 27 S. 8°
(Mitteilungen d. Grossh. Sternwarte zu Heidelberg. 14.)

— Mikrometrische Messungen v. Doppelsternen, s.a. Veröffentlichungen der grossh. Sternwarte zu Heidelberg. 5. Bd.

Przybyllok, E.: Mikrometrische Messungen von Doppelsternen. Von —. Karlsruhe: Braun in Komm. 1908. 91 S. 4°
(Veröffentlichungen d. Großherz. Sternwarte zu Heidelberg. Bd. 5.)

— Das Profil der Rundpartien des Mondes, s.a. Mitteilungen der grossh. Sternwarte zu Heidelberg. XI.

Das Profil der Randpartien des Mondes von E. **Przybyllok.** Karlsruhe i. B.: G. Braun in Komm. 1908. (31 S.) 8°
— **Mitteilungen** d. Großh. Sternwarte zu Heidelberg. 11. [08. 5097

Przybyllok, Erich, Assistent an d. Sternwarte: Über die Verwendbarkeit photographischer Mondatlanten zu Messungszwecken. *Breslau 1904: H. Fleischmann.* (2 Bl.) 8° ¶ [Nur Titelblatt, Vita u. Thesen.]
Breslau, Phil. Diss. v. 29. Juli 1904

Przybyllok, Erich H(ugo) G(ünther), Assistent an d. Sternwarte: Über die Verwendbarkeit photographischer Mondatlanten zu Messungszwecken. Breslau (1904): Grass, Barth & Co. (15 S.) 4° ¶ [Nachgeliefert, vgl. 1903/04 Breslau Nr 110]
Breslau, Phil. Fak., Ref. Franz, Diss. v. 29. Juli 1904
[Geb. 30. Juni 80 Tarnowitz O. S.; Heimatsort: Breslau; Staatsangeh.: Preußen: Vorbildung: Gymn. Neiße u. Waldenburg (Schles.) Reife M. 98; Studium; Freiburg i. B. 2, Breslau 8 S.; Rig. 20. Juli 04.]

Przybylski, Louis [app. Arzt aus Borsigwerk O/Schlesien]: Ein Beitrag zur Casuistik der Bronchialdrüsenerkrankungen. . . . Pless, A. Krummer's Buchdr., 1888; 24 S. 8°.
München, Med. Fak., Inaug.-Diss. v. 1888

Przybyszewski, Stanislaw, Androgyne. (108 S.) 8. Berlin 906. F. Fontane & Co. n. 1.50

Przybyszewski, Stanisl., Epipsychidion. 8. (68 S.) Berlin 900. Grunewald, F. Fontane & Co. n. 1.50; geb. n. 2.50

Stanislaw **Przybyszewski.** Erdensöhne. Roman in 3 T. [in 1 Bd]. Berlin: F. Fontane & Co. 1905. (219 S.) 8°

— in diesem Erdenthal der Thränen. 8. (70 S.) Berlin 900. Rosenbaum & Hart. n. 6.—

— s. a. Flaum, Franz.

Franz Flaum. 5 Essays von Stanislaw Przybyszewski, Rudolf v. Delius, S[amuel] Lublinski, Dr. Emil Geyer [&] Cesary Jellenta. *Berlin: A. Juncker 1904.* (41 S., 16 Taf.) 4°(8°)

— Gelübde. Dramatische Dichtung in 3 Aufzügen. (122 S.) 8. München (906). Etzold & Co. n. 2.—

Przybyszewski, Stanislaw, Homo sapiens. 3 Bde. 8. Berlin 898. Leipzig, C. F. Tiefenbach, Sep.-Cto. à n. 3.—; geb. à n. 4.—
1. Ueber Bord. Roman. (183 S.)
2. Unterwegs. Roman. (Neue [Titel-] Ausg.) (180 S.) (895.)
3. Im Malstrom. Roman. (Neue [Titel-] Ausg.) (213 S.) (896.)

— Satans Kinder. Roman. 8. (312 S.) München 897. A. Langen. n. 3.50

— Satans Kinder. Roman. 2. Aufl. (261 S.) 8. Ebd. 905. n. 3.—; geb. n. 4.—

— im Malstrom, s. a. Veröffentlichungen d. Vereins f. deutsches Schriftthum.

[F.] Im Malstrom. Roman v. Stanislaw Przybyszewski.
Berlin: Ver. f. Deutsches Schriftthum [1896]. (213 S.) 1 Bd. 8°
= Przybyszewski. St.: Homo Sapiens [Bd] III.
= [Veröffentlichungen d. Vereins f. Deutsches Schriftthum.] Jg. II. Bd 2.

— de profundis. 8. (91 S.) Berlin (896). Rosenbaum & Hart. n. 6.—

Przybyszewski, Stanislaw: De Profundis. [Nebst Vorankündigung.] [Berlin: Ver. f. Deutsches Schriftthum 1896]. 2 Bde. 8°
De Profundis. (91 S., 1 Bl.)
[Vorankündigung.] Pro domo mea. (14 S., 1 Bl.)

— de profundis. (Neue Aufl.) 8. (91 S.) Ebd. (900). n. 6.—

— de profundis. (Polnische Ausg.) (92 S.) 8. Berlin 904. F. Fontane & Co. n. 2.—; geb. n. 3.—

Przybyszewski, Stanisl., zur Psychologie d. Individuums. I. II. 8. Berlin 892. F. Fontane & Co. à n. 1.—
I. Chopin u. Nietzsche. (48 S.). — II. Ola Hansson. (48 S.)

Przybyszewski, Stanislaw: Satanskinder. Roman. 2. Aufl. Berlin: F. Fontane & Co. 1905. 201 S. 8°

— Schnee. Drama in 4 Akten. (164 S) 8. München (908). [Dr. J. Marchlewski & Co.] Etzold & Co. n. 2.—

— die Synagoge des Satan. Ihre Entstehg., Einrichtg. u. jetz. Bedeutg. Ein Versuch. (64 S.) gr. 8. Berlin 897. [Dr. R. Wrede.] F. Fontane & Co. n. 2.50

— Totenmesse. gr. 8. (71 S.) Ebd. 893. n. 1.50

— Totenmesse. 2. Aufl. 8. (75 S.) Berlin 900. Grunewald, F. Fontane & Co. n. 1.50; geb. n. 2.50

Totentanz der Liebe. Vier Dramen von Stanislaw Przybyszewski. Berlin: F. Fontane & Co. 1902. (290 S.) 8°

— unterwegs. Roman. 8. (180 S.) Berlin 895. Leipzig, C. F. Tiefenbach, Sep.-Cto. n. 2.—; erhöht. Pr. n. 3.—; geb. n. 4.—

— Unterwegs. Roman. 3. Taus. Orig.-Umschlagzeichng. v. Rebel. (178 S.) 8. Leipzig (904). C. F. Tiefenbach. n. 3.—

— Vigilien. gr. 8. (59 S.) Berlin 891. S. Fischer, Verl. n. 1.50

Vigilien von Stanislaw Przybyszewski. 2. Aufl. *Berlin: F. Fontane 1901.* (64 S.) 8°

— auf den Wegen der Seele. gr. 8. (61 S.) Berlin 897. Kritik-Verlag. n. 2.—

— s.: Werk, das, des Edvard Munch.

Przydatek do starego testamentu w ktorym się zamykaią księgi ktore pospolicie zowią Apokryfa. gr. 8. Lipsku 841, K. Tauchnitz. 1/3 ℛ

Przygoda z czartem Janka-Magary Pijarka, po której poprawil sie, i zostal trzezwym czlowiekiem. 12. Kraków 845, Gieszkowski. (Friedlein.) 1½ ngℓ

Przygoda, Jak., eine Erzählung aus dem 25. Jahrh. (42 S.) 8. Dresden (906). E. Pierson. n 1.—; geb. n. 2.—

Przygoda, Wladislaus, a. Warschau: Über den klinischen Verlauf der Multiplen Sklerose. München 1907: G. Birk & Co. (43 S., 1 Tab.) 8°
München, Med. Fak., Ref. Müller, Diss. v. 30. Juli 1907
[Geb. 12. Dez. 80 Warschau; Wohnort: Warschau; Staatsangeh.: Rußland; Vorbildung: II. Gymn. Warschau Reife Juli 01; Studium: Warschau 6, München 4 S.; Rig. 30. Juli 07.]

Przygodda, Paul, Heinrich Laubes literarische Frühzeit, s. a. Beiträge, Berliner, zur germanischen u. romanischen Philologie. Nr. 42.

Przygodda, Paul: Heinrich Laubes literarische Frühzeit. ⟨Kap. 1 u. 2.⟩ (Berlin 1910: Ebering.) 103 S. 8° ¶(Ersch. vollst. in: Berliner Beiträge z. german. u. roman. Philol. *)
Berlin, Phil. Diss. v. 13. April 1910, Ref. E. Schmidt
[Geb. 26. Nov. 85 Roglaß; Wohnort: Rixdorf; Staatsangeh.: Preußen; Vorbildung: Luisenstädt. Gymn. Berlin Reife O. 06; Studium: Berlin 8 S.; Rig. 16. Dez. 09.] [U 10. 230

*) = Nspr. A I, 39 [42

Przygode, A., Predigt über das Evangelium des 2. Epiphanias-Sonntages. Barmen, (Klein.) gr. 8. (16 S.) 3 ngr.

Przygode, A., Predigt über das Evangelium des 2. Epiphanias-Sonntages. gr. 8. (16 S.) Barmen 870, (Buchh. der evangelischen Gesellschaft.)

Przygode, Alfred: Über griechischen Anfangsunterricht im Anschluß an Xenophons Anabasis. S. 3—7. 4.
Progr. Mommsen-Gymn. der Stadt *Charlottenburg* 1905 (75).
Vgl. Alfred Przygode u. Emil Engelmann: Griechischer Anfangsunterricht im Anschluß an Xenophons Anabasis. (Xenophon-Grammatik.) 2 Teile. 2. vermehrte u. verb. Aufl. *Berlin: F. A. Herbig* 1907. 1909. 8. M. 6.20.

Przygode, Alfr., u. Emil Engelmann, griechischer Anfangsunterricht im Anschluss an Xenophons Anabasis. 1. u. 2. Tl. 8. Berlin, F. A. Herbig. Geb. in Leinw. n. 5. 60
1. Unter-Tertia. (VIII, 134 S.) 904. Geb. n. 2. 40
2. Ober-Tertia. (IV, 190 S.) 905. Geb. n. 3. 20

Przygode, Alfr., u. Emil Engelmann, griechischer Anfangsunterricht im Anschluß an Xenophons Anabasis. (Xenophon-Grammatik.) I. u. II. Tl. 8. Berlin, F. A. Herbig. Geb. 6. 20
I. (2., verm. u. verb. Aufl.) (VIII, 176 S.) 907. Geb. 3. —
II. Ober-Tertia. 2. verb. Aufl. (VIII, 208 S.) 909. Geb. 3. 20
62*

Przygode, Alfr. (H. H. G.) (geb. Lobsens in Posen 28. 2. 1862): De eclogarum Vergilianarum temporibus. Berolini (1885). (61 S.) 8°
Berlin, Phil. Diss. v. 26. Juni 1885

Przygode, Alfr., de eclogarum Vergilianarum temporibus. Dissertatio inauguralis. gr. 8. (61 S.) Berlin 885. W. Weber. n. 1. 20

Przygode, O., das Konstruieren im altsprachlichen Unterrichte. gr. 8. (III, 67 S.) Paderborn 900. F. Schöningh. n. 1. 20

Przygode, Paul

Przygode, P., üb. die Rückwirkg. der Aortenaneurysmen aufs Herz, s. a. Mitteilungen aus den hamburgischen Staatskrankenanstalten. X, 13.

Przygode, Paul, appr. Arzt: Über die Rückwirkung der Aortenaneurysmen aufs Herz. Giessen 1909: v. Münchow. 72 S. 8°
Gießen, Med. Diss. v. 28. Sept. 1909, Ref. Voit
[Geb. 31. Okt. 78 Leobschütz; Wohnort: Berlin; Staatsangeh.: Preußen; Vorbildung: Luisenstädt. Gymn. Berlin Reife M. 96; Studium: Berlin 10 S.; Coll. 10. Juli 09; Approb. 1. Juli 04.] [U 10. 1158

Przyjaciel dzieci, czyli Książka do Czytania, podług A. E. Preussa i J. A. Vettera, dla katholickich szkol element. przerobiona przez Xaw. F. A. E. Łukaszewskiego. gr. 8. (VIII und 336 S.) Berlin 847, Mittler und Sohn. Thlr. •

Przyjciel ludu, Redaktor: Dr. Szymański. Rok 13. 52 Numm. (Bog.) mit Holzschn. gr. 4. Leszno 846, Günthera. pr. Semstr. n. 1½ ngr

Przyjaciel ludu. Red.: Szymański. Rok 14. 15. 1847. 1848. à 52 Nrn. 4. (Bog. m. eingedr. Holzschn.) Lissa, Günther. à Jahrg. n. 3 ngr

de Przyiemski, Albinus (Franc. Julius) (geb. Kempen in Posen 13. 3. 1827): De aneurysmatibus. Berolini (1851). (32 S.) 8°
Berlin, Med. Diss. v. 15. März 1851

Przylubski, H. A. Das französische Zeitwort. Prossnitz, R., 1876. 18 S. 4. Progr.

v. Przystanowski, (R.,) üb. den Ursprung d. Vulkane in Italien. gr. 8. 822, Reimer.

Przyszkowski, Max, Referendar: Die Rechtssätze der §§ 919 und 920 B.G.B. Ratibor 1905: Riedinger. (56 S.) 8°
Rostock, Jur. Fak., Ref. Matthiass, Diss. v. 15. Febr. 1905
[Geb. 1. Dez. 80 Ratibor; Wohnort: Neusalz a./O.; Staatsangeh.: Preußen; Vorbildung: Gymn. Patschkau Reife O. 01; Studium: München 1, Leipzig 1, Freiburg i. B. 1, Berlin 1, Kiel 2 S.; Rig. 8. Sept. 04.]

Przyszłość (Die Zukunft) (Zh)
① Organ młodziezy polskiej (Organ der polnischen Jugend) ⑤ 10. 2. 1873—1. 3. 1874 ⑧ Zürich ⑬ Zieliński: Bibljografja ⑮ In polnischer Sprache.

FSC
www.fsc.org
MIX
Papier | Fördert gute Waldnutzung
FSC® C083411

Kolibri 360 GmbH
Ferdinand-Jühlke-Straße 7
99095 Erfurt, Deutschland
produktsicherheit@kolibri360.de